ISBN 978-1-5280-3831-7
PIBN 10948953

This book is a reproduction of an important historical work. Forgotten Books uses state-of-the-art technology to digitally reconstruct the work, preserving the original format whilst repairing imperfections present in the aged copy. In rare cases, an imperfection in the original, such as a blemish or missing page, may be replicated in our edition. We do, however, repair the vast majority of imperfections successfully; any imperfections that remain are intentionally left to preserve the state of such historical works.

English
Français
Deutsche
Italiano
Español
Português

www.forgottenbooks.com

Mythology Photography **Fiction**
Fishing Christianity **Art** Cooking
Essays Buddhism Freemasonry
Medicine **Biology** Music **Ancient
Egypt** Evolution Carpentry Physics
Dance Geology **Mathematics** Fitness
Shakespeare **Folklore** Yoga Marketing
Confidence Immortality Biographies
Poetry **Psychology** Witchcraft
Electronics Chemistry History **Law**
Accounting **Philosophy** Anthropology
Alchemy Drama Quantum Mechanics
Atheism Sexual Health **Ancient History**
Entrepreneurship Languages Sport
Paleontology Needlework Islam
Metaphysics Investment Archaeology
Parenting Statistics Criminology
Motivational

REVUE

SCIENTIFIQUE

TOME XLVI

TROISIÈME SÉRIE — TOME XX

Avec 70 figures intercalées dans le texte

27ᵉ ANNÉE — 2ᵉ SEMESTRE

1ᵉʳ JUILLET AU 31 DÉCEMBRE 1890

PARIS

BUREAU DES REVUES

111, BOULEVARD SAINT-GERMAIN, 111

1890

REVUE
SCIENTIFIQUE
(REVUE ROSE)
Directeur : M. Charles Richet

| NUMÉRO 1 | TOME XLVI | 5 JUILLET 1890 |

GÉOGRAPHIE

Le niveau des mers en Europe et l'unification des altitudes.

S'il n'était déjà nommé le siècle du fer, de la vapeur et de l'électricité, le XIXᵉ siècle pourrait s'appeler le siècle des unifications.

Son aurore a vu naître l'unification des poids et mesures par le système métrique ; plus tard, l'Union latine a été un premier pas dans la voie de l'unification des monnaies. Tout récemment, on a tenté de réaliser l'unification des longitudes et de l'heure pour le globe entier. On ne pouvait manquer de rechercher un jour l'unification des altitudes, par l'adoption d'un niveau unique de comparaison pour l'hypsométrie européenne. En effet, cette proposition a été agitée dans les derniers Congrès de géodésie et de géographie.

Dans le présent travail, après avoir rappelé les origines de la question, nous voudrions montrer qu'elle ne présente ni l'urgence qu'on lui attribue, ni l'utilité pratique qu'on lui suppose. La solution n'est d'ailleurs pas aussi simple que certaines personnes paraissent le croire. Étant donné le degré d'exactitude des nivellements fondamentaux actuels des divers pays et la petitesse des écarts existant de fait entre les différents zéros, le *status quo*, relativement au choix d'un zéro international des altitudes, paraît devoir rester pendant longtemps encore le parti le meilleur à tous égards.

27ᵉ ANNÉE. — TOME XLVI.

Pour définir le relief d'une portion donnée du sol, on en fait le *nivellement*, c'est-à-dire qu'on détermine les hauteurs des différents points du terrain au-dessus d'une surface de niveau passant par un point fixe choisi comme point de départ ou de comparaison. Ainsi, avant 1860, dans la région de Paris, l'origine des hauteurs était le zéro de l'échelle du pont de la Tournelle. Chaque nivellement local ou régional avait de même son point de départ choisi plus ou moins arbitrairement. Ces divers points, d'ailleurs, n'étaient pas toujours reliés entre eux, et dans les cas fréquents où deux réseaux se pénétraient mutuellement sans que l'on connût le rapport de leurs zéros, il était impossible de connaître les hauteurs relatives des points de l'un des réseaux par rapport à ceux de l'autre. Souvent même on trouvait côte à côte, sur un bâtiment, des repères appartenant à des nivellements distincts, rapportés à des origines différentes, ce qui donnait lieu à d'incessantes confusions.

Cette diversité des niveaux de comparaison avait de graves inconvénients et empêchait fréquemment de tirer tout le parti possible des résultats des nivellements. Ces inconvénients devinrent surtout sensibles lorsque, vers 1855, la création des chemins de fer et l'extension des voies navigables eurent imprimé un puissant essor aux travaux publics. Souvent un nivellement effectué en vue d'un travail se trouvait inutilisable pour une autre opération. On reconnut alors la nécessité de rapporter à un même horizon tous les nivellements et, dans ce but, l'administration des travaux publics accepta les propositions d'un habile opérateur, Bourdaloue, qui s'offrait à couvrir la France d'un réseau de nivellements de haute précision, des-

1 S.

tinés à mettre partout, à la disposition des ingénieurs, des repères avec altitudes comptées à partir d'une même origine.

Cette origine devait être le niveau moyen d'une mer, un tel horizon étant supposé plus stable que ne pouvait l'être un repère choisi sur la terre ferme, lequel se trouverait fatalement entraîné dans les petits mouvements consécutifs du retrait par refroidissement de l'écorce terrestre.

Une décision ministérielle du 13 janvier 1860 fixa comme origine des altitudes du nivellement général de la France le niveau moyen de la Méditerranée à Marseille (1), ou, plus exactement, le trait $0^m,40$ de l'échelle de marée du fort Saint-Jean, dans le Vieux-Port, ce trait étant supposé correspondre à très peu près au niveau moyen en question (2).

Ce niveau de comparaison, aujourd'hui connu sous le nom de *zéro Bourdaloué*, est obligatoirement employé pour tous les plans dressés par les services des travaux publics et de la topographie militaire.

Ainsi se trouve réalisée depuis trente ans l'unification des altitudes dans toute l'étendue de la France.

.·.

Le nivellement général de Bourdaloué fut le premier nivellement d'ensemble d'un grand territoire. Imitant notre exemple, la plupart des autres pays d'Europe exécutèrent à leur tour des opérations analogues, en adoptant comme niveau de comparaison le niveau moyen de la mer en un point de leurs côtes.

Ainsi, l'Autriche-Hongrie choisit comme horizon fondamental le niveau moyen de l'Adriatique à Trieste; l'Italie, le niveau moyen de la Méditerranée à Gênes; l'Espagne, le niveau moyen d'Alicante; le Portugal celui de l'Océan à Cascaës; la Belgique, celui de la mer du Nord à Ostende; la Russie, celui du golfe de Finlande à Kronstadt. Par exception, la Hollande a pris comme zéro des altitudes le niveau des hautes eaux dans le port d'Amsterdam, situé à $0^m,14$ au-dessus du niveau moyen. D'autre part, l'Allemagne a choisi comme *zéro normal* un point situé à 37 mètres au-dessous d'un repère fondamental placé à l'Observatoire de Berlin; ce zéro se trouve en fait à 2 décimètres environ au-dessus du niveau moyen de la Baltique à Swinemünde.

Lorsque les réseaux de nivellement des divers pays,

ayant atteint les frontières, eurent été reliés les uns aux autres, on constata aux points de jonction l'existence de désaccords notables entre les altitudes respectivement obtenues.

Des dénivellations importantes paraissaient ainsi exister entre les diverses mers, et souvent même, le long d'un littoral, la cote du niveau moyen variait notablement d'un lieu à un autre.

Ainsi la Méditerranée se trouvait de $1^m,10$ environ en contre-bas de l'Océan, d'après le nivellement de Bourdaloué entre Marseille et Brest; la dépression était de $0^m,65$, entre Alicante et Santander, d'après le nivellement espagnol. La mer du Nord, à Amsterdam, se trouvait à $0^m,32$ au-dessus de l'Adriatique, à Trieste, etc. (Voir ci-après le tableau des anciennes dénivellations.)

Ces écarts paraissaient dépasser de beaucoup les erreurs possibles des nivellements, combinées avec celles des cotes locales des niveaux moyens; aussi ne mit-on pas en doute la réalité des discordances constatées entre les niveaux respectifs de comparaison. L'existence d'importantes dénivellations entre les divers bassins maritimes devint un fait acquis. Dès lors, pour faire disparaître les inconvénients résultant du désaccord des divers horizons fondamentaux, il était naturel de proposer l'adoption d'une même origine d'altitudes pour toute l'Europe continentale.

Le projet de cette unification se trouve énoncé, dès 1864, dans un vœu que M. Hirsch, directeur de l'Observatoire de Neuchâtel (Suisse), fit adopter par l'Association géodésique internationale. Les pays maritimes étaient invités à effectuer, dans le plus grand nombre possible de points, l'observation continue des hauteurs de la mer, à en déduire le niveau moyen, et finalement à relier entre eux ces niveaux moyens par des nivellements de précision, de manière à permettre ensuite de choisir l'horizon fondamental commun de tous les nivellements européens.

La Commission permanente de l'Association géodésique, réunie à Salzbourg (Autriche) en septembre 1888, décida qu'il y avait lieu de fixer dès 1889 cet horizon fondamental. Toutefois, reconnaissant que la question n'était pas mûre, la Conférence générale de l'Association, tenue à Paris en octobre 1889, a renvoyé à trois ans l'examen de l'affaire.

Sans vouloir préjuger la solution qui sera définitivement adoptée, nous voudrions, dès aujourd'hui, envisager le problème d'un peu plus près qu'on ne l'a fait encore et en montrer les difficultés.

.·.

La raison d'être du projet d'unification des altitudes reposant exclusivement sur la grandeur des dénivellations constatées entre les mers européennes, il y a tout d'abord un intérêt capital à rechercher si réelle-

---

(1) Le *niveau moyen de la mer* en un point est le niveau répondant à la moyenne de toutes les hauteurs de l'eau par rapport à un repère fixe, relevées en ce point pendant une période de plusieurs années. Cette moyenne change un peu avec la durée des observations; mais, après un laps de temps qui varie suivant l'amplitude des mouvements de la mer et suivant le mode adopté pour les observations, la cote obtenue reste constante, à très peu près.

(2) En réalité, comme on l'a constaté depuis, le trait $0^m,40$ se trouve à 6 ou 7 centimètres au-dessus du niveau moyen.

ment ces dénivellations sont aussi importantes qu'on l'a cru jusqu'alors.

TABLEAU DONNANT LES ALTITUDES DE QUELQUES MERS EUROPÉENNES PAR RAPPORT AU NIVEAU MOYEN DE LA MÉDITERRANÉE, A MARSEILLE (1).

MERS.	POSTES D'OBSERVATION.	COTES DU NIVEAU MOYEN par rapport au zéro actuel de Marseille (1)	
		d'après les anciennes observations.	d'après les opérations les plus récentes
		Mètres.	Mètres.
Adriatique....	Trieste............	+ 0,11	+ 0,02
	Venise............	»	— 0,05
	Porto Corsini......	»	— 0,04
	Ancône...........	»	— 0,06
	Gênes............	»	— 0,05
	Savone............	»	— 0,02
Méditerranée..	Nice (médimarémètre)....	— 0,06	— 0,06
	Marseille (marégraphe totalisateur).	+ 0,07	+ 0,00
	Cette (médimarémètre)....	+ 0,11	+ 0,08
	Port-Vendres (médimarémètre).	»	+ 0,07
Océan Atlantique.	Saint-Jean-de-Luz (le Socoa)..	»	+ 0,15
Manche....	Brest............	+ 1,10	+ 0,07
Mer du Nord..	Cherbourg..........	+ 0,90	+ 0,09
	Amsterdam..........	+ 0,74	— 0,01
	Cuxhaven..........	+ 0,66	— 0,03
Baltique....	Travemünde.........	+ 0,48	— 0,09
	Varnemünde........	+ 0,74	— 0,04
	Swinemünde........	+ 0,86	— 0,02

A cet égard, les derniers résultats obtenus dans le nouveau nivellement général de la France, en cours d'exécution depuis 1884, éclairent singulièrement la question. Le nouveau réseau fondamental, en effet, est relié depuis deux ans au réseau italien, qui est raccordé lui-même avec les lignes autrichiennes; d'autre part, il y a quelques mois, le réseau français a été rattaché aux nouvelles lignes belges et par celles-ci aux nivellements de précision de la Hollande et de l'Allemagne du Nord; enfin notre réseau touche à la Méditerranée et à l'Océan, en de nombreux points où le niveau moyen de la mer est déterminé depuis quelques années avec des appareils spéciaux, appelés *médimarimètres* (2), dans des conditions offrant toutes garanties d'exactitude.

(1) Principaux documents consultés : *Résultats des opérations du nouveau réseau fondamental du nivellement général de la France*; *Processi verbali della Commissione geodetica italiana*, 1886-1889; *Communication manuscrite* de M. le capitaine Dewecker, chef du Service du nivellement de précision de la Belgique, 1890; *Uitkomsten der Rijkswater-passing* (Hollande, 1889); Helmert, *Die IX.e General Conferenz der Internationalen Erdmessung (Zeitschrift fur Vermessungswesen*, 1889); *Comptes rendus des conférences de l'Association géodésique internationale*, 1886; *Nivellements der trigonometrischen Abtheilung der Landesaufnahme*, t. V.

(2) Le *médimarémètre*, imaginé par l'auteur de cette note (voir

Le tableau ci-contre donne les dénivellations entre les mêmes points de quelques mers européennes, respectivement d'après les anciennes et d'après les nouvelles opérations.

A la simple inspection de ce tableau, on voit que les notables dénivellations anciennement admises s'atténuent et disparaissent presque entièrement d'après les nouvelles déterminations.

Le désaccord des mesures primitives tient en partie à l'existence, dans les anciens nivellements, d'erreurs systématiques, dont l'effet, négligeable sur de petits parcours, finissait par atteindre un chiffre considérable sur des cheminements de grande longueur.

Une autre cause d'erreur provenait de l'ellipticité de la terre, dont l'influence est surtout sensible pour les grandes lignes de nivellement traversant des montagnes ou des hauts plateaux (1). Dans la ligne d'Alicante à Santander (Espagne), par exemple, l'erreur de ce chef atteint $0^m,34$, ce qui ramène à $0^m,30$ environ, au lieu de $0^m,65$, la dépression apparente de la Méditerranée par rapport à l'Océan entre ces deux points.

Les nouvelles cotes, il est vrai, ne sont encore que provisoires et, du chef seul du nivellement, sont affectées d'erreurs pouvant atteindre $0^m,25$ en plus ou en moins, pour certaines d'entre elles (2). Néanmoins, l'ac-

Comptes rendus de l'Académie des sciences, séances des 28 mai et 11 juin 1888), est composé d'un simple tube en cuivre, formé en bas par une cloison poreuse qui amortit à l'intérieur les mouvements oscillatoires de l'eau (clapotis, houle, marée diurne); on peut ainsi observer directement le niveau moyen de la mer. Un coup de sonde par jour suffit pour suivre les lentes variations du niveau dans le tube et pour en déduire la cote du niveau moyen. Le premier installé de ces appareils fonctionne à Marseille d'une manière ininterrompue depuis cinq ans, sans que jamais son bâti de nettoyage et sans que le niveau moyen obtenu ait cessé de concorder avec celui donné par le marégraphe totalisateur de haute précision établi à côté. Ce fait prouve que l'envahissement du filtre par les végétaux et les animalcules marins n'est pas aussi rapide qu'on a pu le craindre certaines personnes.

(1) Pour plus de détails à ce sujet, voir le *Traité de nivellement de haute précision* par M. Ch. Lallemand (Baudry, éditeur).

(2) Les nivellements géométriques atteignent aujourd'hui un degré de précision que l'on aurait cru irréalisable, il y a un demi-siècle seulement. Dans les opérations les plus récentes, en effet, l'erreur probable par kilomètre n'atteint pas 1 millimètre en moyenne pour la partie accidentelle et $0^{mm},2$ pour la partie systématique. Ces résultats paraissent très remarquables; il ne faudrait cependant pas s'en exagérer la portée; au fond, ils sont encore insuffisants pour permettre de résoudre définitivement le problème de la dénivellation des mers.

Par exemple, les divers nivellements de précision qui relient Trieste à Amsterdam, en passant, soit par la France, soit par la Suisse et la Bavière, soit par Vienne et la Prusse, donnent, pour la différence de niveau entre ces deux points, des valeurs dont les écarts atteignent $0^{mm},50$. Comment, dès lors, pourrait-on répondre à moins de 2 ou 3 décimètres de la cote du niveau moyen d'Amsterdam par rapport à celui de Trieste? Et une pareille incertitude n'a rien de surprenant. Si l'on calcule, en effet, dans les conditions ci-dessus indiquées, l'erreur à craindre sur la différence de niveau entre Trieste et Amsterdam, donnée par un nivellement de 1000 kilomè-

cord des résultats est trop remarquable pour être purement accidentel. Les opérations ultérieures ne feront probablement que le confirmer en le généralisant.

Cependant la dépression primitivement constatée entre la Méditerranée et l'Océan paraissait jusqu'alors justifiée d'une manière satisfaisante par la salure plus forte et la densité plus grande (1,029 au lieu de 1,027) de l'eau du bassin méditerranéen ; le seuil de Gibraltar ayant 400 mètres environ de profondeur, le niveau de la Méditerranée devait, d'après le principe des vases communicants renfermant des liquides d'inégale densité, se trouver de 0m,80 à 1 mètre au-dessous de celui de l'Atlantique. On se demandera comment aujourd'hui le niveau des deux nappes peut être le même, à 1 ou 2 décimètres près.

La même objection sera faite contre l'équilibre de la Baltique et de la mer du Nord. L'eau de la première est presque douce (densité 1,005), tandis que celle de la mer du Nord possède la densité normale (1,027) de l'eau océanique. Les deux mers communiquant ensemble par plusieurs détroits, dont le plus profond, le Grand Belt, présente des fonds de 18 mètres au minimum, un calcul très simple montre qu'il devrait exister entre les deux nappes une dénivellation de 0m,40 en moyenne. Or, les opérations très soignées faites, en Prusse, par l'Institut géodésique et par le Service topographique militaire, accusent très sensiblement le même niveau pour les deux mers.

Ces faits ne tendraient-ils pas à prouver que les irrégularités dans la salure et dans la densité de l'eau des mers, comme aussi les courants, portent seulement sur une mince tranche superficielle, suivant l'opinion émise par M. l'amiral italien Magnaghi au dernier Congrès géographique international? Nous nous bornons à poser la question, laissant aux savants qui s'occupent spécialement d'océanographie le soin de la résoudre.

Quoi qu'il en soit, l'ancienne hypothèse de l'uniformité du niveau des mers, primitivement admise d'après les lois de la mécanique des fluides, puis abandonnée sur la foi de mesures inexactes, paraît en voie de se réhabiliter, au moins partielle ment, et abstraction faite peut-être de quelques anomalies locales.

Parmi les causes pouvant produire de telles exceptions, on peut ranger peut-être l'influence de vents dominants qui pousseraient les eaux sur certaines côtes,

ou encore celle de courants superficiels d'eaux douces qui détermineraient dans certaines régions une légère surélévation du niveau de la mer. Par contre, dans le même ordre d'idées, l'attraction des masses continentales sur les eaux des océans ne saurait troubler en rien l'uniformité du niveau des mers; car, ici, ce sont les surfaces de niveau qui se trouvent modifiées, et, en raison de leur principe même, les méthodes du nivellement géométrique sont impuissantes à mettre en évidence les irrégularités de forme de ces surfaces.

De l'exposé ci-dessus, on peut conclure que, la Hollande et l'Allemagne mises à part, les écarts, si réellement il en existe, entre les zéros d'altitudes des divers pays, sont de l'ordre même des erreurs des nivellements ; par suite, ces écarts ne peuvent fausser sensiblement la comparaison des altitudes de deux points éloignés appartenant à des réseaux différents.

Autrement dit, si l'Allemagne et la Hollande abaissaient spontanément de 15 à 20 centimètres leurs zéros pour les ramener à la hauteur du niveau moyen de la mer du Nord, l'unification des altitudes se trouverait de fait réalisée sur toute l'Europe, dans la mesure où elle est utile pour les besoins de la pratique.

Pour rendre tout à fait comparables les altitudes des points situés, de part et d'autre, au voisinage des limites des différents réseaux, il ne servirait d'ailleurs à rien d'adopter un horizon international unique, sans entreprendre en même temps une opération très épineuse dont nous allons maintenant parler, savoir : la *compensation générale du réseau des nivellements européens*.

✳✳

Expliquons d'abord ce que signifie cette expression : « Compenser un réseau de nivellement. »

Lorsqu'une opération de nivellement suit un contour polygonal fermé, on devrait, si l'opération était totalement exempte d'erreurs, retrouver l'altitude initiale en revenant au point de départ; autrement dit, les différences partielles de niveau, positives et négatives, relevées successivement sur tout le parcours et additionnées avec leur signe, devraient donner une somme nulle. Or il en est rarement ainsi, et en pareil cas on constate presque toujours une petite discordance appelée l'*écart de fermeture* du polygone.

Dans un réseau formé de nombreuses lignes de nivellement qui déterminent, par leurs recoupements, plusieurs polygones fermés, il est absolument nécessaire de faire disparaître ces écarts. Sans cette précaution, on arriverait à cette conséquence que la différence de niveau entre deux points du réseau prendrait autant de valeurs que l'on pourrait combiner d'itinéraires distincts réunissant ces deux points.

La « compensation », sans augmenter d'ailleurs l'exactitude propre des résultats, supprime ces anoma-

tres de longueur, formé de sections indépendantes longues chacune de 120 kilomètres en moyenne, on trouve, par un calcul très simple, qu'une erreur de ± 10 centimètres a une probabilité de 1 contre 1, et qu'une erreur de ± 30 centimètres présente une chance encore admissible de 1 contre 30. De sorte que, sans parler des erreurs afférentes à la détermination propre du niveau moyen, pour connaître à 3 centimètres près, avec une probabilité de 30 contre 1, la dénivellation cherchée, il faudrait des *nivellements dix fois plus précis* que les opérations exécutées jusqu'à ce jour. Dans l'état actuel des choses, il est impossible d'imaginer quels pourraient être les perfectionnements nouveaux à introduire dans les procédés et les instruments pour réaliser une semblable précision.

lies au moyen de petites corrections, déterminées d'après les lois de probabilité des erreurs et réparties sur l'ensemble des mesures.

Mais cette opération nécessite des calculs dont la longueur et la difficulté croissent très rapidement avec le nombre des polygones du réseau. Possibles encore pour un groupe homogène d'une dizaine de polygones, ces calculs deviennent inextricables quand il s'agit d'un réseau national assez étendu, comme, par exemple, le réseau fondamental français, composé de 35 polygones.

Pour l'ensemble du réseau européen, formé de groupes nivelés à des époques souvent très différentes, avec des instruments et des méthodes dissemblables, les difficultés seraient bien autrement grandes. La détermination préalable du degré relatif de confiance à accorder aux divers éléments en présence constituerait déjà, à elle seule, une opération très délicate, sinon impossible; quant aux calculs mêmes de la compensation, effectués par la méthode rigoureuse, ils exigeraient un labeur effrayant, dont on ne se fait pas idée (1).

Et tout ce gigantesque travail n'aurait d'autre but et d'autre résultat que d'apporter à un certain nombre d'altitudes des corrections, plus ou moins arbitraires, atteignant une dizaine ou une quinzaine de centimètres au plus!

Si encore un pareil effort devait aboutir à fixer d'une manière immuable et définitive l'hypsométrie européenne et les relations entre les niveaux des mers, on pourrait le tenter. Mais ce ne serait là qu'une illusion, qu'une satisfaction d'un instant. Comme toutes les œuvres humaines dans le domaine de la science ou de l'industrie, les réseaux de nivellements se transforment et s'améliorent chaque jour : ici par l'introduction d'éléments nouveaux, là par des vérifications de lignes anciennes.

Il serait téméraire d'espérer qu'après l'achèvement des opérations aujourd'hui en cours dans toute l'Europe, on s'en tiendra là. Si satisfaisante, en effet, qu'elle paraisse, l'exactitude de ces opérations est, nous l'avons vu, tout à fait insuffisante pour résoudre certains problèmes. Avec le temps et le progrès des moyens, on voudra sans doute faire mieux, et l'exemple, en ce moment donné par la France, qui refait un nouveau réseau fondamental plus précis destiné à remplacer celui de Bourdaloue, trouvera sûrement des imitateurs.

Devant cette transformation continue, les calculs colossaux de la compensation générale seraient perpétuellement à refaire et, dans tous les pays, les catalogues d'altitudes basés sur cette compensation devraient subir de continuels remaniements.

Un fait récent permet d'apprécier l'importance que pourraient atteindre ces changements. Si la compensation générale en question avait été faite il y a quelques années, avant que la France possédât son nouveau réseau fondamental, et si l'on avait choisi à Amsterdam, par exemple, le zéro international, l'Espagne devrait aujourd'hui augmenter toutes ses altitudes de $0^m,80$ environ, pour tenir compte d'une erreur systématique de cette importance, découverte depuis, dans le réseau de Bourdaloue, entre les Pyrénées et la frontière belge.

Ainsi, au lieu de procurer l'unité et la fixité cherchées, l'adoption d'un zéro unique aurait pour principale conséquence d'introduire une perpétuelle et universelle instabilité dans l'hypsométrie fondamentale de l'Europe. On se ménagerait là des difficultés analogues à celles qui auraient surgi dans l'unification des mesures de longueur, si l'on avait voulu conserver au *mètre* son ancienne définition, et lui attribuer une valeur rigoureusement égale à la dix-millionième partie du quart du méridien terrestre; chaque nouvelle mesure d'un arc de méridien aurait entraîné une modification dans les unités fondamentales du système métrique. Cet inconvénient a été sagement évité en substituant à une grandeur constamment changeante avec les progrès de la géodésie une mesure fixe, à savoir la longueur de l'étalon métrique conservé aux Archives nationales.

Résumons-nous en quelques mots et concluons.

Vouloir donner un point unique de départ à tous les nivellements de l'Europe, c'est se jeter, de gaieté de cœur, dans des difficultés insurmontables. Outre l'inconvénient de mettre en jeu les amours-propres nationaux, le choix de ce point entraînerait, en effet, l'obligation de faire, dès maintenant, une compensation générale de tous les nivellements européens, opération matériellement impossible ou à peu près, véritable travail de Pénélope en tout cas, dont les résultats seraient caducs avant même d'avoir vu le jour. Un point choisi sur le continent aurait d'ailleurs le défaut de mettre les pays insulaires en dehors de l'unification projetée.

Au point de vue des besoins de la pratique, la meilleure base internationale pour les altitudes est encore le niveau moyen de la mer, pris dans son acception générale. Les avantages d'une pareille solution sont nombreux :

Le niveau moyen paraît être sensiblement le même pour toutes les mers ouvertes et sur toutes les côtes. C'est une base que chaque pays peut retrouver lui-même sur son littoral par des mesures directes, sans recourir aux nivellements plus ou moins exacts des territoires voisins. Les rares pays, comme la Suisse ou la Serbie, ne confinant à aucune mer, seraient, il est vrai, contraints d'adopter le zéro d'un nivellement limitrophe; mais la dépendance subie de la sorte serait la même avec un zéro unique pour l'Europe.

En fait, le niveau moyen de la mer est déjà la base de la plupart des nivellements. Pour que l'harmonie fût complète, il suffirait que la Hollande et l'Allemagne, les deux seuls pays qui fassent exception, voulussent bien abaisser de 15 à 20 centimètres leurs niveaux respectifs de comparaison, pour les faire coïncider, l'un avec le niveau moyen de la mer du Nord, en un point de la côte néerlandaise, par exemple, l'autre avec celui de la Baltique à Swinemünde, comme l'avait primitivement fait l'Institut géodésique prussien pour ses propres nivellements (1).

Ce résultat obtenu, il suffirait de laisser agir le temps pour voir les petits écarts entre les différents zéros, ainsi que les discordances entre les altitudes des points frontières, s'évanouir d'eux-mêmes peu à peu, au fur et à mesure de l'achèvement et de l'amélioration des nivellements en Europe.

Une entente facile entre chaque couple de pays voisins ferait disparaître, en effet, en les répartissant, les écarts de fermeture des polygones internationaux (polygones s'étendant à la fois sur deux territoires limitrophes); les divers réseaux en arriveraient ainsi tout naturellement à se souder et à s'harmoniser entre eux, sans l'intervention arbitraire et compliquée d'une compensation générale soi-disant rigoureuse.

En attendant, pour les besoins purement scientifiques, on pourrait se contenter d'une compensation approximative, tenue constamment à jour, qui, sans entrer dans les détails intérieurs des différents réseaux, porterait uniquement sur les repères frontières internationaux et sur les zéros des principales échelles d'observation du niveau de la mer. Le Bureau central de l'Association géodésique internationale possède les éléments nécessaires et la compétence requise pour mener à bien ce travail, dont le principal résultat serait de mettre chaque année à la disposition des savants un tableau des relations les plus probables existant entre les divers zéros d'altitudes et entre les niveaux moyens locaux des différentes mers.

Ch. Lallemand.

(1) Depuis, on est malheureusement revenu sur cette décision et les nivellements de l'Institut géodésique, comme ceux de la *Landesaufnahme* (Service géographique militaire), sont aujourd'hui rapportés au *zéro normal* de Berlin.

PSYCHOLOGIE
Les maladies de l'imitation (1).

VI.

Dans le monde économique, les excès de coutume ou de mode sont plus dangereux encore, comme chacun sait. Tantôt ce sont les producteurs, tantôt les consommateurs qui sont sujets à ces maladies contraires. Chez les producteurs d'abord, la ténacité routinière d'industries démodées qui ont perdu leur raison d'être, ou de prix et de salaires traditionnels, n'est pas ce qui cause le plus de mal; peut-être la promptitude excessive à introduire partout toute industrie nouvelle qu'on voit réussir quelque part (2), à adopter partout un prix nouveau, qui quelque part est justifié, est-elle la source de ruines plus lamentables. De là cette périodicité de crises commerciales qu'occasionne la surproduction intermittente. Ce mot de *crises*, emprunté à la pathologie, vient ici naturellement sous la plume de tous les écrivains. Ce n'est pas qu'il n'existe aussi des crises religieuses, causées à certaines époques par une fermentation de nouveautés hérétiques ou philosophiques, découvertes scientifiques, philosophiques pareillement; n'en traversons-nous pas une, à cette heure? Ce scepticisme éclectique ou pessimiste qui se répand parmi nos contemporains, n'est-ce pas l'équivalent des faillites multipliées qui signalent les crises du commerce et de l'industrie? Chaque esprit qui sombre dans le doute incurable fait banqueroute à la science et à la pensée. Il y a aussi, nous le savons, des crises législatives où les codes mort-nés se succèdent vainement comme des sociétés anonymes pour la liquidation d'une entreprise impossible. Il y a enfin et surtout des crises morales, compliquées de crises esthétiques, où le bien et le beau désorientés cherchent leur pôle. Mais, de toutes ces crises, les plus visibles et les mieux étudiées sont celles qui frappent les commerçants et les industriels; et c'est pour les guérir que les empiriques ou les chirurgiens ont imaginé toute sorte de remèdes, dont les plus préconisés à cette heure composent ce qu'on appelle le socialisme d'État. Malheureusement, les utopistes ou les souverains qui s'occupent de ces questions oublient que toutes leurs panacées seront des palliatifs, s'ils ne trouvent pas le moyen d'agir sur le régime et la pente du fleuve de

(1) Voir la *Revue scientifique* du 17 juin dernier, p. 737.
(2) Cet empressement n'est point particulier aux Européens. Chez les peuples inférieurs, on remarque souvent un engouement grotesque qui leur fait cultiver certaines fabrications où ils excellent supérieurement, pour se mettre à la mode. Les Polynésiens ont cessé de fabriquer leurs pirogues accouplées, si admirées des navigateurs d'autrefois, pour confectionner des canots à l'instar des nôtres, bien moins adaptés à leurs besoins.

l'imitation, et de changer son cours, non seulement parmi les producteurs, mais parmi les consommateurs.

Chez ces derniers, dont les goûts et les besoins, tour à tour incorrigibles et capricieux, font loi pour les premiers, il souffle parfois des vents, des ouragans de mode, qui renversent tout, et échappent à toute prévision comme à toute direction. L'histoire du costume abonde en illustrations de cette vérité. « Il est prouvé par d'irrécusables témoignages, dit Quicherat (1), que l'usage du linge de corps, les larges chaperons à cornettes, les jaquettes froncées et bordées de pelleteries, les mahoîtres, les souliers à la poulaine, furent adoptés par les paysans. » Ainsi accoutrés, des paysans ne devaient être guère moins curieux à voir que des nègres africains en habit noir. Tous ces vêtements de luxe leur venaient des villes de leur voisinage, où ils les avaient admirés, et qui elles-mêmes les avaient reçues, dans le Nord, du Midi plus riche et plus civilisé, par la même raison qu'aujourd'hui le Midi au contraire se règle sur le Nord. Aux XIIᵉ, XIIIᵉ et XIVᵉ siècles, le foyer de la civilisation européenne était sur les rives de la Méditerranée, en Sicile principalement, en Provence, en Espagne, en Italie. De ces régions sont parties toutes les innovations, souvent excentriques et disgracieuses, mais toujours adoptées avec un empressement frénétique, qui ont plusieurs fois révolutionné *le costume* au moyen âge. La révolution qui eut lieu en 1190 et qui inonda l'Europe de vêtements longs, encombrants, fastueusement incommodes — les robes de nos hommes de loi en sont le dernier vestige — provenait des Normands-Siciliens. La révolution de 1340, qui, en une année, substitua à cet excès d'ampleur les formes les plus étriquées, à l'exception des chapeaux, devenus au contraire gigantesques, prit naissance en Catalogne ou en Italie. A cette époque, « les mêmes usages étaient communs à toutes les villes de la Méditerranée, depuis Barcelone jusqu'à Gênes (2) ». Quand, au XVᵉ siècle, Gand et Bruges devinrent les villes les plus riches du monde, quand la cour du duc de Bourgogne fut le centre le plus brillant de l'Europe, c'est de là que partirent les rénovations du costume, par exemple la mode du *hennin*, cette coiffure si bizarre, en 1428. Cette multitude d'édits, de décrets, de règlements anciens et modernes, qui ont interdit à telles classes de citoyens de porter tels costumes, aux sénateurs romains de s'habiller en Asiatiques, aux rotu-

riers de s'habiller en seigneurs, etc., prouvent la force universelle et constante du penchant à se parer sur le patron d'autrui.

Cette force est encore attestée, dans certains cas, par l'incommodité et la laideur des modes copiées. Conçoit-on qu'au XIIIᵉ siècle les femmes se soient maquillées en se *jaunissant* les joues avec du safran ! Jusqu'où va la tyrannie de la mode (1) ! Ce siècle, d'ailleurs, aimait le jaune ; il jaunissait le linge mis à la lessive, comme nous le bleuissons. — La mode des vêtements longs, au XIIᵉ siècle, dont nous venons de parler plus haut, était ce qu'on peut imaginer de plus gênant. Le manteau, notamment, au lieu d'être attaché sur l'épaule droite, ce qui eût laissé au bras droit sa liberté, fut attaché sur l'épaule gauche, ce qui entravait tous les mouvements du bras ouvrier. Notez que le siècle où ce costume insensé se généralisa si vite était un siècle remarquable par son activité remuante, précisément parce qu'il était très actif, très sociable, il était très imitatif...

Puisque nous parlons du costume, profitons de cette occasion pour remarquer les confirmations frappantes que son histoire vient apporter à quelques-unes des lois de l'imitation énoncées, en passant, ci-dessus. D'abord, nous y voyons toujours l'exemple descendre du supérieur à l'inférieur, c'est-à-dire des régions les plus civilisées, les plus prospères, les plus fertiles en inventions heureusement exploitées, aux nations plus arriérées et plus pauvres, et, dans chaque nation, des aristocraties, j'entends des aristocraties jeunes et partant novatrices, aux tiers états et aux plèbes. Ajoutons, ce qui surprendra notre siècle, des hommes aux femmes. L'homme n'a jamais été porté à imiter le costume féminin. Mais jadis, quand la supériorité masculine était écrasante et indéniable, la femme se parait à l'instar de l'homme, et voilà pourquoi nous constatons que le guerrier primitif, et non sa compagne, est couvert de bijoux (2). Le civil, anciennement, était porté à imiter le militaire. La chlamyde, vêtement militaire, devint, au IVᵉ siècle, le manteau préféré des personnes de condition noble.

En second lieu, l'histoire du costume nous fournit des exemples sans nombre de cette alternance de la coutume et de la mode, ou plutôt de cette consécration

---

(1) *Histoire du costume en France.*

(2) Au XIIᵉ siècle, l'usage de s'habiller en noir pour marquer le deuil n'existait qu'en Espagne, d'après Baudry, abbé de Bourgueil, écrivain du temps ; aux XIVᵉ et XVᵉ siècles, la France, l'Angleterre et d'autres pays avaient adopté cet usage dont l'origine méditerranéenne est ainsi attestée. Combien il a fallu que la violence du courant de la mode fût extrême pour avoir décidé les jeunes femmes à adopter cette couleur sévère ! Il est vrai que le noir sied aux blondes.

(1) Contre cette tyrannie est venu échouer le despotisme même de Louis XIV. Toute son autorité royale a été impuissante à faire proscrire de sa cour la mode des coiffures hautes de dames. En revanche, il suffit de l'apparition, à Versailles, d'une dame anglaise coiffée bas pour faire reléguer les coiffures hautes aux oubliettes. C'était en 1714, et le cyclone d'*imitation-mode* qui a labouré tout le XVIIIᵉ siècle jusqu'au cataclysme final commençait à se faire sentir par le prestige croissant de l'étranger.

(2) Du reste, le costume féminin, à l'origine, était loin de différer autant que maintenant du costume propre à notre sexe. On est souvent, dit Quicherat, dans l'impossibilité de distinguer, sur les bas-reliefs, si l'on a l'image d'un Gallo-Romain ou d'une Gallo-Romaine.

de la mode en coutume, que nous avons érigée en loi générale. On s'aperçoit, à la résistance opposée par les prédicateurs du moyen âge aux moindres changements dans la coupe ou l'étoffe des vêtements, que le costume ancien était devenu très cher et presque sacré aux populations. Cependant, ce costume lui-même, si l'on remonte à ses origines, a commencé par causer, à sa naissance, un scandale égal à celui que provoqua sa disparition. On a la preuve que la coupe de cheveux traditionnelle des Bretons, conservée, de nos jours mêmes, avec un respect religieux, a été importée en Bretagne au xv⁰ siècle : c'est la coupe mise en vogue par la cour de Louis XI. De même, les bonnets des Cauchoises « ne sont que les hauts bonnets du temps de Charles VII », mis à la mode vers 1430. « Les bonnets de certains villages vendéens rappellent encore les larges atours de la reine Isabelle, » etc. Voilà pourquoi — le rite n'étant qu'une habitude et toute habitude finissant par prendre un air rituel, comme l'a finement remarqué Guyau — nous ne devons pas être surpris de voir les soutiens attitrés du rite et de la tradition, prédicateurs, moralistes, conciles, au moyen âge et même dans les temps modernes, tonner contre les modes nouvelles, quelles qu'elles soient, et signaler comme l'indécence suprême une dérogation quelconque à des toilettes traditionnelles, qu'ils avaient pourtant maudites autrefois. Si les vêtements s'allongent, augmentent d'ampleur, comme en 1190, c'est la ruine des familles, c'est de la folie. S'ils se raccourcissent, comme en 1340, c'est une inconvenance sans nom, une immoralité criante. Tel seigneur, en se baissant, a laissé voir le haut de ses *braies* ; là-dessus, toutes les foudres séculières ou ecclésiastiques sont lancées. Les cornes des coiffures de femmes étaient anathématisées, parce qu'elles rappelaient les cornes du diable ; les souliers à la poulaine, parce que leur pointe faisait songer à l'ergot du diable ! Mais, en 1480, quand ces dernières chaussures furent remplacées par des souliers à bout rond, plus commodes, à coup sûr, les prédicateurs se scandalisèrent encore, on fit à ce sujet des doléances sans fin.

Mais si nous y regardons de près, nous verrons qu'au fond ces jérémiades, pour être abusives, n'étaient pourtant pas aussi dénuées de fondement sérieux que nous pourrions le penser. Et cette considération confirmera ce que nous disions plus haut relativement à la marche normale de l'imitation, qui va des *dedans* aux dehors de l'homme, *ab interioribus ad exteriora*. En effet, si les costumes nouveaux, venus, avons-nous dit, des régions les plus civilisées et les plus émancipées intellectuellement de la chrétienté ou même de l'islam, du Midi d'abord, foyer de toutes les hérésies alors, plus tard du Nord, scandalisaient à ce point les gardiens du dogme, n'allons pas croire que ceux-ci, gens fort intelligents, aient obéi à une simple horreur instinctive du changement, à un *misonéisme* puéril, comme

dirait M. Lombroso. Ils savaient ce qu'ils faisaient et ce qu'ils disaient, et leurs déclamations prouvent — ce dont témoignent d'ailleurs tant d'autres faits (le succès d'hérésies nombreuses, l'émancipation des communes, etc.) — que l'invasion des idées émancipatrices, d'origine méridionale, puis septentrionale, avait précédé et préparé l'invasion des mœurs et des toilettes nouvelles, de même source. Quand parut la mode des vêtements longs, inspirée aux Siciliens par le costume musulman, nous savons que déjà la science, les arts, les idées et les mœurs arabes avaient fait leur chemin dans l'Europe chrétienne, et que cette nouvelle importation orientale contribuait à accélérer leurs progrès. Les sermonneurs n'avaient donc pas tort de croire ces nouveautés « imaginées en dérision de Dieu et de la sainte Église ». Elles étaient apportées par un grand vent d'indépendance spirituelle. Sans cette raison-là, comment n'aurait-on pas ouvert les yeux à l'évidence, qui montrait la supériorité de la mode de 1340 sur l'ancienne? Le vêtement de cette date n'avait rien d'indécent, et, simple autant que commode, il était éminemment propre à l'action. — Mais ces grands vents dont je parle ne soufflaient que par bouffées, au moyen âge. Aussi, quand ils étaient apaisés, le changement qu'ils avaient produit dans les usages cessait de faire fulminer les autorités religieuses et bientôt même s'abritait sous leur protection, sans qu'il y eût là de leur part la moindre inconséquence.

Me reprochera-t-on de m'être tant attardé sur l'évolution du costume? On devrait plutôt me savoir gré d'avoir ainsi détourné les yeux d'épidémies imitatives tout autrement graves, vraies névroses publiques, qui ont ensanglanté le monde : la longue traînée des jacqueries, les poussées successives des émeutes parisiennes, maillotins, cabochiens, etc., pendant la guerre de Cent ans; la Saint-Barthélemy, ses antécédents et ses suites, les septembrisades et tant d'autres horreurs... Éloignons-nous de ce fleuve de sang. Les maladies de l'imitation, relativement bénignes, celles qui ont trait aux usages de la vie commune, sont plus intéressantes peut-être, parce qu'elles sont plus fréquentes. Par exemple, on a peine à se figurer à quel point a été tenace et indéracinable le ridicule usage des baisers de cérémonie entre hommes. De la cour des rois de Perse, à travers je ne sais combien de vicissitudes, il a passé à la cour des empereurs romains, puis à celle de Louis XIV. Il a fallu un édit de Tibère pour mettre un frein, momentané seulement, à cette fureur d'embrassades grotesques. — Disons encore un mot d'une autre sorte d'usage, les voyages.

Non seulement les voyages favorisent le développement de l'imitation en tout genre, mais encore ils sont eux-mêmes une des formes les plus développées du besoin social d'imiter ses semblables. Les oiseaux ou les poissons migrateurs, qui se suivent à la queueleu-leu dans l'air ou dans l'eau, ne se copient pas plus docilement entre eux que les voyageurs humains, voire même les touristes, réputés pourtant si capricieux. Sous l'empire romain, comme à notre époque, les touristes allaient de ville en ville, de ruine en ruine, sur les pas les uns des autres, et, soit que la curiosité historique ou le dilettantisme artistique fût leur mobile apparent, la *direction* de leur instinct locomoteur appartenait en fait à la coutume ou à la mode, de même que la *force* de cet instinct était due en majeure partie à cette série de découvertes réussies, imitées, qui, en facilitant les transports, en avaient accru le besoin au point d'en faire oublier la source physique, c'est-à-dire le besoin tout animal de mouvoir les jambes.

Pourquoi des milliers de Romains nomades étaient-ils si curieux d'aller voir, à Sparte, le prétendu œuf de *Léda* suspendu au plafond d'un temple, ou ailleurs une lance d'Achille, aussi authentique à peu près que l'épée de Roland, visitée à Roc-Amadour, de nos jours, par des pèlerins? Pourquoi, en fait de beautés naturelles, n'appréciait-on alors que les rivages de la mer ou les plaines ondulées, jamais les montagnes, tandis que, de nos jours, on se précipite en Suisse et on fuit les vallées larges et sans pittoresque? Pourquoi le courant de ces migrations, en apparence fantaisistes, en réalité moutonnières, traversait-il exclusivement la Grèce, l'Égypte, l'Asie-Mineure (comme aujourd'hui l'Italie, l'Espagne, la Suisse), pendant que d'autres régions, *très curieuses à voir*, restaient oubliées? « Non seulement, dit Friedlænder, les steppes de la Russie, les mers arctiques, les merveilles de l'Afrique demeurèrent inexplorées, *mais l'Inde même*, ce pays de fables, paraît avoir peu tenté la curiosité des voyageurs romains. Bien que de grandes flottes marchandes, naviguant pour le compte d'Alexandrie, fissent voile, chaque année, à la côte de Malabar, et que, par conséquent, l'occasion de visiter l'Inde ne manquât jamais, nous ne voyons pas que des voyageurs autres que ceux du commerce aient jamais pris part à ces expéditions. »

Le besoin d'imitation peut seul fournir réponse aux questions ici posées. — Tantôt c'est la mode qui dirige les touristes, même les touristes religieux, appelés pèlerins. Dans l'antiquité, il en était de même ; mais c'étaient surtout les villes d'eaux qui bénéficiaient ou souffraient, suivant les cas, des caprices de la mode. De nos jours, quelle est, s'il vous plaît, la raison de la préférence générale accordée au Mont-Dore sur Cauterets, ou à Cauterets sur le Mont-Dore, ou à la Bourboule sur les deux? On va tantôt mélancholiquement où l'on voit son voisin aller (sans parler des réclames doctorales). — D'autres fois, c'est la coutume qui impose des itinéraires traditionnels : l'affluence périodique à de vieux sanctuaires, tels qu'Éleusis chez les anciens, ou les voyages périodiques des Grecs à Olympie...

VII.

En fait d'arts, les maladies de l'imitation, bien connues des critiques, sont : ou le fétichisme ultra-classique, ou l'extravagance moderniste de l'innovation à outrance, de la mode à tout prix. Je n'y insiste pas. On rira fort, dans quelques années, de nos admirations actuelles pour certaines musiques, certaines peintures, certaines littératures... — En fait de mœurs et de moralité, il y a à noter pareillement le culte superstitieux des mœurs et des pratiques qui ont fait leur temps, ou l'adoption servile des nouvelles façons d'agir. N'en parlons ici que pour mémoire. Notons seulement l'alternance de la morale-mode et de la morale-coutume, leur lutte fréquente et le passage de la première à la seconde. La morale-mode, c'est l'honneur, écho intérieur de l'opinion contemporaine et étrangère. La morale-coutume, c'est le devoir, écho intérieur d'une voix plus profonde, d'une voix antérieure et antique, de la voix des aïeux. Mais tout ce qui est devenu devoir n'a-t-il pas commencé par être point d'honneur?

Notons aussi l'inappréciable avantage que ce jeu alternatif a pour effet de produire : le nivellement graduel des morales locales, qui s'acheminent vers une ère de morale universelle et une, et, par suite, l'agrandissement continu du champ moral, qui, d'abord réduit aux limites de la horde, de la famille ou de la tribu, hors desquelles il n'y avait ni droits ni devoirs reconnus, ni salut ni pitié à attendre, finira par embrasser l'humanité tout entière et même l'animalité domestique. C'est là le bénéfice moral le plus net dont nous soyons redevables à la civilisation, c'est-à-dire à la culture intensive et extensive à la fois de l'imitation. Car tous les nivellements analogues que la mode et la coutume, en alternant, opèrent à d'autres points de vue, tous les agrandissements du champ religieux ou scientifique, du champ politique, du champ économique, du champ esthétique, auxquels elles travaillent sans cesse, concourent à cette œuvre de la grande pacification future, dont nous pouvons déjà entrevoir l'aurore. Par là, nous sommes en possession d'une pierre de touche infaillible, applicable à tous les temps et à tous les lieux, pour juger de la valeur morale des hommes. On peut poser ce principe : toute conduite qui, dans une époque et un pays donnés, tend, par son exemple, à étendre un peu, si peu que ce soit, la *frontière morale* reconnue jusque-là, est digne d'éloges ; toute conduite qui tend à faire rétrograder et resserrer cette limite est digne de blâme. En vertu de ce principe, on ne saurait reprocher au citoyen antique l'étroitesse de sa notion du devoir, limitée aux remparts de sa cité. Car le domaine de cette notion est du moins n'avait jamais été, auparavant, plus large. Au contraire, chez ses ancêtres, il était plus étroit encore, borné à sa tribu. Mais on est en droit de s'indigner contre le politicien ou même l'homme d'État moderne qui, ayant vécu à une époque de large horizon moral, étendu à l'Europe entière ou à presque toute l'humanité, trace autour de sa petite coterie ou de son petit pays un cercle de Popilius, dans l'enceinte étriquée duquel il ramènerait peu à peu, si nous l'imitions, l'idée et le sentiment mutilés de la justice. — Épaminondas ne se préoccupait que du petit monde hellénique, et eût massacré sans scrupule ou réduit en esclavage tout l'univers barbare, si l'intérêt grec l'eût voulu. Mais il fallait autant de hauteur d'âme à un Grec du temps d'Épaminondas pour travailler sciemment et résolument, comme ce grand homme, dans le sens de la culture hellénique prise dans son ensemble, et non pas seulement dans un intérêt béotien ou athénien, ou spartiate, qu'il en faut à un homme d'État de nos jours pour adopter une politique vraiment européenne et non pas exclusivement nationale. À ce compte, aucun des grands ministres de ce siècle n'est comparable au général thébain.

On le voit, en dépit de ses exagérations morbides, grâce à elles parfois, l'imitation, à son insu, s'oriente vers un grand but lointain; elle tend au port vaste et souhaitable où tous les vaisseaux réunis de l'humanité ne formeront plus qu'une même flotte pacifique. Bien mieux, l'opération même du nivellement, à force de se prolonger, aboutira sans doute à renforcer en chacun de nous les traits de son originalité distinctive. On ne s'affranchit, en effet, de l'imitation que par la multiplicité même des imitations, c'est-à-dire par la culture de l'esprit, qui consiste en une accumulation de connaissances enseignées. On imite de moins en moins par moutonnerie, de plus en plus par réflexion, à mesure qu'on se civilise. Mais ce changement lui-même est dû au développement de l'imitation. L'imitation élective, réfléchie, suppose qu'on a le choix entre des modèles différents, ce qui implique une foule d'inventions et de découvertes conservées et rassemblées, moyennant une suite et une superposition de traditions.

On peut se demander lequel des deux excès opposés, de la mode et de la coutume, dont nous avons rapidement — et trop superficiellement — indiqué les principales variétés pathologiques, doit finalement prévaloir. Nous croyons qu'c'est le dernier. La mode sévit dans un temps donné et sous un aspect social donné — rarement sous tous les aspects sociaux à la fois — parce que ce temps, sous ce rapport, a une fécondité remarquable d'invention. Or, à mesure que les inventions et les imitations, en un sont le rayonnement social, se multiplient, il devient de plus en plus facile, il est vrai, jusqu'à un certain point, mais de plus en plus inutile à la longue, d'inventer de nouveau. La facilité d'inventer croît à raison des croisements nom-

breux d'idées flottantes dans l'air, d'où la chance plus grande d'interférences heureuses. L'utilité d'inventer décroît, en revanche; car à quoi bon se mettre en frais de génie quand on a sous la main tant de modèles excellents? — De là deux penchants contraires, qui luttent dans le sein des civilisations avancées : un penchant à profiter de la facilité croissante des inventions pour innover sans fin, et même sans motif suffisant, et un penchant contraire à profiter du trésor d'idées géniales léguées par le passé pour se reposer en une activité délicieusement machinale. Entre les deux, la victoire est fort disputée. De nos jours, en Europe, le premier l'emporte; mais est-il probable qu'il triomphe toujours? Non, l'expérience de l'histoire, qui nous montre tant d'empires, tant de civilisations différentes, parvenus successivement, plus tôt ou plus tard, à l'équilibre mobile — Égypte, Chine, Empire byzantin, etc. — ne nous permet pas de le croire. Déjà, dans nos beaux-arts mêmes et dans certaines branches de notre littérature, ne voyons-nous pas se révéler, sous des dehors d'imagination postiche, une véritable paresse d'esprit, habile à copier sans en avoir l'air et à démarquer le linge brodé d'autrui? — La société, en son évolution, par de la stérilité imaginative et y retourne, mais sous des formes bien dissemblables. Chez les peuples qui se reposent dans leur civilisation consommée — la nôtre ne l'est pas encore, celle de Rome l'était déjà dès le second siècle de l'empire — on n'invente plus rien; l'empire romain, après les Antonins, a vécu trois siècles, avec assez de prospérité parfois, ou du moins en continuant à assimiler ses peuples, et même les peuples voisins, sans d'ailleurs rien découvrir dans les sciences, dans les arts, dans le droit même. Mais les habitudes de travail, loin de se perdre, s'étendaient, se déformaient, il est vrai, peu à peu, et ne laissaient pas d'entretenir une prospérité grandissante en apparence, assez semblable à l'engraissement d'un eunuque. Tout autre est l'inertie intellectuelle des peuples barbares, tels que l'étaient les Germains avant leur contact fécond avec Rome. Ici, par paresse, on guerroie pour éviter le travail; là, pour s'épargner la peine d'inventer, on travaille, on imite; et, pour s'épargner la peine de vouloir, on obéit...

Entre autres griefs, Sumner-Maine reproche au suffrage universel (il aurait pu encore mieux reprocher au jury) d'être essentiellement hostile au progrès et voué à un conservatisme absurde. Suivant lui, si le suffrage universel eût fonctionné depuis deux siècles sur toute la surface du monde civilisé, « il aurait certainement chassé la muli-jenny et le métier mécanique, interdit la machine à battre, etc. ». C'est bien possible. Mais il se pourrait que cette maladie constitutionnelle des institutions démocratiques devînt leur meilleure raison d'être dans l'avenir. Quand il sera temps que le flot des innovations superflues s'arrête et se solidifie immuablement, elles se chargeront de cette opération cristallisante. . Mais, par bonheur, nous sommes encore loin de cette paix sénile.

G. Tarde.

ZOOLOGIE

Mammifères fossiles de la République Argentine, d'après M. Florentino Ameghino.

Le magnifique ouvrage (1) que M. Florentino Ameghino vient de consacrer à la faune mammalogique tertiaire de l'Amérique du Sud, et qui peut rivaliser avec les grandes publications du *Geological Survey* des États Unis, est un signe éclatant de l'activité intellectuelle qui règne dans cette République Argentine à laquelle tant de liens de sympathie nous rattachent. L'Exposition de 1889 est encore trop près de nous pour qu'on ait oublié la part que le gouvernement argentin a pris à cette grande manifestation décennale des sciences, des arts et de l'industrie. Si l'ouvrage de M. Ameghino n'a pu figurer à la place qui lui était réservée dans les galeries du pavillon argentin, c'est par suite de circonstances tout à fait indépendantes de la volonté de l'auteur. De tels travaux, d'ailleurs, ne s'achèvent pas en quelques jours et les hasards d'une traversée lointaine peuvent retarder, mais non amoindrir le retentissement qu'ils sont appelés à avoir dans le monde savant.

L'auteur, en effet, ne s'est pas contenté de résumer tout ce qui a été fait avant lui sur la faune tertiaire de la République Argentine en y ajoutant le résultat de ses recherches personnelles. Son livre est, en même temps, un résumé très complet de la géologie de cette importante époque. En outre, il compare avec soin, sous forme de tableaux synoptiques, cette faune avec les faunes contemporaines des autres régions du globe et en tire des déductions au point de vue de l'origine et des migrations des différents types mammalogiques qu'il classe dans un ordre phylogénétique nouveau, suivant une méthode qui lui est propre. Enfin, la question de l'homme fossile américain est traitée *in extenso*, en grande partie d'après des documents inédits.

Nous nous contenterons, ici, de donner une esquisse rapide de la succession des faunes mammalogiques tertiaires qui ont occupé successivement le territoire argentin et qui y ont laissé leurs débris, en cherchant à mettre en évidence les migrations que cette étude nous révèle et les rap-

(1) *Contribucion al Conocimiento de los Mamiferos Fosiles de la Republica Argentina, obra escrita bajo los auspicios de la Academia Nacional de Ciencias de la Republica Argentina para ser presentada a la Exposicion Universal de Paris de 1889*, par *Florentino Ameghino*. — Un vol. in-f° de 1030 pages à 2 colonnes, avec un vol. atlas de 98 planches en phototypie, représentant plus de 2000 pièces ostéologiques; Buenos-Ayres, 1889.

ports plus ou moins éloignés que ces migrations permettent d'établir entre la faune de l'Amérique australe et celles des autres régions du globe.

I.

Nous sommes loin du temps où l'on admettait, sur la foi de d'Orbigny, que toutes les formations tertiaires de la République Argentine antérieures au Pliocène étaient exclusivement marines : nous avons déjà eu l'occasion, à cette même place, de nous expliquer à ce sujet (1). Les couches que, d'après leur physionomie un peu trompeuse, d'Orbigny avait pris pour des formations marines, sont, en réalité, des formations continentales et d'eau douce, qui présentent ici une étendue considérable, mais ne renferment que des fossiles terrestres ou lacustres. Depuis le commencement du tertiaire, et malgré des incursions et des retraits successifs qui n'intéressent que la zone littorale, la mer n'a plus recouvert complètement l'Amérique du Sud, et des faunes plus riches que la faune actuelle ont pu s'y développer librement. Tous les étages de la période tertiaire sont représentés ici comme dans l'Amérique du Nord et sur l'ancien continent, ainsi qu'on en pourra juger d'après le tableau ci-après, dressé par M. Ameghino, et qui diffère peu dans ses points principaux de celui qu'a publié le géologue Dœring.

Comme le montre ce tableau, la limite entre le crétacé et le tertiaire, si nette en Europe, l'est beaucoup moins dans l'Amérique du Sud. Le même fait se remarque dans l'Amérique du Nord, où les *couches de Laramie* renferment des dépôts lacustres à faune d'un caractère mixte, remarquables par la présence de Dinosauriens mêlés à d'autres reptiles et à des poissons d'un type plus moderne, avec quelques rares mammifères (*Meniscoessus conquista*), à faciès jurassique. Les Dinosauriens semblent avoir vécu, sur le continent américain, beaucoup plus tard qu'en Europe, car on n'en trouve plus dans la faune cernaysienne des environs de Reims, étudiée par M. Lemoine, bien que par ses mammifères du groupe des *Plagiaulacida*, cette formation se place à la base du tertiaire et se rapproche plus qu'aucune autre des couches de Laramie et du Guaranien de l'Amérique méridionale.

D'après M. Ameghino, la *formation guaranienne* de d'Orbigny renferme des couches de trois âges différents. Les plus inférieures sont marines et crétacées (Guaranien inférieur et moyen), les couches supérieures sont terrestres ou sub-aériennes (Guaranien supérieur ou *Pehuenche*) et représentent, dans cette région, l'assise la plus inférieure du tertiaire, correspondant au *Paléocène* des États-Unis.

L'étage pehuenche de Dœring est surtout bien représenté en Patagonie, le long du cours supérieur du rio Negro et dans le triangle formé par les rios Limay et Neuquen, région

(1) *La Faune éocène de la Patagonie australe et le grand continent antarctique.* (*Revue scientifique*, 10 novembre 1883, 3e série, t. XXXII, p. 588.)

remarquable par son aspect pittoresque et fantastique dû à l'entre-croisement de profondes *barrancas* ou vallées d'érosions dont les torrents, depuis longtemps desséchés, ont raviné les couches de sable rouge ou jaune qui constituent les puissantes assises (de 200 à 300 mètres d'épaisseur) dont est formé le Guaranien supérieur. On a retrouvé récem-

ment cet étage sur les bords du rio Senguel (affluent du rio Chubut), où il forme des couches très étendues, renfermant en abondance des ossements de dinosauriens, entre autres un squelette presque complet, non encore étudié, mais indiquant un reptile de 40 à 45 mètres de long. On y trouve aussi des débris de crocodiles opisthocéliens.

FORMATIONS CÉNOZOIQUES DE LA RÉPUBLIQUE ARGENTINE,

D'après M. Fl. Ameghino.

PÉRIODES.		ÉTAGES OU HORIZONS GÉOLOGIQUES (avec fossiles caractéristiques).	FORMATIONS.		
CRÉTACÉE (?).		Guaranien inférieur	. . . .	Secondaires?	
		Guaranien moyen			
	Paléocène. .	Pehuenche (Guaranien supérieur; mammifères [*Pyrotherium*, etc.], et dinosauriens)	Guaranienne.		
I. ÉOCÈNE. Tous les mollusques d'espèces éteintes.	Éocène . . .	Sub-patagonien (*Baculites*).			
		Santa-Cruzien (*Plagiaulacidæ, Creodonta*).	Santa-Cruzienne.		
		Paranien (*Ostrea Ferrarisi*)			
	Oligocène. .	Mésopotamien (*Scalabrinitherium, Megamys*). . .	Patagonienne.	Tertiaire.	
		Patagonien (*Ostrea patagonica*).			
	Miocène. . .	Arauanien (*Plohophorus Ameghini, Azara occidentalis*)	Araucanienne.		Époque anthropozoïque.
		Hermosien (*Pachyrucos typicus*)			
II. NÉOGÈNE. Mélange de mollusques d'espèces éteintes et vivantes.		Pehuelche (sub-pampéen; *Nopachtus coagmentatus*) .			
		Ensenadien (pampéen inf.; *Typotherium cristatum*).	Pampéenne.		
	Pliocène. . .	Belgranien (pampéen moyen; *Neoracanthus, Azara sp. extinct.*)			
		Bonairien (pampéen supérieur; *Dilobodon, Glyptodon typus*).			
		Lujanien (pampéen lacustre; *Hydrobia Ameghini*). .			
		Tehuelche (*sans fossiles*).	Tehuelche.		Post-tertiaire.
III. PLIONÉOGÈNE. Tous les mollusques d'espèces vivantes.	Quaternaire. .	Querandien (post-pampéen marin; *Azara labiata*).			
		Platien (post-pampéen lacustre; *Palæolama mesolithica*).	Quaternaire.		
	Récent . . .	Aimara (récent; *Auchenia guanaco*).	Récente.		
		Aérien (*Equus caballus*).			

Les restes de mammifères, bien qu'encore assez rares et mal conservés, sont fort remarquables. A côté de *Plagiaulacidæ*, dont la taille était comparable à celle des grands kangourous d'Australie et qui se rapprochent du *Catopsalis* et du *Polymastodon* nord-américains (*Macropristis Marshii*, Ameghino), on y trouve un amblypode voisin des Coryphodontes (*Pyrotherium Romerii*), un toxodonte (*Trachytherus Spegazzinianus*), un édenté rapporté avec doute au groupe des gravigrades, et des plaques de tatous (*Dasypus*). Si ces couches n'ont pas été remaniées, cette faune présente un assemblage de formes tout à fait insolite par ses Ongulés qui, nulle part ailleurs, ne se trouvent en présence des dinosauriens et sont les plus anciens que l'on connaisse. Quant aux didelphes (*Plagiaulacidæ*), ils semblent avoir existé à cette époque sur les points les plus éloignés du globe (Europe, Amérique septentrionale, Amérique méridionale), mais sont bien près de s'éteindre, sauf en Australie où les *Kangourous-Rats* ou *Potorous* et les *Phalangers* (1)

de l'époque actuelle peuvent être considérés comme les descendants plus ou moins directs de ces *Plagiaulacidæ* éocènes.

La formation suivante ou *Santa-Cruzienne* (Dœring) commence par un étage d'origine marine (sub-patagonien) dont les couches correspondent à un retour de la mer sur la plaine argentine et sur la Patagonie presque tout entière. Ces couches, qui se retrouvent au Chili, de l'autre côté des Andes, sont caractérisées par les genres de mollusques marins *Baculites*, *Ostrea*, etc., avec des ossements d'Éoallo-sauriens. L'huître est voisine mais distincte de l'*Ostrea patagonica* de l'époque oligocène.

Ces couches marines sont immédiatement recouvertes, dans la Patagonie australe, par une formation terrestre ou sub-aérienne de plusieurs centaines de pieds d'épaisseur et très riche en ossements de mammifères. C'est le *Santa-Cruzien*, dont les caractères sont franchement éocènes. Le continent sud-américain dut avoir à cette époque, au moins dans la Patagonie australe, une extension bien plus grande que pendant le Pehuenche. La faune mammalogique est nombreuse et variée, tandis que les dinosauriens sont complètement éteints.

C'est dans la vallée du rio Santa-Cruz, à partir du point

---

(1) Les prémolaires striées et dentelées des *Plagiaulacidæ* n'ont plus d'analogues, dans la nature actuelle, que chez les Potorous (*Hypsiprymnus*) et, à un moindre degré, chez les Phalangers du genre *Cuscus*.

appelé *Barrancas-Blancas*, en remontant le cours du fleuve, qu'on peut le mieux étudier cette importante formation. En ce point, le talus presque à pic (*barranca*) n'a pas moins de 80 à 100 mètres d'élévation et montre à nu la succession des couches tertiaires depuis l'éocène jusqu'à l'époque actuelle. Les sédiments de l'étage Santa-Cruzien n'y ont pas moins de 60 mètres d'épaisseur. Ces couches sont d'origine fluviale ou sub-aérienne et renferment de nombreux débris de vertébrés (mammifères, oiseaux, lézards, poissons d'eau douce). Elles s'étendent, au-dessous de la formation basaltique, sur toute la partie centrale du territoire, jusqu'au pied des premiers contreforts de la Cordillière des Andes, car on les retrouve avec leur aspect caractéristique sur la rive sud du Jaten-Huageno, à trois jours de marche du lac Argentin.

La faune mammalogique de cette époque reculée compte déjà 144 espèces, chiffre relativement considérable, car il est supérieur à celui de la faune actuelle du même pays (107 espèces seulement). Les didelphes du type mésozoïque des amphithères (*Microbiotheridæ*) et les *Plagiaulacidæ* de l'époque précédente vivent encore, et, à côté d'eux, on trouve des *Créodontes* ou carnivores primitifs. Les rongeurs sont nombreux, mais leur abondance contraste ici avec la rareté de ce type dans les couches contemporaines de l'hémisphère septentrional. Les Toxodontes, type d'ongulés à dentition de rongeurs tout à fait spécial à l'Amérique du Sud, sont de plus grande taille, mais n'atteignent pas encore les proportions colossales que nous leurs verrons plus tard. Les véritables Ongulés sont fort intéressants : tous sont des périssodactyles (*Macrauchenidæ*) ou des amblypodes bien distincts de ceux du Nord, et, parmi ces derniers, il en est d'une taille colossale (*Astrapotherium*). Les Édentés enfin, avec ou sans cuirasse, sont assez nombreux mais encore de petite taille : l'auteur y signale un type remarquable par ses affinités (*Scotæops*), car on ne peut le rapprocher que de l'Oryctérope d'Afrique, un des rares édentés qui vivent encore sur l'ancien continent.

A cette époque succède la période de perturbation volcanique qui recouvrit le Santa-Cruzien d'un énorme manteau de basalte s'étendant sur dix lieues de superficie avec une épaisseur de 50 à 150 mètres d'épaisseur. Cette coulée de laves ne se déposa pas, comme on l'a prétendu, au fond d'une mer, car nulle part on ne trouve trace d'organismes marins, mais bien sur la terre ferme qui resta émergée pendant toute cette période. La formation *Patagonienne* de d'Orbigny est postérieure aux dépôts des basaltes. L'étage paranien qui en forme la base est une formation exclusivement littorale, actuellement envahie par la mer, et qui affleure sur un très petit nombre de points où elle est caractérisée par la présence d'*Ostrea Ferrarisi* et de *Pecten patagonensis*. Dans les *barrancas* des environs de Parana, elle renferme des débris de cétacés (*Zeuglodontes* et *Pontistes rectifrons* voisins du *Pontoporia* actuel). Ces couches marines ne s'étendent pas à l'intérieur. L'étage mésopotamien qui

leur succède correspond à un soulèvement considérable de la terre ferme : l'Atlantique dut se retirer à peu près jusqu'au point où nous voyons ses rivages à l'époque actuelle. Les sables rouges de cette époque qui forment les barrancas du rio Chubut, du rio Negro et du Parana sont très riches en ossements de vertébrés, dont les mammifères seuls ont été étudiés complètement. Ils comprennent 106 espèces, la plupart phytophages : c'est à peine si l'on y signale trois ou quatre carnassiers, dont le plus remarquable est un ours (*Arctotherium vetustum*), c'est-à-dire un animal omnivore. Les Rongeurs prédominent (40 pour 100 de cette faune), et quelques-uns atteignent une taille colossale : le *Megamys Racedi* avait les dimensions d'un hippopotame et d'autres espèces sont à peine plus petites : ces grands rongeurs se rapprochent surtout par leurs dents des Viscaches actuelles (*Lagostomus*), et montrent avec les Myopotames une certaine affinité qui tient peut-être simplement aux habitudes aquatiques qu'on peut leur supposer d'après l'aspect que cette région devait avoir à l'époque mésopotamienne. Les toxodontes et les édentés sont aussi très nombreux : parmi les ongulés, les *Macrauchenidæ* (*Scalabrinitherium*) sont surtout abondants. Deux types nouveaux sont voisins l'un des tapirs (*Ribodon*), l'autre des chevaux (*Hipphaplus*). Les Créodontes sud-américains font ici leur dernière apparition, mais les didelphes (*Plagiaulacidæ*) de l'époque précédente ont complètement disparu, et un long espace de temps s'écoulera avant que les didelphes d'un type plus moderne (*Didelphydæ*), qui vivent encore dans le même pays, apparaissent dans la *formation araucanienne*, venant probablement du Nord. Cette faune est vraisemblablement la dernière qui se montre sans mélange appréciable par suite de ces migrations : on peut dire qu'elle représente la faune primitive de l'Amérique australe.

Les reptiles de ce gisement appartiennent aux genres *Proalligator*, *Rhamphostoma*, *Platemys*; les poissons aux g. *Silurus*, *Raia*, *Dynatobatis*; les mollusques sont *Chilina antiqua* et *Unio diluvii*; les arbres, *Rhizocupressinoxylon*, *Cupressinoxylon*, *Glyptostroboxylon* et *Araucarioxylon*. Cette époque correspond à l'Oligocène d'Europe.

L'étage suivant (Patagonien proprement dit) correspond à un affaissement du continent et ne comprend que des couches marines caractérisées par d'énormes bancs d'*Ostrea patagonica*, tels que ceux qu'on voit dans les environs de Parana. On y trouve des débris de baleines, de dauphins, d'otaries, de poissons et d'autres animaux marins.

Dans les barrancas de Parana, le Pampéen surmonte immédiatement ces couches marines patagoniennes, ce qui a fait croire à l'absence de couches intermédiaires. Mais sur d'autres points du territoire, notamment dans la province de Buenos-Ayres et dans la région qui s'étend entre le Parana et la Sierra de Tandil comme aux alentours de la Sierra de Ventana, on trouve, au-dessous de l'argile rouge du Pampéen, des couches de sable rapportées à tort à cette dernière formation. Doering a montré qu'il y a là une vaste formation d'eau douce ou sub-aérienne antérieure au Pampéen et bien distincte qu'il a nommée *Araucanienne*. Elle est surtout développée au pied des Andes, et se montre à découvert dans tout le sud-ouest de la Pampa.

II.

Le début de cette époque correspond à un nouveau recul de l'océan qui inaugure la période néogène de M Ameghino, c'est-à-dire le commencement du miocène. Le continent sud-américain fut alors plus étendu qu'à l'époque actuelle, et communiqua, selon toute apparence, avec l'Amérique du Nord par un isthme beaucoup plus large qu'à l'époque actuelle. L'étage araucanien qui forme la base de cette formation est surtout développé dans la Pampa occidentale entre les rios Colorado et Negro, où il forme le haut plateau araucanien qui lui a donné son nom. Ces couches sont caractérisées par la présence de *Chilina Lallemanti* (Doering), et d'*Azara occidentalis* (Doering).

Ces couches, encore peu étudiées, paraissent, sur certains points, riches en ossements fossiles : les Glyptodontes y sont abondants et le *G. Plohophorus*, représenté par de nombreux débris de cuirasse, peut être considéré comme caractéristique. Le *G. Lama* (*Auchenia*) s'y montre pour la première fois.

L'étage hermosien succède immédiatement au précédent. Il tire son nom de la localité de *Monte-Hermoso*, située dans le sud de la province de Buenos-Ayres, à 60 kilomètres de Bahia-Blanca. C'est également une formation d'eau douce ou sub-aérienne. La barranca qui domine en ce point la mer, s'élevant d'une vingtaine de mètres, prouve que le continent s'étendait alors beaucoup plus loin à l'est. Les fossiles y sont abondants : on y distingue des poissons d'eau douce, des lézards, de grandes tortues terrestres, des oiseaux dont quelques-uns de très grande taille et surtout des mammifères (*Trigodon*, type aberrant des toxodontes et *Pachyrucos typicus*).

Un troisième étage (*Pehuelche*), superposé immédiatement au précédent, correspond aux sables sub-pampéens des anciens géologistes, et diffère peu de l'Hermosien par sa faune mammalogique : un type d'édentés cuirassés (*Nopachtus coagmentatus*) paraît caractéristique de cet étage.

En résumé, la formation araucanienne ou miocène de la République Argentine comprend trois étages d'eau douce dont la faune moyenne (celle de l'Hermosien) est la mieux connue. L'ensemble de cette formation n'a encore fourni que 74 espèces de mammifères appartenant à 50 genres. Ces genres se répartissent entre 28 familles, dont 10 sont encore vivantes dans le même pays; 23 ont survécu jusque dans le Pampéen; 21 étaient déjà représentées dans le Patagonien et 15 dans le Santa-Cruzéen. Une seule (*Tragulidæ*) paraît propre à cette époque, mais se retrouve sur l'ancien continent. La faune primitive du continent Patagonien a déjà perdu en partie son facies caractéristique comme le montre l'apparition soudaine et simultanée dans l'Araucanien des proboscidiens (*Mastodon*), des cerfs (*Paraceros*), des Camelidés ou lamas (*Auchenia*), des marsupiaux de la nouvelle famille des *Didelphydæ* et même d'une famille de rongeurs aujourd'hui très répandue dans l'Amérique du Sud (les *Octodontidæ*), mais qui possède aussi des représentants en Afrique. Tous ces types peuvent être considérés comme des immigrants venus du Nord. La présence de l'homme ou d'un ancêtre hypothétique de l'homme (*Anthropopithecus*), admise non sans réserves par M Ameghino, ne repose que sur l'examen d'instruments de pierre dont la véritable nature reste, comme en Europe, jusqu'ici très douteuse.

L'ensemble de cette faune n'en frappe pas moins par son facies moderne. Les rongeurs sub-ongulés diminuent de nombre et de taille : les gigantesques *Megamys* ont disparu; cependant les Cabiais ont encore quelques grandes espèces. Les toxodontes et surtout les *Typotheriæ* atteignent leur plus grand développement et présentent ces espèces gigantesques qui précèdent de bien peu l'extinction d'un type zoologique. Par contre, les *Xotodontidæ* et les *Interatheridæ* ont leurs derniers représentants. Les Perissodactyles sont encore très rares, et les *Macrauchenidæ* sont en complète décadence; mais les Artiodactyles font ici, comme nous venons de le dire, leur première apparition sur le continent sud-américain en même temps que les Proboscidiens. Enfin les édentés acquièrent un développement considérable, et la famille des *Dædicuridæ* en particulier renferme des formes véritablement colossales.

III.

La formation pampéenne ou pliocène de la République Argentine est beaucoup mieux connue que les formations antérieures; aussi renverrons-nous, pour l'étude de ses couches géologiques, au tableau que nous en avons donné au début de cet article. Sa faune, étudiée depuis près d'un demi-siècle, est aussi celle qui renferme le plus grand nombre d'espèces (235 espèces de mammifères), plus du double du chiffre de la faune actuelle. Le pliocène, est sur tous les continents l'époque du plus grand développement de la classe des mammifères, qui depuis a manifestement perdu beaucoup de types, sans en acquérir peut-être un seul, l'homme excepté.

Cette faune pliocène de la République Argentine se distingue par une plus grande abondance de types mammalogiques propres aux deux continents : en d'autres termes, les immigrants venant du Nord ont continué à envahir l'Amérique méridionale. Parmi ces immigrants, les plus remarquables sont les grands Félins du type du *Machærodus*, grands destructeurs d'herbivores, et dont la voracité a dû hâter l'extinction des toxodontes et des édentés gigantesques [1]. Les grands rongeurs sub-ongulés continuent à décroître, et les Rats, représentés par le *G. Hesperomys* et

---

(1) Il est probable que le *Machærodus* et le *Smilodon*, malgré leur force, ne s'attaquaient qu'aux jeunes des grandes espèces de Glyptodontes, dont ils devaient briser la cuirasse en frappant, bouche fermée, avec leurs formidables canines, ou en les introduisant, en guise de ciseau, au défaut de cette cuirasse.

ses nombreux sous-genres, font leur première apparition. Cette arrivée tardive prouve que ce type est bien, comme lé pense M. Oldf. Thomas, originaire de l'ancien continent et proche parent des Hamsters (*Cricetiens*) de la région paléarctique. Les *Macrauchenidæ* s'éteignent, tandis que les chevaux deviennent nombreux. Un genre (*Plicatodon*) paraît voisin des rhinocéros. Les ruminants abondent, mais les cochons (*Suidæ*) ne sont pas plus communs qu'à l'époque actuelle. Les proboscidiens sont représentés par six espèces de mastodontes. Enfin les édentés gigantesques, avant de disparaître, atteignent leur entier développement. Les tatous, type moderne du même groupe, sont plus nombreux qu'aux époques précédentes.

La formation post-pampéenne ou quaternaire est de peu d'étendue, surtout quand on la compare à la vaste formation précédente. Elle consiste en sédiments lacustres déposés dans les dépressions des couches supérieures du Pampéen. C'est à M. Ameghino que l'on en doit presque entièrement la connaissance. On n'y a trouvé, jusqu'ici, que 54 espèces de mammifères, dont 19 sont éteintes (1); les autres vivent encore dans le même pays. La plupart des grands édentés, notamment les Glyptodontes, sont éteints, ainsi que les *Macrauchenidæ*. Les périssodactyles n'ont plus que le cheval (*Equus rectidens*) et probablement le tapir (bien qu'on ne l'y ait pas encore rencontré). Les toxodontes n'ont plus qu'une espèce. Les *Camelidæ* (lamas) et les *Cervidæ* ont déjà diminué. Le seul type nouveau est une antilope (*Platatherium pampeanum*), type qui n'aura ici qu'une existence éphémère. Les proboscidiens ont encore une espèce, la plus grande de toutes (*Mastodon superbus*). En résumé, sur 36 genres, 8 sont éteints, 26 vivent encore dans la même région.

Les couches d'origine plus récente que le quaternaire, notamment l'étage que M. Ameghino désigne sous le nom d'*Ariano* ou aérien, ne renferment plus que des ossements de mammifères encore vivants ou introduits depuis la conquête espagnole. Tel est le cheval de l'ancien continent (*Equus caballus*), dont les dents se distinguent toujours nettement de celles du cheval quaternaire indigène (*Equus rectidens*). On remarquera qu'entre le Platien ou post-pampéen, étage supérieur du quaternaire, et l'étage aérien de l'époque historique, s'interpose un étage désigné sous le nom d'*Aimara*, où les restes du genre *Equus* font complètement défaut. Il s'est donc écoulé un temps géologiquement appréciable entre l'extinction de l'*Equus rectidens* et l'introduction de l'*Equus caballus*, ce qui est d'accord avec les documents historiques les plus autorisés, contrairement à une légende que l'on a essayé de faire prévaloir, bien à la légère, il y a quelques années.

IV.

Nous pouvons, maintenant, résumer en quelques mots les modifications subies par la faune mammalogique de l'Amé-

(1) Les genres éteints qui ont vécu jusque dans le quaternaire de la

rique du Sud et nous rendre compte des migrations qui ont altéré le caractère primitif de cette faune, telle qu'elle se montre à l'époque éocène, notamment dans le Santa-Cruzien et le Patagonien. Les *Plagiaulacidæ*, les *Creodonta* et les *Amblypoda* sont des types communs aux deux hémisphères et aux deux continents. Par contre, les *Toxodontia*, les *Litopterna* (*Macrauchenia*) et les *Édentés* sont propres à l'Amérique du Sud et ne se trouvent nulle part ailleurs à cette époque reculée. Il en est de même des Rongeurs, particulièrement des sub-ongulés, qui semblent, comme les édentés, originaires de l'hémisphère austral. A l'époque oligocène (Patagonien), les *Plagiaulacidæ* et les amblypodes ont disparu dans les deux hémisphères. Quelques *Stereopterna* (périssodactyles) de types particuliers commencent à se montrer. Les Créodontes vivent encore, mais à côté d'eux apparaissent quelques rares carnivores, tous du type des *Arctoidea*. Les ruminants et les *Didelphydæ*, qui existent déjà en Europe, n'apparaîtront que plus tard dans l'Amérique méridionale. Les plus grands mammifères de cette période sont l'*Astrapotherium* éocène et les *Megamys* oligocènes, comparables pour la taille au rhinocéros ou à l'hippopotame. Plusieurs genres de rongeurs (*Lagostomus, Myopotamus*) et d'édentés (*Dasypus, Zædyus*) de cette époque vivent encore dans la République Argentine.

Le Miocène (Aracaunien) est caractérisé par la disparition des Créodontes, sans que les vrais carnivores soient devenus beaucoup plus nombreux. Quant aux insectivores, qui existaient déjà dans l'hémisphère boréal, ils n'ont jamais pénétré dans l'Amérique du Sud; mais à leur place les *Didelphydæ*, qui ont des mœurs analogues, font ici leur première apparition, après un intervalle pendant lequel cette région est complètement dépourvue de marsupiaux. Les proboscidiens et les ruminants, notamment les lamas et les cerfs, se montrent à la même époque comme des immigrants venant de l'Amérique septentrionale, qui reçoit en retour des gravigrades et des rongeurs sub-ongulés. Les toxodontes et les édentés ont plusieurs espèces d'une taille gigantesque. Quatre genres du Miocène (*Auchenia, Hydrochærus, Canis, Didelphys*) vivent encore dans la même pays.

Le Pliocène (Pampéen) possède une faune d'une grande richesse, grâce à ce fait que la faune primitive atteint ici son plus grand développement, avant de s'éteindre presque complètement, et s'est mélangée d'un grand nombre de formes venues du Nord et appartenant aux carnivores et aux ongulés. De là une plus grande ressemblance entre les faunes des deux Amériques.

Parmi les carnivores, restés jusqu'alors fort rares, les *Æluroidea* (félins) apparaissent enfin, et contribuent sans doute largement (avec des types aussi puissants que le *Machærodus ensenadensis* et le *Smilodon populator*) à la destruction des herbivores de grande taille tels que les

République Argentine sont : *Toxodon, Palæolama, Platatherium, Mastodon, Megatherium, Essonodontherium, Mylodon, Pseudolextodon*. Le genre *Equus* était également éteint dans l'Amérique du Sud et y a été réintroduit depuis l'époque historique.

Toxodontes, les *Macrauchenidæ*, les *Gravigrades* et les *Glyptodontes*, dont les dimensions gigantesques présagent l'extinction prochaine, bientôt presque complète dans le quaternaire. Les espèces de petite taille (tatous ou *Dasipidæ*) survivent seules jusqu'à l'époque actuelle dont la faune, relativement très pauvre, contraste avec la richesse de la faune pliocène. Sous ce rapport, l'Amérique australe est comparable à l'Europe et à l'Amérique boréale, avec cette différence que l'ancien continent possède encore, dans sa zone intertropicale, de grands ongulés, derniers survivants de la faune pliocène, qui font presque complètement défaut, en dépit du climat, à la zone correspondante du continent américain.

E. TROUESSART.

ART MILITAIRE

Le nombre et la valeur dans le combat moderne.

On peut regarder une armée comme une source d'énergie que le commandement utilise de son mieux.

La puissance d'une armée dépend à la fois de la valeur du chef et de la valeur intrinsèque des combattants, comme la puissance d'une roue de moulin dépend de la science de l'ingénieur qui l'a construite et de l'énergie de la chute d'eau.

Tel chef, telle armée, dit le proverbe; mais le proverbe a tort, aujourd'hui plus que jamais, où les guerres durent trop peu pour permettre au chef de façonner son armée.

Pendant vingt ans, Napoléon fit la guerre presque sans trêve, et, général toujours incomparable, il eut, en dépit de l'adage, des troupes de qualités diverses. Est-ce que les soldats de Wagram valaient ceux d'Austerlitz ? Sans porter atteinte à la gloire de ces braves ni au respect qu'on doit à leur mémoire, on peut répondre : Non, avec leur chef lui-même.

Il y a d'ailleurs un facteur sur lequel le commandement ne peut rien, absolument : c'est le nombre des combattants, facteur d'une importance indéniable dont le chef ne dispose pas plus que l'ingénieur ne dispose du débit de son cours d'eau.

Qu'un chef renferme, condensé dans les sinuosités d'un puissant cerveau, le génie d'Annibal, celui de César et encore celui de Napoléon, avec mille hommes il n'en battra pas cent mille égaux en courage; il ne pourra pas faire non plus que dix mille Napolitains soient dix mille braves.

Il faut donc distinguer dans la puissance absolue d'une armée deux facteurs:

1° La valeur du commandement;

2° Les qualités intrinsèques des combattants.

Le commandement coordonne les énergies éparses dans la masse de l'armée; par de bonnes dispositions stratégiques et tactiques, il les fait agir avec ensemble et précision, mais il ne les crée pas.

Tout en accordant, avec les bons esprits, une influence prépondérante au commandement, on ne peut, sous peine de graves erreurs, négliger le second facteur.

C'est le peu de poids que les tacticiens et les historiens militaires ont coutume de donner, dans leurs commentaires, à la valeur intrinsèque des combattants qui cause le vague ou mieux la puérilité qui caractérise si souvent leurs appréciations.

Théoriciens forcenés pour la plupart, ils ne veulent voir dans une bataille que la lutte de deux intelligences jouant sur le terrain une vaste partie d'échecs.

Mais au combat, au lieu de pièces de bois inertes et impavides, on manie des hommes faits de chair et d'os; et sous les balles, les os craquent; devant la mort, la chair se révolte.

La troupe n'est qu'un instrument, soit, mais un instrument point du tout passif, doué de qualités propres, en partie indépendantes de celles du chef, qui, si elles ne sont pas à elles seules la cause de la victoire ou de la défaite, contribuent assez à l'une ou à l'autre pour qu'on doive en tenir compte.

On n'a pas, encore une fois, l'outrecuidance de nier l'importance capitale du commandement. Le paradoxe a été soutenu par un illustre romancier philosophe; mais ce qu'a dit là-dessus Tolstoï, brillant écrivain, Tolstoï, simple caporal, ne l'eût pas pensé.

Les règles du commandement, si toutefois un art aussi complexe en peut avoir d'autres que celles qui jaillissent d'un bon sens transcendant, ont été formulées; d'après les faits et discutées par maints auteurs éminents; et à moins d'avoir gagné des batailles, il semble qu'on ne saurait, sans impudence, faire autre chose, sur ce sujet ardu, qu'étudier, réfléchir et se taire.

Mais avant d'aborder la séduisante étude du maniement des masses, il paraît rationnel de chercher à avoir une idée précise de l'énergie qu'elles renferment.

C'est ainsi que l'ingénieur, avant de combiner un moteur hydraulique, a soin de mesurer la puissance de la chute qu'il emploie; les combinaisons mécaniques varient à l'infini, mais le plus ingénieux des constructeurs ne peut que songer à utiliser la plus grande partie de l'énergie dont il dispose, jamais à en créer.

A la guerre, le rôle difficile du chef est d'obtenir de la troupe le rendement maximum; on se propose simplement ici d'ébaucher l'étude de l'énergie de cette troupe, de sa valeur intrinsèque, *abstraction faite du commandement*.

On posera nettement le problème en disant :

Étant données deux troupes placées sous des commandements de valeur identique, quelle est la plus redoutable au combat ?

PUISSANCE D'UNE TROUPE AU COMBAT.

Quand on fait abstraction du commandement, on reconnaît sans peine que la puissance d'une troupe au combat dépend des facteurs suivants:

1° Le nombre des combattants ;

2° Leur courage ;

3° Leur habileté technique ;

4° La perfection de leur armement ;

5° La valeur militaire de leur position.

On laisse pour le moment au mot *courage* son sens vulgaire, en se réservant de le préciser dans la suite.

Dans tout combat, ces facteurs interviennent et, suivant le cas, c'est la prééminence marquée de l'un ou de l'autre qui assure la victoire.

Au temps des guerres médiques, mille barbares cèdent au choc de cent guerriers de Sparte : le mépris de la mort et la science du combat triomphent du nombre.

A Caudium, c'est grâce à leur formidable position que les Samnites infligent un terrible échec à la valeur romaine.

Le chevalier du moyen âge, vêtu de sa lourde armure, chevauche à travers les fantassins, renversant du robuste poitrail de sa monture ceux qu'épargne sa lance ; supérieurement armé, il a le mépris du nombre. Mais qu'il se rencontre au cœur des vilains assez de courage pour résister au premier choc, les nobles pourfendeurs apprendront à leurs dépens, comme à Granson et à Morat, qu'une poitrine de brave vaut une épaisse cuirasse, et qu'en des mains vaillantes une pique de frêne peut briser les épées de Tolède : la supériorité de l'armement n'était pas assez marquée pour qu'on pût l'équilibrer à force de valeur.

Dans l'étonnante conquête du Mexique par Cortez, un grand peuple, affolé par les effets prodigieux des armes à feu, reçoit la loi de quatre cents Espagnols. Les Mexicains avaient le nombre certainement, le courage peut-être ; mais désespérés par la formidable supériorité d'armement de l'adversaire, ils renoncent à la lutte.

Dans les guerres européennes modernes, les facteurs présentent, il est vrai — au moins le troisième et le quatrième — des différences moins nettement accusées que dans les exemples cités.

Ils n'en interviennent pas moins, quoique d'une façon plus cachée, dans l'appréciation de la puissance d'une troupe. Cette puissance est fonction de ces facteurs, et c'est en somme la forme de cette fonction qu'on se propose de déterminer.

Il peut paraître étrange, dans une question d'aspect aussi complexe, où se rencontre un facteur moral, le courage, de prononcer ce mot de fonction, d'une précision mathématique, car c'est bien dans ce sens qu'il est employé. Mais ne pas donner, ou au moins essayer de donner une solution mathématique au problème proposé, serait n'en pas donner du tout, et se résigner à un verbeux commentaire de cette phrase d'excellents traités de tactique que n'a pourtant pas signée M. de La Palisse : « Il est bon d'avoir au combat plus d'hommes que l'adversaire, et il est bon aussi qu'ils soient plus braves que les siens. »

La tentative n'a d'ailleurs rien de bien audacieux ; des cinq facteurs énoncés, quatre s'expriment sans grand'peine par des nombres ; la seule difficulté consiste à trouver aussi une expression numérique du facteur courage.

La mathématique dénuée de toute vertu créatrice sera employée le moins possible, et seulement pour exprimer en une langue claire et précise les inéluctables conséquences de prémisses seules discutables.

LOI DES EFFECTIFS.

En étudiant l'influence du facteur nombre, celui des cinq qui est par sa nature le plus accessible aux spéculations mathématiques, on va être conduit à faire intervenir les trois derniers facteurs ; un seul coefficient suffira à tenir compte des trois à la fois, et on trouvera une relation indépendante du temps qui lie à un moment quelconque les effectifs des deux troupes adverses.

Cette importante relation exprime *la loi des effectifs* dans laquelle n'intervient pas le courage.

Dans le combat antique, à l'arme blanche, l'importance du nombre était minime comparée à celle qu'il a acquise de nos jours. Avec des fronts proportionnels aux effectifs, les deux troupes s'abordaient à rangs serrés, de densité égale, et chaque combattant avait en face de lui un adversaire et un seul.

Aux ailes de la plus longue ligne, on frappait dans le vide, et les mouvements enveloppants, grâce à la profondeur des formations, ne servaient qu'à mettre aux prises plus d'adversaires, mais toujours en nombre égal de part et d'autre. Les premiers rangs luttaient, et de l'issue de cette lutte résultait pour tous la victoire ou la déroute. Car alors comme aujourd'hui, les hommes aimaient la vie, et ceux des derniers rangs, d'autant plus inquiets qu'ils ne trouvaient pas à leur nervosité un dérivatif dans l'agitation du combat, étaient mûrs pour la panique.

Un cri de détresse venu de la ligne de bataille, une bouffée des senteurs amollissantes qui montent du sang tiède des blessés, suffisaient à provoquer la déroute, d'autant plus terrible qu'on était plus nombreux.

Dans le combat moderne à grande distance, le nombre est redoutable, parce qu'il permet l'enveloppement par les feux qui expose réellement chacun aux coups de plusieurs. On aura une idée de l'influence du nombre en examinant le cas idéal du combat de deux troupes, ne différant que par là et douées pour le reste de qualités identiques. Les armes sont les mêmes et aussi l'habileté à les manier, le terrain ne favorise aucun des deux partis, les lignes ont même densité et pour ne pas faire intervenir prématurément le facteur-courage on admettra qu'il est absolu de part et d'autre, c'est-à-dire que chacun lutte jusqu'à la mort.

Soient dans ces conditions n et n' les nombres des combattants à un même instant quelconque ; a le nombre (entier ou fractionnaire) d'hommes que met hors de combat pendant l'unité de temps l'un des combattants.

Le feu de la seconde troupe fait perdre à la première pendant le temps dt

$$n'\,a\,dt \text{ hommes}$$

et l'effectif de la première troupe diminuant de cette quantité ou de δn on a :

$$- dn = n' a\, dt;$$

on a de même

$$- dn' = na\, dt.$$

On déduit de ces deux relations

$$n\, dn = n'\, dn'$$

ou en intégrant

$$n^2 - n'^2 = \text{constante}.$$

Donc, dans tout le cours du combat idéal en question, la différence des carrés des nombres des combattants reste constante.

Si le combat a lieu entre un bataillon de 1000 hommes et une compagnie de 250 hommes, le nombre x de soldats sains et saufs qui restent au bataillon, quand la compagnie est anéantie, est donné par l'équation :

$$x^2 = \overline{1000}^{\,2} - \overline{250}^{\,2};$$

d'où

$$x = 968.$$

Le bataillon n'aurait perdu que 32 hommes pour en détruire 250.

Plaçons-nous maintenant dans le cas de combat réel :

Soient, pour l'une des troupes, à un instant quelconque, n le nombre de combattants et a le nombre (très petit) d'adversaires que chacun d'eux met hors de combat pendant l'intervalle de temps très court que l'on considère; n' et a' les nombres correspondants pour l'autre troupe, prise au même moment. On peut écrire par une simple traduction de ces définitions en langage algébrique :

$$- dn = n' a'$$
$$- dn' = n a.$$

Jusqu'ici, rien de plus clair et de moins discutable : c'est la reproduction presque textuelle de ce que l'on a déjà vu. Mais nous sommes au combat réel; non seulement les nombres n et a' sont inégaux à un instant quelconque, mais de plus ils sont variables avec le temps, et il semble nécessaire a priori de savoir comment chacun d'eux est fonction du temps pour trouver des intégrales des équations. Or chacun de ces nombres varie avec la distance, l'intensité du feu et la densité des formations, toutes choses qui dépendent en partie du commandement et en dépendent d'une façon qu'on ne peut songer à exprimer mathématiquement sous peine d'absurdité. Mais si a et a' pris isolément échappent au calcul, il n'en est pas de même heureusement du rapport $\dfrac{a}{a'}$.

Le coefficient a à l'instant considéré est le produit du pour cent moyen α obtenu par la première troupe par le nombre $v\,dt$ de coups tirés (v vitesse du tir) pendant le temps dt.

On a donc :

$$\frac{a}{a'} = \frac{v}{v'} \cdot \frac{\alpha}{\alpha'}.$$

Étudions les valeurs prises pendant le combat par les facteurs $\dfrac{v}{v'}$ et $\dfrac{\alpha}{\alpha'}$.

1° Le rapport $\dfrac{v}{v'}$ est indépendant de la vitesse du tir et il est même en général égal à 1, au moins à partir du moment où le combat est sérieusement engagé.

Les règlements des armées européennes ont, en effet, des prescriptions sensiblement concordantes au sujet de la discipline du feu; ils font surtout dépendre son intensité de la distance, qui toujours la même pour les deux partis conduit par conséquent à des vitesses de tir égales pour des approvisionnements en munitions égaux ou proportionnels pour des approvisionnements différents.

D'ailleurs, à défaut de prescriptions réglementaires, le soldat, on l'a souvent remarqué, a une tendance instinctive à régler l'intensité de son feu sur celle du feu de l'ennemi.

2° Le rapport $\dfrac{\alpha}{\alpha'}$ est proportionnel au rapport $\dfrac{\delta'}{\delta}$ des densités de formation.

Il est aisé de voir tout d'abord que ce rapport est indépendant de la distance, car si l'on admet, soit comme évident, soit comme résultat de l'expérience, que le pour cent obtenu par un tireur déterminé sur un même but est fonction que de la distance, de telle sorte que α étant ce pour cent à la distance 1, α f (d) soit ce pour cent à la distance d, on conclut que le rapport des pour cent de deux tireurs à une même distance quelconque est constant.

Ceci a bien lieu au combat, où la distance est à chaque instant la même pour les tireurs adverses.

Les circonstances topographiques du combat ont une influence évidente sur les pour cent, mais on admettra qu'elles ne varient pas sensiblement pendant l'engagement.

Le rapport des pour cent n'est plus alors fonction que du rapport $\dfrac{\delta'}{\delta}$ et il est plausible d'admettre qu'il lui est proportionnel.

On peut donc poser en résumé $\dfrac{a}{a'} = \dfrac{c}{c'} \cdot \dfrac{\delta'}{\delta}$, c et c' étant des constantes dont la signification sera précisée ultérieurement.

On déduit alors des deux équations primitives :

$$\frac{c\, n\, dn}{\delta} = \frac{c'\, n'\, dn'}{\delta'}.$$

Pour intégrer, il suffirait de savoir comment δ est fonction de n.

La question est du plus haut intérêt pratique; son développement serait un vrai traité de tactique rationnelle, mais le sujet est vaste, et l'on se bornera à dire ce qui importe à la solution du problème énoncé.

Si f et f' sont les fronts des deux troupes, on a $\delta = \dfrac{n}{f}$ et $\delta' = \dfrac{n'}{f'}$ et la relation précédente devient :

$$c\, f\, dn = c'\, f'\, dn'.$$

On se place dans un cas très voisin de la réalité en admettant que les fronts ne varient guère à partir du moment où le combat est sérieusement engagé. L'intégration est alors possible, et elle donne en appelant n_o et n'_o les effectifs à l'origine du combat :

$$c\,f\,(n_o-n) = c'\,f'\,(n'_o-n').$$

Cette formule exprime la *loi des effectifs*.

Son exactitude est du même ordre que celle des lois appliquées journellement dans la pratique des assurances et dans le tir. C'est, au fond, une loi de probabilité ; et il est bien entendu que, pareille à cette sorte de lois, elle n'a sa valeur que pour les grands nombres. Il serait absurde de l'appliquer au combat de 5 hommes contre 10, par exemple. Il nous faut maintenant préciser le sens des coefficients c et c'.

On a vu que $\dfrac{c}{c'} = \dfrac{a}{a'}$, c'est-à-dire que c, si l'on se souvient de la définition de a, est proportionnel au nombre d'hommes que chacun des combattants de la première troupe met hors de combat pendant un temps déterminé, et pour des conditions données de distance, de vitesse de tir et de densité de formation de l'ennemi. Ce coefficient dépend donc à la fois de la valeur des armes, de l'habileté moyenne de la troupe et de la position topographique respective des deux partis. Pour des troupes de même nationalité et de même temps de service, le coefficient c ne varie guère qu'avec le *terrain* ; et si l'on pouvait tenir un compte exact de l'influence du terrain, le nombre $\dfrac{c}{c'}$ corrigé de cette influence pour chaque engagement particulier serait sensiblement constant, dans une même campagne, pour des troupes de même origine.

Il suit de là que si l'on fait abstraction du terrain, comme il est juste de le faire dans la comparaison de la valeur absolue de deux troupes, le nombre c représente ce que l'on peut appeler le *coefficient mécanique* d'une troupe, coefficient qui résulte des qualités de l'armement et des qualités techniques des combattants.

On objectera peut-être que le courage a une influence sur c, que deux tireurs égaux au tir à la cible ne le seront pas au combat. L'objection ne serait pas sans valeur si les effectifs engagés étaient très faibles et les combattants susceptibles d'un très grand sang-froid ; mais elle paraît fausse dans les grandes luttes modernes, où les rares individualités de haute valeur morale sont noyées dans la masse énorme des soldats ordinaires qui, tant qu'ils font face à l'ennemi, tirent avec une précision moyenne ne dépendant guère que de la perfection de leur instruction et de leur discipline.

« Tirez aux cordons des souliers et mettez votre confiance en Dieu, » disait Cromwell. On dit aujourd'hui : « Prenez telle hausse, tel but, et suivez votre caporal. » C'est la façon dont ces prescriptions sont suivies qui détermine l'effet produit, et tant que la limite du courage moyen de la troupe n'est pas dépassée, la précision avec laquelle la masse en tient compte ne dépend que de l'instruction antérieure et de la discipline.

C'est donc avec raison que l'on donne à c le nom de coefficient mécanique de la troupe, entendant par là qu'il mesure numériquement l'effet matériel que cette troupe e t capable de produire dans des conditions-types bien définies, tant qu'elle reste dans la main de ses chefs.

DU COURAGE.

Jusqu'ici, nous n'avons considéré que les effets matériels du combat, et l'on se demande peut-être si l'influence de ces effets sur le succès final mérite qu'on s'arrête aussi longtemps à leur étude dans un travail sommaire.

Quand on réfléchit aux grands désastres militaires qu'enregistre l'histoire, on n'aperçoit jamais qu'aucun ait été la suite de l'anéantissement des combattants. Bien plus, si l'on arrête le compte des pertes au moment précis de la défaite, sans faire intervenir celles qui se produisent pendant la poursuite, les plus importantes, au moins jusqu'à ces derniers temps, on remarque que très généralement c'est le vainqueur qui a subi les plus cruelles (1). Si, plus on perd de monde, plus on a de chances de vaincre, on est tenté de conclure que le nombre des morts et des blessés importe peu et que la seule habileté du commandement fait le gain des batailles.

L'intervention du facteur *courage* va lever toute difficulté à cet égard et donner au facteur *pertes* sa légitime importance.

Pourquoi une position occupée par une troupe tombe-t-elle au pouvoir de l'ennemi ? Est-ce par suite de la mise hors de combat de tous les défenseurs jusqu'au dernier ? Depuis les Thermopyles, le fait ne s'est pas vu ; toujours la position tombe parce que les défenseurs, après avoir perdu le dixième, le tiers, bien rarement les trois quarts de leur effectif, l'abandonnent. Le style militaire a pour dire la chose des euphémismes qui varient suivant la dose du courage déployé : on perd du terrain, on cède, on plie, on se replie, on se retire, parfois on s'enfuit. Quel que soit le vrai mot, le fait est toujours le même, l'abandon de la position, et la cause toujours la même, la crainte de la mort.

Sans la crainte de la mort, le combat aurait l'allure d'une vulgaire partie d'échecs en terrain varié. Mais elle plane sur les champs de bataille, plus terrible que les balles, et, à un certain moment, les plus vaillants y succombent.

Impuissante sur quelques natures d'élite, elle règne en souveraine sur les foules : il est presque inouï que, malgré les plus formidables serments, une troupe de cent hommes y ait résisté quand la fuite est possible, et le souvenir de Léonidas et de ses trois cents compagnons vivra éternellement glorieux dans la mémoire des braves, parce que seuls, en rase campagne, ayant juré de mourir, ils moururent.

Le courage du simple soldat est la faculté qu'a son âme de dompter la crainte de la mort. Ce courage lui vient de

---

(1) Ceci s'explique par ce fait que le vainqueur ayant eu, le plus souvent, un rôle offensif, a dû lutter, au point d'attaque, sur un terrain défavorable.

ses qualités natives, qualités de race et qualités individuelles; il lui vient aussi de sa discipline et de sa confiance dans ses camarades et dans ses chefs. Sans chercher à établir la part qui revient à chacune de ces influences dans la formation du courage, on va tâcher de faire admettre une expression numérique de sa mesure à un moment donné.

Nous dirons que le courage du simple soldat a pour mesure la probabilité mathématique de mort qu'il peut affronter sans fuir. Le courage est alors exprimé par un nombre compris entre 0 et 1. Le courage 0 est celui d'un soldat qui fuit devant la seule possibilité du danger; le courage 1 celui de l'homme qui, sans faiblesse, lutte jusqu'à la mort face à l'ennemi.

Mais, dira-t-on, cette définition, bien que rationnelle, ne sert pas à grand'chose, puisqu'il est impossible de mesurer expérimentalement la probabilité de mort que l'on peut affronter. A priori, oui; mais les résultats mêmes du combat donnent les éléments de cette mesure, sinon pour chaque individu, au moins pour la collection d'individus qui composent une troupe.

Supposons qu'un bataillon de 1000 hommes se retire du combat après avoir perdu 250 hommes, soit un quart de son effectif. La retraite est le résultat du raisonnement suivant qui s'est fait instinctivement, d'une façon plus ou moins nette dans le cerveau de chacun des 750 survivants :

« En arrivant ici, nous étions 1000; 250 ont déjà mordu la poussière, et au train dont vont les choses, en restant plus longtemps, nous y passerons tous : puisque jusqu'au moment actuel et que j'ai été exposé aux coups tout aussi bien que ceux qui ont succombé, j'ai couru $\frac{250}{1000}$ chances de mort, j'ai affronté une probabilité $\frac{1}{4}$ de mourir, c'est tout ce que je puis supporter; je me sauve »

Çe n'est évidemment pas sous cette forme mathématique que se traduira la pensée, mais les éléments du raisonnement seront bien ceux-là. C'est d'après un jugement approximatif sur le pour cent des pertes qu'on se décide à fuir. Il importe peu que le jugement soit exagéré ou non : ce qui importe, c'est que ce pour cent, tel qu'on se le figure au milieu du combat, est bien l'élément qui intervient; qu'il intervienne plus ou moins grossi par la frayeur, par l'émotion, il n'en dépend pas moins du pour cent réel, et, en somme, la décision du fuyard ne dépend que de ce pour cent réel[1].

La supputation des chances ne se fait pas d'une façon identique pour tous les survivants, mais ces diverses supputations inconscientes se dégage à un certain moment un résultat identique pour tous : la retraite.

Considérant, à cet instant, la troupe comme constituant une individualité, nous dirons que son courage est le pour cent des pertes qu'elle a dû subir pour être ébranlée, ce qui est bien la même chose que la probabilité moyenne de mort affrontée par chacun des survivants.

Il n'est pas inutile de faire remarquer que le courage n'est pas une quantité constante pour une même troupe. Il varie avec le temps, et une foule de circonstances qui précèdent ou accompagnent le combat peuvent avoir sur lui une grande influence. Mais, dans toute cette étude, on considère les divers facteurs avec leur valeur au moment même du combat, sans avoir à s'inquiéter de les exprimer en fonction de leur valeur à un moment antérieur donné. Cette opération, nécessaire dans la réalité, n'est pas la moins délicate de celles qui incombent au commandement.

CONCLUSION.

Nous sommes maintenant en possession des données nécessaires pour résoudre le problème énoncé :

Soient n_0 et n'_0, c et c' π et π' les effectifs à l'origine, les coefficients mécaniques et les courages de deux troupes, quelle relation doit exister entre ces quantités pour que la valeur des deux troupes soit la même?

On obtiendra évidemment cette relation en exprimant que les deux troupes étant opposées l'une à l'autre, aucune des deux n'aura l'avantage; et, puisque la faiblesse humaine ne saurait tolérer un combat à outrance, l'égalité aura lieu si les deux troupes lâchent pied en même temps, c'est-à-dire si elles atteignent en même temps la limite de leur courage.

Soient à cet instant n et n' les effectifs; les courages déployés par les deux troupes sont respectivement :

$$\pi = \frac{n_0 - n}{n_0} \quad \text{et} \quad \pi' = \frac{n'_0 - n'}{n'_0}.$$

La loi des effectifs donne : $cf(n_0 - n) = c' f(n'_0 - n')$. Éliminant π et π' entre ces trois dernières relations, on trouve

$$c \pi n_0 f = c' \pi' n'_0 f'.$$

Mais, comme dans le combat théorique supposé, le terrain n'intervient pas, il est plausible d'admettre que les fronts sont à peu près proportionnels aux effectifs. C'est du moins le cas qui se présentera toutes les fois qu'une trop grande supériorité numérique de l'un des partis ne s'y opposera pas (1).

L'égalité précédente devient alors :

$$c \pi n^2_0 = c' \pi' n'^2_0.$$

Donc, THÉORÈME : Deux troupes s'équivalent quand le produit de leur coefficient mécanique par leur courage et par le carré de leur effectif est le même.

Il est, par conséquent, rationnel de prendre comme mesure de la valeur d'une troupe le produit $c \pi n^2_0$.

On peut discuter l'exactitude absolue de cette expression; mais si l'on remarque que les coefficients c et π expriment

---

[1] Les batailles contemporaines ne sont pas rares où l'on a très nettement appliqué cette tactique : le parti supérieur en nombre maintient l'ennemi sur ses positions par un combat de front, livré dans des conditions à peu près égales, pendant qu'il prolonge sa ligne vers l'une des ailes où le nombre joue son rôle et donne la victoire.

numériquement avec une grande fidélité ce que l'on entend vulgairement par les mo s : qualités techniques et courage, on ne saurait contester qu'elle donne à la délicate question posée une solution approximative aussi précise qu'on pouvait la désirer.

Sans insister sur les graves conséquences pratiques de l'expression trouvée, on ne peut s'empêcher de signaler l'importance formidable qu'elle donne au nombre, dans le combat moderne.

Le coefficient mécanique c étant sensiblement le même pour les diverses armées européennes à l'époque actuelle, on voit que si les effectifs de deux troupes sont dans le rapport de 3 à 4, il faut à la moins nombreuse un courage à peu près double pour qu'elle puisse prétendre à la même valeur absolue.

STÉPHANOS.

CAUSERIE BIBLIOGRAPHIQUE

L'Anthropologie criminelle et ses récents progrès, par M. CÉSARE LOMBROSO. — Un vol. in-18 de la *Bibliothèque de philosophie contemporaine*, avec 10 figures dans le texte; Paris, Alcan, 1890.

M. Lombroso, le célèbre anthropologiste de Turin, bien connu des lecteurs de la *Revue*, vient de réunir, dans un petit volume, les récentes et nombreuses acquisitions d'une science encore bien jeune, mais déjà très riche, l'anthropologie criminelle, dont il peut être considéré comme l'un des fondateurs.

On sait que c'est à M. Lombroso que revient le mérite d'avoir provoqué une grande agitation, qui devait être féconde, autour des questions passionnantes se rattachant à l'origine, aux facteurs de la criminalité, et que c'est à lui qu'il faut rapporter la diffusion de cette idée, que la criminalité est en rapport avec une organisation anormale de l'individu, et que par suite le criminel est en réalité irresponsable, moralement au moins. C'est précisément cette conséquence, l'irresponsabilité, qui a soulevé de violentes discussions, qui commencent d'ailleurs à s'apaiser, maintenant qu'on en vient à comprendre que l'irresponsabilité morale n'entraîne pas l'irresponsabilité matérielle, et que la nouvelle conception du crime ne comporte guère, comme modification à introduire dans nos codes, que la substitution de la *défense de la société* à la *peine*, considérée comme chàtiment et punition. Cette question de principe réglée, rien ne serait en effet changé dans la pratique. Seulement, au lieu, par exemple, de supprimer un criminel dangereux et incorrigible pour le *punir* d'avoir tué, on saura qu'on le supprime pour se *défendre* et pour n'avoir pas à entretenir un individu dont la société n'a que du mal à attendre.

Les recherches, observations et statistiques concernant les anomalies physiques des criminels, sont aujourd'hui extrêmement nombreuses, et forment un ensemble imposant.

M. Lombroso les a exposées, peut-être un peu rapidement, mais de façon, cependant, qu'on puisse juger de leur importance. Nous devons reconnaître que cette exposition a été impartiale, ce qui n'est pas un mince éloge, étant donné que tous les travaux dont il s'agit ne confirment pas la thèse soutenue par l'auteur.

Cette thèse, maintenant célèbre, n'a pas à être exposée ici. Tout le monde sait qu'il s'agit de l'identification du criminel d'habitude, du criminel-né avec le sauvage, avec l'homme primitif, ressemblance qui serait la conséquence d'un phénomène d'atavisme. La fortune de cette doctrine a été singulière, car elle a provoqué une série de recherches et de discussions qui ont mis à profit les données mêmes sur lesquelles elle avait été édifiée, pour la battre vigoureusement en brèche. En ce moment, le criminel est plutôt regardé comme un dégénéré, comme un héréditaire, quel que soit le type auquel il appartienne, et la recherche des antécédents

Fig. 1. — Photographie composite de crânes de criminels.

héréditaires des criminels, l'observation des stigmates physiques dont ils sont porteurs, l'interprétation de leurs anomalies psychiques plaident vivement en faveur de cette conception, issue des travaux de Morel, très acceptée en France, et soutenue en Italie par M. Sergi, de Milan. M. Lombroso a eu le courage de ne pas contester la valeur de tous ces travaux, qui paraissent en contradiction avec sa doctrine, et il a seulement cherché à montrer que cette contradiction n'était pas profonde.

En réalité, il y a peut-être moins d'opposition qu'il ne semble au premier abord entre la doctrine de l'atavisme et celle de la dégénérescence. Il est, en effet, fort admissible que les facultés le plus récemment acquises, dans l'évolution morale progressive de l'homme, soient précisément les premières à disparaître, comme étant les plus fragiles, sous l'influence de la déchéance individuelle et héréditaire due aux maladies ou aux intoxications; et ainsi le dégénéré se trouverait rapproché du primitif, par la perte des qualités lentement amassées et fixées par les générations intermédiaires. Nous ne doutons pas que cette considération ne présente quelque jour, aux deux écoles adverses, un terrain de conciliation.

Mais quoi qu'il advienne, il ne faut pas oublier tout ce que l'anthropologie criminelle doit à M. Lombroso, qui peut en être considéré comme le véritable créateur, et qui, jugeant du succès de son œuvre par le nombre des ouvrages et des publications périodiques qui lui sont maintenant consacrés en France, en Italie, en Espagne, en Russie, en Belgique, en Amérique, doit en somme en être satisfait, et peut se consoler des attaques qu'il a dû tout d'abord essuyer.

Nous donnons ci-dessus une photographie composite obtenue avec six crânes de criminels. D'après M. Lombroso, elle présente, avec une exagération évidente, les caractères qu'il a assignés au criminel-né, c'est-à-dire ceux de l'homme sauvage : sinus frontaux très apparents, zygomes et mâchoires très volumineux, orbites grands et éloignés, asymétrie du visage, type ptéléiforme de l'ouverture nasale, appendice lémurien des mâchoires.

Les Installations d'éclairage électrique. Manuel pratique du monteur électricien, par L.-A. MONTPELLIER et G. FOURNIER. — Un vol. de 556 pages, avec figures; Paris, Georges Carré, 1890.

On accuse quelquefois ceux qui rendent compte d'un ouvrage de s'inspirer outre mesure de la préface et parfois de ne faire qu'en reproduire les termes. Cette accusation ne saurait être portée contre nous, par cette raison toute simple que le livre de MM. Montpellier et Fournier n'a pas de préface. Nous constatons ce fait sans nulle idée de reproche, trop heureux que cette constatation nous mette à l'abri de tout jugement téméraire.

Nous avons donc dû lire le livre, et nous l'avons lu avec plaisir. Cela nous a permis de voir que les auteurs venaient de combler une grande lacune.

La plupart des ouvrages sur l'électricité sont écrits, ou pour les ingénieurs ou pour les gens du monde. Dans le premier cas, le calcul et les formules occupent la place principale; dans le second, les descriptions, attrayantes sans doute, relevées encore par de belles illustrations, ont l'inconvénient grave de ne profiter en rien aux gens du métier. Entre ces deux catégories d'ouvrages, il y avait à prendre position : MM. Montpellier et Fournier l'ont fait; ajoutons qu'ils l'ont bien fait. En s'adressant aux praticiens, à la nombreuse pléiade des contremaîtres et des ouvriers intelligents, aux amateurs qui prennent plaisir à faire par eux-mêmes, les auteurs ont rendu service à tous ceux pour lesquels rien d'approprié n'avait encore été écrit. A côté de solides notions théoriques élémentaires, il fallait l'explication détaillée et précise des procédés usuels et des opérations de chaque jour; il fallait, en un mot, passe le mot, de la besogne mâchée. Le livre qui nous occupe contient tout cela sagement dosé et dit avec abondance et clarté.

Dans les *notions préliminaires* exposées avec simplicité, l'algèbre n'est représentée que par les formules I = $\frac{E}{R}$, Q = It : c'est tout ce qu'il en faut.

La première partie (matériel et outillage) traite des machines électriques, de la force motrice, des piles, des accumulateurs, des lampes à arc, des lampes à incandescence, des conducteurs, des appareils de marche et de sûreté, des transformateurs, des appareils de mesure.

Ici déjà s'accuse le caractère pratique de l'ouvrage et apparaît nettement le but que se sont proposé les auteurs.

Principe et organes des machines, différents modes d'excitation, modèles les plus usités et les plus récents forment autant de paragraphes importants du premier chapitre qui se termine par le montage et l'installation des dynamos. Des renseignements numériques, sous forme de tableaux, sont annexés à chacun des types décrits et figurés.

Les moteurs à vapeur, à gaz, à pétrole ou à air chaud, à air comprimé, les roues hydrauliques et les turbines, les organes de transmission, en un mot tout ce qui concerne la force motrice, a fourni la matière du second chapitre.

Les piles susceptibles d'être employées pour l'éclairage, ainsi que les accumulateurs, font l'objet des deux chapitres suivants.

Viennent ensuite les descriptions d'un grand nombre de lampes à arc et de lampes à incandescence, les bougies Jablochkoff servant de transition. Là encore les données numériques sont enregistrées partout où elles présentent quelque intérêt.

Dans le chapitre relatif à la canalisation, nous signalons un tableau faisant ressortir, en regard du diamètre des conducteurs de cuivre, leur section en millimètres carrés, le nombre d'ampères pouvant traverser 100 mètres de fil avec une perte de 1 volt, le poids en kilogrammes de 100 mètres de fil. Ce tableau, que les auteurs appellent *Indicateur électrique universel*, et dont ils ont pris soin de démontrer le mécanisme par des exemples, évitera bien des calculs aux praticiens.

De nombreux instruments sont décrits sous la rubrique : appareils de marche et de sûreté. Ce sont pour le premier groupe : les interrupteurs, les commutateurs, les inverseurs et les rhéostats; pour le second, les coupe-circuits et les parafoudres; enfin, à cheval sur ces deux catégories, les voltamètres-régulateurs. Ce chapitre se termine par la description du conjoncteur-disjoncteur automatique de M. Hospitalier, permettant de charger les accumulateurs en toute sécurité.

Les transformateurs Gaulard et Gibbs, Zipernowski-Déri, Ferranti sont étudiés dans le chapitre IX.

A propos de l'électrométrie, bon nombre d'appareils nouveaux sont décrits, et les compteurs d'électricité occupent une large place dans cette partie de l'ouvrage. Se préoccupant des moindres détails, les auteurs n'ont pas négligé la mesure des vitesses; en quelques pages, ils font connaître les compteurs des tours et les tachymètres habituellement employés.

Voilà le praticien en possession de toutes les connaissances élémentaires qui lui sont indispensables : il possède les notions théoriques suffisantes, il s'est familiarisé avec le mécanisme des appareils, il connaît les conditions que doivent remplir les conducteurs, les procédés de mesures et de vérification lui ont été indiqués, il lui reste à coordonner ces divers éléments, à en composer un tout qui fournira la lumière et à mettre en marche l'ensemble du système. C'est à ce moment qu'il importait surtout de lui mâcher la besogne, comme nous disions plus haut; c'est ce qu'ont fait MM. Montpellier et Fournier dans la seconde partie de l'ouvrage que nous analysons.

Les auteurs y font d'abord connaître, d'une manière générale, comment il convient de disposer les circuits et de grouper les lampes; puis, passant aux détails, ils consacrent de nombreux diagrammes à l'installation des machines électriques, des conducteurs, des foyers lumineux et des appareils accessoires.

Le chapitre suivant (mise en marche, fonctionnement et entretien des installations) contient des prescriptions minutieuses au sujet des soins de tous les instants que réclament les organes multiples d'une usine d'électricité.

Tout mécanisme, quelque parfait qu'il soit, peut se déranger. Pour reconnaître le défaut, il faut procéder avec méthode; de là la nécessité de classer les dérangements. Mais cette classification ne suffit pas, il faut encore indiquer les moyens pratiques à mettre en œuvre pour trouver rapidement le défaut et le réparer; tout cela fait l'objet du chapitre xiv.

Il est intéressant aussi de savoir établir le devis d'un réseau d'éclairage électrique; le chapitre xv montre comment on procède.

Enfin le dernier chapitre donne des renseignements très complets au sujet des installations domestiques. Une foule de documents utiles ont en outre été rassemblés dans un appendice qui termine l'ouvrage.

En résumé, le programme que s'étaient imposé les auteurs est bien rempli, trop rempli peut-être et, sans nul doute, la seconde édition, qui ne saurait se faire attendre, sera plus condensée. Cet excellent volume pourra ainsi être mis en vente à un prix moins élevé, ce sera un avantage très apprécié par le public auquel il s'adresse.

Les **Bactéries** et leur rôle dans l'étiologie et l'histologie pathologiques des maladies infectieuses, par MM. Cornil et Babès. Troisième édition refondue et augmentée. — Deux vol. in-8°, avec 385 figures en noir et en plusieurs couleurs intercalées dans le texte et 12 planches hors texte; Paris, Alcan, 1890.

Un ouvrage sur les microbes, c'est-à-dire sur une science qui est en pleine marche et à laquelle chaque jour apporte de nouvelles contributions, est condamné à vieillir vite; et quand MM. Cornil et Babès ont donné, en 1885, leur livre sur les *Bactéries*, ils savaient bien que c'était une œuvre à tenir constamment sur le chantier, pour lui conserver sa valeur.

Le succès qu'a eu ce bel ouvrage, mieux nous n'avons plus à faire l'éloge, a dû certainement rendre légère cette peine aux auteurs, qui n'ont pas reculé devant le profond remaniement rendu nécessaire pour les travaux récents; et la troisième édition des *Bactéries* diffère autant de la précédente que celle-ci de la première.

Les nouvelles acquisitions de la microbie ayant donné lieu à des chapitres nouveaux se rapportent, pour la plupart, à des maladies observées chez les animaux : le choléra des canards, la pneumo-entérite des porcs, le farcin du bœuf;

la mammite contagieuse des vaches laitières, la mammite contagieuse de la brebis, la barbone des buffles, la peste bovine, l'hémoglobinurie du bœuf, la pneumonie du cheval; telles sont les affections dont l'étiologie a été récemment établie, pour une grande partie d'ailleurs, par des microbiologistes français.

Les recherches concernant les maladies infectieuses de l'homme ont été moins fructueuses. Deux chapitres seulement, sur la septicémie urineuse et sur le tétanos, leur sont consacrés. Celui concernant la grippe est d'une grande richesse de documents, mais d'une pauvreté désespérante en conclusions solides; et il est vraiment curieux de constater l'échec des observateurs à l'égard de cette maladie, en dépit des excellentes méthodes et de l'outillage perfectionné de la microbie. C'est à se demander si la grippe est vraiment une maladie microbienne spéciale, ou si elle n'est pas seulement le résultat de l'exaltation de la virulence de microbes déjà connus, soit sous l'influence de certaines conditions météorologiques, soit à la faveur d'un amoindrissement de la résistance organique tenant à des causes inconnues.

Les nombreuses et importantes recherches sur la phagocytose, qui ont tant éclairé, sans toutefois l'expliquer entièrement, le phénomène de l'immunité acquise, ainsi que les perfectionnements apportés par M. Pasteur à la méthode des vaccinations intensives dans le traitement de la rage après morsure, ont également trouvé place dans cette nouvelle édition.

Mentionnons enfin une série de très belles planches photographiées, qui montrent bien tous les progrès réalisés par l'art de la micro-photographie dans ces dernières années.

ACADÉMIE DES SCIENCES DE PARIS

23-30 JUIN 1890.

ASTRONOMIE. — *M. J. Janssen* donne lecture à l'Académie
du télégramme qu'il a reçu du consul de France à la Canée
lui annonçant que *M de La Baume*, envoyé par l'Observatoire de Meudon, à Candie, avec une mission du ministre de
l'instruction publique, pour observer l'éclipse partielle du
soleil du 17 juin dernier, a réussi dans ses observations. Le
temps a été favorable, le ciel pur, et M. de La Baume a pu
obtenir des photographies de l'anneau et de son spectre.

Sa mission se rapportait aux deux chefs suivants :

1° Obtenir de l'éclipse, pendant la phase annulaire, une
série de photographies sur plaques argentées pouvant se
prêter à des mesures de diamètre des astres en conjonction ;

2° Obtenir le spectre photographique de l'anneau, au
moment où celui-ci est réduit à une très petite épaisseur,
afin de voir si le spectre de l'extrême bord du disque solaire présente les bandes de l'oxygène.

— D'autre part, *M. J. Janssen* avait pris, à Meudon, les
dispositions nécessaires pour obtenir des photographies
avec l'appareil qui donne des images solaires de 30 centimètres de diamètre. Mais le temps n'a pas été favorable.

A ce propos, il appelle de nouveau l'attention sur l'intérêt
que présentent des photographies d'éclipses solaires partielles, quand elles sont assez parfaites pour montrer les
granulations de la surface de l'astre éclipsé. En effet, si le
globe lunaire est absolument dépouillé de toute couche
gazeuse, la granulation solaire obtenue par la photographie
conservera ses formes et son aspect jusqu'au bord occultant
lunaire. Si, au contraire, une couche gazeuse de quelque
importance se trouve interposée, elle agira dans les conditions les plus favorables pour produire des déformations par
réfraction. Or cette étude a été réalisée pendant l'éclipse
partielle de 1882, et M. J. Janssen met sous les yeux de
l'Académie un positif de verre obtenu avec un cliché pris
dans cette circonstance et sur lequel on voit la granulation
de la surface solaire conserver sa netteté et sa définition
jusqu'au bord lunaire. Il y a là, dit-il, une nouvelle preuve
de la rareté excessive de l'atmosphère lunaire, si cette
atmosphère existe.

— A l'Observatoire de Nice, l'éclipse du 17 juin a été
observée par *MM.Charlois, Javelle* et *Perrotin*, qui donnent,
dans leur note, les heures du premier et du deuxième contact, ainsi que par l'empereur *Dom Pedro*, par projection,
avec l'équatorial de 38 centimètres d'ouverture et un grossissement de 140 fois.

— A l'Observatoire de Lyon, c'est à l'équatorial Brunner
(0ᵐ,165 d'ouverture libre) que *M. Gonessiat* a observé la
même éclipse, avec un grossissement de 100 diamètres. Les
conditions atmosphériques étaient excellentes et la netteté
des images parfaite. Pendant toute la durée du phénomène,
le contour de l'échancrure a montré très nettement les accidents du profil lunaire ; on n'a constaté aucune déformation à
la pointe des cornes, et on n'a pas réussi à distinguer le
bord de la lune dans la partie projetée hors du soleil. A la
fin de l'éclipse, le disque solaire, masqué par des cirrus, était
très pâle. Le premier contact eut lieu à 20ʰ14ᵐ27ˢ, temps
moyen de Paris, et le dernier à 22ʰ50ᵐ39ˢ, avec une incer-

titude de deux secondes. Enfin la durée totale de l'éclipse a
été plus faible de 0ᵐ7ˢ que celle qui avait été calculée dans
la *Connaissance des temps*.

— Les conditions atmosphériques n'ont pas été aussi favorables aux observations de *M. Ch. Trépied* à l'Observatoire
d'Alger. Des brumes passaient fréquemment sur le soleil,
circonstance très gênante pour les études spectroscopiques
qui exigent une certaine continuité; aussi le savant astronome a-t-il dû sacrifier ces dernières et se borner à profiter
des éclaircies pour photographier l'éclipse. Le nombre de
ces photographies est de 26.

Ajoutons que ni avant le premier contact, ni après le dernier, il n'a été possible d'apercevoir le disque de la lune;
mais pendant l'éclipse on voyait assez bien le disque lunaire
se prolonger au delà du soleil à 3 ou 4 minutes d'arc de celui-ci. Les 7/10° environ du diamètre solaire étaient éclipsés
pour Alger. Le maximum de l'éclipse est nettement marqué
sur le diagramme du thermomètre enregistreur de Richard,
qui a accusé un abaissement correspondant de température
de 1°,4. On pouvait alors, pendant les instants où le ciel
était pur, constater aussi un affaiblissement déjà très considérable de la lumière.

— Enfin, de la note de *M. E.-L. Trouvelot* il résulte
qu'une couche épaisse de nuages a rendu l'observation de
l'éclipse fort difficile à Meudon. Le premier contact a passé
inaperçu ; mais une éclaircie de quelques secondes, survenue à 8ʰ,28, a permis de constater que le disque solaire
était déjà assez fortement entamé par la lune. L'astre, resté
à peu près continuellement invisible jusque vers 10 heures,
s'est montré ensuite de temps en temps entre les nuages,
devenus un peu moins épais, et bientôt alors il a été possible d'obtenir quelques photographies des phases de
l'éclipse. Mais vers la fin du phénomène, le ciel était redevenu sombre et le soleil invisible. A 10ʰ43ᵐ30ˢ,5, il y eut
cependant une courte éclaircie pendant laquelle M. Trouvelot a pu constater que la lune était invisible et que le
bord solaire avait repris sa régularité parfaite.

— D'autre part, M. Daubrée présente des photographies
de l'éclipse solaire prises à Paris entre 9 heures 1/2 et
10 heures par le prince *Nicolas de Beauharnais*.

— M. l'amiral Mouchez communique une note de *MM. G.
Rayet, Picart* et *Courty* relative aux observations qu'ils ont
faites sur la comète Brooks, au grand équatorial de l'Observatoire de Bordeaux, du 19 mai au 20 juin 1890. Ces observations font suite à celles qu'ils ont déjà présentées à l'Académie du 31 mars au 19 mai derniers. Leur note comporte les
positions de la comète ainsi que la position moyenne des
étoiles de comparaison.

— De Nice, M. *Charlois* adresse une note qui fait connaître les éléments et l'éphéméride de la nouvelle planète
293, découverte à l'Observatoire de cette ville le 20 mai
dernier. Ces éléments ont été calculés à l'aide des observations faites à Nice les 23 mai, 5 et 17 juin 1890.

— En 1864, *M. W. Huggins* découvrait les raies brillantes
du spectre visible des nébuleuses planétaires, de la nébuleuse d'Orion et d'autres nébuleuses, puis, dix ans plus tard,
en 1874, il déterminait les positions des quatre
raies, confirmant l'opinion qu'il avait déjà publiée que les
deux raies les plus réfrangibles coïncident avec les raies de
l'hydrogène Hβ et Hγ. Depuis peu, on a prétendu que la raie
principale n'était que la première cannelure de la bande

brillante du spectre du magnésium brûlant dans l'air. Les nouvelles recherches que M. Huggins a entreprises dans l'hiver de 1888-1889 et dans celui de 1889-1890, en comparant dans un spectroscope à forte dispersion la raie de la nébuleuse directement avec la cannelure du spectre du magnésium, lui ont démontré qu'il n'en était rien, c'est-à-dire que cette raie ne coïncidait pas avec la cannelure de Mg O, mais qu'elle se trouvait à peu de distance de celle-ci, vers le bleu, et qu'elle était plus réfrangible que ladite cannelure.

De plus, deux photographies de la nébuleuse d'Orion prises cette année lui ont montré que les raies de l'hydrogène plus réfrangibles que H_γ, qu'il avait cherchées en vain dans ses anciennes photographies, s'y montrent cette fois avec beaucoup de force.

MÉTÉOROLOGIE. — Dans une nouvelle communication, *M. H. Faye* revient sur la figure théorique d'une tempête qu'il a présentée dans une précédente séance (1), pour la comparer avec les faits connus de tous les navigateurs. Il rappelle que les personnes qui se sont trouvées momentanément engagées dans un tornado n'ont jamais souffert du prétendu vide que les météorologistes persistent, dit-il, à y mettre. Mais toutes, c'est-à-dire celles qui ont survécu à leurs blessures ou à leurs contusions, y ont subi une impression de froid des plus vives. C'est du reste, ajoute-t-il, ce que montre bien la gaine nuageuse qui enveloppe du haut en bas les tornados. Assurément l'air y est plus froid à toute hauteur, que dans l'air ambiant, d'où il suit que ce n'est pas l'air chaud du bas qui remplit leur intérieur. Le cercle limite du cyclone, sur le sol, est bien plus net encore que dans les tempêtes; en dedans, la violence inimaginable des girations qui détruisent tout; en dehors, rien de sensible. Il est donc impossible, dit M. Faye, que l'air extérieur y afflue de toutes parts vers le pied, pour de là monter dans le tube, c'est-à-dire comme dans une cheminée.

M. Faye fait aussi remarquer que la dernière communication de M. Marc Dechevrens (2) sur la variation de la température avec l'altitude dans les cyclones et les anticyclones est un pas de fait vers la théorie qu'il soutient depuis longtemps.

MÉCANIQUE APPLIQUÉE. — *M. G. Trouvé* soumet au jugement de l'Académie un dynamomètre universel à lecture directe du travail et dont les indications peuvent être à chaque instant établies, lues et interprétées sans le secours d'opérations mathématiques. Le travail est le produit d'un couple par une vitesse ou plus exactement le chemin parcouru par le couple. Le dynamomètre se compose donc de deux parties distinctes : l'une qui mesure le couple, l'autre la vitesse; et, dans bien des cas où couple et vitesse sont fonction l'un de l'autre, il indique directement le travail. Ses résultats sont constants et permanents, ce qui permet de les enregistrer à l'aide de courbes d'étalonnage établies expérimentalement une fois pour toutes, et de comparer le prix de revient au travail rendu. Enfin, dit l'auteur, il convient aux petites forces aussi bien qu'aux grandes, s'adapte entre la puissance et la résistance sans qu'on ait à s'occuper ni du

sens du mouvement, ni de la position des machines entre elles. L'emploi d'un ressort plat évite les frottements, les effets de la force centrifuge et les chocs, et l'on peut, grâce à lui, proportionner la puissance de l'appareil au nombre des lames, et cela sans augmenter son volume. Cet instrument est en même temps un frein d'absorption et de distribution.

CHIMIE. — On sait vaguement que le calomel est décomposé par le sel marin en sel mercuriel soluble et mercure métallique; ce qui se produit en ces circonstances est un cas particulier d'une action générale qu'exercent les sels haloïdes alcalins sur les sels haloïdes mercureux, action qui s'accomplit de deux manières différentes. Dans une nouvelle note, *M. A. Ditte* examine sous ce rapport ce que donnent les sels de potassium.

— Depuis longtemps les chimistes avaient remarqué que lorsqu'on chauffe en ébullition une solution de fluorure d'argent dans un vase de platine ou d'argent, elle se recouvre d'un enduit jaune très adhérent aux parois, mais que le rendement est toujours très faible. D'après les analyses de Pfaundler, ce produit serait un *oxyfluorure* d'argent hydraté Ag O, Ag Fl, HO. Dans le cours des recherches faites sur le fluorure d'argent en solution saturée en employant deux électrodes en argent et a obtenu un *sous-fluorure* d'argent sous forme de poudre cristalline, ressemblant à de la limaille de bronze, décomposable, par l'eau, en argent et fluorure d'argent.

CHIMIE ORGANIQUE. — Dans une nouvelle communication, *M. A. Rommier* fait connaître, ainsi qu'il suit, comment il obtient les levures de vin dont il a parlé dans un précédent travail.

Il a pris, de préférence, des raisins dont il a choisi les grains et, après les avoir écrasés, il les a introduits dans de petits ballons; puis, la fermentation étant lancée dans ces ballons, il les a agités légèrement et il a ensemencé une ou deux gouttes de leur liquide dans d'autres ballons contenant du jus de raisin filtré à clair et stérilisé par la chaleur. Le traitement a été ensuite répété plusieurs fois, en prenant les précautions recommandées par M. Pasteur; il a été fait à deux, trois, quatre jours au plus d'intervalle, dans du jus de raisin, puis dans de l'eau sucrée contenant des sels propres à l'alimentation des levures.

En opérant ainsi, les levures les moins énergiques ont été éliminées, et il n'est plus resté que la levure désignée sous les noms de *Saccharomyces ellipsoideus*, de levure ellipsoïdale ou de levure elliptique. L'auteur a alors reporté cette levure dans un petit ballon, puis dans des ballons plus grands contenant du jus de raisin frais; à son défaut, dans du jus de raisin conservé, ou dans des infusions de raisins secs, filtrés et stérilisés par la chaleur. Les ballons ont été bouchés à l'aide de tubes abducteurs plongeant dans l'eau, munis de bouchons que l'on plonge pendant une ou deux minutes dans l'eau bouillante et que l'on dessèche immédiatement au-dessus de charbons ardents. Dans ces expériences, l'auteur a pris ordinairement 1,5 pour 100 environ du volume du liquide d'une de ces dernières cultures, en pleine fermentation, légèrement agitée, et l'a versée sur la vendange au moment où il l'a écrasée.

(1) Voir la *Revue scientifique* du 21 juin 1890, p. 793, col. 2.
(2) Voir la *Revue scientifique* du 28 juin 1890, p. 814, col. 1.

Pour conserver ou pour expédier cette levure, lorsqu'elle a entièrement fermenté, M. Rommier la sépare par décantation du liquide alcoolique et, comme il l'a vu faire à M. Duclaux, il l'introduit dans des ampoules de verre fermées ensuite à la lampe.

ZOOLOGIE. — Dans une note très intéressante, *M. de Lacaze-Duthiers* fait connaître les travaux et les progrès accomplis en 1890 au Laboratoire Arago, où le nombre des travailleurs n'a pas été moindre de vingt-six, sans compter les savants français et étrangers tels que MM. Hallez et Marion, Kowalewsky (d'Odessa), Urbanowicz (de Varsovie), Léon Fredericq et Delbœuf (de Liège). Les dragages de la Méditerranée lui ont donné des animaux très intéressants, parmi lesquels on doit citer un *Epizoanthus* des grandes profondeurs, de très nombreux brachiopodes des genres *Terebratula, Mergelea, Argiope, Crania*, etc., ainsi que des touffes d'un polypier, l'*Oculina virginea* ou *Amphelia oculata* (de MM. Milne-Edwards et Haime), et de nombreux Hydraires pris au nord du cap Béarn et sur lesquels M. Pruvot a trouvé plusieurs espèces de *Neomenia*.

La richesse des fonds des eaux du golfe du Lion, dans le voisinage du laboratoire comme sur les côtes d'Espagne vers le cap Creus, à Cadaques, à Rosas, fait regretter à M. de Lacaze-Duthiers de n'avoir pas, au lieu du bateau à voile qu'il possède, une embarcation à vapeur qui lui permettrait de donner à son laboratoire une importance bien plus considérable encore au point de vue des résultats scientifiques et du but spécial qu'il poursuit, c'est-à-dire de dresser une carte marine exacte de la faune des mers du Roussillon. La chose aurait d'autant plus d'importance que la vitalité dans les bacs permet aujourd'hui l'observation des animaux les plus variés et des grands fonds. La vie vest non moins facile dans le bassin de peu de profondeur du milieu de l'aquarium dans lequel un jet d'eau de 3 mètres de hauteur entretient une aération parfaite; certaines roussettes y ont même pondu leurs œufs et les ont attachés aux pierres du fond; un congre, mis tout petit dans ce bassin, y a acquis la taille de plus d'un mètre sous l'influence d'une bonne alimentation.

Maintenant que l'organisation et le développement comme le succès scientifique du Laboratoire Arago sont assurés, M. de Lacaze-Duthiers a résolu d'aller plus loin et de tenter, parallèlement aux recherches théoriques, quelques études pratiques et d'application, par la construction d'un grand vivier semblable à celui de Roscoff où l'on entreprendra des essais d'élevage, soit d'huîtres, soit de poissons tels, par exemple, que le saumon quinnat ou de Californie, mais dont la population des pêcheurs ne pourra que tirer des enseignements pratiques utiles. Ajoutons que le service des envois a pris une extension considérable et donné satisfaction aux Facultés qui font des demandes. M. de Lacaze-Duthiers rappelle, en terminant, la beauté du spectacle qu'offrent les bacs remplis d'animaux aux couleurs variées lorsqu'un réflecteur lance sur eux la lumière intense d'un arc électrique, laquelle permet des observations curieuses sur certaines espèces animales nocturnes, dont on peut étudier ainsi la symétrie, les couleurs et la disposition dans leur plus complet épanouissement.

— C'est encore au Laboratoire Arago que *M. Prouho* a pu faire certaines études très curieuses aussi sur les étoiles de mer. Ses expériences ont été dirigées surtout dans le but :

4e d'observer les allures d'une astérie selon les conditions dans lesquelles une proie lui est offerte; 2e de démontrer l'inutilité de l'organe de la vision dans les recherches de leur proie; 3e de rechercher si leur odorat est diffus ou bien s'il est localisé dans certains organes. Elles ont pleinement réussi et ont démontré :

1° Que ce n'était pas l'organe très rudimentaire de la vue qui guidait l'astérie dans la recherche de sa nourriture, mais bien le sens de l'odorat;

2° Que le sens de l'odorat n'était pas diffus chez les étoiles de mer, mais qu'il était localisé dans les tubes ambulacraires inaptes à la locomotion, situés en arrière de la plaque ocellaire;

3° Que la *principale* voie de communication nerveuse entre les *palpes* ou tentacules ambulacraires, seules capables d'apprécier les odeurs, et la grande majorité des organes locomoteurs de l'astérie, réside dans les nerfs ambulacraires.

— *MM. A.-F. Marion* et *F. Guitel* appellent l'attention sur la capture faite au mois de mai dernier, sur les côtes méditerranéennes du sud-ouest de la France, entre l'île Grosse et le Troc, d'un saumon de Californie, le *Salmo Quinnat*, dont ils donnent une description détaillée.

C'est à la suite de tentatives demeurées infructueuses pour introduire notre saumon commun dans les cours d'eau tributaires de la Méditerranée que les Services des travaux publics, de concert avec la Société d'acclimatation, avaient entrepris dans l'Aude l'élevage du saumon de Californie; de nombreux alevins, obtenus pendant l'hiver 1888-1889, avaient été lâchés depuis cette époque. Aussi importe-t-il d'être renseigné sur la destinée de ces poissons et de constater en divers lieux des régions méridionales l'apparition des saumoneaux nés aux laboratoires de Quillan et de Gesse. Sous ce point de vue, la capture faite au mois de mai dernier a une véritable importance. MM. Marion et Guitel ont constaté, pour leur part, que dans les derniers jours de mai 1890, de petits saumons quinnat se sont dispersés du côté au sud jusqu'à 45 milles environ de l'embouchure de l'Aude.

PHYSIOLOGIE VÉGÉTALE. — Dans une série de communications, *M. C. Timiriazeff* a établi le procédé de l'analyse gazométrique le fait que ce sont les rayons du spectre absorbés par la chlorophylle qui produisent la décomposition de l'acide carbonique dans les parties vertes des végétaux. Aujourd'hui, il fait connaître une nouvelle méthode destinée à démontrer ce fait en se servant de l'organisme vivant comme d'un appareil enregistreur photographique.

PÉTROGRAPHIE. — Le laboratoire de géodésie du Collège de France possède une précieuse collection de roches volcaniques des Antilles recueillies par Charles Saint-Claire-Deville. Mais les roches de cette région étant encore peu connues au point de vue minéralogique, *M. A. Lacroix* vient d'en faire l'étude en utilisant les nombreux matériaux accumulés par l'illustre savant. Il a constaté ainsi que les roches de la Guadeloupe étaient toutes trachytoïdes, remarquables par *l'abondance de l'hypersthène* et par leur analogie avec les roches de Santorin.

E. RIVIÈRE.

INFORMATIONS

Nous sommes heureux d'annoncer la création, à l'Université de Rome, d'un laboratoire de psychologie expérimentale, annexé à l'Institut anthropologique, lequel dépend lui-même de la Faculté des sciences. C'est M. Sergi, connu déjà par d'excellents travaux de psychologie, qui est chargé de la direction de ce laboratoire, et nous sommes certains qu'il rendra de grands services à la jeune science psychologique.

Dans la conférence sur la pisciculture faite jeudi dernier au Jardin zoologique d'acclimatation, M. Raveret-Wattel a particulièrement insisté sur la nécessité de favoriser la multiplication des poissons qui se nourrissent de végétaux dans les eaux où l'on se propose d'élever des salmonides. Faire naître des truites, des ombres, etc., n'est rien ; les nourrir comme il convient, c'est-à-dire de proies vivantes et de bonne qualité, est la chose difficile. Parmi ces proies vivantes, il faut recommander spécialement le calico-bass *Pomoxys sparoides*), jolie petite perche originaire des États-Unis, maintenant acquise à nos eaux. Le calico-bass s'accommode aussi bien des élévations que des abaissements de la température ; son incroyable fécondité et sa rusticité, qui lui permet de prospérer dans les eaux boueuses, donnent à son introduction une véritable importance, car les éleveurs de salmonides trouveront dans ses innombrables produits des ressources précieuses pour l'alimentation de leurs élèves.

Un fait bien curieux vient de se passer à la Faculté de *philosophie* et lettres de l'Université de Bruxelles. M. Georges Dwelshauvers avait soumis comme thèse d'agrégation un travail très remarquable sur la psychologie de l'aperception : travail comprenant des recherches expérimentales intéressantes, mais ayant ce grave tort de ne pas traiter de métaphysique, et de faire de la psychologie suivant les procédés exacts et rigoureux de la physiologie. La Faculté de Bruxelles a pensé que cette prétention était inadmissible et a refusé d'examiner une thèse où l'on exalte l'expérience au lieu de faire « de grandes théories sur Dieu, sur l'âme, sur les facultés, sur la raison, sur la liberté, qui sont l'éternel honneur de l'esprit humain ».

Un médecin américain dit, dans le *New-York medical Record* (21 juin), avoir trouvé le moyen d'éliminer les effets toxiques de la cocaïne en lui associant le phénol qui, de plus, en accroîtrait l'effet anesthésique.

La *Faith-Cure* (guérison par la foi religieuse) fait de nouveau parler d'elle aux États-Unis : dans *Alleghany City*, récemment, plus de 10 000 malades et infirmes se sont réunis dans une église pour y être miraculeusement guéris.

Il y a 54 000 lépreux au Bengale, dont 1200 pour la seule ville de Calcutta. A Ceylan, l'asile de Colombo en renferme 288. Là, comme à Hawaii, les médecins croient à une parenté entre la lèpre et la syphilis.

L'Académie des sciences de Washington pense à adopter parmi ses membres une classification analogue à celle qui existe dans l'Académie des sciences de Paris. Voici la désignation des sections que l'on se propose d'établir : mathématiques, physique, astronomie, géodésie, mécanique, chimie, géologie, botanique, zoologie, anthropologie, économie politique et statistique. L'*American naturalist* demande une section de psychologie : il nous paraît également indiqué de faire une section de physiologie.

Une Société météorologique est en voie de création à New-York.

M G.-M. Dawson estime qu'il y a près du tiers de la superficie du Canada qui demeure encore entièrement inexploré au point de vue scientifique.

Le Congrès international d'hygiène et de démographie de 1891 sera présidé par le prince de Galles.

CORRESPONDANCE ET CHRONIQUE

L'eau à Paris.

Depuis plusieurs jours, et sans qu'on ait pu se servir du cliché banal de la *sécheresse exceptionnelle*, le Service des eaux de Paris distribue de l'eau de Seine en plusieurs points de la capitale.

La Compagnie des eaux n'est évidemment pas responsable de son approvisionnement insuffisant, et, dans l'état actuel des choses, on ne peut que lui demander de prévenir régulièrement le public de la substitution de l'eau de rivière à l'eau de source.

Mais voici qui est plus grave : M. Livache a dernièrement fait une série d'analyses d'échantillons d'eau prélevés, soit en différents points de Paris alimentés *officiellement* d'eau de source, soit à un même robinet, mais à différentes heures de la journée, et il a constaté une variation de la composition de ces échantillons qui ne peut s'expliquer que par la substitution incessante et non annoncée — bien entendu — de l'eau de rivière à l'eau de source.

La méthode employée pour cet examen est ingénieuse et simple : elle consiste à déterminer le titre hydrotimétrique des échantillons d'eau prélevés. Or, comme M. Livache l'a rigoureusement établi, les changements observés sur le titre hydrotimétrique du liquide fourni par un même robinet, dans les vingt-quatre heures, sont tels qu'ils ne peuvent s'expliquer qu'en admettant que, non seulement les conduites ne reçoivent pas uniquement et d'une manière continue de l'eau de source, mais encore que souvent, dans une même journée, elles peuvent recevoir, *alternativement et méthodiquement*, des eaux de provenance différente. Ces changements d'alimentation ont été notés jusqu'à quatre fois par jour.

Cette constatation scientifique n'a fait d'ailleurs que confirmer les doutes de nombre de consommateurs qui avaient parfaitement observé des changements brusques et inexplicables de la température et du goût de l'*eau de source* qui leur était servie. Elle est également d'accord avec les analyses relevées dans le *Bulletin municipal*, et dans lesquelles on rencontre souvent la rubrique : « Cette eau donnée comme... (Dhuis ou Vanne)... n'en présente pas la composition ordinaire. »

Il est difficile d'admettre que cette pollution alternative des conduites et cette intoxication méthodique des Parisiens, qui boivent sans défiance l'eau que leur assurent les abonnements et les déclarations officielles, soient réglées par ordre supérieur. Mais si l'on ne peut y voir que l'effet

de l'ingénieuse initiative de quelques subordonnés inconscients, les chefs de service n'échapperont toujours pas à la
grave accusation de négligence dans la surveillance.

A la rigueur, nous consentons bien à être approvisionnés
d'eau infecte; mais nous voulons être prévenus. Toute
fraude, en cette matière, est absolument criminelle, et il ne
doit pas être difficile d'établir les responsabilités.

Ces observations ont été communiquées à la *Société de
médecine publique*, où elles ont donné lieu à une discussion
qui a laissé leurs conclusions intactes (1). Elles ont une
grande importance en épidémiologie, car les hygiénistes, qui
sont souvent embarrassés pour déterminer la cause de certaines épidémies locales de fièvre typhoïde à Paris, pourront désormais, comme le remarque justement M. Livache,
faire intervenir comme élément de discussion, soit la consommation d'eau de rivière livrée, sans avertissement préalable, comme eau de source, soit le passage de l'eau de
source dans des tuyaux plus ou moins contaminés par des
envois antérieurs d'eau de rivière.   J. H.

Le venin et l'aiguillon de l'abeille.

L'abeille ouvrière est armée d'un aiguillon dont la piqûre,
quoique peu dangereuse pour l'homme, s'accompagne fréquemment de vives douleurs, douleurs qui doivent être attribuées, d'une part, au corps étranger introduit dans le derme,
l'aiguillon restant généralement dans la petite plaie, et aussi
au venin versé dans la piqûre. Bien qu'il existe déjà un certain nombre de travaux sur l'anatomie de l'appareil à venin
de l'abeille, les recherches de M. Carlet, poursuivies depuis
plus de dix ans, et dont l'ensemble vient d'être donné dans
un mémoire paru dans les *Annales des sciences naturelles,*
apportent des connaissances nouvelles sur la physiologie
propre de cet organe.

Le venin versé dans la plaie faite par l'aiguillon n'est pas
le produit d'une glande unique, ou tout au moins de deux
glandes à sécrétion identique, comme on le croyait généralement. Le liquide sécrété possède une réaction franchement
acide; néanmoins il est constitué par le mélange du produit
de deux glandes. L'une est volumineuse, constituée par un
tube enroulé bifurqué à son extrémité libre en deux cœcums
allongés, le tube présentant à sa base une dilatation ampul-
laire qui se déverse finalement par un canal sécréteur dans
une échancrure pratiquée à la base de l'aiguillon; cette
glande était déjà décrite, et elle était considérée comme la
seule glande à venin; le liquide qu'elle sécrète est fortement
acide. Mais à côté de cette glande en existe une autre, beaucoup plus petite, non ramifiée, et qui vient déboucher en
avant de l'orifice de la précédente, pour y présenter de dilatation, et dont le liquide est alcalin. Les auteurs qui ont décrit l'appareil à venin des hyménoptères, M. Dufour, M. La-
caze, avaient bien signalé l'existence de cet organe, mais
sans le rattacher spécialement à cet appareil physiologiquement
à cet appareil; M. Dufour la dénommait glande sébifique
ou sérifique, et les Allemands, glande sébacée, bien que son
produit de sécrétion, très fluide, ne se rapprochât en rien
des substances de ce nom.

M. Carlet a recherché quel était le rôle joué par ses deux
glandes dans l'action toxique du venin. Les mammifères,
même de petite taille, tels que les souris, les musa-
raignes, ne pouvaient être utilisés dans ses recherches expérimentales; bien que pour eux la piqûre de l'abeille soit dangereuse, quelquefois même suivie d'accidents mortels, les

effets sont trop irréguliers, dépendants d'un trop grand
nombre de facteurs, pour permettre de tirer des faits observés des conclusions satisfaisantes.

Aussi s'est-il adressé uniquement aux insectes, à la mouche
domestique et à la mouche à viande, chez lesquelles la piqûre de l'abeille amène rapidement la mort.

M. Carlet, dans son mémoire, insiste pas sur la description des symptômes observés, mais il s'attache surtout à
démontrer l'innocuité de chacun des venins injectés isolément. Si l'on pique, en effet, une mouche avec une aiguille
chargée du produit d'une seule des glandes, la mort n'arrive que lentement, et on peut admettre que le traumatisme
de la piqûre joue dans ce cas un rôle dont il faut tenir
compte. Enfin si l'on inocule successivement les produits
des deux glandes acide et alcaline, la mort arrive presque
immédiatement après la seconde inoculation. Il paraît donc
nécessaire que les deux sécrétions soient mélangées pour
avoir un effet toxique intense.

Les naturalistes avaient déjà remarqué que les hyménoptères à aiguillon lisse, les philanthes, les pompiles ne tuent
pas les insectes ou les larves qu'ils piquent, mais que cette
piqûre n'a pour effet que de déterminer un engourdissement
profond qui permettait au pourvoyeur de transporter sans
difficulté sa proie inerte jusqu'à l'endroit où elle avait déposé
ses propres larves. On en avait tiré cette conclusion, très
flatteuse pour les connaissances anatomiques de ces insectes,
qu'ils enfonçaient leur aiguillon dans une région déterminée
du corps de leur proie telle, qu'ils piquaient un ganglion nerveux, déterminant ainsi un simple état de stupeur de l'animal. Mais les recherches de M. Carlet tendent à rendre
l'explication plus simple et plus admissible : les philanthes
et les pompiles possèdent bien la glande acide, mais on ne
trouve chez eux qu'un rudiment de la glande alcaline. Le
venin dont ils sont armés n'est donc pas doué de propriétés
suffisamment toxiques pour amener la mort, mais capables
cependant de produire l'engourdissement observé.

L'appareil inoculateur, c'est-à-dire l'aiguillon et ses annexes, quoique bien étudié au point de vue anatomique,
était encore insuffisamment connu dans son mécanisme
physiologique. Sans pouvoir suivre l'auteur dans la description minutieuse qu'il donne des diverses parties de l'aiguillon, description facilitée par les planches qui accompagnent
le mémoire, nous chercherons à résumer en quelques
lignes l'organisasion de cet appareil.

L'aiguillon est constitué par un corps complexe, mais
pouvant se ramener à deux parties principales, une gaine,
le gorgeret renfermant et protégeant une paire de pièces
grêles à pointe acérée, les stylets.

Des stylets, il y a à dire; ils sont constitués par une
tige droite creusée en gouttière, présentant à leur partie supérieure une branche curviligne et étalée qui sert de bras de
levier pour la projection des stylets au moment de la piqûre.
Au point de réunion de la partie rectiligne avec la branche
curviligne existent deux appendices dont le rôle, ignoré jusqu'ici, est des plus curieux. M. Carlet les désigne sous le
nom de pistons, tant à cause de leur forme que de leur
usage. Chacun d'eux est constitué par une apophyse chi-
tineuse se détachant en arrière du stylet s'épanouissant
en forme de calotte, calotte dont les deux bords internes
portent deux touffes de fils chitineux et ramifiés rappelant
une houppe à poudre de riz ou plutôt, suivant la comparaison
de l'auteur, deux de ces balais de foyer que l'on appelle des
balayettes; aussi leur donne-t-il ce nom.

Quant au gorgeret, qui, lui, a la forme d'un cornet d'oubli, il présente à sa face intérieure et chaque côté une
mince baguette de chitine désignée sous le nom de *rail*, tant
à cause de sa forme que de ses fonctions. Ce rail, en effet,
s'encastre exactement dans la gouttière du stylet, qui pré-

---

(1) Le travail de M. Livache est publié dans la *Revue d'hygiène*
(t. XII, n° 4).

tente en creux la forme en relief du rail; c'est une véritable coulisse à queue d'aronde, et l'on conçoit qu'avec ce système de guide les stylets peuvent se mouvoir avec rapidité et précision.

C'est dans la description du jeu de l'appareil désigné sous le nom de pistons que réside surtout l'intérêt du travail que nous analysons brièvement ici.

Ces pistons, en entre-croisant leurs fils chitineux, forment une cloison mobile qui sépare la cavité du gorgeret en deux chambres, l'une supérieure, où s'accumule le produit de deux glandes et dénommée par l'auteur *chambre à venin*, et l'une inférieure, en communication avec l'air extérieur par la fente du gorgeret, et qu'il appelle *chambre à air*.

Quand l'un des pistons s'abaisse, une partie du liquide de la chambre à venin s'écoule dans la chambre à air et de là sort, en partie du moins, les stylets, qui sont ainsi chargés du produit toxique. Mais pour obtenir ce passage du liquide de la chambre supérieure à l'espace inférieur, les deux pistons doivent manœuvrer alternativement et non simultanément, car si les deux pistons descendaient et remontaient ensemble, le venin ne pourrait franchir la cloison hermétique.

D'autre part, les pistons dans leur descente ne se contentent pas de pousser le liquide qui passe au-dessous d'eux, ils font encore le vide dans la chambre à venin et déterminent ainsi un appel plus énergique.

En résumé, l'appareil à venin de l'abeille est une seringue munie d'une aiguille perforatrice, seringue aspirante et foulante, et telle qu'elle possède toujours du liquide actif au-dessus de son piston, prêt à passer sur le stylet.

P. L.

Le pont sur la Manche.

L'idée de relier l'Angleterre au continent, au moyen d'un pont jeté sur le détroit du Pas-de-Calais, n'est pas nouvelle; c'est sous le patronage de deux hommes qui ont laissé un nom illustre dans la science, qu'elle a pris naissance il y a près d'un demi-siècle.

En 1849, après avoir étudié le projet de Thomé de Gamond et s'être livrés à un examen attentif de la nature du sol et des roches à traverser pour opérer la perforation d'un tunnel, MM. Combes et Élie de Beaumont avaient accepté la possibilité d'une telle entreprise; et, en même temps, ils avaient fait remarquer que la constitution géologique du fond de la mer se prêtait singulièrement à servir de base solide aux fondations d'un pont.

Cette idée fut reprise par un ingénieur, M. Vérard de Sainte-Anne, qui, après avoir étudié un plan général et un projet de pont qu'il soumit à l'Académie des sciences le 28 janvier 1870, avait même tracé l'organisation d'une société ayant pour but la construction d'une voie ferrée reliant la France au Royaume-Uni. Mais M. Vérard de Sainte-Anne était mort sans obtenir autre chose que des encouragements, et on n'entendit plus parler de cette affaire pendant quelque temps. Le projet primitif, insuffisamment étudié, fut jugé irréalisable avec ses 340 piles qui prêtaient trop aux objections de la marine.

Cependant, après l'échec du projet du tunnel sous-marin, une nouvelle société s'est formée à Londres, en décembre 1884, sous le nom de *the Channel Bridge and Railway Company*, qui chargea d'abord M. Hersent d'élaborer un avant-projet. Puis le vice-amiral Cloué, devenu président du conseil d'administration de la compagnie du *Channel Bridge*, et M. Schneider, du Creusot, s'intéressèrent vivement à cette entreprise, entrèrent en relations avec sir John Fowler et M. B. Baker, les ingénieurs anglais qui

viennent de construire le remarquable pont du Forth, et tous ces travaux et ces efforts viennent d'aboutir à un ensemble de projets et de plans qui, accompagnés de calculs et de mémoires très détaillés, fourniront aux hommes compétents de sérieux éléments d'étude et de discussion.

Ces documents viennent d'être publiés par les soins de la compagnie du *Channel Bridge* (1); ils établissent la possibilité de construire sur la Manche un pont à deux voies, du modèle du pont sur le Forth, d'une longueur de 38 kilomètres 600 mètres, avec 120 piles distantes de 500 et 300 mètres pour les grandes travées et de 250 et 100 mètres pour les petites travées. La profondeur d'eau maxima étant de 55 mètres, la hauteur libre de navigation à marée haute serait également de 55 mètres. La hauteur totale des grandes piles en maçonnerie serait de 76 mètres, et la hauteur des piles métalliques, surajoutées aux précédentes, de 40 mètres. La hauteur des poutres principales des grandes travées serait de 65 mètres, et celle du sommet des poutres, au-dessus du sol, de 183 mètres. Enfin, les dépenses d'installation ont été évaluées par MM. Schneider et Hersent à un total de 850 à 900 millions, soit 1 milliard au grand maximum.

On sait que de grosses objections ont été présentées à ce projet.

D'abord, on a demandé si le pont pouvait avoir une solidité assez grande pour résister aux vents et aux tempêtes qui se déchaînent, avec une violence particulièrement redoutable, sur les côtes de la Manche.

Or, dans la vallée du Rhône, dans celle de la Durance et sur les côtes de Provence, il existe depuis plus de soixante ans de nombreux ponts suspendus, et jamais la tourmente n'a détruit ou renversé aucun de ces ponts. Cependant, le mistral sur les côtes de Provence et les tempêtes de l'ouest sur la Manche doivent être sensiblement de la même importance.

Une seconde objection, plus apparente que réelle, est celle-ci : le pont sur la Manche ne constituerait-il pas une série d'écueils contre lesquels, soit pendant la nuit, soit pendant la tempête, viendront échouer et se briser les navires?

Voici la réponse des navigateurs expérimentés qui ont été consultés sur ce point :

« Le pont sera élevé dans la partie la plus étroite du canal et la plus difficile, à cause des bancs du Colbart et du Varne. Toute l'attention du navigateur est en éveil à ce passage : le Varne lui est indiqué par un feu tournant de 10 milles de portée; il n'y en a pas sur le Colbart.

« Le système d'éclairage et de signaux qui sera adopté sur le pont n'est pas encore arrêté; mais on peut affirmer qu'à l'aide de phares, de bouées électriques et de sirènes, il sera tel que la route des navires sera plus facile qu'elle ne l'est aujourd'hui, surtout pour les navires à vapeur, auxquels le passage entre les piles, bien éclairées et distantes de 500 ou 300 mètres, ne peut présenter aucune difficulté n'importe par quel temps.

« Pour les navires à voiles, les conditions seront les mêmes lorsqu'ils auront le vent favorable. Avec le vent contraire, lorsqu'ils devront louvoyer, leur manœuvre sera plus facile qu'elle ne l'est dans la plupart des passes et des entrées de rades; s'ils ne peuvent pas doubler une pile, ils peuvent se laisser porter sur la pile, sous le vent.

« Il faut aussi considérer le cas de calme, lorsque le navire n'est plus maître de sa manœuvre : si le courant, flot ou jusant, l'éloigne du pont, rien à craindre; si, au contraire, il le porte vers les piles, il sera dans une situation qui se

(1) Une brochure in-4° de 72 pages; Paris, imprimerie Chaix, 1890.

présente bien souvent à la mer, lorsqu'on est à petite distance d'un écueil ou d'un navire sur lequel on peut être jeté par le courant : il s'écartera à l'aide d'un canot remorqueur, et il sera aidé par la direction du courant qui sera formé par les eaux se brisant sur les deux piles et le portera vers le milieu de la travée. Au besoin, un service de petits remorqueurs pourrait être organisé pour les navires qui y auraient recours en cas de calme ou de vent contraire. »

Il faudra, évidemment, tenir compte de toutes ces considérations pour le temps de brouillards, où la mer est presque toujours calme.

Mais il faut aussi dire qu'en réduisant le nombre des traversées, le pont diminuerait les chances d'accidents, malheureusement très nombreux, que l'on signale chaque année dans ces parages.

Une objection d'ordre économique a été présentée, à savoir que la création du pont amènerait la déchéance de la marine britannique. Mais le commerce général de l'Angleterre est de 16 milliards de francs pour un tonnage de 42 à 45 millions de tonnes; et les évaluations établissent à 5 millions de tonnes seulement le passage sur le pont, passage qui porterait, bien entendu, presque exclusivement sur des produits de grande valeur; et il faut aussi admettre que la marine anglaise n'est pas au terme de son développement et que, si le pont existait, le trafic irait encore grandissant jusqu'à une limite qu'il serait bien difficile de fixer en ce moment.

D'autre part, en ce qui concerne les voyageurs, il ne saurait y avoir d'hésitation à admettre que, pour la plupart, ils préféreraient la voie ferrée à la navigation. Il est à peine besoin d'indiquer les raisons de cette préférence : le mal de mer, l'ennui des transbordements, les difficultés que comportent les bagages, etc.

Dans le moment actuel, le nombre des voyageurs traversant annuellement le détroit, d'après les statistiques, dépasse 600 000; si le pont existait, le nombre s'accroîtrait sans doute dans une proportion considérable, et on peut prendre, sans exagération, le nombre de 1 200 000 pour base des calculs.

Avec un prix moyen de transport des marchandises à 22 fr. 68 la tonne (soit 1 fr. 50 pour 100 de leur valeur), le trafic du pont serait au minimum de 113 400 000 francs pour 5 millions de tonnes, recette à laquelle il faudrait ajouter 12 millions de francs pour 1 million de voyageurs payant en moyenne 12 francs l'un, soit une recette minima de 125 millions de francs.

Ce sont là des chiffres qui montrent que, même en dehors des considérations d'humanité et de civilisation, la construction d'un pont sur la Manche serait une excellente entreprise.

La mortalité des enfants placés en nourrice

D'après une statistique communiquée par M. Ledé au Congrès des Sociétés savantes, sur 13 830 enfants de Paris placés en nourrice en province et en une année, 8726 étaient enfants légitimes, 5104 étaient enfants illégitimes; 5342 étaient élevés au sein et 8488 au biberon.

Pendant la première année de vie, et en considérant l'âge au moment du placement, la mortalité a varié :

De 9,52 à 20,75 pour 100 pour les enfants légitimes élevés au sein.

De 7,14 à 29 pour 100 pour les enfants illégitimes élevés au sein.

De 12,95 à 41,70 pour 100 pour les enfants légitimes élevés au biberon.

De 18,58 à 52 pour 100 pour les enfants illégitimes élevés au biberon.

M. Ledé a entrepris de déterminer le danger de mourir par jour et par enfant suivant son état civil, le mode d'élevage et l'âge du placement. La donnée principale à obtenir était la durée en jours du séjour de l'enfant chez la nourrice; un système de fiches individuelles a permis de réaliser ce desideratum; l'auteur a ainsi pu établir que :

3522 enfants légitimes élevés au sein ont séjourné 922 853 journées.

1820 enfants illégitimes élevés au sein ont séjourné 433 018 journées.

5204 enfants légitimes élevés au biberon ont séjourné 4 206 373 journées.

3284 enfants illégitimes élevés au biberon ont séjourné 665 251 journées.

Soit 1 355 871 journées d'élevage au sein et 4 871 624 journées d'élevage au biberon.

Au total, 3 227 495 journées de séjour en nourrice.

575 enfants légitimes élevés au sein sont décédés.

441 enfants illégitimes élevés au sein sont décédés.

1501 enfants légitimes élevés au biberon sont décédés.

1152 enfants illégitimes élevés au biberon sont décédés.

Pour l'âge de l'enfant au moment du placement, la division suivante a été adoptée :

Placement à l'âge de 1 à 7 jours.
Placement à l'âge de 8 à 15 jours.
Placement à l'âge de 16 à 30 jours.
Placement à l'âge de 31 à 90 jours.
Placement à l'âge de 91 à 180 jours.
Placement à l'âge de 181 à 365 jours.

Pour établir le danger de mort par journée de séjour suivant toutes ces catégories, M. Ledé a employé la méthode suivante :

Diviser la mortalité par la durée moyenne du séjour.

La mortalité est déterminée par la formule suivante :

$$m = \frac{a}{A + \frac{a}{2}}$$

A représentant le nombre total des enfants vivants;

a représentant le nombre des enfants décédés.

La durée du séjour s'obtient en divisant le nombre des journées de séjour des enfants vivants et des enfants décédés par le nombre total des enfants placés. Si le danger de mourir par jour d'un enfant à l'hôpital, c'est-à-dire malade, est représenté par le nombre 0,00277, il sera facile de comparer avec les chiffres suivants, obtenus par M. Ledé :

Age des enfants au moment du placement.	Enfants légitimes élevés au sein.	Enfants illégitimes élevés au sein.	Enfants légitimes élevés au biberon.	Enfants illégitimes élevés au biberon.
1 à 7 jours. .	0,000510	0,001170	0,001796	0,002525
8 à 15 jours. .	0,000642	0,001720	0,001678	0,002247
16 à 30 jours. .	0,000652	0,000093	0,001192	0,002333
31 à 90 jours. .	0,000490	0,000817	0,000898	0,001557
91 à 180 jours. .	0,000581	0,000926	0,000819	0,000938
186 à 365 jours. .	0,000363	0,000496	0,000880	0,001413

Ces chiffres permettent à l'auteur de présenter les conclusions suivantes :

1° Le danger de mourir par jour pour les enfants légitimes placés au sein augmente lorsqu'on confie l'enfant à une nourrice à un moment plus éloigné de la naissance, de huit à trente jours. Il est donc indiqué de placer l'enfant qui doit être élevé exclusivement au sein, dans la première semaine après la naissance.

2° Le danger de mourir par jour pour les enfants légitimes placés au biberon est d'autant plus grand que l'on confie l'enfant à une nourrice à un moment plus rapproché de la naissance.

Il est donc nécessaire, si l'on veut sauvegarder la vie des enfants, de ne les confier aux éleveuses au biberon que du trente et unième au quatre-vingt-dixième jour après la naissance.

3º Les mêmes déductions sont vraies pour les enfants illégitimes, avec cette aggravation que le danger est beaucoup plus grand ; il est double et presque triple, lorsque le placement est effectué dans les quinze premiers jours de vie, si l'enfant est élévé au sein. Si, au contraire, l'enfant est élevé au biberon dans la première semaine de vie, le danger de mourir est presque égal à celui auquel est exposé un enfant malade placé à l'hôpital.

— LE VACCIN DE CHÈVRE. — Le directeur de la vaccine à l'Académie de médecine, M. E. Hervieux, a fait un grand nombre d'expériences prouvant que les vaccins, quelle que soit leur origine, se cultivent parfaitement sur la chèvre, et que celle-ci rend un vaccin très efficace et donnant toute sécurité. Déjà, en 1805, un médecin anglais, Valentine, avait constaté des faits analogues et avait même attribué à la vaccine de la chèvre (goat-pox) l'origine du cow-pox. M. Chonneau-Dubuisson, de Villers-Bocage (Calvados), a reproduit ces faits, et c'est le rapport dont M. Hervieux a été chargé sur ce sujet qui l'a conduit à de nombreuses expérimentations.

Il semble que l'activité du vaccin de la chèvre ne soit pas inférieure à celle du vaccin de génisse. C'est donc une ressource qui peut être très utile dans des conditions déterminées, d'autant plus que la chèvre semble tout à fait réfractaire à la tuberculose, même à l'inoculation directe du virus tuberculeux, ainsi qu'il ressort des expériences de MM. Nocard, Bertin et Jules Picq, de Nantes, rappelées par M. Hervieux. Par contre, la chèvre se rencontre rarement sur nos marchés, sa viande n'entrant que très exceptionnellement dans les usages alimentaires. La faible surface de la région inguinale et mammaire ne permet pas de faire plus de 20 à 30 scarifications, tandis qu'on en fait aisément une centaine sur une génisse. La chèvre est plus douce, plus facile à immobiliser, moins coûteuse à alimenter que la génisse. Les avantages et ces inconvénients, conclut M. Hervieux, font que le vaccin de chèvre, peut-être bien inférieur au vaccin de génisse comme production, n'en est pas moins appelé à rendre d'importants services dans de certaines conditions déterminées. »

— LES CHIENS GÉANTS. — Il est vraiment curieux de constater avec quelle bonne volonté la chair canine se prête à toutes les fantaisies des éleveurs ; la terre glaise n'est pas plus docile sous les doigts du sculpteur. Vous voulez un bichon pesant quelques centaines de grammes, il suffira de quelques générations pour le fabriquer ; on pourrait de même vous procurer les colosses, les chiens géants à mettre dans les brancards de votre wagonnette, si la fantaisie vous en prenait. Voici, en effet, que, d'après l'Éleveur, on est en train de les construire; les géants sont sur le métier, chaque génération nouvelle ajoute en taille et en poids à celle qui l'a précédée.

On avait cru que le fameux Plinlimmon, avec ses 216 livres, était à jamais la dernière expression du gigantesque. On avait évidemment compté sans l'influence du climat et des biftecks britanniques. Plinlimmon est aujourd'hui considérablement distancé; il vient d'être rejoint en Amérique par un autre Saint-Bernard, Watch, vendu comme lui quelque chose comme 25,000 francs et qui pesait, au moment de s'embarquer, 226 livres et mesurait 85 centimètres à l'épaule.

Et nous ne sommes qu'au début de cette très curieuse transformation, car il n'y a pas quinze ans que le premier Saint-Bernard a fait son apparition en Angleterre.

Est-il téméraire de prévoir dès maintenant la prochaine apparition du chien de trait et du Saint-Bernard de selle, qui portera sur sa robuste échine, comme le plus solide des poneys, les amateurs des chevauchées fantastiques.

— FACULTÉ DES SCIENCES DE PARIS. — Le vendredi 4 juillet 1890, M. Andrade soutiendra, pour obtenir le grade de docteur ès sciences mathématiques, une thèse ayant pour sujet : Sur le mouvement d'un corps soumis à l'attraction newtonienne de deux corps fixes, et sur l'extension d'une propriété des mouvements képlériens.

INVENTIONS

FIXATION DU PARCHEMIN. — Pour fixer du parchemin sur le bois, le carton, etc., on le fait d'abord ramollir dans l'alcool, et on l'applique encore humide sur les surfaces enduites de colle ou d'empois. Après séchage, l'adhérence est telle que le parchemin se déchire plutôt que de se détacher.

— NOUVELLE POMPE A GAZ. — Une des principales causes du prix relativement élevé des lampes à incandescence, quoiqu'il ait beaucoup diminué depuis plusieurs années, tient à la difficulté d'obtenir un bon vide dans ces lampes. Malgré leurs perfectionnements, les pompes à mercure ne permettent pas de faire rapidement le vide. En outre, elles coûtent fort cher, sont d'une grande fragilité et entraînent ainsi une grande dépense dans la fabrication des lampes. Comme la durée des lampes augmente avec le degré de raréfaction de l'air, limité lui-même par les conditions économiques et par la puissance des appareils, on a cherché à obtenir un vide parfait au moyen des machines pneumatiques actionnées par des moteurs à vapeur. Malheureusement, les fuites par les pistons ne permettent pas d'obtenir un vide aussi parfait, que les machines à mercure, et l'on n'emploie ces appareils que pour commencer l'opération.

Pour éviter les rentrées d'air produites par la grande différence de pression qui existe entre les deux faces du piston, M. Barremberg, de Sommerville (Massachusets), a eu l'heureuse idée de faire un vide partiel au-dessus de la face supérieure du piston, au moyen d'une seconde pompe commandée par les mêmes organes que la première. Grâce à cette disposition, les deux pompes ainsi accouplées et construites avec peu de précision donnent très rapidement un vide aussi parfait que celui qu'on obtient avec les pompes à mercure. En réalité, dit l'Electrical World, la pompe Barremberg se compose de trois pompes dont les deux extrêmes font le vide dans la partie supérieure de la pompe du milieu, qui est reliée aux lampes par une tuyauterie. Elle permet de réaliser un progrès important dans l'obtention du vide.

— NOUVEAU MODE DE BLANCHIMENT DE LA CELLULOSE. — M. Kellner, directeur d'une fabrique de cellulose en Autriche, a imaginé une application nouvelle de l'électrolyse qui paraît avoir réussi.

Le bois réduit en filaments est placé dans une chaudière en plomb et soumis à l'action du chlore pour être décoloré. On tire le chlore, non d'un hypochlorite, mais du sel marin auquel on fait subir la décomposition électrolytique au moyen d'un courant. Il suffit d'une proportion de 5 pour 100.

L'opération dure trois heures et demie, pendant lesquelles l'eau est maintenue à la température de 60º C. La fibre devient blanche comme la neige et prend l'aspect de la soie.

— PROCÉDÉ POUR ENLEVER LA PEINTURE. — D'après le Scientific American, on prend 4 parties de lichen de mer, 3 d'esprit de bois, 3 de terre à foulon, on mêle bien avec 30 parties d'eau et l'on fait bouillir le tout ; on ajoute ensuite 16 parties de soude caustique et 16 de potasse caustique dissoutes dans 28 parties d'eau, on ayant soin d'agiter jusqu'à complet refroidissement : le produit possède alors l'aspect d'une masse gélatineuse brunâtre. On l'applique avec une brosse sur les endroits où on veut enlever la peinture et on le laisse séjourner pendant vingt minutes à l'heure ; il ne reste plus qu'à laver énergiquement pour enlever la tout.

— ENDUIT A LA PARAFFINE. — Cet enduit, d'après le Wiener Bauindustrie-Zeitung, est destiné à préserver les murs de l'humidité. Il consiste en une solution d'une partie de paraffine dans 2 à 3 parties d'huile de goudron de houille. La solution est faite à une chaleur modérée et devient très épaisse en se refroidissant ; on la maintient liquide au bain-marie quand on l'applique sur le bois ou le mur à protéger.

Il est bon que les murs soient secs; aussi l'été est-il la saison qui convient le mieux. Une seule couche suffit et donne des résultats excellents.

— TREMPE DE L'ACIER A LA GLYCÉRINE. — Dans l'emploi de la glycérine, M. Flodosieff, de Saint-Pétersbourg, propose tant pour la trempe que pour le recuit de l'acier, de l'acier coulé et de la fonte, on fait varier la qualité du liquide de 1º,8 à 1º,26 à 15º C. par une addition d'eau, selon la composition du métal et le but à atteindre. Il faut un poids de glycérine égal à six fois au moins celui des pièces à y plonger, et la température du bain, qui dépend de la nature de l'opération à exécuter, peut être portée de 15 à 200°.

L'addition de divers sels augmente l'effet cherché. Pour les trempes dures, on peut mettre 1 à 34 pour 100 de sulfate de manganèse, ou un quart à 4 pour 100 de sulfate de potasse.

Pour les trempes douces, on ajoute au bain 1 à 10 pour 100 de chlorure de manganèse ou 1 à 4 pour 100 de chlorure de potassium.

BIBLIOGRAPHIE

Sommaires des principaux recueils de mémoires originaux.

ARCHIVES DE BIOLOGIE (t. X, fasc. 1, 1890). — *Omer Van der Stricht :* Recherches sur le cartilage articulaire des oiseaux — *C. de Bruynes :* Monadines et Chytridiacées, parasites des algues du golfe de Naples. — *E. Van Beneden :* La réplique de M. Guignard à ma note relative au dédoublement des anses chromatiques. — *Léon Fredericq :* Sur la circulation céphalique croisée, ou échange de sang carotidien entre deux animaux. — L'anémie expérimentale comme procédé de dissociation des propriétés motrices et sensitives de la moelle épinière. — *Bienfait et Hogge :* Recherches sur le rythme respiratoire. — *Georges Ansiaux :* La mort par le refroidissement.— Contribution à l'étude de la respiration et de la circulation.

— JOURNAL DE PHARMACIE ET DE CHIMIE (t. XXI, n° 10, 15 mai 1890). *P. Cazeneuve :* Sur des phénols sulfoconjugués dérivés du camphre ordinaire. — *Béhal* et *Choay :* Combinaisons du chloral avec la phényldiméthylpyrazolone (antipyrine). — *Guillot :* Recherche et dosage du mercure à l'état de sublimé dans les étoupes bichlorurées à 1/1000. — *H. Causse :* Sur le phosphate bicalcique. — *L. Hugounenq :* Sur les anisols chloronitrés.— *P. Carles :* Sur le carbonate de lithine.

— ANNALES MÉDICO-PSYCHOLOGIQUES (t. XLVIII, n° 3, mai 1890). — *Doutrebente :* Des persécutés génitaux à idées de grandeur. —

F. Adam : Un cas d'obsessions émotives et instinctives avec conscience. — *J. Ramadier :* Quelques mots à propos d'un cas d'asphyxie brusque par le bol alimentaire chez un aliéné. — *Chastenet :* Délire du toucher. — *Targoula :* Pneumonie massive latente chez un aliéné de vingt et un ans. — *A. Giraud :* Aliénés ayant subi des condamnations parce que leur état mental a été méconnu. — *Samuel Garnier :* Des dispositions de l'article 5 du projet de loi sénatorial sur les aliénés. — Considérations sur l'organisation médico-administrative des asiles, en réponse à l'essai critique de M. Chambard.

— REVUE BIOLOGIQUE DU NORD DE LA FRANCE (mai 1890). — *Topsent :* Études de spongiaires. — *Barrois :* Le stylet cristallin des lamellibranches. — *Halles :* Catalogue des Turbellariés du nord de la France et de la côte boulonnaise. — *Moniez :* Acariens et insectes marins des côtes du Boulonnais.— *Delpianque :* Une famille d'hypospodes.

— REVUE DE MÉDECINE (t. X, n° 5, 10 mai 1890). — *P. Spillmann* et *Haushalter :* Contribution à l'étude de l'ostéo-arthropathie hypertrophiante. — *Raymond :* Recherches expérimentales sur la pathogénie des atrophies musculaires consécutives aux arthrites traumatiques. — *Ch. Féré :* Note sur quatre cas de zona, et en particulier sur la douleur rachidienne dans la zone thoracique. — *H. Pilliet :* Un cas de myopathie avec atrophie des membres supérieurs et troubles de l'intelligence. — *G. Gauthier :* Du goitre exophtalmique considéré au point de vue de sa nature et de ses causes. — *Cadiot, Gibert* et *Roger :* Note sur l'origine bulbaire du tic de la face.

— REVUE DE CHIRURGIE (t. X, n° 5, 10 mai 1890). — *L. Le Fort :* De l'axophtalmos pulsatile. — *Tuffier :* La capsule adipeuse du rein au point de vue chirurgical. — *J. Hennequin :* Luxations récentes de l'épaule en dedans. — *P. Reclus* et *P. Noguès :* Traitement des perforations traumatiques de l'estomac et de l'intestin.

L'administrateur-gérant : HENRY FERRARI.

MAY & MOTTEROZ, Lib.-Imp. réunies, Ét. D, 7, rue Saint-Benoît. [1494']

Bulletin météorologique du 23 au 29 juin 1890.
(D'après le *Bulletin international du Bureau central météorologique de France.*)

DATES.	BAROMÈTRE À 1 heure DU SOIR.	TEMPÉRATURE			VENT. FORCE de 0 à 9.	PLUIE. (Millimètres.)	ÉTAT DU CIEL À 1 HEURE DU SOIR.	TEMPÉRATURES EXTRÊMES EN EUROPE	
		MOYENNE	MINIMA	MAXIMA				MINIMA.	MAXIMA.
☾ 23	762ᵐᵐ,44	16,3	14·1	19,6	S.-W. 1	1,2	Cumulo-stratus à l'W.	4° au Pic du Midi; 5° au mont Ventoux.	39° à Biskra; 37° Laghouat; 34° Madrid; 33° cap Béarn.
♂ 24	762ᵐᵐ,95	18°,8	14°,9	25,4	W.-S.-W.2	0,0	Cumulus à l'W., quelques-uns au N.	6° au Pic du Midi, mont Ventoux et Briançon.	43° à Biskra; 37° Laghouat, cap Béarn; 36° à Madrid;
☿ 25 P.Q.	761ᵐᵐ,87	20,2	10°,8	28°,4	E.-S.-E 3	0,0	Cumulus tourbillonnants du S.	7° au Pic du Midi; 9° Briançon et Stornoway.	36° cap Béarn; 34° Aumale et Bordeaux et Biarritz.
♃ 26	756ᵐᵐ,74	19°,3	18,0	31°,1	W.-S.-W.3	0,0	Cirro-stratus à l'W.	6° Charleville, Pic du Midi et Hernosand.	40° Laghouat; 37° Aumale; 30° cap Béarn; 35° la Calle.
☽ 27	755ᵐᵐ,82	17°,5	14°,6	29°,9	W.-N.-W.3	2,8	Alto-cumulus et cumulus à l'horizon.	3° au Pic du Midi; 7° Stornoway, Skudesnoes.	43° à Biskra; 41° Laghouat; 35° Madrid; 34° cap Béarn.
♄ 28	755ᵐᵐ,88	15,6	11.9	21°,0	W. 2	2,4	Cumulus S.-W.;	4° au Pic du Midi; 6° à Stornoway; 7° à Shields.	37° à Laghouat et Biskra; 36° au cap Béarn.
☉ 29	757ᵐᵐ,03	14°,6	7·,6	21°,5	W. 3	0,0	Cumulus W 1/4 N.	— 1° au Pic du Midi; 4° au Puy de Dôme.	40° à Biskra; 35° à Tunis, Alger; 34° à Brindisi.
MOYENNE.	758ᵐᵐ,97	17°,9)	18°,41	24°,87	TOTAL . .	6,4			

REMARQUES. — La température moyenne est bien supérieure à la normale corrigée 16°,4. Le maximum 31°,1, observé le 26, est plus élevé que le maximum de 1889 (30°,3 le 7 juin). Le 26, le 28 et le 29, pluies sur les côtes de la Manche et de la mer du Nord.

CHRONIQUE ASTRONOMIQUE. — Mercure est toujours l'étoile du matin, précédant le soleil d'une heure et quart. Vénus suit l'astre du jour et se couche un peu avant 10 heures du soir. Le 6 juillet, Mars passe au méridien à 8ʰ 41ᵐ du soir, précédant le Scorpion. Jupiter, toujours dans le Capricorne, est l'astre le plus brillant de la nuit; il passe au méridien un peu avant 2 heures du matin. Saturne, toujours voisin de Régulus, se couche après 10 heures du soir. La lune, qui sera pleine le 2, nous montrera large face, si la transparence de l'atmosphère le permet. C'est également le 2 que le soleil sera à l'apogée, c'est-à-dire au point de son orbite le plus éloigné de la terre. Le 4, Jupiter sera en conjonction avec la Lune. Le 10, Mercure passera par son nœud ascendant; sa latitude héliocentrique, qui est actuellement australe, deviendra boréale.

L. B.

REVUE

SCIENTIFIQUE

(REVUE ROSE)

· DIRECTEUR : M. CHARLES RICHET

| NUMÉRO 2 | TOME XLVI | 12 JUILLET 1890 |

HISTOIRE DES SCIENCES

COURS D'ANTHROPOLOGIE DU MUSÉUM D'HISTOIRE NATURELLE.

M. DE QUATREFAGES (1).

Les théories transformistes d'Owen et de Mivart.

Le transformisme a fait, dans notre siècle, l'objet de nombreuses discussions, et la *Revue scientifique* a souvent mis ses colonnes à la disposition des savants les plus autorisés pour soutenir cette doctrine ou pour la combattre. Mais, presque toujours, les auteurs s'en sont tenus aux idées de Darwin ou de ses précurseurs. Les théories de Lamarck et d'Étienne Geoffroy Saint-Hilaire ont surtout, avec celles du grand naturaliste anglais, eu les honneurs de la discussion. Depuis le jour où Darwin, reprenant l'idée de Lamarck et la complétant, a formulé sa théorie de l'évolution, un bon nombre de travaux ont cependant été publiés sur la matière. Parmi les transformistes contemporains, il en est qui, fidèles à la doctrine du maître, l'ont acceptée sans y apporter de changements; d'autres, plus audacieux que lui, ont singulièrement exagéré les conséquences de sa conception; d'autres enfin ont émis des théories nouvelles. Il n'est donc pas sans intérêt d'examiner les idées des uns et des autres.

Toutefois, pour passer en revue ces théories et les juger, il faut non seulement de l'érudition, mais une autorité qui nous fait défaut. Aussi n'aurions-nous pas entrepris cette

tâche si M. de Quatrefages, qui consacre la plus grande partie de sa trente-cinquième année d'enseignement à l'examen du transformisme, ne nous avait autorisé à publier celles de ses leçons que la *Revue scientifique* jugerait le plus de nature à intéresser ses lecteurs. En parcourant cet article, on se convaincra certainement que la question n'est pas encore épuisée.

Avant d'aborder les théories transformistes, l'éminent professeur du Muséum a fait une rapide étude de l'espèce, de la race et de la variété. On ne saurait guère agir différemment : lorsqu'on va s'occuper de l'origine et de la filiation des espèces, il faut bien définir ce qu'on entend par ce mot.

Nous n'avons pas à développer les idées de M. de Quatrefages sur ce chapitre; il les a lui-même exposées à bien des reprises, notamment dans une série d'articles parus à cette même place, et qui sont encore présents à l'esprit de tous. Nous nous bornerons donc à rappeler que, pour lui, l'espèce n'est pas une pure conception de l'esprit, et qu'elle se distingue nettement de la race par les phénomènes physiologiques. Lorsqu'on croise, en effet, deux individus appartenant à la même espèce, quoique de races différentes, le croisement est facile et suivi de résultat. Les produits qui naissent de ces unions, les métis, conservent la faculté de se reproduire indéfiniment. Qu'on marie, au contraire, deux individus d'espèces différentes, presque toujours le croisement se montre infécond; ou bien s'il naît des hybrides, ils perdent rapidement la faculté de se reproduire par voie de génération. On a cru parfois se trouver en présence de suites d'hybrides, parce qu'on avait vu les petits-fils de deux espèces se reproduire pendant quelques générations; mais, dans ces cas extrêmement rares, une observation plus prolongée a montré que les produits issus du croisement

(1) Cette leçon a été rédigée par M. Verneau.

27° ANNÉE. — TOME XLVI.

2 S.

de deux espèces retournent au type de l'un des deux parents et reprennent tous les caractères de la race pure.

Voilà ce qu'ont appris les observations d'une foule d'expérimentateurs, qui ont opéré et sur les végétaux et sur les animaux. Le fait a une importance capitale, lorsqu'on aborde l'examen des théories transformistes; car il permet de distinguer deux groupes caractérisés chacun par des phénomènes différents. Or, si la race et l'espèce sont réellement deux choses distinctes, rien n'autorise à appliquer à l'une les conclusions tirées de l'étude de l'autre. Il est facile, d'ailleurs, de montrer l'importance qu'il y a à ne pas confondre les deux groupes.

Bien peu de naturalistes nient, aujourd'hui, que les races puissent varier, qu'il puisse même s'en former de nouvelles; l'expérience et l'observation nous fournissent à cet égard des enseignements journaliers. Moins que tout autre, M. de Quatrefages est porté à nier la variabilité de l'espèce. Mais, si grande que soit l'étendue des variations qui atteignent l'individu, l'être qui offrira des caractères nouveaux conservera toujours la faculté de se croiser avec ses parents ou avec les individus issus de la même souche que lui : Darwin a mis le fait hors de doute dans son beau travail sur les pigeons. Cela revient à dire que le végétal ou l'animal qui se distingue de ses parents et de ses frères par un ou plusieurs caractères morphologiques nouveaux, ne cesse pas d'appartenir à la même espèce. Si, par voie de génération, il transmet à ses descendants ses caractères exceptionnels, il devient le point de départ d'une nouvelle race, qui continuera à pouvoir s'unir aux individus de même espèce, quelles que soient les différences apparentes qui l'en séparent.

Par conséquent, des races peuvent se former de nos jours, et on pourrait même dire que l'homme en crée à volonté. En est-il de même des espèces? Assurément non. Il est impossible d'en citer une seule qui se soit formée sous nos yeux. C'est pour n'avoir pas tenu compte de la différence physiologique qui existe entre l'espèce et la race qu'on a pu être amené à soutenir le contraire. S'ils avaient fait entre les deux groupes la distinction nécessaire, bien des naturalistes, dont on ne saurait d'ailleurs contester le mérite, n'auraient pas considéré comme démontrées des hypothèses plus ou moins ingénieuses.

Dans son exposé des théories transformistes, M. de Quatrefages ne s'est pas astreint à observer l'ordre chronologique. Il a préféré les grouper par écoles, afin de mieux faire saisir les rapports et les différences qu'elles présentent. Pour lui, ces écoles diverses peuvent se ramener à deux principales : 1° les théories qui admettent que le passage d'une espèce à l'autre se fait brusquement, de telle sorte que l'espèce nouvelle se trouve constituée tout d'un coup, avec tous ses caractères; 2° celles qui regardent, au contraire, la transmutation comme s'opérant avec beaucoup de lenteur et par gradations insensibles, à la suite d'un très grand nombre de générations, mille ou dix mille, nous dit Darwin.

M. de Quatrefages a abordé l'examen des théories qui se rattachent à la première de ces deux écoles immédiatement

après avoir parlé de l'espèce et de la race; il a maintenant terminé cet examen. Il a d'abord passé rapidement en revue les conceptions de de Maillet et de Robinet; puis il a montré dans Buffon et surtout dans Étienne Geoffroy Saint-Hilaire les chefs des transformistes qui admettent les transformations brusques, dues essentiellement à l'influence du milieu agissant directement sur les organismes. Il a été ainsi conduit à rappeler les vues de l'éminent géologue d'Omalius d'Halloy. Il ne pouvait non plus passer sous silence les conceptions de Gubler et de Kölliker, qui ont rattaché la transmutation aux phénomènes de la généagénèse, ni celle de M. Naudin, qui rappelle les précédentes, tout en faisant intervenir le Créateur au point de quitter le terrain scientifique. Enfin, après avoir fait connaître la théorie très originale par laquelle un savant genevois, M. Thury, a cherché à rattacher les changements des flores et des faunes aux révolutions du globe, il est arrivé à Sir Richard Owen et à M. Saint-George Mivart. Une leçon entière a été consacrée à exposer et à discuter la conception que ces deux savants ont opposée à celle de Darwin. C'est cette leçon, portant sur des doctrines peu connues, que nous résumons aujourd'hui pour les lecteurs de la *Revue scientifique*. Tout en nous efforçant de respecter le plus possible le style si clair de l'éminent professeur, nous ne saurions nous flatter d'avoir toujours réussi. Nous croyons, tout au moins, avoir rendu fidèlement son opinion.

Verneau.

I.

Richard Owen occupe une des premières places parmi les naturalistes de notre siècle. Il se flatte lui-même d'avoir suivi les cours de Cuvier, en même temps que Milne-Edwards, Jean Müller, Agassiz, Wagner et tant d'autres aujourd'hui disparus. Il est actuellement le doyen de tous les zoologistes vivants, et, dans sa longue carrière, il a produit un nombre considérable d'importants travaux, qui lui ont valu d'être appelé le *Cuvier anglais*. De bonne heure, l'Académie des sciences le nommait correspondant, et, en 1859, elle lui décernait le titre de membre étranger. C'est dire en quelle estime sont tenues ses recherches par les hommes les plus compétents de notre époque.

Les études d'Owen ont porté plus spécialement sur l'anatomie des vertébrés, mais elles ne se sont pas limitées aux faunes actuelles; elles embrassent aussi les animaux fossiles. Mieux que beaucoup d'autres, le savant anglais a donc qualité pour émettre une opinion au sujet de l'origine et de la succession des espèces. Ses idées sur cette question se trouvent principalement exposées dans les conclusions générales de son grand ouvrage sur l'anatomie des mammifères (1).

Avant de parler des espèces, Owen, plus logique que certains transformistes, commence par dire ce qu'il

(1) *On the Anatomy of Vertebrates; Mammals.* — 1868.

entend par ce mot. Pour lui, « l'espèce est un groupe d'individus descendus de parents communs ou de parents qui leur ressemblent aussi complètement qu'ils se ressemblent entre eux. »

Cette définition se rapproche beaucoup de celle de Cuvier. Le naturaliste anglais n'assigne aux espèces qu'une existence temporaire. Selon lui, à un moment donné, une partie des groupes spécifiques disparaît ; les autres se transforment en donnant naissance à des groupes nouveaux, à des espèces nouvelles. Owen est donc franchement transformiste, mais transformiste d'un genre tout particulier. Il repousse entièrement la doctrine de l'évolution de Darwin et lui substitue l'hypothèse de la « dérivation. » Nous verrons plus loin en quoi consiste cette nouvelle doctrine, mais disons d'abord deux mots des critiques qu'Owen adresse aux théories émises par les naturalistes qui l'ont précédé.

Cuvier repoussait le transformisme en se basant sur l'absence d'intermédiaires entre les termes extrêmes des séries. Il citait notamment l'exemple des équidés, et demandait qu'on lui montrât les types qui permettaient de relier le cheval au *Paleotherium*. Owen répond à cette argumentation en rappelant les progrès de la paléontologie ; elle nous a déjà fait connaître plusieurs genres, le *Paloplotherium*, l'*Anchiterium* et l'*Hipparion*, qui forment autant de chaînons entre le type primitif et le type moderne. Cette réponse n'est pas sans avoir une sérieuse valeur, bien qu'Owen reconnaisse lui-même, comme nous le verrons dans un instant, que les découvertes paléontologiques sont loin d'avoir comblé toutes les lacunes entre les genres d'équidés.

Après s'être occupé de Maillet et montré que cet homme, fort instruit pour son temps, s'était entièrement égaré lorsqu'il avait abordé la question de l'origine des espèces, l'auteur en arrive aux idées de Lamarck. Il lui reproche avec raison l'importance qu'il a attribuée à la volonté dans la production des espèces. On comprendrait à la rigueur cette importance, lorsqu'il s'agit d'animaux possédant une masse cérébrale suffisamment développée ; mais on ne peut plus l'invoquer pour les animaux apathiques et encore moins pour les végétaux, comme l'avait fort bien compris le savant français lui-même.

Les objections qu'Owen fait à Geoffroy Saint-Hilaire et à Darwin sont moins heureuses. Il prétend qu'il n'est nullement prouvé que les océans, au milieu desquels vivaient les polypiers d'autrefois, aient eu une constitution différente de nos mers actuelles. Il ajoute qu'on ne saurait concevoir un caractère de l'eau, ou de l'air qu'elle tient en dissolution, qui fût capable de modifier les types existant ; que s'il était même prouvé que l'atmosphère eût subi d'importantes modifications dans sa composition, on ne saurait, par cela seul, expliquer les différences de structure des polypiers. Mais, les changements que le savant anglais déclare problématiques, sont aujourd'hui admis par tous les spécialistes.

Geoffroy et Darwin auraient pu lui répondre que le *milieu* s'étant modifié, les êtres vivants avaient dû forcément s'adapter aux nouvelles conditions d'existence. Il est vrai que l'un aurait admis des transformations brusques et que l'autre aurait conclu à des transformations lentes.

II.

Les idées de Cuvier étant écartées par Owen, aussi bien celles de Lamarck, de Geoffroy Saint-Hilaire et de Darwin, l'auteur devait imaginer une autre théorie pour expliquer l'apparition des espèces nouvelles. Voici en quels termes il formule son hypothèse de la dérivation : « Je pense qu'une tendance innée à dévier du type parent, agissant à des intervalles de temps équivalents, est la nature la plus probable, ou le mode d'action de la loi secondaire en vertu de laquelle les espèces ont dérivé les unes des autres. »

Ainsi, ce qui fait dévier les espèces de leur type premier, c'est une *tendance innée* qui a agi de tout temps, aussi bien sur les continents qu'au sein des mers. Les influences extérieures, les actions de milieu, n'ont aucune action sur la formation de types nouveaux ; la sélection naturelle n'intervient nullement, comme le pensait Darwin. Seule cette mystérieuse tendance innée agit efficacement, et son action est d'autant plus énergique que les organismes sont plus simples. Par exemple, les foraminifères appartiennent à un type unique, mais ce type a tellement de tendance à se modifier qu'il a donné naissance non pas à quinze *genres*, comme on l'avait dit, mais à une multitude de variétés dont les caractères sont trop changeants pour qu'on puisse y reconnaître des espèces.

Assurément Owen exagère, lorsqu'il s'exprime ainsi. MM. Carl Vogt et E. Yung, n'ont pas hésité à accepter les conclusions auxquelles ont abouti de récentes recherches sur cette classe d'animaux. Pour eux, il est hors de doute que l'on peut reconnaître chez les foraminifères des espèces et des genres parfaitement caractérisés.

De quelle façon agit la tendance admise par le savant anglais ? Est-ce d'une manière lente, comme le voulait Lamarck et Darwin, ou bien brusquement, ainsi que le pensait Étienne Geoffroy ? Owen se range à cette dernière opinion. A l'appui de sa manière de voir, il cite les cinq genres d'équidés fossiles ou vivants et constate qu'il n'existe pas d'intermédiaires entre eux. Il en tire la conclusion suivante : « Ces faits nous apprennent que le changement doit être soudain et considérable... Le changement s'effectue d'abord dans la structure ; et, quand il est assez prononcé, il entraîne la modification des habitudes. » L'espèce *dérivée* se trouve donc constituée tout à coup et de toutes pièces.

Mais ces dérivations n'ont pas lieu au hasard. « Un

plan arrêté de développement et de transformation, de corrélation et de dépendance réciproques, mettant hors de doute l'action d'une volonté intelligente, se reconnaît dans la succession des races, aussi bien que dans le développement et l'organisation de l'individu. Les générations ne peuvent varier accidentellement. Elles suivent des voies préordonnées, définies et en corrélation réciproque. »

Owen précise sa pensée par des exemples. Ainsi, pour lui comme pour Buffon, le cheval est le plus noble des animaux et celui qui a rendu le plus de services à l'humanité. Or son apparition précède peu ou coïncide avec celle de notre espèce. Il en conclut que « le cheval a été prédestiné et préparé pour l'homme ».

Dans la conception du naturaliste anglais, l'homme et le cheval dérivent, par une série de transformations brusques, de formes primitives bien différentes. Les types anciens se sont modifiés *progressivement*, mais de telle façon que la série des équidés a toujours été en corrélation avec la série humaine. Il en est de même de toutes les autres. Le monde organique, le monde animal ont marché et progressé « jusqu'au moment où l'idée de vertébré a revêtu le glorieux costume de la forme humaine. » A ce moment, il s'est arrêté. Que fera-t-il dans l'avenir? A cette question Owen répond que les espèces actuelles resteront immuables ou se modifieront, selon ce que fera lui-même l'homme d'aujourd'hui.

Ce qui ressort bien clairement du travail d'Owen, c'est que les changements s'opèrent indépendamment des conditions naturelles, et sous l'empire de règles fixées à l'avance par l'Être tout-puissant et prévoyant qui a donné à tous les êtres organisés une tendance innée à se transformer. L'auteur remonte donc à la Cause Première; il sort par conséquent du domaine de la science et fait appel à la métaphysique, à la théologie pour expliquer des phénomènes purement hypothétiques. C'est un terrain sur lequel nous ne le suivrons pas.

III.

Telle est la manière dont Owen entend la dérivation des espèces. Il a été plus loin : il a exposé ses conceptions relatives à l'origine des séries qui ont donné naissance aux êtres organisés passés et présents.

Owen admet franchement la génération spontanée. Il rappelle les discussions qui se sont élevées entre MM. Pasteur, Joly (de Toulouse), Pouchet (de Rouen), et donne raison à ces derniers. Il n'a certainement pas connu les expériences concluantes de M. Pasteur qui, pour empêcher le développement d'infusoires dans ses ballons, n'a eu qu'à en effiler et à en couder le col, de façon que les poussières ne pussent y pénétrer. Il suffira de rappeler que l'*Anatomie des Vertébrés* a paru en 1868, pour faire comprendre que le savant membre

étranger de l'Académie des sciences n'ait pu connaître les expériences auxquelles nous venons de faire allusion.

Mais Owen sent parfaitement que les résultats annoncés par M. Pouchet, fussent-ils démontrés exacts, n'apprendraient rien sur l'apparition première de la vie. Aussi cherche-t-il à en rendre compte par une nouvelle hypothèse. Il est démontré que la force physico-chimique subit des transformations, qu'elle produit tantôt de la chaleur, tantôt de la lumière, tantôt de l'électricité. Pourquoi n'en conclurait-on pas qu'elle peut aussi se transformer en *principe vital?* Le naturaliste anglais fait encore intervenir ici le Pouvoir Surnaturel; c'est lui qui associerait les éléments inorganiques de manière à former des germes vivants. Les premiers êtres organisés seraient très simples : des protogènes, des amibes, apparaîtraient tout d'abord et recevraient les facultés diverses. Les uns propageraient l'espèce première en reproduisant des êtres semblables à eux; les autres auraient le pouvoir de se transformer en donnant naissance à des espèces nouvelles, sans l'intervention d'aucune cause secondaire.

Les premiers êtres, dont les éléments auraient été associés par l'Être Suprême, n'appartenaient pas à un type unique. Owen combat l'hypothèse d'un point de départ unique ou même d'un petit nombre de souches originelles. « Je préfère, dit-il, regarder les diverses gelées protozoïques, les sarcodes et les organismes monocellulaires journellement développés, comme ayant été les nombreuses racines d'où sont sortis et se sont ramifiés les types les plus élevés. »

Ces organismes élémentaires d'où sont sortis les types plus élevés constitueraient un chaînon intermédiaire entre les règnes organique et inorganique. L'amibe est, pour ainsi dire, une sorte de barreau aimanté; il choisit, à l'aide de ses pseudopodes, les corpuscules qui peuvent le nourrir, les entraîne dans sa masse et les digère comme un aimant semble choisir, au milieu des poussières les plus diverses, les particules de fer qu'il attire à lui. Si ces particules pouvaient s'incorporer à l'acier, tout se passerait de même entre l'amibe et le barreau aimanté. « Dévitalisez le sarcode, démagnétisez l'acier, dit le savant anglais, et tous deux cessent de montrer leurs phénomènes caractéristiques, vitaux ou magnétiques. Sous ce rapport, *tous deux sont morts.* »

Ici encore apparaît le rapprochement entre la force physico-chimique et le principe vital. Cette assimilation des phénomènes magnétiques aux phénomènes vitaux conduit Owen à un ensemble de considérations les unes physiologiques, les autres purement philosophiques, et toutes entièrement étrangères à la question de l'origine des espèces.

En somme, la théorie d'Owen diffère de toutes celles qui ont été émises avant lui. Il se rencontre bien, sur quelques points, avec Lamarck, Burdach, E. Geoffroy ou Darwin, mais il s'en sépare complètement sur d'autres. Avec les deux premiers, il croit à la génération spontanée; elle est produite par un agent vital qui n'est qu'une simple modification de la force physico-chimique. Mais, pour arriver à donner naissance aux êtres les plus simples, cette force doit être mise en œuvre par un pouvoir surnaturel; tandis que Lamarck attribue le phénomène aux seules forces naturelles. Comme Lamarck encore, il pense que l'agent vital n'engendre que des organismes d'une grande simplicité, qui deviennent le point de départ d'une foule de séries. Il est en contradiction avec Darwin, lorsqu'il admet des souches multiples, et il se sépare de celui-ci aussi bien que de Lamarck quand il dit que les transformations ont lieu d'une manière brusque, et que les produits diffèrent complètement des parents. Sur ce dernier point, il est d'accord avec E. Geoffroy, dont il se sépare par la manière dont il comprend la cause et la succession des phénomènes. Il nie, en effet, formellement les actions de milieu et n'attribue les modifications qu'à cette tendance innée à varier que tous les êtres vivants ont reçue du Créateur.

C'est donc bien une doctrine nouvelle qu'a formulée Owen. Avant de l'apprécier, nous allons exposer celle de M. Saint-George Mivart qui s'en rapproche à beaucoup d'égards.

IV.

M. Saint-George Mivart, sans avoir la haute autorité scientifique de Richard Owen, n'en est pas moins un savant distingué. Membre des Sociétés royale, linnéenne et zoologique de Londres, il occupe la chaire de biologie au collège de l'Université de Kensington. Il doit en partie sa notoriété à ses écrits antidarwinistes et à la réfutation directe que Darwin a cru devoir faire de ses ouvrages. D'ailleurs, il semble ambitionner tout autant le titre de philosophe que celui de naturaliste; mais c'est un philosophe orthodoxe et théologien. Dans son livre sur la *Genèse des espèces*, il consacre tout un chapitre à démontrer l'orthodoxie de ses théories; et, pour cela, il emprunte des citations à saint Augustin, à saint Thomas d'Aquin, etc. Ses *Leçons* sont dirigées contre les doctrines d'Herbert Spencer, et nous allons voir que, sur le terrain scientifique, ses idées religieuses se font jour à tout propos. Les écrits de M. Mivart nous fournissent une nouvelle preuve que les théories transformistes ne sont nullement incompatibles avec les croyances religieuses, comme on l'a répété si souvent.

Nous n'avons pas besoin de dire que nous laisserons de côté le philosophe et le théologien pour nous occuper uniquement du naturaliste dans l'examen que allons faire de la *Genèse des espèces*.

V.

Le livre de M. Saint-George Mivart comprend douze chapitres, sur lesquels dix sont consacrés à discuter la théorie de la sélection naturelle. L'auteur ne nie pas qu'elle ait une certaine action dans le monde organique; mais il ne peut la considérer comme la cause principale de la diversité des flores et des faunes vivantes et fossiles. Il cite une foule de faits, qu'il commente d'une façon habile, pour démontrer que la loi invoquée par Darwin ne saurait les expliquer. Celui-ci a reconnu que les objections de son adversaire « présentées avec beaucoup d'art et de puissance, acquéraient un aspect formidable » ; et, dans la dernière édition de l'*Origine des espèces*, l'illustre savant a cru devoir répondre longuement aux objections de M. Mivart. Il faut bien dire que, si Darwin a parfois ingénieusement réfuté les arguments de son contradicteur, il a souvent été peu heureux dans le choix de ses réponses. Il a eu trop recours à des hypothèses gratuites, à des rapprochements hasardés, et fréquemment il invoque comme preuve sa conviction personnelle. Mais laissons de côté cette polémique pour exposer la conception de M. Mivart.

Il distingue deux créations qu'il qualifie l'une de *surnaturelle* et l'autre de *naturelle*. Par la création surnaturelle, Dieu tire du néant une chose, un être qui n'existait pas auparavant. Dans la création naturelle, l'Être Suprême intervient bien encore, mais d'une manière toute différente : il agit par voie de *dérivation*. Une matière préexistante, créée par la volonté divine, a reçu le pouvoir d'évoluer sous des formes diverses, lorsqu'elle se trouve dans des conditions qui favorisent l'action de certaines lois. Ainsi se manifeste « l'action naturelle du divin dans le monde physique. »

L'auteur fait l'application de cette conception à l'origine des espèces. A l'exemple d'Owen, il commence par nous dire ce qu'il entend par ce mot : « Les formes spécifiques ou espèces sont, dit-il, un ensemble particulier de caractères ou attributs, de qualités et de pouvoirs réalisés dans les individus. » Certes, cette définition, aussi fausse qu'abstraite, ne saurait satisfaire aucun naturaliste. Elle peut s'appliquer indifféremment à un groupe quelconque, qu'il s'agisse d'une race, d'une espèce, d'un genre ou d'une famille. Ce vague doit d'autant plus nous étonner, que, dans ses discussions avec Darwin, M. Mivart avait montré une idée assez juste de l'espèce et de la race.

Quoi qu'il en soit, il admet la génération spontanée. Il reconnaît que ce phénomène n'a jamais été observé directement, mais il n'en déclare pas moins qu'il doit être accepté « avec confiance ». D'ailleurs, son *autogonie* ne peut donner naissance qu'à des êtres fort simples, d'où descendront les végétaux et les animaux supérieurs. A l'exception de ces proto-organismes, toute espèce se rattache à une espèce qui l'avait précédée et qui n'en différait que fort peu.

De même qu'Owen, il regarde la transformation comme subite, complète et définie. Il l'attribue également à une tendance innée au changement, qui existe aussi bien chez les minéraux que chez les êtres organisés. Mais cette tendance au changement n'agit que sous l'empire de conditions accidentelles favorables. M. Mivart semble donc faire une certaine part à l'action du milieu. Il reconnaît, en outre, que la sélection naturelle, sans avoir une influence prépondérante, ne laisse pas de jouer un rôle dans la formation des espèces. Ainsi, elle détruit les monstruosités et fait disparaître les types anciens, lorsque de nouveaux, plus en harmonie avec les conditions d'existence, viennent les remplacer. Enfin, il invoque l'hérédité pour expliquer la persistance, pendant un temps plus ou moins long, de certaines espèces qui sont stables tant que la tendance innée à la variation est suspendue par l'autre force.

Les transmutations ne sont pas livrées au hasard; l'évolution des êtres a été « voulue et réglée d'avance » par Dieu lui-même. Aussi, en se plaçant à ce point de vue, M. Mivart est-il autorisé à prétendre que l'hypothèse évolutionniste se concilie fort bien avec la théorie des causes finales et celle des *archétypes divins idéaux*. Tout a été réglé dès le principe par l'Être Suprême, et il n'est pas jusqu'à l'harmonie entre le christianisme et la doctrine de l'évolution qui n'ait été préordonnée. La propre théorie de l'auteur a été préparée inconsciemment par saint Augustin et par saint Thomas d'Aquin, dont M. Mivart cite les écrits pour montrer que sa doctrine peut être placée sous l'égide de l'orthodoxie.

Ainsi, malgré quelques réserves apparentes, malgré quelques concessions à la sélection naturelle, aux actions de milieu et à l'hérédité, M. Mivart est au fond aussi absolu qu'Owen. L'un et l'autre font sans cesse intervenir la Cause Première, pensant concilier de cette façon leurs conceptions transformistes avec les doctrines religieuses les plus orthodoxes.

VI.

Les théories d'Owen et de Saint-George Mivart se ressemblent au fond considérablement. Toutes deux reposent sur la croyance à une tendance innée chez chaque espèce à la variation. Cette conception n'est pas absolument nouvelle; elle avait déjà été longuement exposée par un physiologiste français, Prosper Lucas. Il est vrai que les deux savants anglais en ont singulièrement exagéré la portée.

Prosper Lucas opposait à l'hérédité une autre loi qu'il appelait la force d'*innéité*. Au moyen de ces deux lois antagonistes, il expliquait à la fois la constance et la variation des types. Pour lui l'innéité pouvait faire des variétés et des races, mais elle était incapable de produire des espèces nouvelles. En lui attribuant ce pouvoir, MM. Owen et Mivart n'ont pas démontré l'existence de la force elle-même. Or, j'ai combattu depuis longtemps les idées de Prosper Lucas (1); j'ai montré que le milieu et l'hérédité suffisaient pour rendre compte des faits. Je crois donc avoir réfuté à l'avance l'hypothèse de la *tendance innée à la variation*.

En somme, cette hypothèse revient à dire : « Les espèces se transforment, parce qu'elles ont la propriété de se transformer. » L'argument ne saurait nous arrêter. Il eût fallu commencer par démontrer la transformation, niée par les antitransformistes, et c'est ce que les auteurs ont oublié de faire; ils érigent en axiome précisément ce qu'il fallait démontrer.

Les deux savants anglais regardent la transformation comme se produisant d'une manière brusque, et ils en demandent la preuve à la fois à la nature vivante et à la nature fossile. Mivart surtout insiste sur ce point; il va jusqu'à invoquer, à l'appui de sa thèse, ce qui se passe chez les minéraux. Il cite l'exemple de sels de cuivre qui changent de formes selon le milieu dans lequel on les fait cristalliser; il oublie que le nouveau cristal a la même composition intime que l'ancien; que le sel ne s'est nullement transmuté en un autre corps et qu'il est resté le même pour tous les chimistes.

Les arguments que M. Mivart emprunte à la paléontologie ont une réelle valeur lorsqu'on les oppose aux partisans de la transformation lente. Lamarck avait déjà reconnu que l'absence d'intermédiaires entre des types génériques bien caractérisés constituait une grave objection à sa doctrine. Darwin montre dans ses écrits qu'il partage l'avis de Lamarck et, pour répondre aux critiques qui lui ont été faites sur ce point, il imagine des hypothèses absolument inacceptables. Mais le raisonnement de M. Mivart perd toute importance lorsqu'il s'adresse à des antitransformistes, à ceux qui ne regardent pas comme démontré que l'espèce cheval, par exemple, dérive de l'espèce hipparion.

Les preuves que notre auteur emprunte à la nature vivante témoignent hautement contre lui. Les premiers moutons de la race Ancon ont bien apparu brusquement. Mais la fertilité persiste lorsqu'on croise les types nouveaux avec l'espèce qui leur a donné naissance. Ce ne sont donc pas des espèces nouvelles qui ont apparu, mais de simples races. Il est impossible de trouver chez les êtres organisés actuels un seul exemple d'*espèce* ayant dérivé brusquement d'un autre type préexistant. Celui que M. Saint-George Mivart emprunte à Darwin, et sur lequel il insiste complaisamment, rentre complètement dans le cas des moutons que nous venons de rappeler; il s'agit des paons

(1) Voir *Unité de l'espèce humaine.* — Paris, 1861.

à épaules noires. Le premier oiseau offrant ce caractère a apparu comme variété; il s'est croisé avec les individus du type normal, et la fécondité a si bien persisté qu'au bout d'un temps relativement court, le caractère nouveau a envahi le troupeau tout entier.

Ainsi, ni dans le monde inorganique, ni dans le monde organique, la variation brusque ne produit une espèce nouvelle. Les modifications morphologiques les plus graves, celles qui atteignent jusqu'au squelette lui-même, n'élèvent pas entre les parents et les descendants la barrière physiologique qui sépare les espèces. Comme tous les transformistes, M. Mivart attache une importance beaucoup trop considérable aux formes extérieures. Il oublie de tenir compte de la composition chimique lorsqu'il s'agit de minéraux et de la filiation, lorsqu'il s'agit d'êtres organisés et vivants.

VII.

Sans vouloir suivre les deux naturalistes anglais sur le terrain philosophique et théologique, il n'est pas superflu de faire quelques remarques au sujet de la manière dont ils font intervenir la Cause Première.

Owen, dès le début de son travail, déclare qu'il a cru d'abord à la création isolée et directe de chaque espèce, mais que la multiplicité des miracles nécessaires lui a paru incompatible avec l'idée d'un Être tout puissant qui voit et prévoit tout. A ces miracles de détail, il a substitué un miracle unique, permanent, qui embrasse le temps et l'espace. Dès le principe tout a été prédéterminé, préfixé par le Créateur, et, par suite, il ne reste plus de place pour les actions naturelles. C'est la conséquence forcée de la première donnée d'Owen, et elle lui a si peu échappé qu'il y revient avec insistance. Il se met donc en contradiction avec un des principes les mieux établis de la science moderne, savoir : que le savant ne doit s'occuper que des causes secondes.

M. Mivart semble d'abord un peu moins absolu. Nous avons dit qu'il parlait de temps à autre de forces, de conditions accidentelles qui agissent lorsque le milieu est favorable et qui peuvent influer sur les phénomènes du monde physique. Mais il ne s'exprime que d'une manière vague, et nulle part il ne montre ces forces, nulle part il ne dit rien de leur mode d'action. En revanche, il revient complaisamment sur l'accord qui existe entre le christianisme et sa doctrine transformiste; il veut montrer que Dieu a réglé et ordonné l'évolution; il cherche à prouver que l'avènement de la doctrine elle-même a été préparée par saint Augustin et saint Thomas d'Aquin. Il ne semble préoccupé que de concilier ses idées sur la transformation des plantes, des animaux et de l'organisme humain avec les croyances orthodoxes de l'église anglicane, comme d'Omalius d'Halloy avait su concilier ses propres opinions évolutionistes avec son orthodoxie catholique.

On est donc autorisé à dire qu'Owen et M. Mivart sont sortis du domaine scientifique. Au lieu de chercher à découvrir l'enchaînement des phénomènes que nous observons, à dégager les lois qui les régissent, en faisant intervenir uniquement les causes secondes, ils ont remonté à la Cause Première qui échappe complètement aux investigations de la science. Leurs conceptions sont, à ce point de vue, essentiellement théologiques, et le naturaliste n'a rien à en dire.

Avant eux, d'autres transformistes éminents avaient professé des idées religieuses. En laissant de côté Darwin, dont les croyances ne font doute pour personne, on peut citer Lamarck et Geoffroy Saint-Hilaire. Celui-ci était profondément religieux; à chaque instant il parle du Maître des mondes. Lamarck proclame l'existence du Créateur et sa toute-puissance; dans tous ses écrits il insiste sur sa croyance en l'Être Suprême et il en parle en termes aussi absolus qu'Owen et que M. Saint-George Mivart. Mais Lamarck et Geoffroy ne s'en sont pas tenus là. Après avoir proclamé l'existence de l'horloger, comme le dit le premier de ces naturalistes, ils ont ouvert la montre pour essayer de découvrir le jeu des rouages; ils ont, en d'autres termes, recherché les lois naturelles qui président à l'enchaînement des phénomènes. Ils sont ainsi rentrés dans le domaine scientifique, et leurs théories, qui font appel aux causes secondes, sont par suite du ressort des savants. C'est pour n'avoir pas agi de cette façon que la doctrine des deux hommes éminents dont nous venons d'exposer les idées échappe à l'appréciation de ceux qui ne veulent pas quitter le terrain de la science.

Le nom d'Owen n'en restera pas moins vénéré par les anatomistes, les zoologistes et les paléontologistes. L'importance de ses travaux, les belles pages qu'il a consacrées à l'exposé de sa théorie vertébrale, lui assureront une place à part parmi les naturalistes de notre siècle. Mais nous n'avions pas à examiner l'ensemble de son œuvre; nous devions nous limiter à l'examen de sa doctrine transformiste, et nous ne pouvions pas plus lui accorder le droit d'introduire dans le domaine scientifique des conceptions théologiques que nous ne saurions admettre qu'on fît appel à la philosophie pour expliquer les phénomènes de la nature.

On ne doit contester en aucune façon aux hommes de science le droit d'avoir et de professer des opinions soit religieuses, soit philosophiques; mais il faut demander de ne jamais les mêler aux discussions scientifiques. Aucun savant n'est autorisé à employer ses convictions à titre d'arguments en faveur de ses doctrines ou d'objections à opposer à ses adversaires. A la science seule il appartient d'expliquer les phénomènes, en prenant toujours pour guides l'expérience et l'observation.

CHIMIE

Action de l'acide azotique réel sur les composés de l'hydrogène (1).

Revenons maintenant à l'action de l'acide azotique. Je crois pouvoir dire qu'en général, ce qui est vrai pour l'hydrogène lié au carbone, l'est aussi pour celui lié à l'azote. C'est-à-dire qu'il ne réagit pas sur l'acide azotique à la température ordinaire, ainsi que je l'ai prouvé pour l'ammoniaque. Il lui faut l'influence de certains groupes négatifs par exemple CO ; celle des alkyles ne suffit pas, car ni la mono-, ni la diméthylamine ne réagissent.

L'influence du groupe CO sur l'hydrogène lié en même temps que lui à l'azote est démontrée par les amides qui réagissent avec l'acide azotique. J'en ai donné la preuve avec plusieurs amides d'acides monobasiques, par exemple : la formamide, l'acétamide, la propionamide, la butyramide, l'heptylamide, la triméthylacétamide et quelques autres, et avec des amides d'acides bibasiques par exemple : l'oxamide, la succinamide, la diméthylmalonamide, etc. Les dérivés nitrés qui doivent se produire ne sont pas stables dans les conditions où ils sont formés et on n'obtient que leurs produits de décomposition, parmi lesquels se trouve le protoxyde d'azote Az_2O.

Prenons comme exemple l'acétamide, elle réagit selon l'équation suivante :

$$CH_3 CO AzH_2 + AzO_3H = CH_3 COOH + Az_2O + H_2O,$$

ou en d'autres termes le dérivé nitré $CH_3 CO AzH Az O_2$ n'est pas stable et se transforme en Az_2O et acide acétique.

Mais, quoique la faculté de l'hydrogène lié à l'azote de réagir sur l'acide azotique soit produite par l'influence du groupe négatif CO, elle est diminuée lorsqu'on en attache un second à l'azote, et encore plus si l'on continue à accumuler de l'oxygène dans la proximité. Des expériences comparatives faites dans les mêmes circonstances avec les corps suivants l'ont démontré.

$CH_3 CO AzH H$	acétamide.
$CH_3 CO AzH CH_3$	acétméthylamide.
$CH_3 CO AzH CO CH_3$	diacétamide.
$CH_3 CO AzH CO OCH_3$	acétyluréthane méthylique.

Tous ces corps réagissent sur l'acide azotique à la température ordinaire avec production de protoxyde d'azote, mais la facilité de la réaction, déduite du temps qui s'écoule avant que le dégagement de gaz commence et de celui que ce dégagement dure, va en diminuant.

---

(1) Voir la *Revue scientifique* du 28 juin 1890, p. 807.

Les corps susdits contiennent tous le groupe acétyle, et tous les corps, contenant ce groupe attaché à l'azote, que j'ai eus entre les mains, donnent des dérivés nitrés, qui se décomposent, ou mieux dit, on obtient les produits de décomposition. Aussi n'ai-je jamais réussi à attacher le groupe acétyle à un atome d'azote lié au groupe $Az O_2$.

L'influence du groupe CO résulte aussi d'une comparaison des corps suivants :

$CH_3 Az H H$	méthylamine.
$CH_3 Az H CH_3$	diméthylamine.
$CH_3 Az H CO CH_3$	acétylméthylamide.
$CH_3 Az H CO OCH_3$	méthyluréthane méthylique.

Les deux premiers corps ne réagissent pas sur l'acide azotique, le troisième dégage du protoxyde d'azote, il réagit par conséquent. Le dernier qui contient plus d'oxygène, attaché au groupe carbonyle, fournit un dérivé nitré assez stable, qu'on peut facilement isoler. Dans ce dérivé le groupe $Az O_2$ est, sans aucun doute, attaché à l'azote.

$$CH_3 Az \begin{array}{l} Az O_2 \\ \\ CO OCH_3 \end{array}$$

Le groupe carboxyméthyle n'est pas détaché de l'azote par l'acide azotique comme le groupe acétyle.

Ce sont ces dérivés nitrés des alkyluréthanes qui m'ont mis en état de préparer et de faire préparer par mes élèves plusieurs nitramines acides de la formule générale $C_n H_{2n+1} Az H Az O_2$.

En effet, comme je vais vous le démontrer tout à l'heure, ces dérivés nitrés traités par l'ammoniaque se dédoublent de la façon suivante :

$$C_n H_{2n+1} Az \begin{array}{l} Az O_2 \\ \\ CO_2 CH_3 \end{array} + 2 AzH_3 = C_n H_{2n+1} Az \begin{array}{l} Az O_2 \\ \\ H Az H_3 \end{array}$$

Nitramine combinée
à l'ammoniaque.

$$+ Az H_3 CO_2 CH_3$$

Uréthane.

Je leur ai donné ce nom à cause de leur caractère très acide ; elles rougissent le papier bleu de tournesol, décomposent le carbonate de sodium et donnent facilement des dérivés métalliques, dont quelques-uns cristallisent bien et sont très explosifs. Nous connaissons maintenant la méthylnitramine, l'éthyl-, la propyl- et isopropylnitramines ; ainsi que quelques dinitramines, à savoir l'éthylène dinitramine, les tri, tétra et pentaméthylène dinitramines ($C_n H_{pH/n}$ ($Az H Az O_2$)$_2$.

C'est au moyen de leurs dérivés métalliques réagissant avec des chlorures, bromures ou iodures alcooliques qu'on peut se procurer aussi les nitramines neutres et mixtes ou dialkylnitramines, dont nous connaissons maintenant les diméthyl-, diéthyl-, dipropyl- et diisopropylnitramines, la propylisopropyl- et la benzylpropylnitramine; ainsi que les deux dérivés méthyliques de l'éthylène dinitramine.

La préparation des nitramines acides au moyen des dérivés nitrés des alkyl-uréthanes, dont je viens de donner l'équation, est chose très facile. Ces dérivés nitrés, qui ne perdent pas le carboxyalkyle par l'acide azotique, sont facilement décomposés par l'ammoniaque, même à l'état sec en solution éthérée; à cause de leur caractère acide, les nitramines donnent une combinaison avec l'ammoniaque, insoluble dans l'éther, tandis que l'uréthane formée se dissout.

On peut se servir aussi des alcalis pour décomposer les alkylnitro-uréthanes et obtenir des sels des nitramines acides, mais on court alors le risque de décomposer la nitramine elle-même.

Le fait qu'un groupe négatif tel que le carboxyméthyle, lié à l'azote, résiste à l'action de l'acide azotique, mais est détaché facilement par l'action de l'ammoniaque ou les alcalis, se retrouve dans d'autres cas.

La dinitrodiméthyloxamide par exemple, qu'on obtient en dissolvant la diméthyloxamide dans l'acide azotique, se décompose de la même façon, en donnant de l'oxamide et la combinaison de la méthylnitramine avec l'ammoniaque. Très probablement les dérivés de l'acide picrique, tel que

la picrométhylnitramide $C^6 H_2 (Az O_2)_3 Az \genfrac{}{}{0pt}{}{CH_3}{Az O_2}$

présentent aussi cette réaction, puisque M. Mertens et M. van Romburgh ont démontré qu'elle donne avec l'ammoniaque la picramide.

Je reviendrai plus tard sur la propriété des nitramines acides de réagir avec l'acide azotique.

Comparons maintenant pour voir l'effet d'une accumulation de l'oxygène les corps suivants :

$CH_3 C CO Az H H$	uréthane méthylique.
$CH_3 O CO Az H CH_3$	méthyluréthane méthylique.
$CH_3 O CO Az H CO CH_3$	acétyluréthane méthylique.
$CH_3 O CO Az H CO OCH_3$	carboxyméthyluréthane méthylique.

L'uréthane elle-même réagit immédiatement avec l'acide azotique comme les amides en fournissant du protoxyde d'azote. La méthyluréthane donne, ainsi que je l'ai dit, un dérivé nitré stable; l'acétyluréthane réagit aussi, car il se dégage quoique lentement du protoxyde d'azote. La carboxyméthyluréthane, au contraire, ne réagit plus du tout sur l'acide azotique, même à chaud.

Vous voyez donc qu'en accumulant l'élément négatif — l'oxygène — dans le voisinage du groupe Az H on arrive à empêcher totalement l'action de l'hydrogène

lié à l'azote sur l'acide azotique, qui au commencement est produite par l'influence de ce même élément. En d'autres termes si l'on augmente successivement le degré auquel le groupement lié à l'hydrogène est négatif, on peut arriver à un degré tel que l'hydrogène ne réagit plus avec l'acide azotique.

Or on peut augmenter de différentes manières le degré auquel un groupement d'atomes est négatif, d'abord en lui ôtant de l'hydrogène, ensuite en substituant l'hydrogène par des atomes ou groupes négatifs.

Si l'on ne retranche qu'un atome d'hydrogène, la molécule doit se doubler.

Considérons l'éthylène diamine comme de la méthylamine privée d'un atome d'hydrogène lié au carbone, la molécule s'étant doublée, et comparons la façon dont les corps suivants se comportent :

$(CH_2 Az H H)_2$	éthylène diamine.
$(CH_2 Az H CH_3)_2$	diméthyléthylène diamine.
$(CH_2 Az H CO CH_3)_2$	diacétyléthylène diamine.
$(CH_2 Az H CO OCH_3)_2$	dicarboxyméthyléthylène diamine.

à celle des dérivés analogues de la méthylamine dans les mêmes circonstances. L'effet produit par la plus faible teneur relative en hydrogène se montre dans l'action de l'acide azotique, non pas avec les deux premiers corps qui ne sont pas attaqués, mais avec le troisième, car le diacétyléthylène diamine réagit beaucoup plus lentement que l'acétméthylamide en dégageant du protoxyde d'azote; l'éthylènediuréthane méthylique donne un dérivé nitré stable.

Le retranchement d'un atome d'hydrogène à un groupe non directement lié à l'azote semble avoir une influence moins grande, car en faisant réagir les deux isomères suivants

$CH_3 CO Az H CH_3$	et	$CH_3 CO Az H CH_3$
$CH_3 CO Az H CH_3$		$CH_3 CO Az H CH_3$
succindiméthylamide symétrique.		diacétyléthylène diamine.

sur l'acide azotique dans des circonstances identiques, j'ai trouvé que le premier est beaucoup plus facilement attaqué que le second, presque aussi facilement que l'acétméthylamide.

Dans le cas où par un retranchement de deux atomes d'hydrogène il se forme un cycle d'atomes, l'influence semble être beaucoup plus grande.

En effet, si l'on compare la diacétamide à la succinimide

$CH_3 CO$	et	$CH_2 CO$
$\qquad Az H$		$\qquad Az H$
$CH_3 CO$		$CH_2 CO$

on trouve que le premier de ces corps réagit quoique lentement avec l'acide azotique, tandis que le second reste intact.

2 S.

C'est un exemple de la règle que j'ai formulée il y a quelque temps ; que le groupe Az H placé dans une chaîne fermée d'atomes entre deux groupes CO ne réagit pas avec l'acide azotique, tandis que, placé entre CO et le résidu d'un hydrocarbure saturé, il peut réagir.

Cette règle a été vérifiée sur deux amides internes à savoir celles des acides γ et δ amidovalérianique, qu'on a nommées oxyméthylpyrrolidine et oxypipéridine.

$$C\,H_2\,CH — CH_2 — CH_2 — C = O \qquad CH_2\,CH_2\,CH_2\,CH_2\,CO$$

$$Az\,H \qquad\qquad Az\,H$$

Toutes les deux sont vivement attaquées par l'acide azotique avec production de protoxyde d'azote.

La règle susdite avait été déduite de mes travaux concernant l'action de l'acide azotique sur les uréides, dont il me sera permis de rappeler quelques faits.

Les uréides internes des acides bibasiques tel que l'oxalylurée ou acide parabanique,

$$\begin{array}{c}CO\,Az\,H\\ \quad\quad CO\\ CO\,Az\,H\end{array}$$

la diméthylmalonylurée ou diméthylmalonuréide,

$$\begin{array}{c}CO — Az\,H\\ C(CH_3)_2 \quad CO\\ CO — Az\,H\end{array}$$

et l'alloxane ou mésoxalylurée,

$$\begin{array}{c}CO\,Az\,H\\ CO \quad CO\\ CO\,Az\,H\end{array}$$

ne réagissent pas avec l'acide azotique.

La malonylurée et le méthyluracile donnent des dérivés nitrés :

$$\begin{array}{cc}CO — Az\,H & CH_3\\ CH\,Az\,O_2 \quad CO & C — Az\,H\\ CO — Az\,H & C\,Az\,O_2 \quad CO\\ & CO — Az\,H\end{array}$$

dans lesquels le groupe Az O₂ se trouve lié au carbone mais les groupes Az H sont restés intacts; c'est sans doute aussi le cas avec l'uréide de l'acide pyruvique

$$\begin{array}{c}CH_2\,Az\,O_2\\ C = Az\\ \quad\quad CO\\ CO — Az\,H\end{array}$$

décrite par M. Grimaux (1).

(1) Annales de chimie et de physique, 5ᵉ série, t. XI.

Les uréides internes d'acides monobasiques tels que l'hydantoïne et ses dérivés méthyliques, la lactylurée, l'acétonylurée et la méthylhydantoïne donnent toutes des dérivés mononitrés.

$$\begin{array}{cccc}& Az\,O_2 & CH_2 \quad Az\,O_2 & (CH_3)_2 \quad Az\,O_2\\ CH_2 — Az & CH — Az & C — Az\\ \quad\quad CO & \quad CO & \quad CO\\ CO — Az\,H & CO — Az\,H & CO — Az\,H\end{array}$$

$$\begin{array}{c}Az\,O_2\\ CH_2 — Az\\ \quad\quad CO\\ CO — Az\\ \quad CH_3\end{array}$$

Les corps que j'ai proposés de nommer uréines, c'est-à-dire ceux qui contiennent le résidu de l'urée lié à un résidu d'hydrocarbure, tel que l'éthylène-uréine ou éthylène-carbamide,

$$\begin{array}{c}CH_2 — Az\,H\\ \quad\quad CO\\ CH_2 — Az\,H\end{array}$$

et l'acétylène-diuréine ou glycolurile

$$\begin{array}{c}Az\,H — CH — Az\,H\\ CO \quad\quad CO\\ Az\,H — CH — Az\,H\end{array}$$

donnent, ainsi que quelques uns de leurs dérivés méthyliques, des dérivés nitrés contenant le groupe Az O₂ lié à l'azote ainsi qu'il résulte de leurs transformations, surtout de celle par l'eau bouillante. L'éthylène dinitrouréine, par exemple,

$$\begin{array}{c}Az\,O_2\\ CH_2 — Az\\ \quad\quad CO\\ CH_2 — Az\\ Az\,O_2\end{array}$$

dégage alors une molécule d'acide carbonique et fournit quantitativement l'éthylène dinitramine.

Passons maintenant au cas où le groupement lié à l'azote est rendu plus négatif par l'introduction de chlore; tel est le cas pour les amides de l'acide trichloracétique.

J'ai observé que la trichloracétamide et la trichlora-cétméthylamide sont beaucoup moins facilement attaquées par l'acide azotique que l'acétamide et l'acétméthylamide.

Le groupe C Cl₃ diminue donc l'influence de CO; le même résultat est obtenu et même plus marqué encore *lorsqu*'on attache au carbonyle un groupe oxygéné, comme c'est le cas dans les dérivés de l'acide oxalique.

Ainsi l'acide oxamique et l'oxamate d'éthyle ou oxaméthane réagissent très lentement avec l'acide azotique en dégageant des gaz, et le méthyloxamate méthylique ne m'a pas fourni un dérivé nitré et n'a pas dégagé de gaz.

Dans tous les cas cités, l'influence directe du groupe CO lié à l'azote est renforcée ou affaiblie par d'autres groupes négatifs; le premier cas se présente clairement pour le groupe oxyalkyle, ainsi que l'ont démontré les uréthanes, le second pour $C\,Cl_2$, et le carboxyle ou le carboxy-alkyle (1).

Voyons encore l'influence d'autres groupes que CO sur l'hydrogène lié à l'azote, par exemple, celle du groupe SO_2, qui souvent a été comparé au groupe CO, mais qui n'exerce pas toujours la même influence, ainsi que je vous l'ai indiqué pour l'hydrogène lié au carbone. J'ai prouvé que la méthylamide, par exemple de l'acide éthylsulfonique, l'éthylsulfonméthylamide, réagit sur l'acide azotique en produisant un dérivé nitré (2) :

$$C_6\,H_5\,SO_2\,Az {\Large\langle} {Az\,O_2 \atop CH_3}$$

Tel est aussi le cas pour la diméthylamide de l'acide *sulfurique* où l'influence du groupe SO_2 se fait sentir sur *les* deux groupes $Az\,H$, car elle donne le dérivé dinitré :

$$SO_2 {\Large(} Az {Az\,O_2 \atop CH_3} {\Large)}2.$$

Ce dernier cas est comparable à l'*urée* et ses dérivés alkyliques qui toutes réagissent sur l'acide azotique, quoique les dérivés nitrés soient souvent décomposés.

Je veux enfin vous faire remarquer l'influence du groupe $Az\,O_2$, et pour cela je n'ai à citer que les nitramines acides qui toutes réagissent immédiatement sur l'acide azotique en dégageant du protoxyde d'azote.

Vous voyez donc qu'il est beaucoup plus facile de faire réagir l'hydrogène lié à l'azote sur l'acide azotique que celui lié au carbone, d'où résulte l'influence de la nature de l'azote lui-même.

Je voudrais bien pouvoir comparer ici aussi l'action de l'acide azotique à celle du chlore, mais le nombre d'exemples qu'on trouve dans la littérature chimique de l'action du chlore sur les dérivés de l'ammoniaque

est très restreint et ne suffit pas; et moi-même je n'ai pas fait d'expériences là-dessus. Il faudra donc attendre.

Jusqu'ici, je ne vous ai parlé que d'une petite partie de mes travaux, concernant l'action de l'acide azotique sur les corps organiques, c'est-à-dire de ceux qui traitent des corps les plus simples et dont les résultats obtenus dans les mêmes conditions cadrent en général avec le point de vue par lequel je me suis laissé guider. Cependant vous voudrez bien me permettre d'ajouter encore peu de mots sur quelques autres.

D'abord sur ceux qui traitent des dérivés de l'azote dans lequel celui-ci n'est pas lié à de l'hydrogène, ainsi que c'est le cas dans les dialkylamides, par exemple; parce que les résultats obtenus avec elles sont de nature à pouvoir éclaircir les réactions secondaires qu'on observe dans la majorité des cas.

Tandis que la triméthylamine ne réagit pas avec l'acide azotique à la température ordinaire, les diméthylamides réagissent quelquefois, mais pas toujours de la même façon. Chez elles encore on peut observer la grande influence du radical négatif sur les propriétés du composé.

Si nous comparons la conduite des diméthylamides que j'ai examinées, nous observons trois cas différents. Représentons le radical acide par R; alors on peut donner l'équation suivante pour le premier cas :

$$R\,Az\,(CH_3)_2 + Az\,O_2\,OH = R\,OH + Az\,O_2\,Az\,(CH_3)_2.$$

L'acide azotique donne son groupe OH au radical acide, et son groupe $Az\,O_2$ forme la nitrodiméthylamine.

Tel est le cas, par exemple, pour l'acétdiméthylamide, la triméthylacétdiméthylamide, l'heptyldiméthylamide, la succintétraméthylamide, la diméthylmalontétraméthylamide, l'éthylsulfondiméthylamide, la sulfontétraméthylamide, la diméthylurée non symétrique, la triméthylurée, la tétraméthylurée (1).

Dans le second cas, il n'y a aucune réaction; par exemple, la trichloracétdiméthylamide, le diméthyloxamate méthylique (2). C'est donc quand le radical acide est devenu plus négatif.

Dans le troisième cas où le radical acide est encore plus négatif, l'acide azotique réagit sur un des groupes méthyles, qui est oxydé et remplacé par $Az\,O_2$. Tel est le cas, par exemple, pour la diméthyluréthane méthylique $(CH_3)_2\,Az\,COOCH_3$, qui produit la méthylnitrouréthane méthylique $CH_3\,Az\,O_2\,Az\,COOCH_3$, (3).

---

(1) Il y a d'autres cas encore qui sont trouvés par M. van Romburgh; par exemple, celui de l'amide benzoïque et son dérivé monométhylique $C_6\,H_5\,CO\,Az\,H_2$ et $C_6\,H_5\,CO\,Az\,H\,CH_3$. La benzamide réagit avec l'acide azotique en dégageant du protoxyde d'azote et en fournissant de l'acide nitrobenzoïque. La benzométhylamide fournit la nitrobenzométhylamide $C_6\,H_5\,Az\,O_2\,CO\,Az\,H\,CH_3$ qui ne réagit plus sur l'acide azotique.

(2) M. van Romburgh avait prouvé déjà la même chose pour la bénylsulfométhylamide.

(1) Et aussi pour la phénylsulfodiméthylamide, selon M. van Romburgh.

(2) La nitrobenzodiméthylamide, selon M. van Romburgh.

(3) M. van Romburgh a donné plusieurs exemples de ce cas dans la série aromatique : par exemple, la picrodiméthylamide, la dinitro-

Vous voyez que la conduite des diméthylamides avec l'acide azotique nous donne la clef de celle des méthylamides, tandis que celle des nitramines acides nous a éclairé sur la conduite des amides ordinaires.

L'action de l'acide azotique sur la diméthyluréthane m'a conduit à examiner aussi les dérivés de la pipéridine. J'aurais bien voulu examiner les dérivés de l'éthylène-imine, la première amine secondaire interne, mais ce corps n'est pas encore suffisamment connu. Le dérivé acétylique de la pipéridine se conduit comme l'acétdiméthylamide, en produisant de l'acide acétique et la nitropipéridine, qui cependant est décomposée par l'acide azotique. La pipéryluréthane semble réagir d'une façon analogue à la diméthyluréthane; il y a formation d'un dérivé nitré et oxydation, car il se produit la nitro-déhydro-pipéryluréthane

$$C_5 H_7 (Az O_2) Az CO_2 C_2 H_5$$

de M. Schotten (1).

En second lieu, quelques mots sur l'urée et ses dérivés, plus spécialement sur ceux dans lesquels l'urée ne contribue pas à la formation d'un cycle.

Comparons-les aux uréthanes : alors on voit la différence entre l'influence du groupe oxyalkyle, lié à CO, et celle de l'azote ou d'un groupe azoté; et si nous les comparons aux amides on aura la différence entre l'influence d'un résidu d'hydrocarbure lié à CO et celle de l'azote ou d'un groupe azoté :

Urée.   Uréthane.   Acétamide.

L'urée elle-même peut être comparée à toutes les deux; elle donne comme elles du protoxyde d'azote avec l'acide azotique et l'acide correspondant se dédouble en CO_2 et $Az H_3$:

Monométhylurée.   Méthyluréthane.   Acétméthylamide.

crésyldiméthylamide 1,2 et 1,4 et la trinitrocrésyldiméthylamide 1,3.

Il y a encore un cas très remarquable dans la série aromatique; celui où deux groupes très négatifs et le groupe méthyle sont attachés à l'azote; on voit alors que le méthyle est oxydé et remplacé non par $Az O_2$, mais par H. C'est avec la diphénylméthylamine que l'on obtient l'hexanitrodiphénylamine. Je tâcherai prochainement d'en donner un exemple avec un corps plus simple, c'est-à-dire avec le dérivé méthylique de la carboxyméthyluréthane méthylique :

(1) Ber. de Berlin, t. XVI, p. 644.

Son dérivé monométhylique diffère de la monométhyluréthane, en ce que son dérivé nitré n'est pas stable en présence d'acide azotique, c'est comme avec l'acétméthylamide :

Diméthylurée.   Triméthylurée.   Tétraméthylurée.

D méthylurée.   Acédiméthylamide.

Les dérivés diméthyliques contenant $Az (CH_3)_2$ diffèrent beaucoup plus de l'uréthane correspondante; elles se comportent comme l'acétdiméthylamide ou en général comme les diméthylamides de la première classe, car elles donnent la diméthylnitramine, tandis que la diméthyluréthane perd un groupe méthyle qui est oxydé et remplacé par $Az O_3$.

D'autres dérivés de l'urée que j'ai examinés, tels que l'acétylurée, l'acide hydantoïque, l'éthylène dicarbamide, etc., se comportent à peu près comme la méthylurée ou l'acétméthylamide; cependant chaque groupement d'atomes présente quelque variation dans son influence.

Remarquons aussi que la diméthylurée symétrique donne un dérivé nitré peu stable, tandis que l'éthylène-uréine, qui n'en diffère que par deux atomes d'hydrogène, en donne un qui est beaucoup plus stable :

La conduite de la diméthylurée non symétrique m'a conduit à examiner celle de la pipérylurée, corps préparé autrefois par M. Cahours :

Ce corps ou son azotate est facilement attaqué par l'acide azotique à basse température; il y a dégagement d'acide carbonique et il se forme la nitropipéridine :

qu'on obtient facilement en arrêtant l'action de l'acide azotique dès que le dégagement de ce gaz a cessé; car la nitropipéridine elle-même est décomposée par l'acide azotique à la température ordinaire et par un contact prolongé.

La pipérylurée se conduit donc comme la diméthylurée et on a dans l'action de l'acide azotique sur de tels dérivés de l'urée une méthode pour préparer des nitramines neutres, meilleure que celles par les dérivés acétyliques et les autres que je vous ai indiquées.

Mais comme le temps, dont je puis disposer, s'écoule, je m'arrête pour résumer.

Tandis que l'hydrogène, lié à quelque élément qu'il soit, a de soi-même, dans certaines conditions, la faculté de réagir sur le chlore, cette faculté est néanmoins renforcée ou affaiblie et même quelquefois anéantie par l'influence des divers groupements auxquels l'hydrogène est lié.

Il n'a pas de soi-même la faculté de réagir sur l'acide azotique; cette faculté lui est fournie par les atomes ou groupes d'atomes auxquels il est lié.

De même, on peut dire que l'hydrogène n'a pas la faculté de réagir sur les bases (les alcoolates et les carbonates); mais il obtient cette faculté lorsqu'il est lié à des atomes ou à des groupements d'atomes qui la lui fournissent. La grandeur de cette faculté varie avec *ces groupements*.

Dans ces deux cas, apparemment contradictoires, la faculté est produite par la même cause, l'influence d'éléments ou groupes négatifs, et l'expérience nous a appris qu'en accumulant, soit le même élément ou le même groupe, soit divers éléments ou groupes négatifs dans la combinaison, dans la proximité de l'hydrogène, cette faculté peut être renforcée ou affaiblie et même anéantie. Dans les deux cas, l'hydrogène forme de l'eau; s'il se produit dans le premier un composé nitré, dans le second un composé métallique, cela dépend de la stabilité de ces composés dans les conditions où ils se trouvent, de la nature des groupes; mais il n'est pas absolument nécessaire.

J'ai étudié l'action de l'acide azotique réel (ainsi nommé par moi, selon le dictionnaire de Würtz) parce qu'en prenant un acide contenant de l'eau, on n'est pas sûr d'étudier l'action de l'acide lui-même. Si d'après les nouvelles vues électrochimiques, il est décomposé partiellement en solution aqueuse en Az O_2 et H, ce pourrait être l'action de Az O_2 qu'on observe en se servant d'un acide hydraté.

J'ai étudié son action à la température ordinaire, parce qu'à une température plus élevée, il est décomposé en partie en Az O_2, oxygène et eau, et l'on pourrait avoir alors l'action de ces produits de décomposition. Rigoureusement on peut admettre que déjà, à la température ordinaire, cette décomposition a lieu, mais en tout cas à un degré très faible. Dans plusieurs

cas, je me suis servi même des azotates des corps que je faisais réagir sur l'acide azotique, afin d'éviter autant que possible un échauffement local.

Souvent on peut étudier la réaction d'un même corps sur plusieurs autres, de deux manières — à la même ou à différentes températures — et on peut quelquefois en déduire les mêmes conclusions en admettant que si avec l'un des corps on a besoin d'une plus haute température pour obtenir un certain effet qu'avec l'autre, la réaction se fait plus difficilement. Cependant, comme l'acide azotique se décompose par la chaleur, je n'ai suivi que la première méthode, et dans mes comparaisons j'ai seulement observé le temps qu'il fallait dans les différents cas pour obtenir le même résultat.

Pour que l'eau formée ait le plus petit effet que possible, je me suis servi toujours d'un grand excès d'acide azotique. Quelquefois j'ai eu recours à un mélange d'acide azotique et d'acide sulfurique.

A priori, il est vraisemblable et du reste souvent démontré que l'influence de différents groupes ou éléments l'un sur l'autre dépend de leur distance relative dans la molécule, donc de leur position. C'est pourquoi j'ai presque toujours pris comme exemples les composés les plus simples, ayant les groupes qui influencent l'hydrogène dans la proximité de celui-ci, afin d'éliminer autant que possible l'effet produit par une différence de position.

J'ai étudié l'action de l'acide azotique avec les composés de l'hydrogène dans lesquels celui-ci est lié au carbone et surtout avec ceux dans lesquels il est lié à l'azote.

Quant à l'action de l'acide azotique sur les composés carbonés, elle était connue dans quelques cas.

J'y ai ajouté d'autres exemples afin de faire voir que c'est l'influence de groupements négatifs sur l'hydrogène qui la produit. Mais je vous ai fait observer en même temps qu'en accumulant des éléments ou groupes négatifs dans la proximité de l'hydrogène on peut tantôt faciliter la réaction, tantôt la rendre difficile et quelquefois même impossible.

Quant à l'action de l'acide azotique sur les composés azotés, on n'en savait rien ou presque rien. Je vous ai démontré qu'elle est la même que sur les composés carbonés; qu'elle est produite aussi sous l'influence d'éléments ou groupements négatifs; que l'influence de ces groupes montre les mêmes particularités, c'est-à-dire qu'on peut par leur accumulation dans la proximité de l'hydrogène entraver ou empêcher la réaction. Je vous ai montré aussi qu'il est plus facile de communiquer à l'hydrogène lié à l'azote la faculté de réagir sur l'acide azotique qu'à celui lié au carbone. La nature de l'azote, qui semble être plus négatif ou moins positif que le carbone, compte donc aussi dans la réaction.

Vous direz peut-être que j'ai considéré la réaction sur l'acide azotique trop exclusivement comme produit par une faculté de l'hydrogène, sans assez tenir compte des autres groupes qui prennent part à la double décomposition. Je ne le nie pas, mais je l'ai fait exprès et je crois en avoir le droit. On voit souvent qu'il est possible de préparer des dérivés nitrés d'une autre façon, tandis qu'il est impossible de les obtenir directement avec l'acide azotique; par exemple, l'acide méthylène disulfonique ne réagit pas avec l'acide azotique, tandis qu'on connaît son dérivé nitré; de même on connaît le nitrométhane, quoique le méthane ne réagisse pas avec l'acide azotique; on connaît le dinitrométhane, mais on ne l'obtient pas par l'action de l'acide azotique sur le mononitrométhane, etc. On connaît la diméthylnitramine, et cependant on ne peut pas l'obtenir au moyen de l'acide azotique et de la diméthylamine.

Des cas pareils nous forcent d'admettre, je crois, que la réaction dépend en premier lieu de la faculté de l'hydrogène pour réagir sur l'acide azotique, faculté qu'il n'a pas de soi-même.

En fixant dans sa proximité un groupe négatif on peut quelquefois lui fournir cette faculté, mais souvent on peut, par un second groupe pareil, affaiblir ou même faire disparaître cette faculté de nouveau, ce qui peut sembler au premier abord assez étrange. Cependant il n'est nullement contradictoire à tout ce que nous savons des atomes. Tout nous indique que dans les molécules ils ne sont pas en repos, mais au contraire qu'ils exercent des mouvements très vifs dont cependant la nature nous est inconnue. Un pareil mouvement doit être admis pour les groupes d'atomes, qui jouent le rôle des éléments. Ces mouvements éprouvent des variations par des changements de la température, mais on peut admettre qu'à chaque température ces divers mouvements se coordonnent en produisant un certain état d'équilibre dynamique.

Certainement les propriétés des corps dépendent aussi de ces mouvements de leurs parties constituantes, et on peut admettre que les corps ne réagissent entre eux que lorsqu'il existe entre les formes de mouvement et entre les vitesses certains rapports bien déterminés, dont la connaissance nous échappe encore, ainsi que l'a si bien dit M. Lothar Meyer.

Ces rapports n'existent pas à la température ordinaire pour l'hydrogène libre et les atomes ou groupes de l'acide azotique; ces rapports existent lorsque l'hydrogène est lié à certains groupes négatifs. En rendant ces groupes plus négatifs, il est très bien possible que les rapports nécessaires sont détruits. On ne sait pas si le second changement opéré est dans la même direction que le premier ou en direction opposée, mais certainement qu'ils ne sont pas tout à fait égaux dans les deux cas, puisqu'ils sont le résultat d'une soustraction d'hydrogène et d'une introduction d'un groupe négatif à la fois.

Chez les éléments, en les rangeant d'après leurs poids atomiques, on remarque que le caractère négatif aug-

mente avec les poids pour changer tout d'un coup en positif. Je me suis donc demandé si, dans les cas que nous avons considérés, il y aurait un rapport entre les poids, mais je n'ai pu le découvrir jusqu'ici.

Pour le moment, je me tiens à ce que mon regretté maître Würtz disait il y a quelques années : « Le but le plus élevé de la chimie est de découvrir la constitution des corps, de déterminer le groupement et les relations mutuelles des atomes, de définir par conséquent le rôle que joue chacun d'eux à l'égard de ses voisins; » car qu'est-ce autre chose que de rechercher et de définir l'influence qu'ils exercent l'un sur l'autre dans les combinaisons?

Un mot encore avant de finir et afin de rendre à tout seigneur tout honneur. Mes idées théoriques ne sont pas nouvelles; au contraire, elles sont des plus vieilles, mais peut-être trop négligées ou du moins pas assez systématiquement poursuivies. Quant aux faits, en 1877, M. Mertens avait, dans mon laboratoire, la première nitramine entre les mains, la trinitrophénylméthylnitramine

$$C_6H_2(AzO_2)_3Az \begin{matrix} CH_2 \\ AzO_2 \end{matrix}$$

et il en a indiqué la décomposition par l'ammoniaque; mais, ses analyses n'étant pas suffisantes, il ne pouvait en déduire la composition. Lorsqu'à mon instigation, en 1883, M. van Romburgh reprit ce travail, il établit la composition de ce corps par de bonnes analyses et déduisit de la décomposition qu'un des groupes AzO₃ devait être lié à l'azote. Quelques jours plus tard, je découvris la dinitrodiméthyloxamide et bientôt après la nitrodiméthylamine. Une partie de mes travaux a été exécutée avec l'aide de M. Klobbie; la connaissance de quelques nitramines est due à mes élèves, M. Simon Thomas et M. Dekkers (1).

Arrivé à la fin de ma tâche, je sens le besoin de remercier mes auditeurs pour l'attention qu'ils ont bien voulu me prêter et le Conseil de la Société chimique pour l'occasion qu'il m'a fournie de donner un exposé de mes travaux et des idées théoriques qui m'ont guidé. Je dois reconnaître que ces idées sont encore assez vagues, que mes travaux sont loin d'être complets et que peut-être dans les détails ils devront être modifiés plus tard; mais vous voudrez bien reconnaître, j'espère, que de les compléter dépasse les forces d'un seul homme. Aussi serais-je très heureux, et ce serait ma meilleure récompense, si j'avais réussi à engager quelqu'un d'entre mes auditeurs à travailler dans cette voie.

FRANCHIMONT.

---

(1) Tous ces travaux sont publiés dans le *Recueil des travaux chimiques des Pays-Bas*, qui est rédigé depuis neuf ans par MM. van Dorp, Hoogewerff, Mulder, Oudemans et moi.

TRAVAUX PUBLICS

La distribution de l'eau et de la force motrice à Genève.

L'important système d'ouvrages hydrauliques que la municipalité de Genève vient de terminer répond à une double destination : régulariser le niveau du lac Léman et utiliser le courant du Rhône pour distribuer de l'eau et de la force motrice.

On sait que la Ville de Genève est située sur les deux rives du Rhône à l'endroit où ce fleuve sort du lac Léman auquel il sert d'émissaire. Ce lac est alimenté par le cours supérieur du Rhône qui prend sa source dans le massif central des Alpes suisses, et par quelques affluents de moindre importance. Sa surface est de 578 kilomètres carrés.

A très peu de distance de Genève, la dépression qui forme le fond du lac se relève assez brusquement. C'est à partir de ce relèvement, qu'on nomme *Banc du Travers*, que la profondeur est assez faible pour que l'écoulement donne lieu à une pente superficielle et à une vitesse appréciable; c'est là que le régime fluvial commence à se dessiner. En suivant le fil de l'eau, on rencontre successivement (voir la figure de la page 49) les môles qui protègent le port, le pont du mont Blanc, l'île Rousseau, le pont des Bergues, le pont *de la Machine*, les ponts et passerelles de l'île, enfin le pont *de la Coulouvrenière*. Sur une certaine longueur, l'île proprement dite, qui forme un des quartiers de la ville, partage le Rhône en deux bras; celui de droite est un peu plus large, mais surtout plus profond que l'autre.

En 1708, on établit à l'entrée du bras gauche une première machine qui utilisait la force motrice du fleuve pour alimenter des fontaines. Elle fut remplacée en 1843 par une nouvelle machine située au milieu du Rhône, vers la pointe amont de l'île. A partir de 1852, à la suite de la démolition de ses fortifications, la ville s'accrut rapidement, et, pour permettre au service des eaux de se développer, la nouvelle machine fut agrandie successivement de deux annexes en 1862 et en 1868. Le barrage qui desservait les moteurs hydrauliques s'étendait sur la passerelle en bois appelée *pont de la Machine :* il était d'une construction fort rudimentaire et se réduisait, dans la saison des hautes eaux, à un seuil fixe en enrochement, très perméable et formé.

Le lac Léman sert de réceptacle à un bassin hydrographique d'environ 8000 kilomètres carrés, dont plus de la huitième partie se trouve dans les glaciers. Il est donc alimenté, soit par la fonte des neiges, soit par les pluies. La première des causes est la plus puissante; aussi la saison des hautes eaux correspond à la seconde moitié du printemps et à l'été. C'est dans les années chaudes et humides à la fois qu'elles atteignent les niveaux les plus élevés.

Nous donnons ci-après quelques cotes relatives au niveau de l'eau dans le port de Genève antérieurement à l'exécution des travaux. Elles sont comptées à partir du plan de comparaison auquel le nivellement général de la Suisse est rapporté : ce plan passe par un repère en bronze scellé au sommet d'un bloc erratique appelé *Pierre de Niton* qui se trouve dans ce port et qu'on voit émerger au-dessus de l'eau (l'altitude du repère au-dessus de la mer est estimée à 376^m,64).

Maxima annuels très élevés.

1816.	$+ 0^m,00$ (1)	1807 et 1821. . .	$- 0^m,29$
1817.	$+ 0^m,10$ (1)	1879.	$- 0^m,30$
1840.	$- 0^m,11$	1824 et 1877. . .	$- 0^m,32$

Maxima annuels très peu élevés.

1880.	$- 1^m,05$	1832	$- 1^m,24$
1815.	$- 1^m,07$	1857	$- 1^m,27$
1829.	$- 1^m,20$	1858	$- 1^m,45$

Moyenne des maxima de la période 1838-1880	. . . . .	$- 0^m,07$
Moyenne des minima —	—	. . . .	$- 2^m,14$
Moyenne générale —	—	. . . .	$- 1^m,57$

Les niveaux très bas en hiver ont l'inconvénient d'entraver la navigation en raison du peu de profondeur de certains ports. Les niveaux très élevés donnent lieu à des destructions de cultures riveraines, à des inondations dans les caves et sous-sols, au mauvais fonctionnement des égouts. Les dommages causés par les hautes eaux se sont fait surtout sentir dans certaines localités de la rive vaudoise du lac et ont provoqué des plaintes très vives. L'idée que la cause qui les produisait provenait elle-même des ouvrages construits à Genève dans le Rhône s'accrédita peu à peu et se traduisit dès la fin du xviii° siècle par de fréquentes réclamations adressées aux autorités genevoises. Après avoir duré près de deux cents ans et fait couler des flots d'encre, ces réclamations aboutirent, en 1878, à un procès que l'État du canton de Vaud intenta à celui de Genève par devant le Tribunal fédéral aux fins de faire disparaître la machine hydraulique et le barrage dont il a été question plus haut.

Les experts vaudois estimaient à 0^m,60 le gonflement produit, en temps de hautes eaux, par le barrage qui est réduit alors à son seuil fixe, et affirmaient que le niveau du lac était relevé d'autant. Les experts genevois répondaient que le seuil fixe était trop perméable et trop peu stable pour pouvoir produire un gonflement pareil; qu'au surplus, ce seuil n'étant pas situé à la naissance du Rhône, mais bien en aval et au bout d'un parcours affecté, en temps de hautes eaux, d'une pente superficielle d'au moins 0^m,32, il était impossible que le remous remontât jusqu'au lac; ils faisaient en outre remarquer que l'État et la Ville de Genève étaient parvenus à désobstruer entièrement l'issue du lac et

(1) Ces cotes se rapportent aux niveaux dans le port de Genève. Pour avoir les niveaux en plein lac, il faudrait tenir compte d'une pente superficielle qui varie de 10 à 20 millimètres en basses eaux, de 70 à 90 millimètres en hautes eaux.

On voit que le relief a été recouvert par les eaux dans les années d'inondation 1816 et 1817. Le même fait avait dû se produire en 1792. Il est probable qu'il ne se représentera plus.

le lit du Rhône, dans la traversée de la ville, des moulins et autres obstacles qui s'y trouvaient autrefois.

Pendant que l'instruction du procès se poursuivait (et elle menaçait de durer longtemps), d'autres faits se déroulaient parallèlement.

L'opinion publique, à Genève, était désireuse de voir utiliser plus complètement que par le passé les forces hydrauliques importantes qu'on avait sous la main. En même temps, elle estimait que les revendications vaudoises, tout en se trompant d'adresse, visaient, dans la création d'un régime plus régulier pour le lac, une amélioration avantageuse en elle-même. Dès lors elle était disposée à accueillir favorablement toute combinaison tendant à concilier les deux buts, pourvu qu'il n'en résultât rien de préjudiciable aux intérêts de la Ville.

C'est au milieu de ces préoccupations que survint, en mai 1882, le renouvellement périodique des autorités municipales. Les élections amenèrent aux affaires une nouvelle municipalité décidée à entrer dans la voie qui vient d'être indiquée. Son premier soin fut de demander à l'autorité cantonale la concession de la force motrice du Rhône à sa sortie du lac. Elle l'obtint à la date du 30 septembre suivant.

Il nous faut revenir un peu en arrière et expliquer que, quelques années auparavant, deux ingénieurs, MM. Legler et Pestalozzi, chargés par le gouvernement vaudois, antérieurement au procès, d'étudier la question de l'écoulement du Rhône, avaient dressé sommairement un plan de correction dont l'exécution devait tout à la fois régulariser le niveau du lac et maintenir en faveur de la Ville de Genève, en la majorant seulement d'environ 50 pour 100, une force hydraulique équivalente à celle dont elle faisait usage à cette époque.

C'est à la réalisation de ce plan de correction que la municipalité s'attacha. Elle commença par charger M. Legler de l'étudier à nouveau et lui adjoignit dans ce but l'auteur de cette notice, lequel s'était précédemment assuré, par des calculs très précis, qu'on pourrait, moyennant quelques remaniements qui n'en altéraient pas l'économie générale, en retirer une force motrice fort supérieure à celle qui avait été d'abord prévue. Ce furent donc MM. Legler et Achard qui arrêtèrent dans ses grandes lignes le projet à réaliser, dont voici la spécification sommaire :

1° Suppression du barrage existant, ainsi que des moteurs contenus dans les bâtiments de la machine hydraulique;

2° Transformation du bras gauche du Rhône en un bief moteur (cote du fond, à l'entrée — 4m,90, pente de fond 0,001) destiné à amener l'eau aux turbines dont il sera question plus loin;

3° Transformation du bras droit en un canal supplémentaire (cote du fond à l'entrée — 5m,50, pente de fond 0,0013) de fort débit, destiné à faire écouler l'excédent du volume d'eau dont l'évacuation est nécessaire pour régler le niveau du lac, sur le volume absorbé par les turbines;

4° Établissement, à l'entrée du bras droit, d'un barrage

mobile (cote du seuil — 4m,50) destiné à la régularisation du niveau;

5° Établissement au débouché du bras gauche, dans l'élargissement que le Rhône présente à l'aval du pont de la Coulouvrenière, d'un bâtiment destiné à recevoir des turbines;

6° Prolongement de la séparation des deux bras par une digue longitudinale s'étendant de la pointe aval de l'Ile au bâtiment des turbines et munie de vannes de décharge;

7° Dragage du lit du Rhône dès le bâtiment des turbines au confluent de l'Arve (cote du fond à l'aval des turbines — 8m,67, pente de fond 0,000372).

Il faut faire remarquer à ce propos que l'Arve, qui se jette dans le Rhône à environ 2 kilomètres de sa sortie du lac, influe par son niveau sur la chute disponible et par conséquent sur la force à recueillir. Le dragage jusqu'au confluent n'empêchera pas les crues très violentes, mais très courtes de cette rivière, d'exercer sous ce rapport une action préjudiciable [1]; mais il doit contribuer à augmenter la force dont on disposera en temps ordinaire.

De concert avec MM. Turrettini, membre du Conseil administratif de la Ville, délégué aux Travaux publics, Merle d'Aubigné, directeur du Service des eaux, et Julien Chappuis, entrepreneur, MM. Legler et Achard déterminèrent le programme général d'exécution et l'échelonnement des travaux.

La force motrice à retirer de ceux-ci était estimée à 6000 chevaux bruts, en admettant que le niveau maximum fût fixé à la cote — 1m,20 et le niveau minimum à la cote — 1m,80, l'amplitude des variations étant ainsi réduite à 0m,60.

Au commencement de l'année 1883, la municipalité ouvrit, entre un certain nombre de constructeurs-mécaniciens spécialement qualifiés, un concours pour l'étude du bâtiment des turbines ainsi que des turbines elles-mêmes, et des pompes et des transmissions destinées à en utiliser la force. A la suite de ce concours, l'exécution des engins mécaniques fut confiée à MM. Escher Wyss et Cⁱᵉ, de Zurich, sur la base d'une étude définitive qu'ils livrèrent au mois d'août 1883.

Le 1ᵉʳ novembre, la municipalité confia l'entreprise générale des travaux à M. l'ingénieur Julien Chappuis, qui s'était distingué dans la correction des eaux du Jura.

On devait concevoir que les travaux qui avaient plus spécialement pour objet d'approprier le bras gauche à son rôle de bief moteur et de créer la nouvelle force hydraulique. Ils furent attaqués au mois de novembre 1883.

La décision prise par la municipalité genevoise d'apporter à l'écoulement du Rhône des changements qui permettraient de régulariser le niveau du lac dans un sens conforme aux vœux de l'État de Vaud rendait au fond sans objet le procès intenté par ce dernier à l'État de Genève et était de nature à amener entre eux une entente amiable. Cette entente ne tarda pas en effet à s'établir, sous les auspices du pouvoir fédéral, et par l'intervention officieuse de M. Legler, qui était

_____

(1) En vue de ces éventualités, la Ville conserve une machine auxiliaire, à vapeur, qu'elle avait dû créer en 1880.

investi de la confiance des deux parties. Elle fut sanctionnée par une convention du 17 décembre 1884. Il fut établi en principe que le barrage mobile serait ouvert quand le lac serait à la cote — 1ᵐ,30 et fermé quand le lac serait à la cote — 1ᵐ,90, ce qui, du reste, n'oblige pas l'État de Genève à garantir que le niveau du lac ne sera jamais supérieur à la première de ces cotes ni inférieur à la seconde. La convention lui allouait une subvention de 1 105 000 francs, dont 773 500 francs à fournir par la Confédération et 331 500 francs par les cantons de Vaud et du Valais. Ensuite l'État de Genève délégua ces subventions à la Ville, qui se substitua à lui dans les droits et les obligations découlant de la convention intercantonale.

Pendant ce temps, les travaux se poursuivaient sans interruption. Ils sont terminés présentement et ont été couronnés par un succès complet. Nous allons donner quelques détails sur les points les plus intéressants.

Approfondissements du lit du Rhône. — Entre le bâtiment des turbines et le confluent de l'Arve, l'approfondissement a été fait au moyen de dragues. Entre le bâtiment des turbines et l'ancien barrage, il a fallu l'opérer à la main, après épuisement, soit parce que les ponts auraient gêné le fonctionnement des dragues, soit surtout parce qu'il était nécessaire de reprendre en sous-œuvre les fondations des murs de quai, pour que l'abaissement du lit n'en compromît pas la solidité. Les batardeaux qu'il a fallu établir pour circonscrire les espaces où le lit devait être mis à sec ont été utilisés en même temps pour la construction du bar-

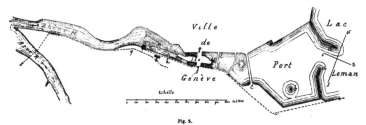

Fig. 2.

a a, Môles du port. — *b,* Pierre de Niton. — *c,* Pont du mont Blanc. — *d,* Ile Rousseau. — *e,* Pont des Bergues. — *f,* Pont de la Machine. — *g g,* Ponts de l'Ile. — *h,* Pont de la Coulouvrenière. — *i,* Ancienne machine hydraulique. — *k,* Machine hydraulique de secours, à vapeur, créée en 1880. — *l,* Barrage à rideaux. — *m,* Digue séparative. — *n,* Vannes de décharge. — *o,* Bâtiment des turbines. — *p,* Digue du canal de fuite. — *q.* Canalisation reliant le réseau de la basse pression au réservoir de la Bâtie. — *r,* Canalisation reliant le réseau de la haute pression au réservoir de Bessinge.

rage de la digue longitudinale faisant suite à l'Ile et du bâtiment des turbines.

Barrage mobile. — L'ancien pont de la Machine, qui était en bois, devait être refait à cause de sa vétusté. L'ouvrage nouveau a été construit en fer. Le barrage mobile s'appuie sur la partie du nouveau pont qui s'étend entre le bâtiment des anciennes machines et le quai de la rive droite. Indépendamment du rôle de passerelle à piétons que le pont doit remplir, cette partie de l'ouvrage contribue à supporter la pression de l'eau sur le barrage et a été combinée en conséquence.

Le radier de l'ouvrage, en béton de chaux hydraulique recouvert d'un grillage et d'une double couche de madriers, s'étend de l'amont à l'aval sur une largeur de 23 mètres. C'est sur cette étendue que s'opère la dénivellation de la cote — 4ᵐ,50, assignée au seuil du barrage, à la cote — 5ᵐ,50, assignée au fond du bras droit à son origine.

Le barrage proprement dit, établi d'après le système de M. Caméré, ingénieur en chef des ponts et chaussées, se compose de deux éléments : 1° des cadres ou fermettes, en fer, mobiles autour d'une sorte de charnière horizontale, parallèle au pont et scellée dans le radier; 2° des rideaux mobiles qui fonctionnent à la façon d'un store et qui sont formés de lames de mélèze réunies par des charnières en bronze et s'enroulant sur un noyau en fonte.

Chaque montant de fermette est disposé pour que les bords des deux rideaux adjacents s'y appliquent. Les fermettes sont au nombre de 20; les rideaux sont au nombre de 39, dont 20 correspondent aux fermettes et 19 aux intervalles de celles-ci.

Quand le seuil est ouvert, les fermettes sont rabattues sur le radier, les rideaux enroulés sur eux-mêmes au niveau du tablier. Pour fermer le barrage, on relève les fermettes, on les fixe au tablier au moyen de taquets, et on déroule les rideaux que la pression de l'eau d'amont presse contre les montants des fermettes et que le poids du noyau de fonte maintient tendus.

Le barrage est complété : 1° par des vannes situées dans l'intervalle très court qui s'étend entre le bâtiment des anciennes machines supprimées et la pointe amont de l'Ile; 2° par les vannes des coursiers de ces machines dont les radiers ont été approfondis (à l'exception de l'un d'eux, où l'on a construit une échelle à poissons).

Bâtiment des turbines et digue séparative. — Le bâtiment des turbines se compose d'une partie transversale formant

équerre avec le quai de rive gauche, disposée pour recevoir 6 turbines, et d'une partie longitudinale disposée
pour recevoir 14 turbines, qui se raccorde avec la digue
séparative. Toute l'infrastructure, en dessous du sol de la
grande salle des pompes (cote + 2ᵐ,22), est faite en béton
de chaux hydraulique et de ciment.

La digue séparative, construite en béton de chaux hydraulique, a 3ᵐ,20 d'épaisseur au niveau de la fondation. Sa
crête est à la cote — 1ᵐ,38.

Les vannes de décharge, qui s'étendent entre cette digue
et la pointe aval de l'île sur une longueur de 38ᵐ,26, sont
uniquement destinées à donner passage, en cas d'arrêt de
quelques turbines, à un volume d'eau équivalent à leur débit. Elles présentent un débouché très supérieur à ce qui
est réellement nécessaire.

Turbines. — Les turbines sont prévues, au nombre de 20,
pour être toutes identiques et à avoir chacune une puissance brute de 300 chevaux, avec un rendement d'environ
70 pour 100. Sur ce nombre, 8 turbines sont en fonction,
2 seront installées dans le courant de l'été de 1890, les
10 autres le seront au fur et à mesure des besoins. Du
reste, l'infrastructure du bâtiment est entièrement achevée.
L'admission de l'eau dans les chambres des turbines non
encore placées est interceptée.

Les turbines ont été construites de façon à pouvoir se
prêter, sans modification sensible de leur puissance, à des
variations de chute allant de 1ᵐ,68 en hautes eaux à 3ᵐ,70
en basses eaux, et à des variations inverses de débit allant
de 6 mètres cubes par seconde en basses eaux à 13ᵐᶜ,5 en
hautes eaux.

Ce sont des turbines en dessus, fonctionnant sous pression, c'est-à-dire noyées sous l'eau d'aval. Le distributeur
fixe et la couronne mobile ont l'un et l'autre 4ᵐ,20 de diamètre extérieur, 1ᵐ,75 de diamètre intérieur et 0ᵐ,25 de
hauteur. En raison des variations de débit, tous deux sont
subdivisés en trois zones concentriques et, en basses eaux,
l'eau n'est admise que par la zone extérieure. La couronne
mobile est reliée par des bras à un arbre creux, qui est
suspendu à sa partie supérieure sur un pivot fixe s'élevant
du radier.

La vitesse de rotation est d'environ 26 tours par minute.

Utilisation et distribution de la force motrice. — La canalisation hydraulique de la Ville de Genève, créée il y a déjà
longtemps et dans des proportions assez exiguës, a été progressivement agrandie et étendue au fur et à mesure du développement des besoins. Elle fonctionnait sous une pression d'environ 4 atmosphères et demie, correspondant au
niveau d'une cuvette régulatrice placée dans l'hôtel de
ville, au point culminant de la colline. C'est seulement
en 1873 qu'elle a été dotée d'un réservoir, qui est relié au
réseau par une conduite unique et qui est situé au coteau
de la Bâtie, vers le confluent de l'Arve et du Rhône. La
fourniture d'eau sous pression pour alimentation de petits
moteurs commença en 1871; elle progressa rapidement, et
en 1883 elle desservait 129 moteurs.

Lorsque la municipalité entreprit les travaux dont nous
donnons la description, la question du mode de distribution de la force à créer se posa pour elle. Malgré sa supériorité de rendement, l'emploi des câbles télédynamiques
fut rejeté comme entraînant de grandes dépenses d'entretien et comme se prêtant très mal à un degré un peu
étendu de subdivision. La distribution par l'air comprimé
fut écartée en raison de l'alternative qu'elle entraîne de se
contenter d'un faible rendement ou d'appliquer aux récepteurs un procédé de réchauffement destiné à permettre
l'utilisation de la détente de l'air. Restaient la distribution
par l'eau sous pression et la distribution par l'électricité.
Cette dernière fut écartée, simplement à titre provisoire,
comme n'étant pas encore suffisamment consacrée par l'expérience.

La municipalité se prononça donc pour la distribution au
moyen de l'eau sous pression, et comme une pression élevée offre le double avantage de comporter, toutes choses
égales d'ailleurs, de moindres calibres de tuyaux, et de diminuer l'importance de la perte de rendement due à l'altitude des récepteurs, elle se décida à créer, parallèlement au
réseau à basse pression déjà existant, un nouveau *réseau* à
la pression de 130 mètres destiné à porter l'eau aux points
les plus distants et les plus élevés et à distribuer la force
motrice.

Le service de la basse pression emploie aujourd'hui
2 turbines actionnant chacune directement 2 pompes Girard
(à piston plongeur et à double effet). Le réseau de ce service, concentré surtout dans la ville, a un développement
de 79ᵏᵐ,5.

Le service de la haute pression emploie 6 turbines qui
actionnent de la même façon des pompes du même système,
mais de dimensions moindres que les précédentes. Le réseau,
qui parcourt la périphérie de la ville et rayonne au dehors,
mesure aujourd'hui 75ᵏᵐ,5 de développement et comprend
des canalisations rachetées en 1887 de sociétés hydrauliques
qui desservaient des communes rurales.

Au 31 décembre 1889, le réseau de la basse pression alimentait 134 moteurs d'une force totale de 280 chevaux, et
celui de la haute pression 67 moteurs, représentant 1167 chevaux. Ces moteurs fonctionnent dans les laboratoires de
l'Université, dans quelques établissements municipaux,
dans une station centrale d'électricité, qui absorbe à elle
seule 645 chevaux, et dans 80 différentes sortes d'industrie.
Ces chiffres ne comprennent pas 12 moteurs, d'une force
totale de 260 chevaux, qui servent à restituer la *force* à des
usines desservies précédemment, sur les deux rives du
Rhône à l'aval de la ville, par des roues dont les nouveaux
travaux ont entraîné la suppression.

Les moteurs employés sont le moteur Schmid à piston et
à cylindre oscillant, et la turbine, soit une tangentielle, à
axe horizontal, pourvue d'un régulateur.

Les puisards des pompes sont alimentés par des conduites
qui sont placées dans le lit du fleuve et qui vont chercher
en amont des môles du port une eau plus fraîche que celle
de la surface et située à l'abri des causes de contamination.

Comme on le voit, le service de distribution d'eau potable et ménagère, et le service de distribution de force sont confondus entre eux. L'emploi de la méthode hydraulique a grandement favorisé la subdivision de la force, son emploi dans l'industrie exercée en famille et la multiplication des petits ateliers; au point de vue social, la municipalité a fait là une œuvre digne d'éloges. Les demandes de force affluent au point de nécessiter l'adjonction prochaine de la 9ᵉ et de la 10ᵉ turbine.

Quand il s'agira d'utiliser les dix dernières turbines, il est très possible que la transmission électrique qui fait de rapides progrès, et qui se prête aussi à la subdivision, puisse trouver son emploi.

Réseau de la haute pression. — Ce réseau a été doté d'un réservoir situé sur le coteau de Bessinge, à 4 kilomètres de la ville au-dessus de la rive gauche du lac. Relié au réseau par une conduite unique, il fonctionne à l'égard de la haute pression comme celui de la Bâtie à l'égard de la basse pression : il ne reçoit que l'excédent de l'eau refoulée sur l'eau consommée en route, et quand l'eau consommée vient à excéder l'eau refoulée, il restitue le surplus par la même conduite qui joue alors l'office de conduite descendante. Il résulte de là, suivant que le réservoir se remplit ou se vide, que la pression dans le réseau éprouve une variation qui provient non seulement de la baisse de l'eau dans le réservoir, mais aussi de la perte de charge par frottement. Cet inconvénient a été jugé particulièrement sérieux pour le réservoir à haute pression, d'abord parce qu'il dessert les moteurs les plus importants, ensuite parce qu'une circonstance spéciale a obligé de faire déverser l'eau pas directement dans le réservoir dont le plan d'eau supérieur est à la cote + 123 mètres, mais d'abord dans un château d'eau à la cote + 127ᵐ,33, ce qui, toutes choses égales d'ailleurs, augmente de 4ᵐ,33 la variation de pression (un clapet intercalé dans un tuyau qui relie la conduite au fond du réservoir se ferme et s'ouvre automatiquement, suivant que le réservoir se remplit ou se vide). Pour y remédier, on a imaginé un moyen ingénieux qu'il serait trop long de décrire en détail, mais qui en résumé consiste en ceci. La conduite peut être fermée par une vanne près de la ville se détache du réseau; une partie de l'eau descendant du réservoir actionne une turbine placée en deçà de la vanne par rapport au réservoir, et cette turbine fait tourner une pompe rotative qui refoule le surplus de l'eau dans le réseau au delà de la vanne, de façon à y maintenir la pression au chiffre normal. Ce système qui n'est pas automatique, mais que l'on met en jeu aux heures de grandes consommations d'eau, a donné des résultats satisfaisants.

Égouts collecteurs. — La municipalité de Genève a profité des travaux hydrauliques pour compléter son réseau d'égouts par deux collecteurs qui longent les deux rives et qui reportent en aval de la ville tout le déversement des eaux sales.

Perspectives d'avenir. —Au moyen des travaux que nous venons de décrire, et qui ont tous été exécutés sous la direction de M. Turrettini, délégué de la municipalité aux travaux publics, la Ville de Genève est amplement pourvue d'eau et de force motrice. Quand elle aura installé et employé les 10 turbines dont les emplacements sont préparés, elle ne sera pas gênée dans l'extension ultérieure de ces deux services : au besoin elle trouvera encore, à des distances très accessibles, des forces hydrauliques considérables, soit dans le cours du Rhône, à l'aval du confluent de l'Arve, soit dans l'Arve elle-même.

En ce qui concerne la régularisation du lac, l'objectif qu'on se proposait est également atteint. Dans l'année 1889, la première qui ait pu bénéficier des travaux, le niveau dans le port de Genève a eu pour maximum —1ᵐ,005, quoique elle ait été marquée par des entrées d'eau exceptionnellement abondantes qui, d'après les données relatives à l'ancien état de choses, auraient fait atteindre le niveau — 0ᵐ,33. On peut donc espérer de ne pas dépasser le maximum normal dans les années ordinaires.

Le dragage du port, qui a été entrepris après l'achèvement des autres travaux et qui se poursuit actuellement, améliorera encore les résultats obtenus.

A. ACHARD.

PSYCHOLOGIE

Les applications de l'image en éducation.

L'image sous ses diverses formes d'estampe, de gravure ou de tableau, est utilisée fréquemment et fructueusement dans l'éducation.

Elle nous offre d'abord un moyen d'apprendre à l'enfant à examiner, à analyser ce qu'il a sous les yeux. On lui montre, par exemple, une image représentant une action simple, appropriée à son développement intellectuel et qui soit de nature à l'intéresser, une scène du monde enfantin, puis on l'invite à la décrire. C'est l'exercice qu'on désigne par ces mots : *ce que l'on voit sur une image*, dont on tire un excellent parti pour enseigner à l'enfant à rendre compte de ses impressions et à les exprimer. Comme en toute chose il importe de ne pas dépasser le but, c'est-à-dire les bornes de la capacité intellectuelle de l'enfant, de ne lui demander de voir que ce qu'il peut voir, de n'exiger de lui ni plus de finesse ni plus de pénétration que n'en comporte son âge, car autant vaudrait lui demander de faire la critique d'une œuvre littéraire.

L'image peut aussi être utilisée comme procédé d'enseignement dans le jeune âge; c'est une manière de raconter ou de décrire aux yeux. C'est ainsi qu'on peut enseigner les principaux faits historiques, les traits importants de la vie des hommes célèbres par la représentation de ces faits ou de ces traits en les accompagnant d'une explication sommaire. On procédera de même pour faire connaître à l'enfant les principaux détails de la fabrication des choses usuelles, les procédés de quelques métiers. Ces représentations expliquées captivent l'enfant mieux que des descriptions; aussi retient-il plus aisément ce qu'il a vu que ce qu'il a entendu. Plus tard, sous la forme d'*illustrations*, dans les livres, de *projections*, dans les leçons, l'image arrive comme un complément utile et agréable de l'enseignement en général. Frapper l'esprit par deux sens, c'est le frapper deux fois et fortifier une impression par l'autre. Nous comprenons plus facilement et nous retenons mieux ce que nous avons acquis par l'action combinée des deux sens qui sont plus particulièrement au service de l'esprit. Ajoutons que, par son côté agréable, l'image détermine une attention plus soutenue.

On parvient encore à l'aide de l'image à éveiller le sens du beau. D'abord, on la fait servir à la décoration de l'école en exposant sur les murs des compositions artistiques d'un goût pur et d'une exécution correcte; cela, constitue le musée scolaire. Disons en passant qu'il serait désirable que de semblables musées fussent fondés dans toutes les petites localités et particulièrement celles qui sont éloignées des grands centres. La chose n'est point coûteuse; les frais en pourront être faits le plus souvent par un bienfaiteur de la commune; le local sera une salle de la mairie. Il y a là, croyons-nous, un moyen d'élever le niveau du goût et de faire connaître aux masses quelques-uns de nos chefs-d'œuvre. Mais c'est dans l'enseignement du dessin plus encore que dans l'ornementation de l'école que, par le choix judicieux des modèles, on peut former le goût des enfants. Leurs yeux s'accoutumeront ainsi à la pureté des formes, comme dans l'enseignement musical leurs oreilles s'accoutument à la justesse des sons. Au bout d'un certain temps, ils éprouveront pour les dessins de mauvais goût ou médiocres à des points de vue divers l'impression désagréable ou même pénible que ressent le musicien pour les sons faux ou les dissonances.

Les applications de l'image ne s'arrêtent pas là. L'action qu'elle représente produit sur l'enfant un effet moral; elle exerce une influence analogue à une suggestion. Qui ne se souvient des impressions qu'il a reçues dans son enfance des tableaux appendus aux murs de la maison paternelle et dont il lui est resté un souvenir non moins vif que persistant, analogue à ceux que lui ont laissé ses premières lectures. Plus tard, nous avons été quelque peu surpris d'avoir pu ressentir de telles émotions, mais l'effet ne s'est pas moins produit et la vue de ces tableaux n'a pas moins contribué pour une part à notre éducation. Aussi est-il profondément regrettable de voir la parfaite insouciance de certains parents à l'endroit des sujets représentés par les tableaux dont ils ornent leurs demeures. Le mérite artistique ou la mode décide du choix, et, tandis qu'ils ne laisseront pas aux miens de leurs enfants des ouvrages que condamnent le goût et la bienséance, malgré leur valeur littéraire, ils ne craindront pas d'exposer à leurs yeux des scènes dont il eût fallu leur épargner la vue.

La représentation d'une action produit dans une certaine mesure l'effet de l'action même. L'impression est parfois plus forte que le récit, car l'imagination des enfants est si fertile et si vive qu'elle supplée aisément à l'immobilité et au silence des personnages. Tout s'anime pour eux ; ils voient en deçà et au delà de l'action; en même temps, ils conçoivent et ce qui l'a préparée et ce qui doit la suivre. Les personnes parlent et agissent ; le tableau est vivant. Ce tableau reste toujours exposé aux regards; c'est un livre qu'on ne ferme pas et qu'on relit sans cesse. L'impression renaît à chaque nouveau coup d'œil, grâce aux intermittences qui empêchent la satiété.

L'image nous permet donc de donner un enseignement moral; on en peut faire une école d'inspirations honnêtes et de bonnes résolutions, une sorte de recueil de *morceaux choisis* de morale, un cours de morale en action. Et cela sans préjudice des autres applications ou des avantages qu'elle offre. On a peut-être déjà songé à cette application de l'image, mais on l'a fait sans méthode et en quelque sorte d'instinct, ce qui n'a pas permis d'en tirer tout le parti possible; il y a plus et mieux à faire. L'histoire fournira aisément des sujets propres à faire naître dans l'esprit des enfants les sentiments délicats, les impulsions généreuses, les déterminations courageuses, en un mot les diverses qualités ou les vertus qui sont l'honneur de l'espèce humaine. Le choix fait, reste à établir l'ordre dans lequel doivent se succéder les tableaux et la manière de les utiliser.

Outre cet enseignement général applicable à tous les écoliers indistinctement, quels que soient leurs défauts, il en est un autre destiné à un petit nombre d'enfants dont les défauts sont graves ou invétérés. Il s'agit alors d'une sorte de traitement moral, d'une suggestion à l'aide de l'image. Prenons des exemples : nous placerons sous les yeux d'un enfant paresseux des scènes qui rappelleront les avantages du travail ou les écueils de la paresse, des images où l'on aura représenté un homme énergique aux prises avec les difficultés de la vie et qui en triomphe par un travail soutenu, ou un homme de condition humble qui s'est élevé par son mérite et ses efforts, un épisode de la vie de La Ramée le montrant lorsque, dévoré de la soif de savoir, il étudiait la nuit, à la lueur d'une lampe fumeuse, après avoir rempli son office comme valet; un autre de la vie de Lincoln qui fut successivement ouvrier, avocat, député, président de la république des États-Unis, et qui, après avoir fait cesser les divisions dans son pays, donna la liberté à quatre millions d'esclaves. L'enfance du général Drouot fournira des sujets analogues; ce fils du modeste boulanger de Nancy qui deviendra le soldat brave et honnête que l'on sait, se fait remarquer par son application au travail. — Exposons à la vue d'un enfant poltron, timide, irrésolu, des scènes qui rappellent des traits d'audace, de courage, de fermeté, des actes héroïques : d'Assas succombant en poussant le cri : « À moi d'Auvergne! » Viala frappant à coups de hache le câble qui retient les pontons royalistes et succombant, atteint par les balles; Jean Bart prêt à faire sauter le navire anglais où il était prisonnier par surprise. — À l'enfant orgueilleux, vaniteux, prétentieux, il conviendra de présenter l'épisode de la vie de Turenne montrant l'illustre homme de guerre donnant à un enfant le conseil de ne jamais s'approcher de trop près d'un cheval, ou Catinat enseignant la politesse à un jeune fat qui lui avait adressé la parole d'une manière cavalière et sans ôter son chapeau.

L'image provoquera dans l'âme de l'enfant un état en harmonie avec la scène représentée. D'abord très faible, l'impression deviendra plus vive ; après chaque coup d'œil jeté sur l'image, il y aura une accumulation d'impressions qui s'ajouteront comme les chocs répétés du marteau sur un clou. Là ne se borne pas l'effet produit : cette disposition de l'esprit se répercute dans le corps qui la manifeste à son tour par son attitude et ses gestes. La concordance est complète. En même temps, le corps réagit sur l'esprit et le fortifie dans sa disposition. Un exemple nous permettra de nous faire mieux comprendre : supposons que nous assistons à une cérémonie religieuse et que nous y prenons part dans une certaine mesure, en lisant les textes sacrés, en nous agenouillant, en respirant l'encens, en écoutant les chants et l'orgue, nous ressentons une impression d'ensemble très propre à faire naître en nous le sentiment religieux ou à le fortifier s'il existe déjà. Par contre, le sentiment religieux, s'il est en nous, nous prédispose à prendre l'attitude et à faire les mouvements de la personne qui prie, c'est-à-dire à nous mettre à genoux, à joindre les mains, à prier oralement. C'est une suite d'actions et de réactions analogues à celles *par lesquelles les diverses parties d'un même mécanisme s'équilibrent mutuellement et assurent la stabilité.*

Pascal disait avec raison : « Priez d'abord et la foi vous viendra. » Les prêtres demandent à leurs ouailles des pratiques religieuses et se défient d'une foi qui ne s'affirme pas par des actes ; ils savent que les actes de piété sont le commencement de la foi et que l'esprit suivra le corps. De même, si une personne n'a pas le sens moral développé, et qu'on lui fasse accomplir des actes de bonté, de dévouement, de désintéressement, on lui en donnera l'habitude, et, à son tour, l'habitude du bien éveillera dans son esprit le désir de bien faire, le goût et l'amour du bien. A force de lui faire pratiquer la vertu, vous l'aurez rendu vertueux. Le procédé est peut-être inférieur, mais si le but est atteint, c'est l'important. Suggestionnez l'enfant par l'image, faites qu'il ait le désir d'imiter les bonnes actions représentées, et, en imitant l'enfant qui travaille, il deviendra laborieux ; en essayant d'accomplir des actes de courage, il deviendra courageux. C'est un procédé analogue à celui par lequel on enseignerait une science en commençant par la pratique pour arriver à la théorie.

FÉLIX HÉMENT.

CAUSERIE BIBLIOGRAPHIQUE

L'Intoxication chronique par la morphine et ses diverses formes, par M. L.-R. RÉGNIER. — Un vol. in-8° de 171 pages ; publication du *Progrès médical ;* Paris, Lecrosnier et Bubé, 1890.

L'histoire de la morphinomanie et des morphinomanes a déjà été écrite plusieurs fois ; cependant, nous avons lu avec intérêt la nouvelle étude que vient de donner M. L.-R. Régnier sur le même sujet. Les origines, les symptômes, les formes, les complications, le traitement de cette curieuse et funeste intoxication y sont exposés d'une façon très sobre et très saisissante ; et l'on y trouve, en outre, une série d'intéressantes observations et une bibliographie très complète de la matière. Au surplus, il n'est pas inutile de revenir sur ce sujet, car le mal est plus grand qu'il ne semble, et il y aurait peut-être des mesures à prendre, assurément difficiles, pour en limiter et réduire les ravages.

Il est curieux de rechercher comment l'habitude de l'opium est passée de l'Orient à l'Occident, en se transformant, il est vrai, mais non à notre avantage. De l'avis d'un grand nombre d'auteurs, la faute première serait imputable aux médecins. La rapidité et la sûreté d'action de la morphine, le bien-être qu'elle procure aux malades, la suppression, pour ainsi dire certaine, d'une douleur, quelque intense qu'elle fût, firent en effet bientôt de cet alcaloïde une sorte de panacée. On l'employa alors, non seulement pour supprimer la souffrance, mais encore pour arrêter les hémorragies et tirer de syncopes graves ceux qu'une perte de sang très abondante semblait vouer à une fin prochaine. On ne paraissait pas soupçonner que la substance qu'on administrait ainsi largement, pût avoir à la longue une action funeste sur l'organisme, et on laissait les malades en user librement. On connaît maintenant le résultat de cette façon de faire.

D'autres causes aussi sont accusées. Ainsi, en Allemagne, M. Lewinstein attribue à la morphinomanie une origine un peu différente, au moins pour ce qui concerne l'armée. Il fait remarquer que c'est surtout après les guerres de 1866 et de 1870 que cette maladie a pris de l'extension dans ce pays, et qu'en effet bien des officiers, surmenés par les dures fatigues de la campagne, avaient recours à la morphine pour se soutenir. Les guerres finies, quelques-uns continuèrent l'usage de l'injection, qui leur procurait des sensations agréables. D'autre part, un certain nombre de femmes, restées à la maison, inquiètes du sort de ceux qui leur étaient chers, auraient calmé leurs appréhensions à l'aide de la morphine, et c'est ainsi que plusieurs seraient devenues morphinomanes.

Quoi qu'il en soit de cette origine, vraiment bizarre, le mal aurait à ce point progressé depuis cette époque qu'il y a aujourd'hui, à Paris, s'il faut en croire M. Régnier, de véritables *instituts de piqûre* où se presse, autour de quelque vieille matrone, une clientèle féminine nombreuse de morphinomanes. Si l'on ajoute à cela que certains morphinomanes riches s'adressent directement aux droguistes et achètent d'un seul coup 100 ou 200 grammes de morphine et même plus, on comprendra toute l'inanité des mesures actuellement en vigueur contre la vente frauduleuse de cette substance.

Nous devons, ici, relever une erreur commise par l'auteur. Venant à constater que la maladie, si fréquente dans l'armée allemande, semble inconnue chez nos officiers, M. Régnier attribue ce résultat à ce que l'usage de l'opium et de ses composés est proscrit de la thérapeutique militaire. Nous ne savons pas où l'auteur a trouvé ce renseignement, tout à fait inexact; car ce serait vraiment une jolie chinoiserie qu'une des rares substances actives de la matière médicale fût précisément interdite aux médecins militaires, au grand détriment de leurs malades et surtout de leurs blessés qui, en de certaines circonstances, y ont en quelque sorte droit L'opium, en effet, est le suprême soulagement des grands mutilés du champ de bataille; et, en réalité, sous les formes d'alcoolé, d'extrait, de laudanum, il fait partie, avec le chlorhydrate de morphine, du formulaire pharmaceutique de l'armée. Les officiers n'ont d'ailleurs pas droit aux médicaments des infirmeries régimentaires et doivent acheter leurs médicaments chez les pharmaciens.

M. Régnier adopte la classification qui paraît maintenant classique et distingue les morphinisés des morphinomanes, ces derniers étant caractérisés par l'existence de phénomènes psycho-sensoriels et des troubles spéciaux, parfois fort graves, qui surviennent lorsqu'on supprime le médicament. Autrement dit, la morphinomanie serait caractérisée par la sensation de *besoin*, par la présence à peu près constante d'un état nerveux héréditaire ou acquis chez les malades ou de stigmates physiques ou psychiques de dégénérescence, et par le mélange de phénomènes psycho-sensoriels aux manifestations propres à l'intoxication morphinique pure et simple.

Cette distinction, on le sait, est surtout importante en médecine légale; car si l'ivresse morphinique ne peut être invoquée pour expliquer l'état d'inconscience ou les impulsions irrésistibles, la morphinomanie suffit, au contraire, à produire des modifications de l'état mental dans le cours desquelles la production d'impulsions irrésistibles devient admissible. En particulier, on devra toujours tenir compte, dans l'appréciation de la responsabilité, de l'état d'abstinence qui entraîne parfois un véritable délire, bien caractérisé.

Victorian Year-Book. Publié par le Bureau de statistique du gouvernement de Victoria. — 3 vol. in-8° de 1000 pages environ; Londres, Trubner et Cie.

Si, selon une formule aussi vieille qu'inexacte, nous jouissons en France d'une administration que « l'Europe nous envie » tout en se gardant bien de nous l'emprunter, force nous est de reconnaître que certaines nations, au premier rang desquelles se place l'Angleterre, entendent la colonisation d'une façon qui nous laisse bien loin en arrière. Sans doute, l'Angleterre offre des conditions sociales particulières et des mœurs toutes spéciales qui favorisent grandement son expansion coloniale. Mais elle a aussi l'entente des procédés propres à développer celle-ci. Elle sait, notamment, montrer aux émigrants, les ressources des contrées lointaines sur lesquelles s'étend sa domination, en indiquer les besoins, en décrire les mœurs, etc.: ce à quoi elle parvient en jetant dans le public, à un prix très bas, des guides très exactement renseignés, dont les éléments sont puisés aux meilleures sources, et qui donnent au lecteur toutes les notions dont il peut avoir besoin avant de s'engager dans son entreprise. Les documents de ce genre sont rares en France; ils sont coûteux, remplis de chiffres administratifs; il y manque beaucoup de faits utiles, et leur caractère très incomplet en fait des documents que l'on consulte peu et pour cause. Le *Victorian Year-Book* que nous avons sous les yeux, et qui constitue trois forts volumes in-8° de près de mille pages, lesquels se vendent moins de 5 francs, est un modèle dont pourraient s'inspirer nos statisticiens, si la fantaisie, bien invraisemblable, les prenait de vouloir fournir à nos candidats à la colonisation au Tonkin ou à Madagascar, etc., un volume de renseignements utiles. On y trouve tout; j'énumère par ordre: renseignements géographiques avec altitude des montagnes, superficie des lacs, longueur des cours d'eau, notes sur le climat, sur l'histoire générale. Puis une longue étude sur la population, sur son accroissement par la natalité et l'immigration, sur l'origine des immigrants, sur les religions représentées ; des notes sur l'âge moyen, la longévité, la démographie générale, sur les professions (avec chiffres), sur la naturalisation. — Total, 132 pages. Suit un long travail sur l'organisation financière, les impôts de toute sorte, etc. L'auteur revient alors à la démographie; natalité, nuptialité, naissances légitimes et illégitimes, mortalité par catégories de maladies et dans son ensemble (l'étude détaillée est fort instructive pour le démographe), etc.

Le second volume se rapporte au commerce en général (importation, exportation, nature et valeur des denrées et marchandises, provenances, destination), avec chiffres à l'appui; aux ressources naturelles, à la culture, aux prix auxquels peuvent se vendre les produits agricoles, valeur des récoltes de toute sorte, productions minérales. Puis nous retombons dans une étude démographique sur la législation et la criminalité.

Le troisième volume commence par une étude sur la situation monétaire, et nous revenons à l'étude de l'homme dans une longue énumération sociologique relative aux cultes, à l'éducation, aux écoles, bibliothèques, établissements de bienfaisance, armes défensives et offensives de la colonie. Le tout avec tableaux, graphiques et cartes à l'appui. Si nous passons sur la singularité du groupement de certaines matières — toute la démographie devrait être réunie sous un seul titre — nous voyons que le *Victorian Year-Book* représente une publication excellente, indispensable à l'émigrant et très utile encore au publiciste et à l'économiste, à qui elle fournit une infinité de chiffres précieux. Ceci suffit à en expliquer le succès persistant. Mais quand verrons-nous en France des œuvres de cette valeur et de cet intérêt ?

Traité des piles électriques, par M. D TOMMASI. — Un vol. in. 12 de la *Bibliothèque internationale de l'électricité;* Paris, Carré, 1890.

En 1767, Sulzer formait la première pile en appliquant sur sa langue deux disques, l'un de zinc et l'autre de cuivre, qu'il mettait en contact. Mais il se contenta de noter la saveur alcaline perçue au point de la muqueuse en contact avec le zinc, et la saveur alcaline au contact avec le cuivre, et c'est trente années plus tard que Volta, guidé par les expériences de Galvani et les siennes propres, construisait, intentionnellement cette fois, la première pile réelle. Depuis, les découvertes en électricité ont marché rapidement, et aujourd'hui M. Tommasi peut, dans son *Traité des piles électriques,* nous citer 670 modèles différents. Malgré ses recherches consciencieuses, il est cependant certain qu'il a dû en oublier.

Les ouvrages de M. Tommasi et en particulier son *Traité d'électro-chimie,* que nous avons présenté naguère au lecteur dans ces causeries, ont pour caractère distinctif d'être avant tout des recueils de renseignements. On ne lit pas une énumération, même accompagnée de quelques détails de six à sept cents piles, mais il peut être très utile d'avoir sous la main, dans son cabinet ou au laboratoire, un ouvrage qui vous donne immédiatement des renseignements sur la pile citée dans un mémoire, ou qui vous permet de faire un choix plus judicieux quand on veut obtenir pour soi-même une source d'électricité dans des conditions déterminées.

Cette richesse même dans le nombre des modèles proposés indique que l'on est encore loin d'avoir trouvé une ou plusieurs piles qui satisfassent aux conditions requises, et il se produit pour ces générateurs d'électricité ce que l'on observe dans la thérapeutique de certaines maladies. Le grand nombre des agents proposés implique par là même l'insuffisance de tous.

Aujourd'hui encore, les médecins demandent un appareil électrique portatif qui leur permette de faire passer dans le corps humain, malgré son énorme résistance, variant de 4 à 12 000 ohms, un courant d'une vingtaine de milliampères, trente au maximum. Or cet appareil pratique, malgré toutes les promesses des catalogues des constructeurs, reste encore à trouver, et en cherchant avec soin dans le livre de M. Tommasi, nous avons pu nous convaincre que la pile nécessaire était encore à découvrir.

Les piles secondaires qui, sous forme d'accumulateurs, ont pris un développement industriel important, avaient leur place toute marquée dans le *Traité des piles;* on y trouve des renseignements instructifs, notamment le tableau de Tamine, qui permet de juger immédiatement l'emploi possible et le mérite des principaux modèles connus et les chiffres de Geraldy sur le nombre de kilogrammètres fournis par kilogramme d'accumulateur. Le grand inconvénient des accumulateurs est en effet leur poids considérable; déjà on a fait quelques progrès de ce côté, et l'écart signalé dans les tables de Geraldy indique un rendement à poids égal supérieur de 25 pour 100 au premier type proposé; mais il y a encore de ce côté de nombreuses modifications à obtenir si l'on veut faire des accumulateurs un instrument industriel.

Quant aux piles thermo-électriques, elles paraissent être des instruments de laboratoire, précieuses quand il s'agit d'expériences délicates, comme dans les expériences sur la chaleur radiante avec les piles de M. Méloni, mais d'une application onéreuse quand on veut leur demander un travail un peu important.

ACADÉMIE DES SCIENCES DE PARIS

30 JUIN–7 JUILLET 1890.

M. J. Janssen : Sur l'éclipse partielle de soleil du 17 juin 1890. — M. W. Huggins : Étude sur le spectre photographique de Sirius. — M. P. Delestre : Note relative à l'influence de l'état météorologique de notre atmosphère sur l'observation des éclipses de lune. — M. Eugène Guillemin : Nouveau système de figuration du relief géographique. — M. Anatole de Caligny : Mémoire sur l'application aux grandes chutes de l'écluse de navigation à colonnes liquides oscillantes, et sur un moyen d'employer le tube oscillant automatique, sans qu'il s'arrête, quand la chute motrice est notablement augmentée. — M. Delaurier : Mémoire sur de nouveaux procédés lumineux pour empêcher les abordages des navires en mer. — M. Em. François : Nouvelle note sur un système de bateau sous-marin. — M. A. d'Anion : Mémoire sur un système de moulin à vent à réglage automatique. — M. E. Bouty : Sur la résidu des condensateurs. — M. D. Gernez : Recherches sur l'application de la mesure du pouvoir rotatoire à la détermination des combinaisons qui résultent de l'action de l'acide melique sur les tungstates neutres de soude et de potasse. — M. A. Muntz : Note sur la décomposition des roches et la formation de la terre arable. — M. de Lacaze-Duthiers : Sur un essai d'ostréiculture tenté dans le vivier du laboratoire de Roscoff. — M. Louis Roule : Étude sur le développement du blastoderme chez les Crustacés isopodes. — M. A. Laboulbène : Difficulté de reconnaître la ladrerie bovine. — M. Lannelongue : De la cranéotomie dans la microcéphalie. — M. Verneuil : Observations au sujet de cette opération. — M. G. Seym : Sur la faune d'ammonites pyriteuses barrémiennes du Djebel-Ouach, province de Constantine. — M. Morcelin Boule : Notes sur certaines coulées de basalte des environs de Langeac, dans la vallée de l'Allier. — M. A. Lacroix : Étude microscopique des laves de la Martinique et de la Guadeloupe. — M. Henri Lasne : Identité de composition de quelques phosphates sédimentaires peu altérés. — M. W. Vernadsky : Sur la reproduction de la sillimanite et la composition minéralogique de la porcelaine. — M. R. Henry : Théorie nouvelle de l'aviation. — M. J. Jans en : Éloge de M. Charles Gad.

ASTRONOMIE PHYSIQUE. — Dans la dernière séance, M. J. Janssen a communiqué à l'Académie le télégramme qu'il venait de recevoir de M. A. de La Baume Pluvinel, lui annonçant qu'il avait pu exécuter complètement, à la Canée, le programme arrêté avant son départ de Paris, touchant l'observation de l'éclipse partielle de soleil du 17 juin dernier [1]. Aujourd'hui, il donne lecture de la lettre du jeune astronome, relatant les conditions dans lesquelles il a pu accomplir les travaux dont il était chargé et les résultats qu'il a obtenus.

M. de La Baume Pluvinel a été favorisé dans ses observations par un ciel d'une pureté tout à fait exceptionnelle, ce qui donne une valeur très grande aux documents qu'il a habilement recueillis. Les photographies de la phase annulaire et partielle, obtenues avec l'instrument très parfait qui avait servi à M. Janssen au moment du passage de Vénus, en 1874, se prêtèrent à des mesures relatives précises des diamètres du soleil et de la lune. M. de La Baume Pluvinel déclare n'avoir pas pu constater de différence entre le spectre du bord solaire pendant la phase annulaire et celui des régions centrales du disque de l'astre (il s'agit évidemment ici des bandes de l'oxygène dont l'étude entrait dans

(1) Voir la *Revue scientifique* du 28 juillet 1890, p. 24, col. 1.

le programme des observations). C'était un résultat attendu et qui confirme, par un mode tout différent, les observations de M. Janssen aux Grands-Mulets.

Il y aura lieu toutefois, ajoute l'éminent directeur de l'Observatoire de Meudon, pour une discussion définitive, d'attendre l'arrivée de M. de La Baume.

— En 1879, *M. W. Huggins* a décrit le spectre ultra-violet de l'hydrogène qui se trouve dans le spectre photographique de Sirius et des autres étoiles blanches. Mais, depuis longtemps, il avait soupçonné la présence d'un groupe de raies obscures dans la partie encore plus réfrangible du spectre de cette étoile. Or, dans une photographie de Sirius prise le 4 avril dernier, ce groupe, qu'il n'avait réussi qu'à entrevoir sur les plaques, se montre distinctement, et l'auteur est parvenu à faire des mesures approximatives des positions de six des raies du groupe. Ces raies obscures sont aussi fortes et aussi larges que les raies de la série ultra-violette de l'hydrogène, et appartiennent probablement à une même substance, à présent inconnue. Enfin, à la suite de la série de l'hydrogène, on ne remarque pas de raies fortes dans le spectre continu, jusqu'à une longueur d'onde d'environ λ 3338, correspondant à la première raie de ce groupe nouveau. M. Huggins donne les mesures approximatives de ces six raies.

GÉOGRAPHIE. — Parmi les moyens de figurer exactement le relief géographique, on doit distinguer d'abord le tracé des courbes de niveau, ensuite l'emploi des teintes hypsométriques graduées selon l'altitude.

Dans le nouveau système imaginé par *M. Eugène Guillemin*, les teintes hypsométriques sont conservées, les courbes de niveau qui les limitent sont ajoutées; mais ces courbes sont réservées en blanc d'un côté supposé éclairé, et tracées en noir du côté obscur. La précision géométrique des deux procédés ainsi associés est rigoureusement conservée et le résultat présente, en outre, les qualités expressives qui distinguent l'emploi de la lumière oblique. Telle est la méthode qui a permis à l'auteur d'obtenir une carte de France et des régions limitrophes à l'échelle de 1/3 500 000 (d'après la carte de l'état-major), sur laquelle on a, en plus, figuré la triangulation de premier ordre, de sorte qu'il est possible d'apprécier les raisons qui ont déterminé le choix des sommets. Une carte d'Algérie et de Tunisie, qui doit également recevoir les triangles géodésiques, a été établie de la même façon. Enfin une carte d'Alsace-Lorraine à l'échelle de 1/800 000 permet de saisir plus aisément ce mode de représentation.

HYDRAULIQUE. — Dans un ouvrage intitulé : *Recherches théoriques et expérimentales sur les oscillations de l'eau et les machines hydrauliques à colonnes liquides oscillantes*, *M. Anatole de Caligny* a présenté un nouveau système d'épargne de l'eau dans les écluses de navigation, en le considérant comme spécialement applicable aux canaux *existants* et notamment aux chutes ordinaires. Il a repris de nouveau la question pour un canal projeté avec de grandes chutes de plus de 4 mètres de hauteur, lequel il se propose de faire entrer ou sortir l'eau par *quatre orifices*, dont chacun sera disposé dans un des angles de l'écluse, et par lesquels l'eau *arrivera de bas en haut*. Il en fait connaître la disposition générale.

MÉCANIQUE APPLIQUÉE. — *M. Delaurier* adresse un mé-

moire sur de nouveaux procédés lumineux destinés à empêcher les abordages des navires en mer et dont voici les dispositions : sur le haut d'un mât occupant le milieu du navire, il y aurait deux lumières. La lumière, placée à côté du mât tourné vers l'avant du navire, serait réfléchie par un miroir plan et colorée. La position relative du feu blanc et du feu coloré varie avec la direction suivant laquelle se présente le navire. Si, par exemple, le navire observé est à gauche, on voit à droite la lumière colorée et, tant qu'elle ne se rapproche pas de la lumière blanche directe, on peut continuer à naviguer en ligne droite.

CHIMIE. — Les expériences antérieures de *M. D. Gernez* lui ayant montré que les molybdates alcalins exercent sur le pouvoir rotatoire de l'acide malique une action très énergique dont la mesure permet de mettre en évidence, au sein de la solution des corps en contact, des combinaisons qui se produisent entre des nombres simples d'équivalents de ces corps, il a soumis au même procédé d'investigation les solutions des tungstates neutres de soude et de potasse qu'il a fait agir sur l'acide malique gauche. Les résultats qu'il a obtenus ne présentent pas moins de variété que ceux qu'il avait observés avec les molybdates. Les solutions employées contenaient un poids constant 1,1166 d'acide malique additionné de fractions d'équivalent de tungstate croissant par douzième et de la quantité d'eau distillée nécessaire pour amener le volume total à 24 centimètres cubes mesurés à 15°. Les mesures de rotation ont été prises par rapport à la lumière du sodium que l'on obtient avec une remarquable intensité en utilisant le dispositif qu'il a antérieurement indiqué.

— En faisant passer du chlorure de titane sur du silicium chauffé au rouge blanc, *M. Lucien Lévy* a obtenu des cristaux cubiques, blanc d'acier, très durs, en ayant soin d'opérer dans une atmosphère d'hydrogène pur, à l'abri de l'air et de l'humidité. L'appareil qu'il a employé se composait : 1° d'un système producteur d'hydrogène pur et sec; 2° d'un barboteur contenant le chlorure de titane et pouvant être légèrement chauffé; 3° d'un tube en porcelaine de Saxe, brasqué avec le mélange rutile-charbon; 4° d'une nacelle en charbon contenant le silicium; 5° d'un fourneau à vent chauffé au charbon de cornue, et 6° d'un tube de dégagement plongeant dans le mercure. L'opération exige de bien chasser l'air de l'appareil avant le chauffage et l'excès de chlorure après l'expérience.

CHIMIE AGRICOLE. — On sait que les roches d'origine ignée, aussi bien que les roches sédimentaires, subissent incessamment des actions désagrégeantes qui détachent de leur surface des éléments fins, amenés ensuite par les eaux et les vents dans les parties basses où ils forment des dépôts terreux. Cette décomposition graduelle, en se continuant à travers les époques géologiques, a donné naissance aux terres arables. Or, si les agents atmosphériques ont une grande part dans ce phénomène, tant par les réactions chimiques qu'ils provoquent que par des actions mécaniques produisant une dislocation des parties rocheuses, cependant *M. A. Muntz* a été conduit, dans ses études sur la dissémination des organismes nitrifiants à la surface du globe, à en constater la présence sur les roches, principalement dans les parties qui sont en voie d'effritement et à leur attribaer une part importante dans les faits qui amènent la désagrégation, c'est-à-dire une action pareille, quoique beaucoup plus subtile, à celle des racines des végétaux supérieurs et à celle aussi des végétaux inférieurs (algues et lichens) si abondamment répandus sur les roches dénudées.

C'est ainsi qu'en examinant les produits d'effritement l'auteur a constaté qu'ils étaient uniformément recouverts d'une couche de matière organique, évidemment formée par des végétations microscopiques. On voit donc, dès le premier moment de l'effritement, apparaître sur les particules rocheuses l'élément caractéristique de la terre végétale, l'humus, dont la proportion augmente ensuite rapidement, quand les produits de la désagrégation, se réunissant au bas des déclivités, se recouvrent de plantes à chlorophylle.

ZOOLOGIE. — *M. de Lacaze-Duthiers* fait connaître les heureux résultats qui viennent de couronner les essais d'ostréiculture qu'il a tentés au mois d'avril dernier dans le vivier du laboratoire de Roscoff, qui réunit les conditions propres à la conservation des animaux.

Avec l'aide du gardien du laboratoire, Ch. Marty, il a installé quelques caisses dans lesquelles, sur un fond et sous un dessous de toile métallique à mailles serrées, ont été déposées, le 24 avril dernier, 8500 très petites huîtres à l'état de *naissain*, nées dans l'été de 1889, provenant des parcs de la rivière d'Auray et mesurant en moyenne, à leur arrivée, 1 centimètre et demi à 2 centimètres de diamètre. Aujourd'hui, après un séjour de deux mois dans le vivier du laboratoire de Roscoff, ces huîtres mesurent 5 centimètres à 5 centimètres et demi et même 6 centimètres de diamètre. Cet accroissement du bord libre de la coquille, ou *première pousse de la barbe*, comme on l'appelle, démontre que le naissain s'est trouvé dans des conditions biologiques très favorables et fait espérer aussi qu'après deux années la taille acquise par les huîtres de Roscoff pourra permettre de les considérer comme étant devenues marchandes. De là l'intention de M. de Lacaze-Duthiers d'étendre, et de beaucoup, l'an prochain, l'essai qui cette année vient de lui donner d'aussi satisfaisants résultats.

— D'une note de *M. Louis Roule*, présentée par M. A. Milne-Edwards, il résulte que le mode de développement du blastoderme chez les Crustacés isopodes se réduit à deux phénomènes corrélatifs suivants :

1° La différenciation périphérique du deutolécithe sur tout le pourtour de l'ovule, en son plasma formatif, destiné à devenir le protoplasme des cellules du blastoderme. L'îlot nucléé antérieur qui produit le blastoderme ne lui donne pas naissance en s'aidant seulement de ses propres forces, mais bien en empruntant au deutolécithe l'excédent nécessaire ;

2° La division nucléaire qui ne cesse de s'effectuer dans les parties du blastoderme nouvellement formées, de sorte que tous les noyaux du blastoderme proviennent, sans aucune exception, du noyau primitif de l'ovule fécondé.

De plus, l'auteur a constaté : *a*. que le deutolécithe ne contient point de substance nucléaire diffuse ni de substance nucléaire condensée en noyaux distincts; *b*. que tous les noyaux du blastoderme dérivent du noyau primitif résultant de la conjugaison du pronucléus mâle et du pronucléus femelle; *c*. que les noyaux des cellules vitellines (des auteurs) comme ceux des autres éléments cellulaires du corps de l'embryon sont fournis par les noyaux blastodermiques.

PATHOLOGIE COMPARÉE. — La fréquence des ténias, appelés communément vers solitaires, s'est considérablement accrue à Paris depuis une vingtaine d'années, et cette fréquence porte sur le ver solitaire ou ténia à tête inerme (*Tœnia saginata*), tandis que le ver à tête armée (*Tœnia solium*) est devenu de plus en plus rare. On doit attribuer ce fait remarquable à la diversité d'origine des deux vers ; les germes ou cysticerques du premier nous viennent de la viande du veau ou du bœuf, tandis que les grains de ladreries ou cysticerques du second se trouvent dans celle du porc domestiqué. L'abondance croissante du ténia inerme provenant du bœuf s'explique par l'habitude très répandue de manger la viande saignante ou peu cuite et aussi par l'usage thérapeutique de la chair crue. Et cependant, lorsqu'on veut constater dans la viande de boucherie les cysticerques du ténia, si communément répandus, on ne les aperçoit pas.

M Laboulbène a été préoccupé depuis longtemps d'arriver à pouvoir reconnaître, par la méthode. expérimentale, les cysticerques du bœuf et du veau ladres, aussi bien que ceux du porc. Dans ce but, il avait donné à M. Gabriel Colin des ténias inermes pour infester à Alfort des veaux et des bœufs, au moyen de cucurbitains ou anneaux mûrs remplis d'œufs. Les expériences avaient parfaitement réussi, mais alors un fait inattendu s'était produit, M. G. Colin avait remis à M. Laboulbène des morceaux de viande ladre d'un animal tué le matin et des fragments pareils dans l'alcool. Le lendemain, tandis que les fragments dans l'alcool montraient les cysticerques encore plus faciles à reconnaître, les morceaux de viande fraîche n'en offraient plus trace, à tel point qu'on pouvait penser à une erreur ou à une substitution de morceaux de viande les uns aux autres.

Aucun auteur n'avait encore signalé cette disparition rapide de l'aspect des cysticerques au contact de l'air sur la viande du veau et du bœuf. Craignant de n'avoir pas suffisamment examiné les choses, M. Laboulbène avait attendu une occasion nouvelle et favorable. Une récente tentative faite avec MM. Guichard et Georges Pouchet ne laisse plus aucune prise au doute. La difficulté qu'on éprouve pour reconnaître la ladrerie bovine est réelle, à cause de la rapide disparition de l'aspect vésiculeux des cysticerques; mais, dans une prochaine communication, M. Laboulbène donnera le moyen depouvoir toujours reconnaître sur la viande de boucherie les cysticerques, quel que soit leur aspect. C'est là un fait extrêmement important au point de vue de l'alimentation publique.

CHIRURGIE. — M. Verneuil appelle l'attention sur une opération absolument nouvelle imaginée, exécutée et menée à bonne fin par *M. Lannelongue*, sur une petite fille de quatre ans offrant des déformations crâniennes et les signes de la microcéphalie sous sa forme grave, avec idiotie.

Il s'agit d'une résection partielle des os du crâne ou crâniectomie. Le crâne n'a pas été ouvert comme dans les trépanations ordinaires, mais dans un lieu d'élection spéciale, le long de la suture sagittale, depuis la suture frontale jusqu'à la suture occipitale, de façon à obtenir une perte de substance longue de 9 centimètres et large de 6 millimètres.

La dure-mère n'a pas été intéressée et la plaie superficielle a été réunie sans drainage; la cicatrisation s'est faite par première intention.

L'opération a été pratiquée le 9 mai, et dès le 15 juin l'état de l'enfant s'était considérablement modifié; les phénomènes d'excitation cérébrale auxquels elle était en proie avant l'opération ont complètement disparu; le développement de l'intelligence, entravé par le fait de l'évolution cérébrale compromise par la résistance d'un crâne épais avec hypérostoses irrégulières probables et sutures de la voûte très serrées, paraît se faire depuis lors progressivement. De plus, l'état local est parfait, la cicatrice est mobile et non adhérente. Enfin l'amélioration est encore favorisée par l'éducation de l'enfant devenue possible depuis l'opération.

— *M. Verneuil* ajoute que la crâniectomie imaginée par M. Lannelongue est une conception tout à fait rationnelle inspirée par l'anatomie et la physiologie pathologiques; que quelque hardie qu'elle soit, elle n'a rien de téméraire, étant données la bénignité des opérations dans l'enfance, la simplicité du manuel opératoire et surtout la latitude extrême que la pratique de l'antisepsie donne à nos interventions chirurgicales.

M. Verneuil vient de voir non seulement la petite opérée de M. Lannelongue, mais il a examiné un autre enfant qui, tout récemment, a subi de la part du même chirurgien la même opération. Tous les deux vont à merveille. Dès aujourd'hui, on peut donc compter sur le *succès opératoire* de la crâniectomie. Quant au succès *thérapeutique*, l'avenir décidera, et d'ailleurs le dernier mot n'est pas dit sur la question technique et sur les perfectionnements qu'on peut y apporter.

MINÉRALOGIE. — Certaines coulées de basalte qui s'observent aux environs de Langeac, dans la vallée de l'Allier, ont été considérées jusqu'à présent comme formées pendant la période pliocène supérieure et peut-être même comme plus récentes encore.

M. Marcellin Boule a recueilli à la surface de l'une de ces coulées des fossiles appartenant au pliocène moyen; par conséquent, la vallée qui les contient a été formée pendant le dépôt du pliocène inférieur. Il résulterait de là que le creusement de la vallée de l'Allier a commencé avant celui de la vallée de la Loire. Cette différence doit probablement être attribuée à ce que les éruptions volcaniques du commencement du pliocène se sont faites dans le Plateau central dans une région plus voisine de la vallée de l'Allier que de celle de la Loire. Les massifs volcaniques, alors de nouvelle formation, déterminaient dans leur voisinage la production de cours d'eau torrentiels capables de produire d'importantes dénudations.

— *M. A. Lacroix* a étudié au microscope les laves de la Martinique et de la Guadeloupe. Ce sont des andérites et des labradorites à hypersthène très semblables aux laves de Santorin et voisines également par leur composition de certaines laves des Andes et du Mexique.

Les laves de la Martinique sont remarquables par l'abondance des grains de quartz qu'elles renferment, grains que M. Lacroix considère comme provenant de la désagrégation de roches anciennes accidentellement englobées dans le magma volcanique.

— On connaît trois variétés de combinaison de la silice et de l'alumine : disthène, andalousite et sillimanite. Cette dernière vient d'être l'objet d'une étude de *M. W. Vernadsky*, présentée par M. Fouqué, dont voici les principales conclusions :

En général, toutes les fois que la silice et l'alumine peuvent agir l'une sur l'autre en l'absence des bases fixes (ou quand la quantité de ces bases ne dépasse pas une quantité déterminée), à une température élevée, il se forme de la sillimanite. Les produits de décomposition, par la chaleur, de la topaze, de la dumortiérite, du kaolin, sont composés en grande partie de ces cristaux. Tous les objets en terre réfractaire ou en argile plus ou moins pure qui ont été fortement chauffés sont remplis des mêmes produits. Des échantillons de terre réfractaire qui ne contenaient pas d'éléments cristallins, excepté quelques morceaux de quartz, avant calcination, ont été transformés entièrement en une masse de petits cristaux disséminés dans une matière amorphe après un chauffage de soixante-douze heures à l'appareil Leclercq et Forquignon. Les prismes formés ont présenté auparavant tous les caractères des cristaux. C'est une transformation moléculaire à l'état solide, car les arêtes aiguës des échantillons n'ont présenté aucune trace de fusion. Enfin l'aspect des plaques minces de la porcelaine de Sèvres est tout à fait analogue au produit de chauffage du kaolin ou des terres réfractaires. La couleur blanche de la porcelaine est due peut-être principalement à la réflexion et à la réfraction de la lumière dans des prismes de cette substance. En tout cas, elle est composée d'une matière amorphe renfermant silice et bases et de cristaux très voisins de la sillimanite.

NÉCROLOGIE. — *M. J. Janssen* prononce l'éloge de *M. Charles Grad*, et rappelle les nombreuses communications qu'il fit à l'Académie des sciences sur les glaciers et les phénomènes glaciaires de la Suisse et de l'Alsace, dont il avait fait une étude spéciale. Il cite aussi avec honneur le volume si important que cet ami si chaud de la France publia il y a quelques années sur l'Alsace, et qui fut couronné par l'Académie française.

Charles Grad était correspondant de l'Académie des sciences morales et politiques.

E. RIVIÈRE.

INFORMATIONS

C'est avec le sentiment d'un très vif regret que nous apprenons la mort, survenue samedi dernier, à la suite d'une longue maladie, de notre collaborateur Paul Loye. Jeune encore, Paul Loye ne devait rien qu'à lui-même; son caractère droit et dévoué lui avait valu de nombreuses et fortes amitiés; son intelligence ouverte lui attira l'affection et l'estime de ses maîtres pour qui il fut un collaborateur zélé. Lauréat de l'Académie des sciences, de la Société de biologie et de la Faculté de médecine, maître de Conférences à l'École des hautes études, Paul Loye a beaucoup travaillé, et il laisse, entre autres travaux, une très bonne étude sur la *décapitation*. Il avait réuni de nombreux matériaux pour une thèse de physiologie et de sciences, sur l'excrétion chez les oiseaux, et c'est grand dommage qu'il n'ait pu achever son œuvre. Les promesses qu'il avait données permettaient d'attendre beaucoup de lui : il eût été fidèle à sa parole. Ceux de ses amis qui ont pu être informés à temps pour escorter leur camarade, ont été heureux d'entendre apprécier à leur juste valeur ses qualités remarquables par MM. Gley, Dionys Ordinaire, Bourneville et Dastre; et M. Brouardel, son maître, a su exprimer le sentiment de tous en termes particulièrement touchants et justes.

M. E. Ray Lankester vient d'être nommé professeur suppléant d'anatomie humaine et comparée à Oxford.

Une nouvelle Société scientifique vient d'être fondée, la *Deutsche zoologische Gesellschaft.*

Le Storthing norvégien a voté une allocation de 200 000 couronnes à l'expédition polaire de M. Nansen.

Nous apprenons avec regret la mort d'un de nos plus éminents collaborateurs, M Charles Grad, de Logelbach (Alsace), qui a écrit nombre de travaux intéressants, études scientifiques, démographiques, économiques dans notre *Revue*.

Le 1er juillet, le Sénat a voté le projet de loi relatif à la dérivation et à l'adduction à Paris des eaux de la Vigne et de Verneuil. Pour les détails de l'origine et de l'exécution de ce projet, nous rappellerons à nos lecteurs l'article que nous avons consacré au rapport de M. Gadaud, dans la *Revue* du 30 mars de l'année dernière (1).

En admettant que les travaux commencent immédiatement, il ne faudra pas attendre moins de trois ans le fonctionnement du nouveau régime. Espérons que, d'ici là, le service des eaux sera fait de manière à ne plus s'attirer les accusations dont il a été l'objet. Non seulement il faut que les périodes d'alimentation d'eau de source déclarées soient rigoureusement respectées et que les robinets des réservoirs soient sévèrement surveillés; mais il est aussi indispensable qu'on renonce au système de la distribution *égalitaire, impartiale* et *successive* de l'eau de Seine, c'est-à-dire de la fièvre typhoïde et autres maladies contagieuses, dans tous les arrondissements de Paris. On a proposé diverses solutions préférables à celle-là. L'administration les connaît bien et n'a qu'à choisir.

Le *Berliner Klinische Wochenschrift* nous apprend qu'à l'occasion du Congrès médical de Berlin, les médecins de langue diverse, en résidence à Berlin, se constituent en comités destinés à recevoir leurs collègues de même langue, et à leur faciliter leur séjour dans la capitale allemande.

---

(1) Le réservoir d'arrivée, situé à Montretout, aura une capacité de 100 000 mètres cubes, pour parer aux oscillations de la consommation au moment des grandes chaleurs. Il sera creusé dans le sol et voûté; sa couverture sera chargée de terre et gazonnée pour le soustraire aux variations de la température. Deux conduites en fonte partiront de ce réservoir : l'une traversera la Seine par le bois de Boulogne et la porte d'Auteuil, et se dirigera vers le réservoir de Passy; l'autre suivra la rive gauche pour aboutir au réservoir de Montrouge.

Chacun de ces deux réservoirs aura un compartiment surhaussé qui permettra à l'eau de la Vigne d'atteindre les quartiers élevés où celle de la Vanne ne peut parvenir aujourd'hui, savoir : sur la rive gauche, les sommets de Montrouge, du Panthéon, de la Butte-aux-Cailles, et, sur la rive droite, les points culminants des XVIe et XVIIe arrondissements. Le surplus de l'eau dérivée servira à fortifier, d'une manière générale, le service de la Dhuys et de la Vanne, avec lesquelles elle se mélangerait dans la canalisation.

Les Comités anglo-américain et espagnol sont formés; les Comités français, russe et italien, etc., sont en bonne voie, paraît-il.

CORRESPONDANCE ET CHRONIQUE

Un insecte ennemi des sauterelles.

L'an dernier, je me trouvais à Khenchela, province de Constantine (Algérie), lors de l'invasion des sauterelles, qui en peu de jours dévorèrent le peu de verdure qui se trouvait dans les jardins. C'est alors qu'il me fut permis de constater, comme d'ailleurs la plupart des habitants de Khenchela, que la très grande majorité des sauterelles femelles portait des larves en plus ou moins grande quantité, se développant dans leur corps et finissant par entraîner leur mort. Il y avait parfois jusqu'à quatre et cinq larves dans le corps d'une seule sauterelle. Ce fait était tellement fréquent vers la fin du mois d'août qu'il était alors difficile de trouver une femelle ne portant pas de larves.

Or voici ce que j'ai observé : il y avait alors à Khenchela, en assez grande abondance, un insecte semblable à celui dont je vous adresse un échantillon (1). Cet insecte se creusait dans le sol, même dans les parties assez dures, une petite loge terminée par un orifice bien circulaire de deux à trois millimètres de diamètre. Là il se mettait à l'affût, puis dès qu'une sauterelle femelle passait à sa portée, il s'élançait très vite, un combat de quelques secondes avait lieu, puis la sauterelle était piquée par l'aiguillon de cet insecte, qui partait attendre de nouvelles victimes. D'autres fois, au lieu d'attendre au bord de sa loge, il se mettait en quête.

J'ai remarqué ce fait très souvent, et je ne doute pas que cet insecte n'agisse ainsi dans le but de déposer ses œufs dans le corps des sauterelles observées. Il est à remarquer qu'aucune larve n'a été trouvée sur les sauterelles mâles.

La piqûre se faisait toujours sur la partie dorsale, au point où finissait le thorax.

Quelquefois des sauterelles étaient assez heureuses pour apercevoir leur ennemi; elles se hâtaient alors de s'éloigner. Celui-ci d'ailleurs n'employait jamais ses ailes pour les poursuivre.

Il y a lieu de croire que les sauterelles porteuses de larves meurent avant d'avoir pondu leurs œufs; c'est ce que semblait indiquer le grand nombre de cadavres de sauterelles porteuses de larves.

Ott.

Heure nationale et heure internationale.

La Chambre est saisie d'un projet de loi ayant pour but de donner à la France, à la Corse et à l'Algérie, comme heure légale, l'heure, temps moyen, de l'Observatoire de Paris.

D'autre part, comme les lecteurs de la *Revue* ont pu le voir

---

(1) L'insecte en question a été examiné par M. le professeur Giard, qui a bien voulu nous donner à son sujet la note suivante :

« L'insecte est un sphégien, probablement un *Ammophila;* le mauvais état des tarses et de l'extrémité des ailes ne permet pas une détermination précise.

« Tous les hyménoptères de ce groupe sont des ennemis acharnés des orthoptères. Chaque espèce a son orthoptère de prédilection dont elle approvisionne son nid pour fournir une proie à ses larves.

« S'il était possible d'obtenir un exemplaire en meilleur état, je pourrais sans doute fournir une détermination plus complète. »

par le récent article de M. de Nordling, on a déjà conseillé à la France de sortir de son isolement (1), en adhérant au système américain des fuseaux ou zones horaires, basé sur l'heure de Greenwich. Puisque la France se trouve dans la première zone (7° 30′ O. Greenwich, 7° 30′ E. Gr.) l'heure nationale française serait remplacée, dans ce système, par l'heure *exacte* du méridien national anglais.

Voilà dans quelles circonstances la Chambre est appelée à se prononcer sur l'heure nationale française. Jamais, peut-être, le conseil de Talleyrand : « *Surtout, pas de zèle* », n'est arrivé plus à propos.

Dans la *Nouvelle Revue* du 1er mai, je crois avoir démontré que la France a tout avantage à ne point s'empresser d'accepter l'heure de Greenwich. « Ni les résolutions de la Conférence de Washington, — y ai-je remarqué, — ni le système lui-même des zones horaires n'ont encore de sanction légale, *pas même du gouvernement des États-Unis.* » Ici j'ose poser la question si, en adoptant, dès à présent, comme heure nationale, celle de l'Observatoire de Paris, la France ne serait point exposée à revenir bientôt sur sa décision. C'est que, d'abord, pour peu qu'on tarde à trancher la question du méridien initial, l'heure de Greenwich pourrait bien finir par s'imposer à la France elle-même. — Ensuite, si, comme il y a tout lieu d'espérer, le système préconisé par la *Revue scientifique* des heures nationales, offrant des multiples simples par rapport à l'heure d'un méridien initial, l'emporte sur le système américain, il est à croire que la France aussi tiendra à s'y conformer. Mais comment pourrait-elle le faire, dès à présent, avant qu'on soit tombé d'accord sur le méridien initial ? — Enfin, puisque des astronomes français ont déjà relevé, plus d'une fois, les inconvénients résultant aujourd'hui pour l'Observatoire de Paris de sa situation au centre d'une ville très vaste et très populeuse, n'est-il pas avantageux que, lorsqu'on en viendra à choisir l'emplacement du nouvel Observatoire national, on puisse le fixer à une longitude qui n'offre pas des fractions embarrassantes par égard au méridien qui fixera l'heure universelle ?

Voilà pourquoi je ne puis m'empêcher de souhaiter que la presse, profitant du projet de loi qui vient d'être soumis à la Chambre, demande la réunion d'une Conférence internationale qui tranche, au plus tôt et définitivement, la question du méridien dont l'heure deviendrait, par convention, *internationale*. Du reste, le gouvernement italien a déjà informé l'Académie des sciences de Bologne qu'il a l'intention de proposer aux puissances la convocation d'une telle Conférence, pour y reprendre en considération les *propositions mêmes de la France en 1884*, avec l'unique substitution du méridien continental de Jérusalem à la place d'un méridien initial océanique, écarté, à Washington, par 22 États sur 25.

Cés. TONDINI (2).

(1) Voir la *Revue scientifique* du 21 juin dernier et l'article de M. Jules Girard sur l'*Unification de l'heure* dans la *Revue de géographie* du mois de mai.

(2) Depuis que j'ai adressé cet article à la *Revue scientifique*, l'Agence Havas a communiqué à tous les journaux le vœu suivant, émis à l'unanimité par la Conférence télégraphique internationale qui vient d'avoir lieu à Paris, et où étaient représentés 43 États et 24 Compagnies télégraphiques :

« La Conférence télégraphique internationale, tout en ne se reconnaissant pas compétente pour trancher la question du méridien initial devant fixer l'heure universelle,

« Applaudit aux efforts de l'Académie royale des sciences de l'Institut de Bologne, pour trouver une solution qui concilie tous les intérêts ;

« Et émet le vœu que ce projet trouve bientôt sa réalisation et qu'on arrive enfin à l'unification dans la mesure du temps. »

Les mines d'or de l'Afrique occidentale.

M. Émile Serrant vient, dans un intéressant travail (1) d'attirer l'attention sur les mines et gisements d'or d l'Afrique occidentale, dont une grande partie sont compris dans nos nouvelles possessions.

Toutes les régions de l'Afrique occidentale qui s'étendent dans le haut bassin du Sénégal, de la Falémé, du Bafing, de la Gambie et du Niger, possèdent, en effet, de riches gisements et mines d'or aujourd'hui parfaitement reconnus.

Mais c'est surtout dans le bassin de la Falémé, en remontant le fleuve vers le sud, dans les pays du Bambouck, du Diebedougou, du Konkadougou et du Sangaran, puis plus loin dans le Bouré et le Ouassoulou, que l'on peut voir des gisements aurifères immenses, considérés avec raison comme les plus riches du monde.

La zone aurifère de l'Afrique occidentale s'étend entre le 9e et le 15e de latitude nord et entre le 2e et le 40e de longitude ouest de Paris, y compris le Fouta-Djallon, la Côte d'Or et le pays des Achantis. Toutefois, les territoires dépendant du puissant massif ou nœud du Fouta-Djallon, d'où s'échappent au nord le Sénégal, la Gambie et la Falémé, nous intéressent seuls. C'est précisément vers les sources et le cours supérieur de ces différents fleuves que se trouvent les plus riches gisements d'or, ou plutôt les mieux connus.

Le pays du *Bambouk*, situé entre le Sénégal, le Bafing, et la Falémé, est connu depuis longtemps pour sa richesse aurifère ; et l'abondance de l'or y est telle dans tout le pays que les indigènes l'ont appelé la *Terrasse d'Or*.

Depuis longtemps d'ailleurs, malgré la nonchalance et l'apathie des indigènes, malgré leur dédain et leur mépris pour la recherche et l'exploitation de l'or qu'ils considèrent comme un travail dégradant, l'or de ces régions était exploité à l'état brut, comme monnaie, près des établissements européens de la côte d'Afrique. André Brûe, gouverneur du Sénégal sous Louis XV, put envoyer en France, dans une seule année, jusqu'à *neuf millions d'or*, provenant de cadeaux, troc et échanges.

Dès les temps les plus reculés, il y a eu aussi les Maures du Maroc, de l'Algérie, de la Tunisie et de la Tripolitaine qui tiraient des contrées du Sénégal et du Soudan tout l'or du commerce pour leur pays et pour Tombouctou et l'Égypte.

La *Côte d'Or*, en Afrique, doit son nom bien significatif à l'or qu'on y exploitait autrefois. C'était une peuplade, les *Akemiles*, très habiles dans l'art d'exploiter l'or, qui l'apportaient à la côte. Mais vaincus alors et chassés par des voisins, ils se retirèrent plus loin à l'intérieur.

Déjà, au commencement du xviiie siècle, l'explorateur Compagnon, envoyé par le gouverneur du Sénégal André Brûe pour visiter le sud-ouest du Sénégal, put constater (ce sont ses propres expressions) que « *le sol tout entier du Bambouk forme un immense placer d'or* ». Toutes les explorations faites récemment n'ont fait que confirmer l'opinion et les descriptions de Compagnon.

Aussi un savant géologue et minéralogiste américain, M. Alfred Lock, éditant dernièrement à New-York la carte des pays aurifères du monde entier, n'hésitait pas, d'après les renseignements et de rigoureuses déductions, à placer le Bambouk au premier rang des pays aurifères, et bien au-dessus de la Californie.

M. Raffenel, M. Berlioux, M. Ricard, M. Mage, M. Bayol, M. Noirot, M. Pascal, M. Lambert et divers autres voyageurs ont confirmé ces indications dans des publications récentes.

« Le village de Koumakhana, dit le colonel Gallieni, est

(1) Une brochure de 31 pages; Paris, Nadaud.

construit sur des gisements aurifères importants... Ces mines se composent de petits puits, de quatre-vingts centimètres à un mètre de diamètre et profonds de deux à cinq mètres, que l'on a disposés en quinconces, à quelques mètres les uns des autres... Arrivés à une certaine profondeur, les ouvriers retirent les déblais au moyen de calebasses tirées par des cordes et, afin de se faciliter la descente, ils réservent sur les parois des trous pour placer les pieds et les mains.

Un sable mêlé de quartz, quelquefois même un véritable gravier contient le précieux métal que l'on retire généralement sous forme de poudre et aussi en petits lingots de la valeur d'un demi-gros (2 gr.). Le voisinage des mares donne toute facilité pour les lavages...

Les mineurs interrompent leur travail au moment des cultures et pendant l'hivernage; mais ils recueillent encore quelques faibles quantités d'or par le singulier procédé suivant : ils placent au fond des puits, dans les galeries et dans les lits de certains ruisseaux, des os de bœufs ou d'autres gros animaux et des roseaux évidés à l'intérieur. Les terres délayées par les pluies torrentielles de la saison passent à travers en y déposant souvent des parcelles ou de petits grains du précieux métal.

On sait que les gisements aurifères ont une immense étendue; du Bambouk au Bouré, ils se continuent à travers le Ouassoulou, le Miniakala, vers le pays de Kong et probablement au delà. Les indigènes de Ouassoulou, avec les moyens rudimentaires qu'ils emploient, extrayent le précieux métal en abondance, et nul ne peut prévoir quel serait le rendement des mines exploitées sous la direction des Européens, mais on peut affirmer qu'il serait largement rémunérateur. »

« Au Bambouk, dit le général Faidherbe, l'or se trouve dans des couches de grès rougeâtre renfermant une grande quantité de morceaux de quartz blanc avec des stries jaunâtres. »

Enfin un ingénieur des mines, M. Vioux, qui a dirigé avec succès des exploitations aurifères en Amérique, écrivait ceci tout récemment dans un rapport spécial : « Des terrains donnant 150 francs à la tonne, soit 1 fr. 50 à la battée, ne sont pas rares dans les alluvions modernes de la Falémé... La vallée de la Falémé est certainement très riche... Celui qui installera là une exploitation rationnelle réalisera des bénéfices peut-être incalculables. »

Les indigènes du haut Sénégal du Soudan sont d'ailleurs incapables d'exploitations industrielles quelconques, non seulement par ignorance, paresse et insouciance, mais aussi à cause du manque d'outils et de matériel. Et cependant certaines alluvions aurifères sont enterrées profondément sous le sol, nécessitant alors une exploitation rationnelle et intelligente avec puits et galeries. C'est précisément dans des alluvions anciennes, à 54 mètres de profondeur, que l'on trouva en Australie la fameuse pépite appelée le Welcome (bienvenu), et vendue 262 000 francs à un changeur de Melbourne. Certaines exploitations souterraines (et il s'agit ici seulement des terres alluvionnaires) ont donné des résultats considérables et constitué les plus riches exploitations. Quant aux quartz aurifères existant dans les contreforts montagneux des différents massifs de l'Afrique occidentale, ils sont absolument inexploitables pour les indigènes, cette sorte d'exploitation aurifère exigeant des travaux considérables avec un matériel important et compliqué.

De tout ceci résulte que les mines et gisements d'or de toutes ces régions sont encore vierges et véritablement inexploités, tout en présentant des richesses au moins égales à celles de la Californie ou du Sud-Afrique.

D'après la statistique fournie par le gouvernement français,

la production de l'or est montée en 1886 à *cinq cent vingt millions* de francs (520 000 000) pour le monde entier.

La France compte dans cette production seulement pour 1804 kilogrammes d'or d'une valeur de *six millions cent soixante-quinze mille francs* provenant principalement de la Guyane; et c'est tout, alors que dans les territoires de l'Afrique occidentale qui dépendent de la France ou sont placés sous son protectorat, la France pourrait trouver une production d'or égalant celle de la Californie ou des mines du Transvaal. C'est l'Angleterre, l'Amérique et la Russie qui produisent tout le reste de l'or extrait des mines et gisements en 1886, soit plus d'un demi-milliard.

Ainsi, dans cette récolte annuelle de l'or, tout passe aux mains de l'Amérique et de l'Angleterre, la France n'y figurant que pour une fraction insignifiante. M. Serrant fait remarquer qu'il y a là un danger réel pour notre fortune publique, parce que toute chose s'achetant avec de l'or, si nous n'augmentons pas notre stock en or ou quand nos rivaux en accaparent toute la production, nous devrons fatalement subir une défaite financière dont le contre-coup se fera sentir partout chez nous, même sur les fortunes privées.

Certaines exploitations aurifères, principalement au Transvaal, ont dernièrement et possèdent encore à l'heure actuelle un succès qui montre bien ce que valent les *véritables* mines d'or : la concession *Salisbury*, située tout près de la ville de Johannesburg, n'est que d'une contenance de 6 claims 1/4, soit environ quatre hectares et demi... C'est le 1er septembre 1887 que le broyage du quartz a commencé; en février suivant, le premier dividende a été payé aux actionnaires... Dans les sept premiers mois de l'exploitation, il a été distribué aux actionnaires *soixante-deux et demi pour cent* de dividendes. Et par la plus-value de leurs actions, ils gagnent près de 14 fois le capital qu'ils y ont engagé. La compagnie anglaise *De Villiers* a vu ses actions monter de 25 francs à 1375 francs; et le capital primitif de 1 250 000 fr. représente aujourd'hui 70 millions. Cette concession, qui n'est encore que de quelques hectares, a produit au mois de novembre 1888 un demi-million d'or.

Il y a ainsi un grand nombre d'entreprises minières au Transvaal dont la situation est plus que florissante. On connaît aussi le fabuleux succès du *Callao*. La première exploitation avait un capital de 900 000 francs. On vit alors, en 1871, des parts de 4000 francs rapporter 10 000 francs par mois; et en 1883, il y a eu des dividendes mensuels de 25 000 francs par action. Le rendement de 1883 est basé sur la moyenne des cinq dernières années. A partir d'avril 1883, la mine *El Callao* produisait 540 kilogrammes d'or par mois, soit 6480 kilogrammes par an, valant dix-neuf millions quatre cent quarante mille francs (19 440 000 fr.).

Ainsi M. Serrant montre que s'il y a eu trop souvent des entreprises minières mal choisies, mal engagées ou de nulle valeur, il y a aussi de sérieuses et magnifiques entreprises réalisant bien l'idéal de la *mine d'or*. Mais ces exploitations aurifères, même les plus riches, ne sont pas inépuisables; et elles auront tôt ou tard leur déclin et même leur fin. L'or du Transvaal disparaîtra comme a déjà presque disparu l'or de la Californie. Chez nous, dans notre Guyane, l'industrie aurifère baisse de jour en jour. Les terres alluvionnaires travaillées jusqu'à ce jour sont en partie épuisées. Il faut désormais compter avec des filons plus ou moins exploitables et d'un rendement douteux. Du reste, à Londres même, on commence à se préoccuper de la rareté certaine de l'or à un moment donné. C'est uniquement par le crédit, et au moyen de la monnaie fiduciaire, du papier, que beaucoup d'entreprises et exploitations modernes ont pu fonctionner; mais on ne peut indéfiniment créer du papier, et le crédit a de justes limites.

La conclusion de M. Serrant, c'est que le monde actuel,

y compris la France, a besoin d'or; que c'est uniquement dans la production universelle de l'or que se trouve la seule sauvegarde pratique, et qu'on doit mettre un empressement plus vif que jamais à favoriser le développement et la création nouvelle de quantité de mines d'or; qu'en conséquence, le jour où l'on ira exploiter d'une façon sérieuse et rationnelle les richesses aurifères de l'Afrique occidentale, il y aura ainsi tout à la fois un élément nouveau pour la fortune publique en France, une influence certaine en faveur de notre expansion coloniale, et un moyen sûr et puissant pour l'action et le développement de la civilisation en Afrique.

Association française pour l'avancement des sciences.

CONGRÈS DE LIMOGES.

Suivant le vote de l'assemblée générale d'Oran, l'Association française tiendra à Limoges, en 1890, du 7 au 14 août, sa dix-neuvième session, sous la présidence de M. Cornu, membre de l'Institut.

Les communications annoncées sont les suivantes :

Sciences mathématiques.

MM.

ARNODIN. — Les ponts suspendus.

BERDELLÉ. — Sur certaines propriétés des triangles rectangles en nombres entiers, autrement dits triangles rationnels.

BROCHOCKI (T. DE). — Les ponts portatifs et démontables envisagés au point de vue des applications civiles et militaires.

CACHEUX (E.). — Statistique des accidents du travail dans l'industrie.

CURIE. — Note sur les bétardeaux en maçonnerie.

DENIZET. — Sur les tramways à air comprimé.

FLEURY. — Améliorations de la navigation intérieure en France.

GRILLE. — Le développement des voies ferrées à largeur très réduite.

LABAT (Th.). — De l'influence de l'estuaire d'amont dans l'approfondissement des passes des fleuves à marées. — De l'effet des voûtes mobiles placées au-dessus des hélices en partie émergées.

LAISANT (C.-A.). — Sur deux genres remarquables de courbes planes. — Interpolation cinématique. — Points équisegmentaires du triangle.

LECORNU. — Sur une propriété des forces qui admettent un potentiel.

LEHMANN (Ernest). — Paris port de mer.

LEMOINE (Em.). — Diverses questions relatives à la géométrie du triangle. — Suite des remarques sur la mesure de la simplicité des constructions, coefficient d'exactitude.

LUCAS (Édouard). — Sur le critérium de Paoli dans l'analyse indéterminée. — Sur la loi de réciprocité des résidus quadratiques. — Sur la théorie des nombres de Bernoulli et d'Euler. — Le diagrammomètre.

MARIN (N.) — Mouvements des fluides élastiques.

MARSILLY (DE COMINES DE). — Essai sur une exposition de la géométrie élémentaire. — Note sur un paradoxe de la géométrie analytique.

OLIVIER (Arsène). — Bateau rapide (24 heures du Havre à New-York). — Destruction des roches sous-marines.

PARMENTIER. — Sur les carrés magiques. — Considérations sur la marche du cavalier sur l'échiquier de 64 cases.

TARRY (Gaston). — Géométrie générale.

Sciences physiques et chimiques.

MM.

ADAM (E.). — Un nouveau procédé de fabrication d'alun de soude et les nombreuses erreurs contenues dans les traités de chimie au sujet de cet alun.

CAHOT. — Étude sur le mistral.

COMBES. — Sur l'acétylacétonamine et ses homologues. — Sur l'action des diamines sur les dicétones et quelques matières colorantes nouvelles. — Sur une nouvelle fonction à réactions d'acide.

CROVA (A.). — Recherches sur la composition de la lumière diffusée par le ciel.

DECHEVRENS (Marc). — La méthode de calcul trigonométrique de Bessel pour la correction et l'interpolation des observations météorologiques transformée en méthode de calcul arithmétique et mise ainsi à la portée de tous les calculateurs.

MM.

DENZA. — La vapeur aux époques géologiques et à l'époque actuelle.

GUILLEMOT (Charles). — Appareil de mesure précise des longueurs.

WILLY LEWY D'ABARTIAGUE. — L'origine des éléments.

MASS. — Suppression de deux lacunes dans la courbe de pluie annuelle à Paris. — Remarque sur un essai de calcul de la moyenne de la pluie annuelle à Paris, avant 1675.

MARGUERITTE-DELACHARLONNY. — Étude d'un échantillon de sulfate d'alumine naturel de Bolivie. — Méthode de cristallisation complète des corps obtenus en cristaux non définis.

MOUREAUX (Th.). — Sur les anomalies dans la répartition des éléments magnétiques en France.

SABATIER (Paul). — Constitution des dissolutions des polysulfures alcalins.

SECRÉTAN. — Sur un indicateur automatique de l'heure.

TEISSERENC DE BORT (Léon). — Sur la théorie de la répartition des pressions barométriques à la surface du globe. — Climat du plateau central de la France.

VILLARD (Marius). — Météorologie régionale.

VIOLLE. — La propagation du son. — La photométrie.

WADA (J.). — L'activité sismique récente du Japon.

Sciences naturelles.

MM.

BLOCH (Adolphe). — Pathogénie des affections cardiaques de croissance et de surmenage.

BOSTEAUX-PARIS (Ch.). — Découverte et fouilles du cimetière gaulois des Bouverets (territoire de Beine, Marne).

CARTAILHAC (Émile). — La grotte des forges à Bruniquel. — La collection de Lastic.

CHAUVET (G.). — Fouilles dans le tumulus de Peirefitte (canton de Ruffec, Charente).

CHERNIEUX. — Présentation de deux jeunes sujets opérés, l'un de polype naso-pharyngien avec trachéotomie préalable; le deuxième, de tarsotomie avec section de l'aponévrose plantaire et du tendon d'Achille, pied bot équin, varus.

COTTEAU (Gustave). — Note sur la famille des Échinanthidées.

DALEAU (François). — Fouilles de la caverne de Pair-non-Pair (Gironde).

DELTHIL. — La diphtérie.

DONNEZAN (A.). — Découvertes dans le pliocène de la plaine du Roussillon.

GORGES (J.). — Appareils électriques pour les recherches physiologiques.

HENRY (Charles). — Les erreurs de vision et l'acuité visuelle.

LEGRAND (Paul). — Note sur une série de tombeaux découverts à Andrésy, sur la ligne de Corneille à Mantes (Seine-et-Oise).

LELOIR (H.). — Le lupus érythémateux. — Certaines éruptions provenant dans le cours de la grippe.

LE VERRIER (U.). — Les terrains anciens et les roches éruptives de Corse.

MAYET. — Sur l'action du chloral en solution et de douze sels alcalins sur les globules rouges du sang. — Des solutions à employer dans les injections thérapeutiques intra-veineuses. — Note sur le plasma des solipèdes. — Observations sur l'influence des récipients sur la coagulation du sang et du plasma à des températures diverses.

MORTILLET (Adrien DE). — Faune des stations quaternaires de l'Italie. — Fouilles dans les stations humaines de Bréonio (Véronais).

MOURE (E.-J.). — Des névroses réflexes d'origine nasale.

OLIVIER (Ernest). — La Revue scientifique du Bourbonnais et du centre de la France; son but; résultats obtenus.

PEYRAUD. — Sur les vaccins chimiques et notamment sur le vaccin chimique et l'étiologie du tétanos.

REBOUL. — Emploi du naphtol camphré en chirurgie. Résultats fournis par cet antiseptique dans le traitement des tuberculoses locales.

RIVIÈRE (Émile). — Nouvelles recherches dans les environs de Paris. — Les grottes du Grand-Cerveau. — Faune de la Baume de la Coquille.

RODÈS (L.). — De l'influenza à Saint-Jean-d'Angély. — Observations de localisations anormales. — De l'emploi en chirurgie de l'acide borique en poudre.

TEISSIER (J.). — Rapport général sur la dernière épidémie d'influenza. — Traitement de la fièvre typhoïde par le naphtol.

MM.).
Vaart (Ch.). — Une séance d'anthropométrie chez les Samoyèdes.
Verrier (E.). — De la transfusion directe du sang en gynécologie. — Des origines de l'agriculture chez les populations nomades.
Viallanes (H.). — Le développement embryonnaire des insectes. — La structure du système nerveux central des crustacés décapodes.

(A suivre.)

— Les familles de sept enfants en France. — 148 808 familles, ayant 1 137 547 enfants ont été exemptées de la contribution personnelle mobilière par la loi de finances du 17 juillet 1889. Ces 148 808 familles étaient réparties sur 26 623 communes.

Le montant des cotes personnelles supprimées de ce chef a été de 297 274 fr. 90, et celui des cotes mobilières (principal et centimes additionnels) de 2 034 209 fr. 85. C'est donc une somme de 2 301 484 fr. 75, soit 15 fr. en chiffres ronds par famille, dont il a été fait remise.

Sur cette pseudo-subvention de 2 301 484 francs, 564 647 fr. 68 c. sont revenus à 5475 familles riches, 679 220 fr. 70 à 26 697 familles aisées et 1 027 615 fr. 37 à 113 636 familles peu aisées sans être toujours nécessiteuses, car les indigents bénéficient à ce titre de l'exemption de toute cote et il n'y a pas lieu de les exonérer.

Les départements où il y a le plus de familles de sept enfants sont ceux du Nord (7006), du Finistère (6087), des Côtes-du-Nord (5020), du Pas-de-Calais (4848), de la Loire-Inférieure (4163), du Morbihan (4067).

Le relevé qui a été fait par l'Administration pour l'application de cette nouvelle loi a permis de constater qu'il existait en France 2 millions de ménages n'ayant pas d'enfants, 2 millions et demi en ayant un, 2 300 000 en ayant deux, 1 million et demi qui en ont trois, environ 1 million qui en ont quatre, 550 000 qui en ont cinq, 300 000 qui en ont six.

En regard de ces chiffres, il n'est pas sans intérêt de signaler la prodigieuse vitalité de la race canadienne.

Le gouvernement de la province de Québec ayant annoncé son intention de donner 100 acres de terre (40ʰᵉᶜ,47) à tout chef de famille qui justifierait être le père de 12 enfants, les demandes se sont immédiatement produites de tous côtés. La Colonisation, de Québec, cite quelques-unes de ces demandes. A Trois-Pistoles, deux cultivateurs, nommés Ouellet et Belisle, ont chacun 35 enfants. A Bellechasse, un nommé Gingras compte 34 enfants; un nommé Chrétien, de l'Isle, en a 21. Le sieur Vallencourt, de Kamouraska, vient de faire baptiser son 37ᵉ héritier. M. Joseph Dancose, de Saint-Paschal de Kamouraska, est le père de 12 enfants bien vigoureux. M. Michel Fortier, d'Orford, compte 13 enfants vivants et vient d'adresser sa demande pour obtenir son lot de 100 acres. Toutes ces familles sont d'origine française.

— Les tramways funiculaires de Paris. — On sait qu'aux États-Unis toutes les villes un peu importantes possèdent des tramways funiculaires; à San-Francisco, il y en a même sur un parcours de 34 kilomètres. Ce système vient d'être adopté pour certains parcours de la ville de Paris, et les quartiers de Belleville et de Montmartre seront les premiers à en bénéficier.

La Revue universelle des inventions nouvelles donne le détail de cette nouvelle installation, fondée sur le principe de la mise en mouvement, par une machine fixe, d'un câble sans fin se déplaçant avec une vitesse constante de 10 kilomètres à l'heure, et circulant dans une tranchée pratiquée au-dessous des rails d'un tramway. La voiture porte un crampon ou grip actionné par une manivelle. Le crampon serré s'accroche au câble et entraîne le tramway; le crampon étant desserré, le câble continue seul son chemin et le tramway s'arrête. On peut évidemment obtenir ainsi toute la gamme des vitesses, depuis l'arrêt complet jusqu'à 10 kilomètres à l'heure, suivant le serrage du crampon.

— Faculté des sciences de Paris. — Le lundi 7 juillet 1890, M. Auger a soutenu, pour obtenir le grade de docteur ès-sciences physiques, une thèse ayant pour sujet : Sur les chlorures d'acides bibasiques.

— Le jeudi 10 juillet 1890, M. Lyon a soutenu, pour obtenir le grade de docteur ès-sciences mathématiques, une thèse ayant pour sujet : Sur les courbes à torsion constante.

— Le vendredi 11 juillet 1890, M. Rivereau soutiendra, pour obtenir le grade de docteur ès-sciences mathématiques, une thèse ayant pour sujet : Sur les invariants de certaines classes d'équations différentielles homogènes par rapport à la fonction inconnue et à ses dérivées.

INVENTIONS

Nouvel appareil de sauvetage. — Cet appareil, qui a été remarqué à l'Exposition de sauvetage de Toulon, se compose d'un cylindre en cuivre rouge de 10 centimètres de long et 7 centimètres de diamètre, divisé intérieurement en deux parties par une soupape. L'un des compartiments ainsi formés contient du zinc et l'autre de l'acide chlorhydrique.

Le cylindre se porte en bandoulière dans une sacoche, et il est relié par un tube en caoutchouc avec une ceinture de la même matière qui se met sous le gilet.

Si la personne qui porte l'appareil vient à tomber à l'eau, la pression du liquide suffit à faire déclancher un ressort qui maintenait à sa place la soupape intérieure, et qui s'ouvre alors pour permettre l'arrivée de l'acide chlorhydrique en contact avec le zinc. Il se fait un dégagement d'hydrogène qui vient gonfler la ceinture de caoutchouc et permet au naufragé de se soutenir sur l'eau sans effort.

— Nouveau téléphone magnétique. — La Revue universelle des inventions nouvelles donne la description d'un nouveau téléphone qui est à rapprocher du téléphone militaire du capitaine Zigang, dont nous avons récemment décrit le système, et qui présente sur celui-ci quelques avantages. Le point le plus important est la substitution d'une sonnerie à l'appel phonique imaginé par M. Zigang. M. Roulez, l'inventeur du nouveau téléphone, a, en effet, trouvé le moyen d'actionner une sonnerie sans le secours de piles, en se servant de deux aimants dont les pôles de même nom opposés et séparés par un petit morceau de fer doux. La sonnerie magnétique de ce téléphone agirait à une distance de 100 kilomètres, tandis qu'avec des piles on ne peut dépasser 33 kilomètres sans relai.

— Peinture au liège. — Dans l'application de cette peinture, la première couche que l'on donne sur les parois est saupoudrée de sciure de liège et l'enduit présente alors l'aspect d'un crépissage à la tyrolienne; on passe ensuite une seconde couche d'une peinture vernissée.

La couche de liège absorbe complètement l'humidité et atténue notablement la chaleur solaire.

Ce procédé, qui a été essayé avec succès en Russie, a été appliqué en France au cuirassé le Marceau.

Il paraît remplacer avantageusement la peinture au linoléum.

— Emploi d'un courant électrique pour augmenter l'adhérence des locomotives. — En vue d'augmenter l'adhérence des roues des locomotives et d'obtenir un effet supérieur à celui que donne l'emploi du sable, M. Rees, de Baltimore, a imaginé de faire circuler un courant électrique entre les roues motrices d'avant et d'arrière et la partie intermédiaire de la voie.

D'après Engineer, des expériences ont été faites, avec des trains composés de 45 à 48 wagons, sur une section de la ligne Philadelphie-Reading, inclinée de 25 pour 1000 et longue de 13 kilomètres. Sans l'emploi du courant électrique, les trains avançant difficilement et avec de nombreux arrêts, mirent jusqu'à 53 minutes pour parcourir la distance entière. Avec l'aide du courant, la montée se fit aisément, sans aucun arrêt, dans un temps qui ne dépassa pas 30 minutes; de plus, on constata une moindre dépense de combustible, conséquence naturelle du travail plus régulier de la machine.

Le courant, fourni par une dynamo montée sur la locomotive, avait une tension limitée de manière à ne présenter aucun danger, et le mécanicien pouvait régler à volonté son effet sur l'adhérence des roues.

BIBLIOGRAPHIE

Sommaires des principaux recueils de mémoires originaux.

Journal des économistes (t. XLIX, mai 1890). — Michel Lacombe : Le budget de 1891. — Emmanuel Raison : Les nouveaux monopoles. — G. François : Les émissions de billets de banque en Angleterre. — H. Moyners d'Estrey : Les Konysi ou république d'émigrants chinois dans l'ouest de Bornéo.

— Revue des sciences naturelles appliquées (t. XXXVII, nº 10, 20 mai 1890). — Saint-Yves Ménard : De la non-identité de la diphtérie des hommes et de la diphtérie des oiseaux. — *Paul Lafour-cade* : Outardes, pluviers et vanneaux; histoire naturelle, mœurs, acclimatation. — *J. Richard* : Sur les Entomostracés et quelques animaux inférieurs des lacs d'Auvergne. — *A. Paillieux* et *D. Bois* : Cultures expérimentales en 1889. — *J. Loz* : Le Gymnocladе du Canada (*Kentucky Coffee*).

— BULLETIN DES SCIENCES PHYSIQUES (t. III, n° 11, avril 1890). — *E. Sarrau* : Timbre des sons.— *E. Rubanowitch* : La loi fondamentale de l'action électro-magnétique. — *E. Carimey* : Sur les matières colorantes dérivées des anilines commerciales. — *V. Auger* : Les migrations moléculaires. — *H. Pellat* : Électro-capillarité.

— ARCHIVES DES SCIENCES PHYSIQUES ET NATURELLES. — *E. Favre* et *Hans Schard* : Revue géologique suisse pour l'année 1889. — *L. Du-parc* : Note sur la composition des calcaires portlandiens des environs de Saint-Imier. — *R. Wolf* : Manuel d'astronomie.

— ARCHIVES DES SCIENCES PHYSIQUES ET NATURELLES (t. XXIII, n° 5, 15 mai 1890).—*E. Hagenbach* : Le grain du glacier. — *L. de La Rive* : Sur la théorie des interférences de l'onde électrique propagée dans un fil conducteur et du résonateur. — *Fréd.-T. Trouton* : Sur l'accélération des ondes électro-magnétiques secondaires. — *Ch.-Éd. Guillaume* : Sur la théorie des dissolutions. — *F. Leconte* : Nouvel appareil pour montrer les variations de la tension superficielle des liquides. — *Jacques Bertoni* : Deux nouveaux éthers nitriques butyliques. — *Ernest Favre* et *Hans Schardt* : Revue géologique suisse pour l'année 1889. — *J.-L. Soret* : Nécrologie. — Compte rendu des séances

de la Société vaudoise des sciences naturelles à Lausanne, séances des 5 et 19 mars 1890.

— ARCHIVIO PER LE SCIENZE MEDICHE (t. XIV, fasc. 2, 1890). — *G. Fano* et *F. Badano* : Physiologie du cœur embryonnaire du poule pendant les premiers états de son développement. — *V. Cervello* e *D. Lo Monaco* : Étude sur les diurétiques.—*A. Celli* et *E. Marchia fava* : Sur les fièvres malariennes prédominantes pendant l'été et l'automne à Rome. — *A. Stefani* et *G. Gallenari* : Contribution phar macologique à la doctrine de l'activité de la diastole du cœur. — *A. Stefani* : Contribution à la physiologie des fibres commissurales du cerveau.

— ARCHIVES DE NEUROLOGIE (t. XIX), n° 57, mai 1890). — *Charcot* : Sur un cas de paraplégie diabétique. — *P. Blocq* et *Marinescu* : Sur l'anatomie pathologique de la maladie de Friedreich. — *Onanoff* : De la perception inconsciente.

— REVUE INTERNATIONALE DE L'ENSEIGNEMENT (t. X, n° 5, 15 mai 1890). — *Abel Lefranc* : Les origines du Collège de France.— *Raymond Sé-leilles* : Quelques mots sur le rôle de la méthode historique dans l'en seignement du droit. — *Henri Warnery* : La critique littéraire dans l'enseignement supérieur. — *Marcel Fournier* : Une règle de travail et de conduite pour les étudiants en droit au XIVe siècle.

L'administrateur-gérant : HENRY FERRARI.

Bulletin météorologique du 30 juin au 6 juillet 1890.

(D'après le *Bulletin international du Bureau central météorologique de France*.)

DATES.	BAROMÈTRE à 1 heure DU SOIR.	TEMPÉRATURE			VENT. FORCE de 0 à 9.	PLUIE. (Millimètres.)	ÉTAT DU CIEL à 1 HEURE DU SOIR.	TEMPÉRATURES EXTRÊMES EN EUROPE	
		MOYENNE	MINIMA.	MAXIMA.				MINIMA.	MAXIMA.
☾ 30	746mm,38	12°,8	11 8	14°,5	S. 4	16,1	Pluie continue.	—1° au Pic du Midi; 1° au mont Ventoux.	40° à Biskra; 37° Laghouat; 35° à Aumale et Brindisi.
☿ 1	744mm,23	12°,0	9°,0	18 ,2	S.-S.-W. 4	12,8	Tonnerre du S.-S.-W. au S.-E. à 2 h.; averses.	—1° au Pic du Midi; 2° au mont Ventoux.	39° à Biskra; 36° Laghouat; 35° à Aumale, Brindisi.
♀ 2 P.L.	754mm,79	12°,0	8°,1	19°,2	W.-S.-W.2	2,8	Petite pluie; cumulus bas à l'W.	—2° au Pic du Midi; 1° au mont Ventoux.	38° à Laghouat; 37° Biskra; 35° à Brindisi; 39° à Sfax.
♃ 3	751mm,29	14°,3	11 ,6	20°,2	S.-W. 2	8,8	Alto-cumulus et cumulus blancs.	2° au mont Ventoux; 4° au Puy de Dôme.	39° à Biskra; 37° Laghouat; 35° à Aumale et Brindisi.
♄ 4	751mm,83	14°,2	10 ,9	16°,5	S.-S.-E 1	9,4	Cumulo-stratus S 1/4 W.	—9° au Pic du Midi; 3° au Puy de Dôme.	38° Laghouat; 37° Aumale; 36° Biskra; 33° Madrid.
♃ 5	745mm,27	13°,1	8 ,9	16°,2	S.-W. 4	7,2	Pluie fine.	—1°,5 au Pic du Midi; 5° au mont Ventoux.	41° à Biskra; 40° Laghouat; 35° à Aumale; 31° Oran.
☉ 6	754mm,80	11°,4	7 ,5	18°,7	S.-E. 3	8,6	Tonnerre, grêle et pluie.	—5° au Pic du Midi; 0° au mont Ventoux.	41° à Biskra; 40° Laghouat, Hermanstadt; 38° Cagliari.
MOYENNE.	750mm,56	12°,83	9°,69	17°,50	TOTAL ..	58,2			

REMARQUES. — La température moyenne de cette semaine est inférieure de 4° à la normale corrigée. La pluie a été générale dans la plupart des localités de la France, principalement sur les bords de la Manche et de l'océan Atlantique.

CHRONIQUE ASTRONOMIQUE. — Mercure continue à briller le matin avant le lever du soleil, tandis que Vénus reste en arrière de l'astre du jour. Le 13 juillet, Mars passe au méridien à 8h 16m du soir; Jupiter, à 1h 30m du matin; Saturne se couche à 9h 52m du soir. Le 14, Uranus sera en conjonction avec le Soleil. Le 15, Mercure passera à son périhélie et se trouvera en conjonction avec la Lune. Le 19, notre satellite sera également en conjonction avec Vénus et avec Saturne, et le 17, ces deux astres auront même longitude. Dernier quartier, le 9; nouvelle lune, le 17.

RÉSUMÉ DU MOIS DE JUIN 1890.

Baromètre.

Moyenne barométrique à 1 heure du soir .	759mm,72
Minimum barométrique, le 30.	746mm,38
Maximum — le 15.	767mm,27

Thermomètre.

Température moyenne.	15°,50
Moyenne des minima	10°,02
— maxima	21°,07
Température minima, le 1er	2°,7
— maxima, le 26	31°,1
Pluie totale.	44mm,5
Moyenne par jour	1mm,48
Nombre de jours de pluie	14

La température la plus basse en Europe et en Algérie a été observée au Pic du Midi, le 2, et était de — 9°.

La température la plus élevée a été notée à Biskra, le 24, et était de 43°.

NOTA. — La température moyenne du mois de juin 1890 est inférieure à la normale corrigée 16°,0.

L. B.

REVUE

SCIENTIFIQUE

(REVUE ROSE)

DIRECTEUR : M. CHARLES RICHET

| NUMÉRO 3 | TOME XLVI | 19 JUILLET 1890 |

Paris, le 17 juillet 1890.

La création de la Faculté de médecine de Marseille et les Universités.

Puisqu'on parle de la reconstitution des Universités et de la fondation d'une Faculté de médecine à Marseille, il nous sera permis d'essayer d'établir un lien entre l'un et l'autre projet.

Certes, à première vue, rien ne semble plus légitime que la création d'une Faculté de médecine nouvelle, profitable à l'enseignement et à la science. Le succès de cette création serait grandement assuré. Il s'agit d'une des plus grandes villes de France, la plus peuplée après Paris et Lyon; et on ne voit pas tout d'abord quelles objections sérieuses pourraient être faites à ce projet, surtout si, comme on l'assure, la question budgétaire — pour l'État — est à peu près hors de cause, vu les sacrifices considérables que s'imposeraient le département des Bouches-du-Rhône et la municipalité de Marseille.

Cependant, il faut ne pas se payer d'illusions. Parmi les Facultés de médecine existantes, il y en a au moins une qui périclite étrangement, c'est-à-dire dont le nombre d'élèves est tout à fait restreint : c'est la Faculté de médecine de Lille. Quant à la Faculté de médecine de Montpellier, si elle n'avait pas pour elle son glorieux passé, elle ne compterait guère plus d'élèves que la Faculté de Lille. Restent alors les Facultés de Lyon, Bordeaux et Nancy, qu'il ne faut pas songer à supprimer, loin de là, mais qui suffisent amplement aux besoins de l'enseignement médical.

Si donc on considère, non les vœux des députés et conseillers municipaux, mais les nécessités de l'enseignement, il s'ensuit que l'enseignement de la médecine, quant au nombre des Facultés, est plutôt en excès qu'en défaut, et que si une Faculté sans élèves est inutile ou peu utile, il y a déjà au moins une Faculté de médecine dans ce cas.

Ce n'est donc pas le moment de faire une Faculté nouvelle. Si l'on tient absolument à faire quelque chose, ce qui serait le plus logique, ce serait, au lieu de créer une Faculté à Marseille, de supprimer la Faculté de Lille, qui n'a pas de motifs sérieux d'existence.

Si l'on suppose que les étudiants de la région marseillaise vont actuellement, les uns à Lyon, les autres à Montpellier, il est clair que ces étudiants resteront à Marseille quand il y aura une Faculté à Marseille, et on ne voit pas trop alors d'où viendront les élèves de Montpellier. Ce serait assurément, et à bref délai, la fin de la Faculté de médecine de Montpellier, qui tomberait alors au-dessous de celle de Lille, et aurait plus de professeurs que d'élèves.

Ainsi une Faculté de médecine à Marseille, ce serait l'anéantissement de la Faculté de Montpellier. A quoi bon alors ce glorieux Centenaire de six siècles qui a soulevé dans toute la France universitaire une grande, noble et légitime émotion ?

Prétendre que les Facultés de médecine de province sont *surchargées*, c'est soutenir un audacieux paradoxe. En réalité, toutes ces Facultés (sauf celle de Lyon) sont très pauvres en élèves, et si l'on venait à leur enlever une partie, on les ruinerait de fond en comble.

3 S.

D'ailleurs, il y a la question budgétaire qui domine tout. La municipalité de Marseille offre bien de faire les premiers frais ; mais la charge que supportera annuellement l'État n'en sera pas moins très lourde. C'est encore, au bas mot, un budget annuel de un million de francs qui incombera à l'État, et cela sans aucun profit, sinon que quelques jeunes Marseillais pourront faire leurs études dans leur ville natale au lieu d'aller — à quelques heures de là — à Montpellier ou à Lyon.

C'est donc un million qu'on dépenserait pour épargner à des jeunes gens ce petit voyage. Il nous semble qu'on pourrait trouver sans peine, dans les autres Facultés de médecine déjà existantes, de quoi dépenser utilement un million, puisque l'État veut bien dépenser un million de plus pour les Facultés de médecine.

Ce que nous disons de la Faculté de médecine de Marseille s'applique à bien des Facultés de droit, des sciences et des lettres de province (1). Personne n'ignore que quelques-unes sont prospères, mais que d'autres sont absolument dépourvues d'élèves. Si l'on en retranche les boursiers, les préparateurs, aides-préparateurs, chefs de laboratoire, etc., il ne reste guère plus d'élèves que de professeurs : tel est le triste bilan de quelques-unes de ces Facultés. Nous ne les nommons pas, pour ne pas leur faire de peine ; mais ce n'est là un mystère pour personne. Aussi la reconstitution des Universités, qui est dans les projets du gouvernement, et qui serait une excellente chose, entraînerait-elle nécessairement la suppression de ces Facultés qui végètent péniblement et qui coûtent très cher à l'État, sans aucun profit. Une Université à Lyon (cela va sans dire), une autre à Nancy, une autre à Montpellier, et peut-être une autre à Bordeaux, ce serait, ce semble, un maximum ; car, en somme, la bourse du contribuable n'est pas inépuisable, et si rien n'est plus légitime que de lui demander des sacrifices pour un brillant enseignement supérieur, encore faut-il que ce ne soit pas en pure perte. Mieux vaut cinq Universités abondamment pourvues, en matériel et en personnel, que vingt Universités ou Facultés, partout disséminées, mais périclitant par suite de l'insuffisance des ressources.

Il faut, en pareille matière, consulter l'intérêt général, non les intérêts locaux de telle ou telle ville, de telle ou telle région. C'est là un principe qui paraît bien simple en théorie, mais qui, en fait, est absolument négligé. On nous permettra de le rappeler ici.

(1) Voir à ce sujet l'excellent article que M. A. Gautier a écrit là-dessus dans la *Revue scientifique* (n° du 20 mai 1885).

PHYSIQUE DU GLOBE

Les glaciers polaires et les phénomènes glaciaires actuels (1).

La plupart d'entre vous connaissent, soit la Suisse, soit le Tyrol, soit encore notre beau Dauphiné, et tous ceux parmi vous qui ont voyagé dans l'un ou l'autre de ces pays ont, sans aucun doute, ressenti une impression profonde à la vue des grandes Alpes et de leurs glaciers, de ces géants muets, suivant l'expression de Michelet. C'est le souvenir de ces paysages grandioses que je voudrais réveiller dans votre mémoire, pour m'aider à vous intéresser aux glaciers des régions arctiques et aux actions géologiques dont ils sont aujourd'hui les agents.

Sur les terres circumpolaires, le phénomène glaciaire se manifeste avec une énergie dont les Alpes ne nous offrent qu'une image bien réduite. Autour des pôles, les glaciers ne se trouvent plus localisés dans quelques cirques de montagnes, comme sous nos latitudes, mais couvrent entièrement des îles, dont les dimensions sont presque celles du continent. L'intérieur du Groenland, par exemple, est occupé par une nappe de glace d'un seul tenant, dont la superficie est égale à deux fois et demie celle de la France. Au Spitzberg, le glacier de la terre du Nord-Est a l'étendue de la moitié de la Suisse. Dans l'archipel François-Joseph, un autre mesure une largeur qui n'est pas moindre de 60 kilomètres. A des latitudes plus méridionales, mais toujours dans les régions septentrionales, les nappes de glace occupent encore des surfaces considérables. En Norvège, le glacier de Justedal, le plus vaste de l'Europe continentale, couvre un territoire grand comme deux fois le département de la Seine, et en Islande se trouve le Vatna-Jokull, dont l'étendue égale presque celle du département des Landes. Pour que vous puissiez vous rendre compte de la puissance de ces masses de glace, permettez-moi de vous citer encore quelques chiffres. A leur extrémité inférieure, plusieurs glaciers du Spitzberg, d'étendue moyenne, mesurent une épaisseur de 120 mètres. Au Groenland, ces dimensions sont encore dépassées. Suivant toute vraisemblance, la tranche terminale des grands glaciers de cette dernière île doit atteindre une hauteur de 200 mètres.

Sous le ciel radieux d'une belle journée de l'été arctique, ou à la lueur du soleil de minuit rose comme les teintes du décor de *Michel Strogoff* au moment de

(1) Conférence faite à l'Association française pour l'avancement des sciences.

embrasement de la rivière, la vue de ces immenses plaines de glace cause au voyageur un étonnement profond. Il doute du témoignage des yeux, il se croit dans un autre monde, dans une autre planète. En réalité, il se trouve là à un autre âge de la terre, à une période géologique depuis longtemps terminée dans nos régions. Il a sous les yeux un paysage semblable à ceux qu'offraient certains pays d'Europe à l'époque glaciaire.

Comme vous le savez, pendant la période quaternaire, alors que l'homme habitait déjà la France, une bonne partie de nos régions ont été recouvertes par d'épais glaciers. De chaque massif de montagnes et même de collines descendaient de puissants courants de glace dans les vallées et des plaines, aujourd'hui fertiles et ensoleillées. A titre d'exemple, je vous rappellerai que la vallée du Rhône jusqu'à Vienne était remplie par un énorme glacier. Autour des Vosges se développait un système glaciaire plus important que celui existant actuellement dans les Alpes. Enfin la plaine suisse et l'Alsace disparaissaient sous une épaisse carapace de glace. Dans l'Europe septentrionale, le phénomène de la glaciation se manifestait avec une intensité encore plus grande. La péninsule scandinave, la Finlande, le nord-ouest de la Russie, l'Écosse ne formaient qu'un immense continent de glace, dont les ramifications méridionales s'étendaient jusque sur les plaines de l'Allemagne du Nord. Dans le domaine occupé par ces anciens glaciers, on rencontre partout de puissantes moraines, des amas de blocs erratiques, des couches de sable ou d'argile, des levées de cailloux roulés, autant d'hiéroglyphes dont le déchiffrement est offert à la sagacité des géologues.

Pour expliquer ces produits de l'activité glaciaire aux temps quaternaires, on a été naturellement amené à l'étude des glaciers des Alpes. A cette étude nous devons la première connaissance des actions glaciaires, mais une connaissance très incomplète. Dans nos régions, les glaciers sont aujourd'hui beaucoup trop réduits pour pouvoir nous livrer les secrets de cet âge lointain. Les terres arctiques offrent, au contraire, le tableau absolument exact de la période glaciaire dans toutes ses manifestations. Le Groenland présente le même aspect que la Scandinavie à cette époque reculée; d'autre part, les glaciers du Spitzberg et de l'Alaska reproduisent des phénomènes sensiblement pareils à ceux dont nos pays de l'Europe centrale ont été le théâtre à la même période. Là, comme dans un laboratoire de géologie expérimentale, on peut assister à la genèse des formations que nous trouvons dispersées aujourd'hui dans toutes nos régions. Pour le géologue, l'étude des glaciers polaires offre le même intérêt que pour l'archéologue la découverte d'une inscription inédite. En déchiffrant l'inscription, l'archéologue peut arriver à connaître les traits principaux d'une civilisation disparue, de même en observant les glaciers polaires le géologue peut saisir les secrets d'une période dont nos pays n'ont conservé que les vestiges muets.

II.

Avant d'aborder l'étude des actions exercées par les glaciers sur le sol, examinons d'abord la distribution de ces glaciers dans les régions situées au nord du cercle polaire arctique et en même temps les formes topographiques qu'ils affectent. Les terres éparses autour du pôle boréal ne sont pas toutes d'énormes glaçons, comme on le croit généralement; les glaciers y sont, au contraire, répartis dans des proportions très inégales.

Au Spitzberg, à la terre François-Joseph, dans l'île septentrionale de la Nouvelle-Zemble, enfin au Groenland, les glaciers occupent des espaces immenses, tandis que dans l'île méridionale de la Nouvelle-Zemble, à Waigatsch, dans l'archipel de la Nouvelle-Sibérie, et dans celui qui s'étend au nord de l'Amérique, ils sont peu étendus, localisés sur certains points ou même font complètement défaut. L'été, le complexe d'îles situé au nord du continent américain présente de grandes étendues caillouteuses, complètement dépouillées de neige. C'est que dans cet archipel le climat est trop sec et trop froid pour alimenter des courants de glace. Le froid tue les glaciers, la chaleur du soleil les produit, au contraire, suivant l'expression de Tyndall. Sans chaleur, point d'humidité, et sans humidité, point de glaciers. Vous avez tous lu les pages amusantes dans lesquelles le célèbre physicien anglais développe cette idée en apparence paradoxale. Pour vous convaincre de la justesse de cette thèse, voyez comment les glaciers sont distribués dans les régions arctiques. Du détroit de Davis à la Nouvelle-Zemble, en passant par le détroit de Béring, toutes les terres sont baignées par des mers froides, aucun afflux d'eaux chaudes provenant des régions tropicales ne pénètre dans cette partie de l'Océan, aucune brise n'y arrive chargée d'humidité recueillie en passant sur des mers méridionales, par suite les glaciers sont rares dans cette zone. Les seuls tant soit peu étendus que l'on y rencontre sont situés dans l'Alaska, précisément sur une côte baignée par des eaux tièdes et par suite ayant un climat humide. Regardons maintenant les terres situées à l'est du détroit de Davis. Dans le large océan ouvert entre le Groenland et la Nouvelle-Zemble circulent les eaux chaudes du Gulf-Stream; elles passent à l'est de l'Islande, longent ensuite la côte de Norvège pour aller se perdre dans l'Océan polaire autour du Spitzberg, de la terre François-Joseph et de la Nouvelle-Zemble. Sur toutes ces terres règne un climat relativement humide, et conséquemment les glaciers y atteignent des dimensions colossales. Voyez, par exemple, le Spitzberg. Les eaux du Gulf-Stream baignent sa côte occidentale, y déterminent un climat humide, le phénomène glaciaire s'y manifeste avec une intensité particulière. C'est ainsi que les glaciers du Spitzberg sont le produit du Gulf-Stream et de l'action du soleil dans les mers intertropicales.

Les précipitations atmosphériques qui se produisent actuellement dans les régions arctiques alimentent les glaciers existants; mais elles sont insuffisantes pour avoir déterminé leur formation. Un des maîtres de la géologie française, M. de Lapparent, n'est certes pas téméraire en pensant que la calotte de glace du Groenland est un reste de la période glaciaire qui s'est maintenu dans cette région, grâce à des conditions favorables. En Laponie, les grands glaciers se sont également formés à un autre âge, alors que le climat était plus humide que de nos jours. Après l'époque glaciaire, les glaciers de cette région ont subi une diminution considérable et rétrogradé sur les plateaux d'où nous les voyons descendre aujourd'hui. Plus tard, des périodes d'humidité ont alterné avec des périodes de sécheresse, comme le prouve l'étude des tourbières. Grossies par d'abondantes précipitations atmosphériques, les nappes de glace, retirées sur les hauteurs, ont subi un allongement; puis, aux époques de sécheresse relative, elles ont rétrogradé, pour reprendre ensuite leur marche en avant pendant les périodes pluvieuses. Lorsque les conditions climatériques actuelles se sont établies, les glaciers ont pris un état d'équilibre; mais ils doivent leur étendue aux époques d'humidité. Sans les abondantes pluies de ces périodes, ils auraient disparu.

Les glaciers polaires n'affectent pas tous les mêmes formes topographiques, et, pour vous rendre sensible leur aspect, je prendrai un terme de comparaison avec ceux de la Suisse. Les glaciers des Alpes, comme vous le savez, prennent naissance dans des cirques de montagnes où, à l'abri des crêtes, les neiges peuvent se déposer en masses considérables et constituer un réservoir destiné à l'alimentation du glacier; puis, de ces amphithéâtres, par des pentes plus ou moins rapides, la masse s'écoule vers les régions basses en remplissant les hautes vallées creusées dans l'épaisseur de la chaîne. Sur une distance de plusieurs kilomètres, le large ruban de glace serpente au milieu des montagnes comme un fleuve dont le torrent issu de son extrémité inférieure semble le prolongement. L'analogie entre un glacier et un cours d'eau ne se borne pas à ce caractère extérieur de l'aspect; un courant de glace se déplace suivant des lois identiques à celles du mouvement de l'eau dans les rivières. On est donc absolument fondé à définir les glaciers des Alpes des fleuves de glace.

Dans la zone polaire, ce type de glacier-fleuve est rare; on en rencontre un certain nombre en Laponie, au Spitzberg, à la Nouvelle-Zemble; mais aucun d'eux n'atteint le développement en longueur des grands glaciers de la Suisse, de l'Aletsch ou du Gorner. Les glaciers alpins des terres arctiques sont généralement beaucoup plus larges que longs.

Presque partout, dans les régions polaires, les glaciers affectent des formes complètement différentes. Au lieu d'être confinés dans des dépressions de montagnes, ils recouvrent d'immenses plateaux ou des régions en dos d'âne. Sous une épaisse nappe de glace, le sous-sol disparaît entièrement; montagnes et vallées sont revêtues d'une carapace cristalline; dans toutes les directions, on ne voit qu'une plaine blanche légèrement ondulée, s'élevant lentement vers l'horizon, sur lequel elle trace une ligne nette et arrêtée comme l'horizon de l'Océan. Sur les bords du plateau, de distance en distance, s'ouvre une vallée ou un fjord; une masse de glace y descend et se déverse en mer. Tout autour de la haute plaine glacée pend ainsi une série de larges franges de glace qui sont les exutoires de la grande nappe située à un niveau supérieur. Si donc les glaciers des Alpes peuvent être comparés à des fleuves de glace, ceux des régions polaires peuvent être définis des lacs de glace, dont le trop-plein s'écoule le long des bords par un grand nombre d'émissaires. C'est sous cette forme que se présentent le grand glacier du Groenland, celui de la Terre du Nord-Est, au Spitzberg; la plupart de ceux d'Islande, de Norvège et de la Nouvelle-Zemble. Pour les distinguer des glaciers alpins, les géologues donnent à ces puissants amas de glace le nom de calottes glaciaires ou de glaces continentales, traduction de l'expression scandinave d'*inlandsis*.

Dans les régions arctiques, il existe encore un troisième type de glaciers qui constituent le passage entre les *inlandsis* et les glaciers alpins. Comme les *inlandsis*, ils recouvrent d'une calotte de glace des surfaces plus ou moins étendues, mais ils s'en distinguent par la présence, au milieu de la nappe de glace, de pics rocheux ou de crêtes dessinant grossièrement des cirques. A cette catégorie appartiennent plusieurs glaciers de Laponie, du Spitzberg, de la terre François-Joseph et de la Colombie anglaise.

L'exploration de tous ces glaciers présente de grandes difficultés. Des pyramides de glace, hautes parfois de deux mètres, très rapprochées les unes des autres, accidentent leur surface, et partout s'ouvrent d'énormes crevasses, quelques-unes assez larges pour engloutir des cathédrales. De plus, dans toutes les directions, la glace est percée de trous, généralement cylindriques, remplis d'eau, dont le diamètre varie de quelques centimètres à un mètre, le plus souvent masqués par une mince couche de neige; autant de chausse-trapes ouvertes sous le pied du voyageur. En sept jours, les dix hommes qui accompagnaient M. Nordenskiöld dans son exploration sur l'*Inlandsis* du Groenland ne firent pas moins de sept mille chutes. Dans ces déserts de glace, la marche est rendue encore pénible par l'existence, à la surface du glacier, de véritables cours d'eau coulant dans de profonds ravins de glace, toujours très difficiles à passer. Quelques-unes de ces rivières sont alimentées directement par la fonte du glacier, les autres écoulent les eaux de lacs épars à la surface de l'*inlandsis*. Ces petites nappes d'eau, formant des taches d'un bleu de saphir au milieu de l'immense plaine blanche, sont d'un effet très pittoresque. Leur *couleur* les rend visibles de très loin ; à plus de 60 kilomètres, j'ai pu en distinguer sur l'*Inlandsis* du Groenland.

III.

La forme et l'aspect des glaciers arctiques indiqués, étudions maintenant leurs actions géologiques.

Depuis longtemps, on a reconnu que les glaciers sont animés d'un certain mouvement. Ces masses, en apparence immobiles, s'écoulent, comme les rivières, le long des pentes sur lesquelles elles reposent. Entre les mouvements de l'eau courante et ceux d'un glacier, les seules différences observées sont le ralentissement déterminé par le froid dans la marche de la glace et en tout temps la faible vitesse de son écoulement. Au Montanvert, la Mer de glace se meut, dans le sens de la pente, à raison .de 0^m,90 par jour ; la plus grande rapidité observée dans le débit a été de 1^m,50. Bien autrement considérables sont les vitesses d'écoulement des glaciers polaires. Au Groenland, une branche de l'*inlandsis* se meut à raison de 43 mètres par jour. D'autres glaciers ont des vitesses de 30 à 40 mètres par vingt-quatre heures.

La cause du mouvement des glaciers est encore ignorée, en dépit des recherches les plus actives des savants. L'examen des différentes théories qui ont été proposées pour expliquer ce phénomène nous entraînerait trop loin ; elles sont, d'ailleurs, plutôt du domaine de la physique que de celui de la géologie. Je me bornerai à vous dire qu'à mon avis, ce mouvement doit être la résultante de plusieurs actions, et que, d'après les formes qu'affectent les glaciers issus des calottes glaciaires, la glace doit se mouvoir suivant les lois de l'écoulement des liquides imparfaits, de la poix, par exemple.

Ces énormes masses de glace, étant animées de mouvement, sont des agents de transport, comme les cours d'eau. Elles entraînent, dans leur déplacement, tout ce qui se trouve à leur surface, et c'est à ce point de vue qu'elles sont intéressantes pour les géologues. Les glaciers des Alpes sont plus ou moins chargés de blocs et de sables provenant de la destruction des crêtes rocheuses qui les entourent. Une partie de ces débris pierreux reste amoncelée sur leurs flancs et constituent les moraines latérales ; une autre est charriée par le courant de glace jusqu'à son extrémité inférieure et y forme la moraine terminale ou frontale.

Enfin, un certain nombre de blocs tombés sur le glacier dégringolent à travers les crevasses et vont s'amasser sous le courant de glace. C'est la moraine profonde, dont le rôle comme agent de creusement a donné lieu à tant de discussions.

Sur les glaciers polaires, les moraines sont très peu développées ; c'est qu'en général aucune crête ne s'élève au-dessus d'eux. Dans ces régions, les glaciers occupent une position dominante, au lieu d'être dominés, comme dans les Alpes. En parcourant l'*Inlandsis* du Groenland, à quelques centaines de mètres de ses rives, on ne trouve pas un gravier de la grosseur d'une tête d'épingle. A une distance de 75 kilomètres dans l'intérieur de ce continent de glace, le commandant Jensen, de la marine royale danoise, a pourtant rencontré une moraine longue de 3^{km},500 et haute de 125 mètres, mais précisément dans le voisinage d'un pic rocheux qui a pu en fournir les éléments. De l'avis du géologue qui accompagnait M. Jensen, ces matériaux auraient, au contraire, émergé du lit du glacier. La discussion de l'origine de ces blocs nous entraînerait trop loin. En tout cas, la présence de cette moraine sur l'*inlandsis* est un fait accidentel. Dans ses deux explorations du Groenland, au cours desquelles il a parcouru environ 170 kilomètres sur le glacier, M. Nordenskiöld n'en a rencontré aucune. Sur le plateau supérieur du Svartis (Laponie), qui forme une calotte glaciaire comme l'*Inlandsis* du Groenland, nous n'avons vu également aucun débris rocheux. On peut donc dire, à propos de la moraine trouvée par le commandant Jensen, que l'exception confirme la règle.

De ces nappes de glace descendent, avons-nous dit plus haut, des glaciers qui arrivent jusqu'au niveau de la mer, au Groenland, au Spitzberg, etc., ou qui s'arrêtent à une faible hauteur au-dessus de la surface du fjord, comme dans la Norvège septentrionale. Ces courants de glace, s'écoulant entre des crêtes rocheuses, ont des moraines, mais presque toutes d'un faible relief comparativement à celles des Alpes. Leur existence dépend, comme sur l'*inlandsis*, de la présence de pics rocheux au milieu du glacier. Lorsque cette condition se trouve réalisée, comme au fond du fjord de Torsukatak (Groenland) et sur la côte orientale de cette terre, entre le soixantième et le soixante-sixième degré de latitude nord, les glaciers charrient des moraines. Si, au contraire, aucun pointement rocheux ne se fait jour au travers du glacier, ainsi que c'est le cas sur celui de Jakobshavn (Groenland), vous n'y voyez presque aucun débris rocheux.

Au Spitzberg, à la terre François-Joseph, à la Nouvelle-Zemble, en Laponie existent, comme je l'ai indiqué plus haut, des glaciers présentant une forme intermédiaire entre les calottes glaciaires et les glaciers alpins. Au-dessus de ces nappes de glace émergent, avons-nous dit, des crêtes ; elles donnent lieu, par suite, à la formation de moraines. Tous ces glaciers étant beaucoup plus larges que longs, les crêtes rocheuses qui les entourent n'occupent qu'un espace très restreint proportionnellement à leur étendue ; par suite, ils ne charrient qu'une petite quantité de débris pierreux.

Sur tous ces courants de glace, la moraine profonde, constituée par l'infiltration de pierres à travers le glacier, si je puis m'exprimer ainsi, ne peut avoir une grande épaisseur. J'ai pu pénétrer sous une branche du Svartis (Laponie), dont les moraines superficielles étaient très réduites, et j'ai constaté que, sous la glace, il ne se trouvait que quelques pierres grosses comme le poing. Sous plusieurs glaciers de la côte orientale du Groenland, les explorateurs danois ont constaté l'existence de moraines profondes ; mais précisément ces courants de glace charriaient des amas de débris assez importants. La moraine profonde est composée uniquement de blocs provenant de la surface du glacier et tombés, à travers les crevasses, au fond de son lit. On a affirmé qu'elle était également constituée par des pierres arrachées par la glace en mouvement au sol sur lequel elle glisse ; l'observation n'a point vérifié cette hypothèse.

En résumé, les moraines sont une formation particulière aux glaciers alpins, qui ne se produit pas dans les *inlandsis* que dans des circonstances spéciales.

Les moraines des *inlandsis* sont constituées par des blocs de dimensions variables, enfouis au milieu d'une masse considérable de particules arénacées. Ces particules sont l'élément principal de ces bourrelets de débris.

Les géologues sont unanimes à affirmer que toutes les pierres des moraines présentent des angles saillants. Transportés sur le dos des glaciers sans être exposés à aucun choc et à aucun frottement entre eux, ces blocs conservent intactes leurs arêtes. C'est ce caractère qui est indiqué comme critérium pour distinguer les matériaux charriés par les glaciers de ceux transportés par les cours d'eau, qui sont tous plus ou moins roulés. Dans les moraines des glaciers polaires, on trouve, au contraire, en abondance, des cailloux roulés. Sur une moraine frontale d'une branche du Svartis, en Laponie, j'ai trouvé un grand nombre de petites pierres rondes comme des balles de fronde. Ce *facies* était l'œuvre du glacier lui-même. L'extrémité du courant de glace reposait sur quelques pierres situées sur une dalle de gneiss ; en se mouvant, le glacier les arrondissait. Plus tard, lorsque le glacier recule, les débris de la moraine frontale viennent se joindre à ces cailloux roulés. M. Sexe a également observé une grande quantité de ces cailloux roulés au Folgefonn, glacier de la Norvège méridionale, qui présente, comme le Svartis, tous les caractères d'un *inlandsis*. Les blocs de la moraine superficielle de Jensen, au Groenland, avaient également leurs angles émoussés.

III.

Après avoir étudié les glaciers comme agents de transport, il nous reste maintenant à examiner les actions qu'ils exercent sur le sol.

Dans tous les pays qui ont été soumis à une puissante glaciation, les lacs sont particulièrement abondants. Sur les deux versants de la chaîne des Alpes, au débouché pour ainsi dire de toutes les grandes vallées jadis remplies par les glaciers, existent de pittoresques nappes d'eau. En Finlande, où le phénomène glaciaire s'est manifesté avec une énergie toute particulière, les lacs sont encore beaucoup plus nombreux que dans les Alpes ; ils y occupent environ la dixième partie du sol. Dans la presqu'île scandinave qui a été recouverte, comme la Finlande, par une épaisse carapace de glace, les vallées ne sont que des chapelets de nappes d'eau réunies par des rivières. Enfin, dans tout le domaine des anciens glaciers scandinaves, comme dans toutes les terres polaires occupées aujourd'hui par des calottes glaciaires, les côtes sont profondément échancrées par des fjords. Ouvertes entre des falaises dont les escarpements atteignent souvent une hauteur d'un millier de. mètres, se prolongeant parfois à quarante lieues dans l'intérieur des terres, ces longues baies forment, en quelque sorte, des lacs d'eau salée. Partout, sur leurs parois, vous reconnaissez des stries burinées par les anciens glaciers et des polis produits par les glaces ; autant de preuves que les fjords ont été remplis par des anciens glaciers, comme les lacs des Alpes. Il semble donc qu'il y ait connexité entre les phénomènes glaciaires et la formation des lacs et des fjords. Cette pensée a conduit un grand nombre de géologues à regarder les glaciers quaternaires comme les agents de creusement de ces bassins lacustres et maritimes. Ces naturalistes attribuent aux masses de glace une puissance érosive considérable ; d'après leurs théories, les glaciers, agissant à la façon d'excavateurs, creusèrent la roche en place. Suivant d'autres géologues, les glaciers auraient simplement débarrassé les lacs et les fjords préexistants des débris de toute nature qui les encombraient. La discussion de ces théories nous entraînerait trop loin. Pour cette raison, je me bornerai à exposer devant vous les observations précises que nous possédons sur l'action exercée par les glaciers sur le sous-sol.

On a vu, à Chamounix, le glacier des Bossons affouiller le sous-sol et porter sur ses moraines des débris de terrain et de végétaux qu'il avait enlevés. D'autre part, en 1852, le glacier de Gorner, à Zermatt, soulevait devant lui le sol comme un gigantesque soc de charrue. Dans les deux cas, il s'agit des débris détritiques, de sables épars devant le glacier ou de la couche de terre végétale, en tout cas de terrains meubles. Au Groenland, le capitaine Jensen a fait une observation analogue. Un glacier, en avançant, avait enlevé des rochers la couche de gazon qui les recouvrait, l'avait poussée en avant et amoncelée devant lui en un monticule. D'autre part, sur les bords d'un fjord de Laponie, nous avons constaté qu'un glacier avait fait disparaître entièrement une de ces terrasses qui se sont formées le long des côtes, alors que l'Océan atteignait à la fin du quaternaire un niveau beaucoup plus élevé qu'aujourd'hui. Dans le Groenland septentrional, M. Stenstrup a constaté que les glaciers avaient approfondi certaines vallées creusées dans les basaltes. Enfin, dans les Alpes, ne voyons-nous pas les courants de glace, alors qu'ils progressent, renverser leurs moraines frontales? Tous ces exemples nous montrent que les glaciers peuvent éroder les roches peu consistantes, comme la terre végétale, les sables et même les basaltes; mais nous n'avons aucune observation prouvant qu'ils creusent les roches en place résistantes, telles que les gneiss ou les granits, qui constituent presque partout leurs lits, soit en Laponie, soit au Groenland. Nulle part on n'a vu la glace arracher du sol sur lequel elle repose des quartiers de roche, comme l'ont affirmé des géologues. L'observation prouve, au contraire, que le glacier ne peut entamer profondément les roches dures. En Laponie, sur un *escarpement* que le glacier avait abandonné récemment, les lèvres de la stratification du gneiss étaient encore saillantes, la masse de glace en se mouvant n'avait pas même fait disparaître ces petites aspérités du sol. Dans le voisinage, au sommet de cet escarpement, le glacier avait récemment mis à découvert une certaine étendue de roches; sur ce terrain, pas le moindre sillon : il n'y avait là qu'une petite plaine, sans la moindre inégalité. Il semblait qu'un rouleau mécanique eût aplani le sol. En résumé, nous ne possédons aucune observation prouvant que les glaciers puissent creuser ces énormes cavités que remplissent aujourd'hui les lacs et les fjords.

Devant l'évidence de ces faits, les partisans intransigeants de l'érosion glaciaire ont modifié ingénieusement leur théorie. Les torrents issus des glaciers transportent, comme nous le savez, une quantité considérable de *slams*. On a évalué à pas moins de 6000 mètres cubes la masse des particules argileuses charriées annuellement par l'Aar à la sortie de l'Untersaargletscher (Heim). Bien plus considérable est la quantité de *slams* roulée par les torrents issus des glaciers du Groenland. La rivière de Nagsutok (côte occidentale du Groenland) déverse 200 à 235 grammes d'argile par mètre cube d'eau, soit une quantité supérieure d'un tiers à celle que contiennent les eaux de l'Aar. Cette masse de limon est, pour ainsi dire, insignifiante relativement à celle charriée par l'Isortok. Cette dernière

rivière ne contient pas moins de 9744 à 9129 grammes de *slams* par mètre cube d'eau, et on peut évaluer à 4062 millions de kilogrammes le poids du limon qu'elle apporte chaque jour au fond du fjord où elle a son embouchure (1). Toute cette énorme masse de *slams* est enlevée d'eau par la glace au lit rocheux sur lequel elle se meut, disent les géologues qui attribuent aux glaciers la formation des fjords et des vallées; vous voyez donc, ajoutent-ils, que les glaciers sont des agents d'érosion très actifs et qu'ils ont pu creuser ces fjords et ces lacs. Ce raisonnement très ingénieux repose sur une pétition de principe. Il suppose que les *slams* rejetés par les torrents proviennent de l'érosion du sol, et c'est précisément ce qu'il faut démontrer et ce que l'observation ne prouve pas. Les particules argileuses charriées par les cours d'eau issus des glaciers proviennent de quatre sources différentes. La plus grande partie est fournie par les poussières apportées par le vent sur le glacier. L'*Inlandsis* du Groenland, par exemple, est recouverte aussi bien dans les parties voisines des montagnes qu'à 150 kilomètres dans l'intérieur des terres d'un sédiment éolien nommé *cryockonite* par M. Nordenskiöld. Uniformément étendu sur la surface de cette mer de glace, écrit le célèbre explorateur suédois, il y formerait une couche dont l'épaisseur varierait de 0m,001 à 0m,1. En outre, dans les régions riveraines des montagnes, des particules arénacées sont mêlées en grande quantité à la *cryockonite*. Même la glace en apparence la plus pure renferme des particules étrangères. Ces sédiments mis en liberté par l'ablation forment une grande partie du limon charrié par le torrent issu du glacier. Une autre partie provient de l'érosion du sous-sol par les cours d'eau considérables circulant sous le glacier; une autre enfin, de la trituration de la moraine de fond par ces eaux courantes et par le glacier lui-même. A notre avis, toute l'énorme masse de limon charriée par les torrents glaciaires ne doit donc pas être considérée comme le cube des matières enlevées par le glacier; une partie seulement et même une très petite partie, croyons-nous, provient de cette source. Par suite, la conclusion que quelques géologues ont tirée de ce phénomène relativement à l'action exercée par les glaciers sur leur lit nous paraît au moins très hasardée.

Actuellement, les glaciers, bien loin d'être des agents d'érosion, sont au contraire des agents de comblement. Les *slams* charriés par les torrents issus de l'*inlandsis* remplissent les lacs et les fjords. Au Groenland, où les cours d'eau transportent une masse considérable de sédiments, ce travail est particulièrement important et rapide. C'est ainsi que le fjord d'Isortok a été rempli sur une longueur d'environ 70 kilomètres. Devant le grand glacier de Frederikshaab, on observe un travail analogue de sédimentation. Là, des îlots ont

_____

(1) Jensen, *Meddelelser om Grönland*.

été réunis au continent par des plages constituées par le dépôt des sédiments apportés par les torrents glaciaires.

IV.

Dans les régions voisines des pôles, le phénomène glaciaire ne se manifeste pas seulement sur terre, mais encore sur mer, par l'existence de formidables banquises.

Pour expliquer certaines formations quaternaires, des géologues ont fait intervenir l'action de glaces flottantes charriant des masses énormes de débris à de grandes distance de leurs lieux d'origine, affirmant que les banquises actuelles transportent des matériaux en quantité considérable. Examinons donc comment les choses se passent dans la nature.

Les glaces des banquises proviennent de deux sources différentes ; les unes sont le produit de la congélation de la mer, les autres de la rupture du front des glaciers qui se terminent au niveau de la mer. Les glaces marines se divisent à leur tour en deux catégories : celles de mer et celles de fjord. Ces dernières, ainsi que leur nom l'indique, se forment sur les baies des terres arctiques et le long des côtes. Au moment de la débâcle et, plus tard, en dérivant le long des côtes, quelques glaçons érodent les côtes et en détachent des matériaux, pierres, sable ou argile dont ils restent chargés grâce à leur surface généralement tabulaire. Poussés par les vents ou les courants, les blocs porteurs de ces débris parviennent sur des terres éloignées de la région où ils ont été formées, y échouent et y déposent leur chargement de matériaux, composé de roches absolument étrangères à la localité. C'est ainsi que sur la côte sud-ouest du Groenland, la banquise dépose des basaltes provenant certainement de la côte orientale de cette terre. La glace de fjord est un agent de transport, nul ne peut le contester, mais l'importance de cette action a été singulièrement exagérée. MM. Holm et Garde, pendant leur séjour de trois étés sur le littoral oriental du Groenland, au milieu de l'épaisse banquise en dérive le long de cette côte, ont vu un grand nombre de glaçons de fjords couverts de matériaux; quelques-uns étaient noirs de débris. Mais, d'autre part, un géologue allemand, M. Laube, qui a fait un séjour involontaire de dix mois au milieu de cette même banquise, n'a observé qu'un seul bloc de fjord porteur de graviers et de cailloux. Nous-même, il y a deux ans, en franchissant la masse de glace agglomérée autour du cap Farvel, dans l'espace de quatre heures, nous n'avons aperçu que quatre ou cinq glaçons de fjord chargés de matériaux, et la mer était couverte de glaçons à travers lesquels le navire se frayait un passage à coups de bélier. Le phénomène du transport de gros matériaux par les glaces de fjords n'a donc pas la constance qu'on lui suppose. En re-

vanche, la surface de tous les blocs que nous avons vus était criblée de trous remplis de boue. Tous les explorateurs qui ont traversé les banquises signalent la présence sur la glace de ces sédiments, et leur masse doit certainement atteindre un volume considérable.

D'après la définition de M. Nordenskiöld, la glace de mer n'est, à proprement parler, que de la glace de fjord, mais formée très loin au nord, dans le bassin polaire, autour des terres encore inconnues existant probablement aux environs du pôle. Les glaçons de cette catégorie transportent, eux aussi, des amas de particules terreuses ; mais on trouve à leur surface, beaucoup plus rarement, des pierres ou des graviers que sur les blocs produits par la congélation des fjords.

Comme les glaces de fjord, les blocs provenant de la rupture du front des glaciers charrient des pierres, du sable et de l'argile. Ce phénomène de transport est intimement lié à celui des moraines. Les glaçons détachés des glaciers ne peuvent, en effet, se trouver chargés de débris qu'autant que le courant de glace dont ils sont un fragment en porte lui-même. Ainsi le glacier de Jacobshavn, situé sur la côte occidentale du Groenland, n'ayant que des moraines insignifiantes, les blocs qui s'en détachent ne portent presque tous aucun débris. Sur la centaine d'*icebergs* que nous avons rencontrés dans le détroit de Davis, nous avons aperçu de petites traînées de boue sur quelques-uns seulement; tous les autres étaient immaculés. Au contraire, sur la côte orientale de cette même terre où, par suite de la présence de pics à la lisière des glaciers, les moraines atteignent un certain développement, les blocs issus de ces courants de glace sont parfois chargés d'une masse énorme de débris. Dans cette région, Scoresby vit un *iceberg* portant un amoncellement de pierres dont il évaluait le poids de cinquante à cent mille tonnes métriques. Au Spitzberg, à la Nouvelle-Zemble, à la terre François-Joseph, où, par suite de l'existence de crêtes au milieu des glaciers, les moraines sont assez importantes, les blocs provenant des courants de glace de ces régions portent une quantité plus ou moins considérable de débris détritiques. Ainsi, Payer a vu deux amas morainiques sur un *iceberg* de la terre François-Joseph. Comme on le voit par ces exemples, il est impossible de formuler une thèse générale sur les phénomènes de transport par les *icebergs*. Dans cette question, tout dépend des conditions locales dans lesquelles se trouve le glacier qui donne naissance aux blocs de glace.

Si tous les icebergs ne charrient pas de gros matériaux, en revanche tous, même ceux en apparence les plus purs, transportent ces fins sédiments dont j'ai signalé plus haut la présence sur la calotte glaciaire du Groenland.

Ces énormes masses de glace viennent-elles à rester échouées quelque temps sur un banc, une partie de ces particules terreuses, mises en liberté par la fonte, se déposent sur ce haut fond et contribuent à augmenter son relief. On peut voir un exemple de ce phénomène à l'entrée du fjord de Jakobshavn, où tous les gros *icebergs* produits par le glacier situé au fond de cette baie restent échoués sur un banc dont les fins sédiments qu'ils portent accroissent la hauteur.

V.

Maintenant, quelques mots seulement sur les phénomènes de transport par les glaces fluviales, dont l'importance semble avoir été méconnue depuis la réaction qui s'est produite contre la théorie de Lyell. Examinons ce qui se passe, par exemple, sur les rivières de Laponie. Au moment de la débâcle, poussées par de violentes pressions, les glaces érodent les rives, constituées presque partout de matériaux détritiques. Le choc des glaçons entame même la roche en place. Chargé de ces matériaux, le train de glace se met en marche et les transporte à de grandes distances de leur lieu d'origine. Sur sa route, rencontre-t-il un îlot, ceux des glaçons qui viennent donner contre *cette terre* culbutent en y déposant les blocs dont ils sont chargés. C'est ainsi que se forment des amoncellements qui ont l'aspect de moraines. La rivière *présente-t-elle* un rétrécissement, un phénomène analogue se produit : une partie du chargement des glaçons tombe au fond du cours d'eau ou reste déposé sur les rives. Dans les passes, entre les différents lacs formés par le Pasvig, le lit est ainsi parsemé de blocs et les rives couvertes de murettes de pierres. Sur les bords de tous les lacs de la Laponie russe existent de pareils entassements de matériaux qui sont apportés par les glaces, nous ont affirmé unanimement les indigènes. La débâcle coïncidant presque toujours avec une crue de la rivière, les glaces forment souvent de ces amas de pierres à une certaine distance des berges, au milieu des terres inondées.

Chaque printemps, la débâcle modifie le lit des rivières en Laponie; en certains endroits, elle creuse un nouveau chenal; dans d'autres, elle comble celui qui existait détermine la formation d'îlots temporaires par le dépôt des matériaux dont sont chargés les glaçons; enfin, presque partout, exagère les sinuosités du cours. En Sibérie et au Canada, ces phénomènes sont beaucoup plus importants; chaque année, pour ainsi dire, les glaces flottantes donnent de nouveaux contours aux fleuves de ces régions.

Pour terminer, je vous présenterai en deux mots la synthèse de mes observations sur les glaciers des régions arctiques. Comme agents de transport, leur rôle est secondaire, car le relief du sol leur influence est minime. A tous les points de vue, l'importance de leur action géologique a été singulièrement exagérée. Cette proposition étant en contradiction avec les idées reçues, je n'aurais pas osé l'exprimer devant vous si M. Nordenskiöld, le géologue qui connaît le mieux les régions arctiques, ne l'avait déjà formulée.

Pour arriver à une connaissance plus complète des phénomènes glaciaires actuels, et pour pénétrer par cette méthode le secret des formations quaternaires, de nouvelles expéditions dans les régions du Nord sont nécessaires. Peu de pays présentent, du reste, autant d'attraits au voyageur. L'été, ils ne sont pas toujours enveloppés de brumes et de neige; souvent le soleil resplendit d'un éclat tout méridional sur ces immenses glaciers, en les illuminant de teintes que le pinceau ne pourrait reproduire. A côté de ces nappes de glace, qui nous donnent une représentation fidèle des paysages quaternaires, des tribus d'Eskimos et de Lapons vivent de la chasse et de la pêche, comme nos ancêtres préhistoriques. Entre ces populations et les peuplades qui ont habité les grottes de la Vézère, l'analogie est complète. A tous les points de vue, pour l'histoire de l'homme comme pour l'histoire de la terre, les régions arctiques nous donnent la leçon vivante du passé le plus lointain du globe et de ses habitants.

CHARLES RABOT.

PHYSIQUE

Les Interférences électriques et la doctrine de G.-A. Hirn.

Deux motifs différents, qu'on trouvera légitimes, m'amènent à présenter au monde savant quelques réflexions sur les conséquences qu'on est en droit de tirer, non seulement des belles expériences de M. Hertz (1) et

(1) *Ueber die Ausbreitungsgeschwindigkeit der elektrodynamischen Wirkungen*, von Prof. Dr. Heinrich Hertz, in Karlsruhe.—(*Sitzungsberichte der K. P. Akademie der Wissenschaften zu Berlin*, 1888, 9 Februar, VI, 197-210; und *Wiedemann's Ann.*, Bd. XXXIV, 551-570; Mai, 1888.)

Ueber Strahlen elektrischer Kraft. — (*Sitzungsberichte der K. P. Akademie der Wissenschaften zu Berlin;* 1888, 13 Dec., L, 1297-1307.)

Ueber sehr schnelle elektrische Schwingungen. — (*Wied. Ann.*, Bd. XXXI, 421-448, Mai, 1887.)

Ueber die Einwirkung einer geradlinigen Schwingung auf eine benachbarte Strombahn. — (*Wied. Ann.*, Bd. XXXIV, 155-170; März, 1888.)

Ueber Inductionserscheinungen, hervorgerufen durch die elektrische Vorgänge in Isolatoren. — (*Wied. Ann.*, Bd. XXXIV, 273-289; April, 1888.)

Ueber elektrodynamische Wellen im Luftraume und deren Reflexion. — (*Wied. Ann.*, Bd. XXXIV, 609-690; Mai, 1888.)

Die Kräfte elektrischer Schwingungen, behandelt nach der Maxwell'schen Theorie. — (*Wied. Ann.*, Bd. XXXVI, 1-22; Dec., 1888.)

3 S.

de celles plus récentes de MM. Sarasin et de La Rive (1), mais encore de toutes les autres expériences antérieures qui leur ressemblent plus ou moins. L'un de ces motifs est particulier et se rapporte aux travaux mêmes du grand génie que la Science vient de perdre; l'autre est tout à fait général et concerne la Physique pure. Je m'arrête d'abord au premier de ces motifs.

Tous les savants qui ont suivi les travaux de M. Hirn savent que, dès l'origine, il a cherché à prouver que les phénomènes du monde physique ne peuvent s'expliquer que par l'existence, démontrée d'ailleurs directement par les faits, de deux éléments constitutifs génériques : la Matière et l'Élément dynamique ou intermédiaire, ce dernier se manifestant comme agent de relation entre les corps distincts dans l'espace, ou entre les parties intimes des corps eux-mêmes et donnant lieu à tous les phénomènes possibles de mouvement. M. Hirn a développé cette interprétation avec tous les soins possibles dans son *Analyse élémentaire de l'Univers* (1868), puis dans plusieurs mémoires publiés par l'Académie royale de Belgique (2) et à la partie expérimentale desquels j'ai eu le bonheur d'être associé. A la fin de l'année 1888, c'est-à-dire à vingt années d'intervalle, M. Hirn a publié un travail nouveau très considérable, sous le titre : *Constitution de l'Espace céleste* (3),

(1) *Oscillations électriques rapides de M. Hertz*, par MM. Ed. Sarasin et L. de La Rive. (*Archives des sciences physiques et naturelles*, 1889, t. XXII.)
Résonance multiple des ondulations électriques de M. Hertz. (*Comptes rendus de l'Académie des sciences*, 13 janvier 1890.)

(2) G.-A. Hirn, *Recherches expérimentales et analytiques sur la relation qui existe entre la résistance des gaz au mouvement des corps et leur température; Conséquences physiques et philosophiques qui découlent de ces expériences*, présentées à la classe des sciences de l'Académie royale de Belgique, dans sa séance du 2 juillet 1881, et publiées dans ses *Mémoires*, t. XLIII, 1882.
Recherches expérimentales et analytiques sur les lois de l'écoulement et du choc des gaz en fonction de la température; Conséquences physiques et philosophiques qui découlent de ces expériences (suivies des *Réflexions générales au sujet des rapports de MM. les commissaires-examinateurs de ce mémoire*), présentées à la classe des sciences de l'Académie royale de Belgique dans sa séance du 11 octobre 1884 et publiées dans ses *Mémoires*, t. XLVI, 1886.
La Cinétique moderne et le Dynamisme de l'avenir (Réponse à diverses critiques faites par M. Clausius aux conclusions des travaux précédents de M. Hirn). Travail présenté à la classe des sciences de l'Académie royale de Belgique dans sa séance du 5 juin 1886 et publié dans ses *Mémoires*, t. XLVI, 1886. — Ces divers travaux se trouvent, tirés à part, chez MM. Gauthier-Villars et fils, à Paris.
Voir aussi : *Calor y Electricidad; Teorias de Clausius y Hirn*, par M. Rafael Alvarez Sereix. — Madrid, 1888.
Les Relations réciproques des grands Agents de la nature, d'après les travaux de MM. Hirn et Clausius, par M. Émile Schwœrer. (*Comptes rendus de l'Académie des sciences*, t. CII, 1886.)
(3) *Constitution de l'Espace céleste*, par G.-A. Hirn. — Paris, Gauthier-Villars et fils. — Cette œuvre grandiose est une des productions scientifiques les plus élevées de notre époque. Elle complète, entre autres, divers points que la *Mécanique céleste* de Laplace a laissés dans l'ombre, et lie plus encore entre elles l'Astronomie et la Physique générale.

dans lequel il démontre, sous toutes les formes abordables en Astronomie, que si dans l'espace interstellaire il existe de la matière diffuse, et autrement qu'à l'état sporadique, elle s'y trouve du moins en quantités tellement réduites qu'elle ne peut plus servir à expliquer les phénomènes de relation des astres entre eux (attraction, radiations lumineuses et calorifiques, magnétisme, etc., etc.); qu'il faut, par conséquent, en partant des faits purs et simples, rapporter ces phénomènes de relation à un élément spécifique distinct, partout répandu, en dehors des corps et dans les corps.

Qu'une telle interprétation des phénomènes, aussi radicalement différente de celle qu'on s'était habitué à considérer comme correcte et hors de doute, ait été accueillie avec défiance, cela était assez naturel. Les critiques, quelques-unes malveillantes, au début surtout, d'autres ironiques — pour la plupart cependant bienveillantes, nous le reconnaissons volontiers — n'ont pas fait défaut. Après la publication de la dernière grande œuvre de M. Hirn, on devait s'attendre à en voir apparaître encore, ce qui n'a pas manqué de se produire. Quoiqu'il ne soit pas facile de comprendre en quoi les interférences électriques démontrent plus la *matérialité* de l'éther des physiciens que ne le faisaient celles, depuis longtemps connues, de la lumière; quoiqu'il soit encore bien plus difficile de comprendre comment des expériences faites dans notre *milieu atmosphérique* pourraient renverser les conclusions qui, quant à la nature du milieu interstellaire, découlent d'elles-mêmes des observations astronomiques les plus précises, on s'était hâté, de divers côtés, de signaler une prétendue contradiction qui existerait entre les interprétations développées par M. Hirn et les conséquences théoriques que M. Hertz a tirées de ses expériences. On comprendra donc aisément avec quelle curiosité j'ai pris connaissance des récentes relations de MM. Sarasin et de La Rive, et avec quelle satisfaction j'ai reconnu que, selon mes prévisions, l'antagonisme signalé par la critique n'est pas fondé et que je pouvais désormais, sans aucune arrière-pensée, me livrer à l'admiration qu'inspirent à tous les savants les superbes expériences du physicien de Carlsruhe.

Personne ne peut plus admettre que *ce qui* vibre dans un corps diaphane ou diathermane quand un rayon lumineux ou calorifique le traverse, que ce qu'on fait vibrer aujourd'hui sous forme d'électricité, dans les corps conducteurs et dans l'air, soit la matière même de ces corps et ne constitue pas, au contraire, un milieu distinct, quel que puisse être le nom qu'on lui donne. La question se réduit seulement à savoir si ce milieu est une *matière diluée*, extrêmement rare, affectant une autre forme, ou si c'est un élément réellement différent, dénué de masse, mais agissant sur la matière même comme puissance dynamique.

Les recherches auxquelles s'est livré M. Hirn quant aux propriétés du milieu interstellaire ne peuvent, ce semble, laisser aucun doute à cet égard. Un très grand nombre des manifestations que nous étudions *dans* les corps ont lieu dans l'espace interstellaire absolument de la même manière; or, ce milieu interstellaire, moyennant lequel ont lieu les phénomènes de la gravitation, de la lumière, de la chaleur rayonnante, du magnétisme..., est absolument dénué de masse. Il en résulte bien positivement ce fait, qu'on a toujours nié *a priori* et sans aucune preuve plausible à l'appui, à savoir qu'un milieu dénué de masse est susceptible de mouvements variés, de vibrations, d'interférences, tout aussi bien que la matière, et que, par conséquent, ce n'est pas par impulsion, mais par suite d'une action dynamique spécifique de l'élément intermédiaire que se produisent les mouvements consécutifs de la matière. L'une des propriétés les plus essentielles de l'élément intermédiaire, celle qu'il a d'agir comme FORCE, se révèle ainsi à nous sous une forme presque impérieuse.

Si nous partons de là, si nous remarquons que la structure des corps solides, liquides ou gazeux, que leurs propriétés physiques les plus saillantes dépendent *nécessairement* de l'état d'équilibre des diverses forces qui régissent la position relative des atomes, on comprend aisément que tout ce qui troublera l'équilibre *de ces* forces déterminera, en général, des modifications dans la position des atomes et donnera lieu dans ceux-ci à des mouvements d'espèces variées. Et, réciproquement, tout changement de position que, par une raison ou une autre, subiront les atomes, amènera une rupture dans l'équilibre de ces forces et déterminera l'une ou l'autre des manifestations de chaleur, d'électricité..., de ce qu'on appelait, en un mot, les « Impondérables ».

Si l'on examine et si l'on interprète à ce point de vue les magnifiques expériences de M. Hertz et de MM. Sarasin et de La Rive, on arrive promptement à reconnaître que bien loin d'impliquer la matérialité du milieu qu'ont fait vibrer ces physiciens, elles sont une admirable confirmation de l'existence d'un milieu dynamique de nature transcendante.

L'une des questions les plus intéressantes et les plus importantes à la fois qui se présentent à l'esprit est celle-ci :

L'élément dynamique ou intermédiaire est-il simple ou est-il complexe?

Cette question demande encore à être résolue. M. Hirn l'a examinée à plusieurs reprises, d'aussi près que possible, et il a établi que, si l'on pèse le pour et le contre, on est amené à pencher vers la complexité de l'élément intermédiaire. On me permettra de partir des expériences mêmes qui forment l'objet de ce travail pour faire voir que, contrairement à ce qui semblerait au premier abord, elles nous conduisent à admettre la complexité de l'élément dynamique.

Ainsi que l'a fait voir M. Hirn, l'une des belles conquêtes dues à la fondation de la Thermo-dynamique, c'est la découverte graduée d'une loi générale d'équivalence de toutes les forces du monde physique et la constatation de l'aptitude qu'elles ont de se substituer quantitativement les unes aux autres. Tous les lecteurs de cette *Revue* sont au courant maintenant de cette grande et belle question; — il n'y a donc pas lieu de s'y arrêter. — Le besoin d'expliquer et d'interpréter étant naturel chez quiconque sait réfléchir, et à bien plus forte raison chez l'homme qui se sent porté vers l'étude des phénomènes de la nature, les interprétations n'ont pas fait défaut dès l'abord, et se sont ensuite promptement réduites à une seule. Comme on ne pouvait comprendre que de la chaleur, de l'électricité, de la lumière, pussent *naître* sous forme continue à la suite d'un simple phénomène de mécanique, celui du frottement par exemple, on s'est hâté de rapporter tous les phénomènes dits des *impondérables* à des mouvements de l'éther. En outre, ne sachant comprendre non plus comment des mouvements d'un milieu sans masse pourraient se communiquer à une matière douée de masse, on a tout aussi promptement *matérialisé* cet éther.

Avec cette méthode d'unifier et de simplifier, l'interprétation, dans ses applications mathématiques, aboutissait nécessairement à des équations variées de forces vives, à des produits de masses moléculaires par les carrés des vitesses, d'espèces différentes d'ailleurs, qu'on leur adjuge. Qu'une pareille traduction mathématique réponde *numériquement* aux résultats de l'étude des faits, cela est bien clair. L'action d'une force répond toujours à un travail mécanique, réel ou virtuel. Nous avons vu que la substitution d'une force à une autre a lieu sous forme quantitativement équivalente. Or, tout travail, réel ou virtuel, peut aussi être représenté par un mouvement équivalent d'une masse matérielle. C'était toutefois une erreur étrange que de confondre dès l'abord *l'image numérique* d'un phénomène avec la réalité des choses. Que ce soit là une fausse voie, c'est ce que M. Hirn a démontré souvent déjà. Il y a au moins autant de phénomènes dans lesquels le plus simple bon sens nous interdit de voir la matière seule en jeu, qu'il y en a où elle l'est effectivement. — Les belles expériences de M. Hertz, entre toutes, demandent une interprétation, j'oserai dire moins grossière.

Dans ces expériences, la matière des conducteurs employés, la matière constitutive de l'air ambiant intervient indubitablement; mais ce n'est pas elle seule, ce n'est peut-être pas elle du tout que le physicien a fait vibrer et interférer : c'est un milieu absolument autre qui se trouve en activité.

Ce milieu est-il simple ou complexe?

Nous nous trouvons en face d'un dilemme très clair

et très frappant. En dehors de toute interprétation et au point de vue des faits *non interprétés*, il est impossible de confondre les manifestations de chaleur, de lumière, d'électricité... Quelque proche parenté qu'on soit parvenu à établir scientifiquement entre les points de départ de ces manifestations, nous sommes obligés, en toute hypothèse, de rendre compte des différences qui les séparent. Or, nous avons deux manières de le faire :

1° Ou ces différences résultent d'une diversité dans le milieu même qui se trouve mis en activité;

2° Ou, ce milieu étant considéré comme identique, les différences dérivent de celles qui existent alors nécessairement entre les mouvements eux-mêmes par lesquels ont lieu ces manifestations.

Nous sommes obligés d'opter entre ces deux solutions. Si donc, comme l'ont admis d'emblée la plupart des savants qui ont rendu compte des expériences de M. Hertz, et comme a semblé le penser M. Hertz lui-même, les ondulations *provoquées* dans l'électricité ont la même longueur, la même vitesse, toutes les mêmes propriétés, en un mot, que les ondulations de la lumière et de la chaleur rayonnante, nous sommes forcément obligés de conclure que ces ondulations ont lieu dans des milieux spécifiquement différents. Et si, comme il est possible, comme il est même probable, on parvient à produire une manifestation de lumière en faisant disparaître la manifestation électrique, il en résultera précisément tout le contraire d'une identification des agents en jeu. Ce sera un exemple de plus, et des plus remarquables, à ajouter aux nombreux cas de substitution quantitative d'une force à une autre, de la connaissance desquels s'est enrichi si rapidement le domaine de la Science; mais ce ne sera nullement un exemple de transformation, comme on l'a dit et répété tant de fois.

Les belles expériences sur les interférences électriques, telles qu'elles se présentent à nous, tendent donc bien plutôt à démontrer que l'identité de l'élément dynamique. La remarque suivante, qui est frappante, donne encore plus de poids à cette conclusion.

Si nous jugions seulement d'après les expériences de M. Hertz ou d'autres du même genre que je spécifierai tout à l'heure, si nous ne portions pas nos vues sur toute une autre classe de phénomènes électriques, nous pourrions être amenés à dire que l'électricité, tout comme la lumière, tout comme la chaleur rayonnante, se propage exclusivement par ondes, que cette propagation est soumise aux conditions finies du temps, que l'attraction et la répulsion électriques, que les actions inductrices se propagent non seulement de la même manière, mais avec la même vitesse. Ce serait cependant là une conclusion bien anticipée, disons même, bien erronée.

Une comparaison, fort *grossière*, il est vrai, mais qui a l'avantage d'être parlante, fera mieux comprendre ma pensée.

Concevons deux réservoirs A et B, ce dernier très spacieux, réunis par un long tube cylindrique pourvu d'un robinet à sa partie la plus rapprochée de A. En A se trouve un gaz comprimé à une pression parfaitement constante (de l'air, de l'hydrogène, peu importe). En B, on a fait un vide aussi complet que possible, et on le maintient. Supposons que la lumière, cylindrique aussi, du robinet, n'ait, en diamètre, que le dixième, par exemple, de celui de notre tube. Faisons tourner ce robinet avec des vitesses constantes pour une même expérience, mais croissantes d'une expérience à l'autre. Tant que la vitesse de rotation sera petite, le courant du gaz qui, à chaque ouverture du robinet, se précipitera de A en B, aura le temps de se régulariser et d'arriver à un régime stable, si peu de temps que ce soit d'ailleurs. La vitesse de rotation étant parvenue à un certain degré, cette régularisation du courant temporaire de gaz cessera d'avoir lieu. La vitesse de rotation croissant toujours, la fermeture du robinet se fera avant que les molécules de gaz aient même eu le temps de parvenir à l'extrémité du tube de jonction de A et de B. A partir de ce moment, il est évident que le mouvement du gaz dans le tube *ne se fera plus que par ondulations;* si ce tube est assez long, et si la vitesse de rotation devient suffisante, il pourra exister plusieurs ondes de même longueur dans le tube. Nous aurons ainsi créé un mode d'écoulement que nous pourrons appeler *artificiel* et qui n'aura absolument plus rien de commun avec le mode normal d'écoulement des gaz. Si nous pouvions observer de près les ondes ainsi créées dans le réservoir vide B, nous parviendrions à mesurer leur vitesse; nous les ferions interférer; nous les verrions se réfléchir contre les parois opposées du réservoir B. Dans une expérience de cette nature, l'état ondulatoire ne cesserait — pour faire place à un régime stable et régulier — que quand la vitesse de rotation du robinet *serait devenue infinie.* — Ce qui est bien manifeste, c'est que la méthode précédente ne nous conduirait pas à une idée correcte, soit du mode réel d'écoulement des gaz, soit des lois de cet écoulement normal.

L'expérience précédente, que j'appelle grossière comme comparaison entre deux ordres de phénomènes, l'un propre à un milieu matériel, l'autre propre à un milieu transcendant, cette expérience est pourtant une image peut-être plus fidèle, plus correcte même qu'il ne semble, de ce qui se passe quand l'équilibre électrique se rétablit par intermittences, comme cela a lieu dans les décharges, si rapidement qu'elles se succèdent, de l'appareil de Ruhmkorff, dans la décharge de la bouteille de Leyde, comme cela a lieu nécessairement toutes les fois que nous *opérons par étincelles.* Dans ce genre d'expériences, ainsi que l'a si bien démontré M. Hertz, le mouvement électrique est *ondulatoire;* il est soumis aux conditions finies du temps; son action inductrice l'est aussi. Mais cette espèce de courants intermittents ne nous donne pas plus l'idée correcte d'un courant électrique continu, de celui, par exemple, qui s'établit entre les deux pôles d'une pile que nous mettons en rapport par un conducteur fermé, que le courant de gaz intermittent, dont je viens de parler, ne donne l'idée de l'écoulement proprement *dit des gaz.* Entre ces deux modes de rétablissement de l'équilibre électrique, il n'y a aucune ressemblance à admettre.

L'hélice induite, de la bobine de Ruhmkorff, ne fonctionne que quand le courant électrique se produit ou est rompu dans l'hélice inductrice. Le courant devenu permanent n'a plus aucune action sur le conducteur isolé qui lui est partout parallèle. L'état magnétique du noyau de fer doux, au contraire, dure autant que le courant inducteur. Et, de même, un courant permanent agit à distance sur un autre courant permanent aussi. Ces actions attractives et répulsives s'exercent à travers le vide de matière des espaces interstellaires; nous savons, en effet, aujourd'hui, que *le Soleil agit* sur nos aiguilles aimantées, et cette action ne *peut relever* que d'un état électrique, statique ou dynamique, légèrement variable sur l'astre central (1). Aucun fait d'ailleurs ne porte absolument à croire que *l'action* qu'exerce notre Terre sur l'aiguille aimantée ait quoi que ce soit de commun avec la présence de notre atmosphère. L'étincelle électrique ne peut pas éclater, paraît-il, à travers un espace suffisamment raréfié. Quoique le fait soit encore contesté par plusieurs physiciens distingués, admettons qu'il est exact. Ce qu'il nous est absolument interdit d'affirmer *a priori,* c'est que l'action inductrice d'un corps isolé et électrisé dans un vide de matière aussi parfait que possible cesse aussi de s'exercer sur les corps qui se trouvent dans le voisinage; et c'est bien plutôt le contraire qu'on serait en droit d'affirmer dès à présent (2). Il est infiniment probable que l'attraction et la répulsion d'un corps chargé d'électricité à l'état statique s'exercent à travers le vide, tout comme celles des courants électriques devenus permanents.

Si, comme l'ont prouvé les belles recherches de M. Hertz, le flux électrique, dans les décharges intermittentes, procède par ondulations, il ne résulte certainement pas que le mode de mouvement soit le même dans les courants continus; il ne résulte surtout, pas pour l'un et l'autre modes de courant, que le flux électrique relève d'un milieu matériel. C'est encore précisément le contraire qui découle des expériences bien discutées. Quoi qu'il en soit, il est absolument insoutenable que l'action inductive à distance indéfinie qu'exerce un aimant ou un solénoïde sur un autre aimant ou sur un solénoïde relève en aucune façon d'un mouvement vibratoire établi dans tout l'espace ambiant à une distance indéfiniment grande, pour ne pas dire infinie.

Je termine par une question très importante.

Laplace a démontré que si l'attraction gravifique se propage, la vitesse de cette propagation est en tout cas immensément supérieure à celle de la lumière. D'un autre côté, les récentes expériences sur les interférences électriques viennent de prouver que l'action inductrice d'un flux électrique intermittent a, au contraire, une vitesse de propagation à fort peu près égale à celle de la lumière, d'après M. Hertz. Sommes-nous en droit de conclure de là que l'attraction ou la répulsion des pôles d'un aimant stable à l'égard de ceux d'un autre aimant ait aussi une vitesse de propagation? Sommes-nous en droit de conclure que l'attraction ou la répulsion d'un courant électrique stable à l'égard d'un autre courant ait une vitesse finie de propagation? S'il m'est permis d'émettre l'opinion qu'avait M. Hirn sur cette question — mais rien de plus que cette opinion — je dirai qu'il considérait ces attractions ou répulsions devenues stables comme identiques en ce sens à l'attraction gravifique, et n'ayant, en réalité, point de mouvement de propagation. Ceci, toutefois, demanderait à être prouvé par les faits. MM. Sarasin et de La Rive, qui se sont montrés expérimentateurs hors ligne, trouveront peut-être un moyen direct, si difficile qu'il soit, de résoudre aussi ce nouveau problème.

ÉMILE SCHWŒRER.

---

(1) Voir la *Constitution de l'Espace céleste, loc. cit.*

(2) Bien que cette question soit en quelque sorte résolue à l'avance, M. Hirn avait, dans ces derniers temps, commencé une série d'essais pour en donner une vérification expérimentale. La maladie qui l'a si brusquement enlevé l'a empêché de résoudre plus directement ce beau problème.

DÉMOGRAPHIE

La loi dite « des sept enfants ».

La *Revue scientifique* avait salué la loi dite « des sept enfants » ou « loi Javal » (loi qui exempte de la contribution mobilière les familles de sept enfants vivants) comme étant un premier pas vers la sagesse et la justice. Cette loi avait été adoptée malgré le ministère des finances, qui redoutait le surcroît de travail qu'elle allait causer à ses employés. Aujourd'hui, l'Administration revient à la charge et veut la faire abroger.

Nous nous sommes informé des objections que l'on veut faire à cette loi. Nous voulons les exposer et les réfuter.

Inutile d'expliquer longuement aux lecteurs de la *Revue scientifique* pourquoi nous sommes partisan déterminé de la loi Javal. M. Charles Richet (1), M. Jules Rochard (2), enfin le persévérant auteur de la loi (3) leur ont montré que cette loi est sage et juste.

La France, en 1888, a procréé seulement 900 000 enfants; l'empire allemand, pendant cette même année, en a procréé 1 800 000. La différence va en augmentant d'année en année. Donc, dans vingt ans, contre un conscrit français, il y aura deux conscrits allemands. Voilà le danger terrible qui nous menace. En a-t-il toujours été ainsi? Non, car, en 1872, le recensement trouvait 37 millions d'habitants en France et 41 millions en Allemagne, soit un chiffre presque égal. M. Ch. Richet avait donc raison de dire que « le problème est un des plus graves qui se puissent trouver : si grave que toutes les autres questions politiques ou sociales pâlissent à côté de celle-là ». La loi qui protège les familles nombreuses est donc un premier pas (un premier pas seulement) vers la sagesse.

Nous disons, en outre, que cette loi est juste. On l'a prise pour une loi d'assistance; c'est mal la comprendre : son but ne doit pas être d'assister personne, mais de rendre aux pères des familles nombreuses une partie de l'argent qu'on leur a pris injustement. Le principe de l'impôt est que « les contributions doivent être proportionnelles aux ressources de chacun et, *inversement proportionnelles à ses charges* ». Or l'Administration tient compte, autant que possible, des ressources de chacun; quant à ses charges, elle les ignore.

Est-ce une loi d'assistance, celle qui oblige à reconnaître que sept enfants sont une *charge* pour une famille? Non, c'est une loi de bon sens élémentaire. L'homme qui élève une nombreuse famille paye à la France le plus lourd et le plus utile des impôts; la patrie reconnaissante devrait l'aider dans cette tâche. Au lieu de cela, les impôts de consommation et même l'impôt mobilier le frappent précisément en proportion de ses charges. La loi Javal a pour but de lui rendre une faible partie de ce qu'on lui prend contrairement au bon droit, contrairement à l'intérêt public.

Ce n'est donc pas une loi d'assistance, c'est une loi de justice.

Ou, plutôt, c'est un premier pas vers la justice.

La loi Javal est ainsi conçue : « Les pères et mères de famille comptant au moins sept enfants, légitimes ou reconnus, ne seront pas inscrits au rôle de la taxe personnelle mobilière. » L'impôt mobilier étant un impôt de répartition, il résulte de la loi Javal que les sommes dont sont exemptées les familles nombreuses devraient être réparties entre les autres habitants de la France (4). Le Trésor ne perd pas un centime par l'application de la loi, il n'est nullement lésé. Il n'y a de lésés que les employés des contributions directes, qui ont eu un assez fort travail supplémentaire à fournir

(1) 21 décembre 1889.
(2) 13 septembre 1884.
(3) 1er novembre 1884.
(4) Il en était ainsi dans la pensée de M. Javal. Mais la loi a malheureusement été appliquée autrement, et la répartition du montant des cotes non payées a été faite entre les habitants de la commune.

pour faire cette répartition et qui ont, par conséquent, jugé très sévèrement la loi nouvelle.

J'exposerai plus loin le seul obstacle qu'ait rencontré l'application de cette loi. Mais voyons les résultats qu'elle a donnés.

Ils sont admirables :

Le recensement de 1886 avait, sur l'initiative de M. Cheysson et sur la mienne, distingué les familles suivant qu'elles avaient 0, 1, 2, 3... 7 enfants. On avait trouvé qu'il y avait, en France, 232 428 familles ayant 7 enfants ou davantage (1). Sur ce nombre, 148 808 seulement ont réclamé le bénéfice de la loi, sans doute parce que les 83 000 autres étaient dans la plus complète indigence (ce qui ne s'explique que trop).

113 636 réclamants sont donnés comme « peu aisés ». Je crois bien qu'ils sont « peu aisés » ! Ils payent en moyenne 9 francs d'impôt. Dans quels taudis peuvent bien nicher des familles de 9 ou 10 personnes qui payent en tout 9 francs d'impôt? Qui peut regretter de les savoir dégrevés de leurs 9 francs?

Ainsi, sur les 232 000 pères de famille qui élèvent 7 enfants, il y en a près de 200 000 (soit 85 pour 100) qui sont ou bien tout à fait indigents ou très voisins de la misère. M. Javal n'avait-il pas raison de dire que sa loi était éminemment démocratique? Hélas! l'étymologie du mot *prolétaire* est toujours justifiée!

29 697 familles ayant bénéficié de la loi sont classées comme « aisées ». Elles ne le sont guère pourtant, car en moyenne elles payaient 22 fr. 45 de contribution mobilière. Je donnerai une idée de la valeur du mot « aisé », en disant qu'à Paris on a considéré comme telles les familles payant en moyenne 80 francs d'impôt mobilier, c'est-à-dire ayant un loyer annuel de 1000 francs. Pour ce prix, à Paris, on peut avoir quatre chambres au cinquième étage, dans un faubourg. Pour une famille normale, composée de quatre ou cinq personnes, elle représente, en effet, ce que le fisc peut appeler l'aisance. Mais il s'agit de familles de neuf ou dix personnes. Mettez deux lits dans chaque pièce, vous n'arriverez pas encore à les caser; il faudra en mettre encore un dans la cuisine et l'autre je ne sais où. Peut-on considérer comme aisées des familles où dix personnes s'entassent dans quatre pièces?

Enfin, voici le grand argument de l'Administration :

Sur les 232 185 familles de 7 enfants et plus, il y en avait 5475 dénommées « très aisées ou riches », soit 2 pour 100 qu'on trouve excessif de dégrever. En moyenne, ils payent

(1) Voyez combien la statistique est indispensable au législateur (si méprisant et si avare pour elle). On avait résolu, avant le recensement, d'élever aux frais de l'État le septième enfant des familles nombreuses, et on avait voté, pour réaliser ce beau projet,.. 50 000 francs. Il aurait fallu 232 millions!
M. Javal avait combattu ce projet ridicule, et tous les démographes autorisés avaient partagé son avis. Les mesures d'assistance ne peuvent rien pour relever les mœurs d'une nation; elles sont trop onéreuses pour s'étendre au grand nombre; elles ne peuvent s'exceptionnelles; or veut corriger les mœurs il doit s'adresser au grand nombre. Ce que nous demandons, c'est l'équité stricte; la loi Javal est un premier progrès dans ce sens.

100 francs d'impôt mobilier. J'ai des renseignements sur un de ces richards, et je vais raconter ici comment il vit. C'est un pauvre diable de professeur toujours en quête d'un cachet de 5 francs, car il a 9 enfants, plus sa femme et lui-même, au total 11 personnes à nourrir. Il a, d'ailleurs, tous les droits à figurer dans la classe des « riches », car il payait, avant la loi Javal, 150 francs d'impôt mobilier. Il a 3000 francs d'appointements et gagne 1000 francs par des leçons particulières. Déduisez la retenue pour sa retraite, son loyer, ses impôts, l'assurance, etc., il lui reste 3465 francs pour nourrir et habiller les 11 personnes qui composent sa famille. On dépense, par an, dans sa maison : 500 francs pour le pain, 950 francs pour la viande (notez, en passant, la faiblesse de ces chiffres), dont 200 francs environ reviennent à la douane ou à l'octroi. Les légumes, épiceries et menus vivres absorbent presque le reste. Il n'est pas question de vin sur la note qui m'est remise; au cas où on en aurait bu dans la maison, l'octroi et l'État en auraient encore pris leur part. Les vêtements et le blanchissage figurent pour une faible somme sur ce pauvre budget; cependant, un professeur ne peut pas être vêtu comme un maçon. Je le demande : est-il injuste de rendre à cette famille une partie des 200 francs que l'impôt prélève sur elle, par ce seul fait qu'elle est nombreuse? Je ne le crois pas. Cependant, il s'agit de l'un des 5475 « riches » que M. le ministre doit présenter à la Chambre comme jouissant d'un privilège injustifiable et exorbitant.

« Et M. de Lesseps? me répondra quelqu'un. En voilà un qui est riche et qui n'en est pas à mesurer 950 francs de viande par an à ses innombrables enfants. Cependant la loi Javal oblige les autres Parisiens à payer pour lui! » Comme la *Revue scientifique* est un journal sérieux, je dédaignerai de répondre à cette objection ridicule et, pourtant, il faut bien avouer que M. de Lesseps et deux ou trois autres millionnaires très prolifiques ont fait le plus grand tort à la loi Javal. C'est incroyable à la peine que les deux ont à comprendre qu'il ne faut pas se régler sur des exceptions, et que, d'ailleurs, l'impôt doit être équitable pour tout le monde, même pour les riches!

Mais, enfin, voyons combien on compte en France de communes où la loi Javal ait amené ces prétendues anomalies. Dans 26 623 communes, la loi Javal a dégrevé une ou plusieurs familles nombreuses. Dans combien d'entre ces communes a-t-elle suscité des réclamations? Dans une trentaine tout au plus, à ma connaissance. Le plus souvent, les réclamations visent un M. de Lesseps quelconque; pour parler plus clairement, voici le cas qui se présente dans quelques villages : il y a dans la commune un homme riche qui paye à lui seul, par exemple, la moitié des contributions; il devient rapidement la vache à lait du pays; le conseil municipal en effet, ne craint pas de voter de nombreux centimes additionnels; que lui importe, puisque la moitié de ces impôts doit être payée par le châtelain? Emprunter 20 000 francs dans ces conditions, c'est n'avoir à en payer que 10 000; le richard payera le reste. Vient la loi Javal! Si le riche propriétaire en question a sept enfants, la politique

de spoliation, dont je viens de rendre compte, retombe sur le nez de ses inventeurs.

On comprend s'ils sont furieux! Le cas s'est présenté une fois dans l'Allier, une fois dans la Charente, deux fois dans l'Yonne, etc., et, naturellement, il a fait chaque fois grand bruit. Vingt communes, qui se plaignent, écrivent aux journaux, harcèlent leurs députés, font plus de vacarme que 26 603 qui ne disent rien, et constatent tranquillement la réparation d'une injustice et le soulagement d'une infortune.

J'ai répondu suffisamment, je crois, à la seule critique que le ministre des finances ait formulée contre la loi Javal dans la séance du 25 janvier 1890. « Il y a un certain nombre de communes où les familles comptant plus de 7 enfants sont précisément celles dont la situation de fortune est la plus aisée. » Je réponds, le *Bulletin* du ministère des finances à la main, que 98 fois sur 100, la loi, au contraire, a exempté des familles extrêmement besogneuses; que les deux « riches » restant mériteraient sans doute ce titre si elles n'étaient pas si nombreuses, mais le plus souvent ces soi-disant « riches » ont grand'peine à élever convenablement leurs nombreux enfants.

J'ai jeté un regard indiscret dans le dossier qui concerne la loi Javal, et j'ai lu avec curiosité les objections qu'on doit lui faire. J'ai été surpris de leur faiblesse. En voici l'analyse et la réfutation :

« 1° L'impôt personnel mobilier est proportionnel au loyer, et le loyer est proportionnel à la position de fortune. Donc, toutes les familles, y compris les familles nombreuses, sont taxées équitablement. » Inutile d'insister sur cette prétendue objection, qui n'en est pas une.

« 2° L'exemption d'impôt n'est pas uniforme pour tout le territoire, parce que le nombre des centimes additionnels varie de commune à commune. » Cela revient à dire que l'impôt varie de même partout. Si c'est un abus (ce qui est très douteux), c'est lui qu'il faut corriger. Mais de quel droit s'indigne-t-on de l'inégalité de l'exemption, lorsqu'on trouve équitable l'inégalité de l'impôt?

« 3° Loin d'être une cause de pauvreté, le fait d'avoir un grand nombre d'enfants est une richesse pour l'agriculteur : il les fait travailler à sa ferme, ce sont des serviteurs zélés qui ne lui coûtent rien. » Quel misérable que les pères de famille ne raisonnent pas comme l'agriculteur imaginaire qu'on met ici en scène. Dans ce cas, la France produirait non pas 900 000 naissances, mais 1 800 000 naissances, comme l'Allemagne, et je n'écrirais pas ici en faveur de la loi Javal.

Qu'on me permette de le dire, l'argument précédent a certainement été écrit par un homme sans enfant. S'il était père, il soupçonnerait ce qu'il en coûte pour élever sept enfants.

Et, à ce sujet, une réflexion : la France, dont la stérilité prépare la chute finale, a le malheur d'avoir été préparée à la lutte suprême par des hommes qui n'avaient pas d'enfant. Sans manquer de respect à des hommes à qui la France doit beaucoup, on peut remarquer que ni Thiers, ni Gambetta, ni M. Jules Ferry, ni M. Goblet, ni enfin le ministre actuel des finances, n'ont connu les charges, les joies et les chagrins de la paternité.

« 4° La loi Javal autorise les employés du fisc à poser des questions indiscrètes qui pourraient être mal comprises. » C'est le contraire : la loi Javal autorise les agents du fisc à demander aux familles si elles ont sept enfants, ce qui n'a rien d'indiscret, et elle les dispense de demander : « Avez-vous de quoi les nourrir? » ce qui est inquisitorial.

Et, en effet, on ne s'est jamais plaint que la loi Javal eût provoqué des questions indiscrètes.

« 5° Les répartiteurs usaient le plus souvent d'indulgence, avant la loi Javal, pour les familles nombreuses lorsqu'elles étaient nécessiteuses. » Autrement dit, c'est l'arbitraire qui présidait aux exemptions de taxe. Voilà qui ôtait à l'exemption de taxe beaucoup de cette uniformité à laquelle l'Administration (voir § 2) attache tant de prix. Cette « indulgence », assez méprisante pour les pères de famille de sept enfants, n'a pas empêché que 113 636 familles pauvres n'aient eu à réclamer l'exemption d'impôts; elle se faisait donc assez rarement sentir. Encore peut-on croire qu'elle était parfois réelle dans les campagnes. Dans les villes (les chiffres le montrent), non seulement elle n'existait pas, mais il était impossible qu'elle existât; l'impôt y est réparti par des calculs mécaniques où l'indulgence et la pitié n'entrent pas comme facteurs.

D'ailleurs, je ne saurais trop le répéter, la loi Javal n'est pas une loi d'assistance; c'est une loi d'équité.

Voilà les cinq arguments imaginés par le ministère des finances contre la loi Javal. Voulez-vous que je les traduise en français? « La loi Javal est mauvaise parce qu'elle nous a fait travailler. Et cela, justement au moment où nous étions mis sur les dents par la nouvelle évaluation de la propriété bâtie. D'ailleurs, dans quelle voie nous engage-t-on? Nous sommes habitués à rechercher très exactement les ressources des citoyens, et de cela nous ne nous plaignons pas. Mais voilà qu'on veut nous faire évaluer les charges qui pèsent sur eux? Cela nous promet encore du travail pour plus tard! De plus, c'est contraire à toutes nos traditions, à toutes nos routines. Ça ne s'est jamais vu! Donc, c'est absurde. »

La traduction n'est pas très fidèle; pourtant, je la crois plus exacte que le texte.

J'y répondrai par une parabole :

Un jour où le bassin des Tuileries était gelé, un homme paria qu'il le traverserait nu-pieds. Quand il fut arrivé péniblement au milieu du bassin, trouvant qu'il avait trop froid aux pieds, il revint sur ses pas, fit exactement le trajet qu'il avait à faire pour gagner son pari, et néanmoins le perdit.

Aujourd'hui, les législateurs qui ont voté et les administrateurs qui ont exécuté la loi Javal sont dans la situation de ce parieur : au milieu du bassin. Les réclamations que suscite toute amélioration fiscale se sont produites. Veut-on revenir sur ce qu'on a fait pour susciter de nouvelles plaintes? Je préviens MM. les députés qu'elles seront au nombre de

148 808. Il faut de plus de suite dans les idées. Il n'y a personne qui ne reconnaisse l'excellence du principe de la loi; il y aurait plus d'efforts à faire pour la détruire que pour améliorer son application, et pour achever une œuvre juste et bienfaisante.

La seule critique sérieuse qui ait été formulée — non contre le principe, mais contre l'application de la loi — a été exposée par M. Clech, député du Finistère.

La Bretagne, à mon avis, est victime, en matière d'impôt, d'un abus séculaire. En effet, les impôts de répartition sont distribués entre les départements proportionnellement à leur population, parce que l'on suppose (avec raison) qu'un homme représente une force et par conséquent une capacité de payer. Cela est bien jugé; mais en est-il de même d'un enfant? Évidemment non; loin d'être une force, il est un motif de dépense, et les Français s'en aperçoivent mieux encore que les autres peuples, puisqu'ils se refusent généralement à en avoir. La Bretagne est la seule partie de la France où la natalité soit à peu près suffisante : les enfants y sont donc plus nombreux qu'ailleurs. Comment récompense-t-on cette province de cette précieuse qualité? En la chargeant d'impôts (1).

Il semble que la loi Javal, étant destinée à dégrever les nombreuses familles, devrait être bien vue dans ce pays. Mais il est facile de voir qu'elle ne porte qu'un allégement inégal aux familles nombreuses parce que, dans certains coins de la Bretagne, une moitié des familles compte plus de trois enfants, et parce que la loi Javal fait payer par les autres contribuables de la commune l'impôt dont elle exempte les familles de sept enfants. M. Clech a fait remarquer un exemple de ce qui en résulte (exemple qu'il a naturellement choisi comme le plus typique) · dans la commune de Lanmeur, qui compte 2500 habitants, il y a jusqu'à trente familles ayant plus de sept enfants; la loi Javal les a exemptées d'une somme totale de 775 francs qu'il a fallu faire payer aux autres habitants de la commune. Cela a augmenté leur imposition mobilière de 15 pour 100. Et malheureusement, parmi les familles qui se trouvaient ainsi chargées, s'en trouvaient quelques-unes qui avaient cinq à six enfants, car les mœurs du pays sont telles que les mariages sont très féconds.

En dehors de la Bretagne et de la Vendée, il y a, sur les 26 000 communes touchées par la loi Javal, très peu de pays où pareil fait se soit présenté.

M. Clech trouve qu'on corrigerait suffisamment l'inconvénient qu'il signale, si l'on ordonnait que les familles payant moins de 30 francs de contribution personnelle mobilière seraient seules admises à bénéficier de la loi Javal. Nous nous rallierions volontiers à cette transaction.

_____

(1) Dans la fertile vallée de la Garonne, sur 1000 habitants, il y a environ 217 enfants de moins de quinze ans. Dans le Finistère, il y en a 339. C'est dire que dans le Finistère, on compte 1000 contribuables, quand, logiquement, on n'en devrait compter que 661. On lui fait beaucoup plus de tort qu'au Lot-et-Garonne, où l'on compte 1000 contribuables quand il n'y en a que 783.

M. Le Chevallier, Armand Després et autres proposent baisser cette limite à 10 francs.

Mais le Conseil général de l'Aveyron a donné à la difficulté une solution qui est certainement meilleure. L'Aveyron un des rares départements du Midi (1) où la fécondité des familles est à peu près satisfaisante. Le nombre des familles exemptées d'impôt par la loi Javal y est, dans certaines communes particulièrement fécondes, presque aussi considérable qu'en Bretagne. Le montant total des cotes supprimées par la loi Javal s'élève pour l'ensemble du département à 32 017 francs (centimes compris). Le Conseil général, dans sa dernière session, a résolu, sur la proposition de M. Lacombe, de répartir cette somme sur l'ensemble des contribuables du département. Voilà une solution excellente, qui dégrève les familles nombreuses sans imposer aux autres une augmentation sensible.

Ainsi pourrait être résolue la difficulté très réelle présentée par M. Clech.

On devrait faire mieux encore et répartir entre tous les départements le montant des cotes non payées. C'est ce que proposent M. Lechevallier et plusieurs de ses collègues.

Ce sont là des détails d'application.

Considérons les choses d'un peu plus haut.

En 1808, comme on discutait au Parlement anglais les dangers que la puissance toujours grandissante de Napoléon faisait courir à la Grande-Bretagne, un lord prononça un *discours* dont voici la conclusion : « Ne redoutez donc rien de la France! Sa grandeur est passagère; ce qui est permanent, c'est son Code civil. Il la condamne à diminuer sans cesse; avant un siècle, elle n'existera plus! »

Ce lord était un devin : il a fait la différence entre une eur éblouissante et éphémère et une tare inhérente à organisation. Je n'ai à faire, ici, ni le procès ni l'éloge Code civil, mais enfin la conclusion du seigneur anglais été vérifiée par l'histoire : nous diminuons sans cesse, risque nous grandissons moins que les autres.

Si la France se préoccupait du danger, si même elle s'en aait, elle se convaincrait vite de cette vérité : c'est il est indispensable que l'État considère *le fait d'élever enfant comme une des formes de l'impôt*.

Payer un impôt, c'est s'imposer un sacrifice pécuniaire a profit de la nation entière. C'est ce que fait le père qui lève un enfant. Il s'impose une série toujours croissante e sacrifices pécuniaires très lourds, et ces sacrifices (qui éralement, hélas! lui profitent peu à lui-même) profitent . nation entière.

our que cet impôt puisse être considéré comme acquitté une famille, il faut qu'elle élève *trois* enfants. En effet, l en faut deux pour remplacer les deux parents, et il en faut en outre un troisième, car le calcul des probabilités montre que sur les trois, il y en aura en moyenne un qui mourra avant de s'être reproduit.

Donc, une famille qui élève quatre enfants ou davantage

paye un excédent d'impôt, et la justice veut qu'on lui tienne compte de ce sacrifice en la dégrevant d'impôt. Qu'on dégrève donc plus encore les familles qui élèvent cinq enfants, celles qui en élèvent six, etc.

Et qui doit payer ces dégrèvements? Naturellement, ce sont ceux qui n'élèvent pas les trois enfants nécessaires à l'avenir de la nation. Ils se soustraient (volontairement ou involontairement, peu importe) au plus nécessaire et au plus lourd de tous les impôts; il est strictement juste qu'ils compensent par une somme d'argent le tort qu'ils font à la patrie.

Qu'on ne dise pas que je veux persécuter les familles stériles ou peu nombreuses. Je ne leur inflige ni punition ni amende : seulement, je transforme pour elles l'impôt qu'elles doivent au pays; je fais comme un propriétaire qui, ne pouvant se faire payer par son métayer en nature, se ferait payer en argent monnayé.

Cette conception n'est certes pas nouvelle. L'immortelle Constituante de 1789 l'avait formulée en toutes lettres, et lui avait donné une forme pratique; elle a ordonné que les familles de plus de *trois* enfants (le nombre, j'ai dit pourquoi, était très bien choisi) seraient partiellement dégrevées, et qu'au contraire les familles de moins de *trois* enfants supporteraient un supplément d'impôt (1). Si la chose ne s'est pas faite, c'est à cause des événements terribles qui sont presque immédiatement survenus, et qui ont rendu nécessaire de se procurer de l'argent promptement et sans chercher à mieux répartir l'impôt. Quels hommes que ces constituants! Comme ils avaient une intuition nette des besoins du pays, et qu'ils savaient donner à leurs volontés une forme modérée et pratique!

Actuellement, nos lois fiscales sont faites dans un esprit tout opposé. Plus les familles sont nombreuses, plus elles sont frappées par les impôts indirects. Plus elles occupent de logement, plus elles sont grevées par l'impôt mobilier.

C'est parce que la loi Javal est un premier pas fait vers la conception prévoyante et équitable de la Constituante que nous l'avons applaudie. Si elle n'avait été qu'une loi d'assistance, elle ne nous aurait pas touché.

Pas plus que M. Javal, je ne crois cette loi appelée à augmenter la natalité française. Je pourrais, si j'avais un avis différent, citer l'exemple du Canada français, où le père de douze enfants vivants reçoit, à la naissance de son treizième enfant, un cadeau de cent acres de terre, et où cette loi généreuse est assez fréquemment appliquée. On pourrait soutenir qu'elle n'a pas produit de mauvais résultats, car on sait quelle est la fécondité franco-canadienne. Mais beaucoup d'autres exemples montrent que les lois, pour modifier les mœurs, ne doivent pas viser les exceptions, mais au contraire s'adresser aux cas les plus ordinaires.

La loi canadienne montre surtout de quel respect sont entourées les familles nombreuses, dans ce vaillant pays où

---

(1) La Corse et l'Ardèche sont à peu près dans le même cas.

(1) Nous ferons remarquer qu'avant de charger les familles sans enfants et de moins de trois enfants, il serait logique d'organiser l'impôt sur les célibataires. (*Réd.*)

la race française lutte victorieusement depuis plus d'un siècle contre le plus colonisateur et le plus envahissant de tous les peuples.

La loi Javal aura un effet analogue, même si l'on n'entre pas autant que je le désire dans la voie qu'elle a ouverte. N'est-ce pas un magnifique résultat, d'une haute portée morale, que cette loi ait donné une sanction pratique dans plus de 26 000 communes à cette paraphrase de la parole évangélique : « Honorez et aidez les familles nombreuses, car la patrie a besoin d'elles; elles seront sa force dans l'avenir; sans elles, elle périra! »

Conclusions. — 1° Sur 100 familles visées par la loi Javal, il y en a 96 qui sont dans une situation ou bien tout à fait misérable ou très précaire;

2° D'ailleurs, la loi Javal n'est pas une loi d'assistance, mais une loi d'équité fondée sur ce principe que les contributions doivent être proportionnelles aux ressources de chacun, et *inversement proportionnelles à ses charges* (dont le fisc ne tient jamais aucun compte). A un autre point de vue, la loi Javal rembourse aux familles nombreuses une partie de ce que les impôts indirects leur prennent *en raison même* de leurs charges;

3° Pour mieux répartir le montant des taxes non payées, on pourrait généraliser la mesure adoptée par le Conseil général de l'Aveyron;

4° Il est donc désirable, à notre avis, que la loi Javal subsiste telle qu'elle. Cependant, pour donner satisfaction à quelques réclamants, on pourrait la modifier ainsi qu'il suit :

« L'article 3 de la loi du 17 juillet 1889 ne recevra son plein effet que dans les communes où existe un octroi.

« Dans les autres seront inscrits, au rôle de la cote personnelle mobilière, les pères ou mères de sept enfants vivants, lorsqu'ils sont imposés à une somme supérieure à 30 francs (amendement Clech).

« Le montant des cotes non payées sera porté en recettes au compte général des contributions directes, pour être compris à l'état de répartition générale par département. » (Amendement Le Chevallier, Desprès et autres.)

JACQUES BERTILLON.

TRAVAUX PUBLICS

Le passage mixte Varilla
entre la France et l'Angleterre.

Franchir la Manche pour relier l'Angleterre à la France par un chemin de fer est un problème que bien des ingénieurs se sont posé, et nombreux sont les projets publiés en vue de sa solution. Tous ces projets (nous ne voulons parler que de ceux sérieusement et consciencieusement étudiés par des ingénieurs de mérite) peuvent se classer en deux types uniques, à savoir : passage souterrain à l'aide d'un tunnel sous la Manche, et passage aérien franchissant le détroit à l'aide d'un pont gigantesque.

Le passage en tunnel est des deux solutions proposées celle qui a certainement fait le plus d'adeptes; car au point de vue technique elle offre toutes les chances de réussite, ainsi qu'on l'a démontré, du reste, une série importante de travaux préliminaires et de sondages opérés sur les abords des rives française et anglaise. Ces travaux ont, en effet, prouvé de la façon la plus évidente que le sol à creuser sous la mer ne se compose que de craie marneuse s'entamant avec la plus grande facilité et présentant une étanchéité absolue; c'est, s'il nous est permis de nous exprimer ainsi, le terrain par excellence pour le percement d'un tunnel. Ce point important établi, la question était à peu près résolue, elle ne demandait plus que le concours du temps et de l'argent, ce qui n'était certes. pas un obstacle pour deux pays comme la France et l'Angleterre, qui ont couvert le monde entier de travaux où se montre la manifestation la plus éclatante du génie guidé par la science.

Les ingénieurs français se sont montrés les plus enthousiastes à la réalisation de cette conception, faite pour donner un essor des plus considérables dans le trafic, déjà si important, entre la France et l'Angleterre; aussi n'a-t-on pas été peu surpris de voir cette dernière, pratique par excellence, rejeter ce projet pour des raisons d'ordre purement politique. La dernière discussion, toute récente, au Parlement anglais, s'opposant à l'exécution du tunnel sous-marin, est encore présente à l'esprit de tout le monde.

Cependant, avant de condamner cette décision, nous devons examiner impartialement le motif qui l'a dictée.

L'Angleterre se refuse au passage en tunnel sous la Manche, craignant, à la suite d'un conflit, d'offrir par cette voie un accès trop facile à l'invasion de son territoire par les troupes françaises, invasion contre laquelle, dans ce cas particulier, sa flotte formidable, son unique défense, serait absolument impuissante. La réponse à cet argument, très logique en soi, paraissait toute trouvée en disant qu'il suffisait à l'Angleterre de ménager quelques fourneaux de mines, qu'on aurait fait sauter au cas échéant, livrant ainsi le tunnel à l'inondation. Le moyen est simple et pratique : un bouton électrique à faire manœuvrer et le passage devient impraticable. Mais si simple qu'il ait pu paraître aux Anglais, ils ne l'ont pas accepté et n'ont pas voulu confier la sécurité de la patrie à un bouton électrique, lequel aurait pu ne pas fonctionner au moment opportun. Il nous faut l'avouer, ce n'est pas là de la pusillanimité, mais bien une juste prudence, et l'on ne peut s'empêcher de louer ceux à l'initiative desquels la patrie en est redevable.

Et puis, tandis qu'un des adversaires peut prendre des mesures de défense, l'autre peut s'ingénier à les combattre, à les détruire même : le cas est général et se voit tous les jours dans l'art militaire.

L'Angleterre n'a donc pas accepté le tunnel pour ces raisons, et en toute impartialité, nous ne pouvons lui donner tort.

L'idée d'un pont, au contraire, n'a jamais soulevé chez nos

voisins ces raisons d'État. Le pont serait un ouvrage visible, que quelques canonnières peuvent facilement surveiller et rendre infranchissable à une armée. A la rigueur, une batterie installée sur la côte aurait vite fait avec quelques boulets de détruire une partie de l'ouvrage et de le rendre ainsi inaccessible à l'armée.

Mais si le pont n'offre dans son établissement aucune difficulté au point de vue politique, il n'en est pas ainsi au point de vue économique et technique.

L'édification d'un pareil ouvrage, sans antécédents dans les annales de la construction, comporte certainement la solution de problèmes qui n'ont jamais été abordés par les ingénieurs, ne serait-ce que la fondation de piles à 50 mètres de profondeur sous l'eau, et des difficultés qui, si elles ne sont pas absolument insurmontables, compromettraient dans une très large mesure toute l'économie d'une pareille voie de communication. Bien plus, si nous supposons le problème résolu, la navigation n'en aura-t-elle pas à souffrir? Si grandes, en effet, que soient les travées du pont sur la Manche; qu'elles aient, comme au pont du Forth, 500 mètres d'ouverture, le détroit ayant 36 kilomètres de largeur, cela n'en fera pas moins 72 piles, véritables récifs opposés à la circulation navale, dans une mer où les courants sont très violents, et sur laquelle s'étend pendant la majeure partie de l'année une brume très épaisse ne permettant pas aux navires de s'avancer sûrement en scrutant l'horizon à 2 kilomètres devant eux. En raison des accidents nombreux qui seront à redouter avec un pont établi sur la Manche, les navires forcés de la traverser pour se rendre aux ports de la Belgique, de la Hollande et de la mer Baltique se verront grevés d'une augmentation de prix du fret considérable, dont aura à souffrir tout le commerce du nord-est de l'Europe, lequel compte des ports maritimes de première importance.

On le voit, il peut se trouver dans cette solution, qui satisfait à la fois l'Angleterre et la France, une grosse question économique que les pays intéressés changeront rapidement en une question politique, et, l'écueil du premier projet évité, on pourrait se retrouver devant le même obstacle, plus considérable encore.

C'est l'examen très approfondi de tous ces points bien différents qui a amené un ingénieur français, M. Bunau-Varilla, à proposer un projet que la presse appelle « passage mixte Varilla », et qui combine le projet du tunnel avec celui d'un pont, ou, pour mieux dire, qui combine les avantages de chacun de ces projets.

La solution imaginée par M. Bunau-Varilla consiste à creuser un tunnel au milieu du détroit et à le faire aboutir non sur la terre ferme, mais à une certaine distance des côtes, aux extrémités de viaducs qui relieraient le tunnel central aux deux rives. Les transitions entre le tunnel et les viaducs seraient réalisées, soit par des ascenseurs, soit par des plans inclinés.

Ce projet, d'une donnée vraiment originale, n'exige pour son exécution que l'application de dispositifs réalisés déjà pratiquement dans différents ouvrages.

Les viaducs s'avanceront en avant des côtes et à une certaine distance, en mer, distance que M. Varilla fixe à 1 ou 2 kilomètres environ pour chaque rive, mais qui sera déterminée d'une façon fixe par chaque gouvernement d'après ce qu'il jugera nécessaire pour sa sécurité ; cet aléa ne saurait, du reste, influer d'une façon sérieuse sur l'économie du projet. La construction de ces ouvrages d'approche n'offre d'ailleurs aucune difficulté par des fonds de 20 mètres ; elle rentre dans la pratique courante, d'autant plus que, dans ce cas, il est inutile de songer à faire des travées considérables, l'ensemble d'un viaduc ne formant pour ainsi dire qu'une vaste jetée et ne devant plus présenter des vastes passages libres sous lesquels devront pouvoir circuler les bâtiments de haute mâture, comme c'est le cas au pont du Forth. L'objection faite au pont n'existe donc plus pour ces viaducs d'approche, qui ne forment en rien un obstacle à la navigation.

C'est à l'extrémité de ces viaducs que se fera la descente verticale. Ce sera peut-être la partie la plus coûteuse des travaux ; mais le simple énoncé des principes généraux que M. Bunau-Varilla compte employer pour leur réalisation permet de reconnaître qu'ils ne comportent pas de problème particulièrement difficile à résoudre.

A l'endroit désigné pour chacune des descentes, il faudra créer une espèce d'îlot creux, de manière à ce que le travail qui s'y accomplira ultérieurement soit mis à l'abri des coups de mer ; en un mot, il faudra former un véritable lac tranquille au milieu de la mer. Cette disposition peut être faite de plusieurs façons, soit en formant un môle en pierres naturels ou artificiels, comme à Cherbourg, Plymouth, Oran, Alger ; soit en construisant un véritable mur en béton, comme à Newhaven ; soit enfin en établissant un brise-lames rectangulaire à l'aide de blocs énormes systématiquement disposés, comme on l'a fait à l'île de la Réunion. Chacune de ces solutions, on le voit, a déjà été appliquée avec succès et ne présente rien de nouveau dans sa mise à exécution.

Ce travail une fois exécuté, on se trouve en présence d'un puits dont la profondeur est celle de l'eau en cet endroit, soit 20 à 25 mètres, puis qu'il s'agit d'approfondir jusqu'au niveau du sol du tunnel. Pour y arriver, deux solutions sont applicables : on peut creuser le puits par un martelage au trépan, comme cela se pratique pour le forage des puits artésiens, mais alors sur une plus grande échelle et en y adjoignant le dragage de la boue crayeuse ainsi obtenue ; on peut encore foncer autour du puits à creuser, en l'encastrant dans la roche à l'aide de l'air comprimé, un bâtardeau métallique permettant de forer à l'air libre le puits jusqu'au niveau voulu, avec l'aide de moyens d'épuisements suffisamment puissants.

Quelle que soit, des deux méthodes que nous venons d'indiquer, celle qui sera appliquée, une fois le puits creusé, il n'y aura plus qu'à y descendre un véritable tube rectangulaire destiné à former la cage de l'ascenseur. A cet effet, ce tube sera construit progressivement à la surface, et hermétiquement clos à sa partie inférieure ; on l'enfoncera graduellement dans le puits au fur et à mesure de sa construction. Les éléments constitutifs de cette boîte métallique sont calculés de façon à résister à la pression extérieure et formeront les parois de la cage de descente.

Le tube terminé et mis en place à sa manière ordinaire, il restera un vide entre sa paroi externe et les parois du puits foré. Ce vide sera comblé par du béton qu'on coulera, soit à l'air libre, soit sous l'eau, suivant la méthode de fonçage qui aura été adoptée. La prise de ce béton une fois faite, il ne restera plus qu'à épuiser, à l'aide de pompes, l'eau contenue dans l'intérieur du tube et qu'on y aura introduite pour faire descendre le caisson au fond. Cela fait, on se trouvera à la profondeur voulue pour commencer le percement du tunnel à grande section et à l'abri de l'eau.

Dans l'étude de son projet, M. Varilla prévoit que la reconnaissance expérimentale du sous-sol se fera tout d'abord à l'aide des machines de Beaumont, qui permettent dans le terrain formant le tréfonds de la Manche de s'avancer à une vitesse de 15 à 25 mètres par jour sur une section de 3 mètres carrés. De cette façon, il sera possible d'exécuter la traversée de reconnaissance dans un temps d'environ trois à quatre ans. Cette traversée opérée, il sera facile de se rendre un compte exact de la nature du terrain dans toute l'étendue du tunnel et, avant de procéder à la construction du tunnel proprement dit, de prendre telle ou telle mesure préventive contre des accidents que l'examen de la nature du sol aura pu suggérer.

Le travail que nous venons de résumer très brièvement en quelques lignes s'exécutera simultanément sur les deux côtés du détroit, de manière à réduire de moitié le temps nécessaire à l'exécution; mais tout ce que nous avons dit pour une des rives s'applique en entier à la rive opposée.

On saisit dès lors facilement le fonctionnement du passage mixte Varilla : le train se dirigeant de France vers l'Angleterre, partant de Paris, par exemple, s'avance jusqu'à l'extrémité du viaduc de la côte française, où il va s'arrêter ; il est pris alors par un ascenseur logé dans la cage que nous avons décrite, puis descendu au niveau du tunnel; il reprend ensuite sa marche et, arrivé au pied de l'ascenseur de la côte anglaise, ce dernier le monte sur le viaduc, d'où il reprend sa direction jusqu'à Londres, par exemple.

Quant aux ascenseurs, nos lecteurs comprendront que leur construction n'offre pas de difficultés spéciales, puisque le poids d'une section de train de 100 mètres de longueur environ est loin d'égaler les poids soulevés par les ascenseurs de canaux, celui des Fontinettes notamment.

L'ensemble du projet donne donc satisfaction à tous les desiderata exprimés et lève toutes les objections soulevées contre l'exécution du pont ou du tunnel.

La circulation du détroit reste entièrement libre à la navigation. Quant à la sécurité de l'Angleterre contre l'invasion française, elle se trouve absolument assurée. En supposant, en effet, un conflit entre les deux nations, la flotte anglaise, croisant dans la Manche, peut surveiller le viaduc d'approche situé sur la côte française et empêcher toute descente dans le tunnel. Cette descente viendrait-elle à s'opérer, il suffit à l'Angleterre de détruire les ascenseurs

de son côté, pour que l'armée envahissante, arrivée à cet endroit du tunnel, se trouve devant un obstacle insurmontable représenté par une paroi à pic d'au moins 60 mètres de hauteur; enfin, pour plus de sécurité encore, l'Angleterre peut combiner les deux moyens de défense en détruisant ses ascenseurs, et, avec quelques boulets de canon tirés de ses navires, en réduisant à néant les ascenseurs ou le viaduc d'approche situés en avant de la côte française.

Dans l'étude de son projet, M. Bunau-Varilla admet également le cas d'une descente par plan incliné. C'est en effet une solution qui n'offrirait aucune difficulté, car il ne serait guère plus difficile de donner à la cage des ascenseurs une position inclinée d'un certain degré que de la fixer verticalement, comme nous l'avons dit plus haut. Ce point n'a été du reste examiné qu'en vue de généraliser le problème à résoudre, et la descente inclinée ne serait, en tout cas, établie que sur une des rives, de façon à laisser intact le principe de sécurité si justement invoqué par les Anglais.

Tel est le principe du passage mixte Varilla dont la presse s'occupe depuis quelque temps, en France et en Angleterre. Cette dernière se montre très bien disposée à son exécution, car il ne lui offre plus les craintes fort justes qu'elle soulevait au point de vue stratégique et garde dans leur entier les immenses avantages commerciaux que les deux pays peuvent trouver dans une communication simple et rapide. Le proverbe anglais *Times is money* est, on le voit, encore à l'ordre du jour.

Pour nous, ce n'est pas sans une satisfaction d'amour-propre national que nous verrons réaliser un ouvrage de première importance, le plus gigantesque du monde, sur les données d'un compatriote.

GEORGES PETIT.

CAUSERIE BIBLIOGRAPHIQUE

Traité élémentaire de l'Énergie électrique, par E. HOSPITALIER; t. Iᵉʳ, avec 253 figures dans le texte. — Paris, G. MASSON, 1890.

J'appelle un chat un chat : c'est la devise que M. Hospitalier met en tête de son ouvrage; nous allons chercher à montrer comment il y est resté fidèle.

« Nous pensons, dit le savant professeur de l'École de physique et de chimie industrielles de la ville de Paris, qu'il faut un mot, et autant que possible *un seul mot*, pour désigner chaque chose différant d'une autre chose, un symbole spécial pour représenter toute quantité physique distincte d'une autre quantité physique, une unité spéciale pour comparer entre elles les quantités physiques de même nature. »

Pour justifier cette manière de voir, l'auteur a adopté invariablement dans le cours de son ouvrage, les *définitions* établies par les Congrès des électriciens de 1881 et de 1889, les unités qui en dérivent et des notations toujours les mêmes pour représenter les mêmes quantités physiques et les unités qui leur servent de commune mesure.

Qui dit physique et chimie industrielles dit que si l'enseignement de la théorie doit être solide, il est aussi et toujours intimement lié aux applications. C'est dans cet ordre d'idées que M. Hospitalier professe à l'École de la ville de Paris; c'est dans le même esprit qu'est conçu le *Traité élémentaire de l'Énergie électrique*.

L'ouvrage comprendra deux volumes, dont le premier seul a paru, le second étant annoncé pour le courant de l'année.

Dans les livres du genre de celui qui nous occupe, il faut bien commencer par le commencement : aussi le premier volume est-il consacré à l'exposé des définitions, des principes, des lois générales de la science électrique et de leurs applications à la mesure.

Le second volume contiendra les applications industrielles.

Il nous semble bien difficile d'analyser le livre que nous avons sous les yeux; tout y est condensé, tout porte. Nous aurons tout dit quand nous aurons annoncé au lecteur que dans cet ouvrage classique, écrit avec l'esprit de méthode et le talent bien connus de l'auteur, il trouvera l'expression résumée, mais exacte, de la science électrique appliquée sous sa forme la plus moderne ; la division de l'ouvrage en est la preuve :

Introduction. — Quantités, grandeurs et unités physiques basées sur le système C. G. S. — I. Notions générales de magnétisme. — II. Notions générales d'électrostatique. — III. Courant électrique. Système électro-magnétique C. G. S. — IV. Résistances. — V. Intensités. Galvanométrie. — VI. Potentiels. Électrométrie. — VII. Générateurs d'énergie électrique théoriques. — VIII. Quantités et capacités. Méthode balistique.—IX. Phénomènes de contact. Électro-chimie. — X. Électro-thermie. — XI. Électro-dynamique. — XII. Compléments de magnétisme. Aimantation due aux courants.— XIII. Induction électro-magnétique. — XIV. Self-induction. — XV. Induction mutuelle. — XVI. Courants alternatifs.— XVII. Compléments de mesure. — XVIII. Questions diverses.

Cette énumération des têtes de chapitres montre nettement que l'auteur est resté fidèle à son programme et que l'application accompagne toujours la théorie; c'est cette division de l'ouvrage qui a conduit M. Hospitalier à écrire le dix-huitième chapitre intitulé : *Questions diverses*. Qu'entend donc M. Hospitalier par : « questions diverses » ? Ce sont les sujets qui n'auraient pu trouver place dans le corps du volume sans troubler l'enchaînement de l'étude des phénomènes électriques; ce sont aussi, et c'est à cela que ce chapitre doit son intérêt tout particulier, ce sont les questions nouvelles, les expériences d'hier et d'aujourd'hui qui ont trait à ce qu'on appelle pyro-électricité, piézo-électricité, électro-optique ; c'est, pour conclure, l'exposé des idées modernes sur l'identité des phénomènes électriques, magnétiques et lumineux.

Du Caucase aux monts Alaï, par M. JULES LECLERCQ. — Un vol. in-16, accompagné d'une carte. — Paris, E. Plon, Nourrit et Cie, 1890.

Il s'agit ici d'une relation de voyage dans l'Asie centrale où l'auteur nous entraîne avec lui, fort agréablement du reste, du Caucase aux frontières de la Chine, à travers la Transcaspie, la Boukharie et le Ferganah.

A plusieurs reprises, nous avons eu à rendre compte d'ouvrages sur l'Asie centrale, notamment, l'an dernier, du beau livre de M. Gabriel Bonvalot intitulé : *Du Caucase aux Indes à travers le Pamir*. Mais pour être moins mouvementé, pour n'être pas émaillé, comme ce dernier, d'incidents aussi nombreux et de dangers aussi grands, le récit de M. Jules Leclercq n'en est pas moins instructif par les curieuses descriptions qu'il renferme, par exemple, des ruines grandioses des palais de Tamerlan, par celles non moins intéressantes de localités hier encore à peu près inaccessibles et qui, aujourd'hui, grâce à l'établissement du chemin de fer transcaspien, sont devenues cités russes et peuvent être visitées par les étrangers.

Le transcaspien, auquel l'auteur a consacré tout un chapitre en raison de son importance considérable, est l'œuvre d'un soldat de génie pour qui le mot *impossible* n'existe pas, du général Annenkoff, dont le nom est un des plus populaires de la Russie. Son trajet est de 1360 verstes (1451 kilomètres), de l'une de ses extrémités à l'autre, c'est-à-dire d'Ouzoun-Ada sur les rives de la Caspienne à Samarcande. A part les bords de l'Amou-Daria et quelques rares oasis, tout le territoire traversé par le chemin de fer est d'une si effrayante désolation que, dit l'auteur, l'homme ne s'y sent pas à sa place. Une instinctive inquiétude passe des yeux à l'âme, à la vue de cette nature navrante, répulsive; certains espaces même sont absolument lugubres, notamment la région véritablement infernale qui s'étend du vieux Merv à l'Amou-Daria, c'est-à-dire le désert de Karakoum, là où cesse toute vie végétale et animale et qui semble être le domaine de la mort, désert si étendu que le train ne met pas moins de douze heures à le franchir. Si un voyage en Asie centrale, qui n'était possible, tout récemment encore, qu'à cheval ou à dos de chameau, est « aujourd'hui une partie de wagon », si le chemin de fer transcaspien permet de franchir actuellement, en quinze jours, la distance de près de deux mille lieues qui sépare Paris de Samarcande, la ville sainte où repose Tamerlan, il faut avouer aussi que le dit railway ne brille ni par une rapidité extrême dans sa marche, ni par un confortable exagéré. Loin de là : en Asie centrale, les chemins de fer n'ont nullement la prétention d'une allure démesurée, et la distance que nos express ou nos rapides de 60 kilomètres à l'heure franchiraient en vingt-quatre heures, le train qui part deux fois par semaine des rives de la Caspienne ne met pas moins de quatre jours et quatre nuits à la parcourir pour atteindre le point terminus. Encore faut-il compter, de plus, avec les terribles ouragans qui, périodiquement emportent la voie, et, dans ces conditions, le temps nécessaire au parcours se trouve facilement doublé tant pour l'arrivée des secours que pour le rétablissement de la voie. Quant au confortable, il n'y faut pas songer; le matériel, « composé de vieux wagons de rebut », laisse plus qu'à désirer. Néanmoins, pour être juste et sincère, on ne peut qu'admirer la rapidité véritablement prodigieuse avec laquelle la pose des rails a pu être effectuée, et si les travaux ont peut-être été faits avec un peu trop de précipitation, M. Jules Leclercq reconnaît que, tel qu'il est, le Transcaspien est un des plus beaux triomphes du génie humain sur les forces de la nature.

Après le chapitre sur le chemin de fer transcaspien auquel nous venons d'emprunter ces quelques détails, nous devons citer les bien curieuses descriptions que M. Jules Leclercq a données des villes russes et indigènes de Tachkent et surtout de Samarcande, de ses ruines et de son Reghistan, c'est-à-dire de son forum oriental, qui, dit l'auteur, est peut-être la plus fantastique vision que l'on puisse avoir à la clarté lunaire, que celle de ces monuments prenant, dans le silence de la nuit, un aspect si aérien, si vaporeux, si idéal qu'on se prend à douter s'ils sont l'œuvre des hommes ou des génies.

Recensement de la circulation sur les routes nationales de la France et de l'Algérie, en 1888. — Un vol. in-folio de 330 pages, avec graphiques et cartes en couleur. — Paris, Imprimerie nationale, 1890.

Le ministère des travaux publics vient de publier le recensement de la circulation sur les routes nationales en 1888. Ce gros travail, fait avec le plus grand soin, est accompagné d'une carte de la France réduite à l'échelle de 1/1 250 000 et d'une carte de l'Algérie au 1/2 750 000 qui donnent la représentation graphique, par section de route, de la circulation réduite, telle qu'elle résulte de ce recensement.

Sur ces cartes, les routes nationales sont figurées par des bandes hachurées de rouge dont la largeur, par chaque section de comptage, est proportionnelle au nombre réduit de colliers, lequel est inscrit transversalement en chiffres rouges. Par nombre de colliers, le service entend le nombre de têtes d'animaux de traits attelés à des voitures quelconques, qui passent en moyenne dans l'espace de vingt-quatre heures dans un point donné d'une route. Ces chiffres bruts, constatés par le comptage, ont d'ailleurs été affectés de coefficients de réduction, proportionnels à la nature de la circulation, considérée au point de vue de la fatigue des chaussées, et par suite à celui du service de l'entretien. C'est en effet surtout dans le but d'être renseigné sur les besoins de cet entretien, fort dispendieux, que ce travail a été fait.

Des graphiques et de petites cartes teintées donnent en outre l'importance relative des départements par colliers et par tonnes, et indiquent ceux dans lesquels la circulation a été en hausse ou en baisse dans les six années qui se sont écoulées depuis l'avant-dernier recensement (1882).

En résumé, le recensement de 1888 a mis en évidence, plus encore que celui de 1882, une augmentation marquée de la circulation sur les routes nationales : celles-ci ont

regagné ce qu'elles avaient momentanément perdu après la guerre de 1870, et leur trafic actuel égale celui que l'on y constatait dans les dernières années du second Empire.

La circulation moyenne, qui, de 260 colliers bruts observés en 1869, était tombée momentanément à 207 en 1876, est remontée à 220 en 1882 et a dépassé 240 en 1888.

Rappelons que les recensements antérieurs, au nombre de sept, ont eu lieu en 1844-1845, 1851-1852, 1856-1857, 1863-1864, 1869, 1876 et 1882. Celui de 1888 est le huitième. Malheureusement, les résultats du premier de ces recensements (1844-1845) n'ont pas été conservés.

Nous constatons avec plaisir que la méthode graphique, cet admirable procédé d'étude de physiologie sociale, se répand de plus en plus, et est décidément adopté par les administrations publiques.

Woodland, Moor and Stream, par X. — Un vol. in-18 de 224 pages, publié par les soins de M. J.-A. Owen. — Londres, Smith, Elder et Cie.

Ce petit volume sans prétention est l'œuvre d'un artiste que ses goûts ont depuis sa jeunesse entraîné vers l'observation de la nature. C'est principalement vers le bord de la mer et vers les rivières que l'auteur a dirigé ses excursions, et ce sont les oiseaux et petits mammifères de l'Angleterre qui l'ont surtout occupé : on ne trouvera donc rien sur les invertébrés. Les oiseaux du littoral anglais ont été observés avec soin ; l'auteur en connaît bien les goûts et les habitudes, et ses chapitres consacrés au héron, aux corneilles et aux oiseaux de proie, témoignent d'une longue et patiente observation. La langue de l'auteur n'a rien de technique, et le plus souvent il rapporte des dialogues entre les chasseurs de profession et lui-même, qu'on ne peut comprendre qu'à la condition de très bien connaître l'anglais, et l'anglais populaire, mal prononcé, et écrit selon sa prononciation. La forme du livre est assez animée; pour le fond, il est bon, et le lecteur passera volontiers une heure ou deux avec ce compagnon intéressant et instructif. Les mœurs des animaux sont aussi utiles à connaître que leur anatomie, et il est moins aisé de connaître celles-ci que celle-là, en raison du temps qu'exigent les observations.

ACADÉMIE DES SCIENCES DE PARIS

7-15 JUILLET 1890.

pment : Chaleur de combustion de quelques composés sulfurés. — *MM. Berthelot* et *Matignon* : Recherches sur quelques principes sucrés. — *M. P. Schutzenberger* : Nouvelles recherches sur l'effluve. — *M. C. Lefèvre* : Action par la voie sèche des différents arséniates de potasse et de soude sur quelques sesquioxydes métalliques. — *M. G. Rousseau* : Sur une nouvelle méthode de préparation de l'azotate basique de cuivre et des sous-azotates métalliques cristallisés. — *M. G. Geisenheimer* : Sur les bromures doubles de phosphore et d'iridium. — *M. A. Berg* : Sur quelques chromoiodaies. — *M. A. de Gramont* : Production artificielle de la boracite par voie humide. — *M. Prud'homme* : Sur les nitroprussiates. — *M. André Bidet* : Sur la cause de l'altération qu'éprouvent certains composés de la série aromatique sous l'influence de l'air et de la lumière. — *M. Adolphe Renard* : Sur le phényl-thiéthyle.— *M. J. Meunier* : Transformation du glucose en sorbite.— *MM. Casimir Vincent et Delachanal* : Sur l'hydrogénation de la sorbite et sur l'oxydation de la sorbite. — *M. A. Haller* : Synthèse au moyen de l'éther cyanacétique. Éthers dicyanacétiques. — *M. Georges Jacquemin* : Préparation de certains éthers au moyen de la fermentation. — *MM. Claus, Lang et Gibert* : Réactions des nitrites alcalins sur les chlorures des métaux du platine. — *M. Léger* : Sur quelques combinaisons du camphre. — *M. A. Chauveau* : L'élasticité active du muscle et l'énergie consacrée à sa création dans le cas de contraction statique. — *M. J. Blake* : Sur une action physiologique des sels de thallium. — *M. Raphaël Dubois* : Sur la physiologie comparée de l'olfaction. — *M. G. Pruvot* : Sur le prétendu appareil circulatoire et les organes génitaux des Néoméniées. — *M. Henri Prouho* : Du rôle des pédicellaires gemmiformes des Oursins. — *M Léon Jannet* : Sur la constitution histologique de quelques Nématodes du genre Ascaris. — *M. Henri Lasne* : Corrélation entre les diaclases et les réseaux des environs de Douilens. — *M. P. Pichard* : Sur la décomposition des engrais organiques dans le sol. — *M. Nauges* : Sur la culture du blé chinois faite dans l'établissement agricole des Praizières de Tarn-et-Garonne et les résultats obtenus par les autres agriculteurs. — Nécrologie : *M. A. Favre.*

Astronomie. — Les très belles photographies de spectres d'étoiles que *M. l'amiral Mouchez* présente à l'Académie ont été obtenues à l'Observatoire de Paris par *M. Henry*, les unes à l'aide d'un prisme en flint de $0^m,12$ de côté et d'un angle de 45°, les autres à l'aide d'un prisme de 22°, placé en avant de l'objectif de l'équatorial photographique.

Bien que ces photographies soient les premières que l'on obtienne à l'Observatoire de Paris, elles sont déjà aussi bien réussies que les plus belles qui aient encore été faites aux États-Unis, où l'on s'occupe depuis longtemps de cette question. Elles permettent de constater facilement les différences si caractéristiques de la composition chimique des différentes étoiles. Grâce au puissant appareil que MM. Henry viennent de construire, on va pouvoir entreprendre aussi à l'Observatoire de Paris une étude depuis longtemps poursuivie dans divers Observatoires de l'étranger, sur la composition chimique et les mouvements d.·s étoiles.

— *M. G. Rayet* annonce à l'Académie que le beau ciel que l'on a eu à Bordeaux pendant les premiers jours de la lune actuelle a permis à *M. Courty* d'obtenir, avec une pose de trois heures, une très belle et très intéressante photographie de la nébuleuse annulaire de la Lyre. Cette photographie montre toutes les étoiles vues en 1844 par lord Rosse dans le cercle stellaire qui enveloppe l'anneau ; cependant l'étoile numérotée 3 par lord Rosse paraît n'être que double et non pas triple comme il l'avait vue. Mais la particularité la plus remarquable de cette épreuve est l'indication bien précise de l'existence d'une étoile nébuleuse de 14° ou 15° grandeur, située à l'intérieur et presque au centre de l'anneau. Cette étoile existe également sur une photographie obtenue avec une heure cinquante minutes de pose.

— *M. J. Léotard* communique le résultat de l'observation de l'éclipse partielle du soleil du 17 juin dernier, faite par *MM. Bruguière, Codde, Fabry, Léotard* et *Nègre*, à l'Observatoire de la Société scientifique Flammarion de Marseille, avec des lunettes de 160, 108 et 75 millimètres.

— *M. J. Léotard* transmet aussi à l'Académie l'observation de l'occultation par la lune de l'étoile double β Scorpion, de troisième grandeur, le 29 juin 1890, faite au même Obser-

vatoire par *MM. Codde, Léotard* et *Nègre* avec des lunettes de 160 et 108 millimètres.

Mécanique céleste. — Après avoir étudié les circonstances principales de la capture d'une comète par une planète, *M. O. Callandreau* a voulu examiner quelques difficultés que peut offrir au premier abord la théorie de la capture. Il a pu constater ainsi que cette théorie suffit à expliquer les propriétés caractéristiques de leurs orbites, et que les objections qu'on pourrait lui faire, telles que la rareté des approches des comètes et des planètes, l'absence d'orbites hyperboliques, ne résistent pas à un examen approfondi.

Acoustique. — Dans une note publiée il y a quelques années, *M. V. Neyreneuf* donnait l'énoncé d'une loi relative à l'écoulement du son par des tuyaux cylindriques de faible diamètre (6 à 26 millimètres). Or cette loi est identique à celle qui a été établie par Poiseuille pour l'écoulement des fluides par les tuyaux capillaires. Dans un nouveau mémoire, il s'applique notamment à bien définir les cas dont on fait usage et à indiquer les précautions à prendre pour laisser à leur écoulement un caractère bien défini. Puis il aborde les déterminations expérimentales faites sur des tuyaux dont la longueur et le diamètre varient, et indique quelques résultats relatifs à l'influence de la nature de la substance du tuyau.

Chimie. — L'oxydation totale du soufre des composés organiques et sa transformation en acide sulfurique, dosable sous forme de sulfate de baryte, est une opération difficile et pénible par les procédés ordinaires. L'emploi de l'acide nitrique ou du chlore la réalise que dans certains cas, et la combustion totale par l'oxygène libre donne lieu à des complications difficiles à écarter, telles que la production de l'acide sulfureux et même celle du soufre. À la vérité, on peut obtenir cette oxydation complète par une méthode très sûre et très exacte que *M. Berthelot* a eu l'occasion d'exposer récemment dans les *Annales de physique et de chimie*, mais l'opération est encore longue et délicate. *MM. Berthelot, André* et *Matignon* ont trouvé un procédé beaucoup plus rapide et non moins exact. Il consiste à brûler la matière organique sulfurée dans l'oxygène comprimé à 25 atmosphères, au sein de la bombe calorimétrique, et en présence de 10 centimètres cubes d'eau. La combustion est instantanée, et elle donne uniquement naissance à de l'acide sulfurique étendu toutes les fois que le composé organique est assez riche en hydrogène. S'il ne l'est pas suffisamment, il suffira d'ajouter à la matière son poids de camphre, ou même une dose moindre ; précaution, d'ailleurs, utile dans tous les cas.

— Les procédés employés jusqu'à présent pour mesurer la chaleur de combustion des composés sulfurés laissent beaucoup à désirer, en raison de leur complication. En effet, il se produit dans les conditions ordinaires non seulement un mélange d'acide carbonique et d'oxyde de carbone, mais en outre un mélange d'acide sulfureux et d'acide sulfurique, ce dernier, tantôt anhydre, tantôt hydraté et dans un état variable d'hydratation ; aussi l'analyse très exacte d'un semblable mélange *dans l'état précis qui répond à l'instant même de la combustion* est à peu près impraticable. Par suite, l'état final des systèmes au moment qui répond à la mesure calorimétrique est imparfaitement connu, et les résultats obtenus jusqu'ici dans cet ordre d'études ne sauraient être regardés que comme des approximations provisoires.

MM. Berthelot et *Matignon*, dans une deuxième note, font remarquer que l'emploi de la bombe calorimétrique et la combustion totale et instantanée du soufre qu'elle permet de réaliser en même temps que celle du carbone et de l'hydrogène conduisent à des résultats beaucoup plus sûrs et plus exacts, l'état final étant parfaitement stable et défini dans ces conditions nouvelles.

— Enfin, dans une troisième communication, *MM. Berthelot* et *Matignon* exposent quelques données nouvelles, destinées à compléter l'histoire des principes sucrés. Ils étudient successivement l'érythrite, l'arabinose, la xylose, la raffinose et les inosites.

— Les nouvelles expériences de *M. P. Schutzenberger* ont eu pour but d'apporter un surcroît de preuves à l'appui de ses conclusions antérieures, relatives au transport de matière du dehors dans l'intérieur des tubes à effluve. Elles confirment entièrement ces conclusions et sont de nature à dissiper les doutes qui pouvaient encore subsister, car elles sont indépendantes des causes d'erreurs invoquées et évitent les objections soulevées. Elles permettent, en outre, de mieux préciser le sens du phénomène et de lui donner sa véritable signification.

— Les résultats de l'étude que *M. P. Lefèvre* a faite de l'action par la voie sèche des divers arséniates de potasse et de soude sur quelques sesquioxydes métalliques sont, en résumé, que ces sesquioxydes donnent toujours un arséniate de composition $2\,MO$, KO, $As\,O^5$, comme le font les acides alcalino-terreux et ceux de la série magnésienne. En outre, on retrouve avec eux l'arséniate $2\,MO$, $Na\,O$, $As\,O^5$, que donnaient la chaux, la magnésie, le zinc et le nickel. Ils se distinguent des oxydes étudiés jusqu'alors en ce qu'ils donnent des sels correspondants avec les arséniates de potasse et de soude.

— *M. G. Rousseau* a repris l'étude de la question de la composition de l'azotate basique de cuivre qui, comme on le sait, a été l'objet de nombreuses controverses, afin de rechercher s'il ne serait pas possible d'isoler un deuxième nitrate basique correspondant à la formule de Graham. Dans ce but, il a eu recours à la méthode qui lui avait déjà fourni les oxychlorures cristallisés. De ce nouveau travail, il résulte que l'on doit rejeter définitivement la formule de Berzélius et Graham. De plus, la constance de composition du sous-azotate de cuivre jusqu'à la température de 330°, voisine de celle où il se détruit, laisse peu d'espoir d'obtenir un second azotate basique. Enfin on voit avec quelle facilité on peut obtenir des azotates basiques en cristaux volumineux, à l'aide des hydrates des sels neutres correspondants.

— *M. André Bidet* a montré antérieurement (1) que la nitrobenzine, l'aniline, le phénol, préparés avec un carbure ayant subi un lavage prolongé à l'acide sulfurique, ne se coloraient plus sous l'influence de l'air et de la lumière. Poursuivant ses recherches dans cet ordre d'idées, il a soumis à des purifications convenables et variant d'une substance à l'autre un certain nombre de composés aromatiques

qui, depuis longtemps, sont envisagés comme se colorant sous l'action simultanée de l'air et de la lumière. Il a constaté ainsi que la faculté de se colorer n'est pas une propriété inhérente au composé organique, et que l'intervention de certaines matières étrangères, même en proportions infinitésimales, est nécessaire et suffit à la production du phénomène.

— Les réactions des nitrites alcalins sur les chlorures des métaux du platine ont été étudiées par *Claus, Lang* et *Gibbs*. Leurs travaux présentant un certain nombre de contradictions, il était intéressant de reprendre leurs recherches; c'est ce qu'a fait *M. Leidié*. Il décrit aujourd'hui les nitrites doubles que le rhodium forme avec le potassium, le sodium, l'ammonium et le baryum. Ces composés sont importants par eux-mêmes et par l'usage qu'on en peut faire en analyse. Ainsi le nitrite double de rhodium et de potassium peut être utilisé pour extraire le rhodium à l'état de pureté, pour le séparer des autres métaux de platine et pour le doser dans ses combinaisons.

— *M. Léger* décrit les combinaisons du camphre avec le phénol, la résorcine, le naphtol α, le naphtol β, l'acide salicylique et le salol. Il décrit les propriétés de ces combinaisons très instables et explique, par leur facile dédoublement, sous l'influence de la chaleur et des dissolvants, comment on a pu les confondre avec de simples mélanges.

— Dans une précédente communication, *M. J. Meunier* a montré que l'acétal dibenzoïque de la sorbite se présente sous deux formes différentes : l'une soluble dans l'eau bouillante et se déposant en gelée transparente pendant le refroidissement, puis fondant à des températures voisines de 200° et se décomposant rapidement par ébullition avec l'eau acidulée, même très faiblement ; l'autre, insoluble dans l'eau bouillante, plus difficilement décomposable et fondant constamment à 163°-164°. Le nouveau produit qu'il vient d'obtenir par la transformation du glucose est formé de l'une et de l'autre de ces variétés ; toutefois, la variété gélatineuse soluble se produit à peu près exclusivement quand on n'a pas employé trop d'aldéhyde benzoïque et d'acide chlorhydrique ; dans le cas contraire, c'est la variété insoluble que l'on obtient principalement.

— La sorbite qu'on rencontre dans les fruits des Rosacées ne différant de la sorbine que par deux atomes d'hydrogène, *MM. Camille Vincent* et *Delachanal* sont parvenus à obtenir la sorbite en hydrogénant la sorbine en milieu alcalin, selon l'équation $C^6 H^{12} O^6 + H^2 = C^6 H^{11} O^6$. Ce résultat les a conduits ensuite à l'oxydation de la sorbite par le brome et l'eau ; l'osazone obtenue est de la phénylglucosazone qui fond à 205° et dont les propriétés se confondant avec celles de la lévulosazone, les deux auteurs ne peuvent préciser s'ils ont obtenu du dextrose ou du lévulose.

CHIMIE AGRICOLE. — A propos de la communication de M. Muntz sur la décomposition des engrais organiques dans le sol, *M. P. Péchard* rappelle les résultats auxquels il était parvenu lui-même, dans son mémoire relatif à l'influence du plâtre et de l'argile sur la conservation, la nitrification et la fixation de l'azote. Il avait constaté la production préalable d'ammoniaque avant toute trace de nitrification, constatation qui n'avait pas lieu de surprendre, après les travaux de M. Schutzenberger sur le dédoublement des matières albuminoïdes par les terres alcalines et après l'enseignement

---

(1) Voir la *Revue scientifique* du premier semestre de 1889, p. 378, col. 1.

M. Duclaux sur le dédoublement identique de ces matières par les microbes.

PHYSIOLOGIE EXPÉRIMENTALE. — *M. A. Chauveau* a cherché dans l'étude de la contraction statique des bases pour la détermination des lois de la thermo-dynamique musculaire, les résultats auxquels il est arrivé lui permettront de présenter cette partie importante de la physiologie sous une forme systématiquement simplifiée. En attendant cette exposition, voici les résultats de ses expériences relatives à la détermination de la proportion d'énergie consacrée à la création de la force élastique du muscle opérant le soutien d'une charge :

1° L'échauffement musculaire, indice de la dépense d'énergie consacrée à la contraction statique, croît avec et comme les charges soutenues, quand le raccourcissement du muscle reste le même ;

2° La dépense d'énergie, consacrée à la contraction statique, dépense mesurée par l'échauffement musculaire, croît avec et comme le raccourcissement du muscle, quand la charge soutenue conserve la même valeur.

D'où cette loi : L'échauffement musculaire, indice de l'énergie dépensée par la contraction pour le soutien d'une charge à hauteur fixe, est fonction de la charge multipliée par le raccourcissement du muscle.

Quant à la création de la force élastique du muscle en contraction statique, ses expériences le conduisent aussi à la loi *suivante* : La force élastique qui fait équilibre aux poids soutenus à hauteur fixe par le muscle en contraction statique est, comme l'échauffement musculaire, témoin de l'énergie mise en jeu pour la création de cette force, fonction de la charge multipliée par le degré de raccourcissement du muscle.

Enfin, l'étude du rapport de l'élasticité effective à l'élasticité totale l'a amené à formuler les conclusions suivantes :

1° La valeur absolue de l'élasticité effective est indépendante du raccourcissement musculaire et proportionnelle à la charge soutenue ;

2° Le rapport de l'élasticité ou de l'énergie effectives à l'élasticité ou à l'énergie totales est indépendant de la valeur de la charge soutenue et inversement proportionnel au degré du raccourcissement musculaire.

D'où il résulte que le même travail statique met en mouvement d'autant plus d'énergie que le muscle accomplit ce travail sous un raccourcissement plus prononcé.

— *M. J. Blake*, dans son Mémoire de 1887, a démontré que, en injectant les sels des éléments électro-positifs dans les veines ou dans les artères, on trouve que, à mesure que l'atomicité ou la valeur des éléments augmente, le nombre des centres nerveux sur lesquels ils réagissent devient plus grand. Aujourd'hui, voici les phénomènes les plus importants qu'on observe quand on injecte dans le sang des sels bailleux et des sels thalliques : avec les sels thalleux à un système de vibrations moléculaires, il n'y a qu'un seul centre nerveux sur lequel son action se montre, tandis qu'avec les sels thalliques, aux molécules à plusieurs systèmes de vibrations, il n'y a pas un seul centre nerveux qui ne se ressente de leur action, même quand ils se trouvent dans le sang en quantités deux cents fois moindres que les sels thalleux.

PHYSIOLOGIE ANIMALE. — Des nouvelles recherches de *M. Raphaël Dubois* sur la physiologie comparée de l'olfac-

tion chez les mollusques, recherches faites sur l'*Helix pomatia*, il résulte notamment que :

1° Les grands tentacules sont plus sensibles que tous les autres points du tégument ;

2° La sensibilité des petits tentacules aux divers excitants olfactifs, bien que très générale encore, est néanmoins plus restreinte et moins vive que celle des grands ;

3° La sensibilité olfactive du reste du tégument cutané externe n'est évidente que pour un nombre très restreint d'excitants et est beaucoup moins vive pour ces mêmes agents que celle des tentacules ;

4° Dans les grands tentacules, la sensibilité n'est pas localisée seulement à leur extrémité ; elle est seulement plus vive en ce point que dans le reste de l'appendice.

ZOOLOGIE. — On sait que les pédicellaires des oursins sont divisés en trois catégories, savoir : les ophicéphales, les tridactyles et les *gemmiformes*. *M. Henri Prouho* vient de faire, dans les bacs du laboratoire de Banyuls, de très curieuses expériences qui démontrent que ces pédicellaires sont de véritables organes de défense. Disséminés au milieu de la forêt de piquants de l'oursin au-dessous de leur extrémité et au-dessus du test, ils sont pourvus de glandes et de crochets à venin, et bien que leur zone d'action paraisse mal placée et très limitée, cependant elle n'en a pas moins une certaine importance.

En effet, si dans un bac renfermant une ou plusieurs astéries préalablement soumises à un jeûne prolongé, on place un oursin à pédicellaires gemmiformes, tel que le *Strongylocentrotus lividus*, on ne tarde pas à le voir attaqué par les astéries. Dès que l'oursin est averti par son système nerveux périphérique du danger qui le menace, il imprime à ses piquants un mouvement différent des mouvements habituels de ces organes et dont le seul but est d'opposer à l'ennemi les mâchoires de ses pédicellaires gemmiformes prêtes à mordre. Si l'astérie continue son attaque, et qu'un de ses ambulacres vienne à toucher la tête d'un pédicellaire, il est immédiatement mordu ; la douleur provoquée par cette morsure est assez vive pour que le bras de l'étoile de mer se retire vivement ; mais, en se retirant, le tube ambulacraire mordu emporte *toujours* le pédicellaire fixé dans la plaie. Parfois les premières morsures suffisent pour éloigner l'astérie, mais parfois aussi celle-ci prolonge son attaque, et c'est alors un spectacle curieux de voir l'oursin démasquer ses pédicellaires sur tous les points attaqués, et suivre ainsi les mouvements en lui montrant, pour ainsi parler, les dents.

Dans une première attaque, l'avantage reste toujours à l'oursin, et l'astérie se retire criblée de blessures ; mais comme chaque pédicellaire ne sert qu'une fois dans la défense de l'oursin, puisqu'il laisse ses mâchoires dans la morsure, celui-ci épuise peu à peu ses moyens de défense et succombe fatalement à un moment donné.

NÉCROLOGIE. — *M. Daubrée* annonce à l'Académie la perte qu'elle vient de faire en la personne de *M. Favre* (Alphonse-Jean), décédé à Genève vendredi dernier. M. Favre, bien connu par ses importants travaux, appartenait à la section de géologie comme correspondant depuis 1879.

E. RIVIÈRE.

INFORMATIONS

On va profiter de l'élévation de la tour Eiffel pour y établir un tube manométrique qui aura toute la hauteur de la tour, et dans lequel on pourra verser du mercure de manière à obtenir à sa base une pression de 400 atmosphères. M. Cailletet se propose d'utiliser cette énorme pression pour continuer ses travaux sur la liquéfaction des gaz. On peut évidemment attendre de ces conditions exceptionnelles des résultats fort intéressants.

Un négociant de Montréal, M. W.-C. Macdonald, vient de faire don, au Collège Mac-Gill d'une somme de 2 millions à l'effet de créer trois chaires nouvelles et de construire un bâtiment pour la Faculté des sciences appliquées.

M. Alex. Parkes, l'inventeur du celluloïd, vient de mourir à Birmingham, âgé de soixante-seize ans.

M. C. Hedley a été chargé d'étudier à fond la faune des invertébrés de la Nouvelle-Guinée.

M. J. Bennett a été chargé d'étudier les ressources végétales et minéralogiques du Lagos.

L'expédition Nansen, au pôle Nord, quittera la Norvège en février 1892, avec dix ou douze hommes, et des vivres et du charbon pour cinq ans.

Une chaire d'histoire de la médecine vient d'être fondée à l'Université de Baltimore.

M. Hasse, le plus ancien professeur de la Faculté de Gottingue, a célébré son quatre-vingtième anniversaire tout récemment.

La Faculté de médecine de Tomsk s'organise rapidement. Parmi les futurs professeurs, on cite MM. Wiriogradow et Rogowitsch.

M. Ferrier, le savant physiologiste anglais, publie en ce moment dans le *British medical Journal* une très intéressante série de leçons sur les localisations cérébrales.

Nous regrettons d'avoir à enregistrer la mort de M. W.-K. Parker, à Cardiff. Ce savant a publié un grand nombre de travaux zoologiques très appréciés, depuis 1858.

M. Jolly, de Strasbourg, succède à M. Westphal dans la chaire de maladies mentales et nerveuses de Berlin.

Le choléra fait en ce moment d'assez nombreuses victimes au Tonkin, parmi les troupes et la population indigène. L'épidémie a éclaté à Son-Tay vers le 15 mai dernier, et s'est répandue de là à Hanoï, Viétri, Tuyen-Quan, etc.

Le dernier numéro du *Bulletin scientifique de la France et de la Belgique* renferme un travail intéressant de M. A. Giard, sur les recherches exécutées au laboratoire de Wi-

mereux, en 1889. Notons aussi un travail de M. Wielowiejski sur les organes lumineux des insectes.

Un Congrès médical a eu lieu au Japon, à Tokyo, au mois d'avril.

CORRESPONDANCE ET CHRONIQUE

La réforme du calendrier grégorien.

J'ai lu l'article si lucide de M. Servier (*Revue scientifique*, 19 avril 1890) et les remarques intéressantes de M. Camaïlhac (*Revue scientifique*, 28 juin 1890), relatives à l'incertitude qui règne sur le mois exact où s'est effectuée la réforme grégorienne du calendrier en 1582.

A ce propos, j'ai pensé à ce que Montaigne disait de cette réforme, pour lui contemporaine.

Or, voici ce que je trouve dans le troisième volume des *Essais* (édition J.-V. Leclerc. Chez Lefèvre, 1844):

Livre III, ch. x, p. 332, note : Grégoire XIII, en 1582, fit réformer le calendrier par Louis Lilio, Pierre Chacon et surtout Christophe Clavius. En France, on passa subitement du 9 au 20 décembre 1582.

Cette note si précise est de J.-V. Leclerc.

Puis je rencontre plus loin, même volume, livre III, ch. II, p. 354, également en note : En 1582, le pape Grégoire XIII, ayant remarqué que l'erreur de onze minutes qui se trouvait dans l'année Julienne avait produit dix jours en plus, fit retrancher ces dix jours de l'année 1582; et, *au lieu du 5 octobre de cette année, on compta le 15*. — Cette note est de M. Éloi Johanneau. Si elles n'élucident pas la question, ces deux notes divergentes ont au moins le mérite de la simplifier. M. Servier est d'accord sur les dates 9/20 décembre 1582 avec J.-V. Leclerc, dont la vaste érudition fait autorité.

Il est vrai que M. Ladmirault, dans la *Nouvelle Encyclopédie*, donne 4/15 octobre, comme Éloi Johanneau; mais est-ce que ce dernier, célèbre comme antiquaire, est d'une bien grande valeur scientifique? Je ne le crois pas.

Quoi qu'il en soit, cette confusion doit cesser; des recherches aux vraies sources ne sont pas difficiles: il ne faut pas que la science reste honteuse.

L. SACHÉ.

Permettez-moi de vous signaler le passage suivant de l'*Annuaire du Bureau des longitudes*, concernant la date de la réforme du calendrier grégorien:

« L'année civile adoptée dans le calendrier Julien étant trop longue, son commencement retardait sans cesse sur le commencement de l'année solaire. La différence était de dix jours à la fin du XVIe siècle. Pour faire disparaître ce retard, *le pape Grégoire XIII ordonna que le lendemain du jeudi 4 octobre 1582 s'appellerait le vendredi 15 octobre de l'année 1582*. » C'est la date indiquée dans la *Nouvelle Encyclopédie* de Ladmirault. Mais, « en France, le retranchement de dix jours dans le calendrier n'eut lieu qu'au mois de décembre suivant, *par lettres patentes du roi Henri III, et le dimanche 9 décembre 1582 fut suivi immédiatement du lundi 20 décembre 1582* ». Cette dernière date est celle qui a été indiquée par M. Servier dans son article sur le calendrier perpétuel (*Revue scientifique*, 19 avril 1890).

Le *Dictionnaire de Larousse* donne donc une date erronée.

Je crois intéresser les lecteurs de la *Revue* en donnant ci-dessous le texte authentique de la lettre de Henri III, concernant la réforme du calendrier grégorien :

« De par le Roy,

« Nostre amé et féal, ayant Nostre Sainct père le pape Grégoire treizième ordonné ung calendrier ecclésiastique, lequel sa saincteté nous a envoyé, comme à tous les autres roys, princes et potentas de la crestienté, par lequel estre a trouvé estre nécessaire de retrancher dix jours entiers en la présente année, pour les causes et raisons amplement desduictes par icelluy. Et combien qu'elle ayt ordonné que le dit retranchem⁻nt se feroit dedans le mois d'octobre dernier passé. Néantmoins n'aurions peu le faire exécuter et ensuivre au dit mois. Et voulant que les sainctes ordonnances du sainct siége ayent cours et soient observées en nostre roiaulme, comme il convient, nous voulons et ordonnons qu'estant le neufiesme jour de décembre prochain expiré, le lendemain que l'on compteroit le dixiesme jour feu et nombré par tous les endroictz de nostre dit roiaulme le vingtiesme jour du dict mois, le lendemain vingt ungiesme auquel se célébrera la feste sainct Thomas, le jour d'aprez sera le vingt deuxième, le lendemain vingtroisième, et le jour enssuivant xxiv⁰. De sorte que le jour d'aprez, quy autrement et selon premier calendrier eust été le quinziesme, fut compté le vingt cinquiesme, et en icelluy célébrée et sollempnisée la feste de Noël, et que l'année présente finisse six jours aprez la diste feste, et la prochaine que l'on comptera mil cincq cens quatre vingtz et trois commencée le septiesme jour d'aprez la célébration d'icelle feste de Noël, laquelle année et autres subséquentes auront aprez leurs cours entiers et complets comme devant.

« Sy vous mandons et ordonnons, que nostre susdicte intention et ordonnance vous faictes lire, publier, et enregistrer en voz cours et juridictions et icelle proclamer à son de trompe et cry public ès lieux et endroictz accoustumez, à ce qu'aucun n'en prétende cause d'ignorance. N'entendons toutesfois preajudicier aux ratraictz lignagés ou féodaux, prescriptions, actions annales ou de moindre temps, et terme de paiemens, mandemens, rescriptions, lettres d'eschange, promesses ou obligations, lesquelles auront leur cours et terme entier, nonobstant la substraction des dictz dix jours, tout ainsy que sy elle n'avoit esté faicte. Et ce pour le regard de ce quy eschera en la présente année, tant seullement, sy ne ferez faulte. Car tel est nostre plaisir.

« Donné à Paris, le troisiesme jour de novembre 1582. Signé : Henry, et plus bas de Neufville. »

Cette ordonnance, que j'ai copiée aux Archives municipales d'Amiens (AA. 17. Q; fol. 32 v⁰), fut publiée « à son de trompe et cry public par les carfours ordinaires de la ville d'Amiens, de l'autorité de Monsieur le bailly », le neuvième jour de novembre 1582.

DUCHAUSSOY.

L'intelligence des chimpanzés.

Dans le dernier ouvrage de Stanley, il est dit, sous l'autorité d'Emin-Pacha, que la forêt de Msangwa est peuplée d'un grand nombre de chimpanzés. L'été, pendant la nuit, ces chimpanzés s'aventurent souvent dans les plantations de Miswa pour y voler des fruits ; mais, chose extraordinaire, ils se servent de torches pour s'éclairer ! « Si je n'avais pas assisté moi-même à ce spectacle extraordinaire, dit Emin-Pacha, je n'aurais jamais cru que les singes connussent l'art de faire du feu. »

Comme le fait remarquer *Nature*, ce renseignement mériterait d'être confirmé : Comment ces torches étaient-elles faites? avec quelle matière? Comment ces singes obtenaient-ils du feu? et, l'ayant obtenu, s'en servaient-ils seulement pour allumer leurs torches? Voilà autant de questions auxquelles il aurait fallu répondre.

En ce qui me concerne, j'avoue que, jusqu'à plus ample information, je mets en doute l'exactitude de l'observation d'Emin, et je me plais à croire que la myopie du Pacha, myopie dont on a si souvent parlé, lui a fait prendre une troupe de petits indigènes pour une réunion de chimpanzés.

G. ROMANES.

Vaccination et résistance aux poisons microbiens.

Parmi les théories proposées pour expliquer le phénomène de l'immunité, on a soutenu que la résistance des animaux vaccinés était due à l'accoutumance des cellules organiques à tel ou tel poison microbien, à une sorte de mithridatisme, qui empêchait les cellules d'être paralysées par les sécrétions des microbes, ce qui leur permettait dès lors de lutter efficacement contre ces derniers.

Les récentes recherches faites par MM. Gamaléïa et Charrin ne permettent guère de soutenir cette hypothèse d'une façon absolue. Vu leur importance, nous les rapporterons avec quelque détail.

Des observations antérieures avaient établi que, dans certaines infections qui ne confèrent qu'une immunité relative, telles que celles qu'on produit avec le bacille pyocyanique, et le vibrion du choléra, la résistance des animaux vaccinés est plus grande vis-à-vis de l'intoxication que celle des animaux neufs, nullement réfractaires. Ainsi, il ne peut plus être question d'accoutumance au poison pour expliquer l'immunité.

Les expérimentateurs ont d'ailleurs constaté cette absence d'accoutumance par des observations poursuivies sur les cellules de l'organisme, dans l'intimité même des tissus. Ayant introduit sous la peau de deux lapins, dont un seul était réfractaire, le virus pyocyanique actif, ils reconnurent aisément que, chez le lapin résistant, la diapédèse s'opérait avec une intensité extrême, si on la comparait à la diapédèse du lapin non réfractaire. Injectant alors, au niveau du point d'inoculation, chez les deux animaux, une quantité abondante de produits solubles toxiques provenant de cultures pyocyaniques stérilisées, ils virent la diapédèse cesser chez le lapin vacciné comme chez le lapin non réfractaire. D'où encore cette conclusion que les sécrétions du bacille pyocyanique ne peuvent être considérées comme exerçant des attractions ou des répulsions variables sur les cellules migratrices suivant la résistance de l'animal.

MM. Gamaléïa et Charrin n'ont d'ailleurs pas formulé cette conclusion d'une façon générale et absolue, et ils n'entendent pas nier qu'on puisse trouver des faits favorables à la doctrine de l'accoutumance. Mais avec les microbes qu'ils ont employés, et les animaux sur lesquels ils ont opéré, il est impossible d'admettre un parallèle entre la vaccination et la résistance à l'intoxication. Il restait donc à expliquer comment les produits solubles agissent ou non sur la sortie des globules blancs.

Or, dans une série d'expériences postérieures aux précédentes, les mêmes auteurs ont constaté que l'action empêchante exercée sur la diapédèse par les produits solubles s'étendait aux autres phénomènes de l'inflammation, à savoir à la congestion et à l'exsudation plastique.

En effet, en introduisant dans les veines d'un lapin des sé-crétions du bacille pyocyanique, on atténue, arrête ou re-tarde l'inflammation déterminée sur les oreilles de ce lapin par une application d'huile de croton. Tant que dure l'in-fluence de ces sécrétions, la congestion et l'exsudation font défaut, et sont remplacées par de la stase veineuse.

Les sécrétions microbiennes agissent donc sur l'inflamma-tion et par suite sur la diapédèse en diminuant le calibre des artères, diminution que les auteurs ont pu attribuer à une paralysie plus ou moins complète des actions vaso-dila-tatrices. Si donc la diapédèse est plus active chez l'animal vacciné que chez l'animal non vacciné, c'est que les sécré-tions microbiennes sont moins abondantes chez le premier.

Les expériences imaginées par M. G.-H. Roger, dans le même but d'élucider le mystérieux mécanisme de l'immunité acquise, répondent en partie à la question de savoir pour-quoi les sécrétions microbiennes sont moins abondantes chez l'animal vacciné.

M. Roger prend un lapin ou un cobaye, le tue par hémor-ragie, détache ses quatre membres avec toutes les précau-tions antiseptiques, et, avec une seringue de Pravaz, intro-duit dans chacun de ces membres quelques gouttes de la sérosité extraite de la tumeur charbonneuse (charbon symp-tomatique) d'un cobaye. Aussitôt après avoir reçu le virus, les membres inoculés sont placés dans des vases stérilisés et portés à l'étuve. Dans ces conditions, au moins de vingt-quatre heures, les tissus apparaissent infiltrés de gaz, aussi bien ceux du lapin que ceux du cobaye, et cet emphysème tient réellement au développement du charbon symptoma-tique et non à la putréfaction, car il ne se produit pas sur des membres préparés de la même façon, mais non ense-mencés.

Or, si le cobaye peut prendre le charbon symptomatique, au contraire le lapin est réfractaire à cette maladie; et, cependant, après la mort, les tissus du lapin et ceux du co-baye représentent des milieux de culture également bons pour le bacille du charbon; d'où cette première conclusion, qu'il n'y a pas de rapport entre l'immunité naturelle des ani-maux et la résistance que leurs tissus, privés de vie, peuvent opposer à la végétation du microbe.

Ce résultat peut, d'ailleurs, être rapproché de celui qu'on observe avec le sérum, celui du cobaye entravant le dévelop-pement du bacille du charbon symptomatique, et celui du lapin lui étant, au contraire, très favorable. De même, la bactéridie charbonneuse se développe plus facilement dans le sérum du chien et du chat, animaux réfractaires au char-bon, que dans le sérum du lapin, qui contracte si facilement cette maladie.

En présence de ces résultats, M. Roger a répété les mêmes expériences, mais en opérant sur les membres de cobayes vaccinés et de lapins dont l'immunité naturelle avait été ren-forcée par des inoculations préventives. Dans ces nouvelles conditions, au bout de quinze heures, les tissus des animaux neufs sont déjà remplis de gaz, alors que ceux des animaux vaccinés n'en contiennent pas. Ces derniers, après vingt-quatre heures, n'en présenteront que des quantités très mi-nimes. Les résultats sont d'ailleurs les mêmes si on prend la précaution de laver le système circulatoire avant l'inocula-tion.

Il y a donc eu une modification chimique des tissus des animaux vaccinés, que cette modification ait porté sur les muscles, le tissu conjonctif ou les liquides interstitiels que le lavage a pu ne pas entraîner.

D'où encore cette conclusion, plus générale, que *la vacci-nation détermine dans l'organisme des modifications chimi-ques qui rendent les humeurs et les tissus peu favorables à la végétation contre laquelle on a prémuni l'animal.*

M. Roger est ainsi amené, avec M. Bouchard, à entrevoir

le mécanisme suivant de l'immunité artificielle : quand un microbe est introduit dans les tissus d'un animal vacciné, son développement se fait péniblement, ses fonctions sont entravées; les substances nocives qu'il peut sécréter chez l'animal neuf ne prennent pas naissance ou ne sont produites qu'en quantité minime. Or, parmi ces substances, il en est qui ont la propriété d'arrêter la diapédèse et, partant, la phagocytose. Ces substances ne se produisant pas en quan-tité suffisante, les leucocytes peuvent accourir en grand nombre, s'attaquer à des bacilles peu viables, et achever leur destruction.

Comme on le voit, les recherches faites à l'Institut Pas-teur et dans le laboratoire de M. Bouchard, se prêtent un mutuel appui et concourent au même but : l'explication de l'immunité acquise par le double mécanisme de la modifi-cation chimique des tissus et de l'action des phagocytes.

Le travail de nuit et l'hygiène des femmes.

Dans un mémoire lu à l'Académie des sciences morales et politiques, sur le travail de nuit des femmes dans l'industrie au point de vue de l'hygiène, M. Proust a produit des chiffres bien éloquents, et deux documents récents.

Les commissions du travail aux États-Unis viennent de faire paraître leur quatrième rapport annuel pour l'année 1888. On y trouve notamment des tableaux indiquant les conditions de santé par industrie pour toutes les villes, de plus un contrôle sanitaire des ouvrières avant le début de leur travail, comparé après quelques années de ce travail, ce qui permet d'en apprécier exactement l'influence. Sur 17 427 ouvrières, 16 360 ont débuté étant en parfaite santé, 882 avec une santé assez bonne et 185 avec une santé mau-vaise. Les changements survenus dans cet état sanitaire de-puis le commencement du travail jusqu'à présent sont indi-qués par ce fait qu'il n'y a plus en santé parfaite que 14 557 ouvrières au lieu de 16 360, et que, par contre, il y en a 2385 en santé médiocre au lieu de 882; enfin le nombre des ouvrières en mauvaise santé, qui était de 185, est monté à 485. La durée moyenne du travail était de 4 ans 9 mois.

D'autre part, la Société de secours mutuels des ouvriers en soie de Lyon a compté, pour ses 4117 sociétaires de tout âge, pendant l'exercice 1889, 1522 journées de maladies chez les hommes et 3978 chez les femmes.

Parmi les sociétaires de 18 à 53 ans, il y eut 4935 jour-nées de maladies pour les hommes, ou 4,8 pour 1000, et 20 549 pour les femmes, ou 6,6 pour 1000 ; 3 décès, soit 3 pour 1000 chez les premiers; 31 décès, soit 10 pour 1000 chez les secondes. Quant aux sociétaires de 54 ans et au-dessus, les 486 hommes eurent 5574 journées de maladies, ou 11,5 pour 1000; 27 décès, ou 55 pour 1000 ; les 837 femmes, au contraire, présentèrent 9123 journées de maladies, soit 10,2 pour 1000, et 42 décès, soit 42 pour 1000. Ces chiffres établissent clairement combien le travail expose davantage à la maladie et à la mort les ouvrières qui sont dans la force de l'âge et de la production industrielle.

Si donc les femmes participent dans une mesure incompa-rablement plus grande aux chances d'usure organique, de déchéance physique et de prédisposition morbide des ou-vriers par le travail industriel, il va de soi que ces chances s'accrois-sent encore lorsque le travail est pris sur le temps normal du repos; elles atteignent surtout leur degré d'acuité dan-gereuse lorsque le travail de nuit n'est que la prolongation continue ou insuffisamment interrompue du travail de jour.

mémoire de M. Proust est terminé par les conclusions
ntes :

dangers que présente le travail de nuit pour les
es employées dans l'industrie ont une gravité excep-
ıelle, dépendant à la fois des conditions physiologiques
culières à la femme et des milieux dans lesquels elle
: plus souvent tenue d'accomplir ce travail.

s mesures sont nécessaires pour éviter le surmenage
áque des femmes adonnées aux travaux industriels et
inuer la sédentarité prolongée dans les ateliers. Elles
·entavoir pour effet de proscrire, autant que possible, le
.l de nuit pour les femmes, et, là où il ne peut être im-
tement supprimé, de proportionner ce travail aux
et à la santé des ouvrières.

levra être supprimé absolument pour les femmes affai-
Enfin, dans l'intérêt des mères et des enfants, il sera
alement interdit aux femmes enceintes, à celles qui
ent d'accoucher et qui allaitent.

·autre part, la question du travail de nuit, étant liée à
modifications économiques et sociales qui ne peuvent
suffisamment prévues, trouvera difficilement sa solution
nitive, solution qui ne saurait d'ailleurs atteindre le tra-
au domicile.

Les dangers du travail de nuit dépendant en grande par-
de l'insalubrité des ateliers, il faut prévoir, ordonner et
r-dessus tout surveiller rigoureusement leur assainisse-
ent, et il est urgent de les placer dans des conditions d'hygiène que notre législation sanitaire a jusqu'ici insuffisamment garanties.

*Cette dernière conclusion est un vœu dont la prompte
réalisation s'impose dans un pays comme le nôtre, où la natalité est si médiocre.*

Association française pour l'avancement des sciences. Congrès de Limoges.

La session tenue cette année à Limoges par l'Association française
s'ouvrira le 7 août, sous la présidence de M. A. Cornu, membre de
l'Institut; la clôture aura lieu le 14 août et sera suivie d'une excursion finale les 15, 16 et 17 août, passant notamment à Brives, Périgueux et Angoulême.

Les membres de l'Association ont été invités par la municipalité de
la Rochelle à assister aux fêtes d'inauguration du bassin de la Pal-
qui auront lieu le 19 août, fêtes pour lesquelles l'escadre de
se rendra dans les eaux de la Rochelle. La Compagnie des
ins de fer de l'État, pour faciliter la visite à la Rochelle, a dé-
d'accorder pour cette année, aux membres de l'Association, demi-
à l'aller et demi-place au retour, après possibilité d'arrêt à la
ille. D'autre part, le Bureau a demandé à la Compagnie d'Or-
de bien vouloir accorder diverses facilités pour le retour des
anes qui ont à emprunter son réseau. Les indications détaillées
t données au Congrès de Limoges; mais les membres de l'As-
tion sont prévenus que la visite à la Rochelle ne fait pas partie
xcursions du Congrès, et que, par suite, ils auraient à régler
êmes leur voyage à partir d'Angoulême, après l'excursion finale,
s'assurer d'un logement à la Rochelle, en s'adressant à la muni-
té.

us donnons ci-après la liste des savants étrangers qui ont proie prendre part aux travaux de la session. Une liste de commu-
ions annoncées qui sont parvenues tardivement, sera donnée
notre prochain numéro.

SUITE DES COMMUNICATIONS ANNONCÉES (1).

Sciences économiques.

MM.

ARD. — Influence des engrais sur la valeur alimentaire de quel-
a plantes de grande culture.

cx. — Des cartes en relief et des cartes murales à l'usage des
écoles primaires. — Le champ d'expériences de l'école de Villiers-
le-Bel.

(1) Voir le commencement de la liste dans notre dernier numéro.

MM.

BINGER. — Communication de la carte de son exploration dans le
Soudan.

BONAPARTE (Roland). — État actuel de nos connaissances relatives au
pôle Sud. Rôle de la France dans les régions antarctiques.

BOULNOIS. — Projet de canal maritime du sud-ouest de la France.

CACHEUX (E.). — Les habitations ouvrières exposées en 1889 et la solution de la question des petits logements par les maisons à étages
dans les villes.

CARTAILHAC. — 1° La géographie à la Bibliothèque de Toulouse; les
manuscrits de M. de Froidour; 2° la photographie en voyage : observations et expériences d'un amateur.

CURIE (J.). — L'impôt sur le revenu, moyen de le réaliser indirectement.

DAVID. — De la vraie discipline dans l'éducation. — L'école primaire :
son idéal, sa moralité.

DRAPEYRON (Ludovic). — Jean Fayan et la première carte du Limousin
sous Henri IV (1594).

DUPONT (H.). — 1° De l'enseignement de la géologie et de la topographie dans les écoles primaires; 2° nature des eaux de la Seine et
de ses affluents, étude basée sur la constitution géologique des terrains; 3° ports militaires anglais; 4° de l'association de l'étude de
la topographie et de celle de la botanique dans les excursions scolaires.

FLEURY. — Inutilité et dangers de la protection douanière.

FOUREAU (F.). — Mission saharienne.

FOURNIER DE FLAIX. — De la décentralisation, et spécialement de la
décentralisation du crédit.

GRAD (Ch.). — L'assistance publique en Allemagne. — Les grèves en
Alsace. — La réforme du Code industriel allemand au Reichstag.

LABAT (Th.). — Les règles à observer pour porter à son maximum le
bien-être du peuple.

LABBÉ (E.). — Le passé du latin et son avenir en France.

LADUREAU (Albert). — Culture de la pomme de terre industrielle. —
Les phosphates d'Algérie. — Les apatites du Canada; leur rôle
dans l'avenir de l'agriculture française.

LALLEMAND. — 4° Sur le nivellement général de la France; 2° sur le
niveau moyen des mers en Europe et sur l'unification des altitudes.

LALIMAN. — Étude sur l'histoire du phylloxéra et les vignes américaines.

LLAGRADO (André de). — Projet de la loi de secours aux entreprises
de canaux et réservoirs d'irrigation.

MAHTRE. — Album des services maritimes postaux français et étrangers, avec : 4 notices commerciales sur les principaux ports français et étrangers; 2° une carte indiquant les communications télégraphiques internationales.

MALAVAL (A.). — L'impôt foncier; historique de cet impôt et réformes
dont il est susceptible.

MARGUERITE DELACHARLONNY. — Essai de classification des diverses
chloroses et leurs remèdes. — Effets du sulfate de fer sur les récoltes et les maladies des plantes. — Culture des terrains pauvres.
— Les défenseurs du libre-échange, leur peu d'importance dans
l'économie sociale en France. — Les droits sur les matières extrac-
tives.

MARTIN (Jules). — Considérations générales sur les tarifs de chemins
de fer. — La suppression des octrois.

MILLE. — Cartes scolaires.

MOREL (A.). — L'internat et la discipline. — L'organisation de l'enseignement secondaire.

MORLET (A.). — Questions de pédagogie. — L'éducation morale.

NOTELLE. — Connexité de la question ouvrière avec les rapports internationaux.

PASSY (Frédéric). — Réforme de l'instruction secondaire. — Réduction des heures de travail. — Les droits civils des femmes. — Des
traités de commerce. — La liberté internationale. — La réforme de
l'enseignement secondaire : coup d'œil sur quelques travaux relatifs
à cette réforme.

PAVOT (T.). — Étymologie franco-latine. Pourquoi tant de mots français sont dits : d'origine inconnue, ou de forme insolite, ou de provenance étrangère.

PÉATS (Gustave). — Rôle historique d'Arles (au point de vue de l'intérêt et de la géographie historique).

RAYMONDAUD (C.). — Hygiène et maladies des porcelainiers. — Influence de l'industrie porcelainière sur le milieu où elle s'exerce.

RICLES. — L'organisation du herd-book dans la race bovine limousine.

MM.

— L'établissement départemental de pisciculture dans la Haute-Vienne.

Renaud (Georges). — Histoire des tarifs de douanes depuis 1860. — Les lois relatives au travail. — La photographie appliquée à la géographie. — — L'enseignement géographique. — Où en sont nos réformes de l'enseignement?

Romanet du Caillaud. — L'occupation espagnole à Formose.

Rousselet. — Éducation. — Principe d'autorité.

Sabatier (Paul). — Sur un mode de traitement du mildew de la vigne. — Engrais de la vigne.

Sagnier (Henri). — L'influence des syndicats sur le progrès de l'agriculture en France.

Teisserenc de Bort (Edmond). — Élevage des bêtes à cornes et des moutons en Limousin.

Vallet. — Du travail et de son organisation en vue de l'application des programmes dans les lycées et collèges. — Bernardin de Saint-Pierre, éducateur.

Varat. — De Nijni-Novogorod au cap Nord.

Viard. — Étude comparative sur la colonisation ancienne et sur celle de nos jours.

Liste des savants étrangers qui assisteront au Congrès.

MM.

Beilstein, professeur de chimie à l'Institut technologique de Saint-Pétersbourg.

Denza, directeur de l'Observatoire de Moncalieri.

Franchimont, professeur de chimie à l'Université de Leyde.

Kozloff (V.), colonel russe.

Lavisé, chirurgien des hôpitaux à Bruxelles.

Llaurado (A. de), ingénieur en chef du district forestier de Madrid.

Loriol (P. de), géologue, à Crassier (Suisse).

Malaise (C.), membre de l'Académie royale de Belgique.

Monnier, professeur de chimie à la Faculté des sciences de Genève.

Petersen (C.-J.), professeur à l'Université de Copenhague.

Putzeys, professeur d'hygiène à l'Université de Liège.

Ragona (Domenico), directeur de l'Observatoire de Modène.

Schmidt (Valdemar), professeur à l'Université de Copenhague.

Schoute, professeur de mathématiques à l'Université de Groningue.

Silva (J. da), architecte du roi de Portugal.

Sylvester, professeur à l'Université d'Oxford.

Thiriar, professeur suppléant à l'Université, membre de la Chambre des représentants de Belgique.

Vilanova y Piera, professeur à l'Université de Madrid.

Les nouveaux procédés de trempe.

Voici quels sont les nouveaux procédés de trempe, d'après le rapport de M. F. Osmond, présenté au Congrès international des mines et de la métallurgie, tenu à Paris l'an dernier.

La trempe classique, dans l'eau à la température ordinaire, remonte certainement aux premiers débuts de la sidérurgie et se rattache aux légendes mythologiques.

La trempe à l'eau est réellement un procédé d'une grande élasticité; elle peut être plus ou moins positive, plus ou moins négative, selon le volume relatif des pièces et la température du bain que l'on peut faire varier de 100° à 0°, et même au-dessous, grâce à l'addition des sels.

C'est ainsi que MM. Schneider ont imaginé (1887) un procédé de trempe fondé sur l'utilisation de la chaleur latente de fusion du milieu, ce qui permet de maintenir constante la nature de ce milieu, assure la rapidité de l'opération et l'obtention de résultats intenses au point de vue des phénomènes de trempe, lorsque cela est nécessaire.

MM. Schneider indiquent notamment, pour ne parler ici que des bains froids :

1° Un bain salin en mélange avec de la glace ou un mélange réfrigérant;

2° Un bain d'eau en mélange avec de la glace ou un mélange réfrigérant;

3° Un milieu solide, tel que la glace fusible au contact de la pièce.

Il est certain que les bains maintenus à 0° et au-dessous doivent produire des résultats intenses. Inapplicables aux aciers durs, même de dimensions modérées, ils pourront, dans les fers et les aciers doux, maintenir une fraction à l'état β, sans le secours du carbone et par le seul fait de la très grande vitesse du refroidissement.

Lorsqu'il s'agit d'aciers durs et de petits objets, la trempe à l'eau fraîche peut être dangereuse par elle-même, puisqu'on est obligé de la corriger par le revenu.

Aussi Caron avait-il proposé, dès 1873, la trempe à l'eau chaude ou bouillante. Il réunissait ainsi en une seule opération la trempe vive et le revenu, et obtenait immédiatement des outils prêts à servir. Appliquée aux aciers doux, la trempe à l'eau bouillante deviendrait presque toujours négative; à température initiale égale et à volume égal du bain, la trempe à l'huile est moins énergique que la trempe à l'eau, puisque la chaleur spécifique de l'huile est plus faible que celle de l'eau et sa viscosité plus grande. D'après M. Coubard, l'influence de la température initiale serait beaucoup moindre pour l'huile que pour l'eau, ce que l'auteur attribue à la formation, sur la surface du métal, d'une pellicule mauvaise conductrice résultant de l'altération de l'huile au contact de l'acier rouge.

En fait, la trempe dans l'huile vers 15° est à peu près équivalente d'un certain revenu. Les anciens, qui ne connaissent probablement pas le revenu, avaient donc trouvé, pour la trempe des petits outils, une élégante solution très analogue à celle de Caron. Quant aux modernes, c'est surtout pour le refroidissement des grosses pièces en acier de moyenne dureté, tubes de l'artillerie et plaques de blindage, qu'ils se servent de l'huile. L'emploi de l'eau froide est dû, pour de telles applications, excessif et dangereux : la trempe à l'huile est une trempe généralement négative, sauf vers la surface des pièces, tandis qu'elle reste une trempe positive pour les petites pièces en acier dur.

Les matières grasses solides, suifs et graisses, se rapprochent de l'huile par leur nature, mais présentent cette particularité très intéressante qu'elles fournissent le premier exemple de l'utilisation, pour la trempe, de la chaleur latente de fusion.

La glycérine, plus ou moins additionnée d'eau et de sels métalliques, a été récemment proposée par M. Théodosieff (1886). Il est clair que l'on pourrait obtenir ainsi de nombreuses combinaisons et réaliser des vitesses de refroidissement variables dans de larges limites.

En passant en revue les divers liquides de trempe, des plus énergiques à ceux qui le sont moins, on arrive aux nitrates alcalins employés par MM. Schneider et aux alliages fusibles (plomb et étain, plomb, étain et bismuth) indiqués dès 1818 par M. Th. Gill.

De tels alliages avaient été employés déjà auparavant pour le revenir, à une température exactement déterminée et la même dans toute la masse, des aciers trempés à l'eau. Ce qui constitue l'originalité de l'invention de Gill, c'est de réunir en une seule opération la trempe et le revenu; il obtient ce résultat (comme plus tard Caron avec l'eau bouillante) en trempant l'acier rouge dans un bain métallique à température convenable, sans que le métal se courbe et se gerce. Il s'agit évidemment des aciers pour outils, les seuls qui soient alors connus.

Les aciéries de la marine et des chemins de fer ont repris cette idée en 1887, pour la trempe des grosses pièces. C'est le premier emploi des alliages fusibles, à l'état solide, ce qui permet d'utiliser pour la trempe la chaleur de fusion, de maintenir la température constante et le poids du bain minimum, et d'agir, si l'on veut, des points déterminés.

Les nitrates et les alliages fusibles, dont on peut varier très généreusement les points de fusion avec les proportions des constituants, conviendront immédiatement suite à l'huile. Ils conviendront dans tous les cas où la trempe à l'huile serait trop énergique et donnerait des résultats négatifs. En tout cas, sauf pour les petites pièces en acier très dur, ce sera essentiellement une trempe négative.

Il en sera de même, à plus forte raison, de la trempe au plomb fondu employée dès 1887 par la Compagnie des forges de Châtillon et Commentry. Les inventeurs se sont proposé, par l'immersion dans leur bain métallique, d'obtenir une texture plus homogène et de rendre possible le forgeage par une trempe.

Pour faire suite aux bains de plomb, il resterait à proposer des bains de zinc; le zinc est, à volume égal, moins coûteux que le plomb et ne présente pas les mêmes dangers au point de vue de l'hygiène; son point de fusion est plus élevé, 412° au lieu de 335°; mais comme sa capacité calorifique est triple, il est probable que l'effet trempe au zinc, le volume du bain restant le même, serait peu différent de celui d'une trempe en plomb. Cependant, soit qu'il présente des inconvénients pratiques, soit oubli des inventeurs, l'emploi du zinc comme bain de trempe ne paraît pas avoir été signalé.

La *Revue de chimie industrielle* ajoute aux procédés signalés par M. Osmond quelques autres procédés de trempe suivants qui ont été employés à différentes reprises et dans différentes usines françaises et étrangères :

1o Le sulforicinolate d'ammoniaque mêlé à son volume d'eau. Ce corps, connu sous le nom d'*huile soluble*, a la consistance de l'huile et peut se mêler en toutes proportions avec l'eau. Ce moyen de trempe tient place entre l'eau et l'huile. Pour avoir un bon résultat, le bain de sulfricinolate ammoniacal doit être maintenu entre 30° et 40°.

2o La trempe à la vaseline, dont les effets se rapprochent de ceux obtenus avec les graisses solides. On peut varier à volonté et facilement la consistance et le point de fusion de la vaseline, par des additions d'huile minérale ou de paraffine et obtenir ainsi des effets différents.

3o La trempe au bain de savon. De tous les savons, c'est le savon ammoniacal qui a donné les meilleurs résultats. On fait usage d'une dissolution concentrée de savon ammoniacal dans de l'eau renfermant 5 pour 100 de carbonate de soude.

Il est inutile d'ajouter que l'on peut varier à volonté les effets de la trempe au savon en chauffant plus ou moins le bain et en dosant la proportion de savon.

4o La trempe au glycéroborate de sodium. On obtient le bain de trempe en dissolvant 20 kilogrammes de borax dans 100 kilogrammes de glycérine à 28°. La trempe obtenue par ce procédé est intermédiaire entre la trempe à l'eau et la trempe à l'huile.

5o Les essais de trempe faits avec du pétrole solidifié avec 5 pour 100 de savon.

6o Enfin, un procédé original dont on ne connaît pas encore les résultats définitifs. C'est la trempe par pulvérisation. Voici en quoi elle consiste. Les pièces rouges sont placées dans une chambre où des pulvérisateurs d'eau, ou de solutions salines, ou de solutions savonneuses, projettent un brouillard liquide fin et homogène.

— LES VOIES DE COMMUNICATION DE LA FRANCE. — Voici, d'après un document officiel, l'importance comparée des différentes voies de communication existant en France dans les années 1837 et 1887 :

DÉSIGNATION des voies	LONGUEURS totales en kilomètres.		LONGUEURS MOYENNES en hectomètres.			
	1837.	1887.	Par myriamètres carré. 1837.	Par 10,000 habitants. 1837.	Par myriamètres carré. 1887.	Par 10,000 habitants. 1887.
Routes nationales . .	30 570	37 700	58,0	91,0	71,1	98,6
Routes départemont. .	27 418	28 216	52,0	82,0	53,4	74,0
Fleuves et rivières. .	8 255	11 860	15,6	24,4	24,4	31,0
Canaux.	3 700	3 815	7,0	11,0	9,2	13,7
Chemin de fer d'intérêt général	271	31 240	0,5	0,8	59,0	81,7
Chemin de fer d'intérêt local	»	1 870	»	»	3,5	4,9
Tramways.	»	700	»	»	1,3	1,9
Totaux généraux et moyennes générales.	70 238	116 481	133,1	909,4	220,3	304,8

— PARIS PORT DE MER. — M. Ernest Lehmann vient de publier une nouvelle étude (1) dans laquelle il établit qu'il est facile de faire de la Seine fluviale, entre Paris et Rouen, un immense et colossal port de 109 mètres de largeur au plafond, sur 218 kilomètres de longueur, avec une profondeur minimum de 6m,20, navigable, suivant la hauteur des eaux, pour des navires de 6 à 7m,50 de tirant d'eau, ayant jusqu'à 14 mètres de largeur.

Le trajet de Rouen à Paris serait ainsi possible pour un navire à voiles, convenablement remorqué, en 35 heures.

Après l'amélioration de la Seine maritime obtenue, le même navire à voiles pourrait aller de Honfleur à Paris en 45 heures.

Le coût de la canalisation totale de la Seine fluviale de Paris à Rouen ne dépasserait pas, d'après M. Lehmann, la somme de 220 millions de francs.

En conservant les niveaux d'eau actuels, déterminés par les barrages, et on ne supprimant aucun pont, on apporterait, en effet, beaucoup moins de perturbations que par tout autre système.

— LE PUITS LE PLUS PROFOND. — On se propose, à Londres, de creuser un puits plus profond qu'aucun de ceux qui existent. Les visiteurs y seraient admis, et, au niveau des différentes couches géologiques, on établirait des vitrines renfermant des échantillons, des fossiles, des roches caractérisant ces couches, des notes et des tableaux indicatifs. Ce serait la contre-partie des tours de 300, 400, 500 mètres, construites on un projet, et ce serait aussi une œuvre autrement intéressante; mais on ne saurait se dissimuler les difficultés à vaincre pour atteindre la profondeur qui donnerait une véritable valeur à une entreprise de ce genre.

— CONSERVATION DES BOIS. — Un curieux exemple de conservation des tissus ligneux par les solutions salines, cité par la *Revue des sciences naturelles appliquées*, est celui des boisages des mines de sel de Halein, en Autriche, dont l'établissement remonte, dans certaines parties, aux premiers temps de l'exploitation, c'est-à-dire qu'ils sont antérieurs à l'ère chrétienne; malgré cette longue période de temps écoulé, ils sont demeurés intacts jusqu'à nos jours.

INVENTIONS

EMPLOI DU GAZ DE HOUILLE COMME FORCE MOTRICE. — Plusieurs villes possèdent des tramways à air comprimé qui fonctionnent d'une manière parfaite au point de vue mécanique, mais les frais de traction atteignent un prix fort élevé : il faut, en effet, recharger les réservoirs à air à peu près toutes les heures, ce qui nécessite à chaque extrémité du parcours, forcément réduit, l'établissement de machines puissantes avec des chaudières à vapeur constamment en pression, et, de plus, un personnel spécial onéreux.

Si l'on remplace l'air comprimé par le gaz de houille, les choses se passent bien différemment. On charge une seule fois le matin, en quelques minutes, et la voiture peut entreprendre un très long voyage sans avoir besoin de nouveaux approvisionnements, car le gaz ne représente que les huit centièmes du mélange détonant d'un moteur à gaz. puisqu'on prend 0,92 d'air extérieur à chaque coup de piston. Suivant l'*Écho des mines et de la métallurgie*, MM. Capelle et Thomas, promoteurs de ce système, le croient très économique et appelé à un grand avenir.

— NOUVELLES GARNITURES MÉTALLIQUES. — Les garnitures métalliques Duval, faites en fils fins de cuivre jaune blanchi, permettent un frottement très doux et sans usure pour les tiges. Comme elles ne peuvent ni durcir ni se brûler, elles sont indispensables dans les machines à haute pression où les autres garnitures ne peuvent résister.

L'obturation de la vapeur est complète par le seul fait de la dilatation des garnitures par la chaleur, et sans qu'il soit nécessaire de serrer fortement le presse-étoupes, ce qui produit une économie de force.

Ces garnitures métalliques conservent très bien le graissage et entretiennent les tiges parfaitement polies. Elles durent plusieurs années et peuvent, en cas de réparation, être retirées et replacées sans inconvénient pour leur bon fonctionnement.

— BLANCHIMENT DES ÉPONGES. — On ne peut employer, pour le traitement des éponges, ni le chlore ni ses composés, si utiles pour le blanchiment des matières végétales, car les produits chlorurés donnent une coloration jaune et font perdre la finesse.

La *Revue de la teinture* dit que le procédé employé en Allemagne avec beaucoup de succès consiste à traiter les éponges par une solution aqueuse de brome. Elles sont plongées dans une liqueur formée de quelques gouttes de brome dans un litre d'eau distillée. Après

(1) Chez Baudry, rue des Saints-Pères, 15 : une brochure de 16 pages.

quelques heures, la teinte brune disparait et se trouve remplacée par une coloration claire. Si l'on répète ce traitement, on leur donne la couleur usuelle. Passées dans l'acide sulfurique dilué, puis lavées à grande eau, elles sont parfaitement blanches.

Le traitement à l'eau de brome donne d'aussi bons résultats que l'acide sulfureux, fait gagner beaucoup de temps, et, de plus, évite une manipulation considérable.

BIBLIOGRAPHIE
Sommaires des principaux recueils de mémoires originaux.

Rivista sperimentale di frenatria e di medicina legale (t. XIV, fasc. 1 et 2, 1890). — *Tanzi* : Néologismes des aliénés en rapport avec le délire chronique. — *Agostini* : Sur les variations des sensibilités générales sensorielle et réflexe chez les épileptiques pendant la période interparoxystique et après la convulsion. — *Seppili* : Contribution à l'étude des hallucinations unilatérales. — *Vassale* : Les lésions rénales dans leur rapport avec les aliénations mentales. — *Belmondo* : Les altérations anatomiques de la moelle épinière dans la pellagre et leur rapport avec les faits cliniques. — *Tamburini* : Sur la nature des phénomènes somatiques dans l'hypnotisme. — Note sur les phénomènes circulatoires et respiratoires de l'hypnotisme. — *Gucci* : Les opérations chirurgicales comme cause de folie. — *Tamassia* : Le nouveau Code pénal italien. — *Morselli* : Homicide volontaire et blessure grave par érotomanie chez un dégénéré imbécile. Expertise médico-légale. — *Bonfigli* et *Tambroni* : Étude médico-légale de la cause du soldat G. A., inculpé de désobéissance, d'insubordination et de destruction d'effets militaires. — *Tamburini* : Les dispositions du nouveau Code pénal relatives à la garde des aliénés.

— Bulletin de la Société mycologique de France (t. V, fasc. 4, 1889). — *Costantin* : Sur la culture de quelques champignons. — *P.-A. Saccardo* : Notes mycologiques. — *Prillieux* et *Delacroix* :

Sur quelques champignons parasites nouveaux ou peu connus. — *Brisieux* : Sur le Black-Rot. — *N. Patouillard* : Les conidies du *Solenia anomala*. — *Huyot* : Sur les causes des monstruosités dans les champignons. — Sur la comestibilité du *Clitocybe inversa*. — *Em. Bougquelot* : Les hydrates de carbone chez les champignons. I. Matières sucrées des Lactaires. — *L. Rolland* : Excursion à Zermatt (Suisse); cinq champignons nouveaux. — *Boyer* : Sur une monstruosité du *Clitocybe nebularis*. — *Ch. Ménier* : Sur deux nouvelles hépiotes.

— Académie des sciences de Belgique (n° 4, avril 1890). — *Louis Henry* : 1° Recherches sur la volatilité dans les composés carbonés; 2° Sur les dérivés monocarbonés. — *F. Folie* : Sur l'entrainement mutuel de l'écorce et du noyau terrestres en vertu du frottement intérieur. — *J. Delbœuf* : De l'étendue de l'action curative de l'hypnotisme. L'hypnotisme appliqué aux altérations de l'organe visuel. — *P.-J. van Beneden* : Un nématode nouveau d'un *Galago* de la côte de Guinée. — *P. de Heen* : Sur la loi qui unit la variation de la tension des vapeurs à la température absolue. — *F. Terby* : Sur la structure des bandes équatoriales de Jupiter. — *F. Ronkar* : Épaisseur de l'écorce terrestre déduite de la nutation diurne. — *H. Schanjus* : Projet d'expériences destinées à vérifier si la lumière polarisée, dont le plan de polarisation oscille, exerce une influence sur un champ magnétique. — *Émile Laurent* : Expériences sur l'absence de bactéries dans les vaisseaux des plantes.

— Revue du génie militaire (janvier-février 1890). — *Bonnefin* : Influence des engins nouveaux sur la fortification du champ de bataille. — *Netter* : L'instruction des pionniers en Autriche. — *Guclard* : Sur l'inflammation automatique des fougasses et des torpilles. — *Bertrand* : La fortification de Copenhague.

— Revue d'hygiène thérapeutique (mai 1890). — *Cobos* : La respiration artificielle hypodermique. — *Aubry* : Un hôpital d'enfans à Moscou.

L'administrateur-gérant : Henry Ferrari.

May & Motteroz, Lib.-Imp. réunies, Et. D, 7, rue Saint-Benoit. [15009]

Bulletin météorologique du 7 au 13 juillet 1890.
(D'après le Bulletin international du Bureau central météorologique de France.)

DATES.	BAROMÈTRE à 1 heure du soir.	TEMPÉRATURE			VENT. FORCE de 0 à 9.	PLUIE. (Millimètres.)	ÉTAT DU CIEL à 1 HEURE DU SOIR.	TEMPÉRATURES EXTRÊMES EN EUROPE	
		MOYENNE.	MINIMA.	MAXIMA.				MINIMA.	MAXIMA.
☾ 7	760mm,12	13°,5	7°,0	18°,7	W.-S.-W. 3	6,8	Alto-stratus gris; petites éclaircies.	—6° au Pic du Midi; —0°,6 au mont Ventoux.	41° à Biskra; 39° Laghouat; 39° Hermanstadt.
♂ 8	751mm,59	14°,5	11°,0	19 ,6	S.-W. 3	8,3	Pluie.	14°,6 au Pic du Midi; 4° au mont Ventoux.	39° à Laghouat; 39° Biskra; 35° à Aumale; 34° Madrid.
☿ 9 D.Q.	754mm,68	17 ,3	13°,7	21°,1	S.-S.-W. 3	2,1	Cumulo-stratus S –W.	9° au Pic du Midi; 5° au mont Ventoux.	43° à Biskra; 32° Laghouat; 35° Madrid; 34° cap Béarn.
♃ 10	757mm,16	17°,0	14 ,9	21°,4	N.-N.-W. 2	2,8	Alto blancs W. 15e S.	5° au Pic du Midi; 6°,5 à Gap; 6°,7 à Stornoway.	44° à Biskra; 37° Aumale; 35° Madrid et cap Béarn.
♂ 11	753mm,55	13°,0	11°,8	18°,4	N.-W. 2	6,6	Cumulus N.-W.	5° au Pic du Midi; 4° à Stornoway.	43° à Biskra; 41° Laghouat; 36° à Tunis; 33° cap Béarn.
♄ 12	757mm,76	13°,4	8 ,0	17°,9	N.-N.-W. 3	0,2	Cirrus N.-N.-W.	—4°,5 au Pic du Midi; 9° au Puy de Dôme.	40° à Biskra; 39° Laghouat; 35° à Brindisi; 33° Florence.
☉ 13	756mm,59	14 ,7	9°,4	18°,1	S.-W. 2	0,0	Cumulus au S.-W.	—7° au Pic du Midi; —1° au mont Ventoux.	39° à Biskra; 34° Madrid; 33° à Lisbonne et Funchal.
MOYENNE.	756mm,22	14°,81	10°,88	19°,31	TOTAL. .	26,8			

Remarques. — Grâce aux journées des 9 et 10 juin, la température moyenne de la semaine s'est un peu rapprochée de la normale (17°,3). Pendant la plus grande partie de cette période, les pluies ont été assez abondantes sur les côtes de la Manche et de l'océan Atlantique. Dans quelques autres régions, la pluie a été faible.

Chronique astronomique. — Mercure reste étoile du matin très voisine du Soleil jusqu'au 22, époque où cette planète est en conjonction avec l'astre du jour. Vénus suit toujours le Soleil; elle se couche

le 21, à 9h 29m du soir. A cette date, Mars passe au méridien à 7h 50m du soir, précédant de peu le Scorpion. Jupiter brille dans le Capricorne et passe au méridien à 12h 45m. Saturne va bientôt devenir invisible, effectuant sa rotation pendant le jour; il est couche, le 21, à 9h 22m du soir. Le Soleil entre, le 22, dans le signe du Lion. Le 25, Mercure a sa plus grande latitude héliocentrique septentrionale. Le 26, Mars est en conjonction avec la Lune.

L. B.

REVUE

SCIENTIFIQUE

(REVUE ROSE)

DIRECTEUR : M. CHARLES RICHET

| NUMÉRO 4 | TOME XLVI | 26 JUILLET 1890 |

HYGIÈNE

Des falsifications des substances alimentaires (1).

Mesdames, messieurs,

En traitant des falsifications des substances alimentaires, je n'ai pas la prétention de vous exposer toute cette question avec les innombrables détails qu'elle comporte. J'arriverais alors certainement, malgré tout mon bon vouloir, à fatiguer votre attention; et il faudrait, d'ailleurs, un temps beaucoup plus considérable que celui consacré à cette conférence.

Je désire simplement examiner devant vous cette question à un point de vue général; vous montrer, en passant, l'admirable parti que l'on peut tirer de l'examen micrographique pour cette étude et faire ressortir les conséquences fâcheuses des falsifications au point de vue de l'hygiène alimentaire.

Si chacun saisit et interprète facilement la valeur du terme *falsification* appliqué à une substance alimentaire, il est cependant d'une extrême difficulté d'en donner une définition satisfaisante et qui comprenne tous les cas pouvant se présenter. Les définitions qui ont été données jusqu'à présent sont presque toutes l'objet de discussions dans lesquelles le falsificateur cherche à introduire le doute à son profit.

Le fait d'enlever à un produit tout ou partie de l'une

des substances qui doivent s'y rencontrer naturellement — le fait de laisser mélangé à ce produit, ou d'y introduire une ou plusieurs substances qui n'entrent pas dans sa composition naturelle ou qui ne s'y rencontrent pas normalement à la dose trouvée par l'analyse, et cela, que les substances étrangères soient ou ne soient pas nuisibles à la santé — le fait de donner, par un procédé quelconque, à une marchandise ou à un produit avarié, altéré ou dénaturé, les apparences d'un produit ou d'une marchandise de bonne qualité, de façon à tromper l'acheteur sur la valeur de ce qu'il se procure : voilà autant d'actes qui ont été considérés comme constituant la falsification.

Au point de vue pratique, l'*intention de tromper*, qui figure à peu près dans toutes les définitions et tous les règlements concernant les falsifications et qui, dans la loi française, est un des éléments constituants du délit, cette *intention frauduleuse* est une véritable issue par laquelle un grand nombre de délits échappent à la répression. C'est, en effet, de l'interprétation plus ou moins élastique de cette phrase que résulte trop souvent l'impunité pour le falsificateur habile; qu'il écoule lui-même le produit de sa falsification, ou qu'il utilise pour cela l'intermédiaire d'un vendeur inexpérimenté, mais de bonne foi.

Pour arriver à une répression efficace, il serait indispensable de rendre chaque commerçant absolument responsable de la bonne ou mauvaise qualité des substances alimentaires ou des boissons dont la vente constitue l'exercice de sa profession. Cela ne serait, en somme, qu'interpréter dans son sens le plus large et le plus exact la pensée du rapporteur de la loi de 1855, lorsqu'il disait : « Quoique aucune épreuve ne précède

(1) Conférence faite à l'Association française pour l'avancement des sciences, par M. Gabriel Pouchet.

plus l'exercice d'une profession commerciale, ceux qui s'y livrent sont présumés avoir les connaissances et la vigilance qu'elle impose. »

Pour que la fraude cesse, il faut absolument que les chances de perte soient plus considérables que les chances de gain. Il faut que l'on ne voie plus ces condamnations à des amendes dérisoires appliquées, souvent après bien des hésitations, à des industriels qui s'enrichissent aux dépens de la santé de tous.

Un très vif mouvement d'opinion s'est produit, dans ces dernières années, au sujet des falsifications. A plusieurs reprises, les congrès internationaux d'hygiène ont mis cette grave question à l'ordre du jour de leurs séances. M. Émile Vidal, au Congrès de Turin, en 1880 ; M. Brouardel, au Congrès de Genève, en 1882, et au Congrès de la Haye, en 1884 ; M. Brouardel et moi ; M. A. Caro (Espagne) ; M. Ferrière (Suisse) ; M. Hilger (Allemagne) ; M. van Hamel Roos (Hollande), au Congrès de Vienne, en 1887, étudièrent successivement les mesures internationales d'hygiène pour réprimer les falsifications. Le Congrès de Vienne nomma une Commission comprenant un certain nombre de représentants des divers pays et dont le bureau, composé de MM. Brouardel, président ; Hilger (d'Erlangen), vice-président ; M. Gabriel Pouchet, secrétaire, fut chargé de réunir tous les documents possibles, afin de les classer et de les communiquer au prochain Congrès international qui se tiendra à Londres au mois de juillet de l'année 1891. Conformément à la proposition de M. Hilger, la *Revue internationale des falsifications des denrées alimentaires*, si remarquablement dirigée par notre excellent collègue van Hamel Roos (d'Amsterdam), fut désignée comme l'organe officiel de cette commission. Grâce aux intéressants documents mis au jour par cette publication, nous espérons que l'entente pourra se faire au Congrès de Londres et que l'on arrivera à adopter des résolutions qu'il restera à transformer en mesures effectives pour chacun des pays prenant part aux travaux de ce Congrès.

Partout où l'on s'occupe sérieusement de cette question, on reconnaît la nécessité de poursuivre activement les falsifications. Les heureux résultats obtenus, depuis quelques années, par la création d'un grand nombre de laboratoires d'analyse des substances alimentaires et des boissons, suffiraient à eux seuls pour démontrer l'importance de l'étude des falsifications. Grâce à la surveillance exercée, on a déjà pu faire disparaître à peu près complètement dans les grandes villes les fraudes les plus grossières ; mais il faut bien se dire qu'il reste encore beaucoup à faire.

Les falsifications, rendues impossibles dans les villes où s'exerce le contrôle sévère des laboratoires municipaux et départementaux, se pratiquent à peu près en toute sécurité dans les petites localités où la surveillance est nulle. C'est là que l'on écoule les viandes avariées, que l'on abat les animaux suspects, que l'on

vend les mélanges les plus hétéroclites. Une surveillance constante et étendue aux plus petits centres de population pourra seule lutter contre ces manœuvres des falsificateurs qui leur assurent l'impunité. Il faut qu'une répression sévère et sans pitié les atteigne partout où ils se cachent.

L'étude des falsifications revêt, de nos jours, une importance considérable. On peut avancer, sans hésitation, que toutes les substances susceptibles d'être sophistiquées, ou dont la valeur peut être diminuée, sans qu'il en résulte de conséquences trop immédiatement visibles, sont la proie des falsificateurs. Les drogues qui servent aux falsifications sont préparées en grand et quelquefois falsifiées elles-mêmes : c'est ainsi qu'il existe des usines dans lesquelles on pulvérise les noyaux d'olives et de dattes pour falsifier le poivre ; les coques d'amandes pour falsifier la cannelle ; la chicorée pour falsifier le café ; et que, dans ces mêmes établissements, ces produits, une fois en poudre, sont en outre mélangés de poussières minérales, de sciure de bois et de débris végétaux de valeur encore moindre.

La fraude est devenue une industrie. Elle n'est plus l'apanage de petits industriels, mais bien de sociétés commerciales riches, fort au courant des progrès de la science, en ce qui concerne les méthodes de recherches des falsifications ; ayant presque toujours à leur service des chimistes, parfois fort distingués, sans cesse à la recherche de quelque nouvelle falsification : ils savent très bien comment ils pourront tromper l'acheteur et entraver les recherches de l'analyse.

Que peuvent être les quelques francs d'amende auxquels sont condamnées, *quelquefois*, ces sociétés anonymes de la fraude, auprès des sommes colossales que leur rapporte cette honnête industrie ? Leur outillage est aussi parfait que possible, tandis que celui de la société qui se défend est presque réduit à l'impuissance !

Chercher à démontrer que le seul et véritable mobile guidant le fraudeur est le gain illicite qu'il réalise, est vraiment une chose superflue : sans cet appât du gain, la fraude n'a plus de raison d'être, et un fraudeur, *pour l'amour de l'art*, doit être considéré, ainsi qu'un menteur pour l'amour de l'art, comme un individu en état de dégénérescence mentale.

Il est encore un point qui met énergiquement en relief l'importance de la fraude, et sur lequel l'attention n'est pas, en général, suffisamment attirée ; c'est le côté économique de la question, qui nous intéresse tous. Sans vouloir faire entrer ici en ligne de compte l'avilissement des prix, consécutif à la concurrence que se font entre eux les fraudeurs, la falsification exercée sur un grand nombre de denrées, mais surtout sur les boissons, lèse fortement le fisc, qui ne touche aucun droit sur l'eau ajoutée au vin, les poudres inertes ajoutées au poivre, au café, etc. Or le fisc ne peut pas perdre

sans que le consommateur se trouve lui-même directement intéressé : aussitôt que les dépenses du fisc dépassent ses revenus, il se trouve dans l'obligation absolue d'augmenter ces derniers en relevant les taxes
ou en frappant de nouveaux impôts, et, en fin de
compte, c'est encore le consommateur qui paye le gain
des fraudeurs. Chacun a donc un intérêt matériel à la
répression de la fraude et des falsifications.

Nous allons passer en revue quelques-unes des falsifications les plus fréquentes, et nous essayerons d'apprécier ensuite leurs conséquences au point de vue de
l'hygiène. Dans la pratique, l'étude des altérations des
substances alimentaires est étroitement liée à celle des
falsifications; il est parfois bien difficile de déterminer
exactement où s'arrête l'altération et où commence la
falsification. Un marchand qui mêle une farine avariée
à une farine saine, dans le but d'écouler peu à peu la
première, commet une falsification au même titre que
celui qui met de l'eau dans le vin pour en augmenter
le volume. Le boucher qui vend, au lieu et place de
viande saine et de bonne qualité, la viande d'un animal mort de maladie, et celui qui fabrique des saucisses avec des viandes gâtées, commettent encore les
mêmes délits; la seule différence, c'est que les uns nuisent surtout à la bourse du consommateur, tandis que
les autres intéressent en plus sa santé. La recherche
des altérations et celle des falsifications doivent donc
marcher de pair, et l'on en trouve à tout instant des
exemples.

J'adopterai dans l'exposé suivant l'ordre d'importance des différents aliments; cela conduit à parler, tout
d'abord, du lait qui doit, à lui seul, entretenir la nutrition du nouveau-né; puis, je m'occuperai des farines
qui forment la base de l'alimentation chez l'adulte.
Viendront ensuite les viandes, les légumes, les fruits;
puis, des substances, non indispensables, mais constituant cependant des aliments et surtout des stimulants
précieux, je veux parler du café, du chocolat, etc., et
je terminerai par les condiments.

Lait. — Les falsifications du lait et du beurre sont
fort nombreuses, et, bien souvent, extrêmement difficiles à déceler. Pour le lait, la plus commune consiste
dans l'écrémage partiel et l'addition d'eau, rendue nécessaire en raison de l'augmentation de la densité du
liquide. On y ajoute en même temps, le plus souvent,
du bicarbonate de soude ou du borax qui, maintenant
le mélange alcalin, retarde ou empêche la coagulation.
L'examen microscopique permet de reconnaître facilement cette falsification (1) : il suffit de regarder la
figure 3 pour voir combien est grande la différence de
quantité des globules butyreux avant et après l'écré-

·1) Les figures suivantes sont empruntées à l'*Encyclopédie d'hygiène et de médecine publiques* publiée par MM. Lecrosnier et Babé,
chapitres : *Aliments et alimentation*, par M. Gabriel Pouchet.

mage, suivi d'addition d'eau. On ajoute encore au lait
du sucre, de la colle de pâte, de l'amidon, de la craie,
du plâtre, de la dextrine, de la gomme, voire même
du savon! Ces mélanges sont plus ou moins faciles à
reconnaître et nécessitent, dans la plupart des cas,
l'analyse chimique très complète du lait suspect, et,
autant que possible, l'analyse comparative d'un lait
pur de la même provenance, à moins que la composition de ce lait type ne soit déjà établie par des analyses certaines et assez nombreuses. Une fraude assez
délicate à démasquer, mais heureusement difficile à
mettre en pratique, consiste à remplacer la crème par

Fig. 3.

A, Lait normal. — B, lait après écrémage et addition d'une solution
de bicarbonate de soude. (Grossissement, 150.)

une émulsion d'huile avec du jaune d'œuf : le point
de fusion de la matière grasse fournit alors un renseignement précieux.

Une pratique qui doit être considérée comme une
véritable falsification consiste à mélanger à du lait
provenant d'animaux en bonne santé celui d'animaux
malades. Ils sont nombreux aujourd'hui les cas de
transmission à l'homme d'affections contagieuses, à la
suite d'ingestion de lait d'animaux atteints de maladies
zymotiques. En outre, il faut signaler la possibilité
d'une atteinte plus ou moins grave portée à la santé
du consommateur, par ce fait que l'administration de
substances médicamenteuses aux animaux malades
permet le passage dans le lait de substances actives sur
l'organisme : j'ai eu, il y a quelques années, l'occasion
d'étudier plus particulièrement cette question au sujet
d'un rapport médico-légal, fait en collaboration avec
M. Brouardel, relativement à la mort d'un enfant empoisonné par le lait de sa mère qui avait absorbé, accidentellement, une quantité d'arsenic suffisante pour
déterminer chez elle des accidents graves. D'ailleurs,

le fait du passage dans le lait de substances toxiques et médicamenteuses est connu et même utilisé quelquefois dans la thérapeutique infantile.

Parmi les aliments, le beurre est un de ceux sur lesquels s'exerce le plus la falsification. C'est presque toujours par l'addition de graisses étrangères que procède la fraude, et, en raison du prix élevé de cette denrée et de la réputation méritée des produits de certaines régions de la France, on s'explique facilement que cet aliment excite la cupidité des falsificateurs.

A côté de falsifications grossières, et, en général, faciles à déceler, comme celles qui sont réalisées par interposition d'eau ou de petit-lait, par addition de sels minéraux (alun, borax, verre soluble, sel marin, craie, plâtre, argile), de farines, d'amidons, de pulpes cuites de pommes de terre, de caséum, etc.; il en est d'autres pour la démonstration desquelles l'analyste éprouve d'extrêmes difficultés : ce sont celles qui sont pratiquées avec des corps gras naturels, tels que le suif, l'axonge, la graisse d'oie, de cheval, le beurre rance, ou bien des corps gras artificiels, comme l'*oléo-margarine* spécialement préparée pour la fabrication des beurres factices. On est parvenu aujourd'hui à un tel degré de perfection, dans la préparation de ce dernier produit, qu'il est fort difficile, tant à la vue qu'au goût, de différencier le beurre naturel de son succédané artificiel auquel on est arrivé à donner l'onctuosité, l'odeur et presque la saveur du beurre frais.

Les procédés de recherches servant à reconnaître ces falsifications sont, exclusivement, du domaine de l'analyse chimique, et je ne pourrais les exposer ici, sans entrer, comme pour toutes ces méthodes d'analyses d'ailleurs, dans des considérations techniques fort longues et dépourvues d'intérêt pour le but que je me propose. L'examen microscopique peut, cependant, intervenir utilement quelquefois, soit par permettre de reconnaître la présence et jusqu'à un certain point la nature de corps gras étrangers, par l'aspect de leurs formes cristallines, soit pour retrouver des débris de tissu végétal, démontrant la coloration artificielle par de la pulpe de carotte, du safran, du rocou, du curcuma, etc.

Farines. — Les farines de froment peuvent être falsifiées, soit par addition de substances étrangères, soit par mélange de farines d'autres céréales ou de légumineuses, de qualité moindre ou même avariées. L'addition de substances étrangères se reconnaît par l'analyse chimique : ce sont, le plus souvent, des substances minérales très denses (plâtre, craie, sulfate de baryte, argile blanche, etc.), dont la présence se reconnaît facilement après incinération ; des sulfates de cuivre ou de zinc ajoutés dans le but de rendre utilisables des farines avariées, du plomb provenant de l'emploi de plomb métallique, ou de céruse et de minium pour les appareils de mouture, ce qui a quelquefois déterminé des accidents fort graves d'intoxication. Les

farines peuvent encore avoir été mouillées, ce qui est facile à reconnaître, une farine commerciale contenant de 14 à 18 pour 100 d'eau et l'humidité déterminant

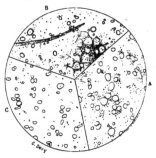

Fig. 4.

A, Farine de froment. — B, Son de froment. — C, Farine d'orge.
(Grossissement, 100.)

rapidement des altérations dont les plus saillantes sont caractérisées par une sensation spéciale au toucher, la formation de *pelotes* consistantes lorsque l'on comprime la farine dans la main, et le développement de moisissures.

La falsification la plus fréquente, et, dans certains cas,

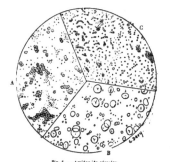

Fig. 5. — Amidon de céréales.

A, Farine de maïs. — B, Farine de seigle. — C, Farine de millet.
(Grossissement, 100)

la plus difficile à déceler, consiste dans le mélange de farines des autres céréales ou de légumineuses : c'est alors l'examen microscopique seul qui permet de résoudre cette question. Les figures suivantes (fig. 4, 5 et 6), gravées d'après des photographies de préparations microscopiques, et à des grossissements exacte-

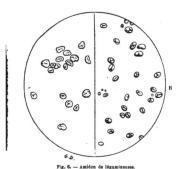

Fig. 6. — Amidon de légumineuses.

A, Farines de vesces. — B, Farines de lentilles.
(Grossissement, 100.)

ment mesurés, permettent de se rendre compte des *différences*, parfois considérables, ainsi que des analogies présentées par les diverses variétés d'amidon qui caractérise chacune de ces graines. La forme circulaire ou polyédrique, la grosseur des cellules d'amidon, leur action plus ou moins énergique, quelquefois nulle, sur le plan de polarisation de la lumière, sont autant de caractères qui permettent d'arriver à différencier les farines des céréales et des légumineuses.

La détermination des composés minéraux ajoutés aux farines ainsi qu'aux produits qui en dérivent : pain, pâtes alimentaires, pâtisseries, etc., de même que la détermination des matières colorantes ajoutées aux pâtes et aux pâtisseries, sont du domaine exclusif de l'analyse chimique, l'examen micrographique permet, dans tous les cas, de déceler le mélange de farines de diverses provenances ainsi que les moisissures qui peuvent se développer sur ces aliments.

Viande, charcuterie. — La falsification ne peut s'exercer sur les viandes que par la substitution ou le mélange de viandes avariées à des viandes saines : on a cependant signalé, en Allemagne, la falsification de saucisses par de la colle de pâte.

Légumes, fruits. — Les légumes et les fruits frais sont sujets seulement à des altérations sur lesquelles le temps ne me permet pas d'insister. Quant aux conserves, elles subissent, au moins celles de fruits, de très fréquentes falsifications.

Confitures. — Dans les confitures, en effet, chacun des éléments constituants peut être l'objet d'une falsi-

fication spéciale. Le sucre peut être additionné de substances inertes (plâtre, craie, etc.), ou bien remplacé en tout ou en partie par des sirops de glucose ou de dextrine, ou par un mucilage additionné de saccharine. Les gelées de fruits sont parfois constituées par de la gélatine ou de la colle du Japon, ou toute autre substance gélatinisant avec l'eau (par exemple, le *fucus crispus*), mélangée à une matière colorante et aromatisée avec un mélange d'éthers acétique, propionique, œnanthylique, etc. : c'est l'analyse chimique qui permet de déceler ces sortes de falsifications. La substitution de pulpes végétales telles que : navet, carotte, betterave, potiron, etc., aux fruits, se reconnaît facilement à l'aide du microscope; il en est encore de même pour certains produits particuliers, la colle du Japon, la rose trémière, employés pour la coloration artificielle, qui se révèlent par la présence d'éléments figurés spéciaux. Les figures ci-jointes (fig. 7 et 8) montrent une préparation de pulpe végétale et de pollen de rose trémière trahissant l'emploi de cette fleur pour la coloration d'une confiture, et la carapace siliceuse d'une diatomée, l'*Arachnoïdiscus japonicus* caractéristique de la colle du Japon.

Café, chocolat. — Les aliments que l'on pourrait appeler aliments de luxe sont, ainsi que les condiments, les plus atteints par les falsifications. L'examen microscopique joue un rôle prépondérant dans la recherche de ces falsifications. Pour tous ces produits, l'existence d'éléments anatomiques particuliers, possédant une

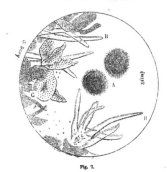

Fig. 7.

A. Grains de pollen. — B, Poils. — C, Trachées et débris végétaux divers.
(Grossissement, 100.)

forme et une structure spéciales, permet de reconnaître le mélange, soit de poudres amorphes, soit de produits caractérisés, eux aussi, par des éléments anatomiques spéciaux. La figure suivante (fig. 9), qui représente les éléments caractéristiques du piment, du poivre et de la poudre de noyaux d'olives qui sert à falsifier ce dernier condiment, permet de saisir toute l'importance de l'examen micrographique, et la certitude qui peut en résulter au point de vue du diagnostic de la falsification.

Examinons maintenant quelles peuvent être, au point de vue de l'hygiène générale, les conséquences de ces falsifications. Nous devons immédiatement établir deux grandes divisions :

1° Les falsifications constatées sont capables de porter une atteinte *immédiate* plus ou moins grave à la santé de l'individu ; c'est ce qui arrive pour l'emploi de substances toxiques, de viandes ou de lait provenant d'animaux atteints de maladies zymotiques.

2° Les falsifications constatées ont été pratiquées avec des substances inertes ou avec des produits alimentaires de moindre valeur.

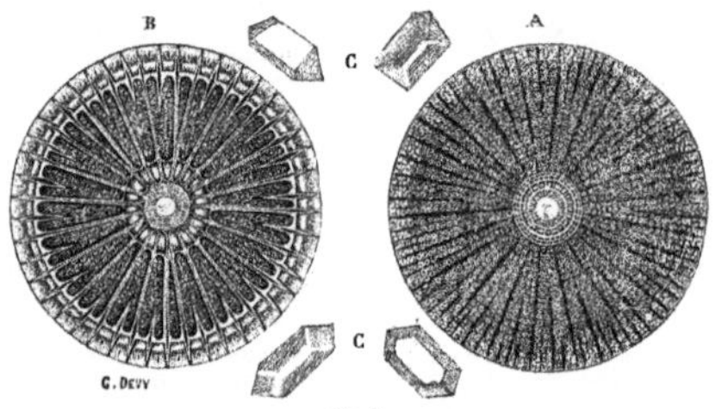

Il est inutile d'insister sur les conséquences que peut entraîner la falsification à l'aide de substances toxiques ou l'usage d'aliments malsains. Une substance toxique ne doit, sous aucun prétexte et quelque petite qu'en soit la dose, se trouver ajoutée à un aliment. Les nombreux cas de trichinose, de ladrerie, même de tuberculose, déterminés par l'ingestion de viandes provenant d'animaux malades; les affections spéciales occasionnées par l'absorption d'aliments avariés, affections désignées par les dénominations de *botulisme* lorsqu'il s'agit d'aliments tirés du règne animal, d'*ergotisme* lorsqu'il s'agit de seigle ergoté, de *lathyrisme* lorsque les accidents sont déterminés par le blé mélangé de graines de gesse; les accidents causés par le blé niellé; les rapports de la pellagre avec l'ingestion du maïs altéré; les empoisonnements causés par le mélange accidentel de plomb, d'acide arsénieux, à des aliments; tous ces faits, bien connus, suffisent amplement à prouver le danger de semblables aliments.

Mais, tout en étant moins éclatantes, les conséquences fâcheuses des falsifications pratiquées à l'aide de produits inertes ou de moindre valeur n'en sont pas moins certaines. Une substance alimentaire déterminée représente, lorsqu'elle est pure, une certaine quantité de matière nutritive utilisable par l'organisme : pour que cette utilisation soit aussi parfaite que possible, il est nécessaire que les différents principes alimentaires primordiaux, c'est-à-dire les albuminoïdes, les hydrates de carbone, les graisses, les sels minéraux et l'eau, présentent, les uns avec les autres, un rapport assez exactement déterminé. Quand ce rapport normal est troublé, la nutrition souffre et peut même être profondément atteinte. Or c'est précisément ce qui se produit dans l'absorption de denrées falsifiées. Certes, il semble bien innocent au premier abord — toute question de bonne foi mise à part — d'ajouter de l'eau à du vin, de la craie ou du plâtre à de la farine ou à du sucre, de vendre du pain qui contienne 10 pour 100 d'eau de plus que le chiffre normal, de faire des confitures avec des carottes au lieu d'abricots, etc., etc.; mais la valeur alimentaire, le coefficient nutritif de chacun de ces produits est profondément modifié, et il devient alors nécessaire de changer, ou tout au moins de compléter, une alimentation qui devient insuffisante. Cela n'est pas possible pour tout le monde, et si le riche a toujours une table abondamment fournie lui offrant une quantité plutôt excessive d'aliments, combien y a-t-il, en revanche, de familles dans lesquelles la dépense consacrée à l'alimentation doit, par absolue nécessité, être réduite au strict minimum? Ces derniers ne peuvent pas s'offrir la compensation qui leur serait nécessaire, et ils ont certainement le droit de trouver, en substance nutritive, dans l'aliment employé, l'équivalent de ce que représente la somme d'argent dépensée pour son achat.

Que de maladies de l'appareil digestif, que d'anémies, de dépérissements, d'affections chroniques, pendant longtemps inexplicables, n'ont pas d'autre cause que la mauvaise qualité des aliments et des boissons! Il faut, en effet, songer que la falsification est bien rarement accomplie *exclusivement* avec une substance inoffensive. Le fraudeur est presque fatalement entraîné à ajouter à ses produits des composés plus ou moins nocifs, afin de leur donner de la saveur, de la couleur, ou toute autre qualité qui leur manque. Le vin mouillé, par exemple, doit être remonté en alcool et quelquefois même en couleur. Dieu sait quels alcools servent à ce trafic! Quant aux matières colorantes, il y en a au moins autant de nuisibles que d'inoffensives. Les farines ou le pain renfermant une proportion d'eau supérieure à la normale sont facilement envahis par des organismes

Fig. 8.

A et B, *Arachnoidiscus japonicus*. — C, Cristaux de tartrate de chaux.
(Grossissement, 750.)

microscopiques qui sécrètent, quelques-uns d'entre eux du moins, de véritables poisons. L'amertume des bières falsifiées s'obtient par addition de noix vomique ou de coque du Levant. Il est bien rare que l'on n'ait à compter qu'avec une substance inerte.

Et, d'ailleurs, sommes-nous sûrs que l'absorption journalière, même à très petites doses, de substances tout à fait étrangères à la constitution de l'organisme et que nous croyons inertes, n'exerce pas peu à peu une action néfaste sur notre santé? La question ainsi posée au sujet du plâtrage des vins a été résolue par l'affirmative, et il n'est pas douteux pour moi que l'introduction continue, dans l'économie, de composés qui lui

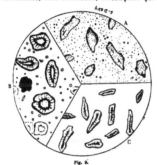

Fig. 9.

A, Poudre de poivre pur. — B, Poudre de piment. — C, Poudre de noyaux d'olives. (Grossissement, 100.)

sont complètement étrangers, n'arrive à déterminer tôt ou tard quelque désordre. Le diagnostic des accidents causés par ces absorptions journalières, qui ne troublent que petit à petit l'harmonie de la nutrition, ne peut se faire que lorsque le hasard confie à l'observation d'un médecin attentif un groupe d'individus soumis aux mêmes influences, comme cela se réalise pour un village, un collège, une caserne, un navire; encore ce diagnostic est-il des plus délicats en raison des difficultés de toute sorte dont il est entouré.

Une autre considération doit faire que tout homme le cœur combatte de tout son pouvoir les falsifications des substances alimentaires. C'est, en effet, la partie de la nation dont la santé est la seule richesse, ceux qui doivent vivre et nourrir leur famille du travail de chaque jour, qui sont le plus fortement atteints. « On ne fait pas assez attention, disait en 1830 M. de Chabrol, à l'effet que produit dans les petites fortunes, dans la vie de l'artisan, la diminution ou l'augmentation d'un sou par livre du pain qui le nourrit. En admettant qu'il existe dans Paris 500 000 consommateurs de ce

genre — et cette supposition n'a rien d'exagéré — un sou par jour fait 9 125 000 francs par an, prélevés sur la misère et le travail. » Que serait-ce aujourd'hui? Il faudrait au moins tripler ces chiffres! Et combien de sous par jour faudrait-il compter pour représenter l'eau ajoutée au pain, au vin et au lait, pour compenser la diminution de valeur nutritive d'une foule d'aliments qu'il serait trop long d'énumérer ici?

Un commerce, peut-être plus révoltant encore, est celui qui se pratique à propos de l'alimentation de nos soldats. Pour quelques fournisseurs, la désignation de *viande de troupe, nourriture à soldat*, est l'équivalent de la plus basse qualité de produit. On se souvient de la récente affaire du camp d'Avor, et, pendant la guerre de 1870, on a pu voir des conserves destinées à nos malheureux soldats refusées par les animaux eux-mêmes.

Je voudrais, par ces quelques exemples, avoir entraîné votre conviction : il faut se souvenir que les races vigoureuses et prospères sont celles dont l'alimentation est saine et suffisante. J'aurai atteint le but que je me proposais si j'ai pu vous amener à partager cet avis que la poursuite acharnée et sans trêve des falsifications des substances alimentaires est une œuvre à la fois humanitaire et patriotique.

G. POUCHET.

ZOOLOGIE

Les récifs de corail et les autres formations calcaires des mers modernes.

Les vastes dépôts d'origine organique qui forment les récifs de corail sont, sans aucun doute, les phénomènes les plus frappants qui s'offrent à l'étude dans les mers tropicales. La beauté pittoresque des attols, le calme des lagunes circonscrites par les récifs, les merveilles de la faune et de la flore qu'elles recèlent, c'en était assez pour fixer de bonne heure l'attention des observateurs. Les questions qui se rattachent à la structure, l'origine, la distribution de ces curieuses formations ont de tout temps excité l'intérêt et la curiosité des naturalistes. Nous nous proposons, dans cette étude, d'exposer et de discuter à un point de vue général la question des dépôts marins, en considérant d'une façon plus spéciale le rôle des polypes et des autres organismes qui produisent du carbonate de chaux et dont les débris s'accumulent au fond des mers.

Les récifs de corail se développent surtout dans les eaux où la température est la plus élevée et subit le moins de variations. On peut dire qu'on ne les rencontre que dans les mers dont la température à la surface ne descend à aucun moment de l'année au-dessous de 70° F. (21° C.), avec des variations annuelles inférieures à 12° F. (6° C.). Bermude est l'île de corail la plus éloignée de l'équateur (32° lat. nord); elle constitue, avec quelques autres récifs isolés, la seule exception à cette règle, car la température de l'eau y tombe souvent à 66° ou 64° F. (19° ou 18° C.) et les variations annuelles dépassent les limites fixées plus haut. Ces conditions de température ne se rencontrent que dans les parties centrales et occidentales de l'Atlantique et du Pacifique, et dans l'océan Indien. Aussi les formations coralliennes sont-elles prospères sur les rivages orientaux des continents, où les côtes sont baignées par des courants venant directement de la haute mer. Elles font défaut, au contraire, sur les rivages occidentaux, où l'eau est plus froide et les variations annuelles plus étendues, par exemple sur la côte ouest de l'Amérique ou de l'Afrique. Les explorations du *Challenger* ont montré que la couche d'eau chaude de la surface est bien plus épaisse vers la partie occidentale du grand Océan. Aussi les organismes qui produisent les bancs de corail vivent-ils à une plus grande profondeur le long des rivages orientaux des continents, que plus loin, vers la pleine mer, où la couche d'eau tiède — au-dessus de 21° C. — est beaucoup plus mince. Dans les régions tempérées et polaires, il n'existe pas de bancs coralliens. Le fait est très remarquable; car il existe, dans les mers des zones tempérées et même polaires, des organismes appartenant au même ordre, aux mêmes familles et aux mêmes genres que ceux qui produisent les dépôts de corail. Dans ces eaux plus froides, les représentants du groupe ne sécrètent pas de carbonate de chaux; ou, s'ils le font, leurs débris et leurs squelettes sont beaucoup moins volumineux que dans les mers tropicales. L'examen des animaux recueillis par le dragage à diverses profondeurs montre que, à mesure que l'on descend plus bas, que l'on arrive dans des eaux plus profondes et plus froides, la proportion de carbonate de chaux sécrété devient plus faible, et que le squelette calcaire devient moins massif. Il est évident que cette remarque ne saurait s'appliquer aux organismes vivant à la surface, et qui sont tombés au fond.

L'étude des animaux vivant à la surface de la mer ou peu au-dessous, recueillis au moyen du filet, n'est pas moins intéressante. Dans les eaux tropicales, on rencontre de nombreuses espèces de Ptéropodes, Hétéropodes, Gastéropodes, Foraminifères, Coccosphères et Rhabdosphères, qui sécrètent des enveloppes de carbonate de chaux. M. Murray estime, qu'il existe au moins 15 tonnes de carbonate de chaux sous cette forme, dans une masse d'eau de mer des tropiques, d'une étendue de 1 mille carré (2ᵏᵐ 1/2) sur 100 brasses (182ᵐ,9) d'épaisseur (1). Le nombre de ces espèces

(1) Murray, *Structure and Origin of Coral Reefs* (Proc. Royal Soc. Edinb., 1880).

diminue, ainsi que le volume de leur squelette calcaire, à mesure qu'on s'éloigne de l'équateur pour se rapprocher des eaux plus froides des pôles. Enfin, dans les eaux de surface des mers polaires, on ne trouve plus qu'une ou deux espèces de Ptéropodes, à mince enveloppe, et une ou au plus deux espèces naines de Foraminifères. Il semble donc que ces organismes soient capables de sécréter plus de carbonate de chaux, dans les régions où la température de l'Océan est uniformément élevée, que dans celles où celle-ci est soumise à de grandes oscillations, ou bien où elle est uniformément basse, comme dans les mers polaires, ou dans les couches profondes de l'Océan. Dans les mers tempérées, la sécrétion de calcaire est plus active pendant l'été que pendant l'hiver. Une température élevée de l'eau est plus favorable à cette sécrétion que sa richesse en sels.

L'examen des dépôts marins profonds recueillis par le *Challenger* et par d'autres expéditions, dans toutes les mers, montre qu'après la mort des organismes cités plus haut, leurs débris calcaires tombent au fond et s'accumulent en quantités invraisemblables : ce sont eux qui forment la plus grande partie des dépôts connus sous le nom de couches à Ptéropodes et à Globigérines; ils prennent aussi une part considérable à la constitution de presque toutes les autres dépôts marins. Si nous nous basons sur le résultat des sondages effectués en haute mer par le *Challenger*, les dépôts couvrant le fond de l'Océan contiendraient une proportion moyenne de 36,83 pour 100 de carbonate de chaux. Les 90 centièmes de celui-ci proviendraient des débris d'organismes pélagiques tombés de la surface; le reste du carbonate serait sécrété par les êtres vivant sur le fond même. Si l'on considère les boues et sables coralliens en même temps que les couches à Ptéropodes et à Globigérines, on peut estimer que ces dépôts renferment en moyenne 76,44 pour 100 de carbonate de chaux, et qu'ils couvrent environ 51 859 400 milles carrés du fond de la mer. L'épaisseur de ces couches nous est à peu près inconnue; ce que nous en savons nous permet d'affirmer que ces dépôts calcaires d'origine organique sont une formation dont le volume et l'étendue surpassent de beaucoup celle des récifs de corail des mers tropicales. Il sont beaucoup plus abondants dans les régions équatoriales; pourtant on rencontre quelques dépôts à globigérines jusque sous le cercle polaire, dans la direction du Gulf-Stream. Le tableau qui suit montre l'aire probable des différentes sortes de dépôts, avec leur profondeur moyenne, et la proportion de carbonate de chaux qu'ils contiennent.

L'expédition du *Challenger* a révélé un autre fait remarquable. Nous avons vu que les débris des organismes marins tombent comme une pluie continuelle sur le fond de l'Océan; ils s'accumulent dans les endroits peu profonds, et y produisent des dépôts calcaires d'une immense étendue; au contraire, dans les

endroits voisins, mais plus profonds, ils ne s'accumulent pas et sont entraînés par le courant, soit pendant
leur chute, soit immédiatement après avoir atteint le
fond. Les organismes marins sont aussi abondants dans
une zone que dans l'autre; la seule différence appréciable est celle de la profondeur.

TABLEAU MONTRANT L'ÉTENDUE APPROXIMATIVE, LA PROFONDEUR MOYENNE
ET LA PROPORTION DE CaCO³ DES DIFFÉRENTS DÉPÔTS.

DÉPÔTS.		AIRE (milles carrées).	PROFONDEUR moyenne (brasses).	PROPORTION de carbonate de chaux pour 100.
Dépôts pélagiques.	Argile rouge.....	50 299 600	2 787	6,70
	Couches à radiolaires.	2 790 400	2 894	4,01
	— à diatomées.	10 480 600	1 477	22,96
	— à globigérines	47 752 500	1 996	64,53
	— à ptéropodes.	887 100	1 118	79,26
Dépôts terrestres.	Sables et limons coral-liens	2 212 800	710	86,41
	Autres dépôts terrestres, argiles bleues, etc.	27 699 300	1 016	19,20

Dans les dépôts les moins profonds de la haute mer,
on retrouve les débris de presque tous les organismes
de la surface, qui sécrètent du carbonate de chaux.
À mesure que la profondeur augmente, les plus délicats d'entre eux disparaissent du fond, et, vers 1800 ou
2000 brasses, il est rare de trouver autre chose que des
traces d'Hétéropodes, de Ptéropodes, ou des Foraminifères marins les plus délicats; ces mêmes débris constituent parfois les trois quarts du carbonate de chaux
des dépôts situés à 700 ou 1000 brasses de profondeur.
Dans les profondeurs de 3000 à 4000 brasses, les Foraminifères, les Coccolithes, et les Rhabdolithes ont complètement disparu, ou bien ne sont plus représentés
que par les fragments des coquilles les plus compactes
et les plus grosses, telles que celles des espèces *Pulvi-
nulina Menardii*, *Sphœroidina dehiscens* ou *Globigerina
conglobata*. Il y a donc une diminution progressive de
la quantité de carbonate de chaux dans les dépôts, à
mesure que la profondeur augmente. C'est ce que
montre bien le tableau suivant, qui donne la proportion de calcaire contenue dans les échantillons recueillis par le *Challenger*, en se rapprochant de la partie
centrale des bassins océaniques et en évitant l'influence
des détritus arrachés aux continents et aux îles.
Les dépôts d'origine organique comprennent
231 exemplaires, qui se répartissent de la façon suivante, pour montrer les relations de la quantité de carbonate de chaux avec la profondeur :

			Calcaire pour 100.
14 échantillons recueillis à moins de 500 brasses.	86,04
7	—	de 500 à 1000 brasses.	66,86
24	—	de 1000 à 1500 —	70,87
42	—	de 1500 à 2000 —	69,55

			Calcaire pour 100.
68 échantillons recueillis à moins de 2000 à 2500 brasses.	46,73
65	—	de 2500 à 3000 —	17,36
8	—	de 3000 à 3500 —	0,88
2	—	de 3500 à 4000 —	0,00
1	—	plus de 4000 —	Trace.

Les 14 premiers exemplaires consistent surtout en
détritus coralliens; les 7 suivants (de 500 à 1000 brasses)
contiennent une forte proportion de particules minérales provenant des continents ou des îles volcaniques.
Dans toutes les profondeurs supérieures à 1000 brasses,
le carbonate de chaux provient surtout des débris d'organismes pélagiques vivant à la surface; il est à noter
que ceux-ci disparaissent complètement lorsque la
profondeur devient encore plus grande. Ces données
sont tirées des rapports de l'expédition du *Challenger;*
elles sont confirmées dans leurs traits généraux par
l'examen des dépôts recueillis par les vaisseaux américains *Tuscarora* et *Blake*, par l'expédition anglaise de
l'*Egeria* et de l'*Investigator*, par les navires affectés à la
pose des câbles télégraphiques, enfin par d'autres témoins encore. Il faut signaler aussi une autre particularité de la distribution des organismes à carbonate
de chaux sur le fond de l'Océan. Dans les régions où
ces êtres sont le plus abondants à la surface, comme
dans les régions tropicales, leurs débris se rencontrent
en général à une plus grande profondeur que dans les
zones tempérées et polaires, où ils sont bien moins fréquents à la surface.

Dans son ouvrage sur l'origine des récifs de corail,
M. Murray fait observer que les eaux marines entrant
et sortant de la lagune deux fois, en vingt-quatre
heures, doivent entraîner beaucoup de carbonate de
chaux, qui, sous la forme de sable et de limon corallien,
couvre le fond de ces bassins tranquilles. Les débris de
corail sont donc incessamment entraînés par l'eau qui
passe au-dessus d'eux; ce serait de cette manière,
d'après l'auteur, que se formeraient les lagunes au milieu des atolls.

Durant ces dernières années, on a fait, à la *Scottish
Marine station for Scientific Research*, de nombreuses expériences dans le but de jeter quelque lumière sur les
phénomènes énumérés dans les paragraphes précédents, ceux surtout ayant trait à la sécrétion et à la
dissolution du carbonate de chaux dans des conditions
variées. Nous parlerons d'abord de sa sécrétion par les
organismes vivants; nous traiterons ensuite de la dissémination des débris de coquilles et de squelettes calcaires.

Un exposé rapide de quelques-unes de ces expériences montrera la nature des recherches entreprises
et les méthodes employées, de même que les résultats
obtenus :

Expérience I. — Un certain nombre de poules furent
placées dans une cage de bois, et l'on prit soin de tenir

écartées de leurs alimentations toutes les sources ordinaires de carbonate de chaux. Peu de jours après, les
œufs qu'elles pondaient, au lieu d'une coque calcaire,
n'avaient plus qu'une enveloppe membraneuse. Puis
on ajouta successivement à leur nourriture du phosphate, du nitrate et du silicate de calcium ; l'addition
de l'un quelconque de ces sels provoquait la réapparition de la coquille de l'œuf sous la forme normale de
carbonate de chaux.

Depuis les recherches d'Irvine et de Woodhead, on
admet que les sels calcaires traversent le courant sanguin sous la forme de phosphate ; celui-ci serait transporté au lieu de sécrétion et se déposerait, après décomposition, sous la forme de carbonate. Lorsqu'on
ajoutait des sels de magnésium et de strontium à l'alimentation des poules, les œufs restaient membraneux
et dépourvus de coquille.

Exp. II. — Nous préparâmes une eau de mer artificielle, dont le carbonate de calcium était strictement
exclu. Des crabes y formaient très bien leur exo-sque-
lette calcaire en s'assimilant les autres sels
de calcium présents dans l'eau.

Exp. III. — L'eau de mer artificielle de l'expérience II,
parfaitement neutre avant l'introduction des crabes,
devenait bientôt manifestement alcaline. On trouva
que ce phénomène était dû à la décomposition de
leurs produits azotés, et à la formation de carbonate
d'ammoniaque, et enfin de carbonate de chaux.

Exp. IV et V. — Nous mélangeâmes de l'eau de mer
avec de l'urine, et nous la maintînmes à une température de 60° à 80° F. (15° à 26° C.). Après quelque temps,
tous les sels de calcium présents dans l'eau de mer
étaient précipités sous la forme de carbonate et de
phosphate.

Exp. VI. — Quelques crabes furent placés dans deux
litres d'eau de mer ordinaire, et nourris avec des
moules. L'eau n'était pas renouvelée et les produits
d'excrétion des crabes s'y accumulaient. Après quelques
jours, ceux-ci moururent ; l'eau était alors à l'état de
putréfaction ; on la maintint à une température de
15° à 25° C., et l'on vit que tout le calcium de l'eau de
mer avait été précipité à l'état de carbonate.

Exp. VII. — On recueillit le liquide frais de quelques
huîtres, et on l'examina avant que la décomposition
n'eût commencé. On reconnut ainsi que c'était un mélange de lymphe et d'eau de mer non altérée. Le poids
spécifique était de 1023. Le liquide contenait par litre
0^{gr},1889 de sels calcaires en excès sur la quantité contenue dans l'eau de mer de la même densité ; son alcalinité correspondait à 0^{gr},2581 par litre en excès sur
l'eau de mer.

Ainsi ce liquide contenait une accumulation de sels
calcaires, dont la plus grande partie était sous la forme
de carbonate en solution, probablement à l'état
amorphe ou hydraté. Il est vraisemblable que le fait
est dû à la sécrétion directe du carbonate d'ammo-

niaque par les cellules de l'animal vivant. Réagissant
ensuite sur le sulfate de calcium de l'eau de mer, ce
sel peut déplacer les 9/10 des sels solubles de calcium
présents, et les précipiter à l'état de carbonate. On
trouva que le liquide des huîtres contient des sels ammoniacaux en grand excès sur la quantité contenue
dans l'eau de mer ordinaire.

Exp. VIII. — On fit une expérience semblable avec
le liquide des moules, et on arriva à des résultats identiques à ceux de l'expérience VII.

Théoriquement, l'urée à laquelle on ajoute deux molécules d'eau donne du carbonate d'ammoniaque. Si
donc cette substance est une étape dans la formation
de l'urée, il n'est pas invraisemblable de supposer que,
chez les animaux à coquille, la réaction ne va pas plus
loin : il se forme du carbonate d'ammoniaque sans
aucune production d'urée. Il était impossible dans ces
expériences d'adopter la méthode ordinaire pour l'estimation des substances azotées, salines ou albuminoïdes, et nous fîmes usage du procédé suivant, qui
nous donna des résultats satisfaisants.

On ajouta de la potasse parfaitement pure à une
quantité déterminée et filtrée d'eau de mer : le précipité formé fut recueilli sur un filtre. Le liquide clair
ayant traversé le filtre fut traité par le réactif de Ness-
ler. Il était dès lors facile de déterminer la proportion
des sels ammoniacaux et des substances albuminoïdes ;
les deux sortes de substances existent en général dans
l'eau de mer, et leur proportion relative varie suivant
la quantité d'organismes vivants et morts qu'elle contient. Mais il fallait démontrer que l'addition de potasse pure à un liquide contenant seulement des
matières albuminoïdes ne donne pas naissance (immédiatement) à des substances azotées inorganiques.
Dans ce but, nous traitâmes l'albumine de l'œuf de
cette manière, nous en fîmes autant avec l'urée, sans
jamais obtenir la moindre trace de réaction ammoniacale.

Ces expériences montrent l'altération de la constitution des sels calcaires dans l'eau de mer, à la fois par
la décomposition des matières excrétées par les animaux et rejetées dans la mer, et par le carbonate
d'ammoniaque produit par eux.

De l'eau de mer recueillie au milieu des atolls de
corail de l'archipel des Louisiades, et envoyée par le
capitaine Wharton, hydrographe de l'Amirauté, contenait pour 1 million de parties :

Substances azotées inorganiques		0,48
— albuminoïdes		0,18
		0,66

De l'eau recueillie par le *Challenger* dans le nord de
l'Atlantique (30°, 20′ lat. N.; 36°, 6′ long. O. Greenwich)
contenait :

Substances azotées inorganiques		0,26
— albuminoïdes		0,16

Pour l'eau de la mer du Nord, près du rivage, la proportion était :

Substances azotées inorganiques	0,13
— albuminoïdes	0,13

C'est exactement ce que les expériences rapportées plus haut permettaient de prévoir : la plus grande fréquence de substances azotées salines se rencontrant aux points où l'activité de la vie animale est la plus grande, comme dans les eaux des formations coralliennes; le minimum a été observé dans la mer du Nord, pendant l'hiver.

Ainsi tous les sels de calcium de l'eau de mer peuvent se transformer en carbonates; ils se présenteront donc aux animaux qui sécrètent des coquilles ou du corail sous la forme la plus favorable pour l'assimilation.

· La température de l'eau a une grande importance dans cette réaction. A basse température, la décomposition des substances azotées organiques est retardée, tandis qu'elle se produit avec une grande rapidité dans les eaux chaudes des tropiques. Aussi les organismes producteurs du corail ne profitent-ils pas seulement de la décomposition de leurs propres produits d'excrétion; ils s'assimilent encore les matières azotées apportées aux régions équatoriales et provenant des eaux froides des grands fonds ou des régions polaires.

La quantité de carbonate de chaux que contient normalement l'eau de mer est excessivement faible; et l'opinion généralement admise jusqu'ici était que les organismes sécrétant des sels calcaires devaient absorber d'énormes quantités d'eau afin d'en extraire une quantité de carbonate suffisante pour faire leurs coquilles et leurs squelettes.

M. Bischoff, dans sa *Géologie chimique et physique*, estime que l'eau des huîtres doivent traiter dans ce but une quantité d'eau égale à 30 000, à 75 000 fois le poids de leur coquille. Il semble plus probable que les réactions que nous avons décrites plus haut rendent tous les sels de calcium directement utilisables par l'animal. Chez les polypes, qui sont à peu dépourvus de système circulatoire, et qui sont fixés au fond de la mer, il ne serait guère possible d'expliquer l'énorme sécrétion de carbonate de chaux de la façon proposée par M. Bischoff. Mais si la conclusion à laquelle nous sommes arrivé est exacte, si ces animaux, au lieu de sécréter de l'urée, sécrètent du carbonate d'ammoniaque, nous possédons une explication très satisfaisante de la formation du corail.

Dans les laboratoires, lorsqu'on ajoute du carbonate d'ammoniaque à de l'eau de mer, la plus grande partie du calcium en solution se précipite, au bout de peu de temps, sous la forme de carbonate; les sels de magnésium restent au contraire en solution. Aussi, dans le cas où la réaction indiquée précédemment serait

celle qui a lieu dans l'eau de mer, cette circonstance pourrait expliquer pourquoi le carbonate de magnésium manque presque complètement dans les récifs de corail et les formations calcaires des mers profondes.

On comprendra que la quantité de substance organique en suspension ou en solution doit être énorme si on se rappelle que le fond de l'Océan est, dans presque toute son étendue, couvert d'animaux vivants; que la surface de l'eau et les hauts fonds dans le voisinage des côtes sont encombrés de plantes et d'animaux jusqu'à une profondeur de plusieurs centaines de brasses. (Les observations du *Challenger* ont montré que certaines espèces ne prospèrent que dans les couches intermédiaires entre la surface et le fond.) Les déchets provenant de leur activité fonctionnelle et les produits azotés résultant de la décomposition de leurs cadavres doivent provoquer, dans la composition des sels de l'eau de mer, des modifications continuelles, mais variables suivant leur quantité, la température, la lumière solaire, et d'autres conditions. On a montré que les sels ammoniacaux se rencontrent partout dans l'Océan, mais qu'ils sont bien plus abondants dans les eaux tièdes des régions tropicales que dans les mers plus froides. Ce résultat est dû sans aucun doute à la rapide décomposition des matières organiques lorsque la température est élevée, tandis qu'elle est ralentie dans les eaux froides. Les substances azotées de l'air, et tous les principes ammoniacaux apportés de la terre ferme, doivent aussi modifier la composition intime de l'eau de mer. En effet, la faune et la flore marine que l'on rencontre près des côtes et dans le voisinage des embouchures des fleuves est très variable suivant la composition de ces eaux et leur salure plus faible.

On sait que les substances organiques, en présence des sulfates alcalins et terreux, s'oxydent, et qu'il se produit des acides carbonique et sulfureux; celui-ci s'oxyde et donne de l'acide sulfurique. La plus grande partie du carbone organique, qui, on le sait, est en quantité énorme, doit ainsi être oxydé et donner naissance à de l'acide carbonique et sulfurique. Les effets de cette réaction sont plus marqués dans les régions profondes de l'Océan, où les mouvements de l'eau sont très peu considérables, et où les produits de déchet peuvent s'accumuler. On peut, de la sorte, s'expliquer la plus grande proportion de calcaire et d'acide carbonique de ces eaux, tandis que la quantité d'oxygène est diminuée. L'existence d'une quantité relativement considérable de sulfate de chaux dans l'eau de mer démontre que cette réaction a lieu sans interruption; car l'acide sulfurique ne saurait rester à l'état de liberté en présence du carbonate de chaux. Il est donc probable que la quantité de sulfate de chaux en solution dans l'Océan n'est limitée que par l'intensité des décompositions organiques qui s'y produisent. D'autre part, si les organismes marins tirent tout leur carbonate de calcium du sulfate, par la réaction des sels ammoniacaux, la quantité de calcaire qui peut être sécrétée par eux est de même limitée par la proportion des matières organiques qui subissent l'oxydation dans les eaux marines.

M. Gmelin, dans sa *Chimie*, vol. II, p. 191, parle ainsi de cette décomposition :

« Dans les climats chauds, comme la côte occidentale d'Afrique, où l'eau de rivières chargées de matières organiques se mêle avec l'eau de mer, on rencontre de l'acide sulfurique dans l'Océan, souvent jusqu'à une distance de 27 milles (43 kilomètres) de l'embouchure du fleuve. »

Le fait est confirmé par l'examen d'échantillons d'eau qui nous ont été envoyés de la rade de Montevideo par le navire télégraphique la *Seine*.

Si nous portons maintenant notre attention sur la dissolution du carbonate de chaux des coquilles et des coraux par l'eau de mer, nous verrons que l'intensité avec laquelle se produit ce phénomène varie beaucoup, suivant les conditions dans lesquelles ces débris sont exposés à l'action dissolvante de la mer. On a fait un grand nombre d'expériences dans le but de déterminer la solubilité du carbonate de chaux dans diverses circonstances. La quantité de ce corps dissoute normalement dans l'eau de mer est très faible ($0^{gr},1200$ par litre), surtout si on la compare aux masses énormes qu'en retirent constamment les êtres vivants. L'eau de mer peut cependant dissoudre $0^{gr},6490$ par litre de carbonate de calcium à l'état amorphe (ou hydraté). On a ainsi une solution sursaturée ; mais bientôt l'excès de sel est précipité, et une partie de celui qui existe normalement dans l'eau de mer l'est souvent en même temps. Il semble donc impossible de garder en solution une quantité de carbonate plus grande que celle qu'on trouve ordinairement. Ainsi l'eau de mer, après avoir dissous une assez forte proportion de carbonate amorphe, le laisse déposer sous la forme cristalline. Cette propriété explique pourquoi les interstices des coraux sont remplis de carbonate de chaux cristallin, au point que, parfois, toute trace de leur origine organique peut disparaître.

L'expérience montre de grandes différences dans la quantité de carbonate qui se dissout en un temps donné ; elle dépend de la constitution de celui-ci.

En règle générale, plus la substance possède une structure cristalline définie, moins elle est soluble. Des blocs de calcaire sont moins solubles que le corail ; les variétés les plus poreuses de celui-ci ont davantage que les espèces massives. Nous avons indiqué déjà que le carbonate de chaux amorphe ou hydraté est bien plus soluble que toute autre variété de cette substance. Il est facile de comprendre que si l'eau est incessamment renouvelée, il se dissoudra plus de matière que si la même eau reste indéfiniment en contact avec le carbonate. Le liquide arrive, en effet, rapide-

ment à saturation et devient incapable d'exercer une action dissolvante quelconque.

Nous avons remarqué aussi que des échantillons d'eau de mer de différentes provenances avaient des pouvoirs dissolvants très variables. La différence était grande surtout entre les eaux d'été et celles d'hiver ; les premières dissolvaient manifestement les débris de corail, tandis que l'action des secondes était presque insignifiante. On peut attribuer ce fait en partie à la densité moindre des eaux d'hiver ; mais il est dû probablement surtout à l'absence d'acide carbonique libre, c'est-à-dire d'acide carbonique en excès sur la quantité nécessaire pour saturer les bases existant dans l'eau de mer et les transformer en carbonates. Afin d'élucider ce point, on ajouta de l'acide carbonique à l'une de ces eaux, qui n'exerçait pas d'action dissolvante sur le corail. On trouva que, dans ces circonstances, cette eau dissolvait alors une quantité appréciable de ce corps.

Ces faits semblent montrer qu'il y a plus d'acide carbonique dans l'eau de mer l'été que l'hiver, ce qui est dû probablement à l'intensité plus grande de la vie animale. Les observations de M. Buchanan à bord du *Challenger* montrent que l'acide carbonique présent dans l'eau de mer, en excès sur la quantité nécessaire pour former du carbonate de chaux, est sujet à de grandes variations. Il semble qu'il soit, dans la dissolution des débris calcaires, un agent bien plus actif que l'eau elle-même (pourtant de l'eau de mer artificielle absolument libre d'acide carbonique dissout encore le carbonate de chaux). M. Buchanan a trouvé aussi que l'acide carbonique est plus abondant, en règle générale, dans la profondeur qu'à la surface. Les expériences de M. Reid montrent que des eaux de mer carboniques dissolvent plus de carbonate de chaux sous haute pression que sous la pression ordinaire. Le fait que l'acide carbonique est plus abondant dans les eaux profondes est évidemment en connexion avec la respiration et les excrétions des animaux qui vivent sur le fond de l'Océan, et avec les déchets de ceux qui vivent à la surface et qui tombent au fond. L'eau des grands fonds a, dans sa marche vers l'équateur, passé sur des milliers de milles carrés de ce sol couvert d'animaux vivants. Comme son mouvement est très lent, et qu'elle ne se renouvelle que peu à peu, on peut s'attendre à trouver une accumulation d'acide carbonique et une diminution de la quantité d'oxygène dissoute dans ces grandes profondeurs.

Lorsque des animaux sécrétant du carbonate de chaux et vivant à la surface meurent, leurs cadavres tombent au fond. Leur enveloppe calcaire est alors exposée à l'action dissolvante de l'eau à travers laquelle elle passe, et l'acide carbonique provenant de la décomposition de la matière organique de l'animal lui-même peut contribuer à la dissolution. Lorsque le squelette est peu développé, comme celui des Hétéropodes et des Ptéropodes, il peut disparaître entièrement avant d'atteindre le fond; mais les variétés à enveloppe plus grosse tendent à s'accumuler, même à des profondeurs de 2000 brasses. Comme les débris calcaires sont alors baignés par une eau déjà saturée de carbonate de calcium, ils sont à l'abri de la dissolution et forment de vastes bancs calcaires. On a trouvé que la proportion de carbonate de chaux contenue dans ces couches est en rapport avec la profondeur de l'eau qu'ont traversée les débris dans leur chute, et avec le renouvellement plus ou moins lent du liquide en contact avec les dépôts. Les eaux des grands fonds ont une action dissolvante plus considérable, et cela non seulement à cause de la plus grande proportion d'acide carbonique qu'elles contiennent, mais sans doute aussi à cause de la réduction des sulfates alcalins par les matières organiques, qui donne naissance à de l'acide sulfurique. Il faut tenir compte aussi de la pression élevée qui existe dans ces grands fonds; la chute des débris devient ainsi de plus en plus lente, ils restent plus longtemps exposés à l'action des couches superficielles.

Les débris calcaires qui atteignent le fond représentent les parties les plus dures et les variétés cristallines de carbonate de chaux, qui résistent presque absolument à l'action dissolvante de l'eau de mer.

Nous possédons de la sorte une explication rationnelle de la diminution des débris calcaires organiques dans les faibles profondeurs, et de leur disparition complète dans tous les grands fonds. Il faut observer que les coquilles qui contiennent de grandes quantités de tissus organiques disparaissent plus rapidement que les enveloppes des Foraminifères, où fort peu de substance organique est associée au carbonate. Durant toute l'expédition du Challenger, on ne retira des dépôts que deux os de poissons, outre les otolithes et les dents; on ne trouva pas trace d'ossements de cétacés, si ce n'est les osselets de l'oreille, qui sont d'un tissu très dense. Les restes de crustacés étaient presque entièrement absents des dépôts profonds, à l'exception des enveloppes d'Ostracode et des membres de quelques espèces de crabes.

Si nous nous reportons aux lagunes des îles de corail, nous voyons que de grandes quantités de carbonate de chaux sont dissoutes dans ces bassins, mais d'une façon un peu différente que dans la haute mer. Lorsqu'une coquille tombe lentement au fond de l'Océan, elle entre constamment en contact avec de nouvelles couches d'eau, ce qui a le même effet que si l'eau se renouvelait autour d'elle. Dans le cas de la lagune, c'est l'eau qui est en mouvement. Elle entre dans le bassin et en ressort deux fois en vingt-quatre heures, et passe ainsi sur les bancs de corail; de plus, toutes les observations nous montrent qu'elle est très chargée d'acide carbonique, lequel est dû probablement au grand nombre d'organismes qui vivent sur les récifs qui entourent la lagune et que traverse l'eau de la marée. Cette eau vient baigner les débris de corail et

le sable, elle emporte de grandes quantités de carbonate de chaux en solution aussi bien qu'en suspension; car dans ces lagunes l'espace couvert par les débris de corail est toujours bien plus grand que celui occupé par les polypiers vivants. L'eau de la lagune est donc constamment en mouvement; elle se renouvelle continuellement, et la couche en contact avec le fond ne se sature jamais. Le phénomène inverse a lieu probablement dans l'eau en contact avec les bancs de globigérines ou avec les autres dépôts calcaires des grands fonds, et l'empêche de dissoudre le carbonate de calcium.

La discussion dans laquelle nous sommes entré et les observations que nous avons exposées montrent qu'une grande quantité de carbonate de chaux est dans un état de flux perpétuel dans l'Océan; il prend tantôt la forme de coquilles ou de coraux, puis, après la mort des animaux, il se dissout lentement, pour recommencer le même cycle.

On peut dire pourtant qu'en moyenne, la quantité de carbonate de chaux sécrétée par les animaux surpasse ce qui est redissout par l'action de l'eau de mer, et il se produit dans l'Océan une vaste accumulation de carbonate calcaire. Il en a toujours été ainsi; car, à part quelques exceptions insignifiantes, tout le carbonate de chaux des roches géologiques est d'origine marine et a pour origine le travail d'organismes vivants, de la même façon que le charbon des couches carbonifères. L'abondance de ces dépôts semble avoir augmenté depuis les périodes les plus anciennes jusqu'à l'époque actuelle.

Aujourd'hui, la plus grande partie du carbonate de chaux charrié vers l'Océan par les rivières provient des couches calcaires formées dans la mer, dans les âges géologiques antérieurs. Mais le calcium de ces formations dérivait lui-même de la décomposition de certains silicates formant la croûte terrestre au début. Cette décomposition, qui se continue encore actuellement à la surface des terres et sous les eaux, est une nouvelle source de carbonate de chaux.

Lorsque l'on étudie la composition des matières salines contenues dans l'eau de mer, on est frappé de la proportion relativement faible de certaines substances qui en sont extraites en quantité si considérable par les coraux, les plantes, spécialement le carbonate de chaux et la silice. Les dépôts siliceux ont une grande étendue; pourtant l'eau de mer ne renferme que des traces de silice. Les couches calcaires ont une extension encore bien plus considérable; le carbonate de chaux cependant ne forme que la 1/790 partie du résidu salin, et la 1/8300 partie de toute l'eau de mer. Le sulfate de calcium est dix fois plus abondant que le carbonate dans l'eau de mer; d'autre part, celle des fleuves contient environ dix fois plus de carbonate que de sulfate (1).

(1) Murray, Total Rainfall of the Globe (Scot. Geogr. Mag., 1887).

La quantité de calcium contenue dans un mille cube d'eau de mer est estimée, d'après les analyses, à 1 941 000 tonnes, et la quantité totale renfermée par l'Océan entier serait de 628 340 000 000 000 tonnes. Dans un mille cube d'eau de rivière, il y aurait 141 917 tonnes de calcium ; et tous les fleuves du globe déversent dans l'Océan environ 925 866 500 tonnes de calcium annuellement.

Il faudrait donc 680 000 ans pour que les rivières puissent porter à la mer une quantité de calcium égale à celle qui y existe actuellement en solution. D'autre part, en prenant pour base les observations du *Challenger*, si l'on suppose que les dépôts recueillis par lui ont une épaisseur de 22 pieds (6m,80), la quantité de calcium qu'ils contiennent est égale à celle qui est en solution dans l'Océan à l'heure actuelle. On peut conclure de ces calculs que, si la salinité de l'Océan est restée constante depuis les époques géologiques, il a fallu 680 000 ans pour que des dépôts de cette épaisseur aient pu se former. Ces calculs nous permettraient encore bien d'autres spéculations intéressantes ; nous pourrions, par exemple, chercher à déterminer la quantité d'acide carbonique qui a été enlevée à l'atmosphère et fixée sous forme de carbonate de chaux, ou bien la quantité de roches siliceuses contenant du calcium qui ont été décomposées, et la quantité de calcium existant actuellement en solution, ou fixé dans les dépôts. Nous pourrions encore calculer les proportions relatives de substances retirées de l'Océan par les animaux, ou bien provenant de la décomposition des dépôts marins profonds ; enfin, nous pourrions estimer l'accumulation apparente de formations calcaires dans le voisinage de l'équateur. Mais toutes ces questions méritent d'être traitées d'une façon approfondie, dans un travail spécial.

John Murray.

BOTANIQUE

La protection des plantes.

Si le fait de la lutte pour l'existence est bien réel, il doit exister dans la nature toute une série d'êtres dont la défaite va chaque jour s'accentuant devant le succès des autres, des espèces en voie de diminution, et d'autres en voie d'augmentation. — Nous connaissons déjà nombre de ces malheureux vaincus. Beaucoup d'animaux et de plantes ont existé aux environs de Paris, par exemple, dans les périodes historiques, qui ne s'y trouvent qu'à l'état fossile ; ailleurs, nous avons vu disparaître la rhytine, l'*Alca impennis*, l'*Epiornis* ; le bison d'Amérique, la baleine, l'éléphant, le kangourou, le lion et beaucoup d'autres décroissent avec une formidable rapidité, et si l'on n'y prend point garde, ce seront

tôt ou tard choses du passé et fossiles qui ne ressusciteront jamais. Nous nous intéressons, par une pente naturelle de notre esprit, à ces vaincus ; en fait, tous les vaincus nous apitoient. L'homme connaît en pratique cette lutte pour l'existence, *nolens volens*, consciemment ou sans s'en rendre compte, de la façon dont M. Jourdain faisait de la prose ; et s'il donne ses applaudissements aux vainqueurs, il sait témoigner de la pitié envers les vaincus. A l'époque actuelle de la civilisation, la lutte a surtout lieu d'homme à homme, et la lutte contre la nature a beaucoup perdu de son intensité, grâce aux efforts de nos pères.

Est-ce par charité pure, est-ce par un égoïsme particulièrement raffiné et subtil, nous ne savons ; mais la protection que donne la société aux faibles ou aux vaincus, à l'enfant, au vieillard, à l'infirme, au malade, au misérable, est à la fois la proclamation de la réalité de la lutte pour l'existence et une protestation contre ses résultats. Elle est moins tendre envers l'animal et la plante. A la vérité, elle saura bien de temps à autre pousser des cris retentissants quand elle aura appris que quelque physiologiste aura sacrifié une grenouille, un matou ou un caniche à sa manie destructive — c'est la société qui parle — et sanguinaire ; mais elle se précipitera pour voir un taureau couvert de sang, blessé en toutes les parties de son corps, exaspéré par la douleur. Du moment où le spectacle amuse le public, il est entendu que l'animal ne souffre pas... Dans ces conditions, comment demander à cette société — d'ailleurs très civilisée : il ne s'agit question ou d'un peuplades barbares, et l'anthropophagie lui répugne — d'étendre sa compassion jusqu'aux plantes? Fort heureusement, le public scientifique est là : peu nombreux, il est vrai, mais actif, il a compris l'intérêt qu'il y a à ne point laisser périr les espèces animales ou végétales, si déshéritées soient-elles. Il ne travaille pas seulement à conserver et à propager les espèces utiles, comme le pourrait faire la masse du public s'il s'agissait d'un légume ou d'un animal de boucherie; il les veut conserver toutes, du moment où elles ne sont pas particulièrement nuisibles, dans un intérêt purement scientifique. Il y a à cet égard un mouvement encore faible, mais qui s'accentuera, dans tous les pays du monde : en Australie, en Angleterre, en Suisse, aux États-Unis, en France, etc., on trouve de nombreux exemples de ce fait, et on peut constater l'existence de sociétés qui se sont constituées dans le but d'entraver la destruction totale d'espèces animales ou végétales devenues rares par le fait de l'homme ou de certaines circonstances. Le naturaliste ne peut qu'applaudir à ces efforts désintéressés dont le seul but est de servir la science, et quiconque, de près ou de loin, s'intéresse à la nature et aux sciences naturelles, doit apporter à ces sociétés des encouragements. Il me paraît superflu de démontrer l'intérêt qu'a la conservation des espèces déshéritées ou en voie de diminution : c'est, dans la plupart des cas, un intérêt d'ordre purement scientifique. La conservation à l'étude de ces espèces servira à nous expliquer le *quo-modo* de la lutte pour l'existence; elle contribuera à éclairer pour nous nombre des mystères de la vie végétale; et si l'intérêt de cette œuvre n'est que scientifique en apparence, et, pour le présent, on peut être assuré qu'un jour les résultats obtenus fourniront des déductions pratiques, les seules qui soient capables d'intéresser un peu la masse du public. Quand même ces dernières feraient défaut, il nous importerait peu : la science n'a-t-elle pas en elle-même sa propre raison d'être? Et, d'ailleurs, il est difficile que les recherches en question n'aboutissent point à quelques résultats pratiques : ceux-ci se rencontrent toujours, même quand le point de départ a été le plus strictement scientifique : est-il rien de plus instructif à cet égard que le contraste entre le caractère essentiellement spéculatif et scientifique des premières recherches de Pasteur, et la nature pratique des résultats auxquels celles-ci l'ont graduellement et logiquement conduit? Il ne faut jamais dire qu'une recherche quelconque, si abstraite puisse-t-elle paraître ou être, n'a d'intérêt qu'au point de vue scientifique : directement ou indirectement, tôt ou tard, elle entraîne des applications pratiques auxquelles, il est vrai, on ne songeait peut-être pas. Mais revenons aux plantes.

L'*Association pour la protection des plantes*, fondée en 1883 à Genève, nous fournit, par son *Bulletin*, d'intéressants documents sur la nécessité de leur protection et sur les procédés à suivre pour arriver à ce résultat.

Il est nécessaire d'opérer une protection efficace, parce que nombre d'espèces alpines diminuent d'une façon alarmante. Tantôt il s'agit d'espèces qui, mal douées pour la lutte, se reproduisent peu et lentement ; tantôt et le plus souvent il s'agit d'espèces que l'homme pourchasse d'une façon désastreuse. Les coupables, ce sont surtout les botanistes et les marchands de plantes. Les botanistes, qui, connaissant la rareté de certaines plantes, n'hésitent point à le recueillir tous les exemplaires qu'ils rencontrent pour faire ensuite des échanges avec leurs confrères ; les marchands de plantes qui font de même pour revendre aux botanistes, et aussi pour vendre au public, surtout aux places de Genève, Lausanne, etc., pour permettre à celui-ci de satisfaire ses goûts et de cultiver dans ses jardins les plantes alpines.

Cette demande persistante a amené un certain nombre de résultats désastreux qu'il convient de signaler en passant :

Le *Cyclamen hederæfolium*, plante qui n'est jamais abondante, disparaît peu à peu de la flore alpine.

Les stations en sont très rares, et il y a peu de temps encore l'une d'elles a été totalement anéantie par une simple marchande qui a pris tous les exemplaires existants. Le pin d'Arole, autrefois abondant dans les Alpes, s'en va rapidement. Il est très nécessaire à l'industrie laitière, et le gouvernement fédéral en fait des plantations ; mais les marchands viennent voler les plants pour les revendre. Beaucoup d'orchidées indigènes sont devenues très rares ou ont presque totalement disparu des bois où elles étaient, il y a vingt ans, abondantes. La *Tulipa sylvestris*, le lis martagon, l'*Erythro-um dens canis* s'en vont ; on ne retrouve plus les *Ane-*

mone stellata, *Lysimachia punctata*, *Euphorbia segetalis* *Malaxis paludosa* dans leurs stations d'autrefois ; du *Geranium lucidum*, naguère abondant en certaine localité, il ne reste plus que six exemplaires ; le *Trapa natans* a depuis seize ans disparu totalement d'un étang où il se trouvait ; il en est de même pour le *Najeis minor*. La *Calla palustris* est exploitée par les paysans qui en connaissent la station, et à Zofingue, où de nombreuses espèces d'orchidées existaient, un seul homme a suffi à les exterminer, sauf trois d'espèce commune : il les a toutes vendues à des amateurs pour leurs jardins. Les *Daphne cneorum* et *alpina* ont été détruits dans certaines stations : de ce dernier, il ne subsistait que deux pieds en 1882 ; à l'heure qu'il est, ces deux exemplaires ont certainement vécu.

Il y a vingt-cinq ans, on découvrit la présence du *Scirpus maritimus* dans des tourbières aux environs de Lausanne ; mais il fut pillé par les botanistes, si bien qu'il a disparu totalement. Il y avait près de la gare d'Aarbourg une station d'*Holosteum umbellatum*, station unique en Suisse, et la plante y avait sûrement été apportée ; elle y prospérait d'ailleurs, et on pouvait croire qu'elle s'étendrait. Un seul botaniste a suffi pour l'exterminer ; il a tout récolté, et la plante a disparu. Il peut sembler extraordinaire que tant de méfaits soient dus aux botanistes, c'est-à-dire à ceux qui devraient le mieux comprendre la nécessité de ne point détruire les plantes, et pourtant cela est. Les meilleurs et les plus sages d'entre eux n'ignorent point combien les herborisations collectives sont dangereuses, et maint professeur de nos grandes villes pourrait dire les dégâts que déterminent vingt ou quarante élèves qui se précipitent sur les espèces rares qui leur sont désignées pour, une heure plus tard ou le lendemain, jeter dans un coin ces « mauvaises herbes » dont ils n'ont cure, et qu'ils ont cueillies pour faire comme les autres et paraître s'intéresser à la botanique. D'autre part, les sociétés d'échange font plus de mal encore. Ces sociétés se forment entre personnes de localités distantes, et chacune s'engage à procurer à ses collègues les plantes rares de sa propre localité ; de cette façon, les membres peuvent se faire des herbiers très intéressants, mais c'est au grand détriment des espèces rares et locales, sans que la science en profite beaucoup : ce sont surtout des amateurs et non des savants, qui composent ces sociétés d'échange. M. H. Correvon, le président de l'*Association pour la protection des plantes*, a pu voir la liste des demandes qui étaient adressées à l'un des membres de certaines de ces sociétés. Voici, entre autres choses, ce qui était demandé :

Papaver alpinum : tout ce qu'on pourra trouver.

Aralis arenosa, *Iberis saxatilis* : de même.

Dianthus caesius : 30 grosses touffes.

Heracleum alpinum : beaucoup, mais seulement de beaux exemplaires.

Inula Vaillantii : 100 beaux exemplaires.

Centhranthus angustifolius : un char plein.

Hieracium lycopifolium : un chargement de voiture.

Pyrola minor : le plus possible.

Myosotis versicolor : 100 exemplaires.

Scrophularia Hoppii : un char plein.
Lysimachia thyrsifolia : 100 exemplaires.
Centenculus minimus : une caisse pleine.

En somme, et en admettant que *le plus possible* et *tout ce qu'on pourra trouver* signifient seulement cent exemplaires, et en laissant de côté les trois *chars pleins*, on demandait plus de 5000 exemplaires! Et les espèces dont on demandait le plus d'échantillons étaient naturellement les plus rares. Si l'on joint aux déprédations des botanistes l'extension de la culture, le déboisement des forêts, les dessèchements des marécages, et parfois même le reboisement, on comprend que les malheureuses plantes succombent avec une rapidité exceptionnelle, surtout quand à ces efforts combinés se joignent ceux des marchands et de leurs agents « collecteurs ». Il en est qui agissent avec une singulière impudence. L'un d'eux a absolument détruit la station du *Dracocephalum austriacum* : il en a pris tout ce qu'il pouvait emporter, et a arraché et détruit tout le reste. Ceci, pour accroître la valeur marchande de ses propres échantillons, naturellement. Ces collecteurs sont les pires ennemis des plantes. Ils arrivent avec une commande de 10 000 exemplaires, par exemple, et cela surtout d'espèces peu fréquentes : le paysan les fait chercher par ses enfants, et comme ceux-ci ne savent pas toujours bien arracher la plante, on a vu refuser 400 ou 500 pieds pour 100 que le collecteur accepte. En 1884, l'un de ces agents a expédié en Amérique 4000 pieds d'Edelweiss pris dans l'Engadine, et en Angleterre il y a des maisons qui demandent jusqu'à 10 000 et 20 000 exemplaires d'une même plante. A l'homme ajoutez l'animal, et nous aurons épuisé la liste des agents destructeurs.

Le bétail, gros et petit, les moutons et les chiens, comme le bœuf, détruisent nombre d'espèces ou en restreignent au moins la propagation : elles sont broutées avant d'arriver à la floraison et à la fructification. Dans ces conditions, le nombre des exemplaires ne peut s'accroître qu'avec une extrême difficulté. Parmi les causes de destruction des plantes, il en est deux dont il est très malaisé d'apprécier l'importance : la lutte pour l'existence entre les plantes, c'est-à-dire l'ensemble des conditions de nature à favoriser ou à restreindre la multiplication et l'extension des espèces; les variations dans le monde des insectes, la diminution de telle espèce entomologique pouvant entraîner celle de telle espèce végétale dont elle assure la fécondation. Aussi est-il suffisant d'indiquer en passant ces deux causes sur lesquelles des recherches précises présenteraient le plus vif intérêt.

Le résultat de ces causes multiples de destruction, nous le connaissons : c'est la rareté extrême de certaines espèces et la disparition totale de quelques autres. Il est bon de signaler les unes et les autres, les premières surtout, et l'*Association pour la protection des plantes* a publié plusieurs travaux dus à M. H. Correvon entre autres, donnant l'indication des espèces à protéger. Elles sont nombreuses : ce sont la *Tulipa Billictiana*, très rare, connue depuis peu, et d'habitat très circonscrit; la *Tulipa oculus solis*, presque introuvable; le *Carex ustulata*, très rare en Suisse, où il n'en existe que trois stations comprenant chacune une centaine de pieds au plus; l'*Iris virescens*, très rare; la nivéole (*Leucoïum vernum*), le nénuphar, l'*Hottenia palustris*, les Utriculaires, l'*Alisma ranunculoïdes*, l'*Anagallis tenella* dont on ne connaît qu'une seule station en Suisse, la *Trientalis europæa* autrefois abondante, mais qui ne se trouve plus que dans trois stations; le *Samolus Valerandi*, dont il n'existe qu'une seule station en Suisse; toutes les orchidées, et combien d'autres plantes. Je ne puis tout citer : l'*Association pour la protection des plantes* qui, naturellement, s'occupe surtout de la flore suisse — c'est pourquoi tous les exemples cités ici sont empruntés à cette flore particulière — s'occupe de dresser peu à peu l'inventaire des espèces rares et en diminution marquée, afin d'attirer sur elles l'attention des « conservateurs » bénévoles qui cherchent à aider la Société par leurs efforts. Il n'est que temps, car, sans des soins assidus, beaucoup d'espèces vont encore disparaître, comme l'ont déjà fait — dans les temps historiques, naturellement, et, dans la plupart des cas, depuis une époque très récente — nombre de leurs sœurs : le *Butomus umbellatus*, qui se trouvait encore à Yverdon au début du siècle; le *Calla*, la *Zanichellia tenuis*, qui est probablement une forme locale de la *Z. dentata*, et qui n'existe probablement plus nulle part; la *Lysimachia punctata* et tant d'autres qu'il serait aisé de citer. Il faut agir, sous peine de voir disparaître entièrement certaines plantes, comme ce malheureux *Psiada rotundifolia* de Sainte-Hélène, qui, témoin de la captivité de Napoléon Ier, demeure le seul exemplaire au monde de son espèce. Et ses graines se refusent à germer !

Agir, dira-t-on ; mais comment ? L'*Association pour la protection des plantes* nous montre la voie et la bonne voie. Elle opère de deux façons. Tout d'abord elle a constitué aux environs de Genève un Jardin botanique destiné à la culture exclusive des plantes alpines, et qui vend ces plantes aux botanistes et amateurs, espérant par là leur enlever le goût d'aller saccager les montagnes et les vallées. Ce jardin a réussi, en effet, à détourner nombre de « collecteurs » qui maintenant s'adressent à lui et sont assurés d'avoir tout ce dont ils peuvent avoir besoin à aussi bon compte. Les plantes qui s'y trouvent ont pour la plupart été élevées par semis : le jardin vend graines et plantes, et s'attache particulièrement à la culture de la flore des hautes montagnes des Alpes, et aussi à celle de la flore de l'Himalaya et des Andes. Il peut sembler étrange que l'on réussisse à cultiver dans la jardins ou dans les plaines des grandes hauteurs, et pourtant cela est. Généralement, les semis se font à l'automne, avant les froids, et sur ce point l'*Association* donne tous les conseils nécessaires à ceux qui, lui achetant des graines, veulent se livrer à des tentatives d'acclimatation ou d'extension dans les jardins ou dans les montagnes. A qui douterait de la possibilité d'acclimater ainsi les plantes alpines dans la plaine, je répondrai simplement en citant l'exemple de cet horticulteur de Berne qui a élevé 30 000 pieds de l'*Edelweiss* au moyen de semis; le même Edelweiss, qui en Suisse ne se trouve qu'au niveau des neiges persistantes, est encore prospère à Genève : bien plus, il vit et fleurit parmi nous, à Paris même et dans ses environs. A vrai dire, il témoigne d'une souplesse qui nous étonne.

Une objection se présente aussitôt à l'esprit du naturaliste. Admettant que l'on puisse réellement cultiver dans la plaine, à une altitude très différente, dans un milieu tout autre au point de vue de la température, de l'aération, de la lumière, peut-être de la constitution chimique du sol, etc., les espèces alpines, il est certain — les preuves sont faites — que les espèces varieront quelque peu : il se produira de légères différences, dues au changement de milieu qui stimule la variabilité naturelle de la plante, et peut-être l'espèce changera-t-elle de caractère à certains points de vue.

S'il en est ainsi, et la chose est infiniment vraisemblable, le naturaliste ne se tiendra pas de joie. Dans ces conditions, le Jardin alpin de Genève rendra de grands services à la science, et le botaniste, curieux d'étudier les modifications qu'impose à l'espèce le changement de milieu, fera dans ce jardin, qui pour lui sera un véritable laboratoire, une ample moisson de matériaux. Patronné par l'*Association,* ce jardin devra évidemment présenter des tendances scientifiques; il n'est point, je l'espère du moins, exclusivement commercial, et ceux qui le dirigent comprendront sans doute l'intérêt des études qu'ils peuvent favoriser sans nuire en rien à leur négoce.

Mais alors, objectera-t-on, si les plantes acclimatées varient tant soit peu, ce ne seront point les espèces originelles que l'on conservera, et le but de l'*Association* ne sera atteint qu'à *demi.* L'objection est fondée, mais l'*Association* semble l'avoir prévue. En effet — et c'est ici le second des moyens par elle employés pour la protection de la flore alpine — elle a compris la nécessité qu'il y a de maintenir et protéger les espèces *in situ,* dans leur habitat normal ou actuel, et elle y parvient au moyen de la création de jardins botaniques dans les montagnes mêmes. Dans ces jardins, on groupera les espèces rares des hauteurs, et elles y seront dans des conditions normales au point de vue du milieu, et certaines espèces qui n'arrivent point à la floraison dans la plaine seront particulièrement cultivées ici. Ce sont ces jardins qui fournissent les graines servant aux semis dans le Jardin de Genève.

Un de ces jardins, la *Linnœa,* a été inauguré l'an dernier, dans le Valais, à Bourg-Saint-Pierre, sur la route du Saint-Bernard; d'autres devront suivre. Il nous paraît difficile que l'on n'obtienne point, en différentes parties des montagnes de la Suisse, quelques terrains, souvent impossibles à exploiter pour l'agriculture, où l'on pourra encore introduire certaines espèces et empêcher qu'on ne les récolte : il doit exister des communes ou même des particuliers qui pourraient au moins permettre que l'on fît chez eux des tentatives d'acclimatation de ce genre, et l'*Association* pourrait procéder avec eux comme le fait le Jardin d'acclimatation de Paris à l'égard de ceux à qui il confie des cheptels. Quoi qu'il en soit, par la création du Jardin de Genève, l'*Association* détourne certainement des montagnes nombre de botanistes, amateurs et marchands, et elle assure la conservation des espèces rares; et par les jardins alpins elle complète

son œuvre, en conservant les plantes *in situ.* Il importe que cette dernière protection soit multipliée autant qu'il est possible.

Aux deux moyens qui précèdent, on en peut joindre d'autres : il est bon que l'autorité édicte des défenses et des peines, comme elle l'a déjà fait en Suisse et en France ; il est bon surtout de faire comprendre au plus grand nombre l'utilité scientifique et souvent pratique de la protection des plantes. Du reste, une tendance prononcée se manifeste en ce sens; en Angleterre, en France, en différents autres pays, nombre de personnes commencent à comprendre la situation et s'en préoccupent, ainsi qu'on en peut juger par les notes que publie le *Bulletin de l'Association pour la protection des plantes.*

Nous ne pouvons qu'applaudir à ce mouvement, dans lequel l'*Association* a certainement une grande part, mais nous insistons particulièrement sur l'intérêt scientifique qu'il présente. En empêchant la disparition d'espèces végétales, en assurant la protection et la survivance de celles-ci, et en fournissant en même temps au naturaliste des moyens d'étudier des faits curieux et importants, les botanistes et leurs amis font ce que les zoologistes regrettent de n'avoir point fait, quand il en était temps encore, pour mainte espèce animale. Autant d'espèces disparues, autant de documents perdus, de feuilles arrachées dans le livre de la nature. Et nous ne déchiffrons déjà point ce dernier avec une telle aisance que nous puissions nous permettre la fantaisie de sauter une page ici ou là, et risquer d'omettre un passage important.

La protection des plantes est une œuvre d'utilité publique, parce qu'elle est une œuvre d'utilité scientifique; et c'est pourquoi nous avons tenu à en parler ici.

HENRY DE VARIGNY.

VARIÉTÉS

Stanley et son dernier livre.

LE VOYAGE ET LE VOYAGEUR.

« Les voyages, a-t-on dit, sont toujours intéressants; mais on ne saurait toujours en dire autant des voyageurs. » Le spectateur, en effet, gâte quelquefois le spectacle et l'explorateur nuit à l'exploration. Mais quand cet accord se rencontre d'un grand voyageur qui a de grandes aventures, d'un homme qui a beaucoup vu et qui a su bien voir, d'un homme d'action qui est en même temps un observateur et un écrivain, alors c'est la perfection du genre, et il n'y a rien de plus attachant qu'un récit de voyage. Plus d'un livre et plus d'un homme — ne parle ici que de l'Afrique — avaient déjà réalisé en partie cet idéal. Levaillant, René Caillé, Speke, Grant, Burton, Cameron, Schweinfurth, Junker, Giraud — j'ajouterais Brazza, si Brazza avait écrit

— d'autres encore ont été des explorateurs pleins de ressources et des narrateurs attachants de leurs propres exploits.

Mais les deux volumes que Stanley vient de publier sous ce titre — alléchant et bien trouvé, comme les précédents — *Dans les ténèbres de l'Afrique* (1), sont peut-être ce que la littérature des voyages a produit de plus entraînant et de plus complet. Il y a certainement des réserves à faire, et je les ferai sans vaines réticences; mais l'impression d'ensemble qui se dégage impérieusement de cette lecture est celle-ci : quel livre intéressant et quel vaillant homme! Quand un ouvrage inspire ce jugement, on peut faire ensuite toutes les restrictions qu'on voudra : c'est un livre et ce livre est de quelqu'un.

Il ne manque pas de juges très écoutés qui ne prisent pas si haut ce long et touffu récit de voyage, qui ne goûtent peu le style, les descriptions, les amplifications et ce qu'on peut appeler les côtés littéraires, qui ne se plaisent pas beaucoup à l'œuvre et pas davantage à l'auteur. On a fait de Stanley et de ses deux derniers volumes des critiques assez dures. On a trouvé contre lui des mots spirituels et piquants, peut-être justes. Mais c'est le propre de certaines natures très complexes de pouvoir être vues sous plus d'une face et d'éveiller des impressions très diverses : l'essentiel n'est peut-être pas de plaire à tout le monde, mais de faire sur tout le monde, fût-il un peu mêlé, une très forte impression.

Cette impression, il est impossible à quiconque aura seulement parcouru ce millier de pages in-octavo de ne pas la ressentir. Il suffirait de jeter un coup d'œil sur la table des matières et de suivre l'itinéraire et la chronologie de cette mémorable exploration pour se sentir déjà pénétré d'un certain respect. Réfléchissons un peu à ce que représentent d'énergie, de volonté, de calcul et de persévérance, de fatigues et d'émotions diverses une traversée comme celle-ci : de longs préliminaires, des négociations avec les banques et les puissances; le choix des compagnons, qui est la moitié du succès; le tracé de l'itinéraire, qui consista, comme on sait, à prendre l'Afrique à revers, après en avoir fait le tour de Zanzibar à Banane; Tippoo-Tib, ennemi caché, transformé en coadjuteur, pour être mieux surveillé; l'organisation de cette étrange armée de noirs de toute provenance, Soudanais, Zanzibari, Somali, etc.; la discipline imposée à ces têtes mobiles, à ces imaginations vagabondes; les éternels recommencements des difficultés toujours les mêmes, traînards à pousser, désertions à prévenir, querelles à calmer, les vivres qui se font rares, les bateaux qui ne marchent pas. Voilà pour la première partie du voyage. Et l'on arrive ainsi jusqu'à Yambouya, à l'entrée de la grande forêt ténébreuse et inexplorée. De longs mois de pourparlers et de préparatifs; cinq mois et demi de voyage dont trois à remonter le Congo et le bas Arrouwimi, du 18 mars au 27 juin 1887. Mais ce ne sont encore que les bagatelles de

(1) 2 vol. in.80 de 500 pages, contenant 150 gravures sur bois et trois cartes; Paris, Hachette, 1890.

la porte : le vrai drame et les grandes épreuves vont seulement commencer.

C'est, en effet, le 28 juin 1887 que Stanley et sa troupe, laissant à Yambouya l'arrière-garde, sous les ordres de Barttelot, s'enfoncent dans la grande forêt de l'Arrouwimi, et c'est plus de cinq mois après seulement, le 5 décembre, qu'ils débouchent enfin à l'air libre et qu'ils échappent à l'oppression de cette éternelle nuit verte des sous-bois, de cette atmosphère humide et chaude, de cette noire contrée sans air, de ce lugubre pays sans horizon et sans chemins, séjour de vieilles races d'hommes étranges et inconnues, comme ces nains que personne peut-être n'avait vus depuis les Nasamons d'Hérodote.

Huit jours plus tard, le 13 décembre, la caravane découvre enfin, du haut d'une colline, les eaux brumeuses de l'Albert-Nyanza. C'était le but poursuivi et désiré; c'est là qu'on devait trouver Émin, voir sa flottille, et conférer avec lui sur les moyens du retour; mais toutes ces espérances s'évanouissent et tous ces plans sont déjoués : pas de nouvelles d'Émin, à la recherche de qui on avait fait tout ce voyage; pas trace de steamer sur les eaux désertes du grand lac; nulle embarcation pour explorer le Nyanza, puisque le bateau d'acier, transporté avec tant de peine tour à tour à travers les halliers et les rapides est resté très loin en arrière, dans un coin de la forêt; pas de provisions, pas de vivres. Que faire? Reprendre le dur chemin du Nyanza, chercher un emplacement pour y élever, dans un pays capable de fournir des vivres, un camp fortifié; tâcher de recueillir tout ce qu'on a laissé en arrière pour aller plus vite : les malades déposés chez Ougarroué et chez Kilonga-Longa, razzieurs d'ivoire et chasseurs d'hommes, pirates arabes de la grande forêt; Nelson, Parke et leurs malades, mis en pension chez les Manyouema; les bagages enfouis dans le sable ou emmagasinés à Ipoto, sur l'Itouri; le bateau l'*Avance*, désarticulé et caché dans un fourré; Barttelot enfin, et son arrière-garde, laissés là-bas à l'autre bout de la forêt, dans le camp d'Yambouya, et dont on ne sait ni s'ils s'y trouvent encore, ni s'ils se sont mis à leur tour en marche sur les traces de leurs devanciers.

A dix-huit journées de marche à l'ouest du Nyanza, Stanley construit donc un retranchement, le fort Bodo, où il demeure près de trois mois, du 8 janvier au 1er avril 1888. Parke et Nelson l'y rejoignent avec ce qui reste de leur colonne; Stairs réussit à y ramener le bateau d'acier; des volontaires sont chargés de porter un message à Barttelot. Stanley se décide alors à reprendre le chemin du Nyanza et l'inspiration est heureuse, car il entre enfin en communication avec Emin : le 29 avril, à 8 heures du soir, le pacha lui-même, accompagné de Casati, fait son entrée dans le camp de Stanley. Après trois semaines et demie d'inutiles pourparlers avec Emin, qui refuse obstinément de se laisser « sauver » et conduire à la côte de l'océan Indien, Stanley, toujours sans nouvelles de Barttelot, prend la résolution d'aller lui-même le chercher, retourne sur ses pas, traverse de nouveau toute la redoutable forêt de l'Arrouwimi et, du 1er juin au 17 août, franchit à toute vitesse la distance qui sépare le lac Albert de la station de Banalya, à quelques journées de marche en avant d'Yambouya. Là il retrouve son arrière-garde, mais en quel état? Réduite de moitié, épuisée de misère, de faim, de maladies et privée de son malheureux chef Barttelot, assassiné depuis un mois.

Le 30 août, nouveau départ pour l'Albert-Nyanza avec les débris de la colonne Bartelot; nouvelle traversée de la forêt; arrivée au fort Bodo, le 20 décembre, et à Kavalli, sur le lac, le 17 janvier 1889. Mais il est écrit qu'aussitôt parvenu à l'un des buts qu'il poursuit, Stanley se heurtera infailliblement à quelque déception nouvelle. Sa troisième visite au Nyanza ne fait pas exception à la règle : Il n'arrive aux bords du lac que pour apprendre la révolte des soldats d'Emin et la captivité de leur chef. Comment les officiers rebelles relâchent Emin et l'accompagnent même jusqu'au camp de Kavalli; comment le pacha indécis refuse de partir pour Zanzibar, et comment des semaines et des mois se passent en pourparlers entre le sauveur tyrannique et le sauvé récalcitrant; comment enfin, le 10 avril, Emin se décide à suivre Stanley et, comment, après de nouvelles épreuves, d'intéressantes découvertes géographiques et de nouveaux combats, l'un et l'autre arrivent le 4 décembre à Bagamoyo? C'est ce qu'on a lu partout.

Mais quel voyage! Quelles péripéties! Que de surprises et que de luttes! Et comme il est bien vrai que depuis Ulysse, père et prototype des voyageurs, aucune odyssée humaine n'a réuni plus de difficultés et exigé plus de ténacité, de ressources et de vaillance! Nous avons véritablement beau jeu, du coin de notre feu, à venir chicaner sur les embarras, les dangers et les pièges d'une telle expédition, soupçonner çà et là des exagérations, contrôler aux lumières d'une critique méfiante l'exactitude de tel ou tel détail de ces longs récits : tâche ingrate, puérile et vaine qui rabaisse quelque peu le critique sans rien enlever au mérite et à la renommée du voyageur. Faisons mieux; voyons d'ensemble et de plus haut le voyageur et le voyage, et rendons hommage à tant d'énergie triomphant de tant d'obstacles.

Pour mettre seulement en lumière les résultats géographiques de cette exploration, tout un développement spécial serait nécessaire : nous n'avons place ici que pour un résumé. Mais pour classer cette traversée parmi les grands voyages de découverte, il suffit de ces quatre faits : l'Arrouwimi suivi et remonté pour la première fois et la grande forêt équatoriale traversée de part en part; le cours de la Semliki, déversoir encore inconnu du lac Albert-Édouard dans l'Édouard-Nyanza, relevé sur la plus grande partie de sa longueur; le magnifique massif et les majestueux sommets du mont Ruwenzori observés et décrits; le prolongement du lac Victoria au sud-ouest découvert et signalé. Lisex notamment, dans le second volume, les chapitres XXIX, XXX et XLII, les Montagnes de la Lune et les Sources du Nil, — le Ruwenzori, « roi des Nuages », — le Ruwenzori et le lac Albert-Édouard, illustrés d'une excellente carte où tant de points sont indiqués ou fixés pour la première fois : ce sont des modèles d'exposition géographique et des chefs-d'œuvre de description vivante et claire.

Infiniment plus difficiles à définir et à juger seront les résultats politiques de ce voyage, et pourtant quelle place la politique et ses préoccupations n'y ont-elles pas tenue? Qu'on ne vienne pas nous dire que l'Emin relief Committee et son agent ne poursuivaient qu'un simple but humanitaire et ne songeaient qu'à délivrer le pacha de Wadelaï! Nous ne doutons certes pas que l'Anglo-Saxon ne sache, tout comme un autre, être chevaleresque et désintéressé à ses heures; mais nous ne croyons pas que tant d'Anglais aient offert et donné de si fortes sommes, que le ministère soit intervenu, que les membres de la famille royale se soient pris d'une telle sympathie, que l'opinion et le gouvernement aient conspiré de si bon cœur pour une œuvre dont le but définitif et dernier fût la délivrance d'un vieux docteur allemand qui pouvait fort bien, pour peu qu'il le voulût, se délivrer tout seul.

Il y a donc un dessous de cartes; il y a quelque chose qu'on n'a pas dit, des vues qu'on n'a pas révélées avant, qu'on n'a point dévoilées après. Qu'elles soient restées toujours assez mal définies, attendu que l'inconnu dominait tout ce voyage, nous le croyons sans peine; mais que des arrière-pensées très positives, sinon très déterminées de conquêtes et de négoce, se soient mêlées à l'entreprise, c'est ce que nous croirions sans preuves; et nous en avons, des preuves! Nous avons l'aveu même de Stanley et la triple proposition qu'il fit à Emin au bord du lac Albert, au nom du khédive, puis du roi Léopold, et enfin de l'East-African-Association. Il est très naturel que toutes ces idées « de derrière la tête » aient existé; mais il est quelque peu irritant, inquiétant et fallacieux de les avoir niées : tant de réserve respire l'équivoque et tant de mystère éveille le soupçon. Tout autres, si nous ne nous trompons, étaient les explorateurs de la vieille roche, tels que les René Caillé, les Barth, et même les Livingstone.

Stanley, qui le vaut, qui les dépasse peut-être, est un homme autrement compliqué que ces vieux héros de l'exploration classique. Il a comme eux, quoique avec des nuances encore qui sont bien à lui, la grande et insatiable curiosité du vrai voyageur, la ténacité, la fertilité d'expédients, l'indomptable fermeté d'âme. Mais que de traits individuels il faudrait noter encore pour dessiner de lui quelque effigie complète et ressemblante! Il y a de l'homme d'affaires et du héros, du conquistador et du diplomate, du militaire et de l'orateur, dans ce fond de pouvoirs d'une grande maison de banque qui part à la tête d'une petite armée de barbares pour explorer, malgré tous les obstacles et toutes les embûches des éléments, du climat, de la terre équatoriale et des hommes qui l'habitent, la terra incognita du centre africain et pour y jeter les bases de quelque vaste édifice colonial et politique dont l'achèvement sans doute est réservé à l'avenir.

Les traits dominants sont l'énergie indomptée, la vitalité puissante, l'entrain de l'homme d'action, l'aptitude et le goût du commandement. Cet ancien reporter était né meneur d'hommes, et rien ne le prouve mieux que l'influence exercée par lui sur tous ceux qui l'entourent, amis ou adversaires, blancs ou noirs, chrétiens ou musulmans, si ce n'est sa clairvoyance à reconnaître et son empressement à louer les qualités des autres. Parke, Nelson, Jephson, Stairs, reçoivent à chaque page le témoignage de son estime; il les rehausse volontiers de son cordial éloge dans l'opinion d'autrui, mais comme on sent qu'il est leur maître et les domine!

Ne croyez pas que cet homme de fer soit d'ailleurs inaccessible au sentiment. Il sacrifie sans hésiter à son but toutes les vies d'hommes qu'il lui paraît nécessaire : il fait pendre sans sourciller un pauvre diable de déserteur, mais il aime à sa façon ses compagnons et ses officiers; il subit profondément le charme ou la terreur qui se dégagent des grands spectacles de la nature; il a des traits touchants et des mots sortis du cœur pour les malheureux noirs mourant de misère, de désespoir et d'épouvante, pleurant comme des enfants qui souffrent et qui ont faim, ou se laissant tomber, résignés et passifs, sur le sentier où tout à l'heure les fourmis de la forêt viendront dévorer leur cadavre encore chaud. Il a une plainte attendrie pour le pauvre petit Sabouri, espiègle négrillon de huit ans, qu'il croit perdu dans la brousse et qu'il se représente affolé de terreur dans ces bois fantastiques, repaire des nains, des léopards et des chimpanzés énormes et hideux. Après vingt-quatre heures, du reste, d'absence, le petit Sabouri, qui a vécu de champignons et de baies et dormi la nuit dans le creux d'un arbre, « apparaît gai, dispos, indifférent comme s'il rentrait d'une promenade », et répond le plus tranquillement du monde aux questions étonnées de son maître. C'est un trait charmant, au milieu des terrifiantes descriptions du « camp de la famine ».

N'oublions pas de signaler encore un trait inattendu de ce caractère aux aspects si variés, je veux dire le mysticisme et le sentiment religieux le plus naïf, le plus confiant et, je n'en doute pas, le plus sincère : « Contraint, à mes heures les plus sombres, dit-il, d'avouer humblement que je ne pouvais rien sans l'aide de Dieu, je pris, au milieu des vastes solitudes de la forêt, l'engagement solennel de confesser que je dois tout à son secours... Il était minuit, un silence de mort m'environnait. Affaibli par la maladie, brisé par la fatigue, l'anxiété me dévorait plus encore. Où chercher ces compagnons blancs et noirs dont le sort nous était un mystère? Du plus profond de cette détresse mentale et physique, je suppliai Dieu de me les rendre. Neuf heures après, une joie délirante nous envahissait : notre étendard rouge et son croissant apparaissaient au loin, et, sous ses plis flottants, la colonne si longtemps absente! »

De combien s'en faut-il, dans l'esprit de Stanley, que cette rencontre ne soit un miracle? Et peut-être le voyageur, qui en cite coup sur coup deux ou trois du même genre, croit-il fermement que c'en est un. Il ne doute point, en tout cas, que sa caravane, comme le peuple des Hébreux dans le désert, n'ait été de la part du Très-Haut l'objet d'une attention constante et toute particulière : « En me remémorant les épisodes terribles de notre voyage, les circonstances où, pendant ces courses errantes à travers la lugubre forêt

vierge, l'épaisseur d'un cheveu nous sépara des plus effroyables catastrophes, je ne puis attribuer notre salut qu'à la miséricordieuse Providence; elle nous a sauvés, *peut-être pour quelque dessein que nous ne comprenons pas encore.* » Et voilà comment l'agent du comité Mackinnon est un instrument direct de la Providence.

On voit bien que cette pensée n'est pas chez lui à l'état de préoccupation rapide, fugitive et intermittente, mais qu'elle fait partie intégrante de sa nature morale. Il y revient trop souvent et avec trop de complaisance pour que ce ne soit pas en lui une de ces idées toujours présentes, aussi profondément imprégnées dans le cerveau que les idées innées dont parlaient les philosophes de l'ancienne école. Et pourquoi ne pas avouer que cette inspiration du sentiment religieux lui dicte çà et là des traits qui touchent au sublime? Celui-ci, par exemple. C'était au « camp de la famine »; des hommes mouraient de faim tous les jours; une troupe envoyée à la recherche des vivres ne revenait pas. Les noirs de Stanley pleuraient ou se plaignaient vaguement dans la nuit; le chef ne dormait pas. Tout à coup, une voix s'élève : c'est un homme, un Arabe, que la maladie torture, que la faim tiraille et que le sommeil fuit. Il pousse un cri, et que dit-il dans sa détresse? Il dit : « Dieu est grand! » Et Stanley, répondant tout bas dans son cœur de protestant au fils de l'islam, récite mentalement un verset de la *Bible* et se sent, lui aussi, consolé dans ses inquiétudes et dans sa misère.

Voilà des traits qu'il ne faut pas oublier, si l'on veut savoir à quel homme on a affaire : Stanley marche sous les regards de son comité et sous l'œil de Dieu; et, du reste, sir William Mackinnon lui-même, le président de l'*Emin relief Committee*, n'a-t-il pas, lui aussi, « dans sa carrière si longue et si variée, gardé sa foi profonde au Dieu des chrétiens »? C'est même une des raisons pour lesquelles Stanley et lui s'accordent si bien; ces hommes de même race et de même éducation sont faits pour s'entendre.

Je ne sais pourquoi la plupart de ceux qui ont déjà parlé du livre qui vient de paraître ont oublié de noter ces traits pourtant si caractéristiques; n'auraient-ils guère lu que les extraits recueillis dans les journaux où, en effet, je ne crois pas qu'on les ait cités?

Les passages publiés un peu partout à l'apparition de ces deux volumes ne donnent, du reste, et ne peuvent donner de l'œuvre et de son caractère qu'une idée fort incomplète. On a généralement choisi de grands morceaux à effet, des descriptions : ce n'est peut-être pas ce qu'il y a de mieux dans l'ouvrage. C'est là que se rencontrent ces traces d'emphase, de redondance et de rhétorique justement reprochées au narrateur. Mais le livre est riche et il s'y trouve bien autre chose que ces descriptions, beaucoup moins à dédaigner, d'ailleurs, qu'on n'a bien voulu le dire.

Ne faisons donc pas ainsi avec Stanley les délicats et les dégoûtés; ne le jugeons pas sur des détails qui choquent en effet notre goût épuré de Latins à l'éducation classique. Prenons en toute bonne foi ces deux énormes volumes; voyons avec quelle verve et quel entrain tout cela est mené d'un bout à l'autre. Descriptions, tableaux de mœurs, dialogues — il y en a d'admirables où les personnages sont peints d'une touche grandiose; discours — le voyage en est tout parsemé, comme les histoires des Tite-Live ou des Hérodote; réflexions dignes d'un moraliste, rarement banales quoi qu'on en ait pu dire : il y a de tout dans ce récit de voyage et tout y présente ce mérite, le premier peut-être et le plus rare de tous, la vie; Stanley a mis à raconter son voyage l'ardeur entraînante qu'il avait mise à le faire. Il n'est pas jusqu'aux détails techniques sur les embarcations qu'on monte et qu'on démonte, sur les difficultés matérielles vaincues à chaque pas, la façon de transporter un fardeau, de franchir un rapide ou d'escalader une pente que l'écrivain ne rende intéressants. Daniel de Foë ne nous avait-il pas de la même manière et pour la même cause, l'attrait de la difficulté vaincue et le spectacle de l'énergie déployée, intéressé aux moindres faits et gestes de son infatigable et ingénieux Robinson?

Enfin, il y aurait peut-être quelque ridicule à critiquer comme on ferait d'une œuvre de pur homme de lettres un ouvrage de ce genre. N'oublions pas que nous avons affaire à un homme d'action, que le narrateur et le récit ne font qu'un, et qu'avant de raconter ce terrible voyage il fallait premièrement... l'avoir fait. Ce n'est pas un auteur qui se montre avant tout à nous dans ces pages, c'est un homme, et cet homme est de catégorie supérieure.

LOUIS BAUZON.

CAUSERIE BIBLIOGRAPHIQUE

La France préhistorique, d'après les sépultures et les monuments, par ÉMILE CARTAILHAC. — Un vol. in-8°, avec 132 gravures dans le texte; Paris, Alcan, 1890.

Il s'agit ici d'un livre reposant sur un inventaire de nos connaissances anthropologiques et archéologiques, dressé avec tout le soin que l'auteur était l'un des mieux à même d'y mettre, par plus de vingt années entièrement, et nous pourrions dire exclusivement, consacrées à l'étude du préhistorique, années pendant lesquelles, comme directeur des *Matériaux pour l'histoire primitive de l'homme*, tous les documents un peu importants, manuscrits ou imprimés, lui ont été adressés.

La préhistoire de la France, tel est le but poursuivi par M. Émile Cartailhac.

Ce livre n'est pas écrit pour la foule, qu'il convient d'instruire ainsi que des petits enfants, mais pour le petit nombre, l'élite des lecteurs; et l'auteur avoue franchement, dans le cours de son récit, les points douteux et les points encore inconnus.

Car, il ne faut pas nous le dissimuler, si depuis trente ans les études d'anthropologie et d'archéologie préhistoriques ont pris le plus grand essor, si depuis cette époque et jusqu'en ces dernières années, le nombre des chercheurs est toujours allé croissant dans des proportions considérables, et si les découvertes se sont succédé au point de constituer un formidable dossier, bien qu'elles soient loin d'avoir toutes une importance égale, cependant la science de l'antiquité de l'homme, de l'homme primitif, est encore bien jeune pour que certaines vérités d'hier ou d'aujourd'hui ne soient, par le fait de découvertes nouvelles et inattendues, reconnues demain comme erronées.

C'est même là la cause — par un scrupule exagéré, mais tout à l'honneur de l'auteur — qui a retardé la publication de son livre, lequel devait paraître il y a plusieurs années.

L'ouvrage de M. Cartailhac est surtout archéologique, et s'occupe exclusivement des deux grandes périodes de la pierre : période paléolithique ou de la pierre taillée, et période néolithique, l'auteur réservant pour un second volume l'étude des premiers âges des métaux. La première période est celle qu'il a traitée le plus brièvement ; et, sans lui en faire un reproche positif, nous regrettons qu'il ne se soit occupé que très incidemment de la question paléontologique, de la faune fossile, intimement liée à l'étude de l'homme primitif, car elle seule permet de dater véritablement son apparition dans une région donnée, par la contemporanéité des animaux vivant en même temps que lui dans les mêmes lieux ou dans les lieux voisins. Peut-être cette remarque nous est-elle suggérée par une tendance particulière de notre esprit qui nous porte davantage vers l'étude des animaux contemporains des premiers hommes, malgré toute notre passion pour l'archéologie préhistorique proprement dite.

Quoi qu'il en soit, M. Cartailhac consacre un premier chapitre à l'historique des progrès de la science sur les civilisations primitives et l'ancienneté de l'homme, historique très intéressant dans lequel il passe successivement en revue les auteurs, depuis les plus anciens comme Sotacus, par exemple, qui ont parlé de l'industrie des peuples primitifs; ou ceux qui, comme de Jussieu, ont fondé l'ethnographie comparée, ou pressenti l'ancienneté de l'homme, au moyen de la géologie, comme John Frere, au commencement du siècle; ou ceux encore qui, comme Tournal, il y a cinquante ans, ont affirmé, des premiers, cette antiquité, et l'ont démontrée, comme l'a fait Schmerling par ses fouilles dans les cavernes de Liège, et Boucher de Perthes, par son exploration des graviers d'Abbeville. Cet historique est bien fait, mais il se termine par quelques réflexions que nous ne pouvons complètement accepter. Si, avec l'auteur, nous sommes d'accord pour repousser l'hypothèse que l'homme n'est pas le dernier mot de la création, nous nous séparons de lui pour croire — au contraire de son opinion — au développement, au progrès continu de la civilisation, devant grandir sans cesse jusqu'au dernier jour de l'humanité.

Mais ce serait dépasser les bornes d'une simple causerie bibliographique que de nous étendre davantage, et nous terminerons en louant l'auteur de la *France préhistorique* de sa longue et minutieuse description, non seulement des tombeaux et des rites funéraires de la Gaule dès les temps les plus reculés, mais aussi des rites funéraires et des divers modes de sépulture encore en usage chez les sauvages actuels, étude comparée très intéressante. Sur certains points, cependant, nous ne pouvons accepter l'interprétation qu'il donne de faits révélés par des découvertes d'ossements humains, notamment en ce qui concerne le *décharnement* des cadavres humains des grottes de Menton où, quelque soin que les survivants de la tribu qui les habitait aient pu y mettre, il nous parait impossible qu'ils aient pu replacer le squelette dans l'attitude si naturelle qu'il présentait lors de sa découverte dans ses foyers d'habitation. Pour nous, cet homme a succombé là où il a été trouvé et dans l'attitude d'un individu qu'une mort brusque, subite, surprend dans le sommeil et sans la moindre agonie.

Les nombreuses gravures qui accompagnent le texte de M. Cartailhac sont très instructives et en rehaussent encore l'intérêt.

La Folie de J.-J. Rousseau, par M. Chatelain. Un vol. in-12 de 236 pages; Paris, Fischbacher, 1890.

On s'occupe beaucoup de l'état mental de Jean-Jacques Rousseau, depuis quelques années. C'est un signe des temps : à la critique des œuvres du philosophe, à la recherche de leur influence sociale immédiate ou éloignée, à la curiosité qui s'est attachée à sa vie si aventureuse et si singulière a succédé le besoin d'analyser les rapports de son physique et de son moral, et de trouver dans une maladie la cause de la bizarrerie de son caractère, de ses idées et de ses écrits; c'est le triomphe de la nouvelle psychologie, à laquelle se rallient ceux-là mêmes qui naguère contestaient le plus vivement sa valeur.

Il y a quelques mois, la *Revue* donnait le compte rendu de l'ouvrage de M. Möbius sur l'*Histoire de la maladie de J.-J. Rousseau* [1]. Pour M. Möbius, on s'en souvient, le philosophe de Genève a été manifestement atteint de neurasthénie, dans sa jeunesse, et de délire des persécutions, dans les dernières années de sa vie. Peu de temps après, M. Ferdinand Brunetière, dans la *Revue des Deux Mondes*, parlait de la folie de Rousseau, folie qui aurait éclaté chez lui de bonne heure et l'aurait tourmenté toute sa vie. Heureusement, ajoute M. Brunetière, « son délire opérait dans le sens de son talent ou de son génie »; mais, en retour, on pourrait rendre « à la qualité de son génie solidaire de l'exaltation d'où sa folie découla. Cette formule, assez obscure d'ailleurs, et dont toute purement littéraire, pourrait à la rigueur être interprétée comme une affirmation de la parenté du génie et de la folie; elle n'a rien à voir, en tout cas, avec une observation scientifique ni avec un diagnostic médical.

Le jugement de M. Brunetière n'a pas satisfait M. H. Joly, qui, dans un récent article de la *Revue philosophique*, s'est efforcé de démontrer que Rousseau n'a nullement été

(1) Voir le n° du 14 décembre 1889, p. 757.

fou, et qu'il a seulement présenté, dans les quatre dernières années de sa vie, des poussées congestives intermittentes, se traduisant par des accès passagers de manie, disparaissant sans laisser de trace.

J.-J. Rousseau a-t-il été fou? telle est donc la question sur laquelle il ne semble pas que la lumière ait été suffisamment faite pour tout le monde.

Il faut distinguer. Si par folie on entend, au vieux sens du mot, une maladie qui fait déraisonner, sans discontinuité, dans les paroles et dans les actes, évidemment Rousseau n'a pas été fou, pas plus dans sa jeunesse que dans ses dernières années. Mais si on étend ce mot à des délires partiels, systématisés, de la nature de ceux qui éclatent par accès chez les dégénérés héréditaires, J.-J. Rousseau a été certainement des plus fous. Seulement, il ne l'a pas été dès sa jeunesse et continuellement, comme le veut M. Brunetière, mais seulement cinq ou six ans avant sa mort.

Un livre récent de M. Chatelain, sur *la Folie de J.-J. Rousseau*, vient d'ailleurs complètement confirmer le diagnostic rétrospectif de M. Möbius. Analysant les antécédents héréditaires, le tempérament, le caractère, les écrits et les actes du philosophe de Genève, M. Chatelain, à son tour, nous montre, à n'en pas douter, que nous avons affaire à un névropathe héréditaire. Un oncle et une tante de Rousseau étaient de grands originaux, tout au moins; un de ses cousins germains avait eu un accès de folie; son père était un viveur, querelleur et violent; et il eut un frère, plus âgé que lui de quelques années, qui, après avoir mal tourné (?), s'était enfui en Allemagne et avait disparu. Voilà, certes, une hérédité assez caractéristique.

Au physique, qu'observe-t-on chez Jean-Jacques jeune? Une grande irritabilité, des névralgies, des hyperesthésies et une intensité extrême de toutes les sensations, soit en douleur, soit en plaisir; des palpitations, des vertiges, une déviation d'instinct, une infirmité caractéristique. Au moral, c'est une émotivité excessive, une impressionnabilité maladive, de l'exagération de tous les sentiments qui, très versatiles, oscillent constamment entre les extrêmes, sympathies ou antipathies non suffisamment motivées, bizarreries, inconséquences, puérilités; de l'entêtement et de la faiblesse de la volonté; une imagination parfois très vive et des lacunes du jugement; de la disproportion entre les aspirations et les actes; des phases d'excitation et de dépression; des défectuosités du sens moral.

Eh bien, qu'est cela? le portrait de J.-J. Rousseau, ou une liste complète des symptômes de la dégénérescence? C'est l'un et l'autre; mais ce n'est pas de la folie. Ce qu'on peut voir dans cet état, assurément misérable et malheureusement trop connu, c'est une simple prédisposition aux maladies de l'esprit. La maladie éclatera enfin, dans les dernières années, sous la forme d'un délire des persécutions, qui, comme tous les délires systématisés et partiels, ne s'observent que chez les dégénérés. Voilà la folie de Rousseau, folie spéciale qu'il faut bien définir, qui n'a pas été la longue, continuelle et vague folie dont parle M. Bruaetière, non plus que les accès intermittents de manie aiguë diagnostiqués par M. H. Joly.

En un mot, Rousseau a été un type parfait de déséquilibré, de détraqué; et l'on sait que cet état n'est pas incompatible avec le génie. Le génie, au contraire, en est presque toujours entaché, comme par une avarice de la nature, qui ne saurait pourvoir au développement exagéré de quelques facultés sans priver les autres du strict nécessaire. Cet inégal développement psychique est assurément pathologique; c'est encore une forme de la dégénérescence, mais c'en est assurément une des formes supérieures, auxquelles l'humanité doit peut-être quelques-uns de ses plus beaux progrès.

La Navigation maritime, par M. E. LISBONNE. — Un vol. in-8o de 775 pages, illustré de 115 figures, de la *Bibliothèque des sciences et de l'industrie;* Paris, ancienne Maison Quantin, Librairies-Imprimeries réunies, 1890.

L'ouvrage de M. Lisbonne, consacré à la *navigation maritime,* met surtout en relief les principales causes qui ont amené les transformations profondes de la marine militaire et de la marine marchande depuis la fin du siècle dernier jusqu'à nos jours.

Pour faire une étude qui fût complète, l'auteur a d'ailleurs eu l'excellente idée, dans une courte introduction, de relier l'antiquité aux temps modernes, et d'indiquer à grands traits comment les anciennes trirèmes athéniennes ont conduit aux caraques du moyen âge et aux vaisseaux Louis XIV. Il a, en outre, complété son ouvrage par un chapitre curieux sur la navigation de plaisance, qui, depuis quelques années,

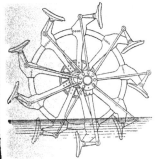

Fig. 10. — Roues à palos articulées des paquebots faisant la traversée de Calais à Douvres.

a pris en France un développement considérable, tout en restant encore bien inférieure à ce qu'elle est en Angleterre et aux États-Unis.

Parmi les sujets les plus intéressants et particulièrement bien traités par M. E. Lisbonne — dont la compétence en ces

matières est d'ailleurs complète — nous signalerons la théorie de la propulsion par le vent, la théorie du déplacement, la lutte entre le canon et la cuirasse, la comparaison entre la construction en bois et la construction en fer, les progrès des machines marines et les relations entre la force propulsive et la résistance des carènes. Toute cette partie scientifique de l'ouvrage est d'ailleurs exposée de façon à être mise à la portée du plus grand nombre possible de lecteurs, et n'emprunte que le secours de quelques formules très simples.

Dans l'évolution rapide des industries du fer, l'histoire du développement des constructions maritimes n'est pas une des moins curieuses, et il n'est pas besoin d'insister sur l'in-

Fig. 11. — Hélice dite en lame de sabre de l'*Amiral-Duperré*.

térêt de cette autre face de l'ouvrage de M. Lisbonne. Rappelons que le premier bâtiment méritant réellement le nom de bâtiment en fer est l'*Aaron Mauby*, construit en 1820 à Horsby, et transporté par morceaux à Londres en 1821, pour y être réassemblé dans un bassin, d'où il descendit la Tamise pour se rendre au Havre et à Paris. La réussite de ce premier essai engagea à construire d'autres bâtiments en fer; et c'est alors que M. Cavé commença la construction de bateaux à vapeur destinés à la navigation de la Seine. On voit quels progrès ont été réalisés depuis ce jour, en moins de soixante ans!

En somme, dans son ensemble, le volume de M. Lisbonne, agréablement documenté de nombreuses figures, donnera au public une idée très complète de la marine en général, et surtout de la marine militaire française, sujets peu connus chez nous, malgré l'étendue de nos côtes, qui font de la France un pays aussi maritime que continental.

ACADÉMIE DES SCIENCES DE PARIS

15-21 JUILLET 1890.

M. Cels : Sur los équations différentielles ordinaires. — *M. H. Faye :* Nouvelles études sur la rotation du soleil. — *M. J. Léotard :* Observation de la comète Brooks. — *M. G. Guilbert :* Sur la prévision des tempêtes par l'observation simultanée du baromètre et des courants supérieurs de l'atmosphère. — *MM. Mascart* et *Bouasse :* Sur la photographie des franges des cristaux. — *M. Bouasse :* Méthode de mesure de la différence de phase des composantes rectangulaires d'une réfraction lumineuse. — *M. le général Menabrea :* Note relative à la proposition de l'Académie des sciences de Bologne au sujet du méridien initial et de l'heure universelle. — *M. Georges Charpy :* Recherches sur la mesure des tensions de vapeur des dissolutions. — *M. Alphonse Bosin :* Note sur les générateurs de vapeur. — *M. Albert Colson :* Sur les lois de Berthollet. — *M. Louis Mourgues :* Étude sur l'hexachlorhydrine de la mannite. — *M. Maquenne :* Sur quelques nouveaux dérivés du β-pyrazol; contribution à l'étude des éthers nitriques. — *M. Th. Schlœsing :* Recherches sur la congélation de la viande par les liquides froids. — *M. A. Chauveau :* Étude sur l'électricité active du muscle et l'énergie consacrée à sa création dans le cas de contraction dynamique. — *M. Boillot* : Note relative à l'emploi de l'ozone produit par l'effluve électrique pour combattre les maladies épidémiques. — *M. A. Laboulbène* : Sur les moyens de reconnaître la ladrerie bovine produite par les cysticerques du *Tænia saginata* et malgré leur rapide disparition à l'air atmosphérique. — *M. L.-F. Henneguy* : Nouvelles recherches sur les divisions des cellules embryonnaires chez le vertébrés. — *MM. Raphaël Blanchard* et *J. Richard* : Sur les crustacés des *sebkhas* et des *chotts* d'Algérie. — *M. L. Mangin* : Note sur les réactifs colorants des substances fondamentales de la membrane. — *M. H. Le Châtelier* : Sur la dilatation de la silice. — *M. Auguste Terreil* : Analyse de la méningite de Villejuif. — *M. G. Denœuville* : Note relative aux moyens à employer pour détruire la tuile (*Æthalium septicum*) des serres à multiplication. — *M. Chavée-Leroy* : Note sur le mildew de la vigne. — *M. Victor Kozlow* ; Présentation d'un diagrammomètre. — *M. Guénot* : Microcéphalie et crâniectomie.

Astronomie. — *M. H. Faye* analyse les nouveaux mémoires publiés par M. Wilsing (de Potsdam) et par M. Düner, directeur de l'Observatoire d'Upsal, sur la rotation du soleil.

Le premier de ces deux savants a substitué, à l'observation intermittente des taches, celle des facules dont on voit toujours quelques exemplaires sur le soleil, et a considéré à tort les taches du soleil comme des nuages et non comme des accidents du corps même du soleil, comme les facules, avec cette différence que celles-ci sont en saillie et celles-là en creux. Les facules donneraient donc les mêmes résultats que les taches pour la rotation, si elles pouvaient être observées d'une manière un peu passable. Mais il suffit de jeter un coup d'œil sur le soleil, dit M. Faye, pour voir que ces facules sont des plaques ou des marbrures lumineuses à contours très irréguliers ; elles ne présentent nulle part de points sur lesquels on puisse diriger une lunette ; aussi depuis près de trois siècles qu'on observe le soleil pour en étudier la rotation, personne n'a eu l'idée de se servir de facules comme de points de repère. De plus, ces facules ne sont bien visibles que sur les bords du disque solaire. Elles sont très difficiles à retrouver lorsque, après une rotation complète, elles ont regagné leur place première, avec des contours différents et au milieu de facules nouvelles. Il y a là une telle cause d'incertitude que l'observateur est exposé à aboutir inconsciemment à tout résultat dont il aura eu l'esprit prévenu.

M. Düner, au contraire, a adopté la méthode spectroscopique. Le spectroscope dont il s'est servi est d'une puissance optique telle qu'on peut, avec son aide, mesurer la différence de longueur d'onde de raies voisines à 1/5000e près de l'unité de ces longueurs. M. Düner n'a pas fait moins de 635 observations, à Lund, pendant les étés de 1887, 1888 et 1889. Les résultats qu'il a obtenus, comparés avec ceux de la formule exposée par M. Faye et déduite par lui de sept années d'observation de M. Carrington, montrent que la loi de la rotation de la photosphère, donnée par l'observation des taches, est pleinement justifiée par les mesures spectroscopiques, même dans les régions où les taches n'apparaissent jamais.

C'est là, ajoute M. Faye, un événement considérable pour la science ; il confirme les notions acquises sur la constitution mécanique du soleil et ouvre la voie à des progrès nouveaux.

Météorologie. — M. Mascart présente un travail très important de *M. G. Guilbert* sur la prévision des tempêtes par l'observation simultanée du baromètre et des courants supérieurs de l'atmosphère.

On sait que les différents météores aqueux se succèdent dans un certain ordre qui amène, dans un ciel pur et vers l'anticyclone, *les cirrus d'abord*, puis *les cirro-cumulus, le pallium*, et enfin *les nimbus partiels ou orageux*. Ces nuages constituent un ensemble remarquable, que l'auteur désigne sous le nom de *succession nuageuse*. Or, cette succession nuageuse peut non seulement servir d'unique base dans la prévision du temps local, mais son objectif doit être plus étendu, et il devient alors indispensable d'aborder simultanément l'examen des *dépressions barométriques*.

Dans cette étude, deux cas principaux peuvent se montrer : 1° la succession nuageuse et la dépression barométrique sont d'accord ; 2° la concordance n'existe plus. L'expérience acquise par l'observation d'une multitude de cas semblables permet d'établir les règles suivantes, au point de vue de la prévision du temps :

1° Lorsque la succession nuageuse et la dépression barométrique présentent un accord complet, *le gradient ne se forme pas* et, par suite, les vents restent faibles ou modérés, quelles que soient l'intensité et la rapidité de la baisse du baromètre ;

2° Au contraire, si la succession nuageuse et la dépression offrent dans leur marche respective un défaut de concordance, *le gradient s'accentue*, et de forts vents en sont la conséquence.

En résumé, accord des deux phénomènes, *pas de vent* ; défaut de concordance, *vent fort*, et d'autant plus redoutable que le désaccord aura été plus grand.

Dans ce principe, très simple, réside toute une nouvelle méthode de prévision des tempêtes, méthode qui offre les plus grandes différences, *et dans ses moyens d'application et dans ses résultats*, avec la méthode isobarique, seule employée aujourd'hui dans le monde entier. Ainsi, d'un seul point, situé sur les côtes ouest, dit l'auteur, un observateur *isolé*, privé de toute communication télégraphique, peut établir la prévision du temps pour une grande partie de l'Europe. Il *peut*, en outre, *déterminer la vitesse de translation du centre des bourrasques*, vitesse que rien encore n'avait permis de faire supposer. Ainsi : 1° dans l'accord de la succession nuageuse et la dépression correspondante, la vitesse du centre sera en raison directe de la vitesse de la succession nuageuse ; 2° dans le cas de désaccord, la vitesse du centre sera d'autant plus grande que la dépression se présentera avec un plus grand retard par rapport à la succession nuageuse.

Physique. — *M. Georges Charpy* a cherché à appliquer à la mesure des tensions de vapeur des dissolutions les procédés employés pour déterminer la tension de la vapeur d'eau dans l'atmosphère. La méthode à laquelle il s'est arrêté, comme donnant les résultats les plus précis, est celle de l'hygromètre à condensation, laquelle peut servir, en quelque sorte, de complément à la méthode barométrique. La précision est d'autant plus grande que la tension à mesurer est plus faible. On détermine toujours, en effet, la température du point de rosée avec la même approximation, qui est environ 1/10 de degré. La tension de vapeur s'en déduira avec une exactitude d'autant plus grande que la variation de tension correspondant à cet intervalle de température sera plus faible, c'est-à-dire que le liquide sera moins volatil et la température plus basse.

Enfin, ce même procédé peut s'appliquer à des liquides

qui attaquent le mercure, tels, par exemple, que des solutions contenant de l'iode, pour lesquelles on ne peut employer la méthode barométrique.

. CHIMIE. — On sait que les lois de Berthollet, si utiles aux chimistes, présentent plusieurs exceptions; aussi cherche-t-on à rattacher les phénomènes de statique chimique aux théories de physique générale qui se sont développées dans ces dernières années. C'est ainsi que M. Albert Colson a cherché aussi dans la chimie organique une contribution à l'étude des phénomènes de statique, en étudiant l'action des bases sur les sels dissous et l'affinité élective. Les résultats auxquels il est parvenu l'ont conduit aux conclusions suivantes :

1° On peut subdiviser les bases en catégories de même ordre indépendamment de leur nature;

2° En s'en tenant à deux groupes principaux, l'un composé des bases assez fortes pour précipiter le chlorure de magnésium, l'autre composé par les bases faibles, incapables de déplacer la magnésie, on trouve qu'un sel dissous formé par une base forte n'est pas décomposé par une base faible, tandis qu'un sel constitué par une base faible est décomposé par une base forte, quelles que soient la solubilité et la nature des deux bases, si le sel qui tend à prendre naissance est soluble.

. CHIMIE ORGANIQUE. — M. Maquenne a reconnu que, dans quelques-unes de ses réactions, l'acide nitro-tartrique ordinaire se comporte comme un éther oxynitreux, dédoublable par saponification en un mélange d'azotite et d'une acétone, qui est ici l'acide dioxytartrique.

En effet, l'acide nitrotartrique réagit sur les aldéhydes, en présence d'ammoniaque, à la manière des « diacétones, et M. Maquenne a pu obtenir ainsi toute une série d'acides nouveaux qui possèdent la propriété intéressante de se transformer par la chaleur en acide carbonique et glyoxalines. Il résulte de là une méthode nouvelle et particulièrement avantageuse pour préparer les différentes glyoxalines, en même temps qu'une interprétation rationnelle des phénomènes d'oxydation qui se produisent sous l'influence de l'acide azotique.

PHYSIOLOGIE EXPÉRIMENTALE. — Voici les conclusions d'une nouvelle note de M. Chauveau sur l'élasticité active du muscle et l'énergie consacrée à sa création, dans le cas de contraction dynamique :

1° La force élastique employée, dans le cas de contraction dynamique, à faire équilibre aux résistances constituées par les charges que le raccourcissement ou l'allongement musculaires font monter ou descendre, d'un mouvement uniforme, représente sensiblement la moyenne de l'élasticité active possédée par le muscle maintenu en contraction statique dans les deux positions extrêmes entre lesquelles s'accomplissent les changements de longueur de l'organe;

2° Cette élasticité active du muscle occupé à faire du travail moteur subit les mêmes influences que la force élastique employée au soutien fixe des charges (travail statique).

D'où il résulte que le soulèvement d'une charge par un muscle qui se contracte graduellement entraîne une création d'élasticité et une consommation corrélative d'énergie croissant de plus en plus à mesure que le muscle se rac-

courcit davantage. Par exemple, un muscle passant du raccourcissement zéro au raccourcissement 10, en soulevant, d'un mouvement uniforme, une charge quelconque, consommera, pendant l'accomplissement de ce mouvement, une proportion d'énergie qui variera de zéro à 10, pour créer l'élasticité musculaire nécessaire à l'exécution du travail.

HELMINTHOLOGIE. — M. A. Laboulbène rapporte une expérience récente et probante tentée dans le but d'arriver à reconnaître la ladrerie bovine sous ses divers aspects.

Le 12 mars 1890, un veau de deux mois prend avec du lait tiède douze anneaux ou cucurbitains de l'extrémité d'un long Tœnia saginata. Le 24 mars, nouvelle prise de vingt anneaux. Deux mois après, l'ablation d'un morceau de muscle fessier fait apercevoir entre les fibres musculaires des corps demi-transparents, allongés, constitués par des cysticerques très reconnaissables. Le 30 mai, le veau a été tué par un boucher et préparé comme s'il devait être livré à la consommation. Il a été examiné avec le plus grand soin en présence de MM. Guichard, Georges Pouchet et plusieurs personnes contrôlant ainsi l'observation les unes par les autres.

Les divers muscles examinés présentent des cysticerques ou grains de ladrerie depuis les muscles de la queue jusqu'à ceux qui meuvent le globe oculaire. Ce sont les muscles du cou, de la tête, les intercostaux qui paraissent le plus infectés. La moindre coupe pratiquée dans le sens des fibres fait reconnaître des kystes; ils sont perceptibles aussi à travers les gaines aponévrotiques minces. La forme est allongée, variant de la grosseur d'un grain de chènevis de 6 à 8 millimètres. Il est très difficile de séparer par la dissection l'enveloppe kystique des fibres musculaires qui l'entourent. Le cysticerque renfermé dans son kyste en est facilement extrait, quand on ouvre ce kyste avec soin et en exerçant une légère pression. Dès que l'extraction a eu lieu, le cysticerque se montre extrêmement transparent avec une tache allongée, blanchâtre, dirigée de l'extérieur vers l'intérieur et formée par la tête invaginée, offrant à l'examen microscopique les quatre ventouses sans crochets. Ce cysticerque, soit renfermé dans le kyste, soit libre, doit être mis dans l'eau ou un liquide approprié, sinon il s'affaisse et devient de moins en moins visible par dessication. Il ne reste bientôt plus qu'une tache blanchâtre d'un demi-millimètre à un millimètre environ.

Le cysticerque se réduit ainsi de lui-même au contact de l'air et devient à peine perceptible pour un œil non prévenu. Ce dessèchement rapide n'a pas lieu, si une couche aponévrotique recouvre le kyste. D'autre part, en fixant des épingles auprès des kystes et en laissant même dessécher au soleil une tranche de viande couverte de grains de ladrerie, il était toujours possible de retrouver le point blanchâtre répondant à la tête et permettant d'affirmer la présence du cysticerque. En mettant de l'eau pure sur le kyste affaissé, celui-ci réapparaît. En enlevant des fragments de viande suspecte, même desséchée et les plaçant dans de l'eau additionnée d'acide nitrique ou acétique, les fibres musculaires et le cysticerque se gonflent et reprennent un aspect reconnaissable. Pour rendre absolument inoffensive, au point de vue de la production du ténia inerme, une viande de veau et de bœuf suspectée de cysticerques, il suffit de la faire cuire suffisamment. La viande bouillie ou rôtie, ayant éprouvé non seulement à la surface, mais aussi à l'intérieur, une chaleur de 50 à 60° G., est assainie; le cysticerque inerme ne peut supporter sans périr une pareille température. Quant à la viande crue employée dans un but thérapeutique, elle ne peut nuire par des cysticerques inaperçus ou méconnus, si elle est pulpée avec soin et passée à travers les mailles d'un très fin tamis.

ZOOLOGIE. — L'abondance des lacs salés en Algérie et la facilité relative avec laquelle on peut actuellement les explorer ont déterminé MM. Raphaël Blanchard et Jules Richard à en aborder l'étude au point de vue de la faune. On connaît déjà les poissons qui vivent dans ces lacs, on sait aussi qu'il s'y trouve quelques crustacés; mais à cela se bornaient jusqu'à ces derniers temps les connaissances qu'on en avait. Aujourd'hui, il n'en est plus ainsi, grâce aux nombreuses pêches faites par les deux savants naturalistes dans le nord de la province d'Oran et de la région saharienne s'étendant de Biskra à Temacin. Ces pêches, en effet, ont révélé l'existence d'une faune très variée et très intéressante, composée de phyllopodes, de cladocères, de copépodes, d'insectes, d'ostracodes, de diatomées, etc.
Tous les crustacés auxquels est consacrée la note de MM. Blanchard et Richard sont nouveaux pour la faune algérienne, à l'exception de quelques phyllopodes.

MINÉRALOGIE. — Les nouvelles recherches de M. H. Le Châtelier sur la dilatation de la silice démontrent que toutes les variétés de silice, y compris la silice amorphe, ne présentent entre 600° et 1000° que des changements de dimensions très faibles, tantôt positifs, tantôt négatifs. Le point de transformation se trouve, pour les silices à densité élevée, tels que le quartz et la calcédoine, à une température notablement plus élevée que pour les silices à faible densité, tels que la tridymite et la calcédoine calcinée.
Le rôle important que ces anomalies de dilatation doivent jouer dans la fabrication des produits céramiques est des plus évidents. Ces matières renferment toutes de 50 à 80 pour 100 de silice, qui peut se trouver à un quelconque de ses différents états. Dans la porcelaine seule, où la silice est rendue amorphe par une vitrification partielle, la dilatation est assez régulière pour permettre un accord suffisant de la pâte et de la couverte, et pour éviter ainsi les tressaillements.
— Les analyses que M. Auguste Terreil vient de faire démontrent la différence qui existe véritablement entre la ménilite de Ménilmontant et les rognons que l'on trouve à Villejuif, dans un lit de calcaire intercalé au milieu du gypse et de la marne. Ces rognons ne sont en réalité que du calcaire silicifié par environ 1/5 de son poids de silice hydratée; ils diffèrent également de la ménilite de Villejuif analysée par M. Damour en 1884 et qui est beaucoup plus magnésienne.

PHYSIQUE APPLIQUÉE. — Une Commission a été instituée sous la présidence de M. Berthelot, par le ministre de la guerre, pour rechercher les meilleurs moyens de congeler rapidement la viande et de la conserver à basse température. Elle a dû se préoccuper de l'application à cette viande, dans des circonstances pressantes, des appareils frigorifiques répandus aujourd'hui dans un grand nombre d'établissements industriels. Or, dans la plupart de ces établissements, le froid est transporté par un liquide incongelable tel, par exemple, qu'une dissolution de chlorure de calcium circulant dans une canalisation entre la machine frigorifique et les ateliers ou les appareils qu'il s'agit de refroidir. La question éta't donc d'employer un tel liquide, le mieux possible, pour congeler la viande.
La communication de M. Th. Schlœsing nous apprend qu'on utilise convenablement un liquide réfrigérant en suspendant des animaux de boucherie dépouillés des issues dans une enceinte limitée par des parois non conductrices, en installant dans le voisinage immédiat de cette enceinte une tourelle à coke arrosé du liquide froid, et en faisant circuler une même masse d'air entre l'enceinte et la tourelle. Ce procédé, proposé à la Commission par un de ses membres, va être prochainement expérimenté.
Ce n'est pas que l'emploi de l'air froid, soit pour congeler de la viande, soit pour la maintenir à basse température, soit chose nouvelle; il est pratiqué en grand dans plusieurs villes, à l'étranger. Il est surtout en usage à bord des navires qui apportent en Europe les viandes de la Plata et de l'Australie. Ce qui est nouveau, c'est la transmission du froid d'un liquide à l'air par une tourelle à coke qui est, en définitive, l'appareil le plus simple et le plus parfait qui puisse être employé à cet effet.
— La Conférence télégraphique internationale ayant été saisie d'un mémoire ayant pour titre : Exposé des raisons appuyant la transaction de l'Académie des sciences de Bologne au sujet du méridien initial et de l'heure universelle, M. le général Menabrea informe l'Académie des sciences de Paris qu'elle a émis, dans la séance plénière du 17 juin, le vœu suivant : « La Conférence télégraphique internationale, tout en ne se reconnaissant pas compétente pour trancher la question du méridien qui doit fixer l'heure universelle, applaudit aux efforts de l'Académie royale des sciences de l'Institut de Bologne pour trouver une solution qui concilie tous les intérêts, et émet le vœu que ce projet se réalise bientôt et qu'on arrive enfin à l'unification dans la mesure du temps. »

MÉCANIQUE APPLIQUÉE. — M. Victor Kozlow présente à l'Académie un appareil fort ingénieusement imaginé et construit, diagrammomètre fait en vue de créer un auxiliaire scientifique pour ceux qui s'intéressent à la statistique ou à l'étude des données numériques en général. Cet appareil facilite l'usage de la méthode graphique ; il sert au développement de cette méthode et donne de nouvelles moyennes de généralisation. Il démontre la possibilité : 1° de transformer les données numériques moins des observations en poids qui en sont les symboles; 2° de déterminer automatiquement ces poids suivant la grandeur, la direction ou la forme de la courbe; 3° d'avoir automatiquement aussi, sur un cadran disposé à cet effet, l'expression exacte de la mesure des diverses parties du diagramme soit représente, soit les résultats moyens, soit toute autre combinaison mathématique servant à la détermination des courbes.

CHIRURGIE. — A propos de la communication faite récemment par M. Lannelongue sur une opération de craniectomie chez un enfant microcéphale (1), M. Guéniot rappelle, à titre

(1) Voir la Revue scientifique du 12 juillet 1890, p. 57, col. 2.

» réclamation de priorité, la présentation qu'il a faite lui-e à l'Académie de médecine, le 5 novembre 1889, d'un at microcéphale dont les fontanelles et les sutures paient oblitérées. D'où il suit :

Que l'idée première et complète de la *craniectomie* rtient à M. Guéniot dans son intégralité;

1° Que M. Lannelongue l'ayant devancé dans la pratique l'opération, c'est à lui que revient, sans conteste, la riorité de l'exécution.

E. Rivière.

INFORMATIONS

Une bien intéressante expérience est en préparation. Un 'cat américain se propose d'utiliser une partie de la motrice des chutes du Niagara. Il estime que l'utilisa-se à pour 100 de cette force devra rendre 120 000 che-apeur, dont une partie serait transmise à la ville lo, à 18 milles de là. Il va demander à un certain d'ingénieurs, électriciens, etc., des plans d'installa-a, et le choix entre ceux-ci sera fait par une Commission mprenant ou devant comprendre sir William Thomson, Mascart, M. Turrettini et M. Coleman Sellers.

Le numéro de *Nature* du 17 juillet renferme le résumé une intéressante conférence de M. Vivian Lewes sur les oyens d'éviter la combustion spontanée de la houille dans vaisseaux. Celle-ci se produit surtout dans les cargai-as abondantes (1500 tonnes et au-dessus) qui vont vers les ors chaudes; il y a des houilles plus dangereuses que tres; et la houille en petits morceaux est beaucoup plus undre que les autres. Le conférencier conseille de ré-f la cargaison en petites quantités (300 ou 400 tonnes) les unes des autres, avec refroidissement par circu-on d'eau froide dans les parois et ventilation très abon-te.

Pour se protéger contre les lapins, les gouvernements de la Nouvelle-Galles du Sud et du Queensland viennent de construire un grillage de 1427 kilomètres de longueur qui interdit au faméliaux et trop prolifique rongeur l'accès de la partie orientale du continent australien.

Il y a aux États-Unis, d'après le *New-York Medical Record*, près de 100 000 médecins (pour une population de 60 millions), avec 13 000 étudiants, et une production de près de 900 médecins par an. En France, dit-il, il n'y a que 12000 médecins pour 36 millions d'habitants, et en Allemagne 15000 médecins pour 45 millions. On se demande, quand on sait avec quelle difficulté le médecin arrive à vivre en France, comment il arrive à subsister aux États-Unis.

Le même journal se plaint en termes très nets de la ter-reur de la rage qui semble se répandre depuis que New-York possède un Institut antirabique. Il parle des récits que rapportent chaque jour les journaux politiques, relatifs à des chiens enragés ou réputés tels, et de l'agitation qui s'opère dans l'esprit du public à cet égard.

Le journal belge la *Meuse* raconte l'histoire assez diver-tissante que voici :

Un membre du conseil provincial d'Anvers ayant proposé un subside de 500 francs en faveur des communes rurales qui envoient leurs malades à l'Institut Pasteur, un autre membre

d'manda que la moitié de ce crédit fût attribué à Saint-Hubert! « M. Pasteur, dit l'orateur, peut être un grand savant; mais il y a un autre grand homme dont nous ne saurions méconnaître les vertus sans nous rendre coupables de la plus noire ingratitude. Cet homme est un Belge; c'est plus qu'un homme, c'est un saint, et il y a onze cents ans qu'il opère : j'ai nommé Saint-Hubert! Il faudra que votre M. Pasteur travaille encore bien longtemps pour arriver à la cheville de Saint-Hubert. »

Cette péroraison a entraîné la conviction de la majorité du Conseil, et, malgré les opposants, Saint-Hubert a obtenu son subside.

La *Société de géographie de Paris* a fait dernièrement une chaleureuse réception à M. Fernand Foureau, de retour d'une mission dans les pays où le colonel Flatters et sa colonne ont trouvé la mort. M. Foureau est allé jusqu'aux environs d'In-Salah, où le lieutenant Palat et Camille Douls ont succombé, et il est revenu avec une riche moisson de documents et d'observations. Un des principaux résultats de ce voyage a été de prouver qu'il existe, entre Ouargla et In-Salah, une route facile pour un chemin de fer, route en sol ferme et sans une seule dune sur tout le parcours.

Une naissance à signaler au Jardin zoologique d'acclimatation : celle d'un gnou (*catoblepas gnu*) du cap de Bonne-Espérance. L'an dernier déjà, l'Établissement du Bois-de-Boulogne avait eu un jeune de cette grande antilope. Au Muséum de Paris, on compte quatre gnous nés à la ménagerie. En Hollande, à S'Graveland, M. Blaauw a fait sur cette espèce une intéressante expérience. Les gnous vivent, depuis plusieurs années déjà, dans un grand pré de sept hectares environ, clos de barrières de fer, et supportent, sans paraître en souffrir, les plus rigoureux hivers. Dans ces conditions, leur duvet (bourre fine qui se développe sous les poils pour protéger l'animal contre le froid) devient très abondant. Les femelles reproduisent régulièrement, et les jeunes deviennent notablement plus grands que leurs parents importés de l'Afrique australe. On peut observer des faits de même nature sur les animaux nés au Jardin d'acclimatation.

CORRESPONDANCE ET CHRONIQUE

Le nombre des étudiants dans les Facultés de médecine.

Dans un article publié en tête de la *Revue* du 19 juillet 1890, je lis les lignes suivantes :

« Parmi les Facultés de médecine existantes, il y en a au moins une qui périclite étrangement, c'est-à-dire dont le nombre d'élèves est tout à fait restreint : c'est la Faculté de médecine de Lille. Quant à la Faculté de médecine de Montpellier, si elle n'avait pas pour elle son glorieux passé, elle ne compterait guère plus d'élèves que la Faculté de Lille. Restent alors les Facultés de Lyon, Bordeaux et Nancy, qu'il ne faut pas songer à supprimer, loin de là, mais qui suffisent amplement aux besoins de l'enseignement médical. »

La seule raison qui détermine l'auteur de l'article en question à proposer la suppression de la Faculté de médecine de Lille, tandis qu'il ne songe pas « à supprimer, loin de là », celles de Lyon, Bordeaux et Nancy, consiste dans le petit nombre des élèves de Lille.

Or — nous sommes fâché de mettre Nancy en cause, mais nous sommes bien forcé de comparer notre population d'élèves avec celle de la moins populeuse des Facultés dont notre contradicteur admet le maintien — la Faculté de Nancy comptait, à la fin de l'année 1888-1889, 165 élèves en cours d'inscriptions ou d'examens (y compris le contingent assez nombreux d'élèves militaires, aujourd'hui disparus), et l'École supérieure de pharmacie de Nancy comptait 55 élèves, soit en tout, pour la Faculté de médecine et l'École de pharmacie, 220 élèves.

A la même époque, la Faculté de médecine et de pharmacie de Lille possédait 227 étudiants en médecine en cours d'inscriptions ou d'examens (parmi lesquels figuraient seulement 2 élèves militaires) et 193 étudiants en pharmacie, soit au total 420 élèves.

La différence en notre faveur est donc :

Pour les étudiants en médecine, de . .	62 élèves.
Pour les étudiants en pharmacie, de. .	138 —
Au total de	200 —

Si, d'autre part, on considère notre chiffre d'élèves en valeur absolue, on ne saurait nier, ce semble, que notre population d'étudiants ne fût largement suffisante pour assurer le fonctionnement normal d'une Faculté. Nombre des Facultés étrangères en ont à peine davantage; le plus souvent elles en ont moins. Ainsi, si nous mettons à part les grandes Universités, telles que Berlin, Leipzig ou Munich, nous voyons qu'en ce qui concerne le nombre des élèves, la Faculté de médecine de Lille est loin d'être parmi les dernières. Elle vient aussitôt après celle de Gratz, qui compte 590 élèves (médecins et pharmaciens), et elle laisse derrière elle : Greifswald (377 élèves), Breslau (358), Strasbourg (353), Bonn (343), Erlangen (340), Fribourg-en-Brisgau (327), Heidelberg (284), Halle (284), Zurich (276), Königsberg (258), Kiel (241), Tübingen (232), Marburg (231), Iéna (216), Göttingen (211), Genève (186), Giessen (158), Rostock (145) et Bâle (123) (1).

J'ajouterai qu'au cas improbable où l'on viendrait à supprimer la Faculté de médecine de Lille, ses 420 élèves passeraient les uns à la Faculté catholique de Lille, tandis que les autres s'en iraient grossir encore le contingent déjà démesuré de la Faculté de médecine de Paris.

H. FOLET,
Doyen de la Faculté de médecine
de Lille.

La marche rétrograde de la végétation dans les Hautes-Alpes.

M. David Martin, ayant eu à parcourir, pendant plusieurs années de suite, les divers massifs montagneux des Hautes-Alpes, pour dresser la carte géologique de cette région, a été frappé du dépérissement marqué de la végétation, surtout au-dessus des altitudes de 1500 ou de 1900 mètres, suivant l'exposition et la forme des massifs.

Ainsi, les rhododendrons, qui, il y a vingt ans encore, se montraient jusque vers 2350 mètres, ne dépassent plus guère 2000 mètres; et encore sont-ils menus et rabougris, à cette altitude.

Le bouleau, l'aulne, le sorbier des oiseaux, le pin cembro et le pin à crochets ne commencent plus à se montrer que vers 1800 mètres, tandis que, dans certaines régions exposées au nord et partant plus humides, ces mêmes essences végétent encore vers 2300 mètres. De même, le hêtre est descendu de 1800 à 1500 mètres, et lorsque les représentants actuels de ces diverses espèces auront disparu, les forêts se trouveront définitivement abaissées de 300 à 500 mètres.

Le dépérissement de la végétation, si frappant dans les

montagnes, se manifeste également dans les régions inférieures sur nombre d'essences. La vigne, qui, d'après d traditions fondées, prospérait au Valgourdemar à une al tude de 1050 mètres, n'y dépasse pas aujourd'hui 850 mètr et encore seulement sur des expositions privilégiées, peuplier commun semble lui-même une espèce condamn et les beaux peupliers d'Italie, qui font l'ornement de routes et de nos allées, sont presque tous morts vers la ci Aux environs de Gap, tous les amandiers sont mourants, beaucoup d'arbres fruitiers sont malades.

Cette retraite de la végétation a été d'ailleurs observ dans d'autres régions, et M. Sommier, notamment, l'a o servée en Sibérie. En France, M. G. de Mortillet l'a égal ment signalée en Savoie et à la Grande-Chartreuse.

M. Martin attribue ce phénomène à la disparition des g ciers. Autrement dit, il pense que, si la végétation alpi disparaît, c'est qu'elle est insuffisamment protégée par neiges contre les froids intenses de l'hiver et parce q pendant l'été, elle se trouve dans une atmosphère trop d séchée à cause du manque de pluie (1).

En tout cas, on ne peut attribuer ce dépérissement déboisement ou à l'abus des pâturages, car on le const également dans les localités inabordables et dans les pé mètres les mieux surveillés.

Ainsi l'abondance des chutes de neige ne devrait plus ê considérée comme une preuve de froid intense, comme l'a tant répété, au sujet de l'époque glaciaire; — et, en ef la formation de la neige est un phénomène de refroidis ment, c'est-à-dire un phénomène relatif qui n'est pas rapport direct avec l'intensité absolue du froid.

D'ailleurs, le fait du dépérissement de la végétation p suite de la disparition des chutes de neige semble égalemen justifié par l'histoire; car Strabon, Pline, Galien, Tacite, Joseph Joël, attestent que les palmiers-dattiers étaient la richesse de la Judée, et Jéricho n'a pas maintenant plus de dattes que les environs d'Hyères. Or, il ne tombe presque plus de neige aujourd'hui en Palestine, tandis qu'avant notre ère, il y tombait des neiges si abondantes que, sous Judas Macchabée, la neige empêcha l'armée de se mettre en campagne.

Enfin, M. Martin signale aussi, avec une mélancolie justifiée, la diminution de notre population de montagnards, et son insouciance. C'est l'homme de la montagne qui, avec une énergie extraordinaire, a autrefois aménagé et pour ainsi dire créé les prairies alpestres. Aujourd'hui, il recule avec la végétation, et ne fait plus aucun effort pour atténuer les causes de sa retraite. Mais aussi, comme le remarque l'auteur, il faut avouer que la civilisation moderne a fait peu de chose pour l'homme de la montagne, et qu'elle n'a rien ajouté à son bien-être. En tout cas, il serait manifeste qu'il va se décourageant.

La contagiosité du cancer.

Depuis quelque temps, on parle beaucoup de la nature micro-parasitaire du cancer; mais les études entreprises pour démontrer cette origine n'ont pas encore été démonstratives. Cette démonstration comporte, d'ailleurs, des preuves de trois ordres. Les plus importantes, et celles qui pourraient dispenser des autres, consisteraient à démontrer l'existence d'un microbe capable de reproduire expérimentalement le cancer chez les animaux. De ce côté, aucun résultat probant n'a encore été obtenu. Dans ces conditions, les études basées sur des considérations d'anatomie

(1) Ces chiffres sont relatifs au semestre d'hiver 1889-1890.

(1) Observations sur la marche rétrograde de la végétation dans les Hautes-Alpes. — Une broch. de 24 pages; Gap, Jouglard, 1890.

pathologique et d'épidémiologie conservent leur valeur, à titre d'encouragement à continuer les recherches directes comme à titre d'indications thérapeutiques et prophylactiques. D'excellentes études ont établi que le cancer se développait de proche en proche dans l'organisme et se transmettait directement ou indirectement par hérédité, d'une façon qui rendait tout à fait probable l'existence d'un germe infectieux. Mais les études épidémiologiques du cancer sont fort rares, si même elles existent; et nous devons signaler, dans cet ordre de recherches, un intéressant essai de M. Arnaudet (de Cormeilles) (1). Il est évident que c'est encore une manière de démontrer la nature parasitaire du cancer que d'en établir, par l'étude de sa répartition, la propagation de proche en proche, c'est-à-dire la nature contagieuse.

C'est précisément la recherche à laquelle s'est livré M. Arnaudet, dans un milieu restreint bien connu de lui, Saint-Sylvestre-de-Cormeilles, petit bourg de Normandie (département de l'Eure), qui compte à peine 400 habitants. Dans cette bourgade, les décès des cancéreux sont, par rapport aux décès généraux, près de quatre fois plus nombreux qu'à Paris (14,88 au lieu de 4,16 pour 100 décès), et par rapport à la population (pour 100 000 habitants), ils y sont plus de trois fois plus nombreux (345 au lieu de 104,9).

M. Arnaudet a recherché les causes de cette mortalité spéciale si chargée, et, en dressant la topographie des maisons où étaient morts des cancéreux, il a constaté l'existence de véritables nids à cancer que la contagion seule pouvait expliquer, en dehors de l'hérédité, de l'alcoolisme ou autres causes banales qui ne pouvaient entrer en ligne de compte.

Il faut aussi noter que les habitants de Saint-Sylvestre n'ont guère à boire que de l'eau de mares. A la vérité, celle-ci est peu bue en nature, mais elle sert à faire le cidre. Or le schéma de la répartition des habitations des cancéreux et de la date des décès a montré à M. Arnaudet qu'il existait une sorte de série linéaire paraissant bien avoir son point de départ dans un point culminant à partir duquel les cancéreux se sont montrés successivement, en descendant vers le fond d'une vallée, dans le sens de l'eau qui alimente les mares.

Aussi M. Arnaudet penche-t-il très manifestement pour l'origine alimentaire du cancer par l'eau de boisson et surtout par le cidre. M. Arnaudet a, en outre, recherché la fréquence du cancer dans quatre autres communes voisines (Épaignes, la Chapelle-Bayvel, Saint-Pierre et Cormeilles) et a relevé une proportion considérable de décès par cette maladie (7,65 — 6,66 — 5,69 — 10,47 pour 100 décès généraux). La moyenne de ces décès, en comprenant ceux de Saint-Sylvestre, est de 8,8 pour 100, c'est-à-dire deux fois plus forte qu'à Paris, trois fois plus forte qu'à Rouen (3,8), quatre fois plus forte qu'au Havre.

Il y a évidemment, à cette inégalité de répartition du cancer dans une même région, des causes locales qu'il doit être possible de mettre en évidence et qui fourniraient, sans doute, une démonstration indirecte de la nature infectieuse de cette maladie. En tout cas, il serait à souhaiter que beaucoup de travaux semblables à celui de M. Arnaudet fussent entrepris par des médecins de campagne; leurs travaux constitueraient la matière d'une étude épidémiologique qui est tout entière à faire, et qui serait sans doute féconde en indications imprévues.

(1) *Contribution à l'étude du cancer en Normandie;* extrait de la *Normandie médicale.* — Une broch. de 27 pages; Rouen, Delhays, 1891.

Association française pour l'avancement des sciences. Congrès de Limoges.

MM.

Gorceix. — Étude des gisements de diamants dans l'État de Minas-Geraes et conclusions qu'on peut en tirer sur l'origine de cette pierre précieuse. — Le terrain archéen dans le plateau central de Minas-Geraes. — Étude de quelques minéraux rares de Minas-Geraes.

Jardin (E.). — Coup d'œil sur la flore du Gabon.

Jacquet. — Sur les lésions du foie dans la syphilis héréditaire.

Lemaistre. — Empoisonnement saturnin par la meule d'un moulin.

Lemaistre (J.). — Structure du voile du palais; abcès des amygdales et des glandes des lèvres.

Léon-Petit. — L'œuvre des enfants tuberculeux.

Livon (Ch.). — L'innervation du muscle crico-thyroïdien.

Malinvaud (Ernest). — Les genres critiques de la flore de la Haute-Vienne.

Manouvrier (L.). — Détermination expérimentale de la série suffisante pour l'évaluation du degré de fréquence des caractères anthropologiques. — Étude des squelettes humains trouvés à Andrésy (Seine-et-Oise); époque mérovingienne.

Masse. — Études de topographie cérébrale.

Olivier (Louis). — Application de recherches bactériologiques à l'extinction d'une épidémie localisée de fièvre typhoïde.

Petit (L.-H.). — La coxalgie tuberculo-arthritique.

Potain. — Sur le bruit du galop.

Priolleau. — De la tuberculose cutanée consécutive à la tuberculose osseuse.

Quibral. — Curetage de l'utérus.

Raymond. — Traitement des hernies étranglées enflammées ou irréductibles par la kélotomie, suivie de cure radicale.

Rivet (Joseph). — Du carcinome encéphaloïde envisagé au point de vue de sa fréquence, de la rapidité de son développement et des maladies qu'il peut occasionner. — De l'éclampsie, au point de vue de ses causes. — De l'hématurie enzootique des vaches de la Creuse.

Soulié (Albert). — Observations sur quelques annélides de la station zoologique de Cette.

Suarez de Mendoza. — Sur la suture de la cornée dans l'opération de la cataracte. — Sur l'audition colorée.

Tronchet. — L'épidémie d'influenza à la Rochelle.

Sciences économiques.

MM.

Audouard. — Projet de filtrage de l'eau de la Loire pour l'alimentation de la ville de Nantes.

Auriol. — De la reconstitution du vignoble dans le département de l'Aude.

Bérillon (E.). — Nouvelles applications de la suggestion à la pédagogie pénitentiaire.

Biny. — Méthode de correction pour la triangulation d'une carte géographique ou topographique. — Procédé rapide permettant de vérifier *a priori*, d'après une carte quelconque, si deux positions géographiques élevées peuvent communiquer par le télégraphe optique.

Callot (E.). — De l'enseignement des langues anciennes.

Casalonga (D.-A.). — De la propriété industrielle et de quelques-uns des articles de lois ou règlements qui régissent les brevets d'invention.

Coyard (Charles). — Quelques considérations sur l'impôt foncier.

Dehérain. — Dosage de la potasse dans la terre arable, et de l'emploi des sels de potasse. — Rôle de l'humus dans la terre arable. — Maturation du blé, en 1888 et 1889, au champ d'expériences de Grignon.

Ducourtieux (P.). — Des écoles de hameau en Limousin.

Foville (A. de). — La propriété bâtie en France.

Grodet (Albert). — Le Crédit foncier colonial en France; ses résultats depuis son institution.

Lucas (Ch.). — De la reconstitution des écoles provinciales d'art en France.

Peyrusson (Édouard). — La purification de l'air.

Raffalovich (Arthur). — Du rôle de la spéculation. — La réglementation du travail en Russie. — Les habitations ouvrières, au point de vue économique et financier. — L'enquête décennale sur les institutions d'utilité publique de la haute Alsace.

Tarrade (Alphonse). — Un dictionnaire de mathématiques.

Tarrade. — Alphabet automatique.

Trivier. — Traversée de l'Afrique, de l'Atlantique à l'océan Indien.

Savants étrangers qui assisteront au Congrès.

Semmola, professeur de pharmacologie expérimentale et de clinique thérapeutique, sénateur, à Naples.

Du Martin, professeur à l'Université de Gand.

La responsabilité des déséquilibrés.

Les récentes études d'anthropologie criminelle, en attirant l'attention sur la nature des anomalies physio-psychiques des criminels, et les travaux des médecins et des psychologues qui ont définitivement établi, dans leurs grandes lignes, les diverses formes de l'état de dégénérescence et créé la catégorie des déséquilibrés, c'est-à-dire des individus dont la responsabilité morale est amoindrie, ont rendu nécessaire le remaniement des codes. Cette nécessité commence à se faire sentir partout, et, dernièrement, M. Forel traitait ce sujet vant la Société de médecine de Zurich, faisant remarquer que codes devraient tenir grand compte de ces anomalies de caractères qui ne sont, en réalité, que des psychoses constitutionnelles, et suffisent à expliquer certains délits, comme l'épilepsie explique tains crimes. On ne saurait plus aujourd'hui, en effet, classer individus ou individus sains et ne détériorations malades, et il y a la classe intermédiaire des *déséquilibrés* dont il faut s'occuper M. Forel a exprimé à leur sujet les vœux suivants :

1° Que la notion de diminution du discernement fût inscrite nouveau dans la loi;

2° Que la notion de liberté ne fût plus considérée comme absolue mais comme indiquant la plus ou moins grande facilité, pour notre cerveau, de s'adapter convenablement aux circonstances ambiantes ou aux manifestations du cerveau d'autrui;

3° Que l'on cherchât à atteindre, fût-ce en remaniant profondément notre Code actuel, les buts suivants :

a. Mettre hors d'état de nuire, et cela préventivement, les naturels criminelles;

b. Appliquer aux monstruosités du caractère un traitement convenable, afin d'améliorer celles qui peuvent l'être encore;

c. Reporter le mépris public qui s'attache à certains êtres innocents (fille séduite, enfant naturel, etc.) sur des individus qui sont encore de nos jours de toute la considération apparente de leur entourage (adultères, spéculateurs louches, parents dénaturés, etc.);

4° Qu'il fût fondé, au lieu de nos maisons de correction, qui sont très défectueuses, des établissements ou colonies où seraient traitées les formes sérieuses des psychoses constitutionnelles et les natures criminelles;

5° Que l'on instituât également des établissements pour les victimes encore curables de l'ivrognerie ou d'autres intoxications;

6° Enfin qu'il fût établi des lois permettant d'imposer à ces psychopathes, à ces intoxiqués, un examen médical et une cure convenable dans un des établissements susindiqués. Il serait souvent très nécessaire de priver de leur liberté des individus de cette sorte, qui sont intolérables à leur entourage et deviennent plus nuisibles à la société que tel malheureux aliéné inoffensif.

Il serait à souhaiter que quelque agitation fût menée à propos d'une telle réforme de nos mœurs et d'une révision parallèle de nos codes, car les unes et les autres ne sont vraiment plus au niveau de la science actuelle.

— **Influence des orages sur les lignes télégraphiques.** — M. Clairet a fait des observations intéressantes sur l'influence des orages sur une ligne de 5 kilomètres de longueur qu'il a installée à Domène (Isère), pour une transmission de force électrique.

Cette ligne se trouve dans une vallée où se manifestent fréquemment des orages de grande intensité. On a dû prendre alors des précautions spéciales pour éviter les détériorations qu'un foudroiement de la ligne pourrait faire subir aux machines. Pour cela, ces machines ont été isolées du sol par un bâti présentant une résistance de moins 100 000 ohms. De plus, chaque extrémité de la ligne a été munie de paratonnerres adjacents à ceux des lignes télégraphiques, mais dont les peignes ont une longueur de 0m,50.

Les deux fils de transmission de force sont soutenus sur 130 poteaux, par des isolateurs placés symétriquement de chaque côté au sommet de ces poteaux. Une ligne téléphonique se trouve installée sur des isolateurs placés à une certaine distance *au-dessous* des premiers.

Le 23 mai dernier, la ligne a reçu un coup de foudre intense. Sur , 130 poteaux, 19 ont été fendus, et tous ces poteaux foudroyés se juvent à la suite les uns des autres. Cette particularité semble devir être attribuée à ce que, dans la région où ces 19 poteaux sont intés, se trouve, à une faible profondeur, une couche d'argile qui rmet à une nappe d'eau de séjourner dans le voisinage du sol.

Le point où chacun de ces poteaux a été frappé, au lieu de se trour vers le sommet, comme on pouvait s'y attendre, se trouve au niau de l'un des isolateurs inférieurs de la ligne téléphonique. De us, le point de départ de la traînée produite par la décharge* se voire orienté sur tous les poteaux dans une même direction, qui est elle d'où venait la pluie. Un seul isolateur a été trouvé brisé.

On a observé, à chaque éclair, une gerbe d'étincelles aux balais des achinos, qui n'ont, d'ailleurs, en rien souffert de ce coup de foudre. s dents des paratonnerres ont manifesté des décharges bruyantes ; pendant un examen attentif a permis de reconnaître que leurs iates sont restées parfaitement aiguës et n'ont subi aucune altéuon.

M. Billairet conclut de là qu'il doit être possible de protéger efficament des lignes de transmission par des précautions assez élémenires. Il a d'ailleurs observé, dans le même ordre d'idées, un certain mbre de faits qu'il se propose d'exposer quand ils auront été coornaés et complétés par de nouvelles observations.

— LA TUBERCULOSE DANS LES ARMÉES EUROPÉENNES. — Nous trouvons, uns une étude de M. Gravitz sur la tuberculose dans l'armée alleaode, la statistique comparée qui suit, concernant la fréquence de itte maladie dans les armées européennes, de 1881 à 1887 :

	Morbidité annuelle moyenne.	Mortalité annuelle moyenne.
Armée anglaise. . . .	10,0 pour 1000	2,14 pour 1000
— autrichienne. .	4,8 —	1,7 —
— belge.	4,3 —	1,0 —
— prussienne . .	3,12 —	0,83 —
— française . . .	2,6 —	1,11 —

Ainsi, l'armée allemande a une mortalité très légère par tuberculae, résultat qui est certainement dû aux bonnes conditions du rerutement et à une réglementation très large des différents modes de orie de l'armée pour incapacité physique.

Cette faible mortalité par tuberculose est encore une des causes de excellence du taux de la mortalité générale dans la même armée. a 1883-1884, ce taux a été de 4 pour 1000, proportion la plus basse u ait jamais été atteinte dans une armée européenne. Dans l'armée uçaise, qui est cependant sous ce rapport dans un assez bon rang, i mortalité a été, en 1888, à l'intérieur de 6,09 pour 1000.

Voici d'ailleurs, par ordre décroissant, les chiffres que donne L Longuet (Archives de médecine militaire, juillet 1890) pour la metalité générale des armées européennes, d'après les dernières statiques parues :

Armée espagnole (1886). . . .	13,49 pour 1000
— russe (1884).	8,88 —
— italienne (1887) . . .	8,74 —
— autrichienne (1887). .	6,91 —
— française (1888). . . .	6,09 —
— anglaise (1887).	5,13 —
— belge (1888).	4,7 —
— allemande.	3,97 —

— PONT TUBULAIRE SOUS-MARIN A TRAVERS LE SUND. — L'ingénieur aiedois R. Lillijeqvist a présenté le projet de réunir les villes d'Helsinborg et Elseneur, respectivement situées sur la côte suédoise et la site danoise, par un chemin de fer qui traverserait le Sund, porté ss, pour mieux dire, renfermé dans un pont tubulaire sous-marin d'une construction toute particulière.

Ce pont, d'après la Rivista di Artiglieria e Genio, consisterait en a tube de fer contenu dans un tube d'acier, avec l'intervalle rempli à béton; il serait établi assez bas sous la surface des eaux pour hisser passer les navires du plus fort tonnage. Il se composerait de travées de 30 mètres de longueur soutenues par des piles formées à caissons métalliques remplis de béton. Les jonctions des travées se reuent sur le milieu des piles, et elles seraient consolidées par des ouiles de béton, de manière à former du tube et des appuis un système rigidement uni.

La longueur de l'ouvrage serait de 4 kilomètres. Le poids total du pont et du chemin de fer et la capacité du tube seraient déterminés

de manière à ne faire supporter aux piles qu'un minimum de pres. sion.

La dépense est évaluée de 15 à 20 millions.

— EXCURSION GÉOLOGIQUE. — M. Stanislas Meunier fera, du 3 au 10 août 1890, une excursion géologique publique aux environs de Saint-Étienne et du Puy-en-Velay, et spécialement aux mines de houille de Grand-Croix et dans le massif du Mézenc.

Le rendez-vous est à Paris, gare de Lyon, où l'on prendra, le dimanche 3 août 1890, à 9h 45m du matin, le train pour Saint-Étienne. Une réduction de 50 pour 100 sur le prix des places en chemin de fer sera accordée aux personnes qui s'inscriront au Laboratoire de géologie du Muséum avant le 1er août, à quatre heures du soir.

On trouvera au Laboratoire tous les renseignements relatifs à l'excursion et spécialement un programme imprimé donnant le détail de l'itinéraire.

INVENTIONS·

PERCEUSE RADIALE MURALE A DOUBLE ARTICULATION. — Le Journal anglais Industries décrit une perceuse radiale murale assez curieuse ; au lieu d'avoir un chariot mobile sur le bras, ce dernier se compose de deux parties reliées par une articulation. L'arbre porte-outil , équilibré par un contre-poids, est disposé à l'extrémité de la seconde partie, et l'avance se donne mécaniquement ou à la main. Le boulon d'articulation porte deux poulies folles : l'une reçoit la courroie motrice, l'autre la courroie de transmission de l'arbre.

Dans ces conditions, les courroies sont tendues dans toutes les positions. La double articulation permet de travailler comme avec une perceuse radiale ordinaire; mais la construction est d'un prix moins élevé et la mise au point plus rapide.

— RETAILLAGE ÉLECTRIQUE DES OUTILS. — Le retaillage à la main d'une lime ou d'une fraise présente certains inconvénients : par suite du meulage et du retrempage qu'il nécessite, les outils notablement amincis se voilent, se fendent même, et se décarburent toujours; en outre, il est souvent presque aussi coûteux de retailler un outil que de le remplacer.

On a cherché à substituer au retaillage ordinaire l'emploi de procédés chimiques capables de rendre à un outil le tranchant détruit par l'usage ; mais toutes ces tentatives ne donnent qu'un nettoyage, un léger affûtage parfois supérieur à l'affûtage obtenu à la main que donne la main de l'homme.

Grâce au retaillage électrique, M. A. Personne de Sennevoy rend à la dent d'un outil sa longueur initiale. Voici, d'après le Génie civil, comment on procède :

On forme une pile à charbon et à eau acidulée dans laquelle l'outil à retailler constitue l'anode, le circuit étant fermé directement entre le charbon et l'outil. Sous l'influence du courant, l'eau se décompose rapidement en ses éléments, qui jouent chacun un rôle tout différent : tandis que l'oxygène se porte énergiquement au fond de la taille de l'outil, qu'il entame peu à peu, l'hydrogène à l'état naissant vient former une buée de petites bulles sur toutes les parties saillantes, qui se trouvent ainsi protégées contre l'attaque du liquide ; il en résulte pour chaque dent un affûtage parfois supérieur à celui que donne la main de l'homme.

Ce retaillage est d'une grande simplicité et peut être installé partout à peu de frais. Une seule condition de succès s'impose : le retaillage électrique ne doit être appliqué qu'à des outils de bonne qualité et profondément trempés. C'est ce qu'exige aujourd'hui de ses fournisseurs l'artillerie française, qui a minutieusement étudié la question. Les aciers chromés donnent, paraît-il, des résultats particulièrement remarquables.

— NOUVELLE MACHINE A VAPEUR. — L'Engineering-News décrit une nouvelle machine à vapeur qui ne manque pas d'originalité.

L'aspect extérieur rappelle celui d'une machine rotative, mais le fonctionnement de ce moteur ne diffère pas, en principe, de celui des autres machines à vapeur. Un piston se meut dans un cylindre, d'un mouvement alternatif, et il remplace à lui seul la bielle et la manivelle. Il communique un mouvement de rotation à un arbre qui le traverse, au moyen d'une rainure hélicoïdale pratiquée sur la circonférence du piston. Dans cette rainure se trouve une bille engagée seulement de la moitié de son diamètre, l'autre moitié étant solidaire du cylindre. Le piston tourne dès qu'il est pressé par la vapeur et avance en entraînant l'arbre sur lequel il est fixé. Ce piston est en acier, et la bielle est en bronze d'aluminium. Les tiroirs sont fixés sur les fonds du cylindre.

Cette machine, connue en Amérique sous le nom de moteur Edgerton, est très employée pour actionner des ventilateurs, et surtout des dynamos, qui demandent des moteurs à grande vitesse.

— NOUVELLE COURROIE DE TRANSMISSION. — L'*Iron Age* décrit une courroie de transmission d'un nouveau genre, construite par une maison de New-York.

Cette courroie est composée d'un tissu métallique formé par les enroulements successifs d'un fil d'acier. Une broche est passée transversalement à la direction de la courroie pour relier deux fractions consécutives d'une même courroie.

Une telle courroie, de 0m,305 de largeur, peut supporter, avant de se rompre, un effort de 16 tonnes. Elle glisse moins que celles en cuir ou en caoutchouc.

BIBLIOGRAPHIE

Sommaires des principaux recueils de mémoires originaux.

ANNALES DE MICROGRAPHIE (mai 1890). — *De Freudenreich* : Sur quelques bactéries produisant le boursouflement des fromages. — *Miquel* : Étude sur la fermentation ammoniacale et sur les ferments de l'urée. — *Dowdeswell* : Note sur les flagella du microbe du choléra.

— L'ANTHROPOLOGIE (t. Ier, nos 1, 2 et 3, de janvier à juin 1890). — *Paul Topinard* : Essais de craniométrie à propos du crâne de Charlotte Corday. — *O. Montelius* : L'Âge du bronze en Égypte. — *Alexander Brunias* : Courte notice sur son œuvre, par M. E.-T. Hamy. — *Salomon Reinach* : Le tombeau de Vaphio. — *R. Verneau* : L'allée couverte des Mureaux (Seine-et-Oise). — *Ch. Rabot* : De l'alimentation chez les Lapons. — *R. Collignon* : L'indice céphalique des populations françaises. — *J. Deniker* et *L. Laloy* : Les races exotiques à

l'Exposition universelle de 1889. — *Adrien Arcelin* : Les nouvelles fouilles de Solutré, près Mâcon (Saône-et-Loire). — *Bertholon* : Note sur deux crânes phéniciens trouvés en Tunisie.

— REVUE MILITAIRE DE L'ÉTRANGER (t. XXXVII, nos 741 et 742, 30 avril 15 mai 1890). — Les défenses du massif du Saint-Gothard. — Le fusil allemand modèle 1888 et les nouveaux règlements d'infanterie. — Les sociétés coopératives dans les armées étrangères. — L'organisation militaire de la Roumanie. — La marine allemande et le budget de 1890-1891. — Le nouveau règlement d'exercices de l'infanterie austro-hongroise. — L'armée anglaise en 1889. — Le combat d'artillerie dans la guerre de siège, d'après les théories du général Wiebe.

— ANNALES DE L'INSTITUT PASTEUR (mai 1890). — *Winogradsky* : Recherches sur les organes de la nitrification. — *Kelsch* et *Vaillard* : Tumeurs lymphadéniques multiples avec leucémie ; constatation d'un microbe dans le sang pendant la vie et dans les tumeurs après la mort. — *Tchistovitch* : Étude sur la pneumonie fibrineuse. — *Lannelongue* et *Achard* : Étude microbiologique de dix kystes congénitaux.

— ARCHIVES DE MÉDECINE ET DE PHARMACIE MILITAIRES (juin 1890). — *Arnould* : La grippe dans le premier corps d'armée. — *Annequin* : Étude sur la luxation du nerf cubital en dehors de l'épitrochlée. — *Burlureaux* : Généralités sur les maladies contagieuses le plus fréquemment observées chez le soldat, sur leur thérapeutique et leur prophylaxie rationnelles. — *Ræser* : Note sur un mode de contamination du pain par le *Mucor stolonifer*.

— REVUE PHILOSOPHIQUE DE LA FRANCE ET DE L'ÉTRANGER (t. XV, no 6, juin 1890). — *G. Sorel* : Contribution psycho-physique à l'étude esthétique. — *H. Lachelier* : La métaphysique de Wundt. — *P. Regnaud* : Sur l'origine et la valeur des fonctions casuelles dans la déclinaison indo-européenne.

L'administrateur-gérant : HENRY FERRARI.

MAY & MOTTEROZ, Lib.-imp. réunies, ât. D, 7, rue Saint-Benoît. [15032]

Bulletin météorologique du 14 au 20 juillet 1890.
(D'après le *Bulletin international du Bureau central météorologique de France*.)

DATES.	BAROMÈTRE À 1 heure DU SOIR.	TEMPÉRATURE			VENT. FORCE de 0 à 9.	PLUIE. (Millimètres.)	ÉTAT DU CIEL 1 HEURE DU SOIR.	TEMPÉRATURES EXTRÊMES EN EUROPE	
		MOYENNE	MINIMA.	MAXIMA.				MINIMA.	MAXIMA.
☾ 14	758mm,06	20,4	15,7	26°,0	S.-S.-W. 2	0,0	Nuages moyens S. 1/4 W.	4° au mont Ventoux; 3° au Pic du Midi.	36°,5 Madrid; 36° Biarritz; 36° à Laghouat et Biskra.
☿ 15	755mm,64	22°,3	15°,9	30,6	S.-S.-W. 2	10,9	Cirro-cumulus et cumulus S.-W.	7° à Hernosand; 9° à Bodo; 9° à Belfort.	38° à Laghouat; 37° Aumale; 35° à Biskra et Madrid.
♀ 16	756mm,77	19°,7	13°,2	25°,5	E.-N.-E. 1	1,7	Alto-cumulus au S.-R.	5°,5 au Pic du Midi; 8° à Valentia et Bodo.	38° à Aumale et Laghouat; 37° à Biskra; 36° Madrid.
♃ 17N.L.	753mm,03	20°,8	16°,0	28°,7	S.-R. 3	26,0	Grand orage de 2 heures à 2 h. 30; pluie, grêle.	7° à Bodo, Skudesnoes, Mullaghmore, Pic du Midi.	40° Laghouat; 38° Aumale; 35°,5 à Gap; 35° Clermont.
♂ 18	757mm,24	17°,1	14°,5	21°,6	W. 3	5,0	Cumulus à l'W.	3° au Pic du Midi; 7° au Puy de Dôme.	40° à Laghouat et Biskra; 38° à Aumale; 34° à Rome.
♄ 19	755mm,55	15°,7	13°,0	21°,5	W.-S.-W. 3	8,0	Alto-stratus pommelé à l'W. et un peu au S.	5° au Puy de Dôme; 4° au Pic du Midi.	41° à Biskra; 40° Laghouat; 30° à Palerme; 34° cap Béarn.
☉ 20	763mm,06	19,9	10°,0	16°,3	N.-N.-W. 3	0,0	Cumulo-stratus au N. et un peu à l'W.	1° au Pic du Midi; 4° au Puy de Dôme.	42° à Biskra; 39° Laghouat; 32° à Brindisi et Palerme.
MOYENNE.	757mm,46	18°,41	14°,04	24°,30		TOTAL. . 46,6			

REMARQUES. — La température moyenne, qui s'est beaucoup relevée cette semaine, a dépassé légèrement la normale 18°,3. Les pluies ont été rares; quelques orages ont éclaté en différentes régions de la France, notamment à Paris et au parc Saint-Maur, le 17, avec grêle.

CHRONIQUE ASTRONOMIQUE. — Mercure, très voisin du Soleil, est difficilement visible. Vénus reste l'*Étoile du berger* ; elle se couchera le 27

à 9h 5m environ. Mars précède un peu le Scorpion ; il se couche le 27 vers 11 heures et demie. Jupiter passera au méridien à 12h 18m, illuminant brillamment la constellation du Capricorne. Saturne, qui suit Régulus, est visible au commencement de la nuit ; il se couche vers 9 heures du soir. La Lune, qui passe à son premier quartier le 25, sera pleine le 31. Jupiter, en opposition avec le Soleil le 30, sera en conjonction avec la Lune le 31.
L. B.

REVUE

SCIENTIFIQUE

(REVUE ROSE)

Directeur : M. Charles Richet

| NUMÉRO 5 | TOME XLVI | 2 AOUT 1890 |

Paris, le 31 juillet 1890.

Les *Chambres* vont être appelées à se prononcer à *bref délai* sur une question de la plus haute gravité. Il s'agit d'une modification du § 5 de l'article 21 de la loi du 15 juillet 1889 (sur le recrutement de l'armée).

La Commission de l'armée, nommée par la Chambre, vient de décider à *l'unanimité* que ce paragraphe ne pouvait pas être maintenu. En effet, il en résulte que, dans certains cas, des frères se suivant à moins de trois années révolues peuvent être obligés à servir trois ans chacun, ce qui est assurément abusif. M. Reille vient de proposer un amendement qui ferait disparaître cet inconvénient.

Le moment est donc bien choisi pour introduire dans la loi une modification plus efficace et dont la *Revue scientifique* a déjà signalé la nécessité. Le 21 décembre 1889, nous disions, en effet, à cette même place (p. 769) :

« Nous assistons à une rapide décroissance de la natalité française. Cela menace nos destinées. Tout législateur, tout bon citoyen devrait constamment avoir devant les yeux cette fatale décroissance, le seul et unique point sombre dans l'avenir de notre pays. Nulle bonne loi, qui ne songerait pas à la diminuer. Aussi une loi relative au recrutement doit-elle être faite non seulement pour l'armée présente, mais encore pour les années qui viendront. Par conséquent, si l'on favorise les nombreuses familles, sans diminuer d'un seul soldat le contingent, on aura sauvegardé l'avenir et assuré la force des contingents futurs. »

Nous n'avons rien à retirer de ce que nous disions en 1889. Loin de là, la situation démographique de la France n'a fait que s'aggraver. Mais le cri d'alarme jeté en plein Sénat, il y a dix ans, par M. Léonce de Lavergne, commence à trouver de l'écho. M. Raoul Frary, dans son *Péril social*, Guyau, dans son beau livre de l'*Irréligion de l'avenir*, M. A. Dumont, dans le volume intitulé : *Dépopulation et civilisation* qui vient de paraître, hier encore M. Lagneau, dans une longue communication faite à l'Académie de médecine, tous sont d'accord pour engager le législateur à prendre

des dispositions favorables à l'accroissement de la population.

Dans un article paru ici même (1er novembre 1884), M. Javal a donné l'énumération, assurément incomplète, des mesures à prendre pour venir en aide à la natalité. Dès cette époque, il signalait, comme indispensable, une modification de la loi de recrutement. Peu après, il se faisait élire député pour pouvoir porter à la tribune les questions démographiques. Nous signalons tout particulièrement aujourd'hui le discours qu'il prononça le 14 janvier 1889, pour demander qu'un seul homme par famille fût pris pour faire la première partie du contingent. Les arguments de l'orateur étaient précis, convaincants, et si son amendement ne fut pas adopté, cela tient à des raisons politiques : la Chambre voulait à tout prix éviter un retour de la loi devant le Sénat.

Par une rare bonne fortune, la question soulevée par M. Javal va revenir à l'occasion de l'amendement Reille. Il faut qu'elle soit reprise, et au nom de tous ceux qui ont souci de l'avenir de notre pays, nous faisons un chaleureux appel au Parlement.

D'ailleurs, en modifiant la loi de recrutement dans le sens que nous demandons, les députés sont sûrs de contenter un grand nombre d'électeurs et de n'en mécontenter aucun. Ainsi peut être modifiée une loi dans un sens à la fois patriotique et démocratique, sans léser aucun intérêt particulier et sans demander un centime aux contribuables (1).

---

(1) Nous disions en 1889 :

« C'est une sottise que de parler ici de l'égalité : le fait d'avoir ou de n'avoir pas un frère aîné est aussi bien un fait du hasard, pour tel ou tel conscrit, que le fait de tirer au sort dans une urne. Il y a toutefois cette énorme différence que, dans le système que nous préférons, le sort ne peut plus frapper à l'excès les familles nombreuses, celles qui ont déjà de si lourdes charges et qui, par le fait même de leur nombre, ont rendu à la patrie ce premier service de lui donner des enfants.

« L'égalité des pères de famille, voilà ce qui est au moins aussi intéressant que l'égalité des conscrits ; et la disposition que M. Javal propose remédierait en partie, mais en partie seulement, à cette inégalité qui frappe précisément les pères de famille les plus dignes d'intérêt. »

CHIMIE

La constitution de la benzine.

Le 11 mars de cette année, la Société allemande de chimie célébrait le jubilé de Kékulé, le savant éminent qui, il y a vingt-cinq ans, découvrait la constitution de la benzine et des corps de la série aromatique. Il nous a paru intéressant de reproduire le discours prononcé à cette occasion par M. Adolf von Baeyer. On y trouvera, non un plaidoyer en faveur d'une doctrine adoptée aujourd'hui par tous, mais des vues nouvelles sur la nature intime de la benzine et de ses dérivés.

Nous célébrons aujourd'hui le vingt-cinquième anniversaire du jour où Kékulé a fondé sa théorie de la benzine. Malgré les résultats merveilleux qu'a amenés cette théorie, les progrès inouïs qu'elle a réalisés dans notre science, on peut se demander si elle était juste. N'a-t-elle été utile qu'en facilitant l'étude de la chimie organique, ou bien possède-t-elle une base inébranlable, qui lui donne un degré de certitude égal à celui de la théorie atomique, par exemple?

La difficulté qu'on rencontre à aborder de pareils problèmes devient bien moindre si l'on fait usage des schémas que nous devons à Kékulé lui-même.

Il semble qu'on ne se fasse pas toujours une idée bien nette de la valeur que celui-ci attribuait à ces symboles; car on affirme souvent que c'est van 't Hoff qui le premier a comparé l'atome de carbone à un tétraèdre, et a de la sorte permis la localisation des atomes dans l'espace. Il n'en est pas ainsi, comme le prouve la déclaration suivante de Kékulé, par laquelle il annonçait, dès 1867, la création de ses schémas (1) :

« On peut éviter l'imperfection des schémas anciens, si, au lieu de placer les quatre atomicités du carbone dans un plan, on s'en fait partir de l'atome comme centre suivant la direction des axes de l'hexaèdre, de façon à ce que ces lignes se terminent dans les plans du tétraèdre. »

Ainsi Kékulé se représentait dès ce moment l'atome de carbone comme van 't Hoff ne l'a fait que sept ans plus tard. Celui-ci a développé les idées que Kékulé n'avait parfois fait qu'indiquer.

Il en est des schémas de Kékulé comme de la théorie électro-magnétique de la lumière, de Maxwell, dont Hertz dit (2) : « On ne peut étudier cette théorie sans avoir parfois la sensation que les formules mathématiques possèdent une vie propre, une raison spéciale : il semble qu'elles soient plus intelligentes que nous, plus intelligentes même que celui qui les a établies; elles donnent plus que ce que celui-ci y cherchait. Ceci n'est pas impossible. Il en est ainsi chaque fois que les

(1) *Zeitschrift für Chemie*, N. F., 3, 218.
(2) Voir la *Revue scientifique* du 26 octobre 1889, p. 515.

formules sont vraies au delà de ce que l'on pouvait savoir en les établissant. Mais des formules aussi compréhensives ne sauraient être trouvées que si l'on s'applique à saisir la moindre parcelle de vérité que la nature nous laisse entrevoir. »

En quoi donc les schémas de Kékulé étaient-ils plus profonds qu'il ne le soupçonnait lui-même? que contenaient-ils de plus que ce qu'il y avait mis? La réponse est facile. Kékulé s'imaginait la position des atomes dans l'espace de la façon représentée par ses schémas; mais il admettait en même temps que les quatre atomicités du carbone ont même valeur et peuvent échanger leur place, de sorte que, pour chaque combinaison d'un atome de carbone avec quatre éléments divers, il n'existe qu'une seule position d'équilibre. Il supposait également qu'à la température ordinaire il existe certains mouvements qui, nous le savons maintenant, ne se produisent qu'à une température plus élevée. Il est très possible aussi que d'autres éléments tétravalents ou d'une atomicité plus élevée encore ne partagent pas ces propriétés du carbone, qu'il n'existe, par exemple, pour l'atome de silicium qu'une seule manière de se combiner à quatre éléments différents; on admet de même — à tort ou à raison — qu'il n'existe pas d'isomères de position de l'iodure de méthyléthylpropylbutylammonium. Il existait donc dès alors, au moins pour beaucoup de chimistes, une stéréochimie du carbone. C'est là le seul point que Kékulé n'a pas su apprécier: le grand et incontestable mérite de van 't Hoff est de l'avoir compris et mis en valeur.

Une autre propriété importante de ces modèles est l'angle que font ensemble les fils, lorsqu'on représente certaines combinaisons du carbone. Quiconque s'en est servi a pu observer que ces angles disparaissent presque ou tout à fait, lorsqu'on unit 5 ou 6 atomes de carbone pour former une chaîne fermée. Il faut noter que van 't Hoff a fait la remarque que 6 de ses tétraèdres forment un anneau complet, lorsqu'on les fait coïncider par un sommet dans la direction des attractions. Mais il semble que personne n'ait avant lui cherché la signification des angles que font les axes dans d'autres combinaisons, par exemple l'éthylène ou le triméthylène. Pourtant ils sont aussi importants que les rapports dans l'espace, pour l'intelligence de la constitution du corps; c'est ce que j'ai essayé de prouver dans la « théorie des tensions ».

Comme ces deux idées mécaniques de tension et de pression vont jouer un rôle des plus importants dans le développement qui suit, je crois utile d'exposer d'abord comment on peut transporter ces concepts dans le domaine de la chimie.

Soit, par exemple, l'éthane (C^2H^6); les deux atomes de carbone qu'il contient sont pressés l'un contre l'autre par une force qui est la résultante des forces d'attraction de tous les atomes du corps, et qui a la direction de la ligne qui unit les deux atomes. Nous appellerons cette force la pression, car elle est tout à fait analogue à ce qu'on nomme pression en mécanique.

Dans l'éthylène (C^2H^4), il est généralement admis que deux atomes de carbone sont unis en échangeant entre eux quatre affinités. La stabilité de cette liaison double est bien moindre que celle du mode d'union par une seule atomicité de chaque atome. On peut trouver deux raisons différentes pour expliquer le fait : ou bien la disparition de deux atomes d'hydrogène a diminué la force d'attraction qui unit les atomes de carbone entre eux; ou bien la cause de l'affaiblissement de la liaison est que les deux affinités n'agissent plus dans la même direction que dans l'éthane. Afin d'élucider la question, on peut étudier les chaînes fermées composées de plusieurs groupes méthylènes. Dans ces combinaisons, ce sont toujours les mêmes radicaux CH^2 qui sont unis entre eux en plus ou moins grand nombre; si l'on remarque des différences en ce qui concerne la stabilité de la combinaison, il faut l'attribuer au changement de direction des axes, visible d'après les schémas. Cette hypothèse est confirmée par le fait que la chaîne fermée, où le changement de direction est le plus grand — le triméthylène — est le corps le moins stable de ce groupe. J'en conclus que la même cause agit dans l'éthylène, que l'on peut considérer comme une chaîne fermée analogue au triméthylène.

On peut s'expliquer cette diminution de l'affinité corrélative au changement de direction des atomicités, en les comparant à des fils métalliques flexibles. Mais on ne saurait appliquer ici le procédé ordinaire de la mécanique, où l'on décompose les forces d'après un parallélogramme suivant les différentes directions de l'espace; car une affinité n'agit jamais que comme une unité et ne saurait être décomposée en plusieurs autres agissant dans des directions diverses.

Les ressorts flexibles servent à montrer qu'une force unique, indivisible, est affaiblie en se déplaçant de sa direction primitive. Ce sont là des images qui rendent sensibles aux yeux les lois des phénomènes chimiques, mais qu'il ne faut jamais confondre avec les faits eux-mêmes. Il ne faudrait de même pas s'imaginer, d'après les modèles de Kékulé, que le chimiste conçoit les valences sous la forme de fils métalliques. Je nommerai tension la force qui est représentée ici par ces fils. Il est clair qu'elle agit en sens inverse de la pression, et que ces deux forces peuvent en certaines circonstances se compenser exactement. Ainsi l'on peut concevoir que, grâce à une forte pression, un composé instable, tel que l'éthylène, acquiert des propriétés semblables à celles d'un corps saturé. Cette union plus intime pourrait se produire en remplaçant les atomes d'hydrogène par d'autres groupes.

Kékulé a publié tout d'abord sa théorie de la benzine dans le *Bulletin de la Société chimique de Paris*, le ? janvier 1865, il y a vingt-cinq ans. Puis il en donna

un développement plus complet en langue allemande, dans le fascicule des *Annales de Liebig*, paru le 6 février 1866.

Il proposait à ce moment deux formules :

Il donnait la préférence à la dernière, qu'on désigne couramment sous le nom de formule de Kékulé. Nous verrons bientôt que ces deux formules sont exactes, c'est-à-dire que, réunies, elles expliquent mieux les faits connus que toute autre formule.

En établissant sa théorie, Kékulé avait pris pour point de départ le nombre considérable des produits de substitution.

De nombreux chimistes suivirent ses traces, et obtinrent une série presque illimitée de produits de substitution, qui apportèrent des preuves toujours nouvelles de la justesse de la théorie. En même temps, on voyait naître de nouvelles formules, qui remplissaient tout aussi bien les desiderata de la théorie de Kékulé, et semblaient, sous plusieurs rapports, mieux expliquer les propriétés spéciales de la benzine. Telle est la formule prismatique de Ladenburg, la formule en diagonale de Claus; celle de Dewar, qui manque de symétrie, ne mérite pas d'être examinée.

Il s'agissait dès lors de décider laquelle de ces trois formules était la vraie.

Tout d'abord, on reconnut la fausseté de la formule prismatique : si l'on transforme la benzine en hexaméthylène, dans la formule de Kékulé, les trois positions en para (1) restent intactes, tandis que dans la formule prismatique deux se transforment en groupements ortho; une seule persiste.

Si l'on peut prouver qu'en réduisant une combinaison benzique pour en faire un dérivé de l'hexaméthylène, deux positions para restent conservées, la fausseté de la formule prismatique sera démontrée. On y arrive ainsi : l'éther dioxytéréphtalique fournit, par réduction, de l'éther succinylosuccinique. Dans le premier, les carboxyles et les hydroxyles sont dans la position para; il en est de même du second : aussi deux groupements para sont conservés. Ladenburg a opposé à cette argumentation que, dans la transformation de l'éther dioxytéréphtalique en éther succinylosuccinique, les atomes d'oxygène peuvent se déplacer d'un carbone à l'autre. Je crois le fait peu probable; mais

---

(1) Il nous semble utile de rappeler que les termes ortho, méta et para indiquent la position respective des radicaux unis aux atomes de carbone du noyau benzine; si l'on numérote ces atomes, ces termes correspondront respectivement aux positions 1 et 2; 1 et 3; 1 et 4.

je pense inutile d'approfondir la question, car on peut donner de ce que j'avance une autre preuve, qu'il est impossible de réfuter.

L'acide phtalique contient ses deux carboxyles dans la position ortho. Si on le réduit pour en faire de l'acide hexahydrophtalique, on obtient une substance qui se comporte exactement comme l'acide diméthyl-succinique, et qui donne facilement un anhydride; il n'en est pas de même de l'acide hexahydroisophtalique. Dans l'acide hexahydrophtalique, les deux carboxyles sont donc encore dans la position ortho, alors que la formule prismatique exigerait la position méta. Il existe aussi un acide tétrahydrophtalique qui se transforme très facilement en anhydride, et, par oxydation, en acide adipique. Celui-ci doit également appartenir à l'orthosérie, car ces deux conditions ne sauraient être remplies que par un acide de la formule de constitution :

Aussi faut-il rejeter la formule prismatique, malgré toute son élégance.

Ce résultat a une très grande importance au point de vue de la stéréochimie; car le prisme a des propriétés géométriques qu'il est difficile de faire concorder avec les connaissances acquises d'autre part. Ainsi il serait difficile de comprendre comment, dans cette formule, l'acide phtalique pourrait donner un anhydride.

En second lieu, il fallait étudier le degré de justesse de la formule diagonale de Claus :

D'après son auteur, cette formule contient trois lignes d'union en diagonale, et comme les atomes groupés ainsi sont plus éloignés l'un de l'autre qu'à la périphérie, ils se comportent différemment et leur union est moins stable. Si cette idée est vraie, on devrait s'attendre à ce que, après la disparition de l'une des lignes d'union diagonales, les deux autres persistent. Au lieu de cela, on ne put constater par l'expérience que des unions doubles, et on en conclut que les combinaisons de la parasérie ne peuvent exister dans la benzine. Claus a émis alors l'idée que les deux groupements para, restants, peuvent se transformer en unions doubles :

On voit immédiatement qu'il serait facile de résoudre la question par la réduction de l'acide téréphtalique. Si Claus est dans le vrai, l'acide dihydrique qui prend naissance d'abord devrait avoir la formule :

D'après la formule de Kékulé, on aurait dû trouver un acide possédant la constitution suivante :

L'expérience a montré qu'en réduisant avec de grandes précautions, on produit un acide bibasique qui répond aux vues de Claus. Mais, au même moment, on fit d'autres observations qui montrent qu'on arrive au même résultat en adoptant la formule de Kékulé.

En effet l'acide dihydrique

fournit par réduction un acide tétrahydrique de la constitution suivante :

Ici donc la réduction s'est de même opérée comme s'il existait un groupement para facile à dissocier. Afin de lever les doutes qui pourraient subsister à ce sujet, j'ai entrepris, en collaboration avec M. Rupe, la réduction de l'acide muconique et je suis arrivé au même résultat :

L'acide muconique fournit de même un acide hydro-muconique de formule analogue; l'on voit donc que l'addition d'hydrogène dans la position para n'exige pas la présence d'un radical para dans le composé. Dès lors, la réduction de l'acide téréphtalique s'explique d'après la formule de Kékulé :

Ce résultat se confirme par le fait qu'il existe des dérivés de la chaîne fermée hexaméthylène, qui, selon toute vraisemblance, appartiennent à la parasérie, et n'en sont pas moins entièrement différents des produits de réduction de la benzine.

Beaucoup de chimistes admettent pour le camphre la formule :

S'il en est ainsi, l'hydrocamphène retiré du bornéol par Kachler et Spitzer est un dérivé de l'hydrocarbure isomère de la tétrahydrobenzine, que je propose de nommer norhydrocamphène,

Norhydrocamphène.   Tétrahydrobenzine.

et qu'on peut aussi considérer comme un dérivé du tétraméthylène analogue à la naphtaline.

Ensuite de cette constitution, il est très résistant aux agents d'oxydation.

Si le fait se confirme, on saura que la liaison para qu'on rencontre dans l'hexaméthylène est constante, et n'a pas les caractères d'une union double de deux atomes voisins.

Mais on peut aller plus loin, et émettre les mêmes considérations au sujet de la dihydrobenzine.

D'après Claus, le premier produit de réduction de la benzine aurait la forme suivante :

Si l'on se représente les atomes de cette substance disposés de telle sorte qu'il y ait une déviation aussi faible que possible de l'axe d'attraction des atomes de carbone, on obtient le tétraméthylène, dans lequel les atomes de carbones opposés sont unis par un atome de carbone. Les atomes de carbone forment dans le modèle un octaèdre.

Or on ne voit pas pourquoi un corps ainsi constitué serait assez instable pour se transformer immédiatement en une chaîne fermée avec deux liaisons à quatre atomicités. Si l'on parvient à le produire, je pense qu'il différera de la dihydrobenzine, et, par le fait même, la théorie des groupements para sera définitivement renversée.

L'étude des produits de réduction de l'acide téréphtalique a montré que l'anneau de la benzine a pour origine une chaîne fermée où il existe trois liaisons doubles, c'est-à-dire où les six atomes de carbone sont unis deux à deux par l'échange de quatre atomicités. On pourrait s'imaginer pourtant que, dans des circonstances données, il peut naître de la benzine des corps qui ne correspondent pas à la formule de Kékulé. Il pourrait se faire, par exemple, que, dans la production de la tétrahydrobenzine, deux atomes de carbone opposés s'unissent entre eux, et l'on aurait alors le norhydrocamphène :

au lieu de

On peut répondre à ceci que le fait est possible, et qu'il y a certainement des conditions où la benzine se transforme en un dérivé de la famille des camphres, de même que le camphre se convertit en cymène, homologue de la benzine. Mais cette réaction n'est pas simple et ne saurait se produire dans les conditions ordinaires.

Dans la benzine, les atomes de carbone voisins sont seuls unis entre eux ; la liaison d'atomes éloignés ne permettrait pas cette stabilité de l'anneau, qui persiste même dans l'hexaméthylène. Ce fait est démontré par l'impossibilité d'obtenir un anhydride de l'acide hexahydroisophtalique ; il ne manquerait pas de se former, si la combinaison était moins stable.

Il faut donc considérer l'acide tétrahydrotéréphtalique comme un dérivé de la benzine ; il n'en est pas de même de son isomère, qu'on n'a pas encore pu préparer, l'acide bibasique du norhydrocamphène :

Acide bibasique   Acide
du norhydrocamphène.   tétrahydrotéréphtalique.

La benzine doit, malgré la stabilité de son noyau, être considérée comme une chaîne fermée, et, lorsque la réaction est régulière, elle ne peut donner que des chaînes fermées à six anneaux. Les acides hydrotéréphtaliques sont de vrais dérivés de la benzine, de même que le propane est un dérivé du propylène. Il se peut que le norhydrocamphène dérive aussi de la benzine, mais il appartient à une autre série, et ses relations avec celles-ci sont les mêmes que celles du triméthylène avec le propylène.

Après avoir démontré qu'à la benzine ne convient ni la formule prismatique ni celle en diagonale, il ne reste qu'à appliquer celle de Kékulé. Mais celle-ci contient des atomes unis par liaison double, et comme la benzine se comporte tout autrement que les corps de cette sorte appartenant à la série grasse, il faut déterminer tout d'abord si, dans les chaînes fermées qui ne sont pas dérivées de la benzine, on peut démontrer l'existence de forces capables de modifier le mode d'union par l'échange de quatre atomicités.

Une simple considération toute mécanique montre qu'il doit exister ce que nous avons nommé une pression entre les membres d'une chaîne fermée. Elle est causée par leur tendance à se rapprocher du centre par suite de leur action à distance (attraction intra-moléculaire de Wislicenus). Cette pression se manifeste non seulement par la stabilité des combinaisons qui, à l'état de chaîne longue, sont instables (hexakétométhylène de Nietzki), mais de plus par des changements de place des atomes comme dans l'éther succinylosuccinique ; elle est d'autant plus grande que le diamètre de l'anneau est plus petit.

Le *p*-dikétohexaméthylène est une acétonylacétone en chaîne fermée :

CO   CO
CH² / \ CH²   CH² / \ CH³
CH² \ / CH²   CH³ \ / CH²
CO   CO
p-dikétohexaméthylène.   Acétonylacétone.

Il se comporte absolument de même. Si, dans la formule du *p*-dikétohexaméthylène, on ajoute deux radicaux carbéthoxyles dans la position para, on obtient l'éther succinylosuccinique. Il est hors de doute qu'à l'état ordinaire, on ne saurait considérer celui-ci comme un éther dikétohexatéréphtalique, mais comme un éther dioxydihydrotéréphtalique (1) :

CO   C(OH)
CO².C²H³.CH / \ CH²   CO².C²H³.C / \ CH²
CH² \ / CH.CO².C²H³   H²C \ / C.CO².C²H³
CO   C(OH)
Éther dikétohexahydrotéréphtalique.   Éther dioxydihydrotéréphtalique.

(1) Bœyer et Noyes, *Berichte der deutschen chemischen Gesellsch.*, t. XXII, p. 2169.

L'introduction du carbéthoxyle dans la molécule de dikétohexaméthylène rend mobile l'hydrogène uni aux atomes de carbone. C'est pourquoi le groupe CO.CH intervertit la place de ses éléments et se transforme en C(OH) = C. C'est une conséquence de la pression qui existe dans l'anneau ; car on peut admettre, d'après ce que montrent les modèles, que les centres de gravité de deux atomes unis par l'échange de quatre atomicités sont plus voisins que lorsque la liaison est simple. Nous considérerons cette hypothèse comme démontrée.

D'après ces principes, lorsque l'éther dikétohexahydrotéréphtalique se transforme en éther dioxyhydrotéréphtalique, l'anneau se rétrécit. S'il était possible d'empêcher cette diminution de l'anneau, par exemple en y plaçant un cylindre solide, le déplacement des atomes ne pourrait avoir lieu, la molécule d'éther dikétohexahydrotéréphtalique s'enroulerait autour du cylindre comme un anneau de caoutchouc tendu ; elle ne se transformerait en éther dioxydihydrotéréphtalique que lorsque l'obstacle aurait été levé.

La phloroglucine se comporte exactement de même. Comme dérivé de l'éther malonique, elle a la formule du trikétohexaméthylène. Mais ce corps n'est pas stable et se contracte par suite de la pression intérieure, pour donner de la trioxybenzine.

CO   COH
CH² / \ CH²   HC / \ CH
CO \ / CO   HOC \ / COH
CH²   CH

La similitude des phénomènes observés dans l'éther succinylosuccinique et la phloroglucine a une très grande importance pour la théorie de la benzine. Elle prouve que, dans le noyau benzique de la phloroglucine, il existe trois doubles unions, dont l'origine et la façons de se comporter en présence des réactifs sont identiques à celles des deux liaisons doubles de l'éther succinylosuccinique.

Passons à présent à l'étude de l'acide téréphtalique.

Prenons pour point de départ un acide hexahydrotéréphtalique bibromé, dans lequel les atomes de brome sont dans la position para ; nous pourrons, par la soustraction de deux molécules d'acide iodhydrique, atteindre en effet en tout semblable à ce qui se passait dans l'acide dikétohexahydrotéréphtalique par la contraction de la molécule :

H   CO²H   CO²H
H²C / C C⟨Br/H   H²C / C
H \ C CH²   HC \ CH²
Br / C
H   CO²H   CO²H

Les liaisons atomiques doubles contenues dans cette formule se comportent, dans leurs produits d'addition, de telle façon, qu'on peut affirmer qu'elles existent dans la même forme dans l'acide succinylosuccinique.

Afin d'imiter la transformation par contraction du trikétohexaméthylène en trioxybenzine, il faudrait partir de l'acide tribromhexahydrotéréphtalique où les atomes de brome occuperaient les positions 1, 3, 5. Mais, comme celui-ci est inconnu, on peut lui substituer le bromure de l'acide dihydrotéréphtalique 1, 4. On peut admettre, en effet, que les atomes de brome disparaissent sous la forme d'acide bromhydrique en s'unissant à l'hydrogène uni aux atomes de carbone voisins.

Le phénomène correspond visiblement à la contraction de la phloroglucine ; mais le produit, l'acide téréphtalique, a des propriétés qui montrent que les liaisons doubles contenues dans la phloroglucine n'existent plus dans l'acide téréphtalique, du moins plus dans la même forme. Ainsi le dérivé de l'acide téréphtalique correspondant à l'éther succinylosuccinique — l'acide dioxytéréphtalique — ne présente pas la moindre tendance à la transformation tautomère. Les mêmes phénomènes se passent, mais dans l'ordre inverse, lorsqu'on réduit l'acide téréphtalique.

La théorie de la benzine doit nous rendre compte de ce changement de propriétés.

On peut admettre tout d'abord que l'action à distance croît dans une proportion bien plus rapide que l'éloignement des atomes ne diminue. On peut penser que c'est seulement lorsque se forme la troisième liaison double, que les atomes sont assez rapprochés et que la pression interne devient aussi grande que celle qu'il faut admettre dans la benzine. Dans ce rapprochement intime de six atomes de carbone, la double liaison persiste-t-elle dans la forme où elle existait dans la dihydrobenzine, ou bien subit-elle une modification analogue à ce que Kékulé cherchait à exprimer dans sa formule d'oscillation, Armstrong et moi dans la formule centrique ? La question n'est pas encore résolue. Toutes nos méthodes d'investigation ne nous apprennent sur la constitution des corps que l'enchaînement des atomes; nous ne savons rien de ce que deviennent les valences. Nous sommes aussi peu capables d'indiquer la constitution de la benzine en tenant compte des valences, que s'il s'agissait de la molécule d'azote libre. De ce qu'on se comporte avec l'hydrogène l'azote se comporte comme un corps trivalent, il n'en résulte pas que le symbole Az ⚌ Az soit

une image exacte de la constitution de sa molécule. Il en est de la benzine par rapport à l'atome de carbone, comme de la molécule d'azote par rapport à l'atome d'azote. C'est une charpente solide dont les atomes d'hydrogène sont remplaçables par d'autres radicaux simples ou composés. Si sa cohésion devient moindre en un point — soit par addition, soit par déplacement — on ne voit jamais apparaître que des unions atomiques doubles.

On peut donc énoncer la théorie de la benzine de la façon suivante.

La benzine est un anneau formé de six groupes CH. La stabilité des combinaison qu'elle forme dépend de la nature et de la place des radicaux qui ont été substitués à l'hydrogène ; on ne saurait encore rendre compte de ce phénomène. Il est possible que sa cause réside en un élargissement ou un rétrécissement de l'anneau.

La combinaison de la benzine la moins stable est la phloroglucine. Elle contient trois unions atomiques doubles, qui ne sont guère plus solides que celles de la série grasse.

La naphtaline et le phénanthrène occupent une position moyenne, car ces corps résistent à l'action du permanganate de potasse. Il faut admettre en eux l'existence de liaisons doubles d'une solidité moyenne.

Les combinaisons les plus stables sont la benzine libre, les phénols et les produits analogues. Les unions doubles ne s'y rencontrent que sous certaines conditions. L'anneau de la benzine tend à se rapprocher d'un état que l'on pourrait appeler la « benzine idéale » dans lequel les six groupes CH seraient unis avec une force extraordinaire, de sorte que la chaîne serait absolument symétrique, et la quatrième valence du carbone ne nous serait plus perceptible. Dans cet état, l'atome de carbone semble donc trivalent; on obtient la formule correspondant à cette idée lorsqu'on unit par des traits simples les six groupes CH de la benzine. Mais afin de mieux mettre en relief la valeur de ces traits, qui ont un sens différent de ceux employés comme symbole d'une union simple ordinaire, je propose de représenter la benzine idéale par la formule à laquelle j'ai donné le nom de « centrique » ; les flèches indiquent à la fois la constitution parfaitement symétrique et la forte pression dirigée vers l'intérieur.

Les deux états-limites de la benzine sont donc exprimés par la formule de Kékulé et par la formule centrique :

Il faut comprendre que le symbole de Kékulé exprime qu'il existe dans la benzine trois unions doubles qui sont analogues à celles des corps non saturés de la série grasse. La constitution de l'anneau benzique dans un dérivé quelconque correspond à un état intermédiaire. La formule de Kékulé peut donc être conservée pour l'usage courant.

Ma tâche est remplie. Nous avons pu nous convaincre que le mode d'action de la benzine dans ses diverses combinaisons correspond tantôt à la formule de Kékulé, tantôt à la formule centrique. Celle-ci est absolument équivalente à la toute première qu'ait établie Kékulé :

où il n'explique pas non plus la disparition des six atomicités restantes du carbone. Ainsi, après ce long détour, nous avons fini par revenir au point d'où Kékulé était parti, à la formule qu'il croyait correspondre le mieux à la nature des choses.

La théorie émise par lui, il y a vingt-cinq ans, n'était pas simplement une hypothèse heureuse, permettant les progrès de la science, mais destinée à passer ; après un si long intervalle de temps et un développement inouï de nos connaissances, elle reste encore la meilleure expression des faits.

C'est lui qui, le premier, a émis l'idée que les atomes de carbone ne forment pas seulement des chaînes simples ou ramifiées, mais peuvent aussi se disposer en anneaux. L'expérience a confirmé cette hypothèse et a montré que ces chaînes fermées jouent un rôle des plus considérables dans la nature organique. Elle a prouvé que, dans le nombre infini des combinaisons les plus simples, les anneaux semblables à la benzine jouissent de la stabilité la plus grande.

En célébrant aujourd'hui la fondation de la théorie de la benzine, nous fêtons aussi celle de la chimie du carbone. Car la formule de la benzine n'est que la conclusion de la théorie de la tétravalence du carbone et de l'enchaînement des atomes établis par Kékulé sept ans auparavant.

Lorsqu'il débuta dans la science, on commençait à se faire une idée nette de la constitution des combinaisons oxygénées et azotées les plus simples. Mais les ténèbres régnaient encore sur tout ce qui concerne les hydrocarbures et les composés hydrocarburés.

Ils apparaissaient, selon l'expression de Dumas, comme des systèmes planétaires dirigés par une force analogue à la gravitation, mais soumise à des lois bien plus compliquées.

Kékulé a montré alors que la combinaison des atomes se fait, en vertu de leurs propriétés spécifiques, suivant les nombres les plus simples. Les lois de la mécanique ne suffisent pas pour rendre compte de la constitution de la matière ; la connaissance des propriétés spécifiques des atomes doit précéder l'application de la mécanique. Cette connaissance de la chimie structurale, nous la devons à Kékulé ; sa théorie de la benzine a été la clef de voûte de l'édifice scientifique, que nous tous, chimistes, nous travaillons à élever toujours plus haut. Il a, par un trait de génie, aperçu dans la clarté de sa pensée ce que nul œil humain n'a vu et ne verra jamais, la structure même des atomes.

A. VON BAEYER.

Il y a quelques années, j'ai émis, dans cette *Revue*, à propos de l'histoire de Félida, l'hypothèse que le dédoublement de la personnalité n'était qu'une exagération du somnambulisme, *un somnambulisme total*, mais j'avais renoncé à cette explication. Depuis ce temps, d'autres faits ont été observés qui m'engagent à revenir à cette idée, adoptée, du reste, par la plupart des observateurs d'aujourd'hui. Je vais citer quelques-uns de ces faits, en y ajoutant une analyse de l'histoire de Félida et les interprétant à ce point de vue. J'ajouterai quelques généralités sur le sujet.

La conscience, la personnalité, le moi sont, comme le dit Littré, *ce qui fait qu'une personne est elle et non pas une autre;* bien que ces mots aient une signification différente, ils rendent la même pensée que tout le monde comprend. Chacun de nous a donc sa personnalité, laquelle est un ensemble de faits physiques moraux et intellectuels qui nous caractérisent. Seulement, il est des états morbides qui altèrent cette personnalité et qui donnent à celui qui en est atteint l'apparence d'avoir deux *moi*, deux personnalités, deux consciences. C'est le plus caractérisé de ces états dont je vais m'occuper.

L'état dont il est ici question est comme un maximum ; il en est donc d'autres où le moi est plus ou moins dédoublé. Je vais en rappeler quelques-uns qui sont plus connus qu'analysés scientifiquement.

Le plus vulgaire est le rêve ; il est de tous les jours. Dans le rêve, l'intelligence privée de la coordination des idées et de l'action des sens représente une personnalité différente de celle de la veille, personnalité souvent considérable bien qu'incomplète. Tous nous avons deux existences : la veille et le sommeil ; l'ivrogne a aussi deux vies : l'état ordinaire et l'ivresse pendant laquelle il peut agir avec une apparence de raison.

Il en est de même de l'aliéné qui, de plus, croit souvent être une autre personne ; enfin le somnambulisme spontané ou provoqué.

Dans ce dernier état qui n'est qu'un rêve avec coordination des idées et action des sens plus ou moins complète, le dédoublement de la personnalité peut aller, nous le verrons plus tard, jusqu'à la perfection. Il est donc, entre l'état de santé parfaite et le double conscience, des états intermédiaires comme des degrés qui justifient l'adage, *natura non facit saltus*.

Pour la démonstration de l'hypothèse que j'adopte que *la double conscience n'est qu'un somnambulisme total*, je vais citer des faits ayant pour sujet des somnambules extraordinaires et les cas de double conscience les plus caractérisés que je connaisse.

Il sera facile au lecteur de voir que les derniers ne sont que l'exagération des premiers. J'emprunte les faits de somnambulisme à MM. Dufay, Mesnet et Tissié — l'observation de ce dernier a été désignée sous le titre : *les Aliénés voyageurs* — et ceux de double conscience à MM. Camuzet, Bonamaison, Mac Nish et à moi-même.

6° Fait de Mac Nish :

Une jeune dame instruite, bien élevée et d'une bonne constitution, fut prise tout d'un coup, et sans avertissement préalable, d'un sommeil profond qui se prolongea plusieurs heures au delà du temps ordinaire (1).

A son réveil, elle avait oublié tout ce qu'elle savait ; sa mémoire était comme une *tabula rasa* : elle n'avait conservé aucune notion ni des mots ni des choses. Il fallut tout lui enseigner de nouveau ; ainsi elle dut réapprendre à écrire, à compter. Peu à peu elle se familiarisa avec les personnes et avec les objets de son entourage, qui étaient pour elle comme si elle les voyait pour la première fois. Ses progrès furent rapides.

Après un temps assez long, plusieurs mois, elle fut, sans cause connue, atteinte d'un sommeil semblable à celui qui avait précédé sa nouvelle vie. A son réveil, elle se trouva exactement dans l'état où elle était avant son premier sommeil, mais elle n'avait aucun souvenir de tout ce qui s'était passé pendant l'intervalle. En un mot, dans l'*état ancien*, elle ignorait l'*état nouveau*. C'est ainsi qu'elle nommait ses deux vies, lesquelles se continuaient isolément et alternativement par le souvenir.

Pendant plus de dix ans, cette jeune dame a présenté à peu près périodiquement ces phénomènes dans un état ou dans l'autre ; elle n'a pas plus de souvenance de son double caractère que deux personnes distinctes n'en ont de leur nature respective : par exemple, dans les périodes d'*état ancien*, elle possède toutes les connaissances qu'elle a acquises dans son enfance et dans sa jeunesse, de son *état nouveau*, elle ne sait que ce qu'elle a appris depuis son premier sommeil. Si une personne lui est présentée dans un de ces états, elle est obligée de l'étudier et de la connaître dans les deux pour en avoir la notion complète, et il en est de même de tout choses.

Dans son *état ancien*, elle a une très belle écriture, celle qu'elle a toujours eue, tandis que dans son *état nouveau* son écriture est mauvaise, gauche, comme enfantine. C'est qu'elle n'a eu ni le temps ni les moyens de la perfectionner. Ainsi qu'il a été dit plus haut, cette succession de phénomènes a duré quatre années, et Mme X... était arrivée à se tirer d'affaire sans trop d'embarras dans ses rapports avec sa famille.

1° Fait de M. Dufay (1) :

Mlle R. L... a des accès de somnambulisme ordinaire et spontané depuis son enfance. Vers 1845, elle avait vingt-quatre ans et dirigeait un atelier de couture. Chaque soir, vers huit heures, elle a une perte de connaissance qui dure quelques secondes. Après ce temps elle se redresse, arrache avec dépit ses lunettes qu'une forte myopie l'oblige à porter, elle n'est plus myope, continue l'ouvrage commencé et cause en travaillant avec ses compagnes ; enfin elle se lève, circule dans son atelier et fait ses petites affaires. Une personne qui n'aurait pas été témoin du commencement de l'accès pourrait ne s'apercevoir de rien si Mlle R. L... ne changeait de façon de parler. Elle parle d'elle à la troisième personne, comme les enfants et les nègres ; dans cette seconde personnalité, elle est plus intelligente, plus vive qu'à l'état ordinaire, sa mémoire a surtout une acuité extraordinaire ainsi que ses sens. L'accès de somnambulisme dure deux à trois heures ; souvent, pendant l'accès, notre malade s'endort de son sommeil ordinaire et, le lendemain, s'éveille dans son état habituel. Le passage du somnambulisme à la vie normale s'annonce par deux ou trois bâillements ; il n'y a pas de perte de connaissance au début de l'accès. J'ajouterai qu'elle ignore absolument, dans sa vie normale, tout ce qui se passe dans sa vie accidentelle, tandis que dans celle-ci toute son existence lui est connue.

2° Fait de M. Mesnet (2) :

F..., blessé au combat de Bazeille d'un coup de feu à la tête, a depuis quatre ans, dans sa vie, deux phases distinctes, une normale, l'autre pathologique. Sa santé est excellente, et dans son état ordinaire, il est intelligent et gagne sa vie comme chanteur de café-concert. Tout d'un coup, ses sens se ferment aux excitants extérieurs, et après quelques instants il sort de cet état transitoire, allant, venant et agissant comme s'il avait ses sens et son intelligence en plein exercice, à tel point qu'une personne non prévenue de son état le rencontrerait sans le douter de rien. Pendant ses crises, les fonctions instinctives et les appétits s'accomplissent comme à l'état de santé : il mange, boit, fume, s'habille, se déshabille et se couche à ses heures habituelles. Il est complètement anesthésique et n'a ni goût

---

(1) Mac Nish, *Philosophy of sleep*, 1831. D'après Mitchel et Nott, *Medical Repository*, janvier 1816.

(1) *Revue scientifique*, 1875.
(2) *De l'automatisme de la mémoire et du souvenir*. (*Union médicale*, 1874.)

ni odorat ; sa vue est imparfaite, mais le toucher est très développé.

Ses accès, variables de durée, sont séparés par des états normaux de quinze à vingt jours, sans périodicité fixe. J'ajouterai que tous les actes auxquels se livre F... pendant ses accès ne sont que la répétition des habitudes de la veille, sauf une idée qu'il n'a que pendant ses conditions secondes : le penchant au vol. Enfin tout le temps que dure l'accès est une phase de son existence dont, au réveil, il n'a pas conscience. L'oubli est absolument complet, la séparation entre les deux vies est absolue.

3° Fait de M. Tissié :

Albert D..., âgé de trente ans, est un névropathe héréditaire. Son père est mort de ramollissement cérébral ; il a perdu un frère de méningite à trente-cinq ans et un autre de ses frères est hypocondriaque. Dès l'âge de huit ans, à la suite d'une chute, Albert a commencé de souffrir de violentes migraines accompagnées de vomissements. La caractéristique de son état morbide actuel est le besoin de marcher : il va à l'aventure, sachant se diriger, faisant jusqu'à 70 kilomètres par jour et quelquefois davantage. Voici ce qui se passe : Albert rêve pendant la nuit qu'il doit se rendre dans une ville quelconque, et le matin, éveillé ou ayant l'air de l'être, il continue son rêve et part, abandonnant sa famille et ses intérêts. En général, il voit dans ses rêves une personne à lui connue qui l'invite à le suivre dans une ville où il trouvera du travail, car il est laborieux, et son souci constant est d'améliorer sa situation et celle de sa femme. Après avoir dans sa condition seconde fouillé les meubles où sa femme cache ses économies, il part, mais il ignore les ressources qu'il a sur lui ; aussi se laisse-t-il voler, prenant un billet de banque pour un chiffon de papier, ou régalant sans compter les gens qu'il rencontre sur son chemin. Arrêté nombre de fois comme vagabond, Albert connaît toutes les prisons de l'Europe et nombre d'hôpitaux.

Ce somnambulisme singulier a commencé à l'âge de douze ans ; depuis ce temps, Albert a visité la France, l'Algérie, l'Allemagne, la Hollande, la Belgique, la Turquie, la Hongrie, la Suisse et la Russie, où il a failli être pendu comme nihiliste, presque toujours à pied et à l'état de rêve, plutôt à l'état de double conscience ou en somnambulisme total.

Sa mémoire est très grande, et, pendant le sommeil provoqué, il se rappelle toute sa vie, celle de la période somnambulique et celle de la période de veille. Tandis qu'à l'état de veille, il ne se rappelle jamais son autre personnalité, quelquefois seulement il se souvient des rêves actifs du commencement de sa condition seconde. Les rêves ambulatoires d'Albert sont de deux sortes ; les uns se manifestent dans son lit : alors il dort comme tout le monde, voit des villes et agite les jambes comme s'il marchait ; les autres sont ceux dans lesquels

la deuxième personnalité est complète et où il part véritablement pour un lieu quelconque.

L'existence de ces deux sortes de rêves pourrait faire douter de la véracité de notre malade, si les nombreux certificats des médecins, les feuilles d'écrou et les feuilles de route ne contrôlaient pas les dires de ce nouveau Juif-Errant.

En résumé, Albert présente deux états, deux personnalités : l'une dans laquelle il veille comme tout le monde et l'autre dans laquelle il est en voyage. Cette dernière a deux formes : la première n'est qu'un rêve sans d'autre action que le mouvement des jambes simulant la marche, la deuxième est un somnambulisme total, un état de double conscience dans lequel il fait les voyages extravagants que nous avons dits et dont il ne se souvient plus après à l'état de veille, mais qu'il raconte très bien à l'état de sommeil provoqué. Ces états durent quinze, vingt jours et souvent davantage.

Albert est plus intelligent, plus spirituel, dans sa condition seconde et dans le sommeil provoqué que dans son état ordinaire ; en fait, c'est un hystérique somnambule total.

Je pense que pour ce malade il ne saurait y avoir de doute : sa nouvelle personnalité est bien un somnambulisme total.

Ce récit n'est qu'une simple analyse de l'observation si curieuse et intéressante que M. Tissié vient de publier dans son livre : les *Rêves, leur physiologie, leur pathologie*, et surtout dans sa thèse : les *Aliénés voyageurs* [1].

4° Fait de M. Camuset [2] :

En 1880, M... L., âgé de dix-sept ans, entre à l'asile de Bonneval ; il est hystérique et fils d'hystérique. Un jour, travaillant aux champs, il est pris d'une grande peur causée par la vue d'une vipère et a une violente attaque d'hystérie. A sa reprise de connaissance, il est tout autre, son caractère a changé complètement : de querelleur et voleur, il est devenu doux et serviable ; il est en condition seconde, il a complètement perdu le souvenir du passé et se croit encore à Saint-Urbain, colonie pénitentiaire d'où il avait été envoyé à Bonneval. Il ne reconnaît rien de ce qu'il voit à Bonneval, et il a non seulement oublié tout ce qui s'est passé, mais il ne sait plus le métier de tailleur qu'il avait appris.

Cette condition seconde dure un an, après laquelle, à la suite d'une violente attaque d'hystérie, il redevient ce qu'il était auparavant, vicieux, querelleur, gourmand et arrogant ; enfin il finit par s'évader. Repris, il a présenté des phases semblables [3]. Enfin il a dû faire son service militaire. Plus tard, nous le retrouvons à

(1) Tissié, *les Aliénés voyageurs* ; Paris, Doin, 1887. — Tissié, *les Rêves, physiologie et pathologie* ; Paris, Alcan, 1890.
(2) Camuset, *Annales médico-psychologiques*, 1882.
(3) Voisin, *Archives de neurologie*, 1885.

Rochefort, soldat dans l'infanterie de marine; il a servi
de sujet à MM. Bouru et Burot (1).

Je demeure convaincu que si ce malade, considéré
avec juste raison, du reste, comme atteint d'hystéro-
épilepsie, avait été ou était étudié au point de
vue du sommeil, on trouverait que dans son enfance,
troublée par la misère et le vagabondage, il était somnambule, et que ces conditions secondes ne sont que
les exagérations de ses accès.

5° Fait de M. Bonamaison :

Je lis dans la *Revue de l'hypnotisme* du 1er février 1890
une observation d'hypnose spontanée ou de grande
hystérie de M. Bonamaison, de Saint-Dizier. Le fait
principal de cette observation est la double conscience.
Or le somnambulisme de la malade est indiscutable.

Mlle X..., pensionnaire de Saint-Dizier, a vingt-six
ans. Elle est grande, brune, de bonne constitution et
intelligente. Elle est manifestement atteinte de grande
hystérie. Chaque matin, elle est prise d'une attaque de
sommeil qui dure quatre à cinq heures. Chaque soir,
entre six et sept heures, et presque d'emblée, son regard devient fixe. Elle cesse la conversation ou le travail commencé et reste immobile dans la position
qu'elle occupe; cet état dure de quelques secondes à
deux minutes environ. Ici, je laisse la parole à l'auteur :

« ... Puis une inspiration prolongée indique que la
malade entre en somnambulisme. Elle jette alors autour
d'elle un regard étonné, en disant aux personnes présentes : « Bonjour ! » ou bien encore : « Ah ! vous voilà ! »
Puis paraît se souvenir et reprend la conversation ou le
travail interrompu au point où elle les avait quittés.

« Quelquefois, la phase cataleptoïde est si courte
qu'elle paraît inaperçue ou la malade paraît être
passée sans transition de l'état normal à l'état second.
Dans ce cas, les personnes qui sont autour d'elle et qui
ignorent cette étrange anomalie ne peuvent s'en apercevoir. Mais, pour un observateur attentif et prévenu,
une modification sensible s'est produite dans les allures
et le caractère de Mlle X... L'expression de sa physionomie est différente. Les yeux sont plus brillants, l'allure
plus dégagée et plus vive. Elle cause, rit, avec plus
d'animation. Très docile à l'état normal, elle devient,
à l'état second, volontaire et capricieuse. Elle s'occupe
de préférence d'ouvrages de broderie
et de couture, minutieux et difficiles, qu'elle conduit
avec une activité fébrile et une dextérité peu ordinaire.
Pendant l'attaque de somnambulisme, la malade a
gardé le souvenir de tout ce qui s'est passé pendant
l'état normal et les attaques de somnambulisme précédentes...

« ... Revenue à l'état normal, la malade a complètement oublié tout ce qui s'est passé et tout ce qu'elle a
dit pendant l'attaque de somnambulisme. Mais il arrive

bien souvent que le lendemain elle cherche à renouer
la conversation ou à continuer la lecture ou l'ouvrage
commencé pendant la période de somnambulisme précédente, et qu'elle avait oublié pendant l'état normal. »

7° Fait d'Azam (analyse de l'histoire de Félida) :

Je n'ai pas la pensée de raconter à nouveau l'histoire
de Félida X... Cette observation, publiée ici même, est
bien connue et a été le point de départ de nombreux
travaux. J'en veux seulement faire un extrait pour la
rapprocher d'autres faits qui lui sont comparables et
tirer des conclusions de cette comparaison. J'y ajouterai l'état actuel de cette malade, que j'observe depuis
trente-deux ans.

En 1858, je fus appelé pour donner des soins à une
jeune fille, Félida X..., que ses parents croyaient folle.
Elle avait alors quinze ans. C'était une hystérique
avec convulsions, laborieuse et intelligente, et d'un caractère sérieux et presque triste. Voici le phénomène
principal qui se présentait et qui avait épouvanté la
famille et l'entourage :

Presque chaque jour, sans cause connue, ou sous
l'empire de la moindre émotion, elle est prise de ce
qu'elle appelle une « sa crise ». En fait, elle entre dans son
deuxième état. Voici comment : elle est assise, un ouvrage de couture à la main. Tout d'un coup, après une
douleur aux tempes, elle s'endort d'un sommeil profond, dont rien ne peut la tirer et qui dure deux à
trois minutes; puis elle s'éveille. Mais elle est différente
de ce qu'elle était auparavant : elle est gaie, rieuse,
continue en fredonnant l'ouvrage commencé, fait des
plaisanteries avec son entourage; son intelligence est
plus vive, et elle ne souffre pas des nombreuses douleurs névralgiques de son état ordinaire. Dans cet
état, que j'ai nommé sa *condition seconde*, Félida a la
connaissance parfaite de toute sa vie, se souvenant non
seulement de son existence ordinaire, mais des états
semblables à celui dans lequel elle se trouve. En 1858,
cette condition seconde durait de une à trois heures,
chaque jour, quelquefois moins. Après ce temps, nouvelle perte de connaissance, et Félida s'éveille dans son
état ordinaire. Mais elle est sombre, morose, et elle a
la conscience de sa maladie ; ce qui l'attriste le plus,
c'est l'ignorance complète où elle est de tout ce qui
s'est passé pendant la période qui précède, quelle
qu'ait été sa durée. Je ne rappellerai qu'un exemple de
cette lacune de la mémoire :

Étant en condition seconde, elle s'est abandonnée à
un jeune homme qui devait être son mari, et un jour,
dans son état normal, elle m'a consulté sur les phénomènes singuliers qu'elle éprouvait dans son ventre. La
grossesse était évidente, mais je me gardai de le lui
dire. Un moment après, la condition seconde étant
survenue, Félida me dit en riant : « Je vous ai raconté
tout à l'heure toute espèce d'histoires. Je sais très
bien que je suis grosse. »

---

(1) Bouru et Burot, *Suggestion mentale;* Paris, Alcan, 1887.

Il en était ainsi en 1858. Dans les années suivantes, les périodes de condition seconde se sont accrues et elles ont égalé en durée les périodes d'état normal. Alors Félida présentait ce phénomène singulier que pendant une semaine, par exemple, bien qu'elle fût dans son état normal, elle ignorait absolument ce qu'elle avait fait et tout ce qui s'était passé pendant la semaine précédente, et que, dans la semaine suivante, en condition seconde, elle connaissait toute sa vie. Puis, ces conditions secondes ayant dépassé en durée la vie normale, il s'est trouvé que, pendant nombre d'années, les périodes d'état normal ne duraient que trois à quatre jours, souvent moins, contre trois à quatre mois de condition seconde. Alors, pendant ces trois à quatre jours, l'existence de Félida était intolérable, car elle ignorait absolument presque toute sa vie.

. Pour comprendre cette situation, je prie le lecteur de s'imaginer (c'est difficile) que, dans sa vie passée, il y ait de loin en loin des lacunes de deux à trois mois survenues au hasard et effaçant le souvenir d'actes plus ou moins importants de son existence. Il comprendra alors quelle est l'importance du souvenir. N'est-ce pas lui qui fait de notre existence un ensemble complet? Sans lui, la personnalité ne saurait se comprendre. L'existence de Félida est, depuis trente-deux ans, je l'ai déjà dit ailleurs, semblable à un livre dont on aurait de loin en loin déchiré des feuillets, tantôt un, tantôt vingt ou trente. Quelle singulière lecture! S'il ne manque qu'un feuillet, le sens peut encore être compris; s'il en manque vingt, c'est impossible. A qui, par exemple, n'est-il pas arrivé de lire à bâtons rompus un feuilleton dans un ancien journal quotidien dont il manque des numéros?

Aujourd'hui, Félida a quarante-sept ans. Sa santé générale est mauvaise, car elle a un kyste de l'ovaire. Voici, au point de vue intellectuel, quel est son état :

Depuis environ neuf à dix ans, ces périodes de condition seconde ont diminué de longueur, et bientôt, comme quinze ans auparavant, elle ont égalé celles de la vie normale. Puis, celles-ci se sont accrues peu à peu. Enfin, à l'heure actuelle, en 1890, les conditions secondes, que son mari appelle sa *petite raison*, ne durent plus que quelques heures, et apparaissent tous les vingt-cinq à trente jours, si bien que Félida est à peu près guérie.

De l'exposé des faits qui précèdent, il résulte qu'il existe des personnes qui paraissent avoir deux existences simultanées et alternantes, absolument séparées par l'absence du souvenir. Je crois que l'explication de ce fait singulier est dans l'analyse du sommeil. J'ai déjà en commençant annoncé cette explication.

L'un des phénomènes les plus curieux du sommeil est le somnambulisme, dont le principal caractère est l'oubli au réveil. Chez ceux qui en sont atteints, l'acti-

vité physique et intellectuelle, éteinte dans le sommeil complet, fonctionne dans une certaine mesure. Or le nombre des somnambules est considérable, surtout parmi les enfants, et du cas simple où celui-ci accomplit un acte limité, jusqu'au somnambule extraordinaire, qui paraît avoir une existence indépendante de la veille, il est un grand nombre de degrés. Voyons si l'exagération de ce somnambulisme extraordinaire ne nous conduit pas à l'état qui, d'après son caractère le plus frappant, mérite le nom de double conscience ou de dédoublement de la personnalité.

Je reconnais qu'au premier abord l'assimilation de la double conscience au somnambulisme peut paraître singulière. Elle est cependant acceptée par les observateurs actuels, et, je l'ai dit en commençant après l'avoir énoncé en 1875, j'y reviens, la croyant exacte.

Étudiant la question au fond, recherchons les divers degrés qui nous conduisent de ce sommeil de tout le monde à la condition seconde, et nous verrons comment ces malades ne sont autre chose que des somnambules dont tous les sens et toutes les facultés sont actifs, des individus, en un mot, qui sont dans un état de *somnambulisme total*.

Notre dormeur est un enfant de huit à dix ans et dort profondément, comme on dort à son âge. On lui parle doucement et d'une voix monotone; il ne s'éveille pas, mais répond. On dirige sa pensée à volonté, et on lui fait dire ce qu'il aurait tu pendant la veille. Bien plus, il obéit au désir d'autrui, se retourne, boit, etc. Toutes les mères savent cela.

L'activité obéissante du dormeur peut aller plus loin encore. On sait l'histoire du jeune officier de marine auquel ses camarades s'amusaient à suggérer des rêves et qui, dormant sur un banc, se précipite sur le pont croyant plonger et sauver son meilleur ami qu'on lui disait se noyer. Il en est de même pour le somnambulisme provoqué, où la suggestion peut avoir des résultats extraordinaires, mais nous n'avons pas à en parler ici. Je dirai cependant que, dans le somnambulisme provoqué ou non, d'où que vienne l'ordre, qu'il passe par le sens de l'ouïe ou par le sens musculaire, les facultés de l'esprit flottant indécises, sans volonté, sans coordination, subissent facilement l'influence étrangère à l'insu de la personne endormie. Celle-ci, après avoir agi ou parlé, s'éveille sans avoir conservé le moindre souvenir de ses actes ou de ses paroles.

Mais l'activité du dormeur peut être plus grande; ses sens s'éveillent en partie, il marche endormi; il est somnambule dans le sens vulgaire du mot. .

Examinons ce somnambule. Chaque faculté de son esprit qui s'éveille partiellement ou isolément lui donne un degré de perfection de plus; bien mieux, cette faculté peut être isolément exaltée et dans son fonctionnement dépasser de beaucoup la puissance normale. Alors le dormeur devient un prodige : il entend par le talon, voit par le creux de l'estomac, prédit l'avenir, donne des consultations infaillibles, est en rapport avec Dieu ou les saints et sait ce qui se passe à mille lieues de lui ; il est ce que dans certains milieux on nomme un excellent *sujet* : c'est un miracle. Mais, la plupart du temps, le principal des sens, la vue, est incomplet ou aboli ; de plus, les idées des somnambules étant privées d'équilibre et de coordination peuvent être dirigées à tort et à travers, les sens n'agissent pas ou agissent mal, et notre malade ne saurait avoir du monde extérieur qu'une idée fausse ou incomplète.

Que faudrait-il pour que ce somnambulisme fût parfait? Il faudrait le fonctionnement total des facultés ou des sens, particulièrement du maître d'entre eux : de la vue. Celle-ci, en effet, donne la notion exacte du monde extérieur, par suite rectifie les idées et aide à les coordonner.

Or ce somnambule si complet ressemble fort à un homme ordinaire ; il lui ressemble pour tout le monde, sauf pour son entourage. Pour les initiés seulement, il est en condition seconde, à l'état de double conscience ; sa personnalité s'est dédoublée : la preuve en est qu'après l'accès il a oublié, comme un somnambule qu'*il est*, tout ce qui s'est passé pendant sa durée. C'est là précisément ce qui arrive pour les cas de dédoublement de personnalité dont j'ai cité les observations.

Par l'analyse qui précède, je crois avoir établi que l'éveil successif des sens et des facultés constitue une gradation du sommeil ordinaire au somnambulisme que j'appellerai *total*, lequel donne à la personne étudiée l'apparence d'être double. On peut, j'y reviens, rencontrer des individus qui ont les apparences de tout le monde et qui, cependant, étant en condition seconde, ne sont que des somnambules, lesquels à leur réveil auront tout oublié.

Je ne me dissimule pas les questions troublantes que pose cette possibilité, si rare qu'elle soit, surtout au point de vue de la responsabilité ; mais le devoir de la science n'est pas de rechercher les conséquences de ses affirmations ; il est à la fois plus grand et plus étroit ; c'est d'établir la vérité en se basant sur des faits certains et bien observés.

Reportons-nous au temps où on brûlait les femmes hystériques comme sorcières, parce que, ayant sur le corps des points d'anesthésie, elles avaient été, disait-on, touchées par le diable ; aujourd'hui nous haussons les épaules. Nos descendants ne hausseront-ils pas les épaules à leur tour, en un temps où, vu la loi inéluctable du progrès, on aura des explications que nous ne pouvons pas donner aujourd'hui et où ce qui nous étonne n'étonnera personne? Contentons-nous d'enregistrer les faits après les avoir bien observés ; d'autres en tireront mieux que nous les conséquences.

Alors peut-être on verra les magistrats et les mé-

decins plus généralement au courant des progrès de la science, alors on connaîtra mieux ces états singuliers qui peuvent rendre un criminel irresponsable, et on déjouera mieux les roueries de ceux qui, sachant que ces états existent, les simuleront pour s'en faire un brevet d'innocence, et aussi les exagérations des avocats qui les exploiteront. En ces temps, on fera pour *tous les médecins* une médecine légale en rapport avec les progrès de la psychologie et de la physiologie, ce qui n'existe pas aujourd'hui.

Azam.

INDUSTRIE

Les projets anglais d'une tour monumentale.

La tour Eiffel a fait des adeptes dans tous les pays du monde, et il n'en est pas un, croyons-nous, dans lequel il ne se soit trouvé au moins un ingénieur ou un architecte pour proposer à ses concitoyens l'érection d'une tour monumentale destinée à combattre le succès de notre tour de 300 mètres. Mais c'est principalement en Amérique que l'idée a fait le plus de chemin. Les projets les plus bizarres

Fig. 12. — Projet de M. T. Off. Hauteur : 410 mètres.   Fig. 13. — Projet de MM. Kinkel et Pohl. — Hauteur : 378 mètres.

ont été présentés, surtout au moment du concours pour l'établissement de l'Exposition universelle qui se prépare à Chicago.

Pour cette dernière circonstance, on a vu les idées les plus originales se faire jour. C'est ainsi qu'un des projets consistait à construire une tour gigantesque d'environ 600 mètres, rel'ée au sol par une série d'immenses arcs sous lesquels l'auteur du projet avait aménagé tous les bâtiments de l'Exposition.

Un autre avait proposé d'adjoindre à l'Exposition une tour

Fig. 14. — Projet W. P.
Hauteur : 360 mètres.

Fig. 15. — Projet de M. Shaw.
Hauteur : 495 mètres.

d'au moins 300 mètres, montée sur pivots. L'ascension s'en faisait d'une façon fort simple (au dire de l'auteur du projet): on rabattait, en effet, la tour sur le sol comme une simple

Fig. 16. — Projet de MM. Clarke,
Mayer et Hildenbrand. — Haut. : 388 m.

Fig. 17. — Projet de M. Campanaki.
Hauteur : 365 mètres.

charnière, et, le public placé sur la dernière plate-forme, elle était relevée verticalement, décrivant dans l'espace un quart de cercle de 300 mètres de rayon. Les visiteurs se

trouvaient ainsi montés au sommet, sans fatigue et sans recourir aux ascenseurs, qui, paraît-il, effrayent encore bien des citoyens de la libre Amérique. L'auteur ne disait pas, cependant, si ce nouveau mode d'ascension était sans danger, ni la façon dont il serait accepté par le public amateur d'émotions nouvelles.

L'Angleterre ne pouvait se laisser plus longtemps distancer par la France et l'Amérique : aussi a-t-elle ouvert tout dernièrement un concours officiel pour l'érection d'une tour monumentale qui, d'après le programme, devait avoir au minimum 360 mètres de hauteur, soit 1200 pieds anglais.

Bien que la nature des matériaux de construction n'ait pas été fixée, le programme marquait une préférence pour l'emploi de l'acier ; dans ce cas, il était stipulé que les pièces seraient soumises à une résistance maxima de 11 kilog. 700 par millimètre carré. La pression maximum du vent devait

Fig. 18. — Projet *Time is money*.
Hauteur : 360 mètres.

Fig. 19. — Projet de MM. Stewart,
Maclaren et Dunn.
Hauteur : 360 mètres.

être comptée à 273 kilogrammes par mètre carré, et la stabilité de l'ouvrage calculée pour une pression double de ce chiffre. Le nombre des étages et le système des ascenseurs ne faisaient l'objet d'aucune prescription. Enfin, un prix de 500 guinées (13125 francs) était accordé au projet classé le premier, et un autre de 250 guinées au second.

86 concurrents ont répondu à l'appel qui leur était fait, mais 66 seulement se sont conformés aux conditions du programme et ont pu prendre réellement part au concours. L'exposition des projets présentés a eu lieu dans la grande salle de la corporation des marchands drapiers, salle très luxueuse et qui peut facilement rivaliser avec la richesse de décoration du foyer de l'Opéra de Paris.

A première vue, l'ensemble des œuvres exposées, ainsi que l'indiquent les gravures ci-jointes, nous montre que la plupart des auteurs se sont inspirés de la tour Eiffel. Il y en a, en effet, des quantités, les unes reposant sur quatre piles, d'autres sur six, d'autres poussant à huit le nombre des points d'appui sur le sol. Quant à l'aspect général, il se rapproche beaucoup de la tour Eiffel, avec un nombre d'étages plus ou moins grand suivant la hauteur. Cette copie du monument du Champ de Mars n'a pas lieu de nous surprendre, ce dernier affectant dans son ensemble la forme pour ainsi dire théorique applicable à une construction semblable.

Le jury chargé d'examiner les projets soumis a, du reste, avoué avec une entière franchise, dans son rapport, que, si certains projets présentés offraient des parties bien traitées, il n'y en avait en somme aucun qui méritât d'être exécuté tel qu'il a été conçu. Cependant, reconnaissant les efforts faits par les concurrents, trois projets ont été classés.

Le premier avec la récompense de 500 guinées est dû à MM. Stewart, Maclaren et Dunn de Londres. C'est une tour

Fig. 20. — Projet de M. Wylie. Hauteur : 445 mètres.

Fig. 21. — Projet de MM. Harper et Graham. — Hauteur : 890 mètres.

de 360 mètres, qui rappelle exactement la tour Eiffel, avec une base octogonale au lieu d'une base carrée. Elle est entièrement en acier, munie de quatre plates-formes et entourée à sa base, qui mesure 95 mètres de diamètre, d'un immense bâtiment dont il est permis de se demander l'utilité et l'utilisation possible (fig. 19).

Le second prix a été attribué au projet de MM. Webster et Haig. C'est encore une tour Eiffel, mais à partir du premier étage seulement. Tout le soubassement est formé de bâtiments cachant les piles et se terminant par des clochetons ou campaniles d'un effet architectural assez heureux (fig. 24).

Enfin le jury a cru devoir accorder une mention honorable au projet de M. Max am Ende, qui représente une tour du style gothique de 471 mètres de hauteur, entièrement métallique. Pour être d'une conception absolument originale, il n'en est pas moins vrai que ce projet heurte assez violemment nos idées sur l'architecture gothique, et l'on ne

se rend pas très bien compte de ce style adopté au façonnage des fers à T, cornières, etc. (fig. 23).

En dehors de ces trois projets, les seuls sur lesquels le

Fig. 22. — Projet de MM. Vaughan et Tomkin. — Hauteur : 455 mètres.

Fig. 23. — Projet de M. Max Ende. Hauteur : 471 mètres.

jury du concours ait opéré un classement, nous en indiquerons quelques-uns qui méritent une mention spéciale, soit au point de vue de l'aspect général, soit au point de vue des procédés de construction. Ainsi le monument proposé

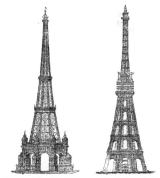

Fig. 24. — Projet de MM. Webster et Haigh. — Hauteur : 390 mètres.

Fig. 25. — Projet de MM. Fox et Grayson. — Haut. : 390 mètres.

par M. Fairfax rappelle un peu le style de la tour d'une église de Londres. Haute de 394 mètres, cette tour, qui est ronde, s'appuie sur une base d'environ 180 mètres de diamètre, puis se rétrécit et conserve le même diamètre jusqu'à son sommet, muni de clochetons. L'effet en réduction paraît évidemment satisfaire l'œil, puisqu'il nous montre un type de

Fig. 26. — Projet de M. Fairfax. Fig. 27. — Projet de M. Davey.
Hauteur : 394 mètres.   Hauteur : 375 mètres.

construction courante. Mais quel aspect aurait cette tour, une fois exécutée? Surtout étant donné que, dans ce cas encore, le fer doit être substitué à la pierre (fig. 26).

Comme autre conception, au moins bizarre, voici le pro-

Fig. 28. — Projet de MM. Read   Fig. 29. — Projet de MM. Smith
et Shuttey. — Haut. : 375 mètres.   et Henman. — Haut. : 490 m.

jet de M. Lamont, dont le bas n'est autre chose que le portail d'une cathédrale, avec ses arceaux et flanqué de flèches aiguës, le tout surmonté d'une tour Eiffel, que termine une énorme sphère supportant la couronne d'Angleterre.

C'est, à tous les points de vue, d'un style composite. Il y a de tout dans ce projet : arcs en plein cintre, arabesques, rosaces, etc. (fig. 31).

Enfin, voici la tour de l'ingénieur, c'est-à-dire une série d'arcs paraboliqués s'appuyant les uns sur les autres de façon à donner au monument la plus grande stabilité possible, le tout entretoisé par des croisillons de poutres en treillis. C'est peut-être très solide, très rationnel, mais c'est certainement affreusement laid, lorsque surtout cette laideur se poursuit sur une hauteur de 363 mètres.

Arrêtons encore notre attention sur le projet de M. Robert Wylie. Ce n'est, en somme, autre chose que la tour Eiffel avec de légères variantes, mais que l'auteur a posée sur d'énormes pieds, de façon à lui donner la hauteur de 445 mètres (fig. 26).

A côté de tous les projets que nous venons de décrire

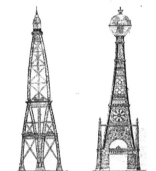

Fig. 30. — Projet de M. Sketchley.   Fig. 31.— Projet de M. Lamont-Young.
Hauteur : 368 mètres.   Hauteur : 440 mètres.

succinctement, et qui ont fait certainement l'objet d'études sérieuses de la part des auteurs, se placent ceux qui sont du domaine de la fantaisie la plus pure.

Ici, c'est une énorme vis verticale de 579 mètres de hauteur ; le filet de cette vis, d'une dimension peu commune, forme un plan incliné d'un développement de plusieurs kilomètres, servant à faire l'ascension du monument. Nous croyons même, sans oser l'affirmer, que l'auteur a fait tout un projet de chemin de fer destiné à parcourir cette voie aérienne. Là, c'est un véritable télescope : série de cylindres en fer, superposés et dont les diamètres vont en décroissant jusqu'en haut. Cette disposition originale permet de croire qu'elle a été adoptée pour le transport par éléments maniables. Plus loin, nous voyons la tour mât de vaisseau ! L'auteur ne s'est pas mis en grand frais d'imagination : une poutre en treillis verticale de 365 mètres de hauteur, et, pour en assurer la stabilité, une série de haubans et des platerformes qui ressemblent fort à des hunes. C'est simple et à la portée des petites bourses! Passons encore sur la tour de Babel, 600 mètres de hauteur et entièrement en granit! Voilà de quoi faire pâlir les pyramides d'Égypte.

Enfin, après la catégorie des fantaisistes, vient celle des incohérents. Ces derniers, fort heureusement, ont dispensé le public de la vue d'énormes dessins, car quelques-uns se sont contentés de croquis à la plume sur des feuilles de papier à lettre.

Nous ne voulons cependant pas clore ici la liste des projets. Il y en a un qui est appelé au plus grand succès (au dire de l'auteur). C'est la tour transportable, la tour sur roulettes! Tout commentaire sur cette idée géniale paraît superflu, et nous ne saurions mieux faire que de donner

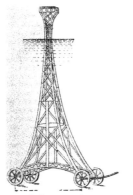

Fig. 32. — Tour sur roulettes.

textuellement l'opinion de l'auteur lui-même sur son œuvre : « Ce projet se recommande pour obvier aux terreurs qu'inspire le mal de mer aux voyageurs qui veulent traverser le détroit du pas de Calais, jusqu'à ce que le tunnel projeté soit fait. Le véhicule que j'ai formé peut d'ailleurs se remorquer facilement d'un rivage à l'autre, à l'aide d'un simple câble attaché à un steamer. L'idée seule de pouvoir éviter ainsi le mal de mer forme l immense succès de cette innovation, qui fait aujourd'hui l'objet de toutes les conversations. »

Peu modeste, l'inventeur, mais absolument convaincu.

En ce qui nous concerne, la morale à tirer du concours de Londres est la suivante : l'idée d'ériger une tour de quatre ou cinq cents mètres de hauteur, à titre d'ornement d'une cité ou d'un ensemble de bâtiments, est absolument fausse. Gardons à nos œuvres d'art les proportions que les maîtres de tous les âges leur ont assignées, et réservons les dimen-

sions gigantesques pour les besoins de nos luttes incessantes contre les éléments naturels. Notre tour de 300 mètres est née d'une idée pratique; l'éminent ingénieur auquel nous la devons a voulu montrer qu'un pont d'une hauteur de 300 mètres était réalisable, à condition de pouvoir élever des piles de cette hauteur. Le problème pouvant recevoir sa solution un jour, il était d'un grand intérêt technique de faire l'essai de l'érection d'une semblable pile de pont. L'expérience est faite aujourd'hui, et elle est pleinement réussie; la France aura donc toujours l'honneur de l'avoir tentée la première, même si un voisin, jaloux de son légitime succès et profitant de ses études, venait à l'imiter ou même à la dépasser.

GEORGES PETIT.

BIOLOGIE

THÈSES DE LA FACULTÉ DES SCIENCES DE PARIS

M. ALBERT BILLET.

Contribution à l'étude de la morphologie et du développement des bactériacées.

On sait que les microbiologistes, sur le terrain de la morphologie, sont partagés en deux camps. Ceux qui sont encore partisans des idées de Cohn, c'est-à-dire de l'immutabilité des formes bactériennes ; et ceux qui, avec Ray-Lankester, Cienkowski, Zopf, admettent le polymorphisme ou pléomorphisme des microbes. Les observations faites par M. Charrin sur le *Bacillus pyocyaneus* et ses formes diverses selon la composition des bouillons dans lesquels on le cultive, observations que nous avons plusieurs fois citées, et à propos desquelles la *Revue* a donné tout récemment des figures bien démonstratives que les lecteurs n'ont certainement pas oubliées [1], paraissent ne devoir laisser aucun doute sur la réalité du polymorphisme microbien.

La thèse de M. Billet est une importante contribution à l'étude de ce même point de l'histoire des microbes, et les observations qu'elle contient sont importantes tout à la fois par leur nombre et par la façon dont l'auteur a su les grouper pour en tirer des conclusions nouvelles.

M. Billet, en effet, n'a pas seulement visé à savoir si les bactéries étaient vraiment polymorphes, mais il a voulu faire un pas de plus en avant et savoir si telle ou telle espèce présente une succession de formes dérivant régulièrement les unes des autres, autrement dit si les bactériacées possèdent un cycle évolutif à caractères morphologiques particuliers et constants pour chaque espèce, et dont le développement général dépendrait d'une loi commune à la grande majorité d'entre elles.

Déjà, dans des recherches antérieures, faites sur un certain

(1) Voir la *Revue scientifique* du 16 juin 1890, p. 751.

nombre de bactériacés (*Cladothrix dichotoma, Bacterium urecæ, B. laminariæ, B. parasiticum*), l'auteur avait constaté que, dans une première phase, on trouve les éléments bactériens associés en un thalle filamenteux plus ou moins long ; que, dans une deuxième phase, ces éléments deviennent libres et mobiles; que, dans une troisième, ils peuvent s'agréger en masses gélatiniformes plus ou moins considérables et qui paraissent caractéristiques pour certaines d'entre elles; enfin que, dans une quatrième et dernière phase, il peut arriver que les filaments précédents s'enchevêtrent les uns les autres en masses pelotonnées très volumineuses; et il avait désigné ces quatre phases par les dénominations suivantes :

1° *État filamenteux;*
2° *État dissocié;*
3° *État enchevêtré;*
4° *État zoogléique.*

Dans le présent travail, ces premiers résultats se trouvent confirmés par des observations de même nature faites sur deux espèces nouvelles, *Bacterium Balbianii* et *B. osteophilum*, et par l'étude de la formation et de la germination des spores endogènes chez *Cladothrix dichotoma*.

Le *Bacterium osteophilum* est une nouvelle espèce trouvée par M. Billet dans les macérations d'os humains, principalement d'os entourés de cette graisse jaunâtre bien connue des anatomistes, dans lesquels ce microbe se trouve à peu près constamment et à l'exclusion de toute autre espèce. Il suffit de placer des os ou des fragments d'os dans un cristallisoir assez large et peu profond, rempli aux trois quarts d'eau de fontaine ou de puits, pour avoir, en plus ou moins de temps, selon la température, une belle végétation de *B. osteophilum*.

De l'ensemble de ses observations sur *Bacterium Balbianii* et *B. osteophilum*, M. Billet croit pouvoir encore conclure à l'existence d'un cycle défini passant par les quatre phases que nous venons de dire, et dont il a étudié, chemin faisant, les conditions.

Ces différents états correspondraient chacun, en effet, à un groupement morphologique particulier des éléments bactériens, en rapport avec des conditions spéciales de milieu. Parmi celles-ci, les unes sont intrinsèques, c'est-à-dire inhérentes à la nature nutritive même du milieu; et d'autres sont extrinsèques, c'est-à-dire liées à des phénomènes extérieurs, comme la température, la pression, la quantité plus ou moins grande d'oxygène, etc... Voilà pourquoi la succession de ces différentes phases n'a rien de fixe ni de constant dans le cours du développement de chaque bactériacée.

Ainsi, tel ou tel état, sous des conditions de milieu les plus diverses, peut évoluer rapidement vers un autre état, ou même parfois faire complètement défaut. D'autre part, si le milieu ne se modifie pas, on peut conserver le même état pendant longtemps, sans modification. C'est pourquoi l'on peut cultiver une bactériacée quelconque, à une phase ou sous une forme donnée, en l'ensemençant dans un milieu de composition connue et invariable.

I. — L'*état filamenteux* est, pour M. Billet, l'état végétal par excellence. Sous cet état, les éléments bactériens, qu'il naissent directement de la spore ou qu'ils proviennent d'un autre état, se disposent en séries longitudinales, ou en chaînes articulées, dont chaque article est représenté par un élément.

Cette disposition se produit par division ou segmentation d'un élément primitif, dans une seule direction. Les éléments successifs qui naissent ainsi les uns des autres restent unis entre eux, bout à bout, tantôt enfermés dans une véritable gaine filamenteuse, tantôt simplement réunis par des brides de substance interstitielle. D'ailleurs, cette dernière substance est de même nature que la gaine précédente ; elle est, de plus, identique à l'enveloppe plus considérable qui entoure les groupes d'éléments à l'état zoogléique. Elle est de nature gélatiniforme et sécrétée par l'élément bactérien lui-même, et on voit que son rôle est important pour la disposition des éléments entre eux, c'est-à-dire dans l'aspect général de la végétation.

Les éléments bactériens constitutifs des filaments se rencontrent, à l'intérieur de ces filaments, sous différentes formes, que l'on peut réduire à trois principales : formes rectilignes, formes courbes et formes spirales. Les formes rectilignes comprennent les éléments en *leptothrix*, en *bacillus* et en *bacterium*, lesquelles formes ne diffèrent entre elles que par la longueur, et passent de l'une à l'autre par un simple travail de segmentation. Les formes courbes comprennent les éléments en *vibrio*, qui ne sont en réalité que des éléments rectilignes courbés sous des influences encore mal expliquées. Les formes spiralées renferment les éléments en *spirillum* et en *spirochœte*, qui ne sont que des éléments allongés et indivis se réduisant par la suite en plusieurs articles incurvés ou *vibrio*.

On peut donc poser en règle que toutes les formes d'éléments bactériens proviennent de l'élément rectiligne primitif, et peuvent passer de l'une à l'autre sous la moindre influence. Il est, par suite, rationnel de rencontrer, dans la succession des phases du cycle évolutif de telle ou telle bactériacée, la coexistence des trois formes fondamentales d'éléments bactériens; mais il ne saurait être question ici de *polymorphisme* ou de *pléomorphisme*, dans le sens généralement admis, et qui tendrait à faire croire que chaque forme d'élément bactérien, représentant une espèce ou même un genre spécial de bactériacée, se transformerait en une espèce nouvelle en changeant d'état.

Mais si les différentes formes d'éléments bactériens proviennent d'un élément rectiligne primitif, par un simple travail de segmentation, il y a à cette segmentation même une limite. L'élément qui représente ce terme ultime de la segmentation, c'est un *bacterium* court, elliptique-ovalaire, présentant un diamètre longitudinal à peine plus long que le diamètre transversal. Il est universellement répandu dans le groupe des bactériacées, et il en est l'élément le plus constant.

sant à l'élément de forme arrondie ou en *micrococcus*, seule fois l'auteur l'a rencontré avec ses caractères bien , chez *B. Balbianii*; mais il a pu constater, par une e d'observations et d'expériences, que cet élément ondi, pour le cas au moins de cette bactériacée, provet directement de l'élément en *Bacterium* court, elliptique-ovalaire, en changeant de milieu, de même qu'il retournait à cette forme, une fois transplanté dans son milieu *primitif*.

Quant aux conditions de milieu, dans lesquelles l'état filamenteux semble se produire le plus fréquemment, pour le cas des bactériacées étudiées par M. Billet, cet état se manifeste surtout dans les milieux liquides et à la surface aérée de ces liquides. Autrement dit, l'état filamenteux serait essentiellement aérobie.

II. — *L'état dissocié* est caractérisé par la mise en liberté des éléments constitutifs de l'état filamenteux.

Ces éléments continuent à se diviser ; mais, au lieu de rester unis les uns aux autres, en séries ou en chaînes filamenteuses, ils se séparent pour vivre isolément. Quelquefois, ils restent néanmoins accouplés deux à deux, ou en chaînettes d'un petit nombre d'éléments ; mais, à l'inverse des éléments de l'état précédent, ils sont essentiellement mobiles.

Au point de vue physiologique, l'état dissocié joue un rôle très important, car il est, avant tout, une phase de dissémination. Grâce à la mobilité de ses éléments et à l'activité de leur travail de segmentation, le microrganisme peut, en quelques heures, envahir un milieu de culture parfois très étendu. Aussi est-ce sous cette forme d'éléments isolés, dissociés et mobiles, que les bactériacées se rencontrent le plus fréquemment, et qu'elles sont surtout connues actuellement.

III. — *L'état enchevêtré* constituerait une troisième phase du cycle évolutif des bactériacées. Il se présente sous forme de filaments enchevêtrés les uns dans les autres, comme autant d'écheveaux à mailles plus ou moins serrées. Physiologiquement, c'est un état transitoire entre l'état filamenteux et l'état dissocié, ou entre un de ces deux états et l'état zoogléique.

IV. — *L'état zoogléique* est la dernière phase du cycle évolutif. Les éléments qui composaient les états précédents se groupent suivant certaines dispositions qui, au premier abord, ne présentent aucun ordre apparent. En réalité, il y a un ordre déterminé, variant pour chaque espèce ; mais le phénomène qui domine tous les autres, c'est, autour de chaque élément, la sécrétion d'une gangue gélatiniforme (*glia ou glaire*), morphologiquement et physiologiquement identique à la gaine qui enveloppe les filaments.

Par le fait même de l'accroissement de cette enveloppe gélatiniforme qui les entoure complètement comme d'une capsule, les éléments deviennent immobiles. Dès lors, le développement de l'état zoogléique va présenter une succession de stades spéciaux, d'une constance et d'une importance variables.

C'est d'abord le stade qui vient d'être indiqué, et dans lequel chaque élément est entouré d'une gangue ou capsule gélatiniforme propre. A ce stade, l'aspect morphologique des éléments correspond, trait pour trait, à ce qui caractérise le genre *hyalococcus*, créé par M. Schroter pour le *pneumococcus* de Friedlander.

Le second stade, désigné par l'auteur par le terme *mérismopedia*, déjà connu en algologie, rappelle le thalle tubulaire, à éléments disposés quatre par quatre, chez certaines algues cyanophycées. A ce stade, les éléments se segmentent ou se cloisonnent, non plus dans une seule direction, comme dans l'état filamenteux, mais dans deux directions. Il en résulte des petits groupes capsulaires d'éléments disposés plus ou moins régulièrement quatre par quatre ou en *tétrades*, qui se développent uniquement en superficie.

Le troisième stade est constitué pour l'état *sarcina*. Les éléments qui, jusque-là, ne s'étaient divisés que dans deux directions, se segmentent dans les trois directions. Les capsules forment alors des paquets ou des groupes massifs plus ou moins cubiques.

Dans le stade suivant, la division des éléments se poursuit activement ; on voit des agglomérations de capsules, agrégées les unes avec les autres et renfermant un nombre illimité d'éléments, qui presque tous se présentent sous la forme ultime de segmentation, c'est-à-dire sous la forme de *bacterium* court elliptique-ovalaire : c'est l'*ascococcus* de Cohn ou l'*ascobacteria* de van Tieghem, stade morphologiquement comparable aux thalles massifs de certaines algues cyanophycées, décrites sous le nom de *glœocapsa*.

Finalement, ces groupes de capsules affectent entre elles des dispositions qui semblent caractéristiques et constantes pour chaque espèce donnée et qui constituent l'état zoogléique définitif. C'est ainsi que l'état zoogléique se présente, chez *Clad. dichotoma*, sous la forme arborescente si nette, appelée autrefois *Zooglœa ramigera*; chez *Bact. Balbianii*, sous la forme cérébroïde ; chez *B. osteophilum*, sous la forme actinoïde.

Cet état zoogléique définitif, avec son allure propre et constante, semble devoir constituer un caractère de premier ordre, pour la différenciation des diverses espèces de bactériacées.

Au point de vue physiologique, il apparaît comme une phase de protection contre les agents extérieurs, une sorte d'état d'enkystement pour l'attente d'un milieu plus favorable, dans lequel les éléments, quittant leur enveloppe gélatineuse, pourront revivre à l'état filamenteux ou à l'état dissocié.

En résumé, M. Billet émet cette opinion, que la majorité des espèces bactériennes ont, comme le *B. Balbianii* et le *B. osteophilum*, un cycle évolutif complet, depuis la spore qui donne le filament initial, jusqu'à la zooglée finale.

Il ne suffirait donc plus, pour classer une bactériacée, d'indiquer les formes que l'on rencontre dans tel ou tel milieu, mais il faudrait rechercher si telle ou telle forme reste toujours constante et identique à elle-même, suivant les milieux où on la cultive. On reconnaîtra peut-être alors

qu'un grand nombre de formes que l'on avait décrites jusqu'ici comme des espèces absolument distinctes, étrangères
l'une à l'autre, ne sont, en réalité, que des formes d'éléments appartenant à la même espèce, observées seulement
dans des milieux différents.

La considération de l'ensemble de ces formes et de leur
succession conduit d'ailleurs M. Billet à rapprocher les
bactériacées des algues, avec Cohn et MM. van Tieghem et
Bornet.

Évidemment, il y a dans ce travail de M. Billet une partie théorique qui est discutable, et on pourra trouver que
ces observations sont insuffisantes pour substituer la notion rigide d'un cycle évolutif à celle plus indécise d'un
simple polymorphisme en rapport avec des conditions de
milieu plus ou moins favorables. On pourra aussi reprocher
à l'auteur d'avoir généralisé un peu hâtivement ses conclusions, basées au total sur un nombre très limité d'espèces
observées ; mais ces réserves n'enlèvent rien au mérite de
cette thèse, qui représente une somme considérable d'un
travail d'observation précise et d'expérimentation ingénieuse, et où l'on trouve en outre un esprit philosophique
qui se fait assez rare dans les études de cette nature.

Ajoutons que la thèse de M. Billet renferme une bibliographie étendue et très complète de tous les travaux qui,
de près ou de loin, se rapportent à son sujet. C'est presque
une bibliographie complète de la microbiologie.

CAUSERIE BIBLIOGRAPHIQUE

L'Asie centrale, par M. J.-L. DUTREUIL DE RHINS;
Paris, Leroux.

Tous les géographes savent que la haute Asie est encore
une sorte de *terra incognita,* une des pays
les moins visités, les moins étudiés, les moins connus du
monde. L'altitude, le climat, la politique ombrageuse et dé-
fiante du gouvernement de Pékin ont de tout temps rendu
les explorations difficiles en cette partie du globe ; les récits
de voyages sont fragmentaires et incomplets; les cartes et
itinéraires chinois fourmillent d'erreurs en latitude et en
longitude ; les cartes européennes, depuis celles que dres-
sèrent les jésuites au commencement du siècle dernier,
jusqu'à celles de Stieler ou de Vivien de Saint-Martin, en
passant par celles de d'Anville et de Klaproth, renferment
toute sorte de lacunes, d'inexactitudes, et surtout d'hypothèses.

Revoir et comparer toutes ces descriptions et tous ces
graphiques ; déterminer exactement la part actuelle du
connu et de l'inconnu, du vrai et du faux, du probable et
de l'improbable dans les documents de toute provenance et
de toute espèce dont nous disposons aujourd'hui ; tirer de
tous témoignages plus ou moins sujets à caution un résidu de vérités bien établies ; fixer du même coup, en un

mot, le bilan du présent et le programme de l'avenir en m
tière de *géographie* de la haute Asie : telle est la tâche h
mense autant qu'opportune entreprise et réalisée p
M. Dutreuil de Rhins, dans son récent ouvrage l'*Asie ce
trale.*

L'ouvrage entier se divise, indépendamment de l'atlas q
l'accompagne, en quatre parties, précédées d'une introdu
tion et suivies d'un index. L'introduction comprend :

1° Un avant-propos consacré à la géographie thibétaine (
à l'histoire politique de ces hautes régions; — 2° une bibli
graphie précise et complète des ouvrages, cartes et doc
ments européens ou asiatiques; — 3° un tableau des term
géographiques, avec leur transcription dans les principale
langues de l'Europe et de l'Asie. Les quatre grandes div
sions du livre ont respectivement pour objet : les régio
limitrophes du Thibet, — le Thibet sud-oriental, — l
Thibet nord-oriental, — le Thibet occidental. L'auteur es
ainsi parti du connu pour aller progressivement à l'inconnu
de la périphérie pour arriver jusqu'au centre : c'est une sort
de procédé de circomvallation appliqué à la science. C'étai
la méthode de notre grand d'Anville, et M. Dutreuil de
Rhins ne pouvait mieux faire que de la lui emprunter.

Le volume renferme 650 pages in-4°, l'atlas comprend
23 cartes de grande dimension; l'ensemble de l'œuvre représente le résumé et le dernier mot de la science contemporaine en ce qui concerne la géographie de la haute Asie.
C'est la contribution la plus considérable qui ait depuis
longtemps été faite à la géographie asiatique, et l'Académie
des inscriptions et belles-lettres ne fait que rendre justice
à l'auteur en lui attribuant, sur la fondation Garnier, un
prix de 20 000 francs.

Aux félicitations dues à M. Dutreuil de Rhins, il ne faut
pas oublier de joindre un mot de remerciement à l'adresse
des promoteurs de l'œuvre qu'il vient d'accomplir. M. Xavier
Charmes, directeur au ministère de l'instruction publique, et
MM. les membres de la Section de géographie du comité des
travaux historiques, ont pris sous leur protection, dès la
première heure, le travail que vient de réaliser l'auteur de
l'*Asie centrale;* ils en ont compris l'intérêt et la portée; ils
ont vu qu'il y avait là pour la science française l'occasion
d'une nouvelle victoire et d'une nouvelle conquête; ils
n'ont cessé de contribuer par leurs conseils et leur appui
au succès de l'entreprise; ils doivent avoir quelque part
aux compliments et à la gratitude que tous les géographes
de France et de l'étranger reconnaissent volontiers être dus
à l'auteur.

Les Industries du Creusot : *le Matériel de guerre,* par M. HEN-
NEBERT; *la Cuirasse, la Machine marine et le Canon,* par M. E.
WEYL. — 2 broch. in-8° de 200 pages, avec figures et planches; Pa-
ris, E. Plon, Nourrit et Cⁱᵉ, 1890.

La librairie Plon vient de publier deux études *sur les
Industries du Creusot,* où l'on trouve l'histoire complète de
ces importantes et magnifiques usines et de leurs produits.

La brochure de M. Hennebert est plus particulièrement
consacrée aux diverses opérations de la fabrication des canons

ı description de ces nouvelles machines qui constitua fortification cuirassée, et qui ont été rendues nécessaires par la portée et la puissance destructive chaque jour considérables de l'artillerie. Les ingénieuses combinaisons d'où sont sorties toutes ces nouvelles machines : s mécaniques, tourelles cuirassées tournantes, tourelles vot, tourelles hydrostatiques à éclipses, caponnières avées, observatoires et phares militaires, sont des plus euses. Les machines à éclipse notamment, qui ont pour d'amener à la surface du terrain une pièce d'artillerie disparaît aussitôt le coup parti, paraissent être le sue progrès à concevoir dans le combat de l'artillerie de resse.

s essais sans nombre qui ont permis aux directeurs du sot de fournir à ces machines la matière convenable et e procurer l'outillage nécessaire à une construction amment rapide ne sont pas ce qu'on doit le moins r dans ces résultats, et l'historique que M. Hennebert t, au début de son travail, du développement des usines Creusot, permet d'en apprécier toute l'étendue.

Rappelons avec l'auteur que c'est vers le milieu du ıvıⁿ siècle que, dans le massif montagneux dont les crêtes dessinent la ligne de partage des eaux de la Saône et de telles de la Loire, on découvrait un gisement de houille au lieu dit *La Charbonnière*. C'est ce terrain houiller, objet d'une charte de concession en date de l'an 1253, qui devint le Creusot, et où les premiers établissements industriels furent installés en 1774. Dès 1782, le Creusot s'organisait en fonderie de canons ; il est donc en droit, depuis huit ans déjà, de fêter son centenaire comme atelier de construction de matériel d'artillerie. Durant toute la période des guerres de la Révolution et de l'Empire, le Creusot fabriqua sans relâche du matériel d'artillerie ; cette fabrication, suspendue en 1815, ne devait reprendre qu'en 1870. Mais, entre ces deux époques, le Creusot construisit la première locomotive française (1838) et allait bientôt fournir de machines les lignes de Saint-Étienne, de Saint-Germain et de Versailles, ainsi que tous les bateaux à vapeur qui commençaient à pratiquer les eaux de la Saône et du Rhône (1839-1840).

En 1869, Eugène Schneider, comprenant que le fer n'est pas un métal à blindages exempt de grandes imperfections, organisa une aciérie dans ses usines, et quand éclata la sinistre guerre de 1870, celles-ci furent en état de fournir à la défense nationale deux cent cinquante bouches à feu et trois cent soixante-dix voitures.

Enfin, en 1873, Schneider remplaça le marteau-pilon de 31 tonnes, qui ne le satisfaisait qu'imparfaitement pour la production de ses aciers, par un gigantesque marteau à pilon à vapeur de 100 tonnes et de cinq mètres de chute, desservi par quatre fours et quatre grues ; c'était un appareil de frappe trois fois plus fort que le plus puissant des appareils similaires alors connus.

L'étude de M. Émile Weyl montre les étapes parcourues dans le développement parallèle du canon, de la machine marine et de la cuirasse, duel formidable qui ne

paraît pas près de cesser et dans lequel tout progrès de l'un des adversaires en présence suscite immédiatement un progrès de l'autre, qui rétablit l'équilibre. En moins de quarante ans, en effet, nous avons construit deux flottes cuirassées de toutes pièces, mais les progrès de l'art de la destruction ont été si extraordinaires que ces flottes ne répondent déjà plus à nos besoins. Aujourd'hui, nous ébauchons la troisième, en avance en cela sur toutes les puissances maritimes ; mais il est aisé de prévoir qu'on nous dépassera rapidement et que nous n'aurons que la consolation, dans notre infériorité prochaine, de montrer que nous avons été des précurseurs.

Les recherches portent particulièrement, à l'heure actuelle, sur le choix de la meilleure cuirasse. Deux métaux sont en présence : le *compound*, ou plaques mixtes composées d'un tiers environ d'acier dur et de deux tiers de fer, offrant une plus grande résistance à la pénétration que le fer laminé, mais finissant aussi par se fendre, et le *métal Schneider*, qui est en acier fondu de qualité spéciale présentant une résistance homogène. Les essais obtenus avec ce dernier métal, qui est susceptible d'ailleurs d'être modifié dans son traitement, paraissent décidément supérieurs à ceux obtenus avec le compound, surtout ᵃᵘ point de vue de la moindre pénétration, qui est la qualité la plus importante. On sait, en effet, que l'artillerie cherche aujourd'hui ce qu'on appelle la fusée retardatrice, qui doit permettre au projectile de pénétrer le blindage et de n'éclater qu'après pénétration. Si l'on suppose le problème résolu, on voit que c'est aux plaques qui se laisseront le moins pénétrer qu'il faudra donner la préférence.

Voici maintenant quelques chiffres qui indiqueront le point où en est arrivé ce duel du canon et de la cuirasse. Les plaques de blindage du *Formidable*, le dernier navire de haut bord entré en service, sont de 353 millimètres. Attaquées avec un canon de 27 centimètres, lançant un projectile ogival en fonte dure de 216 kilogrammes, une plaque de cette nature a résisté d'une façon *satisfaisante*. Mais il faut dire que ces cuirasses atteignent à des poids considérables ; celle de l'*Amiral Baudin* ne pèse pas moins de 3942 tonnes. Sur les cuirassés anglais *le Nil* et *le Trafalgar*, le poids du blindage atteint même 44 000 tonneaux, soit le déplacement d'un navire à voiles !

Que de temps, de génie, d'argent dépensés en l'art de se détruire et de se défendre, et comme on admirerait sans réserve tous ces résultats s'ils avaient été inspirés seulement par les besoins de la civilisation ! Aussi nous arrêterions-nous plus volontiers en face des perfectionnements obtenus dans la puissance et la rapidité des machines marines, perfectionnements qui ne sont d'ailleurs pas moins merveilleux, et qui ont l'avantage de pouvoir être utilisés sur des navires autres que des navires de guerre. Le tableau des dernières constructions navales sorties du Creusot nous indique des puissances de 12 000 chevaux (*le Magenta*), des nombres de tours d'hélice par minute de 120 (*l'Alger*) et de 148 (*le Troude* et *le Watlignies*) et des vitesses linéaires du piston de plus de 4 mètres par seconde.

On voit par ces chiffres, qui ont doublé depuis vingt ans (la machine du *Redoutable*, construite en 1874, n'a encore qu'une puissance de 6000 chevaux, avec 68 tours à la minute et une vitesse linéaire de 2^m,83), quel chemin nous avons parcouru en ces dernières années, et il semble difficile, dans les conditions actuelles, d'aller plus loin pour des machines de cette importance, sans un véritable excès d'imprudence.

La Vie des oiseaux, scènes d'après nature, par M. d'HAMONVILLE. — Un vol. de la *Bibliothèque scientifique contemporaine*, avec 18 planches; Paris, J.-B. Baillière et fils.

Pendant plus de quarante ans, M. d'Hamonville a beaucoup voyagé, en Europe et en Algérie, les yeux toujours fixés sur les oiseaux, dont il connaît mieux que personne les mœurs, le régime, la propagation et le rôle dans la nature, en un mot la vie intime; et il vient de réunir en un volume les notes qu'il a amassées dans sa longue carrière d'observateur passionné. Peut-être l'auteur aurait-il dû résister au plaisir de nous raconter en outre nombre de coups de fusils envoyés au *poil* et autres aventures tout à fait étrangères à la *plume*; mais c'était évidemment trop demander à un grand chasseur devant l'Éternel.

Entre autres faits curieux, M. d'Hamonville nous dit avoir vu, chez un M. Lunel, conservateur du musée de Genève, le fameux corbeau dont celui-ci a écrit l'histoire. Non seulement ce corbeau faisait une foule de tours d'adresse et semblait comprendre tout ce qu'on lui disait, mais il était encore capable, pour boire à une fontaine, d'en tourner le robinet, le refermant soigneusement quand il avait satisfait sa soif.

En somme, livre amusant à lire, assurément instructif, et que pourront consulter avec profit les chercheurs de documents concernant les manifestations de l'intelligence chez les animaux.

La Nationalité française. 1re partie : *La Terre*, par M. JEAN LAUMONIER. — Un vol, in-12; Paris, Bourloton, 1889.

M. Jean Laumonier, faisant une application du principe de l'évolution à l'étude historique des peuples, s'est proposé de traiter la nationalité française comme la monographie d'une espèce soumise aux lois communes des organismes, et de mettre en relief les facteurs de son évolution, en débarrassant son histoire de toutes les légendes qui l'obscurcissent.

Nous n'avons encore que le premier volume de cet ouvrage, où la France est étudiée dans sa terre, c'est-à-dire au point de vue de la configuration et de la nature de son sol, de ses conditions climatériques, de sa géographie médicale et de son aspect pittoresque. « Ce sont là des influences, dit M. Laumonier, qui ont déterminé la tournure générale de notre esprit national. C'est à elles que nous devons — en dehors de l'action primordiale de la race sur le développement historique — la gaieté de nos œuvres littéraires, la politesse de nos mœurs, l'accessibilité de notre cœur, la parfaite harmonie, la souplesse, l'ingéniosité de nos productions tiques. »

Il nous paraît évident que les actions du milieu sont beaucoup dans le caractère d'un peuple, et c'est une te tive originale et intéressante que d'étudier par le détail multiples éléments qui constituent ce milieu, au do point de vue de l'influence physique et psychique. L'ouv de M. Laumonier est richement documenté de faits et considérations puisés aux meilleures sources, et leur prochement est souvent ingénieux. En somme, travail sidérable, très consciencieux, qui nous aidera à mieux naître et à mieux juger notre beau pays, et qui, n l'espérons, sera mené à bonne fin.

ACADÉMIE DES SCIENCES DE PARIS

21-28 JUILLET 1890.

M. Lipschits : Sur la combinaison des observations. — *M. Stéphan* : verte d'une comète par *M. Coggia*, à l'Observatoire de Marseille. — *Gouzei* : Mémoire sur divers instruments d'astronomie. — *M. J.-J. rer* : Recherches sur l'angle de polarisation des roches ignées et sur i mières déductions stéliologiques qui s'y rapportent. — *M. Ch.-V.* Note sur la production, par les décharges électriques, d'images rep les principales manifestations de l'activité solaire. — *M. Th. Moı* Nouvelles recherches sur une anomalie magnétique constatée dans la de Paris. — *M. van der Mensbrugghe* : Sur la propriété physique de la face commune à deux liquides soumis à leur affinité mutuelle. — *M. B* nard *Brunhes* : Sur la réflexion cristalline interne. — *M. F. Beaulard* : § la double réfraction elliptique du quartz. — *M. de Sery-Montbéliard* : Mémoire intitulé : *Parallélisme de l'acoustique et de l'optique*. — *M. Brillouin* : Recherches nouvelles sur la stabilité relative des sols, sant à l'état isolé en présence de l'eau. Sols d'argilise. — *M. Berthelot et Fogh* : De la chaleur de formation de quelques amides. — *M. L. Ouvrard* : Recherches sur les phosphates doubles de titane, d'étain et de cuivre. — MM. *Ph. Barbier et L. Roux* : Recherches sur les pouvoirs dispersifs dans les composés organiques (éthers oxydés). — *M. Villard* : Note sur quelques hydrates d'éther simple. — *M. L. Bouvroux* : Sur l'acide oxyglucoïque. — *M. E. Boyer* : Exposé d'un nouveau procédé de détermination des matières minérales dans les sucres à l'aide de l'acide benzoïque. — *M. Adolphe Carnot* : Étude sur les sources minérales de Cransac (Aveyron). — *M. Christian Bohr* : Expériences sur les combinaisons de l'hémoglobine avec l'oxygène. — *M. A. Chauveau* : Participation des plaques motrices terminales des nerfs musculaires à la dépense d'énergie qu'entraîne la contraction musculaire. Influence exercée sur l'échauffement du muscle par la nature et le nombre des changements d'état qu'elle suscitent dans le faisceau contractile. — *M. R. Boteу* : Expériences relatives à la possibilité des injections trachéales chez l'homme comme voie d'introduction des médicaments. — MM. *Paul Fischer et E.-L. Bouvier* : Étude sur le mécanisme de la respiration chez les Ampullaridés. — *M. Moynier de Villepoix* : Sur la réfection du test chez l'Anodonte (*Anodonta ponderosa*). — *M. Raphaël Dubois* : Recherches sur la sécrétion de la soie chez le *Bombyx mori*. — *M. Paul Fischer et Daniel Œhlert* : Note sur la répartition stratigraphique des Brachiopodes de mer profonde, recueillis dans les expéditions scientifiques du *Travailleur* et du *Talisman*. — *M. Georges Ville* : Mémoire sur la sensibilité des plantes considérées comme de simples réactifs. — MM. *Prillieux et G. Delacroix* : La gangrène de la tige de la pomme de terre, maladie bacillaire. — *M. Desbourdieu* : Présentation d'un appareil d'explosion automatique.

ASTRONOMIE. — M. l'amiral Mouchez transmet à l'Académie une dépêche télégraphique de *M. Stéphan* annonçant la découverte faite, le 18 juillet 1890, à 10^h 31^m du soir, à l'Observatoire de Marseille, par *M. Coggia*, d'une nouvelle comète, assez brillante, d'un diamètre de 1'30", et présentant une légère condensation centrale.

— M. Ch.-V. Zenger communique quelques photographies qui mettent en évidence les résultats de ses dernières études sur la constitution de la décharge électrique d'une machine Wimshurst et de la bobine Ruhmkorff (grand modèle,

00 000 mètres de longueur du fil secondaire) sur une plaque enfumée. Ses expériences l'ont conduit à une confirmation e sa théorie électro-dynamique du soleil. En effet, il a eu ée de produire la décharge en rapprochant de la couche noir de fumée, déposée sur une plaque de verre assez nde, le bouton positif du déchargeur d'une machine mshurst, tandis que le bouton négatif était placé à une tance de 10 à 20 centimètres de la surface posté- ure, non enfumée, de la plaque bien desséchée. Au lieu de la plaque était collé un disque circulaire d'étain, chargeant par le bouton positif très rapproché. Les dé- arges, sans produire d'étincelles, transportaient le noir fumée du bord du disque circulaire, et l'on obtenait les nes de force électrique dessinées en transparence sur le ld noir de la plaque enfumée. Le résultat a présenté alors mage surprenante d'une éclipse totale du soleil; le disque rculaire métallique représentait, pour ainsi dire, la lune uvrant le disque solaire; les lignes de force électrique pro- duisaient au bord du disque toutes les apparences de pro- tubérances solaires, éruptives et aurorales, linguiformes, hautes et basses, représentant la chromosphère du soleil, dentelée et surmontée par les protubérances éruptives; même les formes contournées en spirales s'y retrouvaient. Enfin. on voyait des étincelles plus longues, atteignant les bords de la plaque de verre qui produisaient des traces cur- vilignes comme on en observe dans la couronne solaire pendant une éclipse totale.

Si l'expérience est faite dans une chambre noire, on voit des flammes rouges, provenant du bord de la feuille circulaire d'étain qui représentent l'apparence, les formes et la couleur des protubérances vues pendant une éclipse totale de soleil.

PHYSIQUE DU GLOBE. — Les premières déterminations ma- gnétiques que M. Th. Moureaux a faites en 1884 et 1885 avaient montré, dans la distribution des éléments magné- tiques en France, diverses anomalies dont l'étude était subor- donnée à une extension du réseau d'observations. Depuis lors, ayant été chargé par M. Mascart de procéder à une revision complète et détaillée d'une carte magnétique de la France, basée sur des mesures à effectuer dans six cents stations environ, M. Moureaux a dès maintenant complète- ment exploré la région du Nord et le bassin de Paris. Il a pu constater ainsi que les choses se passaient comme si le pôle nord de l'aiguille aimantée était attiré de part et d'autre vers une ligne presque droite qui, partant de Fécamp, irait à Châteauneuf-sur-Loire (et probablement au delà), par Elbeuf et Rambouillet, en faisant à l'ouest du méridien géo- graphique un angle de 25° environ.

CHIMIE. — M. Berthelot a montré précédemment que non seulement la chaleur de formation des sels, rapportée à l'état solide, pouvait être prise comme mesure de leur stabi- lité relative, mais qu'on pouvait aller plus loin, en compa- rant les chaleurs de formation des diverses séries de sels, l'inégalité entre les chaleurs de formation des sels solides d'une même base, unie à deux acides distincts, étant à peu près constante pour les sels de force pareille, tandis que cette inégalité croît et s'exagère pour les sels des acides faibles, accusant ainsi l'inégale stabilité de ces sels. De même pour l'inégalité entre les chaleurs de formation des

sels solides d'un même acide uni à deux bases distinctes : elle est à peu près constante pour les bases de force pa.. reilles, tandis qu'elle va croissant pour les sels des bases faibles. Des écarts analogues pour les acides, aussi bien que pour les bases qui engendrent les sels, peuvent être obser- vés non seulement dans l'état solide, mais même dans les dissolutions, et ils traduisent l'état inégal de dissociation des sels des acides faibles et des bases faibles, comparés aux sels des acides forts et des bases fortes en présence de l'eau. M. Berthelot a développé déjà à bien des reprises ces caractéristiques thermiques et cette théorie des acides forts opposés aux acides faibles et des bases opposées aux bases faibles. Il en présente aujourd'hui quelques applications relatives à l'aniline et à ses sels.

— Les expériences de MM. Berthelot et Fogh démontrent : 1° Que la formation des acides est une décomposition ordinaire, accompagnée d'ailleurs par une dissociation, c'est-à-dire par des phénomènes d'équilibre, et qu'elle est exactement parallèle, sous ce rapport, avec la formation des éthers;

2° Que la formation des anilides depuis l'acide solide et la base gazeuse dégage plus de chaleur que celle des amides correspondants : circonstance corrélative d'une plus grande stabilité opposée à l'action décomposante de l'eau. Cette stabilité plus marquée résulte aussi d'une autre cause agis- sant dans le même sens, c'est-à-dire de la faible chaleur de formation des sels d'aniline, laquelle tend dès lors à se régé- nérer plus péniblement que l'ammoniaque, parce que la for- mation des sels d'ammoniaque dégage plus de chaleur.

— M. Villard a cherché si des éthers autres que le chlo- rure et le bromure de méthyle ne pourraient pas former avec l'eau des composés cristallisés. Il a soumis à l'expé- rience l'iodure de méthyle, les chlorure, bromure et iodure d'éthyle, enfin les fluorures de méthyle et d'éthyle. Or, seuls, le bromure et l'iodure d'éthyle ne lui ont pas donné de ré- sultats. Avec les autres corps il a obtenu, en présence de l'eau, des cristaux incolores pouvant être conservés aussi longtemps qu'on le veut à des températures supérieures à 0°. Leur formation a eu lieu dans les conditions indiquées, en 1888, dans un travail fait avec M. de Forcrand sur les hydrates de chlorure de méthyle et d'hydrogène sulfuré (1).

— M. Émile Fischer a montré récemment qu'on pouvait remplacer, dans les acides dérivés des sucres, la fonction acide par la fonction aldéhyde, en traitant par l'amalgame de sodium les lactones de ces acides. Appliquant cette méthode à l'acide saccharique, il a obtenu un acide qui réduit forte- ment la liqueur de Fehling et qui présenterait la plus grande analogie avec l'acide glucuronique. Or, M. L. Bou- iroux a obtenu, par l'oxydation du glucose ou de l'acide gluconique au moyen d'une bactérie, un acide auquel il a donné le nom d'acide oxygluconique et qui possède les pro- priétés observées par M. Fischer dans le produit de la ré- duction de l'acide saccharique. D'où il est porté à croire que le corps obtenu par M. Fischer n'est autre que l'acide oxygluconique.

— L'incinération directe des sucres pour la détermina- tion des matières minérales qu'ils renferment étant une opé- ration longue et délicate, on lui a substitué, dans l'analyse

_____
(1) Voir la Revue scientifique, année 1888, 1er semestre, t. XLI, p. 633, col. 1.

industrielle le procédé empirique indiqué par Scheibler; mais celui-ci exigeant certaines corrections, *M. E. Boyer* propose une méthode qui a l'avantage de supprimer toute correction, car elle donne directement les matières minérales du sucre *à leur état naturel*. Elle consiste à opérer la carbonisation du sucre en présence d'un acide volatil, l'acide benzoïque, employé en solution, et, à cause de sa faible solubilité dans l'eau, l'auteur a eu recours à l'alcool à 90° comme dissolvant, dans la proportion de 100 centimètres cubes pour 25 grammes d'acide benzoïque.

— *M. Adolphe Carnot* appelle l'attention sur les sources minérales de Cransac, situées dans la vallée de ce nom (Aveyron), au pied et sur le versant de montagnes où viennent affleurer de puissantes couches de houille surmontées de schistes charbonneux et pyriteux.

Tandis que, d'ordinaire, les eaux minérales viennent d'une assez grande profondeur et arrivent au jour par des fractures du terrain dues à des phénomènes géologiques plus ou moins anciens, celles de Cransac, au contraire, trouvent à peu de distance de la surface la cause de leur minéralisation. Quant à leur composition, voici ce que l'analyse a montré : les *carbonates* y font presque entièrement défaut, tandis que les sulfates, au contraire, y sont en quantité dominante (sulfates de chaux, de magnésie, de manganèse et d'alumine); le fer ne s'y retrouve qu'en proportion minime; enfin, elles contiennent des nitrates en proportions parfois très élevées ainsi que du chlorure de sodium.

Sans vouloir se prononcer sur la valeur thérapeutique des eaux de Cransac, M. Carnot fait remarquer, cependant, que leur composition atteste à la fois des propriétés astringentes, toniques et diurétiques prononcées.

— *M. A. de Gramont* a reproduit artificiellement la *boracite*, par voie humide, en chauffant en tubes scellés, à 275°, un mélange de borate de soude et de chlorure de magnésium, en présence de l'eau. Le produit ainsi obtenu présente bien toutes les propriétés physiques et la composition chimique de la boracite. Il était intéressant de l'obtenir ainsi par voie humide, ce qui n'avait pu être réalisé jusqu'ici, et dans des conditions analogues à celles où ce minéral s'est formé dans la nature. Il se rencontre, en effet, dans les gisements de gypse et de sel gemme, où il a dû prendre naissance après l'ensevelissement, dans les couches profondes du sol, de fonds de lagunes contenant, comme de nos jours encore, certains lacs, du borate de soude et du chlorure de magnésium.

PHYSIOLOGIE EXPÉRIMENTALE. — Les recherches de *M. Christian Bohr* sur les propriétés de l'hémoglobine lui ont permis de constater que, à côté de sa combinaison bien connue avec l'oxygène : l'oxyhémoglobine, il en existe au moins trois autres qui toutes sont dissociables et ont le même spectre; ces quatre oxyhémoglobines renferment des quantités différentes d'oxygène dissociable, soit, par gramme, environ 0^{cc},4 — 0^{cc},8 — 1^{cc},7 — et 2^{cc},7. Quant aux combinaisons de l'hémoglobine avec l'acide carbonique, il en a trouvé également trois espèces analogues qui diffèrent chacune par la teneur en acide carbonique, mais sont d'ailleurs très voisines; enfin l'hémoglobine peut se combiner à la fois avec l'oxygène et l'acide carbonique. Il suit de là, dit l'auteur, qu'on obtient un nouveau point de vue pour la régularisation de l'échange gazeux respiratoire;

car il faut admettre que le sang renferme les différentes combinaisons de l'hémoglobine en quantité variable et que les proportions relatives de ces combinaisons peuvent varier dans un temps très court, même dans un seul passage à travers le système des vaisseaux capillaires, ce qui doit avoir une très grande influence sur les tensions qu'ont, à chaque instant, les gaz du sang. Aussi est-il tout naturel qu'un pareil système de régularisation soit influencé par des états pathologiques.

— Dans ses deux précédentes communications (1), *M. A. Chauveau* a étudié la dépense d'énergie qu'entraîne le travail *intérieur* du muscle, c'est-à-dire la création de l'élasticité parfaite qu'acquiert cet organe mis en contraction pour équilibrer une charge à l'extrémité d'un levier osseux fixe ou animé d'un mouvement uniforme. Aujourd'hui, il examine le rôle des plaques motrices terminales des nerfs musculaires, rôle important, car ce sont elles qui communiquent aux faisceaux musculaires l'excitation qui les met en tension élastique, et cette excitation ne peut être considérée que comme un travail physiologique intérieur spécial, impliquant une dépense d'énergie, c'est-à-dire une participation à l'échauffement que le muscle éprouve au moment de sa contraction. Si de ces nouvelles expériences on ne peut tirer la démonstration d'une proportionnalité suffisamment approximative entre le travail présumé des plaques motrices terminales et l'échauffement qui en résulte ou l'énergie qu'il dépense, cependant il est tout au moins prouvé que l'échauffement manifeste une tendance très marquée à s'élever avec le nombre des mouvements de raccourcissement et d'allongement que le muscle exécute, c'est-à-dire avec la multiplication des excitations qui provoquent ces mouvements, autrement dit avec le travail physiologique des plaques motrices terminales.

— Les expériences de *M. R. Botey* sur des lapins, sur lui-même et sur des malades, confirment celles de MM. Collin, Brégeon et Bouchard touchant la possibilité des injections trachéales chez l'homme, comme voie d'introduction des médicaments, et démontrent leur innocuité. Les seuls phénomènes observés à la suite de ces injections, faites dans certaines conditions de doses, ont été quelques troubles respiratoires et circulatoires caractérisés seulement par une diminution du nombre des respirations et des pulsations. Une malade atteinte d'une syphilis laryngo-trachéale, jusqu'alors rebelle à un traitement interne très énergique, a été parfaitement guérie par des injections d'une solution d'iodure et de bichlorure.

ZOOLOGIE. — On sait que les *Ampullaridés* sont des Gastéropodes prosobranches, munis à la fois d'une branchie et d'un poumon. Or MM. *Paul Fischer* et *E.-L. Bouvier* ayant eu l'occasion de pouvoir étudier, au Muséum d'histoire naturelle de Paris, des Ampullaridés *dextres* et *senestres* vivants, ont vérifié les observations des quelques auteurs qui se sont occupés du mécanisme respiratoire de ces animaux. Tout en constatant que ces observations étaient d'une justesse absolue, lorsqu'il s'agit de l'Ampullaridé dextre (*Ampullaria insularum*) vivant dans l'eau, ils ont reconnu aussi que ce mécanisme était un peu plus compliqué qu'on ne l'avait dit

(1) Voir la *Revue scientifique* des 19 et 26 juillet 1879, p. 89, col. 1, et p. 121, col. 1.

jusqu'ici, lorsque l'animal vivait hors de l'eau. Dans ce dernier état, si l'on vient à étudier l'animal au travers de la plaque de verre sur laquelle on l'a posé, on voit se produire des mouvements irréguliers d'aspiration et d'expiration, puissamment aidés par les mouvements généraux du corps. Tout autre est le mécanisme de l'Ampullaridé senestre de l'espèce *Lanistes Bolteniana;* qui, étant dans l'eau, vient à la surface respirer l'air en nature comme le fait l'*Ampullaria insularum* quand elle est à terre.

— Au cours de recherches sur la formation et l'accroissement du test chez les mollusques, *M. Moynier de Villepoix* a été amené à instituer, en décembre et janvier derniers, quelques expériences sur l'Anodonte, *Anodonta ponderosa.* Les résultats qu'elles ont donné paraissent démontrer que la coquille des Naïades est un *produit de sécrétion* du manteau; que le premier état du test est toujours une formation de nature purement organique; enfin que le calcaire destiné à consolider la coquille est emprunté au milieu ambiant.

— Les recherches de *M. Raphaël Dubois* sur la sécrétion de la soie chez le *Bombyx mori* démontrent non seulement que le durcissement du fil de cocon est un phénomène de coagulation qui s'opère dans la glande elle-même, mais encore que cette coagulation n'est pas comparable à celle du blanc d'œuf, soit par l'alcool, soit par la chaleur, et qu'elle se produit par le même mécanisme que la coagulation du sang ou du suc musculaire; enfin que les conditions qui favorisent ou entravent celle-ci agissent dans le même sens pour le contenu des glandes à soie.

GÉOGRAPHIE ZOOLOGIQUE. — Les Brachiopodes de mer profonde, dragués dans les expéditions du *Travailleur* et du *Talisman* sont au nombre de seize espèces. Les gisements fossilifères où on les rencontre en plus grande proportion sont ceux du pliocène inférieur de la Sicile et de la Calabre, où treize espèces sur seize sont identiques ou représentatives; c'est donc avec le pliocène inférieur que notre faune abyssale actuelle a le plus d'affinités. Mais depuis le soulèvement de ces couches pliocènes du sud de l'Italie, trois de ces espèces se sont éteintes dans la Méditerranée, quoique continuant à vivre dans l'Atlantique, et trois autres en voie d'extinction dans la Méditerranée, sont au contraire très vivaces dans l'Atlantique. La Méditerranée a donc perdu et perd encore une partie de ses Brachiopodes abyssaux. D'où provient cette particularité? *MM. Paul Fischer* et *Daniel Œhlert* pensent qu'elle est liée à un phénomène général très important. Durant la période pliocène, la Méditerranée recevait des espèces boréales atlantiques, grâce à des courants froids et des espèces abyssales qui vivent aujourd'hui dans l'Atlantique à une température variant de 0° à + 5°. Ces espèces froides sont fossilisées à Ficarazzi, ainsi qu'à Messine en Sicile. Mais après les dépôts pliocènes, par suite d'un exhaussement du sol, les courants froids n'ont plus pénétré dans la Méditerranée, et la température de cette mer s'est élevée à partir de 183 mètres jusqu'au fond à + 13°. De là l'extinction d'une partie des espèces abyssales, extinction qui continue encore et qui ne pourra que s'accroître. La température de la Méditerranée, après avoir été décroissante et variable comme celle de l'Atlantique durant la période pliocène, est donc fixe aujourd'hui, et cette mer se comporte même comme si elle était complètement fermée.

PHYSIQUE VÉGÉTALE. — Comme suite à ses précédentes communications sur l'analyse de la terre par les plantes, *M. Georges Ville* donne lecture d'un très curieux mémoire dans lequel il montre que les plantes, considérées comme de simples réactifs, possèdent une sûreté d'indications et un degré de sensibilité auxquels, au premier abord, on ne pourrait se résoudre à croire, puisque, sous le rapport de la sensibilité, les ferments, la levure de bière, en particulier, vont bien au delà des végétaux supérieurs.

Prenant, comme premier exemple, la recherche de l'acide phosphorique, il montre que le froment accuse la présence, dans le sable (1000 grammes), de un cent-millième (1/100 000) de phosphate de chaux, de (4/1 000 000) quatre millionièmes d'acide phosphorique, par 6 grammes de récolte, laquelle représente 600 fois le poids du phosphate, 1500 fois celui de l'acide phosphorique, 2300 fois le poids du phosphore. Il en est de même des pois qui permettent de découvrir 1/100 000 (un cent-millième) de phosphate de chaux. M. Ville rapporte dans son mémoire un grand nombre de faits analogues attestant comme eux une grande sensibilité, et il ajoute que, malgré leur concordance, tous ces faits ne sont que des approximations presque grossières par rapport aux résultats nouveaux qu'il a obtenus, en 1867, à l'aide de la levure de bière. Avec elle, en effet, il a pu reconnaître la présence de 5 dix-milligrammes (0,0005) de phosphate dilué dans un litre d'eau, ce qui correspond à 5 dix-millionièmes du poids du liquide.

Malgré la sensibilité extrême de la levure de bière, M. G. Ville dit qu'il ne faut pas perdre de vue que les plantes agricoles n'en demeurent pas moins des réactifs d'une sûreté et d'une délicatesse incomparables. Il cite comme exemple la canne à sucre, dont le phosphate de chaux est précisément la dominante. En effet, avec l'engrais complet, la canne a donné 57 000 kilogrammes. Supprime-t-on le phosphate, la récolte est de 15 000 kilogrammes. D'où il suit que 600 kilogrammes de superphosphate de chaux contenant 90 kilogramm s d'acide phosphorique ont suffi pour déterminer un excédent de récolte de 42 000 kilogrammes à l'hectare, ce qui représente 70 fois le poids du phosphate et 466 fois le poids de l'acide phosphorique.

PATHOLOGIE VÉGÉTALE. — *MM. Prillieux* et *G. Delacroix* appellent l'attention de l'Académie sur une maladie, jusqu'alors inconnue des cultivateurs, qui s'est développée cette année sur les pommes de terre dans des points fort divers de la France et très éloignés les uns des autres, tels notamment qu'à l'École de Grignon, à Gonesse, etc., dans les environs de Paris, à Fère-Champenoise dans la Marne, à Martin-de-Connée (Mayenne), à Chavaignac (Haute-Loire), à Avoise (Haute-Saône), etc.

Tous les pieds malades qu'ils ont examinés dans leur laboratoire de pathologie végétale présentaient un aspect et une altération identiques. La tige était profondément altérée à sa partie inférieure, soit sur tout le pourtour, soit sur une partie seulement; le mal s'étendait, dans le sens longitudinal, du niveau du sol vers les feuilles. Dans les parties attaquées, les cellules étaient mortes, déprimées, vidées, et leurs parois fortement colorées en brun. Le diamètre de la partie altérée était devenu plus mince que celui de la portion encore turgescente et verte; quand l'altération n'atteignait qu'un côté de la tige, la partie morte et déprimée formait un sillon plus ou moins large et profond. Les plantes atteintes ne tardaient pas à mourir. L'examen microscopique des tiges malades n'a montré ni trace de passage d'insecte, ni mycélium de champignon parasite ; mais il a décelé la présence d'une très grande quantité de bacilles tourbillonnant dans les cellules brunies. Ces mêmes bacilles, MM. Prillieux et Delacroix les ont retrouvés. en nombreux amas également dans l'intérieur des cellules des pommes de terre offrant les mêmes caractères extérieurs de maladie ; ils en ont aussi constaté l'existence sur la partie inférieure de la tige de nombreux pieds de *Pelargonium* provenant de Libourne (Gironde) et atteints d'une maladie semblable, laquelle fait de grands ravages dans les jardins de cette ville.

Enfin l'étude que MM. Prillieux et Delacroix viennent de faire de ces bacilles les amène à cette conclusion que l'on doit attribuer la gangrène de la tige de la pomme de terre, signalée particulièrement cette année, aussi bien que la pourriture des *Pelargonium*, à l'invasion des jeunes tiges par ces bacilles qu'ils désignent, au moins provisoirement, sous le nom de *Bacillus caulivorus*.

E. RIVIÈRE.

INFORMATIONS

On a installé, à l'École des mécaniciens de Brest, un pigeonnier militaire contenant environ cinq cents oiseaux. Des ordres viennent d'être donnés par le ministre de la marine pour commencer l'entraînement de ces pigeons. Ils seront confiés à des torpilleurs qui les lâcheront en mer ; ces pigeons serviront, en cas de guerre, à mettre en communication les vaisseaux qui tiendront la mer et la préfecture maritime de Brest.

Depuis le milieu du mois de mars, la rougeole sévit à Paris avec une intensité exceptionnelle. Elle a causé, pendant ces vingt dernières semaines, 1033 décès, dont les cinq sixièmes environ ont porté sur des enfants de moins de cinq ans. Il y a donc eu 52 décès par semaine, en moyenne, au lieu de 25, chiffre moyen de cette saison pour les années précédentes. On n'avait pas enregistré depuis longtemps une telle fréquence de cas mortels : ainsi, leur nombre a dépassé 60 pendant les 20e (63), 23e (69), 24e (61), 25e (64), 26e (61) et 27e (65) semaines. En 1887, il y avait eu une recrudescence analogue de la rougeole, mais elle avait été beaucoup moins persistante.

Comme toujours, ce sont les quartiers de la périphérie qui payent le plus lourd tribut. Le centre, les Champs-Élysées et Passy, sont presque complètement épargnés.

Nous nous plaisons à croire que les pouvoirs publics se sont émus comme il convenait de cet état de choses, et que les services de l'hygiène publique sont occupés à enrayer cette épidémie meurtrière. A moins cependant qu'on ait jugé que la rougeole étant une maladie *bénigne*, il était superflu de s'en occuper.

Tel est, en effet, le pouvoir des mots, que quelques-uns ont le don d'affoler le public, et à sa suite les administrations, sans raison sérieuse, tandis que d'autres sont tout-à-fait impuissants à provoquer la moindre émotion, alors qu'un peu d'émotion serait cependant salutaire. Nous l'avons vu pour la grippe, maladie également *bénigne* et qu'on chansonnait, mais qui a fait deux fois plus de victimes que le choléra de 1884. On le voit encore pour la rougeole, qui,

en trois mois, vient de tuer plus de mille enfants, sans qu'on songe à s'en inquiéter. Que demain on signale u décès cholérique à Paris, et peut-être perdra-t-on la tête

Une école de médecine navale est instituée à Bordeaux avec trois succursales ou dépendances à Toulon, Rochefor et Brest. Marseille et Montpellier — dont la lutte continue sans relâche — demandaient également cette école.

La ville de Nantes demande une Université. Celle de Rennes ne manquera point de protester et avec assez de raison, puisque Rennes possède déjà des éléments, alors que Nantes n'a rien.

La ville de Toulouse demande une Université, elle aussi. Si le ministère y entre et met de la complaisance, nous aurons sans retard une vingtaine d'Universités en France : mais il est clair que cinq ou six suffiront amplement.

A propos du fait signalé par Emin-Pacha, rapporté par Stanley, et duquel résulterait qu'on a vu des singes se servir de torches pour s'éclairer, un correspondant de *Nature* de Londres rappelle qu'il y a à Natal un singe qui fait les fonctions de garde-barrière de chemin de fer, sous la surveillance du titulaire du poste.

Mlle C. W. Bruce offre une somme de 30 000 francs pour l'année 1890, à l'effet d'encourager les recherches astronomiques. Cette somme sera distribuée et répartie en portions de 2500 francs. Tous les astronomes et institutions astronomiques de tous pays sont invités à faire leur demande avant le 1er octobre 1890, en expliquant le but poursuivi par les recherches en cours et pour lesquelles ils demandent un secours pécuniaire. S'adresser au Prof. E. C. Pickering, *Havard College Observatory*, à Cambridge (Mass.), États-Unis.

L'Association américaine pour l'avancement des sciences se réunit cette année à Indianapolis, le 19 août. Il y aura une discussion spéciale sur la distribution géographique des plantes de l'Amérique du Nord.

Une commission royale vient d'être instituée à Londres, à l'effet de rechercher si la viande tuberculeuse est de consommation dangereuse pour l'homme.

La Compagnie des drapiers de Londres offre 75 000 francs pour contribuer aux dépenses de l'érection des bâtiments du Collège technique de Nottingham.

M. John Ralfs vient de mourir à Penzance, en Angleterre, âgé de quatre-vingt-trois ans. C'était un algologiste distingué, qui a publié un bel ouvrage sur les Desmidées d'Angleterre, en 1848.

L'importation du *Vedalia cardinalis*, parasite naturel de l'*Icerya* qui dévastait les orangeries de Californie, a fait merveille, et les orangers considérés l'an dernier comme morts ont donné cette année une demi-récolte.

L'Académie de médecine de Turin propose pour le concours du prix Ribieri (de la valeur de 18 000 francs) la question suivante : Recherches sur la nature et la prophylaxie ane ou plusieurs maladies infectieuses de l'homme. Les animaux peuvent être imprimés ou manuscrits, rédigés en français, italien ou latin; les imprimés ne doivent pas être antérieurs à 1886. Limite : 31 décembre 1891.

M. A. Bauer, de Giersleben, vient de prendre un brevet pour la fabrication du musc (par synthèse). Le besoin de rendre ce parfum ne se faisait cependant guère sentir.

M. Pfitzner, d'après *Nature*, déclare que le petit orteil de l'homme est en voie de dégénérescence. Dans 36 pour 100 cas observés, il n'a que deux phalanges au lieu de trois, comme le pouce et le gros orteil.

Le choléra continue à s'étendre, lentement il est vrai, dans les deux foyers épidémiques qui sont une menace pour l'Europe centrale.

La situation est actuellement la suivante. Le choléra existe sur trois points :

1° En Espagne ;
2° Sur la mer Rouge, à Camaran ;
3° En Mésopotamie.

En Espagne, l'épidémie est toujours limitée à la province de Valence. A Valence même, elle paraît prendre quelque extension. Mais la province de Valence est en relations presque journalières avec nos ports de la Méditerranée. Aussi, à tous les points de pénétration, visite-t-on les personnes et désinfecte-t-on les effets. Aucun cas de choléra n'a été jusqu'ici signalé en France.

Le choléra a été importé à Camaran (île de la mer Rouge) par un navire anglais, chargé de 1150 pèlerins se rendant à la Mecque, parmi lesquels se trouvaient alors 12 cholériques. Pendant la traversée, il y avait eu 34 décès, dont 7 par choléra. Les pèlerins ont été débarqués à la station quarantenaire de Camaran. Il n'y a malheureusement pas, dans cette station, de moyens de désinfection suffisamment efficaces; il n'y a pas d'étuve à vapeur.

Du côté de la Mésopotamie, le réveil de l'épidémie a eu lieu il y a un mois environ. Plusieurs localités dans le voisinage de Mossoul ont été prises. On signale un certain nombre de décès dans différentes villes placées sur les routes qui vont vers la Méditerranée, vers la mer Noire et vers la Perse.

Dans la dernière séance du Conseil d'hygiène publique et de salubrité du département de la Seine, M. Dujardin-Beaumetz, au nom de la commission nommée par le Conseil, a donné lecture d'un rapport sur les mesures qu'il y aurait lieu de prescrire dans le cas où une épidémie cholérique se déclarerait à Paris. Voici le texte de ce rapport tel qu'il a été adopté, après quelques légères modifications :

1° Nécessité de connaître le plus promptement possible les cas de choléra;

2° Création d'un corps de médecins délégués ayant pour mission de constater la réalité et la gravité de la maladie qui leur est signalée, et de veiller à l'exécution rigoureuse des mesures de désinfection ;

3° Pour la désinfection des déjections (vomissements et matières fécales) et des linges souillés par le malade, et pour le lavage de la figure et des mains des personnes qui s'approchent, emploi exclusif du sulfate de cuivre. Ce produit sera mis à la disposition du public par l'Administration;

4° Pour la désinfection des locaux contaminés, augmentation du nombre des escouades de désinfecteurs, et création d'un emploi d'inspecteur chargé de vérifier si les désinfections ont été bien pratiquées. La désinfection se fera à l'aide de l'acide sulfureux provenant de la combustion du soufre.

Des lavages seront faits au sublimé. Les objets de literie et les linges ayant été en contact avec le malade devront être passés à l'étuve. La commission demande l'achat immédiat de dix étuves mobiles à désinfection par la vapeur d'eau sous pression, qui seront réparties dans Paris;

5° Le transport des malades devra toujours être fait par des voitures spéciales. Ces voitures seront chauffées pendant le transport du malade et désinfectées aussitôt après;

6° On devra évacuer les maisons et particulièrement les garnis où se seront déclarés des cas de choléra;

7° Des services spéciaux isolés seront créés dans des hôpitaux de Paris, désignés à cet effet. Ces services devront être indiqués dès aujourd'hui, et le personnel appelé à soigner ces malades sera instruit des mesures prophylactiques à prendre pour éviter les atteintes du mal;

8° Toutes les mesures d'hygiène privée et publique devront être exécutées avec un soin scrupuleux. De l'eau salubre devra être donnée à toute la population parisienne.

CORRESPONDANCE ET CHRONIQUE

Les morsures des araignées.

La morsure d'une araignée est-elle capable d'entraîner chez l'homme des cas mortels? Telle est la question souvent posée et résolue, par l'affirmative si l'on consulte simplement les ouvrages anciens ou les croyances populaires, plutôt par la négative quand on invoque les faits plus récents ou les traités des arachnologistes. Nous avons, et avec intention, posé la question sans préciser l'espèce d'araignée. C'est que si les naturalistes et les médecins rejettent, d'un avis presque unanime, l'action toxique du venin des araignées des zones tempérées, ils ont fait des réserves pour les espèces tropicales.

Sans vouloir entrer dans une étude complète sur ce sujet, nous nous contenterons de rappeler quelques cas récents, cités dans les numéros de 1888 et 1889 d'*Insect Life* (1), excellent recueil mensuel publié par le Service entomologique des États-Unis d'Amérique. La plupart des cas paraissent devoir être rapportés à une espèce américaine, le *Latrodectus mactans*, espèce très voisine de notre malmignatte (*Latrodectus mamignatus*) que l'on trouve dans le sud de l'Europe, et notamment en Corse, où elle a été accusée d'avoir occasionné des accidents mortels (2). Il faut ajouter que cette accusation est regardée par M. Blackwall comme une amusante fiction dans l'histoire naturelle des aranéides (3).

Le premier cas mortel cité dans l'article d'*Insect Life* aurait déterminé la mort en quatorze heures. Il s'agissait d'un homme doué d'une excellente santé, qui se sentit piquer au cou à 8h.30 du matin. La douleur ressentie immédiatement fut fort vive, et il saisit au point piqué une araignée noire présentant une tache rouge (cette description sommaire peut se rapporter au *Latrodectus mactans*). La personne qui le vit quatre heures après (ce n'était pas un médecin) constata autour de l'endroit indiqué une dizaine de petits boutons blancs, occupant une surface d'un demi-dollar argent, mais pas trace de piqûre. Pas de gonflement, mais une dureté telle du cou et du bras gauche que l'on ne pouvait y enfoncer le doigt. Les douleurs étaient très violentes, gagnalent les intestins; le blessé put néanmoins aller jusqu'au

(1) *Insect Life*, U. S. Dep. of agriculture, 1889; t. Ier, fasc. 7, 9, 10, t. II, fasc. 5.
(2) Cauro, *Traitement de la morsure du Theridion malmignatis*, thèse de Paris, 1833.
(3) Blackwall, *Experiments and observations on the poison of animals of the order of aranéidea* (transactions of the Linnean Society of London, 1855, p. 31).

village chercher du whisky et revenir, puis il fut pris de spasmes, et tomba vers 4 heures dans un coma qui persista jusqu'à 11 heures, heure de la mort.

A côté de ce cas, dans lequel la mort est arrivée quatorze heures après la piqûre, nous pouvons signaler les observations de Corsen de Savannat, qui eut l'occasion d'observer six cas de morsure d'araignée, suivis d'accidents graves, mais non mortels. Les conditions identiques dans lesquelles se sont produites les morsures, l'analogie des symptômes observés permettent de considérer cette relation comme une véritable expérience de laboratoire. Quatre de ces blessés ont été mordus au pénis en satisfaisant leurs besoins naturels. Chez tous, on a constaté des douleurs très vives dans le ventre et le dos, des contractions tétaniques généralisées qui persistèrent plusieurs heures, la respiration étant dyspnéïque, le pouls fréquent, dur. L'état du malade paraissait désespéré, sans qu'on puisse alléguer la douleur locale qui, dans certains cas au moins, ne paraissait pas être très intense. Malheureusement, les arachnides n'ont pu être pris, et M. Beley, auquel le cas fut soumis, élève quelques doutes, non pas sur la morsure faite par une araignée, mais sur le genre incriminé, le *Latrodectus* n'ayant généralement pas pour habitat les cabinets d'aisance, qui sont plutôt fréquentés par l'*Amaurobius ferox*.

Dans tous les cas observés par M. Corsen, le traitement fut le même : injection de chlorhydrate de morphine et stimulants à l'intérieur.

Ces troubles nerveux, et spécialement les contractures signalées précédemment, concordent avec la description donnée dès 1833 par M. Graelis, chargé par l'Académie de médecine de Barcelone de faire une enquête sur les accidents déterminés par la morsure de la malmigniate. Il insiste notamment sur la forte constriction de la gorge, le ténesme, l'opisthotonos, suivis immédiatement d'une convulsion générale, particulièrement dans les extrémités, puis d'une insensibilité complète. Cette description correspond exactement à l'attaque tonico-clonique produite par certains alcaloïdes, cocaïne, etc.

Dans quelques cas, les observateurs parlent également d'un rash qui se produirait quelques heures après la morsure, soit dans la région voisine de la morsure, soit généralisé à tout le corps.

Enfin, en Nouvelle-Zélande, les indigènes et les colons considèrent une araignée du même genre, le katipo, le *Latrodectus scelio*, comme capable de déterminer par sa morsure des accidents mortels. Cette araignée vit exclusivement sur les bords de la mer, et c'est en ramassant les coquillages et les herbes marines destinées à amender leur culture de kumera (patate) que les indigènes sont le plus souvent piqués. Les Maories ont une telle frayeur de la morsure du katipo, qu'ils n'hésitent pas, quand un des leurs a été mordu dans sa case et que l'animal ne peut être retrouvé, à brûler complètement l'habitation ; ils sont persuadés d'ailleurs que la mort de l'animal est indispensable à la guérison du blessé. Cette frayeur joue sans doute un rôle important dans la pathogénie des accidents nerveux que l'on observe après la morsure ; toutefois, cet état psychique ne saurait être seul invoqué, car on observe des troubles également graves chez les blancs, moins accessibles à la crainte.

Dans les observations rapportées par M. Wright dans les *Transactions of the N. Zealand Institut* de 1869, comme dans celles citées par M. Allan Wright, on ne trouve pas signalés ces phénomènes convulsifs, décrits plus haut et qui permettaient à M. Corsen d'émettre l'hypothèse d'un venin ou alcaloïde ayant des propriétés tétaniques. Les médecins néo-zélandais penchent au contraire pour un poison narcotique. Les symptômes observés par eux sont surtout des symptômes de prostration : faiblesse intense, sueur profuse, extrémités froides et inertes sans tonus, le pouls petit, filiforme, tombant à quatorze pulsations par minute (Wright), la mort paraissant attribuable dans ce cas à un arrêt cardiaque.

Des cas de mort, observés dans de bonnes conditions, sont rares. La plupart du temps, on voit, après cautérisation de l'endroit atteint et l'ingestion de stimulants, le blessé quitter peu à peu cet état de prostration ; mais le retour complet à la santé est quelquefois assez lent : pendant plusieurs jours, quelquefois même des semaines, on signale une faiblesse intense et une profonde dépression du système nerveux comme si l'agent toxique ne s'éliminait que lentement de l'organisme.

Il serait très intéressant d'étudier l'action de ces venins au point de vue physiologique. Nous ne croyons pas que récemment du moins, cette étude ait été poursuivie, et les poisons véritablement convulsivants, provenant du règne animal, sont assez rares pour que celui du *Latrodectus mactans* et de la malmigniate attire l'attention des physiologistes.   P. L.

La campagne scientifique du « Grampus ».

L'été dernier, le schooner *Grampus*, des États-Unis, monté par un état-major de marins et d'hommes de science (MM. William Libbey, Rockwood, Magie et Mac Neill), a accompli dans l'Atlantique une intéressante mission scientifique, dans le but d'établir les rapports existant entre la température et la densité des eaux, et les migrations des poissons.

A cet effet, le *Grampus*, schooner à voiles de 83 tonneaux, était muni d'une petite machine destinée à faire *tourner* le tambour sur lequel s'enroulait un câble des sondage, câble long de 1000 brasses (1829 mètres) en acier, et de 1/8 de pouce (3ᵐᵐ,17) de diamètre. Ce câble, formé de 19 brins de corde à piano nᵒ 24, possédait une résistance à la rupture de 680 kilogrammes. Comme il s'agissait de mesurer des températures et des densités, on avait embarqué vingt-cinq thermomètres Negretti et Zambra, montés d'après le système Magnaghi, c'est-à-dire mis en rapport avec une hélice inactive à la descente et qui, tournant lorsqu'on le remonte, détache un ressort à verrou et permet le retournement de l'instrument. Les bouteilles à ramener l'eau étaient du système Sigsbee, basé sur le même principe. Tous les préparatifs avaient été disposés par M. Mac Donald, de la Commission des pêcheries.

La région à explorer s'étendait de la pointe orientale de l'île Nantucket à Montauk-Point, à l'extrémité nord de Long-Island en latitude, jusqu'à la limite du Gulf-Stream à l'est. En dépit du temps et d'incidents qui ont démontré l'impossibilité de faire des recherches suivies dans des parages aussi battus que les côtes des États-Unis avec des bâtiments à voiles d'aussi faible tonnage que le *Grampus*, 105 coups de sonde ont été donnés, dont 37 dépassaient 100 brasses et à plus de 100 milles de terre. Les stations étaient à environ 10 milles les unes des autres sur les lignes transversales à la côte au Gulf-Stream, et espacées entre elles de 10 milles. Jusqu'à 500 brasses, on touchait le fond ; au delà, on ne cherchait plus à l'atteindre ; on se contentait des sondages du câble, auquel on attachait 17 thermomètres et 2 bouteilles à eau ; 8 thermomètres étaient placés dans les 50 premières brasses et 2 dans les 50 brasses suivantes.

Les observations ainsi faites montrèrent qu'à 35 milles de la côte, le Gulf-Stream apparaît sous forme d'une mince couche d'eau chaude d'épaisseur variant entre 25 ou 30 brasses. La séparation avec les couches sur lesquelles elle

est nettement accusée par le thermomètre, qui des-
brusquement de 9 à 10° C. sur une épaisseur verticale
brasses. Il paraîtrait, en outre, qu'en approchant da-
ge du centre du Gulf-Stream, on rencontre encore au-
us de l'eau froide une autre couche chaude dont la
érature, entre 50 et 100 brasses, dépasse souvent de
ι 5°,5C. celle qu'on trouve au-dessus à des profondeurs
à 40 brasses. A 500 brasses, la température était ordi-
ent de 4°,44 C. L'existence de cette seconde nappe
e est un fait très important, et si les travaux posté-
. confirment son existence, il faudra rechercher com-
. l'eau froide intercalée se raccorde avec les eaux
'entourent. M. Thoulet pense que cette couche froide
t le passage suivi, pour se déverser dans la masse des
atlantiques, par le courant froid du Labrador qui longe
idiatement la côte des États-Unis du nord au sud, à
ns du Gulf-Stream, et est pressé, après le cap
, entre la côte et le Gulf-Stream sortant du canal de
a.

Les chiens sauvages d'Australie.

À propos de la naissance d'une portée de chiens sauvages
d'Australie (*Canis Dingo*) au Jardin d'acclimatation, M. L. Lesèble vient de donner une notice intéressante sur cet animal dans la *Revue des sciences naturelles appliquées*.

Cet animal, comme la plupart des canidés vivant à l'état
sauvage, a le poil très dense, plus épais l'hiver que l'été; ses
oreilles sont droites et mobiles, le museau allongé et pointu,
la queue est touffue; elle pend lorsque le chien est au repos,
et se relève sur le dos lorsque son attention est attirée par
quelque bruit extérieur.

Les sens de l'ouïe et de l'odorat sont assez développés.

La tête est plate à la partie supérieure, et par sa structure
n'offre au cerveau qu'une place relativement très petite.

L'œil est placé obliquement et rappelle par son expression le chacal et le renard, autres mammifères de la même
famille.

La taille du Dingo est, à l'âge adulte, de 0m,55 environ au
garrot pour le mâle et de 0m,50 pour la femelle. Toutefois,
on voit des spécimens différer sensiblement comme taille.

Le pelage habituel est fauve au dos et à la tête, plus pâle
sur les flancs, à la face interne des cuisses et aux membres.
Il y a des individus de couleur unie; certains individus de
la race ont, au contraire, des balsanes blanches aux quatre
pattes et à l'extrémité de la queue de même couleur.

Le célèbre naturaliste Brehm dit qu'il en existe une variété
noire qui est très rare.

Le chenil du Jardin d'acclimatation en possède un spécimen blanc, quoique qu'il soit pour cela albinos, les muqueuses
et les yeux n'étant nullement décolorés, ainsi que cela arrive
presque toujours dans les cas d'albinisme.

Le Dingo est répandu sur le continent australien, dont il
habite les forêts, les bruyères et les steppes. Il se nourrit de
kanguroos et de tous les animaux qui s'offrent à son appétit
vorace. Il décime les troupeaux des colons, qui lui ont fait
de tout temps une guerre acharnée.

La femelle du Dingo met bas six à huit petits dans un
liteau, absolument comme la louve. Elle les soustrait avec
un soin jaloux à tous les regards.

Le Dingo se croise comme le loup avec les chiens domestiques.

Les cas de domestication du Dingo sont très fréquents.
Brehm dit à ce sujet que les animaux de cette race ont
toujours conservé en captivité leurs instincts sauvages,
et s'attaquent spontanément à tous les animaux mis en contact avec eux.

Il y a cinq ans, le Jardin d'acclimatation de Paris recevait
du Jardin zoologique de Melbourne quatre jeunes Dingos
(deux mâles, deux femelles), âgés de trois mois. Ces animaux,
élevés à la viande crue — car ils refusaient toute autre nourriture — ont toujours été traités avec douceur. Néanmoins,
leur naturel farouche ne s'est pas modifié. Ils étaient dans
une des cases du chenil rond dont les grilles ont 2 mètres
de haut. Ils sortaient la nuit de leur compartiment, allaient
tuer les canards et revenaient dans leur chenil. Ce manège
ne fut découvert qu'après un certain temps, tellement le
fait semblait invraisemblable. Trois de ces animaux suc-
combèrent des suites de la maladie. Le quatrième, un mâle,
a vécu plusieurs années au chenil. Il était d'un abord difficile et, sans qu'il osât se jeter sur les gardiens du chenil,
ces derniers ont toujours dû se méfier de ses morsures. Il
est mort il y a deux ans. Son pelage était fauve zain.

Le 29 septembre 1888, M. le lieutenant de vaisseau Didier
rapportait d'Australie un mâle adulte et l'offrait gracieusement au Jardin. Cet animal est encore au chenil du Jardin.
Très familier à son arrivée, habitué qu'il était de jouer avec
les matelots pendant la traversée, il est devenu un peu plus
farouche en vieillissant, sans pour cela être aussi méchant
que le précédent. C'est le père des jeunes qu'on élève
actuellement. Il porte des balsanes blanches aux quatre
pattes et aboie, rarement il est vrai, tandis que son prédécesseur se bornait à hurler.

Le 6 septembre 1889, le Jardin importait une nouvelle
femelle en parfait état de santé. Elle n'est pas méchante et
ne cherche pas à mordre lorsqu'on la prend; elle caresse
même les personnes qui s'en approchent. Elle s'accouplait
le 27 décembre dernier et mettait bas le 1er mars de cette
année quatre jeunes (trois mâles et une femelle).

Sur ces quatre jeunes, un mâle mourait le 9 mars et la
femelle mourait le 12, de convulsions; il ne restait plus que
deux mâles La mère les soignait avec beaucoup de sollicitude, ne les quittant pas, laissant changer sa litière et toucher ses petits sans aucune difficulté. Comme tous les Dingos
observés au Jardin, elle n'acceptait que la viande crue, refusant toute autre nourriture. Elle buvait toutefois un peu
de lait. Elle jouait souvent avec les lices portières se trouvant au dépôt, parmi lesquelles étaient des chiennes de
grand équipage. Lorsqu'il y avait conflit de gourmandise
entre ces chiennes et la femelle Dingo, celle-ci savait parfaitement se défendre.

Lorsque les jeunes eurent atteint l'âge d'un mois, la mère,
sentant qu'ils pouvaient se passer d'elle dans une certaine
mesure, sentit renaître en elle ses instincts de vagabondage.
Elle mangea dès lors les cloisons en planches formant le box
où se trouvaient ses petits, les abandonnant jour et nuit
pour se promener dans la cour du dépôt. Elle ne revenait à
ses jeunes que pour les allaiter. Elle franchit enfin les murs
du dépôt, s'échappa dans Neuilly, revint d'elle-même au
chenil du Jardin, caressant les hommes du chenil et se faisant reprendre sans difficulté. De peur de la perdre, on dut
la réintégrer au chenil et la séparer de ses jeunes, âgés alors
de six semaines.

Il reste donc actuellement au dépôt deux jeunes Dingos
mâles, âgés de deux mois, en parfaite santé, bien que l'un
d'eux soit un tiers plus petit que l'autre. Ces élèves mangent, comme tous leurs camarades du dépôt, de la viande
et du lait. Ils sont très familiers et jouent toute la journée
avec les autres jeunes chiens. Si la maladie, ce fléau de tout
éleveur, ne vient pas les enlever, M. Lesèble pense qu'on
pourra les élever sans aucune difficulté.

Pourquoi les bossus ont l'air spirituel.

Il paraît que l'expression vulgaire « qu'un bossu a son esprit dans sa bosse » n'est pas si loin de la vérité qu'on pourrait le croire, et que, si le bossu n'a pas son esprit *dans* sa bosse, il l'a peut-être *par* sa bosse.

Du moins est-ce l'explication ingénieuse du mécanisme de l'expression spirituelle et mordante des bossus, que nous trouvons dans un curieux mémoire lu par M. J.-B. Reynier à la *Société de médecine pratique*.

Les bossus, on le sait, ont, du fait de la déviation de leur colonne vertébrale, la tête enfoncée entre les épaules et en extension plus ou moins violente. Or, l'extension de la tête entraîne la tension des muscles peauciers du cou — tension qui équivaut à leur contraction chez l'individu normal — et cette contraction, comme le démontre M. Reynier et comme on peut le vérifier sur soi-même en tirant, avec la main et d'un seul côté, la peau de la partie inférieure de la face, a pour résultat de donner au visage une expression de vive énergie tout à fait caractéristique. D'autre part, l'enfoncement du cou entre les épaules condamne les bossus à l'attitude que nous appelons *haussement d'épaules* et qui exprime, soit la patience et l'absence de toute résistance — c'est l'opinion de Darwin — soit, bien plus souvent, la pitié que nous inspire l'impuissance d'autrui.

Et voilà pourquoi les bossus ont l'air d'être très forts.

D'ailleurs, comme le fait remarquer M. Reynier, chez les rachitiques qui n'ont pas la tête en extension, ni le cou enfoncé entre les épaules, on n'observe pas l'expression spirituelle et mordante. Si la tête est légèrement fléchie en avant (cyphose cervico-dorsale) ou latéralement (scoliose), on observe plutôt une expression de laisser-aller et d'insouciance.

Rire comme un bossu est donc aussi une expression fort juste, qui vient de ce que, à la fin d'un rire prolongé et violent, *on n'en peut plus*, comme on dit vulgairement, et que, pour traduire cette impuissance, on élève instinctivement les épaules, ce qui donne quelque ressemblance avec les bossus, qui ont la tête enfoncée entre les épaules.

Action microbicide du bouillon de touraillon sur le bacille du choléra asiatique.

En raison de l'épidémie qui règne actuellement en Espagne, nous signalerons, d'après la *Semaine médicale*, les recherches dont M. G. Roux a entretenu récemment la Société des sciences médicales de Lyon, recherches d'après lesquelles le bouillon de *touraillon* (2) jouirait de la propriété de tuer le microbe-virgule de Koch.

M. Roux a vu que, si à 2 centimètres cubes de décoction de touraillon à 5 pour 100, on ajoute 1 centimètre cube de culture très active du choléra asiatique dans le bouillon de bœuf, aucun développement ne s'opère dans le mélange à la température eugénétique de 38°, et que, de plus, tous les bacilles sont tués après vingt-huit heures, comme le démontrent les ensemencements dans le bouillon-peptone pratiqué avec ce mélange. Par contre, l'ensemencement

_____

(1) *Causes de l'expression spirituelle et mordante de certains bossus.* — Une broch. de 16 pages; Paris, bureau du *Journal de médecine de Paris*, 35, boulevard Haussmann.

(2) Le touraillon, ce *résidu de l'orge germé*, est une substance d'un prix d'achat presque nul. Il est non seulement inoffensif pour l'homme, mais jouit encore de propriétés nutritives utilisées dans la fumure des terres et l'engraissement des bestiaux.

dans le même bouillon-peptone de la même culture, mais sans addition de décoction de touraillon, donne un résultat positif : dès le lendemain, le liquide se trouble, se recouvre d'une pellicule mince et fragile, et donne avec l'acide chlorhydrique (renfermant un peu d'acide nitreux) la réaction du *rouge du choléra (Cholera-Roth)*.

Même à la dose de 2 et 1 pour 100, la décoction de touraillon est microbicide pour le bacille-virgule, à condition d'être acide ou, au contraire, très alcaline.

Fait intéressant, la décoction de touraillon ne paraît être microbicide que vis-à-vis du microbe du choléra, car, ainsi que l'a constaté M. Roux, un ballon rempli de cette même décoction et ensemencé avec du *staphylococcus pyogenes aureus* devient très rapidement fertile.

M. Roux estime qu'il est possible d'employer la décoction de touraillon dans le traitement du choléra, surtout au début, soit en boissons, soit en lavements, soit même en bains.

Pour l'usage interne, il conseille de faire bouillir pendant quelques minutes 50 grammes de touraillon sec dans un litre d'eau, de filtrer une ou deux fois, et d'édulcorer avec un sirop quelconque.

Association française pour l'avancement des sciences. Congrès de Limoges.

NOUVELLES COMMUNICATIONS ANNONCÉES.

MM.

Rivet (Joseph). — Présentation et description d'une machine à travailler les peaux pour ganterie et chaussures (machine de M. Peltelune, ingénieur à Limoges).

Charazier (P.). — Analyse acoustique du son musical et ses phénomènes. — La pyrophonie.

Mathias. — Sur le théorème des états correspondants.

Bettencourt, Rodrigues et Serrano. — Traitement du myxœdème par la greffe hypodermique du corps thyroïde du mouton.

Capus (Guillaume). — Ethnographie des Kirghizes du Pamir.

Charazier (P.). — Rapport de la constitution physiologique des races avec leur musique propre.

Crevzmann. — Des lésions myxomateuses dans la tuberculose.

Lesage. — Sur le choléra infantile.

Lesage et Winter. — Sur le poison cholérique.

Vacher. — Sur les caractères anthropologiques des anciennes populations limousines. — Sommes-nous Celtes ou Romains?

Bellet (Daniel). — Sur les tramways en France.

Charazier (P.). — Réponse aux docteurs allemands à propos de l'eau.

Béchamp. — De l'aération des chambres des phtisiques.

Desnayes. — De la valeur absolue des injections sous-cutanées de liquide testiculaire.

Drouineau. — De la dépopulation des campagnes. — Les jeux scolaires et la musique aux jeunes enfants.

Pennes. — De l'emploi de la liqueur fluoriodée dans les maladies contagieuses.

Quiral. — La prostitution et la syphilis à Marseille. — Création d'un bureau d'hygiène.

Trouvenst. — Sur l'hygiène et la crémation.

Tarlat (Émile). — De l'eau de rivière comme boisson.

_____

— La castration pénale. — Un médecin californien vient d'imaginer une nouvelle peine légale qui est au moins originale : il propose de castrer les criminels et certains aliénés, « moyen, dit-il, plus utile que la prison, pour améliorer la race humaine et éteindre sûrement l'hérédité criminelle ». Cela n'est vraiment pas mal trouvé mais avant que ce procédé fût adopté — ce qui n'est pas à craindre — il faudrait avoir démontré que l'opération n'est pas au moins inutile. On sait, en effet, que les dégénérés ont peu d'aptitude à se produire, et que les criminels et les fous sont bien plus souvent des dégénérés à la première génération, fils d'individus intoxiqués ou malades, que des descendants de criminels ou de fous.

— On fait en ce moment des ustensiles de cuisine avec l'iliage dit *bronze de nickel*, formé de 75 pour 100 de cuivre et de 25 pour 100 de nickel. Poli, cet alliage a tout à fait l'aspect de ce métal ; il est, paraît-il, très ductile et très malléable, et se facilement estamper. La question est de savoir s'il est inof-

L. **Garnier** a fait, à ce dernier point de vue, une série d'essais *d'hygiène publique*, n° de juillet 1890), d'où il résulte que toute que l'aliment est acide (acide oxalique des oignons, acide que du pain, de la choucroute, des petits pois, etc.), il contracte river aussi caractéristique que désagréable par la cuisson et le dans des ustensiles faits avec cet alliage.

« les essais représentant à peu près ce qui peut se passer dans préparation culinaire, la dose maximum de cuivre dissous a été 08 et celle de nickel de 0ᵍʳ,039. Ces chiffres sont évidemment ibles, comparés aux résultats obtenus par MM. Thomas, Ga-Laborde, Riche, sur la toxicité des sels de cuivre et de nickel ;

« à la conclusion de M. Garnier est que le bronze de nickel, possède pas de propriétés vénéneuses actives, n'en est pas dangereux à cause des précautions multiples que nécessiterait amploi dans l'économie domestique, sans préjudice, d'ailleurs, roubles que causerait l'usage prolongé des aliments préparés à notact, et sur la gravité desquels on n'est pas encore fixé. D'autre comme il dénature la saveur des aliments, il ne paraît pas sus-ceptible d'applications pratiques dans ce but spécial.

— LA TOXICITÉ DES TUMEURS MALIGNES. — Dans une communication faite dans la dernière séance de l'Académie des sciences de Vienne, M. Adamkiewicz a relaté le résumé d'expériences d'où il résulte que le tissu cancéreux frais contient une matière toxique qui tue les animaux en quelques heures. Ce poison agit par le système nerveux et détermine la mort par paralysie du cerveau. La température de l'ébullition et les substances désinfectantes, telles que l'acide phénique, font disparaître l'activité de ce poison. Les divers microbes trouvés dans les tissus cancéreux ne paraissent pas être les agents de ce poison. Si on l'inocule sur des terrains propices, ceux-ci développent également toxiques. Les propriétés toxiques du cancer ne se trouvent dans aucun autre tissu vivant, physiologique ou pathologique ; elles se rencontrent seulement dans le cancer atypique, c'est-à-dire dans le carcinome et le cancroïde, mais non dans le sarcome et l'adénome. L'action toxique est si prompte, qu'on pourrait l'employer comme réaction pour déterminer la nature d'un néoplasme malin. Les tissus cancéreux du cadavre présentent la même action toxique.

— TRAITEMENT DE LA COQUELUCHE PAR L'ACIDE SULFUREUX. — Le traitement de la coqueluche à l'aide de l'acide sulfureux, que M. Mohn (de Christiania) à découvert par hasard et appliqué d'une façon empirique, a donné entre les mains de M. P. Boury des résultats très favorables.

Le mode d'application de ce traitement est des plus simples : on prend du soufre en canon, autant de fois 25 grammes que la chambre du malade compte de mètres cubes ; on fait brûler ce soufre dans un plat en terre ou en fer qu'on dépose au milieu de la chambre après avoir étalé le linge et objets de literie ; on ferme le local à désinfecter et on laisse les vapeurs sulfureuses pendant cinq à six heures en contact avec tous les objets étendus. On ouvre ensuite et on aère pendant cinq à dix minutes seulement, puis on introduit le petit malade dans cette atmosphère et on l'y laisse toute la nuit.

Les premières inspirations produisent une ou deux quintes, puis l'enfant s'endort et les quintes ne reviennent plus, cette même nuit, qu'une ou deux fois. Le mieux se maintient la journée suivante, et si l'on a soin de renouveler ce traitement plusieurs jours de suite, en dix, quinze et rarement vingt jours, la coqueluche a entièrement disparu.

Des malades témoins, traités par l'antipyrine, la belladone, les bromures, le chloral et la cocaïne, ont vu leurs quintes persister de deux, trois, quatre mois et plus.

— UN CAS DE VITALITÉ EXCEPTIONNELLE. — On a cité de nombreux exemples d'une vitalité considérable chez les insectes ; on peut joindre le suivant, tiré d'un rapport de M. Fitch sur les insectes de New-York (cité par *Nature* du 29 mai, p. 110) : « En 1786, un fils du général Israël Putnam, demeurant à Williamstown (Massachusetts), fit faire une table d'un de ses pommiers. Plusieurs années après, on entendit dans une des planches de celle-ci le bruit d'un rongement d'insecte, et ce bruit continua durant un an ou deux, quand au bout

de ce temps un gros coléoptère à longues antennes fit son apparition. Par la suite, on entendit encore le même bruit, et un autre insecte, puis un troisième, de la même espèce, se montrèrent, sortant du bois de la table, le premier insecte ayant effectué sa sortie vingt ans, et le dernier vingt-huit ans après l'abattage de l'arbre. » L'insecte dont il s'agit était le *Cerasphorus balteatus*, qui a depuis reçu le nom de *Chion cinctus*, un coléoptère longicorne.

— PLANÈTES ET COMÈTES. — Le 15 juillet, M. Charlois, astronome à l'Observatoire de Nice, a découvert une petite planète de 12ᵉ grandeur située dans la région voisine du Verseau et du Capricorne. Les coordonnées étaient $\mathcal{R} = 21^h 22^m 57^s$; $P = 103°39'32''$. Ses déplacements journaliers ont pour valeurs respectives — 7′ et + 5′.

Le 18 juillet, M. Coggia, astronome à l'Observatoire de Marseille, a découvert une comète assez brillante, avec légère condensation centrale, dans la constellation du Lynx. Les coordonnées pour ce jour, à $10^h 31^m$, temps moyen de Marseille, étaient

$$\mathcal{R} = 8^h 48^m 51^s ; \; P = 45°27',2.$$

Le 19, à $9^h 38$, temps moyen de Marseille, ces coordonnées avaient pour valeurs respectives : $\mathcal{R} = 8^h 55^m 58^s$; $P = 45°57',2.$

Le 23 juillet, M. Denning, astronome anglais, a trouvé une comète faible animée d'un mouvement rapide vers l'est, dans le voisinage de ζ petite Ourse. Ses coordonnées, à $13^h 0^m$, temps moyen de Greenwich, étaient $\mathcal{R} = 15^h 12^m$; $P = 12°0'.$

INVENTIONS

NOUVEAU RÉVÉLATEUR INALTÉRABLE. — Le *Photographic News* signale un nouveau révélateur découvert par le colonel Waterhouse, et nommé le *gaïacol* ou le *méthylcatéchol*.

C'est un liquide oléagineux, incolore, d'une odeur piquante, qui peut se préparer, comme son nom l'indique, par la distillation sèche de la racine de gaïac. Il est peu soluble dans l'eau, mais très soluble dans l'alcool, l'éther, l'acide acétique et les alcalis. Il donne, avec le carbonate de soude, une solution qui prend une teinte verdâtre.

M. Waterhouse n'a pas déterminé les meilleures proportions à prendre ; il fait usage de 20 à 30 gouttes de gaïacol dans 60 centimètres cubes d'une solution de carbonate de soude à 4 pour 100. Les résultats ont été sensiblement les mêmes ; seulement, plus la proportion était grande, plus l'action était rapide. Le cliché, d'un ton assez brun, à grain très fin, permet un tirage facile et donne de bonnes épreuves positives.

Ce nouveau révélateur possède un grand avantage sur ceux que nous connaissons : il se conserve indéfiniment sans s'altérer.

— MOYEN D'AVOIR UNE LUMIÈRE BLANCHE INACTINIQUE. — Les *Archives photographiques* renferment un article de M. E. Liesegang indiquant le moyen d'obtenir une lumière blanche inactinique.

Un mélange de 3 parties de chlorure de nickel (vert) et de 4 partie de chlorure de cobalt (rouge) est incolore par transparence et devient, à une certaine dilution, claire comme de l'eau. Comme la lumière qui traverse chaque liquide séparément est inactinique, elle doit l'être également après avoir traversé le mélange des deux solutions, si, comme telle, ne pas agir sur les sels d'argent.

Pour absorber les rayons ultra-violets, on recouvre, en outre, la cuvette renfermant cette solution de collodion mélangé à du sulfate de quinine, faiblement acidulé avec de l'acide sulfurique.

Un papier sensible, exposé pendant une semaine à cette lumière, n'a subi aucune altération.

— NOUVEAUX ÉLÉMENTS. — Dans l'une des dernières séances de la Société d'encouragement pour l'industrie nationale, M. Baron a fait une communication importante sur de nouveaux éléments électriques basés sur des combinaisons chimiques inusitées jusqu'à présent. Le charbon, les oxydes de plomb et de zinc en dissolution, et dans certains cas l'alun ammoniacal et l'acide tartrique, fournissent une grande puissance et une longue durée.

Dans ces éléments, le pôle charbon travaille, comme il est facile de le constater par les nombreux globules qui se renouvellent continuellement tout autour du charbon, tandis que, dans les autres piles, ce corps sert tout simplement de conducteur.

Le liquide excitateur de cette pile est très riche en corps métalliques, et si on le précipite, on est surpris de la grande quantité de matières qu'il renferme, surtout lorsqu'on tient compte de sa limpidité.

Quant à l'éclairage, l'auteur garantit avec de petits éléments renfermant un litre et demi de liquide excitateur deux mois au moins de lumière, à raison de cinq ou six heures par jour, en changeant l'eau salée des vases poreux tous les dix ou douze jours.

La préparation du liquide est simple et peu coûteuse. On met dans un vase en grès ou en fonte émaillée 20 kilogrammes de charbon de bois ou de charbon de cornue; on verse 100 litres d'eau filtrée, 20 litres d'acide sulfurique, et l'on ajoute 10 kilogrammes de zinc. Le liquide entrant immédiatement en ébullition, on y répand 5 kilogrammes de minium très pur, ou bien de la litharge en même quantité. On laisse bouillonner environ trois heures et l'on filtre; après refroidissement, on ajoute 20 litres d'acide nitrique à 40°.

Le composé donne des résultats excellents. Six petits éléments d'un litre et demi ont fait marcher pendant douze fois vingt-quatre heures (288 heures), *sans interruption*, sauf le temps de changer l'eau salée des vases poreux, une lampe de 8 volts. Cette eau salée se prépare en mettant 1^{k},5 de sel marin dans 100 litres d'eau filtrée.

Suivant la *Lumière électrique*, la quantité d'acide nitrique peut être diminuée et remplacée par de l'acide tartrique, de manière à rendre le liquide à peu près inodore. Dans ce cas, on ajoute 5 kilogrammes d'alun ammoniacal.

BIBLIOGRAPHIE
Sommaires des principaux recueils de mémoires originaux.

ARCHIVES ITALIENNES DE BIOLOGIE (t. XIII, fasc. 2, 1890). — *E. Antolisei* et *T. Gualdi* : Fièvre malarique. — *P. Canalis* : Étude sur l'infection malarique. — Sur la variété parasitaire des corps en croissant de Laveran et sur les fièvres palustres qui en dérivent. — *A. Celli* et *E. Marchiafava* : Sur les fièvres malariques qui prédominent à Rome pendant l'été et pendant l'automne. — *G. Chiarugi* : Le développement des nerfs vagues, accessoire, hypoglosse et premiers cervicaux chez les sauropsides et chez les mammifères. — *R. Feietti* et *B. Grassi* : Sur les parasites de la malaria. — Parasites malariques chez les oiseaux. — *L. Luciani* : Physiologie du jeûne. — *A. Maggiora* : Les lois de la fatigue étudiées dans les muscles de l'homme. — *B. Morpurgo* : Sur les rapports de la régénération cellulaire avec la paralysie vaso-motrice. — *I. Novi* : Le fer dans la bile. — *A. Stefani* : Contribution à la physiologie des fibres commissurales. — *A. Tafani* : Nécrologie.

— ANNALES DES SCIENCES NATURELLES (t. IX, n°s 2-3, 1890). — *A. l'esp*sières : Monographie zoologique et anatomique du genre *Prosopistoma*. — *Félix Bernard* : Recherches sur les organes palféaux des gastéropodes prosobranches.

— JOURNAL DE PHARMACIE ET DE CHIMIE (t. XXI, n° 11, 1er Juin 1890). — *A. Audouard* : Falsification du poivre par le galanga. — *G. Petein* : De l'emploi du salol comme antiseptique externe. — *P. Carles* : Colorant artificiel originaire du raisin.

— AMERICAN JOURNAL OF MATHEMATICS (t. XII, n° 4, 1890). — *F. Franklin* : On confocal bicircular Quartics. — *Henry Taber* : On the Theory of Matrices.

— L'ASTRONOMIE (t. IX, n° 6, juin 1890). — *C. Flammarion* : Le monde de Jupiter. — *Daubrée* : La géologie et la planète Mars. — *Joseph Jaubert* : Le baromètre à eau de la tour Saint-Jacques. — *Ch. Dufour* : L'analyse spectrale et les distances des étoiles. — *Bouquet de La Grye* : Le zéro fondamental et le niveau de la mer. — *C.-M. Gaudibert* : Le cratère lunaire Hévélius. — Petites planètes. — Le nouvel Observatoire d'Athènes. — Vitesse du vent. — Une marée imprévue. — *E. Vimart* : Observations astronomiques. — *J. Guillaume* : Les cratères lunaires Messier. — *Perrotin* : Étoile variable près de Hercule. — *Gaudibert* : Les comètes qui se brisent. — Nouveau cratère dans Copernic. — La lumière de Sirius. — L'étoile multiple σ d'Orion. — *Perrotin* : Halos solaires remarquables. — Uranus.

L'administrateur-gérant : HENRY FERRARI.

MAY & MOTTEROZ, Lib.-Imp. réunies, Ét. D, 7, rue Saint-Benoît. [15071]

Bulletin météorologique du 21 au 27 juillet 1890.
(D'après le *Bulletin international du Bureau central météorologique de France*.)

DATES.	BAROMÈTRE à 1 heure du soir.	TEMPÉRATURE			VENT. FORCE de 0 à 9.	PLUIE. (Millimètre.)	ÉTAT DU CIEL à 1 heure du soir.	TEMPÉRATURES EXTRÊMES EN EUROPE	
		MOYENNE	MINIMA.	MAXIMA.				MINIMA.	MAXIMA.
☾ 21	762mm,19	16°,0	7°,5	21°,2	N. 2	0,0	Très terne; cumulus N. 15 à 18° W.	—5°,6 au Pic du Midi; 1°,4 au mont Ventoux.	29° Biskra; 35° Tunis, Laghouat; 33° à Brindisi.
♂ 22	762mm,21	16°,1	10°,4	22°,4	W. 2	0,2	Cumulo-stratus W.—W.-S.-W.	—1° au Pic du Midi; 2° au mont Ventoux.	41° à Biskra; 37° Laghouat; 33° à Palerme et Brindisi.
☿ 23	763mm,66	17°,8	14°,4	21°,4	W. 2	0,0	Cumulus W. 40° N.; éclaircie au zénith.	9°,6 au Pic du Midi; 5° au mont Ventoux.	32° à Laghouat; 29° Biskra; 34° cap Béarn; 33° Brindisi.
♃ 24	759mm,52	16°,8	13°,5	21°,4	W.-N.-W.3	0,0	Cumulus inférieurs W.-N.-W.	6°,5 au Pic du Midi; 7° au Puy de Dôme et Bodo.	38° à Laghouat; 36° Aumale; 34° cap Béarn; 33° Brindisi.
☉ 25 P.Q.	760mm,64	16,0	12°,8	20°,2	W.-N.-W.3	0,0	Cirrus et alto-cum. W., quelques-uns au N.	4° au Pic du Midi; 6° Hernosand, Puy de Dôme.	41° Laghouat; 35° cap Béarn; 34° à Brindisi et Madrid.
♄ 26	761mm,83	16°,1	9 ,8	22°,4	N.-N.-E. 1	0,0	Cirro-cumulus N.-W. environ.	2° au Pic du Midi; 6° mont Ventoux, Charleville, Bodo.	40° Laghouat; 36° Madrid; cap Béarn, Biskra, Lisbonne.
☉ 27	759mm,06	19 ,3	13°,5	23°,5	S.-W. 1	0,0	Cumulus W.-S.-W.	5° au Pic du Midi; 6° à Haparanda et Cracovie.	39° à Laghouat; 37° Biskra; 35° Madrid; 34° cap Béarn.
MOYENNE.	761mm,36	16°,73	11°,56	22°,21	TOTAL. .	0,2			

REMARQUES. — La température moyenne est inférieure à la normale corrigée 17°,6. Quelques pluies peu abondantes sont tombées en différentes régions.

CHRONIQUE ASTRONOMIQUE. — Mercure suit maintenant le Soleil; il se couchera le 3 août à 8h 41m 37s après l'astre du jour. Vénus, qui reste l'*Étoile du soir*, se couchera à 9h 4m. Mars, à 11h 47m dans le Scorpion. Jupiter, qui est maintenant l'astre le plus brillant de la nuit, passera au méridien à 11h 47m, restant au-dessus de l'horizon de Paris pendant la plus grande partie de la nuit. Saturne se couchera vers 8h 34m, effectuant sa révolution un peu après le Soleil. La Lune, pleine le 31, sera à son premier quartier le 7. Jupiter, en opposition avec le Soleil, le 30, sera en conjonction avec la Lune le 31.

J. B.

REVUE
SCIENTIFIQUE
(REVUE ROSE)

Directeur : M. Charles Richet

| NUMÉRO 6 | TOME XLVI | 9 AOUT 1890 |

CONGRÈS SCIENTIFIQUES

ASSOCIATION FRANÇAISE POUR L'AVANCEMENT DES SCIENCES
SESSION DE LIMOGES (1890)

M. A. CORNU
Président.

Le rôle de la physique
dans les récents progrès des sciences.

Mesdames, messieurs,

L'Association française, en se rendant à l'invitation que les villes de France lui font, chaque année, l'honneur de lui adresser, a elle-même à s'acquitter d'un double devoir : le premier, que lui imposent ses statuts, « de favoriser la diffusion des sciences » en provoquant dans nos Congrès de savantes recherches et d'utiles discussions; le second, que lui commande sa devise : *Par la science, pour la patrie,* de travailler dans chaque région de la France à accroître les forces intellectuelles du pays, à exciter une émulation patriotique par les encouragements du présent, par les souvenirs du passé et le culte de nos gloires nationales.

La ville de Limoges, qui nous accueille aujourd'hui avec tant de cordialité, nous rend particulièrement facile l'accomplissement de ce double devoir. Nous trouvons, en effet, soit dans ses murs, soit dans les villes de la région limousine, de savantes sociétés prêtes à seconder nos efforts. Je ne saurais ici les remercier toutes; mais qu'il me soit au moins permis de saluer, en arri-

vant, au nom de l'Association française, la Société d'agriculture, sciences et arts de la Haute-Vienne, organisée par Turgot; la Société Gay-Lussac, la Société archéologique, la Société scientifique et historique de Brive, celle des lettres, sciences et arts de Tulle, des sciences naturelles et historiques de Guéret; de tous côtés, l'empressement à se joindre à nous assure à notre Congrès les résultats les plus fructueux.

Nous n'oublions pas, parmi les corps scientifiques de votre cité, l'École de médecine et de pharmacie, qui rend des services considérables, mais qui mériterait d'être élevée au rang auquel elle a droit dans la patrie de Dupuytren et de Cruveilhier.

Nous irons admirer vos productions industrielles et artistiques, connues depuis des siècles et appréciées du monde entier, dans les belles fabriques où elles se créent; visiter le Musée national et l'École nationale des arts décoratifs, fondés par la généreuse initiative d'Adrien Dubouché. Nous espérons que le passage de l'Association attirera l'attention des pouvoirs publics sur les vœux et les sacrifices déjà consentis par la ville pour la reconstruction d'un musée réunissant vos précieuses collections artistiques et scientifiques, et l'organisation d'un haut enseignement professionnel nécessaire pour maintenir et perfectionner les traditions de l'art.

En ce qui concerne le souvenir des gloires nationales excitant l'émulation qui mène aux grandes choses, vous n'avez rien à envier à personne; aux plus belles pages de notre histoire, le pays limousin peut lire avec orgueil les noms de ses enfants : d'Aguesseau, Jourdan, Gay-Lussac. L'hommage que vous allez rendre dans quelques jours à Gay-Lussac montre quel prix vous at-

6 S.

tachez a la mémoire de votre illustre compatriote. L'Association française vous remercie d'avoir attendu sa présence pour inaugurer la statue de ce grand homme, citoyen dévoué à son pays, physicien habile, chimiste éminent. Des voix autorisées vous rappelleront bientôt ses nombreux et utiles travaux ; il ne m'appartient donc pas de vous en entretenir. Mais, par une coïncidence heureuse, la tradition ordonne à votre président d'ouvrir le Congrès en traitant quelque sujet relatif aux sciences physiques, objet de ses propres études : dans l'esquisse rapide des progrès récents de ces sciences, que je vais avoir l'honneur de vous tracer, le nom de Gay-Lussac reviendra plusieurs fois ; ne vous en étonnez pas, il reviendrait plus souvent encore s'il m'était permis de sortir de la réserve que m'imposent les circonstances.

La physique a le privilège d'être la conseillère habituelle de presque toutes les sciences qui procèdent de l'expérience ou de l'observation ; autrefois elle les renfermait toutes, car elle embrassait tous les phénomènes de la nature extérieurs à nous ; on l'appelait *Philosophie naturelle* (nom que les Anglais lui donnent encore), par opposition à la philosophie proprement dite qui étudie les phénomènes intérieurs à notre être ; elle a été subdivisée en branches spéciales permettant de classer les phénomènes d'après l'organe qui les révèle. Ainsi l'optique, née des impressions de la vue, comprenait à l'origine aussi bien l'étude des rayons lumineux que la perspective, la micrographie et l'astronomie. L'acoustique s'étend encore aujourd'hui depuis l'étude des corps sonores ou élastiques jusqu'aux lois géométriques des impressions musicales. L'organe du toucher, qui nous a révélé deux notions capitales, celle de la température et celle de la force, a été l'origine de deux chapitres importants, la chaleur, qui renferme toutes les modifications calorifiques que subit la matière, et la mécanique, qui coordonne les lois des forces et du mouvement. La découverte successive d'un grand nombre de forces particulières, en dehors de la pesanteur et de l'attraction universelle, a conduit à des branches nouvelles telles que le magnétisme et l'électricité. Enfin, l'étude des propriétés organoleptiques des corps a fait naître la minéralogie, la géologie, la métallurgie, la chimie, etc.

Aujourd'hui, la physique a beaucoup perdu, en apparence du moins, de son étendue ; bien des rameaux de la tige mère se sont détachés pour vivre d'une vie propre : ainsi l'astronomie, la mécanique, la minéralogie, la chimie sont devenues des sciences distinctes ; mais les liens qui les rattachent à la commune origine sont si vivaces, les affinités cachées si puissantes, que l'histoire du progrès de ces sciences est l'histoire même de leurs emprunts et de leurs échanges mutuels.

Dans ces échanges et ces emprunts, c'est presque

toujours la science mère, la physique générale, qui a été mise à contribution lorsqu'il s'est agi d'approfondir des faits nouveaux ; c'est elle qui, le plus souvent, a suggéré les méthodes, fourni les appareils, en un mot apporté les puissants moyens d'action dont elle dispose et qu'elle perfectionne sans relâche.

L'examen rapide du développement de deux de ces sciences détachées de la philosophie naturelle mettra en lumière ce rôle particulier que joue la physique dans le progrès des sciences modernes.

Considérons d'abord la chimie. En germe durant des siècles, dans les procédés utilitaires des métallurgistes ou les aspirations chimériques des alchimistes, elle devient science de premier ordre avec Richter, Wenzel, Dalton et Lavoisier. Cette transformation soudaine, elle la doit à l'introduction de la balance qui substitue à des hypothèses vagues sur la constitution des corps le contrôle incessant d'un instrument de précision ; la conservation ou indestructibilité de la matière dans les réactions chimiques est proclamée par Lavoisier, et désormais la balance sera l'attribut de la chimie, le juge en dernier ressort de toute discussion théorique.

En échange de cet appareil qu'elle a fait sien, la chimie apporte la notion des proportions multiples et celle des équivalents ; en retour, la physique complète par deux lois nouvelles l'œuvre commencée : la première est la loi de Dulong et Petit, qui détermine avec le calorimètre la chaleur atomique des corps simples. La seconde est la loi de Gay-Lussac, qui ajoute à cette définition en poids de l'atome une définition en volume plus simple encore. Cette loi, généralisée plus tard par Avogrado et Ampère, donne le moyen de déterminer par un nouveau coefficient, purement physique, *la densité gazeuse*, le nombre d'atomes constituant la molécule de chaque composé volatilisable ; et c'est toujours le baromètre à chambre de vapeur, imaginé par Gay-Lussac, que les chimistes emploient aujourd'hui.

Voilà donc encore deux nouveaux appareils de physique, le calorimètre et le baromètre, introduits en chimie. M'arrêterai-je à vous rappeler ce que le thermomètre fournit de lois utiles pour les séries organiques ? Ce qu'il a donné récemment à M. Raoult pour déterminer les poids moléculaires par la congélation des dissolvants ? Ce que le calorimètre fournit tous les jours à MM. Thomsen, Berthelot, Sarrau, Vieille, et tant d'autres habiles observateurs, pour édifier la thermo-chimie, cette nouvelle mécanique de l'affinité des atomes appelée à grandir comme la mécanique qui régit les attractions des corps célestes ?

J'ai hâte d'arriver à la plus merveilleuse découverte physico-chimique, type de la fécondité de ces échanges entre deux sciences voisines : je veux parler de l'analyse spectrale, fruit des efforts associés d'un chimiste éminent, Bunsen, et d'un profond physicien, Kirchhoff.

Grâce à leurs travaux, une ère nouvelle s'est ouverte pour l'analyse chimique; elle date du jour où ces deux savants ont introduit le spectroscope dans le laboratoire de chimie.

Cet appareil, l'un des plus précieux de l'optique, a été constitué peu à peu par les efforts des physiciens; il se compose, en effet, du prisme de Newton, de la lunette de Fraunhofer et du collimateur de Babinet; il permet de signaler dans un gaz incandescent la présence des éléments chimiques qui s'y trouvent, même en quantité impondérable, par les raies brillantes sillonnant le spectre de la lumière émise; l'éclat et la position de ces raies sur l'échelle des couleurs prismatiques diffèrent pour chaque élément et par suite le caractérisent. Cette méthode, mille fois plus sensible que les réactions ordinaires de la chimie, vous est trop connue pour que j'en décrive longuement la prodigieuse délicatesse et la fécondité; il suffira de vous rappeler que Bunsen et Kirchhoff affirmèrent la puissance de leur méthode, en découvrant deux nouveaux métaux, le rubidium et le cæsium; depuis, l'analyse spectrale en a fait découvrir bien d'autres et toujours dans des matières où ils existaient en quantité si faible que jamais les procédés anciens n'auraient permis de les y *soupçonner*. L'admiration pour ce mode d'analyse augmente encore lorsqu'on songe qu'il suffit d'observer un seul instant, dans le spectre de la flamme d'essai, l'apparition d'une raie inconnue, pour établir avec certitude l'existence d'un nouvel élément.

En résumé, chaque fois que la chimie a emprunté à la physique quelque appareil nouveau, elle est entrée dans une phase nouvelle; elle a étendu et précisé ses conceptions et augmenté dans une proportion considérable la puissance de ses méthodes.

Presque toutes les sciences dérivant de la philosophie naturelle sont dans le même cas. Comme autre exemple, je choisirai l'astronomie, dont le témoignage est encore plus frappant; à chaque progrès de l'optique correspond en astronomie un élan nouveau, comme un regain d'énergie et de vitalité.

Jusqu'au xviiᵉ siècle, les astronomes n'avaient aucun moyen d'accroître la pénétration de leur vue; toute l'astronomie se réduisait à l'étude du mouvement des astres principaux par rapport aux étoiles. Malgré la simplicité des moyens d'observation, les noms d'Hipparque, Ptolémée, Copernic, Tycho-Brahé et Képler disent assez à quelle hauteur l'astronomie s'éleva dans la connaissance du monde céleste.

Si par la patience et l'accumulation séculaire de leurs observations, les anciens astronomes parvinrent à démêler les lois des révolutions des astres, ils ne purent rien connaître de leur constitution individuelle.

Le soleil, au disque éblouissant, refusait orgueilleusement de laisser deviner sa structure; la lune, avec sa figure morose, ne paraissait pas mieux disposée à livrer ses secrets. Quant aux autres astres, malgré les noms

pompeux qui les identifiaient aux dieux de l'Olympe, ils n'étaient guère que de simples points et ne devaient leur auréole qu'aux aberrations des yeux de l'observateur. Avec les verres réfringents de Galilée et le miroir de Newton, c'est-à-dire la lunette et le télescope, l'astronomie se transforme; ces nouveaux instruments, dirigés sur les astres, y font apercevoir des merveilles inattendues.

L'orgueilleux soleil est dompté; il livre ses taches et ses facules. La lune laisse voir, sous son masque pâle, les riches dentelures de son relief, ses plaines, ses montagnes et ses cratères. Vénus dévoile ses formes changeantes; Jupiter, son disque et ses satellites; Saturne, son globe découpé par l'ombre de son large anneau.

Et, plus tard, avec les gigantesques miroirs qu'Herschel travaillait de ses mains, voilà qu'apparaissent d'autres mondes peuplant l'espace infini, où chaque étoile est un soleil comme le nôtre, dirigeant son cortège de planètes.

Que de problèmes à résoudre! que de mystères à percer! que d'horizons inattendus ouverts à l'imagination humaine!

Telle fut la révolution que produisit en astronomie l'emploi des premiers appareils d'optique.

L'introduction du spectroscope, si féconde en chimie, a encore étendu la puissance de pénétration de l'œil humain dans les détails de la structure des astres, je dirai plus, dans les secrets de la constitution de l'univers.

Avec l'analyse spectrale, l'astronome découvre la composition chimique des astres malgré l'immense distance qui les sépare de nous. Pour cela que faut-il? un simple rayon de lumière qu'on analyse avec le prisme. L'analyse des rayons solaires montre que le soleil contient, vaporisés à sa surface, le sodium, le fer, le magnésium, le calcium, l'hydrogène, c'est-à-dire les éléments mêmes de l'écorce terrestre; il contient aussi le nickel, partie essentielle des météorites, ces astéroïdes nomades qui remplissent l'espace interplanétaire : le soleil et les corps qui gravitent autour de lui sont donc formés des mêmes éléments.

La lumière des autres astres concentrée au foyer des grands télescopes est assez intense pour subir l'analyse; chaque astre peut ainsi être interrogé sur sa nature, d'après son spectre lumineux. La lune et les planètes répondent que leur lumière vient du soleil; les étoiles, qu'elles brillent d'un éclat propre comme notre soleil et qu'elles renferment comme lui les éléments terrestres les plus répandus : résultat immense, puisqu'il étend l'unité de composition chimique à l'univers tout entier!

Le spectroscope a permis à l'astronome de pénétrer encore plus avant dans la connaissance du monde stellaire; après avoir révélé la substance, il dévoile le mouvement. Les étoiles sont si éloignées qu'à peine on peut saisir, pour quelques-unes d'entre elles, un petit déplacement sur la voûte céleste ; encore faut-il attendre des années et observer avec les meilleurs télescopes. Quant à savoir si elles s'éloignent ou s'approchent de nous, il n'y faut pas songer ; car avec les lunettes les plus puissantes, les étoiles apparaissent comme des points sans diamètre appréciable ; on ne peut donc pas, comme pour le soleil, la lune et les planètes, conclure la variation de leur distance de la variation de leur diamètre apparent.

Eh bien, ce mouvement dans le sens du rayon visuel, insaisissable avec les lunettes, le spectroscope le décèle et le mesure à chaque instant avec une précision d'autant plus surprenante qu'elle est indépendante de la distance de l'astre. Voici le principe de la méthode : les ondes lumineuses, comme les ondes sonores, varient de grandeur avec la vitesse relative de la source qui les produit : ainsi le sifflet d'une locomotive donne un son plus aigu lorsqu'elle s'approche de nous, un son plus grave lorsqu'elle s'en éloigne ; c'est ce que nous pouvons constater chaque fois qu'un train croise à toute vitesse celui dans lequel nous nous trouvons.

Avec les sources lumineuses, le phénomène est analogue ; seulement l'échelle des sons du grave à l'aigu est remplacée par la gamme des couleurs prismatiques du rouge au violet ; dès lors, une étoile qui s'éloigne doit paraître plus rouge ; une étoile qui s'approche plus violette, que si elle était au repos.

Tel est le principe ingénieux conçu par Döppler ; malheureusement, sous cette forme, il est inapplicable à l'astronomie ; car il faudrait connaître, comme repère, la couleur propre de l'étoile au repos et ensuite pouvoir en apprécier les variations.

Des méditations de l'un de nos plus illustres physiciens, l'idée de Döppler, restée longtemps stérile, est sortie fécondée. M. Fizeau a montré, en effet, qu'en abandonnant la considération de couleur, qui ne conduit à rien de correct, pour y substituer celle des raies spectrales, on réalise les deux conditions nécessaires à l'application de la méthode ; on obtient un repère, on mesure une variation. Le repère, c'est une raie spectrale commune à l'étoile et à un élément terrestre ; la variation, c'est le déplacement de cette raie. Si, en 1849, lorsque M. Fizeau fit connaître cette méthode, on pouvait douter de l'existence de pareils repères, aujourd'hui le doute n'est plus permis ; l'analyse spectrale, en établissant l'unité de constitution chimique des corps célestes, a montré que les raies communes au spectre des étoiles et à celui de nos éléments sont nombreuses et reconnaissables. Ces raies occupent-elles rigoureusement la même place que dans les spectres de nos laboratoires? c'est que l'étoile reste à une distance fixe de nous. Ces raies sont-elles toutes déviées vers le rouge? l'astre s'éloigne ; vers le violet? il s'approche. Le déplacement de la raie se mesure au micromètre, et un calcul simple donne la vitesse avec laquelle l'astre, quelle que soit sa distance, s'approche ou s'éloigne de nous.

Grâce à cette méthode entrée déjà dans la pratique des observatoires, on connaîtra bientôt la vitesse relative de chaque étoile suivant le rayon visuel. Les résultats qu'on attend de ces mesures sont d'une importance extrême ; je vais vous en donner une idée. Depuis Herschel, on soupçonne que le système solaire se transporte tout d'une pièce dans l'espace vers la constellation d'Hercule ; on aura la confirmation de ce mouvement et, de plus, la grandeur et la direction de sa vitesse.

Avant de quitter ce sujet de spectroscopie stellaire, je veux vous rapporter une observation bien curieuse destinée à montrer comment les efforts réunis de sciences voisines peuvent amener un résultat inattendu.

Vous avez vu qu'il fallait, pour appliquer le principe Döppler-Fizeau, trouver dans le spectre lumineux de l'astre les raies d'un élément terrestre. Or, cet élément commun est le plus souvent l'hydrogène, le corps simple par excellence, la substance élémentaire de ceux qui souhaitent l'unité de la matière.

C'est assez dire quel intérêt ont les chimistes à obtenir ce corps à l'état de pureté. Parmi tous les moyens connus pour mettre les impuretés en évidence, le plus simple et le plus sensible est l'analyse spectrale ; une décharge électrique illumine aisément l'hydrogène raréfié et donne un spectre à raies brillantes ; les substances étrangères ajoutent d'autres raies, faibles, il est vrai, mais en quantité innombrable qu'on ne peut jamais effacer complètement. La question du spectre véritable est donc devenue très délicate ; on serait cependant en droit de penser que c'est un chimiste qui a le premier décrit le spectre de l'hydrogène pur.

Eh bien, non! c'est un astronome, M. Huggins : il l'a observé, non pas dans une réaction chimique, mais dans la lumière des étoiles blanches, comme Wéga, Sirius, l'Épi de la Vierge, etc., en s'aidant de la photographie pour étendre l'échelle des radiations jusqu'à l'ultra-violet. La vérification a été faite depuis, et l'on sait maintenant reproduire le spectre des étoiles blanches avec de l'hydrogène convenablement purifié.

Ainsi, c'est par l'intermédiaire d'astres qui sont à des milliards et des milliards de kilomètres de nous que le véritable spectre de l'hydrogène a été reconnu pour la première fois dans toute son étendue : le caractère le plus précis que possèdent les chimistes pour définir l'hydrogène pur a donc été déterminé par un astronome avec un appareil de physique.

Cette manière piquante de vous présenter un épisode de la lutte incessante pour la conquête de la vérité n'a pas pour but, vous le pensez bien, de désobliger les chimistes au profit des astronomes ou des physiciens ; elle est destinée simplement à bien mettre en lumière la puissance que donne l'union des méthodes et la connaissance approfondie des moyens d'action des sciences voisines.

C'est grâce à ces emprunts et ces échanges mutuels qu'ont été obtenus ces progrès immenses et rapides dont je viens de vous entretenir, que les horizons de l'intelligence humaine se sont agrandis.

Aujourd'hui, il faut l'avouer, la mode est plutôt de rétrécir son horizon, de se spécialiser, comme on dit, de se confiner dans un cercle étroit où l'on puisse devenir rapidement une autorité; l'intérêt particulier y trouve peut-être son compte, mais la science générale y perd certainement.

Voyez, au contraire, ces branches de la science où se donnent en quelque sorte rendez-vous les températures les plus divers : quelle marche rapide et assurée!

En physique, qui est toujours restée le centre de la philosophie naturelle, les exemples ne sont pas rares; je citerai seulement l'histoire de l'électricité : vous verrez quelles impulsions cette branche a reçues du dehors et de tous les côtés; naturalistes, médecins, chimistes, géomètres mêmes, tous ont concouru et concourent encore à la développer. C'est que l'électricité se manifeste sous tant de formes diverses que les observateurs se trouvent à chaque instant aux prises avec elle, soit pour en suivre, soit pour en diriger les effets.

Aucune science n'a eu des débuts plus humbles, plus éloignés du rôle qu'elle joue aujourd'hui et qu'elle jouera désormais dans l'histoire de l'humanité; aucune, dans ses progrès, n'a procédé par bonds plus surprenants et ne s'est répandue dans le monde entier par une diffusion plus rapide.

La première expérience électrique remonte à six cents ans avant notre ère : ce fut l'attraction des corps légers par l'ambre frotté. Ce phénomène singulier, connu des philosophes grecs et resté dans l'oubli pendant plus de vingt siècles, excite subitement l'attention de tous les curieux de la nature, qui distinguent peu à peu les deux sortes d'électricité, les isolants et les conducteurs. Cette force mystérieuse les attire, elle laisse entrevoir qu'elle recèle une puissance terrible; car à peine a-t-on aperçu l'étincelle grêle du bâton de résine frotté dans l'obscurité, et entendu le crépitement minuscule qui l'accompagne, que déjà on les compare au zigzag de l'éclair et au bruit de la foudre. La médecine l'utilise, tout le monde veut le voir de près; l'électricité devient à la mode et pénètre au milieu du xviiie siècle jusque dans les salons. Les gravures du temps nous montrent d'élégants abbés occupés à répéter les expériences nouvelles devant de belles dames en grande toilette, qui semblent prendre un plaisir extrême à exciter les étincelles.

Les expériences d'électricité n'étaient pas toujours aussi plaisantes : Richmann, à Saint-Pétersbourg, soutirant par une longue pointe de fer, dans son labora-

toire, l'électricité des nuages, fut foudroyé. Mais de tous ces travaux sortirent des résultats considérables : d'abord une découverte de premier ordre, l'identification de l'électricité de nos machines avec celle des nuées orageuses; ensuite un engin puissant de défense contre la foudre, le plus redoutable des météores; j'ai nommé le paratonnerre, dû à l'illustre Franklin.

Après de si belles conquêtes pour la science et l'humanité, on aurait pu croire que l'ère la plus brillante de l'histoire de l'électricité était close : elle ne faisait que commencer. Une source toute nouvelle de forces électriques, source encore plus faible, encore plus cachée que celle des philosophes grecs, apparaissait tout à coup dans le laboratoire d'un physiologiste italien; tout le monde connaît les convulsions de la grenouille de Galvani au contact d'un arc bimétallique. Volta démêle dans cette expérience si complexe le siège d'un développement d'électricité au contact des corps hétérogènes; il découvre la loi qui permet d'en multiplier l'énergie et, en 1794, il résume tous ses travaux dans un monument impérissable, la pile électrique.

Toutes les sciences s'en emparent; la chimie est la première à en bénéficier. Carlisle et Nicholson décomposent l'eau; Davy, avec la grande pile de la Société royale de Londres, décompose les alcalis et les terres réputés simples jusque-là et en extrait des métaux; l'enthousiasme est universel. Le premier consul fait construire pour l'École polytechnique une pile rivale de celle de Londres, et fournit à Gay-Lussac et Thénard, qui en disposent, l'occasion des plus beaux travaux. Enfin Davy exécute une expérience destinée à éclipser plus tard toutes les merveilles accomplies par l'invention de Volta : réunissant par des pointes de charbon les deux pôles de sa pile colossale, il en fit jaillir une lumière éblouissante et continue; il venait de découvrir la lampe électrique à arc, source lumineuse incomparable dont l'éclat intrinsèque atteint presque celui du soleil. L'expérience est devenue vulgaire, puisque aujourd'hui dans le monde entier les villes, grandes et petites, emploient des milliers de ces lampes à éclairer leurs rues ou leurs monuments.

Après un temps d'arrêt de quelques années s'ouvre une période, modeste aussi dans ses débuts, mais qui conduira à des résultats théoriques et pratiques dépassant les prévisions les plus hardies. En 1820, Ærstedt découvre un fait inattendu : le fil conjonctif des pôles d'une pile, siège de ce qu'on nomme le courant, exerce sur l'aiguille aimantée une action d'allure bizarre. Ampère, de ce profond géomètre, en démêle la symétrie, et, devenant lui-même expérimentateur, il découvre en quelques semaines l'action mutuelle des courants électriques, la loi mathématique qui les régit et, finalement, la production du magnétisme par l'action seule du courant voltaïque. Ce n'était rien moins que l'identification de deux agents, le magnétisme et l'électricité, que l'on croyait jusque-là d'une nature essentiellèment distincte : résultat admirable, pas décisif vers la démonstration de l'unité des forces physiques.

Cette nouvelle période se résume, comme les précédentes, dans un appareil caractéristique, l'électro-aimant d'Ampère et Arago. Tout le monde le connaît aujourd'hui : c'est un simple fil métallique, enroulé en hélice, qui prend deux pôles magnétiques quand le courant y circule, et devient un aimant puissant lorsqu'il enveloppe une tige de fer doux.

La découverte de l'électro-aimant est un événement considérable, je ne dirai pas seulement dans l'histoire de la science, mais dans celle de l'humanité ; il faut remonter à l'invention de la vapeur ou de l'imprimerie pour retrouver un agent d'expansion aussi actif de la puissance matérielle et intellectuelle de l'homme.

L'électro-aimant s'est introduit partout, dans le laboratoire, dans l'atelier, comme au foyer domestique ; il fait désormais partie de l'organisme social. Dans le télégraphe, c'est lui qui porte la pensée d'un bout du monde à l'autre, avec la rapidité de l'éclair ; dans le téléphone, la parole elle-même ; dans ces puissantes machines dérivant des mémorables découvertes de Faraday, c'est encore lui qui transforme l'énergie en électricité, l'électricité en énergie, qui produit la lumière, qui transmet la force. N'avais-je pas raison de vous affirmer par avance que l'électricité avait conquis un rôle social qu'il était impossible de prévoir, je ne dis pas au temps de Thalès de Milet ou de Franklin, mais même de Galvani et de Volta?

Que nous réserve encore l'électricité? Nul ne peut le prévoir; on attend beaucoup d'elle et de tous les côtés. L'art de l'ingénieur la presse de fournir la transformation et la distribution universelles de l'énergie ; la médecine et la chirurgie l'appellent à leur aide pour les diagnostics ou les traitements; la physiologie lui demande le secret de la transmission nerveuse, si analogue au courant électrique.

Du côté de la théorie pure, de grands résultats s'annoncent : les géomètres continuateurs d'Ampère, Poisson, Fourier, Ohm, Gauss, Helmholtz, Thomson, Maxwell, qui ont tant aidé à rattacher l'électricité aux lois de la mécanique, préparent une synthèse grandiose qui fera époque dans l'histoire de la philosophie naturelle ; ils sont bien près de démontrer que les phénomènes électro-magnétiques et les phénomènes optiques obéissent aux mêmes lois élémentaires; que ce sont deux manifestations du mouvement d'un même milieu, l'éther; ainsi les problèmes de l'optique peuvent se résoudre avec les équations de l'électro-magnétisme. Au point de vue expérimental, on a déjà des résultats pleins de promesses; la vitesse de la lumière, fixée par les méthodes optiques, se détermine aussi par des mesures purement électriques; on a même pu croire récemment, après les retentissantes expériences de M. Hertz, que l'identification expérimentale des décharges électriques et des ondulations lumineuses était un fait accompli.

S'il reste encore des preuves décisives à apporter, on peut dire que, dans l'esprit des physiciens, le lien intime entre l'électricité et la lumière est bien près d'être rigoureusement défini.

Mais je m'arrête : dans le rapide tableau que j'ai mis sous vos yeux, j'ai essayé de vous donner une idée du rôle que joue la physique moderne dans le développement des sciences qui relèvent de l'expérience ou de l'observation. Si incomplet que soit ce tableau (car j'ai omis, pour ne pas fatiguer votre bienveillante attention, des questions capitales), vous avez pu voir que la physique a conservé à un haut degré le caractère d'une science générale, tant par la variété des objets qu'elle embrasse que par les relations intimes qu'elle a conservées avec les sciences faisant autrefois partie de son domaine. Vous avez remarqué, d'un côté, combien elle a donné à des sciences, comme la chimie ou l'astronomie physique, de l'autre combien elle a reçu du dehors pour le développement de certaines branches comme l'électricité; elle est donc apte aussi bien à fournir des méthodes délicates ou un outillage de précision qu'à profiter des suggestions venues des sciences voisines; par suite elle se prête merveilleusement aux échanges avec toutes les branches de la philosophie naturelle. Grâce à son étendue, qui va des confins de l'histoire naturelle aux spéculations les plus abstraites de l'analyse mathématique, elle peut donner à chaque science faisant appel à ses méthodes ou à ses appareils le degré, je dirais volontiers la dose de précision qui lui convient.

La physique offre encore un caractère remarquable : c'est l'esprit général qui la domine et dirige la marche de ses progrès. Tandis que certaines sciences se subdivisent à l'infini, en physique, au contraire, les phénomènes tendent à se grouper ; le nombre des agents distincts diminue de plus en plus; la chaleur est devenue un mode de mouvement ou mieux une forme particulière de l'énergie ; le magnétisme a disparu, se confondant avec l'électricité ; l'électricité elle-même laisse entrevoir ses affinités avec les ondulations lumineuses, lesquelles sont liées depuis longtemps aux ondulations sonores. Ainsi, à mesure que les diverses branches se perfectionnent, les distinctions s'effacent et les théories tendent à s'unifier de plus en plus suivant les lois de la mécanique rationnelle.

Et cela ne doit point nous surprendre : la Science doit être une et simple ; les limites que les philosophes ont tracées entre les diverses branches du savoir humain sont artificielles ; elles marquent seulement l'ignorance où nous sommes des liens cachés qui unissent les vérités que nos devanciers nous ont transmises. Mais les efforts des générations successives n'ont pas été vains, et nous entrevoyons déjà le jour où ces limites, désormais inutiles, s'effaceront d'elles-mêmes et où toutes les branches de la philosophie naturelle viendront se rejoindre dans une harmonieuse unité.

A. Cornu,
de l'Institut.

Discours du maire de Limoges.

Mesdames, messieurs,

Lorsque, en 1888, l'Association française pour l'avancement des sciences décida de tenir son 19e Congrès à Limoges, elle répondit à des désirs souvent exprimés; elle combla des vœux plusieurs fois émis.

Pénétrés des conséquences heureuses que pouvait avoir pour notre contrée la venue de votre Compagnie, nous nous réjouîmes de la décision ainsi prise, et nous nous préparâmes à vous assurer une réception digne à la fois de vous et de nous.

Parmi les heureux de la première heure et des plus empressés, figurait certainement mon honorable prédécesseur.

Membre des plus dévoués de votre Association, M. Tarrade vous connaissait et savait apprécier les bienfaits par vous chaque jour rendus à la cause grandiose dont vous vous êtes faits les vaillants serviteurs.

Un événement cruel, événement que vous me pardonnerez de rappeler en ces lieux, en l'enlevant à notre affection, l'a privé du bonheur de vous adresser les souhaits de bienvenue.

C'est à moi qu'incombe aujourd'hui la délicate mission de vous faire les honneurs de notre ville, et de vous exprimer les sentiments de grande sympathie et de profond respect qui nous animent.

Vous l'avouerai-je cependant? les compliments que je vous adresse ne sont pas exempts d'une certaine appréhension.

Je parcourais, il y a quelques jours, les comptes rendus de vos sessions précédentes, et j'admirais les fêtes somptueuses que Rouen, le Havre, Bordeaux, Alger... vous avaient offertes.

Hélas! malgré tout notre bon vouloir, notre hospitalité sera moins grandiose. Mais vous vous montrerez bienveillants : ce n'est point tant la magnificence que la cordialité de l'accueil qui doit charmer et retenir le voyageur, et, vous pouvez en recevoir l'assurance, nous nous appliquerons à être des hôtes affectueux et prévenants. Nous nous efforcerons de rendre aussi courtes que possible les quelques heures que, pour répondre à notre invitation, par amour de la science, vous avez bien voulu dérober à vos familles, à vos amis, à vos occupations journalières.

Limoges n'est pas une ville universitaire : nous n'aurons donc pas à vous présenter ces grands établissements scientifiques, ces Facultés... qui font la gloire et

la renommée d'autres cités. Mais nous vous montrerons nos fabriques, nos usines!

Pendant quelques jours, vous vivrez au milieu d'une population ouvrière dont la sympathie vous est d'autant mieux acquise qu'elle n'ignore pas que le but suprême de vos études, de vos recherches, est en définitive l'amélioration du sort des travailleurs.

C'est à nous, en effet, que profitent vos travaux; c'est nous qui appliquons vos découvertes, quelquefois les perfectionnons et les rendons pratiques.

Qu'il nous soit donc permis de nous considérer quelque peu comme vos alliés, de nous conduire comme des élèves soucieux de plaire à des maîtres estimés et appréciés.

Qu'on ne se méprenne pas, cependant, sur mon langage, et qu'on ne nous considère pas comme dédaignant l'étude de la science dans ce qu'elle a d'abstrait.

Nos concitoyens, au contraire, sont avides de s'instruire. On peut s'en convaincre aisément en voyant avec quelle assiduité sont fréquentées nos écoles primaires, notre lycée...

En constatant les résultats véritablement remarquables obtenus par notre École de médecine, la première du-ressort; notre École d'art décoratif...

Parmi nous, et entourés de l'estime et du respect de tous, vivent des savants, des lettrés.

Des associations, œuvre de l'initiative privée, se sont fondées; et dirigées par des hommes dévoués, elles prospèrent et donnent de remarquables résultats.

C'est la Société d'agriculture, la première par l'âge, qui, par son labeur opiniâtre, ses conseils de chaque jour, a fait de nos campagnards ces éleveurs remarquables, créateurs d'une race qui tient le premier rang dans tous nos concours.

C'est la Société archéologique et historique du Limousin, dont les patientes et savantes recherches font revivre à nos yeux étonnés et émerveillés le passé de notre cher pays.

Les arts sont représentés par la Société des amis des arts.

La Société Gay-Lussac « concourt à l'avancement des sciences physiques et naturelles, et favorise les progrès de leurs applications agricoles et industrielles ».

La Société d'horticulture et celle de botanique poursuivent des buts différents, mais appellent l'une et l'autre notre attention sur la faune et la flore si variées et si riches de notre pays. Et je suis forcé de passer sous silence toutes ces autres sociétés qui, avec des programmes moins sérieux, s'efforcent de répandre autour d'elles le sentiment de la force, l'amour du bien, le culte du beau!

Nous comprenons donc vos aspirations; nous partageons vos enthousiasmes!

Et comment, du reste, pourrait-il en être autrement? Est-ce que le Limousin avec sa population agricole et industrielle si vaillante, si âpre au travail; ses sites pittoresques, ses sombres collines, ses riants vallons, n'est pas la terre féconde qui a produit ces érudits, ces penseurs, ces hommes qui, dans les lettres, les sciences et les arts, ont su conquérir gloire et renommée?

Pendant le cours de vos travaux, alors que, suspendant pour quelques moments vos doctes dissertations, vous vous plairez à parcourir nos rues et nos places, nous vous montrerons avec quelque orgueil les toits qui ont abrité le berceau des Léonard Limosin, des Pénicaud, des Nouailher, des d'Aguesseau, des Vergnaud, des Jourdan, des Bugeaud, Michel Chevalier, Paulin Talabot, Allou, Noriac... J'en omets et je ne parle que de ceux qui ne sont plus!

Puis, lorsque votre session terminée vous entreprendrez ces excursions qui doivent vous faire connaître et admirer une contrée trop méconnue des touristes, vous vous arrêterez à Pierre-Buffière où est né Dupuytren; à Saint-Léonard, patrie de Gay-Lussac; à Saint-Yrieix, berceau de Darnet, de Gondinet; à Brive, qui compte parmi ses enfants Brune; à Bort, à Tulle, qui ont donné le jour à Ventenat, à Baluze, à Marmontel.

Vous le voyez, en dépit de la réputation imméritée qu'ont voulu nous faire certains esprits moroses, vous êtes ici en bonne compagnie, au milieu des vôtres!

Travaillez donc et discutez paisiblement. Que de l'échange de vos idées jaillissent de nouvelles lumières, quelque fait important et non encore dévoilé dont nous serons appelés à profiter!

Et plus tard, lorsque, reportant à ces jours qui ne seront plus, vous donnerez un souvenir au Congrès de 1890, puissiez-vous affirmer que vous avez vécu quelques instants heureux au milieu de nous!

Puissiez-vous dire que vous avez apprécié et aimé une population qui, modifiant quelque peu votre magnifique devise, a su « par son travail et pour la patrie » créer au cœur de la France ces belles industries dont les produits font prime sur les marchés de l'univers entier.

Mesdames, messieurs, j'ai l'honneur de vous souhaiter la bienvenue parmi nous.

LABUSSIÈRE.

————

M. A. GOBIN
Secrétaire général.

L'Association française en 1889-1890.

Mesdames, messieurs,

Votre secrétaire général a pour mission spéciale de vous rendre compte, chaque année, du dernier Congrès de notre Association et de vous faire connaître tous les faits intéressants survenus depuis la dernière session.

Cet exposé nous ramène à un sujet d'ordre moins élevé que celui qui vient d'être traité devant vous : une énumération de faits ne peut être qu'assez aride pour celui qui l'expose et monotone pour ceux qui l'écoutent.

Cependant, comme il s'agit ici de la vie même de notre Association, j'espère que vous voudrez bien vous y intéresser et m'accorder le secours de votre bienveillante indulgence.

Créée à une des heures les plus sombres de notre histoire, l'Association française a eu pour but de décentraliser le mouvement scientifique, tout en lui donnant une nouvelle expansion, de l'encourager par des subsides annuels fournis aux travailleurs, de l'exciter et de le stimuler par la discussion, dans les centres provinciaux, de toutes les questions à l'ordre du jour dans les diverses branches des sciences.

C'est pour répondre à cette idée que, chaque année, notre Société vient tenir ses assises, dans une ville de province, sur l'invitation des municipalités. Pendant la durée de ces Congrès, les savants de tous les points de la France et même de l'étranger se réunissent pour échanger leurs idées, discuter leurs travaux ; et de ces luttes courtoises, qui sont aussi quelquefois des consultations, découlent toujours des résultats féconds. Qui de nous en rentrant dans sa famille, après un Congrès, ne s'est pas félicité de s'être dérangé pour y prendre part et n'a pas rapporté une ample moisson de connaissances nouvelles, de renseignements utiles, de nouveaux sujets d'étude, etc.

Les conversations amicales faites dans les promenades, soit communes, soit par petits groupes, ne sont pas les moins fructueuses, et j'en connais qui n'ont pas été la partie la moins intéressante d'une séance qu'on venait de clore.

Il n'est pas même jusqu'à nos fêtes qui ne présentent un côté scientifique et qui ne fassent l'objet, soit de l'inauguration d'une amélioration locale, soit de l'application de procédés industriels nouveaux.

Ces stations dans les villes de province nous permettent de bien connaître les diverses régions de la France, non seulement au point de vue pittoresque, mais encore au point de vue industriel et commercial; nos Congrès sont souvent des occasions uniques pour voir les choses les plus intéressantes d'une contrée, soit qu'on ait fait des préparatifs spéciaux pour en faciliter la visite, soit que des portes, habituellement fermées, s'ouvrent à deux battants lorsque la science vient y frapper.

Aussi, lorsque, après quelques années d'assiduité à nos Congrès, nous arrive l'appel de l'Association pour une nouvelle session, nous écartons tous les liens qui pourraient nous retenir à nos affaires, nous éloignons tous les obstacles qui pourraient s'opposer à notre départ, pour ne pas manquer cette récolte où nous trouvons à la fois le délassement de l'esprit, la satisfaction morale et un exercice physique.

Notre passage dans chaque centre nous amène de nouveaux adhérents, témoins des efforts et des succès de notre Association. Depuis dix-huit ans, nous avons ainsi, peu à peu, semé les germes d'une récolte aujourd'hui féconde, dont le bilan financier, que vous communiquera tout à l'heure notre sympathique trésorier, *M. Galante*, donne l'expression la plus tangible.

Il y a douze ans, une grande manifestation industrielle et scientifique s'organisait à Paris, sous la forme d'une Exposition universelle. Votre Conseil d'administration, rompant avec les traditions, avait, déjà à cette occasion et après approbation de votre assemblée générale, décidé que le Congrès de 1878 se tiendrait dans la capitale.

Il n'avait pas semblé possible d'aller en province au moment même où la province était appelée à Paris pour constater les progrès de notre industrie et de notre commerce, et admirer les perfectionnements apportés à notre outillage par l'union du savant et de l'industriel.

L'heureuse idée du Conseil a été pleinement justifiée par le succès de ce Congrès de 1878. Reportez-vous aux *Comptes rendus* de cette session ; relisez le rapport de notre savant collègue *M. de Saporta*, secrétaire général, et vous conviendrez qu'on avait été bien inspiré en restant, cette année-là, dans les murs de Paris.

Les mêmes raisons, invoquées à cette époque, revenaient l'année dernière encore plus pressantes, plus impérieuses. L'Exposition universelle, préparée par la France pour célébrer le centenaire de 1789, s'annonçait comme une manifestation pacifique des plus grandioses. Le nombre des exposants dépassait celui de 1878 ; les ingénieurs et les organisateurs de l'Exposition enfantaient des merveilles. De nombreux Congrès internationaux se préparaient sous la direction de notre cher secrétaire *M. Gariel*, qui trouvait encore, par des prodiges d'activité dont il a seul le secret, le moyen de conduire à bien l'organisation et la tenue de soixante-dix Congrès. Voyez ce que demande, pour marcher sans encombre, la préparation d'une de nos réunions annuelles, et vous vous ferez une idée de la tâche qui incombait à notre collègue.

En présence de ce grand mouvement scientifique, artistique et industriel, le Conseil ne pouvait hésiter : l'Association française, qui embrasse dans ses dix-sept sections la généralité des sciences pures et appliquées, ne pouvait manquer de tenir ses assises à Paris, au moment où s'y réunissaient les savants et les industriels de tous les pays. Ce n'était pas, cependant, sans une certaine appréhension, que le Conseil avait pris cette décision. L'attrait de l'Exposition allait causer un préjudice sérieux à une réunion purement scientifique ; avec cette multiplicité de Congrès, il n'y avait plus guère matière à discussion pour les sections. Ces appréhensions, bien naturelles chez les organisateurs soucieux de mener à bien cette réunion, ont été dissipées dès la première heure.

Comme le dit le *Compte rendu* sommaire du Congrès de 1889, dans la foule joyeuse et cosmopolite qui a tra-

versé Paris pendant cet été radieux, l'Association a su retrouver les siens à l'heure dite ; elle a su attirer les étrangers qui sont venus en grand nombre nous apporter le tribut de leurs travaux et les témoignages de leurs sympathies. Parcourez la liste de ces savants : vous y trouverez les noms des personnalités les plus éminentes de la science dans tous les pays. Plusieurs parmi eux nous ont fait l'honneur de suivre, depuis quelques années, avec une grande assiduité, nos Congrès. Beaucoup se sont excusés, cette année, de ne pouvoir assister à nos réunions, étant obligés de venir à une époque plus tardive pour des Congrès spéciaux. Tous nous ont assuré de leur sympathie, et si je ne rappelle pas les termes chaleureux des toasts qui ont été échangés dans diverses circonstances, et notamment au banquet de clôture sur la tour Eiffel, vous me permettrez au moins d'exprimer à leurs auteurs et à tous ces représentants étrangers de la science nos témoignages d'affectueuse et cordiale reconnaissance.

Si les étrangers sont venus en foule, les membres de l'Association n'ont pas été, non plus, moins nombreux ; et cependant vous savez si les occasions étaient tentantes pour échapper aux travaux et aux discussions des sections ! L'Exposition était là, à quelques pas, merveilleuse dans son ensemble, non moins merveilleuse dans ses détails : séduisante par le spectacle des richesses étalées dans ses galeries, par l'attrait de cette incomparable et inoubliable exposition de l'histoire du travail, par le spectacle aussi de cette foule cosmopolite qui se pressait chaque jour et chaque soir dans son enceinte. Ce décor merveilleux qu'on ne pouvait se lasser d'admirer, ces fêtes incessantes, rien n'a troublé le cours de nos travaux habituels, qui se sont accomplis là dans toute leur plénitude. L'Exposition a été, pour la plupart d'entre nous, l'occasion de joindre aux discussions techniques, des démonstrations pratiques du plus haut intérêt. Où la section du génie civil, par exemple, aurait-elle pu rencontrer un ensemble plus complet d'appareils perfectionnés et de spécimens de grands ouvrages ? N'y voyait-on pas, en dehors même des merveilleux bâtiments de l'Exposition, les types de nos grands barrages et de nos grands ports, les modèles réduits du viaduc de Garabit, du viaduc du Viaur, du pont du Forth, etc. ? En quel lieu l'hygiène aurait-elle pu donner une démonstration plus frappante des résultats pour lesquels elle s'efforce de combattre, que dans cette exposition de la ville de Paris et de quelques industries privées ? Pouviez-vous avoir quelque chose de plus net et de plus instructif que cette comparaison méthodique de l'habitation ancienne et de l'habitation moderne, telle qu'elle devrait être pour satisfaire à toutes les prescriptions de l'hygiène, avec distribution d'eau pure, canalisation fermée et étanche des appareils de vidange, apport régulier de l'air pur et répartition rationnelle de la lumière, spectacle digne de convaincre les plus prévenus et de faire comprendre vite,

6 8.

et mieux que par de longs discours, les bienfaits des applications scientifiques ?

Jetez maintenant un coup d'œil sur nos bulletins : voyez si chaque section n'a pas largement rempli sa tâche et multiplié ses discussions. Les communications ont été plus nombreuses qu'à bien d'autres Congrès et plusieurs ont pour objet des travaux de premier ordre, dignes d'attirer l'attention des spécialistes.

Je m'arrête, car je prêche des convertis. Pas un de vous n'eût compris que le Congrès de 1889 siégeât ailleurs qu'à Paris, et personne ne pourra en exprimer le regret. Le succès de ce Congrès a été complet, non seulement au point de vue scientifique, mais encore au point de vue de l'organisation matérielle, qui n'a rien laissé à désirer.

En 1878, le lycée Saint-Louis avait abrité nos réunions ; l'année dernière, le ministre des travaux publics nous a permis de nous installer dans l'École des ponts et chaussées. Grâce à la bienveillante aménité du directeur, M. Lagrange, et au concours empressé de l'inspecteur de l'École, M. Collignon, notre cher collègue, l'Association a trouvé dans les salles d'études, les amphithéâtres de cours, les salles de modèles, tout un ensemble bien aménagé pour les diverses sections. La bibliothèque avait été transformée en salle de correspondance et de lecture. Cette école, véritable pépinière de jeunes ingénieurs, convenait parfaitement à nos travaux ; quelques-uns d'entre nous ont revu avec plaisir ces salles et ces amphithéâtres, qui leur rappelaient un passé déjà trop lointain.

Entrerai-je dans le détail des travaux du Congrès ? Ce serait à coup sûr superflu, puisque vous avez eu entre les mains, non seulement les procès-verbaux des séances, mais encore les mémoires imprimés dont les manuscrits ont été communiqués aux diverses sections. Je m'en voudrais d'en citer quelques-uns de préférence aux autres, et vous approuverez ma réserve. Plusieurs sections ont profité du voisinage de l'Exposition pour y faire de nombreuses visites ; quelques-unes mêmes y ont tenu plusieurs séances. Les sections du génie civil et militaire, de chimie, de botanique, d'anthropologie, de médecine, d'hygiène et autres y ont fait en corps des visites intéressantes et fructueuses. Enfin, pour compléter ce tableau du mouvement scientifique du Congrès, les organisateurs nous avaient ménagé la surprise d'une conférence aussi littéraire que substantielle, aussi originale que spirituelle, sur l'économie sociale de la Chine. Puisque les étrangers venaient en foule à Paris, puisque la capitale était devenue le rendez-vous des deux mondes, M. Gariel avait eu l'heureuse idée de demander à un Parisien de la Chine une conférence. Le général Tcheng-Ki-Tong, qui joint aux qualités du fin diplomate celles d'un lettré de premier ordre — et j'entends lettré français et chinois à la fois — le général nous a gracieusement promis son concours et, dans une de ces causeries spirituelles et savantes qui

trahissent à la fois le mondain parisien et le diplomate chinois, il a tenu sous le charme six cents membres de l'Association, qui n'ont certes pas dû regretter leur soirée.

Des visites industrielles, je ne vous dirai que peu de chose, puisque, déjà vous avez pu en lire le compte rendu dans le volume qui vous a été distribué ; il me suffira de vous rappeler les noms des établissements que nous avons visités, pour faire ressortir tout l'intérêt de ces promenades. Permettez-moi de citer en premier lieu les visites de nos grandes manufactures nationales : les Gobelins, dont l'administrateur, M. Gerspach, nous a fait si gracieusement les honneurs ; Sèvres et son Musée, que le directeur, M. Deck, et ses collaborateurs, MM. Hallion et Legré, nous ont montrés dans tous ses détails. Non contents de nous fournir toutes les explications sur les diverses phases de la fabrication, M. Deck a bien voulu faire hommage à l'Association, dans la personne de son secrétaire, d'un charmant médaillon en biscuit de Sèvres.

A la manufacture des tabacs du Gros-Caillou, l'état-major des ingénieurs, sous la direction de M. Letizerant, s'est chargé de nous guider dans toutes les dépendances de ce grand établissement.

Les courses sont un peu longues à Paris, et il a fallu savoir choisir entre toutes les visites portées sur les programmes. Pendant que nous visitions Sèvres et les Gobelins, quelques-uns de nos collègues se donnaient rendez-vous au Jardin des Plantes, où notre éminent professeur, M. Gaudry, se faisait leur cicerone pour la visite des nouvelles galeries du Muséum et des magnifiques collections qui y sont rassemblées. D'autres allaient au fond de la Villette voir la belle usine de la Compagnie du gaz et les grands laboratoires où sont fabriqués les sous-produits de la distillation.

Citons, parmi les établissements industriels privés, l'imprimerie Chaix, l'usine de MM. Sauter et Lemonnier, les ateliers de MM. Appert, verriers à Clichy, ceux de MM. Pleyel et Wolff, fabricants de pianos, etc. J'abrège pour adresser nos remerciements tout particuliers à l'ingénieur en chef du service de l'assainissement de Paris, M. Bechmann, qui a bien voulu organiser pour nous une visite spéciale et si originale des égouts collecteurs de Paris.

J'ai parlé en courant des visites spéciales faites par diverses sections ; il en est une, cependant, que je ne me pardonnerais pas de passer sous silence dans cette revue rapide de notre dernier Congrès. C'est celle des sections de médecine et d'hygiène à l'Institut Pasteur. Dès la première heure, l'Association a apporté son offrande à l'œuvre humanitaire et scientifique poursuivie par notre grand savant ; elle a tenu à offrir au maître le témoignage de son admiration et de sa reconnaissance, et notre collègue M. Deshayes s'est fait l'éloquent interprète de nos sentiments communs envers notre compatriote.

Les fêtes ont été nombreuses pendant l'Exposition, les réceptions cordiales et dignes de notre pays et de la capitale. Aucune ne laissera de plus vifs souvenirs parmi nous que cette soirée à l'Hôtel de Ville, donnée en l'honneur de la science et en l'honneur des étudiants. La ville de Paris, qui avait ouvert libéralement sa bourse en faveur du Congrès, nous a donné une réception digne d'elle. Le ministre des travaux publics, M. Yves Guyot, s'est souvenu de la part active qu'il a prise à bon nombre de nos réunions et nous a ouvert, dans une soirée somptueuse et artistique, offerte aussi aux étudiants français et étrangers, les beaux salons du ministère.

Les excursions, qui forment une partie si attrayante du programme de nos sessions, avaient été réduites au minimum. Il avait paru difficile d'entraîner dans une course aux environs de Paris, des Parisiens, qui ne sont pas cependant ceux qui les connaissent le mieux, et des provinciaux ou des étrangers, que les séductions de la grande ville ou de l'Exposition devaient retenir en masse.

Le succès des deux excursions projetées a été cependant complet : visite du musée de Saint-Germain, que M. Reinach a, par ses explications, su rendre si intéressante; visite de l'Observatoire de Meudon, où M. Janssen nous a montré ses appareils pour photographier le soleil et les astres, ainsi que son laboratoire où son génie supplée à l'insuffisance des moyens mis à sa disposition; visite de la grande papeterie d'Essonne, des moulins de Corbeil, des établissements Decauville, à Petit-Bourg, tout avait été combiné pour voir bien et sans fatigue. Un beau soleil a favorisé ces promenades, dont l'organisation, fort difficile à préparer avec l'affluence de voyageurs à Paris, n'a cependant absolument rien laissé à désirer. Vous me permettrez d'en remercier ici, en votre nom, les membres du bureau qui s'en sont occupés, et notamment notre sympathique secrétaire adjoint, M. Cartaz.

Après le Congrès de Paris, notre Association a continué les traditions de l'Association scientifique de France, fusionnée avec nous, en organisant, à Paris, les conférences d'hiver, toujours si intéressantes et si recherchées. Cet hiver, douze conférences ont été faites. C'est un excellent moyen d'augmenter la sphère d'action de notre Société; et si les Parisiens paraissent seuls destinés à en faire leur profit, les membres de la province peuvent cependant y assister quelquefois, s'ils font coïncider un voyage à Paris avec la date, publiée d'avance, de telle ou telle conférence. Dans tous les cas, notre volume contient le texte de ces conférences, et chacun de nous peut se procurer l'avantage de les lire et d'en faire son profit.

Qu'il me soit permis de remercier ici en votre nom tous les savants et industriels qui ont bien voulu nous prêter le concours de leur science ou de leur talent.

Il me reste à vous faire connaître les récompenses et distinctions accordées depuis l'année dernière à nos collègues; la liste en est longue, et c'est avec orgueil que nous la voyons croître chaque année. La gloire en rejaillit sur l'Association entière, et chacun de nous doit prendre sa part de satisfaction dans la récompense accordée à l'un des nôtres.

Le premier lauréat que j'aie à citer, c'est l'Association elle-même. A l'Exposition universelle de 1878, nous avions obtenu la médaille d'or; à l'Exposition de l'année dernière, le jury, frappé des résultats obtenus par notre Société, nous a décerné un grand prix. C'est la plus haute récompense accordée.

L'Institut a ouvert ses portes à plusieurs de nos membres : MM. Léauté et Bischoffsheim, à l'Académie des sciences; M. Bardoux, notre ancien président, à l'Académie des sciences morales; M. Hamy, à l'Académie des inscriptions et belles-lettres; MM. Pomel et Raoult ont été nommés correspondants de l'Académie des sciences. A l'étranger, l'Académie des sciences de Vienne a choisi pour un de ses membres correspondants M. van Tieghem.

A l'Académie de médecine, nous comptons nos collègues MM. Terrier, Le Dentu, Henrot, Marchand, Pamard et Diday.

Deux de nos collègues, MM. Bourgeois et Ribot, ont assumé le lourd fardeau du gouvernement, et sont devenus ministres de l'instruction publique et des affaires étrangères. Si nous n'oublions pas M. Yves Guyot, ministre des travaux publics, vous voyez que nous sommes bien représentés dans la sphère politique et gouvernementale.

Dans le corps du génie maritime, nous avons eu M. d'Ambly, nommé inspecteur général; MM. Boulé, Cheysson, Collignon, Fournié ont été promus au grade d'inspecteur général des ponts et chaussées.

La liste des promotions dans la Légion d'honneur est longue, et nous ne pouvons que nous en féliciter, d'autant plus que c'est un des nôtres qui occupe le poste du général Faidherbe. Permettez-moi de saluer en votre nom le nouveau grand-chancelier de la Légion d'honneur, le général Février.

Parmi les autres dignitaires, nous avons : comme grands-officiers, MM. Faye et Guillaume; comme commandeurs, MM. Cauvet, Gay, Eug. Pereire, qui facilite chaque année, à nos collègues d'Algérie et de Tunisie, le passage sur des bateaux de la flotte transatlantique; M. Risler, directeur de l'Institut agronomique; notre ancien président, M. Verneuil; le colonel Mannheim, M. Marquès di Braga, conseiller d'État, et M. Michel Bréal, de l'Institut.

Parmi les officiers, citons les noms de MM. Baille, Cros, Rémy, Barabant, Davanne, Decauville, dont les membres du Congrès de Paris n'ont pas oublié la cordiale et hospitalière réception; Dehérain, notre président du prochain Congrès; Gillet de Grandmont, Delagrave, Gallé, P. Garnier, Hamy, Herscher, Jordan, Topinard, de Villiers du Terrage, Villard.

Vous ne me pardonneriez pas, si je ne donnais une place à part à un des nouveaux officiers. Dussé-je blesser sa modestie, je tiens à rappeler à notre secrétaire, M. *Gariel*, toute la joie que nous avons éprouvée en apprenant sa nomination. C'est à ses efforts persévérants, à son zèle pour notre œuvre, que l'Association doit une grande partie de son succès. Si le ministre a voulu récompenser les mérites du professeur et l'activité de l'organisateur des Congrès internationaux de 1889, nous prendrons pour l'Association, qui compte à son actif dix-huit Congrès antérieurs, une part de cette distinction si bien gagnée.

Parmi les chevaliers, je relève les noms de MM. *Armengaud, Paulin Arrault, Audoynaud, Cartailhac, Castan, Caubet, Chamerot, A. Colin, Cornet, Crouan, Deloncle, Desailly, Deutsch, Fould-Dupont, Gouthiot, Gillet, Gounouilhou, de Guerne, Em. Hébrard, Hollande, Laurent, Le Goff, Lepaute, Morch, Neumann, Péchiney, Peugeot, de Pezzer, Portevin, P. Reclus, Remy, Riban, Rosenstiehl, Schrader, Sicard, Tanret, Teisserenc de Bort, Thénard, Tramond, Vée* et *Vergely*.

La liste des récompenses accordées par l'Institut et par l'Académie de médecine est longue aussi, et c'est avec une légitime fierté que nous pouvons applaudir au succès de nos collègues.

A l'Institut, le prix Jecker est obtenu par MM. *Combes* et *Engel*; le prix Gay, par M. *Drake del Castillo*; le prix Thore, par M. *Ferry de La Bellone*; le grand prix La Caze, par M. *François Franck*, pour ses belles recherches de physiologie; le grand prix des sciences physiques, par MM. *Henneguy* et *Boule*; le prix Lallemand, par M. *Loye*; le prix Godard, par M. *le Dentu*; le prix Bellion, par M. *Magnan*; le prix La Caze, de chimie, par M. *Raoult*; le prix Barbier, par M. *Schlagdenhauffen*; le prix Lecomte, par M. *Vieille*; une mention très honorable, par M. *Criè*.

Parmi les lauréats de l'Académie de médecine, nous relevons les noms de MM. *Butte, Cazin, Jolyet, Livon, L.-H. Petit, Léon-Petit* et *Sicard*.

Pourquoi faut-il qu'à côté de cette liste glorieuse, j'aie à dresser un tableau douloureux des pertes que nous avons subies? Si, chaque année, nos rangs s'augmentent, nous avons aussi à payer à la mort un trop large tribut de victimes. Aucune de ces pertes ne nous a plus vivement frappés au cœur que celle de *Charles Grad*. Il y a quelques jours, une maladie, dont le germe remontait à une date néfaste, le foudroyait au moment où il se disposait à venir parmi nous, comme les années précédentes. Nous l'avions vu à Paris; il nous entretenait douloureusement des luttes qu'il avait à subir, de ce martyre long et pénible que nos frères d'Alsace supportent sans faiblir, soutenus par l'espoir de jours meilleurs; il nous promettait sa présence à ce Congrès, et c'est à une tombe que nous devons envoyer le salut d'adieu.

Charles Grad était Alsacien, c'est-à-dire Français de cœur et d'âme; au jour de la mutilation de la patrie, il se fit, comme député au Reichstag, toujours renommé par ses compatriotes, le défenseur des droits méconnus de l'Alsace et de la Lorraine. Le rôle qu'il a rempli, à ce titre, me semble assez glorieux pour sa mémoire, pour que je passe ici sous silence ses qualités de savant et d'économiste. Le sort cruel n'a pas voulu qu'il vît le sol natal revenir à la mère-patrie, et il emporte dans la tombe l'espoir qui l'avait soutenu pendant toute sa vie.

Deux membres du Conseil, tous deux de l'Institut, MM. *Cosson* et *Hébert*, ont été emportés après une courte maladie. M. Hébert, président de la section de géologie au dernier Congrès, avait dominé sans mal pour prendre part à nos travaux.

Nous avons perdu aussi M. *Ulysse Trélat*, récemment nommé commandeur de la Légion d'honneur. Qui de nous ne se rappelle la chaleur entraînante de sa parole, la lumineuse clarté de ses discussions? Il était président, l'année dernière, de la section des sciences médicales; il ne se passait guère de Congrès où il ne vînt, ne fût-ce que pendant quelques heures, prendre part à nos travaux et jeter l'éclat de son incomparable talent.

Nous avons aussi à déplorer la perte de l'ingénieur en chef des mines *Fuchs*, ce charmant et savant compagnon qui, chaque année, nous apportait le résultat de ses recherches dans les pays d'outre-mer; celle du général de *Commines de Marsilly*, un fidèle de nos réunions, qui, à partir du moment où les années et la maladie l'ont retenu loin de nous, n'a pas manqué de se rappeler chaque année à notre souvenir par l'envoi d'un travail de haute science sur un point de mathématiques; celle de *Louis Soret*, de Genève; de *Napoli*; de *Bandèrali*; de *Orè*, de Bordeaux; de *Phillips*, membre de la section de mécanique à l'Institut; de *Ricord*; de *Péligot*, membre de l'Institut; de *Loye*, préparateur au laboratoire de physiologie de la Faculté des sciences de Paris.

Enfin, au dernier moment, nous apprenons la mort de sir *Richard Wallace*, ce bienfaiteur de la ville de Paris, dont la mémoire est liée aux souvenirs douloureux du siège. Sir Wallace était des nôtres depuis la fondation de la Société.

Et maintenant, pour combler tous ces vides, nous avons besoin de votre concours à tous pour recruter de nouveaux adhérents. Il suffit pour cela de faire connaître, chacun autour de soi, les avantages précieux que procure le titre de membre de l'Association. Indépendamment du profit qu'on tire de la lecture de nos publications qui contiennent toutes les nouveautés de la science, nous avons les Congrès qui nous permettent, chaque année, d'augmenter sans fatigue notre bagage scientifique, de nous créer des relations avec les maîtres de la science, de revoir des amis sur un terrain où, pendant quelques jours, une vie commune donne tant de facilités pour se voir et se réunir.

Nous semons et nous récoltons à la fois et nous justifions bien ainsi notre devise : *Par la science pour la patrie.*

A. GOBIN.

M. ÉMILE GALANTE
Trésorier.

Les finances de l'Association.

Les revenus de l'exercice 1889 s'élèvent à 92 123 fr. 04, dont voici le détail :

RECÉTTES.

Reliquat de 1888	38ᶠ 15
Cotisations des membres annuels.	63 988 50
Intérêts des capitaux	27 935 24
Recettes diverses	70 40
Vente de volumes	28 75
Carte d'Algérie	62 »
Total des recettes	92 123 04

DÉPENSES.

Les dépenses s'élèvent à 72 796 francs ; elles se répartissent de la manière suivante :

Frais d'administration.	24 231 50
Publications de comptes rendus.	37 749 75
Impressions diverses.	3 383 95
Frais de session.	35 35
Conférences.	4 550 95
Pensions	2 700 »
Tirages à part.	144 »
Total	72 796 »

Subventions :

MM. Gonnessiat : pour l'acquisition d'un appareil à passages artificiels pour l'étude des équations personnelles . . .	500	
Vinot : pour aider à la publication du journal le *Ciel* . . .	100	
Londe : pour la poursuite de ses recherches sur l'application de la photographie à l'analyse du mouvement . .	500	
Viguier : pour ses recherches sur les terrains tertiaires des départements de l'Aude et de l'Hérault	300	
Donnezan : pour la continuation des fouilles dans les limons pliocènes du Serrat d'en Vaquer à Perpignan . .	550	
Nicolas : pour continuer ses recherches sur les insectes		
A reporter. . . .	1 900	72 796 »

Report. . . .	1 900	72 796 »
fossiles des couches d'Aix (Provence)	150	
MM. Lemoine : pour la continuation des recherches paléontologiques dans les terrains tertiaires inférieurs des environs de Reims	300	
Lesage (à Rennes) : pour aider à la publication de son travail sur l'influence du bord de la mer sur la structure des feuilles.	400	
Brongniart : pour la continuation de ses recherches sur la faune du bassin houiller de Commentry	500	
de Folin : pour l'aider dans ses travaux zoologiques du bassin de Biarritz.	600	
Rahon : pour la continuation de ses recherches sur les oligochètes limicoles	500	
Joubin : pour aider à la publication de son travail sur la faune des Turbellariés des côtes de France	500	
Viallanes : pour la continuation de ses études sur l'anatomie et l'histologie du système nerveux des articulés.	800	
Station maritime de biologie de l'Université de Lyon : pour aider à l'installation de ce laboratoire	1 000	
MM. Carrière : pour l'aider dans ses recherches sur les *tumuli* de la région oranaise	200	
Collin : pour des fouilles anthropologiques à faire dans les gisements de Jusiers (Seine-et-Oise).	200	
A. de Mortillet : pour des fouilles à faire à Bréonio . .	900	
Nepveu : pour continuer ses recherches sur le paludisme. .	500	
Lesage (à Paris) : pour continuer ses recherches sur le choléra infantile.	250	
Leloir : pour continuer ses recherches sur les variétés de tuberculose de la peau et des muqueuses.	800	
Mayet : pour continuer ses expériences sur l'hématologie	600	
Ladureau : pour ses recherches sur la nature du sol arable d'Algérie.	500	
Dubief et Bruhl : pour continuer		
A reporter. . . .	10 600	72 796

Report. . . .	10 600	72 796	»
nuer leurs expériences sur la désinfection par l'acide sulfureux	500		
MM. Develay	100		
Verneau.	300		
Bourses de session.	1000		
Médailles décernées aux officiers de la marine marchande. . . .	400		
Total.	12 900	12 900	»

Total des dépenses. . .	85 696	»
Laissant disponible une somme de 6427 fr. 04, sur laquelle a été prélevé : pour la réserve statutaire	6 398	85
Et reporté à nouveau.	28	19
Total égal aux recettes	92 123	04

CAPITAL.

Le capital qui, dans le dernier compte rendu, était de 826 474 fr. 96, s'est accru, au cours de l'exercice 1889, de	826 474	96
Parts de fondateurs et rachats de cotisations	7 050	»
Réserve statutaire	6 398	85
Total.	839 923	81

L'exercice de 1889, dont je viens d'avoir l'honneur de vous exposer le résumé, ne présente rien de particulier.

La prospérité financière de l'œuvre à laquelle vous concourez tous suit une marche régulière.

Permettez-moi, cependant, de revenir et d'appeler votre attention sur un fait auquel vous devez, selon nous, attacher une grande importance au point de vue de l'avenir de l'Association.

A diverses reprises, nous vous avons montré combien la progression du nombre de nos membres était loin de suivre la marche du capital de notre Société.

L'esprit de propagande, le zèle des premières années tend à diminuer, et cela est regrettable; car si nous ne faisions pas effort pour réagir contre cette situation, l'Association risquerait d'apparaître dans l'avenir comme l'œuvre un peu exclusive de la génération qui l'a fondée.

Or rien ne serait plus contraire à la pensée de ceux qui nous ont ouvert la voie et montré le chemin. Le plus souvent, on quitte l'Association parce qu'on ne peut plus suivre les Congrès. Nous comprenons le regret qu'on puisse éprouver à renoncer à ces réunions dont M. Gobin vous faisait, il y a un instant, le tableau. Mais en souvenir même de ces avantages, ne pourrait-on continuer à nous prêter, en restant des nôtres, un appui qui aurait pour l'Association une grande valeur? A ceux qui nous abandonnent, nous ferons appel à ces mêmes souvenirs, en les priant de faire entrer dans nos rangs les personnes qui travaillent autour d'eux.

Pour terminer, nous vous demanderons, avec notre éminent secrétaire, votre concours à tous pour recruter de nouveaux adhérents.

ÉMILE GALANTE.

VARIÉTÉS

Étude statistique de l'épidémie de grippe à Paris.

L'épidémie de grippe ayant pris fin à Paris depuis quelque temps, le moment est venu d'en faire la statistique, c'est-à-dire de voir combien la maladie a fait de victimes, comment elle s'est comportée dans sa période d'ascension, d'état et de déclin; enfin comment elle s'est répartie dans les divers quartiers de la capitale.

D'après les chiffres publiés à l'*Officiel* par le Service de statistique municipale, la mortalité causée par les maladies des organes de la respiration avait commencé à s'aggraver dès le commencement du mois de novembre, et l'on peut dire que c'est à cette seule aggravation qu'est dû l'accroissement constaté dans la mortalité des mois de novembre, de décembre et de janvier.

Nous donnons ci-après le nombre total des décès relevés par la statistique municipale pour les dernières semaines des années 1888 et 1889, et des premières semaines des années 1889 et 1890. Nous faisons figurer, dans le même tableau, les chiffres des décès occasionnés par les maladies des organes de la respiration (pneumonie, broncho-pneumonie, bronchite chronique et bronchite aiguë), ainsi que le nombre des décès occasionnés par la phtisie pulmonaire:

	Total des décès.		Décès par maladie des organes de la respiration.		Décès par phtisie.
	1889.	1888.	1889.	1888.	1889.
43ᵉ semaine . . .	922	996	118	159	206
44ᵉ —	879	946	120	139	204
45ᵉ —	899	900	112	135	220
46ᵉ — . . .	917	873	136	129	179
47ᵉ — . . .	968	806	128	108	180
48ᵉ — . . .	1020	876	162	121	192
49ᵉ — . . .	1091	943	207	132	206
50ᵉ — . . .	1188	984	243	165	201
51ᵉ — . . .	1356	982	332	193	212
52ᵉ — . . .	2334	1033	742	183	431
	1890.	1889.	1890.	1889.	1890.
1ʳᵉ — . . .	3683	970	977	155	465
2ᵉ — . . .	2078	1114	757	212	351
3ᵉ — . . .	1493	1027	427	181	282
4ᵉ — . . .	1147	1040	242	186	257
5ᵉ — . . .	1046	1111	207	206	239
6ᵉ — . . .	1067	1100	183	170	238

D'après ce tableau, on peut voir que la mortalité générale à Paris a commencé à dépasser la moyenne hebdomadaire pendant la 46ᵉ semaine de l'année 1889 (vers le 15 novembre), et que ses progrès se sont fait sentir progressivement jusqu'au 15 décembre, date à laquelle l'épidémie s'est aggravée tout d'un coup : la mortalité s'est trouvée doublée à l'époque de Noël, et au 1er janvier de l'année 1890 elle atteignait son maximum d'intensité : elle était alors à peu près trois fois plus forte qu'en temps ordinaire (2683 décès dans la première semaine, au lieu de 970 constatés dans la semaine correspondante de 1889).

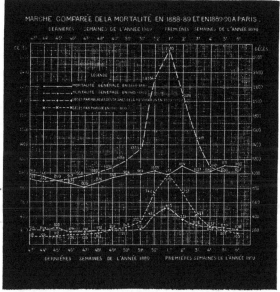

Fig. 33.

Une centaine de personnes meurent chaque semaine à Paris, par suite de maladies des organes de la respiration : ordinairement ce nombre augmente, et atteint quelquefois le chiffre de 200, pendant l'hiver. A partir de la 47e semaine de 1889, les décès de ce genre augmentaient de la manière suivante : 128, 162, 207, 243, 332, 742, 977. Au moment du premier jour de l'an, les décès causés par les maladies des organes de la respiration étaient six fois plus fréquents qu'un an auparavant. Mais, à partir de ce moment, les décès ont diminué rapidement : 977, 757, 427, 242, 207, 163 décès. L'épidémie était donc complètement terminée dès la 6e semaine de cette année, ou, pour mieux dire, la mortalité était revenue à un taux normal.

Les bulletins de la statistique municipale rangent dans une catégorie spéciale les décès causés par la phtisie pulmonaire. Ces décès, comme on peut le voir par le tableau ci-dessus et par le diagramme qui en est la traduction, ont suivi une marche parallèle à l'épidémie de grippe ; le nombre de phtisiques qui ont été emportés pendant les trois semaines les plus meurtrières s'est élevé à deux et trois fois la moyenne ordinaire : 465 décès pendant les premières semaines de l'année 1890.

On peut évaluer à 5000 ou 6000 le nombre de victimes de l'épidémie ; c'est en effet de ce nombre que les décès des mois de décembre et de janvier ont dépassé ceux des périodes correspondantes dans les années précédentes. Il faut remarquer qu'à Paris, c'est précisément cette partie de l'année qui fournit le plus de décès en tout temps.

Si l'on considère les ravages faits par l'épidémie, suivant l'âge des décédés, on trouve qu'ils ont été beaucoup plus considérables chez les adultes et chez les vieillards que chez les enfants.

D'un autre côté, le nombre d'adultes hommes enlevés par des inflammations aiguës des organes respiratoires a été double de celui des femmes du même âge, tandis que dans la vieillesse, au contraire, les femmes ont souffert de l'épidémie autant que les hommes, si ce n'est plus.

Cela tient sans doute, fait remarquer M. Bertillon dans son rapport sur l'état sanitaire de la première semaine de 1890, à ce que les hommes adultes sont forcés de se soigner moins complètement que les femmes; leur profession les oblige à ne pas se ménager, tandis que les femmes ont le plus souvent le loisir et le désir de soigner leur convalescence. Parmi les vieillards, les deux sexes sont également inoccupés et également casaniers.

Pendant l'épidémie de grippe, toutes les maladies chroniques susceptibles de se compliquer d'accidents pulmonaires se sont trouvées aggravées, et leur terminaison fatale s'est trouvée hâtée; on en a trouvé de nombreux exemples chez les phtisiques et chez les personnes atteintes de maladies organiques du cœur.

Il nous reste à examiner maintenant quels sont les quartiers de Paris qui ont le plus souffert de l'influenza. Nous devons toutefois formuler cette réserve, que la statistique n'a pu connaître que le nombre des décès, et non celui des personnes atteintes. Force nous est de supposer que la proportion des décès, relativement au nombre des personnes atteintes, a été le même partout, ce qui n'est pas démontré.

Sous le bénéfice de cette observation, voici quel a été le

NOMS DES QUARTIERS.	NOMBRE TOTAL des décès.			PROPORTION des décès survenus par suite de maladie des organes de la respiration.		NOMS DES QUARTIERS.	NOMBRE TOTAL des décès.			PROPORTION des décès survenus par suite de maladie des organes de la respiration.	
		Toutes maladies comprises.	Par maladies des organes de la respiration.	Sur 100 décès de toute nature.	Sur 1000 habitants.			Toutes maladies comprises.	Par maladies des organes de la respiration.	Sur 100 décès de toute nature.	Sur 1000 habitants.
1. Saint-Germain-l'Auxerrois		58	27	46	2,9	42. Saint-Ambroise		314	122	39	7,8
2. Halles		211	118	54	3,6	43. Roquette		552	253	46	3,3
3. Palais-Royal		61	23	38	1,6	44. Sainte-Marguerite		331	145	45	2,3
4. Place-Vendôme		66	34	50	2,5	45. Bel-Air		78	33	45	4,3
5. Gaillon		48	17	41	3,0	46. Picpus		365	142	39	3,4
6. Vivienne		69	34	49	3,2	47 Bercy		31	15	49	1,3
7. Mail		120	64	53	3,5	48. Quinze-Vingts		304	113	48	3,1
8 Bonne-Nouvelle		165	88	54	3,1	49. Salpêtrière		395	184	47	3,4
9. Arts-et-Métiers		185	71	39	3,0	50. Gare		242	114	44	2,2
10 Enfants-Rouges		117	68	58	3,4	51. Maison-Blanche		225	101	45	3,1
11. Archives		138	58	38	2,6	52. Croulebarbe		112	41	36	2,3
12. Sainte-Avoye		145	64	44	3,1	53. Montparnasse		209	87	48	3,5
13 Saint-Merri		202	106	54	4,4	54. Santé		125	37	30	4,2
14. Saint-Gervais		342	196	58	3,1	55. Petit-Montrouge		196	66	35	3,1
15. Arsenal		120	60	50	3,3	56. Plaisance		392	191	49	4,2
16. Notre-Dame		76	35	46	2,7	57. Saint-Lambert		225	99	44	3,8
17. Saint-Victor		161	95	59	3,7	58. Necker		279	141	50	4,0
18. Jardin des Plantes		208	103	50	4,2	59. Grenelle		259	121	47	2,2
19. Val-de-Grâce		224	84	38	2,7	60. Javel		122	54	43	3,4
20. Sorbonne		230	130	57	4,5	61. Auteuil		117	50	43	2,1
21. Monnaie		113	67	61	3,5	62. Muette		138	63	46	3,1
22. Odéon		118	46	41	2,3	63. Porte-Dauphine		87	30	35	2,0
23. Notre-Dame-des-Champs		251	115	41	2,3	64. Bassins		162	64	40	2,7
24. Saint-Germain-des-Prés		109	45	42	2,9	65. Les Ternes		200	77	39	2,3
25. Saint-Thomas-d'Aquin		131	60	50	2,3	66. Plaine Monceau		175	76	44	2,6
26 Invalides		69	25	36	1,3	67. Batignolles		342	161	47	3,3
27. École militaire		132	58	43	2,9	68. Épinettes		320	144	45	3,2
28. Gros-Caillou		216	118	51	3,7	69. Grandes-Carrières		383	183	48	4,0
29. Champs-Élysées		64	24	38	2,0	70. Clignancourt		626	290	47	3,5
30. Faubourg-du-Roule		116	38	33	1,7	71. Goutte-d'Or		331	163	49	3,3
31. Madeleine		139	59	50	2,7	72. La Chapelle		176	68	39	3,1
32. Europe		181	83	45	2,2	73. La Villette		273	111	43	3,2
33. Saint-Georges		193	75	39	3,3	74. Pont-de-Flandre		90	50	55	4,1
34. Chaussée-d'Antin		100	39	39	1,3	75. Amérique		167	80	48	4,0
35. Faubourg-Montmartre		121	50	41	2,3	76. Combat		332	155	46	4,0
36. Rochechouart		193	99	50	3,2	77. Belleville		472	192	41	4,1
37. Saint-Vincent-de-Paul		286	138	48	4,1	78. Saint-Fargeau		85	36	43	2,5
38. Porte-Saint-Denis		143	49	40	1,8	79. Père-Lachaise		343	155	45	3,3
39. Porte-Saint-Martin		284	122	43	3,3	80. Charonne		263	116	44	3,3
40. Hôpital-Saint-Louis		347	152	47	3,4						
41. Folie-Méricourt		426	190	45	3,7	Totaux et moyennes		17018	7765	46	3,1

nombre des personnes décédées dans chacun des quartiers de Paris, et parmi elles le nombre de personnes décédées à la suite de maladies des voies respiratoires, pendant les onze semaines qui se sont écoulées du 24 novembre 1889 au 8 février 1890. Nous indiquons en même temps, à côté des chiffres absolus, la proportion sur 100 décédés des personnes dont la mort a été attribuée à une maladie de poitrine, ainsi que le nombre de ces décédés sur 1000 habitants. (Voir le tableau ci-dessus, p. 176.)

Cette liste montre que la moyenne de la proportion des décès occasionnés par les maladies des voies respiratoires a été de 45 sur 100 décès généraux pour tout l'ensemble de la capitale, et de 3,4 pour 1000 habitants pendant la durée de l'épidémie. Si nous classons maintenant tous les quartiers de Paris d'après la proportion des décès causés par les maladies des voies respiratoires, nous obtenons le tableau suivant, qui présentera un réel intérêt :

NOMBRE DE DÉCÈS OCCASIONNÉS PAR DES MALADIES DES ORGANES DE LA RESPIRATION SUR 1000 HABITANTS, PENDANT LA PÉRIODE DU 15 NOVEMBRE 1889 AU 1er FÉVRIER 1890.

	Décès par 1000 habitants.
Bercy.	1,5
Palais-Royal.	1,6
Faubourg du Roule	1,7
Invalides, Chaussée-d'Antin, Porte-Saint-Denis.	1,8
Gaillon, Champs-Élysées, Porte-Dauphine.	2,0
Saint-Georges	2,2
Odéon, Saint-Thomas-d'Aquin, Europe, Ternes.	2,3
Faubourg-Montmartre.	2,4
Place Vendôme.	2,5
Archives.	2,6
Notre-Dame, Val-de-Grâce, Madeleine, Bassins.	2,7
Vivienne, Notre-Dame-des-Champs, Saint-Ambroise, plaine Monceaux.	2,8
Saint-Germain-l'Auxerrois, Saint-Germain-des-Prés, École militaire, Rochechouart.	2,9
Arts-et-Métiers.	3,0

	Décès par 1000 habitants.
Bonne-Nouvelle, Sainte-Avoye, Saint-Gervais, Maison-Blanche, Petit-Montrouge, Auteuil, Muette, la Chapelle.	3,1
Porte-Saint-Martin, Quinze-Vingts, Croulebarbe, Batignolles.	3,2
Arsenal, Gare, Épinettes, la Villette, Charonne.	3,3
Enfants-Rouges, Picpus, Javel.	3,4
Mail, Sainte-Marguerite, Montparnasse, Clignancourt, Saint-Fargeau	3,5
Halles, Hôpital-Saint-Louis, Bel-Air.	3,6
Saint-Victor, Gros-Caillou, Folie-Méricourt.	3,7
Monnaie, Roquette, Saint-Lambert. Grenelle. Goutte-d'Or.	3,8
Père-Lachaise.	3,9
Necker, Grandes-Carrières, Amérique, Combat.	4,0
Saint-Vincent-de-Paul, Pont de Flandre, Belleville.	4,1
Jardin des Plantes, Sorbonne	4,2
Santé, Plaisance.	4,3
Saint-Merri.	4,4
Salpêtrière.	8,4

Alors que la moyenne des décès par influenza s'est élevée, pendant l'épidémie, à 3,4 par 1000 habitants pour l'ensemble des quatre-vingts quartiers, on constate qu'elle s'est élevée à 8,4 par 1000 habitants dans le quartier de la Salpêtrière, à 4,4 pour 100 dans le quartier Saint-Merri, à 4,3 pour 100 dans les quartiers de Plaisance et de la Santé, et à 4,2 dans ceux de la Sorbonne et du Jardin des Plantes. Elle n'a été, au contraire, que de 1,5 par 1000 habitants dans celui de Bercy, à 1,6 pour 100 au Palais-Royal, à 1,7 pour 100 au faubourg du Roule, à 1,8 aux Invalides, à la Chaussée-d'Antin et à la Porte-Saint-Denis.

Afin de faire mieux encore ressortir les différences accusées par les tableaux précédents pour les divers quartiers de Paris, nous avons dressé le plan ci-après, qui indique, par des teintes plus ou moins foncées, les divers degrés d'intensité apparente de l'épidémie, suivant le quartier :

Quartiers dans lesquels on a compté, sur 1000 habitants,

- 9,0 décès et au-dessous causés par des maladies des voies respiratoires.
- de 2,1 à 2,5 décès.
- de 2,6 à 2,9 décès.
- de 3 à 3,3 décès.
- 3,4 à 3,6 décès.
- de 3,7 à 3,9 décès.
- 4,0 et au-dessus.

Moyenne générale : 3,4 décès par 1000 habitants.

Fig. 34.

Proportions des décès par maladie des voies respiratoires sur 1000 habitants.

Un simple coup d'œil jeté sur ce plan montre que les quartiers qui ont le plus souffert sont, sur la rive gauche, ceux qui s'étendent de la Salpêtrière à la Monnaie, 3,8 décès à 8,4 par 1000 habitants. On constate ensuite, toujours sur la rive gauche, un foyer secondaire d'épidémie, du quartier du Gros-Caillou à celui de Plaisance, 3,7 décès à 4,3 pour 1000 habitants.

Sur la rive droite, l'épidémie a sévi particulièrement dans les quartiers populeux de Saint-Merri, du Mail, de Saint-Gervais, des Halles, des Enfants-Rouges et Bonne-Nouvelle. Dans ces quartiers, les plus denses de Paris, l'épidémie a pu facilement se propager et faire de sérieux ravages. Il est à remarquer que la mortalité des quartiers de la Monnaie et de la Sorbonne, là où l'on compte encore le plus de petites ruelles et la plus grande densité de la population, que l'épidémie d'influenza a fait le plus de victimes. En dehors de ces foyers principaux, nous remarquons que, du quartier du Pont-de-Flandre (4,1 décès par maladies des voies respiratoires sur 1000 habitants) à ceux de la Roquette et de Bel-Air, l'épidémie a fait de très sérieux ravages (4 décès par 1000 habitants en moyenne).

Quant aux quartiers qui ont le moins souffert, ils se trouvent surtout à l'ouest et dans le centre. Nous remarquons parmi eux surtout des quartiers riches, ceux de la Porte-Dauphine (2 décès par 1000 habitants), du faubourg du Roule (1,7 décès), des Champs-Élysées (2 décès), des Invalides (1,8 décès).

On peut dire, en résumé, que si toutes les classes de la société parisienne ont paru également éprouvées, il n'en est pas de même des quartiers; l'ouest et une partie du centre, de la Porte-Saint-Denis à la Madeleine, ont été relativement bien moins maltraités que le nord-est et le sud-ouest. Les agglomérations de population ont certainement attiré et aggravé l'épidémie d'influenza, comme cela a été toujours remarqué pour les autres épidémies. Notre statistique prouve donc, une fois de plus, la nécessité qu'il y aurait, au seul point de vue de l'hygiène, d'éclaircir la population là où elle est trop dense, au moyen de larges voies (comme l'avenue de l'Opéra, qui a assaini, il y a une quinzaine d'années, toute la partie de la rive droite qui s'étendait de la rue Saint-Honoré à l'Opéra), et de créer enfin le chemin de fer métropolitain, qui conduirait au centre de Paris, en quelques minutes, la population active des faubourgs et de la banlieue.

V. TURQUAN.

ART MILITAIRE

Le nombre et la valeur dans le combat d'artillerie.

M. Stephanos a exposé, dans un article récent de la *Revue*, et sous un pseudonyme transparent pour ses amis, un brillant essai de théorie mathématique de la bataille moderne.

Il est arrivé à un résultat désespérant pour les malheureux qui n'ont pas de triple alliance à leur disposition.

Le nombre serait, à l'entendre, le facteur pour ainsi dire tout-puissant de la victoire, et l'on pourrait exprimer l'égalité de valeur de deux armées, abstraction faite du commandement supérieur, par la formule

$$c \, \pi \, n^1 = c' \, \pi' \, n'^1,$$

$c \, c' \, \pi \, \pi' \, n \, n'$ exprimant respectivement le courage, l'instruction, le nombre des deux adversaires.

Si l'on admet les prémisses posées par l'auteur, son raisonnement est inattaquable, et il est juste, en effet, en supposant qu'il y a en présence deux infanteries seulement auxquelles, une fois engagées sérieusement, il n'y a plus qu'à dire, suivant l'expression humoristique de M. Stéphanos: « Tirez et suivez votre caporal! »

Mais la bataille moderne n'est pas seulement cela; elle se décompose en deux parties qui sont : 1° la lutte d'artillerie pendant laquelle l'infanterie amuse simplement le tapis et se prépare à entrer en action; 2° la décision, c'est-à-dire l'effort des deux armes réunies, artillerie et infanterie, pour la conquête de la position. Nous ne parlons pas de la cavalerie, dont le rôle sur les champs de bataille nous paraît irrémédiablement réduit, en dépit des idées qui reviennent à la mode, à des escarmouches de hasard ou à des coups de désespoir inutiles.

Examinons d'abord la première partie de la bataille. Nous voulons montrer que, pour l'artillerie, les facteurs moraux c et π ont une influence colossale sur le résultat et que le nombre n'est là qu'un accessoire.

Nous faisons, comme M. Stephanos, abstraction du commandement supérieur; aussi nous ne parlerons pas du choix des emplacements par les chefs d'escadrons, question qui rentre déjà dans la tactique. Nous ne parlerons pas davantage de l'instruction des pointeurs, que nous supposerons parfaite, ce qui est vrai aujourd'hui dans les armées contre lesquelles nous sommes appelés à nous mesurer, comme dans la nôtre. Nous voulons simplement attirer l'attention sur ce qui, à notre avis, fait le fond de la puissance d'une artillerie, c'est-à-dire la valeur des capitaines commandant au point de vue du tir.

Une compagnie d'infanterie instruite, organisée, encadrée, c'est toujours 200 hommes qui tirent et qui font du mal à l'ennemi, quels que soient leurs officiers. Une batterie de campagne, au contraire, solide, instruite, prête pour la marche et pour le combat, c'est zéro, en chiffres $n = 0$, si celui qui la commande, pour une cause quelconque, ne sait pas conduire son tir. On a vu, on verra toujours des compagnies commandées par un sergent enlever une position. Mais ce qu'on a pu voir jadis, et ce qui ne se verra plus jamais, c'est six pièces de canon faisant de la bonne besogne sans officiers».

Cette vérité n'est pas ancienne ; elle ne date que du jour où la perfection du tir des pièces de campagne a permis de songer à le régler par l'observation des points de chute. En 1870, les artilleurs français n'avaient pas idée du réglage du tir; d'ailleurs le matériel ne le permettait pas. Depuis, heureusement, on a fait beaucoup de progrès. Quelques esprits chagrins trouvaient, il n'y a pas encore bien longtemps, qu'on en avait fait trop, et il n'était pas rare d'entendre dire : « Tous ces manuels de tir, c'est très joli, et cela fait bien au polygone ; mais vienne le jour de la bataille, les obus qui éclatent, les hommes qui tombent, la fumée qui cache tout ce qui se passe, il ne sera plus question de fourchette, et vous tirerez comme au bon vieux temps, droit devant vous, au petit bonheur. »

Cet avis est tout simplement la négation du rôle du capitaine d'artillerie, qui est, au contraire, une manifestation des plus élevées de l'ensemble des facultés humaines. Aujourd'hui même qu'il n'y a plus de fumée, la dernière objection sérieuse disparaît, rien n'empêche le commandant de batterie de voir ce qu'il fait; et justement, quand il aura vu un ou deux obus éclater près de lui, si à ce moment il a en face de lui quelqu'un qui s'en rende compte ; si lui-même n'est pas en mesure d'en envoyer autant et plus à son adversaire, sa batterie n'a plus longtemps à vivre : c'est l'affaire de deux minutes : le temps de recevoir une douzaine d'obus à mitraille.

Aussi nous ne pensons pas que personne nie à présent la nécessité de régler son tir, et nous ne discuterons pas davantage la question. Voyons maintenant quelles conséquences il en résulte pour la formule de M. Stephanos. Admettons une différence de 1/20 par exemple dans la valeur technique des officiers d'artillerie des deux armées adverses. On peut la traduire en disant : « L'ensemble de l'artillerie la plus habile aura réglé son tir en dix-neuf minutes, tandis que l'autre en mettrait vingt. Pendant les dix-neuf premières minutes, on ne se fait de part et d'autre qu'un mal supportable : il n'y a guère que des coups de fortune ; mais, pendant le vingtième, l'artillerie qui est en retard est irrémédiablement écrasée. Il ne faut pas plus longtemps à une batterie pour envoyer ses six coups de canon ; et pour quiconque a vu les résultats d'une salve arrivant à portée, il est clair qu'aucune force humaine ne peut tenir.

Sans doute, cela ne se passera pas rigoureusement comme nous venons de l'indiquer ; il y aura de part et d'autre des batteries qui seront réglées ; mais il n'en est pas moins vrai que la lutte d'artillerie se terminera désormais par l'écrasement de l'un des deux adversaires, ou, si l'on aime mieux, par la disparition à peu près complète de l'un d'eux en certaines parties du champ de bataille, et cela avant le grand engagement d'infanterie.

Ceci nous explique comment la formule de M. Stephanos

n'est pas juste pour le combat d'artillerie ; elle pèche par la base, car il y a des $(d\ t)$ qui ont l'importance d'un siècle et il n'est pas juste de dire : « Soit (a) l'effet destructif d'un combattant pendant le temps dt. En effet, l'unité de combat n'est pas ici le fusil manié par un homme, c'est la batterie de six pièces maniée par un capitaine, facteur essentiellement moral. De plus, le temps n'intervient pas d'une façon constante, loin de là, au point de vue des effets produits.

Un exemple fera mieux encore saisir cette vérité. Soit un groupe de trois batteries prêt à entrer en action. Le chef d'escadrons appelle la batterie-guide ; celle-ci ouvre le feu. Supposons le capitaine assez calme, assez habile, et ajoutons, pour faire plaisir aux gens qui croient à la chance, assez heureux pour régler rapidement son tir. Les deux autres batteries arrivent, prennent la hausse et l'évent de la première, et l'ennemi qui leur est opposé est détruit en moins de temps qu'il n'en faut pour l'écrire. C'est bien le cas de répéter le fameux : Veni — vidi — vici. A qui revient tout l'honneur du résultat? Au capitaine de la batterie guide; car tel autre à sa place n'eût réussi qu'à faire abîmer sa troupe et, par surcroît, celle de ses voisins.

Nous croyons donc avoir démontré pour la lutte d'artillerie l'influence formidable des facteurs moraux : sang-froid, science et habileté technique des officiers subalternes de l'arme, c'est-à-dire d'une élite de 3000 hommes, dans une armée moderne. Nous n'avons parlé que du capitaine, mais il est entendu que tous ses officiers doivent être en état de le suppléer ; et, pour le dire en passant, tout ceci donne grandement raison au renforcement des cadres de l'artillerie par la création du 3º lieutenant.

Poursuivons maintenant l'étude du combat. La première partie est terminée, c'est-à-dire qu'en certains points du champ de bataille les batteries victorieuses ont décimé leurs adversaires : elles n'ont plus devant elles rien qui gêne la liberté de leur tir.

Les grandes masses d'infanterie des deux partis se déploient peu à peu pour en venir sérieusement aux mains; les lignes de tirailleurs augmentent de densité; les réserves s'avancent pour les appuyer, et la formule de M. Stephanos leur est applicable. Sans doute ; mais de quel poids ne vient pas alors peser dans la balance l'artillerie victorieuse?

Voyez les batteries, qui n'ont plus rien à craindre de l'ennemi, tirer comme au polygone sur les masses de l'infanterie adverse, troubler ses déploiements, décimer ses réserves avant qu'elles n'aient tiré un coup de fusil, détruire avec les obus à mélinite les villages où elles pourraient être tentées de s'abriter, et qui deviennent plus dangereux que la rase campagne.

Qui oserait prétendre qu'à ce moment les 150 hommes d'une batterie ne valent que 150 fusils de la ligne des tirailleurs? Est-il possible même de fixer une limite à la puissance destructrice d'une telle troupe? C'est alors encore tout dépend du capitaine. C'est alors surtout qu'il a les occasions les plus variées d'expérimenter les méthodes de tir. Il recueille les fruits de la lutte du début, et son succès précédent n'est rien à côté de ses exploits présents.

Si affaiblie qu'on suppose l'artillerie victorieuse dans la première partie du combat, elle réserve donc de terribles surprises à l'infanterie ennemie. Que servira-t-il d'accumuler des réserves sur des points dégarnis de canons? elles seront emportées par les obus à mitraille, comme les feuilles mortes par le souffle des vents d'automne; et, en dépit de ce qu'enseignent les tacticiens d'aujourd'hui, nous reverrons dans les batailles futures les lignes enfoncées de front comme jadis, l'artillerie ouvrira la brèche et l'infanterie passera comme par une porte ouverte.

Ainsi, dans la deuxième partie de la lutte, une batterie qui n'a plus rien à craindre des pièces ennemies représente une quantité d'énergie incomparablement supérieure à son effectif réel, et cela tient à ce qu'elle est alors une force consciente et clairvoyante, libre de choisir le point où doivent se porter ses coups: c'est la suite de la supériorité qu'elle a conquise au début sur l'artillerie de l'adversaire.

La loi du nombre se trouve donc encore démentie pour la deuxième partie du combat, à cause du rôle de l'artillerie, mais le résultat obtenu par M. Stephanos n'en a pas moins une haute portée philosophique.

Il est juste pour l'infanterie, c'est-à-dire qu'en admettant des conditions d'instruction et d'armement à peu près pareilles — ce qui est vrai pour toutes les armées européennes — le nombre a une influence prépondérante pour la victoire, en dépit du courage. C'est que dans le combat moderne en ordre dispersé, l'individualisme reparaît. L'infanterie une fois engagée, c'est la foule que personne ne peut pousser ni retenir; elle oscille d'avant en arrière ou réciproquement, suivant une perpendiculaire à son front, l'influence tactique des chefs n'existe plus, tout au plus peuvent-ils prêcher d'exemple; un capitaine qui a toute sa compagnie sur la ligne de tirailleurs n'a rien de mieux à faire que de prendre le fusil d'un blessé et de tirer comme ses soldats.

S'il s'agit au contraire de l'artillerie, tout change. Nous pensons avoir montré la prodigieuse influence du sang-froid, de l'habileté, des connaissances techniques des officiers de batteries. Cette arme nous apparaît donc comme la véritable personne morale des batailles futures. Pour elle seule, la valeur d'une élite limitée peut et doit faire échec à la loi brutale du nombre.

Sans doute, l'infanterie est la reine des batailles, puisqu'elle a par sa nature même le suprême honneur d'occuper la première les positions conquises; mais, comme la reine d'Angleterre, elle règne et ne gouverne pas. Sa royauté est toute constitutionnelle.

L'artillerie est donc l'arbitre du combat moderne. Il nous reste à souhaiter, en terminant, que tous ses officiers soient bien pénétrés de la terrible responsabilité qui leur incombe, et que, le jour venu, aucun d'eux ne soit au-dessous de sa tâche.

Y***

ZOOLOGIE

THÈSES DE LA FACULTÉ DES SCIENCES DE PARIS

Mˡˡᵉ FANNY BIGNON.

Contribution à l'étude de la pneumaticité chez les oiseaux.

Les auteurs classiques décrivent chez les oiseaux un système de sacs ou réservoirs aériens qui reçoivent l'air des poumons avec lesquels ils communiquent par un ou plusieurs orifices et qui le transmettent aux os, dépourvus, pour la plupart, de substance médullaire.

Ces réservoirs ont été décrits par M. Sappey (1) et par Campana (2). Toutefois, ces auteurs n'ont décrit que les sacs du tronc et des membres, et cela chez un petit nombre d'espèces; en outre, ils n'ont pas étudié la pneumaticité de la tête. Le premier affirme que « les os du crâne n'ont aucune communication avec l'appareil respiratoire. Le second, s'appuyant sur les assertions des auteurs, élimine complètement de son travail l'étude de la région céphalique : « Comme le poumon n'envoie pas d'air aux os, dit-il, soit du crâne, soit de la face, chez le coq domestique, ils ne rentrent pas dans mon sujet. » Et plus loin, il ajoute : « Nous éliminons le pneumatisme qui est sous la dépendance de la trompe d'Eustache et qui, par suite, n'est point particulier aux oiseaux (3). »

En 1879, M. R. Boulart (4) en, étudiant un marabou, oiseau dont la pneumaticité est remarquablement développée, surtout dans la région cervicale, découvrit chez lui un sac cervical pair, sans communication avec le système pulmonaire; il indiqua plus tard la présence d'un sac semblablement placé chez le Fou de Bassan (5); mais il n'en donna pas la description. Enfin, il signala le même sac chez le *Calao rhinocéros*.

La description complète de l'appareil respiratoire de cet oiseau fut donnée plus tard par M. Alph. Milne-Edwards (6).

Mˡˡᵉ Bignon a retrouvé ce système chez beaucoup d'oiseaux. Profitant des nombreux spécimens des groupes les plus différents qui ont été mis à sa disposition par M. Pouchet au Laboratoire d'anatomie comparée du Muséum, elle s'est appliquée à l'étude des cellules aériennes de la tête et des sacs cervicaux qui en dépendent; elle a établi leurs rapports avec le squelette et avec le système aérifère anciennement connu. Par l'injection de gélatine colorée poussée

(1) *Mémoires de la Société zoologique de France*, 1889.

(2) *Recherches sur l'appareil respiratoire des oiseaux;* Paris, 1847.

(3) *Recherches d'anatomie, de physiologie et d'organogénie pour la détermination des lois de la genèse et de l'évolution des espèces animales*, Paris, 1875.

(4) Boulart, *Note sur un système particulier de sacs aériens* (*Bull. de la Soc. philom.*, 1879.)

(5) Boulart, *Journal de l'anat. et de la physiol.*, 1879.

(6) A. Milne-Edwards, *Sur les sacs respiratoires du Buceros Rhinocéros.* (*Comptes rendus de l'Acad. des sc.*, 1885.)

dans les fosses nasales, elle a mis en évidence un système de réservoirs communiquant avec ces cavités par l'intermédiaire de la cellule sous-oculaire, s'étendant parfois de la base du crâne jusque dans la région cervicale et dans les membres (*Buceros convexus, Cathartes atratus*) et donnant de nombreux diverticules inter-musculaires et sous-cutanés.

C'est par les sacs de ce système que sont pneumatisés les cellules du bec, la caisse du tympan et les autres parties aérifères du crâne et de la face.

L'auteur désigne ce nouveau système pneumatique du nom de *cervico-céphalique*. Il présente un grand développement chez des oiseaux appartenant à tous les groupes : rapaces (*Cathartes atratus*), psittacidés (*Cacatua Leadbeateri, C. sulphurea, Conurus carolinensis*, etc.), passereaux (*Buceros convexus*), palmipèdes (*Sulo Bassana, Diomedea fuliginosa, Pelecanus onocrotalus*), échassiers (*Ciconia alba, Tantalus, Ibis*, etc.). Tous les oiseaux en possèdent un rudiment.

Parmi les espèces dont la pneumaticité est très développée, les unes ont les deux systèmes aérifères distincts, le pulmo-trachéen et le cervico-céphalique seulement en rapport avec les fosses nasales, de sorte qu'on ne peut les injecter par la trachée, et qu'il faut pousser l'injection par les fosses nasales ou par la fente sphéno-palatine ou même par la caisse du tympan (*Ciconia, Sulo*).

Les autres, comprenant l'*Urubu* et les Bucérotidés, présentent les deux systèmes, mais en communication l'un avec l'autre, de sorte qu'on peut les injecter tous deux indifféremment soit par la trachée, soit par les fosses nasales, ou même par l'une quelconque des cellules.

La communication entre les deux systèmes se fait, soit largement, par les sacs cervicaux de Sappey et la portion inférieure des sacs cervico-céphaliques, comme chez *Buceros*, soit par l'intermédiaire des sacs vertébraux, comme chez *Pelecanus onocrotalus*.

Les Bucérotidés présentent des diverticules aérifères qui s'étendent jusqu'aux extrémités des membres. *Cathartes atratus* n'en possède que dans le membre supérieur ; *Sulo Bassana* n'en présente que dans le membre inférieur.

La pneumaticité du tissu cellulaire sous-cutané avait été signalée chez le pélican par plusieurs observateurs (Méry, Hunter, Owen, etc.), et M. A. Milne-Edwards a prouvé expérimentalement la communication de ce tissu avec les poumons [1]. Mlle Bignon a décrit chez plusieurs autres oiseaux un système de cellules sous-cutanées, très vaste chez *Sulo Bassana*. Chez certaines espèces, ces cellules sont développées sur toute la surface du corps de l'oiseau ; chez d'autres, elles sont localisées sur quelques points de la tête, du cou et des membres ; tantôt elles sont en communication avec le système pulmo-trachéen, tantôt avec le système cervico-céphalique, tantôt avec les deux.

[1] Alph. Milne-Edwards, *Observations sur l'appareil respiratoire de quelques oiseaux*. (*Ann. des sc. nat. zool.*, III, 1865.)

Du Traitement des aliénés dans les familles,
par M. Ch. Féré. — Un vol. in-18 de 168 pages; Paris, Alcan, 1889.

M. Féré a développé, en un petit volume, la thèse qu'il a exposée ici même il y a quelques années, à propos de la colonie de Ghell, sur les avantages que peut procurer le régime familial dans le traitement des aliénés de certaines catégories, tant au point de vue de l'économie à réaliser par l'État qu'à celui du bénéfice même des malades [1]. On sait maintenant que la vie en commun parmi d'autres malades est peu compatible avec le traitement de quelques vésanies susceptibles de guérison ou d'amélioration, et que les distractions, les occupations, les exemples, c'est-à-dire les influences psychiques, constituent à peu près tout le traitement rationnel de ces maladies. L'isolement qui convient dans ces cas est en effet relatif : il ne consiste pas précisément à faire vivre le malade dans la solitude, mais il consiste — selon la formule si vraie d'Esquirol — à soustraire l'aliéné à ses habitudes, en l'éloignant des lieux qu'il habite, en le séparant de sa famille, en changeant toute sa manière de vivre ; surtout, il est important de ne pas lui donner le contact d'autres aliénés. Dans les asiles, cette indication ne peut être réalisée que par la séquestration ; mais alors la seconde indication, qui consiste à distraire, à occuper le malade, à le suggestionner par les exemples du milieu ambiant, ne peut plus être remplie. Lors donc que la séquestration n'est pas nécessaire — et elle l'est assez rarement — le système du patronage familial réalise de tous points la formule thérapeutique que nous venons de donner, et a en outre l'avantage de pouvoir s'appliquer également aux aliénés incurables et inoffensifs, qui sont assez nombreux dans les asiles pour qu'on puisse réaliser des économies sérieuses en leur appliquant le même système.

Quant aux maladies mentales curables pour lesquelles ce régime est particulièrement indiqué, ce sont, d'après M. Féré, les troubles hystériformes caractérisés par des altérations affectives, un dégoût pour la discipline, les occupations ordinaires et pour l'alimentation ; puis la neurasthénie ou épuisement nerveux, dans l'étiologie de laquelle, à côté des traumatismes et des chocs nerveux, le surmenage sous toutes ses formes joue un rôle important ; enfin, les psychonévroses infantiles ; car bien souvent, comme le fait remarquer M. Weir Mitchell, les mères sont plus difficiles à mener que les enfants, et, en se soumettant aux moindres désirs de ceux-ci, elles font fréquemment d'une affection légère une maladie incurable. Les épileptiques à accès peu fréquents et sans impulsions dangereuses pourraient aussi profiter de l'isolement dans les habitations privées. En outre, comme les folies toxiques et celles qui se développent dans des conditions spéciales, comme la puerpéralité, ont beaucoup de chance de ne pas se reproduire si l'on peut éloigner

[1] Voir la *Revue scientifique* du 4 novembre 1887, p. 586.

les circonstances qui les ont provoquées, elles mériteraient d'une façon toute particulière d'être traitées en dehors des asiles, pour éviter la publicité et le souvenir d'un accident passager.

Le régime familial a d'ailleurs fait ses preuves à l'étranger : partout, il a donné d'excellents résultats. Ainsi, en Écosse, il est pratiqué sur une grande échelle, et est même appliqué aux aliénés criminels supposés guéris. En Angleterre, il existe, au voisinage d'un certain nombre d'asiles fermés, des colonies où les malades sont soignés en général dans des familles de cultivateurs dont ils partagent le régime et les travaux. En Belgique existe depuis plusieurs siècles ce fameux village de Gheel, dont la plupart des habitants se sont transformés en nourriciers et en infirmiers spéciaux pour les aliénés qui vivent au milieu d'eux dans une liberté aussi complète que peut le comporter leur état. En Allemagne, les colonies annexées aux asiles existent depuis plusieurs années, et en France fonctionnent quelques fermes-asiles du type de l'établissement de Clermont (Oise). Celui-ci, pendant qu'il était dirigé par une administration privée, a même été un bel exemple de l'économie que l'on peut réaliser par une bonne organisation du travail ; mais on a pu lui reprocher de surmener ses pensionnaires, et c'est là un écueil qu'il faut savoir éviter. Enfin, le patronage familial a été introduit en 1885 aux États-Unis.

En somme, la réforme du régime des aliénés, qui s'est opérée à la fin du siècle dernier, a eu surtout pour but de constituer pour ces malades, alors en butte aux mauvais traitements et à la moquerie publique, des *asiles* où l'on se préoccupa surtout de leur sécurité et des soins hygiéniques qui leur convenaient. Mais il y a encore mieux à faire : il ne faut pas seulement protéger les aliénés, il faut aussi les traiter, et pour cela l'asile est toujours insuffisant et souvent nuisible. C'est donc le régime familial qui s'impose, et nous souhaitons avec M. Féré que ce système d'assistance appelle l'attention des pouvoirs publics de notre pays, surtout à une époque de crise industrielle et agricole, alors qu'on trouverait sans doute nombre de paysans disposés à augmenter leurs ressources en acceptant la surveillance de malades inoffensifs et utilisables.

Les Aliénés et les Asiles d'aliénés, par M. JULES FALRET. Un vol. in-8° de 564 pages ; Paris, J.-B. Baillière, 1890.

Aux lecteurs qui seront curieux de plus amples détails sur les asiles d'aliénés, nous signalerons l'ouvrage que vient de donner M. Jules Falret, en réunissant toute une série d'études publiées en divers recueils dans ces vingt dernières années.

M. Falret a eu le mérite d'être un des premiers à faire connaître en France la colonie d'aliénés de Gheel, dont nous venons de parler, et d'en faire valoir tous les avantages ; et le volume dont il s'agit débute précisément par une étude très détaillée de l'organisation de cette colonie. Lui faisant suite, on lira avec intérêt, à propos des divers modes d'assistance applicables aux aliénés, la description de l'asile mé-

dico-agricole de Leyme (Lot), qui, ainsi que celui de Clermont, tenait à peu près, au point de vue de l'organisation, le milieu entre la colonie de Gheel et les asiles ordinaires.

On trouvera en outre dans cet ouvrage d'intéressantes études sur la responsabilité légale des aliénés, sur les dangers de la consanguinité, etc. Les notions que nous avons sur ces sujets ont fait quelques progrès depuis l'époque où l'auteur a écrit ces études. Ainsi, l'on tend aujourd'hui à distinguer la responsabilité morale, qui ne s'accorde guère avec la connaissance des maladies de dégénérescence et avec la doctrine physio-psychologique des rapports du physique et du moral, de la responsabilité matérielle qui, dans la pratique, peut lui être avantageusement substituée. On s'accorde également à considérer la consanguinité comme agissant, non par elle-même, mais seulement comme cas particulier d'hérédité morbide, question qui n'est pas encore résolue dans le mémoire de M. Falret, qui date de 1865. Mais, malgré ces progrès, ces études con ervent leur intérêt, par l'abondance de leurs documents et la personnalité bien marquée de l'auteur.

Hygiène et traitement des maladies mentales et nerveuses, par M. P.-J. KOVALEVSKY. — Un vol. in-12 de 272 pages ; Paris, Alcan, 1890.

Entre les aliénés dont s'occupe M. Féré, et pour lesquels il réclame la soustraction aux influences de leur milieu habituel, les travaux manuels, la discipline et la règle d'une famille étrangère de nourriciers et d'infirmiers dressés à cette intention, entre ces aliénés spéciaux et les individus sains d'esprit, il y a l'innombrable série des grands déséquilibrés, plus ou moins voisins de la folie, dangereux parfois, insupportables toujours pour leur entourage, malades d'ailleurs fort dignes d'intérêt et de pitié, malgré leur apparence de santé, et auxquels, dans une mesure atténuée, doit s'appliquer un traitement hygiénique et moral comparable à celui des aliénés proprement dits.

Toutes ces névroses, ces psychoses, comme l'on dit maintenant, toutes ces maladies du caractère sont en effet sous l'influence de l'hérédité, ce sont des tares de dégénérescence et, contre elles, la thérapeutique ordinaire des médecins est impuissante. Ce qu'il faut, c'est instituer une sorte d'orthopédie par le régime, les habitudes, l'exemple ; c'est corriger par l'alimentation, par l'exercice, par les occupations intellectuelles de chaque jour, dirigés dans un sens donné, le mal que les générateurs de ces malades ont réalisé dans leurs descendants par des influences de même ordre, mal dosées et mal dirigées.

C'est au traitement hygiénique de ces déséquilibrés que l'étude de M. Kovalevsky est en partie consacrée, et les conseils qu'il donne — et sur lesquels nous n'avons pas à insister — nous ont paru en général fort sages, bien que parfois certains détails rappellent que l'auteur est professeur d'une Université russe, c'est-à-dire vit dans un milieu bien différent du nôtre. M. Kovalevsky passe successivement en revue l'alimentation, les vêtements, les exercices qui conviennent aux névrosés des diverses espèces ; il pose les indications de l'hydrothérapie, de la kinésithérapie et de l'électrothérapie; enfin il insiste sur le traitement psychique. Nous avons été surpris de ne trouver, dans ce dernier chapitre, aucune mention de la suggestion hypnotique. Nous savons aujourd'hui que ce traitement est des plus efficaces contre tous les troubles nerveux ou mentaux qui relèvent de l'hystérie ou de la neurasthénie, et qu'il est même le plus souvent le seul dont on puisse attendre quelque bénéfice. C'est une lacune qui est d'autant plus regrettable dans une étude de cette nature, qu'elle est absolument inexplicable, et qu'elle concerne le moyen le plus sérieux à opposer aux névroses de dégénérescence. Serait-on en retard à l'Université de Kharkoff, au point de ne pas croire à l'hypnotisme et à la suggestion, ou de ne pas en oser parler?

Cette critique faite, nous signalerons particulièrement la recommandation que M. Kovalevsky fait du travail physique, manuel, comme moyen hygiénique, orthopédique, moralisateur et pédagogique. L'auteur se rencontre ici avec M. Féré, dont il partage également les idées sur les bienfaits du patronage familial des aliénés.

Histoire naturelle des cétacés des mers d'Europe, par M. P.-J. van Beneden. — Un vol. in-8° de 664 pages; Bruxelles, Gayez, 1889.

Cet ouvrage de M. van Beneden comprend une série de monographies très complètes concernant les cétacés des mers d'Europe, c'est-à-dire ceux qui, tôt ou tard, peuvent échouer depuis les côtes de Norwège jusqu'au détroit de Gibraltar, ou se perdre dans les mers intérieures, soit la Baltique, soit la Méditerranée et la mer Noire. L'auteur a, bien entendu, fait aussi l'histoire de la baleine franche, quoique celle-ci, inconnue des naturalistes avant le XVII° siècle, ne quitte jamais les glaces polaires. C'est en effet la baleine des Basques qui était, seule, l'objet d'une pêche régulière dans les eaux tempérées.

L'auteur rappelle d'ailleurs que la baleine franche doit son nom à ce fait, que son cadavre reste flottant à la surface de la mer, tandis que celui des autres baleines va au fond jusqu'au moment où les gaz résultant de la putréfaction le ramènent à la surface.

Le grand intérêt de l'étude de M. van Beneden n'échappera pas aux naturalistes. Chaque fois qu'un cétacé échoue quelque part, on trouve, en effet, de grandes difficultés à le déterminer, difficultés qui tiennent à ce que la nomenclature est loin d'être fixée et que les caractères distinctifs des espèces sont, en général, très vaguement indiqués. C'est donc une véritable lacune que comble cet ouvrage.

M. van Beneden a fait le relevé de toutes les espèces observées dans les mers d'Europe, consacrant à chacune d'elles une partie historique, établissant leur synonymie avec les noms locaux, indiquant les caractères propres qui les distinguent, les mœurs de chacune d'elles, la mer ou les mers qu'elles fréquentent, les musées qui en renferment des squelettes, les dessins qui les représentent. Enfin il a fait suivre ces principaux chapitres d'une étude des parasites ou des commensaux qui les hantent.

L'auteur a divisé les cétacés en trois groupes bien distincts les uns des autres par leur organisation, chacun de ces groupes présentant d'ailleurs une distribution géographique spéciale : les baleines, avec leurs fanons, qui sont confinées, les unes étroitement dans des mers bien limitées — les baleines véritables; — les autres — les mégaptères et les balénoptères — qui se rendent librement d'un océan à l'autre; les ziphioïdes, avec leurs dents à la mâchoire inférieure seule, qui sont tous orbicoles, à l'exception d'un seul, l'Hyperoodon; les delphinides, qui possèdent des dents à la mâchoire supérieure aussi bien qu'à la mâchoire inférieure, et qui sont disséminés dans toutes les mers. A ces groupes, il faut ajouter quelques formes ancestrales qui sont confinées dans les fleuves des régions tropicales en Amérique, en Asie et en Afrique.

En somme, l'ouvrage de M. van Beneden est un important chapitre d'histoire naturelle qui était à écrire, et il l'a été par un des savants les plus compétents.

Manuel de conversation en trente langues, par M. Poussié. — Un vol. de 224 pages; Paris, Le Soudier, 1890.

Voici un petit livre qui est unique en son genre; c'est un vocabulaire, suivi d'une série de phrases usuelles, en *trente* langues. Ces langues sont le français, le latin, le grec moderne, le breton, le basque et les autres langues européennes, l'arabe, le persan, l'hindoustani, l'arménien, le cambodgien, l'annamite, le chinois, le japonais, le malais, le wolof; le volapük à l'honneur de clore la marche. Le classement de ces langues est d'ailleurs logique, suivant autant que possible l'ordre de groupement autour de la langue mère.

Mais ce n'est pas là qu'un simple dictionnaire, car l'auteur a su condenser en quelques pages, au commencement de son livre, toutes les indications grammaticales indispensables pour arriver à construire rapidement, en ces diverses langues, des phrases intelligibles.

M. Poussié a passé sa vie à voyager, et ce travail, qu'il offre aujourd'hui aux voyageurs, est celui même auquel il s'est livré pour pouvoir se tirer d'affaire en tout pays et en toutes circonstances; aussi chaque partie en a-t-elle été composée dans le pays même, avec les termes usuels et indispensables. Ce manuel devra donc rendre à ceux qui s'en serviront les mêmes services qu'il a rendus à son auteur, et remplacera, assurément avec avantage, sous un petit volume, toute la collection des guides de conversation, rédigés le plus souvent par des voyageurs en chambre, et dont on est parfois tenté de s'encombrer au départ.

Il faut féliciter l'auteur d'avoir entrepris et mené à bonne fin ce véritable travail de bénédictin.

ACADÉMIE DES SCIENCES DE PARIS

28 JUILLET — 4 AOUT 1890.

ASTRONOMIE. — M. **Stéphan** adresse une note comportant les observations, l'orbite et l'éphéméride de la comète découverte par M. Coggia, à l'Observatoire de Marseille, le 18 juillet dernier, comète assez brillante, ronde, d'un diamètre de 2' environ, avec un peu de condensation centrale.

Ces observations ont été faites, du 18 au 25 juillet, par MM. Coggia et Borrelly, soit avec le chercheur parallactique, soit surtout avec l'équatorial Eichens, dont l'ouverture mesure 0m,258.

— Cette même comète est l'objet d'une note transmise par M. G. Rayet, qui comporte les observations faites, les 21 et 26 juillet, au grand équatorial de l'Observatoire de Bordeaux, par MM. **Picart** et **Courty**. Les deux savants astronomes font remarquer que la comète était assez difficile à observer dans la grande clarté du nord-ouest du ciel.

— Enfin Mlle D. **Klumpke** s'est également occupée à observer la comète Coggia à l'Observatoire de Paris, à l'équatorial de la tour de l'Est, les 21, 22, 23 et 24 juillet. La note que M. l'amiral Mouchez présente en son nom contient les positions apparentes de la comète et les positions des étoiles de comparaison. Elle fait aussi remarquer que le 21 juillet la comète était fort brillante, présentant une nébulosité ronde avec un noyau de condensation de dixième à onzième grandeur et se distinguant facilement dans le chercheur de 10 centimètres d'ouverture, le lendemain, par contre, l'observation était très difficile à cause de la faible hauteur de l'astre, et le noyau de la comète se voyait à peine.

— D'autre part, MM. **Rambaud** et **Sy** communiquent les observations qu'ils ont faites, du 17 au 22 juillet 1890, de la nouvelle planète Charlois, à l'équatorial coudé et au télescope Foucault de l'observatoire d'Alger. Leur note comporte aussi les positions des étoiles de comparaison et les positions apparentes de la planète.

— M. A. *de La Baume-Pluvinel* rend compte de la mission dont il avait été chargé par le ministère de l'Instruction publique, à l'effet d'aller observer, dans l'île de Crète l'éclipse annulaire de soleil du 17 juin dernier, et, plus spécialement, d'analyser, par le spectroscope, la lumière des bords du soleil.

Or l'éclipse a été observée par lui dans des conditions atmosphériques particulièrement favorables ; la pureté de l'air était telle, que l'on a pu voir des étoiles au moment de la phase annulaire, et la diminution de la lumière a été accompagnée d'un abaissement de température de 6 degrés. D'autre part, les photographies prises de façon à obtenir un spectre aussi pur que possible des rayons émis par l'extrême bord du disque solaire, c'est-à-dire en profitant du moment où le soleil se trouvait réduit à un anneau étroit, ont parfaitement réussi et démontrent que le spectre de l'extrême bord du soleil est identique au spectre du centre. M. Janssen n'a pu découvrir, dans l'examen des clichés rapportés par M. de La Baume-Pluvinel, aucune trace des bandes d'absorption de l'oxygène. Il semble donc, par suite, que si l'oxygène existe dans l'atmosphère solaire, il ne s'y trouve pas dans les conditions requises pour produire les phénomènes d'absorption auxquels donne lieu notre atmosphère et que l'on peut reproduire dans les expériences de laboratoire.

— M. A. **Fortin** adresse une note sur la réapparition d'une tache solaire qui lui sembla annoncer une tempête pour le 29 juillet. D'après l'auteur, cette grosse tache du sud, qui est accompagnée de nombreuses petites taches, avait déjà été cause des tempêtes des 2 et 3 juillet. Il l'avait également signalée en juin, en mai, en avril, en mars et en janvier ; et, chaque fois, son apparition avait coïncidé avec des tempêtes constatées. Elle a toujours été précédée d'une période d'activité solaire qui la devance de cinq à six jours et qui a été indiquée par le magnétomètre.

PHYSIQUE DU GLOBE. — D'une lettre adressée à M. l'amiral Mouchez par le P. Colin, directeur de l'Observatoire de Tananarive, il résulte que, depuis le 1er janvier 1890 jusqu'au mois de juin, cinq tremblements de terre ont été ressentis à Madagascar.

Le premier a eu lieu le 16 février, à 7h 45m du soir, à Betafo, village situé au sud-ouest de Tananarive et à 120 kilomètres environ de la capitale ; sa durée fut de huit secondes, sa direction fut d'est à ouest. — Le 21 du même mois, à 2h 30m du matin, deux secousses sussultoires peu intenses furent ressenties dans la capitale ; elles ne durèrent que quelques secondes. Le 29 mars suivant, seize jours après une éruption assez considérable du volcan de l'île de la Réunion, une légère ondulation du sol à Tananarive, d'est à ouest, suivie le lendemain 30 d'un mouvement sussultoire. Le 23 mai, à Fianarantsoa (à 400 kilomètres environ au sud de la capitale), tremblement de terre d'une durée d'une minute à peu près sans direction signalée.

L'auteur de la note fait remarquer que cette dernière ville et Tananarive sont bâties sur un terrain primitif, tandis que Betafo est situé sur un terrain d'origine volcanique.

CHIMIE. — Dans une précédente note, M. P. **Marguerite-Delacharlonny**, s'appuyant sur l'analyse des produits crisulisés qu'il avait obtenus, a montré que l'hydrate, type du sulfate d'alumine neutre, pouvait être obtenu en cristaux réunis et que sa formule devait être écrite $Al^2 O^3 3 SO^3, 16 HO$ a lieu de la formule anciennement admise $Al^2 O^3 3 SO^3, 18 HO$.

a nouvelle étude qu'il a été mis à même de faire sur des produits naturels remarquablement cristallisés, exposés l'an dernier dans le pavillon de la Bolivie, confirme absolument ces conclusions.

— Les nombreux observateurs qui, après Biot, ont abordé l'étude du pouvoir rotatoire des solutions de camphre, paraissent avoir négligé l'examen des huiles camphrées qui, de toutes ces solutions, comptent cependant parmi les plus usuelles. Désireux de savoir si ces solutions présentent des particularités analogues à celles qui ont été élevées dans les autres, et espérant, en tout cas, tirer de cette recherche un moyen pratique de dosage, M. P. Chabot a entrepris leur examen polarimétrique. Il a préparé des solutions à des titres graduellement croissants de camphre sur dans les trois huiles les plus communes, savoir : l'huile d'olives, l'huile d'amandes douces et l'huile de graines prises dans un état de pureté aussi grand que le commerce peut la fournir), en se plaçant dans les conditions de la pratique pharmaceutique. Il a constaté ainsi que les rotations produites par ces solutions étaient très sensiblement proportionnelles à leur richesse ; les formules qu'il a obtenues lui ont permis de calculer alors les proportions de camphre contenues dans les solutions saturées des trois huiles examinées, qui a trouvé ainsi pour la richesse en camphre de chacune des huiles :

26.963 pour 100. . . .	Huile d'olives camphrée à saturation.	
28,33 —	. . . . Huile d'amandes —	—
27,10 —	. . . . Huile de graines —	—

En tenant compte de la légère rotation due à l'huile, M. Chabot a calculé, à l'aide d'une formule connue, le pouvoir rotatoire moléculaire du camphre dans chacune des huiles et à divers états de dilution, et a vu que ce pouvoir varait très peu avec la dilution dans les huiles camphrées, que, contrairement à ce que l'on avait observé dans les autres solutions de cette substance, ce pouvoir rotatoire, conformément à la règle générale, augmente à mesure que la dilution devient plus grande.

— M. G. Massol étudie dans deux notes différentes : les malonates acide et neutre de lithine dont il calcule la chaleur de neutralisation et la chaleur de formation ; le malonate d'argent $C^3 H^2 O^2 Ag^2$ que l'on obtient en poudre blanche, légèrement jaunâtre et cristalline, par ouble décomposition entre le malonate de potasse et le nitrate d'argent avec dégagement de chaleur.

— Des nouvelles recherches de MM. Ph. Barbier et L. Roux sur la dispersion dans les composés organiques, il résulte que :

1° Les pouvoirs dispersifs des acides gras normaux baissent avec la complication moléculaire. L'acide formique présente seul une irrégularité qui disparaît quand on considère, au lieu des pouvoirs dispersifs, les pouvoirs dispersifs spécifiques.

2° Les pouvoirs dispersifs spécifiques des composés isomériques sont à peu près les mêmes, ceux des acides non normaux étant toutefois légèrement inférieurs à ceux des acides normaux.

3° Les différences entre les valeurs successives des pouvoirs dispersifs spécifiques moléculaires sont sensiblement constantes et égales à 7,8 environ.

— Parmi les impuretés qui accompagnent l'alcool dans les eaux-de-vie et dans les flegmes industriels, on a signalé à plusieurs reprises le furfurol ; mais on ne paraît pas s'être préoccupé jusqu'à présent de savoir si ce furfurol prenait naissance accidentellement ou s'il constituait un produit nécessaire de la fermentation alcoolique, figurant, au même titre que la glycérine, l'acide succinique, l'acide acétique et autres produits dans le phénomène général de la décomposition du sucre par la levure. Cette lacune est aujourd'hui comblée par les expériences de M. L. Lindet, qui démontrent que, contrairement à l'assertion des auteurs, tous les alcools commerciaux ne sont pas accompagnés de furfurol, un certain nombre seulement en contiennent, tandis que d'autres en sont totalement dépourvus, et que ce furfurol constitue une impureté accidentelle et doit être rayé des produits de la fermentation normale.

— M. Albert Baur a observé qu'en traitant l'isobutyltoluène par un mélange d'acide nitrique et d'acide sulfurique, on obtient un produit cristallisé possédant une odeur de musc extrêmement prononcée. Ce nouveau produit ou musc artificiel ne possède pas de propriétés toxiques ; des lapins ont pu en absorber plusieurs décigrammes par injection sous-cutanée et plusieurs grammes par l'estomac, sans ressentir aucun malaise.

— M. E. Gérard adresse une note sur un nouvel acide gras retiré de l'huile de deux semences de Datura Stramonium. Ce produit vient remplir une place restée vacante jusqu'ici dans la série des acides gras d'origine naturelle. C'est bien un principe défini et exempt de tout mélange, car l'auteur n'a pu le dédoubler en d'autres acides gras d'un point de fusion différent. Cet acide cristallise dans l'alcool en aiguilles fondant à 55°. Sa composition élémentaire répond à la formule $C^{14} H^{34} O^4$, formule qui est confirmée par l'étude des sels de baryte, de zinc et de magnésie, ainsi que par celle de son éther éthylique. M Gérard propose pour cet acide le nom d'acide daturique.

PHYSIQUE. — M. Charles Henry présente un nouveau thermomètre centigrade, construit avec toute la précision requise par la Société centrale des produits chimiques, et qui présente, outre la graduation vulgaire, une graduation déduite du principe de Carnot, dont les degrés sont, comme on sait, une fonction logarithmique complexe des degrés vulgaires. Le nouveau thermomètre est vraiment un « thermomètre physiologique », puisqu'il résulte des expériences de l'auteur qu'il y a anesthésie relative de la sensibilité thermique chaque fois que les mains sont plongées dans deux températures exprimées, dans le nouveau système, par certains nombres entiers ou fractionnaires simples indiqués sur l'appareil, que l'auteur appelle rythmiques, correspondent à des actions analogues dans d'autres domaines de la sensibilité chaque fois que, sous une forme plus ou moins directe, ils caractérisent une variation d'excitation. La conséquence pratique qui ressort de ces recherches est que s'il n'est pas indifférent de prendre un bain à deux températures, même très voisines ; en général, les sujets hyperesthésiés devront prendre les bains à des températures rythmiques, puisqu'elles sont calmantes L'auteur mesure l'anesthésie déterminée par des températures, en notant la grandeur de l'intervalle nécessaire pour la sensation d'une différence entre ces tempéra·tures.

PHYSIOLOGIE. — *M. Christian Bohr* continue l'étude de l'hémoglobine; voici les conclusions de ses nouvelles recherches :

1° L'hémoglobine provenant des différents échantillons de sang peut varier;

2° L'hémoglobine d'un seul échantillon n'est pas homogène, mais se compose d'un mélange de différentes hémoglobines; car, bien que ce soit une séparation bien incomplète, on arrive, par cristallisation et dissolution fractionnée, à la séparer partiellement en solutions d'hémoglobine qui absorbent des quantités d'oxygène différentes;

3° Il est impossible de dire si les oxyhémoglobines qui se trouvent dans la matière colorante cristallisée du sang sont identiques avec celles qui ont été déjà décrites sous le nom d'*oxyhémoglobines* (1) α, β, γ et δ, et, dans ce cas, avec lesquelles, ou s'il y a d'autres modifications analogues d'hémoglobine.

MICROBIOLOGIE. — Il appartient à M. Bouchard d'avoir montré que la diapédèse qui se produit dans certaines conditions, en particulier lorsqu'on inocule du virus actif sous la peau d'un animal vacciné contre le bacille pyocyanique, cesse d'avoir lieu ou du moins est retardée, atténuée, si on injecte les cultures stérilisées de ce microbe dans la circulation générale. Quel est le mécanisme de cette action d'arrêt? Les expériences que M. Charrin a réalisées, avec M. Gamaleia, ne permettent pas de croire, au moins uniquement, à l'influence des propriétés chimiotactiques. La physiologie leur fournit une explication plus satisfaisante.

MM. Gley et *Charrin* ont cherché à savoir ce que deviennent, sous l'influence des sécrétions du microbe du pus bleu, les réflexes vaso-dilatateurs auxquels commandent la moelle et le bulbe. Dans ce but, ils ont interrogé, à divers moments de l'expérience, sur des lapins injectés avec des quantités variables de produits solubles, l'excitabilité du nerf dépresseur et du nerf auriculo-cervical. Sans entrer dans de longs développements, ils disent que, dans ces conditions, constamment on voit que le vaso-dilatation déterminée par l'excitation de ces nerfs est beaucoup moins intense que sur l'animal normal. On peut conclure de là que l'excitabilité des centres vaso-dilatateurs est considérablement diminuée. Par suite, la diapédèse ne peut plus avoir lieu aussi facilement, et la phagocytose devra également se trouver entravée.

— *M. Marey* communique à l'Académie les résultats de l'étude par la photochronographie des mouvements de locomotion de plusieurs espèces animales :

1° De la *méduse* dont les dix phases successives qui forment le cycle du mouvement de l'ombrelle se trouvent parfaitement reproduites;

2° De la *raie* dont l'ondulation des nageoires latérales est produite par les élévations et les abaissements successifs des nervures contenues dans ces nageoires et dont chacune est actionnée par des muscles indépendants;

(1) Voir la *Revue scientifique* du 2 août 1890, p. 152, col. 1.

3° De l'*hippocampe* dont on voit ainsi le mouvement ondulatoire de la nageoire dorsale, dû à la flexion successive de rayons inférieurs, moyens, puis supérieurs;

4° De la *comatule* dont les dix bras se meuvent d'une façon alternative : cinq d'entre eux s'élevant en se tenant serré contre le calice, tandis que les cinq autres s'abaissent en s'en éloignant;

5° Du *poulpe* qui, par le jet de son siphon, imprime tout son corps une projection pendant laquelle les bras serrent les uns contre les autres.

BOTANIQUE. — On a constaté depuis longtemps que les essences sulfurées des crucifères ne préexistent pas dans la plante et qu'elles ne prennent naissance que dans des conditions déterminées. C'est ainsi, par exemple, que la graine de moutarde noire, contusée ou pulvérisée, doit être traité par l'eau froide ou tiède pour que le ferment soluble qu'elle renferme, appelé *myrosine*, puisse agir sur le myronate de potasse, sorte de glucoside salin, dont le dédoublement fournit l'essence de moutarde ou sulfocyanure d'allyle de la glucose et du sulfate de potasse. Or, si on avait supposé avec raison que le ferment et le glucoside doivent être contenus dans des cellules distinctes, cependant, jusqu'à présent, on n'en avait pas encore donné la preuve directe, personne n'avait fait connaître la localisation de ces propriétés. Aujourd'hui, il n'en est plus ainsi, grâce aux recherches de *M. Léon Guignard*, qui a constaté que, chez les crucifères, ce ferment et ce glucoside salin étaient bien contenus dans des cellules distinctes et facilement reconnaissables, quel que fût l'organe considéré.

ÉCONOMIE RURALE. — *M. P.-P. Dehérain* s'occupe depuis plusieurs années de déterminer les changements qui manifestent dans un sol cultivé sans engrais; des parcelles du champ d'expériences de Grignon, privées d'engrais depuis 1875, ne peuvent plus nourrir ni les betteraves ni le trèfle, l'avoine et le blé y donnent encore cependant des récoltes bonnes ou passables. L'analyse a montré que, entre ces terres et les voisines maintenues en bon état de fertilité, la plus grande différence portait sur les matières organiques et c'est pour savoir si cette diminution entraînait une diminution sensible dans l'aptitude à retenir l'humidité et produire des nitrates que ces expériences ont été entreprises.

Un graphique montre très clairement que, si les terres épuisées laissent écouler l'eau un peu plus vite que les terres bien fumées, et produisent un peu moins de nitrates. Aujourd'hui, il n'en est plus ainsi, grâce aux recherches on ne saurait trouver dans ces faibles différences l'explication de la fertilité des unes, de la stérilité des autres.

L'analyse des eaux de drainage montre en outre un fait curieux ; ces eaux renferment au mois d'octobre une quantité de nitrates considérables.

Quand la moisson est faite, la terre découverte ne porte plus de plantes capables d'utiliser les nitrates formés; ceux-ci restent dans le sol jusqu'aux grandes pluies d'automne; à ce moment, ils sont entraînés et perdus. En 1890, la perte à l'hectare a été en moyenne de 70 kilogrammes d'azote nitrique, correspondant à une fumure de plus de 400 kilogrammes de nitrate de soude valant 88 francs.

Pour éviter cette perte, M. Dehérain propose de procéder rapidement, après la moisson, à un labour de déchaumage et de semer une graine qui donne en quelques semaines une plante vigoureuse : le colza ou la navette conviennent.

Ces plantes, enfouies dans le sol au moment des grands labours de novembre ou de février, lui donneront une ieuse fumure renfermant tout l'azote des nitrates qui rait été perdu.

E. Rivikar.

INFORMATIONS

Les Somalis, auxquels le Jardin d'acclimatation de Paris donne l'hospitalité en ce moment, ont amené avec eux des chameaux de course qui méritent d'être étudiés. Très petie, très légère, cette race des Méharis somalis est bien appropriée au pays. Tandis que les Méharis des Touaregs mesurent au garrot environ 2 mètres, les Méharis somalis atteignent 1 m,60 seulement.

Ils sont bien faits : beaux muscles, tête relativement petite, os des membres fins, peau fine, proportions bien équilibrées.

Ces petits chameaux de course font facilement 70 à 400 kilomètres en un jour; leur résistance à la faim et à la soif est absolument surprenante, car, même dans ces contrées qui subissent l'ardeur du soleil équatorial, ils peuvent marcher quinze jours sans boire.

En pays somalis comme ailleurs, il y a, à côté du dromadaire de course, le porteur Celui-là est plus lourd, plus lent, mais sa taille n'est pas plus grande. Il porte environ 150 kilogrammes.

Les chevaux somalis arrivés avec la caravane sont d'un modèle puissant : beaux membres, peau fine. Leur aspect est celui des chevaux d'Arabie, mais leur taille ne dépasse pas au garrot 1 m,35.

Il ne faut pas s'étonner de la petitesse des dromadaires des chevaux somalis, car dans ce pays les hommes et les ux souffrent trop souvent de la faim.

Société de physique et d'histoire naturelle de Genève rera en octobre son centième anniversaire, en tenant assemblée de ses membres où lecture sera faite dé dimémoires sur ses travaux et sur son histoire.

British medical Association, qui vient de se réunir à Ingham, a décerné une médaille en or à M. Parke, de l'expédition Stanley, pour « services distingués ».

---

laboratoire maritime vient de s'ouvrir dans Long Island, de New-York : il a été institué pour faciliter les des de botanique et de zoologie. C'est un laboratoire nt, en ce sens que nul n'y est admis sans un versement de francs; on y séjourne deux mois, et un corps enseignant si y fait de nombreuses leçons sur des sujets variés de que et de zoologie.

Alexandre von Bunge, le professeur de botanique de t, vient de mourir âgé de quatre-vingt-sept ans. Il a n 1830, un voyage scientifique en Chine, et s'est principalement occupé de la flore de la Russie et de l'Asie septentrionale.

En Espagne, le choléra a pris une extension marquée, et ravahi les provinces d'Alicante, de Tarragone, de Tolède de Badajoz.

La semaine dernière, 11 114 voyageurs, venant d'Espagne, sont entrés en France par les diverses localités frontières. Parmi ces voyageurs, deux seulement, venant de Valence, ont été retenus aux postes d'Urdos et d'Arnéguy.

L'apparition du choléra à la Mecque est également annoncée officiellement; le chiffre quotidien des décès est environ de 300.

Enfin, le choléra fait aussi de grands ravages aux Indes.

CORRESPONDANCE ET CHRONIQUE

Recherches sur le microbe de la diphtérie.

Poursuivant leur étude du microbe de la diphtérie, MM. Roux et Yersin viennent de faire connaître les résultats de leurs nouveaux travaux, dans le dernier numéro des Annales de l'Institut Pasteur (juillet 1890). Parmi les dernières observations de ces auteurs, il s'en trouve quelques-unes qui ont un grand intérêt au double point de vue de la biologie générale des microbes et de la prophylaxie de la maladie diphtérique.

Rappelons que les précédents travaux de MM. Roux et Yersin avaient confirmé les résultats obtenus par MM. Klebs et Lœffler, d'après lesquels la diphtérie serait bien produite par un bacille, assez facilement reconnaissable pour que sa recherche immédiate pût éclairer le diagnostic des angines, se cultivant bien sur le sérum, et sécrétant un poison de nature albuminoïde suivant MM. Brieger et Frœnkel qui en ont donné la formule chimique, et auquel seraient dus les accidents généraux de la maladie.

Dans leurs nouvelles recherches, MM. Roux et Yersin se sont d'abord proposé de résoudre la question de savoir si le bacille de la diphtérie persistait dans la disparition des fausses membranes. Or ces observateurs ont trouvé que cette persistance était un fait constant dans les premiers jours qui suivent la disparition des fausses membranes, et ils ont pu la constater même quatorze jours après que la gorge était revenue à son état normal. Ils pensent que cette persistance des bacilles doit se rencontrer surtout dans les diphtéries mal connues ou mal soignées, et qu'elle est peut-être la cause des récidives, qui ne sont pas extrêmement rares. Qu'un refroidissement ou que tout autre cause amène l'altération de la muqueuse, et ces bacilles, trouvant un terrain favorable, donneront en effet de nouvelles cultures et reproduiront la maladie.

La conclusion pratique à tirer de cette observation, c'est que le danger de la contagion ne disparaît pas avec la maladie, et que les individus qui viennent d'avoir la diphtérie ne devraient pas reprendre trop tôt leur place dans la famille, dans l'atelier ou dans l'école. Dans les hôpitaux, on ne devrait laisser sortir les diphtériques que lorsqu'un examen bactériologique aurait prouvé que leur bouche ne contient plus le microbe pathogène.

D'ailleurs, tous les médecins pourraient citer des épidémies de diphtérie apportées par des enfants qui avaient eu la maladie quelque temps auparavant, et il est bon d'être averti que le germe de la maladie peut se conserver, non seulement dans les linges et les habits, mais aussi dans la bouche.

En dehors de l'organisme, les microbes de pseudo-membranes desséchées ou recueillies sur des couvertures, sur des matelas, ou sur un plancher, se sont parfois montrés actifs plus de cinq mois après l'époque de la maladie; et cette conservation est d'autant plus assurée que les objets contaminés sont renfermés dans un lieu où l'air ne se renouvelle pas, à l'abri du soleil et de l'humidité. A l'état humide, d'ailleurs, e virus, qui est très résistant à l'état sec, ne peut supporter pendant quelques minutes une température de 58° sans être détruit. L'eau bouillante suffira donc toujours pour désinfecter les linges et les objets souillés par des produits diphtéritiques. A l'état sec, le bacille peut résister pendant une heure à la température de 95° à 98°.

Indépendamment de ces faits, bien importants au point de vue de l'hygiène, MM. Roux et Yersin ont à peu près complètement établi l'identité du bacille diphtérique et du bacille pseudo-diphtérique, dont l'existence est admise par quelques auteurs, notamment par M. Lœffler lui-même. Ce bacille, qui est fort comparable au bacille vrai, n'en diffère que par l'absence de virulence. Mais il est possible d'atténuer l'activité du bacille vrai au point de le rendre inoffensif : ce à quoi MM. Roux et Yersin sont arrivés en le cultivant à la température de 40° dans un courant d'air. Si les expérimentateurs avaient pu, d'autre part, rendre virulent le bacille pseudo-diphtérique, la preuve de l'identité eût été faite absolument. Mais on sait combien il est parfois difficile, dans les cultures, de remonter l'échelle de la virulence. En tout cas, il a été également impossible de la faire remonter au bacille vrai dégénéré, et les deux microbes, pseudo-diphtérique et diphtérique vrai atténué, se sont montrés, sur ce point, complètement identiques.

Quoi qu'il en soit, le bacille pseudo-diphtérique ou atténué est très répandu, et MM. Roux et Yersin l'ont trouvé, dans vingt-six cas sur cinquante-neuf, dans la bouche des enfants de l'école d'un village très salubre situé sur les bords de la mer et où, depuis longtemps, aucun cas de diphtérie n'avait été relevé. C'est presque une fois sur deux.

Or, si le bacille atténué reprend difficilement sa virulence dans les cultures, il n'en est probablement pas de même dans l'organisme, où l'influence de certaines conditions spéciales, telles que l'éclosion d'une maladie intercurrente, paraît très favorable à sa réviviscence; il devient donc très indiqué, dès le début des angines simples et des angines de la scarlatine, de pratiquer le lavage antiseptique de la gorge.

Dans quelques expériences, MM. Roux et Yersin ont pu, en injectant en même temps à des cobayes le microbe de l'érysipèle et le microbe diphtérique, tous deux assez atténués pour être inactifs séparément, produire une diphtérie mortelle. Après ce passage par le cobaye, le bacille affaibli avait recouvré sa virulence, et celle-ci s'est maintenue dans les cultures successives.

On le voit par ce qui précède, si la lutte directe contre le microbe de la diphtérie, par la vaccination, n'est pas encore possible, la lutte indirecte ne manque pas de ressources. La thérapeutique antiseptique est en effet loin d'être inactive, et, d'autre part, si toutes les mesures indiquées par les recherches de MM. Roux et Yersin étaient rigoureusement observées, en tout temps et en tout lieu, la maladie serait assurément arrêtée dans le mouvement d'extension qu'elle manifeste depuis quelques années.

Il appartient aux médecins de répandre ces notions, et d'user de toute leur influence pour que la désinfection des bouches suspectes, comme celle des objets contaminés, soit toujours et partout pratiquée.

J. H.

La photographie judiciaire.

On sait qu'il existe à Paris, à la Préfecture de police, un système scientifique d'identification, par le moyen de signalements anthropométriques, système qui rend chaque jour de nombreux services par la simplification et la rapidité qu'il apporte à la recherche et à la découverte des malfaiteurs et des criminels. Entre autres mesures auxquelles a donné lieu l'organisation de ce Service, il faut signaler l'unification de la façon de prendre les photographies, à laquelle on a été conduit par des considérations qu'il est intéressant de connaître.

Jusqu'à ces sept dernières années, les photographies étaient prises selon les inspirations d'un personnel de praticiens, excellent d'ailleurs, mais qui avaient transporté dans cette branche les traditions artistiques, et par cela même indéterminées, de la photographie commerciale. M. Alphonse Bertillon, qui dirige le Service d'identification dont il s'agit, vient de faire connaître, dans une fort curieuse notice [1], comment il a été amené à substituer à ces portraits artistiques des photographies proprement judiciaires, c'est-à-dire dégagées de toute influence de mode et de goût, et mettant en relief, avant tout, les caractères qui permettront de reconnaître un individu, quelque changé qu'il soit, par le port des cheveux ou de la barbe, ou par l'âge et la maladie.

Pour ce qui est de la pose à donner à l'individu, il est clair qu'il faut choisir des poses de demi-repos, parce que ce sont celles-là qui reproduisent le plus exactement l'image mentale et idéale dont on veut conserver par devers soi un exemplaire. Une photographie instantanée qui reproduirait un individu dans une de ces attitudes bizarres analogues à certains temps des allures de chevaux étudiées par M. Marey, attitudes tellement fugitives que l'œil n'a pas le temps de les fixer, et qu'elles échappent par suite à la mémoire, ne pourrait évidemment en rien servir à la reconnaissance de l'individu.

Le but visé étant de produire l'image la plus ressemblante possible, et en même temps la plus facile à identifier avec l'original, il est aussi indiqué de prendre deux portraits de chaque individu, l'un de face, et l'autre de profil. Le portrait de face est en effet celui qui donne une ressemblance frappante, parce qu'il reproduit très nettement l'ensemble des caractéristiques psychiques, c'est-à-dire la physionomie de l'individu; mais c'est une ressemblance qui peut être, pour les mêmes raisons, facilement altérée, soit par la volonté du sujet qui changera le jeu de sa physionomie au moment de la pose, soit par un changement dans la coupe de la barbe ou des cheveux, soit par l'amaigrissement ou la maladie.

Aussi est-il indispensable de suppléer à ce défaut par la pose de profil qui permet l'identification linéaire. Les lignes de l'oreille, du nez, de la bouche, du menton, la courbe des sourcils et la forme des paupières sont en effet des éléments qui restent soustraits à peu près complètement à ces altérations volontaires ou pathologiques, et qui permettent une identification absolument rigoureuse, par superposition.

Dans ces conditions, la photographie de face est excellente pour donner une impression de ressemblance dans le cas où l'individu ne s'est pas fait une tête; et la photographie de profil, qui est une véritable coupe anatomique, permet de vérifier par le détail cette première impression, s'il y a quelque doute.

Il est également nécessaire que tous les portraits soient faits à la même échelle. Les essais poursuivis par M. Bertillon l'ont amené à adopter la réduction de 1/7 qui, tout en étant assez restreinte pour respecter le format de la carte de visite en donnant dans son entier la largeur des épaules, permet en outre de retrouver facilement sur la figure les marques particulières et les cicatrices caractéristiques. Le calibre carte de visite, en usage à la Préfecture de police, a 0m,085 sur 0m,06, dimensions qui permettent

---

(1) Une brochure de 112 pages; Paris, Gauthier-Villars, 1890.

juxtaposer les deux images (face et profil), sur une seule ue 9×13, obtenue elle-même en coupant en deux la ue 13×18. La longueur focale de l'objectif étant choisie 0ᵐ,32 à 0ᵐ,35, la distance qui séparera le centre de l'objtif du plan de la mise au point devra être, pour la réduction de 1/7, de 2ᵐ,56 (32×8).

L'identification des deux photographies est soumise à ute une série de règles sur lesquelles insiste M. Bertillon que nous ne saurions reproduire ici. Cette opération consiste en l'application méthodique des repères du signalement, qui sont donnés par l'auteur dans un *Appendice* à sa notice. Nous signalerons seulement une planche très curieuse de cette notice, qui représente deux photographies du même individu, l'une avec barbe et les cheveux longs, l'autre sans barbe et les cheveux courts. Les deux portraits ne se ressemblent nullement, et on affirmerait avoir affaire à deux individus différents. Cependant, si, à l'aide d'une *cache* en papier découpé, on recouvre toutes les parties poilues du visage, en ne laissant visibles que le front, les yeux, le nez et les joues, la ressemblance entre les deux images apparaît immédiatement, des plus frappantes.

La notice de M. Bertillon, indépendamment de son intérêt de curiosité, pourrait avoir de grands avantages pratiques, si elle décidait la police des pays étrangers à se conformer aux indications qui y sont exposées. D'ailleurs, la Belgique, la Russie, les États-Unis, la République Argentine et la Tunisie ont déjà adopté notre système de signalement.

Les anthropologistes aussi devraient adopter les procédés de la Préfecture de police, afin d'aider ainsi à la formation de collections comparables. Ils n'ont en effet aucune raison de préférer le profil de gauche au profil de droite; mais le seul fait que les assassins de ces sept dernières années ont été photographiés de profil, côté droit, doit être à leurs yeux une raison déterminante pour se ménager la possibilité d'établir des photographies composites, ou des profils moyens comparables avec des collections accessibles au public scientifique et dont il est possible de retrouver les éléments dans les journaux illustrés de l'époque.

Actuellement, les photographies judiciaires prises selon les règles formulées par M. Bertillon sont au nombre de plus de 100 000, et la preuve de la valeur de ce procédé d'identification n'est plus à faire. Une démonstration frappante, entre autres, de l'efficacité de la méthode anthropométrique combinée avec la méthode photographique, c'est la disparition complète des dissimulations d'identité dans les prisons autres que le Dépôt. Tandis qu'en 1884 et 1885, le chiffre des reconnaissances de récidivistes faites *après condamnation*, par les surveillants des prisons, s'élevait de 200 à 300 par an, le nombre des identifications de ce genre est tombé, pour l'année 1888, au chiffre de 14, sur lesquels 10 se rapportent à des individus qui, n'ayant jamais été mesurés antérieurement, ne pouvaient être reconnus par le Service. Restent donc quatre omissions à répartir sur les 31 000 individus examinés dans l'année.

Un cas de développement exceptionnel de l'instinct maternel chez une chienne.

M. Laborde a récemment présenté, à la *Société d'anthropologie de Paris*, une jeune chienne, appartenant à M. Verdin, et qui offre un exemple d'instinct maternel véritablement exceptionnel.

Cette chienne avait allaité, comme d'habitude, deux petits chiens, qui lui avaient été conservés de sa dernière portée; mais, au moment du sevrage, son maître s'aperçut de certaines manœuvres qui le portèrent à la suivre de près dans ses relations avec ses petits. Il la vit alors, au moment de

ses repas du matin et du soir, repas qu'elle prenait dans l'appartement, en dehors de ses enfants, avaler rapidement et gloutonnement sa pâtée; puis courir au-devant des petits qui, de leur côté, se précipitaient vers elle, et rejeter immédiatement, par le vomissement, tout ce qu'elle venait d'ingurgiter : ce que ces derniers avalaient immédiatement à leur tour, à qui mieux mieux. Cette manœuvre était réalisée comme une véritable fonction périodique, à chacun des deux repas, et les deux nourrissons avaient pris un tel goût à ce repas si bien préparé, qu'ils se suspendaient, à toute heure de la journée, à la gueule de leur mère, avec des manifestations si expressives que celle-ci, dans sa sollicitude maternelle, faisait des efforts inouïs pour régurgiter ce qu'elle n'avait plus dans son estomac épuisé.

On dut alors prendre des mesures tutélaires pour mettre cette chienne, non seulement à l'abri de ces importunités plus que fatigantes pour elle, mais aussi pour lui permettre de prendre et de conserver un peu d'alimentation pour son propre compte. Car si les petits se trouvaient à merveille de ce régime, la mère, au contraire, dépérissait manifestement.

Or, malgré les précautions d'éloignement et de séparation momentanés, son habitude et sa préoccupation maternelle la poussaient encore, dès qu'elle se retrouvait en présence de ses petits, à recommencer des efforts de régurgitation qui ramenaient parfois, comme si elle avait réussi à les retenir au delà de la limite fonctionnelle, des reliquats de bol alimentaire.

Ce fait est vraiment remarquable, et d'autant plus exceptionnel chez le chien, que celui-ci ne vomit pas très facilement, et qu'il doit avoir recours, quand il en sent le besoin, à quelques subterfuges consistant à rechercher et à avaler certains corps étrangers, mais surtout, s'il les a à sa portée, des herbes appropriées.

M. Laborde a fait en outre remarquer que la chienne en question, qui répond au nom de *Nina*, et qui est une excellente chienne de chasse (de l'espèce braque française), est en même temps très bonne gardienne du logis et d'une intelligence qui paraît supérieure à l'intelligence moyenne de ses semblables.

Une maladie vermineuse des poumons au Japon.

Nous trouvons, dans une importante étude de géographie médicale que vient de publier sur le Japon un médecin de marine, M. Vincent (1), étude de l'orographie, la faune, la flore, la population et la pathologie de cet intéressant pays sont successivement passées en revue, la description d'une curieuse maladie qui paraît jusqu'à ce jour n'avoir été observée que chez les Japonais.

Il s'agit d'une maladie parasitaire des poumons, d'une *grégarinose* pulmonaire, signalée pour la première fois par Baelz, et qui est produite par un trématode, le *Distoma pulmonale* auquel M. Cobbold, qui l'a retrouvé à Formose, a donné le nom de *Distoma Ringers*. Le parasite cause des hémoptysies spéciales, qui sont très fréquemment observées. Les malades crachent chaque jour du sang, pendant dix, quinze années et plus, jusqu'au moment où surviennent de graves hémorragies.

Le *Distoma pulmonale* a une forme cylindrique, une longueur de 8 à 10 millimètres, un diamètre de 5 à 6 millimètres. Il possède une ventouse buccale très musculeuse.

Les œufs de ce ver ont 0ᵐᵐ,13 de longueur et 0ᵐᵐ,07 de largeur. Ils sont de forme ovale, de couleur brune, avec

(1) Une brochure de 95 pages ; Paris, Doin, éditeur.

une mince coque. Ils portent à l'une de leurs extrémités un opercule qui s'ouvre quand l'embryon est formé.

Ce ver vit dans de petites cavités situées à la périphérie des poumons, et qui sont en rapport avec les bronches par des ouvertures assez étroites. Ces cavités sont d'aspect caverneux, à parois inégales, et renferment des débris épithéliaux, des hématies, des leucocytes et des œufs innombrables de distome, le tout constituant une sorte de bouillie qui passe dans les bronches et est expectorée sous les efforts de la toux.

Un observateur, M. Rémy, qui a étudié ce parasite à Tokio, a constaté sa présence chez la plupart des serviteurs japonais des Européens.

Jusqu'à présent, on n'avait observé de maladies parasitaires de cette nature que chez les animaux et, en particulier, chez le mouton.

Les salaires
des ouvriers des mines de houille depuis 1860.

Le *Bulletin du ministère des travaux publics* a publié une série de documents sur les prix de la main-d'œuvre dans les houillères. Voici quelques-unes des principaux renseignements relevés par l'*Économiste français*.

Les renseignements généraux les plus anciens concernant les salaires des mineurs datent de 1844. Toutefois, pour le bassin de Valenciennes, on possède des données sur le salaire journalier qui remontent au siècle dernier et qui sont fournies ci-dessous à titre d'indication :

1775.	14 sols et demi par tête.	
1784.	20 —	—
1791.	22 —	—
1833.	1 fr. 70.	
1837.	2 fr. ».	

En 1884, une enquête fut faite sur les salaires des ouvriers des mines de houille; mais c'est seulement à partir de 1860 que les renseignements de cette sorte furent publiés annuellement. C'est l'objet du tableau suivant, qui récapitule par période quinquennale les salaires moyens journalier et annuel :

Périodes.	Salaire moyen journalier pendant chaque période.	Salaire moyen annuel pendant chaque période.
1844. . . . . Fr.	2 09	551 78
1860-1864.	2 58	737 01
1865-1869.	2 86	812 03
1870-1874.	3 32	960 38
1875-1879.	3 58 (1)	1 003 43
1880-1884.	3 80 (2)	1 079 06
1885-1888.	3 72	1 070 93

Ainsi, de 1844 à 1860, le salaire journalier moyen s'est augmenté de 49 centimes, et de 1860 à 1888, de 1 fr. 14, ou 44 pour 100. Pour cette dernière période, le salaire annuel s'est accru par rapport à celui de 1860 dans la même proportion.

En même temps que le salaire s'améliorait, la production individuelle par ouvrier s'augmentait. Elle était en 1860 de 140 tonnes par ouvrier, annuel\`ement; grâce aux perfectionnements dans l'outillage, les installations et les méthodes d'exploitation, elle est montée graduellement jusqu'à 215 tonnes, en 1888. C'est une augmentation de 53 pour 100. Mais si le rendement de l'ouvrier s'est augmenté, la valeur du produit a baissé. La houille, qui se vendait 11 fr. 65 la tonne, en 1860, ne valait plus, en 1888, que 10 fr. 31, soit une baisse de 1 fr. 34, ou 12 pour 100.

(1) Salaire journalier correspondant à l'année 1875 seulement, le nombre des journées de travail manquant pour les autres années de la période.

(2) Salaire journalier se rapportant à la moyenne des années 1882, 1883 et 1884; si l'on avait pu avoir les salaires journaliers des années 1880 et 1881, la moyenne eût été plus basse.

Pour se rendre compte des situations respectives de l'ouvrier neur et de l'exploitant, on peut rapprocher les salaires totaux e valeur totale des produits. Cette comparaison montre que la part p portionnelle des salaires dans la valeur a augmenté, ainsi que l'éta le tableau ci-dessous, qui remonte à 1844 et est dressé, comme le cédent, par période de cinq ans :

Périodes.	Salaires annuels moyens pendant chaque période.	Valeur annuelle moyenne pendant chaque période.	Rapport des salaires à la valeur.
1844. . . . . Fr.	16 293 000	36 552 000	44,6
1851-1854. . . .	23 844 000	56 079 000	42,5
1855-1859. . . .	39 274 000	95 995 000	40,9
1860-1864. . . .	50 845 000	114 389 000	44,5
1865-1869. . . .	66 709 000	154 833 000	43,2
1870-1874. . . .	91 080 000	220 508 000	41,3
1875-1879. . . .	107 830 000	243 655 000	44,3
1880-1884. . . .	117 476 000	252 134 000	46,6
1885-1888. . . .	109 300.000	227 753 000	47,9

On voit de que 1844 à 1860 le rapport des salaires à la valeur a a des variations diverses; mais depuis 1870, les salaires n'ont cessé prendre une part de plus en plus grande de cette valeur, et ils a arrivés, durant la période de 1885 à 1888, à en former les 48 centièm La proportion a même été de 49 pour 100 en 1888. On peut donc d que la main-d'œuvre et le capital se partagent aujourd'hui à peu p également les produits de l'exploitation.

Mais cela ne veut pas dire que l'exploitant ait toujours des bé fices. Sur 293 mines de charbon en activité en 1888, 166 seuleme ont donné des revenus; 127 ont travaillé à perte. Toutefois, les 89 c tièmes des charbons extraits l'ont été avec profit, c'est-à-dire ont é vendus plus cher qu'ils n'avaient coûté. Les salaires des ouvriers neurs ne constituent pas la seule dépense d'extraction; en dehors frais de direction et de surveillance, il y a les dépenses en matière On peut avoir une idée des bénéfices de l'exploitant au moyen d revenus nets qui servent de base à l'impôt annuel des mines. C revenus nets administratifs ne correspondent pas en réalité aux vér tables bénéfices industriels, parce que ceux-là sont calculés suiva des règles tout à fait différentes de celles suivant lesquelles dervra être appréciés ceux-ci.

Les revenus nets administratifs ont pu être relevés annuelleme depuis 1860; ils forment l'objet du tableau suivant, qui a été dress comme les autres, par période quinquennale.

Périodes.	Produit net moyen pendant chaque période.	Nombre moyen des ouvriers pendant chaque période.	Produit net moyen de l'ouvrier chaque période.
1860-1864. . . Fr.	18 081 172	68 988	262
1865-1869. . . .	22 115 392	82 151	273
1870-1874. . . .	35 410 156	94 005	377
1875-1879. . . .	39 635 560	107 462	367
1880-1884. . . .	41 110 196	108 869	378
1885-1888. . . .	37 941 820	103 023	368

Une des colonnes de ce tableau a été intitulée : *Produit net de l'o vrier*; elle contient le quotient du revenu par le nombre moyen d ouvriers et représente, en conséquence, ce qu'un ouvrier a rappo net à l'entreprise. Ce produit s'est élevé depuis 1860 de 40 pour 10 depuis 1870. Il semblerait en résulter que l'ouvrier mineur, qui a vu son salaire annuel s'accroître de 100 francs depu 1870, n'aurait pu arriver à rapporter à l'exploitant qui l'emploie q bénéfice annuel qui a peu varié pendant la durée de ces dix-n années.

Trois faits principaux se dégagent de ces renseignements stati tiques :

1° *Statu quo* depuis 1870 du revenu net imposable total des concédées;

2° Augmentation de 44 pour 100 du salaire moyen, depuis 1860;

3° Augmentation de 53 pour 100 dans la production individuel mais baisse de 12 pour 100 dans la valeur des produits extraits.

— La « LOQUE », MALADIE MICROBIENNE DES ABEILLES, ET SON TR TEMENT. — Presque tous les médecins ont adopté, pour la désinfec tion du tube intestinal de l'homme, le naphtol β, préconisé par le pro fesseur Bouchard. Des expériences fort intéressantes de M. Lortet

rtiés par la *Revue d'hygiène*, viennent de prouver que ce médi-
ît est également très efficace pour détruire les bactéries qui se
ppent dans l'intestin des abeilles et déterminent chez elles
épizootie meurtrière connue sous le nom de *loque*. Dans l'in-
t de la plupart des hyménoptères, et en particulier des abeilles,
t les plus saines, on trouve constamment deux ou trois espèces
gilles qui restent d'ordinaire inoffensives. Mais dans l'intestin
larve ou couvain, une de ces espèces de bactérie, sous l'in-
e de certaines conditions de milieu, se transforme en granula-
es spores très virulentes, qui envahissent tous les tissus, amè-
la désorganisation et la putréfaction rapide de la larve. La même
formation a lieu quelquefois, en cas d'épidémie, dans l'intestin
beilles adultes, qui ne tardent pas à périr. L'abeille adulte, dont
tin contient la bactérie loqueuse, infecte la larve qu'elle nour-
e miel chargé des granulations virulentes est la source princi-
le propagation dans les ruches. Le meilleur traitement de cette
die consiste, d'après les expériences de M. Lortet, à dissoudre
stigrammes de naphtol dans un litre de sirop de sucre; on
t un gramme d'alcool à l'eau pour faciliter la dissolution. Au
mps, avant la ponte, on fait absorber aux ruches malades la
grande quantité possible de ce sirop, que les abeilles prennent
facilement. L'action antiseptique de cette faible dose de naphtol
est puissante sur les bactéries contenues dans l'intestin des
les, et le plus souvent on arrête l'épidémie, et les abeilles ma-
guérissent. Ce qui prouve une fois de plus que le naphtol est
excellent le désinfectant le plus efficace et le plus inoffensif du
digestif.

L'ÉTENDUE DES FORÊTS. — Les forêts occupent, à l'époque ac-
s, 39,7 pour 100 de l'étendue totale de la Suède, 36,9 pour 100
t Russie, 32,5 pour 100 de l'Autriche, 28,4 pour 100 de la Hon-
e, 25,2 pour 100 de l'Allemagne, 24,5 pour 100 de la Norwège,
pour 100 de la Serbie, 19,6 pour 100 de la Belgique, 18,9 pour 100
t Suisse, 17,7 pour 100 de la France, 17 pour 100 de l'Espagne,
pour 100 de la Roumanie, 13,1 pour 100 de la Grèce, 12,3 pour 100
Italie, 7 pour 100 de la Hollande, 5,3 pour 100 du Portugal,
pour 100 du Danemark, 4 pour 100 de l'Angleterre.
t faisant porter les chiffres non plus sur l'étendue totale, mais
la population, on voit que la Norwège a 4he,32 de forêts par tête
bitant, la Suède 3he,85, la Russie 3he,87, la Hongrie et la Serbie
ms, l'Espagne 52, l'Autriche 44, la Grèce 43, la Roumanie 37,
ltemagne 40, la Suisse 27, la France 25, l'Italie 13, le Portugal 11,
Danemark 10, la Belgique 9, la Hollande 6, l'Angleterre 4.
marques États-Unis», leur domaine forestier, représentant 190 pour
de l'étendue totale, couvre 190 millions d'hectares, superficie
t à 15 fois celle de l'État de Pensylvanie; 3he,80 de forêts corres-
sat à chaque tête d'habitant.

LA CULTURE DES BETTERAVES EN RUSSIE. — D'après les constata-
des agents du ministère des finances, l'étendue des cultures de
mres à sucre dans la Russie d'Europe s'établit ainsi en 1890,
successivement à 1889 :

Nombre de déciatines (1)
cultivées.

	1889.	1890.	Augmentation en 1890.
Région sud-ouest . . .	132 008	151 467	24 459
Région du centre . . .	77 234	91 081	13 847
Royaume de Pologne . .	73 468	36 793	3 327
Total	248 710	284 343	41 633

L'ÉMIGRATION IRLANDAISE. — D'après un rapport soumis à une
mission spéciale de la Chambre des communes, l'émigration ir-
laise, depuis l'année 1851, se serait élevée à 3 276 103 personnes,
10 pour 100 de la population totale. Là-dessus 57 376 auraient
té avec l'aide de l'État. Tous n'ont pas émigré pour l'autre con-
t. En 1889, sur 70 000 émigrants, près de 4000 étaient à destina-
de l'Angleterre.

LES ÉTRANGERS À PARIS. — La préfecture de la Seine vient de
le dénombrement des étrangers qui résident à Paris. Le chiffre
t énorme, et aucune ville en Europe ne possède une aussi forte
ortion d'étrangers que Paris. Il y a, sur une population de
1900 habitants, 180 253 étrangers, et dans l'ensemble du dépar-

() 1 déciatine = 1he,09.

tement, qui compte 2 653 956 habitants, 214 380 étrangers, c'est-à-dire
que sur 100 habitants de Paris il y a 8 étrangers, et sur 100 habitants du département, 9 étrangers.

INVENTIONS

PERFECTIONNEMENT DANS L'ÉCLAIRAGE A L'HUILE. — On plonge la
mèche dans une solution saturée de sel de cuisine dans l'eau; on a
soin de filtrer pour s'assurer que tout le sel a été dissous, et on
laisse bien sécher la mèche, qui donne ensuite une flamme brillante
sans fumée.
On mélange à parties égales l'huile et la solution saline; on agite
pendant quelque temps; on laisse en repos jusqu'à ce que l'huile,
plus légère, soit revenue à la surface du liquide. Suivant les indications du *Réveil scientifique*, il ne reste plus qu'à décanter pour obtenir une huile très avantageuse par sa durée.

— CIMENT POUR LE FER ET LA FONTE. — On peut boucher les crevasses produites par la chaleur dans le fer ou la fonte au moyen d'une
sorte de mastic formé par un mélange d'amiante avec une quantité
suffisante de blanc de plomb.

— NOUVEAU MÉTAL. — Un Allemand a découvert un nouveau métal
appelé *Schmiedbarenguss*, et qui est la propriété de la *Schmiedbarenguss Casting Company*, à Louisville (États-Unis).
D'après l'*Ironmonger*, ce métal est formé d'un alliage de fonte de
fer forgé, de cuivre, d'aluminium, de bronze et d'un fondant pour
lequel on a pris plusieurs brevets. Il est produit directement dans le
fourneau et n'a pas besoin d'être trempé. Très homogène et très résistant, il fond facilement, est très malléable et à toutes les apparences de l'acier doux fondu au creuset. Son prix de revient est inférieur à celui de la fonte malléable et de l'acier fondu. Lors des essais
qui ont été faits tout récemment, il a supporté sans se briser un
effort équivalent à 168 000 livres par pouce carré, ce qui était la
puissance maxima de la fonte au carbone.

— LE FUSIL GIFFARD. — M. Paul Giffard (frère du regretté Henri
Giffard, inventeur infatigable dont l'injecteur est universellement
employé dans les chaudières des machines à vapeur) a imaginé un
fusil supprimant l'emploi de la poudre, qui serait remplacée par un
gaz liquéfié renfermé dans un réservoir en acier de très petites dimensions, placé sous le canon de l'arme. Une charge de trois cents
coups, emmagasinée dans ce réservoir, reviendrait à dix centimes
environ.
L'*Écho des mines et de la métallurgie* dit que le liquide employé
est vraisemblablement de la panclastite, c'est-à-dire un mélange de
peroxyde d'azote et de sulfure de carbone.
La chambre de commerce de Saint-Étienne a récompensé cette invention d'un prix de 10 000 francs et d'une médaille en or. Suivant
le rapport qui a été fait à cette assemblée, la découverte de M. Paul
Giffard menace l'armurerie d'une véritable révolution.

— MOSAÏQUE DE BOIS. — M. Bougarel a présenté à la *Société d'encouragement pour l'industrie nationale* des spécimens de la fabrication qu'il a imaginée et à laquelle il a donné le nom de *tapisserie
mosaïque de bois*.
Cette fabrication nouvelle, dit le *Génie civil*, consiste à reproduire
exactement, comme le font les Gobelins dans la laine, les dessins les
plus variés et les tableaux les plus richement coloriés, par la juxtaposition de petits parallélipipèdes de bois teints préalablement en pénétration absolue, de telle sorte que les panneaux une fois terminés
puisent être grattés et rabotés sans subir la moindre altération de
dessin ni de coloris.
Le point employé pour les grandes surfaces ou point décoratif
compte 400 000 morceaux par mètre carré; le petit point ou point de
tapisserie en a 1 600 000. Ces deux points peuvent être employés séparément ou simultanément, suivant le tableau à représenter.
L'invention porte sur les points suivants : 1° l'annotation du dessin, qui permet d'écrire ce dessin comme on note de la musique, et
de le faire exécuter ensuite de la façon la plus fidèle par des manœuvres ignorant absolument l'art du coloris et de la peinture; 2° la préparation des bois, qui sont tranchés à une épaisseur qui ne peut
varier de plus d'un ou deux centièmes de millimètre; 3° la teinture
en pénétration absolue, par des procédés spéciaux, qui modifient en
même temps la fibre du bois et la soustraient à toute influence du

dehors; 4° enfin la manipulation de ces bois au moyen d'appareils fonctionnant avec une précision mathématique de un cinquantième de millimètre et exécutant le travail d'une manière presque automatique.

BIBLIOGRAPHIE

Sommaires des principaux recueils de mémoires originaux.

BULLETIN DE LA SOCIÉTÉ DE GÉOGRAPHIE COMMERCIALE DE PARIS (t. XII, n° 3, 1889-1890). — *G. Foucart* : La vallée du Mangoro. — *F. Galibert* : En Sénégambie. — Les cultures au Tonkin. — Notes sur le commerce du Thibet. — L'éducation commerciale au Canada et aux États-Unis. — Les émigrants italiens et la Société italienne pour l'émigration et la colonisation. — Le sacre d'une reine-mère. — De Paris en Asie orientale par terre et par mer. — Le chemin de fer de Lourenço Marques au Transvaal. — L'esclavage chez les Touaregs. — *Coudreau* : Immigration et colonisation à la Plata.

— REVUE DES SCIENCES NATURELLES APPLIQUÉES (t. XXXVII, n° 11, 5 Juin 1890). — *G. d'Orcet* : Le cheval à travers les âges. — *E. Leroy* : L'exterminateur Lagrange. — *E. Godry* : Élevages faits au château de Galmanche, près Caen. — *A. Berthoule* : Les lacs de l' vergne : orographie, faune naturelle, faune introduite. — *A.* L'huître perlière dans le golfe de Gabès. — *J. Clarté* : Le gô (*Elœagnus longipes*) ; avantages de sa culture au point de vue a taire.

— ARCHIVES DE MÉDECINE EXPÉRIMENTALE ET D'ANATOMIE PATHO (t. II, n° 4, 1890). — *Tarnier* et *W. Vignal* : Recherches expé tales relatives à l'action de quelques antiseptiques sur le coque et le staphylocoque pyogènes. — *Lannelongue* : Du déve ment de l'intermaxillaire externe et de son incisive après l'o des cyclocéphaliens. Conséquences qui en découlent au point de de la pathogénie des fissures osseuses de la face. — *V. Ruis* *L. Hudelo* : Étude sur les lésions syphilitiques du foie chez les et les nouveau-nés. — *Joffroy* et *Achard* : Un cas de maladi Morvan, avec autopsie.

— REVUE MILITAIRE DE L'ÉTRANGER (t. XXXVII, n° 744, 15 juin 1 — Les écoles militaires en Russie. — L'armée anglaise en 188 Le nouvel armement de l'infanterie suisse. — Le combat d'arti dans la guerre de siège, d'après les théories du général Wiebe.

DATES.	BAROMÈTRE À 1 HEURE DU SOIR.	TEMPÉRATURE			VENT. FORCE de 0 à 9.	PLUIE. (Millimètres.)	ÉTAT DU CIEL À 1 HEURE DU SOIR.	TEMPÉRATURES EXTR.	
		MOYENNE.	MINIMA.	MAXIMA.				MAXIMA.	MINIMA.
☾ 28	755mm,60	19°,3	13°,3	28°,0	W. 3	0,0	Cirrus à l'W.; cumulus S.-S.-W.	3° au Pic du Midi; 6° Haparanda; 7° Cracovie.	39° à Laghouat; 35° Aumale, Nemo
☿ 29	759mm,96	16°,9	11°,4	22 ,6	W. 2	0,0	Cirrus et cumulus W. 30° à 35° S.	4° au Pic du Midi; 8° Lorient et Stornoway;	39° à Laghouat; 36° à Aumale; 34°
☿ 30	759mm,46	18°,6	10°,1	27°,4	W. 2	0,0	Fines bandes grises au loin.	9° Pic du Midi; 7° Wisby; 8° Charleville.	41° à Biskra; 39° Le 35° à Tunis et M
♃ 31 P.L.	760mm,14	20°,7	11°,1	29°,5	S.-W. 3	0,0	Petits cumulus à l'horizon.	5° au Pic du Midi; 10° au mont Ventoux.	41° à Biskra; 37° 36° Madrid, cap
♂ 1	755mm,85	21°,8	13°,3	29°,6	S.-S.-W. 3	1,2	Cumulus du S.-W. au N.	6° au Pic du Midi; 8° Hernosand; 11° Bodo.	39° à Biskra; 35° Ferrand; 34° Fl
♄ 2	758mm,13	16°,5	15°,0	21°,7	0	1,6	Stratus indistinct; cumulus W.-S.-W.	5° au Pic du Midi; 10° Hernosand; 11° Bodo.	37° à Biskra; 35° 35° à Florence; 34°
☉ 3	761mm,28	15°,6	19°,0	21°,3	W.-N.-W.3	1,1	Pluie à midi 1/4; tonnerre et pluie à 2 h.	5° au Pic du Midi; 5° au Puy de Dôme.	39° à Biskra; 35°,5 34° cap Béara, A
MOYENNE.	758mm,56	18°,53	19°,14	26°,30	TOTAL . .	8,9			

REMARQUES. — La température moyenne surpasse la normale corrigée 17°,8. Le maximum du 1er août (32°,6) est le plus élevé de 1890. Siroco en Algérie le 28. Pluies et orages dans un certain nombre de stations.

CHRONIQUE ASTRONOMIQUE. — Mercure et Vénus suivent le Soleil et se couchent respectivement le 10 à 8h 5m et à 8h 48m du soir. Mars, situé entre β Scorpion et Antarès, se couche à 10h 58m. Jupiter, toujours dans le Capricorne, passe au méridien à 11h 16m. La Lune, à son premier quartier le 7, sera nouvelle le 15. Le 9, Mercure sera en conjonction avec Saturne. Le 14, Vénus passera par son nœud descendant. Le 16, Saturne sera en conjonction avec la Lune.

RÉSUMÉ DU MOIS DE JUILLET 1890.

Baromètre.

Moyenne barométrique à 1 heure du soir . .	757mm,06
Minimum barométrique, le 1er	744mm,23
Maximum — le 23	763mm,68

Thermomètre.

Température moyenne	18°,29
Moyenne des minima	11°,48
— maxima	21°,85
Température minima, le 7	7°,0
— maxima, le 15	30°,6
Pluie totale	115mm,7
Moyenne par jour	3mm,73
Nombre des jours de pluie	18

La température la plus basse en Europe et en Algérie a été vée au Pic du Midi, le 13, et était de — 7°.

La température la plus élevée a été notée à Biskra, le 10, et de 44°.

NOTA. — La température moyenne du mois de juillet 1890 est i rieure à la normale corrigée 17°,7.

La quantité de pluie tombée a été dépassée (depuis 1865) qu juillet 1829 (126mm,3), tandis que la moyenne est à peu près 52mm.

L. B.

REVUE
SCIENTIFIQUE
(REVUE ROSE)

Directeur : M. Charles Richet

| NUMÉRO 7 | TOME XLVI | 16 AOUT 1890 |

BIOGRAPHIES SCIENTIFIQUES

L'œuvre de Gay-Lussac (1).

Messieurs,

Parmi les savants qui ont illustré la France au commencement de ce siècle, Gay-Lussac se place au premier rang; au Muséum, nous conservons pieusement sa mémoire : à côté d'Haüy, le père de la cristallographie, de Cuvier, le fondateur de l'anatomie comparée, nous célébrons Gay-Lussac, l'héritier direct de Lavoisier.

Ni l'Institut de France, ni le Muséum d'histoire naturelle ne sont restés indifférents à l'hommage que vous rendez aujourd'hui à votre grand compatriote... A défaut du président de l'Association française, M. Cornu, qui n'a pu ajouter à ses nombreux devoirs le périlleux honneur de parler aujourd'hui devant vous, l'Académie des sciences a chargé le vice-président de l'Association de la représenter à cette belle cérémonie.

En remerciant, au nom de l'Association française, la municipalité de Limoges et le comité Gay-Lussac d'avoir choisi, pour l'inauguration de cette statue, l'époque de la réunion de notre Congrès, qu'il nous soit permis de nous féliciter avec eux de la grandeur de l'œuvre qui s'élève devant nous; en désignant pour l'exécuter M. Millet, l'auteur de cette *Cassandre*, qui restera un

(1) Discours prononcé par M. P.-P. Dehérain à l'inauguration de la statue de Gay-Lussac, à Limoges, le lundi 11 août 1890.

27ᵉ ANNÉE. — TOME XLVI.

des plus beaux morceaux de sculpture de notre époque, la réussite était assurée.

Gay-Lussac est né à quelques kilomètres d'ici, à Saint-Léonard, le 6 décembre 1778. Son père était magistrat; compromis pendant la Terreur, il se trouva fort dépourvu pendant les années suivantes, et ne réussit qu'à grand'peine à envoyer son fils à Paris, pour le préparer à l'École polytechnique qui venait d'être fondée.

Des difficultés d'approvisionnement, dont nous n'avons plus heureusement que le souvenir, rendaient fort précaire la position des maîtres de pension. Menacés à chaque instant de ne plus pouvoir nourrir leurs élèves, ils fermaient leurs établissements les uns après les autres : Gay-Lussac changea plusieurs fois d'institution, mais il n'était pas homme à se laisser retarder par ces premiers obstacles qui n'arrêtent que les irrésolus et les faibles. En 1798, il entra à l'École polytechnique, s'y distingua, fut classé dans les Ponts et Chaussées, et était encore élève à l'École des ingénieurs quand une circonstance heureuse décida de sa carrière. A son retour d'Égypte, Berthollet avait repris ses travaux : il réorganisa rapidement son laboratoire et demanda à l'École des Ponts et Chaussées des élèves pour l'aider dans ses recherches. Gay-Lussac fut désigné; dès son installation, Berthollet lui communique ses idées sur un sujet qui le préoccupe, lui indique les expériences à exécuter pour obtenir les résultats qu'il prévoit; l'élève se met à l'œuvre, se réjouissant sans doute de confirmer les vues du maître; mais... l'expérience est rebelle à son désir, elle se prononce contre l'hypothèse entrevue. Ce premier travail, qui contredit

7 S.

le professeur, va-t-il tourner contre l'élève? Il n'en est rien. Berthollet, frappé de la netteté des conclusions de son jeune collaborateur, de son respect de la vérité, lui écrit : « Jeune homme, votre destinée est de faire de la science. »

La prévision ne tarda pas à se réaliser. Le 11 pluviôse an X, à vingt-quatre ans, Gay-Lussac, encore élève ingénieur à l'École des Ponts et Chaussées, lit devant la première classe de l'Institut son mémoire sur la dilatation des gaz et des vapeurs; il s'astreint à ne mesurer les changements de volume des gaz que lorsqu'ils sont dépouillés de vapeur d'eau, et éliminant les perturbations qui avaient obscurci les observations de ses prédécesseurs, il reconnaît que tous les gaz soumis à la même élévation de température se dilatent de la même fraction de leur volume.

Du premier coup, Gay-Lussac découvre, non un fait isolé, mais une loi générale que la postérité désigne sous le nom de loi de Gay-Lussac, comme elle avait donné le nom de Mariotte à l'énoncé des changements que subit le volume des gaz soumis à diverses pressions.

Personne ne s'y trompa : un maître s'était révélé. Berthollet, fier de son élève, l'introduit dans sa société d'Arcueil. C'est là que Gay-Lussac rencontre Alexandre de Humboldt, qui, oubliant la verdeur avec laquelle le jeune savant avait critiqué quelques-unes de ses expériences, va vers lui et contracte bientôt, avec son adversaire d'un jour, une amitié qui ne devait s'éteindre qu'avec la vie. Une question importante préoccupait de Humboldt, le grand voyageur : l'air a-t-il sur tous les points du globe la même composition? Partout où il avait passé, de Humboldt avait recueilli des échantillons d'air, mais il hésitait sur les méthodes à employer pour les analyser; il consulte Gay-Lussac, s'associe à lui, et, après discussion, on décide de faire usage de l'eudiomètre; son emploi exige des études préliminaires, il faut savoir exactement suivant quels volumes s'unissent l'oxygène et l'hydrogène, de façon à pouvoir déduire, de la diminution de volume que détermine le passage de l'étincelle dans l'air additionné d'hydrogène, la quantité d'oxygène qu'il renfermait.

Ce travail préliminaire est un chef-d'œuvre; on n'y aperçoit ni les incertitudes ni les hésitations d'un débutant; la question est clairement posée, les expériences nettement décrites, les chiffres obtenus ne conduisent cependant à aucun résultat simple : comme Lavoisier, Gay-Lussac et Humboldt trouvent seulement d'abord que deux volumes d'hydrogène prennent pour former l'eau une quantité d'oxygène voisine d'un volume; mais Gay-Lussac est déjà pénétré, par son travail, de l'idée que les lois qui régissent les gaz ont une précision mathématique; les résultats sont discutés, les résidus analysés par une nouvelle méthode, on y reconnaît de petites quantités d'azote, et cette cause perturbatrice éliminée, le résultat apparaît dans sa

majestueuse simplicité : deux volumes d'hydrogène prennent *exactement* un volume d'oxygène pour former deux volumes de vapeur d'eau. Auquel des deux collaborateurs appartient cette idée de la simplicité des rapports suivant lesquels les gaz entrent en combinaison, il serait cruel de l'ignorer : Humboldt n'hésite pas à le déclarer, l'idée appartient à Gay-Lussac; et il est bien probable que de cette époque, dès 1805, Gay-Lussac avait l'intuition que le fait trouvé pour l'oxygène et l'hydrogène n'était pas isolé, mais devait s'étendre à toutes les combinaisons gazeuses; ce ne fut cependant qu'en 1809 qu'il généralisa son admirable observation.

Aussitôt qu'ils ont entre les mains une méthode exacte d'analyse, les deux amis examinent les échantillons d'air recueillis par de Humboldt, et trouvent que l'air a sensiblement sur tous les points du globe la même composition; en est-il de même de celui des hautes régions de l'atmosphère? Gay-Lussac n'hésite pas à tenter une ascension en ballon pour aller en recueillir. Il est poussé, en outre, à exécuter ce voyage aérien par le désir de vérifier des assertions singulières émises en Allemagne sur les changements que présenteraient les propriétés magnétiques quand on s'élève dans l'atmosphère. Dans une première ascension, exécutée avec Biot, il atteint 4000 mètres; dans une seconde, il monte seul jusqu'à 7000 mètres : il corrige l'erreur qu'avaient commise les physiciens allemands, recueille l'air des hautes régions, dès le lendemain le soumet à l'analyse et lui trouve une composition identique à celui de la surface.

La puissante impulsion que Lavoisier avait donnée à la chimie, un instant ralentie par sa mort tragique, s'était fait sentir de nouveau au commencement du siècle; les découvertes se succédaient rapidement. En 1807, à l'aide de la pile, H. Davy décompose la potasse et la soude, mais n'obtient par cette méthode que de petites quantités des métaux alcalins. Les chimistes cependant avaient grand intérêt à posséder ces agents énergiques et singuliers qui prennent feu au contact de l'eau. Gay-Lussac s'unit à Thenard, et bientôt les deux chimistes français réussissent à préparer des quantités notables de potassium et de sodium en chauffant à très haute température les alcalis en présence du fer, décomposition curieuse, dont l'interprétation n'a pu être donnée par H. Sainte-Claire Deville qu'après ses travaux sur les phénomènes de dissociation.

Entre des mains habiles, ces puissants agents ne restent pas inutiles, et la découverte du bore, séparé de l'acide borique par le potassium, montre combien sont énergiques les affinités des nouveaux métaux dont la science vient de s'enrichir.

La manipulation journalière d'un corps comme le potassium n'est pas sans danger : Gay-Lussac l'apprit à ses dépens; il fut cruellement atteint par une explosion. Le visage en sang, aveuglé, on le reconduisit péniblement de l'École polytechnique à sa maison de la rue des Poules; pendant un mois, on crut qu'il avait perdu la vue; la lueur d'une petite veilleuse dont se servait Mme Gay-Lussac pour lui faire la lecture était la seule lumière que pouvaient supporter ses yeux malades.

La crainte de rester aveugle à trente ans, quand on se sent appelé à de hautes destinées, pourrait conduire au désespoir; d'autres se seraient abandonnés, mais Gay-Lussac était de taille à se mesurer avec l'adversité. Il supporta stoïquement sa souffrance; lentement il guérit; la faiblesse de sa vue lui rappela longtemps cependant le cruel accident auquel il avait failli succomber.

Parmi les travaux qui illustrèrent la collaboration de Gay-Lussac et de Thenard, il faut citer encore le mémoire sur l'acide muriatique oxygéné; on sait que Berthollet, le maître de Gay-Lussac, avait non seulement apporté d'importants perfectionnements à l'industrie du blanchiment en utilisant les propriétés décolorantes du chlore, mais qu'il avait, dès 1785, contribué à faire admettre que le gaz découvert par Scheele était une combinaison de l'acide muriatique avec l'oxygène.

Quelle est la matière unie à l'oxygène qui donne comme premier terme de la combinaison l'acide muriatique, comme second l'acide muriatique oxygéné? *Telle est la question abordée par Gay-Lussac et Thenard.* En voyant une dissolution de chlore dans l'eau dégager de l'oxygène aussitôt qu'elle est exposée au soleil, ils étaient en droit de supposer qu'en soumettant l'acide muriatique oxygéné à l'action du charbon rouge de feu, ils obtiendraient facilement de l'acide carbonique, ou de l'oxyde de carbone et de l'acide muriatique, ou peut-être même le radical encore inconnu qu'il renferme; or l'acide muriatique oxygéné résiste à l'action du charbon porté au rouge : il traverse sans changements les tubes dans lesquels on l'expose à cette puissante action réductrice, on ne recueille aucun autre gaz. Ce résultat, si contraire aux prévisions, ouvre les yeux des deux chimistes, la lumière se fait dans leur esprit : ce prétendu corps est très mal nommé, ce n'est pas une matière oxygénée, c'est un corps simple; mais comment soutenir cette opinion devant Berthollet, comment lui faire admettre qu'il s'est trompé, comment, travaillant à Arcueil, chez lui, avec ses réactifs et ses instruments, se servir des uns et des autres pour détruire un des travaux sur lesquels s'est fondée sa réputation?

La condescendance que montrèrent à cette occasion Gay-Lussac et Thenard leur coûta cher. Dans leur mémoire sur l'acide muriatique, ils écrivent : « Toutes les propriétés de l'acide muriatique oxygéné s'expliquent très bien en admettant que c'est un corps simple »; mais, bien malgré eux sans doute, ils continuent par cette phrase malencontreuse : « Nous ne chercherons point cependant à défendre cette hypothèse, parce qu'il nous semble que ces propriétés s'expliquent encore mieux en regardant l'acide muriatique oxygéné comme un corps composé. »

Malgré la forme dubitative sous laquelle ils l'avaient émise, l'hypothèse de Gay-Lussac et Thenard fit son chemin. Un chimiste industriel resté obscur, dont le nom est loin d'avoir l'éclat qu'il mérite, Curaudau, montre très bien (1) qu'on ne peut tirer d'oxygène du pretendu acide muriatique oxygéné qu'en présence de l'eau, que l'oxygène qu'il dégage souvent provient de l'eau; décomposée dont l'hydrogène s'unit au radical pour former l'acide muriatique.

Sir H. Davy apporta enfin, à l'appui de la manière de voir de Gay-Lussac et Thenard, des arguments décisifs (2). Aucun lien d'amitié ne l'attache à Berthollet; sans ménagement, il déclare que son acide muriatique oxygéné est un corps simple; il lui donne le nom de chlore, qui est resté, et partage ainsi avec Gay-Lussac et Thenard une gloire qui aurait dû leur rester tout entière.

Ce fut seulement, au reste, quelques années plus tard et à la suite d'une nouvelle découverte de Gay-Lussac, que la simplicité du chlore fut complètement admise. Un salpêtrier nommé Courtois découvre dans les eaux-mères des soudes extraites des varechs une matière nouvelle. Le temps lui manque pour se livrer à une étude approfondie; il reconnaît cependant que cette matière forme avec l'ammoniaque une poudre très explosive; puis, désespérant de pouvoir continuer ses recherches, il remet la matière nouvelle à Clément; celui-ci la garde pendant deux ans sans en rien faire, et très légèrement la donne à H. Davy, de passage à Paris. Aussitôt que Gay-Lussac apprend cette imprudence, il comprend que peut-être une découverte importante va échapper à notre pays; il court chez Clément, chez Courtois, réunit le peu de substance qu'ils ont conservé, en quelques semaines, improvise un magnifique mémoire dans lequel il démontre que la nouvelle substance est un corps simple voisin du chlore, qui sera désigné sous le nom d'iode, à cause de la belle couleur violette de sa vapeur.

Huit jours plus tard, H. Davy publiait à son tour un travail remarquable et arrivait aux mêmes conclusions que Gay-Lussac; mais celui-ci ne s'était pas laissé devancer par un émule redoutable, et la découverte était restée à la France (3).

Quelques années auparavant, Gay-Lussac avait complété la découverte ébauchée dans le mémoire publié avec de Humboldt sur l'eudiométrie; c'est en 1809 qu'il lut à la Société d'Arcueil son mémoire sur les combinaisons des gaz et montra qu'ils s'unissent tou-

(1) Mémoire lu à l'Institut, le 5 mars 1810.
(2) Mémoire lu à la Société royale, le 12 juillet 1810.
(3) Le mémoire a été lu le 1er août 1814.

jours suivant des rapports simples en volumes, et que les produits formés, considérés à l'état de gaz, sont encore dans un rapport simple avec les volumes des constituants.

Ces lois, qui conservent le nom de Gay-Lussac, rapprochées de celle qu'il avait trouvée déjà sur la dilatation des gaz, de celle de Mariotte, de la loi des proportions multiples de Dalton, permirent à Avogadro et à Ampère d'introduire les fécondes hypothèses sur lesquelles se sont greffées toutes nos connaissances actuelles sur les gaz.

Ces lois occupent une place à part dans l'œuvre immortelle de Gay-Lussac, et ne sauraient être mises en parallèle qu'avec son mémorable travail sur l'acide prussique, dans lequel il dévoile la constitution et les propriétés du cyanogène, de cet azoture de carbone qui, se comportant comme un corps simple, a donné le premier exemple de ces radicaux composés dont la chimie organique a fait un si fréquent usage pour représenter la constitution des matières complexes qu'elle étudie.

Les lois sur les combinaisons gazeuses, le cyanogène, fixeront à jamais dans la mémoire des hommes le nom de Gay-Lussac. La valeur d'une découverte se mesure à sa fécondité. Or les lois sur l'union des gaz ont servi de base à la théorie atomique, à celle de l'atomicité des éléments ou des combinaisons, qui guident aujourd'hui les chimistes et leur permettent de faire sortir du laboratoire ces légions de corps nouveaux qui justifient chaque jour davantage l'admirable expression de M. Berthelot : « La chimie crée l'objet de ses études; » et, sans l'hypothèse des radicaux composés dont le premier exemple a été fourni par le cyanogène, la classification de ces combinaisons nouvelles deviendrait impossible, leur étude inextricable; il faudrait renoncer à pénétrer dans cette forêt prodigieusement luxuriante que représente aujourd'hui la chimie organique. L'œuvre de Gay-Lussac a non seulement puissamment contribué à sa croissance, elle a permis en outre d'y tracer les grandes voies qui facilitent son accès.

A ces travaux de chimie s'ajoutent des mémoires de physique du plus haut intérêt, notamment les études sur la force élastique du mélange des gaz et des vapeurs, puis les applications industrielles de premier ordre. Il n'est pas de matière première plus importante que l'acide sulfurique, et la produire à très bas prix est une condition de prospérité pour nombre d'industries : les perfectionnements apportés par Gay-Lussac y ont contribué pour une large part.

De tous les services qu'il a rendus, l'un des plus marquants a été de substituer, dans nombre de cas, la mesure des volumes liquides aux pesées. Dans la chlorométrie, dans les analyses alcalimétriques, il a recommandé l'emploi des liqueurs titrées ; mais c'est surtout dans l'analyse des alliages monétaires que ses méthodes,

aussi rapides qu'exactes, se sont substituées complètement à celles qu'on employait jadis; il a régularisé l'emploi des alcoomètres pour mesurer la richesse en alcool des liquides, il a donné des instructions précises sur la graduation de ces instruments, il a fait exécuter le calcul des tables nécessaires pour corriger les lectures faites à des températures différentes de celles où avait eu lieu la graduation; il a mis ainsi entre les mains de tous les commerçants des instruments aussi fidèles que faciles à employer.

L'œuvre écrite de Gay-Lussac est donc considérable, son enseignement n'a pas été moins fécond. Toute la première partie de sa carrière a été consacrée à l'École polytechnique : c'est là qu'il a exécuté ses plus grands travaux, c'est là aussi qu'il a donné le modèle de ces leçons claires, précises, où il dédaigne les formes oratoires encore en usage à cette époque, ne cherchant que la vérité et s'élevant seulement par la grandeur des faits exposés. « Quelle réserve modeste dans son langage lorsqu'il exposait ses propres découvertes, quel entraînement lorsqu'il exposait celle des autres ! » a dit de lui un de ses contemporains.

Gay-Lussac avait cette froide résolution qui fait braver les plus grands dangers, toutes les fois que l'exige un sérieux intérêt scientifique : ses travaux sur le potassium, sur l'acide cyanhydrique, le plus violent de tous les poisons, ses ascensions à une époque où l'emploi des aérostats était peu répandu, en font foi.

Il avait horreur de la lâcheté et de la perfidie, et cet homme froid et réservé se jetait résolument en avant pour les combattre. En 1815, quelques jours après la seconde Restauration, dans un des conseils tenus à l'École polytechnique, un royaliste fougueux demanda si un professeur bien connu pour ses opinions libérales avait signé l'Acte additionnel des Cent Jours. Gay-Lussac sent la perfidie de cette question : « Je ne sais, dit-il, si M. Arago a signé l'Acte additionnel, mais je déclare que moi je l'ai signé, estimant que, devant l'ennemi, tous les Français doivent être unis. » Le questionneur se tut; on vit, en haut lieu, que l'épuration irait trop loin, et l'affaire fut abandonnée. De la Faculté des sciences, où il avait été chargé d'organiser l'enseignement de la physique, Gay-Lussac passa, en 1832, au Muséum d'histoire naturelle. C'est là que se sont écoulées les dernières années de sa vie; il venait cependant chaque été se reposer de ses fatigues dans la propriété qu'il avait achetée aux environs de Limoges, car il avait toujours conservé le plus vive affection pour son pays natal. Ses compatriotes l'envoyèrent à la Chambre des députés de 1831 à 1838 ; en 1839, il entra à la Chambre des pairs; il y était attendu. Berthollet, sentant sa fin approcher, lui avait, quelques années auparavant, légué son épée de pair de France, pour le désigner comme son successeur.

A la fin de l'année 1849, la santé de Gay-Lussac commença à donner de vives inquiétudes à ses proches et à ses amis. Il était ici; on profita d'un mieux fugitif pour le ramener à Paris. L'amélioration ressentie pendant quelques jours disparut. Gay-Lussac était trop habitué à tirer les conséquences probables des faits pour ne pas prévoir l'issue prochaine de sa maladie; il ne voulut rien laisser d'incomplet et fit brûler un Traité de philosophie chimique qu'il n'avait pu terminer. Peu à peu, il déclina, et entouré de ses amis, soutenu par l'affection de sa femme et de ses enfants, il mourut le 9 mai 1850.

Quarante ans sont passés : le nombre de ceux qui ont connu Gay-Lussac diminue chaque jour. Mon maître et ami M. Frémy est le seul de ses élèves directs qui puisse nous transmettre le souvenir de son enseignement; il vénère sa mémoire : pendant bien des années, j'ai vu au Muséum, dans le laboratoire même qu'avait occupé Gay-Lussac, son buste à la place d'honneur. Ce visage austère commande le respect, le génie l'a marqué de son empreinte : c'est l'image même de l'homme de science qui ne recherche dans l'âpre labeur que la hautaine satisfaction de contempler le premier une vérité nouvelle.

Quarante ans sont passés, et cependant, quand vous avez eu cette patriotique pensée d'ouvrir une souscription pour élever une statue à Gay-Lussac, vous avez trouvé son souvenir présent partout, son nom toujours célèbre; mais si sa mémoire est à jamais honorée par tous les hommes de science, il était bon que sa gloire apparût aux yeux de tous, et la postérité vous louera d'avoir élevé ce monument.

Quand une ville a vu naître un grand homme, dont le nom ne rappelle que des bienfaits, cette ville doit à ce grand homme un bronze dont la vue éveille les jeunes courages, élève les cœurs et les anime d'une noble ambition. Il est bon que sur notre terre de France se dresse au-dessus de nous un peuple de statues; il est bon qu'aux jours où le poignant souvenir de la défaite nous courbe la tête, nous puissions, en levant les yeux, retrouver dans les gloires du passé l'espérance en l'avenir!

P.-P. DEHÉRAIN,
de l'Institut.

___

PHYSIQUE DU GLOBE

L'étude des lacs (1).

Mesdames, messieurs,

L'année dernière, dans la Conférence que j'eus l'honneur de faire ici même, je vous ai parlé de la Norvège et de l'Écosse, où je m'étais rendu pour m'y informer

(1) Conférence faite, le 23 mai 1890, à la Société de géographie de Paris.

de l'état des sciences océanographiques. Cette année, je suis allé en Suisse, et là aussi dans le but d'étudier la mer.

Cette phrase n'est point un paradoxe; au delà du Jura et des Alpes, on trouve des lacs, et maintenant plus que jamais, je suis convaincu que la meilleure manière de connaître la mer est de commencer par étudier les lacs. Voici ce que je vais tout d'abord essayer d'expliquer.

À notre époque, la science règne et gouverne. *Scientia regnat et imperat.* Elle s'agite, elle nous mène, et, tout en nous menant, elle se transforme; elle subit une évolution. Les sciences physiques et chimiques passent aux sciences mathématiques, et les sciences naturelles aux sciences physiques et chimiques. Le chiffre, la formule tendent à avoir partout le dernier mot.

Les sciences physiques et chimiques, devenues sciences de nombres, de poids, de mesures, de chiffres, procèdent par analyse et par synthèse. Un phénomène quelconque étant donné, on cherche dans l'action totale qu'il représente et par une méthode analogue à une sorte de dissection le rôle particulier joué par tel ou tel agent. Cela est de l'analyse. Quand, au contraire, fort de cette première étude, on reconstitue le phénomène en donnant à chacun des éléments qui le composent sa part qui lui revient, on procède par synthèse.

L'outil à l'aide duquel on fait de l'analyse et surtout de la synthèse s'appelle l'expérimentation; on l'oppose sans cesse à l'observation, et, c'est pourquoi il importe de bien comprendre la portée de l'un et de l'autre mot.

L'observation consiste à regarder. L'observateur se place devant un phénomène, met ses mains dans ses poches et considère les événements; puis, lorsqu'il se suppose édifié, il décrit. Dans l'expérimentation, au contraire, l'homme agit; il fait œuvre de ses mains, de ses mains et de son intelligence; il prend la nature au collet, l'interroge et reçoit sa réponse. Or la nature répond toujours aux questions, mais de trois manières seulement, par un oui, par un non ou par le silence, et, dans ce dernier cas, on est averti que la question a été mal posée.

Observer est un verbe passif, expérimenter est un verbe actif. Le progrès scientifique actuel résulte de ce qu'on expérimente de plus en plus. Les sciences mêmes, qui semblaient être, il y a quelques années, absolument interdites à l'intervention active de l'homme, l'astronomie, par exemple, sont étudiées aujourd'hui par voie expérimentale; car on ne peut donner un autre nom à l'analyse spectrale qui permet de reconnaître dans les astres la présence de la plupart des métaux trouvés sur la terre.

Certes, avant de mettre un phénomène en expérience, avant de lui appliquer la mesure, le poids, le nombre, il faut savoir quel il est, ou, en d'autres termes, l'avoir observé. Une semblable observation n'est pas longue; elle s'impose, elle saute aux yeux et l'on ne peut faire dix pas hors de sa chambre, ou même dans sa chambre, sans y trouver, bon gré, mal gré, matière à dix, vingt, trente années d'expérimentation. Dieu merci, le métier de savant a encore cela de bon que la besogne n'y manque pas.

Une expérience, pour humble qu'elle soit, satisfait complètement l'esprit : elle permet d'affirmer ou de nier sans restriction, sans crainte; car, armé d'une mesure précise exécutée dans des conditions bien déterminées, le plus petit des savants est l'égal — que dis-je! — le supérieur du plus grand et du plus titré des savants qui voudrait le combattre, parce qu'il possède l'infinie puissance de la vérité complète. Une observation laisse toujours place au doute. D'abord, l'observateur ne peut décrire que ce qu'il a vu, et qui donc oserait affirmer avoir bien vu et avoir tout vu? Sans me permettre de soupçonner qu'il veuille me tromper volontairement, rien ne me prouve qu'il ne se soit point lui-même trompé involontairement. Ses affirmations ou ses négations sont privées de sanction. Enfin cet observateur, il a contre lui d'autant plus de chances d'erreur qu'il ne cesse d'être en face du phénomène naturel à son maximum de complication, puisque l'expérimentation ne vient pas l'aider à le simplifier artificiellement. Bref, un observateur n'est qu'un homme, tandis qu'un expérimentateur est un fait et un fait simple.

Qu'est-ce donc qu'un phénomène naturel?

Un phénomène naturel est une équation unique à plusieurs inconnues. Comme on ne peut résoudre directement celle-ci, on rend artificiellement constantes toutes les inconnues, sauf une seule qu'on fait varier et dont on étudie les variations. En d'autres termes, on résout l'équation par rapport à la seule variable qu'on a laissé subsister. Cette étude terminée, on opère de même pour la seconde, la troisième, la dixième inconnue. Ce travail étant accompli, on possède la connaissance complète du phénomène.

Tout cela, c'est pour prouver que la mer se trouve en Suisse, si on l'y cherche bien, ou, pour ne point trop scandaliser une Société de géographie, pour expliquer comment j'ai été étudier la mer en Suisse.

Supposez qu'on veuille se rendre compte d'un phénomène quelconque de la mer, le mouvement des vagues, la distribution des sédiments au fond de l'eau, la pénétration au sein de la masse liquide des alternatives de température froide ou chaude de l'atmosphère. Faudra-t-il aller à ce vaste et terrible Océan et, sans nulle idée préalable du problème à résoudre autre que son énoncé, devra-t-on observer sans trop savoir quoi? La méthode risquerait fort de donner de maigres résultats : dès le début, on aurait à lutter contre beaucoup trop de difficultés. Dans les grosses vagues de l'Atlantique, qui se dressent comme des montagnes et menacent de vous engloutir, comment faire la part du vent, de la houle, de la profondeur de la mer? Sera-t-on obligé de descendre sur le fond pour y observer la loi de distribution des dépôts? Rappelons-nous que la ligne droite est souvent le plus long chemin d'un point à un autre, et procédons autrement.

Pour étudier les vagues, l'océanographe reste dans son laboratoire; il prend un bassin plein d'eau, le fait osciller, vite ou lentement. Bien chaudement, bien tranquillement installé, à l'abri du vent et de la pluie, dans le bien-être complet de son corps — ce qui est une excellente condition, sinon la meilleure condition, du bon état complet de l'intelligence — il mesure la hauteur des ondulations, l'intervalle des crêtes, la vitesse, en un mot tous les divers éléments de la question. Pour la sédimentation, il prend un tube en verre, il y verse de l'eau, ajoute un peu d'argile; puis, modifiant tantôt la température, tantôt la quantité d'argile, tantôt la pression, il mesure la rapidité avec laquelle, dans chaque cas, tombe le sédiment. Il découvre ainsi les grandes lois du phénomène. Alors, il se rend sur un lac. Averti d'avance de ce qu'il a probabilité de voir, il vérifie l'exactitude de ses conclusions. Malgré des complications plus considérables, ses études préalables ont simplifié sa tâche, et il n'éprouve point trop de difficultés à perfectionner ses idées, à les modifier s'il y a lieu, bref à arriver à une connaissance beaucoup plus complète de la vérité. A présent seulement, il n'a plus peur d'affronter l'Océan, il a procédé logiquement, de ce qui est petit à ce qui est grand, de ce qui est moins compliqué à ce qui est plus compliqué; il a suivi la voie la mieux en mesure de conduire au but proposé : la vérité.

L'étude des lacs est donc indispensable au point de vue scientifique pur; elle est aussi utile au point de vue pratique : elle est l'introduction obligée à la science de l'aquiculture.

En effet, l'aquiculture existe tout comme l'agriculture; ces deux sciences sont l'une et l'autre basées sur des principes rigoureux, elles ont des lois analogues et se proposent le même but : faire rapporter d'une manière durable à une surface d'eau ou à une surface de sol la production maximum dont elle est susceptible. A notre époque, il faut que tous et tout donnent leur plus grande somme de travail, les hommes, les animaux, les choses, la terre et l'eau.

Le poisson, la plante, êtres vivants, sont des instruments de physique. Lorsque les conditions générales du milieu qui les entoure sont favorables, ils prospèrent; si elles sont médiocres, ils souffrent et deviennent rares; si elles sont défavorables, l'animal doué du pouvoir de locomotion s'enfuit, et le végétal contraint à l'immobilité est toujours libre de mourir. Les uns et les autres, aux diverses phases de leur existence, sont l'indication et la mesure de conditions ambiantes. Malheureusement, leurs indications, se rapportant à un ensemble, sont compliquées et d'autant plus difficiles à lire que la graduation de l'instrument vivant ne possède que trois degrés, deux très nets : la présence et l'absence ; un médiocre : la rareté.

Puisqu'à des conditions déterminées du milieu correspondent des conditions déterminées de l'être vivant, et réciproquement, nous qui devons par nécessité, et afin de nous guider dans notre exploitation rationnelle connaître les conditions de l'être vivant, prenons notre tâche par son extrémité la plus facile. Au lieu de nous attaquer dès le début à l'animal ou à la plante, commençons par étudier le milieu avec nos instruments habituels, dont le maniement nous est familier et la lecture aisée, parce qu'ils n'indiquent que la variation d'une seule variable : le thermomètre, la température ; l'aréomètre, la densité ; l'analyse chimique, la composition intime.

Chez les diverses nations pour lesquelles la pêche est un grave problème social, en Norvège, en Angleterre, aux États-Unis, en Suisse, il est admis qu'en pisciculture, la zoologie est le dernier mot, mais que le premier appartient à l'océanographie. Avant de s'occuper des animaux qui peuplent un coin d'eau douce ou salée, il faut connaître la topographie de la localité, la géologie du fond, les propriétés physiques et chimiques, la distribution de la température, la transparence, la composition chimique. Après cette étude préliminaire, le terrain sera livré aux naturalistes, botanistes et zoologistes, chacun d'eux aura à lutter contre des complications de plus en plus grandes, mais aussi chacun d'eux sera fort des indications conquises par ses devanciers pour lesquels le problème, moins complet, il est vrai, était par contre plus simple à résoudre.

Examinons maintenant par quels procédés et avec quels instruments on étudie les lacs. Avant d'entamer cette description, nous remarquerons qu'elle s'appliquera non seulement aux espaces d'eau douce, mais encore à toute cette portion de l'Océan dont le fond est à moins de 200 mètres de la surface et que les océanographes désignent sous le nom de soubassement ou plateau continental. Afin d'avoir un exemple, lorsque cela sera nécessaire, je choisirai le lac de Longemer, dans les Vosges ; l'année dernière, au mois de juillet, j'en ai fait une étude sommaire que j'ai bon espoir de compléter bientôt en y ajoutant ses voisins, les lacs de Gérardmer, de Retournemer et des Corbeaux.

En arrivant sur le lac, le premier soin doit être de le parcourir dans tous les sens, de l'examiner, de se rendre compte de sa configuration générale afin de prendre des dispositions en conséquence. On commence alors la topographie : levé du contour et ensuite levé du relief recouvert par les eaux.

Pour lever le contour du lac, on choisit sur ses bords un certain nombre de stations, arbres remarquables, édifices, rochers. Quand les points de repère manquent, on en crée artificiellement à l'aide de jalons ou de morceaux d'étoffe qu'on dispose de manière à les aper-

cevoir de loin. On prend l'instrument des officiers de marine, le sextant, on se place en chaque point de repère et on vise tous les autres points en mesurant l'angle formé avec chacun d'eux ; on rapporte à une base préalablement mesurée. On est alors en état de tracer sur le papier une figure identique, bien qu'à une échelle réduite, à celle qui existe sur le terrain. Entre chaque repère, on dessine les contours du bord de l'eau, et on possède ainsi l'image fidèle du lac.

Comme le sextant permet de mesurer l'angle de deux directions marquées par deux points en faisant coïncider sur une même glace l'image de l'un et de l'autre, il n'est besoin que de le tenir à la main pour le manœuvrer, et l'on peut s'en servir sur un sol mouvant comme l'est un bateau qui oscille sous l'action des vagues. C'est pour cela qu'il est employé dans la marine et que nous-même nous l'emploierons sur notre lac, dont les vagues, bien peu imposantes, suffiraient cependant pour interdire l'usage de tout autre instrument exigeant une installation fixe sur un terrain immobile.

Nous montons maintenant en bateau. Sur l'un des bancs, fixés par des crampons ou pattes, nous plaçons deux treuils très légers et disposés de manière à présenter le moindre volume possible. Il ne faut pas oublier que nos appareils doivent voyager et que le tarif des chemins de fer, sans égards pour l'océanographie et la limnographie, ne leur accorde aucune réduction de prix. À l'avant, nous attachons une poulie coupée dans laquelle on peut aisément introduire ou retirer la corde ; nous embarquons nos autres instruments et nous quittons le rivage. Pendant que l'un des deux observateurs est aux avirons, l'autre s'occupe de fixer le plomb de sonde.

Il est constitué par une tringle en fer terminée par un anneau, et il porte enfilés un ou deux boulets de fonte percés dans toute leur longueur d'un trou dont l'ouverture inférieure est agrandie de manière à permettre l'introduction d'un capuchon destiné à protéger l'autre extrémité de la tringle, filetée, nous verrons tout à l'heure pour quelle raison. La corde elle-même est divisée de mètre en mètre par de petites lanières de cuir ; à chaque 5 mètres, on attache un chiffon blanc, à chaque 10 mètres un chiffon rouge, à chaque 20 mètres un chiffon blanc et un chiffon bleu.

Arrivé en un endroit convenable, on s'arrête, on jette le plomb à l'eau, on laisse descendre, et bientôt on perçoit le choc contre le fond. On fixe la corde et on note la position en mesurant au sextant trois quelconques des repères jalonnant le rivage. Sur le plan où ces repères sont marqués, il suffira d'exécuter la construction appelée le segment capable pour obtenir un point correspondant exactement à l'endroit où nous nous trouvons en réalité.

Pendant ce temps, notre corde s'est imbibée d'eau ;

elle s'est rétrécie, de sorte que chaque longueur de 1 mètre à sec ne vaut plus 1 mètre maintenant qu'elle est mouillée. Nous la remontons doucement, nous mesurons avec grand soin la nouvelle longueur prise par chaque division, nous trouvons qu'elle ne vaut plus que 90, 91 ou 92 centimètres. Nous ferons désormais subir cette correction aux longueurs de corde déroulées, de sorte que le passage de 17 lanières de cuir jusqu'au moment du choc correspondra, non pas à 17 mètres, mais à dix-sept fois 90 centimètres, par exemple, c'est-à-dire à 15^m,30.

On recommence cinquante, cent, cinq cents fois, s'il le faut, cette opération, et on crible ainsi le plan d'un nombre égal de cotes de profondeur. On trace les courbes entourant toutes les cotes de même profondeur de 10 en 10 mètres ou de 5 en 5 mètres, et on délimite de cette façon des surfaces dont tous les points ne diffèrent pas entre eux de plus de 10 ou 5 mètres. Ces courbes prennent le nom de courbes d'égale profondeur ou isobathes; elles indiquent en quelque sorte le nouveau contour qu'offrirait le lac si l'eau s'abaissait de 5, 10, 15 mètres au-dessous de son niveau normal. Il suffit de teinter les intervalles qu'elles laissent entre elles en bleu d'autant plus foncé que la zone est plus profonde pour avoir une représentation parfaitement nette du relief sous-lacustre.

Quand il s'agit de grands lacs ou que les ressources sont suffisantes, on emploie des appareils plus perfectionnés et qui permettent d'opérer plus rapidement, du genre de ceux dont j'ai vu se servir sur le lac de Constance les ingénieurs suisses chargés de dresser le plan du lac au nom des cinq États riverains, Suisse, Bade, Wurtemberg, Bavière et Autriche. On sonde avec une machine, le plomb est attaché avec un fil d'acier ou corde à piano, on détermine les positions à la stadia, mais, au total, le mode opératoire n'est pas essentiellement changé.

Nous savons maintenant quelle est la forme du fond, mais nous en ignorons la nature. Est-il vaseux, sableux, tourbeux, rocheux. Selon cette nature, il se produira des phénomènes différents et, pour nous en tenir aux poissons, il est évident que toutes les espèces ne se plairont pas également partout; de sorte que, si un pisciculteur peuple un lac sableux avec des poissons de vase, par exemple, ceux-ci vont dépérir, et le pisciculteur en sera pour ses frais. On recueillera des échantillons du fond, on les analysera au laboratoire, et ils serviront à dresser la carte géologique du fond. Rien n'est plus aisé : on dévisse l'extrémité du plomb, on y adapte un cône en métal dont l'ouverture est fermée par une rondelle de cuir; on descend; l'eau soulève et retient la rondelle, le cône arrive au fond, y pénètre, se remplit; on remonte, la pression de l'eau appuie alors sur la rondelle et le cône arrive à la surface avec son chargement. On emploie encore une drague fort élémentaire consistant en un petit seau en métal attaché à une cordelette de 1 mètre de longueur environ, attachée elle-même à la ligne de sonde un peu au-dessus du plomb. On la traîne sur le fond et on remonte doucement.

Passons aux propriétés physiques, et commençons par étudier la manière dont la température se distribue au sein de notre lac.

Voici une grande nappe d'eau : le soleil y darde ses rayons et l'échauffe; dès que l'air se refroidit, elle se refroidit aussi. Ces alternances de température se font sentir continuellement, le jour et la nuit, l'été et l'hiver, sous les rafales de vent, de neige, ou lorsque la glace, se formant d'abord le long du rivage, s'étend progressivement vers le centre et finit, si les froids sont assez rigoureux et assez prolongés, par recouvrir le lac tout entier d'une épaisse croûte solide. Comme l'eau douce présente à 4° un maximum de densité, c'est-à-dire est alors plus lourde que lorsqu'elle est ou plus chaude ou plus froide, on comprend qu'à chacune de ces variations de la température corresponde un mouvement des eaux refroidies qui tombent au fond et sont remplacées à la surface par un afflux d'eaux plus chaudes et par conséquent plus légères venant des profondeurs. Or le caractère de ce mouvement dépend de la forme du lac et de son relief; car, à égal volume, un lac très vaste et très peu profond se mettra beaucoup plus rapidement en équilibre de température qu'un lac de faible superficie et, en revanche, très creux. Mais l'atmosphère subit des variations de température continuelles, dont l'eau est en quelque sorte l'écho affaibli, puisque sa nature est beaucoup moins subtile, c'est-à-dire beaucoup plus paresseuse que l'air dans ses mouvements. La distribution de la température y changera donc continuellement et d'une façon différente, non seulement pour deux lacs différents, mais même, si l'on veut pousser plus loin la précision, pour les diverses portions d'un même lac.

On se rendra compte de cette distribution en attachant à la ligne de sonde un thermomètre qu'on descend à diverses profondeurs et avec lequel on mesure en chaque point la température de l'eau. L'opération serait impossible à exécuter avec un thermomètre ordinaire; car, en remontant celui-ci à la surface, il traverserait des couches plus chaudes ou moins chaudes, ce qui ferait monter ou descendre le niveau du mercure et fausserait l'indication. On obvie à cet inconvénient au moyen du thermomètre spécial inventé par MM. Negretti et Zambra, soustrait, par sa double enveloppe, à l'influence de la pression et qu'il suffit de retourner, grâce à un système particulier mis en marche par un poids ou messager envoyé de la surface, pour que la colonne mercurielle se coupe en un point fixe, toujours le même. Rendue désormais insensible à toute influence ultérieure, elle peut être lue à loisir sans changer de longueur; en d'autres termes, en indiquant la température qui régnait au moment et au lieu de l'expérience.

Après avoir effectué un nombre suffisant de sondages thermométriques, aussi bien à la surface qu'en profondeur, on reporte chacun d'eux sur un plan représentant une section verticale du lac et chacun à la place correspondant à celle qu'il occupait en réalité; on trace les lignes enveloppant les aires de même température qu'on nomme lignes isothermes et qui partagent l'épaisseur du lac en strates superposées appelées couches isothermes. Celles-ci n'ont qu'une existence éphémère; elles sont des sortes de moyenne représentant l'état du lac à un moment déterminé et qui, pour être véritablement exactes, devraient être toutes prises simultanément. En pratique, on se contente d'opérer ces mesures thermométriques dans le plus court temps possible et de les renouveler au moins une fois chaque mois, afin de posséder le dessin graphique de l'économie thermique du lac pendant le cours d'une année entière.

Les eaux des lacs présentent un autre caractère : leur coloration. Il existe des lacs jaunes comme celui de Longemer, des lacs verts et des lacs bleus comme le Léman, dont les eaux sont du même azur que le ciel. Pour conserver un souvenir exact de cette teinte particulière, sinon pour la mesurer et afin d'avoir un terme de comparaison, on la rapporte, sur place, à une gamme de liquides colorés, composés par M. Forel suivant certaines règles précises, enfermés dans de petits tubes de verre hermétiquement scellés et qui présente tous les tons du vert, depuis le bleu pur jusqu'au jaune pur. La transparence de l'eau, variable dans les divers lacs et dans un même lac avec la saison, s'évalue par la distance à laquelle disparaît et reparaît à la vue un disque blanc de 30 centimètres de diamètre qu'on suspend à une cordelette et qu'on laisse descendre ou qu'on fait remonter verticalement.

Les propriétés chimiques sont étudiées à leur tour. Sans se livrer à une analyse complète des eaux, ce qui concerne spécialement les chimistes, il est nécessaire d'examiner au moins, au point de vue des matières minérales en suspension et de la quantité de carbonate dissous, des échantillons récoltés à la surface et à diverses profondeurs. Afin de recueillir des échantillons sans mélange, on descend dans le lac, attaché à la ligne de sonde, un récipient en métal ouvert qu'on e lorsqu'il est parvenu au sein de la couche d'eau nvenable. Ces récipients ou bouteilles sont de divers odèles. Celui de la *Scottish marine Station* de Granton particulièrement commode et facile à manœuvrer. Il consiste en un cylindre de laiton glissant le long de son axe et retombant alors sur deux disques métalliques munis de lames de caoutchouc entre lesquels demeure emprisonnée une quantité d'eau de un litre et demi environ. On remonte, on verse l'eau dans

un flacon bouché à l'émeri et on conserve pour le laboratoire.

Le premier soin est de la filtrer. L'opération se fait avec un appareil spécial que j'ai imaginé et qui permet de filtrer rapidement plusieurs litres de liquide à travers une rondelle de papier à filtre ne dépassant pas la dimension d'une pièce de 50 centimes. On examine ce résidu au microscope, on le pèse, on le calcine, on le pèse de nouveau, et l'on obtient ainsi la proportion des sédiments en suspension d'origine organique et de ceux de nature minérale. Ces valeurs ont une véritable importance et présentent des rapports étroits avec la transparence des lacs.

L'eau, après filtration, est évaporée à siccité; le résidu pesé donne la proportion de matières en dissolution. Sur une portion restreinte, on dose le carbonate de chaux par le procédé de Weith, qui consiste à ajouter à l'échantillon de l'acide chlorhydrique titré jusqu'à réaction acide indiquée par le changement de couleur d'une solution alcoolique d'alizarine.

Si, comme nous l'avons dit précédemment, les êtres vivants sont, eux aussi, des instruments de physique, la complexité de leurs indications n'est pas un motif pour les négliger. Sur une recueille avec un filet en tissu de soie pour tamis de bluterie, ayant la forme d'un filet à papillons et qu'on met à la traîne derrière l'embarcation, soit à la surface de l'eau pendant la nuit, ou à une certaine profondeur pendant le jour. On rassemble ces animaux ou ces algues dans un flacon, après les avoir passés dans une solution de sublimé corrosif et, si l'on n'est pas soi-même naturaliste, on les remet à une personne compétente.

Il n'est pas possible de présenter un résumé, si court qu'il soit, de l'étude des lacs, sans dire quelques mots d'un phénomène bien étrange, fort anciennement constaté sur le Léman, où il porte le nom de seiche, et dont l'explication, restée longtemps mystérieuse, est aujourd'hui complètement élucidée, grâce aux patientes et habiles recherches de M. le professeur Forel, de Morges.

Par l'effet d'une commotion quelconque; telle qu'une dépression barométrique brusque ou un orage se produisant en un point de sa surface, un lac éprouve des variations de niveau; l'eau qui le remplit s'élève pour s'abaisser ensuite, remonte encore, redescend, et cette sorte de halètement rythmé se continue, non pas d'une manière irrégulière, mais régulièrement, à intervalles de temps fixes. Le lac entre en vibration tout comme la corde d'un violon qui, attaquée par l'archet, rend un son déterminé. La similitude des deux phénomènes va plus loin encore; car, de même que, sur un violon, la corde donne toujours le même son dans des conditions identiques, c'est-à-dire lorsqu'on ne modifie pas la distance comprise entre le chevalet et le doigt qui la maintient, de même chaque espace d'eau possède un mode de vibration déterminé dépendant de ses

7 S.

caractères, en quelque sorte personnels, de sa longueur, de sa largeur et de sa profondeur. Un lac possède donc son chant qui lui est propre; et, de même qu'une corde sonne faux pour certains intervalles, il en est parmi eux chez lesquels un seuil immergé agit comme le ferait un arrêt mal placé le long de la corde, un trou mal installé le long d'une flûte, et ils chantent faux. La vibration régit le monde, et l'on en revient aux harmonies de Pythagore étendant la puissance du nombre sur la nature entière, ou, si le nom d'un ancien fait peur à entendre, aux théories du maître de musique du *Bourgeois gentilhomme*, apôtre des mérites de l'accord parfait.

On étudie les seiches avec des instruments enregistreurs appelés limnimètres, de disposition analogue aux marégraphes. M. Forel en a imaginé un plus simple et doué d'une sensibilité extrême, quoique offrant le désavantage de n'être point enregistreur et auquel il a donné le nom de plémyramètre. Il se compose d'un tube de verre droit, long de 35 centimètres environ, terminé par deux tubes de caoutchouc en communication l'un avec le lac et l'autre avec un récipient rempli d'eau. Après avoir eu soin d'introduire dans le tube une boulette de cire alourdie par un peu de plomb et ayant à très peu près le même diamètre, on remplit d'eau ce système, qui est un véritable siphon. Selon que le niveau du lac s'élève ou s'abaisse, c'est-à-dire est plus haut ou plus bas que le niveau de l'eau dans le récipient, un courant de gauche à droite ou de droite à gauche s'établit dans le tube, et la boulette chassée vient s'appliquer contre une spirale obturant l'une et l'autre extrémité. On note la durée de ces mouvements, on la reporte graphiquement sur le papier, et l'on est dès lors en mesure de reconnaître le rythme spécial du lac.

L'étude des lacs commence seulement à être abordée systématiquement en France, comme elle l'a été depuis longtemps à l'étranger. La Suisse est une région privilégiée dont les lacs, si nombreux, si pittoresques, si majestueux, venaient en quelque sorte d'eux-mêmes s'offrir aux recherches des investigateurs; aussi la limnographie est-elle une science suisse. Mais, en dehors de cette contrée, les lacs sont l'objet d'un examen détaillé, précis et continu en Angleterre, en Écosse, où leur étude entre dans les attributions du *Geological Survey;* en Autriche, en Italie, où ils ont tout dernièrement révélé des faits qu'on ne soupçonnait pas; aux États-Unis et en Russie, où l'on connaît à peu près complètement les lacs de la Finlande, de la Russie d'Europe et même ceux de la Sibérie, les lacs Baïkal et Balkach. Le Service des Ponts et Chaussées de France a achevé et ne tardera pas à publier le relevé de la partie française du lac Léman. Il s'occupe en ce moment de la topographie du lac d'Annecy. Je compte moi-même terminer cette année l'étude des lacs des Vosges et commencer celle des lacs de Savoie. Nos vingt mille hectares de

lacs n'ont plus longtemps à rester ce qu'ils sont malheureusement encore aujourd'hui, une tache blanche sur nos belles cartes officielles, topographiques et géologiques.

J. THOULET.

DÉMOGRAPHIE

Profession et natalité.

BRÉNAT ET GROIX.

Le degré de fortune et la profession sont certainement, parmi toutes les circonstances qui accompagnent l'abaissement alarmant de notre natalité, celles qui seraient susceptibles de jeter le plus de lumière sur les causes de ce triste phénomène social. En effet, être renseigné sur la profession ou le revenu d'un homme, c'est presque toujours connaître son instruction et son éducation, sa manière de vivre, et souvent les jugements, les appréciations générales qui dirigent sa volonté. La profession en particulier n'agit pas seulement sur l'intermédiaire de la fortune qu'elle implique; par elle-même, elle modifie l'homme, ses idées et sa conduite, en lui imposant celles du milieu où elle le force à se mouvoir.

Par malheur, les documents administratifs ne permettent pas d'établir avec une rigueur absolue le rapport de la fécondité à la richesse. On sait seulement que les familles riches ont généralement moins d'enfants que les familles pauvres, que les départements riches ont moins d'enfants par famille que les départements pauvres [1], et que, dans les grandes villes, les quartiers riches ont des familles moins nombreuses que les quartiers ouvriers.

Pour ce qui est du rapport de la natalité à la profession, on est encore moins avancé. L'observation directe permet à la vérité d'affirmer que les hommes adonnés aux sciences, aux arts ou aux lettres ont généralement moins d'enfants que ceux qui travaillent de leurs mains; mais il n'est pas possible de le démontrer mathématiquement. Pour y parvenir, il faudrait en effet trouver des circonscriptions administratives composées tout entières de familles adonnées à une seule et même profession. Or, rien n'est plus rare.

Même pour les communes purement agricoles, qui sont en si grand nombre, l'homogénéité n'est qu'apparente. En réalité, les industries agricoles sont très multiples, en dépit de la désignation commune qui les englobe. On serait fort empêché d'en trouver deux offrant même proportion de propriétaires faisant valoir ou vivant de leurs revenus, de grands et de petits fermiers, de journaliers et de domestiques, deux offrant même proportion d'herbagers, d'éleveurs, de laboureurs, de cultivateurs adonnés à l'industrie

(1) A. Chervin, *Histoire statistique de la population française.*
(*Revue scientifique* du 26 octobre 1889.)

beurrière, laitière ou fromagère, de jardiniers, de bourreliers, de charrons et autres ouvriers de la petite industrie. Or ces différences dans la répartition des professions sont corrélatives avec d'autres variations dans la manière de vivre, de penser et d'agir. L'incroyable individualité de nos communes rurales, que j'ai signalée ici même (1), ne reconnaît pas de cause plus efficace.

Il est inutile d'ajouter que cette diversité des professions, déjà si grande dans les communes agricoles, s'accroît encore dans les communes industrielles, presque toutes urbaines, et qu'elle atteint son maximum dans les grandes villes.

Mais voici deux petites îles, Bréhat et Groix, situées également sur les côtes de Bretagne et comprenant chacune une seule commune, dont la population présente à tous les points de vue et spécialement à celui de la profession une homogénéité extraordinaire. Dans l'une comme dans l'autre, tous les hommes sont marins, tous les habitants vivent directement ou indirectement de la mer ; les quelques exceptions indispensables sont si peu nombreuses, qu'on peut les traiter de quantité démographiquement négligeable. Je suis allé les étudier sur place au point de vue spécial de la natalité, l'une, Groix, en septembre 1885, l'autre, Bréhat, en septembre 1888.

Leur comparaison sous les divers aspects de leur activité sociale est instructive : car elle met en lumière l'énorme conséquence que peut avoir pour la natalité, au milieu de circonstances le plus souvent identiques, une simple différence de profession, ou plus exactement la différence entre deux subdivisions d'une profession semblable.

La petite île de Bréhat, située à l'extrémité septentrionale du canton de Paimpol, entre l'estuaire du Trieux et la baie de Saint-Brieuc, se compose de deux îlots réunis depuis Vauban par une chaussée. Les hautes mers, montant à l'assaut de l'étroit plateau granitique en réduisent l'étendue à 225 hectares, dont 150 seulement sont en culture, bien qu'une part considérable du surplus soit susceptible d'être cultivée. La division du sol en fractions minuscules, l'absence de gelées, la profondeur et la légèreté de la terre, enfin l'abondance du goëmon qui pourrit et se perd en quantités énormes sur les rochers des côtes, semblent appeler une culture maraîchère fortement intensive et qui serait très lucrative.

Groix, située dans le département du Morbihan, en face Port-Louis, est plus grande. Elle compte 1476 hectares, dont 1200 environ sont cultivés. L'étendue plus considérable des parcelles y permet l'usage de la charrue, inconnue à Bréhat. La terre, moins bonne, mais plus forte, se prête mieux à la production des céréales ; elle est d'ailleurs mieux et plus complètement utilisée.

Comme dans ces deux îles, les hommes passent à peu près tous leur vie sur la mer. Le sexe masculin n'est habituellement représenté sur la terre que par les enfants trop jeunes pour être mousses, par les vieillards, et, pour Groix, par quelques ouvriers de métier venus la plupart du continent.

D'ailleurs les hommes, même présents, ne s'occupent point du labourage. Ils l'abandonnent entièrement aux femmes, comme une occupation relativement douce et paisible. Celles de Bréhat jardinent avec mollesse, s'accordent des loisirs et de fréquentes promenades sur le continent. Celles de Groix travaillent avec âpreté, fument leur champ avec abondance et ne s'épargnent pas les plus dures fatigues. Les premières se nourrissent mieux, soignent davantage leur intérieur, ornent leurs maisons de fleurs, d'arbustes et d'arbres fruitiers ; elles ont plus de politesse et de santé. Les secondes ne donnent rien à l'agrément ; leurs demeures, bien différentes des riantes maisons de Belle-Ile, sont grises et tristes, nues, sans jardin, empestées par le fumier ; elles-mêmes, nourries insuffisamment de lait et de chocolat, ne buvant que de l'eau, n'ayant ni viande, ni légumes, ni poisson, sont en très grand nombre anémiques et hystériques (1).

Bien que Groix, située à quelques lieues de Lorient, soit en communication journalière avec cette ville, tandis que Bréhat n'a que des rapports fort espacés avec Saint-Brieuc, qui en est beaucoup plus éloignée, c'est cette dernière île qui se rapproche le plus des mœurs urbaines. Sauf quelques vieilles femmes, qui ignorent encore ou affectent d'ignorer le français, tous les habitants le parlent, et même entre eux, de préférence au breton. A Groix, tous les hommes parlent breton entre eux, et les femmes ne savent généralement point d'autre langue. Ici, les modes locales, la coiffure et l'habillement, évoluent d'une manière indépendante de l'idéal urbain ; à Bréhat, au contraire, elles s'en rapprochent de plus en plus et dépouillent toute originalité.

Dans les deux îles également, le sexe masculin paraît plus beau et relativement plus robuste que l'autre. Mais, prise dans son ensemble, la population de Bréhat est de beaucoup la plus saine et la plus belle. Elle est généralement d'un châtain très foncé ou même complètement noire, svelte, teint mat, tissus secs et serrés ; tandis que celle de Groix, plus lourde et plus vulgaire, a dans l'enfance des cheveux blond cuivré qui tournent au châtain vers la fin de la croissance. Mais ces différences anthropologiques n'ont, comme on a pu le constater maintes fois, aucune influence sur les phénomènes démographiques.

Au point de vue économique, les deux îles ont cela de commun que la terre n'y est que l'accessoire ; c'est de la marine que viennent les principales ressources dont vit la population. A la vérité, Bréhat exporte des pommes de terre et Groix du blé. Mais la vente en serait insuffisante pour faire face à l'achat des produits manufacturés indispensables. Ce qui équilibre le budget de la famille, c'est le gain du marin. Celui de Bréhat, engagé ordinairement sur les flottes de l'État, envoie ses délégations. Celui de Groix, péchant pendant huit ou neuf mois de l'année dans le golfe de Gascogne, rapporte, en venant passer chez lui les trois autres mois, le prix du poisson qu'il a pu vendre, soit à la Rochelle, soit aux Sables-d'Olonne. La flottille de Groix, estimée à

(1) *Revue scientifique* du 4 août 1889.

(1) Lejeanne, *Thèse sur l'île de Groix.*

2 105 000 francs, dépasse en valeur celle des 1200 hectares de terre cultivée qui existent dans l'île, abstraction faite des constructions, et le produit de la pêche, qui s'élève en moyenne à un million et demi par an, dépasse certainement celui de la terre et de toutes les industries réunies. Dans les deux îles, la richesse est assez également répartie. Les plus gros revenus (à part trois ou quatre exceptions pour Groix) sont de 1800 à 2500 francs par famille; ceux de 1000 à 1200 francs sont très communs. Dans les deux îles, la misère est rare, car la terre étant extrêmement divisée, il n'est presque point de famille qui n'en possède quelque parcelle. A Groix, beaucoup possèdent une part dans la propriété de quelque barque de pêche. L'État sert une pension à tous les marins ayant atteint l'âge de cinquante ans et, s'ils sont morts, à leurs veuves et à leurs enfants.

Dans les deux îles enfin, la probité, le courage, la dignité morale des hommes sont au-dessus de tout éloge.

Malgré ces similitudes portant sur des points aussi essentiels, Bréhat et Groix diffèrent profondément sous tous les rapports de leur activité démographique. C'est ce qui ressort des deux tableaux ci-dessous, résumant l'histoire de la nuptialité, de la fécondité des mariages, de la natalité et de la mortalité depuis le commencement du siècle.

POPULATION.

Date des census.	Bréhat.	Groix.
1801	1475	»
1806	1444	2347
1820	1448	»
1826	1572	»
1831	1550	2931
1836	1489	3034
1841	1519	3153
1846	1356	3145
1851	1374	3354
1856	1221	3390
1861	1197	3795
1866	1198	4043
1872	1107	4384
1876	1059	4462
1881	1172	4660
1886	1086	4892

MOUVEMENT DE LA POPULATION.

Périodes.	Mariages pour 1000 habit.		Naissances pour un mariage.		Naissances pour 1000 habit.		Décès pour 1000 habit.	
	Bréhat.	Groix.	Bréhat.	Groix.	Bréhat.	Groix.	Bréhat.	Groix.
1802-1812. . .	8,0	7,1	2,9	3,2	23,6	23,1	17,2	20,5
1813-1822. . .	7,9	»	3,7	3,6	29,4	»	21,3	»
1823-1832. . .	5,4	4,9	4,9	6,9	26,6	33,8	29,6	21,2
1833-1842. . .	7,3	5,9	3,2	5,2	23,3	30,6	20,0	22,2
1842-1852. . .	7,0	6,8	3,6	4,3	25,6	29,8	21,2	19,7
1853-1862. . .	6,2	8,2	3,8	4,2	23,9	31,4	29,2	25,1
1863-1872. . .	6,4	6,2	3,4	5,2	24,9	32,4	25,9	25,4
1873-1883. . .	6,9	6,1	2,97	4,8	20,8	29,6	23,6	19,3

On voit que la population de Bréhat est en décroissance. Dans les soixante années écoulées de 1826 à 1886, elle a diminué de près de 500 habitants, soit du tiers environ de son chiffre initial. Au contraire, la population de Groix est en progrès et même en progrès de plus en plus rapide. De 2347 habitants en 1806, de 2931 en 1831, elle s'élève à 4892 lors du dernier recensement. Dans les vingt-cinq dernières années, son accroissement a été de 1100 habitants. Dans chacune des deux îles, la densité de la population dépasse trois habitants par hectare; mais, à Bréhat, elle était de près de cinq habitants il y a soixante ans.

Du reste, le chiffre de la population accusé par les recensements est toujours inférieur à la réalité, les marins au service de l'État, ceux qui naviguent au long cours et à la grande pêche n'y étant point compris. De là résulte en grande partie l'énorme disproportion des sexes que l'on constate dans ces deux îles, comme en général dans toutes les collectivités de pêcheurs, à partir de l'âge de onze ou douze ans, où les jeunes garçons commencent à s'embarquer; mais en partie seulement, car la mortalité des hommes, due aux accidents de mer, est très supérieure à celle des femmes et leur longévité est moindre. Une autre conséquence, c'est que le taux indiqué ci-dessus de la nuptialité, de la natalité et de la mortalité est trop élevé; car la population, c'est-à-dire le diviseur adopté, étant trop faible, le quotient par cela seul devient trop fort. Mais cette cause d'erreur se rencontrant également dans les deux îles, leur état démographique n'en est pas moins comparable.

Natalité. — Le fait qui saute aux yeux tout d'abord, c'est que la natalité de Bréhat est généralement très faible et qu'elle n'a cessé de décroître de 1813 à 1882. Bien que cette île fasse partie de l'un des départements les plus féconds de France, sa natalité est depuis fort longtemps tombée au-dessous de la moyenne nationale. Dans la dernière décade, elle n'est plus que de 20,8. Si l'on songe que ce chiffre est encore d'un dixième environ trop élevé à cause d'une certaine de marins qui n'ont point été recensés, on reconnaît que Bréhat forme un îlot démographique qui, tranchant violemment avec la fécondité générale de la basse Bretagne, présente la même stérilité que les départements normands et gascons.

La natalité de Groix, au contraire, est à peu près égale à celle du reste du Morbihan, variant depuis soixante ans entre 29,6 et 34,4 naissances pour 1000 habitants. Elle n'est donc pas excessive. Cependant elle est d'un tiers environ supérieure à celle de Bréhat. La comparaison est d'autant plus défavorable à cette dernière que la mortalité y est plus élevée et que, dans les trois dernières décades, elle a été très notablement supérieure à la natalité.

La cause immédiate de cette différence si considérable dans la natalité des deux îles ne réside pas dans une différence de nuptialité. Car la proportion des mariages est à peu près également faible à Groix et à Bréhat : elle s'y tient, depuis vingt ans entre 6,1 et 6,9. A Groix, il lui est même arrivé, dans les décades antérieures, de descendre à moins de 5, et, d'une manière générale, elle est plutôt inférieure que supérieure à celle de Bréhat. Dans une île comme dans l'autre, le goût pour le mariage est donc très médiocre, très inférieur à la moyenne française. Mais ce défaut est réparé à Groix par la grande fécondité des mariages, tandis qu'à Bréhat, cette fécondité est moyenne ou faible.

Comme il n'y a presque point de naissances naturelles à Groix non plus qu'à Bréhat, le nombre total des naissances divisé par le nombre total des unions y donne fort exactement la fécondité moyenne de celles-ci; et comme, d'autre part, cette étude embrasse une période de quatre-vingts ans, les inconvénients inhérents à ce mode de calcul disparaissent. Mais il a l'avantage de circonscrire plus étroitement le champ des hypothèses qui peuvent être invoquées pour expliquer l'affaiblissement de la natalité.

A Groix, depuis un demi-siècle, la moyenne des naissances pour un mariage a toujours dépassé quatre et souvent cinq. A Bréhat, elle varie entre 3,8 et 2,9. C'est à ce dernier chiffre qu'est due la natalité extrêmement basse de la dernière décade.

L'étude purement arithmétique du sujet nous fournit cette explication; mais rien de plus, et elle-même a besoin d'être expliquée. Pourquoi ne se marie-t-on pas davantage à Groix et à Bréhat? Pourquoi n'a-t-on pas plus d'enfants par mariage dans cette dernière île? L'observation directe, c'est-à-dire un séjour de quelque durée dans ces communes, des conversations avec les habitants, une enquête sur leur état intellectuel, moral, esthétique, est indispensable pour trouver la réponse.

J'ai établi ailleurs (1) que la faible nuptialité de Bréhat ne tenait point à la disproportion des sexes; qu'elle était là, comme dans plusieurs autres communes du canton de Paimpol, un effet de l'influence cléricale agissant principalement sur les femmes, des vêtements sombres et disgracieux, de l'air honteux et renfrogné qu'elle leur impose, de la tristesse résultant de l'absence ordinaire des hommes, du manque de plaisirs pris en commun par les deux sexes. A Groix, la même cause existe; elle y produit le même effet.

Mais ce qui est surtout intéressant, c'est de rechercher la raison de la grande différence de fécondité des ménages grésillons et bréhatais.

D'abord, on doit noter qu'à Bréhat le nombre des enfants vivants par famille, tel qu'il résulte du dernier census, est très inégalement réparti. Il existe une assez forte proportion de familles qui sont demeurées fécondes ou très fécondes : 76 ont quatre enfants vivants et au-dessus. Ce sont généralement les familles pauvres. Cette minorité prolifique fait d'autant mieux ressortir la stérilité ou quasi-stérilité de la majorité des ménages, la volonté réfléchie d'une grande partie de la population de ne laisser que peu ou point de descendants.

Il est inutile, en effet, de dire que la cause de cette infécondité n'est pas physiologique, la population de Bréhat étant extrêmement saine et vigoureuse.

On peut ajouter qu'elle n'est pas d'ordre économique. Le marin de Groix gagne autant par la pêche que celui de Bréhat par sa solde.

Ce n'est pas davantage l'absence de débouchés. Dans les

(1) *Bulletin de la Société d'anthropologie*, décembre 1888.

deux cas, ils sont en quantité illimitée. Dès l'âge de onze ou douze ans, le petit Bréhatais comme le petit Grésillon devient mousse, et l'un est aussi sûr de trouver toujours de la place sur les vaisseaux de l'État que l'autre sur les barques de pêche. La nourriture, l'instruction, l'habillement sont aussi simples dans un lieu que dans l'autre et ne coûtent pas plus. Si le Bréhatais, à fortune égale, dépense un peu plus pour cet objet, c'est qu'il y est porté par un courant d'idées, des tendances dont l'origine est étrangère à son île.

La grande, ou, pour mieux dire, la seule cause de la différence de fécondité dans ces deux nids de marins, c'est la différence de profession.

L'homme de Groix est pêcheur. Après ses cinq ans de service à bord, il revient avec empressement reprendre sa place à côté de ses compatriotes sur la flottille de pêche. Il partira deux fois chaque année à destination du golfe de Gascogne; chaque campagne durera de trois à cinq mois, pendant lesquels il ne reverra pas son île, n'aura d'autre famille que ses quatre ou cinq camarades, compagnons de lit et de table, de travail et de danger. Il regarde la pêche de la sardine comme indigne de lui, bonne pour les vieillards ou pour les hommes affaiblis par la maladie.

Il existe ainsi dans chaque collectivité de marins une spécialité à laquelle il est de tradition de se livrer. Ceux de Belle-Ile et de Douarnenez pêchent surtout la sardine; ceux de Plouézec et de Ploubazlanec, à quelques lieues de Bréhat, vont chaque année à la pêche d'Islande. Mais ceux de cette dernière île font leur carrière sur la flotte de guerre. Un jeune homme à qui je demandais s'il était pêcheur se redressa comme s'il eût reçu une injure. Ils considèrent la pêche comme faite pour amuser les loisirs de quelques vieux retraités qui n'ont pu arriver à un grade suffisant pour vivre exclusivement de leur pension.

Ce sont des appréciations de cette nature, enracinées et pour ainsi dire endémiques dans une collectivité, qui partout dirigent toutes les actions des hommes. Pour celle-ci, il est facile d'en retrouver la genèse.

Avant la création du port de Cherbourg, Bréhat servait fréquemment d'abri aux vaisseaux de guerre. Souvent des officiers supérieurs de la marine y eurent une maison, un pied-à-terre. De tout temps, d'ailleurs, les Bréhatais avaient nourri une haine particulière des Anglais. Plusieurs fois, au cours de l'histoire, ceux-ci y avaient débarqué, brûlant les maisons, pendant les habitants à leurs moulins à vent. En revanche, nulle part les équipages de corsaires ne trouvaient de meilleures recrues. Au siècle dernier, les capitaines bréhatais rivalisèrent avec les Malouins d'audace, d'adresse, de succès fabuleux.

Aujourd'hui encore, les jeunes gens peuvent lire à tout instant sur les pierres tombales du petit cimetière les noms des officiers distingués nés dans leur île : Pierre-Marie Le Bozec, contre-amiral, commandant de la Légion d'honneur; Charles et Louis Le Bozec, Yves Le Cornic, Martin Le Forestier, Jean Le Drezenec, tous capitaines de vaisseau. Ces noms sont la gloire de Bréhat. Ce sont eux qui ont, par leur exemple, déterminé l'orientation des imaginations;

toute la population masculine s'est lancée dans leur sillage, allant par la même voie vers le même idéal, un grade dans la marine de guerre. Elle sait que les galons d'officier sont hors de sa portée, étant à peu près inaccessibles en l'absence de titres universitaires ; mais son ambition se reporte vers les grades inférieurs, puis la pension de retraite, quelque place de syndic des gens de mer ou d'officier de port, dont le produit, uni au revenu d'un petit patrimoine et à la dot de la femme, permettra de vivre de la vie bourgeoise.

Quelques autres s'engagent dans la marine marchande et le plus souvent finissent par s'établir loin de leur île, qui leur semble triste, dans les grands ports qu'ils fréquentent. De même que ce sont les plus aisés qui ont le moins d'enfants, presque toujours aussi ce sont eux qui émigrent de la sorte. Ils finissent dans leur vieillesse par avoir l'existence parcimonieuse et régulière du petit rentier.

Le marin de Groix, aussi riche pour le moins, est bien différent par la nature de ses aspirations. Il reste peuple. Rude et taciturne, ne connaissant le confort ni à son bord ni chez lui, n'en ayant jamais eu même le spectacle sous les yeux, et en tout ne le ayant jamais envié, il joue sa vie à la mer et finit presque toujours par l'y perdre. Son ambition, c'est de devenir patron de barque ou d'être recherché comme le plus fort et le plus dévoué compagnon dans une existence où chacun travaille pour tous de toutes ses forces. Il n'a point l'idée d'un développement supérieur pour lui-même ou pour ses enfants ; sa condition lui paraît suffisante pour eux et pour lui. Aussi se laisse-t-il aller à sa fécondité naturelle ou ne prend-il qu'un soin médiocre de la restreindre. La solidarité qu'il pratique avec ses compagnons l'a préparé à accepter la solidarité avec ses descendants.

A bord d'un navire de guerre, le danger et la solidarité sont infiniment moindres qu'à bord d'une barque de pêche : l'insouciance du péril et l'esprit de sacrifice ne s'y développent pas autant. En temps de paix surtout, les camarades sont plutôt des rivaux pour l'avancement. En revanche, la tenue, la propreté, la politesse sont exigées par les supérieurs ; ils en imposent la pratique et souvent en donnent le goût. D'ailleurs, les hommes imitent volontiers ce qu'ils voient au-dessus d'eux. Pour le gradé de Bréhat, le modèle indiscuté en toutes choses, qu'il copiera le langage et les attitudes, les sentiments, les idées, la manière de vivre, c'est celui qui le commande. Or les officiers sont sortis de la bourgeoisie, ils ont reçu l'instruction classique, sont imbus de tous les principes régnants dans la société. A leur contact, le Bréhatais contracte tous les besoins de bien-être et de développement personnel qu'éveille la civilisation. Pour ces matelots ou quartiers-maîtres comme pour leurs chefs, l'individu aura donc son but en lui-même et non en ce qui vaut mieux que lui-même, la famille. Imitant leurs officiers, ils penseront en bourgeois ; ils auront la même natalité.

C'est ainsi que les petits-fils de ces hardis corsaires, toujours prêts à risquer leur vie et à jeter au vent leurs écus, en sont arrivés à connaître la prudence du petit fonctionnaire, la préoccupation de paraître le plus possible, la

crainte d'être obligés de se restreindre, et finalement une vigilance continuellement appliquée à ne pas augmenter le nombre de leurs enfants.

Dans une collectivité donnée, plus est considérable l'effort de l'individu vers son développement personnel, soit en valeur, soit en jouissances, moins est grand l'effort de la race vers son développement en nombre. Quant à la tendance plus ou moins forte vers le développement personnel, elle est elle-même sous la dépendance d'une conception particulière de la vie, généralement acceptée dans un milieu social et par lui imposée à l'individu. La profession est l'un des éléments les plus importants qui constituent ce milieu.

ARSÈNE DUMONT.

TRAVAUX PUBLICS
Un nouveau port de commerce. — La Pallice.

La création de toutes pièces d'un port de commerce est chose rare en France et même dans toute l'Europe ; ce sont là des choses que l'on ne voit, que dans les pays neufs, de l'Amérique surtout ; de même que les États-Unis voient des villes se créer du jour au lendemain en plein pays désert la veille, de même la République Argentine s'est bâti une capitale provinciale, s'est creusé un port à La Plata, là où auparavant paissaient les troupeaux. Pareil phénomène économique vient de se produire sur nos côtes de l'Océan, dans la courbe de notre littoral du sud-ouest, entre Bayonne et la Bretagne, tout à côté de la Rochelle. En effet, les nouveaux travaux qui sont aujourd'hui inaugurés, le bassin de la Pallice qu'on livre aujourd'hui au commerce et à la navigation, tout cela, on le désigne sous le nom de nouveau port de la Rochelle ; mais, en réalité, comme nous allons le voir, il s'agit bien d'un port absolument nouveau, de par sa situation même.

Il y a quelques mois seulement, si, partant de la Rochelle et suivant le littoral nord de la baie au fond de laquelle se trouve la vieille cité protestante, vous aviez gagné le cap fermant au nord cette baie, et si vous étiez arrivé en face de l'île de Ré, devant ce qu'on nomme la « Mare à la Besse », et la rade que forme l'île avec le continent, vous eussiez été tout étonné de vous trouver en présence d'une immense excavation longue de près d'un kilomètre, affectant la forme rectangulaire, et profonde de 12 à 15 mètres ; c'était le bassin à flot de la Pallice, le bassin du nouveau port où entrent aujourd'hui les grands navires.

Voilà bien des années que tous les intéressés, armateurs, négociants, etc., avaient appelé l'attention de l'administration sur l'insuffisance de profondeur du chenal et du bassin du port. Les premières démarches pour obtenir qu'un remède fût apporté à cet état de choses avaient été faites en 1870. D'après un projet daté de 1873, un nouveau bassin devait être créé à côté des bassins existants, le chenal devant être approfondi sur 3,400 mètres. Mais c'était une solution forcément temporaire et incomplète ; il fallait ménager une entrée facile aux grands navires que le commerce avait de plus en plus tendance à employer. Le port de la Rochelle a été un « des plus commerçants du Royaume de France » : mais un changement radical s'est produit dans les habitudes commerciales, et son commerce maritime ne pouvait se relever que si elle pouvait offrir, dans des conditions de sécurité absolue, un bassin à flot accessible aux navires du plus fort tonnage. Si l'on consulte le mouvement maritime commercial à la Rochelle de 1871 à 1882, on y voit le tonnage tripler à peu près, tandis que le nombre des navires n'augmente que faiblement ; c'est qu'en effet le tonnage moyen des navires à vapeur passe de 400 à 600 tonneaux ; pour les voiliers, le nombre en diminue constamment, et aussi le tonnage de jauge moyen ; on n'emploie plus les voiliers pour le grand commerce.

Avant de prendre une décision sur le mode d'exécution des travaux d'amélioration, l'administration des travaux publics délégua un ingénieur hydrographe, M. Bouquet de La Grye, pour faire l'étude détaillée de la côte et en particulier de la baie de la Rochelle. Après des études approfondies, des expériences suivies, M. de La Grye déposait un rapport étendu où toutes les questions, toutes les solutions sont envisagées. Il indiquait deux solutions : la première consistait dans l'ouverture et le maintien, à l'aide de chasses puissantes, d'un chenal long de 3 kilomètres, allant joindre les fonds de 3 mètres ; la seconde était la création d'un bassin, ou plutôt d'un nouveau port au nord de la baie, en face la rade profonde de la Pallice. C'est la seconde solution que l'on a choisie ; c'était celle que M. de La Grye signalait comme préférable, celle qui a réuni toutes les adhésions. — La première était, on peut le dire, impraticable. En effet, malgré tous les travaux accomplis et toutes les chasses établies au fond du port d'échouage, le chenal du port de la Rochelle, creusé seulement à 1 mètre au-dessous des basses mers, ne peut être fréquenté, en morte eau, que par des navires calant au plus 5 mètres et d'un tonnage ne dépassant point 800 tonneaux ; encore ce chenal est-il long de 2,500 mètres à partir des bassins à flot, et il n'est large que de 25 mètres. Pour atteindre des profondeurs suffisantes, au moins 7 à 8 mètres, et pour obtenir dans la largeur correspondante, il eût fallu engager des dépenses énormes, pour poursuivre des résultats insuffisants et même très problématiques.

Restait la seconde solution : placer le nouveau bassin au nord de la baie, à 5 kilomètres du port actuel. Là, en effet, on rencontre des fonds de 5 mètres à moins de 600 mètres du rivage, ce qui permettait l'établissement facile du chenal d'accès, sans nécessité de lui donner une longueur exagérée, pour arriver aux grands fonds qui constituent la rade de la Pallice. Cette rade, si connue, est d'une sûreté absolue ; elle est protégée du côté des grands brise-lames naturels, l'île d'Oléron, au sud et au sud-ouest ; l'île de Ré, à l'ouest, et enfin au nord, le seuil connu sous le nom de « Peu Breton », qui réunit l'île de Ré au continent ; par tous les temps, pour ainsi dire, elle peut offrir un sûr refuge. L'emplacement du port était comme indiqué par une dépression naturelle de la côte, au point nommé « la Mare à la Besse » ; des levés successifs ont démontré que, en ce point, les fonds sont à peu près immuables ; on ne peut y craindre l'envahissement ni des galets ni des sables.

Enfin, à la suite de toutes les études successives, était promulguée la loi du 2 avril 1880, qui déclarait d'utilité publique les travaux du port de la Pallice ; la dépense était évaluée à 14 500 000 francs, et la chambre de commerce et la ville s'engageaient à fournir un concours de 1 800 000 francs. La chambre de commerce avait d'ailleurs le droit de percevoir une taxe de tonnage de 25 centimes pour récupérer sa part d'avance.

Dès la fin de l'année 1880, les 60 hectares de terrains nécessaires au nouveau port étaient expropriés, et les travaux commençaient au mois de mai 1881. Aujourd'hui, ces travaux sont terminés, sauf du moins des parties accessoires, comme l'éclairage des quais, les appareils de manœuvre hydraulique. Disons d'ailleurs, avant d'entrer dans le détail des installations, que l'on a, en cours de travaux, apporté des modifications aux projets primitifs pour mettre le nouveau port à même de recevoir aisément les plus grands navires. Ces modifications ont entraîné une augmentation de 5 millions de francs ; l'évaluation totale de la dépense s'est trouvée portée à 19 500 070 francs, et elle sera d'ailleurs dépassée.

A tous les points de vue, les travaux ont été favorisés, notamment par ce fait qu'il s'agissait de creuser dans une roche suffisamment dure pour fournir de solides fondations, et point assez résistante pour entraîner des dépenses extraordinaires.

Un coup d'œil jeté sur la petite carte d'ensemble qui accompagne cet article nous montre immédiatement quels ouvrages comprend le port tout entier. En premier lieu, un avant-port enfermé entre deux jetées, muni d'un brise-lames et d'une crique ou chambre d'épanouissement dont nous reparlerons ; ensuite un grand bassin à flot, et enfin deux formes de radoub. Nous commencerons notre examen détaillé par l'avant-port.

Nous y pénétrons par une passe de 90 mètres de large, comprise entre les extrémités des deux jetées et s'ouvrant dans la direction ouest-nord-ouest ; la passe et l'avant-port, ainsi que le chenal qui précède, sont uniformément creusés à la cote — 5, à 5 mètres au-dessous des plus basses mers d'équinoxe, ce qui donnera une profondeur d'eau de 11^m,56 dans cet avant-port pendant les hautes mers d'équinoxe ; la profondeur y sera encore de 9^m,66 dans les hautes mers de mortes eaux ; on trouvera en basses mers, 5 mètres et 6^m,95, suivant qu'on sera en équinoxe ou en mortes eaux. L'avant-port a une superficie de 12 hectares et demi, et les navires pourront s'y tenir à quai, étant donné que les parois des jetées sont perpendiculaires. Nous parlons des jetées : donnons quelques renseignements à ce sujet.

L'une est la jetée sud, ayant la direction O. 1/4 N.-O., et une longueur totale de 626 mètres pour gagner les fonds de 5 mètres. Elle n'est point uniforme dans sa construction ;

et d'ailleurs elle affecte la forme générale d'un Y. En effet, à 406 mètres de son musoir, de son extrémité en mer, elle se bifurque en deux : la branche la plus au nord de l'Y devient discontinue; elle est formée de quinze piles en maçonnerie, portant un tablier de 4 mètres, mobile même en un point pour laisser entrer les bateaux; l'autre branche est pleine, formant ce qu'on nomme la digue d'épanouissement. Ces deux branches divergentes forment un bassin de 4 hectares de superficie, et qu'on nomme *chambre d'épanouissement*, d'après son but même; elle a pour but, à marée montante, d'offrir une plus grande surface à l'eau entrant dans le port, elle arrête les courants violents, elle amortit aussi le mouvement de la vague en cas de gros temps; les chambres d'épanouissement tendent d'ailleurs à entrer de plus en plus dans la pratique.

La seconde jetée, la jetée nord, est beaucoup plus courte que l'autre; du reste, elle est loin de lui être parallèle : sa direction est sud-ouest. Longue de 433 mètres, elle ne s'étend que jusqu'aux fonds de 2m,50 sous le zéro; la jetée sud devait en effet s'étendre le plus pour couvrir l'entrée du port du côté du sud-ouest : c'est de là que vient la plus forte houle; ce sont les vents S.-O. qui sont redoutables en ce point de la côte. — Deux ouvrages accessoires ont été établis au point d'enracinement de la jetée nord : au nord de cette jetée s'étend une digue de défense de 280 mètres, et au sud, dans l'intérieur de l'avant-port, devant le terre-plein qui le sépare du bassin, règne un brise-lames de 300 mètres, formé d'un plan incliné. On a voulu tout faire pour assurer un calme complet dans l'avant-port, si bien que les navires pourront, lorsqu'ils n'auront pas à entrer dans le bassin à flot, y accoster à quai le long des jetées.

Nous pouvons maintenant pénétrer dans le bassin à flot. Nous trouvons les écluses s'ouvrant immédiatement au nord de la passerelle de la jetée sud. L'une des écluses n'est qu'indiquée; entravé par la pénurie de fonds, on a provisoirement ajourné la plus petite écluse; les amorces seules, seuils, commencement d'aqueducs, ont été faits, ce qui permettra du reste de la construire aisément quand le commerce se sera développé. Cette petite écluse n'aura que 14 mètres de large. — La grande a été prévue pour donner passage aux plus grands transatlantiques : elle a 22 mètres de large. Sa longueur totale est de 235 mètres. Munie d'une paire de portes de flot, elle possède en outre trois paires de portes d'ébe, les deux extrêmes comprenant entre elles un sas d'une longueur utile de 165 mètres; le radier plat est à la cote — 5, comme l'avant-port. Toutes les portes sont en fer, composées d'entretoises horizontales reliées par des montants verticaux; une des faces de chaque vantail est dressée suivant un arc de cercle, la largeur de chaque vantail étant de 1m,60 au milieu. D'ailleurs, ces vantaux peuvent flotter pour être aisément conduits aux formes de radoub en cas de réparations. Le poids des vantaux varie entre 109 et 95 tonnes, pour une hauteur de 11 à 12 mètres. Provisoirement, la manœuvre doit être faite à bras; mais le projet comporte une manœuvre hydraulique, comme nous

l'avons dit. C'est une des parties en retard que l'installation de ces appareils, pour lesquels la chambre de commerce et la ville n'ont pas hésité à s'engager à nouveau par une importante promesse de concours.

Nous voici maintenant entrés dans le grand bassin à flot. Long de 700 mètres, il s'étend de l'ouest à l'est, présentant une superficie de 11 hectares et demi. Il est creusé à la cote — 4 mètres, ce qui donnera une profondeur d'eau minima de 8m,66 en mortes eaux, et de 10m,56 en équinoxe; au reste, l'éclusage permettra toujours de conserver un tirant d'eau moyen considérable. Le bassin à flot n'affecte pas une forme rectangulaire absolue, mais bien plutôt la forme de deux rectangles se suivant, ce qui a réduit la dépense de creusement en donnant la même longueur de quais; cette longueur de quais est de 1600 mètres utilisables, pour un pourtour de 1800 mètres. Le bassin, sur les 400 premiers mètres à partir des écluses, est large de 200 mètres; puis cette largeur se restreint à 120 mètres sur les 300 mètres restants.

Le plan nous montre que c'est dans la partie nord du quai ouest que s'ouvrent les écluses; tout près, sur notre droite, quand nous entrons, et dans la partie ouest du quai sud de 400 mètres, s'ouvrent obliquement les formes de radoub. Primitivement, elles n'avaient pas été prévues; mais l'ingénieur chargé des travaux, M. Coustolle, insista vivement, et avec raison, sur l'importance de cette création : offrir des formes de radoub, bien installées, sur cette côte au peu déshéritée à ce point de vue, c'était assurer immédiatement une clientèle nombreuse au nouveau port : les navires choisiraient de préférence comme point de débarquement celui où, sans déplacement, ils trouveraient immédiatement tous les appareils de réparation. Et les formes ont été construites : l'une est relativement petite, ayant 14 mètres de largeur d'entrée et une longueur totale de radier de 115 mètres. La seconde a été prévue pour les plus grands steamers : la largeur atteint 22 mètres et la longueur 180 mètres. Chaque forme est munie d'une fosse à gouvernail et de deux banquettes longitudinales dans les bajoyers.

Un seul bassin suffit évidemment pour un nouveau port; mais on s'est assuré la possibilité d'augmenter la capacité du port en créant successivement d'autres bassins; et, dans ce but, au milieu du quai est de 120 mètres a été construite l'amorce d'un canal qui, en cas d'agrandissement, mettrait en communication le bassin actuel avec ceux que l'on construirait en allant vers l'est et vers la ville de la Rochelle.

On peut compter qu'aujourd'hui il a déjà été dépensé 19 millions, et qu'il reste encore 2 millions à employer pour terminer la mise à exécution du projet total.

Nous avons dit que les travaux avaient été facilités par la nature même du terrain. Pour le bassin, notamment, les fouilles ont été faites en plein rocher; aussi les murs du quai ne sont constitués que par un simple revêtement en maçonnerie de 1 mètre d'épaisseur, présentant cependant une surépaisseur de 2 mètres tous les 15 mètres; il n'y a que pour une partie du quai ouest que l'on a dû traverser une dépression vaseuse, et que l'on a dû faire les fondations à l'aide de caissons, suivant le procédé usuel. De même les bajoyers des écluses sont plutôt des revêtements de 2^m,15; enfin, dans les formes, ouvertes également en plein rocher, les maçonneries du radier, comme des bajoyers, n'ont en général que 2 mètres d'épaisseur.

Mais où la construction même des ouvrages a présenté un réel intérêt, surtout au point de vue des procédés employés, c'est en ce qui concerne l'avant-port et les jetées. Nous ne pourrons donner beaucoup de détails, nous réservant un jour de traiter spécialement les différents procédés de travaux à l'air comprimé, qui sont d'un usage si fréquent aujourd'hui.

Pour ce qui est de la fondation des jetées, les piles de la passerelle, la digue d'épanouissement et 90 mètres de la jetée sud ont été fondés à l'air libre et à marée basse sur l'*estran*; les 316 mètres restant l'ont été à l'air comprimé

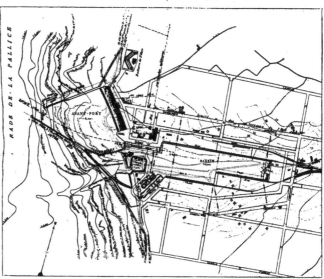

Fig. 35. — Le nouveau port de la Pallice.

avec des procédés dont nous allons dire quelques mots; de même sur 325 mètres, à partir de l'origine, la jetée nord a été fondée sur l'estran, le reste à l'air comprimé.

Pour être en mesure de pouvoir creuser le fond de l'avant-port d'une façon continue, on a recouru à deux ouvrages accessoires. Un premier bâtardeau de 300 mètres a été construit entre les deux jetées suivant la laisse des basses mers de vives eaux; bâtardeaux et parties des jetées fondées sur l'estran ont formé une enceinte étanche d'où l'on a extrait à sec 900 000 mètres cubes de déblais, mettant le fond à la cote voulue. Primitivement, on devait creuser le reste à l'air comprimé; mais quand les extrémités des jetées ont été terminées à l'air comprimé, on a voulu continuer à utiliser ce procédé, qui avait si bien réussi. On a fondé, entre l'extrémité de la jetée nord et la jetée sud, un bâtardeau en maçonnerie qui a déterminé une seconde enceinte, d'où, après assèchement, on a enlevé 120 000 mètres cubes de déblais. Il n'est plus ensuite resté qu'à faire sauter les bâtardeaux, à en draguer les substructions, en même temps qu'à creuser le chenal également à la drague.

Disons un mot des procédés à l'air comprimé qui ont été employés. Il s'agissait, comme base de la jetée, d'établir de grands blocs de maçonnerie, de 20 mètres sur 8, séparés par des intervalles de 2 mètres que franchiraient de petites voûtes, et arasés à la cote 1ᵐ,50. Pour les blocs de fondation, on se servit de deux caissons mobiles, pouvant à volonté être échoués ou mis à flot, formant comme de vastes cloches à air, et sous lesquels on construisit les blocs, sans interposition de métal dans la maçonnerie. En vertu de sa flottabilité, le caisson se laissait conduire, étant équilibré par un lest, jusqu'au-dessus du point où devait se faire la fondation ; un système de vannes permettait l'introduction de l'eau dans la chambre inférieure, on chargeait le pont du caisson d'un lest en fonte, pour empêcher le caisson de remonter à la surface dans sa position primitive ; puis on pouvait épuiser l'eau de la chambre inférieure, ou plutôt on y comprimait l'air, et le travail pouvait commencer ; à la partie supérieure était une chambre. Sans pouvoir insister sur ce procédé nouveau, nous ajouterons que le caisson se soulevait ensuite sur les *vérins* au fur et à mesure de l'avancement de la maçonnerie, et que la jonction était faite entre la voûte de 2 mètres et des plaques métalliques formant chambre.

Aujourd'hui, et après dix années de travail, on peut considérer le port comme terminé. Sur les 200 mètres de largeur de terrain achetés par l'État tout autour du bassin, nous allons voir s'établir les docks, tous les dépôts, tous les magasins des commerçants, des armateurs, des compagnies de navigation. Bientôt les navires au long cours, les grands vapeurs de commerce gagneront la rade de la Pallice, pourront se mettre pour ainsi dire immédiatement à quai, au lieu d'attendre longtemps la pleine mer et de subir le danger d'une remonte en rivière, et la Rochelle verra renaître sa prospérité, offrant aux navires qui fréquenteront la Pallice tous les avantages, facilité de chargement, de déchargement, de réparation, qu'il est malheureusement bien rare de trouver dans nos ports français.

DANIEL BELLET.

BOTANIQUE

THÈSES DE LA FACULTÉ DES SCIENCES DE PARIS

M. GASTON LALANNE

Recherches sur les caractères anatomiques des feuilles persistantes des dicotylédones.

Tout le monde sait que le cours normal de la vie d'une feuille, autrement dit la période de son activité physiologique, dure en général du premier printemps à l'automne ou aux premiers froids de l'hiver. A cette dernière époque, il s'est formé un méristème séparateur à l'articulation de la feuille ou de la foliole, qui détachera bientôt l'appendice de son axe et de son rachis. Or ce fait, qui est le plus ordinaire, n'est pas constant, puisqu'il existe nombre de végétaux qui conservent leurs feuilles, même pendant les froids les plus excessifs.

Si l'on vient à chercher la cause apparente du phénomène de la chute des feuilles, on ne trouve guère que la température à laquelle on puisse attribuer ce rôle. Mais il est dès lors indiqué de rechercher à quelle loi physiologique obéissent celles des espèces végétales qui semblent se soustraire à cette nécessité, en règle générale inéluctable pour tout organe, de succomber lorsque les circonstances extérieures devraient s'opposer à sa vie.

C'est le problème que M. Lalanne s'est proposé de résoudre, en partie au moins, dans l'étude dont il est ici question.

Envisageant la question de haut, dans quelques considérations générales qui servent d'introduction à son travail, l'auteur rattache la distinction actuelle des plantes en plantes à feuilles caduques et plantes à feuilles persistantes, à une adaptation remontant à l'époque où les climats se sont différenciés, à l'aurore du règne végétal. Des variations auraient été ainsi formées, dans des espèces originairement identiques, qui se seraient perpétuées par l'hérédité, et se seraient à leur tour modifiées au point de mettre à jamais entre deux espèces une limite profondément tranchée.

La limite entre les espèces à feuilles persistantes et les espèces à feuilles caduques est d'ailleurs loin d'être toujours absolument tranchée, et actuellement encore, on observe des états intermédiaires, présentés précisément par les espèces que les botanistes descripteurs désignent par l'expression de plantes à feuilles *subpersistantes*. M. Lalanne en cite un exemple : sur une forme du *Rubus macrophyllus* observé au mois d'août dans le département de la Gironde, il a constaté l'existence de feuilles de l'année précédente sur des sujets croissant dans un sol particulièrement fertile et dans une station abritée, tandis que dans d'autres localités, où le *R. macrophyllus* se trouvait dans des conditions un peu différentes, les feuilles étaient tombées à l'automne et que toutes celles qui le recouvraient au moment de l'observation dataient du dernier printemps.

De même on peut voir, au mois d'avril, dans des endroits particulièrement abrités, non loin de l'Océan, et garantis par des arbres toujours verts, tels que des conifères et des arbustes bas et buissonnants, des pieds de *Quercus pedunculata* ayant conservé leurs feuilles du printemps précédent, parfaitement vertes, alors que dans des milieux très peu différents, mais moins abrités contre les changements brusques de la température, toutes les feuilles de leurs congénères sont déjà jaunes et mortes.

Il est donc tout d'abord indispensable de donner la définition exacte de ce que l'on doit entendre par l'expression d'espèces à feuilles persistantes.

Si l'on fait, au milieu de l'hiver, une statistique des plantes qui ont conservé leur feuillage, soit avec sa couleur normale verte, soit avec une coloration accidentelle, désignée sous le nom d'hibernale, on voit qu'on peut faire plusieurs classes de plantes suivant la durée des *feuilles qui les recouvrent*. C'est ainsi que, dès 1837, Hugo Mohl avait déjà délimité ces classes, dans une étude sur la *coloration* hibernale des feuilles. Voici d'ailleurs le passage de ce mémoire ayant trait à cette question :

« Dans une partie des plantes indigènes ou fréquemment cultivées, toutes les feuilles, ou du moins le plus grand nombre de celles qui se sont développées pendant l'été, se conservent non seulement pendant l'hiver, mais elles persistent encore l'été suivant, et même durant plusieurs saisons consécutives. Il faut ranger dans ce nombre la plupart des Crucifères, les *Hedera Helix*, *Iberis sempervirens*, les *Sempervivum*, la plupart des *Sedum*, les *Empetrum nigrum*, *Azalea procumbens*, *Arbutus Uva-ursi*, *Rhododendron ferrugineum* et autres *Rhododendron*, *Sedum palustre*, *Ilex aquifolium*.

« Une seconde classe de feuilles appartient à des plantes bisannuelles ou à des plantes vivaces, qui portent des rosettes de feuilles radicales. Ces feuilles sont vertes pendant l'hiver, pour périr en partie au printemps, sous l'influence des froids de cette saison et de l'action plus forte du soleil. Ces feuilles ne sont toutes ni également grandes, ni également développées ; mais les extérieures ont atteint déjà, l'automne précédent, leur parfait développement, quand les intérieures sont encore incomplètement développées, de sorte que toute la rosette présente un bourgeon arrêté dans son développement par les froids de l'hiver.

« Un nombre plus ou moins considérable de feuilles se détruit ; les feuilles extérieures qui ont atteint tout leur développement périssent en général entièrement ; celles du milieu ne périssent qu'en partie, tandis que celles de l'intérieur continuent à se développer, et si la plante pousse une tige, celle-ci part du milieu du bourgeon. Ces plantes sont donc, comme celles de la première classe, toujours vertes ; mais la durée du plus grand nombre des feuilles ne dépasse pas une année, les feuilles de la première année ne restant que jusqu'au développement de celles de la seconde. C'est ici que viennent se ranger les feuilles radicales de la majeure partie des plantes bisannuelles, de même que les feuilles caulinaires inférieures de beaucoup de plantes vivaces, dont la tige périt chaque année, telles que *Plantago major*, *lanceolata*, etc., *Dipsacus fullonum*, *ferox*, *laciniatus*, *Echium vulgare*, *Verbascum Lychnitis*, *Thapsus*, *nigrum*, etc., *Hieracium Pilosella*, *bifurcum*, *fallax*, etc., *Scorzonera Hispanica*; beaucoup d'Ombellifères (par exemple certains *Bupleurum* et *Chærophyllum*), certains *Lychnis* (*viscaria*, *paniculata*); certaines Rosacées, telles que *Fragaria Vesca*; beaucoup de *Potentilla*, *Geum rivale*, *Virgianum*, *Spiræa Filipendula*, *Poterium Sanguisorba*; quelques Crucifères, par exemple *Isatis tinctoria*, *Erysimum hieracifolium*, *crepidifolium*, etc.

« À la troisième classe appartiennent en partie les plantes annuelles qui ont germé encore en automne pour ne fleurir qu'au printemps prochain ; en partie les plantes vivaces qui ont commencé en automne à développer de nouvelles branches. Comme dans la classe précédente, le développement de leur tige est interrompu par l'hiver, pour continuer au retour de la belle saison. Elles ne se distinguent au fond de celles de la deuxième classe que parce que les feuilles développées en automne ne forment pas une rosette établie sur la terre, mais qu'il y existe déjà une tige plus ou moins longue portant des feuilles parvenues à différents degrés de développement. Au printemps, les feuilles inférieures, qui avaient atteint leur parfait développement en automne, persistent ordinairement, tandis que les plus petites commencent à s'accroître. C'est ici que viennent se ranger un grand nombre de Graminées, par exemple le *Bromus mollis*; quelques *Euphorbia*, par exemple *E. Lathyris*, *Peplis*; quelques *Veronica*, comme *V. agrestis*, *arvensis*, *Chamædrys*, *Antirrhinum majus*, *Cerinthe minor*, *Senecio vulgaris*, *Sanchus oleraceus*, *Achillea millefolium*, *Anthemis tinctoria*, *Geranium Robertianum*, *Hypericum perforatum*, *dubium*, *Thlaspi Bursa-pastoris*, *Medicago sativa*, *Papaver Rhœas*, *Chelidonium majus*, etc.

« Les feuilles de cette troisième classe de végétaux ne durent que rarement une année entière, et ces plantes n'appartiennent à celles dites toujours vertes que parce que le cycle de leur végétation commence déjà en automne pour ne finir que l'été suivant, tandis que les feuilles de la même plante, lorsqu'elles se développent au printemps, périssent généralement dans la même année. »

Le plan général de l'organisation des feuilles persistantes est le même pour les trois catégories distinguées par H. Mohl, et les phénomènes que présentent les feuilles des plantes qui les composent sont identiquement les mêmes que ceux qu'on observe chez les feuilles persistantes ; mais comme ces feuilles ne durent que très peu, M. Lalanne propose de leur donner le nom d'*hibernantes*, au lieu du nom de *persistantes*, les feuilles persistantes, au sens strict du mot, devant durer au moins plusieurs longtemps.

Il peut se faire, dans tout organisme, une suspension plus ou moins longue des fonctions physiologiques, ou un ralentissement dans de la vitalité ; mais nous savons qu'un des éléments indispensables de la vie, c'est la *continuité* des fonctions. Tout arrêt doit être suivi de mort, à brève échéance, si la nature n'a pas pourvu l'être d'une organisation particulière qui lui permette de lutter avantageusement contre les agents extérieurs. Dans les trois classes de végétaux dits toujours verts, ce qui frappe le plus chez les espèces qui les composent, c'est cette *continuité dans la vitalité*, avec des *ralentissements périodiques et de courte durée*. Tandis que, chez les végétaux à feuilles caduques, l'organe a accompli sa période active à l'automne, chez bon nombre d'autres plantes il se fait un ralentissement du mouvement vital qui recommencera au printemps suivant, introduisant dans la feuille des éléments nouveaux. Mais, pour atteindre la seconde période végétative, la feuille a besoin d'être adaptée à résister aux changements des conditions extérieures. Les physiologistes ont depuis longtemps observé les conditions auxquelles sont soumis les végétaux pendant l'hiver. Sans tenir compte des susceptibilités individuelles, on sait que l'abaissement de la température produit sur les végétaux un ralentissement des fonctions vitales. On sait en outre que le froid agit physiquement ou mécaniquement sur les végétaux ; par conséquent, on doit rechercher comment la nature a organisé les feuilles pour résister à ces conditions nouvelles.

Ces réflexions ont conduit M. Lalanne à étudier dans la feuille persistante deux ordres de modifications : d'abord celles qui sont dues à la continuité de la vie ; elles auront eu pour résultat d'altérer la structure normale que la feuille aura acquise durant la première année de sa végétation. Ce ne seront que des complications de cette structure première, des tissus nouveaux qui apparaîtront semblables aux anciens. Puis les formations qui seront dues à des adaptations de l'organe à des conditions nouvelles de vie. Les modifications de cette nature ressortent surtout de la comparaison des feuilles caduques et des feuilles persistantes d'espèces très voisines, appartenant par conséquent au même genre.

Mais cette faculté de persister sur les rameaux pendant un temps plus ou moins long n'a-t-elle pas aussi ébranlé le plan général du développement des feuilles ? C'est ce qu'il fallait aussi rechercher.

Pour ces recherches, M. Lalanne a choisi les plantes qui ont paru lui présenter, avec le maximum d'intensité, les phénomènes qu'il voulait étudier. Il a été ainsi amené à prendre les plantes suivantes : *Hedera Helix*, *Mahonia aquifolia*, *Rhododendron ferrugineum*, *Arbutus Unedo*, *Ilex aquifolium*, *Buxus sempervirens*, *Raphiolepis rubra*, *Laurus nobilis*, *viburnum Tinus*, *Betonica officinalis*, *Ficus repens*, *Pittosporum tobira*, *Magnolia grandiflora*, *Evonymus Europæus*, *Evonymus Japonicus*, *Ligustrum Japonicum*, *Elæagnus reflexa*, *Berberis vulgaris*, *Rhamnus frangula*, *Cerasus Lusitanica*, *Quercus Ilex*, *Quercus pedunculata*, et quelques autres encore.

Les caractères qui, dans ces observations histologiques, se sont montrés comme appartenant en propre aux feuilles persistantes, en affectent les divers tissus et systèmes, et sont les suivants :

L'appareil de soutien, qui comprend l'ensemble des tissus qui concourent à donner à la plante la solidité qui lui est nécessaire, est remarquablement développé dans la feuille persistante, obligée de résister mécaniquement en toute saison, mais surtout pendant l'hiver, aux perturbations violentes de l'atmosphère. Ainsi, l'*épiderme* est très résistant et très élastique et ses membranes prennent une grande épaisseur.

Le *Collenchyme* est constant dans le pétiole et les nervures des feuilles persistantes. Il est formé de cellules très résistantes et constituant un tissu très serré ; il concourt donc à donner à la feuille une très grande solidité. Le *Sclérenchyme*, qui est par excellence le tissu de soutien, est constant chez les feuilles persistantes. Les *Cellules scléreuses* et le *Parenchyme scléreux*, lorsqu'ils existent, jouent aussi un rôle important, à cause de la résistance de leurs membranes. Dans le liber, on trouve de nombreuses *fibres libériennes* mêlées aux tubes criblés, qui donnent par conséquent de la solidité à cette région. Il en est de même

des *Vaisseaux ligneux*, qui jouent un rôle aussi considérable que le *Sclérenchyme*.

Les tissus que M. Lalanne comprend sous le nom d'*appareil aquifère* prennent chez les feuilles persistantes un très grand développement, et ceci se conçoit si l'on considère que ces feuilles sont soumises aux extrêmes de température ; que leurs stomates sont très abondants ; que, pendant la saison chaude, l'évaporation serait très active, si elle n'était tempérée par des tissus adaptés à cette fonction. Il y a donc des tissus qui seraient en quelque sorte des régulateurs de la transpiration. L'eau, apportée par les vaisseaux ligneux et par les fibres lignifiées, s'emmagasine dans la feuille, principalement dans l'*Hypoderme*.

L'*Hypoderme* peut être formé de cellules à parois minces ou de cellules à parois épaisses.

Dans le premier cas, il s'étend au-dessous de l'épiderme du limbe, et le nom d'*Hypoderme* est absolument justifié. C'est lui qui constitue cet épiderme double qu'on rencontre chez bon nombre de feuilles persistantes. Dans certaines feuilles charnues appartenant aux Monocotylédones, ces cellules constituent un tissu disposé en une couche centrale. C'est l'*Hypoderme aqueux* de Pfitzer.

On peut considérer comme rentrant dans l'appareil aquifère, autant que dans l'appareil de soutien, le *Collenchyme*, extrêmement développé chez les feuilles persistantes, dans le pétiole et les nervures. En face des petites nervures, il est même parfois tellement développé qu'il occupe toute l'épaisseur du limbe.

L'appareil aérifère, non moins important que l'appareil aquifère, comprend les espaces vides qu'on rencontre dans les tissus de la feuille, et les stomates qui sont en quelque sorte les portes d'entrée et de sortie des gaz.

C'est un caractère propre aux feuilles persistantes d'avoir un tissu parenchymateux extrêmement lâche.

Dans le pétiole, les cellules laissent entre elles des méats à leurs angles de réunion. Dans le limbe, le parenchyme dit lacuneux présente constamment de larges espaces libres. L'abondance et les dimensions de ces espaces libres ressortent surtout de la comparaison des feuilles persistantes et des feuilles caduques. Chez ces dernières, la chambre respiratoire correspondant aux stomates est étroite et seulement en communication avec de petits espaces. Le contraire a lieu chez les feuilles persistantes. Le *Ligustrum Virginicum*, par exemple, qui a des feuilles présentant sous tous les rapports les caractères des feuilles persistantes, mais ne supporte pas l'hiver sous nos climats, a un parenchyme lacuneux extrêmement dense, tandis que le *Ligustrum Japonicum* et le *Ligustrum vulgare*, qui ont un tissu lacuneux lâche, résistent très bien aux rigueurs de la saison froide. Chez le *Betonica officinalis*, qui présente des feuilles hibernales et des feuilles estivales, on trouve dans le pétiole des premières de grandes lacunes qui n'existent pas chez les dernières.

Les stomates sont extrêmement abondants chez les feuilles persistantes, mais leur quantité est plutôt un caractère des feuilles coriaces.

Telles sont les principales observations contenues dans la thèse de M. Lalanne. On peut regretter que les *conclusions* dans lesquelles l'auteur les a groupées n'aient pas été présentées d'une façon un peu plus lumineuses au point de vue de la physiologie spéciale des feuilles persistantes, et que les vues d'ensemble ne s'en dégagent pas aussi nettement qu'on pourrait le souhaiter. Mais, en somme, c'est là une thèse dont la valeur est sans contredit bien supérieure à celle de la grande majorité des thèses de botanique, qui ne sont, la plupart du temps, que d'insipides monographies qui n'introduisent aucune donnée dans la science, et ne dénotent chez leurs auteurs aucun esprit vraiment scientifique.

CAUSERIE BIBLIOGRAPHIQUE

Éthiopie méridionale, par M. JULES BORELLI. — Un vol. in-4e de 520 pages, illustré de 200 dessins d'après nature, avec cartes. — Paris, Librairies-Imprimeries réunies, ancienne Maison Quantin, 1890.

Il serait injuste que l'intérêt du récit des voyages de Stanley accaparât toute l'attention publique et l'empêchât de s'arrêter, comme il convient, sur des explorations d'un intérêt assurément moins dramatique, mais peut-être plus méritantes, si l'on considère que ceux qui les ont entreprises n'avaient aucune mission politique ou commerciale plus

Fig. 36. — Indigène Galla.

ou moins secrètes, qu'ils n'étaient pas défrayés par des souscriptions privées ou publiques, qu'ils étaient accompagnés à peine de quelques indigènes n'inspirant que fort médiocre-

ment confiance, en un mot qu'ils n'étaient soutenus que par le désir tout platonique de voir du nouveau et de tirer du néant quelque parcelle du monde inexploré.

Fig. 37. — Femme Galla, vêtue de peaux tannées.

Tel est M. Jules Borelli, et tel est son voyage dans l'Abyssinie méridionale, chez les Amhara, les Oromo ou Galla, les Sidama, dont les pays font suite, vers le centre du continent noir, à nos possessions du littoral de la mer Rouge, autour d'Obock.

Le fort bel ouvrage consacré à cet exploration n'est qu'un *Journal de voyage*, mais ce voyage a duré trois ans, et chaque jour a apporté son contingent de fatigue, de dangers et aussi d'observations curieuses, dont le récit donne aujourd'hui à chaque page de ce livre un intérêt des plus attachants.

Les croquis pittoresques, les levers topographiques, et surtout les belles et nombreuses photographies des indigènes des deux sexes des régions parcourues par M. Borelli, constituent d'autre part une partie documentaire que les savants et les artistes consulteront certainement avec curiosité et profit.

Ce qui frappe avant tout, c'est la multiplicité des types des indigènes de ces régions, ou plutôt l'absence complète de type pur. A ce propos, l'auteur remarque qu'au Schoa, par exemple, le sang est tellement mélangé qu'il est impossible de rencontrer un type abyssin régulier. Ce qui s'explique d'ailleurs par ce fait, que les huit dixièmes des indigènes, au moins, sont fils d'esclaves de toutes provenances. Les fils des filles de seigneurs, qui prétendent être de race pure, sont le plus souvent petits-fils d'esclaves.

En plusieurs endroits, on trouve des tissus et même des objets d'argent portant des dessins qui révèlent une provenance orientale et qui semblent indiquer que, longtemps avant l'Islam, le sud de l'Arabie a sans doute été occupé par les Persans. Ce sont ces premières **races sémitiques** qui, passant la mer Rouge, ont refoulé devant **elles les races** noires de ces régions en se mélangeant avec **elles, et en** formant ces variétés innombrables qui rendent **aujourd'hui**

Fig. 38. — Village du Schoa.

absolument impossible une classification des types indigènes.

La multiplicité des langues parlées dans ces régions est

Fig. 39. — Jeune fille Galla.

évidemment la conséquence de ces invasions et de ces croisements, comme on pourrait sans doute le constater par une étude attentive des vocabulaires de ces diverses langues, vocabulaires qui constituent une des **intéressantes** annexes du bel ouvrage de M. Borelli, et qui n'en sont d'ailleurs pas la partie la moins importante.

Études historiques et philosophiques sur les civilisations, par Louis Faliès. — 3 vol. in-8°; Paris, Garnier frères.

A notre époque où l'expansion coloniale hante toutes les nations, tous les gouvernements et toutes les politiques, on ne peut rester indifférent à l'histoire des peuples et principalement de ces peuples qui forment l'objet de la convoitise des nations plus fortes. Aussi est-ce avec un réel intérêt qu'on peut lire l'ouvrage de M. Louis Faliès.

L'auteur s'est attaché à montrer les rapports qui existent entre la civilisation des peuples anciens et modernes. Il est curieux de voir les rapprochements qu'on peut faire dans ces parallèles et, lorsque l'on trouve l'histoire de l'humanité, pour ainsi dire, condensée en quelques centaines de pages, on ne peut s'empêcher de remarquer combien est grande l'analogie des sentiments, des coutumes et des aspirations du vieux monde avec ce que nous voyons de nos jours.

Cette analogie n'est pas spéciale à un seul peuple, dont les transformations successives l'ont amené au progrès actuel; on la voit se manifester pour tous sans exception.

Comme le dit très justement M. Louis Faliès, les civilisations qui se sont succédé à différentes époques sur la surface du globe ont toutes été composées de groupes sociaux, de nationalités dont les éléments ethniques hétérogènes ont déterminé leurs caractères propres et leurs aspirations; mais le défaut d'unité a toujours établi dans les masses populaires un état d'oscillation continu. C'est toujours de la prédominance d'une race sur les autres qu'ont dépendu les destinées nationales, comme les révolutions religieuses, sociales et politiques. Tantôt nous voyons des races essentiellement utilitaires, n'ayant aucun goût pour tout ce qui est beau et grand, dominer de puissantes nations au caractère tout différent. Tantôt, dans des points plus ou moins éloignés du globe, c'est tout le contraire qu'il faut constater. Enfin, nous voyons souvent le conquérant fusionner moralement avec le conquis et se fondre avec lui, dans ses mœurs, ses lois, ses aspirations.

Peut-on conclure de ces points historiques, comme l'ont fait les hommes les plus considérables de l'antiquité et des temps modernes, qu'il est des races humaines prédestinées à la servitude, tandis que d'autres plus nobles, aux passions plus fortes, à l'intelligence plus élevée, semblent avoir la mission de commander, de diriger et d'imposer leurs idées?

Devons-nous pour les peuples admettre une aristocratie, une bourgeoisie et une démocratie qui leur assignent un rang spécial à occuper dans l'histoire?

Ces conclusions, en contradiction avec les idées modernes, sont cependant celles qui viennent tout d'abord à l'esprit dans l'étude des civilisations. Mais le progrès n'a pas dit son dernier mot; la science, qui avance tous les jours d'un pas assuré, est certainement appelée à former un nivellement général dans lequel disparaîtront toutes les différences qu'on peut attribuer, aujourd'hui encore, au caractère purement ethnique. Quel temps faudra-t-il pour opérer ce nivellement? L'avenir seul nous l'apprendra. Mais les matériaux que nous possédons sur les civilisations anciennes peuvent déjà nous indiquer les jalons à poser sur cette route immense. Et, sous ce rapport, nous trouvons dans l'ouvrage très philosophique de M. Louis Faliès des documents du plus haut intérêt, car ils s'appliquent aux races les plus anciennes et les plus différentes.

Dans son premier volume, l'auteur passe assez rapidement sur les civilisations européennes qui nous sont les plus connues, et insiste plus particulièrement sur les populations primitives de l'Amérique septentrionale, les Chapas, sur les Nahuas, ancêtres des Toltèques; sur la civilisation yucatèque, zapotèque et mixtèque.

Le second volume nous conduit à l'histoire des races de l'Amérique centrale, et au développement si intéressant du Pérou avec la domination des Incas, du royaume de Quito, etc.

Traversant l'océan Pacifique, l'auteur nous signale les différents caractères des populations anciennes de l'Océanie et nous fait atterrir en Asie, pour nous présenter la civilisation hindoue, laquelle nous offre tant de caractères variés et spéciaux.

En dehors de l'attrait que présente toujours la lecture des mœurs, lois et coutumes des peuples anciens, l'œuvre de M. Faliès est toute d'actualité, aujourd'hui qu'au nom de la civilisation, tous les peuples forts ou riches cherchent à s'approprier des terres sur lesquelles la vieille civilisation européenne rencontre de si grandes difficultés et que la connaissance approfondie, depuis leur genèse, des peuples qui les couvrent, rendrait peut-être d'une conquête si facile.

Éclairage électrique, par M. HIPPOLYTE FONTAINE, — Un vol. in-4°, avec 29 planches tirées à part et 32 gravures dans le texte; Paris, Baudry et Cⁱᵉ, 1890.

On se rappelle qu'en 1888, après de nombreux pourparlers, les principales maisons françaises d'électricité constituèrent un syndicat dont M. H. Fontaine fut élu président.

Le but était d'organiser dans l'enceinte de l'Exposition universelle de 1889 une exposition collective d'éclairage électrique destinée à la fois à faire ressortir les avantages des différents systèmes, à éclairer les vastes terrains du Champ de Mars. du Trocadéro et de l'Esplanade des Invalides, et aussi à fournir la lumière aux particuliers qui en feraient la demande.

Un appel pressant fut adressé aux industriels français et étrangers par le comité d'organisation. Il en résulta l'œuvre admirable que l'on est venu contempler de tous les points du globe.

Une force motrice de 4000 chevaux alimentait chaque soir 1716 foyers à arc et 12847 lampes à incandescence. Aucun éclairage temporaire n'avait atteint une aussi grande importance. Fallait-il qu'une entreprise aussi considérable ne laissât pas après elle un souvenir durable? Le conseil d'administration ne l'a pas pensé.

C'est à M. Fontaine qu'il appartenait de recueillir les documents relatifs à l'organisation de l'œuvre commune, c'est à sa plume autorisée qu'il revenait de tracer la monographie des travaux exécutés par chacun des participants.

L'auteur a su donner à son livre un attrait tout particulier et en faire, en quelque sorte, un souvenir de l'Exposition universelle auquel chaque électricien voudra réserver une place d'honneur dans sa bibliothèque.

A un rapide historique de la formation du syndicat succède l'énumération de toutes les parties de l'entreprise. Puis, M. Fontaine parcourt avec le lecteur l'installation de chaque électricien.

Trente-deux belles gravures et vingt-neuf planches d'une exécution irréprochable permettent au lecteur de suivre dans le texte les descriptions sommaires des instruments, souvent accompagnées de renseignements d'un haut intérêt. Les principaux types de machines et de brûleurs y sont figurés. Outre les plans généraux de la distribution des foyers, les planches montrent la disposition intérieure de chacune des stations d'électricité. Une de ces planches représente la plus belle des fontaines lumineuses; elle vient à l'appui d'une note très détaillée qui termine l'ouvrage et dans laquelle M. de Bovet a retracé l'historique et décrit le mécanisme de ces fontaines, dont le merveilleux effet a attiré, par tous les temps et jusqu'à la dernière heure, une foule énorme, pour laquelle les gerbes colorées constituaient le principal attrait de l'Exposition du soir.

The Entomologist's Record and Journal of Variation.
— Recueil périodique mensuel publié par M. J.-W. Tutt. — In-8°, avec figures; Londres, W.-H. Allen et Cie.

Ce nouveau recueil, dont nous avons sous les yeux les deux premiers numéros (avril et mai), est destiné à recueillir les faits entomologiques curieux et intéressants, et surtout à servir d'organe centralisant tous les documents relatifs à la variation des insectes. Nous ne pouvons qu'applaudir au dessein des fondateurs. La variabilité naturelle, spontanée, est un fait d'importance capitale pour les théories darwiniennes, ou évolutionnistes en général : on la connaît, on sait qu'elle existe, elle a été constatée, mais elle ne sera jamais trop étudiée, jamais surtout elle ne sera trop mesurée et jaugée pour ainsi dire. Et ce n'est que par l'accumulation des petits faits qu'on arrivera à se faire une idée de son importance, de ses limites, et aussi des conditions qui en favorisent la production.

L'*Entomologist's Record* renferme des travaux originaux sur des genres ou des espèces particulièrement intéressantes, et beaucoup de courtes notes sur les mœurs, l'habitat des insectes; des conseils sur la chasse et la capture de ceux-ci, sur les époques et les lieux où il les faut rechercher, sur leurs anomalies de toute catégorie; enfin, sous la rubrique *Variation* viennent se grouper tous les faits relatifs aux divergences du type normal, divergences de couleur, de forme, de dimensions, etc. Nous ne doutons point que ce recueil, auquel nous ferons d'ailleurs de temps à autre des emprunts, ne réussisse fort bien auprès du public, auquel il se recommande à la fois par le soin avec lequel il est rédigé et par la modicité de son prix (7 fr. 50 par an).

ACADÉMIE DES SCIENCES DE PARIS

5-11 AOUT 1890.

rogyra orthospira et sur la réintégration des matières chromatiques refoulées aux pôles du fuseau. — M. A. de L'Écluse : Sur le traitement du Black-Rot. — M. Vallée : Lettres relatives à son projet de ballon dirigeable.

ASTRONOMIE. — M. Tisserand communique les observations de la comète Coggia faites par *M. E. Cosserat* à l'équatorial Brunner de l'Observatoire de Toulouse, les 21 et 22 juillet dernier. La note de l'auteur comprend les positions des étoiles de comparaison et les positions apparentes de la comète.

— Dans une nouvelle note, *M. Charlois* fait connaître : 1° les éléments de la comète Denning (23 juillet 1890), calculés à l'aide de trois observations faites à l'Observatoire de Nice les 24, 28 et 30 juillet dernier; 2° l'éphéméride de cette comète calculée pour minuit de Paris.

— *M. P. Tacchini* adresse à l'Académie le résumé des observations solaires qu'il a faites à l'Observatoire royal du Collège romain pendant le second trimestre de l'année 1890.

De cette note, il résulte que le nombre des jours d'observation a été de 65 pour les taches et les facules : 19 en avril, 20 en mai et 26 en juin. La série est donc bien comparable avec celle du trimestre précédent. Mais le phénomène des taches a augmenté lentement et le nombre de jours sans taches a été plus petit, tandis que la fréquence des trous a été plus grande, montrant ainsi qu'on est sorti de la véritable période du minimum.

Quant au phénomène des protubérances solaires, il a été stationnaire, c'est-à-dire très faible, comme dans le trimestre précédent, ce qui s'accorde avec le retard dans son minimum et avec le minimum des facules. Or, comme la rotation du soleil a été trouvée la même pendant le maximum et le minimum de l'activité solaire, il en faut évidemment conclure que des causes bien plus puissantes que la rotation solaire doivent régler la période undécennale des phénomènes solaires, causes encore entièrement inconnues.

PHYSIQUE. — *M. A. Leduc* a repris dernièrement, au Laboratoire des recherches physiques de la Sorbonne, la question de la détermination de la densité de l'azote en suivant autant que possible la méthode de Regnault, et a constaté que cette densité était comprise entre 0,972 et 0,973. Ce résultat, à moins d'un millième près, a été obtenu à l'aide d'un ballon léger et très petit (un quart de litre environ) muni d'un robinet de verre.

— Les premières recherches de *M. A. Witz* concernant l'action des champs magnétiques sur les tubes de Geissler demandaient à être complétées. En effet, après avoir établi les effets produits par une variation d'intensité du champ et par une variation de position du tube par rapport aux lignes de force du champ, il restait à déterminer l'influence exercée par une modification de pression du gaz dans le tube. Ces essais ont été faits dans un cylindre de verre de 2 millimètres de diamètre, pourvu de robinets, se prêtant aussi bien à une compression du gaz qu'à une raréfaction. L'effluve jaillissait entre deux électrodes garnies de cônes en aluminium. Sous une pression de 0^{cm},6 de mercure, l'auteur a obtenu un effluve violacé; à 230^{cm},1 une étincelle chaude, brillante et nourrie a formé un trait de feu entre les pointes; enfin, pour des pressions intermédiaires, il a observé à la fois un effluve et une étincelle. Or, l'action du champ se manifeste aux yeux, dans ces diverses conditions, d'une manière différente : l'effluve est dévié suivant les lois de l'électro-dynamique, l'étincelle ne l'est pas; l'action doit donc être considérable aux faibles pressions, alors qu'elle sera nulle aux pressions élevées.

CHIMIE. — On sait que le principe du travail maximum est d'une utilité incontestable, car il permet de prévoir des réactions nouvelles, même sur des corps depuis longtemps usités : témoin la préparation du gaz bromhydrique par M. Recoura. Suivant M. Berthelot, le principe de ce travail maximum n'implique pas la nécessité des réactions; il en indique le sens, quand une énergie étrangère n'intervient pas. Ainsi compris, il est difficile de trouver des exceptions à ce principe. M. Berthelot a, en effet, expliqué pourquoi la combustion du soufre dégage SO_2 et non SO_3; d'autre part, les réactions endothermiques des chlorures et bromures alcalins sur les sels mercureux, découvertes par M. Ditte, se font à chaud. M. Berthelot lui-même a rencontré des réactions endothermiques au sein de l'eau, dans l'étude qu'il a faite sur les lois de Berthollet; aussi insiste-t-il souvent sur la nécessité de considérer la chaleur de formation des sels en dissolution et en dehors des liquides dissolvants. En étudiant l'action des bases sur les sels dissous, M. Albert Colson a rencontré quelques réactions endothermiques au sein et en dehors des liquides à température basse et sensiblement constante.

— Lorsqu'on met en présence de deux corps un troisième capable de se combiner complètement et avec une égale facilité à chacun des deux premiers, il s'effectue un partage du troisième corps entre ceux-ci. Or les expériences récentes de MM. Hautefeuille et Margottet sur le partage de l'hydrogène entre le chlore et l'oxygène semblent prouver que la loi de partage est continue et ne présente pas de sauts brusques semblables à ceux qui, d'après Bunsen, caractérisent le partage de l'oxygène entre l'hydrogène et l'oxyde de carbone

Dans les expériences qu'il vient d'entreprendre, M. G. Chesneau a recherché de même comment s'effectue la répartition de l'acide sulfhydrique, dissous dans l'eau, entre deux métaux complètement précipitables par cet acide. Ses observations ont porté sur le mélange de solutions aqueuses d'acide sulfhydrique, titrées à 1/100° près, et de solutions d'azotates de plomb et de cuivre, cristallisés et purs, faites à raison de 1 équivalent par litre. Elles montrent que, dans la précipitation incomplète par l'acide sulfhydrique des azotates de cuivre et de plomb dissous à poids équivalents égaux, la répartition d'HS entre les deux métaux se fait dans le sens indiqué par les chaleurs de formation des sulfures, et varie progressivement avec la quantité d'H S. Le rapport du cuivre au plomb, précipités par HS, varie avec le temps : il décroît d'abord, atteint un minimum au bout de quelques minutes, puis augmente lentement.

— M. A. Combes, dans une nouvelle communication, s'est proposé de rechercher un procédé permettant d'arriver à la synthèse d'un alcool dicétone β; pour cela, il est parti de l'acétylacétone $CH^3 — CO — CH^2 — CO — CH^3$. Il a montré, il y a longtemps, que l'action directe du chlore sur ce composé donnait des substitutions dans les deux groupes méthyles et qu'il était, sinon impossible, du moins très difficile de substituer du chlore à l'hydrogène du chaînon CH^2 par action directe; en tous les cas, on ne peut, par ce procédé, y arriver qu'après avoir complètement chloré les

deux groupes CH^3. Tout autre est l'action du chlorure de sulfuryle, qui, comme on le sait, est un agent de chloruration d'un emploi très commode. Les recherches de MM. Genvresse et Albin ont montré que l'action ménagée du sulfuryle sur l'éther acétylacétique conduisait au dérivé monochloré $CH^3 — CO — CHCl — CO^2 C^2H^5$. C'est cette considération qui a déterminé M. Combes à rechercher s'il en serait de même sur l'acétylacétone.

PHYSIOLOGIE PATHOLOGIQUE. — MM. Combemale et François ont constaté, au cours de recherches expérimentales sur les troubles nerveux du saturnisme chronique et sur les causes déterminantes de leur apparition, des phénomènes curieux.

Leurs expériences ont eu lieu sur un certain nombre de chiens intoxiqués avec des doses quotidiennes variant entre $0^g,01$ et $0^g,05$ de chlorure de plomb; elles leur ont montré, non seulement que les phénomènes d'ordre nerveux consistaient le plus souvent en accès de peur intenses, pendant lesquels l'animal s'enfuyait et se cachait, inoffensif pour ceux qui l'approchaient, apeurement toujours accompagné d'hallucinations ou d'illusions de la vue, sans troubles sensoriels de l'ouïe et des autres sens, mais qu'il existait aussi des accidents épileptiformes. De plus, l'ingestion de 2 grammes d'alcool absolu suffisamment dilué par kilogramme du poids du corps a déterminé, chez les mêmes animaux, alors que l'ivresse avait cessé, soit des accidents épileptiques, soit des accès de peur.

Ces résultats expérimentaux sont surtout intéressants par la confirmation qu'ils donnent à l'observation clinique et les déductions théoriques qui en découlent.

— M. Christian Bohr, poursuivant ses recherches sur les combinaisons de l'hémoglobine avec l'acide carbonique et avec un mélange d'acide carbonique et d'oxygène, a constaté que la carbohémoglobine, de même que l'oxyhémoglobine, comprenait plusieurs combinaisons voisines, dont les courbes de dissociation ont à peu près la même forme et dans lesquelles la proportion d'acide carbonique faiblement combiné varie, c'est-à-dire :

1° Une hémoglobine qui, à une pression de CO^2 égale à 60 millimètres et à une température de 18°, fixe environ 3 centimètres cubes de CO^2, mesurés à 0° et 760 millimètres. (Carbohémoglobine γ.)

2° Une hémoglobine qui, à la même pression et à la même température, fixe environ 6 centimètres cubes de CO^2. (Carbohémoglobine δ.)

3° Une hémoglobine qui, dans les mêmes conditions extérieures, fixe environ $1^{cc},5$ de CO^2. (Carbohémoglobine β.)

— On a dit depuis longtemps que, en soumettant une vers à soie à une alimentation colorée, particulièrement par l'indigo et la garance, on pouvait obtenir des cocons présentant la couleur de la substance employée. Dans ces derniers temps, M. Villon a annoncé qu'il avait obtenu ce résultat avec l'indigo, la garance et la cochenille; peu après, M. E. Blanchard a rappelé ses expériences antérieures, qui avaient eu le même succès. On a même dit que « la substance qui s'accumule dans les glandes entraînant avec elle quelque peu de la matière colorante, son passage à travers les parois se trouvait, en certains cas, absolument manifeste ». Considérant donc comme un fait acquis la possibilité de colorer la soie in situ, grâce à une alimentation appropriée, M. Louis

Blanc a repris ces essais; les résultats qu'il a obtenus lui ont montré que quelques matières colorantes très solubles et très diffusibles, telles que la fuchsine, sont seules susceptibles d'être absorbées par l'épithélium intestinal du ver à soie; ces substances peuvent alors colorer les cellules des organes sécréteurs de la soie, mais ne colorent pas le produit de sécrétion. Les soies colorées obtenues en soumettant les vers à une alimentation appropriée ne sont très probablement que des soies chargées extérieurement de poussières colorantes.

Pathologie végétale. — Lorsque, dans les derniers jours de mai 1889, *M. A. de L'Écluse* a commencé ses expériences à Bachères, sous les auspices du Comité central de Lot-et-Garonne, on savait que le cuivre agissait contre le *Black-Rot*, mais personne n'était arrivé à préserver plus de 20 à 25 pour 100 de la récolte. Les études expérimentales qu'il y a organisées et conduites suivant des principes nouveaux l'ont amené à des résultats complets, alors que des rangées toutes voisines, non traitées et laissées comme témoins, avaient perdu la presque totalité de leurs fruits.

Le traitement que l'auteur a appliqué repose sur ces deux observations :

1° Que les sporidies, au moment de la déhiscence de l'asque, sont projetées de bas en haut et peuvent atteindre la face inférieure de la feuille aussi bien que toutes les autres surfaces vertes de la vigne;

2° Que les stylospores n'arrivent à la grappe de verjus qu'après avoir été entraînées par l'eau de pluie ou la rosée plus ou moins chargée d'acide carbonique ou de carbonate d'ammoniaque.

Or, si toutes les surfaces des organes verts de la vigne sont rigoureusement couvertes d'un composé cuprique soluble ou d'oxyde de cuivre pouvant se transformer aisément en carbonate ou en ammoniure dans les eaux météoriques, les sporidies et les stylospores perdront, au contact de ces combinaisons, la faculté de germer et le fruit restera indemne. On peut donc, par un traitement appliqué au moins douze jours avant le moment où doivent apparaître les premières taches de Black-Rot sur les feuilles et en maintenant, à partir de cette époque jusqu'à la véraison, un composé cuprique sur tous les organes verts, garantir sûrement la vigne contre les taches sur les feuilles et lui conserver ses raisins. Mais si le premier traitement a été différé et que les feuilles soient déjà recouvertes de taches, on pourra encore préserver les grappes dont le pédoncule n'aura pas été atteint, par un traitement fait une quinzaine de jours avant la première apparition des grains contaminés.

En résumé, pour en obtenir un succès complet dans les deux cas, il faut que toutes les surfaces vertes de la vigne, toutes absolument, soient constamment recouvertes de composé cuprique depuis le premier traitement jusqu'à la véraison.

E. Rivière.

INFORMATIONS

M. R. Koch, dans une des séances du Congrès de médecine de Berlin, a annoncé (sans d'ailleurs donner de démonstrations), qu'il avait trouvé une substance (qu'il n'a pas non plus nommée) qui non seulement vaccinerait le cobaye contre la tuberculose, mais encore ferait rétrograder cette maladie chez le cobaye déjà infecté.

M. Henri Toussaint, professeur à l'École de médecine Toulouse, et ancien professeur à l'École vétérinaire de même ville, vient de mourir, âgé de quarante-trois ans, bagage scientifique que laisse après lui le jeune professeur est considérable. Nous rappellerons seulement que c'est qui a, le premier, constaté les effets atténuants de la chaleur sur le microbe du charbon bactéridien, et démontré virulence des corpuscules trouvés dans le sang des poules cholériques.

Le prochain Congrès international de médecine se tiendra, en 1893, à Rome.

Des expériences viennent d'être faites sur un des bras Danube, à Nussdorff, près de Vienne, avec une nouvelle pille présentée par M. Buonacorsi. Cette torpille automobile douée d'une vitesse supérieure à celle des torpilles actuelle est construite de telle sorte qu'elle s'enfonce sous le Bullivan ou autres qui servent de ceinture protectrice navires de combat, et rend inutiles ces appareils de protection.

Les journaux quotidiens sont remplis de détails circonstanciés relatifs à l'*expérience d'électrocution* (c'est ainsi qu'on nomme maintenant l'exécution par l'électricité) qui vient d'être faite à New-York. Un pauvre diable, condamné à mort depuis quatorze mois, et dans des conditions qui ne lui eussent très certainement pas valu la peine capitale de ce côté de l'Atlantique, a été l'objet de cette expérience dont le récit est parfaitement répugnant : chacun l'a pu lire, et il est inutile de le reproduire ici. Entre toutes les élucubrations pseudo-scientifiques que nombre de personnes, prenant pour cette occasion le titre de « physiologiste éminent » ou se disant « nous autres physiologistes », ont livrées aux journaux, il n'est qu'un point à retenir. Comme M. Edison le fait remarquer avec beaucoup de raison, les ouvriers victimes d'accidents électriques sont tués par des courants traversant le corps d'un côté à l'autre, et non d'une extrémité à l'autre, et l'on n'observe pas dans leur cas les phénomènes répugnants constatés dans l'expérience de New-York.

Qu'on essaye donc, pour l'électrocution, de courants passant à travers les bras ou les épaules.

M. Chancel, recteur de l'Université de Montpellier, vient de mourir à l'âge de soixante-quinze ans. Il était correspondant de l'Institut, et laisse des travaux de chimie estimés. Son successeur n'est point encore désigné, mais nous souhaitons, pour l'avenir de l'Université de Montpellier, que M. Chancel soit remplacé par un homme jeune, actif et qui puisse remplir ses fonctions avec ardeur.

Nous apprenons encore la mort de M. Coulier, ancien professeur au Val-de-Grâce.

Un habitant de Minneapolis, aux États-Unis, vient d'envoyer deux explorateurs, MM. D.-C. Worcester et F.-S. Bourns, aux Philippines, où ils passeront deux ans, à l'effet d'étudier la faune et la flore de terre et de mer. Cet amateur éclairé des sciences, M. L.-F. Menage, consacre plus

50 000 francs à cette expédition, et fera don des collections à l'Académie des sciences de Minneapolis. Nous enregistrerons avec plaisir le nom de ceux de nos compatriotes qui voudront bien l'imiter.

Un comité de savants a décidé qu'il convenait d'établir quelque *Mémorial* de feu le P. Perry, l'astronome bien connu. Au lieu d'un monument, on construira un équitorial de 16 pouces qui sera consacré à la mémoire du défunt. L'idée est ingénieuse, bien qu'au premier abord assez étrange.

L'expédition Hansen, au pôle Nord, partira au printemps de 1891. Le capitaine Sverdrup, qui la commandera, est actuellement dans les mers polaires, occupé à s'exercer à l'art de naviguer dans les banquises. L'équipage sera totalement norvégien; mais on admettra quelques étrangers dans l'état-major scientifique. Avis aux amateurs.

CORRESPONDANCE ET CHRONIQUE

La sensibilité chimique des leucocytes.

Sous le nom de *chimiotaxie,* M. Pfeffer a désigné le premier, une propriété particulière des organismes végétaux inférieurs doués de mobilité, propriété qui se manifeste par leur mouvement vers certaines substances ayant sur eux une action chimique. Or il résulte des recherches récentes que les leucocytes, qui sont, comme on sait, capables de mouvements amiboïdes, manifestent des propriétés chimiotactiques analogues.

Le pouvoir excitateur de l'oxygène sur les microbes est un exemple très connu de cette influence exercée par certains corps sur les organismes inférieurs mobiles. Il y a quelques années (1884), M. Stahl, observant un plasmodium vivant ordinairement dans l'infusion d'écorce de chêne, vit que ce plasmodium était vivement attiré par cette infusion, lorsqu'on l'ajoutait à l'eau dans laquelle il nageait, et qu'il fuyait, au contraire, une dissolution de glucose ou de quelques autres sels. Les expériences de M. Stahl montrèrent, en outre, que ce plasmodium pouvait s'habituer à certaines substances qu'il fuyait tout d'abord et se dirigeait alors vers leurs solutions comme vers l'infusion de l'écorce de chêne. Puis M. Pfeffer démontra de son côté qu'il existe, pour quelques organismes inférieurs, des excitateurs pour ainsi dire spécifiques, tels, par exemple, que toute bonne substance nutritive pour les bactéries mobiles, et que cette propriété n'est pas causée par des mouvements de diffusion des liquides, mais est bien due à la nature chimique des substances possédant le don d'attraction ou de répulsion. Enfin, MM. Rosen, Stange, étudièrent la sensibilité de plusieurs bactéries, myxomycètes, ciliaires et volvocinées à l'égard de diverses substances, et purent dresser des listes de corps déterminant, soit la chimiotaxie positive, soit la chimiotaxie négative, soit la chimiotaxie indifférente.

Telles sont les données qui pouvaient servir de base à des recherches zoologiques nouvelles sur les animaux monocellulaires inférieurs, car la théorie des phagocytes, formulée par M. Metchnikoff, indiquait nettement la nécessité d'étudier les propriétés spéciales que possèdent les amibes et les leucocytes d'être attirés par certaines substances et repoussés par d'autres. On trouve même, dans un travail de M. Peckelharing, une explication de la phagocytose par les phénomènes chimiotactiques; et, récemment, MM. Massart et Bordet, introduisant dans les cavités lymphatiques de la grenouille des tubes capillaires remplis de différents liquides et

comptant les leucocytes qui s'y étaient introduits au bout d'un temps déterminé, ont ainsi pu déterminer le pouvoir attractif relatif de ces liquides et la sensibilité chimique des leucocytes à leur égard. Ils en ont conclu au rôle important de l'excitabilité des leucocytes dans la nutrition et dans l'inflammation.

Tel est sommairement l'historique de la question à laquelle M. Gabritchevsky (*Annales de l'Institut Pasteur,* n° de juin 1890) vient d'apporter une importante contribution.

M. Gabritchevsky a employé, dans ses recherches, la méthode de MM. Massart et Bordet; mais il a expérimenté en même temps sur des grenouilles et sur des lapins, afin d'observer des animaux de températures très différentes. Admettant que les leucocytes ne peuvent entrer dans les tubes qu'en raison de leur sensibilité chimique, les actions physiques et la sensibilité tactile étant écartées par des expériences de contrôle, l'auteur a pu dresser les listes suivantes de substances exerçant la chimiotaxie négative, indifférente ou positive sur les leucocytes :

Substances à chimiotaxie négative.

Solutions concentrées de sels de sodium et de potassium (10 pour 100).
Acide lactique (10 à 0,1 pour 100).
Quinine (0,5 pour 100).
Alcool (10 pour 100).
Chloroforme en dissolution aqueuse.
Jéquirity (2 pour 100).
Glycérine (10 à 1 pour 100).
Bile.
Culture du choléra des poules.

Substances à chimiotaxie indifférente.

Eau distillée.
Solutions moyennes et faibles de sels de sodium et de potassium (1 à 0,1 pour 100).
Acide phénique.
Antipyrine (1 pour 100).
Phlaridsine (1 pour 100).
Papayotine (1 pour 100), pour la grenouille.
Glycogène (1 pour 100).
Peptone (1 pour 100).
Bouillon.
Sang, humeur aqueuse.
Poudre de carmin en suspension dans l'eau.

Substances à chimiotaxie positive.

Papayotine (1 pour 100) pour le lapin.
Cultures stérilisées et non stérilisées de microbes pathogènes et non pathogènes :

Bacille du charbon et son premier vaccin.
Bacille pyocyanique.
Bacille de la fièvre typhoïde.
Microcoques du pus.
Bacille du rouget.
Bacillus prodigiosus.

Ces recherches sont très intéressantes, et elles peuvent avoir une grande importance dans la recherche des vaccins chimiques, étudiés au point de vue de la phagocytose. Il est, en effet, permis d'espérer qu'on pourra, à l'aide de certaines substances et dans des conditions déterminées, provoquer une suractivité ou une accoutumance des leucocytes, qui leur permette de lutter avantageusement contre les microbes pathogènes et contre l'action chimiotaxique négative des sécrétions de quelques-uns d'entre eux, qui sont sans doute les plus dangereux, à cause de cette propriété même.

Toutefois, comme le remarque M. Gabritchevsky, il reste

à faire l'étude, très étendue et très complexe, des propriétés chimiotaxiques propres à chaque espèce, car ces propriétés diffèrent énormément chez les diverses espèces, voire même chez des individus différents de la même espèce. Entre autres exemples de cette variabilité, M. Steinhaus a montré que l'essence de térébenthine, introduite sous la peau des chiens et des chats, provoque toujours la suppuration de phlegmons non microbiens, tandis que la même substance, chez les cobayes et les lapins, se résorbe sans laisser de traces ou provoque seulement un œdème séro-fibrineux. De même, le *Staphylococcus pyogenes aureus* et le *St. p. albus*, en cultures stérilisées introduites sous la peau du lapin et du cobaye, ne produisent aucune inflammation, tandis que les mêmes quantités de ces cultures provoquent chez le chien et le chat une suppuration considérable.

Les produits des croisements du bison.

Pour faire suite à l'article de M. Hornaday sur l'extinction du bison en Amérique, publié dans la *Revue* du 31 mai dernier, nous rapporterons, d'après la *Revue des sciences naturelles appliquées*, les curieux résultats obtenus aux États-Unis dans les deux troupeaux de bisons survivants, par des croisements méthodiques entrepris dans ces deux dernières années par les propriétaires de ces troupeaux.

Les trois-quart sang, résultant de la production entre bisons mâles et vaches demi-sang, ressemblent beaucoup aux bisons dont ils ont la tête et le cornage; leur bosse est encore assez prononcée, mais l'arrière-train est presque aussi haut que l'avant-train. La robe est unie, foncée, absolument privée de boucles, ou du moins celles-ci sont très rares; la teinte est un peu plus pâle le long de la ligne dorsale que sur les flancs. Ces animaux rendent énormément de viande; on cite un veau de six mois qui pesait 280 kilogrammes. Un jeune taureau, abattu à trois ans, après avoir passé l'automne au pâturage, pesait brut 1090 kilogrammes. Le manque de symétrie des trois-quart sang les empêche de produire sur le visiteur une impression aussi frappante que le demi-sang. Ceux-ci résultent généralement du croisement de bisons mâles avec des vaches indiennes se rapprochant plus du type des bœufs que du bison; ils en ont cependant hérité une haute taille, un corps gigantesque et des membres courts, caractéristiques des animaux susceptibles de fournir beaucoup de viande. La bosse est presque entièrement effacée. Les vaches demi-sang pèsent de 630 à 820 kilogrammes, poids vif. Leur robe, unie et sans la moindre boucle, rappelle une immense peau d'ours.

Le propriétaire du troupeau du Kansas, M. Jones, a eu, au printemps de 1889, trente veaux de pur sang et trente à trente-cinq demi-sang résultant du croisement des bisons mâles, soit avec des vaches indiennes, soit avec des vaches Galloway, de la race anglaise sans corne, dont le pelage long et duveteux rappelle vaguement celui du bison.

On peut dire que les métis de bisons et vaches ont pour caractéristique générale une grande douceur et une énorme force de résistance aux intempéries. Au lieu de tourner le dos au vent, ils se couchent lui faisant face, inclinant seulement un peu la tête de côté, afin qu'elle ne soit pas exposée à son action immédiate. Dans cette position, la neige peut tomber et les recouvrir, ils se lèvent seulement pour chercher leur nourriture. Le bison, leur a transmis le sens olfactif très développé, qui permet à cet animal de trouver sous une nappe de neige les herbes convenant le mieux à son alimentation. M. Bedson, le propriétaire du troupeau du Manitoba (Canada), avait grand'peine à préserver de leurs attaques ses silos de pomme de terre qu'ils éventaient de fort loin. Leur extraordinaire douceur permet de les

garder, sans qu'ils essayent de s'échapper, dans des pâturages clos simplement par trois fils de fer.

L'opium des fumeurs.

M. Lalande a fait récemment, dans les *Archives de médecine navale* (juillet 1890), une très curieuse étude sur la préparation fort compliquée que les Asiatiques font subir à la drogue que nous connaissons sous le nom d'opium, en vue de la rendre fumable.

Les Indiens, les Malais, les Chinois s'adressent presque toujours à l'opium de l'Inde. Notre manufacture de Saïgon emploie de l'opium de même origine provenant de Bénarès.

Cet opium est livré par caisses de 40 pains, au prix moyen de 2050 francs la caisse, soit 51 à 52 francs le pain, et 28 à 29 francs le kilogramme, non compris le transport. Le poids de chaque pain varie entre 1770 et 1775 grammes.

A cause de leur forme, ces pains ont reçu le nom de *boules* (1); c'est ainsi que nous les appellerons désormais. Elles peuvent avoir de 0m,14 à 0m,16 de diamètre.

L'opium se trouve à l'intérieur, sous une enveloppe de plusieurs millimètres d'épaisseur, garanti du milieu extérieur comme la pulpe d'une orange sous son écorce.

Cette enveloppe est composée de plusieurs couches de pétales de pavot et de feuilles diverses; sa couleur est fauve terreuse extérieurement.

L'opium qui occupe l'intérieur de la boule est en masse molle, collant fortement aux doigts, de la consistance d'un électuaire, de couleur brun rougeâtre (de pruneau sec) exhalant une forte odeur vireuse de fleurs de pavot froissées.

Il renferme, comme l'opium brut des pharmacies, du caoutchouc, du mucilage, des traces sensibles de gommes, résines et du sucre réducteur. Il se différencie de ce dernier par sa proportion assez élevée d'humidité et sa faible richesse en morphine.

Voici la proportion pour cent de quelques éléments principaux:

Eau	24 à 25 pour 10
Morphine	6 à 7 —
Narcotine	3 à 4 —
Autres alcaloïdes solubles dans le chloroforme . .	4 à 5 —
Gomme	3 à 5 —
Caoutchouc et substances mucilagineuses	28 à 30 —
Sucre réducteur	1 à 2 —
Résines	1 à 2 —

L'Administration achète de confiance cet opium au gouvernement anglais, car aucune analyse n'en est faite par ses représentants dans l'Inde. On achète par caisses de 40 boules au cours du jour, par l'intermédiaire de notre consul; les caisses doivent porter le timbre du gouvernement de l'Inde et nous devons nous en rapporter entièrement au contrôle exercé par les Anglais pour tout ce qui touche à la qualité du produit et au poids des boules. On achète généralement l'opium récolté l'année précédente.

Les Anglais viennent d'élever leurs prix, sans pour cela donner plus de garanties sur la pureté de leurs opiums; aussi est-il à désirer que la concurrence s'établisse entre leurs produits et l'opium de Java, qui, d'après les derniers renseignements parvenus à l'Administration, promet d'être abondant et de qualité supérieure à l'opium de l'Inde.

A Saïgon, jusqu'à l'année 1882, la fabrication et la vente de l'opium étaient affermées à des Chinois moyennant une

---

(1) Les boules sont logées dans les caisses dans une sorte de cloison en bois où chacune a sa case et les interstices sont comblés avec de la sciure de bois.

redevance de plusieurs millions de francs. A cette époque et à l'expiration du marché passé avec eux, M. Le Myre de Vilers, alors gouverneur, fixa le prix de base pour l'adjudication nouvelle des alcools et de l'opium à 7 millions de francs. En présence de ces conditions, qui étaient sensiblement plus élevées que celles du précédent marché, les Chinois voulurent protester, s'entendirent pour ne pas soumissionner et refusèrent d'accepter les exigences nouvelles et le prix fixé par le gouvernement français.

Nous nous trouvâmes ainsi dans l'alternative ou de céder simplement aux prétentions des fabricants, ou de fabriquer nous-mêmes l'opium. On ne céda pas, et certes, malgré les difficultés de l'entreprise, malgré l'opposition occulte des Chinois, contrairement aux craintes émises par tous au début, et grâce aux mesures intelligentes prises par l'administration des douanes, l'opium mis en régie rapporta bien plus qu'autrefois.

Nous possédons, depuis cette époque, une belle manufacture pour la fabrication de ce produit. La préparation proprement dite, avec toutes les manipulations qu'elle comporte, est confiée, au prix de 0 fr. 50 par kilogramme de chandoo achevé, à un adjudicataire qui prend également à sa charge toutes les réparations.

Actuellement, cet adjudicataire est un Chinois naturalisé Français, qui occupe 50 ouvriers. La manufacture est placée sous la direction d'un fonctionnaire français.

Les opérations que l'on fait subir à l'opium brut, et qui sont toujours menées suivant les traditions des indigènes et avec leur outillage primitif, durent trente jours, pendant lesquels, pour l'évaporation de 60 000 litres d'eau, 40 ouvriers transforment environ 6000 kilogrammes d'opium brut en extrait fumable ou chandoo. Pour obtenir le même résultat, en ayant recours au procédé inscrit dans le codex, il faut une quantité d'eau double, et il est conseillé d'évaporer au bain-marie, ce qui nécessiterait un temps assurément plus long.

Cette opération, durant laquelle une foule de tours de mains, qui sont de véritables chinoiseries, doivent être observés, a en somme pour but de chasser le principe volatile vireux de l'opium brut, de le dépouiller ensuite de toutes les substances qui pourraient nuire à la délicatesse de son parfum et à sa qualité plastique, quand on devra plus tard le manipuler à chaud pour l'introduire dans la pipe à opium. Tels sont les caoutchoucs, les résines, la cellulose, les gommes, la narcotine, les principes albumineux et mucilagineux.

Le chandoo a la consistance d'un extrait demi-fluide de sirop de gomme ordinaire, rappelant assez bien celle de l'ergotine, dont il possède la couleur, commune d'ailleurs à la plupart des extraits.

En masse aussi bien qu'étalé en mince couche sur une feuille de papier blanc, il ne présente, comme teinte, aucune différence marquée avec notre extrait pharmaceutique, mais il s'en distingue déjà par son odeur et par sa grande fluidité. Au pèse-acide Baumé, il marque 31 degrés à froid; si on le chauffe graduellement dans une éprouvette de 30 à 100 degrés, il perd peu à peu un dixième de son volume d'air resté incorporé et il augmente de densité.

L'odeur en est douce, fine, assez aromatique, rappelant peut-être l'odeur de fève et d'arachides grillées, jointe à celle de la mélasse non fermentée. Sa saveur est amère et persistante (1).

Il renferme 30 à 34 pour 100 d'eau. M. Lalande a analysé certains échantillons de la régie, qui lui ont donné

(1) L'opium, conservé pendant de longs mois en vase clos ou simplement dans un tiroir, exhale une odeur rappelant celle des pruneaux de conserve.

jusqu'à 37 pour 100. Cette proportion d'eau, en augmentant sa fluidité, facilite beaucoup sa mise en boîtes (1).

Sa composition exacte n'est pas encore connue; d'après M. Lalande, les proportions de certains éléments sont les suivantes :

	Opium de la région de Saïgon.	Opium de la ferme du Tonkin.
Eau.	30 à 34 pour 100	29,50
Morphine.	6 à 8 —	9,33
Narcotine.	1 à 3 —	»
Cendres.	3 à 6 —	6,15
Matières insolubles dans l'eau.	1 à 2 —	3,50
— — dans l'alcool fort.	10 à 11 —	16,30
Glucose.	1 à 6 —	1,50
Acidité.	4 à 8 —	rapp. à (SO⁴H)

Cet opium du Tonkin est plus riche en morphine, mais il renferme un excès marqué de substances insolubles qui doivent modifier le parfum de sa fumée.

Aussi s'en plaint-on généralement dans le Tonkin et l'Annam. Cela peut tenir à une préparation défectueuse; la torréfaction n'est peut-être pas poussée assez loin ou les filtrations sont mal faites. Il est possible également que l'opium du Yunnan, qui sert à sa préparation, soit d'une qualité inférieure pour cet usage.

Cet extrait se délaye avec facilité et presque sans résidu dans l'eau et dans l'alcool, à 30 ou 40 degrés; l'addition d'une bonne quantité d'alcool fort en précipite 7 à 12 pour 100 au maximum de son poids de substances insolubles, sous la forme de flocons qui restent quelque temps en suspension, sans s'agglomérer en une masse compacte de consistance emplastique, comme il arrive lorsque l'extrait a été falsifié avec des substances gommeuses ou mucilagineuses. Il présente une acidité assez marquée et qui peut aller jusqu'à 8 pour 100 (rapportée à de l'acide sulfurique).

L'acétate de plomb, le charbon animal n'arrivent pas à décolorer complètement ses solutions. Les liqueurs obtenues après la décoloration partielle au charbon rougissent fortement par l'addition de perchlorure de fer (acide méconique).

Les cendres renferment de la chaux, de la silice, de la potasse, de la soude, des traces de magnésie, de fer et de cuivre quelquefois, de l'acide sulfurique principalement, avec des traces assez faibles de chlore et d'acide phosphorique.

Traitée par de la chaux et desséchée à l'étuve, la poudre ainsi obtenue cède à l'éther et à la benzine, de la narcotine, du caoutchouc rarement, et d'autres alcaloïdes; dans ces conditions, ces véhicules restent presque incolores. Le chloroforme est plus coloré et peut dissoudre jusqu'à 20 pour 100 de substances solubles dans l'eau acidulée en totalité. L'opium brut, dans les mêmes conditions, cède une grande quantité de résines insolubles, dans l'eau acidulée, qui doivent par suite disparaître dans la préparation, puisqu'on ne les retrouve plus avec le chandoo.

Le chandoo se bonifie par le temps; c'est l'avis de tous les fumeurs. Certains Chinois ont l'habitude de mélanger l'extrait qu'ils conservent dans des pots en grès ou en porce-

(1) L'Administration devrait s'efforcer de donner à tous ses opiums la même composition en morphine et en eau, attendu que le kilogramme est toujours vendu à un prix invariable. Si, au lieu de 30 pour 100 d'eau, proportion désirée par les fumeurs, on en introduit jusqu'à 37 pour 100, on vend, pour une préparation de 1000 kilogrammes, 70 kilogrammes d'eau pour cette même quantité de chandoo; perte : 15 400 francs pour l'acheteur. Dans l'année, cela se traduit par 700 000 francs de bénéfice au détriment de l'acheteur.

Il serait donc équitable de fixer un titre invariable de morphine pour tous les opiums à fumer, si on ne veut pas tenir compte de la proportion d'eau.

celaine, la couche de champignons qui se forme tous les huit, dix jours, contre les parois internes des récipients, sans doute pour hâter le vieillissement de l'opium (1). D'autres ajoutent de l'eau-de-vie.

L'Administration livre aux Chinois l'opium tout préparé dans des boîtes en fer-blanc de 200, 100, 40 et 20 grammes. Dans ces derniers temps, les Chinois se sont plaints d'une action nuisible qu'aurait le fer-blanc sur les qualités de l'opium, en demandant que ce métal fût à l'avenir remplacé par du cuivre, ce que l'Administration a accepté, en se réservant de revenir à l'ancien système si des essais venaient à prouver l'inexactitude de l'assertion des Chinois.

Au point de vue du rendement de l'opium brut, voici les résultats fournis par l'année 1887 :

La bouillerie de Saïgon a transformé en chandoo 38 000 boules ou 950 caisses.

Ces 38 000 boules ont donné :

Opium brut	67 000 kilogrammes.

dont :

Chandoo	44 800 —
Écorces	1 900 —

1000 kilogrammes d'opium en boules donnent à 20 et 21 pour 100 d'eau :

690 à 660 kilogrammes de chandoo à 33 pour 100 d'eau ou 440 à 442 kilogrammes à 100°.

28 kilogrammes d'écorces à vendre.

L'opium brut, avec son enveloppe, a donc cédé environ 55 pour 100 de son poids de substances solubles.

Ce qui fait, pour l'année 1887, une recette nette de près de 8 millions de francs.

Il y aurait encore à prélever de cette somme les dépenses occasionnées par le personnel des douanes employé à l'opium (entreposeurs, surveillants, etc.).

D'après ces chiffres et la composition connue de l'opium au point de vue de la morphine, 45 000 kilogrammes de chandoo par année représentent environ 3375 kilogrammes de morphine que la Cochinchine et le Cambodge fument par an. Achetée en gros en Europe, cette quantité de morphine se payerait environ 2 millions de francs; les fumeurs la payent, sous forme de chandoo, à la régie, une somme qui s'élève presque à 10 millions de francs.

Le Laboratoire de biologie végétale de Fontainebleau.

Grâce au mouvement favorable qui s'est, depuis quelques années, produit dans l'enseignement français à l'égard des sciences naturelles, le nombre, jadis restreint, des travailleurs s'adonnant à leur étude, est aujourd'hui devenu considérable. Malheureusement, les sciences naturelles ont d'autres exigences que les sciences physiques ou chimiques ; il est, dans leur domaine, une foule de questions qui ne peuvent être résolues dans les laboratoires de nos Facultés, loin des choses de la nature qui font le sujet même des recherches. C'est là une des principales causes qui peuvent arrêter le développement des sciences naturelles; les zoologistes ont été les premiers à le reconnaître et se sont efforcés de faire disparaître cette difficulté, d'où l'éclosion de ces laboratoires maintenant si nombreux sur nos côtes, et auxquels des sommes importantes ont été et sont encore chaque jour affectées. La botanique, dont l'étude a cependant les mêmes exi-

---

(1) Quelques fumeurs ont l'habitude de parfumer leur chandoo en lui mélangeant des substances odorantes, des râpures de certains bois, tels que le *Tim-ioù* et le *Qui-nam*. Ce dernier est particulièrement estimé; il se vend chez les pharmaciens chinois sous la forme de petites bûchettes de quelques grammes, à raison de 300 à 400 fr. le kilogramme. Ces bois viendraient, paraît-il, du Tonkin.

gences que la zoologie, n'avait jusqu'ici aucune station au M. Liard, directeur de l'enseignement supérieur, réclamait p. au commencement de l'année 1883, une part modeste dans veurs prodiguées à la zoologie. À la suite de sa demande, un toire de biologie végétale vient d'être construit dans la forêt de tainebleau; il a déjà reçu des travailleurs.

La nouvelle station scientifique, dirigée par M. Gaston Bo. professeur à la Sorbonne, est appelée à rendre les plus grand. vices à la science botanique. Elle offre, outre toutes les resso. scientifiques nécessaires à notre époque, les conditions naturell. plus avantageuses. Des chambres sont réservées aux travailleur. peuvent ainsi, sans aucun dérangement, surveiller de près leur périences et leurs cultures. Un vaste terrain qui entoure le . toire est mis, pour ses cultures, à la disposition de toutes les . sonnes qui désirent, au point de vue de la physiologie, de la c. ou de l'anatomie végétales, entreprendre des recherches botani. Le Laboratoire de Fontainebleau pourra rendre des services autre ordre. Le côté pratique est trop souvent négligé par le . vants; cependant, que de progrès horticoles, agricoles ou sylvi. peuvent être réalisés, si l'on applique à l'étude des questions . genre les rigueurs de la méthode expérimentale! Le Labo. de Fontainebleau cherchera à faciliter toutes les recherches d. ordre.

Les travailleurs installés à Fontainebleau ont déjà pu appréci. avantages de la nouvelle station scientifique, dont l'installation . quera sans doute un point important dans le progrès de la . nique en France.

Société hollandaise des sciences, à Harlem.

QUESTIONS MISES AU CONCOURS.

Jusqu'au 1er janvier 1891.

I. La Société demande des recherches sur la part prise par les bac. téries à la décomposition et à la formation de combinaisons azotées dans différentes espèces de terre.

II. Étudier au microscope la manière dont différentes parties végé. tales peuvent s'unir l'une à l'autre, et en particulier les phénomènes qui accompagnent la guérison après les opérations de la greffe par scions, par œil et par approche.

III. Écrire, pour une période dont la durée ne soit pas trop courte, une histoire des sciences mathématiques et physiques aux Pays-Bas. septentrionaux, dans le genre de l'ouvrage de Quetelet : *Histoire de. sciences mathématiques et physiques chez les Belges.*

IV. Donner un aperçu critique des opinions régnant au sujet du l'isomorphisme, et chercher à dissiper, par quelques recherches pro. pres, l'incertitude qui résulte de la divergence des vues actuelles.

V. Le sable des dunes et celui des bouches fluviales de la côte ouest de la Néerlande contiennent probablement, outre les grains de quartz, des détritus d'autres minéraux peu altérables. Rechercher la nature de ces minéraux et faire connaître, autant que possible, la dif. férence entre le sable de rivière et le sable des dunes, à la fois sous les rapports minéralogique et physique.

VI. Faire une étude anatomique comparative des glandes sexuelles accessoires chez les mammifères.

VII. Déterminer pour un ou plusieurs sels, hydratés et anhydres la chaleur dégagée lors de leur dissolution dans l'eau, en étendant ces déterminations jusqu'à la plus forte concentration possible et à différentes températures.

VIII. On demande des recherches quantitatives sur la décomposi. tion de l'eau ou d'autres liquides par des décharges électriques dis. ruptives opérées à l'intérieur ou à la surface du liquide.

Jusqu'au 1er janvier 1892.

I. Déterminer expérimentalement, pour une ou plusieurs matières, l'influence que la compression, dans la direction de la force électro. motrice et perpendiculairement à cette direction, exerce sur le pou. voir inducteur spécifique.

II. Pour une nouvelle réduction des observations stellaires faites par Lacaille au cap de Bonne-Espérance et consignées dans son *Cœlum stelliferum australe,* il est nécessaire de connaître avec pré. cision la forme des micromètres réticulaires dont il s'est servi. Pour l'une et l'autre a été déterminée par Fabritius, dans sa dissertation : *Untersuchungen über Lacaille's reticulum medius,* Hel. singfors, 1873.

La Société demande : 1o la détermination, aussi exacte que pos.

ible, de la forme des autres micromètres réticulaires employés par Lacaille; 2° la détermination, aussi exacte que possible, des positions que ceux-ci et le *Reticulus medius* avaient pendant les soirées l'observation, en sorte qu'il soit facile de dresser des tables permettant de calculer d'une manière simple, au moyen des observations, les valeurs apparentes de l'ascension droite et de la déclinaison des corps célestes. A titre d'exemple, une pareille table devra être donnée pour chacun des micromètres en question.

On signale à l'attention des concurrents le travail publié par M. Powalski dans le *Report of the United States Coast Survey*, 1882, et celui de M. Gould, *Astronomical Journal*, vol. IX.

III. Pour le calcul de l'influence que le volume des molécules exerce sur la pression produite par un gaz, M. van der Waals a donné une formule dont l'exactitude est suffisante tant que la densité reste assez petite. Il importe de posséder aussi une semblable formule pour des états de densité plus grande. La Société voudrait donc voir calculer, dans une forme rigoureuse et pratiquement utilisable, la pression d'un système de molécules sphériques égales, parfaitement élastiques, incompressibles et lisses, ayant, comparativement à leurs distances mutuelles, une grandeur quelconque, n'agissant les unes sur les autres que lors du choc, et douées d'une force vive déterminée.

IV. Réunir et discuter, d'une manière aussi complète que possible, les résultats que l'expérience a fournis au sujet du rapport existant, chez les corps transparents, entre la densité et la composition chimique, d'une part, et l'indice de réfraction, d'autre part.

V. Étudier par la voie expérimentale, pour un métal autre que le fer, la modification que la magnétisation produit dans l'état de la lumière réfléchie.

VI. Décrire les méthodes employées pour obtenir et fixer de nouvelles variétés chez les plantes cultivées dans les champs et dans les jardins.

VII. Faire des recherches exactes sur le rôle que les bactéries remplissent dans la filtration des eaux potables à travers une couche de sable.

Pour les conditions de ce concours, écrire à M. Bosscha, secrétaire de la Société, à Harlem.

— LES TACHES SOLAIRES ET LES ORAGES. — A propos de l'annonce du temps que j'ai communiquée à l'Académie des sciences et que vous avez signalée dans votre numéro du 9 août dernier (p. 184), permettez-moi de rectifier la note de votre rédacteur, qui me fait annoncer une tempête pour le 29.

Ma lettre étant du 30 juillet, je signalais les agitations du magnétomètre de la veille qui m'indiquaient un changement sur le soleil, où je découvrais, en effet, une grosse tache du sud. Ces agitations magnétiques avaient lieu le 29 juillet, jour de l'explosion du grisou à Saint-Étienne. La tache, régulièrement, n'aurait dû faire sa réapparition que le 2 août. Elle était de quatre jours en avance. Or j'annonçais l'orage qui devait suivre pour le 2 et le 3 août, cinq jours à l'avance.

Ce premier orage s'est réalisé à jour dit.

Or, le 2 août, au milieu même de l'orage, et pour démontrer à l'Académie des sciences sur l'influence de l'orage est nulle sur mon appareil, j'écrivais une nouvelle lettre à l'Académie des sciences et j'annonçais de nouvelles déviations du magnétomètre, plus amples que celles du 29 juillet, qui devaient produire, non plus un simple orage, mais une tempête à mouvements tourbillonnaires, avec contre-courants du nord et du sud, par suite de l'apparition sur le soleil de facules qui se produisaient au même moment, le 2 août, sur les pôles mêmes du soleil, en quantité considérable sur le pôle sud et une seule sur le pôle nord; ce que je pouvais observer dans les éclaircies de l'orage. J'avertissais l'Académie que des mouvements de tremblement de terre se produiraient sur le méridien de Paris. Or les double et triple explosions de grisou, à Saint-Étienne, ont éclaté ces deux jours-là, le 2 et le 3 août.

Et, à cette heure où je vous écris ces quelques notes (12 août), nous sommes enveloppés par la tempête annoncée : la baisse du baromètre a bien eu lieu le 7 et le 8 août; depuis, la grêle et les orages nous viennent du sud pendant le jour, avec de fortes chaleurs et avec des contre-courants du nord qui dominent la nuit.

Or ces facules du soleil ont donné lieu à un phénomène des plus intéressants, que je signalerai à l'Académie ces jours-ci, à la première nouvelle explosion solaire.

Les vapeurs émanées des facules ne sont pas restées sur les calottes polaires; elles ont glissé rapidement vers l'équateur, et, le

5 août, elles avaient formé en face de nous deux doubles taches : une au nord, l'autre au sud, à environ 45° du pôle, vers le centre de l'astre.

Le 6 août, il y avait cinq autres au sud. Ces taches, formées au centre de la rotation, c'est-à-dire vis-à-vis de nous, ont continué de paraître jusqu'au 9 août. Ainsi donc, elles disparaissent sans fuir la rotation qu'elles n'avaient pas commencée.

Les facules du sud ont également disparu du pôle. Au pôle nord, la facule est encore très nettement accusée.

Le calme va donc revenir avec les courants terrestres du nord, qui domineront la tempête et persisteront quelque temps. A. FORTIN.

— LES TRAMWAYS ÉLECTRIQUES EN AMÉRIQUE. — A la dernière séance de la *Société internationale des électriciens*, M. Abdank-Abakanowicz a parlé du développement des tramways électriques aux États-Unis. Dans les trois dernières années, cent quatre-vingts villes ont adopté ce système de locomotion. La longueur totale de chemins de fer électriques est actuellement de 3000 kilomètres environ, et on utilise près de 30 000 chevaux-vapeur pour ce genre de traction. Le nombre de voyageurs transportés dans la dernière année sur les tramways électriques était de 200 millions. D'après les marchés faits, on va doubler dans le courant de cette année la longueur des chemins électriques.

INVENTIONS

EMBARCATIONS SANS BORDAGES. — On a essayé souvent de faire des embarcations avec des tôles d'acier comprimées, mais l'on a toujours échoué; la difficulté à vaincre était la réunion des plaques. M. Heslop, de Leeds, a pensé que l'insuccès était dû à ce que l'on voulait faire l'opération d'un seul coup, au lieu de l'accomplir par degrés; il a donc procédé par trois opérations successives, et il a obtenu un petit bateau de 2 pieds de long sur 8 pouces de large. Après cette expérience, il a travaillé sur une plus grande échelle avec des tôles de 1/16 de pouce d'épaisseur. Une minute de séjour dans la fournaise fut suffisante pour chauffer la feuille sur laquelle vient s'appliquer celle qui n'avait pas été chauffée, en même temps que la presse hydraulique était mise en action. Le résultat fut le frettage de la feuille dans la mesure d'un pouce environ. L'examen le plus attentif ne fit reconnaître aucun défaut, la pression ayant produit une surface parfaitement lisse. On procéda d'une façon analogue pour la seconde et la troisième opération; après cette dernière, le bateau avait sa forme définitive; il ne restait plus qu'à le garnir de ses compartiments étanches, de ses bancs et de son plat-bord, accessoires qui seront en bois. La coupure en deux de l'un des modèles produits de cette façon a prouvé que l'uniformité d'épaisseur régnait partout, et l'on a reconnu que l'élasticité, loin d'être diminuée, était accrue par ces opérations.

— DÉCORATION À L'ALUMINIUM DU VERRE OU DES PRODUITS CÉRAMIQUES. — M. Gehring a imaginé le procédé suivant, que nous trouvons dans le *Moniteur de la céramique et de la verrerie*.

La préparation à l'aluminium est mise dans un récipient profond en verre, additionnée d'un peu de laque à l'aluminium, et le tout est bien mélangé et broyé au moyen d'un pinceau de soies de porc ou d'une baguette en verre, jusqu'à ce que la matière coule bien sur la plume. On dessine ensuite avec un pinceau ou une plume sur la surface que l'on veut décorer. Pour faire des ornementations larges ou des fonds, on se sert de poils d'oreilles de bœuf. Le dessin apparaît mince, avec des raies parallèles et égales. On sèche l'objet en chauffant progressivement jusqu'au rouge brillant. L'aluminium devient d'abord jaunâtre, puis brunâtre, et enfin blanc. Si l'on veut obtenir de l'aluminium gris, on ajoute un peu d'huile de térébenthine à l'émail ou le préparant. On peut aussi reporter sur l'aluminium blanc exempt de térébenthine.

Puisque l'aluminium et l'or mat s'appliquent facilement au moyen de la plume, du pinceau et de l'impression, on peut s'en servir pour faire des imitations d'or et d'argent. Les objets aluminés peuvent être décorés avec de l'or et des émaux. Pour faire des ornementations on les laisse tels qu'ils sont après la cuisson, ou les brunir avec la brosse d'acier, ou enfin les polir, soit avec du quartz pulvérisé sec, soit avec la pierre à polir, avec l'hématite ou l'agate.

On peut encore appliquer l'aluminium sur le verre et des produits céramiques déjà émaillés, de même que l'on peut appliquer l'or ou les émaux sur des surfaces d'aluminium brunies à la brosse d'acier.

L'aluminium et l'or mat fondant à la simple flamme de la lampe à souder, et sans nécessiter de moufle, les poêles, les cheminées déjà en place et les grosses poteries peuvent être décorées après coup avec ces deux matières. Toutefois, l'échauffement des poteries doit être conduit avec lenteur, pour éviter les accidents.

— ANTITARTRE POUR LES GÉNÉRATEURS A VAPEUR. — Quand l'eau employée contient surtout du carbonate de chaux, M. P. Vigier se sert de talc en poudre pour éviter la formation de dépôts adhérents dans les générateurs de vapeur.

Le talc paraît agir mécaniquement en entraînant les particules de carbonate de chaux dans le mouvement rapide qu'il prend dans l'eau bouillante.

M. Vigier a déterminé par une série d'essais la proportion de talc à employer, et il a reconnu qu'il faut prendre la dixième partie du poids de carbonate de chaux déposé. Une eau qui abandonnerait 200 grammes de dépôt par mètre cube devrait recevoir 20 grammes de talc en poudre par 1000 litres d'eau vaporisée.

Tout le dépôt qui se présente sous forme de boue est évacué périodiquement en vidant le générateur. L'introduction du talc peut avoir lieu en une fois, à l'avance, pour une période déterminée, ou d'une manière continue, en le mélangeant à l'eau d'alimentation.

BIBLIOGRAPHIE
Sommaires des principaux recueils de mémoires originaux.

REVUE MARITIME ET COLONIALE (t. CIV, n° 345, juin 1890). — *Gossot* : Trajectoire d'un projectile quand la résistance de l'air est proportionnelle au cube de la vitesse. — *V.-M. Fontaine* : Les manœuvres navales anglaises de 1889. — *E. Fabre* : Statistique des naufrages et autres accidents de mer en 1888. — *Baule* : Note sur la toupie du commandant Fleuriais. — *Jurien de La Gravière* : Explora-

tion du Soudan occidental du capitaine G. Binger. — *De Coy* : Le Hai-Ninh et Monkay en 1886.

— REVUE D'HYGIÈNE ET DE POLICE SANITAIRE (t. XII, n° 6, 20 juin 1890). — *A. Proust* : Le travail de nuit des femmes dans l'industrie, au point de vue de l'hygiène. — *Mareschal* : Note sur l'emploi du vaccino-style individuel. — *Grancher* : Essai d'antisepsie médicale. — *P. Boulommié* : Des secours organisés par l'Union des femmes de France à l'occasion de l'épidémie de grippe de 1889-1890. — *A. Girardin* et *Ch. Expert-Besançon* : Les poussières de plomb.

— REVUE DES SCIENCES NATURELLES APPLIQUÉES (n° 12, 20 juin 1890). — *Gilbert Duclos* : Note sur la destruction et la domestication du bison. — *Paul Lafourcade* : Outardes, pluviers, vanneaux : histoire naturelle, mœurs, régime, acclimatation. — *J. Fallou* : Sur la culture du ver à soie du mûrier *Sericaria mori*. Élevage expérimental sous le climat de Paris. — *C. Metaxas* : Les sauterelles en Irak-Arabi et leur extermination. — *Julien Petit* : Les arbres fruitiers aux États-Unis.

— REVUE PHILOSOPHIQUE DE LA FRANCE ET DE L'ÉTRANGER (t. XV, n° 7, juillet 1890). — *G. Fonsegrive* : L'homogénéité morale. — *G. Sorel* : Contribution psycho-physique à l'étude esthétique. — *B. Joly* : La folie de J.-J. Rousseau. — *A. Binet* : La perception des longueurs et des nombres chez quelques petits enfants.

— JOURNAL DES ÉCONOMISTES (t. XLIX, juin 1890). — *R. de Fontenay* : Une formule communiste. — *Casimir Stryenski* : Lettres inédites de Jeremy Bentham. — *Courcelle-Seneuil* : L'épargne est un travail. — *J. Lefort* : Revue de l'Académie des sciences morales et politiques. — Les acheteurs de laine français en Australie et la Compagnie des Messageries maritimes. — *Vilfredo Pareto* : Lettre d'Italie.

L'administrateur-gérant : HENRY FERRARI.

MAY & MOTTEROZ, Lib.-Imp. réunies, Bt. D, 7, rue Saint-Benoît. [569]

Bulletin météorologique du 4 au 10 août 1890.
(D'après le *Bulletin international du Bureau central météorologique de France*.)

DATES.	BAROMÈTRE à 1 heure DU SOIR.	TEMPÉRATURE			VENT. FORCE DE 0 À 9.	PLUIE. (Millimètres.)	ÉTAT DU CIEL à 1 HEURE DU SOIR.	TEMPÉRATURES EXTRÊMES EN EUROPE	
		MOYENNE.	MINIMA.	MAXIMA.				MINIMA.	MAXIMA.
☾ 4	752mm,59	15°,5	10 ,0	21°,8	N.-W. 0	1,1	Tonnerre progressant de W. à S.-E.	3° au Pic du Midi; 4° au mont Ventoux.	41° à Laghouat; 35° Madrid; 35° Aumale et Biskra.
☿ 5	751mm,46	18°,3	11°,0	24 ,7	N.-N.-W 3	0,0	Cumulus N.-N.-E.	3° Pic du Midi et mont Ventoux; 5° Puy de Dôme.	39° à Madrid et Biskra; 36° cap Béarn; 35° Aumale.
♀ 6	750mm,39	19°,6	19°,7	23°,8	N -N.-W.3	0,0	Cumulus au N.; cirrus à l'W.	6° Pic du Midi et mont Ventoux; 9° à Gap et Bodo.	41° à Biskra; 38° cap Béarn; 36° Madrid; 27° à Laghouat.
♃ 7 D.Q.	752mm,04	19°,8	12 ,5	25°,0	N.-N.-E. 2	0,0	Cirro-cumulus immobiles.	6° au Pic du Midi; 7° au mont Ventoux.	40° à Biskra; 39° Laghouat; 37° cap Béarn; 36° Madrid.
☉ 8	737mm,80	17°,7	13 ,9	23°,0	N.-N.-E. 3	0,0	Cumulus N.-E.	4° au Pic du Midi; 6° à Haparanda; 9° à Gap.	43° à Biskra; 39° Laghouat; 37° cap Béarn; 36° Brindisi.
♄ 9	755mm,00	20 ,2	12 8	28°,1	E.-S.-E. 1	0,0	Cumulus en plusieurs couches.	3° au Pic du Midi; 6° Haparanda; 9° Arkhangel.	41° à Biskra; 40° Laghouat; 37° Aumale; 33° cap Béarn.
⊕ 10	752mm,14	20°,8	17°,8	27°,4	N.-W.-W.1	0,0	Cumulo-stratus S.-W. 1/4 S.	3° au Pic du Midi; à Hernosand et Haparanda.	43° à Biskra; 41° Laghouat; 40° Aumale; 36° cap Béarn.
MOYENNE.	752mm,2	18°,99	13°,10	25°,13		TOTAL. . 1,1			

REMARQUES. — La température moyenne est supérieure à la normale corrigée 17°,5. Des orages sont signalés en un grand nombre de stations.

CHRONIQUE ASTRONOMIQUE. — Mercure et Vénus suivent le Soleil et sont étoiles du soir, se couchent respectivement, le 17, à 7h 54m et 8h 32m. Mars peut encore être observé au commencement de la nuit, puisqu'il se couche à 10h 44m. Jupiter, actuellement l'astre le plus brillant de la nuit, passe au méridien à 10h 43m. Saturne n'est plus guère visible, se couchant à 7h 42m. La Lune, nouvelle le 15, sera à

son premier quartier le 23. Le 17, Mercure sera en conjonction avec la Lune; le 18, cette planète passera par son nœud descendant. Vénus sera en conjonction avec la Lune le 18. Le 22, le Soleil entrera dans le signe de la Vierge. Le 23, Mars sera en conjonction avec la Lune. Le 17, à 10 heures du soir, la constellation de l'Aigle passera au méridien; sa primaire Altaïr est entre γ et β (les deux premières sont dans la voie lactée). Véga, presque au-dessus de notre tête, aura dépassé le méridien, et la croix du Cygne n'y sera pas encore.

L. B.

REVUE
SCIENTIFIQUE
(REVUE ROSE)

Directeur : M. Charles Richet

| NUMÉRO 8 | TOME XLVI | 23 AOUT 1890 |

HISTOIRE DES SCIENCES

COURS D'ANTHROPOLOGIE DU MUSÉUM D'HISTOIRE NATURELLE.

M. A. DE QUATREFAGES.

Origine de l'homme.
Théorie de A. Russel Wallace (1).

Messieurs,

Nous avons vu que Wallace partage avec Darwin l'honneur d'avoir imaginé la théorie de la formation des espèces par une *sélection naturelle* que règle et détermine la *lutte pour l'existence*. Je vous ai montré comment, tout en reconnaissant pour maître son illustre émule, il s'était séparé de lui sur divers points de détail. Vous avez vu que ces désaccords partiels tiennent à ce que Wallace est resté plus strictement fidèle au principe de l'*utilité personnelle*, véritable fondement de tout le darwinisme. Nous allons voir comment cette fidélité l'a conduit à s'isoler complètement de tous ses coreligionnaires scientifiques sur la question des origines et du développement de l'espèce humaine, et à imaginer une théorie qui tient d'un côté au darwinisme, qui, d'autre part, s'en éloigne de la manière la plus inattendue.

I.

Avec tous les darwinistes, Wallace fait remonter notre généalogie à un animal. Mais il ne dit ni

(1) Leçon de clôture.

27ᵉ ANNÉE. — TOME XLVI.

quelle était l'espèce de cet ancêtre, ni à quel type il appartenait. On peut seulement conjecturer, d'après quelques passages de son livre, qu'il nous attribue une certaine parenté directe avec les singes.

Quoi qu'il en soit, selon Wallace, notre ancêtre immédiat aurait été un être morphologiquement semblable à l'homme actuel et ayant comme lui le corps nu. Cet être vivait en troupeaux; mais il n'avait ni sociabilité réelle ni réflexion; il manquait de sens moral et de sentiments sympathiques. En somme, ce n'était encore qu'une brute anthropomorphe.

Cet être habita d'abord les régions chaudes de l'ancien monde; puis il émigra en tous sens. Alors, il rencontra des milieux différents, des conditions d'existence diverses; et, par conséquent, les conditions de la *lutte pour l'existence* furent changées et variées.

La *sélection naturelle* entra en jeu et amena dans la constitution des tribus disséminées des modifications *légères* mais *utiles*, que les *corrélations de croissance* traduisirent au dehors par des caractères correspondants. Ainsi se constituèrent les principales races humaines, qui sont pour notre auteur la noire, la jaune, la blanche et la rouge. — On voit que Wallace est franchement monogéniste, et nous avons vu que Darwin a conclu dans le même sens.

A ce moment, une *cause inconnue* vint accélérer le développement de l'*intelligence*. Dès que cette faculté joua un rôle actif dans l'existence de l'être humain, son perfectionnement devint *plus utile* que n'importe quelle modification du *corps*. Dès lors, toute la puissance de la sélection devait se porter sur les organes et les fonctions en rapport avec elle. C'est ce qui arriva. — Voilà comment les caractères physiques déjà acquis

8 S.

restèrent ce qu'ils étaient, tandis que l'intelligence se développa de plus en plus.

Wallace admet que ce grand événement a dû se passer aux temps éocènes ou miocènes. Or, tous les mammifères de cette époque ont disparu et ont été remplacés par d'autres espèces. C'est, dit Wallace, parce que chez eux l'intelligence n'avait pas grandi, et que, par conséquent, la sélection a continué à agir sur le corps. — Voilà comment les animaux se sont transformés, pendant que l'homme restait morphologiquement le même.

Wallace ajoute que, par suite de la prépondérance acquise par l'intelligence au point de vue de l'*utilité*, l'homme est désormais affranchi des modifications morphologiques. Son corps ne changera plus. Mais les facultés intellectuelles et morales grandiront, si bien que les derniers individus de l'humanité future égaleront les plus nobles représentants de l'humanité actuelle.

On voit que, jusqu'à présent, Wallace ne s'est en rien écarté des conceptions qui lui sont communes avec Darwin. Le rôle qu'il attribue à la sélection *intellectuelle*, venant se substituer à la sélection purement *physique* et mettant un terme aux transformations matérielles de l'homme, devait d'ailleurs avoir quelque chose de séduisant pour ceux qui admettaient la doctrine générale. Cette conception fut particulièrement bien accueillie par ceux que commençait à embarrasser l'identité de plus en plus démontrée de l'homme quaternaire et de l'homme actuel. Aussi Wallace fut-il acclamé comme un darwiniste à la fois hardi et ingénieux.

II.

Il en fut bien autrement lorsque Wallace publia son mémoire intitulé : *Sur les limites de la sélection naturelle appliquée à l'homme* (1869). Pour employer les expressions que Carl Vogt s'est appliquées à lui-même, ce titre seul sentait l'*hérésie*. En effet, dès les premières pages, on reconnaît que l'auteur a pris place parmi les darwinistes *hérétiques* les plus aberrants.

Il rappelle d'abord que la sélection naturelle tient avant tout à l'*utilité personnelle et immédiate*. De là il résulte qu'elle ne peut développer, ni même conserver une *variation nuisible en quoi que ce soit* à un être organisé quelconque. Darwin lui-même a déclaré qu'un seul cas de ce genre bien démontré renverserait toute sa théorie. Wallace ajoute très logiquement qu'elle ne peut pas davantage développer une *variation inutile ;* et vous savez qu'il se rencontre ici avec Romanès, l'élève et le commensal de Darwin. Par conséquent, aucun organe ne peut acquérir un développement supérieur à celui qu'exigent ses fonctions actuelles, ses usages immédiats.

« Donc, dit Wallace, si nous trouvons chez l'homme

des caractères quelconques, qui ont dû lui être nuisibles lors de leur première apparition, il sera évident qu'ils n'ont pu être produits par la sélection naturelle. Il en serait de même du développement spécial d'un organe si ce développement était, ou simplement inutile, ou exagéré par rapport à son utilité. De semblables exemples prouveraient qu'une autre loi ou une autre force que la sélection naturelle a dû entrer en jeu. Mais, si nous pouvions apercevoir que ces modifications, bien qu'inutiles ou nuisibles à l'origine, sont devenues de la plus haute utilité beaucoup plus tard et sont maintenant essentielles à l'achèvement du développement moral et intellectuel de l'homme, nous serions amenés à reconnaître une action intelligente prévoyant et préparant l'avenir, aussi sûrement que nous le faisons quand nous voyons un éleveur entreprendre une amélioration déterminée d'une race d'animaux domestiques ou d'une plante cultivée (1). »

Le mémoire entier n'est que le développement de cette pensée, et vous comprenez qu'il nous faut entrer ici dans quelques détails.

Wallace signale l'*identité anatomique* et l'*extrême inégalité fonctionnelle* que présentent divers organes chez le sauvage et l'homme civilisé. Chez nous, la main exécute une foule de mouvements dont les sauvages n'ont aucune idée. — Le larynx de nos chanteurs fait entendre des sons d'une variété et d'une complication que rien ne pourrait faire pressentir à qui n'aurait entendu que les tristes et monotones mélopées des sauvages.

Or, la main, le larynx du sauvage présentent exactement les mêmes parties, les mêmes dispositions que les nôtres. Cette perfection est *inutile* au sauvage, puisque, chez lui, elle va bien au delà des besoins actuels ; mais elle était nécessaire pour que ces organes fussent prêts à satisfaire aux besoins des civilisés. Il y a donc eu en eux, dès l'origine, des *facultés latentes*, inutiles à l'individu dans sa condition primitive et qui n'ont pu être produites par la sélection. La main, le larynx semblent donc être des instruments préparés d'avance en vue de la civilisation et des futurs progrès de l'homme.

Wallace insiste plus longuement sur les faits analogues que présente le cerveau et arrive aux mêmes conclusions. Il prend la capacité du crâne comme représentant le développement de cet organe, et compare à ce point de vue les hommes civilisés aux sauvages et aux singes anthropomorphes. Il reconnaît que la *qualité* de la substance cérébrale est un élément de supériorité ou d'infériorité. Toutefois, il regarde la *quantité* de cette même substance comme le facteur le plus important de la puissance intellectuelle et morale. Il fonde son opinion, d'une part, sur les dimen-

(1) *La Sélection naturelle : Essais*, par Alfred Russel Wallace; traduit de l'anglais par Lucien de Candolle, p. 350.

sions exceptionnelles des cerveaux de Napoléon, de Cuvier, d'O'Connell; d'autre part, sur l'idiotisme constant des individus dont la capacité cranienne mesure moins de 65 pouces cubes (864 centimètres cubes) (1).

Or, des mesures prises par Morton et Barnard Davis, il résulte que la capacité cranienne des races sauvages les plus inférieures égale et surpasse parfois celle des nations les plus civilisées. Elle est en moyenne de 94 pouces cubes (1538cc) dans la race teutonne et de 91 pouces cubes (1489cc) chez les Esquimaux. Mais on connaît des crânes de cette dernière race dont la capacité s'élève jusqu'à 113 pouces cubes (1849cc), et par conséquent atteint presque celle des plus grands crânes d'Européens.

Les races fossiles sont doublement intéressantes à ce point de vue. Wallace cite les paroles de Huxley, qui a écrit au sujet du crâne d'Engis : « C'est un crâne d'une bonne moyenne, qui pourrait avoir appartenu à un penseur ou avoir contenu le cerveau inintelligent d'un sauvage. » Il cite aussi l'appréciation que Broca a faite du crâne du vieillard de Cro-Magnon, que le Muséum doit à M. Rivière : « La grande capacité de la cavité cranienne, le développement de la région frontale, la belle forme elliptique de la partie antérieure du profil du crâne, sont des caractères incontestables de supériorité, tels que nous sommes habitués à les trouver chez les races civilisées. »

Ces cerveaux de sauvages, aussi développés que ceux de la moyenne des Européens, font dire à Wallace qu'il y a un excédent de force, un instrument trop parfait pour les besoins de son possesseur. A titre de contre-épreuve, Wallace compare le cerveau de l'homme à celui des anthropomorphes. La taille de l'orang est égale à celle d'un homme de petite taille; le gorille est bien plus grand et plus gros. Pourtant le cerveau du premier ne mesure que 28 pouces cubes (457cc) et celui du second 34 pouces cubes (554cc). En somme, si on représente par 10 le volume du cerveau de l'anthropomorphe, ce volume sera de 26 chez le sauvage et de 32 chez le civilisé.

Les manifestations intellectuelles sont dans un bien autre rapport. Wallace emprunte ici quelques chiffres au curieux ouvrage de Galton sur l'*Hérédité des facultés intellectuelles*. Galton a montré combien est grande la différence de capacité intellectuelle entre l'Anglais illettré et le savant. Dans un concours de mathématiques, entre le premier et le dernier des lauréats, qui est pourtant lui-même un mathématicien exercé, le rapport est souvent de 30 à 1. Wallace, leur comparant les sauvages, qu'il a vus de si près, estime que ce rapport serait tout au plus de 1000 à 1. Et cependant, répète Wallace, la différence entre les cerveaux est tout au plus de 6 à 5.

Vous comprenez la conclusion que le savant anglais tire de cet ensemble de faits. Je vais, d'ailleurs, le laisser parler lui-même :

« Ainsi, soit que nous comparions le sauvage au type le plus perfectionné de l'homme, soit que nous le comparions aux animaux qui l'entourent, nous arrivons forcément à conclure qu'il possède dans son cerveau,. grand et bien développé, un organe tout à fait hors de proportion avec ses besoins actuels, et qui semble avoir été préparé à l'avance pour trouver sa pleine utilité au fur et à mesure des progrès de la civilisation. D'après ce que nous savons, un cerveau un peu plus grand que celui du gorille aurait pleinement suffi au développement mental actuel du sauvage. Par conséquent, la grande dimension de cet organe chez lui ne peut pas résulter uniquement des lois de l'évolution, car celles-ci ont pour caractère essentiel d'amener chaque espèce à un degré d'organisation exactement approprié à ses besoins, et de ne jamais le dépasser. Elles ne permettent aucune préparation en vue d'un développement futur de la race. En un mot, une partie du corps ne saurait jamais augmenter ou se compliquer, si ce n'est en stricte coordination avec les besoins pressants de l'ensemble. Il me semble que le cerveau préhistorique et du sauvage prouve l'existence de quelque puissance distincte de celle qui a guidé le développement des animaux inférieurs au travers de tant de formes variées (1). »

III.

Après avoir signalé chez les sauvages des particularités d'organisation *inutiles*, Wallace montre que l'être humain a dû subir des transformations *nuisibles*.

A ce titre, il insiste sur l'absence plus ou moins complète de villosités du corps chez l'homme, et l'oppose à l'abondance des poils chez les mammifères terrestres. Le pelage, dit-il, protège l'individu contre le froid, mais surtout contre la pluie. C'est ce que montrent l'abondance et la direction des poils le long de l'épine dorsale, les crinières plus ou moins développées que portent tant d'animaux. Il aurait été très utile au sauvage d'être protégé de même. Cela est si vrai, que les populations les plus infimes, les Tasmaniens, les Fuégiens, les Hottentots, ont toutes imaginé quelque vêtement pour se couvrir. Même sous les tropiques, les Timoriens, les Malais, les Sud-Américains, défendent leur dos nu contre les pluies torrentielles de ces climats.

« Il me semble donc certain, conclut Wallace, que la sélection naturelle n'a pas pu produire la nudité du corps de l'homme... Il est difficile de trouver deux caractères plus différents que le développement du cerveau et la distribution du poil sur le corps; et cependen-

---

(1) J'ai ramené tous les nombres cités par Wallace à notre système de numération, en supprimant les décimales pour plus de simplicité.

(1) P. 360.

dant tous deux nous conduisent à la même conclusion :
c'est qu'une force autre que la sélection naturelle a
concouru à leur formation (1). »

L'étude du pied conduit le transformiste anglais à
la même conclusion. Vous savez que chez tous les quadrumanes le pouce postérieur est opposable aux autres
doigts. Si bien que le pied est chez eux un organe de
préhension. Malgré les dires de quelques voyageurs,
rien de semblable n'existe chez aucune race humaine,
affirme Wallace, qui en a tant vu. Or, il eût été très
utile au sauvage de conserver cette main postérieure
dont la disparition est bien difficile à expliquer par la
sélection naturelle.

IV.

A l'appui des conclusions qu'il a tirées de l'examen
de l'homme physique, Wallace invoque celles que lui
fournit l'esprit humain. Il admet que la sélection a pu
développer les notions de justice et de bienveillance,
quoiqu'elles soient incompatibles avec la loi du plus
fort, « base essentielle de la sélection naturelle (2) ». En
effet, ces notions, *inutiles* à l'*individu*, sont éminemment
utiles aux *tribus*. Mais, les *notions abstraites* de temps et
d'espace, d'éternité et d'infini, le *sentiment artistique*,
l'*esprit mathématique*, ne pouvaient être d'aucun usage
à l'homme dans son état primitif de barbarie : « Comment la *sélection naturelle* ou la survivance des plus
aptes a-t-elle pu favoriser le développement de facultés si éloignées des besoins matériels du sauvage,
et qui, malgré notre civilisation relativement avancée,
sont, dans leur plus complet épanouissement, en
avance sur notre siècle, et semblent plus faites pour
l'avenir de notre race que pour son état actuel (3) ? »

L'origine du *sens moral* soulève, selon Wallace, les
mêmes difficultés. Les sauvages attachent une idée de
sainteté à certaines actions considérées comme bonnes
et morales, « en opposition avec celles qui sont tenues
pour simplement *utiles* (4) ». Une *idée mystique de cul-
pabilité* s'attache à certaines autres. L'auteur rappelle
ici divers exemples, et cite avec quelques détails les
Kurubars et les Santals, tribus barbares de l'Inde
centrale, remarquables par leur horreur pour le mensonge. Il aurait pu trouver des exemples du sens moral le plus délicat chez bien d'autres sauvages, chez les
Cafres, chez les Australiens. Il aurait pu surtout rappeler le guerrier Peau-Rouge qui, fait prisonnier et prêt
à être lié au poteau de tortures, demande un congé
pour aller embrasser sa femme et ses enfants ; qui
l'obtient et revient, à la minute fixée, se livrer à des
bourreaux impitoyables. Certes, rien ne peut mieux

(1) P. 366.
(2) P. 269.
(3) P. 370.
(4) P. 370.

attester, d'une part, le respect pour les sentiments intimes ; d'autre part, la fidélité à la parole donnée et ce
sentiment de l'honneur, qui est pour ainsi dire la
fleur de la moralité ; rien ne montre plus clairement
que, jusque chez les sauvages, le *sens moral* l'emporte
dans bien des cas sur le *sens utilitaire*.

Bien qu'employant les mots de *sainteté* et *d'idée mystique*, Wallace ne dit rien des sentiments religieux
proprement dits. Cette omission est singulière, car cet
ordre de faits lui aurait fourni de nombreux arguments
à l'appui de sa cause. Pour suppléer à ce silence, il me
suffira d'en appeler à vos souvenirs.

Rappelez-vous les martyrs qu'ont eus toutes les religions. Il s'est trouvé partout des hommes prêts à mourir pour les plus infimes. Je n'en citerai qu'un exemple.
Un chef hottentot, nommé Nanib, luttait depuis plusieurs années contre les envahissements des Blancs.
Trahi par un des siens, il fut entouré et mis dans l'impossibilité de fuir. On lui offrit la vie, à condition qu'il
embrasserait la religion chrétienne : « Jamais, répon-
dit-il ; mon Tsui-Goa est aussi bon que votre Christ. »
Il fut massacré ; et, certes, si les rôles avaient été renversés, le brave Nanib figurerait dans quelqu'un de nos
martyrologes.

Rappelez-vous ces innombrables couvents chrétiens
et bouddhiques, peuplés de religieux et de religieuses
vivant dans le célibat. Ces hommes, ces femmes sacrifient ainsi les instincts les plus naturels et renoncent
aux joies de la famille. Tout en souffrant eux-mêmes,
ils privent l'*espèce humaine* des générations qu'ils auraient pu lui donner et lui portent ainsi un préjudice
évident.

Rappelez-vous ces ascètes chrétiens et brahmanes
qui passent leur vie à se torturer qui, eux aussi, n'ont
laissé aucun descendant ; rappelez-vous Origène se
mutilant lui-même à dix-huit ans pour échapper aux
tentations ; songez à la secte russe des Rascolnitz, qui
tout entière a suivi et suit encore cet exemple, et
vous reconnaîtrez sans doute que Wallace aurait à bon
droit refusé à la sélection naturelle le pouvoir de donner naissance à des sentiments capables d'engendrer
des actes aussi *cruels pour l'individu que nuisibles à l'espèce*.

V.

Au reste, les faits signalés par Wallace lui ont paru
suffisants pour motiver les conclusions que je vais vous
lire :

« La conclusion que je crois pouvoir tirer de ces
phénomènes, c'est qu'une intelligence supérieure a
guidé la marche de l'espèce humaine dans une direction définie et pour un but spécial, tout comme
l'homme guide celle de beaucoup de formes animales
et végétales. Les seules lois d'évolution n'auraient peut-
être jamais produit une graine aussi bien appropriée à

l'usage de l'homme que le maïs ou le froment, des fruits tels que celui de l'arbre-à-pain ou la banane sans graines, des animaux comme la vache laitière de Guernesey ou le cheval de camion de Londres. Cependant ces divers êtres ressemblent énormément aux productions de la nature laissée à elle-même. Nous pouvons donc bien nous imaginer qu'une personne, connaissant à fond les lois du développement des forces organiques dans le passé, refuse de croire que, dans ces cas-ci, une force nouvelle soit entrée en jeu, et rejette dédaigneusement la théorie d'après laquelle une intelligence directrice aurait contrôlé, dans un but personnel, l'action des lois de variation, de multiplication et de survivance. Nous savons, cependant, que cette action directrice s'est exercée; et nous devons par conséquent admettre comme possible que, si nous ne sommes pas les plus hautes intelligences de l'univers, un esprit supérieur a pu diriger le développement de la race humaine, par le moyen d'agents plus subtils que ceux que nous connaissons... Cette théorie implique l'intervention d'une intelligence individuelle distincte, concourant à la production de l'homme intellectuel, moral, indéfiniment perfectible(1)... »

Le pouvoir supérieur qui a réglé et dirigé l'évolution spéciale de l'espèce humaine n'est pas, selon Wallace, l'*Intelligence Suprême*. Il regarde la *loi de continuité* comme démontrée pour la sphère entière de nos connaissances; il pense qu'elle règne également au delà de cette sphère : « Il ne peut, dit-il, y avoir un abîme infini entre l'homme et le Grand Esprit de l'univers(2). » Un peu plus loin, il ajoute : « En me servant des termes que je viens de rappeler (force intelligente, intelligence directrice, etc.), je désirais faire bien comprendre que, selon moi, le développement des portions essentiellement humaines de notre organisation et de notre intelligence peut être attribué à des êtres intelligents, supérieurs à nous, dont l'action directrice se serait exercée conformément aux lois naturelles universelles (3). »

Mais, ces *êtres supérieurs*, qui, selon Wallace, auraient influé sur les destinées d'un être terrestre au point de faire un *homme* de ce qui, sans eux, n'eût été qu'un *animal*, auraient joué vis-à-vis de nous le rôle de *véritables dieux*, en prenant ce mot dans son acception générale. Par conséquent, le transformiste anglais place ici au-dessus de la *sélection naturelle* qui produit les *espèces*, au-dessus de la *sélection artificielle* ou *humaine* qui façonne les *races*, une sorte de *sélection divine* qui n'aurait été appliquée qu'à l'*homme seul*.

Par cette conception nouvelle, Wallace sort du domaine des *causes secondes*, de celui des *forces naturelles*.

(1) P. 370.
(2) P. 393.
(3) P. 394.

Or, la science s'occupe exclusivement de ces causes et de ces forces, de leur mode d'action et des lois qui les régissent. Le savant anglais se sépare donc ici de la science, et je n'ai pas à le suivre dans la vaste région des hypothèses où il s'engage; je n'ai ni à apprécier ni à juger sa doctrine.

Mais j'ai le droit de prendre acte des objections qu'il a faites à la théorie de Darwin, de Huxley, de Hæckel, relativement au développement de l'être humain; je dois appeler toute votre attention sur les impossibilités qu'il a signalées dans cette théorie. Ce sont là de véritables aveux; et, sous la plume de Wallace, ces aveux ont une autorité, une signification que l'on ne saurait méconnaître. — C'est un des fondateurs du darwinisme qui proclame et démontre l'impuissance finale de cette doctrine.

VI.

Wallace a beau répéter à diverses reprises que sa conception n'infirme en rien « la vérité générale de la grande découverte de M. Darwin », il était difficile que les vrais disciples du maître admissent ces protestations. Ce que Darwin a voulu démontrer avant tout, c'est que « la production et l'extinction des habitants passés et présents du globe sont le résultat de causes secondaires, comme celles qui déterminent la naissance et la mort des individus(1) ». Là est le véritable esprit du darwinisme, sa grande valeur aux yeux des hommes de science, son grand mérite pour ceux qui se disent philosophes et libres penseurs. Quoi qu'en dise Wallace, il est impossible de ne pas penser qu'en faisant intervenir une volonté intelligente et extra-terrestre comme élément nécessaire au parachèvement de l'organisme le plus élevé, il s'est mis en opposition avec l'essence même de la doctrine dont il est un des inventeurs. C'est bien ainsi qu'en jugèrent les darwinistes; et ils signalèrent bien vite la *défection* de celui qu'ils avaient regardé jusque-là comme *la seconde colonne* du darwinisme.

Un savant genevois, Édouard Claparède, essaya de réfuter Wallace (2), et celui-ci lui répondit (3). Je vous donnerai une idée sommaire de cette discussion, en me bornant à faire quelques courtes remarques et à en tirer une conclusion.

VII.

Constatons d'abord que la réfutation de Claparède est singulièrement incomplète. Il énumère bien les ob-

(1) *Origine des espèces*, trad. Moulinié, p. 512.
(2) *La Sélection naturelle*, dans la *Revue des cours scientifiques*, 6 août 1870, p. 561.
(3) *Réponse aux objections présentées par M. Édouard Claparède*, addition à la *Sélection naturelle*, p. 397. Cette réponse avait paru d'abord dans le journal *Nature*, 3 novembre 1870.

jections faites par Wallace, mais il ne répond pas à la plupart d'entre elles et aux plus graves. — Il déclare formellement ne pas vouloir aborder la question du cerveau, disant qu'il ne veut pas en ce moment faire l'apologie du darwinisme. — Il ne dit rien des facultés latentes admises par son adversaire — rien de l'utilité qu'un pied préhensible aurait eu pour le sauvage — rien des dommages individuels que peut entraîner l'influence du sens moral — rien au sujet du développement des notions abstraites. — En somme, il se borne à répondre, plutôt par des plaisanteries que par des arguments sérieux, à ce que Wallace a dit à propos des poils et du larynx.

A propos de l'absence de villosités chez l'homme, Claparède répond que nos premiers ancêtres, apparus sans doute dans une contrée tempérée et sèche, avaient pris l'habitude de se couvrir le dos en émigrant plus au nord et plus au sud : « Qui sait enfin, ajoute-t-il, si le frottement continuel du vêtement dans cette région, pendant une longue suite de siècles, n'a pas pu finir par amener une rareté relative des poils sur le dos humain (1)? » Il reconnaît du reste que l'on peut faire des objections à cette hypothèse, dont je vous laisse juges.

Claparède reproche surtout au savant anglais d'être illogique : « Si, dit-il, une force supérieure semble nécessaire à M. Wallace pour épiler le dos de l'homme, qu'il sache se résoudre à la faire agir de même sur l'échine de l'éléphant, du rhinocéros, de l'hippopotame ou du cachalot (2). »

Wallace répond que le cachalot et l'hippopotame étant des animaux aquatiques ou amphibies protégés par une peau très épaisse, des poils leur eussent été inutiles. Il en eût été de même pour les éléphants et les rhinocéros d'aujourd'hui, qui habitent des contrées très chaudes, où ils recherchent l'ombre et l'humidité. Mais nous savons que le mammouth et le rhinocéros fossiles étaient très velus. Les poils se conservent donc ou reparaissent selon le besoin. Si les mêmes causes agissent en ceci chez les animaux et chez l'homme, pourquoi n'ont-ils pas reparu chez les Finnois et l'Esquimaux?

VIII.

Claparède s'étonne que Wallace ait attribué à la sélection seule l'acquisition du chant chez les oiseaux, tandis qu'il fait intervenir un pouvoir surnaturel, quand il s'agit de l'homme : « M. Wallace, dit-il, n'a pas reculé devant l'explication de la formation graduelle du chant de la fauvette et du rossignol par voie de sélection naturelle. La chose est toute simple; bien fou serait celui qui voudrait recourir ici à l'intervention

d'une force supérieure, amie du beau! Les fauvettes femelles et les rossignols du même sexe ont toujours accordé de préférence leurs faveurs aux mâles bons chanteurs... Malheur aux pauvres mâles à registre peu étendu ou à timbre fêlé! les douceurs de la paternité leur ont été impitoyablement refusées; ils sont morts de jalousie dans la tristesse et l'isolement... Quoi qu'il en soit, il est évident pour M. Wallace que la sélection sexuelle, en d'autres termes le goût des dames fauvettes pour la musique, a amené le grand perfectionnement de la voix des virtuoses de l'autre sexe. Mais, dans l'espèce humaine, la chose aurait-elle pu se passer ainsi?... Jamais, au grand jamais! seule, l'intervention d'une force supérieure a pu amener un résultat pareil, car, jamais homme primitif n'a eu de goût pour la musique. M. Wallace le sait bien : il a vécu si longtemps parmi les sauvages, qui ont pu le lui dire! Au contraire, les femelles fauvettes primitives et les femelles rossignoles primitives avaient déjà le goût musical, longtemps avant que leurs époux eussent appris à chanter. Comment M. Wallace le sait-il? Le lui ont-elles dit? N'importe, il le sait (1). »

Wallace a répondu à ces plaisanteries en rappelant les principes du darwinisme et le témoignage de Darwin. Chez les oiseaux, dit le père de la doctrine, « les mâles rivalisent avec ardeur pour attirer les femelles par leur chant ». La sélection sexuelle entre donc ici évidemment en jeu. Mais il n'existe rien de pareil chez les sauvages. Et pourtant, l'homme possède dans les deux sexes un instrument musical merveilleux, évidemment inutile dans la lutte pour l'existence et qui s'est trouvé prêt à manifester ses facultés latentes au moment voulu. Voilà, ajoute-t-il, la difficulté qu'il fallait « attaquer avec des faits et des arguments, et que les traits d'esprit les plus brillants ne suffisent pas à résoudre (2) ».

IX.

Claparède reproche encore ici à Wallace d'invoquer l'intervention d'une intelligence supérieure quand il parle de l'homme, et de s'en passer dès qu'il s'agit des animaux. Parmi les passereaux, il en est dont le larynx présente une organisation fort complexe et qui pourtant ne chantent pas. Ils ont donc un organe beaucoup trop bien conformé pour l'usage qu'ils en font. Faudra-t-il donc admettre l'action d'une force supérieure qui l'a préparé en vue de besoins futurs?

Cette question ne réalité une arme à deux tranchants. D'une part, elle a évidemment embarrassé Wallace, qui répond seulement qu'il n'y a là que de rares exceptions; d'autre part, Claparède reconnaît ici l'existence d'un appareil supérieur aux besoins, fait en contradiction avec les lois de la sélection naturelle, ce dont il ne paraît pas s'être aperçu.

X.

Le savant genevois termine sa critique en posant l'alternative suivante : « Ou bien M. Wallace a eu raison de faire intervenir une force supérieure pour expliquer la formation des races humaines et guider l'homme dans la voie de la civilisation, et alors il a eu tort de ne pas faire agir cette même force pour produire toutes les autres races et espèces animales et végétales ; ou bien il a eu raison d'expliquer la formation des espèces végétales et animales par la seule voie de la sélection naturelle, et alors il a eu tort de recourir à l'intervention d'une force supérieure pour rendre compte de la formation des races humaines (1). »

Ici encore, la réponse de Wallace n'est ni bien claire ni bien précise. Il reproche à son critique de recourir à une pétition de principe ; il rappelle que Claparède n'a pu nier les faits avancés par lui et n'a pas réfuté les conclusions qu'il en a tirées ; il semble vouloir se couvrir du nom et de l'autorité de Darwin, qui n'a jamais prétendu tout expliquer par la sélection naturelle. Mais nous savons, par un passage de la correspondance de ce dernier, que les idées de Wallace, alors qu'elles n'étaient pourtant qu'indiquées dans un travail consacré à de tout autres sujets, lui avaient paru « incroyablement étranges » ; et, à coup sûr, cette impression n'a pu qu'être fortifiée par la lecture du travail dont j'ai cherché à vous donner une idée.

XI.

Quant à moi, j'accepte franchement le dilemme de Claparède.

Je vous l'ai déjà dit, je dois ici le répéter encore. Pour un homme de science, la question de l'origine de l'espèce humaine ne peut être qu'un cas particulier du problème général. Si l'histoire de cette espèce présente des faits en contradiction avec une théorie zoogénique quelconque, on peut en conclure avec certitude que cette théorie est fausse pour tous les êtres organisés.

Eh bien, l'existence, chez le sauvage, d'un larynx, d'une main, d'un cerveau, anatomiquement semblables à ceux de l'homme civilisé et possédant des facultés latentes, sont évidemment inconciliables avec les principes fondamentaux du darwinisme, quelque mammifère que l'on nous donne pour ancêtre et pour si haut que l'on remonte. Sur tous ces points essentiels, l'argumentation de Wallace est irréfutable ; et, comme vous l'avez vu, Claparède n'a pas même essayé de répondre.

(1) P. 371.

Une théorie généalogique, inapplicable à l'homme, ne peut être vraie pour les autres êtres organisés ; elle est tout aussi fausse quand il s'agit des animaux et des plantes. Telle est la conclusion à laquelle le dilemme de Claparède conduira quiconque tiendra compte des faits et de leur signification.

Vous le voyez, l'histoire de l'homme apporte un complément de preuves à toutes celles que nous avaient fournies les plantes et les animaux ; et tout conduit à regarder comme inacceptable la séduisante mais fausse doctrine de Darwin.

XII.

Messieurs,

Ma tâche est terminée. Je viens de vous exposer les principales théories qui ont tenté d'expliquer l'origine des faunes et des flores par la *transmutation*. Vous avez pu vous convaincre que, même en laissant de côté les rêveries de Maillet et de Robinet, le mot de *transformisme* ne désigne pas une doctrine définie, mais seulement une idée vague qui s'est traduite par les conceptions les plus différentes, parfois les plus opposées.

A côté de Lamarck, de Darwin, de Romanès, de Hæckel, qui regardent la transformation comme s'accomplissant avec une lenteur qui demande des siècles, vous avez vu Geoffroy, Owen, Mivart, qui reconnaissent uniquement des transformations subites et complètes.

A côté de Lamarck, qui attribue la transformation aux habitudes causées par les besoins et les désirs de l'animal lui-même, vous avez vu Darwin et tous ses disciples attribuer le phénomène à la sélection naturelle commandée par la lutte pour l'existence ; d'Omalius, élève en cela de Buffon et de Geoffroy, en chercher la cause seulement dans l'action directe du milieu ; tandis qu'Owen et Mivart invoquaient une tendance innée au changement, réglée par la Volonté Suprême.

A côté de Lamarck, qui croit à la mobilité constante des types, vous avez vu Bory de Saint-Vincent et M. Naudin, qui en admettent la stabilisation progressive, et Darwin qui regarde une foule d'animaux inférieurs comme étant définitivement arrêtés dans leur marche évolutive.

A côté de Darwin, de Hæckel, etc., qui attribuent la transmutation à la sélection naturelle, vous avez vu Romanès, l'ami et le commensal du maître, qui ne fait de cette sélection qu'un simple agent d'adaptation et lui substitue la sélection physiologique.

A côté de Lamarck, Darwin, Hæckel, etc., qui croient à une filiation progressive des espèces et, par conséquent, à des enchaînements, tout comme Owen, Mivart et M. Gaudry, vous avez vu Geoffroy, Kölliker, M. Naudin admettre des sauts brusques d'où il peut résulter que les parents et les enfants appartiennent à des classes différentes.

A côté de Lamarck, Darwin, Geoffroy, etc., qui paraissent n'admettre que le mode de reproduction ordinaire, vous avez vu Kölliker et M. Naudin rattacher l'apparition des espèces nouvelles à la métamorphose des insectes, à la généagenèse des méduses, et M. Thury recourir à des corps reproducteurs spéciaux d'où sort un végétal qui engendre un animal.

A côté de Darwin, qui, malgré quelques réserves, est au fond monophylétiste, à côté de Hæckel qui l'est tout au moins pour les animaux, vous avez vu Vogt et M. Gaudry qui sont franchement polyphylétistes.

A côté de Darwin, qui fait reposer toutes les applications de sa théorie sur les deux grandes lois de divergences et de caractérisation permanente, vous avez vu Vogt signaler le rôle joué par la convergence et l'effacement progressif des types.

A côté de Darwin et de presque tous ses disciples, pour qui les animaux progressent constamment et s'élèvent à mesure qu'ils se transforment, vous avez vu Huxley démontrer la permanence des types et Vogt signaler la dégradation de plusieurs.

Voilà où en est le transformisme quand il s'en tient aux animaux. Il en est de même quand il s'agit de l'homme.

Darwin, Hæckel et leurs disciples nous donnent pour ancêtre animal immédiat un singe bien caractérisé, un catarhynien avec ou sans queue; Vogt, Filippi et Huxley rattachent l'homme et les singes à un ancêtre commun qui n'était encore ni l'un ni l'autre, mais qui tenait de tous les deux.

Hæckel a donné de l'homme une généalogie détaillée; vous avez entendu les jugements aussi spirituels que sévères portés par Vogt sur cet ensemble d'hypothèses.

Darwin et ses adhérents attribuent à la sélection le pouvoir, non seulement d'avoir façonné le corps de l'homme, mais aussi d'avoir donné naissance à toutes ses facultés intellectuelles et morales; Wallace tire le corps humain de celui d'un animal, mais attribue ces facultés à une sélection divine, et Mivart veut que son âme soit le résultat d'une création spéciale et directe.

Je vous rappelle seulement les points principaux qui divisent les transformistes. Ces dissidences s'accentuent encore lorsqu'on descend dans les détails. L'origine du premier vertébré a soulevé, en Allemagne surtout, de véritables tempêtes, les darwinistes étant divisés en deux camps, dont l'un soutenait la cause des mollusques, l'autre celle des vers. Je n'avais pas à vous entretenir de ces applications d'une doctrine que je crois fondamentalement inacceptable. Je me borne donc à vous renvoyer aux articles de Vogt et même de Claparède.

Mais, le tableau succinct que je viens de tracer pour réveiller vos souvenirs vous fera peut-être mieux comprendre que, se dire *transformiste* d'une manière générale, c'est s'exprimer d'une manière bien vague. La vraie science demande plus de précision.

Rappelez-vous d'ailleurs que toutes ces théories si diverses en appellent aux mêmes arguments, à la conviction personnelle, à la possibilité, à l'accident, à l'inconnu. Eh bien, en physique, en chimie, en physiologie, admettrait-on ces appels comme preuves? Vous savez bien que non. — Un anthropologiste a donc bien le droit de ne pas les accepter; et voilà pourquoi je les récuse.

Il est un autre mode d'argumentation que je repousse également. Parmi les hommes éminents que j'ai eu le regret de combattre, il en est qui invoquent à l'appui de leurs théories, les uns leurs convictions religieuses, les autres ce qu'on appelle la libre pensée. Par là, ils portent la question sur le terrain de la lutte entre le dogme et certaines philosophies; ils sortent du champ de la science, qui doit rester neutre et être respecté. — Le rôle du savant n'est pas de se mêler aux controverses. Sa tâche est de mettre aux mains des adversaires la vérité scientifique. A eux de la concilier avec leurs croyances religieuses ou philosophiques.

L'homme de science a un autre devoir à remplir. Quand il ne peut expliquer un phénomène, il doit l'avouer franchement. — Voilà pourquoi, au sujet de l'origine des espèces, j'ai dû dire si souvent : *Je ne sais pas.* Mais je ne répéterai pas pour cela le mot désespéré de du Bois-Reymond. L'éminent physiologiste a terminé un de ses discours en disant : *Ignorabimus!* nous ignorerons à jamais. Je me borne à dire : *Ignoramus!* nous ignorons pour le moment. Qui donc, en présence des merveilleux progrès accomplis dans ce siècle, peut s'arroger le droit d'assigner des limites au savoir de l'avenir?

Toutefois, bien qu'étant hors d'état d'expliquer un fait, le savant peut souvent reconnaître la fausseté des explications données par des confrères plus hardis. Alors il doit combattre l'erreur avec d'autant plus de persévérance qu'elle est plus séduisante et qu'elle a entraîné un plus grand nombre d'esprits. — Voilà pourquoi j'ai combattu et combattrai encore les théories transformistes.

Mais — il m'est permis de le dire — tout en luttant contre les doctrines, je n'en ai pas moins rendu justice aux hommes et aux choses, en particulier à Darwin et à son œuvre. En rajeunissant, en rationalisant la théorie de Lamarck, le grand penseur anglais a donné aux sciences naturelles une impulsion puissante, une direction nouvelle. On doit à son initiative, aux idées qu'il a mises en circulation, une foule de travaux importants. Lui-même en est un exemple. Sans sa théorie, il n'aurait pas écrit son livre sur l'influence de la domestication et de la culture; il n'aurait pas entrepris et mené à bien ce magnifique travail sur les pigeons.

Le transformisme pourra rendre encore bien des services, parce que ses adeptes, envisageant la science à un point de vue spécial, découvriront sans doute des horizons nouveaux. Mais ce sera à la condition de ne pas se laisser entraîner dans la voie des pures hypothèses et, avant tout, de tenir compte des faits. Qu'ils prennent donc pour guides Carl Vogt et M. Gaudry, qui, sans cesser d'être transformistes, ont également senti la nécessité de substituer la réalité aux *a priori* et aux rêves; et, quelles que soient leurs erreurs de doctrine, je serai le premier à applaudir à tout ce que leurs travaux auront de sérieux et de vrai.

A. DE QUATREFAGES,
de l'Institut.

CHIMIE

Sur le camphre et la série térébénique (1).

Messieurs,

Je ne veux pas aborder mon sujet sans remercier M. Grimaux, président de la Société chimique, de la bienveillance avec laquelle il juge mes travaux, en me conviant à les exposer devant vous; je le remercie encore pour l'hommage qu'il rend ainsi aux efforts de décentralisation scientifique que nous faisons à Lyon, ambitieux que nous sommes de voir créer une Université lyonnaise, qu'on nous a trop promise pour qu'elle ne nous soit pas bientôt donnée.

Je vais étudier le camphre et ses dérivés, question traitée, il y a deux ans, devant vous, dans une circonstance analogue, par M. Haller, professeur à la Faculté des sciences de Nancy.

Depuis deux ans, en effet, la science s'est enrichie de faits nombreux et importants. La molécule du camphre est mieux connue.

De nombreux dérivés ont été découverts, qui jettent un jour tout particulier sur sa nature. Je n'ose pas vous dire que d'ores et déjà la question est épuisée. De longues études restent encore à faire sur cette substance complexe, et la réalisation de sa synthèse totale en particulier est encore attendue. C'est dire que le problème de sa constitution n'est pas entièrement élucidé. Du moins possédons-nous quelques jalons précieux, qui nous permettent de classer définitivement ce corps parmi les acétones aromatiques, et de lui attribuer un noyau benzénique ou, pour préciser davantage, un noyau cyménique qui devra être le point de départ pour les essais synthétiques.

(1) Conférence faite, devant la Société chimique de Paris, le 29 mai 1890, par M. P. Cazeneuve.

Il est peu de chimistes qui n'aient été attirés par l'étude de ces essences naturelles, si nombreuses, en $C^{10}H^{16}$, et par les corps de nature phénolique ou camphrée qu'elles tiennent en solution. Le camphre ordinaire, en raison de son abondance dans le commerce, en raison de sa stabilité, a été plus particulièrement l'objet d'investigations sans nombre. On a pensé, avec juste raison, que la connaissance intime de cette substance serait d'un grand secours pour mieux interpréter la nature des corps térébéniques. Aussi retrouvons-nous, dans le cours du siècle, les noms de Dumas, de Saussure, de Liebig, de Malaguti, de Gerhardt, sans compter ceux d'illustres chimistes contemporains, qui sont liés à l'histoire du camphre ou de ses dérivés. Et des découvertes sans nombre se sont successivement accumulées.

De ces découvertes, je vais chercher à mettre en relief les plus importantes, pour établir définitivement la fonction du camphre et dégager une formule de constitution de plus en plus acceptable.

Aujourd'hui, en effet, la question paraît mûre. Il y a dix ans, au contraire, toute hypothèse à cet égard était prématurée. La plupart des formules présentées à cette époque étaient pleines d'incertitude : elles ne répondaient que partiellement aux faits et étaient destinées à disparaître à la suite de nouveaux travaux.

C'est là un tort, soit dit en passant, de certains esprits, de jouer trop facilement avec les formules et les groupements d'atomes : ces fantaisies ne peuvent que jeter le discrédit sur le langage atomique, appelé au contraire à rendre de grands services, s'il s'inspire de faits, d'expériences nombreux, et surtout s'il a la patience de rester muet en face de données insuffisantes.

Sans passer en revue toutes les formules proposées, j'en citerai quatre, recommandées par la notoriété de leur auteur ou par le crédit passager dont elles ont joui.

Meyer est préoccupé de la transformation du camphre en acide camphorique. Il cherche à donner à l'oxygène une position dans la molécule, favorable à la formation de cet acide bibasique. Il donne au camphre la formule

Pour Kachler, le camphre est l'acétone d'un acide

8 S.

propylhexylenbicarbonique $C^{11}H^{18}O^4$. De là la formule de constitution suivante :

La formation de produits méthylés dans la décomposition du camphre, la transformation du camphre en bornéol par hydrogénation, et en acide camphique, par oxydation, font admettre à Flawitzki que le camphre est un corps en chaîne ouverte, à groupement aldéhydique, avec des méthyles greffés sur la molécule. Cette formule a été adoptée par M. Étard, dans le supplément du dictionnaire Wurtz :

$$(CH^3)^2 CH - \overset{\overset{\displaystyle CH^3}{|}}{CH} - CH = CH - CH - CH - CHO.$$

Kékulé, et je borne là mon énumération, partant de la transformation du camphre en cymène et en carvacrol, attribue au camphre la formule

Il en fait un corps à noyau cyménique (paraméthylpropylbenzine) et à fonction acétonique.

Nous verrons que cette formule, sauf quelques légères modifications, est la seule rationnelle.

Analysons les points fondamentaux de l'histoire du camphre : ils prouvent d'une façon péremptoire que le camphre rentre dans le groupe général des aldéhydes.

En effet, par hydrogénation il donne un alcool correspondant, le camphol ou bornéol. Et, inversement, le bornéol se transforme en camphre de nouveau par oxydation. Le camphre donne par oxydation l'acide camphique $C^{10}H^{16}O^2$ acide monobasique. Ces faits ont été mis en lumière par M. Berthelot. Le camphre serait-il une aldéhyde primaire? Ajoutons que M. Berthelot est parvenu à le former par oxydation du camphène $C^{10}H^{16}$ à l'aide de l'acide chromique, tout comme l'aldéhyde ordinaire peut être engendré synthétiquement par oxydation de l'éthylène.

A cette conception du camphre fonctionnant comme aldéhyde primaire, on peut faire quelques objections. Tout d'abord il ne se combine pas avec le bisulfite de soude. Ensuite l'acide camphique se produit diffici-

lement. De plus, on n'est pas fixé sur sa véritab[le] nature chimique. Est-ce réellement un acide? N'a-t-pas plutôt la fonction alcool? On ne connaît pas dégagement thermique de ces combinaisons. D'ailleur il n'apparaît pas dans les conditions ordinaires d'ox dation ; sous l'influence de l'acide azotique, le camph donne de l'acide camphorique $C^{10}H^{16}O^4$ acide bib sique, ou du moins comme nous le verrons acid alcool. De plus, il donne par hydratation un acide monobasique, l'acide campholique $C^{10}H^{18}O^2$ réaction qui n'a pas d'analogue avec les aldéhydes primaires. Ces faits n'ont pas échappé à M. Berthelot, qui a proposé de regarder le camphre comme un type spécial d'aldéhyde. Il a appelé ce type *carbonyle*, rappelant que le carbonyle CO, par hydratation, donne également un acide monobasique, l'acide formique, et par oxydation un acide bibasique, l'acide carbonique lui-même.

La subérone, la diphénylène acétone ont été heureusement rapprochées par cet éminent chimiste du camphre.

Nous allons voir que le camphre, comme la subérone et la diphénylène acétone, doit être envisagé comme un acétone aromatique, interprétation théorique qui ne diminue en rien la valeur des faits découverts par M. Berthelot.

Un premier point capital à rappeler est la formation du cymène $C^{10}H^{14}$ aux dépens du camphre. Cet hydrocarbure a été produit par Dumas en faisant agir l'anhydride phosphorique sur le camphre.

Depuis, on a pu produire en chauffant du camphre avec du soufre et du phosphore rouge des rendements très élevés (Paterno), qui ne laissent aucun doute sur l'importance de ce noyau dans la constitution du camphre.

Sous l'influence de l'iode, Kékulé et Fleischer ont obtenu le carvacrol de l'essence de sariette, dont la constitution paraît établie. C'est là un phénol *dérivé* du cymène.

Le CO acétonique du camphre a été transformé en COH phénolique. Le fait n'est pas nouveau ; nous le retrouverons dans l'histoire du camphre lui-même. L'acétone ordinaire ne donne-t-elle pas d'ailleurs le pinacone, glycol tertiaire, par un mécanisme analogue?

Adoptons cette formule de Kékulé, que nous groupons pour plus de simplicité sous la forme

$$C^8H^{12} \overset{\overset{\displaystyle CH^2}{\diagup}}{\diagdown}_{CO}$$

et suivons les réactions de ce corps, parallèlement avec d'autres acétones faites par synthèse, dont la constitution est bien prouvée.

Comme l'a démontré Baubigny, le camphre donne un dérivé sodé :

$$C^8H^{14} \Big\langle \begin{matrix} CH\,HNa \\ CO \end{matrix}$$

Or les éthers acétylacétique et benzoylacétique, sans compter la désoxybenzoïne de Meyer, tous corps acétoniques synthétiques, donnent aussi des dérivés sodés :

$$CH^3 - CO - CH\,Na - CO^2\,C^2H^5 \qquad C^6H^5 - CO - CH\,Na - CO^2\,C^2H^5$$

Éther acétyl-acétique sodé.   Éther benzoyle-acétique sodé.

$$C^6H^5 - CO - CH\,Na - C^6H^5$$

Désoxybenzoïne sodé.

Il y a encore d'autres analogues à signaler.

En saturant le camphre sodé en solution toluique, par un courant de chlorure de cyanogène bien sec, M. Haller obtient, entre autres produits, du camphre cyané

$$C^8H^{14} \Big\langle \begin{matrix} CH\,CAz \\ CO \end{matrix}$$

Ce corps engendre des composés métalliques correspondant à la formule :

$$C^8H^{14} \Big\langle \begin{matrix} CM\,CAz \\ CO \end{matrix}$$

comparables avec les dérivés métalliques de la cyanacétophénone.

$$C^6H^5 - CO - CH\,M - C\,Az.$$

Les sels du camphre cyané, comme ces derniers composés, se décomposent sous l'influence de l'eau, absorbant facilement l'humidité et l'acide carbonique de l'air.

Une solution alcoolique de camphre cyané, saturée d'acide chlorhydrique et abandonnée à elle-même, donne de l'éther camphocarbonique :

$$C^8H^{14} \Big\langle \begin{matrix} CH\,CAz \\ CO \end{matrix} + C^2H^6 - OH + HCl + H^2O =$$
$$C^8H^{14} \Big\langle \begin{matrix} CH\,CO^2C^2H^5 \\ CO \end{matrix} + Az\,H^4\,Cl$$

La cyanacétophénone donne, dans ces mêmes conditions, de l'éther benzoylacétique, suivant une transformation analogue (Haller) :

$$C^6H^5 - CO - CH^3 - CO^2\,C^2H^5.$$

L'éther camphocarbonique, comparable également à l'éther acétylatique, colore en bleu, comme ce dernier, le perchlorure de fer.

De plus, l'éther acétylacétique comme l'éther benzoylacétique, chauffés avec une solution étendue de potasse, se scindent en donnant le premier de l'acétone ordinaire, le second de la phénacétone :

$$C^6H^5 - CO - CH^3 - CO^2C^2H^5 + 2\,KOH =$$
$$C^6H^5 - CO - CH^3 + CO^2\,K^2 + C^2H^5 - OH$$

L'éther camphocarbonique, qui se comporte également comme un véritable éther acétonique, chauffé avec les alcalis en solution étendue, régénère l'acétone correspondant, c'est-à-dire le camphre, l'alcool et de l'acide carbonique :

$$C^8H^{14} \Big\langle \begin{matrix} CH - CO^2C^2H^5 \\ CO \end{matrix} + 2\,KHO = C^8H^{14} \Big\langle \begin{matrix} CH^3 \\ CO \end{matrix}$$
$$+ C^2H^5\,OH + CO^2\,K^2$$

Enfin, le camphre cyané, nitrile de l'acide camphocarbonique, bouilli avec les alcalis concentrés, donne un acide bibasique découvert par M. Haller, l'acide hydroxycamphocarbonique ou acide campholique orthocarboné :

$$C^8H^{14} \Big\langle \begin{matrix} CH\,CAz \\ CO \end{matrix} + 2\,KHO + H^2O = C^8H^{14} \Big\langle \begin{matrix} CH^2\,CO^2\,K \\ CO^2\,K \end{matrix}$$
$$+ Az\,H^3$$

Or, la cyanacétophénone, nitrile de l'acide benzoylacétique, traitée par la potasse concentrée, subit cette transformation : elle ne donne pas un acide bibasique, comme le camphre qui est en chaîne fermée et dans lequel la rupture ne se fait qu'au point acétonique. Mais elle donne deux acides monobasiques :

$$C^6H^5 - CO - CH^3 - CAz + 2\,KHO + H^2O =$$
$$C^6H^5 - CO^2\,K + CH^3 - CO^2\,K + Az\,H^3$$

Enfin le sel plombique de l'acide hydroxycamphocarbonique, chauffé au bain de sable, donne de l'acide carbonique, de l'oxyde de plomb et du camphre.

Or, le subérate et le diphénate de calcium, chauffés, dans les mêmes conditions, donnent, le premier sel, de la subérone :

$$\begin{matrix} CH^2 - CH^2 - CH^3 \\ | \\ CH^2 - CH^2 - CH^2 \end{matrix} \Big\rangle CO$$

le second, la diphénylène acétone :

$$\begin{matrix} C^6H^4 \\ C^6H^4 \end{matrix} \Big\rangle CO$$

L'acide subérique, comme l'acide diphénique, sont l'un et l'autre des acides bibasiques, comme l'acide hydroxycamphocarbonique.

La transformation est parallèle. Le camphre est l'acétone de l'acide hydroxycamphocarbonique, comme la subérone, celle de l'acide subérique, et la diphénylène acétone, celle de l'acide diphénique :

$$C^8H^{14} <^{CH^2 - COOH}_{COOH}$$
A ide hydroxycamphocarbonique.

$$C^8H^{14} <^{CH^2}_{CO}$$
Camphre.

$$C^6H^{12} <^{COOH}_{COOH}$$
Acide subérique.

$$^{CH^2 - CH^2 - CH^2}_{CH^2 - CH^2 - CH^2} > CO$$
Subérone.

$$C^6H^4 - COOH$$
$$C^6H^4 - COOH$$
Acide diphénique.

$$C^6H^4 >CO$$
$$C^6H^4$$
Diphénilénacétone.

Ces faits intéressants ont été mis en évidence par M. Haller.

II.

Cet ensemble de faits réellement imposants ne laisse aucun doute sur la véritable fonction du camphre et donne déjà à sa formule de constitution un appui très important

On peut se demander maintenant, puisque le camphre est en chaîne fermée, pourquoi il ne donne pas naissance à des dérivés de substitution halogénés, nitrés ou nitrosés, comme cela se rencontre d'une façon générale dans la série aromatique; pourquoi il n'apparaît pas, par voie d'oxydation, des corps véritablement phénoliques et même des dérivés sulfoconjugués, si caractéristiques par leur stabilité, de la série aromatique?

Mes recherches personnelles, que je vais avoir l'honneur de vous exposer, ont contribué à satisfaire à ces *desiderata*.

C'est le camphre monobromé qui ouvre la série des dérivés substitués. Les camphres bibromés, tribromés ont suivi. Ces composés sont obtenus en chauffant le camphre en tube scellé avec des quantités théoriques de brome (Swartz, de Montgolfier). La chloruration du camphre a été plus difficile.

Le chlore attaque peu le camphre, même au soleil. Dirigé dans le camphre en fusion, on obtient des produits de décomposition.

Le chlore agit mieux sur le camphre en solution dans le protochlorure de phosphore. Claus a obtenu des dérivés tétrachlorés et hexachlorés, corps impurs, il est vrai, mais qui n'en indiquent pas moins la substitution.

Je suis parvenu à chlorer le camphre au sein de l'alcool et à obtenir ainsi des produits réguliers de substitution.

J'ai obtenu un camphre monochloré et un camphre bichloré. Le camphre monochloré fondu au bain-marie et traité directement par le chlore a donné un trichloré.

Poussant plus loin, j'ai obtenu des corps qui ne sont plus solides comme les mono, bi et tri substitués, mais qui sont liquides visqueux d'aspect térébenthiné et qui correspondent à l'analyse à des tétra penta et hexachlorés qu'il est difficile de séparer. En chauffant avec du brome en tube scellé, en quantité théorique, du camphre monochloré, soit à 100°, soit à 150°, on obtient deux camphres chlorobromés isomériques.

On sait que M. Haller a obtenu un camphre monoiodé et un camphre monocyané.

Généralement, ces dérivés substitués ne s'obtiennent pas comme dans la série aromatique proprement dite. Il faut avec le camphre employer des artifices. Les camphres iodé ou cyané s'obtiennent par double décomposition en partant du camphre sodé. Il faut de l'alcool comme intermédiaire pour effectuer la chloruration. On sait que le camphre forme de nombreuses combinaisons dites moléculaires, qui se caractérisent par leur instabilité, leur décomposition par l'eau. Avec l'alcool, avec les acides chlorhydrique, sulfureux, azotique, etc., on obtient ainsi des combinaisons facilement décomposables. En faisant passer un courant de chlore dans le camphre au sein de l'alcool, il se produit de l'acide chlorhydrique provenant de l'attaque de l'alcool, le camphre contracte des combinaisons moléculaires plus faciles à chlorer sans doute.

Tout cela est particulier. Mais il est probable que l'étude approfondie des hydrures de la série aromatique révélera des faits analogues.

L'acide hypochloreux est un agent de chloruration dans la série aromatique qui chlore dans le noyau. Le camphre donne de même un dérivé monochloré substitué (Wechler) isomérique avec celui que nous avons signalé. J'ai repris l'étude de ce corps monochloré isomérique. J'ai constaté sa difficile décomposition par la potasse alcoolique; j'ai reconnu qu'il ne se forme pas d'oxycamphre, comme le prétendait Wechler.

Dans quel groupement la substitution chlorée a-t-elle eu lieu dans le camphre monochloré normal obtenu par le chlore au sein de l'alcool, corps que j'ai tout spécialement étudié?

Suivant nous, elle a lieu dans le groupement du CH² voisin du CO.

Le camphre monochloré serait :

$$C^8H^{14} <^{CH Cl}_{CO}$$

Plusieurs faits plaident en faveur de cette constitution.

Tout d'abord, ce camphre monochloré n'est pas décomposé, après de longues heures, par la potasse alcoolique à l'ébullition. Il faut chauffer à 120° en tube scellé, pour obtenir une décomposition qui se produit lentement. Ce premier fait prouve que le Cl n'est pas substitué ni dans le CH³ ou C³H⁷ du camphre, ni dans un CH du noyau. Dans le premier cas, le **camphre** monochloré serait un éther comparable au **chlorure** de benzyle, et devrait se saponifier par la **potasse alcoolique** à l'ébullition. Dans le second cas, la potasse ne devrait exercer, même en tube scellé, à 150° **aucune décomposition.**

La **benzine** monochlorée ou autre substitué analogue **résiste ainsi** à l'action de la potasse.

Ensuite, si la formule précédente est exacte, le camphre **monochloré** doit être un éther chlorhydrique d'un **alcool secondaire acétonique aromatique** :

$$C^8 H^{14} \left\langle \begin{array}{l} CH - OH \\ | \\ CO \end{array} \right.$$

En chauffant avec l'acétate de potasse, en tube scellé, le **camphre** chloré, on doit obtenir le dérivé acétylé.

Les **tentatives** que j'ai faites ont échoué, sans doute parce que l'éther acétique formé se décompose précisément à la température où il se forme.

Du moins ai-je pu prouver d'une autre façon que le camphre monochloré est bien un éther. En le chauffant en tube scellé à 180° avec quatre fois son poids d'ammoniaque aqueux pendant vingt-quatre heures, on obtient une base à odeur rappelant le vieux tabac qui cristallise dans la ligroïne et qui répond, à l'analyse, à la formule $C^{10} H^{15}(AzH^3)O$, qui est probablement :

$$C^8 H^{14} \left\langle \begin{array}{l} CH\, Az\, H^2 \\ | \\ CO \end{array} \right.$$

Il se forme en même temps du chlorhydrate d'ammoniaque.

Cette base que j'appelle *camphanine* prouve que le chlore n'est pas substitué dans un CH. Un CCl aromatique ne réagit pas avec l'ammoniaque.

D'autre part, la formation de ce camphre monochloré normal ne peut s'expliquer que par substitution de Cl dans le CH^2 voisin du CO. En effet, en partant du camphre sodé dont la constitution est établie

$$C^8 H^{14} \left\langle \begin{array}{l} CH\, Na \\ | \\ CO \end{array} \right.$$

on obtient le camphocarbonate de soude

$$C^8 H^{14} \left\langle \begin{array}{l} CH\, CO^2 Na \\ | \\ CO \end{array} \right.$$

Celui-ci traité par le chlore donne l'acide chlorocamphocarbonique avec formation de chlorure de sodium (Schiff). Or cet acide, dont la formule est sans doute :

$$C^8 H^{14} \left\langle \begin{array}{l} C\, Cl\, (CO^2)\, H \\ | \\ CO \end{array} \right.$$

dégage des torrents d'acide carbonique, si on le chauffe

au bain-marie et laisse un résidu de camphre monochloré, fondant à 93° 94° et se confondant avec le camphre monochloré, obtenu par l'action du chlore sur le camphre au sein de l'alcool.

Les dérivés de ce camphre monochloré prouvent encore sa constitution. Je pourrai le transformer successivement en camphre chloroxynitrosé et camphre nitré et en un isomère, le camphonitrophénol.

La formation de ce dernier corps ne peut s'expliquer logiquement que si le Cl dans le camphre monochloré est substitué dans un CH^2 voisin du CO :

$$C^8 H^{14} \left\langle \begin{array}{l} CH\, Cl \\ | \\ CO \end{array} \right. \qquad C^8 H^{14} \left\langle \begin{array}{l} C \\ | \\ CO \end{array} \right\rangle \begin{array}{l} Az\, O \\ O\, Cl \end{array} \qquad C^8 H^{14} \left\langle \begin{array}{l} CH(Az\, O^2) \\ | \\ CO \end{array} \right.$$

$$C^8 H^{14} \left\langle \begin{array}{l} C\, Az\, O^2 \\ || \\ C\, OH \end{array} \right.$$

Faisons bouillir pendant une demi-heure dans un ballon du camphre monochloré avec cinq fois son poids d'acide azotique fumant. Traitons par l'eau pour enlever l'excès d'acide, lavons la masse à l'eau ammoniacale et faisons cristalliser dans l'alcool, puis dans l'éther.

On obtient finalement de magnifiques cristaux orthorhombiques fondant à 96°, donnant à l'analyse des chiffres conduisant à la formule brute :

$$C^{10} H^{15} Cl\, Az\, O^3,$$

Ce corps donne magnifiquement, avec le phénol et l'acide sulfurique, la réaction de Liebermann particulière aux dérivés nitrosés. Chauffé avec de la poudre de zinc ou du fer réduit au sein de l'alcool aqueux, il donne facilement un chlorure métallique et un sel. J'envisage ce corps comme un camphre chloroxynitrosé

$$C^8 H^{14} \left\langle \begin{array}{l} C \\ | \\ CO \end{array} \right\rangle \begin{array}{l} Az\, O \\ O\, Cl \end{array}$$

avec un C. O Cl comparable au C. O Cl du phénol hexachloré ou au C. O Br du phénol hexabromé de Bénédict.

Sous l'influence du sodium au sein du toluène, ce corps donne le sel sodique d'un acide hydroxynitrosé :

$$C^8 H^{14} \left\langle \begin{array}{l} C \\ | \\ CO \end{array} \right\rangle \begin{array}{l} Az\, O \\ O\, Na \end{array} \qquad C^8 H^{14} \left\langle \begin{array}{l} C \\ | \\ CO \end{array} \right\rangle \begin{array}{l} Az\, O \\ O\, H \end{array}$$

Ce sel sodique fait la double décomposition avec les iodures alcooliques, aussi bien qu'avec les chlorures de radicaux acides.

Bouilli avec le zinc en grenaille, recouvert de cuivre précipité au sein de l'alcool à 93°, le camphre chloroxynitrosé donne deux acides isomériques, le premier identique avec le camphre hydroxynitrosé et le second véritable camphre nitré correspondant à la formule :

$$C^8H^{14} {<}_{CO}^{CH\,Az\,O^2}$$

Ce dernier corps apparaît par une véritable transposition moléculaire, dont la chimie nous fournit tant d'exemples.

Ce camphre nitré est un acide acétonique. La phénylhydrazine réagit sur lui à la longue et le réduit.

C'est un acide qui donne des sels magnifiquement cristallisés.

Le sel ferreux est remarquable : il cristallise en tables hexagonales rouge grenat. Le sel ferrique est insoluble dans l'eau ; il se dissout dans l'alcool avec une coloration rouge sang, comme le méconate de fer. L'hydrogène voisin d'Az O² est remplacé par des métaux, comme dans le camphre cyané.

Au sein de l'alcool, on peut combiner ce camphre nitré à l'acide chlorhydrique. On obtient un chlorhydrate décomposable par la chaleur qui correspond sans doute à la formule :

$$C^8H^{14} {<}_{C<_{OH}^{Cl}}^{CH\,(AzO^2)}$$

Ce corps se saponifie sous l'influence de l'acide chlorhydrique au sein de l'alcool à l'ébullition. On peut même suivre la transformation avec le perchlorure de fer, qui ne colore pas ce chlorhydrate. A mesure que la saponification a lieu, on obtient une couleur violette magnifique due au nouveau produit de transformation, qui paraît être un diphénol.

En résumé, le chlorhydrate est une sorte de monochlorhydrine d'un glycol tertiaire spécial qui a pour formule :

$$C^8H^{14} {<}_{C<_{OH}^{OH}}^{CH\,(AzO^2)}$$

Ce corps colore en violet le perchlorure de fer et cristallise avec de l'eau de cristallisation, qu'il perd dans le vide.

Ce corps, que j'appelle *camphonitrodiphénol*, intermédiaire entre le camphre nitré et le camphonitrophénol dont je vais parler, ne peut qu'avoir cette constitution, confirmée par son instabilité en présence des agents de déshydratation.

On discute encore sur la possibilité du groupement alcoolique $C{<}_{OH}^{OH}$ dans les molécules. M. Maquenne l'a proposé pour l'isodulcite. Le camphonitrophénol donne un appui sérieux à cette conception.

Bouilli avec l'acide chlorhydrique concentré, ce corps se déshydrate et devient :

$$C^8H^{14} {<}_{C\,O\,H}^{C\,Az\,O^2}$$

qui est un véritable phénol, donnant des sels cristallisés et des éthers, et dégageant avec les bases une quantité de chaleur analogue à celle dégagée par les phénols nitrés de la série aromatique proprement dite (Berthelot et Petit).

Ce corps, que je désigne sous le nom de *camphonitrophénol*, cristallise avec une molécule d'eau, qu'il perd dans le vide. Il colore en rouge sang le perchlorure de fer.

Le camphre nitré, traité directement à l'ébullition par l'acide chlorhydrique concentré, donne d'emblée ce nitrophénol isomérique, en passant, sans doute, par la série de corps intermédiaires que je viens de signaler.

Ce camphonitrophénol prouve d'une façon non douteuse que le camphre est un corps en chaîne fermée, avec un noyau benzénique fondamental, ou plus exactement un noyau cyménique.

Le camphre nitré subit encore un phénomène de réduction curieuse. Dans sa préparation avec le zinc-cuivre, aux dépens du camphre chloroxynitrosé, si on prolonge l'action réductive, on le transforme en camphre nitrosé :

$$C^8H^{14} {<}_{CO}^{CH\,(Az\,O)}$$

Ce corps, qui déflagre vers 180°, se décompose à la lumière et oxyde les corps en présence.

En solution alcoolique, il donne ainsi de l'aldéhyde avec dégagement d'azote gazeux. Il transforme la mannite en lévulose et mannose et la glycérine en acroses.

J'ai obtenu tous les dérivés substitués du camphre qui ont leur analogie dans la série aromatique. Il nous restait à préparer les sulfoconjugués. J'y suis parvenu de la façon suivante :

Je me suis adressé au camphre monochloré. En abandonnant à la température de 30° pendant un mois ce corps additionné de cinq fois son poids d'acide sulfurique concentré, on constate un dégagement, le gaz chlorhydrique et sulfureux, et d'une certaine proportion de chlorure de méthyle. A 50°, l'action est plus rapide ; elle demande vingt-quatre heures ; au bain-marie elle est plus rapide encore (une demi-heure). Mais à ces diverses températures, la nature des corps varie ainsi que leurs proportions respectives. En versant dans l'eau et saturant l'excès d'acide par le carbonate de baryte, on obtient par évaporation divers corps, qu'on sépare par cristallisation, fractionnés, soit dans l'eau, soit dans l'alcool.

L'un de ces corps correspond à la formule

$$C^9H^{14}\,(S\,O^3)\,(O\,H)^2\,O.$$

Il est solide, soluble dans l'eau et dans l'alcool, insoluble dans l'éther. Il s'est formé avec départ de méthyle.

C'est un phénol qui colore en bleu le perchlorure de

fer et donne des dérivés monacétique et diacétique. Le dérivé monacétique ne colore plus en bleu le perchlorure de fer et ne dégage plus de chaleur avec les alcalis.

Je crois à un groupement d'alcool secondaire situé en ortho par rapport au COH phénolique, ce qui explique l'absence de phénomènes thermiques sensibles avec les alcalis après saturation du groupement phénolique. Dans les diphénols en ortho, le second OH dégage peu de chaleur avec les alcalis, à plus forte raison un groupe CH—OH. Ce corps renferme du soufre que la potasse fondante seule peut enlever.

Un autre correspond à la formule

$$C^{10}H^{14}(SO^2OH)(OH)O.$$

Il est liquide. Son sel de baryte cristallise; ce dernier se forme par la décomposition du carbonate de baryte dans la préparation. Il renferme un SO^2OH qui n'est enlevé que sous l'influence de la potasse fondante. Il donne un dérivé monacétylé. Il colore en bleu le perchlorure de fer. C'est le camphre phénolisé et sulfoconjugué, de manière à donner un corps comparable aux phénols sulfoconjugués aromatiques.

J'ai même pu isoler un corps qui se forme en petite quantité, lequel colore en violet le perchlorure de fer et qui paraît être trisulfoconjugué.

Des analyses répétées conduisent à la formule

$$C^{10}H^8(SO^2OH)^3(OH)O^3.$$

Il se forme d'autres corps phénoliques sulfoconjugués dont je n'ai pas encore fait une étude suffisante, mais qui n'apporte rien de plus, au point de vue au sens général de la réaction. J'appelle ces corps *camphosulfophénols*.

Vous le voyez, l'étude des dérivés du camphre permet d'avoir une idée plus juste et de la nature de ce corps important et de la série à laquelle il appartient. Produits de réduction, d'oxydation, de substitution le rattachent aux acétones aromatiques.

Assurément, il a fallu chercher des conditions spéciales pour obtenir ses dérivés substitués. Le camphre nitré n'a pu être préparé que par voie indirecte. Le nitrosé a été formé par réduction du camphre nitré, ce qui est encore une particularité curieuse et exceptionnelle. De même les sulfoconjugués ont apparu même sous l'action à froid de l'acide sulfurique. Sans aucun doute, ce sont là des conditions toutes particulières. Tout en montrant que la série térébénique est un rameau de la série aromatique, on ne lui enlèvera pas sa physionomie à part, qui nécessite l'intervention de méthodes appropriées, entraînant de longs tâtonnements, pour obtenir les dérivés, même les dérivés substitués.

D'ailleurs, le térébenthène, comme le camphre, a donné des dérivés substitués ou d'addition. MM. Bouchardat et Lafont ont obtenu un acide sulfoconjugué

$$C^{10}H^{16}SO^4H^2.$$

Wallach a obtenu des dérivés bromés du térébenthène ou de ses isomères, des composés nitrosobromés, des nitrosyles chlorurés. Tilden a obtenu également des produits nitrosés ou chloronitrosés. Des composés basiques ont également été préparés (Wallach — Tanret).

Cette série sera aussi féconde que la série aromatique proprement dite. On parviendra à faire des dérivés azoïques : on en connaît déjà dérivés du camphène et du camphane (hydrazocamphène de Tanret).

On préparera aussi des matières colorantes, qui auront peut-être des débouchés industriels. Ces découvertes seront laborieuses, en raison de l'instabilité, de la mobilité, si je puis m'exprimer ainsi, des isomères térébéniques. Elles n'en sont pas moins réservées aux chercheurs patients et sagaces.

Je serai heureux, si, dans cet aperçu rapide, je suis arrivé à démontrer la fonction acétonique du camphre et sa constitution qui le relie au cymène, comme Kékulé l'a supposé le premier. Un cortège de faits imposants donne leur appui à cette conception théorique. Les découvertes de l'avenir pourront peut-être prouver ou infirmer telle ou telle position des hydrogènes ou du carbonyle par rapport aux autres groupes. La formule que j'adopte n'en restera pas moins fondée dans ses traits essentiels.

MM. Friedel, Haller, tous les chimistes qui s'occupent du camphre ou de ses dérivés, s'y rattachent désormais.

La science a donc fait un pas en avant, puisque les esprits semblent d'accord sur un point théorique important.

Je termine ici, messieurs, cet entretien, en vous adressant mes remercîments pour votre bienveillante attention, en les adressant aux éminents maîtres qui ont bien voulu honorer cette séance de leur présence, attirés sans aucun doute par l'intérêt même de la question plutôt que par l'attrait de mon exposé.

P. CAZENEUVE.

PSYCHOLOGIE

Le rôle psycho-physiologique de l'inhibition,
d'après M. Jules Fano.

C'est en étudiant les formes relativement simples de l'activité des êtres vivants que nous arrivons à en comprendre les formes compliquées. Cela est vrai surtout de l'activité psychique. L'observation des animaux inférieurs est, dans ce cas, en quelque sorte, un artifice expérimental, qui nous permet de mieux éliminer les phénomènes accessoires et de constater les conditions fondamentales de cette activité.

A l'éternel souffre-douleur de la physiologie, à la grenouille, M. Fano a, en plus d'une occasion, substitué la *tortue* (Emys europea), et elle lui a fourni des résultats du plus haut intérêt. Elle supporte admirablement les mutilations de l'encéphale et leur survit longuement.

L'encéphale de la tortue comprend le cerveau antérieur (hémisphères cérébraux); le cerveau intermédiaire (couches optiques); le cerveau moyen (lobes optiques ou corps quadrijumeaux); le cerveau postérieur (cervelet et moelle allongée).

Fr. Redi a fait au xviie siècle les premières expériences sur le cerveau de la tortue; il a observé que les tortues complètement privées de cerveau offrent une locomotion incessante. M. Fano a repris et développé ces anciennes expériences (1).

Si on extirpe à une tortue les hémisphères et les couches optiques, en laissant intactes les autres parties de l'encéphale, on constate que l'*animal a perdu toute capacité de produire des mouvements volontaires;* pourvu qu'on ne l'excite pas (les réflexes directs sont naturellement conservés), il reste des semaines entières sans se déplacer, sans faire le moindre mouvement.

Si, au contraire, on extirpe, outre les hémisphères et les couches optiques, *les lobes optiques*, en ne laissant dans le crâne que le cervelet et la moelle allongée, le tableau change du tout au tout: l'animal se met à marcher, il se dépêche, il se meut sans cesse, comme poussé par une impulsion irrésistible; il ne peut plus s'arrêter et ne s'arrête qu'à la mort.

Et toute cette locomotion fiévreuse est de nature évidemment automatique, c'est-à-dire produite non par des excitations, intérieures ou extérieures, mais par un dégagement ininterrompu d'activité de la part des cellules nerveuses du bulbe, dû sans nul doute au mouvement trophique qui s'accomplit sans cesse en elles.

Si on enlève le reste de l'encéphale, l'animal cesse tout à fait de se mouvoir, et ne se meut plus que s'il y est sollicité par des excitations extérieures, auxquelles il peut cependant encore répondre par des mouvements de locomotion bien coordonnés.

Il paraît donc y avoir dans les lobes optiques quelque chose qui empêche le dégagement des impulsions motrices constamment prêtes à s'élancer du bulbe; et si, à l'état normal, la tortue peut se mouvoir ou s'arrêter *quand elle veut*, c'est, apparemment, que les hémisphères cérébraux peuvent *inhiber l'action inhibitrice des lobes optiques*, et cela de façon à permettre au bulbe de dépenser l'énergie accumu-

lée en lui, conformément aux circonstances provocatrices et au but à atteindre. Ainsi, les mouvements volontaires ne seraient pas l'expression directe d'impulsions *motrices*, mais le résultat indirect de suspensions coordonnées exercées par les hémisphères sur l'influence arrestatrice des lobes optiques, bref, d'impulsions *inhibitrices*.

Or que signifient les expressions de « motrices » ou « inhibitrices »?

Nous appelons *motrices* les parties des centres nerveux qui, lorsqu'elles sont excitées, provoquent un mouvement, ou plutôt un dégagement d'énergie; ce phénomène est toujours accompagné de processus *analytiques*, tels que les oxydations ou les hydratations par lesquelles la molécule organique se scinde en substances moins complexes, et met ainsi en liberté une partie de la force latente qu'elle renfermait. Cela est également vrai de tout *organe*, de toute cellule vivante. Mais afin que les éléments histologiques qui constituent les organes puissent continuer à vivre et à agir, il faut que cette désintégration fonctionnelle soit constamment suivie d'une réintégration réparatrice, qui rende à la substance vivante, avec sa composition chimique initiale, sa dose primitive de force latente. Cette reconstitution est donc nécessairement accompagnée de processus *synthétiques*, opposés aux précédents. De plus, afin que ces phénomènes antagonistes, de désorganisation et de réorganisation, se tiennent mutuellement en équilibre, ils doivent être soumis à un mécanisme régulateur, qui les coordonne et les subordonne aux besoins de l'organisme; ils sont en effet régis par le système nerveux. Il est depuis longtemps démontré que toutes les fonctions qui impliquent un dégagement d'énergie, sous quelque forme que cela soit, sont sous la dépendance plus ou moins directe du système nerveux; des études récentes tendent à démontrer aujourd'hui que les processus trophiques reconstitutifs se trouvent, eux aussi, sous son influence, de telle sorte que si l'excitation d'un centre ou d'un nerf moteur provoque une exagération de l'activité fonctionnelle de tel ou tel tissu, celle d'un centre ou d'un nerf trophique devra diminuer ou *inhiber* cette activité, et, *vice versa*, l'excitation d'un centre ou d'un nerf *inhibiteur* accroître l'intensité des phénomènes nutritifs (1).

Ce que nous venons de dire d'un tissu quelconque s'applique évidemment aussi au tissu nerveux lui-même : telle ou telle partie du système nerveux peut mettre telle ou telle autre partie de ce système en activité ou hors d'activité, être vis-à-vis d'elle *motrice* ou *inhibitrice*.

Dès lors, on comprend que, lorsqu'un dégagement d'énergie est inhibé, l'énergie, empêchée de se manifester au dehors, peut être employée à vaincre les affinités chimiques qui s'opposent à la formation synthétique des substances de

(1) Fano, *Saggio sperimentale sul meccanismo dei movimenti volontari nella testuggine palustre*. Publication de l'Institut supérieur de Florence, 1884. — Fano, *Sul nodo deambulatorio bulbare*. Dans la *Salute*; Gênes, 1885. — Fano et Lourie, *Contributo alla psicofisiologia dei lobi ottici* (*Riv. sperim. di Freniatria e Medicina legale;* Reggio-Emilia, 1885). — Fano, *Di alcuni fondamenti fisiologici del pensiero* (*Riv. di Filos. scient.;* Torino, 1890).

(1) W.-N. Gaskell, *Résumé de recherches sur le rythme et la physiologie des nerfs du cœur et sur l'anatomie et la physiologie du système nerveux sympathique* (*Archives de physiologie normale et pathologique* (4e série, t. Ier, p. 56; Paris, 1888). — Fano et Fayod, *De quelques rapports entre les propriétés contractiles et les propriétés électriques des oreillettes du cœur* (*Archives italiennes de biologie*, t. IX, p. 143; Turin, 1888).

reconstitution; en d'autres termes, comment l'inhibition est une condition de la nutrition. Et on comprend du même coup qu'un organe ainsi poussé à la reconstitution trophique doit offrir une résistance, quelquefois insurmontable, à la production d'effets contraires sous l'influence d'une impulsion de nature opposée, motrice, par exemple.

Revenons maintenant aux mouvements volontaires. Pourquoi faut-il que, pour les produire, les centres nerveux, au lieu d'émettre simplement une impulsion motrice, soient obligés d'accomplir indirectement une inhibition d'inhibition (les hémisphères suspendent l'inhibition du bulbe par les lobes optiques)? Est-ce là une complication superflue? Assurément non. Il ne faut pas oublier qu'un acte volontaire n'est pas seulement une manifestation extérieure de mouvement, mais que c'est aussi un phénomène nerveux *accompagné de conscience*, un vrai phénomène psychique. Or la conscience n'accompagne pas tous les phénomènes nerveux; les simples réflexes sont inconscients. Une excitation centripète qui se déchargerait immédiatement tout entière sur les voies centrifuges n'éveillerait point de conscience. Pour que celle-ci se produise, il faut que le processus central ait une certaine intensité et une certaine durée, qui sont, on le sait, d'autant plus marquées que ce processus entraîne une activité psychique plus complexe. Une des conditions pour la production de la conscience est donc *une certaine résistance* dans le circuit nerveux. Elle se produit alors comme la lumière ou la chaleur dans le trajet *résistant* d'un circuit électrique. Plus la résistance à la décharge centrifuge est grande, plus aussi les phénomènes psychiques provoqués sont intenses. Tout cela est en parfait accord avec la « loi physique de la conscience » formulée par moi-même et confirmée par Buccola, dans ses observations psychiatriques (1).

L'intensité de la conscience, ai-je dit, est inversement proportionnelle à la rapidité et à la facilité avec laquelle le travail interne de chaque élément nerveux se transmet à d'autres éléments, centraux ou périphériques. Buccola constate qu'en effet les maniaques offrent un maximum de réaction motrice et un minimum de phénomènes psychiques, tandis que c'est l'inverse chez les mélancoliques. Quelque chose d'analogue se retrouve chez l'homme normal à différents âges : l'enfant est prompt à réagir, il réfléchit peu; l'adulte pèse davantage ses impressions, il peut supprimer leurs effets extérieurs, il se domine, l'inhibition est plus développée chez lui. Ainsi, le développement de l'activité psychique est proportionnel à celui de l'inhibition (2).

Or, pour constituer une individualité psychique, il ne suffit pas de la conscience, il faut encore la mémoire; et celle-ci ne peut être expliquée physiologiquement qu'en admettant une modification permanente des éléments cen-

traux, à la suite de l'activité dont ils ont été le siège, sous l'impulsion des impressions extérieures. La reconstitution qui suit immédiatement la désorganisation fonctionnelle n'est donc pas absolue; l'élément central ne redevient pas identique à ce qu'il était, il conserve une trace durable des phénomènes désintégratifs qui se sont passés en lui; néanmoins la réintégration, bien qu'elle s'opère avec une modalité correspondante à l'activité qui l'a précédée, doit être un processus synthétique opposé, au point de vue chimique, au processus analytique dont il vient réparer les effets. Mais nous avons vu le lien intime qui unit la reconstitution trophique à l'inhibition; celle-ci joue donc, ici encore, un rôle des plus importants : indispensable pour éveiller la conscience, elle l'est également pour établir la mémoire.

Considérons, maintenant, les mêmes phénomènes à un autre point de vue. Cette succession immédiate et constante de phénomènes antagonistes n'indique-t-elle pas l'existence entre eux d'un lien causal? Le premier ne semble-t-il pas être la *cause* du second?

M. Fano croit entrevoir le mécanisme de ce lien. On sait, dit-il, que l'exercice développe les organes, qui, en se développant, deviennent à leur tour aptes à fournir du travail. Cela est de toute évidence pour les muscles; il en est de même de tous les tissus. Mais, en l'énonçant, nous ne faisons qu'énoncer un fait, sans en indiquer le mécanisme. Or, si, d'une part, nous connaissons suffisamment les stimulants, extérieurs ou intérieurs, qui provoquent l'activité fonctionnelle de nos organes, d'autre part, nous ignorons en quoi consistent ceux qui les poussent à la réintégration trophique. Les recherches que M. Fano poursuit actuellement dans son laboratoire l'autorisent à penser que les stimulants qui provoquent l'activité de reconstitution nutritive ne sont pas autre chose que les *produits de décomposition qui résultent de la désintégration fonctionnelle*.

Nos tissus ne se trouvent, en effet, jamais au repos absolu. Ce qui se passe au moment de leur « activité » n'est qu'une exagération des phénomènes dont ils sont le siège au « repos »; le troc nutritif ne s'arrête jamais et fournit sans cesse plus ou moins de produits de décomposition. Mais ceux-ci ne s'accumulent dans les organes en quantité suffisante pour provoquer une nutrition active que lorsque les organes travaillent; c'est pourquoi un organe, condamné à un repos forcé et prolongé, s'atrophie peu à peu : le travail lui est indispensable pour se maintenir en bonne nutrition et pour s'accroître. C'est pourquoi, aussi, un organe qui ne fonctionne que de temps en temps se maintient en état : la reconstitution provoquée d'une façon intermittente par les produits de décomposition suffit non seulement pour réparer l'usure fonctionnelle, mais pour prévenir la dénutrition pendant les périodes de repos. C'est pourquoi, enfin, le travail relativement exagéré (mais non excessif, car alors il devient nuisible) *hypertrophie* l'organe : le surplus de produits de décomposition provoque alors une activité nutritive qui dépasse les besoins du simple maintien en état.

Les produits de décomposition fonctionnelle n'ont sans doute pas *tous* l'influence trophique dont il s'agit. M. Fano

(1) Herzen, *le Cerveau et l'activité cérébrale*, etc ; Paris, J.-B. Baillière, 1887.—Buccola, *la Legge del costienza nell'uomo sano e nell'alienato* (Rendiconte del 3° Congresso freniatrio italiano ; Milan, 1881).

(2) Cette conclusion sera, sans doute, fort agréable à M. Delbœuf; mais elle ne change rien à la question de la liberté, ainsi que je l'ai dit en note, aux pages 156-157 de mon livre. (A. H.)

est en train de rechercher *lesquels* d'entre eux jouent le rôle d'excitants nutritifs. Nous ne pouvons, sur ce point, qu'attendre, avec impatience et intérêt, la publication de ses recherches qu'il annonce comme prochaine.

Revenons à présent au cerveau et appliquons-lui le principe qui vient d'être indiqué.

De même que les processus de désintégration fonctionnelle constituent la base de la volonté et de la conscience, les processus de réintégration trophique constituent celle de la mémoire; la synthèse suit l'analyse : structure et fonction sont à ce prix. Nous pouvons maintenant nous faire une idée du lien qui les unit : une impression sensitive, amenée, par les nerfs afférents, au cerveau, y provoque une désintégration accompagnée de sensation; les produits de cette désintégration provoquent la réintégration des éléments ayant fonctionné; celle-ci suit immédiatement celle-là et s'accomplit suivant une modalité conforme à la modalité de l'activité qui vient d'avoir lieu; l'impression est enregistrée dans la constitution même de l'élément qui l'avait reçue et perçue. Mais, pour qu'il y ait sensation, conscience, il faut qu'il y ait résistance. Elle est établie précisément par les phénomènes de reconstitution provoqués par la désorganisation qui les a précédés, et doivent ainsi être considérés non seulement comme les stimulants de la réorganisation, mais encore comme les premiers facteurs des résistances qui sont la condition de la conscience. Si, enfin, on se souvient que les influences inhibitrices sont en même temps des influences trophiques, de réintégration, on verra que la manière de voir de M. Fano constitue un cercle logique ininterrompu, complet et assurément fort intéressant.

Tout cela vient, d'ailleurs, confirmer cette conclusion, qu'il n'y a point de différence essentielle entre le mécanisme physiologique de l'activité musculaire ou glandulaire et celui de l'activité cérébrale. Reste le grand mystère : *la conscience*, — dont nous ne connaissons quand même, et dont nous ne pouvons connaître, que les conditions.

Mon intention n'a pas été de discuter le travail de M. Fano, mais simplement de le faire connaître aux lecteurs de la *Revue*.

A. HERZEN.

VARIÉTÉS

Balistique nouvelle à gaz liquéfié.
Le fusil Paul Giffard.

Une nouvelle arme, fruit des longues et patientes recherches de son inventeur, M. Paul Giffard, fait depuis quelque temps beaucoup de bruit — au figuré seulement — dans le monde scientifique, et occupe, à juste titre, l'attention des spécialistes. Il s'agit d'une véritable révolution dans le tir, et l'on en est à se demander, non sans appréhension, si le fusil Lebel ne va pas se trouver détrôné et si l'armement de notre armée ne devra pas sous peu être l'objet d'une réforme complète.

Avant de parler de l'invention elle-même, disons quelques mots de l'inventeur.

M. Paul Giffard est le frère et le collaborateur de l'éminent ingénieur Henri Giffard, bien connu par son aérostat dirigeable à vapeur, par ses grands ballons captifs et surtout par l'injecteur pour chaudières qui a fait sa fortune. Il est l'inventeur de la machine à air froid utilisée dans les pays pour le transport et la conservation des viandes, d'appareils pour la compression de l'air et des gaz sous d'énormes pressions de plusieurs milliers d'atmosphères, du piston universel adopté en Europe et en Amérique, du système de transmission des dépêches, au moyen de tubes pneumatiques, employé à Paris, des cartouches à air comprimé, et d'une foule d'autres applications industrielles, pour lesquelles il est titulaire de plus de deux cents brevets, tant en France qu'à l'étranger.

Sa dernière création, la balistique nouvelle à gaz liquéfié, est le résultat de persévérantes recherches, auxquelles il a consacré trente-cinq années de sa vie et une somme dépassant quatre millions de francs.

Les spécialistes s'efforcent, actuellement, tout en donnant plus de force de pénétration aux projectiles, balles ou boulets, de supprimer le bruit résultant de la brusque expansion des gaz produits par la combinaison des diverses matières entrant dans la composition de la poudre, ainsi que la fumée, effet de la déflagration. M. Paul Giffard, lui, veut encore aller plus loin et, pour cela, il propose de supprimer purement et simplement toute poudre, quelle qu'elle soit.

L'idée de l'inventeur semblait d'ailleurs être pour ainsi dire dans l'air. On s'occupe en effet beaucoup, à l'étranger principalement, du remplacement des poudres explosives par la vapeur d'eau et l'air comprimé. A cette occasion, nous rappellerons que déjà, il y a quatre cents ans, Léonard de Vinci, qui fut, en même temps qu'un peintre célèbre, un savant naturaliste et un mécanicien des plus ingénieux [1], avait proposé l'emploi d'un canon à vapeur, dont il a laissé un dessin avec description. Peut-être un jour reviendrons-nous, pour la défense de nos forteresses, aux puissantes catapultes des anciens !

Quoi qu'il en soit, le nouveau fusil de M. Paul Giffard consiste essentiellement en une sorte de fusil à vent perfectionné, un fusil à gaz pour mieux dire, gaz provenant d'un liquide contenu dans un petit réservoir en acier et remplaçant l'air comprimé accumulé autrefois dans la crosse des fusils à vent, tels que ceux qu'on peut voir dans les collections du Conservatoire national des arts et métiers.

L'aspect extérieur général du fusil Giffard est extrêmement élégant et ne diffère pas sensiblement de celui des armes de

---

(1) Voir la *Revue scientifique* des 15 et 22 août 1885. Biographies scientifiques : *Un ingénieur au xvᵉ siècle; Léonard de Vinci*, par M. F. Kucharzewski.

guerre ou de chasse habituellement employées. Le canon a la même longueur. La crosse est de même forme. Le réservoir métallique, figurant une cartouche, est placé sous le canon. Il renferme trois cents gouttes d'un liquide obtenu par la liquéfaction d'un gaz, dont la nature est tenue secrète. Chacune de ces gouttes de liquide est introduite successivement dans une chambre close, ou tonnerre, ménagée derrière le projectile, par le jeu d'une détente spé-

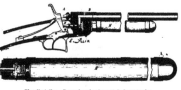

Fig. 40. — Carabine de salon de M. Giffard.

ciale disposée *ad hoc*, avec soupape d'échappement réglée par un pas de vis. En pressant sur la détente, la soupape s'ouvre, donne passage à la goutte de liquide qui, en présence de l'air, se volatilise instantanément et chasse violemment devant elle le projectile introduit au préalable, avant chaque coup, par le côté de l'arme.

On n'ignore pas que les gaz, simples ou composés, comme l'oxygène, le chlore, l'acide sulfureux, l'oxyde de carbone, l'acide carbonique, l'ammoniaque, etc., une fois liquéfiés par l'action du froid et des hautes pressions, donnent lieu, quand on les met en contact avec l'atmosphère, à un développement considérable de produits gazeux, comparable à celui que l'on observe lors de la décomposition des poudres ordinaires par le choc ou la chaleur. Le principe physique appliqué par M. Paul Giffard est donc des plus simples, et l'on pourrait se demander comment on n'y a pas songé plus tôt. C'est toujours l'histoire de l'œuf de Christophe Colomb!

La carabine de salon, d'un type adopté définitivement, que M. Paul Giffard a présentée à l'examen de la commission du prix Escoffier, à la Chambre de commerce de Saint-Étienne, et qui a fait attribuer à l'inventeur ce prix, d'une valeur de 10,000 francs, peut tirer trois cents coups à la distance de trente mètres. La cartouche métallique, récipient du gaz liquéfié, contient cent grammes de liquide. Un tiers de gramme développe une puissance d'expansion suffisante pour lancer le projectile — charge de plomb ou balle — d'une arme de chasse ou de tir réduit. Si l'on désire atteindre un but situé à une distance moindre, la goutte de gaz liquéfié étant plus petite, il serait possible de tirer quatre ou cinq cents coups consécutifs. De même, pour tirer à une distance plus grande, il faudrait une goutte plus grosse, et l'on ne pourrait alors tirer que cent cinquante à deux cents coups. La grosseur de la goutte de liquide dont on a besoin, variable selon la distance, est dé-

terminée par la vis servant de régulateur, laquelle arrête le chien et l'empêche de pousser le piston et la soupape au delà du nécessaire.

Voici, d'ailleurs, le plan général de l'arme.

Quand la cartouche H est vide, on peut la dévisser et la remplacer par une autre. Cette cartouche a 17 centimètres de longueur sur 2 centimètres de largeur. Elle est vissée dans le fût C, se termine en arrière par une soupape I appuyée par un ressort, ainsi que par la pression du gaz sur une pièce D en caoutchouc durci. Une tige F prolonge cette soupape et une garniture en caoutchouc G rend étanche le filetage G (fig. 42).

Lorsqu'on presse la détente, le chien part et frappe l'extrémité E de la tige F (fig. 41). La soupape I (fig. 42) se trouve alors poussée en avant, et il s'échappe par le conduit D_1 (fig. 41) une certaine quantité de gaz liquéfié. Ce gaz chasse le projectile qui a été introduit dans le canon du côté droit par l'ouverture placée en avant du chien (fig. 40).

La grosseur de la goutte de gaz liquéfié est réglée par la vis A, contre laquelle vient butter le chien.

On s'est peut-être un peu hâté de conclure que cette invention n'était pas applicable aux armes de guerre. Aux États-Unis, M. Zalinski, avec son artillerie pneumatique, obtient une portée de 3500 mètres à l'aide d'une pression de 450 atmosphères; et M. Giffard peut, dès à présent, obtenir une pression de 800 atmosphères.

Il est évident qu'avec un mécanisme à répétition, on pourrait amener successivement devant la chambre de vaporisation une série de charges ou de projectiles, sans craindre l'encrassement et l'échauffement du canon, ce qui procure par surcroît une régularité et une justesse de tir infiniment supérieures à celles obtenues avec les armes aujourd'hui en usage.

Quand les trois cents coups sont épuisés — le dernier coup tiré ayant la même force que le premier — il suffit de remplacer la cartouche vide par une cartouche pleine, ce qui s'effectue par un simple vissage, toutes les cartouches étant rendues interchangeables. Le prix de l'approvisionnement de liquide pour trois cents coups ne dépasse pas dix centimes !

Comme nous venons de le dire, le nouveau fusil, ne produisant pas de fumée, ne s'encrasse jamais; après un très grand nombre de coups consécutifs, le canon se montre aussi net, aussi brillant qu'avant d'avoir servi. De plus, l'éva-

Fig. 41 et 42. — Coupe du mécanisme et de la cartouche du fusil de M. Giffard.

poration rapide du gaz constituant la gouttelette liquide est cause d'une réfrigération assez notable du canon de l'arme, auquel est emprunté subitement une partie de sa chaleur latente, et ce refroidissement, effet d'un changement d'état moléculaire, pourrait être un inconvénient aussi gênant que le trop grand échauffement, s'il ne se trouvait pas compensé par l'élévation de température, assez sensible, résultant du frottement du projectile contre les parois du canon.

La détonation de l'arme ne fait pas plus de bruit qu'une bouteille de vin de Champagne qu'on débouche.

Outre les avantages précédemment signalés, suppression du feu et de la fumée, de tout nettoyage par conséquent, sécurité radicale, absence d'échauffement, précision absolument rigoureuse, le formidable travail dynamique et balistique renfermé dans un volume restreint de gaz liquéfié assure les admirables résultats suivants : création d'armes portatives légères, de 6, 8 et 12 millimètres, pouvant tirer, suivant le calibre, de cinquante à trois cents coups; puissance de tir toujours égale et réglable à volonté; recul supprimé; aucun crachement, aucun danger de capsules lancées; rapidité de chargement; aucun raté possible; munitions considérables sous de très petits volumes; extrême bon marché du tir; grande puissance de projection; lancement — continu au besoin — de projectiles ronds ou coniques, de petit plomb et de chevrotines; suppression complète des émanations délétères provenant des fulminates et de la poudre; conservation indéfinie des charges acquises; aucune action de l'humidité et de l'eau sur les charges emmagasinées; extrême légèreté des munitions; suppression des cartouches et par suite des cartouchières, ainsi que des amorces à fulminate, dont le chiffre de vente s'élevait à plus de trois cent mille par an pour les armes de petit calibre.

La figure 40 de la page précédente représente le type général des armes vendues; ces armes sont les suivantes :

1° Carabines lisses ou rayées de 6 millimètres, tirant trois cents coups consécutifs;

2° Carabines lisses ou rayées de 8 millimètres, tirant cent coups consécutifs;

3° Carabines lisses ou rayées de 12 millimètres, tirant la balle ronde, les chevrotines et le petit plomb.

Les balles de plomb pour armes lisses ou rayées sont vendues en boîtes à des prix d'extrême bon marché.

Chaque arme vendue est pourvue de sa cartouche métallique. Les tireurs peuvent avoir autant de cartouches supplémentaires qu'ils en peuvent désirer. Les cartouches sont indestructibles et livrées chargées au public à un très bas prix. Les cartouches vidées seront échangées contre des cartouches pleines chez tous les armuriers.

Ajoutons que M. Paul Giffard, ayant généreusement fait abandon à la Chambre de commerce de Saint-Étienne des fonds attachés au prix Escoffier et ayant pris l'engagement, tout en faveur de notre industrie nationale, de faire fabriquer à Saint-Étienne, ou dans ses environs, toutes les armes du nouveau type — carabines, pistolets, fusils, revolvers —

destinées à être vendues, soit en France, soit dans le[s] nies françaises, la Chambre de commerce, en adress[a] remerciements à l'inventeur, a décidé qu'une gran[d] daille d'or lui serait adressée, en souvenir de la disti[...] qu'il avait si bien mérité.

L'arme de guerre, arme d'infanterie ou d'artiller[...] dès maintenant construite, mais naturellement le sec[...] est rigoureusement gardé jusqu'à ce jour.

Pour terminer, nous devons faire remarquer — c[...] une légère ombre au brillant tableau que nous venon[s...] quisser — que les armuriers de Saint-Étienne ont a[...] avec une certaine réserve la merveilleuse idée qui [...] base de l'invention de M. Paul Giffard et paraissent [...] qu'on puisse l'appliquer, dès à présent, même aux fu[...] chasse. Par contre, M. Giffard reste intimement per[...] que sa nouvelle balistique est applicable aussi bien a[...] sils de chasse qu'aux fusils de guerre et aux canons.

O. FRIO[...]

CAUSERIE BIBLIOGRAPHIQUE

Les Lois de l'imitation, par M. G. TARDE. — Un vol. [...] Paris, Félix Alcan, 1890.

Dans cet ouvrage, M. Tarde a essayé de dégager *le* *purement social* des faits humains, abstraction faite o[...] qui est en eux simplement vital ou physique. Mais, pré[...] ment, il s'est trouvé que le point de vue auquel il s'[...] placé lui a montré, entre les phénomènes sociaux e[...] phénomènes d'ordre naturel, « les analogies les plus r[...] breuses, les plus suivies, les moins forcées ». Il y [...] longues années déjà qu'il avait énoncé et développé, [...] la *Revue philosophique*, son idée principale, et, comm[...] plan de son livre était dès lors dans sa pensée, plusi[...] des articles dont il s'agit ont pu sans peine entrer, [...] forme de chapitres, dans le volume que nous avons à [...] senter au lecteur.

L'auteur a tâché d'esquisser une sociologie pure: « au[...] vaut dire une sociologie générale. Les lois de celle-ci, [...] que je la comprends, s'appliquent à toutes les sociétés [...] tuelles, passées ou possibles, comme les lois de la phy[...] logie générale à toutes les espèces vivantes, éteintes [...] concevables. Il est bien plus aisé, je n'en disconviens [...] de poser et de prouver même ces principes, d'une sim[...] cité égale à leur généralité, que de les suivre dans le [...] dale de leurs applications particulières; mais il n'en est [...] moins nécessaire de les formuler (1). »

Pourquoi, se demande M. Tarde, la science sociale [...] elle encore à naître ou à peine née, au milieu de toutes [...] sœurs, adultes et vigoureuses? C'est, répond-il, qu'on a [...] ne pouvoir donner à la sociologie une tournure scien[...]

(1) Avant-propos, p. VI.

que qu'en lui donnant un air biologique ou, mieux encore, un air mécanique.

Cette critique nous semble parfaitement juste. C'est Jean-Jacques Rousseau qui a le premier, pensons-nous, formulé les analogies qu'il croyait trouver entre la société civile et un organisme vivant : « Le pouvoir souverain représente la *tête*; les lois et les coutumes sont le *cerveau*; les juges et les magistrats sont les *organes de la volonté* et des *sens*; le commerce, l'industrie et l'agriculture sont la *bouche* et l'*estomac*, qui préparent la substance commune; les finances publiques sont le *sang*, qu'une sage économie, en faisant les fonctions du cœur, distribue partout l'organisme; les moyens sont le *corps* et les *membres*, qui font mouvoir, vivre et travailler la machine. On ne saurait blesser aucune partie sans qu'aussitôt une *sensation* douloureuse ne s'en porte au *cerveau*, si l'*animal* est dans un état de santé. »

M. Alfred Fouillée trouve que cet organisme décrit par Rousseau représente parfaitement la société, au point de vue des intérêts économiques. Nous aurions bien quelques réserves à faire sur cette appréciation; nous aimerions mieux, par exemple, comparer au sang, qui distribue la force dans toutes les parties du corps, non pas les « finances publiques », comme dit Rousseau, mais d'une manière beaucoup plus générale la *monnaie*, qui, en assurant l'échange des produits et des services les uns contre les autres, répand dans toutes les parties du corps social les éléments de *réparation* et de vie. Mais passons ! M. Fouillée (1) remarque que, de nos jours, on est allé bien plus loin que Rousseau : « On considère ces rapprochements entre le corps social et l'animal, non comme de pures analogies (ce que nous trouverions, quant à nous, tout à fait acceptable), mais comme des entités qui expriment la réalité même avec une entière exactitude. » Auguste Comte recommandait à la sociologie de se tenir en garde contre certains empiétements de la biologie; Herbert Spencer tend, au contraire, à fondre les deux sciences en une seule; enfin, dans un livre sur *la Structure et la vie du corps social*, M. Schœffle décrit minutieusement la *cellule sociale*, c'est-à-dire la famille, les *tissus* sociaux, les *organes* de la société, l'*âme* de la société, etc. (2). Relativement à cette manière de concevoir la sociologie, nous sommes tenté de nous rallier au jugement qu'en porte M. Sidgwick (the *Scope and Methode of Economia Science*; Londres, Macmillan, 1885, p. 46), cité par M. Maurice Block (3). M. Sidgwick montre que si un homme d'État, pour régler sa conduite, relativement à la religion de son pays, s'avisait de consulter les sociologistes, A. Comte, H. Spencer et Schœffle lui donneraient chacun un conseil différent; M. Sidgwick pense donc que nous devons attendre la vraie sociologie avant de nous en servir.

M. Tarde repousse, avons-nous dit, en matière de sociologie, le point de vue biologique. Il n'accepte pas davantage le système qui attribue à l'action presque exclusive de quelques grands hommes les transformations qui modifient si profondément, à travers les âges, les conditions de la vie morale, intellectuelle et physique des sociétés humaines.

Ces transformations, il les explique, au contraire, « par l'apparition, accidentelle dans une certaine mesure, quant à son lieu et à son moment, de quelques grandes idées, ou plutôt d'un nombre considérable d'idées, petites ou grandes, faciles ou difficiles, le plus souvent inaperçues à leur naissance, rarement glorieuses, en général anonymes, mais d'idées neuves toujours, et qu'à raison de cette nouveauté il appelle collectivement *inventions* ou *découvertes* ».

Il entend par là une innovation quelconque ou un perfectionnement, si faible soit-il, apporté à une innovation antérieure, en tout ordre de phénomènes sociaux, langage, religion, politique, droit, industrie, arts. Il compare cette nouveauté, petite ou grande, et son action sur la société où elle pénètre, au microbe, soit funeste, soit bienfaisant, qui entre dans un organisme où, en apparence, rien n'est changé d'abord, mais où se produiront bientôt des changements plus ou moins considérables. Le point de départ de toutes les transformations sociales, ce sont « ces initiatives rénovatrices qui, apportant au monde à la fois des besoins nouveaux et de nouvelles satisfactions, s'y propagent ensuite ou tendent à s'y propager par imitation forcée ou spontanée, élective ou inconsciente, plus ou moins rapidement, mais d'un pas régulier, à la façon d'une onde lumineuse ou d'une famille de termites ».

La loi suprême de ces phénomènes sociaux, à quelque branche de l'activité humaine qu'ils appartiennent : langage, religion, politique, droit, industrie, art — c'est ce que M. Tarde appelle la *répétition universelle*, à peu près sans doute comme la *gravitation universelle* est la loi de l'univers physique.

L'auteur n'a pas la prétention d'avoir découvert dans l'homme le penchant à l'imitation; il n'est pas non plus le premier à signaler l'action que cet instinct exerce, dans certains cas, sur le développement et les progrès de la vie sociale. Ainsi, M. Herbert Spencer, par exemple, a consacré la quatrième partie de ses *Principes de sociologie* à ce qu'il appelle les *institutions cérémonielles* : cérémonies en général, trophées, mutilations, présents, visites, salutations, compliments, titres, insignes et costumes, modes, etc. (1). Mais, tandis que le savant anglais ne fait de l'imitation, si l'on peut ainsi parler, qu'une des assises de sa grande construction philosophique, M. Tarde — et là, ce nous semble, est l'originalité profonde de son livre — en fait la base même et le pivot de tous les phénomènes sociaux.

Et ici peut-être apporte-t-il à sa conception, d'ailleurs très puissante, l'exagération dont se gardent guère se défendre les inventeurs de systèmes, si bien agencés, si solidement liés qu'ils puissent paraître.

N'y a-t-il pas, par exemple, quelque chose d'un peu forcé

---

(1) Alfred Fouillée, *la Science sociale contemporaine*, p. 75.

(2) *Ibid.*, p. 76.

(3) Maurice Block, *les Progrès de la science économique depuis Adam Smith*, t. Ier, p. 55.

(1) Herbert Spencer, *Principes de sociologie*, trad. Cazelles, t. III p. 1 à 309.

à ranger sous la rubrique générale de l'imitation tout ce que M. Tarde y veut faire entrer quand il dit : « Toutes les similitudes d'origine sociale qui se remarquent dans le monde social sont le fruit direct ou indirect de l'imitation sous toutes ses formes, imitation-coutume ou imitation-mode, imitation-sympathie ou imitation-obéissance, imitation-instruction ou imitation-éducation, imitation naïve ou imitation réfléchie, etc.? » Cette exagération n'est-elle pas rendue plus frappante par la nécessité où s'est trouvé l'auteur de forger des néologismes (et nous ne savons s'ils seront accueillis par le public) pour exprimer son idée, et d'ajouter partout le mot imitation aux mots coutume, mode, sympathie, obéissance, instruction, éducation, etc.? Mais n'insistons pas.

La part une fois faite à la critique, disons tout le bien que nous pensons de l'œuvre de M. Tarde.

Un des chapitres les plus originaux de son livre est assurément celui où l'auteur étudie cette question : Qu'est-ce qu'une société(1)? L'importance qu'il a donnée à l'imitation, le rôle prépondérant qu'il lui attribue dans la production des faits sociaux, l'amènent à une conclusion assez imprévue, qui nous semble renfermer une grande part de vérité; il considère l'homme social comme « un véritable somnambule (2) ». Et il rappelle à cette occasion les travaux de MM. Richet, Binet et Féré, Beaunis, Bernheim, Delbœuf; il n'eût été que juste en plaçant le premier, par ordre chronologique, M. Liébault, de Nancy, qui a, dès l'année 1866, si magistralement développé la doctrine de la suggestion (3).

Il fait ressortir quelle fascination ont toujours exercée les grands hommes, de Ramsès à Alexandre, d'Alexandre à Mahomet, de Mahomet à Napoléon. Ils ont ainsi « polarisé l'âme de leurs peuples; combien, depuis la fixation prolongée de ce point brillant, la gloire ou le génie d'un homme a-t-elle fait tomber tout un peuple en catalepsie » ! La France militaire n'a-t-elle pas, au commencement de ce siècle, « obéi au geste de César, imité l'impérial et accompli des prodiges »? Après des développements très intéressants, et parfois très profonds, M. Tarde formule cette conclusion : La société, c'est l'imitation, et l'imitation, c'est une espèce de somnambulisme. Il fait d'ailleurs aussitôt les réserves nécessaires, et ce qui touche les inventions et les découvertes : « On ne commande pas une invention, on ne suggère pas, par persuasion, une découverte à faire (p. 97).» Et plus loin : « Pour innover, pour découvrir, pour s'éveiller un instant de son rêve familial ou national, l'individu doit

(1) Voir p. 82 et suiv.
(2) P. 84.
(3) M. Tarde constate que les idées qu'il exprime dans son livre avaient déjà été par lui formulées, une première fois (en novembre 1884), dans la Revue philosophique : « On commençait à peine, ajoute-t-il, à parler de suggestion hypnotique, etc. » Il nous permettra, sans doute, de rappeler, comme simple constatation de fait, que c'est en avril et mai 1884 que M. Liégeois a soumis à l'Académie des sciences morales et politiques son mémoire sur la Suggestion hypnotique dans ses rapports avec le droit civil et le droit criminel.

échapper momentanément à sa société. Il est supra-social, plutôt que social, en ayant cette audace si rare. »

Après avoir établi l'idée-mère de son système, M. Tarde en poursuit l'application, je dirais presque à l'universalité des connaissances humaines : histoire, archéologie, statistique, langues, religions, gouvernements, législations, économie politique, morale, arts, coutumes, modes, etc. On voit, par cette seule énumération, que nous ne saurions le suivre sur tant de terrains différents, ni apprécier, en quelques lignes, tout ce qu'il a rassemblé de faits et d'idées en plus de trois cents pages compactes.

Mais ce que nous pouvons dire, c'est le plaisir et le profit que l'on trouve à suivre un pareil guide.

Quelque matière qu'il ait à traiter, l'auteur y apporte des qualités peu communes : une grande puissance de généralisation, une richesse étonnante de faits et d'informations, un esprit remarquable de classification et de méthode, une singulière habileté à choisir et à mettre en lumière tout ce qui, dans les phénomènes sociaux, peut venir à l'appui de sa thèse. Il n'est presque pas de page (nous dirions d'alinéa, si les alinéas — et c'est un léger défaut à signaler en passant — n'étaient souvent plus longs que les pages) où l'on ne rencontre un renseignement utile, un fait curieux, une remarque ingénieuse, un rapprochement imprévu, un mot heureux, parfois de véritables trouvailles d'expression.

Cette richesse, qu'envierait plus d'un écrivain, est quelquefois même une cause d'embarras pour le lecteur. Si la phrase se déploie ample, puissante, comme ces grands fleuves qui roulent, leurs eaux profondes, le limon fertilisant emprunté à leurs rives, comme eux aussi, elle est parfois un peu troublée et ralentie par les richesses mêmes qu'elle apporte avec elle. L'allure du style y perd quelque peu. Mais le lecteur est dédommagé par le spectacle que présente un travail cérébral d'une rare puissance.

On pourrait évidemment chercher querelle à M. Tarde, sur quelques points d'économie politique. Ainsi, par exemple, d'un côté, il dit « que les progrès industriels rendent chaque jour plus manifeste ce qu'il y a de superficiel et d'erroné dans l'importance attribuée par les économistes à la division du travail (1) ». Ailleurs encore, il parle de la loi de l'offre et de la demande, et il la traite de fétiche creux des économistes. Il serait peut-être facile de montrer les erreurs contenues dans ces appréciations. Mais non est hic locus.

Les Poisons de l'air, par M. N. Gréhant. — Un vol. in-16 de la Bibliothèque scientifique contemporaine, avec 21 figures intercalées dans le texte; Paris, J.-B. Baillière, 1890.

M. Gréhant a réuni en un volume, en les rajeunissant d'un titre un peu trompeur, fait pour intéresser le public, une série d'études, assurément remarquables, sur les gaz du sang et de la respiration et sur la toxicité de l'oxyde de carbone. C'est là de la physiologie qui est maintenant clas-

(1) Voir p. 71, en note.

sique, et même nous lui ferons le reproche de l'être un peu trop, ce qui n'est un reproche qu'à l'égard du livre dont il s'agit. Les recherches de M. Gréhant sont en effet connues de tous les physiologistes, mais, en même temps, elles sont incontestablement trop spéciales pour intéresser le grand public.

Le présent volume devrait donc, pour sa première partie au moins, être intitulé : *Recueil de mémoires sur l'acide carbonique de l'air expiré et sur la toxicité de l'oxyde de carbone*. Mais, dans tout cela, il n'est pas question de *Poisons de l'air*, car l'acide carbonique n'est précisément pas un poison, et l'oxyde de carbone, qui en est un, ne se trouve mélangé à l'air que tout à fait accidentellement. Mais ce serait faire injure à la science de M. Gréhant que d'insister sur ce point, car il sait mieux que personne que l'acide carbonique tue par asphyxie et n'est pas un poison, tandis que l'oxyde de carbone cause la mort par un véritable empoisonnement. C'est d'ailleurs cette distinction que fait ressortir la lecture des études mêmes que M. Gréhant a poursuivies, après Claude Bernard et P. Bert.

Comment aussi M. Gréhant a-t-il pu exposer les recherches de MM. Brown-Séquard et d'Arsonval sur la toxicité de l'air expiré sans y ajouter un seul mot de critique ? Ce n'est vraiment pas assez. On sait, en effet, que les résultats annoncés par ces auteurs ont été très discutés et très contestés, et il fallait au moins signaler les objections et les faits contradictoires.

Pour donner un intérêt d'actualité et une couleur de vulgarisation à ces études spéciales, M. Gréhant les a fait suivre d'observations concernant différents cas d'empoisonnement par les puits, le gaz d'éclairage, le tabac, les poêles, les voitures chauffées, etc. Cela est fort bien. Mais nous ne sommes pas encore satisfaits ; car, au lieu d'une étude personnelle, nous ne trouvons ici que des coupures empruntées à des communications, rapports ou études de différents auteurs, et vraiment nous attendions, d'un savant de la valeur de M. Gréhant, une œuvre plus personnelle et mieux digérée.

Cela est vraiment par trop facile de faire un livre dans ces conditions, et il n'est pas étonnant que par ce procédé, qui se généralise — nous avons le regret de le constater — le nombre des publications aille se multipliant suivant une progression fantastique, alors que leur valeur se fait parallèlement de plus en plus mince.

Cours élémentaire d'anatomie générale et notions de technique histologique, par M. S. Arloing, revisé et publié par M. X. Lesbre. — Un vol. in-8° de 454 pages, avec 388 figures dans le texte ; Paris, Asselin et Houzeau, 1890.

Nous devons nous borner à signaler, en le recommandant aux étudiants pour qui il a surtout été écrit, un excellent *Cours élémentaire d'anatomie générale*, par M. S. Arloing. Cette publication a son origine dans le soin pris par le professeur d'une autographier ses leçons pour les distribuer à ses élèves et leur rendre ainsi la tâche plus facile. Ce détail définira mieux le caractère et la valeur de cet ouvrage que toute autre considération.

Suivant l'exemple de M. Chauveau, M. Arloing a fait entrer dans un cadre uniforme, tracé autrefois par Bichat, les acquisitions nouvelles de l'histo-chimie, de l'histo-anatomie et de l'histo-physiologie ; mais, afin de réduire autant que possible les matières de son enseignement, il a abandonné leur division classique en histologie générale et en histologie spéciale, pour adopter un ordre tiré de l'embryogénie et qui se rapproche beaucoup de la classification de Charles Robin. Les trois feuillets blastodermiques étant, comme on le sait, l'origine de tissus et de systèmes spéciaux, ce sont ces tissus et ces systèmes qui sont successivement étudiés, à propos de chaque feuillet blastodermique, dans leur ordre d'apparition. Ce plan a, d'ailleurs, outre le mérite d'éviter les répétitions, celui d'offrir à l'étudiant un intérêt vraiment philosophique.

Les nombreuses figures de cet ouvrage sont demi-schématiques, sans prétention, mais très démonstratives cependant et parfaitement suffisantes. Nous pensons qu'un ouvrage de ces dimensions et de cette intention est admirablement conçu pour simplifier l'étude et répandre le goût de l'anatomie générale.

ACADÉMIE DES SCIENCES DE PARIS

11-18 août 1890.

Physique. — La lampe électrique, dite *lampe Stella*, présentée à l'Académie par M. de Gerson, est destinée à l'éclairage des mines ; elle est le résultat des études d'une compagnie anglaise, et a été expérimentée à l'École des Mines de Paris et transmise ensuite à la Compagnie des mines d'Anzin, qui en a décidé l'essai dans une de ses fosses les plus grisouteuses pour les travaux du fond de la mine.

Elle pèse 1600 grammes et donne un pouvoir éclairant d'environ une bougie. Elle brûle nominalement pendant douze heures avec une régularité parfaite ; mais sa durée va effectivement jusqu'à quatorze et même seize heures. Elle se recharge en cinq minutes sous un courant de un ampère et quatre volts. Elle se compose d'un accumulateur formé de deux cellules en ébonite, contenant chacune cinq plaques de 75 millimètres de long sur 45 millimètres de large, assujetties de façon à être à l'abri d'un choc extérieur. Deux de ces plaques sont en peroxyde de plomb solide, connu sous le nom de *lithanode*, pesant ensemble 180 grammes et ont une capacité de 7 ampères-heure. Les trois autres plaques sont en plomb spongieux. La capacité totale de l'accumulateur est de 2½ watts-heures. Pendant le travail ordinaire dans la mine, la lampe à incandescence prend environ 5 ampères-heure en douze heures d'éclairage. L'électrolyte employé dans l'accumulateur est de l'acide sulfurique dilué, à la densité spécifique de 1,170. La boîte extérieure est en acier galvanisé, pour empêcher la rouille provenant de l'humidité. Un espace de 60 millimètres environ est réservé entre la boîte métallique et l'accumulateur; il est garni de tampons de caoutchouc pour éviter que les chocs n'endommagent la boîte en ébonite de l'accumulateur.

Enfin, un peu au-dessous du centre de la face antérieure de la lampe, se trouve une lentille de verre, derrière laquelle est placée une petite lampe à incandescence, laquelle, montée sur un ressort à boudin, peut rentrer dans la lampe si elle reçoit un choc après que le premier verre serait cassé. Au-dessus de la lentille se trouve un commutateur qui permet d'allumer et d'éteindre la lampe à volonté, ce qui permettrait aux mineurs, en cas d'éboulement en arrière des travaux d'avancement, de conserver de la lumière pour autant de fois dix heures qu'ils auraient de lampes avec eux.

Bref, la sûreté est absolue et le mineur n'a plus d'imprudence à commettre. Des lampes cassées dans le gaz d'éclairage, de beaucoup plus explosif que le grisou, n'ont déterminé aucune explosion.

En résumé, la lampe Stella, par sa simplicité d'entretien, son poids, son prix, la durée de sa lumière, peut, dit l'auteur, être adoptée par toutes les mines, elle assurera ainsi la sécurité absolue des ouvriers mineurs.

CHIMIE. — On sait que la statique chimique est régie par deux principes : celui du travail maximum, qui tient compte seulement des énergies *intérieures* des systèmes et détermine les réactions exothermiques; tandis que celui de la dissociation fait intervenir les énergies calorifiques *extérieures* et détermine les réactions endothermiques. Le concours de ces deux principes a permis d'expliquer tous les phénomènes chimiques et spécialement les actions réciproques des acides et des bases dans l'état de dissolution, actions sur lesquelles les conceptions anciennes ne fournissaient que des notions vagues ou inexactes. Enfin les méthodes de la thermochimie ont précisé les faits et ses principes les ont expliqués. M. *Berthelot* entre à cet égard dans de nouveaux détails, afin d'éclaircir certaines difficultés et confusions amenées par l'obligation, souvent mal comprise, de tenir compte du jeu simultané de deux lois différentes dans l'interprétation des faits. Il s'occupe, dans ce nouveau travail, des différents cas qui peuvent avoir lieu.

— MM. *Berthelot* et *Friedel* rendent compte de l'étude à laquelle ils se sont livrés sur deux échantillons minéralogiques qui leur avaient été adressés par M. Brézina, directeur du Cabinet impérial de Minéralogie de Vienne, afin d'y rechercher la présence du diamant. L'un consistait en un fragment de graphite, pesant 1gr,10; l'autre en un gros morceau de fer météorique pesant près de 380 grammes; tous deux provenaient d'une météorite trouvée à Magura, comté

d'Arva, en Hongrie. Le résultat définitif de leurs recherches, lesquelles ont duré deux mois au moins, est qu'aucun des échantillons ne renfermait de diamant.

— Dans une précédente note, remontant à l'année 1888, M. *Villard* a indiqué l'existence d'hydrates solides obtenus avec le *méthane* et l'*éthane*. Depuis lors, il a soumis à l'expérience leur homologue supérieur, le *propane*, et a préparé ce carbure suivant le procédé employé par M. Schorlemmer, en traitant l'iodure d'isopropyle par le zinc et l'acide chlorhydrique, et faisant passer le gaz obtenu dans l'acide sulfurique fumant, un mélange d'acide sulfurique et d'acide azotique, enfin dans une solution de potasse.

— Une étude méthodique de corps gras très divers a fourni à M. *Gérard* l'occasion d'observer certaines particularités qui révèlent, dans quelques-unes de ces substances, la présence de principes qui n'ont pas encore été signalés. L'huile des semences de *Datura stramonium* en a fourni un nouvel exemple à l'auteur. Elle lui a donné un nouvel acide organique qui vient remplir une place restée vacante jusqu'à présent dans la série des acides gras d'origine naturelle. Cet acide, qu'il propose de désigner sous le nom d'*acide daturique*, est intermédiaire entre l'acide palmitique et l'acide stéarique; il présente des propriétés fort analogues, si ce n'est que son point de fusion est notablement inférieur à celui du plus fusible de ses deux homologues voisins.

— Si Strabon et Pline ont soutenu que la pourpre antique était infecte à la teinture, celle que produit le *Purpura lapillus* ne l'est pas moins. En effet, à partir du moment où la coloration apparaît dans la bandelette, on sent une odeur désagréable et pénétrante, analogue à celle que produisent les *Murex brandaris* et *trunculus* qu'il paraît fort probable qu'elle est due aux mêmes causes. Les chimistes se sont tous accordés à lui trouver les caractères de l'essence d'ail, c'est-à-dire l'odeur du sulfure d'allyle. Les expériences que M. *Augustin Letellier* a faites cet hiver confirment cette manière de voir. Elles montrent que le corps auquel cette odeur est due sent l'essence d'ail, qu'il renferme du soufre, qu'il se comporte avec l'acide sulfurique et avec l'eau comme le sulfure d'allyle, et que c'est bien du sulfure d'allyle qui rend la pourpre infecte.

Cependant, ajoute l'auteur, il ne faudrait pas croire que ce soit là le seul corps odorant qui prenne naissance sous l'influence de la lumière dans la bandelette à pourpre; le résidu éthéré qu'il a obtenu renferme aussi un cyanure ou un sulfocyanure.

ZOOLOGIE. — L'an dernier, dans une première communication, M. *Maupas* faisant connaître le résultat de ses éducations de trois Rotateurs *Cyclogloena lupus*, *Notommata spe-cies* et *Adineta vaga*, exprimait le regret de n'avoir pas pu se procurer l'*Hydatina senta*. Cet hiver, en ayant rencontré deux individus provenant de deux localités voisines d'Alger, mais assez éloignées l'une de l'autre, l'auteur les a mis eux et leurs descendants en culture, avec les mêmes dispositions et la même méthode que les précédentes espèces, leur donnant des Euglènes pour nourriture.

Ces deux cultures ont été inaugurées l'une à la mi-mars, l'autre à la mi-avril. Or, le 14 juillet, elles en étaient arrivées : la première à la 45e, la seconde à la 33e génération agame. L'auteur fait remarquer que l'hydatine est extrêmement vorace; que, mangeant jour et nuit, elle peut absorber des quantités surprenantes d'aliments, composés de Zoospores, de Flagellés et de Ciliés, et que sa puissance énorme d'accroissement et de multiplication est en rapport avec cette voracité.

Par contre, l'existence de l'hydatine est toujours assez courte ; la plus longue que M. Maupas ait observée fut de treize jours ; il s'agissait d'une hydatine femelle ; quant aux mâles, ils vivent en général deux à trois jours seulement.

PATHOLOGIE EXPÉRIMENTALE. — *MM. J. Grancher* et *H. Martin* ont adressé, le 19 novembre dernier, à l'Académie de médecine, un pli cacheté relatif à un mode de traitement et de vaccination de la tuberculose basé sur les nombreuses expériences qu'ils avaient faites sur des lapins. La communication faite par M. R. Koch, au Congrès de Berlin, sur les résultats qu'il a obtenus en rendant des cobayes réfractaires à la tuberculose ou en les guérissant d'une tuberculose déjà avancée, engage MM. Grancher et Martin à faire connaître un peu plus tôt qu'ils ne l'auraient voulu leurs recherches sur le même sujet.

Dans toutes leurs expériences, ils ont choisi le lapin et, comme voie d'inoculation, l'injection intraveineuse, parce qu'on obtient ainsi, avec certitude, une tuberculose qui tue dans un temps très court et à peu près fixe, avec des lésions constantes du foie, de la rate et du poumon, et qui échappe à tout traitement local. La tuberculose ainsi conférée étant toujours mortelle, on a là une base solide qui permet d'apprécier exactement les résultats positifs ou négatifs d'une méthode quelconque tendant à conférer l'état réfractaire ou à guérir après infection.

La *méthode* employée par MM. Grancher et H. Martin a été l'injection de cultures tuberculeuses atténuées à divers degrés, et utilisées comme le sont les moelles desséchées dans le traitement de la rage. Les degrés d'atténuation obtenus sont au nombre de 9, les quatre derniers étant tels que les ensemencements restent stériles. Les injections étaient faites d'abord avec les cultures les plus atténuées, puis avec les cultures de plus en plus virulentes.

Les auteurs pensent, par cette méthode, avoir réussi, d'une part, à donner aux lapins une résistance prolongée contre la tuberculose expérimentale la plus rapide et la plus certaine, et, d'autre part, à leur conférer, contre la même maladie, une immunité dont il reste à déterminer la durée.

BOTANIQUE. — *M. C. Sauvageau* appelle l'attention sur une particularité de structure des plantes aquatiques. On sait que des stomates aquifères dus à la transformation d'anciens stomates aérifères, soit à de petites déchirures, ont été indiqués chez un assez grand nombre de plantes terrestres et qu'ils permettent une exsudation qui est une sorte de complément de la transpiration. Mais jusqu'ici aucun organe comparable aux stomates aquifères n'a été signalé chez les Phanérogames aquatiques. Cependant, des études de M. Sauvageau sur ce sujet, il résulte que certaines plantes aquatiques possèdent des organes que l'on peut rapprocher des stomates aquifères. C'est ainsi qu'en examinant sous le microscope l'extrémité d'une feuille de *Potamogeton densus* par sa face *supérieure*, elle est arrondie et intacte ; tandis que si on l'examine par sa face *inférieure*, on voit, un peu au-dessous du sommet, une légère échancrure correspon-

dant au point où aboutit la nervure médiane. Cette *ouverture apicale*, comparable à un stomate aquifère et qui prend naissance par la chute de quelques cellules épidermiques pendant le développement de la feuille, est destinée à mettre le système conducteur en relation avec l'extérieur.

— Les expériences de Darwin et d'autres expérimentateurs sur la digestion par les plantes dites carnivores laissent à désirer au point de vue de la rigueur expérimentale ; en outre, à l'époque à laquelle elles ont été faites, on ne connaissait pas comme aujourd'hui l'importance des microorganismes. D'autre part, M. Dalton Hooker a considéré les *Népenthées* comme des plantes carnivores. Les recherches auxquelles M. *Raphaël Dubois* vient de se livrer sur un grand nombre d'espèces de ces plantes en parfait état de végétation démontrent qu'il n'en est rien. En effet, la manière dont se comporte l'albumine cuite en présence du liquide des urnes des *Népenthées*, souillé ou non de microorganismes, lui permet de conclure :

1° Que ce liquide ne renferme aucun digestif comparable à la pepsine et que les *Népenthées* ne sont pas des plantes carnivores ;

2° Que les phénomènes de désagrégation ou de fausse digestion observés par M. Hooker étaient dus sans aucun doute à l'activité des microorganismes venus du dehors et non pas à une sécrétion de la plante.

— Les recherches anatomiques que M. *Marcel Brandza* poursuit, depuis quelque temps déjà, sur les hybrides, l'ont conduit aux conclusions suivantes :

1° Certains hybrides peuvent présenter dans leur structure certains caractères particuliers qu'on retrouve tels quels chez les deux parents ;

2° Chez certains autres, la structure des différentes parties de l'hybride est, pour tous les tissus, simplement intermédiaire entre les deux parents ;

3° Enfin d'autres hybrides ont dans certains organes une structure intermédiaire entre les tissus des deux parents, tandis que dans d'autres organes on y observe une juxtaposition de caractères anatomiques particuliers aux parents.

NÉCROLOGIE. — *M. le secrétaire perpétuel* annonce à l'Académie la nouvelle perte qu'elle vient de faire dans la personne de *M. Chancel*, recteur de l'Académie de Montpellier, correspondant de l'Académie des sciences pour la section de chimie, décédé à Montpellier le 5 août 1890.

E. RIVIÈRE.

CORRESPONDANCE ET CHRONIQUE

Les singes et le feu.

Dans le numéro de la *Revue scientifique* du 19 juillet dernier, un correspondant, M. G. Romanès, relève un passage du récent ouvrage de Stanley où il est rapporté, d'après le témoignage d'Émin-Pacha, que les chimpanzés de la forêt de Msangwa se servent de torches pour s'éclairer dans leurs expéditions nocturnes.

Ce n'est pas la première fois que de semblables affirmations se produisent.

M. Dally, dans son Introduction au remarquable ouvrage de M. Huxley : *la Place de l'homme dans la nature*, parle, à propos du feu, des récits de quelques voyageurs qui « ont affirmé que certains singes du nouveau monde en connaissaient l'usage ». (Paris, **1868**, p. 86.) Nous nous contentons de mentionner cette indication, trop vague pour nous servir de guide dans des recherches à ce sujet.

D'autre part, M. Virey n'a pas hésité à écrire à l'article *Singes*, dans le *Nouveau Dictionnaire d'histoire naturelle* (p. 272) : « Plusieurs espèces apprennent à exécuter tout ce qu'on leur enseigne, à porter de l'eau, du bois, laver la vaisselle, *faire du feu*, etc. »

Et il cite à l'appui de son assertion un curieux passage du *Voyage à la côte occidentale d'Afrique* en 1786 et 1787, dû à M. L. de Grandpré, officier de marine français.

L'auteur rapporte cette preuve d'intelligence d'un jeune *kimpezey* (d'Angola) qu'on était parvenu à apprivoiser :

« Il avait appris à chauffer le four ; il veillait attentivement à ce qu'il n'échappât aucun charbon qui pût incendier le vaisseau, jugeait parfaitement quand il était suffisamment chaud, et ne manquait jamais d'avertir à propos le boulanger qui, de son côté, sûr de la sagacité de l'animal, s'en reposait sur lui, et se hâtait d'apporter sa pâte aussitôt que le singe venait le chercher, sans que ce dernier l'ait jamais induit en erreur. » (Paris, **1801**, t. I", p. 26.)

Il ne s'agit ici, il est vrai, que d'un singe à l'état domestique, et le narrateur ne dit point que cet animal ait connu la manière de produire le feu. Mais il est déjà assez intéressant de constater, d'après un témoin qui paraît digne de foi, qu'un chimpanzé ait été capable d'alimenter un foyer allumé.

D'après une observation due au voyageur anglais André Battel (vers 1589), les plus grands singes habitant les forêts de Mayombé, dans le royaume de Loango, singes-monstres qu'il appelle *pongos* et qui sont très certainement des gorilles, se rangent autour des foyers abandonnés par les nègres, mais n'ont point l'intelligence nécessaire pour les entretenir. (Voir Battel à Angola, dans Purchas, *his Pilgrimes* ; Londres, **1625-1626**, t. II, p. 981-982.)

Remarquons que cette observation est déjà vieille de plus de trois cents ans. Ne peut-on pas admettre que, depuis ce temps, les singes des forêts africaines ont pu, eux aussi, réaliser quelques progrès ?

On a bien souvent discuté sur le point de savoir si, depuis les temps historiques, il s'est trouvé des hommes vivant dans une complète ignorance du feu. Les témoignages recueillis sont nombreux, mais considérés généralement comme sans valeur sérieuse. Il ne serait pas moins intéressant de savoir à quoi s'en tenir sur l'existence des singes sachant faire du feu. Nous ne saurions trop recommander aux explorateurs qui se trouveraient à même de constater un de ces deux faits avec certitude d'apporter tout le soin possible à leurs observations et de nous fournir enfin des éléments suffisants pour entraîner la conviction des philosophes et des naturalistes. C'est alors qu'il faudrait renoncer définitivement à cette définition de l'homme, séduisante bien que très imparfaite : « L'homme est un animal qui sait faire du feu. »

R. A.

Mesures propres à accroître la population française.

M. Gustave Lagneau a dernièrement exposé, devant l'Académie de médecine, une série de moyens qu'il croit propres à accroître la natalité en France.

Étudiant d'abord la situation démographique de la France, l'auteur a rappelé qu'en France les *mariages* décroissent : en **1889**, sur **100 000** habitants, il y a eu 712 mariages ; il y en avait eu 724 en **1888** ; ils sont tardifs, à l'âge moyen de 29 ans 9 mois pour les hommes, de 25 ans pour les femmes. Les hommes se marient en moyenne un an et demi plus tard qu'en Angleterre. Par rapport aux adultes, seuls mariables, les mariages sont moins nombreux et plus tardifs dans les grandes villes que dans les campagnes : sur **1000** hommes, il n'y a que 570 mariés à Paris au lieu de 609 dans la France, en général. De plus en plus, les adultes se portent vers les villes où trop souvent ils sentent moins le besoin de se marier et d'avoir un ménage, car ils y trouvent la prostituée, le cabaret, le logeur.

Quant aux *naissances*, elles sont de moins en moins nombreuses. En **1888**, sur **1000** habitants, on en compte 23,99, soit une naissance pour 42 habitants, tandis qu'en Angleterre, sur **1000** habitants, il y a 32,9 naissances, et en Russie, 4',8. Dans nos grandes agglomérations urbaines, la natalité générale est proportionnellement moindre que dans les campagnes ; sur **100** femmes de 15 à 45 ans, il y a annuellement 10 naissances dans le département de la Seine, au lieu de 12 à 13 dans les autres départements.

Sur **100** femmes mariées de 15 à 45 ans, on compte annuellement 19 naissances légitimes ; il n'y a que 3 naissances par ménage. La natalité illégitime tend à s'accroître : elle est de 8,5 sur **100** naissances totales dans toute la France en général, mais elle s'élève jusqu'à 28,15 sur **100** dans les grandes agglomérations urbaines comme à Paris. Au lieu de 8,5 sur **100** naissances en France, la natalité illégitime en Angleterre est de 4,8 sur **100** naissances générales.

Notre natalité légitime est minime, moins par infécondité réelle que par limitation volontaire. L'infécondité réelle, organique, serait, pour M. Lagneau, d'environ 1 ménage sur 10 ; parfois elle est congénitale, parfois elle résulte des affections utérines survenues lors d'un premier accouchement ; souvent elle est due à la syphilis, qui, environ 70 fois sur 100, tue le produit de la conception *avant ou après* la *naissance*. La limitation volontaire de la natalité tient au désir naturel des parents d'assurer à leurs enfants une situation au moins aussi heureuse que celle dont ils jouissent eux-mêmes.

La natalité illégitime, de plus en plus élevée, tient au célibat que prolonge le service militaire, à l'insuffisance de protection de la jeune fille souvent séduite et délaissée, à la facilité des relations extra-légales dans les agglomérations urbaines, aux formalités nombreuses, parfois onéreuses, exigées pour le mariage, surtout quand l'un des futurs conjoints est d'origine étrangère.

Actuellement la mortalité est de 21,9 pour **1000**, alors qu'en Angleterre elle n'est que de 19,2 pour **1000** (de 1881 à 1887). La mortalité est élevée surtout dans les grandes villes (25,4 pour **1000**), et ce chiffre est même trop faible, car beaucoup d'enfants envoyés à la campagne y succombent et déchargent l'obituaire urbain.

La mortalité des jeunes enfants est considérable (16,8 pour **100**), surtout pour les enfants illégitimes (28,65 pour **100**), et à 21 ans, sur **100** garçons illégitimes, 74 sont décédés, au lieu de 33 pour **100** légitimes.

Les guerres sont une cause considérable de mortalité, tant par les maladies que par les combats. La guerre de 1870 détermina, en 1872, une diminution de 366 935 habitants sur le recensement de 1866.

La mortalité des grandes villes amènerait l'extinction de la population urbaine, mais l'immigration est énorme. Au recensement de 1886, les natifs de Paris ne constituèrent même pas un tiers de la population. La mortalité urbaine est due à l'athrepsie des nourrissons, plus tard à la fièvre typhoïde et surtout à la tuberculose, et qu'on favorise encore par le séjour à la caserne pendant le service militaire. En 1887, à Paris, sur 54 847 décès, 11 888, plus d'un cinquième, étaient dus aux maladies tuberculeuses. Sur 100 000 soldats, la fièvre typhoïde en tue annuellement environ 350.

L'*accroissement physiologique de la population* n'est que 1,19 pour 1000 par an. En Angleterre, il est de 13,7 pour 1000. Mais grâce à l'immigration, notre accroissement est de 2,9 pour 1000. Il est vrai qu'il est de 10 en Allemagne, de 11,93 en Prusse, de 12,9 en Russie.

Des indications que contiennent ces renseignements divers, M. Lagneau a déduit l'opportunité des mesures suivantes, qu'il croit propres à ralentir le mouvement de la dépopulation en France :

À *Favoriser le mariage et la natalité légitime.* — A cet effet il faut :

1° Protéger la jeune fille contre la séduction, en portant de 16 à 21 ans, époque de sa majorité, la peine portée par l'article 355 du Code pénal;

2° Astreindre le père naturel à fournir une pension d'entretien à son enfant illégitime;

3° Secourir les enfants non reconnus au moyen d'impôts frappé sur les célibataires de 25 à 30 ans ;

4° Maintenir plus longtemps les accouchées dans les maternités, pour diminuer les maladies utérines, cause fréquente de stérilité;

5° Prévenir par des mesures prophylactiques et thérapeutiques la transmission des maladies contagieuses, et en particulier de la syphilis, par la surveillance attentive des prostituées;

6° Restreindre autant que possible la durée du service militaire, en munissant les écoles d'instructeurs sortant de l'armée pour préparer les jeunes gens aux exercices militaires, et attribuer, à ces exercices physiques, une part importante dans les distributions des prix. On pourra ensuite, à la caserne, libérer les hommes rapidement, au fur et à mesure d'examens montrant qu'ils ont acquis une instruction militaire suffisante;

7° Diminuer les formalités du mariage.

B. *Restreindre la morbidité et la mortalité.* Pour cela :

1° Créer pour les femmes indigentes et les filles-mères des maternités-ouvroirs, où elles pourraient rester, en travaillant modérément et en allaitant leur enfant;

2° Ouvrir des maternités où, comme à Vienne, les femmes pourraient accoucher sans se faire connaître;

3° Ne pas rétablir les tours, mais les remplacer par des bureaux dont le personnel assermenté serait astreint au secret professionnel, et où les femmes pourraient, si elles le désiraient, rester inconnues;

4° Secourir le plus possible les mères indigentes obligées à l'abandon;

5° Surveiller attentivement l'état sanitaire des centres urbains;

6° Substituer de plus en plus, pour les soldats, le séjour au camp au séjour dans les villes; dans les colonies, multiplier les troupes indigènes ;

7° Restreindre, en dégrevant la propriété rurale, et surtout en modérant les emprunts municipaux, l'immigration des campagnards dans les villes.

Parmi ces diverses mesures, il en est quelques-unes dont l'indication s'impose, et dont l'influence serait assurément excellente. Telles sont la simplification des formalités du mariage et la création de nouveaux tours. Quant à l'existence du désir des parents d'assurer à leurs enfants une situation au moins aussi heureuse que celle dont ils jouissent eux-mêmes, désir d'où dériverait la limitation volontaire, c'est un cliché. En réalité, les parents s'occupent beaucoup moins que cela de l'avenir de leurs enfants, et c'est bien plutôt l'embarras et les charges d'une nouvelle éducation à mener, les modifications et les restrictions qu'elle entraî-

nerait dans l'organisation de l'intérieur, dans le bien-être habituel de la famille, dont la perspective austère fait craindre la venue d'un nouvel enfant, parfois à l'égal d'un désastre.

Mais une chose à laquelle on ne paraît pas songer, c'est qu'en favorisant le mouvement dit d'émancipation de la femme, en distribuant sans choix ni mesure aux jeunes filles une instruction comprise de telle sorte qu'elle fait du plus grand nombre de celles-ci des déclassées, en ouvrant aux femmes les administrations et les carrières libérales, on peut leur procurer, à la rigueur, le moyen de se suffire à elles-mêmes, ce qui est bien ; mais qu'on rend du même coup le mariage moins nécessaire, la maternité plus gênante, et qu'en somme on porte à la formation et à l'extension de la famille un coup fatal.

C'est peut-être le côté, avant que le mal ne fût fait, qu'il faudrait, dès à présent, avoir le courage de regarder, sans avoir peur de se déjuger et de remonter le fâcheux courant dans lequel nos politiciens ont, avec une inconscience profonde, jeté l'opinion publique.

Il ne s'agit pas ici de la supériorité ni de l'infériorité de la femme. Les fonctions naturelles de l'homme et celles de la femme sont différentes, et vouloir donner à l'un et à l'autre un même rôle social, c'est faire preuve d'une profonde aberration. Le rôle de la femme dans la société ne doit pas être différent, au fond, de ce qu'il est dans la nature; et ce rôle, c'est là qu'il est. Il est, ce nous semble, assez beau, et il faut plaindre, sans les écouter, les femmes qui le jugent indigne ou insuffisant. Or ce rôle n'est possible qu'au foyer, et le but d'une réorganisation sociale à poursuivre dans ce sens serait seulement de permettre à la femme de travailler le moins possible en dehors de chez elle. La femme, on l'a dit, ne doit pas travailler. On voit qu'il y a loin de ce but à celui qu'on poursuit en ce moment, et qui consiste à lui faire des places dans les bureaux des administrations publiques ou privées, et cela au moment même où l'on trouve que les exigences des ateliers sont inacceptables (1).

L'égalisation des sexes, c'est, pour la femme, la suppression de son sexe : signe de décadence d'une société qui vaut surtout par la grande différenciation de ses membres. Mais c'est là un état grave qui est malheureusement peut-être au-dessus de tous les remèdes.

J. H.

Essai d'une théorie de l'infection et de l'immunité.

Dans une importante communication, qui est la synthèse des recherches sur l'immunité acquise faites dans ces derniers temps, recherches au courant desquelles nous avons tenu très exactement nos lecteurs, M. Bouchard a esquissé, devant les membres du Congrès de médecine de Berlin, une théorie de l'infection et de l'immunité qui résume l'état actuel de la science sur ces deux questions si intéressantes. L'orateur a passé en revue les expériences qui établissent l'influence du phagocytisme et l'existence d'un état bactéricide des humeurs dans les infections microbiennes : ce

---

(1) Dernièrement, on nous signalait le fait d'une femme, employée dans une administration de chemins de fer, qui, pour n'être pas embarrassée de la surveillance de sa fille pendant *les heures de son bureau*, n'avait rien trouvé de mieux que d'enfermer son enfant dans une cave.

Pas plus qu'à l'atelier, dont on se plaint, la femme au bureau ne peut allaiter et élever ses enfants. La femme employée ou fonctionnaire, c'est l'enfant au biberon ou en nourrice, c'est-à-dire presque condamné à mort. Pourquoi alors ce mouvement qui tend à ajouter les plaies du bureau aux plaies de l'atelier? Il faut chercher ailleurs, et mieux.

sont les deux moyens de défense efficace de l'organisme contre les microbes; puis il a abordé l'exposé des moyens par lesquels les microbes agissent sur l'économie animale : tout le monde s'accorde aujourd'hui à reconnaître qu'ils agissent par leurs produits de sécrétions. C'est l'étude que M. Bouchard avait déjà faite dans une plaquette composée à l'occasion du centenaire de l'Université de Montpellier (1).

Sans se prononcer sur le nombre et la nature des matières sécrétées par les microbes, l'auteur leur reconnaît huit modes d'action par lesquels ils peuvent impressionner les animaux. Le plus important de ces modes d'action, c'est la sécrétion d'une matière qui, dès qu'elle a pénétré dans la circulation, paralyse le centre vaso-dilatateur à tel point que les phénomènes d'exsudation et de diapédèse sont rendus absolument impossibles. A la suite de l'injection de cette matière, les phénomènes cardinaux de l'inflammation, dilatation vasculaire, rougeur, tuméfaction, élévation locale de la température, ne peuvent plus se produire, pas plus après les frictions à l'huile de croton qu'après l'injection des microbes provocateurs de lésions locales. — Or ces produits qui empêchent la lésion locale, c'est-à-dire la diapédèse, rendent plus rapide et plus grave l'infection générale et même la rendent possible chez les animaux qui possèdent l'immunité naturelle ou l'immunité acquise. L'action de ces matières est immédiate, mais elle est complètement épuisée six à huit heures après l'injection.

Quant aux matières vaccinantes, elles agissent lentement sur la nutrition et produisent l'état bactéricide qui persiste longtemps après leur élimination, commence à être apparent seulement deux jours après l'injection, et est très manifeste au bout de trois et quatre jours.

M. Bouchard a rappelé quelques recherches récentes établissant que, dans les humeurs bactéricides, les virus forts subissent en moins de quarante minutes une atténuation complète.

Si le microbe inoculé tombe dans un milieu très bactéricide, il ne s'y développera pas, il n'y aura pas de maladie; s'il tombe dans un milieu favorable, il se développe immédiatement; si le milieu est modérément bactéricide, il le modifie localement par ses diastases et l'adapte à ses besoins. Alors, que le développement ait été immédiat ou qu'il ait été précédé par une phase de dégénérescence, la maladie commence. Dès que le nombre des microbes est devenu suffisant pour que les produits de sécrétion constituent une masse qui n'est plus négligeable, les symptômes fébriles et toxiques apparaissent. L'état bactéricide n'existe pas encore; le phagocytisme seul pourrait lutter en faveur de l'organisme animal; mais le plus souvent il en est empêché parce que, en même temps que les autres substances toxiques, le microbe a versé dans le sang la substance qui paralyse le centre vaso-moteur et rend la diapédèse impossible. La pullulation va donc continuer et l'intoxication s'aggraver. Mais, pendant ce temps, les matières vaccinantes ont commencé à modifier la nutrition, l'état bactéricide va s'établir. La maladie est arrivée à son acmé; elle n'a plus à décroître. Dans le milieu désormais bactéricide, la pullulation des bactéries se ralentit, leurs sécrétions diminuent, les symptômes fébriles et le phagocytisme (c'est-à-dire la diapédèse et par suite le phagocytisme, cela tient à ce que la celle dont les produits empêchent la diapédèse. Alors les globules blancs sortent des vaisseaux et le phagocytisme détruit les microbes, déjà atténués par l'état bactéricide.

La guérison est donc la première manifestation de l'immunité acquise; cette immunité, laissée par la maladie, est due à la persistance de l'état bactéricide, et si chez les vaccinés on voit le même microbe ne plus produire l'infection générale, mais provoquer la lésion locale, c'est-à-dire la diapédèse et par suite le phagocytisme, cela tient à ce que la

(1) Une brochure in-4° de 52 pages; Paris, Gauthier-Villars, 1890.

bactérie virulente s'est atténuée dans l'humeur bactéricide et, par suite de cette atténuation, n'a plus sécrété la substance qui s'oppose à la diapédèse.

Quant à l'immunité naturelle, elle ne saurait être attribuée à un état bactéricide : elle dépend du degré plus grand de résistance que, dans certaines espèces animales, le centre vaso-dilatateur oppose aux matières paralysantes. En effet, on peut triompher de la résistance des animaux réfractaires, en introduisant, avec une même dose de virus, une dose plus forte de la matière qui empêche la diapédèse.

Telle est la théorie de l'immunité exposée par M. Bouchard. Sans doute, elle n'a pas la grandiose simplicité qui impose la conviction, et ne peut être acceptée qu'à titre provisoire; mais elle a le grand mérite de tenir compte de tous les faits acquis par les multiples expériences entreprises récemment dans le but d'éclaircir cette question — faits dont quelques-uns paraissaient d'abord contradictoires — et d'en concilier, d'une ingénieuse façon, les conséquences en apparence paradoxales.

Action physiologique, antiseptique et thérapeutique des couleurs d'aniline.

Les recherches modernes ont montré que certaines substances colorantes, dérivées de l'aniline, possèdent une affinité spéciale pour certains tissus et éléments histologiques. Ce fait biologique important ne pouvait manquer d'être utilisé tôt ou tard, pour des tentatives de thérapeutique localisée des organes ou *thérapeutique cellulaire.*

MM. P. Ehrlich et A. Leppmann (de Berlin) ont été les premiers à s'engager dans cette nouvelle voie. Ils ont tout d'abord porté leur attention sur le bleu de méthylène, dont l'affinité bien connue pour le système nerveux, surtout pour les cylindres des nerfs moteurs et sensitifs, leur a fait supposer *a priori* que cette substance devait être douée de propriétés analgésiques, hypothèse que les expériences cliniques ont pleinement confirmée.

MM. Ehrlich et Leppmann ont expérimenté sur les malades de la prison de Moabit, à Berlin. Ils se sont toujours servis de bleu de méthylène cristallin, chimiquement pur. Ils ont commencé par des injections hypodermiques de 0,01 centigramme, en augmentant peu à peu la dose jusqu'à 0,05 centigrammes par injection (4 centimètres cubes d'une solution à 2 pour 100 de bleu de méthylène). Puis ils ont administré le bleu de méthylène par la voie buccale, à l'état finement pulvérisé et à des doses variant de 0,10 à 0,50 centigrammes (jusqu'à 1 gramme par jour), dans des capsules gélatineuses.

Ces injections ne seraient pas douloureuses et ne produiraient, comme réaction locale, qu'une simple tuméfaction molle, pâteuse, qui persiste parfois plusieurs jours. Aux doses indiquées, le bleu de méthylène, administré par la bouche ou en injections hypodermiques, ne produit jamais de symptômes désagréables. L'appétit, la digestion, le pouls, l'état général ne sont nullement influencés. Sur le nombre total de quarante malades soumis à ces expériences, deux fois seulement le bleu de méthylène a provoqué des vomissements: chez un cardiaque très anémique et chez un individu atteint de catarrhe aigu de l'estomac.

Le bleu de méthylène pénètre rapidement dans le sang. Déjà quinze minutes après son administration par la voie stomacale ou hypodermique, les urines prennent une coloration vert clair; au bout de deux heures, elles sont bleu verdâtre; puis, au bout de quatre heures, elles deviennent bleu foncé. Cette coloration n'apparaît que lorsqu'on chauffe les urines ou qu'on les abandonne pour un certain temps dans un vase (bleu de leuco-méthylène). Ces urines ne contiennent pas de produits pathologiques. La salive et les matières fécales se colorent aussi en bleu, mais, fait important pour l'application thérapeutique du bleu de méthylène, jamais les muqueuses, la peau et les sclérotiques ne présentent la moindre trace de coloration.

Quant aux propriétés analgésiques du bleu de méthylène, les expériences de MM. Ehrlich et Leppmann ont montré qu'elles sont des plus évidentes dans la sciatique, la migraine et en général dans tous les processus névritiques, ainsi que dans les affections rhumatismales des muscles, des articulations et des gaines tendineuses. L'action analgésique du bleu de méthylène a ceci de particulier qu'elle est très lente à se produire. Elle ne commence habituellement que deux heures après l'administration du médicament, et si les doses employées sont suffisantes (0,06 centigramme en injection hypodermique et 0,10 à 0,25 centigrammes à l'intérieur), elle augmente graduellement encore pendant quelques heures, au bout desquelles on note une diminution considérable ou la cessation complète des douleurs.

L'action du bleu de méthylène est purement analgésique. Le médicament ne paraît pas posséder de propriétés antipyrétiques marquées et n'a aucune influence sur le processus rhumatismal. Il est impuissant contre les douleurs qui ne sont pas d'origine nerveuse et rhumatismale, contre les troubles neurasthéniques et psychiques, ainsi que contre l'insomnie.

On s'occupe également beaucoup en Allemagne de l'action antiseptique de la *pyoktanine*, terme par lequel on désigne les couleurs d'aniline débarrassées de l'arsenic, du phénol et autres impuretés toxiques qu'elles peuvent contenir. Des recherches intéressantes ont été faites par M. Jänicke sur l'action antiseptique du violet de méthyle, qui s'est montré parasiticide pour les microorganismes du pus, de la fièvre typhoïde et du charbon à la dose de 1 pour 1000, dans les bouillons de culture. Cet auteur a en outre fait ressortir le parallélisme qui existe entre l'intensité d'action parasiticide des couleurs d'aniline et la facilité avec laquelle une bactérie déterminée se laisse imprégner par la matière colorante. Quand on examine sous le microscope une gouttelette du liquide de culture, qui sert à des ensemencements ultérieurs, on constate que les ensemencements deviennent stériles dès que toutes les bactéries en suspension dans la gouttelette sont fortement colorées. La saturation par les matières colorantes peut donc être regardée comme l'indice de la mort des microorganismes. Pour prendre un exemple, les bacilles de la fièvre typhoïde, qui s'imprègnent très difficilement de violet de méthyle, résistent également très bien à la présence de cette substance. Partant de ces recherches, MM. Stilling, Petersen, Bresgen, ont employé la pyoktanine en poudre, en crayons, en pommades, en solution pour des applications topiques sur les muqueuses enflammées et sur les ulcères spécifiques et en ont obtenu des résultats satisfaisants.

Toutefois, les couleurs d'aniline ne doivent être considérées que comme des antiseptiques faibles dont le pouvoir colorant intense n'est pas racheté par une absence complète de toxicité. MM. Tarnier et Vignal ont bien constaté, en effet, que les solutions au millième de cyanine, de safranine, de violet de méthyle et d'auramine tuaient le staphylocoque et le streptocoque du pus; mais, pour obtenir ce résultat, il faut que la durée du contact soit au moins d'une heure.

D'autre part, M. Stilling a vu qu'il suffit d'introduire 10 centièmes d'une de ces solutions dans l'abdomen des lapins pour les faire mourir.

L'avenir réservé dans la thérapeutique aux couleurs d'aniline paraît donc assez médiocre.

Les forces navales de la France.

M. Gerville-Réache, rapporteur du budget de la marine, a entrepris de faire la comparaison des budgets des marines de l'Europe depuis 1871. Mais le ministère de la marine n'a pas pu se procurer tous les budgets et les comptes des marines étrangères.

Il a obtenu cependant les chiffres concernant les budgets généraux des puissances depuis 1871, ainsi que la dépense totale qu'elles ont faite pour leur marine.

Pour le budget général, depuis 1871 jusqu'à 1890, il a été dépensé :

En France, 66 876 411 547 francs; en Angleterre, 47 967 778 400 fr.; en Allemagne, 15 495 037 943 francs; en Autriche, 5 783 068 442 fr.; en Italie, 29 682 210 136 francs; en Russie, 47 864 994 527 francs.

Sur ces budgets généraux, les puissances ont dépensé pour leur marine, dans la même période de 1871 à 1890 : Angleterre, 4 335 916 526 fr.; France, 3 636 052 776 fr.; Allemagne, 1 100 724 404 fr.; Autriche, 470 145 677 fr.; Italie, 1 101 165 553 fr.; Russie, 1 979 939 702 fr.

Ces chiffres montrent que la France a plus dépensé pour sa marine que l'Allemagne, l'Autriche et l'Italie réunies. Ces trois puissances n'ont dépensé que 2 572 005 634 francs depuis 1871, tandis que la France a dépensé 3 636 053 776 francs.

Le chiffre de la dépense de la France ne comprend ni le service colonial ni la subvention de la Caisse des invalides. Si on en déduit encore les dépenses de guerre de la Tunisie, du Tonkin, de Madagascar au titre de la marine, soit 186 339 000 francs, si l'on en déduit les 240 738 819 francs qu'ont coûtés l'infanterie, l'artillerie de marine et la gendarmerie maritime, la dépense de la France pour la marine reste encore plus forte que celles de l'Allemagne, de l'Italie et de l'Autriche réunies.

Cependant la flotte de la France, qui était de 405 unités en 1871, est tombée à 378 en 1890, tandis que celles de l'Italie, de l'Allemagne et de l'Autriche réunies, qui étaient de 290 unités en 1871, sont de 538 en 1890.

M. Gerville-Réache a montré que la proportion des constructions navales par rapport au budget de la marine, qui est de 36,6 pour 100 en France, s'élève à 39 pour 100 en Russie, à 41,3 pour 100 en Angleterre, à 44,7 pour 100 en Italie, à 50,7 pour 100 en Allemagne. Il conclut en disant que ce sont les frais généraux qui grèvent lourdement le budget de la marine française.

D'autre part, parmi les 378 unités déclarées existantes, il faut compter des transports, des avisos de flottille, des canonnières de rivière ou des garde-pêche à voiles qui n'ont jamais figuré parmi les navires de combat : ce sont des bâtiments qui appartiennent à l'État et qui rendent des services d'État, soit en transportant troupes et matériel, soit en surveillant les fleuves coloniaux ou les règlements sur les pêches maritimes, mais ce n'est pas autre chose. En élaguant de la liste officielle de notre flotte toutes ces non-valeurs militaires, on arrive aux chiffres suivants :

40 cuirassés, 5 canonnières cuirassées, 15 croiseurs, 8 avisos-torpilleurs, 107 torpilleurs, 1 bateau sous-marin.

Soit un total de 176 navires de combat qu'il ne faut même pas discuter de trop près, car on serait forcé d'en retrancher au moins une douzaine. Quant au reste, ce n'est que de la poussière navale, des navires démodés ou des bâtiments de servitude.

Le chiffre de 378 navires de guerre présenté à la commission du budget ne peut donc donner une indication utile, pas plus que celui des 538 bâtiments de la Triple alliance, auquel il ne serait pas difficile d'enlever à première vue quelque chose comme 200 bâtiments. Mais, pour faire des comparaisons utiles, il faut opposer les unes aux autres des unités de même espèce.

Le Congrès international des Américanistes.

Par décision du Congrès international des Américanistes, tenu à Berlin en 1888, la ville de Paris a été désignée comme siège de la huitième session, qui aura lieu du 14 au 18 octobre 1890.

Le Congrès international des Américanistes a pour objet de contribuer au progrès des études scientifiques relatives aux deux Amériques, spécialement pour les temps antérieurs et immédiatement postérieurs à Christophe Colomb. Il sert aussi à mettre en rapport les personnes qui s'occupent de ces études.

Le Comité d'organisation propose les questions suivantes pour être soumises à la discussion du Congrès :

Histoire et géographie.

1° Sur le nom *America*.

2° Les dernières recherches sur l'histoire et les voyages de Christophe Colomb.

3° De l'influence produite par la venue de l'Européen sur l'organisation des communautés indiennes de l'Amérique du Nord (confédération des sept nations, etc.).

4° Quelles modifications le contact de l'Européen a-t-il opérées dans l'organisation sociale et politique chez les populations de la région andine? — Densité de la population avant et après la conquête espagnole.

5° Si l'on prend pour termes de comparaison les statistiques dressées par ordre des vice-rois et les derniers recensements effectués par le gouvernement péruvien, la loi de diminution graduelle de la population indigène au contact du blanc s'applique-t-elle avec une égale rigueur à l'Amérique latine et à l'Amérique anglo-saxonne?

6° Les dernières découvertes faites dans les grandes nécropoles de l'estuaire de l'Amazone et du Rio Tocantin (îles de Marajo, etc.) permettent-elles de conclure à l'existence d'une race antérieure distincte de l'Indien actuel et parvenue à un degré de civilisation relativement avancé?

7° Étudier les documents cartographiques relatifs à la découverte de l'Amérique récemment retrouvés et leur assigner leur place dans la série d'après les informations qui les ont inspirés.

Archéologie.

1° Nouvelles découvertes relatives à l'homme quaternaire américain.

2° Quelles sont les premières migrations de races étrangères à l'Amérique dont nous ayons connaissance?

3° Signaler les analogies qui existent entre les civilisations précolombiennes et les civilisations asiatiques (Chine, Japon, Cambodge, Malaisie. Chaldée et Assyrie).

4° Faire connaître les découvertes les plus récentes qui ont été faites sous les mounds de l'Amérique du Nord et les conclusions que l'on peut en tirer pour la civilisation de leurs constructeurs.

5° Quelles sont les anciennes populations de l'isthme de Panama qui ont laissé les collections céramiques qui se trouvent aujourd'hui au « Yale College », au « Smithsonian Institution », etc.?

6° Quels rapports peuvent avoir entre elles les diverses poteries de l'Amérique?

Anthropologie et ethnographie.

1° Nomenclature des peuples et peuplades de l'Amérique avant la conquête. — Cartes ethnographiques précolombiennes. — Éléments ethniques de l'extrême Sud américain.

2° Les études craniologiques permettent-elles d'affirmer que les races américaines actuelles existaient en Amérique dès la période quaternaire (diluvium) et que la conformation des crânes des hommes de ces races situât chez les Indiens d'aujourd'hui ou Océaniens?

3° Existe-t-il chez les Indiens de l'Amérique en général, et en particulier chez ceux de la côte nord-ouest, des caractères distinctifs indiquant des affinités avec les peuplades asiatiques?

4° Esquimaux et leurs métis.

5° Rites funéraires en Amérique, avant et après Christophe Colomb.

6° Écritures figuratives de l'Amérique, et spécialement de leur distribution géographique.

7° Pénétration des races africaines en Amérique, et spécialement dans l'Amérique du Sud.

8° Distribution ethnographique et possessions territoriales des nations ou tribus aborigènes de l'Amérique au XVI° siècle et de nos jours.

Linguistique et paléographie.

1° Les principales familles linguistiques des bassins de l'Amazone et de l'Orénoque.

2° Différences entre les langues des côtes et celles des montagnes du Pérou. — Y a-t-il analogie entre les premières et celles de l'Amérique centrale?

3° Le Quéchua et l'Aymara appartiennent-ils à la même famille?

4° Les idiomes de la côte occidentale de l'Amérique présentent-ils quelques affinités grammaticales avec les langues polynésiennes?

5° La composition avec emboîtement et l'incorporation du pronom personnel ou du nom régi sont-elles des procédés communs à la majorité des langues américaines ?

6° Origines des terminaisons du pluriel dans le nahuatl et quelques autres idiomes congénères.

7° Persistance des caractères et formes des dialectes des langues parlées en Amérique (français, anglais, espagnol, portugais et hollandais) par les descendants des colons européens, suivant les provinces dont ils sont originaires.

8° Étude des langues en formation en Amérique.

Les quatre sessions seront consacrées à tour de rôle aux quatre divisions du programme.

Toute question relative à l'américanisme, quoique ne figurant pas au programme, pourra être traitée au Congrès.

Le bureau du Congrès sera ouvert à la Société de géographie de Paris, 184, boulevard Saint-Germain, à partir du 30 septembre, dimanche excepté.

Toutes les lettres, communications ou demandes de renseignements concernant le Congrès doivent être adressées à M. Désiré Pector, secrétaire général du Comité d'organisation du Congrès, 184, boulevard Saint-Germain, à Paris.

— LE MICROBE DU *béri-béri*. — Parti il y a quelques années au Brésil pour étudier le *québraou* qui détruit des quantités innombrables de chevaux, M. Rebourgeon a étudié complètement cette maladie, a reconnu son identité avec le béri-béri et a pu, par des inoculations du virus atténué, rendre les animaux réfractaires à la contagion. Le béri-béri fait le tour du globe, mais la zone pathogène ne dépasse pas en latitude le 70° degré. Observé primitivement au bord de la mer, on le rencontre maintenant jusqu'à 3000 ou 4000 kilomètres du littoral.

Le microbe du béri-béri est un micrococque qui se rencontre d'une manière constante dans la moelle lombaire des animaux; plus tard, il se généralise, et on peut le trouver dans le sang, quand la mort est imminente.

Par inoculation de cultures sur gélose ou sur moelle triturée, M. Rebourgeon a pu reproduire toutes les formes du béri-béri des animaux et même la forme œdémateuse qui caractérise celui de l'homme. Mais une particularité fort curieuse de ce microbe, c'est qu'il perd sa virulence lorsqu'il dépasse le 30° de latitude et la reprendrait quand il est de retour dans sa zone favorable. En France, il a été impossible de reproduire l'affection en inoculant des cultures très virulentes à leur départ du Brésil. L'influence de la latitude sur le micrococque ne serait pas seulement révélée par les modifications de sa virulence, mais des cultures changeraient complètement d'aspect; très chromogènes au Brésil, elles pâlissent en France, et les ptomaïnes qui s'accumulent au fond du tube de culture deviennent complètement blanches, de noires qu'elles étaient avant le voyage. Inoculées au cobaye, elles sont inoffensives; mais le micrococque se localise néanmoins dans la moelle lombaire, par celle-ci, essemencée, donne naissance à des cultures blanches. Ces faits expliqueraient ce qu'on a remarqué depuis longtemps dans le béri-béri. L'influence de la latitude sur le micrococque ne serait pas seulement révélée par les modifications de sa virulence, meilleur moyen de guérison de cette affection consiste à quitter les pays infectés. Les symptômes disparaissent alors; mais si l'on revient trop tôt au lieu où l'on a contracté la maladie, elle reparaît, et les conséquences en sont très graves, car on meurt presque toujours des rechutes.

Cette influence du milieu ambiant sur un microbe est, au point de vue de l'arrêté, un fait tout à fait nouveau dans la science; et si les observations de M. Rebourgeon étaient vérifiées, il en résulterait toute une série d'indications importantes dans les recherches étiologiques concernant les maladies infectieuses, indications qui seraient certainement applicables au traitement et à la prophylaxie.

— LA PRODUCTION DU NAPHTE AU CAUCASE. — Un rapport de M. Boyard, consul de France à Varsovie, publié par le *Moniteur officiel du commerce*, donne des statistiques intéressantes sur la production du naphte au Caucase et sur le développement de cette industrie dans les douze dix dernières années. Il fait observer, en réponse aux assertions de plusieurs journaux américains, relatives au prétendu épuisement des sources de Balakhany-Sabountchinsk, que la production en 1888 a été de 173 479 226 pouds (1), dont 7 millions ont été employés comme combustible, tandis que le reste a été livré

(1) 1 poud = 16 kilogrammes.

aux usines. Comparativement à l'année 1887, la production de ces sources présente une augmentation de plus de 15 pour 100, et il convient d'ajouter que la production de 1887 était elle-même supérieure 2 pour 100 à celle de l'année précédente.

Depuis l'année 1882, la production du naphte à Bakou a constamment augmenté, tandis qu'elle a graduellement diminué dans des proportions aussi considérables aux États-Unis. On peut en juger par les données comparatives suivantes :

Années.	Bakou.	États-Unis (1).
1882	136 780 pouds.	740 727 pouds.
1883	165 410 —	570 024 —
1884	216 530 —	609 156 —
1885	318 510 —	512 289 —
1886	328 890 —	636 561 —
1887	415 000 —	531 603 —
1888	503 120 —	420 300 —

En outre, le stock du pétrole aux États-Unis est tombé, dans le de la même période, de 333 à 130 et demi de millions de pouds, qu'à Bakou, il augmente chaque année par suite de la construction de nouveaux réservoirs. Il est à remarquer enfin qu'il y a dans les environs de Bakou, ainsi que dans plusieurs autres du Caucase, un grand nombre de sources de naphte encore inexploitées et intactes, tandis qu'en Amérique, l'exploitation a atpresque partout son développement maximum.

TRANSMISSION D'ÉNERGIE ÉLECTRIQUE A DOMÈNE (Isère). — M. Hila décrit, devant la Société des électriciens, la curieuse transmission électrique qu'il a établie près de la ville de Domène, dans laquelle il transmet à une fabrique de papiers une puissance de 200 chevaux à une distance de 5 kilomètres de la chute d'eau utilisée.

Des projections, tirées de photographies prises l'hiver dernier, ont montré les différents aspects de cette installation depuis la prise d'eau jusqu'à l'usine réceptrice, en passant par tous les intermédiaires que nécessite l'établissement de cette transmission.

Détail intéressant : séparée par les neiges, pendant plus de deux mois, de la papeterie où l'énergie est utilisée, la petite usine productrice de force n'a pas cessé de fonctionner avec une régularité parfaite ; le téléphone lui permettait de faire connaître que tout allait bien et de conserver quelques rapports avec les habitants de la vallée.

— LA TORPILLE SIMS-EDISON AUX ÉTATS-UNIS. — Cette nouvelle torpille, que les Américains viennent d'expérimenter, est un perfectionnement du système Brennan et paraît excellente pour la défense des côtes. Elle est mise en mouvement, gouvernée et tirée par l'électricité. Dans les essais auxquels elle a été soumise par le général Abbot, du corps du génie, elle a atteint une vitesse de 21 milles à l'heure.

Elle est suspendue au-dessous d'un flotteur qui est muni de deux ailes, pour donner les moyens de gouverner par l'emploi du câble double qui se déroule pendant la marche. On assure qu'elle est très facile à gouverner, qu'elle plonge sous les espars et d'autres débris ; enfin qu'elle n'est exposée à aucun dommage résultant des projectiles tirées sur elle. L'expérience en a été faite cinq fois à une distance de 370 yards, et huit fois à celle de 286 yards, avec un obusier de 35 livres, sans qu'elle ait été arrêtée.

Quand on ne doit opérer qu'à une distance d'un mille au plus, le flotteur et la torpille ont 30 pieds de longueur, le premier 2½ pouces de largeur, et la seconde 20 pouces seulement.

On dit que cette torpille peut opérer jusqu'à la distance de 4 milles et obtenir une vitesse de 25 milles, si l'on augmente ses dimensions. La limite, c'est la visibilité des ailes, d'un point d'observation élevé et avec une puissante longue-vue. Le gouvernement des États-Unis a commandé neuf de ces engins, en demandant qu'ils soient disposés pour une distance de 2 milles.

INVENTIONS

NOUVEAU PARATONNERRE. — M. C. Virt, de Chicago, a inventé pour les établissements électriques un paratonnerre d'une extrême simplicité.

(1) Le baril de naphte américain a été calculé à raison de 9 pouds (144 kilogrammes).

Suivant la *Revue internationale de l'électricité et de ses applications*, une vingtaine de disques métalliques, séparés par des rondelles très minces en mica, sont embrochés sur un boulon vertical. Un épais manchon de caoutchouc isole ce boulon des disques, à l'exception de celui qui est à la partie supérieure. Le tout est renfermé dans une boîte cylindrique en tôle et peut être placé en plein air sans inconvénient. Si une décharge atmosphérique atteint le conducteur, elle passe dans le boulon qui est en communication avec lui, et dans le disque supérieur. Elle saute ainsi de disque en disque jusqu'à la base métallique de l'appareil, reliée à la terre par un fil. Le danger de la formation d'un arc par la décharge et de sa continuation par le courant se trouve évité par le refroidissement que détermine la masse relativement considérable des disques métalliques.

Les expériences faites sur ce paratonnerre ont parfaitement réussi.

— TÉLÉPHONE-SIGNAL POUR LA PROTECTION DES TRAINS. — La *Baltimore and Ohio Company* a essayé récemment un téléphone-signal pour locomotives, sur une longueur d'environ 5 kilomètres, agencée spécialement.

Le système comporte une simple tige de fer courant sur isolateurs entre les rails, et un timbre électrique mis en communication avec une batterie placée sur la locomotive. La connexion entre le timbre et la tige de fer longitudinale est obtenue par un balai.

Quand deux trains s'approchent l'un de l'autre sur la même voie, le circuit se trouvant complété, le timbre tinte et avertit les mécaniciens. Le fait s'est produit dans les essais, alors que les deux trains étaient encore à trois kilomètres l'un de l'autre. Dès que le timbre résonne, les mécaniciens peuvent entrer en conversation au moyen du téléphone qui complète l'appareil.

— LES ARDOISES MÉTALLIQUES. — Les ardoises en tôle galvanisée constituent le mode de toiture métallique le plus économique. Elles conviennent à tous les usages : gares de chemins de fer, halles à marchandises, remises, hangars, marchés, lavoirs, maisons, clôtures, revêtements extérieurs des murs, etc.

Elles n'exigent pas d'entretien et sont très légères ; par suite, la charpente peut être moins lourde et moins coûteuse que celle qui sont pour les autres systèmes de couverture. Il en résulte que leur emploi est beaucoup plus économique que celui des ardoises ordinaires, et même des tuiles.

Elles se s'oxydent pas, même dans les circonstances atmosphériques très défavorables, telles que le voisinage de la mer, ce qui est démontré par le bon état des fournitures en tôle galvanisée faites à la marine de l'État depuis plus de vingt-cinq ans.

Leur système d'agrafage leur permet de résister aux grands vents et même aux ouragans. Elles ne sont pas combustibles comme le zinc, se découpent et se soudent comme ce métal, et les sections ne s'oxydent pas. La dilatation est entièrement libre, tant sur la largeur que sur la longueur. La pose est très facile.

Suivant l'*Écho des mines et de la métallurgie*, le prix de la matière varie, selon le poids ou le moins de recouvrement, de 4 francs à 4 fr. 50 par mètre carré, et la pose à Paris coûte, pour la même superficie, de 40 à 50 centimes.

— DEUX NOUVELLES LAMPES ÉLECTRIQUES. — La lampe à arc Roussel, récemment inventée en Amérique, offre cette particularité que l'électrode supérieure, au lieu de consister en un crayon de charbon, est formée d'un disque de cette substance, qui tourne lentement pendant toute la durée de la combustion. Cette disposition a le double avantage de produire une usure uniforme du charbon supérieur et de prolonger pendant douze ou quatorze heures la durée de l'éclairage, sans nécessiter l'emploi des deux paires de crayons, généralement usitées en Amérique, obligation qui force la Compagnie exploitante à passer par les exigences de la Compagnie Brush, dans les brevets de laquelle rentre tout arrangement à deux paires de charbons.

MM. Merryweather et fils, de Greenwich, grands fabricants de pompes et de matériel d'incendie, viennent d'introduire dans leur catalogue une lampe électrique portative. Cette lampe et sa pile sont renfermées dans une boîte en cuivre munie d'une poignée. La pile consiste en six éléments charbon-zinc, établis sur une plaque d'ébonite ; les charbons se placent verticalement pour retirer les plaques de liquide quand l'appareil ne travaille pas ; ils sont alors maintenus en place par des vis de pression. L'électrolyte est une solution de bichromate de potasse et d'acide sulfurique. La pile peut être rechargée aussi rapidement qu'on remplit une lampe d'huile, et la lampe peut marcher deux à trois heures.

BIBLIOGRAPHIE

Sommaires des principaux recueils de mémoires originaux.

BULLETIN ASTRONOMIQUE (janvier 1890). — *Hamy* et *Boquet* : Procédé physique pour la mesure de l'inclinaison du fil de déclinaison dans les instruments méridiens. — *Borrelly* : Observations de comètes et de planètes à l'Observatoire de Marseille. — *Eginitis* : Observations de comètes et de planètes à l'Observatoire de Nice. — *Abetti* : Observations de la comète Borrelly à l'Observatoire de Padoue. — Février 1890. — *Hamy* : Sur la flexion des fils micrométriques. — *Tisserand* : Sur les noyaux de la grande comète II de 1882. — *Radau* : Note sur le mouvement de rotation d'un système de forme variable. — *Callandreau* : Sur les calculs de Maxwell relatifs au mouvement d'un anneau rigide autour de Saturne. — *Radau* : Sur la loi des densités à l'intérieur de la terre. — *Bossert* : Note sur la comète Tempel-Swift (1869, III; 1880, IV). — *Luther* : Éphéméride de la planète (247) Eucrate. — *Neugebauer* : Éphéméride de la planète (84) Clio. — Mars 1890. — *Gautier* : Mire à disque mobile autour d'un axe vertical pour la mesure de l'inclinaison du fil mobile de la vis en distance polaire d'un cercle méridien. — *Bossert* : Tableau synoptique des mouvements propres des étoiles. — *Charlois* : Observations de comètes et de planètes à l'Observatoire de Nice. — Avril 1890. — *Callandreau* : Quelques remarques sur le calcul des transcendantes de Bessel. — *Trouvelot* : Phénomènes observés sur Saturne vers l'époque du passage du Soleil et de la Terre par le plan de ses anneaux en 1877-1878. — *Rambaud* : Observations de comètes et de planètes à l'Observatoire d'Alger. — *Luther* : Éphéméride de la planète (56) Mélété. — Mai 1890. — *Trouvelot* : Phénomènes observés sur Saturne vers l'époque du passage du Soleil et de la Terre par le plan de ses anneaux en 1877-1878. — *Radau* : Quelques mots sur la question de la nutation diurne. — *Gonnessiat* : Ascensions droites absolues d'étoiles circumpolaires. — *Saint-Blancat* : Observations de la comète Brooks à l'Observatoire de Toulouse. — Observations de la planète Vesta à l'Observatoire de Bordeaux.

— Juin 1890. — *Tisserand* : Sur un théorème de M. Harzer. — *Callandreau* : Sur une représentation géométrique due à Mathieu des variations des éléments des orbites. — *Esmiol* : Orbite de la planète (288) Glauké. — *Saint-Blancat* : Observations de la comète Brooks (6 juillet 1889) à l'Observatoire de Toulouse.

— REVUE INTERNATIONALE DE L'ENSEIGNEMENT (t. X, n° 6, 15 juin 1890). — *P. G.* : Les fêtes du sixième Centenaire de l'Université de Montpellier. — *Maurice Croiset* : L'ancienne Université de Montpellier. — L'annonce d'un projet de loi sur les Universités, discours prononcé par M. Bourgeois, ministre de l'instruction publique, aux fêtes de Montpellier. — *Ed. Dreyfus-Brisac* : L'Association nationale pour la réforme de l'enseignement secondaire. — *J.-G. Magnabal* : Les langues vivantes méridionales. — *P.-F. Girard* : L'étude des sources du droit romain. — *A. Herzen* : L'éducation de la jeunesse allemande.

— REVUE DE MÉDECINE (t. X, n° 6, 10 juin 1890). — *W. Dubreuilh* : Étude sur quelques cas d'atrophie musculaire limitée aux extrémités et dépendant d'altération des nerfs périphériques. — *Marestang* : De l'hyperglobulie physiologique des pays chauds. — *P. Spillmann* et *Haushalter* : Deux cas de myopathie primitive progressive. — *Sessary* : Un cas de maladie de Weil. — *G. Rausier* : De certaines localisations cardiaques de l'impaludisme aigu. — *Ducamp* : Une petite épidémie d'ictère infectieux.

— ARCHIVES DES SCIENCES PHYSIQUES ET NATURELLES (t. XXIII, n° 4, 15 juin 1890). — *Fr. Reverdin* et *Ch. de La Harpe* : Sur l'analyse des ardoises. — *R. Weber* : L'expérience fondamentale sur la capacité inductive spécifique. — *L. Dupare* et *A. Le Royer* : Notices cristallographiques. — *A. Jaccard* : L'origine de l'asphalte, du bitume et du pétrole.

L'administrateur-gérant : HENRY FERRARI.

MAY & MOTTEROZ, Lib.-Imp. réunies, Ét. D, 7, rue Saint-Benoît. [564]

Bulletin météorologique du 11 au 17 août 1890.
(D'après le Bulletin international du Bureau central météorologique de France.)

DATES.	BAROMÈTRE à 1 heure DU SOIR.	TEMPÉRATURE			VENT. FORCE de 0 à 9.	PLUIE. (Millimètr.)	ÉTAT DU CIEL à 1 HEURE DU SOIR.	TEMPÉRATURES EXTRÊMES EN EUROPE	
		MOYENNE	MINIMA.	MAXIMA.				MINIMA.	MAXIMA.
☾ 11	755mm,96	19°,8	14°,5	23°,7	S.-W. 3	2,8	Alto-cumulus S.-W. 1/4 W.	5° au Pic du Midi et Haparanda; 7° à Hernosand.	49° à Laghouat; 39° Aumale; 36° Madrid; 35° cap Béarn.
♂ 12	755mm,19	18°,4	14°,8	22°,1	S.-S.-W. 3	6,6	Cumulo-stratus W.-S.-W.; pluie.	6°,6 au Pic du Midi; 7° à Hernosand; 8°,5 à Gap.	41° Laghouat et Biskra; 39° à Aumale; 36° à Tunis.
☿ 13	752mm,88	15°,8	12°,3	19°,5	S.-W.O	0 5	Pluie intermittente.	3°,7 au Pic du Midi; 9° à Haparanda.	41° Laghouat; 40° à Biskra; 38° Aumale; 33° Brindisi.
♃ 14	756mm,40	14°,5	8 ,5	20°,8	W.-S.-W.3	0,0	Cumulus épais W.S.W.; atmosphère très claire	— 1° au Pic du Midi; 4° au Puy de Dôme.	40° à Biskra; 39° Laghouat; 37° Aumale; 33° Palerme.
☉ 15N.L.	756mm,48	17°,5	19°,0	22°,3	S.-S.-W. 4	0,8	Cumulo-stratus moyen S.-W. 1/4 W.	0°,6 au Pic du Midi; 4° à Clermont-Ferrand.	41° à Laghouat; 37° à Aumale et Biskra; 30° à Palerme.
♄ 16	757mm,03	18°,3	15 9	23°,9	W.-S.-W.3	0,0	Cumulo-stratus S.-W.; gouttes fines.	4° au Pic du Midi; 6° à Clermont-Ferrand.	41° Laghouat; 39° cap Béarn; 38° à Laghouat et Aumale.
⊕ 17	756mm,19	16 ;3	10°,0	22°,0	E.-S.-E. 2	0,0	Cumulo-stratus S.-W.; petite pluie.	3° au Pic du Midi; 7°,8 Nantes; 9° Puy de Dôme.	43° à Biskra; 39° à Aumale; 38° Laghouat; 35° Floresco.
MOYENNE.	755mm,71	17°,14	12°,57	21°,98		TOTAL. .	11,1		

REMARQUES. — La température moyenne est légèrement au-dessous de la normale corrigée 17°,5. On signale de nombreux orages un certain nombre de stations, aussi bien en France qu'en Allemagne et en Autriche. Sirocco à Oran le 13; à Alger, du 13 au 17.

CHRONIQUE ASTRONOMIQUE. — Mercure et Vénus restent toujours étoiles du soir, mais l'*Étoile du berger* est la seule bien visible à l'ouest, alors que Jupiter illumine l'est, tandis que Mars, rougeâtre, est au midi. Le 24, Mercure se couche à 7h 42m; Vénus à 8h 16m, Mars à 10h 24m, Saturne à 7h 16m. Jupiter, l'astre le plus brillant de la nuit, passe au méridien à 10h 14m. Par les nuits claires, la voie lactée se détache bien dans le ciel, du midi au zénith, de 10 heures du soir à minuit. La Lune, qui sera à son premier quartier le 23, empêchera bientôt de la distinguer aussi nettement. Le 27, Jupiter sera en conjonction avec la Lune. Le 28, Mercure passera à son aphélie. Le 29, Neptune sera en quadrature avec le Soleil (leurs longitudes différeront de 90°). Le 30, Saturne sera en conjonction avec le Soleil. L. B.

REVUE
SCIENTIFIQUE
(REVUE ROSE)

DIRECTEUR : M. CHARLES RICHET

| NUMÉRO 9 | TOME XLVI | 30 AOUT 1890 |

HISTOIRE DES SCIENCES

Influence que les sciences exactes
ont exercée sur l'art de guérir et de conserver
la santé (1).

Mesdames, messieurs,

Le sujet que je vais traiter est beaucoup trop vaste
pour que je songe à l'épuiser dans une conférence
d'une heure; aussi me bornerai-je à en aborder les
points principaux, et ne leur donnerai-je que les développements indispensables pour faire ressortir l'idée
fondamentale que je veux exposer tout d'abord.

La médecine et l'hygiène remontent aux premiers
âges de l'humanité; mais elles n'ont pris un caractère
de précision et de certitude que depuis l'époque où
les découvertes faites en physique, en chimie et en
histoire naturelle, leur ont donné les bases positives
sur lesquelles elles devaient se fonder. C'est pour cela
que leurs progrès ont été si lents. Les sciences, en effet,
sont comme certains arbres : elles grandissent lentement et ne portent que des fruits tardifs. Il ne suffit
pas que des hommes de génie leur donnent, de temps
en temps, une de ces impulsions qui font époque
dans l'histoire de l'humanité, il faut que le temps passe
sur leurs découvertes, les développe et les utilise. Cette
œuvre de maturation exige de longues années. Le travail obscur qui s'accomplit dans les laboratoires est
parfois aidé par un heureux hasard qui montre une
voie nouvelle, par un procédé auquel personne n'avait
songé. Enfin les arts qui touchent aux sciences ont
aussi leur part dans les progrès qu'elles réalisent.

M. Janssen, dans une de ces brillantes conférences
dont il a le secret, nous a fait comprendre, au Congrès
de Toulouse, toute l'étendue des services que l'art de
l'opticien et la photographie ont rendus à l'astronomie.
Je montrerai plus tard le perfectionnement du microscope a eu la plus grande part aux progrès considérables que les sciences médicales ont fait de nos jours.
Je ne veux pour le moment établir qu'un seul fait,
c'est que les modestes travailleurs qui confectionnent
les instruments à l'aide desquels nous pénétrons dans

(1) Conférence faite par M. Jules Rochard à la *Société des Amis des
sciences.*

Nous croyons devoir, en cette occasion, rappeler à nos lecteurs le
but de cette Société, fondée il y a trente-trois ans par L.-J. Thénard,
actuellement d'ailleurs en pleine prospérité, mais dont les ressources
ne seront jamais trop grandes. La *Société des Amis des sciences* a, en
effet, un but uniquement humanitaire, celui de venir au secours des
savants ou de leurs familles, qui se trouvent dans le besoin.

D'après l'article 6 des statuts, les conditions nécessaires pour avoir
droit à des secours sont : 1o d'être Français ou étranger naturalisé;
2o d'être auteur, soit d'un mémoire ou travail jugé par l'Académie
des sciences digne d'être imprimé parmi ceux des savants étrangers,
soit au moins d'un mémoire ou travail approuvé par elle; 3o d'avoir
des besoins constatés. Celui qui remplit ces conditions a droit à un
secours annuel; le même droit, à l'époque de sa mort, appartient à
ses père et mère, à sa veuve et à ses enfants.

Jusqu'à présent, les ressources de la Société ne lui ont pas permis
de sortir de ces limites, que lui a tracées son fondateur; mais elle
aspire au moment où elle pourra étendre ses bienfaits à tous les
hommes qui rendent de véritables services à la science par leur enseignement ou par leurs travaux, et particulièrement aux familles des
professeurs qui succombent avant le temps où ils ont droit à la retraite qui leur est accordée par l'État.

Rappelons que la souscription annuelle est de 10 francs, et que le
siège de la Société est 79, boulevard Saint-Germain.

le monde des infiniment grands et dans le monde des infiniment petits ont leur part dans le progrès scientifique, de même que les ouvriers inconnus qui ont sculpté les dentelles de pierre de nos cathédrales gothiques participent à la gloire des architectes qui en ont dressé les plans.

I.

La lenteur avec laquelle les sciences ont progressé, le temps qu'il leur a fallu pour produire des résultats pratiques en ce qui concerne l'art de guérir et de conserver la santé, l'histoire les atteste avec évidence.

La civilisation grecque est celle qui a montré, avec le plus d'éclat, la puissance de l'esprit humain. Sa littérature, servie par la langue la plus harmonieuse qui ait jamais retenti à l'oreille des hommes, a produit des chefs-d'œuvre qui n'ont pas été égalés. Les poèmes d'Homère, les tragédies de Sophocle, d'Eschyle, d'Euripide, sont d'admirables modèles que les générations successives se lèguent depuis trois mille ans. L'architecture et la sculpture du temps de Périclès n'ont pas encore trouvé de rivales. La médecine et l'hygiène sont loin de s'être élevées au même niveau. L'œuvre d'Hippocrate en est la preuve. Elle donne la mesure de ce que l'intelligence humaine peut produire de plus complet lorsqu'elle est livrée à ses propres ressources. Tout ce que l'observation sagace et persévérante des faits apparents peut lui révéler se trouve dans les livres du père de la médecine ; mais il n'a pas pu s'élever au-dessus de cette conception primitive, parce qu'il était privé des notions et des moyens d'investigation indispensables à toute étude ayant l'homme pour objet. Il ne connaissait ni la structure, ni les fonctions, ni les altérations des organes, et tous ses écrits s'en ressentent. A côté d'observations d'une vérité, d'une pénétration surprenantes, on trouve à chaque pas des explications, des raisonnements qu'on ne sait comment qualifier, tant ils semblent absurdes aux médecins de notre époque.

L'œuvre d'Hippocrate, enrichie par Aristote et par Galien de quelques notions bien superficielles d'anatomie et de physiologie, nous est arrivée, à travers les ténèbres du moyen âge, transfigurée et faussée par l'astrologie, par les superstitions des temps qui nous l'ont transmise. Il suffit de voir ce qu'était la médecine au XVIIe siècle pour en prendre une idée.

La découverte de la circulation du sang a été le premier pas fait hors de cette ornière et la première application des sciences exactes à l'interprétation des phénomènes de la vie. En prouvant que le cœur, lorsqu'il projette le sang dans le double cercle circulatoire qui en part et qui y aboutit, agit à la façon d'un appareil hydraulique, Harvey a été le véritable précurseur de la physiologie positive. Son ouvrage, écrit dans le beau

latin qu'on parlait encore au XVIIe siècle (1), n'est pas seulement remarquable par son élégance, sa clarté, par l'évidence des démonstrations ; mais il consacre un progrès d'une bien autre importance. C'est la première application de la méthode baconienne à l'étude des phénomènes de la vie, c'est la rupture définitive avec la tyrannie de l'autorité ; c'est le triomphe de l'expérience.

Les esprits de cette époque étaient si peu ouverts aux vérités de cette nature, que la découverte d'Harvey ne rencontra que des incrédules et souleva contre lui une tempête qui mit vingt-cinq ans à s'apaiser. Si de nos jours une semblable découverte s'offrait à l'admiration des hommes, elle serait accueillie par un cri d'enthousiasme retentissant d'un bout du monde à l'autre.

A l'encontre des médecins de son temps, Harvey était entré dans le courant d'idées qui entraînait les grands esprits du XVIe siècle. Il était contemporain de Képler et de Galilée, il avait étudié la médecine, en France, en Allemagne et en Italie, il était médecin du roi d'Angleterre et avait cinquante-deux ans, en 1628, quand il publia son immortel ouvrage. Il n'était évidemment pas resté étranger aux progrès que les sciences physiques venaient de faire, qui commençaient à remuer le monde et qui ne tardèrent pas, comme je vais le montrer, à réagir sur la physiologie.

A la fin de ce siècle, c'est un élève de Galilée, Borelli, qui entreprit d'appliquer les mathématiques à l'étude des forces motrices chez les animaux. Il calcula la force déployée dans les muscles dans leurs contractions, prouva que les os étaient d'admirables leviers et fonda ainsi la mécanique animale, nouvelle application des sciences physiques à l'interprétation des actes de l'organisme (2).

Cette heureuse tentative fut le point de départ d'essais analogues. Une école se fonda qui émit la prétention de subordonner tous les phénomènes de la vie aux lois de la mécanique. L'école *iatro-mathématique* venait avant son heure, mais elle a laissé des souvenirs durables et des faits que le temps n'a fait que confirmer.

Il n'en est pas de même d'une autre doctrine qui avait précédé celle-là de quelques années, dont Paracelse avait jeté les bases au XVIe siècle, à laquelle Van Helmont avait prêté plus tard l'appui de son talent, et qui prit une forme plus accusée entre les mains de François de Le Boë, plus connu sous le nom de Sylvius. C'est l'iatro-chimie.

Avant de naître à la vie scientifique, la chimie, comme on le voit, aspirait déjà à dominer la physio-

---

(1) *Exercitatio anatomica de motu cordis et sanguine.* — Francfort, 1628.

(2) Borelli, *De motu animalium.* — Rome, 1680-1681, et La Haye, 1743.

logie. Les fonctions, pour cette école, n'étaient plus que le jeu des fermentations, des effervescences, des distillations qui s'opéraient au sein des liquides, dans lesquels s'accomplissaient tous les phénomènes, tandis que les solides se bornaient à les contenir et à remplir à leur égard le rôle de vases inertes. On comprend que de pareilles rêveries aient dégoûté les médecins d'entrer dans une pareille voie. Aussi se rejetèrent-ils dans les bras de l'ontologie avec les doctrines vitalistes. Au commencement du siècle, elles étaient représentées à Montpellier par l'école de Barthez et à Paris par celle de Bichat, de ce puissant génie qui n'a pu donner à la science de l'homme les bases solides qu'il rêvait pour elle, parce que les connaissances précises lui manquaient, parce que les sciences exactes n'avaient pas encore fait leur œuvre. L'histologie n'était pas née, et Bichat fut conduit à l'inventer, en imaginant des systèmes organiques qui n'existaient pas pour expliquer des fonctions dont on s'est rendu compte plus tard, grâce aux progrès de la physique. La chimie organique n'était pas née, et il a été obligé de se payer de mots pour expliquer les phénomènes de la nutrition et de la chaleur animale.

Cependant, en 1800, lorsque parurent ses recherches sur la vie et la mort et son traité des membranes, précurseur de l'anatomie générale, la chimie était en train de prendre une revanche éclatante, et Lavoisier avait déjà publié les mémoires qui ont immortalisé son nom et qui ont scellé l'union désormais indissoluble de la physiologie avec la chimie qu'il venait de fonder. Sa théorie de la respiration est un véritable trait de génie et le point de départ d'une science nouvelle. Elle renferme sans doute des erreurs de détail, mais le fait fondamental, celui d'avoir démontré que l'acte respiratoire est une combustion et que la chaleur animale en est le produit, ce fait à lui seul est immense.

Fourcroy, dans son cours, vulgarisa ces grandes idées et montra que la chimie réclamait également sa part dans l'interprétation d'autres fonctions organiques; qu'elle peut expliquer les transformations que subissent les aliments dans la digestion, le changement que subit le sang dans le torrent circulatoire, et qu'elle permet de se rendre compte d'actes plus intimes, tels que ceux qui constituent la nutrition.

Une fois entrée dans cette voie, la science ne s'est plus arrêtée. Toutes les fonctions ont été successivement soumises à ce mode d'étude, et enfin l'heure de la généralisation est venue. Elle est contemporaine de notre époque, et pour ne citer que les morts, elle rappelle les noms de Berzélius, de Liébig et de J.-B. Dumas.

Berzélius, par ses travaux sur la composition des liquides animaux et ses traités de chimie animale, Liébig, par ses lettres sur la chimie, J.-B. Dumas enfin, par son admirable exposé de la statique chimique des êtres vivants, ont édifié une physiologie nouvelle qui

n'a plus qu'une lointaine analogie avec celle qu'on nous enseignait il y a cinquante ans.

Je ne placerai pas ces trois noms sur la même ligne. La première place revient incontestablement à Dumas, à son splendide enseignement, à cette puissance de démonstration que nul autre professeur n'a égalée. Je me souviens encore de ses leçons dans le grand amphithéâtre de l'École de médecine, devenu trop étroit pour son auditoire, du silence religieux avec lequel nous l'écoutions et des applaudissements frénétiques qui faisaient vibrer la vieille salle, lorsqu'à la fin d'une de ses brillantes leçons, il terminait par quelques-uns de ces aperçus lumineux, éclatants de vérité, qui enthousiasmaient l'auditoire. Nous sortions de là, vibrants de cette ardeur scientifique qui est si saine pour le cœur et si féconde pour l'esprit.

Depuis cette époque, tous les chimistes contemporains ont apporté leur tribut de faits à la science de la vie, tous ont continué l'évolution commencée par Lavoisier, et aujourd'hui la chimie tient une telle place dans les traités de physiologie, qu'il faut la connaître à fond pour pouvoir la comprendre et qu'il faut être un de ses adeptes pour pouvoir l'enseigner.

II.

La physique n'était pas demeurée en arrière. Au siècle dernier, les travaux de Coulomb et de Volta avaient jeté sur les phénomènes électriques un jour tout nouveau; la découverte de Galvani avait ranimé les espérances de ceux qui croyaient à l'intervention des lois de la physique et de la chimie dans les fonctions de l'organisme; elle avait mis aux mains des physiologistes un moyen précieux pour interroger la sensibilité des tissus et exciter le mouvement dans les organes qui en sont susceptibles. La physiologie expérimentale allait bientôt en profiter.

Cependant, la science de l'homme ne pouvait pas faire de grands progrès tant qu'on ne connaissait pas la structure intime des tissus et, par conséquent, celle des organes. En France, comme en Angleterre, on raisonnait sur des apparences, on s'efforçait de poser a priori les lois générales de l'organisation, sans pouvoir en sonder le mystère. On était arrivé aux confins du monde visible, il fallait trouver le moyen de soulever le voile devant lequel s'arrêtait le regard.

Ce moyen, la science le possédait depuis deux siècles, mais jusqu'alors dédaigné. On voit tout ce qu'on veut, avait-il dit, lorsqu'on regarde dans les ténèbres. On l'oubliait que c'était à travers ces ténèbres que le mouvement du sang dans les capillaires était apparu, cent quarante ans auparavant, aux yeux émerveillés de Malpighi, et que le microscope avait donné à l'immortelle découverte d'Harvey la dernière sanction qui lui manquât. Il oubliait tout ce que ce moyen d'investigation avait fait voir à Lewenhoeck, ce modeste polisseur de lentilles de Deft qui, par une application soutenue, par une observation patiente, était arrivé, avec son microscope simple dont la portée ne dépassait pas 150 diamètres, à voir les globules du sang, les infusoires, les animalcules spermatiques, et qui avait ainsi rendu plus de services à la science que tous les idéologues et les théoriciens de son temps.

Toutefois, le microscope simple ne suffisait plus. La structure intime des tissus réclame des grossissements beaucoup plus considérables, et c'est de nos jours seulement que les opticiens ont pu nous fournir des instruments assez puissants pour plonger plus avant dans le monde des infiniment petits. C'est en France que ce progrès s'est accompli. Euler avait, il est vrai, dès 1769, indiqué et tracé les règles de la construction des microscopes composés; en 1816, Frauenhofer (de Munich) avait essayé d'en fabriquer; mais ses instruments ne donnaient que des images confuses, irisées sur les bords et ne valaient pas une bonne loupe. En 1824, Selligues fit construire par l'opticien Chevalier et présenta à l'Académie des sciences le premier microscope achromatique à quatre lentilles superposées, permettant d'augmenter considérablement le pouvoir amplifiant des images, sans altérer leur netteté. Cet admirable instrument a été perfectionné depuis par Amici, par Goring, par G. Oberhauser, Ch. Chevalier, Nachet, etc.; mais il constituait, dès son apparition, un progrès considérable, et les études sérieuses en histologie datent de ce moment. Elles commencèrent en Allemagne. John Müller, le Cuvier de l'Allemagne, y préluda par son mémoire sur la structure intime des glandes [1]; puis vinrent les travaux de Purkinje sur le tissu osseux [2], celui de Meckaüer sur le cartilage; l'anatomie microscopique de Berr parut à Vienne en 1830 [3]. Les recherches d'Emmert d'Ehrenberg, d'Henle, virent le jour peu de temps après.

En France, ce genre d'études fut beaucoup plus longtemps à s'acclimater. Nous n'avons pas la patience des Allemands, nous n'aimons pas les recherches sans but, surtout lorsqu'elles sont minutieuses et fatigantes, et, pour nous encourager, il nous faut le stimulant de quelque brillante doctrine. La *théorie cellulaire* vint nous l'apporter. Elle n'est fille ni de Schwann ni de Schleiden, comme Broca l'a prouvé [4]; elle n'est née ni en 1837 ni en 1838; elle est plus vieille de douze ans; elle est française, et elle appartient à Raspail, qui l'a formulée de la façon la plus claire et la plus sai-

sissante dans une série de travaux dont le premier remonte au mois d'octobre 1825 et dont le dernier parut en 1827 [1]. C'est dans celui-là qu'il résume sa pensée sous cette forme pittoresque qui lui était familière : « Le temps n'est pas éloigné où, sans être taxé d'orgueil et de témérité, l'on pourra porter ce défi purement scientifique : Donnez-moi une vésicule au sein de laquelle puissent s'élaborer d'autres vésicules et je vous rendrai le monde organisé. »

Je n'ai pas à faire ici l'histoire du microscope, je n'insisterai pas sur les services qu'il a rendus à la physiologie et surtout à l'embryologie; je voulais seulement montrer comment les polisseurs de lentilles venaient pour la seconde fois de permettre à la physiologie de franchir un pas énorme. Leurs successeurs en ont rendu possible un plus grand.

Le microscope de Selligues permettait d'obtenir des grossissements de quatre à cinq cents diamètres avec une netteté suffisante ; mais on ne pouvait guère aller au delà. A cette époque, du reste, on déclarait qu'il était inutile de dépasser la limite de 500 diamètres, parce qu'il n'existait pas de corps figurés ni d'éléments anatomiques plus petits que ceux qu'on distingue à ce grossissement. Or il y a tout un monde d'êtres vivants qu'on n'aperçoit même pas avec ces instruments. Or il a fallu pour y pénétrer que les opticiens fissent mieux encore. Aujourd'hui, avec un bon microscope, pourvu d'un condensateur Abbé à grand angle d'ouverture et de lentilles à immersion homogène, on arrive aisément aux grossissements de 1200 à 1500 diamètres, qui sont nécessaires pour l'étude des microbes; on en voit même figurés dans le grand ouvrage sur les bactéries, de Cornil et Babès, qui ont été dessinés à un grossissement de 2800 diamètres ; mais j'exposerai plus loin cette phase nouvelle de l'évolution scientifique contemporaine et, pour le moment, il faut revenir sur mes pas.

Le moment était venu où les sciences exactes allaient donner la mesure des services qu'elles pouvaient rendre à la science de l'homme. Elles l'avaient égarée à leurs débuts. La chimie à son aurore avait fait naître, comme nous l'avons vu, les étranges systèmes de Sylvius et de Van Helmont ; les immortelles découvertes de Lavoisier avait produit l'incroyable nosographie de Baumès, et enfin le microscope avait lui aussi donné naissance à des illusions. La découverte des globules du sang avait eu pour premier résultat la célèbre théorie de l'*erreur de lieu*, qui rappelle le grand nom de Boerhaave ; ces puissants moyens d'investigation alliaient enfin, en s'unissant, en s'aidant les uns les autres, donner à la médecine une base solide et permettre à la physiologie expérimentale, qui n'avait en-

---

(1) John Muller, *De glandarum secernentium textura penitiori earumque prima formatione.* — In-folio; Lipsia, 1830.

(2) Purkinje et Deutich, *De penitiori ossium structura.* — Breslau, 1834.

(3) Berres, *Anatomie der mikroskopischen gebilde der Menschlichen Körpers.* — In-folio; Wien, 1836.

(4) P. Broca, *Traité des tumeurs,* t. II, p. 29. — Paris, 1866.

(1) Raspail, *Recherches physiologiques sur les graisses et le tissu adipeux.* (*Répertoire d'anatomie et de physiologie* de Breschet, t. III, p. 174. — Paris, 1827.)

core tenté que de timides essais, de se constituer enfin comme méthode principale.

C'est Magendie qui l'a fondée. Bien d'autres avaient fait avant lui des expériences sur les animaux vivants. Harvey, Haller, Bichat, Legallois y avaient eu recours, mais avec une extrême réserve, pour découvrir ou constater quelque fait important. Magendie, au contraire, fit de la vivisection un moyen habituel d'étude et de démonstration. Il la transporta du laboratoire à l'amphithéâtre, et se servit des animaux comme les chimistes se servent des réactifs.

A l'aide de cette méthode, il entreprit de prouver, comme l'avaient essayé les *iatro-mécaniciens*, qu'un seul et même ordre de propriétés suffisait à l'explication de tous les phénomènes, aussi bien dans le règne organique que dans l'autre. Il s'efforça d'établir que l'absorption n'est qu'un simple phénomène d'imbibition, que les liquides traversent les parois des vaisseaux, sur le vivant comme sur le cadavre, et qu'une fois entrés dans le torrent circulatoire, ils cheminent avec le sang, sous l'impulsion toute-puissante du cœur qui suffit à le mouvoir jusque dans les capillaires. Tout cela n'était pour lui qu'un phénomène hydraulique, qu'une machine dans laquelle le cœur représentait la pompe et les vaisseaux sanguins les tuyaux. Fodéré arrivait de son côté à des résultats analogues, et quelques années plus tard, Dutrochet, par la découverte de l'*endosmose*, donnait une interprétation nouvelle aux faits constatés par ses prédécesseurs et faisait faire un pas considérable à la question (1).

La réaction contre le vitalisme s'accentuait partout, du reste; les sociétés savantes s'y associaient franchement et y appelaient les expérimentateurs. L'Académie des sciences, de 1821 à 1825, mit successivement au concours la détermination des causes, soit physiques, soit physiologiques de la chaleur animale, et l'étude des mêmes problèmes appliqués aux phénomènes de la digestion. Les deux mémoires qui lui furent adressés sur ce dernier sujet, l'un par Leuret et Lassaigne (2), l'autre par Tiedmann et Gmelin (3), sont les premiers travaux sérieux qui aient été faits sur les phénomènes chimiques de la digestion.

L'étude du sang occupait à son tour les chimistes et les physiologistes. Vogel et Brandt y constataient la présence des gaz déjà signalés par Mayou au XVIIᵉ siècle, par Humphrey Davy en 1799, mais qui ne devait être mise complètement hors de doute qu'en 1837, par Magnus, lorsqu'il parvint à dégager l'acide carbonique du sang, en le déplaçant par un courant d'hydrogène,

et à en faire sortir l'oxygène et l'azote par l'emploi de la machine pneumatique (1).

Longtemps auparavant, Prévost et Dumas avaient démontré la présence de l'urée dans le sang, après l'extirpation du rein. L'*hématologie pathologique* avait également pris naissance. Les expériences de Magendie, les travaux de Denis de Commercy, de Lecanu avaient précédé les belles recherches d'Andral et Gavarret (2) qui ont fait époque. Je ne puis pas multiplier ces citations, car je n'ai pas à faire l'histoire de la physiologie moderne, et je dois renoncer à enregistrer dans tous leurs détails les emprunts qu'elle a faits à la chimie.

Quant à la physiologie expérimentale, elle n'a pas continué à marcher dans la voie empirique où Magendie l'avait lancée. Son œuvre n'a pas été stérile assurément; mais ses hécatombes du Collège de France, qui ont soulevé contre lui tant d'hostilité, n'ont pas produit tous les fruits qu'il en attendait. Les vivisections ont fourni de plus brillants résultats entre les mains de son successeur, de son illustre élève, de Claude Bernard. Ses travaux ont exercé sur les progrès de la médecine une influence qui se continue, et ils doivent beaucoup aux sciences exactes. La découverte de la fonction glycogénique du foie, celle de l'action du suc pancréatique sur les matières grasses relèvent immédiatement de la chimie; c'est à l'aide d'un appareil thermo-électrique qu'il a fait ses recherches si intéressantes sur la chaleur animale, et ses travaux sur le système nerveux, comme la découverte des nerfs vaso-moteurs et du rôle qu'ils jouent dans la circulation, ont emprunté le même concours.

Je n'ai parlé jusqu'ici que de la physiologie, parce que c'est la base de toutes les sciences médicales, qu'aucun progrès sérieux ne peut être réalisé en thérapeutique, s'il n'a passé par là; mais la pathologie a marché du même pas, dans les mêmes voies, avec les mêmes moyens.

L'étude des maladies des voies digestives ainsi que leur traitement sont basés sur la connaissance des ferments digestifs et de leur action sur les aliments. Le traitement de la lithiase biliaire, de la gravelle, relève presque exclusivement de la chimie, ou du moins est basé sur l'action dissolvante des substances alcalines. Le régime des diabétiques est fondé sur les mêmes principes, et je me borne à citer les exemples les plus frappants.

L'art d'observer les malades et le diagnostic lui-même ont adopté les méthodes précises des sciences exactes et ne se contentent plus d'à peu près.

(1) Dutrochet, *l'Agent immédiat du mouvement vital dévoilé dans sa nature et son mode d'action chez les végétaux et chez les animaux.* — In-8°; Paris, 1826.
(2) Leuret et Lassaigne, *Recherches physiologiques et chimiques pour servir à l'histoire de la digestion.* — Paris, 1825.
(3) Tiedmann et Gmelin, *Recherches expérimentales, physiologiques et chimiques sur la digestion.* — Paris, 1826-1827.

(1) Magnus, *Sur les gaz que contient le sang : oxygène, azote, acide carbonique.* (*Annales de chimie et de physique*, t. LXV, p. 169, 1837.)
(2) Andral et Gavarret, *Recherches sur les modifications de proportion de quelques éléments du sang dans les maladies.* (*Annales de chimie et de physique*, 2ᵉ série, t. LXXV.)

Les médecins ont contracté l'habitude de prendre des mesures, d'apprécier les poids par la balance. Ils limitent les organes à l'aide de la percussion, tracent le niveau des épanchements de liquides, et ne s'en tiennent plus aux données vagues qu'ils acceptaient autrefois. Au lieu de disserter sur les innombrables variétés que le pouls peut présenter dans les maladies, ils comptent les pulsations avec la montre à secondes, en calculent la force et en dessinent le rythme à l'aide du sphygmographe. Au lieu de faire des théories sur la fièvre, on en détermine le degré à l'aide du thermomètre, et on représente ces variations à l'aide des courbes graphiques. Celles-ci permettent de saisir d'un coup d'œil l'évolution des maladies, avec une précision telle que leur simple inspection suffit pour établir un diagnostic. Il n'est pas de médecin qui, du premier coup d'œil jeté sur ces tracés, ne reconnaisse une fièvre typhoïde, une scarlatine, une pneumonie, etc.

Avec la courbe de la température et celle du pouls, on a sous les yeux l'expression fidèle du cas particulier et comme le résumé de l'observation clinique.

L'électricité est également intervenue, pour éclairer l'étude d'une classe importante de maladies. Toutes les affections du système nerveux en sont tributaires, au point de vue du diagnostic comme sous celui du traitement. Entre les mains de Duchenne de Boulogne, elle a débrouillé le chaos des paralysies ; et l'*électrisation localisée* permet d'en reconnaître la nature ainsi que les limites et même d'en déterminer le degré de curabilité.

La lumière électrique a fourni d'ingénieux instruments pour l'exploration des cavités, et les appareils à induction ont été également l'objet d'intéressantes applications au diagnostic chirurgical.

L'optique nous a rendu des services tout aussi importants. Helmholtz, en montrant le moyen si simple d'éclairer le fond de l'œil, a permis de reconnaître les maladies du corps vitré, de la choroïde, de la rétine, confondues jusqu'alors sous la dénomination banale d'amaurose. L'ophthalmoscope a débrouillé ce chaos. Il a permis de guérir quelques maladies de plus et surtout d'en soustraire un grand nombre à des traitements inutiles.

Le laryngoscope a rendu les mêmes services au diagnostic et à la thérapeutique des maladies du larynx.

La chimie est devenue indispensable à la clinique, pour le diagnostic d'une foule de maladies et en particulier de celles des voies urinaires. Enfin elle a transformé la matière médicale. La découverte de l'iode, du brome, des alcaloïdes lui ont fourni des agents d'une activité incomparable, et la pharmacie s'est modernisée à son tour. Elle a rejeté les neuf dixièmes de son vieil arsenal ; elle a rompu avec les simples, les drogues, les remèdes composés, pour ne conserver, dans ses officines déblayées, que des médi-

caments d'une efficacité expérimentalement démontrée. Elle s'est appliquée à en augmenter le nombre, et chaque jour nous voyons apparaître des remèdes nouveaux dont l'énergie nous épouvante parfois, mais qui deviendront de précieuses ressources lorsque leurs effets seront mieux connus et leurs indications mieux étudiées.

III.

Je me suis proposé dans cette conférence d'étudier l'influence que les sciences exactes ont exercée sur les progrès de l'art de guérir et sur celui de conserver la santé ; je n'ai encore rempli que la première moitié de mon programme, il est temps d'aborder la seconde.

Pour préserver la santé des individus, comme celle des populations, pour prévenir les maladies, il faut d'abord en connaître les causes. Or cette notion est la plus difficile à acquérir dans toutes les sciences, et, dans celle qui a l'homme pour objet, elle ne peut être que le produit d'une science très avancée. Pendant longtemps on a dû se contenter, en médecine, d'invoquer les causes banales : le froid et le chaud, le sec et l'humide, l'inaction ou l'activité exagérée, les privations ou les excès. On savait cependant que tout un groupe nosologique, et le plus important au point de vue de ses conséquences, échappait à cette étiologie vague, que les grandes maladies populaires, que les épidémies qui déciment les nations sont causées par des altérations spéciales de l'atmosphère, par la présence dans l'air d'un élément infectieux ; mais cet élément toxique, on en ignorait complètement la nature. On lui avait donné le nom de miasme, et, sans l'affirmer, on était disposé à penser qu'il s'agissait de quelque principe analogue aux gaz dont la découverte était encore récente. La chimie avait même au début égaré la pathogénie. Les procédés les plus précis d'analyse de l'air avaient pour effet de détruire cet élément qu'il aurait fallu découvrir. C'est ce qui arrive lorsqu'on le fait passer successivement à travers la potasse, l'acide sulfurique et le tube rempli de cuivre chauffé au rouge, comme dans le procédé de Dumas et de Boussingault (1). Aussi avait-on coutume de dire alors que l'air pris dans les salles des cholériques ou recueilli dans les marais de la Sologne avait une composition identique à celui qu'on respire sur le mont Blanc. Dans les deux cas, en effet, on trouvait 20,90 pour 100 d'oxygène, 79,10 d'azote et une proportion variable, mais très petite, d'acide carbonique.

Plus tard, on reconnut qu'indépendamment de ces principes gazeux, existant partout en proportions égales, l'air renfermait encore, dans certains cas, de la matière organique. Boussingault en démontra la pré-

---

(1) *Annales de physique et de chimie,* novembre 1844, p. 261.

sence dans l'air des immenses marécages de l'Amérique; mais alors — et c'était encore l'opinion qui avait cours il y a vingt-cinq ans — on n'y voyait que des particules animales ou végétales en décomposition, que la vapeur d'eau soulevait et qu'entraînaient les courants atmosphériques. On s'expliquait les altérations qu'elles produisent dans l'économie par l'état de putréfaction qu'on leur attribuait. Personne n'eût osé soutenir alors que ces molécules presque invisibles renfermaient des êtres vivants. On eût traité de visionnaire celui qui aurait avancé qu'il s'agite, au sein de ce détritus, la vie la plus intense et la plus formidable, que tout un monde d'êtres invisibles y accomplit sourdement l'un des actes les plus indispensables à l'existence du règne organique. C'est pourtant la vérité, et cette découverte, dont il ne nous est pas encore donné de mesurer toute la portée, est l'œuvre d'un de nos contemporains, d'un de nos compatriotes, est l'œuvre d'un des nôtres.

Je n'ai parlé jusqu'ici que des morts, parce que rien n'est plus délicat que de faire l'éloge des autres; mais il est des hommes qui, par l'éclat de leurs services, ont le privilège d'entrer vivants encore dans la postérité, et pour ceux-là il n'est pas permis, par un excès de rigorisme, d'hésiter à dire ce qu'on en pense, lorsqu'on ne fait que répéter ce que pense le monde entier.

Je ne songe pas à faire ici l'historique des découvertes de M. Pasteur. Il faudrait pour cela plus d'heures qu'il me reste de minutes, et ce serait sortir de mon sujet. De cette œuvre si vaste, je ne détacherai qu'une parcelle. Je vais me borner à montrer le progrès qu'elles ont fait faire à l'hygiène et à la médecine.

Tout le monde sait ici comment notre illustre compatriote fut conduit, par une observation de Mitscherlich, à étudier les lois de la *dyssimétrie moléculaire*, comment il y trouva la ligne de démarcation qui sépare la chimie de la nature morte, de la chimie de la nature vivante, et comment cette constatation le jeta sur le terrain des fermentations.

La théorie de Liébig régnait alors dans les écoles. On admettait que la décomposition de la matière organique s'accomplit sous l'influence de l'oxygène de l'air, aussitôt que la vie a cessé de l'animer, que les ferments exercent sur elle une simple action de contact et provoquent sa transformation, sans lui rien prendre et sans lui rien céder. Berzélius avait inventé, pour expliquer ce prodige, une force nouvelle, la *force catalytique*, et, à cette époque où on se payait volontiers de mots, celui-là avait fait fortune; M. Pasteur n'était pas homme à se contenter de cette explication ontologique.

Lavoisier avait, en 1788, démontré que la fermentation du sucre consiste en un véritable dédoublement qui donne naissance à deux produits nouveaux, l'acide carbonique et l'alcool; mais, par une légère erreur d'analyse, il avait avancé que ces deux éléments représentent la totalité du sucre qui les a fournis. La doctrine de la *catalyse* était née de cette erreur.

M. Pasteur avait reconnu que, dans la fermentation, la levure augmente de poids et de volume dans des proportions considérables. Il en conclut logiquement qu'elle devait emprunter les éléments de cet accroissement à la substance sur laquelle elle agit, et il commença à douter de l'exactitude de l'équation de Lavoisier. Reprenant alors les analyses de celui-ci, avec l'aide des procédés plus exacts dont la science s'est enrichie depuis un siècle, il reconnut qu'un vingtième environ de la matière sucrée échappe au dédoublement et que ce déchet sert à la nourriture du ferment.

Il restait à démontrer que ce ferment était un assemblage d'êtres organisés et vivants.

Cagniard-Latour l'avait dit un demi-siècle auparavant; mais c'est à M. Pasteur que revient la gloire d'avoir démontré que le fait observé par Latour, pour la levure de bière, n'était que le cas particulier d'une loi générale applicable à toutes les fermentations.

Je ne le suivrai pas dans les luttes qu'il a soutenues pour établir d'une façon définitive que la vie ne s'engendre plus spontanément à la surface de notre planète; que partout où il apparaît un être vivant, il a été produit par un être semblable à lui, et que la génération spontanée est une superstition du passé dont la science n'a plus que faire; mais la démonstration, dans l'air atmosphérique, de ces légions innombrables d'êtres microscopiques qui la font aussi peuplée que la mer, était indispensable aux découvertes pratiques que je vais bientôt indiquer, et il fallait tout d'abord étudier les lois nouvelles du monde presque imperceptible qu'il venait de découvrir. C'est ce qu'il a fait avec une richesse de preuves et une habileté expérimentale que personne n'a encore égalées.

Grâce à lui, nous savons que partout où la matière se décompose, cette œuvre est accomplie par les infiniment petits, qu'ils sont les principaux agents voyers du globe, et qu'ils font disparaître plus rapidement que les vertébrés nécrophages les cadavres de tout ce qui a vécu. Ce sont eux qui restituent au monde inorganique les éléments que les êtres vivants lui ont momentanément empruntés. Ils protègent ainsi les vivants contre les morts et rendent les naissances possibles. C'est grâce à ces êtres infimes que l'eau et l'air regagnent incessamment ce que le monde vivant leur enlève sans cesse, qu'ils gardent leur composition et leur vertu fécondante, et que des générations nouvelles peuvent se succéder sans fin, héritant non seulement de la forme, mais de la matière des générations précédentes (1).

On comprend ce que ces idées nouvelles, ce que ces puissants aperçus basés sur des expériences rigoureuses, ont projeté de lumière sur les points les plus

(1) L. Duclaux, *le Microbe et la maladie*, p. 14. — Paris, 1886.

ténébreux de la science de la vie; mais ils nous intéressent plus vivement encore par les découvertes auxquelles ils ont conduit leur auteur et par les résultats
pratiques qu'il a su en tirer.

IV.

Du moment où il était démontré que toutes les
transformations de la matière morte sont le résultat
du travail des *microrganismes*, il était naturel de se demander s'ils ne jouent pas également un rôle dans le
corps vivant; si ces germes qui pullulent dans l'atmosphère, qui s'introduisent dans le tube digestif avec les
aliments et les boissons, dans les poumons avec l'air
de la respiration, n'y portent pas parfois la maladie et
la mort.

Cette intuition était d'autant plus naturelle que de
tout temps on a été frappé de l'analogie qui existe
entre certaines *pyrexies* et les fermentations : même tu-
multe organique, même dégagement de chaleur,
même mutation de la matière. Le langage populaire,
d'accord avec celui de la vieille médecine, avait consacré cette assimilation par les mots de levains, de ferments morbides, et la dénomination toute moderne de
maladies zymotiques lui avait donné la consécration
scientifique ; mais pour la légitimer, il fallait découvrir, dans les liquides de l'homme et des animaux, les
agents animés de ces redoutables maladies.

On les avait soupçonnés de tout temps et, au xviiᵉ siècle,
un jésuite allemand, Athanase Kircher, avait exprimé la
pensée que les fermentations sont dues aux animalcules qu'on trouve dans les matières en voie d'altération et que les maladies épidémiques sont également
l'œuvre de ces petits êtres. Cette idée, à laquelle la découverte des infusoires vint bientôt donner un grand
degré de vraisemblance, fut reprise par Raspail, en
1843, et formulée en termes précis, mais sans être appuyée sur aucune preuve, sur aucune observation, sur
aucune expérience. Cette vue de l'esprit heurtait tellement les idées généralement admises à cette époque
par les physiologistes, qu'elle ne fut accueillie que par
des sarcasmes et ne fit pas un prosélyte. Il était réservé
à M. Pasteur de la tirer de l'oubli et de la faire passer
à l'état de vérité expérimentalement démontrée ; toutefois, c'est à Davaine qu'est échue la bonne fortune
d'apercevoir le premier microbe pathogène, la *bactéridie charbonneuse*, et d'en comprendre la signification ;
cette découverte, fécondée par les travaux de M. Pasteur, est le point de départ du mouvement scientifique
qui a transformé la pathologie; celles du vibrion septique, des microbes de la *pébrine*, de la *flacherie*, de
celui du *choléra des poules* sont bientôt venues grossir
le nombre de ces organismes élémentaires dont le développement fait périr les animaux supérieurs dans le
corps desquels il s'effectue.

Lorsque les découvertes du savant français furent
connues dans le monde scientifique, elles suscitèrent
une foule de recherches, et le groupe
des microbes pathogènes s'enrichit bientôt de nouvelles
espèces. Les bacilles de la tuberculose, de la fièvre typhoïde, du choléra, les spirilles de la fièvre récurrente,
les microbes de la malaria, de la lèpre, de l'actinomycose, du rhinosclérome, ceux de la suppuration,
vinrent successivement y prendre place, et chaque
jour amène, dans ce champ d'étude, quelque découverte nouvelle.

M. Pasteur ne s'est pas borné à la recherche de ces
organismes, il a formulé les lois de leur développement; il a décrit leur évolution dans l'organisme et
les désordres qui correspondent à chacune de ses
phases. Il a enfin montré l'art de les cultiver à l'état
de pureté, dans des milieux particuliers, et d'en obtenir
ainsi autant de générations successives qu'on le désire.
Cette méthode des cultures, qui est son œuvre, a puissamment contribué aux progrès de la microbiologie,
en permettant d'étudier ces petits êtres dans toutes les
phases de leur évolution, dans toutes les *conditions de
leur existence*, et de montrer combien ces dernières
diffèrent de celles des organismes supérieurs.

On croyait naguère encore que l'oxygène libre est
indispensable à la vie, que tous les êtres vivants succombent lorsqu'ils en sont privés : M. Pasteur a prouvé
que c'était encore là une généralisation trop absolue
et que, dans le monde des infiniment petits dont il a
fait son domaine, il en est qui se passent parfaitement
d'oxygène libre et pour lesquels ce gaz est même un
poison. Il montra que ces êtres vivent pour la plupart
sous deux états différents, à l'état parfait et à l'état de
spore, et que, sous cette dernière forme, ils opposent
aux causes de destruction une résistance considérable.
Cette vie latente peut persister pendant des années,
tandis que le microbe à l'état parfait a l'existence courte
et fragile ; la résistance des spores explique une *foule*
de phénomènes relatifs aux épidémies et qui étaient
restés jusqu'alors un mystère.

On comprend comment ces germes, mêlés aux poussières, aux aliments, pénètrent dans l'organisme par
les voies digestives et par les voies respiratoires, comment ils se développent et pullulent dans les milieux
de culture qu'ils y rencontrent, avec la promptitude
et l'incommensurable fécondité qui leur est propre.

L'incubation des maladies infectieuses, leur évolution régulière, leur durée fixe s'expliquent ainsi sans
effort; la constance des phénomènes par lesquels
elles se traduisent à l'extérieur, et leur terminaison par
la destruction ou le rejet au dehors des microbes qui
les ont causées, semblent les choses les plus simples et
les plus naturelles.

Le transport des maladies à distance par les objets et
par les personnes, le réveil des épidémies après de
longs silences, ne sont plus un mystère. Tout est com-

plet dans cette doctrine, et simple comme la vérité. Ne reposât-elle que sur une hypothèse, qu'il faudrait l'admettre encore comme la seule plausible. Il serait logique d'imiter à son égard la conduite des physiciens. Lorsqu'il s'agit d'expliquer la nature des forces qui régissent la matière, ils créent une hypothèse et ne lui demandent qu'une chose, c'est de se concilier avec tous les faits observés. Or la doctrine du *contagium vivum* est la seule qui remplisse cette condition.

V.

La méthode des cultures devait, entre les mains de M. Pasteur, produire des résultats encore plus inattendus. En poursuivant l'étude des microbes, à travers les séries de générations qu'il faisait naître à volonté, il s'aperçut que la virulence de ces petits êtres n'est pas immuable, qu'elle est à son apogée du moment où le liquide de culture se peuple, qu'elle décroît ensuite et qu'elle fait place à une vie latente de plus en plus atténuée et dont le terme naturel est la mort ou la transformation en spores. La virulence des microbes va donc s'affaiblissant d'elle-même avec le temps. Mais cette atténuation peut s'obtenir artificiellement, soit par la chaleur, soit par l'exposition à la lumière solaire, soit à l'aide des antiseptiques.

Ces faits, déjà très intéressants par eux-mêmes, devaient conduire à des conséquences pratiques de la plus haute importance. On sait que la plupart des maladies infectieuses ne se contractent qu'une fois, et qu'une première atteinte préserve d'une seconde. Il s'agissait de savoir si les maladies provoquées par les virus atténués conféreraient l'immunité au même titre et préserveraient les sujets pour l'avenir, comme le vaccin préserve de la variole; si la découverte de Jenner, en un mot, au lieu d'être un fait isolé, n'était qu'un cas particulier d'une loi générale applicable à tous les virus. M. Pasteur expérimenta d'abord sur le choléra des poules et reconnut, d'une part, qu'il dépendait de lui de leur inoculer la maladie à tous les degrés de gravité, en se servant de cultures de plus en plus anciennes, et que, de l'autre, cette maladie artificielle, quel que fût son degré, les rendait réfractaires à une nouvelle invasion.

Les mêmes faits se vérifièrent à propos du charbon, et M. Pasteur annonça qu'il était en mesure de mettre les troupeaux à l'abri de cette horrible maladie. Lorsqu'il fit cette déclaration à l'Académie des sciences, le 28 février 1881, elle y fut accueillie par des applaudissements enthousiastes; cependant, de tels résultats semblaient si merveilleux, M. Pasteur jouait avec ses microbes d'une façon si prestigieuse, que beaucoup de ses collègues restaient dans le doute. Ils ne furent complètement convaincus que lors de l'expérience

publique et décisive qu'il fit aux environs de Melun, le 5 mars 1881, devant la Société d'agriculture de cette ville. Elle réussit avec la même précision que ses expériences de laboratoire. Depuis cette époque, la vaccination anticharbonneuse a sauvé des têtes de bétail par centaines de mille, et les économies que l'agriculture a réalisées de son fait se chiffrent par des milliards.

Indépendamment du charbon et du choléra des poules, l'inoculation préventive est de pratique courante en médecine vétérinaire pour la péripneumonie contagieuse des bêtes à cornes, la clavelée du mouton, la fièvre aphteuse des ruminants, la gourme du cheval et le rouget du porc. La médecine humaine n'a pas tiré le même profit de cette belle découverte. Jusqu'ici, la rage est la seule maladie dans laquelle elle ait réussi. J'en parlerai plus tard.

Je viens de dire avec quelle précision M. Pasteur était parvenu à graduer l'atténuation de ses virus; il était intéressant pour lui de rechercher s'il lui serait possible de leur faire remonter l'échelle dont il leur avait si docilement fait descendre tous les degrés. Voici comment il y est parvenu.

Il avait reconnu, dans des expériences sans nombre, que tous les animaux n'ont pas la même aptitude pour les virus; que ceux-ci s'affaiblissent, en passant d'une race douée d'une grande affinité dans le corps d'animaux appartenant à une race plus réfractaire, et que, dans une même espèce, les individus sont d'autant plus impressionnables qu'ils sont plus petits et plus jeunes. En partant de ces données, il devait lui être facile, en remontant la série, de rendre aux virus les plus atténués toute leur énergie primitive.

L'expérience a confirmé ces espérances. Un virus charbonneux, assez atténué pour pouvoir être supporté par un cobaye adulte, est inoculé à un de ces animaux au moment où il vient de naître et le tue. Le sang de celui-ci, inoculé à des cobayes de plus en plus âgés, les fait périr par son activité graduellement accrue. On peut alors passer du cobaye au mouton, de celui-ci au bœuf, et les tuer aussi sûrement que si on leur avait inoculé le sang d'un animal charbonneux de leur espèce.

On peut arriver par des moyens analogues à revivifier le virus du choléra des poules. Ces faits projettent une vive lumière sur l'évolution des épidémies. Il est probable que leur retour, leur extinction, leurs caprices apparents, tiennent à des modifications dans la virulence des organismes microscopiques qui en sont la cause probable. Il est permis de penser que la misère, les malheurs publics, les maladies antérieures, affaiblissent les populations à un degré qui les rend plus vulnérables; que les virus, dans ce milieu favorable, reprennent toute leur énergie et arrivent alors à développer le summum de leur action.

9 S.

VI.

Il me reste maintenant à exposer les résultats pratiques de la doctrine dont je viens de donner un aperçu bien insuffisant. Elle a opéré une véritable révolution en médecine, et il faut être aveuglé par l'esprit de parti pour ne pas le reconnaître. Elle a porté la lumière sur toutes les grandes questions de pathologie générale et éclairé l'étiologie d'un jour tout nouveau. En nous faisant toucher du doigt les causes matérielles des maladies infectieuses, en nous révélant leur mode d'action, elle nous a enseigné les moyens d'en préserver l'organisme, soit en les écartant de lui, soit en les détruisant. Sous l'impulsion de ces découvertes, l'hygiène a pris un essor inconnu jusqu'ici, et la prophylaxie des fléaux exotiques a changé de face. La police sanitaire en a reçu le contre-coup. Elle subira dans l'avenir des réformes plus importantes encore. Le vieil arsenal des lazarets, des quarantaines et des cordons sanitaires est destiné à céder un jour la place à un système de prophylaxie internationale dans lequel la désinfection des navires et l'assainissement des localités remplaceront la séquestration et l'isolement ; mais cela ne sera possible que quand l'hygiène de nos grandes villes aura fait des progrès, et lorsque les nations se seront concertées pour prendre, d'un commun accord, les précautions rigoureuses qu'exige la liberté des communications en temps d'épidémie.

Le même progrès s'est fait remarquer dans les mesures préventives appliquées aux maladies contagieuses indigènes. Les études bactériologiques nous ont appris l'importance de la propreté, la nécessité d'isoler les malades, de nettoyer, de purifier, par la chaleur et les antiseptiques, leur linge, leurs vêtements, leurs objets de literie et les locaux qu'ils ont habités. En nous montrant que les bacilles de la fièvre typhoïde et du choléra ont habituellement l'eau pour véhicule, elles nous ont montré la nécessité de fournir, aux populations, des eaux de bonne qualité et exemptes de toute souillure, de veiller à la propreté et au bon entretien des égouts et de la voirie.

Les services rendus à l'hygiène et à la médecine par les découvertes bactériologiques sont loin d'égaler ceux qu'elle a rendus à la chirurgie. Cette branche, autrefois si redoutable de l'art de guérir, a réalisé, dans la seconde moitié de ce siècle si prodigieusement fécond en découvertes scientifiques, deux conquêtes que les esprits les plus enthousiastes n'auraient même pas osé rêver il y a cinquante ans : elle a supprimé la douleur et annulé le danger dans les opérations. Ce dernier bienfait dépasse de beaucoup le premier. Mieux vaut souffrir que mourir, et la méthode antiseptique, conséquence immédiate des doctrines de M. Pasteur, empêche les opérés et les blessés de mourir dans des proportions invraisemblables.

Il y a vingt ans, une mortalité effrayante décimait les blessés dans les hôpitaux. Les complications les plus terribles éclataient parfois à l'occasion des plaies les plus insignifiantes et enlevaient les opérés en quelques jours. Pendant le siège de Paris, le désastre fut à son comble. L'encombrement le plus formidable s'était produit dans les hôpitaux ; les édifices publics, les hôtels, les maisons délaissées par leurs habitants et transformées en ambulances, les tentes, les baraques élevées à la hâte, regorgeaient de malades, et toutes les complications des blessures s'étaient abattues à la fois sur ces réceptacles de la contagion. Les appartements les plus élégants, les plus riches, étaient aussi meurtriers que les autres. Lorsqu'on pénétrait dans la cour du Grand-Hôtel, rempli de blessés, on y sentait cette odeur fade et nauséeuse propre aux vieux hôpitaux. Les lésions les plus légères étaient presque fatalement suivies de mort, et ceux qui franchissaient la porte de ces demeures empestées devaient laisser toute espérance sur le seuil.

C'est alors que se fit en France la première application des doctrines microbiennes et qu'elle y eut un plein succès. M. Pasteur, dans les expériences qu'il avait poursuivies pour démontrer la présence des germes dans l'air, avait prouvé qu'il suffit d'une couche d'ouate fortement tassée pour les empêcher de pénétrer dans les ballons qui renferment des liqueurs fermentescibles. M. A. Guérin, s'emparant de ce fait, eut l'idée d'en faire l'application à ses amputés, en enveloppant leurs moignons, aussitôt après l'opération, dans une forte couche de coton aussi serrée que possible. Le succès dépassa ses espérances. Depuis six mois, il n'avait sauvé qu'un seul de ses amputés. A partir du moment où il adopta le pansement ouaté, il n'en perdit plus que le tiers. Jamais, de mémoire de chirurgien, on n'avait vu tant d'amputés vivant à la fois dans un hôpital de Paris.

Pendant ce temps, de l'autre côté de la Manche, un chirurgien écossais, animé, comme M. A. Guérin, de la foi scientifique, et comme lui convaincu de l'avenir des doctrines modernes, cherchait dans une autre voie la solution du même problème. Au lieu d'empêcher les germes toxiques d'arriver jusqu'aux plaies, il s'efforçait de les détruire sur place, à l'aide de l'acide phénique employé sous toutes les formes, appliqué à tout ce qui touche, approche ou entoure l'opéré.

Je n'ai pas à décrire le pansement de Lister. Il n'est personne ici qui ne le connaisse, et il a fait le tour du monde. Ce fut le point de départ de la *méthode antiseptique*, qui, simplifiée et perfectionnée par l'étude et l'observation, a fait disparaître des salles de blessés les complications meurtrières qui les ravageaient. Elle a donné à la pratique des opérations un degré de sécurité auquel on n'avait jamais osé songer, et aux chirurgiens une audace que leurs devanciers traiteraient de témérité, mais que le succès encourage. Le cadre des maladies accessibles aux instruments a considérablement augmenté; la médecine opératoire empiète tous les jours sur le terrain de la médecine. Elle pénètre, sans le moindre souci, dans les cavités splanchniques, dans les grandes articulations, et soumet à ses procédés expéditifs une foule de maladies qui ne relevaient autrefois que de la médecine et auxquelles elle n'opposait que des palliatifs.

L'art des accouchements a bénéficié, comme celui des opérations, de cette conquête inappréciable. La fièvre puerpérale a disparu des maternités comme des maisons particulières, et la fièvre de lait elle-même s'en est allée comme la fièvre traumatique. L'effrayante mortalité qui frappait les femmes en couches dans les hôpitaux n'est plus qu'un souvenir. On en parlera bientôt comme des épidémies du moyen âge. Jadis, à la Maternité de Paris, on perdait en moyenne 10 pour 100 des accouchées; aujourd'hui, on n'en perd pas plus d'une sur mille.

La thérapeutique proprement dite n'a pas retiré d'aussi grands profits de la doctrine parasitaire. Il est plus facile d'empêcher les microbes de pénétrer dans l'organisme que de les y détruire quand ils y sont entrés, et les antiseptiques administrés à l'intérieur n'ont pas fourni jusqu'ici de brillants résultats dans les maladies zymotiques.

L'application la plus brillante de la doctrine de M. Pasteur à la thérapeutique est celle qu'il en a faite au traitement de la rage après morsure, et encore est-ce de la prophylaxie, puisque l'inoculation a pour but d'empêcher la maladie d'éclater.

Pour cette conquête nouvelle, M. Pasteur s'écarta de la route qu'il avait jusqu'alors suivie. Lorsqu'il s'était agi du choléra des poules et du charbon, il avait commencé par déterminer le microbe, par l'isoler et en obtenir des cultures pures; puis il en avait atténué la virulence au degré nécessaire pour déterminer une maladie incapable de causer la mort et pourtant suffisante pour conférer l'immunité. Pour la rage, il procéda tout autrement. N'étant pas encore parvenu à découvrir le microbe, il prit le parti d'injecter une portion de l'organe dans lequel le virus se cantonne de préférence. L'expérience lui apprit que c'était la moelle épinière. Il constata ensuite que le virus rabique n'a pas besoin, pour agir, de suivre les voies de la circulation, et qu'on tue aussi facilement les animaux en déposant une parcelle de moelle rabique à la surface de leur cerveau qu'en l'injectant dans une veine.

Devenu maître de communiquer la rage à volonté et avec toute la précision expérimentale, il s'attacha d'abord à en cultiver le virus. Ne pouvant pas recourir, comme pour le charbon, à des bouillons de culture, puisque le microbe même était inconnu, il se servit du corps même des animaux. C'est le lapin qui lui servit de réactif. Il reconnut qu'en faisant passer le virus par une série de ces animaux, il pouvait diminuer la durée

de l'incubation jusqu'à la réduire à sept jours. Il ne s'agissait plus que d'atténuer le poison. Il y parvint en suspendant des tronçons de moelle rabique dans des flacons dont l'air était maintenu à l'état sec par des fragments de potasse. Il eut alors entre les mains la gamme de virulence qu'il cherchait; il ne s'agissait plus que de s'assurer du pouvoir préservatif de ces produits gradués.

Il les inocula à des chiens, en commençant par la moelle déjà vieille de quinze jours et en remontant successivement jusqu'à la moelle qui n'était en flacon que depuis la veille. Le succès répondit comme toujours à ses espérances. Les chiens supportèrent toutes ces inoculations sans devenir enragés et purent, plus tard, résister à l'inoculation des virus les plus actifs. Lorsqu'il se fut écoulé un temps suffisant pour dépasser la durée de l'incubation la plus prolongée de la rage chez le chien, M. Pasteur convoqua une commission scientifique, pour s'assurer des faits, et lui offrit une collection complète de chiens qu'on pouvait impunément inoculer avec le virus le plus violent et faire mordre à belles dents par des animaux enragés, sans leur donner la maladie.

Cinq années s'écoulèrent, sans que M. Pasteur osât tenter l'expérience suprême en vue de laquelle il avait déployé tant d'efforts et de talent. Un scrupule que tous les médecins comprendront l'avait toujours arrêté; mais il eut alors forcée lorsque, le 6 juillet 1885, on lui amena d'Alsace le petit Joseph Meister, cruellement mordu quarante-huit heures auparavant, et qu'on le mit en demeure d'appliquer sa découverte. Il n'y avait plus à reculer; mais M. Pasteur ne voulut pas prendre sur lui cette effrayante responsabilité. Il alla consulter deux médecins, Vulpian et M. Grancher, son disciple et son ami. En présence de la gravité des morsures, tous deux furent d'avis qu'il y avait lieu d'essayer sur cet enfant, presque condamné, la méthode qui, depuis tant d'années, réussissait constamment sur les chiens.

M. Grancher se chargea de la petite opération. Les inoculations furent faites dans l'ordre et suivant le rythme adopté pour les animaux; quinze jours après, Joseph Meister retournait en Alsace. Voilà bientôt cinq ans que cela s'est passé et sa santé, ne s'est pas démentie.

Ce fût alors le tour d'un petit berger du Jura qui avait été, lui aussi, cruellement mordu en accomplissant un acte d'héroïsme que la sculpture a reproduit. Jupille, dont la statue orne aujourd'hui la cour de l'institut Pasteur, est retourné dans son pays après avoir en son heure de célébrité, et il continue à y être indemne de tout accident. C'est alors que survint le premier insuccès; mais il n'ébranla pas la confiance, et il fut bientôt largement compensé par le splendide résultat obtenu sur les dix-neuf paysans venus de Smolensk, après avoir été littéralement déchirés par un loup enragé. Il en serait mort, suivant toute probabilité, seize ou dix-sept, s'ils avaient été abandonnés à eux-mêmes ; M. Pasteur n'en perdit que trois. Leur arrivée en Russie fit sensation, tant on s'attendait peu à les voir revenir en si grand nombre. Ce triomphe fixa définitivement l'opinion médicale, et des instituts analogues commencèrent à se former à l'étranger. Depuis cette époque, il s'en est fondé plus de vingt, et les savants de tous les pays, après avoir été quelque temps incrédules, ont apporté leur adhésion à la doctrine.

Aujourd'hui, les personnes qu'elle a sauvées se comptent par milliers, et la méthode est jugée par ses résultats. Le 14 novembre 1888, jour où l'Institut Pasteur a été inauguré en présence des savants les plus illustres de la France et de l'étranger, 9257 inoculations antirabiques avaient été déjà pratiquées, et la mortalité, qui s'élevait auparavant à 15,90 pour 100, en moyenne, dépasse à peine 1 pour 100 aujourd'hui (1).

Cet éclatant succès est de nature à faire concevoir de grandes espérances pour l'avenir. Il est permis d'espérer qu'on pourra découvrir un jour les agents qui produisent les grandes maladies contagieuses, qu'on trouvera le moyen d'en atténuer la virulence et d'en préserver les populations à l'aide d'inoculations préventives. Les essais qu'on a faits dans ce sens n'ont pas réussi jusqu'à ce jour. La fièvre jaune et le choléra se sont montrés réfractaires, et la peste n'a pas encore été soumise à l'épreuve ; mais nous entrons à peine dans cette carrière déjà si fertile en résultats considérables, et tout fait espérer qu'elle nous ménage de nouvelles surprises. Mais, sans escompter l'avenir, et en se bornant aux résultats obtenus, on éprouve un sentiment de légitime fierté, lorsqu'on constate les progrès que l'art de guérir et de préserver la santé ont fait dans le cours de notre siècle. Ils se traduisent par une diminution considérable de la mortalité ; la durée moyenne de la vie s'est accrue de près d'un tiers, et ce n'est que le commencement, car presque tout reste encore à faire en matière d'hygiène publique.

Ces résultats évidents, palpables, l'hygiène a le droit de s'en enorgueillir, mais elle a le devoir d'en reporter en partie le mérite aux sciences exactes qui l'ont dirigée dans la voie du progrès et qui lui ont fourni les moyens d'y marcher d'un pas rapide et sûr. C'est là ce que je tenais à montrer dans cette conférence.

JULES ROCHARD.

(1) Elle est de 1,07 en comprenant tous les cas de rage, même ceux qui se déclarent le lendemain de la piqûre; elle n'est plus que de 0,75, lorsqu'on défalque les cas survenus pendant les quinze jours qui suivent le traitement achevé et qui représentent le temps nécessaire pour que le virus ait le temps d'agir.

VARIÉTÉS

Les libéralités en faveur de la science et les Universités aux États-Unis.

Au moment où l'on parle de reconstituer chez nous ce qui jadis y existait, à savoir le système des Universités qui deviendraient des personnes civiles, aptes à posséder et jouissant d'une certaine autonomie — il est assez curieux de voir ce qui se passe, sous ce rapport, dans les Universités étrangères.

Nous avons là, sous les yeux, les procès-verbaux, pour l'année 1889 et pour les premiers mois de 1890, des séances du conseil d'administration ou conseil dirigeant d'une des Universités des États-Unis; la lecture de ce document est véritablement instructive. Le dieu Dollar n'est pas, comme on pourrait le supposer, l'objet exclusif du culte des Yankees; leurs préoccupations ne sont pas uniquement tournées vers les spéculations financières, les entreprises industrielles ou commerciales. « Faire de l'argent, disait, il y a quelques années, un professeur (M. Stropeno) qui a étudié l'organisation de l'enseignement supérieur aux États-Unis (1), n'est pas le seul souci des riches citoyens de l'Union, ou du moins cet argent, si passionnément et parfois si rapidement acquis, ils savent le dépenser avec une prodigalité propre à nous faire honte, pour fonder, agrandir, enrichir les écoles, augmenter les bibliothèques publiques, subvenir aux études des jeunes gens pauvres, créer enfin des chaires de tout ordre... »

Nous ouvrons notre document, et nous voyons, à la première séance de l'année (1889), le trésorier de l'Université venir faire les déclarations suivantes. Il annonce qu'il a reçu : 1° une somme de 15 000 dollars (75 000 fr.), s'ajoutant à des versements antérieurs pour la fondation d'un prix; 2° le don, comme tous les ans, de 500 dollars (2500 fr.) pour augmenter le traitement d'un professeur de sciences, dans une des branches de l'histoire naturelle; 3° 5000 dollars (25 000 fr.) pour fonder une bourse à l'École de médecine; 4° une lettre dont la signataire offre une machine, d'une valeur de 3000 francs, à utiliser dans le laboratoire de physique; 5° un legs de 10 000 dollars (50 000 fr.) d'un citoyen de Chicago, qui a tenu à honneur de participer à la décoration d'une des parties architecturales des bâtiments de l'Université. C'est tout; mais il faut avouer que, pour une seule séance, ce n'est pas trop mal, et que l'année commençait pour l'Université sous d'assez favorables auspices.

Il est vrai qu'il s'agit de la principale Université des États-Unis, celle d'Harvard, qui débuta par être un simple collège, fondé en 1636 dans l'endroit qui reçut ensuite le nom de Cambridge. Cambridge, sur la rivière Charles, est aujourd'hui comme un des faubourgs de Boston, l'Athènes américaine, dans l'État de Massachussets. Le collège n'avait

(1) *Revue internationale de l'enseignement* (t. XII, 1886).

pas encore de nom quand, en 1638, un citoyen, John Harvard, lui légua 300 volumes et la moitié de son bien, c'est-à-dire 779 livres sterling, qui, en fin de compte, se réduisirent à 395 livres.

On comprend que, pendant une si longue période, plus de deux siècles et demi d'existence, l'établissement, qui avait pris le nom de son premier donateur, ait passé par des phases bien diverses. Il a connu le temps où, après avoir voté l'acquisition d'une demi-douzaine de chaises en cuir pour la bibliothèque, le conseil d'administration était obligé de remettre à des jours meilleurs l'achat de l'autre demi-douzaine. Or, actuellement, Harvard possède une fortune mobilière et immobilière qui ne doit pas être inférieure à 50 millions de francs, si elle ne dépasse pas ce chiffre. A l'époque reculée dont nous parlons, les châtiments corporels étaient encore en usage. Les élèves indisciplinés étaient fouettés en grande cérémonie par le geôlier de la prison municipale, devant le collège assemblé. Aujourd'hui, les étudiants, traités en hommes et non plus en enfants, jouissent de la plus grande indépendance. Logés à l'intérieur de l'Université, dans des nombreux et spacieux bâtiments qui lui appartiennent, ou bien, au dehors, dans des maisons autorisées, mais sous l'œil de deux maîtres (*proctors*, procureurs) veillant à la discipline, ils sortent, ils rentrent comme bon leur semble, à toute heure du jour ou de la nuit, les portes n'étant jamais fermées; chacun d'eux est seigneur et maître dans son *chez lui*, dans sa chambre, asile presque aussi inviolable que le *home* du citoyen britannique, sauf les cas où l'ordre serait troublé. Mais cette liberté qu'on lui accorde, l'étudiant n'en abuse pas : « A une grande indépendance d'esprit et de caractère, il allie le sentiment de ses devoirs, le respect de soi-même et la déférence pour ses maîtres. » C'est là le témoignage rendu par un de nos compatriotes, professeur ou ancien professeur à l'Université, lequel a vécu au milieu de ces étudiants et qui a eu l'occasion de les bien connaître (1).

Si les élèves sont émancipés vis-à-vis de l'autorité universitaire de la façon que nous venons de dire, l'Université elle-même est entièrement émancipée vis-à-vis de ce qu'en Europe nous appelons l'État. A l'origine et jusqu'au commencement de ce siècle, l'établissement, qui n'a jamais cessé de recevoir des donations, mais qui, dans le principe, n'en recevait pas suffisamment pour subsister par lui-même — l'établissement eut l'aide pécuniaire et l'appui de la communauté; mais, depuis soixante-dix à quatre-vingts ans, il n'a plus reçu de subsides officiels, sauf en quelques circonstances particulières, et depuis l'année 1866, il est complètement indépendant. A aucun titre et sous aucune forme, l'État ne se mêle de ses affaires : Harvard est une petite république, qui se gouvernant, s'administrant elle-même, avec le système électif à sa base. C'est là ce qui a fait sa force et son succès; à partir de ce moment commence une ère nouvelle, ère de transformations et de progrès, par suite

desquels Harvard s'est placé au premier rang des Universités américaines. Les études n'y sont pas encore aussi fortes, aussi complètes que dans les vieilles Universités d'Europe; mais, sous certains rapports, Harvard leur est supérieur. Cette « *Alma mater* est, dit M. Jacquinot, la fille d'une race libre, qui a poussé jusqu'aux dernières limites les principes du *self-government*, sans autre contrôle que celui de l'opinion publique; ce contrôle peut avoir ses inconvénients, ses taquineries même, mais, en somme, il est sain, utile, et nous croyons qu'il produit infiniment plus de bien que de mal ».

Dans son état actuel, Harvard se compose de plusieurs départements : d'abord, du collège proprement dit, qui est la véritable *Faculté des arts*, autour de laquelle sont venues se grouper les autres facultés : ces dernières sont l'École de théologie, celle de droit, celle de médecine, à laquelle se rattachent l'École vétérinaire et l'École pour l'art dentaire; puis l'École scientifique, dite École Lawrence, dont il faut rapprocher le laboratoire de physique portant le nom de Jefferson, et le laboratoire de chimie; l'Observatoire; la Bibliothèque de l'Université; l'Institut Bussey ou École d'agriculture; une sorte d'École d'horticulture; enfin, le Muséum de zoologie comparée et le Musée d'archéologie et d'ethnologie américaines, dit Musée Peabody.

Plusieurs de ces établissements, dont l'ensemble constitue l'Université, ont conquis une place importante dans le monde savant, entre autres l'Observatoire (1) et les deux Musées, surtout celui de zoologie comparée créé par le célèbre Louis Agassiz. Mais tous, quels qu'ils soient, grands ou petits — et c'est sur ce point que nous devons insister — tous portent au front la marque de quelque mémorable libéralité qui leur a été faite, soit à leur origine, soit pendant le cours de leur existence. Ainsi l'*Arnold's Arboretum*, pépinière qui a été le germe de l'École d'horticulture, est issu d'un legs de 100 000 dollars (500 000 fr.) de James Arnold; par suite d'arrangements conclus avec la municipalité de Boston, les habitants de cette ville ont gagné d'avoir là un parc superbe. La formation de l'École d'agriculture résulte d'un autre legs de Benjamin Bussey, qui possédait des propriétés considérables. L'École de droit est logée dans un bâtiment donné par Nathan Dane, qui fondait en même temps une chaire de jurisprudence; Gore Hall, qui renferme la Bibliothèque de l'Université, porte le nom du donateur de l'édifice; la résidence du président de la corporation qui dirige l'Université est un présent de P.-J. Brooks. Ces hôtels, où logent les étudiants dans l'enceinte de l'Université, ont presque tous été élevés aux frais de particuliers, d'après lesquels, comme il est juste, ils ont reçu leur appellation : Thayer-Hall, Matthews-Hall, Weld-Hall, etc. Jusqu'en 1859, les élèves ont eu, pour leurs exercices du corps, un gymnase, don d'un anonyme; en 1879, Aug. H. Hemenway a fait, à l'Université, présent d'un autre gymnase

---

(1) M. A. Jacquinot, dans la *Revue internationale de l'enseignement* (années 1881 et suiv.).

(1) Sur l'Observatoire d'Harvard, voir *les Observatoires en Europe et en Amérique*, par MM. C. André et Angot; 3ᵉ partie (Paris, 1877, in-12).

qui éclipse le premier et qui est le mieux installé de tous les établissements similaires des États-Unis. De même pour la chapelle de l'Université; celle que Mistress Holden avait donnée en 1744 est remplacée, depuis 1858, par une autre plus vaste, qui porte le nom de son donateur, S.-A. Appleton.

L'École scientifique, destinée, dans le principe, à être, comme notre École centrale des arts et manufactures, mais qui a subi mille transformations, a eu pour premier bienfaiteur Abbot Lawrence, qui lui donna de son vivant 50 000 dollars (250 000 fr.); à sa mort, survenue en 1855, il payait, depuis six ans, le traitement d'un professeur et il léguait encore à ce département une somme égale à la première. Dix ans après, son fils, James Lawrence, dotait l'établissement de 50 000 autres dollars, à répartir entre la chaire de chimie et celle des constructions civiles. La même année, Samuel Hooper fondait une chaire de géologie, en vue de la création d'une École des mines; sa veuve y ajouta, dans la suite, 30 000 dollars (150 000 fr.). Pour encourager l'étude de la chimie, J.-B. Barringer léguait toute sa fortune à l'École, près de laquelle, grâce aux 115 000 dollars (575 000 fr.) de Coolidge-T. Jefferson, on pouvait installer un nouveau laboratoire de physique.

Les résultats obtenus par Agassiz pour la création du Musée de zoologie comparée sont connus : le savant naturaliste ayant fait un voyage au Brésil pour accroître encore les collections de son Musée, les frais du voyage furent payés par Nathaniel Thayer; coût : 22 000 dollars (110 000 fr.). A la mort d'Agassiz (1873), on ouvrit une souscription publique pour constituer, sous le nom d'*Agassiz Memorial*, un fonds qui, tout en perpétuant le souvenir du fondateur, servirait à l'entretien de son œuvre; cette souscription produisit 310 674 dollars (1 553 270 fr.), sur lesquels 37 970 francs étaient de petites souscriptions (l'obole du pauvre!) fournies par 87 000 maîtres et élèves des écoles publiques de l'Union américaine tout entière.

Quant à l'autre Musée, celui d'archéologie et d'ethnographie américaines, le nom qu'il porte indique assez par qui il a été fondé; ce nom est celui du riche et généreux philanthrope, connu dans le monde entier, Peabody, de qui l'Université reçut 150 000 dollars (750 000 fr.) pour cette destination.

La source de ces libéralités n'est pas près de tarir. Voici, par exemple, l'Observatoire, que nous aurions pu comprendre dans l'énumération ci-dessus, car ses premiers instruments lui furent fournis par la générosité privée, et, en 1848, il reçut d'Edward Phillips un legs de 100 000 dollars (500 000 fr.). Eh bien, dans les procès-verbaux (année 1889) que nous avons sous les yeux, nous trouvons les dons suivants : février, 1000 dollars; mars, 1000; avril, 1000; juin, 500. La personne qui fait ces générosités — car c'est une seule et même personne, une dame — n'a rien envoyé en mai, non plus qu'en juillet et en août (mois de vacances); mais, en revanche, elle donne en septembre, 2600 dollars; en octobre, 800; même somme en novembre, et en décembre, 600. Total pour l'année 1889 : 6800 dollars (34 000 fr.).

Et le Pactole continue à couler, puisque, de janvier au mois d'avril 1890 (là s'arrêtent nos renseignements), la généreuse bienfaitrice avait déjà gratifié l'Observatoire d'une somme de 4200 dollars (21 000 fr.).

En remontant dans la collection des procès-verbaux, je trouve le point de départ de cette générosité, qui a pris pour ainsi dire le caractère d'une fondation, en tout cas qui arrive comme le payement d'une rente régulière. Le compte rendu de la séance du 8 mars 1886 porte que des remerciements seront adressés à Mistress Draper pour son présent de 1000 dollars (5000 fr.), « somme qui a été reçue par l'intermédiaire du directeur de l'Observatoire, et qui doit être employée, sous ses auspices, à poursuivre les recherches pour la photographie des spectres stellaires (*stellar spectra*), auxquelles le nom de feu Henri Draper est honorablement associé ».

Il faut croire qu'ici les femmes s'intéressent beaucoup à l'astronomie, car c'est d'une femme également qu'émane la lettre suivante, reçue par la corporation, dans sa séance du 18 juin 1889 :

« Gentlemen, je désire faire à votre corporation, pour qu'elle l'emploie immédiatement, présent d'une somme de 50 000 dollars (250 000 fr.), pour la construction d'un télescope photographique (*photographic telescope*), ayant un objectif d'environ 24 pouces d'ouverture et un foyer d'une longueur d'environ 11 pieds, et du caractère indiqué par le directeur de l'Observatoire, dans sa circulaire de novembre dernier; et pour qu'il en soit fait usage de la manière qui, à son avis, avancera le mieux la science astronomique.

« *Signé* : Catherine W. Bruce. »

Et l'argent ne se fait pas attendre. Le trésorier de l'Université annonce, dans la séance du 24 juin, qu'il a reçu de Miss Catherine W. Bruce un premier envoi de 25 000 dollars; le complément de la somme arrive en septembre. Après cela, est-il nécessaire de mentionner une autre somme de 2500 dollars (12 500 fr.) « pour les besoins de l'Observatoire », faisant partie du même don, annoncé en décembre, legs qui procurait, en outre, à l'Université 6000 dollars (30 000 fr.) « destinés à former un fonds, dont le revenu, dit le testateur, sera employé, sous la direction du professeur de physiologie, à des études dans le laboratoire physiologique de l'École de médecine de l'Université ».

Durant ce même exercice (1889), M. Benjamin E. Cotting, de la classe de 1839, avait donné à ladite École (29 avril) la nu-propriété d'une somme de 3000 dollars (15 000 fr.). Les premiers jours de l'année avaient été déjà marqués par un don auquel nous avons fait allusion au commencement de cet article, don de 5000 dollars (25 000 francs) pour la fondation d'une bourse; ajoutons que le don émanait du professeur de chirurgie, David W. Cheever; aussitôt (14 janvier) la bourse a été établie au nom de son fondateur. Nous trouvons encore à l'actif de 1889 un don que nous passerions sous silence, s'il ne venait pas d'une femme, Miss Lucy Ellis et si, en recevant d'elle 1000 fr. (5000 fr.)

...stinés à la section de physiologie, le Conseil ne lui avait point voté des remerciements « pour l'intérêt constant et la générosité » qu'elle « n'a cessé de témoigner à l'École de médecine ». Je passe l'annonce de souscriptions en faveur de la même École, recueillies par des membres de l'Université, mais dont le chiffre n'est pas indiqué.

L'École d'odontologie ou d'art dentaire n'est pas oubliée dans cette distribution de largesses qui se répand sur tous les arts enseignés dans l'établissement. Un anonyme la dote (8 avril) d'une somme de 5000 dollars (25 000 fr.), à laquelle vient s'ajouter (24 septembre) un don de 5000 autres francs; total : 50 000 francs pour l'année 1889.

L'histoire naturelle est très en faveur auprès des deux sexes : 29 avril 1889, don de Miss Anna Lowell, 1000 dollars (5000 fr.) pour accroître le fonds en faveur du Jardin botanique, fonds qui porte le nom de sa famille (en 1890, vers la même époque, don de la même, et d'un chiffre égal); — 7 mai, 10 000 dollars (50 000 fr.) d'un anonyme pour le département de la botanique; — 28 octobre, 2000 dollars (10 000 fr.) pour le Jardin botanique, à prélever sur un legs d'une valeur présumable de 100 000 francs; — 11 novembre, M. N.-C. Nash, de la classe de 1884, offre de fournir la somme nécessaire pour compléter les sections de botanique du Musée; le 10 mars 1890, il verse ses premiers 5000 dollars (25 000 fr.), et le même jour, Mistress S.-D. Warren fait don de 3000 dollars (15 000 fr.), toujours pour le département de la botanique. Nous laissons de côté des dons de moindre importance, trois jeunes *misses* qui se cotisent pour envoyer chacune leur modeste offrande de 25 dollars (125 fr.) afin d'enrichir l'herbier de l'Université, nous ne devons mentionner l'anonyme qui adresse (14 janvier) 2500 francs et 2500 autres francs (20 décembre) pour grossir les appointements du professeur d'entomologie.

Mais le don le plus considérable de l'année, le voici. Dans la séance du 30 décembre, il est annoncé au conseil qu'une personne qui désire garder l'anonyme et qui ne s'est révélée que sous ce titre : « Un ami inconnu de l'Université », vient de faire à l'établissement un don de 200 000 dollars, *un million de francs*, pour le fonds des pensions (*Retiring Allowance Fund*). En effet, le personnel enseignant n'avait pas encore de pensions de retraite. Cependant, il avait été décidé en 1880 qu'une caisse serait ouverte pour recevoir les dons généreux qui seraient faits avec cette destination; au bout de la première année, la caisse avait déjà 21 000 dollars (105 000 fr.). Nous ne savons quelles autres sommes ont été versées pendant les dix années qui se sont écoulées depuis cette époque, mais, quel qu'en soit le chiffre, le million qui vient d'échoir à l'Université hâtera le moment où l'on pourra faire l'application du règlement relatif aux pensions. Les dispositions de ce règlement sont des plus libérales; qu'on en juge. Ainsi les traitements ne doivent être *soumis à aucune retenue*. Il y est stipulé que « le droit à la retraite est acquis à soixante ans et après vingt années de service, avec dispense de la condition d'âge en cas d'infirmité, et que « le montant de la pension est fixé à raison de 20/60ᵐᵉˢ du dernier traitement pour vingt années de service, avec l'addition de 1/60ᵐᵉ pour chaque année au delà de vingt, sans que le maximum puisse dépasser 40/60ᵐᵉˢ du dernier traitement ». Dans le cas où la personne serait entrée au service de l'Université à un âge relativement avancé, « la corporation est investie du pouvoir discrétionnaire de lui concéder une pension après dix années de service au lieu de vingt, et d'ajouter à la durée actuelle de ses services un nombre maximum de dix années, le montant de sa pension devant être déterminé d'après les règles ci-dessus (1) ».

Le personnel enseignant d'Harvard se compose de professeurs qui sont nommés à vie; de professeurs-adjoints nommés pour une période de cinq ans; de tuteurs, d'instructeurs et de préparateurs.

D'après l'étude de M. Jacquinot, laquelle remonte à une dizaine d'années, les professeurs touchent un traitement de 4000 dollars (20 000 fr.) pour neuf à douze heures de classe par semaine; les professeurs-adjoints, 2000 dollars (10 000 fr.) pour douze heures de classe. Les tuteurs ou répétiteurs qui aident les professeurs et les adjoints dans l'instruction des étudiants de première année, 5000 francs; les instructeurs qui répondent aux chargés de cours dans nos Facultés, ainsi que les préparateurs attachés aux divers laboratoires, sont rétribués proportionnellement au nombre d'heures de classe qu'ils font par semaine.

Une parfaite indépendance est laissée à ces maîtres, qui, nous dit leur collègue, sont, à n'importe quel degré, « les seuls juges de la nature, de la méthode et de la portée de leur enseignement ». Une fois que le titre du cours a été accepté par la Faculté à laquelle il se rattache, « les autorités universitaires demeurent complètement étrangères aux agissements du maître, dont la liberté ne souffre pas la moindre limite; il fait choix, s'il y a lieu, des livres de classe; il étend ou restreint à son gré le programme du cours; il procède par voie de récitations, de leçons orales, de lectures ou de conférences; il détermine la quantité de travail requise des élèves; en un mot, il est indépendant. Le seul contrôle de cette liberté absolue est l'opinion publique, c'est-à-dire l'opinion des étudiants : le vide se fait autour de lui, s'il est au-dessous de sa tâche »....

On pense bien que, dans un établissement aussi richement doté, les secours ne manquent pas aux jeunes gens moins favorisés de la fortune. Il n'y a guère d'exemple d'étudiants ayant été obligés de quitter l'Université et d'interrompre leurs études, faute d'argent. En tout cas, le fait ne se reproduirait plus de nos jours. Les bourses (*scholarships*) sont là pour y pourvoir, les bourses dont la création ne date pourtant que de l'année 1852, et qui toutes proviennent de fondations. De 1852 à 1879, la dépense totale pour cet article s'est élevée, d'après M. Jacquinot, à près de 300 000 dollars (1 500 000 fr.), et, à la fin de cette période, les payements annuels étaient de 75 000 francs. Le nombre des bourses était de 106, et, s'il y avait quelque chose à craindre pour l'avenir, c'était l'abondance plutôt que la disette de ces fondations destinées aux étudiants pauvres.

(1) Jacquinot, *l'Université Harvard*, loc. cit.

Il y a en outre le fonds dit des subventions (*Beneficiary Funds*) et la caisse des prêts (*Loan Fund*) : le premier est formé de legs et de donations avec le revenu desquels on accorde de petites gratifications aux étudiants; sur la seconde, on leur avance de petites sommes n'allant jamais au delà de 375 francs.

Ces prêts, ils les rendent, quand ils le peuvent; il en est qui tiennent, dès qu'ils en ont les moyens, à rembourser ce qui leur a été accordé autrefois, sous forme de subventions ou de bourses; quelques-uns font même ce remboursement avec les intérêts. Dans les procès-verbaux de l'année 1889, nous en trouvons deux exemples : ici, c'est un élève de la classe de 1851 qui rembourse une somme de 4582 francs (intérêts compris) comme payement de ce qu'il a reçu autrefois sur les trois fonds ci-dessus; là, c'est un père qui envoie 2500 francs pour remboursement d'une *scholarship*, naguère payée à son fils, en promettant le complément de la somme avant l'expiration de l'exercice courant.

Cette année également, le fonds dont il s'agit, le fonds des boursiers, n'a pas été oublié. On a vu plus haut cette donation de 25 000 francs, faite par un professeur de chirurgie, pour la création d'une bourse à l'École de médecine. Ce sont quelquefois de petites sommes, 62 fr. 50, par exemple (25 février 1889), d'autres fois des sommes plus fortes : 5952 fr. 15 (13 mai), 7000 francs (7 octobre), 3000 francs (28 avril 1890), qui sont versées pour accroître le montant de telle ou telle bourse, fondée par les élèves de telle ou telle classe, ou bien par des particuliers. Toutefois, il y a lieu d'enregistrer un don plus important, 30 000 dollars (150 000 fr.), (29 avril 1889), versés par un « ami du Collège », pour constituer *trois benefices* (*Fellowships*), en souvenir de trois personnes qui sont désignées, sans doute trois anciens élèves de l'Université, bénéfices qui profiteront aux études d'économie politique et de jurisprudence.

Au reste, à défaut de ces ressources, les étudiants pauvres tâchent de s'en procurer de personnelles. Quelques-uns se font les répétiteurs de leurs condisciples plus fortunés, mais moins avancés dans leurs études; ils les préparent aux examens. La même chose a lieu chez nous; mais ce qui s'y voit moins, ce sont des jeunes gens se livrant, pour gagner l'argent qui leur est nécessaire, à certains travaux, à certaines industries desquelles reculeraient les étudiants d'Europe. L'Américain, lui, n'a pas de ces scrupules; il en était de même dans nos Universités au moyen âge et même plus tard, témoin l'exemple d'Amyot, le traducteur de Plutarque. A Harvard, « on en a vu se faire conducteurs de tramways, ou contrôleurs dans les théâtres; pendant la saison d'été, quelques-uns ne dédaignent pas de revêtir le tablier de garçon de restaurant dans les hôtels de villes d'eaux, de bains de mer ou de montagnes; nous en avons même connu un — c'est M. Jacquinot qui parle — qui s'était loué comme moissonneur ».

L'Université possède un certain nombre de prix, qui tous sont des fondations; presque chaque année, le nombre ou le montant de ces prix s'accroît, grâce à la générosité privée. Pendant l'exercice qui nous occupe, il a été versé 15 000 dol-

lars (75 000 fr.) pour grossir le montant d'un prix qui porte le nom de Greenleaf, mais dont nous ne pouvons indiquer ni la provenance ni la destination; il a été fondé, en outre, un prix pour un concours littéraire annuel, prix qui consiste dans le revenu d'une somme de 6000 dollars (30 0.0 fr.)

Si l'on donne pour la fondation de bourses et de prix, on donne également pour subvenir aux frais de conférences, pour développer tel ou tel cours, etc. Près de 33 000 francs ont été ainsi donnés pour des conférences sur les relations du capital et du travail; 5000 francs pour accroître l'enseignement du droit constitutionnel; un particulier a offert 5000 francs par an, pendant cinq ans, pour un cours sur la législation de l'État de Massachussets, etc.

Je crois inutile d'enregistrer les dons de livres ou d'argent pour achat de livres, qui sont continuellement faits à la Bibliothèque de l'Université : cette bibliothèque, si bien dirigée par M. Justin Winsor, contient plusieurs centaines de mille volumes, et d'ailleurs, pour acheter ce qui lui est nécessaire, elle dispose d'un budget annuel à faire envie à plusieurs des grandes bibliothèques du continent : 100 000 francs, tandis qu'une donation de 500 000 francs lui permet de suffire à ses frais d'entretien et d'administration, qui naguère encore étaient prélevés sur le budget général de l'Université. Mais cette bibliothèque principale n'est pas la seule; chacune des Facultés, chacun des départements dont se compose l'ensemble de l'Université, a sa collection particulière; on compte une vingtaine, je crois, de ces bibliothèques spéciales, où les dons s'accumulent, comme dans toutes les autres branches : 17 janvier 1890, quatrième versement d'une souscription pour le *fonds de livres* de l'École de droit, 25 000 francs (donc le fonds en question aura déjà reçu 100 000 francs, si tous les versements sont identiques); 30 décembre 1889, M. J.-H. Schiff, de New-York, offre de donner 10 000 dollars (50 000 fr.) pour une collection de manuscrits et de caractères orientaux, etc. (1).

Naguère encore, nos collèges étaient pour la plupart sombres comme d'affreuses prisons; aussi gardait-on en général le plus désagréable souvenir de son temps d'études.

(1) La comparaison avec nos bibliothèques ne leur serait pas précisément favorable. La Bibliothèque de la Sorbonne, à Paris, n'a qu'un maigre budget : aussi lui manque-t-il des documents essentiels. Désirant nous renseigner sur l'établissement américain qui fait le sujet de cet article, nous nous étions adressé au meilleur endroit, c'est-à-dire à cette Bibliothèque de la Sorbonne, qui est la Bibliothèque même de l'Université de Paris; or, elle ne possède sur Harvard qu'une brochure de quelques pages! Et cela au moment où l'on fait campagne pour l'établissement, chez nous, de grandes Universités sur le modèle de ce qui existe à l'étranger.

La Bibliothèque nationale elle-même, la première de l'ancien comme du nouveau monde pour l'importance de ses collections, n'a par an que 86 000 francs à dépenser pour achat de livres, moins que l'Université Harvard. — Les traitements sont à l'unisson. Aux États-Unis, dans une grande Université, le bibliothécaire touche 20 000 fr. et même davantage; ici, l'on a vu — a été constaté dernièrement — des bibliothécaires recevoir leur retraite après trente et même quarante ans de service, avec 1600-1700 francs de pension seulement!

L'étudiant d'Harvard, qui a vécu dans un milieu tout autre, reste profondément attaché aux lieux où il a passé sa jeunesse. C'est à qui, parmi les anciens, contribuera à l'embellissement, à la décoration des immeubles que possède l'Université, quand ce n'est pas à leur agrandissement, ou même à la construction de fond en comble de nouveaux bâtiments : 14 janvier 1889, legs de 10 000 dollars (50 000 fr.) d'un ancien élève, Samuel Johnston, de Chicago, pour l'érection d'un porche devant constituer une entrée majestueuse à la cour du collège. Cette somme ne suffisant pas, l'Université fournit le surplus; aussitôt, un ami et camarade de classe du défunt adresse de quoi indemniser l'Université. Cette construction nécessite de nouvelles portes, dont les ornements seront en fer forgé : une dame offre de se charger de tous les frais (1).

Ici, c'est M. H.-F. Sears qui donne (24 septembre) 35 000 dollars (175 000 fr.) pour la construction d'une annexe dans les sections de physiologie et de bactériologie de l'École de médecine (2), tandis qu'un professeur a fait savoir (4 juin) qu'il avait recueilli la plus grande partie de la somme fixée pour augmenter en une longueur de 20 mètres l'espace consacré aux collections de minéralogie et de botanique; là, c'est M. R. Astor Carey qui, déjà donateur de 25 000 dollars (125 000 fr.), ajoute (7 octobre) 55 000 autres francs à son premier cadeau : il veut que le bâtiment destiné aux jeux athlétiques de la jeunesse d'Harvard, et qui porte son nom the Carey Athletic Building, soit achevé sans interruption et d'une manière satisfaisante, conformément aux plans approuvés par le conseil. Signalons encore l'envoi (30 décembre) d'une somme de 30 000 dollars (150 000 fr.), complément d'un legs de Walter Hastings pour le bâtiment qui perpétuera son nom.

Mais ce culte des souvenirs se manifeste d'une manière encore plus touchante dans le grand nombre d'offrandes, telles que bustes, portraits, objets d'art, etc., destinées à orner l'édifice à coup sûr le plus remarquable de tous ceux qui composent le domaine si riche de l'Université. C'est le Memorial Hall, érigé en partie par souscription des anciens élèves, à la mémoire de leurs condisciples de l'armée ou de la marine morts pendant la guerre de Sécession. A cet édifice attiennent : d'un côté, une vaste rotonde servant aux cérémonies académiques, ainsi qu'à des concerts et à des représentations théâtrales (on y a joué jusqu'à des tragédies grecques); de l'autre, une salle immense, de 25 mètres de hauteur, pour 1000 couverts, le Dining Hall des étudiants,

(1) Dans un ouvrage qui vient de paraître (les Universités transatlantiques, par P. de Coubertin; Paris, 1890, in-12), l'auteur raconte, p. 20-21, que, vu d'une note insérée dans le Bulletin de l'Université de Princeton (New-Jersey), disant qu'un bâtiment ferait bien, à telle place, pour tel usage, une dame s'était empressée de satisfaire ce désir, en donnant 75 000 dollars (375 000 fr.) pour édifier le bâtiment.

(2) Dans l'ouvrage cité plus haut, MM. André et Angot mentionnent (p. 46) un David Sears comme ayant donné, vers 1848, 25 000 francs à l'Observatoire d'Harvard.

où se lit cette inscription respectable : « Construit en la 235e année d'existence de l'Université. »

GUILLAUME DEPPING.

AGRICULTURE

La culture du poivre au Cambodge.

Le poivrier est, non un arbrisseau, comme le dit le Dictionnaire universel après beaucoup d'autres auteurs, mais une liane qui, à l'état sauvage, a besoin d'un arbuste pour la soutenir et, à l'état de culture, de forts et solides tuteurs.

J'ai trouvé des poivriers vivant à l'état presque sauvage, près de Chaudoc, au pied d'une petite montagne, à laquelle conduit une route magnifique et très fréquentée; plantés là par les Annamites du village, ils s'élevaient le long des arbres et se développaient avec une vigueur étonnante, sans qu'on prît pour eux aucun des soins que nécessite une culture sérieuse et savante. Mais ces pieds de poivriers ne portaient que quelques grappes de poivre, et encore ce poivre était-il de qualité inférieure.

Pour les pieds de poivriers produisent le poivre que nous connaissons, et le donnent en quantité raisonnable et rémunératrice, il faut le cultiver d'après une certaine méthode, conformément à certains procédés découverts à la suite d'expériences nombreuses, leur donner la fumure qui convient, les garantir des parasites qui les rongent et les tuent, et les arroser pendant les jours de sécheresse.

C'est à cette culture savante des poivriers au Cambodge, sur le littoral du golfe de Siam, et plus spécialement dans la province de Kampot, au village de Snam-Ampil, qui compte 89 planteurs de poivriers et plus de 100 plantations portant 48441 pieds, que je veux initier les lecteurs de la Revue scientifique.

Tout d'abord, il convient d'observer que de nombreux terrains propres à la culture du poivre existent aux environs de Kampot et dans vingt autres villages de la province, où déjà se trouvent des plantations de très bon rapport. La terre à poivre ne manque nulle part, et presque partout elle est disponible.

Une fois le terrain trouvé, on le débarrasse des pierres, des arbrisseaux qui le couvrent plus ou moins, on le nettoie des herbes et des racines qu'il porte et qui étoufferaient plus tard les pieds de poivriers, les boutures surtout, ou nuiraient à leur développement.

Ceci fait, il faut défoncer le sol aussi profondément que possible, et tant qu'il y a de la terre arable; de nouveau, toutes les pierres, toutes les racines qu'on trouve sont soigneusement enlevées.

Cette première opération — la préparation de la terre et son aménagement — se fait vers la fin de la saison des pluies, en octobre, de telle façon que les boutures qui seront confiées au sol reçoivent les pluies tardives et que la terre conserve l'humidité dont elles ont besoin pour pousser leurs premières racines.

La plantation est alors formée de larges plates-bandes d'environ 2ᵐ,30, raccordées et séparées par des allées mesurant un mètre de largeur. Dans ces plates-bandes, le long des allées, à 50 centimètres du bord, des trous de 40 centimètres de diamètre et profonds de 25 à 30 centimètres sont alors creusés à 2 mètres les uns des autres.

De jeunes boutures mesurant 40 centimètres environ et prises autant que possible sur des pieds de poivriers âgés de deux à trois ans, et vers le milieu de la hauteur du poivrier, y sont alors plantées (1) et enfoncées de 15 centimètres, à raison de deux boutures par trou. Ces boutures sont espacées l'une de l'autre d'environ 15 centimètres, et plantées aussi droit que possible. On plante alors entre elles un tuteur provisoire gros comme deux doigts et haut d'environ 1ᵐ,25, de manière que les deux lianes puissent y grimper.

Quand les pluies ont tout à fait cessé, les planteurs arrosent tous les matins les jeunes plants, mais en prenant bien soin de ne pas verser l'eau sur les feuilles que les rayons du soleil brûleraient ensuite. Pour plus de précaution, on étend au-dessus des jeunes boutures des paillottes destinées à les abriter pendant les heures trop chaudes.

Après les orages, les planteurs visitent avec soin chaque pied, ramènent autour des boutures la terre que l'eau a pu entraîner, et veillent à ce que cette eau ne séjourne pas dans les poivrières et n'y forme aucune flaque, aussi bien dans les allées que sur les plates-bandes.

Au bout de trois mois, les boutures ont déjà poussé de puissantes racines, et les plans commencent à se développer vigoureusement. La plantation a déjà fort bonne apparence.

Vers le mois d'avril ou de mai, on enlève les paillottes, on remplace les tuteurs provisoires par des tuteurs en bois dur, hauts d'environ trois mètres, solidement enfoncés dans le sol, de manière que les vents, si violents qu'ils soient, ne puissent les renverser quand ils seront chargés de leurs lourdes lianes, garnies de grains pesants. Puis, autour du poivrier, on met de la terre mélangée d'un engrais spécial. Cette fumure se fait tous les ans, à la même époque, jusqu'à la mort du poivrier.

L'engrais employé par les planteurs de poivre est un mélange de huit parties de bon terreau et d'une partie de carapaces de crevettes bien écrasées. Le mélange parfait a lieu la veille du jour où l'engrais doit être employé. Les planteurs comptent qu'il faut un picul de carapaces de cre-

vettes pour cent pieds des poivriers, c'est-à-dire par cent tuteurs, car les deux lianes réunies autour d'un tuteur ne forment plus qu'un seul pied à leurs yeux.

Mais alors il faut surveiller les pieds de poivriers, les défendre contre les parasites microscopiques qui les rongent au pied et qui les stériliseraient, s'ils ne parvenaient à les tuer. Voici le procédé que les planteurs cambodgiens et cochinchinois emploient.

Ils achètent les membrures des feuilles de tabac fermenté, les plongent dans d'immenses cuves pleines d'eau et les y laissent séjourner une quinzaine de jour et souvent un mois. Puis ils badigeonnent les pieds de poivriers avec cette eau, jusqu'à une hauteur de 10 à 15 centimètres.

Cette décoction, peu coûteuse et efficace, a pour effet de tuer le parasite s'il s'apppproche du pied, ou de l'en éloigner pour toujours.

Les pieds de poivriers commencent à rapporter la troisième année, mais la récolte est insignifiante ; la quatrième année, le produit est déjà d'environ 1 kilogramme par pied, par double pied, si vous voulez. Chaque année, pendant huit à dix ans, le rendement augmente ; il peut alors, si l'entretien est bon, si le terrain est excellent, atteindre 3 kilogrammes par pied. Mais, à partir de la seizième année de rapport, il est rare qu'il se maintienne à ce chiffre. Cependant, il y a de très bonnes poivrières qui, pendant cinq années encore, continuent de donner le maximum de leur rendement. On a vu des pieds de poivriers produire 4 kilogrammes de poivre par tuteur, mais cette production est considérée comme extraordinaire. En général, une bonne plantation donne 2 kilogrammes à 2ᵏᵣ,500 de poivre chaque année.

Certaines poivrières atteignent cinquante ans, mais on les cite comme une rareté ; à quarante ans, les pieds sont généralement incapables de donner une récolte capable de couvrir les frais de leur entretien. Une poivrière est considérée comme très âgée à trente-cinq ans et bonne à remplacer.

C'est au mois de mai et de juin que paraissent d'ordinaire les fleurs, et c'est au mois de février que commence la récolte. A ce moment, le planteur augmente son personnel d'ouvriers, et, chaque jour, la visite minutieuse des poivriers a lieu. On cueille toutes les grappes de poivre qui tournent au rouge vif, car elles sont mûres, et on laisse pour les autres visites celles qui n'ont pas encore atteint cette teinte.

Les grappes ainsi recueillies sont jetées sur des nattes et mises au soleil. Le lendemain ou le surlendemain, on les égrène avec la plante des pieds, puis on enlève toutes les tiges. Ceci fait, on expose au soleil, au grand soleil, pendant trois, quatre et cinq jours. Quand le poivre est devenu noir,

---

(1) On remarquera tout d'abord que les procédés cambodgiens de culture diffèrent surtout des procédés employés aux environs d'Hatien, en ce que les planteurs de Snam-Ampil ne plantent pas leurs boutures en pépinière, mais immédiatement à l'endroit où doit occuper le pied de poivrier. Ils prétendent que ce procédé peut être employé à Kampot, parce que la terre y est excellente, meilleure qu'à Hatien, et qu'on économise ainsi beaucoup de temps.

Quoi qu'il en soit, je crois qu'ils sont dans l'erreur, et que c'est à cette manière de faire qu'il faut attribuer les vides nombreux qu'on observe dans leurs poivrières.

quand il paraît bien sec, on le met en sac. Il est alors bon à être vendu.

Si le planteur veut avoir du poivre blanc, il laisse un peu plus mûrir les grappes, égrène avec les pieds, vanne avec soin, puis expose au soleil pendant une dizaine de jours. Ceci fait, il décortique les grains de poivre en les frottant fortement entre ses mains ; le reste se brise, se détache, se réduit en poussière et tombe. On vanne de nouveau, puis, sur une natte, on sépare du doigt les graines qui ont gardé leur enveloppe. Enfin, on expose de nouveau les graines gri-sâtres au soleil pendant deux jours, puis on les met en sac (1).

Ce poivre est plus fort que le poivre gris, qui est le poivre noir décortiqué, parce que, lors de la mouture pour la consommation, l'enveloppe ne vient pas y apporter des éléments qui en augmentent le poids et en diminuent la qua-lité. Il est presque du double plus cher, mais les planteurs préfèrent n'en pas préparer, parce que la différence entre les deux prix de vente ne couvre pas la perte de poids éprouvée par suite de la décortication et ne paye pas la peine qu'ils se donnent pour l'obtenir. Si les acheteurs auxquels ils ont affaire étaient des Européens, ce produit augmenterait de valeur et les planteurs ne craindraient plus de préparer du poivre blanc, si recherché en France.

On compte généralement qu'il faut un ouvrier par 1000 pieds de poivre (mille tuteurs) et 60 kilogrammes d'engrais par 100 tuteurs, c'est-à-dire par 100 doubles pieds. Un hectare de terre peut contenir 2500 pieds doubles de poivriers ; mais au Cambodge, par suite d'incurie, il en manque toujours environ 500 pieds dans les bonnes poi-vrières.

C'est donc sur 2000 pieds qu'il faut tabler tous les calculs pour le rendement, et sur 2500 tous ceux que l'on fait pour la dépense.

Voici maintenant les prix auxquels on paye les ouvriers et les objets dont le planteur a besoin :

200 boutures valent 40 francs ; 100 tuteurs de 8 coudées coûtent 40 francs. Un ouvrier est payé 280 francs par an ; sa nourriture revient à 80 francs, son vêtement (20 coudées d'étoffes diverses) à 4 francs. Il faut compter par récolte 10 francs par 1000 pieds pour ouvriers supplémentaires au moment de la récolte.

Ces chiffres donnés, voyons ce que rapporte une planta-tion d'un hectare, bien travaillée, installée sur un bon ter-rain, à 2 kilomètres de la résidence de Kampot, au village de Snam-Ampil.

(1) On peut aussi obtenir le poivre blanc, c'est-à-dire faciliter la décortication du poivre noir, en laissant séjourner pendant une jour-née les grains dans l'eau de mer ; la peau se soulève, se casse et la moindre opération suffit pour la faire tomber. Mais ce procédé n'est employé ni par les planteurs du Cambodge ni par ceux de Cochin-chine, parce qu'il abîme le poivre et lui fait perdre une partie de son arome.

1re année.

Instruments aratoires	40 francs.
Défrichement et préparation de la terre	280 —
Trois ouvriers par an, à 280 francs l'un	840 —
Leur nourriture, à 80 francs par homme	240 —
Leur vêtement (2 francs par homme)	6 —
Achat de 5000 boutures	1000 —
1 ballot de détritus de tabac	4 —
	2410 francs.

2e année.

Instruments aratoires	40 francs.
Trois ouvriers	840 —
Leur nourriture et leur vêtement	246 —
Engrais, à raison de 12 francs par picul et d'un picul par 100 pieds doubles	300 —
Un ballot de détritus de tabac	4 —
	1430 francs.

3e année.

Même dépense	1430 francs.

4e année.

Même dépense	1430 francs.
Plus l'engrais, à raison de 150 grammes par double pied.	364 —
	1794 francs.

Et de même pour chacune des années suivantes, qui, comme la quatrième année, sont des années de récolte.

La dépense faite — l'argent mis en terre, comme on dit en Normandie — s'élève alors, au bout de la quatrième année, au moment de la première récolte, à 7064 francs. Si on ajoute à cette somme l'intérêt à raison de 12 pour 100 avec intérêts composés, on trouve que l'avance faite au sol est d'environ 9750 francs.

Si le planteur peut faire sur son avoir la dépense de 7064 francs, à l'aide des bénéfices qu'il retire d'autres plan-tations, cela va bien, la dépense est grande, mais elle n'est pas au-dessus de ses forces, et les bénéfices que doit donner l'exploitation sont sérieux et certains.

S'il emprunte à 12 pour 100, la dépense est plus grande ; mais avec du courage, de l'énergie, de la persévérance, il peut s'en tirer ; c'est déjà une grosse affaire. La certi-tude du succès peut seule l'amener à l'entreprendre.

Mais s'il lui faut emprunter au chef de congrégation, à un Chinois du pays, c'est une affaire dangereuse, car au taux local de 48 pour 100, l'opération sera d'une gravité excep-tionnelle. Les engagements par suite d'emprunt devront s'élever à 14 900 francs, somme exorbitante et devant laquelle un cultivateur recule toujours. Il est vrai qu'il a cette ressource de ne pas rendre toute la somme empruntée la quatrième année et de rembourser les années suivantes, et cela sans voir considérablement s'accroître sa dette, puisque, selon la coutume chinoise, l'argent ne peut porter intérêts que pendant trois ans. Mais alors il est à la merci du Chinois riche qui lui a prêté et de son chef de congré-gation. Et c'est une situation que ne recherchent pas les planteurs. Ce taux ridicule de l'intérêt lui fait peur et le paralyse. Il recule devant l'entreprise d'un hectare et n'entreprend que des plantations de 100 et 200 pieds.

Voyons maintenant sur quel rendement un planteur, qui ne veut pas avoir de déceptions, peut compter :

4e année,	2 500 kilogrammes, valant	. . . .	2 314f 64
5e —	2 900 —	—	2 706 64
6e —	3 250 —	—	3 042 64
7e —	3 550 —	—	3 322 64
8e —	3 750 —	—	3 509 28
9e —	3 950 —	—	3 689 32
10e —	4 150 —	—	3 780 »
11e —	4 350 —	—	4 060 »
12e —	4 550 —	—	4 249 32
13e —	4 750 —	—	4 433 32
14e —	4 950 —	—	4 620 »
15e —	5 150 —	—	4 809 32
16e —	5 350 —	—	4 973 32
17e —	5 550 —	—	5 180 »
18e —	5 750 —	—	5 369 32
19e —	5 950 —	—	5 553 32
20e —	6 150 —	—	5 740 »
21e —	6 150 —	—	5 740 »
22e —	5 950 —	—	5 553 32
23e —	5 750 —	—	5 369 32
24e —	5 550 —	—	5 180 »
25e —	5 350 —	—	4 973 32
26e —	5 150 —	—	4 809 32
27e —	4 950 —	—	4 620 »
28e —	4 750 —	—	4 433 32
29e —	4 500 —	—	4 200 »
30e —	4 300 —	—	4 013 28
31e —	4 000 —	—	3 733 28
32e —	3 700 —	—	3 453 28
33e —	3 400 —	—	3 173 28
34e —	3 100 —	—	2 893 28
35e —	2 700 —	—	2 520 »
36e —	2 500 —	—	2 314 64
37e —	2 200 —	—	2 053 28
38e —	1 900 —	—	1 773 28
39e —	1 400 —	—	1 306 64
40e —	1 000 —	—	894 64
41e —	600 —	—	560 »
42e —	300 —	—	280 »
43e —	200 —	—	186 64
44e —	100 —	—	93 28
45e —	0 —	—	0 »
	156 050 kilogrammes, valant	. . . . .	145 619f 32

à 14 piastres de 4 francs l'une, ou 56 francs les 60 kilogrammes, ce qui est un prix faible (1).

A trente-sept ans, la plantation qui a donné 34 récoltes ne produit plus que 2200 francs, comme à quatre ans. Il est temps de songer à la remplacer. Si on la laisse mourir de vieillesse, elle peut encore produire deux années et couvrir ses frais; mais passé la quarantième année, elle devient une charge.

En fin de compte, il ressort de tout ce qui précède :

1° Qu'un hectare planté de poivriers peut, en quarante années, rapporter 150 000 kilogrammes de poivre, valant environ 35 000 piastres ou 140 000 francs;

(1) Le poivre a valu, à Kampot, 17, 18, 19 et 20 piastres le picul de 60 kilogrammes, au cours des années 1888, 1889 et 1890.

2° Que la première mise de fonds nécessaires est d'environ 10 000 francs, et que cette somme doit être dépensée au cours des quatre premières années;

3° Qu'un plantation d'un hectare produit pendant trente années, en moyenne, 4500 kilogrammes de poivre, valant 1050 piastres ou 4200 francs;

4° Que la dépense annuelle est d'environ 1800 francs, non comprises les dépenses faites par le planteur pour sa famille et pour lui;

5° Que le bénéfice annuel, bénéfice net, est, au Cambodge, d'environ 450 piastres ou 1800 francs par an.

En Cochinchine, à Hatien, le bénéfice est beaucoup plus considérable, parce que l'impôt foncier y est très faible et que les poivres de Cochinchine n'ont aucun droit de douane à payer. Le bénéfice s'élève alors à 2500 francs au moins, et il peut atteindre jusqu'à 3000 francs par hectare.

La culture du poivre au Cambodge peut-elle être entreprise par des Européens, par des colons français ?

Presque tous nos compatriotes disent non. Moi, je dis oui et non.

Non, si on veut entreprendre aujourd'hui cette culture, au Cambodge, sous le régime fiscal et sous le régime douanier qui l'écrase.

Oui, si on veut faire les réformes que j'indiquerai dans un prochain travail.

La culture du poivre est intéressante, soignée, propre; les poivrières ressemblent à des jardins. Le travail, une fois la plantation établie, n'est pas pénible et les bénéfices qu'une plantation peut donner sont relativement considérables. Un colon européen, qui entreprendrait la culture de 10 hectares et s'établirait avec 100 000 francs lui appartenant, pourrait, les réformes faites, réaliser de très beaux bénéfices et faire rapidement une belle fortune.

Mais alors quelques précautions seraient nécessaires.

D'abord, il lui faudrait habiter sa plantation, la surveiller lui-même, s'adresser au chef des sociétés chinoises chaque fois qu'il aurait besoin d'ouvriers, l'intéresser à l'exploitation en lui donnant tous les mois une piastre par ouvrier fourni, si l'ouvrier est bon, et récompenser son zèle, au moment dela récolte, par le don d'un ou deux piculs de poivre.

A ces conditions, on ne peut manquer de réussir. Les ouvriers chinois seront certes plus exigeants que les colons français, ils lui coûteront plus cher; mais, bien choisis et bien tenus par le chef de leur société, étant sous l'œil vigilant du planteur, ils prendront la besogne à cœur, et bientôt l'exploitation, à laquelle ils s'attacheront, prospérera.

J'ajouterai qu'un planteur intelligent, en observant bien, pourra modifier certaines petites choses et obtenir des rendements supérieurs à ceux des plantations indigènes. Le dernier mot sur la culture du poivre n'a pas été dit par les Chinois, si belles que soient leurs plantations. Le climat de Kampot et celui du littoral sont excellents; les vents de la mer, qui soufflent journellemeut, emportent les miasmes et maintiennent la température presque toujours au-dessous de 31 degrés. Bref, on peut y vivre en bonne santé, heureux et plein d'espérance, quand on y travaille et que vit au fond du cœur l'amour pour la patrie française et le désir d'y retourner avec la conscience de l'avoir bien servie et d'avoir fait loin d'elle et pour elle une œuvre utile. C'est ainsi qu'il faut aller conquérir ces pays et y porter la civilisation : le drapeau de la patrie d'une main, la pioche ou la bêche de l'autre. Alors l'influence de la France s'étend rapidement, nos pionniers la représentent par le travail, et, tandis que d'autres, traversant les continents, y portent la flamme et le fer, soulevant les colères de cent peuples sur leur passage, allumant des haines formidables, reculant à cent ans la civilisation des peuples inconnus, le nom français vole de bouche en bouche parmi ces populations à demi sauvages, à demi barbares, et devient synonyme de progrès, de travail et de justice.

ADHÉMARD LECLÈRE.

BOTANIQUE

THÈSES DE LA FACULTÉ DES SCIENCES DE PARIS

M. AUGUSTE DAGUILLON

Recherches morphologiques sur les feuilles des Conifères.

Les travaux qui traitent de l'anatomie de la feuille ne donnent presque jamais d'indications sur les différences qui peuvent exister entre les diverses feuilles d'un même arbre. On parle de la feuille d'une espèce en général, sans dire l'âge de la feuille qu'on décrit, sa position sur l'arbre qui la porte, l'âge de cet arbre lui-même. Toutes ces circonstances, trop souvent négligées, ne sont cependant pas négligeables. La forme extérieure des feuilles peut déjà nous faire pressentir l'intérêt d'une étude anatomique. Ne voit-on pas, sur un tout jeune arbre, les premières feuilles qui succèdent aux cotylédons différer profondément des feuilles qui viendront plus tard? Souvent ces premières feuilles sont de simples écailles à peine colorée; d'autres fois, ce sont des feuilles simples, alors que les feuilles définitives sont composées. L'étude anatomique de ces premières feuilles est donc indispensable pour la connaissance complète d'une plante. Une pareille étude s'appliquant à l'ensemble des Phanérogames eût été longue et fastidieuse. En choisissant le groupe des Conifères, qui présente sous ce rapport un intérêt particulier, M. Daguillon a indiqué la voie à suivre. Par un choix judicieux des espèces les plus intéressantes, il a montré tout le parti qu'on pouvait tirer de ce genre de recherches; et d'arriver à une connaissance complète de la feuille des Phanérogames, on n'aura plus qu'à répéter un pareil travail pour les autres groupes de végétaux.

Pour nous rendre compte de l'intérêt des résultats obtenus par M. Daguillon, prenons un exemple : le sapin (*Abies pectinata*). La germination d'une graine ne fournit, pendant 'a première année, qu'une tigelle terminée par un verticille

de cotylédons ordinairement au nombre de cinq ou sept, avec lesquels alternent les feuilles d'un verticille unique. C'est seulement dans le cours de la seconde année que de nouvelles feuilles se produisent sur une pousse verticale. Ces nouvelles feuilles sont alternes, ainsi que celles qui couvrent les pousses des années suivantes. M. Daguillon a étudié successivement les cotylédons, les feuilles du premier verticille, celles de la seconde année et celles des années suivantes.

Un cotylédon présente en section transversale la forme d'un triangle isocèle dont la base correspond à la face inférieure, celle qui regarde les téguments de la graine. Les deux pans de la face supérieure portent des stomates; la face inférieure en est totalement dépourvue. Le parenchyme cotylédonaire est homogène, formé de cellules à contour irrégulièrement arrondi; ce n'est que dans le voisinage des autres qu'on voit quelques fibres qui forment comme un rudiment d'hypoderme scléreux. La nervure médiane, peu développée, est entourée d'un péricycle non lignifié.

Les feuilles du premier verticille ont une forme assez différente des cotylédons; la section transversale est à peu près elliptique et les stomates se trouvent uniquement sur la face inférieure. Ce parenchyme de la feuille présente un aspect nettement hétérogène. Au voisinage de la face supérieure s'étend un véritable tissu en palissade; un tissu plus lâche double la face inférieure; de rares fibres hypodermiques se font remarquer de distance en distance. La nervure médiane comprend un faisceau libéro-ligneux simple plongé dans un tissu de cellules dont quelques-unes seulement sont lignifiées. Du côté du bois, on remarque quelquefois un groupe de deux ou trois fibres destiné à prendre un plus grand développement dans les autres feuilles.

Les feuilles de la deuxième année ont une section transversale elliptique plus aplatie que dans les feuilles de la première année. Les stomates sont à la face inférieure et très nombreux. Plusieurs faisceaux de sclérenchyme hypodermique se forment dans l'épiderme. La nervure médiane comprend deux faisceaux libéro-ligneux; un gros faisceau de sclérenchyme s'est formé dans le péricycle. Tels sont les caractères qui distinguent une feuille de la seconde année d'une feuille de la première année.

Les feuilles formées pendant les années suivantes présentent les mêmes caractères que celles de la seconde année, mais avec un sclérenchyme hypodermique et péricyclique beaucoup plus développé.

M. Daguillon étudie de la même façon un grand nombre d'espèce de Conifères, et pour toutes ces espèces, il a constaté des faits analogues à ceux qui viennent d'être posés pour l'*Abies pectinata*. Ses conclusions sont les suivantes :

1° Dans toutes les Conifères, les premières feuilles développées ou *feuilles primordiales* ont des caractères intermédiaires entre ceux des cotylédons et ceux des feuilles adultes;

2° Le passage de la forme primordiale à la forme définitive peut se faire brusquement (Pins) ou par gradations insensibles (Sapin);

3° Le sclérenchyme hypodermique et péricyclique, abondant dans les feuilles définitives, est rare ou même manque complètement dans les feuilles primordiales;

4° Le faisceau libéro-ligneux unique, qui forme la nervure de la feuille primordiale, se divise ordinairement en deux dans la feuille définitive.

La thèse de M. Daguillon est non seulement une bonne thèse faite avec une méthode et une logique irréprochables, c'est encore une thèse bien écrite, dont le style clair et élégant rend la lecture facile, presque agréable. A une époque où la clarté et même la correction paraissent être le moindre souci de beaucoup d'écrivains scientifiques, on ne saurait trop louer M. Daguillon d'être revenu à la saine tradition des savants français, qui furent souvent des littérateurs distingués.

CAUSERIE BIBLIOGRAPHIQUE

L'Allemagne depuis Leibniz. Essai sur le développement de la conscience nationale en Allemagne (1700-1848), par M. L. Lévy-Bruhl. — In-18; IV-490 pages; Paris, Hachette, 1890.

En 1700, l'idée de « la patrie commune » était en Allemagne presque effacée des esprits; un siècle et demi plus tard, au moment où le Parlement de Francfort se réunissait, cette idée-là s'imposait à tous, aux adversaires aussi bien qu'aux partisans les plus dévoués de la cause de l'unité nationale. M. Lévy-Bruhl s'est appliqué, dans le livre qu'il vient de faire paraître, à déterminer quelle est la part qui revient dans cette transformation des sentiments du peuple allemands à ses littérateurs, à ses critiques, à ses poètes. L'opinion courante, c'est que c'est la Prusse qui a fait l'unité de l'Allemagne, la Prusse humiliée et mutilée par la victoire de Napoléon Ier. Cette opinion, l'étude très consciencieuse et très vivante que M. Lévy-Bruhl a faite de la vie intellectuelle de l'Allemagne pendant le XVIIIe siècle, vient encore la confirmer. L'impression très nette que donne la lecture de son livre, c'est que depuis 1700 jusqu'à 1806, on a piétiné sur place et que, à la veille d'Iéna, l'Allemagne ressemblait fort à ce qu'elle était au temps de Leibniz.

Pour que l'Allemagne prît conscience d'elle-même, il fallait d'abord qu'elle existât; elle n'existait guère en ces premières années du XVIIIe siècle, et c'est une histoire attachante, et qu'il faut remercier M. Lévy-Bruhl d'avoir fait connaître en France, que celle de la lente reconstitution de la philosophie, de la littérature, de la piété allemandes. Lentement est née et a grandi l'âme de l'Allemagne. Quand elle s'est sentie vivante et forte, elle a voulu s'incarner, et l'idée de la patrie commune s'est éveillée en elle. C'est du moins la conception de M. Lévy-Bruhl, qui nous semble un peu hasardée; il ne nous paraît pas que les deux mouvements qui se sont suivis en Allemagne, le réveil religieux et littéraire et le réveil patriotique, soient aussi étroitement

liés que l'affirme notre auteur. Nous croyons, pour notre part, que ni Lessing, ni Schiller, ni Gœthe, ni Kant n'auraient paru, que la Prusse, déchue et opprimée, n'en aurait pas moins travaillé à se reconquérir elle-même; elle aurait réussi à trainer après elle l'Allemagne entière contre le grand empereur tombé, sans Humboldt et sans Fichte. Comme l'a dit excellemment M. E. Faguet, dans un article paru à la *Revue bleue*, il y a quelques semaines (1), ce qui crée le patriotisme, c'est l'invasion. L'amour de l'Allemagne, le respect et l'enthousiasme pour la patrie commune, ce sont les soldats de Napoléon qui les ont mis au cœur des Allemands. Il est néanmoins très probable que les Allemands de 1800 étaient mieux préparés que ceux de 1700 à accepter l'idée d'une patrie commune, et que le renouveau littéraire du XVIIIe siècle n'était pas sans avoir contribué à leur donner le sentiment qu'ils étaient une nation; mais je ne dirai pas que la preuve, les faits eux-mêmes nous la donnent : trop de choses avaient changé où la littérature et la philosophie n'étaient pour rien, pour qu'on puisse tirer une conclusion bien nette de l'accueil si différent fait aux mémoires de Leibniz et aux discours de Fichte. Il faut noter, cependant, que dans les âmes allemandes les sentiments patriotiques et les sentiments moraux ont toujours été étroitement unis, et que jamais la morale jusqu'à ce siècle-ci n'a pu se détacher en Allemagne de la théologie; toute la morale de Kant est une morale théologique; une sorte de protestantisme laïque, où il n'y a pas place pour les miracles. C'est là ce qui donne, au point de vue où M. Lévy-Bruhl s'est placé, une réelle importance au réveil religieux du XVIIIe siècle, au piétisme. Peut-être même M. Lévy-Bruhl aurait-il dû parler de Spener plus longuement qu'il ne l'a fait, lui aurait-il fallu sacrifier pour cela quelques-unes des pages qu'il a consacrées à Thomasius. Ce renouveau moral a trouvé son expression dans cette pullulation de revues qui ont paru de 1711 à 1761, près de 200 en cinquante ans; le sentiment qui les anime toutes est assez différent en apparence du piétisme : c'est en réalité le même besoin qui est le ressort commun des deux mouvements, un même besoin de recueillement, de vie intérieure, de piété grave et familière à la fois.

Il n'est rien, certes, qui ressemble moins à ces hommes-là que Frédéric II; il a cependant avec eux un trait commun, c'est que lui, aussi, sans le vouloir et sans s'en douter, a travaillé de toutes ses forces à faire de l'Allemagne une nation. Son but unique, c'était la grandeur de l'État prussien, et la politique qu'il suivait, c'était la politique traditionnelle de la maison de Brandebourg; mais en travaillant pour la Prusse, c'est pour l'Allemagne qu'il travaillait; il créait des cadres où plus tard, lentement, ont pu venir se loger le sentiment et la vie des autres États allemands. Il mettait en pratique une théorie de l'État qui a fait de la Prusse la grande puissance militaire qu'elle est devenue.

C'est au lendemain d'Iéna que les écrivains et philosophes allemands commencent à sentir la nécessité d'une Allemagne

---

(1) 21 juin.

politique nouvelle. C'est une idée qui n'avait pas apparu au XVIIIe siècle. Il fallut les dures leçons de 1806 et des années suivantes pour ouvrir enfin les yeux aux hommes d'État et aux théoriciens politiques sur le vice radical de l'ancienne constitution impériale. Et encore il s'en faut que tous aient compris la nécessité d'une nouvelle constitution ; mais chez quelques-uns du moins, cette idée apparaît très nettement, chez Fichte, par exemple, et chez Stein. Stein est réellement un patriote et un patriote allemand. La patrie « entière » à laquelle il s'est dévoué, c'est une Allemagne nouvelle, une Allemagne centralisée, débarrassée de sa constitution surannée, prête à prendre dans le monde le rang qui lui appartient. Mais la cause que plaidait Stein ne pouvait triompher à l'époque où il luttait pour elle avec tant d'ardeur ; les patriotes de sa sorte étaient fort rares. Les Hessois, les Hanovriens, les Bavarois tenaient fort à leur petite patrie ; elle leur représentait quelque chose de beaucoup plus réel que cette grande Allemagne qui n'existait guère que dans l'esprit de quelques faiseurs de projets en avance de trente ans sur leur siècle. L'Autriche était très décidément opposée à l'unité ; les Allemands du Sud n'aimaient guère les Prussiens. Puis l'idée de l'unité étant issue en réalité de la Révolution ; comment le Congrès de Vienne, chargé d'organiser la contre-révolution, aurait-elle pu l'accepter ? Elle ne pouvait faire de sérieux progrès que lorsque se serait écroulé l'édifice politique laborieusement construit par Metternich.

Mais elle est entrée dorénavant dans ces esprits, elle ne peut plus que grandir et se développer sans cesse ; les progrès du romantisme, sa préoccupation du passé, la prodigieuse floraison des études historiques, tout sert la cause de l'unité nationale, tout travaille pour elle. Puis on comprenait de mieux en mieux que pour que l'Allemagne devînt une nation, il fallait d'abord qu'elle fût un État. Hegel s'était fait le théoricien de l'État prussien ; il avait démontré — ou tenté de démontrer — qu'une nationalité qui n'est pas constituée comme État n'existe pas. La cause de l'unité réelle, de l'unité politique de l'Allemagne était dès lors gagnée en principe ; elle l'était à vrai dire du jour où l'on sentait que seule la Prusse pouvait créer l'Allemagne. Les unitaires de 1848, les Patriotes du Parlement de Francfort ne l'ont pas compris, ou ne l'ont pas voulu comprendre ; aussi devaient-ils échouer leur très noble tentative. Mais ce qu'ils n'avaient pu faire au nom de la raison et de la justice, il fallait cependant que cela fût fait ; et moins de trente ans après se fondait par la force des armes l'empire allemand. Seulement, il n'est pas dit que tout soit terminé ; la Prusse a fait de l'Allemagne un grand et puissant État, peut-être l'Allemagne deviendra-t-elle une nation, une nation vivante et libre, qui absorbera et dissoudra en elle l'État prussien qui l'a fait exister.

Nous voudrions avoir réussi à donner en ces quelques lignes une idée du très grand intérêt du livre de M. Lévy-Bruhl, mais c'est surtout par le détails que valent les œuvres de cet ordre. M. Lévy-Bruhl a su faire tenir en ce court volume tout un ensemble de renseignements précieux qu'on

ne trouverait dans aucun autre livre français, il convient de lui en être très reconnaissant ; il aura contribué pour sa large part à donner à nos compatriotes des idées plus justes sur l'histoire intérieure de l'Allemagne.

Our Earth and its Story, par ROBERT BROWN. — 3 vol. petit in-4° de 1128 pages, avec près de 800 figures dans le texte, figures coloriées et cartes ; Londres, Cassell et Cie.

C'est ici une œuvre de haute vulgarisation, et elle est bien faite pour montrer combien, à mesure que le temps avance, les exigences du public, en matière de vulgarisation scientifique, deviennent plus considérables. Il ne se contente plus des œuvres qu'on lui offrait il y a vingt ans et veut des mets plus solides. Nous ne pouvons qu'applaudir à cette évolution du goût.

Our Earth, c'est, en trois beaux volumes, bien imprimés, ornés de figures nombreuses et excellentes, et rédigés avec une compétence qui est évidente, à en juger par les notes et renvois bibliographiques, c'est l'histoire de la terre. L'œuvre s'inspire d'*Unser Wissen von der Erde* de Kirchhoff, mais elle est adaptée au public anglais : c'est surtout d'Angleterre que sont tirés les exemples et les faits, alors que dans l'œuvre allemande ils sont presque exclusivement empruntés à la géographie de l'Autriche. En outre, l'auteur, ayant été professeur de géologie et de géographie physique à Édimbourg, a écrit, d'après ses propres documents, de longues sections de cette œuvre qui, par là, devient en partie une adaptation, en partie une œuvre originale.

Le plan est le suivant. Le premier volume est consacré à l'étude géologique de la terre : eaux et terres fermes, composition de l'écorce terrestre, roches ignées et roches sédimentaires ; volcans, geysers, tremblements de terre, dénudation ; cours d'eau, vallées, côtes, glace et glaciers. Nous regrettons un peu que l'auteur n'ait pas cru devoir expliquer en quelques pages les théories de Kant, Laplace, Faye, etc., sur la formation du globe, sur sa genèse hors de la nébuleuse primitive ; il nous paraît encore qu'il eût pu dire quelque chose de l'air, de la température, de l'électricité terrestres qui jouent un rôle appréciable dans les phénomènes physiques et biologiques. Il insiste longuement par contre — et tout le deuxième volume est consacré à cette étude — sur l'histoire paléontologique du globe. Après quelques chapitres préliminaires sur la formation des roches sédimentaires, sur la fossilisation, etc., il aborde les périodes géologiques, dont il énumère les caractères, les animaux et plantes fossiles, les gisements minéraux ou autres, de l'archéen au quaternaire. Ceci remplit treize chapitres, et les six derniers de ce volume sont consacrés à une esquisse — un peu courte à notre gré, étant donnés les faits si intéressants et nombreux qui sont actuellement connus — de l'homme préhistorique, à une étude générale de la distribution géographique des êtres vivants actuels, ce qui conduit l'auteur à envisager la lutte pour l'existence et la question des moyens de dispersion des plantes, et de leurs migrations et distribution, de l'origine des flores, etc. Le troisième volume commence par l'étude de la distribution géographique des animaux, de leurs migrations, moyens de dispersion, etc.; de leur lutte constante pour la vie — il y a là deux chapitres excellents — et la même étude est ensuite faite pour l'homme. Aux animaux, huit chapitres sont consacrés; à l'homme, quatre. Le dernier de ceux-ci renferme l'exposé de la théorie darwinienne.

Là-dessus, nous revenons à la géographie et à la physique du globe. Voici l'étude des mers en général; des phénomènes électriques; de l'atmosphère, de la température et de la météorologie générale (huit chapitres). Cette étude est fort bonne; mais il nous paraît qu'il eût mieux valu achever la description physique avant de passer à l'étude biologique, et intercaler ces chapitres à la suite de la partie géologique. Il nous semble aussi qu'un chapitre spécial — au lieu de quelques pages — eût pu être consacré à l'exposé des modifications physiques imprimées au globe par l'homme même, et c'eût été le dernier chapitre de l'œuvre. Mais ce sont là des critiques secondaires, et les petits défauts que nous indiquons ne rien la valeur intrinsèque du livre : ce sont des erreurs de forme seulement, et qu'il serait, d'ailleurs, aisé de faire disparaître. Les figures, répandues à profusion, sont excellentes et empruntées aux meilleures sources ; et, au bas des pages, les notes et renvois bibliographiques abondent, témoignant du soin particulier avec lequel le texte a été rédigé. Ce dernier trait est caractéristique ; il dénote un auteur consciencieux et bien informé, et contribuera certainement à donner de l'œuvre de M. Robert Brown une idée des plus favorables. Le lecteur qui consultera le texte ne sera certainement point tenté de porter un jugement inférieur à sa première impression.

Les Parfums, par M. S. Piesse. Édition française, par MM. Chardin-Hadancourt, Massignon et Halphen. — 2 vol. de la *Bibliothèque des connaissances utiles*; Paris, J.-B. Baillière, 1890.

La librairie J.-B. Baillière vient de publier la traduction d'un ouvrage attrayant et instructif de M. S. Piesse sur les parfums, ouvrage qui a eu un succès marqué en Angleterre.

Dans le premier volume, consacré à l'*Histoire des parfums et à l'hygiène de la toilette*, on trouve un résumé de l'histoire de la parfumerie chez les anciens et chez les modernes, particulièrement en France et en Angleterre, — une étude de l'odorat, des odeurs et de la variabilité des qualités odorantes des plantes selon les milieux, avec une ingénieuse théorie de l'harmonie des odeurs, — une revue des principaux produits employés en parfumerie, des parfums d'origine végétale et animale, et un exposé de leurs applications.

Le second volume traite de la *Chimie des parfums et de la fabrication des savons, odeurs, essences, etc.*; on y trouve la technique de l'extraction des parfums, l'étude de leur composition chimique, les applications de la chimie organique à la parfumerie pour la production des essences artificielles, — les principes de la fabrication industrielle des savons, — et un formulaire cosmétique.

Cet ouvrage intéressant ne doit pas être considéré comme un simple *Manuel à l'usage des parfumeurs ;* il est l'œuvre d'un véritable savant, et contient des renseignements précieux sur les nombreux sujets dont il traite, sujets qui tiennent une place importante dans la vie des peuples, et qui sont cependant en général très profondément ignorés du public.

Nous signalerons particulièrement l'ingénieux essai, tenté par M. Piesse, d'établir une gamme des odeurs analogue à celle des sons, et aussi à celle des couleurs, imaginée par Field. Comme il y a des sons et des couleurs harmonieux et mélodieux, c'est-à-dire dont l'ensemble ou la succession sont agréables, il y a également — c'est une observation que chacun a pu faire — des parfums dont la combinaison ou la succession sont particulièrement délicieuses. Partant de là, M. Piesse a établi six octaves de parfums, ceux-ci disposés en regard des notes de la gamme musicale, de sorte qu'en observant les lois de l'harmonie ou de la mélodie des sons, on peut combiner des *bouquets*, en différents accords, réalisant le maximum d'effet agréable qu'on puisse obtenir.

Bien que cette classification des parfums soit encore tout empirique, M. Piesse indique cependant qu'elle est susceptible d'une détermination scientifique, et qu'on pourra lui appliquer quelque jour les lois des sons sonores et la déduire d'une connaissance plus approfondie de la physiologie des odeurs.

Or, M. Charles Henry, dont les lecteurs de la *Revue* connaissent les théories psycho-physiques sur les *sensations* agréables, poursuit en ce moment des recherches tendant à faire rentrer les sensations odorantes dans les lois mathématiques des sensations visuelles et auditives ; notons donc ce rapprochement, et signalons à MM. Ch. Henry les gammes de M. Piesse, qui apportent à ses recherches une base pratique importante, et dans lesquelles il pourra trouver d'utiles indications.

ACADÉMIE DES SCIENCES DE PARIS

18-25 AOUT 1890.

PHYSIQUE MATHÉMATIQUE. — Dans un travail intitulé : *Contribution à la théorie des expériences de M. Hertz, M. H.*

Poincaré a cherché, en partant des hypothèses actuellement admises, à calculer rigoureusement la période d'un excitateur de forme donnée. Si, comme il l'avoue franchement, il n'y a pas complètement réussi, cependant les résultats qu'il a obtenus, quoique incomplets, n'en ont pas moins leur importance.

Deux cas, dit-il, sont à distinguer :

1° Celui où l'excitateur se trouve placé dans un espace indéfini ;

2° Celui où il est placé dans une chambre close par des parois conductrices et remplie par un diélectrique.

Dans le premier cas, l'énergie se dissipe constamment par radiation, et l'amplitude des oscillations va en diminuant. On exprime ce fait, en langage analytique, en disant que la période est imaginaire et que la partie réelle représente la période observée et la partie imaginaire le décrément logarithmique. C'est dans ce premier cas qu'on est placé dans les expériences ordinaires, pourvu que les parois de la salle soient, au moins en partie, assez éloignées pour n'exercer aucune influence.

Dans le second cas, la phase est la même en tous les points du diélectrique, ce qui n'arrive pas dans le premier cas.

— À l'occasion des catastrophes survenues récemment dans les houillères de Saint-Étienne, *M. G. Trouvé* rappelle la première lampe électrique portative de sûreté qu'il a présentée à l'Académie dans sa séance du 3 novembre 1884.

Cette lampe est, depuis lors, employée dans les poudreries de l'État (Sevran-Livry et le Ripault), dans les Écoles d'application d'artillerie et du génie de Versailles, à Toul, Verdun, Épinal et Belfort, par la Compagnie parisienne du gaz et, à l'exclusion de toute autre, par les pompiers de Paris et par la marine italienne. Le courant qu'elle fournit est de 1,5 ampère et 11,4 volts, soit 17,10 watts pendant *trois heures* ; c'est-à-dire 51,30 watts-heure. Cette énergie correspond à une intensité de 4,2 bougies pendant trois heures ou de 1 bougie pendant douze à treize heures, éclairage bien supérieur à celui des lampes minières ordinaires. Cette lampe électrique portative de sûreté, dit l'auteur, est appelée à rendre, dans les mines, les mêmes services que ceux qu'elle rend chaque jour dans les divers établissements cités ci-dessus. D'ailleurs, les conditions de construction d'une lampe minière parfaite sont tout indiquées par les travaux mêmes de Gaston Planté, dont les éléments doivent seulement acquérir une formation rapide.

Dans cet ordre d'idées, M. Trouvé a réalisé un flambeau, d'un faible poids (420 grammes) et d'un petit volume, formé de six accumulateurs du genre Planté, et qui fournit pendant quarante minutes un courant de 3 ampères et 10 volts, soit 30 watts, ce qui équivaut à un éclairage de 7,5 bougies ou bien d'une bougie en cinq heures.

M. Trouvé ajoute qu'avec un poids de 840 grammes, on aurait une bougie pendant dix heures, et, sous un poids de 1250 grammes, une bougie pendant quinze heures.

— On sait que l'aimantation transversale d'un cylindre d'acier se produit lorsqu'on fait passer un courant électrique dans le sens de sa longueur. Mais on peut aussi aimanter transversalement un cylindre, un barreau prismatique, une lame d'acier, au moyen des aimants, par des procédés analogues à ceux qu'on emploie pour aimanter longitudinalement. *M. C. Decharme* cite les expériences suivantes parmi celles qu'il a faites à ce sujet :

1° On opère *transversalement, par touche séparée,* sur une lame de 3 à 4 centimètres de largeur, en promenant les pôles inducteurs de l'axe vers les bords et en faisant des passes nombreuses d'un bout à l'autre de la pièce. L'aimant résultant peut être regardé comme composé d'un grand nombre de petits aimants égaux, juxtaposés transversalement et ayant leurs pôles de même nom en regard ;

2° On peut procéder *inversement,* en faisant agir chaque pôle inducteur, en allant des bords de la lame jusqu'à l'axe, et l'aimantation sera encore transversale ;

3° On peut aussi aimanter transversalement un barreau ou une lame, en promenant d'un bord à l'autre les deux pôles contraires, assez rapprochés, d'un aimant Jamin ;

4° Mais il est plus simple et plus expéditif d'opérer d'une manière continue ainsi qu'il suit : on fait frotter les deux pôles d'un aimant Jamin simultanément d'un bout à l'autre de la lame en présence, parallèlement à son axe ; on obtient ainsi une aimantation transversale nettement accusée ;

5° Si, avec des pôles de noms contraires, on frotte longitudinalement les *tranches* opposées d'un barreau ou d'une lame de 2 ou 3 millimètres d'épaisseur, les faces présentent une aimantation transversale très nette ;

6° Pour produire l'aimantation transversale *par les courants électriques,* l'auteur a employé des demi-cylindres ajustés et serrés l'un contre l'autre par leurs faces planes (procédé de M. P. Janet). Pour réaliser l'aimantation transversale *par les aimants,* il s'est servi de demi-cylindres pareils à ceux-ci en employant les procédés indiqués ci-dessus pour les lames planes, et les résultats ont été identiques à ceux qu'on obtient avec les courants ;

7° En opérant sur des cylindres complets, non fendus, l'aimantation est transversale dans l'espace compris entre les génératrices touchées par les pôles inducteurs ;

8° Enfin on obtient l'*aimantation transversale circulaire* en faisant tourner un cylindre, un barreau ou une lame sur les pôles contraires d'un aimant Jamin.

— *M. G. Trouvé* fait en outre la description d'un appareil auquel il a donné le nom d'*érygmatoscope électrique,* destiné à l'inspection des couches de terrain traversées par les sondes exploratrices.

Ce nouvel appareil se compose d'une lampe à incandescence très puissante, renfermée dans un cylindre métallique. L'une des deux surfaces hémicylindriques constitue le réflecteur ; l'autre, en verre épais, laisse passer les rayons lumineux qui éclairent ainsi, avec une vive intensité, les couches de terrain traversées par l'instrument. La base inférieure, inclinée à 45 degrés, est un miroir elliptique, et la base supérieure, à section droite, est ouverte pour permettre à l'observateur, placé à l'entrée du puits et armé d'une forte lunette de Galilée, de voir dans le miroir l'image des terrains ; la lampe est montée de façon que ces rayons émis vers le haut sont interceptés.

Tout l'appareil est suspendu à un long câble, formé de deux fils conducteurs, qui s'enroule sur un treuil ou tambour à tourillons métalliques isolés électriquement. Ces tourillons sont en communication, par l'intermédiaire de deux ressorts frotteurs, d'une part avec les conducteurs, de l'autre avec les pôles d'une batterie portative et automatique, disposition qui permet de descendre et remonter l'*érygmatoscope* à volonté, sans embarras et sans qu'il soit nécessaire d'interrompre la lumière et l'observation.

M. Trouvé ajoute que son appareil donne, à des profondeurs de 200 à 300 mètres, des résultats très concluants, car c'est avec la plus grande netteté, dit-il, que les couches de terrain sont reconnues successivement par les observateurs. De plus, la puissance de l'instrument n'ayant de borne que celle de la lunette de Galilée, on comprend, en ce qui concerne l'éclairage électrique, que rien n'empêche de poursuivre les investigations à des profondeurs plus grandes.

— *M. L.-L. Fleury* a étudié expérimentalement les sons rendus par des tuyaux coniques non tronqués, c'est-à-dire se réduisant à un point, à leur partie supérieure. D'après la note qu'il présente sur ce sujet, un tuyau conique donnerait la même note qu'un tuyau cylindrique *ouvert*. Les tuyaux coniques octavient d'ailleurs beaucoup plus facilement que les tuyaux ouverts.

- CHIMIE. — Poursuivant ses recherches sur les dérivés de l'éther cyanosuccinique dont l'hydrogène du groupe C H est facilement remplaçable par les métaux alcalins et les radicaux des iodures alcooliques, *M. L. Barthe* a préparé l'éther allylcyanosuccinique qui se présente sous la forme d'une huile incolore.

— Dans une note remontant à 1888, *MM. Haller et Barthe* ont montré que l'éther cyanacétique sodé fournit, avec l'éther monochloracétique, de l'éther cyanosuccinique et de l'éther cyanotricarballylique. Or, en traitant de même le cyanacétate de méthyle sodé par du monochloracétate de méthyle, *M. L. Barthe* a obtenu un cyanosuccinate et un cyanotricarballylate de méthyle.

Le premier est un liquide huileux, incolore, insoluble dans l'eau, soluble dans l'alcool méthylique, l'alcool éthylique et les alcalis; sa formule est $C^7 H^9 Az O^4$. Le second se présente sous la forme de très beaux cristaux prismatiques blancs, fondant entre 46 degrés et demi, solubles dans l'alcool méthylique, l'alcool éthylique, l'éther, insolubles dans l'eau et les alcalis; sa formule est $C^{10} H^{13} Az O^8$.

— Les procédés chimiques en usage pour le dosage de la margarine dans les beurres, outre les erreurs notables relatives aux acides volatils, manquent du contrôle habituel des analyses, puisque l'on ne dose qu'une partie des éléments constituants du mélange.

Dans la marche qu'il a suivie et dont il rend compte à l'Académie, *M. C. Viollette* distille, dans une atmosphère close et dans un courant de vapeur d'eau prolongé, les acides gras provenant d'environ 50 grammes de beurre pur et sec, saponifiés par une solution aqueuse de potasse. Il recueille ainsi 10 litres au minimum de liquide de condensation, provenant d'un barbotage de 17 000 litres de vapeur d'eau dans les acides gras en suspension dans l'eau à 100 degrés. Il reste encore des acides volatils solubles en proportions minimes et négligeables.

Un titrage alcalimétrique (à l'aide de la phtaléine du phénol) permet de déduire les proportions d'acides butyrique et caproïque du beurre. Les acides volatils concrets sont pesés ainsi que les acides fixes après lavage, dessiccation dans le vide sec et fusion. Le titre de chacun de ces groupes permet de déterminer leur équivalent et, par suite, en remontant aux glycérides, de faire la synthèse du beurre et de voir jusqu'à quel point l'analyse est exacte.

C'est ainsi que l'auteur a pu constater que :

1° Dans les beurres ordinaires, la moyenne des acides vo-

latils était de 7,60 avec minimum de 7, et celle des acides fixes, de 84;

2° Si l'on ajoutait au beurre d'Isigny, par exemple, 19,87 soit 20 pour 100 de margarine, on ramènerait les acides volatils au minimum 7; mais alors les acides fixes deviendraient 84,76 pour 100, soit 2,46 pour 100 en sus de la moyenne du beurre de choix. La fraude peut donc être reconnue. Tout au plus pourrait-on ajouter 10 pour 100, proportion illusoire pour la fraude. On ne peut ajouter que 8,76 pour 100 de margarine aux beurres ordinaires pour les ramener à 7 d'acides volatils.

En résumé, l'analyse chimique, convenablement faite, permet de déceler dans les beurres une proportion d'environ 10 pour 100 de margarine, limite suffisante, en réalité, pour empêcher la fraude.

— *M. C. Viollette* s'est occupé aussi de l'analyse optique des beurres; voici les conclusions générales de ce second travail :

1° Les beurres et les margarines ont des indices de réfraction différents qui, jusqu'à présent, se traduisent par des déviations de — 33° à — 27° à l'oléoréfractomètre pour les beurres et de — 15° à — 8° pour les margarines;

2° Les indications de l'*oléoréfractomètre* sont suffisamment exactes, lorsqu'elles se rapportent à des mélanges dont les éléments ont des déviations connues;

3° Il est nécessaire de fixer, par une série d'observations sur différents beurres, la déviation minima au-dessous de laquelle la déviation pourra être considéré comme margarine;

4° L'*oléoréfractomètre* peut être utile pour l'examen des beurres de commerce, mais ses indications ne peuvent être certaines qu'autant que ces beurres auront une *déviation* inférieure à la limite minima des beurres. Dans ce cas, les indications se rapprochent de la proportion minima de margarine.

— *M. Ferreira da Silva* fait connaître à l'Académie une réaction caractéristique de la cocaïne qu'il vient de découvrir au cours de recherches toxicologiques. Ce n'est pas une réaction de coloration comme la plupart de celles qu'on utilise pour l'identification des alcaloïdes, mais elle repose sur la production de certains produits odorants, production cependant comparable en sensibilité à beaucoup de réactions colorées.

Cette réaction consiste à traiter une petite portion de cocaïne ou d'une de ses sels à l'état solide, ou le résidu de l'évaporation d'une de ses solutions, par quelques gouttes d'acide nitrique, fumant, de densité 1,4. On évapore ensuite à siccité au bain-marie, puis on traite le résidu par une ou deux gouttes d'une solution alcoolique concentrée de potasse, et l'on mélange bien avec une baguette en verre; on observe alors une odeur distincte et spéciale qui rappelle celle de la menthe poivrée.

L'auteur fait remarquer que son procédé est presque le même que celui qu'on emploie pour reconnaître l'atropine, c'est-à-dire la réaction de Vitali; mais que les réactifs ci-dessus n'ont été employés jusqu'à ce jour que pour la production de réactions colorées. Son procédé permet de distinguer la cocaïne des autres alcaloïdes du même groupe; il est non seulement caractéristique, mais aussi très sensible, car il permet de reconnaître jusqu'à un demi-milligramme de chlorhydrate de cocaïne.

E. RIVIÈRE.

INFORMATIONS

Le *Reale Istituto di Scienze e Lettere* de Milan offre des prix pour les questions suivantes :

1° Étude historico-critique des travaux sur les variations des climats des époques géologiques, avec appréciation des hypothèses émises : 1200 francs;

2° Monographie des protistes d'eau de source de Milan : 500 francs et médaille de 500 francs;

3° Étude originale de quelques points de la physiologie du système nerveux, du cerveau en particulier : 2000 francs;

4° Étude originale, physiologique ou anatomique ou histologique du cerveau : 2000 francs;

5° Étude sur la controverse Draper-Weber sur le développement progressif des rayons lumineux d'un corps graduellement échauffé, avec étude des phénomènes, et essai d'établir les lois de ceux-ci : 884 francs.

Mémoires en italien, français ou latin, à envoyer au secrétaire, M. Palazzo di Brera, Milan, avant le 30 avril (n° 1) et le 1er mai (2 et 3) 1891; le 30 avril 1892 pour le n° 4, et 1er mai 1893, pour le n° 5.

L'Académie des sciences de Berlin vient d'accorder une certaine somme à M. Urban, du Jardin botanique, pour l'aider à venir visiter à Paris des échantillons de la flore des Indes occidentales.

M. Saint-George Mivart a été nommé professeur de la philosophie de l'histoire naturelle à l'Université de Louvain. M. Saint-George Mivart est le zoologiste distingué, connu par son opposition aux théories évolutionnistes appliquées à l'homme dont M. de Quatrefages a récemment critiqué la doctrine dans la *Revue*.

La *Société* botanique royale d'Angleterre a célébré son cinquantenaire, il y a peu de jours. Sa prospérité se mesurera au fait que les souscriptions encaissées cette année dépassent 80 000 francs.

Nous apprenons la nouvelle de la mort de M. C.-H.-F. Peters, directeur de l'Observatoire de Litchfield, né en 1813. Il laisse de nombreux travaux, fort appréciés, et a, pour sa part, découvert 48 petites planètes et plusieurs comètes.

M. Gätke, d'Héligoland, a fait, au cours d'un séjour de quarante ans dans cette ile, une fort belle collection d'oiseaux migrateurs qui vient d'être acquise par le British Museum.

La Société d'agriculture de Moscou offre un prix de 500 roubles à l'auteur du meilleur travail sur l'anatomie et l'embryologie du ver à soie. Envoyer les mémoires avant le 1er janvier 1892.

Une importante discussion sur l'hypnotisme en thérapeutique a eu lieu au Congrès de la *British Medical Association*, et le *British Medical Journal* l'a longuement résumée.

Le lac de Mürjelen, en Suisse, qui se trouve dans les glaciers du Valais, et qui, à intervalles très irréguliers, comme le signalait récemment encore M. Roland Bonaparte, se vide avec grande rapidité en brisant ses barrières de glace, vient de présenter le phénomène de l'évacuation subite de ses eaux. Le glacier s'est entr'ouvert, et les eaux se sont précipitées avec fracas, mais sans occasionner d'accidents de personnes, semble-t-il. Le gouvernement cantonal s'occupe de construire un chenal destiné à éviter ces incidents dangereux en assurant l'écoulement des eaux du lac.

On annonce que l'*influenza* a fait sa réapparition à Breslau, avec une grande intensité. Les symptômes différèrent seulement de ceux observés l'année dernière. Les affections des voies respiratoires sont rares; par contre, les cas de céphalalgie, avec conjonctivite, sont fréquents. Le coma en est parfois le symptôme le plus grave.

Un cas de choléra asiatique a été constaté le 20 août, à Londres, chez un matelot arrivé le 17, à bord d'un bâtiment venant de Calcutta et ayant fait escale à Madras, Colombo, Aden, Suez et Port-Saïd.

D'autre part, on mande d'Odessa, à la date du 20 août, que le choléra sévit avec une certaine violence à Nicolaïeff et à Tchelchien, près de Kischeneff.

CORRESPONDANCE ET CHRONIQUE

Des différents modes d'extraction de la racine carrée.

Dans mon enfance, par une belle soirée d'été, un aimable voisin me détourna de la chasse aux papillons de nuit, pour me faire voir, à l'aide d'une lunette astronomique, les planètes visibles au-dessus de nos têtes; puis, rentrant les unes dans les autres, les tubes de son instrument, il s'écria : « Et pourtant, il devrait y avoir un autre mode d'extraction de la racine carrée que la méthode classique ! »

Ce n'était pas le premier venu qui parlait ainsi. Ancien professeur de physique et de cosmographie, il venait de quitter le petit séminaire de Noyon, où il professait les humanités, pour remplir de modestes fonctions à la cathédrale; plus tard, il devenait évêque de Dijon : aujourd'hui, c'est l'archevêque de Bordeaux.

Le postulat indiqué par une intelligence distinguée mérite qu'on s'y arrête; aussi je me propose d'examiner les différentes méthodes d'extraction de la racine carrée et d'en exposer une nouvelle, heureux si ce petit travail pouvait en provoquer d'autres sur le même sujet.

1er Procédé. *Méthode des facteurs premiers.* — Un nombre A, dont on cherche la racine, peut être envisagé comme un produit de facteurs premiers, de la forme :

$$A = a^\alpha \, b^\beta \, c^\gamma \, d^\delta \dots$$

Si A est un carré parfait, les exposants α, β, γ, δ,... sont des nombres pairs.

Dans ces conditions, pour extraire la racine carrée de A, il suffit de diviser successivement ce nombre par la série des facteurs premiers dont il est composé, autant de fois qu'il est nécessaire. Quand les différents quotients correspondants auront été ainsi épuisés pour aboutir à l'unité, on connaîtra les valeurs de a, b, c, d,... et celles de leurs exposants respectifs α, β, γ, δ... La racine du nombre A sera tout simplement :

$$\sqrt{A} = a^{\frac{\alpha}{2}} . b^{\frac{\beta}{2}} . c^{\frac{\gamma}{2}} . d^{\frac{\delta}{2}}.$$

Cette méthode suppose que l'on connaît les caractères de la divisibilité des nombres par tous les facteurs premiers contenus dans A, ce qui n'est pas possible. De plus, le procédé est bien long; aussi ne s'en sert-on que dans quelques cas particuliers.

- 2° Procédé. *Méthode des logarithmes.* — Cette méthode est simple et rapide, car elle consiste à chercher, dans la table des logarithmes, le logarithme du nombre dont on veut avoir la racine. Une fois ce logarithme trouvé, on en prend la moitié, et on n'a plus qu'à remonter, de ce nouveau logarithme, au nombre qu'il représente, pour avoir la racine cherchée. Toutefois, ce procédé, si commode dans la pratique, est nécessairement fautif, quand il s'agit de l'extraction de la racine d'un nombre formé d'une grande quantité de chiffres, parce que les tables de logarithmes sont construites avec un nombre de décimales insuffisant dans ce cas.

3° Procédé. *Méthode classique.* — La méthode classique, que tout le monde connaît, est basée sur ce principe qu'un nombre est formé de la somme de ses parties; de sorte que son carré est composé de la somme du carré de chacune de ses parties, plus de la somme d'autant de doubles produits de deux d'entre elles qu'il y a de manières différentes de les associer deux à deux. Pour abréger, supposons seulement un nombre de six chiffres, dont la racine carrée en aura trois : $c + d + u$. On va retirer de ce carré c^2, puis $(2c + d) \times d$, et enfin $[2(c + d) + u] \times u$. La détermination de c est facile; mais celle de d et surtout celle de u sont laborieuses. Cette méthode, sans être compliquée, a donc l'inconvénient d'exiger des essais et des tâtonnements toujours désagréables. On ne trouve pas, avec ce procédé, cette sûreté d'exécution indispensable à toute opération élémentaire de l'arithmétique. Toutefois, on peut ainsi faire l'extraction de la racine carrée d'un nombre quelque grand qu'il soit, avec une certaine rapidité relative.

4° Procédé. *Méthode nouvelle.* — Cette méthode est la conséquence d'une note publiée dans cette *Revue*, pendant le second semestre de 1887, sur la résolution, par l'arithmétique, de l'équation du second degré.

Quand on connaît la somme de deux nombres et leur produit, on peut, par l'arithmétique, découvrir ces deux nombres sans être obligé d'extraire une racine carrée. Le procédé que j'ai indiqué permet d'arriver à connaître leur différence + 1 : connaissant leur somme et leur différence, on les connaît tous les deux.

Voici un exemple : $\sqrt{78\,996\,544} = x$.

Soit a^2 un nombre quelconque, supérieur au nombre placé sous le radical; 10^8 par exemple, dont la racine est 10^4.

On a :
$$(a + x) \times (a - x) = a^2 - x^2$$
$$= 100\,000\,000 - 78\,996\,544 = 21\,003\,456;$$
$$(a + x) + (a - x) = 2a = 2 \times 10\,000 = 20\,000.$$

Le problème est ainsi ramené à trouver deux nombres dont on connaît la somme et le produit. Mon procédé va maintenant faire connaître la somme et la différence, et par suite chacun d'eux.

1° Je divise 21 003 456 par 19 999. Je multiplie le quotient 1050 par 1049, et j'ajoute le reste 4506.

2° J'ai 1 105 956, que je divise par 17 899, différence entre 19 999 et 2100 (double de 1050).

J'obtiens un second quotient 61, que je multiplie par 60, et auquel j'ajoute le reste 14 117.

3° Je me trouve avoir à diviser 17 777 par 17 777, différence entre 17 899 et 122 (double de 61).

J'en conclus que 17 777 — 1 = 17 776 est la différence des deux racines. Leur somme étant 20 000, la plus forte, $a + x$, est $\dfrac{37\,766}{2} = 18\,888$.

Comme $a = 10\,000$, $x = 8888$.

Donc 8888 est la racine de 78 996 544.

Ce mode d'extraction de la racine carrée est moins l qu'il n'en a l'air; mais il a surtout le grand avantage de céder simplement, sans nécessiter même l'ombre d'un tâtonnement. L'opération peut être beaucoup plus courte : to dépend du choix que l'on a fait de l'auxiliaire a^2. Ainsi, choisissant pour a^2 la valeur 81 000 000 au lieu de 10^8, on n'aurait eu qu'une division et une multiplication à faire, au lieu de deux divisions et de deux multiplications.

Bougon. —

Une pseudo-tuberculose mycosique.

Une importante communication a été faite au Congrès international de médecine, à Berlin, par MM. Dieulafoy, Chantemesse et Widal, sur l'évolution d'une pseudo-tuberculose d'origine mycosique sévissant sur les jeunes pigeons venus du Mâconnais ou d'Italie et vendus sur les marchés de Paris. Parmi ces animaux, il en est qui sont atteints d'une maladie de la bouche désignée vulgairement du nom de chancre. Les auteurs s'accordent à considérer cette lésion comme le produit de la diphtérie des pigeons; mais, à côté de ces tumeurs buccales, d'origine diphtérique, il existe d'autres tumeurs dues à la végétation d'un champignon. Les animaux atteints de cette mycose présentent des lésions restant parfois localisées à la cavité buccale, mais qui le plus souvent se généralisent aux poumons, au foie, et plus rarement à l'œsophage, à l'intestin et aux reins. La lésion localisée au plancher buccal prend la forme d'un nodule blanchâtre d'apparence caséeuse, du volume d'un pois à celui d'une petite noisette. Dans le poumon, elle affecte la forme de granulations tuberculeuses typiques représentées par des tubercules miliaires tantôt transparents, tantôt opaques, isolés, disséminés ou agglomérés en masses caséeuses. Ces tumeurs ne renferment pas de bacilles de la tuberculose, mais contiennent à leur centre un mycélium de champignon, qui, en culture, présente tous les caractères de l'*Aspergillus fumigatus*. Les spores ne germent pas au-dessous de 15°, et le mycélium prospère surtout à une température voisine de celle du corps humain.

En inoculant des spores de l'*Aspergillus fumigatus* à des pigeons, les auteurs ont obtenu expérimentalement, suivant la voie d'inoculation et la dose inoculée, une évolution plus ou moins rapide des différentes lésions tuberculeuses qui se développent spontanément chez ces animaux. L'inoculation pratiquée dans la veine axillaire du pigeon amène la mort en trois ou quatre jours. Les lésions tuberculeuses portent alors principalement sur le foie, qui est farci de granulations miliaires, moins grosses qu'une tête d'épingle; le poumon ne contient que quelques granulations très petites et discrètes.

Injectées dans la trachée, les spores tuent les animaux en un temps plus long, variant de dix à vingt jours, suivant la dose. Les lésions sont alors prédominantes dans le poumon, où les tubercules agglomérés peuvent simuler des blocs d'infiltration pneumonique ou former des masses caséeuses.

Les lésions histologiques sont de tous points analogues à celles de la tuberculose bacillaire : les plus jeunes sont formées de cellules leucocytiques ou épithélioïdes agglomérées autour d'un ou plusieurs rameaux mycéliques; les plus anciennes présentent à leur centre un feutrage de mycélium; dans certains cas, le tubercule est uniquement représenté par une très grande cellule à noyaux multiples dont le protoplasma contient une ramification de mycélium, soit vivante et bien colorée, soit altérée dans sa structure et comme en partie digérée par la phagocytose; quelques tubercules ont teint l'évolution fibreuse, et le centre n'est plus représenté que par un protoplasma fibrillaire contenant ou non petits blocs bleuâtres, vestiges du champignon. Autour des tubercules, l'infiltration leucocytique s'étend parfois même dans les alvéoles. L'aspergillus peut végéter dans les canaux bronchiques et même jusqu'à la surface de la plèvre.

L'inoculation du poumon paraît se faire par l'intermédiaire des aliments ingérés recouverts de spores d'aspergillus et produits accidentellement jusque dans les voies respiratoires; on a, en effet, trouvé une graine au centre d'un tubercule.

Les auteurs ont observé chez trois gaveurs de pigeons une affection pulmonaire dont l'évolution est celle de la tuberculose chronique : essoufflement, toux, expectoration purulente, petites hémoptysies à répétition et parfois manifestations pleurales ; l'examen de la poitrine décelait des signes de bronchite et d'induration pulmonaire, en général localisée, caractérisée par de la faiblesse de la respiration et un peu de submatité; la température était relativement peu élevée, et cependant les malades pâlissaient, maigrissaient et passaient par des périodes d'aggravation et d'amélioration.

Il est de notion vulgaire, parmi les gaveurs de pigeons, que le gavage occasionne à la longue une maladie chronique des poumons, et ils l'attribuent aux efforts d'expiration constants qu'ils font pour introduire dans la bouche des animaux le mélange d'eau et de graines qu'ils placent d'abord dans leur propre bouche. Comme il n'a pas été fait d'autopsie de pareils cas, on n'a pu, par conséquent, s'assurer que les lésions pulmonaires de ces malades étaient bien dues à la présence de l'aspergillus; MM. Dieulafoy, Chantemesse et Widal ont cependant autorisés à le soupçonner, car ils ont à plusieurs reprises constaté dans l'expectoration de leurs malades la présence de filaments que l'on pouvait regarder comme des fragments de mycélium; de plus, l'inoculation du crachat d'un de ces malades à un pigeon a produit une fois une tuberculose mycosique due à l'*Aspergillus fumigatus*; enfin, l'ensemencement d'un crachat sur des tubes de gélose a fourni la culture d'une colonie de ce même aspergillus.

On connaît d'ailleurs déjà, chez l'homme, quelques exemples de lésions de l'oreille dues à l'*Aspergillus fumigatus* (Mayer, Siebenmann) et, de plus, Virchow, Friedreich, Busch, Fürbringer, Lichteim en ont constaté la présence dans le poumon.

L'attention des médecins et des hygiénistes doit donc être éveillée sur l'existence possible d'une variété de maladie pulmonaire causée par la présence d'un champignon.

Nouvelle théorie du mal de mer.

M. Rochet vient de proposer une nouvelle théorie du mal de mer. Admettant, avec tous les auteurs, que les symptômes de la naupathie sont ceux de l'anémie cérébrale, l'auteur pense que le simple désarroi qu'amène dans les contractions musculaires l'inaccoutumance aux mouvements subis entraîne des troubles circulatoires qui causent précisément cette anémie.

Il invoque à l'appui de cette théorie la considération de l'énorme capacité du réservoir constitué par le système veineux musculaire et péri-musculaire, capacité dont l'importance est démontrée, d'ailleurs, par l'action de l'antique ventouse de Junod, par le rôle considérable que jouent la tonicité et les contractions musculaires volontaires ou réflexes dans la circulation de retour, c'est-à-dire dans l'action

de vider ce réservoir; enfin par la prédominance marquée, dans le maintien de l'équilibre et dans la plupart de nos mouvements, de l'action musculaire réflexe sur l'action volontaire.

Si donc l'on suppose que l'inaccoutumance aux mouvements du bateau et le désarroi qui en résulte dans la fonction d'équilibre a pour conséquence la suppression de la tonicité musculaire et des mouvements réflexes qui maintiennent l'équilibre habituel, il résultera de ce relâchement une augmentation considérable de la capacité du réservoir périphérique et, par suite, une anémie cérébrale suffisante pour expliquer la naupathie. Ce serait, dès lors, un phénomène analogue à la syncope des soldats tenus longtemps dans l'immobilité sous les armes.

On s'expliquerait ainsi pourquoi c'est le mouvement de descente, dans le tangage, qui est le plus pénible, puisque c'est alors que la sensation de résistance disparaît le plus complètement et que les muscles se relâchent d'autant plus; de même on comprendrait comment la position horizontale, la compression de l'abdomen, le calage du corps, dont le regretté Paul Loye parlait naguère ici-même, sont autant de moyens plus ou moins efficaces contre le mal de mer. C'est ainsi que les courriers de certaines tribus du Sud algérien, pour éviter les fatigues, le *mal du chameau*, lorsqu'ils doivent faire une très grande course à dos de méhari, se serrent tout le corps dans des bandelettes.

On conçoit aussi, d'après cette théorie, que tel individu, habitué au mouvement d'une barque, puisse cependant être malade sur un grand navire, par la perte momentanée de l'accoutumance.

De même, si les très jeunes enfants ne sont pas malades, c'est que chez eux l'éducation des réflexes ne serait pas faite encore. Sur un sol fixe, ils trébuchent comme sur le pont d'un bateau. Comme le dit M. Rochet, « ils ont l'habitude du manque d'habitude ».

Donc, conclut l'auteur, ne cherchez pas dans la série des calmants, des stupéfiants, des anesthésiques, le soulagement aux misères que vous redoutez. Adressez-vous plutôt aux excitants musculaires et surtout cherchez dans les mouvements volontaires une compensation aux contractions réflexes qui ne se produisent pas. C'est, d'ailleurs, le conseil donné empiriquement par beaucoup d'auteurs.

« Allez et venez, ne restez pas immobiles, » dit Rey. « Pour éviter le mal de mer, dit Aronshon, il faut avant tout *chercher à conserver son équilibre*, il faut chercher à faire ce que font instinctivement les vieux marins. » — « Tout le secret de l'assuétude, dit Fonsagrives, réside dans ces deux mots : continuer à faire de l'exercice, s'alimenter dans l'intervalle des vomissements. »

M. Rochet recommande, en outre, de prendre de la strychnine, de la vératrine, de l'ergot de seigle, de boire des boissons chargées d'acide carbonique. Prendre, un ou deux jours avant l'embarquement, une dose de 3 ou 4 milligrammes de strychnine serait, d'après l'auteur, un excellent moyen.

Ajoutons à ces drogues le sulfate de quinine, qui a été donné avec un succès complet par M. Charles Richet, à la dose de 6 à 8 décigrammes, au moment de l'embarquement.

La production de l'or et de l'argent.

M. P. Leroy-Beaulieu, dans une étude sur les résultats probables du nouveau bill monétaire aux États-Unis, donne les tableaux comparatifs suivants sur la production de l'or et celle de l'argent dans le monde entier. Ces tableaux ont été établis par M. Leech, directeur de la Monnaie aux États-Unis.

Production de l'or dans le monde entier.

Années.	Valeurs. Dollars (1).	Années.	Valeurs. Dollars (1).
1873....	96 200 000	1882....	102 000 000
1874....	90 750 000	1883....	95 400 000
1875....	97 500 000	1884....	101 700 000
1876....	103 700 000	1885....	108 400 000
1877....	114 000 000	1886....	106 000 000
1878....	119 000 000	1887....	105 392 000
1879....	109 000 000	1888....	109 928 000
1880....	106 500 000	1889....	118 832 000
1881....	103 000 000		

On voit qu'il n'y a pas eu positivement arrêt ou stagnation dans la production de l'or, comme le prétendent certaines personnes. Il y a un progrès, mais non pas très considérable. On peut, cependant, grâce notamment à l'Afrique — et nous ne parlons pas seulement ici du Transvaal, mais de toutes les autres contrées de l'Afrique qu'on est en train d'ouvrir à la colonisation — on peut prévoir que la production de l'or, dans la prochaine période décennale, sera vraisemblablement, dans une proportion sensible, supérieure à celle de la période 1871-1880 ou 1881-1890. Toutefois, il ne s'agit là que d'un développement lent.

Au contraire, l'accroissement de la production de l'argent est on ne peut plus rapide, comme le montre le tableau suivant :

Production de l'argent dans le monde :

Années.	Onces d'argent.	Valeur commerciale, c'est-à-dire au cours moyen de l'année. Dollars.	Valeur monétaire, c'est-à-dire d'après l'ancien rapport de 1 à 15 1/2. Dollars.
1873......	63 267 000	82 120 000	81 800 000
1874......	55 300 000	70 673 000	74 500 000
1875......	62 262 000	77 578 000	80 500 000
1876......	67 753 000	78 322 000	87 600 000
1877......	62 648 000	75 240 000	81 000 000
1878......	73 476 000	84 644 000	95 000 000
1879......	74 250 000	83 383 000	96 000 000
1880......	74 791 000	85 636 000	96 700 000
1881......	78 890 000	89 777 000	102 000 000
1882......	86 470 000	98 230 000	111 800 000
1883......	89 177 000	98 986 000	115 300 000
1884......	81 567 000	90 817 000	105 500 000
1885......	91 653 000	97 564 000	118 500 000
1886......	93 276 000	92 772 000	120 600 000
1887......	96 189 000	91 265 000	124 366 000
1888......	110 086 453	103 481 000	142 234 000
1889......	117 810 000		162 915 000

Ainsi, depuis 1873, la production de l'argent a juste doublé, et cependant la valeur du métal avait baissé de 30 pour 100 environ. Cette énorme baisse n'a pas empêché l'accroissement de la production; cet accroissement est généralement regardé comme la grande cause de la dépréciation du métal d'argent, celle qui défie tous les moyens artificiels de relèvement.

L'augmentation de la production a surtout été très sensible de 1887 à 1889, puisqu'on est passé, dans ce bref laps de temps, de 96 millions d'onces à 126 millions, soit une hausse d'environ un tiers. C'est que l'argent est un métal très répandu dans la nature et que la science a beaucoup perfectionné les procédés employés dans les mines de ce métal.

Or, les États-Unis, pour favoriser les propriétaires et les exploitants des mines d'argent, viennent de voter une loi nouvelle, en vertu de laquelle le Trésor américain achètera 4 500 000 onces d'argent par mois, soit le double des achats mensuels récents. La production de l'argent va donc subir un nouvel essor, d'où résultera sans aucun doute une nouvelle et profonde crise monétaire à brève échéance.

Aujourd'hui, on prenant l'ancien rapport de valeur de 1 à 15 1/2, entre l'or et l'argent, la production de l'argent est arrivée à une

(1) Le dollar vaut 5 francs.

somme de 840 à 850 millions de francs, contre les 415 ou 4 lions d'il y a quinze ou vingt ans. Il est possible que l'on a une production de 1200 millions de francs, peut-être de 1500 de francs d'argent par an (valeur monétaire), avec le stimula va donner la nouvelle loi américaine.

Il y a quinze ou vingt ans, la valeur monétaire de l'argent annuellement était inférieure d'un quart à la production annue l'or, soit environ 400 à 420 millions d'argent contre 500 à 520 lions d'or. Aujourd'hui, la valeur, d'après le tarif monétaire, de gent extrait dépasse de plus de 35 pour 100 environ celle de l'or 820 à 830 millions d'argent contre 590 à 595 millions d'or; malgré une augmentation probable de la production de l'or, i vraisemblable que la valeur de l'argent (d'après le tarif moné excédera bientôt de 60 ou 70 pour 100, sinon plus, celle de l' métal.

— **UNE PELADE D'ORIGINE MICROBIENNE.** — On sait que, jusqu' temps derniers, la pelade était considérée comme une maladie d' nerveuse, une tropho-névrose, et qu'on n'avait trouvé aucun micro nisme parasitaire auquel on pût attribuer la maladie. Cependant, y avait dans la science quelques observations de contagion de pela qui cadraient difficilement avec une telle étiologie, et qui rendaie absolument indispensable, en attendant des recherches complème taires, l'observance de mesures de prophylaxie dans les diverses a glomérations humaines, casernes, écoles, ateliers, etc.

Les recherches récentes de MM. Vaillard et Vincent (*Annales l'Institut Pasteur*, 25 juillet 1890) ont comblé la lacune indiquée p l'observation épidémiologique. En étudiant, au point de vue bique, une affection alopécique du cuir chevelu qui est fréquemment observée dans l'armée, et qui est assez semblable à la pelade pour motiver des méprises fréquentes, ils ont trouvé que cette maladie était causée par un micrococque dont la culture détermine chez certains animaux (lapin, cobaye, chien) une alopécie strictement semblable à celle que l'on constate chez l'homme.

Ce microbe est parfois associé à des microbes phlogogènes, d'où la phlegmasie des follicules, des glandes et du derme lui-même, qui vient s'ajouter à la chute des cheveux et qui donne à la plaque alopéciée une physionomie différente, analogue à celle qu'a décrite M. Quinquaud, il y a deux ans, sous le nom de *folliculite destructive des régions velues*.

— **LE GRISOU ET LES PHÉNOMÈNES COSMIQUES ET MÉTÉOROLOGIQUES.** — M. Wagner a lu récemment, à la *Société météorologique de Berlin*, un travail sur les rapports qui existent entre les explosions de grisou dans les mines et les conditions cosmiques et météorologiques. Il examine comment le gaz s'accumule, les raisons qui amènent l'explosion, le rôle que joue la poussière de charbon et les différentes circonstances qui peuvent s'opposer à la découverte du gaz dans les travaux. Il discute ensuite les divers moyens d'éviter ou de dissiper les accumulations de grisou et communique plusieurs faits constatant le rapport qui existe entre les explosions et la pression barométrique. Ses travaux ont eu spécialement pour but d'établir la statistique du district minier de Dortmund, où les explosions sont plus fréquentes que partout ailleurs en Prusse; ils comprennent un espace de vingt et un ans, au cours desquels 7000 explosions ont eu lieu. Il a d'abord cherché à trouver un rapport entre le nombre d'explosions et les phases de la lune, mais n'en a constaté aucun. Il a ensuite cherché un rapport semblable avec la période de rotation du soleil, calculant celle-ci à raison de 25,5 jours; le résultat a été également négatif. Enfin, il a comparé la fréquence des explosions avec les périodes de 27,9 jours, qui, suivant Buys-Ballot, constituent le cycle des variations de température résultant de la rotation du soleil. Les courbes obtenues dans ce dernier cas sont uniformes et régulières, ayant un maximum le 3e jour et un second maximum le 20e jour. L'auteur a renoncé à tirer des conclusions définitives de ce résultat, à cause des nombreuses causes accidentelles qui peuvent produire les explosions.

— **CAS DE FOUDRE EN BOULE.** — M. Caballero, professeur de physique et directeur de la fabrique d'appareils électriques de Pontevedra, a envoyé à l'Observatoire de Madrid la relation d'un phénomène électrique dont il a été témoin, le 2 janvier, à 9h 15m du soir. Par un ciel pur et un temps calme, une boule de feu de la grandeur d'une orange fit subitement son entrée dans la fabrique. Cette boule de feu pénétra par une fenêtre ou une lucarne, après avoir probablement suivi un conducteur de lumière électrique jusqu'à l'établissement. De la fenêtre, elle se dirigea vers le tableau de distribution et de là à la machine dynamo. Deux fois, devant les ingénieurs et les ouvriers effrayés, elle s'élança de la dynamo au tableau et du tableau à la dynamo, et finalement, tombant vers le sol, elle éclata en une masse de fragments sans laisser d'autres traces de son apparition que la fusion de quelques points des lames de cuivre épaisses servant de conducteurs sur le tableau de distribution. Un bruit semblable à la décharge d'une pièce d'artillerie accompagna sa disparition. Le seul trouble que ce phénomène amena fut de suspendre pendant quelques instants le courant de la dynamo; les lampes de la ville s'éteignirent pendant quelques secondes, mais, grâce à la présence d'esprit des employés de l'usine, les légers dégâts survenus dans les appareils de distribution furent aussitôt réparés et le service ne fut pas interrompu un instant.

D'autre part, M. Cunisset-Carnot nous communique le fait suivant :

Dans l'après-midi du 13 août dernier, un violent orage éclata sur Dijon et ses environs. La foudre tomba en plusieurs endroits; mais, au village de Plombières, il se produisit une décharge électrique vraiment extraordinaire. — La foudre frappa d'abord un poteau télégraphique placé sur la route, à quelque distance des maisons; puis, suivant le fil aérien sans le fondre, pénétra dans une maison, où elle fit un trou au plafond et démolit la cheminée. Ensuite, après avoir suivi, sur un certain parcours encore, le télégraphe, elle le rompit et tomba, au bord de la route, sur une énorme pierre de taille qui fut mise en morceaux, tandis qu'une porte de jardin voisine était arrachée de ses gonds brisés. Mais une partie de la décharge seulement paraît avoir pris cette voie, car, simultanément, une maison placée sur le trajet du télégraphe, qui y est attaché, recevait la visite du fluide dans de singulières conditions. — Cette maison est celle d'un boulanger qui, au moment du coup, était derrière son comptoir, occupé à couper du pain, tandis que deux peintres, montés sur un échafaudage, à l'extérieur, peignaient en vert la devanture de la boulangerie. — Quand la décharge se produisit, un des deux peintres fut, non pas jeté à bas de l'échafaudage, mais descendu à terre sans secousse; le pinceau que tenait l'autre fut retourné et introduit, les poils les premiers, dans la manche de son veston, et le pot de couleur fut renversé. En même temps, dans la boutique, le boulanger voyait apparaître à ses pieds une boule de feu qui disparut instantanément, en lui donnant une violente secousse; son couteau était enlevé de sa main et projeté à l'autre bout de la pièce, tandis que son tablier et plusieurs doigts de sa main droite étaient couverts de peinture verte, empruntée évidemment, par le fluide, au pot dont se servaient les peintres.

INVENTIONS

Société. Avertisseur destiné à compléter les appels téléphoniques. — Voici la disposition brevetée à New-Haven (Connecticut) : Les candélabres placés dans le voisinage des téléphones municipaux sont pourvus d'un globe transparent de couleur rouge, placé au-dessous du bec de gaz, de l'arc voltaïque ou de la lampe à incandescence. Quand un policeman demande du secours, il fait jouer un électro-aimant qui agit sur un levier; le globe sort de la cavité qu'il occupe et se place autour de la lumière. Un signal aussi apparaît active l'arrivée du renfort et déconcerte inévitablement les malfaiteurs.

— Nouvelle dynamo. — M. Mariotti, ingénieur en chef de la Société des téléphones de Zurich, a inventé une dynamo multipolaire avec armature à anneau dans laquelle on emploie une disposition magnétique toute nouvelle.

Tandis que, dans les dynamos construites jusqu'à présent, les électro-aimants sont pourvus d'épanouissements formant pièces polaires extérieures ou intérieures, les pièces polaires extérieures et intérieures de la nouvelle machine embrassent l'armature. Cette disposition présente des avantages tout spéciaux : les lignes de force doivent absolument passer par le fer de l'armature; un échange direct des lignes de force entre les pôles est impossible; les pièces polaires embrassent la plus grande partie de la surface de l'armature et arrivent jusqu'à proximité de la ligne neutre, ce qui ne peut être obtenu dans aucune autre dynamo sans nuire à son effet.

C'est à cette circonstance qu'on doit attribuer l'absence d'étincelles aux balais, ainsi que le déplacement insensible de la ligne neutre lorsque la charge varie. L'échauffement de la masse de l'armature produit par le travail de l'hystérésis est réduit à son minimum par la disposition particulière du champ magnétique. La ventilation est excellente, et la disposition générale de la machine présente des particularités qui sont d'une grande valeur pour une exécution mécanique à la fois simple et solide.

Suivant le Bulletin de la Société internationale des électriciens, l'idée de répartir les inducteurs sur les faces internes et externes de l'armature n'est pas absolument neuve : la dynamo Sperry, qui figurait à l'Exposition de 1889, possédait des inducteurs placés à l'intérieur de l'anneau.

— Nouveau rhéostat médical. — M. Gartner, de Vienne, a imaginé un nouveau rhéostat médical qui permet de réaliser des résistances variant de 10 à 200 000 ohms.

Cet appareil consiste en une série de disques d'une composition spéciale, très résistante, empilés alternativement avec des rondelles de laiton pourvues d'une partie saillante. Un rhéostat se compose de cinquante de ces plaques, et une glissière permet de prendre le contact en un point quelconque de cette sorte de colonne dont l'intérieur a un tube pourvu d'une fente qui laisse sortir la partie saillante des rondelles métalliques. Le tout est pressé par des vis et pris dans de l'asphalte fondu.

Les disques sont formés d'une pâte composée de kaolin, d'eau et d'une solution de dextrine; la masse est comprimée en forme de lentilles ou de rondelles de 5 millimètres de diamètre et de 1 millimètre d'épaisseur; ces lentilles sont séchées, puis carbonisées, et leur résistance peut alors varier de 10 à 30 000 ohms.

— Lampes a arc fonctionnant avec du gaz d'éclairage. — L'emploi du gaz pour le fonctionnement des lampes électriques, quoique paradoxal a priori, a cependant sa raison d'être. M. Laurellyn Saunderson a imaginé un régulateur à arc dont l'un des charbons est perforé suivant l'axe et scellé dans une douille remplie d'amiante tassée. Une canalisation de gaz d'éclairage aboutit à la douille, et le gaz, après avoir perdu une partie de sa vitesse en traversant l'amiante, débouche à la naissance de l'arc. La lumière est alors produite simultanément par l'arc et le gaz qui brûle au contact de l'air.

M. John Hopkinson a fait des expériences comparatives sur deux régulateurs identiques; l'un mû par l'électricité seule, l'autre par l'électricité aidée du gaz d'éclairage.

	Volts aux bornes.	Ampères.	Watts consommés.
Régulateur ordinaire. . . .	39,8	12,4	493,5
— Saunderson	41,4	11,1	459,5

L'intensité lumineuse a été mesurée au photomètre, et M. Hopkinson a trouvé que le nouveau régulateur donne 1,88 fois plus de lumière que l'ancien. Toutefois, en plaçant les lampes dans des positions plus ou moins inclinées sur la verticale, on a obtenu des résultats discordants.

BIBLIOGRAPHIE

Sommaires des principaux recueils de mémoires originaux

Annales de micrographie (juin 1890). — Balbiani : Étude sur le Loxode. — Vincent : Isolement du bacille typhique dans l'eau. — Linossier et G. Roux : Sur la morphologie et la biologie du champignon du muguet.

— Revue universelle des mines (avril-mai 1890). — Zbinski : Le chemin de fer de l'État indépendant du Congo. — Smeysters : Note sur un nouveau générateur à gaz Slemens. — Tahon : Le fer ou l'acier dans la construction des générateurs à vapeur? — Detienne : Les eaux alimentaires de l'agglomération bruxelloise et de la basse Belgique. Captation et adduction des eaux de l'Entre-Sambre-et-Meuse. — Trasenster : L'industrie charbonnière à l'Exposition universelle de 1889. — Emmons : Relations structurales des gîtes métallifères.

— Annales d'hygiène publique et de médecine légale (juin 1890). — Reuss : Les cuisines des restaurants parisiens. — A. Le Roy des Barres : Le charbon chez les chiniers et mégissiers de Saint-Denis (1875-1890).

— Archives générales de médecine (juin 1890). — Remond : Contribution à l'étude des névroses mixtes de l'estomac. — Duflocq et

Ménétrier : Des déterminations pneumococciques pulmonaires sans pneumonie. — *De Larabrie* : Recherches sur les tumeurs mixtes des glandules de la muqueuse buccale. — *Ozenne* : Des salpingites.

— REVUE FRANÇAISE DE L'ÉTRANGER ET DES COLONIES (1er juin 1890). — *Courrière* : Voyage en Russie. — Les événements du Dahomey. — Soudan français. — *Demanche* : La France en Afrique et le Trans-saharien, d'après le général Philibert et M. G. Rolland. — *Chenut* : Le canal de Panama, sa situation actuelle et son avenir.

— (15 juin 1890). — *Salaignac* : Fédération impériale anglaise. — *Chassaigne de Néronde* : Les peintres étrangers à l'Exposition du Champ de Mars. — Commerce extérieur et tarifs de pénétration. — La canalisation de l'Euphrate. — Les Italiens au pays somali.

— REVUE DE CHIRURGIE (t. X, n° 6, 10 juin 1890). — *L. Le Fort* : De l'exophthalmos pulsatile, à propos d'une opération de ligature des deux carotides primitives pour exophthalmos pulsatile. — *Péraire* : De la trachéotomie sur les très jeunes enfants.

— REVUE D'HYGIÈNE (juin 1890). — *Proust* : Le travail de nuit des femmes dans l'industrie, au point de vue de l'hygiène. — *Mareschal* : Note sur l'emploi du vaccino-style individuel. — *Grancher* : Essai d'antisepsie médicale. — *Bouloumié* : Des secours organisés par l'Union des femmes de France, à l'occasion de l'épidémie de grippe de 1889-1890. — *Gérardin* et *Ch. Besançon* : Les poussières de plomb. — La loi hollandaise sur le travail des enfants et des femmes.

— REVUE DU GÉNIE MILITAIRE (mars-avril 1890). — *Voyer* : Des ascensions aéronautiques libres au pays de montagnes. — *Bertrand* : Sur le déflement des batteries de côtes, d'après le major Clarke. — *Augier* : Égouts et conduites à petite section. — Le génie et les services techniques en Italie. Sur l'organisation du service des fortifications en Allemagne.

— ACADÉMIE ROYALE DES SCIENCES DE BELGIQUE (n° 5). — *Anatole de Caligny* : Lettre sur des appareils hydrauliques. — *Menschutkin* :

Sur les conditions de l'acte de la combinaison chimique; modifications déterminées par la présence des dissolvants, soi-disant indifférents. — *G. Dewalque* : État de la végétation, le 21 mars et le 21 avril 1890 à Gembloux, Huccargne, Liège et Spa. — *Cl. Servais* : Sur les points caractéristiques de quelques droites remarquables dans les coniques. — *Cl. Servais* : Sur les courbures dans les courbes du second degré. — *Alphonse Demoulin* : Note sur le développement en série des fonctions *sinus*, *cosinus* et de la fonction exponentielle.

Publications nouvelles.

LE MAGNÉTISME ATMOSPHÉRIQUE, ou prévision du temps cinq à six jours à l'avance par les agitations de l'aiguille du magnétomètre, par *M. A. Fortin*. — Un vol. in-18 de 296 pages; Paris, Georges Carré, 1890.

— LA FOLIE A PARIS, étude statistique, clinique et médico-légale, par *M. Paul Garnier*; préface de M. Barbier. — Un vol. de la *Bibliothèque scientifique contemporaine*; Paris, J.-B. Baillière, 1890.

— CAUSERIES SCIENTIFIQUES; découvertes et inventions, progrès de la science et de l'industrie, par *H. de Parville*. 28e année, 1888. — Paris, Rothschild, 1890.

— LA SANTÉ DE NOS ENFANTS, par *M. A. Corivaud*. — Un vol. in-18; Paris, J.-B. Baillière, 1890.

— LETTRES DU BRÉSIL : La révolution. — Les débuts de la république. — La vie à Rio-de-Janeiro. — Une excursion à l'intérieur. — Saint-Paul et les Paulistes. — Les mœurs et les institutions. — Questions économiques, par *M. Max Leclerc*.—Un vol. in-18; Paris, Plon, 1890.

L'administrateur-gérant : HENRY FERRARI.

MAY & MOTTEROZ, Lib-imp. réun.ies, Rt. D, 7, rue Saint-Benoît. [684]

Bulletin météorologique du 18 au 24 août 1890.
(D'après le *Bulletin international du Bureau central météorologique de France*.)

DATES.	BAROMÈTRE À 1 heure DU SOIR.	TEMPÉRATURE			VENT. FORCE de 0 à 9.	PLUIE. (Millimètre.)	ÉTAT DU CIEL 1 HEURE DU SOIR.	TEMPÉRATURES EXTRÊMES EN EUROPE	
		MOYENNE	MINIMA.	MAXIMA.				MINIMA.	MAXIMA.
☾ 18	752mm,98	20°,7	18°,9	27°,8	N.-N.-W.2	0,7	Cumulus S.-S.-E.	5°,6 à Stornoway; 7° Pic du Midi; 9° Stockholm.	44° à Biskra; 42° à Alger; 39° Laghouat; 36° la Calle.
♂ 19	755mm,15	19°,8	15°,4	25 ,7	W.-S.-W.2	0,0	Cumulus S.-W. 1/4 S.	4°,6 au Pic du Midi; 7° à Stornoway; 9° à Bodo.	41° à la Calle et Biskra; 40° à Aumale; 39° Laghouat.
☿ 20	757mm,40	15°,8	10°,6	20°,1	S.-W. 2	0,1	Cumulus W.-S.-W.	1°,7 au Pic du Midi; 5° au Puy de Dôme.	41° à la Calle et Biskra; 40° à Aumale; 39° Laghouat.
♃ 21	761mm,90	16°,4	9 ,5	23°,8	W.-N.-W.2	0,0	Cumulus S.-W. 1/4 S.; atmosphère très claire.	1° au Pic du Midi; 7° à la Coubre; 9° Servance.	40° à Biskra; 37° Laghouat; 36° à Tunis et Palerme.
☉ 22	762mm,02	16°,7	15°,0	27°,2	W.-S.-W.3	0,0	Cirrus W.-N.-W.; cumulus W° S 6.	4° au Pic du Midi; 5° Stockholm; 5° Puy de Dôme.	40° à la Calle et Biskra; 39° à Aumale.
♄ 22P.Q.	756mm,93	16°,1	8°,7	22°,8	S.-S.-W. 4	0,0	Cirrus W. 40° S.; cumulus S.-W.	5° au Puy de Dôme; 6° à Haparanda et Pic du Midi.	41° à Biskra; 39° à Aumale; 38° à l'Île Sanguinaire.
☽ 24	751mm,27	14°,1	11°,9	18°,1	W. 2	2,2	Nuages bas à l'W.	2°,4 au Pic du Midi; 4° à Haparanda.	41° à Biskra; 37° à Aumale; 36° Laghouat; 35° Brindisi.
MOYENNE.	756mm,71	17°,09	12°,14	23°,50		TOTAL. .		8,0	

REMARQUES. — La température moyenne est voisine de la normale corrigée 17°,2. Des pluies et des averses orageuses sont tombées en un certain nombre de stations, principalement sur nos côtes de la Manche et de l'Atlantique.

CHRONIQUE ASTRONOMIQUE. — Mercure et Vénus continuent à suivre le Soleil; la première de ces planètes se couche le 31, à 7h22m du soir; la seconde, à 8 heures. Mars, qui suit maintenant Antarès, se couche à 10h11m. Jupiter, avec ses quatre satellites presque en ligne droite et dans le plan de son équateur, passe au méridien à 9h41m. Saturne, qui suit le Soleil, se couche à 6h51m, 8 minutes après cet astre. Uranus, un peu en arrière de l'Épi de la Vierge, se couche à 8h13m (cette planète n'est guère visible qu'à l'aide d'une lunette). Neptune, un peu moins brillant qu'Uranus, est dans le voisinage d'Aldébaran, visible pendant la seconde partie de la nuit. — Le 2 septembre, Mercure sera à sa plus grande élongation : cette planète, se couchant 37 minutes après le Soleil, sera facilement visible si le ciel est clair; il en sera de même les jours précédents et les jours suivants. La Lune, pleine le 30 août, sera à son dernier quartier le 6 septembre.

L. B.

REVUE

SCIENTIFIQUE

(REVUE ROSE)

DIRECTEUR : M. CHARLES, RICHET

| NUMÉRO 10 | TOME XLVI | 6 SEPTEMBRE 1890 |

PSYCHOLOGIE

La lumière, la couleur et la forme (1).

La plupart d'entre vous sont par métier en contact de chaque instant avec la forme et avec la couleur. L'industrie du papier peint et l'industrie du meuble sont les plus célèbres et les plus anciennes du faubourg Saint-Antoine. Il m'a paru qu'il pourrait vous intéresser d'entendre un exposé des principaux faits relatifs à l'action physiologique de la lumière, de la couleur et de la forme; de connaître les lois d'harmonie auxquelles des recherches personnelles m'ont conduit et de vérifier de vos yeux les expériences fondamentales.

Je commencerai par rappeler quelques-unes des propriétés physiques de la lumière. Vous avez tous remarqué, en suivant, grâce aux poussières de l'air, le chemin parcouru par un rayon de lumière dans une chambre obscure, que la lumière se propage en ligne droite. Le grand astronome Kepler a, le premier, montré que l'intensité lumineuse décroît en raison inverse du carré de la distance; ce qui veut dire qu'à deux mètres de la source lumineuse, par exemple, l'intensité est quatre fois moindre qu'à un mètre, à trois mètres, neuf fois moindre, etc... C'est sur cette loi que reposent les méthodes de mesure désignées sous le nom de *photométrie*. D'après ce principe, vous voyez facilement

(1) Conférence faite à la Bibliothèque professionnelle d'art et d'industrie Forney.

27ᵉ ANNÉE. — TOME XLVI.

que si deux sources lumineuses, placées à des distances différentes d'une même surface, produisent un même éclairement, leurs intensités sont proportionnelles aux carrés de leurs distances à cet écran. Il serait facile de vous montrer que si nous voulons obtenir sur un des deux côtés de l'écran une certaine intensité plus forte ou plus faible que l'intensité choisie comme unité, il suffit de rapprocher ou d'éloigner une des sources à une distance que l'on obtient en divisant ou en multipliant la première par la racine carrée de l'intensité voulue. C'est ainsi qu'ont été obtenues les intensités lumineuses que je vous présenterai bientôt.

Si la lumière rencontre une surface opaque et parfaitement polie, il y a *réflexion*. On appelle *angle d'incidence* l'angle formé par le rayon et la perpendiculaire menée à la surface par le point d'incidence. Le *plan d'incidence* est le plan déterminé par le rayon incident et cette perpendiculaire que l'on appelle la *normale*. L'*angle de réflexion* est l'angle formé par la normale et le rayon réfléchi. On a constaté dès l'antiquité grecque que le rayon réfléchi reste dans le plan d'incidence, et que les angles de réflexion et d'incidence sont égaux. C'est à la réflexion de la lumière qu'est dû ce qu'on appelle le *lustre* des corps. Voici une plaque de verre que j'enduis sur une de ses faces de noir de fumée; sur cette face, elle est mate, le noir de fumée absorbe en effet la presque totalité des rayons incidents; sur l'autre face, au contraire, la plaque est d'un beau noir lustré, car un grand nombre de rayons incidents sont réfléchis sur leur parcours à travers l'épaisseur du verre transparent. C'est à un état de la matière produit par des pressions considérables et réfléchissant plus complètement la lumière qu'est dû l'aspect lustré du papier satiné; dans la soie, cet état moléculaire coexiste avec une extrême souplesse de tissu.

Si la lumière rencontre obliquement la surface de séparation de deux milieux transparents, les rayons lumineux subissent une déviation que l'on appelle *réfraction*. On constate que le rayon réfracté reste dans le plan d'incidence et que le rapport des perpendiculaires abaissées sur la normale de points situés à une égale distance du point d'incidence est constant. Cette loi est due au Hollandais Snell et au grand philosophe français Descartes. Ce rapport, constant pour les mêmes milieux, est ce que l'on appelle l'*indice de réfraction*, et l'on démontre que ce nombre est égal au rapport direct des vitesses de propagation de la lumière dans les deux milieux.

C'est la réfraction qui a conduit Newton à préciser la nature de la couleur. Un prisme est un milieu transparent terminé par deux surfaces planes formant entre elles un angle solide; la surface opposée à cet angle est définie comme la base du prisme. Dans le volet fermé d'une croisée, Newton perça un orifice et plaça un prisme sur le trajet du filet de lumière, dans l'espoir de voir le rayon réfracté et d'étudier l'image du soleil après la réfraction. Il vit, à son grand étonnement, une bande cinq fois plus longue que large et divisée en rectangles colorés : rouge, orangé, jaune, vert, bleu, indigo, violet. Il en conclut que la lumière blanche est un mélange de lumières de couleurs différentes et de degrés différents de réfrangibilité. Après l'analyse, il fit la synthèse; sur le trajet du rayon décomposé, il plaça un second prisme, mais renversé, de façon que les couleurs soient réfractées une seconde fois et réunies de nouveau ; il obtint du blanc. On peut faire cette synthèse de plusieurs autres manières, notamment par des rotations de disques colorés; nous y reviendrons dans un instant quand nous étudierons les lois des mélanges.

Vous avez tous admiré les belles couleurs des bulles de savon, des minces couches d'huile répandues sur l'eau, des verres irisés, de toutes les couches minces transparentes en général. Newton eut l'idée de les faire apparaître dans des conditions rigoureusement définies. Sur une lentille plan convexe d'une faible courbure, il plaça une plaque de verre à surface plane; la couche d'air avait ainsi une épaisseur graduellement croissante du dedans au dehors à partir du point de contact. En faisant tomber de la lumière blanche sur les verres, il obtint une série de cercles colorés des couleurs de l'arc-en-ciel; c'est ce qu'on appelle *les anneaux de Newton*. En regardant les anneaux à une lumière colorée particulière, il vit apparaître autour du point de contact une série d'anneaux brillants, de plus en plus resserrés, séparés les uns des autres par des anneaux obscurs, et constata que les anneaux étaient d'autant plus petits que la couleur était plus réfrangible. Vous voyez immédiatement le parti qu'on peut

tirer de cette propriété pour caractériser la couleur par un nombre, et vous imaginez facilement la joie profonde que dut causer cette découverte au génie de Newton. Supposez qu'on diminue la pression de la plaque de verre sur la lentille : les anneaux tendront à se resserrer, puisque la couche d'air croît d'épaisseur; pour une certaine distance des verres, ils disparaissent au centre; la tache noire qui apparaît au centre des anneaux, lorsque la lentille repose sur le plan, devient alternativement noire et blanche. Il est facile de mesurer le déplacement de la lentille par l'angle dont tourne une vis micrométrique. Supposez qu'on ait fait disparaître soixante anneaux : ces anneaux se contractant graduellement du rouge au bleu, l'angle dont il faut faire tourner la vis sera plus petit pour les anneaux bleus que pour les anneaux rouges; le nombre caractéristique de la couleur est naturellement le quotient de cet angle estimé en degrés par le nombre d'anneaux ; c'est cette quantité que l'on appelle *longueur d'onde*.

Ce terme me conduit à vous exposer le principe de considérations théoriques, qui, pour ne correspondre peut-être à aucune réalité, n'en sont pas moins précieuses, car elles serviront à mieux graver dans votre esprit les propriétés fondamentales de la lumière. Il vous est arrivé à tous de jeter des pierres dans l'eau, et tous vous avez observé les cercles concentriques qui se développent jusqu'à une certaine distance. Après avoir jeté une première pierre, jetez-en une seconde; *il se* présentera deux cas bien différents : si, au moment où elle est sollicitée en haut par le premier système d'ondes, la particule liquide est sollicitée dans la même direction par le second système, il y aura fusion des deux mouvements en un mouvement unique d'amplitude double; si, au moment où le premier système tend à élever la particule, le second système tend à l'abaisser, il n'y aura sous l'action simultanée de ces deux forces contraires aucun mouvement.

Il existe dans le monde toute une série de quantités résultantes qui ne croissent pas dans le même sens que leurs composantes. La lumière, le son, et probablement, d'après des travaux récents, l'électricité dynamique, sont de cette catégorie. C'est un jésuite, le père Grimaldi, qui découvrit que deux minces faisceaux de lumière dans des conditions particulières peuvent s'éteindre en partie l'un l'autre et former sur un mur une tache noire. Cette action réciproque s'appelle *interférence*. Supposez l'espace rempli par une matière impondérable dont les ondes se propagent avec la vitesse de la lumière transversalement à la direction du rayon lumineux, comme les ondulations de la nappe liquide que je vous citais tout à l'heure; appelez longueur d'onde la distance de deux crêtes; vous comprendrez immédiatement que, pour la lumière comme pour l'eau, lorsque l'un des systèmes d'ondes sera en avance sur l'autre d'une longueur d'onde, il y aura addition de systèmes et accroissement de l'intensité lumineuse; si, au contraire, l'un des systèmes est en avance sur l'autre d'une demi-longueur d'onde ou d'un nombre impair de demi-longueurs d'onde, les sommets de l'un des systèmes coïncidant avec les creux de l'autre, il y aura repos parfait de l'éther ou obscurité, de même qu'il y a, dans les mêmes conditions, retour de l'eau au niveau mort. Un illustre physicien français, Fresnel, a constitué sur cette base, qui a au moins l'avantage de parler aux yeux, la théorie complète de la lumière; mais il suffit à la science que toutes les quantités soient bien précisées par les nombres; et la définition de la couleur que je viens de vous donner est indépendante de toute théorie, par conséquent inébranlable.

D'après la définition même de l'indice de réfraction, vous avez conclu que l'amplitude du spectre varie avec la substance employée. Il existe des matières qui rétrécissent plus ou moins certaines couleurs et qui même intervertissent leur ordre ; il faut donc définir un spectre normal dans lequel des couleurs présentant des rapports constants de longueur d'onde sont à des distances constantes. Le spectre du soleil a sur tous les autres l'avantage d'être discontinu, c'est-à-dire de présenter en certains points des raies noires. Ce serait m'écarter considérablement de mon sujet que d'insister sur la signification de ces raies, découvertes par le *physicien allemand*, Fraunhofer, et qui ont permis de *constituer l'analyse spectrale*, la méthode la plus délicate d'analyse chimique et la plus grandiose dans ses applications, puisqu'elle nous a fait connaître la chimie du soleil. Vous voyez que ces raies sont autant de points de repère précieux pour la désignation de la couleur. On leur a donné pour symboles les premières lettres de l'alphabet. La raie A marque l'extrême rouge et désigne des couleurs dont la longueur d'onde a 761 millionièmes de millimètres; le rouge de la raie B en a 687; le rouge orangé de la raie C, 657; le jaune de la raie D, 687; le jaune verdâtre de la raie E, 527; le bleu verdâtre de la raie F, 486; le bleu violâtre de la raie G, 430; le violet H, 395. Le spectre s'étend beaucoup plus loin; mais les teintes ne sont jugées sensiblement différentes des teintes plus ou moins réfrangibles que dans les limites des raies C à G.

Nous avons, pour enregistrer l'action des différentes parties du spectre, trois moyens : le thermomètre, qui mesure la chaleur ou la puissance mécanique des radiations; notre œil, qui en mesure l'intensité lumineuse par leur influence sur notre sensibilité; enfin, les réactions chimiques, principalement la photographie, qui en dosent le pouvoir chimique. Les radiations les plus intenses au point de vue calorifique ou mécanique se trouveraient, d'après les déterminations récentes d'un savant américain, M. Langley, dans le rouge. Vous savez que les rayons les plus actifs au point de vue chimique sont les rayons violets et ultra-

violets. Nous verrons que, pour l'œil, les intensités lumineuses se présentent dans un autre ordre.

Je vous ai entretenus jusqu'ici de la lumière blanche et des couleurs spectrales, de celles dont la réunion constitue la lumière blanche, de celles que vous voyez dans l'arc-en-ciel, sur les ailes des insectes, sur les verres irisés. Il faut bien distinguer de ce blanc et de ces couleurs les corps blancs et les couleurs matérielles dont se sert la peinture. Un corps blanc comme le sulfate de baryte, le plus blanc de tous, réfléchit presque dans sa surface, mais il en absorbe toujours une certaine quantité. D'après un physicien allemand, Aubert, la lumière émise par le papier le plus blanc ne serait que 57 fois plus lumineuse que le corps le plus noir. De même que les blancs matériels, les couleurs pigments tendent vers le noir. Voici un jaune de chrome; il absorbe tous les rayons colorés autres que le jaune et ne réfléchit que cette couleur ; c'est à ce fait qu'il doit sa couleur jaune. Mais par là même qu'il a soustrait de la lumière blanche une certaine quantité de lumière colorée, sa couleur jaune sera moins lumineuse que celle du spectre; de plus, elle sera moins pure. Il n'existe pas de pigment qui réfléchisse une lumière d'une seule longueur d'onde; par exemple, ce jaune de chrome réfléchit, outre les jaunes, quelques rayons verts et quelques rayons orangés; ce rouge d'éosine réfléchit, outre ses rayons rouges, quelques rayons orangés. De là une complexité plus grande dans l'étude des pigments que dans l'étude des lumières colorées. Mais il n'en faut pas moins toujours rapporter les pigments au spectre qu'ils émettent, comme au seul étalon scientifique.

Dans une couleur lumière, il y a lieu de distinguer trois caractéristiques : la *teinte*, définie par la longueur d'onde; le *ton*, qui exprime la quantité de lumière blanche mêlée avec la teinte; enfin, la *luminosité* propre de cette couleur. Pour caractériser un pigment, puisqu'un pigment émet des lumières complexes, il faut préciser son degré de *pureté* ou d'*intensité*, c'est-à-dire la proportion des rayons d'une certaine longueur d'onde donnée avec les autres rayons réfléchis; ainsi, le jaune de chrome est très intense parce qu'il réfléchit beaucoup plus de rayons jaunes d'une certaine longueur d'onde que les autres pigments jaunes. La différence essentielle du pigment et de la lumière colorée ne mieux apparaître encore dans les résultats de leurs mélanges respectifs.

Si vous faites tomber sur un même point deux lumières du spectre, vous réalisez un mélange de lumière colorée. Quand vous mélangez deux corps qui n'exercent entre eux aucune action chimique, la lumière qu'ils émettent est différente de celle qu'ils émettaient individuellement; c'est un mélange de pigments. Si vous faites tourner rapidement des disques qui portent des secteurs différemment colorés, vous avez un mélange de lumière et en même temps un mélange de sensations. En effet, si la vitesse de rotation est suffisante, les impressions produites par les différentes couleurs éveillent une impression unique sur la rétine; mais il serait imprudent d'identifier rigoureusement ce procédé avec celui de la superposition de portions du spectre, car la durée de l'effet consécutif à l'impression n'est pas le même pour toutes les couleurs. Le physicien belge, Plateau, a constaté que les temps du passage d'un secteur noir uniformément altéré par des secteurs blancs ou colorés de même largeur sur un disque, devaient être plus rapides pour le bleu que pour le rouge et pour le rouge que pour le jaune ou le blanc. Il n'y a donc qu'une seule méthode rigoureuse pour le mélange des lumières, c'est la superposition des spectres; néanmoins, la méthode des disques rotatifs a été et sera sans doute toujours fort employée à cause de son extrême commodité. Elle a été appliquée par Newton à la recomposition de la lumière blanche par les différentes couleurs du spectre. Il divisait une circonférence en sept parties proportionnelles aux nombres $\frac{1}{9}, \frac{1}{16}, \frac{1}{10}, \frac{1}{9}, \frac{1}{10}, \frac{1}{16}$ et $\frac{1}{9}$, représentant le rouge, l'orangé, le jaune, le vert, le bleu, l'indigo et le violet; vous pouvez constater que, par sa rotation, ce diagramme qu'on appelle *cercle chromatique* donne du gris. Ce cercle sert encore à appliquer une règle énoncée sans démonstration par Newton pour le mélange des couleurs. Je ne vous exposerai pas cette règle, qui entraîne à des calculs assez délicats et dont les résultats ne concordent pas toujours avec l'expérience, quoiqu'elle soit fort précieuse, et jusqu'ici le seul moyen théorique de résoudre ces problèmes.

Le mélange de toutes les couleurs-lumières donne du blanc; mais la sensation de blanc provient souvent du mélange de deux ou de trois lumières. Quand deux lumières donnent, par leur mélange, du blanc, elles sont dites *complémentaires;* le rouge, par exemple, et le bleu verdâtre, l'orangé et le bleu, le jaune et le bleu d'outremer, sont des couleurs complémentaires. Les trois couleurs qu'il est naturel d'adopter comme primitives, c'est-à-dire pouvant, par leur mélange, reproduire le blanc et toutes les couleurs, sont : le rouge, le vert et le bleu violâtre. Ce choix n'est pas arbitraire, car le rouge ne peut provenir d'aucun mélange. Vous voyez que la sensation de blanc répond aux compositions les plus variées. Je fais tourner devant vous des disques présentant des couleurs complémentaires, puis les trois couleurs fondamentales; vous voyez apparaître des gris. M. Rosenthiel a eu l'heureuse idée de définir numériquement le gris en faisant tourner deux séries de secteurs de diamètres différents; les plus petits reçoivent les couleurs et les plus grands, absolument blancs, tournent devant l'orifice d'une caisse tapissée de velours noir. La grandeur de l'angle du secteur blanc mesure en degrés l'intensité de la sensation de gris; c'est ainsi que le gris se trouve nettement défini.

La définition même du pigment vous fait concevoir qu'il est impossible de donner une règle générale des mélanges de pigments, et vous prévoyez que les mélanges des couleurs matérielles sont très différents des mélanges des couleurs spectrales. J'ai dit que des lumières blanche et jaune font du blanc; vous savez qu'au contraire des matières bleues et jaunes donnent du vert. Ce résultat est facile à interpréter. Supposez que le cristal transparent de la matière colorante bleue laisse passer non seulement les rayons bleus de la lumière blanche incidente, mais encore les rayons verts; que le cristal transparent de la matière jaune laisse non seulement passer les rayons jaunes, mais encore quelques rayons verts, et que les deux sortes de cristaux absorbent tous les autres rayons complémentaires, les rayons bleus et jaunes feront du blanc; mais il reste un surcroît de rayons verts qui, après avoir traversé un certain nombre de couches, seront réfléchis par le corps et produiront l'apparence verte de la matière.

Tandis que le rouge, le vert et le bleu violet peuvent, par leurs mélanges, reproduire toutes les apparences de lumière colorée, il faut, pour les pigments, recourir au moins à quatre couleurs fondamentales, qui sont le rouge, le jaune, le bleu et le violet. Le bleu est indispensable aux jaunes pour faire les verts, et les bleus qui ne renferment point une notable proportion de violet donnent, comme vous pouvez vous en convaincre par ces exemples, des violets déplorables.

Je vous présente mon cercle chromatique, qui a été construit par M. Ch. Verdin. C'est une déformation circulaire du spectre, à partir du rouge de la raie C jusqu'au violet de la raie G. Chaque point situé sur la moitié du rayon reproduit la couleur spectrale, et tous les points distants de 45° figurent des couleurs dont le rapport des longueurs d'onde est le nombre 1,052. Entre le violet G figuré à 40° environ à gauche de la verticale et le rouge de la raie C se trouve, obtenu par le mélange des rouges antérieurs à la raie C et des violets postérieurs à la raie G, le pourpre qui ne se trouve pas dans le spectre. La couleur sur chaque rayon est dégradée du blanc au noir à partir du centre. Si je fais tourner ce cercle, vous voyez apparaître le gris, mais un gris croissant d'intensité sur chaque circonférence à partir du centre. C'est la moyenne des luminosités de toutes les teintes d'une même circonférence. Comme on connaît la luminosité de chacune, il est facile de déterminer ainsi la luminosité de chaque point du cercle et de résoudre les problèmes de contraste et d'harmonie lumineux de la couleur.

Quoique l'objet de mon cercle chromatique soit surtout physiologique, on peut en tirer une règle qui est

vérifiée par l'expérience pour les mélanges de lumières et les mélanges d'un grand nombre de pigments.

En général, la couleur qui résulte d'un mélange de **deux lumières colorées également saturées, c'est-à-dire situées sur une même circonférence de mon cercle chromatique, se trouve en un point situé à la moitié de l'arc qui sépare les deux couleurs composantes; et ce point doit être reporté vers le centre de la circonférence d'une quantité égale en rapport de l'angle des couleurs composantes à l'angle compris entre la première couleur comptée de gauche à droite en haut (dans le sens des aiguilles d'une montre) et sa couleur complémentaire.** Ainsi, du violet et du rouge donnent du **pourpre**; du rouge et du jaune, de l'orangé; du bleu cyanique et du rouge, du rose très pâle. Vous voyez immédiatement que si les couleurs composantes sont complémentaires, le point se trouve ramené au centre, c'est-à-dire au blanc. Si l'on mélange des lumières à des degrés inégaux de saturation, la couleur résultante est sur la moitié de l'arc de spirale qui relie les extrémités des rayons inégaux, et ce point doit être reporté vers le centre de la quantité déterminée précédemment. Dans le cas de volumes inégaux, le point situé sur la moitié de l'arc est ramené vers la couleur qui présente *n* volumes d'un intervalle figuré par la moitié du dernier des *n*-1 arcs obtenus chaque fois, en déterminant les moitiés successives de l'arc qui sépare la couleur *résultante* et la couleur de *n* volumes supposée représentée par un seul volume. Si au lieu de deux couleurs, on doit mélanger plusieurs couleurs, on en mélange d'abord deux, et on applique au mélange de la résultante de ces deux dernières, avec la troisième, la règle précitée. Il serait important de reprendre expérimentalement avec le spectre ces recherches dans ce sens, car ces règles et celles pour les pigments ne sont encore que des approximations déduites de points de vue subjectifs très généraux.

Pour les pigments, la règle suivante concorde avec l'expérience, comme vous allez en juger, au moins pour un grand nombre de couleurs. Si les pigments sont à volumes égaux et à égale saturation, la couleur résultante est aux trois quarts de l'intervalle compté sur le cercle chromatique, en sens inverse des aiguilles d'une montre. Voici un jaune et un rouge : vous pouvez constater qu'ils produisent par leur mélange un orangé rouge qui figure sur le cercle chromatique aux trois quarts de leur intervalle, mais en un point du rayon qui est ramené vers la périphérie d'une certaine quantité égale au rapport de l'angle des composantes à l'angle des complémentaires compté en sens inverse des aiguilles d'une montre. Si les pigments ont des degrés de saturation inégaux, la couleur résultante est située aux trois quarts de l'arc de spirale qui relie les extrémités des deux rayons et doit être reportée vers le noir de la quantité déterminée précédemment. Si les volumes sont inégaux, la couleur résultante est rame-

née vers la couleur de *n* volumes d'une quantité figurée par les $\frac{3}{4}$ du dernier des *n*-1 arcs successifs obtenus en déterminant chaque fois les $\frac{3}{4}$ de l'arc qui sépare la couleur résultante et la couleur de *n* volumes supposée représentée par un seul volume.

Il est très facile, en découpant dans des bandes de carton, à des distances différentes, des petites fenêtres, et en plaçant ces bandes à des intervalles convenables, de prévoir ou de retrouver avec le cercle chromatique les résultats des mélanges. En général, le point à considérer en premier lieu sur le cercle est le point situé à gauche ou en bas; cependant, dans certains cas, c'est le point à droite qu'il faut choisir. Par exemple, des rouges et des verts peuvent produire, dans un cas du vermillon, dans l'autre cas du vert foncé; en général, les bleus et les jaunes produisent du vert; on en pourrait concevoir produisant du violet. Ces planches, empruntées à la *Grammaire de la couleur* de M. Guichard, sont autant de vérifications de la règle générale.

Il y a dans les mélanges combinés des lumières et des pigments colorés quelques cas intéressants à signaler. Si nous faisons tomber cette lumière jaune du sodium sur ce papier jaune monochromatique, vous voyez qu'il devient jaune vif, tandis que ces papiers jaunes, moins purs, deviennent noirs, car ils absorbent le jaune. Les lumières blanches composées de lumières colorées complémentaires se dissocient sur le pigment. M. Rosenthiel a montré que, si on fait tomber sur une étoffe rouge andrinople, une lumière blanche composée de rouge et de vert bleu, cette étoffe devient d'un rouge très foncé. En effet, elle absorbe par définition le vert; sa propre lumière rouge doit devenir plus saturée. Cette étoffe rouge sera noire dans un mélange d'orangé et de vert bleu. On pourrait même concevoir un corps blanc, parce qu'il émettrait deux couleurs complémentaires, qui deviendrait noir en recevant une lumière blanche composée de ces mêmes couleurs. Ces remarques pourront avoir d'utiles applications dans la mise en scène théâtrale. Il en ressort combien il est important d'avoir un éclairage aussi achromatique que possible ou, à défaut de cet éclairage, une lumière colorée constante dont on peut calculer l'effet sur le milieu.

II.

La lumière exerce sur les êtres vivants des actions complexes dont le mécanisme est inconnu. Vous savez que c'est sous l'influence de la lumière que la chlorophylle décompose l'acide carbonique de l'air pour fixer le carbone. Vous connaissez l'héliotropisme des plantes et l'action destructive du soleil sur les microbes. Il semble que cette force est plutôt une force de dégagement accélérant les fermentations physiologiques, décomposant les substances complexes en plus simples, retardant la croissance des plantes; tandis que l'électricité serait plutôt une force d'entretien augmentant la croissance des végétaux, favorisant la végétation, retardant les fermentations. La couleur agit très inégalement sur la croissance des végétaux; les rayons jaunes la retardent le moins, mais ils n'exercent pas sensiblement d'action fléchissante. Je négligerai de vous rapporter les expériences faites sur des animaux plus ou moins inférieurs, car elles sont difficiles à interpréter et assez contradictoires suivant l'état physiologique des sujets, leurs milieux normaux, la durée des expériences.

L'étude de la lumière, comme de tout excitant au point de vue subjectif, comprend la recherche des modifications réciproques des sensations successives ou simultanées, et la détermination des conditions auxquelles doivent satisfaire les variations d'excitation pour être agréables ou désagréables. On rattache généralement la première partie de cette étude à la théorie de la fonction subjective de *contraste*, la seconde constitue ce que j'ai appelé la théorie du *rythme* et de la *mesure*.

Les termes d'agréable et de désagréable désignent des caractéristiques subjectives qui, comme telles, ne peuvent être précisées par la science; mais il est néanmoins possible de faire une science de l'agréable et du désagréable en rattachant ces états à des faits susceptibles de mesure, je veux dire à des mouvements. Il est bien connu que tout phénomène de plaisir correspond à une augmentation dans la quantité des réactions motrices de l'être vivant, que tout phénomène de douleur correspond plus ou moins rapidement à un amoindrissement de ces phénomènes. On a même essayé d'enregistrer, avec le dynamomètre, les accroissements ou les diminutions de force disponible sous l'influence d'excitations agréables ou pénibles. Des sujets normaux respirant du musc à un degré de concentration agréable ont donné au commandement une pression plus forte qu'après avoir respiré la même odeur à un degré de concentration pénible. Chez les hystériques, l'amplitude des réactions s'accroît encore; il y a donc possibilité de doser, dans une certaine mesure, les états de plaisir et de peine par les accroissements ou diminutions correspondants de travail physiologique. Toutefois, cette méthode n'est que rarement applicable, les excitations n'exerçant une influence physiologique assez intense pour pouvoir être différenciée par des nombres. Quand les nombres sont petits, c'est-à-dire dans la majorité des cas, ces effets peuvent toujours plus ou moins être rapportés à des causes perturbatrices, il faut donc recourir à une autre méthode pour obtenir des nombres, c'est-à-dire pour atteindre la précision mathématique, sans laquelle il n'y a pas de science; mais je dois entrer dans quelques considérations sur le système nerveux.

Les deux grandes propriétés du système nerveux sont la *sensibilité* et la *motricité;* la sensibilité est consciente ou inconsciente. Tout être vivant est doué d'une sensibilité inconsciente. Claude Bernard a même considéré le chloroforme, et en général les anesthésiques, comme les réactifs les plus généraux de la vie, puisque ces agents suspendent non seulement la sensibilité consciente, mais encore les mouvements de la sensitive, la germination des plantes, etc.

Le système nerveux est à la fois un organe de transmission et de réception. Chez les animaux supérieurs, les organes de réception sont le cerveau, le cervelet, le bulbe rachidien et la moelle épinière; le premier est, plus spécialement, l'organe de la sensibilité consciente; les autres sont les organes de la sensibilité inconsciente et du mouvement. Les organes de transmission sont les nerfs, dont les actions sont centrifuges quand elles sont motrices, centripètes quand elles sont sensitives. Toute impression sensitive se transforme en une réaction motrice. C'est cette transformation qu'on appelle un *mouvement réflexe*. Si j'approche, par exemple, le doigt de mon œil, l'impression est transmise au cerveau par le nerf optique, le cerveau agit sur le nerf moteur oculaire commun, et celui-ci détermine l'occlusion des paupières. Mais le réflexe, à cause de la solidarité de toutes les fonctions de l'organisme, ne présente point toujours un équivalent moteur des actions sensitives. Si le nerf sensitif est très excité, le nerf moteur tendra à réagir aussi; ainsi on sait que toutes les impressions sensitives fatigantes ont pour effet de dilater la pupille, ce qui s'explique par une paralysie relative d'un des filets du nerf moteur oculaire commun. Pendant une première phase très courte, des phénomènes moteurs intenses peuvent accompagner des phénomènes sensitifs intenses; dans la dernière période, des phénomènes d'anesthésie et de paralysie peuvent coïncider. Mais, en général, toute hyperesthésie un peu intense entraîne un certain degré de paralysie. L'antagonisme du bulbe et de la moelle d'une part, du cerveau d'autre part, a été bien établi par une expérience dans laquelle un illustre physiologiste, M. Brown-Séquard, en piquant le bulbe rachidien, détermina une abolition complète de toutes les fonctions de l'encéphale.

Étant données et admises la corrélation des sensations agréables avec l'accroissement des réflexes et la corrélation des sensations désagréables avec la diminution des réflexes ou l'hyperesthésie, vous voyez qu'on peut doser numériquement le caractère désagréable des excitations peu énergiques par leur influence hyperesthésiante et par la petitesse relative de la variation d'excitation qu'elles permettent de distinguer. Supposons, par exemple, qu'après avoir eu une sensation pour 45 intensités lumineuses, il faille cinquante unités pour avoir une nouvelle sensation; le quotient de 50 par 49 exprime l'état de la sensibilité à cet instant: c'est ce qu'on appelle la *fraction différentielle*. Supposez que, sous l'influence d'excitations désagréables, j'aie une nouvelle sensation de lumière à 49,5 intensités lumineuses; le quotient de 49,5 par 49 est plus petit que le quotient de 50 par 49: il exprime l'accroissement de ma sensibilité par la diminution de la fraction différentielle. Nous pourrons ainsi déterminer toujours, pour toutes les variations d'excitations, des nombres qui en préciseront le caractère plus ou moins désagréable ou hyperesthésiant.

Je dois écarter immédiatement une objection qui s'est présentée sans doute à votre esprit : « Est-il possible de discuter sur l'agréable ou le désagréable? N'y a-t-il pas là des jugements variables suivant les individus? N'est-il pas notoire que telle excitation qui déplaît à l'un plaît à l'autre? » Ces faits sont incontestables; mais il n'en est pas moins vrai qu'il existe des goûts normaux dont la satisfaction, conforme aux lois de la vie, entretient l'organisme; et des goûts anormaux dont la satisfaction entraîne la dégénérescence. C'est un fait que, sous l'influence de la fatigue ou d'un état pathologique, les goûts se renversent. Vous avez tous éprouvé, en présence des mêmes objets, des sensations bien différentes, le matin à votre réveil, après un sommeil réparateur, et le soir, après une journée laborieuse. L'animal fatigué ou malade fuit la lumière et le bruit; normal, il les recherche. Les variations d'excitation qui anesthésient un être normal hyperesthésient un être fatigué. Cette loi du renversement des actions par la fatigue et la maladie est générale : elle est un corollaire immédiat de nos connaissances actuelles sur les facteurs de la combinaison chimique; et je puis vous citer à l'appui une expérience classique. Un muscle normal, qui, sous l'influence d'un poids, s'échauffe et dégage de la chaleur, se refroidit et absorbe de la chaleur dès que survient la fatigue et qu'apparaissent divers produits de décomposition comme l'acide lactique. Il importe donc de préciser les variations d'excitation agréables ou anesthésiantes et correspondant normalement à des accroissements dans les réactions motrices. Les ingénieurs posent un problème de ce genre, quand ils recherchent les dispositions les plus intelligentes du cylindre, du piston, du condenseur, du tiroir, qui assurent le meilleur rendement de la machine à vapeur. Malheureusement le problème ne peut point se poser de la même manière pour la machine animale, dont les organes de cette machine sont imparfaitement connus et la plus grande partie des réactions nous échappe. On ne peut que chercher un détour qui permette de préciser cet état normal.

Ce qui frappe les observateurs les plus superficiels de la vie, c'est l'intelligence profonde et la sûreté des actes instinctifs, la plupart inconscients : quelques-uns, comme la construction des alvéoles des abeilles, révélant une mathématique rigoureuse et complexe. D'autre part, toute idée s'exprime par des mouvements, et les caractéristiques les plus générales des faits psy-

chiques, le plaisir et la peine, sont associées à des directions du geste. Nous associons les sons graves et le bas d'une part, les sons aigus et le haut d'autre part. Cette association s'est renversée pour les Grecs : ils ont associé le grave et le haut, l'aigu et le bas, ce qui paraît normal, puisque les sons aigus hyperesthésient comme la direction de haut en bas, dont le caractère est dépressif, tandis que les sons graves, comme la direction de bas en haut, excitent les mouvements. Ce n'est pas tout. Un grand nombre de sujets associent la couleur et la direction, trouvant par exemple agréable la situation du jaune à droite, du bleu à gauche, du rouge en haut, du vert en bas, et jugeant désagréables des dispositions contraires. Vous pouvez constater que les premières directions sont celles attribuées aux couleurs sur mon cercle chromatique. Réciproquement, la vision de la direction détermine, suivant les cas, des effets agréables ou pénibles, excitants ou dépressifs. J'ai été conduit par ces faits à admettre l'existence d'une symbolique mentale de toutes les excitations par des points dirigés, et des considérations déduites de points de vue psychologiques m'ont conduit à restreindre à la forme circulaire le mécanisme final d'expression de l'être vivant. Ce schème a du reste sur tous les autres l'avantage de la simplicité, et c'est un avantage capital, quand il s'agit de restituer le choix d'un être intelligent. Cela revenait à considérer un être simplifié, doué d'un mécanisme précis et à déterminer les convenances auxquelles il est tenu de satisfaire, en vertu de son intelligence, d'une tendance au travail, d'une tendance aux changements d'action, considérées comme caractéristiques évidentes de l'état normal dans la symbolique de toutes les excitations d'une part, du travail physiologique correspondant d'autre part, par des points dirigés sur un plan. Je ne vous exposerai point les principes et les développements de ces mathématiques nouvelles; il suffit de vous faire comprendre le détour par lequel il a été possible de prévoir le sens des réactions motrices chez des êtres normaux, c'est-à-dire d'êtres dont la sensibilité et le mouvement sont réglés d'une manière favorable au développement de l'organisme.

III.

Vous avez tous remarqué que l'intensité de la sensation croît beaucoup plus lentement que l'intensité lumineuse correspondante. La lumière du soleil, qui est plusieurs milliers de fois plus intense que l'éclairage de notre lampe, est loin de produire des effets nerveux proportionnés. On a cherché à relier aux variations d'excitation les différents degrés de la sensation, mesurés par le nombre des changements perçus, et on a énoncé cette loi : « Pour que la sensation augmente suivant une progression arithmétique, comme 1, 2, 3, 4, il faut que l'excitation croisse comme une

ssion géométrique, c'est-à-dire comme 2, 4, 8,
. » Cette loi suppose que, pour passer d'une sen-
à une sensation plus forte, le sujet doit subir
citation accrue d'une fraction constante. C'est
l'expérience ne confirme pas. Les remarques
i faites sur l'influence hyperesthésiante ou anes-
ite des variations d'excitation, suivant leur
re agréable ou pénible, vous expliquent bien qu'il
it exister de fraction différentielle constante. La
relie la sensation et l'excitation est d'une forme
mplexe, qu'il reste à déterminer.

a recherché comment varie la sensibilité avec
sité de l'éclairage, et on est arrivé à une loi qui,
tre rigoureuse, représente assez exactement les
es de l'expérience. Admettons que l'intensité de
isation est inversement proportionnelle à la
de la fraction différentielle, nous pouvons poser
sensation lumineuse est proportionnelle à la
carrée de l'éclairage; cela veut dire qu'à des
iges représentés par les nombres 4, 9, 16, corres-
nt des sensations représentées par les nombres
. Il est donc inutile pratiquement d'accroître à
d'une certaine limite l'éclairage, puisqu'à ces
ions correspondraient des changements insen-
de la sensation.

distingue le contraste successif et le contraste
ané; le premier se rapporte aux modifications
cutives à une sensation isolée, le second aux mo-
ions consécutives à des sensations perçues simul-
ient. Vous observez que la zone qui entoure ce
noir collé sur cet écran blanc paraît plus blanche
e reste de l'écran; toute sensation de noir déter-
une sensation consécutive de blanc et récipro-
ent. Voici deux papiers gris inégalement saturés;
s les juxtaposons, le plus clair paraît beaucoup
lair et le plus noir beaucoup plus noir. Tou-
, si la durée de l'excitation est grande, il arrive
s que les parties éclairées paraissent obscures et
rties obscures claires.

harmonies de lumière doivent être bien distin-
selon qu'il s'agit de variations d'intensité de
re blanche ou de proportions de la quantité d'un
noir sur une surface. Je vous ai expliqué com-
un corps blanc a toujours pour effet d'absorber
artie de la lumière blanche incidente, tandis que
tensités lumineuses ont toujours pour résultat de
iter.

ci une lanterne, dont je dois la construction à
bilité de la Compagnie du gaz, à l'intérieur de
lle brûle un bec de gaz système Vioche, d'une
sité de deux lampes Carcel $\frac{1}{4}$ et percée de trois fe-
s pouvant recevoir chacune des verres dépolis dif-
ts de nombre et de qualité et qui transmettent des
sités lumineuses dans des rapports donnés. J'ai

adopté pour unité l'intensité lumineuse d'un bec Carcel à la distance de 1ᵐ,63 ; c'est celle transmise par le
groupe de verres de la fenêtre du milieu. Voici un autre
groupe présentant une intensité égale à 1,067, et un
troisième dont l'intensité est 1,107. Si vous comparez
l'intervalle 1 — 1,067 avec l'intervalle 1 — 1,107, vous
avez un effet esthétique bien différent : le premier éclairage paraît « faux », « froid » et « dur » : je vous cite
à dessein les termes dont il m'a été caractérisé. Si avec
le premier éclairage, j'éclaire ces bustes en cire d'une
femme blonde et d'une femme brune, vous apercevez
des défauts qui seront insensibles avec le second
éclairage; cela revient à dire que le premier intervalle
lumineux, quoique moins intense que le second, excite
plus que le second intervalle l'acuité visuelle.

C'est d'ailleurs ce qui ressort d'expériences sur les
distances auxquelles on peut distinguer ces deux traits
de huit millimètres, larges d'un tiers de millimètre,
dessinés sur de carton blanc. L'expérimentateur assis
reçoit dans l'œil l'intervalle lumineux et fait glisser le
carton sur ce mètre tenu verticalement entre les
jambes, à une distance constante de la source, jusqu'à
ce que les deux traits se confondent; dans une expérience, pour le premier intervalle caractérisé comme
faux, ils ont disparu à la distance de 53 centimètres, tandis que, pour le second, ils ont disparu à la distance de
47 centimètres. Vous pouvez juger combien cet intervalle 1-1,423 est plus favorable que l'intervalle 1-1,067,
combien cet intervalle 1-1,472 est moins favorable que
l'intervalle 1-1,423. J'ai rencontré sur des yeux fatigués
quelques renversements : mais les phénomènes sont
toujours intéressants en ce que des acuités plus fortes
correspondent à des éclairements supplémentaires plus
faibles. En général, pour des yeux normaux, les lois
des harmonies de lumière ou, pour préciser, les formules des juxtapositions lumineuses relativement anesthésiantes, peuvent se résumer ainsi : *Sont tels tous les
rapports d'intensité qui peuvent être mis sous la forme d'une
puissance de* $\frac{3}{2}$ *ou de* $\frac{2}{3}$, *l'exposant de cette puissance
étant ou une puissance de 2 ou un nombre premier égal à la
somme d'une puissance de 2 et de l'unité, ou enfin une puissance de 2 multipliée par un ou plusieurs nombres de ces
formes dites rythmiques; de plus, ce rapport doit être
multiplié ou divisé par 2 autant qu'il est nécessaire, pour que
ce nombre soit plus grand que l'unité et plus petit que 2.* Par
exemple, l'intervalle 1,067 est égal à la 7ᵉ puissance
de $\frac{3}{2}$, c'est-à-dire au nombre 17,085 divisé par 16 : cet
intervalle est hyperesthésiant et désagréable, tandis
que l'intervalle 1,107, égal à la 10ᵉ puissance de $\frac{2}{3}$,
c'est-à-dire au nombre 0,0173 multiplié par 64, est
anesthésiant ou agréable.

Les réactions motrices s'exagèrent chaque fois que,
sous une forme variable avec la nature de la sensation,

ces nombres caractérisent une variation d'excitation ; nous les retrouverons dans les couleurs et dans les formes; ils apparaissent dans les températures centigrades vulgaires convenablement transformées; dans les sensations de poids, d'effort musculaire, de sons. Nous retrouvons leurs inverses dans les harmonies du lavis. Voici un rectangle présentant toutes les dégradations du blanc au noir obtenues empiriquement; si vous choisissez les gris du rectangle total, vous avez des juxtapositions agréables; si vous juxtaposez des tons distants de $\frac{1}{2}$, de $\frac{1}{3}$, de $\frac{1}{4}$, de $\frac{1}{5}$, de $\frac{1}{7}$, de $\frac{1}{9}$ de la distance totale, vous avez des gris discordants; les premiers agissent beaucoup moins que les seconds sur l'acuité visuelle, c'est-à-dire que l'on distingue sur fond blanc, à une plus grande distance, comme une tache grise indistincte, les seconds, même légèrement plus clairs. C'est par les harmonies de lumière autant que par les harmonies de couleurs que s'explique l'intensité de certains effets obtenus par un Léonard de Vinci et par un Rembrandt.

CHARLES HENRY.

(A suivre.)

VARIÉTÉS
Le grisou et les accidents qu'il occasionne.

Les accidents de grisou sont, de tous les événements qui ont lieu dans les mines, ceux qui préoccupent le plus le public et les ingénieurs. Leur arrivée brusque et soudaine, leur gravité toute particulière, l'imprévu au milieu duquel ils se produisent; enfin cette solidarité de tous les ouvriers d'une même mine qui fait qu'à un moment donné l'ensemble des travailleurs peut être rendu responsable de l'imprudence d'un seul, tout cela est bien de nature à frapper l'imagination populaire. Tout le monde a encore présentes à la mémoire les catastrophes de Saint-Étienne et les explosions survenues coup sur coup aux puits Verpilleux, Chatelus et Pellissier : une étude du grisou et des accidents qui s'y rapportent est malheureusement en ce moment tout entière d'actualité.

Nous n'avons guère besoin de définir le grisou : on sait que sous ce nom tout spécial les mineurs désignent le mélange inflammable que dégagent certaines couches de houille le long des fronts d'abatage, dans les parties fraîchement mises à nu ou bien encore dans le voisinage des accidents géologiques (failles, crins, plissements, etc.) postérieurs à leur formation. Les analyses de ce gaz les plus

précises ont été faites il y a quelques années en Angleterre, lors de l'enquête ordonnée par le gouvernement à la suite de la catastrophe de Hartley; elles sont dues à MM. Turner, Playfair, Graham et Richardson, qui ont opéré sur des mines appartenant aux bassins du Durham et du Northumberland : les prises d'essai ont été faites sur des souffards. On trouve dans toutes en presque totalité l'hydrogène protocarboné, puis en proportions moindres l'air et l'azote, enfin de l'oxygène et de l'acide carbonique. Dans une seule, la houillère de Jarrow, M. Playfair a trouvé en faible quantité de l'hydrogène libre dont la présence paraît tout à fait inexplicable et doit être absolument accidentelle. La présence de l'hydrogène bicarboné n'a été constatée dans aucune d'elles, mais nous la trouvons mentionnée dans une analyse de M. Bischof sur des mines situées dans les environs de Saarbrucken, et elle a été aussi remarquée par M. Combes jusqu'à 16 pour 100 en volume dans une couche de houille appartenant à la formation du lias (principauté de Shaumbourg). Il est évident, dans tous les cas, que ces deux gaz inflammables constituent dans le grisou un danger de plus pour le mineur.

On sait combien est faible la densité de l'hydrogène protocarboné par rapport à l'air (0,559) : il en résulte que le grisou tend toujours à s'élever, à gagner le faîte des tailles et des galeries, et que là il se loge dans les cavités qui peuvent exister, se séparer par une sorte de liquation de l'air et des différents gaz qui sont le résultat de la respiration humaine et de la combustion des lampes. Les exploitants doivent toujours évidemment tenir compte de ce fait.

Nous n'entrerons pas dans de grands détails relativement aux hypothèses qui ont été formulées sur la formation géologique du grisou. Ce sur quoi l'on semble bien d'accord, c'est que le grisou ne se forme plus de nos jours. Mais il n'est aucun savant qui ait pu spécifier d'une façon certaine ce mode de formation : les uns, comme Ph. Cooper, tiennent pour l'hypothèse du grisou liquide qui serait renfermé dans des cavités d'un volume relativement restreint et produirait, mis à découvert, des irruptions soudaines et considérables de gaz; les autres, faisant remonter cette formation à l'époque houillère, pensent que la mise en liberté des carbures d'hydrogène s'est produite sous l'influence des mêmes causes qui ont amené la décomposition des matières végétales et leur transformation en houille; d'autres encore attribuent une part beaucoup plus large à l'action subséquente des phénomènes métamorphiques; enfin, il en est d'autres qui rapportent la formation du grisou à une sorte de distillation qui aurait eu pour effet de modifier d'une manière plus ou moins complète, suivant les cas, les couches de houille des différents systèmes. Nous n'avons pas à nous prononcer sur des hypothèses qui n'ont aucune importance au point de vue de la question qui nous occupe.

On sait que le grisou se dégage toujours d'une façon excessivement brusque, sous une tension très grande, à tel point que la plupart du temps il fait entendre un bruissement significatif, le « chant » du grisou, comme disent les mineurs. Lorsqu'on a abandonné pendant quelques jours un

10 S.

front de taille, les cellules mises à découvert, ne contenant plus de gaz, finissent par ne plus en dégager. Il suit de là que ce n'est pas du développement des travaux en entretien dans une mine que dépend la quantité de grisou débitée par une veine, mais bien de la surface mise à nu dans un temps donné. Cela est si vrai que, même lorsque la houille est transportée à terre, elle retient parfois du grisou dans les cellules des morceaux de charbon, et que de ce fait on a eu à constater des explosions à bord de navires chargés de combustible.

On appelle en Angleterre *blowers* et en France *soufflards* des jets de grisou d'un débit considérable qui s'échappent des fissures des roches encaissantes aux approches des crans, failles, plissements et autres accidents géologiques qui sont venus affecter les veines postérieurement à leur dépôt. Ces soufflards sont notamment fort nombreux aux environs de Manchester et y persistent durant plusieurs années lorsqu'ils sont en relation avec une faille magistrale embrassant tout un faisceau de veines : il arrive même que, dans certaines mines de ce pays, leur action est fort régulière, et qu'on se débarrasse du grisou qu'ils dégagent en le recueillant au moyen d'un barrage et en l'enflammant au bout d'un bec de gaz.

Il est relativement facile de combattre ces dégagements réguliers, en combinant à l'avance les moyens d'aérage proportionnellement à leur importance. Mais ce qui a toujours dérouté les ingénieurs, ce sont les dégagements soudains, les irruptions violentes d'un grisou comprimé dans des cavités que les Anglais ont appelées *bags of foulness* (poches traîtresses) et d'où il s'échappe en grand volume en se répandant dans toutes les parties d'une mine. Quelques spécialistes ont essayé à ce propos de formuler une opinion. Il y a quelques années, à la suite d'une enquête sur un accident de ce genre survenu au charbonnage Midi de Dour, M. de Vaulx, inspecteur au corps royal de Belgique, a enregistré une observation caractéristique : « Les cavités de grisou comprimé, a-t-il dit, ne se rencontrent guère qu'à de grandes profondeurs, aux crochons des veines et plus généralement dans tous les points où ces veines présentent de brusques changements de pente. On ne les rencontre jamais dans le voisinage des soufflards, dont la présence indique au contraire un terrain fissuré et par conséquent peu propice aux emmagasinements de gaz. Enfin, la faible cavité relative de ces cavités rend tout à fait inefficace comme moyen de prévention l'emploi des sondages auxquels les mineurs ont parfois recours pour reconnaître la présence des poches d'eau dans des travaux imparfaitement connus. » D'autres ingénieurs ont indiqué comme sources de grisou les dégagements temporaires de ce gaz par les remblais dans lesquels on abandonne des charbons provenant du havage ou des sillons de qualité peu marchande ; d'autres encore ont mentionné d'une manière toute particulière les dégagements intermittents du grisou emmagasiné dans les anciens travaux.

Il ne faut pas, à notre avis, attribuer une part trop grande aux dégagements que peuvent produire les remblais sous l'influence d'une dépression dans la colonne barométrique. Sans nier l'importance des vides qui existent dans les remblais et celle du volume fluide décanté dans les galeries et les chantiers par suite d'une dépression barométrique, il nous semble difficile d'admettre que ce fluide émanant des remblais renferme nécessairement beaucoup de grisou. En effet, dans les travaux souterrains bien dirigés, l'aérage est ascensionnel, l'air entre en aval de la tranche en exploitation et gagne l'orifice de sortie par une galerie de retour située au sommet de cette tranche. La différence de pression qui existe entre la galerie d'entrée et la galerie de retour provoque l'irruption continue dans les remblais d'une certaine quantité d'air non contaminé. Il faut reconnaître toutefois que différentes causes peuvent entraver ce drainage de l'air à travers les remblais et y provoquer accidentellement l'accumulation d'un mélange dangereux; mais les ingénieurs prévoyants cherchent toujours à éviter, dans la mesure du possible, cette accumulation en isolant par de la maçonnerie les chantiers remblayés et en muraillant les parois des galeries ouvertes au milieu des travaux anciens : indépendamment d'une consolidation utile des galeries, ce travail diminue en même temps la résistance opposée au courant d'air.

Nous venons de parler de l'influence, sur les dégagements de grisou, des variations de la pression atmosphérique : examinons quelle relation peut exister entre ces variations et celle du débit des différentes sources de gaz d'une mine. *A priori*, cette relation est toute évidente, car il n'est personne qui ne sache que lorsqu'un fluide s'écoule sous une pression constante d'un milieu dans un autre dont la pression est différente, la vitesse de régime et par suite le débit varie avec la pression du milieu dans lequel se fait l'écoulement, et qu'à chaque changement de pression correspond un débit différent, la section de l'orifice de l'écoulement restant la même. Mais depuis plus de vingt ans, combien de dépressions brusques et considérables du baromètre n'ont nullement correspondu à des dégagements de grisou! Au sujet des catastrophes de Saint-Étienne notamment, le baromètre enregistreur n'a indiqué aucune dépression notable dans la journée du 29 juillet, et il en avait été de même pour la journée du 3 juillet 1889 (puits Verpilleux), de sorte qu'il s'est trouvé des ingénieurs qui ont nié d'une façon absolue l'influence des variations de la pression de l'atmosphère sur le dégagement du grisou dans les mines.

Nous croyons pour notre part, tout en n'accordant pas une valeur trop grande aux indications tirées de la dépression barométrique, qui permettent bien moins de prévoir que de constater le danger, qu'il serait erroné d'en nier l'influence, et que celle-ci est masquée parfois par des manifestations de causes plus importantes qui la rendent, suivant les cas, plus ou moins apparente. Ainsi, par exemple, M. Chanselle, ingénieur principal des houillères de Saint-Étienne, cite en 1874 un percement en remonte fait au puits Lachaux de Firminy dans une mine à grisou dans des conditions particulièrement difficiles et dangereuses : à cause de l'abondance du gaz : une longueur de 369 mètres fut franchie en sept mois et demi, et durant cette longue période, bien qu'on eût noté fréquemment les indications données par un baromètre métallique placé dans les travaux, on n'a pu reconnaître aucune concordance entre les faibles pressions et les forts dégagements de grisou; l'inverse même s'est produit fort souvent. Évidemment, il faut ici tenir compte de l'activité plus ou moins grande avec laquelle s'est fait l'abatage, des changements survenus dans la fissilité de la couche au moment où se produisait une dépression barométrique, toutes causes qui ont pu influer d'une manière notable sur le débit du grisou et en fin de compte masquer complètement l'effet dû à cette dépression.

Les explications données sur cette concordance, qu'on ne constate pas toujours, entre les dépressions barométriques et les dégagements de grisou sont fort diverses. Citons entre autres l'opinion d'un ingénieur anglais, M. Warbuton, qui estime qu'un baromètre ne peut être d'aucune utilité pour prévoir ces dégagements, parce qu'il lui semble impossible qu'une même cause produise simultanément les mêmes effets sur deux corps tels que l'air et le mercure dont l'un est 20 000 fois plus lourd que l'autre, et qui fait remarquer à ce propos que le baromètre est placé en général au jour à une température moyenne de 12° à 150°, tandis que le grisou se dégage au fond dans un milieu dont la température est au moins le double. Citons encore les observations importantes de M. Galloway, inspecteur des mines du Royaume-Uni, qui dit avoir remarqué que bien souvent les explosions ne se produisent pas au moment où le baromètre commence à baisser, mais lorsqu'il baisse depuis quelque temps et quelquefois même lorsque après avoir atteint son maximum il se met à remonter. On sait que la loi anglaise prescrit aux exploitants de placer un baromètre dans un endroit apparent et voisin des bures par lesquelles les ouvriers descendent : on ne saurait blâmer cette précaution, mais nous venons de voir que, dans un grand nombre de cas, on ne saurait uniquement se rapporter aux indications qu'elle permet de relever.

Le grisou est un gaz combustible; mais pour qu'il entre en ignition, il faut qu'il soit mis en présence d'une flamme ou de tout autre corps gazeux enflammé, de telle sorte que le contact ait lieu sur un nombre suffisant de points. Il brûle au contact de l'air avec une flamme bleuâtre donnant fort peu de lumière, mais les effets qu'il produit sont bien différents suivant les proportions relatives du mélange gazeux. Ainsi, par exemple, si dans une enceinte remplie de grisou et où se trouve une légère quantité d'air, on introduit une lampe, la combustion se fait seulement au point d'arrivée de cet air, et ce produit de cette combustion se trouvant refroidis par l'atmosphère ambiante au fur et à mesure qu'ils se forment, elle ne se propage pas; la lampe même s'éteint lorsqu'on l'introduit plus avant dans l'intérieur de l'enceinte. Si, au contraire, on augmente la proportion d'air, on voit la masse de gaz s'enflammer de proche en proche et plus ou moins rapidement suivant la quantité d'air admise; qu'on augmente encore cette quantité, on voit alors la flamme du grisou cheminer dans l'intérieur à la manière

d'un feu follet; qu'on arrive enfin à ne faire occuper au grisou que 7 à 12 pour 100 du volume total, aussitôt on détermine une explosion. Lorsqu'on met moins de 7 pour 100 de grisou, l'explosion ne se produit plus, et le gaz vient simplement brûler sur les contours de la flamme qui s'allonge et semble être environnée d'une auréole bleu pâle visible surtout vers la pointe; avec moins de 4 pour 100, il ne se produit aucun phénomène. Mais, malheureusement, l'expérience vient parfois contredire ces données de l'observation, et il a été prouvé notamment qu'un mélange d'air et de grisou qui contient une proportion trop faible de grisou pour être explosible dans les circonstances ordinaires de température et de pression peut le devenir lorsqu'il est fortement comprimé ou chauffé.

Les poussières charbonneuses jouent un rôle considérable dans les explosions de grisou. M. Galloway a fait à ce propos, au moyen d'un appareil semblable à celui dont on fait usage dans les mines sous le nom d'appareil de Hetton pour l'essai des lampes de sûreté, de curieuses expériences dans le détail desquelles nous ne saurions entrer ici, mais dont les conclusions sont véritablement terrifiantes. Il a trouvé, entre autres choses, que l'air qui contient seulement 0,9 pour 100 de grisou peut former des mélanges explosibles avec la poussière de charbon. Comme on ne peut pratiquement constater dans l'air la présence de quantités de grisou aussi insignifiantes, il résulte de là, non seulement qu'un mélange d'air et de grisou, inexplosible dans les circonstances ordinaires, peut devenir explosible en présence de poussières charbonneuses, mais encore qu'une explosion de grisou peut, dans ce cas, se produire en un point d'une mine où rien ne révélait sa présence. On ne peut du reste expliquer d'une autre façon certaines catastrophes qui se sont produites et dans lesquelles la présence du grisou avait à peine été constatée; celle des poussières charbonneuses, au contraire, l'avait été pleinement, et le rôle de ces poussières pouvait facilement être constaté par l'amas de matières cokéfiées sur les bois de mines à la suite de ces explosions.

Quelques personnes cependant pensent qu'il n'est pas besoin de la présence du grisou pour produire l'inflammation des poussières très fines provenant de houilles grasses et riches en matières volatiles. Divers ingénieurs ont fait à ce sujet des expériences qui paraissent concluantes : MM. Pianchard et Vital entre autres ont démontré, l'un à Saint-Étienne, l'autre à Rhodez, et de manières différentes, la possibilité du fait de l'inflammation des poussières sous l'influence d'un coup de mine faisant canon; mais, en raison même de l'instantanéité du phénomène, il est fort difficile d'arriver à une mesure exacte des effets qu'il produit. D'un côté, M. Barretta, ingénieur principal des mines de Beaubrun, rapporte deux exemples d'inflammation directe des poussières au contact de la flamme de simples lampes à feu nu. Dans tous les cas, une chose est certaine, c'est que la présence des poussières peut aggraver les conséquences d'une explosion.

Les exploitants ont donc le devoir de prendre des précautions dans les chantiers poussiéreux. Ils doivent notamment

arroser fréquemment le sol des galeries et en enlever journellement les poussières. Comme il a été remarqué que c'est
surtout au cours des mois d'hiver que les accidents dus
au mélange de grisou et de poussières charbonneuses ont
été le plus fréquents, ils doivent redoubler d'attention
pendant la mauvaise saison, surtout lorsque le temps est
sec et froid et que le puits d'entrée d'air n'est pas lui-même
humide.

II.

Un grand nombre de moyens ont été préconisés pour
reconnaître la présence du grisou dans les mines, mais ces
moyens sont tous insuffisants. Nous allons en indiquer quelques-uns.

Pour le mineur, la *lampe de sûreté* seule donne quelques
indications. Il sait que, dans une atmosphère contenant en
volume moins de 4 pour 100 de grisou, sa lampe n'indique
rien; que si la proportion devient plus forte, la flamme s'allonge un peu, et que l'allongement maximum correspond à
6 pour 100 de grisou. Au delà de cette quantité et au fur et
à mesure qu'on augmente la quantité de grisou, la flamme
prend des proportions telles que l'intérieur du tamis rougit,
jusqu'à ce que, à 10 pour 100, il y ait explosion dans la lampe.
Lorsqu'on atteint 20 pour 100, les mêmes phénomènes qui
ont été constatés à 6 pour 100 se reproduisent, et lorsque
le tiers de l'atmosphère est occupé par le grisou, la lampe
s'éteint.

Ces indications ne sauraient suffire. Aussi beaucoup d'instruments d'un caractère plus scientifique ont-ils été imaginés
pour les suppléer. Nous citerons, parmi les principaux, l'eudiomètre portatif de Paul Thénard, le gazoscope Chuard, le
dyalyseur Ansell, l'indicateur automatique de M. Monier,
le grisoumètre de M. Coquillon, l'appareil Lemaire-Douchy,
chy, etc. Nous ne pouvons entrer dans la description de ces
appareils, fondés sur des principes fort divers. Pour donner
une idée de l'un d'eux, nous indiquerons, par exemple, quelle
est la base qui a servi à la construction du grisoumètre de
M. Coquillon. Cet instrument est fondé sur la remarque que
voici : un fil de palladium chauffé au rouge blanc brûle
d'une manière complète et sans produire de détonation un
composé hydrogéné quelconque mêlé à l'oxygène de l'air; il
suffit, dès lors, de mettre au contact d'un fil ainsi chauffé un
certain volume d'air et de grisou et d'observer le volume
final du mélange pour en déduire la proportion exacte du
grisou, étant donné qu'un volume de grisou exige pour
brûler complètement deux volumes d'oxygène et que ces
trois volumes donnent après la combustion deux volumes
de vapeur d'eau qui se condensent et un volume d'acide
carbonique.

Mais il ne suffit pas d'indiquer la présence du grisou dans
les mines, et même de supputer dans quelles proportions
ce gaz est mélangé à l'air : il s'agit avant tout d'en prévenir
les effets désastreux. Inutile de dire que depuis longtemps
on y a songé.

Avant la découverte de la lampe de sûreté, les moyens

employés étaient des plus primitifs; aussi, dans un grand
nombre de cas, l'exploitation de certaines mines était-elle
matériellement impossible. On employait dans certaines
fosses un ouvrier spécial, dit *pénitent*, qui, revêtu de vêtements de cuir mouillé et le visage couvert d'un masque,
s'avançait en rampant sur le sol des galeries contenant du
grisou, et enflammait ce gaz à l'aide d'une torche placée au
bout d'une perche : bien souvent le pénitent payait de sa vie
son dangereux métier. Ce moyen barbare était remplacé
dans d'autres mines par le procédé dit des *lampes éternelles*,
sortes de brasiers à feu nu, placés de distance en distance
au plafond des galeries, et qui brûlaient le grisou au fur et
à mesure de sa formation : on conçoit tout le danger d'un
semblable procédé qui suppose un débit constant de gaz,
et l'absence d'un brassage artificiel dans le voisinage des
lampes.

En dehors de ces moyens qui ont été longtemps appliqués,
et en dehors des divers systèmes d'éclairage et d'aérage dont
nous allons parler, d'autres systèmes plus ou moins originaux ont encore été proposés. Ainsi M. Wehrle voulait,
en 1835, qu'on utilisât les propriétés endosmotiques du platine pour provoquer la combustion lente du grisou. Des
chimistes se sont aussi mis de la partie, et ont proposé
entre autres d'absorber le grisou par le chlore; d'après leur
procédé, on arroserait les fronts de taille d'abord avec une
dissolution de chlorure de magnésium, puis avec une solution aqueuse d'acide sulfurique : le chlore, dégagé du chlorure par l'acide qui s'empare de la magnésie, irait chercher
le grisou presque dans les couches et les feuillets de la
houille, en formant de l'acide chlorhydrique qui serait absorbé par un lit de chaux que l'on aurait eu soin de répandre préalablement sur le sol de la galerie. En réalité, des
procédés de ce genre ne sont que des curiosités scientifiques.
M. Minary a indiqué une méthode d'assainissement un peu
plus sérieuse, car à la rigueur on pourrait l'utiliser dans
certaines mines, pourvu qu'on la localisât dans des régions
qui se prêtent à l'application de ce moyen préventif : il
s'agirait de pratiquer à la partie supérieure des galeries,
des rigoles et des puisards qui formeraient en quelque sorte
des cloches à gaz où s'emmagasinerait le grisou en raison
de sa faible densité; ces puisards seraient réunis par une
canalisation en tuyaux poreux dans lesquels le gaz pénétrerait par endosmose, puis serait rejeté dans l'atmosphère.

Mais, évidemment, l'une des meilleures solutions à la
question de sécurité, serait plutôt dans la découverte d'un
système d'éclairage efficace et inoffensif, non susceptible
d'enflammer le grisou. Dans cet ordre d'idées, des essais
avaient été faits avant Davy. C'est ainsi qu'on s'est servi de
matières phosphorescentes, et surtout d'un mélange auquel
les mineurs donnaient le nom de phosphore de Canton, composé d'un mélange de farine et de chaux fabriquée avec
des écailles d'huîtres; c'est ainsi encore qu'on a utilisé
les étincelles que donne au contact d'un morceau de grès
une roue d'acier animée d'une très grande vitesse de rotation.

L'invention de Davy a été pour les mineurs un véritable

bienfait, mais tout en rendant justice à l'habile physicien qui, par la découverte de la précieuse propriété des treillis métalliques, a rendu un immense service à l'industrie des mines et a ouvert la voie à de grands perfectionnements dans l'éclairage souterrain, il faut avouer que, dans les conditions où elle a été primitivement construite, sa lampe éclairait imparfaitement et présentait certains dangers en raison même de sa constitution. De ce qu'elle éclairait imparfaitement, il est souvent résulté que l'ouvrier, pour mieux y voir, a cherché et réussi à l'ouvrir, surtout dans le travail des excavations un peu élevées, et alors qu'il est urgent de parer à des éboulements imminents. Les dangers de sa constitution viennent de ce que la flamme, lorsque la lampe est exposée à un courant d'air un peu vif, traverse facilement le tamis et le rougit. Aussi une myriade d'inventeurs se sont-ils ingéniés à perfectionner la lampe primitive, et surtout à augmenter son pouvoir éclairant, à soustraire la flamme à l'action directe des courants d'air et à diminuer les causes d'échappement des tamis, à protéger la lampe par une armature solide qui la mette à l'abri d'accidents provenant de la chute d'un corps lourd sur le tamis, enfin à adapter à cette lampe un système de fermeture spécial tel que l'ouvrier qui s'en sert ne puisse lui-même en enlever le tamis.

L'un des premiers qui a perfectionné la lampe Davy a été un ouvrier anglais, James Roberts : pour empêcher la flamme de traverser le tamis, il recouvrit la partie inférieure de celui-ci, sur le tiers de sa hauteur, d'une enveloppe cylindrique de verre serrée entre deux viroles; malheureusement l'usage démontra que la poussière de charbon venait se loger entre le treillis et l'enveloppe, et, partant, obscurcissait la flamme et diminuait le pouvoir éclairant de la lampe. En 1838, le baron Du Mesnil fit une innovation beaucoup plus hardie qu'il présenta à l'Académie des sciences : c'était une lampe sans tamis. La flamme était contenue dans une enveloppe cylindrique de cristal qui portait à sa partie supérieure une seconde enveloppe concentrique d'un diamètre plus faible; deux petits tubes adducteurs, pourvus à leurs extrémités d'une double toile métallique, amenaient sur la flamme l'air nécessaire à la combustion. Cette lampe avait un pouvoir éclairant au moins triple de celle de Davy, mais elle avait le grand inconvénient de s'éteindre pour peu qu'on l'inclinât.

L'une des lampes les plus intéressantes est celle de Mueseler, aujourd'hui obligatoire dans toutes les mines de Belgique. Elle se compose d'un réservoir d'huile analogue à celui de la lampe Davy, surmonté d'un cylindre en cristal régnant sur toute la hauteur de la flamme, et sur le bord supérieur duquel repose un tamis en toile métallique; ce cylindre en cristal, qui occupe environ les deux cinquièmes de la hauteur totale de l'enveloppe, est fermé à sa partie supérieure par un obturateur en toile métallique, traversé par une cheminée conique en fer-blanc, placée au-dessus de la flamme. L'air qui alimente la combustion passe à la partie inférieure du tamis, traverse l'obturateur, descend le long de l'enveloppe de cristal, et va de là à la mèche;

quant aux produits de la combustion, ils s'échappent par la cheminée et viennent déboucher à la partie supérieure de la lampe. Le tamis est ainsi toujours rempli de gaz brûlés, et par conséquent s'échauffe difficilement; la flamme ne peut être jetée hors de la lampe à cause de l'enveloppe de verre, et enfin, grâce à la séparation des produits de la combustion d'avec l'air qui arrive pour entretenir cette combustion, le pouvoir éclairant est augmenté : il est à peu près le double de celui de la lampe Davy.

Chez les Anglais, la lampe qui jouit de la plus grande faveur est celle de M. Morison, dont il existe deux types. Dans le premier type, au lieu d'une enveloppe de cristal, la lampe en porte deux concentriques, laissant entre elles un faible intervalle. L'air nécessaire à la combustion est admis par une série de trous percés au travers d'une couronne métallique, embrassant la partie supérieure des deux enveloppes; il circule dans l'intervalle ménagé entre ces enveloppes et se rend de là sur la mèche. La cheminée est composée de deux troncs de cône en fer-blanc, accolés par leur petite base; elle règne sur toute la hauteur de la lampe; le tronc de cône supérieur porte vers son milieu un obturateur en toile métallique; enfin un tamis enveloppe la lampe dans la partie supérieure. Dans le second type de la lampe Morison, un tamis métallique l'enveloppe dans toute sa hauteur, comme dans celle de Davy, et il est complètement enveloppé par un cylindre de cristal. L'air arrive en contre-bas de la lampe par une série de perforations pratiquées à la partie supérieure du réservoir d'huile; il traverse préalablement un diaphragme de toiles métalliques. Une sorte de cuirasse annulaire règne sur tout le pourtour de la lampe devant l'ouverture des trous d'admission; elle est destinée à briser le courant d'air, et surtout à empêcher les poussières de charbon d'obstruer ces trous.

Nous ne saurions énumérer tous les systèmes plus ou moins ingénieux de lampes de sûreté, proposés ou employés pour l'éclairage des mines. Citons la lampe Godin, dans laquelle on a introduit intérieurement un cylindre de verre, un second verre conique qui vient coiffer la mèche; l'air nécessaire à la combustion est obligé de passer par-dessous ce dernier pour arriver à la flamme, et, en circulant ainsi, il refroidit le verre extérieur. Mentionnons aussi la lampe Joassin, dans laquelle on emploie un cône en tissu métallique serrant la cheminée à une certaine hauteur au-dessus de l'obturateur horizontal, et s'appuyant, par sa partie inférieure, sur le bord de cet obturateur; la lampe Hislaire, dont la particularité consiste dans l'adjonction au verre cylindrique d'un chapeau également en verre, ayant la forme de deux troncs de cône accolés par leur petite base : ce rétrécissement de verre permet d'incliner la lampe très fortement sans qu'elle s'éteigne; la lampe Arnould, qui ne peut s'ouvrir que par le déplacement d'une baïonnette intérieure au moyen d'un électro-aimant déposé à la lampisterie de la mine. Citons encore la lampe Dinant, remise à l'ouvrier tout allumée, après avoir été préalablement soudée à la lampisterie à l'aide d'un alliage fusible; la lampe Clauzet, sorte de lampe Davy, qui donne un éclairage convenable en raison de son grand diamètre et de l'exhaussement du porte-mèche au-dessus de la plate-forme, et dont la fermeture est assurée par une serrure s'ouvrant à l'aide d'une clef spéciale que possèdent seuls les chefs mineurs; enfin la lampe Cosset-Dubrulle, très répandue dans les bassins du Nord et du Pas-de-Calais, dans laquelle la fermeture est obtenue par une goupille sur laquelle agit un ressort en spirale actionné par la vis de la mèche, de telle sorte que la lampe, une fois fermée, ne peut être ouverte qu'après avoir été préalablement éteinte. Nous en oublions bien d'autres.

De toutes ces lampes, quelle est la meilleure? Les opinions sont fort diverses à ce sujet, et tous les spécialistes sont d'avis qu'aucune d'elles n'est parfaite. En procédant par comparaison, on peut trouver que l'une peut être, suivant les milieux, meilleure que l'autre; mais c'est tout. Ainsi, par exemple, on ne pourrait accorder à la lampe Davy le même degré de sécurité qu'à la lampe Mueseler, l'expérience ayant démontré que, dans un mélange explosif d'air et de grisou, la première de ces lampes cesse d'être efficace lorsque le courant atteint une vitesse de 2^m,25 par seconde, tandis que l'efficacité de la lampe Mueseler ne disparaît que dans un courant animé d'une vitesse de 3^m,50 par seconde; de plus, la lampe Mueseler a un pouvoir éclairant double de celui que possède la lampe Davy: l'ouvrier imprudent a donc une tendance plus grande à ouvrir la lampe Davy, au mépris des règlements sévères qu'on lui impose. Il n'est pas jusqu'au mode de fermeture qui ne puisse être considéré comme parfait. Celui de M. Cosset-Dubrulle, qui permet, une fois la lampe fermée, de ne plus l'ouvrir qu'après l'extinction préalable de la mèche, est, à notre avis, l'une des plus ingénieuses; mais la pratique a démontré que les ouvriers mineurs parvenaient encore à ouvrir cette lampe sans l'éteindre, en passant à travers le treillis dont ils agrandissent une maille une épingle qui soutient la mèche pendant le dévissage. Voilà comment l'effet des meilleures inventions finit par être annihilé. Deux constructeurs autrichiens, MM. Postolka et Eliash, de Freistadt, ont récemment inventé une fermeture à vis qu'on ne peut ouvrir qu'au moyen d'une clef spéciale: cette circonstance permet de trouver l'ouvrier qui a essayé d'ouvrir la lampe et est de nature à faire réfléchir le mineur qui, dans ce cas, s'expose à être puni.

Pour augmenter le pouvoir éclairant des lampes, on a proposé de substituer l'huile minérale à l'huile végétale. C'est dans ce but que M. Souheur a inventé une lampe à pétrole, dans laquelle ce liquide, au lieu de couler librement à l'intérieur du réservoir, est retenu par une éponge qui l'imbibe entièrement, ce qui empêche de se répandre au dehors en cas de chute accidentelle. D'autres ingénieurs, comme M. Cavenaille (de Bruxelles), Zeale (de Worsley), etc., ont imaginé des systèmes identiques.

III.

Mais à côté des lampes de sûreté proprement dites, il faut encore mentionner, parmi les moyens employés actuelle-ment pour combattre le grisou, une *ventilation* énergique permettant de diluer ce gaz dans une grande masse d'air et de l'entraîner hors de la mine avant qu'il ait pu nuire. Cette question de la ventilation des mines grisouteuses est fort importante: nous ferons à ce sujet plusieurs observations.

Le mouvement de l'air dans les mines a pour unique cause naturelle la différence de température qui existe entre la surface du sol et le fond des excavations souterraines. Au fur et à mesure qu'on s'enfonce en terre, la température augmente comme on le sait; et, quoique cet accroissement soit moins rapide que ne l'indiquent les géologues, il est pourtant assez sensible pour atteindre au bout d'une vingtaine de mètres une température plus élevée que la température moyenne de l'année. Il en résulte qu'une excavation quelconque, bien que ne communiquant avec l'extérieur que par une ouverture unique, peut être aérée à certains moments en vertu de la propriété de diffusion dont jouissent les gaz. Cet aérage pourra être suspendu en été, car il y aura des jours où l'air extérieur sera à une température plus élevée que l'air de l'excavation; en hiver, au contraire, l'air de la mine, étant plus échauffé par les parois de l'excavation, deviendra moins dense que l'air atmosphérique, d'autant plus qu'il se saturera toujours d'humidité à cette température plus élevée: il tendra donc à monter à la surface et sera remplacé par de l'air frais. En raison même de cette irrégularité, il va sans dire que l'aérage naturel ne peut pas être regardé comme suffisant pour une mine à grisou. Il est donc sage de prévoir, au moment de l'installation d'un siège d'extraction, l'établissement d'engins capables de produire la ventilation artificielle, afin de venir en aide à la ventilation naturelle en cas d'insuffisance.

L'une des premières idées qui s'est présentée au mineur a été d'activer la ventilation naturelle en brûlant du charbon au bas du puits d'aérage. Cette pratique, connue sous le nom d'*aérage par foyers*, a pris naissance dans le pays de Newcastle, où elle est même encore en grande faveur et d'où elle s'est répandue dans le nord de la France et en Belgique. Mais il y a une limite à l'action de ces foyers, et cette limite est d'autant moins élevée que le température de la mine est plus mauvais, c'est-à-dire que la mine reçoit moins d'air sous une même dépression. En réalité, l'aérage par foyers convient surtout aux mines profondes; il a le grand avantage d'être économique, en ce sens qu'il demande assez peu de frais de premier établissement et d'entretien, qu'il offre la garantie d'un service régulier mieux que les meilleurs systèmes mécaniques qui peuvent toujours être interrompu par les réparations, enfin qu'il permet de disposer librement de l'ouverture du puits d'aérage pour le service de l'extraction. Bien évidemment, on doit user de précautions spéciales lorsque les foyers sont destinés à l'aérage d'une mine à grisou, non pas que leur présence puisse être la cause directe d'un danger (il serait alors élémentaire de s'en interdire absolument l'emploi), mais parce qu'on pourrait craindre que le courant d'air chargé de gaz au point d'être explosif ne vienne produire à son passage sur le foyer une détonation dont le premier effet serait de démolir cet appareil et d'interrompre brusquement l'aérage. En Angleterre, pour éviter ces mécomptes, on adopte, pour l'établissement des foyers, une disposition connue sous le nom de *dumb furnaces*, qui consiste à alimenter le foyer par de l'air frais venant directement du jour. On fait arriver cet air par une gaîne spéciale du puits d'aérage, et les travaux ne communiquent avec la chambre du foyer que par une galerie étroite parfaitement muraillée ou creusée dans une roche compacte. La grille est aménagée de telle sorte que la combustion de la houille employée s'y fait d'une manière complète, et elle est surmontée d'une cheminée inclinée aboutissant au puits d'aérage et assez longue pour que les gaz de la combustion arrivent dans le puits parfaitement éteints et ne puissent, par conséquent, déterminer l'inflammation du grisou entraîné par le courant ventilateur.

On a cherché aussi à utiliser la vapeur pour l'aérage des mines. On peut alors employer cet agent de deux manières différentes : ou bien s'en servir pour élever la température de l'air dans le puits de retour en le considérant, par conséquent, comme un corps chaud, ou bien utiliser simplement sa force vive pour produire un appel d'air à l'orifice de ce puits. L'un et l'autre moyen laissent beaucoup à désirer au point de vue de l'effet utile. Les appareils employés sont généralement des espèces d'injecteurs disposés de façon à multiplier autant que possible le contact de l'air et de la vapeur d'eau qui se rencontrent à la base de l'appareil et passent ensuite par une section étranglée.

Enfin, il y a la *ventilation mécanique*. Lorsqu'on emploie ce moyen, la première question que se pose l'ingénieur est celle de savoir s'il vaut mieux agir par compression que par dilatation; en d'autres termes, s'il convient d'installer une machine soufflante sur le puits d'entrée d'air ou une machine aspirante sur le puits de sortie, l'orifice du puits sur lequel est placé la machine se trouvant fermé dans l'un et l'autre cas. La pratique a démontré qu'au double point de vue de la sécurité de la mine et de la diminution du travail absorbé par la circulation du courant d'air, il était préférable d'opérer la ventilation par compression. Cependant, comme on n'est pas toujours sûr que la ventilation ainsi établie ne peut être suspendue brusquement, la machine la plus parfaite étant sujette à se détraquer, et comme la suspension instantanée de l'aérage en serait la conséquence équivaudrait à une véritable dépression barométrique pouvant avoir de grands inconvénients pour la sécurité d'une mine au moment où elle se produit, il en résulte que les convenances de l'exploitation font préférer, dans un grand nombre de cas, la ventilation par aspiration. Les appareils employés sont de deux sortes : les ventilateurs à force centrifuge et les ventilateurs à capacité variable. Les premiers laissent libre la communication entre la mine et l'atmosphère extérieure lorsqu'ils sont arrêtés; le mouvement de l'air n'y est produit qu'à la faveur d'une vitesse considérable qu'ils impriment à cet air : tels sont les appareils de Combes, Letoret, Guibal, Lambert, les vis pneumatiques, etc. Ces ventilateurs sont d'une construction généralement très simple, mais sont destinés à marcher à une très grande vitesse; on ne devra les considérer comme d'une bonne application dans la pratique qu'autant qu'ils seront munis d'une cheminée de décharge évasée, semblable à celle que M. Guibal a adoptée à son ventilateur, ou de toute autre combinaison permettant d'utiliser au profit de la ventilation la force vive dont l'air se trouve animé au sortir de l'appareil. Avec les seconds, au contraire, la communication est toujours interceptée entre la mine et l'extérieur; l'appel d'air est produit par la différence des volumes engendrés par l'appareil dans deux de ses positions consécutives, positions pour lesquelles il y a communication entre l'appareil et l'extérieur et entre l'air et la mine et l'appareil. La force vive dont l'air est animé à sa sortie n'a plus ici qu'une influence insignifiante. Nous citerons parmi ces appareils les cloches plongeantes, les machines à pistons, les ventilateurs analogues aux machines rotatives, dont celui de Fabry est le plus répandu, et le ventilateur Lamielle. Dans tous les cas, lorsqu'il s'agit d'une mine à grisou, on devra toujours placer le ventilateur à une certaine distance du puits et le mettre en communication avec lui au moyen d'une galerie creusée à quelques mètres sous le sol. Cette disposition a le double avantage de dégager les abords du puits et de permettre par suite de l'utiliser pour les différentes servitudes de l'exploitation, mais surtout elle met l'appareil à l'abri des accidents résultant d'un coup de feu.

Peut-on accorder à la ventilation une confiance illimitée lorsqu'il s'agit de l'aérage d'une mine à grisou? Il s'en faut de beaucoup. Les faits sont souvent en contradiction avec la théorie. Ainsi, dans les mines grisouteuses de Villebœuf, l'accident du 29 juillet ne s'est produit que lorsqu'on eut installé l'aérage dans des conditions que l'on croyait une garantie contre les explosions, et alors que, vingt-cinq ans durant, aucun accident grave ne s'y était produit, bien que la mine fût dans les conditions détestables de ventilation et que tous les ouvriers fussent atteints de l'anémie des mineurs. Le puits Verpilleux qui, à Saint-Étienne, a été le théâtre d'aussi grandes catastrophes, pouvait passer pour un modèle d'exploitation en matière d'aérage, alors que des mines mal aérées et très grisouteuses, fort malsaines, il est vrai, comme celle de Montaud, n'ont jamais donné lieu à aucun accident.

Ce qu'il y a à redouter, ce sont les accumulations de grisou. Aussi quelques ingénieurs ont-ils proposé diverses méthodes pour renforcer à certains moments le courant d'air et produire des chasses d'air dans les galeries. MM. Criswick et Laur, notamment, ont proposé diverses modifications en ce sens à la marche des appareils. M. Meurg· y, professeur à l'École des mineurs de Saint-Étienne, estime, au contraire, qu'il vaut mieux maintenir l'atmosphère d'une mine aussi constante que possible, tout en y faisant circuler la quantité d'air nécessaire à l'aérage, plutôt que d'y apporter une suite de bouleversements de conséquences desquels on ne saurait être maître. Il propose alors, pour réaliser cette permanence de la pression intérieure, de se servir de deux ventilateurs, l'un à l'entrée foulant, l'autre la sortie aspirant ce dernier, fonctionnant de façon à extraire de la mine la quantité d'air voulue pour l'aérage, et dont le jeu respectif serait réglé par les indications de baromètres montés sur des points choisis de la mine et à l'aide de signaux réciproques si la distance les séparant l'exigeait. Ce sont là des opinions que nous ne voulons pas discuter.

D'une manière générale, on estime qu'une mine à grisou doit communiquer avec l'air par deux orifices au moins. La loi anglaise en impose, du reste, l'obligation aux exploitants, et elle stipule que les deux puits doivent être séparés par une épaisseur de terrain d'au moins 10 pieds ($3^m,05$). En outre, l'aérage doit toujours être disposé de manière à être ascensionnel, c'est-à-dire que dans chaque chantier l'air doit arriver à la partie inférieure, balayer le front de taille et sortir par le haut pour se rendre vers le puits d'aérage. La raison en est que le grisou, plus léger que l'air, tend à s'élever, et que si le courant d'air monte dans une taille, ce gaz lui vient en aide, tandis qu'il se ralentit si le courant descend. Dans le premier cas, la force ascensionnelle du gaz accélère le courant; dans le second, elle le retarde; en outre, l'air s'échauffant à mesure qu'il circule dans les travaux devient de plus en plus léger, ce qui favorise encore son mouvement dans le sens ascendant.

Le remblayage d'une mine grisouteuse doit être l'objet de soins tout spéciaux. Le remblai doit être bien serré, afin que l'air y pénètre le moins possible, d'une triple raison: si des vides entre les remblais, une grande partie de l'air introduite dans la mine les traverse pour se rendre directement au puits de retour d'air, et cela au détriment de l'aérage; en second lieu, cet air, en favorisant la décomposition des pyrites contenues dans la houille abandonnée dans les remblais peut devenir une cause d'incendie, ce qui constitue un danger très grave en présence du grisou. C'est à la négligence apportée au comblement des remblais qu'il faut attribuer la terrible explosion survenue dans le Yorkshire, le 12 décembre 1866, à Oaks-Colliery, explosion qui coûta la vie à 361 personnes et qui, doit être considérée comme la plus horrible catastrophe connue de l'histoire des mines.

IV.

Ceci nous amène à dire quelques mots de la statistique des accidents de mine par le grisou. Ces accidents ont été surtout nombreux dans ces dernières années, ce qui tient à ce que le nombre des mines grisouteuses va toujours en augmentant avec les profondeurs de l'exploitation; les explosions sont aussi plus désastreuses qu'autrefois, ce qui vient de ce que, avec les courants d'air à grande vitesse, quand l'inflammation se produit en un point, toute la fosse est atteinte.

En France, de 1817 à 1884, il s'est produit 808 accidents de grisou, ayant fait 1520 morts et 1334 blessés : le bassin de la Loire seul a pour son compte la moitié des accidents (403) et la moitié des victimes. En rapportant le nombre de ces victimes au total des ouvriers employés dans les mines, on constate que la moyenne est de 9,7 ouvriers atteints par le grisou (dont 517 morts) pour 10 000 ouvriers de l'intérieur. Par rapport à la production, l'extraction d'un million de tonnes a causé en moyenne pour la France 1,4 accident et 7 victimes (dont 3,3 morts).

Dans la Grande-Bretagne, les conséquences fâcheuses du grisou paraissent s'atténuer progressivement. Les deux dernières périodes décennales ne donnent plus que 2,3 morts pour un million de tonnes, au lieu de 4 en 1850-1859, et 6 morts au lieu de 12 par 10 000 ouvriers.

En Belgique, la situation ne s'améliore que très légèrement, en raison de la profondeur excessive de la plupart des excavations. On a à déplorer 8 à 9 victimes (dont 5 morts) pour 10 000 ouvriers, et 4 à 6 victimes (dont 3 morts) par million de tonnes de houille.

La Prusse n'a que 2 morts par million de tonnes, et 2,6 par 10 000 ouvriers; c'est le pays le plus favorisé. Il en est de même de l'Autriche.

Le pays où le grisou ait fait le plus de victimes est la Saxe. Quoique sa situation tende à s'améliorer depuis vingt-cinq ans, la dernière période décennale a encore enregistré 6 morts par million de tonnes et 13 par 10 000 ouvriers (c'est-à-dire à peu près le double de la proportion de la France).

En répartissant les accidents de grisou par mois, on trouve que les groupes de la Loire et du Nord marquent un maxima aux environs des mois de mars et d'octobre, c'est-à-dire au voisinage des équinoxes; ils présentent, en outre, pendant les mois de juillet et d'août, un autre maximum qui peut tenir aux perturbations apportées dans l'aérage naturel des mines par l'élévation de la température à cette époque de l'année. Pour la France entière, on relève une légère recrudescence dans le nombre des explosions pendant les périodes voisines des mois de mars, août et décembre, qui présentent une proportion d'accidents supérieure à la moyenne. On constate, au contraire, des minima en janvier, mai et novembre. Quant aux jours auxquels les accidents arrivent, le plus grand nombre se rencontre le lundi, sans doute à cause du chômage de la veille.

Les causes des accidents sont diverses. Pour la France, les dégagements subits de gaz n'ont d'importance que dans le Nord, où ils ont occasionné 16 pour 100 des accidents (ils atteignent 13 pour 100 en Saxe et en Belgique, et 17 pour 100 en Prusse); les dégagements lents et continus ont occasionné, au contraire, 48 pour 100 des accidents; ils se sont produits surtout dans les chantiers en remonte. Les dérangements de la ventilation générale n'ont déterminé que 8 pour 100 des accidents. Enfin, l'inflammation directe a donné pour 100 : 26 pour le feu nu (lampes, allumettes, incendies) et 42 pour les coups de mine. Dans la Loire, le feu nu a atteint 70 pour 100 et les lampes de sûreté ouvertes 12 pour 100; dans le Gard, l'ouverture des lampes atteint 30 pour 100.

Dans la France entière, ces accidents proviennent, pour 80 pour 100, de la faute des victimes (85 pour 100 dans le Nord, 74 pour 100 dans la Loire); 14 pour 100 des accidents sont imputables aux maîtres mineurs et surveillants, 6 pour 100 à de mauvaises dispositions prises ou à des négligences commises par les exploitants.

L'inflammation des poussières de charbon n'a été signalée en France que 1 fois 1/4 sur 100 cas; en Prusse, elle a atteint 14 pour 100.

Les cas d'asphyxie par le grisou, sans inflammation, atteignent 1,3 pour 100 en France, 3,7 pour 100 en Prusse et 5,5 pour 100 en Saxe.

V.

On voit donc que tout est loin d'être parfait et que des mesures de surveillance s'imposent dans les mines à grisou. Ces mesures peuvent se grouper en trois catégories distinctes : les unes qui doivent avoir pour but d'assurer la constance et la continuité de l'aérage ; les autres relatives à l'emploi des lampes de sûreté et à la réglementation de l'éclairage; d'autres enfin concernant spécialement le tirage à la poudre, opération qui, dans les mines grisouteuses, est une cause assez fréquente d'accidents.

L'aérage, d'abord, doit être à tout instant surveillé par l'ingénieur chargé de la conduite des travaux; celui-ci devra s'assurer le plus souvent possible du bon état des voies de retour d'air et en même temps procéder au jaugeage de l'air débité par ces voies. Ce jaugeage est une opération fort délicate. Les anémomètres, même les instruments les plus précis pour le faire, accusent toujours des volumes d'air exagérés; ils peuvent cependant conduire, pour des expériences comparatives, à des résultats suffisants en pratique, pourvu qu'on se serve toujours du même instrument. Outre cela, les ingénieurs doivent avoir soin de tenir à jour, pour la surveillance technique des travaux au point de vue de l'aérage, un plan de cet aérage où ils notent les détails de la distribution de l'air, marquent les barrages et les portes, et indiquent les volumes d'air totaux mesurés à la sortie et à l'entrée de la mine, ainsi que les volumes d'air partiels qui passent dans les galeries principales et particulièrement aux points de bifurcation. A la surveillance de l'aérage doivent aussi s'employer les chefs ouvriers qui, aidés par des ouvriers spéciaux chargés de l'inspection d'un quartier de la mine, consignent sur un registre déposé dans le bureau dans quel état ils ont trouvé les galeries, quels ont été les éboulements produits, etc.

On doit aussi surveiller de très près la marche des appareils de ventilation, et, à ce propos, se pose la question de savoir s'il existe des appareils pouvant contrôler la marche des ventilateurs, rechercher les avantages et les inconvénients qu'ils présentent et indiquer les modifications qu'il conviendrait d'y apporter pour arriver à un résultat satisfaisant. On a proposé à ce sujet divers instruments : un contrôleur inventé par M. Burton, des compteurs de tours du genre de ceux dont on se sert pour les machines d'exhaure, le manomètre Froment comme contrôleur automatique de la dépression, l'anémomètre de Biram adapté à un appareil enregistreur de la vitesse de l'air, des avertisseurs de vitesse

comme ceux de MM. Delsaux et Dubar, etc., tous appareils de contrôle qui ne dispensent nullement, du reste, de l'installation de manomètres à eau ordinaires dans les bureaux des chefs ouvriers. Il y a quelques années, l'Association des directeurs de mines du couchant de Mons a confié à une commission l'étude de cette question; celle-ci a alors proposé de se servir de deux appareils : un avertisseur de vitesse qui pourrait être une « trembleuse », semblable à celle dont on se sert dans les chemins de fer et qui marcherait lorsque la vitesse du ventilateur franchirait un maximum et un minimum fixés à l'avance par l'ingénieur, et un enregistreur de dépression du genre de ceux qui fonctionnent déjà sous le nom de « mouchards » dans un certain nombre d'usines à gaz, sorte de cuve à eau recouverte d'une cloche dans laquelle vient déboucher un tube placé sur la canalisation, qui se meut alors suivant la variation de pression pour se maintenir en équilibre et dont les oscillations seront accusées par la trace d'un crayon sur un cylindre animé d'un mouvement circulaire. Dans tous les cas, on doit toujours prendre soin, si un ventilateur s'arrête, d'interdire l'entrée de la mine au personnel avant qu'il se soit écoulé dix ou douze heures au moins depuis la reprise de l'aérage.

Après la ventilation, il faut porter toute son attention sur l'éclairage, tenir soin à ce que pendant la marche les lampes soient tenues aussi près que possible de terre, dans une position bien verticale, de manière que le contact de la flamme n'échauffe pas le tamis; éviter de les disposer dans un courant d'air ou de les approcher trop près d'un soufflard; veiller enfin à ce que les ouvriers les placent aussi loin que possible du front de taille et ne les laisser travailler sous aucun prétexte dans une atmosphère reconnue explosible. La distribution de ces lampes doit être encore l'objet de soins particuliers : l'huile doit être fournie par le propriétaire de la mine, chaque lampe doit avoir un numéro matricule, et toutes ne doivent être remises aux ouvriers, au moment de leur descente dans les travaux, qu'allumées et fermées. Enfin, dans les galeries souterraines, plusieurs gamins feront bien de parcourir les travaux, de prendre les lampes qui se seraient accidentellement éteintes et de les rapporter près de l'accrochage à un ouvrier de confiance chargé de les rallumer. Aucune lampe, nous l'avons déjà dit, n'est munie d'une fermeture suffisamment sûre : c'est encore ce que vient récemment de constater M. Le Châtelier, ingénieur en chef des mines, dans le rapport qu'il a rédigé à l'occasion de l'Exposition universelle de 1889.

Enfin, nous avons dit que le tirage à la poudre était l'une des causes les plus fréquentes de l'inflammation accidentelle du grisou dans les mines. Il suit de là, tout d'abord, qu'on ne doit jamais faire jouer de mines que dans des chantiers alimentés par de l'air venant directement du puits, puis que ces chantiers ne soient pas trop rapprochés d'une taille qui dégage du grisou. Ce sont toujours les ouvriers spéciaux, dits boute-feux qui doivent mettre le feu à la mine, après s'être assurés par l'inspection de la flamme de la lampe qu'il n'y a pas de gaz inflammable dans l'air ambiant.

Ce sont là toutes précautions bien simples, nous dira-t-on, mais souvent il arrive que, lorsque les accidents se produisent, c'est qu'elles ne sont pas observées. Ajoutons que lorsque, malgré tout, une catastrophe survient, il faut avoir soin d'en atténuer les conséquences d'une manière notable par un sauvetage bien organisé. La première chose à faire après une explosion de grisou est de chercher à rétablir le courant d'air dans son sens normal, l'effet habituel d'un coup de feu étant de retourner l'air : il faut, pour cela, accélérer la vitesse des appareils ventilateurs, mettre en marche des appareils de réserve et favoriser la descente de l'air dans le puits d'entrée en y jetant de l'eau en pluie. L'atmosphère d'une mine, après un coup de grisou, se compose en grande partie d'acide carbonique : il sera donc toujours bon, avant de pénétrer dans une galerie envahie par ce gaz, de jeter sur le sol un lait de chaux vive qui, en l'absorbant, rende l'air plus respirable. Enfin, on peut avoir recours, en cas d'urgence, à des appareils respiratoires, tels que l'éponge respiratoire de J. Roberts, l'appareil Galibert qui a valu à son inventeur le prix Monthyon des arts insalubres, l'appareil Rouquayrol et Denayroux dont tout le monde connaît les applications aux scaphandres, les appareils aérogènes de MM. Schwann et Schulz et bien d'autres. En somme, ce sur quoi il y a lieu d'insister, c'est sur la nécessité d'organiser dans les mines non seulement un service de surveillance strict, en vue des catastrophes qui peuvent être amenées par le grisou, mais encore de s'assurer par avance que le sauvetage pourra s'opérer dans de bonnes conditions au cas où, malgré toutes les précautions prises, une explosion viendrait à se manifester.

ALFRED RENOUARD.

BIOLOGIE

Les variations extérieures dues au milieu.

Dans un mémoire récemment publié dans les *Philosophical Transactions*, sous le titre : *On some Variations of Cardium edule apparently correlated to the Conditions of Life*, par M. W. Bateson, nous trouvons quelques détails très intéressants sur les variations extérieures que présente un coquillage très répandu, le *Cardium edule*, selon le milieu qu'il occupe. Les recherches de M. Bateson ont été faites au bord de la mer d'Aral, en Asie, ou plutôt des lacs qui ont été abandonnés par celle-ci, au cours de son retrait graduel. Cette mer, qui reçoit les fleuves Amou-Daria et Syr-Daria, était probablement réunie autrefois avec la Caspienne, et a certainement vu se rétrécir son lit quelque peu. Ce mouvement de retrait des eaux a été particulièrement prononcé dans l'extrémité nord-est de cette mer, et près de Ak-Jalpas on trouve une dépression qui a communiqué évidemment avec la mer d'Aral par un chenal maintenant desséché. Cette dépression formait, à une certaine époque, un lac réuni à

la mer; elle s'est graduellement desséchée. Le fond en est occupé par un abondant dépôt de sel marin, et, à l'ouest, les parois présentent une série de terrasses très bien définies, correspondant sans doute aux positions du niveau de l'eau au cours du desséchement graduel de ce lac. Chacune de ces terrasses présente une abondance de coquilles de *Cardium*, et les coquilles présentent des caractères différents, selon qu'elles proviennent de l'une ou de l'autre de celles-ci.

Il y a sept terrasses principales, et, à en juger par les coquilles, on peut dire qu'à mesure que les eaux ont diminué, les coquilles ont subi les modifications suivantes :

1° L'épaisseur des coquilles a diminué. Cette diminution n'existe point aux niveaux 1 et 2 (les plus élevés). Au niveau 3 elle se montre pour la première fois, et au niveau 7 elle est telle que les coquilles sont presque cornées et semi-transparentes.

2° Le bec diminue beaucoup, à mesure qu'on considère des niveaux plus bas placés. Ceci est très net sur les figures que publie M. Bateson.

3° Non moins évident est le fait que la coloration des coquilles devient plus vive à mesure que celles-ci appartiennent à des niveaux plus bas. Ce n'est point que de nouveaux éléments s'y manifestent, mais le développement des couleurs normales est beaucoup plus considérable, et certaines d'entre elles jouent un rôle plus important.

4° Les sillons extérieurs se traduisent à la face interne par des crêtes appréciables. Aux niveaux supérieurs, ceci ne se voit que pour certains sillons; aux niveaux inférieurs, le processus se présente pour tous les sillons.

5° Les coquilles des niveaux inférieurs et principalement du dernier niveau sont beaucoup plus petites que celles des niveaux supérieurs.

6° La longueur des coquilles diminue moins que leur largeur, ce qui permet à M. Bateson de dire que leur longueur augmente, relativement à leur largeur.

Ayant dressé des tables où il a résumé ses mensurations, M. Bateson en tire trois observations intéressantes.

Tout d'abord, les modifications de proportions ne se présentent pas chez toutes les coquilles des terrasses, ni à un égal degré, et, sur les terrasses de Shumish-Kul, on peut trouver quelques coquilles qui ne diffèrent point de la normale. Par contre, dans une autre dépression voisine de la précédente, dans l'ex-lac de Jaksikilch, toutes ou presque toutes les coquilles sont modifiées.

En second lieu, les variations de dimensions sont plus marquées chez les coquilles grandes (adultes?) que chez les petites (jeunes?).

Enfin, on remarque que l'accroissement de longueur se présente à un faible degré à la 2e terrasse, pour augmenter graduellement et atteindre son maximum à la 5e terrasse. Ce point est à noter, car les autres modifications (de couleur et d'épaisseur) continuent, elles, à s'accentuer jusqu'à la 7e terrasse. Il semble indiquer que cette modification est due à un facteur autre que celui qui a déterminé les changements de couleur ou d'épaisseur.

M. Bateson énumère les caractères des coquilles des terrasses successives, et nous résumons brièvement cette partie de son travail.

1re terrasse. — Correspond sans doute à l'époque où le diverticule communiquait avec la mer d'Aral. Coquille ayant généralement de 19 à 24 millimètres de longueur; épaisses; 11-22 côtes.

$$\frac{\text{Longueur}}{\text{Largeur}} = \frac{1}{0,799}.$$

2e terrasse. — Coquilles plus colorées. — 18-21 côtes. — Rapport = 1/0,782.

3e terrasse. — Coquilles plus minces. Couleurs et côtes comme à la 2e. — Rapport = 1/0,751.

4e terrasse. — Coquilles sensiblement plus minces et plus colorées. — Crêtes internes correspondant aux sillons externes, à partir du 7e sillon. — Rapport = 1/0,735. Becs plus petits.

5e terrasse. — Coquilles amincies encore. Crêtes internes plus abondantes; becs plus petits. — Rapport = 1/0,731.

6e terrasse. — Comme ci-dessus, mais coquilles plus minces.

7e terrasse. — Coquilles très petites; crêtes très marquées; becs très petits; parois minces. — Rapport = 1/0,725.

Il faut remarquer que les dénivellations entre ces terrasses sont peu de chose et que les distances qui les séparent horizontalement sont faibles.

La distance, sur un plan horizontal, entre la 1re et la 7e terrasse est de 650 mètres environ, et la dénivellation est de 21 mètres. A la dénivellation 23 se trouve le sel formé par l'évaporation des eaux (à 270 mètres de la 7e terrasse), d'où on conclut que l'eau du lac, aux niveaux des terrasses inférieures, était extrêmement chargée de sel.

La dépression de Jaksikilch, voisine de la précédente, longue de 10 milles environ, sur 3 de large, et n'ayant guère que 15 ou 20 pieds de profondeur, alors que Shumish Kul en a 60 environ, est intéressante à étudier au point de vue des coquilles. M. Bateson a relevé deux gisements principaux, correspondant au niveau supérieur originel, et au niveau inférieur immédiatement sus-jacent à celui où le sel s'est déposé.

Au niveau inférieur, les coquilles de Cardium sont minces, très minces, et fort colorées. La longueur est très considérable par rapport à la largeur. Le rapport de la première à la dernière varie entre 1/0,682 et 1/0,660. Les becs sont réduits.

Au niveau supérieur, les coquilles sont plus minces que celles de la mer d'Aral; le bec est plus petit. Rapport = 1/0,740.

Les coquilles d'un 3e lac desséché, le Jaman-Kilch, ont été examinées par M. Bateson. Ce lac était le plus petit de tous. Au niveau supérieur, les coquilles ressemblent à celles de la mer d'Aral, avec laquelle il communiquait : pourtant la longueur relative est plus considérable. Au niveau inférieur, coquilles minces, très colorées, à crêtes internes, et becs petits. Rapport = 1/0,726.

Dans la mer d'Aral, les coquilles sont assez épaisses. Rapport = 1/0,761.

M. Bateson a encore étudié les coquilles du lac Maréotis, du lac Aboukir et des lacs Ramleh. Dans ces derniers, l'eau est assez voisine de l'eau douce, et les coquilles y sont épaisses et peu colorées.

En résumé, M. Bateson tire de ses recherches les conclusions suivantes :

1° Les coquilles de Cardium edule de chaque lac ont un caractère qui leur est propre et empêche qu'on ne les confonde avec celles d'un lac voisin. Pour le lac Shumish-Kul, chaque terrasse possède des coquilles ayant leurs caractères propres.

2° Dans quatre lacs isolés où les animaux ont vécu dans de l'eau de plus en plus salée, certains caractères communs ont été imprimés aux coquilles, qui dans les quatre cas sont devenues plus minces, plus colorées, plus longues (par rapport à la largeur), en même temps qu'elles présentent des becs plus petits et des crêtes internes correspondant aux sillons externes. Par contre, dans deux lacs où l'eau est devenue plus douce, la coquille devient plus épaisse et moins colorée, tout en conservant une grande longueur relative.

Et la cause de ces modifications? demandera-t-on. M. Bateson la place dans la variation de milieu, lequel, par l'évaporation des eaux, devenait simultanément plus riche en sel marin et autres sels normaux de l'eau de mer; plus chaud (plus facile 'à échauffer par le soleil), moins riche peut-être en telles plantes ou tels animaux servant d'aliments, etc. Cette cause est surtout vraisemblable pour les effets qui sont uniformes, constants et vont s'accentuant avec la modification de milieu. Elle ne l'est pas pour les effets inconstants. C'est ainsi que l'accroissement de la longueur proportionnelle qui existe bien à un degré marqué d'un niveau à un autre, mais n'est pas constant, et ne se présente pas chez tous les individus du même niveau — M. Bateson a remarqué à chacun d'eux un certain nombre d'individus normaux à cet égard — est moins certainement un résultat de l'influence du milieu que ne le sont les différences dans l'épaisseur, la couleur, les becs, etc.

M. Bateson ne peut dire naturellement comment les variations de milieu ont déterminé ces variations curieuses de structure. Seules les expériences pourraient répondre à la question; mais ces expériences ne sont pas impossibles à réaliser. Il existe assez de laboratoires maritimes où elles pourraient être tentées avec quelque profit, sinon avec un plein succès. Il est vrai assez de l'école zoologique actuelle n'est guère portée à des recherches de ce genre, et c'est plutôt à l'étranger que s'élucidera la question. Toujours est-il que cette dernière nous a paru soulevée d'une façon très intéressante par le consciencieux et méticuleux travail de M. Bateson. Des observations analogues pourraient se faire dans nos régions à marais salants, sur le littoral méditerranéen en particulier, et, à défaut d'expériences, elles auraient un grand intérêt; il serait toujours bon de montrer avec plus de précision le fait de la variation due au milieu, quand bien même on ne réussirait pas de suite à en expliquer la *cause*. Ajoutons que des observations analogues peuvent être faites sur des animaux fossiles, dans certaines conditions. On remarquera d'ailleurs, sans qu'il soit besoin d'y insister, l'intérêt de ces recherches de M. Bateson, au point de vue paléontologique : elles peuvent servir à expliquer nombre de cas bien connus, où dans des gisements superposés on voit une espèce, évidemment la même, se modifier peu à peu à des niveaux différents.

V.

PHYSIQUE

THÈSES DE LA FACULTÉ DES SCIENCES DE PARIS

M. E. GOSSART.

Mesure des tensions superficielles dans les liquides en caléfaction (méthode des larges gouttes).

Le travail de M. E. Gossart sur la mesure des tensions superficielles dans les liquides en caléfaction est une étude à la fois théorique et expérimentale.

L'auteur s'est en effet proposé de démontrer, par le calcul et par l'expérience, que le phénomène de caléfaction constitue un cas particulier des phénomènes capillaires, et même un cas relativement simple, et qu'il peut, en conséquence, servir à déterminer la tension superficielle de divers liquides, ainsi que les variations de cette tension dans des atmosphères variées elles-mêmes à volonté.

Raisonnant ainsi, l'auteur regarde une goutte d'un liquide quelconque en caléfaction comme étant soutenue, à distance finie, au-dessus de la plaque chaude, par la couche de vapeur qu'elle dégage à ce voisinage. Soustraite complètement à l'action moléculaire de ladite plaque, elle serait ainsi complètement abandonnée à elle-même ; sa forme et ses dimensions doivent dépendre alors uniquement des propriétés intrinsèques du liquide dans les conditions de l'expérience ; elles seraient déterminées par la valeur de la tension superficielle constante tout le long de la membrane liquide qui enveloppe la goutte et par le poids spécifique du liquide intérieur.

Cette manière d'envisager le phénomène a conduit l'auteur à rechercher si l'angle de raccordement de la goutte avec la plaque est nul ; ce qu'il a pu rigoureusement établir à l'aide des deux méthodes que nous allons indiquer.

M. Gossart a d'abord rappelé en quelques lignes — car l'historique de la question n'est pas long — que Boutigny avait, dès 1850, signalé inconsciemment l'intervention de la capillarité dans les phénomènes de caléfaction : « Les corps à l'état sphéroïdal, avait dit alors Boutigny, sont limités par une couche de matière dont les molécules sont liées de telle sorte qu'on peut les comparer à une enveloppe solide, transparente, très mince, très élastique, sans doute moins dense que le reste, et qui protège le liquide intérieur contre tout échauffement trop considérable. »

M. Gossart pense que cette observation si juste, antérieure à la vulgarisation de la notion de tension superficielle, a peut-être conduit Boutigny à s'exagérer le caractère exceptionnel en apparence des phénomènes étudiés par lui et à faire adopter l'expression doublement défectueuse d'*état sphéroïdal*. Pour l'auteur, les gouttes en caléfaction ne nous offrent ni un quatrième état de la matière ni une forme sphérique. Ce qui les distingue, au point de vue des lois de la capillarité, d'une goutte de mercure froid placée sur une lame de verre, et même de la goutte d'eau de Rumford sur une plaque enduite de noir de fumée, c'est cette propriété de la tangente à leur section méridienne de prendre toutes les

Fig. 43. — Photographie amplifiée d'une goutte d'eau circulaire en caléfaction.

inclinaisons continûment variables entre deux droites horizontales comprenant toute l'épaisseur de la goutte. La caractéristique de l'état dit *sphéroïdal* serait donc, suivant M. Gossart, cet angle de raccordement nul.

L'auteur a tiré la démonstration de cette propriété de deux ordres de preuves.

Il a d'abord établi, à l'aide des formules et en partant de l'équation connue de toute surface capillaire, le portrait théorique des gouttes caléfiées conçues de cette façon ; puis, aux dessins ainsi obtenus, il a superposé l'image photographique instantanée de gouttes caléfiées réelles, avec un agrandissement correspondant aux dimensions des dessins.

La comparaison des images et la discussion de la valeur de leurs dissemblances a permis à l'auteur de conclure à la légitimité de sa théorie.

Comme application de cette théorie, M. Gossart s'est proposé de déterminer les tensions superficielles d'un grand nombre de liquides à leur température de caléfaction à l'air libre, c'est-à-dire au voisinage de leur point d'ébullition normal, et de chercher par ce procédé, si certaines relations signalées entre les tensions superficielles des liquides froids et leurs autres constantes physiques subsistent à une température plus élevée, et, d'autre part, si, pour certains groupes de liquides, la décroissance de cette tension n'offre pas quelque particularité remarquable.

M. Gossart a terminé et résumé cette importante et délicate étude expérimentale par les conclusions suivantes :

Le phénomène de caléfaction peut être regardé comme un phénomène capillaire relativement simple, en ce sens que la demi-section méridienne des sphéroïdes larges est exactement représentée en *tous ses points* par la courbe

$$x = + a\sqrt{2}\sin\frac{\beta}{2},$$

$$x = a\sqrt{2}\left(\cos\frac{\beta}{2} + \frac{1}{2}\log\tang\frac{\beta}{4}\right),$$

β étant l'inclinaison de la tengente, a^2 la première constante capillaire.

La possibilité d'identifier cette courbe avec l'image photographique des gouttes caléfiées tient à ce que l'*angle de raccordement* du liquide avec la plaque chaude est *rigoureusement* de **180°**.

Les équations ci-dessus traduisant un équilibre qui s'établit uniquement entre les deux forces suivantes, tension su-

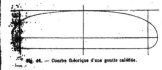

Fig. 44. — Courbe théorique d'une goutte caléfiée.

perficielle et pression hydrostatique, il en résulte qu'il n'y a plus dans la caléfaction aucune action moléculaire de la plaque sur le liquide, qu'il y a donc, non pas diminution de la grandeur des forces capillaires, mais suppression complète de l'une, l'attraction de la plaque, et conservation intégrale de l'autre, la tension superficielle.

Si l'on ne peut réaliser facilement des gouttes *circulaires* d'un diamètre qui surpasse quatre fois la hauteur, c'est parce que, à partir de ces dimensions, les gouttes prennent une forme allongée qui permet de les assimiler, vers leur milieu, à des gouttes cylindriques, en sorte que les équations précédentes représentent avec une exactitude physique suffisante leur profil transversal. Cette forme, du reste, n'est pas modifiée d'une façon appréciable par les alternatives de contact de la goutte avec la plaque.

Le phénomène de caléfaction fournit donc une méthode exacte et commode pour la mesure des tensions superficielles au voisinage de la température d'ébullition, par la détermination des épaisseurs de ces gouttes allongées elliptiquement : $e = a\sqrt{2}$.

En vue d'étendre cette mesure à toutes les températures, on peut établir que la température de caléfaction est, à toute pression, très peu inférieure à la température d'ébullition régulière sous la même pression, la différence entre ces deux températures croissant avec la pression. La formule empirique qui traduit la variation de la température de l'eau en caléfaction avec la pression, depuis 4 millimètres jusqu'à 760 millimètres, est

$$\log F_t = 5,801415 - 5,124496 \times 0,9941909^t.$$

Les limites entre lesquelles cette formule a été vérifiée sont les suivantes : 96°,5 pour la pression de 760 millimètres, glaçon produit directement par caléfaction au voisinage de 5 millimètres.

Dans une enceinte à atmosphère variable, de 5 millimètres à 760 millimètres, les épaisseurs des gouttes d'eau varient bien (de 5ᵐᵐ,54 à 4ᵐᵐ,99) conformément à la formule empirique donnée par M. Wolf pour la constante capillaire de l'eau, et il en est de même d' leur poids pour un rayon équatorial donné.

En appliquant cette méthode à la mesure des tensions superficielles, au voisinage du point d'ébullition, pour une trentaine de liquides dont on connaît les densités dans ces mêmes conditions, l'auteur déduit de ces résultats le coefficient moyen de décroissement de ces tensions.

Cette détermination lui a permis de discuter la généralité de quelques relations empiriques concernant les tensions superficielles, et elle lui a révélé, d'autre part, la particularité suivante, à savoir que les cinq premiers alcools ont à toute température très sensiblement la même tension superficielle, et qu'il en est de même des éthers éthyliques des acides gras.

CAUSERIE BIBLIOGRAPHIQUE

Gall et sa doctrine, par M. F. NIVELET.

Un vol. in-8o de 280 pages; Paris, Alcan, 1890.

M. Nivelet a fait œuvre de justice et d'utilité en rappelant l'attention sur Gall, alors que l'étude des localisations cérébrales a déjà donné de si beaux résultats et que les travaux de psychologie physiologique vont partout se multiplient. Non pas que Gall soit inconnu ou oublié, comme semble le croire M. Nivelet ; car s'il est un nom que tout le monde connaît et cite volontiers, c'est bien celui de Gall ; mais il est incontestable qu'il est mal connu, et le plus souvent jugé au-dessous de sa valeur réelle.

Ce n'est d'ailleurs pas chose commode que de faire connaissance avec les travaux de Gall : ceux-ci remplissent quatre volumes in-4° et un grand atlas, et commencent à se faire très rares. M. Nivelet a employé le meilleur moyen de vulgariser cette connaissance, en choisissant dans cette œuvre étendue et un peu touffue les morceaux les plus caractéristiques et les mieux faits pour mettre en relief les idées principales de leur auteur. Par ces simples extraits, il est en effet possible de se rendre compte que Gall n'est pas seulement l'inventeur d'un système très aventureux d'une localisation fantaisiste des facultés intellectuelles, ne reposant sur aucune indication scientifique, mais que, par son insistance à développer le principe de corrélation des facultés psychiques avec la forme et le développement des organes cérébraux, il doit être vraiment considéré, non comme un simple précurseur, mais comme un réel initiateur des recherches et des théories actuelles.

Gall, en effet, ne s'est pas seulement tenu dans les régions

des principes et des théories, et il cite plusieurs observations de Larrey, de Pinel, et d'autres aussi qui lui sont personnelles, et qui se rapportent précisément à des lésions de
la région de la troisième circonvolution frontale gauche,
devenue fameuse depuis Broca, et à des troubles de la fonction
du langage, fonction qui est aujourd'hui si bien analysée et
si bien localisée. Sur ce point, Gall écrit qu'il « regarde
comme organe de la mémoire des mots cette partie cérébrale qui repose sur la partie postérieure de la voûte orbi-
taire », et il remarque que *le sens des mots n'est qu'un fragment du sens du langage des paroles.* Cela n'est déjà pas si
mal pour avoir été écrit en 1810. Et, d'ailleurs, il n'est
pas douteux que Gall connaissait mieux l'anatomie du cerveau que personne à son époque.

Rapprochons des observations précédentes cette remarque, faite aussi pour la première fois par Gall, et souvent répétée depuis, que les gros yeux saillants sont l'indice
de l'aptitude à retenir les mots et la caractéristique phy-
siognomonique des grands orateurs.

Notons encore, comme morceau fort curieux rapporté par
M. Nivelet, la vive réfutation, par Gall, des idées de Lamarck,
à propos du principe, soutenu par ce dernier, que la fonction fait l'organe. Les arguments de Gall sont fort piètres,
comme on le pense, et sa lutte contre Lamarck n'est assurément pas *ce qu'il a fait de mieux;* mais la chose est amusante à lire.

Le livre de M. Nivelet se termine par une intéressante
étude sur le pouvoir moteur inégal et différent des deux
hémisphères cérébraux, d'où résulte la droiterie ou le gauchisme. On y trouvera d'ingénieuses considérations sur la
physiologie de la droiterie et sur le gauchisme corrigé ou
ambidextrie acquise.

The Century Dictionary, rédigé sous la direction de M. W.-D.
Whitney, professeur de philologie comparée et de sanscrit à l'Université de Yale. — Paraît en 24 fascicules, formant en tout 6 volumes d'environ 6500 pages in-4°. Prix : 13 francs par fascicule. —
Fisher Unwin et Cie, à Londres; 111, boulevard Saint-Germain,
à Paris.

Ce dictionnaire, dont nous avons sous les yeux les premiers fascicules, sera l'un des beaux monuments lexicogra-
phiques du siècle, et ce n'est pas une des moindres curiosités de cette œuvre colossale que d'avoir été conçue et
réalisée par des Américains, alors que les Anglais les accusent
volontiers de ne point parler la langue commune avec la
pureté voulue. Le *Century Dictionary* n'est pas l'œuvre d'un
seul homme : elle est due à la collaboration d'une trentaine
d'écrivains, à chacun desquels a été réservé un département
particulier. Tel n'a traité que les mots de botanique crypto-
gamique; à celui-ci a été réservée la terminologie chimique;
à celui-là, la terminologie musicale; à tel autre, l'archéologie grecque et romaine; un collaborateur spécial est
chargé des synonymies; un autre, de l'ornithologie; un troisième, de l'électricité, et ainsi de suite. A M. W.-D. Whitney
a été réservée la grosse tâche : celle de l'orthographe, de la
prononciation, de la grammaire et de la philologie comparée :

il y a encore ajouté l'ethnologie et l'anthropologie; et
M. G. Scott s'est chargé des étymologies. Dans ces conditions, et étant donné que les auteurs ont tenu à faire figurer
tous les mots employés dans la langue anglaise, d'une part,
et que, d'un autre côté, le nombre des mots nouveaux augmente sans cesse en raison des progrès des sciences et de la
naissance de faits et d'idées nécessitant des mots nouveaux,
on ne peut s'étonner de l'abondance des termes. « Le premier
dessein d'un dictionnaire de ce genre est de réunir tous les
termes, non de les choisir, » nous est-il dit dans l'introduction. Aussi, le *Century Dictionary* renferme-t-il environ
200 000 mots. Comme nous le verrons, tous ces mots ne sont
pas anglais : il en est beaucoup d'étrangers, mais que la
langue a acceptés et adoptés. Et, d'autre part, il en est beaucoup que les dictionnaires récents ne renferment point et
qui sont pourtant bien anglais : ce sont les mots du moyen
âge anglais, de Chaucer, et même des xvie et xviie siècles ;
ce sont encore des provincialismes et des formes dialec-
tiques que les dictionnaires négligent; ce sont aussi les
américanismes. Bref, la langue anglaise telle qu'elle a été
et telle qu'elle est, et non telle qu'elle devrait être au
gré des délicats et des délicats, voilà ce que veut représenter le *Century Dictionary.* La tâche était lourde, mais
elle a été menée à bonne fin, et nous en félicitons sincèrement les auteurs. Nous ne nous arrêterons point sur la
question étymologique. Celte, latine et teutonne dans son
origine, la langue anglaise a subi l'influence du scandinave
et du français : c'est dire que les étymologies sont complexes. Mais il nous paraît qu'elles ont été fort bien retracées
à travers les formes anglaises anciennes, et, selon le cas, les
formes anglo-saxonne, romane, latine, arabe ou sémite, etc.;
et les auteurs citent avec beaucoup de détails les formes
voisines, alliées, des langues de même souche. Ce qui nous
intéresse particulièrement, c'est l'abondance des mots cités :
et c'est ce qui fait le prix de ce dictionnaire. Non seulement
nous trouvons là tous les mots de la langue correcte courante, mais les provincialismes, les américanismes, les dérivations parfois très étranges des mots existants se rencontrent; bien plus, toutes les abréviations générales ou
techniques s'y trouvent, et nous voyons, par exemple, que les
sens indiqués pour la lettre C sont les suivants : chiffre
romain de 100; note de musique; en langage, le symbole de
la réduction *per impossibile* ; en mathématiques, une constante d'intégration ; en chimie, comme notation du carbone;
comme abréviation pour *canine* ; *cent* (sou), centigrade, centime, chapitre, *circa*, cirrhus, cubique, *cloudy* (nuageux).
Pareillement, voyez les significations de B et des autres
lettres. Nous trouvons aussi une foule de mots étrangers,
français principalement, qui figurent dans ce dictionnaire,
parce qu'ils sont entrés dans l'usage courant. Ces mots sont
très variés: *assignat, aubade, au courant, au fait, au fond, à
propos, araignée, arpent, arrière-ban, à la carte, à la mode*
(d'où nos voisins ont fait *alamodality,* qui n'est point un mauvais mot : Southey en est le père), *amende, abat-vent,* etc. :
les exemples abondent. Il en est aussi qui sont pris à l'espagnol, à l'italien, au turc, à l'arabe, etc. La lexicographie est

bonne et les définitions exactes. Voyez, par exemple, le mot *canal*, où sont définis tous les canaux de l'organisme ; le mot *apple* (pomme), où sont définis tous les fruits variés désignés par le mot pomme suivi d'un qualificatif quelconque, depuis la pomme d'Adam jusqu'à la pomme du Queensland en passant par les pommes figurées de discorde, de Sodome, etc. Il est des mots qui entrent dans une foule de locutions : à chacun de ceux-ci sont énumérées ces dernières, avec leur explication : voyez *atomic*, *arc*, *body*, etc.

Au point de vue scientifique, le vocabulaire est remarquablement complet ; et la façon dont le dictionnaire a été fait explique cette abondance des termes et l'exactitude avec laquelle les définitions sont fournies au lecteur. Et d'ailleurs, dans beaucoup de cas, les définitions sont de véritables descriptions : la plupart des espèces zoologiques et botaniques sont figurées, et dans le texte on donne leurs caractères génériques et spécifiques avec quelques mots sur leur habitat, leurs mœurs, leur utilité ou leurs inconvénients, etc. On peut dire que plus de la moitié des figures ont trait à l'histoire *naturelle*. Les autres ont trait surtout à l'archéologie, à l'art et à la mécanique. Toutes sont fort bonnes d'ail-

Fig. 45. — *Buccinum undatum* envahi par un Bernard-l'Hermite et recouvert d'une hydractinie.

leurs et témoignent d'un sens artistique développé. Pour la typographie et le papier, nous n'avons que des éloges à adresser, et véritablement, comme nous le disions en commençant, le *Century Dictionary* demeurera longtemps un monument littéraire et scientifique dont les auteurs pourront à juste titre être très fiers. Ce n'est que justice de dire de l'exécution matérielle qu'elle est admirable, et c'est un plaisir des plus vifs de voir bien parée et ajustée en de beaux atours une œuvre aussi belle par le fond.

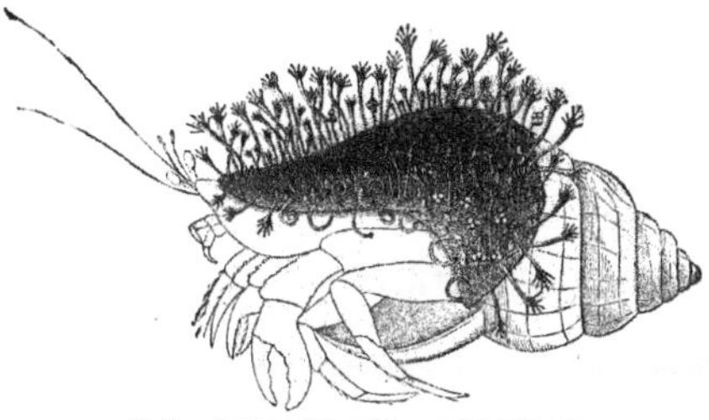

Les Huîtres et les Mollusques comestibles, par M. Arnould Locard. — Un vol. de la *Bibliothèque scientifique contemporaine*, avec 97 figures dans le texte ; Paris, J.-B. Baillière, 1890.

L'ouvrage de M. Arnould Locard répond à une des grandes préoccupations du jour, qui est de favoriser et d'accroître, par tous les moyens possibles, les productions de la nature, utiles à l'alimentation. M. Locard s'est borné à l'étude de la culture artificielle des mollusques comestibles, et particulièrement à celle des huîtres, des moules, des praires, des clovisses et des escargots ; mais, traitée dans tous ses détails, tant au point de vue théorique qu'au point de vue pratique, cette étude est déjà fort importante.

Les industries ostréicole et mytilicole ont pris, depuis plusieurs années, une extension imprévue sur quelques-unes de nos côtes, et elles se traduisent par des résultats pécuniaires considérables, apportant en somme un bien-être inconnu chez toute une population des plus pauvres. Actuellement, on n'évalue pas à moins de 30 millions de francs le montant des ventes d'huîtres annuellement livrées sur notre territoire, et cette production n'occupe pas moins de 300 000 personnes. Mais cette industrie est susceptible de grands développements, car, pour la seule vente des moules, nous sommes encore tributaires de l'étranger pour une somme annuelle d'environ 6 millions.

M. Locard a divisé son ouvrage en deux parties. Dans la première, il fait l'histoire naturelle des espèces comestibles, et dans la seconde, il expose les conditions de leur culture artificielle, montrant comment il faut choisir, avec discernement, les espèces propres à l'alimentation, les acclimater dans des milieux nouveaux, surveiller les conditions de leur reproduction, recueillir précieusement les jeunes individus au moment de leur naissance, diriger leurs premiers pas, les protéger contre les innombrables ennemis qui guettent sans cesse une proie facile et sans défense, les élever, les soigner dans la mer absolument comme la chèvre et la génisse sont soignées à l'étable.

Mais cette pratique soulève une foule de problèmes, qui sont malheureusement loin d'être tous résolus. Aussi M. Locard insiste-t-il sur le rôle qui revient, en cette matière, aux laboratoires maritimes, dont les travaux théoriques devraient, le plus souvent possible, s'inspirer des desiderata de la pratique des cultures industrielles. Jusqu'à présent, la conchylioculture a été un peu négligée ; mais il faut espérer que l'initiative et l'activité de M. de Lacaze-Duthiers ne tarderont pas à porter leurs fruits, et que les beaux laboratoires maritimes qui sont son œuvre rendront à ces industries si intéressantes des services non moins grands que ceux qu'ils sont appelés à rendre à la science.

Ici, d'ailleurs, comme en bien des matières, les applications des découvertes scientifiques sont souvent des plus simples et des plus immédiates. Voici, par exemple, une maladie qui attaque les huîtres et les autres mollusques, le *rachitisme*, comme le nomme M. Locard. Le naissain se développe d'abord bien, et la colonie semble prospérer ; mais, tout à coup, à partir du quatrième mois chez les moules, vers la fin de la première année chez les huîtres, il se produit un ralentissement marqué dans le développement de la coquille ; il semble que l'animal n'a plus la force nécessaire pour sécréter la matière testacée. Il reste petit, rachitique, et sa chair devient coriace. Le *douçain* des huîtres est encore une maladie du même genre. Eh bien, on connaît la cause de cette maladie, et il devient dès lors bien simple d'y remédier. La cause, c'est la présence d'un excès d'eau douce ou d'une eau trop froide et trop peu chargée de principes nutritifs. De même, pour les mollusques d'eau douce, c'est la présence de sels étrangers, de l'eau de mer, du fer, etc. Le remède, c'est tout simplement un changement rationnel de milieu. Un bon éleveur, en choisissant

Fig. 59. — Jeunes huîtres fixées sur un morceau de bois
(grandeur naturelle).

A, huîtres de 15 à 20 jours; B, huîtres de 1 à 2 mois; C, huîtres de 3 à 4 mois;
D, huîtres de 5 à 6 mois; E, huîtres de 12 à 14 mois, d'après Coste.

convenablement le terrain de ses élevages, doit toujours éviter ces maladies de nutrition.

Voici encore le *chambrage*, maladie fréquente, surtout chez les huîtres. Celles-ci ont bon aspect; mais si, en les détachant, la pointe de la fourchette brise la nacre de la valve inférieure, aussitôt se répand une odeur infecte, nauséabonde, bien connue de tout le monde. C'est qu'alors on a crevé une mince pellicule testacée, qui servait de clôture à une petite chambre logée sous l'animal. La cause de cette maladie est dans l'état vaseux du milieu de culture. Tandis que le mollusque reposait dans son parc, par suite d'une cause fortuite un peu de vase ou quelques détritus de matière organique se sont introduits entre l'animal et sa coquille. Ne pouvant se débarrasser de ce corps étranger, le

mollusque a sécrété un peu de matière testacée qui l'a emprisonné dans une chambre où se sont produits des phénomènes de putréfaction : de là le *chambrage*. De là aussi l'indication d'éviter les fonds vaseux. Mais il faut éviter aussi les fonds trop exclusivement sablonneux qui déterminent la *maladie du sable*, c'est-à-dire la production de petites perles, adhérentes ou libres, qui ne sont que des grains de sable enkystés dans de la nacre et qui, extrêmement désagréables sous la dent des consommateurs, n'ont malheureusement pas, en compensation, la moindre valeur comme pierre précieuse.

Ce sont là quelques exemples, pris entre mille, de notions qui doivent être familières aux éleveurs, et qui nous paraissent capables aussi d'intéresser vivement les consommateurs. Nous croyons donc pouvoir recommander aux uns et aux autres la lecture du livre de M. Locard, qui est l'œuvre très consciencieuse et très réussie d'un auteur des plus compétents en cette matière.

ACADÉMIE DES SCIENCES DE PARIS

25 AOUT — 1er SEPTEMBRE 1890.

Astronomie. — M. l'amiral Mouchez communique les résultats des observations faites avec l'équatorial de la tour de l'Ouest de l'Observatoire de Paris, du 16 au 22 août 1890, par M. G. *Bigourdan* sur la comète Denning, découverte le 23 juillet dernier.

Le 16 août, cette comète avait l'aspect d'une faible nébulosité dont l'éclat était comparable à celui d'une étoile de grandeur 12,5 à 13. Elle était ronde, plus brillante dans la région centrale, avec noyau demi-stellaire ressortant assez bien sur la nébulosité. Le 19, son éclat était 13,1; son diamètre 50″; sa condensation centrale assez stellaire.

Enfin, le 22 août, la comète avait l'aspect d'une nébulosité de grandeur 13,2; son diamètre était de 45″ à 50″, avec condensation moins stellaire que les jours précédents.

L'auteur ajoute que pendant toute la durée de ses observations le ciel était beau, quoique légèrement brumeux.

—D'autre part, M. l'amiral Mouchez présente une note de *Mlle D. Klumpke* renfermant les résultats des observations qu'elle a faites les 19, 20 et 22 août dernier, à l'Observatoire de Paris, à l'équatorial de la tour de l'Est, sur la nouvelle planète Palisa, planète extrêmement faible, découverte à Vienne le 17 août 1890.

Sa note comprend les positions des étoiles de comparaison et les positions apparentes de la planète.

— M. Faye transmet à l'Académie une note de *M. Charlois* relative aux éléments et à l'éphéméride de la planète **M**, découverte à l'Observatoire de Nice le 15 juillet 1890. Ces éléments ont été calculés à l'aide de trois observations faites à Nice les 16 et 27 juillet et 7 août dernier.

PHYSIQUE DU GLOBE. — *M. l'abbé Fortin* présente à l'Académie l'appareil qui lui a servi jusqu'ici à prévoir, au moyen des déviations produites par le magnétisme terrestre, le retour des tempêtes et l'apparition des taches solaires. Il rappelle quelques-unes des coïncidences les plus remarquables qu'il a pu mettre en évidence, entre ces divers phénomènes.

— Dans une note sur la coïncidence de perturbations atmosphériques avec la rencontre des *Perséides, M. Chapel* fait remarquer que les orages qui viennent de sévir, avec tant de violence, presque simultanément, en des points éloignés du globe, ont suivi immédiatement la rencontre de la terre avec l'essaim cosmique des Perséides (9-16 août), essaim qui, cette année même, a donné lieu à une assez brillante apparition d'étoiles filantes.

Il formule, d'ailleurs, la règle suivante, déduite de l'analyse du phénomène et justifiée par les observations : *le trouble apporté dans l'atmosphère par l'avènement d'un essaim d'astéroïdes doit être ressenti principalement dans les lieux dont la latitude est peu différente de la déclinaison du point radiant apparent de l'essaim.*

L'essaim d'août ayant son radiant principal vers 48° de déclinaison, il en résulte que la région la plus affectée par cet essaim doit être celle qui avoisine le parallèle de 48°.

L'auteur ajoute que cette règle permet de reconnaître, entre les différents essaims actuellement catalogués, ceux qui doivent être le plus influents sur une région déterminée du globe.

— On se souvient des phénomènes orageux qui se sont produits dans la soirée du 18 août, s'accompagnant, à l'ouest de Paris, d'un coup de vent très localisé, d'une grande violence, rappelant par ses effets les tornados des États-Unis.

M. Léon Teisserenc de Bort communique à l'Académie les premiers résultats de l'enquête qu'il a faite à Dreux, pour déterminer, autant que possible, par renseignements et surtout par l'étude des dégâts matériels, la nature et les caractères de ce météore.

Le 18, vers dix heures du soir, on voyait au sud-sud-ouest de Dreux un grand cumulo-nimbus orageux ; dans ce nuage, les éclairs étaient incessants, le tonnerre était peu intense, mais continu. Après quelques coups de tonnerre plus forts, accompagnés de quelques gros grêlons, on entendit vers dix heures vingt-cinq minutes un grondement très intense, comparable à celui que produit un train pénétrant sous un tunnel, et, en moins d'une minute, dans les quartiers atteints, les tuiles volèrent de toutes parts, les arbres furent arrachés, et plusieurs maisons détruites par un coup de vent terrible. Quelques minutes après, le temps redevenait calme et le ciel ne tardait pas à s'éclaircir. L'orage ne s'annonçant pas comme devant être très fort, d'après le bruit de la

foudre, l'attention n'a pas été appelée d'une façon particulière sur ce météore avant le passage de la tourmente ; à ce moment, le ciel était en feu, et quelques personnes assurent avoir vu une nuée qui était à la hauteur du toit des maisons.

D'après les traces qu'il a laissées, on peut conclure que l'orage du 18 août était accompagné d'un tourbillon violent analogue aux tornados des États-Unis. La marche de celui-ci a été presque exactement dirigée du sud-ouest au nord-est, en suivant la vallée de la Blaise ; les dégâts qu'il a produits occupent une zone restreinte : 400 à 600 mètres de largeur, sur une longueur de 9 kilomètres, et montrent ainsi que ce coup de vent avait des limites assez nettes, comme on l'observe dans les phénomènes tourbillonnaires.

Les chutes de la foudre ont dû être très rares, car on n'en trouve pas de traces sur les arbres et les maisons, à l'exception d'une seule, dont certaines vitres ont été perforées de trous circulaires ; mais aucun incendie n'a été allumé dans les charpentes légères des toitures.

M. Léon Teisserenc de Bort fait remarquer, en terminant sa longue et minutieuse description du phénomène, que l'orage du 18 août 1890 a coïncidé avec le passage, sur l'ouest de la France, d'une dépression barométrique secondaire qui, d'après les cartes des isobares et des vents, dressées au Bureau central météorologique, a dû suivre, pendant la nuit du 18 au 19, une trajectoire dirigée de la Vendée aux Ardennes. Il ajoute que le même météore s'est fait sentir à Épone, dans la vallée de la Maudre, où il a brisé un très grand nombre d'arbres.

MÉCANIQUE. — Le *gyroscope électrique de M. G. Trouvé* comporte deux modèles : l'un destiné spécialement à la démonstration du mouvement de la terre, l'autre à la rectification des boussoles marines ou compas de route.

A. — Le premier, imaginé par l'auteur dès 1865, se compose d'un tore électromoteur, mobile autour d'un axe d'acier à pointes de rubis, perpendiculaire à son plan ; intérieurement, c'est un pignon électro-magnétique à huit branches, équilibré avec le plus grand soin. L'induit est une armature en fer en forme de limaçon. Le tore, mis en rotation par l'électricité, occupe le centre d'une cage formée par l'armature en fer et un anneau de cuivre. Cage et tore sont suspendus à une potence par un fil inextensible, au milieu d'un anneau horizontal gradué, devant lequel se déplace une aiguille indicatrice, fixée à l'armature. Celle-ci reste immuable dans l'espace dès que le tore est animé d'une vitesse suffisamment rapide. Quant au courant voltaïque, il est amené à l'électromoteur par deux petites aiguilles de platine, isolées de l'ensemble et plongeant dans deux cuvettes en ébonite, circulaires et concentriques, remplies de mercure ; c'est là qu'aboutissent les pôles de la pile. Enfin, l'ensemble de l'appareil repose sur un socle à vis calantes, surmonté d'un globe de verre sous lequel on peut faire le vide au moyen d'un robinet, pour soustraire l'instrument aux causes de perturbations extérieures.

Ainsi constitué, ce gyroscope fonctionne régulièrement pendant tout le temps qu'il reçoit le courant. Il est donc susceptible d'être la preuve parfaite du mouvement de la terre et de permettre de contrôler, par l'observation et avec une grande exactitude, les déplacements réels calculables *a priori*.

B. — Le second se compose des mêmes organes, leurs formes seules et leurs dimensions ont été légèrement modifiées. Le tore électromoteur d'un poids de plusieurs kilogrammes est composé intérieurement d'un anneau *induit*, genre Gramme, logé dans le renflement même du tore. Quant à l'*inducteur*, c'est un anneau en fer, à pôles conséquents, dans lequel tourne concentriquement le tore électromoteur; l'inducteur et l'induit sont montés en série. Tout le système, au lieu d'être suspendu par un fil inextensible, est soutenu, au milieu d'une suspension à la Cardan, par un axe vertical terminé en pointes qui pivotent dans des crapaudines d'agate, comme l'axe du tore lui-même. Cette suspension est munie d'un long pendule à tige rigide qui, fixé sur le prolongement de l'axe du système, donne à celui-ci une verticalité parfaite, malgré les oscillations continuelles du navire. Des dispositions identiques à celles de l'autre gyroscope permettent d'envoyer le courant à l'inducteur.

Ainsi agencé, le nouveau gyroscope n'a plus à redouter ni tangage ni roulis; il est propre à corriger le compas avec sûreté, car son axe de rotation reste invariable dans l'espace aussi longtemps qu'il est nécessaire de prolonger l'observation.

PHYSIQUE. — *MM. G. Séguy* et *Verschaffel* présentent à l'Académie un appareil destiné à ramener les évaluations photométriques au système métrique. C'est un photomètre qui permet de mesurer depuis 1/100 de bougie jusqu'à l'intensité lumineuse la plus élevée. Il peut servir, vu son extrême sensibilité, pour analyser la lumière et, de plus, il est applicable à la mesure des intensités lumineuses instantanées. Enfin, au point de vue médical, il indique le degré de perceptibilité.

Il est muni d'une aiguille apériodique et sans oscillation et d'un miroir, comme les galvanomètres. Il est à lecture unique et immédiate. La théorie de son fonctionnement est basée sur l'absorption des rayons lumineux par le noir de fumée et la transformation en travail mécanique. Il est à l'état radiant. Pour obtenir une sensibilité extrême, il a été suspendu par un fil de cocon. Son mouvement est en raison inverse du carré des distances. La partie sensible aux effets lumineux est entièrement renfermée dans une boîte et, par suite, complètement isolée de la lumière; il est pratiqué une ouverture à cette boîte, par laquelle passent les rayonnements lumineux qui doivent être mesurés. Cette chambre est garnie, à l'intérieur, de glaces, afin d'augmenter la sensibilité. D'autre part, on peut interposer des liquides ou des verres à l'effet d'éliminer différentes régions du spectre. Enfin, il est muni à sa base d'un disque divisé en degrés, dont la mobilité permet la mise au zéro.

MM. Séguy et Verschaffel font remarquer que la mobilité du cercle gradué a deux avantages : 1° elle permet de placer l'instrument au zéro relatif et de déterminer ainsi, par une seule lecture, l'influence d'une lumière à mesurer en présence d'une lumière persistante; 2° elle permet de conserver l'exactitude alors même que le temps produirait un déplacement du zéro.

Une cuve remplie d'une saturation d'alun est disposée devant l'instrument, à l'effet d'éliminer les radiations calorifiques. L'appareil peut aussi servir de calorimètre. En effet, si, mesurant une intensité quelconque, on marque le degré obtenu et qu'on enlève ensuite la cuve, il suffit de relire les degrés marqués pour avoir aussi exactement que possible les radiations lumineuses au premier essai et les radiations calorifiques dans l'augmentation produite au second essai.

La sensibilité est en raison directe de la longueur du cocon, de son diamètre, du vide fait à l'intérieur de la surface des palettes noires et de la légèreté de la pièce suspendue; donc, en diminuant ou en augmentant l'une de ces quatre choses, on obtient un réglage parfait et, de plus, on peut diaphragmer. Par un ciel de nuages, pas de repos. L'apparition d'un nuage blanc fait avancer l'aiguille en avant, un nuage sombre la fait reculer; l'œil n'a pas encore perçu le changement lumineux que déjà le mouvement de l'instrument le trahit.

La forme de l'appareil est susceptible de nombreuses modifications; ainsi, on peut notamment le transformer en enregistreur, toujours basé sur le même principe mécanique; de plus, l'expérience a démontré, ce qui est un point important, la proportionnalité entre la sensibilité de l'œil et celle de l'instrument. L'appareil, complètement terminé il y a sept mois, a été soumis depuis cette époque à l'expérimentation; les résultats qu'il a donnés, contrôlés par le laboratoire central d'électricité, ont été, dit l'auteur, absolument bons.

CHIMIE. — *M. E. Mathieu-Plessy* adresse une note sur la transformation du nitrate d'ammonium fondu en nitrate d'un nouvel alcali fixe oxygéné.

Selon l'auteur, dans la préparation de l'acide oxamique et de l'oxamide par l'intervention de l'azotate d'ammonium fondu, il se forme un troisième produit qui est un azotate d'un nouvel alcali fixe. Cet alcali fixe est une ammoniaque substituée, c'est la monamide nitrique ou nitramide. On peut le nommer *azotylamine*; son nitrate sera le nitrate d'azotylammonium.

PHYSIOLOGIE GÉNÉRALE. — *M. Raphaël Dubois* a cherché à étudier les effets produits par l'électrolyse de l'eau salée rendue phosphorescente, soit par le mélange de substances photogènes extraites des tissus animaux lumineux, soit par des microrganismes lumineux. Il s'est servi plus particulièrement du mucus lumineux de la Pholade dactyle, délayé dans l'eau salée.

Ses nouvelles recherches, jointes à celles qu'il poursuit depuis plusieurs années sur le même sujet, le conduisent à admettre définitivement que la production de la lumière est liée chez les animaux, comme chez les végétaux, à la transformation de granulations protoplasmiques colloïdales en granulations cristalloïdales, sous l'influence d'un phénomène respiratoire.

Dans la première partie de ses études sur la fonction photogénique, M. Dubois a eu surtout en vue la connaissance du mécanisme fonctionnel, a pu combler de nombreuses lacunes et rectifier quelques erreurs. Quant à ses recherches sur la cause intime et générale du phénomène, elles l'ont conduit parfois, ainsi qu'il l'avoue très franchement, à des interprétations prématurées qu'il a dû abandonner plus ou moins complètement, parce que des faits nouveaux étaient venus en montrer l'insuffisance. Le fait se comprend d'autant mieux qu'il s'agissait d'expériences portant sur une substance vivante que l'on ne peut jamais manier en grande quantité, ni en tous lieux, ni en toutes saisons.

Zoologie. — Voici quelques-uns des résultats obtenus par M. *Charles Contejean*, dans ses expériences sur la respiration de la sauterelle :

1° L'abdomen seul effectue des mouvements respiratoires; l'*inspiration est passive*, elle est due à l'élasticité des pièces du squelette externe et à la réaction des viscères; l'*expiration est active* et dure plus longtemps que l'inspiration. Une courte pause a lieu après chaque inspiration; souvent des pauses plus longues en inspiration séparent des séries de mouvements respiratoires d'amplitude d'abord croissante, puis décroissante, comme dans la respiration pathologique de Cheyne-Stokes;

2° Si l'on blesse l'animal au cou, une goutte de sang s'échappe à chaque expiration, et l'air peut pénétrer dans la plaie pendant les inspirations, d'où il suit que la pression dans l'intérieur du corps est positive pendant l'expiration, et négative pendant l'inspiration. L'expiration n'est jamais maxima;

3° Les mouvements respiratoires sont d'autant plus fréquents que le sujet est plus actif; leur nombre est augmenté par la chaleur et par l'état d'irritation de l'animal;

4° L'ablation de la tête de l'animal n'entrave pas sa respiration; à peine le rythme en est-il ralenti;

5° Si l'on divise l'abdomen en plusieurs tronçons, chacun d'eux respire isolément;

6° Quant à l'influence du système nerveux étudiée par l'excitation électrique, elle varie selon les points excités. Mais l'excitation mécanique et l'excitation chimique n'ont pas donné de résultats constants.

Géologie. — On sait que le terrain carbonifère a été signalé en Bretagne depuis Châteaulin jusqu'à Carhaix et Uzel et, dans la Mayenne, depuis Laval jusqu'à Bourgon. La continuation d'une exploitation dans l'Ille-et-Vilaine, à Quenon, près de Saint-Aubin-d'Aubigné, a permis à M. *P. Lebesconte* de fixer l'âge carbonifère d'un calcaire qui ne lui avait présenté, depuis plusieurs années, que quelques Encrines.

En effet, dans cette carrière, le terrain carbonifère semble reposer, comme dans le Finistère, sur les schistes de Porsguen, qui recouvrent eux-mêmes la grauwacke à *Pleurodyctium problematicum*, le calcaire à *Atrypa* et *Choneles* et le grès à *Pleurodyctium Constantinopolitanum*. On trouve d'abord des bancs de schistes recouverts par un calcaire compact ne contenant que quelques traces d'Encrines à la superficie des bancs; mais la continuation de l'exploitation vers le sud a fait découvrir une série de nouvelles couches fossilifères. Le calcaire compact renferme d'abord de petites couches schisteuses qui deviennent plus fortes, plus nombreuses et finissent par recouvrir la formation de bancs puissants. Les fossiles apparaissent dans les couches schisteuses et dans les bancs calcaires intercalés; ils deviennent de plus en plus nombreux au fur et à mesure que l'on approche de la grande masse schisteuse où ils finissent ensuite par diminuer et disparaître.

Les espèces auxquelles ces fossiles appartiennent, et dont l'auteur donne la liste, rapprochent le calcaire de Quenon du calcaire de Visé, c'est-à-dire du carbonifère supérieur; cependant l'absence de *Productus Cora* peut faire croire que cette zone est un peu plus ancienne que celle de Saint-Roch, dans la Mayenne, si bien étudiée par M. Œhlert, il y a une dizaine d'années.

Paléontologie. — *M. Albert Gaudry* appelle l'attention sur une mâchoire de phoque (*Phoca groenlandica*), trouvée par M. Michel Hardy dans la grotte de Raymonden (située près de Chancelade, à 7 kilomètres de Périgueux), avec un squelette humain et plusieurs objets travaillés par l'homme, notamment une gravure sur bois de renne représentant le grand Pingouin du Nord et une amulette en os qui figure une tête d'Ovibos musqué.

La présence de ce phoque associé à des ossements de Renne, de Saïga, de Chamois, de Bison, de grand Ours, de Renard bleu, de Harfang, de Tétras blanc des saules, est une nouvelle preuve du froid qui régnait dans le Périgord pendant une partie des temps quaternaires.

M. Gaudry a comparé le bâton de commandement trouvé dans la grotte de Montgaudier, il y a quelques années, et sur lequel on avait gravé deux phoques poursuivant un poisson, avec le *Phoca groenlandica* dont M. Hardy a trouvé la mâchoire, mais il n'a constaté d'autre ressemblance que dans l'allongement du corps et notamment du museau, l'auteur des gravures ayant dû penser, dit-il, en faisant les têtes du bâton de commandement de Montgaudier, à l'ours autant qu'au phoque, car si les premières ressemblent aux phoques par leurs moustaches et leurs oreilles peu apparentes, elles ressemblent à l'ours par leur museau plus allongé, moins épais, par leurs narines placées latéralement et non en dessus; enfin, par leur gueule qui s'ouvre en dessous au lieu de s'ouvrir en avant comme chez les phoques.

M. Gaudry pense que la mâchoire de Raymonden est le premier ossement de phoque découvert dans le quaternaire de la France. Je rappellerai, à cette occasion, que j'ai trouvé moi-même, il y a 1878, tout près de la frontière franco-italienne, des bords de la Méditerranée, dans la grotte de Grimaldi (Italie), une dent prémolaire inférieure gauche d'un phoque que j'ai considéré, avec M. Sénéchal, ancien conservateur des galeries d'anatomie comparée, et M. Fischer, aide naturaliste au Muséum, comme se rapprochant beaucoup du *Phoca monachus*. Cette dent était associée aux restes de l'*Elephas meridionalis*, du *Rhinoceros leptorhinus*, de l'*Hippopotamus major*, etc. (1).

Correspondance. — *M. le ministre de l'instruction publique* fait part à l'Académie de la proposition transmise par M. l'ambassadeur d'Italie à M. le ministre des affaires étrangères concernant un projet de Congrès international dont la réunion aurait lieu à Rome pour l'unification de l'heure et la fixation d'un méridien initial.

E. Rivière.

INFORMATIONS

Nous avons le regret de signaler la mort de M. Gavarret, professeur honoraire de la Faculté de médecine et inspecteur général de l'Enseignement supérieur. Professeur excellent, physicien érudit et judicieux, M. Gavarret avait une connaissance approfondie des institutions médicales de notre pays. Il a participé d'une manière active à toutes les réformes de l'enseignement, et même il a été le plus souvent

(1) Émile Rivière, *Grotte de Grimaldi, en Italie* (Association française pour l'avancement des sciences; Congrès de Paris, 1878).

l'instigateur des grandes modifications qui depuis une vingtaine d'années ont régénéré l'enseignement médical.

Une maladie épidémique sévit sur les barbillons de la Marne, vers Joinville et Nogent. Les animaux morts ont sous la peau une sorte de bouillie granulée dans laquelle MM. Raillet et Trasbot, professeurs à Alfort, ont trouvé des psorospermies.

La catalepsie peut avoir son utilité. Une jeune fille de dix-sept ans, prise d'une violente attaque d'épilepsie, est tombée dans le canal de dérivation, à Dunkerque, et n'a pu être ramenée sur la berge qu'après vingt minutes de recherches. Elle a pu néanmoins être rappelée à la vie malgré ce long séjour sous l'eau, ce qui ne peut s'expliquer que par l'état de catalepsie dont elle présentait tous les symptômes au moment de sa sortie de l'eau.

A Chicago, au *Rush Medical College*, on a dérobé, dans une des dépendances de l'établissement, plusieurs lapins inoculés avec du virus rabique. L'émotion causée par cette nouvelle est grande parmi les habitants, et personne ne veut plus acheter de lapins. Une récompense honnête est promise à celui qui rapportera au collège Rush ces lapins enragés.

M. Edwin Chadwick, le doyen des hygiénistes anglais et l'un des fondateurs de l'administration sanitaire, vient de succomber, à l'âge de quatre-vingt-dix ans.

Il existe en Allemagne une bibliothèque populaire, *la Bibliothèque Reclam*, éditée à Leipzig, qui publie des œuvres littéraires des différentes nations, en allemand ou traduites en allemand. Actuellement, il a paru 2670 volumes, ainsi répartis, quant à la nationalité, en supposant le nombre total égal à 100 :

Allemands.	55
Français.	15
Russes, Polonais, Scandinaves, Hongrois . . .	11
Anglais, Américains	10
Latins et Grecs	6
Espagnols et Italiens	2,5
Divers	0,5
	100

CORRESPONDANCE ET CHRONIQUE

Origine indigène du nom de l'Amérique.

Il paraît maintenant démontré que le nom d'*Amérique*, donné à l'un des continents, est bien d'origine indigène, au lieu d'être, comme on l'a cru généralement, un nom de provenance étrangère. Voici l'histoire de cette question, telle que la donne M. Alexis M.-G. dans la *Revue française*.

Le Florentin Americ Vespuce avait, jusqu'à nos jours, joui de l'honneur d'avoir donné son nom à l'hémisphère découvert par Christophe Colomb, et cette opinion reposait, paraît-il, uniquement sur la proposition qu'en firent, en 1507, les moines Hylacomylus et Jean Basin, de Saint-Dié, en Lorraine, où parut dans un traité de cosmographie, le nom d'*Amérique* appliqué à cet hémisphère.

Mais les historiens du Brésil ont, il y a une cinquantaine d'années, mis en doute cette opinion commune, en attribuant plutôt l'origine du nom d'*Amérique* au nom de *Maraca*, qui est le dieu principal des indigènes brésiliens.

Ce doute augmenta singulièrement lorsque, en 1875, M. Marcou, géologue des États-Unis, crut avoir découvert l'origine de ce nom dans celui d'une peuplade et d'une montagne du Nicaragua, lesquelles porteraient encore aujourd'hui les noms d'*Amerrique* et de *los Amerriques*.

Toutefois, ainsi que nous l'apprend le *Bulletin de la Société de géographie américaine* (1886), le Président de la République de Nicaragua affirme que le nom de ladite montagne s'écrit *Amerrisque* (avec un *s*), et d'ailleurs d'après M. Hale, ami de M. Marcou lui-même, ce nom ne se trouve dans aucun livre d'histoire remontant au delà d'une cinquantaine d'années.

D'autre part, d'après le *Courrier des États-Unis*, M. Bent, la seule autorité invoquée par M. Marcou, dit qu'à l'époque de la découverte, les habitants étaient des Aztèques, dans la langue desquels le son de la lettre *r* n'existe pas, de sorte qu'il ne pouvait en sortir un mot orthographié *Amerrique* ou *Amerrisque*.

De son côté, M. Harisse avoue qu'il n'a pas trouvé de montagne à l'endroit indiqué par M. Marcou, sur aucune carte ni dans aucun récit du temps des découvertes.

Enfin, alors que M. Marcou pense que le prénom d'Améric, que portait Vespuce, ne serait qu'un sobriquet provenant de ladite montagne, M. Hamy signale une carte italienne ayant été vendue par *Amerigo Vespucci* lui-même plusieurs années avant la découverte du nouveau continent. On peut donc supposer, avec Humboldt, que ce prénom d'*Amerigo*, d'origine gothique ou allemande, se serait introduit dans la nomenclature italienne et portugaise.

Jusqu'alors, la proposition de M. Marcou, si ingénieuse qu'elle fût, manquait donc de preuves concluantes. Elle avait renversé le crédit du Florentin Vespuce, mais sans fonder les doutes sur l'existence et le nom de la montagne signalée.

C'est ici qu'intervint, en 1882, M. de Lambert de Saint-Bris, un savant franco-américain, lequel, dans une longue et intéressante dissertation qui lui a coûté plusieurs années de recherches dans les deux mondes, établit avec preuves à l'appui l'indigénat du nom d'Amérique. Il a, en effet, relevé de nombreuses appellations analogues : Amaraca, Amaracapana, Amaracapan, etc., dans les relations historiques des premiers séjours des Espagnols dans cette partie du monde.

Et d'abord, selon l'historien espagnol Herrera, les navigateurs Vespucci et Ojéda, débarquant en 1499 sur la côte de Vénézuéla, trouvèrent le port de *Maracapan*, que Raleigh appelle *Ameriocapana*, et Humboldt, *Amaracapan*.

Or, comme le voyage de Vespucci et d'Ojéda date de 1499, on voit que le mot d'Amérique, sous diverses formes imposées par l'orthographe phonétique du moyen âge, était connu huit ans avant la proposition de Hylacomylus de dénommer les terres nouvelles d'après le navigateur Florentin.

Il faut remarquer que le mot *pan* ou *pana*, ajouté aux noms précédents, signifie terre ou pays, selon Rosny, professeur de Bourboug, Del Canto, etc. Ainsi *Ameriocapana* veut dire : terre de l'*Amerioca* ou *America*, selon l'orthographe du moyen âge. Du reste, ce mot est un suffixe général que les indigènes appliquent aux noms de leurs villes, tels que Emparepan, Curiapan, Aioripan, Copan, les Mayas de Nayapan, etc.

De plus, M. de Saint-Bris a trouvé le nom de *Maracapan* écrit à l'encre rouge sur plusieurs des cartes de l'époque. D'après Humboldt, le nom d'*Amaracapan*, qui désigna la première colonie espagnole sur la terre ferme, s'étendit peu à peu à toute la côte, entre le cap Paria et le cap de la Vela, puis à une vaste province qui en comprenait plusieurs autres, ainsi que le dit le Frère Pedro Simon, etc.

Le nom de la *province d'America* se voit sur l'atlas

d'Apiane, en 1529, et s'applique bientôt, sur les cartes postérieures, au continent du sud, puis au continent tout entier formant notre quatrième partie du monde.

En résumé, l'*indigénat du nom de l'Amérique* paraît sortir avec évidence de la discussion. Le Florentin Vespucci y perd son auréole de parrain de baptême du nouveau continent, mais il est lavé de l'accusation d'avoir voulu usurper en cela les droits du grand découvreur Christophe Colomb; d'autre part, les historiens comme les géographes auront moins à regretter qu'on n'ait pas appliqué le nom de *Colombia* à cette partie du monde, puisque celui d'*America* lui appartenait de fait, même avant la découverte par les Européens.

La mortalité en Angleterre.

M. **Alfred Hill** (de Birmingham) a fait, au Congrès de l'Association médicale britannique, une communication sur la diminution progressive de la mortalité en Angleterre.

Depuis 1873, on constate en Angleterre une diminution progressive de la mortalité, due à l'application, de plus en plus rigoureuse et éclairée, des lois sanitaires promulguées en 1872. Pour la population totale de l'Angleterre et du pays de Galles, la mortalité est tombée de 21,2 à 17,9 0/00; dans les vingt plus grandes villes, de 24,4 à 19; à Londres, de 22,5 à 17,4; à Birmingham, de 24,8 à 18,4; à Maidstone, de 22,8 à 13,7, etc. A Manchester, bien qu'on ait fait de grands efforts pour assainir la ville, la mortalité n'a baissé que de 30 à 26,7.

Le résultat, en somme, est des plus encourageants et montre que l'on est dans la bonne voie. La diminution de la mortalité a été de 6,5 0/0 plus considérable dans les *vingt* grandes villes que dans l'ensemble de l'Angleterre, ce qui tient sans doute à ce qu'il existait dans les villes plus de causes de maladies susceptibles d'être abolies par une hygiène convenable. Quelques villes restent en arrière, Preston par exemple, où la mortalité est encore de 32,61, tandis qu'à Leicester, dans un milieu à peu près semblable, elle n'est que de 17,13.

La diminution des décès par maladies fébriles a été aussi très remarquable; pendant la période 1861-1870, il est mort de maladies infectieuses aiguës, en Angleterre et dans le pays de Galles, 885 personnes par million d'habitants; pour la période 1871-1880, ce chiffre est tombé à 484, et pour la période 1881-1889, à 239; les décès causés par les *maladies fébriles* de tout genre ont donc diminué des trois quarts depuis 1861.

Il est à regretter que les efforts des hygiénistes n'aient pas encore été couronnés de succès en ce qui concerne la diphtérie; cette maladie continue à augmenter de fréquence dans les villes, tandis qu'elle diminue dans les campagnes où elle régnait surtout autrefois. Birmingham cependant fait exception à la règle; depuis 1873, la mortalité par suite de diphtérie a baissé de 0,31 à 0,11 0/00, tandis que dans les autres grandes villes, elle a augmenté de 0,09 à 0,27.

Le pambotano, succédané de la quinine.

La prééminence de la quinine, comme médicament fébrifuge, antipériodique par excellence, ne saurait être contestée; mais, quelle que soit la supériorité reconnue du principe de la merveilleuse écorce du Pérou, il faut aussi reconnaître qu'elle n'est pas infaillible, et que, dans des cas qui sont loin d'être rares, la quinine demeure impuissante.

On comprend, dès lors, combien il serait utile à la thérapeutique de posséder une substance jouissant non seulement des propriétés fondamentales de la quinine, et susceptible, en conséquence, de répondre aux mêmes indications, mais, de plus, capable de lui être substituée avec avantage dans les cas où elle est impuissante. Cette substance, ce précieux succédané, semble être trouvé et résider dans le *Pambotano*.

Dans la séance de l'Académie de médecine du 18 février 1890, M. Dujardin-Beaumetz, dans un intéressant rapport, a entretenu ses collègues d'un travail de M. Valude sur le traitement des fièvres intermittentes et paludéennes par le Pambotano.

L'arbrisseau de ce nom serait, d'après M. Baillon, le *Calliandra Housloni*; l'étude chimique de la racine faite par M. Villejean a permis d'y constater quelques matières grasses et huiles essentielles, une résine soluble dans l'alcool, une forte proportion d'un tannin particulier rappelant celui du ratanhia, ainsi qu'une matière réductive incristallisable, sans aucun alcaloïde; depuis, M. Chapoteaut a constaté la présence d'un autre tannin, le premier précipitant en vert par les sels de fer, et le deuxième en bleu.

Or, la décoction aqueuse de la racine de Pambotano a été employée avec succès contre les fièvres intermittentes et celles d'origine paludéenne, qui avaient précisément résisté à l'action du sulfate de quinine. Le *Progrès médical* publie en ce moment une série d'observations très démonstratives à cet égard, et l'action antipériodique de ce médicament peut être dès à présent considérée comme établie. M. Villejean a d'ailleurs constaté que l'alcool à 60° se chargerait de tous les principes actifs de la racine de Pambotano.

Le Transsibérien.

Depuis l'achèvement du chemin de fer transcaspien, la question de construction d'un chemin transsibérien a été agitée à maintes reprises en Russie. On s'est demandé si la Sibérie donnerait quelque trafic à ce chemin de fer, quel serait le tracé de celui-ci et quels obstacles il y aurait à vaincre pour atteindre le résultat proposé. Voici à cet égard quelques renseignements intéressants, donnés par M. Voulzie, dans la *Revue française* :

La Sibérie, avec ses cinq millions d'habitants, peut se diviser en cinq zones :

1° Les montagnes frontières;

2° La steppe;

3° La bande de terres noires cultivables, large de 150 à 400 kilomètres;

4° La forêt peu défrichable, marécageuse, région appelée *taïga;*

5° Une dernière région, presque la seule comme toutes les autres, appelée *toundra* et faite de marécages glacés et profonds. Ces lieux désolés sont presque entièrement inhabités.

C'est par la zone des terres noires que le peuplement de la Sibérie s'est effectué jusqu'à ce jour. La route de Moscou à Irkoutsk passant par Omsk, Tomsk, Krasnoïarsk en est la grande voie de pénétration. Ces régions sont absolument dénuées de confortable; les auberges et les relais sont dépourvus de choses indispensables, souvent même de nourriture. Un œuf pour 1 franc et une livre de sucre pour 6 francs sont les prix doux de la région située au delà du Baïkal. Les routes forment d'immenses fondrières, et ce n'est que lorsqu'une épaisse couche de neige couvre le sol qu'elles sont facilement praticables, grâce aux traineaux. Les fleuves sont gelés en hiver et parfois couverts d'impénétrables brouillards en été; aussi leur navigation est-elle fort difficile. Néanmoins, on travaille à relier ces grands cours d'eau par des canaux, et prochainement un vapeur pourra se rendre de Nijni-Novgorod à Narym, cœur de la Sibérie. Malgré cela, les communications seront encore difficiles. Aussi peut-on dire que le télégraphe relie seul les Sibériens aux Russes. Le service de la poste est à l'état rudimentaire; il en résulte qu'au fond de la Sibérie on reçoit peut-être au bout d'un an les correspondances qui y sont adressées. La terre produit peu, le blé pousse mal, d'où une rareté très grande et même parfois un manque absolu de pain. A Vladivostock, le grand port russe d'avenir sur le Pacifique, il faut tout importer. Le Japon et l'Allemagne sont les principaux fournisseurs, et c'est de

Hambourg qu'arrive le sucre. Aussi les riches négociants peuvent-ils seuls se permettre une installation confortable, et à quel prix!

Voici une vingtaine d'années qu'on se préoccupe de l'état de la Sibérie. Déjà on a beaucoup fait pour Vladivostock, mais on ne peut accéder facilement à ce port que par mer, après avoir fait le tour de l'Asie. Cette situation est dangereuse, car en cas de guerre les Anglais pourraient, à l'aide d'un blocus, couper toute communication facile entre la Russie et la Sibérie orientale, et cette dernière région isolée, sans secours possible, serait à la merci d'une invasion chinoise. À un autre point de vue, l'isolement rend la Sibérie quelque peu séparatiste. La création d'un chemin de fer transsibérien aura donc une importance capitale au point de vue politique, stratégique et économique.

Sous ce dernier rapport, le trafic russo-chinois prendra une extension considérable. Déjà le commerce de terre avec la Chine rapporte à la douane 60 millions de francs, dont 15 millions à l'importation ; quel accroissement ne procurera pas le Transsibérien? Jadis le thé arrivait en Russie par caravanes ; les progrès de la navigation lui ont fait prendre la voie de mer, et ce sont les vapeurs anglais et allemands qui apportent cette denrée à la Russie, laquelle en reçoit par mer pour 300 millions de francs par an. Sur plus de 38 millions de kilogrammes qu'absorbe la Russie, 18 viennent par voie de terre. Dans les perspectives du trafic de l'avenir, le Japon est considéré comme un facteur important. Les colonies françaises, espagnoles et hollandaises d'Océanie ne seront guère qu'à sept jours de Vladivostock, et leurs sucres, cafés, riz, prendront facilement la place des produits frelatés de Hambourg.

La création du chemin de fer transsibérien n'est pas sans soulever de vives objections. Il y a d'abord la question des dépenses : 800 millions, ou même un milliard. Le péril chinois est-il si à craindre? Le trafic sibérien justifiera-t-il même faiblement les espérances qu'on met en lui, alors que les Sibériens n'ont pas de réels besoins? L'industrie pourra-t-elle se créer et donner un rendement? Enfin, au point de vue de l'exécution des travaux, les terrassements et les ponts sur d'immenses fleuves ne donneront-ils pas lieu à bien des mécomptes? Le sol est gelé, instable, à ce point qu'on n'a pu asseoir solidement les fondations de la cathédrale de Yakoutsk. Les marécages, la neige, opposeront bien des obstacles.

Ces objections, malgré leur valeur, n'arrêteront pas les projets élaborés en haut lieu. La controverse portait surtout sur le point de savoir par quelle région on pénétrerait en Sibérie. On songea d'abord au tracé Perm-Ekaterineubourg-Tioumen, puis à celui d'Orenbourg-Orsk (projet de l'amiral Kopitoff), et enfin à celui de Tcheliabinsk (projet du général A. de Gorloff) qui vient d'être définitivement adopté. C'est à la suite d'une étude sur le district minier et manufacturier du sud de l'Oural que l'attention fut appelée sur cette région riche en produits de toute nature, notamment en houille, et centre manufacturier capable de fournir à l'armée tout son matériel d'armes, tout en restant absolument hors d'atteinte d'une attaque de l'ennemi. L'importance qu'il y avait à relier cette région au cœur de la Russie était telle que la voie ferrée Samara-Ufa-Ziataoust-Tcheliabinsk fut tracée et exécutée en moins de trois années.

C'est de Tcheliabinsk, où les rails et le charbon sont en abondance, que partira la grande ligne pour gagner Omsk par Schim et les régions commerçantes et peuplées de la Sibérie. À Omsk commencent les terres glacées, les marécages et les grandes rivières. Pour les éviter et ne pas être obligé de passer à Tomsk, et surtout à Krasnoiarsk, où la traversée des fleuves présenterait d'énormes obstacles, le tracé incline vers le sud pour atteindre Irkoutsk, en passant par Barnaoul, Kouznetsk, Minousinsk et Nijni-Oundinsk. Le projet ne va pas plus loin pour le moment, mais plus tard on poursuivra le tracé au sud du Baïkal jusqu'à Nertchinsk et jusqu'aux rives de l'Amour. Là, le fleuve est navigable pendant six mois, et il sera facile d'atteindre Grafskoïé, d'où un chemin de fer conduira à Vladivostock, en attendant le jour où ce point sera mis en communication directe avec Saint-Pétersbourg.

Voilà quel est le plan que développe M. V. de Gorloff dans la *Nouvelle Revue*, à qui sont empruntés les grands traits du tracé. Après les Pacifique américain et chinois, après le Transcaspien, le Transsibérien est dans l'ordre. Il a trop d'importance pour ne pas se faire, et alors ce ne sera pas en soixante-douze jours, mais en trente-six, que se fera le tour du monde.

— **Les préférences de la foudre.** — Voici trois cas assez remarquables de fréquence de la foudre sur un même endroit, rapportés M. C. Buvé, dans *Ciel et Terre* :

1° Près de la station de Lincent, province de Liège, passe la chaussée de Tirlemont à Hannut, bordée d'ormes. Elle suit à peu près direction N.-O.-S.-E. De Linsmeau à Lincent, le terrain monte fortement, jusqu'à la rencontre de la chaussée, à son point nant, une une autre crête, allant à peu près du sud au nord. loin, le terrain descend rapidement. Presque au point le plus on voit quatre ormes qui portent des cicatrices de blessures par la foudre. Un arbre a été frappé deux fois; tout à côté, un ar plus petit a également été atteint. Non loin de là, un faucheur foudroyé en 1889.

2° A Bautersem, à mi-chemin entre Louvain et Tirlemont, se trouve une maison autour de laquelle la foudre tombe fréquemment.

Voici les chutes les plus remarquables dans ces dernières années

Près de cette maison se trouvait un peuplier canada. Il était venu si gros qu'un enfant pouvait à peine passer entre l'arbre et mur de l'habitation. Lors d'un orage, cet arbre fut entièrement détruit. Toutes ses branches furent emportées et le tronc éclaté qu'un sol en trois ou quatre parties. La maison n'avait pas souf

Quelque temps après, la foudre détruisit le garde-fou du puits tenant à la même maison. Ensuite, ce fut le tour d'un poirier du din. L'an passé, la foudre tomba encore dans un champ de from voisin. Tout cela dans un rayon de quelques mètres. La configuration du terrain ne présente cependant rien de p culier.

3° Un bois de taillis et de grands arbres plantés en terrain geux est situé à Lovenjoul, entre la voie du chemin de fer et la chaussée de Malines à Liège. Au milieu de ce bois, il y a une bordée de chênes et allant de l'ouest à l'est. J'ai compté sept chê frappés de la foudre dans cette drève; ils sont tous situés l'un de l'autre, un gros frêne a également été teint. Sur la lisière sud du bois, deux peupliers ont encore été truits l'année dernière. Les cultivateurs des environs prét qu'aucun orage ne passe au-dessus de ce bois sans que la foud

— **Durée de la rotation du soleil.** — M. Dunér, directe l'Observatoire d'Upsal, a fait durant les trois derniers étés de cherches sur la rotation du soleil au moyen d'un spectroscope seaux de diffraction de Rowland, adapté au réfracteur de l'Ob toire de Lund. Ce spectroscope a une puissance de dispersion c dérable et permet de déterminer avec une grande exactitud différence de longueur d'once de raies très voisines du spectre laire.

M. Dunér s'en est servi pour mesurer les déplacements des spectrales en comparant les spectres des deux bords opposés du so à une même latitude héliocentrique. Par cette mesure, on obtie vitesse avec laquelle les points du bord s'approchent ou s'éloig de la terre par le fait de la rotation même du soleil.

Les mesures de la vitesse obtenues par M. Dunér donnent pour durée de la rotation du soleil, calculée pour différentes lati héliocentriques, les valeurs suivantes :

Latitude		
— 0° (équateur solaire)	25,46 jours moyens.
— 30°	27,57
— 60°	33,90
— 75°	38,54

On savait déjà, par l'observation des taches du soleil, que tions de la surface voisine de l'équateur avaient un mouvement rotation plus rapide que les régions situées sous une latitude é élevée. Mais on n'observe des taches que très exceptionnellement delà de 35° de latitude, et les résultats obtenus par M. Dunér, d'ap une méthode tout à fait indépendante, confirment brillamment fait extraordinaire, en l'étendant aux parallèles approchés des pô pour lesquels on ne possédait aucune donnée.

— **La spermine.** — Comme confirmation des observations et d expériences de M. Brown-Séquard sur l'effet des injections de liqu testiculaire, M. Pohl, de Saint-Pétersbourg, dit avoir retiré du cer cule des jeunes lapins une substance, la spermine, qui est cris sable, et que M. Schreider croit être le phosphate d'une base org M. Laderberg et Obel, à l'éthylènim M. Pohl a recherché l'action physiologique de cette substance, et affirme qu'elle ralentit le cœur, dont elle augmente l'énergie, qu'elle stimule les systèmes nerveux et génital. Il pense, en ou

...ne l'action du castoréum et du musc est due à la présence de la germine.

— L'IMMIGRATION DANS LA RÉPUBLIQUE ARGENTINE. — Le mouvement de l'immigration est considérablement atteint par la crise financière que traverse ce pays, et, d'autre part, le nombre des émigrants égale aujourd'hui presque celui des immigrants. Pendant le mois de juin 1890, on n'a enregistré que 9183 arrivées contre 8544 départs. Dans le même mois, en 1889, on avait compté 22 091 entrées contre 545 sorties seulement.

Voici d'ailleurs un tableau comparatif du mouvement de la première moitié de 1889 et de 1890 :

		Immigration.	Émigration.	En faveur de l'immigration.
1890.	Janvier. . .	19 069	4 194	14 875
—	Février . .	15 127	3 230	11 907
—	Mars. . . .	14 287	5 202	9 085
—	Avril. . . .	13 293	6 812	6 481
—	Mai. . . .	11 923	9 126	2 797
—	Juin . . .	9 183	8 544	639
		82 822	37 098	45 784
1889.	Janvier. . .	25 420	5 763	19 657
—	Février . .	31 639	8 124	23 515
—	Mars. . . .	21 831	7 978	13 853
—	Avril. . . .	21 655	7 271	14 384
—	Mai. . . .	21 953	8 299	13 654
—	Juin	22 091	7 145	14 946
		144 589	44 580	100 009

INVENTIONS

NOUVELLE PIERRE A AIGUISER. — L'Engineering donne le procédé très simple suivant pour la fabrication des pierres artificielles à aiguiser.

On mélange dans l'obscurité 100 parties d'eau, 100 de gélatine, 1 de bichromate de potasse et 900 d'une poudre fine d'émeri et de silex. On fait dissoudre la gélatine dans l'eau; on ajoute le bichromate de potasse, puis on y mélange bien intimement l'émeri. La masse, ensuite moulée, pressée et séchée, fournit une bonne pierre à aiguiser.

— NOUVEAUX MODES DE PURIFICATION DES EAUX INDUSTRIELLES. — La Revue de chimie industrielle donne deux procédés parfaits selon l'auteur, M. Zabrowski, pour purifier les eaux.

On place de la baryte hydratée dans un filtre-presse à lavage absolu. On traverse l'eau à purifier, et à sa sortie l'eau ne titre pas plus de 2 ou 3° hydrotimétriques. La baryte hydratée, que l'on obtient à bon compte aujourd'hui par la sucrerie, précipite toutes les bases, chaux, magnésie, etc., ainsi que les acides sulfurique et carbonique, de sorte que l'on élimine d'un seul coup les carbonates de chaux et de magnésie et les sulfates de ces deux bases, c'est-à-dire les principales substances nuisibles dans les eaux industrielles.

On remplace la baryte hydratée du procédé précédent par l'oxyde de plomb hydraté qui précipite les carbonates, les sulfates et les chlorures. Il faut toutefois obtenir de l'oxyde de plomb à bas prix, et voici l'ingénieuse méthode employée par M. Villon pour la fabrication de l'oxyde de plomb hydraté.

On place dans une cuve à diaphragme une dissolution d'azotate de soude; on y dispose des électrodes en plomb à large surface, et l'on y fait passer le courant d'une dynamo. Le nitrate de soude est décomposé en soude qui se rend dans le compartiment négatif, et en acide nitrique, qui va au pôle positif, où il attaque le plomb et dose de l'azotate de plomb. Après que le courant a traversé la cuve pendant un certain temps, on fait écouler les liquides des deux compartiments dans une même cuve munie d'un agitateur. La soude décomposant le nitrate de plomb se combine avec l'acide azotique et régénère l'azotate de soude primitif en précipitant l'oxyde de plomb hydraté; il ne reste plus qu'à filtrer pour séparer le liquide qu'on retournera à la cuve.

Quand la baryte ou l'oxyde de plomb sont épuisés sur le filtre-presse, on les remplace par de nouveaux oxydes fraîchement préparés.

L'épuration à la baryte est plus parfaite que celle à l'oxyde de plomb.

Suivant M. Villon, on pourrait éviter l'emploi du filtre-presse en se servant de plombite de soude (dissolution d'oxyde de plomb dans la soude); en laissant déposer le précipité par décantation, on obtient des eaux qui ne titrent pas plus de 2e à 3°.

— FABRICATION DE MARBRE POLI ARTISTIQUE AVEC DU CIMENT. — Voici le procédé indiqué par le Moniteur industriel.

On prend du bon ciment de Portland avec des couleurs qui prennent bien sur cette matière. Les différentes substances sont mélangées à sec, puis transformées en pâte en employant le moins d'eau possible.

On fait une pâte spéciale pour chaque couleur; on applique les différentes pâtes les unes sur les autres par couches successives d'épaisseurs diverses, puis on presse la masse de tous les côtés; on la bat et on obtient un veinage plus ou moins profond et large suivant la disposition adoptée. Pour terminer, on coupe le gâteau de ciment en plaques, de telle sorte que la scie traverse les dépôts colorés. Ces plaques sont pressées dans un moule d'où on les retire douze jours après, en ayant soin de les maintenir humides tant qu'elles ne sont pas entièrement durcies.

Les plaques se polissent de la même manière que le marbre naturel, au moyen du verre soluble.

— RÉPARATION DE LA POTERIE FENDUE. — On met dans le vase endommagé deux ou trois morceaux de sucre, avec le tiers d'un verre d'eau, et l'on place sur un feu vif. On promène le liquide sirupeux sur la partie fendue : le sucre dissous suinte à travers les fentes du vase et charbonne bientôt en donnant un corps dur et compact qui bouche entièrement les fissures.

Les vases qui servent à la cuisson des aliments peuvent se réparer ainsi, et le caramel formé ne leur donne aucun mauvais goût. L'excédent du liquide sucré peut être mis à part et servir à une nouvelle réparation.

Ce procédé, dû à M. Dumoulin, peut s'employer à la réparation des ballons qui servent dans les laboratoires et se fendent facilement.

— SIMPLE RÉACTION POUR RECONNAÎTRE LA PRÉSENCE DE L'ARSENIC. — Le Journal de pharmacie et de chimie recommande le procédé suivant, dû à M. Johnson.

La liqueur dans laquelle on soupçonne la présence de l'acide arsénieux, placée dans un tube à essais, est additionnée d'une solution de soude ou de potasse caustique; on introduit dans le tube un morceau d'aluminium, et l'on place sur l'armure du tube un papier à filtrer imbibé d'une solution de nitrate d'argent; si la liqueur renferme de l'arsenic, le papier noircit.

On emploie quelquefois du zinc; mais il est préférable de prendre de l'aluminium, car le zinc renferme parfois de l'arsenic, et l'aluminium en est toujours exempt.

BIBLIOGRAPHIE

Sommaires des principaux recueils de mémoires originaux.

ARCHIVES DE MÉDECINE NAVALE (juin 1890). — Drago : Rapport médical sur la campagne du croiseur le d'Estaing, station de Madagascar. — Clavel : Rapport médical de l'infirmerie de Chiem-Hoa (haut Tonkin) pour 1888. — Forné : Contribution à la contagiosité de la lèpre.

— ACADÉMIE DES SCIENCES DE BELGIQUE (n° 6, juin 1890). — Terby : Gémination des canaux de la planète Mars. — E. Catalan : Conséquences d'un théorème d'algèbre. — E. Ronkar : Sur l'entraînement mutuel de l'écorce et du noyau terrestres en vertu du frottement intérieur. — Ch. Servais : Sur l'hyperbole équilatère. — Émile Laurent : Expériences sur la production des nodosités chez le pois à la suite d'inoculation. — Paul Stroobant : Observations de Saturne en 1890, à l'Observatoire royal de Bruxelles.

— REVUE D'HYGIÈNE THÉRAPEUTIQUE (juin 1890). — Faucher : Le lavage de l'estomac. — Baratoux : Traitement de la tuberculose pulmonaire et laryngée par les inhalations d'air surchauffé.

— ANNALES DE L'INSTITUT PASTEUR (juin 1890). — Kayser : Études sur la fermentation du cidre. — Gabritchevsky : Sur les propriétés chimio-tactiques des leucocytes. — *Hafkine :* Recherches sur l'adaptation au milieu chez les infusoires et les bactéries.

Publications nouvelles.

ÉTUDE SUR LES IPÉCACUANAS, de leurs falsifications et des substances végétales qu'on peut leur substituer, par *M. E. Jacquemet.* — Un vol. in-8° de 328 pages, avec 19 planches hors texte; Paris, J.-B. Baillière, 1890.

— TRAITÉ DE MÉDECINE OPÉRATOIRE (opérations générales et spéciales) à l'usage des étudiants et des praticiens, par *Karl Löbker;* traduit de l'allemand, d'après la 2ᵉ édition, par M. Herman Hanquet; avec une préface par M. von Winiwarter. — Un vol. in-8°, avec 271 figures dans le texte; Paris, Carré, et Liège, Nierstrasz, 1890.

— TRAITÉ DES MALADIES DU FOIE, par *Georges Harley;* traduit de l'anglais et augmenté d'un mémoire sur l'intervention chirurgicale dans les maladies des voies biliaires, par M. Paul Rodet; précédé d'une préface de M. Tapret. — Un vol. in-8° de 474 pages; Paris, Georges Carré, 1890.

— LA GENÈSE DE L'IDÉE DU TEMPS, par *M. Guyau,* avec une introduction par M. Alfred Fouillée. — Un vol. in-18 de la *Bibliothèque de philosophie contemporaine;* Paris, Alcan, 1890.

— LA FABRICATION DES LIQUEURS ET DES CONSERVES. Les liqueurs naturelles, les liqueurs artificielles, les conserves, analyse et recherche des falsifications, statistique commerciale, les liqueurs devant la loi et devant la loi, par *M. J. de Brevans,* avec une préface de M. Ch. Girard. — Un vol. de la *Bibliothèque des connaissances utiles;* Paris, J.-B. Baillière, 1890.

— DU VERTIGE CARDIO-VASCULAIRE ou vertige des artério-scléreux, par *M. Grasset,* professeur à la Faculté de médecine de Montpellier. Leçons recueillies par M. Rauzier. — Une broch. in-8° de 80 pages; Montpellier, Coulet, et Paris, Masson, 1890.

— CINQ TRAITÉS D'ALCHIMIE des plus grands philosophes : Paracelse, Albert le Grand, Roger Bacon, R. Lulle, Ar. de Villeneuve, traduits du latin en français par *Alb. Poisson,* précédé de la table d'Émeraude, suivis d'un glossaire. — Un vol. de 134 pages, de la *Collection d'ouvrages relatifs aux sciences hermétiques;* Paris, Chacornac, 1890.

— ALENTOUR DE L'ÉCOLE. Les parents, les maîtres et les élèves, par *Édouard Petit,* avec une préface par Jules Simon. — Un vol. in-18. Paris, Maurice Dreyfous, 1890.

L'administrateur-gérant : HENRY FERRARI.

MAY & MOTTEROZ, Lib.-Imp. réunies, Ét. D, 7, rue Saint-Benoît. [326]

Bulletin météorologique du 25 au 31 août 1890.

(D'après le *Bulletin international du Bureau central météorologique de France.*)

DATES.	BAROMÈTRE À 1 heure DU SOIR.	TEMPÉRATURE			VENT. FORCE de 0 à 9.	PLUIE. (Millimètres.)	ÉTAT DU CIEL. À 1 HEURE DU SOIR.	TEMPÉRATURES EXTRÊMES EN EUROPE	
		MOYENNE	MINIMA.	MAXIMA.				MINIMA.	MAXIMA.
☽ 25	751ᵐᵐ,97	18°,3	7°,7	19°,2	N.-W. 3	2,2	Cumulus W.-N.-W.; pluie au N.-W.	— 7° au Pic du Midi; 2° au Puy de Dôme.	38° à Biskra; 37° à Brindisi; 36° Laghouat; 35° la Cal.
♂ 26	751ᵐᵐ,71	15°,3	10°,4	18°,9	W. 3	2,0	Cumulo-stratus W. 1/4 S.	— 4° au Pic du Midi; — 1° au mont Ventoux.	35° Laghouat; 34° Biskra et Bikra; 30° Constantinople.
☿ 27	744ᵐᵐ,08	14°,3	14°,1	18°,3	S.-S.-W. 4	18,5	Cumulo-stratus S.-W.; pluie.	1° à Servance; 2° au Pic du Midi; 3° à Gap et Briançon.	34° Brindisi; 33° app Naura.
♃ 28	754ᵐᵐ,81	12°,8	10°,0	20°,4	S.-W. 3	1,3	Cumulo-stratus W.-S.-W.	1° au Pic du Midi; 4° au Puy de Dôme.	37° à Laghouat et à Biskra; 33° à Brindisi; 30° la Cal.
☾ 29	756ᵐᵐ,87	18°,3	7°,6	20°,1	S.-W. 2	0,0	Cumulus vers l'horizon; atmosphère claire.	— 4° au Pic du Midi; 2° au mont Ventoux.	38° à Biskra; 34° à Aumale; 33° à Brindisi; 31° Palerme.
♄ 30P.L.	757ᵐᵐ,79	19°,0	6°,5	18°,9	W.-N.-W.2	0,0	Alto-cumulus et cumulus N.-N.-W.	— 6°,5 au Pic du Midi; — 1° au mont Ventoux.	35° à Biskra; 34° à Brindisi; 32° Aumale et Hermantstatt.
☉ 31	761ᵐᵐ,83	11°,1	6°,7	16°,9	N.-N.-W.2	0,0	Cirrus au S.-E.; cumulus au N.-W.	— 6° au Pic du Midi; 2° au Puy de Dôme.	36° à l'Île Sanguinaire; 34° à Brindisi et Biskra.
MOYENNE.	754ᵐᵐ,05	15°,31	9°,00	19°,13		TOTAL . .	25,0		

REMARQUES. — La température moyenne est bien inférieure à la normale corrigée 16°,6. Les averses et les pluies qui sont tombées sur la France et sur une partie de l'Europe ont contribué à ce refroidissement.

CHRONIQUE ASTRONOMIQUE. — Mercure et Vénus restent visibles après le coucher du Soleil et disparaissent au-dessous de notre horizon le 7, respectivement à 6ʰ59ᵐ et à 7ʰ45ᵐ du soir. Mars se couche à 9ʰ59ᵐ, et Jupiter, le roi de la nuit, passe au méridien à 9ʰ15ᵐ. Saturne, qui précède le Soleil de quelques minutes, cesse d'être visible à l'œil nu; cette planète sera en conjonction avec la Lune le 12. — Notre satellite sera à son dernier quartier le 6. — A 10 heures du soir, les constellations visibles du N. au S. sont : la Grande Ourse, Céphée, le Cygne, le Dauphin, le Petit Cheval, le Capricorne et le Poisson austral. On voit de l'E. à l'W. Persée, la Petite Ourse et la Couronne boréale.

RÉSUMÉ DU MOIS D'AOÛT 1890.

Baromètre.

Moyenne barométrique à 1 heure du soir.	756ᵐᵐ,42
Minimum barométrique, le 27.	744ᵐᵐ,03
Maximum — le 4.	763ᵐᵐ,59

Thermomètre.

Température moyenne.	15°,77
Moyenne des minima	11°,87
— maxima	22°,69
Température minima, le 30.	6°,5
— maxima, le 1ᵉʳ	32°,6
Pluie totale.	44ᵐᵐ,11
Moyenne par jour.	1ᵐᵐ,42
Nombre des jours de pluie	16

La température la plus basse en Europe et en Algérie a été observée au Pic du Midi, le 25, et était de — 7°.

La température la plus élevée a été notée à Biskra, le 10, et était de 48°.

NOTA. — La température moyenne du mois d'août 1890 est inférieure à la normale corrigée 17°,3; elle surpasse cependant celle du mois de juillet, 16°,20.

                                     L. B.

REVUE

SCIENTIFIQUE

(REVUE ROSE)

DIRECTEUR : M. CHARLES RICHET

| NUMÉRO 11 | TOME XLVI | 13 SEPTEMBRE 1890 |

PHYSIOLOGIE

COURS DE LA FACULTÉ DE MÉDECINE DE PARIS

M. CHARLES RICHET

Le rythme de la respiration.

J'ai l'intention de vous faire, sur la respiration, des leçons plus développées que les leçons précédentes, qui étaient très sommaires. Vous pourrez ainsi comparer une leçon classique, élémentaire, dans laquelle on se contente d'exposer les données certaines, les acquisitions définitives de la science, et une leçon non classique où se donne le détail des expériences qui ont servi à établir les faits, où se montre comment il convient de combiner la méthode expérimentale et la méthode critique, c'est-à-dire bibliographique. Alors, en effet, ne se bornant pas aux résultats acquis, on insiste sur les difficultés du sujet et on indique les désidérata et les expériences à faire.

J'ai choisi la respiration pour vous faire ces leçons détaillées, parce que la fonction respiratoire est une des plus importantes qu'ait à étudier la physiologie. Par sa généralité, par sa constance, cette fonction peut être vraiment considérée comme l'équivalent de la vie. Tout ce qui vit respire, et tout ce qui respire vit.

La respiration, on le sait depuis Lavoisier, est une fonction physico-chimique. Elle consiste essentiellement en une absorption d'oxygène et une exhalation d'acide carbonique; autrement dit, c'est une combustion.

Cette combustion se fait dans l'intimité des tissus, par l'intermédiaire du sang, qui arrive dans le poumon chargé d'acide carbonique, et en revient chargé d'oxygène. Pour cette double fonction, le sang emploie d'ailleurs des éléments différents : les globules, pour véhiculer l'oxygène, et le sérum, pour véhiculer l'acide carbonique. Dans l'un et l'autre cas, le mode de fixation est de nature chimico-physique. L'oxygène se fixe sur l'hémoglobine des globules; l'acide carbonique se combine avec la soude libre du sérum sanguin.

Tous les êtres vivants respirent donc; mais, chez les êtres inférieurs, unicellulaires, la respiration consiste seulement en une sorte d'imbibition par les gaz dans le milieu ambiant, imbibition plus ou moins analogue à l'absorption des gaz par un corps poreux inerte; au contraire, cette fonction, chez les êtres supérieurs, ne peut s'effectuer qu'à l'aide d'un mécanisme spécial, souvent très compliqué, dont le but est d'apporter l'air au contact du sang. Cette mécanique de la respiration se fait, naturellement, par des mouvements musculaires, en lesquels consistent l'inspiration et l'expiration.

Le mécanisme respiratoire est très variable : il n'est pas le même, par exemple, chez les mammifères plongeurs que chez les autres mammifères, chez les poissons que chez les grenouilles, etc. La complication et la variété de ces divers appareils sont considérables, et nécessiteraient une longue exposition que je ne puis vous faire ici.

Donc, nous n'étudierons qu'un seul point de la mécanique respiratoire, à savoir le rythme. Les mouvements respiratoires, en effet, sont intermittents, comme tous les mouvements vitaux; mais l'intermittence est plus ou moins régulière, *rythmée :* c'est ce rythme que nous allons surtout considérer.

11 S.

I.

La question du rythme respiratoire paraît être une des plus faciles de la physiologie; elle soulève cependant des difficultés nombreuses.

Nous supposerons démontré que le rythme est réglé par le système nerveux; car tout se passe comme s'il existait quelque part, dans le bulbe, un centre nerveux commandant les divers actes de la respiration, donnant l'impulsion aux muscles inspirateurs et expirateurs.

Or, cette influence du système nerveux est prodigieusement variable. On peut même dire qu'elle n'est jamais identique à elle-même. Elle se modifie, en effet, suivant la température extérieure ou intérieure, suivant la proportion des gaz contenus dans le sang, suivant le rythme cardiaque, suivant les influences réflexes innombrables; de sorte que, si l'on veut prendre le rythme de la respiration à l'état normal, on se heurte tout de suite à cette première difficulté : la détermination de ce que l'on doit appeler l'état normal.

L'individu normal est en effet multiple. A cinq heures du soir, notre température est supérieure d'un degré et demi à ce qu'elle était à cinq heures du matin; l'état d'une personne qui a marché ou qui a mangé est bien différent de celui d'une personne au repos ou à jeun. De même l'état de veille diffère profondément de l'état de sommeil. Toutes ces conditions, et d'autres encore, multiplient l'état dit normal.

On peut cependant tourner la difficulté en considérant ce qu'on nomme un individu moyen. Le procédé consiste à observer un grand nombre d'individus de conditions, de nationalités, de taille, de sexe, d'âges différents, et à prendre la moyenne de toutes les observations. Ainsi avait fait Quetelet, le célèbre économiste belge, qui, à l'aide de très nombreuses mensurations dont il avait pris la moyenne, avait déterminé l'*homme moyen*. Cet homme moyen est évidemment un être de raison, qui n'existe pas, mais qui n'en est pas moins scientifiquement vrai.

Si l'état normal est assez difficile à définir, il est également difficile à obtenir, car la volonté, l'émotion, la fatigue, l'attention ont une influence manifeste sur toutes les fonctions organiques, en général, et sur le rythme respiratoire, en particulier. L'influence de l'attention est telle, par exemple, qu'il suffit, alors qu'on enregistre sa propre respiration, de regarder le graphique qui s'inscrit pour en modifier immédiatement la forme, et ne plus pouvoir alors obtenir une respiration normale, régulière. Si l'on prévient une personne dont on se dispose à observer la respiration, on en altère immédiatement le rythme; et cette influence est telle qu'on est obligé d'avoir recours à des subterfuges pour éviter ces diverses perturbations, et pouvoir observer une respiration d'homme avec une forme et un rythme vraiment normaux.

II.

En tenant compte de toutes ces difficultés, et en prenant la moyenne de chiffres nombreux obtenus comme nous venons de le dire, on constate que le rythme respiratoire a des relations manifestes avec un certain nombre de conditions individuelles.

Il y a d'abord l'influence de l'âge; et celle-ci est très remarquable. Plus l'individu est âgé, plus la respiration est lente.

Ainsi, tandis qu'un nouveau-né respire 44 fois par minute, un enfant d'un an respire 32 fois, un enfant de cinq ans 26 fois, un adolescent de quinze ans, 20 fois, et le nombre normal des respirations d'un adulte de vingt-cinq ans est de 16 par minute :

Âge.	Nombre des respirations par minute.
Nouveau-né.	44
2 ans.	28
3 —	26
6 —	25
20 —	18
25 —	16

Si l'on traçait une courbe, en répartissant les âges sur la ligne des abscisses, et le nombre croissant des respirations sur l'ordonnée élevée au point zéro de cette ligne, représentant le moment de la naissance, on obtiendrait, comme presque toujours lorsqu'il s'agit des phénomènes naturels, une courbe ayant la forme d'une parabole.

III.

De ce rapport du nombre des mouvements respiratoires avec l'âge des individus, il ne faudrait pas cependant conclure que le ralentissement de la respiration est dû à l'âge. En réalité, il est dû à l'augmentation de la taille de l'individu. Mais, comme il s'agit ici d'une loi importante : rapport de la respiration avec la surface de l'être vivant, nous devons entrer dans quelques développements.

Si, au lieu de la courbe précédente, on en dressait une autre où les chiffres des âges seraient remplacés par les chiffres des tailles, on obtiendrait un graphique très analogue.

C'est ce qu'a fait Quetelet : en comptant les respirations chez 100 femmes de taille différente, il a obtenu les chiffres suivants :

Groupes répartis suivant la taille.	Taille moyenne. Centimètres.	Nombre moyen des respirations par minute.
De 1 à 20.	144,8	21,05
20 à 40.	150,2	19,55
40 à 60.	153,7	19,10
60 à 80.	156,6	18,70
80 à 100.	160,0	18,35

Ainsi les femmes adultes soumises à l'observation respiraient d'autant plus lentement qu'elles étaient de taille plus élevée.

La même observation, faite sur soixante-dix enfants de même âge, mais de taille différente, a encore donné le même rapport :

Groupes d'enfants répartis suivant la taille.	Taille.	Nombre des respirations.
De 1 à 20.	132,3	22,75
10 à 30.	128,6	22,75
20 à 40.	124,3	22,60
40 à 50.	120,75	22,45
50 à 60.	117,30	23,60
60 à 70.	115,12	24,30

Ici encore, on le voit, le nombre des respirations est inversement proportionnel à la taille. Mais ce rapport, quelque bien établi qu'il soit, est encore une donnée brute, insuffisante, et, pour en trouver la loi, il faudrait connaître le rapport exact de la taille avec la surface. On est ainsi amené à chercher une méthode pour déterminer la surface d'un être vivant, ce qui permettrait d'établir la proportion qui relie entre eux ces trois éléments fondamentaux de notre constitution individuelle : la taille, le poids et la surface.

IV.

Quand il s'agit d'animaux, dont les formes sont toujours très compliquées, la mesure directe de la surface est presque impossible, et il faut se contenter d'approximations indirectes, très imparfaites.

Supposons que nous ayons des sphères différentes dont nous connaîtrions le volume, et dont nous voudrions avoir la surface : l'opération serait fort simple, et on aurait :

$$S = \sqrt[3]{P^2}$$

Mais les êtres organisés ne sauraient être complètement assimilés à des sphères, et leur surface n'est pas exactement la racine cubique du carré de leur poids. Il y a une variable, constante sans doute pour chaque espèce, qu'il faudrait déterminer, et cette étude n'a pas encore été faite. Aussi une méthode directe qui permettrait de mesurer la surface d'un animal autrement que par une formule mathématique, forcément approximative, est encore à trouver.

Quelques auteurs admettent un chiffre, variant entre 10 et 12, auquel ils sont arrivés par tâtonnement, qui est le multiple de la formule $\sqrt[3]{P^2}$, pour exprimer le rapport du poids à la surface d'un animal. Ainsi un animal de 1 kilogramme aurait une surface de 110 centimètres carrés ; un éléphant de 2000 kilogrammes aurait une surface de 17 mètres carrés, et un homme de 64 kilogrammes aurait une surface de 1^{mt},92. Mais ce sont là des chiffres fictifs, approximatifs seulement dans des limites étendues.

Cependant, quelque imparfaite que soit la méthode, dans l'ensemble elle suffit, et elle fournit des chiffres intéressants. Calculons alors le nombre de centimètres carrés de surface correspondant à 1 kilogramme d'animal d'une espèce donnée. Nous établirons ainsi une sorte d'échelle, qui montre l'existence d'une véritable fonction mathématique :

Animaux.	Poids. Kilogr.	Surface.	Pour 1 kilogr., quelle surface ?
Éléphant	2000	17040	8,5
Bœuf.	650	8910	11,2
Âne.	400	6504	13
Homme.	64	1920	21
Mouton	40	1116	28
Chien.	24	996	33
Id.	16	810	36,8
Id.	11	600	42,6
Id.	8	480	48
Id.	6,4	414	51,7
Id.	4	306	61
Lapin.	2	165	76
Id.	1,12	127	88
Id	0,80	103	103
Cobaye	0,40	100	130

On pourrait tracer un graphique avec ces chiffres, et on aurait encore la courbe parabolique que vous connaissez bien.

En somme, ces chiffres nous apprennent qu'il y a chez les différents animaux une sorte de constante physiologique, qu'on pourrait nommer le *coefficient d'activité physiologique*, dont la signification me paraît être la suivante. Nous savons, depuis Newton, que le refroidissement d'une masse est fonction de sa surface. Eh bien ! les animaux n'échappent pas à cette loi physique, et ils se refroidissent aussi proportionnellement à leur surface, c'est-à-dire d'autant plus vite qu'ils ont une surface plus étendue relativement à leur poids. Or évidemment les petits animaux se comportent au point de vue de la perte de chaleur comme les petites sphères, et c'est pour eux que le coefficient d'activité physiologique est le plus élevé.

Mais, pour lutter contre un refroidissement rapide, il faut faire beaucoup de chaleur en peu de temps. Or nous savons que les combustions organiques ont pour condition indispensable le fonctionnement du mécanisme respiratoire, qui est chargé de fournir le comburant. Donc l'activité de ce mécanisme respiratoire se mettra en rapport avec les exigences de la calorification ; autrement dit, il variera en proportion inverse de la taille des animaux.

C'est ainsi que nous verrons

Le cheval	respirer 10 fois par minute.
L'homme	—	16	—
Le chien	—	22	—
Le lapin	—	50	—
La souris	—	130	—

Les deux échelles de la respiration et de la surface sont presque parallèles, et nous pouvons en conséquence admettre que le rythme respiratoire — nous ne considérons ici évidemment que la fréquence des respirations — est bien *proportionnel à la surface des animaux.*

M. Rameaux (1) a établi, de son côté, une formule permettant de calculer le rapport qui existe entre le nombre des respirations et une des dimensions d'un animal. Soit n le nombre des respirations, v le volume des poumons et d la dimension des poumons. Si l'on admet que la quantité d'air introduite dans les poumons est proportionnelle à la déperdition de chaleur, celle-ci étant d'autre part proportionnelle à la surface de l'animal, on a :

$$\frac{n\,v}{n'\,v'} = \frac{d^2}{d'^2}$$

et d'autre part

$$\frac{v}{v'} = \frac{d^3}{d'^3}$$

d'où l'on tire

$$\frac{v}{v'} = \frac{d^2\,n'}{d'^2\,n} ; \quad \frac{d^2\,n'}{d'^2\,n} = \frac{d^3}{d'^3}$$

et finalement

$$\frac{n'}{n} = \frac{d}{d'}.$$

Ce qui veut dire que le nombre des respirations doit être inversement proportionnel à la taille.

V.

Cette loi n'est cependant pas absolue, et la question n'est pas aussi simple qu'on pourrait le croire d'après ce qui précède. Pour établir les courbes dont nous venons de parler, il a fallu en effet laisser de côté un certain nombre de faits contradictoires ; mais, par cela même qu'ils sont contradictoires, ils sont fort intéressants, et nous les exposerons avec quelque détail.

La première exception est présentée par les animaux herbivores, qui ne rentrent pas dans les séries que nous avons établies. Ainsi, le bœuf respire autant que l'homme et que les gros chiens. Les antilopes ont 25 respirations par minute ; les cerfs, les lamas, 20 respirations par minute ; les buffles, 18 respirations par minute : tous les ruminants, en un mot, respirent beaucoup plus souvent qu'ils ne devraient le faire d'après la seule considération de leur taille.

Si l'on observe, à ce point de vue, le chat et le lapin, deux animaux de poids assez comparables, on trouve encore la même différence : le chat respire 20 fois par minute, et le lapin 50 fois.

(1) Rameaux, *des Lois suivant lesquelles les dimensions... (Mém. de l'Acad. royale de Belgique*, t. XXIX, 1857; tiraçé à part, 64 pages.)

Il est donc manifeste que les herbivores respirent plus activement que les carnassiers. Il y a certainement dans leur organisation un élément qui modifie la loi des rapports de la surface et de la respiration, qui nous est inconnu. Mais il y a encore d'autres écarts. Certains mammifères plongeurs respirent avec une extrême lenteur : les chasseurs de baleine savent bien que cet animal peut rester une demi-heure sous l'eau : de même les hippopotames peuvent rester très longtemps sans respirer, alors qu'à l'état normal ils respirent aussi fréquemment que le bœuf. Gratiolet en cite un qui plongeait pendant quinze minutes. Cet auteur cherche, d'ailleurs, à expliquer ce fait par l'existence d'un sphincter de la veine cave à l'entrée du cœur, mais cette particularité anatomique paraît assez hypothétique. De même, M. Retterer attribue à la grande masse relative de son sang l'aptitude de la baleine à rester longtemps sans avoir besoin de renouveler sa provision d'oxygène : l'hypothèse peut être vraisemblable ; mais, en attendant que des observations directes aient été faites et que des mensurations comparatives aient été produites — opérations qui ne seront assurément pas faciles — nous avouerons notre ignorance sur le mécanisme de cette aptitude curieuse des animaux plongeurs.

Puis, il y a la série importante des oiseaux, qui présentent des phénomènes tout spéciaux à étudier, et chez lesquels nous ne retrouvons pas non plus le rapport entre le poids et la fréquence de la respiration.

Chez les oiseaux, la respiration est beaucoup plus lente, relativement aux mammifères, que ne l'indique le poids. Ainsi le condor respire moins que l'éléphant; le pigeon respire quatre fois moins que le cobaye. Voici, d'ailleurs, quelques chiffres à cet égard :

Espèces.	Poids — Kilogr.	Nombre de respirations par minute.
Casoar.	50	2
Pélican	8	4
Condor	8	6
Coq.	2	12
Canard	1	18
Pigeon	0,300	30
Moineau. . . .	0,020	100

La respiration des oiseaux, on le sait, est adaptée aux conditions du vol, et se fait dans des conditions toutes spéciales. La lenteur du rythme serait-elle due au volume relativement plus considérable des poumons, ou à l'existence des sacs aériens, qui permettent peut-être un grand apport d'air à chaque inspiration?

VI.

Si, des animaux ayant besoin de faire de la chaleur, nous passons aux animaux à sang froid, il semblerait

e nous ne dussions pas retrouver chez eux un rap-
rt entre la surface et la respiration. Cependant ce
pport existe : c'est là un fait bien remarquable, que,
ns ses belles *Leçons sur la respiration*, Paul Bert a
gnalé. Les petits poissons ont une respiration plus
quente que les gros. Des carpes de poids différents
t donné les chiffres suivants qui indiquent le nombre
leurs respirations par minute :

Poids.	Respirations.
120gr,0	8
37gr,0	35
1gr,3	92

Par minute, un congre de 1 mètre respirait 10 fois, et
un congre de 0m,50, 25 fois.

Mais, ici, cette influence de la taille ne peut se rame-
r à une influence de surface; elle n'est donc pas due
à une cause calorimétrique, puisqu'il s'agit d'animaux
à sang froid. Il s'agit probablement d'une autre influence, celle du volume des poumons, ou de toute
autre cause encore, qui mériterait, certes, d'être étudiée avec soin.

VII.

Il existe un rapport presque constant entre le rythme
cardiaque et le rythme respiratoire.

En effet, si l'on met en regard, pour des animaux
d'espèces différentes, le nombre des battements cardiaques et celui des respirations dans une minute, on
obtient les chiffres suivants, qui permettent d'établir
une relation simple entre les deux chiffres correspondants :

Espèce.	Nombre des respirations.	Nombre des systoles cardiaques.	Rapport.
Homme	16	70	4,4
Chien	24	100	4,2
Éléphant	8	28	3,5
Lapin	50	140	2,8
Souris	150	250	4,7
Pigeon	36	220	6,0

En faisant ce rapport, on voit que, en moyenne, il
y a environ quatre systoles pour une respiration. Toutefois, chez les animaux dont la respiration est très
fréquente, on ne trouve plus le même rapport; et l'on
constate que le rythme circulatoire a crû proportionnellement moins vite que le rythme respiratoire.

VIII.

Nous allons maintenant voir de quelles modifications
physiologiques est susceptible le rythme respiratoire
chez l'homme, qu'il s'agisse de respiration ralentie ou
hypopnée, ou de respiration accélérée ou *polypnée*, ou

de respiration supprimée, *apnée*, ou de respiration
laborieuse, difficile, *dyspnée*.

Évidemment, c'est le besoin d'oxygène qui détermine
le rythme respiratoire, et M. Bordoni, qui pratiqua la
circulation d'air continue dans le système respiratoire
d'un oiseau, le faisant entrer par la trachée pourvue
d'une canule et sortir par une fistule pratiquée à un
sac aérien, ou à un humérus creux perforé, a vu l'apnée
complète s'établir chez l'animal. Le besoin de respirer
avait donc été complètement supprimé par cette circulation artificielle d'air, par ce lavage oxygéné des
organes respiratoires.

Cependant cette opinion, également soutenue par
M. Rosenthal, qui a pu produire l'apnée chez des lapins
en saturant le sang d'oxygène, a contre elle un certain
nombre d'expériences qui ne permettent guère qu'on
l'admette sans réserve.

D'abord, si l'on coupe les pneumogastriques d'un
lapin, c'est-à-dire si l'on supprime les nerfs centripètes
de la respiration, il devient impossible de produire
l'apnée chez l'animal ainsi opéré. L'apnée paraît donc
être un phénomène de sensibilité pulmonaire, plutôt
qu'un phénomène lié à la qualité chimique du sang.

Seconde preuve : si l'on fait respirer de l'oxygène
pur à un animal, on ne voit pas la respiration se modifier, bien que le sang soit saturé de ce gaz.

Troisième preuve : si l'on insuffle dans le poumon
un air pauvre en oxygène, mélangé par moitié d'hydrogène, par exemple, on obtient l'apnée tout aussi
facilement que si l'animal respirait de l'air pur.

Enfin, comme M. Hering et M. Ewald l'ont montré,
le sang d'un animal en état d'apnée ne contient pas
plus d'oxygène que le sang d'un animal normal (1).

Toutes ces expériences nous prouvent que le poumon est doué d'une sensibilité spéciale à la distension
mécanique, et que l'apnée qui en résulte est un phénomène nerveux, d'ordre dynamique, un réflexe consécutif à une excitation mécanico-physique de la périphérie plutôt qu'à une excitation chimique du système
nerveux central.

Mais pouvons-nous diminuer le nombre de nos respirations sans modifier nos conditions physiologiques
essentielles?

M. A. Mosso a montré que la respiration, ainsi d'ailleurs que la plupart des fonctions chez l'homme et chez
quelques autres animaux, est une respiration en partie
de luxe. Quoique on ait souvent critiqué cette expression, je dois dire qu'elle me paraît excellente; elle
signifie que nous respirons, comme nous nous alimen-
tons, d'une façon plus intense que nous n'en avons le
strict besoin pour entretenir notre vie. En respirant
moins, en mangeant moins, en faisant moins de chaleur, on vit; on vit moins bien, mais on vit; ce surcroît
de dépense vitale est évidemment une sorte de luxe.

(1) *Archives de Pflüger*, t. VII, p. 575.

Mais ce luxe n'est pas tout à fait inutile, et je serais tenté de croire, qu'en fait d'oxygène, comme en fait de carbone, ou d'hydrogène, ou d'azote, pour en avoir *assez*, il faut en avoir *trop*.

Voici comment on peut démontrer qu'il y a une respiration de luxe. Sur les montagnes, on le sait, la tension de l'oxygène diminue tellement qu'il nous faudrait, à une certaine altitude, doubler le nombre de nos respirations pour absorber la même quantité d'oxygène qu'à la pression normale. Or nous ne respirons guère plus vite sur les montagnes que dans la plaine ; ce qui prouve bien que notre respiration était plus active qu'il n'était nécessaire pour vivre.

Inversement, si l'on respire de l'oxygène, bien que chaque inspiration apporte au sang 5 fois plus de ce gaz que dans les conditions normales et que par suite le besoin de respirer dût diminuer d'autant, cependant le rythme respiratoire n'est pas modifié : il continue avec sa fréquence précédente, devenue tout à fait inutile, au point de vue chimique, tout au moins.

D'autre part, on peut, par un effort de volonté qui n'a rien de pénible, réduire pendant longtemps le nombre de ses respirations à quatre par minute ; et c'est seulement en le réduisant à trois qu'on éprouve une certaine gêne. Il est évident qu'on n'a fait ainsi que supprimer tout ce qui était du luxe, et que, par ces respirations profondes, qui durent longtemps, on fait un usage plus complet de l'oxygène introduit dans le poumon.

En réalité, on peut admettre que la respiration de l'homme est au moins deux fois plus fréquente qu'il n'est strictement nécessaire.

D'ailleurs, ce qui prouve bien que la ventilation est quelque peu surabondante, c'est que, dans l'hypopnée ou respiration ralentie, nous utilisons bien mieux l'oxygène qui pénètre dans le poumon.

Tandis que, dans la respiration normale, de luxe, nous absorbons 5 pour 100 d'O en rendant 4 pour 100 de CO^2 ; dans la respiration ralentie, nous absorbons 7 pour 100 d'O, et nous rendons 6 pour 100 de CO^2.

Il faut en outre apporter quelque correctif à cette expression de *respiration de luxe*; car peut-être n'y a-t-il pas surabondance pour tous nos tissus, et notre cerveau demande-t-il à être irrigué par un sang très richement oxygéné. Au moins est-ce une conclusion à laquelle semblent nous conduire quelques expériences que nous avons récemment faites, M. Langlois et moi. En détruisant, chez des chiens, une grande partie du cerveau, nous avons vu la respiration diminuer de fréquence, et se réduire au strict nécessaire, comme si nous avions supprimé du même coup quelque tissu délicat, très avide d'oxygène, dont les exigences pouvaient expliquer le luxe apparent dont nous venons de parler (1).

Évidemment, le cerveau n'a pas toujours besoin d'une irrigation aussi richement oxygénée, mais le rythme de luxe se maintient par habitude. Une belle expérience de M. Marey a, en effet, bien mis en évidence cette influence de l'habitude sur le rythme respiratoire.

En observant des soldats soumis à l'entraînement du pas gymnastique accéléré, notre savant maître a constaté qu'au bout de six mois, le rythme respiratoire de ces jeunes hommes était profondément modifié. Leur respiration avait augmenté d'amplitude, et conservait cette amplitude même au repos, alors cependant que son besoin, pour lutter contre l'anhélation, ne se faisait pas sentir.

De plus, après une longue course, l'anhélation, l'essoufflement se produisaient chez ces hommes entraînés bien plus tardivement et plus difficilement que chez ces mêmes individus avant l'entraînement.

IX.

Dans quelques maladies, le rythme de la respiration s'altère, et Cheyne-Stokes a décrit dans certaines affections morbides, dans l'urémie, en particulier, un type de respiration, auquel son nom est resté attaché, et qui est caractérisé par des groupes de respirations normales que séparent des périodes d'apnée plus ou moins longues.

Or, chez les individus en santé, pendant le sommeil normal, M. A. Mosso a également constaté pour la respiration normale un rythme analogue à celui de Cheyne-Stokes : il n'y a pas de périodes d'apnée, mais, de temps à autre, suivant une périodicité régulière, on observe une respiration plus ample que les autres, comme une sorte de soupir.

La respiration périodique s'observe aussi chez les animaux, et je l'ai constatée chez des pigeons et chez des tortues.

A ce propos je vous signale une observation intéressante que vous pourrez sans peine tenter sur vous-mêmes. Faites une série d'inspirations fréquentes et courtes : vous éprouverez le besoin de les interrompre de temps à autre par une inspiration plus profonde.

Comme on sait que les courtes inspirations renouvellent parfaitement l'air des poumons, la grande inspiration périodique n'est certainement pas due à un besoin d'oxygène. MM. Fredericq et Hering ont émis cette hypothèse que le phénomène était sous la dépendance de la circulation, qu'il facilitait, et que s'il se pro-

---

(1) On sait que les fakirs indiens arrivent à se mettre dans un certain état d'extase en pratiquant le *pranayama*, qui n'est autre chose qu'une retenue méthodique de la respiration. L'activité psychique est ralentie alors, et l'individu tombe dans un état voisin de la catalepsie. (Voir à ce sujet les observations de M. Max Müller, dans la *Revue scientifique* du 24 mai dernier, p. 668.)

duisait, c'était pour exercer une sorte de régulation de la pression artérielle.

En effet, en observant de très près les variations de la pression artérielle, on trouve le plus souvent une lente oscillation rythmique parallèle à l'oscillation lente rythmique de la respiration périodique. Ce n'est pas un phénomène purement mécanique, et lié à une augmentation de pression due à une inspiration exagérée ; mais c'est un phénomène dynamique, nerveux, produit peut-être par les contractions périodiques des petits vaisseaux dont on a dit qu'ils constituaient, précisément à cause de cela, un cœur périphérique.

Ce rythme vasculaire est plus compliqué, plus lent que le rythme résultant de l'influence des inspirations, et il se retrouve en divers points du système circulatoire. M. J. Fano, dans une très belle série de recherches, l'a surpris dans la contraction des oreillettes, en mesurant l'état électro-moteur du muscle auriculaire : et on le constate facilement sur les vaisseaux de l'oreille du lapin, qui sont animés de mouvements propres très lents, au nombre de quatre à cinq par minute.

Il y a assurément dans les oscillations du rythme respiratoire autre chose que le résultat d'un besoin d'oxygène ou d'une surcharge d'acide carbonique, peut-être quelque phénomène périodique lent dans la nutrition cellulaire, de nature encore bien vague, mais dont la réalité n'est pas douteuse.

Une expérience de M. Dastre a montré que certains mouvements rythmiques généraux du corps ont aussi une influence sur le rythme respiratoire. Si l'on place un chien sur une planche qui bascule, imitant ainsi le tangage d'un bateau, on observe une dissociation de la respiration thoracique et de la respiration abdominale, le rythme de cette dernière devenant isochrone avec celui de la bascule, et le rythme thoracique conservant au contraire son train normal. Il est possible, comme le suppose M. Dastre, que ce dédoublement ne soit pas sans rapport avec le mal de mer.

On retrouve encore cette dissociation des deux rythmes thoracique et abdominal, chez les chiens chloralisés ; la respiration périodique s'observe très nettement sur les contractions respiratoires du diaphragme.

X.

Mais, de toutes les conditions qui influent sur le rythme respiratoire, une des plus efficaces est assurément le travail musculaire. Sur ce point, il y a quantité d'expériences très précises, et on peut dire que le fait est d'observation universelle et journalière.

Quand on a couru rapidement, soulevé un poids lourd, monté un escalier, on est *essoufflé*, c'est-à-dire que le rythme respiratoire est devenu plus rapide.

Sur l'homme et les animaux, le phénomène est le même. Voyez ces pigeons que je fais voler devant vous, en leur imposant une minime surcharge de 30 grammes. Ils ont peine à s'élever du sol, ne peuvent continuer, et l'effort musculaire qu'ils ont alors donné est en rapport avec l'accélération de leur rythme devenu trois ou quatre, ou cinq fois plus fréquent que le rythme normal. — En passant, je tiens à vous faire remarquer que l'effort dépensé par l'oiseau qui s'élève du sol est un effort toujours considérable, ne pouvant être longtemps soutenu. Au début de leur course, quand il s'agit de monter et d'acquérir de la vitesse, toujours les oiseaux sont très essoufflés.

L'explication de cette modification du rythme est très simple. Le travail musculaire a consommé de l'oxygène, produit de l'acide carbonique ; et cette absence d'O, cet excès de CO^2 entraînent une excitation, une stimulation du bulbe qui réagit par une plus grande fréquence dans son rythme excitateur des mouvements.

Mais cette polypnée n'est pas une polypnée véritable ; elle est à forme dyspnéique, et constitue presque un commencement d'asphyxie.

Il est remarquable de voir à quel point le rythme respiratoire et le travail musculaire sont parallèles. En faisant tourner une roue par un individu dont nous mesurions la respiration, M. Hanriot et moi, nous avons vu que la ventilation pulmonaire était exactement proportionnée au nombre des tours de roue. Chaque effort musculaire déverse dans le sang un peu plus de CO^2 qui excite le bulbe, lequel répond par une respiration plus fréquente, nécessaire pour l'élimination de cet excès de CO^2.

Voici, pour montrer l'influence énorme des contractions musculaires sur le rythme, une expérience que je vous conseille de faire sur vous-mêmes. Mettez-vous en état *d'apnée*, c'est-à-dire faites pendant trois minutes par exemple une série de grandes et de petites inspirations très rapides, de manière à ne plus éprouver le besoin de respirer. Dans ce cas, vous pourrez rester jusqu'à deux minutes sans suffoquer, en gardant la bouche et les narines fermées. Mais il faudra, pendant cette apnée, rester tout à fait immobile, car si vous répétez la même expérience, en faisant pendant l'apnée quelques mouvements, même faibles, vous éprouverez déjà au bout d'une demi-minute des symptômes de suffocation.

En un mot, le rythme respiratoire est dans un constant rapport avec la composition chimique du sang, c'est-à-dire sa teneur en O et en CO^2.

XI.

Le rythme respiratoire est aussi sous l'influence des excitations mécaniques ou chimiques des téguments.

. Si l'on pince tant soit peu le nez d'un lapin ou le bec d'un canard, on voit la respiration de l'animal s'arrêter pendant quelques instants, et reprendre avec une certaine lenteur. De même, en touchant légèrement le nez d'un lapin avec une goutte de chloroforme, qui a un effet caustique marqué, on voit un arrêt immédiat de la respiration qui se suspend brusquement.

C'est là une expérience classique, dont on trouvera de très bons graphiques dans les travaux de Fr. Franck. Je vous la signale comme étant un des meilleurs exemples de l'inhibition respiratoire. On peut la rapprocher de l'arrêt brusque de la respiration par une douche d'eau froide, ou par la pénétration d'un corps étranger dans les voies aériennes.

XII.

Le rythme respiratoire est presque toujours profondément modifié par les poisons.

Sous l'influence du chloral, le rythme s'accélère. Cependant la ventilation diminue (nous appelons ventilation la quantité d'air qui circule dans les poumons). Eh bien ! chez les animaux chloralisés, on voit énormément diminuer l'amplitude des respirations : la respiration devient trois fois plus fréquente ; les inspirations deviennent environ six fois plus petites. La ventilation a donc diminué de moitié, pendant que la fréquence du rythme a triplé. Je pourrais vous donner à cet égard de bien nombreux graphiques ; et vous montrer qu'à dose extrèmement forte, le chloral diminue la fréquence en même temps que l'amplitude.

L'action de la morphine forme un étrange contraste avec celle du chloral, au point de vue du rythme respiratoire. Chez un animal morphinisé, la respiration est très ralentie, et les inspirations, devenues plus rares, se font plus amples.

C'est d'ailleurs là un phénomène qui confirme l'hypothèse que nous avons émise à propos de la respiration de luxe ; car, si celle-ci est due à l'action des éléments nerveux du cerveau, la morphine diminuant précisément l'activité psychique, on comprend que la respiration, n'ayant plus à pourvoir aux exigences psychiques, se fasse alors plus lentement et avec un luxe moindre.

CHARLES RICHET.

(A suivre.)

GÉOGRAPHIE

Le problème du Niger,
d'après les anciens géographes.

Pour bien apprécier les progrès récents de nos connaissances géographiques, il est bon de revenir de temps à autre en arrière, et parmi ces études rétrospectives il n'en est peut-être pas de plus intéressante que celle de la question du Niger, qui pendant plus de trois siècles a si vainement exercé la sagacité de nos plus éminents géographes.

On savait vaguement que dans la région de l'Afrique centrale, située au sud du Sahara, se trouvait un fleuve important, désigné sous le nom de Niger ou Nil des noirs. Son existence était incontestable. On ne pouvait concevoir une région aussi vaste que celle du Soudan, située sous la zone tropicale, sans admettre un fleuve proportionné à l'écoulement de ses eaux pluviales ; mais dans quel sens coulait ce fleuve, d'où venait-il, où allait-il ? Autant de questions inconnues ayant donné lieu aux hypothèses les plus divergentes.

La confusion était d'autant plus grande que dès le début on avait cru devoir identifier ce fleuve inconnu avec un de ceux qui avaient été indiqués par les géographes de l'antiquité. Ptolomée, notamment, avait signalé deux grands fleuves, prenant leurs cours sur les versants sud de l'Atlas, le Niger et le Gir (1).

De ces deux fleuves, le premier était probablement l'O-Draha actuel ; le second, très certainement l'O-Guir, dont le lit reconnu jusque dans les oasis centraux du Touat, se continue peut-être au delà, jusqu'au vrai Niger, mais ne contribue certainement pour rien à son alimentation. A défaut de leurs eaux qu'ils ne lui apportent pas, les fleuves de Ptolomée ont donné leur nom générique au fleuve du Soudan ; quant à son

(1) Cette appellation générique rappelle sous deux formes peu différentes un même radical, gar, ger, gir, jur, qui, avec une accentuation plus ou moins gutturale de la consonne et une entière variation dans la voyelle suivant le dialecte, s'appliquait dans une langue primitive et s'applique encore en beaucoup de lieux à un ensemble de cours d'eau analogues.

Le Ger, le Jur (la rivière), le Jurjura (le pays des rivières), dans la Kabylie, le Guir, l'Igargar, les Igargaren, dans le Sahara du nord.

Et chez nous : le Gard, la Gardonnenque (pays des gardons) ; le Garst, les Aigarel, si nombreux dans le bas Languedoc ; les Garonnes, nom générique que portent aux environs de Luchon les cours d'eau qui plus loin, vers l'ouest, s'appellent Gaves.

Entre ces appellations, ayant cela de particulier qu'elles se retrouvent sur les deux rives de la Méditerranée, il est difficile de ne pas voir une identité d'origine analogue à celle qu'on retrouve plus généralement chez nous et dans les pays de race latine, sous la forme locale de rhus, recs, rieus (ruisseaux, rivières).

Si le second radical Rh est très probablement d'origine aryenne, ne doit-on pas admettre que le primitif gar, gir, nous vient également d'une même race ethnique, celle des Ibères, peut-être?

bassin, il ne pouvait nous être connu que par renseignements provenant, soit de narrations écrites de divers voyageurs arabes, tels que Ibn-Batouta, Edrisy, Léon l'Africain, qui avaient parcouru le pays, soit de simples itinéraires de caravanes recueillis çà et là.

Mettre en évidence ces divers documents n'était pas chose facile pour nos géographes, à en juger du moins par les résultats. Pour les uns, le Niger n'était qu'un affluent du Nil, coulant de l'ouest à l'est; pour les autres, c'était au contraire un effluent du fleuve égyptien, coulant en sens opposé. Suivant l'une ou l'autre de ces hypothèses, l'emplacement de l'embouchure était reporté de celle du Nil à celle du Congo, à moins que comme solution intermédiaire on ne fît déboucher le Niger dans une mer intérieure sans issue. L'existence de cette mer intérieure, et la liaison à un titre quelconque entre le Nil des noirs et le Nil égyptien, étaient surtout deux faits particuliers qui paraissaient généralement ressortir de l'ensemble de tous les documents comparés.

Les premiers renseignements recueillis par les Portugais, ayant paru établir que le Niger se déversait dans l'Atlantique, on considéra longtemps le Sénégal, la Gambie et même le Rio-Grande, comme constituant autant de branches de son delta. Parfois même on l'identifia avec le Sénégal, dont le cours était en conséquence indéfiniment reculé vers l'est. Je retrouve cette disposition encore figurée sur une carte de 1747.

Les explorations faites dans la Sénégambie à la fin du siècle dernier ayant démontré que ses deux rivières avaient chacune un bassin distinct, force fut de chercher ailleurs celui du Niger. Mungo-Park, en ayant enfin atteint les rives dans son premier voyage en 1796, on fut à peu près fixé sur la direction générale de son cours moyen et l'emplacement probable de sa source; mais la question des embouchures resta plus que jamais indécise. Trente ans plus tard, même après le voyage de Caillé à Tombouctou, elle n'était pas encore résolue; et cependant comme le rappelle M. É. Reclus, l'emplacement réel de ces embouchures avait été pratiquement connu des plus anciens navigateurs; et plus récemment, en 1802, le géographe Reichard avait indiqué comme une hypothèse plausible et probable ce fait oublié, sans avoir eu assez d'autorité scientifique pour faire prévaloir une opinion qui passa fort inaperçue.

J'ai sous les yeux un travail considérable, un volume de plus de 500 pages, publié en 1821 par un des géographes les plus érudits et les plus en renom de son temps, le baron Walkenaer, membre de l'Institut, président de la Société de géographie de Paris, qui après avoir longuement discuté tout ce qui avait été écrit à ce sujet, comparé toutes les hypothèses, y compris celle de Reichard qu'il mentionne en passant comme ne méritant pas sérieuse créance, arrive pour son compte à de bien étranges conclusions.

Le fait qui lui paraît ressortir le plus nettement de la discussion à laquelle il s'est livré, c'est que les itinéraires et renseignements fournis jusque-là pourraient bien s'appliquer à trois cours d'eau différents, réunis sous une même appellation générique dans les récits des indigènes.

La carte dans laquelle M. Walkenaer figure ses conjectures personnelles représente sous une forme assez acceptable les grandes limites du Sahara, le cours du Sénégal et celui du Niger supérieur jusqu'au lac Debbo. Au delà viennent les trois cours d'eau en question : en premier lieu, un fleuve entièrement fantastique, le Gambourou qui partant d'Agadès, dans l'Ashben, pour aboutir au lac Debbo, passe à Kabra, le port de Tombouctou; en second lieu, le Niger qui, sortant du lac Debbo, coule franchement de l'ouest à l'est en sens inverse du Gambourou pour aller se perdre dans la mer intérieure du Soudan. De toutes les localités signalées comme se trouvant sur le cours de ce fleuve dont il a discuté l'emplacement, une seule lui parut assez nettement établie pour qu'il ait cru pouvoir la rapporter sur sa carte, c'est Boussa, qu'il place à 1200 kilomètres au moins de sa position réelle.

Le troisième cours d'eau, timidement esquissé en pointué sur la carte de M. Walkenaer, continue le tracé du Niger de l'ouest à l'est au delà du lac, avec cette circonstance bizarre que, indiqué comme son affluent dans le texte, il en devient un effluent sur la carte.

Sans nous arrêter à cette inadvertance, difficile à comprendre de la part d'un homme qui avait d'ailleurs si consciencieusement étudié son sujet, on doit reconnaître que, bien que sa carte soit certainement la plus pauvre en indications, et peut-être la plus inexacte en fait qu'on eût publiée depuis trois siècles, M. Walkenaer avait eu au fond une intuition assez juste des causes de confusion qui avaient si longtemps embarrassé ses devanciers, et les attribuant en principe à l'existence de trois cours d'eau distincts, dont lui-même défigurait si étrangement le cours. Ces cours d'eau, aujourd'hui mieux connus, sont en réalité le Niger, le Bénué son affluent, et le Charry continué par la rivière du Bahr-el-Ghazel au delà du lac Tchad.

Le Niger proprement dit, après avoir coulé sensiblement du sud au nord, décrit une vaste courbe à la hauteur de Tombouctou, pour reprendre un cours en sens inverse qui le fait déboucher dans le golfe de Bénin, à 1800 kilomètres de sa source, après un parcours réel de plus de 4000 kilomètres.

Le Bénué, qui par le volume de ses eaux est aussi important que le Niger et l'emporte sur lui comme voie de facile navigation, nous était resté complètement inconnu, ou du moins nous n'était que vaguement connu de nom, avant le voyage de Barth qui le découvrit et en signala l'importance en 1851. Sa source extrême paraît être sur le haut plateau de la région centrale où se trouvent les grands lacs alimentaires du

11 S.

Nil et du Congo. Le Bénué coule d'abord du sud au nord pour s'infléchir ensuite vers l'ouest jusqu'à sa rencontre avec le Niger, à 300 kilomètres en amont de son embouchure.

Le Charry prend sa source sur le même plateau que le Bénué. Les deux rivières coulent d'abord parallèlement du sud au nord, séparées à leur point de divergence par le court trajet d'une dépression qui, du moins dans la saison des pluies, paraît établir une jonction navigable entre les deux cours d'eau. Cette dépression ne constitue pourtant pas une simple zone marécageuse, mais une véritable cuvette encaissée entre des montagnes ou collines assez élevées, analogue, à certains égards, à la vallée de Wallenstein en Suisse, par laquelle les eaux du Rhin qui se jettent dans le lac de Constance pourraient être avec le moindre effort détournées dans le lac de Zurich.

Peu après son point de plus grand rapprochement du Bénué, le Charry débouche dans le lac Tchad, qui n'est à vrai dire qu'une nappe d'inondation temporaire ou intermittente analogue à celle de la mer d'Aral par rapport à l'Oxus.

Quelques explications sur le mode naturel des dépôts limoneux nous rendront compte de l'état géologique particulier des formations de ce genre.

Lorsqu'un grand cours d'eau chargé de troubles limoneux rencontre sur son parcours une dépression géologique large et peu profonde, il y forme naturellement un lit dont le niveau s'élève jusqu'à ce que les eaux aient atteint un seuil de sortie vers l'aval. Mais le courant ne se diffuse pas uniformément sur toute la largeur de la nappe liquide; il tend à s'y concentrer dans un lit distinct suivant l'axe rectiligne, ou mieux de symétrie, qui offre la moindre résistance de frottement entre les deux seuils d'entrée et de sortie. Non seulement ce lit s'isole, mais il s'encaisse et s'endigue peu à peu entre deux berges formées par le dépôt latéral des limons.

Les parties de la dépression primitive laissées en dehors de ce lit normal ne reçoivent plus que des eaux accidentelles de déversement qui, dans les crues moyennes, franchissent les digues naturelles dont elles rechargent sans cesse les talus par de nouveaux dépôts avant d'aller s'accumuler au pied des coteaux dans des cuvettes marécageuses, d'où elles ne peuvent plus ressortir que difficilement pour rentrer dans la voie générale d'écoulement en quelque point situé en aval.

Mais quand survient une grande crue accidentelle, les eaux qui débordent à l'origine de la dépression peuvent avoir une action érosive suffisante pour faire brèche dans une des digues latérales. La cuvette correspondante se remplit très rapidement. Les eaux s'y élèvent à un niveau uniforme déterminé par la hauteur du courant à l'emplacement de la brèche. Ce niveau se trouvant dès lors supérieur à celui de l'écoulement de la crue en aval, les eaux exécutent en ce point une

pression normale de sens inverse qui détermine une brèche inférieure de rentrée.

L'ancien lit rectiligne, de plus en plus abandonné dans l'intervalle des deux brèches, s'atterrit entre ses digues, constituant un bourrelet saillant suivant l'axe de la dépression générale, pendant que le courant déversé se régularise et s'encaisse à son tour dans un nouveau lit à forte courbure qui épouse le contour de cette dépression, en attendant que le retour des mêmes causes le rejette symétriquement sur le côté opposé.

C'est ainsi que s'explique la succession de ces courbes brusques à angle droit que présentent habituellement les vallées de formation limoneuse, quand la main de l'homme n'a pas modifié l'état des lieux, en rectifiant et fixant le courant par des digues artificielles dans un lit central qu'on s'efforce de rendre invariable.

Entre mille exemples que je pourrais citer de ce mode de formation, j'en trouve un très nettement caractérisé dans la carte que j'ai sous les yeux de la vallée du Chagres, où le tracé rectiligne du canal de Panama recoupe dix à douze fois dans son lit du cours d'eau, sur une longueur d'une trentaine de kilomètres en amont de son embouchure dans l'Atlantique.

Cette disposition générale se reproduit naturellement dans toutes les vallées limoneuses, à la condition toutefois que la nappe intérieure puisse reprendre, à la sortie de la dépression submergée, un débit sensiblement égal à celui qu'elle avait à son entrée; mais il en est autrement quand cette dépression est très étendue et qu'en même temps l'évaporation atmosphérique est assez puissante pour absorber, dans l'intervalle de deux saisons pluvieuses, la quantité d'eau totale amenée par l'une d'elles.

Non seulement il ne se produit pas de brèche de rentrée à l'aval pour ramener les eaux dans le lit primitif d'écoulement, mais le fond même de ce lit s'exhausse graduellement par de nouveaux dépôts provenant des courants d'eau qui n'y passent plus qu'à des intervalles intermittents avec un débit et, par suite, une vitesse insuffisants pour maintenir en suspension les troubles dont ils sont chargés.

Les eaux épanchées dans la dépression latérale s'y étalent en une sorte de mer intérieur sans profondeur, dont le niveau s'élève ou s'abaisse sur place sans pouvoir prendre d'écoulement au dehors.

Tel est bien certainement l'état actuel du lac Tchad, dont les eaux n'ont pas de salure appréciable et dont les îles si nombreuses de sa rive sud-est présentent le caractère de fragments disjoints d'une même formation alluvienne, ancienne digue naturelle rompue par de nombreuses brèches d'inondation.

Les eaux du Charry y produisent des crues qui peuvent parfois quintupler la surface du lac, en faire varier le niveau de 8 à 10 mètres de hauteur, sans que le faible excédent qui, de temps à autre, s'écoule dans l'ancien lit du Bahr-el-Ghazel ait assez de puissance pour en recreuser le plafond qui, loin de s'approfondir, s'exhausse chaque jour pour constituer un seuil de plus en plus infranchissable.

Si le lac n'a plus d'écoulement, il n'en reste pas moins soumis à certaines modifications de forme. Les troubles entraînés par le Charry relevant incessamment les talus submersibles de son delta, refoulent au-devant d'eux la nappe de submersion qui s'étend à proportion sur les rives opposées, démantelant les dunes et les falaises du Kanem au nord-est, envahissant toutes les plaines basses du Bornou à l'ouest.

Cet état de choses ne saurait sans doute durer indéfiniment ; livré à lui-même, le Charry reprendra tôt ou tard son écoulement vers le nord-est, mais il n'est pas probable que ce soit par un recreusement de vive force de l'ancien lit du Bahr-el-Ghazel. L'événement résultera bien plutôt d'une diramation des branches supérieures du delta se produisant à une assez grande distance pour qu'elle vienne aboutir non plus dans le champ de l'inondation actuelle, mais au delà, vers l'est, soit dans la dépression même du Bahr-el-Ghazel, soit dans une autre, probablement tributaire, telle que le lac Fitri.

Déjà dans les grandes crues un bras détaché du fleuve à plus de deux cents kilomètres de son embouchure se poursuit dans cette direction. Tôt ou tard cette déviation temporaire deviendra définitive et totale. Il serait très certainement facile de hâter cette solution, si nous nous trouvions en pays civilisé. Le Tchad ne rencontre plus alors que les eaux de Yéou, la rivière de Bournou, infiniment moins considérable que le Charry, sa surface d'inondation se réduirait de plus des trois quarts et il suffirait de creuser un canal de dessèchement suivant le seuil du Bahr-el-Ghazel pour régulariser le niveau du lac, peut-être même pour l'assécher en entier, car le plafond primitif de sa cuvette doit s'être considérablement exhaussé depuis qu'elle reçoit l'intégralité des troubles du Charry.

L'obstruction du Bahr-el-Ghazel est un fait assez récent qui ne remonte peut-être pas à beaucoup plus d'un siècle. Le voyageur Nachtigal a suivi le cours de ce fleuve desséché sur une longueur de 500 kilomètres jusqu'au pays du Bougou où il se terminerait dans la dépression du Bodelli, à un niveau inférieur de plus de 100 mètres à celui du lac Tchad, mais encore supérieur de 150 mètres à celui de la mer.

Cette dépression du Bodelli doit-elle être considérée comme le terme extrême de l'ancien cours de ce fleuve ? Rien ne le prouve d'une manière certaine. Les traditions locales s'accordent à le continuer jusqu'au Nil : le voyageur arabe Ibn-Batouta, qui a parcouru les lieux au XIVᵉ siècle, affirme expressément qu'il y débouchait alors aux environs de Dongola. Les explorations récentes faites dans cette partie du cours du Nil n'ont, il est vrai, rien signalé qui puisse être considéré comme représentant cet ancien confluent. On peut d'ailleurs admettre comme assez vraisemblable que la

dépression du Bahr-el-Ghazel, sans se souder directement au coude de Dongola, pouvait très bien se rattacher en route à quelqu'un de ces grands fleuves sans eau qui ont été signalés dans le désert Lybien, notamment celui que jalonne le chapelet des oasis qui se succèdent du sud au nord, à l'ouest de la Nubie et de l'Égypte.

Quoi qu'il en soit de cette question de détail qui s'élucidera tôt ou tard, le fait essentiel à constater ici, c'est que les trois cours d'eau distincts dont je viens de parler, le Niger, le Benué et le Charry Bahr-el-Ghazel, constituent, dans leur ensemble, une même ligne d'eau presque ininterrompue, s'étendant des frontières de la Sénégambie au voisinage de la vallée du Nil, dont la continuité suffit à expliquer les contradictions apparentes des renseignements fournis par les indigènes qui n'y voyaient qu'un seul cours d'eau, un être à trois corps et à deux têtes, coulant tantôt de l'ouest à l'est si l'on considère le Niger près de Tombouctou ; tantôt de l'est à l'ouest si l'on envisage le Benué ; ayant à volonté sa source près la côte de Guinée pour le Niger, au voisinage de celles du Nil pour le Benué et le Charry.

Tel est en particulier le sens que l'on doit donner à la fameuse carte autographe, que le sultan Bello remit au voyageur Clapertora, qui s'applique à l'ensemble du Niger et du Benué venant rejoindre le Nil par le Bahr-el-Ghazel.

C'est ainsi qu'on peut également comprendre les narrations de tant de voyageurs de bonne foi qui affirmaient avoir suivi par eau tout ou partie de ce long itinéraire, en faisant abstraction du sens de la pente qu'ils avaient eu successivement à descendre ou à remonter.

La plus authentique, la plus bizarre en apparence de ces relations, serait notamment celle de 17 nègres qui, partis du Djenné vers 1789, seraient allés par eau jusqu'au Caire en ayant eu seulement trois fois à transporter leur barque, faute d'une profondeur d'eau suffisante pour la tenir à flot.

De ces trois portages, le premier serait probablement un des rapides entremêlés d'écueils que signale Barth en aval de Tombouctou ; le deuxième, le trajet assez court du Benué au Charry ; quant au troisième, en admettant même que le Charry coulât encore dans le Bahr-el-Ghazel, la lacune aurait été plus longue de près de 800 kilomètres, si ce cours d'eau s'était arrêté au terme extérieur du Bodelli, que lui assigne Nachtigal.

Cette dernière circonstance n'infirme en rien le principe du fait du voyage ; et il m'a paru curieux de faire ressortir comment en interprétant une même série de récits exacts et concordants dans leur ensemble, tant d'hommes érudits ont pu arriver à des conclusions si discordantes et toutes contraires à la réalité, faute d'avoir compris cette confusion si naturelle cependant, entre les trois tronçons consécutifs d'une même route, dans laquelle ils s'obtinaient à ne vouloir trouver qu'un seul et même cours d'eau en pente continue, ou bien d'y voir trois rivières distinctes.

A. Duponchel (1).

HISTOIRE DES SCIENCES

Les « Essays » de Jean Rey.

Parmi les savants de la première moitié du xvii° s ècle, il en est un dont le nom est resté longtemps ignoré et qui, à l'heure actuelle, est encore presque inconnu ou mal jugé. C'est Jean Rey, médecin du Périgord.

Il naquit vers la fin du xvi° siècle, au Bugues, sur la Dordogne, dans les dépendances de la baronnie de Lymeil; Lymeil, ville de la province du Périgord, appartenait au duc de Bouillon. Nous ne savons pour ainsi dire rien sur sa vie; il était docteur en médecine et se livrait, pendant ses loisirs, à des recherches de chimie et de physique chez son frère aîné, qui s'appelait aussi Jean Rey, sieur de la Perotasse, propriétaire de la Forge de Fer, à Rochebeaucourt, dans la Dordogne. Il mourut en 1645; peut-être ses jours furent-ils abrégés par le chagrin que lui causa un procès malheureux.

Jean Rey inventa un thermomètre à eau ou thermoscope, et une arquebuse à vent. Il songea même à appliquer aux usages de la médecine ce thermomètre, qu'il décrit de la façon suivante, et qui certainement un des premiers instruments destinés à mesurer des différences de température :

« Ce n'est rien plus qu'une petite phiole ronde ayant le col fort long et deslié. Pour m'en servir, je la mets au soleil, et parfois à la main d'un febricitant, l'ayant tout remplie d'eau fors le col, la chaleur dilatant l'eau fait qu'elle monte : le plus et le moins m'indiquent la chaleur grande ou petite. »

Il écrivit un seul ouvrage, un opuscule d'une centaine de pages, dédié au comte de la Tour d'Auvergne, imprimé à Bazas, en 1630, et ayant pour titre : « Essays de Jean Rey, docteur en médecine, sur la recherche de la cause pour laquelle l'estain et le plomb augmentent de poids quand on les calcine. » Cet ouvrage n'a pas été compris des savants

(1) Cet article a été écrit, il y a plusieurs mois déjà, à un point de vue purement géographique, en dehors de toutes les considérations d'intérêt colonial qui s'imposeraient forcément à l'esprit de l'auteur s'il avait à traiter aujourd'hui le même sujet, après les dernières conventions diplomatiques qui ne tendent à rien moins qu'à céder définitivement à l'Angleterre ces riches et fertiles régions du Soudan africain, qu'on pouvait à bon droit considérer comme devant être rattachées à notre influence civilisatrice par la voie du Transsaharien ! Dans un prochain article, nous envisagerons cette question à ce nouveau point de vue.   A. D.

de cette époque. Il fut, d'ailleurs, probablement fort peu répandu et, au milieu du xviii° siècle, il n'en existait plus que deux exemplaires. Encore, un seul de ces exemplaires était-il complet; il appartenait à la grande bibliothèque du roi.

Néanmoins, en 1777, le livre de Rey fut réimprimé par Gobet, qui réimprima aussi, vers la même époque, les œuvres de Bernard Palissy. A la suite des Essays, Gobet fit paraître également la correspondance que Rey eut avec Brun et avec le P. Mersenne à l'occasion des Essays; ces lettres, éditées par Gobet, ne répondent pas, d'ailleurs, exactement les unes aux autres et il doit en exister d'autres inédites dans la correspondance manuscrite du P. Mersenne.

Le livre de Rey fut donc assez répandu à la fin du xviii° siècle. Malgré cela, il est aujourd'hui excessivement rare; il n'en existe en France, dans les bibliothèques publiques, que trois exemplaires, qui se trouvent à la bibliothèque Mazarine, au Conservatoire des Arts et Métiers et à la bibliothèque de la Rochelle.

Aussi, bien peu de personnes, aujourd'hui, ont-elles lu les Essays de Rey, devenus introuvables. Nous avons pensé pouvoir rendre quelques services et éclaircir dans une certaine mesure l'histoire de la science, toujours si obscure à ses débuts, en donnant une analyse aussi courte et aussi exacte que possible de cet ouvrage, dont nous avons le bonheur de posséder un exemplaire.

A en juger par ses écrits, Jean Rey paraît avoir eu des connaissances scientifiques très étendues et un talent d'expérimentation qui devait être rare à son époque. D'ailleurs, il se trouvait en relation avec la plupart des savants de son temps; on s'adressait à lui dans les cas difficiles et, lui-même, il était au courant de tout ce qui avait été fait, aussi bien en France que dans les pays voisins.

Trois hommes surtout sont intimement mêlés à ses travaux; ce sont le sieur Brun, maître apothicaire de Bergerac; Deschamps, médecin de la même ville; et, enfin, le P. Mersenne, de l'ordre des Minimes, qui eut avec Jean Rey une correspondance si suivie et si intéressante pour nous.

C'est à la demande de Brun que Rey entreprit ses expériences. La lettre de Brun mérite d'être citée tout entière; elle va nous donner une idée de la grande confiance que Rey avait su inspirer à ses contemporains et de la haute réputation qui s'était attachée à son nom :

« Voulant ces jours passez calciner de l'estain, écrivait Brun, j'en pesay deux livres six onces du plus fin d'Angleterre, le mis dans un vase de fer adapté à un fourneau ouvert, et à grand feu l'agitant continuellement sans y adjouster chose aucune, je le convertis dans six heures en une chaux très blanche. Je la pesay pour scavoir le déchet et en y trouvay deux livres treize onces. Ce qui me donna un estonnement incroyable, ne pouvant m'imaginer d'où estoient venües les sept onces de plus. Je fels le mesme essay du plomb et en calcinay six livres, mais j'y trouvay six onces de déchet. J'en ay demandé la cause à plusieurs doctes hommes, notamment au docteur N... (1), sans qu'au-

(1) Deschamps.

cun ay peu me la monstrer. Vostre bel esprit, qui se donne des eslans, quand il veut, au-delà du commun, trouvera icy matière d'occupation. Je vous supplie de toute mon affection vous employer à la recherche de la cause d'un si rare effect; et me tant obliger que par vostre moyen je sois esclaircy de cette merveille. »

Rey se met aussitôt à l'œuvre pour résoudre cette question, une « des plus ardues que la philosophie aye jamais produit ». Et, d'ailleurs, ce n'est pas sans quelque émotion qu'il prend la plume :

« Estimant d'avoir frappé le but, dit-il, j'en produits ces miens essays. Non sans prévoir très bien que j'encourray d'abord le nom de temeraire, puis qu'en iceux je choque quelques maximes approuvées depuis longs siècles par la pluspart des philosophes. Mais quelle temerité y peut-il avoir d'estaller au jour la vérité après l'avoir cogneuë? »

Composé de vingt-huit chapitres ou *Essays*, le livre de Rey est divisé en deux parties bien distinctes. Dans la première, il prépare, pour ainsi dire, son lecteur aux idées qu'il exposera dans la seconde. Il démontre d'abord la pesanteur de l'air, fait entièrement nouveau pour la science; il applique ensuite les idées qu'il vient d'émettre à l'explication de l'accroissement de poids de l'étain et du plomb calcinés à l'air.

DÉCOUVERTE DE LA PESANTEUR DE L'AIR.

Les grands physiciens du xviiᵉ siècle n'avaient encore rien produit à l'époque où parurent les *Essays* de Jean Rey, en 1630. Otto de Guericke n'avait que vingt-huit ans, Torricelli étudiait encore les mathématiques à Rome et sa célèbre expérience ne fut faite par Viviani qu'en 1643. Galilée seul pouvait avoir, à ce moment, des idées bien arrêtées sur la pesanteur de l'air; mais ce n'est qu'en 1638 que parurent, à Leyde, ses *Dialogues sur le mouvement et sur la résistance des fluides.*

C'est donc Rey qui, le premier, déclara que l'air est pesant, et à lui seul doit revenir tout l'honneur de cette importante découverte. Son premier *Essay* a pour titre : « Tout ce qui est de materiel soubs le pourpris des cieux a de la pesanteur. » D'après lui, la terre occupe le centre du monde.

« La matière remplissant de tout point l'espace enfermé soubs la courbure du ciel, est continuellement poussée par son propre poids vers le centre du monde. Vray est que la terre, comme plus pesante, occupe promptement ce lieu : et forçant ses confraires à la retraite, fait que l'eau, seconde en pesanteur, soit aussi seconde en place : quesi l'air chassé du plus bas et second lieu, se restraint au troisième; laissant au feu, le moins pesant de tous, la suprême région pour faire sa demeure. »

Ainsi Jean Rey exprime d'une façon bien précise que les corps sont pesants; il n'y a rien de leger en la nature, » et « il n'y a point de mouvement en haut qui soit naturel. » Rapportons encore ses propres paroles :

« Je dis : s'il y avoit un canal depuis le centre de la terre, jusques bien avant dans la région du feu, ouvert par les deux bouts, et plein des quatre elemens, chacun endroit de sa place ordinaire; que tirant la terre par le bas, l'eau descendroit occuper cette place; laissant la sienne à l'air, et l'air au feu la sienne. Puis soubstrayant l'eau de ce lieu, l'air le viendroit remplir; lequel aussi vuidé, le feu s'y porteroit, et rempliroit tout le canal, descendant jusqu'au centre, par luy avoir osté seulement ce qui l'empeschoit de ce faire. Ceux qui diront que cela se fait pour esviter le vide, ne diront pas beaucoup; ils indiqueront la cause finale et il s'agit de l'efficiente, qui ne peut point estre le vuide. »

Ainsi, avant Torricelli, Rey combattait ce préjugé grossier qui voulait que la nature ait horreur du vide. Contraire-

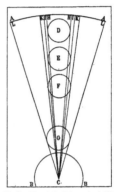

Fig. 48. — Démonstration de la pesanteur de l'air par Rey.

ment aux opinions des savants, ·il disait « que l'air et le feu sont pesants, et se meuvent naturellement en bas ».

Que nous sommes loin déjà du temps où Salomon de Caus écrivait :

« L'air est un élément froid, sec et léger, lequel se peut presser et rendre fort violent... L'air est aussi dit léger, car quelque quantité qu'il y ait d'air dans un vaisseau, il n'en sera plus pesant! » (*Raison des forces mouvantes*, 1615. — 2ᵉ édition 1624.)

Il faut convenir d'ailleurs que le livre de Jean Rey, tout en réalisant un progrès énorme pour la science, renferme encore des erreurs bien considérables. Examinons l'Essay V, où Rey montre « que l'air et le feu sont pesants, par la vitesse du mouvement des choses graves, plus grande vers la fin qu'au commencement ».

Voici l'explication toute hypothétique qu'il en donne :

« Soit A A le ciel; B B la terre; C le centre d'icelle; D, un boulet de fer descendant vers la terre; E le mesme descendu plus bas; F le mesme encor au milieu de la descente; G le mesme pres de la fin; H H deux lignes tirées du centre de la terre jusques au ciel, touchantes le boulet en D, aux deux extrémités de son diamètre; I I deux autres lignes tirées de mesme, touchantes le boulet en E; K K deux autres lignes le touchant en F; L L encore deux lignes le touchant en G. Il est manifeste que le boulet estant en D outre sa pesanteur interne a sur soy la matière des elemens de l'air et du feu, enclose entre les lignes H H, mais estant en E, il y a toute la matière contenüe entre les lignes I I laquelle se voit augmentée en F, de ce que les lignes K K contiennent de plus; et estant en G, tout le contenu entre les lignes L L fait poids sur iceluy : dont il faut que la vitesse du mouvement s'augmente, joint a ce le choc que fait continuellement cette matière, à mesure qu'elle vient fondre sur ledit boulet. »

Voilà certainement une idée fort originale. Quoique fausse, c'est du moins une hypothèse raisonnable, en attendant les découvertes de Newton. Et cependant Mersenne écrivait à Rey en 1631 :

« Nous ne sçavons pas encore, ni ne sçaurons jamais, si les pierres et les autres corps vont vers le centre par leur pesanteur, ou s'ils sont attirés par la terre, comme par un aimant. »

Énoncé du principe de la conservation du poids de la matière. — Après avoir essayé de « graver au cœur de tous cette persuasion que l'air a de la pesanteur », Rey énonce une proposition qui découle de la précédente, et qui est bien nouvelle encore pour la science :

« La pesanteur, écrit-il, est si estroittement joincte à la première matière des elemens, que se changeant de l'un en l'autre, ils gardent toujours le même poids... Le poids que chaque portion d'icelle (la matière) print au berceau, elle le portera jusques à son cercueil. En quelque lieu, soubs quelle forme, à quel volume qu'elle soit reduitte, toujours un mesme poids. »

Ne croirait-on pas entendre le mot célèbre : « Rien ne se perd, rien ne se crée dans la nature! » Guidé lui aussi par ce fameux principe, Rey pourra en déduire les conséquences les plus importantes. Plus d'un siècle avant Lavoisier, il trouvait par le raisonnement que la matière est immuable en poids; ce qui vint confirmer une curieuse expérience de Brun. En 1644, Brun construisit un appareil distillatoire hermétiquement fermé, y enferma du bois de gaïac, buis ou chêne, pesa le tout, et distilla. Le bois fut détruit; mais une nouvelle pesée, faite à la fin de l'expérience, prouva que le poids total de l'appareil n'avait pas changé pendant la distillation.

C'était là une expérience délicate, qui nous prouve que l'on savait travailler à l'époque de Rey. Voici d'ailleurs qu'il indique un « moyen pour sçavoir à quel volume d'air se réduit certaine quantité d'eau »; on croyait encore à tort, en effet, que l'eau pouvait se changer en air.

Le tuyau B d'un éolipyle A, renfermant une certaine quantité d'eau, s'engage dans une ouverture pratiquée au centre d'une plaque de laiton; cette plaque forme le fond d'un cylindre ouvert à l'autre extrémité. Dans ce cylindre se meut un bouchon D. On enfonce le bouchon D, au moyen du manche E, jusqu'au fond du canal C. On chauffe l'éolipyle; l'eau qui y est contenue se transforme en air, qui chasse le bouchon. — Poursuivant l'expérience, on peut enlever l'éolipyle A, fermer l'ouverture B, exposer le tout à un froid intense, en poussant à grand'force le bouchon D; alors « l'air pressé là-dedans se gèlera ou tournera en eau ».

Malheureusement pour lui, Rey n'avait pas fait cette expérience, comme il le dit lui-même. Il n'avait songé en aucune façon aux applications que l'on aurait pu en tirer; cette

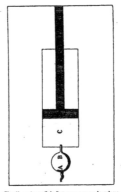

Fig. 49. — Appareil de Rey pour mesurer le volume de la vapeur engendrée par l'eau chauffée.

gloire devait être réservée à Papin, un demi-siècle plus tard. Pourtant, un an à peine après la publication des *Essays*, le 1er septembre 1631, Mersenne disait :

« Quant aux expériences de l'Eolipile, je les ay faites : mais c'est une fausse imagination de croire que l'eau qui en sort se tourne en air : elle demeure toujours eau, qui revient après en sa nature. »

Démonstration expérimentale de la pesanteur de l'air. — Reprenant son étude sur la pesanteur de l'air, Rey se demande pourquoi ses devanciers ne lui ont pas trouvé de poids; c'est qu'ils ont pesé l'air dans l'air lui-même, comme il l'explique dans un passage publié déjà par M. Hœfer [1], mais que nous devons néanmoins rapporter ici :

« Balançans l'air dans l'air mesme, et ne luy trouvans point de pesanteur, ils ont cru qu'il n'en avoit point. Mais qu'ils balancent l'eau (qu'ils croyent pesante) dans l'eau mesme,

_____

[1] *Histoire de la chimie.*

ils ne luy en trouveront non plus ; estant très veritable que nul element pese dans soi-même. Tout ce qui pese dans l'air, tout ce qui pese dans l'eau, doit soubs esgal volume contenir plus de poids pour le plus de matière que ou l'air ou l'eau, dans lesquels le balancement se practique. »

Pour que l'air devienne pesant, il faut qu'il soit mélangé à quelque matière plus pesante que lui. Et cela peut se faire de trois façons :

« Sçavoir est par le meslange de quelque matière estrange plus grave ; par la compression de ses parties ; par la séparation de ses portions moins pesantes. »

A l'appui de la première hypothèse, Rey avait vérifié expérimentalement que l'air humide ou *nébuleux* est plus pesant que l'air sec. Quant à la seconde, il l'avait aussi vérifiée par l'expérience :

« Remplissez d'air à grand force un balon avec un soufflet ; vous trouverez plus de poids à ce balon plein, qu'à luymesme estant vuide. »

Il prétend même avoir cherché à utiliser l'air comprimé pour la construction d'une arquebuse à vent ; mais il ne mit point son projet à exécution, et l'honneur de cette invention revient au sieur Marin Bourgeois, de Lisieux. Inversement, Rey avait observé que si l'on chauffe un ballon plein d'air il diminue de poids, ainsi que l'atteste le passage suivant :

« Vous pesez une phiole de verre estant froide ; vous la chauffez peu après sur un réchaud, et la pesant vous trouverez qu'elle pèse moins, parce qu'il en est sorti de l'air ; et afin de trouver quelle quantité vous mettez son tuyau (estans toute chaude) dans l'eau qu'elle suce, jusqu'à ce qu'il en soit autant rentré comme il en était sorti d'air. »

D'ailleurs Rey n'est pas le premier qui ait observé ce fait important, signalé déjà antérieurement par Drebbel.

Jean Rey émet encore beaucoup d'idées qui lui sont propres sur la façon dont le feu se comporte vis-à-vis des corps homogénés, puis vis-à-vis de l'eau ou de l'air. Agissant sur les corps homogénés et sur l'eau, le feu « en dilate quelques parties et espessit les autres ». Il y avait longtemps que les alchimistes, « vrays singes de la nature, » avaient su tirer parti de la distillation ; à l'époque de Jean Rey comme à la nôtre, l'eau distillée était la base des manipulations du chimiste :

« Les chymistes, dit-il, ne pouvans commodement tirer leurs extraits avecques l'eau commune, ont accoustumé de se servir de l'eau distillée, ou bien de la rosée, qui n'est autre chose que de l'eau passée par le grand alambic de la nature. »

Réciproquement, il résulte des propositions précédentes que l'air peut décroître de poids de trois façons qui sont :

« Le demeslement de quelque matière estrange plus grave ; son extension à de plus amples bornes, et l'extraction de ses parties plus pesantes. »

La balance elle-même est trompeuse :

« Si nous faisons l'examen à la balance, il se rencontre un cas, auquel sans addition ny soubstraction de matière, la chose paroistra plus ou moins pesante ; sçavoir est son estrecissement, ou bien sa dilatation. »

Et, à l'appui des a théorie, Jean Rey cite des exemples. Une balle de plume étroitement liée, par exemple, pèse plus que la même balle délaissée à son large ; deux lingots, l'un d'or, l'autre de fer, qui se font équilibre, n'ont pourtant pas des poids absolus, égaux, car l'or occupe un volume plus petit à poids égal et déplace par conséquent moins d'air. L'invention de la machine pneumatique et celle du baroscope par Otto de Guericke, vers 1650, devait bientôt donner une confirmation éclatante aux hypothèses du savant médecin du Périgord.

II.

EXPLICATION DE L'AUGMENTATION DE POIDS DE L'ÉTAIN ET DU PLOMB CALCINÉS A L'AIR.

Ces idées sur l'air et sur la pesanteur étant exposées, Jean Rey peut désormais répondre à son ami Brun et lui donner la cause de l'augmentation de poids que subissent l'étain et le plomb lorsqu'on les calcine :

« Maintenant, dit-il, ay-je fait les préparatifs, voire jetté les fondements de ma response à la demande du sieur Brun, qui est telle qu'ayant mis deux livres six onces d'estain fin d'Angleterre dans un vase de fer, et iceluy pressé sur un fourneau à grand feu ouvert, l'espace de six heures, l'agitant continuellement, sans y adjouster chose aucune, il en a recueilli deux livres treize onces de chaux blanche ; ce qui l'a porté d'abord dans l'admiration, et dans le désir de sçavoir d'où luy sont venües les sept onces de plus. Et pour grossir la difficulté, je dis, qu'il ne faut pas s'enquérir seulement d'où luy sont venües ces sept onces, mais outre icelles, d'où ce qui a remplacé le déchet du poids qui est arrivé nécessairement par l'ampliation du volume de l'estain, se convertissant en chaux. A cette demande doncques, appuyé sur les fondements ja posez, je responds et soustiens glorieusement, « que ce surcroît de poids vient de l'air, qui dans le vase a esté espessi, appesanti, et rendu aucunement adhésif, par la véhémente et longuement continuée chaleur du fourneau ; lequel air se mesle avecques la chaux (à ce aydant l'agitation fréquente) et s'attache à ses plus menuës parties : non autrement que l'eau appesantit le sable que vous jettez et agitez dans icelle, par l'amollir et adhérer au moindre de ses grains. »

Telle est la réponse célèbre que M. Hœfer a déjà citée dans son *Histoire de la chimie*, passage fameux qui a fait considérer Rey, à juste titre, comme le précurseur de Lavoisier. Et maintenant qu'il a avancé son assertion, Rey va la défendre, en combattant et détruisant les objections qui lui ont été ou qui pourraient lui être posées.

L'augmentation de poids ne provient pas de la perte de chaleur céleste que subit le plomb par la calcination. — Bien des philosophes, Porta, Borel, Geber, Eck de Sulzbach, Cardan, Libavius, Cæsalpin, François Bacon, Scaliger, avaient déjà parlé de l'augmentation de poids des métaux par la calcination. Cardan, dans son *Traité de la subtilité* (liv. v, p. 132,

A., édition française de 1642, Rouen), avait cherché à expliquer pourquoi le plomb augmente de poids en se convertissant en céruse. C'est que le plomb meurt, et perd la chaleur céleste qui était son âme, ce qui le rend plus léger; et Cardan ajoute qu'un animal est toujours plus lourd lorsqu'il est mort que lorsqu'il est vivant. Jean Rey réfute cette objection en faisant remarquer que le plomb est une matière dénuée de vie, qu'on ne peut pas comparer au corps d'un animal; d'ailleurs, on peut facilement régénérer le plomb en partant de sa chaux, de sa céruse :

« Les chymistes nous promettent que si nous abreuvons la chaux du plomb, et la meslons avecques l'eau où du salicot (1) a esté dissoult, puis l'ayant seichée, la mettons dans un creuset qui n'ait qu'un petit souspirail ouvert, et luy donnons un feu grand et prompt, qui nous la réduirons à son premier estre. »

Au reste, « rien n'augmente en poids que par addition de matière, ou par estrecissement de volume »; et cela ne peut avoir lieu dans le cas présent, avec l'hypothèse même de Cardan, puisque la chaleur céleste en s'évanouissant enlève de la matière, tandis qu'au contraire le volume augmente sensiblement pendant toute la durée de l'expérience.

Notons, à propos de ce passage, que Rey partageait les préjugés de son temps à l'égard de « la pesanteur qui augmente aux animaux par leur mort », préjugé qui existait dans l'esprit d'un grand nombre des savants de l'époque. C'est le P. Mersenne qui le premier réfuta cette erreur; il avait vérifié par l'expérience qu'un chien et une poule pèsent plus vifs que morts, quoique de bien peu :

« Vous pourrés vous-mesme l'expérimenter, écrit-il à Jean Rey, le 1er septembre 1631, sans perdre ni sang, ni poil, ni plume desdits animaux, que vous pourrés estouffer, comme nous avons faict. »

L'augmentation de poids du plomb ne provient pas de ce que ses parties aérées sont consumées par le feu. — Une deuxième objection que Jean Rey avait à combattre était due à Scaliger. Scaliger, bel esprit du temps, homme de lettres médiocre, mais qui se piquait d'être un grand philosophe, avait cherché à réfuter les assertions de Cardan. En l'exercitation CI, section 18, « il veut que l'augmentation en poids du plomb calciné vienne de ce que ses parties aërées sont consumées par le feu, » et il compare le plomb à la tuile qui « cuitte pèse plus que cruë ».

Rien de plus simple que la réponse de Rey :

« S'il se perdoit quelques parties aérées, (le plomb) ne decroistroit-il pas de volume? Il en augmente au rebours. Et puis pourquoy les pierres et les plantes n'accroissent-elles de poids estans calcinées si cette raison a lieu?... J'adjoute pour la fin, que l'air qui est syringué à force dans le baïon qui en est plein, sortant d'iceluy le rabaisse de poids; bien loin de l'en accroître comme Scaliger veut. »

(1) Le salicot était probablement un tartrate de soude ou de potasse, ou bien un mélange de carbonates alcalins avec du charbon, obtenu par la calcination de certains végétaux.

Quant à la comparaison du plomb à la tuile, Rey l'a déjà rejetée bien loin; ce n'est pas un expérimentateur comme lui qui se laisserait prendre à un pareil piège. Il lui a suffi d'ouvrir les yeux et d'observer le phénomène pour répondre :

« La tuile accroist en poids par raccourcissement d'estenduë : la chaux pour la matière qui s'y joint. »

L'augmentation de poids n'est pas due à la suie du foyer. — L'augmentation de poids du plomb noir (1) par la calcination avait été observée aussi par Cæsalpin, ainsi que le rapporte Libavius (*Arcan. chym.* lib. IV, cap. x). Cæsalpin, interprétant le phénomène, en avait trouvé bien facilement l'explication, prétendant que la suie produite par le foyer heurtait la voûte du fourneau et retombait de là sur la matière. Rey répond à cela que la suie noirciroit le plomb au lieu de lui communiquer une teinte blanche, et de plus qu'on pourrait en continuant le feu augmenter indéfiniment la production de la chaux, ce qui n'a pas lieu. Certes, Libavius n'avait pas tort de « rejetter l'opinion de Cæsalpin, jusqu'à dire que les apprentis en chymie se riront d'icelle ».

L'augmentation de poids ne provient pas du vase de fer où l'on fait la calcination. — L'augmentation de la chaux de l'étain et du plomb ne peut provenir non plus du vase de fer où l'on opère la calcination. Car la chaux ne resterait pas blanche au contact de la poudre de fer; en outre, le vase devrait se consumer en deux ou trois opérations, au lieu de servir tous les jours pendant plusieurs années; enfin, s'il en était ainsi, on devrait retirer d'une très petite quantité d'étain ou de plomb une très grande quantité de chaux, ce qui est contraire à l'expérience. D'ailleurs, un chimiste allemand, Modestinus Fachsius, qui s'était aussi occupé de la question, avait conclu « qu'en l'examen des métaux, le vase, la coupelle, le plomb, et le métal qu'on examine, tout est plus pesant après l'examen, qu'avant souffrir le feu ».

L'augmentation de poids n'est pas causée par les vapeurs de charbon traversant le vase. — Une autre objection avait été opposée par Deschamps, qui prétendait que l'augmentation de poids était due aux vapeurs de charbon traversant le vase. Rey fait remarquer très justement à son ami que de telles vapeurs ne peuvent traverser un bocal de verre, un plat d'étain, un pot de terre, puisque les eaux bouillies, les sauces et les potages n'en sont pas infectés. Comment traverseraient-elles alors un vase de fer? Et, en admettant qu'elles arrivent à le traverser, pourquoi s'arrêteraient-elles dans la chaux, plutôt que de continuer leur course? Rey termine sa réponse par ces belles paroles, qui prouvent qu'il était un homme de cœur aussi bien qu'un grand savant : « O vérité que tu m'és chère, de me faire estriver contre un si cher amy! »

(1) Le plomb noir, c'est le plomb ordinaire, par opposition au plomb blanc, qui est autre chose que l'étain.

« Le plomb a quatre genres : le noir, le vulgaire et de vil prix, le blanc, que coutumièrement on appelle estain. » (Cardan, *de la Subtilité;* Rouen, 1642.)

L'augmentation de poids n'est pas due au sel volatil du charbon. — Deschamps néanmoins ne s'en tient pas là. Il fait d'autres remarques. On disait alors que le charbon contenait deux parties ou natures, l'une végétale, l'autre métallique, et chacune d'elles deux autres, l'une fixe, et l'autre volatile. La partie fixe demeure dans les cendres, d'où l'on peut retirer par lavage un sel fixe. Mais la partie volatile, de nature mercuriale, monte autour du vase. D'où l'objection suivante à la proposition de Rey :

« Le sel volatil, eslevé en haut, sur les aisles de l'humidité, rencontrant l'air qui est directement sur le vase, plus raréfié et moins pesant, que la vapeur qui part du charbon, s'avale par iceluy dans le vase, et s'attache par une estroite sympathie, au sel fixe de la chaux de l'estain, laquelle en ayant prins certaine quantité, et estant comme assouvie, rejette le surplus. »

Cette observation-là était une observation purement théorique, posée par un homme de science. Elle nous paraît bizarre aujourd'hui; mais à l'époque de Rey elle pouvait avoir quelque fondement Rey, qui a réfuté par le raisonnement les objections précédentes, recourt cette fois à l'expérience. Citons ici ses propres paroles; elle prouveront bien qu'il appuyait ses hypothèses par l'expérience :

« S'il est dressé un fourneau dans une muraille séparant deux chambres, en telle sorte que le vase soit d'un costé, et les registres et portes à mettre charbon et donner le vent, soient de l'autre, je soustiens que l'augmentation s'y trouvera, bien que nulles vapeurs puissent entrer dans la chambre où est le vase. Ce que je confirme par l'espreuve que j'ai fait aux forges de Jean Rey sieur de la Perrotasse mon aisné : où j'ay trouvé pareille augmentation en l'estain que j'ay calciné sur une gueuse, qu'ils appellent, ou lingot de seize à vingt quintaux de fer, à l'instant que sortant de la fournaise elle a estée jettée dans son moule. Car on ne peut pas dire que les vapeurs du charbon ayent ici rien contribué. Partant ce sel volatil n'est pas en ce faict recevable. »

Expérience décisive par laquelle Jean Rey réfute toutes les objections précédentes. Calcination de l'antimoine au contact de l'air. — C'est ainsi que Jean Rey réfute toutes les objections qui lui sont posées. Mais il va plus loin encore, détruisant par une seule épreuve toutes les opinions contraires à la sienne :

« Je viens de lire dans Homerus Poppius, dit-il, au troisième chapitre de son livre intitulé *Basilica Antimonii*, la nouvelle façon qu'il practique à calciner l'antimoine. Il en prend certaine quantité, le pese, et l'ayant pulvérisé, le pose en façon de cône sur un marbre, puis ayant un miroir ardent, il l'oppose au soleil, et dresse la pointe pyramidale des rayons reflechis sur la pointe du cône de l'antimoine, qui tandis fume abondamment, et en peu de temps, ce que les rayons touchent se convertit en une chaux tres-blanche, laquelle il sépare avec un couteau, et conduit les rayons sur le demeurant, tant que tout soit blanchi; et adonc sa calcination est faite. C'est une chose admirable (adjouste-t-il en suitte), que bien qu'en cette calcination, l'antimoine perde beaucoup de sa substance, par les vapeurs et fumées qui s'exhalent copieusement, si est-ce que son poids augmente, au lieu de diminuer. Ores si on demande la cause de cette augmentation : dira Cardan que ce soit l'esvanouissement de la chaleur céleste ? Ainçois elle y est infuse plus largement par le moyen des rayons solaires. Dira Scaliger que c'est la comsomption des parties aërées ? mais s'amenuisant en chaux, et grandissant en volume, il s'en y fourre davantage. Alleguera Cæsalpin sa suye ? Il n'y a point de feu qui en produise ici. Fourniroit le vase quelque chose du sien ? Certes, les rayons se conduisent si dextrement sur la matière, qu'ils ne touchent point le marbre. Proposera-t-on les vapeurs du charbon ? Il ne s'en use point en cet affaire. Pour les sels volatils qu'on a tant ingenieusement produits, ils perdent ici tout-à-fait leur saveur et leur grace. Paravanture, mettra-on en avant l'humidité, comme quelqu'un de nouveau a voulu faire. Mais d'où viendroit-elle ? du marbre ? nenny, cela n'est pas imaginable. De l'air ? encore moins : car cette opération se doibt practiquer pour le mieux, aux plus chauds jours d'esté, dans les plus violentes ardeurs de la canicule. »

La chaux n'augmente pas de poids à l'infini. — Il est encore néanmoins une dernière objection que Rey se pose à lui-même : pourquoi la chaux n'augmente-t-elle pas indéfiniment de poids ? C'est que :

« L'air espessi s'attache à elle, et va adhérant peu à peu jusqu'aux plus minces de ses parties : ainsi son poids augmente du commencement jusques à la fin : mais quand tout en est affublé, elle n'en sçauroit prendre davantage. »

Il conclut enfin, et termine son traité en annonçant avec fierté qu'il a trouvé la véritable voie de la vérité, défrichant le chemin pour ses successeurs, et leur recommandant surtout de ne pas s'écarter de la route qu'il vient de leur tracer.

Tel est le résumé des travaux de Jean Rey. Expérimentateur habile, il sut tirer parti de la balance, et c'est la balance qui lui dicte le résultat de ses expériences (1). Son œuvre est courte; une seule expérience principale y est décrite, un seul but y est poursuivi. Mais il fit faire deux grands pas à la science. Il découvrit la pesanteur de l'air, exposant le premier cette hypothèse, et la vérifiant par des expériences de chimie et de physique. — L'augmentation de poids du plomb et de l'étain par la calcination avait été signalée depuis longtemps par les alchimistes, et Galien lui-même en avait connaissance. Mais personne avant Rey n'avait trouvé que la cause de cette augmentation de poids venait de l'air, de cet air *espessi* et *appesanti*. Certes il était remarquable d'énoncer pareille chose à une époque où la chimie était si peu avancée. On ne connaissait encore aucun gaz, et c'est seulement vers 1749, qu'un homme de sciences méconnu, Moîtrel d'Élément, trouva le moyen de transvaser l'air sur l'eau dans des fioles, et enseigna dans un cours public, à Paris, « la manière de rendre l'air visible,

(1) Il ne faut pas croire que l'on ne possédait à l'époque de Rey que des balances grossières; ces instruments, sans être aussi parfaits que les nôtres, avaient déjà une certaine précision. Dans une lettre de Rey à Mersenne, il est question d'une balance que la 39e partie d'un grain faisait trébucher; or le grain pesait environ 5 centigrammes. On pouvait donc déjà faire des pesées exactes à 2 milligrammes près.

et assez sensible pour le mesurer en pintes, ou par telle autre mesure que l'on voudra. » Ne reprochons donc pas à Rey de ne pas s'être avancé davantage dans la voie du progrès. Ses découvertes n'ont influé en aucune façon sur celle de Priestley et de Lavoisier. S'il a trouvé que la cause de l'augmentation de poids du plomb calciné venait de l'air, il n'a pas découvert pour cela l'oxygène; et les travaux de Rey ne doivent rien enlever à la gloire de Priestley, moins encore à celle de Lavoisier, qui restera toujours, pour nous, le véritable fondateur de la chimie.

L.-A. Hallopeau et Alb. Poisson.

PHYSIQUE

La vitesse des projectiles.

Les expérimentateurs dont nous allons résumer les travaux ont réussi admirablement à photographier des projectiles en mouvement. En même temps, ils ont obtenu la forme des ondes aériennes produites par des projectiles dont la vitesse de translation était supérieure à celle du son dans l'air.

Les premiers essais furent faits par Mach et Wentzel avec des vitesses de 240 mètres par seconde, c'est-à-dire inférieures à celles du son; les résultats furent négatifs. Plus tard, Mach et Salcher firent des expériences semblables avec trois petits canons, qui donnaient respectivement des vitesses de 438 mètres, 338 mètres et 522 mètres. Voici en peu de mots le dispositif employé : en passant au foyer de la lentille photographique, le projectile déterminait la décharge d'une bouteille de Leyde placée dans l'axe de la lentille, à une distance plus grande que le projectile. L'illumination produite par l'étincelle était de très courte durée, aussi la photographie instantanée était-elle prise à une échelle très réduite. Ces photographies montraient en avant du projectile une onde de condensation de l'air très nette, pourvu que la vitesse fût supérieure à celle du son, soit 340 mètres par seconde. Toutes les expériences concluantes furent faites avec les deux canons qui donnaient respectivement des vitesses initiales de 438 mètres et 522 mètres. Lorsque toutes les précautions étaient bien prises, les photographies étaient toujours très nettes et très distinctes. Lorsque la rapidité était suffisante, on voyait que l'onde aérienne condensée qui précédait le projectile avait la forme d'un hyperboloïde, dont le sommet était en avant de la balle, et dont l'axe correspondait à la direction qu'elle suivait. Des traces semblables sur la photographie indiquaient des ondes coniques, dont l'axe était aussi la ligne de tir, et qui prenaient naissance à la base de la balle. Des traces d'ondes moins distinctes se voyaient sur les divers points de sa surface. Toutes ces lignes faisaient, sur la photographie, avec l'axe du projectile un angle moindre que l'onde placée

en avant. Lorsqu'on augmentait la vitesse, les angles faits par les ondes avec la ligne de tir étaient diminués.

Lorsqu'on atteignait la vitesse la plus grande, l'espace laissé derrière le projectile se remplissait immédiatement de petits nuages qui semblaient presque aussi réguliers qu'un chapelet de grains enfilés suivant la ligne de tir. Il n'y avait pas trace de vide laissé derrière la balle, même lorsque la vitesse atteignait 900 mètres par seconde. Comme l'atmosphère est transparente, la fixation de la forme des ondes par la photographie doit avoir pour origine la densité variable de l'air, qui réfractait différemment les rayons lumineux.

Il y a longtemps déjà, Robins avait noté une modification de la loi de résistance de l'air aux projectiles, lorsque leur vitesse atteint ou dépasse celle du son. Bien que Hutton ait nié cette variation et que d'autres l'aient ignorée, les expériences récentes ont pleinement confirmé la découverte de Robins. On sait maintenant que les ondes produites dans l'air par le projectile progressent plus rapidement que lui pour les faibles vitesses, de sorte que la compression en avant du projectile n'est pas suffisante pour se peindre sur la photographie sous la forme d'ondes.

Les deux pièces qui donnèrent des résultats satisfaisants avec des vitesses initiales de 438 mètres et de 522 mètres produisaient en avant du projectile des ondes dont la courbure était très différente. Il était dès lors nécessaire de mesurer exactement la vitesse de la balle au moment où se faisait chaque photographie. On n'avait malheureusement pas songé à cette circonstance, et l'on ne disposait que d'un pendule balistique improvisé, que l'on dut bientôt mettre de côté.

Plus tard, les expérimentateurs firent usage de pièces d'un calibre plus fort. Salcher fit des essais à Pola avec un canon de 9 centimètres qui donnait une vitesse initiale de 448 mètres. D'autres expériences furent faites à Meppen, par Mach, assisté de son fils, avec un canon de 4 centimètres qui donnait une vitesse initiale de 670 mètres. L'onde placée en tête apparaissait dans la photographie sous la forme d'une hyperbole plus grande, qui précédait le sommet de la balle d'un peu plus loin que lorsqu'on employait des armes de petit calibre. Mais lorsque la rapidité du projectile était la même dans les deux cas, l'image de l'onde faisait à peu près le même angle avec l'axe de la balle. On pouvait s'y attendre; car on a démontré expérimentalement que la résistance que l'air oppose aux projectiles varie comme le carré de leurs diamètres.

On fit ensuite des expériences de laboratoires. On employa comme projectiles divers métaux, tels que le laiton, l'aluminium, le plomb, et on leur donna des formes variées. On mit en œuvre deux méthodes différentes pour essayer de déterminer la vitesse des projectiles; ni l'une ni l'autre n'est absolument satisfaisante. Dans un cas, on supposait que le travail effectué sur le projectile par une charge de poudre donnée est constant. Cette hypothèse n'est vraie que si l'on emploie des projectiles d'un poids sensiblement égal. Dans l'autre cas, on calculait la vitesse d'après l'inclinaison s, de

...de postérieure sur l'axe de la balle, en supposant que la vitesse du son est égale à la vitesse du projectile, X multiplié par sin. *a*.

On dépensa beaucoup de travail et de temps pour étudier ces expériences et les amener à leur degré de perfection actuel. On a préparé le terrain pour faire des séries d'essais systématiques avec des projectiles de formes variées auxquels on imprimerait des vitesses diverses. Les résultats fournis par les projectiles sphériques sont très beaux en théorie. D'autres expériences resteraient à faire avec des projectiles ogivaux, hémisphériques ou allongés à extrémité aplatie. Dans tous les cas, il faudrait enregistrer les données du thermomètre et du baromètre, et mesurer la vitesse de la balle. Le pendule balistique donnerait probablement de bons résultats, si l'on pouvait le soustraire à l'action de l'onde aérienne condensée qui accompagne le projectile.

Enfin, M. Mach a essayé de comparer la vitesse du projectile avec celle de la détonation de l'arme. Dans une série d'expériences, lorsque la rapidité terminale du projectile était plus grande que la vitesse du son, le bruit de la détonation arrivait au but presque en même temps que le projectile. Dans une autre série, où la rapidité terminale de celui-ci était inférieure à celle du son, on trouva que le temps nécessaire au projectile pour parcourir sa course était supérieur à la durée de la transmission de la détonation. On peut donc dire que le bruit de la détonation se propage avec la même vitesse que le projectile, tant que celle-ci *est supérieure* à celle du son. Lorsqu'au contraire la résistance de l'air a réduit la vitesse du projectile à être inférieure à celle du son, le bruit de la détonation se propage en avant du projectile, avec la vitesse normale du son dans l'air. Comme on fait souvent des expériences avec des vitesses dépassant de plus du double celle du son, il ne semble pas y avoir de difficulté à décider si le bruit de la détonation se transmet avec la même rapidité que le projectile dans ces cas de grandes vitesses. S'il en est ainsi, comme il semble probable, on peut se demander avec quelle vitesse le bruit de la détonation se propage dans différentes directions à partir de la bouche de l'arme. Si l'on pouvait tendre une membrane qui interromprait un courant électrique au moment du passage d'une onde sonore, il ne serait pas difficile de déterminer la loi de propagation du bruit de l'explosion dans toutes les directions horizontales. Il faudrait faire traverser au projectile une série d'écrans équidistants, et disposer des séries de membranes appropriées, dans diverses directions, à la même distance les unes des autres que les écrans. Chaque série de membranes serait munie d'un enregistreur électrique spécial. Il serait dès lors facile d'obtenir la marche du projectile et celle du bruit de la détonation dans les directions choisies, et de les enregistrer sur un cylindre tournant avec une vitesse donnée.

INDUSTRIE

Les mines de houille du Tonkin.

On a beaucoup parlé des mines de houille du Tonkin et les lecteurs de la *Revue* se souviennent sans doute d'un article de notre regretté collaborateur, M. Fuchs, qui a donné à ce sujet d'intéressants détails. Mais à l'époque où M. Fuchs écrivait, on n'avait pas encore réalisé l'exploitation régulière de ces vastes couches carbonifères. Actuellement, il semble que cette exploitation ait commencé, comme l'indique cette intéressante correspondance que nous empruntons au *Journal des Débats* du 6 septembre :

Je reviens à l'instant de la baie d'Hongay, où j'ai passé trois jours à visiter en détail les mines de la concession Bavier-Chauflour (Nagotua-Marguerite-Hatou) et celles de l'île de Kebao. Je suis absolument émerveillé. Tout ce bassin est d'une très grande richesse. Les galeries que j'ai toutes parcourues, sans en excepter une seule, sont taillées en plein charbon, et les couches ont une étendue et une épaisseur extraordinaires. J'en ai remarqué deux de 20 à 25 mètres d'épaisseur à Nagotua et à Marguerite, et une de 50 mètres (vous entendez bien, 50 mètres!) à Hatou. C'est vraiment surprenant.

Les gisements de Kebao sont moins épais sans doute, car là se termine le bassin houiller, mais le charbon est de la même qualité que celui d'Hongay. Et cette qualité est excellente, ainsi que le constate le résultat des expériences faites à bord des Messageries. Les chaloupes des exploitations minières — en particulier celle sur laquelle je suis actuellement — n'en brûlent pas d'autre et s'en trouvent fort bien. Ce charbon est à peu près de la valeur du Cardiff. Comme lui, il ne donne presque pas de fumée et n'encrasse pas les foyers. Il est incontestablement supérieur au charbon japonais. Le takashima et le miké, qui produisent une fumée noire, épaisse, chargée d'escarbilles, sont si reconnaissables qu'à trois ou quatre milles en mer, le premier matelot venu détermine leur origine. Ajoutez à cela que ces charbons sont très gras et nécessitent de nombreux nettoyages.

Les mines d'Hongay sont admirablement disposées pour l'exploitation. Celles de Kebao encore mieux; mais, pour la mise en valeur des premières, on n'a reculé et on ne recule devant aucune dépense. Les quais sont déjà construits, ainsi que les bâtiments occupés par les ingénieurs et les bureaux, ainsi que les logements d'ouvriers et l'abattoir où, deux fois par semaine, on tue pour les Européens attachés aux différentes mines. Dans trois mois, un hôpital s'élèvera sur le sommet de la colline qui surplombe la baie, et, sur le bord de la mer, on installe en paillottes, en attendant mieux, un local pouvant servir de cercle où les ouvriers auront, le soir et les dimanches, la faculté de se distraire, de jouer au billard, de lire les journaux et de prendre des bains. C'est un commencement de ville avec son marché très fréquenté et son cimetière, où, jusqu'à présent, pas un seul Européen n'a été enterré.

Le personnel d'ingénieurs, de maîtres-mineurs, de surveillants de travaux (5 ingénieurs et 70 ouvriers), est entièrement français. Dans cinq ans, il y aura dans cette région qui, il y a deux ans, n'était habitée que par les tigres et les pirates, plus de 2,000 Européens et de nombreux villages chinois et annamites.

Le nombre des indigènes (Chinois ou Annamites) employés est en ce moment de 2000 à Hongay et de 600 à Kebao. Les quatre cinquièmes de ces mineurs et terrassiers improvisés et s'acquittant déjà très bien, et avec beaucoup de goût et d'habileté, de leur nouvelle besogne, sont d'anciens pirates, très heureux, d'ailleurs, d'avoir quitté leur précédent métier qui leur rapportait beaucoup plus de coups de fusils que de pièces de cent sous. N'est-ce pas la démonstration péremptoire de l'inutilité des opérations militaires qui, jamais aussi bien que les exploitations industrielles et agricoles, n'amèneront la pacification du territoire?

Les gisements de Nagotua et de Marguerite sont situés dans l'intérieur de la baie d'Hongay. De petits tramways Decauville, courant à flanc de coteau, transportent le charbon du fond des galeries aux appontements. Tout ce travail de terrassements au jour et de percements de galeries où, pour employer les expressions techniques en usage, les *descenderies* et les *montages* s'entrecroisent, formant déjà, dans les entrailles des montagnes, un véritable damier, tant ce travail est bien et solidement fait.

Actuellement, aux mines d'Hongay, l'extraction par main d'homme produit 50 tonnes par jour. Dans un mois, lorsque seront montés des treuils à vapeur, on atteindra le chiffre de 100 tonnes. Quand fonctionneront les *laveuses* et le chemin de fer de 25 kilomètres, à voie d'un mètre, reliant entre eux tous les gisements et portant le charbon jusqu'à l'extrémité des grands appontements, que les plus gros bateaux pourront accoster, lorsque tout cela sera terminé, il sortira de ces mines de 600 à 1000 tonnes de houille.

Mettez la tonne à un prix moyen de 7 piastres, on obtient, en calculant sur 600 tonnes seulement, une recette journalière de 4200 piastres, et par an, en limitant la production à 300 jours, le total de 1 260 000 piastres. Faites la part des accidents et des aléas de tout genre, vous atteindrez au minimum, pour la première et la deuxième année, de 1 million de dollars.

Supposons maintenant qu'à Kebao, où l'outillage est moins complet, où l'exploitation n'a pas été conçue sur des bases assez larges, on ne produise que la moitié de ce que donnera Hongay, c'est encore là une somme de 630 000 piastres qui n'est pas à dédaigner pour commencer, d'où un total minimum annuel de 6 520 000 francs pour les premières mines ouvertes au Tonkin.

Et je ne parle ni des mines de Dong-Trieu, où les recherches ont fait trouver un charbon de première qualité ; ni des mines de Tourane, qui déjà vendent leur anthracite aux forges de Hong-Kong à raison de 12 piastres la tonne ; ni de celles qui seront avant peu découvertes et exploitées dans la vaste région qui s'étend de la baie d'Hongay à Langson, région encore inexplorée et fréquentée seulement, à l'heure présente, par les fauves et les pirates.

Ce sont là des faits, des chiffres positifs, des résultats certains. D'ailleurs, mon meilleur argument est celui-ci : la première expédition de charbon d'Hongay (500 tonnes à destination de Singapour) sera faite dans un mois. Et savez-vous par qui, dorés et déjà, est acheté ce chargement? Par un Anglais, entrepositaire du charbon d'Australie, auquel, du jour où le rendement des mines du Tonkin aura atteint son développement normal, le marché de l'Extrême Orient sera nécessairement fermé. Vous devinez que le charbon japonais qui, jusqu'à présent, défiait la concurrence, n'a qu'à bien tenir.

Les Actions de la Société d'Hongay, émises à 125 piastres, sont montées jusqu'à 700 dans les premiers mois. Elles sont actuellement au chiffre ferme de 350 et monteront certainement bientôt. Ce n'était pas, ce me semble, un mauvais placement pour nos pères de famille, qui regretteront, mais un peu tard, hélas! d'avoir laissé les capitaux étrangers s'emparer de cette affaire.

On trouve aussi dans le bassin d'Hongay et du côté d'Aloi, des mines d'antimoine très riches (80 à 85 pour 100) et des mines d'argent.

Je souhaite que ces renseignements, exacts et désintéressés (je ne suis pas actionnaire), touchent les incrédules qui, jusqu'à ce jour, sont en majorité. Je souhaite que l'on comprenne assez à temps que, depuis que le monde est monde, on n'a jamais réussi à faire quelque chose avec rien et qu'il est, par conséquent, indispensable de donner à une colonie qui débute les moyens de vivre et de se développer, si l'on veut vraiment récupérer, et bien au delà, les sacrifices réalisés pour elle.

En 1883, il aurait suffi d'une action vigoureuse pour devenir et rester maître du Tonkin. Le système des « petits paquets » a créé des difficultés, suscité des résistances, mis notre position en péril, et finalement nous a fait faire des dépenses considérables en hommes et en argent.

Aujourd'hui, il suffirait d'une centaine de millions pour liquider le passé et assurer l'avenir. Si, par raison d'économie, on refuse de jeter, sur cette terre, la semence qu'elle réclame, on se trouvera bientôt en présence d'obstacles insurmontables.

CAUSERIE BIBLIOGRAPHIQUE

Leçons élémentaires de chimie agricole, par M. PAUL SABATIER. — Un vol. in-18 de 270 pages; Paris, Masson, 1890.

Le traité de chimie agricole de M. Sabatier s'adresse spécialement aux agriculteurs instruits qui, soucieux d'améliorer leurs terres et d'en augmenter le rendement, ont besoin d'avoir des indications précises sur le sens dans lequel leurs efforts doivent être dirigés. Les ouvrages de

CAUSERIE BIBLIOGRAPHIQUE.

341

cette nature sont d'une utilité de premier ordre, et jusqu'à présent, il n'y en a pas encore un grand luxe. Notamment, entre le gros traité des *Engrais* de MM. Müntz et Girard et les conférences de M. Georges Ville, il y avait place pour un ouvrage d'ensemble, de dimensions moyennes, et composé dans le but de donner à l'agriculteur en même temps la théorie et l'application des connaissances chimiques qui lui sont indispensables.

Dans ce but, M. Sabatier a commencé par des notions sommaires, mais suffisantes et très clairement exposées — comme il était indispensable — sur la composition de l'air et du sol. Puis il a fait la physiologie de la nutrition des végétaux, consacrant des chapitres spéciaux à leur alimentation minérale et azotée, et aussi à la question si curieuse, et qui est encore à l'étude, de la fixation par le sol de l'azote atmosphérique.

L'analyse, importante entre toutes au point de vue pratique, de la nature des principes fertilisants enlevés au sol par les diverses récoltes, a été traitée par M. Sabatier avec le plus grand soin; et il est parti de ce chapitre pour étudier comparativement la culture continue sans engrais, la nécessité des engrais, la classification de ceux-ci et leur emploi, suite logique que l'auteur a su rendre saisissante.

En somme, l'ouvrage de M. Sabatier est bien conçu et bien exécuté; et nous le croyons appelé, si les lecteurs qu'il vise veulent bien se donner la peine de le méditer, à rendre de grands services. Davy le disait dès 1825 : de deux hommes également instruits dans la pratique de l'agriculture, celui qui connaîtra la chimie réussira le mieux. Aujourd'hui, il y a plus qu'une question de succès personnel dans la production agricole : il y a presque une question vitale pour la nation tout entière.

The Butterflies of the Eastern United States and Canada, with special reference to New England, par SAMUEL-H. SCUDDER. — Douze fascicules petit in-4° de 1958 pages, avec 89 planches; chez l'auteur, à Cambridge (Massachusetts, États-Unis).

C'est ici l'œuvre de toute une vie, et d'une vie pleine d'un labeur patient et attentif. Labeur non seulement de cabinet, mais labeur de naturaliste qui court la plaine et les bois, familier avec les mœurs des animaux, ardent à les poursuivre, à en élucider la biologie. L'auteur, chef reconnu des lépidoptérologues américains, s'est proposé de réunir tous les documents connus et surtout les notes de ses longues recherches personnelles, concernant les lépidoptères des États-Unis et du Canada, et de décrire toutes les espèces à lui connues de la façon la plus complète.

Cette œuvre de description représente une des parties de l'admirable travail que nous avons sous les yeux.

Il suffira d'un exemple choisi au hasard, d'une monographie choisie entre celles qui constituent cette première partie, pour montrer comment M. Scudder a compris son sujet.

Pour commencer, la synonymie de l'espèce considérée, synonymie établie d'après les classiques et d'après les monographies, avec renvois bibliographiques, parfois très abondants; synonymie vulgaire aussi bien que des termes scientifiques. Puis, la description du papillon ayant atteint son plein développement, description qui occupe jusqu'à trois ou quatre pages parfois, d'un petit texte très serré, et où les parties extérieures sont énumérées et décrites avec une minutie extraordinaire, pour les deux sexes. Cette description est presque invariablement suivie d'un petit tableau dans lequel M. Scudder a réuni les résultats de ses mensurations de certaines parties externes, toujours les mêmes : longueur des ailes antérieures, des antennes, des tibias et tarses antérieurs et postérieurs, et de la trompe. Ce tableau est divisé en deux parties: d'un côté, les mensurations concernant les mâles, de l'autre celles qui se rapportent aux femelles : les chiffres sont groupés en trois colonnes pour chaque partie et chaque sexe : dimensions maxima, minima et moyenne. Le plus souvent, — pas toujours cependant, et c'est regrettable, — l'auteur indique le nombre d'exemplaires mâles et femelles sur lesquels ont porté les mensurations. Celles-ci ont de l'intérêt au point de vue de la mensuration des variations normales.

Puis, on passe aux études suivantes : malformations observées; individus hybrides; aberrations de couleur, parfois assez générales et nombreuses pour constituer des variétés assez fixes; dimorphisme ou polymorphisme, normal ou accidentel.

Ceci dit sur l'adulte, et sur les différences, petites ou grandes, qu'il peut présenter, selon les lieux, les saisons, et d'autres facteurs inconnus, l'auteur prend l'histoire de l'insecte. Elle commence avec l'œuf, dont il indique les caractéristiques de forme, couleur, — et il est de ces œufs qui sont d'une élégance étonnante, — dimensions, mode de groupement, en même temps qu'il apprend en quelles stations, sur quels objets, et à quels moments il convient de les chercher. Nous voyons ensuite combien de temps ils mettent à éclore, et nous suivons la chenille à travers toutes ses phases, ses mues; nous sommes initiés à ses goûts alimentaires, à ses mœurs, à ses particularités extérieures (couleur, poils, etc.) et au rôle de celles-ci dans la vie de l'animal. M. Scudder nous dit alors à quel moment et comment se forme la chrysalide, et comment enfin apparaît le papillon. Ici se place alors l'étude d'une série de points très intéressants concernant le papillon : sa distribution géographique dans le monde entier et sa répartition particulière dans l'Amérique du Nord : quand il y a lieu, une histoire de l'extension ou de la diminution de cette distribution. Puis nous apprenons à connaître les préférences des papillons : tel se doit chercher dans la plaine, tel dans les bois; celui-ci veut les marais; celui-là les flancs des montagnes, etc. Nous apprenons encore s'il est généralement abondant ou rare; où il se trouve en quantité, et où il est plus difficile à rencontrer; les années célèbres par l'abondance ou la pénurie sont signalées. Puis, une énumération des plantes que recherche le papillon, et de celles dont se nourrit la chenille. Ceci est très intéressant pour les espèces très étendues habitant des régions dont la flore varie parfois beaucoup. Nous passons à l'étude du mode d'oviposition, pour revenir ensuite à la chenille et à ses mœurs. M. Scudder s'occupe beaucoup de ses appareils défensifs variés, de ses poils venimeux, etc.

Nous revenons au papillon et nous apprenons combien il a de générations par an, selon les localités; comment il hiverne; quelle est la durée de sa vie; quelles sont les caractéristiques de son vol et de son attitude au repos, et au besoin certaines particularités : tel simule le mort; tel produit du bruit en volant; tel est mimétique de telle espèce voisine ou très différente, etc. L'étude se clôt par une énumération des parasites connus et de leurs modes d'attaque; un résumé des *desiderata*, des points sur lesquels il resterait à faire des études, — ceci est encore excellent, — et enfin un tableau des planches auxquelles il convient de se reporter pour voir figurés l'œuf, la chenille, la chrysalide, le papillon, divers détails des ailes et pattes, etc.

Cette seule énumération suffit à montrer combien est complète la monographie que nous donne M. Scudder de chaque espèce.

La deuxième partie de l'œuvre consiste en un certain nombre (76) de chapitres, ayant de 3 à 5 pages, et dans lesquels l'auteur traite, d'une façon plus générale et synthétique, de différents points de lépidoptérologie : réunis, ils forment un traité général de la vie et des mœurs des papillons. Quelques titres suffiront pour montrer le sens de ces esquisses si nourries et si pleines de faits : préférences alimentaires des chenilles; polymorphisme; production de soie; léthargie des chenilles; commensalisme; mimétisme; durée de la vie; psychologie du papillon; odeur des papillons; préférences en matière de couleur; coloration protectrice; mélanisme, albinisme; la température et le développement; variation d'habitudes; dimorphisme saisonnier; vision; monstruosités. Chacun de ces chapitres est d'un intérêt puissant, grâce à l'étendue des connaissances de l'auteur.

Les planches sont au nombre de 89. Il y a 14 planches de 8 cartes chacune, représentant pour les 112 espèces plus intéressantes leur distribution géographique dans l'Amérique du Nord, et 3 cartes en sus de celles-ci, dont une carte des isothermes, et une carte physique pour faciliter la lecture des cartes de distribution. Puis viennent 18 planches représentant les papillons en noir et couleur; 6 planches d'œufs, 12 de chenilles et nids de chenilles; les autres représentent des chrysalides, des détails des ailes, pattes, tête, androconies, etc. Elles sont excellentes en tout point.

Une telle série de monographies représente bien, comme nous le disions plus haut, un travail extraordinaire, et quelques travaux de ce genre, faits en différentes parties du monde, feraient un bien immense à la science. Il est regrettable que les hommes de la valeur et de l'énergie de M. Scudder soient si rares, et leur rareté même leur donne un prix inestimable.

Œuvre superbe de typographie et de gravure, telle que la pouvaient exécuter les Américains, le travail de M. Scudder est un monument d'érudition et de labeur personnel qui ne sera point égalé de longtemps. Et s'il se trouve quelquefois des écrivains pour faire aussi bien, il rencontrera point pour faire mieux. M. Scudder bonheur rare d'achever une œuvre immense, qui dont nulle bibliothèque de lépidoptérologue ne pe passer, et qui mérite la sincère admiration des nat Nous sommes heureux de pouvoir le dire hautement.

Précis d'analyse microscopique des denrées alim taires, par M. V. Bonnet. — Un vol. in-16, avec 20 planches chromotypographie et 163 figures; Paris, J.-B. Baillière, 1890.

A une époque où les falsifications des matières ali taires sont plus nombreuses que jamais, et empruntent formes et des artifices les plus imprévus; où le *chim falsificateur* lutte avec audace et souvent avec succès co le *chimiste-expert*, au grand détriment de la santé publi on ne saurait trop encourager la vulgarisation des con sances qui permettent au public de se défendre dans ce assurément bien inégal qu'il soutient contre les fraude

Les analyses relevant de la chimie ne sont malheure ment qu'à la portée de quelques-uns et ne peuvent faites en dehors des laboratoires d'analyse; mais les mens microscopiques pourraient facilement se répa sous forme de divertissement, et il serait certes a curieux de montrer à des jeunes gens les éléments du lait ou du miel, des feuilles de thé ou des grains de poivre, que les ailes ou les pattes d'un insecte. Ce serait en même temps une occasion de vérifier la nature des produits du crémier ou de l'épicier chez qui l'on s'approvisionne.

Quoi qu'on puisse penser de l'opportunité de cette leçon de choses, nous signalerons à toutes les personnes qu'intéressent ces questions de falsifications alimentaires un petit livre de M. Bonnet, recommandable surtout par une série de planches habilement dessinées sous le microscope. A l'aide de ces figures, il sera facile, même aux simples curieux, de reconnaître les impuretés habituelles des denrées en usage dans l'alimentation journalière, et de faire, dans une mesure restreinte, mais néanmoins profitable, la besogne réservée aux laboratoires municipaux, qui sont encore peu nombreux, et qui ne sauraient d'ailleurs suffire à toutes les expertises.

ACADÉMIE DES SCIENCES DE PARIS

1er-8 SEPTEMBRE 1890.

M. *Fonin* : Lettre signalant l'apparition de deux groupes de taches solaires et leurs relations avec de nouveaux orages. — M. *Bourgeat* : Première observation sur le cyclone du 19 août 1890 dans le Jura — M. *H. Faye* : réflexions sur la signification du mot cyclone. — M. *Schutzenberger* : Recherches sur une propriété nouvelle de la mousse de platine. — M. *Miquel* : Note relative à un ferment soluble provoquant l'hydratation de l'urée. — M. *E. Mathieu-Plessy* : Sur quelques indications relatives à la solubilité des nitrates d'acétylammonium et aux caractères de l'acétylamine. — M. *Gaston Bonnier* : Influence des hautes altitudes sur les fonctions des végétaux. — M. *Henri Jumelle* : Étude sur l'assimilation chlorophyllienne des arbres à feuilles rouges comparée à celle des arbres à feuilles vertes. — M. *P.-A. Dangeard* : Recherches sur les composés formées par le concours d'éléments sexuels périnucléés. — *M. de la Jeunesse* : Note sur l'emploi généralisé du scaphandre. — *MM. A. Milne-Edwards* et *Blanchard* : Réflexions à propos de cette communication.

MÉTÉOROLOGIE. — *M. Bourgeat* communique à l'Académie les observations et les renseignements qu'il a pu recueillir sur le cyclone du 19 août dernier dans le Jura. En voici le résumé :

Sur tout le parcours du phénomène dévastateur et dans tout le territoire avoisinant, la soirée du 19 août avait été particulièrement lourde et chaude, bien que le matin il fût tombé, en quelques points, de rares gouttes de pluie. Lorsque le *cyclone* a commencé dans la région d'Oyonnax, le ciel s'est illuminé d'éclairs incessants, lesquels se sont ensuite déplacés dans le sens du cyclone marchant avec lui, s'accompagnant des grondements sourds et ininterrompus du tonnerre. Sur le parcours du cyclone, il n'est tombé que quelques gouttes de pluie et, l'ouragan passé, le ciel est redevenu serein. Nulle part, il n'est tombé de grêle sur les bords de la zone atteinte par l'ouragan.

Le cyclone s'est déplacé absolument en ligne droite allant à peu près de l'ouest 45° sud à l'est 45° nord. Il a pris en écharpe les grandes arêtes du Jura, mais celles-ci ne l'ont pas sensiblement dévié. En certains points, il a franchi, comme d'un bond, des rochers de 300 à 400 mètres sans éprouver d'autres effets que d'être momentanément découpé en deux. Sur son parcours il s'est produit des phénomènes électriques nombreux. Quant à la vitesse de translation de la tempête, sensiblement uniforme, elle a été à peu près de 1 kilomètre par minute, parcourant une cinquantaine de kilomètres environ d'Oyonnax à Bois-d'Amont, en cinquante minutes, c'est-à-dire de 7ʰ 15ᵐ du soir à 8ʰ 5ᵐ. L'espace atteint varie de largeur, de 500 mètres au Fresnois, à 2, à 4 kilomètres à Oyonnax. Sur cette largeur de terrain les arbres ont été renversés ainsi qu'il suit : si l'on prend le côté droit du cyclone, c'est-à-dire le côté sud-est, les arbres sont couchés vers le nord-est ou dans le sens du mouvement de translation de l'ouragan. Puis, à mesure que l'on s'avance vers le milieu, on voit presque partout la ramure se tourner de plus en plus vers le nord, et, vers le centre du territoire dévasté, elle regarde le nord. Enfin, quand on s'approche du côté gauche, les arbres s'inclinent un peu vers le nord-ouest. De même presque tous les objets enlevés par la tempête ont été transportés, soit dans le sens de l'ouragan, soit dans la direction du nord. Le fait est important à signaler, car, dit l'auteur, il démontre un mouvement giratoire s'effectuant en sens inverse de celui des aiguilles d'une montre.

Au point de vue des dégâts produits par cette tempête, il est à remarquer que ce sont généralement les bas-fonds qui ont le plus souffert. Les saillies en regard du cyclone sont moins atteintes que les parties qu'elles auraient dû protéger. Enfin, durant le passage de la tempête, ou du moins peu de temps après, on a constaté une diminution considérable de la pression barométrique ; dans beaucoup de maisons, la lumière du gaz s'est élancée vivement en dehors des conduits. L'auteur ajoute que c'est peut-être même par suite de cette dépression et par l'appel d'air qui en a été la conséquence qu'on peut expliquer que, dans les vallées qui viennent déboucher sur la droite du cyclone, il y ait eu un certain nombre d'arbres renversés vers le cyclone même.

— A la suite de cette communication, *M. H. Faye* demande la parole touchant la dénomination de *cyclone*, appliquée par M. Bourgeat et par beaucoup de personnes à l'un des phénomènes qui ont ravagé récemment certaines localités. Le mot *cyclone* est l'équivalent scientifique des mots : tempête, typhon, ouragan, tandis que les phénomènes locaux qui ont sévi récemment en Normandie ou dans le Jura sont des trombes (*tornados* aux États-Unis). Ce n'est pas qu'il y ait erreur, car les phénomènes susdits sont bien de nature cyclonique comme les tempêtes, mais il existe entre les cyclones proprement dits et les trombes des différences assez caractérisées pour leur réserver des appellations différentes aussi.

En effet, pour le marin, par exemple, un *cyclone*, dit M. Faye, est un phénomène qui naît à quelques degrés de l'équateur et qui décrit sur le globe terrestre une immense trajectoire en marchant d'abord à l'ouest-nord-ouest, puis au nord, puis au nord-est (sur notre hémisphère) en couvrant finalement une étendue croissante de pays presque comparable à celle de la France, tandis qu'une *trombe* ou un *tornado* parcourt, le plus souvent, quelques lieues en ligne droite, et n'a guère, en bas, qu'un diamètre compris entre une dizaine de mètres et un ou deux milliers de mètres.

Cette distinction entre le cyclone et la trombe, ajoute l'auteur, a aussi son importance scientifique, à cause de la curieuse liaison qui existe entre les cyclones et leurs phénomènes accessoires, trombes ou tornados, grêles, orages électriques, averses torrentielles, etc. Ces derniers, dit-il, sont, par rapport aux cyclones, des épiphénomènes de peu de durée ; ils se produisent sur le flanc droit des cyclones, en dehors de la trace que ceux-ci impriment sur le globe. C'est ainsi que les trombes, les orages ou les grêles de ces derniers jours ont très probablement accompagné, mais avec des vitesses propres, des cyclones passant au nord de nos régions, venant de l'Atlantique et se dirigeant vers quelque point du compas situé entre le nord et l'est. Ces trombes sont heureusement bien plus rares chez nous qu'aux États-Unis.

CHIMIE. — *M. Schutzenberger* signale à l'Académie une propriété nouvelle de la mousse de platine. Chauffée vers 450 degrés dans un courant d'un gaz inerte, tel que l'azote, chargé de vapeurs de sulfure de carbone, elle absorbe celles-ci intégralement et se convertit en une poudre noire, homogène, insoluble dans l'eau régale, constituant un sulfo-carbone de platine Pt² S² C que l'on peut envisager comme le méthane C H⁴, dans lequel les quatre atomes d'hydrogène seraient remplacés par 2 (Pt S).

L'auteur fait observer que cette réaction pourrait être utilisée pour enlever les vapeurs de sulfure de carbone à un gaz ne contenant pas d'oxygène libre.

— M. Schutzenberger présente un résumé des recherches de *M. Miquel*, relatives au ferment soluble qui provoque l'hydratation de l'urée. M. Miquel est parvenu à préparer facilement cette nouvelle diastase, extraite en petites quantités par M. Musculus des urines de sujets atteints de catarrhe vésical.

Il suffit de semer dans un bouillon de peptone, additionné de carbonate d'ammoniaque et stérilisé à froid par filtration à travers de la porcelaine, un des nombreux microorganismes qui sont susceptibles d'hydrater l'urée. Au bout d'un jour, le liquide se charge de la nouvelle diastase en proportions assez fortes pour convertir 60 à 80 grammes d'urée en carbonate d'ammoniaque par litre de liquide. M. Miquel pense que les ferments figurés qui hydratent l'urée n'exercent cette action qu'après avoir formé la diastase uréique.

BOTANIQUE. — Au commencement de cette année, M. *Gaston Bonnier* a rendu compte, dans une première note (1), des principaux résultats obtenus dans les cultures comparées qu'il avait établies à diverses altitudes. Il avait indiqué notamment comment varient la forme extérieure et la structure des plantes soumises au climat alpin, mais il avait laissé de côté les conclusions physiologiques des expériences qu'il avait faites. Aujourd'hui, dans un nouveau travail, il résume les résultats qu'il a obtenus sur les modifications qu'éprouvent les fonctions des végétaux, lorsqu'on fait varier l'altitude. Ses expériences ont eu lieu à l'Aiguille de la Tour, en 1888 ; au pic d'Arbizon, dans les Pyrénées, en 1889, et en Dauphiné, cette année même (1890). En voici les conclusions :

1° Chez les mêmes plantes, placées dans les mêmes conditions extérieures, l'échantillon cultivé dans le climat alpin a modifié ses fonctions de telle sorte que l'assimilation et la transpiration chlorophylliennes sont augmentées, tandis que la respiration et la transpiration à l'obscurité semblent peu modifiées ou même diminuées.

2° Il en résulte que, pendant la courte saison des hautes altitudes, les plantes élaborent avec plus d'intensité les principes nutritifs qui leur sont nécessaires.

3° Ces résultats pourraient servir à expliquer la plus grande quantité relative de sucres, d'amidon, d'huiles essentielles, de pigments colorés, d'alcaloïdes, etc., que l'on constate chez les plantes de plaine croissant dans le climat alpin, car ces produits sont tous en rapport avec l'assimilation chlorophyllienne.

— On sait que beaucoup d'arbres dont les feuilles sont ordinairement vertes et, notamment le hêtre, l'orme, le charme, le coudrier, le bouleau et le sycomore, présentent, en horticulture, des variétés à feuilles rouges.

Mais, dans le cas où la chlorophylle des feuilles se trouve ainsi mélangée à un pigment colorant spécial, que devient l'assimilation chlorophyllienne? Aucune donnée précise ne permettant jusqu'à présent de répondre à cette question, M. *Henri Jumelle* a entrepris à ce sujet quelques expériences : 1° sur deux variétés de hêtre, la variété pourpre ou *Fagus sylvatica*, var. *purpurea*, et une variété dont les feuilles prennent des tons cuivrés qui dissimulent, bien plus que dans la précédente, la présence de la chlorophylle, ou *Fagus sylvatica*, var. *cuprea*; 2° sur les feuilles vertes du bouleau, *Betula alba*, en les comparant, à ce point de vue, avec les feuilles rouges d'un autre bouleau; le *Betula alba*, var. *foliis purpureis*; 3° sur le sycomore à feuilles vertes, l'*Acer pseudo-platanus* et le sycomore à feuilles rouges, *Acer pseudo-platanus*, var. *purpurea*; 4° enfin sur deux variétés de prunier, le *Prunus domestica* et le *Prunus Pissardi*.

Les résultats qu'il a obtenus l'ont conduit aux conclusions suivantes :

1° Chez les arbres à feuilles rouges ou cuivrées, l'assimilation chlorophyllienne est toujours plus faible que l'assimilation des mêmes arbres à feuilles vertes;

(1) Voir la *Revue scientifique* du 1er mars 1890, p. 283, col. 1.

2° Cette différence d'intensité peut être assez grand c'est ainsi que le hêtre cuivré et le sycomore pourpre, exemple, assimilent environ six fois moins, toutes conditi égales d'ailleurs, que le hêtre ou le sycomore ordinaire

Ces résultats s'accordent avec le fait, bien connu en ho culture, que les arbres à feuilles rouges ont un accroment beaucoup moins rapide que les mêmes arbres à feu vertes. Ils donnent, en même temps, la raison de cette d rence ; la lenteur de l'accroissement trouve, en effet, explication dans l'affaiblissement de l'assimilation chl phyllienne.

— On a démontré que, dans la reproduction sexuelle plantes phanérogames, il y avait fusion de deux noyaux M. Guignard a pu déterminer, dans un travail récent, conditions de cette fusion. D'autre part, des observations plusieurs botanistes, tels que Fisch, Hartog, de Wager, semblait que l'on fût en droit de conclure que la fusion noyaux se produisait également lorsque les cellules mâles les cellules femelles renfermaient plusieurs noyaux. Or, recherches que M. *P.-A. Dangeard* a entreprises sur Oomycètes lui ont prouvé, dit-il, que les choses ne se p sent pas aussi simplement. En effet, de ces recherches résulte que :

1° L'oogone jeune du Cystope blanc (*Cystopus cand* ou Rouille blanche des Crucifères contient bien plusie noyaux, comme l'a vu très justement Fisch ; mais que noyaux ne fusionnent pas en un seul avec les noyaux l'anthéridie, comme cet observateur le pensait;

2° Il n'y a pas davantage fusion d'un noyau mâle avec noyau femelle, ainsi que l'a vu Chmielewskij ;

3° Le prétendu noyau est un globule oléagineux, enti ment soluble dans le chloroforme ; il est entouré par couche de protoplasma renfermant de nombreux noya

L'auteur ajoute que ces résultats peuvent être géné et que la théorie de Fisch sur la fusion des noyaux en seul dans les oospores formées par le concours d'élém sexuels plurinucléés, théorie qui paraissait avoir reçu confirmation par des travaux récents, doit disparaître.

MÉCANIQUE APPLIQUÉE. — M. *de la Jeunesse* adresse u note intitulée : « De l'emploi généralisé du scaphandre Il s'agit d'un scaphandre nouveau modèle destiné à pr ver de l'asphyxie, tout en les garantissant contre la fum et la fumée, les sauveteurs résolus à braver les dangers incendies.

Cet appareil se compose d'un sac d'amiante, dont l'inco bustibilité justifie le choix, rempli d'eau formant com un matelas qui sert d'isolant calorifique, sinon complet, moins suffisant. Un autre sac est attaché sur le dos du p teur, après avoir été préalablement rempli d'air respiral comprimé à deux atmosphères et dont l'arrivage est régi l'aide d'un simple robinet relié à la bouche, au-devant laquelle se trouve une soupape destinée à la sortie de l' expiré des poumons.

On peut remplacer le sac fixe, dit l'auteur, par un tu en tissu d'amiante communiquant avec l'extérieur et desti à contenir de l'air respirable sous pression. Enfin, au casqu à la hauteur des oreilles, peuvent être appliqués des récepteurs téléphoniques, et une autre plaque mise au-devant de la bouche assure la communication complète, aller et retour, avec l'extérieur.

— *M. Alphonse Milne-Edwards* rappelle, à propos de cette communication, les essais d'exploration sous-marine que son père fit avec M. Blanchard en 1843, à l'aide d'un scaphandre imaginé à cette époque par le commandant des sapeurs-pompiers.

— *M. Blanchard* donne, de son côté, une description de ce scaphandre, construit de telle sorte qu'il ne pouvait se conserver la station verticale à la profondeur de quinze mètres à laquelle il était descendu avec M. Milne-Edwards, sans pouvoir se baisser, et que tout travail de recherche dans les profondeurs sous-marines était à peu près impossible. M. Blanchard, à plusieurs reprises, voulut, à l'aide d'une bêche, fouiller le sol de la mer, mais ses membres, comme paralysés, n'avaient aucune force.

E. Rivière.

INFORMATIONS

Le choléra continue à faire en Espagne des ravages sérieux.

Voici le bilan des cas observés dans ce pays, du début de l'épidémie à la fin du mois d'août :

Tarragone, 49 cas, 15 décès; Alicante, 153 cas, 47 décès; Tolède, 288 cas, 142 décès; Badajoz, 80 cas, 48 décès; Valence, 2241 cas, 1119 décès; Madrid, 18 cas, 10 décès. Au total, jusqu'à ce jour, 2829 cas et 1431 décès. La proportion des décès est donc de 50 pour 100 environ.

Le gouvernement a l'intention de proroger l'ouverture des écoles militaires et universitaires si l'épidémie persiste en septembre.

Les médecins chargés par le gouvernement espagnol du service sanitaire dans les districts infestés par le choléra jouent, bien qu'on leur ait donné une escorte militaire, avec la plus vive hostilité chez les populations. Dans la province de Valence, un médecin a été tué à coup de poignard; à Mogente, un autre a eu le crâne fendu d'un coup de hache, par une femme, et dans un troisième district, près de Lerdo, un médecin a été assailli par la foule et mis à mort.

En Mésopotamie, le choléra continue ses ravages, mais ne paraît pas avoir franchi la frontière russo-persane.

On annonce d'Angleterre qu'y a au Japon une importante épidémie cholérique et qu'il y a 230 décès par jour dans ce pays. Cette nouvelle demande vérification.

Enfin, suivant une dépêche du Caire, adressée au *Times*, M. Ebeid, qui accompagnait en qualité de médecin les pèlerins égyptiens se rendant à la Mecque, aurait télégraphié de Jeddah que le choléra venait d'éclater à Yembo.

D'après la dernière statistique publiée par les soins du ministre de l'instruction publique, il a été délivré, depuis 1866, 202 diplômes à des dames ou à des demoiselles. Ces diplômes se divisent ainsi : 35 de docteurs en médecine, 59 de bacheliers ès sciences et ès lettres, 13 de licenciés et 2 de pharmaciens. Sur les 202 candidates diplômées, 102 se sont présentées devant les Facultés de Paris; Lyon vient ensuite avec 16, Aix avec 13, Nancy avec 12, Bordeaux avec 11, etc. Parmi les étrangères qui ont obtenu des diplômes, le plus grand nombre appartient aux nationalités russe et roumaine. On compte aussi plusieurs Polonaises et quelques Anglaises.

Le ministère des travaux publics vient de s'occuper de l'hygiène des chemins de fer. Il s'agit de l'installation des closets dans tous les trains qui marchent longtemps sans s'arrêter un temps notable.

Sur ce point, nous étions en retard sur l'Allemagne — cela n'est pas douteux — et peut-être sur bien d'autres pays. Tous ceux qui ont passé le Rhin le savent, et si les villes prussiennes sont dépourvues d'urinoirs, il n'en est pas de même de leurs voies ferrées. Bien des congressistes, lors de leur dernier voyage, ont pu apprécier les bienfaits de telles précautions.

Une récente circulaire aux administrateurs de nos six grands réseaux invite ces derniers à compléter l'installation de *water-closets* dans *tout les trains* qui marchent pendant plus de *deux heures* sans un stationnement d'au moins *dix minutes.*

Le *Progrès médical* fait remarquer avec raison qu'*une heure* doit être la limite pour les trains susceptibles de transporter un grand nombre de malades (trains desservant les villes d'eaux, les stations d'hiver de la Méditerranée, etc.).

CORRESPONDANCE ET CHRONIQUE

La nourriture des poissons.

M. W.-A. Herdmann a récemment fait une intéressante série d'expériences dans le but d'élucider une question pratique et une question scientifique. Il s'agissait de savoir si certains gastéropodes, les *Eolis* et les *Doris*, sont susceptibles d'être utilisés en pisciculture pour la nourriture des poissons, et si les couleurs brillantes dont sont parés ces mollusques jouent quelque rôle dans leur biologie : si, par exemple, elles servent à les prémunir contre les attaques d'animaux à qui ils ne conviendraient point. Les expériences ont été faites sur le *Biennius pholis* et différents autres poissons, comme les soles, turbots, raies, morues, plies, etc. Ces poissons, conservés dans un aquarium, sont habituellement nourris de moules, de vers et de quelques mollusques conchifères qu'ils attrapent rapidement.

On leur donna donc des *Doris bilamellata* pour voir s'ils les mangeraient. Neuf expériences montrèrent que, ou bien les poissons se jetaient sur la *Doris*, puis la repoussaient aussitôt, ou bien ils n'y touchaient même pas.

On essaya ensuite de l'*Ancula cristata*, mollusque agréable au palais humain d'après M. Herdmann, et qui offre la saveur de l'huître. Le résultat fut que 54 poissons ou crabes se refusèrent à en manger; 4 seulement (dont 1 crabe) y goûtèrent. Les *Ancula* ne plaisent donc pas aux poissons et crabes sur lesquels se fit l'expérience, sans qu'on puisse connaître la raison de ce dégoût. Il est curieux de noter que les blennies agissent tout autrement que ne le font les morues : les premières introduisent l'animal dans la bouche, puis le rejettent : la morue semble le palper auparavant. On essaya ensuite des *Dendronotus*. Ce mollusque plut davantage aux poissons, mais il était trop gros en général pour la bouche de ces derniers. Les blennies et les *Cottus* en particulier en semblèrent friands.

Pour les *Eolis*, ils sont évidemment peu goûtés des poissons. Leurs cellules urticantes en sont sans doute la cause.

En somme, les expériences ont porté sur 53 nudibranches et 12 espèces de poissons et autres animaux de mer : il en résulte que l'espèce la moins appréciée est l'*Eolis*, puis viennent par ordre les *Ancula*, les *Doris*, et enfin les *Dendronotus*, qui sont les plus appréciés. Au point de vue de la coloration, il convient de noter quelques faits. La *Doris* présente des couleurs qui évidemment la protègent contre les poissons. L'*Eolis* présente des couleurs vives qui la rendent très visible : c'est donc un exemple de coloration prémonitrice; il en est de même pour l'*Ancula*. Pour le *Dendronotus* comestible, il présente une coloration protectrice mimétique qui lui est évidemment utile et sert à le protéger contre les attaques des poissons.

Influence du milieu et des conditions hygiéniques sur la taille.

Les travaux entrepris jusqu'à ce jour sur la taille des diverses populations qui composent la nation française ont jeté une si vive lumière sur les origines et la distribution géographique des races nombreuses habitant notre territoire, que les ethnologistes ont toujours exprimé le vœu de voir cette étude poursuivie, dans les limites de chaque département, de manière à permettre les comparaisons entre les cantons et parfois même entre les communes d'un même canton. Les comptes rendus du recrutement publiés chaque année par le ministère de la guerre ne fournissent pas les éléments de cette étude; les tailles, en effet, sont classées simplement par département ou par subdivision de région et suivant une échelle de degrés arbitraire et trop souvent modifiée. Il est donc indispensable, si l'on veut poursuivre l'enquête sur la taille, jusqu'à l'unité territoriale la plus simple, le canton ou la commune, de consulter, au siège même de la subdivision, les carnets de tournée du conseil de revision réunis chaque année en un volume unique et déposés au bureau de recrutement. C'est ainsi qu'ont dû procéder les auteurs, encore peu nombreux, qui ont choisi la division cantonale comme base de leurs études : Broca et Guibert pour la Bretagne, Bertrand pour le département de l'Indre, Costa pour le Cher, Peruy pour l'Indre-et-Loire, Rueff pour le Pas-de-Calais, Pitou pour l'Aude, Richon pour la Haute-Loire, Allaire pour la Somme, Duché pour la Moselle, Antony pour la Marne, etc.

Les résultats qui ont été obtenus sont des plus intéressants; mais leur valeur est bien atténuée par les imperfections de la méthode qui a été mise en usage. Remarquons en effet qu'ils se rapportent à une époque déjà éloignée où une fraction de la classe seulement était examinée. La détermination de la taille moyenne de la classe entière était par suite impossible, et l'on n'avait d'autre terme de comparaison entre les cantons que la proportion des exemptions pour défaut de taille. Les petites tailles, qui sont l'exception, acquéraient de la sorte une importance excessive dans le classement de cantons par ordre de taille, et de là résultaient des conclusions qui pouvaient être erronées. Le travail que M. Chervin a consacré au département de la Seine-Inférieure en 1886 repose sur une base plus large et plus solide et inaugure une méthode vraiment scientifique.

Cet auteur a relevé toutes les tailles présentées par les conscrits de ce département pendant la période qui s'étend de 1850 à 1866; il les a classées par séries dans chaque canton et a été ainsi conduit à des résultats d'une grande précision. Il est seulement à regretter qu'il ait borné ses recherches à une période relativement éloignée où la classe entière n'était pas mesurée et qu'il ait préféré, peut-être par nécessité, la détermination de la taille médiane à celle de la taille moyenne [1]. Est-il donc impossible d'aspirer en pareille matière à une exactitude presque absolue, et devons-nous répéter, après M. Jacques Bertillon, « qu'il n'est presque aucun pays, à *commencer par la France*, où la taille moyenne puisse être calculée directement? » Il semble au contraire que ce problème peut aujourd'hui être résolu,

grâce à l'application régulière de la loi du 27 juillet 1 qui astreint tous les Français au service militaire.

Depuis le jour où cette loi a été promulguée, dix-classes ont été appelées sous les drapeaux et tous conscrits ont été successivement visités et mesurés. l'on consulte les carnets de tournée et l'on trouver chiffre de la taille soigneusement indiqué en regard chaque nom. Les quelques lacunes que l'on observe cernent des hommes qui ne se sont pas présentés au con de revision, les engagés volontaires et un petit nombre conscrits tellement difformes que la mensuration de l taille était inutile. Ces lacunes se présentent en propor à peu près égale dans chaque canton et peuvent ainsi é négligées sans aucun inconvénient. Ce fait établi, il est e dent qu'on peut aujourd'hui déterminer avec la plus gr exactitude la taille moyenne de la population, non seulem par département, mais encore par canton et par commune Ce travail ne demande que de la patience, de l'ordre et sérieux désir d'arriver à la découverte de la vérité. Un u decin militaire, M. Chopinet, l'a entrepris pour la subdi sion de Saint-Gaudens, région qui correspond au milieu Pyrénées françaises et qui comprend les onze cantons l'arrondissement de Saint-Gaudens, six cantons de l'arro dissement de Muret et cinq cantons de l'arrondissement de Saint-Girons. Cette contrée, dont la limite méridionale se confond avec la frontière franco-espagnole, est intéressante à étudier en raison du contraste que présentent les cantons montagneux de la zone méridionale avec les cantons de basse altitude, occupant les plaines accidentées du bassin sous-pyrénéen [2].

Pendant la période qui s'étend de 1873 à 1888, les conseils de revision de la Haute-Garonne et de l'Ariège ont examiné 25 964 jeunes gens originaires de la subdivision de Saint-Gaudens. Tous ces hommes ont été mesurés, et leur taille est mentionnée sur les carnets de tournée où nous l'avons relevée avec soin pour chaque conscrit en particulier. M. Chopinet a pu déterminer ainsi la taille moyenne des conscrits fournis par chaque canton de la subdivision; puis, poussant plus loin son enquête, il a étudié la taille dans les différentes communes de deux vastes cantons de la région montagneuse.

Voici les résultats de cette consciencieuse étude, dont nous avons cité les intéressantes considérations qui précèdent, et qui met bien en relief les principales causes présidant au développement et aux variations de la taille humaine.

Dans la région qui correspond au versant septentrional des Pyrénées centrales, la taille est plus élevée dans la montagne que dans la plaine; elle atteint son maximum au voisinage de la frontière et on la voit s'abaisser graduellement à mesure qu'on se rapproche de la plaine.

On ne peut s'expliquer par des raisons d'ordre hygiénique la différence de taille qui existe entre les montagnards et les habitants de la plaine; il est rationnel de l'attribuer à la diversité d'origine des uns et des autres. En s'appuyant sur les données de l'histoire, il est permis de considérer les montagnards comme les descendants des Ibères et de la race autochtone, et la population de la plaine comme issue de la race celtique.

(1) La taille médiane est celle du 501° conscrit, lorsqu'on en range 1000 par ordre de taille. Elle diffère parfois sensiblement de la taille moyenne.

(1) Il suffit pour cela de faire la somme de toutes les tailles des conscrits fournis, pendant une période déterminée, par une subdivision, un canton ou une commune, et de diviser le total par le nombre des conscrits qui ont concouru à le former. Cette manière d'opérer est l'application de la méthode le plus généralement employée pour la détermination des moyennes.

(2) *De la taille dans les Pyrénées centrales*. — Une brochure de 30 pages; Toulouse, Privat, 189^.

Cependant il existe un rapport constant entre la taille d'un groupe de population et les conditions topographiques et hygiéniques du territoire qu'il habite. La stature est élevée dans les villages situés sur les crêtes, sur le bord ou le versant méridional des plateaux, dans les hautes vallées largement ouvertes et bien ensoleillées. Elle présente son niveau le plus faible à proximité des cours d'eau, dans les vallées basses et profondes où l'insuffisance de l'insolation directe entretient une humidité constante.

La misère et la mauvaise hygiène paraissaient dès lors être des causes puissantes d'abaissement de la taille. Quand il est possible de les combattre efficacement, quand le bien-être général va en progressant, on observe bientôt, en effet, un relèvement manifeste de la taille.

La corruption des mœurs (alcoolisme, syphilis) agit en sens opposé; son action déprimante sur la taille ne tarde pas à se manifester lorsque, en même temps, l'alimentation publique devient moins substantielle et moins réparatrice.

Le canton de Luchon est un exemple frappant de ces influences. Dans les hautes vallées de ce canton, la taille était jadis beaucoup plus élevée qu'aujourd'hui, où la moyenne n'atteint que 1m,645. M. Chopinet attribue cette dégénéres- cence à la prospérité prodigieuse de Luchon depuis le com- mencement du siècle et aux changements qui en sont résultés dans la manière de vivre des montagnards d'Oueil et de Larboust. Au contact de cette ville de plaisirs, l'an- tique simplicité des mœurs s'est altérée; des vices autrefois inconnus ont pénétré dans le pays, la fréquentation des cabarets et les veillées prolongées ont remplacé les jeux en plein air, qui étaient jadis les délassements préférés; les naissances illégitimes, qui étaient auparavant très rares, se sont multipliées, la syphilis enfin s'est répandue parmi les jeunes gens. En même temps, l'alimentation a perdu de ses qualités substantielles, la viande de boucherie s'est substi- tuée en grande partie à la brebis salée, mais la consomma- tion totale de viande a diminué de plus de la moitié. L'usage du lait, du beurre et du fromage s'est beaucoup restreint par suite d'une erreur répandue par quelque faux savant sur la prétendue insuffisance de cette nourriture de pre- mier ordre. Le vin frelaté et les liqueurs ont pris sur la table qu'y occupait jadis l'eau de source, la meil- leure et la plus saine des boissons. Bref, l'alcoolisme, la débauche précoce, la syphilis sont venus, comme autant de fléaux, entraver le développement de la jeunesse et frapper gravement cette population, d'autant moins préparée à leur résister, qu'elle offre au mal un terrain vierge et qu'elle ne puise plus dans son alimentation la même force que par le passé.

Il est curieux de constater que la même cause a produit des effets opposés, d'une part dans la vallée de Luchon, et de l'autre, dans les vallées de Larboust et d'Oueil dont les habi- tants ont depuis une trentaine d'années une taille moyenne sensiblement plus élevée qu'autrefois (1m,668 et 1m,653). Ici la civilisation, pour les raisons que nous avons indiquées, a exercé sur la race une influence pernicieuse; là, au contraire, en répandant l'aisance parmi les habitants et en améliorant les conditions d'hygiène, elle a transformé rapidement, comme par l'effet d'une baguette magique, une population misérable et dégradée. Sous cette influence commune, les hommes de ces trois vallées si différentes tendent à se rap- procher par leur taille, leur aspect extérieur, leurs qualités et leurs défauts, et, dans ce travail de nivellement opéré par la civilisation sur un territoire restreint, on constate une fois de plus l'action toujours identique de ce puissant modificateur de la société qui, partout et sans cesse, efface les dissemblances, émousse les reliefs, et substitue un type uniforme à la variété et à la diversité qui règnent dans la nature.

M. A. Coste, dans une très consciencieuse et très intéres- sante étude de statistique publiée par le journal de la So- ciété de statistique de Paris, a recherché la part repré- sentée par les salaires des travailleurs dans le revenu total de la France; autrement dit, l'auteur a voulu élucider ces deux points : Quel est le revenu national? quels sont ceux qui se le partagent? Question d'une haute importance à une époque où les revendications ouvrières soulevées par les agitateurs sont accueillies par le public avec une cer- taine complaisance qui est l'indice d'une ignorance pro- fonde de la gravité et des conséquences possibles de ces revendications.

Comme résultat final de son étude, M. Coste a pu fixer la répartition suivante du revenu de la France :

Travailleurs.

	Sommes en millions de francs.
3 434 938 ouvriers de l'agriculture	2 000
3 834 580 ouvriers de l'industrie, du commerce et des transports	3 600
1 132 076 employés et gagistes	1 000
1 950 208 domestiques attachés à la personne	1 400
Ensemble des salaires, traitements et gages.	8 000
3 700 000 petits cultivateurs, artisans, détaillants, trans- porteurs, soldats, marins, gendarmes, petits fonctionnaires, desservants ecclésiastiques, religieux et religieuses, instituteurs et insti- tutrices, etc., dont les ressources ne dépas- sent pas le salaire maximum des précédents.	4 000

Capitalistes proprement dits.

1 683 192 exploitants agricoles . 3 1/2 à 4 1/2 milliards.		
1 009 914 industriels, commer- çants, transporteurs. 3 1/2 à 4 1/2		10 500
1 053 095 propriétaires, rentiers et membres des pro- fessions libérales . . 2 1/4 à 3		
17 797 933		22 500

Ce tableau ne contient évidemment que des approxima- tions, ce n'est qu'une sorte de schéma, mais il permet de fixer les idées et de donner une base positive aux raisonne- ment économiques. D'ailleurs, l'évaluation des salaires, trai- tements et gages des travailleurs ainsi que des revenus des petits patrons a été faite avec modération. Si l'on arrivait, à l'aide de déterminations plus précises, à relever cette éva- luation, si d'autre part on tenait compte des revenus des biens et domaines de l'État, des communes et des établisse- ments publics (lesquels dépassent 300 millions de francs), il est évident que la part afférente aux capitalistes proprement dits s'en trouverait réduite en proportion. Les conclusions auxquelles M. Coste aboutit en seraient dès lors fortifiées.

Le total des revenus du capital, quelle qu'en soit la source — agriculture, industrie, commerce et transport, propriété urbaine, fonds publics, etc. — apparaît donc comme fort peu élevé, surtout si l'on tient compte des aléas qu'il supporte.

Ce groupe des capitalistes comprend, en effet, tous les gros et moyens exploitants : fermiers et métayers, propriétaires agricoles faisant valoir leurs terres, propriétaires ne faisant pas valoir mais restant exposés au risque du non-paiement des loyers et de la détérioration des terres, entrepreneurs, chefs d'industrie, négociants, actionnaires, commandi- taires, etc.

En dépit de ces risques, le total de 10 milliards et demi attribué aux 3 746 000 capitalistes plus ou moins aisés ne représente qu'une moyenne de 2800 francs par famille, une fois payé, il est vrai, le service des domestiques dont les gages et l'entretien ont été compris dans le total des salaires, et une fois acquittée cette partie des impôts qui sert à l'entretien de la force publique, de l'administration, du culte et de l'instruction publique, puisque tous les soldats et les fonctionnaires, les prêtres et les instituteurs figurent parmi les patrons et diminuent par cela même la part des capitalistes dans le revenu collectif.

Ce revenu moyen de 2800 francs, grossi de la quote-part des domestiques, des soldats, des fonctionnaires, etc., ne monterait guère à plus de 3500 francs bruts; il est si peu élevé que, pour trouver la place des grandes fortunes, il faut supposer un grand nombre de faibles revenus, intermédiaires entre les revenus d'ouvriers et d'employés et les revenus des capitalistes. Dans la France entière, M. Leroy-Beaulieu ne croit pas qu'il existe plus de 700 ou 800 personnes ayant 250 000 francs de rentes ou davantage, ni plus de 15 000 à 20 000 revenus compris entre 50 000 et 250 000 fr.

Quoi qu'il en soit, on peut conclure des évaluations qui précèdent que la moyenne des revenus en France impose une grande prudence dans les promesses que l'on peut être tenté de faire aux travailleurs pour l'amélioration immédiate de leur situation. . . . .

M. Coste vise à ce sujet, les deux points dont on s'est particulièrement préoccupé ces derniers temps : 1e la réintégration de la femme au foyer domestique; 2e la réduction des heures de travail ou, ce qui est la même chose, le relèvement du salaire des ouvriers.

En ce qui concerne le premier point, on remarquera que :

Sur 3 435 000 ouvriers de l'agriculture, il y a 1 472 000 femmes environ, auxquelles on peut attribuer un salaire de . . . . :	670 millions.
Sur 661 000 ouvriers parisiens, il y a 299 000 femmes, avec un salaire de . . .	250 —
Sur 3 174 000 ouvriers des départements, il y a 1 058 000 femmes, avec un salaire de	540 —
Sur 1 132 000 employés et gagistes, il y a 327 000 femmes, avec un salaire de. . . .	200 —
Sur 1 950 000 domestiques, il y a 1 267 000 femmes, avec un salaire de.	800 —
Sur 10 352 000 travailleurs, il y a 4 415 000 femmes obtenant un salaire de.	2460 millions

Chiffre représentant environ 30 pour 100 du total des salaires, gages et traitements.

Une telle somme de travail ne peut évidemment pas être remplacée par un surcroît de labeur des seuls ouvriers français, elle ne peut l'être que par la main-d'œuvre des immigrants étrangers ou bien par l'action des machines et des animaux domestiques, c'est-à-dire par une application de capitaux plus considérables, ce qui implique que l'on encourage et protège les épargnes et que l'on favorise le crédit.

En ce qui concerne le second point — réduction des heures de travail ou hausse des salaires — les agitateurs populaires, encouragés dans une certaine mesure par le socialisme professé en haut lieu, ont mis en avant la fameuse formule des « trois huit » (huit heures de travail, huit heures de loisir, huit heures de sommeil), complétée par le repos d'un jour par semaine. Ils veulent que 6 journées de huit heures, ou quarante-huit heures de travail effectif, soient désormais payées autant que 7 journées de onze ou douze heures, c'est-à-dire que soixante-dix-sept ou quatre-vingt-quatre

heures de travail : il s'agit donc, au minimum, d'une mentation de 60 pour 100 des salaires.

Voici quelles seraient les conséquences de cette forme :

Accordée uniquement aux ouvriers de l'industrie, commerce et des transports, une telle hausse des sal représenterait une surcharge de plus de 2 milliards de f qui menacerait les industriels, petits et grands, les c merçants et les transporteurs d'une réduction de 3 40 pour 100 de leurs profits bruts.

On peut prétendre, il est vrai, que cette surcharge 2 milliards ne pèserait pas uniquement sur les entrepr parce que les producteurs se la feraient rembourser pa masse des consommateurs en relevant d'autant le prix produits.

Ce résultat est des plus incertains, mais en tout cas l'on admettait la possibilité d'une répercussion sur tous consommateurs, il faudrait aussi admettre la généralisat de la hausse sur tous les salaires, gages et traitements. salaires augmentés de l'industrie remorqueraient à l suite aussi bien les salaires de l'agriculture que les des domestiques et les traitements des employés et des tits fonctionnaires. Ce ne serait plus 2 milliards, ce se d'après les chiffres de M. Coste, 4 milliards 800 milli qu'il faudrait prélever sur l'ensemble des revenus du ca tal : le prélèvement serait d'environ 40 pour 100.

Cela revient à dire que la terre, qui rapporte à son p priétaire environ 2,75 pour 100, ne lui en rapporterait pl que 1,65. Le faire-valoir direct des domaines ruraux ou location des maisons de ville, qui procurent au plus à 5 pour 100 des capitaux engagés, ne donneraient plus q 2 et demi à 3 pour 100. Les entreprises par actions verra leurs dividendes entièrement absorbés par cette hausse nérale du prix du travail, et, de plus, le service de le obligations serait gravement compromis, sans parler l'augmentation nécessaire des impôts qui s'ensuivrait, à la réduction de la Rente qui s'imposerait inévitablement.

Par ces conséquences, on voit qu'une telle mesure é vaudrait à la prohibition absolue des épargnes et des ent prises nouvelles, qu'elle causerait une dépréciation froyable des capitaux engagés et qu'elle provoquerait, le moindre doute, une vaste émigration de tous les capit disponibles.

Autant dire que les revendications ouvrières se heur présentement à un obstacle invincible. Mais faut-il re sur cette négation qui semble cruelle, et devons-nous mer l'avenir même à l'espérance?

Assurément non; et M. Coste fait remarquer que to l'histoire des progrès économiques proteste rait contre tel pessimisme.

Certes, il est légitime que les salaires augmentent, que heures de travail soient réduites, non pas pour le seul div tissement de l'ouvrier, mais surtout pour l'accroissem de sa culture intellectuelle et morale; certes, il est on peut plus désirable que la femme reprenne le plus tôt po sible, et avant même la réduction des heures de travail de l'homme, son rôle de ménagère et d'éducatrice au foyer de la famille; mais nous devons être bien convaincus que ces progrès sociaux ne pourront se réaliser que successivement, à mesure que nos épargnes seront assez abondantes pour créer des capitaux nouveaux qui se traduiront en moyens de production plus puissants, à mesure que les craintes de guerre et les précautions de la paix armée diminueront, à permettront de supprimer les dépenses improductives, à me sure que l'antagonisme entre les patrons et les ouvriers de viendra moins aigu et occasionnera moins d'irrégularité dans le travail, moins de grèves et de déperditions de force et de capital, à mesure enfin que, par le développement des

ges, nous pourrons profiter plus largement des pro-
ions avantageuses des pays étrangers, en nous consa-
particulièrement aux productions nationales où nous
sons de spécialités naturelles ou acquises.

st donc surtout, conclut M. Coste, par la sécurité et
ouragement donné aux épargnes, par l'extension du
t, par la multiplication des machines et par le dévelop-
ent de la liberté commerciale que nous réaliserons
l'avenir les progrès que l'on réclame, comme nous
s déjà réalisé dans le passé les progrès qui sont accom-

contraire, en effrayant les capitaux, en déblatérant
re le machinisme, en réclamant sous toutes les formes
bles la protection outrée de l'industrie nationale et,
e manière générale, en visant à restreindre la produc-
, les socialistes d'en haut et les socialistes d'en bas tour-
t le dos au progrès économique et nuisent à la cause
s prétendent servir.

Statistique de l'émigration européenne.

Dans une étude récente sur le mouvement d'émigration européenne
ces dernières années, M. P. Leroy-Beaulieu a produit les chiffres
suivants :

Émigration des principaux pays d'Europe :

Années	Gde-Bretagne et Irlande.	Allemagne.	Italie.	Pays scandinaves.	Espagne.	France.
1885...	207 644	107 238	78 961	36 793	24 315	6 063
1886...	232 900	79 875	87 423	49 692	34 043	7 344
1887...	281 487	99 712	133 191	75 098	37 200	11 170
1888...	279 928	98 515	207 795	75 975	49 283	23 339
1889...	253 795	90 259	125 781	?	?	?

Comme on le voit, pour presque tous les pays d'Europe l'émigration a beaucoup augmenté dans les années 1887 et 1888; elle a fléchi
notablement en 1889. La cause principale de l'augmentation dans
les deux premières de ces années paraît être moins encore l'aggravation de la crise commerciale et industrielle en Europe que le très
grand développement, à la suite d'énormes emprunts, de plusieurs
États de l'Amérique du Sud. Par contre, en 1889, il y a eu en Europe
quelques atténuations des souffrances de l'agriculture et une reprise
assez notable de la production manufacturière. Enfin, différents pays,
dont l'Italie, ont mis des obstacles administratifs à l'émigration.

Quelques grands pays ne figurent pas dans ce tableau, la Russie
notamment, qui émigre surtout en elle-même, colonisant à l'intérieur,
dans les espaces coloniaux de ses domaines européens insuffisamment
peuplés et dans ses domaines asiatiques. Néanmoins, en dehors de
cette émigration intérieure, la Russie a encore fourni une émigration
de 29 355 âmes en 1887, de 38 747 âmes en 1888 et de 35 874 âmes
en 1889, à destination des États-Unis, qui en ont retenu la presque
totalité.

De même l'Autriche-Hongrie, dans les années 1888-1889, donne une
émigration annuelle de 40 000 à 50 000 âmes.

L'émigration du Portugal est considérable aussi et atteint une
quinzaine de mille âmes par an.

Ainsi toutes les contrées d'Europe ont cédé à la séduction des deux
Amériques, et, dans une mesure moindre, de l'Australie. Si l'on fait
un compte approximatif des émigrants européens, on voit que, dans
les années 1888 et 1889, il oscille entre 800 000 et 850 000 âmes, annuellement.

Le tableau suivant montre où vont ces émigrants :

Immigrants sans distinction de nationalité :

Années	États-Unis.	Canada.	Brésil.	Argentina.	Uruguay.	Australasie.
1885...	360 252	79 169	30 135	108 792	15 679	65 585
1886...	416 075	?	25 741	93 116	12 292	64 947
1887...	538 243	?	54 990	120 842	12 863	65 041
1888...	546 060	?	131 745	155 632	16 581	65 509
1889...	452 122	?	65 161	260 909	27 349	45 716

Il faut remarquer que les chiffres donnés par les pays de destination sont supérieurs à ceux fournis par les contrées de provenance :
mais cela tient à ce que les émigrants hindous, chinois, à ceux d'un
pays de l'Amérique ou de l'Australasie dans un autre ont été né-
gligés.

Ce qui est frappant, c'est que l'Afrique, cette Afrique que tout le
monde convoite, n'apparaît pas dans ce tableau. Objet de tant de
disputes de la part des gouvernements, l'Afrique n'exerce sur les
émigrants qu'une séduction des plus médiocres.

En réalité, l'émigration à destination de l'Afrique du Sud a dépassé
20 000 âmes en 1889.

Quant à l'Algérie et à la Tunisie, les statistiques italiennes donnent, pour 1888, 902 émigrants à destination de Tunisie et 751 à destination de l'Algérie. Les chiffres correspondants, pour 1889, sont
639 et 765. Chose curieuse, les statistiques espagnole et française
sont muettes sur ce point, et l'émigration à destination de l'Algérie
et de la Tunisie ne se fait pas enregistrer. Autant qu'on en peut
juger par les dénombrements algériens, il viendrait se fixer en Algérie 6000 à 7000 Européens par an; quant aux arrivées en Tunisie,
elles ne dépassent guère 1200 à 1500, déduction faite des départs.

Un tableau très curieux, emprunté à un ouvrage de M. Bodio sur
la statistique comparée de l'émigration d'Europe et de l'immigration
en Amérique et en Australasie, prouve que l'émigration, en général,
est loin d'absorber l'excès des naissances sur les décès des principaux pays d'Europe :

Pays.	Excédent des naissances sur les décès par 1000 habitants.				Émigration pour les pays hors d'Europe par 1000 habitants.			
	1885.	1886.	1887.	1888.	1885.	1886.	1887.	1888.
Grande-Bretagne et Irlande...	12,3	12,2	11,6	11,9	5,7	6,3	7,6	7,5
Allemagne...	11,3	10,9	12,7	12,9	2,2	1,6	2,1	2,0
Italie...	11,5	8,1	10,9	9,8	2,7	2,9	4,4	6,8
France...	2,3	1,4	2,3	1,1	0,1	0,2	0,3	0,6
Suisse...	6,4	7,0	7,6	7,8	2,3	2,0	2,6	2,8
Suède...	11,8	13,2	13,5	?	4,0	6,0	9,8	9,7
Norvège...	11,9	14,9	14,8	13,8	7,2	7,8	10,5	11,2
Danemark...	14,7	14,3	13,6	13,1	2,1	3,0	4,1	4,0

Un phénomène nouveau qui frappe dans ces statistiques, remarque
M. Leroy-Beaulieu, c'est le grand développement de l'émigration
française depuis quelques années. Autrefois, les Français n'émi-
graient pas. C'est à peine si la statistique officielle française recen-
sait chaque année 5000 à 6000 émigrants parmi nos nationaux. Or,
voici qu'elle en recense 11 170 en 1887 et 23 389 en 1888. Ces chiffres
mêmes sont fort au-dessous de la vérité, car ils ne comprennent pas
l'émigration clandestine des Basques, ni celle de la classe aisée des personnes appartenant à la classe moyenne.

En 1889, l'émigration française a certainement dépassé de beaucoup 30 000 âmes. La statistique argentine relève, comme ayant débarqué directement à Buenos-Ayres, 27 173 émigrants français pendant cette année. Il y faudrait joindre plusieurs milliers d'émigrants
français arrivés dans la république Argentine par Montevideo, puis
ceux qui sont restés dans l'Uruguay, puis 602 qui se sont rendus au
Brésil, sans compter ceux qui ont été dans l'Amérique du Nord ou
au Canada.

On ne dépasse certainement pas la vérité en évaluant à 35 000 au
moins le nombre des émigrants français en 1889.

Ne pourrait-on pas attirer une partie de ce courant vers nos possessions de l'Afrique du Nord? Certainement, nos ouvriers n'y trouveraient pas des salaires aussi élevés qu'à la Plata, mais ils pourraient s'y créer, ce qui est leur passion, une propriété.

La plus récente de nos possessions de l'Afrique du Nord, la Tunisie, que nous voulons enfin sérieusement franciser, a des centaines
de mille hectares de biens de mainmorte, ce que l'on appelle des
Habbous, que l'on aliène moyennant des rentes perpétuelles qui, le
plus souvent, ne dépassent pas 4 ou 5 francs par hectare. Il semble
qu'il y aurait place là pour des milliers de familles. Sans tomber
dans les exagérations habituelles et prétendre que la Tunisie soit
d'une fertilité merveilleuse, il est certain que le sol y est bon en général et se prête bien à la culture par des Français méridionaux. Si
des sociétés de patronage, sans faire aucun sacrifice d'argent, sans
transformer l'émigrant en stipendié, voulaient simplement lui préparer sa venue, lui faciliter moralement et légalement son installation,
en procédant avec des groupes entiers et non pas avec des individus
isolés, il semble qu'il y aurait là des combinaisons patriotiques. De
même, en Algérie, le domaine contient encore quelques centaines de
mille hectares que l'on met aux enchères par petits lots chaque année

et qui ne se vendent pas, en général, plus de 60 ou 80 francs l'hectare; il y a là aussi place pour un certain nombre de familles ayant déjà quelque pécule et pouvant se constituer avec peu de frais d'achat une propriété.

Puisque la France est en train de perdre 30 000 à 35 000 émigrants par année, il serait très désirable que, profitant de la crise de l'Amérique du Sud, on tâchât d'attirer en Tunisie et en Algérie une douzaine de mille de ces Français, la plupart aujourd'hui paysans, qui quittent le sol natal.

L'ORAGE DU 18 AOÛT 1890 AU PARC DE BALSAINE (ALLIER). — Un orage de courte durée, mais d'une violence inouïe, s'est abattu, le 18 août, sur Balsaine, de 7ʰ 30ᵐ à 8 heures du soir.

Ce jour-là, bien avant le lever du soleil, les éclairs avaient déjà brillé, et, entre 3 heures et 5 heures du matin, le tonnerre grondait sur l'arc d'horizon s'étendant du sud à l'ouest.

Mais, en somme, la journée avait été fort belle, le ciel à peu près pur, la température extrêmement chaude.

La colonne thermométrique atteignit un maximum de 35°,2 vers 3 heures et 4 heures de l'après-midi (1). À cette dernière heure, le ciel était encore presque entièrement serein. Il se couvrit rapidement, à 5 heures, du sud-ouest au sud-est, et les nuages s'avancèrent denses et menaçants. À l'éclat radieux du jour succéda une morne clarté. Pas un souffle d'air. Une sorte de stagnation atmosphérique, irrespirable, imprégnée d'une violence d'étuve, étouffante, accablante, dans un calme absolu.

Les premiers roulements de tonnerre, sourds, lointains, se firent entendre à 5ʰ 55ᵐ. À 6 heures, le ciel acheva de s'obscurcir. La girouette pointait au nord-ouest et les nuages inférieurs chassaient du sud-sud-est.

On voyait alors, vers les régions zénithales, un spectacle curieux, rare dans nos contrées, les fameux *Rocky Clouds*, si redoutés des marins des îles Orcades. Leur aspect était étrange, sinistre. L'apparition de ces nuages singuliers présage d'ordinaire l'arrivée des tempêtes ou l'approche des mouvements orageux accompagnés de forts coups de vent.

Vers 7 heures, les éclairs prirent de l'ampleur, s'allumèrent plus fréquents, apparurent merveilleux. La grande voix du tonnerre était nette, dure, vibrante. La situation demeura ainsi jusqu'à 7ʰ 30ᵐ. Puis, tout à coup, ce fut comme un épanouissement prodigieux, formidable, de toutes les puissances électriques de l'atmosphère. Les décharges se suivaient, se précipitaient, se répandaient, devenaient incessantes. Les dénombrer était impossible. Le ciel tout entier se transformait en une effrayante mêlée d'éclairs étincelants, fulgurants, aveuglants, permettant à peine à l'œil ébloui, de distinguer je ne sais quelle confusion de phénomènes dans l'obscurité troublée. C'était un embrasement général, un flamboiement grandiose. La pluie, la grêle tombaient avec furie. Les rafales de vent passaient, rapides comme des projectiles, se heurtant aux obstacles, les brisant, les renversant. Le grondement ininterrompu du tonnerre n'était coupé que par les éclats rudes et déchirants des coups plus rapprochés.

Cela fit rage pendant une demi-heure et, soudain, la pluie vint à cesser, le vent s'apaisa, les éclairs s'espacèrent de plus en plus. On put les compter de nouveau. Les roulements du tonnerre redevinrent sourds et se perdirent peu à peu dans le lointain. Seule, la lueur amoindrie des éclairs illumina vaguement et pendant longtemps encore l'horizon du nord au nord-ouest.

Au passage de la tourmente, les appareils enregistreurs présentèrent des variations extraordinaires. En moins de 30 minutes, l'aiguille barométrique s'éleva de 5ᵐᵐ,1, pendant que la colonne thermométrique faisait une chute brusque de 10°,2; 21ᵐᵐ,5 d'eau avaient été reçus au pluviomètre.

— LA CHIRURGIE CÉRÉBRALE. — On sait que la pratique de l'antisepsie a livré aux chirurgiens les parties les plus délicates et les plus profondes du corps, comme la cavité abdominale et la boîte crânienne. M. Victor Horsley vient de montrer, au Congrès international des sciences médicales, à Berlin, que les opérations faites sur le cerveau sont parfaitement légitimées par leur succès et la mortalité très faible qu'elles comportent. Le crâne a été ouvert dans des cas d'hémorragie cérébrale traumatique, de méningite, d'abcès, d'actinomycose, de ramollissement, de tumeurs du cerveau, d'athétose, d'épi-

(1) Dans le Puy-de-Dôme, l'Observatoire de Clermont a noté un maximum presque identique, soit 35°.

lepsie focale, de folie traumatique ou enfin simplement pour s'[...] rer de l'état douteux du cerveau, et les résultats obtenus ont été suivants :

Exploration de l'écorce	5 dont	4	réunions immédi et 1 mort (septicité).
Excision des centres corticaux	5 —	5	—
Céphalalgie	4 —	4	—
Trépan palliatif pour tumeurs	6 —	6	—
Extirpation de tumeurs	8 —	4	— et 4 morts (shock).
Extirpation d'un kyste	5 —	5	—
Contusion cérébrale	3 —	2	— et 1 mort (shock).
Méningite septique	5 —	0	— et 2 morts (septicité).
Abcès du cerveau	1 —	1	réunion secondai
Hydrocéphalie	2 —	1	guérison (par p et 1 mort).
Encéphalocèle : électrolyse	1 —	1	guérison (par tion).
Encéphalocèle : extirpation	2 —	2	réunions immédi et 1 mort (méningite).

Soit 42 opérations, faites le plus souvent *in extremis*, pour [...]tions très graves et n'ayant entraîné la mort que 10 fois, c'est-à-[...]ne comportant qu'une mortalité de 21 pour 100. M. Horsley [...]que la guérison sera constante quand les opérations seront pra[...]car tous ces malades opérés autrement qu'*in extremis* ont pér[...]ment guéri.

— ACTION PSYCHO-PHYSIOLOGIQUE DE L'ALCOOL ET DU THÉ. — M. [...]pelin a fait une série d'expériences physiologiques sur la ma[...]dont se comportent les réactions psychiques par l'usage de l'a[...]et du thé. Il a trouvé que l'alcool diminue les idées, mais re[...]ne l'association verbale des mots, l'association des impressions [...]tives. Ainsi, quand on est sous l'influence de l'alcool, il est plu[...]cile d'apprendre un discours par cœur, mais par contre la vue [...]la pensée, qui cherche un lien entre les idées, est considérabl[...]gêné. D'autre part, à en juger par l'euphorie que recherche[...]buveurs, on pourrait croire qu'il y a sous l'influence de l'alco[...]accroissement de l'aptitude au déploiement de la force muscula[...]or, cela est contredit nettement par les expériences de M. Krœpel[...]l'alcool diminue la force musculaire.

Le thé favorise l'association des idées et le travail intellect[...]mais il gêne l'association auditive des mots.

— LA MORTALITÉ DES MÉDECINS. — Le *Medical Record* publie un [...]vail de M. Birnbaum, relativement à la mortalité dans le corps [...]dical. Voici quelques-uns des chiffres cités par l'auteur. L'âge [...]donne le plus de médecins est 27 ans. La moitié du chiffre tot[...]moins de 40 ans et les trois quarts moins de 50 ans. La dispari[...]est la moins marquée entre 50 et 60 ans, et la plus prononcée e[...]60 et 70 ans. La conclusion, c'est que les médecins doivent se [...]de tout surmenage après 60 ans. D'une façon relative, c'est e[...]43 et 44 ans que les médecins meurent le moins. Les médecins [...]teignent pas un âge fort avancé aussi souvent que la moyenne d[...]population ordinaire. Sur 15 000 personnes de toutes classes a[...]atteint l'âge de 35 ans, 30 environ dépasseront 95 ans, et 180,90 [...]Sur les 15 000 médecins qui font le sujet de l'enquête de M. B[...]baum, aucun n'a atteint 94 ans.

— UN CAS DE SÉCHERESSE EXTRAORDINAIRE. — Pendant un temp[...]nord-ouest qui survint le 27 janvier dernier à Partenkirchen, [...]Bavière (altitude, 722 mètres), le degré d'humidité relative de l'[...]de deux heures à huit heures du soir, varia entre 4 et 10 pour 1[...]La sécheresse de l'air était donc extraordinaire; elle provoquait [...]sensations désagréables à la peau, les plumes d'oie se fendaient, [...]l'encre séchait dans les encriers. Une couche de neige de 5 centi[...]tres d'épaisseur disparut au bout de cinq heures.

— UNE MARÉE IMPRÉVUE. — Le 23 janvier, à quatre heures du soir, [...]par un temps complètement calme, la mer s'est retirée subitement à [...]Batoum, baissant de 18 mètres; le port s'est vidé complètement, et [...]l'eau, en l'abandonnant, a entraîné plusieurs navires qui ont brisé [...]leurs amarres; les dégâts ont été considérables. Peu de temps après, [...]la mer reprenait son niveau ordinaire, d'une façon aussi inexpli[...]cable.

INVENTIONS

Nouveau mode de préparation des alliages de sodium. — Le procédé de M. Rogers ressemble à celui de Cowles pour l'aluminium.

On place dans un creuset de plombagine ou même de silice du chlorure de sodium préalablement desséché; on le porte au rouge blanc, on lance le courant, le creuset servant d'anode, et la cathode étant formée de six barres d'étain ou de plomb.

Suivant la *Lumière électrique*, on retire ainsi 61 pour 100 du sodium contenu dans le creuset, et le rendement est de 2 à 3 kilogrammes par cheval et par 24 heures.

On peut avoir inconvénient employer des creusets en terre ou en fer, le sodium naissant ayant plus d'affinité pour le métal que pour la matière du creuset.

Nouveau procédé d'indication des rues pour la nuit. — Un ingénieur des rues de Saint-Louis (États-Unis) a imaginé une nouvelle méthode d'indication des rues éclairées à l'électricité, qui permet de les reconnaître par les nuits les plus noires. Les noms sont peints sur les globes transparents des lampes à arc, qui les projettent sous forme d'ombre. Les lettres sont assez grandes pour être vues à plus de 15 mètres de distance, car elles mesurent au moins 30 de hauteur.

Cet exemple est bon à suivre dans toutes les villes éclairées à l'arc électrique.

Nouvelle lampe de mine. — M. Rindauer, de Buda-Pesth, a imaginé une nouvelle lampe électrique portative très propre au service des mines.

Dans la partie basse du corps de la lampe est une pile voltaïque avec des plaques de zinc et de charbon, puis des pièces de feutre imprégné d'acide chronique séparées par du papier buvard sulfurisé. La partie supérieure de la lampe contient un interrupteur qui sert aussi de commutateur, l'inducteur et la lampe à arc ou à incandescence.

Le principe sur lequel repose cette lampe, dit l'*Électricien technique*, est la direction uniforme des courants d'induction, obtenue dans l'inducteur par changement des pôles de la pile ou interruption du courant.

Nouveau vernis sans alcool pour imprimés. — Les *Archives photographiques* donnent la formule suivante pour la préparation d'un vernis utilisable pour protéger les dessins, les imprimés, les clichés photographiques, etc. :

Gomme laque blanche.	32 parties.
Borax.	8 —
Carbonate de soude.	2 —
Glycérine	1 à 2 —
Eau.	320 —

On fait dissoudre le borax et le carbonate de soude dans 160 parties d'eau chaude, puis on y ajoute la gomme laque finement concassée, et l'on remue jusqu'à complète dissolution. On filtre alors, puis on ajoute la glycérine et 160 parties d'eau. Après quelques jours, il se forme un dépôt qu'on sépare par filtrage, et le vernis peut être employé.

Papier et tissus en balle de blé. — Suivant un journal américain, l'enveloppe des grains de blé est éminemment propre à la fabrication du papier et des tissus d'emballage. Voici, d'après le *Moniteur industriel*, quelques indications sur le traitement qu'on lui fait subir.

On la fait bouillir dans une chaudière tubulaire après l'avoir mélangée avec une solution alcaline; la pâte spongieuse ainsi obtenue est comprimée fortement dans une presse hydraulique pour séparer le gluten des fibres, qui apparaissent sous la forme d'une masse compacte très dense et parsemée de fibres courtes.

Les tissus fabriqués avec les fibres longues peuvent rivaliser avec les tissus grossiers de lin et de chanvre, et ils sont supérieurs aux toiles de jute, de coir, etc. Les fibres courtes sont principalement employées dans la fabrication d'un papier plus solide que ceux de même épaisseur fabriqués avec des chiffons de lin et de coton. Il est même plus doux et d'un grain plus ferme que le meilleur papier anglais employé pour le dessin.

Lorsqu'on ne sépare pas le gluten des fibres, le papier est d'une grande transparence sans que la force en soit diminuée. Employée seule ou avec des chiffons, cette matière peut fournir d'excellent papier pour l'écriture ou l'impression et du papier d'emballage de qualité supérieure.

BIBLIOGRAPHIE

Sommaires des principaux recueils de mémoires originaux.

Annales de l'Institut Pasteur (août 1890). — *E. Laurent* : Étude sur la variabilité du bacille rouge de Kiel. — *Kayser* : Contribution à l'étude des malts de brasserie. — *Thoinot* : Étude sur la valeur désinfectante de l'acide sulfureux. — *Schaffer* : Sur un cas atypique de rage humaine. — *Malm* : Sur la virulence de la bactéridie charbonneuse après passage chez le chien et chez le lapin vacciné.

— **Revue universelle des mines** (juin 1890). — *A. Deschamps* : Le transport et la distribution de la force motrice à grande distance par les moyens mécaniques. — *Hasslacher* : Rapport général de la commission prussienne du grisou. — *Anspach* : De la résistance des disques à rotation rapide. — *Nordenstrom* : Note sur le sondage au diamant dans les mines de Suède.

— **Bulletin de la Société zoologique de France** pour 1890 (juin). — *Ch. van Kempen* : Des causes de la diminution des oiseaux dans le nord de la France. — *L. Cuénot* : Le sang des *Meloe* et le rôle de la cantharide dans la biologie des coléoptères vésicants. — *X. Raspail* : De l'incubation chez le hibou vulgaire. — *A. Raillet* : Sur le prétendu *Monostoma Leporis* Kuhn. — *Bavay* : Sur la présence du *Bothriocephalus latus* à Madagascar.

— **The American Naturalist** (décembre 1889). — *G. Baur* : Les tortues gigantesques des îles Gallapagos. — *E.-D. Cope* : Sur l'hérédité au point de vue de l'évolution. — *Joseph-E. James* : Sur la variation, avec exemples tirés de certains genres paléozoïques.

— Mai 1890. — *E.-D. Cope* : Homologies des nageoires des poissons. — *J. Walter Fewkes* : Une reconnaissance zoologique dans le Grand Manan (Eastport). — *J.-S. Kingsley* : Record de zoologie américaine (1889-1890). — *Ralph S. Tarr* : Agents d'érosion dans les régions arides.

— Juin 1890. — *Ch.-S. Minot* : Théorie du développement de l'embryon des vertébrés. — *Persifor Fraser* : Persistance de la vie végétale et animale malgré le changement des conditions du milieu extérieur. — *G. Baur* : Sur la classification des chéloniens. — *Kingsley* : Record de zoologie américaine.

— Juillet 1890. — *E.-D. Cope* : Les cétacés. — *Minot* : Théorie du développement de l'embryon des vertébrés. — *E.-L. Sturtevant* : Histoire des plantes cultivées dans les jardins. — *S.-A. Forbes* : Nouvelle sangsue terrestre d'Amérique.

— **Revue des sciences naturelles appliquées** (t. XXXVII, n° 14, 20 juillet 1890). — *Lesèble* : Les dingos au chenil du zoologique d'acclimatation. — *Mégnin* : Un parasite dangereux de l'oie cabouc. — *Paul Lafourcade* : Outardes, pluviers et vanneaux. — *H.-E. Sauvagé* : De la présence du célan sur les côtes du Boulonnais. — *J. Petit* : Les abeilles dans l'Inde et en Malaisie. — *Clos* : Quelques espèces de duvanas à introduire en France. — *P. Zeiller* : Le sapin de Douglas (*Abies*).

— **Revue maritime et coloniale** (t. CV, n° 346, juillet 1890). — Budget de la marine allemande pour 1890-1891. — *P. Serré* : Les marines de guerre de l'antiquité et du moyen âge. — *J. Delarbre* : Caisse des invalides de la marine. — *Chabaud-Arnaud* : La guerre navale industrielle sous le ministère de Louis de Pontchartrain. — *Du Pin de Saint-André* : Notice biographique sur le contre-amiral Leblanc.

— **Revue du Cercle militaire** (n°° 31, 32, 33, 34, 35, août 1890). — Le Transsaharien. — Héligoland. — La fortification romaine. — Le nouveau règlement de tir austro-hongrois. — Le nouveau règlement de tir allemand. — A propos des manœuvres. — Aperçu sur nos manœuvres navales. — La question de l'armement en Suède et en Norvège. — La torpille Victoria. — Les derniers progrès des marines européennes. — Les manœuvres russes à Narva. — Un nouveau type de revolver d'officier.

Publications nouvelles.

COMPTE RENDU DU CONGRÈS SPIRITE ET SPIRITUALISTE INTERNATIONAL de 1889, tenu à Paris du 9 au 16 septembre. — Un vol. in-8° de 454 pages; Paris, Librairie spirite, 1, rue Chabanais, 1890.

— MÉMOIRE SUR L'INDUSTRIE DU CUIVRE dans la région d'Huelva (Rio-Tinto, San-Domingos, etc.), par M. L. de Launay, ingénieur des mines. — Une broch. de 92 pages, avec planches; Paris, Dunod, 1889.

— RECHERCHES SUR LES MALADIES VÉNÉRIENNES A PARIS dans leurs rapports avec la prostitution clandestine et la prostitution réglementaire, de 1878 à 1887, par M. O. Commenge, médecin du dispensaire de salubrité. — Une broch. in-8° de 52 pages; Paris, Masson, 1890.

— LES EXPOSITIONS DE L'ÉTAT au Champ de Mars et à l'Esplanade des Invalides. — T. Ier : Organisation, construction et travaux de l'Exposition, Exposition rétrospective du travail et des sciences anthropologiques, Ministère du commerce et de l'industrie, Postes et télégraphes, Économie sociale, Colonies, Algérie, Protectorats, Ministère de la justice, Ministère des finances. — Un vol. in-4° de 300 pages sur 3 colonnes; Paris, Imprimerie des journaux officiels, 31, quai Voltaire, 1890 (1).

— LA PREMIÈRE CONFÉRENCE GÉNÉRALE DES POIDS ET MESURES : Comptes rendus des séances tenues à Paris en 1889. — Une broch. in-4° de 64 pages; Paris, Gauthier-Villars, 1890.

— FORMULAIRE DES MÉDICAMENTS NOUVEAUX et des médications nouvelles, par M. H. Bocquillon-Limousin.— Un vol. in-18 de 300 pages; Paris, J.-B. Baillière, 1890.

(1) Cette publication est l'ensemble des notices qui ont paru à l'Officiel sur l'Exposition universelle de 1889. Il serait superflu d'insister sur sa valeur au point de vue historique et documentaire.

— ANNUAIRE DE LA JEUNESSE pour l'année 1890, par M. H. Vuibert. — Un vol. in-12 de 900 pages; Paris, Nony, 1890.

— UN DEVOIR SOCIAL : un sanatorium cantonal pour les enfants débiles, lymphatiques, scrofuleux, tuberculeux ou moralement abandonnés. — Une broch. in-8° de 50 pages; Lyon, Storck, 1890.

— L'HABITATION DU PAUVRE A PARIS, par M. O. du Mesnil, avec une préface par M. Jules Simon (de l'Institut). — Un vol. in-16 de la Bibliothèque scientifique contemporaine; Paris, J.-B. Baillière, 1890.

— ÉTUDE SUR LA CROISSANCE et son rôle en pathologie, par M. Maurice Springer. — Une broch. in-8° de 196 pages ; Paris, Alcan, 1890.

— TRAITÉ PRATIQUE DE PHOTOGRAPHIE à l'usage des amateurs et des débutants, par Charles Mendel. — Une broch. in-18 de 90 pages; Paris, librairie de la Science en famille, 118, rue d'Assas, 1890.

— SÉANCES DE LA SOCIÉTÉ FRANÇAISE DE PHYSIQUE pour l'année 1889. — Une broch. in-8° de 270 pages; Paris, au siège de la Société, 44, rue de Rennes, 1890.

— L'HYGIÈNE DES SEXES, par M. E. Monin. — Un vol. in-18 de 290 pages; Paris, Doin, 1890.

— LOI TÉLÉOLOGIQUE DU HASARD, réimpression de trois pièces curiosimes (1833), précédée d'une autobiographie et d'un inventaire de l'œuvre. — Une broch. in-18 de 88 pages; Paris, Gauthier-Villars, 1890.

— L'INSPIRATION PROFONDE ACTIVE INCONNUE EN PHYSIOLOGIE, par Sofa, marquise A. Ciccolini. — Une broch. in-8°; Paris, G. Masson, 1890.

— RELAZIONE SUL SERVIZIO MINERARIO NEL 1888. Ministerio di agricoltura, Industria e Commercio.— Une broch. in-8°; Florence, G. Barbera, 1890.

L'administrateur-gérant : HENRY FERRARI.

Bulletin météorologique du 1er au 7 septembre 1890.

(D'après le Bulletin international du Bureau central météorologique de France.)

DATES.	BAROMÈTRE À 1 heure DU SOIR.	TEMPÉRATURE			VENT. FORCE de 0 à 9.	PLUIE. (Millimètres.)	ÉTAT DU CIEL A 1 HEURE DU SOIR.	TEMPÉRATURES EXTRÊMES EN EUROPE	
		MOYENNE	MINIMA.	MAXIMA.				MINIMA.	MAXIMA.
☾ 1	765mm,67	10°,6	5°,0	18°,1	N.-N.-E. 3	0,0	Cumulus au N.	— 7°,7 au Pic du Midi; — 3° au mont Ventoux.	37° à Biskra; 34° Laghouat; 32° à l'île Sanguinaire.
♂ 2	765mm,93	11°,9	3°,5	18°,5	N.-N.-W. 1	0,0	Faibles bandes de cirrus sur tout le ciel; cumulus.	— 5° au Pic du Midi; — 4° au mont Ventoux.	35° à Biskra; 32° Laghouat; 32° à l'île Sanguinaire.
☿ 3	765mm,10	12°,8	6°,2	20°,4	N.-N.-W. 1	0,0	Alto-cumulo-stratus et cumulus au N.	— 1° au Pic du Midi; 1° au Puy de Dôme.	37° à Laghouat; 34° Biskra; 32° à Constantinople.
♃ 4	765mm,98	13°,5	9°,0	19°,5	W. 2	2,2	Cumulus au N.-W.	— 1° au Pic du Midi; 1° au mont Ventoux.	33° à Biskra; 32° Laghouat; 32° à Lisbonne.
♄ 5	766mm,21	16°,9	14°,8	21°,7	N.-E. 1	0,0	Nuages moyens au N.-E.; cumulus au N.-N.-E.	— 1° au Pic du Midi; 2°,5 au mont Ventoux.	34° à Lisbonne; 31° Constantinople, San Fernando.
♀ 6) 4.	766mm,36	17°,2	13°,3	23°,9	N. 2	0,0	Cumulus N.-N.-E.	— 1°,4 au Pic du Midi; 5° au mont Ventoux.	36° à Laghouat et à l'île Sanguinaire; 31° cap Béarn.
☉ 7	767mm,47	15°,3	12°,2	21°,2	N. 3	0,0	Cumulus bas au N.-E.; cirro-cumulus au N.-W.	9° au Pic du Midi; 6° à Briançon; 7° à Haparanda.	37° cap Béarn; 32° Madrid; 31° à l'île Sanguinaire.
MOYENNE.	766mm,12	14°,41	9°,56	20°,34	TOTAL . .	2,2			

REMARQUES. — La température moyenne est inférieure à la normale corrigée 15°,7. Les pluies sont tombées, le 2, sur les îles Britanniques; 14 millimètres à Mullaghmore; sur l'Autriche : 15 millimètres à Vienne, 20 millimètres à Prague et Cracovie; 17 millimètres à Odessa. Le 3, 14 millimètres à Vienne, 21 millimètres à Prague et Cracovie, 43 millimètres à Breslau. Le 4, 12 millimètres à Prague, 20 millimètres à Hermanstadt, 11 à Christiansund. Le 5, 31 millimètres à Palerme, 16 à Bodo. Le 6, 12 millimètres à Hermanstädt, 17 à Christiansund, 19 à Haparanda, 12 à Kuopio, 10 à Odessa. Le 7, 23 millimètres à Kiew.

CHRONIQUE ASTRONOMIQUE. — Mercure et Vénus continuent à suivre le Soleil et se couchent le 14, à 6h34m et 7h49m du soir, visibles fort peu de temps après le coucher du Soleil. Mars se couche à 9h40m, et Jupiter, qui est l'astre le plus brillant de la nuit, passe au méridien à 9h45m. Le 15, Mercure sera en conjonction avec la Lune, et cette planète, stationnaire le 16, aura sa plus grande latitude héliocentrique australe le 17. Vénus, en conjonction avec la Lune le 17, sera à l'aphélie le 18. Le 21, Mars sera en quadrature avec le Soleil et en conjonction avec la Lune. N. L. le 13; P. Q. le 21.

L. B.

REVUE
SCIENTIFIQUE
(REVUE ROSE)

Directeur : M. Charles Richet

NUMÉRO 12	TOME XLVI	20 SEPTEMBRE 1890

HYGIÈNE

De la précision des méthodes
d'éducation physique.

Le but élevé de la science doit être, en définitive, le perfectionnement physique et moral de l'homme.

Il est hors de doute pour tous que l'exercice des fonctions cérébrales doit être dirigé dès l'enfance par des éducateurs; on admet généralement aussi que l'exercice physique est une nécessité de l'hygiène, mais il n'est pas clair pour chacun que l'éducation physique doive être soumise à des règles et à une direction précise.

C'est à tort, selon nous, que l'on pense obtenir les meilleurs résultats en négligeant de faire scientifiquement l'étude comparative des différentes méthodes employées et souvent en abandonnant les exercices du corps au caprice de l'imagination.

Il résulte de cet état vague divers courants d'opinions qui se contrarient et nuisent au résultat final que l'on se propose, à savoir l'amélioration de la condition physique de notre population, surtout de notre population scolaire, à tous les degrés.

Heureusement, les éléments de l'éducation physique sont tangibles, ses effets mesurables, et l'on pourra amener les discussions sur un terrain positif où elles tomberont d'elles-mêmes.

Cette condition est bien différente de celle de l'éducation intellectuelle; c'est une raison certaine de per-

fectionnement, et nous allons passer en revue les moyens précis qui contribueront à ce résultat.

Nous allons d'abord essayer de montrer qu'il est possible de se faire une conception scientifique de l'éducation physique à l'époque actuelle; nous verrons ensuite que les procédés nouveaux de la physiologie permettent déjà un contrôle très satisfaisant de ses résultats.

I.

CONCEPTION SCIENTIFIQUE DE L'ÉDUCATION PHYSIQUE.

Pour qu'une méthode d'éducation soit établie, il faut que, le but à atteindre étant bien défini, les moyens employés soient parfaitement adaptés au but proposé et compatibles avec l'organisation humaine.

Il est indiscutable que le but de l'éducation doit être un perfectionnement de l'individu en vue du progrès général; c'est un but économique ayant pour conséquence un plus grand rendement de l'activité humaine en travail utile.

En éducation physique, il faut mettre en application toutes les connaissances générales que nous possédons sur les rapports entre la fonction et l'organe, ou mieux sur les modifications subies par les organes dont on modifie la fonction.

Toutes les notions acquises par les éleveurs sont à recueillir précieusement, et, parmi les modificateurs des espèces, la sélection serait à placer en première ligne.

Malheureusement, nous sommes encore loin de penser à appliquer à nous-mêmes ce puissant agent de perfectionnement que nous imposons à nos animaux domes-

12 S.

tiques; nos unions ne sont pas souvent faites en prévision de l'héritage de vigueur et de santé que nous laisserons à nos descendants.

La sélection mise de côté, c'est donc à l'exercice et au régime seuls que nous devons avoir recours.

Il faut nécessairement abandonner le désir de faire de chacun un athlète. Le type humain idéal varie avec les temps; aujourd'hui c'est l'activité intellectuelle qui est la force dominante, et l'on ne peut mener de front avec une égale intensité le travail musculaire et le travail cérébral. Les connaissances physiologiques sont assez étendues sur ce sujet pour que nous en ayons la raison. Le travail cérébral est en effet une dépense d'énergie considérable, une source d'épuisement nerveux tout à fait comparable à la dépense d'énergie qui accompagne la production du travail mécanique dans les muscles; on conçoit alors qu'au delà d'une certaine mesure d'exercice physique réglée par l'hygiène, la somme totale de dépense d'énergie nerveuse et musculaire peut devenir excessive et tout à fait débilitante.

La sagesse est d'abandonner la pratique constante des exercices violents; prendre les moyens pour le but et rétablir la brutalité athlétique serait un remède pire que le mal.

La sagesse est aussi de laisser aux gens du cirque les exercices compliqués sans raison et sans utilité.

Tout exercice qui, répété souvent, tend à modifier la forme extérieure et à adapter l'organisme humain à des machines ou à des locomotions anormales, à des allures excentriques, est du domaine de l'acrobatie et ne présente pas d'intérêt au point de vue de l'éducation générale.

Nous arrivons ainsi, par élimination, à ne conserver comme matériaux des programmes d'éducation physique que les moyens généraux qui augmentent le rendement de l'homme considéré comme source de travail mécanique, à la condition que ces moyens ne détérioreront pas la machine humaine elle-même et n'altéreront pas les rapports normaux de ce que l'on est convenu d'appeler le *physique* et le *moral*.

L'éducation physique, en un mot, doit affirmer la santé, donner au corps un développement harmonieux et apprendre à utiliser au mieux la force musculaire dans les applications diverses que l'on rencontre dans la vie.

Il faut encore tenir compte des nécessités imposées par le milieu social et obtenir des résultats par des moyens intensifs qui demandent peu de temps, peu d'espace et s'adressent à un grand nombre à la fois.

A ces trois désidérata de l'éducation physique : santé, développement harmonieux, utilisation économique de la force musculaire, correspondent des séries d'exercices qui ne peuvent produire leur maximum d'effet utile sans être soumis à des règles que nous allons esquisser à grands traits.

II.

La santé peut être aussi bien affermie que détruite par l'exercice; il suffit de rappeler l'état déplorable des athlètes anciens, chez qui la masse énorme des muscles absorbait toute l'activité de l'organisme.

La santé ne dépend donc pas de la grosseur des muscles ni de la force musculaire absolue; elle est l'harmonie des fonctions et n'existe pas sans une certaine dépense quotidienne de travail musculaire.

Bien des personnes jouissent, il est vrai, d'une santé parfaite sans s'être livrées méthodiquement à la culture physique, mais on voit ces sujets être incommodés par les écarts de régime ou subir une fatigue en disproportion avec le travail produit; ils n'ont pas de tolérance aux causes de perturbation, tolérance qui constitue une santé robuste. C'est justement un des grands bienfaits de l'exercice et du régime de donner à l'organisme la faculté d'accommodation aux variations diverses de notre activité et à celles du milieu qui nous entoure. Au point de vue de l'hygiène, on ne saurait trop recommander de faire pénétrer dans les habitudes quotidiennes la pratique des exercices en plein air sous forme de jeux et de sports variés; mais il faut que tous ces exercices soient soumis à des règles si l'on veut les rendre toujours efficaces et exempts de dangers.

Il n'est pas prudent de laisser sans direction des jeunes gens organiser des concours où figurent des exercices violents, comme la course; il est indispensable de se prémunir contre les excès qu'entraînent forcément l'émulation et l'amour-propre déchaînés, on verrait sans cela les exercices qui sont salutaires, lorsqu'ils sont pratiqués avec modération, dégénérer en un surmenage des plus dangereux.

On a ainsi à regretter de nombreux accidents graves dus aux refroidissements, aux troubles de la digestion et de la circulation, aux chutes et aux coups.

Sauf ces restrictions, l'exercice pris sous la forme de jeux en plein air présente pour tous un attrait spécial; il offre les meilleures conditions hygiéniques; mais, pour constituer une éducation physique, il faut aussi qu'il réponde aux désidérata exposés plus haut : le développement harmonieux du corps et l'application utile.

De plus, dans la pratique, cette forme de l'exercice présente, dans les grandes villes surtout, des difficultés quelquefois insurmontables, du moins actuellement.

Dans l'enseignement public, en effet, tel qu'il est constitué, le problème de l'éducation physique est très complexe : il s'agit de trouver le moyen d'exercer régulièrement, tous les jours, un grand nombre d'élèves à la fois dans un espace restreint et en peu de *temps.* C'est ainsi que la question a été posée à la Commission ministérielle chargée de reviser les programmes et le manuel de gymnastique scolaire. Chaque élève doit recevoir une dose égale d'exercice, et souvent il n'y a qu'un seul maître pour diriger quarante à soixante sujets. Il faudrait de vastes terrains nus à proximité des écoles, ce qui n'existe pas souvent. Alors, faire sortir les enfants, leur faire traverser des rues étroites encombrées de voitures, demande beaucoup de temps et n'est pas sans danger.

On sait que la loi rend l'instituteur responsable des accidents arrivés aux élèves qui lui sont confiés : il ne faut donc pas chercher à aggraver sa responsabilité.

Quand bien même tout cela serait résolu, il ne suffirait pas encore d'avoir des terrains à sa disposition, il faudrait avoir de grands hangars analogues aux marchés couverts pour les récréations en plein air.

Notre ciel est peu clément, et si l'on compte sur les beaux jours pour faire de l'exercice, on risque fort de voir le nombre des séances se réduire à un minimum très insuffisant. Ce n'est pas quelquefois, c'est quotidiennement que l'on doit prendre sa dose d'exercice.

Admettons même la question de temps mise de côté, il n'est pas difficile de montrer que des séances de jeux ne constituent pas une éducation physique complète.

Dans les séances de jeux, il y a exercice, mais il n'y a proprement parler parler éducation des mouvements; il n'y a pas perfectionnement de ces mouvements en vue d'un effet utile. Chacun n'a pas non plus la dose d'exercice auquel il a droit. Suivant la loi générale, les plus forts ou les plus hardis bénéficient plus que les faibles, et le niveau moyen ne s'élève pas. Les jeux et sports restent ainsi ce qu'ils ont toujours été : un moyen élégant, une forme agréable de l'exercice, le privilège de la classe aisée, le plaisir du plus petit nombre. Ils ne peuvent se répandre dans la classe laborieuse qui y est le plus intéressée, parce qu'elle est malheureusement souvent obligée de vivre dans de mauvaises conditions hygiéniques.

S'il est possible de donner aux enfants de nos écoles des récréations plus fréquentes au grand air, grâce au perfectionnement des moyens de locomotion, néanmoins, ces récréations seront toujours rares, une ou deux fois la semaine au plus, dans les grandes villes.

On devra, les autres jours, recourir aux procédés d'une bonne gymnastique, procédés plus artificiels, mais qui ont l'avantage de pouvoir être appliqués partout et de produire des résultats certains entre les mains des maîtres expérimentés. A milieu artificiel, remède artificiel, si l'on veut l'appeler ainsi et si l'on peut définir absolument la limite qui sépare le naturel de l'artificiel.

Néanmoins, faisons tous nos efforts pour que l'on multiplie les places publiques et les abris dans le seul but de fournir aux enfants et aux individus de toute classe et de tout âge des places destinées à l'exercice en plein air.

III.

DU DÉVELOPPEMENT HARMONIEUX PAR L'EXERCICE.

Le facteur essentiel de l'éducation physique est le mouvement volontaire. Au point de vue de l'hygiène, il est important d'avoir une dose suffisante d'exercice pour activer les combustions au sein de l'organisme et faciliter l'élimination des déchets de combustion incomplète qui deviennent de véritables poisons.

Au point de vue du développement harmonieux, ce n'est plus la dose d'exercice qui est à considérer, mais la forme même ou la nature du mouvement; ce n'est plus la quantité, mais la qualité du mouvement qui importe.

Rien n'est plus malléable que l'os et le muscle. Sous l'influence de mouvements fréquemment répétés, les éleveurs transforment les espèces domestiques par l'action des trois grands modificateurs : sélection, alimentation, exercice ; tout sujet adonné à une profession spéciale bien caractérisée porte dans sa structure les marques de sa profession. On sait, d'une façon générale, que, sous l'influence des efforts statiques, le corps des muscles devient plus épais, plus saillant sous la peau; sous l'influence des mouvements étendus, au contraire, le corps charnu conserve toute sa longueur et se met en rapport avec l'amplitude du mouvement.

Les surfaces articulaires se modifient aussi avec ce dernier, et l'on voit les sujets qui cultivent de préférence les exercices de souplesse et de vitesse présenter une forme plus fine'et plus élégante que ceux qui développent la force athlétique par des contractions statiques.

A constitution primitive égale, ceux qui se livrent à l'exercice des poids, au port des fardeaux, deviennent plus massifs que ceux qui font des mouvements de vitesse et d'agilité comme l'escrime, la course.

Ceux-ci se rapprochent du type du gladiateur antique, les autres du type d'Hercule. Quels sont ceux que nous jugerons les plus beaux ?

L'idée de beauté est chose toute relative, elle varie avec les lieux et les époques; les artistes font consister la beauté dans certaines proportions des pièces du squelette et dans l'harmonie du développement musculaire. Peut-être pouvons-nous préciser davantage en disant que, pour être beau dans le repos et dans le mouvement, l'homme doit présenter les attributs de la santé et de la force moyenne, et de plus être en possession de ses moyens de locomotion et de défense naturelle. Cette manière de considérer la beauté vient de la conviction qu'il y a une relation nécessaire entre la vigueur, l'adresse, l'agilité et la forme extérieure du corps dans le repos et dans le mouvement.

Ainsi défini, dans une race ou un milieu donné, le

type de beauté est un idéal qu'il s'agit de faire revivre par l'éducation physique. On voit de suite qu'un homme spécialisé à un exercice quelconque ne peut être beau. Ainsi un coureur, un danseur, un sauteur n'est pas plus beau qu'un grimpeur, un maître d'armes ou un cavalier spécialisé. Ceci peut être dit de toutes les professions qui localisent le travail musculaire dans une région restreinte du corps. Il y a cependant certains sports qui ont l'avantage d'exercer également les membres supérieurs et inférieurs. Ce sont, par exemple, la lutte, la boxe française, la natation, le canotage à deux avirons et sur des bancs à coulisse.

Une bonne gymnastique renferme ces exercices complets, ainsi que les exercices incomplets ou asymétriques, à la condition qu'ils se corrigent les uns par les autres et que le travail porte sur les membres inférieurs et les membres supérieurs.

La gymnastique intensive bien enseignée produit des sujets superbes. Les Suédois, les Suisses, les Allemands choisis dans les élèves des écoles spéciales de gymnastique, nos moniteurs de l'École de Joinville-le-Pont, peuvent rivaliser avec les plus beaux types de l'antiquité.

Mais ces faits sont malheureusement des exceptions ; dans nos écoles, les enfants arrivent avec des tares héréditaires et des malformations que l'état sédentaire, les mauvaises attitudes ou les exercices mal dirigés ne font qu'augmenter.

Si nous voulons nous rapprocher du type que nous nous sommes donné comme idéal, il nous faut faire un choix judicieux des matières de la gymnastique. La forme des courbures de la colonne vertébrale dépend de l'action de la pesanteur et de celle des muscles antagonistes qui la fléchissent et l'étendent. Il y a une relation évidente entre les courbures de la colonne vertébrale et la forme du thorax ; à de fortes courbures correspond l'abaissement des côtes, l'affaissement du thorax avec ses conséquences : gêne de la circulation et de la ventilation pulmonaire. La capacité respiratoire d'un sujet ne dépend pas du volume absolu de son thorax, mais bien de la quantité dont s'augmente ce volume de l'expiration à l'inspiration. Le poumon n'est que l'esclave de la paroi thoracique, il la suit dans tous ses mouvements, il est toujours appliqué contre cette paroi par l'action de la pression atmosphérique qui se transmet à l'intérieur des bronches, lorsque la glotte est ouverte.

Si ce n'est dans le cas de l'effort, on ne peut s'imaginer le poumon poussant sur la paroi thoracique pour la dilater ; il est le contenu qui subit les variations de volume du contenant. Aussi ne faut-il pas s'étonner que les gymnastes arrivent vite par l'entraînement à augmenter leur capacité respiratoire en donnant, par les mouvements des membres supérieurs, une grande mobilité aux articulations du thorax et en lui permettant ainsi de se dilater plus librement sous l'action des

muscles élévateurs des côtes, muscles qui ajoutent leur effet à celui du diaphragme. En fortifiant l'épaule, en fixant l'omoplate par des muscles puissants, on trouve des points d'appui pour relever les côtes et le thorax affaissés. L'action des muscles des parois abdominales équilibre celle des extenseurs du tronc, et le rachis se redresse en diminuant ses courbures sous l'effet de ces sortes de cordes actives agissant sur lui comme sur un arc à deux courbures.

Ainsi, par le perfectionnement et l'équilibration des puissances musculaires, le tronc prend une bonne attitude, la poitrine s'ouvre et l'homme porte extérieurement l'indice de la vigueur et de la santé.

Toutes ces observations sont des faits démontrés et connus des praticiens qui les ont obtenus par une bonne gymnastique.

Elles montrent qu'il y a une direction à donner aux exercices en vue du résultat utile, et que le but de l'éducation physique sera d'autant plus vite atteint que les méthodes seront plus précises. Se remuer d'une façon indéterminée n'est certes pas le moyen le plus court et le plus direct pour obtenir les modifications essentielles que l'on recherche.

Nous avons attaché une si grande importance à cette partie de l'hygiène de l'exercice qui a trait à la forme, que nous avons construit, à la *Station physiologique*, avec le concours de M. Otto Lund, un arsenal d'instruments de mesure d'un nouveau genre.

Parmi ces instruments, les uns donnent la taille, le poids et le dessin en vraie grandeur des courbures antéro-postérieures du rachis ; les autres nous fournissent les sections complètes du tronc par un plan horizontal ou par un plan vertical. Le ruban métrique ne donne que de fausses indications sur les dimensions du thorax ; les mesures sont trop influencées par les saillies musculaires. Nous avons substitué aux mesures grossières de la circonférence du thorax celles des diamètres au moyen de compas et de thoracomètres construits spécialement pour donner l'ampliation de la cage thoracique dans la respiration.

Il est à souhaiter que l'on fasse une réforme de ce genre dans les conseils de revision, et que l'on ait ainsi un indice plus certain de la non-valeur des hommes.

Un inscripteur de la forme des courbures latérales du rachis nous sert aussi dans les cas pathologiques.

Avec tous ces moyens précis et avec le concours des médecins qui tous s'intéressent à ces questions, nous comptons organiser dans les écoles une série de mensurations qui éclairciront bien des points obscurs.

Il manque des documents pour définir les différences caractéristiques dans la forme des différents sujets accommodés à une profession spéciale et bien définie au point de vue des mouvements. Il manque surtout des documents pour établir les lois du développement normal des enfants livrés ou non à l'exercice physique dans des conditions variées.

Nous avons déjà, au collège Sainte-Barbe, avec le concours de M. Rey, et à l'École de Joinville-le-Pont, avec celui de M. Roblot, commencé des recherches dans ce sens.

Nous avons constaté que, chez les enfants qui grandissent, la capacité respiratoire augmente parallèlement au poids et n'est pas du tout dans un rapport fixe avec la taille, et nous avons montré (1) que le rapport de la capacité respiratoire au poids augmentait toujours avec l'entraînement.

On voit aussi que les dimensions absolues du thorax n'augmentent pas chez les adultes, mais que l'étendue des mouvements des côtes est en rapport avec la capacité respiratoire; elle est, pour un même sujet parallèle, à la quantité d'air inspirée.

Déjà, depuis longtemps, notre maître, M. Marey, avait montré cette ampliation des mouvements thoraciques chez les sujets entraînés aux exercices violents pendant que la fréquence diminuait. La respiration devenait plus large et demeurait telle pendant le repos ou à la suite d'exercices intenses.

En réunissant des observations de cette importance, on pourra constituer une sorte de physiologie expérimentale de l'exercice, on aura ainsi le meilleur et le seul moyen de se prononcer sans parti pris sur la valeur des différentes méthodes d'éducation au point de vue du développement général du corps.

Nous allons maintenant examiner les indications de l'exercice au point de vue important de l'utilisation économique de la force musculaire.

IV.

INDICATIONS DE L'ÉDUCATION PHYSIQUE AU POINT DE VUE DE L'UTILISATION ÉCONOMIQUE DE LA FORCE MUSCULAIRE.

Le troisième point essentiel de l'éducation physique consiste à établir des règles qui permettent d'employer utilement et économiquement la force musculaire dans les différents cas de la locomotion, dans le maniement des outils ou des armes et dans le transport des fardeaux.

Cette partie est un des chapitres les plus délicats de la mécanique animale. C'est elle qui mérite en réalité de porter le nom d'éducation des mouvements, car l'éducateur y a le plus grand rôle et son action est tout à fait indiscutable.

Quand on s'est livré pendant longtemps à la pratique des exercices du corps, surtout à des exercices variés, on affine le sens musculaire et l'on perçoit toute une série de sensations nouvelles qui restent inconnues de ceux qui n'ont jamais manié d'outils.

On se rend alors très bien compte des modifications importantes qui se produisent dans les mouvements par l'éducation.

(1) *Bulletin de la Société de biologie.*

La force musculaire absolue, mesurée au dynamomètre, atteint bientôt son maximum, et si l'on se tenait à cette grossière mesure, on n'aurait qu'une idée bien fausse du perfectionnement physique.

Ce n'est pas, en effet, dans la mesure absolue de la force musculaire qu'il faut trouver une grande modification, mais c'est dans l'aptitude à produire une grande somme de travail avec fatigue modérée et dans la manière économique de dépenser ou mieux d'utiliser sa force. Cet affinement se produit dans les centres nerveux; c'est par l'attention soutenue par la volonté, c'est par la répétition fréquente d'actes musculaires bien définis que l'on peut arriver à supprimer les contractions inutiles au mouvement voulu et à ne faire entrer en jeu qu'une partie des muscles que l'on contractait en masse tout d'abord.

A cette distribution intelligente de l'excitation nerveuse centrale dans les groupes synergiques viennent s'ajouter un tact plus parfait dans l'à-propos, une connaissance plus sûre de la direction de l'intensité et de la durée des contractions, enfin une plus grande promptitude à saisir à la fois toutes les conditions d'un effort.

Ainsi se réalise un perfectionnement des organes moteurs, perfectionnement qui se manifeste extérieurement par l'adresse, l'agilité, la sûreté des mouvements, et touche de près aux qualités supérieures : la confiance dans sa force et le courage.

L'éducation ne donne pas seulement aux mouvements de la précision, elle doit être dirigée en vue d'une économie dans la dépense d'excitation nerveuse et de travail mécanique; elle doit tendre à réduire au minimum les contractions utiles et à amener à la longue l'automatisme en diminuant de plus en plus le rôle de l'attention, rôle absolument nécessaire au début.

Prenons un exemple connu de tous :

Le musicien exécutant ne naît pas virtuose; il arrive à la perfection de l'exécution à la condition de répéter fréquemment les mêmes exercices qui préparent à la virtuosité.

Il cherche pour cela à obtenir l'égalité dans les mouvements des doigts, l'aisance de la main, du bras et même de tout le corps. Il travaille les traits dans une cadence lente, accélère cette cadence progressivement et parvient ainsi à conserver la sûreté d'exécution même dans les mouvements vifs.

Il s'est produit sans aucun doute dans son système nerveux des associations de cellules nerveuses qui rendent faciles et tout à fait automatiques certaines synergies musculaires d'une difficulté insurmontable au premier abord.

Chez le musicien, une impression visuelle arrive à se traduire immédiatement en un mouvement des doigts de la main, sans qu'il y ait effort de l'attention pour effectuer cette traduction.

Chez le boxeur ou l'homme d'épée, la moindre intention de l'adversaire produit une détermination instinctive qui se traduit immédiatement par la parade.

Les allures normales, comme les mouvements de gymnastique les plus compliqués, s'étudient et s'enseignent de même. Peut-être y a-t-il exception pour les mouvements vifs, les sauts, par exemple, que l'on ne peut décomposer, parce qu'on ne peut ralentir leur vitesse.

Mais l'habileté acquise dans les exercices difficiles crée une aptitude favorable à en apprendre de nouveaux, et il est bien connu que ceux qui ont fait par la gymnastique l'éducation de leurs mouvements s'habituent très vite aux exercices les plus variés.

Cependant la virtuosité dans un sport spécial ne s'acquiert qu'à force de travail et de patience, et, suivant la loi générale, nous sommes portés à attacher d'autant plus de prix au résultat de notre travail que ce résultat nous a coûté plus d'efforts, en un mot nous avons tendance à préconiser la méthode que nous avons choisie.

Telle est la source des écoles et la raison des divergences d'opinions. Il y en a en gymnastique comme en toute autre matière. Ling, en Suède; Jahn, en Allemagne; Amoros et Triat, en France; bien d'autres encore ont laissé des enseignements qui diffèrent.

C'est par imitation que se forment les élèves. Un groupe d'admirateurs se forme autour d'un sujet d'élite, et, parmi ceux qui cherchent à l'imiter, il y en a qui y arrivent bien souvent avec grande difficulté; ceux-ci sont alors tout disposés à défendre leur maître et leur école : ce sont des adeptes convaincus qui perpétueront les traditions avec leurs qualités et leurs défauts.

Les esprits sont rares qui savent dominer une mauvaise habitude contractée; il en est des mouvements comme de l'activité morale, c'est pourquoi tout professeur préfère plutôt commencer ses élèves que de reprendre ceux de ses collègues.

Il est facile de comprendre, en effet, que l'élève qui a pris l'habitude de tenir l'épée d'une certaine façon trouve plus commode de conserver une attitude même défectueuse, une position qui limitera ses progrès ultérieurs, que d'en apprendre une nouvelle. L'effort d'attention qu'il doit faire pour ne pas retomber dans ses faux plis et pour détruire l'automatisme naissant est assez grand pour qu'il l'évite.

Son amour-propre ne s'accommode pas à l'idée de redevenir novice, il aime mieux continuer à mal faire que de renouveler les ennuis des débuts de l'étude.

C'est pour toutes ces raisons que bien des praticiens sont amenés de bonne foi à considérer leur méthode comme la seule bonne et à la soutenir avec ses erreurs.

Cependant le progrès dans l'éducation physique est impossible si l'on se borne au respect des traditions, à l'imitation servile des choses antérieures; il ne peut y avoir progrès que si l'on cherche à réaliser un perfectionnement dans les allures et les mouvements en général.

Appelé souvent à donner notre voix dans des concours d'exercices physiques, nous avons pu voir que la valeur relative des candidats était établie maintes fois sur des bases conventionnelles. Bien des élèves qui n'écoutaient d'autres règles que celles de la nature et avaient ainsi une réelle supériorité étaient cotés au-dessous de leur valeur par des juges qui ignoraient ces règles.

Pourtant, nous ne voyons pas de quel droit nous imposerions des lois à la nature dont nous sommes la résultante. Si nous voulons faire œuvre durable, notre préoccupation doit être de connaître ses lois pour mieux nous y soumettre. Nous devons considérer comme un axiome que, l'organisation humaine étant donnée, il ne doit y avoir dans un cas spécial d'utilisation de la force qu'une seule bonne solution.

Il s'agit de la trouver; pour cela, il n'y a pas encore de plus court moyen, selon nous, que d'étudier dans chaque sport les sujets d'élite parvenus à force de pratique à exceller dans une spécialité. On doit pour cette étude s'armer des moyens précis d'investigation qui donnent le caractère essentiel de leurs mouvements, et l'on prendra ces caractères comme les règles d'éducation.

Toutes ces règles ne sont pas encore établies, et pourtant ce ne sont pas les sujets d'élite qui ont manqué; mais l'œil le plus exercé ne peut voir les différences subtiles entre les moyens qu'emploient inconsciemment les sujets d'élite pour arriver à la perfection des mouvements.

Il a fallu, pour aller plus avant dans cette étude, créer des procédés qui dévoilent un nouveau monde de faits.

L'honneur revient en ce point, comme en bien d'autres qui touchent à la méthode graphique, à notre vénéré maître. La préoccupation constante de la vie de M. Marey est de chercher, en dehors des sensations purement subjectives, des données expérimentales certaines, d'empêcher ainsi les discussions de s'éterniser sur des points obscurs de la physiologie où manquait la base fondamentale de la discussion elle-même : c'est-à-dire les faits.

On sait combien la méthode photochronographique a déjà rendu de services en biologie; dans le cas présent encore, elle est appelée à reculer l'erreur dans ses derniers retranchements.

Les méthodes photographiques inaugurées à la station physiologique donnent en effet la solution complète de l'analyse des mouvements, quelles que soient leur rapidité et leur complexité.

Si l'on rapproche et si l'on compare les documents photographiques pris sur des sujets différents ou sur un même sujet à diverses époques, on peut définir exactement la façon dont ils procèdent, saisir les moindres différences qui les distinguent et apercevoir les plus petites modifications qui se produisent dans leurs allures.

S'ils se rapprochent tous d'un même type en se perfectionnant, nous sommes autorisés, après avoir fait disparaître les variétés individuelles, à prendre et à enseigner ce que nous a révélé la nature.

On peut ainsi étudier les sujets d'élite sous deux points de vue, car les qualités qu'ils présentent tiennent d'une part de leur structure et d'autre part de leur éducation.

Tout le monde marche, court et saute, mais il y a peu de gens qui ont des allures passables s'ils ne s'y sont exercés. En effet, on apprend à marcher, à courir et à sauter, comme on apprend tout le reste; on peut mal apprendre seul, et c'est un des points essentiels de l'éducation physique de perfectionner les allures normales, aussi bien que tous les mouvements en général.

Par extension, il est indispensable d'étendre la vie de relation de l'individu, et de l'accoutumer à des locomotions variées qui offrent une utilité indiscutable au point de vue de la défense et de la sauvegarde personnelle. On ne saura nager et grimper que par l'exercice de la natation et du grimper. Ce n'est pas en courant que l'on apprendra à vaincre l'impression du vertige que l'on ressent d'un lieu élevé ni à se tirer d'un danger par la force des bras.

Ces vérités peuvent et doivent être enseignées. Une grande partie d'entre elles sont déjà populaires, quelques-unes, nouvelles ou moins connues, forment la matière du nouveau manuel d'exercices gymnastiques et de jeux scolaires que va publier le ministère de l'instruction publique.

Quelque importantes que soient ces tentatives d'enseignement, elles sont encore insuffisantes. On doit instituer de l'éducation physique un enseignement technique spécial où l'étude du mécanisme des mouvements et de leur physiologie serait faite avec tout le développement qu'elle comporte; c'est à cette condition qu'on élèvera le niveau et le rendement de l'éducation physique. On pourra encore par ce moyen porter l'amélioration dans les métiers manuels, en cherchant une adaptation plus parfaite des outils à l'organisation humaine et en général la meilleure utilisation de la force musculaire partout où elle trouve à s'exercer. Cette branche de la science des mouvements est, avec l'hygiène, une des applications les plus utiles des sciences biologiques, elle touche par bien des points à l'amélioration du sort des classes laborieuses. Si elle demande le concours d'une foule de connaissances délicates qui nécessitent une spécialisation, sa portée sociale mérite cependant d'intéresser les esprits distingués et d'exercer la sagacité des chercheurs.

GEORGES DEMENY.

BIOLOGIE

La sensibilité des plantes
considérées comme de simples réactifs.

J'ai montré, dans deux mémoires présentés l'année dernière à l'Académie, le parti remarquable qu'on peut tirer des plantes, pour découvrir dans la terre la présence des quatre termes fondamentaux de la production végétale : le phosphate de chaux, la potasse, la chaux et les matières azotées.

Aujourd'hui, je traiterai une question qui, bien qu'étant plutôt du domaine de la chimie analytique, se rattache étroitement à mes recherches antérieures, qu'elle raffermit et complète plus qu'il ne m'était permis de l'espérer.

Je vais m'appliquer à montrer, par des exemples d'une grande précision, que les plantes, considérées comme de simples réactifs, possèdent une sûreté d'indications et un degré de sensibilité auxquels, au premier abord, on ne pourrait se résoudre à croire; puis que, sous le rapport de la sensibilité, les ferments, la levure de bière en particulier, vont bien au delà des végétaux supérieurs.

Je prendrai, comme premier exemple, la recherche du phosphate de chaux, c'est-à-dire de l'acide phosphorique.

J'ai montré depuis longtemps que vingt-deux grains de blé de mars cultivés dans le sable calciné et arrosé avec de l'eau distillée donnent un poids de récolte compris entre 18 grammes et 22 grammes.

Mais, pour obtenir ce résultat, il faut ajouter au sable calciné $0^{gr},110$ d'azote à l'état de nitre, associé aux divers minéraux que la végétation réclame, parmi lesquels le phosphate de chaux entre pour 2 grammes.

Dans ces conditions, absolument artificielles et en dehors de toute condition indéterminée, la végétation accuse un état de prospérité qui ne laisse rien à désirer. Le chaume du froment est droit et rigide, les feuilles sont d'un vert franc, quoique tirant un peu sur le jaune; la plante fleurit et donne du grain, et ces graines, semées à leur tour, germent et se comportent absolument comme celles qu'on récolte dans la bonne terre.

J'ajouterai, pour ne rien omettre, que les pots employés dans ces expériences étaient en biscuit de porcelaine; qu'ils étaient enduits d'une couche de cire vierge, par leur immersion dans un bain de cire fondue, pour mettre les plantes à l'abri des exsudations salines qui se forment toujours à la surface des pots, lorsqu'on les maintient humides pendant plusieurs mois.

Afin que ce mode expérimental soit rigoureusement défini dans toutes ses dispositions, je dois ajouter encore que les pots sont remplis au tiers de leur hauteur avec de petits fragments de brique qui proviennent du revêtement intérieur des fours à cuire la porcelaine, ou des étais, qui sont de la même nature que la brique, au moyen desquels on étage et on soutient les pièces dans l'intérieur des fours; au-dessus des fragments de brique, on dépose le sable calciné, enrichi des éléments minéraux et azotés que j'ai indiqués, toute la masse étant de plus humectée avec de l'eau distillée.

Concevons alors le pot déposé au centre d'une cuvette de faïence ou de porcelaine, qui contient une couche d'eau distillée de 4 centimètres de hauteur : pour mettre l'eau de la cuvette à l'abri des poussières de l'air, on la recouvre d'une plaque circulaire de faïence faite de deux parties qui sont évidées à leur milieu de façon à former un véritable collier autour du pot; puis, pour rendre la protection contre les poussières plus efficace, on tamponne la fente du collier avec de la ouate de coton préalablement desséchée à 120°.

Ce système réalise un sol inerte, exempt de tout organisme inférieur, et maintenu humide par l'eau de la cuvette. J'ajoute enfin, comme dernier trait de cette description, que les pots portent à la partie inférieure quatre fentes de $0^{mm},5$ de largeur, destinées à laisser pénétrer l'air dans la couche de brique, ce qui permet, de plus, aux racines des plantes de s'épancher librement dans l'eau de la cuvette.

C'est dans ces conditions que le froment a donné 22 grammes de récolte et que toutes les expériences dont il me reste à parler ont été exécutées.

Supprime-t-on le phosphate de chaux au froment, toutes les autres conditions de l'expérience étant rigoureusement maintenues, pendant la première quinzaine, aucun phénomène perturbateur ne se manifeste; mais, dès que les deuxièmes feuilles commencent à paraître, l'accroissement des plantes s'arrête, les feuilles s'étiolent et finalement le blé s'éteint et meurt.

Ainsi, pas de phosphate, pas de végétation.

Enfin, dans une troisième expérience, en tout semblable à la précédente et dans laquelle le froment a succombé, ajoute-t-on $0^{gr},01$ de phosphate de chaux, c'est-à-dire $0^{gr},004$ d'acide phosphorique ou $0^{gr},002$ de phosphore, auquel les phosphates doivent leur action si profonde, les manifestations du phénomène changent complètement : les plantes ne meurent plus, la végétation suit son cours normal et régulier, le froment donne un épi avec des vestiges de grains, on obtient finalement 6 grammes de récolte.

De tout ceci il résulte que le froment accuse la présence dans le sable (1000 grammes) de 1 cent-millième de phosphate de chaux, de 4 millionièmes d'acide phosphorique.

Mais insistons sur le caractère du témoignage de la plante. Pas de phosphate, c'est la mort; 1 cent-millième de phosphate, c'est la vie, la vie qui s'affirme

par 6 grammes de récolte, laquelle représente 600 fois le poids du phosphate, 1500 fois celui de l'acide phosphorique, 2300 fois le poids du phosphore.

Certes, voilà des témoignages que la théorie ne pouvait prévoir. En voici quelques autres qui les dépassent peut-être par la profondeur plus grande de leur caractère physiologique.

Que l'on sème dans le sable calciné, non plus du froment, mais des pois; que l'on ajoute au sable, comme on l'a fait pour le froment, $0^{gr},110$ d'azote à l'état de nitrate de potasse et tous les minéraux réclamés par la végétation, mais à l'exclusion du phosphate de chaux, que se passe-t-il?

Quelques chiffres vont nous l'apprendre :

10 pois pesant $2^{gr},33$ et contenant $0^{gr},029$ d'acide phosphorique ont produit, en l'absence du phosphate de chaux, $10^{gr},60$ de récolte qui a fleuri et porté graine, et dans laquelle le grain figure pour $1^{gr},75$ contenant $0^{gr},009$ d'acide phosphorique.

D'autre part :

10 graines de cette dernière origine, cultivées dans les mêmes conditions que les précédentes, n'ont donné que $2^{gr},75$ de récolte, mais la plante n'a plus fleuri, ni porté graine.

C'est-à-dire que, à travers deux générations qui se succèdent, les pois reproduisent et confirment les effets donnés par le froment. Les pois de la deuxième génération se comportent comme le froment cultivé avec $0^{gr},01$ de phosphate.

Ajoutons enfin qu'à 2 grammes de phosphate, pois de la première expérience pesant $2^{gr},33$ et contenant $0^{gr},029$ d'acide phosphorique, ont donné $36^{gr},55$ de récolte et atteint $2^{m},40$ de hauteur.

Entre le froment et les pois, il y a donc harmonie parfaite, bien que leur témoignage se soit traduit sous des formes différentes. Mais, pour rester dans le cadre de la vérité historique, je dois ajouter que ces expériences, si concluantes, n'ont été en réalité que la vérification de faits antérieurs accidentels et inattendus que le hasard m'avait offerts et qui méritent de trouver place ici.

Avant de me servir de pots de biscuit de porcelaine pour les cultures dans le sable calciné, j'employais des pots de terre ordinaire. Or, dans ces pots, le froment, privé de phosphate de chaux, ne meurt pas; il accuse une végétation triste et languissante, mais il parcourt le cycle régulier de son évolution; il reproduit, à s'y méprendre, le caractère de la culture avec $0^{gr},01$ de phosphate de chaux dans un pot de biscuit de porcelaine. Frappé de l'influence exercée par la nature des pots, je me suis demandé à quoi il fallait l'attribuer. Ayant analysé les récoltes avec le plus grand soin, j'ai trouvé $1^{mgr},5$ d'acide phosphorique de plus que dans la semence et j'ai acquis la certitude que cet acide phosphorique provenait des pots, d'où j'ai pu en extraire une petite quantité. On pourra juger, par cet

CULTUR NSIBILITÉ DE LA LEVURE DE BIÈRE

POUR DÉCOUVRIR

AVEC **BEAUCOUP** PLUS FAIBLES TRACES DE PHOSPHATE DE CHAUX.

———

ité faite dans les conditions suivantes :

....	1000
pur................................	30
s..................................	1,450
.... 0^{gr},093, ou azote	0,042
....	0,200

Nature des minéraux.

FROMENT.

———

icique	0,500
Sulfate de magnésie..............	0,250
Chlorure de potassium...........	0,200
Carbonate de chaux..............	0,300
Sulfate de protoxyde de fer.......	0,100
Chlorure de sodium..............	0,100

Azote.

tôt à l'état de sulfate d'ammoniaque, et tantôt à l'état d'urée.
à l'urée, pour éloigner l'intervention de l'acide sulfurique à
ssimilé.

Composition de la levure.

N° 2.

Avec 0^{gr},01 de phosphate
de chaux.

....	0,200
.... 78,4 pour 100	
.... 21,6 »	
yée contient : matière sèche	0,0432

Durée de la fermentation.

a duré................................ 240 heures

N° 3.

Sans phosphate,
de chaux.

Après la fermentation.

itions :

éduite du poids de l'azote organique	
....	0^{gr},6034
vure sèche formée au sucre fermenté.	$\frac{1}{49,7}$

Paille...... 0^{gr},80 Paille et racines.. 5,85 Pail re fermenté, il y a formation de...... 1,77 levure sèche

1 grain.......... 0,01 187

5,86

GEORGES VILLE.

FERMENTATIONS ALCOOLIQUES
AVEC
DES DOSES DÉCROISSANTES DE LEVURE.

Expériences

u 3 juillet 1867.

On a employé chaque fois............ { Sucre.................. 30^{gr}
Mélange salin........... 0,475
Eau.................... 1000

Matière azotée : urée 0^{gr},093, contenant : azote.................. 0,042

	N° 6.	N° 7.	N° 8.	N° 9.	N° 11.
	Mélange salin sèche.... 0^{gr},2 Phosphate de levure .... 0^{gr},03	Levure fraîche.... 0^{gr},02 Équival. à levure sèche.......... 0^{gr},003	Levure fraîche.. 0^{gr},002 Équival. à levure sèche........ 0^{gr},0003	Levure fraîche. 0^{gr},0002 Équiv. à levure sèche....... 0^{gr},00003	Levure fraîche. 0^{gr},00002 Équival. à levure sèche.. 0^{gr},000003

DURÉE de la fermentation.	SUCRE disparu.	SUCRE disparu par heure moyenne.	DURÉE de la fermentation.	SUCRE disparu.	SUCRE disparu par heure moyenne.	DURÉE de la fermentation.	SUCRE disparu.	SUCRE disparu par heure moyenne.	DURÉE de la fermentation.	SUCRE disparu.	SUCRE disparu par heure moyenne.	DURÉE de la fermentation.	SUCRE disparu.	SUCRE disparu par heure moyenne.
20			44	2,938	0,067	45	2,033	0,045	46	1,067	0,0231	48	0,731	0,0152
79	18,298	0,192	116	24,092	0,207	117	16,891	0,143	118	9,365	0,0793	120	12,640	0,1053
144	25,505	0,221	165	27,905	0,169	168	25,058	0,1509	166 ½	16,749	0,100	168	12,811	0,0762
192	28,831	0,175	217	30	0,138	214 ½	28,444	0,1326	214	23,860	0,111	242	14,371	0,0673
308	30	0,139				310	30	0,0967	310 ½	27,875	0,0897	311 ½	21,009	0,0706
									359	30	0,0835	380	25,068	0,0896
												407	27,172	0,0652
												482	28,053	0,0620
												503	30	0,0598

de la levure de bière s'est manifestée à l'état humide à la dose de 0^{gr},00002, ce qui représente un poids
sèche de 0^{gr},000003.

exemple, de la difficulté que présente l'étude des phénomènes de la végétation, si j'ajoute qu'il a fallu trois ans pour éclairer les résultats dont il s'agit.

Voici donc les données analytiques qui les résument :

Année de l'expérience.	Poids de la récolte.	Acide phosphorique dans la récolte.	Poids de la semence.	Acide phosphorique dans la semence.	Excès de l'acide phosphorique dans la récolte.
1859	5gr,06	0gr,0057	0gr,82	0gr,0045	0gr,0012
1859	8 ,45	0 ,0090?	0 ,82	0 ,0045	0 ,0045?
1859	7 ,55	0 ,006	0 ,82	0 ,0045	0 ,0015
1860	8 ,53	0 ,0056	0 ,80	0 ,0050	0 ,0007

L'excédent d'acide phosphorique ne peut provenir que de la substance des pots, d'où j'ai pu effectivement en extraire en attaquant les matières, soit par l'acide chlorhydrique seulement, soit en les attaquant d'abord par la chaux et reprenant ensuite par l'acide chlorhydrique.

Dans le dernier cas, la proportion d'acide phosphorique trouvée a été notablement plus forte que dans le premier :

	Acide phosphorique pour 100 de matière	
	attaquée par l'acide chlorhydrique.	attaquée par la chaux.
Argile de Dreux	0,009	0,039
		0,064
Autre argile.	0,009	0,034
Substance des pots.	0,019	0,031
Même dosage		0,013
Même dosage		0,032

Mais l'excédent de l'acide phosphorique des récoltes était si faible, les quantités dosées dans la substance des pots par l'acide chlorhydrique étaient si minimes; d'autre part, le dosage de traces d'acide phosphorique était si incertain il y a trente ans, que je n'osais pas tirer de conclusions décisives de ces expériences, lorsque des faits nouveaux, d'un ordre tout à fait différent, dans lesquels des traces de phosphate de chaux étaient intervenues à mon insu, vinrent dissiper mes doutes et raffermir ma confiance dans mes premiers résultats.

En comparant mes expériences de 1858, 1859 et 1860, je remarquai, non sans surprise, que les rendements de 1858 étaient très notablement supérieurs à ceux des années suivantes. Rien dans les conditions des expériences ne pouvait cependant justifier à mes yeux cette différence. Les pots étaient de la même nature, le sol, borné à du sable calciné, avait reçu le même engrais, toujours composé de potasse, de chaux et de matière azotée, à l'exclusion des phosphates. Je le répète, il n'y avait pas de différences dans les conditions de l'expérience, hormis une seule, la nature des blés employés comme semence. En 1858, j'avais fixé mon choix sur le blé Fenton, d'Écosse, auquel j'avais substitué, en 1859, le blé Fenton provenant des cultures de la vacherie du Pin. En 1860, j'avais employé le blé fran-

çais connu dans le commerce sous le nom de *Saumur de mars*.

Ces trois blés ayant été cultivés dans un sol exempt de phosphate de chaux, mais dans des pots de terre ordinaire, se sont montrés fort inégalement productifs : le rendement obtenu avec le blé Fenton, originaire d'Écosse, a dépassé de 30 pour 100 le rendement des deux autres. Pendant longtemps, je n'ai su à quoi attribuer cette différence. L'analyse des trois blés a fini par me l'apprendre : le blé Fenton d'Écosse contenait deux fois plus d'acide phosphorique que les deux autres. C'est donc l'excès d'acide phosphorique contenu dans la semence qui avait produit le surcroît de rendement, comme nous l'avons constaté pour les pois, en opérant sur des graines artificiellement appauvries.

Voici, à l'appui de cette déduction, l'indication exacte des quantités d'acide phosphorique contenues dans ces trois blés, suivie du rendement des récoltes :

Blés.	Poids de 25 graines.	Acide phosphorique pour 100.	Acide phosphorique dans la semence.	Poids de la récolte.
Fenton d'Écosse.	1gr,16	0gr,85	0gr,009	12gr,57
Fenton du Pin .	0 ,80	0 ,62	0 ,005	7 ,00
Saumur de Mars	0 ,82	0 ,45	0 ,004	6 ,03

On conviendra que ces effets, si variés dans leur caractère, que le hasard m'a offerts, sont décisifs et inattaquables. C'est pour en consacrer les résultats que l'idée m'est venue d'essayer l'action de 1 centigramme de phosphate de chaux dans des pots de biscuit de porcelaine, et si la forme de ces expériences, que j'ai rapportées au commencement de cette note, est si simple et si pratique, c'est à mes expériences antérieures qu'il faut l'attribuer, parce que c'est grâce à elles qu'il a été possible d'en arrêter tous les termes avec autant de netteté et de rigueur.

Et pourtant, qui le croirait? ces faits si bien définis, si concordants entre eux, ne sont que des approximations qu'on serait presque tenté d'appeler grossières par rapport aux résultats nouveaux qu'il me reste à présenter.

Lorsque M. Pasteur préluda à ses grandes découvertes sur le rôle des microbes par ses études sur la fermentation alcoolique, frappé de la facilité avec laquelle on peut cultiver la levure de bière à l'aide de sels minéraux et azotés, sollicité de plus par mes études antérieures sur la possibilité d'effectuer de véritables analyses par les plantes, l'idée me vint de renouveler la même recherche à l'aide de la levure de bière.

J'apercevais à cette méthode de grands avantages : d'abord une durée moindre, puis la possibilité de se soustraire aux poussières de l'air et d'obtenir finalement plus de rigueur et de sensibilité. Je ne pus cependant mettre mon projet à exécution qu'en 1867, lorsque déjà M. Raulin avait fait une tentative dans cette direction sur l'*Aspergillus niger*, dont je rapporterai les résultats plus loin.

Lorsqu'il me fut possible de mettre mon projet à exécution, mon premier soin fut d'arrêter le dispositif des appareils, et de préluder à l'application de la méthode par quelques essais préalables pour bien en fixer les règles.

Comme dispositif, je m'arrêtai à un ballon de 2 litres dans lequel on ne devait introduire que 1 litre de liquide, afin de laisser le liquide en fermentation en contact avec un volume d'air sensiblement égal, à l'origine, à celui du liquide.

Les essais préalables consistèrent à faire varier la dose des minéraux, puis, la quantité des minéraux étant maintenue constante, à faire varier la dose de la levure.

Pour toutes les expériences, on s'arrêta aux conditions suivantes :

Liquide	1 litre.
Sucre	30 grammes.
Urée 0gr,093 ou azote	0gr,042

Le mélange salin était ainsi composé :

Phosphate bicalcique	0gr,500	
Sulfate de magnésie	0 ,150	
Chlorure de potassium	0 ,200	
Carbonate de chaux	0 ,300	1gr,450
Sulfate de protoxyde de fer	0 ,100	
Chlorure de sodium	0 ,100	

Une première expérience, faite dans une étuve chauffée à la température de 33° avec 1gr,450 de minéraux et 0gr,200 de levure fraîche, provoqua une fermentation très active. En deux cent quarante heures, la totalité du sucre avait disparu.

Alors on institua une deuxième fermentation avec 0gr,475 de minéraux, un tiers seulement de la première quantité.

Or les deux fermentations ont donné des résultats tout à fait semblables sous le rapport de la quantité de sucre décomposée :

	1.	2.
Sucre consommé	30 grammes.	30 grammes.
Durée de la fermentation	240 heures.	306 heures.

De ceci, il résulte deux choses : la première, que la marche de la fermentation dans des ballons séparés est uniforme et concordante; la seconde, qu'avec 0gr,475 de mélange salin contenant 0gr,250 de phosphate de chaux, c'est-à-dire, en nombre rond, 2/10 000 seulement du poids du liquide, la fermentation est aussi complète qu'avec trois fois plus de minéraux.

Alors, je me demandai ce qu'il adviendrait si, la dose des minéraux étant maintenue à 0gr,475, on faisait varier la proportion de levure. Une nouvelle série

de fermentations fut donc préparée, dans laquelle la dose de la levure variait entre 0gr,200 et 0gr,00002 :

	1.	2.	3.	4.	5.
Levure humide	0gr,200	0gr,020	0gr,0020	0gr,00020	0gr,00002
Levure sèche	0 ,030	0 ,003	0 ,0003	0 ,00003	0 ,00003

Dans ces cinq conditions, la marche de la fermentation a été très uniforme et toujours très rapide, quoiqu'un peu plus lente pour la dernière, où la dose de la levure avait été la plus faible.

Durée	216 h.	217 h.	310 h.	350 h.	503 h.

Cette concordance montre combien ce mode d'investigation est susceptible de régularité et de précision.

Ajoutons que M. Pasteur, dont le sens expérimental est si profond, a toujours adopté, dans ses expériences, les ensemencements avec des doses presque infinitésimales de levure.

Sûr désormais que les dispositions adoptées méritaient toute confiance, sans prétendre toutefois qu'elles fussent absolument irréprochables, j'instituai une nouvelle série de fermentations dans lesquelles tous les termes de l'expérience étaient rigoureusement semblables, à l'exception de la dose des minéraux, qui descendait par gradation de 0gr,475 à 0gr,0009, le phosphate passant de 0gr,250 à 0gr,0005.

Ce qui s'est traduit par :

	1.	2.	3.	4.	5.
Minéraux	0gr,475	0gr,095	0gr,009	0gr,0009	0gr,009
Phosphate de chaux	0 ,250	0 ,050	0 ,005	0 ,0005	0 ,005
Acide phosphorique	0 ,107	0 ,021	0 ,002	0 ,0002	0 ,002
Phosphore	0 ,046	0 ,009	0 ,0009	0 ,00009	0 ,009

Or voici les résultats donnés par cette nouvelle série :

1° Avec 0gr,475, c'est-à-dire 0gr,250 de phosphate, c'est-à-dire 2 dix-millièmes de phosphate par rapport au poids du liquide, la fermentation a duré trois cent six heures; 30 grammes de sucre ont disparu, c'est-à-dire 120 fois le poids du phosphate.

2° Avec 0gr,0950 de mélange salin ou 0gr,050 de phosphate, c'est-à-dire 5 cent-millièmes du poids du liquide, la fermentation a duré trois cent six heures, et il a disparu 30 grammes de sucre, c'est-à-dire 600 fois le poids du phosphate.

3° Avec 0gr,009 du mélange salin ou 0gr,005 de phosphate, c'est-à-dire 5 millionièmes de phosphate, la fermentation a duré mille quatre heures; la quantité de sucre disparu s'est élevée à 26gr,37, c'est-à-dire à 5000 fois le poids du phosphate.

4° Enfin, avec 0gr,00095 du mélange salin ou 0gr,0005 de phosphate de chaux, c'est-à-dire 5 dix-millionièmes du poids du liquide, 17gr,28 de sucre ont disparu, c'est-à-dire 34 000 fois le poids du phosphate employé.

Enfin, si l'on supprime absolument les minéraux

et les phosphates, la fermentation ne se manifeste que par des effets à peine sensibles. La levure vit sur son propre fonds. Le sucre disparu s'élève à 1ᵍʳ,423, ce qui a exigé six cent quarante heures; mais, à partir de ce moment, la fermentation s'arrête et la consommation du sucre cesse complètement.

Des faits qui précèdent, il résulte donc, pour ne citer que les deux termes extrêmes, que si avec le froment on a pu constater la présence, dans le sable calciné, de 1 cent-millième de phosphate affirmée par un poids de récolte égal à 600 fois le poids du phosphate, avec la levure de bière on en est arrivé à reconnaître, par une série de gradations, la présence de 0ᵍʳ,0005 de phosphate dilué dans 1 litre d'eau, ce qui correspond à 5 dix-millionièmes du poids du liquide; mais, dans ce cas, la fermentation dure plus longtemps.

Pour être juste, il faut rappeler que, sollicité par d'autres préoccupations, M. Raulin m'a précédé dans cette voie. C'est donc ici le lieu de rappeler les résultats qu'il a obtenus avec l'*Aspergillus niger*, et je le fais avec d'autant plus de satisfaction que, outre ma grande estime pour l'auteur, ces résultats sont de tout point conformes à ceux que j'avais moi-même obtenus avec le froment :

	Froment 1857-1860.	Aspergillus niger 1863.
Engrais complet	20ᵍʳ,86	20ᵍʳ,00
— sans azote . . .	6 ,85	4 ,44
— sans potasse . .	6 ,02	1 ,95 (1)
Sans aucun engrais . .	0 ,77	0 ,55 (2)

Parvenu à ce point, les faits que je viens de présenter sont si éloignés de la pratique agricole, que je crois utile d'y revenir, ne fût-ce que pour montrer que, si à l'aide des organismes inférieurs on peut atteindre des limites de sensibilité plus grandes, les plantes agricoles n'en restent pas moins des moyens d'information d'une sûreté incomparable et d'une délicatesse qui défie toute comparaison avec les réactions de laboratoire.

Je prendrai comme exemple l'une des plus belles plantes des tropiques, la canne à sucre, qui appartient précisément à celles dont le phosphate de chaux est la dominante.

Voici donc la série d'informations que donne la canne à sucre :

Canne à sucre.

	Rendement à l'hectare.
Engrais complet	57 000 kilogr.
— sans chaux	50 000 —
— sans phosphate	15 000 —
— sans potasse	31 000 —
— sans azote	56 000 —
Terre sans aucun engrais	3 000 —

(1) On avait supprimé à la fois la potasse et la magnésie.
(2) *Comptes rendus de l'Académie des sciences*, t. LVII, p. 228 et 276; 1863.

600 kilogrammes de superphosphate de chaux contenant 90 kilogrammes d'acide phosphorique ont suffi pour faire passer le rendement de 15 000 kilogrammes à 57 000 kilogrammes, c'est-à-dire pour déterminer un excédent de récolte de 42 000 kilogrammes à l'hectare, ce qui représente 70 fois le poids du phosphate et 466 fois le poids de l'acide phosphorique.

Veut-on rapporter les 600 kilogrammes de phosphate de chaux et les 90 kilogrammes d'acide phosphorique aux 4 millions de kilogrammes de terre végétale qui recouvrent la surface d'un hectare, on trouve que le phosphate représente en nombre rond 1 six-millième du poids de la terre, ce qui, pour l'acide phosphorique, correspond à 1 quarante-millième.

On le voit donc, à quelque type végétal qu'on ait recours, les plantes accusent un degré de sensibilité extrême : leur témoignage donne la mesure du degré d'utilité du produit dont elles nous ont ainsi dévoilé la présence.

Cette sensibilité est si grande qu'on serait tenté presque de la révoquer en doute, si la composition des végétaux n'était pas là pour l'expliquer.

Dans 100 de froment, paille et grains confondus, il y a en nombres ronds 0,8 de phosphate de chaux, 8 pour 1000, et en acide phosphorique la moitié moins, 4 pour 1000 ; il en résulte que l'absorption de 1 d'acide phosphorique correspond à un accroissement de 250 fois le poids de l'acide phosphorique, et que cet accroissement est représenté au principal par du carbone, de l'hydrogène et de l'oxygène tirés de l'air et de l'eau. La fixation de ces trois éléments au sein du végétal remplit donc, au point de vue qui nous occupe, l'office d'un verre grossissant.

Avec les organismes inférieurs, leur témoignage se déduit de considérations analogues, mais d'un sens opposé. La levure de bière détruit de 20 à 150 fois son poids de sucre; or, comme elle ne contient que de très faibles quantités de minéraux, il en résulte que, si l'on mesure la fixation de l'acide phosphorique, dont la quotité est toujours très restreinte, par la consommation de sucre qui lui correspond, on se trouve en face d'expressions numériques véritablement énormes.

Ici je m'arrête. Les expériences sur la levure de bière que je viens de rapporter remontent à 1867; je puis donc en parler avec le calme et la sérénité d'un esprit qui critique et juge l'œuvre d'un autre.

Je ne retiens en ce moment de cette étude, qui m'a coûté beaucoup de temps et d'application, que deux résultats :

1° Le principe de la méthode et son incomparable sensibilité. Pour lui donner toute sa portée et fixer le cadre de ses applications, il est nécessaire de reprendre le plan primitif des expériences, que je viens de résumer, en n'employant comme semence que des traces de levure, et de levure absolument pure, ce que je n'ai pas fait, car j'ai toujours employé $0^{gr},200$ de levure puisée dans la cuve d'un brasseur.

2° Il faudra, en outre, fixer avec la plus grande rigueur ce que $0^{gr},1$ ou $0^{gr},2$ de levure bien organisée sont capables de détruire de sucre, lorsque le liquide où la fermentation a lieu ne contient que de la matière azotée, à l'exclusion de tout élément minéral, et que la levure évolue sur elle-même, à l'aide des minéraux qu'elle contient dans ses tissus. Ceci est nécessaire pour ne pas confondre le travail accompli par la levure au prix d'une partie de sa substance, avec le travail qu'elle accomplit lorsqu'elle consomme des minéraux (ne fût-ce que pour des quantités presque infinitésimales), tirés du milieu ambiant. Je vise par cette réserve l'expérience n° 4 de la deuxième série.

Dans le même ordre d'idées, on devra fixer la quantité de sucre détruit, lorsque le milieu contient des minéraux, à l'exclusion de tout composé azoté, et que la levure doit puiser dans sa substance l'azote pour évoluer sur elle-même.

Mais ces réserves, auxquelles je pourrais en ajouter quelques autres, n'ont plus d'objet, puisque je borne aujourd'hui mes conclusions au principe de la méthode et à sa sensibilité pour découvrir, à l'état où ils sont assimilables, les quatre termes fondamentaux de la production végétale, dont la présence dans la terre fait le succès de la culture et en règle le produit, et en cela je complète ce que j'ai dit déjà du parti remarquable qu'on peut tirer des végétaux pour analyser la terre.

G. Ville.

PSYCHOLOGIE

La lumière, la couleur et la forme (1).

Nous avons défini la couleur par une certaine quantité mathématique qui, dans la théorie de l'éther, s'appelle longueur d'onde. Mais de ce que la couleur est définie par la longueur d'onde, ne concluez pas que

(1) Voir la *Revue scientifique* du 6 septembre 1890, p. 289.

Le lecteur est prié de faire, dans la première partie de cette conférence, les rectifications suivantes :

P. 291, 2° col., lig. 22-23, supprimer « sur tous les autres » ; — lig. 38, au lieu de « 687 », lire « 587 » ; 9° col., lig. 19, après « cette couleur », lire « plus ou moins ». P. 292, 1re col., lig. 5 (en remontant), lire « Rosenstiehl » au lieu de « Rosenthiel » ; — 2° col., lig. 6 (en remontant), après « chacune », lire « des teintes situées sur la moitié du rayon ». P. 293, 1re col., lig. 23 et suiv., au lieu de « volumes », lire dans le cas des lumières « quantités ». P. 294, 9° col., lig. 4 (en remontant), au lieu de « 45 », lire « 49 ». P. 297, 1re col., lig. 9, après « gris », ajouter « distante de $\frac{1}{2}$, de $\frac{1}{3}$, de $\frac{1}{4}$, de $\frac{1}{5}$ » ; lig. 11, supprimer « $\frac{1}{2}$, de $\frac{1}{3}$, de $\frac{1}{4}$, de $\frac{1}{5}$, de ».

la sensation de couleur varie proportionnellement à cette quantité. Les modifications infiniment petites de la sensation correspondent à des changements dans la longueur d'onde différents pour chaque couleur. Voici les fractions de longueur d'onde correspondant aux modifications infiniment petites de la sensation de la couleur dans le voisinage de chaque raie :

B	C	C-D	D	D-E	E	E-F	F
$\frac{1}{115}$	$\frac{1}{167}$	$\frac{1}{331}$	$\frac{1}{772}$	$\frac{1}{246}$	$\frac{1}{340}$	$\frac{1}{615}$	$\frac{1}{740}$

G	H
$\frac{1}{272}$	$\frac{1}{146}$

Vous voyez que c'est dans le jaune et le vert que se trouve le maximum de distinguibilité des couleurs.

On peut étudier l'intensité des sensations de couleur par les deux méthodes que j'ai définies : 1° dosage des réactions motrices; 2° dosage de l'hyperesthésie produite par chacune d'elles. Les couleurs les plus agréables aux êtres normaux sont les couleurs les plus réfrangibles, comme les bleues; ce sont celles qui diminuent le moins la fraction différentielle, c'est-à-dire que, pour produire un nouveau degré de la sensation, il faut ajouter plus de lumière bleue que de lumière verte, plus de lumière verte que de lumière jaune, plus de lumière jaune que de lumière rouge. La différence apparente entre deux couleurs quelconques est d'autant plus forte que l'intensité de la lumière excitatrice devient plus grande.

M. Féré a cherché à mesurer au dynamomètre chez les hystériques l'influence de la vision des couleurs; il a trouvé des nombres plus élevés pour le rouge que pour le vert; le bleu vient en dernier lieu. Il y a, dans ces expériences, un exemple de ces renversements produits par l'état de fatigue, auquel on peut, dans une certaine mesure, assimiler, d'après les expériences du même auteur, l'état des forces chez les hystériques.

Les couleurs se distinguent d'autant mieux d'un fond noir qu'elles sont plus lumineuses; d'autant mieux d'un fond blanc qu'elles sont plus obscures; d'autant mieux entre elles qu'elles sont plus différentes de luminosité. Je vous présente des textes imprimés en noir sur papier de couleur qui sont autant de planches de la nouvelle édition de la *Loi du contraste simultané des couleurs*, de Chevreul, publiée par l'Imprimerie nationale. Vous distinguez le mieux les caractères sur les fonds jaune et orangés. L'ordre de luminosité des couleurs est le suivant : jaune, orangé, rouge, vert, bleu, violet. C'est dans cet ordre qu'elles agissent sur la faculté de distinguer les petits objets. Au contraire, le maximum est dans le vert bleuâtre quand il s'agit de distinguer une perception lumineuse. Le maximum est dans le rouge quand il s'agit de la faculté plus élevée de distinguer la forme de petits objets. Si l'on veut dépenser un peu plus de la mière, il y a donc tout avantage, pour agir sur l'acuité visuelle, à adopter une source lumineuse rouge.

Pour la couleur comme pour la lumière, il faut distinguer le contraste successif et le contraste simultané. Si vous fixez quelques instants ce carré de papier rouge collé sur fond blanc, vous voyez apparaître autour du rouge une auréole vert bleuâtre ; *chaque couleur évoque sa complémentaire.* Il serait intéressant de noter dans des conditions subjectives aussi comparables que possible les diverses durées que mettent les complémentaires à apparaître. Je vous présente sur fond blanc deux carrés juxtaposés orangé rouge et jaune vert ; vous voyez apparaître à la ligne de séparation sur l'orangé une belle bande pourpre, et sur le jaune une belle bande verte ; *chaque couleur présente sur la portion d'elle-même contiguë à l'autre la complémentaire de cette autre.*

Pour obtenir des juxtapositions agréables de couleur, je découpe sur cet écran rigoureusement égal au cercle chromatique de petites fenêtres ; celles qui sont situées sur la circonférence présentent des teintes plus ou moins réfrangibles, et celles qui sont situées sur le rayon présentent des tons plus ou moins lavés de blanc et plus ou moins rabattus de noir. Ces fenêtres, n'étant en moyenne larges que de 3 millimètres, présentent des couleurs qui, à cause du mélange, paraissent uniformes de teinte et de ton. Toutes les fenêtres situées à égale distance du centre et éloignées l'une de l'autre d'une *section* de la circonférence dont l'inverse est un nombre rythmique présentent des couleurs dont la juxtaposition est agréable à l'œil ; toutes les autres fenêtres présentent des juxtapositions désagréables.

Je vous présente des teintes copiées sur ces fenêtres de mon cercle chromatique et que vous pouvez juger satisfaisantes ou non conformément aux règles. Voici deux teintes distantes de $\frac{1}{7}$ de circonférence, sensiblement discordantes par rapport à ces deux teintes distantes de $\frac{1}{8}$ et à ces deux teintes distantes de $\frac{1}{6}$. Les deux carrés orangé et jaune vert que je vous ai présentés, il y a un instant, pour vous montrer les phénomènes de contraste simultané sont distants d'environ $\frac{10}{48}$ de circonférence ; ce nombre est rythmique ; en voici deux autres distants de $\frac{10}{53}$ environ, nombre non rythmique. Effectivement, la première juxtaposition est agréable, la seconde ne l'est pas ; ces degrés de plaisir et de peine peuvent être précisés par des nombres mesurant l'anesthésie et l'hyperesthésie relatives. Si vous considérez la seconde juxtaposition dans la ligne de séparation des deux couleurs, vous voyez des complémentaires apparaître presque immédiatement ; dans la première juxtaposition, le retard atteint parfois quelques secondes. Quelquefois, une des com-

plémentaires devance l'autre, et chacune de ces durées d'apparition diffère en plus ou en moins, suivant le caractère de la juxtaposition, de la durée du contraste successif. Il est très commode de mesurer ces diverses durées par des chronomètres à pointage, dont je vous présente un spécimen, qui m'a été confié gracieusement par son constructeur, M. Redier. L'appareil entre en mouvement en même temps que les yeux se fixent ; on presse sur ce petit bouton lors de l'apparition des complémentaires ; le temps s'enregistre par un point noir laissé par l'aiguille sur le cadran ; on opère de la même façon dans la seconde expérience, et la différence des durées se lit immédiatement.

A ce propos, permettez-moi d'ouvrir une parenthèse. Ces petits chronomètres, en dosant les variations de notre sensibilité, me paraissent pouvoir rendre de grands services. Avec eux, chacun pourrait étudier les variations de sa sensibilité et déduire des nombres obtenus des règles d'hygiène qui seraient, à coup sûr, la meilleure prophylaxie des maladies nerveuses. Combinés avec le dynamomètre et quelques autres appareils d'enquête, de construction facile et que j'espère réaliser prochainement, ils pourraient constituer, par la détermination du renversement des réactions esthétiques, une méthode de dosage de l'état pathologique dans sa genèse, c'est-à-dire dans les seules conditions où il soit presque toujours possible de l'enrayer.

Toutes les affections nerveuses troublent les sens ; je ne vous donnerai en exemple que l'influence si rémarquable du tabac et de l'alcool sur la vision. Ces affections que les médecins ont appelées l'*amblyopie nicotinique* et l'*amblyopie alcoolique* déterminent, la première, une contraction ; la seconde, une dilatation considérable de la pupille. La nicotine serait un anesthésiant et l'alcool un hyperesthésiant. Sous ces influences, l'acuité visuelle s'affaiblit ; le violet est toujours méconnu, les bleus, les verts et les rouges sont perçus difficilement ; seuls, les jaunes persistent relativement ; les couleurs complémentaires n'apparaissent plus, de même qu'ailleurs qu'au début de l'ataxie locomotrice. M. Galezowski m'a cité le cas très intéressant d'un directeur d'une plantation de tabac de la Martinique qui, après avoir fumé trente à quarante cigares par jour, était arrivé à un tel affaiblissement de la vue, qu'il était à peu près incapable de se conduire. L'oculiste de la colonie avait diagnostiqué une cataracte, qu'il s'apprêtait à opérer. Heureusement, notre fumeur put échapper à ce praticien et venir à Paris. M. Galezowski constata une contraction intense de la pupille et une atrophie du nerf optique. Par un renversement curieux, le malade pouvait distinguer dans l'obscurité, mais non dans la lumière, le rouge et un bleu très vif. Au bout de deux ans de traitement, qui consista surtout dans la suppression du tabac, le malade parvint à reprendre ses occupations et à pouvoir distinguer les couleurs. Un bon artiste, un bon ouvrier d'art, ne sont que des yeux, servis par des cerveaux normalement organisés; le grand moyen de devenir un bon ouvrier est d'acquérir à tout prix la santé du système nerveux et de la conserver en évitant l'abus de tout excitant.

Mais revenons aux couleurs. Je vous présente deux cercles dont les six secteurs sont colorés. Le secteur situé en haut a été peint en jaune, le second à gauche en bleu, le troisième en orangé, le quatrième en vert bleu, le cinquième en jaune vert, le sixième en vert. Toutes ces couleurs sont saturées, c'est-à-dire situées à la moitié du rayon; leurs intervalles s'apprécient par les inverses des sections de circonférence dont elles sont distantes. Comme les couleurs pigments se comptent sur le cercle chromatique en sens inverse des aiguilles d'une montre et qu'il est naturel de leur assigner le nombre qui convient à leur écart estimé par le plus court chemin, on donne le signe + à l'angle compté dans le sens du cercle chromatique, le signe — à l'angle compté dans le sens contraire, cet angle étant plus petit que la demi-circonférence. Il est commode de disposer les nombres ainsi :

RYTHMIQUE.		NON RYTHMIQUE.	
+	—	+	—
3		3,3	
			4,6
-		5,7	
			6,5
12		9,1	
Totaux . . . 20	**10**	**18,1**	**11,1**
Différences finales. +10		+7	

. Vous voyez que le ton de la première teinte est toujours positif. Dans la première polychromie, les sommes des nombres marquant les teintes sont rythmiques et la différence de ces sommes également; ce qui n'a pas lieu pour la seconde. Vous pouvez juger combien la première est préférable à la seconde. En général, pour noter l'écart de deux teintes non complémentaires, on cherche d'abord sur le cercle chromatique la teinte située à gauche (soit horizontalement, soit vers le haut ou, soit vers le bas) ou, à défaut de celle-ci, la teinte située en bas dans la polychromie; on estime avec le rapporteur l'angle plus petit que la demi-circonférence qui sépare cette teinte de celles situées à droite ou en haut; s'il est compté dans le sens de droite à gauche en haut sur le cercle chromatique, on lui assigne le signe +; s'il est compté dans le sens de gauche à droite, on lui assigne le signe —. Si ces teintes sont à des tons différents, suivant que le ton du pigment compté en second lieu, ainsi qu'il vient d'être expliqué, est par rapport au ton du premier centrifuge ou centripète sur le cercle, on assigne au nombre qui exprime la distance de ce second ton sur le rayon le signe + ou le signe —. Le ton de la première teinte est toujours positif. Pour que les couleurs

soient harmoniques, la différence entre le nombre qui marque l'écart et cette somme ou différence de tons doit être rythmique. Si les surfaces colorées sont inégales, on mesure chacune de ces surfaces d'une manière aussi approchée que possible par les méthodes connues ou par des pesées avec une balance de précision. On prend comme unité le plus grand commun diviseur des aires ou, à son défaut, celui qui entraîne les rapports les moins complexes; chaque surface et les sommes successives de ces surfaces doivent être exprimées par des nombres rythmiques.

Si les couleurs sont rangées sur des étendues quelconques dans un contour fermé qui ne se coupe en aucun point, on cherche le centre de la figure, c'est-à-dire du petit cercle circonscriptible, par les constructions connues ou plus rapidement parfois par le tâtonnement. On fait passer par ce centre une horizontale et on élève sur cette ligne une perpendiculaire, laquelle ou coupe une surface colorée ou passe entre deux surfaces colorées. Dans le premier cas, on commence par la surface colorée, qui est traversée par la perpendiculaire; dans le second cas, on commence par la surface située à gauche de la perpendiculaire, puis on opère comme dans le cas d'une bande en procédant de droite à gauche vers le bas (en sens inverse des aiguilles d'une montre).

Je vous présente deux tapisseries en laine, dont les couleurs ont été voulues dans un cas harmoniques, dans l'autre, non harmoniques. Je me suis contenté de choisir des tons rythmiques en eux-mêmes et les teintes juxtaposées rythmiques. C'est une précaution suffisante dans le cas où les couleurs sont rangées sur des étendues quelconques dans une disposition quelconque.

Voici les nombres de ces deux tapisseries :

RYTHMIQUE.			NON RYTHMIQUE.		
Couleurs.	Tons.	Teintes.		Tons.	Teintes.
Rouge...	136	4		90	7,00
Jaune..	80	6 3		110	3,48 2,87
Vert ...	102	4		130	4,36
Bleu ...	80			125	

J'ai négligé dans ces tapisseries la considération, cependant importante, en général, des surfaces, qui sont représentées pour chaque couleur par les nombres suivants :

Rouge	1000
Jaune	340
Vert	335
Bleu	1240

Vous voyez apparaître sur la polychromie non rythmique des images consécutives purement *lumineuses* ou colorées beaucoup plus rapidement que sur la polychromie rythmique, qui en présente d'ailleurs beaucoup moins. Les durées seraient faciles à mesurer pour chacun de vos yeux.

L'étude du contraste dans les formes comprend la détermination des illusions d'optique dans les lignes et les angles suivant leur situation. Vous savez tous qu'une verticale paraît plus grande qu'une horizontale égale. Un cercle géométriquement parfait semble être une suite d'arcs de spirales qui se raccordent; mais il faut distinguer deux cas : 1° l'objet de petite dimension est vu simultanément dans toutes ses parties; 2° l'objet de grande dimension ne peut être vu que successivement, et exige par conséquent des mouvements des yeux et de la tête. Il est facile de voir que les erreurs d'appréciation changent suivant les deux cas. Il suffit de regarder à une distance très petite et par conséquent avec des mouvements des yeux ces angles dont les côtés vus à une distance de quelques mètres, c'est-à-dire simultanément, paraissent égaux : vous les voyez ainsi inégaux.

La théorie qui permet de préciser les variations des rapports des longueurs d'ondes des couleurs complémentaires pour un être normal permet de calculer les rayons des spirales que paraissent être des cercles géométriquement égaux dans les deux cas; elle permet également de construire des spirales qui, au même être normal, paraîtraient des cercles. J'ai été conduit ainsi à préciser dans le cas des petites images deux situations du rayon (58°,84 à droite au-dessus de l'horizontal, 40° à gauche) et dans le cas des grandes images quatre situations (5°,4 et 62°,7 à droite, 56°,8 et 6° à gauche), dans lesquelles il est apprécié avec le moins d'erreur. Je vous présente ces quatre rayons distants de 45° à partir du rayon horizontal et de droite à gauche. Chacun de ces rayons a 122 unités de longueur. Voici des arcs de spirales dont les rayons successifs, distants de 45°, sont à partir de l'horizontale 116, 118, 131, 123. Vous pouvez constater que cette figure ressemble remarquablement à la première. Si nous voulons obtenir un cercle apparent de rayon 122, nous devons faire des arcs de spirale dont les rayons successifs sont à partir de l'horizontale 131, 128, 116 et 122. Ces rapports conviennent aux objets de petite dimension dont l'image vient se fixer sur le lieu de la vision directe. Un grand cercle qui, comme celui que je vous présente, est l'agrandissement au décuple du premier, semble être une suite d'arcs de spirales dont les rayons successifs, distants de 45° à partir de l'horizontale, sont 125, 100, 156, 110. Vous voyez que dans ce cas la verticale paraît notablement plus que dans le premier cas supérieure à l'horizontale. Si nous voulons dans ce cas faire un cercle apparent, nous devrons construire des arcs de spirale dont les rayons précités sont 125, 156, 100 et 142.

Dans les deux cas, les apparences des angles sont liées aux apparences des lignes. Je vous présente

quatre angles de 45° dont les côtés sont égaux à 122 unités de petite dimension et dont le 1er côté pris de droite à gauche se trouve successivement dans des situations horizontale, oblique à droite, verticale, et oblique à gauche. Vous pouvez juger que le 1er et le 4e paraissent plus grands, tandis que le 2e et le 3e paraissent plus petits que 45°. Je vous soumets quatre autres angles respectivement égaux à 43°,2, 45°,9, 46°,8, 44°,1 qui donnent l'apparence d'angles de 45°. J'ai obtenu les mêmes apparences de 45° avec des angles de 45°, mais dont les côtés sont successivement : 118,116; 131.118; 131,123; 123,116.

Dans le deuxième cas des grandes dimensions, voici des angles de 45° dans l'ordre précité : le 1er et le 4e paraissent comme dans le 1er cas trop grands, tandis que le 2e et le 3e paraissent trop petits. Les voici corrigés de manière à paraître égaux à 45°, c'est-à-dire respectivement égaux à 41°,4; 47°,3; 49°,1; 43°,5; on peut obtenir le même résultat en donnant à chacun des côtés les valeurs successives : 100,125; 156,100; 110,156; 110,125. Il résulte de ces faits qu'en modifiant dans une certaine limite la valeur des côtés, on modifie la valeur apparente des angles. Vous savez qu'en agrandissant au pantographe un dessin dans une proportion considérable, les proportions de la figure ne paraissent plus conservées. Il serait très facile de donner à l'agrandissement les apparences convenables en calculant la grandeur apparente des lignes ou des angles selon leur direction. Vous soumets un dessin dont les trois lignes sont cotés 40 millimètres, 38 millimètres et 47 millimètres, et dont les angles ont 30° et 60°; voici deux agrandissements au décuple : dans l'un, les angles n'ont pas varié et les côtés ont respectivement les valeurs 37,6; 38,76; 45,59; dans l'autre, les côtés n'ont pas varié et les angles ont les valeurs 29°,3 et 59°,5. Ces deux figures paraissent être bien plus un agrandissement vrai que l'agrandissement exact ci-contre. Mais ce qui vaudrait mieux encore que ces corrections nécessairement théoriques, ce serait une éducation de l'exactitude de notre œil qui nous affranchît de ces erreurs, variables suivant les individus, les peuples et les influences psychiques. Sans une saine et universelle appréciation des formes, il n'y a ni art incontestable, ni critique rationnelle possibles.

Le rapporteur ordinaire qui évalue les angles en divisions conventionnelles de la circonférence, que l'on appelle degrés, ne peut point servir directement dans les recherches esthétiques, car, lorsque nous évaluons un angle avec l'œil, nous le rapportons à la circonférence décrite de son sommet comme centre, avec ses côtés comme rayons, et nous recherchons combien de fois il peut être contenu dans la circonférence entière; nous apprécions, par exemple, s'il est égal au tiers, au quart, au cinquième de la circonférence. Il était donc important de construire un rapporteur présentant immédiatement les sections naturelles de la circonférence :

c'est l'objet du *rapporteur esthétique*, construit par M. G. Séguin, et dont j'ai déjà mentionné les applications à la polychromie.

Une forme peut affecter au point de vue esthétique quatre types distincts. Elle peut être : 1° un point rayonnant dans des directions différentes à des distances égales ou inégales; 2° une ligne brisée à laquelle on peut toujours rapporter une courbe quelconque; 3° un contour polygonal qui ne se coupe en aucun point; 4° un ensemble de contours polygonaux.

1° Dans le cas du point rayonnant, les rayons qui, par rapport aux précédents, sont centrifuges, s'ajoutent; s'ils sont centripètes, ils se retranchent; les angles doivent être rythmiques; rythmiques, les rayons; rythmiques, les sommes algébriques des rayons et des angles, en même temps que la différence de ces sommes.

2° Pour analyser une ligne brisée dans une seule direction, soit de gauche à droite, soit de bas en haut, on mesure les droites en choisissant pour unité la plus grande longueur commune ou, à son défaut, celle dont le choix entraîne les rapports les moins complexes, et on évalue les angles. Suivant que l'angle considéré est à droite ou à gauche du dernier trait prolongé, le dénominateur de la section de circonférence indiqué par le rapporteur s'ajoute ou se retranche. Chacun de ces nombres, la somme algébrique des angles, la somme algébrique des droites, la différence entre la somme algébrique des angles et la somme algébrique des droites, doit être rythmique.

3° Si la figure est un contour polygonal qui ne se coupe en aucun point, on cherche le centre de la figure; on fait passer par ce centre une horizontale et on élève sur cette ligne, en ce point, une perpendiculaire qui coupe la figure en un point à partir duquel on commence l'analyse du contour, si ce point coïncide avec l'origine d'une droite. Si, au contraire, ce point tombe sur la droite, on reporte l'analyse du contour sur l'origine de cette droite, et on note à partir de ce point la première ligne et le premier angle obtenu par le prolongement de la dernière ligne. On continue comme dans le premier cas.

4° Si la figure est un ensemble de contours polygonaux qui ne se coupent en aucun point, on cherche le centre de la figure totale, on analyse le contour dans l'intérieur duquel tombe ce centre, et l'on continue ainsi pour les différents contours, en les prenant successivement de bas en haut et de droite à gauche, à partir du haut. Le nombre qui exprime chaque contour et la somme algébrique des nombres de tous les contours doivent être rythmiques.

Est-il utile de vous déclarer que l'application de ces règles ne suffit pas à rendre belle une œuvre? Les belles œuvres satisfont à toutes les convenances, aussi bien d'ordre historique que d'ordre scientifique. La réalisation rationnelle de la beauté supposerait une science intégrale, et nous en sommes loin. Le but de ces règles est beaucoup plus modeste; il s'agit de construire des formes qui ne fatiguent point la vue, ou qui, à égalité de surface, excitent au maximum l'acuité visuelle, et de présenter une méthode d'analyse esthétique des formes, permettant de constituer sur une base mathématique rigoureuse une vaste science : la *morphologie*. Ces règles sont appliquées à de nombreux exemples dans un ouvrage actuellement sous presse : *l'Éducation du sens des formes*, que je vais publier avec la collaboration de M. Signac. A ce propos, permettez-moi de rendre hommage à la grande abnégation dont a fait preuve ce consciencieux artiste, en mesurant pour la construction des figures plusieurs milliers d'angles. Je vous présente plusieurs planches : une élégante garde d'épée, dont le résidu final est le nombre rythmique 102; un profil qui a été voulu simplement rythmique, dont le résidu est le nombre 48, et qui, par un hommage d'autant plus gracieux qu'il est involontaire, évoque une image féminine. Enfin voici deux spécimens intéressant plus spécialement les ouvriers du meuble qui me font l'honneur de m'écouter : d'une part, une chaise assez dure d'apparence, dont le résidu final est le nombre non rythmique 188; d'autre part, une chaise à l'allure élégante et presque voluptueuse, dont le résidu final est le nombre rythmique 136. Ces objets, s'ils étaient de surface égale ou vus à des distances différentes convenables pourraient être comparés au point de vue de l'acuité visuelle. Je n'insiste pas sur les vérifications de cet ordre, lesquelles ne présentent pas d'intérêt dans les questions d'art industriel qui vous occupent plus particulièrement.

Un fait qui vient démontrer avec une nouvelle force l'utilité d'un éclairage constant et bien défini, c'est l'influence des variations d'intensité lumineuse sur la couleur. Nous allons projeter sur ces fonds colorés des lumières inégalement intenses : vous pourrez constater qu'aux éclairages intenses les couleurs les plus réfrangibles comme le bleu, le vert, diminuent d'intensité, tandis que des couleurs moins réfrangibles comme le jaune et le rouge augmentent au contraire d'intensité. De plus, les couleurs changent de teinte; les verts, à un faible éclairage, deviennent bleuâtres; les orangés deviennent jaunes; tandis qu'à un éclairage plus intense, les verts deviennent jaunâtres, les orangés rougeâtres. Les pigments se comportent de même très différemment suivant qu'ils sont appliqués en couches minces ou en couches épaisses. D'une manière générale, en couches minces, ils tendent vers le vert; en couches épaisses, vers le rouge. Il en résulte qu'un même pigment, suivant ses degrés de saturation, n'a pas la même complémentaire et que, pour obtenir des teintes dégradées, il ne faut point se contenter de charger ou de diluer la couleur, mais qu'il faut choisir les tons qui ont la même complémentaire. Je vous soumets des tableaux dus à M. Rosenstiehl, qui vous démontreront la supériorité de la gamme qu'il a appelée si justement esthétique, fondée sur le choix des complémentaires, et l'infériorité de la gamme empirique, fondée sur le simple mélange des matières. Vous remarquez que la tendance vers le rouge se produit dans des conditions en apparence opposées : accroissement d'intensité lumineuse objective et absorption de la lumière par des couches plus nombreuses de pigments. Dans le premier cas, je verrais un phénomène subjectif : l'association de couleurs à sensations plus intenses, par conséquent du rouge, du jaune, etc., avec des lumières plus intenses; dans le deuxième cas, je verrais un simple phénomène objectif d'absorption des couleurs les plus réfrangibles, qui sont en même temps les moins intenses au point de vue mécanique.

La lumière n'agit pas moins vivement sur la sensation des formes que sur la sensation de la couleur. Vous connaissez tous l'illusion qui nous fait considérer comme plus grandes les surfaces blanches et les surfaces éclairées, comme plus petites les surfaces noires et les surfaces obscures. Vous pouvez juger aussi que les surfaces blanches paraissent plus en relief que les surfaces noires. Quelques-uns d'entre vous ont constaté peut-être au théâtre que les acteurs éclairés de la rampe paraissent légèrement inclinés du haut du corps. Ces différences d'éclairage jouent certainement un rôle à côté de la vision binoculaire dans la sensation du relief. Je ne vous rappellerai pas l'influence des variations rythmiques ou non des sensations lumineuses sur l'acuité visuelle.

La couleur élargit, élève, creuse ou fait ressortir les surfaces qu'elle revêt. Je vous présente quatre rectangles de papier découpés en même temps, égaux entre eux par conséquent. Vous pouvez remarquer que le papier rouge et le papier vert paraissent plus hauts que larges; tandis que le papier jaune et le papier bleu paraissent plus larges que hauts. L'illusion est très nette sur ces papiers mats et aussi monochromatiques que possible; elle est beaucoup moins nette sur les vulgaires papiers peints glacés. J'ai institué la même expérience sous une autre forme. Je m'attache au préalable à reproduire à l'œil nu des traits dans différentes directions; je note les erreurs commises, puis j'arme mon œil successivement de verres rouges, jaunes, verts, bleus. Je constate que la verticale, sous l'influence du rouge et du vert, s'accroît; sous l'influence du jaune et du bleu, l'horizontale s'accroît. Les résultats sont plus considérables si, au lieu d'employer un seul verre, j'emploie des binocles complémentaires : l'œil droit recevant, par exemple, de la lumière rouge ou verte, l'œil gauche de la lumière verte ou rouge. La difficulté principale de ces expériences est de trouver des verres qui ne transmettent qu'une seule couleur. J'ai pu souvent déduire de la complexité des illusions de direction et de leur sens la nature des radiations transmises.

Je vous présente le spécimen d'une technique nouvelle de l'affiche que M. Signac a élaborée sur ma prière et

qui est une application de ces liaisons de la couleur et de la direction. Chaque lettre est inscrite dans mon cercle chromatique; seulement, suivant les lignes, le cercle tourne d'angles différents par rapport à son orientation naturelle qui, si l'on se place au point de vue de la sensibilité, présente le rouge en haut, et qui, si l'on se place au point de vue normal des réactions motrices, présente le rouge en bas.

Il me reste à préciser l'influence de la forme sur la sensation de couleur. C'est le bleu qui est perçu sur la plus grande étendue de la rétine, puis viennent le jaune, le rouge, le vert. C'est l'ordre dans lequel décroissent les secteurs occupés par ces couleurs sur le cercle chromatique. Je vous présente des cercles concentriques en papier de ces différentes couleurs et de rayons décroissants dans l'ordre que je viens d'indiquer. Si, plaçant en face du centre le lieu de la vision directe, vous cherchez à distinguer toutes ces couleurs par la vision indirecte, vous les distinguez toutes. Mais si vous substituez à la même distance au premier carton un second carton présentant des cercles concentriques dans l'ordre inverse, le bleu central persiste seul, les autres couleurs disparaissent comme couleurs.

La surface, en diminuant, diminue l'intensité apparente des couleurs; cette diminution d'intensité apparente est d'autant plus rapide que la couleur est plus réfrangible. Un savant physiologiste, M. Charpentier, après avoir réglé quatre sources éclairées rouge, jaune, vert, bleu, de manière à avoir le même minimum de couleur perceptible, a constaté, en réduisant l'objet à un diamètre moitié moindre, que l'intensité apparente a diminué de plus du double pour le rouge et que le bleu n'a plus que les trois quarts de l'intensité apparente du rouge. Il en résulte cette conséquence pratique que, pour obtenir des sensations chromatiques également intenses en réduisant les surfaces, il faut accroître les intensités des couleurs les plus réfrangibles dans de certains rapports.

Il est inutile et il serait trop long d'énoncer toutes les applications de ces études. Il est possible de construire des caractères typographiques, d'une part, les plus satisfaisants pour l'œil et, d'autre part, les plus capables d'exciter l'acuité visuelle. Les influences qu'exercent sur cette fonction les variations non rythmiques d'intensité lumineuse permettront, par des juxtapositions de sources lumineuses dans des rapports donnés, et dans des situations convenables de l'œil, d'obtenir le maximum de pouvoir éclairant avec la consommation minima de matière éclairante. L'influence de la couleur sur les illusions d'optique pourra sans doute être appliquée, dans les uniformes militaires, à la multiplication d'illusions dans des sens voulus, c'est-à-dire à la préservation du soldat; l'influence anesthésiante des formes rythmiques pourra être également utilisée.

Tous les arts et toutes les sciences, a-t-on dit, convergent vers la femme; il n'en peut être autrement de l'esthétique, et je paraîtrais incomplet à une partie de mon auditoire si je ne vous présentais des applications à l'art de la toilette. On va draper sur ce buste de brune et sur ce buste de blonde des soies, dont les couleurs ont été choisies sur le cercle chromatique, rythmiques ou non avec les carnations. Cette chair de brune représente assez exactement le ton 5 d'un rose orangeâtre, que je vous indique sur le cercle chromatique; les cheveux sont le ton 17,5 d'un violet distant du rose d'environ $\frac{1}{10}$ de circonférence. La chair et les cheveux s'accordent assez agréablement. Voici une soie, ton 8 d'un bleu situé au $\frac{10}{34}$ du rose des chairs; la juxtaposition est heureuse; tandis que cette soie violette, ton 10 distant de $\frac{1}{7}$ du rose de la chair, est déplorable. La chair de cette blonde est de la même teinte que celle de la brune, mais du ton 4 immédiatement plus clair; les cheveux sont d'un jaune foncé exprimé par le ton 18,5 d'une teinte située au $\frac{10}{48}$ de la couleur des chairs; l'alliance de ces teintes est satisfaisante. Voici un rose, ton 6 d'une teinte située au $\frac{1}{15}$ de circonférence de la couleur de chair; cette soie produit un excellent effet, tandis que voici une soie également rose, mais ton 6 d'une teinte distante de $\frac{1}{9}$ de circonférence de la couleur de chair, qui produit un effet pénible; de même, voici un jaune, ton 5 d'une teinte située au $\frac{1}{6}$ de la couleur de chair; juxtaposition heureuse; au contraire, voici un autre jaune, ton 13,5 d'une teinte situéé au $\frac{100}{413}$ de la couleur de chair; juxtaposition déplorable. Voici un bleu, dont le ton est marqué par le nombre 7,5 et dont la teinte est située aux $\frac{10}{34}$ de la couleur de chair; juxtaposition heureuse, que l'on peut rendre encore plus heureuse en drapant sur l'autre moitié du corps la même teinte au ton immédiatement plus clair. Vous voyez combien il est inexact de réduire aux seules complémentaires les harmonies de la toilette.

Préparer l'avènement du normal par une hygiène savante et graduée du système nerveux, tel est le but qu'il faut poursuivre. La maladie étend des ramifications d'autant plus insidieuses qu'elles sont moins discernables sur toutes les productions et les manifestations de l'activité mentale. Combien de doutes, d'incertitudes, d'angoisses, de vains efforts, de problèmes illusoires, de théories infécondes, d'illusions orgueilleuses, de chocs et d'agitations stériles a enfantés et

engendre chaque jour l'esprit malade, cet état que les anciens théologiens personnifiaient en des génies malfaisants! Toutes ces misères, quelques penseurs les ont senties dans la solitude de leur cœur; la science de l'avenir les précisera et les dosera avec son inflexibilité mathématique, réalisant ainsi l'intuition des religions qui ont créé des dieux justes, pesant avec une inexorable balance le bien et le mal. Des cerveaux solidement organisés apporteraient aux problèmes ces solutions qui s'appellent géniales et ne sont que des réponses de la nature suggérées à une pensée normale. Les passions normales, cris de joie d'organismes heureux, feraient succéder à la *lutte pour l'existence* des âges anormaux des concerts dont les lois seront une science et la production un art nouveau. Des volontés servies par des organismes puissants poursuivraient, sans les défaillances de la fatigue, sans les incohérences des hérédités malsaines, sans les compromissions des âges bâtards, des œuvres saines, vraiment humaines, perpétuelles et cosmiques. Il semble que l'on n'ait déduit des solidarités intimes du physique et du moral que la perpétuité des misères inséparables d'un état physique anormal; mais des modifications rationnelles possibles de l'état nerveux, ne faut-il pas conclure la possibilité de l'amélioration du mental? et cet idéal mal défini, que les moralistes et les philosophes ont si souvent invoqué, n'est-il pas le terme plus ou moins accessible des applications rigoureuses d'une science à établir?

Je serais charmé que de cet entretien ressortît pour vous la conviction qu'après avoir été la grande émancipatrice que vous savez, la science pourra être l'édificatrice de notre bonheur individuel et social.

CHARLES HENRY.

ART MILITAIRE

L'artillerie en campagne.

Les principes qui règlent la conduite des armées subissent de profondes modifications. Nous avons dit ici-même [1] quelle orientation nouvelle l'adoption de la poudre sans fumée semblait devoir apporter à la tactique. Mais cet élément n'est pas le seul dont l'introduction menace de bouleverser l'art militaire. La portée des armes à feu actuelles, la tension de leur trajectoire, la puissance de leurs projectiles ont préparé la révolution qu'achève et que couronne l'invention de la poudre sans fumée. L'artillerie, en particulier, est appelée à transformer ses procédés de combat : elle opérera plus que jamais par masses — au moins est-ce

[1] Voir la *Revue scientifique* du 15 février dernier (la *Tactique de l'avenir*).

l'opinion professée par les écrivains qui font autorité — et ses ordres de marche devront être réglés en conséquence. Ce sont ces deux points que nous voudrions mettre en lumière.

Dans la campagne de Bohême, qui aboutit à l'éclatante journée de Sadowa, l'artillerie prussienne fit triste figure. Supérieure à celle des Autrichiens par la qualité du matériel et la connaissance du tir, elle était paralysée par une organisation défectueuse et une tactique surannée. Les batteries, émiettées par petits paquets, agissaient sans concert et sans unité sur le champ de bataille. Heureux encore si elles y arrivaient, sur ce champ de bataille, car on les reléguait si loin en arrière, à la queue des colonnes, que, malgré des efforts surhumains, elles entraient en ligne toujours ou presque toujours trop tard. Elles paraissaient alors que l'infanterie avait déjà obtenu, au prix de pertes considérables, ce qu'eussent donné quelques coups de canon opportunément tirés.

C'est là précisément ce que voulait le commandement. Égaré par de coupables préjugés, il repoussait systématiquement les services de l'artillerie. Issus pour la plupart de l'infanterie, les généraux voulaient faire leur affaire tout seuls, coûte que coûte. Il en coûta si cher, qu'on se hâta, après la victoire, de modifier ces errements désastreux. Loin de vouloir se passer du canon, on réclama son concours: au lieu de le protéger, on se mit sous sa protection. Placées en tête des colonnes, les batteries purent accourir, pour peu que l'avant-garde éprouvât de résistance, de sorte que l'engagement débutait par une formidable canonnade. Dès les premières rencontres, à Wœrth et Rezonville, nous vîmes l'artillerie ennemie se déployer en longues lignes et former des masses imposantes. Avec le succès, elle s'enhardit davantage encore. Elle eut l'audace de s'aventurer bien en avant de l'infanterie, et personne ne saurait contester que, le 18 août, par exemple, les batteries du 9e corps aient été bien près d'expier cruellement cette imprudence. Quoi qu'il en soit, elles ont échappé avec un bonheur miraculeux aux risques qu'elles avaient couru de gaieté de cœur, et on sait quel rôle brillant elles ont eu, ce jour-là, dans la bataille de Saint-Privat. Felix culpa. La fortune sourit aux audacieux; mais il faut se méfier de certains sourires. La sagesse n'en provoque pas, elle; mais du moins elle ne prête jamais à rire.

On semble vouloir nous prêcher l'audace à tout prix, parce qu'elle a réussi. On conseille de jeter l'artillerie par masses sur le champ de bataille, y précédant l'infanterie de plusieurs heures, et juste avec assez de troupes pour que, pendant ce temps, sa protection sur les ailes soit assurée. On juge même presque inutile de garantir son front. Nous hésitons, s'il faut l'avouer, à partager une telle confiance. Avec le nouveau fusil, quelques tireurs entreprenants et habiles pourraient impunément décimer les pelotons de servants, si les soutiens étaient insuffisants en nombre ou en

qualité. Ne négligeons pas les précautions. La crânerie sur le terrain a du bon : sur le papier, elle est funeste, surtout pour des gens comme les Français qui ont conservé l'insouciance chevaleresque du danger. Mieux vaut se décider pour le parti non le plus timide, mais le plus prudent, lorsqu'on élabore des règles de tactique. Ce que cette circonspection a d'exagéré se dissipera au premier coup de canon. « Et l'inspiration donc! n'y en a-t-il plus? s'écrie le prince de Ligne dans ses *Fantaisies militaires*. Sait-on de quoi l'on est capable? Ne doute-t-on pas trop quelquefois de soi? Un beau jour du mois de mai, le soleil de dix heures du matin, par exemple, bien de la musique, le hennissement des chevaux qui nous montrent qu'on peut s'animer, beaucoup de trompettes, des armes luisantes ce jour-là, du faste et de la gaieté... que de choses se découvriront tout d'un coup, si l'on ne résiste pas; le bandeau du cabinet se baissera, la voile des difficultés se déchirera : le masque tombe, et le héros paraît. » La guerre réserve de ces surprises, de ces révélations, de ces coups de la grâce. Mais est-il prudent de compter sur l'inspiration géniale, et n'est-ce pas plutôt contre les défaillances qu'il faut prendre des précautions?

On allègue bien que de nombreuses batteries prussiennes se sont trouvées, seules, presque sans soutien, le 16 et le 18 août, en butte à la fusillade meurtrière de notre chassepot, sans avoir été contraintes à la retraite, sans avoir dû interrompre leur feu. On montre bien qu'il n'y a pas eu d'exemple de batteries attaquées dans leur marche aventureuse. Mais faut-il du passé conclure à l'avenir? De ce qu'un événement n'a pas eu lieu, est-on fondé à admettre, sans examiner les circonstances, qu'il ne se produira jamais plus? Les abordages de cavalerie, par exemple, y en a-t-il eu un seul en 1870? Non. Et on est pourtant unanime à penser qu'il s'en produirait dans une prochaine guerre. Nous estimons, pour notre part, qu'il est dangereux d'amener sur le terrain des canons que l'infanterie ne doit rejoindre qu'au bout de plusieurs heures. Au moment du besoin, si les deux armes marchent à la même hauteur, l'artillerie pourra toujours, grâce à la rapidité de son allure, prendre sur la colonne à pied une avance qui soit suffisante sans être exagérée.

En parlant de marcher à la même hauteur, nous faisons allusion à des tendances qui essayent de se faire jour relativement à la formation des colonnes. Une nouvelle tactique de marche semble s'imposer par suite de la nécessité d'engager, dès le début des batailles, de forts effectifs d'artillerie, sans pourtant les tenir trop en avant pendant les routes.

Ceci mérite sans doute quelques mots d'explication.

La nuit, l'artillerie doit cantonner ou bivouaquer en seconde ligne, derrière le rideau protecteur formé par l'infanterie, car il lui est impossible d'assurer sa propre sécurité, et, en cas d'alerte, elle a besoin d'un temps fort long pour harnacher ses chevaux, atteler ses voitures et déparquer. Si on veut que, dans la colonne, elle occupe la tête, on devra intervertir l'ordre de stationnement, quand on se mettra en route, sauf à le rétablir le soir, lorsqu'on arrivera à l'étape. Ou bien, pour éviter ces interversions, on intercalera l'artillerie au milieu des troupes d'infanterie, quitte à lui faire dire, au moment du besoin, de prendre le trot pour doubler celles-ci. La marche de voitures intercalées dans des troupes à pied est particulièrement pénible, l'allure des chevaux n'étant pas la même que celle des fantassins : les à-coups sont fréquents, l'allongement se produit, les distances se perdent. Bref, un corps d'armée en file sur une route avance difficilement se déroulant sur une longueur de quatre lieues. Sa durée d'écoulement est de quatre heures. Que sera-ce si deux ou trois corps d'armée ne disposent que d'une seule route ? Le fait s'est vu : on n'a qu'à se rappeler ce qui s'est passé dans la marche de la troisième armée sur Châlons et Sedan. Et la même nécessité se représentera à l'avenir. Jetez les yeux sur une carte et voyez combien peu on y trouve de chemins parallèles. L'écartement des bonnes routes est très variable : il y a bien des cas où il est de plus de trois ou quatre lieues. Or, c'est là le front de bataille d'une armée de 150 000 hommes. Et cette armée, en colonne sur une seule route, occuperait seize lieues ! Il faudrait deux jours de marche forcée pour que la queue rejoignît la tête sur le champ de bataille, et nous ne comptons pas le temps nécessaire pour son déploiement ! Si chacun des quatre corps d'armée qui composent cette armée conserve ses batteries, et dans chacun d'eux les « groupes divisionnaires » restent attachés à leurs divisions, l'artillerie se trouvera échelonnée tout le long des troupes en une douzaine de « paquets » distants en moyenne d'une lieue les uns des autres. Vienne l'ordre de doubler l'infanterie, il va falloir que celle-ci déboîte sur les accotements (s'il y en a) pour dégager la chaussée, ou qu'elle forme les faisceaux et attende la fin de l'interminable défilé de pièces, de caissons, de voitures accessoires qui vont se mettre à rouler bruyamment en soulevant des nuages intolérables de poussière. D'ailleurs, comment l'ordre arrivera-t-il ? Par le télégraphe sans doute ou le téléphone, car on ne peut admettre que des estafettes soient envoyées pour remonter le courant dans toute sa longueur. Il faut pourtant bien que quelques cavaliers longent la colonne pour relier ses éléments successifs aux divers postes téléphoniques. Que de difficultés il en résultera ! Que de lenteurs ! Et, le soir venu, ou la bataille gagnée, il va falloir reconstituer les divisions disloquées, reformer les corps d'armée désorganisés, rendre aux uns et aux autres leurs artilleries respectives et replacer celles-ci en seconde ligne pour la nuit. Il en résultera des fatigues excessives et un va-et-vient perpétuel des batteries.

Il en serait tout autrement si on conservait en marche l'ordre de bataille, c'est-à-dire si, au lieu de se mettre en colonne, on restait en ligne. A vrai dire, cette idée n'a jamais été réellement mise en pratique, bien que Frédéric-Charles ait voulu l'appliquer le 18 août 1870. Dans certaines manœuvres récentes, on a fait des essais dans le même sens,

mais ce sont des essais timides (1). On a, par exemple, marché en colonne par section, c'est-à-dire sur deux voitures de front, avec l'infanterie sur les côtés de la route, à droite et à gauche. Ou bien cette infanterie, au lieu d'être mise par le flanc, c'est-à-dire par rangs de quatre, a été disposée par pelotons successifs (une vingtaine d'hommes de front) à faibles intervalles. Ce sont là des palliatifs, assurément, mais on les juge insuffisants.

Des conceptions plus hardies hantent l'esprit de certains officiers. Ils parlent d'utiliser même les mauvais chemins pour raccourcir les trajets, de couper au besoin à travers champs, de prendre en un mot tous les moyens possibles pour que 150 000 hommes avec tous leurs attirails se meuvent sur une largeur de quatre ou cinq lieues sans occuper une profondeur de plus de deux ou trois lieues. Ils ne veulent plus de l'ancien principe : « s'allonger de front à la route, se déployer pour le combat ». Ils condamnent l'axiome fondamental de la logistique, à savoir que le plus court chemin d'un point à un autre, c'est la grande route. Ils pensent qu'avec un apprentissage suffisant, on arrivera à utiliser les plus mauvais chemins, les plus petits.

Pour obtenir ce résultat, on devra s'habituer à reconnaître rapidement l'itinéraire, à le mettre promptement en bon état de viabilité, à abattre les arbres qui rétrécissent la voie, à ouvrir des rampes ou à combler des fossés pour entrer dans les champs, au besoin. Certes, on perdra du temps à ce travail ; certes, le tirage sera pénible dans les ornières de plus en plus profondes ou sur les terres labourées dans lesquelles on s'engagera. N'importe : on y gagnera d'économiser la fatigue des formations de marche ; on s'épargnera les lenteurs du déploiement.

Enfin à chaque instant l'armée se sentira les coudes. L'infanterie ne se séparera jamais plus de son artillerie. Les règles de la subordination ne seront plus jamais troublées.

II.

Aujourd'hui, nous l'avons dit, c'est le canon qui a le premier la parole. Quand le général en chef veut entamer le combat, il appelle à lui toutes les batteries dont il peut disposer. Ces batteries marchaient en tête des colonnes, séparées — par conséquent — des divisions ou des corps d'armée auxquels elles appartiennent, ou bien, si elles les accompagnaient jusqu'alors, elles en sont brusquement arrachées, et, enlevées au commandement de leurs chefs habituels, elles passent sous l'autorité temporaire du général qui se trouve à l'avant-garde. Plus tard, quand l'infanterie arrive sur la ligne de bataille, elle reprend ses batteries... si elle le peut. Dans la suite encore, lorsqu'on forme les colonnes

(1) Le général Février a appliqué ces principes en 1887. Le général Ferron veut également les mettre en pratique cette année. Il vient de rédiger une *Instruction tactique pour les manœuvres du 18ᵉ corps*, instruction qui fait sensation dans l'armée et où il préconise l'emploi des « colonnes condensées ».

pour l'attaque, ou après l'assaut, lorsqu'on en constitue pour la poursuite, le commandement emploie les premières troupes qui lui tombent sous la main, sans se mettre en peine de leur provenance. On en arrive ainsi à obtenir les mélanges les plus extraordinaires qui se puissent voir. C'est là une des nécessités de la guerre moderne qui fait des masses armées en présence de masses armées. On n'en est plus au beau temps de la tactique linéaire où avec quelques régiments, par des évolutions simples et correctes, on remportait la victoire. Encore ne faut-il pas s'exagérer la précision des manœuvres qu'on exécutait à cette époque. « Je veux une école de désordre, » disait le prince de Ligne : « Il faut mêler les ailes, toutes les compagnies. *Il faut savoir les remettre; mais il faut les mouvoir comme cela.* » Le maréchal de Saxe est du même avis. Il s'irrite contre les majors qui ne veulent pas « les mouvoir comme cela », et ne savent plus où donner de la tête dès qu'il se produit la moindre confusion dans les rangs. « Un homme qui aurait de l'intelligence, s'écrie-t-il, ne s'arrêterait pas à remédier à cette confusion, mais il marcherait en avant; car, pendant que l'on y remédie, si l'ennemi s'ébranle, l'on est perdu. » De son côté, le grand Frédéric habituait avec le plus grand soin ses troupes à se rassembler rapidement après s'être trouvées mélangées.

Nos troupes sont condamnées à des perturbations plus profondes encore. La bataille les désorganisera fatalement, et à tel point qu'il sera impossible de reconstituer le jour même les grandes unités tactiques. La lenteur de l'infanterie lui permettra peut-être d'éviter les mélanges, jusqu'au moment de l'assaut du moins, car, à ce moment, ce sera, suivant l'expression triviale, une vraie salade. Autour de la ferme Saint-Hubert, le soir de Rezonville, quarante-trois compagnies étaient tassées, provenant de huit régiments différents.

Pour l'artillerie, ces enchevêtrements sont inévitables. Voici venir à fond de train les premières batteries qui arrivent en ligne; elles prennent position au plus vite, sans trop choisir leurs emplacements : au surplus, elles n'ont peut-être pas le choix. Celles qui les suivent ne trouvent de la place qu'à grand'peine : on se resserre, on s'entasse, on se mêle les uns avec les autres, si bien qu'on a vu des pièces d'une batterie s'intercaler dans les créneaux d'une autre! A Saint-Privat, la ligne d'artillerie comprenait des *Abtheilungen* (groupes) appartenant à quatre corps d'armée différents. A Gravelotte également. On reverra ces mélanges : on s'y attend et on a pris ses mesures en conséquence. Mais alors on est obligé d'admettre que les batteries seront tour à tour placées sous un commandement unique, puis restituées à leurs chefs habituels, et ainsi de suite alternativement. Les généraux se disputent l'artillerie; on « se l'arrachera », on jonglera en quelque sorte avec elle.

L'expérience de 1870 a prouvé qu'il fallait qu'une réglementation intervînt pour mettre quelque ordre dans ce chaos et pour empêcher, soit l'anarchie, soit les conflits. Tel est l'objet de la « tactique de masses ». On appelle masse d'artillerie un ensemble de batteries réunies sous une même direction, quelle que soit leur provenance. On forme les masses un peu au hasard, ou plutôt elles se forment d'elles-mêmes, toutes seules, d'après la configuration du terrain. L'officier le plus haut en grade qui se trouve dans cette ligne de batteries juxtaposées en prend le commandement supérieur, qu'elles soient de son corps d'armée ou non. Toute considération disparaît devant la nécessité d'obtenir seule capable d'assurer. Notre *Instruction* du 1er mai 1887 proclame ces principes; elle les a d'ailleurs empruntés à l'artillerie comme une arme qui n'appartient en propre à personne, qui est au premier venu, et auquel chacun tour à tour demande son concours, suivant les besoins du moment. Faut-il entamer l'action, c'est sous les ordres du général de l'avant-garde qu'elle vient se placer. Engage-t-on le duel à coups de canon qui doit amener l'anéantissement de l'artillerie adverse, les batteries passent sous le commandement du général commandant l'artillerie. Réussissent-elles dans leur entreprise (la canonnade devient alors traînante : on tire pour faire quelque chose, pour tuer le temps, en attendant que l'infanterie soit arrivée et se soit déployée), les groupes divisionnaires vont rejoindre leurs divisions, les batteries de corps rentrent sous les ordres des commandants des corps d'armée : la « masse » se trouve disloquée, désagrégée plus ou moins complètement. On en reforme une autre plus tard pour préparer l'attaque, au moment où on veut couvrir d'une grêle d'obus la clef de la position pour en faciliter l'enlèvement par l'infanterie. Cette opération, en effet, exige de la soudaineté, puisqu'il s'agit de surprendre l'ennemi et ne pas lui laisser le temps de s'apprêter à la résistance. Pour mettre rapidement toutes les forces en œuvre, il faut qu'une volonté unique agisse. La concentration des feux ne peut s'obtenir que par l'unité de direction. Mais, une fois le chemin frayé aux colonnes d'assaut, s'il faut que des batteries marchent avec elles jusque sur la position ennemie, on confie cette mission à celles qui sont le plus à portée, quelles soient-elles. L'association, un instant formée, est rompue aussitôt après, sauf à recommencer bientôt.

Faut-il insister encore sur le caractère de la révolution que nous venons d'indiquer? Faut-il rappeler le temps où chaque régiment avait ses canons à lui? Aujourd'hui, si chaque corps d'armée a des batteries qui lui sont affectées, c'est moins pour en disposer pendant le combat que pour assurer leur sécurité en station, leur procurer les subsistances nécessaires. Elles lui sont rattachées par mesure administrative plutôt que par raison tactique.

Bien entendu, il ne faut pas prendre cette distinction trop à la lettre : nous avons dû marquer de traits un peu gros la déviation qui s'est opérée dans les principes en vertu desquels le groupement des armes combattantes a eu lieu au début; nous avons dû appuyer parce que nulle part ce changement d'orientation n'est indiqué explicitement, et il mérite pourtant d'être signalé à cause des conséquences capitales qu'il comporte. L'*Instruction* du 1er mai 1887 le consacre bien, mais en quelque sorte incidemment. Elle débute par cette phrase :

Dans le combat de la division ou du corps d'armée, l'emploi de l'artillerie par groupes de batteries est la règle, l'emploi par batteries isolées l'exception.

Voici qui est bien affirmatif : il ne faut plus émietter ses forces, comme au temps, encore peu éloigné, où on fractionnait les batteries en sections de deux pièces. Mais le mot de « masse » n'est pas prononcé. Il n'est pas davantage question du « combat d'armée ». Intentionnellement, le règlement ne parle que du corps d'armée : c'est la plus forte unité dont il veuille s'occuper. Pourtant, comme l'armée se compose de la réunion de plusieurs corps dont les uns sont aux ailes et dont les autres sont encadrés, on peut trouver les règles qui lui sont applicables. Voici les principales :

Lorsque l'artillerie d'un corps d'armée chargé de l'attaque a été renforcée par tout ou partie de celle d'un autre corps, la direction du feu de la masse d'artillerie ainsi formée est donnée, le plus souvent, au général commandant l'artillerie du corps d'armée d'attaque.

Cette mesure est indispensable quand on veut réellement faire concourir une masse d'artillerie à un même but. Si l'on était obligé, pour assurer l'unité de direction du feu, de passer par l'intermédiaire des généraux commandant les corps d'armée, les concentrations de feu ne pourraient presque jamais se faire en temps utile...

Dans certains cas exceptionnels, par exemple, quand toute l'artillerie d'un corps d'armée de réserve a renforcé celle d'un corps de première ligne, cette direction peut être donnée au général commandant l'artillerie de l'armée.

Les ordres nécessaires pour réunir ces masses d'artillerie et les placer sous un même commandement sont donnés par le commandant de l'armée...

Et c'est tout, ou à peu près. Il y a bien encore quelques lignes consacrées à l'emploi de l'artillerie appartenant aux corps tenus en réserve. Mais ce ne sont que des indications vagues. Peut-être d'ailleurs n'était-il pas possible d'en dire plus.

III.

La tactique de l'avenir est une énigme, et un règlement, obligé d'écarter toute considération conjecturale, doit se contenter d'énoncer quelques principes généraux, sans entrer dans les détails. C'est déjà un mérite, et fort grand, d'avoir envisagé, même sous une forme détournée, les combats d'armée qui sont pourtant les seuls auxquels il faille songer. Les errements du temps de paix font perdre de vue les éventualités de la guerre. Le corps d'armée est la plus forte unité qu'on ait coutume de se représenter. La constitution régionale des commandements territoriaux ainsi que le jeu des grandes manœuvres contribue à entretenir cette illusion d'optique. Si jamais on rétablit le maréchalat, sous une forme quelconque, si on donne un peu de vie, par exemple, à l'institution récente des grandes inspections permanentes, on s'habituera à ne plus considérer le corps

d'armée comme isolé : on se le figurera associé à d'autres et placé avec eux dans la main d'un général en chef. Il faut se rendre compte de ce que cette conception entraine de conséquences pour la conduite de l'artillerie. Dire que, dans chaque corps d'armée, elle sera employée par le général comme si ce corps était isolé, c'est dire qu'ayant plusieurs violons dans son orchestre, on les laissera jouer chacun le même air à l'unisson. Ne tirerait-on pas d'eux un meilleur effet en les subordonnant à l'autorité du chef d'orchestre et en leur faisant jouer des parties différentes? C'est ce que le règlement a donné à entendre. On sait que le l'a dit explicitement; et on ne peut qu'approuver et son intervention et la discrétion qu'il a mise dans cette intervention. Nous n'étions pas tenu à la même circonspection, et il ne nous a pas semblé inopportun de résumer les doctrines admises par les théoriciens et plus ou moins sanctionnées par les documents officiels, mais ignorées du grand public et encore peu ou mal connues même dans l'armée.

Par contre, on y a beaucoup disserté sur la disposition q appelle l'artillerie à l'honneur de monter à l'assaut conjointement avec l'infanterie. On sait que la voix du canon est agréable aux oreilles du fantassin. Rien qu'à voir une batterie accourir les rassure, un frémissement joyeux parcourt les rangs; lorsque les pièces ouvrent le feu, des murmures s'élèvent : « Bravo, les artilleurs! » La canonnade, en un mot, donne du moral aux troupes, disent les gens du métier. C'est pourquoi on veut que des batteries participent à l'œuvre critique de l'assaut. Mais, objecte-t-on, si ces batteries doivent être détruites avant d'avoir pu commencer le feu, si la mousqueterie du défenseur doit décimer les attelages et les servants, l'effet moral produit sera désastreux. En restant sur leur position antérieure, elles auraient pu obtenir du moins un résultat matériel, par des allongements de tir et des changements d'objectif, d'autant plus que la suppression de la fumée permet de suivre de loin tous les mouvements et de distinguer où se trouvent amis et ennemis.

Faut-il donc tant disserter? Si les colonnes d'attaque peuvent gravir à découvert les pentes de la position à occuper, c'est que cette position ne sera plus guère défendue et alors l'artillerie pourra sans grands risques s'avancer, elle aussi. Elle n'hésitera pas à le faire, avec cet esprit d'initiative que le règlement lui recommande pendant la période de la lutte rapprochée, où « ces liaisons avec le commandement sont fréquemment interrompues; les officiers n'ont plus à attendre des ordres qui ne peuvent pas leur parvenir. Chacun s'inspire de la situation et agit d'après les circonstances ». Si on peut s'avancer sans danger, l'artillerie n'aura aucun mérite à accompagner l'infanterie, mais si celle-ci doit lutter aux derniers efforts d'un adversaire désespéré, l'apparition de batteries s'élançant résolument pour détourner les coups de l'ennemi, suffira peut-être pour démoraliser celui-ci. Que si enfin il reste sur ses positions, il sera en quelque sorte attiré par la tentation de négliger les tirailleurs auxquels il ripostait, pour s'en prendre à cette masse de chevaux et de voitures qui offre un but si facile, si net, si séduisant en quelque sorte. L'artillerie sera sacrifiée sans doute, elle succombera sous les coups du fusil à répétition; mais elle sera vengée par les succès de l'infanterie amie, qui, profitant de la diversion opérée par ce dévouement, prendra un nouvel et impétueux élan pour achever son œuvre d'agression dans un dernier et héroïque effort.

CAUSERIE BIBLIOGRAPHIQUE

Les Races de chiens; histoire, origine, description, par M. Pierre Mégnin. — 2 vol. in-8° de 321 et 250 pages, avec 69 et 46 figures. — Vincennes, aux bureaux de l'Éleveur, 1889-1890.

Les ouvrages du genre de celui que publie M. Pierre Mégnin sont rares en France, et c'est plutôt en Angleterre qu'il les faut chercher. Et encore trouverait-on de l'autre côté de la Manche, plus d'ouvrages déjà anciens et vivant sur leur réputation que d'œuvres récentes, dues à des écrivains réellement compétents et au courant de la situation canine; et ces œuvres n'ont point le caractère scientifique de celle de M. Mégnin. Les deux volumes que nous avons sous les yeux (et qu'un troisième doit compléter ultérieurement) sont destinés à fournir à l'éleveur, au chasseur et au naturaliste, la liste des variétés canines connues, leur origine, leur emploi, leurs qualités particulières.

M. Mégnin rattache toutes les variétés connues à trois types spécifiques qui sont : le *chien des tourbières* (fossile) d'où sont sortis le chien de berger, le braque, l'épagneul et les chiens d'arrêt; le *lévrier*, originaire de la Grèce et de l'Asie Mineure, qui, en se croisant avec le chien des tourbières, a produit les chiens courants, lesquels, croisés avec le loup, ont donné les mâtins; le *dogue*, venu du nord et du centre de l'Asie, avec les barbares, encore représenté par le dogue du Thibet, et qui a été la souche des dogues, des chiens de montagnes et des bouledogues. De ces trois types sont descendus encore, mais en dégénérant, les petites races que chacun connaît : bichons, levrettes, carlins, etc. Ces trois types principaux peuvent-ils être considérés comme se rattachant à un commun ancêtre dont la descendance aurait, selon les habitats, acquis des caractères différents et très tranchés? Sur ce point, M. Mégnin reste muet : la science n'a point encore prononcé son dernier mot, et la paléontologie ne nous renseigne pas suffisamment. Nous ne suivrons pas M. Mégnin dans ses minutieuses descriptions des races de chiens : l'espace nous manquerait. Ce qui nous intéresse particulièrement, c'est le rôle considérable que jouent le caprice et la mode dans la création des races nouvelles, et l'abandon de celles qui ont « cessé de plaire » : c'est là un pendant intéressant à l'histoire des races nouvelles, à l'histoire des pigeons et d'autres animaux que l'homme a pétris à sa guise. Sur ce point, le livre de M. Mégnin fournit beaucoup de faits intéressants. Notons-en, au passage, quelques-uns. M. Mégnin (page 64, t. I) parle des chiens nains japonais

qui seraient le résultat d'une alimentation spéciale, où l'alcool jouerait un rôle. Page 90 : le vieux chien de berger anglais, sans queue, viendrait d'une forme pourvue de queue; mais la loi ancienne exemptait des taxes les chiens sans queue, et de la sorte tout propriétaire amputait son chien; aujourd'hui l'organe a entièrement disparu et l'animal vient au monde privé de queue. C'est là un fait intéressant pour la question depuis quelque temps agitée sous l'inspiration de Weismann, de l'hérédité des malformations : il serait bon de pouvoir le vérifier avec exactitude.

Nombre d'autres faits mériteraient d'être cités, en raison de leur intérêt pour les questions de l'hérédité et de la variation : mais nous n'en finirions pas. Les deux volumes parus traitent des chiens d'arrêt, des chiens courants, des lévriers et des bassets. Les figures abondent et sont généralement très bonnes.

Leçons sur l'électricité faites à la Sorbonne, en 1888-1889, par M. H. Pellat, maître de conférences à la Faculté des sciences de Paris, rédigées par J. Blondin, agrégé de l'Université. — Un vol. gr. in-8° de 415 pages, avec 142 figures dans le texte; Paris, Georges Carré, 1890.

Sous ce titre, la librairie Georges Carré publie les leçons faites à la Sorbonne, par M. Pellat, pendant l'année scolaire 1888-1889, aux candidats à la licence et à l'agrégation des sciences physiques. C'est assez dire que, pour lire ce livre avec fruit, il faut posséder des connaissances mathématiques assez étendues. Empressons-nous de reconnaître, cependant, que les démonstrations mathématiques, tout en restant absolument rigoureuses, sont simplifiées dans la mesure du possible.

L'ouvrage est divisé en trois parties : l'électrostatique, la pile, l'électricité atmosphérique.

Dans la première partie, outre les théorèmes fondamentaux démontrés d'une manière originale, on trouve la description des machines électriques de Piche, de Bertsch, de Carré, de Voss, de Wimshurst, de Thomson. Plus loin, les électromètres absolus de Thomson, Lippmann, Bichat et Blondlot, l'électromètre à quadrants de Thomson sont l'objet de longs développements.

Un chapitre entier est consacré à la théorie des diélectriques.

La pile est d'abord étudiée à circuit ouvert, puis à circuit fermé. En terminant le chapitre qui a trait aux courants électriques, l'auteur expose les différentes méthodes de mesure des résistances, des forces électro-motrices et des intensités.

La troisième partie, consacrée à l'électricité atmosphérique, est une étude des phénomènes de l'atmosphère à l'état de repos, s'il est permis de s'exprimer ainsi. « Tous les phénomènes électriques dont notre atmosphère est le siège, dit M. Pellat pour conclure, s'expliquent facilement en partant de ce fait que la terre est un globe possédant un excès d'électricité négative, en partie répandue à la surface du sol et en partie répandue dans l'atmosphère. »

Plusieurs notes intéressantes ont été rejetées à la fin

de l'ouvrage, et entre autres la méthode analytique de M. Lippmann pour exprimer la loi de la conservation de l'électricité.

L'exécution typographique de cet ouvrage est très soignée, et nous souhaitons d'être bientôt mis à même de lire la suite des excellentes leçons de M. Pellat.

Étude sur les empoisonnements alimentaires (microbes et ptomaïnes), par MM. H. LABIT et H. POLIN. — Un vol. in.8o de 226 pages; Paris, Doin, 1890.

A propos d'une épidémie de 227 cas d'intoxication par la viande altérée, qu'ils ont observée au camp d'Avord en 1889, MM. Labit et Polin ont réuni un grand nombre de faits analogues, épars dans la littérature médicale française et étrangère, et les ont soumis à la critique que permet aujourd'hui la connaissance de l'action des poisons d'origine microbienne ou ptomaïnes. Il est résulté de ce travail une monographie intéressante à consulter, et qui résume bien l'état actuel de nos connaissances sur les intoxications et les infections résultant de l'usage alimentaire des viandes altérées.

L'absorption de ces viandes produit en effet des accidents, qui, bien que très comparables par leurs symptômes, doivent être, en toute rigueur, considérés comme étant de deux ordres. Tantôt, en effet, les viandes, altérées par la putréfaction, ont été complètement stérilisées par la cuisson, et alors les accidents sont de simples intoxications par les ptomaïnes sécrétées par des microbes de la putréfaction; tantôt, au contraire, cette stérilisation n'a pas eu lieu ou est restée incomplète, et alors, à l'intoxication se joint une véritable infection qui vient l'aggraver et la continuer. C'est dans ces derniers cas qu'il est parfois difficile de différencier la maladie d'une fièvre typhoïde, les symptômes étant souvent, à un moment donné, très semblables de part et d'autre. Toutefois, la considération de la marche et de la durée de la fièvre, indépendamment de l'absence d'ulcérations intestinales caractéristiques de la dothiénenterie — absence constatée à l'autopsie des cas mortels, qui ne sont malheureusement pas rares, — suffit le plus souvent à assurer le diagnostic. Quant aux simples intoxications, la soudaineté et la rapide disparition des accidents en sont tout à fait caractéristiques.

Les intoxications alimentaires sont fort intéressantes à étudier, car elles constituent une sorte d'expérimentation, en réalisant les troubles purement toxiques des maladies infectieuses, dans lesquelles on doit admettre, aux accidents toxiques, une action mécanique plus ou moins accentuée entraînant une réaction spéciale de l'organisme, et aussi une continuité de la sécrétion des poisons qui en modifie, par des phénomènes d'accoutumance ou d'accumulation, les effets physiologiques.

A ces intoxications par les produits microbiens, il faut encore ajouter les intoxications par des viandes empoisonnées accidentellement ou thérapeutiquement. C'est ainsi que Bollinger rapporte qu'à Schaffouse, des accidents graves se sont développés chez seize personnes ayant consommé du saucisson arsénical. Mais ces faits, heureusement, doivent être assez rares.

Une question à traiter, comme conséquence de l'étude intoxications par les viandes altérées, c'est celle de intoxications par les viandes virulentes (claveléе, morve, charbon, sang de rate, tuberculose, maladie aphteuse, etc.) sont dangereuses, même après cuisson complète. Les auteurs, n'ont d'ailleurs pas fait d'expériences, n'ont pas à traiter question. Mais ils font remarquer, avec raison, que la naissance des intoxications que produisent les viandes put fiées, même stérilisées par la chaleur, permettent d'affir que les viandes virulentes, même bien cuites, ne sauraient être inoffensives.

ACADÉMIE DES SCIENCES DE PARIS

8-15 SEPTEMBRE 1890.

M. Fortin : Deux nouvelles lettres concernant les taches solaires et relations avec les orages. — *M. Bourgeat :* Note complémentaire sur la longement en Suisse de la tempête du 19 août 1890. — *M. Rey de Bove* Note sur les causes auxquelles on peut attribuer la production du tourb qui a ravagé Saint-Claude. — *M. D. Colladon :* Étude sur une trombe ascendante. — *M. Wiet :* Lettre sur la reprise actuelle d'activité de Vés — *M. L. Lecornu :* Mémoire sur une propriété des systèmes de freins admettant un potentiel. — *M. Lecoq de Boisbaudran :* Nouvelles reche sur la gadoline de M. de Marignac. — *M. Stanislas Bertrand :* Note rel au traitement des plaies pénétrantes des articulations par la glycérin — *M. L. Vialleton :* Développement post-embryonnaire du rein de l'Ammod — *M. Bezier :* Recherches sur un gisement carbonifère de l'étage de V reconnu à Quesson; un Saint-Aubin-d'Aubigné (Ille-et-Vilaine). — *A.S.G* deron : Étude sur les modifications des roches ophitiques de Morе, d la province de Séville (Espagne).

MÉTÉOROLOGIE. — Dans sa dernière communication (1) l'ouragan qui a dévasté Saint-Claude le 19 août 18 *M. Bourgeat* s'était abstenu volontairement de parler de prolongement dans la Suisse, les renseignements qu'il p sédait alors étant vagues et contradictoires. Aujourd'hui est bien constaté que ce tornado ne s'est pas limité montagnes du Jura français, mais il s'est poursuivi, gard toujours la ligne droite, jusqu'à une très grande distan de son point d'origine, à travers les parties basses des c tons de Vaud, de Neuchâtel et de Berne, suivant ainsi la z qui s'étend entre les lacs de Neuchâtel et de Bienne et pied du Jura.

Sa vitesse de translation est restée sensiblement la mê sur ce nouveau parcours; mais tandis qu'il n'avait été accc pagné d'aucune chute de grêle, en gravissant par ressau de 600 mètres d'altitude à 1200 mètres, les chaînes du Ju ce tornado a projeté de gros grêlons (soit en descenda vers le lac de Neuchâtel, soit en longeant la rive), q brisaient les vitres des maisons des villages traversés, endon mageaient les toitures des habitations et hachaient les r coltes. La surface atteinte a été aussi sensiblement plus lar que dans le Jura; c'est ainsi même qu'elle ne mesurait guè moins de 6 kilomètres entre Baulmes et Granson. Enfin, durée de la tempête a été également en rapport avec ce largeur; ainsi, tandis que le phénomène n'a duré qu'un

(1) Voir la *Revue scientifique* du 13 septembre 1890, p. 343, col. l

leux minutes à Saint-Claude, il a persisté pendant huit
'ix minutes à Granson, après quoi le ciel est redevenu
in.

ITSIQUE DU GLOBE. — Il résulte d'une lettre de *M. Wiet*,
muniquée par M. le secrétaire perpétuel, que le Vésuve
actuellement en pleine activité. Par une bouche qui
ouverte l'année dernière, à la suite d'une violente
usse de tremblement de terre qui avait bouleversé le
du cône central, sur la partie qui regarde Pompéi, une
se de lave sort depuis une quinzaine de jours. Cette
the peut mesurer 50 mètres carrés; elle est entourée de
ouvertures sans importance. La lave, chassée par de nou-
s masses qui sortent continuellement du sommet, des-
l lentement, tout en précipitant sa course quand elle
contre sur son passage quelque gros bloc ou bien lorsque
)lcan lance quelque masse importante en ignition. Elle
arrivée jusqu'à atteindre les riches vignobles qui for-
t une ceinture à Boscoreale. La nuit, la réverbération
errent de lave éclaire à grande distance l'atmosphère
i que la montagne. On peut s'approcher jusqu'à 30 mètres
a coulée; mais, passé cette distance, la chaleur est in-
e et l'air n'est plus respirable.

lant aux neuf ouvertures ou fumaroles, leur activité
anique aurait complètement cessé depuis quelques jours
lles ne laisseraient apercevoir qu'une petite colonne de
ée. On a aussi constaté que la fumée qui se dégage des
irentes coulées n'a rien d'analogue avec la vapeur d'eau
ée à des gaz qui sort habituellement du Vésuve; elle
produise et alimentée par la combustion des arbustes
ont pu croître au milieu des vieilles laves.

joutons qu'une grande masse de pierres en fusion roule
'la pente du cône et se brise en s'éparpillant de chaque
é de la partie orientale du volcan et en obligeant ainsi
ourant à changer souvent de direction. Arrivée au bas
sône, toujours du côté de l'orient, la lave se précipite
un torrent de feu d'analogue, mais avec plus ou moins d'in-
ité dans son incandescence. Enfin, la bouche est inac-
ible pour le moment; elle est entourée de précipices
bnds et de rochers fort élevés, taillés à pic et qui, de
» en temps, se détachent. De plus, on sent, par inter-
s, le sol trembler sous les pieds et l'on entend un gron-
ent souterrain qui amène aussitôt une coulée plus forte
ive.

lettre de M. Wiet se termine en annonçant que la lave
t de se fractionner en plusieurs branches et descend en
se plus compacte sur le versant occidental qui regarde
're del Greco, que sur certains points l'ardeur des foyers
ave est très intense et que, au sommet, l'incandescence
très violente. Néanmoins, il ne paraît pas qu'on soit à la
le de quelque terrible éruption; il semble seulement,
comparant les observations faites par le sismographe
s celles qui ont été recueillies *de visu* sur les divers
ses, que ce réveil du Vésuve sur son versant oriental
'e être de longue durée.

IIMIE. — *M. Lecoq de Boisbaudran* a communiqué, l'an-
dernière (1), à l'Académie, les résultats d'un examen qua-

litatif et d'une analyse quantitative de la gadoline préparée
par M. de Marignac, montrant que les neuf dixièmes de la
terre ne pouvaient pas être attribués à des substances anciennement connues. Depuis lors, il s'est livré à de nouvelles
recherches sur cette matière en procédant à son fractionne-
ment en quatorze portions au moyen de l'ammoniaque très
diluée, travail long et délicat en raison de la petitesse de la
masse mise en œuvre. Mais comme l'examen des spectres
d'absorption exige une certaine quantité de liqueur concentrée, il a dû rassembler ensuite toute la matière dans cinq
portions par la réduction graduelle des portions intermédiaires. De cette façon, la différence de composition existant entre chacune des portions définitives et sa voisine
s'est trouvée être ce qu'elle aurait été si, la terre étant plus
abondante, il avait pu obtenir quatorze portions de masses
suffisantes pour faire l'analyse de chacune d'elles.

ANATOMIE. — *M. L. Vialleton* étudie le développement
post-embryonnaire du rein de l'*Ammocète*, qu'il divise, dans
sa description, en deux parties :

1° Un lobe antérieur, formé par des tubes contournés
débouchant dans des glomérules que l'on trouve, soit isolés,
soit groupés en petit nombre, mais jamais disposés en
série continue. Ces glomérules occupent le bord libre du
rein, tandis que le canal de Wolf est situé sur la face dorsale, près du bord adhérent. Cette partie du rein s'atrophie
chez les Ammocètes de grande taille.

2° Un lobe postérieur, qui constitue la majeure partie de
l'organe et qui se distingue du précédent en ce que les glomérules y sont disposées côte à côte, formant non pas un
glomérule unique, mais une véritable colonne gloméru-
laire.

Le développement post-embryonnaire du rein est limité à
une période qui s'étend du moment où les larves atteignent
$0^m,04$ jusqu'au celui où elles mesurent 7 à 8 centimètres;
très réduit pendant la vie de la larve, il acquiert, au moment
de la métamorphose, une grande intensité et donne origine
au rein de l'animal parfait.

GÉOLOGIE — La communication de *M. Bézier* est relative
à un gisement carbonifère de l'étage de Visé. C'est au mois
d'avril 1889 que son auteur a visité pour la première fois les
carrières calcaires de Quenon (1), situées sur la limite
extrême des communes de Chevaigné, Saint-Germain-sur-
Ille et Saint-Aubin-d'Aubigné, et qui se divisent en deux
parties principales : 1° une carrière abandonnée dont l'exploitation comme pierre à chaux remonte à 1844, et 2° une
carrière nouvelle dans laquelle de récents travaux lui ont
permis de rencontrer des fossiles qui ne laissent aucun
doute sur l'âge et l'horizon de ce gisement, notamment une
Phillipsia truncatula.

En effet, les espèces déterminées par M. D.-P. OEhlert (de
Laval), auquel l'auteur les avait soumises, démontrent nettement :

1° Que le gisement de Quenon (Saint-Aubin-d'Aubigné) ne
doit pas être considéré comme dévonien, mais qu'il représente en Ille-et-Vilaine la bande calcaire qui s'étend de Sablé à Bourgon, près de Saint-Pierre-Lacour;

) Voir la *Revue scientifique*, année 1889, 1er semestre, t. XLIII,
14, col. 1.

(1) Voir sur le même sujet la *Revue scientifique* du 6 septembre 1890,
p. 315, col. 1.

2° Qu'il est dû à une extension de la mer carbonifère dans le département d'Ille-et-Vilaine, et que c'est là l'un des points le plus à l'ouest de tous les gisements similaires connus jusqu'à ce jour.

MINÉRALOGIE. — Les minéralogistes savent que le terrain éocène épigénique de Moron, dans la province de Séville, est traversé par une innombrable quantité de pointements ophitiques les plus variés par leur aspect et leur structure. Or, parmi les particularités de ces roches de Moron, *M. Salvador Calderon* vient d'étudier, comme étant les plus remarquables, les transformations de trois pointements voisins de la Dehesa del Roble, modifications indépendantes et différentes dans chaque pointement, malgré leur proximité. Ces modifications, qu'il n'avait jamais eu l'occasion de rencontrer dans aucune roche ophitique des provinces de Séville, Cadix et Malaga, sont : 1° talqueuses ; 2° aérinitiques ; 3° calcaire et grenatifère.

Dans le premier cas, la roche est transformée en un agrégat de lamelles de talc et de granules de magnétite.

Dans le second cas, l'ophite, très altérée, est couverte d'une couche bleue et, parfois, changée en totalité en un mélange de terre bleuâtre et de fragments de quartz recouverts par un enduit bleu très adhérent, qui n'est autre que l'*aérinite*, décrite pour la première fois en 1876.

Enfin, dans le troisième pointement, la roche n'est pas aussi décomposée, elle présente un autre aspect et donne des produits de transformation différents également, constitués par des zéolithes, de la calcite et du grenat.

CORRESPONDANCE. — La note sur le scaphandre, dont nous avons parlé dans notre dernier compte rendu, est de *M. Adolphe Lajeunesse* et non de M. de la Jeunesse.

E. RIVIÈRE.

INFORMATIONS

Le premier Congrès italien de pédiâtrie se tiendra à Rome vers le milieu d'octobre.

Nous regrettons d'apprendre la mort de M. Carnelley, récemment nommé professeur de chimie à l'Université d'Aberdeen. C'était un travailleur dont on attendait beaucoup.

M. Orazio Silvestri, le chimiste et vulcanologue distingué, vient de mourir à Catane, âgé de cinquante-cinq ans. Il professait depuis 1863. Il a beaucoup étudié les éruptions de l'Etna et a été le fondateur du laboratoire qui se trouve sur cette montagne, à 3000 mètres de hauteur.

M. Armand Ruffer a lu à la *British medical Association* un intéressant travail sur la phagocytose, travail qui est publié dans le *B. M. Journal* du 30 août.

CORRESPONDANCE ET CHRONIQUE

Sur une cause spéciale d'explosion de grisou.

Les récentes catastrophes arrivées dans des houillères attiré plus que jamais l'attention sur les lampes de mines lampes dites de sûreté, de toutes espèces, et l'on cherch éviter les dangers qu'elles peuvent présenter entre les ma d'ouvriers imprudents. À tort ou à raison, l'on attribu grande majorité des accidents à l'ouverture des lam malgré la défense qui en est faite. Aussi les efforts t dent-ils constamment à imaginer une fermeture de la lan qui ne puisse se laisser forcer par l'ouvrier ; le plus souv les compagnies adoptent une sorte de sceau en plomb forme comme une rivure entre deux petites ouvertu correspondant respectivement au bas de la lampe, pa contenant le réservoir d'huile et portant le brûleur en même, et le haut de la lampe supportant la toile métalli qui est la partie essentielle de l'invention protectrice Davy. Dans certaines mines, la fermeture est beaucoup p sérieuse et effective que ce rivet de plomb : pour celu rien n'est plus facile au mineur que d'en couper, d'en ô ver une des têtes avec un couteau pour ouvrir la lampe en éprouve le besoin, et mettre le feu à nu dans telle telle intention.

D'ailleurs, quel que soit le mode de fermeture, à clef autre, il peut toujours se laisser forcer. Du moins, on pe que peut-être on pourrait infliger une peine disciplinai l'ouvrier qui a forcé cette fermeture ; mais encore f drait-il constater cette contravention au règlement, et, pratique, rien n'est plus difficile, rien n'est plus impratic que cette constatation. Quiconque a visité une mine d descend au fond sait comment les choses se passent. moment où une équipe descend au travail, chaque ouv passe à la lampisterie prendre sa lampe, qui a son nu matricule ; chacune de ces lampes, remontée en génér la veille, ou du matin quand il s'agit d'une équipe de a été visitée par le lampiste, nettoyée, garnie de mèch d'huile, et enfin fermée par lui, fermée suivant la méth adoptée, soit par une clef spéciale, soit, ce qui est b plus fréquent, par un sceau de plomb. Quand l'équ remonte, chaque ouvrier va déposer sa lampe à la lam terie, et le lampiste doit faire la visite à nouveau ; croyez-vous par hasard que cet ouvrier, cette sorte de nœuvre doit visiter, garnir, nettoyer, frotter, essu deux cents, trois cents lampes, va s'ingénier à exam minutieusement chaque fermeture pour constater un l de fermeture, une pesée quelconque, et cela pour f punir un camarade ? Non : aussi ne peut-on espérer déc vrir ces sortes de contraventions. Et l'ouvrier mineur, h tué à vivre dans cette atmosphère même qui est un f constant pour lui, s'habitue à toutes les imprudences.

Mais il semble qu'en dehors de l'ouverture d'une lan aussi bien qu'en outre des circonstances causant un dan particulier, comme les courants d'air violents, les infl mations subites et spontanées de poussière de charbo y a une cause spéciale qui peut se reproduire asse quemment : ce sont les fractures des toiles métalliques fractures, fractures pouvant se produire pour divers motif dans des circonstances variées, notamment par suite d'u condition particulière d'exploitation des mines peu ric C'est donc de cette circonstance seule que nous all parler.

Nous avons été amené à la constater par nous-mê dans une visite que nous avons faite, l'an passé, dans des puits des mines de Lourches (Nord), à l'accrochage

tres. Comme, malheureusement, dans beaucoup des
le France, le filon est peu riche à Lourches; il est
faible épaisseur, de 50 centimètres environ, de la
transversale d'un homme, d'une épaule à l'autre :
prendra tout à l'heure pourquoi nous choisissons ce
le comparaison.
ant à un front de taille, au bout d'une galerie, et nous
unt à voir plusieurs travailleurs, nous n'en aperce-
ue deux en train de charger une berline, tandis que,
, et comme un peu enfoncées sous la paroi de la
ious entrevoyions trois petites lumières; peu à peu,
t s'habituent à l'obscurité, et enfin nous voyons
ames couchés à terre, plus qu'à terre même, sous la
que forme la paroi excavée dans le bas. Le filon est
la hauteur du sol de la galerie, et, comme il s'étend à
et à gauche de cette galerie, on le poursuit dans ces
irections, mais sans engager les frais d'une galerie com-
Le mineur est couché sur le côté; il taille de côté
ette position incommode, son pic décrivant une
dans un plan horizontal. L'ouvrier s'engage ainsi
t corniche, qui va s'évidant; extrayant le charbon,
de plus en plus dans cette sorte de chambre
entimètres environ de plafond, boisant au fur
ure avec de petits bois debout. Mais il lui faut y
uns cette chambre, et il ne peut songer à laisser sa
loin de lui, dans la galerie principale : cette faible lueur
servirait plus de rien. Il ne peut même pas l'accro-
à son épaule, ses mouvements brusques et continus la
nt tomber. Il est donc obligé de la placer debout, assez
de la paroi même qu'il attaque; si bien que, s'il ne
le pas bien exactement l'endroit où il la place ou le
de pic qu'il donne, il vient cogner sa lampe du dos de
nstrument, et, si le choc est un peu violent, la toile
ique est crevée. Nous ne nous lançons point dans de
hypothèses : cette position de l'ouvrier et de la lampe,
l'avons constatée à Lourches, au front de taille, et
irons vu le commencement de l'accident se produire.
er était placé sur le côté droit, sa lampe près de la
harbonneuse, à quelque distance de sa tête. D'un
lus ou moins adroit (il est difficile d'être adroit dans
osition), il a frappé sa lampe du revers de son pic et
ersée; il est vrai qu'aussitôt il s'est empressé de la
r et de constater l'état de la toile métallique; il est
ssi que la toile n'était que bosselée par le coup, et
our notre compte personnel, nous en avons été pour
ourte émotion (il y a toujours pour un profane une
e inquiétude à se trouver au front de taille, là même
anger peut vous menacer). Mais il est vrai aussi que
à de pic eût pu être plus violent, il est vrai que dans
hambre resserrée que forme la corniche excavée par-
la veine le grisou doit se dégager assez abondant, et
doit se faire bien plus mal qu'ailleurs, enfin la toile
t était largement éventrée, le feu mis ainsi à nu ; la
l'eût plus suffi, sur cet espace troué, à éviter l'échauf-
t et le danger pouvait être immédiat. Une preuve que
it se renouvelle assez souvent et crée un vrai danger,
le mouvement rapide que fit l'ouvrier pour s'assurer
état de sa lampe et en particulier de la toile métal-
.

maintenant est-il facile de prévenir ce danger parti-
r, est-il aisé d'obtenir l'éclairage de ces évidements
ux où l'on poursuit le filon, évidemment parfois très
ad de 5, 6, 7 mètres, puisque, comme à Lourches, sou-
ieux fronts de taille se rejoignent par ces sortes de
bres basses? cela c'est une question d'exploitation et
uestion qui se relie à celle de l'éclairage général des
. Mais du moins il nous a semblé intéressant de signa-
i que nous avions été à même d'observer et ce qui

peut expliquer certaines explosions sans qu'on fasse intervenir l'imprudence d'un ouvrier.   **D. B.**

Nouveau procédé de fabrication
des tubes métalliques.

Jusqu'à présent, pour obtenir des tubes métalliques, on
n'avait guère que le choix entre deux procédés : ou replier
une plaque de métal en l'enroulant sur un cylindre, et en
réunir les bords par une soudure ou une rivure quelconque; ou bien forer un cylindre de métal plein.
Il serait superflu d'insister sur les inconvénients de ces
deux systèmes dont le second était, en particulier, très long
et avait le tort d'entraîner une perte de métal très considérable.
De plus, la disposition des fibres du métal n'est pas favorable à une grande résistance dans le sens latéral; et si on
voulait remédier à ce défaut, comme l'a essayé Armstrong, par
l'enroulement en hélice de rubans métalliques autour d'un
tube central, on retombait dans la nécessité de recourir à
la soudure avec tous ses inconvénients. C'est ce qui a fait
renoncer à cette méthode ainsi qu'à celle de l'enroulement
de fils métalliques proposée par Longridge et autres.
La *Revue du Cercle militaire* vient de faire connaître, d'a-
près le *Jabücher für die deutsche Armee und Marine*, le
seul journal allemand qui, avec l'*Allgemeine Militar-Zeitung*,
ait parlé de cette invention, le nouveau procédé imaginé
par M. Mannesmann pour fabriquer les tubes métalliques
dans son usine de Remscheid, située entre Cologne et Dus-
seldorf.
Le système Mannesmann repose essentiellement sur le
principe du laminage, au sujet duquel l'auteur s'était fait
une théorie particulière dont l'application pratique, patiemment et méthodiquement poursuivie, l'a conduit à la réalisation de sa découverte.
Ce système a l'avantage d'amener les fibres métalliques à
prendre d'elles-mêmes la position que voulait précisément
leur donner Armstrong, et sans que pour cela il se produise
entre elles le moindre écartement, la moindre séparation
nécessitant forgeage ou soudure ultérieurs.
C'est même en songeant au moyen de perfectionner le
procédé Armstrong que M. Mannesmann a été amené à imaginer le sien — quoique d'ailleurs il n'y ait, comme on va le
voir, aucun rapport entre l'un et l'autre.
Voici le principe de ce procédé :
Quand on essaye de rompre un cylindre métallique plein,
par une traction longitudinale exercée à ses deux extrémités,
il se produit d'abord, si le métal est suffisamment ductile,
un étranglement du tube même où se fera plus tard la rupture. Il y a, en ce point, contraction, retrait du métal, dont
les molécules s'écoulent en quelque sorte vers les deux
extrémités. La perte du métal se fait tout naturellement
par la surface du cylindre : l'intérieur reste plein.
Mais supposons qu'en même temps que cette traction s'o-
père, le cylindre soit soumis à un mouvement de rotation
extrêmement rapide autour de son axe : l'effet de ce mouvement sera de rejeter, par l'action centrifuge, les molécules
métalliques vers l'extérieur de la masse. Dès lors, la contraction, le retrait du métal produit par la traction longitudinale, se fera de l'intérieur vers l'extérieur; de sorte que,
dans la masse métallique, il se produira une cavité qui, par
suite du mouvement même de rotation, sera de forme
parfaitement cylindrique.
Tel est le point de départ du système.
Il faut remarquer de plus que, chaque molécule métallique
se trouvant soumise à deux forces agissant l'une parallèle-

ment à l'axe du cylindre, l'autre tangentiellement à sa circonférence, son mouvement s'effectuera suivant leur résultante, c'est-à-dire suivant une hélice plus ou moins allongée selon la grandeur relative des deux composantes. L'action simultanée de ces deux forces donnera par le fait au métal un mouvement de torsion, et les fibres métalliques au lieu de rester parallèles à l'axe du tube obtenu seront disposées hélicoïdalement, disposition éminemment favorable à la résistance dans le sens latéral.

Il y a mieux encore. L'appareil employé pour donner au cylindre métallique les deux mouvements de traction et de rotation est une sorte de laminoir, mais disposé d'une façon particulière. Les cylindres habituels sont ici remplacés par des cônes placés de manière que leurs axes soient obliques l'un par rapport à l'autre et situés dans des plans différents de manière à déterminer les directrices d'une sorte de surface gauche.

De plus, ces deux cônes, au lieu de tourner en sens inverse comme les cylindres des laminoirs, tournent dans le même sens. De sorte que le bloc ou cylindre de métal placé entre eux se trouve sollicité par chacun d'eux dans un sens opposé. Ce qui amène non seulement une torsion simple, mais un véritable feutrage des fibres métalliques, d'où résulte un maximum de solidité, à tous les points de vue, du tube obtenu.

L'établissement de ces appareils a nécessité la solution, par l'inventeur, de problèmes mécaniques d'une grande difficulté. Notamment, il lui a fallu établir des transmissions d'une régularité parfaite, construire un volant capable de supporter une vitesse de 120 mètres par seconde à la circonférence, enfin réaliser des rogues dentées, disposées de telle façon que la pression s'exerce entre elles par des surfaces et non par de simples points.

Les résultats obtenus, une fois ces problèmes résolus, sont, paraît-il, tout à fait remarquables.

Les tubes confectionnés par ce procédé peuvent recevoir les applications les plus diverses et, dans toutes, ils possèdent une supériorité incontestable sur ceux produits de toute autre façon.

Ils fournissent notamment des supports capables de la résistance maximum correspondant à leur propre poids de métal.

Cette propriété, comme toutes les autres non moins précieuses dont ils jouissent, provient de ce que le procédé même de fabrication exerce une sorte de contrôle automatique sur la qualité des produits fabriqués. Car toutes les fentes ou fissures un peu importantes, qui peuvent se trouver à l'intérieur du métal, sont amenées forcément à la surface externe ou interne du tube ; plus petites soufflures, et autres défauts analogues, sont écrasées et mises hors d'état de nuire à la solidité métallique du métal. Toutes les impuretés sont de même expulsées par l'opération elle-même, qui les chasse du métal comme la torsion fait sortir l'eau d'un linge mouillé.

Il est à peine besoin de dire que le travail se fait à chaud : pour l'acier, à la température du rouge vif ; pour le bronze, le cuivre, le laiton, au rouge sombre. On n'y peut d'ailleurs soumettre que des métaux suffisamment tenaces comme ceux-là.

Mais la ténacité naturelle du métal est considérablement augmentée par la fabrication même et par la disposition qu'elle donne aux fibres métalliques, comme nous l'avons expliqué. Une fois les tubes obtenus, on peut les travailler à volonté, en modifier le profil intérieur par forgeage, leur donner, par exemple, une forme carrée, etc.

On peut aussi les courber, les plier et replier de toutes les façons sans en diminuer le moins du monde la force de résistance.

Enfin, preuve bien évidente que, par ce procédé, l'on n'agit que sur la surface externe du métal, on peut obtenir des tubes dont les deux extrémités restent fermées et dont le vide intérieur n'apparaît nulle part au dehors.

Les machines actuellement employées permettent de fabriquer des tubes de toutes les dimensions comprises entre 5 millimètres et 400 millimètres de diamètre extérieur ; le diamètre intérieur pouvant être avec celui-ci dans un rapport quelconque qui varie depuis 98 1/2 pour 100 de ce diamètre jusqu'à la finesse d'un trou d'aiguille.

On étudie en ce moment les moyens d'obtenir des tubes de 600 millimètres de diamètre extérieur, et l'on pense même pouvoir aller jusqu'à 1200 millimètres. Quant à la longueur maximum, on n'en était encore, il y a quelque temps, qu'à celle des tubes de 13m,72 (45 pieds) ; mais on arrive maintenant au double, c'est-à-dire à 27m,44 (90 pieds).

La plus ancienne des usines Mannesmann en activité est celle de Remscheid, berceau de l'invention, qui occupe 400 ouvriers. Une deuxième établie à Komotau, en Bohême, en occupe 1200, dont le nombre sera plus tard porté à 3000. Enfin une troisième, plus petite, existe à Bous, près de Sarrelouis.

La plus grande usine actuelle est en Angleterre, dans le pays de Galles : elle occupe 1300 ouvriers, et doit être agrandie jusqu'à en occuper 3000. A 'a fabrication des tubes est jointe ici une aciérie considérable fournissant, pour les autres usines, une grande partie de l'acier particulièrement homogène qu'elles emploient.

Il est évident que les applications des tubes obtenus par le procédé Mannesmann sont innombrables, depuis la fabrication des corps flottants étanches, des bouches à feu, des canons de fusil, des affûts, timons, roues, essieux, jusqu'aux fils de télégraphes et des téléphones, jusqu'aux tubes et chemins de fer, partout enfin où l'on aura avantage à remplacer des pièces massives par des parties creuses plus légères et non moins résistantes.

La maladie lactée.

M. J.-A. Kimmell a exposé, au Congrès de médecine de Berlin, les caractères d'une maladie jusqu'à présent inconnue des médecins européens, et qui tend à se développer à certaines époques et en certains lieux, dans le centre des États-Unis et spécialement dans le Tennessee, le Kentucky, l'Ohio, l'Indiana, le Michigan, l'Illinois et l'Iowa. On lui a donné le nom de maladie lactée (milk sickness, milk disease), de maladie nauséeuse, tremblante, etc., suivant les symptômes prédominants dans les différents cas. On ne connaissait pas cette maladie avant notre siècle ; elle paraît liée à la transformation que la culture imprime à un sol autrefois inculte, et elle semble devoir disparaître quand cette transformation sera complète ; en effet, elle a presque disparu de contrées où elle sévissait autrefois. Les lieux les plus dangereux sont ceux qui viennent d'être défrichés, et le bétail est surtout exposé à contracter la maladie lactée quand il broute le soir ou de grand matin.

Les animaux herbivores qui mangent l'herbe des champs infectés peuvent contracter la maladie sur place. Ils ne bougent plus, ils errent sur un petit espace, la tête près du sol ; l'appétit a disparu et les selles cessent. Puis ils tremblent de tous leurs membres, de là le nom de « trembles » donné aussi à cette affection. En deux ou quatre jours, la mort n'est pas fatale. Les femelles sont exemptes des symptômes de la maladie aussi longtemps qu'elles donnent du lait ; l'agent infectieux doit en effet être éliminé par la voie mammaire, car c'est ce lait qui

la maladie parmi les hommes et les animaux qui en

l.

l'homme, l'ensemble des symptômes de cette mala-
très caractéristique et le diagnostic est très facile.
alade éprouve une sensation invincible de fatigue,
eur, de là le nom de « sloids » donné également à
le du lait. Viennent ensuite l'anorexie, la pyrosis,
usées, des vomissements avec une constipation opi-
la soif est très vive, le pouls demeure normal et le
ne présente pas de température fébrile; souvent
à température est un peu abaissée. La peau est sèche,
iration anhélante, angoissée; la langue, humide au
se couvre de fuliginosités. Le patient demande à
mais c'est pour vomir aussitôt; l'abdomen est très
sans être douloureux à la pression, le délire est
su à peu la prostration devient telle que le malade
mouvoir ses membres, les paupières demeurent
ivrements et le malheureux s'éteint dans le coma.
u graves mortels durent de quinze à vingt jours.
cas légers évoluent en cinq ou dix jours. La conva-
e est toujours longue et difficile. Ce qui distingue
ellement la maladie du lait des autres maladies per-
es, des fièvres paludéennes qui peuvent d'ailleurs la
quer, c'est l'absence de fièvre.

agit là, évidemment, d'une maladie bactérienne spé-
d'un agent infectieux ressemblant à celui des mala-
aludéennes. L'étiologie démontre que le malade a pris
i ou du beurre d'un troupeau suspect. Peut-être dans
adie du lait, les herbivores contractent-ils le mal
qu'ils consomment des végétaux infectés.

traitement a surtout consisté à donner de la quinine,
alcool et des stimulants.

Le duel en Italie.

Après les recherches de M. Gelli, rapportées par le *Journal de
société de statistique de Paris*, il n'y aurait pas eu, en Italie, pen-
t la période de dix années 1879-1889, moins de 2759 duels, soit
moyenne 276 duels par an. Il est certain que quelques duels, au-
rérsquels le mystère a été fait, ont échappé à cette statistique;
bien est-il qu'ils se sont répartis de la façon suivante, d'après
lle :

1879 (sept mois)	203 duels.
1880.	282 —
1881.	271 —
1882.	268 —
1883.	250 —
1884.	287 —
1885.	261 —
1886.	249 —
1887.	278 —
1888.	269 —
1889 (six mois)	132 —
Ensemble.	2759 —

arme favorite des Italiens qui se battent en duel est le sabre; en
, sur les 2759 duels observés, il y en a 2489, soit 90 pour 100,
lesquels le sabre a été choisi : le choix de l'épée est l'excep-
, 90 duels seulement, soit 3 pour 100. On s'est battu au pis-
t 160 fois, c'est-à-dire que 6 fois sur 100 cette arme a été choi-
Il y a eu un duel au revolver.

e duel au sabre semble indiquer au premier abord un grand
irnement chez les deux adversaires : aussi n'est-il pas étonnant
ompter de nombreuses blessures parmi les combattants italiens.
une cela, du reste, a lieu partout, les blessures n'ont pas toutes,
s'en faut, été mortelles. On n'a compté que 50 duels ayant
une issue fatale pour l'un des adversaires : pour 2759 duels, cela
fait pas 2 pour 100 duels ou 1 pour 100 duellistes; mais, en reche, les blessures ont été nombreuses : 3601 blessures ont été
istatées, ce qui indique plus d'une blessure par duel, en moyenne.

Les deux combattants ont donc été, en général, plus ou moins
grièvement atteints, ce qui arrive souvent lorsque l'on se bat au sabre,
ou si l'un des deux est sorti indemne, l'autre a été blessé deux fois
au moins.

Le tempérament méridional est-il pour quelque chose dans ce résultat? Quoi qu'il en soit, les blessures n'ont pas toutes été graves,
si l'on en croit les chiffres suivants :

Blessures graves	1066
— légères	1400
— très légères	1141

Si les blessures ont été nombreuses, elles ont été peu graves en
général; il est probable qu'en France, où l'arme favorite est le pistolet ou l'épée, le duel est encore moins dangereux.

Comme l'on devait s'y attendre, les polémiques dans les journaux
ont été la source la plus fréquente de duels; sur 100 duels, elles en
ont causé 36; viennent ensuite, par fréquence décroissante, des alter-
cations et discussions d'ordre privé relativement anodines, c'est-
à-dire non suivies d'insultes ni de voies de fait ; 230 duels ou 27
pour 100 des duels italiens sont dus à ces causes qui semblent les
plus fréquentes, au contraire, dans notre pays; la politique a causé
348 duels, soit 13 pour 100.

Pour ce qui est des duels qui se sont produits à la suite d'insultes
graves et de voies de fait, ils ont été au nombre de 219, soit
8 pour 100. Les duels amenés par des causes d'ordre intime, au
nombre de 183, ou 7 pour 100, paraissent bien moins nombreux
qu'en France. Il convient de noter, en passant, 29 duels amenés par
des dissentiments d'ordre religieux et 19 par des querelles de jeu.
Certes, nous ne nous attendions pas à voir figurer la religion parmi
les causes de duels. De nos jours, en France, on ne pourrait citer,
dans cet ordre d'idées, qu'un ou deux duels retentissants, entre sé-
mites et antisémites.

Si la religion et le jeu ont peu d'influence sur la fréquence des
duels, il faut convenir que la saison en a une très grande. C'est ainsi
que les duels sont cinq fois plus fréquents en juin et en juillet qu'en
décembre. Voici les chiffres fournis par la période décennale observée :

En janvier, on a compté. . .		220 duels.
En février,	— . . .	263 —
En mars,	— . . .	291 —
En avril,	— . . .	187 —
En mai,	— . . .	273 —
En juin,	— . . .	319 —
En juillet,	— . . .	330 —
En août,	— . . .	326 —
En septembre,	— . . .	271 —
En octobre,	— . . .	120 —
En novembre,	— . . .	92 —
En décembre,	— . . .	67 —

A partir de juillet, le nombre des duels diminue progressivement
jusqu'en décembre. En outre, il y a eu un arrêt très remarquable
dans les duels en avril, à l'époque de Pâques; peut-être faut-il attribuer cette sorte de trêve au sentiment religieux qui, comme on le
sait, est très profond en Italie.

En France, c'est dans le Midi, où les têtes sont plus chaudes que
dans le Nord, que les duels se produisent plus souvent ; en Italie,
c'est dans le Nord, c'est-à-dire précisément dans les provinces qui
participent au même climat, et peut-être aussi au même tempérament que le midi de la France, que la statistique a compté le plus
de duels. Ce sont les provinces de Bologne, de Florence, de Gênes, de
Milan, de Livourne, qui ont vu le plus de duels; viennent ensuite
Rome, Naples, Catane.

Voici les professions qui sont le plus portées au duel : bien entendu, les journalistes et les militaires avant tous les autres. Sur
100 duellistes, on compte en moyenne, en Italie, 30 militaires,
29 journalistes, 12 avocats, 4 étudiants, 3 professeurs, autant d'ingénieurs et autant de députés, 2 maîtres d'escrime, un magistrat, un
banquier, etc. Remarquons que ces chiffres ne donnent qu'une
façon exacte l'expression du tempérament batailleur des Italiens.
Étant donné le faible nombre des journalistes et surtout des députés
dans ce pays, il faut penser que ce sont là les deux professions qui
fournissent le plus de combattants. Disons enfin que, parmi les
465 officiers qui se sont battus dans la seule année 1888, on a compté
12 élèves aux écoles militaires, 43 sous-lieutenants, 77 lieutenants,
15 capitaines, 6 officiers supérieurs et 4 officiers généraux.

De curieux rapprochements pourraient être tentés si une semblable statistique existait en France.

— LA GRÊLE DE LA NUIT DU 18 AU 19 AOUT EN BELGIQUE. — Voici, d'après *Ciel et Terre*, quelques renseignements sur la grêle désastreuse qui a sévi dans le Tournaisis pendant la nuit du 18 au 19 août.

Le nuage à grêle est entré en Belgique par les communes d'Orcq et d'Esplechin, et a continué sa marche vers l'est-nord-est, en ravageant toute une zone ayant 3 à 4 kilomètres de largeur et quelques lieues de longueur. Les plus grands dégâts ont été constatés à l'est de Tournai, sur le territoire des communes de Warchin, Havinnes, Rumillies, etc. La région au nord de Tournai n'a pas été atteinte.

Les grêlons avaient, en général, la grosseur d'un œuf de pigeon ou d'une grosse noix. Leur poids moyen était de 30 à 50 grammes, mais on en a ramassé qui pesaient 120, 130 et même 140 grammes.

A la campagne, tout le gibier a été tué; on relevait le lendemain, dans les champs hachés, les cadavres des lièvres et des perdreaux. Sous les arbres, on trouvait des oiseaux morts au milieu des débris de branches coupées et de feuillages déchiquetés. Les poires et les pommes, qu'on pouvait ramasser par paniers, étaient presque toutes éraflées ou écartelées par les grêlons.

A Tournai même, l'averse de grêle a commencé à minuit quinze minutes et a duré de douze à quinze minutes. Les grêlons ricochaient sur les toitures dans les rues comme de véritables projectiles et rebondissaient sur le pavé à plus d'un mètre de hauteur. Il est à peine besoin d'ajouter que les dégâts sont incalculables.

D'autres localités du pays ont eu aussi à souffrir de la grêle dans la nuit du 18 au 19 août. Nous citerons entre autres Eecloo, Renaix, Malines, etc. Dans cette dernière ville, vers deux heures et demie du matin, il est tombé en abondance des grêlons de la grosseur d'une noisette. A Malines même, les dégâts ont été insignifiants, mais au sud-ouest et au sud de la ville tout a été haché dans les campagnes; des arbres se sont trouvés entièrement dénudés. Dans la soirée du 19, on pouvait encore voir des tas de grêlons dans certains fossés ombragés.

— ACTION DÉSINFECTANTE DE L'ACIDE SULFUREUX. — De nouvelles recherches faites par MM. Masselin et Thoinot, sur l'action désinfectante de l'acide sulfureux, montrent que les microbes pathogènes les plus communément répandus et surtout redoutables se classent en deux groupes par rapport à leur sensibilité à ce désinfectant.

L'un de ces groupes, formé par le vibrion septique, le charbon symptomatique et le charbon bactéridien, résiste absolument à l'acide sulfureux, même dégagé à haute dose avec prolongation d'action.

Les microbes de la tuberculose, de la morve, du farcin du bœuf, de la fièvre typhoïde, du choléra asiatique et de la diphtérie, qui forment le deuxième groupe, peuvent, d'une façon générale, être tués par l'acide sulfureux. Ils le sont à des doses variables, mais la dose de 60 grammes de soufre par mètre cube, avec une exposition de vingt-quatre heures, dans une chambre bien close, donne une certitude absolue. C'est la dose à conseiller pour la pratique.

La question des désinfectants apparaît donc aujourd'hui, non plus comme une question générale, mais comme une question d'espèces; autrement dit, ce qu'il faut savoir, c'est si tel ou tel désinfectant convient à tel microbe déterminé, et à quelle dose.

— MORSURES DES LÉZARDS. — Le célèbre biologiste anglais, sir J. Lubbock, vient de citer à la Société zoologique de Londres un cas de mort par la morsure d'un lézard (*Heloderma*). Cet *Heloderma*, qui est originaire de l'Amérique centrale, a tué un gardien en le mordant au pouce.

— UN REMÈDE CONTRE LES NÉVRALGIES. — M. Leslie affirme que le sel pulvérisé (en prises ou en insufflation dans le nez) est un remède infaillible contre les névralgies et les céphalées de toute nature. Son action se manifesterait dans la plupart des cas presque instantanément. On sait d'ailleurs que le sel de cuisine, pris à l'intérieur, est un remède populaire contre la migraine.

— PROCÉDÉ POUR DÉCELER LES TRACES DE SUCRE. — D'après M. Crismer, on peut utiliser la solution de safran pour mettre en évidence, dans l'urine, la présence de très petites traces de sucre.

Voici, d'après la revue les *Nouveaux Remèdes*, comment on procède :

Dans 5 centimètres cubes d'une solution de safran à 1 pour 1000,

on verse 2 centimètres cubes de lessive de potasse, auxquels ajouté 1 centimètre cube de l'urine suspecte.

La décoloration se produit si l'urine contient du sucre. Le est si sensible qu'une urine normale peut parfois contenir a sucre pour produire la décoloration de l'eau safranée; aussi cessaire d'employer 3 centimètres cubes de liquide color quantité exigeant une certaine quantité de glucose pour lorer.

— DISTINCTION D'UN MUSC NATUREL OU ARTIFICIEL. — Il est fois très important de savoir si le musc est naturel ou artific sulfate de quinine permet de se prononcer dans tous les cas. sède la propriété curieuse d'enlever complètement l'odeur des artificiels, tandis que les muscs naturels ne subissent aucune cation. D'autres corps possèdent la même propriété à l'ég musc naturel : tels sont l'essence d'amandes amères et i corps contenant de l'aldéhyde benzoïque ou de l'acide cyanhy Le soufre et le camphre transforment l'odeur et la renden ment désagréable.

— OBSERVATIONS MÉTÉOROLOGIQUES AU MONT BLANC. — M. J. a réussi à construire un chalet sur le rocher des Bosses au Blanc, à 4400 mètres d'altitude. Cette petite construction se de deux pièces, le *refuge* public et l'observatoire météorologi vert seulement aux savants.

Il a fallu six semaines pour monter les matériaux. 200 port été nécessaires, marchant trois jours chacun. Les construct été faites par cinq ouvriers et deux guides séjournant sur pla la tente. Au bout de cinq jours, il a fallu descendre, les étant malades. L'équipe est ensuite remontée pour trois jour terminé son travail.

Il y avait — 9° la nuit, dans la tente.

Le refuge et l'observatoire sont garnis de lits de camp, de c tures, d'ustensiles de cuisine, de fourneaux à pétrole et de sions.

L'observatoire contient des instruments enregistreurs, marchan quinze jours, qui vont être mis en station à la prochaine ascensio de M. Vallot. Ce sont les suivants : baromètre, thermomètre, hygr mètre, actinomètre, anémomètre, girouette, pluviomètre, etc.

Il y a, en outre, un certain nombre d'instruments à lecture dire pour les expériences, et plusieurs instruments de physiologie, phy graphe de Marey, sphygmographe, dynamographe, spiromètre, etc.

La construction est en bois, mais elle est assez bien calfeutrée po que la température n'y descende pas à zéro dans cette saison, san feu, pendant qu'au dehors, il fait — 12°. Il faut espérer que ce pet observatoire sera bientôt utilisé par les savants dans des recher tions scientifiques.

— L'HYGIÈNE PUBLIQUE EN ITALIE. — En Italie, 1454 communes son presque dépourvues d'eau potable; 4877 n'ont pas de fosses d'égou et les déjections se jettent sur la voie publique; 37 303 habitation souterraines abritent plus de 200 000 personnes; dans 1700 com munes, on ne songe pas à tenir des listes de fête ou dans les cas d maladie; dans 4905, la viande est un mets pour ainsi dire inconnu 610 ne satisfont pas à l'obligation d'avoir un médecin pour les ind gents; 330 n'ont pas de cimetières et enterrent leurs morts dan l'église même; 194 arrondissements, avec une population de 6 mi lions d'âmes, sont infestés par la malaria. Le nombre des individ atteints de pellagre s'élève à 100 000.

— LA PRODUCTION DE LA SOIE EN 1889 DANS LE MONDE ENTIER. — O évalue cette production à 11 706 000 kilogrammes, contre 11 348 00 en 1888, 11 888 000 en 1887, 10 594 000 en 1886, et 9 002 000 en 1885 La moyenne des années, de 1885 à 1888, étant de 10 748 000 kilo grammes, celle de 1889 y est supérieure, et cependant, la 1889, la récolte a manqué en Syrie et dans d'autres pays du Levant.

— LES CHINOIS EN AUSTRALIE. — D'après une statistique du gou vernement de Victoria, il y avait, en 1881, dans les différentes colo nies d'Australie, 43 706 Chinois; en 1889, il y en a, malgré les loi restrictives, 47 433, soit une augmentation de 3727. Victoria en avai 12 128, elle n'a plus que 11 290 ; Queensland en avait 11 229, elle n'en a plus que 7091; enfin la Nouvelle-Zélande en a 4585, contre 500 En revanche, les Nouvelles-Galles en ont 15 581, contre 10 205 ; l'Aus tralie du Sud, 6060, contre 4151; l'Australie orientale, 696, contre 14 et la Tasmanie, 1000, contre 844.

INVENTIONS

ÉPURATION DES EAUX DE FABRIQUE PAR LA TERRE GLAISE. — M. J. de **Ville** a présenté à la Société industrielle du Nord de la France un **important** intéressant sur ses expériences pour l'application de l'argile à la clarification des eaux de fabriques et l'extraction des corps gras **qu'**y trouvent. Nous empruntons au *Moniteur industriel* les détails **suivants**.

Quand on verse une solution ou plutôt une émulsion d'argile dans une solution de savon, l'argile se sépare graduellement, laissant le liquide trouble. L'effet est tout différent si l'on remplace la solution de savon par une émulsion de graisse acide. Si l'on fait une solution de savon dans l'eau distillée, si l'on ajoute quelques gouttes d'acide et si l'on verse dans ce mélange une petite quantité d'émulsion d'argile, à 1,5 pour 100, le liquide s'éclaircit immédiatement, et il se fait un dépôt abondant. C'est précisément ce qu'on observe quand on traite les eaux de rejet des peignages avec de l'argile. Ces eaux, restant troubles pendant plusieurs jours, contiennent de 500 à 800 grammes de matières grasses par mètre cube. Lorsqu'on ajoute à un litre de ce liquide un gramme d'argile contenant de 15 à 20 pour 100 d'eau, il se forme un dépôt abondant, tandis que le liquide se clarifie prenant une teinte jaune d'or. En dehors des substances grasses, ce dépôt renferme une certaine quantité de matières azotées rendues à l'eau. Séché à 100° C., il pèse environ 1ᵍʳ,6 et contient 30 pour 100 de matières grasses. La graisse que l'on en retire est claire, de bonne qualité, et fond vers 34° C. Après l'extraction de cette graisse, la masse renferme encore 1,19 pour 100 d'azote. L'analyse a donné le résultat suivant : 0,44 d'eau, 0,28 de matières organiques et 0,28 de cendres. L'argile avait donc absorbé par litre d'eau de fabrique 0ᵍʳ,79 de matières organiques composées de 0ᵍʳ,46 de corps gras et 0,33 d'éther et de matières azotées.

En raison du prix minime de l'argile, l'application en grand de ces procédés présenterait de sérieux avantages.

— IMPERMÉABLE UNIVERSEL. — Pour rendre les tissus imperméables, on emploie depuis longtemps l'acétate d'alumine; mais comme ce sel est à l'état pulvérulent, il se détache sous l'action des frottements que subissent les étoffes.

Suivant le *Moniteur des produits chimiques*, Mᵐᵉ Orloy a remédié à cet inconvénient en ajoutant à l'agent imperméabilisateur un vernis insoluble et non poudreux, qui n'obstrue pas les entrecroisements des tissus.

Ce substratum insoluble est appliqué à sec et à chaud après le passage dans les bains d'acétate d'alumine, de savon, et après séchage à l'étuve, à la température de 30°.

Le bain de savon se compose d'une solution de savon, de paraffine et de résine. Le bain d'alun se prépare à 4 pour 100. Pour les toiles, le bain d'acétate d'alumine doit être précédé d'un bain à la noix de galle, bien connu des teinturiers.

Après ces préparations, l'étoffe est posée sur une toile métallique chauffée entre 36° et 50°. Elle reçoit alors la dernière préparation, composée de 60 parties de paraffine pour 30 parties de cire et 15 de vaseline.

Suivant la couleur à obtenir, on peut ajouter un savon métallique, tel que savon de fer, de cuivre, de zinc, etc. Le procédé est également applicable aux papiers, aux cuirs, aux cordages, etc.

— NOUVEAU MODE DE PRÉPARATION DU STILBÈNE. — Pour préparer de grandes quantités de stilbène, M. Hanriot fait passer du chlorure de benzyle dans un tube de verre légèrement chauffé. On obtient en même temps que le stilbène du toluène en grande quantité et un peu de goudrons. La production de ces derniers augmente avec la température. On peut en isoler facilement de l'anthracène et du phénanthrène, ainsi que des hydrocarbures liquides actuellement à l'étude.

— BALANCE PHOTOMÉTRIQUE. — M. Lion a présenté à la *Société d'encouragement pour l'industrie nationale* une balance photométrique à base d'iodure d'azote, dans laquelle on mesure l'action destructive de la lumière sur ce corps.

Suivant le *Génie civil*, l'iodure d'azote, préparé en faisant réagir l'ammoniaque à 22° sur l'iode, peut être manié sans le moindre danger quand on le conserve au sein de sa liqueur mère et fournit un dégagement variable avec l'intensité de l'éclairement qu'il reçoit. La production d'azote commence et finit instantanément avec l'impression lumineuse.

L'appareil se compose essentiellement de deux capacités métalliques closes et juxtaposées dont le fond est formé par des glaces égales sur lesquelles repose le réactif. Deux miroirs inclinés à 45° permettent de renvoyer verticalement vers ces glaces les rayons émis horizontalement par l'étalon et la lumière à comparer. Les deux vases sont mis en communication par un manomètre différentiel très sensible dont les indications sont fournies par deux colonnes liquides contenues dans des tubes capillaires juxtaposés.

Avant de faire une mesure, on amène les colonnes manométriques au même niveau, au moyen de pistons plongeurs qui permettent d'établir l'égalité de pression dans les récipients. Si les deux réactifs sont également éclairés, ils fournissent dans le même temps des quantités égales d'azote, la pression est la même dans les deux tubes, et les colonnes manométriques restent à la même hauteur. Dans le cas contraire, il y a excès de pression du côté le plus éclairé, et cet excès se manifeste instantanément par une dénivellation. On laisse l'étalon fixe et l'on déplace l'autre lumière dans un sens convenable jusqu'à ce que le manomètre ne varie plus. La loi de l'inverse des carrés des distances est alors applicable.

BIBLIOGRAPHIE

Sommaires des principaux recueils de mémoires originaux.

ARCHIV FÜR DIE GESAMMTE PHYSIOLOGIE (t. XLVII, fasc. 4 et 5, 1890). — *Liebermann* : Acide métaphosphorique dans la nucléine de la levure. — *Ewald* et *Rockwell* : Extirpation de la thyroïde chez les pigeons.—*Schlick* : Étude sur l'action physiologique de la strychnine. — *Lorenz* : Combinaison de la glutine avec l'acide métaphosphorique. — *Grafff* : Cils vibratiles chez les vertébrés. — *Hering* : Méthode pour l'étude du contraste simultané des couleurs.

— JOURNAL OF MENTAL SCIENCE (t. XXXVI, nᵒˢ 117 et 118, 1890). — *James Ross* : Désordres psychiques dans les névrites périphériques. — *Urquhart* : Description du nouvel hospice d'aliénés de Perth. — *Robert Jones* : Structure de la bouche chez les enfants arriérés à type mongolien. — *Percy Smith* et *A. Myers* : Traitement de la folie par l'hypnotisme. — *Bullen* : Histologie pathologique dans un cas d'épilepsie, avec idiotie de cause syphilitique. — *Griffith* : Tumeur cérébrale des lobes frontaux. — *Mac Dowal* et *Fenwick* : Névrite alcoolique périphérique. — *Ewart* : L'exercice du vélocipède chez les aliénés. — *Strahan* : Propagation de la folie et des névroses. — *Robertson* : La manie composée-elle deux ou plusieurs variétés d'aliénation? — *Murray* : Histoire et biographie d'un criminel. — *James Rorie* : Hémorragie du pont de Varole. — *Normann* : Un cas de tumeur intra-crânienne. — *Goodall* : Suggestion durant l'hypnose chez les aliénés. — *Findlay* : Guérison d'aliénation après enlèvement d'une tumeur de la face.

— ZEITSCHRIFT FÜR BIOLOGIE (t. XXVII, fasc. 1, 1890). — *Pipping* : Timbre des différentes voyelles chantées. — *Moritz* et *Praunitz* : Étude sur le diabète de la phloridzine. — *Mayeda* : Diamètre des faisceaux musculaires striés. — *Camerer* : Dosage de l'acide urique dans l'urine humaine. — *Kuhne* : Silice comme terrain de culture pour les microrganismes.

— MIND (t. LIX, juillet 1890). — *Herbert Spencer* : La conscience de l'espace. — *Whittaker* : Psychologie de Wolkmann. — *William Mitchel* : Logique de l'éthique de l'évolution. — *Shand* : Antinomie de la pensée. — *Cattel* : Mesures et appréciations psychologiques, avec remarques de *Galton* sur ce sujet. — *Stanley* : Évolutions de la pensée inductive. — *Pikler* : Genèse de la connaissance de la réalité physique.

— ANNALES MÉDICO-PSYCHOLOGIQUES (7ᵉ série, t. XII, nᵒ 1, juillet-août 1890). — *Ladame* : Des psychoses après l'influenza. — *Ph. Chaslin* : Contribution à l'étude des rapports du délire avec les hallucinations. — *Aug. Voisin* et *Marie* : Délire et chorée. — *A. Lailler* : Du chanvre indien. — *Louis Proal* : La responsabilité légale des aliénés.

— BULLETIN DE LA SOCIÉTÉ ZOOLOGIQUE DE FRANCE (t. XV, nᵒˢ 4 et 5, 1890). — *W.-H. Dall* : Types fossiles de l'éocène du bassin de Paris récemment découverts en Amérique. — *Sauvage* : De la présence du

Cribella oculata dans le Pas-de-Calais. — *Gadeau de Kerville :* Sur la présence de la genette (*Genetta vulgaris*) dans le département de l'Eure. — *Robert Coletti :* Diagnoses de poissons nouveaux provenant des campagnes de l'*Hirondelle*. — *J. Richard :* Sur la glande du test des copépodes d'eau douce.

— ARCHIVES DE ZOOLOGIE EXPÉRIMENTALE ET GÉNÉRALE (2ᵉ série, t. VIII, 1890). — *E.-G. Balbiani :* Études anatomiques et histologiques sur le tube digestif des *Cryptops*. — *L. Roule :* Remarques sur l'origine des centres nerveux chez les *Cœlomates*. — *C. Viguier :* Étude sur les animaux inférieurs de la baie d'Alger. — *F. Houssay :* Études d'embryogénie sur les vertébrés.

— REVUE DE MÉDECINE (t. X, nᵒˢ 8, 10 août 1890). — *E. Boinet :* La lèpre à Hanoï (Tonkin). — *H. Bidon :* Étude clinique de l'action exercée par la grippe de 1889 sur le système nerveux.

Publications nouvelles.

PRÉCIS D'ORTHOGRAPHE ET DE GRAMMAIRE PHONÉTIQUE pour l'enseignement du français à l'étranger, par *L. Clédat*, professeur à la Faculté des sciences de Lyon. — Un vol. in-12; Paris, G. Masson, 1890.

— MÉTAPHYSIQUE ET PSYCHOLOGIE, par *Th. Flournoy*. — Une broch. in-8°; Genève, H. Georg, 1890.

— LA FRANCE EN AFRIQUE ET LE TRANSSAHARIEN, par le général *Philibert* et *Georges Rolland*, ingénieur au corps des mines. — L'intérieur africain; ce que peut être encore l'Afrique française. Pénétration par l'Algérie. Question touareg. Chemin de fer transsaharien, avec carte de l'Afrique française; ce qu'elle est, ce qu'elle doit être. — Une broch. in-8°; Paris, A. Challamel, 1890.

— COMPOSITIONS D'ANALYSE, MÉCANIQUE ET ASTRONOMIE, données depuis 1885 à la Sorbonne, pour la licence ès-sciences mathématiques, suivies d'exercices sur les variables imaginaires, par *E. Villié*. Énoncés et solutions. — Un vol. in-8°; Paris, Gauthier-Villars et fils, 1890.

— CONGRÈS INTERNATIONAL DE PSYCHOLOGIE PHYSIOLOGIQUE. Première session, 1889. Compte rendu présenté par la Société de psychologie physiologique de Paris. — Une broch. in-8°; Paris, bureau des Revues 111, boulevard Saint-Germain, 1890.

— PSYCHOLOGIE DE L'APERCEPTION et recherches expérimentales sur l'attention. Essai de psychologie physiologique, par *Georges Dwelshauvers*. — Un vol. in-8°; Bruxelles, E. Guyot, 1890.

— CONGRÈS INTERNATIONAL DES ÉLECTRICIENS EN 1889. Comptes rendus des travaux publiée par les soins de *M. J. Joubert*, rapporteur général. — Un fort vol. in-8°; Paris, Gauthier-Villars, 1890.

— ANNUAIRE STATISTIQUE DES ÉTATS-UNIS DU VÉNÉZUÉLA. Édition française achevée le 1ᵉʳ Juillet 1889. — Une broch. in-4°; Caracas, imprimerie du Gouvernement national.

— ANNALES DU LABORATOIRE DE NICE (fondation R. Bischoffsheim), t. III, texte, publiées sous les auspices du Bureau des longitudes, par *M. Perrotin*. — Un fort vol. in-4°; Paris, Gauthier-Villars, 1890.

— RAPPORT ANNUEL SUR L'ÉTAT DE L'OBSERVATOIRE DE PARIS pour l'année 1889, par M. le contre-amiral *Mouchez*, directeur de l'Observatoire. — Paris, Gauthier-Villars, 1890.

— LISTE GÉNÉRALE DES OBSERVATOIRES ET DES ASTRONOMES, des sociétés et des revues astronomiques, par *M. A. Lancaster*, bibliothécaire de l'Observatoire royal de Bruxelles. — Bruxelles, Hayez, 1890.

— DICTIONNAIRE D'ÉLECTRICITÉ et de MAGNÉTISME, comprenant les applications aux sciences, aux arts et à l'industrie, par *Julien Lefèvre*, avec la collaboration d'ingénieurs et d'électriciens. Fascicules 1 et 2. L'ouvrage entier comprendra 4 fascicules in-8°. — Paris, J.-B. Baillière, 1890.

L'administrateur-gérant : HENRY FERRARI.

MAY & MOTTEROZ, Lib.-Imp. réunies, Ét. D, 7, rue Saint-Benoît. [90]

Bulletin météorologique du 8 au 14 septembre 1890.

(D'après le *Bulletin international du Bureau central météorologique de France*.)

DATES.	BAROMÈTRE à 1 heure DU SOIR.	TEMPÉRATURE			VENT. FORCE de 0 à 9.	PLUIE. (Millimètre.)	ÉTAT DU CIEL À 1 HEURE DU SOIR.	TEMPÉRATURES EXTRÊMES EN EUROPE	
		MOYENNE	MINIMA.	MAXIMA.				MINIMA.	MAXIMA.
☽ 8	767ᵐᵐ,97	12°,9	8°,1	18°,6	N.-E. 2	0.0	Cumulo-stratus E.-N.-E.	4°,2 à Servance; 4°,2 Charleville; 5°,5 au Pic du Midi.	34° cap Béarn et à Madrid; 31° à Biskra et à Laghouat.
♂ 9	765ᵐᵐ,81	13°,0	8°,1	22°,6	N.-E. 2	0,0	Cirrus loin au N.; cirro-cumulus au S.-E.	2°,2 à Charleville; 3°,5 Servance; 4° à Haparanda.	33° à Madrid, Biskra, cap Béarn; 32° à Laghouat.
☿ 10	762ᵐᵐ,47	17°,0	9°,5	25°,7	N.-E. 2	0,0	Quelques cirrus au S.-W.	4° au Pic du Midi, Breslau, Carlsruhe et Charleville.	34° Biskra; 33° Madrid, Laghouat; 31° île Sanguinaire.
♃ 11	761ᵐᵐ,90	16°,8	9°,1	25°,1	W.-N.-W 0	0,0	Cirrus ou cirro-cumulus à l'horizon N.	4° au Pic du Midi; 5° Charleville; 6° au mont Ventoux.	34° à Biskra; 32° à Madrid et cap Béarn.
♄ 12	763ᵐᵐ,05	15°,4	10°,6	21°,1	N.-N.-E. 2	0,0	Stratus moyen N. 1/4 E; transpar. de l'atm., 3 E.	1° au Puy de Dôme; 3° au Pic du Midi.	37° cap Béarn; 35° Laghouat et Biskra; 32° à Madrid.
♀ 13	762ᵐᵐ,75	13°,2	8°,3	20°,8	N.-E. 2	0,0	Cirrus légers à l'horizon; cumulus N.-N.-E.	3° au Pic du Midi et Carlsruhe; 5° à Charleville.	36° cap Béarn; 35° Biskra; 33° à Laghouat.
☉ 14 t. l.	762ᵐᵐ,94	13°,3	6°,1	21°,4	E.-N.-E. 2	0,0	Très beau.	2° à Haparanda; 3° à Clermont et à Hermanstadt.	35° à Biskra; 33° Laghouat; 31° à l'île Sanguinaire.
MOYENNE.	763ᵐᵐ,81	14°,77	8°,54	22°,19	TOTAL. .	0,0			

REMARQUES. — La température moyenne est égale à la normale corrigée. Sauf quelques faibles dépressions, la pression barométrique est restée fort élevée sur la France et sur presque toute l'Europe; aussi le temps a été généralement beau et sec.

CHRONIQUE ASTRONOMIQUE. — Mercure se perd dans les rayons du Soleil; le 21, il se couche à 6ʰ5ᵐ, 6 minutes seulement après l'astre du jour. Vénus reste encore visible au commencement de la nuit : l'Étoile du berger se couche à 7ʰ14ᵐ, Mars à 9ʰ40ᵐ. Jupiter, qui reste l'astre le plus brillant de la nuit, passe au méridien à 8ʰ17ᵐ du matin. Sa-

turne est maintenant une étoile du matin : Il se lève à 3ʰ54ᵐ, précédant le Soleil de près de deux heures; il est toujours dans la constellation du Lion. Le 23 septembre, à 2ʰ32ᵐ du matin, le Soleil descend dans l'hémisphère austral et entre dans le signe de la Balance; c'est le commencement de l'automne. Vénus est à sa plus grande élongation; Jupiter est en conjonction avec la Lune. Le 27, Mars atteint sa plus grande latitude héliocentrique australe. P. Q. le 21, à 10ʰ15ᵐ du soir.

L. B.

REVUE
SCIENTIFIQUE
(REVUE ROSE)

Directeur : M. Charles Richet

| NUMÉRO 13 | TOME XLVI | 27 SEPTEMBRE 1890 |

PHYSIQUE DU GLOBE

Une ascension scientifique au mont Blanc [1].

Je viens rendre compte à l'Académie d'une récente excursion au mont Blanc, qui avait pour but de résoudre la question très controversée de la présence de l'oxygène dans l'atmosphère solaire, et aussi de démontrer la possibilité, pour les savants qui ne sont pas alpinistes, de se faire transporter dans les hautes stations, où il y a aujourd'hui tant d'études de la plus haute importance à faire, au point de vue de la météorologie, de la physique et même de l'astronomie.

ASCENSION SCIENTIFIQUE.

L'Académie se rappelle que, il y a deux années, à la fin d'octobre 1888, j'avais entrepris l'ascension du mont Blanc jusqu'à la cabane dite des *Grands-Mulets,* sise à une altitude d'environ 3000 mètres, sur des rochers portant ce nom et situés au-dessus de la jonction de deux glaciers qui descendent sur les pentes du nord de la montagne dans la vallée de Chamonix, à savoir les glaciers des Bossons et de Tacconaz.

Les observations que je fis alors permirent de constater, dans les groupes de raies dus à l'action de l'oxy-

(1) Communication faite à l'Académie des sciences par M. J. Janssen, dans la séance du 22 septembre 1890.

27ᵉ ANNÉE. — TOME XLVI.

gène atmosphérique, une diminution en rapport avec la hauteur de la station, et qui indiquait déjà nettement qu'aux limites de notre atmosphère, ces groupes devaient disparaître entièrement, ce qui conduisait par conséquent à conclure que l'atmosphère solaire n'intervenait pas dans la production de ces groupes dans le spectre solaire.

Mais la station des Grands-Mulets n'est placée qu'aux trois cinquièmes de la hauteur du mont Blanc. Aussi m'étais-je toujours promis de compléter cette première observation par une observation corroborative faite au sommet même de la montagne.

Il est vrai que cette ascension présentait, surtout pour moi, des difficultés qui paraissaient insurmontables. Déjà, l'expédition des Grands-Mulets m'avait coûté une fatigue extrême, et il semblait qu'une course qui exigeait des efforts deux à trois fois plus grands, et cela dans un milieu de plus en plus raréfié, était absolument impossible.

Mais j'ai toujours pensé qu'il est bien peu de difficultés qui ne puissent être surmontées par une étude suffisamment approfondie et une volonté forte.

C'est ce qui est arrivé ici.

J'ai commencé par exclure toute pensée d'ascension à pied. L'ascension au moyen d'un véhicule approprié présentait en outre l'immense avantage, en n'exigeant de l'observateur aucun effort corporel, de lui laisser toutes ses forces intactes pour le travail intellectuel, ce qui était d'un prix inestimable dans ces hautes régions, où les efforts physiques usent les dernières réserves de l'organisme et rendent toute pensée et tout travail intellectuel sinon impossibles, du moins extrêmement difficiles.

Il restait à choisir ce véhicule.

Après y avoir mûrement réfléchi, après avoir examiné tous les modes de transport d'un emploi possible, je me suis arrêté au traîneau. Le traîneau, remorqué par des cordes, laisse aux hommes la liberté complète de leurs mouvements et leur permet d'assurer le pied suivant les exigences des passages difficiles; en outre, il permet d'employer un nombre d'hommes aussi considérable qu'on le veut, ce qui est d'une grande importance pour rendre les faux pas, les glissades et les chutes partielles d'hommes sans danger pour eux-mêmes et pour la troupe tout entière.

Une chaise à porteurs, quelle que fût sa forme, en mettant les mouvements des hommes dans la dépendance de ceux de leurs camarades, aurait pour effet de rendre très dangereuse l'ascension des arêtes qu'on rencontre dans l'ascension du mont Blanc.

Le traîneau que j'ai employé avait été confectionné à l'Observatoire de Meudon par nos menuisiers. On avait pris les dispositions pour le rendre solide et très léger.

La forme rappelait d'une manière générale celle des traîneaux lapons; mais j'avais fait ajouter, dans les deux tiers de sa longueur et vers la tête, une main courante très solidement fixée, destinée à servir, soit à moi-même pour me retenir, soit à mes guides pour maintenir le traîneau en bonne position ou pour s'accrocher en cas de faux pas.

Cependant, après avoir trouvé le mode et les formes précises du véhicule à employer, je n'avais pas encore levé toutes les difficultés. Il fallait faire accepter à mes guides ce mode si nouveau d'ascension et les persuader de la possibilité de franchir les pentes si rapides et les arêtes si étroites qu'on rencontre à partir du petit plateau jusqu'au sommet. Sous ce rapport, mon ascension de 1888 aux Grands-Mulets avait porté ses fruits. La chaise en forme d'échelle que nous avions employée à cette époque et qui, contre leur premier avis, avait bien fonctionné dans le glacier, leur avait donné une certaine confiance en moi.

Après beaucoup d'objections d'une part et d'explications de l'autre, je parvins à convaincre un nombre plus que suffisant de guides ou porteurs, parmi lesquels je pus même opérer une sélection.

Du reste, je dois dire que, sur des observations qui me furent faites et qui me parurent fondées, on ajouta au traîneau une base plus large sur brancards.

L'expédition comprenait vingt-deux guides ou porteurs destinés, soit à remorquer le traîneau, soit à porter les instruments et les provisions.

L'expédition partit de Chamonix le dimanche 17 août, vers 7 heures du matin, et arriva au chalet de Pierre-Pointue vers 10 heures. Du chalet aux Grands-Mulets, on employa la chaise-échelle, formée, comme je l'ai expliqué dans ma note de 1888, de deux longs brancards de 4 mètres reliés vers le centre par deux

traverses, qui forment un espace carré au milieu duquel le voyageur est placé sur un siège suspendu par deux courroies avec une traverse également suspendue pour soutenir les pieds. Les porteurs, tant à l'avant qu'à l'arrière, placent les brancards sur leurs épaules, et le tout constitue une file étroite d'hommes qui peut passer par les chemins les plus resserrés et même les plus rapides, car alors les porteurs de l'avant peuvent quitter les brancards de l'épaule et les soutenir à bout de bras. C'est la même manœuvre qu'on adopte pour les descentes. Quant à la traversée des crevasses, cette chaise s'y prête particulièrement bien à cause de sa longueur. Ainsi, je dirai que pendant la traversée de la jonction, au point où les glaciers des Bossons et de Tacconaz se heurtent en se réunissant et produisent là un chaos de blocs qui se dressent dans toutes les positions imaginables, je n'ai pas été obligé une seule fois de descendre de la chaise.

Et cependant nous eûmes quelquefois à franchir des parois tellement inclinées que la chaise était dans une position presque verticale. Le siège, en raison de son mode de suspension, restait toujours dans sa position normale. Du reste, je me plais à dire ici que les porteurs enlevèrent toutes ces difficultés, dont on ne peut se former une idée que quand on est au milieu de ces chaos de glaces, avec un entrain superbe, et nous arrivions à la cabane des Grands-Mulets à 5 heures et demie, c'est-à-dire moins de six heures après notre départ du chalet de Pierc-Pointue.

Nous y passions la nuit, et le lendemain lundi, nous repartions à 5 heures du matin, mais alors en prenant le traîneau qui ne devait plus nous quitter jusqu'au retour aux Grands-Mulets et à la sortie des glaciers.

En quittant notre demeure d'une nuit, nous traversons le rocher sur lequel elle est construite, et nous passons devant l'ancienne cabane, puis nous entrons sur le glacier.

Nous cheminons d'abord au pied de l'aiguille Pischner, qui n'est qu'une prolongation de celle des Grands-Mulets, et bientôt nous arrivons à la grande crevasse du Dôme, crevasse large et profonde qui barre le chemin et nous oblige à des détours. Nous sommes forcés de cheminer sur les flancs de la crevasse. Le traîneau ne porte que d'un côté; le côté qui est au-dessus du vide doit être soutenu par les épaules des porteurs, et il leur faut une bien grande habitude du glacier pour assurer le pied sur ces pentes si rapides et si glissantes. Là, j'ai commencé à juger mes guides et à les classer dans mon esprit, afin de préparer et composer l'élite que je destinais à l'ascension, bien autrement difficile, du sommet. Le glacier qui descend des flancs du nord du mont Blanc n'a pas une inclinaison régulière et uniforme; il présente au contraire, comme la plupart des glaciers, des fessauts à pentes rapides, et quelquefois des murs presque verticaux. C'est un escalier gigantesque dont les marches, à partir des Grands-

Mulets, sont : le Petit-Plateau, le Grand-Plateau, la Plate-forme du pied des Bosses et la série des grands accidents qui défendent le sommet. C'était là la succession des obstacles que nous avions à franchir.

Le mur qui conduit au Petit-Plateau a sans doute une forte inclinaison, mais il peut être attaqué de front.

J'avais fait préparer à Chamonix, avant le départ, de longues échelles de cordes à traverses de bois. Une de ces échelles, attachée au traîneau, facilita beaucoup l'escalade de ces grandes pentes. Les hommes, rangés sur deux files et à bonne distance les uns des autres, en saisissaient les échelons sans se gêner mutuellement.

Pour parer au danger d'une chute d'homme qui aurait pu entraîner celle de toute la colonne, deux hommes grimpaient en avant, enfonçaient dans la neige et la glace un piolet jusqu'à la tête et, y enroulant deux tours d'une longue corde; ils tenaient fortement et la tête et le bout libre de cette corde. Au fur et à mesure que le traîneau s'élevait, ils tiraient la corde à eux, de manière qu'elle fût toujours tendue ; en cas d'accident, cette corde, ainsi maintenue et rendue solidaire du piolet profondément enfoncé, aurait pu soutenir et le traîneau et tous ceux qui le remorquaient. C'est ainsi que nous avons franchi les pentes si rapides qui conduisent au Petit-Plateau, au Grand-Plateau *et* à la Plate-forme des Bosses.

Quant à moi, affranchi de tout effort physique, et **quand** je n'avais pas à donner un conseil à mes guides **sur la** manière d'attaquer les difficultés de l'ascension, j'étais tout entier à l'admirable spectacle qu'offrent ces **grandes solitudes glacées.** Au pied du Dôme-du-Goûter, le mouvement descendant du glacier a accumulé d'énormes blocs de glace qui figurent une architecture fantastique rappelant les assises puissantes des palais des Pharaons. Mais combien celle-ci était plus impressionnante dans ces hautes solitudes, où elles figuraient comme l'entrée grandiose de palais mystérieux cachés dans les flancs du colosse de granit!

Vers une heure de l'après-midi, nous arrivions à la cabane des Bosses, dont l'érection est due à M. Vallot, et qui n'est située qu'à 300 ou 400 mètres du sommet.

Les guides désarmèrent le traîneau et rentrèrent les objets les plus précieux, car l'exiguïté de la cabane ne permettait pas de mettre le matériel à l'abri. Ils prirent ensuite leurs dispositions pour leur repas et pour passer la nuit.

Quant à moi, je fis immédiatement quelques observations spectroscopiques, le soleil étant encore très élevé.

Nous pensions reprendre l'ascension le lendemain, et parvenir au sommet de bonne heure. Mais dans la soirée (18 août), le temps se gâta tout à coup et, la nuit, la tourmente fut terrible.

Nous ressentions dans ces hautes régions, les effets de la trombe-cyclone du 19 août, qui, d'après une note que M. le professeur Forel (de Morges) a bien voulu m'envoyer et dont je le remercie ici, a commencé à Oyonnax (département de l'Ain), gagnant Saint-Claude, les Rousses, le Brassus, pour terminer ses ravages à Croy (station du chemin de fer de Lausanne à Pontarlier).

Pendant la nuit du 18 au 19, la journée du 19, celle du 20, nous n'avons cessé d'éprouver les effets de la tourmente. M. Vallot, ayant un appareil de M. Richard pour l'enregistrement amplifié des mouvements du baromètre, rendra compte du résultat de ses observations s'il le juge convenable; quant à moi, j'ai tout à fait reconnu, dans les allures et les sons des violents coups de vent que nous éprouvions, ceux du grand typhon que nous essuyâmes en 1874, en rade de Hong-Kong, lorsque je conduisis la mission française au Japon pour le passage de la planète Vénus : typhon qui détruisit une partie de la ville et ravagea la mer de Chine.

La violence des rafales était si grande, qu'il y avait danger pour nos guides à sortir quand elles soufflaient, et tous les objets, même de poids considérable, qu'on avait été obligé de laisser dehors, furent enlevés et transportés jusqu'au Grand-Plateau.

Il eût été du plus haut intérêt, pour la théorie de ces phénomènes, que des observations suivies sur la violence et la direction du vent, l'électricité, la pression barométrique, la température, pussent être faites d'une manière continue pendant toute la durée de cette grande perturbation atmosphérique.

Ces observations, rapprochées des faits qui ont été recueillis sur le trajet du cyclone, auraient jeté une vive lumière sur la question du lieu d'origine, de la formation et de l'extinction de ces terribles phénomènes.

Pour cela, il faut établir dans ces hautes régions, et le plus près possible du sommet, un Observatoire suffisamment bien aménagé pour qu'on puisse y vivre convenablement le temps qu'on désirera, en outre, placer les instruments nécessaires, soit à l'observation directe, soit à l'enregistrement pendant une assez longue période, car on ne peut se dissimuler qu'il se produira de longs intervalles pendant lesquels l'intempérie de ces hautes stations n'en permettra pas l'ascension.

Je reviendrai sur cette question ; mais ce qui paraît déjà acquis, c'est que la violence de la tourmente a été, dans cette station, si élevée, tout à fait comparable à celle qu'elle avait dans les plaines, à plus de 4000 mètres plus bas.

Cependant, je dois dire que, d'après le son rendu par le vent au moment des grandes rafales, la vitesse devait être notablement inférieure à celle du vent des rafales du cyclone de Hong-Kong. Il est vrai que ce cyclone a produit des effets destructeurs bien autrement considérables que ceux qu'on vient de constater de la part du cyclone du 19 août. Il paraît donc résulter de cette observation que ces phénomènes intéressent une énorme épaisseur de l'atmosphère, ce qui, d'ailleurs, n'a rien que de très naturel.

Quant à la question de savoir si les premières perturbations atmosphériques se sont fait sentir dans nos hautes régions avant de se montrer dans la plaine, c'est là une question qu'il serait de la plus haute importance de résoudre avec certitude, mais elle est fort délicate. Pour en obtenir la solution, il faudrait pouvoir disposer des indications d'enregistreurs synchroniquement réglés, répartis sur le parcours du cyclone, au mont Blanc, et dans quelques stations intermédiaires comme les Grands-Mulets, Chamonix, etc. Il est évident, en effet, que si le phénomène prend naissance dans les hautes régions de l'atmosphère, il ne doit pas employer un temps bien considérable à descendre et, dès lors, il faut des observations très précises, surtout au point de vue du temps, pour décider la question.

Je reviens maintenant à l'ascension au sommet.

J'avais toujours pensé, en raison du caractère cyclonique du phénomène, que cette tourmente ne durerait pas au delà de quelques jours, et je persévérai. M. Vallot, n'étant pas de cet avis, profita de l'amélioration de la matinée du jeudi 21, et redescendit à Chamonix.

Le temps continua, en effet, à s'améliorer, et après son départ je pus faire, vers midi, dans la cabane devenue plus libre, avec le spectroscope Duboscq, des observations soignées. Mon ami M. Durier, qui n'avait pas voulu me quitter et comptait monter aussi au sommet, m'assistait dans ces observations pour certaines constatations d'intensités relatives, sur lesquelles j'étais bien aise d'avoir un avis absolument impartial et dégagé de toute idée préconçue. Enfin, le temps devenant de plus en plus beau, on se prépara pour le lendemain.

Il ne me restait que douze hommes et Frédéric Payot, que son âge et son expérience du mont Blanc désignaient comme leur chef. Les autres m'avaient demandé à redescendre. Mes prévisions se réalisaient.

Le vendredi 22 août, l'aurore présagea une journée d'une beauté exceptionnelle. « Tous les signes, dans le ciel et sur la montagne, annoncent un bien beau jour, me dit Payot, et puis les corneilles sont revenues. — C'est la paix avec le ciel qu'elles nous annoncent, lui répondis-je. D'ailleurs, un instinct secret me dit que la journée sera belle et que nous réussirons. »

Dès l'aurore, on avait envoyé tailler des pas sur l'arête de la grande Bosse, mais le froid était si vif que le guide avait au pied un commencement de congélation. Nous le laissâmes à la cabane (1).

(1) Il guérit heureusement au bout de quelques jours.

Les préparatifs terminés, je me plaçai dans le traîneau, et nous nous mîmes en marche à 8 heures trois quarts.

De l'endroit où se trouve la cabane des Bosses, les points les plus difficiles à franchir sont : l'arête de la grande Bosse, celle de la petite Bosse, et l'arête dite des Bosses, près des rochers de la Tournette.

Ces arêtes sont en général si étroites, qu'on doit y tailler des pas pour les monter ; leur inclinaison s'y élève quelquefois à 50°, et le danger de leur ascension pour notre appareil résidait surtout dans les pentes de leurs flancs et la profondeur des précipices qui les bordent des deux côtés.

Mes guides firent tous leurs efforts pour me faire parvenir jusqu'à l'endroit le plus rapide de l'arête de la grande Bosse. Là, je mis pied à terre, ou plutôt dans la neige, et je cherchai à m'élever ; mais, malgré des efforts presque surhumains, je tombai la face dans la neige. Après une ascension d'une vingtaine de mètres, je repris haleine et voulus continuer la montée, mais ce fut impossible, et sur ce nouveau calvaire, je retombais après chaque nouvelle tentative. Mes guides virent qu'il fallait absolument hisser le traîneau. C'est alors que je pus constater toute l'énergie de ces hommes, réellement admirables quand un grand objet excite leur dévouement. Ils avaient compris le but scientifique de mon expédition et ils m'avaient vu faire tous les efforts possibles pour y atteindre. Aussi, dès ce moment, se chargèrent-ils de tout. Sans se préoccuper des dangers qu'ils couraient eux-mêmes, sans penser aux précipices qui nous entouraient, ils s'emparèrent du traîneau et le hissèrent sur ces arêtes si rapides, plus étroites que la largeur même de l'appareil. On ne négligeait pas, bien entendu, la manœuvre dont j'ai parlé, qui consiste à maintenir le traîneau au moyen d'une corde enroulée autour d'un piolet profondément enfoncé dans la glace. Admirant leurs efforts, je les encourageais de mes paroles, et surtout par la confiance absolue que je leur témoignais. Aussi, quand nous eûmes franchi le dernier de ces obstacles, et que le sommet tout voisin nous apparaît, il y eut une explosion générale de joie. Tous se félicitaient et venaient me serrer les mains. J'embrassai l'un d'eux, Frédéric Farini, qui, constamment à mes côtés, m'avait donné des preuves d'un dévouement admirable. Frédéric Payot vint aussi et me témoigna son enthousiasme dans des termes que je ne rapporterai pas ici. Nous reprîmes la marche et arrivâmes enfin au sommet. M. Durier, dont j'admirais l'énergie calme et tranquille, y arrivait aussi. Tous se mirent à agiter le drapeau, et Chamonix leur répondait par le canon d'usage.

Je ne saurais dire l'émotion qui s'est emparée de moi, quand le traîneau, parvenu enfin au sommet, ma vue embrassa tout à coup le cercle immense qui se déroulait autour de moi. C'est une impression que je n'oublierai jamais.

Le temps était admirable, la pureté de l'atmosphère était telle, que ma vue pénétrait jusqu'au fond des dernières vallées. L'extrême horizon seul était voilé d'une brume légère. J'avais sous les yeux tout le sud-est de la France, l'Italie et les Apennins, le golfe de Gênes, la Suisse et sa mer de montagnes et de glaciers.

La première émotion passée, je pensai à mes observations. Elles se rapportaient à la spectroscopie, au point de vue de l'horizon dont on dispose sur la cime du mont Blanc, à l'étude d'un emplacement pour un observatoire, à celles de la transparence de l'atmosphère, etc.

Ces études terminées, études trop rapidement conduites à mon gré, mais qui eussent exigé un abri permanent pour être faites avec tout le soin désirable, il fallut songer à la descente. Le froid était très vif; mes guides ne pouvaient y rester exposés plus longtemps sans danger.

La descente est beaucoup plus rapide que la montée sur les pentes ordinaires et en dehors des arêtes; mais sur celles-ci, elle est plus dangereuse. Les cordes et les piolets enfoncés dans la glace en atténuèrent beaucoup les risques.

Nous arrivâmes vers 2 heures à la cabane des Bosses, et, après quelques préparatifs nécessaires, nous partîmes pour celle des Grands-Mulets.

Le succès nous avait enhardis. Dédaignant le chemin ordinaire et nous servant de nos piolets comme points d'attache, nous descendions des pentes de 60° et 70°. Quant aux pentes douces, elles étaient franchies en glissades avec une rapidité étonnante. Cependant, dans les passages réellement dangereux, j'exigeais qu'on mît toute la prudence voulue, tenant par-dessus tout à ce qu'il n'arrivât aucun accident à mes chers compagnons.

Nous étions aux Grands-Mulets pour le dîner.

Nous eûmes comme compagnon de table M. Olivier, docteur ès sciences, directeur de la *Revue générale des sciences*, qui, pour son début d'alpiniste, venait aussi de faire l'ascension du mont Blanc avec le guide Édouard Cupelin. M. Olivier s'était tiré de cette ascension, dont il ne soupçonnait peut-être pas tout d'abord les difficultés et les fatigues, avec une énergie que je ne pus m'empêcher d'admirer.

La matinée du lendemain fut tout entière consacrée à des observations spectroscopiques comparatives, que je désirais reprendre pour corroborer celles que j'avais faites au haut de la montagne. Aussi ne quittâmes-nous les Grands-Mulets qu'à 1 heure et demie.

À cinq heures, je rencontrais au chalet de la cascade du Dard Mme Janssen et ma fille, venues au-devant de moi avec des amis. À 7 heures du soir, nous étions à Chamonix, où nous fûmes reçus avec un intérêt et, puis-je le dire? un enthousiasme qui nous ont été au cœur, à M. Durier et à moi.

Le soir, nous réunissions nos guides pour leur offrir un punch d'honneur, les remercier de leur dévouement et nous féliciter ensemble d'une expédition entreprise dans des conditions si nouvelles, et qui, je l'espère, portera ses fruits.

II.

ÉTUDES SPECTRALES.

Ainsi que je viens de le dire dans le récit qui précède, le problème dont je poursuivais la solution dans ma dernière ascension aux Grands-Mulets, sur les flancs du mont Blanc, il y a deux ans, se rapportait à la présence de l'oxygène dans les enveloppes gazeuses extérieures du soleil. La question de l'existence de l'oxygène dans l'atmosphère solaire est une des plus importantes que la physique céleste puisse se proposer en raison du rôle immense que joue ce corps dans les phénomènes géologiques, les phénomènes chimiques et surtout dans ceux d'où dépend la vie sous toutes ses formes. Aussi s'en est-on occupé depuis longtemps déjà. Mais on sait aussi que la question était toujours restée indécise.

La découverte toute récente des phénomènes remarquables d'absorption que l'oxygène produit sur un faisceau lumineux qui le traverse sous épaisseur suffisante, permettait de reprendre la question dans des conditions nouvelles.

Or on sait que l'action de l'oxygène sur la lumière se traduit par deux systèmes d'absorption : d'une part, un système de raies fines plus ou moins obscures, telles que les groupes A, B, α, etc., et, d'autre part, des bandes obscures non résolubles dans le rouge, le jaune, le vert, le bleu, etc. Ces deux systèmes, suivant des lois d'absorption différentes, donnent lieu, au point de vue qui nous occupe, à des observations très différentes aussi.

Les bandes obscures étant absentes du spectre solaire, dès que l'astre est un peu élevé sur l'horizon, on peut rechercher si le spectre du disque solaire vers les bords, c'est-à-dire dans les points où l'action absorbante de l'atmosphère solaire doit être portée à son maximum d'effet, présente les bandes de l'oxygène. C'est à une observation qui est singulièrement facilitée par les éclipses annulaires du soleil, et l'on sait que, pendant celle qui a eu lieu cette année même et qui, à Candie, fut favorisée par un temps si exceptionnellement favorable, M. de La Baume-Pluvinel, qui avait bien voulu se charger de cette observation, obtint un résultat tout à fait négatif, c'est-à-dire un spectre de l'extrême bord solaire où les bandes de l'oxygène étaient complètement absentes. Ainsi, la considération des bandes n'est pas favorable à l'existence de l'oxygène dans l'atmosphère qui surmonte immédiatement la photosphère solaire.

Mais l'étude des raies peut-elle aussi conduire à la solution cherchée?

En effet, les bandes du spectre de l'oxygène n'existant pas dans le spectre solaire, dès que l'astre est un peu élevé, on peut rechercher directement leur présence dans le soleil, sans que l'action de l'atmosphère terrestre vienne compliquer les résultats. Il en est tout autrement des raies. Les groupes A, B, α se montrent même très accusés dans le spectre solaire circumzénithal, c'est-à-dire en toutes circonstances.

Il faut donc ici, ou se procurer une action qui soit égale à celle de notre atmosphère et voir si cette action produit dans le spectre des raies de même intensité que celles qu'on observe dans le spectre solaire circumzénithal — et c'est ce qui a été fait dans l'expérience instituée entre la Tour Eiffel et l'Observatoire de Meudon — ou bien diminuer dans une mesure connue l'action de l'atmosphère terrestre et voir si ces diminutions sont telles qu'elles conduiraient à une extinction totale aux limites de l'atmosphère. C'est la méthode dont l'emploi a été commencé, il y a deux ans, aux Grands-Mulets, et qui a été complétée cette année au sommet du mont Blanc.

Les observations embrassent actuellement trois stations : Meudon, les Grands-Mulets, une station près du sommet du mont Blanc.

Il va sans dire que, pour rendre les observations comparables, j'ai eu le soin d'employer les mêmes spectroscopes dans chacune de ces stations.

Le premier instrument employé déjà en 1888 aux Grands-Mulets est un spectroscope de Duboscq à deux prismes, qui montre B formé d'une ligne très noire et large avec une bande ombrée, représentant la série des doublets non séparés par l'instrument. Ce spectroscope avait, pour moi, l'avantage d'une connaissance parfaite résultant d'un long usage, spécialement dans les études de laboratoire sur les spectres des gaz dans leurs rapports avec le spectre solaire.

Le second instrument est un spectroscope à réseau, de Rowland, et lunettes de 0,75 de foyer, montrant toutes les lignes des groupes A, B, α et spécialement les doublets de B.

Avec le spectroscope de Duboscq, on juge le phénomène dans son ensemble, et pour B, par exemple, c'est l'intensité et la largeur de l'ombre et celles de la ligne noire qui les accompagne, comparées à la ligne fixe C de l'hydrogène, qui servent aux comparaisons.

Avec le spectroscope à réseau, on possède des éléments nouveaux. On sait que les doublets de B, par exemple, vont en décroissant d'intensité au fur et à mesure qu'ils s'éloignent de B. J'ai mis à profit cette décroissance d'intensité pour l'estimation de la diminution des actions absorbantes de l'atmosphère avec l'élévation de la station.

Si l'on s'élève, en effet, dans l'atmosphère, on voit les doublets les plus faibles et les plus éloignés de la tête de B s'affaiblir de plus en plus pour disparaître avec une station de hauteur suffisante. C'est ainsi qu'à Meudon, où l'action de l'atmosphère est très sensiblement complète, on observe dix doublets bien visibles. Mais, aux Grands-Mulets, le système est déjà bien réduit ou, du moins, les dernières raies sont si faibles que l'observation en est fort difficile. Au sommet, je n'ai pas pu faire d'observation avec cet instrument. Pendant la tourmente, on ne pouvait songer à faire des observations à l'extérieur, puisque les guides eux-mêmes avaient la plus grande peine à se tenir. De plus, l'intérieur de la cabane de M. Vallot était trop exigu pour permettre le déploiement de l'instrument. C'est une observation qui sera intéressante à reprendre quand on aura érigé vers le sommet un Observatoire mieux installé.

Mais j'estime que l'observation avec le spectroscope de Duboscq qui, elle, a pu être faite dans d'excellentes conditions à Meudon, à Chamonix, aux Grands-Mulets et près du sommet, est très concluante. Je dois même ajouter que la diminution d'intensité du groupe B, entre les Grands-Mulets et la station des Bosses, près du sommet, m'a surpris et que je l'ai trouvée beaucoup plus forte que ne le comportent la hauteur et la densité de la colonne atmosphérique qui relie ces deux stations.

Le lendemain 23 août, étant à la station des Grands-Mulets, de retour du sommet, j'ai repris, vers midi les observations avec mes deux instruments : elles se sont trouvées conformes à celles de 1888.

En résumé, les observations spectroscopiques faites pendant cette ascension à la cime du mont Blanc complètent et confirment celles que j'avais commencées, il y a deux ans, à la station des Grands-Mulets, à 3050 mètres d'altitude, et l'ensemble de ces observations, c'est-à-dire celles qui ont été faites entre la Tour Eiffel et Meudon, celles de M. De La Baume Pluvinel à Candie, celles de laboratoire, et enfin les observations de cette année au mont Blanc, se réunissent pour conduire à faire admettre l'absence de l'oxygène dans les enveloppes gazeuses solaires qui surmontent la photosphère, tout au moins de l'oxygène avec la constitution qui lui permet d'exercer sur la lumière les phénomènes d'absorption qu'il produit dans notre atmosphère et qui se traduisent dans le spectre solaire par les systèmes de raies et de bandes que nous connaissons. Je considère que c'est là une vérité définitivement acquise et d'où l'on peut tirer certaines conclusions touchant la constitution de l'atmosphère solaire.

Il est certain que si l'oxygène existait simultanément avec l'hydrogène dans les enveloppes extérieures du soleil et accompagnait ce dernier jusqu'aux limites reculées où on l'observe, c'est-à-dire jusque dans l'atmosphère coronale, le refroidissement ultérieur, dans une période de temps que nous ne pouvons encore assigner, mais qui paraît devoir se produire fatalement quand notre grand foyer central commencera à épuiser les immenses réserves de forces dont il dispose encore, ce refroidissement, dis-je, aurait pour effet, si l'oxygène et l'hydrogène étaient en présence, de provoquer leur combinaison. De la vapeur d'eau se formerait alors dans ces enveloppes gazeuses, et la présence de cette vapeur, d'après ce que nous connaissons de ses propriétés, aurait pour effet d'opposer au rayonnement solaire, principalement à ses radiations calorifiques, un obstacle considérable. Ainsi, l'affaiblissement de la radiation solaire serait encore accéléré par la formation de cette vapeur.

N'y a-t-il pas là encore une harmonie nouvelle reconnue dans cet ensemble déjà si admirable de dispositions, qui tendent à assurer à notre grand foyer central la plus longue durée possible à des fonctions d'où dépend la vie du système planétaire tout entier ?

III.

OBSERVATIONS PHYSIOLOGIQUES.

Je donnerai ici quelques détails sur mon état physiologique pendant mon séjour d'une semaine, soit sur les flancs du mont Blanc, soit près de sa cime ou à sa cime elle-même, c'est-à-dire entre 4400 et 4800 mètres d'altitude.

Je suis le premier, je crois, qui soit parvenu au sommet de cette montagne, sans avoir eu à faire aucun effort corporel, et il paraît que je suis également le seul qui ait joui dans cette circonstance de l'intégrité de mes forces intellectuelles, car celles-ci, loin d'avoir été déprimées, m'ont paru, au contraire, excitées et plus puissantes.

Ce résultat remarquable et, j'ajoute, précieux par les indications qu'il fournit pour tous ceux qui auront des travaux intellectuels à accomplir dans les hautes stations, me paraît devoir être attribué entièrement à l'absence d'effort physique pendant toute la durée de cette expédition.

Il serait déjà bien improbable que j'eusse été affranchi des malaises si constants des hautes stations par l'effet d'une disposition toute spéciale de mon tempérament, par une sorte d'idiosyncrasie ; mais cette supposition elle-même ne pourrait se soutenir, car chaque fois que j'ai eu quelque effort corporel à faire dans mes ascensions, j'ai éprouvé des troubles, assez légers il est vrai, mais constants et de la nature de ceux dont se plaignent ordinairement les alpinistes dans les hautes régions.

Il y a deux ans, pendant mon ascension aux Grands-Mulets, ascension pendant laquelle j'ai eu à faire de grands efforts, j'ai ressenti les effets du mal de montagne pendant la journée qui a suivi l'ascension. De plus, fait très remarquable, dès que je voulais réfléchir sur mes observations et me livrer à un travail intellec-

tuel un peu suivi, j'éprouvais une sorte de syncope et de faiblesse subite. Ce n'est que par des inspirations très fréquentes que je me rétablissais, et j'avais même pris l'habitude de respirer ainsi très fréquemment avant de chercher à penser.

Ceci montre bien que les actes intellectuels comme les actes physiques exigent une dépense de forces et notamment la présence de l'oxygène dans le sang.

Il en fut tout autrement pendant la dernière ascension. Je suis resté dans la cabane de M. Vallot du lundi 18 août, 1 heure, au vendredi 22, 4 heures, et pendant ces quatre jours, je n'ai pas eu un seul instant de malaise. L'appétit s'est maintenu normal, bien que l'alimentation fût, comme quantité, inférieure à celle qui m'est habituelle. Mais les forces intellectuelles étaient intactes, même plutôt surexcitées et, la nuit, après le premier sommeil, je me mettais à penser longuement et je me livrais avec plaisir à cet exercice. J'ai trouvé là des solutions, que je crois justes, à des difficultés que je n'aurais sans doute pas résolues dans la plaine.

Mais, je le répète, il ne fallait me livrer à aucun travail corporel, car aussitôt la respiration me manquait, et j'aurais eu certainement, en persistant, les troubles des hautes stations. A la cime du mont Blanc, je n'ai ressenti non plus aucun malaise, et mes facultés intellectuelles étaient entières. J'éprouvais seulement une légère excitation, due, selon toute probabilité, au contentement, et bien naturelle après les péripéties de l'ascension.

La conclusion de ces observations me paraît être que le travail intellectuel n'est nullement impossible dans les hautes stations, mais à la condition de bannir tout effort physique. Il faut que le savant réserve toutes ses forces pour la dépense qu'exige la pensée, (ce qui ne veut pas dire, bien entendu, que la pensée elle-même soit d'ordre physique.)

Les hautes stations scientifiques s'imposent de plus en plus, et il est d'un haut intérêt de savoir que les observateurs pourront y jouir de toutes leurs facultés, en se soumettant seulement à la loi d'y vivre dans des conditions déterminées.

IV.

PROJET D'OBSERVATOIRE AU MONT BLANC.

Je crois qu'il y aurait un intérêt de premier ordre pour l'astronomie physique, pour la physique terrestre, pour la météorologie et, j'ajoute, pour certains avertissements d'ordre météorologique, à ce qu'un Observatoire fût érigé au sommet ou, tout au moins, très près du sommet du mont Blanc.

Je sais qu'on m'opposera la difficulté d'édifier une semblable construction sur une cime aussi haute où l'on ne parvient qu'avec de grandes difficultés et où règnent souvent des tempêtes si violentes.

Toutes ces difficultés sont réelles, mais elles ne sont nullement insurmontables. C'est l'opinion qui est résultée pour moi de mon ascension et des études que j'ai faites à ce sujet

Je ne puis dès maintenant entrer dans une discussion approfondie ; je me contenterai de faire remarquer qu'aujourd'hui, avec les moyens dont nos ingénieurs disposent et, j'ajoute encore, avec des montagnards tels que ceux que nous avons dans la vallée de Chamonix et dans les vallées voisines, ce problème sera résolu quand on le voudra.

Actuellement, on applique partout, et spécialement en Suisse, les moyens mécaniques à la conquête des sommets. La science suit ce mouvement, et l'on commence à comprendre toute l'importance des études dans les hautes stations.

La France, qui a la bonne fortune de posséder sur le mont Blanc la plus haute et l'une des mieux situées des stations de montagnes en Europe, ne peut se désintéresser d'une entreprise qui répond si bien aux besoins scientifiques actuels.

Quant à l'Académie, qui s'est toujours montrée si jalouse de tout ce qui peut ajouter à l'honneur scientifique de la France, je lui demande de vouloir bien donner à ce projet sa haute approbation et son précieux appui.

J. Janssen,
de l'Institut.

PHYSIOLOGIE

COURS DE LA FACULTÉ DE MÉDECINE DE PARIS

M. CHARLES RICHET

Le rythme de la respiration (1).

XIII.

Après l'action des poisons, l'influence de la température sur le rythme respiratoire est assurément un des phénomènes les mieux caractérisés et les plus intéressants à étudier.

Cette influence doit être étudiée séparément chez les animaux à sang chaud et chez les animaux à sang froid. Ces derniers, d'ailleurs, diffèrent en réalité beaucoup moins des premiers, par la différence même de leur température, que par la variabilité de cette température.

Si l'on échauffe graduellement un animal à sang froid, une tortue, par exemple, on voit le rythme cardiaque et le rythme respiratoire s'accélérer parallèlement, et leur fréquence est évidemment fonction de la température. Le phénomène est net et simple.

(1) Voir la *Revue scientifique* du 13 septembre 1890, p. 321.

Mais, chez les animaux à sang chaud, tout devient plus compliqué. D'abord, on ne peut élever la température que dans des limites assez étroites ; et ensuite, dès qu'on veut changer la température, aussitôt des appareils régulateurs entrent en jeu, dont l'action, au moins au début, peut lutter efficacement contre les variations de la température extérieure.

Le fonctionnement de ces mécanismes de régulation, destinés à préserver les animaux contre l'échauffement ou le refroidissement, est bien curieux à étudier. Le rythme de la respiration est précisément un de ces mécanismes, et nous y reviendrons ; mais, dès maintenant, il nous faut distinguer deux cas :

1° Celui où l'animal, soumis à un échauffement ou à un refroidissement, peut régler et maintenir sa température à peu près constante : c'est la première période, celle de la régulation efficace ;

2° Le cas où l'animal, dont le mécanisme régulateur est fatigué ou devenu insuffisant, subit l'échauffement ou le refroidissement : c'est la période de la régulation impuissante.

Dans ce cas, la puissance d'adaptation est vaincue, et l'animal à sang chaud se comporte comme un animal à sang froid. Son rythme respiratoire s'accélère à mesure que monte la température, et inversement.

J'ai dit tout à l'heure que le travail musculaire accélère le rythme respiratoire. Or il est possible de dissocier l'accélération due à la fatigue même, c'est-à-dire à la surcharge de CO^2, et l'accélération due à l'augmentation de température qu'entraînent les mouvements musculaires exagérés. Si, en effet, nous fatiguons un pigeon en le faisant voler avec une surcharge, nous constatons, dès la fin de l'exercice, une certaine polypnée ; mais cette polypnée est bien inférieure à la véritable polypnée thermique qui survient chez lui après quelques secondes de repos. Lorsqu'il aura retrouvé assez d'oxygène et quand il n'y aura plus dans son sang excès de CO^2, alors la polypnée sera plus forte qu'immédiatement après le travail ; mais ce sera une polypnée thermique, non une dyspnée asphyxique.

Indépendamment de tout exercice et de toute fatigue, nous pouvons d'ailleurs produire l'accélération du rythme respiratoire, en plaçant dans une étuve des animaux, soit à sang froid, soit à sang chaud. Si l'on échauffe ainsi un canard, par exemple, dont le rythme respiratoire est de 20 à 24 par minute, on peut arriver à faire respirer cet oiseau aussi vite qu'un lapin, dont le rythme normal est de 50. De même, en échauffant une tortue, tandis qu'on refroidit un lapin, on peut atteindre une limite à laquelle l'on voit la tortue respirer aussi vite que le lapin.

XIV.

A vrai dire, cette accélération régulièrement croissante du rythme, à mesure que la température s'élève, n'est pas la véritable polypnée thermique. Il en est une autre forme très intéressante, qui constitue une fonction tout à fait spéciale, que je dois vous exposer ici.

Tout le monde sait comment se comportent les chiens qui ont chaud : ils sont extrêmement essoufflés, respirent 150, 200 ou même 300 fois par minute, bruyamment, tirant la langue et laissant écouler de la salive.

L'opinion vulgaire (que d'ailleurs les physiologistes n'avaient ni adoptée ni combattue, je ne sais trop pourquoi), c'est que les chiens se refroidissent en laissant ainsi écouler leur salive, de même que nous nous refroidissons par l'écoulement de la sueur. On savait donc que les chiens échauffés respirent très fréquemment, mais on n'avait jamais cherché à établir de rapport entre le refroidissement nécessaire et la polypnée thermique.

Tel était à peu près l'état de la question quand j'en ai entrepris l'étude, et voici ce que j'ai pu démontrer : Si l'on fait le compte des gains et des pertes de l'organisme dans une respiration, on voit que l'organisme gagne, par rapport au volume de l'air inspiré, 5 pour 100 d'O et qu'il perd 4 pour 100 de CO^2. Plus exactement, le rapport entre les volumes d'oxygène absorbé et de CO^2 excrété est de 100 à 80 : ce qui fait, en poids, un gain d'environ 140 grammes d'O contre une perte de 144 grammes de CO^2. Dans l'ensemble, on peut donc considérer que l'animal, du fait de la respiration seule, gagne autant qu'il perd. Par suite, un animal placé sur une balance, n'urinant pas, ne rendant pas de matières fécales, ne transpirant pas (c'est le cas des chiens, des lapins, des oiseaux et de tous les animaux recouverts de plumes ou de poils), ne devrait pas changer de poids.

Or ce n'est pas ce qui se passe : en réalité, l'animal ainsi placé sur la balance accuse une perte de poids progressive. Cette perte de poids, qui n'est pas due, nous le savons, à l'acide carbonique exhalé, dont le poids est compensé par l'oxygène absorbé, ne peut être due qu'à l'exhalation d'une certaine quantité de vapeur d'eau. A chaque expiration, en effet, l'animal rend de l'air saturé de vapeur d'eau à 35°. Plus il respire, plus il perd de l'eau, plus son poids baisse. Chez l'homme, la perte de poids, de ce fait, est d'environ 2 centigrammes par expiration.

Il va de soi que cette quantité d'eau perdue est proportionnelle à la ventilation pulmonaire. Si le rythme de la respiration est lent, la perte est faible; mais elle s'accroît à mesure que le rythme est plus précipité. La proportion est rigoureuse entre les deux éléments.

D'autre part, cette perte d'eau est un phénomène physique, d'où résulte un abaissement de température considérable, puisque 1 gramme d'eau, pour passer de l'état liquide à l'état gazeux, exige l'absorption de 575 microcalories; donc, plus l'animal perd de l'eau par la voie pulmonaire, plus il se refroidit.

Plusieurs physiologistes, Claude Bernard, Heiden-

hain, et d'autres encore, ont d'ailleurs directement constaté que le sang qui revient des poumons (sang des veines pulmonaires) est moins chaud que le sang qui y arrive (sang des artères pulmonaires).

D'où cette conclusion que la polypnée thermique est une fonction de refroidissement.

Les animaux qui ne se refroidissent pas par la peau se refroidissent donc par les poumons; mais, dans un cas comme dans l'autre, c'est toujours l'évaporation de l'eau qui produit la réfrigération.

Ainsi l'appareil respiratoire est à deux fins, et sa double fonction sert à la fois à l'hématose et à la régulation thermique.

Quand l'animal entre en action, chaque contraction musculaire détermine une absorption d'oxygène, une production d'acide carbonique et une élévation de température. Or, par un mécanisme étonnamment ingénieux, c'est le même appareil qui fournit à ces divers besoins, qui répare cette triple modification de l'état normal : il apporte de l'oxygène, il évacue de l'acide carbonique et il abaisse la température !

XV.

Je vais maintenant vous rapporter diverses expériences concernant cette importante fonction. Elles ont été faites sur le chien, mais la polypnée thermique existe chez d'autres animaux, et je l'ai encore constatée chez le lapin, chez le pigeon, chez la poule. Il s'agit d'abord de déterminer les conditions qui président à la mise en jeu de cette fonction.

Si l'on prend un chien normal et que, par une température élevée, et sans le museler, on l'expose au soleil, en ayant soin seulement de l'attacher, on voit que sa température, suivie heure par heure, reste constante et a même quelque tendance à baisser.

Cette tendance à la baisse est, disons-le en passant, d'une analogie frappante avec la légère élévation de température qu'on observe chez les chiens plongés dans un bain réfrigérant. Mettez un chien au soleil, il se refroidira un peu ; mettez un chien dans l'eau froide, il s'échauffera un peu. Les deux phénomènes prouvent l'existence d'un mécanisme de régulation qui, pour bien fonctionner, doit fonctionner d'une façon un peu généreuse.

Mais le chien exposé au soleil, dont la température est restée normale, respire environ 300 fois par minute. Si l'on vient à lui fermer la gueule, sa respiration, pour des causes toutes mécaniques, que je vous expliquerai tout à l'heure, se ralentit, revient au rythme normal, et sa température s'élève aussitôt, pour atteindre 42° ou 43°. Le démuselle-t-on, la respiration remonte au rythme de 300 par minute, et la température retombe à la normale.

Plaçons au chaud, maintenant, un animal non mu-

13 S.

mais dont l'action du système nerveux est anni-
, soit par le curare, soit par le chloral ou le chlo-
me. Son rythme respiratoire reste le même : (s'il
t d'un animal curarisé, on est obligé de faire la
ration artificielle), et sa température s'élève rapi-
ent.

n'y a donc nul doute dans la conclusion qu'il faut
de ces expériences. Pas de polypnée, pas de re-
issement. La polypnée thermique est un méca-
e qui produit le froid.

rapport qui existe entre cette fonction et l'état
ique du sang de l'animal est d'ailleurs fort curieux
dier.

l'on fait respirer un chien polypnéique dans un
u riche en acide carbonique — ce qu'on réalise
implement en le faisant respirer par un long tube
outchouc, dans des conditions qui sont presque
êmes que celles d'un vase clos — on voit que
à peu sa respiration se ralentit et prend le type
néique proprement dit, c'est-à-dire à inspirations
s et profondes.

ur la même raison, quand un animal en état de
née se débat et fait des efforts musculaires, on
a polypnée disparaître et ne reprendre que lorsque
nal a évacué l'excès de CO^2 résultant de ses con-
ons musculaires exagérées.

type dyspnéique est caractéristique du besoin
hématose : d'où cette conclusion que, tant qu'il
un véritable besoin de respirer, la polypnée ne
as se produire. D'où encore ce paradoxe appa-
que l'animal ne peut respirer très vite que lors-
n'a pas besoin de respirer. Ce que nous expri-
ns en disant que le besoin chimique de respirer
énation du sang) prime le besoin physique de
er (refroidissement du sang).

XVI.

seule cause de la polypnée est donc bien, non le
n d'introduire de l'oxygène dans le sang, mais la
sité de produire le refroidissement du sang.

ci pour le but de la fonction, but qui paraît
e. Quant à ses excitants immédiats, aux causes
les de sa mise en jeu, on peut dire qu'ils sont de
ordres, d'origine réflexe et d'origine centrale.
polypnée thermique d'origine réflexe est obtenue
açant un animal dans une étuve, à la tempéra-
de 45°, par exemple. A peine y est-il entré, que la
née s'établit. Dans les mêmes conditions, chez
me, on voit immédiatement — comme j'ai pu le
ater sur moi-même, en entrant dans l'étuve avec
tien — on voit, dis-je, les gouttes de sueur perler
front, sur la main, sur toutes les régions de la
. Le phénomène est absolument de même nature
l'homme et chez le chien; c'est la vaporisation
certaine quantité d'eau. Voilà, en effet, le seul et

unique procédé dont la nature dispose pour refroidir
les êtres vivants; mais chez l'homme, c'est la vaporisation de la sueur; chez le chien, c'est la vaporisation
du sang pulmonaire.

On obtient encore la même polypnée réflexe en entourant un chien d'ouate. La température de l'animal
n'a pas encore monté, que déjà la polypnée est établie;
car, par le contact avec l'ouate, la peau est échauffée,
comme dans le séjour à l'étuve.

Quant à la polypnée d'origine centrale, elle s'observe
quand on élève la température intérieure; ce à quoi on
arrive facilement par l'électrisation. Mais alors il faut
atteindre un certain degré, probablement variable
selon les espèces animales, quoique tout à fait fixe
pour une même espèce. Chez le chien, c'est seulement
lorsque la température a atteint de 41°,5 à 41°,8 que la
polypnée de cause centrale apparaît; et alors, après
quelques essais plus ou moins fructueux, elle apparaît
brusquement. Ce changement brusque du rythme respiratoire est tellement frappant, qu'en examinant un
tracé graphique du phénomène on y reconnaît sans
hésitation possible l'intervention d'un nouvel élément
perturbateur, l'entrée en jeu d'une nouvelle fonction.

Cette suppléance de la polypnée réflexe est curieuse :
et il semble vraiment que la nature, prévoyant l'insuffisance possible du mécanisme réflexe, ait voulu assurer la fonction si importante du refroidissement en
doublant ce mécanisme réflexe d'un mécanisme central direct qui peut y suppléer.

Notons enfin que, pour voir apparaître la polypnée,
il faut que les voies pulmonaires soient largement ouvertes; le moindre obstacle suffit à l'empêcher, au
point que, chez les chiens chloralisés, on est souvent
forcé de tirer la langue au dehors à l'aide d'une pince,
le moindre resserrement de la glotte constituant un
obstacle suffisant à la sursaturation du sang par l'oxygène, sursaturation qui est, ainsi que je l'ai dit, la condition *sine quâ non* de la polypnée.

XVII.

Diverses conditions, autres que les précédentes, ont
encore de l'influence sur la polypnée thermique, et il
nous reste à les passer en revue.

D'abord il y a l'influence de la pression à vaincre à
l'inspiration et à l'expiration.

M. Marey, le premier, a démontré que le rythme respiratoire est inversement proportionnel à la pression.
Autrement dit, la respiration devient d'autant plus
lente et en même temps d'autant plus ample et profonde que la pression augmente. Un animal qui respire 20 fois par minute peut, soumis à une forte pression, ne plus respirer que 5 fois dans le même temps.

C'est toujours le même rapport $\frac{n}{v}$ dont je vous ai
parlé : c'est-à-dire que le nombre des respirations est

inversement proportionnel au volume du poumon. Toutefois il faut tenir compte d'un élément qui est négligé dans cette formule simple. Cet élément est la durée du séjour de l'air à l'intérieur des poumons. Il est clair, en effet, que nous pouvons faire une inspiration prolongée, suivie d'une très courte expiration, et maintenir ainsi l'air introduit longtemps en contact avec le sang; tandis que la durée de ce contact est bien abrégée si, avec le même rythme respiratoire, nous faisons une inspiration très courte et une expiration prolongée. Autrement dit, en respirant douze fois par minute, et en faisant des inspirations d'un litre, nous pouvons garder pendant cinq secondes (outre l'air résiduel) tantôt 100, tantôt 500, tantôt 1000 centimètres cubes de l'air inspiré, suivant que nous ferons la pause à l'inspiration profonde ou à l'expiration forcée. Si l'on pouvait, en même temps que le rythme, noter exactement la profondeur et la durée des périodes inspiratoire et expiratoire, on serait peut-être très près de calculer, sans analyse chimique, les phénomènes chimiques de la respiration.

Mais revenons à l'influence de la pression sur la polypnée. En modifiant légèrement la soupape de Müller, qui a pour effet, comme vous le savez, de diriger automatiquement, dans un sens invariable, les courants gazeux qui la traversent, nous avons pu, M. Hanriot et moi, modifier à volonté la pression que doit vaincre l'animal qui respire. De plus, avec M. Langlois, nous avons réussi à mesurer exactement cet excès de pression, en mettant une sorte de manomètre à eau en communication avec la soupape de Müller ainsi modifiée.

Il faut savoir que l'excès de pression que les animaux peuvent vaincre est, d'ailleurs, relativement très faible; pour l'homme, la résistance que peut vaincre l'inspiration est donnée par une colonne de mercure de 10 à 15 centimètres de mercure; encore ce dernier chiffre n'est-il atteint que par les individus extrêmement vigoureux.

Dans ces conditions, c'est l'expiration qui est la plus pénible; l'inspiration, en effet, est mieux assurée, car presque tous les muscles de la respiration sont des muscles inspirateurs, et, dans l'état normal, l'expiration se fait par le retrait élastique des parties dilatées par l'inspiration. Les muscles expirateurs n'entrent en action que très exceptionnellement, dans le rire, le hoquet ou la toux. Aussi, lorsque ces muscles doivent fonctionner d'une façon continue, l'expiration devient-elle des plus pénibles.

Les chiens peuvent tant bien que mal vivre et respirer si la pression ne dépasse pas 3 à 4 centimètres de mercure; mais, avec une pression de 6 à 8 centimètres, la mort survient assez rapidement, au bout d'une demi-heure environ (quelquefois moins, quelquefois plus), par l'asphyxie lente, qui résulte de l'épuisement des muscles expirateurs.

Eh bien, quand on fait respirer des animaux en état de polypnée thermique au travers de la soupape de Müller, la polypnée se ralentit et disparaît bientôt; dès lors, le mécanisme de refroidissement cessant de fonctionner, l'échauffement se produit.

Ce cas rentre dans ce que je vous ai dit de l'influence qu'exercent les moindres obstacles, comme par exemple la base de la langue, sur ce rythme respiratoire particulier.

XVIII.

Si l'élévation de la température accélère le rythme respiratoire, inversement le refroidissement ralentit ce rythme. Je n'insisterai pas davantage sur ce point. Je dois cependant attirer votre attention sur un fait qui paraît contradictoire avec l'hypopnée que détermine le froid. Mais vous allez voir que la contradiction n'est qu'apparente.

Voici un canard que je refroidis en le tenant immobile dans un courant d'eau froide. Normalement, il a 20 respirations par minute; mais, à mesure que je le refroidis, voici que, de 20, ce rythme monte tout d'abord à 30, à 40 et même à 50 respirations. Le froid aurait-il donc chez ce canard la même action que le chaud? Nullement; mais cette polypnée, que l'on pourrait appeler *polypnée de froid*, résulte de la mise en jeu d'un mécanisme particulier, très intéressant, de régulation thermique.

Pour ne pas mourir de froid, ce canard doit produire beaucoup de chaleur, et il ne peut y arriver qu'en contractant ses muscles et en produisant, par là, une grande somme de chaleur. Or qu'est-ce qu'une contraction générale de tous les muscles? C'est une sorte de tétanos, un frisson général. Si, quand on a froid, on a le frisson, c'est que le frisson réchauffe. De là, pendant toute la durée du frisson, une consommation musculaire exagérée qui résulte du fonctionnement de cet appareil de réchauffement. De là une polypnée chimique due à l'augmentation des échanges interstitiels par le travail musculaire accru.

Le frisson est, en effet, pour les animaux, comme pour l'homme, une source de calorification qui intervient toutes les fois que la température baisse, et on le constate surtout quand l'animal refroidi est condamné à l'immobilité. La volonté étant impuissante à faire agir les muscles pour produire de la chaleur, ceux-ci entrent néanmoins en action par des contractions limitées, mais fréquentes, qui constituent précisément le frisson.

Je ne puis, en ce moment, aborder l'étude du frisson; mais je dois vous dire que le frisson, comme la polypnée, est un phénomène à la fois *réflexe* et *central*, et qu'il constitue, comme la polypnée, un admirable appareil de régulation thermique; mais c'est une régulation pour faire de la chaleur, tandis que la polypnée est une régulation qui fait du froid.

XIX.

Quelques mots, très sommaires, pour mentionner l'influence des nerfs pneumogastriques sur le rythme de la respiration. Cette question est une des plus difficiles et des plus obscures de la physiologie.

Le nerf pneumogastrique, vous le savez, est un nerf mixte, sensible et moteur, qui envoie des filets à de nombreux organes ; on peut presque dire à *tous* les organes du thorax et de l'abdomen.

Voici un chien en polypnée thermique, dont la température est de 42°. — Vous constatez que ce rythme précipité de la respiration est de temps à autre interrompu par des mouvements de déglutition. — Pour le dire en passant, le centre qui préside à ces derniers mouvements a une action inhibitoire sur le centre de la respiration. — Eh bien, si nous sectionnons un des pneumogastriques de ce chien, nous observons un court arrêt de sa respiration, assez analogue aux arrêts précédents, dus à la déglutition ; mais, après quelques secondes, la respiration reprend sa fréquence première, caractéristique. Il y a eu une inhibition réflexe qui a duré quelques instants, sans effet durable.

Sectionnons maintenant l'autre pneumogastrique, et nous observerons encore le même phénomène. Seulement, cette fois, l'arrêt se prolongera un peu plus longtemps. Toutefois, le rythme polypnéique reparaît bientôt, dans toute son intensité, comme si les nerfs vagues n'avaient pas été coupés.

Ce qui se passe chez un animal normal est un peu différent. Après la section des pneumogastriques, la respiration reprend, il est vrai, toujours ; mais elle devient très ralentie. C'est là un fait brut, que nous le savons, d'ailleurs, malgré les nombreuses expériences et les hypothèses plus nombreuses encore, pas encore expliquer tout à fait complètement, mais qui prouve une fois de plus que la polypnée thermique reconnaît d'autres causes que le besoin chimique de respirer, et qu'il existe un appareil bulbaire, frigorifique, dont cette polypnée manifeste la mise en jeu.

Bien entendu, au moment où l'on sectionne les pneumogastriques, et alors que le rythme respiratoire se ralentit, on voit le rythme cardiaque s'accélérer.

Ce double phénomène est bien connu : le ralentissement de la respiration est dû à la suppression des impressions venues du poumon par les fibres sensitives, centripètes, contenues dans les nerfs pneumogastriques ; l'accélération des mouvements cardiaques est due à la suppression de l'influx modérateur qui vient des centres par les fibres centrifuges, motrices, de ces mêmes nerfs.

Mais je n'insiste pas sur ces faits très simples. Le seul point sur lequel je dois insister, parce qu'il n'est pas établi dans les ouvrages classiques, c'est que souvent le ralentissement respiratoire, dû à la section des deux nerfs vagues, n'est pas *immédiat*. Il semblerait que le ralentissement devrait s'établir aussitôt. Eh bien, il n'en est pas ainsi. Il faut un certain temps, quelques minutes, parfois même une demi-heure, et parfois plus encore, pour qu'il atteigne sa période d'état. Les choses se passent comme si le rythme normal, en vertu de la vitesse acquise, persistait pendant quelque temps, même après que les deux nerfs vagues ont été coupés.

Une question qui serait à traiter, à propos du rythme respiratoire dans l'asphyxie, serait celle de savoir si, quand on vient à exciter le bout périphérique des pneumogastriques, la respiration s'arrête en inspiration ou en expiration. Sur ce point, les physiologistes sont partagés. Paul Bert a essayé de les mettre d'accord en disant que la respiration s'arrête au temps où elle en est au moment de l'excitation du nerf. Pour moi, d'après d'assez nombreuses expériences, je serais tenté de croire, comme M. Fredericq, que, chez les animaux normaux, elle s'arrête en inspiration, alors qu'elle s'arrête en expiration chez les animaux chloralisés.

XX.

D'autres conditions encore ont de l'influence sur le rythme respiratoire, parmi lesquelles la tension de l'oxygène et la pression sont des plus intéressantes à étudier, par l'éclaircissement qu'on en peut tirer sur cette difficile question de la respiration de *luxe*.

Il est en outre important de voir ce que devient le rythme respiratoire quand la tension de l'oxygène varie ; car les inhalations d'oxygène sont assez employées aujourd'hui en thérapeutique, et elles constituent un traitement stimulant qui n'est pas une ressource négligeable.

Tout d'abord, la ventilation pulmonaire ne varie pas quand on fait respirer de l'oxygène pur à un animal. Cette ventilation n'est donc pas sous la seule dépendance du besoin d'oxygène, et il y a par conséquent une respiration de luxe.

Inversement, si nous diminuons de moitié la tension de l'oxygène, en faisant respirer un mélange, par parties égales, d'air et d'hydrogène, la respiration n'est pas non plus accélérée ; c'est encore une preuve du luxe de la respiration normale.

XXI.

On peut varier la pression en faisant respirer un chien par la soupape de Müller. Plus il y a d'eau dans la soupape, plus la pression à vaincre est forte.

Si cette pression est de 0^m,70 d'eau, la respiration s'arrête, l'animal étant absolument incapable de franchir l'obstacle. Entre 0^m,70 et 0^m,40 d'eau, il peut respirer, mais pas longtemps; et il faut arriver à une pression de $0^m,20$, pour que l'animal respire, péniblement il est vrai, mais suffisamment toutefois pour entretenir la vie.

Dans ces conditions, on peut considérer la quantité d'air introduite dans le poumon comme correspondant au strict nécessaire et comme représentant un minimum de ventilation.

Voyons donc à quel point cette ventilation à forte pression diffère de ce qu'elle est dans la respiration de luxe (à pression nulle) :

Pression.	Ventilation (litres d'air par kilogramme et par heure.)
A $0^m,70$	0
De $0^m,70$ à $0^m,40$	5
De $0^m,40$ à $0^m,20$	10

Cinq litres d'air par kilogramme et par heure, cela constitue une ventilation insuffisante ; 10 litres représentent donc la ventilation minima compatible avec la vie prolongée de l'animal.

Or, comme la ventilation normale, à l'air libre, est de 20, 30 et même 50 litres d'air par kilogramme et par heure, il faut en conclure que les animaux respirent de deux à cinq fois plus que cela n'est strictement nécessaire.

Et voilà encore une nouvelle preuve de la respiration de luxe.

Cette force de la respiration, très limitée, comme on le voit, n'est pas modifiée par la section des pneumogastriques. Le rôle de ces nerfs doit donc être considéré comme celui d'un régulateur, qui maintient le rythme de la respiration à sa fréquence normale : son action est celle d'un volant, en quelque sorte, qui conserve à la machine son mouvement, indépendamment de la force motrice ou de la résistance ; ce n'est pas un rôle d'excitateur.

L'influence du refroidissement est également nulle sur la force de la respiration. Toutefois, vers 25°, à une température qui paraît être chez les chiens une température critique qu'il ne faut guère dépasser, la respiration tombe subitement et devient très faible.

Il n'en est pas tout à fait de même de la chaleur, dont l'influence, même quand l'hyperthermie est médiocre, est surprenante.

Si, en effet, on échauffe des chiens, on constate que leur force respiratoire diminue énormément, et qu'ils sont menacés d'asphyxie avec des pressions de $0^m,20$ et même de $0^m,10$ d'eau.

L'influence de certains poisons n'est pas moins curieuse, par la dissociation qu'elle établit entre la force de l'inspiration et la force de l'expiration.

Si, en effet, l'on observe un animal chloralisé et respirant avec une pression de $0^m,15$, égale à l'inspiration et à l'expiration, on constate bientôt, à mesure que le chloral est absorbé et que l'intoxication progresse, un

affaiblissement parallèle de l'expiration. Il ne suffit plus alors de diminuer la pression à l'expiration : il faut *la supprimer* complètement, car, même avec la très faible pression de $0^m,05$, l'animal serait bien vite asphyxié.

Ce phénomène est facile à comprendre, si l'on veut bien réfléchir à la nature des mouvements d'inspiration et d'expiration.

Il y a un effort inspirateur, et cet effort, qui — dans les conditions ordinaires — n'est ni volontaire ni réflexe, est un phénomène automatique.

Mais l'expiration n'est pas un phénomène automatique ; c'est un effet mécanique, comme je vous l'ai dit plus haut. Normalement, c'est la simple conséquence de l'élasticité du thorax et de l'élasticité du poumon. Une expiration en général est la conséquence mécanique de la distension inspiratoire préalable des organes de la respiration. C'est un de ces nombreux exemples de prudente économie que la nature nous fournit, évitant toujours, autant que possible, le travail musculaire, quand elle peut le remplacer par des appareils élastiques. Il semble, en effet, que, partout où elle le pouvait, la nature ait réalisé de l'économie musculaire.

Ainsi l'expiration est un phénomène passif, alors que l'inspiration est active ; et même l'expiration ne devient active que très exceptionnellement, et d'une façon tout à fait temporaire, lorsque nous toussons, rions ou soufflons.

Elle peut donc être volontaire ou réflexe, mais elle n'est pas automatique.

Or, quand un animal est profondément chloralisé, comme ses mouvements volontaires sont supprimés et ses réflexes paralysés, il n'y a plus chez lui d'action réflexe ni d'action volontaire. Par conséquent, nulle autre expiration n'est possible que l'expiration mécanique, due à l'élasticité des tissus, et, comme cette expiration mécanique n'a qu'une force très médiocre de $0^m,025$ d'eau environ, pour une pression plus forte que $0^m,03$, l'asphyxie arrive sans résistance. D'où le paradoxe expérimental apparent que l'animal peut vivre, si l'on surcharge de $0^m,20$ d'eau la colonne de l'inspiration, tandis qu'il asphyxie, si l'on surcharge seulement de $0^m,05$ la colonne de l'expiration.

C'est là un phénomène important à connaître, surtout pour le chirurgien ; car, lorsqu'il donne du chloroforme, il doit avoir soin de supprimer tous les obstacles à l'expiration, obstacles qui peuvent provenir des vêtements, de la position, de la chute de la langue sur la glotte, etc.

XXII.

Il nous reste à dire quelques mots sur l'influence de l'hémorragie.

L'hémorragie et l'asphyxie sont deux phénomènes similaires : en réalité, ils se réduisent tous deux à la même condition chimico-physique, diminution de l'apport de l'oxygène aux tissus.

Aussi, dans les deux cas, observe-t-on la même modification de la respiration, qui devient plus ample et plus fréquente : c'est le type de la *respiration asphyxique* ou *dyspnée*.

Cependant, si l'on asphyxie un animal polypnéique, la respiration se ralentit, au lieu de s'accélérer.

Dans le premier cas, le rythme de la respiration passera de 20 à 40, par exemple, si l'on fait respirer de l'acide carbonique à un chien normal; dans le second cas, si l'on fait respirer de l'acide carbonique à un chien polypnéique, le rythme tombera de 200 à 40.

Ainsi l'asphyxie accélère la respiration normale et ralentit la respiration polypnéique.

Il ne faut pas confondre le rythme asphyxique avec le rythme agonique. Celui-ci est constitué par des respirations très profondes, *derniers soupirs*, entrecoupés de longues pauses et de grands silences, qui ont parfois une durée d'une demi-minute et même plus.

On le produit expérimentalement en réalisant l'anémie totale, en saignant l'animal à blanc, ou, ce qui revient au même, en électrisant le cœur.

Alors, en effet, le cœur s'arrête; toute circulation cesse, et cependant le rythme respiratoire, quelque altéré qu'il soit, ne s'arrête pas immédiatement. D'abord ce sont de petites respirations fréquentes; puis elles s'affaiblissent, puis elles cessent; puis survient un très long silence; puis, tout d'un coup, apparaît une grande respiration, très profonde, suivie de deux ou trois autres. Puis de nouveau un grand silence, auquel succèdent une, ou deux, ou trois respirations profondes. Le même phénomène se reproduit ainsi deux, trois ou ou quatre fois, jusqu'à ce que finalement la respiration cesse. Les choses se passent ainsi dans toutes les intoxications où le cœur est arrêté avant la respiration.

XXIII.

Il est intéressant d'étudier, à propos de l'asphyxie et de ses rapports avec le rythme respiratoire, combien sont différentes les conditions dans lesquelles l'asphyxie se produit chez les animaux refroidis et chez les animaux échauffés.

Voici deux lapins, dont l'un a été plongé et tenu immobile durant une heure dans un bain d'eau froide et dont l'autre a été laissé pendant le même temps dans un bain à 45°. La température du premier est descendue à 19°, et celle du second est montée à 42°,5.

Nous faisons la ligature de la trachée à l'un et à l'autre au même moment.

Voyez ce qui se passe chez l'animal échauffé : comme chez l'homme qui se noie, c'est d'abord, pendant la première minute, la période de l'angoisse respiratoire et des mouvements désordonnés; puis, la conscience

disparaît, et dans la seconde minute, ce ne sont plus que des mouvements réflexes et automatiques. Dans cette période, l'homme qui se noie est encore capable de saisir la perche dont on le frappe; mais il ne conservera aucun souvenir de son sauvetage, tout phénomène psychique étant alors aboli. Enfin, après la seconde minute, les réflexes commencent à disparaître, et le réflexe cornéen tout d'abord, qui est le plus fragile. Après deux minutes et demie, plus de mouvements réflexes : les mouvements automatiques seuls persistent; mais bientôt ceux-ci mêmes vont disparaître, et vous voyez la respiration s'arrêter : il y a trois minutes que l'asphyxie a commencé. Le cœur cependant bat encore... Il s'arrête maintenant, et nous sommes à peine à la quatrième minute.

Qu'est devenu pendant ce temps notre lapin refroidi?

Eh bien, il respire encore; vous voyez qu'il fait de grands efforts respiratoires, et ces efforts persistent, comme vous le voyez, pendant dix minutes... Maintenant tout est arrêté. Mais attendons encore deux minutes; vous voyez que, même après douze minutes d'asphyxie, il est possible de le ranimer en lui faisant la respiration artificielle et en lui rendant de l'oxygène.

Ainsi se marque l'influence énorme de la température sur les échanges chimiques des tissus. A basse température, ces échanges sont très ralentis, et la vie peut se maintenir longtemps à l'aide des réserves d'oxygène contenues dans le sang. Au contraire, si la température est très élevée, ces réserves sont vite consommées, et la mort survient rapidement.

Pour cette même raison, si l'on fait respirer de l'oxygène pur, pendant quelque temps, à un animal chloralisé, et si on le met ainsi en état d'apnée, on constate que l'asphyxie n'apparaît qu'au bout d'un temps considérable : elle ne survient même que plus d'une demi-heure après la ligature de la trachée. Deux causes agissent en effet ici, dans le même sens, pour prolonger la vie : la saturation du sang par l'oxygène, c'est-à-dire l'augmentation des réserves du gaz vital, et la modération des échanges chimiques, de la consommation des tissus, sous l'influence du chloral.

Ce sont là des faits très importants aux points de vue médical et thérapeutique.

XXIV.

Pour terminer, quelques mots sur l'asphyxie chez les animaux plongeurs.

L'observation des animaux plongeurs a prouvé à Paul Bert que la résistance de ces animaux à l'asphyxie tient aux réserves d'oxygène contenues dans leur sang.

Plongez un canard dans l'eau, et vous serez surpris de le voir rester complètement immobile; il ne se dé-

bat pas, il ne bouge même pas. Faites la même expérience avec un oiseau quelconque, une poule, par
exemple, et vous verrez celle-ci s'agiter et faire des
efforts pour échapper.

Le résultat de cette réaction différente est remarquable : après trois ou quatre minutes, la poule sera
morte, tandis que le canard, une fois sorti de l'eau, se
secouera un peu et ne paraîtra nullement incommodé.
On aurait même pu, dit-on, le maintenir vingt minutes
sous l'eau sans l'asphyxier.

Cette résistance des animaux plongeurs tient à deux
causes : d'une part, à leur instinct qui les tient immobiles, et fait qu'il n'y a pas la moindre quantité d'oxygène consommée en mouvements inutiles; d'autre part,
à la quantité considérable de leur sang, relativement à
leur poids, et, par suite, à la grande réserve de l'oxygène
en circulation.

Charles Richet.

ANTHROPOLOGIE

L'origine de la peinture.

On répète volontiers que l'Égypte est le berceau des
arts ; cependant des archéologues comme Lartet,
Garrigue, Cristi, Vibro, et d'autres encore, ont montré
que les premières manifestations artistiques remontaient à des époques bien antérieures aux anciennes
civilisations égyptiennes. D'après ces auteurs, ces premières manifestations seraient contemporaines de la
présence du renne dans le midi de la France, alors
que le mammouth n'en était pas encore complètement
disparu, alors que l'homme, ignorant les métaux, se
fabriquait tous ses instruments avec la pierre, les os
et le bois. En réalité, les premières œuvres d'art et,
en particulier, les premiers essais de dessin datent de
ces temps préhistoriques.

En France, en effet, c'est dans les cavernes, à côté
des restes fossiles d'animaux maintenant disparus,
comme le mammouth, ou ayant abandonné depuis ces
régions, comme le renne, que ces premiers vestiges
d'œuvre d'art ont été reconnus, sous la forme de dessins
gravés par la pointe du silex, et servant d'ornements
à des objets en corne de renne, tels que des manches de
poignard ou des bâtons de commandement. D'autres
dessins ont été également observés sur des tablettes
de pierre, de corne ou d'ivoire provenant de dents de
mammouth.

Notre intention n'est pas d'insister sur les dessins
rudimentaires, purement linéaires d'ailleurs, en lesquels consistent ces ornements. Nous voudrions attirer
surtout l'attention sur des œuvres plus parfaites et
plus caractéristiques, dans lesquelles, suivant les

termes de Carl Vogt, l'esprit d'observation et d'imitation de la nature, et surtout de la nature vivante, se
serait remarquablement manifesté.

L'image du mammouth mérite qu'on s'y arrête tout
d'abord. Voici un dessin trouvé dans la caverne de la
Magdelaine, dans la Dordogne : il est gravé sur une ta-
blette en os de mammouth, et on est frappé par l'attitude gauche du corps massif de l'animal, par ses longs
poils, par la forme de son crâne élevé, au front concave,
par ses énormes défenses recourbées. Tous ces traits,
caractéristiques de ce type disparu de pachyderme,
ont été reproduits par le dessinateur avec une netteté
véritablement artistique. A l'époque où vivait cet artiste
primitif, le mammouth était déjà très rare en Europe,
et c'est peut-être la cause pour laquelle, parmi les
nombreux dessins trouvés en France dans les cavernes,
on n'en connaît que deux se rapportant à cet animal (1). Le second de ces dessins, trouvé dans la Lozère,
représente une tête de mammouth sculptée sur un
bâton de commandement.

On rencontre plus souvent l'image du chamois, de
l'ours et du bœuf; mais ce sont les dessins du renne
qui sont les plus nombreux. Les uns sont gravés sur
des plaques en os, et les autres servent d'ornement à
des objets divers. Parfois, des groupes d'animaux sont
représentés, ou, au contraire, les animaux sont seulement dessinés en partie, et on n'en voit que la tête, ou
la tête et la poitrine.

La grande majorité de ces dessins ne dépasse pas,
comme valeur d'exécution, ceux que font nos écoliers
sur les murs; toutefois, les images du renne leur sont
en général supérieures par le soin remarquable avec
lequel sont tracées les lignes caractéristiques de l'animal, et aussi, dans des exemples assez rares d'ailleurs,
par l'addition de quelques ombres. On reconnaît manifestement que le dessinateur des cavernes a été surtout
intéressé par le renne, qui fournissait à ses contemporains la principale nourriture, en même temps que
la matière des vêtements, des armes de chasse et des
objets de ménage. On sait, en effet, que l'habitant des
cavernes se nourrissait de chair de renne, se recouvrait de la peau de cet animal, qu'avec ses tendons il
faisait des fils, et qu'il taillait dans ses cornes la pointe
de ses flèches. En d'autres termes, comme le renne
n'était pas encore domestiqué, il représentait pour ces
hommes primitifs un gibier précieux, et sa chasse
occupait la plus grande partie de leur existence. Ainsi
peut-on expliquer que cet animal ait surtout hanté
l'imagination de l'artiste de ces temps. Les dessins du
chamois, de l'ours, du bœuf sont néanmoins parfois
d'une exactitude frappante et d'une réelle valeur.

Outre ces dessins de mammifères, on a trouvé dans

(1) De semblables ornements linéaires ont été trouvés dans des
cavernes, en Belgique, et sont rapportés par Dupont à l'âge du mammouth.

les cavernes, en France, un certain nombre de dessins de poissons, assez exacts, mais très uniformes. Tous ces dessins, d'après Broca, pourraient se rapporter au saumon.

En somme, tous ces vestiges des arts primitifs du dessin prouvent abondamment que les hommes de cet âge préhistorique observaient avec soin les formes et les attitudes des animaux, et étaient capables de les représenter d'une manière exacte et élégante, témoignant d'un véritable sens artistique (Broca).

On n'a rien observé de semblable relativement à la reproduction de la figure humaine, et les dessins de ce dernier genre sont extrêmement rares. En voici deux : le premier représente un homme nu, armé d'une massue et entouré d'animaux; le second représente une scène de pêche, un homme lançant un harpon sur un animal marin, un poisson, d'après Broca, une baleine, suivant d'autres auteurs. Mais ici c'est l'homme qui nous intéresse surtout : l'ensemble du dessin est puéril et presque difforme, et les proportions sont outrageusement violées. Or ce n'est pas là une exception, car l'examen de tous les dessins de cette nature prouve que les hommes de ces temps, très habiles dans leurs représentations des animaux, et principalement les animaux qui avaient pour eux une grande importance, dessinaient très mal la figure humaine. « Je ne sais, dit Broca, ce qui les empêchait de se perfectionner sur ce point, mais le fait est indiscutable, et il est certainement très caractéristique. »

Un autre point, qui n'est pas moins caractéristique, c'est l'absence complète de dessins représentant des végétaux. On n'a jamais trouvé un dessin d'arbre, de buisson, ni même celui d'une fleur, à moins que l'on ne regarde comme tel celui de « trois petites rosettes » gravées sur un manche en corne de renne, et que quelques auteurs tiennent, en effet, pour l'image d'une fleur composée.

Cet exclusivisme incontestable des artistes des cavernes n'est évidemment pas accidentel, car le hasard n'explique rien; et on ne saurait non plus admettre, avec Carl Vogt, que le dessin primitif ait son origine dans une tendance générale de l'homme à l'imitation de la nature vivante.

Nous pensons que le but de ces productions artistiques était d'une tout autre nature, et que, à l'origine, celles-ci étaient destinées, non à l'ornementation des objets ni à l'imitation pure et simple de la nature, mais à *la production d'un instrument de lutte contre cette nature*. C'est cette proposition que nous voudrions établir dans ce qui va suivre, ce qui nous donnera l'occasion de fournir, chemin faisant, quelques indications sur l'origine de la peinture en général.

Nous ferons remarquer, avant tout, que rien ne prouve que l'homme de cette époque fût supérieur intellectuellement aux sauvages actuels; et, si nous ob-

servons ces derniers, nous constatons précisément que leurs dessins ont le plus souvent une signification toute différente de celle qu'elle a chez les peuples civilisés, et n'ayant plus rien de commun avec l'ornementation et l'esthétique en général. En effet, de nombreux faits prouvent que la pensée humaine, dans les degrés inférieurs de son développement, distingue mal les représentations subjectives de la réalité objective, et que les unes et les autres donnent naissance aux mêmes idées. Par exemple, un sauvage voyant en songe un des siens ne pourra pas imaginer que cette image soit indépendante de la substance organique même du personnage en question; et il verra entre les deux le même rapport qu'entre un corps et son image réfléchie par la surface de l'eau. C'est ainsi que les Bassoutos pensent que, si l'ombre d'un homme vient à se projeter sur l'eau, les crocodiles peuvent emporter l'homme lui-même. Une semblable identification peut être poussée à ce point, qu'on connaît quelques tribus qui emploient le même mot pour désigner l'âme, l'image et l'ombre (1).

C'est justement ce fait qu'il faut prendre en considération pour apprécier à son sens réel le dessin primitif, et rétablir les conditions au milieu desquelles il a pris naissance. Si l'on admet une relation matérielle entre l'image et l'objet comme entre l'ombre et l'objet, il devient évident que le sauvage doit se comporter d'une semblable manière envers l'image, l'ombre et l'objet. A son point de vue, l'image et l'objet qu'elle représente sont en étroite relation, et, en agissant sur l'une, on doit agir de la même façon sur l'autre.

C'est en raison de cette manière de voir que le sauvage est convaincu que le mal fait à l'image se produit sur l'objet lui-même (Lubbock). En d'autres termes, comme le dit M. Taylor, il pense qu'en agissant sur la copie, on doit atteindre l'original.

Les preuves sont nombreuses, qui démontrent l'importance que les sauvages attribuent à ce mode d'action sur l'original. Ainsi Waitz rapporte, d'après Denghame, ce fait que, dans une tribu de l'Afrique occidentale, il était dangereux de faire le portrait des indigènes, parce que ceux-ci craignaient qu'une partie de leur âme ne passât, par un sortilège quelconque, dans leur image. Lubbock signale aussi cette peur des sauvages dont on fait le portrait, et plus le portrait est ressemblant, plus le danger paraît grand pour l'original, car, plus il y a de vie dans la copie, moins il en doit rester dans la personne. Un jour que quelques Indiens ennuyaient fort M. Kane de leur présence, celui-ci en débarrassa promptement en leur disant

<hr/>

(1) Ainsi les Tasmaniens désignent du même mot l'esprit et l'ombre; les Indiens de la tribu Alcogine nomment l'âme *otakchyx*, ce qui veut dire son ombre. Dans la langue quizienne, le mot *natub* veut dire l'âme ou l'ombre. Le *neja* des Aravaques signifie ombre, âme et image. Les Abipontzs emploient le mot *loacal* pour désigner l'ombre, l'âme, l'écho et l'image (Taylor).

qu'il allait faire leur portrait. Cotlin raconte également le fait suivant, à la fois triste et comique : comme il dessinait le profil d'un chef d'une tribu, nommé Matochiga, les Indiens qui l'entouraient parurent tout à coup très émus : « Pourquoi n'a-t-il pas dessiné l'autre moitié de son visage ? demandaient-ils ; Matochiga n'a jamais eu honte de regarder un blanc en face. » Jusque-là, Matochiga ne paraissait pas offensé de la chose, mais un des Indiens s'approcha, et lui dit en le raillant : « L'Anglais sait bien que tu n'es que la moitié d'un homme, et il n'a dessiné que la moitié de ton visage, car l'autre ne vaut rien. » Une lutte sanglante suivit alors cette explication, et le pauvre Matochiga fut tué d'une balle qui frappa précisément le côté de la tête qui n'avait pas été dessiné.

Un fait encore plus caractéristique a été communiqué par M. Brouck, à propos d'un Lapon qui était venu le visiter, par simple curiosité. Le susdit Lapon ayant bu un verre d'eau-de-vie et semblant fort à son aise, M. Brouck s'était mis en mesure de faire son portrait, un crayon à la main. Tout à coup, l'humeur de notre homme change ; voici qu'il enfonce sa coiffure et se prépare à prendre la fuite. On s'explique, et le Lapon fait comprendre à l'imprudent dessinateur, que s'il lui avait laissé prendre son image, il lui aurait du même coup laissé prendre sur lui une influence dont il aurait pu abuser.

Un des écrivains du siècle dernier, Charlevoix, raconte des Illinois et de quelques autres tribus, qu'ils font de petites figures représentant ceux dont ils veulent abréger la vie, et qu'ils percent ces images à l'endroit du cœur. A Bornéo, il existe encore une coutume qui consiste à faire, en cire, la figure de l'ennemi que l'on veut ensorceler, et à mettre fondre cette figurine auprès du feu : on admet que l'individu visé se désorganise à mesure que son image disparaît (Taylor). C'est encore de cette façon que procèdent les sorciers péruviens, avec cette différence que leurs figures sont faites avec des chiffons. Enfin, dans les Indes, suivant Dubois, on pétrit, avec des cheveux ou des morceaux de peau, de la terre recueillie en quelque endroit fort sale, on en fait une figure sur la poitrine de laquelle on inscrit le nom d'un ennemi, puis on perce la figurine avec des aiguilles, ou on la mutile de quelque façon : toujours en raison de cette croyance que le même mal sera subi par la personne représentée.

Les vestiges de cette superstition primitive se retrouvent, d'ailleurs, chez les peuples civilisés, car ainsi que le rapporte Grimm, au XIᵉ siècle encore, il y eut des juifs accusés, en Europe même, d'avoir tué l'évêque Ébergard à l'aide d'un sortilège semblable. Ces juifs auraient fait une figurine de cire représentant l'évêque, auraient corrompu un prêtre pour en obtenir le baptême, puis y auraient mis le feu. A peine la cire fondue, l'évêque aurait été atteint d'une maladie mortelle. Le fameux aventurier Jacob, chef de Pastoureaux, qui

vivait au XIIIᵉ siècle, croyait sérieusement, ainsi qu'il le dit dans sa *Démonologie*, que le diable enseigne aux hommes l'art de faire des images de cire et d'argile, images dont la destruction entraîne la maladie et la mort des personnages qu'elles représentent. Du temps de Catherine de Médicis, c'était un usage de faire de telles figurines en cire, de les faire fondre à feu lent ou de les percer avec des aiguilles, afin de faire souffrir ses ennemis. Cette opération s'appelait l'envoûtement.

On peut enfin mentionner l'opinion des premiers écrivains chrétiens, qui pensaient que la peinture et la sculpture ont été interdites par l'Écriture sainte, et que, par conséquent, ce sont des arts nuisibles (Draper). Or il est douteux qu'une telle opinion se fût produite, si elle n'avait eu à sa racine cette idée des peuples primitifs, que l'art du dessin est un instrument de sorcellerie, au moyen duquel on acquiert la puissance d'agir sur un individu. Encore actuellement, les musulmans ont l'horreur de l'image, et le Coran interdit absolument, non seulement l'action de faire faire son portrait, mais même la possession de quelque image que ce soit.

Nous ne finirions pas si nous voulions citer tous les faits qui prouvent que, dans l'esprit de l'homme primitif, il suffit de posséder un objet quelconque — un morceau de l'habit, des cheveux, un fragment d'ongle — ayant appartenu à un individu, pour avoir la puissance d'agir sur cet individu et de lui nuire. La croyance en l'efficacité de ce moyen est même tellement forte actuellement chez quelques peuplades arriérées, que les individus qui ont quelque raison de se méfier des autres cachent leurs habits pour qu'aucune partie de ces derniers ne puisse leur être dérobée. D'autres, lorsqu'ils se sont coupé les cheveux ou les ongles, en mettent les parties coupées sur le toit de leur habitation, ou les enfouissent dans la terre. C'est encore ainsi que les paysans de certains pays enterrent les dents qu'ils se sont fait arracher.

Ajoutons encore, pour compléter ce tableau, que l'écriture, pour le sauvage, jouirait de la même force magique que le dessin, ce que l'on comprendra facilement, si l'on se rappelle que l'écriture figurée précéda l'écriture par lettres ou signes conventionnels quelconques, et se rencontre encore chez certaines tribus sauvages (Taylor). Dans ces écritures figurées, on indique que l'homme ou l'animal représenté sont sous l'influence d'un mauvais sort par un trait allant de la bouche au cœur. Un tel signe équivalait à une véritable prise de possession de l'animal ou de l'individu représenté.

Il nous paraît douteux qu'on puisse donner des preuves plus évidentes de la signification toute spéciale attribuée par le sauvage au dessin, considéré par lui comme instrument de puissance sur autrui ; et si les exemples que nous venons d'accumuler se rapportent surtout à l'homme, il est logique d'admettre que le même procédé, c'est-à-dire la figuration des animaux, a joué un rôle analogue dans la lutte du sauvage contre ses ennemis naturels. Il existe d'ailleurs des faits qui confirment cette hypothèse.

Suivant M. Tanner, les Indiens de l'Amérique du Nord, pour assurer le succès de leurs chasses, font des dessins grossiers de l'animal qu'ils poursuivent et les transpercent au niveau du cœur, convaincus qu'ils obtiendront de cette façon le pouvoir de faire tomber la proie convoitée entre leurs mains. Taylor rapporte, d'après un ancien observateur des Australiens, que les indigènes, dans une de leurs danses de gestes, font avec des herbes une figurine de kangourou, afin de pouvoir se rendre maître des véritables kangourous de la forêt. Dans l'Amérique du Nord, quand un Alagouquinien veut tuer quelque animal, il fait une figurine de cet animal avec de l'herbe et la pend dans son habitation; puis, après avoir répété plusieurs fois cette phrase caractéristique : « Regarde comme je tire! », il lance une flèche contre cette poupée. Si la flèche a porté, c'est que l'animal sera tué le lendemain.

De même encore, si le chasseur, ayant touché le bâton d'un sorcier avec sa flèche, arrive à frapper de cette flèche la trace de l'animal, celui-ci sera arrêté dans sa fuite et retenu jusqu'à ce que le chasseur puisse s'en approcher. On arriverait facilement, suivant le dire des indigènes, à un résultat semblable en dessinant la figure de l'animal sur un morceau de bois, et en adressant à cette image les vœux se rapportant au but que l'on poursuit (Choulkraft).

Voici donc en quoi aurait consisté, à l'origine, le rôle du dessin. Une chanson indienne explique d'ailleurs admirablement ce rôle, en ces quelques mots : « Mon dessin fait de moi un dieu! » et il est vraiment douteux qu'on puisse exprimer plus fortement la foi en la puissante signification de l'art de dessiner, en tant qu'instrument à l'aide duquel l'homme primitif obtiendrait un pouvoir surnaturel sur son ennemi ou sur son gibier.

Considérons maintenant, à la lumière de ce qui précède, les œuvres de l'homme des cavernes, et nous devrons reconnaître que le but qui les a inspirées a vraiment bien peu de points communs avec le sens du beau ou la tendance à l'imitation; et il est bien clair que si, dans l'esprit de l'homme primitif, il existe une relation matérielle entre un être et son ombre ou son image, cet homme a pensé que la même relation était conservée entre cet être et son image transportée sur un objet quelconque. Le but à atteindre, c'était de s'emparer de l'ombre de l'objet convoité, et le seul moyen de le faire, c'était d'essayer de fixer sur un objet la silhouette de cette ombre.

Telle est, à notre avis, l'origine du dessin et par suite celle de la peinture.

Il est, en effet, digne de remarque, que toutes les œuvres de cette nature se rapportant à la péri embryonnaire des arts du dessin accusent le mé défaut de proportionnalité, la même absence de syn trie, si caractéristiques des silhouettes d'ombres. L'i pression uniforme donnée par ces dessins, c'est qu se rapportent, non aux objets eux-mêmes, mais à le ombre.

Il est également intéressant de noter que quelqu sauvages contemporains, certains Australiens, exemple, sont encore incapables de saisir le sens images fidèles les plus parfaites, tandis qu'ils co prennent facilement le sens d'un dessin grossier, proportionné. C'est ainsi que, pour leur donner l'i d'un homme, il faut le dessiner avec une tête f agrandie, détail qui a été précisément constaté sur dessin trouvé dans une caverne de France et repré tant un pêcheur. Celui-ci avait un tronc fort réd mais sa main, armée d'un harpon énorme, était ce d'un géant.

Dans sa lutte avec la nature ambiante, lutte don nous est presque impossible actuellement de nous fa une idée exacte, l'homme primitif avait surto besoin de posséder quelque moyen qui lui donnât foi en la victoire. En partant pour la chasse, il pren avec lui, comme le fait actuellement l'Indien l'Amérique du Nord, comme le font encore certain ment, sous une autre forme, quelques joueurs dans n cercles d'hommes très civilisés, le fétiche qui de assurer le succès, c'est-à-dire l'image de l'animal tuer. En gravant sur le manche de son poignard l'ima d'un renne ou de quelque autre animal, il ne se so ciait guère le succès d'ornementer son arme, mais pensait seul ment à exercer sur sa proie quelque pouvoir magiq Et précisément la croyance en cette force mystérie en lui donnant l'audace, l'énergie et la sûreté d mouvements, devait souvent lui procurer le succès. En toutes choses, la foi agit ainsi.

De même que le sauvage actuel, l'homme des cavernes devait également croire que, plus la ressemblance entre l'animal et son image était grande, plus grande aussi était la chance d'agir sur l'animal. De là le soin apporté dans la reproduction figurée des animaux surtout convoités, et contre lesquels il avait le plus à lutter; de là ces dessins si parfaits du renne, ce magnifique gibier de nos ancêtres (1).

Bien différents sont les caractères des dessins des

<hr>

(1) Voici pourquoi nous ne sommes pas d'accord avec les savants qui voient dans quelques-uns de ces dessins la preuve que le renne existait alors à l'état de domestication. On a, il est vrai, trouvé, en Lozère, l'image de deux rennes, dont l'un portait une sorte de licou. Mais l'absence de restes fossiles du chien, animal sans lequel la domestication du renne est impossible, plaide contre l'existence du renne domestiqué, ainsi que le remarque parfaitement C. Vogt. Pour nous, ce prétendu licou représente bien plutôt la ligne emblématique dont nous avons parlé, ligne allant de la bouche au cœur, indice du sort jeté à l'animal par le chasseur.

rnes humaines; et pour nous rendre compte de
s différences, il faut considérer la circonstance suinte : toutes les données archéologiques se rappor-
nt à l'époque du renne sont unanimes à prouver que
nomme de cet âge avait un caractère pacifique. Broca
ppelle ces hommes des « chasseurs pacifiques » et
ur attribue un « caractère doux ». Il fait remarquer
en parcourant tout leur arsenal, on ne trouve que
rarement des armes de guerre, et que, par consé-
nt, on peut se convaincre de la douceur de leurs
urs. L'éminent archéologue belge, M. Dupont, re-
rque de son côté que les habitants des cavernes de
pays n'avaient aucune idée de la guerre. Enfin, si
a le droit de comparer le sauvage actuel à l'homme
mitif, on trouve que l'Esquimau, qui s'en rapproche
plus, est tranquille et pacifique. Les Esquimaux
a connus Ross sur les rives du golfe de Baffin ne
uvaient parvenir à comprendre ce que c'est que la
erre, et ne possédaient aucune arme de guerre
ubbock).

Si donc on est autorisé à croire que les hommes des
vernes levaient très rarement la main l'un contre
autre, il n'en reste pas moins acquis qu'ils menaient
ne lutte acharnée et sans trêve contre les animaux.
ussi avaient-ils rarement l'occasion de s'exercer dans
e dessin de la figure humaine : d'où les grandes imperfections des images de cette nature, comparées à
celles des animaux.

En ce qui concerne les formes des végétaux, il faut
remarquer que la flore boréale de cette époque devait
fournir peu d'aliment à la superstition, n'étant nullement menaçante. Et, de fait, on n'a trouvé dans les
cavernes aucun dessin de plante.

En résumé, l'état de l'art du dessin chez l'homme
primitif apparaît en harmonie complète avec le sens
que nous avons attribué au dessin lui-même, celui-ci
tant considéré comme inspiré par la croyance à l'exis-
ence d'une relation matérielle entre un être et son
mage, et à la possibilité d'agir sur le premier par l'in-
rmédiaire de celle-ci.

Par suite, le principe de la peinture ne peut être
rouvé dans une tendance naturelle de l'homme primitif à l'imitation artificielle de la nature vivante,
mais paraît dériver au contraire du désir de soumettre
cette nature à ses besoins, et de la subjuguer.

Bien entendu, par la suite de ses perfectionnements
progressifs, l'art du dessin a perdu de plus en plus sa
signification primitive et son sens originel, jusqu'à
devenir ce qu'il est aujourd'hui. Il ne diffère pas cependant beaucoup de ce qu'il était à l'origine; car si
l'homme primitif pensait atteindre l'être vivant dans
son image, c'est encore la vie que l'homme civilisé
cherche aujourd'hui dans les œuvres d'art.

LAZAR POPOFF.

(Traduit du russe.)

PSYCHOLOGIE

L'évolution mentale chez l'homme,
d'après M. G.-J. Romanes.

La notion de l'évolution, de la transformation — qui n'est
point synonyme de progrès — est de celles qui ont depuis
quelques années acquis le plus grande extension : c'est peut-
être l'idée dominante de cette fin de siècle, dans le domaine
des sciences qui se rapportent à la matière vivante,
qu'il s'agisse de l'homme ou de la brute, de l'anatomie ou
de l'histoire, de la linguistique ou de l'embryogénie. Ce
n'est d'ailleurs point seulement une idée, ce n'est point une
hypothèse, c'est un fait, une réalité tangible, et qui se laisse
surprendre à chaque pas; l'énoncé même des faits en révèle
l'existence : la méconnaître n'est point possible.

Les dernières années ont vu éclore nombre d'œuvres qui
ont trait à l'évolution : dans les unes, il s'agit de l'évolution
des animaux, des organismes; ici, des transformations successives qu'a subies notre planète; ailleurs, de l'évolution
de telle forme sociale. Il en est de bonnes; j'en sais de très
suffisantes; *sunt pluraque mediocria*.

De la première catégorie, la seule qui nous intéresse, font
partie les œuvres de M. Romanes, le disciple et l'ami de
Charles Darwin. Il y a quelques années — nous en avons
parlé ici même — l'auteur anglais a publié un volume sur
l'évolution mentale chez les animaux. Ce travail, dans son
esprit, représentait le début d'une étude de psychologie
comparée, appliquée à l'homme et à l'animal; l'écrivain se
proposait d'étudier l'état mental des organismes animaux
et d'en suivre à travers la série, les perfectionnements
successifs, persuadé qu'il retrouverait chez eux les embryons, les rudiments des facultés supérieures de l'homme,
et qu'en somme les différences de celui-ci à l'animal, et
dans les divers types zoologiques, sont de degré, non de
nature; dès cette époque, M. Romanes se préparait à aborder l'étude de l'évolution mentale chez l'homme. Il croyait
alors possible de condenser en un seul volume ses idées —
avec les faits à l'appui — sur la matière : mais, venue l'heure
de la réalisation, il a reconnu la tâche impossible. L'évolution mentale de l'homme se marque et se révèle en effet par
des signes et des manifestations trop variées, trop nombreuses pour qu'on en puisse tenir le compte désirable sous
une forme concise. Toute l'œuvre humaine est le témoin,
la preuve de cette évolution, et cette œuvre ne se laisse
point résumer rapidement. Il a donc fallu procéder par
exposés successifs, et le premier de ces exposés relatifs à
l'évolution mentale de l'homme traite de l'origine des facultés (1); dans les autres, l'auteur étudiera l'évolution de
celles-ci à la lumière des documents concernant les manifestations variées de l'exercice de ces facultés, chez l'homme

(1) *Origin of human Faculty*. Un vol. in.g° de 452 pages; Londres,
Kegan, Paul, Trench and C°, 1889.

ancien, préhistorique ou historique, chez l'homme moderne; chez l'homme fossile encore, c'est-à-dire chez le sauvage, qui n'est à tout prendre que l'homme ancien perpétué jusqu'à nos jours. L'analyse de l'œuvre ardue et serrée de M. Romanes nous paraît devoir présenter quelque intérêt pour nos lecteurs : nous résumerons donc celle-ci, l'analysant simplement, sans la critiquer ni discuter, pour ne point allonger outre mesure ce travail.

Le point de départ de M. Romanes, c'est le fait incontestable de l'évolution organique, anatomique : il considère ce fait comme démontré pour la structure corporelle de l'homme aussi bien que de l'animal. Ce à quoi il veut arriver, c'est la démonstration de l'évolution mentale de l'homme, la preuve que cette évolution n'est que la continuation de celle qui existe chez les animaux dans le domaine psychique, et que les facultés considérées comme caractéristiques de l'homme ne sont autre chose que certaines facultés animales particulièrement développées.

A priori, si l'on tient pour démontrée l'évolution organique de l'animal et de l'homme, et l'évolution psychique du premier, il paraît invraisemblable que l'évolution se soit brusquement arrêtée à sa phase terminale, comme il le faut admettre si l'on reconnaît aux facultés humaines un caractère spécial qui les distingue absolument de celles de la bête. Cela est d'autant plus invraisemblable qu'il devient évident, à serrer le problème de plus près, que l'interruption, l'arrêt dont il s'agit a dû se produire exclusivement durant la période préhistorique, chez l'être mystérieux qui, né d'un singe anthropoïde, a procréé l'homme primitif. En effet, l'évolution mentale est évidente dans la série animale, y compris le singe; elle est évidente encore chez l'homme dans son ensemble (histoire des races et des civilisations) et dans chaque individu (évolution de l'enfant). Pour nous amener à admettre qu'il n'existe aucun lien de continuité entre les facultés mentales de la bête et celles de l'homme, et que le processus identique considéré, le processus évolutif, porte chez l'un et chez l'autre sur des phénomènes absolument distincts, il faudrait des raisons bien puissantes, démontrant qu'il existe entre l'âme de la bête et celle de l'homme au moins une différence essentielle, et telle que la continuité de celles-ci paraisse impossible. Cette différence, où la trouver, à supposer qu'elle existe ? Ce n'est point dans la sphère émotionnelle, assurément. Nos émotions, l'animal — je parle de l'animal supérieur — les connaît et les éprouve, elles ne nous sont point spéciales : elles atteignent chez l'homme un développement beaucoup plus considérable, mais c'est tout. La volonté, l'instinct, l'animal les possède comme nous. Restent la pensée, la moralité, et le sens religieux. La première est, sans conteste, la condition nécessaire des dernières; aussi convient-il de s'occuper de celle-là d'abord : dans une autre œuvre, M. Romanes considérera les deux autres éléments.

C'est évidemment dans le domaine de la pensée que se trouve la principale différence entre l'homme et la brute. Et pourtant à certains égards, même au point de vue spécial qui nous occupe ici, il y a similitude et correspondance parfaites. En quoi donc consiste la différence ?

M. Romanes aborde alors l'énumération des principales différences que l'on a cru pouvoir établir entre l'homme et la bête, et montre que nombre d'entre elles reposent sur des erreurs de fait ou d'interprétation, ou encore de logique. C'est une erreur de fait que de tenir les animaux pour des êtres dénués de sensibilité; c'est une erreur de logique que de les déclarer dénués d'un principe immortel, étant donné que l'on ne dispose point des moyens propres à établir l'existence de ce principe chez l'homme même, et qu'il est impossible de tenter cette recherche chez l'animal. En somme, la réelle différence est dans l'ordre de l'idéation; mais quelle est-elle ? Il est intéressant de noter que trois naturalistes éminents tiennent pour une différence de *nature*; mais, chose curieuse, ils s'appuient sur des raisons différentes et qui s'excluent mutuellement. Mivart déclare qu'il doit y avoir une différence de nature en raison de la grandeur de l'intervalle psychologique entre l'animal le plus développé et l'homme le plus dégradé; Wallace, en raison, au contraire, du fait que cet intervalle n'est pas aussi grand que l'on pourrait s'y attendre; M. de Quatrefages enfin considère qu'il n'existe point de différence réelle de nature entre l'intelligence de l'homme et celle de l'animal; la différence ne consiste qu'en l'absence chez ce dernier des sentiments moral et religieux. Ceci soit dit en passant, car M. Romanes ne fait que signaler cette opposition sans s'y arrêter plus longuement. La différence, avons-nous dit, doit être cherchée dans le domaine de l'idéation. Voyons donc quelle elle est : nous verrons par là quelle est sa nature. M. Romanes estime que les idées — il s'agit des idées de l'homme naturellement — peuvent se classer en trois catégories :

1° Souvenirs de perceptions : images mentales d'impressions passées; ce sont les idées simples, particulières ou concrètes, de Locke. Nul doute que ces idées ne soient communes à l'homme et à l'animal.

2° Les idées composées, complexes ou mixtes, engendrées par le mélange des idées de la première catégorie. Celles-ci s'associent entre elles d'après leurs ressemblances, ou parce que les objets ou phénomènes qui leur correspondent se présentent souvent d'une façon simultanée dans l'expérience; elles opèrent une fusion, et de la sorte plusieurs idées simples particulières se fondent en une idée *générique*. L'idée *générique* diffère de l'idée *générale* en ce que la première se forme spontanément, naturellement, alors que la deuxième suppose la réflexion consciente. Ces idées génériques, M. Romanes les nomme encore *récepts*. Les idées particulières ou *percepts* se groupent donc, par le fait de l'ordre et de la marche des événements extérieurs, en des idées génériques ou *récepts*; ceux-ci sont *reçus* du dehors : de là leur nom.

3° Les *concepts* : associations d'idées simples groupées, non plus par les forces extérieures à l'esprit, mais par cet esprit même, agissant avec conscience.

Les récepts existent chez l'animal, certainement : les concepts ou idées générales ou abstraites appartiennent à mme seul. Ces concepts diffèrent particulièrement des catégories précédentes en ce qu'ils représentent des objets de méditation : l'homme réfléchit à ces idées, les combine et les élabore. La faculté de ce faire n'est possible qu'à la condition de l'existence de la conscience : cela est évident. Ce qu'est la conscience, comment elle a pu prendre naissance, comment elle peut être à la fois sujet et objet de la pensée, cela ne doit pas nous occuper : elle est, et ceci suffit. Nous constatons, toutefois, qu'elle ne peut exister que si le langage existe. Celui-ci est la condition nécessaire de celle-là ; seul, il permet à l'esprit de fixer ses idées, de les définir, de les formuler clairement et d'en faire des objets de méditation.

Si nous adoptons cette classification des idées, nous voyons que le nœud de la question se trouve mieux localisé : nous avons à nous occuper du langage, condition de la conscience, condition elle-même des concepts, lesquels représentent l'élément caractéristique de l'esprit de l'homme et le différencient de celui de l'animal.

Le langage est une des formes de la production des signes, et présente des variétés distinctes, selon qu'il est involontaire ou volontaire, conventionnel ou naturel, émotionnel ou intellectuel, etc. Or, des variétés reconnues par M. Romanes (langage intentionnel, non intentionnel, non compris par celui qui le parle, naturel ou conventionnel, émotionnel ou intellectuel), la plupart sont communes à l'homme et à l'animal, de l'aveu de tous; mais le langage intellectuel ferait totalement défaut à ce dernier : l'animal serait donc hors d'état de désigner ses idées par un geste, un son ou un mot. À vrai dire, la différence réside essentiellement non dans les symboles du langage, mais dans les facultés intellectuelles ; l'homme seul est capable de formuler un jugement et de le vouloir énoncer ; seul, il fait des propositions. C'est du moins ce qu'affirment les psychologues cités plus haut. Mais en est-il bien ainsi? M. Romanes ne le pense pas, et, remarquant que si les animaux pouvaient seulement formuler des propositions — peu important les moyens — si simples fussent-elles, il ne subsisterait alors aucune différence de nature entre leur psychologie et celle de l'homme, il soumet à une analyse attentive la psychologie du jugement. Pour lui, le jugement — chez l'homme — ne commence point à la phase précise où l'esprit déclare que A est B, par exemple, mais à une phase plus reculée, celle où A est désigné par A. Mais ceci est un concept : nous sommes ramenés aux concepts. D'autre part, nous savons qu'il y a deux ordres d'idéation, réceptuel et conceptuel, et parallèlement il existe deux ordres de noms : chaque nom n'exprime pas nécessairement un concept ; il est des signes réceptuels ; l'enfant et l'animal en possèdent également. L'emploi de ces signes réceptuels constitue ce que M. Romanes nomme la dénotation, qu'il oppose à la dénomination, qui est spéciale aux signes conceptuels. Les noms dénotatifs, aussi bien que les noms dénominatifs, sont susceptibles de recevoir une extension connotative, chacun dans sa sphère, c'est-à-dire qu'un nom primitivement appliqué à un objet donné peut être appliqué à d'autres objets de même caté-

gorie, et ceci à un degré qui varie selon l'aptitude qu'a l'intelligence à percevoir les ressemblances ou analogies. On conçoit aisément que cette extension connotative doive aller plus loin dans la sphère conceptuelle que dans la sphère réceptuelle : toutefois, elle existe certainement aussi dans cette dernière. Le perroquet qui a appris à désigner un chien particulier par un signe vocal quelconque — baou-ouaou, par exemple — ne tarde pas à désigner tout chien quelconque par le même signe; l'enfant l'emploie même, pour désigner le modelage ou l'image de cet animal, et va plus loin que le perroquet. Le chien, plus intelligent que ce dernier, irait plus loin que lui dans cet ordre d'idées, s'il possédait la faculté d'articuler des sons. M. Romanes est d'avis que, chez le très jeune enfant, à l'âge où il ne possède point encore la conscience de lui-même, la dénotation réceptuelle est présente, qu'elle s'exerce avec fréquence et qu'elle subit des extensions considérables, si bien qu'il devient capable de construire des propositions réceptuelles. Notre auteur tient beaucoup à sa distinction entre l'extension réceptuelle et l'extension conceptuelle, tout en déclarant que si elle n'est point admise, l'issue de la discussion tourne tout en sa faveur, ce qui est exact. Mais il tient à conserver cette distinction, et elle consiste essentiellement en ce que, selon le cas, l'intelligence qui dénomme ou dénote est consciente ou inconsciente.

M. Romanes poursuit alors son étude de la dénotation et de la dénomination. L'idéation réceptuelle, étudiée chez l'enfant, présente deux phases : dans la première, il n'y a que des récepts d'ordre inférieur; dans la suivante se produisent des récepts d'un ordre plus élevé. Les premiers existent chez l'animal et chez le jeune enfant; les derniers existent chez l'enfant seul avant l'apparition de la conscience. D'autre part, il y a des concepts inférieurs (acte de dénomination consciente des récepts) et des concepts supérieurs (classification des autres concepts et dénomination consciente des résultats). A ces différents ordres de récepts et de concepts doivent correspondre des différents ordres de jugement; il doit exister des jugements préconceptuels ou non conceptuels, auxquels M. Romanes donne les noms de réceptuels et préconceptuels, selon qu'ils se rapportent aux récepts inférieurs ou supérieurs; seul, toutefois, le jugement conceptuel mérite véritablement le nom de jugement. M. Romanes ne prétend pas que l'animal juge réellement quand, sans pensée consciente, il opère des inductions pratiques, ou quand il emploie des noms dénotatifs; il énonce des vérités perçues, mais n'énonce point la perception des vérités, ce qui est tout différent. Pour les besoins de l'argumentation, il suffit que l'on voie que l'animal est en état d'opérer ces jugements rudimentaires. Ces jugements, l'enfant les réalise également. Avant de pouvoir énoncer une vérité, en tant que vraie, il commence par l'énoncer, la formuler, simplement; son intelligence ne lui permet pas d'aller plus loin. L'enfant présente donc des jugements réceptuels avant d'être en état de formuler des jugements conceptuels. Or il n'est en état de faire ceci qu'après l'avènement de la conscience, et c'est de ce phénomène qu'il nous faut nous occuper maintenant. L'étude n'en peut être faite que sur l'homme ou plutôt sur l'enfant. Il est incontestable que la conscience se développe graduellement, qu'il existe une période de deux ou trois années, durant laquelle elle n'existe point encore chez l'enfant, et qu'ensuite elle fait son apparition et se développe progressivement. Ceci est un fait incontestable. On accordera encore que la conscience prête une égale et même attention aux phénomènes psychiques internes qu'aux phénomènes physiques extérieurs, et enfin que dans l'intelligence de la bête comme dans celle de l'homme, il s'agite un monde d'images réceptuelles ; seulement la bête, incapable d'évoquer spontanément ces images, ne peut diriger sur elles son attention que si elles sont évoquées par la présence réelle des objets qui leur correspondent, semble-t-il. Il y a cependant quelque restriction à faire, car l'animal est susceptible de présenter certains phénomènes (mal du pays, regret des absents, rêve, hallucinations, etc.) qui indiquent l'existence, chez lui, d'un certain degré d'idéation, grâce auquel des images peuvent se présenter et se suggérer les unes les autres en l'absence des objets extérieurs. En outre, les idées de l'animal ne sont pas d'origine purement sensitive : celui-ci est capable de reconnaître l'état mental des autres animaux et de l'interpréter d'après leur attitude. Il n'existe donc pas seulement pour lui des idées objectives, il en est d'éjectives aussi ; il connaît l'existence mentale des autres animaux par voie éjective, et réalise suffisamment sa propre individualité. C'est là la forme rudimentaire de la conscience, à laquelle M. Romanes donne le nom de conscience réceptuelle. Une phase plus avancée — phase préconceptuelle — est atteinte chez l'enfant après qu'il a commencé à parler sans encore être arrivé à parler de lui-même à la première personne. Plus tard, l'enfant se sert des mots *je, moi,* etc., et réalise bien sa propre existence. Mais avant même que cette phase ne soit atteinte, à laquelle seule le jugement conceptuel devient possible, l'enfant porte des jugements, énonce ses besoins et communique ses idées Il a sur l'animal cette supériorité de posséder une *facultas signatrix* relativement perfectionnée — quand on la compare à l'animal — due à l'évolution plus avancée de son idéation réceptuelle. Aussi nomme-t-il mieux, en même temps qu'il les perçoit avec plus de précision, les états mentaux des autres êtres humains qu'il a appris à comprendre par voie éjective. Son langage témoigne du perfectionnement plus grand de sa conscience ; bien qu'il en soit encore à la phase réceptuelle de celle-ci, il se rapproche de la phase conceptuelle : il s'en rapproche si bien qu'il ne tarde point à reconnaître que « bébé » — c'est ainsi, par exemple, qu'il se désigne — est non seulement un objet, mais aussi un sujet de modifications mentales. Le fait d'attacher des noms, des signes, à des états psychiques a attiré son attention sur ceux-ci, et a permis le souvenir des idées Il a sur l'animal le passé et le présent, dans les perceptions de la continuité d'un substratum, malgré la variabilité des états psychiques de celui-ci, de la continuité du moi à travers les sentiments opposés ou divers qui l'agitent successivement. Cette perception est la

condition essentielle de la pleine conscience conceptuelle

Percepts, récepts et concepts, voilà trois phénomènes su cessifs auxquels correspondent des états de conscience sp ciaux et des formes de langage spéciales. Toute la questi est de savoir maintenant si la conscience conceptuelle e ou n'est pas le développement de la conscience réceptuell M. Romanes ne voit pas que l'on puisse échapper à l'un d deux termes du dilemme que voici : prenons par exempl une phrase d'enfant de deux ans, comme : « Sœur crie; cette opposition des deux récepts *sœur* et *crier* n'est p l'œuvre de l'enfant; elle est celle des événements exté rieurs. Or, dit M. Romanes, de deux choses l'une : c'est un jugement conceptuel ou ce n'en est point. Si c'en e un, la barrière tombe entre l'animal et l'homme, car voi un enfant qui jugerait conceptuellement sans avoir attei la conscience conceptuelle ; les animaux en feraient do autant. Si l'on nie que ce jugement soit conceptuel, par que la conscience ne s'est point encore développée, M. R manes demande à quelle phase de développement de l'inte ligence de l'enfant l'on peut considérer que le jugement co ceptuel a pris naissance. Est-ce au moment où la conscienc conceptuelle est développée? Mais ce développement e graduel, et la faculté de percevoir l'exactitude d'une vérit se lie à celle d'énoncer une vérité, sans hiatus intermédiair et l'on sait que, jusqu'au point de départ de ce développe ment graduel, il y a parité entière entre l'esprit de la bê et celui de l'enfant. Admettra-t-on alors que jusqu'à c moment les deux ordres d'existence psychique ont été identiques, et qu'à partir de ce point l'existence psychiqu de l'enfant devient différente en nature, non seulement d celle de l'animal, mais encore de ce qu'elle-même a été ju qu'alors?

C'est aboutir à une contradiction. Accessoirement, M. Ro manes ajoute deux considérations qui se rapportent à l question en litige : l'une est qu'en somme la transformati des états psychiques inférieurs en état de conscience vérit table est, malgré son importance réelle, loin d'offrir cell que présentent les transformations de celle-ci, du momen où elle est formée jusqu'à celui où elle atteint son plein dé veloppement : à vrai dire, le premier fait ne semble poin suffisant pour différencier sérieusement l'homme de la bête et l'existence de la conscience ne confère pas au premier une supériorité bien marquée durant les premiers temp qui suivent sa genèse. L'autre point signalé par M. Romanes est le rôle considérable que continue à jouer l'idéation tant préconceptuelle que réceptuelle après le développement de la conscience.

Après l'étude de psychologie comparée dont l'analyse pré cède, l'auteur étudie la question à la lumière de la philo logie comparée. Nous ne la suivrons pas dans cette étude, bien qu'elle présente un vif intérêt, mais nous indiqueron les faits principaux. Toute langue présente une évolutio nettement appréciable, et les origines de chacune d'entr elles sont représentées par un certain nombre de racines qui sont, pour nous, les premiers éléments de celle-ci. Ces racines sont à la vérité peu nombreuses : Max Müller en compte 121 pour le sanscrit et pense même que l'on pour-rait réduire ce chiffre. Elles expriment des idées générales ou conceptuelles, mais d'un ordre inférieur; en outre — c'est l'avis des philologues du moins — ces racines ne re-présentent certainement pas les mots originels, primitifs, dont se servirent les premiers humains doués de parole, mots dont l'origine importe peu; car la question, qui pré-sente seule un intérêt au point de vue ici considéré, est celle de l'évolution de ces signes. Au point de vue évolu-tioniste, ce sont les idées génériques ou récepts supérieurs qui ont dû les premiers recevoir un signe verbal, et à la vérité les 121 racines de Max Müller rentrent, pour la grande majorité, dans la catégorie de ces récepts par leur signification et l'étendue de celle-ci. M. Romanes, partant de ces racines, suit l'histoire de leurs transformations et celle du langage dont elles sont, sinon le point de départ, du moins les éléments les plus anciens que l'on connaisse. Originellement, chacun de ces éléments représentait pour ainsi dire une phrase complète, et les applications particu-lières du sens général renfermé en eux étaient précisées par les gestes qui les accompagnaient : le langage a commencé par être indicatif, et de ce langage primitif aux langues in-flexionnelles les plus perfectionnées, toutes les formes de passage existent et sont connues. De cette manière — je ne rapporte ici que les principales indications de l'auteur anglais — quelle que soit la position que l'on adopte à l'égard de la définition et de l'interprétation de la « prédi-cation » et de l' « indication », l'on arrive à établir la réalité d'un développement continu enchaînant entre elles toutes les phases de la facultas signatrix, et il est impossible d'éta-blir entre le langage des animaux et celui de l'homme, par suite entre l'intelligence des uns et celle de l'autre, une différence fondamentale, une différence de nature. C'est là la conclusion du livre. M. Romanes s'occupe dans le dernier chapitre de retracer les phases probables de la transition de l'idéation réceptuelle à l'idéation conceptuelle dans l'es-pèce humaine, et nous nous contenterons pour terminer de la cita-tion suivante : « A l'égard de la psychogénèse de l'enfant, j'ai montré qu'il y a certainement passage graduel et inin-terrompu d'un ordre d'idéation (non conceptuelle) à l'autre (conceptuelle); que, tant que l'esprit de l'enfant se meut dans la sphère non conceptuelle seule, pas un trait psycho-logique important ne le distingue de celui des mammifères supérieurs; que, lorsque cet esprit de l'enfant commence à revêtir les attributs de l'idéation conceptuelle, le processus dépend du développement de la conscience véritable hors des matériaux fournis par cette forme de conscience pré-existante, réceptuelle, que l'enfant partage avec les ani-maux; que la condition de ce progrès dans l'évolution men-tale est fournie par un progrès perceptible et continu de ces facultés d'énonciation dénotative et connotative qui, dans l'échelle psychologique, se retrouvent jusque chez les oiseaux parleurs; que, dans l'intelligence en voie de dévelop-pement de l'enfant, nous possédons une histoire aussi com-plète de son ontogénie dans sa relation avec la phylogénie

que celle sur laquelle s'appuie l'embryologiste quand il lit l'histoire morphologique d'une espèce dans le résumé qui lui est fourni par le développement d'un type. Ils sont donc sans excuse ceux qui, adoptant en d'autres domaines les principes de l'évolution, ont gratuitement ignoré les preuves directes de la transformation psychologique qui est fournie par l'histoire de chaque être humain individuellement con-sidéré. »

Répétons-le, l'Origin of human Faculty n'a d'autre but dans la pensée de l'auteur que d'exposer les relations de l'intelligence humaine avec celle de la bête, et de montrer que la première découle naturellement de la dernière, dont elle n'est que la suite et le perfectionnement : dans d'autres publications à venir, l'auteur étudiera l'évolution de l'intel-ligence humaine, à dater de l'avènement de la faculté qui a tant influé sur son développement, non en étant un produit de cette intelligence, car il y a eu action et réaction; on devine qu'il s'agit du langage qui est, en effet, le produit de l'intelligence et aussi l'instrument le plus efficace de son développement et de son perfectionnement.

H. DE VARIGNY.

CAUSERIE BIBLIOGRAPHIQUE

Les Vosges; le sol et les habitants, par M. G. BLEICHER. — Un vol. in-16 de la Bibliothèque scientifique contemporaine, avec 28 coupes, profils et figures dans le texte; Paris, J.-B. Baillière, 1890.

Le volume intéressant et, pour le dire tout de suite, très bien fait, que M. G. Bleicher a récemment publié sur les Vosges, est le résultat des longues et patientes études aux-quelles il s'est livré pendant de nombreuses années, surtout depuis la guerre de 1870, sur le versant des Vosges au-des-sus de la plaine d'Alsace et sur les pentes plus longues et plus douces qui s'inclinent vers la Lorraine.

Professeur d'histoire naturelle à l'École supérieure de pharmacie de Nancy, l'auteur, en raison même de l'étendue de son sujet et de la diversité des questions qu'il compor-tait, a tenu à s'entourer de plusieurs collaborateurs, tels que M. Millot, chargé de cours à la Faculté des sciences de Nancy, pour la météorologie et la climatologie, l'abbé Fettig pour l'entomologie et le professeur Pfister pour la linguis-tique. Quant à lui, ses aptitudes spéciales, ses goûts et ses recherches habituelles l'ont très justement conduit à entre-prendre l'étude géographique, géologique et lithologique de ces belles montagnes auxquelles aucun Français, aucun Alsacien ne peut penser sans une émotion douloureuse, de cette chaîne, enfin, constituée par deux grands massifs de nature différente : les Vosges cristallines qui méritent aussi, en partie au moins, le nom de Vosges granitiques, et les Vosges gréseuses, où le grès bigarré, le grès vosgien bien connu, s'y développe presque à l'exclusion de tout autre terrain.

Cette étude, où l'on retrouve le géologue émérite, forme la première partie de son livre, le premier chapitre et aussi le plus considérable. Puis vient la partie consacrée à la météorologie et à la climatologie, partie due, comme nous venons de le dire, à M. Millot, et à laquelle font suite les deux chapitres dans lesquels M. Bleicher, reprenant la plume, traite des origines, des modifications et de l'état actuel de la flore et de la faune des Vosges.

La recherche des origines des végétaux et des animaux, ou mieux de l'évolution des êtres animés, est de celles qui ont toujours préoccupé l'auteur, et cette préoccupation, nous la retrouvons, pour ainsi dire, à chaque page de son livre. C'est ainsi que dès les premières lignes du chapitre III, il se demande jusqu'où il convient de remonter dans les temps géologiques pour y découvrir, chez les végétaux et les animaux disparus, les origines des végétaux et des animaux actuels. Malheureusement, la question des enchaînements des êtres dans les temps géologiques est une des plus difficiles, une de celles où les lacunes sont si grandes et si nombreuses entre les chaînons qui se touchent, qu'il semble qu'elle doive rester insoluble, sinon à tout jamais, du moins pour bien longtemps encore.

Et, de fait, l'auteur ne peut ici aller au delà du quaternaire, d'origine évidemment glaciaire, pour retrouver les traces des ancêtres de nos plantes, et ces gisements se rencontrent, dit-il, exclusivement sur le versant lorrain. C'est, en effet, dans les feuillets des tourbes et des lignites de Bois-l'Abbé, près d'Épinal et de Janville, près de Nancy, qu'il trouve l'origine de quelques espèces, ces tourbes et ces lignites constituant, sous ce rapport, l'herbier vosgien le plus ancien, herbier dont la flore franchement boréale appartient à la première des deux périodes glaciaires, ou mieux de refroidissement, que l'on admet dans la contrée.

Il en est de même de la faune, et, comme le dit M. Bleicher, il faut également arriver à la période quaternaire pour essayer de rattacher avec quelques chances de succès les animaux de nos jours à une faune disparue.

Enfin, les cinquante dernières pages du livre que nous analysons rapidement ici, sont consacrées aux découvertes d'anthropologie et d'archéologie préhistoriques faites dans les Vosges, ainsi qu'à diverses questions d'ethnographie et de linguistique relatives aux populations lorraines et vosgiennes. L'auteur appelle principalement l'attention sur ce fait anthropologique curieux, que sur les deux versants des Vosges on passe brusquement de l'époque quaternaire, où l'on constate la première apparition de l'homme, à celle où nos ancêtres étaient déjà armés de haches polies, de flèches en silex et pourvus de poteries grossières, autrement dit que dans le massif vosgien on ne peut reconnaître sûrement, au point de vue du document humain, de l'industrie primitive de l'homme, ni *Chelléen*, ni *Moustérien*, ni *Magdalénien*, ni *Solutréen*, car les silex travaillés qu'on y a constatés sont en trop petit nombre et trop disséminés pour qu'on soit autorisé à les attribuer à des stations préhistoriques répondant à ces diverses appellations de la nomenclature paléoethnologique.

Par contre, on trouve sur les deux versants des Vosges un nombre considérable de monuments primitifs élevés par l'homme, le plus souvent sur le sommet des hautes montagnes et de façon à pouvoir correspondre de l'un à l'autre, tels que dolmens, enceintes, menhirs, etc. L'une des meilleures gravures du livre représente un de ses dolmens situé au milieu d'un bois de sapins, près de Schaffstein et du Wachtetein.

Traitement des maladies de la peau, par M. L. Brocq.
Un vol. gr. in-8e de 940 pages; Paris, Doin, 1890.

Comme l'indique le titre de cet ouvrage, l'auteur, en l'écrivant, n'a pas eu la prétention de faire un exposé complet de l'état actuel de la dermatologie. Cette partie des connaissances médicales est d'ailleurs en voie d'évolution, et un tel essai eût sans doute été prématuré. C'est à vulgariser le traitement des maladies de la peau, en s'adressant à la grande masse des médecins, qu'a visé M. Brocq, qui a pensé avec raison qu'il manquait, dans la littérature médicale actuelle, un ouvrage véritablement pratique qui pût être consulté avec profit par des praticiens non spécialistes ou dont les études, en fait de dermatologie, ont été forcément très sommaires.

Pour rendre les recherches aussi faciles que possible, M. Brocq a suivi, dans son travail, l'ordre alphabétique, qui éloigne toute idée de système et de théorie. Toutefois, il ne s'est pas borné à de simples indications thérapeutiques et par cela même qu'il s'adressait à des praticiens non spécialistes, il a cru, avec raison, devoir exposer les principaux symptômes, le diagnostic et l'étiologie de chaque affection. Pour bien soigner une maladie, il faut en effet, avant tout, savoir la reconnaître et en comprendre la pathogénie. Mais tout ce qui n'a pas une utilité immédiate au point de vue du diagnostic et du traitement a été systématiquement éloigné; il n'y a pas d'historique, pas de bibliographie, et l'auteur n'y a mis d'anatomie pathologique que ce qui lui a paru nécessaire pour bien faire comprendre la nature réelle des dermatoses. Malgré ces simplifications, le sujet est cependant encore vaste, et le livre de M. Brocq est un fort gros volume.

L'impression générale qui résulte de sa lecture, c'est que la dermatologie a profondément subi la révolution qui a renouvelé la médecine tout entière, et que la notion du parasitisme, qu'elle avait d'ailleurs été la première à admettre, est en voie de l'absorber complètement. Dès maintenant les maladies de la peau présentent toutes les variétés de ce parasitisme, animal et végétal, mycosique et bactérien. La filaire de Médine, les acares de la gale, les psorospermies des épithéliomes, les champignons de la tricophytie, les bactéries de la pelade contagieuse, celles des sueurs colorées sont les principaux types de ce parasitisme varié, qui résulte du contact continu des téguments avec le milieu extérieur, et de sa lutte incessante contre les habitants de ce milieu.

Bien entendu, le traitement des dermatoses s'est grandement inspiré de cette large conception étiologique, et en a tiré de puissantes ressources, en mettant à profit l'arsenal des antiseptiques, et notamment les acides borique, phénique, salicylique, la résorcine, le tannin, le salol, le thymol, le menthol, etc. La vaseline, comme excipient général de tous ces corps, a aussi fort avantageusement remplacé les corps gras, susceptibles de s'altérer et de devenir irritants, tels que l'axonge, et même la glycérine.

Un mot seulement sur le traitement des engelures, qui intéressera, sans doute, nombre de lecteurs. Les topiques préconisés par les divers auteurs sont presque innombrables, surtout si on y joint les remèdes des bonnes femmes; mais cette richesse apparente n'est que le signe d'une réelle pauvreté, car l'engelure résiste à tout l'arsenal médicamenteux. Son seul remède efficace, rapide et simple, c'est l'eau chaude, très en honneur actuellement en chirurgie. Le plus souvent, après un seul bain de la partie malade dans de l'eau aussi chaude qu'on peut la supporter (de 45° à 50°,4) pendant une vingtaine de minutes — ce à quoi on arrive en augmentant graduellement la température de l'eau après y avoir plongé la main ou le pied — l'engelure est définitivement flétrie, et disparaît. Dans tous les cas, les atroces démangeaisons qui l'accompagnent cessent immédiatement, et il n'est jamais besoin de renouveler plus de deux à trois fois cette légère cuisson thérapeutique. La recette est simple et nous a toujours paru infaillible, et nous ne doutons pas qu'elle rende quelques services aux personnes affligées de la susdite infirmité hivernale; M. Brocq la notera certainement dans sa deuxième édition.

Traité d'astronomie pratique, par M. GÉLIOX-TOWNE. — Un vol. in-16 de 450 pages, avec 30 figures et une carte céleste; Paris, Bertaux, 1890.

Nous avons à signaler la publication d'un ouvrage de vulgarisation des sciences astronomiques qui nous a paru être réellement pratique, comme l'annonce son auteur, et qui s'adresse, non pas aux astronomes, ou aux élèves astronomes, mais aux gens du monde, aux amateurs d'astronomie, et surtout aux voyageurs. C'est un traité d'astronomie sans formules trigonométriques, presque sans formules algébriques, où l'on trouve des notions préliminaires sur les observations sidérales, l'indication de moyens faciles pour régler les instruments d'observation, et enfin l'exposé des méthodes d'observation. Avec ces notions, et à l'aide des règles de l'arithmétique et des tables de logarithmes, il devient facile, à toute personne étrangère aux études spéciales supérieures, de déterminer les positions géographiques, et d'observer avec profit les merveilles célestes.

M. Laussedat disait dernièrement que, dans l'Amérique du Nord, toutes les universités, les écoles d'ingénieurs et même les collèges ont des observatoires, et que les notions et même les méthodes élémentaires sont devenues en quelque sorte familières aux Américains. Il en donnait pour preuve que non seulement les méridiens et les parallèles servent à déterminer les limites de certains États, ce que tout le monde sait, mais encore que les parcelles de terre et les propriétés acquises dans les territoires nouvellement mis en exploitation sont délimitées de la même façon.

Assurément, nous n'en sommes pas encore là en France; mais il ne serait pas mauvais que les notions d'astronomie pratique fussent plus répandues qu'elles ne le sont, et si l'ancien enseignement de la cosmographie dans les lycées et collèges, enseignement qu'il est question de supprimer, était remplacé par un enseignement capable de donner aux voyageurs et aux gens du monde le goût et la possibilité de faire des observations exactes, et dont quelques-unes pourraient de temps à autre avoir une grande importance, l'ouvrage de M. Towne nous paraît être un de ceux qu'on pourrait mettre avec profit entre les mains des élèves.

L'Amateur d'insectes, par M. LOUIS MONTILLOT, avec une préface de M. Laboulbène. — Un vol. in-16 de la *Bibliothèque des connaissances utiles*, avec 197 figures dans le texte; Paris, J.-B. Baillière, 1890.

Nous signalons aux amateurs d'insectes l'ouvrage de M. Montillot. L'auteur, qui a débuté par être un simple amateur d'insectes et qui est devenu un entomologiste des plus distingués, a voulu épargner aux débutants les difficultés qu'il a rencontrées, et a écrit à leur intention un exposé de l'histoire des insectes, exposé succinct, mais qui met bien en relief les points les plus importants de cette histoire. L'organisation, la chasse, la récolte, la description des espèces, le rangement et la conservation des collections forment autant de chapitres où l'auteur s'est efforcé de répondre à toutes les questions que l'amateur peut poser au savant. Nous recommanderons en outre quelques excellentes pages sur les insectes fossiles, sur les insectes dans l'histoire et sur la distribution géographique des insectes actuels.

Comme le dit M. Laboulbène dans la préface qu'il a écrite pour le livre de M. Montillot, l'anatomie, la physiologie, les métamorphoses des insectes promettent encore bien des découvertes aux chercheurs. Aussi est-ce faire œuvre utile à la science que de susciter des vocations en cette matière. Le livre de M. Montillot nous paraît réunir toutes les qualités requises pour atteindre ce but.

ACADÉMIE DES SCIENCES DE PARIS

15-22 SEPTEMBRE 1890.

Astronomie. — M. l'amiral Mouchez transmet à l'Académie le résultat des observations de la nouvelle planète Charlois faites par *M. Bigourdan* à l'équatorial de la tour de l'ouest de l'Observatoire de Paris, les 11 et 12 de ce mois. Sa note comporte les positions des étoiles de comparaison et les positions apparentes de la planète, laquelle est de grandeur 12,8.

— *M. G. Rayet* présente une note sur les observations de la comète Denning (découverte le 23 juillet 1890), faites par MM. Rayet, Picart et Courty, au grand équatorial de l'Observatoire de Bordeaux. Elle comprend aussi les positions moyennes des étoiles de comparaison pour l'année 1890.

— La communication de *M. Tacchini* est relative à la distribution en latitude des phénomènes solaires observés pendant le premier semestre de l'année 1890. En voici les principaux résultats :

1° Les protubérances hydrogéniques ont été beaucoup plus fréquentes dans l'hémisphère sud et, fait très remarquable, le maximum de fréquence correspond à la zone (40°-50°), comme dans tous les trimestres de 1889. Pendant le second trimestre, on a même observé des protubérances très près des pôles, ce qui indique que l'activité solaire va en augmentant.

2° Les facules ont présenté leur maximum à la même distance de l'équateur dans les deux hémisphères, mais leur fréquence n'a pas été plus prédominante au sud.

3° La distribution des groupes des taches s'accorde avec celle des facules; d'où il suit qu'on est en présence d'un changement dans la distribution des phénomènes solaires; car, tandis que les protubérances ont conservé leur grande prédominance dans l'hémisphère sud, les facules et les taches ont été plus fréquentes au nord.

4° Le nombre absolu des groupes des taches constatés pendant le deuxième trimestre a été plus grand que dans le premier, ce qui prouve que la période du minimum a été dépassée.

Météorologie. — L'Association italienne, fondée il y a vingt-cinq ans pour l'observation des météores lumineux, a continué, cette année encore, ses études à l'occasion de la période ordinaire des étoiles filantes du 9 au 11 août dernier. Des nombreux rapports recueillis sur ce sujet et analysés par le *P. Denza* il résulte que :

1° La pluie météorique, surtout dans la nuit du 11 au 12 août, a été, cette année, beaucoup plus abondante que dans les années précédentes et a, relativement, atteint le maximum. Cela semble prouver que la portion de l'anneau météorique, traversée par la terre cette année, était plus riche que celle des autres années et a, par conséquent, offert une apparition plus splendide.

2° Le plus grand nombre de météores, qui autrefois se montrait ordinairement du 10 au 11, semble peu à peu être

en retard dans ces dernières années, ayant commencé à se montrer le soir du 11 au lieu du 10.

3° Le nombre des météores dépassant un millier a été observé par quatre observateurs, en moyenne, dans les stations de Rome, Florence, Aprica, Gaëte, etc.

4° Le *radiant*, ou centre d'émanation, de la principale pluie des Perséides se maintient, à quelque chose près, dans la même position entre Persée et Cassiopée.

5° Il s'est montré, comme d'habitude, des météores dans d'autres radiants d'une moindre importance, notamment dans les deux Ourses, le Cygne et Andromède.

6° Les Perséides offraient, pour la plupart, l'aspect typique et la couleur jaune qui caractérisent cette pluie.

7° Cette pluie de météores a été très remarquable cette année, non seulement par leur nombre, mais aussi par leur qualité. Plusieurs, en effet, étaient d'une grandeur plus qu'ordinaire, d'autres avec une traînée lumineuse, sans compter les bolides qu'on a également observés.

— La trombe-cyclone qui a sévi dans le Jura et en Suisse, le 19 août dernier, et dont nous avons eu déjà l'occasion de parler ici même à plusieurs reprises (1), est aujourd'hui l'objet d'une communication de *M. L. Gauthier*, qui peut se résumer ainsi qu'il suit :

Le phénomène météorologique a duré 52 minutes, pendant lesquelles il a parcouru 58^{km},5. Sa vitesse de translation a été de 18^{m},8 par seconde ou de 68 kilomètres à l'heure; sa direction sud-est à nord-est, enfin sa largeur *maxima* a été de 1000 mètres et *minima* de 200 mètres. Quant au mouvement giratoire, il se reconnaît très bien, dit l'auteur, par les arbres abattus, les pièces de bois, débris de voiture, etc., qui dessinent sur le terrain des courbes circulaires dont le diamètre est, en moyenne, de 500 mètres; ce mouvement était inverse de la marche des aiguilles d'une montre. Les trois zones cycloniques, *dangereuse*, *maniable* et *calme*, étaient très nettement caractérisées.

Cette *trombe-cyclone* — l'auteur la l'appelle ainsi en raison de ce que le phénomène a revêtu le caractère restreint de la trombe ou tornado et celui tourbillonnaire du cyclone — a été accompagnée de phénomènes secondaires qui sont, par ordre d'importance : 1° un dégagement considérable d'électricité; 2° des courants d'appel; 3° le courant de la branche principale; 4° le nuage en forme d'entonnoir; 5° l'aspiration, et 6° le vent latéral. Enfin M. L. Gauthier cite un état thermique anormal de l'atmosphère qui explique, dans une certaine mesure, l'existence dans l'atmosphère d'une masse d'électricité aussi considérable que celle qui a été constatée.

— *M. Ch.-V. Zenger* adresse, de son côté, sur les orages du mois d'août 1890 et la période solaire, une note de laquelle il résulte, en résumé, que l'extension à trois continents des perturbations du mois d'août dernier tend à faire exclure les causes terrestres et locales et que, d'autre part, l'influence périodique du soleil est manifeste ainsi que l'influence des essaims d'étoiles filantes.

C'est ainsi qu'il y a eu trois grandes perturbations atmosphériques : du 3 au 5 août; du 16 au 18; et, enfin, du 27 au 31, et qu'un même intervalle de douze à treize jours, égal à la période solaire, sépare ces époques. De même, le

(1) Voir la *Revue scientifique* des 13 et 20 septembre 1890, p. 343, col. 1, et p. 376, col. 2.

9 et le 10 août, jours du maximum des passages des Perséides, il y a eu des tempêtes et des orages en Europe, une éruption volcanique en Amérique. On peut penser, dit l'auteur, que, à l'occasion des recrudescences de l'activité solaire et du passage des grandes masses de nuages cosmiques, les hautes couches de l'atmosphère ont été chargées d'électricité à potentiel élevé, et que c'est alors que se sont produites des décharges puissantes et prolongées qui ont déterminé des mouvements tourbillonnaires et des condensations rapides de vapeur d'eau. De là des cyclones, des trombes, des orages, et, par l'aspiration des gaz souterrains, des émanations de grisou dans les houillères et des éruptions volcaniques souvent accompagnées de tremblements de terre.

SPECTROSCOPIE. — M. J. Janssen donne lecture d'un très long et très important travail sur une ascension scientifique au sommet du mont Blanc, sur les observations spectrales auxquelles il s'y est livré, sur les phénomènes physiologiques qu'il a éprouvés, enfin sur un projet de création d'un Observatoire d'astronomie physique sur la cime du mont Blanc. (Voir plus haut, p. 385.)

MÉCANIQUE. — La *Revue maritime et coloniale* du mois d'août 1887 décrivait un appareil à signaux pour la marine, basé sur l'emploi de la sirène et des résonnateurs. L'inventeur, un ancien élève de l'École de médecine navale de Toulon, M. *Edme Genglaire*, a modifié son mécanisme et présente aujourd'hui à l'Académie des sciences un rapport sur des essais qui viennent d'être faits avec des caisses résonnantes et écrivantes. Ce résultat d'une utilité incontestable, puisqu'il rend le fonctionnement de ce télégraphe tout à fait automatique, pourra être apprécié surtout dans la marine. Après la publication des mémoires scientifiques de M. Genglaire, les Anglais et les Américains ont expérimenté le système de communications acoustiques avec un grand succès. Cette invention, toute française, doit être prochainement expérimentée en grand et proposée à l'État.

— A l'occasion de la récente communication de M. G. Trouvé [1] sur un gyroscope électrique appliqué à la rectification des compas de route, MM. *Dumoulin-Froment* et *Doignon* rappellent deux applications antérieures du gyroscope à la direction des navires :

1° Une application du gyroscope à la correction des boussoles marines qui a été faite par M. E. Dubois, examinateur de la marine, en 1878, à l'aide d'un gyroscope construit par la maison Dumoulin-Froment et présenté à la Société de physique dans sa séance du 6 décembre 1873 ;

2° Le fait que, au mois de juillet 1889, M. le capitaine Krebs, d'accord avec M. Zédé, ingénieur de la marine, charges la maison Dumoulin-Froment de construire un gyroscope muni d'un électromoteur spécial entretenant le mouvement du tore. Ce gyroscope a été livré à la marine le 18 novembre 1889 et a servi à plusieurs reprises au *Gymnote* pour se diriger pendant ses expériences de navigation sous-marine, dans les conditions où la boussole était impossible.

CHIMIE. — L'équivalent de la gadoline, qui est le sujet d'une

nouvelle note de M. *Lecoq de Boisbaudran*, avait été trouvé par M. de Marignac égal à environ 120,5 soit 156,75 pour le poids atomique du gadolium et 361,5 pour le poids moléculaire de la gadoline. Le résultat de l'analyse approximative de cette substance, faite par M. Lecoq de Boisbaudran, ne change pas beaucoup ces valeurs, car les deux principales impuretés $(Sm^2 O^3$ et $Z^2 \beta O^3)$ de la gadoline en question y existent en proportions presque égales (4,4 pour 100 de la première et 4,7 pour 100 de la seconde) et ont des poids moléculaires situés l'un au-dessus, l'autre au-dessous du poids moléculaire de la masse totale ; d'où compensation partielle des perturbations dues à ces impuretés.

— M. *A. Combes* a montré, dans une précédente note [1], comment on pouvait, au moyen du chlorure de sulfuryle, obtenir une acétylacétone monochlorée ; aujourd'hui, il fait connaître l'éther acétique du diacétylcarbinol, ainsi que les procédés par lesquels il a pu l'obtenir. Ce nouveau composé, dont la formule est $C^2 H^8 O^3$, est un liquide à odeur acide, doué de propriétés réductrices énergiques, réduisant à froid la liqueur de Fehling et le nitrate d'argent ammoniacal et ne donnant pas de dérivés métalliques.

— M. *Mathieu-Plessy*, ayant constaté la présence du potassium dans les produits joints à l'une de ses dernières communications [2], adresse une rectification dans laquelle il déclare retirer les conclusions de sa note jusqu'à plus ample examen.

BOTANIQUE. — Après un historique très détaillé de la découverte des guttas-perchas, signalée pour la première fois en 1842 par M. W. Montgomerie, et de leurs applications aux câbles sous-marins, M. *Sérullas* décrit l'*Isonandra percha* ou *gutta* qui, dans l'ordre chronologique, a été le premier végétal signalé comme producteur de cette substance et que l'on a considéré comme une espèce éteinte, dans l'île de Singapore, depuis 1887, et comme n'existant plus que dans les forêts malaises.

En réalité, cette espèce est devenue excessivement rare, mais elle subsiste toujours. Ses représentants adultes pullulaient encore, en 1887, à Chasseriau-Estate, dans les ravins de l'ancienne forêt de Boukett-Timah, située au centre de Singapore. L'auteur l'y a retrouvée en 1887. En voici les principaux caractères : l'*Isonandra percha* ou *gutta*, à l'âge de trente ans, c'est-à-dire à l'époque où il devient adulte, a un tronc d'une hauteur de 13 à 14 mètres jusqu'à la naissance des plus basses branches et une circonférence qui est très régulièrement de 90 centimètres à 2 mètres au-dessus du sol. Le tronc est à peu près cylindrique. Les feuilles de l'arbre jeune ont souvent jusqu'à 22 ou 23 centimètres de longueur sur une largeur de 7 centimètres dans leur partie médiane, tandis que celles de l'exemplaire devenu adulte n'ont plus que 11 à 13 centimètres sur 4,5 ou 6 centimètres. La forme et les dimensions de la feuille varient tellement suivant l'âge de l'*Isonandra* et avec les parties de la plante où on la trouve, que l'on ne doit pas s'étonner du grand nombre d'espèces introduites en botanique d'après des rameaux dépourvus d'éléments floraux et non comparables entre eux. La pétiole a une longueur variable entre $0^m,0175$ et $0^m,0375$. L'arbre ne fleurit qu'après l'âge de trente

---

(1) Voir la *Revue scientifique* du 6 septembre 1890, p. 313, col. 2.

(1) Voir la *Revue scientifique* du 16 août 1890, p. 217, col. 1.
(2) Voir la *Revue scientifique* du 6 septembre 1890, p. 314, col. 2.

ans, et tous les deux ans seulement, ses fleurs sont de 13 à 14 millimètres et leur pédoncule de 6 à 7. Enfin, le fruit offre, dans ses deux sens perpendiculaires, les dimensions moyennes de 0^m,03 à 0^m,035 sur 0^m,025 à 0^m,03, et parfois 0^m,04 sur 0^m,03 à 0^m,035. Quant à la graine, ses dimensions sont, en général, de 0^m,018 sur 0^m,012.

L'auteur ajoute que, dans les forêts malaises qu'il a parcourues pendant quatre années, il n'a rencontré que cinq arbres susceptibles d'être confondus à première vue avec l'*Isonandra gutta,* d'après leur feuillage et en réalité par leur latex. Il n'y a pas de confusion possible avec les autres *Isonandra,* qui en sont même séparés, eu égard à la qualité de la gutta, par le *Payena Leerii* (gutta seundek). Les gutta seundek du commerce ne sont que des mélanges complexes.

VITICULTURE. — L'étude que *M. L. Ravaz* a faite de la façon dont les racines naissaient dans les boutures de la vigne l'a conduit à cette conclusion que l'écorçage facilitait l'enracinement des boutures. Les expériences auxquelles il s'est livré ont pleinement confirmé ce fait, des plus importants pour la viticulture.

En effet, 1750 boutures de Jacquez *écorcées* ont donné 92 pour 100 de reprise, tandis que 1750 boutures de Jacquez de même provenance et *non écorcées,* plantées en même temps et dans des conditions identiques, n'ont donné que 24 pour 100 de reprise. L'auteur explique ainsi qu'il suit les effets de l'écorçage : le tissu cicatriciel ou *callus* qui se forme sur les parties écorcées ne donne jamais naissance aux racines; il est bien plutôt un obstacle à leur formation, ainsi qu'en témoigne l'expérience suivante : 50 boutures de vigne écorcées de façon qu'il y eût production de *callus* ont donné une reprise de 20 pour 100 ; 50 boutures de la même vigne écorcées de façon qu'il n'y eût pas formation de *callus,* ce à quoi l'on parvient en n'entamant pas l'assise libéro-ligneuse, donnèrent 53 pour 100 de reprise. Le callus n'absorbe pas non plus les matières nutritives du sol dont la bouture n'a d'ailleurs nul besoin, car lorsqu'elle meurt après avoir émis quelques feuilles, ce n'est pas par défaut de matières nutritives, mais uniquement par manque d'eau. Aussi l'écorçage n'a-t-il d'autre action que celle de faciliter la pénétration de l'eau dans les tissus de la bouture; aussi ses effets sont-ils d'autant plus marqués que les boutures ont une plus grande portion de leur longueur hors de terre. Ceci explique aussi les bons effets d'un fort buttage des boutures, qui, contrairement à l'opinion admise, ne retarde pas, bien au contraire, le développement des bourgeons; enfin, cela explique également pourquoi les *greffes-boutures* s'enracinent parfois plus facilement que les *boutures* du même cépage : c'est que les unes sont couvertes de terre et à l'abri d'une évaporation trop active, tandis que les autres ont souvent deux ou trois yeux au-dessus de la surface du sol.

M. Ravaz ajoute que le *mailochage,* la *torsion* agissent comme l'*écorçage.*

E. RIVIÈRE.

INFORMATIONS

Il résulte d'expériences faites récemment sur la ligne de l'Est avec des locomotives de nouveau modèle (au point de vue de la disposition des chaudières et du foyer), qu'une locomotive peut facilement faire 80 kilomètres à l'heure avec une dépense en eau de 88 kilogrammes et en charbon de 12 kilogrammes par kilomètre. C'est M. Flaman, ingénieur des études du matériel et de la traction de la Compagnie de l'Est, qui a dirigé ces expériences.

Le choléra a été importé à Massaouah par des pèlerins qui ont pu débarquer en évitant la visite sanitaire. L'épidémie s'est rapidement propagée parmi les indigènes des environs, où l'on ne compte pas moins de soixante décès par jour. L'épidémie a également fait son apparition à Alep.

Le consul anglais à Canton constate, dans un rapport qui vient d'être publié, qu'il a été exporté à Canton, dans le courant de l'année dernière, 80 000 livres de cheveux pour la somme d'environ 8000 francs. Le consul fait remarquer que ces cheveux appartiennent pour la plupart à des mendiants, à des criminels ou à des personnes mortes de maladies contagieuses, et qu'il est au moins étrange que des femmes élégantes en Europe n'hésitent pas à s'en servir.

CORRESPONDANCE ET CHRONIQUE

Vaccination chimique contre le tétanos.

Il y a deux ans environ (1), nous avons fait connaître les intéressants essais de vaccination chimique contre la rage, pratiqués par M. Peyraud (de Libourne). Il s'agissait, comme on s'en souvient, de l'emploi de l'essence de tanaisie comme agent prophylactique et curatif de la rage : la similitude des troubles physio'ogiques produits par cette substance et des symptômes rabiques avaient précisément guidé M. Peyraud dans son choix. Cet expérimentateur soutient en effet cette théorie, logique et séduisante, que l'organisme peut acquérir, par l'accoutumance à des poisons chimiques d'origine minérale ou végétale, l'immunité contre des poisons d'origine microbienne ayant une action comparable à celle de ces poisons chimiques. En d'autres termes, l'immunité vaccinale ou acquise ne serait qu'un cas de mithridatisme.

Depuis ces premiers essais, M. Peyraud a poursuivi son idée et varié ses recherches, et les résultats qu'il a obtenus, s'ils n'ont pas démontré l'action constante et absolue des vaccinations chimiques, ont cependant prouvé que ces vaccinations étaient incontestablement effectives et qu'il y avait lieu de persévérer dans cette voie.

Après l'essence de tanaisie contre la rage, M. Peyraud avait essayé, contre le choléra asiatique, le poison des champignons vénéneux, qui provoque une espèce de choléra. Malheureusement, comme on le sait, il est très difficile, sinon impossible, de donner le choléra expérimental aux animaux, et ces essais n'ont pu être poursuivis.

Mais l'expérimentateur a été plus heureux avec le tétanos, dont le microbe est aujourd'hui bien connu dans sa forme et son habitat naturel, lequel est le sol humide et mal ensoleillé. M. Peyraud a employé contre le tétanos la strychnine, substance dont les effets toxiques offrent avec les symptômes tétaniques certaines analogies frappantes. Les résultats obtenus devaient d'ailleurs être d'autant plus intéressants qu'on est récemment parvenu à isoler une substance toxique dans le bacille du tétanos, substance à laquelle on a donné le nom de *tétanine* et qui, dans sa constitution

(1) Voir *Revue scientifique,* 1888, 1er sem., p. 538.

sitution chimique comme dans ses effets biologiques, se rapproche de la strychnine.

Pour imiter autant que possible les conditions de l'infection naturelle, M. Peyraud provoqua le tétanos expérimental chez des lapins, en leur insérant sous la peau une petite quantité d'une terre prise dans un chai, à l'abri de l'air et de la lumière ; conditions dans lesquelles les terres sont généralement reconnues tétanifères. Des animaux ainsi inoculés, les uns avaient reçu antérieurement, à différentes reprises, une petite dose (5 milligrammes) de strychnine, et les autres — les témoins — n'avaient subi aucune préparation (1).

Or, dans une première série d'expériences — en laissant de côté les expériences douteuses — sur 17 sujets préparés par la strychnine, 10 ont survécu, tandis que les témoins inoculés sans traitement préventif, au nombre de 30, ont tous été atteints de tétanos et sont morts

Dans une seconde série, où les lapins, préparés au laboratoire de physiologie de la Faculté de médecine de Paris, ont été adressés à M. Peyraud sans indication pour être inoculés avec la terre tétanifère, les résultats n'ont pas été moins satisfaisants. Finalement, sur 9 lapins strychnisés, 7 ont survécu, tandis que sur 10 témoins, 8 sont morts : soit une mortalité de 80 pour 100 chez les témoins et de 22,5 pour 100 chez les vaccinés.

En résumé, comme nous l'avions dit de la vaccination et du traitement tanacétiques de la rage, ce sont là des résultats qui, pour n'être pas à l'abri de toute discussion, n'en sont pas moins probants dans une grande mesure, et fort encourageants.

J. H.

La lutte pour l'existence chez les plantes.

M. W. Gardiner a fait, il y a quelque temps, à Newcastle, une conférence sur les moyens variés par lesquels les plantes luttent pour conserver leur existence. Il a bien exposé ceux-ci, et nos lecteurs seront peut-être intéressés par un résumé de cette conférence.

Peu appréciable à l'observation superficielle dans nos climats, cette lutte pour l'existence saute aux yeux quand on parcourt les régions chaudes où la vie est plus abondante et plus active, l'œil du savant sait la voir partout, et en réalité elle existe en tout lieu, à des degrés variables, il est vrai. Ici, c'est une graine qui germe sur un tronc d'arbre, se nourrit de celui-ci, se développe, et l'étouffe ; c'est une lierre ou une autre liane, qui se servant d'un arbre ou d'un arbuste pour s'élever vers le soleil et l'air, enserre son tuteur et le tue rapidement. Ailleurs, on sème un nombre quelconque de graines d'une même plante : il naît cinq cents jeunes plantes par exemple : au bout de peu de temps, cent seules survivront, les plus faibles ayant été étouffées par les plus vivaces. Ailleurs encore (Bertholletia excelsa), une noix renferme quinze ou vingt graines : toutes germent à la fois, dans le fruit qui est indéhiscent, mais une seule arrive à franchir l'orifice qui lui permet de gagner l'air et la lumière : elle vivra ; les autres mourront.

Pareillement, les plantes disposent de moyens très variés pour la protection de leurs organes nutritifs : elles ont des épines ou des piquants ; des orifices pour l'expulsion de la sève qui en surabondance pourrait déchirer les tissus ; des sucs qui protègent les feuilles contre la sécheresse ; des sucs qui attirent des fourmis et écartent d'autres animaux nuisibles ; des sucs internes qui rendent les feuilles non comestibles, etc.

(1) Les recherches de M. Peyraud ont été publiées dans le Journal de médecine de Bordeaux, nos des 3, 10, 17 et 21 août 1890.

Du côté des organes reproducteurs, même variété dans les moyens de protection : adaptation à la visite des insectes et au croisement ; sécrétions visqueuses de nature à écarter les animaux inutiles à la fertilisation ; mécanisme destiné à permettre à la plante de semer ses graines en des situations favorables ; abondance des graines qui sont mises en liberté à des intervalles marqués, de telle sorte qu'il s'en trouve presque certainement qui se sèment dans des conditions favorables ; mécanisme pour assurer le transport des graines par les animaux ou par les vents ; sucs agréables sécrétés en même temps que se forment les spores pour attirer les insectes et faciliter la dispersion des spores ; recouvrements siliceux ou autres pour protéger la graine contre les animaux ; mécanismes pour assurer la projection des graines au loin, etc.

On pourrait écrire des volumes sur la matière que M. Gardiner a fort bien résumée, sans arriver encore à tout dire, tant il reste de faits qui s'élucideront avec le temps seulement.

Les associations microbiennes.

La connaissance des associations bactériennes est de date récente et le nombre des faits observés est encore insuffisant pour en établir une doctrine complète ; cependant ces faits n'en sont pas moins nécessaires à connaître, si l'on veut approfondir l'étude de la pathologie.

MM. Cornil et Babès ont résumé ainsi qu'il suit, dans une communication faite au Congrès de Berlin, les connaissances qui se rapportent à cette intéressante question.

Les associations microbiennes sont basées, en partie, sur l'affinité démontrée expérimentalement de certaines espèces microbiennes, les unes pour les autres. Un microbe peut ou ne peut pas vivre dans un milieu nutritif modifié par un autre microbe.

La complication d'une maladie infectieuse primitive par une infection secondaire n'est donc pas ordinairement l'effet du hasard. Ce n'est pas non plus un simple épiphénomène négligeable, survenant à la fin, et ce ne sont pas n'importe quels microbes qui s'associent au microbe primitif.

Ces associations peuvent parfois nécessaires pour constituer une maladie donnée.

Elles sont presque la règle dans la plupart des maladies infectieuses de l'homme, et c'est souvent l'infection secondaire qui détermine la mort.

Pour distinguer les divers modes de ces associations, MM. Cornil et Babès ont proposé la classification suivante :

1° Association de microbes appartenant à des variétés très rapprochées de la même espèce : variétés très voisines du microbe de la pneumonie ou du bacille de la fièvre typhoïde dans ces deux maladies ;

2° Association à peu près constante d'un microbe avec un autre dans une maladie donnée : le streptococcus et le bacille de la diphtérie dans cette maladie ; le microbe de Schutz et celui de la septicémie hémorragique dans la fièvre typhoïde du cheval ;

3° Association, dans les maladies par plaies, de microbes équivalents comme valeur pathogène ; association de divers streptocoques, par exemple, avec un ou plusieurs staphylocoques ;

4° Association accidentelle de microbes septiques ou pyémiques aux microbes des maladies infectieuses : fièvre typhoïde, dysenterie, choléra, etc. Le plus grand nombre des cas rentre dans cette division. Souvent on peut déterminer la porte d'entrée des microbes secondaires, mais comme il n'en est pas toujours ainsi, on ne peut pas assimiler simplement les faits de cette catégorie aux conséquences des plaies ;

5° Association dans laquelle le second microbe reste localisé et n'entre pas dans la lésion et les symptômes de la maladie primitive;

6° Association où les microbes secondaires dominent la scène et déterminent une maladie mortelle; par exemple, une broncho-pneumonie à la suite d'une tuberculose ancienne localisée ou, au contraire, une tuberculose miliaire à la suite d'une coqueluche;

7° Association d'un microbe pathogène avec un autre microbe habituellement inoffensif d'où résulte une maladie spéciale. Dans ce groupe rentrent certains faits de gangrène pulmonaire, notamment dus au *staphylococcus aureus* uni à des microbes pathogènes;

8° Association de bactéries à des parasites autres que des bactéries. Telle est l'union de bacilles septiques et hémorragiques au parasite de l'hémoglobinurie du bœuf; telle est l'association du bacille de la tuberculose et de l'*aspergillus fumigatus*;

9° Bactéries et tumeurs. On sait, depuis M. Verneuil, que les tumeurs sont le siège de prédilection des bactéries. On n'est cependant pas encore en mesure d'affirmer l'origine parasitaire des tumeurs épithéliales;

10° Association de parasites autres que des bactéries à certaines mycoses pulmonaires (diphtérie des pigeons).

Dans l'état actuel de nos connaissances, alors que le virus vivant des maladies les plus contagieuses et les plus infectieuses nous est inconnu, il est de la plus haute importance de bien connaître les parasites bactériens qui les accompagnent et qui paraissent constituer la plus grande partie des lésions et en font souvent la gravité.

Nids et végétaux sur les lignes télégraphiques.

On a constaté à différentes reprises que, par leur instinct industrieux, certains oiseaux pouvaient apporter des entraves dans les communications télégraphiques. En voici quelques exemples rapportés par la *Revue des sciences naturelles appliquées*. Le représentant américain de nos pics européens, le pic vert de Californie, *Melanerpes formicivorus*, prend maintenant l'habitude d'installer sa demeure et ses innombrables magasins d'approvisionnement à l'intérieur des poteaux en bois de cèdre rouge supportant les fils conducteurs des lignes de l'ouest des États-Unis. Originaire des montagnes de l'Amérique centrale, ce bel oiseau, aux parties supérieures d'un vert noirâtre et à la gorge cerclée de blanc, s'est étendu depuis longtemps dans la région occidentale des États-Unis, sans jamais dépasser vers l'est le territoire de l'Arizona. Au cours d'une inspection qu'il fit l'an dernier dans le Far West, le colonel Clowry, haut fonctionnaire de la *Western Union Telegraph Company*, constata que le sommet d'un grand nombre de poteaux était profondément déchiqueté par des *Melanerpes* qui y avaient élu domicile. Exerçant son travail sur une hauteur de 2 mètres environ, chaque couple de ces oiseaux creuse deux cavités principales superposées à 60 centimètres d'intervalle, pénétrant jusqu'au cœur du poteau et communiquant avec l'intérieur par des orifices de 7 à 8 centimètres de diamètre. Le mâle, qui habite le trou le plus élevé, fait le guet au moyen de petites fenêtres percées dans différentes directions. La femelle et sa couvée logent à l'étage inférieur, dont la capacité est plus grande en raison du nombre des habitants. D'autres trous de dimensions variables, s'évasant vers l'intérieur, sont creusés en lignes verticales ou obliques tout autour du sommet du poteau. Ce sont les magasins où la famille de pics tient diverses espèces de graines en réserve, la capacité de la cavité étant proportionnée aux dimensions des provisions qu'elle doit contenir. Ces trous, dont l'orifice mesure de 2 à 3 centimètres de diamètre, existent au nombre de plus de sept cents sur chaque poteau attaqué; on comprend facilement dans quelle mesure ils doivent réduire sa durée, qui d'ordinaire atteint quinze à dix-huit ans. Les magasins sont plus hauts que larges, disposition ayant sans doute pour but d'empêcher la chute des graines qu'ils contiennent. On connaît depuis longtemps en Amérique cette particularité présentée par les *Melanerpes*, oiseaux insectivores, d'accumuler des graines dans les troncs d'arbre;

aussi de Saussure, Sumichrast et plusieurs autres naturalistes avaient-ils, en raison de ce fait, considéré comme des granivores D'après Clowry, les graines ne seraient pas mangées par les p mais elles renfermeraient de petites larves dont ces oiseaux font l nourriture.

Une espèce d'oiseau, appartenant à la famille des *Plocéinées*, Veuves, constituant d'importantes colonies dans le sud de l'Afric à Natal, voyait autrefois ses nids ravagés par des serpents, qui naient y manger les œufs et les petits. L'industrieux volatile rêv déjà certaines connaissances architecturales dans la constructio ces élégants abris suspendus aux branches des arbres voisins des bitations. En faisant une nouvelle application contre son redoul adversaire, il modifia le plan de sa maison aérienne, dont il p l'unique ouverture dans le fond, la dirigeant vers le sol. Les dé dations des serpents, qui ne pouvaient plus pénétrer aussi fac ment, diminuèrent sans cependant cesser. Voyant alors le nombre arbres touffus décroître dans la région, les Veuves allèrent suspen leurs nids aux poteaux télégraphiques; mais comme les serp éprouvent quelques difficultés à se hisser le long de ces colon parfaitement lisses, elles ont repris leur plan primitif et percent l verture latéralement, afin d'y avoir un accès plus facile.

Nous arrivons à une nouvelle source de troubles dans les com nications télégraphiques, provoquées cette fois par des représe tants du monde végétal. Les fils télégraphiques rayonnant autour Rio-Janeiro sont couverts, paraît-il, d'énormes touffes d'orchidées p dant en festons et en guirlandes, d'un effet très décoratif sans dou mais qui provoquent, en dérivant les courants, de fréquentes int ruptions dans la transmission des dépêches. Le vent ne joue auc rôle dans cette transplantation qui a les oiseaux seuls pour age Fort avides de baies et de graines d'orchidées, ils les mangent da les forêts, et les graines, déposées sur les fils avec leurs excrém ne tardent pas à germer, puis à végéter de la façon la plus lu riante.

— CONSERVATION DE LA VIANDE PAR L'ACIDE CARBONIQUE SOUS PRE SION. — La viande de boucherie étant l'un des principaux facteurs d l'alimentation publique, sa conservation a été l'objet de nombreux recherches.

Le froid, qui jusqu'ici a donné les meilleurs résultats pratiques, n'est pas économique, et, de plus, les viandes qui ont subi l'actio d'une basse température, pendant un temps plus ou moins long, so quelque peu modifiées dans leur qualité.

M. Villon prétend que la viande se conserve intacte dans une at mosphère d'acide carbonique comprimé. C'est à la suite d'expérience sur le beurre qu'il a été amené à expérimenter l'acide carbonique Dans son cas usage, il met la viande en morceaux, fait le vide e envoie de l'acide carbonique à une pression de 5 atmosphères. — Les récipients étant placés dans un endroit frais, on pourrait ainsi con server la viande pendant deux ou trois mois sans aucune altération M. Villon fait usage d'acide carbonique liquide.

— UN NOUVEAU MÉDICAMENT : L'ARISTOL. — L'aristol (le médicamen vient d'être proposé comme un puissant agent thérapeutique contr les maladies de peau. M. Eichoff et M. Quinquaud l'ont employé ave succès dans le psoriasis, la mycose et le lupus.

L'aristol est du diododithymol préparé en mélangeant une solutio d'iode dans l'iodure de potassium à une solution de thymol dans l lessive de soude.

La *Revue de chimie industrielle* donne le procédé de préparatio suivant :

On mélange en remuant bien, à une température de 15° à 20°, les solutions suivantes :

Thymol	1kg,5	Iode .... 6 kilog.
Soude solide	1kg,2	Iodure de potassium. 9 —
Eau	10 litres.	Eau .... 10 litres.

Il se produit aussitôt un volumineux précipité rouge brun d'iodure de thymol iodé que l'on filtre, lave et sèche à la température ordinaire. La réaction se passe suivant la formule :

$$2 (C^{20} H^{14} O^2) + 4 I = C^{40} H^{26} I^2 O^4 + 2 H I.$$

L'aristol est en poudre amorphe, brune, inodore, insoluble dans l'eau et la glycérine, peu soluble dans l'alcool, assez soluble dan l'éther, soluble dans les huiles grasses. On doit le conserver à l'abri de la lumière.

— PRÉSENCE DE L'ARGENT DANS DES CENDRES VOLCANIQUES. — Jusque
ces dernières années, on n'avait jamais constaté la présence de
l'argent dans les matières rejetées par les volcans. Lors d'une éruption du Cotopaxi, les 22 et 23 juillet 1885, on trouva pour la première
fois, parmi les cendres lancées par ce célèbre volcan de l'Équateur,
une faible quantité du précieux métal. Depuis, la présence de l'argent a de nouveau été établie après une éruption du Tunguragua,
situé également dans les Andes de l'Équateur.

Il est à remarquer que l'Équateur est moins riche en métaux précieux que les autres pays de l'Amérique du Sud, tout au moins jusqu'aux profondeurs atteintes jusqu'à ce jour dans les travaux miniers.

— LE COMMERCE SPÉCIAL DE LA FRANCE EN 1889. — L'administration des douanes publie le relevé de notre commerce spécial en 1889.
Il s'élève à 8 milliards 20 millions, contre 7 milliards 353 millions
1888. Sur ce chiffre, les importations figurent pour 4316 millions
les exportations pour 3704 millions.

— LES RÉPUBLIQUES DE L'AMÉRIQUE CENTRALE. — Les récents événements qui se sont produits au Guatemala et au San-Salvador donnent
un intérêt particulier à la statistique comparée des principaux éléments de richesse des républiques de l'Amérique centrale :

	Guatemala.	Costa-Rica.	Salvador.	Honduras.	Nicaragua.
Superficies (milles carrés).	46 800	23 000	7 215	46 400	49 500
Population.	1 500 000	200 000	650 000	330 000	350 000
Revenu. . . .doll.	5 500 000	3 400 000	3 000 000	1 000 000	2 000 000
Importations —	6 000 000	5 000 000	3 000 000	»	»
Exportations —	10 000 000	6 236 000	5 000 000	»	»
Dette. . . . . —	10 000 000	10 000 000	8 700 000	5 400 000	1 425 000

INVENTIONS

NOUVELLE APPLICATION DU PHONOGRAPHE. — Cette invention de
l'ingénieur Edison a encore trouvé une nouvelle application, celle de
faciliter des cours.

Suivant l'Electrical Review, le phonographe est employé au collège
de Milwaukee pour aider le professeur dans l'enseignement de la
langue française et des autres langues étrangères. Le phonographe,
qui n'est jamais fatigué, peut répéter la même phrase ou le même
mot, s'adressant aux élèves, parle devant le phonographe, qui peut répéter la leçon autant de fois qu'on le désire.

— MORTIERS DE CIMENT RÉSISTANT A LA GELÉE. — Le ciment de Portland, mélangé avec de l'acide chlorhydrique ou avec une solution
de chlorure de soude, fait prise en bloc et devient extrêmement dur. Un
ingénieur allemand, M. Bernhofer, a institué des expériences sur des
mortiers composés respectivement de ciment de Portland et de sable,
et de chaux et de sable, avec addition à chacun d'eux d'une dissolution de soude cristallisée, pour déterminer l'influence de la gelée sur
la rapidité de la prise.

La composition exacte de ces mortiers était de 1 litre de ciment
de Portland ou de chaux, mélangé avec 3 litres de sable de rivière et
2 litres d'eau contenant en dissolution 1 kilogramme de soude.

Les expériences, commencées le 9 décembre 1889, à sept heures
du soir, ont pris fin le lendemain, à dix heures du matin. Pendant
la nuit, la température est descendue à − 3°,5; elle était, le 10, à
huit heures du matin, — 3°,15, et à dix heures, — 2°,7. A ce moment, on a enlevé les mortiers et on les a mis pendant trois heures
dans un four préalablement chauffé. En les retirant, on a pu constater que la gelée n'avait aucunement influer sur la rapidité au point de
vue de la prise.

En conséquence, M. Bernhofer pense que la gelée est sans influence
sur des mortiers de ce genre. Il se propose de faire d'autres expériences pour voir s'ils conserveront leur dureté pendant une longue
période et pour déterminer la quantité maxima de soude à employer,
car c'est cet élément qui influe le plus sur le prix.

Suivant le Génie civil, les mortiers ayant la composition indiquée
ci-dessus coûtent respectivement 100 francs et 41 fr. 50 le mètre cube
le mortier au ciment de Portland ou à la chaux.

— PAVAGE EN CAOUTCHOUC. — On dit souvent que les électriciens
se préoccupent de l'épuisement prochain des sources de caoutchouc ;
cette crainte n'est pas sérieuse, si l'on se rapporte à l'invention suivante :

Un ingénieur allemand a imaginé une sorte de pavage en caoutchouc qui a été appliqué sur un pont. Les résultats fournis par cet
essai ont été si heureux que l'on se propose d'appliquer ce système
sur une certaine échelle.

Le pavage en caoutchouc semble avoir la durée du pavage en
pierre; il n'occasionne aucun bruit et ne souffre ni de la chaleur ni
du froid. Il n'est pas glissant et paraît plus durable que l'asphalte.

— MOYEN D'ÉVITER LES AMPOULES SUR PAPIER ALBUMINÉ. — Pour éviter les ampoules qui se produisent au moment du fixage sur le papier albuminé, M. Swain recommande les deux procédés suivants :

1º Lorsque l'on craint cet accident, l'épreuve, au sortir du bain de
virage, est plongée dans un bain d'eau additionnée de 20 pour 100
d'ammoniaque. Au bout de dix minutes, on fixe dans un bain d'hyposulfite auquel on a ajouté de 1 à 1,5 pour 100 d'ammoniaque; puis,
en sortant du bain de fixage, l'épreuve est placée dans un bain de
chlorure de sodium assez concentré, additionné également de
2 pour 100 d'ammoniaque. Les lavages se font ensuite comme à l'ordinaire.

2º Avant le virage, et avant de procéder au fixage, l'épreuve est
mise pendant quelques minutes dans un bain d'eau contenant
5 pour 100 d'acide acétique. On lave une ou deux fois, et l'on fixe
comme à l'ordinaire.

C'est à ce dernier procédé que M. Swain donne la préférence.

BIBLIOGRAPHIE

Sommaires des principaux recueils de mémoires originaux.

BULLETIN DES SCIENCES PHYSIQUES (t. III, juin 1890, nº 1). — E. Mathias : Sur la chaleur de vaporisation des gaz liquéfiés. — J. Blondin :
Problème d'électricité. — D. Hurmuzescu : Problème de thermo-dynamique. — A. Béhal : Les oximes. — B. Brunhes et A. Berget :
Revue des thèses.

— JOURNAL DES ÉCONOMISTES (3e série, t. XLIX, juillet 1890). —
L. Renard : La représentation commerciale et industrielle en France.
— G. de Molinari : Notions fondamentales. La consommation. — E.
Rochetin : La réforme de notre régime hypothécaire. — G. François :
La question de l'argent aux États-Unis. — A. Raffalovich : Lettre
d'Allemagne. Lettre de Suisse.

— REVUE INTERNATIONALE DE L'ENSEIGNEMENT (t. X, nº 7, 15 juillet 1890).
— E. Dreyfus-Brisac : La question de l'enseignement secondaire devant le Sénat. — E.-L. Hallberg : L'Université idéale. — Louis Weill :
État actuel de l'enseignement des langues vivantes dans l'éducation
des garçons en France.

— BULLETIN DE LA SOCIÉTÉ DE GÉOGRAPHIE (t. X, 1er trim. 1890).
— Ch. Maunoir : Rapport sur les travaux de la Société de géographie
et sur les progrès de la science géographique pendant l'année 1890.
— W. de Nordling : L'unification des heures. — J. Thoulet : La
campagne scientifique du schooner des États-Unis Grampus, en 1889.

— REVUE MILITAIRE DE L'ÉTRANGER (t. XXXVII, nº 745 et 746, 30 juin-
15 juillet 1890). — Les écoles militaires en Russie. — Le nouveau règlement d'exercices de l'infanterie austro-hongroise. — Le combat
d'artillerie dans la guerre de siège, d'après les théories du général
Wiebe. — L'organisation du haut commandement dans les armées
russes en campagne. — L'armée persane.

— JOURNAL DE L'ANATOMIE ET DE LA PHYSIOLOGIE normale et pathologique de l'homme et des animaux (t. XXVI, nº 3, mai-juin 1890).
— E. Retterer : Sur l'origine et l'évolution de la région ano-génitale
des mammifères. — C. Phisalix : Contribution à la pathologie de
l'embryon humain. — F. Plateau : Les myriopodes marins et la résistance des arthropodes à respiration aérienne à la submersion. —
G. Pouchet et F.-A. Chaves : Les formes du cachalot.

— REVUE BIOLOGIQUE DU NORD DE LA FRANCE (juillet 1890). — Fockeu : Note sur la galle d'Hormomyia Fagi. — Malaquin : Les Annélides polychètes des côtes du Boulonnais. — Halles : Catalogue des

Turbellariés du nord de la France. — *Moniez :* Acariens et insectes marins des côtes du Boulonnais.

— ANNALES D'HYGIÈNE PUBLIQUE ET DE MÉDECINE LÉGALE (juillet 1890). — *Teissier :* Le duel au point de vue médico-légal et particulièrement dans l'armée. — *Girode :* L'enseignement de l'hygiène et les instituts en Allemagne et en Autriche-Hongrie. — *Garnier :* Étude sur les ustensiles de cuisine en bronze et nickel. — *Moingeard :* Lignes d'identité des ouvriers exerçant la profession de rhabilleurs de meules. — *Laurent :* De l'hérédité des gynécomastes. — *Vinay :* Stérilisation du lait par la chaleur.

— ARCHIVES DE MÉDECINE ET DE PHARMACIE MILITAIRES (juillet 1890). — *Coustan* et *Dubrulle :* La pleurésie dans l'armée. — *Achintre :* Relation d'une épidémie de dysenterie observée sur le 11ᵉ régiment de cuirassiers, à Lunéville, en juillet-août 1889. — *A. Olivier :* Traitement de l'atrophie testiculaire d'origine ourlienne par les courants électriques. — *Mauget :* Appareil mobile à niveau d'eau fixe. — *Wagner :* Considérations sur le dosage de l'acidité des farines. — *Longuet :* L'état sanitaire de l'armée allemande.

— JOURNAL DE LA SOCIÉTÉ DE STATISTIQUE DE PARIS (juillet 1790). — Le Conseil supérieur de statistique. — *Gruner :* Le Congrès international des accidents du travail. — *Mauguin :* Statistique comparée de l'agriculture française en 1790 et en 1882. — *Turquan :* Statistique générale des naufrages. — *Liégeard :* Le secrétariat ouvrier en Suisse. — L'impôt sur les cartes à jouer.

— ARCHIVES GÉNÉRALES DE MÉDECINE (juillet 1890). — *Chauvel :* Sur une complication peu commune des abcès du foie ouverts à l'extérieur, la carie des côtes avoisinant l'ouverture. — *Haussmann :* De la laparotomie dans l'occlusion intestinale. — *De Larabrie :* Recherches sur les tumeurs mixtes des glandules de la muqueuse buccale. — *Duflocq* et *Ménétrier :* Des déterminations pneumo-cocciques pulmonaires sans pneumonie. Bronchite capillaire à pneumocoques chez les phtisiques.

Publications nouvelles.

ÉTUDES EXPÉRIMENTALES ET CLINIQUES SUR LA TUBERCULOSE, publiées sous la direction de *M. Verneuil,* par MM. *Cavagnis, Clado, Courmont, Harold, C. Ernst, J. Héricourt, H. Leloir, L. Penck, A. Poncet, E. Quinquaud, J. Reboul, J. Renaut, Ch. Richet, H. Surmont, Tachard, P. Thiery, Valude, Verneuil, Vigneron* et *L.-R. Petit,* secrétaire de la rédaction. T. II, fasc. 2. — In-8ᵒ; Paris, G. Masson, 1890.

— LISTE GÉNÉRALE DES OBSERVATOIRES ET DES ASTRONOMES, des Sociétés et des Revues astronomiques, préparée par *A. Lancaster,* bibliothécaire de l'Observatoire royal de Bruxelles. 3ᵉ édition. — Un vol. in-12; Bruxelles, Hayez, 1890.

— L'AZOTE DANS LES EAUX MINÉRALES. Étude physiologique et thérapeutique, par *Joseph Mazery.* — Une broch. in-8ᵒ; Paris, Ollier-Henry, 1890.

— RECHERCHES CLINIQUES ET THÉRAPEUTIQUES SUR L'ÉPILEPSIE, L'HYSTÉRIE ET L'IDIOTIE. Compte rendu du service des enfants idiots, épileptiques et arriérés de Bicêtre, pendant l'année 1889, par *Bourneville,* médecin de Bicêtre. T. X. — In-8ᵒ; Paris, librairie du Progrès médical, 1890.

— STATIONS THERMALES ET MARINES DE LA FRANCE ET DE L'ÉTRANGER. Publication dirigée par MM. *Bardet* et *Macquarie.* —. 5 vol. in-16; Paris, Deutu, 1890.

— LES FACULTÉS MENTALES DES ANIMAUX, par *M. Foveau de Courmelles.* — Un vol. in-16 de la *Bibliothèque scientifique contemporaine,* avec 31 figures dans le texte; Paris, J.-B. Baillière, 1890.

L'administrateur-gérant : HENRY FERRARI.

MAY & MOTTEROZ, Lib.-Imp. réunies, Êt. D, 7, rue Saint-Benoît. [806]

Bulletin météorologique du 15 au 21 septembre 1890.

(D'après le *Bulletin international du Bureau central météorologique de France.*)

DATES.	BAROMÈTRE à 1 heure DU SOIR.	TEMPÉRATURE			VENT. FORCE de 0 à 9.	PLUIE. (Millimètres.)	ÉTAT DU CIEL à 1 HEURE DU SOIR.	TEMPÉRATURES EXTRÊMES EN EUROPE	
		MOYENNE.	MINIMA.	MAXIMA.				MINIMA.	MAXIMA.
☾ 15	759ᵐᵐ,48	15ᵒ,8	7ᵒ,9	23ᵒ,5	S.-E. 2	0,0	Beau; atmosphère très claire.	2ᵒ au Pic du Midi; 3ᵒ Carlsruhe et Charleville.	33ᵒ à Bikra; 29ᵒ Laghouat; 34ᵒ à l'île Sanguinaire.
♂ 16	757ᵐᵐ,46	15ᵒ,7	7ᵒ,5	23ᵒ,6	E.-S.-E. 2	0,0	Id.	1ᵒ au Pic du Midi; 3ᵒ Charleville;4ᵒ au mont Ventoux.	31ᵒ cap Béarn et île Sanguinaire; 28ᵒ à Aumale.
☿ 17	758ᵐᵐ,61	18ᵒ,0	9ᵒ,0	26ᵒ,0	S.-S.-E. 2	0,0	Cirrus; cirro-cumulus S.-W.; cumulus S.	6ᵒ au Pic du Midi; 4ᵒ à Haparanda et Hernosand.	30ᵒ Biarritz; 27ᵒ Clermont; 26ᵒ Paris-Saint-Maur.
♃ 18	758ᵐᵐ,07	17ᵒ,2	14ᵒ,5	21ᵒ,7	S. 3	1,1	Cumulus S. et à l'W.	0ᵒ,4 au Pic du Midi; 1ᵒ à Haparanda.	37ᵒ à Aumale; 29ᵒ Laghouat; Bikra; 28ᵒ île Sanguinaire.
☉ 19	757ᵐᵐ,63	16ᵒ,9	12ᵒ,8	21ᵒ,0	S.-S.-E. 3	1,9	Cirro-stratus W.	1ᵒ,6 au Pic du Midi; 2ᵒ au mont Ventoux.	29ᵒ à Bikra; 28ᵒ Aumale, Alger; 27ᵒ Laghouat.
♄ 20	751ᵐᵐ,58	17ᵒ,8	15ᵒ,0	22ᵒ,1	S.-S.-W. 3	3,0	Cirrus S. 1/4 W.	0ᵒ,2 au Pic du Midi; 3ᵒ au mont Ventoux.	30ᵒ à la Calle; 28ᵒ Alger, Bikra; 28ᵒ Alger, Laghouat.
☉ 21 P. Q.	758ᵐᵐ,99	16ᵒ,8	12ᵒ,0	21ᵒ,6	S.-E. 3	3,9	Cirro-stratus indistinct	0ᵒ,4 à Clermont; 4ᵒ Hermanstadt, mont Ventoux.	33ᵒ à la Calle; 30ᵒ à Tunis, Alger; 29ᵒ à Laghouat.
MOYENNE.	756ᵐᵐ,67	16ᵒ,66	11ᵒ,39	22ᵒ,79	TOTAL..	13,9			

REMARQUES. — La température moyenne est bien supérieure à la normale corrigée 14ᵒ,3. Pendant la première partie de la semaine, le temps a été beau; il est ensuite devenu pluvieux et à averses. Le 17, 12 millimètres d'eau à Saint-Mathieu, 10 à la Coubre, 12 au cap Béarn, 26 à Laghouat, 16 à Stornoway, 14 à Constantinople. Le 18, 44 millimètres à Dunkerque, 18 à Rochefort, 17 à l'île d'Aix, 26 à la Coubre, 32 au cap Béarn, 50 à Cette, 33 à Croisette, 78 à Barcelone. Le 19, 10 millimètres à la Hague, 11 à Brest, 12 à Saint-Mathieu et Ouessant, 10 à Er-Hastellic, 11 à Clermont, 10 à Lyon, 12 à Valentia, 10 à Barcelone, 15 à Groningue. Le 20, 42 millimètres à Lyon, 77 à

Marseille, 13 à Skudesnoes. Le 21, 12 millimètres à Cherbourg, 12 à la Hague, 11 à Lorient, 18 à Er-Hastellic et le Mans, 16 à Lyon, 13 à Madrid, 14 à Turin, 38 à Flessingue, 21 à Skudesnoes.

CHRONIQUE ASTRONOMIQUE. — Mercure se perd maintenant dans les rayons du Soleil. Vénus le suit encore, ainsi que Mars, un peu plus tardif. Jupiter, toujours éclatant, passe au méridien le 28, à 7ʰ49ᵐ du soir (et non du matin, comme le fait dire la dernière chronique). Saturne est toujours étoile du matin. Très grande marée le 29 septembre (la plus forte de l'année). P. L. le 28, à 1ʰ9ᵐ du soir.
L. B.

REVUE

CIENTIFIQUE

(REVUE ROSE)

DIRECTEUR : M. CHARLES RICHET

NUMÉRO 14   TOME XLVI   4 OCTOBRE 1890

CONGRÈS SCIENTIFIQUES

ASSOCIATION BRITANNIQUE POUR L'AVANCEMENT DES SCIENCES

M. FR.-A. ABEL
Président.

Les découvertes contemporaines sur les poudres et la balistique.

C'est la deuxième fois que l'Association britannique se trouve réunie à Leeds. La première fois, en 1858, notre président d'alors, sir Richard Owen, que nous sommes heureux voir encore parmi nous, avait pris pour texte de son discours d'ouverture les défectuosités que venait de révéler l'organisation des armées la guerre si meurtrière de Crimée. S'attachant surtout aux questions sanitaires, il nous avait montré l'impuissance du dévouement et de la science des médecins en présence de ces maladies terribles qui, plus encore que le feu de l'ennemi, décimaient nos soldats. Je n'ai pas besoin de vous dire que ce cri d'alarme fut entendu, ni de vous rappeler les progrès considérables réalisés depuis dans cette voie : pansement antiseptique, distribution d'eau potable, alimentation saine, aération large des hôpitaux, des baraquements et des navires, voilà autant de bienfaits dont les armées sont redevables à l'hygiène, et les procès-verbaux du Congrès périodique d'hygiène et de démographie — que nous saluerons l'an prochain à Londres et qui aura à déplorer la mort de ceux qui ont le plus contribué au progrès et aux applications de la science sanitaire, sir Edward Chadwick — ces procès-verbaux, disons-nous, offrent de nombreux témoignages du vif intérêt avec lequel les gouvernements de tous les pays ont suivi les rapides progrès de cette science, trop longtemps méconnue. Mais si l'art de guérir et de prévenir les maladies a marché à pas de géant, l'art de tuer n'est pas resté stationnaire et a suivi un développement parallèle. Faut-il déplorer ces

27e ANNÉE. — TOME XLVI.

efforts de chaque nation pour créer un matériel de guerre puissant et s'assurer ainsi la suprématie sur les champs de bataille où se videront, malheureusement longtemps encore, les différends entre nations ? Faut-il regretter ces dépenses continuelles et ruineuses, nécessaires à chacune pour ne pas se laisser devancer par ses voisines ? Les conditions de la guerre se sont profondément modifiées depuis trente ans, et la science a pénétré dans toutes les branches des arts militaires ; mais, en somme, dans ces conflits entre deux nations également pourvues de toutes les applications scientifiques, la victoire dépendra toujours, comme autrefois, un peu du hasard, de la chance, d'une supériorité temporaire d'armement peut-être, mais surtout du talent militaire et du caractère des combattants.

Ces sacrifices, consentis avec abnégation pour la grandeur de la patrie, ne restent d'ailleurs pas absolument stériles. De l'émulation pour la création de nouveaux et toujours plus terribles engins de destruction naissent des industries nouvelles dont les perfectionnements profitent bientôt aux travaux pacifiques et viennent apporter leur contingent au bien-être de l'humanité.

Envisagés à ce point de vue — tout à fait justifié dans une ville industrielle comme Leeds — les progrès de l'artillerie, depuis 1858, sont peut-être de nature à intéresser les membres de l'Association britannique pour l'avancement des sciences et pour le développement de leur application au bien-être général. J'essayerai donc de vous tracer rapidement l'historique de ces progrès auxquels je me suis trouvé mêlé moi-même au cours d'une carrière longue et pénible qui touche à sa fin.

Les progrès réalisés depuis 1858 pour la régularisation de l'explosion de la poudre de guerre, de manière à en permettre l'emploi avec les armes les plus différentes comme calibre aussi bien que comme mode du fonctionnement, ont été considérables. Jusque dans ces dernières années, les diverses poudres en usage dans ce pays et à l'étranger ne différaient guère,

14 S.

comme composition et comme fabrication, de la poudre de nos ancêtres; mais la substitution, après la guerre de Crimée, des canons rayés aux canons lisses et la nécessité, résultant du blindage des forts et des navires, d'augmenter la puissance de l'artillerie, conduisirent à faire des recherches en vue d'obtenir une poudre susceptible d'un emploi avantageux pour l'artillerie de tous calibres dans des conditions meilleures que celles réalisées jusqu'alors avec la poudre unique employée pour tous les calibres dans l'artillerie anglaise.

Pendant de longues années, on se borna à varier la grosseur et la forme des grains de poudre, ainsi que leur dureté et leur densité. On espérait arriver ainsi à obtenir des vitesses de combustion variées, pensant que, puisque les corps composants entrent dans la poudre pour des proportions qui correspondent au développement maximum d'énergie chimique, c'était plutôt sur les caractères physiques et mécaniques qu'il fallait agir que sur les proportions ou sur les caractères chimiques du mélange.

Les recherches faites dans cet esprit amenèrent l'introduction successive dans l'artillerie de poudres très variées, mais pouvant toutes se rattacher à deux types très distincts : un premier type comprenant les poudres qui conservaient les caractères essentiels de la poudre primitive, obtenues par le grenage de tourteaux plus ou moins comprimés et dont les grains étaient approximativement de même forme et de même grosseur pour une même poudre, la grosseur de ces grains pouvant, d'ailleurs, varier depuis six morceaux à la livre (450 grammes) jusqu'à 1000 grains à l'once (28 grammes). Quelques-unes de ces poudres ont donné d'excellents résultats et sont encore employées aujourd'hui. Le deuxième type comprenait les poudres dans la fabrication desquelles on s'efforçait de satisfaire à cette idée théorique que, pour obtenir l'uniformité d'action d'une poudre quelconque employée dans des conditions convenables, il fallait rechercher non seulement l'identité de composition, mais aussi l'identité de forme, de grosseur, de densité et de structure des grains. Pour réaliser ce désidératum, on soumettait des quantités égales d'une même pâte, amenée à l'état de poudre sèche bien uniforme, à une pression déterminée pendant un temps également déterminé, dans des moules de grandeur uniforme, les conditions extérieures et les manipulations ultérieures étant tenues aussi semblables que possible. Mais des essais pratiques vinrent bientôt montrer que les résultats cherchés pouvaient être obtenus d'une façon beaucoup plus simple et plus rapide par le mélange de poudres de fabrications différentes, présentant par conséquent des différences de grosseur, de dureté et de densité du grain.

Pendant que notre attention se portait ainsi sur les modifications possibles des propriétés balistiques de la poudre ordinaire, la question était traitée aussi, aux États-Unis, par Rodmann et Doremus, et ce dernier proposait l'emploi, pour la grosse artillerie, de poudre à grains prismatiques de fortes dimensions. Cette poudre prismatique, mise en usage d'abord en Russie, fut ensuite perfectionnée et employée sur une grande échelle en Allemagne et en Angleterre, tandis que se poursuivaient activement, en Italie et au sein de notre propre comité des explosifs, les recherches en vue de fabriquer une poudre à explosion graduelle, pouvant être employée pour les charges énormes qu'exigent les grosses pièces de l'artillerie moderne, recherches qui aboutirent à la poudre progressive des Italiens et aux poudres fabriquées à Waltham Abbey.

Des expériences entreprises de concert avec le capitaine Noble, il y a quelques années, sur une série de poudres de guerre de compositions très différentes, nous montrèrent que, surtout pour les grosses pièces, on devait chercher à obtenir une poudre engendrant un volume considérable de gaz au moment de l'explosion, tout en ne donnant lieu qu'à un dégagement de chaleur moindre que celui dû à l'explosion de la poudre noire ordinaire. Nos recherches apportèrent en même temps quelque lumière sur les causes de l'action érosive des produits de l'explosion sur l'âme des canons, action qui donne lieu à des détériorations pouvant affecter gravement la sûreté du tir et la vitesse du projectile. Cette érosion se manifeste surtout sur les *points* où les produits de l'explosion, gaz et liquides (solides liquéfiés) portés à une température élevée et sous une pression considérable, peuvent s'échapper entre le projectile et la paroi de la pièce. Il se produit alors un entraînement des particules de cette paroi, portée elle aussi à une température élevée qui diminue sa résistance dans une très large mesure ; l'action destructive est en outre favorisée par l'action chimique de certains produits de l'explosion. Il résulte d'ailleurs d'une façon très nette des expériences faites sur une grande échelle par le capitaine Noble, avec des poudres de compositions variées et avec des explosifs de nature différente, que l'érosion est d'autant moindre que l'explosif employé fournit une plus grande quantité de produits gazeux, et dégage une quantité de chaleur moins considérable.

D'éminents fabricants allemands, préoccupés, eux aussi, de réaliser une poudre convenable pour la grosse artillerie, portèrent leurs recherches non seulement sur les proportions des corps composants, mais aussi sur la nature du charbon mis en œuvre, et arrivèrent à une nouvelle poudre prismatique dans laquelle la proportion de salpêtre est un peu plus considérable que dans la poudre noire ordinaire et pour laquelle ils employèrent un charbon à carbonisation légère, d'une couleur brun rougeâtre, assez semblable à celui que Violette fabriquait pour les poudres de chasse, il y a quelque quarante ans, sous le nom de charbon roux, en soumettant le bois ou toute autre matière végétale à l'action de la vapeur d'eau surchauffée. La poudre ainsi obtenue par les fabricants allemands ne se distingue pas seulement par sa couleur de la poudre noire ; elle brûle très lentement à l'air et donne une explosion plus régulière dans les armes à feu. En détonant, elle ne produit que des gaz simples, car, grâce à la prédominance du salpêtre sur le soufre et le charbon, ces derniers sont complètement oxydés ; en même temps il se produit une quantité considérable de vapeur d'eau, due en partie à l'humidité de la poudre, en partie à l'hydrogène resté dans le bois par suite de sa carbonisation imparfaite. Quant à la fumée, son volume est sensiblement le même avec les deux poudres ; mais avec la poudre brune, elle se disperse très rapidement grâce à l'absorption rapide des sels de potasse que favorise l'état d'extrême division dans lequel ils se trouvent au milieu de la grande quantité de vapeur d'eau.

La poudre brune remplaça donc la poudre noire avec avantage pour les grosses pièces de canon ; mais bientôt il fallut chercher mieux encore. Il s'agissait alors de charger les canons monstres comme celui de 110 tonnes qui, pour lancer ses boulets de 1800 livres (810 kilogrammes), exige une charge de 960 livres (432 kilogrammes) de poudre. On arriva cependant, moyennant quelques améliorations de fabrication, à se servir de la poudre brune pour ces engins formidables, en même temps que l'on fabriquait une poudre intermédiaire, quant à la rapidité d'action, entre la poudre brune et la poudre noire, et supérieure à cette dernière pour l'artillerie de calibre moyen.

L'importance prise dans la marine de guerre par les canons à longue portée et à tir rapide, et l'inconvénient résultant pour cette artillerie du rideau de fumée auquel donnait lieu l'emploi des poudres ordinaires et qui venait masquer plus ou moins complètement le but, amenèrent à chercher une poudre sans fumée ou à peu près sans fumée, qui fut bientôt réclamée aussi par les autorités militaires pour l'artillerie de campagne et la mousqueterie.

La propriété que possède l'azotate d'ammoniaque de ne donner que des produits gazeux quand il est décomposé par la chaleur désignait cette substance aux chercheurs comme base de la poudre sans fumée ; mais sa nature déliquescente offrait un obstacle à peu près insurmontable pour son emploi dans la fabrication d'explosifs pratiques. Cependant F. Gaus annonçait dernièrement que, en mélangeant des proportions convenables de charbon et de l'azotate d'ammoniaque, il était parvenu à écarter cette sensibilité hygroscopique commune aux autres mélanges d'azotate d'ammoniaque et à obtenir un explosif ne donnant que des gaz permanents, sans fumée par conséquent. Ses espérances ne se sont pas réalisées ; elles ont conduit cependant un fabricant allemand dis-

tingué, M. Heidemann, à fabriquer une poudre à base de nitrate d'ammoniaque qui jouit de propriétés balistiques remarquables et ne donne qu'une faible quantité d'une fumée se dispersant rapidement. Cette poudre fournit un volume de gaz beaucoup plus considérable que la poudre noire et même que la poudre brune, son action est plus lente que celle de cette dernière, et les mêmes effets balistiques sont obtenus avec une charge moindre. Elle se comporte bien dans une atmosphère à peu près sèche ou même légèrement humide, mais dès que l'air se rapproche de son point de saturation, elle absorbe rapidement l'humidité, et c'est là un inconvénient qui, on le conçoit, en restreint considérablement l'usage.

C'est il y a environ cinq ans que nous parvinrent les premières relations sur les résultats remarquables obtenus en France pour la fabrication d'une poudre sans fumée destinée au fusil à répétition et à magasin adopté à cette époque dans l'armée française. Pour cette poudre, comme pour l'explosif désigné sous le nom de mélinite et dont les effets fantastiques étaient vantés vers la même époque, le secret fut rigoureusement gardé par le gouvernement français ; on sait cependant maintenant que plus d'un explosif sans fumée a succédé au premier, et que la poudre en usage actuellement pour le fusil Lebel appartient à la classe des préparations de fulmicoton, dont plusieurs variétés ont fait l'objet de brevets en Angleterre et qui sont également employées en Allemagne et dans d'autres pays.

La comparaison des phénomènes chimiques qui accompagnent l'explosion dans le cas de la poudre de guerre et dans le cas des composés nitreux dont le type est le coton-poudre explique l'absence de la fumée avec ces derniers. La poudre, formée d'une grande proportion de salpêtre mêlé à une matière végétale carbonisée et à une quantité de soufre variable, donne à l'explosion des produits dont plus de 50 pour 100 ne sont pas gazeux même à température élevée. Une partie de ces produits, solides, liquéfiés, constitue la crasse des armes à feu ; le reste, réparti à l'état de division extrême dans les produits gazeux de l'explosion, forme la fumée qui s'échappe dans l'atmosphère ; avec les composés nitreux, au contraire, les produits de l'explosion sont exclusivement des gaz et de la vapeur d'eau, et il n'y a pas de fumée visible.

En tant qu'il s'agit d'éviter la fumée, aucun explosif ne peut surpasser la poudre-coton (ou autre variété de cellulose nitrée) ; mais l'application de cette poudre aux armes à feu présente des difficultés si sérieuses que l'on ne saurait s'étonner des insuccès des premières tentatives faites à cet égard. Dans ces essais, entamés dès la découverte de coton-poudre en 1846 et continués en Autriche, on se borna simplement à faire varier la densité et les conditions mécaniques de l'emploi de la fibre de coton-poudre. Tant que les expériences furent faites à l'air libre, tout alla bien ; mais dès que le coton-poudre eût été confiné dans un canon, les artifices mis en jeu pour en régulariser l'action se trouvèrent déjoués, et la plus légère variation dans la compacité de la poudre ou dans sa disposition donna lieu à des détonations extrêmement violentes. J'obtins des résultats bien meilleurs en réduisant la fibre en pulpe, puis en une pâte semblable à de la pâte de papier soumise ensuite à la presse hydraulique, de manière à en former des masses homogènes de la forme et de la grandeur désirées. Des résultats satisfaisants furent obtenus en 1867-1868, à Woolwich, avec des cartouches fabriquées de cette façon et agencées en vue de régulariser la rapidité d'explosion dans les canons de campagne. Mais bien que des charges relativement faibles aient donné des vitesses considérables aux projectiles sans laisser de trace de détérioration de la pièce, la nouvelle poudre ne parut pas présenter toutes les garanties de sécurité indispensables ; d'ailleurs, à cette époque, les autorités militaires n'appréciaient pas encore les avantages qui pouvaient résulter de l'emploi de poudres sans fumée, aussi les expériences dans cette voie ne furent-elles pas poursuivies. A ce moment, le coton-poudre donnait d'excellents résultats pour les cartouches de chasse, et des résultats pleins de promesses étaient obtenus avec le fusil Martini-Henry avec une charge de coton poudre réduit en pulpe et légèrement comprimé en forme de boulette, l'uniformité de son action étant assurée par des moyens simples.

Une poudre de chasse à peu près sans fumée fut également produite à cette époque par le colonel Schultze, de l'artillerie prussienne. Cette poudre était formée de bois finement divisé et converti, après purification préalable, en une sorte de coton-poudre moyennement explosif, imprégné ensuite d'une petite quantité d'un agent oxydant. Plus tard, cette poudre fut fabriquée dans la forme granulaire et rendue moins hygroscopique ; sous cette nouvelle forme, elle ressemblait beaucoup à la poudre de chasse bien connue E. C., formée de coton-poudre réduit en pulpe, incorporé dans cet état à des nitrates de potasse et de baryte et converti en grains par l'intermédiaire d'un corps dissolvant et liant tout à la fois. Ces deux poudres produisaient infiniment moins de fumée que la poudre noire ordinaire, mais ne pouvaient entrer en ligne avec celle-ci pour la justesse du tir avec les armes de guerre.

Le camphre et les dissolvants liquides ont été employés ces années passées pour durcir la surface du coton-poudre granulé ou comprimé et supprimer en même temps sa porosité. On a également employé, dans quelques usines françaises, allemandes et belges, l'éther acétique et l'acétone pour convertir l'explosif nitreux en une sorte de matière gélatineuse pouvant être incorporée à d'autres matières, et, soit roulée, soit étendue en feuilles, pressée dans des moules con-

venables ou étirée en fils, en tubes, etc., pendant qu'elle était à l'état plastique. On éliminait ensuite les dissolvants, et le produit, durci de ce chef, était coupé en tablettes, en bandes ou en morceaux de dimensions convenables pour l'usage auquel on le destinait.

Une autre classe de poudres sans fumée, semblables comme caractères physiques à des poudres de nitrocellulose, mais dont l'élément principal est la nitroglycérine, a été préconisée par M. Alfred Nobel, l'inventeur bien connu de la dynamite. Ces poudres offrent quelque ressemblance physique avec une autre de ses inventions désignée sous le nom de gélatine tonnante, l'un des produits les plus intéressants des explosifs violents connus. Quand un des produits inférieurs de la nitrification de la cellulose est imprégné de nitroglycérine, il perd graduellement sa nature fibreuse et devient gélatineux en s'assimilant ce liquide explosif. Cette préparation, et certaines autres qui en dérivent, ont acquis une importance considérable comme agents brisants d'une puissance supérieure à celle de la dynamite ; elles jouissent d'ailleurs de cette propriété précieuse de ne perdre qu'une quantité insignifiante de nitroglycérine par un séjour même prolongé sous l'eau.

La poudre à base de nitroglycérine, fabriquée originairement par M. Nobel, était à peu près complètement exempte de fumée et développait une énergie très considérable tout en ne donnant que des pressions modérées au départ de la charge, mais elle était affectée de défauts pratiques qui appelaient des améliorations dans sa fabrication. Les mérites relatifs de cette poudre sans fumée et des variétés de poudre à base de nitrocellulose ont fait l'objet d'expériences minutieuses ici et à l'étranger, expériences qui ont révélé des difficultés sérieuses pour leur application spéciale aux armes de petit calibre. La grande quantité de chaleur produite par l'explosion augmente l'action érosive sur le canon, l'absence de résidus solides dans les produits de l'explosion devient même un inconvénient, car le canon et le projectile, restant toujours propres, adhèrent plus fortement l'un contre l'autre, d'où une augmentation considérable du frottement. Plus d'un expédient a été imaginé pour écarter ce dernier inconvénient, mais toujours aux dépens de l'absence de fumée.

Nous ne savons que peu de choses sur les résultats fournis en France et en Allemagne par la poudre sans fumée employée pour les nouveaux fusils et pour l'artillerie. Mais nos propres expériences ont montré que plus d'une variété de poudre sans fumée pouvait donner de bons résultats, non seulement avec les fusils à répétition de notre infanterie, mais aussi avec les gros canons de marine, avec l'artillerie de campagne et avec les canons à tir rapide du plus gros calibre qui jouent un rôle si important dans notre marine. Il y a pour notre marine et notre armée, appelées à parcourir le monde entier, un intérêt spécial, capital, à ce que la poudre adoptée ne subisse pas, par suite de variations de température, des modifications chimiques susceptibles de l'altérer et de provoquer des accidents. C'est là une grosse difficulté, et il est possible que l'emploi de la poudre sans fumée à bord de nos navires ou dans nos possessions tropicales doive être subordonné à la réalisation de certaines conditions essentielles en permettant le magasinage sans danger d'altération ni d'explosion spontanée. Il y aura là évidemment, si les avantages de la poudre sans fumée se confirment et que son emploi se propage, des précautions spéciales à prendre, surtout sur les navires.

Les merveilles rapportées par la presse sur les effets de la première poudre sans fumée adoptée en France — merveilles confirmées, il faut le dire, par les rapports officiels des officiers qui avaient suivi les essais à distance — soulevèrent l'émotion générale et donnèrent naissance à la conviction que cette nouvelle poudre allait bouleverser de fond en comble les conditions de la guerre. Le thème était trop séduisant pour ne pas être exploité par toute la presse qui, lâchant la bride à son imagination, dota bientôt ce nouvel engin de qualités plus merveilleuses les unes que les autres; pas de fumée, pas de bruit, pas de recul, telles étaient les moindres qualités de ce produit mystérieux appelé à révolutionner l'art de la guerre.

Bien entendu, une connaissance plus exacte des choses ramena à des proportions plus justes ces appréciations, et fit tomber des légendes qui n'avaient pu trouver crédit d'ailleurs qu'auprès de cerveaux crédules et ignorants des principes les plus élémentaires de la science.

Cependant l'emploi fait en Allemagne, dans une ou deux manœuvres militaires, de poudre sans fumée ou presque sans fumée, fournit des indications intéressantes sur les modifications que paraît devoir entraîner, pour la tactique moderne, l'adoption aujourd'hui générale de ces nouveaux explosifs.

La poudre employée en Allemagne n'est pas tout à fait sans fumée, mais le nuage de fumée transparente auquel donne lieu le tir d'un fusil n'est plus visible à une distance de 300 yards environ (270 mètres), et le feu de salve le plus nourri ne masque nullement les objets à des observateurs un peu éloignés. Il en résulte que la position des tireurs, non plus que celle des batteries, n'est plus révélée à l'ennemi par la fumée épaisse qui se formait avec la poudre noire, pas plus que par la flamme rapide qui se produit au moment de l'explosion.

L'emploi de la poudre sans fumée dans les guerres futures ne saurait faire de doute, et il en résultera certainement des modifications profondes des conditions dans lesquelles les batailles ont été livrées jusqu'ici. D'une part, on ne pourra plus compter sur le rideau de fumée pour masquer des mouvements de troupe à l'ennemi; d'autre part, le tir des deux armées sera plus

sûr et plus efficace, et le tirailleur isolé ne sera plus dénoncé par la fumée de son arme. L'importance de la poudre sans fumée n'est pas moindre sur les navires, qui, grâce à elle, verront la puissance et l'efficacité de leur artillerie augmentées dans une très large mesure.

Cependant des difficultés pratiques viennent, au moins quant à présent, restreindre entre des limites relativement étroites les avantages balistiques que semblaient devoir procurer ces nouveaux explosifs. Bien des changements et des améliorations doivent être faits avant qu'on puisse utiliser toute leur énergie. Les affûts doivent être renforcés, les dispositions prises en vue du recul modifiées, etc. Dans le cas spécial de projectiles creux, la fabrication de ceux-ci devra être perfectionnée pour leur permettre de résister aux pressions élevées auxquelles ils seront soumis, en même temps que des précautions particulières devront être prises pour éviter l'explosion de l'obus avant sa sortie du canon ou pour ne pas fausser les fusées régulatrices qui assurent l'efficacité des obus à mitraille et dont le feu peut se trouver modifié par la vitesse plus considérable imprimée au projectile.

Avec des obus chargés avec des explosifs de la classe de ceux qu'on a essayés dans ces dernières années, malgré toutes les ressources fournies par l'habileté professionnelle appuyée sur une connaissance intime des propriétés de ces explosifs, la sécurité n'est jamais complète; les fusées, fabriquées en grande quantité, sont toujours exposées à des défectuosités, même avec les formes les plus simples.

Ce chargement des obus a été l'une des premières applications militaires du coton-poudre; mais toutes les précautions : compression de l'explosif, interposition de garnitures élastiques pour éviter tout frottement, etc., n'ont pas réussi à procurer une sécurité complète contre l'éclatement prématuré. Or si, avec un obus chargé à poudre noire, l'explosion dans la pièce ne cause généralement pas de dégâts graves à celle-ci, il n'en est plus de même avec le coton-poudre dont l'explosion entraîne d'une façon à peu près constante l'éclatement de la pièce. On se rappelle quels accidents terribles ont marqué les premiers essais dans cette voie. Ce n'est que plus tard que l'usage du coton-poudre pour la charge des obus devint possible, quand on eut découvert que le coton-poudre comprimé et mouillé de manière à le rendre complètement ininflammable pouvait, dans cet état, détoner par l'intermédiaire d'une charge suffisante de fulminate de mercure ou d'une petite quantité de coton-poudre sec. De nombreuses expériences heureuses ont confirmé ces vues, et aujourd'hui le coton-poudre humide est reconnu comme l'un des explosifs les plus énergiques qui puisse être employé avec sécurité pour la charge des obus.

De nombreuses tentatives ont été aussi faites, notamment aux États-Unis, pour l'emploi des préparations de nitroglycérine à la charge des obus. Dans les unes, la charge était subdivisée par des méthodes plus ou moins laborieuses; dans d'autres, on avait recours aux garnitures élastiques déjà employées par le coton-poudre et ayant pour but de réduire les secousses au moment du lancer du projectile; tous ces artifices réduisent l'espace utile pour la charge, et le meilleur d'entre eux ne saurait donner une sécurité comparable à celle que fournit maintenant le coton-poudre humide.

Mais aujourd'hui les essais sont entrés dans une nouvelle voie; on remplace la poudre par l'air comprimé.

Des canons de construction spéciale et de très grande dimension, lançant par l'air comprimé des obus contenant jusqu'à 225 kilogrammes de poudre-coton ou de dynamite, ont été construits récemment aux États-Unis, où l'on fonde de grandes espérances sur ces canons pneumatiques.

M. Grûson, le fabricant bien connu de plaques de blindage et de projectiles, de Magdebourg, a imaginé un dispositif fort ingénieux pour l'utilisation dans les obus, sans risque d'accidents, d'une classe d'explosifs très puissants. Ce dispositif est basé sur le fait, démontré par M. Sprengel, que le produit du mélange d'acide nitrique avec des hydrocarbures solides ou liquides ou avec leurs composés nitreux, détone avec violence en développant une énergie considérable, tandis que, isolément, les deux corps constituants — acide nitrique et hydrocarbures — sont inexplosibles. Il suffit donc de les placer séparément dans l'obus, l'acide nitrique étant dans un récipient dont la rupture sera déterminée par l'explosion de la charge du canon, pour que, le mélange s'effectuant rapidement et complètement grâce au mouvement de rotation de l'obus, le contenu de l'obus, jusque-là inoffensif, devienne, à peu près au moment de la sortie du canon, explosif au plus haut degré et susceptible de détoner sur l'action de la fusée. Mais quelque sécurité que paraisse donner ce système, sa nature un peu compliquée en a empêché la propagation, depuis surtout que d'autres explosifs aussi puissants peuvent être employés plus simplement et dans des conditions de sécurité tout aussi satisfaisantes.

Il y a quatre ou cinq ans, notre attention fut attirée par les effets merveilleux obtenus avec des obus chargés d'un explosif nouveau fabriqué par le gouvernement français. Les résultats annoncés dépassaient toutes les espérances, aussi bien au point de vue des effets destructifs que de la vitesse imprimée aux éclats de l'obus. On affirmait d'ailleurs que la manipulation de la mélinite — c'était le nom donné à cette poudre — ne présentait aucun danger, assertion bientôt démentie par plusieurs accidents terribles dus à l'explosion accidentelle d'obus chargés de mélinite.

Le secret le plus rigoureux fut gardé à l'égard de la composition de la mélinite comme à l'égard de la poudre sans fumée; mais on apprit bientôt que de grandes acquisitions d'acide picrique étaient faites en Angleterre par ou pour le gouvernement français. Ce produit, tiré de l'un des nombreux dérivés de la distillation de la houille, était alors fabriqué en grande quantité pour la teinture, et quoiqu'il n'ait été rangé que tout dernièrement parmi les corps explosifs, on savait depuis longtemps que, combiné aux métaux, il donnait des produits détonants avec plus ou moins de violence, dont quelques-uns mêmes avaient été essayés déjà comme succédanés possibles de la poudre de guerre.

Désigné à l'origine sous le nom d'acide carbazotique, l'acide picrique ne fut d'abord qu'une curiosité de laboratoire obtenue en petites quantités par l'oxydation de la soie ou de la teinture d'indigo. Mais bientôt on songea à utiliser ses propriétés tinctoriales et, en Angleterre, on le tira de la résine jaune (*Xanthorrhœa hastilis*) connue sous le nom de gomme de Botany-Bay. Enfin, en 1862, à Manchester, on le fabriqua en oxydant l'un des sous-produits de la distillation de la houille en vase clos, l'acide carbolique ou phénol, bien connu pour ses remarquables propriétés antiseptiques et désinfectantes. La consommation d'acide picrique alla depuis toujours croissant, et, en 1886, on en fabriquait plus de 100 tonnes en Angleterre, quand une catastrophe survenue à Manchester attira, en 1887, l'attention publique sur les propriétés détonantes de ce corps. Les autorités françaises paraissent d'ailleurs s'en être préoccupées antérieurement, et avaient entamé dès ce moment une série d'essais pour son application à la charge des obus. L'acide picrique est fabriqué aujourd'hui en grand dans plusieurs usines de la Grande-Bretagne, qui en ont exporté des quantités considérables durant ces quatre dernières années.

De grandes quantités de phénol étaient en même temps achetées en Angleterre par la France et récemment par l'Allemagne; ces acquisitions sont faites sans doute en vue d'alimenter les usines importantes qui ont été établies dans ces deux pays pour la fabrication de l'acide picrique, depuis que les expériences sérieuses ont montré que ce corps, absolument stable, de fabrication et de transport faciles, donnait, employé dans des conditions convenables, des effets d'une rare violence.

On ne connaît pas encore la composition exacte de la mélinite, tenue secrète, comme je le disais tout à l'heure, qu'on a assuré que c'était un mélange d'acide picrique et d'une matière lui communiquant une grande puissance; mais les accidents auxquels a donné lieu la manipulation d'obus chargés de mélinite semblent démontrer que, au point de vue de la sécurité, elle est inférieure à l'acide picrique simple. D'ailleurs, même avec ce dernier, les difficultés d'applications sont nombreuses et sérieuses, et ce n'est guère que dans une guerre future qu'on pourra déterminer d'une façon quelque peu précise la valeur relative des explosifs brisants comme l'acide picrique ou le coton-poudre mouillée et des explosifs à action relativement lente comme la poudre, dans l'application à la charge des obus. Jusque-là, cette dernière, au détriment de laquelle on paraît porté à quelque partialité, semble présenter des avantages qui ne sauraient être dédaignés.

En ce qui touche les applications aux torpilles fixes et mobiles, à ces merveilles d'ingéniosité et de talent mécanique qui ont le nom de torpilles Whitehead et de Brennan, les progrès récents de l'art des explosifs n'ont pas révélé de matière susceptible de supplanter le coton-poudre humide. Celui-ci fournit, en effet, des effets terrifiants, tout en offrant des conditions de sécurité capitales pour les équipages de ces petits bateaux dont la mission hasardeuse consiste, vous le savez, à se rapprocher le plus possible des cuirassés pour y porter plus sûrement ces engins de mort et de destruction qu'on appelle les torpilles.

Quoique les recherches des savants, les efforts des inventeurs et l'attention publique elle-même se soient plutôt portés, en ce qui concerne les explosifs modernes, sur leur application aux arts militaires, leur utilisation pacifique pour l'exploitation des mines et des carrières est loin d'avoir été négligée. Dès longtemps déjà, des tentatives ont été faites à cet égard pour obtenir des explosifs supérieurs encore aux préparations de nitroglycérine et de poudre-coton qui, cependant, durant ces vingt dernières années, ont été des concurrents redoutables et souvent des rivaux préférés de la poudre noire. Ces questions ont pris un regain d'actualité dans ces dernières années, surtout depuis la publication des travaux des diverses commissions anglaises et étrangères nommées pour rechercher les causes des accidents dans les mines et les moyens de les prévenir.

On s'est attaché à obtenir un explosif unissant à une efficacité nécessaire une insensibilité suffisante au choc ou au frottement et pouvant détoner sans peu ou point de flamme. L'attention de ceux qui dirigent les travaux des mines s'est portée sur les divers produits préconisés : dynamite de sûreté, explosif sans flamme, etc., et des résultats importants ont été obtenus quant à la diminution des risques auxquels sont exposés les mineurs avec les explosifs ordinaires dont l'emploi, quelquefois admissible, comporte toujours des dangers. Il est à craindre seulement qu'il ne s'écoule un temps trop long encore avant que les bénéfices de ces essais soient étendus comme ils le devraient l'être ; il n'en reste pas moins acquis que, parmi les importants districts miniers où l'extraction de la houille nécessite l'emploi des explosifs, il en est beaucoup déjà où l'usage de la poudre a été à peu près abandonné pour faire place à des agents explosifs ou à des modes d'explosion dont le fonctionnement n'exige pas, ou n'exige que tout à fait exeptionnellement, la production d'une

flamme ou d'une matière incandescente dans l'atmosphère où la mine est tirée.

C'est surtout aux Allemands et aussi aux éminents savants français Mallard et Le Chatelier que les mineurs sont redevables des succès obtenus dans cette voie. Les études si complètes, aussi bien au point de vue théorique qu'au point de vue pratique, faites par ces deux savants sur les moyens d'empêcher l'inflammation du grisou au moment du sautage des mines, les ont conduits à cette conclusion, que les mélanges d'air et de grisou ne sont pas enflammés par la flamme de produits développant à l'explosion une température inférieure à 2220° C. Or l'azotate d'ammoniaque, quoique détonant par lui-même, ne développe pas une température supérieure à 1130° C., tandis qu'avec la nitroglycérine ou le coton-poudre, cette température s'élève à 3170° pour la première et 2636° pour le second. L'addition d'azotate d'ammoniaque en quantité suffisante à ces deux explosifs aura donc pour effet de ramener dans les limites de sécurité la température produite par l'explosion et d'en permettre l'emploi, même en présence de mélanges grisouteux, sans aucun risque : fait qui a été vérifié par l'expérience dans plusieurs mines.

Ceux qui ont suivi les travaux entrepris de toutes parts pour arriver à connaître les causes des accidents dans les mines et permettre de les combattre ont pu se convaincre que, à cet égard, la récente loi sur les mines de charbon, basée sur les résultats de ces travaux, réalise déjà un progrès sérieux pour le mineur, quoiqu'elle ne réponde peut-être pas absolument à ce qu'il était permis d'espérer après les conclusions si nettes de la dernière Commission royale des accidents dans les mines (1). Le danger résultant de l'accumulation de poussière de charbon dans les mines est maintenant hors de discussion. Tous les mineurs reconnaissent dans cette poussière un ennemi pour le moins aussi redoutable que le grisou ; aussi est-ce avec satisfaction que nous voyons la nouvelle loi subordonner l'usage de sautage à la mine, dans les exploitations sèches et poussiéreuses, à un arrosage préalable ayant pour but d'abattre les poussières dangereuses. Dans quelques districts, une pratique volontaire a même été adoptée par les propriétaires, qui consiste à arroser périodiquement les voies principales des mines poussiéreuses ou à pratiquer dans ces voies des pulvérisations fréquentes d'eau, de manière à réduire considérablement l'amplitude possible des désastreux effets d'une explosion de grisou dont la flamme, sans cette précaution, pourrait être propagée par les poussières en suspension dans l'atmosphère des galeries.

(1) Le président universellement estimé de cette Commission, sir Warington Smyth, mon ami et collègue, vient de mourir. La science perd en lui un ardent travailleur et les mineurs un ami dévoué.

Les encouragements donnés à l'application des ressources de l'habileté professionnelle et des connaissances scientifiques à l'élaboration de lampes de mine, et les expériences sérieuses auxquelles ont été soumis dans ces dernières années la plupart des modèles de lampes, ont permis de mettre à la disposition du mineur des lampes joignant aux conditions essentielles de sécurité absolue un pouvoir lumineux suffisant, la légèreté, la simplicité de construction, et pouvant être établies à un prix modéré. L'emploi de l'électricité a fait aussi beaucoup de progrès, et un grand nombre de lampes électriques de mineur ont été établies, qui satisfont à toutes les exigences en ce qui concerne la grandeur, le poids, et donnent un pouvoir éclairant suffisant comme intensité et comme durée ; mais ces lampes électriques laissent encore à désirer quant à la durée de la lampe même, à sa simplicité et à son prix. Des améliorations importantes devront être apportées encore à leur fabrication avant qu'elles puissent devenir d'un usage courant.

On peut regretter que la loi récente n'ait pas édicté des mesures sérieuses pour exclure des mines certaines formes de lampes qui offraient bien toute sécurité autrefois avec une ventilation peu énergique, mais qui deviennent absolument dangereuses aujourd'hui avec les courants d'air rapides que l'on rencontre fréquemment dans les mines actuelles. Il faut remarquer cependant que les avertissements formulés à cet égard par la dernière Commission, et surtout la force entraînante de l'exemple, ont conduit dans ces deux dernières années à l'abandon à peu près général des anciennes lampes de Davy, Clanny et Stephenson, que sont venus remplacer de nouveaux types modifiés en vue de fournir toute la sécurité désirable. Un élément sérieux de danger a été ainsi éliminé dans de nombreux districts. Une autre lacune de la loi porte sur l'interdiction qui aurait dû être faite de l'emploi de lumières à feu nu dans les exploitations où de petites accumulations locales de grisou ont été constatées. Il ne paraît pas douteux que l'une des trois explosions terribles qui se sont produites dans ces derniers douze mois — l'explosion de Llanerch Colliery, près Pontypool — était due à l'emploi de lampes à feu nu dans une mine où la présence du grisou avait été constatée. Cet accident et les deux autres désastres de Mossfield Colliery dans le Staffordshire et de Morfa Colliery près de Swansea, survenus depuis la dernière réunion de l'Association, pourraient donner une médiocre opinion des résultats obtenus par l'application de la loi récente sur les mines, loi qui, basée sur les résultats de sept années de travaux pénibles de la Commission des mines, semblait devoir assurer des améliorations capitales dans l'aménagement des mines et dans la conduite des travaux. Cependant, malgré ces accidents, les juges les plus compétents — les inspecteurs des mines du gouvernement — sont unanimes à reconnaître les heureux effets produits déjà par

cette loi. Quoique n'impliquant pas tous les perfectionnements que les propriétaires des mines, les mineurs et les savants sont d'accord pour regarder comme pouvant raisonnablement être imposés afin d'accroître la sécurité de l'exploitation des mines, cette loi renferme néanmoins des dispositions heureuses, et les mesures de précaution d'une utilité indéniable qu'elle impose sont de nature à réduire notablement les dangers encourus par les mineurs, tout en améliorant les conditions de leur travail. Il faut espérer d'ailleurs que l'application de cette loi n'est qu'un acheminement vers une législation plus complète à réaliser dans un avenir prochain, car on ne saurait se dissimuler qu'il est encore des voies dans lesquelles maîtres et ouvriers hésitent à s'engager de leur propre mouvement. Certaines mesures préventives, certaines méthodes d'exploitation constitueraient assurément une sauvegarde sérieuse contre les accidents, mais on ne touche qu'avec hésitation à la loi dont il s'agit.

FR.-A. ABEL.

ENSEIGNEMENT DES SCIENCES

L'Université itinérante.

A vrai dire, le titre qui précède peut surprendre, mais il est exact, comme le lecteur s'en assurera, s'il a la patience de lire ces lignes. Par *Université itinérante*, nous entendons traduire ce que nos voisins d'outre-Manche désignent sous le nom d'*University Extension Movement*, et nul ne s'étonnera si, pour une institution aussi nouvelle que l'est celle dont il s'agit, il nous a paru nécessaire d'introduire un terme nouveau, un terme composé d'éléments déjà existants, mais qui n'ont point coutume de se trouver accouplés.

L'institution dont il s'agit, et qui a pris naissance en Angleterre, représente une phase nouvelle dans l'évolution des Universités. Cloître autrefois, tant par la prépondérance de l'élément religieux que par sa vie spéciale et les barrières qui l'isolaient de la masse à qui elle demeurait étrangère, l'Université s'est graduellement ouverte et étendue ; l'accès en est plus facile, et aujourd'hui elle est ouverte à tous, en ce sens qu'il est loisible à chacun — quels que soient son âge, son but dans la vie, son sexe ou sa profession — d'en franchir les portes et d'y puiser les connaissances qu'il désire. La Sorbonne, le Collège de France, le Muséum, nos Écoles de médecine, nos Facultés laissent entrer tout venant, librement, sans réserves. Il semblerait que ce fût assez. Voici pourtant une phase nouvelle : après s'être en quelque sorte cachée, l'Université s'est montrée à tous, et à tous a ouvert ses portes ; cela ne lui suffit point : elle veut aller au-devant de ceux qui ne viennent point à elle. La montagne étant lente à venir, Mahomet va à la montagne... Le public ne pouvant venir dans la mesure où l'on estime qu'il serait bon qu'il vînt, l'Université va à lui, se faisant en quelque sorte — qu'on me passe l'expression — le commis voyageur de la science. C'est bien une Université itinérante.

Quel est le but de ce mouvement universitaire jusqu'ici spécial à l'Angleterre; quelles sont ses méthodes : voilà ce que nous voudrions exposer rapidement.

Le but, d'abord, nous le trouvons très clairement défini dans les nombreuses brochures publiées en Écosse et en Angleterre, par les promoteurs de l'*University Extension Movement*, et on pressent sans difficulté que ce mouvement se propose de disséminer les connaissances, de mettre l'Université à la porte et à la portée des plus petits centres, et de ceux qui sont le plus éloignés des villes universitaires. Répandre le savoir, stimuler le goût de l'étude au moyen de cours qui ne diffèrent en rien de ceux qu'offrent les Universités, tel est le but essentiel. Mais il en est un autre, subordonné, qui présente un grand intérêt : l'Université itinérante entend faciliter à ceux qui ont des aptitudes pour la culture supérieure l'accès ultérieur des Universités, en instituant certaines dispositions grâces auxquelles une partie des études universitaires peut être faite en dehors des centres consacrés à celles-ci : nous verrons plus loin comment elle y arrive; il nous suffit ici de signaler ce point.

Il serait sans doute très intéressant de s'arrêter quelque peu sur l'historique de ce mouvement universitaire, né il y a dix-huit ans en Angleterre, et qui depuis a pris une extension très considérable dans ce pays — à Oxford et Cambridge en particulier — et en Écosse, où l'initiative de M. Patrick Geddes, un élève distingué de notre Sorbonne, lui a donné une puissante impulsion; mais à la vérité il est, pour le présent, plus important d'exposer les résultats acquis.

Voyons donc comment opère l'Université itinérante et quelle est sa méthode.

Le point de départ est le plus souvent un centre universitaire. Je dis *le plus souvent,* car il n'est pas indispensable que ce soit un centre universitaire qui prenne l'initiative : un groupe de professeurs réunis en Comité suffit. Mais, pour ne point compliquer l'exposé, prenons le cas le plus simple et jusqu'ici le plus fréquent. Voici un centre universitaire renfermant de nombreux professeurs et agrégés, qui professent des matières variées aux élèves des Facultés et écoles de ce centre. Les uns sont en fonctions, les autres attendent une chaire, etc. Nombre d'entre eux trouveraient aisément, même durant le semestre où ils sont en fonctions et font leur cours, le temps d'aller une fois par semaine, pendant trois mois par exemple, à deux, trois ou quatre milles de distance de leur résidence, faire une leçon d'une heure. Parmi ceux qui pourront s'arranger pour le faire, il en est certainement qui envisageront avec satisfaction un moyen d'accroître leurs gains; et ceci sera surtout le cas pour les jeunes agrégés et *fellows* qui, attendant un emploi public, ne trouvent pas à faire connaître leur talent professoral, et pourtant désireraient vivement s'exercer, et par l'exercice développer leurs facultés et leurs aptitudes.

Voilà une des conditions requises; elle est facile à rem-

plir, et il n'est guère de centre où l'on ne soit assuré de trouver un noyau, parfois très fourni, de professeurs, d'agrégés, ou de personnes appartenant à l'Université, mais chargées de fonctions qui ne leur demandent pas de leçons, jeunes pour la plupart, désireux de se faire connaître, et disposés à faire le nécessaire.

La deuxième condition est l'existence d'un désir manifeste, de la part du public des villes voisines, de bénéficier de l'éducation universitaire et de s'imposer quelques sacrifices pour y atteindre. Ceci suppose, le plus souvent, un mouvement d'opinion à la suite duquel un certain nombre des principaux habitants se groupent en Comité qui avise aux moyens de réaliser le désir dont il s'agit, et d'intéresser au projet la plus grande partie du public. Ce Comité varie à l'infini dans sa composition : hommes politiques, notabilités industrielles, grands propriétaires, chefs d'usines, amateurs éclairés, autorités municipales, directeurs de journaux, médecins, s'y trouvent réunis, groupés par une commune pensée. Très souvent, le noyau de ce Comité local se trouve fourni par les principaux membres de la Société scientifique ou littéraire de l'endroit, ou de toute société ou association ayant pour but la culture intellectuelle. On comprend aisément que le mouvement local et la constitution du comité local se produisent de la manière la plus variée.

Ce Comité local, une fois constitué, se rend compte, dans la mesure du possible, des chances de succès que présenterait une tentative d'acclimatation littéraire ou scientifique. Il met les journaux en mouvement, il provoque des *meetings*, il voit ses amis personnels, les interroge, les stimule; il connaît la population ouvrière, la population aisée; il se demande quelles seraient les matières qui pourraient le plus les intéresser; il s'enquiert de la population scolaire. Les écoles primaires supérieures, ou techniques, ou secondaires, sont utiles, car elles fourniront à coup sûr un contingent sérieux. Beaucoup de maîtres, et les élèves les plus avancés, s'intéresseront au projet et donneront leur adhésion. La bourgeoisie fournira un contingent notable : les jeunes gens qui se destinent aux carrières libérales, les parents cultivés désireux de s'instruire encore. Ce travail de propagande s'opère en Angleterre et en Écosse de façons très diverses, et nous ne nous attarderons pas à les rappeler ici. Très souvent, il se termine par une grande réunion à laquelle le public en général, et les personnes qu'on sait être favorables au projet, sont convoqués, à l'effet d'entendre, par un délégué du comité, exposer les bienfaits qu'on pourrait attendre de l'institution de cours scientifiques ou littéraires, et les moyens propres à obtenir celle-ci. L'assemblée donne son assentiment. C'est quelque chose, mais il faut de l'argent. Il existe différents moyens de lever ce gibier méfiant, et de s'en emparer.

Je rappellerai brièvement les principaux modes de gestion financière adoptés en Angleterre :

1° *Souscriptions fixes*. — Un certain nombre de personnes acquises au mouvement promettent de verser une somme annuelle ou constituent un fonds de garantie, au moyen

14 S.

d'une somme une fois versée. Selon la somme versée, le donateur ou souscripteur a droit à une ou plusieurs cartes
d'entrée permanente pour un ou plusieurs cours, cartes
dont il dispose à son gré. Ailleurs, chaque membre verse
une souscription annuelle fixe et s'engage à faire vendre
une carte d'entrée. Ailleurs encore, chaque membre verse
une somme fixée et reçoit en échange un certain nombre
de cartes qu'il distribue à son gré. Les variantes sont nombreuses, comme on peut l'imaginer.

2° *Souscriptions variables.* — On donne ce qu'on veut : le
donateur de 6 fr. 25, par exemple, a droit à une carte permanente pour tel ou tel cours; celui qui donne 12 fr. 50 ou
plus a droit à deux cartes. Ainsi, à York, on a eu assez
de donations pour pouvoir mettre la carte de cours au
prix de 1 fr. 25 pour trois mois (un seul cours), ce qui
facilita singulièrement l'accès de la population ouvrière.
Parfois on accorde à ceux qui amènent un chiffre de souscription supérieur à 25 francs, par exemple, une commission, sous forme d'une carte permanente (annuelle) pour un
cours au choix.

3° *Souscription de parts fixes.* — Un certain nombre de
personnes souscrivent des parts de garantie de 12 fr. 50 ou
de 25 francs. Nul n'est engagé pour plus que ces sommes, et
chacun reçoit une carte permanente pour *tous* les cours. Si
le nombre des souscripteurs est tel que les sommes pro-
mises excèdent la somme nécessaire pour faire face aux
dépenses, on n'appelle que l'argent nécessaire : à Scarbo-
rough, on n'a appelé que 17 fr. sur les 25 francs promis,
et à Barrow in Furness, moins de 10 francs.

4° *Dotation ou donation acquise une fois pour toutes.* —
Il n'en existe point encore d'exemples en Angleterre, mais
il nous paraît certain que dans un pays où les personnes
fortunées sont si généreuses à l'égard des institutions scientifiques, des legs ou des dons seront faits pour favoriser le
maintien ou la création des cours.

5° *Associations régionales.* — Dans ce cas, le fonctionnement financier est emprunté à l'une des méthodes précédentes, mais l'Association se compose de délégués de plusieurs comtés adjacents, et elle fait choix de certaines
localités pour y concentrer l'enseignement qu'elle choisit
selon les besoins des régions. Le fonds général sert à compléter les sommes versées par les adhérents à qui les cours
sont comptés à raison de 1 fr. 25 (par trimestre), et l'Association stimule la formation de comités locaux avec qui elle
s'entend.

6° *Institutions locales.* — Toute société, scientifique ou
autre, déjà existante et possédant des ressources, peut
prendre l'initiative des cours, et subventionner ceux-ci, en
demandant aux personnes qui les suivent qu'une somme
modique (1).

On remarquera que dans les combinaisons qui précèdent
l'élément officiel manque toujours : ni le gouvernement
ni les municipalités n'y prennent part; l'initiative indivi-

(1) Pour plus amples détails, voir la brochure mentionnée plus
loin, de M. Moulton.

duelle fait tout. Il est à croire qu'en France un mouvement
de ce genre devrait surtout dépendre de la bonne volonté
des municipalités, qui feraient les démarches et fourniraient
les fonds nécessaires. Affaire de mœurs politiques et de caractère.

Jusqu'ici, nous avons trois éléments : un corps de personnes disposées à faire des cours; un Comité local disposé
à s'entendre avec elles ; un public disposé à faire quelques
sacrifices et à fournir des auditeurs. Comment aboutir
maintenant?

Le Comité local, ayant acquis la conviction d'une réussite
possible, s'en va trouver le corps enseignant, le groupe
d'hommes qui dans le centre universitaire, voués à l'enseignement, sont disposés à participer à l'œuvre projetée. (Je
le répète, ce groupe enseignant peut parfaitement bien ne
pas appartenir à l'Université; il peut consister en dix,
quinze ou vingt personnes instruites, qui se sont réunies
sans lien officiel, et qui constituent un syndicat, par
exemple, absolument détaché de l'Université, ou n'occupant
dans celle-ci que des places non professorales : chefs de laboratoires, préparateurs, etc.) Ce groupe, quelle qu'en soit
la composition, a préparé une série de programmes : chaque
personne a, sur une feuille spéciale, indiqué la question ou
le groupe de questions qu'elle serait disposée à traiter; elle
a fait le programme de son cours en douze leçons (notons
en passant qu'il n'e-t question que de cours véritables et
non d'une série de conférences sur des matières isolées. Le
cours déve'oppe un sujet d'une façon suivie et complète —
mais je reviendrai plus loin sur ce point — indiquant le sujet
de chaque leçon. Chacun peut proposer plusieurs sujets, et
chacun a le choix absolu de sa matière. Cette liste des cours
disponibles, détaillée de façon à bien faire comprendre leur
portée, et souvent leur degré d'élévation, est soumise au
Comité local qui est appelé à faire un choix plus ou moins
étendu, selon ses ressources.

Pour faciliter les transactions, un prix uniforme a été
établi, et le corps enseignant a décidé que chaque cours,
composé d'un même nombre de leçons, coûterait un même
prix. Ce prix a été fixé à 1125 francs pour le groupe avoisinant Cambridge; à 750 francs pour la ville de Londres; à
800 francs pour les environs d'Édimbourg, etc. Moyennant
ce prix, chaque personne du groupe enseignant se déclare
prête à faire sur le sujet par elle indiqué un cours de douze
leçons, la période durant laquelle se fera ce cours devant
être choisie d'un commun accord par le professeur et le
Comité local. Ici, quelques points sont à noter. D'abord,
pour le prix lui-même, il peut exister une variabilité sensible, selon les régions; mais il est évidemment de la dignité
du corps enseignant que ce prix soit suffisamment rémunérateur, et égal pour tous. Cette somme est intégralement versée entre les mains du professeur choisi. Il est entendu
entre le Comité local et le professeur que si le cours doit être
répété le même jour, ou le lendemain, dans le même centre
ou dans un centre très voisin, devant un auditoire différent,
cela va sans dire — ceci se produit dans le cas où une
même localité suffit à remplir deux auditoires, dont l'un,

par exemple, de jour, est composé plutôt de personnes de la bourgeoisie, et l'autre, de nuit, renferme surtout des ouvriers occupés durant le jour, ou dans le cas où deux localités voisines entendent chacune avoir le professeur chez elles — ce dernier est payé une fois et demie le taux de ses honoraires : il fait le second cours à moitié prix, mais alors les frais sont supportés par moitié par les deux auditoires. Dans certains cas, le prix d'un cours peut être légèrement accru, par exemple quand le nombre des auditeurs qui remettent au professeur des rédactions à corriger est considérable. Par contre, il peut être diminué, comme dans le cas précédent, quand un même cours est répété dans plusieurs villes voisines.

Les émoluments du professeur représentent une première dépense. Une seconde catégorie de dépenses est représentée par les frais de voyage du professeur; les frais d'impression de son programme (ces frais se recouvrent souvent parce qu'on peut vendre celui-ci avec bénéfice, même à un prix modique, comme 50 ou 60 centimes); les frais d'outillage dans les cours nécessitant des expériences, quand la ville ne possède point d'institution qui puisse prêter les instruments ou produits nécessaires; et, enfin, un jeton de présence à l'examinateur, à la fin du cours. Nous verrons plus loin le rôle de cet examinateur. Une troisième et dernière catégorie de dépenses est représentée par la location de la salle, l'éclairage, les annonces dans les journaux, et les frais généraux du Comité. En somme, et toutes dépenses comprises, on peut évaluer qu'un cours revient à 1500 francs ; un même cours répété en deux localités voisines,. ou deux fois dans la même localité, à 2300 francs; deux cours, ou un seul de six mois, à 3125 francs, etc. Certaines dépenses (émoluments du professeur) demeurent constantes; il en est d'autres qui peuvent être réduites, de telle sorte que cinq ou dix cours ne doivent pas coûter cinq ou dix fois le prix d'un seul.

Actuellement, tout groupe de professeurs peut dire, en Angleterre, au Comité local qui vient s'adresser à lui, à combien se monteront approximativement les dépenses. Le Comité local, prenant en considération ses propres ressources, d'une part, et s'étant fait une idée du genre d'enseignement qui aura le plus de chances de réussir, fait choix d'un ou plusieurs professeurs dont il accepte le programme; il les choisit sur leur réputation dans la mesure où il les connaît, et sur l'intérêt probable et l'opportunité de la matière qu'ils proposent de traiter. Le choix est étendu, et chaque centre universitaire offre une diversité considérable de sujets littéraires, scientifiques, philosophiques ou artistiques. Dès sa première année d'existence, l'*University Extension* d'Édimbourg offrait 1 cours de géométrie; 3 cours d'histoire, sur la constitution politique de l'Angleterre, sur l'Inde et les colonies, sur l'Écosse; sur la manière dont s'est fait l'Empire allemand; sur la Révolution française; 1 cours d'économie politique; 2 cours de chimie; 2 cours de physique; 1 cours d'anthropologie; 1 cours de zoologie; 7 cours de littérature (anglaise moderne, latine, française, allemande, grecque, etc.); 1 cours de géographie; 2 cours d'es-

thétique, etc.; en tout, plus de 40 programmes. Dès sa première année aussi, l'Université de Saint-Andrews, en Écosse, offrait le choix entre : 3 cours de littérature anglaise; 1 cours de littérature grecque; 2 cours d'histoire d'Angleterre; 1 cours d'histoire grecque; 1 cours d'histoire juive; 2 cours d'astronomie; 5 cours de chimie; 3 cours de physique; 1 cours de géologie; 3 cours de géographie; 1 cours de météorologie; 2 cours de physiologie; 2 cours de botanique; 4 cours de zoologie; 5 cours de philosophie et psychologie; 5 cours d'économie politique; et 18 professeurs se déclaraient prêts à faire des cours sur une cinquantaine de sujets au choix, à condition qu'on pût trouver à les utiliser sans nuire à leurs devoirs professionnels.

J'en ai assez dit pour montrer que le corps enseignant offre aux Comités locaux la plus grande variété imaginable en matière de programmes de cours. Ces cours sont tous cohérents et suivis; ce sont des études sommaires ou étendues sur des questions étendues ou restreintes, et non des séries de conférences sur des sujets plus ou moins connexes. S'inspirant donc de ses ressources pécuniaires acquises ou prévues, et des besoins du public, le Comité local fait choix d'un ou plusieurs professeurs qui viennent à jour fixe faire leur leçon sans s'être autrement préoccupés d s dispositions locales qui incombent entièrement au Comité. En général, il se fait une leçon par semaine durant trois mois : au Comité à s'entendre avec le professeur pour le jour et la période. Cette leçon n'est pas une conférence à l'usage des gens du monde, c'est une véritable leçon de Faculté.

Avant l'ouverture du cours, le Comité fait imprimer à ses frais, et sur les indications du professeur qui le rédige, un *Syllabus*, c'est-à-dire un programme des douze leçons. C'est une brochure de 20, 40 ou 50 pages, où chaque leçon est résumée, condensée; les points saillants étant bien mis en relief, de façon à dispenser au besoin le public de prendre des notes, tout en lui fournissant la moelle de l'enseignement; à la fin de chaque résumé, des indications bibliographiques indiquent les sources, les lectures à faire, etc. J'ai sous les yeux une quinzaine de ces *Syllabus*. L'un d'eux se rapporte à une série de leçons sur l'histoire de Florence ; programme de chaque leçon; citations étendues prises à Villari, à Machiavel, au Dante, à Savonarole, et se rapportant aux faits mis en lumière, dates importantes, liste des grands Florentins et généalogie des Médicis, liste des ouvrages à lire, tout cela est admirablement compris. J'en dirai autant des programmes de cours scientifiques. Parfois le professeur publie deux sortes de programmes : un programme général, succinct, du cours tout entier, divisé en ses douze leçons, qui est distribué au début de tra et à permettre au public de se rendre compte de la nature de celui-ci; et douze programmes particuliers, dont chacun est le résumé d'une leçon, qui permet aux auditeurs de ne point prendre de notes, et qui leur est remis à chaque cours, au fur et à mesure. Ces résumés imprimés tiennent lieu de cahiers de notes. A la vérité, nos professeurs français pourraient imiter cet exemple d'outre-

Manche, et, s'ils le voulaient, rendre un signalé service à leurs élèves. Il y a là une initiative à prendre qui serait accueillie avec joie par ces derniers.

Chaque leçon dure en général deux heures. Mais il faut s'entendre. La leçon proprement dite dure une heure, mais une autre heure, avant ou après la leçon — affaire de goût — est consacrée à une sorte de classe où le maître discute avec son auditoire les faits se rapportant à la leçon précédente : l'auditoire soumet ses objections, sollicite des éclaircissements ; le maître répond, reprend les points mal compris, y insiste, ajoute des exemples, etc. C'est un complément des leçons qui est le plus souvent très apprécié. En outre, d'une leçon à l'autre, chacun peut, s'il lui plaît, se livrer à un travail plus ou moins étendu, et remettre au maître, sur différents sujets indiqués à la fin du programme de chaque leçon, des rédactions que celui-ci corrige et annote, pour les rendre ensuite à l'élève.

A la fin de chaque trimestre scolaire se fait un examen auquel peuvent se présenter tous ceux qui ont travaillé de façon à satisfaire le maître, c'est-à-dire qui lui ont remis des rédactions témoignant d'un travail sérieux. Cet examen est fait, non par le maître lui-même, mais par un délégué du c ntre universitaire ; et, jugeant du mérite d s candidats par l'examen même (examen écrit) et par les notes que lui ont valu, de la part du maître, les rédactions hebdomadaires, l'Université accorde ou refuse des certificats d'étude. Ces certificats ont de l'importance, car dans les centres où les cours sont nombreux et peuvent être groupés de façon à ce que l'ensemble soit comparable aux cours faits dans les Universités mêmes, les jeunes gens qui se proposent de faire leurs études dans celles-ci peuvent, en suivant un certain ensemble de cours fixés d'avance et en satisfaisant aux examens finaux, acquérir le titre d' « étudiants affiliés à l'Université », et ont le droit, quand il leur plaît, et après avoir subi un petit examen préliminaire portant sur le latin, une langue étrangère, la géométrie et l'algèbre élémentaire», entrer d'emblée à l'Université, en deuxième année. Les études étant de trois ans de durée, un jeune homme peut en gagner une par son travail chez lui, et n'en passer que deux à l'Université. C'est là un avantage pour ceux qui, pour une raison ou une autre, hésiteraient à quitter leur ville natale pendant trois ans. Pour obtenir ce privilège, il faut qu'ils aient suivi, entre les cours dont ils disposent, un certain nombre de cours fixés par l'Université. Je n'entre pas dans les détails qui sont peu intelligibles pour qui n'est pas familier avec l'organisation des Universités anglaises. Je ferai seulement remarquer que les cours fixés par l'Université sont au nombre de 6, et celle-ci veut qu'ils soient répartis sur une période totale de trois années. Tout en exigeant un travail plus considérable que n'en fournirait l'étudiant de première année à l'Université même, ils ont l'avantage de pouvoir être suivis sans fatigue, et sans beaucoup empiéter sur le temps du futur universitaire. Mais pour que cette combinaison véritablement très libérale puisse être réalisée, il faut des centres où le nombre des cours soit assez considérable. D'ailleurs, elle n'est envisagée

que dans les cas où l'Université voit jour à la réaliser d'une façon profitable, et peut compter sur un noyau de quelque importance : c'est une manière d'attirer les élèves, et de leur faciliter l'accès des Universités, qui peut, dans bien des cas, rendre des services à des jeunes gens pauvres, obligés de travailler pour subvenir à leurs besoins, engagés par nécessité dans quelque petit emploi, et qui ont cependant des aptitudes et des goûts pour la culture supérieure.

Nous venons de voir comment un Comité local a fait choix des professeurs qui lui conviennent, comment ceux-ci sont rétribués, et comment fonctionnent les cours. Il me suffira d'ajouter que, naturellement, il n'y a dans aucun cas engagement pour plus d'un trimestre ; mais l'engagement est indéfiniment renouvelable, et les professeurs qui savent instruire et intéresser sont assurés d'être en fréquente réquisition : il se fait une sélection des plus heureuses et des plus profitables sur laquelle il est inutile d'insister, et les jeunes maîtres instruits, qui savent bien coordonner leur matière, et l'exposer avec clarté, l'emporteront toujours sur les paresseux ou les incapables. En Angleterre, on en compte qui se sont fait une profession de la sorte, et qui s'en trouvent fort bien.

Un mot sur le public qui suit ces cours. Il est des plus variés selon les régions et selon les cours ; toutes les classes de la société s'y rencontrent : le mineur, l'ouvrier, le commis, la modiste, le petit boutiquier, le maître d'école, le futur étudiant, l'homme et les femmes du monde. Depuis dix ans, 600 cours ont été faits en Angleterre (Écosse non comprise) devant 60 000 auditeurs, dont 9000 se sont présentés aux examens finaux. Ces chiffres en disent assez...

L'*University Extension Movement* ne s'en est pas tenu là. Ses promoteurs ont encore institué différentes organisations grâce auxquelles leur œuvre est perfectionnée. Pour que les cours puissent se livrer à un travail personnel profitable, sous la direction des maîtres, il faut des livres, il faut des lectures qui complètent l'enseignement. C'est pour répondre à ce besoin qu'ont été créés les *Home-Reading Circles* (cercles pour l'étude à domicile). Ce sont des Associations d'auditeurs d'un même maître qui se forment dans le but de poursuivre une série définie d'études sous la direction de celui-ci ou d'un maître spécial. Ce maître prépare un programme qu'il fait imprimer, et qui renferme : la liste des ouvrages à lire ; des conseils sur l'étude de ceux-ci ; une esquisse d'un plan de lectures choisies dans ces livres ; une série de sujets de rédaction. Ce programme est distribué à tous les membres de l'Association. Ceux-ci le suivent, et se mettent en communication avec leur maître, lui envoyant leurs rédactions qu'il leur retourne corrigées, lui posant des questions auxquelles il répond. C'est là une sorte de professorat par correspondance. En vue de faciliter ces lectures, l'Université consent à prêter certains. ouvrages.

Le privilège de faire partie d'une de ces Associations coûte 12 fr. 50 ; moyennant ce prix, l'étudiant a le droit de se faire corriger six rédactions ; et, avec un supplément modique, il a le droit d'en faire corriger tant qu'il voudra

(1 fr. 65 par rédaction). J'ai sous les yeux le programme des sujets sur lesquels différents maîtres agréés par Oxford désirent attirer l'attention des Associations dont il s'agit : trente-quatre professeurs sont prêts à conseiller les lecteurs sur une cinquantaine de sujets différents, littéraires, philosophiques, esthétiques, scientifiques, historiques, etc.

Il a été fait encore un essai très intéressant et qui a fort bien réussi à Oxford et à Édimbourg où, moyennant un prix très modique (12 ou 13 francs), des centaines de personnes des environs ont pu venir passer quinze jours à l'Université, où, sur seize matières différentes, on a pu suivre autant de cours de huit leçons, cours disposés de telle sorte qu'il était possible de suivre ceux qui présentaient entre eux des affinités. Ce *Summer-Gathering* se fait en été, lors des vacances ; il s'accompagne de nombreuses occasions de récréation. Mais on y travaille, et nombre de ceux qui sont venus se joignent aux auditeurs des cours de l'*University Extension*, et aux travailleurs des *Home-Circles*.

C'est assurément une singulière organisation que celle que nous venons d'esquisser de notre mieux. L'idée-mère en est d'ailleurs très juste ; les méthodes de réalisation sont très simples. A ceux qui voudraient sur ce sujet de plus amples détails, je recommanderai la lecture d'une brochure de quelques centimes publiée par M. R.-G. Moulton sous le titre de *the University Extension Movement :* ils trouveront tous les renseignements désirables sur le fonctionnement, et les avantages du système, dans ce travail très concis, très exact, et qui fait autorité de l'autre côté de la Manche. On y trouvera notamment sur l'organisation des comités locaux, et sur les développements qu'ils peuvent prendre, des détails que je n'ai pu rapporter ici ; on y lira également avec profit tout ce qui se rapporte à l'affiliation des étudiants à l'Université, à ce processus intéressant par lequel il est loisible à l'aspirant universitaire de faire le tiers de ses études chez lui, et sans abandonner ses occupations, quelles qu'elles soient. J'ai dû m'en tenir à une esquisse très succincte, et n'ai pu insister sur ces points sans risquer d'avoir à en négliger d'autres.

Pour M. Moulton beaucoup d'autres — car en Angleterre presque toutes les Universités ont adopté le rôle itinérant, Cambridge et Oxford en tête, et le mouvement extensionniste rencontre une approbation générale — l'Université itinérante, avec son apostolat, est l'Université de l'avenir. Ils estiment que l'Université, démocratisée en ce sens qu'elle est ouverte à tous, et en toute localité qui éprouve le désir sincère de devenir un centre d'enseignement, est une nécessité qui s'impose, chaque citoyen devant avoir des droits égaux à la culture, et la culture ne pouvant exercer qu'une influence favorable sur les mœurs et la prospérité publiques. La vue est d'un libéralisme qui n'est fait pour nous déplaire, du moment où la méthode suivie est profitable au public en général et au corps enseignant, et tant que l'on ne touchera point à l'Université même, qui doit demeurer le foyer central où les éléments qui la composent s'échauffent au contact les uns des autres, se stimulent mutuellement et entretiennent l'ardeur nécessaire. Il est très intéressant de noter combien cet important mouvement éducationnel a été chose d'initiative individuelle — ou coopérative — et combien l'élément officiel y a fait défaut. Il semble toutefois que l'on ne tardera pas à voir certaines municipalités, reconnaissant les avantages de l'organisation imaginée par les promoteurs de l'*University Extension,* consacrer une partie des deniers publics à la fondation de branches locales. En France, c'est, ce nous semble — et la chose est regrettable en ce sens qu'elle témoigne d'une faible initiative privée — c'est probablement grâce à l'appui des municipalités qu'un pareil mouvement pourrait se faire, et c'est chez elles que le plus souvent on trouverait la hardiesse et la tournure d'esprit nécessaires.

Cette méthode de diffusion des connaissances supérieures, toujours désirable du moment où les connaissances sont répandues par des hommes compétents, qui savent demeurer absolument scientifiques sans tomber dans la vulgarisation du conférencier superficiel, et qui par là communiquent l'esprit scientifique, cette méthode est-elle applicable en France ? Il serait malaisé de répondre : en pareille matière, l'expérience seule peut décider.

De toute façon, la tentative faite en Angleterre et en Écosse, et qui y réussit si bien, est d'un haut intérêt pour quiconque réfléchit aux questions d'éducation, et elle est assez peu connue de la plupart d'entre nous pour que j'aie cru devoir la signaler ici, fût-ce d'une façon succincte et incomplète.

HENRY DE VARIGNY.

INDUSTRIE

Les forêts françaises
et les traverses métalliques de chemins de fer.

Une des questions les plus importantes dans l'établissement et aussi dans l'entretien d'une voie ferrée, c'est assurément, sans parler même de la solidité des terrains, celle de l'assiette à donner aux rails pour en empêcher tout mouvement, toute oscillation, tout déplacement dans un sens ou dans l'autre. — On n'est pas arrivé dès le principe, dans la construction des chemins de fer, à une solution satisfaisante au point de vue qui nous occupe. On commença par établir et fixer les rails, quelle qu'en fût d'ailleurs la forme, sur des blocs de pierre équarris ou non, et l'on a pu en voir un exemple dans les galeries de l'Exposition universelle, à l'exposition rétrospective des moyens de transport ; la voie manquait d'homogénéité, les blocs de pierre n'étant pas réunis entre eux. Et cependant on trouve encore ce mode d'établissement, sur dés en granit, pour une partie des voies bavaroises.

On ne s'en tint pas longtemps à ce système, et l'on a bien vite adopté les traverses en bois, placées perpendiculairement à l'axe des rails. C'est encore cette méthode qu'on applique généralement aujourd'hui. Cependant, depuis quelques années, des tentatives ont été faites pour remplacer ces traverses, et, tout récemment, on signalait des essais tentés dans ce but. Il y a quelques mois, l'administration des chemins de fer de l'État mettait en adjudication la fourniture de 7000 traverses en acier doux, et aujourd'hui ces chemins de fer possèdent deux sections de voies ferrées, sur les lignes de Montreuil-Bellay à Niort et de la Rochelle à Rochefort, dotées de ces traverses. De son côté, la Compagnie du Nord vient de poser des traverses métalliques entre Enghien et Épinay, sur un point où la circulation est considérable. En présence de ces nouvelles expériences, la discussion se rouvre tout naturellement plus vive que jamais sur la valeur relative des divers modes de pose de voie, et le moment paraît opportun d'exposer l'état de la question.

Le gouvernement des États-Unis vient lui-même de publier tout récemment une étude complète des efforts qui sont faits dans les différents pays pour substituer le métal au bois en ces matières; les États-Unis sont particulièrement intéressés dans la question, puisque la confection des traverses y absorbe le cinquième environ du total du bois exploité. D'après un travail particulier dû au département de l'agriculture, on peut estimer que les voies ferrées des États consomment annuellement 73 millions de traverses, dont 60 millions pour l'entretien des voies et 13 millions pour les nouvelles constructions; et encore aujourd'hui faudrait-il porter ce chiffre à 80 millions : c'est donc au moins 400 millions de pieds cubes de bois qu'il faut se procurer par an. Aussi le gouvernement voudrait-il économiser ses richesses forestières.

On peut se placer à un double point de vue pour apprécier l'emploi des traverses en bois. D'abord on peut se demander si le bois satisfait à toutes les conditions de sécurité, et si le fer ou l'acier ne serait pas plus résistant et plus sûr. Enterré presque complètement dans le ballast, soumis à des trépidations presque continues, le bois pourrit aisément et se dissocie. En second lieu — et c'est la grande question — le bois coûte fort cher, et c'est à peine si les forêts d'Europe suffisent à la consommation. Spécialement, pour la France, comme nous allons le voir, on est obligé de recourir à l'importation étrangère. En un mot, c'est la question d'approvisionnement qu'il s'agit, question discutée en novembre 1882 à la Société des ingénieurs civils de Londres, où M. Charles Wood est venu lire une note tendant à remplacer par le fer les bois importés principalement de la Baltique.

L'essence la plus appréciée et la plus employée par les compagnies a été le chêne; mais on n'a pu bientôt se la procurer qu'à des prix fort élevés, d'autant plus que la demande augmentait par suite de la construction de lignes ferrées. Aussi a-t-on dû recourir à des essences secondaires, et comme ces nouveaux bois durent fort peu quand on les met en terre sans préparation, on a employé des procédés qui ont prolongé la durée, tels que la carbonisation ou l'injection de sulfate de cuivre, de créosote. Ces prépara-

tions ont même permis d'employer l'aubier de ces bois. Mais le climat influe beaucoup sur la durée de ces traverses : la durée des bois en service sur les chemins de fer du nord de l'Espagne, par exemple, ne dépasse point deux ans, durée qui est encore moindre au Brésil ou dans les Indes. Ajoutons que le volume d'une traverse est considérable. Aujourd'hui, on ne descend plus, comme dimensions, au-dessous de 2m,50 ou même de 2m,80 comme longueur; la largeur minimum est de 0m,20, elle ne dépasse guère 0m,25; enfin l'épaisseur est de 0m,12 à 0m,15; elle va même parfois jusqu'à 0m,18 pour les pièces à peine équarries. Aussi les compagnies, afin d'obtenir des prix moins élevés, tolèrent des formes avantageuses pour le débit; elles se contentent de bois irréguliers. Malgré tout, quand on songe qu'un tronc d'arbre de 2m,50 de long et de 0m,25 de diamètre ne peut fournir qu'une seule traverse, on comprend quelle source continuelle de dépenses il y a là pour les compagnies de chemins de fer, et aussi quelle cause d'épuisement pour les forêts françaises, malgré les efforts que font les compagnies pour conserver aussi longtemps que possible leurs traverses par des précautions et des traitements bien entendus.

Parmi les pays d'Europe, on sait que la France fait partie de ceux où la consommation du bois est supérieure à la production; aussi, pour la fourniture des traverses, est-en obligé de faire largement appel à la production étrangère. A ce propos, il est fort intéressant de citer les chiffres fournis par M. Mathieu dans la *Revue des chemins de fer* (année 1884). Ces chiffres se rapportent d'ailleurs à l'année 1882, et nous indiquerons dans quelle proportion ils doivent être majorés aujourd'hui. — En 1882, les six grandes compagnies, non compris les chemins de fer de l'État, avaient besoin en moyenne, chaque année, pour l'entretien de leurs voies, de 2 749 292 traverses, composant pour la majorité (1 821 632) des traverses de chêne, puis du hêtre, du sapin et enfin du pin et du pitch-pin. La dépense était de 1 980 000 francs pour la Compagnie de l'Ouest, de 1 560 000 pour le Nord, de 1 830 000 pour l'Est, de 2 150 000 pour l'Orléans, de 5 130 000 pour le Paris-Lyon-Méditerranée, et enfin, pour le Midi, de 1 440 000 francs. — Mais il ne faut pas oublier que, depuis cette époque, la longueur des voies ferrées françaises a augmenté dans des proportions considérables, et que, par suite, la dépense provenant du remplacement des traverses a augmenté dans des proportions analogues. En outre, l'entretien n'est pas la seule chose à considérer : il faut tenir compte aussi de l'établissement des lignes nouvelles. On en a livré 891 kilomètres sur le réseau français, du 31 décembre 1886 au 31 décembre 1887, et l'on peut estimer à 1000 kilomètres en moyenne on en livre annuellement environ 1000 kilomètres nouveaux, ce qui prend à peu près 1 450 000 traverses, en supposant que ce soit à voie unique.

Mais si, d'une façon absolue, il importe de considérer les dépenses auxquelles sont entraînées de ce chef les compagnies de chemins de fer, ce qu'il faut déplorer surtout, c'est qu'une grande partie de cet argent s'en aille à l'étranger.

puisque la production française ne peut suffire aux besoins. Si, en effet, nous consultons la même étude, nous y voyons que la Compagnie de l'Ouest importe annuellement 16 000 traverses étrangères, dont 15 000 environ de sapin de la Baltique; pour la Compagnie du Nord, l'importation est de 81 000, dont 72 000 proviennent des forêts de chênes de Galicie; le reste est du hêtre et du sapin. La Compagnie de l'Est n'introduit en France que des chênes de Galicie. Le total de cette importation est de 168 000 traverses. Enfin la Compagnie de Paris-Lyon-Méditerranée fait venir de l'étranger un total de 426 000 traverses, dont la plus grande partie (417 000) est du chêne d'Italie, le reste étant du sapin de la Baltique. — Quant aux Compagnies de Paris-Orléans et du Midi, elles ne paraissent pas avoir recours à la production étrangère. Cela fait un total de 690 000 traverses environ. Mais ces chiffres ne comprennent pas les traverses nécessaires pour la construction. Pour l'ensemble, entretien et construction, on trouve que l'étranger fournit 1 150 000 traverses, sur le total de 4 200 000 qui est nécessaire pour l'ensemble de notre réseau.

Assurément, les 6 millions hectares du domaine forestier des particuliers en France ne produisent pas tout ce qu'ils pourraient fournir; mais il est bien difficile d'arriver à en modifier et améliorer le régime. Et l'on se trouve toujours en présence d'une importation considérable de bois étrangers aux dépens des producteurs français.

C'est pour ces raisons multiples que l'on a songé à remplacer les traverses en bois, et que l'on a essayé les voies entièrement métalliques. Établir plus solidement les lignes ferrées, le faire à moins de frais, et enfin donner un débouché aux produits des industries métallurgiques indigènes, tel est le but que l'on poursuit.

Dans l'essai des voies entièrement métalliques, nous n'avons pas l'honneur d'avoir fait les premières tentatives sérieuses; mais c'est du moins pour nous un avantage, puisque ainsi nous ne nous lançons point dans l'inconnu, et que nous pouvons nous appuyer sur l'expérience des pays voisins.

La statistique des voies métalliques actuellement en service dans les divers pays de l'Europe est fort curieuse à consulter. Nous la trouvons en détail dans l'intéressant rapport de M. Bricka sur « Voies entièrement métalliques à l'étranger ». Nous citerons en premier lieu l'Allemagne, pour l'importance de son réseau. En 1878, la presque totalité de son réseau (51 627 kilomètres sur 53 700) est sur traverses en bois; on ne compte que 1800 kilomètres environ en voies métalliques. En 1884, les voies ordinaires ont diminué quelque peu, tandis que les voies métalliques ont plus que quintuplé. L'accroissement est à peu près le même en Hollande : en 1878, on ne trouve que 81 kilomètres de voies métalliques sur les 2848 kilomètres du réseau; en 1884, le réseau est de 3555 kilomètres et la longueur des voies métalliques est de 340 kilomètres. En Autriche-Hongrie, cette espèce de voie est fort rare encore aujourd'hui, par suite même de la richesse du pays en forêts : ses 19 millions d'hectares de bois suffisent aux besoins de ses 29 000 kilomètres de voies, et

l'on n'y compte que 110 kilomètres de voies métalliques. Mais en Suisse, où il n'y a plus le même motif en faveur des voies sur traverses en bois, la longueur sur voies ordinaires a diminué de 1883 à 1884, tandis que la longueur des voies métalliques a presque doublé. Nous ne dirons rien de l'Angleterre, où l'on ne se livre encore qu'à des essais très timides; mais nous rappellerons que, dans la République Argentine, la longueur des voies ferrées sur traverses métalliques dépasse 3000 kilomètres, et que les Indes possèdent 5000 à 6000 kilomètres de ces voies.

Nous n'avons point parlé de l'Algérie, et cependant, depuis longtemps, on y trouve des traverses métalliques. En même temps que la Compagnie de l'Est-Algérien créait des pépinières d'eucalyptus qui lui fournissent les traverses résistantes à très bon marché [1], la Compagnie du Paris-Lyon-Méditerranée faisait poser 100 000 traverses métalliques sur la ligne d'Alger à Oran. L'expérience ayant réussi, on en a posé 20 000 autres en 1885 sur la même ligne. Nous n'en avions encore rien dit, parce que les conditions où l'on se trouve en Algérie sont toutes différentes de celles où l'on est en France.

On le voit donc, bien des essais que l'on fait aujourd'hui en France ne peuvent être que la consécration définitive des résultats déjà obtenus à l'étranger.

Mais il est bon d'établir une distinction entre deux espèces différentes de voies métalliques, distinction que nous trouvons nettement indiquée dans les diverses statistiques étrangères, notamment dans celles que publie l'*Union des chemins de fer allemands*. On distingue les voies sur longrines des voies sur traverses. Il est nécessaire d'indiquer cette différence sans y insister d'ailleurs. La longrine, placée sous le rail parallèlement à son axe, constitue pour lui un support continu; c'est pour cette continuité que, pendant quelques années, on a préféré les longrines à tout autre système : on croyait qu'ainsi le matériel roulant se fatiguerait beaucoup moins, puisque le rail, ne fléchissant plus entre ses appuis, lui ferait subir beaucoup moins de secousses; enfin on comptait sur une économie de matière. Mais on s'est aperçu bientôt qu'il n'y avait point d'économie, puisqu'il fallait entretoiser les longrines pour les rendre solidaires l'une de l'autre. Enfin on aperçut une foule d'inconvénients sur lesquels il n'y a pas lieu d'insister ici, et dont le moindre se présentait pour le remplacement d'une longrine, remplacement qui interrompait forcément la circulation des trains.

Aujourd'hui, tout en comprenant l'avantage des voies métalliques, on en vient au seul système des voies sur traverses métalliques. Nous n'avons point ici à étudier la forme des divers types de ces traverses, ce n'est pas le sujet de cet article; mais nous pouvons dire que leur forme générale, sauf quelques modifications de détail, est celle d'une auge renversée [2]. Il est de toute évidence que la traverse métal-

---

(1) Son pavillon à l'Exposition universelle en contenait des types.

(2) On peut dire que toutes les traverses employées dérivent du type créé par l'ingénieur Vautherin, type qui a été essayé pour la

lique présente les avantages particuliers de tous les supports transversaux ; le seul reproche qu'on fasse aux supports transversaux en bois, c'est de coûter cher et de demander à être remplacés assez tôt, et c'est justement à ce désidératum que paraissent répondre les traverses métalliques. De toutes les expériences faites jusqu'à présent, il résulte qu'avec les traverses métalliques la voie est parfaitement stable, plus stable même qu'avec les traverses en bois, et que le roulement y est tout aussi doux. Les craintes qu'on aurait pu avoir au sujet de l'oxydation se sont trouvées absolument sans fondement. Nous ne pouvons que citer, avec M. Bricka, deux exemples très typiques. En Hollande, près de Deventer, 10 000 traverses en fer ont été posées en 1865 ; elles étaient encore en service, et, pour ainsi dire, indemnes vingt ans plus tard. En second lieu, les traverses métalliques posées en 1867 sur la ligne d'Alger à Oran sont toujours en service ; quelques-unes seulement ont dû être remplacées, et cependant, comme nous le disions tout à l'heure, la fabrication de ces traverses laissait beaucoup à désirer il y a vingt ans. Enfin, les vieilles traverses trouvent toujours un emploi, et l'on ne peut en dire autant des vieux bois, qui ne peuvent être employés qu'à des clôtures.

Le champ d'application des voies métalliques ne fait que s'étendre. Si nous consultons en effet les résultats qu'on vient de publier pour les chemins de fer de l'Empire allemand en 1888, nous y verrons qu'on a employé, pour la réfection des voies, 31 327 tonnes de traverses et longrines métalliques, représentant une valeur de 4 765 000 francs, tandis qu'on n'a dépensé que 977 700 francs pour les traverses en bois.

D'ailleurs, il s'est produit quelques insuccès dans l'emploi des voies entièrement métalliques : tels ceux qu'on ont été constatés en Belgique vers 1877. Mais il n'en faut accuser que la mauvaise qualité de fer dont étaient formées les traverses. Les ingénieurs n'avaient tenté un essai que sur une interpellation au Parlement, où l'on désirait apporter quelques palliatifs à la crise que subissait l'industrie du fer. Mais ils avaient fait ces expériences avec du parti pris, et sans chercher le succès, bien au contraire.

Au reste, on peut dire que c'est la matière employée qui, pendant longtemps, ne présentait pas les qualités suffisantes pour que les voies métalliques en vinssent à se généraliser. Les supports en fonte, par exemple, primitivement essayés en Angleterre, ne peuvent résister à la circulation des trains à forte charge et à grande vitesse. Jusqu'en 1878, le fer puddlé a été employé presque exclusivement ; mais on s'est aperçu qu'il résiste beaucoup moins que le métal fondu. Le fer puddlé, en effet, a une tendance à se fissurer dans le sens des fibres, et cela surtout au point d'attache du rail sur la traverse. C'est ainsi que se brisaient les traverses essayées en France. Mais on le remplace aujourd'hui par de l'acier doux laminé obtenu par déphosphoration, et l'on sait que ce métal peut s'obtenir à un prix relativement peu élevé.

première fois, il y a vingt ans, sur le réseau Paris-Lyon-Méditerranée.

Nous n'insisterons point sur ces conditions techniques fort bien discutées dans le mémoire de M. Bricka ; mais nous rappellerons que nos usines métalliques sont au moins à la hauteur de toute production étrangère. La généralisation de l'emploi des traverses métalliques, en dehors des pays forestiers, ouvrira certainement un débouché des plus importants aux usines françaises, en même temps qu'elle nous permettra de ne plus recourir à la production étrangère.

DANIEL BELLET.

GÉOGRAPHIE

Notes sur le Dahomey.

La *Revue maritime et coloniale* vient de publier des notes fort instructives sur le royaume de Porto-Novo et sur le Dahomey. Ces notes sont dues à M. Bertin, capitaine d'infanterie de marine.

En raison de l'intérêt d'actualité qui s'attache à un pays sur lequel de récents événements viennent de fixer l'attention publique, et dont la géographie et les mœurs sont encore mal connues, nous croyons devoir faire connaître aux lecteurs de la *Revue* quelques-uns des renseignements que nous apportent ces notes, qui émanent d'un observateur judicieux et compétent (1).

Voici d'abord la description de cette partie de la côte qui s'étend du territoire allemand de Petit-Popo jusqu'à Lagos, chef-lieu du territoire anglais, comprenant ainsi le royaume du Dahomey, enclavé entre deux bandes de territoire français. (Voir la carte ci-après.)

Dans toute cette étendue, aucun port de débarquement, mais seulement une longue bande de sable assez accore pour que des navires, même à voiles, puissent mouiller à un mille de terre par 20 à 25 mètres de profondeur. Des navires de commerce à vapeur mouillent même à un demi-mille.

A la Bouche-du-Roi, les courants et le manque de fond rendent le passage impraticable ou au moins très dangereux.

Toutefois, il serait facile d'ouvrir un passage, en quelques heures, dans la rivière de Kotonou, actuellement fermée par les sables, en forçant, au moyen de barrages ou d'écluses, les eaux du Ouémé à se rejeter par cette ouverture ; et le courant ainsi obtenu serait suffisant pour entretenir un chenal par lequel des embarcations assez fortes pourraient entrer. Toutes proportions gardées, ce passage serait comparable à celui de l'entrée du Sénégal.

Pour opérer ce passage, il faudrait proscrire l'usage des

(1) Voir, sur le même sujet, la conférence de M. Bazile Féris, sur *les Possessions européennes de la côte occidentale d'Afrique*, publiée dans la *Revue scientifique* du 29 novembre 1884 ; et l'article du même auteur sur *la Côte des Esclaves*, dans la *Revue* du 9 juin 1883.

avirons, les remplacer par des pagaies et substituer au gouvernail un aviron de queue solidement maintenu. Ce moyen serait beaucoup plus économique et moins dangereux que le mode de débarquement actuel, qui se fait à l'aide d'énormes baleinières (*surf-boat*) construites en Europe et montées par des Krewmen, engagés non loin de Libéria, ou par des Minas, recrutés aux environs d'Agoué. Avec ces bateaux, les colis craignant l'eau sont renfermés dans des boîtes soudées ou tout au moins dans des ponchons (énormes barriques contenant une demi-tonne) prêtés par des maisons de commerce; le personnel est aussi peu vêtu que possible, sans armes ni paquets à tenir à la main. A 300 ou 400 mètres du rivage, les surf-boats sont saisis par des vagues énormes qui déferlent et font parfois chavirer les pirogues. Si l'on a échappé à cet incident, en prévision duquel les hommes ne sachant pas nager doivent être munis de ceintures de sauvetage, le personnel, en arrivant à terre, doit se jeter rapidement hors de l'embarcation, du côté du large et non du côté de la terre, ou se *laisser* enlever par les canotiers sans se préoccuper des bagages. L'embarcation est fréquemment roulée à terre, et des accidents graves sont à craindre.

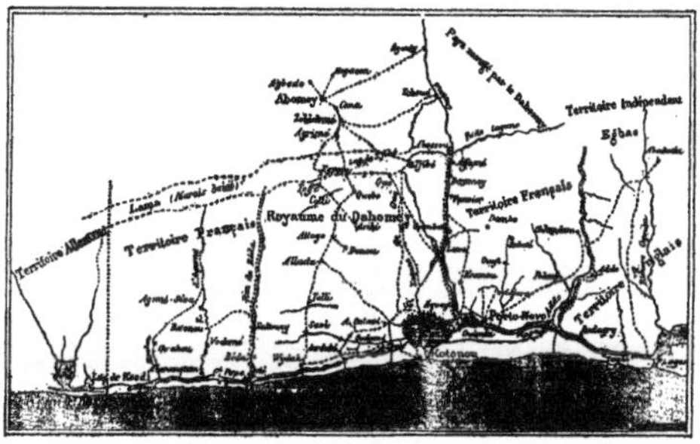

La barre de la côte du Bénin ressemble à celle de Gueh-N'dar, au Sénégal, mais elle est plus redoutable. Le fond manque brusquement au lieu d'aller en pente douce; et, de plus, un grand nombre de requins viennent parfois jusqu'à 10 mètres de terre, et enlèvent très fréquemment du monde. Douze hommes ont ainsi péri, en moins de six mois, à Kotonou, au début de 1889. On se débarrasse de ces squales en tendant en tête de barre de grands filets, ou en jetant des cartouches de dynamite. Mais il est nécessaire, quand on emploie ce dernier moyen, de faire usage de charges assez fortes, sinon les petits poissons seuls sont tués et, servant d'appât, contribuent à attirer les requins qu'une faible commotion n'a pas inquiétés.

Il existe enfin un autre moyen de se rendre à Porto-Novo, c'est de passer par Lagos, dont le chenal est entretenu par le débit de fleuves, parmi lesquels l'Ouémé n'est pas le moins important. Cette barre, qui a la plus grande ressemblance avec celle de l'embouchure du Sénégal, peut être franchie sans beaucoup de difficulté par des bateaux venant d'Europe ou d'Amérique; mais Lagos est aux Anglais, qui peuvent s'opposer au passage de troupes ou de matériel de guerre, et qui, en tout cas, font payer aux marchandises un transit très lourd.

Au point de vue de la configuration générale, de Lagos jusqu'au delà du Petit-Popo, la côte présente une longue bande de sable analogue à la pointe de Barbarie, au Sénégal, mais plus élevée, plus accore et couverte de végétation. Cette dernière n'est pas précisément luxuriante; néanmoins, les couches de limon qui ont couvert les dunes lors des débordements de la lagune ont permis à des arbres énormes de prendre racine. Les palmiers à huile, les cocotiers, les ronniers y poussent parfaitement, et les habitants y cultivent facilement le maïs nécessaire à leur nourriture.

Cette plage présente peu de chemins; celui qui serait le plus praticable serait le bord de la mer, sur le sable mouillé. A l'intérieur, les sentiers traversent des marécages et des fourrés qui la rendent peu praticables.

Cette langue de sable, qu'on appelle la Plage, est séparée de la haute terre par une lagune dont la largeur et la profondeur varient beaucoup. De Lagos à Porto-Novo, elle permet le passage de navires assez forts, et, même, il y a un an, un service de vapeurs fonctionnait assez régulièrement entre les deux villes. Le prix du passage était de 25 fr. 50, et durait quelques heures.

De Porto-Novo au lac Denham, les fonds sont faibles et souvent inférieurs à 1 mètre. A l'embouchure du Ouémé, la profondeur augmente brusquement, et, à Aguégué, elle est de 7 à 8 mètres. Mais le lac lui-même est peu profond, et il n'y a pas de chenal caractérisé.

Du lac Denham à Godomé, le sol est très bas et marécageux. Il est difficile d'y reconnaître les chenaux à cause de la végétation flottante qui les couvre et arrête la marche des pirogues. Les lagunes sont très souvent couvertes d'une plante flottante ressemblant à une jeune laitue; ces plantes, serrées en quantités innombrables, dissimulent la surface des eaux sur des étendues parfois considérables, et sont aussi gênantes pour la navigation que pour l'emploi des voies terrestres. Dans les hautes eaux, on peut cependant passer du lac dans la lagune de Godomé.

De Godomé à Wydah, la lagune est peu profonde et assez

Fig. 50. — Le royaume du Dahomey et les territoires français de la côte du golfe de Bénin.

large; elle est encombrée de bouquets de palétuviers et a l'aspect des savanes noyées ou *pripris* de la Guyane. De place en place, quelques élévations du sol sont occupées par des villages, et les cocotiers, les palmiers, les ronniers y sont cultivé*.

De Godomé à Aô, la lagune est fréquemment obstruée par des barrages faits avec des pieux enfoncés dans le fond et reliés par des liens en rotins; ces barrages ne prés·ntent qu'une petite ouverture près de l'une des rives, et cette ouverture est gardée par des gens du roi qui prélèvent des cadeaux sur les pirogues qui passent et qui, lorsque les chemins sont fermés par l'ordre du roi, s'opposent par la force au passage de quiconque n'est pas muni d'un laissez-passer. Ce laissez-passer se compose d'une petite graine rouge et noire enveloppée d'une certaine façon dans une feuille que lie un brin d'herbe. Demander un laissez-passer s'appelle *prendre les chemins* et coûte environ 6 pences par personne. Le laissez-passer a beaucoup plus de valeur lorsqu'il est accompagné du bâton du chef (Yevogan) qui vous fait *ouvrir* les chemins.

De Aô à l'embouchure de la rivière d'Agomé-Séva, les fonds augmentent et atteignent 6 à 7 mètres, puis, entre Abanenquem et Petit-Popo, ils diminuent comme du côté de Wydah.

Au nord de la lagune, le terrain s'élève et sa constitution change. Le sol est constitué par une argile ferrugineuse mélangée de gros sables siliceux qui forment un mélange très dur, usant très rapidement les outils de terrassement, même les pioches en acier; le sol conserve cette apparence jusqu'à 50 à 60 kilomètres au nord, distance à laquelle on commence seulement à apercevoir des rochers d'apparence granitique. Le pays est généralement plat, ne présentant que de légères ondulations. Les dépressions sont couvertes d'eau stagnante de peu de profondeur.

De place en place, des bouquets d'arbres énormes (fromagers, roco, etc.), qui sont généralement « fétiches »; une profusion de palmiers (*Elaïs guineensis*) au-dessous desquels s'étendent les hautes herbes; çà et là des villages entourés de cultures de maïs, d'arachides, de patates et de manioc, ce dernier non vénéneux comme celui de la Guyane.

Enfin, au nord du Dahomey, se trouve une vaste lagune couverte de palétuviers et appelée Lama. Cette lagune est à peu près impraticable et sert de protection à la capitale Abomey.

. Les rivières sont larges, et le Ouémé dépasse parfois 150 mètres, avec une profondeur de 6 à 7 mètres; les rives sont basses et marécageuses vers l'embouchure, puis s'élèvent jusqu'à une dizaine de mètres. Vers 6 ou 7 mètres au-dessus des basses eaux, les berges portent des traces d'érosions faisant voir jusqu'à quelle hauteur s'élève le fleuve au moment des hautes eaux. L'Agomé et l'Addo présentent les mêmes caractères que l'Ouémé.

Rivières et lagunes sont parcourues par une multitude de pirogues creusées dans un tronc d'arbre, et dont quelques-unes peuvent porter jusqu'à 20 ponchons représentant plus de 10 tonnes de marchandises. Les piroguiers poussent leurs embarcations à la perche, improvisant une voile avec leurs pagnes quand le vent est favorable, et se servant rarement de la pagaie, sauf pour gouverner à la voile.

Le mouvement des pirogues est très régulier entre Porto-Novo et Kotonou : elles partent le matin vers dix heures de Kotonou, et, utilisant le vent du sud-ouest qui s'élève vers midi, arrivent vers trois heures ou quatre heures à Porto-Novo. Leretour se fait pendant la nuit, quand le vent est tombé.

Les fleuves et les lagunes sont infestés par des crocodiles qui sont très audacieux, et il est imprudent d'entrer isolé dans l'eau, et de se coucher sans précaution près des berges.

Sous le rapport de la rapidité et de l'économie, les meilleures voies de communication et de transport sont les fleuves et les lagunes, les hommes étant groupés et le matériel facilement surveillé. Cependant, les voies de communication par terre doivent être employées quand les autres font défaut. Il faut seulement savoir que les chemins ne sont que des sentiers pour un seul homme de front. Tracés par les indigènes, qui sont à peu près nus, les sentiers suivent la ligne droite qui joint le lieu du départ au point d'arrivée, traversant au besoin les lagunes, et ne déviant de la ligne droite qu'autant qu'il est nécessaire pour ne pas avoir d'eau plus haut que les aisselles.

Les gens du pays portent sur la tête une charge moyenne de 25 à 35 kilogrammes. Ils marchent en s'excitant mutuellement, à une allure très vive leur permettant de faire au moins 6 kilomètres à l'heure, et qu'il ne faut pas songer à ralentir. Bien nourris, ils peuvent faire ainsi jusqu'à 60 kilomètres par jour.

On peut se faire porter en hamac, à peu près comme en Annam, avec cette différence que le bâton destiné à maintenir le hamac tendu est porté sur la tête, munie d'un coussinet : deux porteurs ou *hamakers*, quand ils sont robustes, suffisent même pour un trajet de 50 à 60 kilomètres.

Le mode de transport à deux est également employé pour les colis trop lourds pour un seul homme; mais il y a encore un autre mode de transport : c'est le roulage, qui consiste à faire rouler, quand le terrain le permet, des denrées ou autres bagages enfermés dans un ponchon. Le roulage est pratiqué par deux hommes exercés, sans grande fatigue.

Il n'y a d'ailleurs pas d'animaux porteurs dans le pays; les chariots ou autres voitures y sont absolument inconnus.

Le maïs, grossièrement écrasé entre deux pierres et cuit à l'étuvée sous forme de boulettes de la grosseur du poing, constitue, avec le poisson de rivière fumé, la nourriture ordinaire des indigènes. Les volailles sont assez abondantes et assez bonnes; les moutons et les bœufs sont petits, mais viennent bien — le prix d'un bœuf est d'environ 20 francs — et les porcs, nombreux, ont une belle chair. Cependant, Européens et créoles accusent cette dernière de donner des maladies de peau, prévention qui ne paraît pas justifiée. On peut, en outre, se nourrir, de la chair de l'hippopotame, qui est très appétissante, et de celle, du crocodile, dont le goût manqué peut être corrigé par des condiments, ou, comme le font les Annamites, par l'addition d'un peu de cire d'abeilles dans les sauces, pendant la cuisson. Il y a encore des huîtres en quantité dans la lagune; elles sont grasses et bonnes, quoique un peu fades.

La boisson habituelle est l'eau, laquelle est toujours de médiocre qualité, même celle qui vient des puits creusés par les indigènes. Quant à l'eau des lagunes, elle est saumâtre et ne peut être employée, même pour les soins de propreté.

Les indigènes connaissent le vin de palme, avec lequel ils s'enivrent volontiers, sans parler des alcools de provenance allemande, qui constituent une des principales marchandises d'importation, sous les noms variés de tafia, anisado, moscatel, genièvre, etc., et dont le bas prix permet une consommation malheureusement exagérée. Il existe cependant un alcool de bonne qualité, le bahia, qui n'est autre chose que du rhum blanc faible, et dont on peut faire un usage modéré sans aucun danger.

Le pays ne produit pas de sel. C'est un article d'échange qui, à peu de distance de la côte, atteint une valeur considérable. Celui qu'on consomme provient en partie des salines du Sénégal.

Enfin, il n'y a que peu de fruits, et pas de légumes, sauf dans les factoreries qui cultivent des jardins pour la nourriture des agents européens.

Au point de vue des conditions hygiéniques, il faut distinguer la plage et les régions situées au nord de la lagune.

La température moyenne oscillant entre un minimum de 21° et un maximum de 30°, et le vent soufflant régulièrement de midi à cinq ou six heures, du sud-ouest, le climat doit être considéré comme très humide; mais, sur la plage, les nuits sont fraîches, et les journées, pendant lesquelles le vent souffle régulièrement, sont très supportables. Aussi l'état sanitaire y est-il généralement bon, réserve faite des troubles intestinaux causés par l'eau de boisson, qui, prise dans des puits creusés dans le sable, est un peu saumâtre. Le sable de la plage peut s'échauffer au point que les indigènes ne peuvent y marcher de. onze heures à deux ou trois heures de l'après-midi, si ce n'est dans les endroits mouillés.

Les pays situés au nord de la lagune reçoivent les émanations de cette dernière, et l'état sanitaire s'en ressent, mais non au delà de quelques centaines de mètres. Les maladies spéciales à cette région sont l'impaludisme et la dysenterie. En outre, la variole ravage souvent le pays, et on n'a rien fait jusqu'à présent pour propager la vaccine. Au Dahomey, quand une épidémie se déclare, on continue à couper quelques têtes, bien que, de l'aveu même des indigènes, cette coutume n'ait jamais paru arrêter la marche du mal.

Sur la plage, les habitations des indigènes consistent en un clayonnage grossier, formé de nervures de feuilles d'une sorte de palmier appelé improprement « bambou », reliées

à l'aide de cipeaux (espèce de rotins). Les toits sont en feuilles de palmier, ou en paille pour les maisons des fétiches et des gens du roi.

Au nord de la lagune, les maisons sont construites en pisé fait avec l'argile du sol, qui prend le nom de barre. Cette argile est parfois façonnée en briques crues ou cuites. Les maisons en barre ont souvent un étage; elles sont couvertes comme celles de la plage, ou même en tôle cannelée. Les murs sont parfois enduits d'un mortier et blanchis à la chaux. On fait dans le pays un peu de chaux avec des coquilles d'huîtres, mais la plus grande partie vient d'Europe. Les charpentes sont faites avec des poutres en ronnier.

Sur la lagune et sur les terrains recouverts aux hautes eaux, les maisons sont construites sur pilotis. Le séjour de ces habitations est d'ailleurs pernicieux pour les Européens, à cause des émanations de la lagune.

Il existe plusieurs villages sur pilotis auxquels on attribue l'origine suivante : comme il est de tradition que les gens du roi ne doivent pas passer l'eau, les habitants des villages bordant les lagunes, chassés à plusieurs reprises par les incursions de ceux-ci, auraient fini par se créer sur pilotis des habitations où ils sont complètement en sûreté. Les villages ainsi constitués comptent plusieurs milliers d'habitants.

Dans les villes, les habitations sont groupées par quartiers ou salam, comprenant une quantité de petites cours et de petites ruelles qui forment un dédale inextricable. Quelques salams appartenant, soit au roi, soit aux grands chefs, sont entourés de murs et peuvent être défendus.

L'emplacement d'Abomey est mal connu, car le roi entoure sa capitale de mystère. On ne peut y accéder que par certains chemins prescrits par les guides, et, comme on voyage en hamac, on ne peut guère faire d'observations sur la direction suivie. On s'accorde pour placer Abomey à 70 ou 80 kilomètres au nord de Widah, et pour reconnaître l'existence, dans le voisinage de la capitale, d'un grand marais rendu impraticable au moyen de piquets enfoncés sous l'eau, pour en protéger l'accès. Il semble cependant qu'il existe une voie plus praticable, et qui consiste à remonter le Ouémé jusqu'à la hauteur d'Abomey. A cet endroit, les terres sont plus élevées, et il est possible d'atteindre la ville en six ou huit heures.

L'autorité du roi du Dahomey est absolue, à un degré difficile à imaginer. L'obéissance de ses sujets est complètement passive; ceux-ci sont terrorisés, et ils en arrivent à regarder la mort pure et simple comme un des moindres châtiments que le roi puisse leur infliger pour avoir enfreint ses ordres.

Quand le roi a décidé de faire la guerre, ses sujets quittent tout : affaires, famille, pour le suivre; de plus, ils ont encore à s'équiper et à se nourrir à leurs frais. Parfois, on leur donne un fusil, de la poudre et des balles; mais c'est à peu près tout, et le bénéfice qu'ils peuvent attendre de la campagne est absolument nul, à l'exception de quelque maigre obole que recueillent un petit nombre de favoris.

Aussi la plupart des Dahoméens, dès qu'ils peuvent s'évader du royaume avec la certitude de n'y jamais revenir, s'empressent-ils de disparaître : ce dont témoigne l'aspect désolé de Wydah, qui fut autrefois une grande ville bien peuplée.

Les Français ne sont pas les seuls Européens établis au Bénin. Les Portugais, les Anglais et les Allemands y ont des établissements.

Les Portugais ont à Wydah un fort occupé par quelques disciplinaires. Les Anglais occupent Lagos, et, malgré le peu de richesse du pays, en tirent des revenus considérables.

Dans le nord-est de Porto-Novo est la ville d'Abéokuta, capitale des Egbas. Cette ville est très importante, ses habitants sont indépendants et braves. Ce sont les ennemis héréditaires du Dahomey, et, l'an dernier, ils nous ont fait des avances caractéristiques de leur sympathie à notre égard.

BOTANIQUE

THÈSES DE LA FACULTÉ DES SCIENCES DE PARIS

M. PIERRE LESAGE

Influence du bord de la mer sur la structure des feuilles.

Le nombre des thèses soutenues devant les Facultés des sciences va chaque année se multipliant en France, depuis quelque vingt ans, surtout en ce qui concerne les thèses des sciences naturelles. Il y a certainement un mouvement considérable de ce côté de la science, et nous ne nous en plaindrons pas. Il nous sera cependant permis de dire que beaucoup des thèses dont il s'agit témoignent d'un horizon scientifique fort étroit : ce sont à la vérité de petits travaux, portant sur des points très restreints, des recherches d'anatomie pure, ou d'histologie, exécutées le plus souvent d'une façon en quelque sorte mécanique, grâce aux procédés techniques récents. Des mœurs des animaux, en un cure; des phénomènes physiologiques dont ils sont le siège, et de ceux qui se présentent chez les végétaux, il semble que nul ne s'occupe. On publie alors de petites monographies, très restreintes et, il le faut avouer, d'un médiocre intérêt. On pouvait pourtant attendre autre chose des nombreux laboratoires maritimes qui ont vu le jour, de Roscoff et Concarneau à Tamaris; on pouvait espérer que des naturalistes se formeraient qui comprendraient la zoologie d'une façon plus large, qui chercheraient à étudier les variations des animaux selon leur habitat, qui s'efforceraient de mieux montrer les relations de l'être vivant avec son milieu. Un laboratoire s'est récemment ouvert à Fontainebleau d'où pourront sortir des travaux botaniques intéressants : espérons qu'il nous donnera plus de sujets de satisfaction; sa ten-

dance nous paraît d'ailleurs conforme à celle que nous voudrions voir aux travaux d'ordre zoologique. En attendant, force nous sera d'enregistrer nombre de travaux faits avec soin, assurément, mais médiocrement intéressants, et témoignant d'un esprit philosophique très étroit. Aussi sera-ce avec un plaisir tout particulier que nous signalerons les œuvres qui, dès maintenant, nous fournissent ce que nous espérons pour plus tard. La thèse de M. Lesage est de celles-ci : c'est un *rara avis* que nous ne laisserons point passer sans le faire connaître.

Elle n'est point jeune, l'idée que le milieu réagit sur l'être animé, et que les variations du premier exercent sur le dernier une influence certaine. Mais on compterait aisément les travaux qui ont été consacrés à l'étude de cette question, et encore la plupart de ceux-ci sont-ils du domaine de l'observation. Or, c'est l'expérimentation qui est nécessaire : il faut que le naturaliste fasse varier les conditions. M. P. Lesage a fait œuvre d'observateur et d'expérimentateur à la fois : nous eussions préféré un travail purement expérimental, travail qui n'était pas difficile d'ailleurs à réaliser; mais nous saurons nous contenter de ce qu'il nous offre.

Différents botanistes ont signalé, il y a quelque temps déjà — car ces sortes d'études ne sont guère en honneur auprès de la jeune école — les modifications externes que présentent dans leur habitat, et leur extérieur, les plantes des bords de la mer, comparées aux plantes vivant à l'intérieur des terres. Mais ils n'ont guère signalé que les faits les plus apparents, et il restait à examiner de près, non leur extérieur, mais leur anatomie, leur texture. Quiconque croit à la variation des organismes, ou à l'action du milieu, ou à ces deux phénomènes, croit fermement que les différences ne sont pas purement extérieures, mais qu'il en est d'ordre histologique et d'ordre fonctionnel, plus difficiles à voir peut-être, mais en réalité plus importantes. C'est pourquoi M. P. Lesage n'a pas voulu simplement constater les différences déjà reconnues : il a tenté de faire un pas nouveau, et a cherché à étudier les modifications intimes qui accompagnent les modifications extérieures. Et ceci, il l'a fait de deux manières : il a étudié les espèces qui croissent spontanément au bord de la mer, et dans les terres, à la fois; puis il a fait des cultures expérimentales, à Rennes, en étudiant l'influence sur certaines plantes des arrosages à l'eau plus ou moins salée. Il y avait une troisième mode d'observations à faire : il eût fallu semer au bord de la mer, ou à l'intérieur des terres, ou dans des stations choisies *ad hoc*, différentes graines de plantes vivaces, qui se rencontrent à l'état naturel dans ces deux habitats, en ayant soin de prendre toutes les graines de la même espèce à un même porte-graines. En réalité, pour bien faire, il eût fallu avoir une même quantité des semences des deux porte-graines. Mais nous ne voulons point critiquer outre mesure : revenons aux faits, et commençons par dire un mot de la méthode. Elle est fort simple et consiste à recueillir des feuilles adultes, exposées similairement, autant que possible, d'une même espèce habitant naturellement le littoral et l'intérieur des terres. Ces feuilles sont étudiées par transparence après immersion dans l'alcool (où elles ont été mises pour être conservées), puis dans l'eau distillée et l'eau de javelle, et encore dans de l'eau distillée. Des coupes ont été faites pour l'étude histologique de la feuille. Les plantes ainsi étudiées furent nombreuses : 8 fougères; 6 graminées; 1 potamée; 1 alismacée; 2 triglochinées; 1 asparaginée; 1 urticacée; 4 polygonées; 7 chénopodiacées; bref, 85 espèces réparties entre 32 familles.

L'étude des feuilles a montré que, dans 54 espèces, l'épaisseur de ces appendices est plus grande chez les individus voisins de la mer; dans 27 espèces, il semble ne point y avoir de différence, et dans 4 espèces, les feuilles des individus habitant l'intérieur des terres sont les plus épaisses.

Parmi les 54 espèces chez qui la feuille est plus épaisse au bord de la mer, 17 sont des plantes plus spéciales au littoral, et 37 sont des végétaux qui vivent plutôt à l'intérieur des terres. Il est donc très évident que les plantes de l'intérieur, vivant au bord de la mer, y acquièrent des feuilles plus épaisses, et qu'inversement les plantes du littoral, vivant à l'intérieur, y prennent des feuilles plus minces. Le fait n'est ni absolu ni constant : il est toutefois suffisamment général. Voyons maintenant sur quelles parties de la feuille portent les différences, dans les cas où se présentent celles-ci.

Les épidermes. — Chez 23 espèces, la variété maritime, ou, pour mieux dire, les individus littoricoles, ont présenté des cellules épidermiques plus grandes; chez 31, il n'y a pas eu de différences, et chez 7, les cellules épidermiques sont restées plus petites. De plus, rien de bien net du côté de l'épiderme; et il convient d'ajouter qu'il n'y a rien de spécial dans l'épaisseur des cellules épidermiques.

Le mésophylle. — Sur les 54 espèces à feuilles plus épaisses au bord de la mer, on a vu dans 11 cas, le mésophylle ne change guère; dans 7, le tissu palissadique est plus volumineux; dans 5, les assises sont plus nombreuses, et dans 31 espèces, les palissades ont plus de longueur et de volume en même temps que leurs assises sont plus nombreuses. Il en résulte donc que c'est surtout aux modifications qui se passent dans les palissades que sont dues les modifications d'épaisseur de la feuille.

Lacunes et méats. — Naturellement, les lacunes et méats sont moins considérables dans les feuilles à palissades plus développées en volume ou en nombre.

Les nervures. — Elles augmentent avec le pas de dimension dans les feuilles épaisses; les vaisseaux ne varient guère.

Les sécrétions et cristaux. — On ne croit point que l'habitat exerce une influence quelconque.

La chlorophylle. — Tend à être moins abondante chez les individus littoricoles.

En somme donc, chez les individus littoricoles, la feuille devient plus épaisse, plus riche en tissu palissadique, plus pauvre en méats, lacune et chlorophylle.

Voilà pour les observations. Passons maintenant aux expé-

riences. Elles ont consisté à cultiver certaines plantes d'intérieur dans des conditions de salure variable, le sel marin paraissant être la cause principale des modifications déterminées par le voisinage de la mer dans la structure des feuilles. Les résultats sont les suivants. La feuille devient plus épaisse dans un sol salé, surtout si c'est l'eau d'arrosage qui est salée, et non le sol même; du reste, cette influence varie selon les espèces. Les feuilles qui ont poussé en terrain salé présentent des palissades plus développées, surtout quand les eaux d'arrosage sont salées. En même temps les méats diminuent, et aussi la chlorophylle. En somme, la présence du sel dans le sol, dans l'eau d'arrosage, détermine les mêmes effets que l'habitat littoral. Il semble donc permis de conclure que l'agent actif dans ce dernier habitat est le sel marin qui se trouve en plus ou moins grande quantité dans le sol, apporté par l'embrun que chasse le vent, ou même par les vagues lors des plus grandes marées, car les modifications sont le plus prononcées dans les plantes qui habitent le plus près de la mer.

Les observations de M. Lesage sont confirmées par ses expériences, et il demeure établi :

1° Que les plantes littoricoles ont les feuilles plus épaisses, en général;

2° Que chez ces feuilles, les cellules palissadiques sont très développées, en volume ou en nombre, ou en volume et en nombre; et même, dans les cas où l'épaisseur de la feuille ne change guère, le tissu palissadique est plus développé, par rapport au mésophylle;

3° Que les lacunes, et peut-être la chlorophylle, sont moins abondantes dans ces feuilles plus épaisses;

4° Que ces modifications semblent être dues à la présence de sel marin dans le sol.

Telles sont les conclusions de l'intéressant travail de M. Lesage, qui fait une diversion agréable aux travaux trop nombreux des « botanistes en chambre », selon une expression triviale, mais heureuse. M. Lesage peut poursuivre ses études, et d'autres peuvent le suivre dans la voie où il s'est engagé; on y trouvera à coup sûr des faits d'un haut intérêt en eux-mêmes, et au point de vue de l'étude de la variabilité et de son mécanisme.

CAUSERIE BIBLIOGRAPHIQUE

Les Textiles, le Bois, le Papier, Gélatines et Colles, par PAUL CHARPENTIER.

Les volumes récents de l'*Encyclopédie chimique* se rapportent tous les quatre à la chimie industrielle, et ils sont dus au même auteur, M. Paul Charpentier.

Nous dirons quelques mots de ces différents volumes, intéressants à divers titres.

Quoiqu'il s'agisse d'un livre de chimie, le volume relatif aux textiles contient quantité de documents non chimiques, relatifs à la statistique, à la culture, au tissage, à l'historique. Le côté technique est évidemment peu abordable pour les lecteurs non préparés et exigerait de trop longs détails ; faisons seulement, en ce qui concerne le côté technique, l'énumération des textiles décrits : le chanvre, le lin, le coton, la laine, dont l'histoire est plus développée que celle du coton, la soie, la ramie, le jute et enfin d'autres textiles moins employés ; les fibres des palmiers, de l'alpaga, de l'abaca ou chanvre de Manille, de l'alfa, de l'agave, etc. Puis viennent les chapitres sur le blanchiment : les procédés d'imperméabilisation et d'incombustibilité.

Venons maintenant aux quelques documents statistiques. En France, actuellement, le nombre des usines pour la transformation de la matière textile, soit brute, soit manutentionnée à un premier degré, est le suivant :

Laine.	1926
Soie grège.	1503
Coton.	915
Lin, chanvre et jute . . .	592
Soierie.	522
Textiles divers.	198

En 1888, voici les chiffres comparatifs de l'importation et de l'exportation :

Matières textiles.

	Importation.	Exportation.	Excédent d'importation.
	Francs.	Francs.	Francs.
Laine.	351 252 000	131 284 000	219 968 000
Soie	192 042 000	116 901 000	75 141 000
Coton.	157 779 000	34 907 000	122 872 000
Lin et chanvre. . .	84 630 000	14 494 000	70 136 000
Jute.	19 038 000	1 056 000	17 982 000

Fils et tissus.

	Importation.	Exportation.	Excédent d'exportation.
	Francs.	Francs.	Francs.
Laine.	79 263 000	360 536 000	281 273 000
Soierie	50 483 000	223 171 000	172 688 000
Coton.	66 790 000	108 843 000	42 053 000
Lin et chanvre. . .	13 386 000	18 139 000	4 753 000
Jute.	1 805 000	6 400 000	4 595 000

On voit que les matières premières sont importées en France pour y être travaillées par nos machines et exportées à l'état de produits manufacturés. Il ne faut donc pas, quand on voit se développer l'importation, y voir, comme le fait certaine école économique, un dommage pour le pays ; c'est au contraire une excellente chose que d'accroître l'importation, parce que c'est un signe de l'activité de l'industrie. Si l'on compare nos importations en 1859 et en 1887, on trouve :

	1859.	1887.
	Francs.	Francs.
Lin et chanvre . . .	34 000 000	70 000 000
Laine	194 000 000	325 000 000
Soie	212 000 000	285 000 000

Si maintenant nous prenons la répartition de la produc-

tion dans les différents pays, nous trouvons pour le coton une énorme prépondérance dans les États-Unis, qui fournissent les trois quarts de la production totale du monde ; et cette augmentation a été prodigieusement rapide, puisqu'elle était en 1866 de 141 000 tonnes et en 1886 de 3300 000 tonnes. C'est l'Angleterre qui consomme le plus de coton. Sa consommation est de 45 pour 100, les deux Amériques consommant 36 pour 100, l'Allemagne 11 et la France 10.

Quant à la laine, les chiffres sont moins complets que pour la soie ; mais cependant on peut voir que, là encore, c'est l'Angleterre qui tient le premier rang. L'importation, qui était en 1850 de 37 000 tonnes, était en 1860 de 74 209 ; en 1870, de 130 438 ; en 1880, de 241 469, et en 1886, de 273 329 tonnes. C'est surtout par le développement des laines australiennes, qui s'est accru dans une proportion inouïe, montant en vingt-cinq ans, de 1850 à 1885, de 19 500 tonnes à 175 000. La République Argentine a développé de la même manière sa production de laine qui, de 1878 à 1888, a passé de 81 895 tonnes à 131 743.

Donnons enfin, pour terminer, quelques chiffres relatifs à la soie. Sa production en France a décru énormément par le fait de la maladie des vers à soie. Elle est tombée de 117 millions de francs en 1853 à 57 millions en 1856. Il faut noter aussi que la consommation des étoffes de soie ne s'est pas accrue, par suite des oscillations de la mode, autant que la consommation de la laine et du coton, qui sont d'un usage absolument nécessaire.

Le volume relatif au papier a été exécuté de la manière suivante par M. Charpentier. Les premiers chapitres sont consacrés à l'étude des matières premières ; d'abord les chiffons qui, pendant longtemps, ont été le seul moyen d'avoir du papier ; puis les divers produits qui remplacent maintenant très avantageusement le chiffon, l'alfa notamment, les bois, pulpes, sciures, tourbes, qui tous peuvent se transformer en papier.

Le chapitre II a trait à la fabrication du papier. C'est bien entendu le plus développé. L'auteur traite de tous les procédés techniques, bluttage, lavage, lessivage, effilochage, égouttage, blanchiment, affinage, collage, coloration, séchage, apprêtage, etc.

Des chapitres particuliers sont réservés aux différents papiers : papier à la cuve ou à la main, papier du Japon, en général obtenu avec l'écorce du *Broussonetia papyrifera;* le papier de Chine avec ses variétés nombreuses et intéressantes.

M. Charpentier donne aussi sur les papiers spéciaux des détails industriels que nous nous contenterons d'énumérer, car il serait trop long d'entrer dans le détail : papier émerisé, papier de banque, papiers sensibles et photographiques, papier mâché, papier à filtrer, papier parcheminé, papier nacré, papier lumineux, papier marbré, papier-linge, papier de construction, papier bitumé, papier incombustible, papiers peints. On voit à quels nombreux usages peut servir le papier.

Après un chapitre sur les essais des différents papiers, M. Charpentier nous donne un résumé statistique. Il estime

'en 1870 la production du papier était pour le monde en-
r d'environ 900 000 tonnes, ainsi réparties :

Papier à écrire	150 000
Papier d'impression	450 000
Papier d'emballage	200 000
Carton et carte	100 000

La France n'importe que pour 2 millions de francs de pa-
et en exporte 50 millions. Les départements où la fabri-
a du papier est la plus importante, c'est d'abord l'Isère
45 fabriques, puis la Charente avec 28, le Pas-de-Ca-
avec 24, Seine-et-Oise avec 16, Seine-et-Marne avec 12,
utres départements ayant une importance moins consi-
ble.

mme pour les précédentes monographies, cette étude
ois n'est pas exclusivement chimique; elle a trait à tout
jui concerne l'industrie du bois et la sylviculture. Ce
donc que par une certaine extension, assez légitime
eurs, que ce livre rentre dans une encyclopédie chi-
ue. M. Charpentier fait précéder son livre d'une courte
face où se trouve un passage intéressant de Bernard de
ssy. Nous ne résistons pas au plaisir de le citer :

« Et quand je considère la valeur des moindres gîtes des
arbres ou épines, je suis tout émerveillé de la grande ignorance des hommes, lesquels il semble qu'aujourd'hui ils ne
s'étudient qu'à rompre les belles forêts que leurs prédécesseurs avaient si précieusement gardées. Je ne trouverais
pas mauvais qu'ils coupassent les forêts, pourvu qu'ils en
plantassent après quelques parties; mais ils ne soucient nullement le temps à venir, ne considérant pas le dommage
qu'ils font à leurs enfants. »

On voit que ce n'est pas d'aujourd'hui qu'on a protesté
contre les coupes sombres et établi la nécessité d'aménager
les forêts et de les cultiver, comme on cultive les champs
de blé ou de sarrasin.

L'ordre suivi par M. Charpentier est le suivant : un court
chapitre sur l'écorce cellulosique, étudiée, comme on sait,
par M. Frémy ; un autre chapitre sur la structure microscopique des bois ; puis vient leur constitution chimique, sur
laquelle on sait très peu de chose et guère davantage que
la constitution en eau, en cendres et les proportions de carbone et d'hydrogène. Donnons quelques chiffres à cet
égard :

Proportion d'eau des différents bois, pour 100 :

Charme	18,6
Saule	26,0
Bouleau	30,8
Sapin	37,1
Chêne	34,7
Hêtre	39,7
Orme	44,5
Tilleul	47,1
Peuplier noir	51,8

La densité donne les chiffres suivants :

Grenadier	1,35
Cœur de chêne	1,17

Olivier	0,94
Noyer vert	0,92
Hêtre	0,85
Cerisier	0,75
Bouleau	0,72
Noyer de France	0,67
Platane	0,64
Chêne	0,61
Acajou	0,56
Orme	0,55
Saule	0,48
Peuplier	0,38
Peuplier blanc d'Espagne	0,32
Liège	0,24
Moelle de sureau	0,07

Pour le poids d'un stère de bois sec, on trouve pour les
différents bois :

Chêne (bois de quartier)	. . .	380 kilogrammes.
Charme	— . . .	370 —
Orme	— . . .	293 —
Sapin	— . . .	277 —
Pin	— . . .	256 —

Les cendres sont ainsi constituées pour le bois de bouleau, en moyenne.

Potasse	10,0
Soude	2,0
Chaux	25,0
Magnésie	5,0
Alumine	0,50
Fer	0,50
Manganèse	0,50
Silice	3,0
Acide carbonique	16,0
Acide phosphorique	10,0
Acide sulfurique	1,0
Résidus insolubles, eau et charbon	21,5

Après ces documents sommaires sur les principaux bois,
la répartition des bois utiles dans les diverses contrées du
globe; puis une étude sur les forêts. A vrai dire, l'énumération des espèces de bois utiles est un catalogue dont la
lecture ne laisse pas que d'être ingrate. Mais M. Charpentier a sans doute voulu faire de son livre plutôt un ouvrage
à consulter qu'un ouvrage à lire. Les autres chapitres sont
relatifs aux forêts. C'est une étude de sylviculture qui n'est
peut-être pas très originale. Les figures qui sont jointes au
texte ne sont pas non plus à louer. Quel besoin dans une
Encyclopédie chimique de nous donner les très médiocres
images d'un orme, d'un peuplier, d'un pin, d'une feuille de
tilleul ? C'est un demi-luxe qui n'a vraiment aucun avantage.

Après l'étude des forêts vient l'histoire de leur exploitation : coupes, abattage, peuplement, scierie, flottage, transport, conservation, etc. Beaucoup de figures sont jointes au
texte, et elles semblent avoir plus d'utilité pour la description des scieries mécaniques. Cependant, pour notre
part, nous eussions préféré des figures moins nombreuses,
mais un peu plus soignées.

Enfin les derniers chapitres ont trait à la conservation

des bois : la dessiccation, la carbonisation et les différents procédés par immersion ou par injection pour conserver longtemps les bois. (Injections de substances antiseptiques, de goudron notamment.)

Pour terminer cette consciencieuse monographie, l'auteur étudie les diverses applications des bois : les bois de construction, les bois durcis, les bois métallisés pour être ininflammables, les traverses de chemin de fer, le pavage en bois, les gommes, les résines, les essences, l'industrie du tannin, celle du liège, la coloration des bois et les bois colorants.

Mentionnons aussi, du même auteur, une petite monographie sur les gélatines et les colles, qui contient des détails utiles à l'industriel. On sera agréablement surpris d'apprendre qu'il y a dans le commerce seize variétés de colles différentes : colle blanche diaphane, colle de Flandre, colle de Hollande, colle de Givet, colle anglaise, colle claire, colle des chapeliers, colle au baquet, colle forte liquide, colle à bouche, colle de parchemin, collette, colle d'os ou ostéocolle, colle forte des os, colle de poisson ou ichtyocolle, colle de chair de poisson. Quant aux colles végétales, il y a : la colle de Chine, la colle de résine, colle de pâte, colle d'amidon, colle de caoutchouc, colle de fécule et colle de gluten, etc.

Il nous suffira de faire cette énumération, pour montrer la nature du livre de M. Charpentier. C'est une étude très complète et qui rendra service aux spécialistes.

Rembrandt als Erzieher, par un Allemand.
Leipzig, Hirschfeld, 1890.

Voici un livre qui a eu en Allemagne un succès considérable, mérité sans doute par la platitude avec laquelle l'auteur s'obstine à célébrer tout ce qui est allemand et détracter tout ce qui n'est pas allemand.

C'est une sorte d'encyclopédie sur l'éducation, et, si le mot de Rembrandt a été prononcé et donné comme titre au livre, c'est à cause de cette idée, triplement bizarre, que Rembrandt est un Allemand, que la régénération doit venir d'un artiste, et que cet artiste allemand qui régénérera le monde, c'est Rembrandt.

Faut-il opposer l'art à la science et dire, comme l'ingénieux auteur de ce pamphlet? « La science est internationale, l'art est national; par conséquent, mort à la science! » Il est probable que les savants allemands ne partagent pas cette opinion; mais il est curieux de constater le succès qu'un livre fondé sur de tels principes a semblé obtenir en Allemagne. Ce serait nous ramener à quelques siècles en arrière que de vouloir cantonner les hommes dans leur nation respective, avec défense d'en sortir; en leur inculquant cette généreuse idée : qu'il est être mauvais citoyen de rendre service à d'autres hommes qu'à ses concitoyens.

Nous ne pouvons pas suivre l'auteur dans sa course désordonnée à travers la peinture, l'hypnotisme, l'histoire romaine, la musique, la république de Venise, Brunehault et les Cimbres. C'est un mélange d'idées disparates qu'il est

impossible d'analyser. Pour donner une idée de son goût, nous ferons deux citations :

« Il ne faut pas dire *Renaissance*, pour une si grande chose, il faut un mot allemand, et il faut dire : *Wiedergeburt*. »

Et celle-ci : « Il faut admettre que les Allemands ont leurs ennemis, et ces deux ennemis typiques, c'est Zola et du Bois Reymond. Ces deux demi-Français, l'un Italien, l'autre Allemand, ont beaucoup de points communs ; du Bois Reymond a des tendances démocratiques intimes auxquelles Zola s'est depuis longtemps livré, etc. »

Nous le répétons, ce qu'il y a de fâcheux dans ce livre, ce n'est pas qu'il ait été écrit (il s'écrit tant de mauvais et absurdes ouvrages), c'est qu'il a eu, de l'autre côté du Rhin, un succès considérable. Espérons que c'est un succès de scandale et que personne n'en aura été convaincu.

Lettres du Brésil, par MAX LECLERC. — Un vol. in-18 de IV.368 pages ; Paris, E. Plon, Nourrit et Cie, 1890.

Ces lettres, que nous venons de lire avec beaucoup d'intérêt, sont d'un de nos confrères de la presse politique qui s'était rendu au Brésil peu de jours après la révolution du 15 novembre de l'année dernière, laquelle, comme on le sait, a renversé le trône de dom Pedro II et amené la proclamation de la République. Et c'est après avoir paru dans le *Journal des Débats*, où elles ont été très remarquées, que l'auteur, dès son retour en France, les a réunies en un volume.

Écrites, pour ainsi dire, au jour le jour, elles n'en sont pas moins remplies d'observations curieuses sur les mœurs et le caractère du Brésilien, non seulement de Rio, la ville cosmopolite, mais encore du Brésilien de l'intérieur. Elles nous initient aux causes véritables de la chute de l'empire, elles nous font connaître les hommes qui ont fait la République « sans le vouloir », et leurs premiers actes ; enfin les ressources et le développement économiques du pays. L'auteur, en effet, ne s'est pas borné à étudier pendant son séjour à la capitale du Brésil, mais il a tenu à pénétrer dans l'intérieur du pays, et s'est rendu à Saint-Paul, le chef-lieu de la province de ce nom, situé à près de 600 kilomètres de Rio-de-Janeiro, par la voie ferrée. Le chapitre qu'il consacre à cette région, la plus riche et la plus avancée de toutes les provinces du Brésil et aussi l'une des plus peuplées — elle ne compte pas moins de quinze cent mille habitants — nous montre une foule de particularités intéressantes sur le type et le caractère paulistes, caractère ferme et bien trempé. Et dans une excursion à 300 kilomètres plus loin et à l'ouest de Saint-Paul, M. Leclerc nous fait visiter avec lui une plantation de café, l'une de celles où la culture est le mieux entendue, le sol le plus fertile, en un mot une *fazenda* modèle.

En résumé, notre confrère a fait œuvre utile en publiant

ses lettres sur le Brésil, et son livre est une véritable actualité, en ce moment surtout où les élections vont décider de l'avenir de cette riche et belle contrée à laquelle notre pays a toujours été des plus sympathiques.

Traité de gynécologie clinique et opératoire, par M. S. Pozzi. — Un vol. in-8o de 1156 pages, avec 491 figures dans le texte; Paris, Masson, 1890.

On a déjà fait cette remarque, que la renaissance pastorienne des sciences médicales avait eu pour conséquence d'agrandir le domaine de la chirurgie aux dépens de celui de la médecine. Le beau *Traité de gynécologie* que vient de publier M. Pozzi est une nouvelle preuve de cette révolution, révolution toute profitable aux malades, qui peuvent ainsi bénéficier d'une action thérapeutique plus étendue, plus efficace, et, grâce à la méthode antiseptique, presque sans dangers. Voici, en effet, que les maladies des femmes, que se partageaient autrefois, avec les chirurgiens, les accoucheurs qui se réservaient les *suites de couches*, et les médecins de qui relevaient toutes les *maladies de l'utérus*, sont maintenant devenues la chose des chirurgiens.

Ce n'est pas que l'action chirurgicale, en gynécologie, soit de date récente : ainsi le curetage, très en honneur actuellement, a été inventé par Récamier; l'opération de la fistule vésico-vaginale a été d'abord scientifiquement réglée et réussie par Jobert de Lamballe; le traitement chirurgical des polypes et des tumeurs date de Levret, de Dupuytren et d'Amussat; et l'ouverture de l'abdomen, par Kœberlé et Péan, est antérieure à l'époque actuelle, qui part de Lister. Mais, avant cette époque, comme le rappelle M. Pozzi, l'audace, en médecine opératoire, était de la témérité. Si, de temps en temps, un succès venait faire naître quelque espoir, une série de revers le détruisait aussitôt. Ainsi, Sauter (de Constance) réussissait, en 1822, la première hystérectomie vaginale pour un cancer; mais, après cette guérison unique, onze morts consécutives suivaient les onze premières opérations pratiquées à son exemple.

Depuis les découvertes de Pasteur, appliquées si heureusement par Lister et ses disciples, l'antisepsie a ouvert une ère nouvelle dont la gynécologie a largement bénéficié. L'intervention active est devenue presque sans dangers ou nombre de maladies, jusque-là plus ou moins abandonnées à des palliatifs ou à une expectation déguisée; on a repris les opérations anciennes, on en a imaginé de nouvelles, et en même temps que s'étendait le champ de cette chirurgie spéciale, le nombre des maladies curables allait augmentant dans une notable proportion.

Tous ces récents progrès, toutes ces opérations nouvelles ou renouvelées, avec leurs méthodes, le manuel opératoire et l'arsenal des instruments employés en France et à l'étranger dont les gynécologistes disposent aujourd'hui, ont été décrits par M. Pozzi d'une façon si claire et si complète que son livre fera vite oublier les ouvrages de ses devanciers français, ainsi que les nombreuses traductions qui nous ont été récemment données des livres étrangers; et nous ne doutons pas que ce *Traité* ne soit bientôt un ouvrage classique, comme il mérite tout à fait de le devenir.

ACADÉMIE DES SCIENCES DE PARIS

22-29 SEPTEMBRE 1890.

ASTRONOMIE. — M. l'amiral Mouchez communique à l'Académie les observations de la nouvelle planète Charlois (297) faites par *M. F. Sy*, les 11, 12 et 13 septembre 1890, à l'équatorial coudé de l'Observatoire d'Alger. Sa note comprend les positions des étoiles de comparaison ainsi que les positions apparentes de la planète.

PHYSIQUE DU GLOBE. — *M. Daniel Colladon* met sous les yeux de l'Académie deux photographies représentant un phénomène curieux dont il a été témoin à Genève, le long du barrage à rideaux que l'on a construit en amont et le long du petit pont de la Machine, et que l'on peut reproduire à volonté. En effet, il suffit, pour y parvenir, d'abaisser un certain nombre de ces rideaux, tandis qu'aux extrémités ils sont relevés et que l'eau s'y écoule librement. Se produit alors, à chaque extrémité ouverte, une trombe ou tourbillon ayant sa bouche en bas. Un peu plus haut, cette trombe prend la forme cylindrique horizontale, et ces deux parties horizontales tendent à se réunir, en formant, comme on l'a dénommé à Genève, une espèce de *serpent d'eau*. Cette partie cylindrique et horizontale, qui aboutit aux deux rideaux ouverts, ondule dans un espace d'un peu plus de 1 mètre et a partout le même diamètre; sa grosseur peut varier dans toute sa longueur, de moins de 1 centimètre jusqu'à plus de 10 centimètres de diamètre.

L'auteur rend compte des expériences qu'il a entreprises dans le but d'élucider la question de savoir comment le phénomène se produisait et ce que l'on voyait lorsqu'il se formait.

ÉLECTRICITÉ. — En réponse à la communication faite dans la dernière séance par MM. Dumoulin-Froment et Doignon (1), *M. Gustave Trouvé* rappelle que la création de son gyroscope électrique remonte à l'année 1865. Il a figuré à l'Exposition universelle de 1867 et a été décrit dans divers recueils.

(1) Voir la *Revue scientifique* du 27 septembre 1890, p. 411, col. 1.

— Dans une précédente communication, *M. H. Le Châtelier* a montré le parti que l'on pouvait tirer des déterminations des résistances électriques pour l'étude, aux températures élevées, des transformations moléculaires des métaux. Dans la note qu'il présente aujourd'hui, il étend les applications de cette méthode à une nouvelle série de métaux et d'alliages. Entre autres faits observés, l'auteur fait remarquer que : 1° d'une façon générale, l'introduction de petites quantités de matières étrangères dans un métal élève sa courbe de résistance en la déplaçant parallèlement à elle-même; et 2° que les métaux qui ne présentent aucune transformation moléculaire avant leur fusion possèdent des résistances électriques, dont la variation est une fonction linéaire de la température.

ANATOMIE ANIMALE. — M. de Lacaze-Duthiers adresse une note de *M. Paul Marchal* dans laquelle l'auteur fait connaître le résultat de ses recherches sur l'appareil excréteur de quelques crustacés décapodes qu'il a étudiés au laboratoire de ROSCOFF, tels que le *Homarus vulgaris*, le *Palæmon serratus*, le *Pagurus Bernhardus*, le *Galathœa strigosa* et certains *Brachyures*.

PHYSIOLOGIE VÉGÉTALE. — On sait que les radiations absorbées par la chlorophylle d'une plante vivante servent à l'accomplissement de deux fonctions distinctes : la première, consistant dans la décomposition de l'acide carbonique et la fixation du carbone dans les tissus, c'est l'*assimilation chlorophyllienne;* la seconde, produisant la vaporisation d'une plus ou moins grande quantité d'eau, c'est la *transpiration chlorophyllienne*. Or, dans un premier travail paru l'an dernier dans la *Revue générale de botanique*, *M. Henri Jumelle* a montré qu'il existait une certaine relation entre ces deux fonctions, puisque si, par exemple, à la lumière, on entrave l'*assimilation* des parties vertes en privant la plante d'acide carbonique à décomposer, l'énergie des radiations qui auraient été utilisées pour cette assimilation se reporte sur la transpiration. Les nouvelles recherches dont l'auteur rend compte aujourd'hui à l'Académie confirment, par une méthode très différente, cette relation entre les deux fonctions chlorophylliennes. De plus, elles font connaître l'influence des anesthésiques sur la transpiration à la lumière et à l'obscurité; ces expériences, faites avec l'éther sur des feuilles de chêne, de charme, de hêtre, de pomme de terre, de fougère-aigle, démontrent que les anesthésiques, loin d'arrêter la transpiration à la lumière, l'augmentent dans de grandes proportions. Voici d'ailleurs les conclusions de ce nouveau travail :

1° Les anesthésiques augmentent la *transpiration* des plantes exposées à la lumière, lorsqu'on les fait agir à la dose qui suspend l'*assimilation;*

2° Cette augmentation est due effectivement à l'action de l'éther sur les grains de chlorophylle exposés à la lumière, car l'éther agit en sens contraire sur le protoplasma.

NÉCROLOGIE. — *M. le Secrétaire perpétuel* annonce à l'Académie la perte que la science vient de faire dans la personne de M. le professeur *F. Casorati*, récemment décédé.

E. RIVIÈRE.

CORRESPONDANCE ET CHRONIQUE

Expériences sur des décapités au Tonkin (1).

Un coolie lépreux (2), qui avait incendié le village de Thanh-Moï (Tonkin), est condamné à la décapitation, suivant la coutume annamite.

La victime est à genoux; les mains sont attachées derrière le dos et fixées à un piquet en bambou, sur lequel est gravée la sentence. Le bourreau commande au condamné de tendre fortement le cou en avant et d'abaisser la tête. Il relève les cheveux de la victime et marque avec sa salive, rougie par le bétel, le point où doit porter la section. Se mettant sur le côté gauche du condamné, l'exécuteur vise le milieu de la nuque, entre la racine des cheveux et la saillie de l'apophyse épineuse de la septième cervicale, et, d'un coup vigoureux, il abat la tête, avec une lame large de trois travers de doigt et longue de 80 centimètres. Le *coupe-coupe* agit du talon vers la pointe par une sorte de mouvement de scie.

A 3h 10m, le bourreau fait tomber la tête, d'un seul coup. Le sang jaillit avec force par les troncs des deux carotides et des deux vertébrales, restées en continuité avec l'aorte; le jet qui, pendant quelques secondes, s'élevait par saccades à 60 centimètres, tombe brusquement à 15 centimètres et cesse au bout de deux minutes. Quant à la surface de section correspondant à la tête, elle ne donne que peu de sang. Nous ramassons immédiatement la tête, qui était tombée entre les jambes de la victime : les yeux sont démesurément ouverts; les pupilles sont fortement dilatées, et l'on ne saurait dépeindre l'aspect terrifié, hagard, épouvanté de cette physionomie. Les muscles de la face ne se contractent pas spontanément. Le masque facial, extrêmement pâle, a un air étonné, effaré, plein d'angoisse. On note, au niveau des commissures des lèvres, quelques mouvements de latéralité. Les dents sont serrées, les masséters sont fortement contractés. La bouche, fermée pendant deux minutes environ, s'ouvre légèrement.

Les vertèbres cervicales, attenant à la tête, exécutent spontanément, sans excitation électrique, des mouvements rapides, réguliers et rythmiques de rotation, qui se prolongent pendant deux minutes.

Le pharynx se contracte fortement; immédiatement après la décollation, on voyait de fréquents mouvements de déglutition rythmés, très accentués.

Le doigt, appliqué sur la cornée, ne produit plus le réflexe cornéen, qui disparaît rapidement. Du reste, en moins d'une minute, l'œil prend un aspect vitreux. Les paupières sont mi-closes, presque fermées.

On observe des mouvements spontanés de la glotte, du pharynx, de l'œsophage et la contraction fibrillaire des muscles sectionnés. Mais, tous ces mouvements sont de courte durée; ils n'existaient plus deux minutes après la décollation.

Nous faisons immédiatement quelques recherches avec les piles du bureau télégraphique du poste de Thanh-Moï. Nous avions fait transporter cet appareil électrique sur le lieu même du supplice.

Les électrodes sont introduits dans le canal médullaire; ils sont en communication avec quatre éléments de Bunsen. Cette application électrique, faite moins de deux minutes

(1) Voir, sur le même sujet, l'article de M. Petitgand : *Observations sur un décapité annamite*, dans la *Revue* du 5 juillet 1884, p. 10.
(2) La description de ce cas de lèpre est faite dans un article intitulé : *la Lèpre à Hanoï* (*Revue de médecine*, 1890, p. 599-600).

après la décollation, ne détermine que de légers mouvements très passagers dans les muscles du tronc innervés par la moelle. Mais l'électrisation directe du bulbe avec les électrodes, placés dans le canal médullaire, produit des contractions énergiques des masséters; la main, qui soutient la tête, sent une forte contraction des muscles temporaux.

Sous l'influence de ces excitations électriques, les buccinateurs exécutent fréquemment les mouvements que l'on fait en fumant la pipe. Suivant le point d'application de l'électricité, les contractions se limitent à la partie droite ou à la partie gauche de la face. Les muscles de l'aile du nez se relèvent et s'abaissent avec force et rapidité, comme dans les grands efforts respiratoires. Ce sont les mouvements qui ont persisté le moins longtemps. Dès qu'on fait passer le courant, les dents sont serrées, et l'on entend un grincement et un claquement, qui persistent pendant toute la durée de l'excitation électrique.

Les lèvres se portent en avant; par intervalles, elles sont fortement tirées sur le côté; la commissure s'élève en haut et en dehors; suivant le point excité, cette déviation latérale se fait tantôt à droite, tantôt à gauche. Cette contraction unilatérale des muscles de la face est encore très nette, huit minutes après l'exécution; mais, deux minutes plus tard, l'électricité ne provoque plus le moindre mouvement.

Les contractions du masséter cessent à la septième minute; elles sont bilatérales, comme celles des muscles temporaux. Les paupières, à moitié fermées, offrent quelques mouvements, à la suite d'une légère excitation. Le réflexe cornéen disparaît dès que l'œil prend cet aspect vitreux, qui commence à la fin de la première minute. A la quatrième minute, il existe un dépoli très marqué de la cornée.

Sous l'influence de l'électrisation de la partie supérieure du bulbe avec quatre éléments de Bunsen, les yeux présentent de grands mouvements alternatifs de rotation en dehors, en dedans, en haut et en bas.

L'œil gauche se porte de préférence en dedans, et, pendant ce mouvement, la paupière supérieure se soulève légèrement; elle retombe, lorsque l'œil suit une autre direction.

Pendant les premiers instants de l'application électrique, les paupières sont agitées de clignotements et de mouvements rapides.

Au bout de cinq minutes, l'électricité n'agit plus sur les muscles de l'œil. Les masséters se contractent pendant deux minutes de plus; mais, au bout de dix minutes, l'excitation des divers segments médullaires, séparés par la décollation, reste sans résultat.

Tous les mouvements sont plus accentués au moment de l'ouverture ou de la fermeture du courant électrique.

La contraction spontanée des muscles cesse plus rapidement, lorsque la décollation est faite pendant un *certain degré d'asphyxie*.

La décapitation d'un chef de pirates, pris les armes à la main, nous a permis de constater ce fait.

Par un raffinement traditionnel de cruauté, on détermine une strangulation provisoire du condamné, puis on le laisse respirer pendant quelques instants et revenir à lui; on recommence ce supplice à plusieurs reprises, enfin on termine cette longue torture par la décollation graduelle, en plusieurs coups.

Le bourreau annamite adopte le dispositif suivant. Il passe autour du cou de la victime une anse de corde, sur les extrémités de laquelle deux coolies tirent avec force et d'une façon saccadée. Lorsque l'asphyxie est arrivée à un certain point, on desserre la corde : la victime, qui n'a pas encore perdu connaissance, respire pendant quelques minutes et elle subit de nouveau le même supplice. Après la

troisième tentative de strangulation provisoire, le bourreau fait tomber cette tête cyanosée, aux lèvres bleues, aux yeux saillants et convulsés.

Nous ne constatons que quelques mouvements musculaires et quelques contractions fibrillaires, qui disparaissent très rapidement. Le jet du sang artériel s'élève moins haut et cesse bien plus vite que dans le cas précédent.

Les têtes de ce coolie incendiaire et de ce chef de pirates, examinées quelques secondes après la décollation, ne paraissent pas avoir conservé la moindre fonction cérébrale. Nous n'avons pas observé ces vestiges d'activité cérébrale qui, d'après certains auteurs, existeraient encore quelques instants après la décapitation.

Telles sont les quelques recherches physiologiques que nous rapportons, surtout parce qu'elles ont été faites dans des conditions d'expérimentation difficiles à réaliser en Europe.

ÉDOUARD BOINET.

La production de nouvelles espèces de plantes.

SOUS ce titre, nous avons rencontré, dans le volume publié pour l'année 1719 de l'*Histoire de l'Académie royale des sciences avec les Mémoires de mathématiques et de physique pour la même année*, datée de Paris, 1721 (Imprimerie royale), une note qui présente quelque intérêt en ce qu'elle montre que la notion de la dérivation des espèces les unes des autres n'était point inconnue à l'époque dont il s'agit, et que déjà, au début du siècle dernier, elle revêtait une forme plus précise et plus scientifique qu'on ne l'aurait pu croire, à lire certaines œuvres postérieures, en particulier le livre *De la Nature*, de Robinet, qui date de 1766, et sur lequel j'ai ici même attiré l'attention (voir *la Philosophie biologique au XVIIIe siècle*; *Revue* du 25 août 1888). La note dont il s'agit est due à Marchant; elle porte le titre susénoncé, est et publiée *in extenso* à la page 59 des *Mémoires*, accompagnée de deux figures; le rédacteur de l'*Histoire* la signale à la page 56 de cette partie de la publication de l'Académie des sciences. Cette note rapporte à une sorte de Mercuriale que l'auteur observa dans son propre jardin. En juillet 1715, il remarqua une espèce qu'il désigne sous le nom de *Mercurialis foliis capillaceis*; il la décrit et la figure. La plante subsista jusqu'à la fin de décembre, puis se sécha et mourut. Il chercha cette espèce l'année suivante dans son jardin. En avril parurent six plants, dont « quatre me semblèrent être la plante que l'on vient de décrire. Les deux autres étaient un peu différentes de la précédente, en ce qu'elles avaient les feuilles plus larges. Les unes et les autres se fortifièrent, et j'eus le plaisir d'observer entre ces six plantes une seconde espèce qui nous était encore inconnue, ainsi qu'on le verra par la description suivante, et, depuis ce temps-là, ces deux espèces de plantes renaissent tous les ans sans culture vers le même endroit du jardin. Nous nommerons cette seconde espèce *Mercurialis altera foliis in varias et inæquales lacinias quasi dilaceratis* ». (La nomenclature binaire n'était point encore imaginée.) Toutes deux lui paraissent être des Mercuriales femelles et annuelles, et il continue en ces termes : « Nous continuerons nos observations sur ce phénomène, et, en attendant, nous proposerons quelques conjectures sur la multiplicité des espèces que nous croyons que les plantes peuvent engendrer. Les physiciens qui s'appliquent au jardinage, et particulièrement ceux qui aiment les plantes qui portent de belles fleurs, comme sont les anémones, les tulipes, les œillets et autres fleurs, savent parfaitement que les graines de ces plantes, étant semées, font souvent des diversités agréables ou curieuses. La nature, sans avoir égard à la beauté des fleurs, en use de même dans la diversité des espèces qu'elle multiplie dans les herbes ou simples. L'exemple de nos deux plantes nouvelles le marque assez, puisqu'en quatre années nous voyons naître deux espèces constantes qui nous étaient inconnues Par cette observation, il y aurait donc lieu de soupçonner que la toute-puissance, ayant une fois créé des individus de plantes pour modèle de chaque genre, faits de toutes structures et caractères imaginables, propres à produire leurs semblables, que ces modèles, dis-je, ou chefs de chaque genre, en se perpétuant, auraient enfin produit des variétés, entre lesquelles celles qui sont demeurées constantes et permanentes ont constitué des espèces qui, par successions de temps et de la même manière, ont fait d'autres différentes productions qui ont tant multiplié la botanique dans certains genres qu'il est constant que l'on connaît aujourd'hui dans quelques genres de plantes jusqu'à 100, 150 et même jusqu'à plus de 200 espèces distinctes et constantes appartenant à un seul genre de plante. » → « Ce qui, dans un temps à venir et suivant les conjectures ci-devant rapportées [sur la découverte certaine de nouveaux « chefs de genre » dans les pays encore peu explorés au point de vue de la botanique], pourrait engager à réduire la botanique aux seuls chefs du genre, en abandonnant les espèces, pour éviter la confusion qu'elles pourraient faire naître dans la science. »

Voici comment s'exprime à l'égard de cette note le rédacteur de l'*Histoire* :

« Mais la principale réflexion de M. Marchant sur ses deux plantes est qu'il ne serait pas impossible qu'il se produisît des espèces nouvelles, car il y a toute apparence que celles-ci le sont; comment auraient-elles échappé à tous les botanistes? L'art, la culture et encore plus le hasard, c'est-à-dire certaines circonstances inconnues, font naître tous les jours des nouveautés dans les fleurs curieuses, telles que les anémones et les renoncules, et ces nouveautés ne sont traitées par les botanistes que de *variétés* qui ne méritent pas de changer les espèces; mais pourquoi la nature serait-elle incapable de nouveautés qui allassent jusque-là? Il paraît qu'elle est moins constante et plus diverse dans les plantes que dans les animaux, et qui connaît les bornes de cette diversité? A ce compte, les anciens botanistes n'auraient pas eu tort de décrire si peu d'espèces d'un même genre; ils n'en connaissaient pas davantage, et c'est le temps qui en a amené de nouvelles. Par la même raison, les botanistes futurs seraient accablés et obligés à la fin d'abandonner les espèces pour se réduire aux genres seuls. Mais, avant que de prévoir ce qui sera, il faut se, bien assurer de ce qui est. »

Cette dernière réflexion est d'une incontestable sagesse, et il faut avouer que les botanistes, non plus que les zoologistes, ne semblent point encore être arrivés à la période « d'accablement », ni disposés à « abandonner les espèces pour se réduire aux genres seuls ».

V.

Les diverses périodes de la croissance chez les enfants.

Au moment où les réformes à introduire dans le régime scolaire sont à l'ordre du jour, et alors qu'on est enfin d'accord, de tous côtés, sur la nécessité de faire au développement physique des enfants la plus large part possible, il convient de signaler aux nombreuses personnes que ces réformes peuvent intéresser à différents points de vue une importante conférence faite par M. A. Key, de Stokholm, au récent Congrès de Berlin. Dans cette conférence, l'orateur a exposé les données scientifiques qui se rapportent à la croissance des enfants, à ses diverses périodes, ainsi qu'aux

exigences toutes spéciales du développement de la puberté. De telles données, qui devraient servir de base à toute organisation sérieuse d'un régime scolaire, sont encore peu nombreuses malheureusement: elles sont néanmoins généralement ignorées, et ceux mêmes à qui incombe la charge de réformer et d'organiser semblent parfois ne pas se douter que le développement physique des enfants est soumis à des exigences étroites qu'il importe avant tout de connaître et auxquelles on ne saurait rien retrancher sans faire un mal absolument irréparable. Nous résumerons donc ici la conférence de M. Key.

L'orateur a d'abord fait remarquer, qu'en dépit des progrès actuels de l'hygiène scolaire et du grand honneur dans lequel sont tenues maintenant toutes les questions qui s'y rapportent, deux pays seulement, le Danemark et la Suède, ont dressé, à propos de la santé des enfants des écoles, des statistiques permettant de s'appuyer en cette matière sur une base solide.

C'est M. Hertel qui, en 1881, a publié, à Copenhague, les premières recherches de cette nature. En présence des résultats affligeants constatés par cet observateur, une commission spéciale fut nommée pour reprendre ces recherches dans toutes les écoles du Danemark. En même temps, le gouvernement suédois instituait une commission scolaire analogue. Cette dernière passait en revue, au point de vue de la santé, pesait et mesurait près de 15 000 garçons des écoles secondaires et 3000 filles d'écoles privées, tous enfants appartenant aux classes aisées de la population.

On a ainsi reconnu que les garçons passaient par trois périodes différentes de développement. Vers sept ou huit ans, il se produit une croissance importante; de neuf à treize ans, l'accroissement se ralentit; et enfin, de quatorze à seize ans, au moment de la puberté, l'enfant augmente en taille et en poids avec une intensité frappante. Cet accroissement de l'adolescent se continuera encore pendant plusieurs années, mais d'une façon peu accusée.

Chez les filles, on retrouve ces mêmes périodes, mais celles-ci se montrent toujours quelques années plus tôt que chez les garçons.

Il y a aussi des différences suivant les races et les climats. Ainsi, le produit une croissance américaine, pendant la période de puberté, ont une taille et un poids supérieurs aux Suédois; et cependant ceux-ci dépassent, sous ce rapport les autres enfants et, à partir de la dix-neuvième année, les Américains eux-mêmes. Les garçons danois sont comparables aux Suédois ; ceux de Hambourg, d'après M. Kotelmann, les suivent de près. Les plus petits sont ceux de la Belgique et du nord de l'Italie. Les jeunes Suédoises dépassent toutes les autres filles par leur taille et leur poids.

La pauvreté et les conditions défectueuses de l'existence ralentissent le développement des enfants et retardent l'apparition de la puberté. Les enfants des classes aisées ont environ une année d'avance sur les enfants pauvres du même âge. Toutefois, dès que la puberté apparaît chez les retardataires, elle marche d'un pas plus rapide et se termine en même temps que chez les enfants normaux. Il y a là, fait remarquer M. Key, une preuve de ce ressort particulier à l'enfance, ressort qui ne se perd son élasticité que s'il a été trop longtemps maintenu déformé. Alors l'enfant, ayant souffert au delà de la tolérance naturelle, reste en retard pour toujours.

Il est bien important, au point de vue pédagogique, de savoir si la croissance des enfants se fait également dans les diverses saisons, en hiver et en été. M. Malling-Hansen, directeur d'un Institut de sourds-muets à Copenhague, a fait des recherches sur ce point. Il a reconnu que les enfants grandissent peu de la fin de novembre à la fin de mars; que dans une seconde période, qui va de mars à juillet et août, la taille s'accroît beaucoup, mais que le poids n'augmente guère ; qu'enfin, dans une troisième période, qui va jusqu'à la fin de novembre, l'accroissement de la taille est très faible, tandis que le poids augmente beaucoup. L'accroissement quotidien en poids est alors souvent plus considérable que pendant les mois d'hiver. Lorsque les vacances d'été sont précoces, elles donnent lieu à une augmentation de poids plus grande : point important pour déterminer à quel moment doivent être données les vacances scolaires.

D'après les recherches qui ont été faites sur les 15 000 enfants des écoles secondaires, il a été reconnu qu'un tiers d'entre eux étaient malades ou affligés d'affections chroniques. La myopie, si fréquente chez eux qu'elle mérite le nom de *maladie des écoliers*, augmente sans cesse de fréquence d'une classe à la suivante ; 13,5 pour 100 chez les garçons ont de la céphalalgie habituelle ; près de 13 pour 100 sont chlorotiques. Les maladies sont surtout nombreuses dans les classes inférieures et supérieures, plus rares dans les moyennes. En tête des maladies organiques se trouvent les affections pulmonaires, que l'on rencontre chez 2 à 3 garçons sur 100. Dans les classes supérieures, on constate que les maladies du cœur, de l'estomac et de l'intestin tendent à augmenter de fréquence. Si l'on considère l'ensemble des maladies, on trouve qu'à Stokholm, à la fin de la première année d'études, il y a 17 pour 100 des enfants malades, maladifs ou souffrants ; pour la deuxième année, on arrive à 37 pour 100 et à 40 pour 100 pour la quatrième année. Cet accroissement extraordinaire de la mauvaise santé dans les premières années d'études n'est pas le résultat d'un hasard ; des chiffres analogues ont été observés dans toutes les écoles. Les recherches faites en Danemark ont abouti à des conclusions identiques.

Pour M. Key, ces faits n'ont pas d'autre cause que l'organisation des écoles. Le travail des enfants s'accroît de classe en classe ; les conditions hygiéniques dans lesquelles ils vivent, tant à l'école que chez leurs parents, restent les mêmes. Le nombre des malades présente son accroissement habituel de sept à treize ans, alors que les enfants grandissent médiocrement. Dès que la puberté commence, au moment où l'augmentation de poids est à son maximum, le chiffre des malades s'abaisse d'année en année, jusqu'à la fin de cette période. Aussitôt qu'elle est terminée, il se fait une recrudescence de la morbidité. Au point de vue de la santé des enfants, la meilleure année est la dix septième, une des plus importantes pour le développement ; la dix-huitième redevient une des plus mauvaises.

On voit par là que, dans les années de faible accroissement qui précèdent l'apparition de la puberté (années qui correspondent aux classes préparatoires et inférieures de nos écoles secondaires), l'organisme des enfants offre peu de résistance aux influences extérieures Puis vient une période pendant laquel'e cette résistance grandit d'année en année ; enfin, après la puberté, pendant les dernières années du temps d'école, elle présente une seconde diminution.

Pour les jeunes filles, ces mères des générations futures, les recherches, qui ont porté sur 3072 écolières, ont donné des résultats vraiment effrayants. Au total, 61 pour 100 étaient malades ou présentaient les premiers signes de maladies chroniques ; 36 pour 100 étaient chlorotiques ; la céphalalgie habituelle a été notée chez un nombre presque aussi grand ; 10 pour 100 au moins présentaient une déviation de la colonne vertébrale. Il est à remarquer que, pour les jeunes filles suédoises, l'état de santé, qui s'aggrave avant la puberté et au commencement de celle-ci, s'améliore à peine dans les dernières années de cette période. Le mode d'éducation des filles explique aisément ces tristes résultats. Le temps pendant lequel ces enfants travaillent et

demeurent assises sans bouger ne convient nullement à leur santé. Sans parler des influences fâcheuses pour la santé qui peuvent provenir de la maison paternelle ou qui sont liées à l'école et au travail d'écolier, on peut affirmer que la somme de travail demandée actuellement aux jeunes filles dépasse leurs forces.

Le programme des collèges comporte, en moyenne, par jour, sept heures d'études obligatoires dès les premières classes, et il monte graduellement à onze ou douze heures pour les classes supérieures. Ce chiffre n'est qu'un minimum, puisqu'il ne tient pas compte des leçons particulières et des études facultatives.

Dans de pareilles conditions, où les enfants trouvent-ils le temps nécessaire pour la digestion, pour l'exercice corporel, pour le repos et avant tout pour le sommeil ? Comment leur force intellectuelle ne serait-elle pas épuisée ? Comment leur santé ne serait-elle pas altérée et leur résistance aux influences extérieures amoindrie ?

A propos du sommeil, on a agité une question qui a la plus haute importance pour l'éducation rationnelle. Nous savons tous que les enfants ont besoin de dormir beaucoup plus que les adultes, et qu'il faut absolument donner à ce besoin une satisfaction suffisante. Mais il est encore difficile de préciser le temps nécessaire aux enfants suivant leur âge. En Suède, les plus jeunes écoliers ont besoin de dix à onze heures de sommeil, les plus grands, au moins de huit à neuf heures. Et il a été constaté que, dans les écoles, on est loin de leur accorder ce chiffre. Les élèves des hautes classes ne restent guère que sept heures au lit en moyenne ; il en est qui dorment moins encore. Il est à remarquer que plus le nombre d'heures de travail est grand pour une classe donnée, plus est restreint le temps accordé au sommeil. C'est aux dépens du sommeil que l'on allonge la durée du travail.

On peut démontrer par la statistique que cette durée trop longue du travail a une influence sur la santé des enfants. Après avoir estimé exactement le nombre moyen d'heures de travail fourni par une classe, les écoliers ont été divisés en deux groupes, dont l'un a travaillé plus et l'autre moins que cette moyenne. Ceux qui ont travaillé plus ont fourni une morbidité de 5,3 pour 100 supérieure aux autres. Cette donnée est d'autant plus digne de remarque que l'expérience n'a pas supprimé les causes de maladie autres que le travail. Pour les deux classes inférieures, cet accroissement de morbidité a été plus considérable encore ; il a été de 8,6 et de 7 pour 100, ce qui tient à la faible résistance des écoliers les plus jeunes.

La commission qui a fait toutes ces constatations a reconnu qu'un très grand nombre de jeunes enfants, surtout dans les trois premières classes des écoles secondaires, n'étaient pas en état d'en suivre les cours, lesquels sont cependant appropriés aux facultés des enfants de cet âge.

La conclusion de M. Key, c'est qu'il faut avant tout prendre soin de ne pas troubler et de ne pas ralentir le développement des enfants au moment de l'établissement de la puberté, et que, tant à l'école qu'à la maison, il faut surveiller très attentivement la phase qui précède cet établissement, et pendant laquelle la résistance des enfants est à son minimum.

Nous signalons particulièrement cette conclusion aux auteurs des programmes actuels des établissements d'instruction des filles, ainsi qu'aux personnes qui cherchent des remèdes à l'insuffisance de la natalité française.

Jean-Jacques Rousseau ne voulait pas qu'on obligeât les enfants à savoir lire avant l'âge de douze ans, et faisait remarquer avec raison que « si l'on arrive à rendre un enfant robuste et physiquement bien développé jusqu'à la puberté, ses progrès intellectuels seront ensuite plus rapides ». Sans aller aussi loin que lui dans ce sens, on devra se rappeler que le père de l'hygiène scolaire, Jean-Pierre Franck, demandait, il y a cent ans, que l'on n'épuisât pas chez l'enfant les forces de l'homme à venir.

Les naturalisations en 1889.

Le *Journal officiel* vient de publier un rapport de M. Bard, directeur des affaires civiles, au garde des sceaux, sur la naturalisation.

La loi du 26 juin 1889 a introduit deux modifications principales dans les dispositions relatives à la naturalisation.

La première attribue de plein droit qualité de Français à des individus qui, jusque-là, vivaient sur notre territoire en dehors de notre nationalité et qui, désormais, seront Français sans qu'aucune mesure spéciale intervienne à leur égard. La seconde modification est relative à l'acquisition de la nationalité française, soit par voie de décret, soit par réclamation des intéressés.

Il est bien difficile d'établir exactement le nombre d'individus qui ont bénéficié de la première modification. Il y avait en 1886, sur 1 126 531 étrangers habitant la France, 431 423 qui étaient nés sur notre territoire.

Quant aux individus nés en France d'un étranger qui n'y est pas né, la nationalité leur appartient de plein droit lorsque, à leur majorité, ils sont domiciliés en France, sauf la faculté qui leur est accordée de décliner notre nationalité en prouvant qu'ils ont conservé celle de leurs parents.

Le nombre des répudiations a été très faible, les individus nés en France hésitant à décliner une nationalité dont ils recueillent en grande partie les avantages; pour le second semestre de 1889, on n'a enregistré que 49 répudiations.

Pour 1889, le total des naturalisations (abstraction faite de l'Algérie et autres colonies) a été de 2943, mais il y a lieu de distinguer la période antérieure à la loi du 26 juin et celle qui a suivi.

Le nombre des naturalisations avant le 26 juin a été de 783. Il eût été sensiblement plus élevé si l'éventualité prochaine du vote de la loi n'avait fait ajourner la solution d'un certain nombre d'affaires.

Du 26 juin au 31 décembre 1889, il y a eu 2223 naturalisations, chiffre très notablement supérieur à ceux que donnait l'application de la loi de 1867. Pendant la même période, le nombre des admissions à domicile, qui avait été de 2152 avant le 26 juin, est tombé à 171, un grand nombre de ceux qui auraient sollicité cette mesure se trouvant dans le cas d'être naturalisés immédiatement.

Sur les 2943 individus naturalisés en 1889, il y a 2524 hommes et 419 femmes.

Des 2524 hommes, 2160 résidant en France depuis plus de dix années; 407 étaient nés en France. Le nombre de ces derniers eût été plus considérable, si l'on ne se montrait sévère pour les postulants qui, étant nés sur notre territoire, ont excipé de leur extranéité lorsqu'on les appelait au service militaire.

Au point de vue du pays d'origine, si l'on fait abstraction des Alsaciens-Lorrains annexés qui forment le contingent le plus élevé des naturalisés, on trouve que c'est l'Italie qui donne le chiffre le plus important (563). Viennent ensuite 453 Belges ou Luxembourgeois, 91 Suisses, etc. Il convient d'ajouter immédiatement que la proportion des étrangers fixés en France et qui deviennent Français par voie de déclaration est, au contraire, en faveur des Belges, et cela depuis l'important arrêt rendu par la Cour de cassation le 7 décembre 1883.

Si l'on rapproche pour chaque nationalité le nombre des hommes naturalisés de celui des résidents du sexe masculin (statistique de 1886), ce sont les pays de race slave qui fournissent la proportion la plus forte, puis successivement l'Autriche-Hongrie, la Grèce, les États scandinaves. Les pays voisins de France donnent, au contraire, une proportion très faible : la Suisse 2,021 pour 1000 résidents; la Belgique, 1,092 pour 1000; l'Espagne, 0,467 pour 1000 (21 naturalisations seulement sur 44 888 Espagnols résidant en France). Ces résultats, qui paraissent inattendus, s'expliquent d'ailleurs facilement et par plusieurs raisons.

La loi de 1889 était applicable à l'Algérie. Les enfants des 100 000 étrangers habitant l'Algérie sont irrévocablement Français. En outre, les enfants d'immigrés entreront de plein droit dans la nationalité française lorsque, nés en Algérie, ils y résideront à leur majorité.

En 1889, le nombre des naturalisés, en y comprenant 31 indigènes admis aux droits de citoyen, est de 1516 individus, sur lesquels 197 femmes. (Des 197 femmes naturalisées, 174 l'ont été avec leur mari, 23 isolément.)

Sur les 1319 hommes naturalisés, défalcation faite des indigènes musulmans, 504 appartenaient à l'armée, 811 à la population civile.

En Tunisie, le nombre des naturalisations est de 47 en 1889 contre 41 en 1888.

En Indo-Chine, il y a eu, en 1889, 10 naturalisations de plus qu'en 1888.

—ACTION CURATIVE DE L'HYPNOTISME. — On s'accorde généralement, aujourd'hui, pour reconnaître que la suggestion hypnotique est souvent *toute-puissante* pour faire disparaître les troubles nerveux *sans lésion grossière des organes*, et qu'elle peut même agir sur certains processus inflammatoires, congestifs ou atrophiques, par l'intermédiaire d'une action sur les nerfs vaso-moteurs et par suite sur la circulation.

M. Delbœuf pense qu'on peut aller plus loin et qu'on ne saurait encore assigner une limite à l'action curative de l'hypnotisme. Dans un récent travail (une brochure de 32 pages, chez Alcan), il relate l'observation d'un individu atteint d'une cécité d'origine syphilitique qui aurait recouvré la vue à la suite de 26 séances d'hypnotisation.

Bien que deux médecins, MM. Nuel et Leplat, aient posé le diagnostic de névro-rétinite, nous devons cependant noter que le malade avait suivi un traitement spécifique quelques mois avant de commencer la cure par l'hypnotisme, et que peut-être l'action du mercure et des Iodures, pour n'avoir pas été immédiate, n'en a peut-être pas moins été fort utile pour le résultat final. La suggestion hypnotique n'aurait fait dans ce cas que hâter et favoriser le retour à l'état normal, ce qui est d'ailleurs un fort beau résultat.

Outre cette observation, M. Delbœuf en donne encore une autre, dans laquelle il a pu rendre la vue à une jeune malade atteinte de kératite interstitielle chronique. L'auteur ne nous dit pas la nature de cette affection, mais il nous donne les détails d'un traitement chirurgical très actif subi par la malade. Ici encore, la suggestion hypnotique paraît avoir, non pas guéri la maladie, comme le reconnaît M. Delbœuf, mais seulement favorisé le retour de la sensibilité rétinienne, qui s'était notablement affaiblie sous l'influence des troubles de la cornée.

— PRODUCTION DES DIVERSES CÉRÉALES AUX ÉTATS-UNIS. — Voici quelle a été, dans la période de 1880 à 1889, la production des diverses céréales. Nous donnons un tableau spécial pour le maïs, qui joue un rôle prépondérant dans l'agriculture américaine.

En millions de boisseaux.

Années.	Maïs.	Froment.	Avoine.	Orge.
1889	2 112 892	490 560	751 515	
1888	1 987 790	415 863	701 735	63 884
1887	1 456 161	456 319	659 618	56 812
1886	1 665 441	457 218	624 134	59 428
1885	1 936 176	357 112	629 409	58 360
1884	1 795 528	512 765	583 628	61 203
1883	1 551 066	421 086	571 302	50 136
1882	1 617 025	504 185	488 250	48 953
1881	1 194 916	383 280	416 481	41 161
1880	1 717 434	498 519	417 885	44 165

Production du maïs aux États-Unis.

Années.	Étendue ensemencée en maïs.	Nombre de boisseaux par acre.	Production totale en boisseaux.
1880	62 317 842	27,6	1 717 434 543
1881	64 262 025	18,6	1 194 916 000
1882	65 659 546	24,6	1 617 025 100
1883	68 301 889	22,7	1 551 066 895
1884	69 683 780	25,8	1 795 528 000
1885	73 130 150	26,5	1 936 176 000
1886	75 694 208	22,0	1 665 441 000
1887	72 392 720	20,1	1 456 161 000
1888	75 672 763	26,3	1 987 790 000
1889	78 319 651	27,0	2 112 892 000

— RÉSISTANCE DU CUIVRE ET DE SES ALLIAGES A UNE HAUTE TEMPÉRATURE. — L'emploi du cuivre et de ses alliages dans la construction de récipients et appareils destinés à fonctionner sous de fortes pressions de vapeur réclame des données certaines sur la résistance de ces métaux, lorsqu'ils sont portés à de hautes températures.

M. le professeur W.-C. Unwin, de Londres, a entrepris à ce sujet une série d'expériences dont les résultats sont consignés dans le tableau ci-après, donné par la *Revue universelle des mines* :

Charge de rupture en kg par mm².

Température en degrés centigr.	Métal laminé			Métal coulé en sable			
	Cuivre.	Laiton.	Métal delta.	Laiton.	Métal delta.	Bronze phosphoreux.	Bronze ordinaire.
atmosph.	28,0	39,0	48,6	19,5	37,5	25,0	18,2
96. . .	27,0	—	—	—	—	—	—
115. . .	—	25,0	—	—	—	—	—
127. . .	—	—	44,3	—	—	—	—
132. . .	—	—	—	—	—	22,0	—
140. . .	25,9	—	—	—	—	—	—
155. . .	—	—	—	—	36,5	—	—
175. . .	—	—	—	18,5	—	19,2	—
193. . .	—	—	—	—	*	—	19,2
205. . .	—	33,0	41,2	—	—	—	—
208. . .	—	—	—	—	—	—	17,2
210. . .	24,8	—	—	—	34,8	—	—
222. . .	—	—	—	—	—	19,3	—
226. . .	—	—	—	—	—	—	15,2
232. . .	—	—	—	16.2	—	—	—
260. . .	20,0	28,5	37,2	12,1	—	17,3	12,3
263. . .	—	—	—	—	31,0	—	—
287. . .	—	—	—	12,1	—	—	—
297. . .	—	—	30,2	—	—	—	—
310. . .	—	—	—	—	25,0	—	—
315. . .	22,4	24,9	—	—	—	12,7	8,2
323. . .	—	—	—	—	—	—	7,5
335. . .	—	—	—	—	20,0	—	—
338. . .	21,5	22,8	—	—	—	—	—
340. . .	—	—	—	5,1	—	—	—
343. . .	—	—	25,0	—	—	—	—

— LE PRODUIT DES PERMIS DE CHASSE. — La législature des permis de chasse a été organisée successivement par la loi du 3 mai 1844, par celle du 23 août 1871, du 20 décembre 1872 et celle du 2 juin 1875. Ces lois ont fixé le prix des permis successivement à 25, à 40, à 25 et enfin à 28 francs, dont 10 francs ont été, par toutes ces lois, attribués à la commune et le reste à l'État.

Années.	Nombre des formules délivrées. Francs.	Produits.
1844.	125 153	3 128 825
1850.	150 704	3 767 600
1855.	185 148	4 628 700
1860.	264 719	6 617 975
1865.	298 656	7 466 400
1870.	51 413	1 285 325
1871.	253 325	7 923 170
1872.	211 566	8 457 000
1873.	373 763	9 373 685
1874.	368 944	9 223 600
1875.	346 032	9 613 368
1880.	338 923	9 489 844
1885.	400 151	11 214 228
1889.	348 195	9 749 450

— GISEMENT D'URANIUM DANS LES CORNOUAILLES. — Les composés naturels d'urane ne se présentant qu'en petites masses cristallisées ou amorphes, en efflorescences dans quelques mines de galène argentifère ou de cassitérite, le prix du métal est resté excessif et son emploi dans les arts se réduit aux peintures des porcelaines, à la fabrication des verres colorés et à la photographie.

Aussi la découverte d'un gisement de minerai d'uranium dans la paroisse de Saint-Stephen (Cornouailles), annoncée dans le numéro du 8 novembre 1889 des *Chemical News*, mérite d'autant plus l'attention qu'il s'agit d'un filon continu de 3 à 5 pieds de puissance, dont le minerai, consistant en phosphate d'urane mélangé d'uraconise, a une teneur de 12 pour 100 d'uranium; quelques échantillons ont même donné jusqu'à 30 pour 100.

En outre, l'absence d'arsenic et d'autres impuretés en facilitera notablement le traitement.

— L'ENQUÊTE SUR LE TRAVAIL. — Les réponses au questionnaire adressé par la Commission parlementaire relative au travail continuent à arriver en assez grand nombre. Actuellement, plus de 16 000 réponses ont été communiquées au président de la Commission, M. Ricard, et beaucoup restent encore à dépouiller et à classer. Les réponses se divisent de la façon suivante : hostiles à toute réglementation, 3722; partisans de la journée de huit heures, 4186; opinions intermédiaires : journée de neuf heures, dix heures, maintien du statu quo, 7651; divers, 614. Au total, 16 173 réponses. Il n'est pas encore possible de se faire une opinion exacte sur la signification de la manifestation; mais il se dégage de ces communications que la majorité est hostile à la journée de huit heures.

— UN NOUVEAU JOURNAL. — Pour remplir plus complètement son programme, qui est de faciliter les relations entre les éleveurs, le Jardin zoologique d'acclimatation publie un journal hebdomadaire, illustré, avec facsimilés et annonces. Ce journal contiendra des rubriques distinctes, des renseignements variés sur tout ce qui touche à l'élevage des animaux et des plantes (chenil, faisanderie, poulailler, agriculture, etc.), au sport et, d'une façon générale, sur tout ce qui touche à la vie en plein air.

INVENTIONS

POMPES ET MOTEURS À MOUVEMENT ELLIPTIQUE. — M. de Montrichard (de Montmédy) a présenté à la *Société d'encouragement pour l'industrie nationale* quelques explications sur les pompes et les moteurs à mouvement elliptique de son invention qui ont figuré à l'Exposition.

L'organe essentiel du mouvement est une came cylindrique terminée par des rampes obliques serrées entre deux galets parallèles fixes. Dans un cylindre clos, cette came remplit en même temps les fonctions de piston et de robinet commandant les tubulures d'admission et d'émission.

Les premiers essais de M. de Montrichard ont été présentés à la *Société d'encouragement* en 1887, et, depuis cette époque, les perfectionnements importants apportés à ses machines ont porté leur rendement aux chiffres les plus élevés.

Une pompe qui avait été installée aux glacières de Paris dans les premiers jours d'avril 1888 a été transportée ensuite à l'Exposition, où elle a fonctionné pendant cinq mois, à raison de quatre heures par jour, donnant 2500 litres d'eau par heure, avec élévation de 4 mètres; le peu de fatigue de cette double épreuve démontre que ces pompes présentent des qualités de durée exceptionnelles.

Le mouvement elliptique comporte de grandes vitesses. Le nombre des coups de piston des pompes et des moteurs est double de celui des machines ordinaires : il en résulte que leur volume est très petit, en comparaison des effets produits.

Les pièces qui les composent sont exécutées au tour et présentent une grande simplicité, de sorte que les prix de revient sont relativement peu élevés.

Les pompes et les moteurs de M. de Montrichard sont donc entrés dans la période pratique, et l'auteur appelle l'attention du Comité des arts mécaniques sur les résultats importants obtenus jusqu'à ce jour.

— RÉGULATEUR ÉLECTRIQUE ALIAMET. — L'éclairage des usines, chantiers, halls, etc., ne présente pas les mêmes exigences que l'éclairage des rues ou des salles de théâtre, et l'on peut très bien employer dans ce cas des régulateurs dont le point lumineux n'est pas fixe. La lampe Aliamet appartient à cette catégorie, et de nombreux essais, dans les charbonnages et dans les usines métallurgiques, ont permis d'en apprécier les qualités.

Ce régulateur est construit pour marcher en tension, et le jeu des charbons est produit par une dérivation du courant principal. Le charbon inférieur est fixe, et le charbon supérieur est suspendu à un cadre mobile. Un écrou faisant partie du cadre engrène sur une vis verticale montée sur pointes et portant un disque plein à sa partie supérieure. Un électro-aimant monté en dérivation commande un sabot faisant fonction de frein par pression sur le disque plein, et constitue tout le mécanisme de réglage. Quand le courant est interrompu, le sabot n'étant plus en contact avec le disque plein, le cadre portant le charbon supérieur descend par son propre poids en communiquant à la vis un mouvement de rotation : les charbons viennent alors au contact. Un électro-aimant muni d'une armature .mobile ferme le circuit quand on lance le courant. L'arc formé, si la résistance de la ligne augmente, l'électro-aimant en dérivation soulève le sabot, et les charbons se rapprochent de la quantité voulue.

Cette lampe, dit le *Moniteur industriel*, est robuste et d'un mécanisme peu compliqué; elle est appelée à rendre de grands services dans les établissements industriels.

BIBLIOGRAPHIE
Sommaires des principaux recueils de mémoires originaux.

Revue du Cercle militaire (nᵒˢ 36, 37, 38 et 39 — septembre 1890). — Un curieux procédé de fabrication des tubes métalliques. — Le parcours du futur chemin de fer transsibérien. — Les fortifications du Saint-Gothard. — Les derniers progrès des marines européennes. — Tir de guerre de l'infanterie. — La langue annamite et l'influence française en Indo-Chine. — Les troupes de chemins de fer russes aux manœuvres de Volhynie. — Études sur l'armée anglaise : l'armement. — La vulnérabilité des aérostats.

— Archives de médecine navale (juillet 1890). — *Drago* : Rapport médical sur la campagne du croiseur le *d'Estaing*, station de Madagascar. — *Lalande* : L'opium des fumeurs, sa préparation, l'analyse chimique appliquée au contrôle des échantillons.

— Revue d'hygiène et de police sanitaire (juillet 1890). — *Cassedebat* : Bactéries et ptomaïnes des viandes de conserve. — *Autinet* et

Deschamps : Antisepsie médicale et scarlatine. — *Drouineau* : Des dépôts ruraux ou agricoles d'immondices. — *Josias* : Sur les nouvelles institutions municipales d'hygiène à Paris.

— Archives de zoologie expérimentale et générale (2ᵉ série, t. VIII, nᵒ 2, 1890). — *Fréd. Houssay* : Études d'embryologie sur les vertébrés. — *J. Joyeux* : Étude monographique du chétoptère (*Chætopterus variopedatus*).

— Annales des sciences naturelles (t. IX, nᵒˢ 4-6, 1890). — *Felix Bernard* : Recherches sur les organes palléaux des gastéropodes prosobranches.

— L'Astronomie (t. IX, nᵒ 8, août 1890). — *Paul Stroobant* : Observations de Saturne. — *Schæberlé* : La couronne et la gloire du Soleil. — *G.-V. Schiaparelli* : La planète Vénus. — *C. Flammarion* : Nouveaux systèmes stellaires. — *C.-M. Gaudibert* : Études lunaires : le cratère Encke et ses environs.

— Archives de biologie (t. VII, nᵒ 4, 1890). — *Charles Julin* : Recherches sur l'appareil vasculaire et le système nerveux périphérique de l'*Ammocœtes*.

— Séances de la Société française de physique (janv. à avril 1890). — *Phil.-A. Guye* : Les théories de M. Van der Waals. — Le coefficient critique et la constitution moléculaire des corps. — *Théodore Nomen* : Sur la résistance électrique des gaz. — *E. Carvallo* : Position de la vibration lumineuse déterminée par la dispersion dans les cristaux biréfringents. — *E. Gossart* : Mesure des tensions superficielles dans les liquides en caléfaction (méthode des larges gouttes).

L'administrateur-gérant : Henry Ferrari.

May & Motteroz, Lib.-Imp. réunies, Et. B, 7, rue Saint-Benoît. [809]

Bulletin météorologique du 22 au 28 septembre 1890.
(D'après le *Bulletin international du Bureau central météorologique de France*.)

DATES.	BAROMÈTRE à 1 heure du soir.	TEMPÉRATURE MOYENNE	TEMPÉRATURE MINIMA	TEMPÉRATURE MAXIMA	VENT. FORCE de 0 à 9.	PLUIE. (Millimètres.)	ÉTAT DU CIEL à 1 heure du soir.	TEMPÉRATURES EXTRÊMES EN EUROPE MINIMA	TEMPÉRATURES EXTRÊMES EN EUROPE MAXIMA
☾ 22	754ᵐᵐ,62	15°,2	14°,0	19°,0	W.-S.-W 0	21 6	Cumulo-stratus S.1/4W.; atmosphère très claire	0°,4 au Pic du Midi ; 4° Hermanstadt; 6° Haparanda.	35° à la Calle ; 34° à Alger; 32° à Biskra.
♂ 23	760ᵐᵐ,00	13°,6	11°,6	17°,4	S.-E.-E 1	3,1	Cirrus blancs S. 1/4 E.	5° au Pic du Midi ; 5° au Puy de Dôme.	32° à la Calle et Biskra ; 30° a Tunis, San Fernando.
♀ 24	766ᵐᵐ,38	13°,5	8°,3	18°,9	W.-S.-W.2	0,0	Cirrus et cumulus.	4°,6 au Pic du Midi ; 5° Haparanda, Hermanstadt	31° à Bukra ; 29° à Tunis ; 28° Florence; 27° Laghouat.
♃ 25	768ᵐᵐ,92	14°,0	9°,4	18°,9	W. 2	0,0	Stratus moyens N -W.; cumulus dessous.	4°,8 au Pic du Midi ; 3° au mont Ventoux.	40° Biskra ; 30° Île Sanguinaire; 29° au cap Béarn.
☿ 26	771ᵐᵐ,68	13°,8	7°,1	18°,0	N.-N.-W. 2	0,0	Cumulus W.; alto N.-N.-E.; éclaircies.	3° au Pic du Midi ; 3° au mont Ventoux.	30° Île Sanguinaire, Biskra ; 29° cap Béarn ; 27° Lisbonne.
♄ 27 P. L.	769ᵐᵐ,61	15°,2	14°,0	17°,8	S.-S.-E. 0	0,6	Commencement de la brume.	3° au Pic du Midi ; 3° à Haparanda ; 4° à Bodo.	31° au cap Béarn et île Sanguinaire ; 29° à Croisette.
☉ 28	764ᵐᵐ,10	14°,1	10°,6	19°,5	N.-N.-W.1	0,0	Transparence de l'atmosphère, 4 kilomètres.	0° Haparanda; 2° Uléaborg et Pic du Midi.	32° au cap Béarn; 31° Île Sanguinaire et Oran.
MOYENNE.	765ᵐᵐ,05	14°,14	10°,71	18°,41		TOTAL..	25,3		

REMARQUES. — La température moyenne surpasse la normale corrigée 13°,5. La pression barométrique a été fort élevée, sauf pour le premier jour, marqué par une pluie abondante. Pour la France surtout, le commencement a été pluvieux, la fin sèche. Le 22, 48 millimètres à Lyon, 44 au Puy-de-Dôme, 35 à Biarritz, 33 à Bordeaux, 27 à Gap et Clermont, 26 à Besançon, 21,6 à Paris-Saint-Maur, 37 à Bruxelles. Le 23, 55 à Croisette, 51 à Nice, 48 au mont Ventoux, 45 à Monaco, 42 à Briançon, 36 à Skudesnoes, 31 à Turin, 20 à Sicié, 19 à la Hève. Le 24, 77 à Servance, 38 à Turin, 34 à Nice, 33 à Belfort, 28 à Monaco, Livourne, 26 à Briançon, 24 à Alger, 20 à Sicié et Christiansund, 19 à Besançon. Le 27, 21 à Christiansund et Christiansund, 19 à Besançon.

CHRONIQUE ASTRONOMIQUE. — Mercure est encore une étoile du matin et Vénus une étoile du soir. Mars, qui suit toujours le Soleil, se couche,

le 5 octobre, à 9ʰ 29ᵐ du soir. Si l'on ne tient pas compte de la Lune, Jupiter reste le roi de la nuit et passe au méridien à 7ʰ 22ᵐ du soir. Saturne continue à rester visible le matin ; il se lève à 3ʰ 16ᵐ. — Mercure, à son nœud ascendant le 6, sera stationnaire le 8, passera au périhélie le 11 et sera alors en conjonction avec la Lune. Le 10, Saturne sera en conjonction avec la Lune, et Vénus aura sa plus grande latitude héliocentrique australe. — D. Q. le 5 octobre. — Les constellations visibles le 5 octobre à 9 heures du soir sont, du S. au N.: le Petit Lion, la Grande Ourse, la Polaire, Céphée, le Lézard, Pégase, le Verseau et le Poisson austral; de l'E. à l'W.: le Taureau, les Pléiades, Persée (près de la Chèvre), la Girafe, la Polaire, la Petite Ourse et la Couronne boréale.

L. B.

REVUE

SCIENTIFIQUE

(REVUE ROSE)

Directeur : M. Charles Richet

| NUMÉRO 15 | TOME XLVI | 11 OCTOBRE 1890 |

PSYCHOLOGIE

La psychologie des femmes
et les effets de leur éducation actuelle.

I.

De même que les espèces animales, les idées ont une évolution fort longue. Très lentes à se former, elles sont plus lentes encore à disparaître. Devenues depuis longtemps des erreurs évidentes pour les esprits supérieurs, elles restent pour les foules des vérités indiscutables, et poursuivent leur œuvre dans les masses profondes des nations. S'il est difficile d'imposer une idée nouvelle, il ne l'est pas moins de détruire une idée ancienne. L'humanité s'est toujours cramponnée désespérément aux idées mortes et aux dieux morts.

Il y a un siècle et demi à peine que des poètes et des philosophes, fort ignorants d'ailleurs de l'histoire primitive de l'homme et des variations de sa constitution mentale chez les différents peuples, ont lancé dans le monde l'idée de l'égalité des individus et des races.

Lentement implantée dans les esprits, cette idée finit par s'y fixer solidement et porta bientôt ses fruits. Elle a transformé toutes les bases des vieilles sociétés, engendré la plus formidable des révolutions, et jeté le monde occidental dans une série de convulsions violentes dont le terme est impossible à prévoir.

Sans doute, certaines des inégalités qui séparent les individus et les races étaient trop apparentes pour pouvoir être sérieusement contestées; mais on se persuada

que ces inégalités étaient accidentelles, que tous les hommes naissent également intelligents et bons, et que les institutions sociales seules peuvent les pervertir. Le remède était dès lors bien simple : refaire les institutions et donner à tous les hommes une instruction identique. C'est ainsi que l'instruction a fini par devenir le grand idéal, la grande panacée des démocraties modernes, le moyen de remédier à des inégalités choquantes pour les immortels principes, qui sont les dieux d'aujourd'hui.

Sans doute, une science plus avancée a prouvé la vanité de nos théories égalitaires et montré que l'abîme formidable, créé par le passé entre les races, ne peut être comblé que par des accumulations héréditaires séculaires. La psychologie moderne, à côté des dures leçons de l'expérience, a montré que les institutions et l'éducation qui conviennent à un peuple peuvent être fort nuisibles pour un autre. Mais il n'est pas au pouvoir des philosophes d'anéantir les idées qu'ils ont lancées dans le monde, le jour où ils reconnaissent qu'elles sont erronées. Comme le fleuve débordé qu'aucune digue ne saurait plus contenir, l'idée poursuit sa course dévastatrice, majestueuse et terrible.

Et voyez la puissance invincible de l'idée. Cette notion chimérique de l'égalité des individus et des races, qui a bouleversé le monde, suscité en Europe une révolution gigantesque, et lancé l'Amérique dans la formidable guerre de la sécession, il n'est pas un psychologue, pas un homme d'État un peu instruit, pas un voyageur surtout qui ne sache combien elle est erronée; pas un qui puisse ignorer combien nos institutions, notre éducation, sont désastreuses pour les peuples inférieurs; et pourtant il n'en est pas un — en France du moins — qui ne se voie forcé par l'opinion de réclamer cette éducation et ces institutions pour les indigènes de nos colonies aussitôt qu'il a touché le pouvoir.

Lorsque l'application du système déduit de nos idées d'égalité nous aura fait perdre toutes nos colonies après les avoir préalablement ruinées, c'est à peine si ces idées commenceront à voir diminuer leur prestige.

En attendant cette heure lointaine, l'idée d'égalité poursuit son cours. Loin d'être entrée dans une phase de déclin, elle continue à grandir encore. Les philosophes qui, au siècle dernier, avaient proclamé l'égalité des individus et des races, ne s'étaient pas trop risqués à proclamer l'égalité des sexes. Aujourd'hui, nous en sommes arrivés à la proclamer hautement. L'anthropologie a beau protester en montrant que la différence de volume du crâne entre l'homme et la femme est véritablement énorme, les psychologues ont beau signaler l'abîme existant entre la constitution mentale des deux sexes, il n'importe! on ne remonte pas certains courants. D'après l'opinion moyenne des foules — et c'est cette opinion moyenne qui, par le suffrage universel, règle aujourd'hui toutes choses — la femme est intellectuellement l'égale de l'homme.

Le principe posé, la conclusion logique devait fatalement se produire. La femme étant l'égale intellectuelle de l'homme, l'éducation qui convient à l'un devait aussi convenir à l'autre; et, depuis un certain nombre d'années, nous voyons les cours d'études, les programmes, les examens, devenir de plus en plus semblables pour les deux sexes; nous assistons à la disparition graduelle, dans ces programmes, de ce qui constituait autrefois les occupations strictement féminines. Dans les lycées des deux sexes l'instruction est aujourd'hui presque identique.

Les hommes politiques qui ont présidé à ces transformations pouvaient-ils, d'ailleurs, faire autrement? Évidemment non. Quand une idée quelconque — fausse ou vraie — est universellement acceptée, toutes les conséquences qui en découlent s'imposent. Après avoir donné nos institutions politiques et notre système d'éducation aux nègres de la Martinique et de la Guadeloupe, pouvions-nous les refuser aux femmes? La constitution mentale du nègre et de la femme étant considérée comme identique à celle de l'homme civilisé, des programmes universitaires identiques devaient être appliqués partout.

C'est donc au moyen de l'instruction que le rêve égalitaire doit s'accomplir. C'est elle qui doit couler tous les cerveaux français dans un même moule. Dans ce moule, on cherche à couler également les cerveaux des nègres, des Arabes, des Asiatiques de nos colonies. On veut maintenant y couler le cerveau des femmes françaises.

Les lamentables résultats produits par l'éducation et les institutions européennes aux colonies sont suffisamment connus pour que je n'aie pas à les indiquer

ici. J'ai longuement traité cette question ailleurs (1). Aujourd'hui, je me propose seulement d'examiner les résultats que produiront sur des cervelles féminines notre éducation d'hommes civilisés. L'expérience est trop récente pour que ces résultats soient encore très visibles. Ce n'est pas avant cinquante ans que nous pourrons avoir sur ce sujet des documents positifs; j'entends par documents positifs de ces données statistiques écrasantes qui imposent les convictions aux esprits les moins clairvoyants. Un article comme celui-ci sera alors devenu inutile.

Mais si récents, d'ailleurs, que soient les nouveaux programmes d'instruction féminine, ils commencent à porter quelques-uns de leurs fruits. Quels sont, et surtout quels seront ces fruits? Dans quelle limite la femme peut-elle profiter de notre système d'éducation? Qu'y gagnera-t-elle ou qu'y perdra-t-elle, physiquement, moralement, intellectuellement? Quelles modifications cette éducation produira-t-elle dans son rôle d'épouse et de mère? Si notre système actuel est reconnu erroné, par quoi serait-il possible de le remplacer?

II.

Pour répondre à ces questions, il importe d'abord de posséder quelques notions bien claires sur la psychologie de la femme. La psychologie de la femme, c'est-à-dire la connaissance de ses aptitudes, de sa constitution mentale, voilà ce que l'éducateur moderne devrait étudier avant tout; de même que l'homme d'État qui colonise et veut appliquer certaines institutions à des races étrangères doit d'abord étudier la psychologie de ces races.

Le but de l'éducation est évidemment de développer les facultés qu'un être possède de façon à le préparer au rôle qu'il doit remplir. Ceci est vrai, qu'il s'agisse d'un enfant, d'un cheval ou d'un chien. Il faut donc utiliser les aptitudes spéciales à chaque sujet. L'éducation qui convient au cheval de cirque ne convient pas au cheval de course, et le chien de chasse ne s'élève pas comme le chien de berger. Il ne viendra jamais à l'idée d'un éleveur d'éduquer les diverses variétés de chiens et de chevaux d'une façon semblable. Il n'y a que chez les éducateurs de l'espèce humaine qu'on ait rêvé pour des races, des sexes et des individus différents une éducation identique.

Avant d'élever un être quelconque, on doit donc rechercher d'abord quelles sont ses aptitudes et à quelle fin on le destine. Or il n'est pas contestable, je pense, d'une part, que le rôle social de la femme ne soit tout

(1) *L'Éducation et les Institutions européennes aux colonies*, discours prononcé à l'inauguration du Congrès international institué par le Gouvernement pour l'étude des questions coloniales. (Voir *Revue scientifique* du 24 août 1889, p. 225.)

autre que celui de l'homme, et, d'autre part, que sa constitution mentale ne soit sensiblement différente. Examinons-la, d'ailleurs, à ces deux points de vue.

Au point de vue des fonctions sociales, il paraîtra suffisamment vraisemblable, je l'espère, même aux socialistes les plus avancés, que, pendant quelques siècles encore, la destinée la plus fréquente de la femme sera de s'associer à l'homme, par une combinaison quelconque, plus ou moins analogue au mariage, ayant pour résultat d'assurer la perpétuation de notre espèce. La femme est donc appelée, provisoirement du moins, à mettre des enfants au monde, à les élever et à tâcher de rendre la vie de famille attrayante. L'homme, dans cette association, a un rôle tout différent. Il est le soutien et le défenseur de la femme et de la famille constituée avec elle. Ce ne sont pas là, sans doute, des vérités extrêmement neuves, mais il semble qu'elles commencent à s'oublier un peu ; et si nous persévérons dans la voie où nous nous engageons aujourd'hui d'un cœur singulièrement léger, on peut entrevoir le moment où ces vérités, encore banales, passeront pour d'audacieux paradoxes.

Pour élever ses enfants et rendre son intérieur agréable, la femme possède, de par la nature et non de par l'éducation, des qualités de sentiment qui la rendent, sur ce terrain, fort supérieure à l'homme. Son dévouement infatigable, sa grâce, sa bonté, son charme séducteur, sa compréhension de l'enfance, son instinct merveilleux qui lui fait deviner des choses à peine entrevues par un esprit masculin après de lourds raisonnements, voilà ce qui fait sa véritable valeur, voilà ses qualités innées, qualités si tenaces chez elle qu'une éducation mal adaptée pourra seule les lui faire perdre. C'est, en outre, la tendresse ingénieuse de la femme, sa faiblesse charmante, sa naïve inconscience, qui rendent à l'homme, écrasé par le dur labeur de nos civilisations raffinées, l'existence supportable. Sans elle, la vie serait bien dure, le monde bien monotone, la destinée bien noire.

Du côté des sentiments — ou, du moins, de certains sentiments — la supériorité de la femme sur l'homme est réellement incontestable ; de plus, cette supériorité est naturelle, congénitale , comme disent les physiologistes, et n'a besoin d'aucun système particulier d'éducation pour se manifester. C'est même parce que leurs meilleures qualités sont naturelles et non acquises que les femmes diffèrent si peu entre elles et se montrent rarement inférieures à une grande situation sociale, même si elles s'y trouvent appelées brusquement. Bien plus marquées sont les différences entre les hommes, surtout chez les races supérieures, où des abîmes séparent le savant de l'ignorant et le manœuvre de l'homme d'État.

La supériorité de la femme étant reconnue au point de vue de certains sentiments et des facultés instinctives, cherchons maintenant à établir la comparaison au point de vue des facultés intellectuelles. Ici, l'homme reprend l'avantage, et c'est maintenant que nous allons voir se creuser l'abîme.

Pour bien saisir la constitution mentale de la femme, au point de vue exclusif de l'intelligence, et juger des effets de notre éducation sur elle, il est nécessaire d'étudier des phases d'évolution intellectuelle différentes de la nôtre chez les peuples sauvages ou demi-civilisés. On est alors frappé des étroites analogies qui existent entre l'intelligence de la femme et celle des races primitives. Sous le rapport intellectuel, la femme est véritablement l'homologue de l'homme des civilisations primitives. Même incapacité de raisonner ou de se laisser influencer par un raisonnement, même impuissance d'attention et de réflexion, même absence d'esprit critique, même inaptitude à associer les idées et à en découvrir les rapports ou les différences, même habitude de généraliser les cas particuliers et d'en tirer des conséquences inexactes, même manque de cohésion dans les pensées, même indécision dans les idées, même absence de précision, même impuissance enfin à dominer les réflexes, et, par conséquent, même caractère impulsif et même facilité à ne prendre pour guide que les instincts du moment (1).

(1) Dans un travail déjà ancien (*Recherches anatomiques et mathématiques sur les lois des variations du volume du crâne*, 1878), nous avons montré, d'après des mesures effectuées sur des milliers de crânes, ce fait, aisé d'ailleurs à comprendre au point de vue psychologique, que plus les peuples se civilisent, plus les sexes tendent à se différencier. Le volume du crâne de l'homme et de la femme, même quand on compare uniquement des sujets d'âge égal, de taille égale et de poids égal, présente des différences très rapidement croissantes avec le degré de civilisation. Très faibles dans les races inférieures, ces différences deviennent immenses dans les races supérieures. Dans ces races supérieures, les crânes féminins sont souvent à peine plus développés que ceux des femmes de races très inférieures. Alors que la moyenne des crânes parisiens masculins range parmi les plus gros crânes connus, la moyenne des crânes parisiens féminins les classe parmi les plus petits crânes observés, à peu près au niveau de ceux des Chinoises, à peine au-dessus des crânes féminins de la Nouvelle-Calédonie.

Ce sont là, évidemment, des indications très sommaires et qu'il serait intéressant de compléter. Si les femmes d'un même pays diffèrent psychologiquement assez peu entre elles, elles diffèrent très notablement d'une contrée à l'autre. Leur éducation doit donc être fort différente, et c'est pourquoi j'ai généralement évité dans cet article d'invoquer ce qui se passe dans des pays étrangers. Il y a — pour ne citer qu'un exemple — des différences considérables, au point de vue du caractère, entre l'Anglais et le Français, mais, entre l'Anglaise et la Française, la différence est beaucoup plus grande encore. Au point de vue psychologique, la femme anglaise me semble être celle qui se rapproche le plus de l'homme, c'est aussi celle qui se rapproche le plus de lui au point de vue anatomique. Des mensurations faites sur un grand nombre de crânes donneraient certainement à cet égard des résultats curieux. En attendant, il suffit d'examiner la plastique de l'Anglaise pour voir combien sont atténuées chez elle les traits caractéristiques de son sexe. Par la platitude de la poitrine, l'absence de cambrure dans la taille, l'étroitesse des hanches, le peu de saillie des mollets, les fortes dimensions des pieds et des mains, l'Anglaise est beaucoup plus voisine de l'homme que la Française. Il n'est pas étonnant de retrouver cette quasi-virilité dans sa constitution mentale.

Ces traits caractéristiques se retrouvent en partie chez les barbares qui furent nos pères, et si les hommes de l'âge moderne sont parvenus à s'en dégager partiellement, ce n'est qu'après mille ans de moyen âge, mille ans d'efforts et de lentes accumulations héréditaires.

A côté de la faible aptitude à la réflexion, au jugement et au raisonnement constatée chez les races primitives et chez la femme, nous trouvons une mémoire merveilleuse qui leur permet de s'assimiler tout le vernis extérieur de notre civilisation et de remporter les plus brillants succès dans les examens. C'est ainsi qu'est née l'opinion, chère à notre Université — et à beaucoup d'hommes d'État aussi, malheureusement — qu'il suffit de quelques années de collège pour transformer un nègre en homme civilisé. Un de nos savants professeurs, M. Hippeau, chargé d'une mission officielle en Amérique, a constaté avec enthousiasme que des jeunes filles noires traduisaient Thucydide et répétaient des démonstrations de géométrie avec autant de précision que nos élèves de l'École normale. Partout, dans les écoles américaines, on voit négrillons et négrillonnes faire leurs classes aussi bien que les petits blancs, et quelquefois mieux, grâce à leur prodigieuse mémoire. Mais cette apparente égalité ne se maintient pas longtemps. De par les lois de l'hérédité, dont l'action séculaire a différencié si profondément les races humaines, le cerveau de l'homme civilisé continue à évoluer après l'enfance, alors que celui du nègre, de même que celui de la femme, est condamné à ne point dépasser un certain niveau. Lorsque les enfants de couleur et les blancs sont devenus des hommes, qu'ils ont à se diriger dans la vie, à travailler en dehors des livres et des leçons apprises par cœur, qu'ils doivent produire par eux-mêmes, on voit alors se creuser l'abîme qui sépare les races, abîme que seul un développement héréditaire de plusieurs siècles arriverait à combler. On fera d'un nègre un bachelier, un docteur; on n'en fera pas un homme civilisé.

Je dis qu'on n'en fera pas un homme civilisé, et j'irai même plus loin en constatant que chez tous les êtres incomplètement développés — qu'il s'agisse de la femme ou du noir — l'instruction ne fait que rendre plus visibles les différences qui les séparent de l'homme arrivé à un certain degré de culture. J'ai été jadis convaincu, moi aussi, sur la foi des traditions universitaires, qu'une instruction identique pouvait égaler un homme de race quelconque à un Européen. Ce n'est qu'après m'être trouvé, dans mes voyages en Afrique et en Asie, en contact avec des indigènes instruits conformément à nos programmes européens que j'ai commencé à comprendre la profondeur de cette erreur. On rencontre souvent dans l'Inde des avocats et des docteurs indigènes élevés à Oxford ou à Londres. Point n'est besoin de raisonner bien longtemps avec eux pour découvrir combien leurs idées sont restées

flottantes et vagues, combien notre logique européenne est inaccessible à leur esprit et combien ils sont incapables de mettre en œuvre les matériaux que l'instruction universitaire a fournis à leur intelligence. C'est exactement la même impression que j'ai éprouvée en Russie et ailleurs lorsque le hasard m'a permis de soutenir une conversation un peu prolongée avec des femmes approximativement savantes.

Mais je ne veux pas insister sur cette opinion qui heurterait trop de préjugés et qu'on ne peut comprendre qu'après de longs voyages. Il serait difficile de faire entrer dans la cervelle d'un jeune professeur la notion que ce qu'il a dans la tête en sortant de l'école, c'est purement et simplement un dictionnaire, et que parfois il serait très préférable pour son évolution ultérieure qu'il ait ce dictionnaire simplement dans sa poche. La façon dont il l'utilisera dépend uniquement d'aptitudes héréditaires qu'on apporte en naissant, mais qu'on n'acquiert jamais complètement par l'éducation. Ce n'est pas d'ailleurs notre pauvre enseignement universitaire, exclusivement destiné à orner la mémoire, qui pourrait développer ces qualités, pas plus qu'il ne développe d'ailleurs les qualités qui assurent la supériorité des races ou des individus dans le monde : l'énergie, l'initiative, l'empire sur soi, la justesse du raisonnement, l'intuition rapide des choses. Il ne faut pas les demander à nos programmes, véritables lits de Procuste, qui ne grandissent guère les faibles et qui tendent à diminuer les forts.

Je ne saurais trop le répéter : les connaissances acquises sont des matériaux que, seules, des aptitudes innées suffisantes permettent de mettre en œuvre. La mémoire — cette faculté secondaire — suffit pour accumuler des sommes formidables de notions; mais, pour utiliser la moindre de ces notions, il faut mettre en jeu les plus hautes puissances de l'intelligence. Et c'est ce qui fait que les hommes et les sexes, égaux dans les collèges et devant les examens, se séparent si profondément ensuite par leurs productions, par leurs œuvres, par la conduite même de leur vie.

J'ai longuement étudié ces questions dans divers ouvrages, et si j'y reviens ici, c'est que je suis obligé de combattre d'avance les arguments en faveur d'une similitude d'instruction pour les hommes et les femmes tirés du succès obtenus par celles-ci dans les examens. Eh oui !... la femme obtient des succès universitaires et en obtiendra tant qu'elle voudra. Chargez les programmes, exigez la connaissance du japonais et du tamoul, la généalogie détaillée de tous les sultans de l'Asie, les propriétés chimiques de tous les corps connus, les candidates ne feront jamais défaut. Elles passeront les plus brillants examens, et si elles se trouvent en concurrence avec un futur Claude Bernard ou un futur Pasteur, l'examinateur n'hésitera pas à constater leur supériorité apparente sur ces puissants cerveaux. Elles les éclipseront, en effet, par l'infaillible précision des **réponses**, tant qu'on fera appel à leur mémoire. **Mais que** ce même examinateur essaye — s'il en est **lui-même capable** — de quitter le domaine des livres **et de mettre** à l'épreuve le jugement des candidates sur un fait **scientifique** ou littéraire des plus simples, et il ne **pourra**, cette fois, constater que leur étonnante **faiblesse**.

C'est **là** ce que sont bien obligés d'ailleurs de reconnaître **les plus** chauds partisans de l'éducation à outrance des femmes. Parlant des résultats donnés par les **concours** pour l'agrégation — concours où ne peuvent **se** présenter que les femmes les plus instruites, dont **quelques-unes** sont déjà bachelières et licenciées — voici comment s'exprime un de leurs examinateurs. **M. E. Manuel**, inspecteur général de l'instruction publique, **dans un** rapport ministériel récemment publié :

Elles ont « une mémoire des plus heureuses, une **conception** prompte bien qu'un peu courte...; leurs **sentiments** sont fermes, mais leurs opinions un peu **flottantes**...; elles voyagent autour des idées plutôt **qu'elles** n'y abordent; elles savent beaucoup, sentent **assez bien**, sentent avec vivacité, imaginent peu, *raisonnent confusément* et rarement concluent. »

« Raisonnent confusément... » C'est là sans doute le côté caractéristique de la psychologie féminine, mais l'éducation universitaire ne fait que l'exagérer en faisant appel uniquement et toujours à leur mémoire. Une personne ayant assisté aux examens pour le certificat d'aptitude à l'enseignement secondaire des jeunes filles me citait avec admiration des tours de force de mémoire. L'une des candidates, appelée à parler pendant trois quarts d'heure sur la guerre de Sept ans, décrivait les batailles les marches et contremarches du grand Frédéric, donnait les noms des chefs les plus obscurs, ceux des plus petits villages, théâtres des opérations militaires, l'effectif de tous les régiments, etc. En s'imaginant qu'avec des études semblables, on élèvera le niveau intellectuel des femmes, on commet véritablement une bien lourde et bien dangereuse erreur.

III.

Loin de s'arrêter dans cette voie, l'Université ne fait d'ailleurs que s'y engager de plus en plus, en chargeant tous les jours davantage ses programmes. Je suis loin d'être l'ennemi des lycées de filles, établissements très supérieurs en principe aux couvents et capables de rendre d'excellents services ; mais je ne puis m'empêcher de dire que les programmes de l'enseignement qu'on y donne sont positivement effroyables. Quelle surcharge pour l'intelligence féminine et quelle surcharge inutile, hélas !

Pour en être bien convaincu, on n'a qu'à parcourir le *Programme de l'enseignement des jeunes filles*, prescrit par arrêté du 28 juillet 1882, et qui est rigoureusement

suivi pour l'enseignement des lycées de filles. La durée de l'enseignement est de six ans. Vingt-quatre à vingt-huit heures par semaine sont consacrées aux leçons. En dehors de l'histoire, de la géographie et des « éléments de la langue latine », on enseigne la physique, la chimie, l'algèbre jusques et y compris les équations du second degré et la représentation des fonctions par les courbes, la géométrie plane et dans l'espace, la physiologie, la psychologie, le droit civil, etc., en un mot, à peu près les mêmes choses que dans les lycées de garçons.

Les connaissances véritablement féminines ne figurent guère que pour mémoire dans cet immense programme ; l'économie domestique est mentionnée, sans doute, mais, sur les vingt-huit heures de cours par semaine, on lui consacre... une demi-heure ! Et encore, m'a dit une directrice de lycée que je ne veux pas embarrasser en la nommant, ni les élèves ni les maîtresses ne traitent sérieusement cette branche, qui leur paraît une superfétation de fantaisie plutôt qu'une étude véritable. Quant aux exercices corporels, on leur réserve une heure par semaine. Une heure !... Et il ne s'est pas trouvé, parmi tant d'hommes vénérables et diserts qui ont rédigé ce programme, un père de famille capable de faire observer qu'avec une aussi effroyable surcharge intellectuelle, ce n'était pas une heure par semaine, mais au moins deux heures par jour, qu'il eût fallu consacrer à la marche en plein air et à la gymnastique ! Pas plus qu'il ne s'était trouvé quelqu'un pour montrer que l'économie domestique étant la principale occupation de la femme, cet enseignement devait entrer, non pas à titre d'accessoire, mais comme branche principale dans son instruction, et demandait, au lieu d'une demi-heure par semaine, une heure ou deux par jour.

Il est beau, sans doute, de pouvoir réciter par cœur tous les théorèmes d'Euclide, les propriétés chimiques de quelques centaines de composés, les dates d'avènement de tous les souverains qui ont régné dans le monde. Cela ne prouve pas évidemment que l'on possède quelques lueurs de jugement ou qu'on soit apte à raisonner, mais cela prouve au moins que l'on possède une heureuse mémoire. Cette science imposante compensera-t-elle plus tard avantageusement dans la vie l'ignorance complète de l'art de diriger un intérieur ? J'imagine que beaucoup de gens mariés en doutent fortement.

Le but de cette instruction surchauffée, de cet intense surmenage intellectuel, identique à celui que les nécessités de la lutte pour l'existence imposent à l'homme, ne serait visible que s'il s'agissait de réaliser l'amusante utopie du philosophe Stuart Mill, qui, par une de ces aberrations dont ne sont pas exempts les grands hommes, voulait que les femmes eussent accès à toutes les fonctions publiques, fussent préfètes, députées, etc. Nous verrons peut-être s'accomplir ce progrès le jour où l'on aura trouvé le moyen de fabriquer et d'élever mécaniquement les enfants; mais, comme la réalisation de cette découverte paraît assez lointaine, le rôle des femmes, tel que nous l'avons précédemment défini, ne semble pas devoir changer de sitôt.

J'ai entendu quelques universitaires soutenir, en faveur de cette instruction masculine donnée à la femme, qu'il fallait aider l'éclosion des talents exceptionnels dont quelques-unes d'entre elles peuvent être douées. Cette raison serait admissible si l'on pouvait constater que l'Université crée ou développe des talents supérieurs et que ces talents ne se sont jamais formés en dehors d'elle. Mais c'est le contraire qui paraît exact. Dans un travail statistique remarquable effectué sur tous les hommes éminents de l'Angleterre, le célèbre physiologiste Galton a montré que presque tous ces hommes éminents avaient été de tristes élèves dans les collèges, si toutefois ils y avaient passé. Ce n'est pas sur les bancs des écoles que se formera jamais un penseur original, un inventeur puissant, un écrivain supérieur. Un Stephenson, un Edison, ne sont pas produits par l'Université, pas plus qu'une George Sand ou une M™ de Staël. De tels esprits savent bien s'instruire tout seuls, et n'ont pas besoin d'apprendre par cœur les matières d'aucun programme.

IV.

A vrai dire, si les nouveaux systèmes ne faisaient que mettre dans la tête des jeunes filles une salade de notions inutiles, les inconvénients en seraient assez faibles; il n'y aurait que du temps et de l'argent perdus. Par malheur, il en est tout autrement. C'est ce que nous allons montrer, en recherchant les conséquences de cette éducation et à quel prix elle est obtenue.

Pour mettre ce point en évidence, il nous faut reprendre le parallèle entre le cerveau de la femme et celui des races primitives. Il y a déjà longtemps que nous cherchons, aussi bien en France qu'en Angleterre, à instruire suivant nos méthodes européennes les indigènes des colonies, et il n'y a pas bien longtemps que nous appliquons ces méthodes aux femmes; mais les résultats obtenus dans les deux cas présentent les plus remarquables concordances.

J'ai prouvé ailleurs, par de nombreux exemples, que le premier effet de l'éducation européenne sur les Orientaux est de faire de ceux qui l'ont reçue les ennemis de ceux qui l'ont donnée, et à l'égard desquels ils ne professaient d'abord qu'une complète indifférence; le second est de déséquilibrer leur intelligence et d'abaisser énormément leur moralité.

Le résultat final de cette éducation est de rendre les indigènes inférieurs à ceux de leurs compatriotes élevés suivant les coutumes de leur race et par conséquent

d'une façon conforme à leurs sentiments et à leurs besoins, c'est-à-dire en rapport avec la phase d'évolution à laquelle ils sont parvenus. Les Arabes de l'Algérie, mais surtout les Hindous, m'ont fourni à ce sujet de bien frappants exemples : je ne puis qu'y renvoyer le lecteur (1).

Des résultats analogues sont-ils produits chez la femme par l'éducation que nous lui donnons aujourd'hui? Je n'hésite pas à répondre énergiquement : Oui.

Pour un observateur un peu attentif, l'effet de cette éducation est de détraquer la femme moralement, intellectuellement et physiquement.

Cette éducation détraque moralement la femme, en faussant son caractère, en lui faisant mépriser les occupations que lui attribue la nature, en lui inspirant à l'égard de l'homme des sentiments de rivalité dangereuse, en lui montrant sous le jour d'une monstrueuse injustice sociale son propre rôle nécessaire et naturel, en développant chez elle un esprit de révolte et de haine contre cette société dont elle se croit la victime. En Russie, toutes les étudiantes ne sont peut-être pas des nihilistes, mais toutes les nihilistes sont des étudiantes. La surcharge des connaissances, les fausses conclusions tirées de faits scientifiques détachés de leurs racines et mal digérés, les égarent et les affolent; la plupart sont devenues des révoltées, des ennemies bruyantes et dangereuses de l'ordre social, prêchant le crime comme moyen de réforme et l'accomplissant parfois de leurs mains (2).

Au point de vue intellectuel, le détraquage n'est pas moins complet qu'au point de vue moral. Les énervants exercices de mémoire auxquels on condamne les

---

(1) Voir le Discours au Congrès colonial cité plus haut.

(2) Ce n'est pas en Russie seulement, d'ailleurs, que les dangers d'une instruction mal adaptée au cerveau féminin ont été constatés. Comme je l'ai dit plus haut, je ne veux pas m'occuper ici de ce qui peut être l'éducation des femmes en dehors de la France. J'ai suffisamment voyagé en Europe pour être convenablement instruit sur ce point; mais pour que des comparaisons pussent offrir quelque intérêt, il faudrait tout d'abord exposer la constitution mentale des femmes de chaque pays, ce qui nous entraînerait bien au delà des limites d'un article. Je ferai cependant remarquer en passant qu'en Allemagne, où pourtant la constitution féminine semble permettre une dose élevée d'instruction et où des femmes possédant les plus hauts diplômes consentent, sans aucune difficulté, à occuper les positions les plus humbles, les inconvénients de l'instruction exagérée des femmes ont déjà été signalés. J'en trouve la preuve dans le passage suivant d'un travail qui a été cité devant les Chambres au cours de la discussion sur la loi Camille Sée :

« A Berlin, l'augmentation du nombre des déclassées, la décadence des qualités ménagères et domestiques de la femme allemande, le mécontentement et la misère croissante des classes inférieures ont donné lieu d'examiner si une partie des maux ne viendraient pas du séjour trop prolongé des jeunes filles dans les écoles. Suivant l'opinion de plusieurs, ce sont les ambitions éveillées chez un trop grand nombre de jeunes filles par la possession d'une demi-science qui contribuent à couvrir le pavé de Berlin d'institutrices sans place, de professeurs sans leçons, de déclassées inutiles et malheureuses. »

jeunes filles paralysent leurs aptitudes naturelles, et rendent inutile leur finesse d'intuition, en substituant à leur instinct, très sûr quand il s'exerce sur des choses de leur sexe, des raisonnements approximatifs pour lesquels elles ne sont point faites, et qui ne sont pas sûrs du tout.

C'est avec un lourd bagage de connaissances de luxe entièrement inutiles et une ignorance presque absolue des connaissances pratiques les plus nécessaires que toutes ces diplômées sont lancées dans la vie. La somme de leurs illusions est immense, mais bien dure sera leur chute quand il faudra retomber des hauteurs transcendantes de la science dans les banales occupations du mariage, le soin des enfants, la direction du ménage et mille petits travaux journaliers parmi lesquels la connaissance de la géométrie analytique ou de la généalogie des empereurs byzantins ne trouve guère son application. Leurs besoins intellectuels, artificiels ou sincères, imprudemment développés, ne leur feront trouver dans la modeste activité de l'intérieur que vide, amertume et déboires.

Détraquage moral et intellectuel — ce serait assez, hélas ! mais il y faut joindre — chose plus grave encore — un détraquage physique profond. Notre instruction scientifique attaque l'organisme de la femme en portant toutes ses forces vers le cerveau à l'âge où son corps se prépare au grand travail de la maternité. Observez de près ces jeunes filles qui s'épuisent pendant des années à apprendre par cœur la matière de leurs examens ; suivez-les dans la vie ; voyez combien l'anémie et le nervosisme sévissent ensuite sur elles, et combien sont débiles les enfants qu'elles donnent à leur pays. Je ne sais pas si deux générations successives de femmes diplômées élèveraient beaucoup le niveau intellectuel des Français, mais ce dont je ne doute pas du tout, c'est qu'elles amèneraient une effroyable décadence physique de la nation, et qu'une énorme mortalité frapperait la rachitique descendance de cette population de savantes anémiées et détraquées. Nous sommes, en France, très suffisamment impressionnables et nerveux ; n'exagérons pas encore ces défauts, et, alors que les économistes sont unanimes à se plaindre de l'abaissement de la natalité, ne donnons pas pour mères à nos fils des générations de névrosées.

On ne saurait trop le répéter : si l'homme, en raison de sa vigueur physique, peut échapper souvent aux effets du surmenage intellectuel, il n'en est pas de même pour la femme. L'atmosphère viciée des salles d'études, l'absence d'exercice et de vie en plein air, la tension cérébrale constante, sont plus funestes encore pour elle que pour l'homme. La femme affaiblie physiquement donne fatalement naissance à des êtres débiles et maladifs, portant en eux le germe d'une foule d'infirmités, et qui ne se reproduisent pas ou donnent naissance à des êtres plus affaiblis encore. Au point de vue social,

la femme dont la santé a été détériorée par un excès d'études est une non-valeur ; une brave paysanne ignorante mais vigoureuse est, au point de vue de la race, d'une utilité bien supérieure.

Les faits sur lesquels s'appuient les assertions qui précèdent sont de ceux que chacun peut observer autour de soi, mais le développement donné à l'instruction des femmes est trop nouveau pour que la statistique se soit encore emparée de ces résultats. Le rôle de la statistique est d'enregistrer des faits bien établis, mais non de les pressentir. Lorsqu'elle s'en empare, qu'il s'agisse de natalité, de criminalité ou d'éducation, il est trop tard pour y porter remède.

Reculerons-nous dans la voie où nous nous sommes si imprudemment engagés ? Je le souhaite sans trop l'espérer. Toutefois, les avertissements ne manquent pas ; de divers côtés, on commence à signaler le péril, et, circonstance caractéristique, c'est du camp féminin, si avide jusqu'ici d'égalité d'instruction, d'émancipation, que partent aujourd'hui de sérieux avertissements.

A ce point de vue, je citerai surtout parmi le très petit nombre d'écrivains qui ont traité de l'éducation des femmes, au point de vue psychologique et critique, un auteur féminin, dont le pseudonyme, Daniel Lesueur, cache le nom de Mᵐᵉ Jeanne Loiseau. Sa thèse est à peu près la nôtre, mais, venant d'une femme, elle nous a semblé prendre une importance spéciale. Cet auteur possède d'ailleurs tous les droits possibles pour prendre la parole sur une pareille question. Elle a enseigné pendant plus de dix ans les sciences dans des cours de jeunes filles ; ses ouvrages ont obtenu plusieurs prix à l'Institut, dont un grand prix bisannuel sur deux cents concurrents masculins ; elle a écrit plusieurs ouvrages d'une psychologie très fine et très sûre. Elle doit donc connaître les femmes, ce qu'elles sont susceptibles d'apprendre utilement, et l'action de notre instruction sur leur cerveau. Son opinion possède, par conséquent, un grand poids.

Pour faire pénétrer sa thèse dans le public, Daniel Lesueur s'est bien gardé de lui donner une forme didactique, mais l'a dissimulée sous les péripéties d'un roman fort remarquable paru récemment sous le titre de *Névrosée* (1). L'auteur a mis en présence deux types de femmes, qui sont bien la synthèse des deux classes de femmes actuelles : l'une, ne possédant que l'instruction élémentaire de nos mères, mais y joignant les qualités de douceur, de modestie, de charme, d'indulgence, si générales chez les femmes qu'une demi-science n'a pas déséquilibrées ; possédant en outre une clairvoyance, un tact, un bon sens pratique qui lui permettent de s'associer fort utilement aux entreprises industrielles de son mari. L'autre, saturée de science, surchargée de diplômes, mais, par suite, détraquée

(1) Un vol. in-18 ; A. Lemerre, éditeur.

moralement, physiquement et intellectuellement. Rien ne manque à cette dernière, ni la beauté, ni la fortune, ni un mari supérieur et fort épris. Elle est cependant pleine de sombre amertume contre la vie, contre les hommes, contre la société ; son corps, anémié par des études précoces, est incapable de remplir sa grande fonction naturelle de la maternité ; elle sait l'algèbre, connaît la structure intime du cerveau, mais ne peut être ni compagne, ni épouse, ni mère. Son mari — un jeune et savant professeur au Collège de France, très fort sur la psychologie des bêtes, mais dont la connaissance de la psychologie des femmes me paraît assez faible, même pour un professeur — croit d'abord avoir réalisé un rêve charmant en épousant une femme capable de comprendre ses travaux et de s'y intéresser. Mais bientôt il découvre l'abîme intellectuel qui sépare le cerveau d'un penseur de celui d'une femme savante. Il en souffre et le montre un peu, malgré son indulgence. Peut-être aurait-il dû flatter la naïve pédanterie de sa compagne, jusqu'à lui laisser croire que les grossiers cailloux intellectuels qu'elle a pris pour des diamants sont vraiment des pierres précieuses. Mais il ne peut lui cacher tout à fait son désappointement. L'orgueilleuse petite personne se blesse et le blesse en retour. La séparation entre leurs deux esprits et leurs deux cœurs ne fera plus que s'accentuer, jusqu'à ce que l'existence commune devienne impossible.

La psychologie de la femme dont le jugement et le caractère sont faussés par un excès de notions mal assimilées, mal digérées, nous est montrée dans une série de remarques très fines. On voit à chaque page à quel point une instruction exagérée et mal digérée, loin d'atténuer les imperfections intellectuelles de la femme, les développe et les met en évidence. Son inaptitude à raisonner, peu sensible dans les circonstances ordinaires de la vie, devient tout à fait choquante lorsqu'elle se manifeste en un ordre de pensées relativement élevé.

« La femme, dit un des personnages de *Névrosée*, échappe à la logique, au raisonnement, à la démonstration géométrique : rien de tout cela ne peut avoir prise sur son petit cerveau. La femme est une impulsive, comme le sauvage. Eh ! il n'y a pas de mal, car le plus souvent ses impulsions sont bonnes ; elles sont même quelquefois sublimes. Là où commence le mal, c'est lorsqu'on veut la soumettre au régime intellectuel de l'homme, et de l'homme supérieur... Alors on la détraque. »

L'auteur a raison : le résultat de la nouvelle éducation des femmes — cet entassement rapide dans leur tête de bribes empruntées à l'encyclopédie des connaissances humaines — est, comme nous l'avons dit plus haut, de les détraquer furieusement, au triple point de vue moral, intellectuel et physique.

V.

Mais, après tout, pourrait-on dire, l'instruction des jeunes filles répond surtout à un but très pratique : munir la femme de moyens d'existence à une époque où elle se trouve plongée au vif de la mêlée, où souvent elle doit se suffire à elle-même et quelquefois travailler pour soutenir toute une famille.

C'est bien à cela qu'elles songent, les vaillantes jeunes filles qui sacrifient leurs années de beauté, de jeunesse, à d'âpres études. Mais ce but si ardemment poursuivi, réussissent-elles à l'atteindre ? Les brevets si péniblement conquis leur donneront-ils l'aisance ou seulement le nécessaire ? Non ! trois fois non, hélas ! Ces années laborieuses, cette santé compromise, neuf fois sur dix tout cela est sacrifié en pure perte. Les jeunes gens, eux, ont toutes les carrières libérales, administratives, industrielles et militaires ouvertes par leurs examens, et ils les trouvent encombrées !... Les femmes, en dehors du mariage — qui, à mesure qu'elles deviennent savantes, semble aujourd'hui s'éloigner d'elles de plus en plus — n'en ont guère qu'une : celle de l'enseignement. Mais cette carrière est tellement encombrée qu'elle peut être considérée comme presque inabordable. Les diplômes qui y conduisent ne valent donc pas plus au point de vue pécuniaire qu'au point de vue intrinsèque. Obtenir une place de professeur est aujourd'hui plus difficile pour une femme qu'il ne l'est pour un homme d'obtenir un siège de sénateur ou un poste de préfet. Et le flot des candidates monte toujours sans que rien puisse réussir à l'arrêter !... L'État arrive péniblement à en placer une sur dix, mais que deviennent les neuf autres ?... Comment s'étonner lorsque, après avoir usé toutes les sollicitations et perdu toute espérance, ces malheureuses deviennent des déclassées, de bruyantes révoltées, ennemies de l'homme, dont elles se croient les égales, et de l'ordre social, dont elles se prétendent les victimes ?... Encore quelques années, et le nihilisme, cette religion du désespoir, localisé aujourd'hui en Russie, se répandra en France. Comme en Russie, ce sera dans l'épaisse légion des diplômées qu'il recrutera ses plus fanatiques apôtres.

Dans le but de favoriser l'instruction secondaire des femmes, on a créé pour elles un petit nombre de places dans les lycées de filles (1). Mais en entr'ouvrant ainsi aux jeunes filles la porte de l'enseignement secondaire, on leur a préparé une voie aussi funeste pour elles-mêmes que pour leurs futures élèves. Funeste pour elles, quand elles n'arrivent pas à se placer, et

---

(1) D'après le nombre des agrégées reçues dans les deux derniers concours, le nombre des places disponibles est annuellement de sept ou huit.

funeste aussi pour leurs élèves quand, par hasard, elles y arrivent. Autant la carrière de l'enseignement primaire convient à la femme — comme nous le montrerons plus loin — autant l'enseignement secondaire devient stérile lorsqu'il est exercé par elles.

La femme — nous l'avons constaté plus haut — n'apprend que par la mémoire toutes les notions qui dépassent son entendement, son jugement, son faible sens critique. En les professant, elle ne s'adresse aussi qu'à la mémoire. Quelle éducation donnera-t-elle à des cerveaux, même féminins? Comment les exercera-t-elle au raisonnement, à l'association des idées, à la fructueuse digestion des faits?... Elle est elle-même incapable de ces exercices — plus nécessaires pourtant à l'hygiène intellectuelle qu'une stérile accumulation de connaissances, si considérable qu'elle soit. Autant dans l'enseignement de la première enfance — qu'elle comprend si bien! — elle est une admirable initiatrice, autant, je le répète, dans l'enseignement secondaire, elle est un insuffisant professeur (1).

Quant aux carrières libérales : droit, médecine, etc., si encombrées aujourd'hui, et où l'homme, avec toutes ses ressources, a tant de peine à se faire une place, le nombre des femmes en situation de s'y engager est fort restreint, et ce n'est pas à souhaiter qu'il s'étende encore.

Conclurons-nous de ce qui précède que la femme *moderne doit* vivre dans l'ignorance et se confiner aux soins du ménage? Tout autre est notre pensée. Nous concluons simplement que l'instruction qu'on leur donne est détestable, et qu'il faut leur en donner une *très différente,* adaptée à leurs facultés naturelles. Nous allons voir qu'avec des études beaucoup moins fatigantes et beaucoup moins énervantes pour elles que celles d'aujourd'hui, on pourrait orner leur esprit, développer leur jugement au lieu de le pervertir, les préparer à faire d'excellentes épouses, et, finalement, leur ouvrir des carrières infiniment plus nombreuses que celles qui maintenant leur sont offertes.

VI.

Le système d'instruction appliqué aux femmes, en France, actuellement, est à peu près identique à celui des jeunes gens. Qu'il s'agisse d'examens élémentaires ou d'agrégation, ce système est toujours le même : il s'adresse exclusivement à la mémoire. Alors qu'en Allemagne le candidat à une chaire de professeur sera jugé à peu près exclusivement sur les travaux personnels qu'il aura pu produire, et qui, seuls, prouvent qu'il possède de l'initiative, de la réflexion et du jugement, le candidat français doit d'abord être capable de ré-

(1) En Allemagne, les cours supérieurs dans les collèges de filles n a: faits presque exclusivement par des hommes.

citer ce qui a été écrit dans les livres sur un sujet donné; plus il débitera de notions empruntées aux ouvrages officiels, plus il aura de chances de succès; ses travaux personnels, lorsque très exceptionnellement il en peut offrir, comptent pour zéro, si même ils ne sont pas considérés comme un appoint fort dangereux.

Depuis un siècle, notre Université a vécu dans cette colossale erreur que tout le rôle de l'éducation est d'exercer la mémoire et d'anéantir toute initiative par une discipline de caserne. Alors que les Anglais considèrent comme base fondamentale de l'éducation l'exercice du caractère, le développement, chez l'élève, de l'initiative, de l'indépendance, de la volonté, de l'empire sur soi — qualités qui assurent la prépondérance des individus et des races dans le monde — notre Université s'est toujours efforcée de détruire ces mêmes qualités et d'y substituer l'obéissance à l'impulsion du maître. Des livres appris par cœur, des livres toujours!... Aucune initiative, aucune expérience personnelle, aucune hardiesse, ni pour l'esprit, ni pour le corps. Jamais de ces exercices corporels, plus favorables au développement de la volonté, de l'empire sur soi, que nos puérils exercices de mémoire.

C'est notre vieille Université (1) et ses quatre-vingts ans de prison scolaire qui ont fait notre bourgeoisie actuelle, avec son faible sens politique, son peu d'initiative, sa médiocre aptitude aux entreprises lointaines, son esprit à la fois sceptique, crédule et frivole, son incurable besoin de se sentir dirigée par la main d'un maître, et ses oscillations perpétuelles des révolutions au despotisme. On ne se représente pas assez l'influence qu'ont sur toute l'existence d'un homme les dix ans de collège durant lesquels le jeune garçon n'a pas eu à penser ou à se conduire une seule fois par lui-même. Il faut de rudes caractères pour

(1) Par une rare fortune, l'Université possède aujourd'hui à sa tête un ministre qui se trouve être à la fois un très profond psychologue et un homme fort résolu. On peut espérer que sous son énergique impulsion notre vieille Université va essayer un peu de renoncer à ses doctrines surannées. En corrigeant les épreuves de cet article, j'ai eu communication d'un petit volume paru tout récemment sous ce titre : *Instructions, programmes et règlements,* précédé d'une préface par M. Bourgeois, ministre de l'instruction publique. Ce travail est à mon sens un véritable chef-d'œuvre, et je ne connais aucun livre sur l'éducation qui puisse lui être comparé. Si ce ministre pouvait diriger l'Université pendant une quinzaine d'années et avoir l'énergie suffisante pour faire appliquer ses idées, on pourrait dire qu'aucun homme d'État n'aurait rendu pareil service à la France depuis cinquante ans. Après avoir montré que l'Université, ainsi que nous le disions plus haut, a considéré jusqu'ici l'instruction comme « l'unique moyen et le tout de l'éducation », l'auteur constate que « la réforme qu'il s'agit de mettre à exécution touche à l'éducation tout entière sous ses trois aspects : éducation de l'intelligence, éducation du corps, éducation de la volonté », et il ajoute avec raison que « *l'Université va entreprendre la réforme la plus considérable sans conteste et la plus honorable qu'elle ait encore tentée.* »

Entreprendre, soit. Réussir, espérons-le. Mais il faudra pour cela que les professeurs méditent sérieusement, d'abord sur l'importance du conseil que leur donne le ministre « et contribuer un peu pour

15 S.

échapper à ce triste régime. Ce n'est pas, comme on l'a
tant répété, notre ignorance qui a causé nos défaites,
ce sont nos défauts de caractère.

S'il fallait juger en quelques mots l'éducation de divers pays, je dirais que notre éducation française développe uniquement la mémoire, rend apte à subir des
concours, mais tue l'initiative individuelle, paralyse le
caractère et donne finalement une parfaite horreur de
l'étude. L'éducation anglaise développe, au contraire,
le caractère, l'initiative et le jugement, fort peu la mémoire, et ne laisse dans l'esprit que des notions scientifiques et littéraires restreintes, mais précises et très
bien assimilées. L'éducation allemande développe surtout le raisonnement, le jugement, et donne pour la
vie le goût passionné de l'étude.

Nous voici un peu éloignés, en apparence, de l'instruction des femmes ; mais, puisque le régime scolaire
qu'on leur applique aujourd'hui est à peu près identique à celui des garçons, il était bon d'indiquer ce que
valait ce régime. Répétons que, s'il est dangereux pour
le jeune homme, il est absolument funeste pour la
jeune fille : le premier peut y échapper en partie par sa
vigueur intellectuelle et physique ; la seconde en subit
tous les résultats, qui s'exagèrent encore pour elle.

Bien des hommes d'État et des penseurs s'étaient occupés autrefois de ce que pouvait être l'éducation des
filles : aucun n'avait versé dans cette étrange erreur
moderne qu'elle doit être la même que celle des garçons. Fénelon mettait en première ligne, après la religion, des exercices de gouvernement domestique et la
connaissance des éléments du droit et des coutumes.
On pourra contester peut-être l'utilité de la religion
pour les femmes, mais non les autres parties du programme de l'illustre écrivain.

leur part à cette science qui n'existe encore que par fragments, la
psychologie de l'enfant, et à cette autre qui n'existe pas du tout, la
psychologie du jeune homme ».

On ne saurait mieux dire. C'est précisément parce que notre vieille
Université a toujours ignoré les premiers éléments de la psychologie
de l'enfance qu'elle a donné jusqu'ici une si pauvre éducation.

Si elle n'avait pas ignoré ces éléments, elle eût vu, d'ailleurs, ce
que savent depuis longtemps les pédagogues anglais, l'importance
intellectuelle considérable des jeux dans l'éducation, importance lourdement ignorée par notre Université que lui montre si bien
M. Bourgeois dans sa préface : « Dans les jeux, les exercices gymnastiques, les soins réguliers du corps et de la tenue, il y a pour la
pensée, la volonté et le sentiment comme une discipline naturelle
dont les effets vont plus loin qu'on ne pense. »

Le ministre indique ensuite combien « le savoir donné précipitamment à dose massive déroute l'intelligence et l'opprime » ; il explique
que le rôle de l'Université ne devrait pas être, comme aujourd'hui,
de préparer à des examens et à des concours, « sanctions si souvent
hasardeuses et illusoires; c'est à la grande et décisive épreuve de la
vie que le maître doit préparer l'élève... Il doit surtout lui apprendre
à se gouverner lui-même ».

Le livre est rempli de remarques aussi justes. Certaines pages, notamment celles sur l'enseignement de l'histoire, sont absolument
remarquables. Il serait à souhaiter qu'un esprit aussi éminent que le
ministre actuel de l'instruction publique prît en main la réforme de
l'éducation actuelle des femmes.

Lorsque Napoléon Ier fonda les maisons de la Légion
d'honneur, où les filles de la bourgeoisie devaient recevoir leur éducation, il s'occupa de la question de l'instruction et la résolut avec un rare bon sens. Voici ce
qu'il écrivait à ce sujet au grand-chancelier, le
15 mai 1809 :

« Je n'oserais plus, comme j'ai essayé à Fontainebleau, prétendre leur faire faire la cuisine ; j'aurais trop
de monde contre moi... Il faut que leurs appartements
soient meublés du travail de leurs mains, qu'elles fassent
elles-mêmes leurs chambres, leurs bas, leurs robes et
leurs coiffures. *Je veux faire de ces jeunes filles des femmes
utiles, certain que j'en feroi par là des femmes agréables.* »

Les instructions de Napoléon, pour les maisons de la
Légion d'honneur, paraissent avoir été toujours suivies ; c'est ainsi que, dans le dernier des décrets qui les
régissent, celui du 30 juin 1881, on lit :

« Les élèves reçoivent une instruction et acquièrent
des talents qui peuvent, au besoin, leur fournir des
moyens d'existence... Les élèves font leurs robes, entretiennent leur linge et celui de la maison... On leur
enseigne tout ce qui peut être utile à une mère de famille, comme la préparation des aliments et les travaux de buanderie... On les prépare en outre au brevet
secondaire. »

Je ne sais pas comment s'applique ce programme,
mais s'il s'applique suivant son esprit, je ne vois aucune critique à y faire, et il me semble qu'une jeune
fille ayant reçu cette éducation est autrement apte à
remplir ses devoirs dans la vie — quelles que soient
les situations où le hasard la conduira — que celle qui
aura été bourrée d'algèbre, de chimie, de dates d'histoire, et qui méprisera les occupations domestiques.

Les établissements de la Légion d'honneur pourraient
donc nous fournir de très utiles modèles pour les lycées
de filles. Nous ne voyons à rapprocher d'eux, pour la
valeur, que les écoles d'enseignement professionnel,
dites « Écoles Lemonnier ». Il en existe quatre à Paris,
dues à l'initiative privée d'une société fondée en 1890.
Elles sont fréquentées par six cents élèves, et je ne vois
guère à leur reprocher qu'une part un peu trop grande
faite à l'enseignement de la peinture, du dessin et de la
gravure.

Avec ces éléments, et en ayant toujours présents à
l'esprit les aptitudes naturelles des femmes, le rôle
qu'elles doivent remplir dans la société, et la nécessité
où elles peuvent se trouver d'avoir à gagner leur vie,
il est facile de tracer les lignes générales de l'enseignement qu'elles doivent recevoir et d'indiquer les professions qu'elles pourraient utilement embrasser.

VII.

Le premier devoir de la femme, celui auquel elle est
merveilleusement apte, alors que l'homme n'y en-

tend guère, c'est l'éducation de l'enfance. Point n'est besoin, pour l'y préparer, d'une instruction à outrance. Pour bien former, pour bien diriger les petites créatures qu'elle a presque exclusivement entre les mains durant leurs très jeunes années, il est inutile qu'elle sache beaucoup et il est même nuisible qu'elle sache trop de choses. Si la femme s'entend si admirablement à élever l'enfance, c'est qu'elle la comprend, c'est qu'elle s'en rapproche par sa constitution mentale. Plus elle sera instruite, plus elle aura tendu les ressorts de son cerveau pour essayer d'atteindre au niveau intellectuel de l'homme ; — plus aussi elle s'éloignera de l'enfant, moins elle sera capable de le comprendre, et, par suite, de le former.

Pour élever l'enfant, la femme, je le répète, n'a pas besoin d'être une savante. Ce qu'elle communique aux petits êtres sur lesquels elle a tant de prise, ce ne sont pas les notions accumulées dans sa tête, c'est sa façon de penser, de juger, de comprendre, d'expliquer, ce sont les qualités de son caractère. On a remarqué que beaucoup des hommes qui jouèrent un rôle dans le monde eurent pour mère une femme d'un grand caractère. On n'a jamais remarqué qu'ils eussent pour mère une savante.

L'enfant appartient à la femme jusqu'à dix ou douze ans. Elle s'entend d'une façon singulièrement ingénieuse à exciter sa curiosité, à lui inspirer le goût de connaître, à l'amuser en l'instruisant. Elle parle son langage ; elle mêle aux plus sérieuses leçons un peu de sa puérilité ; elle flatte son imagination. Elle est pour lui — garçon ou fille — une admirable initiatrice. Mais il arrive un âge où son élève lui échappe. Pour l'enseignement secondaire, tous les dons naturels de la femme deviennent inutiles, presque nuisibles. Elle ne s'en sert plus d'ailleurs. Elle n'ouvre plus alors que sa mémoire. Elle a l'implacable infaillibilité, la sécheresse, la stérilité d'un dictionnaire. C'est pourquoi, comme je l'ai dit plus haut, elle ne vaut rien pour l'enseignement secondaire. Son influence morale peut être fort utile encore assurément, mais son rôle de professeur doit cesser.

Le champ de l'enseignement primaire est assez vaste d'ailleurs pour utiliser ses aptitudes et pour lui fournir des positions honorables et suffisamment lucratives. Ce que nous demandons pour la femme, c'est l'enseignement exclusif de l'enfance, aussi bien dans les écoles primaires de filles et de garçons de toutes les communes que dans les classes élémentaires des lycées de garçons. Ce système de l'enseignement primaire est assez vaste pratiqué avec succès en Amérique, et a été essayé, avec non moins de succès, pour les petites classes de garçons, en France, à l'École Monge et dans certains lycées de province. S'il prévalait jamais, l'enfance y gagnerait beaucoup, et l'on créerait du même coup pour les femmes — au fur et à mesure des extinctions — une multitude de places, occupées aujourd'hui par des instituteurs généralement

mal dégrossis, n'ayant pas la plus vague idée de l'art d'élever l'enfance, et qui seraient rendus très utilement à l'agriculture ou aux professions industrielles.

Si cette noble profession d'éducatrice de la première enfance, que l'ignorance si générale de la psychologie de l'enfant nous empêche de confier exclusivement aux femmes, leur était réservée, une large carrière serait ouverte aux jeunes filles instruites et sans fortune. Mais ce n'est pas la seule qu'elles sont capables de suivre. Les femmes excellent dans tous les arts industriels qui ne demandent que de l'adresse et pas de force. On pourrait les leur rendre plus abordables par une éducation spéciale qui atténuerait la concurrence avec l'homme. Mais il faudrait, avant tout, relever ces métiers, dont les jeunes filles d'un certain milieu se trouvent écartées par l'immoralité de l'apprentissage. Au lieu de chercher à multiplier encore les lycées de filles, il faudrait multiplier les très utiles écoles professionnelles analogues à celles dont je parlais plus haut. C'est ainsi qu'on soustrairait la petite fille qui veut être couturière, modiste, fleuriste, aux promiscuités de l'atelier, au vagabondage des courses par les rues, source de sa dépravation hâtive. Relever le niveau moral de certains métiers féminins, ce serait en relever le niveau social. Les professions manuelles ou demi-manuelles auxquelles s'entendent si bien les femmes cesseraient de paraître une déchéance pour des jeunes filles bien élevées, mais sans fortune.

D'ailleurs, si les jeunes filles peu fortunées recevaient une éducation à la fois solide et modeste, il est certain que les hommes trouveraient le mariage moins hasardeux et moins coûteux. Ces jeunes filles entreraient beaucoup plus facilement en ménage et seraient moins souvent réduites à gagner leur vie au dehors.

Ce que devrait être le brevet d'enseignement qui permettrait à la femme de remplir son rôle fondamental d'éducatrice de la première enfance, il est aisé de le voir maintenant. Très différent des brevets supérieurs, des certificats d'aptitude et des programmes de concours d'agrégation actuels, il contiendrait beaucoup de connaissances masculines en moins et beaucoup de connaissances féminines en plus. On y verrait figurer l'histoire générale de nos grandes découvertes scientifiques modernes, histoire pleine de faits intéressants et d'exemples moraux, et beaucoup plus profitable et facile à retenir que des notions scientifiques abstraites, détachées de leurs racines (1). Un peu de littérature, un

(1) En dehors de l'histoire pittoresque des sciences, la seule façon de donner à des jeunes filles des notions scientifiques utiles capables de rester dans leur esprit serait de les leur enseigner pendant des promenades journalières. Elles exerceraient ainsi à la fois leur esprit et leur corps. La fleur, l'arbre, la pierre, l'animal rencontrés, fourniraient au professeur un peu intelligent, un peu psychologue, matière aux plus utiles leçons d'histoire naturelle, de physique et de chimie. Des élèves ainsi éduquées auraient une bien autre culture intellectuelle, et surtout un bien autre jugement que celles qui auraient appris par cœur les plus gros manuels.

peu d'histoire, sans trop de dates, sans généalogies ni détails de batailles. Une histoire des civilisations bien plus qu'une histoire politique : la première est un fructueux et moral exposé des efforts de l'humanité ; la seconde n'est guère que le récit, fort peu moral, de ses vices et de ses violences. Des notions précises d'hygiène, de droit élémentaire et d'économie domestique, et au moins une langue étrangère (1). On exigerait aussi et surtout une connaissance approfondie des travaux purement féminins. Les petites filles sont toutes disposées à ces travaux par leurs goûts et par leurs jeux ; lorsqu'elles préparent la dinette ou lorsqu'elles habillent leur poupée, elles ont déjà l'adresse, l'instinct et l'amour de leur vocation future de mères laborieuses. Loin de les faire rougir de ces occupations enfantines aussitôt qu'elles entrent en classe, comme cela se fait habituellement, on devrait les y encourager. L'habillage des poupées conduit à la couture, et la dinette à la cuisine. Il faudrait tirer de là d'importantes leçons de choses et tout un petit cours de morale et de science en action. C'est ce que saura très bien faire l'institutrice qui n'aura pas appris, par la lecture exagérée des livres, à mépriser les occupations de son sexe, et qui ne mettra pas la connaissance des anciens royaumes de la Chaldée ou de la fastidieuse généalogie des rois d'Israël au-dessus de l'art de confectionner économiquement une jolie robe ou un bon repas.

Dans les cours préparatoires à ces examens, l'enseignement moral reposerait surtout sur le sentiment de la responsabilité de la femme et de la haute utilité de son rôle dans la famille et dans la société. On ennoblirait à ses yeux les plus simples devoirs du ménage, au lieu de lui apprendre à les mépriser.

Ce n'est pas ainsi, hélas! qu'on prépare les jeunes filles modernes à leur métier de femmes. Il semblerait que le but actuel de l'éducation fût de les en détourner complètement, et de détourner aussi du mariage ceux qui chercheraient parmi elles une compagne prête à prendre courageusement sa part des devoirs et des soucis qu'entraîne la fondation d'une famille. Ce n'est pas à des déclamatrices, remplies d'amertume, de prétentions et d'ambitions, et considérant comme inférieures les occupations d'un ménage, qu'un homme intelligent demandera jamais de remplir ce rôle.

Pour conclure, disons bien clairement que, si nous

(1) J'entends une langue apprise au point de vue pratique, chose très facile dans l'enfance et fort utile dans la vie. Il importe très peu qu'une jeune fille puisse traduire un texte étranger à coups de dictionnaire, mais il importe beaucoup qu'elle puisse soutenir une conversation courante en allemand ou en anglais. Une jeune fille allemande, élevée dans les plus modestes écoles de village, parle très suffisamment l'anglais et le français, alors que nos meilleures élèves, c'est-à-dire celles qui se présentent à l'agrégation, sont parfaitement incapables de soutenir la plus simple conversation dans une langue étrangère. Leur incapacité sur ce point est constatée dans les deux derniers rapports officiels de M. Manuel, président du jury pour l'agrégation.

nous sommes élevé dans cette étude contre l'instruction exagérée des femmes, c'est que cette instruction, faite pour des cerveaux autrement construits, fausse leur esprit et leur jugement, pervertit leurs instincts naturels, aigrit leur caractère, affaiblit leur constitution physique et les égare à la fois sur le vrai sens de leurs devoirs comme sur celui de leur propre bonheur.

Résumons-nous en quelques mots.

Le déséquilibre moral, intellectuel et physique, produit sur les femmes par l'éducation que nous leur donnons aujourd'hui commence seulement à se manifester, mais il s'accentuera inévitablement. Cette éducation charge trop leur cerveau de connaissances inutiles et ne leur apprend pas ce qu'elles auraient besoin de savoir, soit pour élever leurs enfants et diriger leur intérieur, soit même pour gagner leur vie si la nécessité les y oblige. Cette éducation tend à leur faire méconnaître leur véritable rôle dans la famille et dans la société et à faire d'elles, par conséquent, des révoltées, des ennemies de l'homme et de l'ordre social. Enfin cette éducation les menace d'une décadence physique profonde, et, par suite, nous menace aussi dans notre descendance.

Remonterons-nous ce fatal courant? Serons-nous encore une fois victimes de ces puissances mystérieuses, qui, semblables aux dieux de la fable antique, commencent par aveugler ceux qu'elles veulent perdre? Ce sont maintenant les idées qui conduisent les peuples. Plus implacables que les divinités des vieux âges, elles ne connaissent point la pitié et n'entendent point les prières. Les dieux d'aujourd'hui ont une puissance formidable, mais ce sont des dieux sourds.

GUSTAVE LE BON.

VARIÉTÉS

L'anatomie artistique.

Les grands ouvrages scientifiques in-folio ne sont plus de ceux que les libraires contemporains se disputent; le nombre en diminue chaque jour. Celui que viennent d'éditer Plon et Nourrit mérite donc qu'on s'y arrête. D'ailleurs il se recommande, en dehors de la rareté du fait, par le nom de son auteur. Nous devons déjà à la plume et au crayon de M. P. Richer un livre excellent, et à peu de chose près définitif, sur la grande hystérie. Élève et collaborateur de M. Charcot, M. P. Richer a aussi sa part dans le succès de deux autres publications plus récentes : les Démoniaques dans l'art et les difformes dans l'art, heureuse et originale association de la critique scientifique avec la critique artistique.

Il n'est pas douteux que, le jour où M. Richer a entrepris de rédiger un traité de l'*Anatomie des formes extérieures* (1), il a pensé que les précédents ouvrages (et ils sont nombreux), classiques ou non, ne remplissaient pas le but voulu. Le but voulu, cela va sans dire, est de fournir aux artistes des renseignements anatomiques utiles : « L'utilité des études anatomiques pour les artistes, peintres ou sculpteurs, qui doivent reproduire, dans leurs œuvres, le corps humain sous ses aspects les plus variés, autrefois discutée, ne fait plus question aujourd'hui. »

Cette affirmation, par laquelle débute la préface de l'ouvrage, est peut-être prématurée. La preuve en est que M. Richer lui-même, après tous les auteurs qui ont écrit sur le même sujet, cherche à démontrer que l'artiste a besoin de connaître « la raison des formes extérieures ». Les arguments sont bien choisis et bien présentés. Mais que valent-ils, en présence de ce fait que les maîtres de la statuaire antique n'étaient point anatomistes? L'anatomie humaine n'existait pas même pour les médecins. C'était une anatomie faite de suppositions; on disséquait seulement le porc, le chien, le cerf. Galien avait disséqué quelques singes. Les résultats de ses recherches n'ont assurément rien inspiré ni appris aux artistes, ses contemporains.

D'autre part, les artistes reprochent aux anatomistes, non seulement de ne leur enseigner rien d'utile, mais encore de leur donner des indications inexactes sur les formes extérieures du modèle vivant. Ils soutiennent que l'anatomiste n'a étudié que la nature morte, qu'il ne connaît que le sujet d'amphithéâtre étendu horizontalement sur la dalle de marbre, figé dans sa rigidité cadavérique; qu'il y a loin de cette anatomie à celle de l'homme plein de vie, de force et de santé, qu'on recherche toujours pour modèle; que le corps de l'homme mort, à côté de celui-là, mériterait un autre nom... « même celui de cadavre, parce qu'il nous montre encore quelque forme humaine, ne lui demeure pas longtemps; il devient un je ne sais quoi qui n'a plus de nom dans aucune langue »...

M. Richer aurait pu faire valoir qu'il n'était pas seulement anatomiste, mais artiste, dessinateur, peintre, statuaire; qu'il n'était pas seulement lauréat de la Faculté de médecine et de l'Académie des sciences, mais aussi lauréat du Salon de sculpture; qu'à ce titre, il savait autant que personne aujourd'hui apprécier à sa vraie mesure l'importance des études anatomiques pour les artistes. Ce que la modestie lui interdisait de dire, M. Richer l'a démontré grâce au magnifique atlas qu'il a annexé à son ouvrage.

Mais cela encore ne tranche pas la question. Le ta-

(1) *Description des formes extérieures du corps humain au repos et dans les principaux mouvements*, par M. P. Richer, avec 110 planches et 300 figures dessinées par l'auteur. Texte et atlas in-folio. — Paris, Plon et Nourrit, 1890.

lent artistique de M. P. Richer doit-il quelque chose à ses connaissances anatomiques? On peut bien, après tout, être sculpteur sans être anatomiste, comme on peut être anatomiste sans être sculpteur. L'étude consciencieuse et approfondie du cadavre a-t-elle ajouté au génie de Michel-Ange ou de Léonard? Phidias avait-il quelque chose à apprendre du plus savant anatomiste? Tout ignorant qu'il fût de la « raison des formes extérieures », n'a-t-il pas su reproduire ces formes et les idéaliser, en restant impeccable? Le dessin — cette « probité de l'art » — consiste à représenter fidèlement ce qui est visible, sans se préoccuper de l'invisible.

On pourrait discuter longtemps sur ce point. Il n'en est pas moins vrai que l'art ne réside pas dans la copie servile d'un modèle.

Tout d'abord, le modèle n'est pas indispensable, et, en l'absence du modèle, les souvenirs anatomiques sont un secours précieux. Ils épargnent bien des tâtonnements et diminuent le nombre des coups de crayon inutiles. Puis — et c'est là la raison péremptoire — le meilleur modèle n'est jamais parfait. Un sculpteur, par exemple, qui cherche à reproduire la partie latérale du genou (région difficile entre toutes, même pour l'anatomiste), ne distingue qu'un assemblage de proéminences et de dépressions dont il ne saisit pas la signification et l'importance respective. La « raison de la forme extérieure lui échappe ». Il peut se faire que la disposition de ces parties réponde à des anomalies individuelles ou à des déformations pathologiques. Il en est de l'homme le mieux fait comme du sage entre tous les sages, qui commet, dit-on, au moins sept péchés par jour. Un beau modèle ayant toujours quelque imperfection, l'artiste, ignorant de l'anatomie, risque de reproduire consciencieusement une difformité. Parmi les peintres et les sculpteurs qui se disent naturalistes ou réalistes et qui, systématiquement, ne représentent que ce qu'ils voient, on ne compte plus ceux qui *font laid*. Si toutes les vérités ne sont pas bonnes à dire, toutes ne sont pas non plus bonnes à reproduire. Or, quoique la perfection ne soit pas de ce monde, il est possible d'imaginer un type anatomique parfait.

Il ne s'ensuit pas que ce type idéal doive être invariablement le même. Les artistes ont conçu des types très différents, chacun parfait dans son genre. L'Antinoüs du Vatican ne rappelle en rien l'Apollon du Belvédère, encore moins l'Hercule Farnèse. Ces trois types cependant, esclave, dieu ou demi-dieu, sont toujours des hommes. Mais, certainement, le modèle qui jadis posa pour l'Hercule Farnèse n'aurait pas réalisé, aux yeux de l'empereur Adrien, l'idéale perfection d'Antinoüs.

Cette idéale perfection, bien que non conforme à la vérité absolue, ne dépasse pas les bornes de la vraisemblance. Dans aucune de ces œuvres admirables, on

ne trouverait une inexactitude anatomique; quand
bien même on ramènerait à la même échelle les statues d'Antinoüs et d'Hercule, la dissemblance n'en
subsisterait pas moins. Mais si le torse d'Hercule était
porté par les jambes d'Antinoüs, ou le torse d'Antinoüs
par les jambes d'Hercule, la monstruosité nous appa-
raîtrait peut-être comme plus inconcevable que la
queue de poisson des sirènes.

Il appartient encore moins aux anatomistes qu'aux
artistes de fixer définitivement les proportions de ces
types divers. La science n'a point à intervenir ici. De

Fig. 51.

Leur côté, les artistes qui négligeraient les notions
fondamentales de l'anatomie dans les créations de ce
genre risqueraient de commettre de grossières erreurs.
Il n'y a plus à invoquer, en pareille matière, l'exemple
des statuaires grecs ou gréco-romains. Ceux-là, en
effet, ne perdaient jamais de vue le modèle; ils l'avaient
constamment sous les yeux, partout et à tout moment
du jour, vivant et agissant. Aussi, l'anatomie extérieure
n'avait-elle pas de secrets pour eux. Le climat et les
mœurs d'aujourd'hui comportent d'autres procédés
d'étude, et personne ne contestera leur infériorité,
quoi qu'on fasse. L'Italien de la rue Linné, Antinoüs de
profession, qui s'exhibe dans les ateliers et dont le
plus grand mérite, après son biceps, est de bien garder
la pose dans l'attitude académique, ne rappelle que de
loin l modèle antique, pugil, sagittaire ou discobole.

Les artistes de la Renaissance n'affectaient pas tant
de mépris pour l'anatomie. L'art et la science se con-
fondaient pour eux dans un même culte. Il n'est pas
difficile, cependant, de trouver dans leurs œuvres des

imperfections ou même des erreurs. Mais, chose curieuse, les erreurs graves ont été surtout commises
par ceux d'entre eux qui avaient le plus disséqué, et
cela tient seulement à ce qu'ils disséquaient mal. Nous
n'en voulons pour preuve que ce dessin anatomique de
Léonard de Vinci dans lequel nous voyons les deux
faisceaux du sterno-mastoïdien presque complètement
séparés et le muscle grand pectoral divisé en quatre
faisceaux qui forment comme autant de muscles distincts (fig. 51).

D'autre part, peut-on prétendre, sans parjurer, que
Michel-Ange a commis de grosses erreurs d'anatomie
dans bon nombre de ses œuvres? Il avait disséqué, cependant, et connaissait la myologie autant qu'un
artiste puisse se flatter de la connaître. Mais il semble
qu'il ne l'ait apprise que pour la refaire à sa guise ou
la violenter. Le célèbre *écorché* qui mesure douze têtes
en hauteur (alors que la moyenne n'est que de huit ou
de sept et demi) présente, dans la région dorsale, un
fouillis de proéminences musculaires qui ne peut avoir
existé chez aucun modèle. L'attitude elle-même serait
irréalisable pour un acrobate. Ce n'est, si l'on veut,
qu'une fantaisie, car un anatomiste s'évertuerait en
vain à chercher les insertions osseuses de ces saillies
musculaires. Autant vaudrait chercher les articulations
des ailes et des omoplates sur les statues d'anges de
nos autels. L'écorché de Michel-Ange est un chef-
d'œuvre d'imagination autant que d'exécution, ce
n'est point un modèle à imiter. Ingres, paraît-il, interdisait à ses élèves l'étude des écorchés, quels qu'ils
fussent. Il en brisait les plâtres impitoyablement. Peut-
être n'avait-il pas tort?

M. Richer insiste sur ce point. L'écorché ne fournit
que des renseignements inexacts relativement à l'anatomie des formes extérieures. L'homme vivant n'est
pas un écorché revêtu d'une peau uniforme. La peau
n'a pas partout la même épaisseur, la même souplesse,
la même doublure. Aux saillies musculaires et osseuses
de l'écorché correspondent souvent des dépressions,
même assez profondes, chez l'homme revêtu de son
tégument. L'étude de l'écorché ne peut donc être
utile qu'à la condition que l'anatomie de la forme extérieure sera préalablement et parfaitement connue.

Il résulte de là que l'anatomie des formes extérieures
doit, en bonne logique, avoir pour point de départ
et en quelque sorte pour substratum le tégument.
C'est l'inverse de l'anatomie médicale ou chirurgicale,
qui se préoccupe non pas de la façade du monument,
mais de sa disposition intérieure et de ses aménage-
ments. L'artiste peut ignorer qu'il y a une moelle épinière; le médecin n'en a guère le droit. L'anatomie
artistique exige, par conséquent, une étude spéciale et
des procédés de démonstration spéciaux. C'est cette
étude et ce sont ces procédés de démonstration qui
font l'originalité et la nouveauté de l'ouvrage de
M. Richer.

Peut-être le tort des précédents traités est-il d'avoir présenté aux artistes l'anatomie humaine de la même façon qu'elle doit être présentée au médecin et au chi-

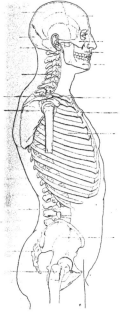

Fig. 52. — Squelette du tronc chez l'homme vivant.
(Réduction de la planche 18.)

lette qui diffère sur bien des points des figures auxquelles nos traités d'anatomie médicale nous ont habitués. Pour la cage thoracique, par exemple, la figure 52, qui est une réduction de la planche XVIII de son ouvrage, dessinée comme toutes les autres d'après le vivant, ne ressemble guère à la figure 53, qui a été faite à dessein d'après le mort, d'après un squelette monté. On remarquera que dans cette dernière figure le thorax est beaucoup trop distant du bassin et qu'une bonne partie de l'extrémité inférieure de la cage est supprimée, de telle sorte que le maximum de saillie répond à la pointe du sternum, au lieu de correspondre plus bas, au niveau du cartilage des fausses côtes. Une cage thoracique ainsi constituée n'entrera jamais dans un corps vivant bien conformé. La preuve en est faite par le dessin de M. Richer (fig. 53).

Cet exemple est pris au hasard; mais on pourrait en citer beaucoup d'autres.

Ainsi la seule anatomie artistique, c'est la morphologie proprement dite. Cela veut-il dire que l'artiste

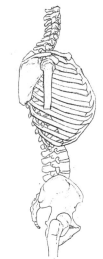

Fig. 53. — Squelette du tronc, d'après une pièce montée.

rurgien. L'anatomie des formes extérieures est une science à part : elle peut se passer même de la dissection. M. Richer le démontre. Bien plus, il prouve que la dissection dont le but est, comme son nom l'indique, de séparer les organes, ne peut rendre aux artistes que des services très problématiques. L'exemple cité plus haut du pectoral de Léonard de Vinci en est la preuve. Il n'y a pas, en effet, jusqu'au squelette (dont les parties constituantes sont cependant rigides) qui ne présente sur le cadavre et chez l'homme vivant des différences considérables.

C'est ainsi que M. Paul Richer a été conduit, par la méthode spéciale qu'il a adoptée, à dessiner un sque-

puisse ou doive se passer de notions anatomiques autres que celles que lui fournit l'étude du tégument externe? Nullement; aussi l'auteur a-t-il cru devoir faire précéder le grand chapitre de morphologie qui fait le fond de son ouvrage d'une introduction détaillée consacrée à l'étude des parties profondes.

Mais il reste encore à envisager un autre point de vue, auquel M. Richer ne s'est arrêté qu'un instant, non sans en faire remarquer l'importance. Il s'agit des erreurs d'anatomie extérieure, résultant de la connaissance insuffisante des formes, non pas du modèle qui pose, mais du modèle qui ne pose pas. Un artiste qui veut représenter un homme qui court, qui saute, qui lutte, ne réalise jamais dans son œuvre la vérité absolue. Il lui est impossible, en présence d'actions si rapides, de décomposer le mouvement et de figurer l'attitude correspondant à un moment donné de ce mouvement. Ingres prétendait que l'artiste devait s'habituer à saisir assez vivement la silhouette du modèle en mouvement, pour qu'il lui fût possible, *à la rigueur*, de dessiner, de mémoire et sans faute, un homme tombant d'un toit. Aucune des œuvres d'Ingres ne nous prouve que le maître ait résolu cette difficulté. Géricault, si au courant qu'il fût de l'anatomie du cheval, n'a représenté des chevaux au galop que dans des attitudes absolument fantaisistes. Le jour où la photographie instantanée a permis de décomposer les mouvements dans les différentes allures, on s'est aperçu que la plupart des maîtres s'étaient trompés. Tous avaient donné à certaines figures, hommes ou animaux, des attitudes de pure convention. Notre œil s'y était habitué, personne n'en était choqué. Les premières photographies instantanées ont déconcerté tout le monde, et on a pu croire alors que c'était la photographie qui se trompait. Peu à peu notre œil s'est fait aux attitudes imprévues révélées par la photographie, et nous commençons à trouver que les chevaux de Géricault galopent mal. Il en est de même des attitudes du modèle en mouvement. Or, à ces attitudes nouvelles

Fig. 54. — Extension du cou.
Le modèle ne peut garder la pose.
(Réduction de la figure 2 de la planche 87.)

correspondent des rapports anatomiques nouveaux ou méconnus jusqu'à ce jour. Le nombre en est illimité. M. Richer ne pouvait les passer tous en revue; il s'est donc contenté de représenter les mouvements élémen-

taires de chacune des parties du corps (fig. 54) : en somme, c'est toujours en un ou plusieurs de ces mouvements que se résolvent les combinaisons plus ou

Fig. 55. — Flexion de l'avant-bras sur le bras.
Dans cette attitude, le modèle ne peut garder la pose
pendant plus d'une minute.
(Réduction de la figure 1 de la planche 104.)

moins élevées que réalise le corps tout entier en action. Même parmi ces mouvements élémentaires, il en est que le modèle ne peut exécuter au gré de l'artiste. Il y a des attitudes que l'homme le plus robuste ne peut conserver sans fatigue. M. Richer consacre à l'étude de ces mouvements et de ces attitudes des paragraphes et des dessins fort instructifs (fig. 55 et 56) (1).

Un long chapitre traite des *régions*. Le corps humain est divisé en régions chirurgicales; il faut aussi le diviser en régions artistiques, et fixer dans une nomenclature spéciale le nom de ces diverses régions et des détails morphologiques qui les remplissent. Cela était nécessaire pour faciliter et éclairer toute cette étude, et permettre les comparaisons d'une même partie chez différents sujets, ou chez un même sujet dans des mouvements différents. « En effet, dit l'auteur, si l'on s'entend généralement lorsqu'on parle du pied, de la main, du poignet ou de la jambe, et si, à ce propos, notre division paraît puérile, on verra combien elle était utile pour définir les limites des régions secondaires du tronc. Sous ce rapport, la morphologie humaine est moins précise et moins connue que la morphologie du cheval. »

_____

(1) Nous devons à l'obligeance de MM. Pion et Nourrit les figures intercalées dans cet article, et qui sont des réductions des planches de l'atlas, beaucoup trop importantes pour trouver place dans le format du journal.

Une conclusion, peut-être la plus inattendue de ce bel ouvrage, est que si l'anatomie artistique peut quelquefois être utile aux artistes, elle est toujours indispensable au médecin. Nous ne saurions mieux faire que de reproduire ici dans son entier le passage où M. Richer soutient cette thèse ingénieuse : « M. le professeur Char-

Fig. 56. — Extension du tronc.
(Réduction de la planche 16.)

cot, avec la haute autorité qui s'attache à son enseignement, signalait dernièrement à ses auditeurs de la Salpêtrière tout l'intérêt que présente pour le médecin l'étude du nu : « Je ne saurais trop vous engager, « messieurs, disait-il, surtout quand il s'agit de « neuro-pathologie, à examiner les malades nus « toutes les fois que des circonstances d'ordre moral « ne s'y opposent pas. En réalité, nous autres méde- « cins, nous devrions connaître le nu aussi bien et

« même mieux que les peintres ne le connaissent. Un « défaut de dessin chez le peintre et le sculpteur, c'est « grave sans doute au point de vue de l'art, mais en « somme cela n'a pas, au point de vue pratique, des « conséquences majeures. Mais que diriez-vous d'un « médecin ou d'un chirurgien qui prendrait, ainsi que « cela arrive trop souvent, une saillie, un relief nor- « mal pour une déformation ou inversement ? Par- « donnez-moi cette digression, qui suffira peut-être « pour faire ressortir une fois de plus la nécessité pour « le médecin comme pour le chirurgien d'attacher une « grande importance à l'étude médico-chirurgicale du « nu.
« Pour tirer profit de l'examen du nu pathologique, « il est donc de toute nécessité de bien connaître le « nu normal. Or c'est là une étude quelque peu né- « gligée par les médecins. Il existe parmi nous, il faut « bien le dire, une sorte de préjugé qui nous fait con- « sidérer l'anatomie des formes comme une science « élémentaire qu'on abandonne volontiers aux artistes « et que le médecin connaît toujours assez.
« L'anatomiste, en effet, qui a longtemps fréquenté « les amphithéâtres, dont le scalpel a fouillé le cadavre « dans tous les sens, au dehors comme au dedans, sans « négliger le plus mince organe, la plus petite fibre, « peut se figurer, avec une apparence de raison, qu'une « telle somme de connaissances anatomiques renferme « implicitement celle des formes extérieures et qu'il « doit connaître la morphologie humaine sans l'avoir « spécialement apprise, comme par surcroît. C'est là « cependant une illusion. Nous avons vu des anato- « mistes fort distingués se trouver très embarrassés en « présence du nu vivant et chercher inutilement dans « leurs souvenirs la raison anatomique de certaines « formes imprévues bien que parfaitement normales.
« La chose est en somme facile à comprendre : l'étude « du cadavre ne peut donner ce qu'elle n'a pas. La « dissection qui nous montre tous les ressorts cachés « de la machine humaine ne le fait qu'à la condition « d'en détruire les formes extérieures. La mort elle- « même, dès les premières heures, inaugure la disso- « lution finale ; et par les modifications intimes qui « se produisent alors dans tous les tissus en altère « profondément les apparences extérieures. Enfin, ce « n'est pas sur le cadavre inerte qu'on peut saisir les « changements incessants que la vie, dans l'infinie va- « riété des mouvements, imprime à toutes les parties « du corps humain. Il serait donc à souhaiter que dans « nos amphithéâtres d'anatomie l'étude du modèle vi- « vant ait sa place à côté de l'étude du cadavre qu'elle « compléterait très heureusement. Elle a pour fonde- « ment, il est vrai, les notions que fournit le cadavre, « mais elle anime, elle vivifie ces premières connais- « sances à l'aide desquelles elle reconstitue l'homme « plein de vie. Son procédé est la synthèse ; son moyen « est l'observation du nu ; son but est de découvrir les

« causes multiples de la forme vivante et de la fixer
« dans une description ; elle demande donc à être étu-
« diée en elle-même et pour elle-même, elle fournit
« des connaissances que l'anatomie pure et simple ne
« peut donner. »

BRISSAUD.

GÉOGRAPHIE

Le plan d'exploration du pôle Nord
par M. Nansen.

M. Nansen, l'intrépide explorateur norvégien, revenu il y
a un an à peine de son périlleux voyage à travers les contrées glacées du Groenland, a exposé récemment, dans une
réunion de la Société géographique norvégienne, le nouveau plan conçu par lui pour sa future exploration au pôle
Nord. Dans cette conférence, M. Nansen a commencé par
énumérer les tentatives faites, jusqu'ici, dans le but d'explorer les régions arctiques. Il a rappelé que le premier chemin
choisi pour essayer de pénétrer jusqu'au pôle Nord a été,
d'après l'avis général, la partie de l'océan Glacial arctique
située entre le Spitzberg et le Groenland. Dans son voyage,
en 1707, Hudson a dû pénétrer, le premier, dans ces régions,
jusqu'à une latitude septentrionale de 80°. — Parry, en 1827,
est arrivé par le même chemin, jusqu'à 82°45' latitude nord.

Les tentatives les plus nombreuses ont cependant été
faites par le détroit de Smith, dans la partie septentrionale
de la baie de Baffin. Ici, l'expédition envoyée à la recherche
de Franklin est arrivée à 80° 56' latitude nord, et un des
membres de cette expédition a cru distinguer, d'un point
élevé, une mer polaire libre à 81° 29'. Plus tard, Greely est
arrivé par le même chemin à 83° 24', le point le plus septentrional du globe atteint jusqu'à nos jours. Les forts courants qui se dirigent ici dans le sens méridional, à peu de
distance des côtes, laisseraient cependant, dit l'orateur,
peu d'espoir de pouvoir avancer dans la direction nord.

On a essayé aussi de se frayer un chemin au pôle, en passant par la terre François-Joseph. L'expédition danoise,
dirigée par Hoogaard, a dernièrement tenté de pénétrer
dans la direction nord, à l'ouest de cette terre ; elle a été
arrêtée par les glaces et forcée à rebrousser chemin. De ce
côté également, il se présente donc, selon M. Nansen, de
grandes difficultés.

Le chemin par le détroit de Behring restait à mentionner.
Cette voie a été essayée, en 1879, par de Long ; il l'avait
choisie, pensant que le courant chaud qui remonte le détroit emmènerait avec lui le navire dans la direction nord,
et qu'on atteindrait plus loin des eaux libres. La *Jeannette*
cependant a été prise dans les glaces et entraînée par
celles-ci pendant deux ans, de 1879 à 1881.

L'orateur ne croit pas à la possibilité de pouvoir pénétrer
bien loin vers le nord, en passant par les terres. Selon toute

probabilité, la partie septentrionale du Groenland ne s'étend
pas assez loin vers le pôle, pour qu'on puisse conserver l'espoir d'atteindre le but par ce côté.

Malgré les difficultés considérables présentées par les
glaces, sur presque tous les points, M. Nansen croit donc
qu'une nouvelle tentative faite par mer serait seule praticable, et il a la conviction qu'une telle tentative serait couronnée de succès, si l'on savait tirer le meilleur parti des
circonstances et des moyens qu'on aurait à sa disposition.
Selon lui, l'essentiel serait de rechercher un courant qui se
dirigerait du côté où l'on voudrait aller, c'est-à-dire vers le
nord, et il est d'avis que de Long aurait vu juste en ce
point et aurait ouvert la seule voie possible. La *Jeannette*
a séjourné deux ans dans les glaces, et a été entraînée
par celles-ci de la terre Wrangel aux îles de la Nouvelle-
Sibérie ; mais trois ans plus tard, en 1884, on a trouvé sur
la côte occidentale du Groenland des outils qui, sans aucun
doute, avaient appartenu au navire. M. Mohn a démontré
déjà, en 1884, que ces outils auraient difficilement pu arriver
à la côte groenlandaise autrement que par une voie qui serait
à déterminer à peu près à travers le pôle Nord. Avec la connaissance que l'on possède aujourd'hui de la direction et de
la vitesse des courants dans ces parages, on peut dire avec
certitude que ces objets n'auraient pu venir par le détroit
de Smith. Ils ont dû passer au-dessus du Spitzberg pour
arriver sur la côte occidentale du Groenland et remonter
vers le nord pour aboutir enfin à la côte groenlandaise
occidentale. Les hypothèses émises à ce sujet semblent confirmées par le calcul du temps que les susdits objets ont
mis pour arriver d'un endroit à l'autre.

M. Nansen a montré à ses auditeurs un morceau de bois
recueilli sur la côte groenlandaise et, qui, selon lui, constituerait encore une preuve de l'existence d'un courant se
dirigeant de la mer de Behring à l'océan Atlantique, en passant par le pôle Nord. Ce morceau de bois serait identique à
ceux dont se servent les Esquimaux habitant la côte de la
presqu'île d'Alaska pour lancer leurs flèches. Il serait inadmissible que cette arme pût être de provenance groenlandaise.

Les bois flottants (mélèzes de Sibérie, pins, sapins) que les
Esquimaux recueillent sur les côtes du Groenland prouveraient encore même l'existence d'un courant passant par le pôle.
Ces bois ne peuvent venir que des côtes de l'Amérique du
Nord et de la Sibérie, et on ne pourrait admettre qu'ils
passent au sud de la terre François-Joseph et du Spitzberg
pour aboutir au Groenland, pas plus que les épaves de la
Jeannette n'auraient pu passer par ce chemin. Il faudrait
donc, selon l'orateur, supposer que les bois en question
suivent un courant constant qui se dirige vers le Groenland.

M. Nansen dit avoir, en outre, remarqué lui-même sur les
glaces, dans le détroit de Danemark, des dépôts de limon de
rivière apportés, selon toute probabilité, par les fleuves de
l'Amérique du Nord et de la Sibérie. Cette preuve ne lui
semblerait cependant pas concluante au même point que
celles que nous venons de mentionner plus haut. Il serait

possible que ce limon eût été déposé par les fleuves qui sortent des glaciers du Groenland septentrional.

En conséquence, M. Nansen conclut à l'existence d'un courant qui se dirigerait vers la côte orientale du Groenland, en traversant l'espace compris entre le pôle et la terre François-Joseph, et il considérerait celui qui s'avance entre le Spitzberg et le Groenland comme la continuation de ce même courant. Les recherches faites dans les profondeurs de la mer, dans ces parages, semblent confirmer cette hypothèse.

L'intention de M. Nansen serait de faire construire un navire d'après des principes qui lui permettraient d'opposer une très forte résistance à l'action des glaces. Le point essentiel serait de donner aux flancs de ce bâtiment la plus grande inclinaison possible. Avec une construction de ce genre, M. Nansen croit qu'on réussirait à garantir le navire contre le sort éprouvé par la *Jeannette* et par tous les bateaux perdus dans les glaces de la région arctique, c'est-à-dire que le navire pris entre les glaces resserrées par les tempêtes ou par les courants, au lieu d'être écrasé par celles-ci, serait seulement soulevé et mis ainsi à l'abri du danger. Avec un navire construit spécialement dans ce but, M. Nansen se proposerait de passer par le détroit de Behring, de chercher à atteindre le plus tôt qu'il le pourrait les îles de la Nouvelle-Sibérie, et, de là, d'entrer hardiment dans les glaces. D'après les communications faites par les membres de l'expédition de la *Jeannette* et, plus tard, par M. Nordenskiöld, il croit pouvoir arriver aux îles de la Nouvelle-Sibérie les plus septentrionales. De ce point, on se dirigerait au nord en pénétrant aussi loin que possible dans les glaces, et on amarrerait le navire. Plus les glaçons se resserreraient autour de celui-ci, plus ils le soulèveraient et contribueraient à le soutenir. A partir de ce moment, on ne soucierait peu d'avancer; on suivrait simplement le courant, et on aurait tout le temps nécessaire pour faire des observations scientifiques. Dans l'espace de deux ans, peut-être même dans un espace de temps moins long, l'expédition serait ainsi, selon l'avis de M. Nansen, charriée avec les glaces par le courant et conduite dans la mer située entre le Spitzberg et le Groenland.

L'orateur ne craindrait pas de voir le résultat de l'entreprise compromis, même dans le cas où le navire serait écrasé au milieu des glaces. Ses propres expériences et celles faites par d'autres lui ont appris que, dans des circonstances de cette nature, on risque peu en quittant le navire pour se réfugier sur les glaces. Deux choses seraient seulement essentielles : de bons vêtements et beaucoup de vivres.

A son avis, trois conditions seraient nécessaires pour assurer à l'expédition qu'il se propose la réussite qui a fait défaut à toutes celles qui ont été tentées auparavant. Ces conditions seraient : de choisir pour faire partie de l'expédition des hommes d'élite, au point de vue de l'intrépidité, de la persévérance et de la discipline; — de réduire au minimum le nombre de ces hommes; — de se pourvoir d'un équipement de premier ordre.

L'orateur a abordé ensuite la question de l'utilité des explorations de ce genre. En admettant la valeur des recherches scientifiques en général, les explorations polaires auraient, selon lui, donné déjà et donneraient encore à presque toutes les branches de la science, des résultats d'une grande importance. Les régions polaires inconnues offriraient sans doute, pour les mensurations géodésiques, des conditions p'us favorables qu'aucun autre lieu de la terre. Sans connaître le point le plus froid de notre globe, on ne pourrait calculer avec exactitude la quantité de chaleur empruntée au soleil par la terre. L'étude des températures régnant dans la région polaire serait donc de la plus grande importance pour la météorologie. Un examen de la direction et de la vitesse des courants intéresserait au plus haut point la géographie physique. Ces régions offriraient un terrain favorable aux recherches sur le magnétisme, sur l'électricité, etc., etc. — Et quand même on mettrait de côté les problèmes scientifiques, l'on ne saurait que trouver très naturel chez les hommes le désir d'explorer les parties encore inconnues du lieu habité par eux.

Rappelant en quelques mots la part prise déjà par les Norvégiens dans des expéditions polaires antérieures, M. Nansen a fait ressortir que ses compatriotes sont particulièrement bien constitués pour des entreprises de cette nature, et il a terminé sa conférence par le vœu qu'il leur soit réservé d'arborer les premiers leur drapeau au-dessus du pôle Nord.

Ajoutons que l'entreprise de M. Nansen a rencontré en Norvège les plus grandes sympathies. Le *Morgenblad*, la plus importante gazette du pays, dit que c'est une question d'honneur pour la Norvège d'organiser l'expédition avec les ressources tant publiques que privées du royaume.

Le gouvernement norvégien a partagé cet avis et a demandé à l'Assemblée nationale un crédit de 280 000 francs comme subvention à l'expédition Nansen; et déjà deux souscripteurs ont promis 30 000 couronnes.

On peut donc espérer que l'expédition se fera, comme M. Nansen le désire, au plus tard en 1892.

INDUSTRIE

Fabrication et falsifications des vins de raisins secs.

On n'a jamais tant parlé des raisins secs que depuis plusieurs mois. Viticulteurs, distillateurs, hygiénistes, tous s'en sont occupés et aux points de vue fort divers. Leurs réclamations ont eu auprès de nos représentants un écho tel, que la question de savoir s'il fallait ou non frapper ces matières d'un droit à l'entrée chez nous, et partant dénoncer le traité franco-turc, a été l'origine d'une crise ministérielle, et qu'aujourd'hui encore l'imposition de taxes douanières sur ces produits et d'impôts intérieurs sur la fabrication du vin

n dérive, a amené dans ces derniers temps et amènera
ment encore devant nos Chambres françaises une dis-
on ni plus ni moins que passionnée.

irquoi tant d'acrimonie lorsqu'il s'agit de matières qui,
mière vue, ne paraissaient pas devoir soulever autant
ges? Pourquoi tant d'études et, qu'on nous pardonne le
de disputes pour la fabrication d'un vin qui, en
ie, ne devrait être qu'une modification sans consé-
:e du vin de raisin frais?

iquons tout d'abord, pour ceux qui ne la connaissent
omment se pratique d'ordinaire cette fabrication. L'ou-
: n'en est pas bien compliqué : il suffit d'une cuve de
page, d'un broyeur, d'une cuve -de fermentation, de
es pour loger le vin, d'une chaudière pour chauffer
d'un pressoir, d'un filtre, de pompes et des usten-
:n usage dans un cellier.

ir le fabriquer, les cultivateurs se contentent de ver-
ans la cuve de trempage de l'eau de rivière chauffée à
t ils y ajoutent, en les émiettant, des raisins secs dont
it vérifié la richesse saccharine au densimètre sur
:hantillon déterminé; ils ont, pour ce faire, à leur dis-
on un petit tableau que l'on vend dans le commerce et
:quel se trouve indiquée la concordance des degrés du
mètre avec la quantité de sucre par litre de jus et le
: de vin qu'on en obtient; ces indications sont suffi-
s. Les raisins qu'ils emploient sont avant tout ceux de
the; mais il existe une quantité de variétés qui ont des
nations spéciales et dans le détail desquelles nous ne
ons entrer ici : c'est ainsi que les raisins de Thyra sont
vés pour les vins doux de mutage, les Vourla blonds
les vins blancs non musqués, les Jamos blonds muscats
les vins muscats, les Alexandrette, Smyrne, Beyrouth
.laga pour les sortes ordinaires. La quantité de raisins
ployer varie suivant le degré que l'on veut donner au
on compte généralement qu'il en faut 3^{ks},226 pour éle-
n hectolitre d'eau de 4 degré alcoolique.

trempage dure de trente-six à soixante-douze heures et
avec la saison et la température; le mélange avec les
s ramène la température de l'eau à 20° ou 25°; chacun
rains gonfle et arrive au volume qu'il devait avoir à
frais.

st alors que, pour amener la fermentation, on passe les
s au broyeur, en ayant soin toutefois de ne pas les
er à l'état de bouillie. Cette opération paraît être néces-
pour la plupart des espèces, sauf pour les belles sortes
:rinthe. Les raisins crèvent, leur pulpe se déchire, ils
ent dans la cuve de fermentation, à laquelle on ajoute
de trempage, qu'on additionne, pour activer la fermen-
l, d'une nouvelle eau chauffée de 28° à 30° en hiver,
à 22° en été. On remue le tout pour rendre la masse
iomogène, et on suit la marche de l'opération en passant
ellement le moût à l'aréomètre. Trois fois par jour, on
ience par refouler régulièrement le chapeau dans la
inge; mais si la fermentation est intense et se fait en
ouverte, on cesse au bout de deux ou trois jours pour

éviter d'enfoncer dans la masse le dessus du chapeau qui
aurait pu déjà subir un commencement de fermentation
acétique : on peut du reste éviter cet inconvénient en opérant en cuve close ou en maintenant le marc constamment
plongé dans le liquide de la cuve au moyen d'un diaphragme
percé de trous et fixé solidement au-dessous du niveau du
liquide. Au bout de six à huit jours à partir de la mise en
cuve, la fermentation est terminée. On a eu soin, surtout en
hiver, de maintenir le local à une température de 20° à 25°,
jusqu'à ce que la fermentation soit en pleine activité; et
lorsque, malgré ces soins, la cuve ne fermente pas, on
soutire une partie du liquide qu'on chauffe à 50°, et on la
reverse au moyen d'un tube surmonté d'un entonnoir et
placé au fond de la cuve.

Le décuvage a lieu lorsque la fermentation touche à sa fin,
sans attendre qu'elle soit complètement tombée, comme on
reste pour le vin de raisins frais; le vin est alors trouble et
jaunâtre, il est chargé de matières qui en altèrent le goût. Une
fois les grosses lies précipitées, on soutire alors à l'abri de
l'air et en fûts méchés, en faisant toujours le plein et en
ayant soin de se rappeler que les fermentations anormales
sont autrement communes chez les vins de raisins secs que
pour les produits de raisins frais. On ajoute, par pièce de
225 litres, 6 à 8 grammes de tannin préalablement dissous
dans l'alcool et 75 grammes d'acide citrique.

Lorsque toute fermentation a cessé, on colle avec 10 grammes de gélatine par hectolitre, et pour plus de sûreté on
filtre presque toujours : nous n'avons pas à indiquer ici de
système de filtre, il y en a des quantités dans le commerce
pour cet usage spécial.

Ces vins ne sont pas colorés; la matière colorante semble
avoir été détruite par la dessiccation, car les vins fabriqués
même avec des raisins noirs sont dépourvus de couleur. Il
faut donc leur donner la teinte qu'ils n'ont pas, et pour cela
on les additionne de vins foncés d'Espagne, du Roussillon,
de Cahors ou de Narbonne. Quant aux marcs, ils sont ou
distillés immédiatement, comme le marc de raisin frais, et
donnent de l'eau-de-vie de bonne qualité, ou bien ils sont
livrés au bétail ou à la volaille.

La fabrication dont nous venons d'esquisser rapidement
les diverses phases n'est pas bien ancienne en France : elle
remonte à 1872. A cette époque, la culture du raisin n'était
pas très répandue en Grèce, et les envois de ce pays n'avaient
pas très débouché bien important, l'Angleterre, qui s'en servait notamment pour la confection de ses plum-puddings.
En France, la consommation du raisin sec se trouvait réduite
au simple débouché créé par la confiserie. L'invasion du
phylloxéra dans nos vignobles vint changer cette situation;
un grand nombre de nos viticulteurs, qui ne pouvaient plus
fabriquer de vin de raisins frais, importèrent des raisins secs
et les Hellènes s'attachèrent à cultiver
le raisin dit de Corinthe dans l'Archipel et une partie du
Péloponèse, et nous en envoyèrent des quantités considérables. Le relevé des importations de raisins secs de Grèce
à partir de 1877 en France en fait foi (avant cette époque,

le relevé pour la Grèce n'est pas indiqué d'une façon générale dans les états officiels de la douane); le voici ·

1877. . . .	371 495 kilogr.	1884. . . .	25 471 316 kilogr.
1878. . . .	3 608 784 —	1885. . . .	49 407 067 —
1879. . . .	42 324 551 —	1886. . . .	41 276 040 —
1880. . . .	26 687 203 —	1887. . . .	48 416 625 —
1881. . . .	21 297 983 —	1888. . . .	35 133 110 —
1882. . . .	29 547 554 —	1889. . . .	50 799 306 —
1883. . . .	29 450 546 —		

En Turquie, la situation se modifia de la même façon et pour des causes id·ntiques. Comme la plupart des raisins de l'Asie Mineure, principale région productrice, étaient d'une valeur commerciale moindre que ceux de la Grèce, les raisins turcs n'étaient guère employés que par les distillateurs de la Russie et notamment d'Odessa. Mais lorsque la fabrication du vin de raisins secs prit de l'extension en France, toute la récolte prit la route de notre pays, et l'on vit les raisins turcs qui, en 1875, se payaient pris à Marseille 15 fr. 50 les 100 kilogrammes, atteindre pour certaines qualités, en 1879 et 1880, le prix de 65 francs.

Les importations chez nous progressaient de la façon suivante :

1871. . . .	1 123 623 kilogr.	1881. . . .	37 312 908 kilogr.
1872. . . .	2 803 905 —	1882. . . .	28 330 079 —
1873. . . .	5 404 275 —	1883. . . .	27 821 302 —
1874. . . .	3 836 609 —	1884. . . .	31 012 104 —
1875. . . .	4 039 801 —	1885. . . .	37 743 582 —
1876. . . .	4 361 488 —	1886. . . .	40 604 341 —
1877. . . .	11 157 504 —	1887. . . .	42 476 414 · —
1878. . . .	11 662 537 —	1888. . . .	11 092 756 —
1879. . . .	21 389 890 —	1889. . . .	40 105 879 —
1880. . . .	31 220 210 —		

Aujourd'hui, en présence de cette invasion de produits étrangers, nos viticulteurs se débattent comme de beaux diables; car non seulement l'extension qu'a prise la fabrication proprement dite du vin de raisins secs concurrence d'une façon déplorable celle de leurs vins de raisins frais; mais encore certains cultivateurs de Bretagne et de Normandie, qui ne fabriquaient jusque-là tous les quatre ou cinq ans qu'un verjus fort peu appréciable, ont trouvé moyen, par le mélange avec les raisins secs, de fournir un vin très agréable et remplissant, sauf la couleur à laquelle ils suppléent par des coupages avec des vins du Midi, toutes les conditions exigées par le commerce. Alors ils essayent d'arriver à la suppression de l'industrie du vin de raisins secs, en demandant l'imposition d'un droit élevé à l'entrée qui entraverait d'une façon certaine l'arrivée des provenances de Grèce et de Turquie; ils arguent que la France est le pays où les droits de douane sont le plus bas, car, tandis qu'ils demandent 6 francs par 100 kilogrammes, les droits en Angleterre sont de 17 fr. 23, en Autriche de 30 francs, en Belgique de 25 francs, sans compter des droits élevés de fabrication du vin.

A ceci, les fabricants de vins de raisins secs répondent que le vignoble français ne produit que la moitié de la consommation moyenne, que le tort causé aux viticulteurs

n'est pas le fait des fabricants de vins de raisins secs, mais celui du commerce de gros qui s'approvisionne de vins étrangers pour 36 pour 100 de la consommation totale. On nous permettra de ne pas entrer dans la discussion de ces questions toutes spéciales.

Mais il est un fait qui pour nous prime toutes les autres, c'est de savoir si le vin de raisins secs est ou n'est pas nuisible à la santé. A priori, nos lecteurs ont déjà répondu qu'il ne pouvait être nuisible, dès l'instant où l'on se borne à le fabriquer dans les conditions que nous avons indiquées tout à l'heure; puisque alors c'est un vin identique à tous les autres, la matière première étant la même, et toute la différence dans la fabrication consistant, en somme, au lieu de traiter du raisin frais et le faire fermenter, à traiter du raisin sec auquel on restitue l'eau que la dessiccation lui a enlevée et qu'on soumet ensuite à la fermentation. Malheureusement il s'en faut qu'il en soit ainsi, car il n'est pas une fabrication qui prête à plus de fraudes. La meilleure preuve est que, depuis nombre d'années, les raisins secs augmentent constamment de valeur, tandis que le vin qui en provient se vend de plus en plus bas.

L'une des fraudes les plus communes est celle qui se fait sur la durée de la cuvée, durée qui n'est pas limitée. Cinq jours seraient suffisants, mais le fabricant réclame quinze jours et plus, et il trouve ainsi moyen, soit en renouvelant plusieurs fois les raisins secs dans la même cuve, soit en utilisant les mêmes raisins additionnés de glucose, à faire des vins de seconde cuvée, à fabriquer plusieurs cuvées au lieu d'une seule. Bien entendu, pour n'avoir pas d'excédent, ces cuvées supplémentaires sont écoulées en secret.

En même temps, le fabricant trompe le fisc sur le degré alcoolique, car on a la naïveté de lui faire déclarer à l'avance « par approximation ce que sera la richesse alcoolique du produit après la fabrication ». Il est bien dit dans une circulaire que « d'après les données généralement admises, 100 kilogrammes de raisins secs produisent en moyenne 3 hectolitres de vin dont la richesse alcoolique vaut de 5° à 12° »; mais comme on aurait dû exiger 30° d'alcool par 100 kilogrammes de raisins secs, il va sans dire que le fabricant déclare toujours une richesse alcoolique trop faible.

Une autre fraude, qui, celle-là, est essentiellement nuisible à la santé publique, consiste dans l'emploi abusif des glucoses et mélasses appliquées à cette fabrication. Plusieurs fabricants vont jusqu'à fabriquer la glucose dans la cuve, afin de ne pas payer les droits qui frappent cette substance, et ils mélangent alors dans la cuve même le raisin sec, de la farine de maïs et de l'acide sulfurique. On ne saurait trop s'élever contre de pareils agissements. Déjà, en 1886, M. Pouchet, dans un rapport adressé au ministre du commerce, au nom du Comité d'hygiène publique, signalait ces méthodes abusives et dangereuses : « Dans la fabrication des piquettes de raisins secs, disait-il, l'emploi des glucoses a pris, depuis cinq à six ans, une extension considérable. Dans certaines fabriques de piquettes de raisins secs, l'addition des glucoses n'a pour ainsi dire pas de limites, et le produit fabriqué pourrait à bien plus juste titre être appelé piquette de glucose. »,Rien n'est plus vrai ; mais depuis que ces réclamations ont été formulées, la question ne semble pas avoir avancé d'une ligne, et la fraude que nous signalons continue à être pratiquée sans qu'on ait jugé à propos d'édicter à cet égard la moindre répression.

L'une des fraudes les plus répandues consiste à relever le degré alcoolique, en coupant le vin de raisins secs en proportions diverses avec de l'eau alcoolisée, d'un prix inférieur à ce que coûte le degré alcoolique produit par la fermentation naturelle. On emploie pour cela, soit des alcools de mauvaise qualité provenant de la distillation clandestine des fruits secs (dates, figues, etc.), soit l'alcool supposé employé pour viner les vins d'exportation, soit celui que l'on extrait des mistels d'importation. Parfois encore, on fait disparaître l'alcool par le moyen d'acquits fictifs. Mais quel que soit le moyen employé, on voit de suite quel genre de produits on peut arriver à écouler sous le nom de vins de raisins secs ; car de cette façon, au lieu de retirer 3 ou 4 hectolitres de vin de 100 kilogrammes de matière première, on en retire 10 à 12 hectolitres d'un liquide qui porte le même nom. On arrive quelquefois, avec ces procédés, à remonter à 15° les derniers lavages d'une cuvée pesant à peine 2°. Il va sans dire que ces vins ne se conservent pas, et que lorsqu'ils ont subi le sucrage, il n'y a qu'un moyen de remédier à leur manque de solidité, c'est de les salicyler.

Il y a longtemps, du reste, qu'on a appelé l'attention des pouvoirs publics sur ce moyen de conservation, appliqué spécialement à la fabrication des vins de raisins secs. « Depuis que la fabrication des vins de raisins secs a été autorisée par vous — lisons-nous dans un rapport adressé en 1880, au ministre de l'agriculture et du commerce, par M Dubrisay, au nom du Comité d'hygiène — les raisins secs, qui valaient 15 francs les 100 kilogrammes, sont montés à des prix très élevés. Inspirés par l'amour du gain, des chimistes ont imaginé de remplacer le raisin sec par des poires, des pommes, des prunelles desséchées, etc. Ils font macérer le tout dans une solution de glucose et, pour prévenir la fermentation, ils ajoutent des doses très élevées d'acide salicylique. Ces vins se fabriquent en tous pays. »
Et maintenant dira-t-on que le vin de raisins secs est un produit inoffensif Il y a bien eu, le 12 janvier 1880, un rapport de M. Chatin, au nom du Comité d'hygiène publique, concluant « à l'innocuité des vins de raisins secs et à la similitude des principes contenus dans ces vins et de ceux que renferme le vin de vendange ». Mais ceci prouve tout simplement que le vin de raisins secs soumis à l'appréciation de M. Chatin était fabriqué dans les conditions normales.
La plupart du temps, il n'en est pas ainsi. C'est surtout contre l'emploi des glucoses du commerce que les hygiénistes s'élèvent dans ces dernières années, comme constituant un mode d'agir dangereux au premier chef pour la santé publique. Le 14 avril 1886, M. Bardy, chef du Laboratoire des contributions indirectes, disait à ce propos devant la Commission d'enquête du Sénat sur l'alcool : « Le mouillage passe pour être fait avec ce qu'on nomme la piquette de raisin sec, mais ce nom de piquette n'est qu'une étiquette. En réalité, au lieu de n'ajouter au vin que de l'eau pure ou de la véritable piquette, on y ajoute, sous cette rubrique, un produit fabriqué avec des glucoses du commerce, qui contiennent de l'acide sulfurique, de l'acide chlorhydrique, des traces d'arsenic, à l'état de sels de chaux, de soude et de magnésie. Le danger du mouillage est donc augmenté par ce procédé. » Le même chimiste déclara « avoir vu à Valence une maison d'exportation pour les vins, qui faisait un commerce considérable et où ne se trouvaient cependant qu'une citerne et une pompe. On y fabriquait du vin avec de l'eau, un peu d'alcool et de l'extrait sec ».

D'autre part, M. Pouchet, dans un rapport sur l'emploi des glucoses dans la fabrication des vins de raisins secs, s'exprime ainsi : « A côté des glucoses d'une pureté presque parfaite et d'un prix relativement élevé, on trouve en bien plus grande proportion dans le commerce des glucoses plus ou moins impurs, fournissant en notable quantité, parmi les produits de leur fermentation, des alcools supérieurs (propylique, butylique, amylique). Ces produits rendent suspects à juste titre les dérivés obtenus par la fermentation. ...L'intérêt des industriels qui se livrent au glucosage des raisins secs est d'employer de préférence des glucoses impurs, qui, en même temps qu'elles relèvent le degré d'alcool, rehaussent également la proportion d'extrait. » La Chambre syndicale des fabricants de vins de raisins secs de l'Est, consultée, avoue qu'il y a des « industriels qui, pour augmenter leurs bénéfices, remplacent le sucre de raisin par de la glucose artificielle, et n'emploient pas les sirops de glucose épurés, mais des glucoses bon marché », et elle ajoute qu' « aucun fabricant n'avoue le glucosage ».
On voit donc que bien souvent le raisin sec n'est qu'un prétexte, qu'il n'est qu'un parfum couvrant la marchandise. On se doute dès lors de ce que doit être une semblable boisson, lorsque au lieu de la coupe avec des vins colorés on se contente de la teindre avec un peu de fuchsine, et lorsque les raisins employés ont subi une première opération de pressurage dans les pays de production et ne sont plus que de simples marcs imbibés de mélasse.

Actuellement, la fabrication proprement dite du vin de raisins secs n'est que trop souvent une industrie qui vit de fraude aux dépens des intérêts de l'État, du consommateur et de la viticulture. Nous ne voulons pas discuter la question de savoir si un droit de douane remédierait à cette situation, mais il est certain, dans tous les cas, qu'une réglementation intérieure s'impose, mieux comprise, et mieux établie que celle actuellement en vigueur.

Alfred Renouard.

CAUSERIE BIBLIOGRAPHIQUE

Stratégie tactique et politique, par le général Jung. Un vol. in-12; Charpentier; Paris, 1890.

Le général Iung croit devoir donner un livre sur la stratégie tactique et politique. Ce n'est pas un ouvrage scientifique dans le sens pédantesque du mot, et nous doutons fort qu'il puisse servir aux élèves de l'École de guerre. Il n'y a ni une carte, ni une figure, ni un seul passage technique; c'est un livre qu'on pourrait appeler de vulgarisation, s'il était écrit ou même pensé d'une manière tant soit peu méthodique.

Malheureusement, il n'y a aucune méthode dans ces notes éparses, documents plus ou moins informes, rattachés les uns aux autres par des sortes d'axiomes qui, pour la plupart, sont fort justes, mais qui ne semblent pas présenter une originalité bien saisissante. C'est, en effet, un procédé d'exposition bien difficile à suivre que ces axiomes tranchants, nets, en apparence irréfutables, en réalité fondés sur peu de chose. Tantôt ils n'apprennent rien à personne, tant ils ont de banalité; tantôt ils sont erronés et insuffisants, tant ils sont peu démontrés et démontrables.

Que signifie, par exemple, cette phrase, sinon une vérité tellement évidente qu'elle est inutile à dire? « La taille, la musculature, la préparation physique, morale et militaire varient avec les climats et les occupations. De la divergence dans les conditions d'être du premier facteur résultent nécessairement la mobilité de l'équation, et, dès lors, on peut en déduire cette loi : *A égalité de moyens et de milieux, la supériorité tactique appartient à la race la plus belle, à la nation la mieux instruite moralement, physiquement et militairement.* »

De même, M. Iung dit : « Si tous les hommes savaient leur métier et leur emploi, la tactique approcherait de la perfection. » C'est à peu près comme si l'on disait : Si tous les hommes étaient vertueux, il n'y aurait plus de vices.

Ces quelques citations suffiront pour donner une idée du style et des pensées de M. Iung. Il est assurément un général très distingué; mais peut-être, quel que soit son désir, ne pourra-t-il pas atteindre le mérite littéraire. « Il faut, disait La Bruyère, plus que de l'esprit pour être auteur, » et le général Iung, qui est homme d'esprit, en fait ici la cruelle expérience.

Mais, pour qu'on ne nous reproche ici d'être trop partial dans notre critique en ne faisant pas la part de l'éloge, nous devons reconnaître que, dans ce livre de M. Iung, règne une idée très juste et très profonde, noyée, malheureusement, dans beaucoup de détails inutiles, mais qu'il est bon de retenir : c'est que la stratégie est fonction de la politique. Un gouvernement qui a commis de grandes fautes politiques se trouve par là même singulièrement entravé dans ses évolutions stratégiques. Avec une cause juste et un gouvernement équitable, la stratégie sera bonne. Une grande part de nos désastres de 1870 revient à cette politique funeste de l'Empire qui cherchait à sauver la dynastie et qui préférait des généraux courtisans à ceux qui auraient peut-être sauvé la patrie.

M. Iung a bien fait d'insister sur ce point, et il faut lui en savoir gré; car c'est là une vérité souvent méconnue que cette influence prépondérante de la politique dans la conduite et la direction des armées.

Congrès international de dermatologie et de syphiligraphie, tenu à Paris en 1889. Comptes rendus publiés par M. H. Feulard, secrétaire du Congrès. — Un vol. in-8° de 950 pages, avec planches en couleurs; Paris, Masson, 1890.

Les comptes rendus du Congrès de dermatologie forment un gros volume où les spécialistes trouveront la discussion d'un certain nombre de points intéressant la morphologie, la nature, l'étiologie et la classification des maladies de la peau, terrains divers où règnent encore quelque désordre et quelque obscurité.

Il n'entre pas dans notre intention d'exposer ici ces questions très spéciales, dont il ne serait d'ailleurs pas possible de donner le résumé en quelques lignes. Mais nous rapporterons quelques chiffres fort importants qui ont été produits au cours des communications relatives à la prophylaxie de la syphilis et à la surveillance de la prostitution.

Cette question est toujours d'actualité, et bien que le courant de l'opinion se soit franchement déclaré en faveur de la surveillance, en dépit d'une campagne menée par quelques personnes, bien intentionnées sans doute, mais égarées par un sentimentalisme dévoyé, il n'est pas inutile de faire connaître les résultats d'une véritable expérience qui a été tentée sur ce sujet chez nos voisins. L'Angleterre était déjà, comme on le sait, le pays de la protection des animaux contre les physiologistes; voici qu'elle est devenue le pays de la protection des syphilitiques contre le public syphilisable.

M. Butte a rapporté les chiffres donnés par M. Cavendish Bentunck dans *the Lancet*, chiffres qui montrent comment l'abolition de la loi sur les maladies contagieuses a été suivie d'une violente recrudescence de la syphilis dans l'armée anglaise. Ces chiffres sont tirés de la statistique établie par le *War Office*, et concernent les hommes de troupes casernés dans les villes du Royaume-Uni autrefois soumises aux *Contagious Diseases Acts* de 1881 à 1888. (Les examens périodiques des femmes ont été suspendus vers le milieu de cette période, au mois de mai 18'5.)

Or la proportion totale des soldats syphilitiques dans les quatorze sections était de 27 pour 1000 en 1881; et, en 1888, elle s'est élevée à 42. De 1881 à 1885, les chiffres ont été 27, 22, 25, 25 et 26; en 1886, la proportion monte subitement à 32 pour 1000; elle est à 45 en 1887 et à 42 en 1888. Si l'on examine en détail chacun des stationnements de troupes, on voit que, pour quelques-uns d'entre eux, la proportion des syphilitiques a plus que doublé.

En somme, toutes les communications faites sur cette question ont formellement conclu à la nécessité d'une surveillance, plus rigoureuse encore que celle qui est pratiquée aujourd'hui. Le mal social dont il s'agit, bien que réputé incurable par de nombreuses personnes, finira peut-être par disparaître ; mais actuellement il existe, il exerce des ravages qui, ainsi que l'a fait remarquer M. Fournier, « rebondissent du bouge le plus abject au foyer le plus honnête », et il faut considérer comme légitimes toutes les mesures, même les plus prohibitives, qui seront prises pour arrêter ces ravages.

Encyclopédie d'hygiène et de médecine publique, dirigée par M. J. Rochard. T. I et II. — 2 vol. in.8º de 800 pages environ ; Paris, Lecrosnier et Babé, 1890.

Les deux premiers volumes de l'*Encyclopédie d'hygiène* dont nous avons annoncé la publication vers la fin de l'année dernière sont aujourd'hui complets. Ces deux volumes sont consacrés à l'hygiène générale. Le premier contient une introduction anthropologique de M. Quatrefages une étude démographique de M. Jacques Bertillon, un chapitre de climatologie par MM. Leroy de Méricourt et E. Rochard, un chapitre de pathogénie par M. J. Rochard. L'épidémiologie y a été traitée par l'ancien professeur d'épidémiologie du Val-de-Grâce, M. Léon Colin.

Dans le second volume, MM. Nocart et Leclainche ont fait une étude des épizooties, limitée aux maladies transmissibles des animaux à l'homme : rage, morve, charbon, tuberculose, fièvre aphteuse, trichinose, ladrerie, actynomycose, teignes, gales et kystes hydatiques. M. Gabriel Pouchet a étudié l'alimentation en général et la technique alimentaire, et a consacré d'intéressants et utiles développements à l'exposé des altérations et des falsifications des substances alimentaires. L'étude des eaux potables a été faite par M. A. Gautier et celle des boissons par M A. Riche.

On comprendra que la moindre analyse de chacune de ces études, très substantielles et très condensées déjà, nous entraînerait bien au delà de la place que nous pouvons consacrer à cet ouvrage, et que nous devrions nous borner à attirer l'attention des lecteurs sur les noms des auteurs, pour leur indiquer ce qu'ils peuvent être assurés de rencontrer dans ses divers chapitres, qui sont assurément les plus complets et le mieux au courant de la science actuelle qui aient encore été écrits.

Le premier fascicule du troisième volume, qui sera consacré à l'hygiène urbaine, vient de paraître, et contient le commencement de l'étude des villes en général, étude qui a été confiée à M. Jules Arnould, le savant hygiéniste militaire, professeur d'hygiène de la Faculté de médecine de Lille, et l'auteur des *Nouveaux éléments d'hygiène*, excellent ouvrage aujourd'hui classique, que nous avons dernièrement présenté à nos lecteurs.

En somme, cette entreprise d'*Encyclopédie* est en excellente voie, et paraît devoir complètement tenir les promesses de ses initiateurs. Nous devons aussi féliciter les éditeurs de la régularité avec laquelle paraissent les fascicules de l'ouvrage.

Japan and the Pacific, par M. Manjiro Inagaki. — Un vol. petit in-8º, avec cartes, 365 pages. — Fisher Unwin et Cⁱᵉ ; Londres, 1890.

Ce volume de M. Inagaki, un Japonais fort instruit d'ailleurs et qui écrit bien l'anglais, nous a causé quelque déception, en ce sens que nous attendions une étude d'un ordre tout différent. L'auteur, en effet, ne s'occupe guère que de la question d'Orient, au point de vue japonais, et son livre est surtout une étude de politique, une étude des moyens propres à arrêter l'envahissement et l'extension russes du côté du soleil levant. Aussi le lecteur nage-t-il dans un océan de considérations politiques, d'extraits des discours d'hommes d'État anglais, de Cobden à Gladstone, et d'appréciations sur ce qui se passerait si telle ou telle éventualité se présentait. Ce n'est pas que l'étude de M. Inagaki ne soit très intéressante ; elle est méthodique, claire et résume bien les faits relatifs à cette *quæstio vexata* qui semble encore loin d'être résolue ; mais l'auteur eût pu nous donner une œuvre toute différente, ayant plus d'originalité propre, et plus instructive pour nous autres Européens : ce dont il parle le moins dans son livre, c'est assurément le Japon. Que M. Inagaki y réfléchisse : qu'il demeure Japonais et nous parle de son pays ; il aura un vif succès, car il nous intéressera certainement. Il en est temps encore.

ACADÉMIE DES SCIENCES DE PARIS

29 SEPTEMBRE — 6 OCTOBRE 1890.

M. H. Faloon : Sur l'ennéagone régulier. — MM. G. Rayet, L. Picart et Courty : Observations des comètes Coggia et Denning. — M. J. Péroche : Mémoire sur l'excentricité terrestre au point de vue climatologique. — M. L. Mérirow : Note sur l'heure universelle. — M. E.-L. Trouvel i : De l'identité de structure entre les éclairs et les décharges des machines d'induction. — MM. Chassagny et H. Abraham : Recherches de thermo-électricité. — M. Ch. Pollak : Description d'une nouvelle lampe de sûreté pour les mines. — M. Berthelot : Recherches relatives à l'absorption de l'oxyde de carbone par la terre. — M. Berthelot : Étude sur l'acétylène condensé par l'effluve. — M. Lecoq de Boisbaudran : Sur l'équivalent des terbines. — M. Lecoq de Boisbaudran : Expériences sur le spectre électrique du chlorure de gadolinium. — M. Raphaël Blanchard : Note sur un nouveau type de dermatomycose chez un lézard vert. — M. Raphaël Dubois : Nouvelles recherches sur les propriétés des principes colorants naturels de la soie jaune et sur leur analogie avec celles de la carotine végétale. — M. Stanislas Meunier : Note sur le rôle du fluor dans les synthèses minéralogiques. — M. Fortin : Les taches solaires et la prévision du temps.

ASTRONOMIE. — MM. G. Rayet, L. Picart et Courty communiquent à l'Académie les résultats des observations :

1º De la comète Coggia (découverte le 18 juillet 1890) qu'ils ont faites, les 27 et 29 juillet et 6 août 1890 au grand équatorial de l'Observatoire de Bordeaux ;

2º De la comète Denning (découverte le 23 juillet 1890) faites avec le même instrument le 14 et le 15 septembre dernier (1).

Leur note indique les positions moyennes des étoiles de comparaison pour 1890.

(1) Voir la *Revue scientifique* du 9 août 1890, p. 181, col. 1, et du 27 septembre 1890, p. 410, col. 1.

ÉLECTRICITÉ. — L'orage qui s'est abattu sur Meudon le 8 mai de cette année, vers 6 heures et demie du soir, a permis à *M. E.-L. Trouvelot* de faire de très curieuses observations sur l'identité de structure entre les éclairs et les décharges des machines d'induction. En effet, il constata tout d'abord que les éclairs, nombreux et très élevés, avaient presque tous une direction horizontale; puis, plus tard, quand la pluie eut commencé, il s'en produisit de verticaux, allant de la nue à l'horizon. Ces éclairs horizontaux se distinguaient par une forme arborescente bien décidée, dont les nombreuses ramifications allaient, en s'atténuant, se perdre dans la nue. En général, ils se montraient isolément; mais entre 6ʰ 50ᵐ et 7ʰ 10ᵐ on en vit plusieurs qui apparaissaient deux à la fois et, venant de directions opposées, marchaient à la rencontre l'un de l'autre. L'auteur vit même, en face de lui, dans des conditions particulièrement favorables pour l'observation, une paire de décharges qui soustendait un angle de plus de 90°.

L'apparition fut simultanée : deux points éloignés de la nuée s'allumèrent au même instant, et deux masses éblouissantes de lumière se précipitèrent l'une vers l'autre en se divisant en nombreuses branches qui, elles-mêmes, se subdivisaient en branches plus petites. La rencontre, qui semblait inévitable, n'eut pas lieu cependant; mais il s'en fallut de bien peu, car un espace de moins de 10° séparait l'extrémité des branches opposées. Ces éclairs, qui venaient de se développer avec assez de lenteur pour permettre de bien en saisir les formes, furent pour M. Trouvelot une révélation : ce n'étaient plus deux éclairs qu'il avait sous les yeux, mais deux étincelles électriques, absolument semblables, sauf la grandeur, aux étincelles de machines d'induction. Dans ces formes arborescentes, il reconnut que celle qui était au nord, sous le vent, et dont les branches étaient sinueuses et ondulées, avait le type caractéristique des décharges du pôle positif des machines d'induction, tandis que celle qui était au sud, du côté du vent, et dont les branches zigzaguées subissaient de brusques déviations à angle droit, avait le type des décharges du pôle négatif.

En résumé, il résulte des observations de M. Trouvelot :

1° Que l'éclair arborescent électrise la nue en se déchargeant sur elle comme les décharges des machines électrisent la plaque sensible;

2° Qu'il peut descendre, monter, aller horizontalement ou obliquement, en un mot qu'il peut voyager dans toutes les directions;

3° Qu'il varie de forme selon que l'orage est sec ou mouillé et qu'il est plus compliqué dans le premier cas;

4° Enfin, la forme arborescente et compliquée de l'éclair ne se faisant pas sur un plan, mais à des distances variables, explique le bruit caractéristique du tonnerre.

—. Pendant le cours de leurs expériences sur la conductibilité calorifique des métaux, *MM. Chassagny* et *H. Abraham* ont été amenés à reprendre d'une façon systématique l'étude des couples thermo-électriques comme appareils de mesure directe des températures. Les expériences qu'ils ont faites dans ce but se divisent en deux parties : la première relative à la comparaison de plusieurs couples formés des mêmes métaux; la seconde touchant la variation de la force électromotrice d'un couple en fonction des températures des soudures. La communication que les auteurs font aujourd'hui comprend seulement les résultats de la première par-

tie de leurs recherches. Les expériences ont porté sur des couples fer-cuivre, formés chacun d'un fil de fer de 0ᵐᵐ,5 de diamètre et d'un fil de cuivre de 0ᵐᵐ,3. Les fils ont toujours été tirés des mêmes bobines, dont la composition était pour 100 parties : 99,7 de fer pur; 98,7 de cuivre pur. Les soudures étaient faites à l'étain, en évitant toute oxydation des fils. Elles étaient engagées dans des masses cylindriques en cuivre rouge, d'environ 10 millimètres de longueur sur 5 millimètres de diamètre.

Quant aux résultats obtenus, ils montrent que les éléments thermo-électriques sont des instruments très comparables entre eux et qu'à ce titre ils peuvent servir utilement comme étalons de force électro-motrice, leur concordance paraissant supérieure à celle des éléments électro-chimiques.

PHYSIQUE APPLIQUÉE. — *M. Charles Pollak* présente une nouvelle lampe de sûreté pour les mines dont voici la description succincte : une boîte rectangulaire en ébonite renferme des accumulateurs système Pollak; elle repose sur un plateau métallique. Un couvercle en ébonite sert de support à une lampe à incandescence qui est enfermée dans un cylindre en verre épais. Le tout est recouvert d'un chapiteau métallique serré au moyen de boulons. Une feuille en caoutchouc doux, interposée entre le couvercle et la boîte, rend la fermeture hermétique. Dans le couvercle sont noyées des tiges en métal oxydable qui le percent d'outre en outre; elles partent, sur leurs bases, des contacts en platine qui s'appliquent sur les contacts de platine des accumulateurs, et, sur leurs sommets, des ressorts dont l'un est relié métalliquement avec un pied de la lampe. L'autre pied de la lampe est isolé et peut être mis en contact avec un pôle de l'accumulateur, au moyen d'une aiguille que l'on introduit dans un canal horizontal pratiqué dans le couvercle. L'ensemble de l'appareil pèse 1830 grammes environ et donne en moyenne douze heures d'une lumière parfaitement constante, dont la puissance est de 0,7 à 0,8 de bougie.

Les contacts se trouvant à l'intérieur de la boîte et du couvercle, ni l'ouverture ni la fermeture du courant ne peuvent déterminer d'explosion. Par suite, la lampe peut être allumée ou éteinte dans une atmosphère inflammable. Enfin, en démontant la lampe ou en cassant le cylindre protecteur en verre, on amène l'extinction de la lampe. Ajoutons que celle-ci se charge, sans qu'il soit nécessaire de la démonter, au moyen d'une fourche qu'on introduit dans deux canaux pratiqués dans le couvercle.

CHIMIE. — On a observé que, après une explosion, il était dangereux de pénétrer aussitôt dans les galeries ou chambres de mine et même dans les cavités creusées par les explosions des gros obus, à tel point que plus d'une fois des cas d'asphyxie ont été signa'és. Ces accidents sont particulièrement à redouter avec les nouveaux explosifs dégageant de grandes quantités d'oxyde de carbone, tels que le coton-poudre comprimé ou la mélinite, car c'est l'oxyde de carbone, en raison de son caractère inodore et de ses propriétés vénéneuses si actives, qui a été la cause de la plupart des accidents observés dans des milieux assez riches en oxygène pour que les flammes y brûlassent aisément, et où l'air paraissait devenu respirable à la suite d'une première ventillation. Or, nombre de témoins ayant été portés à les attribuer à quelque propriété spécifique, en vertu de laquelle la terre retiendrait l'oxyde de carbone avec plus d'obstination que les autres gaz, *M. Berthelot* a été consulté, il y a quelque temps, sur cette question et a entrepris des expériences précises pour l'éclaircir. Les résultats qu'elles lui ont donnés ont démontré que le volume d'oxyde de carbone emprisonné par la terre et restitué par elle est sensiblement identique au volume de l'air emprisonné par la terre et restitué par elle, c'est-à-dire que la terre imprégnée d'oxyde de carbone par l'effet d'une explosion ne le retient pas en vertu d'une action spécifique propre à ce gaz. L'auteur ajoute que l'on ne connaît pas d'ailleurs de réactif capable de l'absorber dans ces conditions, comme on pourrait le faire pour l'hydrogène sulfuré, par exemple; mais une ventilation convenable l'éliminera, pourvu qu'elle soit assez prolongée pour enlever entièrement un gaz dont les moindres traces sont dangereuses à respirer.

— Dans une seconde communication, *M. Berthelot* étudie la condensation de l'acétylène par l'effluve, condensation qui, ainsi qu'il l'a observée, est d'un caractère tout différent de celle qui s'accomplit sous l'influence de la chaleur (non pas au rouge, comme on le dit quelquefois par erreur, mais vers 400° à 500°). En effet, la polymérisation pyrogénée de l'acétylène produit surtout de la benzine; mais elle a lieu avec une perte d'énergie très considérable (+ 171 calories), ce qui explique la grande stabilité du produit. Au contraire, les produits condensés à froid sous l'influence de l'effluve retiennent une dose d'énergie bien plus forte, comme l'atteste le caractère explosif, c'est-à-dire exothermique, de leur décomposition. Dès lors, ils sont beaucoup moins stables et plus voisins de la molécule de l'acétylène par leur constitution, l'acide acétique et ses dérivés s'y manifestent en présence de l'eau et de l'oxygène. C'est aussi en raison de cet excès d'énergie que l'acétylène condensé s'est présenté comme un corps éminemment oxydable dans les expériences de M. Berthelot.

— Dans un précédent travail, *M. Lecoq de Boisbaudran* avait mesuré l'équivalent de sa meilleure terre Zβ (terbine d'un brun très foncé), en pesant le sulfate fourni par un poids donné de terre; il avait alors obtenu, comme valeur minima : équivalent = 124,7; poids atomique du métal = 163,1. Mais il n'avait pas employé les corrections de poids dont il a parlé depuis cette époque, et il avait pesé la terre après simple calcination à une bonne chaleur *rouge*, ce qui laisse un peu incertaine la teneur en oxygène de suroxydation.

Depuis lors, il a repris cette détermination, toujours en pesant le sulfate provenant d'un poids connu de $Z^3 \beta O^3$, mais après avoir calciné la terre au *blanc* et étudié la marche des absorptions exercées par les matières à partir de l'extinction des feux. L'oxygène de suroxydation, bien moindre qu'après simple calcination au *rouge*, a été dosé, et son poids a été déduit de celui de la terre; les chiffres, notablement plus bas, ont été en moyenne pour l'équivalent 122,32, et pour le poids atomique 159,48.

ANALYSE SPECTRALE. — La seconde note de *M. Lecoq de Boisbaudran* est relative au spectre électrique du chlorure de gadolinium, à propos duquel il a fait les constatations suivantes :

1° Quand on fait éclater l'étincelle de la bobine d'induction *à long fil* sur la solution chlorhydrique de la gadoline, on obtient un beau spectre composé portant de nombreuses raies, et dont plusieurs sont fortement dégradées vers le rouge; ·

2° Avec la bobine *à court fil* de M. Demarçay et un très petit espace interpolaire, les bandes disparaissent, et il se développe un nouveau spectre composé avec un éclat extraordinaire, nombreuses et très brillantes;

3° Avec la même bobine *à court fil*, mais les pôles étant éloignés l'un de l'autre autant qu'il est possible de le faire, le spectre de bandes se développe avec un éclat extraordinaire, à tel point qu'il est un des plus beaux qu'on puisse voir;

4° La réaction spectrale du gadolinium est donc très sensible.

La note de l'auteur se termine par une description des observations se rapportant au spectre fourni par l'étincelle de sa bobine à long fil, éclatant sur une solution de chlorure acide.

ZOOLOGIE. — *M. Raphaël Blanchard* appelle l'attention sur ce fait, que certaines mucédinées, considérées jusqu'ici comme exclusivement saprophytes et capables de se reproduire indéfiniment à l'état libre, peuvent également envahir l'organisme d'animaux aussi élevés que les vertébrés et déterminer chez eux de graves lésions. La démonstration lui en a été donnée par l'étude qu'il a pu faire d'un lézard vert qui portait, dans la première moitié et à la face supérieure de la queue, trois grosses excroissances *cutanées*, sortes de verrues grisâtres, terreuses et fendillées à la surface. Bien qu'inégalement développées, ces trois tumeurs avaient le même aspect et présentaient la même structure. Le champignon, cause des lésions observées par M. R. Blanchard, appartient au genre *Fusarium* ou plutôt au genre *Selenosporium* qui résulte du démembrement du premier et se reproduit au moyen de conidies septées. Tous les végétaux de ce groupe sont fréquents dans la nature; ils sont saprophytes et croissent sur les matières organiques en décomposition, principalement sur les plantes putréfiées; on en connaît deux espèces qui vivent aux dépens de débris animaux, mais aucune n'avait encore été signalée comme parasite d'un animal vivant, et l'auteur considère son passage à l'état parasitaire comme réellement exceptionnel. La maladie que ce champignon a déterminée chez le saurien dont nous venons de parler a présenté une grande analogie avec les teignes des vertébrés supérieurs, quoique caractérisée par des lésions très spéciales.

PHYSIOLOGIE GÉNÉRALE. — On sait qu'il est admis, d'après les recherches de Roard et de Mulder, que la coloration de la soie jaune serait due à une matière résinoïde contenant un pigment rouge insoluble dans l'eau, soluble dans l'alcool, l'éther, les huiles fixes et volatiles. Mais, en réalité, il résulte des nouvelles recherches de *M. Raphaël Dubois* que la soie jaune renferme divers principes colorants, dont plusieurs sont cristallisables; en effet, il en a extrait : 1° un principe colorant jaune d'or, soluble dans les solutions de carbonate de potasse, d'où il est précipité par l'acide acétique en excès, sous forme de paillettes très brillantes; 2° des cristaux maclés, d'une couleur jaune rouge à la lu-

mière transmise et rouge brun à la lumière réfléchie ;
3° une matière jaune citron amorphe, qui se dépose, par
évaporation à l'air libre, de ses solutions dans l'alcool absolu, sous forme de granulations arrondies ; 4° des cristaux
octaédriques jaune citron, ressemblant à ceux du soufre ;
5° un pigment verdâtre foncé très peu abondant et très probablement cristallisable.

De plus, M. Raphaël Dubois a constaté que le mélange des
matières colorantes jaunes, 2, 3 et 4, qu'il n'a pu jusqu'à
présent isoler les unes des autres à l'état de pureté, en raison de la quantité trop faible de matière sur laquelle il a
opéré, présentait les plus grandes ana'ogies avec la matière
colorante récemment extraite du *Diaptomus denticornis*,
par M. Raphaël Blanchard, qui la considère comme une carotine d'origine animale.

MINÉRALOGIE. — *M. Stanislas Meunier* expose les résultats
d'expériences réalisées au laboratoire de géologie du Muséum
et qui montrent comment l'intervention des fluorures rend la
synthèse de divers minéraux remarquablement facile et rapide. C'est ain-i qu'au lieu d'exiger une fusion à très haute
température et un recuit prolongé souvent pendant plusieurs jours, la reproduction du labrador, de la néphéline
et de l'amphigène ou leucite a pu être réalisée en quelques
heures dans un simple fourneau de terre chargé de coke.
L'auteur a adopté, suivant les cas, deux procédés différents :
l'un qui consiste à introduire dans les mélanges à fondre l'aluminium, non pas sous la forme ordinaire d'oxyde (alumine),
mais à l'état de fluorure ; l'autre, à faire fondre le mélange
des éléments à combiner dans un creuset qui a reçu une
brasque de cryolithe finement pulvérisée (fluorure double
d'aluminium et de sodium).

Le premier mode opératoire tenté en vue d'obtenir des
feldspaths n'a pas permis d'atteindre le but, mais il a procuré en abondance non seulement la sillimanite bien cristallisée, mais la tridymite ou quartz rhombique sous la
forme d'innombrables lamelles hexagonales souvent empi-
lées les unes sur les autres d'une façon tout à fait caractéristique. Cette synthèse est d'autant plus remarquable qu'il
faut sans doute la rattacher directement à l'intervention des
matières alcalines ou alcalino-terreuses, potasse ou chaux,
puisque, comme Henri Deville l'a fait voir, la réaction de la
silice sur le fluorure d'aluminium détermine la production
exclusive de la silliman'te ou d'un composé analogue.

Toutefois, si au lieu de mettre séparément, soit la potasse
en vue de faire de l'orthose ou du microcline, soit de la
chaux pour obtenir l'anorthite, on met en proportion convenable ces deux oxydes à la fois, la tridymite ne se fait
plus, et à la sillimanite, devenue cette fois très rare, s'ajoutent
des prismes très nombreux et relativement gros de feldspath
labrador. Les produits que l'auteur a obtenus font de cette
expérience un très remarquable exemple de synthèse minéralogique.

Par la deuxième disposition, c'est-à-dire à l'aide d'un
creuset brasqué de cryolithe, M. S. Meunier a réalisé la reproduction de deux minéraux très importants, la néphéline
et la leucite, qu'on n'a jusqu'ici obtenus précédemment aussi
facilement que par fusion. Sans fluorure, en effet, la synthèse
de la néphéline exige « un recuit de quelques jours », et la
reproduction de la leucite comporte un recuit prolongé
après une fusion réalisée à la température « où le fer et
l'acier fondent aisément ».

Le procédé dont il s'agit est susceptible de beaucoup
d'autres applications.

MÉTÉOROLOGIE. — Dans ses précédentes communications,
M. Fortin s'est efforcé de faire remarquer la périodicité non
des taches solaires, mais d'un certain point actif sous-jacent
et de montrer que cette périodicité avec retour des phénomènes terrestres était devenue presque incontestable, insistant aussi sur la visibilité des taches, leur disparition et
leur retour, et notant du mois d'avril à la fin de septembre
huit retours consécutifs. Aujourd'hui, il appelle l'attention
sur les taches solaires du nord, dont les dernières facules
ont disparu samedi dernier. Or, dit-il, le 3 mars, le point
actif était très rapproché du pôle, sinon même sur le pôle,
et de ce jour les taches descendirent très rapidement vers
l'équateur, franchissant en quelques jours plusieurs degrés.
Le 9, Spœrer leur assignait une limite de 33° du pôle ; depuis
lors, elles ont continué à descendre jusqu'au 16° de l'équateur où elles se trouvent actuellement. L'auteur ne pense
pas qu'elles s'en rapprochent davantage.

E. RIVIÈRE.

INFORMATIONS

En 1892 aura lieu, à Lyon, une exposition nationale, qui
sera internationale pour l'électricité.

En Espagne, le choléra continue à faire de nombreuses
victimes dans les provinces contaminées. Les cas mortels
sont de près de 70 pour 100 atteintes.

Il paraît que, dans le cours du mois de juillet, on a observé chez les Malgaches de Tananarive une affection épidémique jusque-là inconnue dans le pays et qui, par ses manifestations, semble être notre influenza. Cependant, les
complications pulmonaires graves ont manqué, ce qui tient
sans doute à la douceur du climat.

En Europe, l'influenza paraît se manifester à nouveau ; en
Allemagne et en France, on la signale en diverses localités ;
à Paris même, les cas, quoique bénins, n'en sont pas rares.
Ils affectent surtout les formes gastrique et nerveuse.

On annonce que deux aéronautes, MM. Georges Besan-
çons et Gustave Hermite, vont entreprendre une expédition
scientifique au pôle Nord. A cet effet, on construirait un
aérostat sphérique en soie doublée, de 30 mètres de diamètre, et dont le volume serait de 14121 mètres cubes. Le
ballon serait recouvert d'un vernis particulier qui assurerait
l'imperméabilité absolue ; il serait gonflé avec de l'hydrogène pur, et son arrimage serait tout spécial pour ce nouveau genre d'exploration.

La traversée aérienne durerait de quatre à cinq jours ; elle
commencerait au Spitzberg, situé au 80° parallèle, pour se
terminer dans l'Amérique du Nord ou dans l'Asie septentrionale, soit un parcours d'environ 3500 kilomètres.

CORRESPONDANCE ET CHRONIQUE

La navigation du fleuve Rouge.

Les journaux du Tonkin arrivés par le dernier courrier de Chine ont apporté les détails d'un véritable événement qui s'est passé il y a un mois et demi au Tonkin et sur lequel la *Revue du cercle militaire* donne d'intéressants détails. Il s'agit du voyage du vapeur le *Yunnan*, de la Société des Messageries fluviales du Tonkin.

Depuis dix ans, deux nations européennes, la France et l'Angleterre, cherchent une route commode qui leur permette d'attirer à eux l'immense commerce auquel donnent lieu les 300 ou 400 millions d'individus qui peuplent la Chine. Les premiers, les Français ont été au Tonkin; les Anglais, pour ne pas être en retard, se sont empressés de mettre la main sur la Birmanie. Mais, les pays occupés, il fallait y trouver une route commode. Les Anglais se sont heurtés aux montagnes du Yunnan, montagnes infranchissables pour tout chemin de fer, à moins d'y engloutir des sommes considérables. Sous l'inspiration de M. Archibald Colquhoun, ils ont cherché à tourner la difficulté et à aborder le Yunnan par le sud, au moyen d'une voie ferrée allant de Rangoun à Fê-sé par Chieng-maï.

Ce projet est certainement préférable au précédent, mais, heureusement pour nous, les Dacoïts birmans, ces frères des Pavillons Noirs tonkinois, ont donné aux Anglais du fil à retordre. De plus, les pays laotiens où doit passer le chemin de fer anglais sont sans maître ou plutôt en ont plusieurs, ce qui revient souvent au même; la France et l'Angleterre se les disputent concurremment avec les Siamois. Pour toutes ces causes, la voie anglaise n'est encore qu'à l'état de projet.

Lors de la conquête, on croyait excellente notre voie de pénétration en Chine par le fleuve Rouge (et on avait raison, comme l'événement vient de le prouver). Un fleuve conduisant en ligne droite du Yunnan à la mer et dont la vallée s'étend dans ce même Yunnan jusqu'à Tali, c'était superbe. Le traité franco-chinois nous accordait en outre des facilités que les Anglais n'ont pas encore du côté de la Birmanie. Mais malheureusement, dans ce fleuve Rouge que nous voulions transformer en un fleuve d'or, on découvrit des rapides; les cailloux, les sables entraînés par le courant semblaient le rendre innavigable dans sa partie supérieure.

On proposa de tourner la difficulté par un chemin de fer latéral au fleuve, mais les frais eussent été considérables. Heureusement, grâce à la persévérance de la Compagnie des Messageries fluviales, les rapides ont été réduits à leur juste valeur, le chemin de fer n'est plus indispensable, et un riche courant commercial va pouvoir aujourd'hui s'établir à travers le Tonkin.

En effet, l'an passé, MM. Marty et d'Abbadie sont parvenus à faire monter à Laokaï le vapeur de ce nom. Mais on prétendit que c'était un succès de hasard. Aujourd'hui un grand vapeur (il a 46 mètres de long sur 7 de large) à faible tirant d'eau (0m,70) a remonté le fleuve, malgré un courant d'une violence exceptionnelle, et prouvé définitivement qu'un service régulier pouvait être créé sur le Song-Koï. Le *Yunnan*, portant le Gouverneur général, n'a mis que soixante heures pour monter d'Hanoï à Laokaï et seize heures pour redescendre.

Tous les rapides de Tac caï à Bao-ha ont été franchis sans encombre et, ce qui ajoute au joli triomphe, par un bateau construit sur les chantiers tonkinois avec des matériaux tonkinois, et monté par un équipage tonkinois. Le Tonkin s'est suffi à lui-même et il est à espérer qu'il en sera bientôt de même en tout.

La vitesse au retour a atteint 14 nœuds à l'heure. La distance de Hanoï à Laokaï était de 400 kilomètres. Mais la partie du fleuve considérée jusqu'ici comme impraticable aux vapeurs ne s'étendait que de Yen-Bay à Laokaï sur 175 kilomètres, qui au retour ont été franchis en cinq heures, grâce au rapide.

Ce retour s'est fait si vite que beaucoup d'habitants d'Hanoï s'imaginaient que le vapeur n'avait pu franchir les rapides et revenait après avoir échoué dans sa mission; car on n'aurait jamais supposé que le voyage pût se faire aussi rapidement.

Les conséquences de ce voyage sont considérables; la défense du Haut-Fleuve en serait, le cas échéant, grandement facilitée. Les garnisons de Laokaï et des postes de la région y gagneront beaucoup de bien-être matériel et un peu plus de tranquillité, les pirates ne pouvant espérer piller les vapeurs comme les jonques chinoises et annamites s'écartant du fleuve, faute d'y trouver de quoi vivre; enfin les malades, qui sont dans de si mauvaises conditions dans le Haut-Fleuve, pourront être évacués désormais facilement sur les hôpitaux de Hanoï.

Au point de vue commercial, c'est une grande avance que nous avons sur les Anglais, dont le chemin de fer nécessitera bien des années pour être construit; c'est aussi la mort de la route commerciale rivale de la nôtre; celle de Canton au Yunnan par le Si-Kiang et celle qui à Pakhoï va à Yunnan par Long-tcheou, Kaï-hoa et Mongtsé. Ces routes n'ont conservé jusqu'ici un grand trafic que grâce à l'innavigabilité supposée du Song-koï.

Enfin espérons que le produit des douanes tonkinoises en sera considérablement augmenté et atténuera ou même fera disparaître la grande plaie du Tonkin.

Influence du jeûne sur le développement des maladies microbiennes.

On se souvient que, dès l'apparition des microbes sur le terrain de la médecine, les cliniciens et les épidémiologistes protestèrent contre un envahissement qui menaçait d'être total, et se refusèrent à renoncer aux notions classiques sur l'influence des climats, des saisons, des milieux, des privations, de la misère physiologique, etc. Cette résistance était d'ailleurs légitime et ne comportait aucune contradiction sérieuse aux découvertes de la microbie; au contraire, quelques auteurs firent bientôt remarquer que la notion de l'influence des milieux était même indispensable pour expliquer bon nombre de points obscurs de la biologie des microbes. D'ailleurs, MM. Delafond et Bourguignon n'avaient-ils pas étudié cette gale des troupeaux, dont le virus ne se développe pas lorsqu'il est transporté sur des animaux bien portants, tandis qu'il envahit très vite des animaux placés dans de mauvaises conditions hygiéniques?

Mais bientôt des études spéciales devaient apporter la démonstration expérimentale des influences de cette nature. Pour ne parler que du charbon et des diverses influences qui peuvent activer ou entraver son développement, M. Pasteur montrait celle du refroidissement; M. Rodet, celle de la saignée; M. Feser, celle du mode de nutrition, et M. Bardach, celle de l'extirpation de la rate. Puis MM. Charrin et Roger, dont nous faisions naguère connaître les expériences, mirent en évidence l'influence de la fatigue sur le développement du charbon symptomatique. Enfin, voici que MM. Canalis et Morpurgo viennent de reprendre ce sujet en étudiant l'influence de l'inanition, que M. Gibier avait seulement effleuré dans ses expériences sur le développement du charbon chez les grenouilles.

C'est encore avec le microbe du charbon qu'ont expérimenté MM. Canalis et Morpurgo, et ils ont choisi comme imal d'expérience le pigeon, qui n'est ni très sensible ni très réfractaire à cette maladie. Avec la race qu'ils avaient entre les mains, sur 12 animaux inoculés du charbon, deux seulement mouraient.

Or, le résultat de l'infection fut bien différent avec des 'maux soumis au jeûne, soit avant le moment de l'inoculon, soit seulement à partir de ce moment. Sur 16 pigeons ' inanitiés, il en mourait 15, avec des bacilles charbonux dans tous les organes.

Toutefois, ces mêmes animaux, qui meurent ainsi tous presque tous du charbon, résistent au contraire à l'inolation, même lorsqu'elle succède à une période d'inaninn, si on leur rend la nourriture aussitôt après l'inoculan.

MM. Canalis et Morpurgo se sont demandé s'il n'y avait ces résultats que l'influence du jeûne, et s'il ne fallait aussi faire entrer en ligne de compte l'abaissement de température que produit l'inanition. Pour éclaircir ce point, ils ont soumis des pigeons inoculés à un refroidissement à peu près égal à celui qui résultait de l'inanition. Ces animaux sont morts, il est vrai, mais du refroidissement, et non du charbon — d'après les auteurs — puisqu'on ne trouvait pas de bacilles dans leurs organes.

Il est incontestable, d'après ces résultats un peu complexes, que le mécanisme de la mort chez les pigeons inanitiés et infectés demande à être étudié d'un peu plus près que ne l'ont fait MM. Canalis et Morpurgo; mais l'influence de l'inanition n'en reste pas moins parfaitement démontrée par les résultats bruts des expériences, c'est-à-dire par des faits, en réalité, bien observés.

Les mêmes expérimentateurs ont encore étudié la même influence sur des poules et des rats blancs. Sur les poules, ils ont observé, comme l'avait vu M. Pasteur, que le jeûne prolongé ne rend pas les poules plus sensibles au charbon, quand on les inocule avant de les inanitier, mais que si on fait commencer le jeûne 7, 8, à et même 3 jours avant de les inoculer, il y en a environ la moitié qui meurent du charbon de 3 à 11 jours après l'inoculation. Ici encore, on peut faire entrer en ligne de compte la réfrigération des poules qui, on le sait, est la condition de la perte de l'immunité de ces oiseaux contre la maladie charbonneuse.

Quoi qu'il en soit, ce sont là des expériences à signaler aux médecins et aux épidémiologistes, et qui seront sans doute de nature à rallier aux études microbiques ceux qui résisteraient encore.

Observations phénologiques des plantes.

L'utilité des observations phénologiques pour l'étude des climats a depuis longtemps été reconnue. La revue Ciel et Terre en résume ainsi qu'il suit les principaux avantages.

En cinq ans, un observateur phénologue peut avoir déterminé des moyennes approximatives pour juger de l'arrivée successive de chacune des phases de la végétation. Si l'on a reconnu l'époque moyenne des principales phases pour cinq années, par exemple le moment où, dans le voisinage immédiat de la station, s'ouvrent les premières fleurs du prunellier, où les premiers champs de seigle sont coupés, etc., l'on est à même de juger : 1° de la manière dont la station se comporte vis-à-vis d'une autre station quelconque dont la position phénologique est déjà fixée; 2° comment chaque point d'une région se comporte comparativement au point principal, s'il est plus froid ou plus chaud; ce dont on se rend compte d'après le degré de végétation des mêmes plantes ici et là. On obtiens bien mieux ce que l'on avait installé et comparé des centaines de thermomètres et de pluviomètres en cent endroits différents, abstraction faite de l'impossibilité d'observer d'aussi nombreux instruments et de la difficulté de se les procurer et de les installer. La phénologie opère sans frais,

tandis que la météorologie est très coûteuse; 3° chaque année et chaque semaine de l'année, on peut comparer les observations de la végétation aux moyennes que l'on a établies, et s'assurer si, dans sa station, la végétation est normale, en retard ou en avance. La phénologie est une espèce de thermométrie qui peut être à même de contrôler les observations thermométriques et quelquefois de corriger des conclusions thermométriques erronées. Ainsi Hoffmann fait remarquer que c'est une particularité des broussailles de chêne d'entrer en végétation beaucoup plus tardivement que les vieux arbres de l'espèce, tandis qu'en se plaçant au point de vue thermométrique, l'on est enclin à attribuer la chose à l'humidité et par suite à la froidure des stations que ces broussailles occupent. La plante est en quelque sorte un thermomètre enregistreur. Elle nous montre, en effet, comme le thermomètre, l'état actuel, mais en même temps tous les états du temps écoulé, immédiatement réunis dans un résultat final, tandis que le thermomètre ne nous donne que les oscillations journalières dont il nous laisse à faire la somme. L'observation phénologique, avec des chiffres fondés sur l'esprit l'idée d'un rapport, de lui représenter quelque chose de saisissable. Dans un but biologique, il n'est donc pas nécessaire de faire usage des isothermes, parce qu'elles ne donnent pas la température moyenne réelle.

C'est pourquoi, en outre, les isothermes ne peuvent pas coïncider avec les isophanes (lignes de même phase de végétation). L'observation phénologique exacte des phases de la végétation et la détermination de leur valeur exacte fournit des conclusions précieuses sur le pronostic de chaque plante par les écarts que celles-ci présentent par rapport aux moyennes. Mais elle n'a pas que ce résultat. En comparant, pendant une année, la floraison de certaines plantes à divers endroits d'une même région, l'on peut arriver à déterminer la quantité de chaleur que les plantes réclament en chacun de ces endroits, et dans un temps donné. Ces observations phénologiques permettent de vérifier l'exactitude des prédictions tirées de certains faits et que la tradition a conservées : ainsi, l'arrivée prochaine de l'hiver, lorsque les fleurs des bruyères tombent, que le mélèze perd ses feuilles, etc. Hoffmann a observé, sur une période de vingt-neuf ans, que vingt et une fois l'ouverture précoce ou tardive des cupules du marronnier a correspondu à un hiver suivant plus chaud ou plus froid. En somme, l'observation phénologique peut atteindre le même degré d'exactitude que la météorologie, car les deux modes d'observation ne peuvent donner que des valeurs approximatives.

— MOYEN DE CONSERVER LES BOUQUETS. — Tout le monde a observé que les tiges des plantes que l'on met dans des vases pleins d'eau commune pour les conserver se flétrissent rapidement et que l'eau dégage de l'hydrogène sulfuré. Cet hydrogène sulfuré provient de la décomposition des sulfates en dissolution dans l'eau, comme il est facile de s'en convaincre en conservant des tiges des mêmes plantes dans l'eau distillée : il ne se produit pas d'hydrogène sulfuré, les tiges se conservent plus longtemps et l'eau ne prend qu'une odeur de moisi.

D'après M. Delaurier, les bouquets se conservent quatre à cinq fois plus longtemps dans l'eau distillée que dans l'eau commune; cette conservation est d'autant plus grande que le volume d'eau est plus considérable et que cette dernière est plus aérée.

Dans le cas de l'eau commune, les plantes absorbent beaucoup d'oxygène et sont des hydrogénants énergiques; dans le cas de l'eau distillée, l'oxygène est emprunté à l'air dissous dans l'eau.

En précipitant les sulfates de l'eau par de l'azotate de plomb on conserve suffisante, on peut conserver les bouquets aussi longtemps que dans l'eau distillée.

A propos de cette observation de M. Delaurier, la Revue de chimie industrielle note ce fait suivant : en faisant passer un courant d'air ozoné dans l'eau d'un bouquet, on pourrait conserver celui-ci pendant 20 et même 25 jours.

— LES ÉTRANGERS EN SUISSE. — Dans la Revue du 9 août dernier, p. 191, nous disions :

« Aucune ville en Europe ne possède une aussi forte proportion d'étrangers que Paris. Sur 100 habitants de Paris, il y a 8 étrangers, et sur 160 habitants du département de la Seine, 9 étrangers. »

Or, M. E. Ritter nous écrit à ce sujet que, d'après le recensement de la population suisse du 1er décembre 1888, il y a dans la ville de Genève, sur 52 829 habitants, 19 775 étrangers à la Suisse; et dans le canton de Genève, sur 105 347 habitants, 40 967 étrangers à la

Suisse. La proportion des étrangers est de 37 pour 100 à la ville et de 38 pour 100 dans le canton.

A Lausanne, et surtout à Bâle et à Zurich, la proportion du nombre des étrangers à la population totale, sans atteindre des chiffres aussi élevés qu'à Genève, dépasse cependant — surtout à Bâle — les proportions de 8 et 9 pour 100 observées à Paris et dans le département de la Seine.

— LES SAUCISSONS DITS DE « BOULOGNE ». — M. Thomas, directeur et inspecteur sanitaire de l'abattoir de Mons (Belgique), chargé à plusieurs reprises par le parquet de Mons de faire une enquête dans plusieurs clos d'équarrissage, a constaté que ces établissements étaient doublés d'une fabrique de saucissons de « Boulogne ». Il s'est assuré que tous les animaux morts de n'importe quelle maladie servaient à la préparation de ce dangereux aliment.

La *Revue d'hygiène* remarque à ce propos que depuis longtemps cette fabrication clandestine de charcuterie malsaine a été signalée et poursuivie en France; de grandes quantités de saucissons faits avec des viandes d'animaux morts de maladies sont saisies chaque jour, pour ainsi dire, aux Halles de Paris. Le danger est d'autant plus grand que les chairs de ces animaux dépecés dans les chantiers d'équarrissage sont souvent crues ou à peine cuites. La jurisprudence sanitaire rend difficile dans tous les pays la surveillance à ce point de vue des ateliers d'équarrissage; il est à craindre que beaucoup de maisons, qui ont la prétention d'être qualifiées de bonnes, se laissent entraîner par le bon marché à acheter pour les revendre de ces produits au titre alléchant; saucisson de Bologne ou de Boulogne, on n'y regarde pas de si près. De tout temps, beaucoup de personnes se sont méfiées de la charcuterie qui n'était pas fabriquée à la maison ou sous leurs yeux. Plus que jamais cette méfiance est justifiée, et si l'on n'y prend garde, voilà bientôt une industrie française qui va être compromise par la mauvaise foi et l'impudence d'industriels de bas étage.

— LES EXPORTATIONS DE MEXIQUE EN 1889. — Les exportations du Mexique, en 1889, se décomposent entre les diverses nations de la façon suivante :

Nations.	Numéraire.		
	Piastres.	Marchandises.	Total.
États-Unis.	23 617 920	17 235 443	40 853 363
Angleterre.	10 459 405	2 076 180	12 535 585
France.	2 729 232	766 806	3 496 038
Allemagne.	1 281 806	779 757	2 061 563
Espagne.	335 763	323 568	659 331
Guatemala.	253 096	2 287	255 383
Pays-Bas.	—	134 947	134 947
Colombie.	71 575	28 423	99 998
Belgique.	—	50 544	50 544
Nicaragua.	6 028	788	6 816
Costa-Rica.	—	3 000	3 000
San-Salvador. . . .	450	685	1 135
Argentine.	—	520	520
Venezuela.	—	200	200
Italie.	—	50	50
Total.	38 785 275	21 373 148	65 128 423

Cette statistique est intéressante : elle montre le rôle que jouent, dans les pays neufs, les métaux précieux pour le solde du commerce international. Elle permet de comprendre comment les économistes et les hommes d'État d'il y a cent ans ont pu attribuer une si considérable importance à ce qu'on appelle la balance du commerce et le solde en numéraire.

— PRODUCTION DU CHARBON EN ANGLETERRE. — La production houillère en Angleterre dans chacune des années de 1875 à 1889 inclus, a été la suivante :

Années.	Quantités. Tonnes.	Années.	Quantités. Tonnes.
1875	131 867 105	1883.	163 737 327
1876	133 344 766	1884.	160 757 781
1877	134 610 763	1885.	159 351 418
1878	132 607 866	1886.	158 518 482
1879	134 008 228	1887.	162 119 812
1880	146 818 622	1888.	169 935 219
1881	154 184 300	1889.	175 000 080
1882	156 499 977		

— LE TAUX DE L'INTÉRÊT AUX ÉTATS-UNIS. — Voici quelle a été, pendant les vingt dernières années, le taux de l'intérêt aux États-Unis. Les chiffres qui suivent ont été fournis par 20 des principales Compagnies d'assurances de l'Union et représentent les conditions de leurs placements de capitaux :

Années.	Plus haut.	Plus bas.	Moyenne.	Moyenne quinquennale.
1889.	5,6	3,7	4,6	4,6
1888.	5,3	3,6	4,6	
1887.	5,5	3,9	4,7	
1886.	6,7	3,9	4,9	4,7
1885.	6,0	1,9	4,7	
1884.	5,7	4,0	4,7	
1883.	6,8	4,1	5,1	
1882.	7,8	4,1	5,1	
1881.	6,3	3,8	4,8	5,0
1880.	5,6	3,6	4,8	
1879.	6,7	3,8	5,0	
1878.	7,1	3,4	5,1	
1877.	7,7	4,8	5,6	
1876.	8,2	5,3	6,1	5,9
1875.	8,4	5,6	6,3	
1874.	7,8	4,9	6,2	
1873.	8,3	5,6	6,5	
1872.	8,9	5,5	6,2	
1871.	7,2	4,9	6,1	6,1
1870.	7,2	4,5	5,9	
1869.	8,2	3,9	6,0	

— MÉTAUX ET ALLIAGES DE FAIBLE CONDUCTIBILITÉ. — Jusqu'à ces derniers temps, le maillechort a été l'alliage le plus fréquemment employé à la construction des boîtes de résistance, en raison de sa faible conductibilité. Depuis quelques années, d'autres alliages d'une résistance spécifique beaucoup plus grande ont été introduits dans l'industrie. Parmi ces alliages, on peut citer l'acier manganifère de Hadfield, le cuivre arsénieux, etc.

M. Mordey, électricien de la Compagnie Brush, à Londres, a publié récemment le résultat de diverses mesures faites au laboratoire de cette Société, sur des échantillons de plusieurs métaux et alliages. Voici les valeurs des résistances spécifiques trouvées, celle du cuivre étant prise pour unité :

Cuivre	1,00
Fer doux	5,27
Laiton étiré	6,05
Maillechort	8,88
Acier de cordes de piano	16,00
Platinoïde	20,00
Cuivre arsénieux	28,50
Acier manganifère de Hadfield . . .	37,10

Les variations de résistance sous l'influence de la température ont été déterminées en mesurant la résistance du fil à étudier lorsqu'il était placé dans un bain d'huile chauffé à des températures variant de 20° et 90° Fahrenheit. Les valeurs du coefficient de variation par degré centigrade sont les suivantes :

Platinoïde	0,044
Cuivre arsénieux.	0,061
Maillechort	0,080
Laiton étiré	0,164
Acier manganifère de Hadfield . . .	0,329
Cuivre.	0,396
Acier de cordes de piano	0,517
Fer doux	0,691

INVENTIONS

USTENSILES DE LABORATOIRE EN PAPIER DURCI. — On connaît toutes les applications que l'on a faites jusqu'ici du papier comprimé : tonneaux, bouteilles, vases divers, etc. On annonce une nouvelle application du papier, convenablement traité, à la fabrication des ustensiles de laboratoires, tels que cuves, cuvettes, bains, vases de piles, réfrigérants, etc.

Voici, d'après la *Revue de chimie industrielle*, comment se fabriquent ces objets :

On prend de la pâte à papier composée de 85 parties de pâte de bois et 15 parties de pâte de chiffons, on confectionne avec elle les ustensiles désirés en leur donnant la forme au moyen de moules convenablement appropriés. On se sert de moulage pneumatique ou centrifuge, suivant les cas ; ces opérations ne diffèrent pas de celles usitées dans les fabriques de porcelaines. Les objets sont séchés d'abord à l'air, puis dans un courant d'air chaud jusqu'à complète dessiccation. Ils sont ensuite placés dans un cylindre en fer, d'une capacité de un mètre cube, que l'on peut fermer hermétiquement. On fait le vide dans ce cylindre pour purger d'air les objets qui y sont placés ; on maintient le vide pendant quatre heures, après quoi on fait pénétrer dans l'appareil un liquide ayant pour composition :

Essence de pétrole	1000 litres.
Colophane	250 kilogr.
Huile de lin	360 —
Paraffine	25 —

Ce liquide est chauffé à la température de 75° avant son introduction dans le cylindre. Les objets sont laissés immergés pendant un quart d'heure, on les retire et on les place dans un cylindre semblable chauffé à 100° pour chasser l'essence de pétrole qui les imprègne et récupérer ce dissolvant pour le faire servir à une nouvelle opération.

Les objets étant secs, on les place dans une étuve pendant cinq heures, à l'action d'un courant d'air électrisé, c'est-à-dire renfermant une certaine quantité d'ozone, pour oxyder l'huile de lin qui remplit les pores de la pâte ; l'étuve est chauffée à 75°.

Les ustensiles sont plongés pendant une heure dans un bain formé de :

Huile de lin	100 parties.
Huile de ricin	5 —
Colophane	15 —

On repasse à l'étuve dans le courant d'air ozoné à 75°.

Les objets sont alors complètement imperméables, flexibles et inattaquables par les acides.

Il est inutile d'ajouter que le procédé s'applique à d'autres ustensiles que ceux de laboratoire. Certains appareils employés dans la fabrication des produits chimiques pourront avantageusement être en papier ainsi durci.

— Nouveaux interrupteurs et commutateurs. — Le *Cosmos* décrit deux appareils fort simples dus à M. Berthier.

Un tube de verre fermé à une extrémité renferme une petite quantité de mercure, tandis que l'autre extrémité contient deux fils de fer ou mieux de platine qui conduisent le courant. Ce tube étant adapté à une machine, la première extrémité, d'abord en bas, se trouve relevée, et le mercure tombant, les deux fils sont reliés et le courant passe. Un mouvement inverse interrompt le courant ; on obtient des changements plus rapides si le tube est légèrement courbé.

Un tel interrupteur peut être facilement transformé en commutateur. On prolonge l'un des fils à l'intérieur du tube, de manière à ce que le mercure soit toujours en contact avec lui. Chaque extrémité reçoit un autre fil que l'on met en communication avec les appareils destinés à fonctionner alternativement, tels que sonnerie et téléphone, par exemple, dans certains points.

Ces commutateurs-interrupteurs peuvent recevoir des modifications et des perfectionnements : les contacts étant à l'abri de l'air ne peuvent s'oxyder et leur fonctionnement indéfini est assuré.

D'ailleurs, on peut introduire de l'azote dans les tubes pour éviter toute détérioration.

— Une nouvelle machine électrique. — Sur les plans de M. Winhurst, M. Ducretet a construit une grande machine électrique qu'il a présentée à la *Société d'encouragement pour l'industrie nationale*.

Cette machine, qui est très puissante, comprend douze grands disques en verre de 75 centimètres de diamètre, formant six machines réunies en quantité sur le même arbre fixe. Munie de ses condensateurs, elle donne des étincelles de 42 centimètres de longueur. Une telle étincelle, jaillissant sur un tableau isolant recouvert de limaille de zinc, simule l'éclair. Sans condensateurs, celui-ci donne des aigrettes et des houppes très brillantes.

Ainsi que les appareils d'induction, celui de Wimhurst est *reversible*. Il se dessèche facilement, constamment, fonctionne par tous les temps et donne une certaine quantité d'ozone.

Suivant la *Revue internationale de l'électricité et de ses applications*, les organes principaux de cette machine modifiée par Ducretet assurent une grande mobilité des peignes et des balais, par suite un réglage rapide et une grande solidité.

Le nouvel exemplaire a été acquis par l'Université de Santiago du Chili.

BIBLIOGRAPHIE

Sommaires des principaux recueils de mémoires originaux.

Archives de neurologie (t. XX, n° 58, juillet 1890). — *Gilbert, Ballet* et *Paul Tissier* : Du bégayement hystérique. — *Grasset* : Leçons sur un cas de maladie des tics et un cas de tremblement singulier de la tête et des membres gauches. — *Francotte* : Étude sur l'anatomie pathologique de la moelle épinière.

— Revue de chirurgie (t. X, n° 7, 10 juillet 1890). — *F. Terrier* : Grand kyste séreux du rein gauche. — Ablation du rein, guérison, remarques cliniques. — *Bouchaud* : Polype fibro-muqueux naso-pharyngien. Accès caractérisé par des phénomènes congestifs, des hémorragies et une augmentation momentanée du volume de la tumeur. Atrophie progressive spontanée. — *H. Phélip* : Des résultats éloignés fournis par l'uréthrotomie externe dans les rétrécissements accusés de l'urèthre, pour servir à l'histoire de leur guérison rapide et définitive. — *W. Ratimoff* : Sur un cas rare de plaie de la tête par arme à feu. — *L. Defontaine* : Abcès du foie, hépatotomie avec suture du foie à la paroi abdominale, guérison.

— Revue de médecine (t. X, n° 7, 10 juillet 1890). — *C. Bouchard* : Action des produits sécrétés par les microbes pathogènes. — *Courtois-Suffit* : Sur un cas d'arrêt de développement (infantilisme).

— Bulletin de la Société impériale des naturalistes de Moscou, année 1889 (n° 3, 1890). — *S. Nikitin* : Note sur les modes de propagation des poissons d'eau douce. — *J. Weinberg* : Die Uebertragung der electrischen Energie. — *N. Zarudny* : Ueber die Nistverhältnisse des Saxauthähers. — *J. von Budriaga* : Die Lurchfauna Europo : I. Anura froschlurche. — *A. Becker* : Die Einwirkung der Witterung auf Pflanzen und Thiere.

— Journal de la Société physico-chimique russe (t. XXII, n° 5, 1890). — *F. Kanonnikow* : Pouvoir rotatoire de l'acide tartrique. — *I. Kondakow* : Structurel des acides tiglique et angélique. — *J. Kissel* : Sur l'action de l'iodure de méthyle et du chloroforme en présence des alcalis sur le nitroisopropane. — *Demianow* : Sur le pentaméthylèneglycol et sur l'oxyde de pentaméthylène. — *A. Potitzin* : Sur le bromate de lithium. — *Pirogoff* : Les principes de la thermodynamique. — *N. Menschutkin* : Coefficients de l'affinité des iodures, bromures et chlorures, et des amines.

— Archives italiennes de biologie (t. XIII, fasc. 3, 1890). — *G. Chiarugi* : Le développement des nerfs vagues chez les sauropsides et les mammifères. — *G. Fano* : Étude physiologique des premiers stades de développement du cœur embryonnaire du poulet. — *G. Gaglio* : Sur la propriété qu'ont certains sels de fer et certains sels métalliques pesants d'empêcher la coagulation du sang. — *P. Giacosa* : Sur l'action physiologique de l'artarine. — *Lombard-Warren* : Effets de la fatigue sur la contraction musculaire volontaire. — *U. Mosso* : La doctrine de la fièvre et les centres thermiques. — *R. Oddi* et *U. Rossi* : Sur les dégénérescences consécutives à la section des racines postérieures dans la moelle épinière. — *G. Paladino* : Nouveau procédé pour les recherches microscopiques du système nerveux central. — *G. Sanarelli* : Les processus de réparation dans le cerveau et dans le cervelet.

— Archives néerlandaises des sciences exactes et naturelles (t. XXIV, n° 2 et 3, 1890). — *F.-J. Van den Berg* : Quelques formules pour le calcul des nombres de Bernouilli et des coefficients des tangentes. — *J.-C. Costerus* : Pelories du *Viola tricolor*. — Staminodie de la corolle dans l'*Erica tetralix*. — *N.-W.-P. Rauwenhoff* : La génération sexuée des gleichoniacées.

— Revue d'hygiène thérapeutique (août 1890). — *Boudet* : Technique de l'électrolyse médicale. — *Marque* : Le massage de l'utérus.

Publications nouvelles.

Sur les contagieuses et maudites Bubas; histoire et médecine, par *Francisco Lopes de Villalobos;* Salamanque, 1498. Traduction et commentaires, par *M. E. Languetin.* — Un vol. in-16 de 164 pages de la *Collection choisie des anciens syphiligraphes;* Paris, Masson, 1890.

— L'Art de classer les notes; comment on organise son bureau et sa bibliothèque, par *M. Guyot-Daubès.* — Un vol. in-18 de 142 pages de la *Bibliothèque d'éducation attrayante;* Paris, Guyot, 166, boulevard Montparnasse, 1890.

— Three introductory lectures on the Science of Thought delivered at the Royal Institute London During the Mouth of March 1887, par *F.-Max Müller.* — Un vol. in-8°; Chicago, Open Court publishing Company, 1888.

— Epitomes of the three Sciences. Comparative Philology, Psychology and Old Testament history, par *H. Oldenberg, J. Jastrow, C.-H. Cornill.* — Un vol. in-8°; Chicago, Open Court publishing Company, 1890.

— Fundamental Problems. The Method of Philosophy as a systematic arrangement of Knowledge, par *Paul Carus.* — Un vol. in-8°; Chicago, Open Court publishing Company, 1889.

— Manual Training in France, par *A. Salicis.* Suggestions for the Teaching of Color, par *Hannah Johnston Carter.* —Une broch. in-8°; New-York, mai 1890.

— Statement of the Chief Grievances of Irish Catholics in the matter of Education, primary, intermediate, and University; par l'*Archevêque de Dublin.* — Un vol. in-8°; Dublin, Browne et Nolan.

— Deutsches Gesundheitswesen. Festschrift zum Xme Internationalen medizinische Kongress Berlin, 1890, par *M. M. Pistor.* — Un vol. in-8°; Berlin, Julius Springer, 1890.

— L'Année médicale (1889). Résumé des progrès réalisés dans les sciences médicales, publié sous la direction de *M. Bourneville.* — Un vol. in-16; Lecrosnier et Babé, 1890.

L'administrateur-gérant : Henry Ferrari.

May & Motteroz, Lib.-Imp. réunies, Ét. D, 7, rue Saint-Benoît. [896]

Bulletin météorologique du 29 septembre au 5 octobre 1890.

(D'après le *Bulletin international du Bureau central météorologique de France.*)

DATES.	BAROMÈTRE À 1 heure DU SOIR.	TEMPÉRATURE			VENT. FORCE de 0 à 9.	PLUIE. (Millimètres.)	ÉTAT DU CIEL À 1 HEURE DU SOIR.	TEMPÉRATURES EXTRÊMES EN EUROPE	
		MOYENNE	MINIMA.	MAXIMA.				MINIMA.	MAXIMA.
☾ 29	761^{mm},91	18°,8	7°,4	21°,1	W. 1	0,0	Cumulus W.-S.-W.	2°,6 au Pic du Midi; 2°,7 à Uléaborg; 4° à Bodo.	30° à Biskra ; 29° à Buda-Pest, îles d'Aix,Sanguinaire.
♂ 30	759^{mm},64	16°,1	9°,6	24°,9	S.-W. 2	0,0	Alto-cumulus S.-W.	— 9° à Haparanda ; 0,5 Uléaborg ; 1°,9 au Pic du Midi.	30° au cap Béarn et Biskra ; 29° Laghouat; 28° Clermont
♀ 1	758^{mm},47	14°,5	11°,8	18°,3	S.-S.-W. 2	0,3	Alto-cumulus gris S.-W.	— 9° à Haparanda; 1° au Pic du Midi ; 3° à Bodo.	30° Laghouat ; 28° Clermont, Biskra et île Sanguinaire.
☿ 2	757^{mm},18	10°,6	7°,8	15°,9	N.-N.-W. 3	0,3	Cumulus au S. et au S.-E.	0° au Pic du Midi et à Arkhangel ; 3° à Bodo.	30° à Biskra ; 29° à San Fernando; 28° à Madrid.
♃ 3	758^{mm},09	8°,5	2°,0	17°,8	S.-S.-W. 2	0,0	Cirrus au S.	— 9° au Puy de Dôme; — 1° Hernosand.	30° à San Fernando; 29° à Biskra ; 28° à Madrid.
♄ 4	763^{mm},38	9°,8	1°,2	19°,4	W.-S.-W.1	0,0	Cirrus au S.	— 3° à Bodo; — 2° à Hernosand et Haparanda.	32° au cap Béarn; 31° San Fernando; 29° à Madrid.
☉ 5.4.	764^{mm},78	11°,0	4°,7	18°,3	W. 0	0,0	Stratus moyens N.-W. 1/4 N.	4° à Haparanda et Hernosand; — 1° à Bodo.	32° cap Béarn; 31° Biskra ; 29° à Alger et île d'Aix.
MOYENNE.	763^{mm},71	12°,04	6°,34	19°,45	TOTAL . .	0,6			

Remarques. — La température moyenne est un peu au-dessous de la normale 12°,6 de cette période. Les pluies ont été moins abondantes; on a cependant noté, le 29 septembre, à Stornoway, 23^{mm} d'eau, 19 à Mullaghmore et 14 à Christiansund. Le 30, 22^{mm} à Stornoway, 19 à Mullaghmore, 16 à Oxo, 12 à Helsingfors et 22 à Saint-Pétersbourg. Le 1er octobre, 17^{mm} à Nancy, 10 à Servance, 12 à Bodo, 13 à Christiansund, 35 à Oxo, 12 à Fano et à Berne. Le 2, 11^{mm} à Trieste, 23 à Stockholm, 16 à Kuopio, 46 à Hangö, 13 à Riga, 14 à Helsingfors et à Saint-Pétersbourg. Le 3, 12^{mm} à Swinemunde, 14 à Skudesnoes, 15 à Fano, 12 à Arkhangel, 13 à Varsovie et 26 à Kuopio.

Chronique astronomique. — Mercure est une étoile du matin fort éloignée du Soleil (elle sera à sa plus grande élongation le 21) ; son passage au méridien, le 12, s'effectue à 11^h 42^m du matin, alors que le Soleil nous donne son midi 13^m après le midi moyen. Vénus, toujours l'étoile du soir, passe au méridien à 2^h 41^m du soir. Mars, qui est dans le Sagittaire, passe au méridien à 5^h 30^m du soir, et se trouve assez brillant au commencement de la nuit, comme Jupiter, qui le suit et reste dans le Capricorne. Saturne est une étoile du matin qui suit Régulus, le Cœur du Lion. Le 17, Vénus sera en conjonction d'abord avec la Lune, puis avec Antarès. La Lune, à son dernier quartier le 5, sera nouvelle le 13.   L. B.

RÉSUMÉ DU MOIS DE SEPTEMBRE 1890.

Baromètre.

Moyenne barométrique à 1 heure du soir.	762^{mm},77
Minimum barométrique, le 21	752^{mm},92
Maximum — le 26	771^{mm},68

Thermomètre.

Température moyenne.	14°,99
Moyenne des minima	9°,94
maxima	21°,05
Température minima, le 2	3°,5
maxima, le 17	26°,0
Pluie totale.	44^{mm},4
Moyenne par jour.	1^{mm},38
Nombre des jours de pluie	8

La température la plus basse en Europe et en Algérie a été observée au Pic du Midi, le 1er, et était de — 7°,7.

La température la plus élevée a été notée à Biskra, le 25, et était de 40°.

Nota. — La température moyenne du mois de septembre 1890 est supérieure à la normale corrigée 14°,5 de cette période.

REVUE
SCIENTIFIQUE
(REVUE ROSE)

Directeur : M. Charles Richet

NUMÉRO 16	TOME XLVI	18 OCTOBRE 1890

ANTHROPOLOGIE

CONGRÈS DES AMÉRICANISTES (8ᵉ SESSION)

— M. DE QUATREFAGES
Président du Comité d'organisation.

Cantonnement et migrations;
peuplement de l'Amérique.

Messieurs,

Grâce à l'honneur fort inattendu que l'on m'a fait en m'appelant à ce fauteuil, j'ai tout d'abord à remplir un devoir bien doux, celui de saluer les savants étrangers et français qui ont répondu à l'appel de notre Comité. Je le ferai en peu de paroles. Mais, au nom de tous mes collègues, je puis affirmer qu'elles partent du cœur. — Soyez les bienvenus, messieurs!

Malheureusement, ce même honneur m'impose une tâche tout autrement difficile. L'usage veut que, en ouvrant une session de Congrès, le Président adresse à ses collègues tout au moins une allocution relative aux questions qui vont les occuper; et que dirai-je, au sujet de l'Amérique, à des hommes de savoir, qui font de ce grand continent l'objet de leurs préoccupations habituelles? Je ne mérite pas comme vous le titre d'américaniste. Appelé par les exigences de mon enseignement à faire l'histoire de toutes les populations humaines, je ne pouvais aborder d'une manière spéciale une étude plus que suffisante pour absorber une vie entière. J'ai donc beaucoup à apprendre de vous; et je vous remercie d'avance pour tout ce que vous m'enseignerez.

Toutefois, à peine est-il besoin de le dire, le point de vue d'ensemble, auquel j'ai dû me placer à peu près toujours, ne pouvait que ramener souvent ma pensée vers ce nouveau monde, dont la découverte a ouvert tant d'horizons inattendus à presque toutes les branches du savoir humain. Or, en tête des problèmes qu'il pose à l'anthropologiste, celui de l'origine de ses habitants se présente en première ligne. Les indigènes américains sont-ils, à un degré quelconque, les parents des populations de l'autre continent? Ou bien, apparus sur les terres où nous les avons trouvés, n'ont-ils avec ces populations aucun rapport ethnologique?

Vous savez que ces deux opinions ont été soutenues et ont encore leurs partisans. J'ai fait connaître depuis longtemps la solution à laquelle je me suis arrêté. A mes yeux, l'Amérique a été peuplée originairement et de tout temps par des immigrations venues de l'ancien monde. Au risque de me répéter, je voudrais résumer brièvement les motifs de ma conviction.

I.

Permettez-moi d'abord de rappeler les deux règles que j'ai suivies constamment dans l'étude des questions, parfois si ardemment controversées, que soulève l'histoire de l'homme.

La première est d'écarter *absolument* toute considération empruntée, soit au dogme, soit à la philosophie; et d'en appeler *uniquement* à la science, c'est-à-dire à l'*expérience* et à l'*observation*.

La seconde est de ne jamais isoler l'homme des autres êtres organisés; et d'accepter qu'il est soumis, pour tout ce qui n'est pas exclusivement humain, à toutes les lois générales qui régissent également les animaux et les plantes. De là il résulte que l'on ne saurait regarder comme vraie une doctrine, une opinion quelconque, qui fait ou qui tend à faire de l'homme une exception parmi les autres êtres organisés.

II.

Faisons l'application de ces principes à la question qui nous occupe, mais élargissons-la; car elle n'est qu'un cas spécial d'un problème plus général que l'on peut formuler en ces termes. L'homme est aujourd'hui partout: s'est-il montré partout à l'origine? Sans avoir été absolument cosmopolite à ses débuts, a-t-il pris naissance sur un nombre indéterminé de points? Ou bien, né sur un point unique et circonscrit, a-t-il envahi progressivement la terre entière par voie de migrations?

Au premier abord, on pourrait croire que la réponse à ces questions doit être fort différente selon que l'on admet l'existence d'une seule ou de plusieurs espèces humaines. Ce serait là une erreur. Nous allons voir que, sur ce point du moins, les polygénistes doivent donner la main aux monogénistes, sous peine de se trouver en contradiction avec les faits.

Plaçons-nous d'abord au point de vue monogéniste.

III.

La physiologie, qui conduit à reconnaître l'unité de l'espèce humaine, ne nous apprend rien de relatif à ses premières origines géographiques. Il en est autrement de la science qui s'occupe de la distribution des animaux et des végétaux à la surface du globe. La géographie des êtres organisés a, elle aussi, ses *faits généraux* que nous appelons des *lois*. Ce sont ces *faits*, ces *lois* qu'il faut connaître et interroger pour résoudre le problème du mode de peuplement du globe.

Eh bien, le premier résultat de cette étude est de montrer que le véritable cosmopolitisme, tel qu'on le constate chez l'homme, n'existe nulle part, soit dans le règne animal, soit dans le règne végétal. A l'appui de cette affirmation, je me borne à vous citer quelques témoignages.

Voici d'abord ce que nous dit de Candolle au sujet des végétaux : « Aucune plante phanérogame ne s'étend sur la totalité de la surface terrestre. Il n'en existe guère que dix-huit dont l'aire atteigne la moitié des terres; aucun arbre ou arbuste ne figure parmi ces plantes d'une extension si considérable. » Cette dernière remarque touche à un ordre de considérations sur lesquelles j'insisterai plus loin.

Dans mes leçons sur cette matière, j'ai cité de même textuellement les dires des savants les plus autorisés au sujet des principaux groupes d'animaux d'eau douce et d'eau salée; j'ai passé en revue les faunes aériennes à partir des insectes; j'ai insisté quelque peu sur les poissons et les reptiles. Je vous épargne cette énumération et ne dirai un mot que de l'oiseau dont l'aire d'habitat est la plus étendue. Le faucon pèlerin occupe la totalité des régions tempérées et chaudes de l'ancien et du nouveau monde. Mais il n'atteint ni les régions boréales, ni la Polynésie.

Mais, par son corps, l'homme est anatomiquement et physiologiquement un mammifère; rien de plus et rien de moins. Cette classe nous intéresse donc bien plus que les précédentes et elle nous apporte des enseignements plus précis. J'entrerai donc ici dans quelques détails, en prenant pour guide le grand ouvrage d'Andrew Murray, devenu classique dès son apparition.

En raison de leur force, de leur énorme puissance de locomotion et grâce à la continuité des mers qu'ils habitent, les Cétacés sembleraient pouvoir jouir d'un véritable cosmopolitisme. Il n'en est rien. Chaque espèce est cantonnée dans une aire plus ou moins étendue, au delà de laquelle quelques individus font parfois des excursions, sauf à rentrer bientôt dans leurs limites; deux exceptions ont été signalées à cette règle générale. Un Rorqual à grandes mains et un Balœnoptère boréal, originaires de nos mers tempérées et froides, auraient été trouvés, le premier au Cap, le second à Java. A en juger par ce que disent Van Beneden et Gervais, les deux plus grandes autorités en cétologie, ces faits seraient au moins douteux. Acceptons-les néanmoins comme vrais; toujours est-il que ni l'une ni l'autre espèce n'a jamais été rencontrée dans les mers qui baignent l'Amérique et la Polynésie.

Au-dessus des Cétacés, on ne trouve plus rien qui ressemble à un cosmopolitisme, même fort restreint. Ici encore, je puis vous épargner les détails. Vous savez comme moi que les espèces de Marsupiaux, d'Édentés, de Pachydermes, ont leurs patries respectives nettement délimitées; que, si le cheval et le porc sont aujourd'hui en Amérique, c'est qu'ils y ont été importés par les Européens.

Un fort petit nombre de Ruminants habitent également le nord des deux continents. On est généralement d'accord pour regarder le renne et le caribou comme de simples races d'une même espèce. Brandt, tout en faisant quelques réserves, en a dit autant du bison et de l'aurochs, de l'argali et du bighorn. Mais, aucune de ces espèces ne se trouve dans les régions chaudes de ces deux parties du monde, pas plus que dans l'Océanie entière.

L'ordre des Carnassiers présente peut-être quelques faits analogues aux précédents. Mais, arrivé aux Cheiroptères et aux Quadrumanes, on ne trouve pas une seule espèce commune aux deux continents, pas plus qu'au reste du monde.

IV.

Ainsi, de tous les êtres organisés, plantes ou animaux, pas un n'est cosmopolite à la manière de l'homme. Or il est évident que l'aire d'habitat actuelle d'une espèce animale ou végétale quelconque comprend le centre d'apparition de cette espèce. En vertu de la loi d'expansion, celui-ci doit même être moins étendu que celle-là. Aucune plante, aucun animal n'a donc pris naissance dans toutes les régions du globe.

Admettre que l'homme s'est montré dès le début partout où nous le voyons aujourd'hui serait faire de lui une exception unique. Cette hypothèse ne peut donc être acceptée; et tout monogéniste doit repousser comme fausse la conception du cosmopolitisme initial de l'espèce humaine.

V.

La même conclusion s'impose aux polygénistes, à moins qu'ils ne refusent d'appliquer à l'homme les lois de la géographie botanique et zoologique qui régissent tous les autres êtres.

En effet, pour tant qu'ils aient multiplié leurs espèces humaines, qu'ils en aient admis deux avec Virey, quinze avec Bory de Saint-Vincent, ou un nombre indéterminé, mais très considérable, avec Gliddon, ils les ont toujours réunies dans un seul genre; et ils ne pouvaient faire autrement. Or, pas plus qu'une *espèce humaine*, un *genre humain* ne peut être cosmopolite.

En parlant des végétaux, de Candolle a dit : « Les mêmes causes ont pesé sur les genres et sur les espèces; » et cela est vrai des animaux comme des plantes.

Tenons-nous-en aux Mammifères.

Parmi les Cétacés, Murray regarde les genres *Rorqual* et *Dauphin* comme étant représentés dans toutes les mers. Van Beneden et Gervais ont contesté ce fait. — Admettons-le néanmoins; il n'infirmera en rien nos conclusions.

Au-dessus des Cétacés, il ne peut plus être question de cosmopolitisme générique. — Chez les Ruminants, les genres Cerf, Bœuf, etc., chez les Carnassiers, les genres Chat, Chien, Ours, etc., ont des représentants dans les deux mondes, mais aucun en Australie ou en Polynésie.

En outre, à mesure que l'on examine des groupes de plus en plus élevés, on voit diminuer le nombre de ces genres à aire très vaste. Enfin, on ne connaît pas un seul genre de Singe commun à l'ancien et au nouveau continent; et le type lui-même manque à la plus grande partie des deux mondes et de l'Océanie.

VI.

Ainsi, qu'il s'agisse des espèces ou des genres, l'aire d'habitat se restreint d'autant plus que les animaux sont placés plus haut dans l'échelle zoologique. Il en est de même pour les végétaux. Voici ce qu'en dit de Candolle : « L'aire moyenne des espèces est d'autant plus petite que la classe à laquelle elles appartiennent a une organisation plus complète, plus développée, autrement dit, plus parfaite. »

Le *cantonnement progressif*, en rapport avec le perfectionnement croissant des organismes, est donc un fait général, une *loi*, qui s'applique à tous les êtres organisés et dont la physiologie rend d'ailleurs facilement compte. Or, cette loi est en désaccord absolu avec l'hypothèse qu'il puisse exister un *genre humain*, comprenant plusieurs espèces distinctes, lesquelles auraient apparu partout où nous voyons des hommes. C'est ce qu'il est aisé de comprendre.

En invoquant l'autorité de Murray et l'universalité d'habitat qu'il attribue aux genres Rorqual et Dauphin, les polygénistes pourraient être tentés de dire : « Le non-cosmopolitisme présente déjà deux exceptions : pourquoi n'y en aurait-il pas une troisième? Deux genres de Cétacés sont naturellement représentés dans toutes les mers; pourquoi le genre humain ne l'aurait-il pas été d'emblée sur toutes les terres? »

Ce raisonnement pécherait par la base. Les Rorquals et les Dauphins appartiennent au dernier ordre des Mammifères. Les hommes, à leur tour comptent seulement du groupe le plus élevé, ne peuvent être placés que dans le premier. A moins de constituer une exception unique, c'est aux lois du groupe supérieur qu'ils ont dû obéir. Par conséquent, ils n'ont pu échapper à celle du cantonnement progressif. Il suit de là qu'un *genre humain*, comme que le comprennent les polygénistes, aurait dû occuper à l'origine une aire tout au plus aussi étendue que celle qui est dévolue à quelque genre des Singes.

Mais, parmi les Singes eux-mêmes, tous les naturalistes reconnaissent une hiérarchie; tous placent en tête de l'ordre la famille des Anthropomorphes. C'est donc aux groupes secondaires de cette famille que les polygénistes doivent demander des renseignements sur l'étendue possible de l'aire primitivement accordée à leur genre humain; et vous savez combien est peu considérable celle des genres Gibbon, Orang, Gorille et Chimpanzé.

VII.

Vous le voyez, à quelque point de vue que l'on se place, il faut, ou bien prétendre que l'homme seul échappe aux lois qui ont réglé la distribution géographique de tous les autres êtres organisés, ou bien admettre que les tribus primitives ont été cantonnées sur un espace fort restreint.

A en juger par l'état actuel des choses, en faisant les plus larges concessions, en négligeant la supériorité incontestable du type humain sur le type simien, tout ce que permet l'hypothèse polygéniste, c'est de regarder cette aire comme ayant été à peu près équivalente à celle qu'occupent les diverses espèces de Gibbons, qui vont, sur le continent de l'Assam à Malacca, dans les îles des Philippines à Java.

Naturellement, le monogénisme conduit à resserrer encore cette aire et à l'égaler tout au plus à celle du chimpanzé, qui s'étend à peu près du Caire au Sénégal.

Je suis le premier à reconnaître qu'il faudra peut-être élargir plus tard ces limites. Je regarde comme démontrée l'existence de l'homme tertiaire; et c'est la distribution géographique des singes ses contemporains qui seule pourra fournir des renseignements plus précis sur l'extension première du centre d'apparition humaine. Or, la paléontologie nous a appris que l'espace jadis occupé par le type simien était sensiblement plus considérable que de nos jours. Peut-être en a-t-il été ainsi des Anthropomorphes. Toutefois, jusqu'ici, aucun singe fossile ne se rattache à cette famille. Vous savez que, grâce à l'examen de pièces mieux conservées, le Dryopithèque, longtemps regardé comme lui appartenant, a été reconnu pour n'être qu'un singe inférieur.

Quoi qu'il en soit, les lois générales de la distribution géographique des êtres, et surtout celle du cantonnement progressif, permettent d'affirmer que l'homme n'a occupé primitivement qu'un point fort circonscrit du globe; et que, s'il est aujourd'hui partout, c'est qu'il a couvert la terre entière de ses tribus émigrantes.

VIII.

Je sais que cette idée du peuplement du globe par migrations effraye bien des esprits. Elle nous met en face d'un immense inconnu; elle soulève un monde de questions, dont un trop grand nombre peut paraître inaccessible à nos recherches. Aussi m'a-t-on dit bien souvent : « Pourquoi se créer toutes ces difficultés? Il est bien plus naturel de s'en tenir aux mouvements de peuples attestés par l'histoire et d'accepter l'autochtonisme, surtout quand il s'agit des derniers sauvages. Comment les Hottentots et les Fuégiens auraient-ils atteint leur patrie actuelle, en partant d'un point indéterminé, mais que vous placez dans le nord de l'Asie? Ces voyages sont impossibles : ces peuples sont nés au cap de Bonne-Espérance et au cap Horn. »

A ces fins de non-recevoir, je répondrai d'abord par une anecdote dont vous comprendrez aisément la portée. C'est à Livingstone que je l'emprunte.

L'illustre voyageur raconte comment, dans sa jeunesse, il faisait avec ses frères de longues courses consacrées à des recherches d'histoire naturelle. — « Dans l'une de ces tournées d'exploration, dit-il, nous entrâmes dans une carrière de pierre à chaux, longtemps avant que l'étude de la géologie se fût vulgarisée, comme elle l'a été depuis lors. Il est impossible d'exprimer avec quelle joie et quel étonnement je me mis à ramasser des coquilles que l'on trouve dans la roche carbonifère... Un carrier me regardait avec cet air de compassion que prend un homme bienveillant à la vue d'un insensé. — Comment ces coquilles sont-elles venues dans ces rochers, lui demandai-je? — Quand Dieu a créé les roches, il a fait les coquilles et les y a placées, me répondit l'ouvrier. »

Livingstone ajoute : « Que de peines les géologues se seraient épargnées, en adoptant la philosophie ottomane de cet ouvrier!... » — A mon tour, je demanderai : « Où en serait la géologie, si les hommes de science avaient adopté cette philosophie? »

Eh bien, je demande aux anthropologistes d'imiter les géologues; je leur demande de rechercher comment et par où les peuples les plus éloignés ont irradié du centre d'apparition humain jusqu'aux extrémités du globe. Je ne crains pas de prédire à ceux qui se mettront sérieusement à l'étude des migrations de nombreuses et belles découvertes. Le passé permet ici de prévoir l'avenir.

IX.

Il y a quelques années, lorsqu'on me tenait le langage que je viens de rappeler, on ne manquait pas d'ajouter la Polynésie à la liste des régions que n'auraient pu atteindre, affirmait-on, des hommes dépourvus de nos industries perfectionnées. Vous savez quel démenti complet a été donné à ces dires. — En ajoutant ses recherches personnelles à celles de ses devanciers, Hale, le premier, a dressé la carte des migrations polynésiennes. Vingt ans après, grâce aux documents recueillis depuis l'apparition de ce travail fondamental, j'ai pu compléter l'œuvre du savant Américain. — Aujourd'hui, a dit notre regretté Gaussin, si compétent pour tout ce qui touche à l'Océanie, le peuplement de la Polynésie, par migrations parties de l'archipel indien, est aussi clairement démontré que l'invasion de l'Europe par les barbares du moyen âge.

X.

Comme la Polynésie, l'Amérique a été peuplée par des colons venus du vieux monde. Il faut retrouver leur point de départ et suivre leurs traces. — Certes, le travail sera plus difficile et plus long sur le continent qu'en Océanie; surtout parce que, en Amérique, les migrations ont été bien plus nombreuses et remontent bien plus haut. — Les premiers pionniers indonésiens qui, partis de l'île Bouro, abordèrent aux archipels de Tonga et de Samoa, ont dû accomplir cette traversée vers la fin du v⁰ siècle, c'est-à-dire à peu près à l'époque de la conversion de Clovis. Le peuplement de la Nouvelle-Zélande par les émigrants des Manaïas remonte, tout au plus, aux premières années du xₑ siècle.

Ainsi, le peuplement de la Polynésie entière s'est accompli pendant notre moyen âge. — En Amérique, les premières migrations datent des temps géologiques.

Deux savants, à qui l'on doit de précieuses découvertes, MM. Ameghino et Withney, ont reporté jusqu'aux époques tertiaires l'existence de l'homme américain. Mais, vous savez que cette opinion a été combattue par des hommes d'une valeur égale ; et je crois avoir confirmé la manière de voir de ces derniers, par la comparaison des faunes fossiles des pampas, du Brésil et des graviers californiens.

XI.

Ainsi, à en juger par le peu que nous savons, l'homme avait atteint la Lombardie et le Cantal, alors qu'il n'avait pas encore pénétré en Amérique. Sans doute, il faut ici faire les réserves les plus formelles en faveur de l'avenir. Mais, si le fait se confirme, on l'expliquerait, ce me semble, aisément.

Tout me porte à penser que, avant l'époque quaternaire, l'Amérique et l'Asie étaient séparées comme de nos jours. S'il en eût été autrement, les espèces de mammifères communes au nord des deux continents seraient à coup sûr plus nombreuses. Les riverains de la mer de Behring, hommes et animaux terrestres, étaient ainsi arrêtés. Mais, quand le grand hiver géologique vint substituer rapidement la température polaire à la douceur d'un climat analogue à celui de notre Californie, les vieilles tribus tertiaires furent forcées d'émigrer en tous sens. Un certain nombre d'entre elles s'engagea sur le pont de glace jeté par le froid entre les deux rivages, et arriva en Amérique avec le renne, comme leurs sœurs occidentales sont arrivées en France avec le même animal.

A dater de ce moment, l'ère des immigrations s'est ouverte pour l'Amérique. Elle n'a pu se clore depuis cette époque. Chaque année, l'hiver reconstruit le pont qui unit le cap Oriental à celui du Prince-de-Galles ; chaque année, un chemin relativement facile pour des piétons aguerris va de l'un à l'autre continent; et nous savons que les populations côtières des deux rives opposées en profitent pour entretenir des relations.

Eh bien, lorsque quelqu'un de ces grands mouvements, que nous savons avoir agité l'Asie, faisait sentir ses contre-coups jusque dans ces contrées lointaines, lorsque des révolutions politiques ou sociales les bouleversaient, n'est-il pas évident que les fugitifs ou les

vaincus ont dû maintes fois prendre cette route, dont ils connaissaient l'existence ? Pour repousser l'idée des migrations par la mer glacée, il faut admettre que, depuis le commencement des temps quaternaires, toutes les régions correspondantes ont joui d'une paix perpétuelle ; et, vous le savez bien, une telle paix n'est pas de ce monde.

Cette mer n'a pu qu'être la principale route suivie par les immigrations américaines. Mais, plus au sud, la chaîne, formée par les îles Aléoutiennes et l'Alaska, en ouvre une seconde à des tribus quelque peu navigatrices. Aussi, les Aléoutes occupent-ils, sur la carte ethnologique de Dall, toute l'extrémité de la presqu'île.

Telles sont les voies par lesquelles a dû s'opérer ce qu'on pourrait appeler le peuplement normal de l'Amérique. Mais, baigné en tous sens par deux grandes mers, ce continent ne pouvait que bénéficier des hasards de la navigation. On reconnaît de plus en plus qu'il en a bien été ainsi. Dès aujourd'hui, on peut dire que l'Europe et l'Afrique d'un côté, l'Asie et l'Océanie de l'autre, ont envoyé à l'Amérique un nombre de colons involontaires, plus considérable probablement qu'on ne pourrait encore le supposer.

XII.

En Amérique, comme en Europe, les immigrations ont été intermittentes et séparées parfois par des siècles. L'Amérique a été peuplée comme par un grand fleuve humain, ayant ses sources en Asie, traversant le continent entier du nord au sud, et recevant le long de son cours quelques faibles ruisseaux. Ce fleuve a ressemblé aux rivières torrentueuses dont nous avons des exemples en France même. D'ordinaire, et parfois pendant de longues années, leur lit est presque à sec. Vienne quelque grand orage, et une avalanche liquide descend des montagnes où elles prennent leur source, envahit et ravage la plaine, bouleversant les vieilles alluvions, brassant et mélangeant les matériaux anciens ou nouveaux, et poussant chaque fois plus loin les débris arrachés au passage. Tel a été le régime de notre fleuve ethnologique. En outre, il a souvent déversé ses flots à droite ou à gauche, et s'est frayé des dérivations nouvelles. Il a eu aussi ses remous. Mais la direction générale n'en a pas été altérée, et nous pouvons la reconnaître dès à présent.

Eh bien, une des plus belles tâches des américanistes sera de remonter aux sources de ce fleuve ; de déterminer la succession de ses crues ; de préciser l'origine et la nature des éléments qu'elles ont entraînés ; de suivre ces éléments d'étapes en étapes, et de retrouver ainsi la route que chacun d'eux a suivie jusqu'à son point d'arrivée ; en d'autres termes, de faire l'histoire des migrations des divers peuples américains.

Certes — et je l'ai déjà dit — l'accomplissement de

cette tâche sera tout autrement difficile en Amérique qu'en Polynésie. Ceux qui l'aborderont ne pourront recourir à rien qui rappelle les chants historiques et les généalogies dont se composaient les archives orales religieusement conservées dans toutes les îles du Pacifique. Mais la science moderne a des ressources dont on comprend de mieux en mieux la puissance. En réunissant les données fournies par l'étude des terrains et de leurs fossiles, par la craniologie comparée, la linguistique et l'ethnographie, il est permis d'aborder cet ensemble de problèmes et d'en prévoir la solution.

Déjà de sérieux efforts ont été faits dans cette direction et n'ont pas été infructueux. Dès à présent, on pourrait indiquer sur la carte un assez grand nombre d'itinéraires; mais ces itinéraires sont jusqu'ici partiels et locaux. Ce ne sont guère que des tronçons, analogues à ceux qu'avaient signalés en Océanie les prédécesseurs de Hale.

Peut-être en sera-t-il encore longtemps ainsi. Pourtant, que les américanistes ne perdent pas courage. Chaque découverte nouvelle, pour si peu importante qu'elle puisse paraître au premier abord, les rapprochera du but à atteindre. D'année en année, ces tronçons, aujourd'hui isolés et épars, se souderont, se coordonneront; et un jour on dressera la carte des migrations américaines, de l'Asie au Groenland et au cap Horn, comme on a dressé celle des migrations polynésiennes, de l'archipel Indien à l'île de Pâques, et de la Nouvelle-Zélande aux Sandwich.

De Quatrefages,
de l'Institut.

HISTOIRE DES SCIENCES

Les travaux de Bayen sur l'étain.

Dans une étude antérieure sur Bayen, je n'ai fait qu'indiquer ses travaux sur l'étain, me réservant de reprendre ce sujet (1).

En 1746, Margraff annonçait à l'Académie de Berlin que la plupart des étains du commerce contiennent de l'arsenic. La nouvelle eut en France un grand retentissement, car la vaisselle d'étain, regardée jusqu'alors comme inoffensive, était encore très répandue. Pour calmer l'émotion produite par la découverte du chimiste de Berlin, le gouvernement chargea l'ancien Collège de pharmacie de Paris, devenu depuis la Société de pharmacie, « de faire toutes les expériences nécessaires pour constater si l'étain était ou n'était pas dangereux ». Le Collège confia à trois de ses membres,

(1) Revue scientifique du 30 avril 1887.

Rouelle, Charlard et Bayen, « l'honneur de remplir les vues du gouvernement ».

Rouelle (1) mourut, le travail étant à peine ébauché; Charlard, homme habile et consciencieux, en prépara les matériaux; Bayen se réserva la plus large part : le rapport est entièrement de lui. Il forme un volume de 285 pages, qui a été publié sous ce titre : *Recherches chimiques sur l'étain*, faites et publiées par ordre du gouvernement, *ou réponse à cette question :* Peut-on sans danger employer les vaisseaux d'étain dans l'usage économique? — par MM. Bayen, Apothicaire-Major des Camps et Armées du Roi, et Charlard, Prévôt du Collège de Pharmacie (2).

L'ouvrage débute par un *Avant-propos* (3) qui embrasse l'histoire de l'étain depuis les Hébreux, en passant par les Carthaginois, les Grecs, les Gaulois et les Romains. Nous en détachons cet hommage à Palissy :

... L'art de l'émailleur est très ancien. Les Égyptiens, les Perses, et sans doute les autres peuples de l'Asie, le cultivèrent et le communiquèrent aux Grecs qui l'apprirent aux Romains; et si les peuples du Nord, qui renversèrent l'empire de ces derniers, nous semblent aujourd'hui avoir fait tous leurs efforts pour détruire les arts et tout ce qu'ils avaient produit, il est cependant à présumer que l'émail continua à être préparé par quelques habitants de l'Italie et que le procédé s'en perpétua obscurément jusque vers le XVIe siècle où, prenant un essor brillant et encore plus utile, des Toscans, cherchant peut-être à imiter la porcelaine que les navigateurs apportaient de la Chine, trouvèrent le moyen d'émailler la terre cuite, et de faire ce que nous appelons aujourd'hui de la faïence.

Ce nouvel art commençait à gagner de la célébrité dans l'Italie; mais il était inconnu en France. Vers l'an 1555, le hasard offre à un homme d'un génie peu commun une coupe de terre, tournée et émaillée : il l'admire, sa tête s'exalte; il prétend l'imiter. Rien ne peut l'arrêter : il ruine sa fortune; manquant de bois, il sacrifie le plancher de sa maison et le brûle; il essuie les railleries de ses voisins, les reproches de sa femme; il est endetté en plusieurs lieux, ne peut subvenir aux besoins de ses enfants; mais constant dans sa résolution, que quinze ans de peines et de traverses ne ralentissent pas, Palissy arrive à son but et montre à ses concitoyens de la faïence faite en France. Alors la paix revient dans la maison, les railleurs se taisent, la fortune de cet homme étonnant se rétablit, parce que l'art qu'il venait de créer, se perfectionnant entre ses mains, il trouva de l'encouragement; et bientôt l'architecture qui flottait alors entre le bon et le mauvais goût, adoptant les briques émaillées et diversement coloriées de Palissy, les fit entrer dans la décoration des grands édifices qui furent élevés à cette époque.

(1) Hilaire-Marin (1718-1779), le frère de Guillaume Rouelle (1703-1770).
(2) A Paris, de l'imprimerie de Philippe-Denis Pierres, imprimeur ordinaire du roi et de la police, M D C LXXXI.
(3) Dans son ouvrage sur l'orfèvrerie de l'étain (Paris, 1884), M. Germain Bapst invoque plusieurs fois le témoignage de Bayen en rappelant des passages de cet avant-propos.

C'est donc à Palissy que nous devons rapporter sinon l'invention, du moins la première imitation qui se soit faite chez nous de la faïence, sorte de vaisselle qui, s'étant de jour en jour perfectionnée, a été substituée à celle d'étain dans presque toutes nos maisons. La beauté de cette matière et surtout sa propreté, qui n'exige que très peu de soin pour être entretenue, lui ont mérité, malgré sa fragilité, la préférence sur l'étain.

Les recherches qui suivent ce brillant exposé sont partagées en quatre sections qui présentent, à leur tour, plusieurs subdivisions : c'est la forme méthodique adoptée par Bayen dans ses publications sur les pierres, les précipités mercuriels et les eaux de Luchon.

La première section est consacrée aux étains fins tirés de l'Inde et vendus, alors comme aujourd'hui, sous les noms de Banca et de Malacca :

Ces étains ont tous le plus grand éclat et peuvent rester longtemps à l'air sans se ternir ; ils sont si malléables que, sans être fort adroit à donner les coups de marteau, on peut les réduire sur un tas en feuilles minces comme le plus fin papier, sans y faire la moindre gerçure.

Si on les coule en petits lingots ronds et d'une ligne (1) de diamètre sur six pouces de longueur, on pourra, sans les rompre, les plier subitement en sens contraire jusqu'à quatre-vingts fois, en formant à chaque fois un angle droit.

Ces étains ont d'ailleurs un cri différent de celui qu'ont les étains appelés aigres ; à volume égal, ils ont exactement le même poids.

Exposés au feu, dans des vases fermés, ils laissent échapper en très petite quantité une poudre volatile blanche que Margraff a soupçonnée à tort d'être de l'arsenic ; car, lorsqu'on la met en contact avec un charbon embrasé, elle n'a point l'odeur arsénicale ; or la centième partie d'un grain d'arsenic mise sur un charbon ardent est suffisante pour faire reconnaître sans aucune équivoque cette substance.

C'est par l'action des dissolvants, par cette voie toute moderne, appliquée déjà par Bayen à l'analyse des minéraux, que l'erreur du chimiste allemand est condamnée sans appel.

En dehors du traitement par le feu, si cher aux vieux chimistes, Margraff indiquait l'eau régale comme propre à retirer l'arsenic de l'étain « même le plus pur » sous la forme d'une poudre blanchâtre. Bayen prouve,

par de nombreuses expériences, que l'on ne peut obtenir une poudre blanche qu'en employant de l'eau régale affaiblie (1) « au point d'agir sur l'étain lentement et sans s'échauffer », et que cette poudre ou plutôt ce sel, « car c'en est véritablement un soluble dans l'eau et résultant de la combinaison de l'acide régale avec l'étain », n'est point du tout arsenicale.

S'il était permis de faire un reproche à M. Margraff, ce serait sans doute celui de n'avoir pas déterminé en quelle proportion se trouvait l'arsenic dans les différents étains qui lui en donnaient. Mais quel est l'homme qui peut tout apercevoir ? Quel est l'homme qui peut tout faire ? Aidé du rayon de lumière que ce savant chimiste avait jeté sur la question, nous nous sommes habitués à traiter l'étain avec l'eau régale en répétant cent fois le procédé qu'il indique, et le résultat de nos expériences, de nos observations a été que l'arsenic lorsqu'il se rencontrait dans l'étain y était toujours sous forme réguline.

M. Margraff nous avait frayé la route ; il était donc naturel que nous allassions plus loin que lui, et le public était même en droit de l'attendre de nos efforts.

Il fallait trouver un procédé sûr pour faire le départ de tout ce qu'une quantité donnée d'étain pouvait contenir de matière arsenicale, c'était le point essentiel, et, si nous le manquions, il nous était impossible de mettre les chimistes et les physiciens en état de prononcer sur la question importante qui nous a été proposée... Nous crûmes donc devoir recourir à des expériences comparatives en prenant pour cet effet le parti d'introduire dans ces mêmes étains de l'arsenic à des doses connues et graduées depuis 1/16 jusqu'à 1/1200, et d'aller même plus loin s'il était nécessaire.

Quelques-uns de ces alliages (2) présentent des caractères bons à rappeler :

L'alliage à 1/16 cristallise en grandes facettes à peu près comme le bismuth ; sa fragilité est plus grande que celle du zinc ; lorsqu'on le remet en fusion, il exige plus de feu que l'étain ; il commence par se ramollir ; si on le touche alors avec une baguette de fer, on entend un cri occasionné par les cristaux qui se frottent les uns contre les autres ; le feu étant augmenté, la fusion devient parfaite ; on voit ce métal fumer et répandre l'odeur propre à l'arsenic. Si on veut le couler dans une lingotière, on n'y parvient que très imparfaitement, cette fonte étant pâteuse et conséquemment peu coulante.

L'alliage à 1/32 est encore très fragile ; les facettes sont aussi brillantes, mais moins grandes que celles du précédent.

---

(1) Voici, d'après Prieur (Instruction sur les nouveaux poids et mesures, *Annales de chimie* de juillet 1792), la valeur actuelle des anciens poids et mesures cités dans ce travail :

Le grain . . . . =	0^{gr},0531
Le gros (3 deniers ou scrupules ou 72 grains) . =	3^{gr},822
L'once (8 gros) . . . . =	30^{gr},57
La livre (2 marcs ou 16 onces) . . . . . . =	489^{gr},0
Le quintal . . . . =	100 livres.
La ligne (12 points) . . . . =	0^m,002255
Le pouce (12 lignes) . . . . =	0^m,02706
La pinte . . . . =	0^{lit},9512

(1) « Une once d'acide nitreux pur (acide nitrique) étant en pesanteur à l'eau distillée comme 25 est à 19, et 36 grains de sel ammoniac forment ce que nous appelons notre eau régale forte. Voulons-nous l'affaiblir, nous y ajoutons une, deux et même quelquefois trois parties d'eau distillée. »

(2) On attribue généralement l'étude de ces alliages à Bergzélius. (Voir *Dictionnaire de chimie* de Würtz, art. Arséniures d'étain.) — Notons en passant qu'on chercherait en vain le nom de Bayen dans cette vaste encyclopédie.

L'alliage à 1/64 a moins de fragilité, mais il est peu ductile.

L'alliage à 1/256 est plus doux et plus ductile, mais encore « très aigre » et hors d'état de pouvoir être employé par les ouvriers...

En traitant ces divers alliages par l'eau régale dans les mêmes conditions que précédemment, Bayen et Charlard ont pu retirer de chacun d'eux à l'état de *poudre noire* tout l'arsenic qui y avait été introduit.

Poussant plus loin leurs recherches, ils ont constaté qu'à la dose 1/2048 l'arsenic peut encore être décelé par une très faible coloration : « Pour ce dernier alliage, nous avions sous les yeux deux capsules qui contenaient la première une lame d'étain pur et la seconde la lame d'étain arséniqué : l'eau régale était versée dans l'une et l'autre au même instant. »

Mais comme il est des cas où le traitement par l'eau régale ne peut être que difficilement employé, par exemple celui où il s'agirait d'examiner un étain allié avec des métaux tels que le cuivre, le bismuth, le plomb, etc., « il était nécessaire de tenter différents moyens pour tâcher de découvrir un procédé qui pût s'appliquer généralement à toute sorte d'étains, non seulement dans la vue d'en éprouver s'ils contenaient ou ne contenaient pas d'arsenic, mais encore de constater la quantité positive de ce dernier ».

L'acide chlorhydrique puis l'acide nitrique purs ont été essayés dans ce but :

Il a été mis dans un matras à très long col quatre onces d'étain de Banca laminé et coupé en très petits filets sur lesquels on a versé douze onces d'acide de sel marin pur (cet acide était en rapport avec l'eau distillée comme 81 est à 72); le matras fermé d'un bon bouchon fait avec un quadruple papier a été posé sur un bain de sable que l'on a chauffé et entretenu au degré qui excitait entre l'acide et le métal une effervescence assez vive (1). Le feu a été continué pendant deux jours entiers, et tout ce temps a été nécessaire pour opérer entièrement la dissolution qui était claire, limpide et, ce qu'il faut bien remarquer, sans aucun dépôt de matière noire; enfin la vapeur qui se répandait pendant que cette dissolution se faisait et que nous augmentions quelquefois à dessein en chauffant davantage la liqueur avait une odeur forte et peu agréable, mais elle ne ressemblait point du tout à celle de l'ail ou de l'arsenic.

L'étain de Malacca se comporte de même. Des alliages

(1) On lit, d'autre part, que la dissolution peut se faire à la température ordinaire, mais qu'il faut six mois pour dissoudre une once d'étain dans trois onces d'acide, l'étain ayant été à l'état de très petits fils et ajouté par petites fractions de 24 grains à la fois. « L'acide, sans être trop concentré, agit assez bien à froid, et cette manière d'opérer aurait même été la seule que nous aurions indiquée comme la plus exacte pour constater si un étain contient ou ne contient pas d'arsenic; mais comment proposer une expérience qui exige au moins cinq ou six mois pour être terminée? Qui voudrait la répéter? Ce serait même en vain que nous insisterions sur le peu de soins qu'elle demande de la part du chimiste; nous ne persuaderions personne. »

contenant 1/128 d'arsenic traités de la même façon ont laissé une poudre noire dont le poids répondait « à très peu de chose près à la quantité de régule introduite dans chaque étain ». Dans un alliage à 1/1152, on peut encore retirer l'arsenic et « le rendre palpable ».

Passons à l'action de l'acide nitrique :

Nous avons mis dans un matras six onces de bon esprit de nitre purifié, pareil à celui qui nous avait servi à faire l'eau régale, et sur-le-champ nous avons commencé à y projeter vingt grains d'étain de Banca laminé et coupé en petites bandes. L'effervescence a été des plus vives, la liqueur s'est peu à peu échauffée, et en une demi-heure au plus le métal a été réduit en une poudre blanche; tout étant devenu calme, il a été fait une semblable projection à laquelle il en succéda une troisième et ainsi de suite, de deux heures en deux heures; enfin, dans l'espace de quinze jours, nous avons converti en une sorte de caillé blanc et épais deux onces et demie d'étain. A cette époque, l'acide nitreux se faisait encore un peu sentir au moment où l'on jetait l'étain; mais la matière était devenue si épaisse que le peu d'acide existant n'avait plus la liberté de circuler et de se porter vers le métal, même en agitant fortement le matras, ce qui nous détermina à mettre fin aux projections.

En introduisant à plusieurs reprises dans le matras quatre livres d'eau distillée, on parvint à retirer la chaux d'étain qui, étant bien lavée et bien égouttée sur des filtres, fut divisée en petites parties et séchée avec les précautions requises. Elle pesait 3 onces 6 gros 14 grains. L'étain Malacca traité de la même façon a donné 3 onces 6 gros 21 grains.

Ces chaux exposées séparément dans des vaisseaux fermés à un degré de feu assez fort ont perdu leur transparence, leur couleur blanche s'est aussi un peu altérée; elles sont devenues d'un gris léger; elles ont perdu demi-once de leur poids, et cette perte n'était, pour ainsi dire, que de l'eau pure.

Les eaux employées au lavage étaient très limpides et leur acidité presque nulle; évaporées à siccité au bain-*marie*, elles ont laissé un sel blanc dont le poids était de 75 grains pour l'étain de Banca (1) et de 75 grains 1/2 pour l'étain de Malacca. Ce sel placé sur un charbon ardent se boursoufle et s'allume en fusant comme le nitre et en laissant un cercle jaunâtre. Il n'est pas arsenical, nous nous en sommes bien assuré.

Dans la seconde section, on a à l'examen, par les mêmes procédés, de l'étain de Cornouailles ou d'Angleterre (2), « de cet étain que les Anglais nous vendent en grande quantité sous la forme de gros saumons et que nos marchands revendent à nos ouvriers sous la forme de baguettes ».

(1) Si l'on se reporte à ce que dit plus loin Bayen au sujet de la petite quantité d'étain retenue par l'acide nitrique (*Départ du plomb d'avec l'étain*), on voit que ces 75 grains se réduisent en réalité à quelques milliièmes d'once. Les analyses les plus récentes de l'étain de Banca confirment ces anciennes analyses de Bayen.

(2) C'était alors, comme aujourd'hui, le seul étain d'Europe employé en France; aussi n'est-il pas question de l'étain de Saxe dans le travail de Bayen.

Le traitement par l'acide nitrique prouve que ces étains sont alliés à une petite portion de cuivre (1/2 livre au plus par quintal) et qu'ils ne renferment pas de plomb.

L'eau régale laisse une poudre noire arsenicale, mais qui n'est pas entièrement constituée par de l'arsenic.

L'acide chlorhydrique, lorsqu'on procède lentement à la dissolution, « offre le moyen le plus sûr pour isoler cet arsenic sous forme réguline ». Dans quinze échantillons examinés, la plus forte proportion a été de 1/576 et la plus faible de 1/1152.

On trouve dans la même section quelques recherches originales relatives à l'action de l'eau régale et des acides chlorhydrique et nitrique sur l'arsenic, « tel qu'il existe dans l'étain, c'est-à-dire sous la forme de régule (arsenic métallique) et non de chaux (acide arsénieux), deux formes bien différentes que l'on confond souvent sous le nom d'arsenic ».

L'eau régale agit diversement suivant sa force ; lorsqu'elle est concentrée, « le régule perd sa couleur noire et se transforme en une poudre blanche ou chaux arsenicale, dont une portion reste unie au dissolvant. Dans l'eau régale affaiblie par deux ou trois parties d'eau, le régule, au contraire, est peu attaqué, et ce n'est qu'après plus de huit jours qu'on commence à apercevoir des traces de poudre blanche; on peut évaluer à huit ou dix grains la quantité de chaux d'arsenic qui se forme ainsi pendant deux mois ».

L'acide nitrique agit, soit à chaud, soit à froid sur le régule d'arsenic qu'il dissout, de sorte que cet acide « ne peut être employé pour opérer avec avantage le départ de cette substance d'avec l'étain ».

L'acide chlorhydrique n'agit pas à froid sur le régule d'arsenic : lorsqu'on chauffe au point de faire bouillir l'acide pendant dix-huit heures avec la précaution de remplacer en différentes fois celui qui s'évapore, il s'en dissout deux grains pour deux onces d'acide, sans que l'on puisse remarquer à l'œil que le régule ait été attaqué. Cet acide, à froid, offre donc le moyen le plus sûr pour isoler et doser le régule d'arsenic (1) : « L'art n'offre rien de plus piquant que ces procédés que nous avons indiqués, non seulement pour démontrer, mais encore pour retirer en entier un grain, un seul grain d'arsenic intimement uni à quatre onces d'étain et formant avec lui un tout, dont les plus petites parties sont imprégnées de la substance arsenicale dans la proportion de 1/2304. »

La flexibilité des objets en étain pur est telle qu'ils ne sauraient conserver longtemps leurs formes lorsqu'ils

viennent d'être tournés ou moulés (1). Pour leur donner plus de solidité, on a dû associer l'étain à différents métaux. C'est à l'examen de ces étains ouvragés et vendus, sous toute sorte de formes, qu'est consacrée la troisième section.

« La loi, dit Bayen, a bien essayé de se prononcer sur les qualités que doit avoir l'étain ouvragé, mais comme elle n'a rien dit de positif, chaque potier d'étain a cru pouvoir suivre sa méthode et a constamment ajouté à l'étain qu'il allait employer tout ce qui pouvait le rendre propre à ses vues. » En effet, les deux articles des ordonnances, concernant les maîtres potiers d'étain de la ville et faubourgs de Paris, sont les suivants :

Art. XIII. — Pourront tous les dits Maîtres de la dite ville et autres étant dans ladite Prévôté et Vicomté, faire toutes sortes d'ouvrages de bon fin étain sonnant, alloyé de fin cuivre et d'étain de glace, selon qu'il est accoutumé de faire.

Art. XIV. — Pourront pareillement faire toutes sortes d'ouvrages de bon étain commun et bien alloyé, de telle sorte qu'il puisse venir à la rondeur de l'essai avec la blancheur requise et accoutumée de tous tems et ancienneté.

Ainsi, la matière de l'aloi qui est le fin cuivre (le cuivre rosette ou cuivre rouge) et l'étain de glace (bismuth) pour le bon fin étain sonnant n'est pas spécifiée pour le bon étain commun; c'étaient alors, avec ces deux métaux, le zinc seul ou allié au cuivre (laiton), le plomb et l'antimoine, mais les proportions à ajouter à chaque espèce d'étain ne sont pas définies.

La proportion de cuivre, « selon qu'il était accoutumé de faire, pour l'étain fin était, au minimum, d'une livre par quintal d'étain pur et au maximum de deux livres et demie ».

Comme cette addition altère « la couleur argentine de l'étain », on a recours, pour la faire reparaître dans tout son éclat, au bismuth et au zinc, « qui augmentent en même temps la solidité et la sonorité que l'étain a déjà reçues du cuivre ».

Le bismuth peut entrer à la proportion « d'une livre, une livre et demie au plus sur cent livres d'un étain déjà allié d'une livre ou d'une livre et demie de cuivre rouge ». Pour le zinc (2), on ne doit pas dépas-

(1) Voir le procédé proposé par Gay-Lussac : Mém. sur l'eau régale (Annales de chimie et de physique de 1818, t. XXIII, p. 228), pour reconnaître et doser l'arsenic dans les étains du commerce.

Voir aussi les procédés employés par Millon et Morin (Journal de pharmacie et chimie de 1862, t. XLII) pour analyser l'étain et ses alliages.

(1) Dans une remarquable étude publiée en 1865, sur la Composition des vases en étain du service des hôpitaux militaires, M. Roussin, qui ignorait le travail de Bayen, prouve que les vases en étain pur ne peuvent être employés, parce qu'ils se déforment trop facilement; après bien des essais, il propose l'alliage à 5 pour 100 de plomb qui a été adopté depuis par l'administration de la guerre. Les ordonnances du xviiᵉ siècle prescrivaient 7 pour 100.

(2) Bayen écrit au sujet du zinc : « On a longtemps employé le zinc sans le connaître. Les anciens peuples de l'Asie, de l'Égypte, les Grecs, les Romains faisaient un grand usage du cuivre jaune ou laiton, et quoiqu'on ne trouve dans les anciens auteurs que très peu de détails sur la manière dont les fondeurs grecs s'y prenaient pour faire leur auricalcum, on voit cependant qu'ils y faisaient entrer la cadmie

ser *demi-livre pour cent :* « Ces deux métaux exigent de la sagacité et surtout beaucoup d'habitude de la part de l'ouvrier, car ils rendent l'étain sec et cassant. » L'antimoine produit le même effet : « Les potiers ne s'en servent guère que pour faire des cuillers très fragiles qui se vendent sous le nom de cuiller d'étain ou de métal; ils n'en font point entrer dans la vaisselle. »

D'après les ordonnances précitées, le plomb, « ce vil et dangereux métal », ne devait jamais être introduit dans l'*étain fin*, mais seulement dans l'*étain commun*, et la quantité ajoutée pour arriver *à la rondeur de l'essai avec la blancheur requise* a été, comme on va le voir, très variable :

Sept livres de plomb ajoutées à quatre-vingt-treize livres d'étain fin formaient dans le siècle dernier (le xvııe) tout l'étain commun qui se vendait à Paris et dans les provinces. Depuis, les choses ont bien changé; à mesure que l'étain est devenu d'un usage moins fréquent parmi nous, la Communauté des Maîtres Potiers d'étain s'est beaucoup relâchée, des fourneaux et la cadmie naturelle que nous nommons calamine. Or ces cadmies, employées dans l'antiquité pour convertir le cuivre rouge en cuivre jaune et dont nos fondeurs se servent encore aujourd'hui pour opérer le même effet, ne sont autre chose que du zinc, sorte de demi-métal que les modernes n'ont commencé à bien connaître que vers le milieu du xvııe siècle, époque à laquelle les commerçants européens en apportèrent une grande quantité des Indes Orientales. Devenu alors très commun, les chimistes le soumirent à différentes expériences qui leur apprirent bientôt qu'en le faisant fondre avec le cuivre rouge, on obtenait constamment du cuivre jaune plus ou moins foncé. On avait jusque-là méconnu la substance que les cadmies fournissaient dans l'opération pratiquée pour la fabrique du laiton : les yeux s'ouvrirent, la cadmie fossile ou calamine, qu'on avait toujours regardée comme une pierre non métallique, fut mise, avec juste raison, au rang des mines et jugée pour être celle du zinc, tandis que la cadmie des fourneaux, qui n'était pour les naturalistes qu'une mine métallique, fut reconnue pour être une vraie chaux de ce demi-métal qui n'est pas le seul de sa classe que les anciens aient employé sans en connaître la forme métallique. »

On voit par cette citation qu'on peut rapprocher de ce qu'a dit M. Berthelot de l'*orichalque* (*Introd. à l'étude de la chimie des anciens et du moyen âge,* p. 45, 55, 231, 239, 266) combien Bayen connaissait à fond les textes des vieux alchimistes. C'est ainsi qu'à propos de la magnésie, il nous donne une étymologie qui, dans le livre précité (p. 255), paraît avoir échappé à M. Berthelot : « Chaque alchimiste, dit Bayen (*Examen de la serpentine*), avait sa magnésie... Ces chercheurs de pierre philosophale mettaient tout en œuvre pour arriver à leur but; en considérant les terres dont on avait extrait le salpêtre, ils les envisagèrent comme celles qui étaient les plus propres à attirer de l'air les principes constituants de ce sel, et le nom d'*aimant* ou *magnésie* fut employé pour exprimer cette propriété. Dans la suite, on retira, au moyen de la calcination ou de la précipitation, une terre blanche des eaux-mères du salpêtre, et on ne manqua pas de la regarder comme la terre qui contribuait le plus à attirer de l'air l'acide nitreux (nitrique); en conséquence, elle fut décorée du nom de *magnésie* et l'est encore aujourd'hui dans nos pharmacies.

Enfin le manganèse, dont on fait tant d'usage dans les verreries et les poteries, s'appelle aussi *magnésie* (dénomination aujourd'hui abandonnée) : *Magnesia sic dicta quia pondere et colore magnetem refert,* dit Merret; ou plutôt, comme dit Césalpin : « *Quoniam in se liquorem vitri quoque, ut magnes ferrum trahere creditur...* »

et le public étant moins difficile, moins *plaignant,* la Police est devenue moins sévère sur le fait de l'étain ouvragé. Depuis soixante ans, la qualité de l'étain fin et commun a baissé de jour en jour, au point qu'en examinant diverses pièces de vaisselle achetées chez différents Maîtres, sous le titre d'étain fin, nous y avons trouvé cinq, six, sept et huit livres de plomb par quintal, et quinze, vingt et vingt-cinq livres par quintal d'étain commun; cette dernière proportion est énorme, surtout lorsqu'on saura que nous l'avons rencontrée dans les mesures de pinte, de chopine, de demi-septier, dans les grands bassins dont les marchands de vin se servent fréquemment, dans les sorbetières, etc., etc. D'où l'on peut conclure qu'aujourd'hui notre étain fin est à peine au titre de l'étain commun du siècle dernier et que notre étain commun tient trois fois plus de plomb que celui qui, à la même époque, se vendait sous le même nom. En un mot, l'abus est si grand qu'il n'est pas rare de trouver de la poterie d'étain de si bas aloi, qu'on pourrait facilement la prendre pour de la *claire-étoffe* (1).

Pour constater la fraude, on avait, faute de mieux, l'essai *à la pierre* et l'essai *à la balle* ou *à la médaille.*

Le premier s'effectuait en coulant l'alliage *à examiner* dans une sorte de petite lingotière en pierre; on jugeait du titre d'après la *blancheur* et la *rondeur* que prend la surface du métal en se refroidissant et d'après le cri de l'étain après son refroidissement.

Le second, plus scientifique, puisqu'il repose sur la densité, consistait à couler l'alliage dans un moule ayant la forme d'une balle ou d'une médaille; le poids de la balle ou de la médaille était comparé au poids d'une balle ou d'une médaille de même volume faite avec de l'étain pur (2).

A ces procédés imparfaits, Bayen oppose l'emploi des acides, « le départ par la voie humide » qui lui a déjà permis de reconnaître et doser l'arsenic dans l'étain : « Les recherches que nous avons été obligés de faire pour séparer de l'étain les diverses substances qu'on est dans l'usage d'y ajouter pour le rendre propre à être converti en vaisselle ont exigé du temps et des peines dont nous avons été amplement récompensés par une foule de phénomènes très intéressants qui, jusqu'ici, n'avaient point été aperçus des chimistes. » Les moyens proposés pour ces séparations sont encore ceux qu'on retrouve aujourd'hui dans nos traités de chimie, mais toujours sans nom d'auteur ou sous un nom qui n'est pas celui de Bayen. Bien qu'ils datent de cent dix ans, il n'est pas sans intérêt de les reproduire pour l'histoire de la chimie analytique :

Départ du cuivre d'avec l'étain. — (Pour retrouver une quantité quelconque de cuivre recélée dans une masse d'étain.) — Que l'on prenne cent grains d'une masse d'étain

(1) Alliage, à parties égales, de plomb et d'étain, désigné aujourd'hui sous le nom de *soudure des plombiers.*

(2) M. Roussin (*étude citée*) trouvait encore à Paris, il y a vingt-cinq ans, quelques potiers d'étain qui connaissaient ce procédé aujourd'hui délaissé.

pur allié à une livre et demie de cuivre par quintal, qu'ils soient réduits en une lame très mince que l'on divisera en trois portions à peu près égales.

La première étant mise dans une capsule de verre chargée de trois gros d'une bonne eau régale, l'on ne tardera pas à voir un mouvement d'effervescence qui, augmentant tout à coup, la fera disparaître en un instant. On ajoutera la seconde qui, ainsi que la première, se dissolvera en très peu de temps ; à cette seconde, on fera succéder la troisième qui, étant entièrement dissoute, laissera apercevoir une liqueur verte, mais très limpide, parce que l'acide y domine. Si, dans cette liqueur verte, on introduit l'extrémité d'une lame d'étain pur, on la verra bientôt se couvrir d'une pellicule cuivreuse que l'on détachera en portant et en agitant l'extrémité de cette même lame dans un verre d'eau, ce qu'on répétera jusqu'à ce qu'il cesse de s'y attacher du cuivre : on en obtiendra un grain et demi, c'est-à-dire la quantité précise qui a été introduite dans les cent grains d'étain.

Si, au lieu d'eau régale forte, on en emploie la même quantité en y ajoutant trois gros d'eau distillée, la dissolution des lames d'étain se faisant lentement et sans chaleur sensible, l'étain seul se dissolvera et le cuivre, demeurant intact, paraîtra sous la forme d'une poudre presque noire qui, édulcorée et séparée de tout le sel d'étain, offrira également le grain et demi de métal entré dans l'alliage.

On réussira également bien à faire ce départ, si au lieu d'eau régale on emploie l'acide du sel marin, soit à froid, soit à chaud, par la raison que ce dissolvant a bien plus d'affinité avec l'étain qu'avec le cuivre. Si donc, on expose à son action cent grains de la masse d'étain allié comme nous l'avons indiqué dans le précédent exemple, on peut être assuré que l'étain se dissoudra entièrement et que le cuivre restera intact sous forme de poudre grise. Le point essentiel, pour bien réussir est : 1° de ne pas employer une trop grande quantité d'acide dans l'opération ; 2° de procéder à froid, quoique, avec de la précaution, on puisse arriver au même but en posant le matras sur du sable chaud ; 3° il faut tâcher de saisir avec le plus de précision qu'on pourra le moment où l'acide cesse de rencontrer l'étain, parce que si la quantité de l'acide était par trop surabondante, son action pourrait, quoique lentement, se porter sur le cuivre et à la longue finir par en dissoudre entièrement le grain et demi, qui est l'objet de la recherche.

Départ du bismuth d'avec l'étain. — Ce que nous venons de dire du cuivre peut s'appliquer au bismuth qui, étant dissous dans l'eau régale forte, en peut être précipité par l'étain en une poudre noire. Que l'on mette dans une capsule de verre trois gros d'une eau régale de bonne force et qu'on y ajoute en trois temps cent grains d'étain allié à 1/100 de bismuth, la dissolution, quoique retardée par la présence de ce dernier, se fera cependant très limpide, et on pourra, par le moyen d'une lame d'étain pur, en précipiter le bismuth sous la forme d'une poudre noire; enfin si, à de l'eau régale forte on substitue de l'eau régale affaiblie avec la moitié de son poids d'eau distillée, l'étain seul dissout entièrement et le bismuth, n'étant pas touché, restera au fond du vase en poudre très noire.

Ce moyen de départ est fondé sur ce que le bismuth ne se dissout pas facilement dans l'eau régale, surtout lorsqu'on opère comme nous faisons, sans le secours du feu ; aussi se présente-t-il dans la dissolution d'un alliage de bismuth avec l'étain un phénomène que nous croyons devoir faire connaître.

L'eau régale forte agit, même à froid, sur l'étain pur en un instant, et le mouvement est si vif, que la main en peut à peine supporter le degré de chaleur ; l'eau régale affaiblie de partie égale d'eau distillée agit sur ce même étain pur avec lenteur; l'effervescence est sensible, mais elle se fait sans chaleur apparente, tellement que trente grains d'étain, qui peuvent être dissous en moins de deux minutes dans l'eau régale forte, exigeront plusieurs heures pour l'être dans l'eau régale affaiblie.

Mais les choses se passeront bien différemment si, au lieu d'opérer sur de l'étain pur, on opère sur un étain allié à 1/100 de bismuth. L'eau régale forte, la même enfin que celle qui dissout si vite l'étain pur, agira sur l'alliage avec une lenteur vraiment surprenante. Les lames ne tardent pas à devenir noires, mais le mouvement d'effervescence est à peine sensible : aussi emploiera-t-on au moins quatre ou cinq heures pour obtenir la dissolution totale de trente grains d'un étain allié à 1/100 de bismuth. Si, pour opérer la dissolution de ces mêmes trente grains, on emploie au contraire de l'eau régale affaiblie, l'étain seul sera dissous vers le quatrième jour, et le bismuth, demeurant intact, pourra facilement être retiré; phénomène et résultat qui doivent déterminer le chimiste à donner la préférence à ce dernier procédé.

Départ du cuivre et du bismuth d'avec l'étain. — Si on examine un étain fin allié au titre de la loi, c'est-à-dire au cuivre et au bismuth, et qu'on procède ainsi que nous l'indiquons par l'eau régale ou l'esprit de sel, on peut être sûr que la petite portion de poudre qu'on obtiendra contient ces deux métaux et qu'on parviendra à les séparer très exactement en versant sur la poudre édulcorée et séchée une quantité suffisante d'alcali volatil liquide qui se saisira du cuivre, sans toucher au bismuth. Un instant d'évaporation suffira pour dissiper tout le sel volatil et faire paraître le cuivre sous la forme de chaux (oxyde), en sorte que ces deux substances pourront séparément être soumises à la balance (1).

Le zinc ne se prête pas au départ dont nous parlons.

Départ du plomb d'avec l'étain. — L'eau régale n'est pas un dissolvant convenable pour départir le plomb d'avec l'étain; car, quoiqu'elle ne paraisse pas avoir une action bien marquée sur le premier de ces deux métaux, même au degré de chaleur qui l'a fait bouillir, elle en opère cependant fort vite la dissolution, lorsqu'il est uni à trois parties d'étain, phénomène très remarquable qui prouve qu'un métal peu soluble dans l'eau régale peut le devenir éminemment à l'aide d'un autre métal... L'acide marin présente aussi quelques difficultés... L'acide nitreux (nitrique) nous paraît mériter la préférence sur tous ceux que nous venons de décrire, parce que, seul, il peut opérer la séparation de toutes les substances métalliques qui peuvent avoir été introduites dans l'étain...

(1) Fresenius (*Analyse quantitative*) attribue ce procédé à Bersélius.

Veut-on s'assurer de la quantité de plomb contenue dans un étain, il suffira d'en traiter deux onces avec cinq onces d'un bon acide nitreux; le point essentiel est que celui-ci soit bien pur. La chaux d'étain qu'on obtiendra (acide stannique) sera lavée avec quatre livres au moins d'eau distillée que l'on conservera avec soin. Cette eau tient en dissolution le cuivre, le zinc et le plomb qui ont pu être alliés à l'étain. On la fera évaporer à la chaleur du bain-marie et on la rapprochera jusqu'au point de la cristallisation qui, faite à plusieurs reprises, donnera plus ou moins de nitre à base de plomb. En procédant ainsi sur deux onces de différents étains, les uns nous ont donné trois gros et demi de ce sel, les autres quatre gros, quatre gros deux scrupules; quelques-uns nous en ont fourni jusqu'à six gros; un seul en a donné huit gros et demi.

Pour savoir ce que chacun de ces sels contenait de plomb, nous avons pris le parti de les calciner et par là les priver de tout l'acide nitreux qui leur était uni. Cette opération, qui peut réduire le plomb en massicot et même en litharge, si on augmente le feu, fit perdre à ces divers sels la moitié de leur poids; en sorte que les deux onces d'étain qui nous avaient donné huit gros et demi de nitre saturnin contenaient quatre gros dix-huit grains de plomb; mais laissant ces dix-huit grains en défalcation du sel *stanno-nitreux* qui se sera trouvé dans le nitre saturnin (l'acide nitreux retient toujours une petite portion d'étain), et, d'un autre côté, compensant la perte qu'on essuie malgré soi dans le travail par l'augmentation qu'éprouve le plomb en se convertissant en litharge, nous n'avons compté que sur quatre gros, d'où il résulte que l'étain qui avait fourni huit gros et demi de sel contenait 25 livres de plomb par quintal et que celui dont nous n'avons retiré que six gros du même sel ne contenait que 19/100ᵉ de ce vil métal. Or ces deux derniers exemples, pris dans l'étain commun, nous font connaître à quel point les abus ont été portés.

Départ de l'argent d'avec l'étain. — On peut rencontrer un alliage d'argent et d'étain fait à dessein ou produit par un accident tel que serait un incendie. On séparera ces métaux de préférence par l'acide marin, car l'acide nitreux présente quelques difficultés, outre qu'il retient toujours une petite portion d'étain. Il faut opérer avec précaution et éviter d'employer l'acide trop concentré en excès; car, il ne faut pas s'y tromper, l'acide marin agit sur l'argent avec lenteur, mais enfin il peut le dissoudre, ce dont nous nous sommes convaincus en exposant à son action douze feuilles d'argent qui pesaient ensemble quatre grains; l'acide dont la quantité était de trois onces fut exposé à une douce chaleur qui le faisait légèrement bouillir, et en trois ou quatre jours les feuilles perdirent trois grains et demi de leur poids.

La quatrième section répond plus directement aux questions posées par le gouvernement; elle occupe 64 pages du volume. On les relit, comme tous les écrits de Bayen, avec plaisir et profit. A plus d'un siècle de distance, c'est encore de l'actualité (1). En voici quelques extraits:

(1) Voir en particulier le récent ouvrage de M. Armand Gautier : *le Cuivre et le Plomb dans l'alimentation et l'industrie, au point de vue de l'hygiène.*

PREMIÈRE QUESTION.

L'étain, considéré dans son état de pureté est-il un métal dangereux?

L'expérience et l'observation peuvent seules nous faire connaître les propriétés des corps les uns à l'égard des autres : ce n'est qu'empiriquement que nous connaissons la vertu des médicaments, que nous savons discerner les bons fruits d'avec les mauvais, les plantes propres à notre nourriture d'avec celles qui peuvent altérer notre santé et même nous donner la mort. Toutes les spéculations, tous les raisonnements de la plus saine philosophie ne peuvent, à cet égard, être d'aucune utilité; nous le répétons, c'est au seul empirisme que nous sommes redevables de ces sortes de découvertes dont plusieurs datent du berceau du monde, mais qui toutes, faites successivement, se transmettent des pères aux enfants pour passer, d'âge en âge, à la postérité la plus reculée.

Les mauvaises qualités du cuivre et du plomb étaient connues dans l'antiquité, et déjà elles étaient bien appréciées; on faisait grand usage de ces deux métaux : le cuivre rouge et plus souvent encore le laiton étaient employés à faire des vases pour cuire les aliments; on laminait le plomb et on en faisait des tuyaux pour conduire les eaux; mais en se servant de ces métaux, on s'en méfiait : on savait que les vaisseaux de cuivre exigeaient une grande propreté et qu'il ne fallait pas y laisser refroidir les aliments qu'on y avait préparés. A l'égard du plomb, on ne l'employait pour la conduite des eaux que dans les circonstances qui ne permettaient pas de se servir de tuyaux d'argile cuite ou d'arbres perforés.

On savait donc, dans ces temps éloignés, évaluer les mauvaises qualités du cuivre et du plomb, et comme le premier, dont l'utilité était bien reconnue, ne devient dangereux que dans certaines circonstances, l'expérience avait appris à les prévoir, à les éviter; et les vaisseaux d'airain furent et sont encore, moyennant quelques précautions, employés avec sécurité à la cuisson des aliments.

A l'égard du plomb, on l'a toujours regardé, ainsi que ses préparations, comme très dangereux. Dioscoride met la litharge, ainsi que la céruse, au nombre des poisons; l'on connaît depuis longtemps les cruelles maladies dont sont affectés ceux qui travaillent ce métal...

Les ouvriers qui coulent le plomb sur le sable et lui font prendre toutes les formes que le besoin exige, les potiers de terre qui le calcinent pour le rendre propre à faire ce verre tendre dont, sous le nom de vernis, ils couvrent leurs ouvrages; les ouvriers qui préparent le cuir blanc dont les talons de la chaussure des dames sont couverts, ceux qui broient les couleurs à l'huile, presque toutes composées de chaux de plomb (1), et les peintres qui les emploient dans les bâtiments, ceux qui mettent journellement en œuvre, de quelque manière que ce soit, ce métal ou ses différentes préparations, sont sujets à une maladie épouvantable et souvent mortelle, que l'on désigne sous le nom de colique des peintres, des potiers, et que les ouvriers appellent tout simplement *le plomb.*

(1) On a, depuis, cherché à substituer aux sels de plomb les sels de zinc et de baryte.

Les potiers d'étain, au contraire, ne sont exposés à aucun genre de maladie qu'on puisse attribuer au métal qu'ils mettent en œuvre. Nous avons interrogé un grand nombre de potiers d'étain et un plus grand nombre encore de leurs compagnons (1); tous nous ont dit ne connaître d'autres maladies que celles qui sont communes aux autres hommes, et que jamais ils n'étaient attaqués du plomb ni du tremblement des membres, auxquels sont exposés les doreurs en or moulu et les ouvriers qui font le plomb à giboyer.

On sait que les Pères de la Charité reçoivent dans leur maison de Paris et y traitent avec succès les gens attaqués de la colique de plomb; nous les avons priés de nous dire si, dans le grand nombre de plombiers, de cordonniers, de broyeurs de couleur, de peintres en bâtiments qu'ils traitent chaque année, il se rencontrait quelquefois des potiers d'étain : ils nous ont assuré que non.

Cependant, si on se transporte dans les ateliers des potiers d'étain et des plombiers, on verra que les premiers ne sont pas moins exposés que les derniers à absorber, soit par la voie de la déglutition et de la respiration, soit par les pores de la peau, une égale quantité du métal qu'ils mettent respectivement en œuvre, les plombiers avec la triste perspective d'une maladie cruelle et les potiers d'étain avec la plus grande sécurité.

En général, l'homme est fort peu occupé des objets dont il n'a rien à craindre, tandis qu'il porte la plus grande attention sur ceux qu'il sait contraires à sa conservation. Dioscoride parle-t-il du plomb? il le met, ainsi que la litharge et la céruse, au nombre des poisons, mais il garde le plus profond silence sur l'étain, qui cependant était dès son temps un métal très commun et très usité; tous les auteurs qui, depuis ce médecin, ont écrit sur la même des choses, n'ont pas manqué de consigner dans leurs ouvrages les mauvais effets du plomb; mais tous se sont également tus sur les effets de l'étain, lors même qu'ils ont parlé de ce métal...

Ce que nous savons de l'histoire ancienne de l'Asie, par le petit nombre de fragments qui ont échappé aux ravages du temps, nous fait ordinairement regarder cette partie du globe comme le berceau des arts et des sciences. Cette vaste région, s'étendant sous toute sorte de latitudes, a sur l'Europe des avantages immenses; constamment peuplée d'hommes industrieux, les arts y furent toujours cultivés; et malgré la mollesse tant reprochée à ses habitants, les durs travaux de la métallurgie en occupaient une partie. Les mines d'étain qui se trouvent dans quelques-unes des contrées méridionales de l'Asie furent donc exploitées et le métal qu'on en tira se répandit jusque sur les bords de la Méditerranée (2).

Les Phéniciens, qui avaient établi une navigation régulière sur la mer Rouge, se rendaient aux Indes, d'où ils apportaient de l'étain qu'ils versaient dans l'Égypte, dans l'Asie Mineure et même dans la Grèce.

Cet étain de l'Inde était alors probablement le seul qui fût connu des Grecs, aussi était-il pour eux un métal rare qu'ils employaient, ainsi que nous l'avons déjà remarqué, à l'ornement des chevaux et des chars de bataille. Mais dans la suite, les Carthaginois, plus rapprochés des colonnes d'Hercule, les ayant doublées, se portèrent sur les côtes occidentales de l'Espagne et des Gaules et se frayèrent un chemin jusque dans la Grande-Bretagne, d'où ils tiraient une si grande quantité d'étain que, selon l'expression du prophète Ézéchiel, ils en remplissaient les marchés de la ville de Tyr, leur métropole.

A cette époque, l'étain d'Angleterre, exposé en vente sur la place de Tyr, ne tarda pas à se mêler à celui de l'Inde, peut-être même le repoussa-t-il, et fut-il dès lors le seul que reçurent les Grecs et les autres peuples qui habitent les côtes orientales de la Méditerranée; car, outre qu'il était beaucoup plus facile aux Carthaginois de se rendre à l'île de Wight qu'il ne l'était aux Phéniciens de se rendre dans les Indes, il est très probable qu'un peuple riche tel que les Indiens vendait son étain plus cher aux Phéniciens, que les Bretons, qui étaient, ainsi que les autres peuples de l'Europe, très pauvres, ne le vendaient aux Carthaginois.

Carthage n'était plus; cette république de négociants avait succombé sous les coups des Romains, mais son commerce ne périt pas avec elle, les vainqueurs s'en emparèrent, et l'Italie continua à tirer par mer l'étain de la Grande-Bretagne, jusqu'au temps où Jules César ayant fait la conquête des Gaules, on trouva qu'il était plus court de le transporter par terre, depuis les côtes occidentales de la Gaule, jusqu'à l'embouchure du Rhône, où de nouveaux vaisseaux le prenaient et le portaient partout où le besoin le requérait.

La masse de l'étain augmentait chaque jour et son usage se répandait partout. On en faisait des vases de toute espèce; on avait trouvé, peut-être déjà depuis plusieurs siècles, l'art de l'appliquer sur le cuivre; car Pline, en parlant de l'étamage, s'exprime de manière à faire entendre que ce n'était pas de son temps une invention nouvelle (1). Or du temps de Pline les médecins grecs étaient, on ne peut pas en douter, de très bons observateurs, qui connaissaient bien les mauvais effets du cuivre et du plomb; ceux de

---

(1) Bayen avait des connaissances très exactes sur la plupart des métiers; il cherchait toujours à se renseigner auprès des ouvriers qui disaient de lui : « C'est plaisir de lui donner, car il donne davantage. » (Parmentier, *Éloge de Bayen*.)

Comme contraste, nous pourrions citer ici le nom d'un autre membre de l'Institut, grand vulgarisateur, dont on disait dans certains ateliers : « Il nous prend tout, mais il ne nous donne rien. »

(2) Rapprocher ces passages, ainsi que l'*Avant-Propos* du début, de l'ouvrage déjà cité de M. Berthelot (p. 225).

---

(1) « Il n'est point de physicien qui ne sache comment les chaudronniers procèdent à l'étamage; ainsi, sans entrer dans aucun détail à cet égard, nous pouvons observer que si ces ouvriers pouvaient être une fois bien convaincus de l'importance de cette opération que les règlements de police leur ont confiée à l'exclusion de tous les autres, ils apporteraient la plus grande attention à ce que la surface de la pièce qu'ils vont étamer soit parfaitement disposée à recevoir dans tous ses points l'étain dont elle doit être recouverte; c'est un article très essentiel. Il en est un autre qui ne l'est pas moins, c'est qu'ils ne devraient jamais employer pour cette opération que de l'étain des Indes, parce qu'il est pur et le seul de cette qualité qu'ils puissent se procurer avec facilité. Toute autre espèce d'étain doit être rejetée... » — Depuis longtemps, dans l'armée, l'emploi exclusif de l'étain fin du commerce, ne renfermant au maximum que 0ʳ,5 pour 100 de plomb, est obligatoire pour l'étamage des vases en cuivre et des ustensiles de campement. Ce n'est que depuis quelques mois que le Conseil d'hygiène et de salubrité de la Seine, en présence des abus signalés par le Laboratoire municipal de Paris, a proposé une tolérance de 1 pour 100 de plomb ou de métaux étrangers dans les bains d'étamage. Bayen était plus exigeant en 1781 !

l'étain, si ce métal en eût eu de dangereux, leur auraient-ils échappé? On ne saurait le présumer.

Galien, qui vivait sous Marc-Aurèle et sous Commode, recommande, il est vrai, de ne pas conserver les trochisques(1) de vipères dans des vaisseaux d'étain, parce que, dit ce célèbre médecin, on a coutume de l'altérer en y mêlant du plomb; il veut, ce médecin d'un siècle riche, que l'on emploie à cet effet des boîtes d'or ou de verre, qui de son temps était une matière précieuse... Ainsi les motifs qui déterminèrent Galien à proscrire les boîtes d'étain, loin de rendre ce métal suspect, déposent au contraire en sa faveur.

L'étain ne fut pas moins employé depuis la chute de l'empire romain qu'il ne l'avait été sous les empereurs; le voisinage de l'Angleterre le rendait même plus commun en France que partout ailleurs. Cependant, quelque profonde qu'on suppose l'ignorance qui caractérise dans notre histoire les trois ou quatre siècles qui ont succédé à celui de Charlemagne, il n'est pas à présumer que nos pères aient pu un instant être assez indifférents sur leur conservation, pour employer à la préparation et au service de leurs aliments un métal dangereux; d'ailleurs, ce n'était pas chez les serfs, c'est-à-dire chez les quatre-vingt-dix-neuf centièmes de la nation, qu'on trouvait des vases d'étain : un plat de terre et plus souvent un plat de bois et des cuillers de la même matière composaient toute la vaisselle de cette classe nombreuse et indigente : c'était dans les châteaux qu'étaient étalés les aiguières, les plats et assiettes d'étain; c'était là que le vin se servait et se buvait dans des vases du même métal.

Or, dans ces temps éloignés, les possesseurs de terre vivaient dans une aisance qui devait leur rendre la vie précieuse, et par conséquent diriger leur attention sur tout ce qui pouvait altérer leur santé, d'où l'on doit conclure que la vaisselle d'étain était employée dans les maisons dont nous parlons avec la plus grande sécurité. Nous allons plus loin dans la suite. Non content de regarder l'étain comme un métal dont on n'avait rien à redouter, on lui attribua des vertus médicinales... Il fut vanté comme un excellent remède dans les affections du foie et de la matrice; on le prescrivit aussi contre les vers. Ces prétendues vertus se sont évanouies.

Nous avons dit — et c'est une vérité incontestable — que l'expérience et l'observation (2) étaient les seuls moyens qui pouvaient nous faire connaître les propriétés des corps; or une expérience de trente siècles est assurément suffisante pour nous tranquilliser sur l'usage de l'étain, considéré dans son état de pureté.

---

(1) Il y a une tendance actuelle à attribuer à l'étain la toxicité de certaines conserves alimentaires contenues dans les boîtes en fer-blanc. On en reviendra. L'ennemi, comme au temps de Galien, est toujours le plomb.

(2) L'expérience et l'observation — Bayen y revient sans cesse; il écrit au sujet de certains chimistes de son temps, plus habiles à discuter les faits qu'à les rassembler : « Cette manière de vouloir éclaircir des faits, en tranchant la difficulté sans faire la moindre expérience, est, il faut l'avouer, la moins pénible de toutes, mais elle a deux défauts bien essentiels, qui sont de ne rien prouver et de n'être pas honnête; car, quoi qu'on en dise, il faut peu respecter la vérité pour avoir recours à un pareil procédé. »

Pour répondre à cette seconde question, les auteurs rappellent qu'ils n'ont pas trouvé plus d'un grain de matière arsenicale par once d'étain; que cette substance est très uniformément répartie dans la masse d'étain; qu'elle y existe enfin à l'état de régule et non d'oxyde, qui est beaucoup plus redoutable :

Ceci posé, voyons à quel point de l'étain ouvré qui contiendrait 1/576 de régule d'arsenic, c'est-à-dire un grain par once, pourrait être nuisible à l'économie animale.

Il y avait deux manières de faire cette recherche : la première était de commencer les expériences que nous nous proposons de faire sur des animaux par leur donner de l'étain allié avec le régule d'arsenic dans la proportion de 1/576 et d'augmenter cette proportion selon que le besoin l'exigerait; la seconde consistait à employer d'abord un étain beaucoup plus chargé de substance arsenicale dont on diminuerait la proportion, si on y était contraint. Quoiqu'il nous parût assez indifférent d'adopter l'une ou l'autre manière, nous nous décidâmes cependant pour la seconde. En conséquence, nous fîmes fondre dans les vaisseaux fermés deux gros de régule d'arsenic et quinze onces six gros d'étain des Indes, ce qui nous donna une livre d'un alliage où la substance arsenicale se trouvait dans la proportion de 1/64 ou 9 grains par once, c'est-à-dire qu'elle était neuf fois plus forte que celle où se trouve la même substance dans l'étain d'Angleterre, qui en est naturellement le plus chargé...

Nous nous procurâmes une petite chienne épagneule, de l'âge d'environ trois ans; elle était habituée à ne pas sortir de la chambre. Sa nourriture ordinaire était une pâtée de viande et de mie de pain; elle mangeait aussi quelques petits morceaux de sucre. N'ayant pas voulu changer sa manière de vivre, nous lui avons continué la même pâtée dans laquelle on mettait de la limaille d'étain, en augmentant la dose du régule dans l'ordre suivant :

Le 15 juin, la petite chienne a commencé à prendre dans sa pâtée 16 grains d'étain allié à 1/64 de régule d'arsenic, ce qui a été continué tous les jours jusqu'au 25 du même mois, c'est-à-dire onze jours, pendant lesquels elle a pris 176 grains d'étain allié à deux grains trois quarts de régule d'arsenic.

Le 26, on lui a fait prendre seize grains d'un nouvel alliage dans lequel le régule se trouvait à la proportion de 1/32.

Le 27, idem.

Le 28, idem.

Le 29, idem.

Le 30, idem.

Au total cinq jours, pendant lesquels elle a pris quatre-vingts grains d'étain et, par conséquent, deux grains et demi de régule.

Depuis le 1er juillet jusqu'au 11 inclusivement, on a suspendu le régime de la petite chienne, qui a été nourrie avec sa pâtée ordinaire, quelques gimblettes et un peu de sucre.

Dans cet intervalle, elle s'est très bien portée et n'a rien perdu de sa gaieté; ses fonctions stercorales se faisaient toujours bien, ses excréments étaient durs et moulés, tels enfin que les rendent les chiens en bonne santé; on la mena promener, et, la première fois, elle mangea du chiendent qui la fit vomir; son embonpoint augmentait et son appétit redoublait.

Le 12 juillet, elle recommença à prendre dans sa pâtée seize grains d'un autre alliage; celui qu'elle avait pris jusqu'au 30 juin était fait avec l'étain des Indes, c'est-à-dire avec l'étain pur; celui que nous lui donnâmes ce jour-là était composé d'étain d'Angleterre, qui contenait naturellement 1/576 de régule d'arsenic et auquel il en fut encore ajouté 1/32.

Du 12 juillet au 25 du même mois, elle prit constamment chaque jour seize grains de ce dernier alliage, ce qui fait en tout, pour ces quatorze jours, deux cent vingt-quatre grains d'étain et sept grains de régule.

Enfin, voulant pousser encore plus loin cette expérience, nous allâmes jusqu'à lui faire prendre le même étain, allié à 1/16 de régule d'arsenic.

Le 26, elle en prit 16 grains.

Le 28, idem.

Le 30, idem.

En tout, 48 grains d'étain et 3 grains de régule. Ce fut le point où nous nous arrêtâmes.

Nous avons gardé la petite chienne pendant tout le mois d'août, et nous pouvons assurer que, loin de s'être trouvée mal du régime auquel elle avait été astreinte, elle a, au contraire, pris un embonpoint très remarquable.

Cette expérience nous paraissant suffisante, nous passerons sous silence toutes celles qui ont été faites sur d'autres animaux, chiens ou chats, auxquels nous avons donné de l'étain allié au régule en différentes proportions, depuis 1/64 jusqu'à 1/16, sans qu'aucun d'eux en ait éprouvé de mauvais effets. Nous nous contenterons donc de faire remarquer que la petite chienne a pris, dans l'espace de trente-trois jours, 528 grains (1) d'étain allié à 15 grains et un quart de régule, et surtout que, les trois derniers jours, la proportion de cette dernière substance avait été portée à 1/16, non compris 1/576 que nous savions se trouver naturellement dans l'étain qu'elle prenait à cette époque. La quantité d'étain et de régule est énorme et ne peut en aucune manière soutenir la comparaison qu'on voudrait en faire avec tout autre étain, même avec celui qui en contient 1/576 et bien moins encore avec celui qui n'en tient que 1/1152. Efforçons-nous cependant de la faire, cette comparaison, et assurons-nous, s'il est possible, de la quantité d'étain qui se mêle aux aliments préparés ou servis dans des vases faits avec ce métal. L'expérience suivante peut nous être d'un grand secours dans cette recherche.

Nous avons pris une de ces assiettes achetées à Londres, dans lesquelles nos expériences nous avaient fait découvrir 3/4 de grain de régule d'arsenic par once, et nous nous en sommes servis l'espace de deux ans pour manger tantôt le potage, tantôt le bouilli ou tout autre mets; enfin, il se passait peu de jours où elle ne fut mise en usage, et ce qu'il est bien essentiel de remarquer, c'est que, dans cet espace de temps, elle n'a pas été écurée une seule fois et qu'on

(1) 28 grammes! que diront les partisans de la toxicité de l'étain?

avait même l'attention de la laisser sécher d'elle-même lorsqu'on la lavait.

Après deux ans révolus (1), cette assiette a été mise sur des balances que quatre grains faisaient trébucher fortement, sans qu'elle parût avoir rien perdu de son poids, qui se trouva ainsi qu'auparavant être d'une livre trois onces trois gros et demi...

Ainsi, tout nous force de conclure que des mioules telles que 1/1152 et même 1/576 de régule d'arsenic qui se rencontrent ou peuvent se rencontrer dans l'étain sont hors d'état d'en rendre l'usage dangereux, et que l'on peut en toute sûreté se servir, si on le juge à propos, de toute sorte d'ustensiles d'étain, même de ceux où il serait entré de l'étain de Cornouaille, à condition cependant qu'ils auront été fabriqués au titre de la loi.

Les métaux qu'on est dans l'habitude d'allier à l'étain pour lui donner de la dureté peuvent-ils en rendre l'usage dangereux?

... La vaisselle d'étain fin, alliée au cuivre et au bismuth, selon le prononcé des Ordonnances, ne peut en aucune manière être dangereuse.

Et, en effet, que peut-on craindre de deux livres ou deux livres et demie de cuivre et d'une livre de bismuth alliées à quatre-vingt-dix-sept livres d'étain? Nous savons que le premier ne devient dangereux qu'en se changeant en vert-de-gris, et qu'il ne peut subir cette métamorphose tant qu'il sera mêlé à l'étain dans la proportion de 1/50 ou même de 1/30. La vaisselle d'argent au titre de Paris en contient 1/24 et, assurément, on n'en redoute pas l'usage; or, vingt-trois parties d'argent masquent une partie de cuivre au point de la priver entièrement de ses mauvaises qualités, nous pouvons croire que cinquante et même quarante parties d'étain l'en priveront encore plus sûrement (2).

(1) On a pu remarquer à quel degré Bayen avait la patience et la ténacité des vieux alchimistes : telle de ses expériences, où il note jour par jour, quelquefois heure par heure, les résultats observés, se poursuit pendant des années. Son travail sur l'étain l'occupe pendant trois ans; son travail sur les marbres et les pierres, douze ans!

(2) Bayen écrit d'autre part : « Il s'en faut bien que nous ajoutions foi à tous les événements tragiques que l'on met sur le compte du cuivre et que souvent l'on se plaît à exagérer... Il n'y a pas trente ans (vers 1750) que toute l'eau nécessaire à la consommation journalière d'une maison de Paris était déposée dans des fontaines de cuivre qui, en peu de temps, se tapissaient intérieurement d'une couche de verdet. Rouelle l'aîné fut un des premiers à donner l'alarme sur cet objet important, et l'on s'empressa de substituer les fontaines de grès à celles de cuivre...

« C'est avec le cuivre qu'on a toujours fait les grandes chaudières dans lesquelles on prépare le bouillon destiné aux malades qui sont traités dans les hôpitaux, et ce n'est que depuis six ou sept ans (vers 1774) que l'on a commencé à introduire dans les hôpitaux militaires de Flandre des chaudières de fer de pareille grandeur. Il est à désirer que cette méthode soit généralement adoptée dans tous les hôpitaux sédentaires...

« Il est encore d'autres vaisseaux d'une énorme capacité que l'on ne peut faire qu'avec le cuivre, telles que les chaudières employées dans les brasseries et dans les raffineries de sucre...

« Il est donc des circonstances où l'on est contraint de faire usage

Nous en dirons autant du bismuth, dont les qualités relatives à l'économie animale sont assez peu constatées, mais qui pourtant possède quelques propriétés trop analogues à celles du plomb pour ne pas nous porter à le tenir au moins comme suspect (1). Ce n'est ni du cuivre, ni du bismuth, encore bien moins du zinc et du régule d'antimoine dont les potiers d'étain peuvent abuser : la dureté, la fragilité même que ces substances donneraient à l'étain les obligent à ne les y faire entrer qu'en de très petites proportions; et d'ailleurs, ce ne serait pas un moyen propre à satisfaire la cupidité... Le plomb, ce vil métal, était la seule matière dont on pouvait faire abus; aussi, les potiers d'étain ne l'ont-ils pas ménagé... et nous avons fait mention de telle pièce de vaisselle où il en était entré jusqu'à vingt livres par quintal.

Pour terminer nos expériences, nous avons traité par l'acide nitreux quatre onces de cette même mesure, et, suivant exactement le procédé que nous avons indiqué pour départir le plomb d'avec l'étain, nous avons eu la certitude qu'il était entré dans l'alliage dont la pinte avait été faite vingt livres de plomb par quintal.

On voit par là combien il serait dangereux de garder du vin ou toute autre liqueur acidule dans de pareils vaisseaux, qui, malheureusement, ne sont que trop communs, puisque, ayant un jour témoigné à un maître potier d'étain notre étonnement sur la grande quantité de plomb que nous trouvions dans certaines pièces et lui ayant cité pour exemple des mesures qui en contenaient jusqu'à vingt livres par quintal, sa réponse fut que si nous avions fait notre emplette dans certaines boutiques, nous en aurions trouvé plus de vingt-cinq livres.

Cet abus est énorme; il est non seulement dangereux relativement à l'économie animale, mais c'est encore, ainsi que nous l'avons déjà dit, un véritable vol fait aux particu-

---

liers à qui on vend du plomb pour de l'étain. Il était de notre devoir de le faire connaître...

La vaisselle d'étain peut être employée aux usages de la table sans aucun danger. Elle coûte peu; il ne faut pas la renouveler souvent. Lorsqu'elle est de bon aloi, elle a une couleur argentine que l'on peut entretenir avec facilité; le point essentiel est qu'elle soit loyalement fabriquée. Elle n'est plus de mode dans nos villes, et même les habitants aisés de la campagne commencent à la rejeter; ils font très bien : moins on fabriquera de cette vaisselle en France, moins il en sortira d'argent pour se procurer l'étain des Indes ou d'Angleterre.

Nous sommes donc bien éloigné de chercher à rendre à l'étain son ancienne célébrité, et en insistant sur son *innocuité* relativement à l'économie animale, nous n'avons d'autre but que de dissiper les alarmes que quelques personnes ont assez inconsidérément répandues chez ceux de nos concitoyens qui sont habitués ou nécessités à se servir d'ustensiles d'étain.

BALLAND.

PSYCHOLOGIE

Le patronage familial des aliénés et le patronage des aliénés guéris.

Dans deux précédents articles de cette *Revue*, et dans un travail spécial (1), nous avons essayé de mettre en lumière les conditions de l'assistance et du traitement des aliénés dans des familles étrangères, et en particulier du *patronage familial*, tel qu'il existe en Belgique et en Écosse, où nous l'avons vu fonctionner avec succès. Ce mode de secours aux aliénés a été l'objet d'une discussion au Congrès international d'assistance, en 1889, à propos d'un rapport (2) où manquait une des pièces les plus importantes du procès, l'histoire de la colonie belge de Lierneux, créée de toutes pièces en quelques années, et qui a déjà reçu près de 500 malades.

Les conclusions proposées par M. Magnan et adoptées par la section du Congrès ont été les suivantes (3) :

1° L'asile doit être considéré comme un instrument de guérison et de traitement;

2° A côté des asiles, le patronage familial et les colonies agricoles doivent être développés le plus largement possible, pour obvier à l'encombrement des asiles;

3° Le médecin traitant indiquera les catégories des ma-

---

du cuivre malgré les mauvaises qualités qu'on lui a de tous temps attribuées, mais qu'on exagère un peu trop aujourd'hui... »

Bayen présume, « d'après un grand nombre d'expériences que l'on a souvent sous les yeux », que ce métal « cesse bientôt d'être dangereux pour les personnes qui sont accoutumées dès leur bas âge à se nourrir de mets préparés dans le cuivre ».

Rappelons que l'ordonnance de police du 18 juillet 1882, interdisant l'emploi des vases et des sels de cuivre dans la préparation et la vente des conserves de légumes, vient d'être abrogée.

(1) Voir les recherches de MM. Dalché et Villejean sur la toxicité du bismuth. (*Arch. gén. de méd.*, 1887, et *Bul. de thérap.*, 1888.)

---

(1) *Le patronage familial des aliénés* (*Revue scientifique* du 5 novembre 1887). — *L'assistance des aliénés dans les maisons privées en Écosse* (ibid., 1er décembre 1888). — *Du traitement des aliénés dans les familles*, in-18, 1889.

(2) Kéraval, *les Aliénés hors des asiles publics et privés, colonies d'aliénés, système familial.* (*Congrès international d'assistance*, t. II, p. 305, 1889.)

(3) *Congrès d'assistance* de 1889, t. II, p. 363.

lades qui seront en état de jouir du patronage familial et surveillera les colonies agricoles.

Ces conclusions, dont la première n'a aucun rapport avec la question en discussion, montrent assez clairement la préoccupation des médecins d'asiles de maintenir l'organisation administrative actuellement en vigueur; mais elle met aussi en évidence que le principe du patronage familial ne peut plus être repoussé.

Le principe étant admis, la mise en pratique n'est plus qu'une question de temps. Des mesures d'économie s'imposent dans beaucoup de départements, relativement à l'assistance des aliénés, qui devient de plus en plus coûteuse. La construction et l'organisation dispendieuses de certaines prisons ou dépôts de mendicité ont déjà scandalisé un rapporteur du budget : il n'est pas douteux que les Conseils généraux ne soient aussi bientôt frappés des dépenses excessives nécessitées par la construction d'asiles destinés à des malades qui pourraient être efficacement assistés à moins de frais.

On tend actuellement à admettre le principe de l'obligation de l'assistance, s'étendant non seulement aux malades et aux indigents valides, mais encore aux vicieux. L'obligation de l'assistance, ainsi comprise a nécessairement pour effet de s'opposer à la sélection naturelle dans l'espèce : elle serait antisociale et inhumaine si elle ne constituait pas pour la société un moyen indirect de défense. C'est pour prévenir la misère, la cause de toutes les plaies sociales, qu'on doit aider les défaillants, instruire les ignorants et amender les vicieux. En pratiquant l'assistance dans la plus large acception du mot, la société travaille pour sa propre sécurité ; mais elle ne peut atteindre son but si elle fait, sans condition, à ceux qu'elle secourt, un sort tel qu'ils ne puissent désirer l'améliorer par leur propre industrie. L'assistance publique doit avoir pour devise : « Tout le nécessaire, rien que le nécessaire. »

Le système familial peut donner aux aliénés inoffensifs et incurables « tout le nécessaire », et il leur donne en plus des avantages moraux qu'ils ne peuvent trouver dans l'asile. Pour s'assurer qu'ils ont tout le nécessaire, on ne rencontrera aucun obstacle spécial : le contrôle du système familial, appliqué aux aliénés, ne présente pas plus de difficultés que lorsqu'il s'applique aux enfants assistés, et souvent il pourrait être exercé à peu de frais par les mêmes personnes. Les heureux effets de l'amélioration du service d'inspection des enfants assistés dans ces dernières années montrent bien ce qu'on peut attendre d'une organisation analogue.

Si le patronage familial s'applique surtout aux aliénés incurables et inoffensifs, ce n'est pas seulement à cette catégorie de malades qu'il convient : dans certaines circonstances, il peut être utilisé comme moyen de traitement, et même se montrer supérieur à l'asile. En outre, il peut encore rendre des services dans l'assistance d'un autre groupe de malheureux tout à fait dignes d'intérêt, et sur lesquels l'attention a été rappelée dans ces derniers temps : ce sont les aliénés qui sortent guéris des asiles.

Lorsqu'un aliéné sort d'un asile guéri, ou soi-disant tel, car on sait avec quelles réserves il faut accueillir le mot de guérison, il se heurte à des difficultés nombreuses. Même lorsqu'il a une famille, et lorsque, ce qui n'a pas toujours lieu, cette famille le reçoit à bras ouverts, la défiance l'entoure de toutes parts, il trouve difficilement un emploi. Or l'inaction, lorsque ce n'est pas la rechute dans quelque vice ancien ou l'initiation à quelque vice nouveau ou au crime, c'est souvent au moins pour l'indigent la misère et la détresse. Le vice, la misère, les tourments, qui ont joué un rôle si important dans l'apparition des premiers troubles de l'esprit, sont encore plus efficaces à provoquer la rechute. L'aliéné guéri qui ne trouve pas de travail à sa sortie de l'asile y rentrera fatalement. Le médecin, instruit par de cruelles expériences, hésite souvent à rendre la liberté à un convalescent dont la vie n'est pas assurée. Ces rechutes dues à l'abandon des malades à la sortie et à la réaction qu'elles provoquent, constituent un des facteurs importants de l'encombrement des asiles.

L'assistance, à leur sortie, des aliénés guéris, s'impose non pas seulement au point de vue sentimental, mais au point de vue de l'utilité publique; c'est une question de sécurité et d'économie sociale, à laquelle chacun doit s'intéresser, car chacun est exposé à rencontrer un aliéné armé par la misère.

L'initiative privée est déjà venue depuis longtemps au secours de cette catégorie d'infortunés; plusieurs institutions locales ont été fondées en leur faveur. La première en date est due au zèle éclairé et généreux de Falret. Fondée à Paris en 1843, et reconnue d'utilité publique en 1849, elle s'applique exclusivement aux femmes auxquelles elle distribue du travail à domicile, et temporairement dans un asile particulier qui reçoit une quarantaine de personnes. Des institutions du même genre existent dans d'autres départements et à l'étranger ; mais, outre que leur caractère d'institutions privées entraîne un certain nombre d'inconvénients, leur nombre est insuffisant (1). Il est nécessaire d'en venir à une organisation générale et régulière. C'est dans ce but que M. Bonnet, sénateur (2), a proposé la création de commissions départementales, fonctionnant à peu près comme les bureaux de bienfaisance, et éclairées par le concours des médecins spécialistes. La nécessité de cette organisation a été reconnue par la *Société internationale pour l'étude des questions d'assistance*, qui a voté récemment les conclusions suivantes :

---

(1) Une somme de 500 francs, prise sur le legs du baron d'André, est mise chaque année à la disposition du directeur de Bicêtre pour être distribuée aux aliénés indigents qui sortent guéris : cette distribution est faite en argent. Guislain, l'illustre aliéniste belge, a légué une rente de 1800 francs qui est répartie parmi les femmes et les femmes qui sortent guéries des asiles de Gand ; la répartition en est souvent faite sous forme d'outils ; d'assez fortes sommes sont quelquefois prêtées. A l'hospice Guislain, à Gand, il existe une *Caisse d'épargne* qui assure la sécurité du pécule des malades qui travaillent.

(2) Bonnet, *Patronage ou assistance des aliénés indigents sortis guéris des asiles.* (*Congrès international d'assistance*, t. II, p. 289, 1889.)

1° Les sociétés de patronage doivent s'occuper tout d'abord de procurer du travail aux aliénés sortis guéris des asiles;

2° Des secours en argent seront accordés par les sociétés de patronage;

3° Elles restent autant que possible en rapport avec les personnes qu'elles ont placées;

4° Elles doivent être composées de préférence de patrons ou anciens patrons, manufacturiers, industriels et autant que possible d'un médecin aliéniste;

5° Il pourra être créé, dans les asiles d'aliénés, des quartiers de convalescence où séjourneront les malades guéris et mis en liberté pendant le temps limité qui leur sera nécessaire pour se procurer du travail;

6° Des sorties d'essai et des sorties provisoires seront accordées pour permettre aux malades de pouvoir se procurer du travail (1).

Ces conclusions ne pouvant tenir compte de toutes les observations contenues dans les deux rapports de M. Charpentier qui ont servi de base à la discussion (2) ou qui ont été formulées au cours de la discussion elle-même, quelques-unes cependant méritaient considération.

On peut contester l'utilité des secours en argent qui devraient être définitivement bannis de la pratique de l'assistance. Les sorties plus ou moins réglementées, même lorsque ceux qui en bénéficient sont placés dans des quartiers spéciaux de convalescents, ne sont pas sans inconvénients au point de vue de la discipline de l'asile, et leur innocuité pour des individus dont l'équilibre mental n'est pas bien établi n'est pas certaine. Mais, à part ces objections, le patronage des aliénés sortis guéris des asiles présente une autre difficulté sur laquelle M. Charpentier a insisté avec beaucoup de raison.

Si ces malheureux sont difficilement accueillis dans les ateliers à leur sortie de l'asile, c'est en raison d'une défiance qui n'est pas sans fondement. Le convalescent d'un accès de folie ne peut pas être considéré comme dans la même situation que le convalescent de toute autre maladie, qui, tout risque de contagion étant écarté, ne peut faire courir aucun danger; l'aliéné guéri, qui était déjà, en général, un anomal avant son accès, reste souvent particulièrement excitable et sujet à des écarts de conduite; non excitabilité, en outre du risque de rechute, n'est pas toujours exempte de danger. Ce danger, les institutions de patronage ne peuvent pas le laisser ignorer aux patrons chez lesquels ils placent leurs protégés, de sorte qu'elles rencontreront les mêmes difficultés que ces derniers livrés à eux-mêmes Plusieurs médecins ont considéré un avertissement de cette nature comme une sorte de délation : je ne puis que répéter à ce propos que, lorsque le médecin traite d'une question d'intérêt général, son client, ce doit être le public et non ceux

qui sont pour la communauté une source de dangers; d'ailleurs le convalescent qui acceptera le patronage aura connaissance des conditions dans lesquelles il doit s'exercer et devra s'y soumettre. Le plus de liberté possible, avec le plus de garanties possibles, tel doit être le principe du patronage. Si tels assistés font courir plus de risques, il n'y a pas à se révolter s'ils sont soumis à des mesures de précaution spéciales : on peut citer un légiste qui ne serait pas effrayé de l'application de cette distinction à la répression des actes nuisibles des aliénés (1).

Si la difficulté du placement des aliénés guéris est inévitable, elle peut être atténuée par un mode particulier d'assistance qui constituerait une garantie pour les employeurs: c'est le patronage familial, c'est l'assistance dans les familles. Le séjour dans une famille de nourriciers habitués à ce genre d'assistance constituerait une sorte de stage pendant lequel les convalescents qui n'auraient pu être placés dès leur sortie de l'asile pourraient, en quelque sorte, faire leurs preuves de sociabilité. Dans les intéressés pourraient trouver chez les nourriciers, et dans leur entourage, tous les renseignements qui les édifieraient sur l'employé qu'ils vont prendre. Il n'y a que des traités ayant pour bases la justice et la bonne foi qui puissent être à l'abri des récriminations. Dans le cas où des aliénés, sortis d'un asile soi-disant guéris, sont placés dans une maison de convalescence commune à des malades sortis des hôpitaux ordinaires et patronnés sans distinction, ces bases me paraissent faire défaut. Le résultat de cette pratique peu franche est facile à prévoir. Lorsqu'un certain nombre de patrons auront reçu, sans être prévenus, d'anciens aliénés qui leur auront fait courir des risques, ils refuseront indistinctement tous les individus qui se présenteront en sortant de la maison de convalescence commune.

CH. FÉRÉ.

ZOOLOGIE

La destruction des moustiques.

Entre les animaux ou les plantes, utiles ou indifférents, qui menacent de disparaître de la surface du globe, et que l'homme essaye — bien faiblement encore, à la vérité — de conserver, en raison de leur utilité pratique ou de leur intérêt scientifique, et les animaux ou plantes, indifférents et nuisibles qui se multiplient souvent à un degré excessif, et dangereux pour l'agrément ou pour le simple bien-être de notre espèce, l'humanité a fort à faire. Et nulle part elle ne semble autant préoccupée de ce double problème, de ce rétablissement de l'équilibre qui lui est — ou semble — avantageux, qu'aux États-Unis. Les Américains, après avoir presque exterminé le bison, se prennent à regretter leur

(1) Bulletin de la Société internationale pour l'étude des questions d'assistance, p. 188; 1890.
(2) Charpentier, sur le Patronage des aliénés sortis guéris des asiles (ibid., p. 138 et 150).

(1) Lord Bramwell, Insanity and Crime (the Nineteenth Century, p. 893, décembre 1885.)

imprévoyance, et, par contre, ils déplorent amèrement d'avoir importé chez eux le moineau, et se lamentent sur les dégâts déterminés par un autre hôte européen, le papillon de chou. Ils ne sont d'ailleurs pas à court de sujets de tristesse, semble-t-il, et depuis quelques années ils se préoccupent de l'abondance des moustiques. Ces désagréables personnages nous sont bien connus : ce sont les êtres les plus insupportables qu'on puisse imaginer, et au milieu d'eux le philosophe le plus placide, le plus optimiste, voit en peu de temps se détruire l'équilibre d'âme qui lui est cher. Les mortels vulgaires, dans leur énervement, entre deux exécutions — ou tentatives d'exécution — invoquent la Providence, et lui demandent avec insistance « pourquoi elle a créé cet insecte », quand ils ne se livrent point à des exclamations irrévérencieuses inutiles à rapporter ici. Un Américain plus pratique, M. R.-H. Lamborn, a procédé d'une façon plus sage. Devant l'abondance des moustiques ou cousins, qui, à certains moments de l'année, rendent inhabitables les environs de New-York, il a, l'an dernier, fait parvenir aux entomologistes américains une circulaire dans laquelle il leur demandait de répondre à un certain nombre de questions relatives à la biologie du moustique et aux moyens propres à le détruire; il sollicitait l'envoi de mémoires étendus, et, pour encourager les travailleurs, déclarait offrir trois prix aux trois meilleurs travaux, prix représentant dans leur ensemble la valeur de 1000 francs. L'intelligente idée de M. Lamborn porta ses fruits : trois mémoires intéressants furent envoyés, et pour que ces travaux ne soient point perdus, ignorés, pour qu'ils puissent servir de point de départ pour des recherches ultérieures, M. Lamborn vient de les publier *in extenso*. Ils forment un volume in-8° de 200 pages, illustré, qui a pour auteurs M. Lamborn, Mme C.-B. Aaron, M. A.-G. Weeks, M. W. Beutenmuller, M. Macauley et M. H. Mac-Cook, et pour titre, *Dragon-Flies versus Mosquitoes* (Appleton, à New-York). Les *Dragon-Flies*, les demoiselles, libellules, etc., de nos contrées, sont considérés par certaines personnes comme étant les ennemis naturels du cousin, et M. Lamborn avait expressément invité les concurrents à rechercher dans quelle mesure le fait est exact et peut être utilisable : il provoquait plus particulièrement l'enquête sur ce côté de la question; de là le titre du volume que nous avons sous les yeux. Les résultats de cette étude spéciale seront relatés p'us loin, à leur place. Les mémoires publiés par M. Lamborn méritent une analyse, mais il nous semble plus avantageux pour le lecteur de grouper les résultats empruntés aux différents mémoires, sous un certain nombre de titres, que d'analyser chacun de ceux-ci en particulier, même celui de Mme C.-B. Aaron, le plus considérable, qui a mérité le premier prix.

Biologie du moustique. — Les cousins, on le sait, vivent dans les endroits humides, où les eaux sont stagnantes : c'est là qu'ils se reproduisent le mieux et courent le moins le risque d'être détruits par leurs ennemis habituels. Ils déposent leurs œufs, par deux ou trois cents, à la surface de l'eau, attachés à un brin de paille ou d'herbe; la larve en

sort au bout de quelques jours. On ne sait guère de quoi elle se nourrit, bien que son habitude de vivre dans les eaux peu profondes et près de la surface rende les observations faciles. Vit-elle de substances végétales, vivantes ou mortes, ou bien d'animaux vivants, on ne sait; en tout cas, on l'a vu détruire de petits crustacés (*Cyclopes* et *Cypris*), et s'attaquer à de jeunes poissons (truites; Westwood, dans *Proc. Ent. Soc. London*, 1885). Chacun connaît cette larve à grosse tête, à corps grêle, pourvue de petits appendices grêles et d'un tube respiratoire anal qui affleure à la surface de l'eau, larve qui, plus tard, respire par la tête, avant de devenir *imago*. Comment se nourrit le moustique adulte, l'insecte bourdonnant et piquant qui trouble tant notre repos, à certains moments? Ici, il y a conflit d'opinions. Certains auteurs croient qu'il suce les sucs de certaines plantes; d'autres l'ont vu boire de l'eau et se régaler de confitures; mais il paraît certain, d'après Dimmock, que seul le moustique femelle s'attaque à la peau humaine. La bouche du mâle ne possède point de mandibules, alors que celle de la femelle est pourvue d'appendices de ponction et de succion, et possède encore, d'après M. Macloskie de *Princeton College*, une glande à venin jointe aux glandes salivaires, glande qui renferme un liquide jaunâtre, d'apparence huileuse, lequel serait expulsé dans la plaie produite par la bouche, surtout dans les cas où le sujet tenterait d'interrompre l'opération. Si on laisse l'animal se repaître tranquillement, disent certains auteurs, il n'expulse point de venin, et les effets de la piqûre sont insignifiants. Ce point demande confirmation Quiconque a vécu dans les régions où les moustiques abondent savent combien leur bourdonnement aigu, prémonitoire, est impatientant, et combien leur piqûre est désagréable par l'irritation, la rougeur et la tuméfaction passagères qu'elle détermine. Aussi a-t-on cherché de maintes façons à s'en protéger. Dans le midi de la France, on brûle souvent des poudres — dont la composition nous est inconnue, mais où le pyrèthre joue quelque rôle — qui ont pour effet d'endormir l'insecte, semble-t-il. Ailleurs, on prescrit des lavages avec de l'eau additionnée de jus de citron, de vinaigre, avec de l'infusion de chiendent, de quassia, avec de l'eau phéniquée, etc. Mais ce ne sont là, tout au plus, que des palliatifs, et il serait à souhaiter que des moyens de destruction sérieuse fussent connus.

Méfaits des moustiques. — Il y a plusieurs raisons pour vouloir détruire ces insectes incommodes, et leurs méfaits sont multiples.

Tout d'abord, par sa piqûre, la femelle rend inhabitable des régions étendues, et ceci au grand détriment de beaucoup de personnes. Au détriment des possesseurs de la terre, d'abord, parce que celle-ci n'a aucune valeur. Il le faut avouer, cet argument mercantile nous laisse froid. Au détriment de ceux qui voudraient venir au bord de la mer dans les environs de New-York, et qui sont forcés d'y renoncer, ou d'aller plus loin. C'est ici, encore, une considération très secondaire et qui ne mérite point d'être mise en première ligne. Contentons-nous de constater que le moustique rend la vie intolérable dans nombre de localités, sans entrer dans le détail des intérêts commerciaux ou autres du tiers et du quart.

A ce premier grief, on en a joint d'autres. On a dit que le moustique est riche en hématozoaires, et qu'en le nourrissant de sang humain, il les adapte à la vie *in corpore humano*. Des recherches précises pourraient seules déterminer ce qu'il y a de fondé dans cette accusation. Toujours est-il que sur 140 femelles, Lewis a vu que 20 étaient bourrées de filaires, et divers auteurs pensent que ces filaires mises en liberté par la mort de l'animal infectent les eaux, et par là pénètrent dans l'organisme humain. Si le moustique peut contribuer à la propagation des hématozoaires, ne peut-il pas favoriser le transport de différents microbes : ceux de la malaria, par exemple? Il nous semble cependant que le fait que le moustique vit dans des régions dont beaucoup sont paludéennes ne constitue pas une preuve suffisante du transport de la malaria par ces insectes. A-t-on trouvé chez eux les microrganismes malariques? Ce point n'a pas été élucidé, que nous sachions. Sans accepter entièrement l'accusation, le grief qui vient d'être formulé, nous dirons, toutefois, que les faits révélés par Grassi à l'égard des mouches en tant qu'agents de dissémination de parasites virulents doivent nous rendre les moustiques suspects, jusqu'à preuve de leur innocence. Nous observerons la même réserve à l'égard de l'accusation formulée par M. Findlay, de la Havane, qui voit dans le moustique l'agent principal de la dissémination de la fièvre jaune : il puiserait dans les malades un peu de virus qu'il porterait aux personnes saines qu'il viendrait à piquer après. M. H. Hammond a parlé dans le même sens que M. Findlay : mais, ici encore, tout en tenant les moustiques pour suspects, nous dirons que des recherches précises sont nécessaires.

En somme, il est certain que le moustique est incommode; peut-être est-il dangereux. Dans ces conditions, il serait utile de connaître les moyens de le détruire.

Moyens artificiels de destruction du moustique. — Ces moyens sont variés, mais, ou bien peu efficaces, ou difficiles d'application. Ce sont le *drainage* et le *pétrole*. Le drainage qui supprime les eaux stagnantes favorables au *culex* et à sa reproduction, qui supprime du même coup la malaria, et qui — considération accessoire — rend habitables des terrains trop humides pour l'homme. C'est un moyen héroïque, mais qui a de nombreux avantages : par contre, il veut être pratiqué en grand. Quant au pétrole, celui-ci, étalé en couche très mince sur l'eau, tue les larves de *culex* en cinq, dix ou quinze minutes au plus, en les asphyxiant, en agglomérant les soies de leur orifice respiratoire, ce qui empêche le passage de l'air dans les trachées. Il suffit d'une couche très faible, et la profondeur de la nappe à traiter n'a aucune importance, puisque l'action du pétrole ne s'exerce qu'à la surface. Mme Aaron estime qu'avec 15 francs de pétrole, on en a assez pour traiter une superficie de 100 acres d'eau, cinq fois. Ce moyen semble pouvoir donner d'excellents résultats dans les cas où le mal vient d'une nappe d'eau peu étendue, éloignée de tout centre riche en moustiques, où le pétrole ne pourrait guère être employé.

Moyen naturel de destruction des moustiques. — Il est clair, à en juger par les doléances des Américains, que les moyens de cette catégorie sont d'une efficacité médiocre. Les entomophthorées semblent ne point agir souvent, et les épidémies de moisissures ne ravagent point les moustiques comme elles l'ont parfois fait pour d'autres insectes. Il y a bien quelques poissons qui mangent les larves de *culex*, mais les habitats favoris de ces dernières ne sont point du goût des poissons qui n'y peuvent guère vivre. Faudra-t-il transformer les marais en lacs, pour y introduire des poissons qui tueront les moustiques? Mais les moustiques émigreront, tout simplement : le drainage vaudrait mieux à coup sûr. Faudra-t-il acclimater des oiseaux aquatiques? Mais il n'est guère démontré qu'ils dévorent beaucoup de moustiques. Les algues d'eau douce, comme le propose M. Gratacap, sont, semble-t-il, très nuisibles aux larves de *culex* : elles empêchent celles-ci de venir respirer à la surface. Mais ces algues ne se développeront pas partout : elles veulent certains milieux, et il n'est point prouvé que les marécages chers aux moustiques leur conviennent autant. Dans les pièces d'eau un peu étendues, rien de mieux; mais les poissons suffisent à la besogne destructive sans qu'il soit besoin d'introduire des algues susceptibles de gêner la circulation ou de déplaire aux yeux.

Restent les demoiselles. Et par ce terme, il faut entendre ces insectes variés que nous connaissons tous : les Caloptéryx, Agrions, Lestes, Aeschnes, Gomphirs, Libellules, etc. Plusieurs personnes ont dit que les demoiselles font la chasse au moustique, et se sont demandé si on ne pourrait, en favorisant la multiplication des premières, travailler à la destruction des derniers. Un des auteurs qui ont répondu à l'appel de M. Lamborn a même converti, durant deux mois, son appartement en marécage artificiel, espérant, par des bassins remplis d'eau et d'herbes variées, induire en tentation de multiplication les demoiselles qu'il y avait attirées; mais en vain : l'artifice ne put suppléer à la nature. Toutefois, cet échec n'a qu'une médiocre importance : il suffirait de découvrir le moyen de favoriser *in situ* la propagation de ces insectes tant vantés. Mais il faudrait d'abord savoir si réellement ils peuvent rendre des services. C'est là le point fondamental. Un correspondant de M. Lamborn, M. C.-N.-B. Macauley, chirurgien militaire, a bien observé un cas où les demoiselles semblaient rendre des services, et détruisaient réellement une grande quantité de moustiques qu'elles attrapaient au vol, et a remarqué que l'apparition des premières fut en peu de jours suivie d'une diminution sensible des derniers. Il convient toutefois de noter que les autres collaborateurs du volume sont moins affirmatifs. Ils font remarquer d'abord que, seules quelques espèces peuvent rendre des services, d'autres ne paraissant qu'après disparition des moustiques. Mme Aaron dit expressément qu'il y a peu de chose à attendre des demoiselles, même si elles étaient très abondantes; M. Weeks dit que la multiplication de celle-ci serait « inutile et impraticable, et qu'il n'y a pas lieu de la conseiller »; M. Beutenmüller, sans prendre parti, dit qu'on ne connaît point encore assez les mœurs des demoiselles pour conclure au sujet de leur efficacité. Ce sera aussi notre conclusion, et en présence des faits — ou plutôt en l'absence de ceux-ci — il convient de suspendre son jugement et de demander de nouvelles lumières aux entomologistes. Il faut mieux connaître les mœurs des libellules en général, et voir dans quelle mesure, à l'état de nature, leurs larves ou adultes font la guerre aux larves ou adultes des moustiques. Peut-être trouverons-nous en elles de précieux alliés; peut-être l'étude des moustiques nous en désignera-t-elle d'autres que nous ne soupçonnons point. De toute façon, des recherches nouvelles sont nécessaires, et quand elles se seront produites, nous en enregistrerons volontiers les résultats.

M. Lamborn a l'espoir que son volume présent soit le premier d'une série, et que des travaux ne tarderont pas à se produire. Nous le souhaitons comme lui, et nous signalerons à ceux qu'intéresse la question l'excellente bibliographie qui termine son livre, et qui leur permettra de se rendre compte de ce qui a été fait et de ce qui reste à faire. Félicitons enfin M. Lamborn de son intelligente initiative. Que de travaux intéressants et utiles ne se ferait-il point si les personnes éclairées — *rari nantes* — pensaient plus souvent à les provoquer !

V.

CAUSERIE BIBLIOGRAPHIQUE

Dépopulation et civilisation, étude démographique, par M. Arsène Dumont. — Un vol. in-8° de la *Bibliothèque anthropologique;* Paris, Lecrosnier et Babé, 1890.

L'ouvrage de M. Dumont répond à une des grandes préoccupations du moment, à savoir la recherche des causes de notre médiocre et insuffisante natalité. Il va se répétant, sur ce sujet, depuis quelque temps, un certain nombre de banalités et de sottises, et les remèdes qu'on propose à ce mal, s'ils témoignent de la bonne volonté des médecins, prouvent en même temps leur ignorance des origines, du siège et de la gravité de la maladie. Assurément, comme on l'a dit récemment dans cette *Revue,* toutes les faveurs accordées aux pères des nombreuses familles ne sont que justice; mais il faudrait être bien naïf pour croire un seul instant que ces primes pourront déterminer les pères de famille à accroître le nombre de leurs enfants. Peut-être un individu ayant déjà six enfants sera-t-il incité à en avoir un septième, mais il ne s'agit précisément pas de ces familles déjà nombreuses, et c'est sur la masse des familles à un ou deux enfants qu'il faudrait avoir quelque influence.

L'étude de M. Dumont a, entre autres grands mérites, celui de l'originalité : elle sort des *clichés.* Établie sur une série d'études partielles, poursuivies dans des milieux restreints où la recherche des causes était plus simple et plus accessible, elle n'est que l'extension légitime des résultats obtenus dans ces bonnes conditions d'observation, à la population française tout entière, et même aux peuples civilisés en général.

Pour M. Dumont, l'abaissement de la natalité est la conséquence des éléments mêmes de la civilisation, et si le mal sévit d'une façon plus intense en France qu'ailleurs, c'est qu'il y est encore favorisé par certaines conditions spéciales de notre régime démocratique. Toutes les causes de la dépopulation des peuples très civilisés pourraient alors se ramener à un seul phénomène, pour lequel l'auteur a imaginé une expression originale et heureuse, la *capillarité sociale.* La capillarité sociale, c'est la tendance que tout homme, pour peu qu'il ne soit pas absolument ignorant, éprouve à s'élever des fonctions inférieures de la société à celles qui sont au-dessus: « Guidée par un instinct infaillible et fatal, chaque molécule sociale s'efforce, avec toute l'énergie qui peut lui rester disponible, sa conservation une fois assurée et sans se soucier de ses semblables autrement que pour les dépasser, à monter sans cesse vers un idéal lumineux qui la séduit et l'attire, comme l'huile monte dans la mèche de la lampe. » Et dans ce mouvement que rien ne peut arrêter, la famille est le plus souvent sacrifiée, comme l'obstacle manifeste, et d'ailleurs facile à supprimer, au but à atteindre. Le couple travaille pour lui-même, pour posséder les jouissances immédiates qu'il poursuit, et les enfants sont un poids qui retarderait, si même il ne rendait pas impossible cette course vers les sphères supérieures.

M. Dumont a bien fait de donner un nom spécial à cette tendance, car, par sa généralité et sa fatalité, elle est quelque autre chose que ce qu'on entend par le mot ambition. Sans conséquence si elle n'intéressait que quelques individus, elle tire une importance majeure de son caractère universel. Avec ou sans succès, mais sans trêve, tous les hommes veulent la même chose : être plus qu'ils ne sont. D'autre part, la nécessité d'obéir à cette attraction capillaire se manifeste par l'impossibilité de rétrograder, qui la complique et l'aggrave encore. « On dirait que d'invisibles valvules, analogues à celles qui empêchent la circulation du sang de s'accomplir autrement que dans sa direction normale, ont été disposées par la nature pour diriger le courant des aspirations humaines vers le but caché qu'elle lui prescrit. » Or cette capillarité sociale, qui n'est que la forme de la sourde et universelle impulsion au progrès, est évidemment, en soi, une excellente chose. Mais il faut que le but rêvé ne soit pas trop disproportionné aux moyens de l'atteindre. Autrement, quand on vient de bas et que l'on vise haut, « il faut, pour arriver, courir vite et ne point s'embarrasser de bagages encombrants. Or, si un bon mariage, par la fortune ou les relations qu'il procure, peut servir l'ambitieux, la famille, surtout quand ils sont nombreux, le retarderont presque infailliblement. Ce sont des personnalités nouvelles auxquelles il devrait sacrifier la sienne, et plus la capillarité est active, moins il est disposé à ce sacrifice ». Sous une autre forme, Franklin avait déjà dit qu'un vice coûte plus cher à nourrir que deux enfants.

C'est ainsi qu'on s'explique la natalité prospère des populations ignorantes et pauvres, bornées dans leurs aspirations ; mais la pauvreté seule ne suffit pas pour favoriser la natalité, car l'ouvrier des villes, instruit et contagionné par l'exemple, subit déjà la capillarité sociale et restreint sa famille.

L'influence des formes de gouvernement est considérable sur l'activité et l'étendue de ce phénomène. « Quand le gouvernement est une monarchie constitutionnelle entourée d'institutions aristocratiques, la capillarité sociale est en partie entravée dans la sphère politique. Au contraire, dans une démocratie égalitaire, elle est laissée sans frein, et, dès lors, toutes choses égales d'ailleurs, elle doit y être plus générale et entraîner une moindre natalité. » Elle est évidemment la raison pour laquelle le mal est si grand en France.

On trouve d'ailleurs une indication exacte de la force de la capillarité sociale, chez nous, par l'attraction qu'exercent les places du gouvernement et le nombre toujours croissant des jeunes gens qui aspirent au grade de bachelier. Tout le monde veut être fonctionnaire, et, comme le remarque M. Dumont, cette attraction vers le fonctionnarisme est aussi funeste à la natalité qu'aux professions désertées et à la valeur individuelle.

En Chine, une aristocratie de lettrés a formé une barrière infranchissable au progrès, en entravant l'ascension du peuple vers les sommets de la vie politique et intellectuelle. Mais, jointe au petit nombre de fonctionnaires publics et au collectivisme familial, elle a déterminé, en même temps qu'un état stationnaire, il est vrai, de la civilisation, une natalité sans pareille en Europe. En France, au contraire, le système des concours, dans la mesure où il est pratiqué, s'ajoute au grand nombre et à la toute-puissance des fonctionnaires pour former dans la sphère politique une cause active de capillarité sociale, et par conséquent de dépopulation.

Après avoir ainsi poursuivi l'étude des formes diverses de ce désir de s'élever et de ses conséquences — toujours les mêmes — dans la sphère économique, dans la sphère esthétique et dans la sphère du savoir; après avoir traité, chemin faisant, la question du paradoxe social, spécial à la France, de la tendance au luxe et de la profession de principes démocratiques — paradoxe qui tient à ce que notre esthétique est essentiellement aristocratique — l'auteur aborde la recherche des moyens propres à endiguer, à limiter cette capillarité sociale, dont les effets sont, en réalité, indispensables aux progrès, et dont l'excessive intensité est seule dangereuse.

Bien entendu, il ne peut être question de remonter le courant d'idées dans lequel nous avons été précipités depuis un siècle; mais M. Dumont pense qu'il serait au moins possible de s'attaquer au mal qui paraît le plus général et le plus profond, au fonctionnarisme. D'abord, on pourrait diminuer de beaucoup le nombre des fonctions publiques en les rendant électives et en les mettant, non plus sous la dépendance de l'État, mais sous celle des intéressés; ce serait en même temps un pas vers la décentralisation, car cette réforme fixerait les citoyens chez eux, au lieu de les faire vivre les yeux continuellement tournés vers le centre;

puis il y aurait à diminuer les appointements des fonctionnaires, et surtout le taux des retraites, qui constituent le grand appât des aspirants au fonctionnarisme; en même temps, il serait bon de faire en sorte que le fonctionnaire, au lieu de se croire une puissance, fût convaincu qu'il n'est au contraire que le serviteur du public. Cet amoindrissement du prestige diminuerait assurément l'encombrement des fonctions publiques. Puis il y aurait encore à trouver le moyen de limiter la formation de ces fortunes excessives, tout à fait monstrueuses, qui mettent entre les mains d'un seul individu des centaines de millions et même des milliards, et qui, sans avantage réel pour le possesseur dont elles dépassent l'action directe, sont les facteurs d'une inégalité sociale désespérante pour ceux qui en sont les victimes. « Trois cent mille francs de revenu en plus dans les mains d'un millionnaire seront presque infailliblement dépensés en futilités et perdus sans ressource. Répandus sur trois cents familles qui n'avaient rien, ils rendront possibles une multitude de travaux que la pauvreté empêchait. » Enfin M. Dumont, pour empêcher l'émigration rurale et faire en sorte que le développement individuel s'accomplisse sur place, prêche la décentralisation du savoir. Avec le produit de la suppression du budget des cultes et le produit d'un impôt sur le luxe, il voudrait qu'on créât à Paris des séminaires scientifiques assez nombreux pour en tirer des colonies que l'on établirait dans chaque département, en les munissant de tout l'outillage du travail intellectuel contemporain au grand complet, collections, moyen d'expérimentations et d'observation, bibliothèque comprenant tout ce qui se publie dans le monde civilisé. Chaque colonie départementale comprendrait à son tour des missionnaires chargés de parcourir les arrondissements, les cantons, puis les simples communes, d'y faire des conférences, d'y instituer des zélateurs, d'y fonder des collections et d'organiser la circulation des livres. C'est un peu ce qui se passe en Angleterre depuis le fonctionnement des *Universités itinérantes*.

En somme, quoi qu'on pense de la valeur des réformes que propose M. Dumont — et nous devons reconnaître que quelques-unes de celles-ci sont manifestement indiquées — nous recommanderons son ouvrage comme étant un des plus suggestifs parmi ceux qui ont été écrits sur cette matière.

Syphilis et santé publique, par M. T. BARTHÉLEMY.
Un vol. in-16; Paris, J.-B. Baillière, 1890.

Le livre de M. Barthélemy fait un heureux contraste avec les nombreux petits ouvrages de vulgarisation publiés par J.-B. Baillière. En effet, nous espérons que tout le monde reconnaîtra, comme nous, qu'il y a beaucoup d'originalité et de vigueur dans l'éloquent réquisitoire que M. Barthélemy prononce contre la syphilis.

D'abord il s'attache à démontrer que ce n'est pas là une maladie portant sur des individus plus coupables que le commun des hommes. Il prouve que les *innocents* en sont souvent atteints; que, chez les enfants, par exemple, soit qu'il s'agisse de syphilis héréditaire, soit qu'il s'agisse d'une contagion par la nourrice, on ne peut invoquer la débauche; que même cette soi-disant débauche n'est qu'un accident, et qu'elle dénote plutôt la mauvaise chance qu'un vice. N'est-ce pas M. Fournier, le maître dont M. Barthélemy suit fidèlement les principes, qui venait, il y a quelques mois, présenter à l'Académie de médecine, sous une forme humoristique et spirituelle, cette découverte que les syphilitiques étaient des hommes comme les autres, et qu'ils méritaient autant de considération et de respect que les autres malades?

Un autre point, sur lequel s'étend avec raison M. Barthélemy, c'est que la syphilis n'est pas une maladie bénigne; loin de là. Quand elle n'est pas traitée du tout, elle est extrêmement grave, et elle conduit rapidement à la mort, par les lésions cérébrales, les affections du système nerveux et des os. Même lorsqu'elle est convenablement traitée, et immédiatement, elle n'est pas moins des conséquences redoutables. Aussi les enfants d'un père ou d'une mère syphilitique naissent-ils rarement viables, et, s'ils naissent, ils s'étiolent et finissent en peu de mois, sauf quelques exceptions, par succomber. A la vérité, le plus souvent, les ménages où il y a syphilis sont absolument stériles. N'est-ce pas aussi un grand malheur? Pour M. Fournier et pour M. Barthélemy, une bonne part de l'infécondité est due à la syphilis. Or nous savons tous que l'infécondité est le mal dont la France souffre le plus cruellement aujourd'hui. C'est un danger public, menaçant, le plus grand de tous les dangers. Il reconnaît assurément des causes diverses; mais, parmi ces causes, il faut ranger la syphilis, qui amène presque toujours à sa suite, même à longue échéance, une infécondité presque complète.

Ces prémisses étant bien établies et ingénieusement exposées, M. Barthélemy en déduit une conséquence évidente, c'est qu'il faut essayer de combattre la syphilis. Or, jusqu'ici, on se contente de la soigner. Certes, la thérapeutique est une excellente chose; mais le traitement d'une maladie, même dans ce cas, c'est-à-dire quand il est rapidement et sûrement efficace, ne vaudra jamais sa prophylaxie. Or, actuellement, la prophylaxie de la syphilis n'est qu'un vain mot : cela n'est douteux pour aucun médecin. Aussi le mal se répand-il de plus en plus, et son extension est-elle une véritable calamité publique.

Donc il faut agir, et l'action n'est pas difficile quand on connaît l'origine du mal. Cette origine, que M. Barthélemy s'attache à bien établir, c'est la prostitution clandestine. La prostitution réglementée ne fait presque aucun dommage, car les visites auxquelles sont régulièrement soumises les prostituées inscrites empêchent tant bien que mal qu'elles contaminent beaucoup d'individus, tandis que la prostitution clandestine, qui échappe aux visites sanitaires et à toute réglementation, est un foyer permanent d'infection qui ne peut être attaqué et qui peut librement étendre ses ravages. Puisqu'on connaît le mal, le remède est tout indiqué : c'est la suppression ou tout au moins la limitation de la prostitution clandestine; mais ici les avis sont bien partagés.

En effet, un certain nombre de personnes considèrent le droit à la prostitution comme une des bases de la liberté; cela fait partie de tout un ensemble de droits qui paraissent sacro-saints; et, en fait d'hygiène, nous pourrions citer maintes personnes, d'esprit supérieur, qui condamnent d'avance toute réglementation. Chacun, disent-elles, est libre, à ses risques et périls, et l'État aurait trop à faire s'il voulait se mettre à poursuivre dans leurs causes les maladies qui sévissent sur les hommes. C'est la célèbre doctrine du *laisser faire, laisser passer*, qui est peut-être excellente en économie politique, mais qui, en matière d'hygiène, est certainement détestable, au moins si l'on en juge par les résultats de ce que l'on pourrait appeler *le droit à l'infection :* qu'il s'agisse de la syphilis, puisqu'on permet la prostitution clandestine, ou de la rage, puisqu'on ne veut pas museler les chiens, ou de la variole, puisqu'on ne veut pas de la vaccination et de la revaccination obligatoires, ou de l'alcoolisme, puisqu'on ne veut pas imposer les marchands de vin. Vraiment il y a quelque chose à faire; et il serait sage, au lieu de se croiser les bras et d'assister, impassible, au mal qui chaque jour étend ses ravages, de prendre quelques mesures pour l'arrêter. Nous devons être reconnaissants à M. Barthélemy de porter là-dessus notre attention.

The Riverside Science Series, par MM. MENDENHALL, THURSTON et KIMBALL. — 3 vol. petit in-18; Boston, Houghton Mifflin.

La *Riverside Science Series* est une bibliothèque récemment inaugurée par MM. Houghton et Mifflin, les éditeurs bien connus de Boston, bibliothèque scientifique, cela s'entend, et dont trois volumes ont actuellement paru. Ce sont *A Century of Electricity*, de M. Mendenhall; *the Physical Properties of Gases*, par M. Kimball; *Heat as a Form of Energy*, par M. Thurston. Les noms des auteurs sont une garantie précieuse pour le public, et elle est nécessaire quand il s'agit de questions aussi délicates et l'erreur se glisse aisément. Il convient de dire d'ailleurs que la théorie et la science pure n'occupent qu'une place restreinte dans ces volumes, qui ont bien plutôt pour but d'exposer les applications de la science aux conditions de la vie moderne. Pourtant, dans le volume de M. Thurston, la partie industrielle ne l'emporte que d'une cinquantaine de pages sur la partie purement scientifique, consacrée à l'exposé des idées théoriques sur la chaleur et sur la thermo-dynamique. Cette partie industrielle, nous l'avons lue avec beaucoup d'intérêt; l'historique est bon, les avantages et inconvénients des différentes machines motrices (air, gaz, vapeur) sont clairement et simplement exposés, et la lecture de l'ouvrage est très facile, l'auteur ayant l'exposition claire, nette de tout langage technique superflu.

Dans le volume de M. Kimball, la partie de science pure occupe un espace plus considérable, et elle représente un très bon résumé de cette science toute moderne de l'étude du gaz au point de vue physique, depuis l'époque peu lointaine encore où les premiers furent isolés par Lavoisier, Scheele, Priestley, etc., jusqu'aux extraordinaires expériences de Crookes. Ici encore, les progrès successifs de la physique moderne sont retracés avec beaucoup de clarté, et les faits sont expliqués en termes simples et précis. M. Mendenhall, en se réservant le sujet de l'électricité, a pris un sujet difficile à coup sûr, mais bien intéressant. Qui eût pensé, il y a cent quatre ans (septembre 1786), en apercevant les contractions présentées par les pattes des grenouilles préparées pour le bouillon de la femme de Galvani, que c'était là le point de départ d'une série de recherches et de découvertes qui aboutiraient à l'invention de la télégraphie, de la lumière électrique, du transport de la force à distance et du téléphone? Et, à en juger par les progrès des vingt dernières années, qui oserait dire où s'arrêteront les découvertes dans cet ordre d'idées?

La *Riverside Science Series* ne renferme jusqu'ici que des œuvres d'ordre physique. Il est à souhaiter qu'elle étende son cadre et que la chimie et la biologie y aient accès. Là aussi, il a été fait depuis cent ans des pas de géant, et le bilan en intéressera certainement les lecteurs de cette excellente collection. Au point de vue de l'exécution matérielle, nous n'avons que des compliments à faire aux éditeurs : le papier est bon, l'impression élégante et le format commode. Nous tiendrons nos lecteurs au courant des nouvelles publications qui se feront dans cette série, qui prendra sans doute une extension considérable et méritée.

ACADÉMIE DES SCIENCES DE PARIS

6-13 octobre 1890.

M. Émile Picard : Note sur la détermination des intégrales de certaines équations aux dérivées partielles du second ordre. — *M. P.-H. Schoute :* Sur les figures planes directement semblables. — *M. H. Faye :* Étude sur les boules de feu ou globes électriques en général et sur ceux, en particulier, du tornado de Saint-Claude, d'après le rapport de M. Cadenat. — *M. Mascart :* Remarques relatives à la communication de M. Faye. — *S. M. Dom Pedro d'Alcantara :* Communication d'un fait relatif à l'étude de M. Faye. — *M. de Sparre :* Note sur le mouvement du pendule de Foucault. — *M. E. Le Roy :* Note sur un nouveau mode de préparation de l'acide chlorhydrique pur. — *M. P. Miquel :* Indication d'une nouvelle méthode du dosage de l'urée. — *M. Émile Bourquelot :* Sur la présence et la disparition du tréhalose dans les champignons. — *M. Pagnoul :* Expériences de culture du blé dans un sable siliceux stérile. — *M. Onimus :* Destruction du virus tuberculeux par les essences évaporées sur de la mousse de platine incandescente. — *M. Maupas :* Recherche sur la fécondation de l'*Hydatina senta*. — *M. Rey de Morande :* Étude sur la structure géologique de la France centrale. — *M. A. de Lapparent :* Note sur les roches porphyriques de l'île de Jersey. — Élection : *MM. Cornu et Sarrau.*

Météorologie. — A l'occasion des trombes si désastreuses du 18 et du 19 août dernier, M. H. Faye appelle l'attention sur le phénomène des boules de feu ou globes électriques en général et, cite, tout d'abord, le fait suivant qui se rapporte à un ancien souvenir de famille. Pendant un violent orage de nuit, un des globes de feu pénétra, probablement par la cheminée, dans la chambre d'une domestique, à côté de celle où sa mère et sa sœur s'étaient réfugiées. Elles ne virent pas ce globe, dit-il, mais elles l'entendirent circuler avec un fort grondement. La domestique, qui était couchée, dormait si profondément qu'elle seule ne se réveilla pas. Au bout de quelques instants, fort longs en apparence, la boule passa sous la porte en enlevant quel-

ques copeaux de bois, dont M. Faye se rappelle avoir vu les traces, puis on l'entendit se diriger, par un long corridor, vers une fenêtre donnant sur une cour beaucoup plus basse; elle cassa le coin d'une vitre et tomba sur un amandier qu'elle brisa avec explosion.

Passant ensuite au rapport que M. Cadenat, professeur de physique au collège de Saint-Claude, lui a adressé sur la trombe de Saint-Claude du 19 août dernier, M. Faye cite plusieurs observations de boules de feu ou boules électriques, soit à Saint-Claude, soit dans des localités environnantes, pendant ladite trombe, et notamment à *Viry*, où un globe de feu vint frapper le sol, éclatant avec *fracas* et le couvrant de poussière; à *Vers-l'Eau* et à *Sémiset*, où des boules grosses comme la tête, d'un rouge vif, s'avancèrent vers certains greniers, mirent le feu au foin et disparurent; à *Saint-Claude*, où l'on vit des boules de feu, grosses comme des boules de billard, emportées avec rapidité dans le sens de la trombe, ou pénétrant dans des appartements, soit par des cheminées, soit par des portes de fourneaux, où elles laissaient derrière elles un sillage lumineux, légèrement courbé en spirale, etc. Quant aux dégâts matériels dus à la foudre globulaire, ils ont été très considérables : ce sont principalement des trous circulaires pratiqués dans les vitres des devantures de maisons, trous de 8 centimètres environ de diamètre, à cassure franche, non étoilée, et des serrures faussées.

Enfin M. Faye fait remarquer qu'aux États-Unis, les tornados sont rarement accompagnés de boules électriques pareilles à celles que nous venons d'indiquer. Cela tiendrait peut-être, d'après lui, à ce que les tornados américains se montrent le plus souvent en plein jour (vers quatre ou cinq heures de l'après-midi), et que ces météores n'ont généralement qu'un éclat assez faible, tandis qu'en France les tornados des 18 ou 19 août ont fait leur apparition la nuit ou le soir, à la nuit tombante.

— Au sujet de cette communication, M. Mascart émet l'opinion qu'il serait prudent de faire des réserves sur l'existence du tonnerre en boule, en tant que phénomène physique réel, au moins dans un certain nombre de cas où les propriétés de ces globes de feu paraissent tout à fait extraordinaires. Il croit donc qu'il y aurait lieu de faire la part des illusions d'optiques et des erreurs de jugement auxquelles sont exposés les observateurs dans l'appréciation de ces apparences dont la durée est toujours très courte.

— D'autre part, S. M. Dom Pedro d'Alcantara, présent à la séance, déclare que, il y a près de quarante ans, voyageant à cheval, certain jour, dans la province de Rio-Grande du Sud, il a vu, de ses propres yeux, la foudre en boule tomber et parcourir les champs pendant quelques instants, puis éclater avec un bruit assez fort.

Chimie analytique. — Dans une précédente communication [1], M. P. Miquel a montré que pour obtenir le ferment soluble de l'urée au moyen des bacilles urophages très actifs, il était utile d'alcaliniser les bouillons de culture par l'addition d'un peu de carbonate d'ammoniaque. Cependant, parmi ces bacilles, beaucoup, notamment les microcoques et les sarcines peuvent se développer dans le bouillon neutralisé et même légèrement acide, et M. Miquel, dans un

[1] Voir la *Revue scientifique* du 13 septembre 1890, p. 343, col. 2.

nouvelle note, fait connaître que ce sont ces liquides que l'on doit choisir de préférence pour le dosage de l'urée.

Voici d'ailleurs comment on doit procéder :

1° S'il s'agit de doser simplement de l'urée tenue en dissolution dans de l'eau pure, on mélange à parties égales le bouillon diastasifère et la solution d'urée, puis on prend immédiatement un repère alcalimétrique, et le mélange est maintenu pendant deux heures à 50° dans un vase à peu près plein et bien bouché à l'émeri. Au bout de ce temps, un second essai alcalimétrique fait connaître la quantité de carbonate d'ammoniaque produit et, par suite, le poids de l'urée primitivement contenu dans la solution.

2° Quand le liquide à doser en urée est de l'urine ou un liquide organique, il est bon, si l'on veut éviter les causes d'erreur qui peuvent dépendre, soit de l'absorption de l'ammoniaque par des acides ou des sels acides, soit de la formation des sels ammoniacaux doubles, il est bon de traiter à chaud le liquide renfermant de l'urée par un léger excès de carbonate d'ammonium. La liqueur refroidie, filtrée si elle a donné des dépôts, est traitée comme les solutions d'urée dans l'eau pure.

Cette méthode offre une très grande précision, car le ferment soluble de l'urée est capable de déceler la présence de quelques centigrammes d'urée tenus en dissolution dans un litre de liquide. L'auteur ajoute, en terminant, que si le poids de l'urée contenu dans les liquides à analyser atteignait 10 pour 100, soit 100 grammes par litre, il faudrait recourir à la dilution des liquides, car, passé cette dose, l'urée devient toxique pour son ferment soluble dont l'action est très faible sur les solutions à 20 pour 100, et nulle sur les solutions à 30 pour 100. Si pareil cas pouvait se présenter, on résoudrait la difficulté en étendant d'eau les liqueurs.

— Parmi les matières sucrées que l'on peut rencontrer dans les champignons, il en est une dont la présence et la disparition dans une même espèce attirent particulièrement l'attention, c'est le tréhalose, corps isomère du sucre de canne. *M. Émile Bourquelot* vient d'étudier ces variations dans un champignon assez commun aux environs de Paris, l'*Agaric poivré* (*Lactarius piperatus* Scop.), champignon blanc donnant un lait blanc fortement poivré, lorsqu'on le froisse. L'agaric poivré, jeune, frais et soumis à l'action de l'eau bouillante aussitôt après la récolte, peut fournir une proportion de tréhalose variant de 5 à 10 grammes par kilogramme environ.

Si, avant de le traiter, on le fait dessécher à l'air, on constate que le tréhalose a disparu. Il se trouve remplacé par de la mannite.

Cette disparition est liée à la végétation du champignon qui se continue pendant les premières heures qui suivent la récolte, et cela très rapidement. Il suffit, en effet, de conserver les champignons récoltés pendant cinq ou six heures seulement pour le constater.

D'ailleurs, si on maintient cet agaric poivré dans la vapeur de chloroforme, la végétation étant arrêtée, on retrouve, même après quarante-huit heures, la totalité du tréhalose qui s'y trouvait à l'origine.

La présence de la vapeur de chloroforme détermine une exsudation remarquable du champignon qui peut monter, pour cet espace de temps, à 300 centimètres cubes de liquide par kilogramme.

CHIMIE AGRICOLE. — Afin de mettre en évidence l'influence spéciale des divers éléments de l'engrais *complet* sur le rendement et sur la composition du grain, *M. Pagnoul* a repris cette année les expériences qu'il avait entreprises il y a deux ans sur l'œillette et l'année dernière sur le blé. Les conclusions auxquelles ces nouvelles recherches le conduisent aujourd'hui sont les suivantes :

1° Les phosphates, surtout à l'état soluble, remplissent un rôle capital dans la production du blé ;

2° Leur présence ou leur absence modifie aussi d'une manière complète le rapport entre la production de la paille et celle du grain ;

3° La suppression de l'acide phosphorique dans les engrais retarde d'une dizaine de jours la maturité de la plante ;

4° La présence et l'absence de l'azote dans les engrais n'entraînent pas d'aussi grandes différences que celles des phosphates, probablement parce que la plante peut en prendre une certaine quantité à l'air et aux eaux de pluie ;

5° L'influence de l'azote nitrique dans l'engrais est légèrement supérieure à celle de l'azote ammoniacal ;

6° La présence de la potasse est surtout nécessaire dans les engrais à azote ammoniacal ;

7° La richesse du grain en matières azotées augmente avec la proportion d'azote mise à la disposition de la plante ;

8° L'azote nitrique n'a jamais été trouvé en quantité bien appréciable dans les plantes privées d'azote. On y a constaté au contraire des traces sensibles d'azote ammoniacal. D'où il suit que ce dernier peut être assimilé par les plantes, lorsque la fermentation nitrique fait défaut ; mais il paraît être, sous cette forme, notablement inférieur à l'azote nitrique, au point de vue de l'alimentation de la plante.

PHYSIOLOGIE PATHOLOGIQUE. — *M. Onimus* est parvenu à détruire la virulence du bacille tuberculeux par l'emploi d'essences évaporées sur de la mousse de platine incandescente.

En effet, tandis que des lapins et des cobayes auxquels il avait injecté des crachats de tuberculeux sont, ainsi que l'autopsie l'a démontré, devenus tuberculeux, d'autres lapins et d'autres cobayes auxquels il a injecté les mêmes crachats, mais préalablement soumis à l'influence d'essences évaporées sur de la mousse de platine, aucun, un seul excepté, n'a présenté des lésions tuberculeuses.

Le dispositif expérimental auquel l'auteur a eu recours a consisté à faire barboter, à l'aide d'un aspirateur, dans les crachats maintenus dans des tubes de Liebig, les produits qui se dégagent d'une lampe à mousse de platine maintenue incandescente par un mélange d'alcool et de différentes essences.

Étudiant ainsi successivement l'essence de térébenthine, celles de thym, de citron, d'eucalyptus, M. Onimus a constaté que celle de thym était la meilleure. Quant à l'alcool employé seul, il suffit à atténuer la virulence, mais son action est moins énergique que lorsqu'il est mélangé à l'une ou l'autre des essences que nous venons d'indiquer. Enfin nous ajouterons que l'addition de naphtol au liquide à évaporer n'a donné aucune différence dans les résultats.

Ce sont ses expériences sur la septicémie qui ont conduit l'auteur à entreprendre celles dont nous venons de rendre compte sur la destruction de la virulence du bacille tuberculeux. Pour atteindre ce dernier dans l'organisme, aucun procédé n'est et ne peut être aussi avantageux que celui qui permet d'introduire dans les voies respiratoires, à la faveur de l'air évaporé, les principes médicamenteux. Ceux-ci, pénétrant ainsi dans les parties profondes du poumon, modifient heureusement les crachats et détruisent rapidement leur fétidité.

En résumé, les expériences de M. Onimus sur les animaux, jointes à ses observations chez des malades, l'autorisent à conclure que l'évaporation de certaines essences sur de la mousse de platine incandescente est le moyen le plus énergique et à la fois le plus pratique pour *panser* les lésions profondes du parenchyme pulmonaire.

ZOOLOGIE. — En faisant connaître, dans une récente communication, les résultats de ses recherches sur la fécondation de l'*Hydatina senta*, M. *Maupas* a commis une erreur que de nouvelles observations lui permettent aujourd'hui de corriger. Il avait affirmé, en effet, que, parmi les jeunes femelles accouplées en temps opportun, il en était un certain nombre chez lesquelles la fécondation n'avait cependant pas lieu, puisque, arrivées à maturité, elles pondaient les unes des œufs parthénogénétiques mâles, les autres des œufs parthénogénétiques femelles. Or il aurait dû, ainsi qu'il le reconnaît dans sa note d'aujourd'hui, parler seulement d'œufs femelles. De nouvelles expériences lui ont donné, en effet, la certitude que, avec des accouplements effectués dans des conditions physiologiques parfaites, tant du côté de la femelle que du mâle, les seules Hydatines non fécondées sont toujours et sans exception des pondeuses de femelles.

GÉOLOGIE. — Dans un récent voyage à Jersey, M. A. de *Lapparent* a reconnu que les roches porphyriques de cette île appartenaient, non au permien, comme il l'avait cru en 1884, sur la foi de renseignements incomplets, mais au cambrien. Ces épanchements forment, dans les schistes du cambrien inférieur, une remarquable série de porphyres pétrosiliceux et sphérolitiques, entremêlés de brèches et de tufs, et traversés ultérieurement par des roches granulitiques.

ÉLECTION. — L'Académie procède par la voie du scrutin à l'élection de deux membres du Conseil de perfectionnement de l'École polytechnique.

MM. *Cornu* et *Sarrau*, membres sortants, sont réélus à l'unanimité.

E. RIVIÈRE.

INFORMATIONS

La statistique officielle des naissances et des décès en Prusse montre que l'accroissement de la population, c'est-à-dire l'excédent des naissances sur les décès, a été inférieur, en 1889, de 14 004 à celui de l'année 1888.

En France, pendant la même année 1889, et comme on le verra d'après les chiffres que nous donnerons prochainement, un arrêt relatif paraît s'être produit dans la diminution progressive des naissances, en même temps qu'une heureuse amélioration s'est révélée dans l'état de la mortalité générale.

Un certain nombre d'amis et d'admirateurs du célèbre physicien, M. Hirn, ont offert à la veuve de l'illustre savant, décédé récemment, une médaille frappée à l'effigie de M. Hirn et destinée à rappeler les grands services que le défunt a rendus à la science. A la médaille était jointe une plaquette résumant le caractère et le but de la manifestation, ainsi que la liste des adhérents, une table chronologique des travaux de M. Hirn, et la liste des distinctions dont il avait été l'objet.

CORRESPONDANCE ET CHRONIQUE

Nouvelles explorations des gîtes fossilifères de la Patagonie australe.

Dans une lettre de la Plata, datée du 12 août 1890, M. Florentino Ameghino nous donne des détails sur les résultats scientifiques du troisième voyage que son frère Carlos Ameghino vient d'accomplir dans le sud de la Patagonie, en vue de recueillir de nouveaux ossements de vertébrés fossiles dans les gisements tertiaires, si riches en débris de mammifères, dont nous avons déjà entretenu les lecteurs de la *Revue* (1).

D'octobre 1889 à mai 1890, M. Carlos Ameghino a exploré la région qui s'étend du rio Chubut au rio Santa-Cruz. Les matériaux rapportés de ce troisième voyage sont considérables, et il faudra plusieurs années pour les déterminer et les classer. Comme on pouvait s'y attendre, il y aura des modifications importantes à faire, d'après des pièces plus complètes, aux résultats qui se trouvent consignés dans le grand ouvrage de M. Fl. Ameghino : *los Mamiferos fosiles de la Republica Argentina* (1889). Voici les principaux faits que M. Ameghino croit utile de signaler aux paléontologistes. Nous lui laissons d'ailleurs la parole :

« Les toxodontes n'avaient probablement que trois doigts (et non quatre) aux membres antérieurs. En effet, sur les têtes entières de plusieurs espèces du groupe des *Protoxodontidæ*, nous possédons des os des membres des genres *Protoxodon*, *Adinotherium*, *Acrotherium*, etc., en assez grand nombre pour démontrer que tous ces types étaient tridactyles en avant comme en arrière. Le pied postérieur est absolument conformé comme celui du *Toxodon platensis*, sauf que dans les genres les plus anciens, il est plus étroit et plus allongé, ce qui est en rapport avec la forme moins lourde de tout le reste du squelette. Le pied de devant tridactyle a les deux rangées du carpe en disposition alterne, comme chez les périssodactyles, avec trois doigts presque également développés. Le premier et le cinquième doigt ne sont représentés que par des métacarpiens complètement atrophiés et rudimentaires. Or, comme il y a tout lieu de supposer que le *Protoxodon* est le précurseur ou l'ancêtre du *Toxodon*, on doit supposer que celui-ci, type plus moderne, était également tridactyle en avant comme en arrière. »

« Les *Proterotheridæ* n'avaient pas l'orbite ouvert en arrière, comme je l'ai dit par suite du mauvais état de l'exemplaire que j'avais entre les mains. Les crânes presque entiers que je possède maintenant montrent l'orbite fermé en arrière comme chez les ruminants et les équidés. Du reste, cette famille est des plus curieuses : avec des membres tridactyles en avant et en arrière, comme ceux des *Hipparion*, ses représentants avaient un tarse qui se rapproche de celui des paridigités (ou artiodactyles). Les incisives inférieures

(1) *Les Mammifères fossiles de la République Argentine*, d'après M. Ameghino. (*Revue scientifique* du 5 juillet 1890, t. XLVI, p. 11.)

font au nombre de quatre, deux de chaque côté, les internes petites, les externes beaucoup plus grandes. A la mâchoire supérieure il n'y a qu'une seule paire d'incisives développées en forme de canines pyramidales et tronquées obliquement comme les canines des cochons. Les vraies canines manquent, ce que j'ai décrit sous ce nom étant la paire d'incisives caniniformes dont il vient d'être question, et qui se montrent nettement implantées dans l'intermaxillaire sur les nouveaux exemplaires recueillis. La forme générale du crâne se rapproche de celle du *Cainotherium* avec les mêmes sillons en forme de larmiers qui sont même ici plus profonds : par contre, il n'existe aucun rapport dans la dentition.

« Les nouveaux matériaux confirment ce que j'ai avancé de la formule dentaire d'*Acrotherium*. J'ai décrit l'*A. rusticum* comme ayant huit molaires supérieures (cinq prémolaires et trois vraies molaires), bien que n'ayant entre les mains que des mâchoires incomplètes de cette espèce, qui avait la taille d'un bœuf. Je possède maintenant des restes nombreux de deux autres espèces (*A. stygium*, n. sp., d'un tiers plus petite, et *A. tarsiense*, n. sp., encore plus petite, de la taille d'un cochon domestique). De cette dernière, j'ai le crâne et la mâchoire inférieure presque intacte avec toutes ses dents. Or le crâne porte bien trois incisives, une canine et huit molaires de chaque côté. Si je ne me trompe, c'est la première fois que l'on constate chez un ongulé un si grand nombre de dents. Le fait a une importance considérable au point de vue de la phylogénie de ce groupe...

« Parmi les nombreux spécimens tout à fait nouveaux ou qui n'étaient pas encore connus dans notre pays, je signalerai en passant la présence dans l'éocène de Patagonie, de représentants des *Tillodonta* et *Tæniodonta*, considérés jusqu'ici comme propres à l'Amérique du Nord ; la présence du genre *Proviverra* ou d'un type très voisin de ce genre européen; enfin celle d'un ongulé de la taille d'un lama (*Notohippus toxodontoïdes*, n. g., n. sp.), dont les caractères sont tellement intermédiaires entre ceux des toxodontes et ceux des équidés, que je ne sais pas encore s'il doit être placé dans l'un ou dans l'autre de ces deux groupes, qui paraissaient jusqu'ici si éloignés.

« Enfin les *Plagiaulacidæ* n'avaient pas, comme je l'ai supposé d'après l'examen d'alvéoles vides, *deux* premières prémolaires à deux racines, mais bien *quatre* petites prémolaires simples, comme le montrent les nouvelles pièces que j'ai entre les mains... D'après ces nouveaux documents, il n'est plus permis de mettre en doute la grande parenté des *Plagiaulacidæ* avec les marsupiaux diprotodontes d'Australie. Seulement, au lieu de les rapprocher des kangourous, on devra plutôt les considérer comme proches alliés des phalangers. »

Nous sommes d'autant plus heureux du nouveau rapprochement qu'adopte ici M. Fl. Ameghino, que la lecture de son ouvrage et la vue de ses planches nous avaient conduit au même résultat avant sa dernière communication. Dans l'article que nous avons consacré à ce groupe si intéressant des *Plagiaulacidæ* sud-américains (le *Naturaliste*, 1890, n°⁸ 80, 84 et 85, p. 154, 203 et 243), nous avons comparé les genres *Abderites* et *Acdestis* (de l'éocène de Patagonie) aux phalangers actuels et au *Thylacoleo* quaternaire, et nous avons figuré, comme terme de comparaison, la mâchoire d'un phalanger (*Cuscus*) de la Nouvelle-Guinée (1).

E. TROUESSART.

(1) A peine reposé par un séjour de deux semaines à la Plata, M. Carlos Ameghino est reparti pour un quatrième voyage.

Le n° 9 du tome XLVI de la *Revue scientifique* (30 août 1890) contient une note de M. Bougon, *Des différents modes d'extraction de la racine carrée*, à propos de laquelle je me permets de vous adresser les lignes suivantes.

L'auteur se dit, dans cette note, « heureux si ce petit travail pouvait en provoquer d'autres sur le même sujet ». Or, j'ai publié il y a un an à peu près, dans une revue de mathématiques élémentaires russe (*Westnix elementarnoi matematixi*, à Kief, 1889), une nouvelle méthode pour l'extraction de la racine carrée que les lecteurs de la *Revue* me sauront peut-être gré d'indiquer ici, en abrégé, en omettant les démonstrations, d'ailleurs très élémentaires et faciles à rétablir.

Soit a et b deux facteurs quelconques du nombre donné n, — si le nombre n est premier, on prendra n et 1 —; prenons la moyenne arithmétique a_1 de ces deux facteurs, et leur moyenne harmonique b_1, c'est-à-dire calculons

$$a_1 = \frac{1}{2}(a+b) \qquad b_1 = \frac{2ab}{a+b}.$$

Prenons ensuite la moyenne arithmétique a_2 des deux nombres a_1 et b_1 ainsi obtenus, et leur moyenne harmonique b_2. Procédons de la même manière avec les nombres a_2, b_2, etc. Les quantités a_1, b_1, seront autant de valeurs approchées de la racine carrée $\sqrt{n}$, qu'il s'agit de trouver; l'approximation marche avec une rapidité extrême, le nombre de décimales exactes des approximations successives croissant en progression géométrique.

Exemple. — Calculons par notre méthode $\sqrt{2}$. En prenant

$$a = 2 \qquad b = 1,$$

on a les approximations successives suivantes :

$$a_1 = \frac{3}{2} \qquad b_1 = \frac{4}{3}$$
$$a_2 = \frac{17}{12} \qquad b_2 = \frac{24}{17}$$
$$a_3 = \frac{577}{408} \qquad b_3 = \frac{816}{577}$$
$$a_4 = \frac{665857}{470832} \qquad b_4 = \frac{941664}{665857}$$
. . . .

En s'arrêtant à a_4, b_4, on a, en réduisant les fractions en fractions décimales

$$\sqrt{2} = a_4 = 1,41421356237+$$

ou bien

$$\sqrt{2} = b_4 = 1,41421356237-.$$

Le résultat contient donc douze décimales exactes. L'approximation suivante en contiendrait 24, puis 48, 96, etc. Le calcul des moyennes arithmétiques est fort simple. On en tire les moyennes harmoniques en renversant celles-ci après avoir multiplié leur dénominateur par n. Ainsi, ayant trouvé $a_3 = \frac{577}{408}$, on a, en multipliant 408 par $n = 2$, et renversant la fraction, $b_3 = \frac{816}{577}$, et ainsi de suite.

Tout en ayant l'avantage de donner après plusieurs approximations successives un résultat très exact, cette méthode présente cependant des inconvénients qui restreignent son application à des cas spéciaux, hors desquels d'autres procédés devront être employés. Car : $1°$ on ne peut pas s'assurer, en appliquant la méthode que je viens de décrire, si le nombre donné est un carré exact, la série des nombres $a_1, b_1,$ ne se terminant jamais (si $a > b$, a_1 reste toujours $> \sqrt{n}$, $b_1 < \sqrt{n}$); et, $2°$ l'application de la méthode devient difficile quand le nombre donné lui-même contient beaucoup de chiffres, comme c'est le cas pour l'exemple traité par M. Bougon, dans l'article qui m'a suggéré cette note.

Les personnes versées dans les mathématiques verront que le mode de calculer une racine carrée que je viens d'indiquer est complètement analogue à la méthode de la moyenne arithmético-géométrique, appliquée par l'illustre Gauss au calcul des intégrales complètes elliptiques. C'est au moyen d'une moyenne arithmético-harmonique que je laisse effectuer le calcul d'une racine carrée.

Joseph Kleiber.

Développement et évolution du microbe du choléra.

On se rappelle peut-être que, lors de l'épidémie cholérique de 1884 et des fameux essais de vaccination tentés en Espagne par M. Ferran, ce médecin avait avancé que le microbe du choléra formait, à une certaine phase de son développement, des sortes de conidies que les autres bactéries ne produisaient point. On se souvient également de l'accueil qui fut fait aux affirmations de M. Ferran : dans un procès un peu sommaire, ses cultures furent déclarées impures, et on passa outre.

Cependant, en 1885, un microbiste anglais de grande autorité, M. E. Klein, constatait qu'on trouve, dans de vieilles cultures du microbe du choléra, des cellules arrondies de différentes grandeurs contenant des vacuoles, cellules qui, après s'être brisées, reforment des cultures. Mais ces observations n'attirèrent que peu l'attention, bien qu'elles concernassent des formes assurément inconnues dans la biologie des schizophytes et qu'elles soulevassent une question importante de classification.

Cette étude de la morphologie et de l'évolution du bacille-virgule vient d'être reprise par M. Dowdeswell, qui a fait sur ce point des observations tout à fait curieuses, qui vont sans doute apporter quelque trouble dans les notions déjà classiques concernant la nature, l'évolution et la classification des bactéries.

En cultivant le bacille-virgule à 38°, au lieu de le cultiver à 20° comme on le faisait d'habitude, M. Dowdeswel a constaté que cette prétendue bactérie donnait naissance à toute une série de formes de cellules rondes, amiboïdes et autres, issues de sporules.

La conséquence de ces observations, qui viennent d'être publiées par leur auteur dans les *Annales de micrographie* (n° du 20 septembre 1890) et qui paraissent irréprochables, c'est que le microbe du choléra, sous sa forme spirillaire, ne serait qu'une phase de développement d'un protozoaire. Déjà, on a soutenu que les spirilles de la fièvre récurrente n'étaient que les appendices détachés d'un hématozoaire analogue au parasite du paludisme décrit par M. Laveran; les nouvelles observations parlent dans ce même sens du rattachement des spirilles aux protozoaires.

On sait qu'avant les observations de M. Pasteur et de M. Koch, quelques auteurs avaient émis l'idée que les bactéries pourraient bien n'être que des formes de développement d'organismes plus élevés, ou même représenter seulement des organes de ces derniers. La date à laquelle ces hypothèses ont été formulées leur enlève évidemment beaucoup de valeur; mais, tout récemment, un savant qui fait autorité en ces matières, M. Bütschli (*Ueber den Bau der Bakterien;* Leipzig, 1890), arrivait à cette conclusion, que le contenu des cellules de quelques schizophytes se compose principalement d'un nucléus ou substance nucléaire et d'une mince couche périphérique de cytoplasme; cette structure ferait évidemment ressembler beaucoup ces schyzophytes aux spermatozoaires, dont la structure a été établie dans les mêmes termes par Kölliker, depuis longtemps.

Sans revenir aux idées, reconnues fausses, de Nœgeli et de Sachs sur l'identité de nature des schizophytes et des champignons à mycélium, M. Dowdeswell pense que, si les formes sporifères des bactéries représentent des espèces indépendantes et autonomes, au contraire, les espèces privées de spores, parmi lesquelles il faut ranger les spirilles, encore très peu connues, peuvent n'être que des phases transitoires de l'évolution d'organismes plus élevés ou même seulement de simples organes ou produits cellulaires de ces derniers, produits doués d'une existence transitoire indépendante et d'un pouvoir passager de multiplication par scission, ainsi qu'on le voit dans quelques autres cas déjà connus.

Quoi qu'il en soit, cette évolution du microbe du choléra peut expliquer ce fait que, dans quelques cas non douteux, ainsi qu'on l'a affirmé, on n'avait pu constater l'existence d'aucune virgule. Peut-être aussi est-ce là la raison pour laquelle ce microbe n'a guère été vu dans l'intérieur de l'organisme, car, sous sa forme de cellule amiboïde, son observation est évidemment soumise à une technique toute différente de celle qui est employée pour la recherche des bactéries.

J. H.

La combustion spontanée du charbon.

Dans un mémoire lu à l'*Institution of naval Architects* et publié par la *Revue universelle des mines,* M. Lewes a présenté une étude intéressante de la combustion spontanée du charbon dans la cale des navires.

Rappelant l'enquête faite en 1875 sur cette grave question par une Commission spéciale, et le rapport rédigé par MM. Percy et Abel, M. Lewes constate que ce document officiel n'a guère porté de fruit. En effet, dans les neuf années qui ont suivi sa publication, de 1875 à 1883, on compte 53 navires charbonniers perdus par la combustion spontanée de leur chargement, et il n'est pas douteux que, de 328 autres pertes dont les causes n'ont pas été établies, la plus grande partie doive être attribuée au même phénomène.

Si l'on considère que ces sinistres sont encore peu nombreux en comparaison des cas de combustion qui n'ont pas entraîné la perte du navire, et qu'aujourd'hui l'accroissement de la température des cales, par suite de l'adoption des machines marines à triple détente et des chaudières à haute pression, ne fait qu'augmenter le danger, on comprendra l'urgente nécessité de prendre à cet égard toutes les mesures possibles de sécurité.

L'étude de M. Lewes entre dans le détail des causes qui peuvent produire la combustion spontanée du charbon, et des mesures à prendre pour en prévenir les terribles effets.

Le charbon minéral, provenant de la décomposition lente de végétaux enfouis dans le sol à des époques géologiques antérieures, peut être considéré comme une sorte de charbon de bois qui, étant formé à une température relativement basse et sous une forte pression, se distingue par sa densité et par les matières volatiles qu'il a retenues; ces matières sont des mélanges en proportions variables d'hydrocarbures, d'oxygène et d'azote. Tous les combustibles minéraux contiennent, en outre, diverses substances métalliques, parmi lesquelles *les pyrites seules interviennent avec le charbon et les hydrocarbures dans le phénomène dont il s'agit.*

L'action du charbon dépend de sa propriété d'absorber, de condenser et de retenir les gaz. Cette faculté d'absorption atteint son maximum dans le charbon de bois, qui peut retenir jusqu'à dix fois son volume d'oxygène. Elle arrive à peine au tiers pour le même gaz dans le charbon minéral, mais elle augmente avec le degré de division du charbon, et elle est plus lente dans le charbon mouillé que dans le charbon sec.

Cette absorption détermine un accroissement de température qui, activant la combinaison de l'oxygène condensé avec les hydrocarbures, s'ajoute à la chaleur que développe cette action chimique.

On conçoit facilement, lorsqu'une pareille combinaison se produit dans une masse de charbon, qu'elle puisse, avec le concours de l'air et d'autres gaz que cette masse contient, en déterminer l'ignition ; il se passe alors un phénomène analogue à l'échauffement par absorption d'oxygène, des déchets de coton imprégnés de graisse ou d'une huile autre que l'huile minérale.

On a cru que les charbons gras sont plus sujets à la combustion spontanée que les charbons maigres, mais l'expérience a démontré que la présence d'huiles minérales lourdes, au lieu de faciliter l'oxydation, contribue grandement à la retarder. Il suffit d'ajouter un cinquième d'huile minérale lourde à une substance huileuse facilement oxydable pour empêcher le coton imprégné de s'échauffer.

Quant aux pyrites, c'est à tort que, conformément à une opinion émise par Berzélius, on leur attribuait — et que l'on continue encore à leur attribuer — le rôle principal dans la combustion spontanée des charbons. Pour ainsi dire inaltérables à l'air sec, elles s'oxydent assez rapidement à l'air *humide,* et leur boursouflement peut alors, en brisant le charbon en petits fragments, en favoriser l'ignition par l'augmentation des surfaces d'absorption. Mais pour que cet effet soit sensible, il faut que les pyrites se trouvent en assez grandes quantités, tandis que quelques-uns des charbons les plus inflammables en contiennent à peine 0,80 pour 100 et rarement plus de 1,25 pour 100.

La cause réelle de la combustion spontanée se trouve dans le pouvoir absorbant du charbon, dont un indice certain est donné par le degré d'humidité qu'il garde après avoir été exposé pendant quelque temps à l'air sec. Plus cette quantité d'humidité sera grande, plus énergique sera la faculté d'absorber l'oxygène.

Sous ce rapport, le tableau suivant met en regard les proportions de pyrites et d'humidité dans diverses qualités de charbons, classées d'après leur tendance à s'enflammer :

Tendance à l'inflammation spontanée.	Pyrites pour 100.	Humidité pour 100.
Très faible	1,13	2,54
	1,01 à 3,04	2,74
	1,51	3,00
	1,20	4,50
Moyenne	1,08	4,55
	1,15	4,75
	0,12	4,85
	0,83	5,30
Grande	0,84	5,52
	1,00	9,01

Les dimensions des navires charbonniers, le mode de chargement et la traversée à faire sont également à considérer. Plus les navires sont grands, plus on est exposé, même avec les moyens perfectionnés de chargement, à avoir une plus grande quantité de charbon désagrégé, qui s'enflamme plus vite, et la couche isolante qui entoure les points échauffés

étant plus considérable, la concentration, de la chaleur sera nécessairement plus forte (1).

Quant à la traversée, l'action de sa durée et de la température des mers s'explique facilement dans un phénomène dont la production demande un certain temps et que la chaleur active considérablement. C'est ainsi que sur 26 231 embarquements pour les ports de l'Europe, en 1873, on ne compte que 10 cas de combustion spontanée, tandis que 4485 embarquements pour l'Asie, l'Afrique et l'Amérique n'en ont pas donné moins de 60.

Un autre point important se trouve dans *le mode actuel d'aérage de la cale,* que M. Lewes considère comme *une des causes les plus fécondes de combustion spontanée.*

Pour la ventilation de la cale devint utile, il faudrait pouvoir faire circuler un courant continu d'air frais à travers la masse entière du charbon. En présence de l'impossibilité absolue d'atteindre ce résultat, un aérage insuffisant ne fait qu'augmenter le danger en fournissant au charbon la quantité d'oxygène nécessaire pour produire le plus grand échauffement dont il est susceptible. — Une démonstration de ce fait est donnée par le cas des quatre charbonniers *Euxine, Olivier Cromwell, Calcutta* et *Cora,* qui avaient été chargés en même temps et avec le même charbon : les trois premiers, en destination pour Aden, étaient ventilés, le quatrième pour Bombay ne l'était pas. Or les trois premiers navires ventilés furent complètement perdus par la combustion spontanée, tandis que le quatrième arriva sain et sauf à Bombay.

Une nouvelle cause de danger se trouve dans l'accroissement de température que l'adoption des machines à triple détente et des chaudières à haute pression produit dans les parties avoisinantes de la cale. Cet accroissement de température a été parfaitement constaté dans des navires de la marine royale destinés au transport des troupes aux Indes. On peut l'évaluer à 5° C., et dans une traversée du transport *Crocodile,* en décembre 1883, il détermina un commencement d'ignition dans le charbon des soutes.

La conclusion de cette étude sur la combustion spontanée porte sur le choix des charbons à embarquer pour des ports éloignés, sur les soins qu'exige leur chargement et sur les mesures préventives à prendre à bord des navires charbonniers.

Le charbon à embarquer devra être aussi gros que possible et exempt de pyrites dont l'oxydation pourrait le réduire en petits fragments. Séché à l'air, il ne devra pas contenir plus de 3 pour 100 d'humidité.

Tout charbon destiné à l'embarquement pour un port éloigné devra attendre, pour être mis à bord, au moins un mois après sa venue au jour, et son chargement devra se faire de manière à éviter tout déchet. En aucun cas, on ne permettra d'accumuler du menu sous les écoutilles.

Les dispositions à prendre à bord, en vue de prévenir l'ignition du charbon, doivent être automatiques et indépendantes d'une surveillance minutieuse qu'il est difficile d'attendre de la part du maître d'équipage ou de tout autre officier, surtout par les gros temps. Elles consisteront nécessairement en avertisseurs du danger et en moyens d'extinction.

Comme avertisseurs, M. Lewes propose des thermomètres renfermés dans des tubes en fer et faisant marcher, par la

---

(1) Dans les chargements inférieurs à 500 tonnes, les cas constatés de combustion spontanée s'élèvent à 0,23 pour 100, et ils atteignent 1 pour 100 dans les chargements de 500 à 1000 tonnes. On en compte 3,5 pour 100 dans les chargements de 1000 à 1500 tonnes et pas moins de 9 pour 100 dans ceux au delà de 2000 tonnes.

ilatation du mercure, une sonnerie électrique, dès que la
mpérature atteint un point périlleux.

Quant au moyen d'extinction, il le base sur l'emploi, déjà
réconisé par M. Glover en 1875, de l'acide carbonique.
Iais, au lieu de recourir à l'injection directe de ce gaz fa-
riqué à bord, que les difficultés d'application ont fait reje-
or par la Commission royale, il propose l'emploi de cet
cide liquéfié par la compression. Cent pieds cubes de gaz
euvent être ainsi condensés dans un cylindre d'un pied de
ngueur et de trois pouces de diamètre, et, en s'échappant
ibitement par un mince tube que fermerait un bouchon
isible à une température inférieure à celle de l'ignition du
harbon, l'acide, reprenant sa forme gazeuse, produirait,
ans une large zone, un froid extraordinaire évalué à 100°
u-dessous de zéro.

Il faut précisément remarquer que le charbon, qui a con-
ensé toute la quantité d'oxygène qu'il peut retenir, con-
erve encore la propriété d'absorber une proportion consi-
érable d'anhydride carbonique et qu'une fois que son
iflammation a été éteinte rapidement, le gaz inerte qu'il
onserve dans ses pores le met à l'abri de toute ignition ul-
érieure.

— LES RATS A LA JAMAÏQUE. — Il y a une dizaine d'années, les rats
étaient surabondamment multipliés dans les plantations de cannes
sucre de la Jamaïque, où ils rongeaient les tiges sucrées, abandon-
nt la canne attaquée dès que l'incision en avait déterminé la chute,
our aller recommencer sur une autre. Cette manière d'opérer en
aînant une perte très sensible pour les planteurs, ils résolurent
agir énergiquement. La *Revue des sciences naturelles appliquées* rante comment, sur ces entrefaites, un propriétaire de l'île, M. Ban-
oft Erpent, ayant amené de l'Inde six ichneumons, espèce qui s'est
lte l'ennemi héréditaire des rats et des serpents, ces animaux,
étant rapidement multipliés, eurent bientôt chassé les rongeurs des
antations. Les rats envahirent alors les fermes et les villages, les
hneumons les y poursuivirent, détruisant surtout leurs nombreux
jetons dans les nids. Obligés à une nouvelle retraite, les rats ne
ouvrèrent d'autre abri que le sommet des nombreux cocotiers qu'on
nait de planter dans l'île; les ichneumons ne purent les y pour-
livre. Depuis cette époque, les rats vivaient tranquilles au haut de
urs cocotiers; mais les planteurs, préférant les empêcher de s'y
tablir, se mirent à garnir le bas des arbres d'une enveloppe de tôle
2 mètres de haut, clouée sur le tronc. La suppression de ce
ernier refuge les fait donc diminuer de plus en plus. Quant aux
hneumons, si utiles à leur arrivée, n'ayant plus de rats à dévorer,
s se sont retournés contre les poulaillers, où ils détruisent œufs et
oussins; ils ont, en outre, totalement anéanti les cailles et les per-
rix de l'île, dont les œufs, déposés à terre, leur offraient une proie
.cile. Ils les vidaient en y pratiquant une petite ouverture, et la
ière ignorante continuait à couver ses œufs stérilisés. Les Jamaï-
ins, sauvés des rats par l'ichneumon, cherchent maintenant un
ouvel animal qui les débarrasse de leur sauveur.

— LA FABRICATION ET LA CONSOMMATION DE L'ALCOOL EN GRANDE-
RETAGNE. — D'après les dépositions recueillies devant la Commis-
on spéciale de la Chambre des communes sur la production et la
nte des spiritueux d'origine britannique et étrangère, il résulte que
quantité de spiritueux au degré fabriqués dans le Royaume-Uni
ndant l'année finissant le 31 mars 1890 s'élève à 40 900 000 gallons
gallon = 4lit,54). Là-dessus, 28 millions de gallons ont été con-
mmés; 3 500 000 ont été exportés; 2 500 000 se sont évaporés en
agasin; 1 500 000 ont été employés à la méthylisation; 1 million
ur la teinture et les produits médicinaux.

Sur les 28 millions de gallons consommés dans le royaume, il en
vient 16 853 723 à l'Angleterre, 6 263 878 à l'Écosse, 4 710 083 à
Irlande; soit, par tête : un demi-gallon en Angleterre, un et demi
. t une fraction) en Écosse, un gallon en Irlande.

Le whisky en magasin, pendant l'année finissant le 30 mars 1886,
élevait à 68 millions de gallons; 1887, 72 millions; 1888, 76 1/2 mil-
ons; 1889, plus de 85 millions.

L'usage d'alcool méthylisé augmente rapidement. En 1885-1886, on
comptait 2 447 798 gallons; en 1888-1889, on en compte 3 188 306.

— LES EXPORTATIONS DES ÉTATS-UNIS. — Le tableau ci-dessous donne

pour une période de quinze années les exportations des États-Unis
pour quatre de leurs principaux articles, d'abord isolément pour chacun d'eux, puis totalisés. Dans une dernière colonne est indiqué le
chiffre total des exportations; la différence de ces deux totaux représente
les exportations des produits de l'industrie. Cette différence, d'abord
peu importante (90 millions de dollars), quand l'agriculture et les
mines de pétrole sont presque la seule source de richesse aux États-
Unis, s'élève déjà en 1890 à 265 millions de dollars.

En millions de dollars.

Années finissant le 30 juin.	Céréales et farines.	Coton.	Comestibles et produits de la ferme.	Pétrole.	Total des quatre articles.	Total des exportations.
1876..	131 181	192 659	92 325	32 915	449 081	540 784
1877..	117 806	171 118	118 579	61 789	469 293	602 475
1878..	181 777	185 031	121 845	46 574	533 229	694 865
1879..	210 355	162 304	119 857	40 305	532 822	710 439
1880..	288 036	211 535	132 488	36 218	668 279	835 638
1881..	270 332	247 695	156 809	40 315	715 153	902 377
1882..	182 670	199 812	142 020	51 232	555 736	750 542
1883..	208 040	247 328	109 217	44 913	609 499	823 839
1884..	162 544	197 015	114 353	47 103	521 016	740 513
1885..	160 370	201 962	107 332	50 257	519 023	742 189
1886..	125 846	205 085	90 625	50 199	471 757	679 524
1887..	165 768	206 222	92 783	46 824	511 598	716 183
1888..	127 191	223 016	93 058	47 042	490 308	695 954
1889..	123 876	237 775	104 122	49 913	515 688	742 401
1890..	154 423	250 906	135 357	51 339	502 086	857 856

— LES JOURNAUX ET LEUR NOMBRE DANS LE MONDE. — Le nombre des
journaux publiés dans tous les pays du monde est évalué à 41 000,
dont 24 000 paraissent en Europe.

L'Allemagne arrive en tête de la liste avec 5500; viennent ensuite
la France, avec 4100; l'Angleterre, avec 4100; l'Autriche-Hongrie,
3500; l'Italie, 1400; l'Espagne, 850; la Russie, 800; la Suisse, 450;
et le reste s'applique au Portugal, aux pays scandinaves et aux provinces balkaniques.

Les États-Unis possèdent 12 500 journaux, le Canada en a 700 et
l'Australie 700 également.

Sur les 300 feuilles périodiques publiées en Asie, le Japon seul
figure pour 200. Il paraît 200 journaux en Afrique et 3 aux îles Sandwich.

17 000 journaux se publient en langue anglaise, 7500 en allemand,
6800 en français, 1800 en espagnol et 1500 en italien.

INVENTIONS

ÉMAILLAGE DU FER. — M. le professeur Ludwig indique les compositions suivantes, d'après la *Revue de chimie industrielle*, pour
produire des émaux sur les métaux et spécialement sur le fer :

1e Émail transparent à base de plomb, pouvant être coloré par les
oxydes métalliques et par le procédé connu :

Oxyde de plomb	30,4 parties.
Soude	18,5 —
Acide silicique	47,1 —
Acide borique	3,6 —

On peut obtenir des émaux plus durs en introduisant de la chaux,
de la magnésie ou de l'alumine.

2e Émaux blancs à sels de plomb :

	I.	II.
Oxyde d'étain	15,4 parties.	
Oxyde de plomb	15,4 —	32,4 parties.
Soude	18,5 —	6 —
Silice	47,1 —	58,1 —
Acide borique	3,6 —	3,4 —

3e Comme émail de fond sans plomb, le borosilicate de soude et de
chaux suivant est préférable au borosilicate de soude ordinaire, car
il résiste davantage à l'action dissolvante de l'eau quand on le peint.

la grande quantité d'oxyde d'étain. Pour les objets ordinaires, une proportion de 15 pour 100 d'oxyde d'étain est suffisante.

Oxyde d'étain.	15,4 parties.
Soude.	18,5 —
Silice.	52,1 —
Acide borique.	14,0 —

5° L'emploi de la cendre d'or est recommandable pour obtenir de l'adhérence, ainsi que du bon marché.

En voici trois compositions :

Cendre d'or . . .	30,8	15,4	7,7 parties.
Oxyde d'étain . .	—	15,4	7,7 —
Soude.	18,5	18,5	18,5 —
Silice	36,7	36,7	52,5 —
Acide borique. .	14,0	14,0	14,0 —

Tous ces émaux tiennent bien ; le premier peut s'appliquer directement sur le fer. Pour émailler la fonte, il est bon de se servir d'abord d'un émail très dur, composé de 9 parties de borosilicate de soude et de chaux.

5 à 7 parties de quarts
1 à 1,5 — de kaolin

sur lequel on étend une couverte plus fusible.
L'émail suivant :

Oxyde de plomb.	15,4 parties.
Oxyde de magnésie, de chaux,	
d'alumine.	15,4 —
Soude.	18,4 —
Silice.	47,1 —
Acide borique.	3,6 —

adhère bien au fer et est conforme, par sa composition, aux meilleurs émaux pour grès. Il résiste mieux aux dissolvants que les émaux sans plomb, mais riches en acide borique, qui contiennent de l'oxyde d'étain ou du baryum, substances, en définitive, nuisibles aussi pour la santé.

— Nouvelles traverses métalliques. — La Société *the Chair and Sleeper Company* construit un nouveau système de traverses métalliques donnant une très grande stabilité à la voie, et l'heureuse disposition de son ensemble peut contribuer à la faire admettre par les compagnies de chemins de fer. Elle a le grand avantage de relier entre eux très solidement les traverses et les rails, d'empêcher les mouvements de la voie, ces ballastements de boulons, causes fréquentes d'accidents et d'usure considérable du matériel roulant.

La forme en V des traverses permet une pose facile et prompte ; les plaques remplaçant les coussinets extérieurs et intérieurs sont rivées sur les traverses, et le rail se place entre les deux. La plaque intérieure, étant mobile, est mise en place après la pose du rail, et, pour éviter les mouvements de ce dernier sur les lignes ayant un grand trafic, les plaques extérieures, à la jonction de deux rails, sont munies de tenons venant se loger dans les trous pratiqués dans le pied de ces rails, et donne une grande rigidité à la voie. Ces tenons sont supprimés sur les voies légères comme celles des tramways, des mines, etc , dont le matériel roulant est léger.

Suivant l'*Echo des mines et de la métallurgie*, le déplacement d'une voie est si rapide qu'il n'arrête pas la circulation des trains. Depuis plus de deux ans, ce système donne d'excellents résultats à la Compagnie du *Nord Straffordshire Railway*. Il est des plus économiques, d'une très longue durée et ne demande que fort peu d'entretien.

de la Manche. — *Victor Lopes Sevane* : Nouvelle espèce de batracien anoure des îles Philippines. — *C. Schlumberger* : Note sur un foraminifère nouveau de la côte occidentale d'Afrique. — *J. Richard* : Description du *Bradya Edwarsi*, copépode aveugle nouveau vivant au bois de Boulogne, dans les eaux alimentées par le puits artésien de Passy. — *R. Horst* : Sur quelques lombriciens exotiques appartenant au genre *Eudrilus*.

. — NOUVELLE ICONOGRAPHIE DE LA SALPÉTRIÈRE. — *Gilles de La Tourette, Huet* et *Guinon* : Contribution à l'étude des bâillements hystériques. — *Sollier* et *Souques* : Un cas de mélancolie cataleptiforme. — *Gilles de La Tourette* : Modifications apportées à la technique de la suspension dans le traitement de l'ataxie locomotrice et de quelques autres maladies du système nerveux. — *J.-M. Charcot* et *Paul Richer* : Deux bas-reliefs de Nicolas de Pise.

— BULLETIN DE L'ACADÉMIE ROYALE DES SCIENCES DE BELGIQUE (n° 7, juillet 1890). — *F. Folie* : Sur la période astronomique dite décimensuelle. — *G. Van der Mensbrugghe* : Sur la propriété caractéristique de la surface commune à deux liquides soumis à leur affinité mutuelle. — *F. Terby* : Nouvelles observations des canaux de Mars et de leur gémination. — *P.-J. Van Beneden* : Une coronule de la baie de Saint-Laurent. — *Édouard Van Beneden* : Sur une larve voisine de la larve de Semper. — *Maurice Delacre* : Sur la constitution de la benzopinacoline. — *Jacques Deruyts* : Sur les covariants primaires. — *Dwelshauvers-Dery* : Sur une notice biographique relative à G.-A. Hirn. — *Emma Leclercq* : Contribution à l'étude du Nebenkern ou corpuscule accessoire dans les cellules.

Publications nouvelles.

ŒUVRES DE FOURRIER, publiées par les soins de *M. Gaston Darboux*, sous les auspices du ministre de l'Instruction publique, t. II. — Un vol. in-4° ; Paris, Gauthier-Villars et fils, 1890.

— ANSTALTEN UND EINRICHTUNGEN DER ŒFFENTLICHEN GESUNDHEITSWESENS IN PREUSSEN. Festschrift zum X^{ten} Internationalen medizinischen Kongress Berlin, 1890, par *MM. von Gossler* et *Pistor*. — Un vol. in-8° ; Berlin, Julius Springer, 1890.

— DIE GESETZE UND ELEMENTE DER WISSENSCHAFTIGEN DENKENS. Ein Lehrbuch der Erkenntnisstheorie in Grundzügen, par *M. G. Heymans*. — Un vol. in-8° ; Leiden, Van Doesburgh, 1890.

— TRAITÉ ÉLÉMENTAIRE DE PATHOLOGIE ET DE CLINIQUE INFANTILES, par *M. A. Descroisilles*, médecin de l'hôpital des Enfants-Malades. — Un vol. in-8° de 1300 pages ; Paris, Lecrosnier et Babé, 1890.

— LEÇONS CLINIQUES SUR LES MALADIES DE L'APPAREIL LOCOMOTEUR (os, articulations, muscles), par *M. Kirmisson*, chirurgien de l'hôpital des Enfants-Assistés, professeur agrégé de la Faculté de médecine. — Un vol. in-8° de 550 pages, avec 40 figures dans le texte ; Paris, Masson, 1890.

— MONOGRAPHS OF THE UNITED STATES GEOLOGICAL SURVEY, t. XV, texte ; t. XV *bis*, planches, par *W.-M. Fontaine*, et t. XVI. — Trois vol. in-4° ; Washington, imprimerie du Gouvernement, 1889.

— CIVITAS GENTIUM (*sans nom d'auteur*). — Une broch. in-12, en italien ; Caltanissetta (Sicile), Panfilo Gastaldi, 1890.

— LA LANGUE FRANÇAISE ET L'ENSEIGNEMENT EN INDO-CHINE, par *Aymonier*, directeur de l'École coloniale. — Une broch. in-12 ; Paris, Armand Colin et Cie, 1890.

L'administrateur-gérant : HENRY FERRARI.

MAY & MOTTEROZ, Lib.-Imp. réunies, Ét. D, 7, rue Saint-Benoît. [887]

Bulletin météorologique du 6 au 12 octobre 1890.

(D'après le *Bulletin international du Bureau central météorologique de France*.)

DATES.	BAROMÈTRE À 1 heure DU SOIR.	TEMPÉRATURE			VENT. FORCE de 0 à 9.	PLUIE. (Millimètr.)	ÉTAT DU CIEL À 1 HEURE DU SOIR.	TEMPÉRATURES EXTRÊMES EN EUROPE	
		MOYENNE	MINIMA.	MAXIMA.				MINIMA.	MAXIMA.
☾ 6	761^{mm},66	13°,0	5°,6	20°,7	S.-S.-E 1	0,0	Longues bandes de cirrus au S.-W.	— 5° Uléaborg ; — 3° Bodo ; — 2° Moscou.	31° cap Béarn ; 29° Biskra et Alger ; 29° San Fernando.
♂ 7	760^{mm},78	14°,7	8°,5	20°,9	S.-W. 1	0,0	Alto-cumulo-stratus mince W.-N.-W.	— 8° à Haparanda ; — 5° à Bodo ; 9°,5 au Pic du Midi.	31° à Biskra ; 29° cap Béarn ; 28° à Alger.
☿ 8	764^{mm},67	15°,8	14°,4	16°,5	N.-E. 4	0,7	Cumulus N. 35° E. environ.	— 6° à Haparanda ; — 4° à Helsingfors ; — 1° à Arkhangel.	30° au cap Béarn ; 28° Biskra, San Fernando et Madrid.
♃ 9	767^{mm},85	8°,4	3°,5	14°,6	N. 2	0,0	Cirrus droit au N.	— 8° à Haparanda ; — 4° à Bodo ; — 1° à Kiew.	29° cap Béarn ; 28° à Croisette ; 27° Biskra ; 26° Cette.
♁ 10	766^{mm},83	8°,1	1°,6	17°,0	N.-N.-E. 2	0,0	Cirrus horizontal à l'E.	— 6° à Bodo et Haparanda ; — 8° à Moscou.	29° au cap Béarn ; 28° San Fernando ; 27° à Biskra.
♄ 11	767^{mm},43	8°,0	0°,0	18°,4	N. 2	0,0	Cirrus horizontal au N.	— 7° à Uléaborg ; — 5° à Bodo ; — 1° à Moscou.	32° cap Béarn ; 27° Biskra, Lisbonne et San Fernando.
☉ 12	768^{mm},34	9°,9	1°,2	20°,5	N.-W. 0	0,0	Beau.	— 11° à Haparanda ; — 9° à Bodo ; 0° à Arkhangel.	31° au cap Béarn ; 27° Biskra, Nemours, San Fernando.
MOYENNE.	765^{mm},37	11°,13	4°,97	18°,34		TOTAL. .	0,7		

REMARQUES. — La température moyenne est légèrement inférieure à la normale corrigée 11°,6. La pression est restée forte, et le vent (sauf les deux premiers jours) presque au N. La pluie n'est tombée qu'en un petit nombre de stations.

CHRONIQUE ASTRONOMIQUE. — Mercure est toujours une étoile du matin qui, le 19 octobre, précède le Soleil d'une heure et demie environ, tandis que Vénus, très basse et par suite très voisine de l'horizon, suit l'astre du jour en passant au méridien plus de deux heures et demie après lui. Mars, actuellement dans le Sagittaire, est seulement à 7° environ au-dessus de l'horizon lorsqu'il est au midi à 5^h 24^m

du soir. Il est bien moins éclatant que Jupiter, l'astre le plus brillant du commencement de la nuit, lequel passe au méridien à six heures et demie du soir, éclairant brillamment le Capricorne. Saturne est une belle étoile du matin ; elle se lève à 2^h 30^m et illumine le Lion au-dessous de δ Lion. — Le 20, Mars sera en conjonction avec la Lune, et Uranus avec le Soleil. Le 21, Jupiter sera en conjonction avec la Lune, Mars sera au périhélie, et Mercure aura sa plus grande latitude héliocentrique boréale. Le 22, le Soleil entrera dans le signe du Scorpion. Le 26, Jupiter sera en quadrature avec le Soleil. Le 13, la Lune est nouvelle. L. B.

REVUE
SCIENTIFIQUE
(REVUE ROSE)

DIRECTEUR : M. CHARLES RICHET

| NUMÉRO 17 | TOME XLVI | 25 OCTOBRE 1890 |

HISTOIRE DES SCIENCES

Lavoisier et Priestley (1).

LETTRE DE M. BERTHELOT A M. CH. RICHET

Je suis étranger à la publication de la conférence de M. Thorpe que vous avez l'intention de faire dans la *Revue;* je n'ai point personnellement à me plaindre de sa courtoisie, et j'aurais gardé le silence à son égard, estimant que nul n'est tenu d'entrer dans une polémique purement critique, où aucun fait nouveau n'est apporté et où le jugement de l'opinion publique suffirait pour mettre chaque chose à sa place ; mais je me

---

(1) L'histoire des découvertes de Lavoisier, malgré les innombrables polémiques qu'elle a suscitées, ne cesse pas d'être à l'ordre du jour. Ainsi, à l'Association britannique anglaise, la conférence de M. Thorpe, qu'on va lire, est une revendication — quelque peu partiale — des droits prétendus de Priestley. On ne pourra, je pense, qu'acquiescer à la vigoureuse réfutation que donne M. Berthelot à cet égard.

D'autre part, à l'Association scientifique allemande de cette année, à Brême, c'est encore Lavoisier qui a été le sujet d'une des principales conférences. M. Rosenthal a exposé avec justice et impartialité le grand rôle de Lavoisier en physiologie. Nous donnerons prochainement sa conférence.

Il est évident, en effet, que Lavoisier, créateur de la chimie et de la physiologie, est le grand initiateur de la science du XIXᵉ siècle.

(*Réd.*)

27ᵉ ANNÉE. — TOME XLVI.

rends au désir que vous m'exprimez de faire connaître mon avis à vos lecteurs.

Rien n'est plus contraire, selon moi, à la justice et à la vérité, que l'intervention dans l'histoire des sciences du principe des nationalités. Tous les peuples civilisés s'accordent à proclamer la gloire de Newton, le plus grand des astronomes, et cependant la plupart des savants anglais, refusant d'agir avec équité avec ses rivaux, n'ont pas encore consenti à reconnaître les droits de Leibniz sur le calcul différentiel : ils manifestent à son égard les mêmes préjugés que Newton lui-même. Quelque chose d'analogue arrive pour les découvertes qui ont fondé la chimie moderne, il y a cent ans.

Certes, Priestley et Cavendish sont reconnus de tous comme de puissants inventeurs : j'ai pris soin moi-même de décrire avec admiration la découverte des principaux gaz par Priestley (*la Révolution chimique*, p. 39) et surtout celle de l'oxygène, que je lui ai attribuée sans réserve (p. 61-62). J'ai aussi retracé en détail (p. 83, 120, etc.), avec les louanges qu'ils méritent, les travaux scientifiques du siècle dernier », et surtout ses recherches géniales sur la génération artificielle de l'eau, selon l'expression même revendiquée par Blagden. Mais les justes éloges donnés aux savants anglais d'autrefois n'empêchent pas quelques-uns de leurs *countrymen* de s'obstiner à nier les droits de Lavoisier à la découverte et à la coordination des idées générales sur lesquelles repose notre conception actuelle de la matière, spécialement en ce qui touche la composition de l'air et celle de l'eau. C'est là, s'il m'est permis de le

17 S.

répéter, un épisode d'une querelle ancienne, et qui se reproduit sans cesse dans l'histoire des sciences, entre les inventeurs sagaces des faits particuliers et les hommes de génie qui découvrent les théories générales. L'opinion de la plupart des savants qui résident sur le continent paraissait cependant faite à cet égard, comme en témoignent les jugements portés, non seulement par Dumas, mais par Hœfer, dans son *Histoire de la chimie*, par H. Kopp, dans son récit si soigné de la *découverte de la composition de l'eau*, et par beaucoup d'autres. Je n'ai fait que m'y conformer.

C'est dans cet esprit que j'avais tâché de retracer le récit des découvertes qui ont constitué la doctrine chimique moderne, en en reproduisant fidèlement toutes les phases, et en montrant à la fois l'enchaînement des faits et la filiation des idées. Je l'avais fait avec une impartialité qui m'a même été reproché comme une sorte de méconnaissance d'une renommée française, et contrairement aux accusations qui me sont opposées aujourd'hui.

En ce qui touche la composition de l'air, le départ entre les faits et les idées est facile à établir. Il est certain que la découverte de l'oxygène est due à Priestley. Mais, disait Lavoisier : « Si l'on me reproche d'avoir emprunté des preuves des ouvrages de ce célèbre physicien, on ne me contestera pas du moins la propriété des conséquences, qui sont souvent diamétralement opposées aux siennes. »

C'est ainsi que Priestley, obstiné dans la théorie du phlogistique, regardait son nouveau gaz comme formé par la matière même de l'air, privé seulement de son phlogistique; tandis que l'azote était à ses yeux formé aussi par cette même matière de l'air, combiné avec une dose complémentaire de phlogistique : il fut fidèle à ce système, qui obscurcissait la plupart des phénomènes chimiques, jusqu'au moment où, persécuté, comme Lavoisier, par les compatriotes qui réclament aujourd'hui sa gloire, chassé de sa maison et de son laboratoire incendiés par une émeute, et menacé de mort, il s'enfuit en Amérique, où il mourut dans la tristesse et dans la solitude. Lavoisier fut plus malheureux encore! Quoi qu'il en soit de la destinée privée de ces grands hommes, s'il est vrai que Priestley a découvert l'oxygène, il n'est pas moins sûr que la théorie actuelle de la composition de l'air est due à Lavoisier.

Pour la composition de l'eau, l'historique en est plus compliqué. En effet, la découverte des faits n'appartient en entier ni à Cavendish, qui y joua pourtant un rôle capital, — car il donna le branle aux esprits vers la solution définitive, — ni à Lavoisier — qui fixa le premier la connaissance des faits par ses expériences publiques et ses écrits imprimés, — ni même à ces deux savants réunis. Ils ont eu des précurseurs, et au moment même où la lumière s'est faite, Monge a joué dans la démonstration rigoureuse un rôle essentiel, que M. Thorpe ne semble pas soupçonner. Aussi la part de

chacun dans ce récit ne saurait-elle être fixée par un mot : il convient d'y retracer exactement la marche graduelle des expériences et des publications. Mais ici encore, si Lavoisier n'est pas l'inventeur principal des faits, c'est lui qui a le mérite incontestable d'avoir établi l'interprétation certaine des phénomènes, débarrassée des obscurités du phlogistique, auquel Cavendish paraît être demeuré fidèle jusqu'au jour de sa mort.

J'ai exposé ailleurs tous ces faits, et je n'ai nulle intention de reprendre par le détail une polémique, déjà épuisée du temps de Lavoisier, et où M. Thorpe se borne à reproduire les imputations injustifiables de Blagden, qui poussa la passion jusqu'à interpoler et falsifier après coup, de sa propre main, les mémoires manuscrits de Cavendish, pour y faire voir des arguments favorables à ses accusations.

Au surplus, rien n'établit d'une manière plus décisive le rôle de Lavoisier et ses droits à l'institution de nos théories modernes que la lettre d'un savant anglais contemporain, Black, aussi célèbre par ses découvertes en physique qu'en chimie, et qui aurait pu réclamer aussi pour son propre compte. Il écrivait à Lavoisier, dans une lettre également honorable pour tous les deux, en 1791 : « Les expériences nombreuses que vous avez faites en grand, et que vous avez si bien imaginées, ont été suivies avec un tel soin et une attention si scrupuleuse pour toutes les circonstances, que rien ne peut être plus satisfaisant que les preuves auxquelles vous êtes parvenu. Le système que vous avez fondé sur les faits est si intimement lié avec eux, si simple et si intelligible, qu'il doit être approuvé de jour en jour davantage, et il sera adopté par un grand nombre de chimistes qui ont été longtemps habitués à l'ancien système... Ayant été habitué trente ans à croire et à enseigner la doctrine du phlogistique, comme on l'entendait avant la découverte de votre système, j'ai longtemps éprouvé un grand éloignement pour le nouveau système, qui présentait comme une absurdité ce que j'avais regardé comme une saine doctrine; cependant cet éloignement, qui ne provenait que du pouvoir de l'habitude seule, a diminué graduellement, vaincu par la clarté de vos démonstrations et la solidité de votre plan. »

On ne peut qu'espérer de voir un jour les savants anglais se joindre tous à ce jugement de l'un de leurs plus glorieux compatriotes.

M. BERTHELOT,
de l'Institut.

ASSOCIATION BRITANNIQUE POUR L'AVANCEMENT DES SCIENCES

Conférence de M. T.-E. Thorpe:

Dans l'histoire de la chimie, Leeds occupe une place dont elle est fière à juste titre. En septembre 1767, Joseph Priestley venait s'établir dans cette ville. Fils d'un apprêteur de drap du Yorkshire, il était né en 1733, à Fieldhead, village situé à 6 milles d'ici (9^{km},6). Ses parents, sévères calvinistes, s'étant aperçus de sa passion pour les livres, l'envoyèrent à l'Académie de Daventry pour en faire un ministre. En dépit de sa pauvreté et de certains désavantages naturels d'élocution et de tenue, il acquit graduellement, et surtout par ses écrits de controverse et de théologie, une influence considérable dans le cercle des dissidents. Des instances pressantes et l'offre de 100 guinées par an l'amenèrent à accepter ici la charge de directeur de la congrégation de Mill Hill Chapel. Il était déjà connu dans le monde scientifique pour son *Histoire de l'électricité*, et des offres lui furent faites pour l'attacher comme naturaliste à la deuxième expédition de Cook dans les mers australes. Mais, grâce à l'intervention de quelques dignes ecclésiastiques du Bureau des longitudes qui avaient la direction des affaires et qui, comme l'a dit M. Huxley, « craignirent peut-être qu'un socinien ne minât la piété qui caractérisait si nettement les marins de ce temps », Priestley resta à Leeds où, comme il l'écrit dans ses *Mémoires*, il séjourna pendant six années « très heureux au milieu d'une congrégation libérale, amicale et harmonieuse » à laquelle il rendit (et sans marchander) des services notables. « A Leeds, dit-il, je n'ai eu à combattre aucun préjugé déraisonnable et j'ai eu champ libre pour toute sorte d'essais (1). »

Nous devons quelque reconnaissance à ces « dignes ecclésiastiques », puisque leur intervention fut la cause indirecte que Priestley tourna son attention vers la chimie. Comme il habitait dans le voisinage d'une brasserie, il étudia les propriétés de l' « air fixe » ou acide carbonique qui se dégage abondamment au cours des fermentations et qui, à cette époque, était le seul gaz qui eût été isolé et dont l'existence indépendante fût bien établie. C'est de ce heureux hasard que sortit la série extraordinaire de découvertes qui ont mérité à leur auteur le titre de Père de la chimie pneumatique et qui devaient changer complètement les théories chimiques et leur donner un essor nouveau et inattendu.

Si je fais allusion ici à Priestley, ce n'est pas seulement en raison du lieu dans lequel nous sommes réunis, mais aussi parce que je crois constater quelque tendance à obscurcir la vérité sur la part qu'il a eue à

_____

(1) Leeds possède encore un autre fruit de la puissance de travail de Priestley dans son admirable *Proprietary Library*, dont il paraît avoir été l'initiateur et dont il fut le premier secrétaire honoraire.

ce merveilleux développement de la chimie qui a fait de la fin du siècle dernier une époque si mémorable dans l'histoire de la science.

Notre honorable collègue M. Berthelot, secrétaire perpétuel de l'Académie des sciences de France, vient de publier sous le titre de : *la Révolution chimique*, un livre remarquable, écrit avec le grand talent, le charme du style et la hauteur de vues qui caractérisent ses ouvrages, dans lequel il réclame pour Lavoisier une part aux découvertes que nous comptons parmi les principales gloires scientifiques de notre pays. La position éminente qu'occupe M. Berthelot dans le monde scientifique assure à son livre, dans son pays, l'attention qu'il mérite; et, comme ce livre fait partie de la collection des volumes de la *Bibliothèque scientifique internationale*, des traductions viendront encore en élargir la publicité. Je ne saurais donc, je l'espère, être accusé de chauvinisme, si je profite de l'occasion qui m'est offerte ici de vous faire connaître les prétentions que ce livre élève, et si je m'attache à en montrer l'inanité.

Tous ceux un peu au courant de l'histoire de la chimie durant les cent dernières années savent que ce n'est pas la première fois que ces prétentions élevées par M. Berthelot en faveur de son illustre prédécesseur sont mises en avant. Lavoisier lui-même avait fait ces revendications d'une manière explicite, et ses contemporains les avaient repoussées. Aujourd'hui, M. Berthelot vient les reproduire en les appuyant d'arguments nouveaux, et nous demande d'effacer de la mémoire de Lavoisier certaines charges qui pèsent lourdement sur elle. Vous l'avez deviné déjà, il s'agit de la situation de Lavoisier relativement à la découverte du gaz oxygène et à la détermination de la composition de l'eau.

La substance que nous appelons oxygène — nom dû à Lavoisier — fut découverte le 1er août 1774 par Priestley, qui l'obtint, comme tout écolier le sait, par l'action de la chaleur sur l'oxyde rouge de mercure. Nous nous rappelons tous la relation caractéristique que Priestley donna de l'origine de sa découverte et dans laquelle M. Berthelot veut voir la marque évidente du caractère essentiellement empirique du travail : « Priestley, dit-il, ennemi de toute théorie et de toute hypothèse, ne tira aucune conclusion générale de ses belles découvertes qu'il se plaisait, d'ailleurs, et non sans quelque affectation, à attribuer au hasard. Il les présenta dans le langage courant de son temps en les entremêlant d'idées singulières et incohérentes, et il demeura obstinément attaché à la théorie du phlogistique jusqu'à sa mort qui eut lieu en 1804 (p. 40). » Cette assertion donne une idée absolument erronée du mérite de Priestley comme philosophe, et il est facile de prouver par de nombreuses citations de ses œuvres que l'esprit réel dans lequel ont été faites ses expériences est absolument différent de celui que lui prête M. Berthelot. Je me bornerai à la citation suivante : « Nous nous efforçons toujours, après les expériences, de généraliser les conclusions que nous en tirons, et d'établir ainsi une *théorie* ou système de principes auxquels tous les *faits* puissent être ramenés et grâce à laquelle nous puissions prévoir le résultat d'expériences futures. » Cette citation est tirée du chapitre final de ses *Expériences et observations sur les différentes espèces d'air*, dans lequel il cherche à tirer des « conclusions générales » sur les principes constitutifs des divers gaz qu'il a fait connaître, et s'efforce de montrer la conformité de ses conclusions avec la doctrine du phlogistique. Qu'il soit resté attaché à la doctrine de Stahl jusqu'à la fin, cela est exact, et le fait est rendu plus remarquable encore par la sincérité absolue de l'homme, sa réceptivité extraordinaire et, comme il le dit lui-même, son penchant « à embrasser dans la plupart des questions le côté généralement considéré comme hétérodoxe ». Mais si l'on veut arguer de cet attachement aux anciennes théories pour établir l'inaptitude de Priestley à apprécier la théorie, il faut au moins reconnaître qu'il n'existe aucune preuve de cette inaptitude. Les mots suivants, qui terminent la partie de l'ouvrage déjà cité de Priestley, me paraissent caractéristiques à cet égard : « Cette doctrine de la composition et de la décomposition de l'eau est devenue la base d'un système chimique entièrement nouveau, et une nouvelle série de termes appropriés à ce système a été inventée. On sait que des substances douées de propriétés très différentes peuvent cependant, comme je l'ai dit, être composées des mêmes éléments combinés entre eux dans des proportions différentes ou suivant des modes différents. On ne saurait donc dire qu'il soit absolument *impossible* que l'eau puisse être composée de ces deux éléments ou de tous autres ; mais cette hypothèse ne peut être admise sans *preuve;* et si une ancienne théorie explique tous les *faits* d'une façon satisfaisante, il n'y a aucune raison de recourir à une nouvelle théorie de laquelle ne résulterait aucun avantage particulier (*loc. cit.*, p. 543)... Je me sentirais peu de répugnance à adopter la *nouvelle doctrine*, s'il devait en résulter plus de lumière. Mais quoique j'aie donné toute l'attention dont je suis capable aux expériences de Lavoisier... je crois qu'elles peuvent être expliquées de la façon la plus aisée par l'ancien système » (*loc. cit.*, p. 563).

M. Berthelot ne conteste pas que Priestley soit le premier qui ait isolé l'oxygène ; il fait cependant remarquer, ce qui n'est pas contesté, que la date exacte de cette découverte n'est établie que par les propres notes de Priestley, qui en a parlé pour la première fois dans un ouvrage publié à Londres en 1775. On savait, avant l'expérience fameuse de Priestley, que l'oxyde rouge de mercure, obtenu en chauffant le métal au contact de l'air, redonnait du mercure par la simple action de la chaleur et sans intervention d'aucun agent réducteur. Six mois avant la date de la découverte de Priestley, Bayen avait observé qu'un gaz se dégageait ~rs, mais il n'avait donné aucune description de sa

nature, se contentant plutôt de faire ressortir l'analogie que ses expériences paraissaient présenter avec celles de Lavoisier sur l'existence d'un fluide élastique dans certaines substances. Plus tard, quand les faits furent établis, Bayen rappela ses premières expériences et revendiqua non seulement la découverte de l'oxygène, mais aussi tout ce que Lavoisier tira de cette découverte. « Mais, dit M. Berthelot à cette occasion, les contemporains n'ont pas accueilli ses réclamations et la postérité ne saurait faire davantage (*la Révolution chimique,* p. 60).

Cependant M. Berthelot n'écarte pas d'une façon aussi cavalière les prétentions de Lavoisier à une participation à la découverte. Au contraire, quoiqu'il ne réclame pas explicitement pour lui la priorité, il s'attache à montrer que Lavoisier doit être regardé comme ayant découvert aussi de son côté l'oxygène. Il commence par affirmer que, dès 1774, Lavoisier pressentait l'existence de ce gaz, et cite à l'appui de cette affirmation un extrait du mémoire de Lavoisier publié en décembre 1774 dans le *Journal de Physique* de l'abbé Rozier : « Cet air dépouillé de sa partie fixable est en quelque sorte décomposé, et cette expérience semblerait fournir une méthode d'analyse du fluide qui constitue notre atmosphère et d'examen des principes dont il est formé... Je crois être en position d'affirmer que l'air, aussi pur qu'on peut le supposer, *exempt* d'humidité et de toute substance étrangère, est loin d'être un corps simple ou un élément comme on le croit généralement et doit être rangé, au contraire, dans le groupe des mélanges et peut-être même dans celui des composés. »

Plus loin, M. Berthelot affirme que, à cette époque, Lavoisier fut le premier à reconnaître le véritable caractère de l'air, et exprime cette conviction que Lavoisier eût probablement isolé lui-même les éléments de l'air s'il avait été seul à s'occuper de cette question. Sans vouloir dénigrer la prescience de Lavoisier, on peut dire que dans ces lignes comme dans le mémoire sur la répétition des expériences de Bayle sur la calcination de l'étain auxquelles il se réfère, il n'y a rien qui montre que Lavoisier ait fait quelque progrès sur Hooke et Mayow. Il a été remarqué plus d'une fois que les chimistes du XVII siècle pressentaient la véritable nature de la combustion dans l'air beaucoup mieux que leurs neveux du dernier quart du XVIII siècle. Hooke, dans sa *Micrographia*, et Mayow, dans son *Opera omnia Medico-physica*, indiquent que la combustion consiste en l'union de quelque chose avec le corps qui brûle ; et Mayow démontre de la façon la plus claire, expérimentalement et théoriquement, l'analogie entre la respiration et la combustion, et montre que dans ces deux phénomènes l'un des éléments seulement de l'air est en jeu. Il établit d'une façon très nette, non seulement qu'il y a augmentation de poids du métal calciné, mais que cette augmentation est due à l'absorption de ce même *esprit* de l'air qui est nécessaire à la respiration et à la combustion. Les expériences de Mayow sont si précises et ses faits si incontestables que, comme l'a dit Chevreul, il est surprenant que la vérité n'ait été connue complètement qu'un siècle après ses recherches. (Voyez : *Un Dictionnaire de chimie*, de Watt, par Morley et Muir, art. *Combustion*, page 242).

Examinons maintenant d'un peu plus près les prétentions de Lavoisier d'après le livre de M. Berthelot. Un *résumé* de son travail « sur la calcination de l'étain » fut donné par Lavoisier en novembre 1774, à l'Académie, mais le mémoire complet ne fut déposé qu'en mai 1777. Une comparaison attentive avec un extrait de ce qui fut déposé à l'Académie en novembre 1774 et inséré par Lavoisier lui-même en décembre 1774 dans le *Journal de physique* de l'abbé Rozier, montre à l'évidence que des additions essentielles furent faites à la communication avant qu'elle ne fût finalement imprimée dans les *Mémoires de l'Académie des sciences*. M. Berthelot reconnaît la possibilité du fait. Il dit : « Une communication sommaire, souvent même faite de vive voix devant une société savante, telle que l'Académie des sciences de Paris ou la Société royale de Londres, suscitait aussitôt des vérifications, des pensées, des expériences nouvelles, qui en développaient la portée et les conséquences. Par un retour qu'on ne saurait blâmer, l'auteur primitif, lorsqu'il imprimait son mémoire, l'enrichissait de résultats additionnels et des interprétations postérieures. Aussi est-il fort difficile de faire avec impartialité la part de chacun dans cette rapide succession d'inventions (*loc. cit.*, p. 58).

Mais quoique, comme nous le verrons, Lavoisier ait été certainement instruit de la grande découverte de Priestley, aucune allusion n'est faite aux travaux antérieurs de celui-ci sur le gaz et l'autre constituant de l'air, travaux qui cependant avaient été publiés en 1772 dans les *Philosophical Transactions* et pour lesquels Priestley avait reçu de la *Royal Society* la médaille de Copley. Il est tout simplement impossible de croire que Lavoisier ait pu n'être pas influencé par ces travaux, et nous irons jusqu'à affirmer que la découverte éventuelle de la nature composée de l'air fut basée sur ces travaux. Dans la première partie de son mémoire, il relate — cela est digne de remarque — que l'addition à une chaux métallique non seulement de charbon de bois en poudre, mais de toute substance phlogistique, est accompagnée de formation d'air fixe. Il est certain qu'à cette époque, non seulement il n'a pas obtenu sciemment des chaux sur lesquelles portent ses expériences un gaz ressemblant à l'air déphlogistiqué de Priestley, mais en outre qu'aucune de ses expériences n'a fait naître en lui l'idée que le gaz absorbé pendant la calcination est précisément cet air déphlogistiqué.

A la séance de Pâques 1775, Lavoisier présente à l'Académie un mémoire « sur la nature du principe qui se combine avec les métaux pendant la calcination ».

Ce mémoire fut « relu le 8 août 1778 ». Une note qui y est jointe dit que les premières expériences relatées ont été faites plus d'un an auparavant; celles sur le précipité rouge furent faites en novembre 1774 et répétées au printemps de 1775 à Montigny, de concert avec M. Trudaine. Dans ce mémoire, Lavoisier déclare d'abord que le principe qui s'unit aux métaux quand ils se transforment en chaux n'est rien autre « que la partie la plus pure et la plus saine de l'air; de sorte que si cet air qui a été fixé dans une combinaison métallique redevient libre, il réapparaît dans une condition sous laquelle il est éminemment respirable et plus propre que l'air de l'atmosphère à favoriser l'inflammation et la combustion des substances (*Œuvres de Lavoisier*. Édition officielle, vol. II, p. 123). Il décrit ensuite sa méthode de préparation de l'oxygène en chauffant l'oxyde rouge de mercure et compare ses propriétés avec celles de l'air fixe. Il n'est fait aucune mention de Priestley ni de ses expériences, et il est à peine douteux que, dans ce mémoire, l'intention de Lavoisier fût de laisser croire aux lecteurs qu'il était « le véritable et premier qui ait découvert » le gaz qu'il appela ensuite oxygène. Cette intention ressort de certains passages de son mémoire ultérieur « sur l'existence de l'air dans l'acide nitreux, *lu le 20 avril 1776, remis en décembre 1777* ». Il a eu occasion incidemment de préparer l'oxyde rouge de mercure en calcinant le nitrate et dit qu'il en a obtenu une grande quantité d'un air « beaucoup plus pur que l'air commun, dans lequel les chandelles brûlent avec une flamme plus grande, plus large et plus brillante, et qui ne diffère dans aucune de ses propriétés de celui que j'ai obtenu de l'air mercurielle, connue sous le nom de *mercurius præcipitatus per se*, et que M. Priestley a tiré d'un grand nombre de substances en les traitant par l'acide nitrique ».

Dans une autre partie de son mémoire, il dit que « peut-être, rigoureusement parlant, n'est-il aucune de ces expériences dont M. Priestley ne puisse réclamer la première idée; mais comme les mêmes faits nous ont conduits à des résultats diamétralement opposés, j'espère que si on me reproche d'avoir emprunté des preuves aux ouvrages de ce célèbre physicien, on ne contestera pas du moins mon droit sur les conclusions que j'en ai déduites? » M. Berthelot remarque, à propos de ce passage, qu'il paraît en résulter que les amis du chimiste anglais n'étaient pas restés entièrement oisifs. Dans son mémoire *Sur la respiration des animaux*, lu devant l'Académie en 1777, Lavoisier semble encore admettre le droit de Priestley à une part au moins de la découverte : « Les expériences de M. Priestley et les miennes ont montré que le *Mercurius præcipitatus per se*, n'est rien autre qu'une combinaison », etc. Nous retrouvons aussi le nom de Priestley à plusieurs reprises dans les communications ultérieures, jusqu'à ce que nous arrivions au mémoire classique *Sur la théorie des acides*, où il est dit : « Je désignerai dorénavant l'air déphlogistiqué ou l'air éminemment respirable... par le nom de *principe acidifiant*, où si l'on préfère, un mot grec de même signification, sous le nom de *principe oxygène*. »

Dans les mémoires postérieurs à celui de Pâques 1775, la revendication de participation n'est qu'implicite; elle apparaît explicitement pour la première fois dans la note « sur la méthode d'augmenter l'action du feu », imprimée dans les *Mémoires de l'Académie* pour 1782, et en ces termes : « On peut se rappeler qu'à la séance de Pâques 1775, j'annonçai la découverte que j'avais faite quelques mois auparavant avec M. Trudaine (1), dans le laboratoire de Montigny, d'une nouvelle espèce d'air, alors entièrement inconnue, et que nous avions obtenue par la réduction du *Mercurius præcipitatus per se*. Cet air, que M. Priestley a découvert à peu près au même moment que moi, et je crois même avant moi, et qu'il a retiré principalement de la combinaison du minium et de plusieurs autres substances avec l'acide nitrique, a été nommé par lui *air déphlogistiqué*. »

Dans le *Traité élémentaire de chimie*, la revendication est encore affirmée en ces termes : « Cet air, que M. Priestley, M. Scheele et moi avons découvert à peu près dans le même temps... »

Cependant, il ne saurait faire doute que Lavoisier connût l'existence de l'oxygène quelques mois avant qu'il fît ses expériences avec M. Trudaine de Montigny, et cela *pour la simple raison que M. Priestley lui en avait déjà parlé*. Priestley quitta Leeds en 1773, pour devenir le bibliothécaire et le compagnon littéraire de lord Shelburne, qu'il accompagna sur le continent à l'automne de 1774. Pendant tout le mois d'octobre, il resta à Paris. L'hospitalité de Lavoisier y était alors légendaire, ses dîners étaient célèbres, et Priestley, comme d'ailleurs tout *savant* étranger visitant Paris à cette époque, fut un hôte bienvenu. Priestley raconte lui-même ce qui s'ensuivit : « Ayant fait la découverte (de l'oxygène) quelque temps avant que je ne me rendisse à Paris, en 1774, j'en parlai à la table de Lavoisier où se trouvait réunie l'élite des philosophes de cette ville, leur disant que c'était une sorte d'air dans lequel une chandelle brûle beaucoup mieux que dans l'air ordinaire, mais que je ne lui avais pas encore donné de nom. Toute la société, et M. et Mme Lavoisier plus que tous autres, exprima sa grande surprise. Je leur dis que je l'avais obtenu du précipité *per se*, et aussi du plomb rouge. Comme je ne parlais le français que d'une façon imparfaite, et que j'étais peu versé dans le vocabulaire des termes de chimie, je leur disais *plomb rouge*, ce qu'ils ne comprenaient pas, jusqu'à ce que M. Macquer leur ait expliqué que c'était du minium que je voulais leur parler. »

Dans sa relation de son propre travail sur l'air dé-

phlogistiqué, donnée dans ses *Observations*, etc., édition 1790, Priestley dit encore (vol. II, p. 108) : « Me trouvant à Paris, le mois d'octobre suivant (août 1774), et sachant qu'il y avait plusieurs chimistes éminents dans cette ville, je ne manquai pas de me procurer, par l'intermédiaire de mon ami M. Magellan (1), une once de *Mercurius calcinatus* préparé par M. Cadet, et dont la pureté ne pouvait être mise en doute; et en même temps je mentionnai fréquemment ma surprise, à propos de cette sorte d'air que j'avais tiré de cette préparation, à M. Lavoisier, M. le Roy et plusieurs autres savants qui m'honoraient de leur attention dans cette ville, et qui, j'ose le dire, ne peuvent manquer de se rappeler cette circonstance. »

L'ouvrage même de M. Berthelot concourt à prouver jusqu'à l'évidence que Lavoisier, non seulement n'est pas « le véritable et premier qui ait découvert » l'oxygène, mais que, bien plus, il n'a absolument aucun droit à être regardé comme l'ayant découvert de lui-même ultérieurement. Ce n'est pas la partie la moins importante du livre de M. Berthelot, comme travail historique, que celle qu'il consacre à l'analyse des treize registres de laboratoire de Lavoisier, déposés par les soins pieux de M. de Chazelles, son héritier, aux archives de l'Institut. M. Berthelot nous donne un synopsis de leur contenu presque page par page, avec des annotations, et des dates quand elles sont sûres. Comme il le dit très bien, ces registres « sont du plus haut intérêt, parce qu'ils nous renseignent sur la méthode de travail de Lavoisier et la direction de ses idées, c'est-à-dire les étapes successives de l'évolution de ses convictions scientifiques ». Sur la couverture du troisième registre, on lit : « Du 23 mars 1774 au 13 février 1776 »; et on y voit, à la page 30, que Lavoisier visita son ami, M. Trudaine, à Montigny, dix jours environ après sa conversation avec Priestley, et qu'il répéta les expériences de ce dernier sur l'acide marin et l'air alcalin (acide chlorhydrique et ammoniaque). Il est encore à Montigny quelque temps entre le 28 février et le 31 mars 1775, et répète non seulement les expériences de Priestley sur la décomposition de l'oxyde de mercure, mais aussi ses recherches sur les propriétés du gaz. La couverture du quatrième cahier nous informe que celui-ci s'étend du 13 février 1776 au 3 mars 1778; et à la première page nous trouvons un rapport sur des expériences faites, le 13 février, sur le « précipité *per se* de chez M. Baumé », rapport dans lequel le gaz dégagé est appelé l'*air déphlogistiqué de M. Priestley* (sic). Une telle phrase dans un livre de notes personnelles est absolument incompatible avec l'idée

---

(1) M. Trudaine de Montigny mourut en 1777.

(1) M. Grimaux (*Lavoisier*, p. 54) dit : « Un de ses (de Lavoisier) amis, qui habitait Londres, Magalhæns ou Magellan, de la famille du célèbre navigateur, lui envoyait tous les mémoires sur les sciences qui paraissaient en Angleterre et le tenait au courant des découvertes de Priestley. »

que Lavoisier ait pu, à cette époque, se considérer comme ayant découvert de lui-même ce gaz. Nous n'avons pas à rechercher comment cette idée a pu lui être suggérée; mais il ne sera pas inutile de nous arrêter un peu à l'examen des arguments que présente M. Berthelot avec tout le talent d'un avocat habile, s'identifiant avec la cause qu'il défend. Nous devons lui rendre cette justice de reconnaître les difficultés de sa situation. Il cherche à se débarrasser d'une obligation trop longtemps différée. Le sentiment de la dette de gratitude due à la mémoire de l'homme qui avait tant fait pour l'honneur de l'Académie, pour son existence même, pendant la période tourmentée dont la France vient de célébrer le centenaire, ce sentiment, dis-je, se réveilla, il y a un an, au sein de l'Académie des sciences, et, en sa qualité de secrétaire perpétuel, M. Berthelot fut chargé d'écrire l'*éloge* de Lavoisier. Cet éloge devint *la Révolution chimique;* mais écrire un éloge n'est pas toujours écrire l'histoire. Nous ne pouvons croire que M. Berthelot ait été gêné par sa situation, et que son opinion, ou du moins la libre expression de celle-ci, ait pu être entravée par les conditions dans lesquelles il devait l'exprimer; et pourtant il me semble voir percer entre les lignes du livre le sentiment intime que, pour me servir de la phrase de Brougham, la splendeur de la carrière dont il avait à tracer l'éloge est obscurcie par des taches que la vérité historique ne lui permettait pas d'ignorer complètement.

La ruine du phlogistique fut déterminée par deux faits principaux : la découverte de l'oxygène et la détermination de la composition de l'eau. Les efforts de M. Berthelot tendent à établir que non seulement Lavoisier consomma la ruine de cette théorie, mais qu'il découvrit aussi les faits. En d'autres termes, il revendique pour Lavoisier, non seulement une part dans la découverte de l'oxygène, mais aussi le titre de « véritable et premier ayant découvert » la nature élémentaire de l'eau. Cette seconde prétention est exprimée d'une façon explicite. Quoiqu'elle soit soutenue d'arguments d'une certaine habileté, j'espère montrer que, en réalité, elle n'est pas fondée plus sérieusement que la première.

Vous, membres de l'Association britannique, qui êtes familiers avec son histoire, vous n'ignorez pas que ce n'est pas la première fois qu'elle a à repousser des tentatives faites pour dérober « ces lauriers que le temps et la vérité ont placé sur le front de Cavendish ». Au Congrès de 1839, à Birmingham, le révérend W. Vernon-Harcourt, qui présidait alors, consacra une grande partie de son discours à une revendication énergique et éloquente des droits de Cavendish. Alors comme maintenant l'attaque venait du secrétaire perpétuel de l'Académie française, et les arguments étaient formulés dans un *éloge* lu devant ce corps savant. L'assaillant était M. Arago, qui combattait, non pour son compatriote Lavoisier, dont les revendications étaient qualifiées de « prétentions », mais en faveur de James Watt, le grand ingénieur, qui était l'un des membres étrangers de l'Institut.

Je n'ai pas l'intention de vous retenir longtemps avec le détail de ces discussions, connues dans l'histoire des découvertes scientifiques sous le nom de controverse de l'eau, qui ont exercé des esprits et des plumes comme Harcourt, Whewell, Peacock et Brougham en Angleterre; Brewster, Jeffrey, Muirhead et Wilson en Écosse; Kopp en Allemagne; Arago et Dumas en France, et qui, cela a été dit, prennent leur place dans l'histoire de la science, à côté de la discussion entre Newton et Leibniz sur l'invention du calcul différentiel, et de celle entre les amis d'Adam et de Le Verrier sur la découverte de la planète Neptune. Je constate seulement que M. Berthelot est le premier savant français de quelque notoriété qui mette sérieusement en avant les revendications de Lavoisier, revendications que son compatriote et prédécesseur Dumas avait délibérément rejetées.

Je ne voudrais pas me perdre en détails, mais je ne puis cependant éviter, pour éclaircir la question, de restituer rapidement les faits. Quelque temps avant le 18 avril 1781, Priestley fit ce qu'il appelait une expérience au hasard (*a random experiment*) en l'honneur de quelques savants de ses amis. Cette expérience consistait à provoquer l'explosion d'un mélange d'air inflammable et d'air ordinaire contenu dans un récipient de verre, clos; explosion déterminée par l'étincelle électrique, comme Volta l'avait fait le premier en 1776. M. John Warltire, professeur de sciences naturelles et ami de Priestley auquel il avait rendu le signalé service de lui indiquer l'oxyde de mercure dont il avait d'abord tiré l'oxygène, assistait à cette expérience. Il appela l'attention de Priestley sur ce fait que, à la suite de l'explosion, les parois du récipient de verre étaient couvertes d'humidité. Mais aucun des expérimentateurs n'attacha à ce moment d'importance à cette circonstance, Priestley ayant déclaré que l'humidité pouvait préexister dans les gaz, car aucune précaution n'avait été prise au préalable pour les en débarrasser. Toutefois, Warltire eut la perception que l'expérience pouvait fournir le moyen de déterminer si la chaleur était ou non pondérable; il répéta l'expérience en se servant d'un vase de cuivre pour plus de sûreté, et les résultats en furent consignés dans les *Expériences et observations sur l'air,* de Priestley (vol. V, 1781. App., p. 395).

A cette époque, Cavendish était engagé dans une série d'expériences « faites, comme il le dit, principalement en vue de trouver la cause de la diminution bien connue que subissait l'air commun toutes les fois qu'il est phlogistiqué et de découvrir ce que devient l'air ainsi perdu ou condensé. » (Cavendish, *Phil. Trans.,* 1784, p. 119.)

Sur la publication de l'ouvrage de Priestley, il répéta

l'expérience de Warltire; car, dit-il, « elle paraît apporter une grande lumière sur le sujet qui me préoccupe et je la crois digne d'être examinée de plus près ». La série d'expériences que Cavendish fut ainsi amené à faire, et qu'il fit avec toute son habileté habituelle, le conduisit, vers l'été de 1781, à cette découverte que le mélange de deux volumes d'air inflammable tiré de métaux (l'hydrogène d'aujourd'hui) avec un volume d'air déphlogistiqué de Priestley, combinés ensemble sous l'action de l'étincelle électrique, ou par combustion, formait un poids équivalent d'eau. Si Cavendish avait publié immédiatement les résultats de ses recherches, il n'y aurait pas eu de controverse de l'eau; mais au cours de ses expériences, il avait trouvé que l'eau condensée était quelquefois acide, et la recherche de la cause de cette acidité à laquelle il se livra (et qui le conduisit incidemment à la découverte de la composition de l'acide nitrique) lui fit ajourner cette publication. Néanmoins, le résultat capital : le mélange de deux volumes d'air inflammable et de un volume d'air déphlogistiqué converti en un poids équivalent d'eau, fut communiqué à Priestley, ainsi qu'il le relate dans une note insérée dans les *Phil. Trans.* de 1783. A ce moment, Priestley étudiait la convertibilité apparente de l'eau en air et, vers mars 1783, il répéta les expériences de Cavendish qui lui parurent se rattacher au problème qu'il poursuivait. Toutefois, il commit une faute lourde. Préoccupé d'écarter la possibilité de la présence d'humidité dans les gaz mis en présence, il tira l'air déphlogistiqué du nitre et produisit l'air inflammable en chauffant dans une cornue en terre ce qu'il appelle « charbon de bois parfait » (*perfectly made charcoal*).

Il faut se rappeler d'ailleurs qu'à ce moment il n'existait pas de distinction bien nette entre les différentes sortes d'air inflammable : hydrogène, hydrogène sulfuré, gaz des marais et gaz oléfiant, oxyde de carbone, vapeurs d'éther et d'alcool, gaz provenant de l'action de la chaleur sur le charbon et formé d'un mélange d'oxyde de carbone, de protocarbure d'hydrogène et d'acide carbonique, tous ces corps étaient indifféremment dénommés « air inflammable ». Priestley chercha à vérifier la conclusion de Cavendish relative à l'équivalence du poids des gaz et du poids de l'eau formée; mais sa méthode à cet égard fut absolument défectueuse, comme l'avait été son choix d'air inflammable, et elle ne pouvait lui donner des résultats exacts. Elle consistait à éponger les parois mouillées du récipient avec un papier buvard préalablement pesé et à déterminer l'augmentation de poids du papier. Il dit cependant : « J'ai toujours trouvé, autant que je puis juger, le poids de l'eau décomposé dans l'humidité absorbée par le papier… j'aurais désiré cependant avoir une balance plus précise à cet effet; le résultat était de nature à donner une forte présomption que l'air était reconverti en eau et que, par consé-

quent, il tire son origine de l'eau. » Ces résultats, ainsi que ceux relatifs à la conversion de l'eau en air, furent communiqués, vers la fin de mars 1783, par Priestley à Watt, qui commença à établir une théorie sur ces faits et fixa ses idées à cet égard dans une lettre à Priestley, en date du 26 avril 1783, dont il demanda la lecture à la *Royal Society* à l'occasion du dépôt du mémoire de Priestley. Dans cette lettre, Watt dit : « Considérons maintenant qu'il se produit dans le cas de la déflagration de l'air inflammable et de l'air déphlogistiqué. Ces deux sortes d'air unissent leur énergie, ils sont portés au rouge et disparaissent totalement au refroidissement. Quand le récipient est refroidi, on y trouve une quantité d'eau de poids égal au poids de l'air employé. Cette eau est alors le seul résidu du phénomène, et l'eau, la *lumière* et la *chaleur* en sont les seuls produits. *Ne sommes-nous pas autorisés à conclure de là que l'eau est composée d'air déphlogistiqué et de phlogiston privés d'une partie de leur chaleur latente ou élémentaire; que l'air déphlogistiqué ou air pur est composé d'eau débarrassée de son phlogiston et unie à la chaleur élémentaire et à la lumière, etc.?*

Cette lettre, quoique montrée à plusieurs membres de la Société, ne fut pas lue publiquement au moment désiré. Avant qu'il ne l'ait reçue, Priestley s'était aperçu du côté erroné de ses expériences sur la conversion apparente de l'eau en air, et il obtint de Watt de retrancher de sa lettre tout ce qui touchait ce sujet. Cependant Watt, comme il le dit à Black [1] dans une *lettre* datée du 23 juin 1783, n'avait pas abandonné sa théorie sur la nature de l'eau, et le 26 novembre 1783 il consignait ses vues d'une façon plus complète dans une lettre à de Luc. A la même époque, Cavendish, ayant terminé une partie de ses recherches, adressa à la *Royal Society* un mémoire qui fut lu le 15 janvier 1784 et dans lequel il rend compte de ses expériences et annonce sa conclusion, « que l'air déphlogistiqué n'est en réalité autre chose que de l'eau déphlogistiquée ou de l'eau privée de son phlogiston; ou, en d'autres termes, que l'eau se compose d'air déphlogistiqué uni à du phlogiston; et que l'air inflammable n'est ni du phlogiston pur comme M. Priestley et M. Kirwan le supposent, ni de l'eau unie au phlogiston ». Là-dessus, Watt demanda que sa lettre à de Luc fût publiée, et elle fut lue devant la *Royal Society* le 29 avril 1784. Lequel des deux — de Cavendish ou de Watt — doit être, dans ces circonstances, considéré comme le « véritable et premier ayant découvert » la nature de l'eau? C'est précisément cette question qui jusqu'ici avait été le sujet principal de la controverse de l'eau.

Examinons maintenant la question en ce qui concerne Lavoisier. En 1783, Lavoisier a répudié publiquement la doctrine du phlogiston, ou plutôt, comme le dit Dumas, « la foule d'entités de ce nom qui n'ont

---

(1) Watt, *Correspondance*, p. 31.

.d'autre qualité que d'être intangibles par toute méthode connue » (*Leçons sur la philosophie chimique*, . p. 161). Les mémoires de Lavoisier, même à cette époque, nous montrent jusqu'à quel point il se séparait de cette théorie : « Les chimistes, dit-il, ont créé ce vague principe du phlogiston qui n'est pas nettement défini et qui par suite se prête lui-même à toutes les acceptions qu'on veut lui donner. Tantôt ce principe est pesant, tantôt il ne l'est pas ; tantôt c'est le feu libre et tantôt c'est le feu combiné avec l'élément terre ; parfois il passe à travers les pores des récipients, qui d'autres fois lui sont imperméables. Il explique la causticité et la non-causticité, la transparence comme l'opacité, la coloration comme l'absence de coloration. C'est un véritable Protée changeant de forme à chaque instant. »

Mais Lavoisier renonce à un fétiche pour un autre. Au moment où il écrit ces lignes, il est dominé par le *principe oxygène*, tout comme le disciple le plus fervent de Stahl est l'esclave du phlogiston.

L'idée que la calcination des métaux n'était autre chose qu'une combustion lente était admise. M. Berthelot nous dit que longtemps avant, en mars 1774, Lavoisier écrivait dans son journal de laboratoire : « Je suis persuadé que l'inflammation de l'air inflammable n'est rien autre qu'une fixation d'une partie de l'air atmosphérique, une décomposition d'air... » Dans ce cas, pour chaque inflammation de l'air, il y aura augmentation de poids, et Lavoisier essaye de le vérifier en brûlant de l'hydrogène à la sortie du récipient dont il se dégage. L'année suivante, il demande : « Que reste-t-il quand l'air inflammable est brûlé complètement ? » Suivant la théorie à laquelle il est désormais attaché, ce serait un acide, et il fait de nombreux essais pour capturer cet acide. En 1777, lui et Bucquet brûlent six pintes d'air inflammable provenant de métaux, dans une bouteille renfermant de l'eau de chaux, dans l'espérance qu'il se formera de l'air fixe. Et en 1781, il répète l'expérience avec Gengembre, avec cette modification, toutefois, que l'oxygène brûlait dans une atmosphère d'hydrogène ; mais aucune trace d'un acide quelconque ne peut être trouvée. Naturellement il avait dû se former, au cours de ces expériences, des quantités d'eau considérables ; mais Lavoisier, absorbé par sa conviction que oxydation signifie acidification, n'y prend pas garde ou, s'il le remarque, n'y attache pas d'importance. Macquer, en 1776, avait attiré l'attention sur la formation de l'eau pendant la combustion de l'hydrogène dans l'air, mais Lavoisier a affirmé qu'il ignorait cette observation. Qui donc a pu alors le remettre dans la bonne voie ? Il nous semble que M. Berthelot lui-même nous donne la réponse. Il dit (p. 114) : « La notoriété des essais de Cavendish s'était répandue dans le monde scientifique pendant le printemps de 1783... Lavoisier, toujours en éveil sur la nature des produits de la combustion de l'hydrogène,

se trouvait à ce point où la moindre ouverture devait en faire comprendre la véritable nature. Il se hâta de reprendre ses essais, comme il en avait le droit, n'ayant jamais cessé de s'occuper d'une question qui touchait . au cœur même de son système. »

« Le 24 juin 1783, continue M. Berthelot, il répéta la combustion de l'hydrogène par l'oxygène ; il obtint à son tour une notable quantité d'eau pure sans aucun autre produit, et il conclut des conditions où il avait opéré que le poids de l'eau formée ne pouvait pas ne point être égal à celui des deux gaz qui l'avaient formée. L'expérience fut faite devant plusieurs savants, parmi lesquels Blagden, membre de la Société royale de Londres, qui rappela à *cette occasion* les observations de Cavendish. »

Le jour suivant, Lavoisier publia ses résultats. Ce qui suit est la minute officielle de la communication faite, tirée du registre des séances de l'Académie des sciences :

Séance du mercredi 25 juin 1783.

MM. Lavoisier et de Laplace ont annoncé qu'ils avaient dernièrement répété la combustion de l'air combustible combiné avec l'air déphlogistiqué; ils ont opéré sur 60 pintes environ de ces airs, et la combustion a été faite dans un vaisseau fermé : le résultat a été de l'eau très pure.

Le scribe prudent qui a rédigé cette minute ne se compromet pas. M. Berthelot cependant regarde cela comme la première date certaine établie, par des documents authentiques, dans l'histoire de la découverte de la composition de l'eau ; « découverte, ajoute-t-il, qui, en raison de son importance, a donné lieu aux discussions les plus ardentes ».

Vous chercheriez en vain dans le journal de laboratoire que donne M. Berthelot des indications relatives, soit à des expériences, soit à des réflexions qui vous permettent de suivre le fil des idées qui ont guidé Lavoisier vers la vérité. Il n'y a absolument rien à cet égard jusqu'au huitième volume (25 mars 1783 à février 1784) où, sur la page 63, consacrée à l'expérience du 24 juin, nous lisons : « *En présence de MM. Blagden, de* (nom illisible), *de Laplace, Vandermonde, de Fourcroy, Meusnier et Legendre, nous avons combiné dans une cloche de l'air déphlogistiqué et de l'air inflammable, tiré du fer par l'acide sulfurique, etc... La quantité d'eau peut être estimée à 3 drachmes : la quantité qui aurait dû être obtenue était de 1 once 1 drachme et 12 grains. Nous devons donc supposer qu'il y a eu une perte des deux tiers de la quantité d'air ou qu'il y a eu une perte de poids.* »

Et c'est cette expérience qui, suivant M. Berthelot, aurait permis à M. Lavoisier de conclure « *que le poids de l'eau formée ne pouvait qu'être égal à celui des deux gaz qui la formait* ! » C'est sur cette seule expérience, faite précipitamment et imparfaitement, que serait basée la revendication de Lavoisier à la découverte de la nature com-

17 S.

posée de l'eau! M. Berthelot déclare, il est vrai, que cette expérience n'a été nullement faite à la hâte. Il dit, page 114 : « Lavoisier fit construire un nouvel appareil, avec deux ajutages et deux réservoirs à gaz, construction qui dut exiger un certain temps ; cette circonstance prouve qu'il ne s'agit pas d'un essai improvisé du jour au lendemain. » Nous allons voir immédiatement à quel point c'était de l'improvisation.

Si le journal de laboratoire ne nous fournit pas de renseignements « sur les méthodes de Lavoisier et sur la direction de ses idées... les étapes successives de l'évolution de ses propres convictions », nous avons d'autres moyens de vérifier comment il est arrivé à sa théorie. C'est la simplicité même : « Il fut informé du fait, et celui qui l'en informa ne fut autre que le préparateur de Cavendish, Blagden. »

Les *Mémoires de Cavendish* ont été publiés en 1784. Avant qu'ils ne fussent tirés, leur auteur y ajouta la phrase suivante : « Pendant l'été dernier, un de mes amis, les fit connaître (les expériences) à M. Lavoisier, ainsi que la conclusion tirée, que l'air déphlogistiqué n'est autre que de l'eau dépouillée de phlogiston ; mais à cette époque, M. Lavoisier était si éloigné de penser à admettre une telle opinion que, lorsqu'il voulut répéter l'expérience lui-même, il éprouva quelque difficulté à croire que la presque totalité des deux airs serait convertie en eau. » Cette addition — j'ai eu l'occasion de la vérifier sur l'original déposé aux archives de la *Royal Society* — fut faite de la main de Blagden, le préparateur et le secrétaire de Cavendish.

Quand le *Mémoire de Lavoisier* parut, on put y lire l'allusion suivante à cette circonstance : « Ce fut le 24 juin que M. de Laplace et moi, nous fîmes cette expérience, en présence de MM. le Roi, Vandermonde et plusieurs académiciens, ainsi que de M. Blagden. Ce dernier, secrétaire actuel de la *Royal Society* de Londres, nous apprit que M. Cavendish avait déjà essayé, à Londres, de brûler de l'air inflammable dans des récipients clos et qu'il avait obtenu une quantité très sensible d'eau. »

Cette mention était si partiale et son sens si ambigu, que Blagden adressa la lettre suivante à Crell pour qu'il la publiât dans ses *Chemische Annales* (*Annales* de Crell, 1786, vol. I, p. 58).

Cette lettre est si nette et si concluante, que je ne puis résister à la tentation de la reproduire presque entièrement (1) :

« Je suis certainement à même de vous donner les meilleurs renseignements sur la petite discussion à propos de la priorité de la découverte de la génération artificielle de l'eau, car je fus le principal intermédiaire par lequel les premières nouvelles de la découverte qui

(1) Traduction de M. Muirhead. Voyez Watt, *Correspondance, Composition de l'eau*, p. 71.

avait été déjà faite furent communiquées à M. Lavoisier. Ce qui suit est un exposé rapide de l'histoire :

« Au printemps de 1783, M. Cavendish me communiqua, ainsi qu'à d'autres membres de la *Royal Society*, ses amis personnels, le résultat de quelques expériences qui l'avaient longtemps occupé. Il nous montra que ces expériences le conduisaient à cette conséquence, que l'air déphlogistiqué n'était autre chose que de l'eau débarrassée de son phlogiston ; et, *vice versa*, que l'eau était de l'air déphlogistiqué uni à du phlogiston. Vers la même époque, la nouvelle parvint à Londres que M. Watt, de Birmingham, avait été amené par quelques observations à émettre la même opinion. Bientôt après j'allai à Paris, et, en présence de M. Lavoisier et de quelques autres membres de l'Académie royale des sciences, je parlai de ces nouvelles expériences et des hypothèses auxquelles elles servaient de base. Ils me répondirent qu'ils avaient chose à entendre parler de ces expériences, et particulièrement que M. Priestley les avait répétées. Ils ne doutaient pas que de cette manière on pût obtenir une quantité considérable d'eau, mais étaient convaincus que cette quantité ne serait pas exactement *égale au poids total des deux espèces d'air* employés, et que, par conséquent, l'eau ne pouvait être considérée comme formée ou produite par les deux espèces d'air, mais comme déjà contenue et unie aux airs, et déposée lors de leur combustion. Cette opinion fut soutenue par M. Lavoisier aussi bien que par les autres personnes qui s'entretenaient sur ce sujet ; mais, comme l'expérience elle-même leur parut très remarquable à tous tous points de vue, ils furent unanimes à demander à M. Lavoisier, qui possédait tous les préparatifs nécessaires, de la répéter sur une échelle plus grande aussitôt que possible. Il répondit à ce désir le 24 juin 1783 (comme il l'indique dans le dernier volume des mémoires). Du propre rapport de M. Lavoisier sur son expérience, il ressort suffisamment que, à cette époque, il ne s'était pas encore formé l'opinion que l'eau était composée d'air déphlogistiqué et d'air inflammable, car il compte que le résultat de leur union doit être une sorte d'acide en général. M. Lavoisier n'est peut-être convaincu d'avoir avancé quelque chose de contraire à la vérité ; mais on peut encore moins nier qu'il n'ait dissimulé une partie de cette vérité, sans quoi il aurait écrit que je lui avais fait connaître les expériences de M. Cavendish quelques jours avant, tandis que l'expression « il nous apprit » donne naissance à l'idée que je ne l'en avais pas informé avant le jour même. De même, M. Lavoisier passe sous silence une circonstance très remarquable, à savoir que l'expérience fut faite à la suite de ce que je lui avais dit à ce sujet. Il aurait dû également relater dans sa publication, non seulement que M. Cavendish avait obtenu « une quantité d'eau très sensible », mais aussi que le poids de l'eau était égal à la somme des poids des deux airs. Il aurait dû ajouter enfin que je lui avais fait connaître les conclusions de MM. Cavendish et Watt, à savoir que l'eau, et non un acide ou tout autre substance, était le résultat de la combustion des airs inflammable et déphlogistiqué. Mais ces conclusions ouvraient la voie à la présente théorie de M. Lavoisier, qui s'accorde parfaitement avec celle de M. Cavendish, mais que M. Lavoisier accommoda suivant sa vieille théorie qui bannit le phlogiston... Toute cette histoire vous montrera clairement que M. Lavoisier au lieu d'avoir été amené à la découverte par la suite expériences qu'il avait commencées en 1777 avec quel) fut amené à faire le procès de ces expéges, uniquement par les indications qu'il reçut de et de nos expérimentateurs anglais, et que, en réalité, il n'a rien découvert qui n'eût été signalé et démontré antérieurement en Angleterre. »

A cette lettre attaquant si gravement son honneur et son intégrité, Lavoisier ne fit aucune réponse. Ni Laplace, Legui ou Vandermonde, ni aucun des acadéen cause ne donnèrent la moindre explinon apparentibus et de non existentibus eadem ucune explication n'apparaît, parce qu'aucune possible. M. Berthelot ignore cette lettre, et cependant elle est indiquée dans plus d'une des publications qu'il nous dit avoir consultées pour la préparation de son rapport sur la controverse de l'eau. S'il en a eu connaissance, il faut qu'il l'ait considérée, soit comme indigne de réponse, soit comme irréfutable.

Ce serait, me semble-t-il, mettre Pélion sur Ossa que de chercher une évidence plus complète en recourant aux lettres des contemporains de Lavoisier sur ses prétentions. De mortuis nil nisi bonum. J'aurais mieux aimé m'arrêter aux vertus de Lavoisier, et laisser dans l'ombre ces défauts, mais il m'a paru de mon devoir, en cette occasion, de faire une réponse publique au livre de M. Berthelot. Aucun lieu n'était d'ailleurs plus convenable pour cette réponse que cette ville, qui a vu l'aurore des travaux desquels devaient sortir de si grandes découvertes. Probablement, pour un grand nombre d'entre vous, beaucoup de ce que j'ai dit n'a été que des redites, mais je ne crois pas avoir à m'en excuser. L'honneur de nos ancêtres est confié à notre garde, et ce serait nous montrer indigne de notre héritage et faillir à notre devoir que de ne pas ressentir vivement et repousser avec énergie toutes les tentatives faites contre le glorieux héritage qui fait notre légitime orgueil.

T.-E. THORPE.

GÉOGRAPHIE

La colonisation du Soudan et le Transsaharien.

Dans un précédent numéro de la Revue (13 septembre), j'ai étudié la question du Soudan à un point de vue purement historique de géographie rétrospective, en cherchant à expliquer par quelle bizarre confusion de faits et de renseignements, en somme assez exacts en eux-mêmes, nos anciens géographes les plus érudits en étaient arrivés, après plus de deux siècles d'investigations et de discussions, à embrouiller à tel point la question du cours du Niger, qu'il leur était devenu absolument impossible d'en figurer même approximativement le tracé sur leurs cartes.

Aujourd'hui, je dois revenir au même sujet, mais avec un but d'actualité d'une bien autre importance. Il ne s'agit plus seulement, en effet, de rectifier dans un intérêt de pure curiosité scientifique quelques traits de détail dans cette partie de la carte d'Afrique, mais de déterminer la part d'influence civilisatrice que nous pouvrons être appelés à exercer dans la colonisation très prochaine de ce vaste continent.

Il m'est d'autant plus permis de me prononcer sur cette question que j'ai été l'un des premiers à signaler, il y a une quinzaine d'années, l'importance qu'elle pouvait avoir, et bien certainement le premier à indiquer le moyen pratique de la résoudre à notre avantage, par la construction d'un chemin de fer transsaharien.

I.

Quelques détails sur l'orographie du Soudan sont en premier lieu nécessaires. Ainsi que nous l'avons vu, trois rivières distinctes constituent par leur juxtaposition une ligne d'eau à peu près continue, bien que de sens d'écoulement différent, dont l'ensemble, plus ou moins entrevu par nos géographes, avait reçu d'eux le nom générique de Niger ou Nil des Noirs.

L'embouchure même du Niger, qui n'était pas plus fréquentée par les indigènes qu'elle ne l'était, il y a peu d'années, par les Européens, figurait rarement dans l'énumération des branches successives de cette ligne d'eau. Elle en forme cependant un élément essentiel, et si nous le prenons pour point de départ, en remontant par le Bénué pour redescendre par le Charry sur le lâc Tchad, et au delà, par le Bahr-el-Gazel, vers le coude de Dongola sur le Nil, nous voyons se dessiner une dépression générale qui constitue le trait orographique le plus caractérisé du continent africain; une large et profonde coupure qui, prolongeant en quelque sorte dans les terres le golfe de Guinée, sépare nettement les deux lobes de ce continent : au nord, les vastes plaines et vallées soudaniennes, simples prolongements des vallées sahariennes; au sud, la région des hauts plateaux et des lacs nourriciers des grands fleuves.

Cette dépression du Tchad-Bénué, en même temps qu'elle représente la seule voie réellement navigable du continent africain, peut être considérée comme l'axe central des régions les plus riches et les plus peuplées du Soudan oriental. C'est là que se trouvent, en effet, les empires de Sokoto et du Bournou, les royaumes du Nuppé et de l'Adamowa, qui comptent en moyenne de 5 à 10 millions d'hommes relativement policés, arrivés même à un tel état de développement intellectuel, qu'en certaines villes, le voyageur Barh put constater que l'instruction publique était obligatoire cinquante ans avant de l'être chez nous.

Ces régions du Soudan oriental nous étaient cependant restées complètement inconnues, même de nom, jusqu'au commencement du siècle. Leur existence ne nous fut révélée que par les voyages de Denhow et Claperton, entrepris à peu près au moment même où, d'un autre côté, Caillé, parcourant les régions du haut Niger, nous montrait pour la première fois l'état réel d'infériorité relative du Soudan occidental et de la mystérieuse Tombouctou, enveloppée jusque-là de tant de légendes.

Quant à la région intermédiaire, la boucle comprise dans la grande courbe du Niger, que nous pourrions nommer le Soudan central, elle nous était encore complètement inconnue. il y a à peine quelques jours, considérée comme une région montagneuse, tributaire du Niger; tandis que le récent voyage du capitaine Binger nous a appris qu'on n'y trouvait que des plateaux de faible altitude, ayant leur écoulement en sens inverse, dans la direction du golfe de Guinée, dont le principal affluent, la Volta, s'est trouvé avoir ainsi une longueur de bassin double de celle que lui assignaient nos cartes géographiques.

Ainsi subdivisé en trois régions naturelles assez bien définies, le Soudan, pris dans son ensemble, constitue une vaste contrée de fertilité très inégale, beaucoup plus riche dans la région orientale, relativement salubre, éminemment propre à fournir toutes les productions agricoles des pays tropicaux, qui, jusqu'ici, était demeurée à peu près en dehors du reste du monde, dont elle était séparée au nord par des déserts d'un parcours long et difficile, sur tous les autres côtés par des marais pestilentiels.

On ne doit pas être surpris que, malgré tous ses éléments de prospérité naturelle, le Soudan fût demeuré si complètement étranger au mouvement industriel et commercial du reste du monde. Il était impossible qu'il en fût autrement pour un pays essentiellement agricole, dont les produits ne pouvaient supporter les frais énormes d'un transport par voie de caravane à travers 2000 à 3000 kilomètres de désert.

L'esclave seul, la marchandise qui marche et trans-

porte au besoin d'autres marchandises, était l'unique objet d'échange qu'un pareil pays pût fournir; et la suppression de la traite, si on pouvait l'appliquer en fait, devait à tout jamais faire cesser le mouvement commercial, déjà bien restreint, existant entre l'Afrique centrale et le Tell barbaresque à travers le Sahara.

Tel était l'état de la question quand, il y a une quinzaine d'années, j'appelai l'attention sur la valeur coloniale du Soudan et la possibilité d'en exploiter à notre profit les richesses par la construction d'un chemin de fer transsaharien.

En revendiquant ici la paternité de cette idée, je crois utile de spécifier nettement le sens que j'entends lui donner; car, de même que j'ai aujourd'hui des continuateurs, déjà bien des fois voulu me donner des précurseurs. Il y a quelques jours encore, un journal, traitant la question, disait qu'on devait en faire remonter la liste à vingt-cinq ans au moins; il aurait pu aller plus loin encore : pour ma part, en effet, j'ai souvenir d'avoir vu le chemin de fer de Paris à Tombouctou figurer au nombre des merveilles féeriques d'une revue de fin d'année antérieure à 1845.

C'est, en effet, à cet état de rêve plus ou moins fantastique, en tout cas d'une exécution fort lointaine, que l'idée avait pu se présenter à l'esprit de mes devanciers, que je l'avais moi-même considérée, jusqu'au jour où l'étude attentive des conditions techniques dans lesquelles venait d'être exécuté le chemin de fer du Pacifique m'amena à conclure, par comparaison. que la construction d'un chemin de fer reliant l'Algérie au Soudan à travers le Sahara était une entreprise qui serait beaucoup plus utile, tout aussi aisément exécutable, et qu'il était dès lors de notre intérêt d'y mettre la main sans retard. Tels sont les trois points d'argumentation que j'essayai de développer dans une série de brochures dont la première fut soumise à un Congrès de géographie ouvert aux Tuileries en 1874, et finalement dans un livre plus important publié en 1878.

Mon programme à cet égard n'a jamais varié; fort indifférent quant au point de départ, pourvu qu'il fût placé en Algérie, au *terminus* d'une ligne de fer existante, il consistait à donner plein pouvoir à un chef d'expédition méritant confiance, pour recruter et organiser militairement un petit effectif de 4000 à 5000 travailleurs, qui, convenablement ravitaillé de vivres, de rails et d'approvisionnements de toute sorte, se serait avancé dans une direction déterminée, établissant sur le tracé qui paraîtrait préférable une voie de fer continue, s'étendant de proche en proche, avec un avancement moyen que l'on pourrait aisément porter à 2 ou 3 kilomètres par jour; ouvrant le pays devant elle, en même temps qu'elle le pacifierait en arrière. Guidé par les considérations stratégiques plus simples, ce corps expéditionnaire aurait eu à franchir le Sahara dans sa moindre largeur pour aboutir le plus tôt possible au sommet nord de la grande courbe du Niger, où aurait eu lieu une première bifurcation. Pendant qu'une colonne détachée aurait remonté le fleuve pour se rattacher au Sénégal, le corps principal descendant le Niger jusque vers Say l'aurait abandonné en ce point pour se diriger vers le sud-est, en traversant les régions centrales du Haoussa et du Bournou pour atteindre le lac Tchad et remonter au delà par la vallée du Charry sur les hauts plateaux de l'Afrique australe, qu'il aurait suivis dans toute leur longueur. Sur ce parcours total de 8 000 à 10 000 kilomètres environ, le corps expéditionnaire n'aurait rencontré d'autre résistance possible que celle des États indigènes, dont aucun n'était en position de s'opposer à la marche d'une troupe de 100 hommes de troupes régulières. Nulle part, on n'eût trouvé occasion de conflit ou même de compétition rivale avec une puissance européenne. La plupart d'entre elles occupaient sans doute des comptoirs plus ou moins importants sur les côtes ; mais aucune n'avait encore manifesté l'intention d'exercer son influence ou de revendiquer un droit d'occupation quelconque sur les régions centrales presque toutes inconnues, que nous aurions, en quelque sorte, à la fois découvertes et conquises. C'est à l'extrémité seulement de notre itinéraire que nous nous serions retrouvés en contact avec la civilisation européenne, en arrivant dans le pays des Boërs indépendants, nos auxiliaires naturels, ennemis-nés des Anglais qu'ils nous auraient aidés à contenir dans leur colonie du Cap, en attendant l'occasion désirée par eux de les en expulser.

II.

Telle était ma conception du Transsaharien, la seule dont je veuille revendiquer la priorité et la responsabilité. Ce n'était qu'une utopie !... me dira-t-on ! Peut-être ?... Il n'aurait, en effet, fallu qu'une circonstance fortuite pour le réaliser ; par exemple, le maintien au ministère de M. Caillaux, qui eût très probablement substitué mon programme d'expédition transsaharienne à celui de la mission Flatters !

Quoi qu'il en soit, la situation n'est plus la même. On pourra encore projeter, on exécutera certainement tôt ou tard, non pas un, mais plusieurs chemins de fer transsahariens, car l'exploitation du continent africain ne saurait se faire autrement ; mais ces divers chemins de fer auront chacun son but précis et délimité, tout différent de celui de cette voie d'exploration et de conquête pacifique qui, il y a douze ans, pouvait assurer la domination exclusive de l'Afrique à notre pays. Ce Transsaharien particulier est aujourd'hui bien moins qu'une utopie, ce n'est plus qu'un rêve évanoui, un beau rêve ! que j'ai pu faire et que nul ne saurait reprendre après moi !

Pendant que nous restions inactifs en France, pen-

dant qu'un mot d'ordre était donné pour ensevelir dans un même oubli le souvenir du désastre de la mission Flatters et celui de l'idée du Transsaharien, qui était précisément l'opposé du programme de cette malencontreuse expédition, d'autres mettaient à profit le temps que nous perdions volontairement. Tous les peuples de l'Europe s'entendaient comme à l'envi pour réclamer chacun une part d'influence et de suzeraineté dans ce grand continent resté jusque-là librement ouvert à notre initiative exclusive.

L'Angleterre, entre toutes, s'est surtout distinguée dans cette campagne de revendications ; et, passant de la parole aux actes, elle s'est implantée un peu partout, d'autant plus aisément que, loin de contrarier ses efforts, on aurait dit que tous, hommes d'État ou simples particuliers, prenaient à tâche chez nous de les faciliter, en lui ouvrant toutes les portes, en Égypte comme au Soudan.

A diverses reprises, je tentai d'appeler l'attention sur ces agissements de nos voisins. Ma voix resta sans écho et ne fut guère plus entendue, quand il y a quelques mois à peine, voyant la question du Transsaharien se poser de nouveau devant l'opinion publique, je me décidai à publier une nouvelle.édition de mon livre (1). Je faisais ressortir que si, d'une part, au point de vue technique, la construction du chemin de fer ne devait rencontrer aucun des obstacles matériels qu'on m'avait objectés au début, elle devait en revanche soulever des difficultés politiques très sérieuses, à raison des compétitions rivales que nous trouverions très certainement dès notre débouché au delà du Sahara.

Je signalais notamment les droits de possession très contestables dont les Anglais ne manqueraient pas de se prévaloir sur les régions méridionales du Soudan oriental, sous prétexte de l'achat fait par leurs nationaux de quelques comptoirs de commerce fondés par des Français sur le bas Niger et le Bénué.

En rappelant ce fait, et discutant l'opinion du général Faidherbe qui ne voulait y voir qu'un acte privé, ne pouvant porter nulle atteinte à nos droits politiques, j'étais loin de me douter qu'à si bref délai et, sous prétexte d'une réparation qui pouvait nous être due à propos de Zanzibar, nous en viendrions, non seulement à admettre les prétentions des Anglais sur le Soudan méridional à raison de leur occupation de fait, mais à leur reconnaître des droits analogues sur tout le Soudan septentrional, comprenant les royaumes de Sokoto et de Bournou, où ils n'ont pas plus que nous mis les pieds, où leur influence ne pourra s'exercer de très longtemps, tandis que la nôtre pourrait y devenir effective et réelle par la construction du Transsaharien, sans lequel on ne peut sérieusement songer à exploiter ces contrées centrales.

(1) Le Transsaharien (2ᵉ édit.). Librairie Camut, 7, quai Voltaire.

En compensation de l'abandon que nous leur faisons du sol de ces *Indes africaines*, les Anglais veulent bien nous accorder gracieusement l'investiture d'une partie du Sahara qui nous en sépare, nous invitent même à y construire un chemin de fer. C'est en effet au moment même où notre gouvernement renonce au principal, qu'il paraîtrait vouloir s'occuper de l'accessoire : le même numéro de l'*Officiel*, qui constitue une commission chargée de délimiter la ligue divisoire qui nous exclut à jamais de l'Afrique centrale, en institue une seconde appelée à étudier à nouveau le Transsaharien qui n'a d'autre raison d'être que de mettre ces régions en valeur.

Un seul fait dans les annales de notre histoire coloniale pourrait être, au point de vue de ses conséquences néfastes, comparé aux dernières conventions anglo-françaises, c'est le renoncement de la France à ses anciennes possessions américaines au siècle dernier. La comparaison, toutefois, serait loin d'être exacte. C'est après sept ans de guerres désastreuses, dans l'impossibilité de faire autrement, que le gouvernement de Louis XV abandonna le Canada, par force, comme eclui de 1871 a abandonné l'Alsace-Lorraine. Tandis que, dans le cas actuel, rien de pareil ne s'est présenté. C'est en pleine paix, de gaieté de cœur, sans aucune nécessité, que nos ministres ont consenti à cette renonciation de nos droits, dix fois plus préjudiciable à nos intérêts que ne le fut la cession du Canada ; car par sa proximité, autant que par le contraste des climats et des productions agricoles, l'Afrique centrale a pour nous beaucoup plus d'importance que n'en aurait jamais eue l'Amérique septentrionale.

Évidemment, en cette circonstance, nos gouvernants, dont on ne saurait suspecter les bonnes intentions, se sont laissés jouer par l'Angleterre dans une question qu'ils n'avaient pas étudiée. L'ironie railleuse avec laquelle le marquis de Salisbury s'est excusé à la tribune britannique de nous avoir concédé une si vaste étendue de déserts importantifs devrait nous éclairer sur la valeur du cadeau qu'on est censé nous faire et nous engager à y renoncer pendant qu'il en est temps encore.

La convention anglo-française n'est en effet qu'à l'état de projet. Il dépend du Parlement de refuser de la sanctionner. Il pourrait le faire sans aucun risque de conflit immédiat avec l'Angleterre, puisqu'il s'agit d'un avantage prétendu auquel nous sommes parfaitement libres de renoncer pour rentrer dans le droit commun. Or, en matière coloniale, la possession du fait constitue seule ce droit ; et il ne dépendrait que de nous de l'acquérir ; car, par l'ouverture du Transsaharien, nous pourrions en moins de quatre ans arriver au Soudan et réaliser, notamment à Sokoto et au Bournou, une occupation autrement effective que celle qui peut résulter pour les Anglais de la possession des quelques huttes de paille décorées du nom de comp-

toirs qu'ils possèdent sur les rives immédiates du bas Niger et du Bénué.

Quoi qu'il en soit d'ailleurs, la question se trouve aujourd'hui posée entre l'Angleterre et nous en Afrique, comme elle l'était en Amérique et aux Indes au siècle dernier ; et tôt ou tard elle devra se résoudre comme alors par l'expulsion complète d'une des deux puissances. Cette issue est fatale ; car, je ne saurais trop le répéter, et le passé nous est à cet égard un gage certain de l'avenir : — avec l'Angleterre il n'y a pas de partage possible en matière coloniale. Tout ou rien est sa devise, à laquelle, bon gré mal gré, par la force des choses, son gouvernement est toujours obligé de se conformer.

En constatant ce fait, ce n'est point avec une intention de critique ou un sentiment d'hostilité à l'égard de la race anglo-saxonne. Nul plus que moi ne rend justice à la persévérance, à l'espèce d'ordre et de méthode qui la distinguent. Appliquées à une œuvre de colonisation, ces qualités lui donnent sur nous une écrasante supériorité, et il est assez triste de constater que les seules colonies françaises qui aient prospéré sont celles que nous avons dû céder aux Anglais. Le Canada ne comptait pas plus de 60 000 colons, quand la nouvelle Angleterre en avait plus d'un million. De nos jours, en Guyane, les colonies anglaise et hollandaise sont relativement florissantes, si on les compare à la colonie française qui est la première en date, qui occupe les meilleures terres, et possède à Cayenne le seul port naturel, en sol salubre, qu'on rencontre sur cette immense côte marécageuse.

A n'envisager la question que sous son point de vue matériel, l'exploitation industrielle et commerciale du continent africain serait bien plutôt réalisée par les Anglais que par nous. Ce ne saurait être cependant un motif pour leur laisser le champ libre, même en envisageant la question à un point de vue purement humanitaire.

Si importantes que soient les qualités spéciales que nous leur reconnaissons, elles ne sauraient prédominer exclusivement parmi celles des nationalités nouvelles qui se développent à la surface du globe, à mesure que la civilisation s'y répandra. Il est essentiel que le génie national des autres races européennes ne soit pas partout remplacé par celui de la race anglo-saxonne. L'Amérique du Sud, peuplée par les Espagnols et les Portugais, peut être considérée comme ayant à peu près échappé à son influence ; mais sa part serait encore trop grande si, au vaste domaine colonial qu'elle possède dans l'Amérique du Nord, aux Indes et en Australie, elle devait encore joindre le continent africain. Pour maintenir un équitable équilibre, il serait indispensable que cette dernière épave du monde barbare fût réservée, sinon exclusivement à la France, tout au moins à l'ensemble des nations européennes, l'Italie et l'Allemagne surtout qui, comme elle, sont restées trop en dehors de la grande œuvre civilisatrice qui s'accomplit sous leurs yeux ; — je ne parle pas de la Russie, qui a sa voie tracée vers l'orient dans l'intérieur du continent asiatique. Si hostiles que nous soient en apparence l'Italie et l'Allemagne, les différends qui nous séparent sont trop factices pour être durables; et il est à espérer, à désirer tout au moins, que les uns et les autres nous arrivions à comprendre qu'il y a folie de notre part à épuiser nos forces en armements stériles en vue d'une guerre fratricide entre nous; tandis que l'Angleterre, libre dans ses mouvements, maîtresse de toutes ses ressources, les emploie sans relâche à étendre sa domination sur la totalité du monde habitable.

La question africaine bien comprise doit devenir tôt ou tard le pivot autour duquel se grouperont les peuples du bassin méditerranéen pour constituer l'union latine, prélude elle-même de l'union des peuples occidentaux de l'Europe, de la république chrétienne, qui, sous quelque forme politique qu'elle se constitue, peut seule faire contrepoids à l'union américaine d'un côté, à l'empire d'Orient restauré par la Russie de l'autre.

III.

On m'objectera sans doute que cette hypothèse de la constitution des États-Unis d'Europe devant résulter d'une alliance, d'une ligue des peuples continentaux contre l'Angleterre, n'est qu'une chimère comme le programme de la paix universelle : c'est possible, probable même ! La question est trop subordonnée aux passions humaines, aux accidents fortuits de la politique pour qu'on puisse espérer qu'elle reçoive de sitôt une solution rationnelle; et l'Europe pourra longtemps encore attendre son Lincoln !

Sortons donc du rêve pour rentrer dans la réalité, telle qu'elle résulte pour nous des dernières conventions anglo-françaises; en admettant même, ce qui n'est que trop probable, que ces conventions seront officiellement ratifiées ou tout au moins ne seront pas désavouées par un vote formel des Chambres.

L'opinion publique est au fond très indifférente à la question africaine, et la presse qui pourrait l'éclairer est en général trop inféodée à des intérêts particuliers pour qu'on puisse avoir grande confiance dans ses appréciations. On ne saurait se dissimuler, en effet, que, en ce qui concerne plus spécialement le Transsaharien, des considérations industrielles ou financières, plus que patriotiques, ont contribué à en réveiller l'idée.

Étant donnée la situation que notre diplomatie nous a faite en Afrique, quelle politique devons-nous y suivre, si nous voulons, non pas éviter — la chose n'est pas en notre pouvoir — mais ajourner le plus possible le conflit qui tôt ou tard se produira entre nous et les Anglais dans le bassin du Niger, comme il s'est produit dans celui des grands lacs américains au siècle dernier?

En principe, bien que les faits aient en apparence contredit mes assertions premières, puisque les Anglais venus à notre suite ont pu établir par voie maritime des relations avec quelques points de l'intérieur du Soudan, en principe je n'en reste pas moins convaincu que cette vaste région de l'Afrique intérieure ne peut être exploitée et fructueusement mise en valeur que par des chemins de fer venant du nord, franchissant le Sahara à partir d'un point quelconque du littoral méditerranéen. Or, dans ces circonstances, les conventions, si nous restions libres de les appliquer à la lettre, nous créeraient une position relativement avantageuse, car, tandis que nous resterions maîtres de desservir par une voie à nous le Soudan occidental et la partie du Soudan central qui nous sont abandonnés à l'ouest de la ligne de Gaó à Say, les Anglais ne pourraient, en venant du nord, aboutir au Soudan oriental devenu leur apanage qu'en traversant le territoire saharien qui nous est réservé au nord de la ligne Say-Tchad.

Cette situation, qui n'a peut-être pas été comprise par les diplomates anglais, quelle que soit leur finesse, pourrait être heureusement exploitée par nous; en tout cas, elle me paraîtrait devoir peser d'un grand poids dans les déterminations qu'aura à prendre le gouvernement quand il voudra sérieusement arrêter le tracé de la ligne transsaharienne dont il a admis la construction en principe, au moment même où il renonçait à ses principaux avantages.

Je n'ai pas été appelé personnellement à faire partie de la nouvelle Commission chargée d'étudier la question. J'ignore quelles seront ses résolutions. L'idée créatrice qui a présidé à la formation étant la même qui avait enfanté les commissions antérieures, il est à craindre qu'elle ne manque comme elles d'initiative et de décision. Il faut espérer — je n'oserais en jurer pourtant — qu'elle ne s'arrêtera pas à des détails techniques, et que, sans vouloir recommencer l'expédition Flatters, elle se bornera à indiquer au gouvernement la direction du tracé à suivre et les conditions spéciales du mode d'exécution du Transsaharien.

La question réduite à ces termes, il ne sera pas déjà très facile à la Commission d'y répondre, surtout si elle est tenue de se prononcer sur les propositions faites par l'industrie privée.

Quant à moi, qui ai l'avantage de n'être lié par aucune attache officielle, de me sentir libre de tout engagement, sans groupe financier devant ou derrière, c'est avec une entière indépendance que je me permets d'émettre une opinion personnelle qui a au moins le mérite d'être exempte de toute préoccupation d'intérêt personnel.

Si l'on n'avait en vue que la prospérité même du chemin de fer, le maximum des recettes qu'il pourra

iser, le mieux serait sans doute d'en revenir au
é central que j'ai toujours proposé, qui, partant d'un
it quelconque de l'Algérie, peu importe, viendrait
ıtir au sommet de la courbe du Niger, pour s'y
rquer en deux branches dont l'une dirigée vers le
t fleuve et le Sénégal desservirait la région fran-
e ; dont l'autre, se continuant jusqu'à Say, ne tar-
ıit pas à être prolongée par les Anglais vers le Bour-
en traversant le Haoussa. C'est dans des conditions
logues que, sans se dissimuler la déconvenue que
avaient fait éprouver les conventions, un de mes
linuateurs s'en consolait dernièrement en alléguant
ıu pis-aller le Transsaharien transporterait les pro-
ıs anglais.

our mon compte, je ne mets nullement en doute
ésultat matériel. Si les Anglais trouvaient sous leur
n, à rien ne coûte, un chemin de fer sérieux, à
:e voie, traversant le désert dans sa moindre lar-
r, il est très certain qu'ils s'empresseraient de s'en
'ir, comme ils se servent du canal de Suez, non
lement pour transporter les denrées du Soudan,
ıs pour préparer la mise en valeur du pays lui-
ıe.

e n'est pas seulement dans l'intérieur du continent,
ıs bien plus encore sur le littoral africain, qu'ils
ıdraient s'établir en masse, apportant leur intelli-
ce et leurs capitaux. Le charme du climat les
re déjà beaucoup en Algérie ! Que serait-ce s'ils
ɔyaient un champ de fortune à exploiter ! Pendant
ı, sous prétexte de colonisation, nous ferions alterner
ouest les essais de conquête militaire ou de protec-
ıt civil, les Anglais, avec moins de bruit et plus de
ultats pratiques, développeraient fructueusement
r occupation du Soudan oriental. Un jour viendrait,
chain, où principaux intéressés du Transsaharien,
tête comme en queue, ils ne verraient plus en nous
ɔ des rivaux turbulents ou incommodes, comme jadis
Cànada, ou des parasites gênants, comme à Terre-
ıve aujourd'hui, à la Nouvelle-Calédonie demain :
des voisins fâcheux en tout cas, dont on doit se
ıarrasser de vive force ou par persuasion, avec ou
ıs promesse de compensation, suivant qu'on se rend
ıs habile ou plus fort !

le résultat serait le plus net, le plus inévitable ; et,
ɔi qu'il m'en coûte, du moment où le grand cen-
ı africain, tel que je l'avais conçu, ne serait plus
ın instrument destiné à favoriser le développement
la prépondérance anglaise, la logique nous oblige
renoncer. C'est assez d'avoir abandonné le Soudan ;
ıe faudrait pas se hâter de livrer l'Algérie !

l va d'ailleurs sans dire que, en renonçant à la ligne
ıtrale ou méridienne, ce ne saurait être pour nous
ıiger vers l'est en suivant la lisière du désert que les
glais ont bien voulu nous concéder, avec un jour de
ffrance sur le lac Tchad, pour nous amorcer ; à moins,
ɪtefois, qu'on ne veuille absolument établir la voie

Decauville projetée dans cette direction, à laquelle on
ne voit guère jusqu'ici d'autre but pratique que d'aller
renouer avec ces bons Touareg des relations amicales
si fatalement interrompues par l'accident de la mission
Flatters ? A cela près, ce simulacre de chemin de fer,
digne pendant du simulacre d'empire qu'il serait destiné à desservir, s'il n'avait pas pour nous de grands
avantages matériels, aurait tout au moins le mérite de
ne pas être un instrument bien dangereux aux mains
des Anglais. Reste à savoir s'ils voudraient s'en contenter, s'ils ne chercheraient pas à en modifier l'assiette en reportant son point de départ dans la Tripolitaine, et faisant au besoin intervenir les Italiens dont
ils se joueraient comme ils se sont joués de nous.

On ne doit jamais s'amuser avec le feu, et nous ne
devons pas chercher à donner prétexte à des difficultés
qui ne se présenteront que trop d'elles-mêmes. On
nous a accordé vers l'est une apparence de droit d'occupation qui ne peut nous conduire à rien qu'à des
occasions de conflit avec l'Angleterre dans l'avenir,
avec l'Italie, peut-être, dans le présent. Gardons-nous
de mettre la main dans ce guêpier, et puisqu'il nous a
plu de réduire nos prétentions au Soudan central et
oriental, sachons nous en contenter et hâtons-nous
d'en tirer parti.

Cette région n'est sans doute ni aussi riche ni aussi
peuplée que le Soudan oriental, mais elle n'est pourtant pas sans valeur. Considéré comme embrassant
tout l'espace compris entre la rive droite du Niger inférieur et l'Océan, le pays où nous pourrions librement faire prédominer notre influence présente une
superficie de 2 millions de kilomètres carrés, trois ou
quatre fois l'étendue de la France, moitié de celle des
États-Unis. Il y a loin sans doute de cet empire colonial
à celui qu'on pouvait étendre il y a deux ans sur la
totalité du continent africain ; mais nous devrons nous
en contenter, fort heureux si nous savons l'exploiter.
Pour atteindre ce but, le Transsaharien devrait être
franchement dévié vers l'ouest, dans les conditions
générales du tracé particulier dont quelques membres
de la Chambre des députés ont déjà pris l'initiative,
avec un tout autre point de départ cependant. Si nous
voulons faire une œuvre réellement utile et pratique,
il faut que le chemin de fer, en rapport avec sa destination plus ou moins prochaine, soit en mesure de
transporter à bas prix, à très grande distance, des produits agricoles de minime valeur. Il faut, en outre, et
surtout, que les conditions du cahier des charges permettent et imposent à la compagnie concessionnaire
ces tarifs réduits sans lesquels le chemin de fer n'aurait pas de raison d'être. Il ne faudrait pas, par exemple,
admettre, comme au Sénégal, des tarifs tellement pro-
hibitifs, que le transport d'une tonne de marchandises
coûte plus cher sur les 260 kilomètres de Dakar à Saint-
Louis que sur les 4000 kilomètres par voie de mer de
Bordeaux à Dakar.

De pareils chemins de fer peuvent être une bonne affaire pour le comité de fondation qui en émet les actions à la Bourse, mais ils constituent une entreprise désastreuse pour l'État qui en paye les frais, sans avantages pour la colonie qui n'en retire aucun profit.

J'admets qu'il s'agit d'une voie de transport utile et sérieuse, qui, comme telle, devra être établie dans les conditions d'un chemin de premier ordre à faible pente, grandes courbes et large voie par-dessus tout. Ce n'est donc pas en prolongement de la ligne à voie étroite de Saïda, mais de toute autre existante ou à créer, à Tlemcen ou à Tiaret par exemple, que devra commencer le Transsaharien qui, rejoignant au plus tôt la grande vallée de l'O. Guir, la suivra en longeant à l'ouest les oasis du Touat pour gagner Tombouctou par la ligne ordinaire des caravanes venant du Maroc.

A partir de ce centre, auquel notre occupation donnerait bientôt une importance qu'il n'a jamais eue, la voie ferrée remonterait le fleuve pour rejoindre le Sénégal et Saint-Louis en jetant en route une série de sous-embranchements qui peu à peu divergeraient vers les divers points du littoral maritime, où nous possédons déjà des comptoirs. On ne doit pas s'effrayer de cette prévision; on doit au contraire la considérer comme un résultat que nous devons nous efforcer d'atteindre au plus tôt. Quand on considère que, en l'état, la grande République américaine n'a pas construit moins de 200 000 kilomètres de chemins de fer, nous devons trouver toute naturelle la perspective d'en établir proportionnellement autant dans une région que nous ne pouvons vivifier et mettre en valeur autrement, car, bien plus encore que le territoire des États-Unis, elle se trouve dépourvue de toute autre voie de transport, artificielle ou naturelle, routes carrossables, canaux ou rivières.

C'est en suivant résolument ce programme, en nous cantonnant dans la région qui nous a été abandonnée, en nous isolant le plus possible des Anglais, que nous pourrons nous développer en dehors d'eux, sans trop d'infériorité relative, l'appui du chemin de fer compensant largement notre moindre aptitude coloniale, jusqu'au jour, assez lointain dans ces conditions nouvelles, où nous nous retrouverons forcément en contact avec eux. D'ici là, bien certainement, cette occasion de conflit que nous aurons évitée se présentera pour d'autres, et nos voisins de frontière européenne, instruits à leurs dépens, devenus par la force des choses nos alliés, nous prêteraient au besoin leur concours pour résister aux envahissements injustes (1).

A. DUPONCHEL.

(1) Il va sans dire que nous laissons à notre éminent et compétent collaborateur toute la responsabilité de ses opinions. (Réd.)

ZOOLOGIE

La sélection sexuelle et les ressemblances protectrices chez les araignées.

Nous avons eu l'occasion, il y a plusieurs mois déjà, de rendre compte ici d'un travail dû à M. et à M⁰ᵉ Peckham, de Milwaukee, et concernant les facultés mentales des araignées. Ces deux observateurs sont évidemment voués à l'étude de cet intéressant ordre, car voici qu'ils viennent de publier, dans les *Occasional Papers of the Natural History Society of Wisconsin* (vol. I; 1889), deux bons mémoires sur la sélection sexuelle, et sur les ressemblances protectrices étudiées chez ces animaux. Il nous semble qu'il y aura quelque intérêt, pour nos lecteurs, à connaître les résultats obtenus.

On sait que pour Wallace, la coloration animale est un fait normal, physiologique, et que, si elle s'atténue chez la femelle, cela tient au besoin de protection qu'elle éprouve, tandis que le développement et l'intensification de la couleur chez le mâle s'explique par le moindre besoin qu'il a de teintes servant à le dissimuler, d'une part, et, d'un autre côté, par sa vigueur et son activité plus grandes, comme le montre le fait de l'éclat particulier des couleurs à l'époque reproductrice, où la vitalité est maxima. M. Wallace considère même ce dernier facteur comme le plus important, et pense que la couleur est d'autant plus vive que la vitalité est plus grande, et, corollairement, que les instincts belliqueux sont plus développés. Voyez par exemple les oiseaux-mouches, dit l'éminent naturaliste; ils sont d'autant plus vivement colorés qu'ils sont plus belliqueux. Et il cite quelques exemples. Mais il en trouve 6 seulement, alors que, sur 390 espèces, il en est 3½0 qui présentent une coloration très vive. Et, d'autre part, si l'on considère la famille des pigeons, on voit qu'il en est beaucoup qui possèdent des couleurs éclatantes, malgré une pugnacité très faible, presque proverbiale. Même fait chez les oiseaux de paradis; on sait la beauté de leur plumage, on sait aussi leur habitude à certaines époques de se réunir en tournois de danses et de luttes, point. C'est dire que la seconde théorie de la coloration animale, de M. Wallace, ne trouve guère d'appui dans les faits connus.

Les faits que fournissent les araignées seront-ils favorables à cette théorie, ou à la première? Telle est la question que se posent M. et M⁰ᵉ Peckham.

Les araignées ne sont point, comme on serait tenté de le croire, à en juger par les quelques espèces que l'on voit communément, des animaux à coloration terne et effacée. Il en est beaucoup, dans les régions chaudes surtout, qui présentent des couleurs admirables. Ces couleurs vives et claires, qui font souvent de l'animal un véritable bijou, sont-elles plus développées chez le mâle? Cela n'est point évident. Chez les *Attidæ*, famille riche en colorations vives (chez le mâle), les femelles sont presque invariablement plus fortes et plus belliqueuses que les mâles : ce sont de véritables viragos, et leurs compagnons les craignent à l'excès, et non sans cause, puisqu'elles les dévorent souvent. Le même fait s'observe dans d'autres familles ; et, sans multiplier les exemples, on peut adopter la conclusion de M. et M᠎ᵐᵉ Peckham qui nient l'existence d'une relation entre la coloration et la vitalité. La seconde théorie de Wallace n'est point confirmée par les faits observés chez les araignées. Reste la première, celle d'après laquelle la femelle est moins vivement colorée, en raison de ses besoins spéciaux de protection. Mais, disent nos auteurs, ce besoin est faible : la plupart des femelles vivent dans des nids, dissimulées aux regards, sauf les Lycosides qui sont munies de colorations protectrices. D'où la conclusion que les femelles possèdent des couleurs ternes pour des raisons autres que celles qu'invoque Wallace. La coloration sexuelle doit donc être expliquée par des principes différents, et pour M. et M᠎ᵐᵉ Peckham ce principe est la sélection sexuelle, la préférence accordée par les femelles aux mâles les plus beaux. Pour établir ceci, il convient d'examiner différentes classes de faits Tout d'abord les faits relatifs à la mue : ils indiquent d'une façon frappante les similitudes entre les faits de la coloration chez les oiseaux et chez les araignées. Trois cas se présentent, au sujet de la ressemblance des jeunes et des adultes.

1° Quand le mâle adulte est plus éclatant que la femelle adulte, les jeunes des deux sexes ressemblent à la femelle. Exemple : *Phidippus Johnsonii*, chez qui le mâle ne prend sa livrée brillante qu'à la dernière mue (jusque-là mâles et femelles se ressemblent), et beaucoup d'autres espèces qu'il est inutile de citer. Et, dans ces cas, mâle et femelle adultes diffèrent à tel point qu'on les croirait d'espèce différente. Ceci est le cas en particulier pour les *Attidæ*, et si l'on tient compte que les 930 espèces de cette famille il en est 634 qui sont basées sur la connaissance d'un sexe seulement (328 femelles et 306 mâles), et que sur ces 634 espèces il en est beaucoup qui vivent disparaître, la femelle de telle espèce n'étant que la femelle de tel mâle classé dans une autre espèce, on voit que les différences sexuelles doivent être considérables.

2° Quand la femelle adulte est plus brillamment colorée que le mâle adulte, les jeunes des deux sexes ressemblent plus au mâle, durant les premiers temps, c'est-à-dire au cours des premières mues. Ce cas est fréquent, beaucoup plus fréquent que chez les oiseaux. Mais il y a ici une difficulté, venant de ce que les femelles ne ressemblent aux mâles que durant une très courte période ; dès qu'elles ont atteint le quart ou le tiers de leurs dimensions adultes, elles commencent à prendre la livrée de l'adulte. Pourquoi une caractéristique qui se produit aussitôt n'a-t-elle pas été transmise aux deux sexes ? Les auteurs pensent que les deux sexes avaient autrefois la coloration du mâle, et que la femelle a depuis varié sous l'influence de la sélection naturelle.

3° Quand le mâle et la femelle adulte se ressemblent, les jeunes ressemblent aux adultes. Dans ce cas, mâle et femelle sont généralement de couleur terne.

Les cas I et III se comprennent aisément, si on suppose que les femelles ont préféré les mâles les plus beaux, et si l'on admet que les variations qui se produisent tard dans la vie sont par là limitées au sexe qui les présente. Dans les cas où la femelle est à un certain point voyante, il faut admettre que la coloration du mâle a quelque peu agi sur celle de la femelle. Le cas II s'éloigne plus que les deux autres de ce que l'on observe chez les oiseaux ; mais il est probable que les phénomènes des cas I et III chez les oiseaux et les araignées sont dus à de mêmes causes, c'est-à-dire à la sélection sexuelle. Il convient de noter en passant que la coloration n'est point le seul caractère sexuel secondaire ; il y a encore, entre le mâle et la femelle, des différences considérables dans la forme, les dimensions et la couleur de divers appendices, différences à l'avantage du mâle, qu'elles rendent plus voyant et plus remarquable.

Mais la sélection sexuelle existe-t-elle chez les araignées? C'est là une question qui se peut résoudre par l'observation attentive des phénomènes qui précèdent l'accouplement. Les auteurs se sont livrés à une série d'observations très nombreuses et variées, et les résultats en sont fort intéressants. Notons en passant qu'il est besoin d'une grande patience pour arriver à être témoin des formalités qui précèdent l'acte final, même en se mettant dans les conditions les plus favorables, c'est-à-dire en plaçant les animaux à étudier dans de petites caisses où ils sont tranquilles, où rien ne les vient déranger, et où il est aisé de les observer. Voici, en résumé, quelques notes prises sur différentes espèces. Un mâle et une femelle, à maturité, sont mis dans une même boîte vitrée.

Saitis pulex. — A peine le mâle a-t-il été mis en présence de la femelle qu'il marche droit vers elle. Arrivé à 10 centimètres de distance, il s'arrête, et aussitôt se livre à une extraordinaire série de contorsions qu'*elle* guette avidement, changeant parfois de place pour les mieux voir. Sa danse, à lui, consiste à relever autant qu'il peut un côté du corps, par l'extension forcée des pattes de ce côté, alors que l'autre est au contraire abaissé ; il s'avance un peu dans cette attitude, puis tout à coup fait la bascule, élevant le côté du corps abaissé, et abaissant le côté élevé, pour marcher encore un peu. Elle n'est point insensible à ces démonstrations, et elle court à lui. Mais l'heure n'est pas venue ; il lui fait signe de s'arrêter, il la tient à distance avec ses deux pattes de devant, et continue. On compte, de la sorte, 111 cercles décrits, tantôt dans un sens, tantôt dans l'autre, par le mâle qui maintenant est tout près d'elle : il tourne rapidement autour d'elle ; elle tourne aussi, puis il reprend sa danse, et pendant ce temps elle se glisse sous lui. Après le premier acte sexuel, les formalités sont très abrégées pour les suivantes. Dans de rares occasions, on voit la femelle faire des avances au mâle, mais souvent la femelle repousse le mâle malgré sa danse et ses contorsions.

Epiblemum scenicum. — Le mâle se dresse le plus haut qu'il peut sur ses trois paires de pattes postérieures, et étend la première paire et les palpes en avant, rigides; ainsi dressé, il se meut rapidement de côté et d'autre devant la femelle. Comment la femelle agrée-t-elle le mâle? On ne sait; toujours est-il qu'après des pourparlers qui nous échappent, l'accord est fait, et le mâle va préparer un petit abri dans un coin, pour y loger la femelle. Si elle s'éloigne, il va la chercher; et une fois l'abri construit, il l'y introduit et entre ensuite : c'est là que se fait l'accouplement.

Icius (Sp. 7). — Ici les mâles se réunissent en grand nombre devant les femelles, et se livrent à des simulacres de combat, mais jamais ils ne se blessent, malgré leurs armes. Le mâle prend une attitude spéciale pour approcher la femelle : celle-ci s'aplatit à terre, les pattes antérieures dirigées en avant et en haut dans un geste suppliant.

Hasarius Hoyi. — Le mâle danse également devant la femelle. Si celle-ci est mal disposée, elle lui court sus et l'empoigne par la tête : il se sauve, mais revient au bout de quelque temps et finit par se voir agréer.

Marptusa familiaris. — Le mâle se promène dressé sur ses pattes aussi haut qu'il est possible, mais il se meut avec dignité et lenteur : la femelle s'aplatit contre terre.

Phidippus morsitans. — La seule femelle que les auteurs aient pu découvrir était évidemment peu portée aux œuvres de Vénus, car au premier signe amoureux de la part des mâles qui lui furent présentés, elle se précipita sur eux, et les tua.

La femelle du *Dendryphantes elegans* est aussi irascible que jolie. Mais le mâle est très doux, tendre et persuasif. Elle le repousse plusieurs fois, puis finit par lui permettre certaines familiarités. Ceci encourage le mâle, qui bientôt devient plus exigeant; mais elle se rebelle encore. Alors il la caresse doucement, et finit par arriver à ses fins, sans autre difficulté.

Chez l'*Habrocestum splendens*, il y a coquetterie réciproque. Il s'avance, elle recule; il se retire, elle court à lui. Il se met alors à se pavaner, dressé sur ses pattes, l'abdomen presque vertical et tourné vers la femelle pour qu'elle en admire les couleurs. Et, de fait, il semble l'attirer, car chaque fois que le mâle lui tourne le dos elle s'approche légèrement.

Le *Philæus militaris* opère autrement. Un mâle, particulièrement beau, semblait beaucoup attirer les femelles. Il fit choix de l'une d'elles, et la poussa dans un coin où il la garda à vue, chassant quiconque approchait, ne tolérant même pas la présence de couples dans son voisinage. Il la garda ainsi huit jours, au bout desquels, la femelle étant devenue adulte, l'accouplement eut lieu. Dans cette espèce, le mâle a coutume de faire choix d'une jeune femelle, de se la réserver. Quand, pour une raison ou une autre, il l'a perdue, il cherche à en prendre une à ses voisins. Nous passons sur les faits — analogues — relatifs à d'autres espèces, pour signaler les phénomènes observés par Mac Cook pour les Épéires. Le mâle ayant trouvé la toile d'une femelle communique avec elle en agitant très légèrement un fil de cette toile. Il y met beaucoup de délicatesse, car pour un rien elle se jettera sur lui, et le tuera. Si celle-ci

demeure paisible, il s'approche à petits pas, avec des temps d'arrêt fréquents — qui peuvent durer des journées entières — et, le moment venu, il se précipite sur elle sans autre formalité.

Des faits qui précèdent, M. et Mme Peckham concluent qu'il existe une sélection sexuelle certaine chez les araignées, et c'est à cette sélection, et non aux principes invoqués par Wallace, qu'ils attribuent les caractères sexuels secondaires (couleur, forme, etc.) observés chez les mâles.

C'est à Mme Peckham seule qu'est dû le second travail dont nous voulons parler ici, et qui se rapporte aux ressemblances protectrices chez les araignées.

On observe chez ces animaux deux formes de ressemblance protectrice. Dans l'une, il y a ressemblance avec un objet végétal ou inorganique, par modification de forme ou de couleur : c'est la protection directe. Dans l'autre, il y a mimétisme par l'araignée de quelque autre animal qui jouit d'une protection particulière, ou bien l'araignée présente une protection particulière. Dans ce dernier cas, elle possède des plaques dures ou des épines qui la rendent incomestible, et le plus souvent il s'y joint une coloration vive, prémonitrice. Dans cette seconde catégorie, il y a protection indirecte. Nous rapporterons quelques exemples de ces deux genres de protection.

Protection directe. — D'une manière générale, ce genre de protection est très répandu. Les araignées sont le plus souvent de teintes qui s'harmonisent avec celles de leur habitat, et les araignées à coloration très voyante se trouvent dissimulées, ou bien posées sur des fleurs ou feuilles de même couleur. Les *Uloborus*, en général, rappellent tout à fait les petits fragments d'écorce ou autres détritus qui se prennent souvent dans ses toiles; l'*U. plumipes*, en particulier, ressemble à un fragment d'écorce tronqué, présentant des bosselures irrégulières : l'animal tisse une toile très irrégulière et grossière, qui a l'air abandonné. L'*Hyptioïdes cavatus*, même regardé de près, fait l'effet d'un fragment de terre, et se distingue difficilement. La *Cyrtophora conica*, grisâtre, se dissimule encore aux regards en accumulant autour d'elle des fragments de toute sorte au milieu desquels elle échappe à la vue. Divers *Argyrodes* ressemblent à des aiguilles ou à des écailles des cônes du pin dans lesquels elles vivent le plus souvent. Une autre espèce rappelle à s'y méprendre une paille ou une feuille de graminée. Le *Cærostris muralis* se tient sur les troncs des arbres et s'y voit difficilement. Les pattes sont repliées sous le corps, et celui-ci, de couleur identique à celle du bois ou du lichen, présente en outre un aspect tuberculeux et rugueux qui lui donne l'apparence d'une saillie de bois couverte d'écorce, ou de l'extrémité proximale d'un rameau coupé ou brisé. Les *Epeira infumata* et *stellata* sont pareillement protégées à la fois par leur couleur et leur forme. L'*Ulesanis americana* présente une toile énormément irrégulière et bosselée, qui, avec sa couleur, est bien propre à la dissimuler, étant connu son habitat : il en est de même pour une dizaine d'autres espèces citées par Mme Peckham.

D'autres espèces, qui vivent sur les feuilles, présentent une coloration verte qui les protège notablement : telles, diverses *Lyssomanes*, *Olios viridis*, *Lyniphia viridis*, et sept espèces énumérées par Pavesi.

D'autres espèces encore, comme certaines *Thomisidæ*, qui vivent sur des fleurs, ont la couleur de celles-ci, ou de leurs boutons, comme l'a déjà noté Trimen. On sait — la *Revue* en a parlé déjà — qu'une espèce de ce groupe présente une étonnante ressemblance avec un excrément d'oiseau tombée sur une feuille : c'est l'*Ornithoscaloides deciptens* découvert par Forbes.

Il convient de dire qu'à la protection directe se joignent souvent des habitudes protectrices qui viennent compléter l'efficacité de la première, et sans lesquelles celle-ci demeurerait inutile.

Protection indirecte. — Ici, nous l'avons vu, il y a deux catégories. Dans la première se rangent les araignées protégées par des piquants, ou des plaques dures, munies généralement de colorations éclatantes qu'elles ne cherchent pas à dissimuler, et généralement non-comestibles. Telles sont beaucoup de *Gasterocanthidæ*, l'*Acrosoma rugosa*, etc. Il est à noter que ce sont les femelles qui présentent surtout ce genre de protection. Dans la deuxième catégorie, il y a mimétisme, par l'araignée, d'autres animaux, dangereux ou non comestibles. C'est ainsi que diverses araignées ont l'apparence de fourmis, de scarabées, de coquilles, d'hélicidés, d'ichneumons, de taons, de crabes, de scorpions, etc. Il est superflu de rappeler ces faits, qui sont connus, et ont été notés par différents observateurs : je me contenterai d'en signaler deux exemples nouveaux dus à Mme Peckham : ceux de la *Synageles picata* et de la *Synemosyna formica*, qui tous deux ressemblent à des fourmis.

Le travail de M. et Mme Peckham est, on le voit, riche en observations nouvelles. Elles vont grossir le nombre de celles que d'autres ont déjà faites. Celles-ci, d'ailleurs, sont abondamment rappelées dans cet intéressant mémoire, qui, nous paraît-il, sera certainement suivi de recherches nouvelles.

V.

CAUSERIE BIBLIOGRAPHIQUE

La Fin du monde des esprits, par M. Philip Davis. Un vol. in-12. — Librairie illustrée; Paris, 1890.

Le livre de M. Davis est assurément fort curieux. C'est en quelque sorte un ouvrage à double face. En effet, d'une part, l'auteur admet certains phénomènes spirituaux qui lui paraissent absolument démontrés; d'autre part, il en nie d'autres, et s'il blâme l'aveuglement des savants qui n'acceptent pas certains phénomènes, il ne se fait pas faute de rallier la crédulité de ceux qui osent en admettre d'autres.

A coup sûr, ce mélange de crédulité et de scepticisme est bien près d'être un hardi paradoxe. Cela vaut donc la peine d'être examiné avec soin.

Disons-le tout d'abord — et à plusieurs reprises, différents collaborateurs de la *Revue* ont soutenu cette opinion — il ne faut rien nier *a priori*, même ce qui paraît à première vue tout à fait absurde. Il est contraire au bon sens et à la justice de nier le spiritisme, si l'on n'a pas étudié les auteurs sérieux qui en parlent. Le mieux serait d'expérimenter; mais l'expérimentation est difficile, et elle n'est pas, pour des motifs divers, abordable à tout le monde. Donc il faut ou bien lire ce qui a été écrit, ou bien rester dans le doute philosophique, et dans une réserve très légitime, en demandant pour admettre de pareils phénomènes une preuve formelle, indiscutable, mais en supposant que cette preuve pourra être donnée.

Hélas! quelque peu néophobe qu'on soit, quelque désir qu'on ait de voir se réaliser des phénomènes extraordinaires, aucune preuve formelle n'a encore été donnée jusqu'à présent, et ce n'est pas dans le livre de M. Davis que nous la trouverons.

Aussi bien, dans cet intéressant petit ouvrage, faut-il distinguer deux parties : une partie positive et une partie négative. La partie positive consiste à admettre l'authenticité des différents phénomènes étranges produits par les soi-disant médiums : mouvements des objets à distance, lévitation ou élévation des corps contrairement aux lois de la pesanteur, coups frappés dans les tables sans contact, écriture directe, et bien d'autres manifestations encore, *ejusdem farinæ*, comme il s'en trouve de nombreuses, fastidieuses et incomplètes descriptions dans les journaux et livres spiritiques.

Mais, pour nous faire admettre ces faits extraordinaires, renversants, M. Davis ne nous donne aucune preuve : il nous dit : « C'est ainsi, » et il passe outre. Vraiment ce n'est pas assez.

Pour nous faire croire que, dans une table que personne ne touche, il y a des vibrations de la matière, il faudrait accumuler les démonstrations, les témoignages, les preuves irrécusables, et surtout la répétition des expériences dans des conditions déterminées, précises et vraiment expérimentales, en présence d'hommes habitués à des études scientifiques et prévenus que des fraudes multiples, conscientes ou inconscientes, peuvent donner l'illusion de ces étranges phénomènes.

M. Davis est donc satisfait à bon compte, et, s'il n'est pas plus exigeant en fait de démonstrations scientifiques, c'est, croyons-nous, parce qu'il a trouvé un mot qui lui paraît expliquer tout de la manière la plus simple. Ce mot magique, qui suffit à tout, c'est celui de *force psychique*. M. Davis dit alors que les médiums ont une force psychique qui agit sur la matière; force psychique, cela veut tout dire, et voilà pourquoi les crayons se soulèvent d'eux-mêmes sur le papier, les médiums s'envolent dans les airs, les fléaux des balances s'inclinent du côté le plus léger.

Nous le répétons, il s'agit en ce moment, non de savoir si ces faits sont vrais, mais si la preuve en a été donnée, car on avouera que, pour nous faire adopter ces monstruosités, il ne suffit pas d'en donner le récit. Qu'un ami nous raconte qu'il est monté hier à cheval, cela n'a rien de surprenant, et nous le croirons sans autre preuve : son affirmation nous suffit. Mais s'il vient à nous dire que le cheval lui a parlé, comme jadis l'ânesse de Balaam à son maître, alors nous deviendrons très difficiles, et il faudra, pour entraîner notre croyance, un tel monceau de constatations et de preuves, que notre malheureux ami, s'il n'a pas au préalable pris quantité de précautions minutieuses, risquera fort de ne jamais nous convaincre, ou plutôt le seul moyen qu'il pourra employer pour nous imposer sa conviction, ce sera de faire parler son cheval devant nous.

Ce qu'il y a de plus surprenant dans le livre de M. Davis, c'est qu'il n'est pas un crédule. Il semble même, à diverses reprises, se poser comme un ennemi éclairé du spiritisme, et, de fait, il ne craint pas de dévoiler sans pitié les trucs des médiums, leurs procédés pour obtenir des matérialisations : masques, voiles, mannequins, vêtements cachés dans une petite boîte, huile phosphorée qui se projette au loin, crochets pliés sous la langue, compérages, tables machinées et autres appareils de grande et petite prestidigitation.

Aussi n'hésite-t-il pas à conclure que toutes les séances où les soi-disant esprits ont apparu étaient des séances d'impostures, et qu'il ne faut pas y ajouter foi. Il n'a donc pas de peine à ridiculiser les révélations d'outre-tombe faites par ces pseudo-esprits, Machiavel, Washington, Lamartine, Robespierre, Bichat. Leurs confessions ne sont que d'énormes bêtises qui feraient hausser dédaigneusement les épaules, si c'était sur leurs paroles que nous devions établir notre opinion.

Pourquoi M. Davis, si indulgent aux phénomènes matériels du spiritisme, est-il si sévère aux manifestations des esprits ? Eh bien, il ne semble pas que l'explication de cette partialité soit difficile. M. Davis admet la théorie de la force psychique, et il n'admet pas la théorie de la survivance des êtres et des esprits. Alors, par une conséquence logique, tout ce qui rentre dans sa théorie est sérieux : tout ce qui n'y rentre pas est absurde.

Pour nous, nous ne croyons pas qu'il faille faire cas de ces préoccupations d'une théorie. Rien n'est plus vain que d'édifier une théorie avec des faits mal étudiés, incomplets, douteux (et même probablement faux pour la plupart). Le seul moyen à prendre, c'est de serrer de près et de très près l'expérience, de ne pas se perdre dans le vaste domaine des spéculations sur les esprits et la force psychique, d'observer et d'expérimenter, au risque d'arriver, après beaucoup d'efforts, à un médiocre résultat.

En effet, ne nous laissons pas abuser par la dialectique amusante de M. Davis. Si l'on veut bien étudier les faits complexes du spiritisme, on trouvera qu'ils sont tout aussi invraisemblables les uns que les autres. Certes, il est mille fois inepte de prétendre qu'Aristote vient converser avec nous et qu'il apparaît en nous tendant une fleur, ou en nous disant pour toute confidence : « Il faut de la persévérance pour réussir. » Vraiment cela est absurde; mais, quoi qu'en dise M. Davis, il est tout aussi absurde — ni plus ni moins

— de prétendre qu'une vibration intelligente peut, sans le secours d'aucune force matérielle connue, ébranler le bois d'une table et frapper des coups signifiant quelque chose. Dans l'un et l'autre cas, pour le fantôme d'Aristote comme pour les coups dans la table, c'est la même énorme invraisemblance, et il me faudra autant de preuves, et aussi rigoureuses, pour admettre le premier phénomène que pour admettre le second.

La question n'est pas de savoir si ces phénomènes sont absurdes ou rationnels, compréhensibles pour nous ou non compréhensibles. Le problème est tout autre. Les faits existent-ils, oui ou non ? Voilà ce qu'il faut savoir, et tout raisonnement à cet égard est oiseux : donc je ne m'attarderai pas à discuter le bon sens des soi-disant fantômes, mais je chercherai à savoir s'il y en a.

Pour M. Davis, qui s'y connaît, qui a étudié les trucs des médiums, il n'y a pas de doute à cet égard; toutes les apparitions étaient machinées, et, il faut bien le dire, s'il a été faible dans la démonstration positive, il reprend tous ses avantages dans la discussion négative. Ce qu'il dit des médiums et de leurs fourberies grossières est très convaincant, et on reste à peu près persuadé, après lecture de ce livre, que les apparitions spiritiques ont toujours été dues à quelque adroite jonglerie, quelle que soit l'autorité de ceux qui les admettent, fût-ce même un admirable expérimentateur tel que M. W. Crookes.

Reste donc à prouver qu'il y a des phénomènes matériels. Nous espérons que M. Davis, qui y croit fermement, nous fournira bientôt cette preuve. Ce sera un livre bien curieux, et nous attendons avec impatience. Mais déjà celui-ci est très intéressant, vivement et finement écrit. Nous ne pouvons que le recommander à nos lecteurs. Nous voudrions qu'ils prissent goût à une des questions les plus intéressantes de notre temps, encore qu'elle ait jusqu'à présent donné assez peu de résultats vraiment scientifiques.

Congrès français de chirurgie, 4e session, Paris, 1889. Procès-verbaux, mémoires et discussions publiés sous la direction de M. L. Picqué. — Un vol. in-8e de 756 pages, avec 55 figures dans le texte; Paris, Alcan, 1890.

Les questions traitées dans un Congrès de chirurgiens sont en général trop spéciales pour que nous ayons autre chose à faire que de mentionner la publication des comptes rendus. Toutefois, nous devons, à l'occasion des travaux du quatrième Congrès français de chirurgie, tenu à Paris l'année dernière, signaler quelques propositions qui sont venues éclaircir des points douteux de chirurgie courante et qui sont ainsi d'un intérêt très général.

Parmi les questions mises à l'ordre du jour de ce Congrès, se trouvait la discussion des résultats immédiats et éloignés des opérations pratiquées pour les tuberculoses locales. Le grand nombre des communications qui ont été faites à ce sujet a prouvé que la question venait à propos et qu'on pouvait dès aujourd'hui lui donner une solution ferme.

Afin de donner aux statistiques un cadre comparable,

M. Verneuil, dans une petite étude préalable très lumineuse, avait précisé ce que l'on devait entendre par résultats bons, médiocres, nuls ou mauvais. Les résultats sont bons quand le malade guérit de l'opération et de la maladie; c'est le double succès opératoire et thérapeutique. Ils sont médiocres quand la plaie opératoire guérit d'abord, mais se rouvre, ou lorsque, après le succès opératoire, le succès thérapeutique fait défaut. Ils sont nuls quand l'opération ne change rien à l'état local. Enfin, ils sont mauvais, lorsque l'opération est suivie d'accidents précédant la mort d'un temps plus ou moins long.

Or la presque totalité des chirurgiens qui sont venus déposer au Congrès sur l'enquête proposée, d'après leur expérience personnelle, ont émis des conclusions unanimes, à savoir que les opérations bien faites guérissent aussi vite et aussi bien chez les tuberculeux que chez d'autres, que les tuberculoses locales guérissent complètement si le traitement chirurgical détruit ou enlève tout le mal, enfin, qu'une opération bien faite, si elle ne met pas toujours à l'abri de la tuberculose pulmonaire, aide cependant à l'éviter ou à en retarder l'échéance. En somme donc, l'intervention chirurgicale doit être une règle générale chez les tuberculeux, en dehors, bien entendu, de toute manifestation aiguë de la maladie générale, et à la condition que le chirurgien soit un adepte fervent et militant de l'antisepsie.

Nous dirons aussi quelques mots d'une communication de M. P. Reclus, qui a rompu une lance en faveur de l'emploi de la cocaïne comme anesthésique. On sait que ce médicament a quelque peine à entrer dans la chirurgie courante, et qu'on lui fait le double reproche d'être inefficace et dangereux.

Sur le premier point, M. Reclus fait remarquer que la cocaïne n'est vraiment active comme analgésique local qu'en injection intra-dermique et sous-cutanée, et qu'en observant certaines règles de technique, jamais cette action analgésique ne fait défaut. Quant aux dangers de la cocaïne, il paraît qu'ils ont été bien exagérés, puisque M. Reclus réduit les cent vingt-six cas de mort qui ont déjà été mis à son actif à quatre morts véritablement imputables à l'alcaloïde. Dans les autres cas, en effet, la mort était inévitable et s'expliquait par la dose folle d'alcaloïde administrée et qui varia de 75 centigrammes à 1er,301 Or il ne faut admettre la dose de 20 centigrammes, et les doses de 15 centigrammes sont rarement employées. En se servant de la solution à 2 pour 100, chaque seringue de Pravaz contient 2 centigrammes de cocaïne, et il faut un champ opératoire bien vaste pour exiger l'injection de sept seringues. Quatre, six ou huit injections suffisent largement dans les cas ordinaires.

Pour M. Reclus, la cocaïne est une conquête admirable, dont on aurait le plus grand tort d'hésiter à se servir.

Outre cette communication de M. Reclus, mentionnons enfin une importante étude de M. Clado, sur la bactérie de l'infection herniaire. Ce microbe, qui existe dans la cavité intestinale, pourrait, grâce aux lésions de l'anse étranglée, traverser la paroi intestinale, envahir le sac herniaire, puis gagner la cavité péritonéale, où il pullule et provoque des accidents d'infection. Pour M. Clado, dont les conclusions sont basées sur des examens directs, toutes les lésions viscérales et tous les symptômes généraux constatés dans l'étranglement herniaire seraient la conséquence de l'infection par cette bactérie. Dans le traitement de la hernie, il faudra donc rechercher ce microbe; en cas d'absence, réduire et réunir par première intention sans drainage; et, dans le cas contraire, drainer et surveiller l'anse intestinale.

Histoire de la téléphonie, par M. Julien Brault.
Un volume in-12, avec 140 gravures; Paris, Masson, 1890.

Ce n'est ni pour les électriciens, ni pour les spécialistes, que M. Brault a écrit son *Histoire de la téléphonie* : c'est pour les gens du monde, pour le grand public qui s'intéresse tant aux sciences appliquées, et en particulier pour les amateurs qui trouvent plaisir et intérêt à installer eux-mêmes, à la maison, des appareils électriques. L'ouvrage nous a paru remplir cette dernière indication d'une façon parfaite, par la clarté des explications, l'usage modéré des termes techniques, le souci des détails sur lesquels repose le plus souvent le succès des installations.

Au point de vue historique, le livre de M. Brault est également fort complet, et les premières pages, consacrées aux précurseurs de Graham Bell, sont des plus intéressantes à lire. On y voit toutes les étapes franchies, depuis le téléphone à ficelle, dont l'invention remonte à l'année 1667, jusqu'au phonographe Edison et au graphophone Bell-Tainter.

Le véritable point de départ d'une découverte, la succession des progrès qui l'ont amenée au degré en permettant enfin un usage pratique et des applications sur une large échelle, sont choses vite oubliées, et cependant toujours d'un grand intérêt. Ainsi, combien peu de personnes savent que des appareils, constitués par des tubes cylindro-coniques en métal ou en carton, dont un bout était formé par une membrane tendue de parchemin au centre de laquelle était fixé, par un nœud, la ficelle ou le cordon destiné à les réunir ont, pendant plusieurs années après 1667, inondé les places et les boulevards des différentes villes d'Europe comme de simples jouets? Ce sont cependant ces mêmes appareils qui, aujourd'hui encore, peuvent rendre des services, puisque M. Trouvé les applique depuis quelque temps pour faire entendre les sourds.

Puis, il fallut attendre près de deux cents ans avant que deux physiciens américains, Henry et Page, fissent, en 1837, la constatation de ce fait, qu'une tige magnétique soumise à des aimantations et à des désaimantations très rapides pouvait émettre des sons, et que ces sons étaient en rapport avec le nombre des émissions de courant qui les provoquaient. Cette découverte devait évidemment faire avancer d'un grand pas l'étude de la propagation des sons à distance; mais l'idée de la transmission de la voix par l'électricité n'a été nettement et catégoriquement formulée pour la première fois qu'en 1854, par M. Charles Bourseul. Celui-ci avait même commencé des expériences avec un appareil qui était essentiellement celui dont on se sert aujourd'hui. « Imaginez, disait M. Bourseul, que l'on parle près d'une plaque mobile, assez flexible pour ne perdre aucune des vibrations produites par la voix, que cette plaque établisse et interrompe successivement la communication avec une pile, vous pourrez avoir à distance une autre plaque qui exécutera en même temps les mêmes vibrations. »

En 1860, M. Reis, professeur de physique à Friedrichsdorf, près Hombourg — c'est à M. Reis qu'est dû le mot *téléphone* appliqué aux appareils dont il s'agit — imaginait un appareil permettant la transmission électrique à de grandes distances de la mélodie musicale; et enfin, en 1876, M. Graham Bell, naturaliste américain, présentait aux visiteurs de l'Exposition de Philadelphie, pendant les fêtes du Centenaire américain, le premier téléphone parlant.

Ce qu'on ignore généralement, c'est que M. Bell était attaché à une maison de sourds-muets de Boston, et que c'est en cherchant à perfectionner l'éducation vocale de ses pensionnaires qu'il a été conduit à trouver le téléphone. « Il est bien connu, disait-il, que les sourds et muets ne sont muets que parce qu'ils sont sourds, et qu'il n'y a dans leur système vocal aucun défaut qui puisse les empêcher de parler; par conséquent, si l'on parvenait à rendre visible la parole et à déterminer les fonctions du mécanisme vocal nécessaire pour produire tel ou tel son articulé, représenté, il deviendrait possible d'enseigner aux sourds et muets la manière de se servir de leur voix pour parler. » D'où la découverte des courants ondulatoires qui devaient résoudre le grand problème de la transmission électrique de la parole.

On retrouvera, exactement retracées dans l'ouvrage de M. Brault, toutes les phases traversées dans les différents pays par la nouvelle invention. Celle-ci reçut immédiatement aux États-Unis, comme on sait, de nombreuses applications, dont l'esprit clairvoyant et pratique des Américains a su tirer une foule d'avantages. Depuis plusieurs années déjà, en Allemagne, en Angleterre, en Belgique, en Suède, en Suisse, etc., les villes sont reliées téléphoniquement les unes aux autres; en France, comme on le verra d'après les renseignements que donne M. Brault sur l'état actuel de la téléphonie dans les divers pays, nous avons été très hésitants, et nous sommes actuellement bien en retard, ce qui semble indiquer que, pour les Français, le temps n'est pas encore de l'argent.

En somme, excellent livre que celui de M. Brault et qui, pour tous les lecteurs auxquels il s'adresse spécialement, a le grand avantage d'avoir été écrit, non par un électricien, mais par un amateur passionné de la téléphonie qui s'est fait à lui-même son instruction sur ce sujet et qui, en connaissant toutes les difficultés, a su les épargner à ses lecteurs tout en les faisant profiter de son pénible labeur.

Remarques sur la flore de la Polynésie et ses rapports avec celle des terres voisines, par E. DRAKE DEL CASTILLO. Mémoire couronné par l'Académie des sciences, 1889. — Une broch. in-4° de 52 pages, avec tableaux ; Paris, Masson, 1890.

Dans ce travail, qui repose sur les plus récentes études et monographies relatives à la flore polynésienne, M. Drake del

Castillo a su résumer d'une façon concise un très grand nombre de faits que d'autres auteurs eussent peut-être été tentés de délayer, pour grossir leur œuvre. En cela il a bien fait, car ce sont moins les faits qu'il avait en vue la Commission académique qui posa la question à laquelle son mémoire est une réponse, que les conclusions dont ils sont la base. Il s'agissait de déterminer, dans la mesure du possible, les relations qui ont pu exister entre la Polynésie et les terres voisines, et ceci, au moyen des documents fournis par la faune ou par la flore. M. del Castillo a préféré s'appuyer sur la flore. Nous n'entrerons point ici dans les détails de son mémoire, c'est-à-dire dans l'énumération qu'il fait des principales espèces spéciales à la Polynésie, avec l'indication de leurs affinités : nous prendrons le résumé de ceux-ci. Ce résumé tient dans un petit tableau que nous reproduisons, et où M. del Castillo indique les types auxquels se rattachent les plantes polynésiennes, pour l'ensemble de la Polynésie et pour certaines parties spéciales de celle-ci :

	Iles Viti.	Polynésie centrale et orientale.	Iles Hawaii.	Ensemble de la Polynésie.
Type asiatique. . .	59 pour 100	50 pour 100	43 pour 100	32
— australien . .	3 —	2 —	1 —	2
— néo-zélandais. .	3 —	2 —	4 —	3
— américain . .	9 —	20 —	26 —	18
— cosmopolite. .	26 —	26 —	32 —	44

On le voit, le type cosmopolite est prédominant, et c'est là un fait naturel, quelle que soit l'hypothèse que l'on adopte pour expliquer le mode de peuplement de la région polynésienne. Le type asiatique vient ensuite, et même dans les îles les plus éloignées de l'Asie les affinités sont encore marquées. Ceci ne peut surprendre, surtout si l'on admet que la Polynésie a dû être peuplée par voie de dispersion. On sait en effet que les courants qui longent le Japon peuvent transporter des graines, des plantes même, à de très grandes distances : on a vu, il y a quelque trente ans encore, des jonques de pêcheurs japonais entraînées, en quatorze jours, du Japon sur les côtes de l'Amérique, et aussi sur celles des îles Hawaii : des troncs, des graines, etc., ont pu, pareillement, être transportés à travers le Pacifique. Et si le type américain est abondant aux îles Hawaii, le fait peut s'expliquer par les mêmes circonstances. On remarquera combien est faible, partout, la proportion des types australien et néo-zélandais : peut-être cela tient-il à la différence de climat. Dans les îles les plus voisines de l'Amérique, comme Juan-Fernandez et les Galapagos, les types américains prédominent et sont presque les seuls que l'on rencontre.

Quelle est la conclusion à tirer de ce résumé des études de M. del Castillo ? Il n'y a malheureusement pas de conclusion bien précise qui s'impose. La plus exacte est de caractère négatif : c'est celle qui rejette l'hypothèse d'un continent qui aurait autrefois occupé une partie de l'océan Pacifique. L'étude de la faune est en effet opposée à cette hypothèse, et, d'autre part, l'étude des mers a révélé l'existence de profondeurs si grandes — par exemple aux environs des îles Hawaii — qu'il est impossible d'admettre un affaissement aussi considérable. Comment alors expliquer les particularités de la flore polynésienne ? M. Drake del Castillo s'arrête à cette hypothèse : il admet que la Polynésie a été peuplée par l'importation d'espèces venues des continents voisins, transportées par les agents naturels, vents, courants, animaux, etc., et que ce peuplement s'est fait non pas récemment, mais à une époque déjà lointaine. La Polynésie aurait été peuplée d'espèces qui ont depuis disparu dans leur habitat original, pour être remplacées par des espèces voisines, dérivées peut-être des premières, mais qui ont persisté dans les îles du Pacifique. Pourquoi ont-elles continué à vivre dans ces dernières, alors qu'elles ont succombé dans leur habitat original ? On ne sait. Il se peut encore, et M. del Castillo n'y insiste cependant guère, que les espèces originelles aient, au contraire, persisté dans cet habitat et se soient modifiées dans la Polynésie. Les deux hypothèses sont admissibles, et toutes deux suffisent à expliquer les différences existantes : mais il est malaisé de faire un choix entre elles. En tout cas, il demeure établi, ce nous semble, que le continent polynésien n'a jamais existé, et que le peuplement des îles du Pacifique a dû se faire par la dispersion des espèces des continents voisins. Cette conclusion a son importance, et nous ne sommes point surpris que le travail de M. del Castillo ait obtenu l'approbation de l'Académie des sciences.

ACADÉMIE DES SCIENCES DE PARIS

13-20 OCTOBRE 1890.

M. A. Petot ; Note sur les équations linéaires aux dérivées partielles. — *M. l'amiral Mouchez ;* Remarques sur une photographie de la nébuleuse de la Lyre obtenue à l'Observatoire d'Alger par MM. Trépied et Rabourdin. — *M. Baillaud ;* Présentation d'une épreuve photographique de la nébuleuse de la Lyre obtenue après neuf heures de pose, à l'Observatoire de Toulouse, par M. Montangerand. — *M. L. Bigourdan :* Observation de la comète d'Arrest à l'Observatoire de Paris. — *M. Radau :* Étude sur une cause de variation des latitudes. — *M. T. Argyropoulos :* Recherches sur les vibrations d'un fil de platine maintenu incandescent par un courant électrique, sous l'influence des interruptions successives de ce courant. — *M. G. François ;* Note complémentaire sur son système de bateau sous-marin. — *M. Aristide Dumont ;* Note sur Paris port de mer et sur le projet du canal maritime de Paris à Dieppe. — *M. Raoul Varet :* Sur les combinaisons du cyanure de mercure avec les sels de lithium. — *M. H. Malbot :* Recherches sur les conditions les plus convenables pour la préparation en grand de la mono-isobutylamine. — *M. Henri Moissan :* Recherches sur la détermination de l'équivalent du fluor. — *MM. Roos et Thomas :* Note sur le mode de combinaison des sulfates dans les vins plâtrés et sur le dosage de l'acide sulfurique libre dans ces mêmes vins. — *M. Émile Bourquelot :* Nouvelle communication sur la présence et la disparition du tréhalose dans les champignons. — *M. L. Bouveault ;* Description d'un procédé général de synthèse des nitriles et des éthers p-acétoniques. — *M. F. Guitel :* Nouvelles études sur le nerf latéral des Cycloptéridés (*Liparis* et *Cyclopterus*). — *M. G. Curtel ;* Recherches physiologiques sur les enveloppes florales.

ASTRONOMIE. — M. l'amiral *Mouchez* présente à l'Académie une belle photographie de la nébuleuse annulaire de la *Lyre*, faite pendant le mois d'août dernier par MM. *Trépied* et *Rabourdin*, à l'Observatoire d'Alger. Le cliché original a été obtenu par six heures de pose, en deux séances de trois heures chacune ; il est assez intense et assez net pour avoir pu supporter un agrandissement de soixante-quatre fois. Aussi l'image mise sous les yeux des membres de l'Académie

est-elle certainement la plus grande qu'on ait encore obtenue de la nébuleuse. Elle montre d'une manière tout à fait saisissante, dit l'amiral Mouchez, la distribution de la lumière dans ce curieux objet céleste. De plus, lorsqu'on photographie cette nébuleuse avec des durées de pose croissantes, on ne voit pas la nébulosité s'étendre sensiblement vers les parties extérieures ; on la voit gagner de plus en plus en étendue vers le centre. Au contraire, lorsqu'on observe l'astre dans une lunette, on trouve la partie centrale de l'anneau parfaitement séparée de l'anneau lui-même ; d'où il suit que l'intérieur de l'anneau est rempli d'une matière douée d'un pouvoir lumineux que l'œil ne perçoit que difficilement, mais dont l'existence est révélée d'une manière certaine par la photographie. Enfin, l'étoile nébuleuse centrale atteint, dans l'épreuve de MM. Trépied et Rabourdin, un éclat à peu près égal à celui du plus faible maximum de l'anneau.

M. Mouchez ajoute que, grâce à la très longue durée de la pose, se trouve confirmée l'existence de trois au moins des quatre étoiles qu'il a signalées dans une précédente communication [1] comme probables et comme formant un carré à peu près régulier autour de l'étoile centrale.

— D'autre part, M. B. *Baillaud* adresse à l'Académie une reproduction sur verre d'un cliché obtenu par *M. Montangerand* les 8, 9, 10 et 11 septembre dernier, à l'équatorial photographique de l'Observatoire de Toulouse, avec une pose totale de neuf heures. Au centre du cliché se trouve l'image de la nébuleuse annulaire de la *Lyre*, au milieu de laquelle se détache très nettement, à la vue simple, l'étoile centrale. Sur le positif, cette étoile apparaît immédiatement par l'emploi d'une simple loupe. La plaque a 0^m,09 sur 0^m,12, soit trois degrés carrés de superficie, un peu moins que la carte des Pléiades de MM. Henry. Elle offre à l'œil nu 4800 étoiles environ, plus du double, dit l'auteur, de ce que MM. Henry ont pu noter dans les Pléiades ; enfin, pour la sphère céleste entière, en supposant une distribution uniforme, on aurait 64 millions d'étoiles. Or, la nébuleuse de la Lyre, bien qu'elle soit peu éloignée de la voie lactée, est manifestement en dehors. L'examen microscopique du cliché (négatif) montre un nombre énorme de points noirs qui ne sont généralement pas des images d'étoiles. L'aspect des images véritables ne semble permettre aucune confusion.

— M. l'amiral *Mouchez* donne communication d'une note de M. *G. Bigourdan* sur l'observation qu'il a faite le 10 octobre dernier, à l'équatorial de la tour de l'Ouest de l'Observatoire de Paris, de la comète d'Arrest, retrouvée par M. Barnard le 6 de ce mois. Il fait remarquer que la comète est une vague lueur excessivement faible, ronde, qui paraît avoir de 1' à 1',5 de diamètre sans aucune condensation. Il soupçonne dans son étendue de petits points stellaires excessivement faibles.

PHYSIQUE. — M. *T. Argyropoulos* présente une note sur les vibrations d'un fil de platine maintenu incandescent par un courant électrique, sous l'influence des interruptions successives de ce courant. Voici en quoi consiste l'expérience dont il rend compte : il a tendu horizontalement un fil de platine d'une longueur de 0^m,70 et d'un diamètre égal à une fraction de millimètre, et il a fait passer un fort cou-

(1) Voir la *Revue scientifique* du 19 juillet 1890, p. 87, col. 1.

rant électrique pour le chauffer jusqu'au rouge blanc. En remarquant la grande dilatation du fil pendant le passage du courant, il a pensé qu'il devait y avoir quelque mouvement vibratoire produit par des interruptions successives du courant. Il a donc interposé dans le circuit l'interrupteur imaginé par Foucault pour les grandes bobines de Ruhmkorff; aussitôt le fil de platine s'est mis à vibrer, en se subdivisant par ondes stationnaires. Il a pu observer ainsi très nettement un, deux, trois et jusqu'à huit ventres, séparés par des nœuds semblant immobiles. Puis, en diminuant très lentement la tension du fil de platine, il a augmenté le nombre de ces ventres, tandis que s'il tendait, au contraire, lentement le fil, le nombre des ventres diminuait et le fil incandescent vibrait transversalement en formant un seul ventre au milieu.

Le support sur lequel l'auteur avait tendu le fil avait deux mouvements : l'un pour tendre plus ou moins le fil; l'autre pour l'allonger et le raccourcir.

PHYSIQUE DU GLOBE. — M. Tisserand présente une note de M. Radau sur une cause de variation des latitudes. Il rappelle à ce sujet que le Congrès récent de Fribourg-en-Brisgau a montré que les latitudes de trois Observatoires, Berlin, Potsdam et Prague ont éprouvé, dans le cours de 1888, des variations parallèles d'une demi-seconde environ.

La chose n'était pas nouvelle, car Villarceau avait signalé il y a vingt-cinq ans une variation presque identique dans la latitude de Paris. Quelle est la cause de ces variations ? Les astronomes allemands pensent qu'elle provient de chutes de neiges dans le nord de l'Europe et de l'Asie. Il est vrai que sir W. Thomson a dit, dans un discours prononcé à Glascow en 1876, que l'ensemble des circonstances météorologiques pouvait produire une demi-seconde, mais il n'en a pas donné la démonstration.

M. Radau vient de faire faire un pas important à la question en montrant qu'un phénomène annuel et local, tel que les chutes de neige au nord de l'Europe, peut se trouver amplifié dans l'intégration des équations différentielles de manière à produire la demi-seconde annoncée par Thomson et trouvée à Paris, Berlin, Potsdam et Prague.

CHIMIE. — M. Raoul Varet a étudié les combinaisons suivantes du cyanure de mercure avec les sels de lithium :

1º L'iodocyanure de mercure et de lithium qui se présente sous la forme de grandes lamelles nacrées, répondant à la formule Hg Cy, Li Cy, Hg I, 7HO, et constituant ainsi un sel triple, très hygrométrique et très soluble dans l'eau;

2º Le bromocyanure de mercure et de lithium, dont la formule est Hg² Cy², Li Br, 7HO, et qui est un sel double, hygroscopique, très soluble dans l'eau, résultant bien de la combinaison du cyanure de mercure avec le bromure de lithium;

3º Le chlorocyanure de mercure et de lithium, dont la composition est difficile à fixer avec certitude, car pendant qu'on le dessèche entre des doubles de papier, il absorbe l'humidité de l'air; et se décompose alors en cyanure de mercure et chlorure de lithium, lequel est absorbé en même temps par l'eau par le papier.

— Dans des recherches antérieures publiées dans les Annales de chimie et de physique, M. H. Malbot a montré que lorsqu'on chauffe pendant trente-six heures, vers 170°,

du chlorure d'isobutyle avec de l'ammoniaque aqueuse, en proportion équimoléculaire, l'ammoniaque se trouve presque entièrement épuisée, tandis qu'il reste un quart environ de chlorure d'isobutyle. Les produits de l'opération sont alors de la tri-isobutylamine et de la di-isobutylaminé libres, avec un peu de mono-isobutylamine libre ou combinée. Aujourd'hui, il fait connaître les conditions les plus avantageuses pour la préparation en grand de la monoisobutylamine.

— M. Troost présente le résumé des recherches de M. Moissan sur la détermination de l'équivalent du fluor. A la suite de ses travaux sur un grand nombre de gaz fluorés, M. Moissan a été amené à reprendre la détermination de l'équivalent de ce corps simple. Antérieurement, Berzélius, puis M. Frémy avaient indiqué 18,85, et Dumas le chiffre 19. Dumas et Berzélius s'étaient servis principalement d'échantillons minéralogiques de fluorure de calcium aussi pur que possible. Mais on peut toujours craindre, en employant cette méthode, que la fluorine rencontrée dans la nature ne contienne une petite quantité de silice et de phosphore, ainsi que l'ont démontré Berzélius et Louyet. M. Moissan a préparé tout d'abord le fluorure de calcium et le fluorure de baryum en très petits cristaux très purs. Il a obtenu aussi à la suite d'une longue préparation le fluorure de sodium bien exempt de potassium. Un poids déterminé de chacun de ces fluorures a été décomposé par l'acide sulfurique dans un appareil en platine de forme spéciale.

Les trois séries d'analyses très concordantes obtenues dans ces conditions ont conduit M. Moissan à fixer pour équivalent du fluor 19,65. Ce nombre se rapproche beaucoup de celui qui avait été donné par Dumas et s'éloigne un peu de celui trouvé par Berzélius.

— MM. Roos et Thomas ont entrepris des recherches sur le mode de combinaison des sulfates dans les vins plâtrés et sur le dosage de l'acide sulfurique libre dans les vins. Ils sont arrivés ainsi à cette conclusion que les vins plâtrés ne contiennent ni acide sulfurique libre ni sulfate acide. Cette dernière observation, contraire aux opinions courantes, est importante, puisqu'on vient de démontrer que le sulfate acide de potasse était beaucoup plus actif sur l'économie que le sulfate neutre à même dose de potasse. Nous n'avions du reste jusqu'ici aucun bon procédé pour reconnaître la fraude qui consiste à ajouter de l'acide sulfurique libre aux vins pour augmenter la beauté de leur ton rouge.

— Les faits sur lesquels M. Émile Bourquelot a insisté dans sa note précédente (1) montraient que les phénomènes végétatifs se poursuivent rapidement chez le Lactarius piperatus, même après la récolte, et se traduisent en quelques heures par la disparition du tréhalose et la production de la mannite.

S'appuyant sur ces faits, il s'est astreint, dans les recherches qu'il expose dans une nouvelle note et qui se rapportent surtout aux espèces appartenant au genre Boletus comprenant les différents cèpes comestibles, à analyser séparément des individus jeunes et des individus adultes.

Sur huit bolets qu'il a ainsi étudiés, les cinq espèces qu'il a pu rencontrer à l'état jeune renfermaient exclusivement du tréhalose. Ces mêmes espèces et les quatre autres ana-

. (1) Voir la Revue scientifique du 18 octobre 1890, p. 505, col. 1.

lysées à l'état adulte renfermaient à la fois du tréhalose et de la mannite ou de la mannite seulement. L'une des espèces, le *Boletus aurantiacus* (bolet orangé, bolet capucin), renfermait à l'état jeune du tréhalose, à l'état adulte du tréhalose et de la mannite, et desséché à basse température de la mannite seulement.

On retrouve donc ici les mêmes variations que celles que l'auteur a rencontrées dans le lactaire poivré. D'autres champignons, traités à l'état jeune, *Amanita muscaria* (fausse oronge), *Pholiota radicosa* et *Hypholoma fasciculare*, ne renfermaient aussi que du tréhalose et pas de mannite.

Enfin la disparition du tréhalose, qui paraît coïncider avec la formation et la maturation des spores, s'accompagne toujours de l'augmentation de la proportion de glucose que renferment les champignons, et même de la production de ce dernier sucre ; car certaines espèces n'en renferment pas dans la première période de leur développement (*Boletus aurantiacus*, *Boletus scaber*, *Amanita muscaria*).

— M. L. *Bouveault* a réalisé la transformation du méthylpropionylacétonitrile en méthylpropionylacétate de méthyle en le dissolvant, molécule à molécule, dans l'alcool méthylique, refroidissant ensuite le mélange au-dessous de zéro et saturant avec de l'acide chlorhydrique sec. Quand le gaz n'a plus été absorbé, il a abandonné le mélange à lui-même pendant vingt-quatre heures dans un endroit frais, puis il a décomposé par l'eau. Il a vu ainsi se séparer une couche huileuse qu'il a lavée, séchée et rectifiée, laquelle n'était autre que l'éther β-acétonique ci-dessus.

M. Bouveault a transformé de la même façon le diméthylpropionylacétonitrile en diméthylpropionylacétate de méthyle.

Cette transformation des nitriles en éther est, dit-il, absolument générale, de telle sorte que l'on peut obtenir désormais, à l'aide de leurs nitriles, tous les éthers β-acétoniques.

ANATOMIE. — Dans une précédente note (1), M. *Frédéric Guitel* a décrit les canaux muqueux de la ligne latérale des poissons appartenant aux deux genres *Liparis* et *Cyclopterus*, lesquels, ainsi qu'il l'a montré, possèdent trois systèmes de canaux céphaliques, mais n'ont pas de canal latéral. Dans le travail qu'il présente aujourd'hui, il fait connaître le résultat de ses recherches relatives à la manière dont se comporte le nerf latéral de ces poissons. Les conclusions de cette nouvelle étude sont que les Cycloptéridés (*Liparis* et *Cyclopterus*) possèdent une ligne latérale parfaitement constituée, dont les organes terminaux céphaliques sont abrités dans trois systèmes de canaux indépendants, tandis que ceux du corps sont libres à la surface de la peau et innervés par le nerf latéral. Il existe aussi sur la tête quelques organes terminaux libres, semblables à ceux qu'on trouve sur le corps; mais ils ne sont pas disposés en séries et sont probablement sous la dépendance du facial ou du trijumeau.

PHYSIOLOGIE VÉGÉTALE. — La nouvelle communication de M. *Georges Curtel* est relative à la suite de ses recherches physiologiques sur les enveloppes florales.

On sait que divers botanistes ont émis l'opinion que les enveloppes de la fleur, la corolle surtout, en général brillamment colorées, devaient servir à attirer les insectes et,

(1) Voir *Revue scientifique*, t. XLIV, 2ᵉ sem. de 1889, p. 571, col. 2.

par suite, à favoriser chez les plantes la fécondation croisée. Mais de nombreuses observations ayant démontré l'inexactitude ou tout au moins l'exagération de cette loi énoncée par Darwin, M. Curtel a entrepris de rechercher ailleurs le rôle du périanthe. Les conclusions auxquelles il est arrivé sont les suivantes :

1° La fleur possède des fonctions *respiratoire* et *transpiratoire* énergiques et généralement supérieures à celles de la feuille de la même plante, du moins à l'obscurité ou à la lumière diffuse peu intense.

2° L'assimilation, généralement faible, est voilée ou tout au moins diminuée par la respiration beaucoup plus intense.

3° Le rapport du volume de l'acide carbonique émis à celui de l'oxygène absorbé est toujours faible et inférieur à l'unité.

4° Il en résulte une oxydation énergique du périanthe floral.

5° Le résultat de cette oxydation peut être la préparation d'une partie des produits d'oxydation nécessaires au fruit, et la formation, aux dépens des tannins ou de la chlorophylle, de substances colorantes qui donneront aux enveloppes florales leur éclat caractéristique.

E. RIVIÈRE.

INFORMATIONS

Le professeur Vogel, de Munich, vient de mourir. Il était un des représentants les plus autorisés de la médecine infantile en Allemagne.

En Prusse, de 1883 à 1888, on a compté 289 cas de suicide parmi les enfants fréquentant les écoles, dont 240 garçons et 49 filles : en 1883, 58 suicides; en 1884, 41 ; en 1885, 40 ; en 1886, 44 ; en 1887, 54 ; en 1888, 56.

Dans 80 cas, le mobile a été la crainte des punitions; dans 19 cas, le *déboire d'une ambition déçue*; dans 16 cas, la peur d'un examen; dans 26 cas, la folie; 5 cas ont été attribués à l'amour. Dans 93 cas, le motif de la fatale détermination est resté inconnu.

En Espagne, le choléra n'a pas cessé de sévir, et même il s'est rapproché de la frontière des Pyrénées, car il existe depuis une vingtaine de jours à Barcelone, où il aurait été importé de la province de Valence.

Sur le littoral de la mer Rouge, l'épidémie paraît avoir cessé à Djeddah, à La Mecque, dans le campement d'El-Tor, ainsi que dans ceux où sont retenus les pèlerins destinés à être embarqués et les caravanes. Mais Massouah a été contaminé par des provenances de La Mecque, et des pèlerins viennent d'importer le fléau à Alep et à Orfa, d'où il menace à la fois la Syrie et la Turquie d'Asie.

Le système de défense organisé par la France à sa frontière espagnole et sur tout son territoire continue à donner des résultats satisfaisants. Un cas de choléra a été récemment importé d'Espagne à Lunel ; le malade a guéri, mais il a communiqué la maladie à sa mère, qui a succombé. Aucune autre manifestation cholérique n'a été signalée.

M. Costes a fait récemment à Roscoff, au laboratoire de M. de Lacaze-Duthiers, sur les glandes de l'appareil digestif des crustacés, des observations qui seront prochainement communiquées à la Société de biologie.

CORRESPONDANCE ET CHRONIQUE

La nouvelle ville de « La Plata »
et son Musée d'histoire naturelle.

Si la ville qui porte le nom de *La Plata* est bien connue des commerçants en rapport habituel avec la République Argentine, l'existence de cette cité nouvelle est restée jusqu'ici totalement ignorée des naturalistes et même, semble-t-il, des géographes. Dans la plupart des dictionnaires de géographie, on ne trouve désignée sous ce nom que la capitale de la Bolivie, qui en possède d'ailleurs plusieurs autres, ou l'État de La Plata, c'est-à-dire la République Argentine, et nous nous étonnions récemment, ainsi que plusieurs de nos amis, de recevoir des lettres datées de *La Plata*, et non de Buenos-Ayres, seule capitale que nous connaissions à cet État. Cette surprise était naturelle, d'ailleurs, puisque cette ville de La Plata n'a pas plus de *huit ans* d'existence.

Un extrait de la *Revista del Museo de La Plata* que nous recevons de M. Francisco P. Moreno, directeur de ce Musée, est venu nous dévoiler le mystère et nous donner, en même temps, d'intéressants détails sur la fondation de cette ville et celle de son Musée d'histoire naturelle (1). Nous citons textuellement les lignes suivantes, que M. Henry A. Ward, naturaliste américain, consacre à cette fondation :

« La ville de La Plata doit son origine à la nécessité où se trouvèrent les habitants de la province de Buenos-Ayres de fonder une capitale, la ville de Buenos-Ayres ayant été convertie en capitale de la nation (2)... On traça, en 1882, le plan d'une ville en rase pampa, près du grand fleuve (rio de La Plata) semblable à une mer, à 30 milles au S.-E. de Buenos-Ayres, et cette ville projetée fut baptisée du nom de La Plata. Aujourd'hui, après sept années à peine, La Plata est une ville de 60 000 habitants !... Cette ville, qui s'est élevée comme par enchantement au milieu du désert, a des rues larges, longues et majestueuses, de chaque côté desquelles se suivent sans interruption d'élégantes maisons de commerce et des habitations particulières bâties, pour la plupart, en pierres taillées ou en stuc, avec de belles façades et des corniches artistiques... »

Des avenues et des boulevards plantés d'arbres, des édifices publics d'une noble architecture, achèvent de donner à La Plata l'aspect d'une capitale de grand avenir.

A l'est de la ville s'étend un parc splendide de plus de mille acres, où s'élèvent déjà deux institutions scientifiques de premier ordre : l'Observatoire astronomique et le Musée. Ce dernier est un vaste édifice dans le style néo-grec, d'une longueur totale de 135 mètres et d'une superficie de 6000 mètres carrés. Sur le fronton du monument on voit les bustes de savants célèbres : Aristote, Lucrèce, Linnée, Lamark, Cuvier, Humboldt, Darwin, Owen, Broca, Burmeister, etc.

Le vestibule est formé par une vaste rotonde surmontée d'une coupole élevée, sur les panneaux qui séparent les portes conduisant aux différentes parties de l'édifice on a peint des scènes géologiques se rattachant à l'histoire paléontologique de la République Argentine et à l'homme préhistorique de ce même pays. Le premier étage est divisé en dix-sept vastes salles communiquant par de larges baies.

(1) Cet extrait a été publié en français à La Plata. On ne peut qu'admirer la correction avec laquelle cet ouvrage a été exécuté, au point de vue de la perfection de la langue française comme de la beauté typographique. (*Réd.*)

(2) La raison alléguée ici paraîtra peut-être singulière à des Français et surtout à des Parisiens. Elle a sa raison d'être dans l'organisation politique de la République Argentine.

La *Revista* nous donne de belles photographies, reproduites par la gravure, qui permettent de se faire une idée de l'aspect grandiose de la rotonde centrale et de la belle ordonnance des salles consacrées à la paléontologie, à l'anatomie comparée et à l'anthropologie.

Voici la salle des *Glyptodontes*, où les magnifiques carapaces de ces tatous gigantesques s'alignent, semblables à des huttes de sauvages : elles paraissent en effet avoir servi d'abri à l'homme primitif argentin. Plus loin, c'est la salle des *Megatheriums*, dont les membres monstrueux frappent d'étonnement le visiteur. La section d'anatomie comparée, avec ses immenses squelettes de baleines, et la section d'anthropologie, avec ses squelettes humains et ses crânes soigneusement rangés dans des vitrines, méritent également une mention spéciale. Dans la section zoologique, on a cherché surtout à présenter l'ensemble de la faune de l'Amérique australe, si différente de celle des autres régions du globe.

Au-dessous des galeries se trouvent les ateliers. Le Musée possède son atelier de fonderie et de serrurerie, ce qui permet de monter, sur place, les squelettes de la plus grande taille, en beaucoup moins de temps que partout ailleurs et sans crainte de détérioration, tout en épargnant les frais de transport.

Par une innovation plus heureuse encore, le Musée possède aussi son imprimerie où sont éditées non seulement la *Revista* et les *Annales* du Musée, mais encore les catalogues que l'on a l'intention de tenir ainsi, chaque année, au courant, à peu de frais. C'est là un avantage que les grands établissements scientifiques de la vieille Europe, où la publication des œuvres d'histoire naturelle est si difficile, si lente et si coûteuse, pourront envier hautement à cette petite République Argentine qui se met ainsi, du premier coup, en tête du mouvement scientifique.

On comprend, d'après ce rapide aperçu, que M. Ward ait pu dire que le Musée de La Plata était *l'un des dix premiers musées du monde*, et personne ne doutera des services que les Argentins peuvent rendre à la civilisation et à la science, s'ils savent oublier leurs querelles intestines et réunir tous leurs efforts vers le but commun que chacun poursuit avec une égale ardeur et une remarquable ténacité.

E. TROUESSART.

Le mouvement de la population française
en 1889.

Le mouvement de la population en France s'est écarté quelque peu, pendant l'année 1889, de ses lignes habituelles.

Tout d'abord, les naissances ont été plus nombreuses qu'on n'aurait osé l'espérer d'après la courbe régulièrement décroissante qu'elles suivent depuis plusieurs années. Ainsi, elles ont été enregistrées au nombre de 880 579 ; en 1888, il y en avait eu 882 639 ; soit, pour 1889, une diminution de 2060 naissances seulement sur l'année précédente, alors que l'année 1888 avait perdu 16 794 naissances sur 1887.

Cette amélioration dans le taux des naissances est doublée d'une amélioration dans le taux des décès, qui n'ont été que de 794 933, contre 837 867 en 1888 : soit une diminution de 42 934 sur 1888, tandis qu'en 1888, la diminution sur 1887 n'avait été que de 4399. En 1889, la proportion a été de 20,5 décès pour 1000 habitants.

Le résultat de ce double mouvement en sens inverse, c'est que l'excédent des naissances sur les décès est passé du chiffre de 44 772 en 1888 au chiffre de 85 646 en 1889, présentant ainsi, d'une année sur l'autre, une plus-value de population de 40 874 unités. Un semblable excédent des naissances sur les décès n'avait pas été enregistré depuis 1885 (87 661).

Mais il ne faut pas se hâter de se réjouir de ces chiffres. D'une part, en effet, il y a là une richesse qui provient plutôt d'une diminution dans les pertes que d'un accroissement positif dans les gains; et l'on sait que la vraie prospérité consiste, non à restreindre ses dépenses, mais à accroître ses revenus. D'autre part, voici d'autres chiffres qui paraissent indiquer que le mouvement de baisse de notre natalité n'est pas arrêté, car ils paraissent engager encore l'avenir dans le sens de ce mouvement déplorable. Il s'agit des mariages, qui n'ont jamais été si peu nombreux qu'en 1889 : 272 984, soit 3914 de moins qu'en 1888. La proportion des mariages est actuellement de 7 environ pour 1000 habitants, proportion qui n'avait encore été atteinte qu'en 1870.

Quant aux divorces, ils se maintiennent à un taux élevé : 4786 en 1889, c'est-à-dire 30 de moins que l'année précédente. Depuis le rétablissement du divorce en France (loi du 27 juillet 1884), 21 906 divorces ont été inscrits sur les registres de l'état civil. La durée moyenne des mariages dissous, après avoir été de seize ans, est tombée actuellement à douze ans.

Depuis 1888, la statistique recueille des renseignements sur les mariages, les naissances et les décès des étrangers habitant la France. 10 980 mariages d'étrangers ont ainsi été enregistrés, se décomposant comme il suit : 2833 entre étrangers et étrangères; 3541 entre Français et étrangères; 4606 entre Françaises et étrangers. Le nombre de Françaises qui ont perdu leur nationalité par suite du mariage avec un étranger est donc, comme en 1888 d'ailleurs, plus grand que celui des étrangères devenues Françaises par leur mariage.

Il y a eu 26 480 naissances étrangères, soit 3 pour 100 de l'effectif total des naissances, soit encore une natalité générale de 23,5 pour 1000. La natalité des étrangers en France est donc sensiblement égale à la natalité française, soit est actuellement de 23 pour 1000 habitants. Voici, d'ailleurs, le taux de natalité étrangère, par nationalité :

Italiens.	33,5 pour 1000.
Espagnols.	23,5 —
Belges	22,0 —
Suisses.	17,5 —
Allemands.	16,0 —
Anglais.	11,0 —

Sur ces 26 480 naissances étrangères, on a compté 3127 naissances illégitimes, soit une proportion de 11,8 pour 100, au lieu de la proportion de 8,2 pour 100 pour les naissances illégitimes françaises. Cette moyenne de 11,8 naissances illégitimes se décompose comme il suit, d'après la nationalité :

Allemands.	22	naissances illégitimes sur 100.
Suisses.	16	—
Belges	12	—
Italiens.	10,1	—
Anglais.	10,1	—
Espagnols. . . .	6,8	—

En somme, et malgré les décès d'étrangers, dont le nombre a été de 19 120, c'est-à-dire supérieur de 1851 unités au nombre relevé en 1888, l'excédent des naissances étrangères sur les décès est resté encore de beaucoup supérieur à celui des naissances françaises; il a été de 8,6 pour 1000 habitants, au lieu de 2,5, accroissement naturel de l'ensemble de la population française.

La destruction des insectes nuisibles.

La question des moyens les plus efficaces à la fois et les moins coûteux de détruire les nombreux insectes qui, à différentes phases de leur existence, menacent la vie des plantes cultivées et mettent en danger des cultures importantes qui sont une des sources de la fortune publique, est de celles qui intéressent le plus la section entomologique du ministère de l'agriculture des États-Unis. Sous l'active et intelligente impulsion de son chef, M. C.-V. Riley, cette section, qui serait si utile en France et qui y aurait pu rendre de si grands services, a fait un certain nombre d'expériences sur différentes substances réputées efficaces dans la lutte que l'agriculture a sans cesse à faire au monde des insectes. Ces expériences (Bulletin 11 de la section entomologique) ont fourni un certain nombre de résultats intéressants que nous rapporterons selon l'ordre même des recherches :

1° Destruction de la chenille du *Pieris rapæ*.

L'eau glacée — appliquée au fort de la chaleur du jour, au moment où les rayons du soleil sont le plus ardents, selon le conseil de M. Erwin, qui le premier a préconisé ce procédé — n'a point donné de résultats véritablement satisfaisants. De même pour l'eau salée à saturation, ou salpêtrée dans les mêmes proportions. L'acide phénique, à 1 pour 100, tue les chenilles, mais détruit aussi les plantes. La poudre de pyrèthre (une partie pour trois parties de farine), projetée par un soufflet sur les plantes, tue largement les trois quarts des chenilles. Le savon de Wolf, dissous dans l'eau, donne également, à certaines doses, de bons résultats. L'alun en poudre est sans action ; le phénate de chaux, l'eau de goudron, la décoction de feuilles de tomates aussi. Le pinoléum soluble à 5 pour 100 détruit environ 40 pour 100 des chenilles, et un mélange à parties égales d'eau, de pétrole et de mélasse diluée dans trois fois son volume d'eau, en détruit 80 pour 100. L'insecticide de Hammond est également très nuisible aux chenilles.

2° Destruction de la chenille du *Pieris protodice*. L'insecticide de Hammond est très efficace.

3° Destruction de l'*Hyphantria textor*. — Les chenilles meurent dans la proportion de 60 pour 100 sous l'influence du savon de Wolf. L'eau additionnée de goudron ou d'ammoniaque est sans action. L'acide phénique à 1 pour 125 est aussi inutile.

4° Destruction du *Doryphora decemlineata*. — Le savon de Wolf est sans action : même chose pour l'eau ammoniacale, mais les proportions d'ammoniaque sont manifestement trop faibles.

5° Destruction des fourmis. — L'acide phénique, à 1 pour 100, les détruit d'une manière efficace, et leur fait abandonner leurs nids.

6° Destruction du puceron de la laitue (*Siphonophora lactucæ*). — L'eau salée à saturation est très efficace, mais la plante meurt aussi. Par contre, le savon de Wolf tue les pucerons seuls. Le puceron du pommier (*Aphis mali*) est tué par le pinoléum à 15 pour 100.

Les résultats qui précèdent sont dus à M. F.-M. Webster. M. H. Osborn, de son côté, fait de nombreuses expériences. Il a d'abord essayé l'*émulsion de pétrole et de mélasse*. Elle ne tue guère que la moitié des insectes (chenilles de chou et pucerons). *Eau glacée*, semble sans action ; *eau phéniquée*, sans grande action ; *eau salée*, médiocre ; *alun*, sans action ; *cendres ou plâtre imbibés de pétrole*, résultats peu nets.

M. Thomas Bennett a enfin essayé différentes infusions végétales : *Tanaisie*, semble avoir une certaine action. *Podophyllum peltatum* (racine), très efficace sur le *Nyssa cerasi*. *Ailanthe*, sans action, comme le quassia et la coloquinte. Le *Datura* est actif contre les pucerons en général: On le voit, malgré l'intérêt des résultats obtenus dans certaines de ces expériences, il reste à faire pour arriver à une solution satisfaisante des nombreux problèmes en cours d'étude.

La stérilisation à l'eau salée et son emploi en chirurgie.

M. E. Tavel vient de faire connaître les excellents résultats qui auraient été obtenus de l'emploi de l'eau salée, substituée à l'eau stérilisée ordinaire, dans deux services de chirurgie, à Berne (1).

La solution employée est la solution physiologique, à 7 pour 1000, portée à l'ébullition pendant une heure.

Les motifs divers qui ont fait adopter ce liquide sont les suivants : d'abord, on sait que les solutions salées ont un pouvoir antiseptique positif; puis l'adjonction de sel à l'eau élève son point d'ébullition, ce qui a de l'importance pour la durée de l'ébullition en vue de la stérilisation; en outre, l'eau salée dissout plus facilement le sublimé que l'eau ordinaire, ce qui permet un meilleur lavage des plaies et de la peau après les opérations, avantage dont les chirurgiens profitent également; les mains de ces derniers sont aussi mises à l'abri des altérations qui résultent habituellement de l'emploi prolongé et réitéré des solutions antiseptiques. Enfin, tandis que l'eau irrite les tissus et nuit à leurs propriétés physiologiques, si importantes pour la lutte contre les infiniment petits, on sait, par les travaux de Büchner, que l'eau salée, en diluant les sucs de l'organisme, ne leur enlève pas leurs propriétés bactéricides, et ne nuit en aucune façon à la faculté de résorption de certains organes tels que le péritoine.

D'après M. Tavel, les douleurs qui suivaient souvent les opérations telles que l'ovariotomie, l'hystérectomie, la résection de l'estomac ou des intestins, la cholécystectomie, etc., pour pour ainsi dire disparu depuis que l'ancienne *toilette du péritoine* a été remplacée par les irrigations d'eau salée tiède.

Les expériences de M. Tavel auraient prouvé, d'autre part, qu'il suffit d'une ébullition de dix à quinze minutes pour que, dans l'eau salée, tous les germes soient tués. On sait que ce résultat ne peut être obtenu, pour l'eau ordinaire, que par une ébullition prolongée pendant une demi-heure ou même une heure.

Il n'y aurait que les instruments du chirurgien, d'après l'aveu de M. Tavel, qui se trouveraient assez mal de ce traitement.

Le lait et la diphtérie.

C'est en Angleterre que l'attention des hygiénistes et des microbiologistes est le plus vivement sollicitée sur la transmission possible des maladies infectieuses par le lait. C'est ainsi que le lait y a été accusé d'avoir transmis la fièvre typhoïde, la scarlatine, et même la diphtérie. Dans ce dernier cas, on aurait même constaté que le lait ayant paru dangereux n'avait pas été souillé par des produits diphtéritiques humains (épidémie dans le nord de Londres en 1878; épidémie de 1886 à York-Town et Camberley; épidémie d'Enfield en 1888, et de Barking également en 1888). En outre, dans l'une de ces épidémies, on aurait constaté avec certitude la présence d'une éruption siégeant aux mamelles et aux pis des vaches.

(1) D'après un travail publié dans les *Annales de micrographie*, septembre 1890.

Guidé par ces faits, M. Klein a essayé sur des vaches l'action du virus diphtérique, en injections sous-cutanées. Les animaux ainsi inoculés devinrent malades dès le second jour : fièvre, inappétence, tumeur molle et douloureuse au niveau du point d'inoculation, atteignant la grosseur du poing vers le 8e-10e jour. Pendant la seconde semaine, les vaches commencèrent à tousser, et leurs mamelles devinrent le siège d'une éruption pustuliforme. À ce moment, le lait contenait le bacille diphtérique à l'état de pureté.

Ces expériences sont donc très concluantes sur la possibilité de l'infection diphtérique des vaches et de la transmission de la maladie par le lait, et l'attention des hygiénistes devra être éveillée sur cette nouvelle source possible de contamination, qui rendrait dangereux, non seulement le lait, mais encore les fumiers.

Le celluloïde et ses procédés de fabrication.

Depuis quelques années, cette matière, dont la composition est restée si longtemps un secret, jouit de la grande faveur du public; on s'en sert, en effet, pour imiter la plupart des objets en corne, en écaille, en ivoire et même en marbre. Elle jouit aussi de cet immense avantage qu'on peut la souder, la couler, la façonner et la mouler; pour ainsi dire, sans aucune difficulté; c'est ce qui fait qu'on l'emploie si communément aujourd'hui pour la fabrication des pommes de canne, des manches de parapluie, des billes de billard, des claviers de piano, etc.

Le linge dit *américain* n'est qu'une application de celluloïde sur une légère bande de carton ou sur de la toile; on s'en sert aussi, depuis peu, pour la fabrication des règles, des équerres et des instruments de précision similaires; on a prouvé que la dilatation de ce corps est beaucoup plus uniforme et plus régulière que celle du bois, et qu'avec de pareils instruments on se garantissait d'erreurs auparavant inévitables.

Ce produit industriel, devenu maintenant indispensable pour une foule d'objets d'un usage courant, n'est, en somme, qu'un composé de *nitrocellulose*, de *camphre* et d'*eau*. Il a été imaginé, en 1869, par deux Américains, les frères Hyatt — Isaiah Smith et John Wesly — qui essayèrent bientôt de donner de l'extension à leur découverte en fondant une fabrique dans l'État de New-Jersey, au sein d'une petite localité appelée New-Arck, qui lui dut son accroissement et sa prospérité.

En 1876, les frères Hyatt importaient leur industrie en France, et établissaient à Stains, près Saint-Denis, une fabrique semblable à celle de New-Arck ; de nos jours, nous possédons deux grandes fabriques de celluloïde, plus une quantité d'autres de moindre importance, et ce sont nos produits qui sont réputés les meilleurs dans le monde entier. L'Allemagne possède aussi deux importantes fabriques, à la tête desquelles on remarque celle de Magnus, de Berlin. Londres possède également la plus grande usine que l'on connaisse actuellement.

M. de La Roque décrit ainsi qu'il suit, dans la *Revue de chimie industrielle*, la composition, la fabrication et les propriétés du celluloïde.

Le celluloïde ne s'obtient pas au moyen d'une seule opération ; il faut d'abord fabriquer à part un collodion très épais, dans lequel le camphre est substitué à l'éther, et qui contient alors de la *pyroxyline* ou nitrocellulose, du camphre et de l'alcool; quelquefois même, et c'est ainsi qu'on opère en Allemagne, on y ajoute de l'éther. Ce collodion, remué jusqu'à consistance de pâte, est légèrement chauffé, puis laminé; la chaleur, qu'on augmente progressivement, chasse les dissolvants volatils et la combinaison du camphre et de la pyroxyline s'opère d'une façon plus intime pour produire une substance cornée et transparente.

Un chimiste allemand, qui a fait de nombreuses recherches sur le celluloïde, a émis l'opinion que ce produit n'était pas le résultat d'une combinaison chimique proprement dite, mais d'une combinaison comparable à celle du cuir. À l'appui de cette assertion, voici la composition chimique donnée par M. Bockmann, de deux espèces différentes de celluloïd :

	A	B
Pyroxyline	64,89	73,70
Camphre	32,86	22,79
Cendres (matières colorantes)	2,25	3,51
	100,00	100,00

La première de ces analyses est la composition du celluloïde, tel qu'on le fabrique à Berlin ; on le rencontre généralement, dans le commerce, sous la forme de bâtons. La deuxième analyse est la composition du celluloïde, tel qu'on le fabrique à Londres ; il se trouve ordinairement en plaques, d'une surface plus ou moins grande.

La préparation de la nitrocellulose peut s'opérer de plusieurs manières ; on peut se servir de papier, de coton ou de copeaux. La cellulose est introduite dans des vases en verre contenant un mélange de 2 parties d'acide sulfurique pour 1 d'acide nitrique fumant, et la température maintenue à 22° C. environ. L'opération dure de trois à vingt minutes, selon la nature des substances employées.

On peut encore chauffer vers 80°, dans une capsule de porcelaine, 115 grammes d'acide azotique d'une densité de 1,84 et 93 grammes d'acide azotique d'une densité de 1,40. On immerge ensuite dans ce mélange autant de coton qu'il en peut tenir, puis on lave à grande eau, au bout de cinq minutes de contact. Quand le produit est ainsi préparé, il se dissout entièrement dans l'alcool.

M. Franchimont dit qu'en traitant le papier par un mélange d'anhydride acétique et d'acide sulfurique, il a obtenu un liquide coloré qui précipite par l'eau. Cette poudre, lavée à grande eau, puis à l'alcool à froid, a été dissoute dans l'alcool bouillant qui l'abandonne par refroidissement, sous forme de belles aiguilles ou de lames. Ce corps, presque insoluble dans l'éther, mais soluble dans la benzine, fond à 212°. Il correspond à la formule $C^{40}H^{54}O^{27}$, et M. Franchimont le considère comme un triglucoside onze fois acétylé.

Une fois la pyroxyline obtenue, on la laisse en contact, pendant vingt-quatre heures, avec une quantité de 15 à 35 pour 11 d'alcool, à 90° ; on obtient ainsi une masse gélatineuse qu'on solidifie par la chaleur, en chassant l'alcool. On lamine généralement cette masse entre des cylindres métalliques intérieurement chauffés à la vapeur et dont l'extérieur est maintenu à 60° environ ; on continue ce laminage entre des cylindres de plus en plus rapprochés, jusqu'à ce que la feuille obtenue, d'une épaisseur de 12 millimètres environ, ait la résistance et la consistance voulues.

Le celluloïde brut est une matière cornée, transparente, de couleur légèrement jaunâtre, à faible odeur de camphre, dont la densité oscille entre 1,25 et 1,45. La chaleur le ramollit et lui permet de recevoir des empreintes. A 90° il devient très plastique : si on le chauffe davantage, il devient de plus en plus mou ; maintenu longtemps à la température de 140°, il se décompose en pyroxyline et aldéhyde campholique. A 195°, la décomposition se fait instantanément : la pyroxyline brûle et le camphre se vaporise.

Cette matière s'enflamme assez facilement, et brûle avec une flamme fuligineuse, comme l'essence de térébenthine ; en soufflant dessus, on l'éteint, mais il continue à brûler en dégageant d'épaisses vapeurs de camphre. Il est insensible au choc et ne détone pas, même au contact d'amorces fulminantes.

L'acide sulfurique le décompose rapidement à chaud ; l'acide chlorhydrique a sur lui une action beaucoup plus lente. L'acide nitrique l'attaque lentement à froid, très rapidement à chaud ; il en est de même de la lessive de soude. L'acide acétique le dissout, et l'eau précipite alors de cette solution le camphre et la nitrocellulose, l'éther, l'éther acétique, l'acétone, les huiles grasses, l'alcool et l'essence de térébenthine.

Si l'on veut obtenir, avec le celluloïde, des imitations de marbre, d'ivoire ou d'écaille, on est obligé de le colorer d'une manière uniforme ou avec des stries de nuances différentes. Dans le premier cas, on introduit la matière colorante, généralement des poudres minérales : oxyde de zinc, sels de baryte, de strontiane, de cuivre, de plomb, de mercure, etc. dès que l'on porte le mélange de la pyroxyline et du camphre. Dans le second, on prépare d'abord plusieurs pâtes de nuances diverses qu'on passe ensuite au laminoir et dans les moules qui doivent donner la forme voulue à l'objet fabriqué ; la disposition harmonieuse des couleurs dépend entièrement de l'habileté des ouvriers.

— ESSAI STATISTIQUE SUR LE NOMBRE π. — Le rapport de la circonférence au diamètre a été évalué autrefois, par Archimède, dans son *Traité de la mesure du cercle*, à $\frac{22}{7}$; P. Métius a établi le rapport $\frac{355}{113}$; mais aujourd'hui π est connu avec 530 décimales, d'après un long travail de Shanks, vérifié jusqu'à la 440° décimale par Rutherford.

Après avoir examiné la suite des chiffres du nombre π, et fait divers essais, tant statistiques que graphiques, sans obtenir rien de marquant, M. Léopold Hugo vient, accessoirement, de faire une constatation assez singulière, que chacun pourrait vérifier facilement.

D'ailleurs, il ne s'agit que de la valeur de π, écrite en employant la numération à base 10 ; il est évident qu'avec une autre base de numération, la suite des chiffres est tout autre.

Mais dans sa valeur de π ordinaire, sa fraction décimale, l'auteur a trouvé que les 10×2 premières décimales (laissant la partie entière) donnent pour somme 10^2 (100).

De plus, les 10 premières décimales de rang impair donnent une somme égale à celle de nos chiffres arabes 0 à 9 = (45).

Et les 10 premières décimales de rang pair donnent une somme égale à celle des nombres 1 à 10 = (55).

$$\Pi(3),\quad \begin{matrix} 1 & 1 & 9 & 6 & 3 & 8 & 7 & 3 & 3 & 4 &= 45 \\ 4 & 5 & 2 & 5 & 3 & 9 & 9 & 2 & 8 & 6 &= 55 \end{matrix} \quad \overline{} \atop 10^2$$

L'existence de cette triple coïncidence est singulière peut-être, mais il est surtout remarquable, n'étant motivée par rien, qu'elle ait été enfin constatée.

— LA PRODUCTION MINÉRALE DANS LA GRANDE-BRETAGNE. — D'après les *Mémoires de la Société des ingénieurs civils*, la production totale de charbons de mines du Royaume-Uni a été, pour 1887, de 162 119 812 tonnes, représentant une valeur de 989 millions de francs, et, pour 1886, de 157 518 482 tonnes, d'une valeur de 965 millions.

En 1887, le total des personnes employées au service intérieur ou extérieur des mines a été de 566 026, dont 5725 femmes travaillant au jour. Le nombre des accidents a été de 881 et le nombre des morts de 1051. Il y a, comparativement à l'année précédente, une augmentation de 12 accidents et de 33 morts. La proportion des accidents se trouve de 1 pour 644 personnes employées aux mines, et celle des morts, de 1,85 pour 1000. Cette dernière proportion est légèrement plus élevée que pour 1886, mais elle est inférieure à la moyenne des treize années précédentes.

Le nombre total des personnes employées au service intérieur ou extérieur des mines régies par la *Coal Mines Regulation Act* a été de 535 277, dont 4683 femmes travaillant au jour. Il y a eu 838 accidents et 995 morts ; le nombre des accidents est supérieur de 21 et celui des morts de 42 aux chiffres correspondants de 1886. Il y a eu 1 accident pour 634 personnes et 1 mort pour 529. Ces proportions sont moindres que celles de la moyenne des dix années de 1874 à 1883, où l'on trouve respectivement 587 et 446.

Sans compter la terre réfractaire, on trouve que la quantité des matières minérales extraites dans les différents districts a été de 173 040 796 tonnes, dont, comme on l'a vu plus haut, 162 119 812 tonnes de charbon et 7 569 918 tonnes de minerai de fer ; il y a une augmentation de 4 601 330 tonnes pour le charbon et une diminution de 1 282 730 tonnes pour le minerai.

Si on rapporte le nombre des accidents et des morts à la production, on trouve, en 1887, 1 accident pour 208 494 tonnes extraites de matières minérales et 1 mort pour 173 919, tandis que, pour 1886, les chiffres correspondants étaient 210 663 et 178 391.

Le nombre total des personnes employées à l'extérieur des mines, régies par la *Metalliferous Mines Regulation Act* a été de 41 749, dont 1542 femmes travaillant au dehors. Il y a eu 51 accidents et 96 morts, soit 11 accidents et 9 morts de moins que l'année précédente. Cela donne une proportion de 1 accident sur 818 et une mort sur 745 personnes. Les chiffres correspondants, pour la moyenne des dix années de 1874 à 1883, étaient de 668 et 607.

— LE COMMERCE DE LA SOIE AU JAPON. — Il a été publié à Yokohama, par le gouvernement japonais, des statistiques relatives au commerce de la soie. Ce commerce se fait spécialement à Yokohama, qui exporte (1889-1890) 35 505 balles, contre 500 exportées de Hiago. En 1887-1888, l'exportation avait été de 38 958, et en 1888-1889, 41 264 balles. Il y a donc diminution depuis 1887-1888 ; mais, jusqu'à cette même année, on avait enregistré une augmentation constante : jamais, avant 1887, l'exportation n'avait dépassé 30 000 balles. Souvent même elle se réduisait à 25 000 balles et même à 20 000 balles.

Sur le total de 35 505 balles, 20 000 environ sont expédiées aux États-Unis ; 15 000 à 16 000 en Europe.

Bien que le gouvernement ait fait de grands efforts pour mettre ce commerce aux mains de ses nationaux, les envois au nom de négociants japonais vont plutôt en diminuant. En 1880-1881, ils se montaient à 2940 balles ; en 1881-1882, à 5089 ; en 1883-1884, à 5348 ;

en 1885-1886, à 3933 ; en 1888-1889, à 2826, et enfin, en 1889-1890, à 2695. Or, dans cette période de neuf années, l'exportation totale a passé de 22 344 à 35 505 balles.

INVENTIONS

Feux de Bengale. — Comme la pyrotechnie devient de plus en plus le complément indispensable de toutes les fêtes, nous donnons, d'après le *Moniteur industriel*, quelques indications pour la fabrication des feux de Bengale de diverses couleurs :

Feu rouge.

Nitrate de strontiane . . . . 3 parties.
Chlorate de potasse . . . . 1 —
Colle de poisson (grossièrement broyée). 1 —
On mélange intimement.

Feu vert.

Nitrate de baryte . . . . 3 parties.
Chlorate de potasse . . . . 1 —
Colle de poisson . . . . 1 — .

Feu violet.

Carbonate de chaux . . . . 2 parties.
Malachite . . . . 2 —
Soufre . . . . 2 —
Chlorate de potasse . . . . 6 —

Feu pourpre.

Nitrate de strontiane . . . . 14 parties.
Calomel . . . . 14 —
Chlorate de potasse . . . . 15 —
Colle de poisson . . . . 5 —
Sulfate de cuivre . . . . 1 —

Ce mélange ne doit jamais être enflammé dans l'intérieur d'une habitation à cause des vapeurs délétères produites par l'action du calomel.

Feu jaune.

Nitrate de soude . . . . 3 parties.
Chlorate de potasse . . . . 1 —
Colle . . . . 1 —

Feu bleu.

Sulfate de cuivre ammoniacal . . . . . 3 parties.
Chlorate de potasse . . . . 1 —
Colle . . . . 1 —

— **Procédé économique de fondation.** — La ville neuve de Tunis est assise sur des sédiments vaseux sans consistance d'une dizaine de mètres d'épaisseur.

D'après la *Revue du génie militaire*, voici comment on y fonde les maisons. On fait des fouilles de 2m,50 à 3 mètres de largeur et de 1 mètres de profondeur, jusqu'au niveau des infiltrations du lac. On mélange alors la terre extraite avec de la chaux en poudre provenant de l'extinction à l'air des incuits ou biscuits des fours à chaux du pays. Ce mélange est jeté dans la fouille par couches de 30 centimètres ; on y ajoute aussi quelques moellons que l'on fait battre sur un rythme chanté en cadence par quinze à vingt nègres marocains. On continue ainsi jusqu'à 0m,50 au-dessous du sol. Ce travail ne dure pas moins de dix à douze jours pour une maison de moyenne grandeur.

C'est sur cet empâtement que l'on bâtit les murs de l'édifice.

Ce mode de construction est beaucoup plus économique que l'emploi de béton ou de pilotis.

— **Revêtement économique des talus.** — La Compagnie des chemins de fer de l'Est a employé avec succès le mode de revêtement suivant pour les talus des remblais et des tranchées.

On découpe des bandes de gazon d'une largeur de 0m,20 et de 0m,10 d'épaisseur et on les dispose suivant des lignes parallèles, espacées de 1m,50, et formant des angles de 45° avec la ligne de plus grande pente et avec l'horizontale du talus. On fixe ces gazons au moyen de piquets en bois de 27 millimètres de diamètre et 40 centimètres de

longueur. Dans les carrés ainsi circonscrits on répand de la terre végétale que l'on ensemence ; puis on recouvre de terre au râteau et on dame légèrement.

Le prix de revient, moins le semis, a été de 0 fr. 50 à 0 fr. 85 le mètre carré, suivant le plus ou moins d'éloignement du lieu de prise des gazons.

De cette manière, on évite les frais considérables d'un gazonnement complet, et aussi l'entraînement de la terre végétale par la pluie.

BIBLIOGRAPHIE

Sommaires des principaux recueils de mémoires originaux.

Revue de chirurgie (t. X, n° 8, 10 août 1890). — *L.-E. Bertrand :* Relevé statistique des abcès du foie opérés par la méthode de Stromeyer-Little dans les hôpitaux de la marine à Toulon, de 1882 à 1889 inclusivement. — *Vallas :* De la résection tibio-tarsienne par ablation préalable de l'astragale dans les ostéo-arthrites du cou-de-pied et du traitement consécutif le plus propre à assurer le succès de cette opération. — *C. Audry :* Étude sur les tuberculoses du pied. — Anatomie pathologique.

— **Recueil zoologique suisse** (t. V, n° 2). — *Micheline Stefanowska :* La disposition histologique du pigment dans les yeux des arthropodes sous l'influence de la lumière diurne et de l'obscurité complète. — *Jacob Honegger :* Vergleichendanatomische Untersuchungen über den Fornix und die zu ihn in Beziehung gebrachten Gebilde im Gehirn der Menschen und der Säugethiere.

— **Archives des sciences physiques et naturelles** (t. XXIV, n° 7, 15 juillet 1890). — *H. Heris :* Sur les équations fondamentales de l'électrodynamique par les corps en repos. — *Paul Juillard :* De la détermination du poids moléculaire au moyen du phénol. — *Th. Studer :* Voyage d'exploration de la *Gazelle* durant les années 1874 à 1876.

— **Atti e rendiconti della Accademia medico-chirurgica di Perugia** (t. II, n° 1, 1890). — *Amantini :* Ligament et synoviale de l'articulation de la hanche (contribution anatomique à l'étude de la fracture intra-articulaire du col du fémur). — *De Paoli :* Contribution à l'étude de la hernie inguino-interstitielle étranglée et de l'hydrocèle du cordon dans sa portion inguinale. — *Batelli :* Des glandes salivaires du *Cypselus apus*. — *Pisenti :* Sur le pouvoir d'absorption des organes de la cavité péritonéale. — *Zanetti :* Un cas de *Morbus maculosus* de Werloff. — *Veronesi :* Valeur clinique de l'examen du saug dans l'infection paludéenne.

— **Archivio di psichiatria, scienze penali ed antropologia criminale** (t. XI, fasc. 2, 1890). — *Lombroso :* Palympsestes des prisons. — *Lombroso et Laschi :* Le pain dans le délit politique. — *Croce :* Un cas de tic convulsif avec écholalie et coprolalie. — *Leti :* Constitution des parties civiles de la femme séduite contre le séducteur. — *Ottolenghi :* D'un assassin de sa femme. — Type de voleur. — Caractères anthropologiques de cent individus accusés de rébellion. — Le champ visuel chez les criminels-nés. — *Lombroso :* Pickman et la transmission de la pensée. — *Pagliani :* Transmission de la pensée chez une hystérique. — *Tschurtschenthaler :* Clairvoyance chez un jeune garçon hystérique. — *Seweri :* Argot des criminels de Florence. — *Marro et Rivano :* Les injections des sucs de testicules dans l'état de débilité mentale.

— **Revue de géographie** (t. XIV, n° 1, juillet 1890). — *L. Drapeyron :* L'univers et les universités. — *E. Auerbach :* La Lorraine, essai de chorographie. — *A. de Gérando :* Le défilé du bas Danube, depuis Bazias jusqu'à Orsova. — *H. Meyners d'Estrey :* Les Hakka et les Hocklo. — L'autonomie des villages en Chine. — *L. Delavaud :* Le mouvement géographique.

— **Revue internationale de l'enseignement** (t. X, n° 8, 15 août 1890). — *L. Leger :* La chaire de Mickiewicz au Collège de France. — *Victor Egger :* Science ancienne et science moderne. — Projet de loi ayant pour objet la constitution des Universités.

— **Journal de pharmacie et de chimie** (t. XXII, n° 4, 15 août 1890). — *Maria :* Sur l'oxydation de l'acide cérotique par l'acide nitrique. — *Julien Girard :* Sur la présence de l'acide valérianique dans les vinaigres. — *Rosser* : Sur un mode de contamination du pain par le *Mucor stolonifer*. — *A. Moullade* : Sur un nouveau procédé de dosage du tannin par l'iode. — *Marette* : Sur la solubilité de la théobromine et sur la diurétine. — *Berlioz* : Examen d'une concrétion ombilicale.

— JOURNAL DES ÉCONOMISTES (t. XLIX, août 1890). — *G. du Puynode* : Les revendications ouvrières. — *G. de Molinari* : Objet et limites de l'économie politique. Ses rapports avec la morale. — *Frédéric Passy* : Le Congrès de la paix et la conférence parlementaire. — Le meeting annuel du Cobden-Club. — *Fournier de Flaix* : La crise politique et financière dans la République Argentine.

— REVUE DES SCIENCES NATURELLES APPLIQUÉES (t. XXXVII, n° 16, 20 août 1890). — *E. Pion* : Les grands marchés de Londres. — *G. Duclos* : Destruction des rats par l'emploi des capsules de sulfure de carbone. — *E. Maison-Rouge* : Note sur les résultats obtenus en 1889 à la faisanderie de M. A. Maillard, au Croisic (Loire-Inférieure). — *L.-F. Henneguy* : Note sur la faune pélagique des lacs d'Auvergne. — *A. Pailleux* et *D. Bois* : De quelques plantes alimentaires de l'Abyssinie.

— REVUE PHILOSOPHIQUE DE LA FRANCE ET DE L'ÉTRANGER (t. XV, n° 8, août 1890). — *A. Espinas* : Les origines de la technologie. — *A. Binet* : L'inhibition dans les phénomènes de conscience. — *G. Lechalas* : La géométrie générale et les jugements synthétiques *a priori*.

— REVUE MILITAIRE DE L'ÉTRANGER (t. XXXVIII, n° 748, 15 août 1890). — La loi du 15 juillet 1890 et les effectifs de paix de l'armée allemande. — L'organisation militaire de la Roumanie. — Les forces militaires de la Roumanie. — Le service de garnison en Allemagne, d'après l'instruction du 13 septembre 1888.

— REVUE MARITIME ET COLONIALE (t. CVI, n° 347, août 1890). — *P. Serre* : Les marines de guerre de l'antiquité. — *E. Fournier* : Méthode pour la régulation immédiate du compas étalon aux atterrages, suivie d'une note de M. *Jafffrd*. — *Oltramare* : Approximation avec laquelle une longitude est déterminée par une observation d'occultation d'étoile par la lune. — *Chabaud-Arnault* : Études historiques sur la marine militaire de France. — Les dernières opérations et la ruine des flottes de Louis XIV.

— L'ANTHROPOLOGIE (t. Ier, n° 4, juillet-août 1890). — *J. de Baye* : L'art des barbares à la chute de l'Empire romain. — *P. du Chatellier* : Oppidum de Castel-Meur (Finistère). — *J. Popowski* : Les mascles de la face chez un nègre Achanti.

—ARCHIV FÜR DIE GESAMMTE PHYSIOLOGIE (t. XLVII, n°° 6-10. — *Bidermann* : Excitation électrique au muscle strié. — *Fick* : Sens des couleurs dans la vision indirecte. — *Munzer* : Contraction secondaire du muscle. — *Stamach* : Physiologie comparée de l'iris. — Mouvements de l'iris chez les vertébrés et rapports de la réaction de la pupille avec l'entre-croisement des nerfs optiques. — *Aubert* : Périmicroscope binoculaire. — *Hermann* : Recherches phonophotographiques. — *Lob* : Héliotropisme des animaux et des plantes. — *Hering* : Sens des couleurs dans les parties périphériques de la rétine. — *Hoorweg* : Mouvement du sang dans les artères chez l'homme. — *Krummacher* : Influence du travail musculaire sur la désassimilation des matières albuminoïdes. — *Bohland* et *Schurs* : Élimination d'acide urique et d'azote dans la leucémie. — *Hirschfeld* : Action du suc gastrique sur les fermentations acétiques et lactiques.

— REVUE D'HYGIÈNE ET DE POLICE SANITAIRES (août 1890). — *Kelsch* : De la fièvre typhoïde dans les milieux militaires. — *Napias* : Les revendications ouvrières au point de vue de l'hygiène. — *Cassedebat* : Bactéries et ptomaïnes des viandes de conserve. — *Lemoine* : Le traitement de la phtisie pulmonaire par la vie au grand air et par les fenêtres ouvertes.

L'administrateur-gérant : HENRY FERRARI.

MAY & MOTTEROZ, Lib.-Imp. réunies, Et. D, 7, rue Saint-Benoît. [v74]

Bulletin météorologique du 13 au 19 octobre 1890.

(D'après le *Bulletin international du Bureau central météorologique de France*.)

DATES.	BAROMÈTRE À 1 HEURE DU SOIR.	TEMPÉRATURE			VENT. FORCE DE 0 À 9.	PLUIE. (Millimètre.)	ÉTAT DU CIEL À 1 HEURE DU SOIR.	TEMPÉRATURES EXTRÊMES EN EUROPE	
		MOYENNE.	MINIMA.	MAXIMA.				MINIMA.	MAXIMA.
☾ 13 L.	766mm,36	11°,8	9°,9	32°,1	N.-N.-W 1	0,0	Beau; horizon brumeux.	— 9° à Haparanda; — 3° à Arkangel; 0° à Clermont.	28° à Cette et Oran; 27° à Biarritz, île d'Aix et Aumale.
☌ 14	762mm,16	11°,4	4°,3	20°,4	S. 2	0,0	Cirrus épais floconneux au S.	— 4° à Haparanda; — 1° à 2 Hernosand et Arkangel.	21° au cap Béarn; 23° à Biskra; 20° à la Calle et Palerme.
☿ 15	756mm,17	11°,8	7°,1	16°,0	S.-S.-W. 3	1,6	Alto blancs moutonnés Cum. strat. m. W. 1/4 S.	— 7° à Arkangel; — 4° Pic du Midi; — 1° à Haparanda.	23° au cap Béarn; 23° à Biskra; 27° à Alger; 26° à la Calle.
♃ 16	759mm,16	8°,7	6°,5	11°,2	W. 3	1,3	Gouttes; stratus élevé et cumulus W. 1/4 N.	— 7° à Uléaborg; — 5° à Arkangel; — 4° au Pic du Midi.	25° au cap Béarn et à Biskra; 23° à la Calle; 22° à Nemours.
♂ 17	756mm,35	9°,4	5°,4	12°,9	W.-N.-W. 4	0,0	Beau; stratus pommelé N. 35° W.	— 6° au Pic du Midi et au mont Ventoux.	22° Biskra; 27° Laghouat; 20° à Sfax et au cap Béarn.
♄ 18	756mm,92	9°,5	5°,1	12°,5	W.-N.-W. 3	0,0	Cumulo-strat. N.-N.-W; cum. plus bas N.-W.	— 6° au Pic du Midi; — 4° au mont Ventoux.	23° à Biskra; 20° à la Calle; 25° Alger; 24° au cap Béarn.
☉ 19	760mm,93	9°,3	7°,3	11°,7	N.-W. 3	0,0	Cumulo-strat. N. 1/4 W; atmosphère claire.	— 11° au Pic du Midi; — 9° à Uléaborg.	22° au cap Béarn et à Sfax; 24° à Lisbonne; 23° Funchal.
MOYENNE.	756mm,67	10°,20	5°,51	15°,21	TOTAL. .	2,9			

REMARQUES. — La température moyenne est légèrement supérieure à la normale corrigée 10°,1. Quelques pluies ont été signalées en certaines stations depuis le 14, où l'on a noté 38mm à Croisette, 25mm à Shields. Le 15, 33mm à Croisette, 20 à Servance, 35 à Bruxelles. Le 16, 21mm à Rome, 20 à Cracovie. Le 17, 55mm à la Calle, 20 au Puy-de-Dôme, 21 à Memel, 22 à Munster et à Stockolm. Le 18, 67mm à Besançon, 50 à Sicié, 31 à Memel, 22 à Rome, 34 à Naples et 30 à Bruxelles. Le 19, 35mm à Besançon, 36 à Bruxelles. Neige au mont Ventoux le 16; pluie, brouillard et neige à Servance. Orage à Trieste et à Hambourg, le 17. Le 18, orage à Wilhelmshaven, Kaiserslautern et Trieste; aurore boréale à Haparanda. Le 19, neige à Servance.

CHRONIQUE ASTRONOMIQUE. — Mercure est toujours une étoile du matin et Vénus l'étoile du berger. Le premier passe au méridien vers 11 heures du matin, la seconde à 2h 28m de l'après-midi, le 26. Mars éclaire le Sagittaire; il passe au méridien à 5h 18m. Jupiter le suit, à 6h 5m. Saturne, toujours étoile du matin, brille dans le Lion. Le 29, Vénus a son plus grand éclat (pour les habitants qui l'ont assez haute au-dessus de leur horizon). Le 31, Mercure est en conjonction avec Uranus. La Lune sera à son premier quartier le 21.

L. B.

REVUE
SCIENTIFIQUE
(REVUE ROSE)

Directeur : M. Charles Richet

| NUMÉRO 18 | TOME XLVI | 1ᵉʳ NOVEMBRE 1890 |

Paris, le 30 octobre 1890.

Dans le dernier numéro de la *Revue de médecine*, M. Lépine, faisant allusion au récent Congrès médical international de Berlin et au prochain Congrès qui doit avoir lieu en 1893 à Rome, a proposé une modification aux usages jusque-là en vigueur. Ce changement n'est ni bien difficile ni bien grave, mais il aurait, croyons-nous, de très heureuses conséquences.

Il s'agirait tout simplement, pour le Comité d'organisation, de publier quelques mois à l'avance des rapports imprimés sur les principales questions devant être soumises au Congrès. En outre, après l'envoi de ces rapports, formant la partie principale, et, pour ainsi dire, la trame de la discussion, chaque adhérent enverrait une notice qui serait aussitôt imprimée. La discussion serait ainsi toute tracée, sans être gênée par les interminables et insupportables questions de détail qui encombrent les séances des sections, alors que chacun veut dire son mot, placer sa petite communication, à laquelle il attribue — cela va de soi — une importance de premier ordre, s'imaginant que tout l'intérêt de la réunion présente roule sur la présentation ou la lecture qu'il veut faire.

Ce qui est intéressant dans un Congrès — sur ce point, nous sommes heureux de pouvoir appuyer énergiquement la proposition de M. Lépine — ce sont, non les faits de détails, mais les questions générales, sur lesquelles il faudra désormais avoir un programme rédigé plusieurs mois à l'avance, de manière à fournir les éléments d'une solide discussion.

En ce moment, on discute le budget à la Chambre. Il est clair que la situation financière générale n'est

27ᵉ ANNÉE. — TOME XLVI.

rien moins que brillante ; aussi cherche-t-on, par un impôt nouveau, à combler le déficit. Nous sera-t-il permis, à ce propos, de rappeler ici ce que nous avons dit maintes fois, à savoir que l'impôt sur l'alcool et les alcools est de tous les impôts le plus moral et celui qui aurait les plus heureux résultats pour la santé publique ?

Que son application soulève des difficultés techniques multiples, il ne faut point en douter. Mais n'est-ce pas une plaisanterie que de croire à l'impossibilité de réprimer la fraude ? Avec quelques mesures pas trop compliquées, on réduira la fraude à un minimum.

Nous ne craignons donc pas de demander instamment que les licences des marchands de vin soient augmentées dans une proportion considérable. Le marchand de vin, c'est l'ennemi de l'ouvrier. Il est des marchands de vin qui, en tant que citoyens, sont fort estimables ; mais leur commerce est funeste. Donc, au risque d'encourir toutes leurs colères, nous prétendons que l'impôt doit frapper surtout sur eux. Le petit commerce des absinthes, vermouts, vins blancs ou rouges, cognacs, madères, etc., est un empoisonnement perpétuel, un des fléaux meurtriers de notre époque.

On parle pourtant de les épargner, et, comme il faut trouver de l'argent, on veut frapper les spécialités pharmaceutiques, qui sont absolument inoffensives, souvent même bienfaisantes, constituant une des branches les plus intéressantes de notre exportation.

Ainsi se manifeste l'étrange souci de quelques députés pour la santé publique : on respectera l'absinthe, mais on frappera de droits très forts l'eau de Vichy.

18 S.

GÉOLOGIE

Le Plateau central de la France (1).

Messieurs,

Les géographes désignent sous le nom de Plateau ou Massif central de la France le groupe montagneux qui correspond à l'Auvergne, au Velay et aux parties contiguës des provinces limitrophes. Ce massif, hérissé de crêtes abruptes et de pics élevés, domine de toutes parts les régions avoisinantes et figure une sorte de bombement au milieu du sol français. Ses contours sont grossièrement arrondis, sauf au nord-est, où il présente un prolongement qui couvre le Morvan, et au sud, où il s'étend, d'une part, jusqu'aux Cévennes, et, d'autre part, jusqu'à la montagne Noire par l'intermédiaire du massif cristallin de l'Aveyron. Il a pour soubassement un énorme amas de granit et de gneiss, et sa surface est en grande partie revêtue par une épaisse cuirasse de roches volcaniques. Son orographie est une conséquence de sa structure et de la nature des roches qui entrent dans sa composition. Il possède une histoire géologique particulière, entièrement distincte de celle du sol des plaines basses dont il est entouré, histoire dont je vais essayer de retracer brièvement les principaux traits, rappelant ce qu'il a été pendant les périodes anciennes de la vie du globe, et montrant les modifications considérables qu'il a subies aux époques plus récentes.

L'origine du Plateau central remonte aux premiers âges du monde. Il était déjà émergé au moment où les mers des temps les plus reculés ont déposé dans leurs sédiments les premiers débris d'êtres organisés. Pendant la période paléozoïque, tandis que le reste de la France demeurait plongé sous les eaux, ne laissant apercevoir au-dessus des flots que quelques îles de médiocre étendue sur l'emplacement de la Bretagne et des Vosges, il constituait déjà une grande île, dont les rivages ne différaient guère des limites de son contour actuel, sauf peut-être du côté de l'est, et que venaient battre les eaux d'un immense océan. L'absence totale à sa surface des dépôts paléozoïques antérieurs au carbonifère, la disposition et la nature des sédiments anciens que l'on retrouve en bordure étroite sur son pourtour permettent d'affirmer qu'au moins dans sa partie centrale il n'a pas cessé d'être exondé depuis la fin de la période archéenne. Le gneiss, le micaschiste, les granites qui constituent son soubassement s'y montraient partout à découvert au moment de la formation des premiers dépôts fossilifères, et y étaient déjà sillon-

nés de plis nombreux sur le prolongement de ceux qui ont donné à la Bretagne son caractère orographique et les traits spéciaux de sa constitution géologique.

La communication des mers d'alors tout autour du Plateau central est attestée par la parenté, quelquefois même par l'identité des formes animales qui se rencontrent à l'état fossile dans des régions situées à des distances plus ou moins grandes de sa limite, telles que le Languedoc, la Bretagne, l'Angleterre, la Bohême. La variation que l'on a constatée dans les degrés de correspondance des faunes de ces pays tient à des causes diverses, mais la principale réside certainement dans ce fait que, par suite d'affaissements ou d'exhaussements du fond des mers, inégaux ou inégalement distribués, la facilité de leurs communications a maintes fois changé. La même cause a naturellement modifié la nature, l'abondance et la disposition des dépôts sédimentaires de chaque époque aux abords du Plateau central; elle a de plus amené quelques changements, probablement peu considérables d'ailleurs, dans la forme et l'extension de ses contours.

A ces divers points de vue, l'étude détaillée des assises siluriennes et dévoniennes de sa bordure et de ses prolongements fournit des résultats intéressants. Elle a permis, par exemple, d'y retrouver l'indication des mouvements d'exhaussement du sol qui, à deux reprises, pendant le silurien supérieur et le dévonien moyen, ont amené des émersions ou la production de bas-fonds, événements remarquables par suite desquels les mers européennes de cette époque se sont trouvées divisées en trois grands bassins géographiques correspondant, l'un à la Scandinavie et à l'Angleterre, un second à l'Allemagne du Sud et à la Bohême, un troisième à l'Espagne, au Languedoc et à la Sardaigne.

Cependant une phase plus importante de l'histoire du Plateau central signale l'époque carbonifère. Les commencements de cette période sont témoins d'un relèvement général du sol du massif; de tous côtés les rivages s'étendent, la mer se retire, les plages se transforment en lagunes qui reçoivent des dépôts côtiers ou lacustres. Ici, des récifs de coraux indiquent encore la salure des eaux, là des grès et des conglomérats avec empreintes de plantes à vie subaérienne établissent la prédominance des apports d'eaux douces. Parfois les deux genres de sédiments s'interposent sous l'influence de changements de régime dus principalement aux oscillations du sol. Tandis que d'imposants dépôts de calcaire coquillier se faisaient régulièrement dans les mers profondes qui couvraient alors l'Angleterre et une grande partie de l'Europe continentale, à la même époque la ceinture orientale du Plateau central le long du Morvan, du Lyonnais, du Beaujolais, son bord méridional dans l'Hérault offraient des exemples nombreux d'invasions et de retraits alternant des eaux salées.

La fin de cette première partie de la période carbo-

(1) Discours lu dans la séance publique annuelle des cinq Académies, du 25 octobre 1890, par M. Fouqué, membre de l'Académie des sciences.

nifère est marquée par de puissantes dislocations qui couvrent le sol du Plateau central de plis dirigés nord-nord-est et qui amènent sa rupture en tronçons séparés par de longues crevasses. Les fentes étroites ainsi produites restent béantes à la surface. L'île se trouve découpée en son milieu par de nombreux ravins, et, sur ses rivages, par des échancrures profondes. Les cours d'eau qui la sillonnent amènent et entassent dans ces couloirs les débris de la merveilleuse végétation qui caractérise la période. C'est ainsi que des petits bassins houillers se rencontrent aujourd'hui disposés en chapelets au travers du Plateau central. L'une de ces traînées charbonneuses s'étend de la Nièvre jusque dans l'Aveyron, en traversant le Puy-de-Dôme et le Cantal; elle comprend les bassins de Decize, de Commentry, de Champagnac et de Decazeville. Une autre, suivant le trajet de la vallée actuelle de l'Allier, renferme les bassins de Brassac et de Langeac.

Les bords du Plateau, entaillés par les dislocations, se transforment par places en estuaires qui reçoivent également des charriages de végétaux. Ainsi prennent naissance les bassins d'Autun, de Saint-Étienne, d'Alais (1).

A la même époque, le Plateau central était le siège d'éruptions violentes comparables à celles de la période volcanique tertiaire que nous aurons à décrire plus loin. Ces éruptions, contemporaines des formations carbonifères et permiennes, sont, en effet, caractérisées par des projections de matières pierreuses fragmentaires et par l'épanchement de roches amenées à l'état fluide des entrailles de la terre. Les fissures qui ont donné passage à ces produits sont remplies des matériaux qu'elles renfermaient au moment où la poussée éruptive a cessé et qui s'y sont solidifiées sous forme de dykes enclavés dans l'épaisseur du sol. Dans certaines parties de l'Auvergne, et surtout dans le Morvan, on voit ces dykes se détacher en coupe dans le granite ou le gneiss, soit à la surface du terrain, soit le long des escarpements des ravins.

Toutes les variétés de porphyre, avec les teintes et les degrés de cristallinité les plus divers, s'y trouvent représentées. Les porphyries, de couleur grise ou noire, à peu près identiques aux laves des volcans modernes, y abondent également.

Un curieux assemblage de tous ces dykes s'observe sur les flancs du défilé anfractueux et profondément entaillé qui, sur une longueur de 30 kilomètres, donne issue aux eaux de la Cère et reçoit un tronçon du chemin de fer réunissant le Cantal et le Lot.

Les produits de ces éruptions anciennes ont eu, de-

puis leur épanchement, à subir, pendant un laps de temps prodigieux, l'action incessante des agents atmosphériques; c'est pourquoi les dénudations les ont fait en grande partie disparaître. Tout ce qui n'était pas fermement consolidé et soutenu a été enlevé, et, s'il a existé des accumulations de scories semblables à celles des volcans modernes, il n'en reste plus que des lambeaux insuffisants pour permettre de rétablir par la pensée la configuration des amas éruptifs formés à ces époques reculées. On peut toutefois affirmer que les éruptions d'âge paléozoïque ont été grandioses, que leurs fissures de sortie ont sillonné le Plateau central, et spécialement découpé ses parties périphériques et ses rivages. C'est dans le Morvan, annexe nord-est du Plateau central, c'est dans le Forez et dans le Beaujolais, sur son bord oriental, que s'observent les grands massifs de porphyre et de porphyrite épanchés durant la période permo-carbonifère.

Le plissement du Plateau central opéré entre le dépôt de l'archéen et celui du cambrien s'était étendu au nord-ouest vers la Bretagne; celui qui s'est effectué entre la production du carbonifère marin et la formation houillère s'est prolongé au nord-est à travers les Vosges et la Forêt Noire jusqu'au cœur de l'Allemagne. Le grand massif ancien de la France centrale représente donc le point de jonction, le nœud de deux systèmes de dislocation d'âges très différents, qui ont joué l'un et l'autre un rôle important dans la structure de l'Europe.

Les grands mouvements du sol et les émissions abondantes de roches éruptives, si fréquents à l'époque permo-carbonifère, décroissent rapidement pendant le dépôt du trias. Des discordances locales de stratification entre les assises permiennes et triasiques indiquent encore la production de quelques perturbations souterraines au début de la période secondaire. Des épanchements de porphyrite et de certains porphyres, généralement remarquables par leur vitrosité, sont les derniers signes de l'activité interne du globe. Les temps qui suivent correspondent sur notre continent à une longue phase de tranquillité. Sur l'emplacement actuel de l'Europe, plus de commotions violentes du sol, plus d'éruptions. Des milliers d'années s'écoulent sans autres modifications que des changements plus ou moins accentués, ordinairement graduels, dans la forme des mers, changements accompagnés de transformations dans l'organisme des êtres qui les habitent.

Les dépôts triasiques et jurassiques inférieurs que le Plateau central a reçus sur ses bords sont remarquables par l'identité de leurs faunes avec celles des régions les plus éloignées de l'Europe. Ce fait suffit pour montrer la vaste étendue et la continuité de la mer qui l'enveloppait et parfois même envahissait ses parties périphériques. L'existence de quelques dépôts d'eau douce à sa surface, formés au moment même de l'extension la plus grande de la mer jurassique, prouve

---

(1) Les dépôts formés dans ces bassins sont essentiellement des dépôts d'eau douce. Le Plateau central était bordé d'une lagune de très vaste étendue, et c'est seulement à la périphérie de celle-ci que s'opérait le mélange des eaux douces et des eaux salées.

alors son maintien à l'état de terre ferme, en même temps que des cordons de graviers et de cailloux en débris arrachés aux roches préexistantes ne cessent, depuis le carbonifère jusqu'au milieu du jurassique, de délimiter ses rivages et d'en tracer les variations. Tandis que les dépôts du permien et du trias indiquent un agrandissement des terres émergées, la période jurassique inférieure est signalée par un affaissement du sol qui détermine un envahissement des eaux marines. Le Plateau central se trouve, par suite, séparé de ses annexes qui s'enfoncent en grande partie sous les flots. Puis, un mouvement de sens inverse s'effectue à partir de l'oxfordien, et l'émersion des périodes antérieures recommence avec une puissance nouvelle.

Pendant ces temps, la Bretagne et les Vosges avaient, au moins partiellement, résisté à l'invasion des mers. Elles formaient deux îles dont le Plateau central était séparé par des détroits, l'un sur l'emplacement du Poitou, l'autre sur celui de la Côte-d'Or. A la fin du jurassique, ces détroits s'obstruent, et le premier même se ferme complètement par suite d'un exhaussement. Le Plateau, relié alors par deux langues de terre à la Bretagne et aux Vosges, constitue avec elles la ceinture d'un grand golfe débouchant dans la mer du Nord, bien connu des géologues sous le nom de bassin de Paris. Cependant, cette distribution géographique des mers et des continents était instable. Le retrait général des eaux marines pendant la formation du crétacé inférieur est suivi d'un envahissement à l'époque cénomanienne ; les détroits se rouvrent et la mer crétacée du Nord communique de nouveau avec celle du Midi ; mais tandis qu'à l'époque jurassique la propagation des espèces marines semble surtout s'effectuer du nord vers le sud à travers le détroit de Poitiers, pendant le crétacé, un phénomène de sens inverse amène jusqu'aux environs du Mans le développement des ostracés du bassin d'Aquitaine.

Cet état de choses persiste jusqu'à la fin du crétacé, époque à laquelle les détroits se ferment définitivement. Alors le Plateau central est pour toujours rattaché à la Bretagne et aux Vosges.

Les premiers temps de la période tertiaire apportent peu de changements à ces conditions. Les Pyrénées et les Alpes n'existent qu'à l'état de rudiments. Le Plateau central, agrandi d'une bordure de dépôts jurassiques et crétacés, est baigné au sud par une vaste mer qui couvre l'Aquitaine, le Languedoc et la Provence, et qui s'étend au loin sur l'Espagne et sur l'emplacement actuel de la Méditerranée. C'est seulement à la fin de l'oligocène que s'ouvre une ère nouvelle, à partir de laquelle vont s'y accomplir des révolutions importantes.

Le début des phénomènes correspond à un remarquable mouvement du sol ; la formation des chaînons principaux des Pyrénées s'effectue, les mers qui entourent le Plateau central diminuent de profondeur, per-

dent en grande partie la salure de leurs eaux et se transforment en lagunes. Un immense lac couvre la Beauce ; des formations d'eau douce ou saumâtres sont répandues sur toute l'Aquitaine et le Languedoc.

Le Plateau central, nivelé par les dénudations opérées pendant la longue durée des temps secondaires, n'a plus l'aspect montagneux qu'il présentait à l'époque carbonifère ; ce n'est plus qu'une terre basse à surface doucement inclinée de l'est à l'ouest ; ses points culminants correspondent aux crêtes actuelles de la Margeride, dont elles occupent l'emplacement sans en avoir l'altitude. Des lacs en communication avec les lagunes ambiantes couvrent de larges espaces à sa surface. Le principal correspond à la Limagne actuelle ; il se rattache au nord au grand lac de la Beauce ; il se relie au sud par des cours d'eau à faible écoulement avec d'autres lacs situés près de Murat et d'Aurillac, près de Saint-Flour et du Malzieu, près de Brioude et de Paulhaguet. Les lacs du Velay, très développés aux environs du Puy, sont en communication avec le lac de la Beauce par l'intermédiaire d'une grande nappe d'eau douce qui a laissé ses dépôts aux environs de Roanne et de Montbrison. Peut-être même sont-ils en relation indirecte avec les lagunes qui bordent à l'est l'annexe des Cévennes.

Dans tout ce réseau de lacs et de canaux, les argiles, les marnes et les calcaires qui se sont déposés, présentent aujourd'hui à l'état fossile les mêmes mollusques d'eau douce ou saumâtre, les mêmes coquilles terrestres que les grands marécages contemporains de la Beauce et de l'Aquitaine.

La vie a été particulièrement active dans les eaux et sur les bords du grand lac de la Limagne. Des lymnées, des planorbes, des petits crustacés du genre cypris, voisins de ceux qui vivent dans nos eaux douces, y pullulaient. Les cours d'eau y amenaient en abondance les coquilles d'hélix entraînées au moment des crues. Des plantes paludéennes, les chara, y abandonnaient en quantités innombrables leurs fructifications, sous forme de petites graines élégamment ornées. Des insectes, les phryganes, y ont accumulé leurs larves entourées d'un étui de sable et de débris de coquilles cimentées par du calcaire.

Les atterrissements des lacs de Velay ne sont guère moins riches en débris animaux. Des ossements de mammifères et d'oiseaux y ont été fréquemment trouvés. Parmi les animaux dont les débris ont été recueillis dans ces gisements, nous citerons : des marsupiaux voisins de ceux d'Australie, derniers restes d'une faune naguère plus développée en Europe ; des pachydermes, ancêtres éloignés des rhinocéros et des éléphants; des carnassiers intermédiaires entre les genres actuels; des perroquets ; des flamants analogues à nos espèces africaines ; des palmipèdes qui ont été découverts avec leurs œufs fossilisés.

Les lits d'argile ou de marne, les bancs calcaires, les

assises sableuses formées dans les lacs du Plateau central ont une épaisseur considérable. On les retrouve aujourd'hui à des altitudes diverses, ce qui tient à l'inégalité des affaissements locaux produits postérieurement. Dans un district très restreint, on voit, en effet, la même assise disposée en une série de gradins dont l'altitude varie de 950 mètres à 400 mètres. Il est à remarquer que ces affaissements sont surtout manifestes à la partie périphérique du Plateau central ou dans les régions qui, comme la Limagne, correspondent à de larges découpures de ses bords. Ils ont d'ailleurs coïncidé avec un relèvement général du sol de la France, qui a eu pour résultat d'émerger successivement d'une manière définitive, les diverses parties du bassin de Paris, les provinces du Sud-Ouest jusqu'aux Pyrénées et en dernier lieu le bassin du Rhône.

Le commencement des phénomènes volcaniques en Auvergne, à l'époque tertiaire, a coïncidé avec l'assèchement de ses lacs. Les dépôts de calcaire avaient à peine cessé de s'y produire, quand les projections de cendres et de lapilli ont achevé de les combler. Les premières coulées épanchées sont formées par un basalte d'un noir foncé, très dense, que l'on peut voir, par exemple, près d'Aurillac, reposant immédiatement sur le calcaire. Ce basalte paraît avoir eu peu d'importance, mais il n'en est pas de même des roches blanches ou gris clair, rugueuses au toucher, appartenant aux groupes des trachytes et des andésites, qui sont le produit des éruptions de la même époque. Celles-ci forment des amas volumineux ; les premières éruptions en ont accumulé d'énormes quantités sur l'ancien sol du Plateau central, particulièrement sur l'emplacement actuel de la haute Auvergne. Quand on parcourt les vallées de l'Alagnon et de la Cère entre Murat et Aurillac, en passant par le col du Lioran, on aperçoit, au fond des ravins, des amas blanchâtres formés par d'imposantes accumulations trachytiques et andésitiques appartenant à cette première phase d'activité des volcans tertiaires de l'Auvergne. Les foyers de projection devaient être nombreux ; mais actuellement ils sont en grande partie cachés par l'entassement des matériaux qui proviennent des éruptions postérieures.

De même que dans les grands massifs volcaniques actuels, tels que le Vésuve et l'Etna, des phases de repos et d'activité ont signalé le développement des volcans d'Auvergne. Ces phases ont été inégales, et il est impossible d'en apprécier exactement l'importance ; néanmoins, on constate que l'une d'elles a été remarquable par la prolongation de sa durée et par la violence du paroxysme volcanique qui a signalé sa terminaison. En effet, à la fin de la période miocène, les éruptions semblaient avoir cessé, une végétation abondante s'était développée sur le manteau de cendres et de tufs produits naguère ; un climat tempéré, doux et humide, assez semblable au climat actuel de Madère, avait permis la croissance simultanée d'arbres et d'ar-

brisseaux appartenant aux genres les plus variés : hêtre, tilleul, érable, aulne, daphné, bambou, dictame, sassafras, etc... Le Plateau central était, pendant le miocène, une région boisée, une forêt d'une immense étendue, parcourue par des quadrupèdes nombreux, appartenant pour la plupart à des espèces ou même à des genres aujourd'hui éteints, mastodonte, dinothérium, rhinocéros, hipparion, etc..., espèces et genres dont on peut déterminer la succession par l'observation des faunes des divers gisements (1). C'est alors qu'une éruption d'une intensité extraordinaire vint signaler le réveil des feux souterrains. La catastrophe de l'an 79, qui a marqué la réouverture du Vésuve après un silence de plusieurs siècles, peut, sur une moindre échelle, donner une idée de la remise en activité des volcans d'Auvergne. Les foyers éruptifs nouveaux ont dû se trouver au voisinage du col du Lioran, entre le Plomb du Cantal et le puy Mary. A une distance de 20 kilomètres de là, on observe aujourd'hui des accumulations de couches de cendres et de lapilli de plusieurs mètres d'épaisseur, attestant la puissance et la répétition des explosions. Des arbres aux troncs volumineux, demeurés debout au milieu de la tourmente, se trouvèrent enfouis dans la cendre et les débris ponceux. Sur les flancs de la vallée du Falgoux, l'un de ces troncs, ayant environ 1m,50 de diamètre, est encore en place aujourd'hui. Il a été silicifié après son ensevelissement : aussi sa couleur et tous les détails de son organisation sont-ils admirablement conservés. Des faits semblables s'observent dans la haute vallée de Fontange. A la Bastide, un ravin creusé dans la cendre montre debout des troncs d'arbres dont la matière charbonneuse est en partie intacte, et qui sont à mi-hauteur entaillés dans des grottes.

A Niac, au pas de la Mougudo, et dans beaucoup d'autres localités du Cantal, les feuilles des arbres, entraînées par les cours d'eau avec les portions les plus ténues de la poussière volcanique, se sont déposées à plat sur les lits d'une boue épaisse, qui en a conservé délicatement l'empreinte.

Des explosions du même genre, antérieures ou pos-

(1) Les gisements de plantes fossiles de Joursac et de Chambeuil, dans le Cantal, se trouvent dans des lits de cendre appartenant à la première période volcanique de l'Auvergne. Les espèces dont on y observe les empreintes indiquent un climat chaud, une température moyenne plus élevée que celle qui est caractérisée par la flore de Niac et de la Mougudo. La flore de Joursac est contemporaine de celle d'Œningen. Elle correspond à une faune tortonienne dont on trouve plusieurs gisements en Auvergne et qui caractérisent le dinothérium, l'hipparion et autres mammifères identiques à ceux de Pikermi.

La flore du Pas de la Mougudo est d'âge pliocène ; elle correspond aussi, en Auvergne, à de nombreux gisements de mammifères. Le dinothérium ne s'y montre plus ; les principales espèces qu'on observe sont : *Mastodon arvernensis, Mastodon Borsoni, Tapirus arvernensis, machairodus, felis, hyena*, de nombreux cerfs et les premiers chevaux véritables.

térieures à celle-ci, ont eu lieu à bien des reprises sur le Plateau central, soit dans le Cantal, soit dans la région du mont Dore, soit dans le bassin du Puy, et ont produit des faits analogues. Les couches de trass blanc jaunâtre, si abondantes tout à l'entour du mont Dore et de la Bourboule, ne sont autre chose que des entassements de cendre, de ponces, de lapilli lancés par des bouches volcaniques peu éloignées de là. Dans la ville même du Puy, les rochers Corneille et Saint-Michel sont les débris démantelés d'un amas de blocs qui ont été projetés dans le cours d'une gigantesque éruption. Mais la série d'explosions la plus formidable est certainement celle qui a donné naissance à la grande formation des cinérites du Cantal.

Ce paroxysme des forces volcaniques, succédant à une interruption prolongée de leur manifestation, a coïncidé avec la cessation complète de tout mouvement notable de dislocation dans la partie centrale du Plateau, celle qui correspond à la haute Auvergne. Les couches de cinérite affectent aujourd'hui la même disposition qu'au moment de leur formation. Les coulées de lave, postérieurement épanchées, n'ont subi aucune dénivellation, et les particularités de leur structure prouvent que partout elles ont gardé la pente suivant laquelle s'est opéré leur écoulement.

Il est à remarquer, d'ailleurs, qu'à la même époque avaient pris fin les grands bouleversements orogéniques qui ont amené l'élévation des Alpes.

On peut, par suite, distinguer en Auvergne deux périodes volcaniques nettement tranchées. L'une, d'âge miocène, est contemporaine de l'extension des mers à l'époque helvétienne, ainsi que des plissements qui ont produit le soulèvement des Alpes et des déchirures qui ont approfondi la vallée du Rhône, creusé les hautes vallées du Rhin et du Danube, et accidenté une partie importante du sol de l'Europe centrale. L'autre, bien plus prolongée, a débuté à la fin du miocène; elle fait contraste avec la première par l'immobilité relative de l'écorce terrestre pendant tout le temps de sa lente évolution; cependant elle est beaucoup plus importante au point de vue des phénomènes volcaniques dont elle a été témoin. Inaugurée par les explosions qui ont couvert le Cantal de cinérites, elle s'est poursuivie jusqu'aux abords de l'époque actuelle en se caractérisant par une succession d'innombrables éruptions qui ont différé les unes des autres sous le rapport de leur intensité et de la composition des produits rejetés.

En général, toutes les fois qu'un volcan émet des torrents de gaz et de vapeurs à haute température, capables de produire par leur détente brusque des phénomènes explosifs extraordinaires, il n'engendre que des coulées de masse médiocre; aussi, c'est à des cataclysmes moins violents, mais remarquables par l'abondance du liquide en fusion déversé, qu'il faut attribuer les coulées innombrables superposées sur le Plateau central. Dans le cas où les épanchements de matière

fondue ont été ainsi le fait prédominant, l'émission brusque de matières volatiles à haute température et les projections qui en sont la conséquence, sans faire complètement défaut, n'ont constitué parfois qu'un phénomène très accessoire.

Les roches résultant de la solidification du liquide igné, quels que soient leur aspect et leur composition, sont toujours formées par un mélange en proportion diverse de cristaux et de matière vitreuse. Les cristaux n'y sont pas toujours visibles à l'œil nu, mais le microscope, aidé de l'emploi de la lumière polarisée, les décèle aisément. Les roches les plus dures et les plus compactes peuvent être réduites sur le tour du lapidaire en lamelles aussi minces qu'une pelure d'oignon. Quand elles sont amenées à cet état, on aperçoit au microscope tous les cristaux qui la constituent, on reconnaît leurs propriétés optiques, et, quelle que soit leur petitesse, on détermine leur nature aussi sûrement que si l'on pouvait les manier et les soumettre aux mesures cristallographiques. Or, ce qui ressort d'une telle étude, c'est que les cristaux des roches volcaniques peuvent être classés en deux catégories; les uns ont préexisté à l'éruption, ils ont pris naissance dans les profondeurs du sol, dans des conditions absolues de tranquillité; c'est pourquoi ils ont eu tout le temps nécessaire pour acquérir des dimensions notables, et de plus ils se montrent fréquemment composés de zones concentriques, preuve de la lenteur et de la marche inégale de leur accroissement. Les autres, au contraire, ont été engendrés pendant l'éruption même, soit dans les canaux d'émission, soit dans l'épaisseur de la masse fluide épanchée à la surface du sol. Ils sont très petits et disposés en traînées qui contournent les cristaux plus anciens.

Quand une lave coule sur les pentes d'un volcan à la façon d'un jet de fonte en fusion, sa viscosité provient de ce qu'elle ne constitue pas un liquide parfait. C'est une sorte de boue ignée composée de cristaux empâtés et charriés dans du verre fondu. La consolidation ne devient complète que lorsque la matière vitreuse qui représente le résidu de la cristallisation arrive elle-même à se solidifier. La partie vitreuse d'une lave est d'autant plus abondante que la solidification a été plus rapide et que la cristallisation a eu moins de temps pour se compléter. C'est pourquoi on la trouve plus développée dans les ponces et autres produits de projection que dans les matières d'épanchement.

Ainsi, la constitution minéralogique des laves est complexe, et c'est en raison de cette complexité de nature variable que l'on peut classer, au point de vue pétrographique, les éruptions qui se sont succédé dans un même district.

Dans la haute Auvergne, par exemple, la grande explosion que nous venons de décrire avait été précédée de l'épanchement d'un basalte caractérisé par le nombre et la beauté de ses cristaux d'origine souter-

raine. Puis, des centres éruptifs nombreux, fonctionnant successivement pendant une longue série de
siècles, ont recouvert ce basalte par des coulées d'andésite qui forment tantôt des bancs continus et tantôt
des empilements de blocs scoriacés plus ou moins re-
soudés par de la matière vitreuse. Le ravin dans lequel
se précipite la Cère, près de Vic, le bord méridional du
plateau de Trizac, offrent, sur une longueur de
quelques kilomètres, l'imposant spectacle de brèches
andésitiques entassées, épaisses de plusieurs centaines
de mètres. En outre, les profondes vallées qui découpent le massif permettent d'apercevoir les dykes représentant les déchirures du sol par lesquelles la matière
fondue arrivait au jour. L'andésite en dykes se voit surtout autour des principaux foyers d'éruption. Elle
abonde dans les ravins du Lioran, elle sillonne les
flancs du puy Mary. Le Sancy, au fond de la vallée du
mont Dore, est un massif andésitique formé par un
prodigieux entassement de matériaux pierreux vomis
par des éruptions répétées. Les ravins qui entaillent sa
base laissent voir à découvert, sous forme de murs en
saillie, les dykes correspondant aux ouvertures qui ont
amené la matière fondue jusqu'à sa cime, et, sur les
flancs de la vallée du mont Dore, on voit, disposées en
corniche, les coulées d'andésite descendues du voisinage de ses sommités.

Après l'émission des andésites, les volcans du Plateau
central ont produit des laves d'autre nature. Celles-ci,
appelées phonolithes à cause de leur sonorité, sont des
roches compactes, verdâtres, qui se divisent en feuillets. Le puy Griou, dans le Cantal, les pitons de la
Tuilière et de la Sanadoire, dans le massif du mont
Dore, les orgues de Bort, dans la Corrèze, sont formés
de phonolithes; mais c'est surtout dans le Velay que
cette roche est fréquente; elle y couvre la région de
monticules coniques, dont les plus connus sont le
Mézenc et le Gerbier-de-Joncs, au pied duquel la Loire
prend sa source.

Enfin le basalte a, pendant la dernière partie de la
période pliocène et pendant le quaternaire, été la matière principale des éruptions. Ses bouches d'émission
sont extrêmement nombreuses; malgré les dénudations postérieures, plusieurs sont assez bien conservées pour qu'on en puisse apercevoir l'orifice sous
forme de cratère et distinguer encore les restes du cône
produit à l'entour par l'accumulation des matériaux
projetés.

Le basalte, plus fusible que l'andésite, a formé des
coulées presque toujours peu épaisses, très allongées,
bulleuses à la surface. Comme le phonolithe, il offre
une grande tendance à la division en colonnades prismatiques par un effet de retrait. Il forme la cime du
Plomb du Cantal. Au mont Dore, il constitue plusieurs
des volumineux pitons qui bordent au nord la vallée
de la Dordogne. Enfin la chaîne du Cézalier, qui relie
le mont Dore et le Cantal, en est entièrement com-

posée. Ce basalte, qui couvre une portion si notable
de la surface de l'Auvergne, est antérieur généralement
au creusement des vallées; il affleure sur leurs bords,
où l'on voit ses nappes découpées comme à l'emporte-
pièce. Quelquefois, cependant, il s'est répandu dans les
vallées en voie de formation, et celles-ci ayant continué
à s'approfondir, ses coulées s'y montrent à mi-hauteur, comme suspendues sur les pentes.

Le phénomène du creusement des vallées, commencé pendant le pliocène, a atteint son maximum
d'intensité durant le quaternaire, grâce au climat rigoureux et humide qui a caractérisé cette période. La
hauteur considérable des cimes volcaniques qui se
dressaient alors à la surface du Plateau central y amenait chaque été la production de pluies torrentielles et,
pendant l'hiver, des chutes abondantes de neige. Un
manteau de glace couvrait les hauteurs, et des glaciers
en descendaient très bas dans les dépressions du terrain. Il en est résulté des ravinements profonds, des
transports de blocs volumineux à longue distance. Les
adoucissements momentanés de climat, amenant partiellement la fonte rapide des neiges, augmentaient encore l'intensité de ses effets. Les amas de cendres et de
scories, composés d'éléments dépourvus d'adhérence,
se prêtaient d'ailleurs à merveille aux dénudations.
Dans toutes les vallées, débouchant des points culminants du Plateau central, autour du Plomb du Cantal,
du puy Mary, du Cézalier, du Sancy, des moraines dessinent les contours des anciens glaciers et montrent
les phases de leur recul, jusqu'au moment où un adou-
cissement définitif du climat est venu totalement les
faire disparaître. Le mammouth et le rhinocéros à
épaisse crinière, le renne, ont vécu pendant la période
glaciaire sur le Plateau central. Depuis lors, parmi ces
espèces animales, les unes se sont éteintes, les autres
sont remontées vers le Nord. Il n'est resté sur les montagnes de l'Auvergne, comme témoins de ce rude climat, qu'un certain nombre de plantes qui aujourd'hui
appartiennent en même temps à la flore de la Laponie
ou à celle des sommités des Alpes. [1]

Les volcans n'ont point cessé de fonctionner en Auvergne pendant la période glaciaire; quelques amas
basaltiques scoriacés, remplis de carbonate de chaux et
de silicates hydratés cristallisés, attestent la présence
d'un amas d'eau sur l'orifice même de certains évents
volcaniques; mais la prolongation des phénomènes
éruptifs après la disparition des glaciers et le creusement complet des allées sont plus manifestes encore en
beaucoup de points du Plateau central. Comme exemple
bien net de volcan post-glaciaire, on peut citer le puy
de Moncineyre, sur le revers méridional du mont Dore.
C'est un cône élevé pourvu d'un large cratère de la
base duquel est sortie une étroite coulée qui serpente

---

[1] *Cerastium alpinum, Gnaphalium norvegium, Cetraria islan-
dica, Alchemilla alpina, Asplenium septentrionale,* etc.

sur une longueur de plusieurs kilomètres au fond d'une vallée creusée par les eaux de l'époque quaternaire. Le lac Pavin est un cratère d'explosion formé à cette même époque; il est creusé au centre d'un cône de scories dont le pied a donné issue à une coulée de même caractère que celle de Moncineyre. Le Tartaret est un autre cône du même genre dont les laves, après avoir barré la vallée de Chaudefour et formé le lac Chambon, ont suivi le cours du ruisseau qui en découle et formé la traînée de lave mouvementée qui s'étend jusqu'aux environs d'Issoire. Presque tous les cônes de la chaîne des puys à l'ouest de Clermont datent sûrement de cette époque. Leurs coulées se sont moulées sur le relief actuel du sol; leurs cratères sont dans un état parfait de conservation; les cendres et les lapilli provenant de leurs explosions sont inaltérés. En voyant ces appareils si intacts, on croirait volontiers qu'ils sont à peine refroidis. Leurs laves sont les unes des andésites, les autres des basaltes; toutes sont également fraîches.

Cependant les volcans du Plateau central sont éteints depuis longtemps. Des dégagements d'acide carbonique, des sources minérales à haute température y sont les seuls vestiges des cataclysmes d'autrefois. L'histoire est muette sur ces imposantes manifestations, et cependant nous pouvons affirmer que l'homme a été témoin des plus récentes. Il a vécu à l'époque glaciaire dans les dépôts de laquelle on retrouve ses armes et ses outils. Il a été le contemporain en France du renne et du mammouth, dont il a utilisé les dépouilles; la coulée du Tartaret passe à Nescher sur des alluvions qui renferment des silex taillés de main d'homme; enfin on a recueilli en place ses restes à la Denise, près du Puy, dans un amas de lapilli basaltiques.

Il n'est personne aujourd'hui qui n'ait entendu parler des volcans d'Auvergne, et cependant leur découverte ne remonte pas encore à un siècle et demi. C'est en 1751 qu'un membre illustre de l'ancienne Académie des sciences, Guettard, annonça, à la grande surprise du monde savant, qu'au centre de la France il existait des volcans éteints semblables à ceux qu'on voit en activité en Italie. Les géologues de notre siècle se sont efforcés de préciser et de compléter l'œuvre de Guettard. C'est de l'ensemble de leurs travaux qu'est extraite cette esquisse de l'histoire du Plateau central, bien pâle, mais aussi fidèle que possible dans l'état actuel de la science.

Fouqué,
de l'Institut.

ZOOLOGIE

Les pêches maritimes en Algérie et en Tunisie.

Nos côtes africaines présentent, au point de vue des ressources que l'homme peut tirer de la pêche, une richesse remarquable. Très comparable, au point de vue des espèces, à celle de notre littoral méditerranéen, la faune de leurs eaux est incomparablement plus riche en individus. L'allache, l'anchois, la sardine s'y montrent à toute époque de l'année, et, par moments, en bandes innombrables; on les pêche sans appât, jusque dans le fond des ports, et il n'est pas rare de voir les barques revenir chargées jusqu'aux plats bords, leurs filets rompus sous le fardeau des prises. Les migrations de thons s'y produisent sur nombre de points; certains bateaux en capturent huit, dix et douze mille, durant leurs deux mois de pêche. Les merlans, les homards, les langoustes y atteignent une taille inconnue sur nos plages de l'Océan.

Les coquillages se développent aussi admirablement sous leurs formes multiples, et seules, parmi les espèces zoologiques particulières à ces contrées, les colonies de coraux sont déchues, mais non sans espoir de reconstitution, de leur ancienne prospérité.

Il est pénible, en face de cette abondance de ressources et de produits, de constater que la situation des pêcheurs est loin d'être satisfaisante; mais les débouchés sont encore difficiles, et les intermédiaires constituent une dépendance onéreuse qui absorbe les profits les plus clairs des pêches. Il est non moins pénible de voir que toute la pêche, à peu d'exceptions près, est restée aux mains des étrangers, alors que les bras et les capitaux français, à la poursuite de la conquête du sol, se sont assemblés dans des terres insalubres, qu'il fallait défricher à grands frais, pour des plantations incertaines, exposées à l'inconstance des saisons. Étant données la création de débouchés nouveaux, la plus grande rapidité des voies maritimes de communication, il est incontestable que la pêche est actuellement bien loin de produire tout ce que la consommation indigène et étrangère pourrait lui demander, et qu'il y aurait encore place de ce côté pour une nombreuse immigration venant des côtes de France.

Telle est, à grands traits, la situation générale de nos pêcheries de l'Algérie et de la Tunisie, telle qu'elle ressort du remarquable rapport que viennent de présenter à son sujet, au ministre de la marine, MM. Berthoule et Bouchon-Brandely. Ce rapport est, d'ailleurs, une étude très complète qui mérite mieux qu'un simple coup d'œil d'ensemble, et nous croyons devoir en résumer ci-après, avec quelque détail, diverses parties présentant un intérêt spécial, soit au point de vue de la connaissance de la faune du littoral méditerranéen, soit au point de vue de l'industrie des pêches et des ressources de notre colonie.

Si l'on recherche quelle est l'origine de la population maritime de l'Algérie, composée surtout d'étrangers, ainsi que nous venons de le dire, on la trouve dans ce fait que la pêche a été longtemps le monopole à peu près exclusif des Espagnols, des Maltais ou des Italiens, qui venaient sur leurs barques exercer cette industrie pendant la saison favorable et regagnaient leur pays dès qu'ils avaient leur plein. Cette population flottante prenait sans rien donner en échange, chacun arrivant muni de ses engins, de tout le sel nécessaire, de riz, de biscuit, en un mot de tous les objets de consommation. Puis, peu à peu, la sécurité étant assurée sur la côte, le commerce se développant parallèlement à la colonisation, quelques-uns de ces étrangers y prirent pied, et, en 1880, la population maritime de l'Algérie était ainsi formée :

Indigènes, Français ou étrangers naturalisés . 30 pour 100
Italiens . . . . 50 —
Espagnols . . . . 15 —
Maltais. . . . . 5 —

Or ces étrangers, qui naviguaient sous leur pavillon, n'en acquéraient pas moins des droits aux invalides, sans avoir à payer l'impôt du sang.

C'est pour modifier cette situation peu équitable que la loi du 1er mars 1888, s'inspirant d'autre part des nécessités de la colonisation, vint interdire formellement aux étrangers la pêche dans les eaux territoriales de l'Algérie.

Le résultat ne se fit pas attendre : dès la première année, il y eut 600 naturalisations, au lieu de 30 en 1881, et de nombreuses instances furent engagées dans le même but. Placés dans l'alternative de renoncer à pêcher sur nos rivages ou de ployer leur drapeau, les pêcheurs étrangers n'hésitèrent pas, montrant par là en quel prix ils tenaient la richesse de nos eaux.

Actuellement, la population maritime en Algérie est toute française, par suite de naturalisation, ou bien près de le devenir définitivement, ainsi que le veut la loi; elle compte environ 6000 pêcheurs, répartis sur l'étendue des côtes, et se livrant, avec une activité de jour en jour croissante, aux diverses pêches que comporte la grande variété de la faune ichtyologique. Ces marins ont apporté, en venant, les engins en usage dans leur pays, les modifiant pour les approprier aux besoins de ce nouveau milieu.

Parmi les arts traînants, les plus répandus sont la senne et le bœuf; puis, comme filets flottants, le lamparo et le sardinal. Sur quelques points sont établies des pêcheries fixes; partout on emploie l'hameçon sous la forme de lignes de fond, lignes de traîne, palangres; on pêche l'éponge accidentellement à la drague, le corail à l'aide de la croix de Saint-André, trop souvent convertie en « gratte en fer ».

Le poisson capturé est en partie consommé sur place, à l'état frais; mais le pêcheur ne trouve le plus ordinairement à le vendre qu'à des intermédiaires, ou par leur entremise, ce qui revient à dire à très bas prix, de 0 fr. 30 à 0 fr. 75 le kilogramme, parfois même bien au-dessous.

Quelques usines fonctionnent pour la préparation en con-serves des poissons de passage; mais il y aurait place pour un nombre infiniment plus considérable de ces usines, car la sardine et l'anchois viendraient-ils à disparaître de nos côtes de l'Océan, on les pêcherait en telle abondance sur celles-ci que la consommation s'en ressentirait à peine.

Ailleurs, on se borne à sécher le poisson au soleil, et cette denrée trouve un facile écoulement dans le sud de l'Europe.

L'armement est annuellement d'un millier de bateaux, tous d'un faible tonnage et ne s'aventurant pas volontiers au large en dehors des golfes. Le rendement moyen de la pêche est évalué à 10 millions de kilogrammes de poisson pour les diverses espèces marines; mais ce chiffre, ne comprenant que les ventes soumises au contrôle des octrois, est bien au-dessous de la vérité.

Telle est, en résumé, la situation du personnel, du matériel et des produits des pêches d'Algérie; mais bien des particularités intéressantes doivent être mentionnées à propos des pêches des divers quartiers maritimes dont l'étude spéciale a été faite avec le plus grand soin par MM. Berthoule et Bouchon-Brandely.

Dans le quartier d'Oran, les espèces les plus communes sont, après le maquereau, les oblades, les mérots ou mérous (*Perca gigas*), les limons (*Seriola Dumerilii*).

On y trouve encore assez fréquemment une pinne marine dont quelques individus portent des perles; sa nacre est utilisée par les Arabes pour des incrustations grossières d'armes et de meubles; les perles sont rouges, petites, irrégulières, sans valeur dans le pays.

Il faut arriver jusqu'à Oran pour voir un centre de pêche important; la présence d'une population nombreuse, commerçante, aisée, l'existence d'usines pour la préparation du poisson, l'ouverture de voies de communication vers l'intérieur, sont autant de stimulants pour cette industrie. Le marché d'Oran absorbe annuellement plus de 1 million de kilogrammes de poisson frais.

Le matériel du quartier comprend 163 bateaux montés par 852 hommes. Ces embarcations sont des bateaux-bœufs, qui ne peuvent travailler que par bonne brise; ils ne s'exposent jamais par les gros temps, et en tout cas sortent rarement du golfe; chaque paire prend en moyenne de 28 à 30 tonnes de poisson par an. Les lamparos, bien que de dimensions réduites, ont rencontré dans le quartier d'ardents adversaires, aussi hostiles que l'ont été et le sont peut-être encore une partie des pêcheurs d'Alger, et que l'ont été, à tort ou à raison, à l'égard des sennes Heraut et Belot, auxquelles ils ressemblent, les pêcheurs de sardines des côtes de Bretagne. On s'y plaint aussi d'une petite senne de plage, dont les mailles sont de dimension si réduite que le plus menu fretin ne saurait s'en échapper.

La faune du bassin d'Oran est des plus riches; les espèces dominantes sont l'allache, la sardine et le maquereau, qui, cette année, se sont montrés en abondance extraordinaire. Certains jours, au dire des pêcheurs, la mer en était complètement couverte, à ce point qu'en allant tendre les filets, les avirons plongeaient à chaque coup dans les masses innombrables de poissons qui environnaient les embarcations.

Viennent ensuite le rouget, le sar, le merlan, le mérot et le pagre, du poids de 20 kilogrammes et plus ; le pageau ou pagel, la galinette (trigle), la rascasse, le malarmat, la sargue, la murène, le congre, l'oblade, le jarret, le picarel, le tchiato ou nez-plat, la girelle, le mulet, le melva, le saurel, la bogue, la vive, le bar en petit nombre ; le thon, la bonite, la pélamide, divers pleuronectes, notamment d'excellentes soles ; la daurade, le poisson Saint-Pierre ou dorée, de 15 à 18 kilogrammes ; — l'ombrine est très rare ; cette espèce a pourtant donné lieu à une très récente et curieuse observation : un bateau marchand ayant dû, il y a quelques années, abandonner à la mer, au large du port, toute une cargaison de morue sèche, on remarqua, peu après, l'apparition des ombrines ; les pêcheurs les prenaient à l'hameçon et toujours dans le voisinage du lieu où les morues avaient été versées. Jusqu'en 1888, on en captura, au même point, par quantités considérables, quelques-unes atteignant une taille extraordinaire et un poids de 80 kilogrammes ; depuis, la table étant sans doute desservie, elles ont presque complètement disparu : c'est ainsi que, dans le courant de cette année, on n'en a pas pris plus d'une quinzaine.

Les crustacés entrant communément dans la consommation sont représentés par la grande et la petite crevette, la langouste, quelques rares homards, le crabe et la cigale.

Le corail et les éponges vivent sur quelques points ; mais, de qualité inférieure, ils ne sont pêchés que très accidentellement par les filets traînants ; on en trouve de nombreux débris sur les grèves, après les gros temps.

Parmi les coquillages, on peut citer l'huître (*O. plicatula*) qu'on trouve aux Habibas ; l'*O. edulis* de la Stidia ; la clovisse, la moule, la praire, qui vit dans le port ; le cardium, le pétoncle (*P. varius*), la patelle, la petite haliotide, la pinne marine.

Les oursins, les poulpes, les seiches et même les anguilles, objet de répulsion pour les indigènes de la région, ne sont pas pêchés. La tortue de mer fait de rares apparitions en ces régions.

L'anchois paraît abonder au large, à 4 ou 5 milles de la côte ; mais les pêcheurs le négligent, les frituries n'en veulent pas, et personne ne songe à le mettre en salaison.

La sardine est relativement peu commune ; par rapport aux allaches, on la prend dans la proportion de 1/25° ou de 1/30° ; quant à celles-ci, au contraire, elles se montrent, parfois, en troupes si serrées que la pêche en doit être suspendue faute d'écoulement.

L'allache habite les côtes pendant toute l'année.

L'allache, un poisson qui présente de grandes similitudes de formes avec la sardine, aux bancs de laquelle il se mêle volontiers ; il s'en distingue pourtant, au premier aspect, par une coloration d'un bleu moins fondu, des écailles plus fortes et une arête de piquants entre les ventrales et l'anale. Sa chair, traversée par de grosses arêtes, est de qualité très inférieure ; sa taille est ordinairement plus grande : on compte au kilogramme 20 à 28 allaches et 35 à 40 sardines. Ces circonstances sont défavorables pour la friturerie ; il est à peu près impossible, en effet, au retour de la pêche, d'effectuer un triage de ces deux espèces qui permette de les séparer pour les préparer et les vendre à part ; de plus, la taille de l'allache oblige l'usinier à la couper presque en deux et à en rejeter une partie, pour en faire entrer dans les quarts de boîte le nombre d'usage de six ; d'où il s'ensuit pour lui une perte assez sensible.

L'allache se montre rarement sur nos côtes de Provence ; elle est donc à peu près spéciale à celles du nord de l'Afrique ; c'est ce qui explique, sans doute, qu'elle ait été peu décrite par les auteurs. Moreau la désigne sous le nom de sardinelle auriculée, *Sardinella aurita* : c'est l'alléchard de Cette, *Clupea maderensis* (Günth).

À l'arrivée des bateaux, l'allache est mise durant p'usieurs heures en saumure, lavée, séchée quelques instants au soleil et cuite à la vapeur dans de grands cylindres où elle séjourne deux à trois minutes, puis placée dans des boîtes qu'on remplit d'huile, et qui sont fermées par le procédé ordinaire. L'huile employée vient, non point d'Algérie, où pourtant on en trouve aujourd'hui d'excellente, mais de Bari, en Italie.

Ce mode de cuisson d'un poisson qui lui-même n'est pas de première valeur, donne des produits de très médiocre qualité ; on ne peut que regretter de les voir entrer dans le commerce d'exportation sous la désignation, inscrite sur les boîtes, de « sardines de Nantes », au détriment de la bonne renommée de celles-ci à l'étranger : car ces conserves sont en très grande partie exportées, particulièrement vers les Amériques.

Il n'y a pas, dans le pays, d'usine pour la salaison en barils ; aussi arrive-t-il souvent, alors que les fritureries sont pourvues, que les pêcheurs, ne trouvant plus à vendre leur poisson, en soient réduits à le jeter à la mer. Cela est d'autant plus surprenant que le pays consomme des salaisons et qu'il faut les faire venir d'Espagne.

Alger, qui est le centre de la colonisation, est aussi le foyer de pêche le plus actif du pays.

Le champ où peut s'exercer cette industrie présente, sur la ligne des côtes, dans ce quartier, une longueur de 400 kilomètres une largeur qui est celle de l'immense mer ; mais, en fait, moins aguerris que leurs vaillants frères de l'Océan, les pêcheurs algériens ne s'éloignent jamais beaucoup de leur port d'attache, de telle sorte qu'une faible partie de cet espace, un quart à peine, est exploitée.

La faune de ce quartier est assez semblable à celle du précédent. Il faut noter cependant la taille de quelques poissons vus sur le marché d'Alger : mérous blancs, de 1 mètre de longueur ; mérous de vase, de 60 kilogrammes ; ombrines, de 1 m,53 sur 0 m,96 de tour ; limons ou saumons (*Seriola Dumerilii*) de 200 kilogrammes, énormes squales de la plupart des espèces connues dans la Méditerranée, et dont la chair coriace ne rebute point les indigènes, non plus qu'une certaine catégorie d'Européens... Il n'en faut pas davantage, ce semble, pour marquer l'âge auquel arrivent ces animaux dans des fonds où, somme toute, ils sont rarement tourmentés.

La pêche est assez active et assez heureuse dans la baie d'Alger, pour alimenter, d'une manière satisfaisante, la consommation locale ; mais, de plus, l'abondance et la qualité du gros poisson de choix, la fréquence et la rapidité des services à vapeur ont fait naître un commerce d'exportation dont les chiffres suivants attestent l'importance. Une seule maison d'Alger a expédié sur Marseille :

En janvier 1890	12 042 kilogrammes
En février —	1 420 —
En mars —	26 924 —
En avril —	8 550 —
En mai —	167 192 —
Soit au total	216 128 kilogrammes

de poisson frais, pour les cinq premiers mois de l'année. Voici comment on fait voyager ce poisson :

Dès l'arrivée des bateaux de pêche, le poisson, préalablement lavé, est disposé dans de grandes caisses rectangulaires, par couches alternantes avec des lits de glace, glace et poisson ne formant bientôt plus qu'un seul bloc. Il se conserve ainsi parfaitement pendant plusieurs jours, très largement le temps nécessaire pour la traversée et la réexpédition en France sur les différents marchés du littoral de la Méditerranée : Marseille, Cannes, Antibes, Menton... qui ne parviennent pas à suffire à leur propre consommation et aux demandes de l'intérieur avec la seule ressource du poisson indigène. Il y trouve des prix assez élevés pour couvrir les expéditeurs de tous leurs frais, en leur laissant une large marge de bénéfices.

N'est-ce point là un sûr indice de la richesse des eaux algériennes et, malheureusement aussi, de l'appauvrissement déplorable des nôtres?

L'allache, la sardine et l'anchois fréquentent ces parages pendant toute l'année, à une plus ou moins grande distance des côtes, suivant la saison et l'élévation ou l'abaissement de la température. La première atteint une taille souvent triple de celle de la sardine, qui, elle-même, est généralement beaucoup plus grosse que sur nos côtes de l'Océan.

Il faut citer aussi un intéressant essai d'ostréiculture qui a été fait par un ancien parqueur de marennes, venu s'établir à proximité de Castiglione, Il y a un an ou deux, au fond d'une crique rocheuse, divisée en une série de petits bassins naturels par des crêtes de récifs émergents. Ce colon ayant obtenu une concession temporaire d'un millier de mètres, il y a étalé 500 à 6000 jeunes huîtres d'Arcachon, quelques gryphées et des moules. L'absence de capitaux ne lui a rien permis de plus que cette installation rudimentaire. Il y aurait là, ce semble, un exemple à encourager et à suivre; car l'ostréiculture, qui a pris un si rapide essor sur nos côtes de la Manche et de l'Océan, devrait trouver sur celles de l'Algérie un terrain favorable aussi, quoique dans une moindre mesure peut-être, à son développement industriel.

Le savoureux mollusque se plaît, en effet, sur nombre de points; au cap Matifou et à Sidi-Ferruch, on en pêche qui atteignent rapidement la taille de 10 à 15 centimètres, et sont assez semblables, par la forme des valves et par les qualités de la chair, aux huîtres corses de l'étang de Diana. Ce n'est donc pas trop s'avancer que de prévoir le succès d'une culture artificielle qui serait entreprise avec des moyens suffisants.

Dans le quartier de Philippeville, on trouve d'abord la baie de Bougie, qui n'est pas moins poissonneuse que les précédentes, mais où la pêche est paralysée par la difficulté des voies de communication et le peu d'importance des agglomérations voisines d'habitants. On ne compte guère qu'une vingtaine d'inscrits, sur cent soixante, qui vivent exclusivement de la pêche.

A Djidjelli, la même absence de voies de communication par terre, le passage d'un unique bateau côtier français par semaine, le développement très lent de la région au point de vue de la colonisation, depuis le terrible tremblement de terre qui la dévasta complètement il y a trente-cinq ans, sont autant de causes pour lesquelles ce centre de pêche reste peu actif, bien que ses eaux offrent un intérêt tout spécial, non pas seulement parce que leur faune ichtyologique est très riche, mais aussi et surtout à cause de l'extraordinaire abondance des beaux crustacés qu'on y trouve et qui la caractérisent absolument.

Aux espèces déjà énumérées, et qui abondent sur cette plage, il convient d'ajouter le merlan, la rascasse, le roucaou, l'ombrine, le poisson Saint-Pierre, le mulet et le loup, la bogue, la daurade, le gobie, la girelle, la mustèle, le saurel, le grondin, la raie, la baudroie, la murène, le congre, le bigorneau et la moule.

L'oursin se pêche à pied, et de la façon la plus primitive, à l'aide de cannes en roseau, dont le bout est éclaté en trois, ou bien avec des débris de filets attachés à un bâton.

Les poulpes sont faits à l'hameçon et utilisés pour amorces. Cependant, il n'est pas rare que l'appât fasse complètement défaut, et que les pêcheurs soient obligés de chômer. Ils travaillent en moyenne trois mois à terre et neuf mois à la mer.

Le produit de la pêche du poisson a été de 51 676 francs en 1888, et de 62 851 francs en 1889.

Le corail se trouve par des fonds de 15 à 18 mètres. Il a été pêché pour la dernière fois, en 1881, par quatre bateaux qui en prirent encore, cette année-là, environ 300 kilogrammes. Depuis, il a été complètement abandonné, par suite de la baisse des prix.

Le massif qui s'élève entre Djidjelli et Collo est sillonné par des oueds à cours constant, qui coulent sur fonds granitiques, et sont pour la plupart peuplés de truites. La présence de cette espèce, égarée sur ce petit coin de terre de l'Afrique du Nord, est assez curieuse pour mériter d'être signalée :

Cette truite est remarquable par sa forme ramassée, trapue, sa tête courte, obtuse, sa robe généralement sombre, gris foncé sur le ventre, noire sur le dos, avec des reflets bleus, et une série de grosses macules noires inégalement semées au-dessus de la ligne médiane, et jusque sur la nageoire dorsale et sur la queue; les flancs sont mordorés. Le vomer est armé d'une double rangée de fortes dents. La taille moyenne est de 17 à 20 centimètres pour un poids correspondant de 100 à 125 grammes ; mais on trouve dans les remous profonds, sous les chutes, des individus beaucoup plus grands. Duméril avait proposé de la dénommer S. ma-

crostigma, à cause précisément des taches caractéristiques de sa robe. Elle appartient à l'espèce commune *S. fario*, ou *S. ferox*.

Cette truite fut découverte, vers 1857, par M. le colonel Lapasset, commandant supérieur du cercle de Philippeville. Son aire de dispersion, autrefois plus vaste, s'est notablement réduite; il est à craindre qu'elle ne disparaisse un jour complètement, si le braconnage, qui l'a déjà décimée, n'est pas réprimé plus sévèrement qu'il ne l'a été dans le passé.

A 6 milles à l'ouest du cap Añab, on trouve d'énormes quantités de superbes langoustes qu'on prend actuellement en nombre à peu près illimité. On en capture jusqu'à 8000 et 10 000 par an, du poids de 1 à 5 kilogrammes; la ville même en absorbe une très faible partie; ces crustacés sont exportés sur Alger au prix moyen de 2 francs le kilogramme.

Cette pêche ne donne assurément pas tout ce qu'elle pourrait donner si les transactions commerciales devenaient plus faciles. Elle n'est actuellement exercée que par six bateaux, montés chacun par trois hommes, et qui rarement s'aventurent au delà du point que nous avons indiqué.

L'engin en usage est, en France, une nasse ou casier, en forme cylindro-conique, de 1 mètre environ de longueur, qu'on appâte avec de la seiche, de la sardine ou du chien de mer.

On ne rencontre qu'exceptionnellement le homard sur ces mêmes fonds. Il est rare, d'ailleurs, de voir ces deux espèces vivre l'une auprès de l'autre en égale abondance.

Comme Oran, Philippeville est un centre de pêche d'une énorme importance; peut-être même faut-il le mettre au premier rang en Algérie. Ici encore, l'allache, la sardine et l'anchois sont les espèces dominantes parmi celles auxquelles on s'adresse de préférence; leur pêche dure six mois, et pour l'an dernier seulement (1889), il n'en a pas été préparé moins de 1 200 000 kilogrammes. C'est en mai qu'elles se montrent en bancs plus serrés, se rapprochant des côtes sous la poussée des gros vents du large. Stora en est de beaucoup le centre de pêche le plus actif.

Le poisson foisonne littéralement dans ces eaux fécondes. On y prend, entre autres, d'excellentes soles, vendues facilement à Philippeville 1 fr. 50 le kilogramme, des rascasses recherchées au même prix, des loups vendus 1 fr. 25; les mérous, les congres et les murènes ne dépassent guère le prix de 10 francs les 100 kilogrammes; les merlans atteignent celui de 60 francs; ils sont en général de très grande taille, quelques-uns arrivant au poids, vraiment extraordinaire pour des merlans, de 15 kilogrammes. L'hiver dernier, un palangrier en ramena en même temps trois qui pesaient ensemble 35 kilogrammes.

En somme, les produits réunis de Philippeville, Stora et Collo, ont atteint, en 1889, le poids de 1 723 509 kilogrammes, d'une valeur d'environ 667 500 francs.

On trouve, en outre, dans ces fonds, d'assez belles éponges, que ramènent accidentellement les filets traînants, et des bancs naturels d'huîtres (*O. edulis* et *O. plicatula*), des clovisses, des bigorneaux, des saint-jacques et divers autres coquillages.

Bône est le chef-lieu d'un quartier maritime qui, s'il a une étendue notablement inférieure à celle des précédentes circonscriptions, ne le leur cède en rien au point de vue de la pêche. On constate dans ses eaux une même variété d'espèces, une abondance au moins égale, une semblable activité industrielle, en somme une situation à peu de chose près équivalente dans son ensemble. C'est pourtant le seul quartier où la pêche du corail soit encore en exercice, ce qui ne veut pas dire en pleine prospérité. Cette pêche, autrefois pratiquée sur presque toute l'étendue de notre littoral algérien, est actuellement, tant par suite de l'épuisement des bancs qu'à cause de la défaveur dans laquelle est tombé ce produit, exclusivement confinée à la Calle, port de pêche assez important pour avoir formé à lui seul un quartier, mais qu'une récente décision ministérielle (13 août 1886) a converti en syndicat et rattaché à celui de Bône.

Voici les principales ressources de ce quartier :

La sardine de Bône est d'excellente qualité, comme celle de Stora; mais la pêche en est très irrégulière; de 15 millions d'individus pris en 1885, elle est tombée à 3 800 000 en 1888, pour remonter à plus de 17 millions l'an dernier. Elle se vend jusqu'à 25 francs les 100 kilogrammes.

L'anchois n'est pas moins capricieux dans ses passages; la campagne dernière en a produit près de 126 000 kilogrammes, contre 27 000 seulement pendant la précédente; il pèse en moyenne 50 grammes, et se vend 52 francs les 100 kilogrammes.

L'allache, qu'on ne peut pas séparer des deux premières espèces, en Algérie, est cependant ici un peu moins abondante; il en a été pris 1 million environ en 1884 et en 1885, pas moins de 800 000 en 1888 et 5 280 000 en 1889. Sa taille n'est guère supérieure à celle de la sardine; elle se vend moitié moins.

Dans l'énumération des espèces qui foisonnent dans ces parages, on retrouverait exactement toutes celles désignées plus haut. Il faut y ajouter comme plus spéciale à ce quartier une belle crevette, énorme, dont quelques individus dépassent la taille de 20 centimètres, et qui est très abondante dans le golfe de Bône; elle est désignée zoologiquement sous le nom de *Penœus caramote*.

Il vient, assez fréquemment aussi, en cette région, de grandes tortues de mer, du poids de 25 à 40 kilogrammes; on les trouve, pendant l'été, à 2 milles au large du cap de Garde. Elles se laissent surprendre pendant leur sommeil, flottant, par les temps calmes, au gré du flot. Le pêcheur doit s'en approcher sans bruit, car, à la moindre alerte, elles s'éveillent, plongent brusquement et lui échappent sans retour; penché sur le bordage, il les chavire brusquement d'une main vigoureuse; elles sont alors sans défense et se laissent hisser facilement sur le bateau. Leur chair est peu estimée, leur écaille sans valeur; les parties grasses sont converties en huile, leur sang caillé trouve quelques amateurs; on en débite, presque chaque jour, sur le marché de Bône. Une belle tortue se vend de 5 à 10 francs au plus.

Il y a un banc naturel d'huîtres (*O. edulis*) à l'embouchure de l'oued Mafrag, et quelques gisements d'*O. plicatula* et d'O. *stentina* sur divers points. La moule bleue d'Alger, si bonne et si savoureuse, est commune sur la côte.

Signalons, dans les enrochements voisins du port, d'assez nombreuses dattes de mer, des genres *Lithodomus* et *Pholas* (le *Lithodomus lithophagus*, particulier au littoral méditerranéen, et le *Pholas dactylus*, que l'on rencontre un peu partout sur nos côtes), curieux coquillages qui, armés des outils les plus rudimentaires, réussissent à percer, pour s'y loger, des roches d'une dureté relative; enfin, plus loin au large, des éponges plates ou cylindriques grossières, que ramènent par hasard les filets-bœufs.

Cette énorme quantité de poisson que reçoit le marché de Bône est consommée intégralement par la ville elle-même et par les agglomérations voisines, Guelma, Souk-Arrhas... Il n'en est pas exporté au delà.

A la Calle, la principale pêche est celle du corail, malgré la défaveur momentanée qui l'a atteinte. Cette pêche est faite par une vingtaine de bateaux montés par 140 hommes environ, qui s'y livrent constamment, quand l'état de la mer le permet. Les bancs se trouvent par des fonds de 15 à 40 mètres, à deux, trois, et jusqu'à sept milles de la côte, principalement dans la zone comprise entre le cap Rose et le cap Roux.

D'après le décret du 22 novembre 1883, qui l'a réglementée, cette pêche doit se faire à l'aide d'un engin, connu sous le nom de « croix de Saint-André », et formé de deux fortes pièces de bois assemblées en croix, aux bras desquelles sont attachés des paquets ou des tresses de chanvre appelés *fauberts*. Un poids très lourd est fixé au centre et assure l'immersion. La manœuvre en est difficile et pénible. Cette pesante machine, reliée à un cabestan placé sur le bateau, au moyen d'un long câble, est descendue à des profondeurs de 25 à 30 mètres; on lui imprime alors une série de mouvements, de bas en haut, qui ont pour effet de produire un frottement du bois contre les roches madréporiques; les filets accrochent les branches de coraux qu'ils rencontrent, les brisent et les retiennent dans leur enchevêtrement. Une grande délicatesse de toucher est nécessaire pour cette opération; le corail se trouve dans les anfractuosités des rochers : il faut donc diriger sans le voir l'engin immergé. Penché à l'avant de la barque, le patron sent au doigt les mouvements de la croix transmis par le câble; il devine à la résistance qu'il rencontre, en le traînant, si c'est une saillie rocheuse ou un bouquet de corail qui arrête les fauberts. Quand il croit la récolte suffisante, il commande à ses hommes de hâler; ceux-ci, sur une vive allure, sautent de banc en banc et en s'excitant les uns les autres, ramènent le lourd engin à l'aide du cabestan installé à l'arrière. Ainsi faut-il travailler bien des heures, s'épuiser en efforts souvent stériles, sur une mer toujours très dure, exposé, pour un seul faux mouvement, à chavirer ou à être enlevé par une lame, et rentrer quelquefois les mains vides. Les bons jours, mais ils sont rares, un équipage de sept hommes vaillants et aguerris peut arriver à rapporter 2 kilogrammes de corail, dont la valeur, à tout prendre, est de 50 francs le kilogramme.

Tel quel, cet engin ne ruinait pas trop les bancs; mais on s'est ingénié à le rendre plus malfaisant en armant la croix réglementaire, à chacune de ses extrémités, de puissants cerceaux de fer aux arêtes tranchantes, auxquels sont suspendus des sacs en filet à grosse trame. La manœuvre est la

même, avec de bien autres résultats : les bras s'engagent entre les aspérités rocheuses où pousse le corail, et, si leurs fers le rencontrent, il est détaché avec une telle force que la pierre elle-même est le plus souvent brisée; les éclats tombent dans les filets où ils s'entassent bientôt.

Il est aisé de comprendre les dégâts que commet la « gratte en fer » (c'est le nom qu'on lui donne); elle ne brise pas simplement les branches du corail, elle le déracine cruellement, et, en arrachant la souche sur laquelle se greffent les rameaux, arrête toute formation nouvelle. C'est la destruction irrémédiable, infaillible et prochaine. Aussi bien, ce funeste engin est-il sévèrement prohibé, et les pêcheurs se gardent-ils de le ramener au port. Leur pêche finie, ils le coulent à des places connues d'eux seuls, après y avoir attaché une bouée qui flotte entre deux eaux, de manière à ne pouvoir être aisément découverte.

Ce seul travail, à la fin de chaque journée, ne leur demande pas moins de trois ou quatre heures; le lendemain ils devront tirer encore de longues bordées et se soumettre à de grandes fatigues pour le relever, le remonter à bord et gagner les lieux de pêche. Néanmoins, ils en obtiennent de tels profits, qu'ils n'hésitent pas à se condamner à cette pénible manœuvre, en dehors de celles nécessitées par la pêche elle-même.

Il est vraiment déplorable que nos gardes maritimes ne soient pas armés pour réprimer ces abus, qui menacent de tarir dans sa source une des richesses les plus précieuses de ces eaux.

Les chômages sont fréquents, dans le métier des corailleurs de la Calle, par suite du mauvais état de la mer et de la difficulté de franchir la passe. Ainsi, en mars dernier, n'ont-ils pas pu sortir plus de quatre ou cinq jours. Malgré tout, les produits de cette pêche conservent une importance assez sérieuse pour qu'il faille veiller à l'avenir. Ils se sont élevés, pendant les années 1887 à 1889, à une moyenne de 5400 kilogrammes, représentant une valeur de 270 000 francs par an. La pêche de 1885 avait atteint 11 386 kilogrammes.

Tout ce corail va en Italie. Les plus belles branches y trouvent encore un facile placement; les autres sont exportées au Cap, et achetées par les naturels, qui les recherchent pour la confection des colliers et autres ornements dont ils aiment à se parer.

La Tunisie et l'Algérie sont trop étroitement liées, elles présentent, à leur point de contact, de trop grandes similitudes de constitution orographique et de climat, les frontières aquatiques en sont d'une nature trop fictive pour qu'on ne trouve pas aussi de frappantes analogies entre leurs faunes marines et leurs produits de pêche.

Toutefois, à côté de la pêche au poisson, qui se fait sur une faune semblable à la faune algérienne par sa composition et son exubérance, on en observe deux autres qui impriment un caractère spécial aux eaux tunisiennes : la pêche des poulpes et la pêche des éponges. La première donne un produit qui, pour l'ensemble du pays, dépasserait de beaucoup 300 tonnes, puisque dans un seul port, où se centralise, il est vrai, le commerce d'exportation du sud, on atteint facilement 240 tonnes : poids énorme, si l'on considère qu'il s'applique à un produit sec, qui, par conséquent, représente à peine, en cet état, le tiers effectif de la pêche. La seconde est plus importante encore, à raison de la plus grande valeur marchande de ses produits; elle donne lieu à un mouvement d'affaires qui se chiffre par plusieurs millions.

A Tabarca, la population des pêcheurs est nomade; elle est italienne en totalité, et vient en majeure partie de Sciacha, de Castellamare et de Gênes, pour pêcher, de mars à août, la sardine et l'anchois qui fréquentent les parages par bancs innombrables. En 1889, sur 232 barques arrivées, 190 ont fait exclusivement cette même pêche, et capturé 1100 tonnes de sardines et 900 tonnes d'anchois. Il n'en avait été pris que 20 000 kilogrammes en 1885 et 37 100 kilogrammes en 1886.

Les abords de l'îlot sont encore amplement peuplés de gros et excellents poissons de roches; les langoustes et les homards y vivent en grand nombre et peuvent y atteindre le poids énorme de 8 kilogrammes; mais ils sont à peine explorés par quelques Maltais.

A la pointe la plus septentrionale du territoire tunisien, la mer, faisant brèche dans les terres, s'y ouvre un long chemin et s'étale de nouveau, à une lieue et demie du rivage, en une vaste et profonde nappe de 18 kilomètres de longueur sur presque autant de largeur. Cet immense lac communique lui-même plus avant encore dans l'intérieur, avec un deuxième réservoir, d'une étendue à peu près égale, mais dont les eaux sont douces; celui-ci se déverse dans le lac salé, par un canal naturel, qui porte le nom d'Oued Tindja. Une île, peuplée de bœufs sauvages, élève ses sommets à plus de 500 mètres au-dessus du niveau des eaux.

A la bouche du premier chenal, de chaque côté de ses deux bras, se pressent les maisons blanches de Bizerte, vieille ville arabe, emprisonnée dans de longues murailles, jadis port puissant, aujourd'hui inabordable.

Le lac lui-même n'est en aucune façon exploité. Aussi le poisson peut-il y pulluler avec toute l'énergie que ce milieu comporte, et acquérir une taille et des qualités de chair peu communes.

Les principaux hôtes du lac sont la daurade et le mulet; viennent ensuite le sar, la dorée ou poisson de Saint-Pierre, la bogue, l'anguille, la sole et d'autres espèces sans importance.

Ces poissons vivent par familles, restent généralement divisés, c'est toujours séparément, et à des époques différentes, que chaque espèce s'engage dans le canal de sortie, lorsque, poussée par son irrésistible instinct, obéissant à des lois physiologiques, elle abandonne ses paisibles retraites et cherche à gagner la mer.

La connaissance de certaines de ces habitudes a déterminé l'adoption d'un mode de pêche tout à fait spécial, pratiqué depuis les temps les plus reculés, et encore en usage actuellement.

Le canal du lac de Bizerte, assez étroit dans sa traversée de la ville, s'élargit ensuite, mais sans avoir une grande profondeur. La nappe d'eau qui se développe, aussitôt après ce premier goulet, est enfermée dans des bordigues, grossiers clayonnages en branches de palmier ou en roseaux, formant une succession de chambres qui communiquent entre elles, et dont la première est ouverte sur une partie laissée libre du chenal.

A un poste choisi, d'où la vue s'étend au loin sur le lac, se tient en permanence un guetteur arabe, qui a rang de reïs (capitaine), et dont la seule fonction et l'unique souci sont de surveiller les eaux et de faire, en temps voulu, l'appel aux pêcheurs qui habitent la ville, lorsque l'heure du travail a sonné. Il lui faut une grande expérience des mœurs du poisson et une vue étonnamment perçante pour remplir utilement son rôle; c'est là ce qui explique le rang et l'autorité dont il jouit et les avantages qu'on lui fait.

A un remous de la surface des eaux, et souvent à une distance invraisemblable de deux milles, il devine la présence d'un banc de poissons réunis pour leur migration et en marche vers la sortie. Il fait alors le signal convenu, qui est aussitôt aperçu de la ville par des veilleurs chargés de le transmettre. En quelques minutes, le branle-bas est donné, les hommes au repos s'éveillent vivement, on court aux embarcations; ceux-ci apportent les lourds filets, ceux-là les gréements et les paniers. On crie, on se presse, on se heurte dans un apparent désordre; mais bientôt le calme est rétabli, le silence se fait, et, chacun penché sur les longues rames, le pilote à la barre, les barques défilent et rapidement vont se déployer en ordre de bataille en amont des bordigues. Les filets sont mis à l'eau, étendus en une interminable nappe, reliés les uns aux autres, et formés en une muraille sans issue d'un bord à l'autre, du fond à la surface.

Si le reïs a fait son premier appel à temps — et il n'est jamais en défaut, paraît-il — toute cette manœuvre est terminée au moment voulu, chacun est à son poste, la ligne de combat s'allonge sans solution, lorsque les éclaireurs du bataillon des émigrants arrivent à portée. Ils sont suivis de près par le gros de la troupe, qui vient en rangs pressés, en une masse continue, donner étourdiment sur le funeste obstacle. Les premiers arrivés suivent les parois du flexible rempart qui les arrête, dans l'espoir de trouver une issue; ils cherchent à se retourner et à revenir sur leurs pas; vains efforts : la tête de ligne les a suivis de trop près, poussée vivement par le centre. Toute retraite est coupée, quand l'arrière-garde elle-même, entraînée par son élan, se précipite à son tour, et, par son choc irréfléchi, complète le désordre. C'est, pendant quelques instants, un tourbillonnement, une agitation fiévreuse, un fol étouffement, l'image de la cohue d'une foule effarée qui ne sait pas où qui ne peut plus revenir en arrière, au moment d'un sinistre, et dans laquelle on s'étouffe effroyablement, sans qu'aucun sauvetage reste possible.

Dans ce même moment, l'une des ailes de la ligne des batteliers a décrit vigoureusement un arc, tirant à sa suite l'extrémité des filets; lorsque, dans ce mouvement rapide, elle a gagné la rive opposée, l'enceinte est fermée, et dans ce cercle fatal la mort va s'abattre sans pitié, sans merci, fauchant d'un seul coup des milliers de victimes.

Il n'y a plus, dès lors, qu'à haler à terre cette masse grouillante et à partager le butin.

On fait parfois, à Bizerte, des pêches dont les chiffres sont prodigieux et presque incroyables, bien que toujours rigoureusement exacts; le mode adopté pour le partage en formant le contrôle le plus sûr : le reïs, en effet, prélève d'abord une part en nature et a le droit de choisir un tant pour cent de poissons; chaque barque prend également sa part dans les mêmes conditions, soit un dixième ou un quart au plus, selon les cas. Chacun est donc stimulé à compter avec une grande précision le nombre des morts. Un témoin oculaire dit avoir assisté, cet hiver même, à une capture de 14 000 daurades, dont les plus petites pesaient 1 kilogramme. Un autre jour, on en prit d'un seul coup 22 000, du poids de 2 à 5 kilogrammes.

Les meilleures daurades se montrent en hiver, des premiers jours d'octobre à la fin de décembre. Les plus fortes arriveraient jusqu'à 1 mètre de longueur. Leur chair est d'une finesse et d'une saveur exquises.

Les mulets se laissent prendre moins facilement au filet; dès qu'ils se sentent enveloppés, ils s'échappent, en bondissant par-dessus les lignes de la ralingue supérieure; mais, outre que tous ne se dégagent pas avec la même agilité et le même bonheur, la plupart de ceux qui ont fui ce premier danger vont étourdiment donner dans un autre, en s'enfermant dans les chambres de la bordigue, où il leur faudra bientôt périr sous l'atteinte du trident.

On pêche encore ce poisson par un procédé assez original, dans l'intérieur même de la ville. On attache par les ouïes une femelle de mulet parvenue à maturité sexuelle, au moyen d'une corde mince, dont un enfant tient le bout; celui-ci, placé sur le vieux pont ou sur la passerelle, tire doucement la captive d'un bord à l'autre du canal, pendant qu'auprès de lui un homme aux aguets, l'épervier chargé sur l'épaule, reste prêt à couvrir les imprudents qui se laissent attirer par ce piège grossier. On en prend ainsi, mais seulement à l'époque du frai, un nombre assez notable.

A Sidi-Daoud, les pêcheurs s'attaquent à des animaux de grande taille, à de vigoureux voyageurs : aux thons.

La thonara de Sidi-Daoud est établie, sur le modèle ordinaire, à l'entrée de la petite baie de ce nom.

Cette thonara se compose essentiellement d'une longue ligne de filets, tressés en corde d'alfa, à très larges mailles de 30 à 35 centimètres, s'étendant perpendiculairement à la rive, à proximité de laquelle ils s'appuient par leur extrémité, jusqu'à 2 000 mètres en mer; tout au bout de cette longue muraille, formant angle droit avec elle, s'ouvre une première chambre carrée de 50 mètres de côté, communiquant elle-même, par des coupures qu'on peut ouvrir et fermer aisément, avec une série de cinq chambres semblables, formées de tresses de même nature et aboutissant également à une chambre centrale appelée chambre de la matance, ou chambre de mort, la dernière cellule des condamnés; celle-ci est tissée en cordes de chanvre; elle comporte, de plus que les autres, un fond en treillis pareil, sorte de plafond qui peut être relevé et abaissé à volonté.

Ces lourds filets sont tendus verticalement, au moyen de forts paquets de lièges qui flottent à la surface de l'eau, tandis que de grosses pierres et une suite de 120 ancres en fer les fixent au fond. Ils forment, sur leur longueur d'une demi-lieue, un barrage infranchissable qui n'a pas moins de 32 mètres de hauteur.

On comprend sans peine le jeu de cet appareil : les thons qui viennent de la direction de la Goulette, marchant au nord, rencontrent sur leur chemin cet obstacle, et, pour leur malheur, ne cherchent pas à l'éviter en revenant en

arrière; ils en suivent la ligne, la tête sur le filet, et sont ainsi conduits à l'entrée de la première chambre, dans laquelle ils s'engagent sans hésiter. Une fois là, ils ne cessent de tourner sur eux-mêmes, jusqu'à ce que, dans cette évolution, ils viennent à passer devant l'entrée de la deuxième chambre, où ils n'hésitent pas davantage à pénétrer. On peut, dès lors, les considérer comme étant tombés en la possession du pêcheur, qu'ils s'avancent ou non plus avant dans ce funeste dédale.

On ne pêche pas, si ce n'est dans les très mauvaises années, à moins qu'il n'y ait 500 ou 600 thons réunis. Il y en a eu, un jour, jusqu'à 4000 à la fois; dans ce cas, on divise la pêche en plusieurs opérations, en répartissant les prisonniers dans les chambres extérieures à celle de la matance, où ils seront repris, l'heure venue. Le reïs en apprécie le nombre, sans se tromper de plus de quelques dizaines, à travers la tranche d'eau de 30 mètres, au fond de laquelle ils s'agitent en tourbillonnant sans arrêt, les plus gros paraissant, à cette profondeur, de la taille d'un goujon.

A mesure qu'elles arrivent, les grandes barques se rangent en carré, extérieurement autour de la chambre de mort, et s'amarrent solidement. Dès que le blocus est formé, des hommes disposés aux angles hissent, à l'aide de câbles, le fond mobile de cette chambre, fait d'un filet semblable à celui de ses parois latérales, et, par cette manœuvre, ramènent lentement à la surface tous les captifs, qui sont harponnés par des bras vigoureux et emplissent bientôt les bateaux de pêche.

La matance est achevée, le travail de l'usine va commencer aussitôt.

Les thons sont reçus, à l'arrivée, dans une vaste salle basse ouverte sur la mer. On les tire sur le dallage en plan incliné; des hommes exercés leur font sauter la tête d'un coup de hache, on les vide et on les suspend, attachés par la queue, pour les laisser s'égoutter pendant quelques heures. Viennent ensuite les diverses opérations de salaison ou de cuisson et de mise en barils ou en boîtes, car on fait les deux préparations d'après les procédés ordinaires. Quelle que soit l'importance de la pêche, toute l'opération se poursuit sans arrêt, en une seule fois, de jour ou de nuit.

Les parties de l'animal qui ne peuvent être utilisées pour les conserves alimentaires, les yeux, la tête, les nageoires, la queue et les entrailles, sont mises à macérer et produisent de l'huile; on en a obtenu 50 000 kilogrammes en 1889. Cette huile se vend 60 francs le quintal; elle est recherchée pour le travail des cuirs.

Les œufs, proches de leur maturité en cette saison, font de la boutargue, un peu moins estimée que celle des mulets, mais qui vaut bien encore 3 francs le kilogramme.

L'ossature et tous les débris sont convertis en engrais pour les cultures. De telle sorte que rien n'est perdu et ne reste sans utilisation.

En mai et juin, ces poissons sont gras et très en chair. Après le frai, au contraire, ils maigrissent et la chair devient molle et comme rougie de sang. Ils ne supporteraient plus la préparation en conserves; aussi leur pêche est-elle abandonnée vers le 2 ou le 3 juillet. On ne signale pas de passage de retour sur ce point.

La thonara de Sidi-Daoud a une importance très considérable, encore qu'elle donne des produits très variables d'une année sur l'autre, comme il arrive partout où l'on s'attaque aux espèces nomades, dont les migrations sont toujours plus ou moins capricieuses.

Les plus mauvaises pêches correspondent à l'année 1886, pendant laquelle il ne fut pris que 6700 thons, et, en remon-

tant plus haut, à 1874, année complètement nulle, un ouragan ayant emporté la madrague, au début même de la campagne. Les meilleures approchent du chiffre de 15 000.

En 1877 et en 1878, on inscrivit au tableau 14 900 scombres,
9180 en 1889.

Dans le nombre, on trouve assez fréquemment des individus pesant 300 kilogrammes, quelques-uns arrivent même
à 400; les plus petits, ceux-là très rares, descendent jusqu'à
40 kilogrammes. La moyenne est de 100 kilogrammes au
moins.

Autrefois, les salaisons absorbaient la majeure partie de
la pêche; mais aujourd'hui, la proportion est renversée; les
préparations à l'huile, de plus en plus demandées dans le
commerce, ont de beaucoup pris le dessus sur les premières.

Ces préparations n'absorbent pas moins de 100 000 à
120 000 litres d'huile d'olive (pour 90 000 francs environ),
fournis par un usinier de Sousse. C'est le seul produit pris
dans le pays. Le sel pour les emballages et pour la saumure vient de Trapani, le charbon et le fer noir d'Angleterre, les barils de Savone.

Les boîtes sont fabriquées dans l'usine même pendant
l'hiver par quelques ouvriers qui sont, en même temps,
préposés à la garde de l'établissement.

Quant aux produits, ils sont tous transportés directement
en Italie par un vapeur spécial appartenant à l'usine et vendus sur les marchés de Livourne et de Gênes. Leur prix
moyen est de 175 francs les 100 kilogrammes pour les meilleures qualités et de 30 francs pour les salaisons de rebut.

Dans les parages de Sousse et de Monastir, les espèces
qu'on trouve le plus communément sont : le pagel, le rouget, le rascasse, le loupe, la bonite et le thon, la sole, l'or-
phie, la vive, l'aigle, des squales, parmi lesquels l'ange de
mer et le marteau (*balista* en italien, *mokarhan* en arabe),
l'étrange malarmat (*Peristedion Lin.*), avec sa forte cuirasse
et son vaisseau armé d'une double pointe; le non moins curieux remora (*Echeneis remora*), remarquable par la bizarre
conformation de son crâne plat, pourvu d'un disque composé d'une série de ventouses à l'aide desquelles il s'attache
fortement aux parois des rochers ou aux flancs des bateaux.
C'est de là, sans doute, que lui vient son nom de calfat,
sous lequel le connaissent les pêcheurs.

Les auteurs anciens racontent bien des légendes à l'actif
de ce poisson, qu'ils supposaient capable d'arrêter les navires dans leur marche, et d'être dressé à la pêche des tortues. Lacépède a observé les dispositions du remora à vo-
guer sur le dos plutôt que sur le ventre, et il en a cherché
la cause dans sa conformation spéciale, qui doit produire
chez lui un déplacement du centre de gravité. On peut remarquer aussi la disposition des couleurs, inverse de ce
qu'elle est chez les autres poissons. En effet, le ventre est
d'un noir foncé, tandis que le dos et le disque céphalique
sont de teinte plus claire. Cela résulte encore de ce que
l'animal, vivant presque constamment fixé par le dessus de
la tête à un corps étranger, le dos renversé par conséquent,
présente presque constamment le ventre aux rayons lumineux, tandis que le reste du corps en est abrité par le sup-

port auquel il est fixé. « En examinant ce poisson, écrivait
M. Léon Vaillant, on serait tenté de l'orienter au rebours
de ce qui est la réalité, prenant la partie supérieure pour
l'inférieur, et réciproquement. L'illusion est d'autant plus
grande que si on le met dans une cuvette avec de l'eau de
mer, il se fixe immédiatement au fond, présentant ainsi à
l'observateur sa face ventrale sombre. En outre, les yeux
sont tournés de ce même côté, et la bouche, dont la partie
supérieure déborde l'inférieur, rappelle beaucoup celle
d'un grand nombre de poissons chez lesquels, au contraire,
cette mâchoire supérieure est la plus courte. »

La tortue de mer est aussi très commune dans les eaux
de Sousse. En été, les barques de pêche en rapportent jusqu'à cinq ou six chaque jour.

A Mahedia, toutes les espèces abondent, et les passages
de thon sont très réguliers.

On a reconnu, à trois milles de la côte, un gisement
d'éponges fines qui paraissait être assez riche. Des Grecs
essayèrent, il y a six ans, de les pêcher au scaphandre, par
des fonds de 35 mètres; mais, après avoir perdu successivement trois hommes en quelques jours, ils durent y renoncer. Les éponges ordinaires vivent également sur ces fonds;
après les gros temps, les bords de la mer en sont quelquefois couverts, et les Arabes en chargent littéralement leurs
petits ânes; mais il n'y a là aucun commerce sérieux.

Au delà du cap Africa, la pêche au filet est remplacée par
des pêcheries fixes. Des bas-fonds très étendus de sable ou
de vase, l'existence des marées, dont l'amplitude, de Sfax à
Djerba, atteint 1m,80, l'éloignement de cette partie du littoral, qui en rend l'accès moins facile aux tartanes italiennes,
et aussi, peut-être, l'apathique indolence des naturels, peu
enclins à s'écarter de terre, devaient décider de cette modification dans l'exploitation des eaux, et pousser de préférence ces derniers à une pêche sans dangers comme sans
fatigues, et néanmoins rémunératrice. Aux Kerkenna même,
où il n'y a pas moins de 3000 hommes vivant de la pêche,
l'usage des filets est formellement interdit par décret bey-
lical.

Les pêcheries de cette région, établies sur un modèle
uniforme, sont des plus rudimentaires : deux lignes de
pieux enfoncés dans le sol, suivant un angle plus ou moins
aigu, et reliés par des palissades en côtes de djerids, ou
branches de palmier, distantes de 1 à 2 centimètres; au
sommet de l'angle, une grande masse mobile, amorcée
avec les morceaux de poulpes ou avec des débris de poissons; rien de plus. Il y en a ainsi 1700, dans la seule cir-
conscription de Sfax, qui comprend le groupe des îles Kerkenna.

Dans ces îles basses, isolées en mer par des bas-fonds prolongés qui en interdisent l'accès aux navires de la plus faible
cale, assez peu fertiles pour que le palmier lui-même y mû-
risse mal ses fruits, l'homme ne peut guère, il est vrai,
employer autrement ses forces. Aussi bien ces îles sont-elles entourées d'une ceinture presque continue de clayonnages,
dont quelques-unes sont poussés jusqu'à cinq milles au large.
Tous les habitants sont pêcheurs; chacun d'eux a le droit
d'avoir sa pêcherie et de s'installer où bon lui semble, à

la seule condition de ne pas gêner celles qui existent déjà; s'il survient des différends à ce sujet, ils seront tranchés souverainement par l'Amin. La bordigue, une fois établie, devient propriété de famille, transmissible de père en fils, et désormais tout le travail consistera à les entretenir et à visiter chaque jour les nasses après la marée.

Sfax reçoit 1200 kilogrammes de poisson par jour, non compris l'énorme quantité consommée par les pêcheurs; les Arabes en sont très friands et payent facilement une piastre le kilogramme, quelle que soit la qualité.

Les espèces communes sont le mulet et le loup, la rascasse, la perche de mer, le rouget, le pagel, la raie ronce et la torpille, des squales, des jeunes thons, la bonite et la pélamide, des crevettes, des seiches et des tortues.

De Sfax à Gabès, on compte encore un certain nombre de pêcheries fixes, réparties sur différents points du littoral, et suffisant amplement aux besoins des petits centres de population qui existent; mais elles ne méritent aucune mention spéciale, et il faut arriver à la grande île de Djerba, l'île aux 400 000 palmiers, pour voir cette industrie dans toute son activité.

Les pêcheries disséminées autour de l'île de Djerba sont au nombre de 121, et le produit annuel de chacune d'elles est d'environ deux tonnes. Outre les loups et les mulets, qui sont pêchés au filet, on prend, dans les parages de l'île, des soles, des perches, des sars, les deux rascasses, quelques pagels et quelques raies, des rougets, des mérous en grande quantité, des squales, la crevette, la grosse tortue de mer et une autre espèce de petite taille et à écaille noire. La première est sans valeur; la seconde, au contraire, est très recherchée par les riches musulmans, qui n'hésitent pas à en offrir des prix excessifs de 1000 à 1500 piastres, à cause des propriétés aphrodisiaques qu'ils attribuent aux organes mâles de l'espèce. Elle est connue sous le nom de *Bourigza*, mais on la rencontre très rarement.

Il faut citer aussi un banc d'huîtres à Adjim, aux abords de l'îlot de Kattia, et la petite pintadine, dont M. Berthoule a été le premier à signaler la présence sur ces rivages (1).

Sous son aspect repoussant, l'horrible pieuvre aux huit bras constitue une incontestable ressource alimentaire. Elle fait l'objet d'une pêche très active sur tout le littoral de la Régence; et elle est si abondante à la Goulette que son prix tombe souvent à moins d'un carroube (4 centimes) le kilogramme. Dans le sud, elle devient même un important article d'exportation.

Sfax et Djerba sont les deux centres principaux de cette industrie, qui s'exerce à peu près sur tous les points habités du golfe de Gabès.

Les poulpes se prennent à la foène et dans les filets ordinaires, mais on les pêche plus généralement par des procédés tout spéciaux, de la façon suivante :

Sur les plages basses, on trace d'étroits chemins creux, de

(1) Voir la *Revue scientifique* du 21 juin 1890, p. 797.

plusieurs centaines de mètres de longueur, dont les abords sont formés de pierres simplement posées les unes auprès des autres sur le sol, ou à l'aide de petits pieux disposés en ligne, de la même façon. L'étrange mollusque vient s'abriter dans ces retraites pour guetter tranquillement sa proie. On l'y saisit à marée basse, sans qu'il ait même l'air de songer à fuir, occupé qu'il est le plus souvent à se repaître de quelque victime.

Sur d'autres points, aux Kerkenna et surtout à Djerba, les pierres sont remplacées par de longues files de gargoulettes, placées à même sur le fond. Si les eaux sont trop hautes, on attache les vases à des cordes, comme les hameçons aux palangres, et on les coule de même. Les pieuvres affectionnent tout particulièrement ces abris, dans lesquels elles logent facilement leur corps membraneux, laissant à peine sortir leurs bras, toujours prêts à s'emparer de l'imprudent qui passe à leur portée. La poterie est percée, à sa base et parfois sur sa panse, de petits trous par lesquels, avec le moindre piquant, on provoque la sortie du poulpe.

Il n'y a pas moins de 10 000 pièges de cette nature tendus autour de Djerba. Ces engins d'un nouveau genre sortent de l'importante et très ancienne fabrique de poteries de Galala, située sur la mer de Bograra, à égale distance d'Houm-Adjim et de El-Kantara.

Ailleurs, à la Goulette notamment, on prend le poulpe par ses propres appétits, en attachant un poulpe femelle à un pieu fixé dans l'eau, ou bien en le tenant à bout de bras, au moyen d'une corde. En quelques instants, on voit accourir de toutes parts ses congénères qui viennent s'enlacer au prisonnier et se laissent harponner à l'aide d'un simple crochet.

La pêche des poulpes est surtout pratiquée en hiver, d'octobre à mars, quoiqu'on en prenne pendant toute l'année. Ses produits sont très variables : ils oscillent entre 170 et 240 tonnes.

Aussitôt après la pêche, le poulpe doit être battu violemment, et pendant un temps relativement long. Ce travail a pour but de le tuer, ce qui n'est pas une facile besogne, tant il est chevillé à la vie, et aussi d'amollir les chairs pour les attendrir, le mortifier.

Dans une très intéressante étude sur les pêches du golfe de Gabès (1), M. le lieutenant de vaisseau Servonnet décrit ainsi cette bizarre opération : « Tout d'abord on décapuchonne les poulpes, c'est-à-dire qu'on leur enlève une membrane dure qu'ils ont sur la tête; puis, les saisissant par le haut du corps, on les frappe vigoureusement contre terre, environ cent cinquante fois de suite. Ce battage terminé, on les malaxe en leur imprimant un mouvement de va-et-vient, en même temps qu'on les comprime violemment sur le sol pour leur faire dégorger la plus grande partie de l'eau qu'ils contiennent; on les dessèche enfin complètement en les suspendant à une corde tendue au soleil.

« Il est inutile de les saler, car l'évaporation de l'eau de mer, dont ils sont encore imprégnés à la fin des opérations précédentes, laisse dans leur chair assez de sel pour en assurer la conservation »

Lorsque la dessiccation est achevée, le poulpe est prêt pour l'exportation; il peut ainsi se conserver une année entière et plus. On les réunit ordinairement par paires, en nouant ensemble l'extrémité des bras.

Cette pêche donne, d'après l'estimation de M. de Ponze-

(1) *Revue maritime et coloniale*, 1889.

vente, une moyenne générale de 2000 quintaux métriques, représentant une valeur de 200 000 piastres.

Elle alimente une branche importante d'un commerce d'exportation, qui a ses débouchés dans la Grèce proprement dite, dans les Cyclades, aux Sporades et en Crète.

La religion grecque, qui a de grandes exigences, impose aux fidèles deux sévères carêmes, qu'ils observent sans murmurer : l'un le carême pascal, de quarante-six jours, l'autre le petit carême de la Vierge, de quinze jours, pendant lesquels l'usage de tout aliment gras, du poisson, ou plus généralement de tout animal « ayant du sang », est rigoureusement interdit. Il n'y a donc guère d'autre ressource pour les classes peu aisées que le caviar et les poulpes. Le poulpe sec s'y vend en détail 2 francs l'ocque (1). Les pêcheurs tunisiens doivent bénir ces salutaires prescriptions et souhaiter qu'elles soient observées longtemps encore.

Si les poulpes ont une certaine importance dans les produits de la pêche en Tunisie, bien plus grande est celle des éponges, qui donne lieu à un mouvement annuel d'affaires, dans le seul port de Sfax, d'environ 3 millions de francs.

La pêche des éponges est en pleine activité d'octobre à fin janvier et est presque exclusivement monopolisée par des étrangers, Grecs, Maltais, Italiens, qui envahissent littéralement le golfe de Gabès, au nombre d'environ 5000, montés, les uns sur de gracieuses sakolèves, les autres sur de lourdes tartanes ou encore sur d'énormes skounafs de 80 tonneaux arrivant des Cyclades. Ceux-là manœuvrent la gangava, sorte de chalut qu'on trouve à bord des sakolèves grecques ; ceux-ci se servent du miroir, surtout en faveur parmi les Maltais et les Italiens.

Voici comment se fait la pêche au miroir :

Les grosses chaloupes, bovos, mahones, loudes, skounafs, louent, dès le commencement de la saison, à de bonnes conditions de prix, pour les trois quatre mois de campagne, de petites barques arabes, montées au plus par trois hommes, les plus souvent par deux, qu'elles remorquent sur les lieux de pêche ; elles jettent l'ancre et s'y tiennent en permanence, servant à la fois de poste de surveillance, de dépôt de vivres et de magasin où s'amoncellent les produits. Autour d'elles, les barquettes évolueront dans un rayon assez étroit, fouillant minutieusement les fonds.

L'un des hommes qui montent ces légers esquifs se tient aux avirons, l'autre se place à l'avant dans une échancrure du faux pont, percée à cet effet, et appelée trou d'homme ; celui-ci, le corps penché sur la proue, supporte de la main gauche un cylindre creux en fer battu, de la forme et de la capacité d'un seau ordinaire, dont l'une des extrémités, celle qui repose sur l'eau, est fermée par un carreau en verre blanc. Ce rudimentaire instrument d'optique remplace très avantageusement l'huile que projetaient les vieux pêcheurs à la surface de la mer, pour atténuer les rides qui amoindrissent sa transparence, et permet d'explorer distinctement le fond à des profondeurs de 8 à 10 mètres, pour peu que le côté vitré soit immergé de quelques centimètres. C'est le miroir, ou la lunette de calfat, le *specchio* des Italiens, l'outil précieux dont se servent les pêcheurs de nacre des îles Tuamotu et Gambier, en Océanie. Le guetteur se

(1) L'ocque vaut 1kg,250.

tient ainsi, des heures entières, immobile, attentif, et son œil exercé ne perd pas une des rugosités, pas une saillie du fond ; aperçoit-il la masse noire de l'éponge, de son bras resté libre il lance avec force et sûreté le trident dont il est armé, et d'un seul coup bien dirigé l'atteint, la détache et l'enlève.

Ces foënes à trois ou à cinq dents sont fixées au bout de longs et forts bâtons, dont la manœuvre demande une main habile ; elles ne sont pas sans causer quelques déchirures à l'éponge ; mais cet inconvénient n'a qu'une influence relative sur sa valeur commerciale, en raison de la grossièreté de son tissu, tandis qu'il laisserait des traces dommageables sur les belles éponges fines de Syrie.

Les Grecs avaient fait, il y a peu, des essais de pêche au scaphandre dans les eaux profondes, où l'on ne pourrait lancer la foëne ; mais ils n'ont pas tardé à y renoncer, vraisemblablement à cause du prix élevé de cet instrument, des difficultés de sa manœuvre, de l'impossibilité de réparer sur place les incessantes avaries que produit son emploi, et des graves accidents qu'il occasionne. La qualité et la quantité des éponges pêchées ainsi ne compensaient pas, à beaucoup près, les dépenses que nécessitait ce système. D'ailleurs, on trouve à Houm-Adjim, d'après M. Servonnet, pour remplacer les scaphandriers, d'intrépides et célèbres plongeurs qui atteignent bravement des profondeurs de 25 mètres, et explorent les anfractuosités où la foëne ni la gangava ne peuvent pénétrer.

A Djerba, on évalue à 800 francs le revenu d'une campagne pour chaque homme embarqué, Sicilien ou Grec ; les Arabes, moins bons travailleurs, ne gagnent guère que moitié.

Il est assez difficile, par suite des trop nombreuses fraudes qui se commettent, d'estimer très exactement le produit réel de la pêche des éponges en Tunisie. Dans une série de notes patiemment rassemblées, M. Méray, aide-*commissaire* de la marine, a donné sur toutes ces pêches des indications pleines d'intérêt. On y trouve les chiffres suivants, qui sont le résultat de deux campagnes : 1877 quintaux tunisiens (le quintal de 50 kilogrammes) pour 1884-1885, et 1798 quintaux pour 1885-1886.

De son côté, M. Ponzevera évalue en moyenne cette production annuelle à 1165 quintaux métriques, soit 2330 quintaux tunisiens, représentant à son estimation une valeur de 3 130 000 piastres. Les chiffres relevés sur place sont un peu supérieurs et porteraient ce rendement à 3000 quintaux.

Les éponges, telles qu'elles sortent de l'eau, sont dans un état qui ne permettrait pas de les conserver sa valeur de quelques jours ; on les appelle *éponges noires*, à cause de l'enveloppe gélatineuse de couleur foncée qui les entoure ; cette enveloppe et, à son contact, l'éponge elle-même, ne tarderaient pas à entrer en décomposition, en dégageant une odeur nauséabonde. Aussi bien, les Maltais qui doivent rester un certain temps à la mer sont-ils dans la nécessité de laver sur place le produit de leur pêche.

A cet effet, ils laissent leurs éponges en tas, le temps nécessaire pour que, la fermentation ayant agi sur la matière molle qui constitue leur couverture, celle-ci s'en détache d'elle-même ; ils les plongent ensuite, à plusieurs reprises, dans l'eau de mer, et les piétinent fortement sur un plancher à claire-voie, ou travail se fait dans des sortes de petites guérites fixées en rade, à quelque distance du bord ; on malaxe ainsi les éponges jusqu'à ce que toute trace de l'enveloppe extérieure et des concrétions et impuretés intérieures ait disparu. On les appelle, dès lors, *éponges blanches*, encore qu'elles aient à subir de nouvelles manipulations pour être convenablement présentées dans le commerce de détail. Il n'y a plus qu'à les attacher en chapelets aux vergues, ou à des cordes sur la plage et les laisser sécher : elles sont prêtes pour l'exportation ; les p...

belles subiront encore de nouveaux lavages destinés à les nettoyer à fond, et à leur donner la teinte jaune d'or qui convient.

Les Grecs sont renommés pour le soin avec lequel ils font cette première opération de lavage ; leurs éponges ont, de ce fait, une plus-value sensible sur celles préparées par les indigènes.

On sait que, depuis quelque temps, la science a fait un pas décisif, et a résolu en principe le problème qui se posait à propos de l'éponge : désormais le curieux zoophyte a décidément pris place dans le règne animal.

D'après les observations de MM. Berthoule et Bouchon-Brandely, l'éponge s'attacherait de préférence aux corps calcaires, rochers ou débris de coraux, très rarement au bois. Dans cette région, c'est au printemps que s'échapperaient, sous forme de cellules flagellifères, les embryons destinés à la multiplication de l'espèce, lesquels, après avoir flotté ou nagé un certain temps, iraient se fixer, pour ne plus s'en détacher, sur un corps solide submergé. Ce développement mettrait une dizaine d'années pour arriver à l'état parfait. MM. Gregor Buccich et O. Schmidt, sur les bords de l'île Lesina, dans l'Adriatique, ont constaté une durée de développement de sept ans sur des greffons obtenus en sectionnant des éponges adultes et fixés sur le fond d'un parc d'expériences au moyen de chevilles en bois.

Les rivages tunisiens, comme ceux de l'Algérie, offrent assurément les plus magnifiques champs d'expérience pour entreprendre des essais de cette nature. Point n'est besoin d'insister sur l'intérêt de telles entreprises. La production naturelle décuplée peut-être, régularisée tout au moins et assurée pour l'avenir ; les espèces indigènes améliorées par la sélection et par la culture ; des espèces plus fines venant un jour prendre place à côté de celles-ci : ce serait là une victoire, féconde en utiles conséquences, de la science sur la nature.

S'il est vrai que l'ostréiculture ait réussi, en quelques années, à fertiliser et enrichir des plages jusqu'alors infécondes, ne serait-on pas en droit d'espérer tout autant de la culture artificielle des éponges (1) ?

TRAVAUX PUBLICS
Les progrès de la navigation intérieure en Allemagne.

Depuis plus de dix années déjà, nous sommes revenus, en France, d'une erreur grossière qui nous faisait négliger les voies navigables au profit des chemins de fer, et croire que l'existence de ceux-ci rend inutiles les premières. Depuis cette époque, depuis 1878, des efforts multiples et suivis ont donné un résultat fort précieux, ont doté la France de tout un réseau navigable homogène, présentant les meilleures

(1) Voir, sur ce sujet, l'article de M. Faurot : *La pêche des éponges dans le golfe de Gabès*, dans la *Revue* du 5 avril 1890, p. 428.

conditions de navigation... mais où malheureusement le trafic actuel ne répond pas aux efforts faits, aux dépenses consacrées.

Les causes de cet insuccès partiel sont multiples : on peut citer d'abord, et d'une façon générale, la mauvaise organisation, la non-existence pour ainsi dire des ports de commerce sur les fleuves et canaux, l'insuffisance et le plus souvent l'absence absolue de tout outillage sur des quais trop étroits. On cherche aujourd'hui à porter un remède à cette situation ; on veut faire disparaître ces insuffisances, cette pauvreté d'organisation ; et, au moment où de nouveaux efforts sont sur le point d'être faits, et où l'on cherche dans quelle direction les exercer, il peut être bon d'étudier un peu ce qui s'est fait à l'étranger, et surtout là où l'on a su arriver à un résultat pratique, dans un pays où le commerce et l'industrie se développent sans cesse et avec une rapidité toujours croissante, précisément en raison des facilités de transport qu'on leur offre : nous voulons parler de l'Allemagne, dont le réseau navigable a été récemment étudié par deux de nos ingénieurs distingués, MM. Holtz et Barlatier de Mas, à l'occasion du Congrès de navigation, tenu à Francfort en 1888, et dont nous avons parlé ici-même (1).

En 1877, M. Reclus pouvait dire, en exposant la situation économique de l'empire : « L'Allemagne, entrée plus récemment que l'Angleterre et que la France dans l'ère de la grande industrie, avait, à l'époque de la construction des premiers chemins de fer, un réseau de canaux navigables bien inférieur à celui des deux puissances de l'Europe occidentale, et cette infériorité subsiste encore. » On peut dire aujourd'hui que tout cela est changé : non point précisément que l'Allemagne ait augmenté beaucoup l'étendue de son réseau navigable ; mais elle a su profiter de la situation acquise, elle su donner les meilleures conditions d'exploitation aux voies existantes, créant de grands ports fluviaux aussi bien organisés que les plus grands ports maritimes, leur fournissant tout l'outillage nécessaire. Il faut bien avouer qu'avant 1870, la navigation intérieure était à peu près délaissée ; mais alors l'union se fit ; puis on comprit le parallélisme nécessaire des voies navigables et des voies ferrées, la nécessité de leur coexistence féconde, nécessité qu'on n'a guère saisie pendant longtemps en France. On a d'autant mieux compris, dans l'empire allemand, que voies de fer et voies d'eau ont chacune leur rôle à jouer dans les transports sans se faire concurrence, que l'Allemagne, pour exploiter ses énormes richesses minières et métallurgiques et son industrie sidérurgique, a nécessairement besoin de voies de transport à bon marché, qu'elle trouve dans les voies d'eau, appelées par leur nature et leurs conditions d'exploitation à porter un loin et à bon compte les matières pondéreuses comme les produits miniers ou métallurgiques.

Nous ne pouvons qu'indiquer en passant, comme preuve de cette importance minière et métallurgique, quelques

(1) Voir le numéro du 23 mars 1889, p. 369.

chiffres sur diverses productions; pour la fonte, par exemple, elle est de près de 4 millions de tonnes; pour le fer, 1 600 000 tonnes; 1 800 000 tonnes pour l'acier; enfin pour les combustibles minéraux, l'extraction est d'environ 80 millions de tonnes.

Il n'est évidemment pas nécessaire d'exposer ici le système hydrographique de l'Allemagne : un coup d'œil sur la carte de l'empire en dira plus long que nous ne pourrions en dire nous-même. La grande voie fluviale est le Rhin qui, sur 693 kilomètres, dessert des régions industrielles et commerçantes de premier ordre. Parmi ses affluents, la Moselle n'est pas susceptible d'être utilisée par la batellerie avant une canalisation complète; le Neckar présente 114 kilomètres navigables depuis Heilbronn; on peut compter 390 kilomètres du Mein; toutefois, le vrai trafic n'est possible qu'à partir de Mayence. La Ruhr, autrefois si fréquentée par les transports de charbon, laisse à désirer.

L'Ems n'est utilisable que dans sa partie maritime. La Weser est navigable sur 436 kilomètres. L'Elbe a un cours de 720 kilomètres (bien entendu, nous ne considérons de tous ces cours d'eau que les parties allemandes). Ajoutons du reste, ou plutôt insistons, pour faire remarquer que la Weser passe à Brème, l'Elbe à Hambourg : ce sont là des points importants. Rappelons de même que la Sprée est un sous-affluent de l'Elbe; c'est une voie très fréquentée.

L'Oder est navigable sur 772 kilomètres; la Vistule l'est sur 247, passant à Dantzick; enfin citons aussi le Memel.

Pour compléter cet exposé du réseau allemand, il faut rappeler les canaux : la liste en est courte. Il existe un canal isolé, le canal Louis, peu fréquenté, par suite du grand nombre de ses écluses, entre le Mein et le Danube; il date de 1845 et aurait un rôle à jouer. On trouve quelques canaux entre les embouchures de l'Ems, de la Weser et de l'Elbe, canaux de dessèchement surtout. Bien entendu, nous ne disons rien des tronçons de canaux enlevés à la France, qu'on ne peut point considérer comme faisant partie du réseau allemand, et qui sont d'un intérêt local par leur isolement.

Mais il existe un réseau très complet, celui de la marche de Brandebourg, entre l'Elbe et l'Oder, composé de deux artères formant un X; Berlin est à peu près à la croix de cet X, et relié avec les deux grands fleuves. La première branche de l'X est formée par le canal de Finow, la Havel et le canal de Pianer, au total 225 kilomètres. La seconde branche a 297 kilomètres, composée d'une partie de l'Oder supérieur, du canal Frédéric-Guillaume, de la Sprée et de la Havel jusqu'à l'Elbe.

Enfin nous citerons encore le canal de Bromberg, entre la Netze et la Vistule, et le canal d'Elbing, vers l'embouchure de ce dernier fleuve.

Comme nous le disions tout à l'heure, en soi le réseau de l'Allemagne est peu de chose, et d'autres pays bien plus favorisés; mais rien ne sert d'être riche, si l'on ne sait point utiliser les dons prodigués par la nature. L'Allemagne, au contraire, a su disposer au mieux des voies d'eau qu'elle possède. Les fleuves sont à faible pente, il est vrai; et un grand port maritime se trouve à l'embouchure de chacun d'eux, pour ainsi dire : tels sont les ports de Brème, de Hambourg, de Stettin, de Dantzick. Mais ces fleuves manquaient de profondeur, de régularité dans leur lit comme dans leurs rives, et il a fallu y consacrer des travaux d'amélioration, consistant surtout à fixer le lit, à donner au chenal une direction constante et convenable, ainsi qu'une largeur uniforme. On est là bien loin, à coup sûr, comme le fait remarquer M. Holtz, des travaux analogues entrepris en France; l'importance technique en est bien moindre.

L'opinion publique est, en Allemagne, essentiellement favorable aux travaux de navigation; et nous trouvons, dans l'accomplissement même des travaux, fournissant un appui aux pouvoirs publics, cette force si considérable, et malheureusement trop rare chez nous, de l'initiative privée et de l'association, qui constitue la réunion si fertile des initiatives privées.

L'initiative privée se manifeste par des journaux spéciaux et surtout par des verein de navigation; ces associations sont des Sociétés d'études. Dans des réunions fréquentes, les idées se font jour; des procès-verbaux des séances les font connaître au public comme au gouvernement; les améliorations désirées sont ainsi signalées, et par les intéressés mêmes.

M. Holtz cite comme un exemple typique « l'Union centrale pour le développement de la navigation sur les fleuves et les canaux en Allemagne ». Son siège est à Berlin, et elle comprend 38 administrations municipales, 37 chambres de commerce, 37 Sociétés de batellerie, de commerce, d'assurance; 12 autres verein de navigation, 12 autres Unions affiliées, comme membres, à cette sorte d'Union principale; enfin ajoutons 433 membres isolés, parmi lesquels on compte des représentants faisant partie du Parlement. Ces renseignements sont évidemment précieux au moment où l'on parle en France de la création de chambres de navigation intérieure. Le verein dont il s'agit ici a pour but : « Article premier. De centraliser tous les efforts pour l'amélioration des voies d'eau déjà existantes et pour l'établissement de canaux de navigation en Allemagne; elle cherche les moyens de relier économiquement, non seulement les voies d'eau nationales entre elles, mais encore celles-ci avec celles des États voisins. Elle veille sur les intérêts de la navigation, aussi bien dans la législation que dans tout autre ordre d'idées. — Article 3. Par la voie de la presse et des réunions, l'Association s'efforcera de faire de mieux en mieux connaître la grande importance des bonnes voies d'eau pour le trafic, les relations commerciales et la prospérité des riverains. »

On le voit, le programme est excellent, et ce règlement, dans sa sécheresse, est un plaidoyer en faveur de la navigation intérieure. Le gouvernement, du reste, voit du meilleur œil ces sortes d'associations; il en fait presque des chambres consultatives officielles : celle-ci, en effet, tient des séances dans le palais du Reichstag, où l'on discute toutes les questions intéressant la navigation intérieure; cette Société va même souvent jusqu'à prendre l'initiative d'une entreprise, en fait étudier le projet; c'est un de ces *verein*, faisant lui-même partie du *verein* de Berlin, l'Union du canal de Lubeck, qui a présenté le premier projet du canal de l'Elbe à la Trave; de même c'est une autre association qui fait étudier à ses frais le canal de Dortmund à Ruhrort; je ne crois pas qu'on trouve en France beaucoup d'associations analogues.

Le gouvernement, les États suivent le mouvement de l'opinion publique; les États allemands consacrent annuellement, depuis 1870, une somme de 14 millions, dont moitié en travaux d'entretien, à leurs six grands fleuves : Rhin, Weser, Elbe, Oder, Vistule et Memel. En 1882, il est vrai, un programme général avait été présenté prévoyant la canalisation d'un grand nombre de rivières et l'établissement de canaux nombreux pour les relier; et ce programme a été repoussé, mais avec invitation d'établir un réseau de canaux traversant la monarchie de l'est à l'ouest. Et, depuis 1883, le gouvernement travaille à cet établissement à l'aide de lois successives et particulières.

On compte sur une dépense d'environ 255 millions pour les entreprises exécutées, en cours de travaux ou seulement décidées : nous pouvons noter la canalisation de l'Oder supérieur, le canal de l'Oder à la Sprée, le canal de l'Elbe à la Trave, celui de Dortmund à un port de l'Ems, enfin la canalisation du Mein de Francfort à Mayence; nous ne parlons point des 200 millions du canal de la mer du Nord à la mer Baltique, car on peut le considérer comme une voie surtout militaire : il abrège de près de deux jours le trajet de Hambourg à la Baltique; mais surtout il réunit les deux grands arsenaux de Kiel et de Willemshaven.

La canalisation du Mein est achevée; le canal de l'Oder à la Sprée et (nous l'avions pas à le rappeler) celui de la mer du Nord à la Baltique sont en construction. D'autres projets sont du reste en préparation : canal latéral au Rhin, entre Ludwigshafen, point extrême de la navigabilité du Rhin, et Strasbourg, avec établissement d'un grand port (nous trouvons cette particularité déjà signalée et si intéressante, des grands ports de navigation intérieure en Allemagne); canalisation de la Moselle; creusement d'un canal du Rhin à la Meuse et à Anvers; autre canal entre l'Elbe à Magdebourg et le canal de Dortmund à Emden.

Le principe général, on pourrait dire absolu, de l'exécution des travaux de navigation en Allemagne, c'est l'exclusion des demandes de concessions et l'adoption de l'exécution directe par l'État, au moyen de son budget et de ses ingénieurs. L'État doit fournir l'eau *frei* (gratuitement); ainsi c'est à ses frais, et exclusivement, qu'il fait tous les travaux pour l'amélioration ou la canalisation des rivières, même les ports d'hivernage, ports de refuge pour la navigation pendant la saison des glaces. Il en est de même aussi pour les canaux. Cependant, à ce point de vue spécial, le gouvernement accepte parfois le concours d'un groupe d'intéressés, ce concours se manifestant, soit par une subvention en argent, soit par la cession gratuite de terrains.

Mais il ne s'agit que de la voie navigable proprement dite, et c'est là que nous abordons un points les plus originaux de la navigation intérieure allemande. L'État se désin-

téresse absolument de tout ce qui regarde l'exploitation de la voie une fois créée : organisation de service de traction ou construction de ports de commerce, tout ceci regarde l'initiative privée des intéressés. Et cette organisation est bien supérieure à tout ce que l'on rencontre en France. Pour le halage, par exemple, il n'est point question du procédé primitif du halage par chevaux, et encore moins du halage à bras, qu'on voit encore parfois sur nos canaux; si bien que les chemins et la servitude de halage sont inconnus, ce qui constitue déjà un grand avantage pour les fonds riverains. Le remorquage à vapeur sur le Rhin, le touage surtout dans les autres cours d'eau, sont constamment pratiqués à l'exclusion du remorquage; entre Hambourg et la Bohême, l'Elbe possède une chaîne de touage de 725 kilomètres; dans les plaines mêmes, on recourt à la navigation à la voile, comme dans les parties maritimes de nos fleuves. Aussi, tout en présentant les mêmes conditions avantageuses de bon marché qu'en France, la navigation intérieure ne souffre pas des lenteurs auxquelles nous sommes accoutumés sur nos voies navigables, et c'est une condition précieuse d'exploitation. Le matériel de remorquage ou de touage appartient, en effet, à des Sociétés puissantes, possédant une flotte nombreuse; ce sont de grandes administrations, offrant toute garantie de sécurité, de vitesse et de régularité, et nous ne pouvons nous empêcher de citer un chiffre fourni par M. Holtz : un porteur à vapeur accepte de livrer sous trois jours des marchandises à transporter de Manheim à Rotterdam, c'est-à-dire qui doivent franchir une distance de 560 kilomètres ; comparez ce résultat aux délais que se réserve une Compagnie de chemin de fer; vous pouvez être sûr qu'elle prendra huit jours environ, ou du moins qu'elle se réservera la faculté d'user de ce délai pour vous délivrer un colis en petite vitesse, à moins que vous ne consentiez à en passer par le tarif général. Ces Sociétés, qui transportent si rapidement les marchandises, ont même, et cela se comprend, une clientèle sérieuse dans les voyageurs, qui profitent de ce moyen économique et relativement rapide de transport, notamment dans la banlieue des grandes villes.

Voyez, au contraire, en France, combien sont peu nombreuses les Compagnies de navigation analogues, quelle lenteur elles mettent dans leurs transports; et c'est bien autre chose quand il faut confier des marchandises à quelqu'un des chalands particuliers qui parcourent nos canaux, traînés au pas d'un ou deux chevaux.

C'est aussi l'initiative privée (nous l'avons indiqué déjà) qui construit, entretient, exploite les ports de commerce : aux intéressés d'agir à ce sujet. Nos ports de navigation intérieure, en France, même aux points les plus importants, même à Paris (le plus grand port de France, comme trafic), sont exclusivement formés de quais, assez peu larges, bordant la voie navigable. En Allemagne, le port de navigation intérieure est comparable à un vrai port de mer par son organisation et son étendue : il est d'abord constitué par un épanouissement de la voie de navigation, il comprend des bassins, de larges quais desservis par des voies ferrées, les transports par eau et par terre faisant ainsi alliance; sur ces quais on voit des caisophes, des magasins, des grues à vapeur ou hydrauliques, tous les appareils de manutention désirables (1).

A Mayence, le bassin est bordé de grues, élévateurs, cabestans mus par l'eau sous pression, outillage p'us complet que celui de nos principaux ports maritimes. A Ruhrort, on compte 15 à 16 kilomètres de quais bordant 5 ou 6 bassins, sur la droite du Rhin, et parcourus par les prolongements du chemin de fer. A Mannheim, les intéressés ont dépensé de 27 à 28 millions, que rembourseront les droits de manutention, de quais ou autres, et ils possèdent un port immense comprenant à bassins, dont l'un a 2 kilomètres de long. Et partout des voies ferrées desservant ces ports : ils sont rares en France, je crois, les exemples de cette union intime de la voie de fer et de la voie d'eau.

Nous ne pouvons point nous étendre sur tous ces détails d'organisation si intéressants; mais, si l'on songe que, grâce à l'absence de péage, le prix de transport varie entre 0 fr. 007 et 0 fr. 011 par tonne et par kilomètre sur le Rhin, qu'il est au plus de 0 fr. 01 sur l'Elbe, aussi bien que sur la Sprée, et qu'ensuite les marchandises peuvent être rapidement et aisément débarqués ou mises sur wagon, on ne s'étonnera plus du développement vraiment merveilleux pris par la navigation intérieure depuis vingt années à peine.

Tandis qu'en France le trafic a augmenté d'environ 50 pour 100 depuis 1870, voyons les chiffres analogues relatifs à l'Allemagne.

A Mannheim, par exemple, le mouvement était, en 1870, de 754 000 tonnes; il passe à 1 769 000 tonnes en 1880, à 3 320 000 tonnes en 1887. Le trafic constaté à Emmeriche sur le Rhin, en 1870, montait à 1 816 000 tonnes; il est de 4 544 000 en 1886; dans la même période, le total du tonnage des ports allemands du Rhin est monté de 4 053 000 tonnes à 9 747 000. La navigation fluviale à Hambourg, après être passée de 809 000 tonnes en 1876 à 2 577 000 en 1886, ne cesse de se développer. Bien plus, à 750 kilomètres de l'embouchure du fleuve, à Aussig, sur l'Elbe, le trafic n'était encore que de 350 000 tonnes en 1875; il a plus que quintuplé depuis lors. Les arrivages à Berlin, par la Havel et la Sprée, sont de 3 443 000 tonnes (chiffre de 1885, aujourd'hui bien dépassé) quand le total des arrivages sur les ports de Paris ne monte qu'à 3 740 000 tonnes.

Évidemment nous pourrions multiplier ces exemples, et tous viendraient contribuer à nous donner idée de l'énorme développement de la navigation intérieure en Allemagne, développement parallèle à celui de son commerce et de son industrie, le premier étant un des plus puissants facteurs du second.

La comparaison peut être fertile avec ce qui se passe en France, où cependant des sommes énormes ont été dépensées pour les canaux et les rivières. Il reste aujourd'hui à utiliser les travaux accomplis, les sommes dépensées; il faut créer des ports sur ces magnifiques voies navigables; facili-

(1) Nous avons dit que pour les ports d'hivernage, il en est autrement ; on les considère comme partie intégrante de la voie.

ter les transports et la manutention, leur permettre de s'opérer rapidement; et peut-être ici, comme bien souvent ailleurs, l'initiative personnelle des intéressés serait-elle le plus puissant facteur.

DANIEL BELLET.

VARIÉTÉS

Une nouvelle langue internationale : le « Nov latin ».

Les projets de langue internationale ne manquent pas. Depuis Leibniz, et peut-être même avant Leibniz, il y a eu bien des tentatives aussi ingénieuses qu'infructueuses. On sait que le Volapük, imaginé il y a quelques années, n'a pas été sans avoir un certain succès, au moins de curiosité. Mais, en somme, on ne peut pas dire que le Volapük ait progressé.

Cette entreprise peut-elle réussir? Nous n'osons guère l'espérer. Une langue ne se manie pas comme une démonstration mathématique. Je suppose qu'on ait démontré à un Norvégien, par exemple, que sa langue, parlée par très peu d'hommes, ne peut être comparée à la langue anglaise que parlent environ 120 millions d'hommes, et qui est à peu près universellement comprise, que cette affirmation fera avancer la question? Notre Norvégien aura beau être convaincu de la supériorité de la langue anglaise, il continuera à parler et à penser en norvégien, comme ses parents le lui ont appris, et comme il l'enseignera à ses enfants.

Donc la démonstration des avantages d'une langue, si précise qu'elle soit, n'est pas suffisante pour faire abandonner la langue maternelle. De là la vanité des langues internationales; cependant l'entreprise est si belle qu'elle vaut la peine d'être tentée, même si l'on est à peu près sûr d'un insuccès plus ou moins total, au point de vue pratique tout au moins.

Or voici une langue ancienne qu'on essaye de régénérer et de simplifier. M. Henderson, en 1888, avait établi les bases d'une langue néo-latine (Lingua, an international langage, chez Trubner; London, 1888). Tout récemment, M. Daniel Rosa, du Musée zoologique de Turin, a adopté la langue de M. Henderson, en lui faisant subir quelques légères modifications. La langue Henderson-Rosa est très curieuse, et nous croyons que si une langue internationale doit jamais être écrite ou parlée, c'est celle-là.

Cette langue nouvelle n'est autre que le latin et, en effet, le latin est connu et compris par tous les hommes cultivés, de quelque pays qu'ils soient. Non seulement le latin est universellement compris : mais encore c'est la base du français, de l'italien, de l'espagnol, du portugais, du roumain, c'est-à-dire que ces langues latines sont parlées par à peu près 150 millions d'hommes. Toutefois, ce chiffre énorme ne donne qu'une idée bien insuffisante de la prééminence du latin; car en allemand, en anglais, et, par conséquent, en hollandais, en danois, en suédois, ce qui représente environ

188 millions d'hommes, le latin est encore presque la base du vocabulaire; j'ouvre au hasard un dictionnaire anglais, et je trouve : sever, several, severance, *severe,* sew, sewer, *sex, sexagenary, sexagesimal, sexangled, sexennial, sextain, sextuple,* etc. (1).

On a calculé que **plus de la moitié** (les trois cinquièmes) des mots anglais **venaient** du latin, de sorte que, quelque paradoxale que paraisse cette opinion, la langue anglaise tend à devenir une langue gréco-latine. Il en est de même, quoique à un moindre degré, pour l'allemand. En ouvrant au hasard un dictionnaire allemand, je trouve : neckisch, *nefe, neger,* nehmen, neid, neige, *nein,* nelke, nennen, *nerv,* nessel, *nest;* on voit que nombre de ces mots ont une origine latine.

Si, des mots vulgaires, on passe au vocabulaire scientifique, alors il n'y a pour ainsi dire pas d'exception. Presque tous les mots usités dans les sciences sont des mots qui viennent du latin ou du grec, et en allemand comme en anglais les mots d'origine gothique, adoptés par la langue scientifique, constituent une infime minorité, absolument négligeable.

Il existe donc un grand intérêt à prendre le latin comme base d'une langue internationale. C'est ce qu'a fait M. Henderson d'une manière aussi simple qu'ingénieuse. Récemment, M. Daniel Rosa a introduit au projet de M. Henderson quelques simplifications heureuses. Nous allons tâcher de les résumer en quelques lignes.

Le vocabulaire est le vocabulaire latin. Ainsi les adverbes *tunc, tum, sine, quum, non, cras, hodie, nec, aut, et, ab, sæpe, vix, quia, sed, autem, in, sub, præter, præ, paulo, multum, bene, nam, ut, ex, pro, antea, donec, semper, plus, jam, nisi, nunquam, quando,* etc., tous ces mots ne sont pas modifiés. On remarquera que le plus médiocre latiniste les comprend sans peine. Au contraire, les substantifs, les adjectifs et les verbes sont légèrement transformés, afin que, dans cette nouvelle langue, n'existe pas la grave difficulté des déclinaisons et des conjugaisons.

Les substantifs sont les substantifs latins, redevenus indéclinables, mais pris au génitif singulier. Ainsi *labor* reste *labor,* mais *tempus* devient *tempor, navis* devient *nav, judex* devient *judic, fructus* devient *fruct,* et ainsi de suite. Le pluriel prend simplement *s* ou *es,* selon l'euphonie.

Quant aux verbes, qui constituent, comme on sait, la grosse difficulté de toute langue faite ou à faire, ils se déclinent suivant une règle très simple. Comme vocabulaire, ils dérivent de l'infinitif latin. *Amar* pour *amare, leger* pour *legere.* Le présent est donc *amar,* l'imparfait *amaba,* le participe *amant,* le futur *vol amar (volo amare),* le conditionnel *vell amar (vellem amare)* et le passif est simplement la déclinaison du verbe être, *star amat (esse amatus).* A tous les temps et à toutes les personnes, le verbe est ainsi invariable. Le verbe être fait *star* (comme l'espagnol *estar*) à tous les temps.

Les pronoms possessifs sont *ist* pour *iste, alter, id, qui* et *me* pour *ego, te* pour *tu, il* ou *ila* (fém.), *nos, vos, ils,* etc., le mot

on qui n'existe pas **en latin est traduit par hom. Enfin il y a** un **article (a, comme en anglais),** et, **sur ce point,** il semble **que M. Henderson ait raison contre M. Rosa.** M. Henderson **ne** veut qu'un article indéclinable pour dire soit, *un, une,* soit *le, la.* Au contraire, M. Rosa préfère que le *ne* se confonde pas avec *un,* pour que l'on ne dise pas de la même façon : *l'homme* et *un homme.* C'est une question de détail.

On voit, sans qu'il soit nécessaire d'insister, que cette nouvelle langue est d'une excellente simplicité, tout à fait digne d'être adoptée, tout à fait capable d'être comprise sans effort. On en apprendra les règles et le vocabulaire (bien entendu, si l'on sait le latin) en une demi-heure à peu près. Qu'on nous permette de donner un petit exemple : nous traduisons à livre ouvert, après une courte étude (d'une demi-heure) des principes du *nov latin* de Henderson et Rosa.

Mori non stupefacer sapient... semper star parat ad exire. Nam il haber monit ips de tempo quo hom deber de solver ad id transit. Ist temp heu-complecter omnes tempors etiam si hom scind id in dies, in hors, in moments, non star qui non comprender in sui fatal tribut. Omnes star de sui regn, et idem moment qui vider les fili de les reges aperient oculs ad lumen star ist qui vol venir aliquando clauder in altern sui palpebra. Un morient qui numeraba plus quam cent anns de vita imploraba la mort quod subito ila impelleba il ad relinquer le mund.

Nous croyons, certes, que ce latin macaronique n'a rien d'agréable à l'oreille d'un latiniste : mais est-ce que cette langue, si baroque qu'elle paraisse, n'est pas parfaitement compréhensible, et cela sans présenter les grandes difficultés du latin? Peut-être, dans les collèges, ce latin sans déclinaisons, sans verbes irréguliers, sans bizarreries dans les constructions ou dans la syntaxe, serait-il d'une étude moins douloureuse que ce rudiment latin sur lequel depuis plus d'un millier d'années ont pâli tant de générations de pauvres enfants. Une langue simple; c'est un programme qu'il faut s'imposer, si l'on cherche à éteindre la chimère d'une langue universelle.

Chimère. Je le veux bien. Mais c'est quelque chose que de s'attaquer à un de ces grands problèmes, si importants pour l'avenir des hommes. Il est bon que des esprits généreux et éclairés sortent du terre à terre routinier dans lequel les hommes se débattent vainement. Nous remercions M. Henderson et M. Rosa de leur courage, et nous croyons que si un de ces essais de langue universelle doit réussir, c'est celui-là.

CH. R.

---

* (1) Les mots soulignés viennent du latin.

CAUSERIE BIBLIOGRAPHIQUE

Aide-mémoire du chimiste, par M. JAGNAUX.
Un vol. petit in-8°; Paris, Baudry, 1890.

Tous nos lecteurs connaissent l'Agenda du chimiste, commencé par les élèves de Wurtz, en 1877, et qui, depuis cette époque, s'est continué régulièrement tous les ans. Le succès mérité de cet admirable (1) recueil de documents a encouragé M. Jagnaux à faire un recueil analogue, un peu plus développé : l'*Aide-mémoire du chimiste*. Le format est un peu plus grand que celui de l'Agenda du chimiste, mais il est encore néanmoins d'un maniement commode. Il comprend deux parties ; une partie qui est en somme un résumé de chimie, et une deuxième partie qui comprend les chiffres et documents numériques, physiques, minéralogiques, cristallographiques, mathématiques indispensables.

La première partie est donc la moins originale et, disons-le, la moins utile, bien que l'auteur ait eu soin d'accumuler, même dans ces premiers chapitres, beaucoup de tableaux et de chiffres ; mais peut-être n'était-il pas très nécessaire d'indiquer dans un pareil ouvrage la préparation de l'oxygène, par exemple. On aurait ainsi allégé le livre. Ce n'est pas à dire que ces documents ne soient très utiles, mais il's font double emploi avec les traités classiques de chimie. Le plan de l'Agenda du chimiste, à ce point de vue, était peut-être préférable, puisqu'il n'y a guère que des chiffres, des mesures et des tableaux. Quoi qu'il en soit, nous signalerons le soin avec lequel cette première partie, qui comprend l'analyse des houilles et beaucoup de données sur la métallurgie du fer, a été faite. En revanche, la chimie organique n'est pas très développée ; de même la chimie organique industrielle, l'alcool et la glucose exceptés. Les tableaux relatifs aux matières colorantes, entre autres, ne sont peut-être pas au courant de la science. Le chapitre traitant des alcaloïdes est très incomplet ; pour mieux dire, il n'existe pas. Pour le dosage de l'urée, les renseignements sont vraiment imparfaits, et enfin, au point de vue agricole, dans l'indication du dosage des engrais, des phosphates, des guanos, etc., nous n'avons trouvé aucun de ces tableaux qui auraient été si utiles aux agriculteurs.

Si nous faisons ces observations, ce n'est pas que nous méconnaissions la valeur de cet ouvrage ; c'est qu'une critique raisonnée vaut mieux qu'un éloge banal, et que, pour certains livres, l'absence de critique est presque un blâme.

Nous ferons encore une observation à M. Jagnaux, et nous regretterons qu'il ait adopté la notation par équivalents, alors que la notation atomique semble maintenant à peu près généralement admise.

_____

(1) Avec quelques lacunes cependant qui sont inévitables ; ainsi nous constatons sur l'exemplaire que nous avons sous les yeux, pour 1888, que, dans la liste des corps simples, on a oublié le tellure !

Les documents physiques et chimiques constituent la seconde partie de l'ouvrage ; et ce sera, croyons-nous, la partie la plus utile. Il y a d'excellents tableaux qui ont dû coûter beaucoup de travail sur la volatilité, la densité, etc. ; la partie thermo-chimique est traitée d'une manière satisfaisante ; on y trouve toutes les tables récentes dues aux beaux travaux de M. Berthelot. Nous croyons cependant que quelques-unes de ses toutes dernières recherches n'y sont pas mentionnées. Parmi les documents physiques, nous regrettons de ne rien trouver (qu'un tableau, p. 531) sur l'électricité et l'électro-chimie ; rien non plus sur la galvanoplastie. Les documents minéralogiques paraissent bien complets avec une sorte de table dichotomique (méthode de Dufrénoy).

Dans l'ensemble, cet aide-mémoire du chimiste doit rendre de grands services. Si son prix n'était pas si élevé, nous pourrions lui prédire un très grand succès, car les petites lacunes que nous avons signalées pourront disparaître dans les éditions ultérieures.

Annuaire statistique de la République Argentine, publié par M. MOUTER, huitième année. In-4°; Buenos-Ayres, 1888.

Malgré les révolutions, la population continue d'augmenter dans la République Argentine et dans la province de Buenos-Ayres. Pour l'année 1888, il y a eu un excédent des naissances sur les décès de 13 499, chiffre légèrement inférieur aux années 1885 et 1886, mais cela tient sans doute à ce que deux districts ont été séparés de la province : les districts de Flores et de Belgrano.

Quelle que soit, d'ailleurs, la province recensée, il y a toujours, sauf deux exceptions sur 77 circonscriptions, excédent des naissances sur les décès ; ce qui indique bien la salubrité du pays. D'autres renseignements aussi intéressants à noter : l'âge moyen des mariages semble être à peu près le même qu'en Europe, vers vingt-six ans pour les hommes, vers vingt-et-un ans pour les femmes. Il y a jusqu'à 235 mariages pour des femmes au-dessous de quinze ans, ce qui est un chiffre assez considérable, soit à peu près, sur 5431 mariages, 4,50 pour 100. Quant aux mariages qui ont lieu entre Européens et Américaines, entre Américains et Européennes, neuf fois sur dix ce sont des Américains qui épousent des Européennes. Comme précédemment, c'est la colonie italienne qui vient le plus nombreuse, puis vient la colonie espagnole, puis la colonie française, les autres nationalités étant à peine représentées.

Le résumé météorologique nous donne des indications précises sur la douceur du climat. Le minimum a été de 0° en juillet et le maximum a été + 38°,5 en février ; la moyenne générale de l'année étant de + 15°,9, avec une moyenne de + 24° en janvier et de + 7° en juin. Il y a eu 122 jours de pluie, et la moyenne barométrique a été de 761ᵐᵐ,6.

Nous passons les détails relatifs à l'instruction publique, à la criminalité, à l'assistance publique, aux finances. Donnons seulement quelques renseignements sur l'agriculture. Voici le nombre d'hectares ensemencés avec les différentes cultures représentées :

Blé	265 065 hectares.
Maïs	544 640 —
Lin	678 —
Navets	5 366 —
Luzerne	142 383 —
Orge	15 545 —

Le calcul des troupeaux, calcul évidemment très approximatif, fournit :

Moutons	56 655 000 têtes.
Bœufs	10 709 000 —
Chevaux	2 694 000 —
Anes et mulets	31 000 —
Porcs	269 000 —
Autruches	172 000 —

Nous appelons l'attention sur ce chiffre considérable dans l'élevage des autruches, qui sont réparties inégalement dans les différentes provinces; il y en a jusqu'à 15 000 dans la province de Juarès.

Les chemins de fer ont une longueur de 3664 kilomètres, avec 815 kilomètres en voie de construction; il y a 44 739 kilomètres de fils télégraphiques.

Cet Annuaire statistique est toujours intéressant, mais il y aurait utilité à grouper les résultats antérieurs de manière à donner des tableaux d'ensemble permettant de voir la marche comparative des phénomènes démographiques et sociologiques. Nous l'avons si répété maintes fois : la statistique n'est intéressante que lorsqu'elle est dynamique, c'est-à-dire donnant les différentes phases et non une seule phase d'un même phénomène.

The Origin of human Reason, par SAINT-GEORGE MIVART. — Un vol. in-8° de 327 pages; Londres, Paul Kegan, Trench et Cie, 1890.

M. Saint-Georges Mivart, biologiste distingué, est le principal adversaire de M. Romanes au point de vue de la psychogenèse. Tandis que M. Romanes s'efforce de prouver que la raison humaine ne contient rien qui ne se trouve chez l'animal — en germe au moins ou en puissance — et que la première dérive de la seconde par voie d'évolution, comme il le soutient dans son Origin of human Faculty, M. Mivart s'efforce de prouver qu'entre les deux il y a une différence immense, un abîme que ni l'étude de l'animal supérieur ni l'étude du sauvage ou de l'enfant ne peuvent combler. Son ouvrage est surtout une critique des tendances de M. Romanes, et pour l'analyser il faudrait en même temps analyser celui de ce dernier auteur, tâche qui demanderait plus d'espace qu'il ne peut nous en être accordé ici. Dans ces conditions, nous devrons nous contenter de signaler cette œuvre à ceux de nos lecteurs qu'intéresse la question. Ils y trouveront une critique attentive, très sérieuse, que M. Romanes ne pourra ni dédaigner ni méconnaître, et qui, évidemment, met singulièrement en relief les imperfections et les difficultés de la séduisante théorie du disciple favori de

Darwin. Conclueront-ils? C'est ici une autre affaire, et on peut, sans être grand prophète, assurer que la discussion est loin d'être close : elle ne fait que commencer.

Leçons sur les maladies microbiennes, par M. CABADÉ, précédées d'une préface de M. le professeur Cornil. — Un vol. in-8° de 642 pages; Paris, Masson, 1890.

Bien que les études d'ensemble sur les microbes et sur les maladies microbiennes soient un peu condamnées en ce moment à se répéter les unes les autres, et qu'il n'y ait guère autre chose à faire à leur égard qu'à les annoncer la publication, nous ferons cependant exception en faveur des Leçons professées à l'École de Toulouse par M. Cabadé. Ces leçons nous paraissent mériter une mention particulière. Bien que se rapportant à des matières traitées par de nombreux auteurs déjà, et d'une façon excellente, elles ont ce caractère original d'être véritablement attrayantes; et l'auteur, très érudit et très au courant de l'état actuel de son sujet, a su l'exposer d'une façon si alerte, si claire, que son étendue et sa complexité croissantes n'en sont pas senties, et que le lecteur, même familiarisé avec ces connaissances, trouve un nouvel intérêt à les voir ainsi présentées, avec une conviction et une chaleur toutes communicatives.

Au moins est-ce l'impression que nous a donnée le livre de M. Cabadé. Aussi n'hésitons-nous pas à le signaler à nos lecteurs. Les premières leçons, qui traitent des généralités se rapportant à la biologie des microbes, sont tout à fait lumineuses et de nature à vivement intéresser les personnes étrangères aux sciences médicales et désireuses de se mettre vivement et agréablement au courant de l'état actuel de la microbie.

ACADÉMIE DES SCIENCES DE PARIS

20-27 OCTOBRE 1890.

M. Lelieuvre : Note sur certaines classes de surfaces. — M. G. Rayet : Observations de la comète Brooks au grand équatorial de l'Observatoire de Bordeaux. — M. Jules Fenyi : Étude sur deux protubérances solaires observées à l'Observatoire de Haynald, à Kalocsa (Hongrie). — M. Deslandres : Organisation des recherches spectroscopiques avec le grand télescope de l'Observatoire de Paris. — M. A. Gaillot : Recherches sur les variations périodiques constatées dans les observations de la latitude d'un même lieu. — M. A.-F. Nogués : Mémoire sur les mouvements séismiques du Chili ; le tremblement de terre du 22 mai 1890. — M. A. Tréoul : Note sur des éclairs allant à la rencontre l'un de l'autre. — M. H. Résal : Étude du mouvement d'un double cône paraissant remonter quelque descendant en réalité sur un plan incliné. — M. A. Arnaudeau : Mémoire accompagné de dessins, renfermant la description d'un peson à fil à plomb et d'une balance roulante destinée à remplacer, dans les pesées usuelles, les pesons et les balances à ressort. — M. L. Bouveault : Travail sur l'action des amines aromatiques et de la phénylhydrazine sur les nitriles β-cétoniques. — M. Abel Dularire : Recherches sur les conditions de changements de couleur chez les batraciens et notamment chez la grenouille commune, Rana esculenta. — MM. Quénu et Lejars : Description anatomique des vaisseaux sanguins des nerfs et leur distribution dans la portion cervicale des nerfs pneumogastrique et grand sympathique et dans les nerfs récurrents. — M. Paul Marchal : Étude sur l'appareil excréteur de la langouste, de la gébie et du crangon. — M. Paul Pelseneer : Note sur la conformation primitive du rein des Pélécypodes. — Nécrologie : Mort de M. Émile Mathieu.

ASTRONOMIE. — Les observations de la comète Brooks, découverte le 19 mars 1890, dont M. l'amiral Mouchez fait connaître les résultats dans une note de *M. G. Rayet*, ont été faites du 21 juin au 12 octobre, par *MM. G. Rayet, L. Picart* et *Courty*, au grand équatorial de l'Observatoire de Bordeaux. Elles sont la suite de celles dont nous avons rendu compte au mois de juillet dernier (1); elles sont corrigées de la réfraction et portent à 71 le nombre des positions de la comète Brooks, obtenues à l'Observatoire de Bordeaux.

— D'une note adressée à l'Académie par *M. Jules Fényi*, il résulte que l'on a observé, à l'Observatoire de Haynald, à Kalocsa (Hongrie), dans le courant du mois d'août dernier, deux protubérances solaires remarquables par les phénomènes singuliers qui en ont accompagné l'apparition, non moins que par leurs dimensions vraiment gigantesques.

C'est le 15 août, à $10^h.45^m$, temps moyen de Kalocsa, ou $9^h.39^m$, temps moyen de Paris, qu'une protubérance, atteignant la hauteur prodigieuse de $323''$, fut observée sur le bord occidental du soleil. Sa base s'étendait du $+37°4'$ à $44°58'$ de latitude héliographique. Sa partie inférieure, jusqu'à la hauteur de $70''$ environ, était très lumineuse et s'élevait par bandelettes perpendiculaires au bord du soleil; la partie suivante, par contre, était très pâle et s'étendait dans une direction inclinée vers l'équateur. Des observations quotidiennes, faites dès le commencement du mois d'août, ont permis à l'auteur de suivre cette protubérance du 12 au 17 août. Le calcul lui a montré, non seulement que la protubérance, arrivée sur le bord par suite de la rotation du soleil, paraissait monter, mais qu'en réalité elle s'éloignait du soleil avec une vitesse de 500 mètres à 7000 mètres par seconde; ce qui est particulièrement remarquable, c'est qu'elle atteignit cette hauteur énorme, tout en ne s'élevant qu'avec une vitesse aussi modérée.

Tout autre est la seconde protubérance, celle que M. Fényi a observée le 18 août, à $11^h.45^m$, entre $-41°29'$ et $-55°$ de latitude héliographique; celle-ci avait plutôt le caractère d'une éruption et disparut rapidement.

Enfin, au-dessus d'un groupe de protubérances partielles, hautes de $61''$ et très lumineuses, planaient des parcelles complètement détachées jusqu'à la hauteur prodigieuse de $418''$. Le nuage le plus élevé était quelque peu pâle; ceux qui venaient ensuite présentaient un éclat surprenant, malgré la hauteur énorme à laquelle ils se trouvaient. C'étaient évidemment les débris d'une protubérance lancée avec violence, qui se dissolvaient par expansion; car, après quelques minutes, ils avaient disparu, comme il arrive ordinairement pour les apparitions à rapide ascension. L'auteur ajoute que le caractère spécial de son mouvement prête à cette protubérance un intérêt particulier. En effet, une couche assez restreinte, de $40''$ à $50''$ de hauteur, tendait avec impétuosité vers la terre, tandis que les parties environnantes restaient immobiles. La vitesse variait entre 100 et 200 kilomètres par seconde; le mouvement ne fut pas de courte durée, comme cela a lieu ordinairement; au contraire, il resta le même pendant plus d'une demi-heure. Or, sa vitesse moyenne le temps ayant été de 150 kilomètres par seconde, on remarque que cette masse ébranlée a dû parcourir, en trente minutes, une étendue de 270 000 kilomètres et changer ainsi considérablement de position.

_____

(1) Voir la *Revue scientifique* du 5 juillet 1890, p. 24, col. 2.

— Chargé par M. l'amiral Mouchez d'organiser l'étude régulière des spectres stellaires par la photographie avec le grand télescope de $1^m,20$, *M. Deslandres* décrit les difficultés toutes spéciales qu'il a rencontrées dans ce travail et les moyens auxquels il a eu recours pour les surmonter. Ces difficultés, inhérentes en grande partie à l'instrument — elles n'existent pas avec les réfracteurs ou les télescopes de moindres dimensions — tiennent aussi à la méthode employée. La méthode qu'il a adoptée est celle du spectroscope à fente étroite, et si elle est la plus difficile dans l'application, elle est, par contre, la seule qui fournisse les éléments d'une étude complète, car seule elle convient, dans tous les cas, aux astres ayant un diamètre apparent; seule aussi elle se prête à l'emploi d'un spectre de comparaison et, par suite, à la mesure des longueurs d'onde, à la recherche de la composition chimique et des mouvements propres.

PHYSIQUE DU GLOBE. — Depuis le commencement de l'année 1889, on a entrepris, dans les Observatoires de Berlin, Potsdam et Prague, une série continue d'observations ayant pour but d'étudier les variations possibles de la latitude d'un même lieu. Le plan général de ce travail, étudié avec un soin minutieux, a été exposé par M. Albrecht dans les comptes rendus de la neuvième Conférence générale de l'Association géodésique internationale tenue à Paris en 1889. Les observations elles-mêmes ont été exécutées dans des conditions présentant de sérieuses garanties d'exactitude, et, quelque opinion que l'on ait sur le fond même de la question, on ne peut méconnaître l'importance des résultats obtenus. Or, ces résultats, absolument concordants dans les trois Observatoires, indiquent une variation périodique de la latitude observée, le maximum correspondant à l'été, le minimum à l'hiver, et l'amplitude de l'oscillation autour de la valeur moyenne étant de $\pm 0'',25$.

Dès 1865, dans un travail entrepris à la demande de Villarceau, *M. A. Gaillot* avait constaté lui-même que les latitudes déduites des observations faites à Paris de 1856 à 1861 donnaient un résultat identique. Aujourd'hui que cette variation périodique se trouve définitivement constatée, il se demande à quelle cause elle doit être attribuée, et parmi les hypothèses mises en avant pour l'expliquer il considère comme les plus probables les deux suivantes :

1° Le déplacement, à l'intérieur de la terre, de l'axe de rotation, le pôle décrivant autour de sa position moyenne une circonférence dont le rayon serait de $0'',25$, soit 7 à 8 mètres;

2° Des phénomènes de réfraction.

SISMOLOGIE. — M. *A.-F. Noguès*, chargé d'une mission scientifique au Chili, adresse à l'Académie une première note dans laquelle il résume les résultats de ses observations sismiques dans cette région.

Du 10 juin 1889 au 9 août 1890, on a noté à Santiago du Chili dix-huit mouvements sismiques assez intenses pour être observés sans le secours d'instruments; et ce n'est pas encore là la totalité des phénomènes produits durant cet intervalle. Les mouvements de l'écorce terrestre plus ou moins intenses ne sont pas appelés, dans ces pays, tremblements de terre; on leur donne le nom de *temblores*, de *remezones*, réservant le nom de *terramotos* pour les mouvements dévastateurs qui renversent les édifices.

Les tremblements de terre du Chili affectent deux directions générales en relation avec la structure orographique du pays et le système de failles qui l'accidentent ; les uns prennent la direction N.-S. parallèlement à la Cordillière et suivant les cassures stratigraphiques qui ont formé la grande vallée longitudinale comprise entre les deux chaînes ; les autres prennent la direction E.-O. ou perpendiculairement à la Cordillière, en relation avec un autre système de cassures ou de failles.

Sur dix-huit temblores bien constatés, cinq ont eu lieu au printemps de l'hémisphère austral, un en été, quatre en automne, huit en hiver. Sur les six dont la direction du mouvement a été bien constatée, trois ont une direction E.-O., un une direction S.-O. à N.-E., un autre une direction N. à S., et un autre encore une direction S. à N.

MÉTÉOROLOGIE. — On se souvient que M. E.-L. Trouvelot a fait, dans une des dernières séances de l'Académie, une intéressante communication sur l'identité de structure entre les éclairs et les décharges des machines d'induction (1), communication dans laquelle il cite le fait de deux éclairs se précipitant l'un vers l'autre en se divisant, sans se rencontrer cependant, en nombreuses branches qui, elles-mêmes, se subdivisaient en branches plus petites. A ce propos, M. A. Trécul rappelle l'observation qu'il a présentée à l'Académie il y a dix ans, observation dont le résultat principal a beaucoup d'analogie avec celui de M. Trouvelot, malgré la grande différence des circonstances dans lesquelles il fut obtenu.

C'était pendant l'orage du 19 août 1880 : de petites colonnes lumineuses semblaient envelopper quelques-uns des paratonnerres de l'Entrepôt des vins de Paris que, toutefois, il ne distinguait pas, la nuit commençant. Plusieurs de ces colonnettes s'épanouissaient au-dessus des paratonnerres en magnifiques éclairs à peu près circulaires ou obovés, lorsqu'il vit, tout à coup et à deux reprises différentes, deux de ces colonnettes lumineuses s'élever simultanément et, parallèlement à une distance qu'il jugea égale à celle qui séparait deux paratonnerres voisins. A une certaine hauteur qui ne devait guère dépasser celle des paratonnerres, elles se précipitèrent l'une vers l'autre exactement à angle droit — elles étaient alors terminées en pointe — mais elles s'éteignirent sans déflagration et sans bruit avant de s'être réunies.

M. Trécul pense que ce fait peut être rapproché de celui des éclairs ramifiés marchant l'un vers l'autre, que M. Trouvelot assimile à des étincelles de machines d'induction.

MÉCANIQUE. — Dans la communication de M. H. Résal, intitulée : Étude du mouvement d'un double cône paraissant remonter, quoique descendant, sur un plan incliné, il s'agit d'un vieil instrument, dont il existe deux spécimens au Conservatoire des arts et métiers et qui, depuis l'abbé Nollet, à l'exception toutefois de M. Daguin, n'est plus mentionné par les auteurs d'ouvrages de physique. Cet instrument jouit cependant, dit-il, au point de vue mécanique, de propriétés intéressantes dont l'étude élargit notablement le cercle trop restreint des problèmes relatifs au roulement des solides.

(1) Voir la Revue scientifique du 11 octobre 1890, p. 473, col. 1.

Le plan incliné est déterminé par deux guides dont la section est rectangulaire et qui sont assemblés de manière à déterminer un angle dont le sommet est en bas. Les guides sont également inclinés sur l'horizon et leurs faces latérales sont verticales. Les deux cônes qui constituent le solide sont identiques, et lorsque le solide remplit certaines conditions et qu'on le place sur le plan incliné de façon que son équateur coïncide avec le plan vertical de la bissectrice de l'angle, le solide s'élève en s'appuyant sur les arêtes extérieures et intérieures des guides.

CHIMIE. — MM. L. Bouveault et Hanriot ont établi, dans un précédent travail (1), que le méthylpropionylacétonitrile se condense avec certaines amines aromatiques et la phénylhydrazine avec départ d'une molécule d'eau ; mais ils ne se prononçaient pas alors sur la constitution à donner à ces différents composés. M. L. Bouveault a traité aussi dans la dernière séance d'un procédé général de synthèse des nitriles et des éthers β-cétoniques (2).

La note que ce dernier présente aujourd'hui a pour but de combler cette lacune et d'établir la généralité de la réaction. Ce chimiste a en effet constaté que le nitrile en question se combine :

1° Avec l'orthotoluidine, en donnant un produit très bien cristallisé, fondant à 125°, soluble dans l'alcool, insoluble dans l'éther et dans l'eau ;

2° Avec la β-naphtylamine, en donnant un corps cristallisé en aiguilles, fondant à 121°, soluble dans la benzine, presque insoluble dans l'éther ;

3° Enfin avec la mésidine, avec formation d'un produit analogue aux précédents et fondant entre 114° et 115°.

Ce dernier exclut toute idée de chaîne fermée, à cause de l'absence d'un atome d'hydrogène non substitué en position ortho par rapport au groupement AzH².

ZOOLOGIE — D'après les travaux de M. Pouchet, la coloration verte et dorée des batraciens est produite par des chromoblastes jaunes et des iridocystes bleus dont le mélange donne sur la rétine l'impression du vert. Des chromatophores noirs contenus dans le derme et dans l'épiderme peuvent, en s'étendant en réseau, recouvrir plus ou moins les autres chromoblastes et donner toutes les nuances entre le brun foncé et le vert jaunâtre ou le bleu clair.

Dans la note que M. Chauveau présente au nom de M. Abel Dutartre, celui-ci décrit les principales conditions qui régissent les mouvements de ces chromatophores mélaniques. Il étudie d'abord l'action des différents rayons du spectre, et démontre que la lumière blanche et jaune détermine la contraction des chromatophores noirs et rend la couleur de l'animal plus claire, tandis que la lumière bleue et violette laisse l'animal plus ou moins foncé. Puis examinant l'influence des fonds, il constate un fait de mimétisme, à savoir que la coloration de l'animal reste claire, lorsque celui ci est placé sur un fond clair, tandis que la couleur brune lorsqu'il se trouve sur fond noir. Enfin les recherches de M. Dutartre sur l'influence du système nerveux sur les changements de couleur des batraciens lui ont montré que l'excitation du bulbe donnait lieu à un éclaircisse-

(1) Voir Revue scientifique, t. XLIII, 1er sem. de 1889, p. 761, col. 1.
(2) Voir la Revue scientifique du 25 octobre 1890, p. 538, col. 1.

ment de la coloration, alors même que cette excitation avait lieu à la suite de la section de la moelle épinière au milieu; d'où il suit que ce ne sont pas les nerfs de la vie animale qui agissent sur la coloration des batraciens, mais bien le nerf sympathique.

ANATOMIE HUMAINE. — Grâce à un procédé d'injection spécial, imaginé par l'un d'eux, *MM. Quénu* et *Lejars* ont entrepris l'étude anatomique des artères et des veines des nerfs, et reconnu, dans l'appareil circulatoire des troncs nerveux, une série de dispositions constantes.

Dans la note qu'ils présentent aujourd'hui à l'Académie, ils se bornent à exposer la distribution des vaisseaux sanguins dans la portion cervicale des nerfs pneumogastrique et grand sympathique, et dans les nerfs récurrents.

1° C'est ainsi qu'ils montrent ces trois nerfs exclusivement irrigués par les artères thyroïdiennes. Cette constatation est importante, car elle nous donne l'explication des aphonies passagères et des troubles respiratoires et vaso-moteurs, passagers aussi, qu'on a observés à la suite de thyroïdectomies sans lésions mécaniques des nerfs, à la suite également de ligatures de la carotide primitive ou des artères thyroïdiennes. Peut-être même cette communauté circulatoire doit-elle intervenir dans la pathogénie de certaines formes de goître exophtalmique.

2° Quant aux veines des nerfs, elles sont encore plus richement développées que les artères, et cette abondante vascularisation, qui prête aux phénomènes congestifs, n'est pas sans importance dans le mécanisme encore si obscur des révulsifs. Les veines de ces troncs nerveux ne sont pas toujours satellites des artères; elles couvrent d'un très beau plexus les ganglions du sympathique et du pneumogastrique, et aboutissent à des *veines musculaires*. C'est là une disposition générale que MM. Quénu et Lejars ont retrouvée également dans les membres.

ANATOMIE ANIMALE. — Au mois de février dernier (1), *M. Paul Marchal* communiquait le résultat des recherches qu'il avait entreprises sur la structure de l'appareil excréteur de l'écrevisse, appareil, disait-il, composé d'un sac cloisonné, d'un réseau glandulaire, d'un tube transparent contourné, d'un cordon spongieux, d'une large vessie et d'un canal excréteur, toutes parties communiquant entre elles dans l'ordre où nous les énumérons ici.

Mais, en même temps, il poursuivait, au Laboratoire de Roscoff, des recherches analogues sur les crustacés marins et, dans une seconde communication (2), il faisait connaître la structure du même appareil excréteur des décapodes marins tels que: *Homarus vulgaris, Palæmon serratus, Pagurus Bernhardus, Galathæa strigosa* et quelques *Brachyures*.

Aujourd'hui, continuant l'exposé de ses recherches, il s'occupe : 1° du *Palinurus vulgaris* ou langouste, dont la vessie remplit l'espace tétraédrique limité en dedans par l'estomac, en dehors par le muscle élévateur de l'antenne, inférieurement par le muscle abducteur du second article de l'antenne et par la glande antennaire; 2° la *Gebia deltura* ou Gébie, chez qui l'appareil excréteur est placé de champ, de chaque côté de l'estomac; 3° du *Crangon vulgaris* ou

Crangon, dont les deux vessies se confondent en avant de l'estomac.

— On sait que la structure de l'organe excréteur des Pélécypodes a déjà été étudiée chez un certain nombre de formes par divers auteurs. Or les résultats obtenus chez ces formes sont tels (la structure du rein y étant assez complexe) qu'on a pu dire que la ressemblance dans la structure de cet organe ne lie pas les Acéphales aux Prosobranches les plus inférieurs, mais bien à des représentants plus élevés de ce groupe. Cependant, de l'étude que présente *M. Paul Pelseneer*, il résulte que, si les formes de Pélécypodes étudiées jusqu'ici, au point de vue de l'organe en question, sont toutes déjà fort spécialisées, lorsqu'au contraire on examine les types actuels les plus archaïques, on observe une conformation toute différente de ce qui était connu précédemment. En effet, au point de vue de la structure, il existe une grande conformité entre les Pélécypodes protobranchiés et les Fissurellidées; la ressemblance entre l'organe excréteur des Protobranchiés et celui des Rhipidoglosses les plus primitifs est encore plus complète.

NÉCROLOGIE. — *M. le Président* annonce la mort d'un savant que l'Académie, dit-il, eût certainement choisi, dans un temps prochain, pour un de ses correspondants, *M. Émile Mathieu*, professeur à la Faculté des sciences de Nancy, bien connu par ses nombreuses publications de physique mathématique, qui est décédé la semaine dernière.

E. RIVIÈRE.

INFORMATIONS

La colonie du Cap demande un bactériologiste et un toxicologiste. Le premier aura à étudier les maladies, supposées microbiennes, du bétail domestique. Il lui est offert 12 500 francs de traitement annuel, et le voyage entier sera payé par le gouvernement. Le toxicologiste aura à s'occuper des cas de médecine légale de sa compétence, et à étudier les plantes médicinales du Sud-Afrique. Le traitement sera de 10 000 francs, et le voyage également payé par le gouvernement. Ces deux fonctionnaires seront nommés pour un nombre d'années déterminé, qui n'est point indiqué. Les candidats à ces deux situations devront faire parvenir leur nom, avec énumération de leurs titres et travaux, et, comme cela est d'usage en Angleterre, avec des *testimonials*, ou certificats de compétence délivrés par leurs maîtres ou amis, avant le 15 novembre, à M. Charles Mills, *Agent general for the Cape of Good Hope*, 112, Victoria-Street, Londres.

Il va de soi que les candidats sachant l'anglais devront avoir la préférence. Mais les traitements n'ont rien de très élevé : ils sont simplement suffisants.

On annonce la mort de M. S. A. Hill, un travailleur très distingué, qui a publié nombre de mémoires sur la météorologie des Indes.

Nous apprenons encore la mort du naturaliste bien connu, John Hancock. C'était surtout un taxidermiste éminent.

Quelques personnes ont paru s'étonner en apprenant par les journaux politiques que les frais de chauffage de la

(1) Voir la *Revue scientifique* du 15 février 1890, p. 219, col. 2.
(2) Voir la *Revue scientifique* du 4 octobre 1890, p. 442, col. 1.

nouvelle Faculté de médecine atteignent actuellement 26 000 francs par an, et bientôt en demanderont 90 000; ainsi que l'a déclaré M. Brouardel. Leur étonnement disparaîtra sans retard, si elles se donnent la peine de voir de quelle intelligente façon a été comprise la construction de la Faculté : il disparaîtra... pour se reporter sur un autre point.

M. Henry Muirhead, récemment décédé, a laissé les sommes nécessaires pour fonder un collège qui sera destiné spécialement à l'instruction des femmes en matière de médecine, biologie, chimie, etc.

L'explorateur anglais bien connu, sir Richard Burton, qui a découvert le lac Tanganyka, est mort il y a quelques jours à Trieste.

CORRESPONDANCE ET CHRONIQUE

Les coupoles cuirassées du Creusot.

On a expérimenté la semaine dernière la première des dix coupoles cuirassées commandées par le gouvernement belge aux usines du Creusot pour les fortifications de la Meuse et d'Anvers. Avant de décrire cette coupole et les essais pratiqués devant la Commission de recette belge, nous rappellerons que le général Brialmont préconisait depuis longtemps l'emploi des abris cuirassés dans la fortification, et qu'en 1863, sur sa proposition, la première coupole a été montée sur le réduit d'un des forts d'Anvers. C'est encore sur la proposition de cet éminent ingénieur militaire que l'emploi de nombreuses tourelles a été décidé pour les travaux de défense entrepris en Belgique en ces derniers temps.

Le corps de la coupole belge du Creusot consiste en un cylindre en tôle d'acier de 20 millimètres d'épaisseur, coiffé d'une calotte sphérique, également en tôle d'acier, qui supporte un cuirassement en fer de 20 centimètres d'épaisseur.

Le diamètre de la coupole est de 5ᵐ,40; celui du cuirassement 5ᵐ,90. Avec sa calotte, la coupole constitue une chambre de tir mesurant sous plafond une hauteur maximum de 2ᵐ,75, et dans laquelle deux canons de 15 centimètres sont montés sur affûts spéciaux et de telle façon que leur bouche est noyée dans l'épaisseur du cuirassement. De plus, l'arête extérieure des plaques de blindage reste en contre-bas des glacis, et par conséquent à l'abri des coups de plein fouet.

Ainsi constituée, la coupole repose sur une couronne de quarante-deux galets interposée entre deux chemins de roulement, l'un boulonné à la tôlerie et mobile, l'autre fixe et scellé dans la maçonnerie. Les galets roulent sur une circulaire solidement scellée sur l'arête du puits qui forme l'étage inférieur de l'appareil. Dans cet étage inférieur se trouvent le treuil de pointage en direction, les soutes à projectiles et à poudre et les monte-charges. Deux échelles en fer permettent de passer de la coupole à l'intérieur du puits.

Nous avons dit que deux canons de 15 centimètres forment l'armement de la tourelle; ces deux pièces oscillent autour de leurs bouches dans des embrasures pratiquées dans la toiture cuirassée. Leurs affûts sont à frein hydraulique et retour en batterie automatique. Chaque canon est porté par deux coulisseaux encastrés dans les tourillons et attachés par un collier à la base de la volée, de manière à empêcher toute oscillation autour des tourillons. Les cou-

lisseaux effectuent leurs courses dans des glissières appartenant au berceau qui constitue la base du système.

La pièce oscille exactement autour de l'embrasure et recule à tous les angles de tir suivant son axe. De plus, tout le système mobile est équilibré par un contrepoids qui agit aussi près que possible du centre de gravité. Grâce aux habiles dispositions prises, les canons reviennent presque instantanément en position après le tir, le recul ne dépassant jamais 13 centimètres. Le pointage en hauteur s'effectue par les moyens ordinaires; le pointage en direction est dégrossi au moyen du treuil de l'étage inférieur qui actionne la coupole et lui permet d'effectuer une révolution complète en 1 minute 30 secondes. On termine le pointage au moyen d'un autre treuil placé à l'étage supérieur à portée du chef de coupole.

Afin d'empêcher la rentrée des gaz de la poudre, un obturateur élastique est interposé entre la volée de la pièce et l'embrasure. La plus grande masse de la fumée est donc projetée en dehors de la coupole; mais il fallait obvier à un autre inconvénient du même genre. Quand on ouvre la culasse, une partie des gaz de la poudre trouve toujours une issue de ce côté; de là une gêne très sérieuse dans les espaces restreints. Les artilleurs du Creusot ont résolu le problème d'une façon simple. Dès le coup parti, il faut introduire dans le trou de lumière un soufflet à mains, et deux ou trois mouvements rapides de cet appareil primitif suffisent pour chasser à l'extérieur toute la fumée. On peut donc rester des heures entières dans la coupole sans ressentir le moindre malaise; l'air y est renouvelé par de petites embrasures et pas trace de fumée! Quant au bruit de la détonation, il n'incommode nullement, en quelque point de la coupole qu'on se place. On perçoit un bruit sourd qui n'a aucune action sur le tympan. Disons aussi que la coupole est aisément calée au moyen d'un frein à mâchoires qui embrasse la circulaire sur laquelle roulent les galets et qu'on manœuvre dans la chambre de tir.

Pour donner une idée complète de la coupole cuirassée belge, il importe de dire que, constituée comme elle l'était au polygone du Creusot et comme nous venons de la décrire, elle ne portait pas son avant-cuirasse. Celle-ci, usinée en Belgique, se compose de six segments en fonte dure assemblés entre eux et dont deux présentent une épaisseur plus faible que celle des autres. Cette avant-cuirasse sera noyée dans un lit de béton, qui formera ainsi le premier obstacle aux coups de l'artillerie. Enfin, en vue du pointage direct, la tourelle est munie d'un petit observatoire qui est en communication avec la coupole et l'appareil de pointage : c'est un trou de 45 centimètres de diamètre percé dans le cuirassement et dans lequel se meut une guérite en acier moulé, équilibrée à l'aide d'un contrepoids.

Le poids total de la coupole avec avant-cuirasse et sans les canons est d'environ 224 000 kilogrammes, qui se répartissent ainsi : coupole avec affûts, 93 500 kilogrammes; cuirassement de coupole, 47 300 kilogrammes; avant-cuirasse, 83 200 kilogrammes.

Le canon de 15 centimètres qui a servi aux essais pesait 3065 kilogrammes et lançait un projectile de rupture de 39 kilogrammes en fonte dure, sous une charge de 9 kilogrammes de poudre belge de Wetteren, avec la vitesse initiale de 495 mètres. Le marché ne demandait que 470 mètres.

Son angle de tir au-dessus de l'horizon est de 25°, et au-dessous 2°. On passe de l'un à l'autre en vingt-cinq secondes.

Avant l'essai officiel devant la Commission, on avait tiré 140 coups. Dans les journées des 21, 22 et 23 octobre, on a tiré 200 coups, à raison de 100 coups par affût, selon les conditions du marché, plus 5 coups sur un fragment de plaque de cuirasse.

Il n'y a eu aucun incident à noter pendant ces expériences; tout a fonctionné à la grande satisfaction de la Commission et des officiers étrangers et français qui assistaient aux épreuves. Les conditions requises ont été entièrement remplies et même dépassées; les montages et les démontages se sont effectués avec facilité et rapidement.

Comme on l'a dit plus haut, 5 coups supplémentaires ont été tirés sur une plaque de blindage de fer et de 30 centimètres d'épaisseur, que l'usine du Creusot présentait en recette pour le cuirassement d'une des coupoles belges en montage. Le tir a été dirigé aux quatre angles et au centre d'un carré de 25 centimètres de côté. Le projectile employé était en fonte dure de Châtillon-Commentry, et pesait 39 kilogrammes; la charge était de 5 kilogrammes de poudre S. P₂; la vitesse au choc, 329 mètres.

Les coups ont été tirés en partant de l'angle inférieur de gauche et allant vers la droite; le cinquième coup au centre. Les pénétrations ont été les suivantes en millimètres : 147, 148, 149, 144 et 150. Tous les projectiles ont été retrouvés entiers, et sans déformation apparente, en avant de la cible. La plaque ne montrait pas trace de fente, ce qui prouve qu'elle était très homogène.

De l'avis de plusieurs officiers étrangers qui avaient assisté aux expériences d'artillerie qui ont eu lieu il y a peu de temps à l'usine de Gruson, la coupole du Creusot est supérieure sous tous les rapports à la coupole allemande. Dans celle-ci, on a compliqué le problème en adoptant un canon sans recul, qui ébranle la construction et compromet la solidité du mécanisme. La coupole du Creusot, au contraire, a semblé aux artilleurs une excellente solution à adopter dans l'emploi des abris cuirassés dans la fortification.

E. WEYL.

La mosaïque de bois.

Une intéressante découverte, dont les résultats déjà très remarquables sont exposés actuellement dans l'une des sections de l'Exposition des arts industriels au palais de l'industrie, va prochainement amener une révolution dans l'art de la décoration polychrome. Nous voulons parler de la tapisserie mosaïque de bois.

Ce genre consiste à reproduire, comme le font les Gobelins avec des points de laine, et les artistes en mosaïque de Rome avec des cubes de marbre, les dessins les plus variés, les grands panneaux décoratifs et les tableaux les plus vibrants de couleur, par la juxtaposition de petits parallélipipèdes de bois préalablement teints en pénétration absolue.

L'inventeur, M. Bougarel, à la suite de patientes recherches, est arrivé en combinant, d'une part, les procédés de la tapisserie au moyen des tissus, de l'autre, ceux de la mosaïque par les émaux préparés, à créer une fabrication nouvelle, où les bois traités d'une façon spéciale, mais suivant une disposition analogue, remplacent avantageusement, dans beaucoup de cas, les matières textiles ou les émaux.

La mosaïque de bois présente une surface absolument polie, et donne l'illusion de la tapisserie la plus fine. Le point employé pour les grandes surfaces, ou point décoratif, compte quatre cent mille morceaux de bois par mètre carré; le petit point ou point de tapisserie en comprend un million six cent mille. Ces deux points peuvent être employés séparément ou ensemble dans le même panneau, et concourent à mettre en valeur le motif; le premier s'applique aux fonds, au ciel, au feuillage, au terrain; tandis que le second est réservé aux figures, à toutes les parties qui exigent une exécution plus délicate. Quand on saura que l'artiste dispose de douze mille six cents tons différents teints d'avance et catalogués, on pourra se rendre compte qu'il puisse aborder tous les genres : reproductions de fleurs, natures mortes, paysages et même le portrait.

Les bois préalablement teints sont réunis par un mode de cohésion qui ne permet pas la moindre désagrégation, même dans les conditions thermiques ou hygrométriques les plus variables. Le panneau sur lequel s'applique la mosaïque est composé de quatre épaisseurs de bois contrariées dans le sens du fil, afin que les effets de la contraction ou de la dilatation ne puisse avoir de résultat fâcheux. Les petits solides qui composent le dessin ne subissent ces effets que d'une façon tout à fait négligeable, en raison de leur très faible volume; ils sont protégés d'un autre côté contre les ravages des insectes rongeurs par les matières antiseptiques qui entrent dans la composition de leur teinture.

En raison de la pénétration absolue des substances colorantes, la tapisserie mosaïque de bois peut être grattée et rabotée sans subir la moindre altération dans le dessin ni dans le coloris. Si donc, par un accident quelconque, elle subit un choc, ou que dans la suite des temps les tons se soient affaiblis, il suffira, chose curieuse, de raboter la surface pour rendre à l'œuvre l'éclat et le coloris du premier jour.

Ces résultats étant acquis, il est intéressant de montrer par quels moyens ingénieux l'inventeur les obtient. Il ne faut pas songer à présenter la tapisserie de bois comme un travail de longue patience, une des jongleries de la main et des yeux, où sont passés maîtres les Chinois et les Japonais, mais bien comme un art industriel qui pourra rendre à la décoration de très grands services.

Voyons donc quelques détails de cette fabrication.

Le premier travail consiste dans la préparation du carton qui devra servir, une fois le sujet exécuté, à le rééditer comme on le fait d'une belle tapisserie.

Un des côtés très ingénieux de l'invention est celui-ci : M. Bougarel écrit son dessin absolument comme un musicien note une phrase mélodique, et ce dessin est exécuté de la façon la plus fidèle par des manœuvres ignorants de l'art du coloris et de la peinture.

Les bois ont été préparés d'abord et coupés, au moyen d'appareils qui fonctionnent avec une précision micrométrique de 1/50 de millimètre pour le gros point et de 1/100 de millimètre pour le petit point. Les bois, après avoir été lixiviés chimiquement pour éliminer les gommes et les essences résineuses, sont plongés dans des bains de matière colorante et soumis en autoclave à une pression de plusieurs atmosphères.

L'opérateur choisit ensuite, dans la série des tons ceux qui lui sont indiqués par le coloris du dessin à exécuter; il les met dans un classeur d'où ils sortiront très facilement pour se placer d'eux-mêmes à l'endroit qu'ils doivent occuper. Ils s'enduisent automatiquement d'une colle spéciale, l'appareil les saisit pour les fixer, et les comprime sur quatre faces en même temps avec une force suffisante pour produire leur complète agrégation. Quand le panneau est terminé, il est soumis en entier à une pression qui permet de le sécher lentement, et d'assurer une cohésion capable de résister à toutes les variations de température.

Les différentes applications de cette intéressante invention sont : la décoration des mur soffrant un revêtement facile à entretenir, celle des lambris où, avec la reproduction des Boucher, Watteau, Lancret, Fragonard, on obtient des effets surprenants; enfin, ce qui ouvre un champ très fécond, la vulgarisation des œuvres des maîtres anciens et modernes, c'est-à-dire la reproduction de toiles de tout genre que M. Bougarel peut copier dans les musées nationaux, et fixer sur panneaux en mosaïque de bois pour en faire ainsi des œuvres indéfiniment durables.

Parmi les ouvrages très intéressants déjà exécutés par le nouveau procédé de la mosaïque de bois, on peut citer : la reproduction en grandeur naturelle de l'*Ecce Homo*, de Guido Remi ; le portrait de Rubens, dont l'original appartient au musée de La Haye ; le portrait de Rembrandt, du Louvre ; un cartouche en ronde bosse représentant la *Mater dolorosa*, de Paul Delaroche ; deux panneaux Renaissance d'une superficie de 8 mètres ; une porte Louis XV décorée du *Repos gracieux*, de Watteau.

Toutes ces œuvres sont traitées avec une habileté et une richesse de coloris qui rappellent la meilleure exécution des tapisseries des Gobelins et de Beauvais.

Indépendamment du côté artistique de ce nouveau procédé de décoration, on peut mettre en regard l'incontestable utilité au point de vue de l'hygiène, dans le revêtement des parois des salles d'hôpitaux, par exemple. On ferait alors usage d'une mosaïque sobre de dessin et de couleur. La teinture, dans ce cas, serait remplacée par une substance éminemment non réceptible des germes morbides. Ces revêtements offriraient en outre un surcroît de sécurité, dans ce sens qu'après un temps donné, et périodiquement, il pourrait être soumis à un grattage qui, tout en conservant l'ornementation intérieure, assurerait la parfaite salubrité des murailles, réceptacle ordinaire des organismes microbiens.

M. Bougarel vient de créer une industrie nouvelle dans l'art décoratif, qui pourra lutter victorieusement contre la concurrence de la mosaïque italienne. Les résultats obtenus par l'inventeur sont véritablement remarquables, et méritent d'attirer l'attention du public.

GEORGES PETIT.

Faculté des sciences de Paris.

Les cours de la Faculté (premier semestre) s'ouvriront le lundi 3 novembre 1890, à la Sorbonne.

Géométrie supérieure. — Les mercredis et vendredis, à dix heures et demie. — M. G. Darboux ouvrira ce cours le mercredi 5 novembre. Il traitera des coordonnées curvilignes et des surfaces orthogonales.

Calcul différentiel et calcul intégral. — Les lundis et jeudis, à huit heures et demie. M. Picard ouvrira la première partie de ce cours le lundi 3 novembre. Il exposera les principes généraux du calcul intégral et commencera l'étude des équations différentielles.

Mécanique rationnelle. — Les mercredis et vendredis, à huit heures et demie. — M. Appell ouvrira la première partie de ce cours le mercredi 5 novembre. Il traitera de la composition des forces et des lois générales de l'équilibre et du mouvement.

Astronomie mathématique et mécanique céleste. — Les mardis et samedis, à dix heures et demie. — M. Tisserand ouvrira ce cours le mardi 4 novembre. Il consacrera l'une des leçons de chaque semaine à l'étude des mouvements de rotation des corps célestes, et l'autre leçon à l'examen de divers sujets d'astronomie.

Calcul des probabilités et physique mathématique. — Les lundis et jeudis, à dix heures et demie. — M. Poincaré ouvrira ce cours le lundi 3 novembre. Il traitera dans le premier semestre de l'électrostatique. — Dans le second semestre, de l'élasticité.

Mécanique physique et expérimentale. — Les mardis et samedis, à huit heures et demie. — M. Boussinesq ouvrira la première partie de ce cours le mardi 4 novembre. Il exposera la dynamique des fluides à frottements avec son application aux phénomènes d'écoulement bien continus (mouvements des tubes fins, filtration, transpiration, diffusion). — Dans le second semestre, il étudiera les écoulements tumultueux et tourbillonnants dans les espaces à grandes sections.

Physique. — Les mardis et samedis, à une heure et demie. — M. Bouty ouvrira ce cours le mardi 4 novembre. Il traitera de la thermo-dynamique, de la capillarité et de la propagation de la lumière. Des manipulations et des conférences qui sont dirigées pendant toute l'année par le professeur commenceront pendant la seconde quinzaine de novembre.

Chimie. — Ce cours aura lieu rue Michelet, n° 3, les lundis et jeudis, à une heure. — M. Troost ouvrira ce cours le lundi 3 novembre. Il exposera les lois générales de la chimie et les principes de la thermo-chimie ; il fera l'histoire des métalloïdes et de leurs principales combinaisons. Des manipulations qui sont dirigées pendant toute l'année par le professeur commenceront pendant la seconde quinzaine de novembre.

Chimie. — Ce cours aura lieu rue Michelet, n° 3, les mercredis et vendredis, à trois heures. — M. Ditte ouvrira ce cours le mercredi 5 novembre. Il traitera des métaux et de leurs combinaisons principales.

Chimie biologique. — Ce cours aura lieu à l'Institut Pasteur, rue Dutot, n° 25, les mardis et jeudis, à deux heures et demie. — M. Duclaux fera l'étude, au point de vue de l'hygiène, des matières alimentaires (vin, bière, lait, viande, etc.).

Zoologie, anatomie, physiologie comparée. — Les mardis et samedis, à trois heures et demie. — M. de Lacaze-Duthiers ouvrira ce cours le mardi 4 novembre. Il traitera des organes et des fonctions de relation.

Physiologie. — Ce cours aura lieu rue de l'Estrapade, n° 18, les lundis et vendredis, à trois heures et demie. — M. Dastre ouvrira ce cours le lundi 3 novembre. — Il traitera au point de vue expérimental des fonctions de nutrition et de la contraction musculaire. Les expériences qui ne trouveront point place dans la leçon seront reproduites dans des conférences pratiques qui auront lieu chaque vendredi.

COURS ANNEXES.

Géographie physique. — Les samedis, à une heure et demie. — M. Ch. Vélain ouvrira ce cours le samedi 8 novembre. Après l'examen des grandes lignes du relief terrestre, des lois qui président à leur distribution et des causes qui les ont produites, les questions spécialement développées auront trait à l'étude détaillée des principales régions de dislocations du sol français.

Chimie analytique. — Ce cours aura lieu rue Michelet, n° 3, les lundis, à trois heures. — M. Riban ouvrira ce cours le lundi 3 novembre. Il traitera de l'analyse quantitative, et particulièrement du dosage des métaux et des méthodes électrolytiques.

Évolution des êtres organisés (fondation de la ville de Paris). — Le jeudi, à trois heures. — M. Giard commencera ce cours le jeudi 6 novembre. Il traitera des facteurs indirects de l'évolution (sélection naturelle, ségrégation, hérédité, etc.). — Des conférences seront faites par le professeur, le samedi, à dix heures et demie.

CONFÉRENCES.

Les conférences annuelles commenceront le lundi 10 novembre. Les étudiants n'y sont admis qu'après s'être inscrits au secrétariat de la Faculté et sur la présentation de leur carte d'entrée.

Sciences mathématiques. — M. Raffy fera des conférences sur le calcul différentiel et le calcul intégral, les lundis et vendredis, à trois heures (salle du rez-de-chaussée, escalier n° 2).

M. P. Puiseux fera des conférences sur la mécanique et l'astronomie, les mercredis et samedis, à trois heures (salle du rez-de-chaussée, escalier n° 2).

M. Kœnigs fera des conférences aux candidats à l'agrégation des sciences mathématiques (amphithéâtre de mathématiques), les mercredis, à une heure et demie, et les jeudis, à une heure et demie.

Sciences physiques. — M. Mouton fera des conférences de physique, les lundis, mercredis, jeudis et vendredis, à neuf heures, dans le laboratoire d'enseignement de physique.

M. Pellat traitera de l'acoustique et de l'optique cristalline ; ces conférences auront lieu les lundis, à quatre heures et quart, et les jeudis, à quatre heures, dans l'amphithéâtre de physique. — Les conférences d'agrégation auront lieu les jeudis et les vendredis, à huit heures et demie, au laboratoire d'enseignement de physique.

M. Joly fera, les mardis et samedis, à dix heures et demie, des conférences sur des sujets indiqués par MM. les professeurs Troost et Ditte (salle du rez-de-chaussée, escalier n° 2). — Les conférences d'agrégation auront lieu les lundis et le jeudi, à cinq heures, dans le laboratoire.

M. Salet fera, les mardis et les samedis, dans la salle des Conférences, à trois heures et demie, des conférences de chimie organique. Il traitera des corps de la série aromatique.

M. Riban fera une conférence d'analyse qualitative, le vendredi, à onze heures, au laboratoire de la rue Michelet ; les travaux ont lieu tous les jours, de neuf heures à midi et de une heure à cinq heures. — Les manipulations pour la licence, les lundis, mercredis, jeudis et vendredis, à neuf heures. — Manipulations de chimie, le mercredi, pour les candidats à l'agrégation, de une heure à cinq heures; le jeudi, de une heure à cinq heures, pour les professeurs des collèges.

M. Jannetaz fera des conférences sur la minéralogie, les mardis et samedis, à huit heures et demie, dans le laboratoire de minéralogie.

Sciences naturelles. — M. J. Chatin étudiera, les lundis et jeudis, à dix heures, dans l'amphithéâtre d'histoire naturelle, les organes et fonctions de nutrition.

M. Pruvot fera, les vendredis, à dix heures, et les samedis, à sept heures et demie du soir (amphithéâtre d'histoire naturelle), des conférences sur les sujets indiqués par M. le professeur de Lacaze-Duthiers. Il traitera des vertébrés.

M. Vesque fera, dans la salle des Conférences, les lundis et jeudis, à deux heures, des conférences de botanique. Il traitera de l'histoire des cryptogames, et, dans le semestre d'été, des caractères des principales familles phanérogames.

M. Vélain fera, dans la salle des Conférences, les lundis et jeudis, à huit heures trois quarts, des conférences sur les caractères des roches et des fossiles et sur divers points de géologie. — Les travaux pratiques auront lieu les mardis, mercredis, vendredis et samedis, de neuf heures à onze heures et demie. — Le mercredi, à une heure et demie, conférence de géographie physique.

BIBLIOGRAPHIE

Sommaires des principaux recueils de mémoires originaux.

REVUE DU CERCLE MILITAIRE (n⁰ˢ 40, 41, 42 et 43, octobre 1890). — Le général Allix et la défense de Sens en 1814. — La langue annamite et l'influence française en Indo-Chine. — Les derniers progrès des marines européennes. — Les manœuvres du IX⁰ corps allemand. — Les grandes manœuvres en Suisse. — Notes sur le Turkestan russe : progrès réalisés depuis la conquête. — La sténographie militaire. — Les manœuvres impériales de Silésie. — Études sur l'armée anglaise; puissance offensive de l'Angleterre. — Le succès des plaques du Creusot aux États-Unis.

— REVUE BIOLOGIQUE DU NORD DE LA FRANCE (oct. 1890). — Preudhomme de Borre : Matériaux pour la faune entomologique des Flandres; 4ᵉ centurie : Coléoptères. — Lambling et Deroïde : Note sur le dosage des matières albuminoïdes dans les liquides séreux. — Moniez : Acariens observés en France. — Fockeu : Galles observées dans le nord de la France.

— BULLETIN DE LA SOCIÉTÉ DE GÉOGRAPHIE (t. XI, 2ᵉ trim. 1890). — Édouard Blanc : Les routes de l'Afrique septentrionale au Soudan. — Olivier Ordinaire : De Lima à Iquitos par le Palcazu, la Cordillère de Huachon, les Cerros du Yanachaga, le Rio Pachitea, le Pajoual. — Annenkof : Des ressources que l'Asie centrale pourrait offrir à la colonisation russe. — Desgodins : Notes sur le Thibet. — Tondini de Quarenghi : Le vœu de la conférence télégraphique de Paris au sujet de l'heure universelle.

— ANNALES MÉDICO-PSYCHOLOGIQUES (t. XLVIII, n⁰ 2, sept. 1890). — A. Giraud : Le premier Congrès annuel de médecine mentale en France : Congrès de Rouen. — H. Dagonet : Étude clinique sur le délire de persécution. — P. Moreau (de Tours) : Suicides étranges. — P. Hospital : Hystériques infanticides.

— GIORNALE DELLA ASSOCIAZIONE NAPOLETANA (t. Iᵉʳ, n⁰ 4, 1890). — G. Cirincione : Contribution à l'étude des cylindrômes. — Trachomes des canaux lacrymaux. — V. Gianturco : Recherches histologiques et bactériologiques sur la lèpre. — G. Boccardi : Note sur une étude microscopique dans un cas de pseudo-hypertrophie musculaire. — P. Sgrosso : Contribution à la tuberculose primaire des sourcils et des paupières.

L'administrateur-gérant : HENRY FERRARI.

MAY & MOTTEROZ, Lib.-Imp. réunies, Et. D, 7, rue Saint-Benoît. [913]

Bulletin météorologique du 20 au 26 octobre 1890.

(D'après le *Bulletin international du Bureau central météorologique de France.*)

DATES.	BAROMÈTRE. à 1 heure DU SOIR.	TEMPÉRATURE			VENT. FORCE de 0 à 9.	PLUIE. (Millimètre.)	ÉTAT DU CIEL à 1 HEURE DU SOIR.	TEMPÉRATURES EXTRÊMES EN EUROPE	
		MOYENNE	MINIMA.	MAXIMA.				MINIMA.	MAXIMA.
☽ 20	762ᵐᵐ,66	9°,3	7°,1	12°,6	N. 3	0,0	Alto-cumulo-stratus gris au N.	— 3° à Haparanda; — 7° au Pic du Midi.	26° à Biskra; 25° à Sfax; 24° à Alger et Palerme.
♂ 21 P. Q.	763ᵐᵐ,09	6°,4	5°,6	10°,1	S.-E 0	0,5	Cumulus S.-E. 1/4 E.; alto-cumulus N. 1/4 W.	— 9° à Haparanda; — 7° à Arkangel et Pic du Midi.	24° au cap Béarn et à San Fernando; 23° à Laghouat.
♀ 22	770ᵐᵐ,55	2°,0	— 1°,0	7°,9	S.-E. 3	0,0	Cirrus dans la moitié E., venant de N.-E.	— 10° à Haparanda; — 8° au Pic du Midi.	25° Biskra; 24° San Fernando; 23° Laghouat.
☿ 23	770ᵐᵐ,14	3°,5	— 3°,3	9°,3	N.-W. 1	1,1	Alto-cum. pommelés N.-N.-E.	— 10° au Pic du Midi; — 3° au Puy de Dôme.	26° à Laghouat, Funchal, San Fernando; 23° Lisbonne.
☽ 24	762ᵐᵐ,80	8°,5	6°,1	10°,3	N.-W. 0	0,9	Petite pluie.	— 19° au Pic du Midi; — 11° au mont Ventoux.	24° à Funchal et cap Béarn; 23° à Lisbonne et Biskra.
♄ 25	755ᵐᵐ,41	10°,6	8°,3	12°,9	S.-W. 2	5,6	Pluie.	— 7° Charkow ; — 6° Vienne; — 5° Nicolaïef.	25° au cap Béarn; 24° à Funchal; 21° à San Fernando.
☉ 26	744ᵐᵐ,29	7°,2	5°,9	11°,0	W.-S.-W.3	1,8	Cumulo-stratus peu distinct.	— 5° au Pic du Midi; — 4° à Lemberg.	26° à Alger; 25° à San Fernando; 24° à Palerme.
MOYENNE.	761ᵐᵐ,78	6°,79	3°,81	10°,65		TOTAL. .	9,9		

REMARQUES. — La température moyenne est inférieure à la normale de 7 de cette période. Des pluies sont tombées en plusieurs stations; nous citerons les suivantes : le 20, 14ᵐᵐ à Funchal; le 21, 15 à Nemours, 13 à Neu-Fahrwasser; le 22, 31 à Nicolaïef; 18 à Odessa, 15 à Hermanstadt et Constantinople; le 23, 40 à la Calle, 14 à Tunis, Charkow, Bodo; 34 à Christiansund et le 24, 26 à Christiansund, 22 à Constantinople; le 25, 32 à Dunkerque, 23 à Besançon, 39 à Servance, 34 au Puy de Dôme, 27 à Munster, 29 à Fano;
le 26, 21 à Besançon, 25 à Livourne, 28 à Florence, 20 à Flessingue.

CHRONIQUE ASTRONOMIQUE. — Mercure est une étoile du matin qui, le 2 novembre, précède le Soleil d'une heure environ. Vénus suit, au contraire, d'une quantité à peu près égale. Mars est dans le Capricorne, et Jupiter, plus étincelant, le suit à peu de distance. Saturne éclaire le Lion, brillant vivement le matin. — Le 6, Saturne sera en conjonction avec la Lune. Notre satellite, qui nous montrait sa large face le 27, passera le 4 à son dernier quartier.   L. B.

REVUE
SCIENTIFIQUE
(REVUE ROSE)

Directeur : M. Charles Richet

| NUMÉRO 19 | TOME XLVI | 8 NOVEMBRE 1890 |

CONGRÈS SCIENTIFIQUES

La Méditerranée : Géographie et histoire (1).

J'ai occupé pendant près d'un quart de siècle une position officielle en Algérie et j'ai mis à profit ce séjour pour étudier à fond les îles et les rivages de la Méditerranée.

Je ne saurais prétendre apporter beaucoup de notions nouvelles sur ce sujet et j'en ai parlé si souvent que ce que je vais dire pourra sembler une simple répétition. Pourtant, il ne me paraît pas sans intérêt de vous entretenir d'une façon tout à fait simple et sans prétention de cette « grande mer », comme l'appelle l'Écriture, du *Mare internum* des anciens ou du *Mare nostrum* de Pomponius Mela.

Ses rivages comprennent environ trois millions de milles carrés de la plus riche contrée du globe. Ils jouissent d'un climat où les extrêmes de température sont inconnus; l'aspect du pays est très varié, mais les montagnes et les plateaux élevés dominent. Ils forment une région bien définie dont toutes les parties sont intimement unies par leurs rapports géographiques, leurs conditions géologiques, leur flore, leur faune et les caractères des races qui y habitent. Deux régions font exception à cette vue générale : d'abord la Pales-

(1) Discours prononcé à l'Association britannique pour l'avancement des sciences, par M. R. Lambert Playfair, consul général en Algérie.

27ᵉ ANNÉE. — TOME XLVI.

tine, qui appartient plutôt à la zone tropicale et que nous pouvons écarter de notre sujet; puis le Sahara, qui s'étend au sud de l'Atlas, mais se rapproche de la mer au golfe de la Syrte et vers l'est de la Cyrénaïque; l'Égypte n'y forme qu'une longue oasis sur les deux rives du Nil.

La région méditerranéenne est l'emblème de la fertilité et le berceau de la civilisation, tandis que le Sahara — l'Égypte exceptée bien entendu — n'est qu'une mer de sable entrecoupée çà et là d'oasis et représente la stérilité et la barbarie. La Méditerranée n'est à aucun point de vue — hormis le politique — une ligne de démarcation entre ses deux rives; c'est un simple golfe qui, sillonné en tous sens par les navires, unit ce qu'il semble séparer. Jamais la civilisation ne se serait développée là sans la présence de cette mer intérieure qui forme le trait d'union entre trois continents, qui rend leurs côtes facilement accessibles et modifie heureusement leur climat.

La région limitée par l'Atlas n'est qu'une continuation de l'Europe méridionale. C'est une longue bande de terrains montagneux, d'une largeur de 200 milles environ, couverte de splendides forêts, coupée par de fertiles vallées et en quelques endroits par des steppes arides; elle s'étend de l'est à l'ouest et va mourir dans l'Océan auquel cette chaîne a donné son nom. Le point culminant se trouve dans le Maroc et forme pendant à la Sierra Nevada de l'Espagne. A partir de là, la chaîne diminue progressivement d'altitude et parcourt l'Algérie et la Tunisie. Elle s'interrompt dans la Tripolitaine et se termine dans les splendides collines verdoyantes de la Cyrénaïque, qu'il ne faut pas confondre avec les oasis du Sahara : c'est un îlot détaché des

19 S.

derniers contreforts de l'Atlas et perdu dans les sables du désert.

Dans la partie orientale, la flore et la faune ne diffèrent pas essentiellement de celles de l'Italie ; à l'ouest, on retrouve le climat de l'Espagne. L'un des plus beaux conifères de l'Atlas, l'*Abies pinsapo*, se rencontre aussi dans la péninsule ibérique ; il est inconnu partout ailleurs. L'alfa ou esparto (*Stipa tenacissima*), qui forme actuellement une grande partie de notre papier, est l'un des principaux articles d'exportation de l'Espagne, du Portugal, du Maroc, de l'Algérie, de la Tunisie et de Tripoli. Sur les deux rives de la Méditerranée, on rencontre le *pinsapo* sur les sommets les plus élevés et les plus inaccessibles, au milieu des neiges persistant pendant la plus grande partie de l'année. L'alfa se trouve depuis le niveau de la mer jusqu'à une altitude de 5000 pieds (1500 mètres), mais seulement dans des localités où la chaleur et la sécheresse ne permettraient à aucune autre plante de prospérer et dans des terrains où l'eau ne saurait séjourner.

Sur les 3000 espèces végétales qu'on trouve en Algérie, l'immense majorité se rencontre aussi dans l'Europe méridionale ; moins de 100 sont particulières au Sahara. Les maquis de l'Algérie ne diffèrent en rien de ceux de la Corse, de la Sardaigne et d'autres régions ; on y trouve la lentisque, l'arbousier, le myrte, le ciste, la bruyère et d'autres arbustes méditerranéens. Si nous considérons la plante la plus commune sur les rivages méridionaux de la Méditerranée, le palmier nain (*Chamœrops humilis*), nous saisissons d'un coup d'œil les relations frappantes de toute la région, à l'exception des localités citées plus haut. Ce palmier croît spontanément dans le sud de l'Espagne, dans quelques parties de la Provence, en Corse, en Sardaigne, dans l'archipel Toscan, en Calabre et dans les îles Ioniennes, dans la Grèce continentale et dans certaines îles du Levant ; il n'a disparu d'autres contrées qu'avec l'introduction de la culture régulière. D'autre part, on ne le trouve ni en Palestine, ni en Égypte ou dans le Sahara.

La présence d'oiseaux européens ne saurait prouver grand'chose ; mais il y a des mammifères, des poissons, des reptiles, des insectes, communs aux deux rives de la Méditerranée. Certains animaux féroces, comme le lion, la panthère, le chacal, etc., ont disparu d'un continent devant les progrès de la civilisation, mais persistent encore dans l'autre, grâce à l'incurie musulmane. On a des preuves certaines de la présence de ces animaux et d'autres grands mammifères qui caractérisent actuellement l'Afrique tropicale, en France, en Allemagne, en Grèce, à une époque plus ou moins reculée. Il est probable qu'ils n'ont fait qu'émigrer vers leur habitat actuel après que se fût comblée la grande mer qui, à l'époque éocène, s'étendait de l'Atlantique à l'océan Indien et faisait de l'Afrique un continent insulaire analogue à l'Australie.

La faune primitive de l'Afrique, dont les lémuriens sont les représentants les plus caractéristiques, se maintient encore à Madagascar, île qui, à cette époque, était rattachée au continent.

La répartition des poissons montre de la façon la plus évidente où il faut placer la véritable ligne de démarcation entre l'Europe et l'Afrique. On trouve la truite dans la région de l'Atlas et dans toutes les rivières ayant pour origine la fonte des neiges et qui se jettent dans la Méditerranée : en Espagne, en Italie, en Dalmatie ; on la rencontre dans le massif de l'Olympe, dans les cours d'eau de l'Asie Mineure et même dans le Liban. Mais elle n'existe pas en Palestine au sud de cette chaîne, pas plus qu'en Égypte ou dans le Sahara. Ce salmonide des eaux froides n'est pas exactement semblable dans toutes ces localités ; il donne naissance à des variétés nombreuses, souvent fort différentes les unes des autres. Ce n'en est pas moins un type tout européen qu'on rencontre dans l'Atlas, et il suffit de s'avancer vers le Sahara, jusqu'à Touggourt, pour trouver, dans les *Chromidæ*, une forme purement africaine qui a une distribution très vaste, puisqu'elle s'étend de ce point sans interruption jusqu'au Nil et à Mozambique.

La présence des lézards, des batraciens urodèles dans toutes les régions qui bordent la Méditerranée, à l'exception encore de la Palestine, de l'Égypte et du Sahara, est une autre preuve de la continuité de la faune méditerranéenne, bien que les espèces ne soient pas partout les mêmes.

Le Sahara est une immense zone déserte qui prend naissance sur les bords de l'Atlantique, entre les Canaries et le cap Vert, et traverse tout le nord de l'Afrique, l'Arabie, la Perse, jusqu'à l'Asie centrale. Sa partie méditerranéenne s'étend approximativement du 15e au 30e degré de latitude nord.

On supposait, jusqu'à une époque toute récente, que c'étaient là les restes d'une vaste mer intérieure ; mais cette théorie se basait sur des données géologiques faussement interprétées. Les recherches des voyageurs et des géologues ont démontré jusqu'à l'évidence que l'origine du désert lybien ne pourrait être rapportée à une formation marine.

Les régions stériles et desséchées de cette nature ne sont pas spéciales à l'Afrique septentrionale ; elles forment, dans les deux hémisphères, deux zones qui entourent le globe à peu près à égale distance au nord et au sud de l'équateur. Elles correspondent en majeure partie à des régions où le drainage se fait à l'intérieur, sans que l'eau puisse être portée à la mer, et occupent environ un cinquième de la surface terrestre totale du globe.

Le Sahara africain est loin de constituer une plaine régulière ; il forme plusieurs bassins distincts qui renferment une grande quantité de ce qu'on pourrait presque appeler des terrains montagneux. Les monts Hoggar, au centre du Sahara, ont 7000 pieds (2000 mètres) d'altitude et sont couverts de neige pendant trois mois de l'année. Sa hauteur moyenne peut être estimée à 1500 pieds (400 mètres). Les caractères du pays sont très variés; dans certains endroits, comme Tiout, Moghrar, Touat et d'autres oasis des frontières du Maroc, il y a des vallées où l'eau est abondante, où le paysage est pittoresque et la végétation presque européenne, où les fruits du nord mûrissent à côté du palmier. Dans d'autres parties, on trouve des rivières telles que l'Oued Guir, un affluent du Niger, que les soldats français qui le virent en 1870 comparaient à la Loire. D'autres fois, comme dans le lit de l'Oued Rir, on rencontre une rivière souterraine dont le débit est suffisant pour permettre de former une chaîne de riches et populeuses oasis, dont la fertilité ne le cède en rien à quelques-unes des plus belles régions de l'Algérie. Cependant la plus grande partie du Sahara est aride et ne présente que de faibles ondulations; elle est entrecoupée par des cours d'eau desséchés, tels que l'Igharghar, qui descend vers le chott Melghigh. Elle est entièrement privée d'animaux et de végétaux.

Un sixième environ de sa surface est formé de dunes de sable mouvant. C'est une énorme accumulation de détritus entraînés de régions situées au nord et au sud du désert — peut-être pendant l'époque glaciaire; — elles ne présentent pas trace d'une origine marine. Cette partie est difficile et même dangereuse à traverser; mais elle n'est pas entièrement dépourvue de végétation. On y trouve de l'eau en de rares endroits bien connus des voyageurs; on y rencontre aussi certains végétaux qui servent d'aliments pour les chameaux. Ce sable se produit en abondance par l'action de l'air sur les roches sous-jacentes; il n'est pas stérile en lui-même; c'est l'absence d'eau seule qui cause son aridité. Partout où celle-ci existe ou bien où l'on creuse des puits artésiens, il se forme des oasis d'une grande fertilité.

Certaines parties du Sahara sont situées au-dessous du niveau de la mer et forment ce que l'on nomme les *chotts* ou *sebkhas*. Ce sont des dépressions sans issue, inondées, l'hiver, par les torrents qui descendent de l'Atlas, couvertes, l'été, d'efflorescences salines. Ce sel n'est pas une preuve de l'existence autrefois d'une mer intérieure; il se produit par la concentration des sels naturels qui existent dans toute espèce de sol; ils sont dissous par les pluies d'hiver et saturent l'eau qui échappe à l'évaporation.

Parfois, les eaux de drainage, au lieu d'inonder des espaces découverts et de former des chotts, se fraient un passage à travers les sables et ne s'arrêtent qu'après avoir rencontré une couche imperméable, formant ainsi de vastes réservoirs souterrains où la sonde opère journellement des miracles. J'ai vu jaillir du sol une colonne d'eau d'un débit de 1300 mètres cubes par jour — quantité suffisante pour arracher 1800 acres de terre à la stérilité ou pour arroser 60 000 palmiers. C'est dans cette voie que semble devoir se trouver la solution du problème d'une mer intérieure : mer de verdure et de fertilité produite par le creusement des puits artésiens, qui ne manquent jamais d'apporter à leur suite la richesse et l'abondance.

Le climat du Sahara est entièrement différent de ce que l'on peut nommer le climat méditerranéen, où des pluies périodiques divisent l'année en deux saisons. Ici, en bien des endroits, des années s'écoulent sans la moindre ondée. Le soir n'apporte pas de rosée rafraîchissante et les vents sont dépouillés de leur humidité par l'immense étendue de continents sur laquelle ils passent. Il est hors de doute que c'est à ces conditions météorologiques, et non à des causes géologiques, que le Sahara doit son existence.

Réclus divise la Méditerranée en deux bassins auxquels il donne les dénominations historiques de bassins Phénicien et Carthaginois ou mers Grecque et Romaine. On les désigne généralement sous les noms de bassin oriental et bassin occidental; ils sont séparés par la Sicile.

Si l'on examine la carte sous-marine de la Méditerranée, on voit qu'elle a dû autrefois être formée de deux bassins fermés analogues à la mer Morte. L'occidental est séparé de l'océan Atlantique par le détroit de Gibraltar. C'est un haut-fond dont la partie la plus basse est à l'est, où la profondeur atteint 300 brasses (environ 480 mètres); à l'extrémité occidentale, limitée par une ligne allant du cap Spartel à Trafalgar, elle varie de 50 à 200 brasses. A 50 milles à l'ouest du détroit, le fond s'abaisse brusquement pour atteindre les grandes profondeurs de l'Atlantique; vers l'est, il descend au niveau général de la Méditerranée, de 1000 à 2000 brasses.

Le bassin occidental est séparé du bassin oriental par l'isthme sous-marin qui unit le cap Bon à la Sicile et qui porte le nom de banc Bonaventure; la profondeur n'y est que de 30 à 250 brasses. Entre l'Italie et la Sicile, la profondeur est insignifiante, et Malte n'est qu'une annexe de cette dernière, dont elle n'est séparée que par un haut-fond de 50 à 100 brasses. A l'est et à l'ouest de ce banc, le fond s'abaisse considérablement. Les deux bassins ne communiquent donc que par leur surface.

La configuration du fond montre que le banc tout entier formait autrefois une terre continue qui permettait aux animaux terrestres de passer librement d'Europe en Afrique. La paléontologie nous fournit les preuves irrécusables de ce fait. Dans les cavernes et les grottes de Malte, on rencontre, au milieu de détritus d'eau douce, trois espèces d'éléphants fossiles, un hippopotame, un loir gigantesque et d'autres animaux qui n'auraient jamais trouvé leur subsistance dans une île aussi peu étendue. En Sicile, on observe les restes d'éléphants actuels, ainsi que de l'*Éléphas antiquus*, deux espèces d'hippopotames ; presque tous ces animaux, mêlés à des types africains, ont été rencontrés dans les dépôts pliocènes de la région de l'Atlas.

On peut juger de la rapidité avec laquelle a pu se faire cette transformation, si l'on se rappelle l'exemple du banc Graham, entre la Sicile et l'île de Pantellaria : dû à l'action volcanique, ce banc arriva à la surface de l'eau en 1832, et, en peu de semaines, il atteignit une circonférence de 3240 pieds (1000 mètres) et une hauteur de 107 pieds (32 mètres).

L'isthme fut sans doute submergé au moment où les eaux de l'Atlantique s'introduisirent par le détroit de Gibraltar. La chute de pluie annuelle dans la Méditerranée n'est certainement pas supérieure à 30 pouces (7 centimètres), tandis que l'évaporation y est au moins deux fois aussi considérable. Aussi, si le détroit de Gibraltar se fermait de nouveau et si les eaux de l'Atlantique ne venaient plus se joindre à celles de la Méditerranée, le niveau de celle-ci baisserait jusqu'à ce que la surface de son bassin fût assez faible pour que l'évaporation ne fît que compenser les précipitations aqueuses. L'isthme entre la Sicile et l'Afrique serait de nouveau mis à sec, de même que les mers Adriatique et Egée, et une grande partie du bassin occidental.

On estime l'aire entière de la Méditerranée — y compris la mer Noire — à plus d'un million de milles carrés, et le volume d'eau que les fleuves y apportent à 226 milles cubes. Tout ce liquide et bien plus encore s'évapore annuellement. Il y a, dans le détroit de Gibraltar, deux courants constants et superposés l'un à l'autre ; le supérieur est le plus considérable ; il se dirige de l'Atlantique dans la Méditerranée avec une vitesse de près de trois milles par heure et a un débit d'environ 140 000 mètres cubes par seconde. C'est lui qui, en compensant l'excès des pertes par évaporation, maintient le niveau constant. Le courant inférieur est formé d'eau chaude qui s'est concentrée par l'évaporation. Il sort de la Méditerranée avec une vitesse moitié moindre que le précédent et la débarrasse de son excès de salinité. Malgré cette disposition, les eaux de la Méditerranée sont encore plus salées que celles de toute autre mer ouverte, sauf la mer Rouge.

Un phénomène analogue se passe à l'extrémité orientale, où les eaux plus fraîches de la mer Noire forment un courant de surface dans les Dardanelles, tandis que l'eau concentrée de la Méditerranée s'y déverse en un courant inférieur au précédent.

La température générale de la Méditerranée, à partir d'une profondeur de cinquante brasses, est presque constante à 56° F. (13° C.). Le contraste est donc grand avec l'Atlantique, où, à la même profondeur, la température est d'au moins 3° plus basse, et tombe, à mille brasses (1600 mètres), à 40° F. (4° C.).

Ce fait a été mis à profit par M. Carpenter dans ses recherches sur les courants des détroits. Il lui a permis de distinguer facilement les eaux de l'Atlantique de celles de la Méditerranée.

En pratique, on peut considérer la Méditerranée comme dépourvue de marée. Il n'en est pas ainsi, en réalité. En beaucoup d'endroits on observe un flux et un reflux distincts, mais ce mouvement est dû plutôt au vent et aux courants qu'à l'attraction lunaire. A Venise, la mer s'élève d'un à deux pieds ($0^m,304$ à $0^m,648$) dans les marées printanières, et suivant la prédominance des vents qui montent ou qui descendent l'Adriatique. Mais dans cette mer elle-même, les marées sont si faibles qu'il est difficile de les reconnaître, excepté lorsque règne la *bora*, un vent qui a pour effet général d'élever le niveau des eaux sur les côtes de l'Italie. Dans beaucoup de détroits et de bras de mer resserrés, on observe un flux et un reflux périodiques. Mais le seul endroit où l'influence des marées proprement dites se fasse réellement sentir est le golfe de Gabès ; l'eau s'y avance avec une vitesse de deux ou trois nœuds à l'heure, et le niveau de la pleine mer et de la marée basse diffèrent de deux à huit pieds ($0^m,608$ à $2^m,40$). Ce mouvement est marqué surtout à Djerba, l'île homérique des Lotophages. Il faut observer certaines précautions pour aborder, de façon à ne pas rester à sec à un ou deux milles du rivage.

Le golfe de Gabès rappelle invinciblement à l'esprit les propositions qui ont été faites, il y a quelques années, pour inonder le Sahara et rendre ainsi à la région de l'Atlas la forme insulaire qu'on lui attribue aux époques préhistoriques. Je ne fais pas allusion au projet anglais d'introduire les eaux de l'Atlantique par la côte occidentale de l'Afrique ; il n'appartient pas à mon sujet. Le projet français, mis en avant par le commandant Roudaire et soutenu par M. de Lesseps, est tout aussi impraticable.

Au sud de l'Algérie et de la Tunisie existe une vaste dépression qui s'étend vers l'ouest à partir du golfe de Gabès, jusqu'à une distance de 235 milles. On y trouve plusieurs chotts ou lacs salés, réduits parfois à l'état de marais, ou desséchés et couverts d'une croûte saline assez résistante pour supporter le poids des chameaux. Le commandant Roudaire proposait de couper les isthmes séparant les divers chotts, et de les préparer ainsi à recevoir les eaux de la Méditerranée. Ceci fait, il avait l'intention d'introduire celles-ci par un canal qui devait avoir une profondeur d'un mètre au-dessous du niveau des basses eaux.

Ce projet reposait sur l'hypothèse que les bassins des chotts avaient formé dans les temps historiques une mer intérieure. Grâce à la faible différence entre la quantité d'eau reçue et le taux de l'évaporation et de l'absorption, cette mer aurait disparu peu à peu en laissant les chotts comme trace de l'ancien état de choses. Cette mer intérieure n'aurait été autre que le fameux lac Triton, dont la situation avait toujours été une énigme pour les géographes.

Cette théorie est insoutenable : l'isthme de Gabès n'est pas un simple banc de sable ; il y a une bande de rochers entre la mer et le bassin des chotts et il est impossible qu'il y ait eu communication dans les temps historiques. Il est infiniment plus probable que le lac Triton était la vaste baie située entre l'île Djerba et le continent. Sur ses bords on remarque les ruines de l'antique cité de Méninx qui, à en juger par l'abondance des marbres grecs qu'on y a trouvés, doit avoir fait un commerce important avec le Levant.

Le projet a été entièrement abandonné. En fait, il n'y avait pas d'impossibilité pratique à le réaliser. Mais il était au moins inutile de songer à faire circuler des navires dans une région qui ne produit rien ; et il est problématique que l'influence d'une si faible étendue d'eau comparée à celle du Sahara fût assez considérable pour modifier sensiblement le climat du pays.

Le bassin oriental est de forme beaucoup plus irrégulière que l'occidental, et divisé en un grand nombre de mers séparées. Il était donc mieux approprié pour favoriser les débuts de la navigation et du commerce. Les hautes montagnes de ses rives servaient de points de repère pour le navigateur inexpérimenté. Ses îles nombreuses et ses havres abrités étaient des asiles précieux pour ses barques fragiles et facilitaient ainsi les communications d'un point à un autre.

Les progrès de la civilisation se firent naturellement dans la direction de l'axe de la Méditerranée, et la Phénicie, la Grèce, l'Italie furent successivement le centre intellectuel du genre humain. La Phénicie eut la gloire de montrer la marche à suivre ; sa position dans le Levant lui donnait la prééminence dans la Méditerranée, et ce peuple trafiquait avec toutes les nations qui possédaient des côtes sur cette mer. Il formait déjà un État constitué avant que les Juifs n'entrassent dans la Terre promise, et lorsqu'ils y arrivèrent, ceux-ci servirent d'intermédiaire entre les Phéniciens et les peuples de l'intérieur. Beaucoup de centres commerciaux furent fondés sur les bords de la Méditerranée avant que la Grèce ou Rome eussent acquis d'importance. Homère parle des Phéniciens comme d'audacieux commerçants, mille ans environ avant l'ère chrétienne.

Pendant de longs siècles, le trafic du monde fut limité à la Méditerranée, et, lorsqu'il s'étendit vers l'Orient, ce furent les marchands de l'Adriatique, de Gênes et de Pise qui apportèrent à grands frais les marchandises de l'Inde jusqu'à la Méditerranée, et qui monopolisèrent le négoce par mer. C'est ainsi que le commerce de l'Inde, le trafic par caravanes à travers Babylone et Palmyre, aussi bien que les *kaflehs* arabes, coopérèrent avec le commerce occidental de la Méditerranée.

Lorsque la civilisation progressa vers l'ouest, les marins surmontèrent les terreurs que leur inspiraient les

vastes solitudes situées au delà des colonnes d'Hercule. La découverte de l'Amérique par Colomb, la circumnavigation de l'Afrique par les Portugais changèrent entièrement les voies que suivait le commerce, en même temps qu'elles en augmentaient l'importance. La Méditerranée, qui jusque-là avait été le centre des relations internationales, fut reléguée à un rang secondaire.

Le temps ne me permet pas d'entrer dans de plus longs détails sur la géographie physique de cette région, et son histoire est un sujet si vaste que l'exposé de quelques-uns de ses épisodes est tout ce que je puis tenter. Elle est en connexion intime avec celle des principaux pays du monde ; c'est en cette région que se déroulèrent tous les grands drames du passé et quelques-uns des événements les plus importants de dates plus récentes.

Je l'ai déjà dit, longtemps avant la civilisation grecque et romaine, les rivages et les îles de la Méditerranée étaient déjà le siège d'une culture avancée. La Phénicie avait envoyé ses pacifiques colonies jusque dans les parties les plus reculées de ce bassin, et il subsiste encore assez de vestiges de leur activité pour exciter notre admiration. Nous connaissons les temples mégalithiques de Malte consacrés à Baal et à Ashtoreth. Les trois mille *nouraghi* de la Sardaigne, ces tours rondes admirablement maçonnées, étaient probablement destinées à la défense du pays en cas d'attaque subite ; en tous cas, leur origine était aussi mystérieuse pour les auteurs classiques qu'elle l'est restée pour nous. Minorque a ses *talayots*. Ce sont des tumuli analogues aux *nouraghi*, mais de construction plus grossière ; il en existe plus de deux cents groupes dans les diverses parties de l'île. On y trouve aussi des constructions qui semblent élevées dans un but religieux : des autels composés de deux énormes monolithes placés l'un sur l'autre suivant la figure d'un T ; des enclos sacrés et des habitations mégalithiques. Un type de talayot est remarquable : il est d'une maçonnerie plus soignée, que les autres et à exactement la forme d'un bateau renversé. On est tenté d'admettre que les Phéniciens avaient en vue les habitations de roseaux ou *mapalia* des Numides que décrit Salluste, et avaient essayé de les reproduire en pierre : *oblonga, incurvis lateribus tecta, quasi navium carinæ sunt.*

Pendant longtemps, les Phéniciens n'eurent pas de rivaux en navigation. Mais plus tard, les Grecs — surtout les Phocéens — fondèrent des colonies dans la Méditerranée occidentale, en Espagne, en Corse, en Sardaigne, à Malte, et dans le sud de la France. Ils donnèrent ainsi de l'extension à leur commerce, en même temps qu'ils propageaient leurs arts, leur littérature et leurs idées. Ils introduisirent beaucoup de plantes utiles, telles que l'olivier, et modifièrent profondément l'agriculture des contrées où ils s'établirent. Ils ont même laissé des traces de leur sang, et c'est vraisemblablement à eux que les femmes de la Provence doivent leur beauté classique.

Mais les Grecs furent à leur tour éclipsés par leurs successeurs. L'empire d'Alexandre montra la route de l'Inde — où les Phéniciens l'avaient, il est vrai, précédé — et introduisit les produits de l'Orient dans le bassin de la Méditerranée. En même temps la colonie tyrienne de Carthage devenait la capitale d'un autre puissant empire, qui, par sa position à mi-chemin entre le Levant et l'océan Atlantique, était destiné à accaparer le trafic de la Méditerranée.

Les Carthaginois eurent à un moment en leur possession toute la côte, de Cyrène jusqu'en Numidie. En même temps leur influence était grande dans l'intérieur du continent; aussi le nom d'Afrique, spécial d'abord à leur domaine, s'étendit ensuite à toute cette partie du monde. La soif de domination des Carthaginois avait son origine dans l'amour du lucre et non dans le patriotisme, et leurs armées étaient en grande partie composées de mercenaires. C'est l'excellence de leur organisation civile qui, d'après Aristote, empêcha pendant de longs siècles leur fragile empire de se disloquer. Une nation peu patriote, qui confie sa défense à des étrangers, porte en soi les germes d'une inévitable décadence; ils se révélèrent dans la lutte avec Rome malgré le génie militaire d'un Hamilcar et d'un Annibal. La barbare religion des Carthaginois, avec ses sacrifices humains à Moloch et l'adoration de Baal sous le nom de Melkarth, les conduisit à faire un code criminel d'une sévérité draconienne, et leur aliéna les nations environnantes. Lorsque commença la lutte avec Rome, Carthage n'avait pas d'amis. La première guerre punique eut pour origine un conflit pour la possession de la Sicile, dont la prospérité est encore attestée aujourd'hui par la splendeur de ses monuments helléniques. Lorsque la Sicile fut perdue pour les Carthaginois, il en fut de même de leur puissance maritime qui jusque-là n'avait pas été contestée. La seconde guerre punique eut pour résultat un affaiblissement extrême de Carthage, et la perte de toutes ses possessions situées hors d'Afrique. En 200 avant notre ère, lorsque cette guerre se termina, 552 ans après la fondation de la cité, Rome était la maîtresse du monde.

La destruction de Carthage après la troisième guerre punique fut un coup terrible porté au commerce de la Méditerranée. Il était facile à Caton d'aller répétant : *Delenda est Carthago;* la destruction est facile, mais la reconstruction est infiniment plus difficile. Bien que Auguste eût édifié une nouvelle Carthage près des ruines de l'ancienne cité, il ne put attirer de nouveau le commerce de la Méditerranée qui avait été détourné dans d'autres voies. La suprématie de Rome était défavorable à la prospérité du commerce. Elle perfectionna, il est vrai, les moyens de communication dans l'intérieur de son vaste empire, et donna liberté entière au trafic. Mais elle absorbait elle-même la plus grande

partie des richesses, et ne produisait rien en retour. Aussi le commerce de la Méditerranée ne put-il prospérer sous la domination romaine. La conquête de Carthage, de la Grèce, de l'Égypte et de l'Orient accumula les richesses à Rome, mais ne put former la base d'une prospérité durable.

C'est seulement en ce qui a trait à la Méditerranée que j'en viens à parler de l'histoire romaine. Mais il me faut citer encore un épisode intéressant de la vie de Dioclétien. Après un règne tourmenté de vingt et un ans, dans l'empire d'Orient, cet empereur abdiqua à Nicomédie, et se retira dans la province où il était né, l'Illyrie. Il passa le reste de sa vie à Salone, à s'occuper d'horticulture et de plaisirs champêtres. Il y éleva le splendide palais dans les murailles duquel s'éleva plus tard la cité moderne de Spalato. Il n'existe sur les bords de la Méditerranée rien de plus intéressant que cet édifice extraordinaire, le plus grand peut-être qui ait jamais été construit aux frais d'un seul homme. Il n'est pas seulement énorme, mais il marque une des époques les plus importantes dans l'histoire de l'architecture.

Bien qu'il soit défiguré aujourd'hui par une quantité de rues étroites et tortueuses, ses traits saillants sont encore visibles. Le grand temple, probablement le mausolée du fondateur, est devenu la cathédrale, et, après le Panthéon de Rome, il n'y a pas de plus beau spécimen d'architecture païenne transformée en église chrétienne. Il est curieux de voir le tombeau de l'un des plus terribles ennemis des chrétiens devenir le modèle de ces baptistères qui furent si communs dans les siècles suivants.

A part des traces de remparts, il reste peu de chose de la Salone de Dioclétien, l'une des principales villes du monde romain. Des fouilles récentes ont mis au jour des débris intéressants, mais tous de l'époque chrétienne; ainsi une vaste basilique, qui avait servi de nécropole, et un baptistère copié sur le temple de Spalato; sur son pavage en mosaïque, on lit encore aujourd'hui ce texte : *Sicut cervus desiderat fontem aquarum, ita anima mea ad te, Deus.*

Le partage définitif de l'empire romain eut lieu en 365; quarante ans plus tard, les barbares du Nord commencèrent à envahir l'Italie et le sud de l'Europe. En 429, Genséric, à la tête de ses hordes vandales, passa de l'Andalousie en Afrique, laissant à cette province le nom de son peuple; il dévasta tout le pays jusqu'en Cyrénaïque. Il s'annexa plus tard les îles Baléares, la Corse et la Sardaigne, ravagea les côtes de l'Italie et de la Sicile, même de la Grèce et de l'Illyrie. Mais le plus mémorable de ses exploits fut le sac de Rome, d'où il revint en Afrique chargé de trésors et emmenant l'impératrice Eudoxie captive.

Les faibles empereurs d'Occident furent impuissants à venger ce désastre. Byzance fit une vaine tentative pour attaquer le monarque vandale dans son domaine africain. Il fallut attendre jusqu'en 533, sous le règne de Justinien, lorsque les successeurs de Genséric se furent adonnés aux plaisirs et eurent perdu la valeur de leurs ancêtres, pour voir Bélisaire briser leur puissance et emmener le dernier de leurs rois prisonnier à Constantinople. La domination vandale en Afrique était détruite; mais celle de Byzance était loin d'être consolidée. Elle était forte, non par elle-même, mais par la faiblesse de ses voisins. Elle était absolument incapable de lutter contre le flot de l'invasion qui allait se précipiter sur le monde ancien.

En 647, vingt-sept ans après l'hégire de Mahomet, Abdulla-ibn-Saad partit de l'Égypte pour la conquête de l'Afrique avec une armée de 40 000 hommes. L'expédition avait une double cause : l'espoir du pillage et le désir de propager la religion de l'islam. Le désert et ses chaleurs torrides, qui avaient presque été fatales à l'armée de Caton, ne purent arrêter les Arabes. La marche sur Tripoli fut difficile, mais s'accomplit avec succès. Les envahisseurs n'épuisèrent pas leurs forces à chercher à réduire les forteresses; ils coupèrent droit à travers le désert de la Syrte et se dirigèrent vers la province d'Afrique. Là, près de la splendide cité de Suffetula, se livra une grande bataille entre eux et l'armée de l'exarque Grégorius. Les chrétiens essuyèrent une éclatante défaite ; leur général fut tué et sa fille donnée à Ibn-ez-Zobair, qui avait massacré son père.

Les Musulmans victorieux envahirent tout le nord de l'Afrique. Bientôt ils eurent des flottes puissantes qui dominèrent toute la Méditerranée, et les empereurs d'Orient eurent fort à faire pour protéger leur propre capitale.

L'Égypte, la Syrie, l'Espagne, la Provence et les îles de la Méditerranée tombèrent successivement entre leurs mains ; et, avant que Charles Martel les eût rejetés au delà des Pyrénées, il eût semblé que toute l'Europe méridionale était destinée à se soumettre aux disciples de la nouvelle religion. Violents, implacables et irrésistibles au moment de la conquête, les Arabes ne furent pas des maîtres injustes ou cruels pour les peuples qui reconnurent leur domination. Ils s'efforçaient de faire des prosélytes, mais toute liberté était laissée aux chrétiens pour pratiquer leur religion, moyennant le paiement d'une taxe; les prêtres eux-mêmes entretenaient des relations amicales avec l'envahisseur. L'Église de saint Cyprien et de saint Augustin, avec ses 500 évêchés, fut, il est vrai, dispersée. Mais cinq siècles après le passage de l'armée musulmane d'Égypte à l'Atlantique, il en subsistait encore des restes. Ce ne fut que vers le xiᵉ siècle que la religion et le langage de Rome furent complètement effacés.

Les Arabes introduisirent une civilisation avancée dans les pays où ils s'établirent ; leur architecture fait encore aujourd'hui l'admiration de l'univers; leurs travaux d'irrigation en Espagne n'ont jamais pu être

surpassés. Ils favorisèrent le développement de la littérature et des arts de la paix; et introduisirent un système d'agriculture bien supérieur à ce qui existait avant leur arrivée.

Le commerce, très négligé par les Romains, fut favorisé par les Arabes, et, sour leur domination, la Méditerranée recouvra l'importance qu'elle possédait à l'époque des Phéniciens et des Carthaginois. Ils pénétrèrent jusqu'à l'Inde et à la Chine. A l'ouest, ils s'avancèrent jusqu'au Niger, à l'est jusqu'à Madagascar, et la Méditerranée redevint la grande route du commerce.

La puissance et la prospérité des Arabes atteignirent leur apogée au ixᵉ siècle, lorsque la Sicile tomba entre leurs mains. Mais leur empire ne tarda pas à être miné par des dissensions intestines. L'autorité temporelle et spirituelle des khalifes Ommiades, qui s'étendait du Sind à l'Espagne, de l'Oxus au Yémen, fut renversée par les Abassides en l'an 132 de l'hégire, soit en 750. Sept ans plus tard, l'Espagne se détacha de l'empire des Abassides; un nouveau khalifat se fonda à Cordoue, et des monarchies héréditaires prirent naissance dans d'autres pays mahométans.

L'empire carlovingien donna une forte impulsion à la puissance maritime de l'Europe méridionale, et, dans l'Adriatique, les flottes de Venise et de Raguse monopolisèrent le trafic du Levant. Les marchands de cette dernière petite république pénétrèrent même jusqu'en Angleterre.

Durant le xiᵉ siècle, les puissances chrétiennes ne se contentèrent plus de résister aux Mahométans : elles tournèrent leurs armes contre eux. Si les Arabes avaient ravagé quelques-unes des plus belles régions de l'Europe, les chrétiens allaient prendre une revanche éclatante.

Les Mahométans furent chassés de Corse, de Sardaigne, de la Sicile, des îles Baléares; mais ce ne fut qu'en 1492 qu'ils durent évacuer définitivement l'Europe après la conquête du royaume de Grenade par Ferdinand et Isabelle.

Vers le milieu du xiᵉ siècle il se produisit un événement qui modifia profondément la situation du monde musulman. Le calife Mostansir lâcha sur l'Égypte et le nord de l'Afrique une horde d'Arabes nomades qui portèrent le carnage et la destruction dans toutes les régions où ils passèrent. Ils préparèrent ainsi l'état de désordre et d'anarchie qui rendit possible l'intervention des Turcs.

Les relations commerciales de l'Angleterre avec la Méditerranée existaient dès le temps des croisades; mais ce ne fut qu'à partir du début du xviᵉ siècle que les navires anglais eux-mêmes parurent dans cette mer. En 1522, le trafic était si considérable que Henri VIII désigna un négociant crétois, Censio de Balthazari, pour être « maître, gouverneur, protecteur et consul de tous les marchands et autres sujets anglais dans le port, l'île et le pays de Crète ou Candie ». C'est le premier consul anglais dont l'histoire fasse mention. Mais le premier qui fût né en Angleterre fut John Tipton. Après avoir été probablement choisi par les marchands eux-mêmes pour protéger leurs intérêts, il remplit ses fonctions à Alger pendant plusieurs années d'une façon non officielle, et finit par être nommé consul par sir William Harebone, ambassadeur à Constantinople, en 1585. Il reçut l'exequatur de la Porte dans la forme qui a été adoptée depuis.

La piraterie a toujours été le fléau de la Méditerranée, mais nous sommes trop portés à en associer les horreurs avec le nom des Maures et des Turcs. Le mal existait de tout temps; même avant la conquête de la Dalmatie par les Romains, les Illyriens étaient les ennemis nés de tous les peuples de l'Adriatique en général. L'Afrique, sous la domination des Vandales, fut un repaire des plus farouches pirates. Les chroniques de Venise sont remplies de plaintes sur les ravages des corsaires d'Ancône, et on ne saurait qualifier autrement que de piraterie des actes comme le pillage sans provocation de Tripoli par le Génois Andrea Doria en 1535. Pour se former une idée exacte de la situation du passé, il faut se rappeler que commerce et piraterie étaient souvent des termes synonymes, et cela chez les Anglais jusqu'au règne d'Élisabeth. Qu'on lise la relation donnée par le pieux Cavendish de son voyage de circumnavigation autour du globe : « Il a plu au Dieu tout-puissant de me permettre de voyager autour du globe terrestre entier... Je naviguai le long des côtes du Chili, du Pérou et de la Nouvelle-Espagne, où je fis un grand butin. J'ai brûlé et pillé toutes les villes et villages où j'ai abordé, et si je n'avais pas été découvert, j'aurais pu prendre une grande quantité de trésors. » Il concluait ainsi : « Louons le Seigneur pour toutes ses faveurs! »

Sir William Monson, appelé par James Ier pour former un plan d'attaque sur Alger, recommandait de faire contribuer toutes les puissances de l'Europe à la dépense; elles auraient participé ensuite aux profits résultant de la vente des Maures et des Turcs comme esclaves.

Après la découverte de l'Amérique et l'expulsion des Maures d'Espagne, la piraterie prit un développement extraordinaire. L'audace des corsaires de Barbarie nous semble incroyable aujourd'hui. Ils abordaient sur les rivages et dans les îles de la Méditerranée et étendaient même leurs ravages jusqu'en Grande-Bretagne. Ils emmenaient en esclavage tous les habitants dont ils pouvaient s'emparer. Le plus formidable de ces États barbares était Alger; c'était une oligarchie militaire, avec un corps de janissaires formé d'aventuriers du Levant, de proscrits du monde mahométan, de criminels et de renégats de toutes les nations d'Europe. Ils élisaient leur chef ou dey, qui exerçait un pouvoir despotique, tempéré par des assassinats fréquents. Ils opprimaient sans merci les habitants du pays, accumulaient d'im-

menses richesses, avaient un nombre énorme d'esclaves chrétiens, et tenaient toute l'Europe en respect par la terreur qu'ils inspiraient. Rien de plus affligeant et de plus étrange que de voir la façon dont cet état de choses humiliant était accepté par les nations civilisées. On fit quelques vaines tentatives dans le cours des siècles pour rabattre leur arrogance; mais elles ne servirent qu'à montrer l'impuissance de l'Europe à se mesurer avec eux. Il était réservé à lord Exmouth, par sa victoire en 1816, de mettre un terme à la piraterie et à l'esclavage des chrétiens dans la Méditerranée. Son œuvre pourtant était incomplète; car, s'il détruisit les navires des Algériens et les rendit ainsi incapables de nuire par mer, ils étaient loin encore d'être abattus. Ils continuaient à fouler aux pieds les traités et à soumettre même les représentants de puissances nations à des traitements humiliants et injustes. La France employa le seul moyen possible pour détruire ce nid de brigands, en occupant l'Algérie et en déportant son aristocratie turque.

Elle trouva le pays en possession d'un peuple hostile, dont certaines tribus étaient restées indépendantes depuis la chute de l'empire romain. Le monde civilisé a contracté envers la France une grande dette de reconnaissance pour avoir transformé une contrée sauvage et presque inculte en l'un des pays les plus riches et les plus beaux du bassin méditerranéen.

Ce qui a été accompli en Algérie vient d'être effectué en Tunisie. Le traité de Kasr-es-Saed établit le protectorat de la France dans ce pays et il est impossible de nier les avantages qui résultèrent de cet acte pour les progrès de la civilisation; des cours de justice européennes ont été établies dans tout le pays; les exportations et les importations ont monté de 23 à 51 millions, les revenus de 6 à 19 millions, sans l'imposition d'aucune taxe nouvelle; près d'un demi-million par an est consacré à l'instruction publique.

Tôt ou tard, il en ira de même de tout le reste de l'Afrique septentrionale, mais pour le moment des jalousies internationales retardent encore cette heureuse issue. Il est impossible de condamner d'aussi belles contrées à une barbarie éternelle, dans l'intérêt de tyrans qui oppriment leurs peuples. Le jour n'est certes pas éloigné où la côte méridionale de la Méditerranée jouira de la même prospérité que les rivages septentrionaux, où les déserts, résultat de l'incurie des gouvernements barbares, récupéreront, grâce à la sécurité et au travail, leur fertilité première.

On ne pourrait dire qu'aucune partie du bassin de la Méditerranée est encore inconnue, si on en excepte pourtant l'empire du Maroc. Mais même cette contrée a été traversée dans presque toutes les directions durant les vingt dernières années. Sa géographie et son histoire naturelle ont été étudiées par des hommes de la plus haute valeur, tels que Gerhard Rohlfs, M. Tissot, M. J. Hooker, M. de Foucauld, M. J. Thomson et bien d'autres voyageurs. La dernière partie inconnue, au moins sur la côte de la Méditerranée, est la région du Riff, dont l'inhospitalité proverbiale a donné à l'Anglais le mot « ruffian » (brigand). Mais ce pays même a reçu la visite de Foucauld déguisé en juif, et la relation de son expédition est une des plus belles contributions à la géographie de cette région qui ait jamais été faite.

Pourtant, s'il reste peu de chose à faire en fait d'exploration proprement dite, il y a encore bien des voies peu fréquentées et presque inconnues des touristes. Ceux-ci se portent chaque année en foule en Algérie et en Tunisie, mais bien peu ont l'idée de visiter les splendides ruines romaines de l'intérieur de ces pays.

La Cyrénaïque n'est pas facilement accessible. Cyrène rivalisait autrefois avec Carthage en importance commerciale. Les ruines helléniques qui y subsistent témoignent de l'importance de ses cinq grandes cités. C'est là que se placent certaines des scènes les plus intéressantes de la mythologie; au milieu de ces collines et de ces sources était le jardin des Hespérides, et coulaient les « eaux lourdes et silencieuses du Léthé ».

Cette péninsule n'est séparée que par un détroit peu large de la Grèce, et c'est de là qu'elle reçut ses premiers colons. Il y a dans cette région et dans tout le bassin oriental de la Méditerranée encore bien des découvertes à faire, mais je ne saurais m'étendre sur ce sujet, et il me faut revenir à la région occidentale.

Le sud de l'Italie est plus souvent traversé et moins fréquemment visité que le reste de la péninsule. Parmi les milliers de voyageurs qui s'embarquent tous les ans à Brindisi, bien peu ont l'idée de visiter la terre de Manfred. On ne connaît d'Otrante que les descriptions fantaisistes des romans d'Horace Walpole. On ignore en général ce que les Italiens font à Tarente; on ne visite pas le grand arsenal et les docks qu'ils élèvent sur le Mare Piccolo, cette mer intérieure assez profonde et assez vaste pour recevoir les plus grands navires de guerre modernes, et dont l'entrée est si étroite qu'elle est traversée par un pont tournant. L'Adriatique elle-même, bien que traversée tous les jours par les vapeurs du Lloyd autrichien, est presque inconnue. Et pourtant, que d'objets d'intérêt entre Corfou et Trieste, le long de ces côtes de Dalmatie et d'Istrie, bordées d'îles si nombreuses qu'il est difficile parfois de se rendre compte si on est sur mer ou sur quelque grand lac!

C'est là que se trouve la bouche de Cattaro, vaste déchirure creusée par la mer entre les montagnes, où les flots s'écoulent à travers une série de canaux, de baies et de lacs d'une beauté merveilleuse. La ville de Cattaro elle-même est la porte du Monténégro, avec sa pittoresque forteresse vénitienne, blottie au pied de la montagne. Raguse, que les Romains élevèrent pour remplacer la ville grecque d'Épidaure, est la reine de l'Adriatique méridionale; elle lutte contre les flots sur

sa péninsule rocheuse; c'est le seul point de toute cette côte qui ne fut jamais soumis ni à Venise ni aux Turcs; pendant des siècles, elle résista de tous côtés aux barbares. Elle reste comme un exemple unique de forteresse du moyen âge. Spalato, le plus vaste monument laissé par les Romains; Lissa, colonisée par Denis de Syracuse; Zara, la capitale, fameuse par le siège qu'elle soutint de la part des croisés; Parenza, avec sa grande basilique; Pola, avec son havre, d'où partit Bélisaire, actuellement le principal port de l'Autriche; avec son amphithéâtre romain et ses arcs de triomphe; tels sont quelques-uns des points les plus curieux de cette région. Vers l'ouest, la Corse, la Sardaigne, les îles Baléares méritent aussi d'être visitées; toutes ces îles sont facilement accessibles des côtes de France, d'Italie ou d'Espagne. Leurs rives sont incessamment parcourues par les paquebots ou les yachts de plaisance, mais l'intérieur est encore peu connu des étrangers.

J'ai tenté d'esquisser, nécessairement d'une façon bien imparfaite, les caractères physiques et l'histoire de la Méditerranée. J'ai montré comment le commerce du monde avait pris naissance dans un petit État maritime situé à son extrémité orientale; comment il s'était graduellement avancé vers l'ouest; comment, après avoir passé le détroit de Gibraltar, il s'étendit sur les mers et les continents, privant ainsi la Méditerranée de l'importance et de la prospérité qui, pendant des siècles, avaient été l'apanage de son étroit bassin.

Une fois de plus, cette mer est devenue le centre du monde civilisé. L'énergie persistante et le génie de deux hommes ont révolutionné la navigation, ont ouvert un champ indéfini à l'activité commerciale. Si la Méditerranée récupère aujourd'hui son antique importance, si la civilisation européenne fait des progrès constants, à la fois en Afrique et dans l'Orient, il n'est pas hors de propos de rappeler que ces bienfaits sont en grande partie dus à Waghorn et à Ferdinand de Lesseps, qui développèrent la route de terre et créèrent le canal de Suez.

Mais la Méditerranée ne peut profiter des avantages de sa situation qu'en temps de paix. L'histoire du passé démontre clairement que la guerre et la conquête changent les voies du commerce en dépit des positions géographiques. Babylone fut conquise par les Assyriens, les Perses, les Macédoniens et les Romains. Bien que sa situation sur l'Euphrate lui permît de se relever de ses cendres, des conquêtes répétées, combinées au luxe et à la mollesse de ses maîtres, la firent périr. Tyr, soumise successivement par Nabuchodonosor et par Alexandre, tomba aussi complètement que Babylone, et son commerce passa à Alexandrie. Les ruines d'anciennes cités commerçantes deviennent rarement une position recherchée par le négoce; Alexandrie est une exception qui s'explique par des circonstances toutes spéciales.

19 S.

L'ancienne route vers l'Orient servait surtout aux navires à voiles; elle fut abandonnée pour la voie plus courte et plus économique par le canal de Suez. Actuellement, un voyage autour du monde est possible en soixante jours, tandis que, autrefois, il exigeait six ou huit mois. Mais ce canal ne peut rester ouvert qu'en temps de paix. Il est très possible qu'en cas de guerre, on emploie de nouveau l'ancienne route par le Cap, au détriment du commerce de la Méditerranée. Les progrès de l'industrie moderne ont diminué énormément la dépense de charbon, et des navires munis de machines Compound peuvent n'emporter que relativement peu de houille, et réserver beaucoup de place pour leur cargaison. L'Angleterre, le grand roulier du globe, trouvera peut-être plus avantageux de se fier à ses propres forces et à la sécurité des mers ouvertes, que de s'aventurer dans la Méditerranée, dont les côtes sont garnies de positions stratégiques — telles que Port-Mahon, Bizerte, Tarente — capables d'offrir un abri sûr à une flotte ennemie.

On ne saurait dire si les armements exagérés de l'Europe serviront à préserver la paix ou à hâter une guerre de destruction. L'âge d'or du désarmement et de l'arbitrage international n'est peut-être pas près d'arriver; pourtant on commence à en parler comme d'une chose possible.

Si la prophétie du poète ou le rêve du patriote venait à se réaliser, si une paix universelle régnait sur terre, cette mer, qui a vu tant de batailles, pourrait encore longtemps rester le centre de l'activité commerciale, plus noble mille fois que l'esprit de conquête.

R. LAMBERT PLAYFAIR.

MATHÉMATIQUES

L'espace géométrique
et les espaces algébriques (1).

Messieurs,

Notre très éminent confrère, M. Jules Verne, à qui les trois dimensions restreintes de notre univers ne suffisent probablement plus pour les « voyages extraordinaires » de ses héros, m'a demandé de vous dire quelques mots sur la *notion de l'infini* et sur les *dimensions en géométrie*. Je ne puis rien refuser à une personnalité aussi sympathique, et je m'exécute. Je n'en n'est pas coutume, et je vais aujourd'hui faire avec vous un peu de science pure.

Je chercherai surtout la simplicité et je n'hésiterai pas, au besoin, à me répéter; j'espère ainsi arriver à

(1) Allocution prononcée à l'Académie d'Amiens le 23 octobre 1890.

vous convaincre que ces notions très délicates sont moins inabordables qu'on ne le croit généralement. Je dois d'ailleurs reconnaître que si je suis arrivé à donner à cet exposé quelque clarté, je le dois surtout aux nombreuses objections qu'a bien voulu me faire M. Verne. Il m'a dit une fois, avec son bon sourire : « Vous prétendez que vous vous exécutez, mais je ne vois comme victimes que vos auditeurs. » Peut-être serex-vous moins sévères que lui ! En tout cas, si je vous ennuie, j'en laisse la responsabilité à qui de droit.

Les sens de l'homme sont excessivement bornés. L'univers qu'il voit avec ses télescopes n'a pas plus de 100 millions de milliards de kilomètres (10^{22} mètres) de rayon. Il ne distingue pas les molécules des corps, même avec l'aide des plus forts microscopes, et cependant la distance des centres de gravité de deux molécules voisines d'un solide est probablement un peu plus grande qu'un décimillimicron $\left(\frac{1}{10^{10}} \text{ mètre} \right)$. Ces deux limites (1) sont à l'heure actuelle le *nec plus ultra* des connaissances humaines acquises par la vision. L'homme restera toujours, comme l'a défini Pascal, « un milieu entre rien et tout, » mais il recule sans cesse les limites qui l'enserrent. S'il ne peut pas voir l'infini, non plus que le néant, il les conçoit fort bien par sa raison.

En algèbre, l'infini ∞ est le quotient d'une quantité finie par une autre infiniment petite. M. Paul du Bois-Reymond a inséré dans les *Annali di matematica* de 1870-71 un intéressant mémoire sur la grandeur relative des infinis des fonctions. L'infini jouit de cette propriété qu'on peut lui ajouter tout ce qu'on veut de fini sans l'augmenter. Pas plus que zéro, il n'a de signe : comme lui, il forme une transition entre les grandeurs positives et les grandeurs négatives. Un angle droit a une tangente infinie; un angle aigu voisin d'un droit a une tangente très grande positive ; un angle obtus voisin d'un droit a une tangente très grande négative. L'infini est la commune limite d'une quantité positive et d'une quantité négative qui croissent au delà de toutes limites finies.

Pour ma part, je veux considérer avec vous la notion de l'infini en géométrie. Soyez d'ailleurs tranquilles : je ne me bornerai pas à des descriptions plus ou moins poétiques de « cercles infinis dont le centre est partout et la circonférence nulle part ». Tout ce que je vous dirai sera net, précis et facilement démontrable. Vous voudrez bien cependant me faire crédit des démonstrations. Je les donnerai ensuite à ceux d'entre vous qui ne me croiraient pas sur parole. Tout d'abord je dois vous inviter à ne pas oublier que les figures dont nous avons la mauvaise habitude de nous servir

(1) Voir à leur sujet *les Sciences expérimentales;* Paris, librairie A. Quantin.

en géométrie sont seulement de grossières images. Une droite, telle que l'esprit doit la concevoir, a une longueur absolument infinie, une largeur et une épaisseur absolument nulles ; elle n'a pas *deux* extrémités, mais elle possède à l'infini un point *unique* qui est le conjugué harmonique d'un quelconque de ses points par rapport à deux autres situés à égale distance. Une droite tracée sur le papier ou sur le tableau est un amas solide informe, ayant une longueur, une largeur et une épaisseur finies. A force de figurer de telles droites, on arrive à oublier totalement ce qu'est « une droite ». Les géomètres ont toutes les audaces : il leur arrive fréquemment de représenter sur le tableau une droite de l'infini d'un plan, le plan de l'infini, un point imaginaire, une courbe imaginaire, etc. Alors, comme toujours, l'image facilite la pensée, mais si l'on n'y prend garde, elle la trompe facilement. Je serais heureux pour ma part si, au cours de cette lecture, je parvenais à détruire quelques-unes des idées fausses produites par ces maudites images, qui ornent et empoisonnent les livres de géométrie.

La position d'un point sur une droite est définie par sa distance à un point arbitrairement choisi sur cette droite. Un de ses points a une coordonnée infinie : l'infini n'a pas de signe. Les deux extrémités d'une droite indéfiniment prolongée se rejoignent donc à l'infini, comme je viens déjà d'ailleurs tout à l'heure de vous le montrer incidemment.

Considérons maintenant un plan. Chacun de ses points sera défini par ses deux coordonnées rectangulaires, c'est-à-dire par des distances à deux axes rectangulaires. Une équation entre ces coordonnées représentera une courbe. Je le regrette, mais pour parler algèbre, il me faut absolument citer quelques équations.

Celle du premier degré $\frac{x}{a} + \frac{y}{b} = 1$ appartient à une droite qui coupe les axes de coordonnées à des distances ab de l'origine. L'équation $ox + oy = 1$ figure une droite qui coupe les deux axes à l'infini. C'est la droite de l'infini du plan considéré. Ceci ne doit pas vous surprendre, car les points de l'infini d'un plan forment évidemment un cercle de rayon infini, c'est-à-dire une droite.

Deux droites situées dans le plan se coupent toujours près ou loin, ou, si vous voulez, deux équations du premier degré à deux inconnues ont toujours une solution commune.

Deux droites parallèles ont pour équations

$$ax + by + c = o$$
$$ax + by + c' = o.$$

Ces équations admettent la solution commune unique $x = \infty$, $y = \infty$. Si on les retranche membre à

membre, on obtient l'équation $c - c' = o$ qui représente une droite passant par leur intersection. Cette droite est celle de l'infini : $1 = o$ ou $c - c' = o$, c'est évidemment la même équation. Cette droite est parallèle à une droite quelconque du plan, et sa direction est absolument indéterminée.

Ainsi vous ne vous scandaliserez plus, quand je vous dirai que deux droites parallèles indéfiniment prolongées se rencontrent, et qu'elles se rencontrent en un seul point, quel que soit le sens dans lequel on les prolonge. *Les deux extrémités d'une droite et les deux extrémités d'une droite parallèle ne sont qu'un seul et même point.*

Les tangentes à une courbe quelconque en ses points d'intersection avec la droite de l'infini sont par définition les *asymptotes* de la courbe. Un cercle ayant l'origine pour centre $x^2 + y^2 - R^2 = o$ a pour asymptotes les droites $x^2 + y^2 = o$. Les coefficients angulaires de ces droites, donnés par l'équation $1 + m^2 = o$, sont égaux à $\pm\sqrt{-1}$. Les angles qu'elles font avec l'axe des x ont pour tangentes $\pm\sqrt{-1}$, pour cosinus ∞, pour sinus $\infty\sqrt{-1}$. Ils sont infinis.

Un cercle quelconque du plan

$$(x^2 + y^2 - R^2) + (ax + by)(ox + oy - 1) = o$$

passe par les quatre points d'intersection du premier cercle considéré avec la droite $ax + by = o$ et avec la droite de l'infini. La droite de l'infini du plan contient donc deux points imaginaires conjugués $\omega\omega'$, par lesquels passent tous les cercles du plan. Ces points $\omega\omega'$ sont conjugués harmoniques par rapport aux deux points d'intersection de la droite de l'infini, et de deux droites perpendiculaires quelconques du plan.

Si on mène à ces deux points $\omega\omega'$ toutes les tangentes à une courbe quelconque, leurs points d'intersection sont par définition les *foyers* de la courbe. Une courbe du second degré a quatre foyers, confondus au centre dans le cas du cercle, puisqu'il passe par $\omega\omega'$.

Une courbe du second degré tangente à la droite de l'infini est par définition une *parabole*. Il est évident d'après cela que cette courbe n'a qu'un tour à distance finie, puisqu'à part la droite de l'infini, on ne peut lui mener qu'une tangente de chacun des points $\omega\omega'$.

Pour qu'un cercle devienne une parabole, c'est-à-dire soit tangent à la droite de l'infini qu'il coupe déjà en deux points distincts, il faut naturellement qu'il se décompose en deux droites, dont celle de l'infini.

Mais arrêtons-nous : je n'ai pas la prétention de vous faire un cours complet de géométrie plane, et ces quelques notions sur l'infini d'un plan me paraissent suffisantes.

Passons maintenant, si vous voulez bien, dans l'espace à trois dimensions. Chacun de ses points sera défini par ses trois coordonnées rectangulaires. Une équation entre ces coordonnées représentera une surface, et deux équations figureront une ligne.

L'équation $\frac{x}{a} + \frac{y}{b} + \frac{z}{c} = 1$ appartient à un plan qui coupe les axes de coordonnées à des distances $a\,b\,c$ de l'origine. L'équation $ox + oy + oz = 1$ figure un plan qui coupe les trois axes à l'infini. C'est le plan de l'infini. Vous vous rendez bien compte, n'est-ce pas? que tous les points de l'infini sont sur une même sphère de rayon infini, c'est-à-dire sur un même plan.

Deux plans parallèles ont pour équations

$$ax + by + cz + d = o$$
$$ax + by + cz + d' = o,$$

si on retranche ces équations membre à membre, on a l'équation $d - d' = o$, qui représente un plan passant par leur intersection : c'est celui de l'infini.

Deux plans quelconques se coupent suivant une droite, et trois plans se coupent en un point. Une droite coupe un plan en un point. Deux droites ne se coupent généralement pas.

L'enveloppe des plans tangents à une surface aux différents points de son intersection avec le plan de l'infini est une surface réglée asymptote à la surface considérée.

Une sphère ayant l'origine pour centre

$$x^2 + y^2 + z^2 - R^2 = o$$

est asymptote au cône $x^2 + y^2 + z^2 = o$, qui découpe sur le plan de l'infini une courbe imaginaire Ω.

Une sphère quelconque

$$(x^2 + y^2 + z^2 - R^2) + (ax + by + cz)$$
$$(ox + oy + oz - 1) = o$$

passe par les deux courbes d'intersection de la première sphère considérée par le plan $ax + by + cz = o$ et par le plan de l'infini. Toutes les sphères passent par la courbe Ω. Un plan quelconque coupe la courbe Ω en deux points qui sont précisément ceux définis plus haut, et c'est pourquoi la section plane d'une sphère est toujours un cercle.

Si on joint un point S à tous les points d'une courbe A, on obtient un cône, et si on coupe ce cône par un plan, on a la projection conique A' de la courbe considérée.

L'étude du mouvement dans l'espace à trois dimensions est l'objet de la mécanique et de l'astronomie. M. Stallo fait remarquer, avec juste raison, dans *la Matière et la Physique moderne* (1), que pour étudier le mouvement absolu d'un corps, on n'a pas dans l'univers un seul corps sur l'immobilité absolue duquel on puisse compter, mais que cela ne nous empêche en

(1) Voir l'analyse de ce livre dans *les Sciences expérimentales*.

aucune façon d'avoir la notion d'un point fixe dans l'espace. Nous ne connaissons pas le mouvement absolu, mais seulement le mouvement relatif. Un aéronaute se rend difficilement compte du mouvement de son ballon. Longtemps, les hommes ont cru immobile la terre qui les entraînait.

La géométrie usuelle a, comme vous le savez, des applications constantes dans toutes les branches de la science appliquée, et je n'ai pas besoin d'insister pour vous faire comprendre que si elle disparaissait du champ de nos connaissances, elle entraînerait avec elle l'astronomie et la mécanique, l'art des mines et celui des chemins de fer, etc.

Maintenant, je vous prie de vouloir bien m'accorder toute votre bonne volonté pour franchir avec moi un pas difficile. Ce que je vous ai dit de l'espace ressemble beaucoup à ce que je vous ai dit pour le plan, à tel point que c'en est monotone. Sortons, si vous voulez bien, de l'espace, et considérons par la pensée un milieu analogue, mais plus général, et infiniment plus vaste, si j'ose m'exprimer ainsi, dans lequel un point soit défini par quatre coordonnées rectangulaires. Nous avons donc quatre axes rectangulaires. Trois d'entre eux, ceux des x, des y et des z, sont compris dans notre espace, mais il n'en est pas de même du quatrième, l'axe des t, perpendiculaire, par hypothèse, à toute droite qui y est située. La conception de ce quatrième axe, de cet *azimut extraspacial*, est une opération délicate et complexe de la raison et de l'imagination : je laisse aux psychologues le soin de la disséquer.

Ceci étant admis, une équation entre les quatre coordonnées représentera un espace à trois dimensions, deux équations figureront une surface, et trois équations une ligne. Un espace quelconque à trois dimensions est facile à concevoir pour quiconque a admis l'existence de l'axe des t. J'ai le regret de ne pouvoir vous en présenter qu'un seul : notre espace habituel. *Ce qu'une courbe est par rapport à un point et ce qu'une surface est par rapport à une courbe, un espace à trois dimensions l'est par rapport à une surface et l'espace à quatre dimensions l'est par rapport à un espace à trois dimensions.* Les nombres de points, qui sont situés sur une ligne, sur une surface, dans un espace à trois dimensions ou dans l'espace à quatre dimensions, sont représentés par la première, la deuxième, la troisième et la quatrième puissance de l'infini.

Voilà, en deux mots, l'essence de la géométrie à quatre dimensions. Entrons maintenant, si vous voulez, un peu plus dans le détail :

L'équation $\frac{x}{a} + \frac{y}{b} + \frac{z}{c} + \frac{t}{d} = 1$ appartient à un espace du premier degré qui coupe les axes de coordonnées à des distances $a\,b\,c\,d$ de l'origine. L'équation $ox + oy + oz + \frac{t}{d} = 1$ appartient à un espace de premier degré qui coupe les axes des x, des y et des z à l'infini, et l'axe des t à la distance d. Cet espace du premier degré parallèle aux $x\,y\,z$ et perpendiculaire à l'axe des t est celui dans lequel nous nous mouvons. L'équation $ox + oy + oz + ot = 1$ figure un espace du premier degré qui coupe les quatre axes à l'infini. C'est l'espace du premier degré de l'infini. Deux espaces du premier degré, parallèles, ont des équations identiques sauf la constante. Si on les retranche membre à membre, on obtient l'équation de l'espace du premier degré de l'infini qui passe par leur plan d'intersection.

Deux espaces du premier degré se coupent suivant un plan, trois suivant une droite et quatre en un point. Un espace du premier degré coupe un plan suivant une droite et une droite en un point. Deux plans quelconques se coupent en un point. Un plan et une droite quelconques ne se coupent pas, et il en est de même a fortiori de deux droites quelconques.

L'espace sphérique à trois dimensions

$$x^2 + y^2 + z^2 + t^2 + ax + by + cz + dt + \mathrm{H} = 0$$

figure à chaque pas sous le nom d'*hypersphère* dans les beaux travaux de M. Picard, sur les fonctions *hyperfuchsiennes* (1). Tous les espaces sphériques à trois dimensions coupent l'espace du premier degré de l'infini suivant une même surface imaginaire o, lieu des courbes Ω situées dans les différents espaces du premier degré à trois dimensions. Une hypersphère quelconque est coupée par un espace du premier degré à trois dimensions suivant une surface, qui est une sphère vulgaire, dans le cas où l'espace sécant est notre espace habituel.

Si on joint un point quelconque S à tous les points d'une surface A, on obtient un espace conique, et si on coupe cet espace par un espace du premier degré, on a une surface A' qui est la projection conique de la surface considérée.

La projection conique ainsi définie d'une sphère peut être une surface du second degré quelconque, de même que, dans la géométrie usuelle à trois dimensions, la projection conique d'un cercle peut être une ellipse, une hyperbole ou une parabole. On déduit diverses propriétés des surfaces du second degré de celles de la sphère, exactement de même que, dans la géométrie classique, on étend aux courbes du second degré certaines propriétés démontrées pour le cercle.

La géométrie à quatre dimensions peut servir en mécanique ou en astronomie, à la condition de porter sur l'axe des t des longueurs proportionnelles aux temps.

La notion des coordonnées est due, vous le savez, au plus éminent savant de tous les temps et de tous les lieux, au très illustre Descartes, dont les récents travaux de M. l'amiral de Jonquières (1) viennent d'accroître encore la gloire scientifique. Vous avez vu que cette notion, véritablement lumineuse, ne s'applique pas seulement à la géométrie telle que pourrait la concevoir un animal enfermé dans un tube rectiligne capillaire, astreint à rester indéfiniment dans une surface plane ou forcé, comme nous le sommes nous-mêmes, de ne jamais sortir d'un espace du premier degré à trois dimensions. Elle s'étend sans aucune difficulté, comme vous venez de le voir, à l'espace à quatre dimensions. Si je ne craignais pas de vous ennuyer par des redites fastidieuses, je vous montrerais qu'elle peut se généraliser indéfiniment un point, c'est-à-dire un espace absolument dépourvu de toute dimension, à l'algèbre, après avoir exploré l'univers de la physique, l'espace à trois dimensions et l'espace à quatre dimensions, peut encore étendre beaucoup plus loin ses efforts.

Dans un espace à n dimensions, n coordonnées, ou, ce qui revient au même, n équations entre ces coordonnées représentent un point, c'est-à-dire un espace absolument dépourvu de toute dimension, $n - 1$ équations une ligne ou un espace à une dimension, $n - 2$ une surface ou un espace à deux dimensions, $n - p$ un espace à p dimensions (2).

Notre espace classique à trois dimensions a $n - 3$ équations qu'obtiennent en égalant à des constantes les $n - 3$ coordonnées supplémentaires.

Une équation du premier degré représente un espace à $n - 1$ dimensions, tel qu'une droite quelconque le coupe en un seul point. Quand les coefficients des variables s'annulent, cet espace s'éloigne à l'infini.

L'espace à $n - 1$ dimensions de l'infini passe par l'espace à $n - 2$ dimensions, suivant lequel se coupent deux espaces à $n - 1$ dimensions du premier degré et parallèles.

L'espace à $n - 1$ dimensions de l'infini contient un espace imaginaire Δ à $n - 2$ dimensions par lequel passent tous les espaces sphériques à $n - 1$ dimensions.

Si on joint un point S à tous les points d'un espace A à $n - 2$ dimensions, on obtient un espace conique à $n - 1$ dimensions, et si on le coupe par un espace du premier degré à $n - 1$ dimensions, on a un espace A' à $n - 2$ dimensions, qui constitue la projection conique de l'espace A considéré. On tire, par cette méthode,

---

(1) Dans son mémoire sur les fonctions *hyperabéliennes* (*Journal de mathématiques*, 1885), il cite un mémoire de M. Betti : *Sopra gli spazi di un numero qualunque di dimensioni* (*Annali di matematica*, 1870-71).

(1) *Descartes et son œuvre posthume* : « *De solidorum elementis,* » mémoire présenté à l'Institut le 10 février 1890. Voir aussi une note insérée récemment dans la *Bibliotheca mathematica* de Stockholm.

(2) M. Jordan désigne l'espace à $n - 1$ dimensions, défini par une équation sous le nom de *surface*; l'espace à $n - 2$ dimensions, défini par deux équations sous le nom de *bisurface*; l'espace à $n - \mathrm{K}$ dimensions, défini par K équations sous le nom de K *surfaces*, et l'espace à $n - \mathrm{K}$ dimensions, défini par K équations du premier degré sous le nom de K *plan*.

certaines propriétés générales des espaces du second degré à $n-2$ dimensions de celles de l'espace sphérique à $n-2$ dimensions.

Cette géométrie à n dimensions n'est peut-être qu'une *métaphore de l'algèbre générale*, mais en tout cas elle en est une interprétation très élégante, exactement au même titre que la géométrie rectiligne, plane, ou dans l'espace est une image visible de l'algèbre à 1, 2, 3 inconnues. Le calcul différentiel et le calcul intégral sont, comme l'algèbre élémentaire, traductibles dans une géométrie à autant de dimensions qu'ils comportent de variables. M. Camille Jordan, le grand maître en France de cette science nouvelle, a eu le rare bonheur de généraliser la loi des mouvements infiniment petits, la règle de composition des rotations, la théorie de la courbure des courbes, le théorème d'Euler sur la courbure des surfaces, etc. (1). De nombreux auteurs marchent dans la même voie (2), et ces notions ne sont pas loin d'entrer dans la science usuelle et dans les programmes des lycées.

La géométrie à n dimensions aura-t-elle un jour une application dans la pratique? je n'en sais absolument rien, mais cette question n'est pas, Dieu merci! pour arrêter un fervent dévot de la science pure. Il cherche le vrai, l'utile vient par surcroît.

Cette hypergéométrie se voit parfaitement, mais à la vérité, seulement avec les yeux de l'imagination dont la

vive imposture
Multiplie, agrandit, embellit la nature,

comme disait ce bon abbé Delille, qui serait bien étonné de voir à quoi peuvent s'appliquer ses vers.

Elle n'existe peut-être pas *objectivement*, mais, en réalité, de quoi pouvons-nous affirmer l'existence objective, et toutes nos connaissances ne sont-elles pas nécessairement subjectives (3)? Comme je l'ai exposé dans *les Sciences expérimentales*, je crois fermement à l'existence réelle de la matière, de la force et de l'âme, mais tout cela est contestable et contesté, même l'existence de la matière.

Le cerveau a besoin, il est vrai, de faire un certain effort pour concevoir tous ces espaces que je qualifierai d'extraspaciaux, puisqu'ils sont étrangers à notre espace classique. Mais quand vous y aurez réfléchi quelques instants, vous trouverez certainement ces notions d'une remarquable limpidité, et je serai, pour ma part, heureux de vous avoir initiés à cette superbe création réalisée par l'algèbre.

---

(1) *Comptes rendus de l'Académie des sciences de Paris*, 1872 et 1874.

(2) *American journal of mathematics* (Johns Hopkins University Baltimore), *Giornale di matematiche* (Battaglini), *Göttinger Nachrichten*, etc.

(3) *Wissenschaftliche Abhandlungen*, de M. Helmholtz.

Il existe divers autres modes de généralisation de la géométrie. La géométrie *non euclidienne* s'affranchit du postulatum d'après lequel on ne peut mener d'un point extérieur qu'une seule parallèle à une droite (1). Elle peut d'ailleurs comprendre un nombre quelconque de dimensions. Divers géomètres ont interprété les quantités imaginaires $a + b \sqrt{-1}$ (2). Mais je crois devoir, au moins pour aujourd'hui, passer ces points sous silence, et m'arrêter là en vous remerciant de votre bienveillante attention.

(*S'adressant à M. Jules Verne.*) Mon cher maître, s'il vous prend un jour fantaisie de promener un de vos voyageurs, auprès duquel Hatteras, Robur, Nemo, Pierdeux... ne seront que de timides enfants, dans l'espace à n dimensions, sur une hypersphère à $n-1$ dimensions, n'oubliez pas de lui réserver les aventures les plus abracadabrantes pour le moment où il traversera l'espace imaginaire Δ à $n-2$ dimensions, lieu géométrique des points circulaires imaginaires de l'infini ω' de tous les plans à deux dimensions que contient l'espace à n dimensions.

A. Badoureau.

PSYCHOLOGIE

Le prétendu sens de direction chez les animaux.

Comment les oiseaux et les insectes, transportés à une certaine distance de leur nid, trouvent-ils leur chemin pour y retourner? Voilà une des questions les plus *intéressantes* et qui touche de très près aux *instincts* et aux *facultés des animaux*. Quelques auteurs leur ont attribué un sens spécial, « sens de direction ».

M. Darwin a dit qu'il serait intéressant de rechercher l'effet produit sur des animaux placés « dans une boîte circulaire mobile autour d'un axe, que l'on ferait tourner rapidement dans un sens, puis dans un autre, de façon à annihiler pour un certain temps tout sens de direction chez les insectes. J'ai pensé, dit-il, que parfois les animaux pouvaient sentir au départ dans quelle direction on les déplaçait ». En réalité, dans certaines parties de la France, on considère que si un chat a été transporté d'une maison dans une autre dans un sac, il perd sa direction et ne peut retourner à son ancien logis, si l'on a fait tournoyer le sac.

M. Fabre a fait quelques expériences intéressantes et amusantes sur ce sujet. Il prit dix abeilles appartenant au

---

(1) Voir notamment à ce sujet la *Géométrie générale*, par M. G. Léchalas (*Revue philosophique* de M. Ribot, 1890).

(2) Note présentée à l'Académie des sciences par M. de Chancourtois en 1869.

genre Chalicodome, les marqua sur le dos par un point blanc, et les plaça dans un sac. Il les porta ensuite dans une direction à un demi-kilomètre, et s'arrêtant en ce point où se trouvait une vieille croix, il se plaça sur le côté de la route et fit rapidement tourner le sac au-dessus de sa tête. Pendant cette opération, vint à passer une bonne femme qui ne parut pas peu surprise de voir le professeur, placé en face de la vieille croix, faire tournoyer solennellement un sac autour de sa tête, et M. Fabre craint d'avoir été fortement soupçonné de se livrer à des pratiques infernales. Quoi qu'il en soit, M. Fabre, ayant suffisamment fait tourner ses abeilles, revint sur ses pas dans la direction opposée, repassa sa maison et transporta ses prisonnières à une distance de 3 kilomètres de leur nid. Là encore, il les fit tournoyer et les laissa partir ensuite, une par une. Elles firent un ou deux tours autour de lui, et disparurent. Pendant ce temps, sa fille Antonia surveillait. La première abeille fit les 3 kilomètres en un quart d'heure; quelques heures plus tard, deux autres retournèrent au nid; les sept autres ne reparurent pas.

Le lendemain, il répéta cette expérience avec dix autres abeilles. La première revint après cinq minutes, et deux autres environ une heure après. Ici encore, sept sur dix ne purent retrouver leur route.

Dans une autre expérience, il prit quarante-neuf abeilles. Au départ, quelques-unes seulement prirent une fausse direction; autant qu'il put juger par la rapidité du vol, la plus grande partie parurent se diriger vers le nid. La première arriva en quinze minutes. Une heure et demie plus tard, onze étaient rentrées; et, cinq heures plus tard, il en était rentré six de plus : ce qui fait dix-sept sur quarante-neuf.

Dans une autre expérience, sept abeilles sur vingt trouvèrent leur route. Dans une expérience suivante, il porta les abeilles un peu plus loin, à une distance d'environ 4 kilomètres. Une heure et demie après, deux abeilles étaient revenues; après trois heures et demie, il en était revenu sept de plus : total, neuf sur quarante. Enfin, il prit trente abeilles : quinze, tachées de rose, furent portées par une voie détournée et parcoururent ainsi environ 10 kilomètres; les autres quinze, marquées de bleu, furent portées tout droit au rendez-vous, distant d'environ un mille et demi de leur nid. Les trente abeilles furent lâchées à midi; à cinq heures du soir, sept roses et six bleues étaient de retour, de sorte que le long détour n'avait apporté aucune différence notable. Ces expériences paraissent concluantes à M. Fabre.

« La démonstration, dit-il, est suffisante. Ni les mouvements enchevêtrés d'une rotation comme je l'ai décrite; ni l'obstacle de collines à franchir et de bois à traverser; ni les embûches d'une voie qui s'avance, rétrograde et revient par un ample circuit, ne peuvent troubler les Chalicodomes dépaysés et les empêcher de revenir au nid (1). »

J'avoue sans honte que, charmé par l'enthousiasme de M. Fabre, ébloui par son éloquence et son ingéniosité, j'ai

(1) J.-H. Fabre, *Nouveaux souvenirs entomologiques.*

été tout d'abord disposé à adopter sa manière de voir. Un examen plus calme m'a laissé des doutes, et quoique les expériences de M. Fabre soient très ingénieuses et décrites très agréablement, elles n'entraînent pas la conviction dans mon esprit. Il y a deux points spéciaux à considérer :

1° La direction prise par les abeilles lorsqu'on les lâche;

2° Le nombre de celles qui réussissent à retrouver leur nid.

En ce qui concerne le second point, remarquons que les abeilles qui ont réussi ont été dans la proportion suivante :

3	sur	10
4	—	19
17	—	49
7	—	20
9	—	40
7	—	15
Au total. . . 47	sur	144

La proportion n'est pas très élevée. Sur la totalité, quatre-vingt-dix-sept paraissent avoir perdu leur route. Ne se peut-il pas que les quarante-sept aient trouvé la leur à l'aide de la vue ou par hasard? L'instinct, quoique inférieur à la raison, a l'avantage d'être généralement infaillible. Du moment que deux abeilles sur trois font fausse route, il me semble permis d'écarter l'idée de l'instinct. De plus, la distance du nid n'était que de 3 à 4 kilomètres. Et les abeilles connaissent certainement le pays à quelque distance. Nous ne savons pas exactement jusqu'à quelle distance elles vont butiner, mais il me semble raisonnable de supposer que, une fois arrivées à la distance de 2 kilomètres de leur nid, elles ont dû trouver quelque point de repère connu qui les aura mises sur la voie. Si nous supposons maintenant que cent cinquante abeilles ont été lâchées à 4 kilomètres de leur nid et qu'elles se sont envolées au hasard dans toutes les directions à peu près également, un simple examen nous montrera que vingt-cinq d'entre elles ont fini par se trouver à un mille de leur nid et par reconnaître alors leur chemin. Je n'ai jamais fait des expériences sur les Chalicodomes, mais j'ai observé que si on transporte une abeille de ruche à une certaine distance, elle se comporte comme un pigeon dans les mêmes circonstances, c'est-à-dire qu'elle décrit dans son vol des cercles de plus en plus étendus et de plus en plus élevés, jusqu'au moment, je suppose, où les forces lui manquent, ou jusqu'au moment où elle voit quelque objet connu. De plus, si les abeilles avaient été guidées par un sens de direction, elles seraient retournées au nid en quelques minutes. Pour faire un mille et demi de deux milles, elles n'auraient pas mis cinq minutes. Une abeille sur cent quarante-sept fit ce trajet en cinq minutes; mais il fallut aux autres une, deux, trois, ou même cinq heures. Il est donc raisonnable de supposer que ces dernières ont perdu du temps avant de trouver un objet connu. Le second résultat des observations de M. Fabre ne prête pas aux mêmes remarques. Il fait observer que la grande majorité des Chalicodomes prit d'abord la direction du nid. Il avoue cependant, ainsi que je l'ai déjà dit, qu'il n'est pas toujours facile de suivre le vol des abeilles. Tout en admettant ce fait, il me semble que les abeilles pouvaient reconnaître le point où elles se trouvaient; et, quoi qu'il en soit, il ne me paraît pas que nous devions admettre l'existence d'un nouveau sens, qu'il faut réserver comme dernière ressource.

De plus, M. Fabre dit lui-même : « lorsque la rapidité du vol me laisse reconnaître la direction suivie, » ce qui semble contenir un doute. En effet, quelques années auparavant, il avait fait une expérience semblable avec des abeilles de la même espèce, qu'il transportait directement à une distance de à kilomètres du nid, et qu'il ne faisait pas tournoyer autour de sa tête. J'ai consulté son ouvrage antérieur pour voir comment se comportaient ces abeilles et je trouve ceci :

« Aussitôt libres, les chalicodomes fuient, comme effarés, qui dans une direction, qui dans la direction tout opposée. Autant que le permet leur vol fougueux, je crois néanmoins reconnaître un prompt retour des abeilles lancées à l'opposé de leur demeure, et la majorité me semble se diriger du côté de l'horizon où se trouve le nid. Je laisse ce point avec des doutes, que rendent inévitables des insectes perdus de vue à une vingtaine de mètres de distance. »

Dans ce cas, certaines abeilles partaient les unes dans une direction, les autres dans une autre. Il serait certainement remarquable que des abeilles portées directement eussent perdu leur route, et que celles que l'on avait fait tournoyer se fussent rendues directement à leur nid.

Après tout, il me semble qu'en réalité, elles ne s'envolaient pas directement vers leur nid. Si elles avaient pris cette direction, elles auraient été de retour en trois ou quatre minutes, tandis qu'il leur fallait beaucoup plus de temps. Même si elles prenaient la bonne direction, il est clair qu'elles ne la gardaient pas. J'ai essayé moi-même des expériences du même genre avec des abeilles de ruche et des fourmis. Ainsi, je plaçai du miel sur une plaque de verre près d'un nid de *Lasius niger*, et pendant que les fourmis étaient en train de manger, je déplaçai doucement la plaque de verre que je posai sur une planchette d'un pied carré, à environ dix-huit pouces du nid. Il y avait treize fourmis sur la plaque, et je marquai les points de la planchette d'où elles partaient : cinq d'entre elles sortirent de la planchette par la moitié la plus rapprochée du nid et huit sortirent par l'autre moitié, du côté opposé au nid. Je notai alors le temps que mettaient les trois premières d'entre elles pour se rendre. Toutes trois trouvèrent le nid par hasard et il leur fallut dix, douze et vingt minutes respectivement. Je pris encore quarante fourmis qui mangeaient du miel et je les posai sur un sentier sablé à environ 45 mètres du nid, au milieu d'un carré de dix-huit pouces de diamètre, que je traçai sur le sentier avec des pailles.

Je préparai un carré correspondant sur du papier et, après avoir indiqué par un trait la direction du nid, je marquai les points par lesquels les fourmis franchissaient les bornes de ce carré. Elles sortaient dans toutes les directions; et, en divisant le carré en deux moitiés, l'une regardant du côté du nid, l'autre du côté opposé, le nombre des sorties était à peu près égal de chaque côté.

Après avoir quitté le carré, les fourmis erraient à l'aventure comme égarées, et croisaient les côtés du carré dans toutes les directions en avant et en arrière. J'en surveillai deux pendant une heure; elles erraient çà et là, et, au bout de ce temps, l'une d'elles était à deux pieds de son point de départ, mais à peine plus rapprochée de son nid. L'autre était à environ six pieds au delà du nid et presque aussi éloignée qu'au début. Je les replaçai alors près du nid dans lequel elles entrèrent ravies.

J'ai rapporté quelques-uns de ces faits dans une note que je lus à la réunion de la *British Association* à Aberdeen ; ces faits ont été depuis confirmés par M. Romanes (1).

« Il est peut-être bon que je décrive, dit-il, quelques expériences que je fis l'année dernière sur une question qui fit l'objet d'une communication de sir John Lubbock, à la *British Association*. Il s'agit de savoir si les abeilles trouvent leur route vers leur nid, simplement grâce à la connaissance de certains points de repère, ou bien si elles possèdent quelque faculté mystérieuse qui a reçu généralement le nom de sens de direction. L'impression générale paraît être qu'elles reconnaissent leur route grâce à un sens particulier et qu'il n'est pas nécessaire qu'elles aient une connaissance spéciale du district dans lequel elles ont été mises en liberté. Et cette impression, ainsi que le fait remarquer sir John Lubbock, a été confirmée par les expériences de M. Fabre. Cependant les conclusions tirées de ces expériences ne me paraissent pas, pas plus qu'elles ne paraissent à sir John, justifiées par les faits. Aussi ai-je comme lui repris ces expériences avec quelques variantes. Je suis arrivé à ce résultat qui me satisfait, c'est que les abeilles ne se retrouvent que grâce à la connaissance spéciale du district ou des points de repère. C'est parce que mes expériences confirment pleinement celles qui ont été faites par sir John que je me décide à les publier en ce moment.

« La maison dans laquelle je fis ces observations est située à plusieurs centaines de mètres de la côte ; de chaque côté existent des jardins avec des fleurs et, en avant, des clairières séparent la maison de la mer. Ainsi donc les abeilles, partant de la ruche, doivent chercher leur miel de chaque côté de la maison et elles doivent rarement ou même jamais visiter les clairières qui ne peuvent leur donner du miel et qui servent seulement de passage pour aller à la mer. Les conditions géographiques étant ainsi, je plaçai une ruche d'abeilles dans une des pièces de façade du sous-sol de la maison. Lorsqu'elles furent tout à fait familiarisées avec leurs nouveaux quartiers après une quinzaine de jours de sorties et de rentrées successives, je commençai mes expériences. Le *modus operandi* consistait à fermer la fenêtre le soir, lorsque toutes les abeilles étaient rentrées, et aussi à faire glisser un volet en verre au-devant de la porte de la ruche, de façon à les enfermer dans une double enceinte. Le lendemain matin, je retirais légèrement le volet en verre, laissant ainsi sortir le nombre d'abeilles que je voulais. Lorsqu'un nombre suffisant était dehors, je fermais le volet en verre et je prenais toutes les abeilles mises en liberté, qui volaient en bourdonnant contre la face interne des carreaux de la fenêtre fermée. Je les plaçais en les comptant dans une boîte, j'ouvrais ensuite la fenêtre, et je disposais un carton enduit de glu sur l'entrée de la ruche, juste au-devant du volet en verre qui restait fermé. Ces dispositions avaient pour but de m'éviter la nécessité de marquer les abeilles. Elles me permettaient encore d'expérimenter facilement sur un aussi grand nombre d'individus que je voulais et me donnaient la certitude qu'aucune abeille ne pouvait retourner à la ruche sans que j'en fusse averti. Car toutes les fois qu'une abeille revenait, elle était certaine de s'empêtrer dans la glu, et toutes les fois que j'en trouvais une engluée, j'étais certain que c'était une abeille que j'avais prise dans la ruche, parce qu'il n'y en avait pas d'autres dans le voisinage.

« Opérant d'après cette méthode, je commençai par prendre dans une boîte une vingtaine d'abeilles que je lâchai sur la mer où il n'y avait aucun point de repère qui pût renseigner ces insectes sur la situation de leur nid. Aucune d'elles ne retourna à la ruche. Plusieurs jours après, étant bien sûr que les premières étaient définitivement égarées, j'en lâchai encore une vingtaine sur le bord de la mer et, avant de les mettre en liberté, je fis tournoyer la boîte comme une fronde pendant un certain temps, afin de voir si ces mouvements troubleraient leur sens de direction. Mais comme aucune des abeilles n'était revenue après la première expérience, il était presque inutile de faire la seconde. Je lâchai donc ainsi ces abeilles sur le rivage, puis, comme aucune d'elles ne revint, j'en lâchai un autre groupe sur la clairière, entre le rivage et la maison. Je fus quelque peu surpris de voir que une de ces dernières ne retourna à la ruche, bien que la distance de la clairière à la ruche ne fut pas supérieure à 250 mètres. Enfin je lâchai des abeilles dans les différentes parties du jardin des fleurs, et celles-là je les trouvai toujours engluées quelques minutes après leur mise en liberté. En effet, elles étaient souvent revenues avant que je n'eusse eu le temps de me rendre en courant du point où je les avais lâchées à la ruche. J'ajouterai que le jardin était très grand, et que plusieurs de ces abeilles avaient à parcourir pour se rendre à la ruche une distance plus grande que celle que leurs compagnes perdues, lâchées sur la clairière, auraient eu à parcourir. Il est donc certain pour moi que toutes ont réussi à retrouver si facilement leur route, grâce à leur connaissance spéciale du jardin des fleurs et non grâce à un sens général de direction.

« J'ajouterai que, étant en Allemagne, il y a quelques semaines, j'essayai sur plusieurs espèces de fourmis les expériences que sir John Lubbock a décrites dans sa communication et qu'il a faites sur des espèces vivant en Angleterre. Ici encore, j'ai obtenu des résultats identiques. Dans tous les cas, les fourmis ont été perdues sans espoir lorsqu'elles ont été relâchées quelque peu loin de leur nid. »

Les expériences de M. Romanes confirment, ainsi qu'il le dit lui-même, l'opinion que j'avais exprimée, c'est-à-dire qu'il n'y a pas de preuves suffisantes pour admettre chez les insectes un sens qui puisse être justement appelé « sens de direction » (1).

JOHN LUBBOCK.

INDUSTRIE

Les ressources houillères du Tonkin,
d'après M. H. Rémaury.

La question des ressources houillères du Tonkin est assurément du plus grand intérêt au point de vue de l'avenir de notre nouvelle colonie. Ces ressources sont-elles de nature à légitimer d'importants sacrifices immédiats? l'exploitation des mines comporte-t-elle l'établissement de nouvelles voies de communication? la qualité du charbon est-elle suffisante? quels sont les débouchés assurés aux produits des nouvelles mines? Ce sont là autant de questions auxquelles on est dès maintenant en état de répondre et dont la solution favorable, comme on va le voir, donne à nos nouveaux territoires une valeur qu'il n'était pas possible de leur attribuer tout d'abord.

Dans une conférence faite devant la *Société des ingénieurs civils*, M. H. Rémaury, qui vient de passer une année à mettre en valeur la concession de l'île de Kebao, a exposé avec détail tout ce qui se rapporte à la question des mines de houille du Tonkin : il a décrit la géologie des régions houillères, donné la topographie du bassin houiller des dimensions des concessions déjà accordées, exposé les résultats des essais faits dans notre marine au sujet de la qualité de la houille.

Aussi, croyons-nous ne pouvoir mieux faire que résumer ici les principaux passages de cette conférence — étude complète faite par un homme compétent — pour donner une idée exacte de ce que sont nos nouvelles mines de houille et l'avenir réservé à leur exploitation :

La plupart des explorateurs du Tonkin avaient signalé les richesses minérales de ce pays, et notamment les dépôts houillers; il importait d'en faire la reconnaissance : telle fut l'origine de la mission confiée par le ministre de la marine à M. Edmond Fuchs, ingénieur en chef des mines et professeur de géologie à l'École supérieure des mines, dont la mort prématurée, en 1889, a été une si grande perte pour la science géologique.

M. Fuchs, assisté de M. Saladin, ingénieur civil des mines, devait explorer les gîtes de combustibles reconnus ou soup-

(1) Extrait d'un ouvrage : *Les Sens et l'Instinct chez les animaux*, par M. John Lubbock, qui paraîtra prochainement à la librairie Alcan.

çonnés au Tonkin et dans certaines parties de l'Annam, en étudiant aussi les gîtes métallifères de ces pays.

La Société des ingénieurs civils, dans sa séance du 17 novembre 1882, entendit une communication verbale de M. Fuchs sur cette mission, accomplie du mois de novembre 1881 au mois de mars 1882, et les *Annales des Mines* de 1882 publièrent un mémoire complet de ces ingénieurs sur leurs observations, avec une esquisse à grands traits de la géologie de l'Indo-Chine.

En quelques lignes, voici quelle est cette géologie : le granite forme l'ossature générale; au-dessus du granite à petits éléments du promontoire de la baie de Tourane, la série des terrains sédimentaires est ainsi déterminée :

a. — Schistes anciens.

b. — Terrain dévonien.

c. — Calcaire carbonifère.

d. — Bassins houillers, grès et argiles versicolores.

e. — Terrains secondaires et tertiaires.

f. — Alluvions.

Les couches de houille se trouvent à la base de la puissante formation argilo-gréseuse qui repose en stratification discordante sur le calcaire carbonifère. Le nom de système de grès et argiles versicolores a été adopté pour éviter un classement immédiat dans l'âge géologique, malgré l'analogie lithologique la plus complète avec les terrains houillers, permiens et triasiques de l'Europe occidentale.

L'étude remarquable de M. Zeiller, ingénieur des mines, sur la flore fossile des couches de charbon du Tonkin, a établi l'existence d'espèces appartenant à la base de l'époque jurassique et fait admettre une intéressante relation entre les flores triasique supérieure, rhétienne et jurassique inférieure de contrées aussi éloignées que l'Inde, l'Afrique australe et l'Europe occidentale (1).

La conclusion de l'examen de M. Zeiller, d'après la flore fossile, assignerait aux couches de houille du Tonkin un niveau intermédiaire entre le trias et le jurassique.

Les alluvions anciennes se rattachent à la période de creusement des vallées. Il convient de citer en entier le passage relatif aux alluvions récentes; c'est l'explication des deux grandes périodes annuelles de la vie des populations dans le Delta (2) :

« Les alluvions modernes méritent d'être mentionnées à un double titre : leur développement et la fertilité du sol auquel elles donnent naissance. Ces deux circonstances tiennent d'abord à l'extension même des fleuves de l'Indo-Chine, ensuite au régime hydrologique de ces fleuves et aux conditions météorologiques des contrées qu'ils arrosent.

« Ces contrées possèdent, en effet, une longue saison des pluies, alternant avec une saison d'absolue sécheresse, qui déterminent respectivement dans le régime des fleuves une période de crues et d'inondations suivie d'une période,

(1) *Annales des mines*, 1882, t. II, p. 299.—Examen de M. Zeiller, ingénieur des mines.

(2) P. 219 et 220 du Mémoire.

beaucoup plus courte d'ailleurs, de basses eaux. Pendant la première de ces deux périodes, les eaux, chargées d'une forte proportion de limon, principalement emprunté au granite et au grès et argiles versicolores et qui, à cause de cette double origine, est généralement argileux et fréquemment kaolineux, colmatent énergiquement leurs rives où elles sont retenues, pour la culture du riz, de l'indigo, de la canne à sucre, par d'ingénieux travaux de canalisation et d'endiguement.

« L'excédent, toujours considérable, de matières limoneuses est entraîné jusqu'à la mer, où tout ce qui n'est pas emporté par les courants de la côte se dépose dans l'estuaire même du fleuve, sans cesse agrandi par cet incessant apport de matières solides. »

Il faut retenir de ces observations les circonstances climatériques qui auront aussi leur influence dans la distribution des travaux miniers.

Le *granite normal ancien* est concentré dans le voisinage de l'axe du plateau laotien, de part et d'autre duquel les schistes anciens sont redressés symétriquement. Le même fait se reproduit dans quelques-uns des contreforts de la grande chaîne, notamment dans la baie de Tourane.

Au granite normal succède un *granite à gros éléments,* passant à la *pegmatite,* puis viennent les *granulites* et les *microgranulites* et enfin les *diorites* et *kersantites*, rencontrés parmi les galets constitutifs des poudingues si abondants dans le bassin houiller de Nong-Son (Annam). Les roches porphyriques et volcaniques n'ont pas été observées au Tonkin.

Les importants gîtes d'étain du Laos et du Yunnan ont été décrits par Francis Garnier et par M. de Kerkaradec, consul de France à Hanoï. Le fleuve Rouge amène, à la descente, les barques chargées de métal qui s'échange contre du sel, du tabac et d'autres produits.

Les filons de quartz et les alluvions aurifères se trouvent dans la région de Mi-Duc sur le Song-Don; les fonctionnaires annamites ont toujours été hostiles à leur exploitation et ont entravé systématiquement leur reconnaissance.

Il faut se reporter à l'année 1881 et aux difficultés locales, qui ne sont pas encore toutes levées aujourd'hui, pour se rendre compte de l'énergie des premiers explorateurs. MM. Fuchs et Saladin reconnurent péniblement la limite sud du bassin sur une longueur d'environ 111 kilomètres; du côté du nord, les renseignements manquaient et il eût été trop dangereux de s'y aventurer.

Néanmoins, il fut dès lors constaté que le gisement houiller du Tonkin était de premier ordre, au moins en quantité; quant à la qualité, la récolte incertaine ou insuffisante des échantillons annamites ont toujours fait à un contrôle ultérieur.

L'existence certaine de la houille exploitable au Tonkin devait appeler l'attention du ministre de la Marine et des Colonies sur les avantages qui résulteraient, pour notre marine, de leur mise en exploitation, lorsque le pays serait pacifié.

L'arrêté du 6 septembre 1884 institua la Commission des

mines de l'Annam et du Tonkin, qui conclut à l'organisation d'un service des mines, sous la direction de M. E. Sarran, ingénieur colonial des mines, dont la mission avait pour objet l'étude complète et détaillée du terrain houiller, la mise en exploitation d'une mine au compte de l'État et les levés préparatoires du lotissement des concessions à mettre ultérieurement en adjudication.

M. Sarran remplit sa mission dans les années 1885 et 1886, et il en rendit compte dans une étude sur le bassin houiller du Tonkin, avec planches et vues, qu'il publia en 1888 (1).

La planche I est la réduction des cartes dressées par l'état-major général du corps expéditionnaire; ces cartes à l'échelle de 1/300000 et de 1/500000 montrent, avec la netteté de nos belles cartes de France, le relief du sol, la situation des cours d'eau et les parties montagneuses qui encadrent le delta.

Sur cette planche, la bande houillère, teintée en gris, englobe une bonne partie du cours de la rivière Claire, venant de Tuyen-Quan, touche la ville de Sontay, sur le fleuve Rouge, déjà grossi de la rivière Claire et de la rivière Noire avant d'arriver à Sontay, reprend alors les deux rives du fleuve Rouge jusqu'à son coude vers Hanoï, s'amincit à partir de la ville de Bac-Ninh et passe bien au-dessus de la ville de Quang-Yen, en se dirigeant vers la baie d'Halong pour finir à l'île de Kebao.

Fig. 87. — Carte du territoire de l'île de Kebao et de ses couches carbonifères.

Cette bande, d'une longueur supérieure à 200 kilomètres, est plate dans le delta et le voisinage des cours d'eau; elle se relève avec les collines et constitue les premiers contreforts du massif montagneux compris entre le delta et la frontière chinoise.

Les planches X et XI donnent le caractère variable et souvent grandiose et pittoresque des formes dues aux diverses natures des roches, tantôt abruptes quand elles sont calcaires, tantôt à pentes douces et à sommets arrondis si les grès et les schistes dominent.

(1) Challamel et Cie, éditeurs, Librairie coloniale, Paris.

M. Fuchs, dans son mémoire, compare le calcaire-marbre de l'Indo-Chine, soit avec le calcaire dévonien de Givet, soit avec le calcaire carbonifère, et c'est au dernier qu'il rattache celui de l'Indo-Chine. Sa couleur est généralement gris noirâtre, parfois rose ou lilas pâle; son grain est fin et compact, sa dureté est accusée par les dentelures des couches disloquées et redressées. Les flots et récifs du golfe du Tonkin, si chers aux pirates, sont les témoins éternels des soulèvements impétueux qui ont produit l'un des plus beaux paysages du monde avec ses falaises escarpées, ses longs couloirs et ses grottes légendaires.

La répercussion de tels soulèvements se manifeste par les plis, failles et brisures des couches de houille; il faut donc s'attendre, dans l'exploitation, à une quantité plus ou moins grande de menu ainsi qu'à des épuisements importants, variables avec l'intensité des pluies et la compacité des terrains.

La première concession, celle d'Hon-Gay, est exploitée par la Société française des charbonnages du Tonkin, et la seconde, par la Société anonyme de Kebao.

Leur ensemble forme une zone allongée d'environ 70 kilomètres de long sur une largeur variable de 4 à 8 kilomètres carrés. On peut compter, en diverses couches, une épaisseur dépassant, au moins à Kebao, 30 mètres de houille.

D'après les travaux faits actuellement dans ces deux concessions, on distingue trois étages dans l'ordre de superposition des couches de houille.

Le premier étage, ou étage inférieur, présente d'abord des filets de charbon, alternant avec des lits schisteux; lorsque la veine s'épaissit, elle ne donne qu'un combustible médiocre, contenant une forte proportion de cendres, difficile à enflammer et à brûler, tout au plus apte à la cuisson de la chaux.

Il ne faut compter cette ressource que pour mémoire.

Le deuxième étage est l'étage le plus connu, celui dans lequel se trouvent, à Kebao, les principaux travaux entrepris jusqu'à ce jour; les couches y sont abondantes et leur régularité assure une extraction de longue haleine.

Elles se poursuivent sur toute l'étendue des deux concessions d'Hon-Gay et de Kebao.

Les charbons de cet étage ont un fort pouvoir calorifique; les matières volatiles varient de 5 à 15 pour 100, et la proportion de cendres de 3 à 12 pour 100.

Ces chiffres varieront nécessairement encore; ils s'améliorent avec la profondeur, et il devra être fait un choix judicieux des premières couches à exploiter.

Il semble, *a priori*, que les charbons de Kebao tiennent la corde dans les essais comparatifs des produits des diverses concessions, y compris celle de Tourane (Annam).

Leur teneur en cendres, leur dureté, leur bonne tenue au feu, facile à régler et à conduire, sans modification des foyers, sont des gages de facile écoulement du gros.

Quant au menu, il faut l'estimer de un quart à un tiers de l'extraction et envisager, pour sa vente, le problème de sa transformation en briquettes.

24 couches ont été reconnues à Kebao dans ce deuxième étage. Elles ont dû être relevées dans les ravins et arroyos au moment des basses mers, puis suivies, en faisant jouer la hache, au milieu des bois et broussailles, et en se guidant sur les bancs de grès grossier qui font saillie au jour.

La quantité de combustible existant au-dessus des plus hautes marées est relativement faible, mais pendant qu'elle sera prise en galeries déjà commencées, on se propose d'établir un ou plusieurs sièges principaux d'extraction par puits.

Les limites du troisième étage sont encore imparfaitement déterminées à Kebao; on a reconnu cinq couches dans la concession d'Hon-Gay, dont l'une a une puissance de 4 à 5 mètres.

Leur parallélisme est une circonstance avantageuse pour l'exploitation. Quant à la qualité, elle est la même que celle des autres étages.

D'après les dernières nouvelles du Tonkin, une nouvelle concession, celle de Dong-Trieu, vient d'être instituée; elle aurait environ 10 kilomètres dans les deux sens. C'est à partir de Dong-Trieu que le bassin se révèle par les affleurements du terrain houiller ou par les bords inclinés de la cuvette de calcaire carbonifère jusqu'à Quang-Yen. La concession de Dong-Trieu s'étend au nord du Song-Da-Bac et à l'ouest de Quang-Yen.

L'acte de concession n'est pas encore publié.

Bien que la concession de Tourane appartienne à l'Annam, elle doit être mentionnée, car ses produits vont se présenter en concurrence de ceux du Tonkin. Il s'agit des mines de Nong-Son, situées à 60 kilomètres de Tourane, dans la province de Quang-Nam.

L'empereur Tu-Duc les avaient concédées, le 12 mars 1881, à un négociant chinois qui visait la fourniture du combustible aux verreries et aux fonderies de Canton et à la consommation ménagère de Shanghaï, où le bois et le charbon de bois sont hors de prix; mais le concessionnaire chinois fut vite arrêté par l'ignorance de l'art des mines. Les droits du concessionnaire chinois ont été cédés, en juillet 1889, à un négociant français du Tonkin, avec la ratification du gouvernement annamite et l'approbation du résident supérieur à Hué. Le bassin de Nong-Son entre ainsi en exploitation régulière. On y accède par une rivière qui peut recevoir des chalands de 1 mètre de tirant d'eau; il y a 2 kilomètres du point d'embarquement des charbons à la mine.

La concession de Kebao a été instituée au profit de M. Jean Dupuis, en dédommagement des pertes qu'il avait subies depuis l'année 1873. L'acte de concession a été publié dans le journal l'*Avenir du Tonkin* du 1er septembre 1888.

M. Jean Dupuis, ne pouvant exploiter lui-même cette concession, l'a apportée à la Société anonyme française de Kebao, au capital de 2 500 000 francs, dont les statuts ont été établis le 9 janvier 1889.

La Société, une fois constituée, se trouva en présence de deux opinions inverses. L'une, très optimiste, assimilant le charbon maigre du deuxième étage au type Charleroi, et le charbon demi-gras du faisceau supérieur au charbon de Cardiff ou d'Anzin (fosse Thiers), concluait à la dépense immédiate de plusieurs millions par l'installation de puits, machines, chemins de fer, estacades d'embarquement, maisons, etc., le tout sans idée d'une île déserte, à peine explorée.

L'autre opinion, fondée sur la composition d'échantillons recueillis au hasard, était décourageante et aurait abouti à l'abstention, si elle avait prévalu.

Dans cette incertitude, le dossier fut remis entre les mains de l'ingénieur-conseil actuel qui, après entente sur un premier programme restreint, fut chargé de l'organisation d'une véritable mission d'exploration réelle, avant la mise en valeur de la richesse minérale à définir et à constater.

La mission devait se rendre à Kebao, s'y installer, prendre possession de l'île, et entreprendre d'abord la reconnaissance des couches exploitables; elle devait surtout faire essayer en grand les charbons de fraîche extraction sur les bateaux de passage ou autrement, envoyer des échantillons d'origine certaine, commencer une extraction provisoire aux points facilement accessibles et coordonner les éléments de l'exploitation future sur des plans exactement relevés.

M. Sarran, dont les travaux antérieurs au Tonkin et en France recommandaient spécialement pour la période de recherches, fut nommé ingénieur en chef à Kebao; on lui adjoignit un ingénieur ordinaire, sorti de l'École des mines de Saint-Étienne, ayant plusieurs années de pratique dans des travaux difficiles, deux bons maîtres mineurs, dont l'un était au courant des levés et plans souterrains, et un chef sondeur habitué au climat des colonies.

La mission, munie d'un outillage complet de sondage expédié par une autre voie, s'embarquait, le 25 août 1889, et arrivait à Kebao le 2 octobre, au moment de la bonne saison pour les travaux, le semestre d'octobre à avril.

L'île de Kebao est située à l'extrémité orientale du Tonkin, au delà des baies d'Halong et de Faïtzilong; elle a la forme d'un triangle dont la base au sud sert de guide aux faisceaux allant du mouillage d'Halong à Pak-Lung : près du sommet, à la pointe du Coq, se joignent le canal de Campha qui limite le côté gauche du triangle et le canal de Tien-Yen qui limite le côté droit, au milieu duquel une grande rade pourrait abriter les plus forts navires. Dans l'acte de concession, la surface de l'île a été portée à 25 000 hectares. La partie méridionale est montagneuse et très boisée; on y trouve des sommets jusqu'à 360 et 405 mètres, des vallées et des cours d'eau. Les rivières, dites du Kebao, du Cerf et de Caï-Daï découpent, dans leurs méandres, des canaux naturels où les marées se font sentir jusqu'à la grande cascade, à chute d'environ 6 mètres, dans la rivière principale; elles offrent aux sampans des voies intérieures, à partir du mouillage des chaloupes dans la baie de Kebao.

Cette baie est le point d'arrivée à l'île, au milieu de la base du triangle; un appontement y est établi et le mamelon qui domine l'entrée est le siège du groupe de maisons pour les Européens. La vue y est magnifique, la brise généralement rafraîchissante, l'eau douce est pure et abondante; il est néanmoins prescrit de la passer au filtre pour la boisson.

Dès que l'arrivée de la mission fut connue, quatre-vingts Chinois se présentèrent les uns avec leurs outils de charpentier, les autres avec des filets de pêche tous prêts à se mettre au travail et se déclarant heureux d'avoir un salaire assuré.

La question de la main-d'œuvre, facile à recruter, était ainsi résolue tout d'abord.

A la vue de ces travailleurs de bonne volonté, les fatigues de la longue traversée furent vite oubliées, et chacun des membres de la mission se mit courageusement à l'œuvre.

L'installation s'était faite un peu à l'étroit, en attendant mieux, dans les maisons et abris du commencement de groupe européen, établi à mi-côte du mamelon central, à l'entrée de l'île de Kebao. Les seules voies de circulation dans l'intérieur de l'île étaient les rivières et quelques mauvais sentiers à travers la brousse; après le parcours possible en sampan tant qu'il y avait assez d'eau, il fallait continuer à pied, sans craindre les flaques d'eau, les sangsues et les rencontres du tigre, troublé dans son domaine incontesté depuis des siècles. Aucun accident n'est d'ailleurs arrivé depuis l'installation de la mission; les animaux féroces s'écartent de l'homme et s'enfoncent dans les fourrés impénétrables où l'abondance du gibier suffit à leur avidité.

Néanmoins, il faut être armé et prudent, et ne pas s'avancer isolément, quand on aborde un terrain vierge où l'imagination grandit l'imprévu; les reconnaissances géologiques exigent alors beaucoup de courage et de sang-froid. Après six mois d'études, la période de reconnaissances spéciales à la houille était à peu près terminée.

L'île de Kebao est constituée par le terrain qui contient la houille dans tout l'Extrême-Orient, c'est-à-dire dans l'Annam et le Tonkin, ainsi que dans l'Inde et l'Australie.

Le terrain houiller apparaît surtout au sud de l'île, dans sa partie la plus allongée; les couches de houille affleurent nettement jusque dans le lit des rivières qui transportent des morceaux de charbon roulé.

L'ensemble des couches reconnues à ce jour est réparti en deux faisceaux, séparés par un intervalle stérile de grès et schistes. Un troisième faisceau inférieur est seulement soupçonné; il doit être provisoirement négligé, à cause de l'importance du faisceau supérieur et du faisceau moyen, et de la qualité meilleure de la houille, en s'élevant de l'un à l'autre.

Le faisceau moyen a été d'abord étudié comme étant celui dont l'accès était le plus facile.

D'ailleurs, l'essai de la houille extraite dans les premières recherches ayant donné de bons résultats aux chaudières de la chaloupe le Paul, dès son arrivée à Kebao avec la mission, il n'y avait pas à hésiter à faire la pleine reconnaissance des couches similaires.

Tel a été le premier effort. Au bout d'un mois, à la date du 5 novembre 1889, un plan pouvait être adressé au siège social, à Paris, avec l'indication de 16 couches bien parallèles, d'épaisseur variable entre 0m,60 et 2m,50; quatre galeries étaient commencées en des points où les sampans pouvaient aisément arriver. Pour les bois de soutènement il n'y avait qu'à les couper dans les forêts entourant les travaux, la concession comprenant le fonds et le tréfonds du territoire de toute l'île.

Il serait trop long d'énumérer les étapes successives de ces recherches; donnons de suite le résultat du semestre :

Le faisceau moyen est à peu près complètement reconnu.

En partant du calcaire carbonifère, il faut compter provisoirement comme stérile l'étage inférieur, composé de grès à gros éléments de quartz; sa puissance est d'au moins 400 mètres.

Au-dessus, l'étage moyen présente une épaisseur de 1000 mètres; c'est une succession de grès grossiers, de grès schisteux et de schistes dans lesquels on a compté vingt-quatre couches.

L'épaisseur totale de ces diverses couches, c'est-à-dire la puissance utile du faisceau de l'étage moyen est de 27m,30, abstraction faite d'une couche qui n'a pas encore été mesurée. Onze de ces couches ont déjà été attaquées.

Entre l'étage moyen et l'étage supérieur existe un banc de grès formant horizon; son épaisseur est de 80 mètres.

C'est le mur de l'étage supérieur, évalué à 200 mètres et recouvert lui-même par une forte épaisseur de grès grossier, qui couronne les hauteurs, à l'ouest des habitations.

Six couches ont été reconnues dans l'étage supérieur, donnant une épaisseur de 14m,70 qui, ajoutées aux 27m,30 de l'étage moyen, donnent 42m,50 pour la puissance totale actuellement connue des deux faisceaux.

En rapportant une telle épaisseur à la surface à exploiter, on voit que la masse de houille disponible comporte une extraction aussi considérable que prolongée; elle dépasse un milliard de tonnes.

Il restait à fixer la qualité par des essais contrôlés.

Le premier essai sur le bateau le *Paul*, dès l'arrivée de la mission, avait laissé une excellente impression.

Dès que les nouveaux travaux eurent produit quelques tonnes de houille, on obtint du chef de la division navale l'ordre de les soumettre aux expériences officielles, qui furent faites à Haïphong par M. Schwartz, sous-ingénieur de la marine, directeur des travaux.

La conclusion de son rapport, daté du 3 février 1890, est la suivante :

« Le charbon de Kebao est une houille sèche à longue flamme, du genre des charbons de Cardiff; il est relativement pur, très cohérent et deux des galeries, dont le charbon a été essayé, ont donné des résultats très satisfaisants. Ces charbons vaporisent facilement plus de 7 litres d'eau, ne donnent que peu de résidu et semblent pouvoir être utilisés sans mélange dans les chaudières marines. Le minimum de 6l,5, imposé par l'État dans ses marchés, se trouve dépassé et tout permet de croire que ces charbons peuvent être brûlés avec profit.

« Le voyage d'études du paquebot *Aréthuse* à Hong-Kong sera d'une utilité incontestable. »

Le voyage de l'*Aréthuse*, paquebot des Messageries Maritimes se fit de Haïphong à Hong-Kong du 5 au 8 février 1890, et à la suite des expériences, des rapports furent dressés, dont nous extrayons les conclusions suivantes :

« 1° Le charbon dit de Kebao a donné, les 7 et 8 février, à bord de l'*Aréthuse*, des résultats supérieurs à ceux obtenus sur le même paquebot les 12, 13 décembre 1889 avec du charbon de Tourane.

« Diminution de 1/10 dans la consommation, augmentation de 1 nœud dans la vitesse.

« 2° Le charbon de Kebao remplacerait très avantageusement, au prix de 7 à 8 piastres la tonne, rendu à Haïphong, le charbon de Cardiff pour le bâtiment n'ayant pas besoin de marcher souvent à toute puissance (bâtiments de mer par exemple) et ayant une soute de réserve pour le Cardiff.

« Il est évident qu'une partie de l'approvisionnement de ces bâtiments ne pourrait être constituée avec du charbon de Kebao qu'à la condition de ne leur imposer que d'assez courtes traversées et de leur donner toutes ressources d'approvisionnement, puisque la distance franchissable à moyenne vitesse est réduite de 1 à 0,83. L'économie réalisée est de 45 pour 100.

« 3° Les essais ci-dessus sont assez satisfaisants pour qu'il y ait lieu de les renouveler sur les bâtiments de mer de la division navale, suivant un programme uniforme, afin de fixer définitivement la valeur des coefficients déduits des expériences faites à bord de l'*Aréthuse*.

« Il est pourtant permis d'affirmer dès maintenant que l'emploi du charbon de Kebao sur les bâtiments de mer réaliserait une très sérieuse économie dans la marche à moyenne distance (1). »

D'autre part, M. le sous-ingénieur Schwartz concluait en

(1) Conclusions du rapport de M. le lieutenant de vaisseau Garnault, en date du 13 février 1890.

ces termes son rapport sur ces mêmes essais à bord de l'*Aréthuse* :

« Il nous semble résulter des essais de l'*Aréthuse* que le charbon de Kebao peut être employé sans mélange dans les chaudières maritimes. Il brûle en effet sans que la chauffe soit pénible et il peut donner une pression raisonnable, qui s'augmenterait si les combustibles étaient plus purs. Sur l'*Aréthuse*, la vitesse a été réduite de 10 pour 100 en passant du Cardiff au Kebao, mais pour les bâtiments où la vitesse n'est pas un facteur de premier ordre, cet inconvénient peut être de peu de poids. A la même allure de 64,3 tours donnant 11,22 nœuds de vitesse, l'*Aréthuse* brûlerait en Cardiff les 80/100 de ce qu'il brûle en Kebao. Il y aura par suite économie par mille parcouru à cette allure, si le prix de revient du charbon de Kebao est inférieur au 80/100 du prix de revient des charbons anglais. Il ne paraît pas douteux que les mines du Tonkin ne doivent fournir leurs combustibles à des prix très notablement inférieurs, par exemple dans les environs de 50 pour 100 de ceux du Cardiff. Pour le charbon de Tourane, il présente des difficultés de chauffe et une vaporation trop faible pour qu'on puisse recommander son emploi sans mélange. Dans vingt-deux heures d'essai, on a dépensé environ 909 kilogrammes par heure pour n'atteindre que 57 tours et 10 nœuds. A cette allure, le charbon de Kebao serait consommé en moindre quantité. 700 kilogrammes environ. Le mille, parcouru à cette faible allure qui peut avoir ses inconvénients, s'achète donc au prix d'une consommation de Tourane très notable. »

Les essais que nous venons de relater, opérés avec la houille brute, extraite des premières galeries, livrée sans triage, mais seulement de provenance garantie, confirmaient les premières espérances.

A partir de ce moment, l'avenir de l'exploitation ne pouvait laisser aucun doute.

Aussitôt, de nouveaux travaux de sondage furent opérés, de nouvelles galeries ouvertes, et l'extraction, actuellement de 30 000 tonnes, va être portée à 100 000 tonnes en 1891 et 1892, puis au delà selon les débouchés.

La question des débouchés ne peut laisser aucun doute jusqu'à un certain chiffre, celui des besoins locaux et de la marine.

Il est évident que l'extension ultérieure appartiendra au charbon de meilleure marque dans la cote des comparaisons de qualité. Sous ce rapport, Kebao paraît avantagé; la proportion de gros est telle qu'il n'est pas certain que la transformation du menu en briquettes s'impose à bref délai.

Quelques modifications très simples dans les grilles diminueront la proportion des escarbilles et même l'utilisation de la proportion de menu du tout-venant ; c'est une affaire de conduite intelligente et méthodique des foyers; on s'y attachera vite en vue de l'économie de 50 pour 100 à réaliser.

Pour les besoins extérieurs au Tonkin, il restera à organiser des dépôts dans des points bien choisis : Saïgon, Hong-Kong, Shanghaï, Singapore, Manille, etc.

Il y a quelques années, la consommation, dans les ports de l'Extrême-Orient, dépassait 700 000 tonnes en charbons venant surtout d'Angleterre, d'Australie et du Japon.

L'ouverture des houillères du Tonkin va rendre à ce pays son marché naturel et refoulera au loin le combustible étranger, qui trouvera ailleurs son emploi; ce nouvel élément favorisera l'intérêt général en assurant l'intérêt particulier de la colonie placée pour son bien sous le protectorat de la France, qui lui apporte ses capitaux et ses ingénieurs.

Avant notre arrivée, les Tonkinois n'osaient pas toucher à leurs richesses minérales; ils les gardaient *au grand Dragon* et ils avaient peur de *couper la veine royale*, c'est-à-dire de briser la destinée de la dynastie régnante.

Le moment est venu, conclut M. Rémaury de détruire à jamais de telles superstitions, de montrer que la Providence n'a pas vainement enfoui dans les flancs de la terre des ressources pour l'avenir et d'apprendre à la race jaune que ces richesses sont la récompense légitime du génie humain qui, après avoir créé la science, l'applique à l'amélioration du sort des nations civilisées.

CAUSERIE BIBLIOGRAPHIQUE

Traité de zoologie, par EDMOND PERRIER. — Fasc. 1 : *Zoologie générale*. — Un vol. gr. in-8e de VIII-412 pages, avec 458 gravures dans le texte; Paris, F. Savy, 1890.

En publiant ce nouveau *Traité de zoologie* dont le premier fascicule — un volume de plus de 400 pages — a paru récemment, l'auteur nous avertit qu'il n'est pas conçu sur les mêmes bases que ceux qui ont été publiés en France jusqu'à présent. Le nombre des faits recueillis en paléontologie et en zoologie est aujourd'hui si considérable, tant d'animaux sont actuellement connus jusque dans les moindres détails de leur structure et de leur développement, qu'il a pensé, ainsi qu'il le dit lui-même dans la préface, que le moment était venu de renoncer aux conceptions métaphysiques, à l'aide desquelles les naturalistes ont si longtemps essayé de grouper les connaissances acquises, et de demander aux faits élémentaires, comme le font les physiciens, l'explication des faits complexes.

Le premier fascicule est exclusivement consacré à la *zoologie générale*. Il est divisé en huit chapitres, mais nous nous bornerons à indiquer sommairement les sujets traités dans les six premiers d'entre eux, c'est-à-dire les protoplasmes, les plasmodes et les plastides; la morphologie externe et interne; le développement embryogénique; les tissus; les phénomènes psychiques, etc., pour nous arrêter de préférence aux deux derniers : celui qui concerne les espèces et leur origine, et celui des classifications.

Dans le chapitre des *Espèces*, après s'être appliqué à nous rappeler comment le mot *Espèce* a été différemment compris et employé par les zoologistes, comment les races se

sont formées, races naturelles, races artificielles, races métisses, M. Perrier discute les grandes questions de la variabilité et de la fixité des espèces, de leur distribution géographique, et de l'adaptation des animaux soit à la vie aquatique, soit à la vie terrestre. Nous croyons devoir citer ici quelques-unes des propositions auxquelles ses études l'ont conduit, propositions qui ont trait aux rapports que les espèces contractent entre elles dans l'espace :

a. Les espèces ne sont pas des entités isolées; elles sont liées par des ressemblances organiques qui permettent souvent de passer de l'une à l'autre par les transitions les plus ménagées, et ces ressemblances ne sont pas seulement des ressemblances générales d'organisation interne, mais des ressemblances de détail qui semblent indiquer une étroite parenté.

b. Il existe entre les diverses espèces habitant une même contrée des rapports d'adaptation se manifestant par des caractères qui n'ont pu apparaître qu'après l'établissement de ces rapports, et qui impliquent que les espèces qui s'adaptent sont plus récentes que celles auxquelles elles se sont adaptées.

Quant aux classifications qui sont l'objet du chapitre VIII, l'auteur les passe successivement en revue, depuis celle dite d'Aristote, celles proposées aux XIVe, XVe XVIe, XVIIe et XVIIIe siècle, puis celles de Linné, de Cuvier, de Lamarck, d'Henri Milne-Edwards, etc., jusqu'à la classification qu'il adopte définitivement dans son ouvrage, et qui comprend trois grands groupes correspondant à trois degrés différents d'organisation : *a*, le groupe du premier degré ou des *Protozoaires*, dans lequel le corps est formé d'un plastide unique ou d'une association de plastides semblables; *b*, le groupe du deuxième degré ou des *Mésozoaires*, dans lequel l'entoderme est réduit à une seule cellule; *c*, le groupe du troisième degré ou des *Métazoaires*, dans lequel le corps est formé de nombreux plastides différenciés, groupés en tissus et constituant au moins deux couches distinctes : un entoderme et un exoderme.

Terminologia Medica polyglotta, par THÉODOR MAXWELL. Un vol. in-8°; Leipzig, Brockhaus, 1880.

Voici un ouvrage extrêmement utile, qui sera d'un usage fréquent pour les médecins et les savants. Aujourd'hui, en effet, il ne faut pas songer à s'isoler dans sa langue maternelle, et celui, quel qu'il soit, qui se contenterait de savoir ce qui s'écrit dans sa langue n'aurait que des notions très imparfaites sur chaque chose. Plus que jamais la science est internationale. Autrefois, les savants écrivaient en latin; maintenant chacun veut écrire dans sa propre langue, et, pour ne parler que des langues principales, il y en a au moins cinq dans lesquelles se publient de nombreux travaux très importants qu'il n'est pas permis d'ignorer : le français, l'anglais, l'allemand, l'italien et le russe; langues auxquelles il faut évidemment adjoindre l'espagnol, le hollandais et le tchèque.

Le dictionnaire de M. Maxwell est un dictionnaire polyglotte qui peut permettre à la rigueur de comprendre un ouvrage dont on ne connaît pas la langue, car il donne la traduction des mots techniques principaux.

Le plan est le suivant : la base du dictionnaire est le français, c'est-à-dire que chaque mot français technique se trouve traduit en différentes langues : latin, anglais, allemand, italien, espagnol et russe. Cela suffit pour la traduction des mots français en telle ou telle langue ; mais, pour ne pas s'exposer à des redites inutiles, les autres mots étrangers ne contiennent que le seul mot français, de sorte que pour traduire de l'italien en allemand, je suppose, on cherchera le mot français répondant au mot italien et au mot français on trouvera la traduction allemande. Ainsi, pour prendre un exemple, le mot *os* donne la synonymie suivante : latin, *os;* anglais, *bone;* allemand, *knochen, bein;* italien, *oss;* espagnol, *hueso;* russe, *koste.* Je suppose qu'un Anglais veuille savoir comment le mot anglais *bone* se dit en espagnol, il trouvera au mot anglais, *bone;* français, *os,* et au mot français, *os,* il trouvera la traduction espagnole *hueso.*

Le plan de ce livre est donc excellent : ajoutons que l'exécution est irréprochable. Au point de vue typographique, les caractères du mot principal auraient pu être plus gros, en petites capitales, de manière à se détacher davantage. Cela aurait facilité la recherche ; mais évidemment, ce n'est là qu'un détail, et peut-être a-t-on craint d'étendre outre mesure les dimensions de l'ouvrage.

Ce qui frappe en parcourant ce dictionnaire technique polyglotte, c'est de voir quelle admirable tendance se fait inconsciemment vers une langue universelle. Certainement, un des plus grands obstacles à l'union des hommes entre eux, c'est la diversité des langues. Eh bien ! les savants ont, par une sorte d'instinct, cherché à y remédier en adoptant des termes qui, sauf quelque différences d'orthographe et de prononciation, sont à peu près les mêmes. La langue populaire est hérissée de différences, tandis que la langue scientifique tend vers l'unité. C'est là un grand progrès de notre temps, et tous nos efforts doivent tendre à l'accélérer. Pour prendre quelques exemples, il n'y a qu'à comparer les mots vulgaires aux mots scientifiques : chloroforme se dit : anglais, *chloroforme;* allemand, *chloroforme;* italien, *cloroformio;* espagnol, *cloroformo;* russe, *chloroforme.* Si la réforme de l'orthographe, rigoureusement pour la langue anglaise, presque nécessaire pour la nôtre, était mise à exécution, on aurait pour les neuf dixièmes des mots scientifiques une identité absolue entre le français, l'anglais, l'italien, l'allemand et l'espagnol. Pour l'allemand, il y aurait quelques mots usuels à supprimer de la langue technique ; mais, par la force des choses, ces mots disparaissent peu à peu. Reste, il est vrai, le russe avec son alphabet barbare (nous appelons, comme les Grecs, barbare ce qui s'écarte de l'ensemble des nations civilisées) et ses mots s'écartant de l'origine gréco-latine.

Ainsi, en fin de compte, nous pouvons espérer : 1° que l'alphabet romain sera définitivement adopté, l'alphabet gothique et l'alphabet russe étant abandonnés ; 2° que la réforme de l'orthographe rendra les mots français et anglais

plus conformes à leur apparence italienne ou espagnole, c'est-à-dire latine ; 3° que l'usage du mot technique supplantera de plus en plus le mot vulgaire, de manière à ce que le mot technique devienne à son tour le mot usuel ; 4° que pour les mots nouveaux qui seront créés (et il ne peut manquer de s'en créer d'autres), on ait toujours recours au mot latin ou au mot grec, de manière à ce que le néologisme pénètre immédiatement sans obstacle dans toutes les langues des peuples civilisés.

Nous n'en sommes pas tout à fait là ; mais il est permis d'espérer que nous y arriverons quelque jour, et alors un dictionnaire technique polyglotte, comme l'excellent ouvrage de M. Maxwell, deviendra tout à fait inutile.

Dictionnaire d'électricité et de magnétisme, par M. JULES LEFÈVRE. — Fascicules I et II. — Deux broch. in-8° de 250 pages environ, avec nombreuses figures ; Paris, J.-B. Baillière, 1890.

La librairie J.-B. Baillière et fils vient de mettre en vente les deux premiers fascicules du *Dictionnaire d'électricité et de magnétisme* de M. Julien Lefèvre, professeur à l'École des sciences de Nantes. Ce livre, dont l'utilité ne saurait être contestée, est une vaste encyclopédie des connaissances électriques. Il comprendra quatre fascicules qui se succéderont à brève échéance, et les éditeurs estiment que la publication en sera terminée au mois de novembre prochain (1).

Très brillamment illustré, cet important ouvrage, conçu et rédigé à la suite de l'Exposition de 1889, contiendra, si nous en jugeons par ce qui a paru, la description des instruments les plus nouveaux, l'exposé des théories les plus modernes.

Pour les savants, pour les électriciens de toutes catégories, c'est un aide-mémoire dans lequel toutes les questions se rattachant à l'électricité ont été l'objet de développements proportionnés à l'intérêt qu'elles présentent. Pour le publiciste, c'est une source à laquelle il puisera des documents dans un grand nombre d'ouvrages, d'opuscules ou de recueils périodiques, souvent difficiles à consulter et toujours encombrants.

L'homme du monde, en feuilletant ce Dictionnaire, trouvera le moyen d'acquérir, au fur et à mesure de ses besoins, les connaissances si variées qui lui sont indispensables aujourd'hui. La tâche lui semblera moins ardue lorsqu'il se reportera aux gravures réparties à profusion dans le texte imprimé en caractères assez gros pour que la lecture en soit facile. A cette qualité, peu commune dans les Dictionnaires, s'en joint une autre : les abréviations font complètement défaut. Quant aux renvois inévitables, mais toujours désagréables à trouver sur son chemin, l'auteur, et nous l'en félicitons, s'est maintenu dans une sage sobriété.

A notre sens, le plus sûr moyen de préciser l'esprit dans

(1) Il ne faut pas oublier le bon *Dictionnaire d'électricité* que M. Georges Dumont a publié l'année dernière et dont la *Revue* r rendu compte.

l est conçu ce *Dictionnaire d'électricité et de magné*
consiste à analyser quelques articles importants ayant
trait chacun à une branche distincte de la science électrique.

En suivant l'ordre alphabétique, nous signalerons en premier lieu l'article *Accumulateur* dans lequel l'auteur, après
avoir exposé le principe des piles secondaires, décrit successivement les types les plus répandus. Arrivant au fonctionnement et aux applications, il étudie le régime de
charge, le rendement et enfin l'emploi de ces sources ou
plutôt de ces réservoirs d'électricité.

A la lettre B, la description du *Block-system* montre quel
parti les compagnies de chemins de fer ont su tirer des signaux électriques pour faciliter la circulation des trains
sur les sections de lignes où le transit est très actif. Les
appareils employés par les différentes compagnies sont étudiés dans leur ensemble, sinon dans leurs menus détails.
L'article *Cloches électriques* fait connaître les moyens de
protection appliqués aux lignes à voie unique.

Aux mots *Accumulateur, Ampèremètre, Bougie-électrique,
Câble, Canalisation*, on trouve déjà des renseignements relatifs à l'emploi de l'électricité comme source de lumière,
mais l'article le plus complet du premier fascicule est, sans
contredit, celui qui concerne l'*Éclairage électrique*. A la
suite des considérations générales, résumées dans trois colonnes, M. Lefèvre passe en revue les applications de la lumière électrique : appartements et maisons particulières,
laboratoires, magasins, théâtres, gares et trains de chemins
de fer, voitures, bateaux et vélocipèdes, rues et places publiques, chantiers et exploitations agricoles, navires, canaux de navigation, champs de bataille et opérations militaires, carrières, mines et milieux explosifs. Comme
complément à ce sujet si intéressant, les *Lampes électriques*
et les *Machines d'induction* sont l'objet de longs développements ; des types nombreux de foyers et de dynamos sont
décrits et figurés.

Sous le nom d'*Électrogène* (?), l'auteur fait connaître l'appareil électrique des poissons qui, tels que la torpille et le
gymnote, donnent de fortes commotions aux personnes qui
les touchent.

Les méthodes de mesure sont exposées en partie aux
mots *Électromètre, Galvanomètre, Galvanométre*.

A *Électrolyse* et *Galvanoplastie*, on trouve d'utiles indications au sujet de l'électro-chimie et de ses applications.

Enfin les mots *Électro-mégaloscope, Galvano-caustique,
Laryngoscope* sont consacrés à l'électricité médicale.

ACADÉMIE DES SCIENCES DE PARIS

27 OCTOBRE — 3 NOVEMBRE 1890.

M. R. *Liouville* : Étude sur les développements en série des intégrales de
certaines équations différentielles. — M. Ignas *Fuchs* : Note sur une nouvelle solution de l'équation générale du troisième degré. — M. O. *Callen-
dreau* : Sur la réduction à la forme canonique des équations différentielles
pour la variation des arbitraires dans la théorie des mouvements de rotation. — M. *Tondini de Quarenghi* : Sur le méridien neutre de Jérusalem-

Nyanza, proposé par l'Italie pour fixer l'heure universelle, déterminé par sa
distance horaire à cent vingt observatoires. — M. *Perrotin* : Observations
de la planète Vénus à l'Observatoire de Nice. — M. J. *Thoulet* : Expériences sur la sédimentation. — M. A. *Badoureau* : Théorie de la sédimentation. — M. *Charles Fabry* : Visibilité périodique des phénomènes d'interférence, lorsque la source éclatante est limitée. — MM. *Chassagny* et
Abraham : Recherches de thermo-électricité. — M. Ad. *Minet* : Électrolyse
par fusion ignée du fluorure d'ammonium. — M. A. *Berg* : Nouvelles
recherches sur les amylamines. — M. *Marey* : Description d'un nouvel
appareil destiné à la photochronographie. — M. *Verneuil* : Note sur les
rapports de la septicémie gangréneuse et du tétanos, pour servir à l'étude
des associations microbiennes virulentes. — M. *Loreau* : Mémoire relatif
aux modifications physiologiques que subissent les bruits du cœur du fœtus
pendant l'accouchement. — M. *Charles Contejean* : Nouvelles recherches
expérimentales sur l'autotomie chez la sauterelle et le lézard. — M. *Stanislas
Meunier* : Contribution expérimentale à l'histoire des dendrites de manganèse. — M. *Prillieux* : Pourriture du cœur de la betterave. — M. *Léon
Drille* : Note sur le grisou. — M. *Alfred Basin* : Mémoire sur les divers
moyens qui ont été proposés par lui pour éviter les collisions en mer. —
M. *Émile d'Arras* : Travail relatif à la destruction du phylloxera, des sauterelles, etc., par une atmosphère insecticide ou par des gaz euthanifés. —
Correspondance : Lettre du *Ministre de l'instruction publique*. — Élection
pour la commission de contrôle de la circulation monétaire : MM. *Schutzenberger* et *Troost*.

ASTRONOMIE. — M. *Tondini* poursuit sa campagne en faveur de l'adoption du méridien neutre de Jérusalem-
Nyanza pour fixer l'heure universelle. Ce méridien, ainsi
nommé pour indiquer à la fois le point qui le détermine et la région du continent africain qu'il traverse à
l'équateur (à 75 kilomètres environ à l'est du lac Nyanza),
ferait coïncider, dit-il, à quelques secondes près, le jour
universel avec le jour chronologique. Cette coïncidence a
déjà été réclamée au Congrès géographique international
de Paris en 1875 ainsi qu'à la Conférence de Washington,
comme la solution indiquée en quelque sorte par la nature
elle-même de la question de l'heure universelle. C'est pourquoi, ajoute l'auteur, l'Italie distinguant, comme la France
en 1884, entre l'unification des *heures* et celle des *longitudes*, se borne à suggérer l'adoption de l'heure de Jérusa-
l-m, *conjointement avec l'heure locale*, dans la télégraphie,
au profit surtout des observations scientifiques, s'en remet-
tant à l'expérience pour toute application ultérieure. Elle
insiste tout particulièrement, comme d'ailleurs la France
en 1884, pour le *statu quo*, c'est-à-dire pour le libre
usage du méridien initial, dans l'astronomie et la marine
qui n'ont aucun besoin de l'heure universelle et, comme la
Conférence géodésique de Rome en 1883, elle met les travaux topographiques entièrement hors de cause. Enfin,
comme il importe que le méridien fixant l'heure universelle
non seulement ait « un caractère réel d'internationalité »,
mais aussi qu'il conserve ce caractère même à l'avenir, on
l'a déterminé par sa distance horaire à 120 observatoires
dont M. Tondini indique les principaux, tels que ceux de
Paris, Greenwich, Rome, Berlin, etc.

— M. *Perrotin* communique à l'Académie le résultat de
ses observations sur la planète Vénus. Après avoir confirmé
les récentes découvertes de M. Schiaparelli sur la rotation
de cet astre, le directeur de l'observatoire de Nice indique
les limites entre lesquelles la durée de cette rotation se
trouve comprise. Puis il appelle l'attention sur l'aspect particulier que présente la zone de la surface de la planète
voisine du bord occidental, aspect qui rappelle celui des
régions polaires de Mars. M. Perrotin ajoute qu'il sera de
la plus haute utilité, pour la solution du problème dont il
s'occupe, de savoir si le bord oriental est oui ou non semblable au bord occidental.

Il n'y a plus, en effet, que deux hypothèses possibles au
sujet de la rotation de la planète : ou bien elle tourne tou-

jours la même face vers le soleil, et dans ce cas les deux bords de la planète, dans le voisinage de l'équateur surtout, doivent se présenter avec le même aspect (libration en longitude due à l'équation du centre); ou bien la planète tourne un peu plus vite (la durée de sa rotation est comprise entre 195 et 225 jours), et alors les deux côtés se trouvent dans des conditions absolument différentes. Après être restées plus de trois mois dans l'obscurité, les régions qui avoisinent le bord oriental viennent se placer sous l'action des rayons solaires; celles qui longent le bord oriental subissent la même alternative, mais en sens inverse; les aspects doivent être différents.

Il appartient aux observations futures de dire laquelle des deux hypothèses est la vraie.

PHYSIQUE DU GLOBE. — M. J. *Thoulet* a entrepris, dans les conditions suivantes, des expériences sur la sédimentation : il mélange à l'eau du kaolin parfaitement purifié; le liquide laiteux est abandonné au repos dans des tubes de verre portant une graduation et placés verticalement dans une étuve de d'Arsonval, et il fait varier successivement et isolément la température et la quantité de matière solide en suspension. Puis il ajoute à l'eau distillée de l'acide chlorhydrique ou de l'eau de mer en proportions diverses. Enfin il opère dans le vide sous pression, ayant soin de noter, dans chaque cas, à des intervalles de temps connus la position de la nappe ou des nappes horizontales formées par le sédiment en suspension. Voici les principaux résultats obtenus :

1° Les particules immergées dans un liquide tombent avec une vitesse sensiblement uniforme mais d'autant plus grande que la différence de densité est plus considérable en're le solide et le liquide, diminuant lorsque la température s'abaisse, augmentant, au contraire, lorsqu'elle s'élève, sauf dans le cas de l'eau douce qui présente une exception due à son maximum de densité au-dessus du point de congélation et sur laquelle, au moins jusqu'à une douzaine d'atmosphères, la pression paraît être sans influence;

2° L'air en dissolution dans le liquide se comporte comme un sel soluble et forme gaine adhérente à la surface des particules. Sa présence rend possible de l'aération et, par suite, de l'habitabilité des eaux abyssales de l'Océan;

3° La précipitation des argiles s'opère, dans de l'eau douce additionnée de 10 pour 100 d'eau de mer, absolument comme dans de l'eau de mer pure. Cette observation permet de déterminer par une mesure aréométrique la véritable limite entre l'Océan et les continents à l'embouchure des fleuves;

4° Le temps, nécessaire pour que les matériaux solides traversent les eaux océaniques et parviennent sur le sol sous-marin pour s'y accumuler et y constituer les dépôts, est relativement court.

— À l'appui des expériences de M. J. Thoulet que nous venons d'analyser, M. A. *Badoureau* s'est livré à une étude théorique du phénomène de la sédimentation, étude dont voici quelques-unes des conclusions :

1° Un grain de sable, placé dans l'Océan, fixe sur lui à l'état solide une quantité, variable selon sa nature, de l'eau qui l'entoure et des matières solides et gazeuses qui y sont dissoutes;

2° Le frottement du sable contre l'eau est une résistance qui tend à s'opposer au mouvement du grain, de même que le frottement de l'eau contre les berges est une résistance qui tend à s'opposer au mouvement de l'eau des rivières;

3° L'électrisation qui résulte du frottement, et pour l'eau et pour le grain de sable, tend à maintenir le grain immobile; mais cette action peut être négligée, surtout si les grains sont nombreux et si l'électrisation de l'eau est constante dans toute son étendue.

PHYSIQUE. — Au cours des recherches que MM. *Chassagny* et *Abraham* poursuivent sur les éléments thermo-électriques, la comparaison de plusieurs couples formés de métaux différents leur a donné un précieux contrôle de l'exactitude de leurs mesures, contrôle qui consiste en ce que les nombres obtenus vérifient très exactement la loi des métaux intermédiaires. Les expériences qu'ils ont faites à ce sujet ont été disposées comme ils l'ont indiqué dans une précédente communication (1). De plus, pour assurer la même température aux soudures chaudes, les fils des métaux étudiés ont été soudés à l'une de leurs extrémités dans une même masse de cuivre rouge. Les autres extrémités, soudées à des fils de cuivre, ont été maintenues dans des enceintes à glace isolées par des cales de paraffine. Les expériences ont porté sur des couples formés : 1° de fer et de platine rhodié à 10 pour 100; 2° de platine rhodié et de cuivre; 3° de platine rhodié et de platine.

CHIMIE. — Dans deux notes antérieures (2), M. *Adolphe Minet* a démontré la possibilité de produire l'aluminium en électrolysant son fluorure à l'état fondu. De nouvelles recherches lui permettent aujourd'hui de fixer la composition du bain électrolytique qui, pour des valeurs données de la *température* et de la *densité* du courant aux électrodes, correspond au meilleur rendement du système expérimental. L'auteur a pu également déterminer les propriétés physiques du mélange des sels en fusion, et établir l'expression qui lie les constantes du courant à celle de l'électrolyte, à diverses périodes.

— À propos du travail communiqué tout récemment à l'Académie par M. Malbot et relatif à la préparation de la mono-isobutylamine (3), M. A. *Berg* fait connaître les résultats des recherches qu'il poursuit depuis un certain temps déjà sur les amylamines. C'est ainsi que, ayant eu besoin des monoamylamines et des diamylamines pour la préparation de leurs dérivés chlorés qu'il a fait connaître antérieurement (4), il a été conduit à modifier les conditions de leur production, dans l'espoir d'obtenir de préférence les bases primaires et secondaires, et a obtenu des résultats suffisants.

Tandis que M. Malbot, en faisant agir de l'ammoniaque aqueuse concentrée sur le chlorure d'amyle en proportion équimoléculaire, a obtenu surtout la triamylamine, M. Berg, en ajoutant de l'alcool au mélange, a obtenu de la monoamylamine presque pure, et il reste en petite quantité un mélange de diamylamine et de triamylamine.

PHOTOCHRONOGRAPHIE. — M. *Marey* présente un appareil

---

(1) Voir la *Revue scientifique* du 11 octobre 1890, p. 473, col. 1.
(2) Voir la *Revue scientifique* du 22 février 1890, p. 250, col. 2, et du 14 juin 1890, p. 763, col. 2.
(3) Voir la *Revue scientifique* du 25 octobre 1890, p. 537, col. 1.
(4) Voir la *Revue scientifique* du 3 mai 1890, p. 571, col. 2.

dans lequel il a rassemblé les dispositions nécessaires pour recueillir les images photographiques successives d'un objet en mouvement, quelles que soient les conditions d'éclairage dans lesquelles cet objet se trouve placé.

Cette disposition nouvelle permet d'appliquer en toutes circonstances la méthode photochronographique dont jusqu'ici les usages étaient limités. Dans les précédents appareils, M. Marey faisait concourir différentes forces motrices pour produire les éclairages intermittents et la translation saccadée de la plaque sensible qui reçoit les images ; mais il était assez laborieux d'assurer par des réglages convenables la concordance de ces différents mouvements. Dans la disposition nouvelle, cette concordance est assurée par la construction même de l'appareil ; elle se maintient par conséquent, quelle que soit la fréquence des images. Celles-ci peuvent être au nombre de 10, 20 et même 50 par seconde.

D'autre part, pour pouvoir opérer en plein air, sans que la lumière impressionne la pellicule sensible, M. Marey taille une longue bande pelliculaire prolongée à ses deux bouts par des bandes de papier opaque, l'une rouge, l'autre noire. Enroulée autour d'une bobine dans le laboratoire photographique, la pellicule sensible est toujours recouverte d'un papier qui la protège. La bobine est noire, quand on l'introduit dans l'appareil où elle se déroule à l'abri de la lumière, et reçoit les images. Celle qui sort de l'appareil est rouge parce que dans son enroulement nouveau, c'est la bande de papier rouge qui est venue à la surface. On distingue facilement ainsi les bobines impressionnées de celles qui n'ont pas encore servi.

Enfin, pour la multiplication et l'impression des séries d'images photochronographiques, M. Marey a recours aux procédés de photogravure de M. Petit qui fournissent, dans les conditions de tirage typographique, des épreuves presque aussi modelées et aussi pures que les clichés eux-mêmes. En supprimant ainsi l'intervention de la main de l'homme dans la reproduction des images d'objets en mouvement, on assure l'authenticité et la précision des documents destinés aux études physiologiques.

PATHOLOGIE CHIRURGICALE. — On sait que la coexistence de la gangrène et du tétanos a été depuis longtemps signalée par les chirurgiens qui avaient remarqué que la dernière de ces maladies survenait assez souvent après les plaies contuses, les écrasements des membres, les fractures comminutives, les brûlures, les congélations, etc., toutes blessures s'accompagnant ou se compliquant, à l'occasion, de sphacèle primitif ou d'inflammation gangréneuse. Toutefois, comme ces faits sont relativement rares, eu égard à ceux dans lesquels le tétanos succède à des traumatismes légers, sans gravité apparente, sans accidents locaux sérieux et même en marche naturelle vers la guérison, on pouvait se demander s'il n'y avait pas simple coïncidence plutôt que relation, et s'il ne s'agissait pas d'une association fortuite entre deux maladies, sans que l'une, la gangrène, suscitât ou favorisât la seconde, le tétanos.

La concordance remarquable des résultats expérimentaux obtenus par M. Verneuil et d'autres observateurs et des observations cliniques relevées par lui ou qui lui ont été communiquées permet de regarder aujourd'hui comme suffisamment établies les conclusions suivantes, telles qu'il les formule devant l'Académie :

1° La coïncidence chez l'homme de certaines formes de gangrène et du tétanos n'est pas due au hasard ;

2° Elle résulte de l'introduction simultanée dans une plaie des deux microbes bien connus de Pasteur et de Nicolaier, fréquemment réunis surtout dans la terre cultivée ;

3° Les deux maladies, contemporaines à l'origine, évoluent cependant, dans la suite, d'une manière distincte, conformément à l'action propre de leurs virus et sans paraître manifestement s'influencer ;

4° Le développement de la septicémie gangréneuse dans une plaie souillée par la terre doit faire craindre sans doute l'apparition ultérieure du tétanos, mais l'indépendance réelle des deux infections est prouvée par ce fait que la suppression radicale du foyer de la première n'empêche pas la seconde de se montrer ;

5° Tout semble donc démontrer qu'il y a là une association morbide pure et simple due à la réunion fortuite de deux virus ;

6° La septicémie gangréneuse n'est pas la seule maladie virulente capable de s'associer au tétanos. En effet, on a déjà signalé la coïncidence de ce dernier avec le charbon, l'érysipèle, la fièvre typhoïde, la malaria, la tuberculose ; mais les faits, outre qu'ils sont fort rares, sont, pour la plupart, rapportés trop sommairement pour qu'on en puisse rien conclure quant aux relations entre les deux infections ;

7° Il est intéressant de noter que la plus commune des intoxications traumatiques, c'est-à-dire la pyohémie, ne s'est peut-être jamais, d'après MM. Jeannel et Verneuil, associée au tétanos. Il y a peut-être là un antagonisme réel.

ZOOLOGIE. — M. Fredericq (de Liège) a établi que l'amputation des pattes chez le crabe est un phénomène réflexe, soustrait à la volonté de l'animal, et qui est toujours provoqué par une excitation portée sur l'un des articles du membre sacrifié. Il a montré aussi que les lézards suspendus par la queue ne parviennent jamais à la rompre, si l'on évite avec soin tout froissement de cet organe ; il en conclut que, chez ces animaux, l'autotomie est encore sous la dépendance d'un acte réflexe, et il fait rentrer dans cette catégorie tous les cas de mutilation en apparence volontaire, présentés par les insectes, les vers, les échinodermes, etc.

Aujourd'hui, M. Charles Contejean rend compte de quelques expériences qu'il a faites récemment sur la sauterelle et le lézard, lesquelles lui permettent d'apporter de nouvelles preuves à l'appui de cette opinion. Il a constaté, entre autres faits :

1° Que l'on ne pourrait provoquer l'autotomie sur des sauterelles et des lézards affaiblis par un jeûne prolongé ;

2° Que des lézards refroidis artificiellement ne peuvent plus rompre leur queue ;

3° Que cette rupture est d'autant plus facile et plus rapide, au contraire, que l'animal est plus actif ;

4° Que chez le lézard, comme chez la sauterelle, l'excitation électrique est celle qui donne le plus de succès ;

5° Que l'autotomie est plus facile à provoquer sur un lézard décapité que sur un animal intact, l'action modératrice exercée par l'encéphale étant supprimée.

L'auteur, en terminant, décrit le mécanisme par lequel se produit, chez le lézard, le détachement de la queue.

MINÉRALOGIE. — Des essais variés ont démontré à M. Sta-

nislas Meunier que le calcaire, qui précipite si aisément la limonite dans des solutions de sulfate de fer, ne produit rien de correspondant au contact des solutions de sulfate de manganèse. A la suite d'analyses nombreuses qui lui ont révélé la présence constante d'une petite proportion de fer dans les dendrites manganésiennes de la nature, il a tenté de nouveau la précipitation de l'acerdèse, mais après avoir ajouté un peu de couperose verte à la solution du sel métallique à décomposer.

Dans ces conditions, l'hydrate noir est apparu en peu de temps, et souvent avec l'allure caractéristique des dendrites; son dépôt, commencé en certains points d'élection, irradie autour d'eux avec un développement inégal suivant les directions. Il s'étale sous forme de taches très variables dans leurs contours, et s'est plus d'une fois disposé en arborisations rappelant de très près les modèles qu'on se proposait d'imiter. Volontiers, ces dendrites artificielles se propagent dans les fissures des roches, et M. S. Meunier a pu cimenter en véritables grès des sables quartzeux mélangés à l'avance d'une poussière calcaire.

Outre les dendrites, l'auteur a obtenu des dépôts noirs continus, comparables au *wad,* et il pense que dans les abîmes de la mer, les réactions précédentes interviennent encore. Il importe d'ailleurs d'ajouter, à ce sujet, que les chlorures substitués aux sulfates métalliques correspondants ne déterminent aucune précipitation d'acerdèse.

PATHOLOGIE VÉGÉTALE. — *M. Prillieux* a pu suivre cette année, près de Mondoubleau (Loir-et-Cher), les diverses phases d'une maladie de la betterave qui a fait, dans la région, de grands ravages et qui lui paraît identique à celle qui a été étudiée et décrite en Allemagne sous le nom de *pourriture* du cœur de la betterave.

C'est à la fin d'août et au commencement de septembre qu'elle est apparue dans un champ de betteraves promettant une belle récolte. Avant que la mort et le noircissement des feuilles du cœur se produisissent, les grandes feuilles, bien développées, au lieu de rester dressées s'abaissaient vers la terre, comme si elles avaient été fanées, et ne se relevaient pas la nuit. Elles devenaient jaunes et se desséchaient peu à peu plus ou moins complètement. Ces phénomènes étaient la conséquence d'une altération spéciale du long et robuste pétiole de la feuille, caractérisée par la présence d'une vaste tache blanchâtre entourée d'une auréole brune et correspondant à une désorganisation plus ou moins profonde de la partie supérieure du tissu sous-jacent.

La désorganisation gagnait en suivant les faisceaux jusqu'au cœur même de la betterave, envahissant les tissus jeunes du collet qui entourent le bourgeon terminal, et entraînant la mort de toutes les feuilles naissantes. C'est alors qu'apparaissaient le noircissement et le dessèchement des petites feuilles du cœur qui se couvraient d'un velouté noir-olive décrit comme formé par le *Sporidesmium putrefaciens.*

L'étude de M. Prillieux vient de faire de cette maladie lui a montré que les grandes taches blanchâtres du pétiole étaient dues à l'invasion d'un champignon parasite du genre *Phyllosticta,* qu'il propose de nommer le *Phyllosticta tabifica;* tandis que le velouté noir-olive des petites feuilles du cœur serait dû à un champignon polymorphe, le *Pleospora herbarum.*

Le mal avait atteint à peu près son apogée vers le 15 sep-

tembre, et, à partir de ce moment, M. Prillieux a constaté qu'il se développait sur certains pieds, autour des cœurs morts, à l'aisselle des feuilles inférieures insérées sur une partie du collet demeurée saine, des bouquets de petites feuilles qui sont restées très vertes et ont fourni à la plante un nouveau feuillage, grâce auquel elle a pu végéter encore jusqu'à l'époque normale de l'arrachage. La comparaison des pieds sains, des pieds malades, mais végétant encore à la mi-octobre, et des pieds morts, lui a montré que le chiffre des pieds atteints au cœur ou morts était plus que double de celui des pieds sains.

M. Prillieux pense qu'on peut arrêter le développement de cette maladie de la betterave en coupant, dès l'origine du mal, toutes les feuilles présentant des taches blanches à la surface de leur pétiole.

CORRESPONDANCE. — *M. le Ministre de l'instruction publique* consulte l'Académie sur la question de savoir si, tout en maintenant l'Observatoire de Paris, il n'y aurait pas lieu de créer une succursale aux environs, pour les travaux qui exigent le plus de stabilité dans le sol et de pureté dans l'atmosphère.

ÉLECTION. — L'Académie, invitée à désigner deux de ses membres pour faire partie de la Commission de contrôle de la circulation monétaire, en remplacement de *M. Péligot* décédé, et de *M. Frémy,* dont les pouvoirs sont sur le point d'expirer, et qui décline toute nouvelle candidature, élit, par 43 voix sur 45 votants, *MM. Schutzenberger* et *Troost;* 3 voix sont accordées à *M. Friedel,* et 1 à *M. Armand Gautier.*

E. RIVIÈRE.

INFORMATIONS

On vient d'inaugurer au Vernet (Pyrénées-Orientales) un sanatorium ayant pour but la cure des phtisiques par l'air. C'est le premier établissement de ce genre créé en France. Il est situé à 800 mètres d'altitude, et son organisation générale est celle des établissements de Falkenstein, de Davos, etc.

M. Trivier s'embarquera pour son second voyage en Afrique le 12 novembre. Le même jour paraîtra son ouvrage *Mon voyage au continent noir,* édité par la maison Firmin Didot.

On vient de faire, en Allemagne, des expériences à l'effet de constater s'il est possible de faire usage des câbles télégraphiques sous-marins pour le service téléphonique. Ces expériences ont parfaitement réussi. Les paroles échangées entre Héligoland et Cuxhaven (75 kilomètres de distance) ont été parfaitement comprises des deux côtés.

Le colonel Apostolow vient de doter l'armée russe d'une invention fort originale. Il a combiné un bateau portatif qui peut se construire en un clin d'œil avec des lances de cosaques et de la toile goudronnée imperméable, portée par deux chevaux à la suite de chaque escadron. Deux bateaux réunis pourront transporter trente-six hommes avec leurs bagages et leurs armes, tandis que leurs chevaux attachés aux plats-bords nageront de conserve. La longueur d'un bateau est de 12 mètres, la largeur de 3 mètres.

CORRESPONDANCE ET CHRONIQUE

Non-identité de la tuberculose de l'homme et de la tuberculose des oiseaux.

La tuberculose des volailles avait paru définitivement liée le jour où M. Koch y avait rencontré des bacilles liés à ceux qu'il avait découverts dans la tuberculose aine. Cependant, et bien que ses recherches eussent confirmées par divers auteurs, bien que MM. Nocard et allérée aient publié des observations tendant à établir les poules pouvaient contracter la tuberculose en avalant des expectorations de phtisiques, quelques auteurs ne èrent pas à protester contre l'identité de la tuberculose l'homme et de la tuberculose des volailles. M. Rivolta, s M. Maffucci signalèrent des différences constantes qui blaient distinguer ces deux virus, différences parmi lesquelles la principale était que la tuberculose des poules, tue le lapin comme la tuberculose humaine, ne déterminerait pas d'infection générale chez le cobaye. Les expériences de ces auteurs remirent donc en doute la question de l'unicité de la tuberculose chez les diverses espèces animales, et, au Congrès de Berlin, M. Koch avoua qu'après avoir remis ce sujet à l'étude, il ne pouvait plus, aujourd'hui, assimiler complètement la tuberculose des volailles à celle de l'homme. Les recherches dont MM. Cadiot, Gilbert et Roger viennent de communiquer les conclusions à la *Société de biologie* confirment les résultats précédents. D'après ces auteurs, il existe bien chez les volailles une affection comparable à la tuberculose humaine, produite par des bacilles qui se comportent vis-à-vis des matières colorantes comme ceux de cette maladie; mais les bacilles de la tuberculose aviaire seraient plus longs, plus gros et plus granuleux, ils se développeraient plus facilement et un peu différemment sur les milieux artificiels; ils se montreraient plus résistants aux températures élevées, enfin leur action pathogène serait loin d'être identique. Tandis que la tuberculose humaine détermine souvent une tuberculose généralisée chez le lapin et presque constamment chez le cobaye, la tuberculose des volailles semblerait plus infectieuse pour le lapin que pour le cobaye, et chez ce dernier animal, son inoculation resterait le plus souvent négative ou ne donnerait naissance qu'à des granulations discrètes, localisées à quelques organes, tendant à subir la transformation fibreuse et à rétrocéder.

Suivant l'importance qu'on attachera à ces caractères différentiels, on devra donc faire des bacilles de la tuberculose de l'homme et des volailles deux espèces distinctes ou deux variétés d'une même espèce. Le problème pourra sans doute être résolu, quand on saura comment se comporte le bacille de la tuberculose humaine inoculé aux volailles. MM. Cadiot, Gilbert et Roger, qui ont commencé ces recherches, promettent d'en faire prochainement connaître les résultats.

Les buveurs d'éther en Irlande.

M. Ernest Hart a donné récemment, à la Société anglaise pour l'étude et la guérison de l'ivrognerie, une conférence fort intéressante, résumée par la *Semaine médicale*, sur les buveurs d'éther qui sont, paraît-il, assez nombreux dans certaines parties de l'Irlande.

L'origine de ce singulier abus est encore obscure; les uns disent que les paysans irlandais ont commencé à boire l'éther vers 1840, au temps où le père Matthew prêchait la croisade contre l'alcool; d'autres pensent que la suppression des distilleries à domicile a été le premier pas; quelques-uns accusent les médecins d'avoir prescrit l'éther trop libéralement; enfin la question de prix n'est pas sans importance, comme on le verra plus loin.

Les buveurs d'éther sont localisés dans une petite portion du nord de l'Irlande, à Draperstown, Maghera, Magherafelt, Tobermore, Desertmartin, Moneymore et Cookstown; on consomme de l'éther dans toutes ces villes et dans les campagnes avoisinantes; c'est à Draperston que l'habitude de boire l'éther existe depuis le plus de temps : elle date de 1840 à 1845.

On boit surtout l'éther à bon marché qui se fabrique en Angleterre avec l'alcool mêlé de naphte de bois; l'odeur désagréable de cette dernière substance disparaît pendant la préparation. La plus grande partie de l'éther consommé en Irlande vient de Londres et s'expédie à Belfast, où on le vend en détail aux épiciers, pharmaciens, etc. On emploie dans le nord de l'Irlande autant d'éther que dans tout le reste du Royaume-Uni, et ce fait extraordinaire ne peut être expliqué que par l'usage qu'on en fait comme boisson. L'éther est expédié comme médicament et échappe aux droits que payent les substances explosibles. Le prix, en gros, est de 80 centimes la livre de 454 grammes, de sorte les marchands au détail font un bon profit en vendant pour un penny (10 centimes) les 10 à 15 grammes qui forment une dose ordinaire. Le chemin de fer du petit district de Cookstown transporte chaque année deux mille tonnes d'éther et une quantité au moins égale y est introduite secrètement; deux marchands des villages voisins vendent ensemble chaque année 4500 litres d'éther. A Draperstown et à Cookstown, l'air est chargé de vapeurs d'éther les jours de marché et cette odeur se remarque constamment dans les wagons de 3me classe du *Derry Central Railway*; tout le monde, dans ce pays, boit de l'éther : hommes, femmes et enfants. C'est surtout dans les populations catholiques que ce vice est répandu, malgré les efforts des prêtres pour le combattre.

L'éther se boit, en général, pur, et la dose ordinaire est de 8 à 15 grammes, répétée souvent plusieurs fois de suite; les débutants avalent de l'eau avant et après l'éther, mais les buveurs endurcis négligent cette précaution, qui a pour but de diminuer la sensation de brûlure dans l'estomac. La dose, du prix de 10 centimes, suffit dans beaucoup de cas pour produire l'ivresse. Certains buveurs absorbent 150 grammes d'éther à la fois, et jusqu'à un demi-litre en plusieurs doses. L'ivresse survient rapidement et passe de même; le premier symptôme est une excitation violente avec salivation profuse et éructations; parfois, on observe des convulsions épileptiformes; ensuite, quand la dose a été forte, survient une période de stupeur. Jamais on n'a rien noté qui ressemble au *delirium tremens*, sauf dans les cas, assez nombreux du reste, où l'éther et le whisky sont avalés simultanément. Le buveur d'éther est querelleur, menteur, et son état d'esprit ressemble à celui de certains hystériques; il souffre de troubles gastriques et de prostration nerveuse, mais il n'est pas prouvé encore que l'éther produise dans les tissus des lésions permanentes semblables à celles de l'alcool. Le buveur d'éther devient esclave de sa passion comme le fumeur d'opium, et les guérisons sont exceptionnelles. Quelques médecins sont d'avis que l'abus de l'éther augmente le nombre des cas d'aliénation mentale, mais cette opinion est combattue par d'autres. Les dispositions querelleuses des buveurs d'éther et leurs vices fréquents sont la source de nombreux crimes et accidents.

M. Hart est d'avis que le meilleur moyen de prévenir l'abus de l'éther serait d'obliger les détaillants à prendre une patente et de leur défendre de vendre moins d'un gallon (4 litres et demi) d'éther à la fois. Il est urgent d'intervenir, car la passion de l'éther commence déjà à faire des victimes hors de l'Irlande, dans le Lincolnshire et à Londres.

Un procédé d'orientation.

Un de nos correspondants nous communique le procédé d'orientation suivant :

S'il y a du soleil et si on a une montre qui marque l'heure, on prend la montre à plat, dans la main, et on la fait tourner jusqu'à ce que la ligne d'ombre d'un objet vertical (crayon, couteau, etc.) passe par le centre de la montre et la moitié de l'heure qu'il est (s'il est 3 heures, par exemple, c'est sur le point 1 heure et demie que doit se projeter la ligne d'ombre). Ceci fait, le diamètre VI-XII se trouve dans la direction N.-S., et par suite on est orienté.

Pour le comprendre, il suffit de considérer la montre comme un cadran solaire. L'ombre du style vertical placé au centre se déplace d'un 24e de circonférence par heure : elle est donc, à chaque instant, au milieu de l'arc décrit par la petite aiguille, puisque celle-ci met 12 heures (au lieu de 24) pour décrire la circonférence.

Projet d'une Exposition rétrospective argentine.

M. Francisco P. Moreno, dont la *Revue* faisait dernièrement connaître la belle création — ce musée d'histoire naturelle de la Plata, qui est en voie de devenir un des plus beaux du monde — se propose d'organiser une Exposition rétrospective argentine pour l'année 1892. A cette époque, l'Amérique entière célébrera le quatrième centenaire du débarquement de Colomb, et les *Platenses* pourront célébrer en même temps le dixième anniversaire de la fondation de leur cité, qui comptera alors probablement 100 000 habitants.

D'après le projet de M. Moreno, cette Exposition comprendrait l'histoire complète du sol de la République Argentine depuis les temps les plus reculés. Avec les objets accumulés dans les musées de la République, avec les collections des particuliers, il serait possible de reconstituer les temps antérieurs à la conquête espagnole. Dans cette grande manifestation patriotique, la ville la plus ancienne — Buénos-Ayres, fondée il y a trois siècles par Pierre de Mendoza — et la ville la plus jeune — La Plata — symboliseraient, l'une par son développement, le présent et l'avenir grandiose, l'autre par son musée, le tant et prodigieux passé de l'histoire sud-américaine.

Le musée de la Plata serait évidemment la base de cette Exposition, que M. Moreno voudrait couronner par une série d'expositions rétrospectives particulières se rapportant à chacune des grandes villes de la République Argentine.

Nous ne pouvons que souhaiter de voir M. Moreno réussir dans cette entreprise, pour laquelle il déploie un zèle vraiment digne d'admiration. Le progrès de la culture et des populations latines de l'Amérique du Sud, qui nous sont si sympathiques, ne pourrait que gagner énormément à cette manifestation solennelle de leur activité.

Les marines marchandes des principales nations maritimes.

Le nouveau *Répertoire général de la marine marchande* du *Bureau Veritas* pour l'année 1890-1891 contient, comme d'habitude, les statistiques des principales marines commerciales, en même temps qu'une foule de renseignements utiles sur tous les navires de commerce au-dessus de 50 tonneaux pour les voiliers, et au-dessus de 100 tonneaux pour les vapeurs.

Le nombre total des voiliers s'élève à 38 876 navires, d'une jauge nette collective de 10 540 051 tonneaux, dont :

Nombre de navires.	Nationalités.	Jaugeant ensemble.
10 559	anglais	3 693 650 tonneaux.
3 406	américains	1 445 016 —
3 567	norvégiens	1 405 934 —
1 698	allemands	706 475 —
2 402	italiens	655 640 —
2 131	russes	455 907 —
1 799	suédois	373 397 —
1 457	grecs	299 473 —
1 627	français	298 787 —
1 359	espagnols	253 426 —
361	hollandais	230 250 —
877	danois	145 862 —
330	autrichiens	120 739 —
512	turcs	80 337 —
146	chiliens	74 580 —
320	portugais	68 266 —
268	brésiliens	56 222 —
104	argentins	29 378 —
104	japonais	27 721 —
	Etc.	

Pour les navires à vapeur d'une jauge brute supérieure à 100 tonneaux, on a :

Nombre de vapeurs.	Nationalités.	Jaugeant en tonnes brutes.	Jaugeant en tonnes nettes.
5302	anglais	8 043 872	5 106 366
689	allemands	930 754	656 182
471	français	805 963	484 990
419	américains	533 333	375 950
350	espagnols	423 627	273 819
300	italiens	294 705	185 796
371	norvégiens	245 052	170 419
164	hollandais	220 014	140 335
230	russes	177 752	116 742
403	suédois	172 013	120 642
197	danois	154 407	103 578
111	autrichiens	149 447	96 503
147	japonais	123 279	76 419
55	belges	98 056	71 658
129	brésiliens	75 970	48 901
68	grecs	70 435	44 424
41	portugais	29 364	29 564

En tout, 9638 vapeurs d'une jauge brute collective de 12 835 709 tonnes et de 8 286 747 tonnes nettes.

UN BATEAU DE SAUVETAGE À VAPEUR. — On a fait l'essai sur la Tamise, le 25 juillet dernier, du premier bateau de sauvetage où la vapeur ait été employée comme force motrice. Ce bateau a été construit par MM. Green, de Blackwall, d'après un plan analogue à celui des autres bateaux de la *Royal National Lifeboat Institution*, et il est tout en acier, avec quinze compartiments étanches. La machine et la chaudière s'élèvent à un mètre environ au-dessus du pont; les trous d'homme qui donnent accès dans la chambre de chauffe sont fermés par des couvercles en fer, et l'air est fourni par le tirage forcé. L'espace réservé pour les passagers est situé à l'arrière de la machine, et peut contenir environ trente personnes. Le mode de propulsion adopté est la turbine, l'eau étant prise par le fond du bateau à l'avant et renvoyée, lorsqu'elle a atteint sa maximum de vélocité, par des orifices tubulaires de chaque côté. Une tonne d'eau, environ, est déchargée par seconde. Le bateau a obtenu une vitesse un peu supérieure à 8 nœuds. Il peut être arrêté en 32 secondes et remis en marche en 4 secondes.

Ce nouveau bateau de sauvetage est destiné à la station d'Harwick.

— LES ÉMIGRANTS EN AMÉRIQUE ET LES MALADIES CONTAGIEUSES. — Il y a quelques mois, un Norvégien atteint de lèpre, qui avait été à Boston par un navire d'émigrants anglais, fut renvoyé en Angleterre par le paquebot suivant, en vertu d'ordres supérieurs. A la suite de ce fait, les autorités sanitaires américaines ont étudié la question de savoir si elles ne devraient pas instituer dans chaque port d'émigration un agent médical chargé de l'inspection sanitaire complète et régulière de chaque candidat à l'immigration. M. J. White (de Boston), à la suite d'une intéressante communication sur les dermatoses des émigrants à l'Association dermatologique américaine, est revenu sur cette question et a proposé d'appeler l'attention du gouvernement sur la nécessité des mesures suivantes : procéder au lavage de la personne et des vêtements de tous les immigrants pour les débarrasser des parasites animaux ; retenir en quarantaine tous les immigrants atteints de maladies contagieuses (vénériennes ou autres) pendant un temps suffisant pour amener la guérison ; renvoyer dans leur pays tous ceux qui seraient atteints de maladies contagieuses qui ne se prêtent pas à ce traitement (lèpre, tuberculose, syphilis avancée) ; instituer dans les ports d'émigration une inspection médicale capable d'empêcher l'importation en Amérique des maladies dangereuses.

— LES TUBES A FUMÉE. — L'adoption de la poudre sans fumée ne constituera pas un avantage dans toutes les situations du combat ; il est des cas, en effet, où il est avantageux de s'envelopper d'un nuage de fumée, quand ce nuage peut servir à masquer un mouvement, une cible qui serait trop facilement visible à l'ennemi. Le colonel anglais Crease a recherché les moyens de réaliser cette indication, formulée pour la première fois en France, et de se procurer à volonté ce masque d'une fumée aussi épaisse que possible, et il a inventé pour cela des tubes ayant pour but de la produire. Le *Broad Arrow*, qui donne cette nouvelle, ne fait rien connaître des procédés employés par M. Crease, mais l'*Army and Navy Gazette* parle d'une expérience faite au camp d'Aldershot, dans le même but, et qui n'aurait pas été couronnée de succès. Ce journal dit que M. Crease employait des fusées pour produire la fumée pendant que la troupe procédait à l'attaque d'une position, et donne l'avis de l'arbitre en chef, lequel aurait jugé que les fusées étaient trop petites pour masquer complètement les assaillants, tandis que la fumée empêchait les tirailleurs de faire usage de leurs armes. M. Crease, dit le journal anglais, n'est pas homme à abandonner son invention, et trouvera certainement moyen de l'améliorer.

— IDENTITÉ DE LA DENGUE ET DE LA GRIPPE — INFLUENZA. — M. J. Rouvier a eu l'occasion d'observer à Bayreuth, sur les malades et sur lui-même, un certain nombre d'épidémies de dengue. Se basant sur l'étude clinique de la dengue et sur les symptômes constatés pendant l'épidémie de grippe de 1889-1890, il conclut que cette dernière épidémie a été la propagation de la dengue existant en Orient, et ayant pénétré en Europe par Constantinople, et non par la Russie, comme on l'a soutenu.

— ÉCOLE D'ANTHROPOLOGIE DE PARIS. — Voici le programme des cours de l'année 1890-1891 :

Anthropologie préhistorique. — Les origines de l'agriculture, par M. G. de Mortillet.

Anthropogénie et embryologie comparées. — Évolution ontogénique et phylogénique des organes des sens, par M. Mathias Duval.

Ethnographie et linguistique. — L'évolution linguistique: Origines du langage articulé. — Formation des familles de langues, par M. André Lefèvre.

Anthropologie zoologique. — Histoire générale de l'homme et des races humaines, par M. Georges Hervé.

Géographie médicale. — L'acclimatation : Rôle du milieu intérieur dans les phénomènes d'acclimatation, par M. Bordier.

Anthropologie physiologique. — L'anatomie humaine dans ses rapports avec la psychologie. — Étude critique des doctrines et des travaux récents sur les criminels, par M. L. Manouvrier.

Sociologie (histoire des civilisations). — L'évolution mythologique dans les diverses races humaines, par M. C. Letourneau.

Programme des cours supplémentaires.

Ethnographie comparée. — Industrie des populations préhistoriques et des peuples sauvages modernes : Outils, armes, bijoux.

Anthropologie histologique. — Histologie de la peau, de ses annexes et des organes des sens.

— FACULTÉ DES SCIENCES DE PARIS. —Le vendredi 7 novembre 1890, M. Roché soutiendra, pour obtenir le grade de docteur ès sciences naturelles, une thèse ayant pour sujet : *Contribution à l'étude de l'anatomie comparée des réservoirs aériens d'origine pulmonaire chez les oiseaux.*

INVENTIONS

NOUVEL EXTINCTEUR AUTOMATIQUE. — Cet appareil a été imaginé par M. Murguletz, de Bacau, en Roumanie, et a été breveté dans tous les pays industriels. C'est un extincteur automatique s'appliquant aux lampes à essence inflammables et qui reçoit, d'après l'*Écho des mines et de la métallurgie*, le dispositif suivant :

Une petite boîte cylindrique (ou d'une forme différente) est soudée au-dessous du panier du bec et renferme un poids mobile actionné par un ressort. Une aiguille est fixée à ce poids; elle passe à travers le bec et communique le mouvement à l'extincteur proprement dit, quel qu'il soit. Si la lampe est verticale, le ressort est bandé par le poids; à mesure que la lampe s'incline, l'action du poids est moindre sur le ressort, et cette action est inversement proportionnelle à l'angle de la lampe avec la verticale. Le ressort, allégé d'une partie du poids de la bande, agit avant que la lampe ne soit arrivée par sa chute dans la position horizontale, et le poids poussé en avant actionne à son tour l'extincteur proprement dit par l'intermédiaire de l'aiguille qui lui est rattachée l'un à l'autre.

Dans les chutes verticales, comme celles des suspensions, par exemple, en raison de la force d'inertie, l'extinction de la flamme se produit quand la lampe se détache de son crochet et bien avant la rencontre d'un corps résistant.

Ce système possède beaucoup d'avantages. Il s'adapte au bec et ne dépend nullement du corps de la lampe. On peut l'appliquer à toutes sortes de becs, plats, ronds ou duplex, sans les modifier en rien, avantage capital pour les fabricants qui n'ont pas besoin de changer l'outillage actuel de leurs becs.

La boîte est soudée au fond intérieur du panier du bec et plongé dans le liquide; il en résulte que le ressort est complètement à l'abri de l'action de la chaleur et n'est pas exposé à perdre son élasticité.

L'extinction est assurée automatiquement dans tous les cas, avant le bris de la lampe et la dispersion du liquide inflammable.

— NOUVELLE ROUE MÉTALLIQUE. — Cette roue, due à MM. Peugeot frères, est caractérisée par son moyeu creux et le mode de fixation des rayons à ce moyeu.

Ce dernier, fabriqué d'une seule pièce en tôle estampée, est percé de trous en forme de boutonnière, dont la partie large donne passage aux têtes des rayons : ceux-ci une fois logés à fond sont arrêtés et maintenus par la partie étroite des trous.

Les rayons, renforcés à leur extrémité, sont en acier forgé. Ils sont alternativement filetés et boulonnés. Des frettes mobiles peuvent être adaptées à l'appareil pour le renforcer s'il est destiné à une grande fatigue.

— PILE ÉLECTRIQUE ÉCONOMIQUE. — Nous trouvons dans le *Journal des inventeurs* la description d'un procédé qui, s'applique surtout aux piles pour sonnerie, et peut être précieux à la campagne.

On prend un pot en terre ou en verre de 150 grammes, du prix de dix centimes environ. On y introduit une solution de chlorhydrate d'ammoniaque saturée (et les 100 grammes de ce sel valent quinze centimes).

Un morceau de charbon dit *charbon de Paris* de cinq centimes et un fragment de zinc introduits dans cette solution sont les deux pôles de cet élément, qui revient à *vingt-cinq centimes* environ. Il suffit d'en avoir deux semblables pour actionner une sonnerie.

BIBLIOGRAPHIE

Sommaires des principaux recueils de mémoires originaux.

JOURNAL DE LA SOCIÉTÉ DE STATISTIQUE DE PARIS (août 1890). — *Coste* : Les salaires des travailleurs et le revenu de la France. — *Bernard* : Les syndicats agricoles en France.

— ANNALEN DER K.-K. NATURHISTORISCHEN HOFMUSEUMS (t. V, fasc. 1 et 2, 1890). — *Marenzeller* : Annélides de la mer de Behring. — *Fritsch* : Contribution aux chrysobalanacées. —*Stelzener* : Isolement des foraminifères de Bade, près Vienne, au moyen d'une solution d'iodure. — *Zahlbruckner* : Prodrome d'une flore lichénique de la Bosnie et de l'Herzégovine. — *Kohl* : Pamphrédones. — *Andrusow* : Couche du cap Tschurda. — *Hauer* : Notice sur les travaux du Muséum de Vienne en 1889. — *Kohl* : Hyménoptères du groupe des Sphex. — Monographie du genre Sphex. — *Mark, Tanner, Turner* et *Hetscher* : Notice sur les Hydroïdes du Musée de Vienne.

— REVUE DE L'AÉRONAUTIQUE (3ᵉ année, nᵒ 3, 1890). — *G. Espitallier* : Les grands aérostats de baudruche. — *L. Jullien* : L'aluminium; sa métallurgie, ses propriétés, ses alliages. — *Voyer* : Des ascensions aéronautiques libres en pays de montagnes.

— BULLETIN DE LA SOCIÉTÉ ZOOLOGIQUE DE FRANCE (t. XV, nᵒ 7, Juillet 1890; séances du 8 juillet). — *R. Blanchard* et *J. Richard* : Sur les crustacés des sebkhas et des chotts d'Algérie. — *C. Schlumberger* : Note sur l'*Adelinota polygonia*. — *Raspail* : Note sur la mouche parasite des plantes potagères du genre *Allium*. — *Ed. Chevreux* : *Microtopus maculatus* et *Microtopus longimanus*. — *E. Oustalet* :

Description de nouvelles espèces d'oiseaux du Tonkin, du Laos et de la Cochinchine. — *A. Milne-Edwards* : Diagnose d'un crustacé macroure nouveau de la Méditerranée. — *Ed. Chevreux* : Description de l'*Orchomène Grimaldii*, amphipode nouveau des eaux profondes de la Méditerranée. — *R. Blanchard* : Anomalie des organes génitaux chez un *Tœnia saginata*.

— REVUE BIOLOGIQUE DU NORD DE LA FRANCE (septembre 1890). — *Boutan* : Le système nerveux du *Parmophorus* (*Scutus*) dans ses rapports avec le manteau, la collerette et le pied. — *Viallanes* : Sur quelques points de l'histoire du développement embryonnaire de la Mante religieuse.

— REVUE DE CHIRURGIE (t. X, nᵒ 9, 10 septembre 1890). —*Charvot* : Étude clinique sur les goitres sporadiques infectieux. — *A. Schmidt* : De l'ostéome des muscles et de la cuisse chez les cavaliers. — *Nicaise* : Adénite cervicale subaiguë d'origine intestinale.

L'administrateur-gérant : HENRY FERRARI.

MAY & MOTTEROZ, Lib.-Imp. réunies, Ét. D, 7, rue Saint-Benoît. [1630]

Bulletin météorologique du 27 octobre au 2 novembre 1890.
(D'après le *Bulletin international du Bureau central météorologique de France*.)

DATES.	BAROMÈTRE à 1 heure DU SOIR.	TEMPÉRATURE			VENT. FORCE de 0 à 9.	PLUIE. (Millimètres.)	ÉTAT DU CIEL à 1 HEURE DU SOIR.	TEMPÉRATURES EXTRÊMES EN EUROPE	
		MOYENNE.	MINIMA.	MAXIMA.				MINIMA.	MAXIMA.
☾ 27 P. L.	755ᵐᵐ,15	9°,7	0°,2	8°,9	N.-W. 2	0,4	Alto-cumulus à l'W.; cumulus au N.-W.	— 11° au Pic du Midi; — 5° au mont Ventoux.	24° à la Calle; 23° Palerme; 22° à Punchal et Alger.
☿ 28	760ᵐᵐ,53	0°,9	— 3°,6	6°,6	N.-N.-E 2	0,0	Cumulus détaché à l'horizon N.	— 16° au Pic du Midi; — 11° au mont Ventoux.	24° à la Calle et Malte; 23° à Brindisi; 21° Funchal.
♀ 29	761ᵐᵐ,93	2°,3	— 4°,3	6°,7	S. S.-W. 2	0,0	Couvert.	— 18° au Pic du Midi; — 11° au mont Ventoux.	24° à Malte; 23° à Palerme et 23° à Funchal.
♃ 30	757ᵐᵐ,47	8°,3	4°,8	11°,6	S. 2	2,8	Indistinct.	— 18° au Pic du Midi; — 8° au mont Ventoux.	23° Constantinople, Brindisi; 21° Funchal; 20° Nemours.
♄ 31	751ᵐᵐ,92	10°,8	8°,7	11°,2	S. 2	5,2	Cumulo-stratus peu distinct. S. et un peu à l'W.	— 5° au mont Ventoux; — 3° à Belfort, Berne, Gap.	22° à Brindisi; 21° à Oran, Madrid; 20° Nemours, Alger.
♅ 1	751ᵐᵐ,69	9°,3	7°,4	11°,6	N.-W. 3	0,2	Gouttes; éclaircies.	— 8° au Pic du Midi; — 4° au mont Ventoux.	23° Constantinople, Brindisi; 22° à Nemours; 21° Oran.
☉ 2	749ᵐᵐ,81	7°,8	3°,9	11°,0	S. 4	14,5	Pluie continue; cumulo-stratus S.-S.-W.	— 9° au Pic du Midi; — 4° à Berne; — 3° à Haparanda.	24° au cap Béarn; 23° Brindisi; 22° Constantinople.
MOYENNE.	754ᵐᵐ,64	6°,00	2°,46	9°,55		TOTAL..	23,1			

REMARQUES. — La température moyenne de cette période est au-dessous de la normale corrigée 7°,6. Les pluies ont été assez abondantes en plusieurs stations. Le 27, 20ᵐᵐ à Nemours, 21 à Alger, 45 à Rome. Le 28, 30ᵐᵐ à Nemours, 35 à Alger, 33 à la Calle, 24 à Buda-Pesth, 30 à Trieste, 20 à Rome, 51 à Moscou. Le 29, 25ᵐᵐ à Alger, 45 à la Calle, 25 à Lésina, 24 à Naples, 20 à Skudesnoes, 21 à Hernosand. Le 30, 30ᵐᵐ à la Calle, 21 à Haparanda. Le 31, 50ᵐᵐ à Boulogne-sur-Mer, 31 à Croisette, 39 au Pic du Midi. Le 1ᵉʳ novembre, 20ᵐᵐ à Croisette, 30 à la Calle, 50 au Pic du Midi, 21 à Haparanda. Le 2, 24ᵐᵐ à Charleville, 25 à Lorient, 20 à Ouessant, 36 à Marseille, 30 à Croisette, 20 à Sicié, 22 au Puy de Dôme, 34 au Pic du Midi, 29 à Rome, 25 à Cagliari, 30 à Monaco. Le 27, grains de neige à Paris dans l'après-midi, grêle à Biarritz et à Brest, petite neige au Pic du Midi, ainsi que les jours suivants. Le 30, chute de neige vers Aumale.

CHRONIQUE ASTRONOMIQUE. — Mercure est une étoile du matin assez rapprochée du Soleil, et Vénus est toujours étoile du soir. Mars et Jupiter restent voisins dans le Capricorne et passent au méridien le 9 respectivement à 5ʰ 5ᵐ et 5ʰ 15ᵐ du soir. Saturne, qui reste dans le Lion, est une belle étoile du matin passant au méridien à 7ʰ 54ᵐ du matin. Le 11, Mercure est en conjonction avec la Lune, le 13 avec Mercure, tandis que Vénus reste stationnaire et que Mars est en conjonction avec Jupiter. Le 14, Vénus est en conjonction avec la Lune. Dernier quartier le 4; nouvelle Lune le 12.

RÉSUMÉ DU MOIS D'OCTOBRE 1890.

Baromètre.

Moyenne barométrique à 1 heure du soir.	761ᵐᵐ,67
Minimum barométrique, le 26.	744ᵐᵐ,29
Maximum le 22.	776ᵐᵐ,65

Thermomètre.

Température moyenne.	8°,91
Moyenne des minima	4°,31
maxima	14°,35
Température minima, le 29	— 4°,2
maxima, le 13	23°,1
Pluie totale.	22ᵐᵐ,5
Moyenne par jour.	0ᵐᵐ,73
Nombre des jours de pluie	13

La température la plus basse en Europe et en Algérie a été observée au Pic du Midi, le 29, et était de — 18°.

La température la plus élevée a été notée au cap Béarn, le 11, et était de 33°.

NOTA. — La température moyenne du mois d'octobre 1890 est inférieure à la normale corrigée de cette période qui est 10°,1.

REVUE

SCIENTIFIQUE

(REVUE ROSE)

Directeur : M. Charles Richet

NUMÉRO 20   TOME XLVI   15 NOVEMBRE 1890

CHIMIE

COURS DE CHIMIE DE LA FACULTÉ DES SCIENCES DE PARIS

M. ALFRED DITTE

Les classifications en chimie.

Lorsque, placé en face des innombrables formes que peut affecter la matière pesante, on cherche à les séparer en un certain nombre de groupes, on est conduit tout d'abord à distinguer ce que nous appelons les *éléments*, à réunir sous le nom de *corps simples* ceux qui jusqu'à présent ont résisté à tous les efforts que l'on a faits en vue de les décomposer. Et cette distinction paraît fondée, car à ces substances appartiennent quelques propriétés que l'on n'a pas rencontrées dans celles que nous savons séparer en un certain nombre des premières et que la considération des chaleurs spécifiques a conduit M. Berthelot à signaler.

Considérons d'abord les corps gazeux : la loi de Dulong et Petit nous apprend que sous le même volume tous les gaz simples possèdent la même chaleur spécifique moléculaire (1), et, d'autre part, cette quantité ne dépend ni de la température, ni de la pression, tant que celles-ci demeurent dans des limites telles que

(1) Le poids moléculaire d'un gaz étant celui de la quantité de gaz qui, dans les mêmes conditions de température et de pression, occupe le même volume que 2 grammes ou 2 équivalents d'hydrogène ; la chaleur spécifique moléculaire est la chaleur spécifique rapportée au poids moléculaire.

27ᵉ ANNÉE. — TOME XLVI.

la loi de Mariotte puisse être appliquée. A pression constante, la chaleur spécifique moléculaire des gaz simples est $C = 6,82$; à volume constant, elle est $K = 4,83$, de sorte que pour ces gaz le travail extérieur de dilatation mesuré par la différence des deux chaleurs spécifiques est sensiblement égal à 2 calories.

Si des gaz simples nous passons aux gaz composés, deux cas sont à considérer, suivant qu'ils sont formés sans condensation ou avec condensation de leurs éléments.

Ceux qui, comme l'acide chlorhydrique, le bioxyde d'azote, l'oxyde de carbone, etc., sont formés sans condensation, possèdent la même chaleur spécifique moléculaire que les gaz simples ; elle est égale à la somme des chaleurs spécifiques moléculaires des éléments tant sous volume constant que sous pression constante, et de plus elle est indépendante encore de la température et de la pression tant que la loi de Mariotte est applicable. Mais il y a une différence capitale avec les gaz simples ; tandis que pour ceux-ci la chaleur spécifique moléculaire correspond au double ou au quadruple de l'équivalent, pour les gaz composés elle correspond à l'équivalent lui-même, de sorte que la quantité de chaleur nécessaire pour élever de un degré la température de l'équivalent d'un gaz composé formé sans condensation est le double ou le quadruple de celle qui est nécessaire pour produire le même effet sur l'équivalent d'un gaz simple.

Pour les gaz composés formés avec condensation, les chaleur spécifique moléculaire prise sous pression constante ou sous volume constant est toujours plus grande que celle qui correspond aux gaz simples ; et de plus

20 S.

cette quantité au lieu d'être indépendante de la température augmente rapidement avec elle.

Considérons, en effet, avec M. Berthelot, un gaz formé par l'union de n molécules (1) se réduisant à 2, ce qui comprend tous les cas possibles, et calculons la chaleur spécifique moléculaire de ce gaz en la supposant égale à la somme de celles de ses éléments. Sous volume constant cette chaleur spécifique sera théoriquement exprimée par $\frac{4,8}{2}\ n$, c'est-à-dire qu'elle sera supérieure à 4,8, valeur commune aux éléments gazeux toutes les fois que n surpasse 2, ce qui est le cas de tous les gaz composés formés avec condensation. — A pression constante la chaleur spécifique moléculaire sera exprimée par $\frac{4,8}{2}\ n + 2$ (2 calories représentent très sensiblement le travail extérieur correspondant à la dilatation pour 1°) ou $6,8 + 2,4\ (n-2)$. On voit bien que si n est supérieur à 2, ce qui est le cas de tous les gaz formés avec condensation, cette valeur surpasse 6,8, valeur commune aux éléments gazeux. Cette conclusion est confirmée par les valeurs trouvées expérimentalement pour les chaleurs spécifiques moléculaires des gaz composés formés avec condensation, toutes sont supérieures à 6,8 ; c'est ainsi qu'entre 0° et 200°, celle de l'hydrogène sulfuré est 8,3 ; celle de l'eau 8,65, celle de l'acide carbonique 9,6, celle de l'ammoniaque 8,6, celle du formène 9,5.

De plus, les chaleurs spécifiques moléculaires des gaz composés avec condensation croissent rapidement avec la température, ce qui les distingue absolument des gaz simples ; ainsi celle de l'acide carbonique devient 10,6 à 200°, et elle continue à augmenter lorsque la température s'élève ; enfin comme dans tous les gaz formés avec condensation, l'équivalent est tantôt identique au poids moléculaire (ammoniaque, éthylène, formène, etc.), tantôt moitié seulement de ce poids (hydrogène sulfuré, eau, acide carbonique, etc...), on voit que la chaleur spécifique rapportée à l'équivalent dépasse celle des gaz simples qui est 3,4. En définitive pour tous les gaz composés, qu'ils soient formés avec ou sans condensation, la chaleur spécifique rapportée à l'équivalent est toujours notablement supérieure à celle d'un gaz simple, cette chaleur spécifique étant déterminée du reste à une température suffisamment élevée pour qu'on puisse regarder les gaz considérés comme des gaz parfaits.

Il résulte nettement de ces propriétés que les gaz simples ne peuvent pas être considérés comme des composés du même ordre que les gaz complexes qui

(1) La molécule du gaz étant le volume occupé par le poids moléculaire de ce gaz, ce volume sera à la température et sous la pression h: $22^{\text{lit}},32\ \frac{h}{760}\ (1 + \alpha\ t)$, sa valeur étant $22^{\text{lit}},32$ à zéro sous la pression de $0^{\text{m}},760$.

résultent de leur union ; si, en effet, l'un d'eux était un composé de cette nature, il faudrait, pour satisfaire à la loi de Dulong et Petit, qu'il soit formé sans condensation de ses éléments hypothétiques, puisque les gaz formés ainsi sont les seuls qui à toute température et sous le même volume présentent une chaleur spécifique constante et égale à celle des gaz simples ; mais, d'autre part, la chaleur moléculaire de ce gaz devrait répondre à un seul équivalent de la substance, puisqu'il serait un composé formé sans condensation ; or celle de tous les gaz simples correspond au double ou au quadruple de cet équivalent. Notre hypothèse n'est donc applicable à aucun des gaz simples : nul d'entre eux ne peut être constitué par la réunion d'un certain nombre d'équivalents des autres éléments gazeux connus, identiques ou différents.

On peut tirer une conclusion du même ordre de la comparaison des chaleurs spécifiques des corps composés solides aux chaleurs spécifiques de leurs éléments solides eux aussi.

En effet, les corps simples solides analogues entre eux, ceux qu'on réunit généralement dans une même famille, ont la même chaleur spécifique rapportée à l'équivalent, tandis que les corps composés solides ont une chaleur spécifique rapportée à l'équivalent, très voisine de la somme des chaleurs spécifiques de leurs éléments ; cette particularité distingue nettement un corps simple d'un composé qui présente des propriétés analogues.

Considérons, par exemple, une série de corps tels que les carbures éthyléniques fort analogues entre eux, semblables avec l'hydrogène, le chlore, le brome, etc., sont semblables, et dont les équivalents sont des multiples d'un même nombre :

Éthylène dont l'équivalent est	28	= 14 × 2
Amylène	—	70 = 14 × 5
Caprylène	—	112 = 14 × 8
Décylène	—	140 = 14 × 10
Éthalène	—	224 = 14 × 16

On serait tenté d'établir quelque comparaison entre eux et des corps simples analogues entre eux dont les combinaisons avec l'oxygène, l'hydrogène, le chlore, le brome, etc., sont semblables, et dont les équivalents sont multiples d'un même nombre, comme sont :

Soufre dont l'équivalent est	16	= 8 × 2
Sélénium	—	40 = 8 × 5
Tellure	—	64 = 8 × 8

Mais tout rapprochement disparaît quand on compare entre elles les chaleurs spécifiques de ces divers corps ; celles du soufre, du sélénium, du tellure rapportées à l'unité de poids, sont en raison inverse des équivalents ou des poids moléculaires de ces substances ; rapportées à l'équivalent, elles ont sensiblement la même valeur; 2,84 pour 16 grammes de soufre, 3,02 pour 39,7 de sélénium, 3,03 pour 64 de tellure (1). Au contraire, les chaleurs spécifiques des carbures éthyléniques pris sous le même état physique ont sensiblement la même valeur quand on les rapporte à l'unité de poids, c'est-à-dire que leurs chaleurs spécifiques moléculaires sont multiples les unes des autres et croissent proportionnellement aux poids moléculaires ou aux équivalents. Ainsi, tandis que les corps simples analogues dont des équivalents sont des multiples d'un même nombre ont sensiblement la même chaleur spécifique moléculaire, des corps composés analogues dont les équivalents sont des multiples d'un même nombre ont des chaleurs spécifiques moléculaires inégales et multiples de celle du plus simple d'entre eux. Il n'est donc pas possible d'établir une comparaison légitime entre ces deux ordres de substances et de regarder les corps simples analogues qui ont des équivalents multiples d'un même nombre comme des composés condensés dérivant de l'un d'entre eux.

On ne peut s'arrêter davantage à l'hypothèse d'un corps simple solide dont l'équivalent serait la somme des équivalents de deux autres éléments ; en effet, les carbures éthyléniques précités offrent entre eux cette relation numérique ; certains d'entre eux, le décylène par exemple, pourraient être regardés comme la somme de deux autres plus simples (14 × 10 = 14 × 2 + 14 × 8) s'unissant pour former un corps du même ordre ayant la même fonction chimique, et aussi analogue aux premiers que le sont entre eux certains éléments ; mais alors que les chaleurs spécifiques moléculaires des corps simples d'un même groupe sont les mêmes, celles des composés appartenant à une même série sont très sensiblement égales à la somme de celles de leurs composants pris sous le même état, et par suite la grandeur même de ces chaleurs spécifiques suffit pour établir la complexité des substances en question.

La considération des chaleurs spécifiques conduit donc à établir une distinction fort nette entre les corps que nous appelons simples et les composés proprement dits. Cette opposition entre ces propriétés des éléments et celles des corps qui proviennent de leur union montre qu'aucun élément ne peut être regardé comme une combinaison de l'ordre de celles que nous savons former ; la décomposition des éléments devra être accompagnée de phénomènes d'un autre genre que ceux qui sont corrélatifs de la décomposition des combinaisons qu'ils engendrent.

Étant reconnu du reste que tous les corps ne sont que des *formes* particulières d'une matière unique, rien n'oblige d'admettre que, sous l'action d'énergies encore inconnues, nos éléments actuels devront se

séparer en éléments plus simples s'ajoutant les uns aux autres pour former les premiers, ou bien que nos éléments actuels représentent des multiples d'une même substance plus ou moins condensée. Un corps simple pourrait, sous certaines influences, être détruit et non décomposé, c'est-à-dire qu'au moment de sa destruction, il se transformerait subitement en un ou plusieurs corps simples identiques ou analogues à nos éléments actuels, mais sans que les équivalents des nouveaux éléments offrent avec celui de l'ancien une relation simple. Seul le poids de la matière devrait demeurer constant dans la série des transformations (*Méc. chim.*, I, 455).

En définitive, l'étude des chaleurs spécifiques fait ressortir des différences bien nettes entre les éléments et les composés, différences qui justifient le partage en deux groupes des diverses formes que la matière pesante est capable de revêtir ; nous n'allons plus rien trouver de semblable quand nous chercherons à aller plus loin et à diviser ces deux groupes en familles bien définies.

CORPS SIMPLES. — Occupons-nous d'abord des corps simples : leur division en métalloïdes et métaux n'est pas susceptible d'une définition précise ; aucune des propriétés sur lesquelles cette distinction est basée ne constitue un critérium d'une valeur absolue.

L'*éclat métallique* qui tient à la réflexion de la lumière à la surface des corps est en relation plutôt avec l'état de cette surface qu'avec sa composition chimique ; s'il se rencontre chez beaucoup de métaux, des métalloïdes tels que le silicium le possèdent ; l'éclat de l'arsenic et celui du tellure ne diffèrent pas sensiblement de celui du bismuth ou de l'antimoine ; d'ailleurs aucun corps lorsqu'il est réduit en poudre fine ne présente l'éclat métallique.

La *malléabilité* et la *ductilité* si nettes, si tranchées chez quelques métaux, sont sans valeur au point de vue de la classification ; l'antimoine et le bismuth en sont dépourvus tout comme l'arsenic et le tellure ; ces qualités sont singulièrement réduites dans le plomb ; de plus, elles sont essentiellement variables avec la température, et le fait présente une netteté particulièrement frappante chez le zinc, le cadmium, certains bronzes, etc. ; nulles à 200° pour le zinc, par exemple, elles sont considérables au voisinage de 150° ; ces propriétés sont susceptibles d'éprouver des variations fort importantes pour une même *forme* de la matière suivant les différents *aspects* qu'elle affecte (1).

Il en est de même de la *conductibilité calorifique* que le charbon des cornues, et en général le charbon calciné, possèdent à un degré comparable à celui qu'offrent certains métaux ; de la *conductibilité électrique* variable avec la température.

---

(1) Les chaleurs spécifiques moléculaires sont le double de celles-ci.

(1) Voir *Revue scientifique*, t. XLIV, p. 614, 16 novembre 1889.

Laissant de côté ces propriétés si variables, on a cru pouvoir définir les métaux par la faculté importante et caractéristique qu'ils posséderaient de donner toujours un oxyde basique, c'est-à-dire capable de former des sels en se combinant aux acides; mais ici encore la définition manque de rigueur; les oxydes antimonieux et arsénieux, par exemple, sont tous deux susceptibles de s'unir à certains acides; les composés qui se produisent alors sont analogues entre eux, mais en même temps ils diffèrent beaucoup de ce qu'on appelle ordinairement un sel. La zircone, elle aussi, peut se combiner avec quelques acides et donner des composés qui se rapprochent de combinaisons du même genre formées par la silice, mais qui n'ont pas les caractères les plus habituels des sels; le niobium, le tantale, le titane, etc., ne paraissent pas former d'oxydes basiques; les composés que forment avec les acides leurs oxydes inférieurs aux acides niobique, tantalique, titanique ne sont pas des sels au sens habituel de ce mot. Du reste, la définition du sel n'est elle-même pas précise; depuis le résultat de l'union d'un acide fort avec une base forte, le sulfate de potasse, par exemple, type caractérisé du sel, jusqu'à ces combinaisons de deux acides, telles que le phosphate de silice, les composés que forme l'acide chlorhydrique avec les acides molybdique ou sélénieux, que personne ne songe à envisager comme des sels, il y a tous les degrés intermédiaires. Le caractère du métal, tiré de la faculté de donner toujours un oxyde basique, s'affaiblit et s'évanouit à mesure qu'on le regarde de plus près, et d'un métalloïde défini par un certain ensemble de propriétés à un métal possédant des qualités toutes différentes, il y a fréquemment passage par degrés presque insensibles. Ainsi dans le groupe azote, phosphore, arsenic, antimoine, germanium, bismuth, l'éclat métallique que ne présente pas l'azote apparaît faible dans certaines variétés de phosphore rouge, s'accentue dans l'arsenic et se développe davantage dans l'antimoine et le bismuth; simultanément la conductibilité varie dans le même sens, les composés oxygénés sont de moins en moins acides quand on va de l'azote au bismuth; les composés hydrogénés de moins en moins basiques et de plus en plus instables. Il n'y a pas lieu d'être surpris de ces résultats; au point de vue philosophique, la division des éléments en métalloïdes et métaux n'a aucune raison d'être, rien ne sépare les premiers des seconds, rien de comparable aux différences que nous avons reconnues exister entre les corps composés et les éléments simples ne vient justifier cette division.

Si aucun caractère absolu ne permet de distinguer un métalloïde d'un métal, nous pouvons nous attendre à rencontrer les mêmes difficultés lorsque nous chercherons à faire des familles dans chacun de ces groupes; admettons pour un instant que la division en métalloïdes et métaux soit nette et cherchons à établir une classification naturelle des éléments de chacun de ces deux embranchements. Pour cela faire, il faudrait trouver à chacun des corps qui les constituent un caractère saillant qui permette d'en conclure facilement les propriétés essentielles des corps simples qu'on doit réunir autour du premier, de telle manière que dans la famille ainsi constituée, les propriétés fondamentales, les modes de combinaisons analogues des divers composés possédassent un grand degré de similitude. Or la découverte d'un tel caractère a jusqu'ici échappé aux efforts de tous les chimistes qui se sont occupés de cette importante question, et rien ne nous permet d'établir une classification naturelle des éléments. A son défaut, nous en sommes réduits à essayer d'une classification artificielle, d'un système, et pour y arriver le mieux à faire est, semble-t-il, de soumettre successivement chaque corps à quelques réactions convenablement choisies, en s'attachant surtout aux propriétés susceptibles d'une mesure précise, puis de classer d'après les résultats; c'est ce que plusieurs chimistes éminents ont successivement essayé.

M. Dumas, le premier, a posé les bases d'une classification artificielle des métalloïdes en s'appuyant sur les propriétés de leurs combinaisons avec l'hydrogène et le chlore; la classification de ces corps est fondée. dit-il, sur les caractères des composés qu'ils forment avec l'hydrogène, sur le rapport en volumes des deux éléments qui se combinent et sur leur mode de condensation; pour les corps qui ne s'unissent pas à l'hydrogène, elle est fondée sur le caractère des combinaisons qu'ils forment avec le chlore, et autant que possible sur le rapport des volumes des deux éléments qui se combinent et sur leur mode de condensation. Ces principes l'ont conduit à former les quatre groupes:

Fluor, chlore, brome, iode;
Oxygène, soufre, sélénium, tellure;
Azote, phosphore, arsenic;
Carbone, silicium, bore;

l'hydrogène restant isolé.

Cette classification résume certainement les analogies respectives des corps de chacun de ces groupes. Nous voyons, en effet, que les éléments du premier forment avec l'hydrogène des hydracides puissants, constitués par des volumes égaux de leurs composants sans condensation, et jouissant de propriétés semblables variant d'une façon régulière; avec les métaux, ces éléments donnent des composés binaires très analogues et souvent isomorphes; ils se remplacent indifféremment dans les apatites sans en changer ni la forme ni les propriétés générales; enfin leurs combinaisons oxygénées toujours peu stables offrent des compositions toutes pareilles.

Les éléments du second groupe forment avec l'hydrogène des gaz constitués par deux volumes d'hydrogène unis à un de vapeur du métalloïde avec condensation d'un tiers, et jouant le rôle d'acides faibles.

Avec la plupart des métaux, ils se combinent directement en donnant des composés fréquemment isomorphes.

Avec l'hydrogène, les corps du troisième groupe forment des gaz qui se comportent très souvent comme des bases, et qui sont susceptibles de donner naissance à des composés plus complexes, les ammoniaques composées, très analogues entre eux.

Le carbone et le silicium se rapprochent surtout par les modifications isomériques qu'ils présentent, par le rôle analogue qu'ils jouent dans certaines combinaisons organiques; quant au bore, on ne le place plus maintenant auprès de ces deux corps.

Mais si la classification de M. Dumas fait ressortir certaines analogies remarquables que présentent entre eux les corps rapprochés en familles, elle laisse dans l'ombre des différences souvent aussi importantes que le sont ces analogies. Il est à remarquer tout d'abord que le premier corps de chaque famille, celui qui semblerait en devoir être le type, paraît s'écarter des autres et jouer un rôle à part : dans les circonstances ordinaires l'oxygène est gazeux, et l'eau qui est liquide a bien peu les qualités d'un acide même faible; elle paraît se comporter en chimie et dans la nature d'une façon qui n'est guère comparable au rôle que jouent les composés hydrogénés du soufre, du sélénium et du tellure. On en peut dire autant du reste de l'oxygène lui-même; il s'écarte notablement des trois autres corps du groupe qui offrent au contraire entre eux d'étroites analogies.

Comme l'oxygène, l'azote est gazeux, tandis que le phosphore et l'arsenic sont solides; de plus, il correspond à deux volumes de vapeur alors que les deux autres corps n'en représentent qu'un seul ; il ne se combine pas directement à l'oxygène, ce que font aisément le phosphore et l'arsenic en donnant des composés très stables, alors que les combinaisons oxydées de l'azote le sont si peu. Sa combinaison avec l'hydrogène a une composition en volume différente de celle des phosphure et arséniure correspondants; l'ammoniaque est extrêmement soluble dans l'eau qui ne dissout que des traces d'hydrogène phosphoré ou d'hydrogène arsénié, et le rôle qu'elle peut remplir comme alcali diffère singulièrement de ceux des phosphures et arséniures d'hydrogène placés dans les mêmes circonstances. Les combinaisons chlorées, bromées, iodées de l'azote, ne présentent aucune propriété qui les rapproche de celles de l'arsenic ou du phosphore, et tandis que les phosphates et arséniates, souvent insolubles dans l'eau, sont ordinairement isomorphes entre eux, les azotates, toujours solubles, ne leur ressemblent ni par leur forme cristalline, ni par leur composition, ni par l'ensemble de leurs propriétés.

Quant au silicium, s'il présente comme le carbone plusieurs états isomériques, s'il peut le remplacer dans quelques composés organiques, il est impossible de ne pas se rappeler la multitude de composés que le carbone forme avec l'hydrogène, alors que le silicium n'en donne qu'une seule, sans analogie d'ailleurs avec eux ; l'acide carbonique et la silice n'ont aucun caractère commun ; les chlorures, bromures, iodures de carbone, ne sont pas analogues à ceux du silicium ; enfin l'azoture de silicium et le cyanogène sont deux composés aussi éloignés l'un. de l'autre qu'on peut se l'imaginer.

Le fluor, lui aussi, quoique encore incomplètement étudié, paraît s'écarter notablement des autres éléments de la même famille.

En laissant de côté le fluor, nous voyons donc que le premier corps de chaque famille se sépare assez nettement des autres, et sans que le fait ait de l'importance au point de vue d'une classification, il convient de noter en passant cette coïncidence singulière que ce sont précisément ces quatre corps, hydrogène, oxygène, azote et carbone, qui sont les éléments essentiels de tous les êtres organisés, qu'ils forment entre eux l'eau, l'acide carbonique, l'ammoniaque dont le rôle dans la nature est de si haute importance. Si, maintenant, cessant de considérer ces premiers corps, nous examinons comment varie l'ensemble des propriétés principales dans les autres· éléments du même groupe, nous sommes amenés à placer à côté d'eux des corps simples qu'on ne range pas ordinairement au nombre des métalloïdes ; par certaines de leurs propriétés, le silicium se rapproche du zirconium, celui-ci du titane qui, à son tour, est voisin de l'étain, de sorte qu'envisagé dans son ensemble, le groupe silicium, zirconium, titane, étain, présente une certaine homogénéité; auprès de l'arsenic il n'est pas possible de ne pas mettre l'antimoine, à côté de celui-ci le germanium, puis le bismuth, de telle sorte que l'étude de certaines propriétés que nous regardons comme aptes à servir de base à un système nous conduit à ranger ensemble des métalloïdes et des métaux, si nous voulons rapprocher les uns des autres les éléments dans lesquels nous voyons ces propriétés varier d'une manière régulière et progressive; et la chose est naturelle, puisque entre métalloïdes et métaux nous n'avons pu découvrir aucune différence tranchée. Mais alors telle famille très nette quand on ne considère que certains de ses membres, comme le phosphore et l'arsenic, vient par une de ses extrémités se terminer par des métaux, alors que se trouve à sa tête un corps, l'azote, qui offre surtout des différences avec tous ceux qu'on lui associe comme parent, et l'ensemble ne présente plus aucune homogénéité.

Si les embarras sont grands quand on veut former des familles de métalloïdes, c'est bien autre chose encore lorsqu'il s'agit de constituer des groupes de métaux.

Thénard essaya de baser une classification de ces corps en déterminant la résistance qu'ils opposent à l'action combinée de l'oxygène, de l'eau et de la chaleur, agents qui dans la nature, et aux époques géologiques les plus récentes, ont été le plus fréquemment employés pour amener les matières minérales à leur état actuel, et qui les modifient chaque jour encore; ce sont aussi les agents les plus ordinairement mis en jeu dans l'industrie et dans les laboratoires. Il a pu ainsi diviser les métaux en sections, dans lesquelles nombre d'espèces se trouvent rationnellement rapprochées, mais en laissant de côté beaucoup de corps, trop peu connus alors pour qu'il fût possible de déterminer leur place avec quelque apparence de certitude; aussi la classification de Thénard présente-t-elle un caractère plus pratique que scientifique.

On a espéré arriver à des résultats meilleurs en prenant l'atomicité comme base d'une classification nouvelle; l'hydrogène et le chlore étant considérés comme éléments monoatomiques, on a groupé les métaux en diatomiques, triatomiques, etc., — selon qu'ils exigent 2, 3, etc., atomes d'hydrogène ou de chlore pour former des composés saturés. « Pour tous les corps; dit Wurtz (*Leçons de philosophie chimique*, p. 168), l'atomicité est le principal moyen de classification; les familles de métalloïdes et de M. Dumas sont formées de corps d'égale atomicité; on peut établir de tels groupes entre les métaux, et ces rapprochements sont bien plus fondés que les relations artificielles qu'établit entre eux le degré de leur affinité pour l'oxygène. »

Les familles de M. Dumas peuvent être en effet considérées comme renfermant des corps de même atomicité, mais il faut bien remarquer qu'il n'y a là rien d'absolu, et que cette atomicité ne se rapporte qu'à l'ordre de combinaisons qui a servi de base pour constituer les familles en question; l'iode, par exemple, qui, avec un volume d'hydrogène égal au sien, donne de l'acide iodhydrique et qui de ce chef est monoatomique, se combine au chlore dans le rapport de trois volumes de ce gaz pour un d'iode et devient triatomique dans le chlorure I Cl³. Il en est de même de l'azote qui, triatomique quand il s'unit au triple de son volume d'hydrogène pour faire le gaz ammoniac, est pentatomique dans le chlorure d'ammonium, etc... La même chose a lieu avec les métaux; la classification faite d'après l'atomicité a conduit à les diviser en groupes hétérogènes dans lesquels le zinc, le cuivre, le mercure, se trouvent rapprochés des alcalino-terreux diatomiques comme eux; l'or, le thallium, le vanadium se trouvent ensemble comme triatomiques. Au nombre des tétratomiques figurent à la fois l'aluminium, le glucinium, le fer, le plomb et le platine; le molybdène et le tungstène en leur qualité de corps hexatomiques se voient rapprocher de l'iridium. Et non seulement la notion d'atomicité conduit à ranger dans un même groupe des métaux aussi différents que ceux que nous venons de citer, mais comme les partisans de l'atomicité sont bien obligés

de reconnaître que cette qualité est variable aussi bien dans les métaux que chez les métalloïdes, il en résulte qu'un métal déterminé peut prendre place dans plusieurs groupes suivant l'atomicité qu'on lui attribue. Il est clair qu'une propriété aussi peu définie, aussi variable que l'atomicité, ne peut servir de fondement à une classification qui devrait résumer l'ensemble des propriétés des corps. Au surplus, cette hypothèse de l'atomicité variable des éléments revient à dire que l'atomicité varie d'après la loi des proportions multiples; dire qu'un élément a plusieurs atomicités est une manière d'exprimer cette loi, qui, on le comprend sans peine, ne peut suffire pour asseoir une classification.

La division des métalloïdes et des métaux en groupes homogènes bien définis présentant des difficultés aussi considérables, certains chimistes ont espéré mieux réussir en laissant de côté la distinction entre métaux et métalloïdes et en essayant de faire une classification portant sur l'ensemble des corps simples. C'est ainsi que Berzélius déjà en avait proposé une qu'il fondait sur les propriétés électro-chimiques de ces corps; il avait rangé les corps simples en une série tellement ordonnée que l'un quelconque de ses termes est précédé des éléments plus électro-négatifs que lui et suivi des éléments plus électro-positifs; la série s'ouvre par l'oxygène et se ferme par le potassium, qui est électro-positif par rapport à tous les autres. Dans la série ainsi constituée, le chrome se trouve placé entre l'arsenic et le vanadium; l'or, entre l'hydrogène et l'osmium; le plomb, entre l'étain et le cadmium; le carbone, entre le bore et l'antimoine, etc. Cette énumération suffit à elle seule pour montrer que la classification de Berzélius n'indique aucune des propriétés des corps en dehors de celle qui lui a servi de base.

De son côté, M. Mendeléef, en dressant une table des corps simples rangés d'après l'ordre de grandeur de leurs poids atomiques, a découvert d'intéressantes relations entre ces poids et les propriétés des corps considérés; il a cru pouvoir formuler comme loi générale que « les propriétés des corps simples, la constitution de leurs combinaisons, ainsi que les propriétés de ces dernières, sont des fonctions périodiques des poids atomiques des éléments ». (*Journal de la Société chimique russe*, t. Ier, p. 60, 1869.)

Non seulement, pour lui, les propriétés des corps simples d'une même famille varient régulièrement, comme leurs poids atomiques, de manière à en être de véritables fonctions; non seulement, entre les poids atomiques de corps appartenant à deux familles naturelles, en apparence très éloignées, on peut trouver les mêmes rapports avec addition ou soustraction d'un facteur à peu près constant, mais encore, entre les corps qui occupent le même rang dans chaque famille, il existe des rapports qui se reproduisent périodiquement; les poids atomiques de même rang, toujours semblablement modifiés en passant d'une famille à l'autre, constituent un certain nombre de périodes successives parallèles que M. Mendeléef porte au nombre de 12. Voyons comme il les constitue :

Pour cela faire, mettant à part l'hydrogène qu'il regarde comme le seul représentant connu d'une première série, il en forme une seconde avec les 7 corps qui ont, après l'hydrogène, le plus faible poids atomique, puis une troisième avec les 7 corps dont les poids atomiques sont les plus faibles après ceux-là, ce qui lui donne les lignes suivantes :

H = 1
Li = 7   Gl = 9,4   Bo = 11   C = 12   Az = 14   O = 16   Fl = 19
Na = 23   Mg = 24   Al = 27,3   Si = 28   Ph = 31   S = 32   Cl = 35,5

Arrêtons-nous ici un instant. Nous constatons : 1° que certains membres correspondants de la deuxième et de la troisième ligne, lithium et sodium, azote et phosphore, fluor et chlore, etc., sont des corps analogues donnant lieu à des combinaisons analogues; 2° que le caractère des éléments se modifie à mesure que le poids atomique s'accroît; ainsi, si l'on compare les combinaisons hydrogénées et oxygénées des éléments d'une même série, on voit la limite de saturation de chacun des éléments varier régulièrement et progressivement, sans qu'on puisse intercaler des termes intermédiaires entre les termes d'aucune des deux séries; leurs quatre derniers termes sont seuls aptes à se combiner à l'hydrogène pour donner les types saturés RH^4, RH^3, RH^2, RH, et le caractère de ces composés varie en même temps que leur formule, tandis que les acides fluorhydrique et chlorhydrique sont les acides énergiques très stables sous l'influence de la chaleur; l'eau et l'hydrogène sulfuré jouent le rôle d'acides faibles et résistent moins à l'échauffement ; l'ammoniaque et l'hydrogène phosphoré sont des bases facilement décomposables; le formène et l'hydrogène silicié sont des corps neutres; de même, si nous envisageons les oxydes supérieurs anhydres que peuvent former les éléments de la troisième série

$$Na^2O, \; Mg^2O^2, \; Al^2O^3, \; Si^2O^4, \; Ph^2O^5, \; S^2O^6, \; Cl^2O^7$$

les propriétés basiques vont en diminuant du premier terme au troisième, qui déjà peut se comporter comme un acide, et, à partir de celui-ci, l'acidité devient de plus en plus marquée.

Tout en signalant ces remarques de M. Mendeléef, il faut observer cependant de suite que glucinium et magnésium, bore et aluminium n'ont que fort peu d'analogies; que le sodium s'unit à l'hydrogène pour former un hydrure que le lithium ne donne pas; que Na^2O^5 et S^2O^6 ne sont pas les oxydes supérieurs du sodium et du soufre. Sans insister pour le moment sur ces faits, et quoi qu'il en soit, une série de sept éléments choisis, comme nous venons de le dire, est ce que M. Mendeléef appelle une petite période, et en conti-

Classification des corps simples en séries périodiques.

FORMES SUPÉRIEURES DE COMBINAISON.	GROUPE I. TYPE M^2O.	GROUPE II. TYPE M^2O^2.	GROUPE III. TYPE M^2O^3.	GROUPE IV. TYPE M^2O^4, RH^4.	GROUPE V. TYPE M^2O^5, RH^3.	GROUPE VI. TYPE M^2O^6, RH^2.	GROUPE VII. TYPE M^2O^7, RH.	GROUPE VIII. TYPE M^2O^8, R^2H.
Série périodique I.	1 = H							
II	Li = 7	Gl = 9,4	Bo = 11	C = 12	Az = 14	O = 16	Fl = 19	
III	Na = 23	Mg = 24	Al = 27,3	Si = 28	Ph = 31	S = 32	Cl = 35,5	
IV	K = 39	Ca = 40	Sc = 44	Ti = 48	Va = 51	Cr = 52	Mn = 55	Fe = 56, Co = 59, Ni = 59, Cu = 63
V	Cu = 63	Zn = 65	Ga = 68	Ge = 72	As = 75	Se = 78	Br = 80	
VI	Rb = 85	Sr = 87	Yt = 88	Zr = 90	Nb = 94	Mo = 96	»	Ru = 104, Rh = 104, Pd = 106, Ag = 108
VII	Ag = 108	Cd = 112	In = 113	Sn = 118	Sb = 122	Te = 125	I = 127	
VIII	Cs = 133	Ba = 137	Di = 138	Ce = 140	»	»	»	
IX	»	»	»	»	»	»	»	
X	»	»	Er = 178	La = 180	Ta = 182	Tu = 184	190	Os = 195, Ir = 197, Pt = 198, Au = 199
XI	Au = 199	Hg = 200	Tl = 204	Pb = 207	Bi = 208	»	»	
XII	»	»	»	Th = 230	»	Ur = 240	»	

nuant à ranger les éléments d'après la grandeur de leur poids atomique et par petites périodes, l'éminent chimiste russe a dressé la table suivante, à double entrée, dans laquelle chacune des périodes occupe une ligne horizontale, et qui se trouve divisée en 7 colonnes verticales ou *groupes* qui constituent des familles naturelles. Mais afin que les groupes ne contiennent que des éléments présentant entre eux une certaine analogie, M. Mendeléef a été obligé de constituer après les trois premières périodes un huitième groupe en dehors des sept admis tout d'abord, groupe qui renferme des corps dont les poids atomiques sont très voisins les uns des autres, groupe dont l'existence est nécessaire pour que le zinc vienne se placer dans le second groupe, l'arsenic dans le cinquième, le sélénium dans le sixième, qui renferment déjà des éléments qui leur sont analogues.

Le tableau étant formé comme il vient d'être dit, voici ce que M. Mendeléef en fait ressortir :

1° Entre deux éléments consécutifs d'une même série, la différence des poids atomiques est toujours comprise entre des limites fort resserrées, ce qui oblige à laisser certains vides. Dans la quatrième série, par exemple, entre le calcium et le titane, dont les poids atomiques sont 40 et 48, il doit se trouver la place d'un élément inconnu, d'abord parce que la différence 48-40 est supérieure au double de la moyenne des différences constatées entre les poids atomiques des corps de cette quatrième série ; ensuite et surtout parce que le titane, analogue du silicium et du carbone, doit tomber dans le quatrième groupe qui renferme déjà ces deux derniers corps. Les vides ainsi laissés dans les séries correspondent à des éléments inconnus.

2° La différence moyenne qui existe entre les poids atomiques des corps d'une même série et ceux des corps de même rang de la série suivante est à peu près constante, et représentée par deux valeurs différentes ; cette différence est égale à 16 environ pour les trois premières séries ; elle est comprise entre 24 et 28 pour les autres.

3° Pour former les oxydes supérieurs d'une même série, l'oxygène augmente régulièrement par quantités égales quand on va du commencement à la fin de la série ; pour former les combinaisons hydrogénées limites, l'hydrogène diminue régulièrement par quantités égales, quand on va du commencement à la fin de la série.

4° Si on laisse de côté les deux premières séries, on voit qu'entre les séries de rang pair ou les séries de rang impair comparées entre elles, il y a plus d'analogie que si on compare entre elles une série de rang pair avec une de rang impair ; les métalloïdes appartiennent surtout aux séries impaires, les métaux se montrent principalement dans les séries paires. Dans le cinquième groupe, par exemple, vanadium, nio-

bium, tantale appartiennent aux séries paires, tandis que phosphore, arsenic, antimoine se trouvent dans les séries impaires. D'autre part, les corps de rang pair, ou de rang impair, c'est-à-dire pris de deux en deux rangs dans un même groupe, se correspondent mieux que deux corps consécutifs, le calcium, le strontium, le baryum, par exemple, qui dans le second groupe occupent des rangs pairs, sont plus analogues entre eux que magnésium et calcium, ou calcium et zinc, etc... Il est à noter encore qu'en général les éléments des séries paires ne se combinent pas à l'hydrogène et ne forment pas de radicaux organo-métalliques, tandis que ceux des séries impaires donnent fréquemment des composés de cette nature.

5° Les éléments de la seconde série semblent se comporter tout autrement que les autres ; leurs propriétés de se combiner à l'hydrogène et de former des radicaux organo-métalliques les rapprochent des corps des séries impaires ; d'autre part, cette série ne contient pas de huitième groupe comme en ont les autres séries ; enfin la différence entre les poids atomiques de ses éléments et ceux des corps correspondants de la quatrième série est comprise entre 32 et 36, tandis qu'à quelques exceptions près, la différence moyenne entre les poids atomiques de corps correspondants des séries paires consécutives est voisine de 46. M. Mendeléef admet que les rapports des masses chimiques se trouvant modifiés, ce changement entraîne une perturbation corrélative dans les propriétés qui sont sous leur dépendance, et il désigne sous le nom d'*éléments typiques*, pour caractériser leur allure spéciale, les corps de la seconde série réunis à l'hydrogène.

Sans méconnaître l'intérêt considérable qui s'attache à ces remarques, il est cependant impossible de ne pas considérer que les faits qu'elles visent et font ressortir sont moins généraux qu'il ne semble à première vue. Les relations numériques ne sont qu'approchées, et les valeurs des différences oscillent entre des limites assez écartées. Ce qui concerne les combinaisons supérieures avec l'hydrogène n'est applicable qu'à peu d'éléments, le plus grand nombre d'entre eux ne s'unissant pas à ce gaz ; et cependant nous trouvons précisément dans les séries paires le potassium qui s'y combine, ainsi que font très vraisemblablement le rubidium et le césium qui lui sont si analogues, le Palladium, le fer, le nickel qui sont, eux aussi, capables de former des hydrures, et probablement l'argent, d'après les expériences récentes de M. Le Châtelier ; en revanche, dans la deuxième série, le lithium, le glucinium, le bore ne donnent pas de combinaisons hydrogénées. En ce qui concerne, d'autre part, les combinaisons supérieures avec l'oxygène, la formule donnée à celles qui figurent au tableau ne représente pas toujours, et nous l'avons déjà remarqué, le corps le plus oxydé que peut donner l'élément considéré ; bref, il semble d'une façon générale que les remarques de M. Mendeléef sont applicables, non pas à tous les corps des séries, mais seulement à un certain nombre d'entre eux.

Nous avons signalé l'existence d'un huitième groupe renfermant des métaux dont les poids atomiques diffèrent peu les uns des autres. M. Mendeléef place l'or, l'argent et le cuivre à la fois dans ce groupe et dans le premier; dans celui-ci, parce qu'il regarde la forme de leurs combinaisons inférieures comme les rangeant à la suite de l'hydrogène et du sodium; dans le huitième, parce que, quoique la forme limite de leurs oxydes n'atteigne pas le type $R^2 O^8$, ce groupe renferme des corps tels que les oxydes de chaque série paire contiennent de moins en moins d'oxygène à mesure que leur poids atomique augmente. Cette particularité de trois éléments constituant à la fois le dernier terme d'une série paire et le premier de la série impaire suivante, jointe à ce fait que les ressemblances entre éléments sont plus intenses quand on compare entre eux ceux qui se correspondent, soit dans les séries paires, soit dans les séries impaires, alors qu'il n'y a que de faibles analogies entre les membres correspondants de deux séries consécutives, ont suggéré à M. Mendeléef l'idée que les petites périodes pourraient bien n'être que des fragments de périodes plus grandes formées par l'union d'une série paire avec une série impaire reliées entre elles par les corps du huitième groupe; et laissant de côté les deux premières séries, les éléments typiques, il a constitué les grandes périodes suivantes de 17 membres :

K $=39$	Rb $=85$	Cs $=133$	. . . .	. . . . .
Ca $=40$	Sr $=87$	Ba $=137$	. . . .	. . . . .
. . . .	Yt $=827$	Di $=138$	Er $=178$	. . . . .
Ti $=48$	Zr $=90$	Ce $=140$	La $=180$	Ti $=231$
Va $=51$	Nb $=94$	. . . .	Ta $=182$	. . . . .
Cr $=52$	Mo $=96$	. . . .	Ta $=184$	Ur $=240$
Mn $=55$	. . . .	. . . .	. . . .	. . . . .
Fe $=56$	Ru $=104$	. . . .	Os $=195$	. . . . .
Co $=59$	Rh $=104$	. . . .	Ir $=197$	. . . . .
Ni $=59$	Pd $=106$	. . . .	Pt $=198$	. . . . .
Cu $=63$	Ag $=108$	. . . .	Au $=199$	. . . . .
Zn $=65$	Cd $=112$	. . . .	Hg $=200$	. . . . .
. . . .	In $=113$	. . . .	Ti $=204$	. . . . .
. . . .	Sn $=118$	. . . .	Pb $=207$	. . . . .
As $=75$	Sb $=122$	. . . .	Bi $=208$	. . . . .
Se $=78$	Te $=125$	. . . .	. . . .	. . . . .
Br $=80$	I $=127$	. . . .	. . . .	. . . . .

Ces grandes périodes, qui commencent par un métal pour finir par un métalloïde, rappellent la classification électro-chimique de Berzélius, à cela près que chaque période semble former une série absolument distincte des autres, les premiers et les derniers termes ayant des caractères bien tranchés. Cependant, M. Mendeléef n'admet pas qu'il en soit ainsi; il regarde « la série des éléments comme ininterrompue et représentant jusqu'à un certain degré une fonction en spirale ».

Quoi qu'il en soit, M. Mendeléef considère la place d'un élément dans le système des petites périodes

comme tout à fait déterminée par son poids atomique et la forme supérieure de son oxyde; si R est un élément placé dans une même série entre deux autres éléments X et Y, si R' et R" sont les éléments qui lui correspondent dans les séries de même degré (paires ou impaires) qui précèdent et qui suivent celle à laquelle R appartient, la position de R sera définie par le schéma

$$
\begin{array}{ccc}
X' & R' & Y' \\
X & R & Y \\
X" & R" & Y"
\end{array}
$$

avec la relation approximative $R" - R = R - R'$, chacune de ces différences étant voisine de 46; la position du sélénium, par exemple, sera définie par

$$
\begin{array}{ccc}
Ph & S & Cl \\
As & Se & Br \\
Sb & Te & I
\end{array}
$$

M. Mendeléef appelle éléments *atomanalogues* du sélénium, le soufre, l'arsenic, le brome et le tellure qui l'entourent immédiatement, et il regarde le poids atomique d'un élément comme la moyenne des poids atomiques des éléments atomanalogues; celui du sélénium sera $\dfrac{32 + 75 + 80 + 125}{4} = 78$, nombre sensiblement égal à celui que l'expérience a fourni. Cette propriété a conduit M. Mendeléef à modifier certains poids atomiques, en particulier celui du tellure qui, d'après la position qu'il occupe, doit être égal à $\dfrac{127 + 122}{2} = 125$ environ; or Berzélius avait trouvé 128, tandis que des recherches plus récentes (Brauner, *Deutsch. chem. gesell,* XVI, 335) ont confirmé la valeur 125. Non seulement la position d'un élément sera définie comme on vient de le dire, mais le savant auteur admet de plus que les propriétés de cet élément seront une sorte de moyenne entre celles de ses atomanalogues, de telle sorte qu'il devient possible d'indiquer approximativement le poids atomique et les propriétés des corps simples inconnus dont la place est marquée par les vides qui subsistent dans les diverses séries. L'expérience a confirmé ces vues; dans le troisième groupe et la cinquième série, il existe un vide entre le zinc et l'arsenic. M. Mendeléef a nommé *ekaaluminium* le corps qui doit remplir cette place; il a écrit que son poids atomique serait 68, que son oxyde serait un sesquioxyde; que l'acide sulfhydrique précipitera de ses dissolutions un sesquisulfure insoluble dans les sulfures alcalins; que le métal s'obtiendra facilement par voie de réduction; qu'il sera facilement fusible, mais presque fixe et non oxydable au contact de l'air; que sa densité sera 5,9, celle de son oxyde environ 5,5; qu'enfin cet oxyde, soluble dans les acides énergiques, formera un hydrate amorphe insoluble dans l'eau, soluble dans les acides et les alcalis, et capable de former un alun plus

20 S.

soluble que celui d'aluminium. Ces propriétés s'accordent avec celles que M. Lecoq de Boisbaudran a reconnues au *gallium* qui fond à 30°,1, dont la densité est 5,96 et le poids atomique 69,8. De même le *scandium* est venu occuper à l'intersection de la quatrième série et du troisième groupe la place de l'élément hypothétique que M. Mendeléef avait appelé *ekabore* en indiquant son poids atomique et ses propriétés principales; le *germanium* dont le poids atomique est 72,3 correspond à l'*ekaaluminium* de M. Mendeléef dans la cinquième série, entre l'arsenic et le gallium.

Malgré ces coïncidences remarquables, il n'en est pas moins vrai qu'en définitive, toutes ces relations numériques entre éléments d'un même groupe ne sont qu'approximatives; les poids atomiques ne varient pas avec une régularité rigoureuse, et c'est peut-être là la cause des variations non régulières que l'on observe dans les propriétés des éléments. La loi périodique ne se présente à nous qu'avec un caractère vague, celui d'une généralisation empirique, et la relation entre les propriétés des corps et leur poids atomique, si elle existe, est vraisemblablement une fonction compliquée de plusieurs variables encore inconnues. La loi périodique semble mettre en évidence la périodicité du rapport entre le poids atomique et la forme de la combinaison des éléments; mais même réduite à ces termes, elle ne rend pas compte de l'existence de certains composés. M. Mendeléef a exagéré la valeur de cette propriété mal définie, qu'il appelle la valeur limite de combinaison d'un élément, et qui paraît être une sorte d'atomicité déguisée; les types limites RX, RX², RX³, ne rendent compte que d'un certain nombre de composés dans les trois premiers groupes. Au premier, les polysulfures alcalins se rapportent aux types RX³, RX⁴, RX⁵, les peroxydes sont à RX², RX⁴, les periodures à RX⁷; au second groupe, les peroxydes des métaux alcalins terreux correspondent non à M O, mais à M O² ou M² O⁴; dans le troisième l'oxychlorure de bore répond au type RX⁴, le fluoborate de potasse à RX⁵ comme formes limites de combinaison, etc... Les partisans de la loi périodique ont essayé de tourner la difficulté en supposant qu'on peut étendre aux trois premiers groupes les variations régulières que présentent les combinaisons hydrogénées dans les quatre derniers, et prolonger jusqu'au premier groupe la remarque de M. Mendeléef, que, du huitième au quatrième groupe, les hydrates contiennent le même nombre d'atomes d'hydrogène que les composés hydrogénés correspondants. Malgré ces hypothèses, les hydrates, les fluosilicates, les fluotitanates, etc., demeurent en contradiction avec la limite de la limite supérieure de combinaison, et montrent bien qu'on ne peut tirer aucune conclusion rigoureuse de cette propriété qui ne paraît pas susceptible d'être définie avec précision.

Ainsi, nous le voyons, aucune des tentatives faites pour arriver à une classification rationnelle des corps simples n'a pu aboutir, aucun des principes sur lesquels on a essayé de baser une telle classification n'a permis d'arriver à un résultat satisfaisant.

Corps composés. — Si nous rencontrons de telles difficultés pour classer les corps simples qui sont en petit nombre, nous devons nous attendre à en trouver bien d'autres quand il s'agira de la multitude des corps composés. Pour en coordonner l'étude, on adopte généralement la fonction chimique comme principe général et dominant, ce qui a permis de constituer des grands groupes : *acides, bases, sels, alcools, éthers, aldéhydes*, etc... et de formuler des lois de composition, des procédés généraux de formation et de réaction. À ne regarder que l'ensemble, le résultat paraît satisfaisant, mais la satisfaction diminue bien si l'on regarde au fond des choses. C'est qu'ici encore la définition rigoureuse de chaque fonction nous échappe, qu'il n'y a pas de limite tranchée qui sépare un acide d'une base, un alcool d'un phénol, etc., pas plus qu'il n'y a de ligne de démarcation entre les métalloïdes et les métaux, et l'on peut le plus souvent passer d'un groupe à un autre par degrés presque insensibles. Sans doute, l'acide sulfurique et la potasse ont des caractères bien différents, mais il est aisé de concevoir une série de corps dont ces deux-là formeraient le commencement et la fin, et au milieu de laquelle se trouveraient des substances comme l'alumine, l'oxyde de zinc, etc., qui se conduisent tantôt comme acides, tantôt comme bases. Dans un ordre d'idées différent, certains corps sont à la fois acide et base, non plus parce que ces deux propriétés en s'affaiblissant l'une et l'autre sont devenues telles que le corps est apte à se combiner presque indifféremment aux acides forts et aux bases énergiques, mais parce qu'ils possèdent une double fonction comme la glycollamine, la leucine, etc., et ces corps à fonctions multiples sont nombreux parmi les composés organiques. Les groupes que l'on peut former ne sont donc pas en général limités d'une manière précise, rigoureusement définis, et souvent les derniers représentants d'un groupe ressemblent beaucoup à ceux d'un autre groupe, de telle sorte que la fonction chimique ne peut être regardée, elle non plus, comme un principe assuré de classification.

Il semble d'ailleurs qu'en l'état actuel de nos connaissances, il ne soit pas possible d'arriver à autre chose qu'à constituer des groupes plus ou moins naturels, mais incomplètement définis et mal délimités. Sans doute, les corps que nous appelons simples constituent parmi les formes de la matière un ensemble tout particulier de substances qui se trouvent rapprochées par une constitution intime différente de celle des corps composés, mais cependant cette différence ne va pas jusqu'à en faire des êtres d'une nature exceptionnelle; corps simples, tout comme les corps composés, ne sont que des formes d'une matière pesante unique, formes caractérisées par leur équivalent ou poids moléculaire qui définit en eux le poids de substance capable d'entrer en combinaison, et par la nature de leur mouvement particulaire. Ces deux qualités dominent de haut toutes les propriétés de la matière, et s'il est commode de rattacher aux corps simples tous les composés auxquels ils peuvent donner naissance, comme, dans un ordre d'idées plus restreint, il est commode de rattacher aux carbures d'hydrogène un grand nombre de composés organiques, cela ne paraît pas nécessaire. Parmi les composés eux-mêmes, il existe des corps tout à fait à part, et quoiqu'ils ne présentent pas dans leur chaleur spécifique les particularités de haute importance que nous avons signalées comme appartenant aux éléments, il n'en est pas moins vrai qu'ils se conduisent en général comme eux ; que dans une classification naturelle, il serait bien difficile de songer à placer le cyanogène ailleurs qu'auprès des éléments halogènes, l'ammonium ailleurs qu'auprès des métaux alcalins, et de ne pas reconnaître que beaucoup de radicaux organo-métalliques se comportent comme de véritables métaux. Et cependant, cyanogène, ammonium, radicaux, ne sont pas des éléments au sens ordinaire du mot; nous savons les décomposer en autres substances dont le poids est le même que celui de la matière employée, ce qui n'a pu être fait pour aucun élément proprement dit.

D'autre part, de ce que deux éléments sont analogues, il n'en résulte pas nécessairement que tous les composés que l'on y rattache doivent présenter entre eux les mêmes rapports d'analogie, lors même qu'ils possèdent des compositions semblables; nous admettons qu'il en doit être ainsi, mais rien ne rend cette condition obligatoire. S'il s'agit de deux métaux analogues, le fer et le manganèse, par exemple, il serait certainement d'un très grand intérêt de rencontrer la même relation, le même parallélisme entre leurs oxydes, leurs chlorures, leurs sulfates, leurs azotates, etc.; mais il n'en est pas nécessairement ainsi et, en général, il n'en est pas ainsi; et comme au fond tous ces sels ne renferment plus ni fer ni manganèse, ce sont des formes matérielles qui ont une individualité propre tout en gardant les traces de leur origine, on conçoit que, suivant que ces traces seront plus ou moins profondes, les rapports d'analogie qu'ils présentent puissent être plus ou moins étroits, et surtout plus ou moins semblables à ceux qu'offraient entre eux les métaux considérés.

Nous voyons bien qu'au fond, toutes les formes de la matière pesante sont définies de la même manière et que si, parmi elles, les éléments actuels occupent une place spéciale exigée par certaines propriétés qui semblent n'appartenir qu'à eux, ils ne sortent pas du rang pour cela ; tout près d'eux viennent prendre place, malgré les différences qui les distinguent, certains composés comme l'ammonium et le cyanogène. Au commencement du siècle, la chaux et les alcalis, qui avaient résisté à tous les moyens, alors connus, de décomposition, étaient regardés comme des substances d'une nature spéciale ; telle découverte, analogue à celle de la pile peut surgir d'un moment à l'autre, conduire à la destruction des corps réputés simples et, ouvrant aux chimistes de nouveaux horizons, faire disparaître la notion actuelle d'éléments en rendant ceux-ci comparables à l'ammonium et au cyanogène, à cela près cependant qu'ils se montreront constitués d'une tout autre manière et décomposables par des procédés tout à fait différents.

La chimie nous met en présence d'un nombre énorme de corps qui diffèrent entre eux par leur poids moléculaire et leur force vive intérieure, c'est-à-dire en présence de *formes* diverses de la matière pesante, dont les unes sont voisines des autres, tandis que certaines s'écartent beaucoup entre elles ; au fond, toutes existent au même titre, et c'est peut-être une illusion d'espérer trouver un jour la loi suivant laquelle se classent ces formes dont le nombre est vraisemblablement illimité. Peut-être ces *formes* constituent-elles simplement les anneaux d'une chaîne immense, anneaux caractérisés chacun par le poids moléculaire de la matière qui les constitue, et représentant chacun, à lui seul, un système dont tous les éléments n'auraient de commun que le poids moléculaire, leurs autres propriétés variant entre des limites plus ou moins resserrées ; chaque anneau contiendrait l'ensemble des *aspects* que peut revêtir une même *forme*, *aspects* dont rien non plus ne limite le nombre, et dans lesquels le poids moléculaire demeurant invariable, la quantité de matière pesante comprise sous l'unité de volume varie entre certaines limites, entraînant avec elle des modifications corrélatives dans l'ensemble des propriétés (voir *Revue scientifique : les Isoméries physiques des corps*, t. XLIV, p. 614, 16 novembre 1889); on conçoit que toutes ces propriétés variables ne puissent former la base d'une classification naturelle. La nature et la quantité du mouvement dont les particules des corps sont animées, la masse de ces particules, c'est-à-dire leur poids moléculaire, paraissent être les deux données fondamentales qui caractérisent les différents corps, et c'est dans la connaissance de ces données seules qu'il peut être possible de trouver les bases d'une classification naturelle en dehors de laquelle nous ne pouvons constituer que des groupes non homogènes et incomplètement délimités.

Alfred Ditte.

GÉOGRAPHIE.

Le Transsaharien.

RÉPONSE A M. DUPONCHEL.

La *Revue scientifique* a publié, dans le numéro du 25 octobre, un article de M. Duponchel sur la colonisation du Soudan et le Transsaharien.

Je ne viens pas, à mon tour, traiter de nouveau ici cette grande question, au sujet de laquelle mes idées sont, d'ailleurs, suffisamment connues. Mais n'ayant pas la même manière de voir que M. Duponchel sur certains points, et me trouvant visé personnellement dans plusieurs passages de son exposé, je voudrais présenter en réponse quelques courtes observations.

Et d'abord, je tiens à déclarer que, pour ma part, j'ai toujours reconnu en M. Duponchel le *véritable initiateur* du projet de chemin de fer transsaharien. Personne ne saurait sérieusement lui contester ce titre. Mais on aimerait à le voir témoigner plus de bienveillance envers ceux qui, partageant ses aspirations patriotiques, ont repris en main son projet délaissé, et ont réussi à y intéresser l'opinion publique et le gouvernement, envers ceux qui apportent aujourd'hui une solution pratique de la question, tant au point de vue technique qu'au point de vue financier, et travaillent avec persévérance à faire entrer le Transsaharien dans le domaine des faits.

I.

M. Duponchel est fort dur pour nos gouvernants, à propos de la récente convention franco-anglaise.

Je ne le suivrai pas dans son rêve — tout au moins prématuré — des États-Unis d'Europe, se constituant en dehors de l'Angleterre et contre elle, pour mettre un frein à l'envahissement colonial de la race anglo-saxonne et l'expulser du continent africain. Je ne m'arrêterai pas davantage à l'éventualité, plus que problématique, d'un vote des Chambres venant désavouer la convention franco-anglaise.

Pour qui a lu ce que le général Philebert et moi écrivions en mai dernier sur l'avenir de la France dans l'Afrique occidentale (1), pour qui a vu ma carte de l'Afrique française, telle que je l'aurais voulue, il n'est pas douteux que le partage intervenu entre l'Angleterre et la France au Soudan central (2) ne nous ait causé une déconvenue égale à celle qu'a ressentie M. Duponchel.

---

(1) Général Philebert et Georges Rolland, *la France en Afrique et le Transsaharien*. — Challamel, éditeur.

(2) Il me semble inutile de changer la terminologie usitée pour les diverses parties du Soudan. Je continuerai donc à comprendre, sous

Assurément notre lot n'est plus ce qu'il aurait dû être, ce qu'il aurait été si nous avions, comme nos voisins, une politique, une tradition coloniale, et si, faute d'un programme d'ensemble en matière africaine, nous n'avions laissé gravement entamer, depuis dix ans, ce qui aurait dû être pour nous la part *intangible* de l'avenir. Malheureusement, étant données la situation et les conséquences de notre déplorable abdication dans le bas Niger, en 1884, il était devenu difficile de reconquérir tout le terrain perdu, et ceux qui avaient la lourde charge de défendre nos intérêts dans les dernières négociations ne méritent pas des critiques injustes.

On peut soutenir que mieux valait adopter la politique des mains nettes, ne pas reconnaître de limite à notre sphère d'influence au sud de nos possessions méditerranéennes, entreprendre immédiatement, avec résolution et célérité, le Transsaharien, qui nous eût rendus, de fait, maîtres au Soudan. Mais à cela on peut répondre aussi, avec quelque apparence de raison, que nos concurrents avaient, hélas! une telle avance sur nous, dans le bas Niger et sur le Bénoué, qu'ils nous auraient infailliblement gagnés de vitesse, et que — bien avant que notre Transsaharien eût pu atteindre le Soudan — ils nous en auraient intercepté toutes les routes d'accès (voir même dans la direction du Niger et du Sénégal).

M. Duponchel croit, il est vrai, qu'avec le Transsaharien, nous pouvions arriver au Soudan en trois ou quatre ans, à raison de 1000 kilomètres par an. Mais c'est là de l'illusion pure. Autant que quiconque, je suis partisan résolu d'un avancement rapide des travaux; mais, pratiquement, je considère qu'on ne pourra dépasser un avancement moyen de 400 kilomètres par an (soit 2 kilomètres par jour pendant deux cents jours de travail utile).

Dans ces conditions, mieux valait faire, pour ainsi dire, la part du feu que risquer de tout perdre. En somme, la convention franco-anglaise nous assure, dès aujourd'hui, un vaste domaine dans le Soudan occidental, ainsi que le nord du Soudan central, le Damergou et une partie encore indéterminée du Bornou. De plus, elle reconnaît la liberté de notre extension vers le Niger et le lac Tchad. Nous sommes donc certains de pouvoir nous relier au Soudan par un chemin de fer au travers du Sahara. Or ce chemin de fer, commandé par une colonie organisée et placée à notre porte (comme l'Algérie, sera l'instrument qui nous donnera, si nous savons nous en servir, l'influence réelle dans l'intérieur africain.

---

le nom de Soudan occidental, les régions du Soudan qui s'étendent entre l'Atlantique et la branche descendante du Niger, puis sous le nom de Soudan central les régions qui s'étendent de là vers l'est, jusqu'aux confins du bassin du haut Nil (le nom de Soudan oriental étant réservé au Soudan égyptien).

Espérons maintenant que les premiers résultats acquis seront complétés par d'autres, et que le gouvernement, mieux soutenu désormais par l'opinion publique, saura tirer des questions restées ouvertes les avantages qu'elles comportent.

Les régions du Soudan central situées à l'est et au sud du Tchad sont encore libres de toute attache. Notre ambition doit être d'étendre notre sphère légitime d'influence sur le Kaouar, le Kanem, le Ouaday et jusqu'aux confins du bassin du haut Nil. Notre volonté ferme doit être de réaliser par le Ouaday et le Baghirmi la jonction nécessaire de l'Algérie avec le Congo français.

II.

On sait que les partisans du Transsaharien se divisent en deux écoles, concernant son objectif au Soudan : les uns veulent qu'on l'oriente vers le coude du Niger, les autres vers les régions du lac Tchad. M. Duponchel appartient à la première école. Le général Philebert et moi appartenons à la seconde ; mais nous ne sommes pas exclusifs. Dans notre brochure, nous avons exposé impartialement les deux thèses, et le tracé central que nous avons proposé a précisément l'avantage de pouvoir atteindre à volonté l'un ou l'autre objectif.

Notre tracé, en effet, va droit au sud de Biskra par Ouargla jusqu'à Amguid, au cœur même du pays touareg ; puis d'Amguid il peut faire la fourche et se poursuivre, soit en obliquant au sud-ouest vers le coude du Niger, soit en continuant au sud ou au sud-est vers les régions du Tchad. En adoptant ce tracé, on peut provisoirement réserver le choix de l'orientation finale du Transsaharien.

Je me bornerai donc à répondre en quelques mots à ceux des arguments de M. Duponchel qui ont pour tendance d'exclure systématiquement le tracé direct sur les régions du Tchad.

Le Transsaharien, dit-il, doit franchir le Sahara dans sa moindre largeur, et, par suite, aboutir le plus tôt possible au sommet nord de la grande courbe du Niger. Il y a là une illusion géographique. Le coude du Niger est encore sous le climat saharien, tandis que le lac Tchad est déjà en plein pays tropical ; on ne saurait donc comparer les longueurs des tracés aboutissant à ces deux objectifs. Le Soudan central forme, en réalité, un promontoire vers le nord jusqu'au pays montagneux de l'Aïr ; il en résulte qu'une ligne directe et méridienne de Biskra par Amguid sur Agadès (ligne que je serais aujourd'hui très porté à recommander) atteindrait au bout d'un moindre parcours les régions déjà productives du Soudan septentrional qu'une ligne oblique sur Tombouctou et les régions du Niger.

Il ne serait pas exact, d'ailleurs, de dire de cette ligne méridienne Biskra-Amguid-Agadès qu'elle longe-

rait la lisière du Sahara touareg : il suffit de regarder la carte pour voir, au contraire, qu'elle serait centrale pour nous sur tout son parcours.

Quant à l'embranchement oriental que j'ai indiqué d'Amadrhor par Bilma vers le Ouaday, il répond à l'idée de la jonction avec le Congo. Que si un autre embranchement était détaché du Ouaday vers les grands Lacs, il semblerait devoir agréer à l'initiateur qui avait prévu un grand railway de l'Algérie aux plateaux de l'Afrique centrale, puis de l'Afrique australe.

Mais j'aurais fourni moi-même un argument décisif contre le Transsaharien sur le Tchad, en m'exprimant ainsi (1) : « Les négociants anglais seront les premiers à se servir du Transsaharien, qui mettra Londres à huit jours du lac Tchad, et à faire prendre cette voie à leurs marchandises, s'ils y trouvent leur intérêt. Tout ce que je souhaite, c'est que les négociants français fassent preuve de la même initiative. »

Or ces lignes venaient à la suite d'un passage où j'avais cherché à démontrer les chances du trafic du Transsaharien et à prouver qu'il est destiné à devenir la voie principale des échanges entre l'Europe et l'intérieur africain. Si ce phénomène économique doit se produire, il s'appliquera forcément aux marchandises de toutes provenances, quelle que soit la nationalité des expéditeurs ; le Transsaharien ne saurait, quelle que soit son orientation, avoir le don d'empêcher la concurrence (toutes questions de tarifs de douane étant cependant réservées pour la protection de nos nationaux).

De fait, si l'on envisage le Transsaharien en lui-même, comme entreprise industrielle, n'est-il pas évident que les recettes seront les bienvenues, qu'elles soient fournies par l'argent français, anglais ou allemand ? Ne compenseront-elles pas d'autant les charges que ce chemin de fer aura imposées à l'État français ?

Prévoir ensuite que notre Transsaharien sur le Tchad passerait au bout d'un certain temps entre les mains des Anglais est vraiment d'un pessimisme noir ; d'ailleurs, le gouvernement français ne devra-t-il pas imposer à la compagnie concessionnaire que ses administrateurs et son personnel soient exclusivement français ? Prédire enfin que le résultat le plus net de ce chemin de fer serait de livrer l'Algérie aux Anglais ne saurait être qu'une boutade : qui veut trop prouver ne prouve rien.

Bien au contraire, le Central Transsaharien (qu'il soit dirigé sur le Tchad ou sur le Niger) assurera non seulement l'extension rationnelle, mais la sécurité même de nos possessions méditerranéennes. Ce qui doit dominer pour nous la question transsaharienne, c'est la raison politique.

Je l'ai résumée en disant : « Nous défendre contre l'islamisme en prenant les devants contre lui ; parer

(1) Lettre au journal le Temps (22 août 1890).

aux éventualités que doivent faire craindre ses progrès, en brisant en deux le faisceau des hostilités musulmanes; maintenir le prestige du nom français auprès de nos propres indigènes, et nous en servir pour nos projets de pénétration vers l'intérieur; arriver à faire la police de l'arrière-pays qui s'étend au sud de l'Algérie et de la Tunisie; affirmer pacifiquement notre force aux yeux des populations touareg du grand Sahara; acquérir peu à peu influence et action sur elles, et les prendre à notre solde pour nouer des relations avec le Soudan : tels sont, pour moi, les conseils d'une politique habile et prévoyante en Afrique. Or l'axe de cette politique, ce sera le Transsaharien. »

III.

En principe, M. Duponchel a toujours déclaré que peu lui importait le point de départ du Transsaharien, pourvu qu'il fût *central*. Il y a dix ans, autant qu'il m'en souvienne, il avait des préférences pour le tracé central par Laghouat. Depuis que la Tunisie est devenue possession française, le tracé par Biskra se trouve être tout aussi central, et il y a quelques mois, avant la convention franco-anglaise, M. Duponchel écrivait qu'aujourd'hui la question du point de départ était résolue en fait, puisque la ligne de Constantine à Biskra « est la seule qui ait franchi le point barbaresque nous ouvrant toute droite la route du Sahara »; et il ajoutait : « Le Transsaharien doit avoir son point de départ à Biskra (1). »

Aujourd'hui, volte-face complète. Le Transsaharien devra commencer en prolongement d'une ligne à voie normale, existante ou à créer, partir de Tlemcen ou de Tiaret, puis rejoindre au plus tôt la vallée de l'oued Guir, et continuer par le Touat vers Tombouctou. Ce n'est plus là un tracé central, mais un tracé *frontière* : c'est le tracé *occidental*.

J'ai combattu ce tracé, tout en reconnaissant sa valeur propre (et, soit dit incidemment, ses partisans auraient dû faire preuve de la même impartialité à mon endroit). Je considérais, du moins, qu'il avait pour but de prolonger une ligne de pénétration déjà fort avancée vers le sud, la ligne d'Aïn-Sefra. Mais renoncer à cet avantage et préférer venir s'amorcer loin en arrière à des lignes qui n'ont pas encore franchi le Tell, s'imposer ainsi bénévolement la construction de près de 400 kilomètres de plus, faisant double emploi avec une ligne déjà existante, n'ayant d'ailleurs fait l'objet d'aucune étude préparatoire, c'est une conception qui ne laissera pas que de surprendre. Le besoin de cette nouvelle variante du Transsaharien ne se faisait vraiment pas sentir.

Pourquoi donc ce supplément de retard et de dé-

pense? Est-ce uniquement pour avoir la satisfaction de se relier à un chemin de fer à voie normale? Mais la ligne de Mostaganem à Tiaret (qui est très loin, d'ailleurs, d'être achevée) est une ligne à voie étroite. D'autre part, la ligne de Biskra n'est-elle pas à voie normale?

Pourquoi alors ne plus demander le prolongement de celle-ci? En quoi la convention franco-anglaise motive-t-elle son abandon et l'adoption inopinée du tracé occidental par le Touat?

M. Duponchel estime qu'aujourd'hui nous ne devons plus avoir en vue que le Soudan occidental, et qu'il faut nous y cantonner. Mais, même quand il pensait au Soudan central, il était d'avis de diriger le Transsaharien sur le coude du Niger (quitte à se rabattre ensuite du Niger moyen vers l'est par Sokoto, Kano et Kouka). Dès lors, le coude du Niger se trouvant, avant comme après, le terminus de son Transsaharien, on ne voit pas pourquoi il change de tracé et renonce au tracé central par Ouargla. Avec cet objectif, cependant, le tracé central n'est pas plus long — quoi qu'on dise — que le tracé occidental; il est étudié, du moins, et susceptible d'une mise en train immédiate, tandis que le tracé occidental a besoin d'une exploration ou plutôt d'une expédition préliminaire; il ne soulève, chemin faisant, aucune difficulté internationale, tandis que le tracé occidental nous entraînerait dans des batailles et des complications dont on ne peut mesurer l'étendue, et qu'il est de notre devoir d'éviter (1); il recoupe les principales routes de caravanes situées à l'ouest du méridien de Tripoli, et nous permettra de dominer réellement les peuplades du Sahara central, tandis que le tracé occidental ne fait que suivre la route de moins en moins fréquentée d'In-Salah à Tombouctou; il est aussi central que le Transsaharien peut l'être par rapport à l'ensemble de nos possessions méditerranéennes, et sera commandé par la série des ports de notre littoral depuis Alger jusqu'à Bône, tandis que le tracé occidental n'intéresse exclusivement que la province d'Oran, et risquerait même un jour de voir sa tête de ligne déplacée et reportée vers le Maroc, sous l'action politique et financière de quelque influence étrangère.

Au demeurant, la question du tracé semble d'ores et déjà tranchée en haut lieu.

On affirme que la Commission administrative nommée à cette fin par M. de Freycinet s'est prononcée pour le tracé central par Ouargla et Amguid. On ajoute que le Conseil supérieur de la guerre, déclarant le

---

(1) *La Géographie*, n° du 21 août 1890.

(1) Nos ennemis seraient enchantés de nous voir nous engager de ce côté dans une aventure. Pour s'en convaincre, on n'a qu'à lire ce que M. Gérard Rholfs, le grand explorateur allemand, écrivait il y a quelque temps dans la *Gazette de Cologne* à propos de mon projet de Transsaharien. Je lui ai répondu dans le *Siècle* (5 et 7 sept. 1890) que toutes les difficultés qu'il énumérait avec complaisance s'appliquaient au tracé occidental, mais nullement à notre tracé central, qui est le tracé pacifique par excellence.

Transsaharien nécessaire, a également adopté à l'unanimité le tracé Philebert-Rolland.
Le Transsaharien se fera par Ouargla ou ne se fera pas.

IV.

M. Duponchel ne se lasse pas de prendre en pitié le petit chemin de fer à voie de $0^m,75$ que j'avais proposé d'abord pour le Transsaharien.
Ma réponse est facile. J'ai dit, en effet, et je maintiens qu'un petit chemin de fer à voie très étroite (*analogue* au Decauville) aurait pu suffire, *à la rigueur*. Mais je l'ai dit sans aucun enthousiasme pour cette solution modeste; j'étais dominé alors par la raison d'économie.

Il faut bien songer qu'il y a six mois, quand j'ai commencé ma campagne en faveur du Transsaharien, personne n'y croyait! Or la théorie du *tout ou rien* n'est pas la mienne, et un petit chemin de fer, même provisoire, me semblait meilleur qu'aucun.

D'ailleurs, dans le principe, j'avais l'idée de pousser à la formation d'une grande Compagnie coloniale, à l'instar des Compagnies anglaises ou allemandes, et de ne demander à l'État aucune subvention pécuniaire. Mais j'ai constaté avec regret que notre pays n'était pas mûr pour cette manière de colonisation — la vraie cependant celle que nos pères ont inaugurée jadis aux Indes.

Aujourd'hui, je suis arrivé, malgré mes préférences intimes, à cette conviction qu'on ne trouvera pas en France de compagnie *sérieuse* et *honnête* qui se charge de construire le Transsaharien sans garantie de l'État. Dès lors, je considère que l'État ne peut se permettre, aux frais des contribuables, les expériences loisibles à une Société libre de toute attache officielle; j'estime qu'actuellement il y a lieu de préférer pour le Transsaharien une solution plus complète et plus certaine dans ses résultats, une voie plus lourde et un matériel plus robuste. C'est pourquoi je me suis arrêté à la voie de 1 mètre, avec rails de 20 kilogrammes par mètre courant.

Cette solution semble suffisante, tant au point de vue stratégique et militaire que sous le rapport d'une construction à la méthode du Transcaspien et d'une exploitation économique, avec tarifs réduits pour les longs transports.

Quant à la voie normale, elle serait peut-être préférable, bien que cela ne soit pas démontré dans le cas particulier. Les hommes spéciaux sont si peu d'accord entre eux au sujet des mérites respectifs des voies étroite et large, qu'il ne convient pas d'être trop affirmatif, surtout en pays neuf.

Raison déterminante : l'adoption de la voie normale pour le Transsaharien augmenterait encore les dépenses de l'entreprise. Cela ne serait guère opportun,

vu l'état des finances publiques et les dispositions du Parlement en matière budgétaire.

Mieux vaut modérer ses prétentions et aboutir.

Pour ma part, je ne rêve pas encore, comme M. Duponchel, à 100 000 kilomètres de grands chemins de fer au travers des régions qui nous sont attribuées dans l'Afrique occidentale (1). Mon ambition se borne à ce qu'on vote au plus tôt un chemin de fer à voie de 1 mètre depuis Biskra jusqu'à Amguid, soit 1050 kilomètres; je crains même qu'on se contente de ne voter d'abord que le premier tronçon de Biskra à Ouargla, ce qui serait — je l'ai dit et le répète — tout à fait insuffisant pour obtenir un résultat politique et économique de quelque importance.

Puisse une résolution ferme être prise jusqu'à Amguid! et puisse-t-on entrer bientôt dans la période d'exécution du Transsaharien! Puissent les visées indubitables de l'Italie sur la Tripolitaine être pour nous un avertissement salutaire et faire comprendre à nos représentants que tout nouveau retard serait fatal à la pénétration française vers l'intérieur africain!

Puisse-t-on, ajouterai-je, se contenter, pour le moment, de construire pacifiquement le Transsaharien jusqu'au cœur du pays touareg et nous épargner toute expédition militaire, soit dans le Touat et le Tidikelt, soit à In-Salah! Il est beaucoup trop question depuis quelque temps de l'envoi d'une colonne à In-Salah. Son résultat le plus clair serait de rejeter définitivement toute la région du Touat et de l'oued Messaoura dans les bras du Maroc. A cet égard, je partage absolument la manière de voir de mon maître et ami, le général Philebert.

Ce que nous voulons, ce sont des coups de pioche et non des coups de fusil.

GEORGES ROLLAND.

Depuis que ces lignes ont été écrites, une magistrale étude sur la question africaine, due à M. Eugène-Melchior de Vogüé, a paru dans la *Revue des Deux Mondes*. On ne saurait mettre mieux en lumière les raisons supérieures qui poussent notre pays, sous peine de déchéance, à une action résolue et rapide dans l'Afrique occidentale; j'ai le regret toutefois de ne pouvoir partager certaines conclusions de l'éminent académicien.

Pour ne parler que du Transsaharien, M. de Vogüé y croit, adopte notre tracé par Ouargla-Amguid et demande l'exécution immédiate du premier tronçon de Biskra-Ouargla. Mais quant au prolongement ultérieur de cette ligne au delà de Ouargla, il se réserve et subordonne la question aux résultats problématiques des opérations d'une grande Compagnie coloniale à former, Compagnie qui exploiterait notre empire du Soudan occidental, pénétrerait vers le nord du

(1) *Économiste français* du 13 septembre.

Soudan central et nous assurerait ainsi préalablement des positions solides au sud du Sahara. Or c'est là un cercle vicieux : car, sans le Transsaharien — qu'il se forme ou non une grande Compagnie du Soudan français — nous n'arriverons à rien de pratique au Soudan, voire même dans le Soudan occidental. C'est la réapparition de la doctrine impuissante de la pénétration exclusive par le Sénégal, alors que l'Algérie seule nous offre une base solide d'opération, ainsi que le général Philebert et moi croyons l'avoir amplement démontré.

En l'état actuel, le Transsaharien ne serait pas lancé vers l'inconnu. Que son terminus doive être Tombouctou ou Agadès, il est assuré d'y trouver une « gare française ». S'il est vrai que les royaumes du Soudan « appartiendront moralement aux premiers conducteurs de locomotives », il est non moins certain que c'est par l'Algérie que nous pouvons y arriver le plus vite, et, de plus, nous pourrons ainsi utiliser l'élément touareg, dont le concours nous est indispensable. Se contenter provisoirement de la ligne de Biskra-Ouargla, sans même engager la question de principe au delà, serait perdre notre dernière chance de pénétrer efficacement vers l'intérieur africain.

Nier les chances de trafic du Transsaharien est une manière de voir ; beaucoup de bons esprits en ont une tout opposée. Nous sommes d'accord, tout au moins, que le Transsaharien s'impose au point de vue politique et stratégique, pour assurer la sécurité future de l'Algérie elle-même ; mais pour produire l'effet voulu, il doit être forcément poussé jusqu'au cœur du pays touareg, jusqu'à Amguid. Pourquoi, dès lors, ne pas nous mettre en mesure d'y aller d'un seul trait, quitte à voir venir ensuite? M. de Vogüé admet lui-même que le terrain est suffisamment reconnu jusque-là et même au delà.

Il importe de ne pas considérer la ligne de Biskra-Ouargla comme un simple prolongement des chemins de fer algériens vers le sud, mais bien comme l'amorce du Transsaharien. Il importe, dès Biskra, d'organiser les rouages de l'entreprise de manière à pouvoir poursuivre sans perte de temps au delà de Ouargla. On pourra ainsi atteindre Amguid dans quatre ou cinq ans.

Je ne vois pas que le mode d'exécution du Transsaharien soulève de si graves difficultés. A ce propos, on consultera avec fruit une étude fort complète parue dans l'Économiste français du 18 octobre dernier. Que si une Compagnie coloniale sérieuse se chargeait de construire le Transsaharien, à ses risques et périls, j'en ressentirais une patriotique joie ; mais je me permets d'en douter. Dès lors, c'est à l'État, directement ou par l'intermédiaire de l'industrie privée, à frayer lui-même cette grande voie nationale, sur laquelle les entreprises commerciales et coloniales viendront ensuite se greffer peu à peu.

Reste l'objection financière : c'est la plus grave évidemment ; car pour aller de Biskra à Amguid, avec une voie de 1 mètre, il faudra près de 100 millions. Mais la dépense ne sera pas plus forte que si, tout en se contentant de la ligne de Biskra-Ouargla, on se lançait, d'autre part, dans la con-

quête et l'occupation du Touat. Or, à un mauvais palmier du Touat, j'avoue que je préfère de beaucoup une longueur de rail de plus sur la route du Soudan.

G. R.

HISTOIRE DES SCIENCES

Lavoisier et Priestley.

UNE LETTRE INÉDITE DE PRIESTLEY.

M. Thorpe, en accusant Lavoisier d'avoir cherché à s'approprier la découverte de l'oxygène aux dépens de Priestley, n'apporte aucun argument nouveau et ne fait que répéter l'accusation formulée par Thomson. M. Thorpe ne paraît pas connaître les articles de son compatriote, M. Rodwel, qui a brillamment exposé l'état de la question et démontré l'injustice des attaques dirigées contre le caractère de Lavoisier. Il est inutile de rappeler les arguments de M. Rodwel, dont les articles ont paru dans ce recueil même (1). Du reste, Priestley vient lui-même témoigner en faveur de son illustre rival ; il n'avait évidemment attribué aucun sens désobligeant aux paroles de Lavoisier, de 1777 et de 1789, que M. Thorpe regarde comme une revendication de priorité ; la preuve en est dans la lettre suivante que Priestley adressait à Lavoisier, en date du 2 juin 1792 :

Cher monsieur,

Je prends la liberté de vous présenter M. Jones, qui était conférencier de chimie au nouveau collège à Hachney, fonction dans laquelle je l'ai remplacé tandis qu'il doit me succéder à Birmingham. Vous le trouverez tout à la fois modeste et intelligent, et en tant que savant, plus incliné, je crois, vers votre système que vers le mien, mais en même temps un esprit ouvert, disposé à abandonner son dernier mémoire à ce sujet, mémoire dont je vous envoie un exemplaire ; aussi serais-je heureux d'en être informé. M. Jones me fera connaître votre sentiment à cet égard.

Dans le cas de plus grands troubles, que nous ne sommes pas sans redouter, je serai heureux de me réfugier dans votre pays, dont les libertés s'établiront, je

Je prends la liberté de vous présenter M. Jones, qui était conférencier de chimie au nouveau collège à Hachney, fonction dans laquelle je l'ai remplacé tandis qu'il doit me succéder à Birmingham. Vous le trouverez tout à la fois modeste et intelligent, et en tant que savant, plus incliné, je crois, vers votre système que vers le mien, mais en même temps un esprit ouvert, disposé à abandonner son dernier mémoire à ce sujet, mémoire dont je vous envoie un exemplaire ; aussi serais-je heureux d'en être informé. M. Jones me fera connaître votre sentiment à cet égard.

Les derniers troubles ont interrompu mes expériences, pendant presque une année entière ; je suis maintenant occupé à remonter mes appareils, et bientôt je reprendrai mes travaux habituels. Je ne manquerai pas de donner toute mon attention à ce que vous objecterez à mon dernier mémoire sur le sujet, mémoire dont je vous envoie un exemplaire ; aussi serais-je heureux d'en être informé. M. Jones me fera connaître votre sentiment à cet égard.

Dans le cas de plus grands troubles, que nous ne sommes pas sans redouter, je serai heureux de me réfugier dans votre pays, dont les libertés s'établiront, je

---

(1) Voir la *Revue scientifique*, 1882, 2ᵉ semestre, p. 617, et 1883, 1ᵉʳ semestre, p. 641.

l'espère, malgré la coalition actuelle contre vous.
J'espère aussi que l'issue en sera favorable à la science
comme à la liberté.

Je suis, cher monsieur,
· Votre sincèrement,
J. Priestley (1).

Juin, 2. — 1792.

Une telle lettre prouve en quelle estime Priestley tenait
Lavoisier. Comment se fait-il que des chimistes anglais, à
notre époque, par un sentiment mal entendu d'amour-
propre national, viennent se montrer plus jaloux de la
gloire de Priestley que ne le fut celui-ci?

Quant aux attaques de Blagden, elles paraissent mériter
peu d'attention. Blagden prétend qu'il avait informé Lavoisier des recherches de Cavendish bien avant l'expérience
du 24 juin 1783, mais il ne cite aucune date précise; il dit
vaguement : « Je vins au printemps à Paris; » il ne put s'y
trouver avant le mois de juin, car dans une lettre de Stokes
à Lavoisier, en date du 29 mai 1783, il est dit : « C'est
M. Blagden qui a la bonté de dire qu'il se chargera de cette
lettre. »

Enfin, comment se fait-il que Blagden, qui, au dire de
Thorpe, attaquait si gravement l'honneur et l'intégrité de
Lavoisier, ait ensuite sollicité les bons offices de celui-ci,
Dans une lettre de Guyton de Morveau à Lavoisier, en date
du 30 août 1788, se trouve le passage suivant : « M. Blagden a passé à la fonderie du Creusot, regrettant bien de
n'y pas porter une lettre de vous, ce qui m'a mis dans le
cas de·l'annoncer et de lui faire un titre de la recommandation que vous ne lui auriez pas refusée. »

(1)   Dear Sir,

I take the liberty to introduce to you M. Jones who was lecturer in
chemistry at the New College in Hackney in wich employment
I now succeed him, and who is to be my successor at Birmingham.
You will find him to be equally modest and sensible and, as a philo-
sopher, more inclined, I believe, to your system that to mine; but
open, as we ought all to be, to conviction, as new facts present them-
selves to us.

The late riots have interrupted my experiments near a whole year,
but I am now refitting my apparatus, and about to resume my usual
pursuits, and I shall not fail to give due attention to what you may
advance in reply to my last memoir on the subject, a copy of which
I sent you, and for this purpose, I shall be glad to be informed
concerning them. M. Jones will convey your sentiments to me.

In case of more riots of which we are not without apprehen-
sion, I shall be glad to take refuge in your country, the liberties of
wich, I hope, will be established notwithstanding the present com-
bination against you. I also hope the issue will be as favourable to
science as to liberty.

I am,
Dear Sir,
Yours sincerly,
J. Priestley.

June, 2. — 1792.

Suscription : Mons. Lavoisier, Paris.

(L'original est aux Archives nationales.)

Pour terminer cette polémique, que M. Thorpe a eu le
tort de faire naître, citons l'historique de la question donnée par Lavoisier lui-même en 1786 (1) : « Cavendish, de
la Société de Londres, est au rapport de Blagden, secrétaire
de la même Société, est le premier auteur de cette observation
(la formation d'eau par la combustion de l'air vital et
du gaz hydrogène), mais il n'alla point jusqu'à en conclure
que l'eau était composée de ces deux substances. D'ailleurs,
il est certain que Lavoisier, Laplace et Monge n'étaient
point informés du travail de Cavendish, lorsqu'ils s'occupèrent en même temps, dans le courant du mois de
juin 1783, de la même expérience, qu'ils exécutèrent, sans
communiquer, par des moyens différents. Les deux premiers, à Paris, montrèrent que cette eau était parfaitement
pure; le troisième, à Mézières, que son poids approchait
extrêmement d'égaler celui des deux fluides réunis. »

Du reste, Lavoisier sait rendre justice à ses prédécesseurs, puisqu'en parlant de l'expérience de Monge, il dit :
« Son expérience est beaucoup plus concluante encore que
la nôtre et ne laisse que peu à désirer. »

En terminant, je répéterai ce que je disais dans mon livre
sur Lavoisier : « De telles attaques sont regrettables. La
gloire de Lavoisier n'enlève rien à celle de Priestley, de
Scheele, de Black et de Cavendish. Diminuer la part de
gloire de Lavoisier, c'est diminuer le patrimoine de l'humanité »

Édouard Grimaux.

ETHNOGRAPHIE

La couvade.

D'après Diodore de Sicile, les anciens Corses avaient la
singulière habitude de ne pas s'occuper du tout de la mère
d'un enfant qui venait de naître; le père, au contraire, était
traité avec tous les égards dus à une accouchée et gardait
le lit pendant plusieurs jours. Strabon nous signale la
même coutume chez les Ibères du nord de l'Espagne. Chez
ceux-ci également, les hommes étaient comblés de soins
lorsque les femmes venaient d'accoucher.

Aujourd'hui, cette coutume existe encore chez les Basques, descendants des anciens Ibères. En Biscaye, la mère
se lève aussitôt la délivrance terminée et reprend ses occupations journalières dans le ménage, tandis que le père se
met au lit, le nouveau-né dans ses bras, et reçoit ainsi les
félicitations des voisins, amis et connaissances.

En Navarre et dans le midi de la France, près des Pyrénées, cet usage était encore en vogue il n'y a pas longtemps. Legrand d'Aussy nous fait remarquer que dans un
vieux fabliau français, le roi de Torelore était au lit et
en couches, lorsque Aucassin, le héros du récit, vint le trouver et lui fit promettre d'abolir cet usage dans son royaume.

(1) Journal polytipe et Mémoires, t. II, p. 219.

Le même auteur nous dit qu'encore aujourd'hui il arrive, dans le Béarn, que les hommes se couchent à la naissance d'un enfant, et que la chose y est connue sous le nom de « la couvade » ou « faire la couvade ».

Cette institution, ainsi qu'en témoignent plusieurs auteurs, entre autres Lubbock, Tylor et Ploss (1), se retrouve chez un grand nombre de peuples, dans toutes les parties du monde. Mais elle n'a pas été conservée partout avec la même exactitude, la même rigueur; car elle ne veut pas seulement que le père prenne la place de la mère accouchée, mais encore qu'il s'impose une foule de privations et suive un certain régime.

Ainsi, lorsqu'un enfant naît chez les Caraïbes, la mère reprend immédiatement ses occupations, et laisse le père gémir et se plaindre sous la tente, où il est soigné comme un malade et mis à la diète. Du Tertre se demande comment ils peuvent résister au jeûne qu'ils s'imposent et qui dure quelquefois fort longtemps. Ils ne se nourrissent alors que d'une espèce de boisson qui ressemble beaucoup à notre bière.

Chez certaines tribus de la Guyane, la couvade est observée avec bien plus de rigueur encore. Là, les privations du mari commencent déjà pendant la grossesse de la femme. Ainsi il s'abstient de manger certaines sortes de viandes, afin que l'enfant n'en soit pas incommodé. L'accouchement terminé, le père se couche dans son hamac et fait pendant quelques jours le malade. Les femmes lui prodiguent leurs soins, sans s'occuper le moins du monde de la mère, qui vaque aux travaux les plus pénibles et prépare les repas.

M. G.-A. Wilken a étudié la question chez les peuples de l'archipel Indien (2). Il est plus que probable que, là comme ailleurs, la couvade a été très répandue. Les vestiges de cette coutume n'y manquent pas. Citons d'abord les indigènes de Bourou. Wouter Schouten, qui visita cette île au XVIIe siècle, nous dit, dans ses relations de voyage (3), au sujet de la couvade : « L'accouchée ne reste pas au lit ; elle se dirige immédiatement, avec son enfant, vers la rivière, et après avoir lavé son corps ainsi que celui du petit, elle retourne à la maison, pour reprendre ses occupations, comme si de rien n'était. On m'a affirmé, en outre, que le mari, à ce moment, se dit malade et se laisse dorloter de la façon la plus ridicule. Pendant ce temps, la pauvre femme, toute faible qu'elle est, est obligée de faire toute la besogne et de préparer des mets délicats pour son mari, afin qu'il reprenne des forces pour pouvoir se lever. »

Le capitaine de frégate Van der Hart confirme ces renseignements de tous points, environ un siècle et demi plus tard. Celui-ci fit, en 1850, le tour de l'île des Célèbes et visita quelques îles de l'archipel des Moluques; il trouva à Bourou à peu près les mêmes coutumes que Wouter Schouten avait décrites cent cinquante à deux cents ans auparavant (1).

Cet auteur constata même, chez les indigènes de Bourou, la croyance à la légende du saint crocodile dont Schouten faisait mention dans ses écrits. La couvade paraît avoir été observée par Van der Hart également : « Lorsqu'un enfant vient de naître, dit-il, la mère se rend avec lui à la rivière pour prendre un bain, et tout est fini. En revenant, elle reprend ses travaux, pendant que le mari fait le malade et mange les friandises que sa femme lui prépare. »

M. Wilken oublia de se renseigner, au sujet de cette coutume, pendant son récent séjour à Bourou.

M. Riedel n'en parle pas non plus dans son dernier ouvrage (2).

Chez les habitants de quelques-unes des îles du sud-ouest de l'archipel Indien, notamment Leti et Kisser, il est d'usage, lorsqu'une femme vient d'accoucher, que le mari s'abstienne pendant quelques mois de tout travail dans les champs ou dans les forêts (3).

Aux îles Timorland, c'est le père qui porte et soigne l'enfant pendant les premiers jours de son existence.

Enfin, chez les habitants des îles Ouléas, nous voyons que le mari est obligé, pendant la grossesse de sa femme, de s'abstenir d'une foule de choses. Il lui est défendu, entre autres, de toucher certains objets, tels que des tables, des sièges, des portes, des fenêtres, ou d'enfoncer un clou dans le mur, afin que l'état de la femme ne soit pas dérangé. On ne lui permet pas non plus de fendre du bambou, parce que cela pourrait donner le bec-de-lièvre à l'enfant.

Aux îles Philippines, on trouve également des restes de la couvade. On dit des tribus du nord de Luçon, notamment de celles du district de Bontok, que la femme accouchée court immédiatement à la rivière pour se baigner et laver son enfant, qu'elle confie ensuite aux mains de son mari, qui le porte, le soigne et reçoit les félicitations des visiteurs. La femme reprend l'enfant de temps en temps pour lui donner le sein, puis elle retourne à ses travaux habituels dans les champs (4).

Chez les Tagals, le mari s'abstient de manger des fruits qui ont poussé sur la même branche afin d'éviter que sa femme accouche de jumeaux, ce que les indigènes de cette contrée détestent profondément (5).

Mais, chez les Dayaks de Bornéo, les traces de la couvade sont bien plus marquées. Spencer Saint-John dit, de ceux de Sarawak, qu'il est défendu au mari d'une femme enceinte

---

(1) Lubbock, *On the Origin of Civilization and the primitive condition of Man*, p. 15-19.
Tylor, *Early history of mankind*, p. 293-302.
Ploss, *Das Kind in Braach und Sitte der Völker*, t. Ier, p. 143-160.
(2) *De Couvade by de Volken van den Indischen Archipel*. Bydragen de l'institut royal des Indes, 5e série, t. IV, p. 250.
(3) Wouter Schouten, *Reystogten naar en door Oost-Indien*, t. Ier, p. 73. — Amsterdam, 1708.

(1) Van der Hart, *Reise rendom het eiland Celebes en naar eenige der Moluksche eilanden*, p. 135.
(2) *De Sluik, en Kroeshavige rassen tusschen Selebes en Papua*.
(3) *Mededeelingen van wege het nederlandsche Zindelinggenootschap*, t. XX, p. 250, et t. XXVIII, p. 191.
(4) Schadenberg, *Beiträge fur zur Keminiss der im innern Nordlusens lebenden Stamme; Verhandlungen der Berliner Gesellschaft für Anthropologie, Ethnologie und Urgeschichte*, p. 35; 1888.
(5) Blumentrett, *Sitten und Bräuche der Tagalen: das Ausland*, p. 1017; 1885.

de se servir d'aucun instrument tranchant, excepté ceux absolument nécessaires pour l'agriculture; de lier des objets avec des tiges de rotang, de battre des animaux, de tirer des coups de feu ou de commettre aucun acte de violence, qui, selon les idées superstitieuses de ce peuple, pourrait exercer une influence fâcheuse sur la formation et le développement de l'enfant que la femme porte dans son sein (1).

Même après la naissance de l'enfant, le père est tenu d'observer certaines règles. Ainsi, pendant huit jours, le malheureux est mis à la diète et ne vit que de riz salé. Il lui est interdit de se promener au soleil et de se baigner pendant quatre jours. La diète sert à empêcher le trop grand développement de l'estomac de l'enfant.

Chez les Dayaks-Bahoa, sur le fleuve Mahakam, dans l'est de Bornéo, les privations imposées au mari ne commencent qu'après l'accouchement de la femme. Pendant trois jours, il lui est défendu de boire de l'eau et pendant cinq mois il doit se priver de sel. Ensuite il peut reprendre sa vie habituelle (2).

Pareille coutume paraît exister chez les Dayaks de Sanggau, partie occidentale de Bornéo. Lors d'un accouchement, le père est dans un état de *paniang* ou de *pemali*, c'est-à-dire dans un état où il n'est pas entièrement libre de ses actes. Il lui est interdit, entre autres, pendant quatre jours, de sortir du village (3).

Chez les Olu-Ngadjou, sur le Barito, les privations précèdent la naissance de l'enfant, afin que celui-ci ne devienne pas un *pahingan* (monstre). Ici, le père comme la mère ne doivent ni s'approcher du feu, ni manger certains fruits, afin que l'enfant ne vienne pas au monde avec des taches sur la peau ou une maladie des intestins. Il ne faut pas non plus qu'ils percent des trous dans du bois pour que le nouveau-né ne soit pas aveugle; s'ils risquent de plonger dans l'eau ou même d'y plonger certains objets, l'enfant étoufferait dans les entrailles de la mère (4).

Dans l'ouest de l'archipel Indien, nous retrouvons des usages semblables chez les naturels de Nias. Ceux-ci croient à une sympathie des plus intimes entre le père et l'enfant, et veulent que le premier, dans tous ses actes, songe constamment au dernier (5). D'où une foule de prescriptions et de règles à observer par le mari pendant la grossesse de la femme et par la femme elle-même. Ainsi ils ne doivent tuer ni porc, ni serpent, ni poule, ni mouche, ni planter des bananiers, ni enfoncer des clous en aucun endroit, ni charpenter quoi que ce soit, ni se mirer dans l'eau, ni passer dans un endroit où un homme a été assassiné ou un

buffle abattu. Toutes ces choses défendues sont désignées sous le nom de *mamoni*. Si le mari ou la femme oublie de les respecter, il peut en résulter de grands malheurs, par exemple le placenta peut rester dans l'utérus, l'enfant peut venir au monde mort ou avec des défauts considérables, bec-de-lièvre, torticolis, pieds bots, etc. Ces conséquences peuvent atteindre l'enfant même jusqu'à l'âge de quatre ans (1).

Fixons enfin l'attention sur les Orang-Bénouwa de Malakka et les Boughis et Makassars de Célèbes. Chez les premiers et plus particulièrement chez les Djakun, qui habitent le territoire de Djohor, le long du fleuve Madok, les parents, aussi longtemps que les enfants ne savent pas marcher, s'abstiennent de manger certains animaux, et en particulier certains poissons. S'ils n'observent pas cette habitude superstitieuse, les enfants sont exposés à être atteints d'une maladie appelée *busong*, provenant, au dire des Malais, du gonflement de l'estomac, *perut-Kembung* (2).

Quant aux Boughis et aux Makassars, ceux-ci croient que le mari, pendant la grossesse de sa femme, a souvent des lubies et des désirs, comme elle, notamment pour manger certaines choses que l'on ne mange pas d'ordinaire, croyance qui, ainsi que nous le verrons tout à l'heure, a eu autrefois des rapports avec la couvade.

Voyons à présent quelle peut être l'origine de la couvade. Selon M. G.-A. Wilken, les hypothèses de Bachofen et de Giraud-Teulon sont incontestablement les plus vraisemblables (3).

Tous les deux considèrent la couvade comme une *Imitatio natura* semblable à celle qui avait lieu pour l'adoption, *Adoptio in cubiculo pro toro geniali* par l'imitation d'un *partus*. Chez les Romains, cette sorte d'adoption existait encore aux premiers temps de l'empire. D'après Pline, ce fut Nerva qui y apporta des modifications à l'occasion de l'adoption de Trajan qui ne se faisait point *in cubiculo sed in templo nec ante genialem torum sed ante pulvinar Jovis Optimi Maximi* (4).

La couvade a donc dû être également, à l'origine, l'imitation d'un accouchement. Reste à savoir quels motifs on avait pour agir ainsi. Pour répondre à cette question, M. G.-A. Wilken nous rappelle ses remarquables études antérieures, par lesquelles il a prouvé que le matriarcat a dû être partout la base de l'organisation première de la famille. On ne s'occupait que de la mère, le père étant la plupart du temps inconnu. La généalogie suivait la ligne des descendants féminins. La parenté entre la mère et l'en-

---

(1) Spencer Saint-John, *Life in the forests of the Far East*, t. Ier, p. 160.

(2) Carl Bock, *Reis in Oost en Zend Borneo van Koutei naar Bungermasin*, p. 97.

(3) Bakker, *In het ryk Sanggon*, Tydsch. v. Ind. T. L. en Vk., t. XXIX, p. 415.

(4) Perelaër, *Ethnographische beschryving der Dajaks*, p. 38.

(5) Shreiber, *Die Insel Nias* (*Petermans's Mittheilungen*, t. XXIV, p. 50.

(1) Durdik, *Genus en Karlos Kinde by de Niassers* (*Geneeskimdigtydsch. v. Nederl. Indie*, t. XXII, p. 266).

(2) Hervey, *the Endau and its tributaries* (*Journal of the Straits branch of the Royal Asiatic Society*, p. 190; 1881.

(3) Bachofen, *Das Mutterrecht*, p. 17 et 254.
Giraud-Teulon, *la Mère chez certains peuples de l'antiquité*, p. 33, et *les Origines de la famille*, p. 194.

(4) Chez les Grecs, l'adoption se faisait également par l'imitation d'un *partus*, témoin celle d'Hercule par Junon.

fant est donc de date plus ancienne que celle entre le père et l'enfant. Lorsque cette dernière commença à se développer, on sentit nécessairement le besoin de bien la faire valoir.

Comment indiquer, dit Giraud-Teulon (1), des rapports de consanguinité entre le père et le fils? D'après le système de la parenté maternelle, c'était chose simple; les liens entre la mère et l'enfant, résultant de l'acte même de la mise au monde, la notion de consanguinité découlait du fait. Quant à l'homme, dans l'impossibilité de prouver son intervention, et surtout exclusive, il ne pourrait fonder sa paternité que sur une présomption ou une fiction légale. Or les peuples dans leur enfance sont quelque peu rebelles à l'intelligence des fictions et des idées abstraites; il faut leur en faciliter l'admission au moyen d'un acte sensible ou d'une cérémonie extérieure.

D'où la couvade.

On se crut obligé, pour établir des liens de parenté entre le père et le fils, de copier l'acte qui rattache l'enfant à sa mère, de parodier l'accouchement et d'assimiler le père à la mère en faisant de lui une *seconde mère*. Le mari fut donc condamné au rôle d'une femme en couches et dut se prêter à un simulacre d'enfantement.

Ajoutons à ceci qu'il faut surtout considérer la couvade comme une réaction contre les premières idées physiologiques relatives à la fécondation et la conception, idées qui ont dû contribuer pour une large part à l'adoption du système de la parenté maternelle. Les sauvages, ainsi que nous l'avons vu plus haut (2), ne peuvent pas se représenter ce procédé comme les peuples civilisés. On ne peut guère exiger de leur ignorance qu'ils comprennent que l'enfant tient autant, par le sang, du père que de la mère et qu'il hérite des particularités de l'un comme de celles de l'autre. Au contraire, le lien physique visible entre l'enfant et la mère ne peut manquer de leur faire croire que pour la procréation le rôle de la femme est beaucoup plus important que celui de l'homme, et que pour cette raison l'enfant tient beaucoup plus de la mère et appartient par conséquent plutôt à la famille de cette dernière.

Citons à l'appui de cet argument un exemple chez les Arabes. Selon leurs idées, on n'a pas le caractère de son père, mais bien celui de son *châl*, oncle du côté de la mère. C'est de celui-ci qu'on hérite de la passion pour le bien ou pour le mal. Aussi, lorsqu'il s'agit d'une bonne ou d'une mauvaise action, ce n'est pas la personne qui l'a faite qu'on loue ou qu'on blâme, mais bien son *châl*. D'où les exclamations si fréquentes chez les Arabes : « Dieu bénisse son châl ! » et « Dieu maudisse son châl ! » D'où également le proverbe arabe : « Si l'on est perdu moralement, on appartient pour les deux tiers à son châl. » C'est-à-dire que les deux tiers des mauvaises actions commises par un individu viennent de son oncle du côté de sa mère.

(1) Giraud-Teulon, *les Origines de la famille*, p. 191.
(2) G.-A. Wilken, *Oostersche en Westersche rechtsbegrippen (Bydragen tot de T. L. en Vk. v. Ned. Indie*, 5e série, t. III, p. 126.

Les sauvages expliquent le matriarcat de diverses manières. Les Orang-Talang de Sumatra, par exemple, vous diront : « *Ajam djantan tida bertelor* » (le coq ne pond pas d'œufs).

Il est donc plus que probable que la couvade a été inventée pour combattre ces idées de parenté maternelle. Le père sentait le besoin d'établir ses droits de parenté par des actes palpables, établissant d'une manière péremptoire, indiscutable, que l'enfant était issu aussi bien de son sang que de celui de la mère, et que par conséquent ses droits étaient les mêmes que ceux de la femme. Pour atteindre ce but, il ne trouvait rien de mieux à faire que d'imiter l'accouchement et de s'imposer les privations et les coutumes usuelles pendant la grossesse et les jours qui suivent la délivrance de la femme.

Cette habitude a fait naître peu à peu la croyance qui veut qu'une relation mystérieuse, sympathique, entre le père et l'enfant, est réellement nécessaire pour le bien-être du dernier; croyance qui existe encore aujourd'hui chez quelques peuplades plus ou moins primitives.

La couvade a donc été en principe la reconnaissance de la paternité. Elle a servi comme formalité transitoire pour substituer graduellement le patriarcat au matriarcat, jusqu'à ce que le mariage vînt sanctionner complètement cette nouvelle situation.

Nous pouvons citer encore ici comme preuve à l'appui de cette assertion, le célèbre procès d'Euménide d'Æschyle, où Oreste, après avoir tué sa mère pour venger son père, est acquitté par le tribunal des dieux, sous prétexte que l'enfant ne touche pas par consanguinité à la mère. Il est plus que probable que Justinien avait également en vue cette notion physiologique, lorsque, en faisant quelques modifications à la loi sur les successions et les exhéritations, il ajouta, pour justifier la nécessité de ces modifications, que chacun des parents : « *In hominum procreatione similiter naturæ officio fungitur.* » Certaines tribus sauvages prétendent aussi qu'il n'existe pas de parenté entre la mère et l'enfant; c'est le cas notamment chez les Tupinambas du Brésil, qui cèdent volontiers leurs femmes à leurs prisonniers, pour en manger les enfants, qui à leur sens ne sont, dans ce cas, que le sang de leurs ennemis.

Chez les Orang-Benuwa, l'on rencontre des coutumes basées sur ce même principe.

Chez les Orang-Sabimba, dans le sud de Malakka, le mariage est défendu entre les enfants de deux frères, alors qu'il est permis entre les enfants de deux sœurs et entre ceux d'un frère et d'une sœur.

De plus, dans la même tribu, il est d'usage que les fils seuls héritent de leurs parents (1).

D'autres exemples cités par MM. Wilken, Riedel et van Hœvell ne manquent pas, dans les Moluques surtout.

Mais M. Wilken observe avec raison que beaucoup d'auteurs, et notamment Lubbock, ont perdu de vue que le symbole de la couvade a dû être utile aussi pour établir la

(1) *Journal of the Indian Archipelago*, t. Ier, p. 297.

tion. Divers peuples qui pratiquent la couvade sont une phase transitoire du système matriarcal au système natique. Dans l'archipel Indien, c'est le cas avec les bitants de Leti, de Kisser et des îles du sud-ouest, ainsi 'avec les Olo-Ngadju et les Dayaks de Sarawak. A Kisser, le atriarcat existe encore; mais il tend à disparaître. A Leti, situation est à peu près la même. Quant aux Olo-Ngadju aux Dayaks de Sarawak, il est connu qu'ils ont substitué uellement la cognation au matriarcat.

Comme on vient de le voir, la couvade a joué un rôle très portant dans l'histoire du développement de la parenté. tte cérémonie singulière paraît indiquer que la parenté tre le père et le fils aurait été *calquée* sur celle qui exis-'t entre la mère et l'enfant; c'est-à-dire que l'ordre de tion par les mâles aurait été une institution postérieure la filiation par les femmes (1).

Meyners d'Estrey.

CAUSERIE BIBLIOGRAPHIQUE

Les Enchaînements du monde animal dans les temps géologiques. *Fossiles secondaires*, par M. Albert Gaudry. — Un vol. grand in-8°, avec 403 gravures dans le texte d'après les dessins de Formant; Paris, F. Savy, 1890.

Après avoir publié successivement, en 1878, et 1883 ses deux premiers volumes sur les *Enchaînements du monde animal dans les temps géologiques*, c'est-à-dire « depuis les temps où la vie a paru sur le globe jusqu'à nos jours », volumes consacrés, le premier aux mammifères tertiaires, le second aux fossiles primaires, M. Albert Gaudry vient de terminer son œuvre par l'étude des fossiles secondaires. Je dis « terminer », à moins qu'il n'entreprenne aussi à un moment donné, comme un complément des plus utiles, nécessaire même, l'étude de la période quaternaire si difficile encore à poursuivre dans l'état actuel de la science, malgré le grand nombre et l'importance des découvertes faites depuis un quart de siècle surtout, découvertes que chaque jour des fouilles nouvelles enrichissent de précieux documents.

Le savant professeur du Muséum a déjà, du reste, fait paraître, soit seul, soit en collaboration, plusieurs fascicules sous le titre de *Matériaux pour l'étude des temps quaternaires*. Cette étude des temps quaternaires ne nous paraît guère pouvoir être menée à bien, jusqu'à ce que nombre de monographies spéciales, de l'importance de celles de M. Gaudry, soient venues éclairer d'un jour indispensable bien des questions obscures encore, malgré l'ardeur des savants qui chaque jour s'efforcent d'y apporter la lumière. C'est, en effet, une étude passionnante que celle des dépôts géologiques formés dans les temps qui ont précédé l'époque actuelle, époque parfois difficile à distinguer nettement du quaternaire véritable.

---

(1) Giraud-Teulon, *les Origines de la famille*, p. 177.

Ce n'est pas qu'entre ces quatre grandes périodes en lesquelles les géologues et les paléontologistes se sont accordés pour la plupart à diviser les différentes couches de notre globe, il existe des délimitations absolues : ces divisions, on le sait, sont, au contraire, purement conventionnelles, mais aussi des plus utiles. Les chaînons qui les unissent les unes aux autres nous montrent bien la succession des êtres végétaux ou animaux qui ont tour à tour peuplé le globe terrestre, et dont chacun n'a eu qu'un temps plus ou moins long dans l'échelle des âges, naissant, vivant et mourant dans sa forme primitive, pour se transformer peu à peu dans une évolution continue en un être nouveau, tenant du précédent par certains points et montrant par d'autres le lien qui le rattache à l'être qui va suivre. Mais revenons au nouveau livre de M. Gaudry, exclusivement consacré aux terrains secondaires et à leurs fossiles.

Si les temps secondaires présentent dans leur ensemble une différence considérable avec la période qui les a précédés, c'est-à-dire avec l'ère primaire; si même, vers le milieu de ces temps secondaires dont le groupe comprend, on le sait, trois grands systèmes : le trias, le jurassique et le crétacé, la nature a pris une physionomie si spéciale, dit l'auteur, qu'un paléontologiste risque rarement de confondre ses traits avec ceux qu'elle a eus dans les jours primaires et dans les âges plus récents, cependant en vertu de ce principe dont nous parlons plus haut que la nature ne procède ni par sauts ni par bonds, les changements que l'on constate d'une période à l'autre ne se sont pas opérés brusquement. C'est ainsi que le trias, le premier de ces trois systèmes, est caractérisé par un mélange de formes nouvelles ou secondaires proprement dites, et de formes anciennes ou primaires qui diminuent peu à peu en s'éteignant dans le système suivant où prédominent, au contraire, les formes secondaires en même temps que les formes tertiaires commencent à apparaître. Enfin dans le troisième système, le crétacé, nous voyons les formes tertiaires se développer à côté des formes secondaires.

En somme, tandis que l'ère primaire, qui comprend un laps de temps immense, beaucoup plus long que celui des ères suivantes, a vu prédominer tour à tour le règne des crustacés, puis celui des poissons, puis encore celui des premiers reptiles, l'ère secondaire, relativement peu ancienne et d'une durée bien moindre, a vu les cryptogames céder la place aux bois d'arbres verts et aux cycadées, et les premiers mammifères ainsi que les premiers oiseaux apparaître, en même temps que les reptiles arrivaient à leur apogée.

Le premier chapitre du livre de M. Gaudry est ainsi consacré à la division des terrains secondaires, à l'exposé des caractères qui les différencient des terrains primaires et des terrains tertiaires, ainsi que des chaînons qui réunissent les unes aux autres ces trois grandes époques et surtout leurs nombreuses — souvent même trop nombreuses — subdivisions ou étages, sous-étages et zones.

Dans les autres chapitres, l'auteur étudie successivement tous les fossiles que l'on rencontre dans les terrains secondaires, classés depuis les plus inférieurs, les foraminifères, jusqu'aux plus parfaits — perfection relative bien entendu — c'est-à-dire jusqu'aux oiseaux et aux mammifères. Ces derniers sont remarquables, à cette époque, par leurs faibles dimensions, si on les compare surtout aux énormes proportions d'un certain nombre de reptiles qui ont été leurs contemporains. La plupart d'entre eux, en effet, avaient la dimension des souris et des rats, et le plus grand de tous approchait à peine de la taille du glouton.

Nous citerons comme les deux plus importantes études celle des mollusques et celle des reptiles. Cette dernière surtout présente un intérêt d'autant plus grand que, comme nous le disons plus haut, les reptiles sont arrivés à leur apogée dans la période secondaire. Les plus anciens établissent des liens avec ceux de la fin des temps primaires; d'autres, c'est-à-dire les reptiles terrestres tels que les dinosauriens, les dicynodontes, etc., et les reptiles volants ou ptérosauriens, les reptiles marins nommés icthyosauriens, plésiosauriens, mosasauriens, restent confinés dans l'ère secondaire, tandis que les crocodiliens appelés téléosauriens, les lacertiens et les tortues annoncent les temps actuels.

Quant aux oiseaux secondaires, ils sont bien peu nombreux encore; on se rappelle que le plus ancien, dont on possède le squelette presque entier, l'*Archæopteryx lithographica*, fut trouvé en 1861 dans la pierre lithographique de Solenhofen qui appartient à l'étage kimméridgien. Ils présentent, pour quelques-uns du moins, avec leurs dents, leur longue queue, leurs os des doigts non atrophiés, tout au moins, des caractères qui les rapprochent des reptiles, tout en restant véritablement oiseaux. On peut dire, en effet, avec M. Gaudry, que l'*Archæopteryx*, par exemple, tout en étant un oiseau vrai, a commencé, avec les dinosauriens, à diminuer un peu l'intervalle entre le reptile qui se traîne à terre et l'oiseau qui plane dans les airs, c'est-à-dire entre les êtres qui sont en apparence les plus éloignés. Donc ici comme un chaînon reliant des espèces animales, au premier abord, très distantes l'une de l'autre.

Néanmoins, que de lacunes encore dans la succession des êtres à travers les âges! En effet, comme le dit l'auteur des *Enchaînements*, « si l'on promène ses regards à travers les temps géologiques, passant du primaire au trias, du trias au jurassique ou crétacé, enfin du crétacé au tertiaire et à l'époque actuelle, on compte bien des absents. Une multitude de créatures se sont évanouies, les plus puissantes, les plus fécondes n'ont pas été plus épargnées que les autres... Cependant, si nombreuses qu'aient été ces disparitions, il ne faut pas nous les exagérer. Elles peuvent n'être qu'apparentes; s'il y a eu des destructions, il y a eu encore plus de transformations. Beaucoup de types que nous ne retrouvons plus, quand nous passons d'un terrain à un autre, ne sont pas éteints, ils ont tellement changé que tout d'abord ils sont méconnaissables. En cherchant patiemment leur trace, nous finissons quelquefois par les reconnaître... C'est ainsi qu'après avoir étudié les créatures des anciens jours du monde, je m'efforce de les suivre dans les époques plus récentes, et si j'arrive à les retrouver, sous les changements que les siècles leur ont

imprimés, j'éprouve un vif plaisir, car à l'idée triste de la mort se substitue l'idée heureuse de la vie : c'est cette recherche que j'appelle l'étude des *Enchaînements du monde animal* ».

Comme ceux qui l'ont précédé, le nouveau volume de M. Gaudry est édité avec le plus grand soin et un luxe de gravures dont il suffit de nommer l'auteur, M. Formant, pour montrer qu'elles sont un complément précieux du texte qu'elles accompagnent si heureusement. Et si les trois volumes dont aujourd'hui se composent les *Enchaînements du monde animal*, tout en comprenant les trois grands âges géologiques, primaire, secondaire et tertiaire, ne sont pas un traité de paléontologie, dans la stricte acception des mots, cependant ils constituent non pas simplement l'œuvre d'un chercheur — comme se complaît à le dire l'auteur — qui a tâché de saisir çà et là les liens des créatures des âges passés, mais bien un monument scientifique d'une grande et réelle importance et auquel on doit rendre l'hommage qui lui est dû. Peut-être un jour des découvertes nouvelles viendront-elles en modifier, en certains points, l'ordonnance. peut-être quelques pierres de l'édifice devront-elles disparaître pour faire place à d'autres plus solides et mieux appropriées : celui-ci n'en restera pas moins comme une tentative considérable dans l'ordre paléontologique.

Les Grands Jours de la sorcellerie. par J. BAISSAC.
Un vol. in-8°; Paris, Klincksieck, 1890.

Beaucoup de livres ont été écrits, depuis quelques années surtout, au sujet de la sorcellerie, de la possession démoniaque et des grands procès relatifs au sabbat et aux magiciens. Mais en général ces ouvrages modernes sont des œuvres de seconde main où les documents authentiques n'ont pas été suffisamment consultés. Cela se comprend d'ailleurs, tant le fatras des théologiens du XVIe siècle est d'une pesante et insupportable lecture. Mais M. Baissac n'a pas craint de se plonger dans leur étude, et il nous présente le résultat de ses patientes recherches. C'est donc un livre de haute et savante érudition qu'il nous donne le plaisir de lire.

L'ouvrage est dédié à Jeanne d'Arc, et c'est justice. Tout le monde s'accorde aujourd'hui à reconnaître que Jeanne d'Arc a été brûlée comme sorcière. Nous ne prétendons pas que les Anglais n'y sont pour rien, et qu'ils ont été fâchés d'avoir au bûcher celle qui les avait dans maintes batailles si rudement malmenés. Mais, en fin de compte, le Parlement et le clergé de France ont accepté l'exécution de Jeanne, et ils ont encouragé, par leurs savantes consultations, les évêques anglais à ce grand crime, encore aujourd'hui si vivant dans la conscience populaire. C'est le crime de l'Église, plus encore que le crime de l'Angleterre.

M. Baissac a écrit sa dédicace, en traduisant, aussi scrupuleusement que possible, les termes mêmes dont se servait le roi Henry VI d'Angleterre, dans la lettre qu'il écrivait aux évêques, nobles et communes de France, six jours après l'exécution. — « *A Jehanne la pucelle, erronée devineresse, idolâtre, invoqueresse de diables, blasphémeresse en Dieu et en ses saints et saintes, schismatique, et errant par moult de fois en la foi de Jésus-Christ.* »

Nous ne pouvons suivre ici M. Baissac dans les développements historiques très détaillés qu'il nous donne, étudiant successivement la sorcellerie dans les divers pays, depuis le commencement du xvie siècle jusque au milieu du xviie, en Tyrol, en Italie, en Écosse, voire même en Amérique (procès de Boston et de Salem, 1693), surtout en France et en Allemagne. Mais ce qui intéressera nos lecteurs, ce sera surtout de connaître les déductions générales qui ont guidé M. Baissac dans ce beau travail.

D'après lui, il n'y a aucun doute quant à l'origine des procès de sorcellerie : c'est la bulle *Summis desiderantes affectibus*, donnée en 1484 par le pape Innocent VIII. Dans cette bulle, le souverain pontife charge deux prêtres, les trop fameux Henri Institor et Jacques Springer, de faire une inquisition générale sur l'état de la foi chancelante : « Un certain nombre de personnes, est-il dit dans ce détestable document, se livrent aux démons incubes et succubes, et par leurs incantations, leurs charmes, leurs conjurations, sortilèges, excès, crimes et actes infâmes, font périr et détruisent le fruit dans le sein des femmes, la ventrée des animaux, les produits de la terre, le raisin des vignes, les fruits des arbres, aussi bien que les hommes et femmes, le bétail, les récoltes, vergers, blés, pâturages, froments, céréales. Ils affligent et tourmentent de douleurs et de maux atroces, tant intérieurs qu'extérieurs, ces mêmes hommes, femmes, bétail et troupeaux, et empêchent que les hommes ne puissent engendrer, les femmes concevoir, les maris remplir le devoir conjugal envers leurs femmes et les femmes envers leurs maris... » — C'était en quelque sorte un plan général d'action, comme un programme de poursuites pour sorcellerie, programme qui a été suivi fidèlement, si même l'exécution n'a singulièrement dépassé les intentions du pontife.

Quoi qu'il en soit, Institor et Sprenger se mirent à l'œuvre : ils rédigèrent un traité sur la procédure à suivre, et, grâce à leur *Malleus*, il fut facile au premier venu de s'inspirer des bons principes et de faire procès, inquisition, torture et exécution de sorcières, selon toutes les règles de l'art.

C'est un épouvantable récit que celui de cette longue folie, qui, pendant un siècle et demi, a ensanglanté l'Europe soi-disant civilisée. On croit rêver en lisant ces monstrueux procès. La barbarie le dispute à la sottise, à ce point qu'il est impossible de donner la préférence à l'une ou à l'autre. Les assertions les plus futiles, venant d'un enfant ou d'un fou, sont accueillies sans examen. Tout est admis, même ce qui est de la dernière ineptie. Supposez un instant qu'il n'y a plus rien d'absurde, que le diable peut tout, transporter en deux minutes le corps d'une sorcière à mille lieues, se changer en rat, en chat, en porc, en cheval, donner toutes les maladies, amener la grêle, l'incendie, faire venir des tas d'or ou de fumier chez qui lui plaît, en un mot posséder sur les choses et êtres de la nature un pouvoir absolu,

discrétionnaire, que rien ne gêne ou n'entrave, et vous aurez une idée assez insuffisante encore de la crédulité de ces juges...

Mais peut-être, en parlant ainsi, faisons-nous tort à leur odieuse cruauté. Vraiment oui! si grande que soit leur bêtise, leur méchanceté est pire encore. Point de supplice qui soit assez cruel : les tortures les plus raffinées sont appliquées avec amour, sans qu'une seule fois quelque pensée d'humanité vienne à apparaître. Institor, Sprenger, del Rio, Rémy, Boguet, de Lancre, tous ces inquisiteurs, civils ou laïques, sont froidement et sottement barbares, aussi inaccessibles à la pitié qu'à la raison. Au fond, d'ailleurs, très convaincus, et n'étant si cruels que parce qu'ils ont une peur extrême de ce diable qu'ils croient tenir et contre lequel ils veulent sévir de toutes leurs petites forces humaines.

M. Baissac est très sévère pour ces juges iniques, et on ne peut guère trouver à redire à son jugement. Nous le répétons, l'aberration est monstrueuse ; c'est un scandale pour la raison humaine, c'est une série innombrable de crimes juridiques dont l'Église aura bien de la peine à s'innocenter, puisqu'elle prétend à la justice absolue, quelle que soit l'époque où elle ait agi. Mais il faut cependant chercher à ces orgies d'assassinats quelques circonstances atténuantes. Eh bien! oui, il y en a. C'est l'universelle erreur. Alors nulle voix ne s'est élevée pour protester. L'humanité tout entière était en folie, revenue à la barbarie des âges préhistoriques, tombant, au point de vue moral, à peu près au niveau qu'ont atteint aujourd'hui les nègres du haut Gabon, ou les peuplades qui pêchent autour du lac Tchad. Voilà à quoi le christianisme avait abouti. Après Aristote, Cicéron, Marc-Aurèle, Sénèque, en arriver là, n'est-ce pas une honte pour l'homme, et cela permet-il d'affirmer le progrès?

Pour notre part, nous croyons au progrès. Nous sommes persuadés que cette néfaste période d'obscurcissement intellectuel est passée, et passée pour toujours. En somme, si grands que soient Aristote, et Cicéron, et Marc-Aurèle, et Sénèque, nous les avons devancés, et le progrès est éclatant. Mais une de ses conditions essentielles, c'est qu'on ne s'illusionne pas sur l'époque où on vit, qu'on ne se croie pas le dépositaire de la justice absolue, et qu'on considère comme la base du progrès social la justice bienveillante et l'indulgence.

Sénèque a dit quelque part cette grande parole qu'il faut retenir, car c'est presque tout un programme : *Clementia magna pars justitiæ.*

Répertoire chromatique; solution raisonnée et pratique des problèmes les plus usuels dans l'étude et l'emploi des couleurs, par M. CHARLES LECOUTURE. — Une broch. in-4°, de 144 pages, avec 29 tableaux en chromo ; Paris, Gauthier-Villars, 1890.

M. Charles Lecouture a entrepris de vulgariser et de rendre accessibles à toutes les personnes qui peuvent en avoir besoin les connaissances que la science doit à Chevreul sur la nomenclature des couleurs, les lois des couleurs complémentaires, du contraste simultané, successif ou mixte, et sur l'emploi des cercles chromatiques. Le nombre des personnes qui ont intérêt à avoir des notions précises sur toutes ces questions, est assurément grand, depuis les savants et les artistes, jusqu'aux fabricants d'objets d'art industriel, aux décorateurs en divers genres et en diverses matières, et même jusqu'à ces artistes d'un ordre évidemment inférieur, mais qui cependant pourraient avoir une heureuse influence sur le développement du goût public, les modistes et les couturières. L'association des couleurs, dans une toilette de femme, peut être, en effet, une véritable œuvre d'art, comme elle peut être aussi une véritable croûte.

C'est pour toutes ces personnes que M. Lecouture a voulu faire une sorte de grammaire devant les guider dans l'emploi des couleurs, leur permettant d'apprécier leur consonance, de déterminer les gammes dont fait partie une teinte donnée, ou encore d'harmoniser deux teintes plus ou moins éloignées. Il nous a paru que l'auteur avait parfaitement rempli sa tâche.

Son ouvrage comporte deux parties : une première est théorique, expose les définitions, les théorèmes fondamentaux sur les réactions mutuelles des couleurs complémentaires et sur le mélange des couleurs, et résout les principaux problèmes qui s'y rapportent. Dans cette partie, on trouvera d'intéressantes considérations sur l'équivalence chromatique et sur la notation quantitative des couleurs. En particulier, cette notation, qui permet d'apprécier exactement, soit l'intensité des tons francs, rabattus par excès de couleur, grisés par addition de noir ou simplement lavés, soit les multiples proportions des composantes des différentes nuances, constitue un progrès manifeste sur la nomenclature de Chevreul, aux divers points de vue de la brièveté, de la précision, de la sensibilité et aussi de la clarté. Ajoutons que, dans toute cette étude théorique, les mathématiques et les conceptions abstraites sont absolument absentes, et qu'il s'agit seulement de règles à suivre pour ne point violenter les aptitudes physiologiques de notre rétine.

La seconde partie est formée de planches en chromo, qui ne sont que l'exécution des gammes lavées, rabattues et grisées des teintes franches et des gammes des nuances dont la notation a été exposée dans la première partie. Les teintes ainsi obtenues sont au nombre de 952, toutes bien définies, et groupées en plus de 600 gammes typiques. Ces tableaux chromatiques, très soignés et très réussis, font autant d'honneur à l'éditeur qu'à l'auteur de cet ouvrage, qui mérite vraiment de pénétrer dans le public pour lequel il a été spécialement composé.

ACADÉMIE DES SCIENCES DE PARIS

3-10 NOVEMBRE 1890.

M. *Mannheim* : Remarques sur une communication de M. *Resal* relative au déplacement d'un double cône. — M. *Appell* : Mémoire sur les fonctions périodiques de deux variab es. — M. *Jamet* : Note sur un cas particulier de l'équation de Lamé. — M. *Ch.-V. Zenger* : Étude sur la rotation de la terre autour de son axe produite par l'action électro-dynamique du soleil. — M. *Vieille* : Recherches sur les pressions ondulatoires produites par la combustion des explosifs en vase cl s. — M. *R. Bouiouch* : Sur une théorie

rigoureuse du photomètre de Bunsen. — M. P. *Mercier* : Étude sur l'oxy borax dans les bains révélateurs alcalins. — MM. *Henri Gautier* et *Ch Charpy* : Note sur les affinités de l'iode à l'état diœaus. — MM. A. H et A. *Held* : Sur les éthers γ-cyanacétonacétiques et les éthers isolés d'j correspondants. — MM. H. et A. *Malbot* : Recherches sur les conditio la progression des isopropylamines ; limite à la progression et dérivé ment du propylène. — M. *Amat* : Méthodes pour l'analyse des acides h phosphoreux, phosphoreux et hypophosphoriques. — MM. *Fréay* et *Ters* Nouvelles recherches sur la production du rubis artificiel. — M. *Ars Viré* : Étude sur les ateliers de polissage néolithiques de la vallé Lunain et sur le régime des eaux à l'époque de la pierre polie. — M *Mouli* : Le parasite du hanneton, destruction de sa larve. — M. J. *Ku d'Herculais* : Les coléoptères parasites des Acridiens ; les mœurs des *Mylabus*. — M. *Raphaël Dubois* : Recherches expérimentales su moisissures du cuivre et du bronze. — M. A. de *Lapparent* : Doctri la formation des accidents de terrain appelés rideaux. — Présentation deux chaires nouvelles au Conservatoire des arts et métiers. — Cas ture : M. A. de *Lapparent*. — Nécrologie : M. P.-A. de *Tchihatchef*. — de M. P.-A. de *Tchihatchef*.

ÉLECTRICITÉ. — M. *Ch.-V. Zenger* est parvenu à imiter rotation de la terre autour de son axe par l'action électr dynamique, sur une sphère creuse de verre, des deux d chargeurs d'une machine Wimshurst. La sphère creuse, gentée à l'intérieur, comme on la rencontre dans le commerc est effilée à la lampe, et l'on place dans la cavité conique ainsi obtenue l'extrémité d'un axe de fer ou d'acier. Cet axe est fixé dans un support, et la sphère est disposée entre les deux déchargeurs d'une machine Wimshurst. On fait en sorte que la droite qui joint les centres des boules des déchargeurs ne passe pas par le centre de la sphère de verre. Quand on commence à tourner la manivelle de la machine, on voit la sphère se mettre en mouvement de rotation et obéir pour ainsi dire à la main de l'expérimentateur. Le mouvement de rotation de la sphère s'accélère en même temps que le mouvement de la manivelle ; il est uniforme, si le mouvement de la manivelle est uniforme.

Ajoutons que les boules des déchargeurs sont placées à plusieurs centimètres de la surface de la sphère creuse, ce qui permet d'éviter les étincelles entre elles.

M. Zenger termine en disant que cette rotation d'une sphère creuse sous l'influence des deux pôles d'une machine électrique donne la vues sur l'origine des mouvements planétaires dans notre système solaire.

BALISTIQUE. — Voici les conclusions générales auxquelles ses recherches sur les pressions ondulatoires produites par la combustion des explosifs en vase clos ont conduit M. Vieille :

1° La combustion d'une charge explosive dans une capacité close ne donne lieu à des pressions uniformes à chaque instant que dans la partie du récipient qu'à la condition que cette charge soit uniformément répartie ;

2° Dans le cas de récipients de faible diamètre, il suffit, pour obtenir le même résultat, que cette répartition soit uniforme suivant la plus grande dimension de l'éprou vette ;

3° Dès que cette condition cesse d'être remplie, et en particulier lorsque la charge est condensée à l'une des extrémités du récipient, on voit naître un mode spécial de répartition des pressions, résultant d'une sorte de balancement de la masse gazeuse suivant le grand axe de l'éprouvette. Il en résulte des condensations dont l'importance croît avec l'émission gazeuse de la charge, c'est-à-dire avec la vivacité de l'explosif, ou, pour une même matière, avec la densité de chargement ;

4° Les condensations se produisent alternativement aut

deux extrémités de l'éprouvette, à des intervalles de temps proportionnels à sa longueur, et très voisins de la durée de propagation du son dans les produits de la décomposition, à la température de déflagration (1100 mètres à 1200 mètres par seconde pour les poudres B, et 600 mètres à 700 mètres pour les poudres noires) ;

5° Les pressions qui résultent de ces condensations peuvent atteindre, dans une éprouvette de 1 mètre, jusqu'au triple de la pression normale correspondant à l'entière combustion de la charge. Elles s'observent aux plus faibles densités de chargement, correspondant à une pression normale (1000 kilogrammes) avec les explosifs les plus vifs, tels que le coton-poudre pulvérulent ou la poudre de chasse; mais on les obtient également avec des matières de vivacité moyenne employées à densité de chargement plus élevé, correspondant à la pression normale (2500 kilogrammes);

6° L'importance de ces condensations gazeuses diminue rapidement avec la longueur de l'éprouvette. Avec aucun explosif, il n'a pu en être observé la moindre trace, ni par les écrasements, ni par les tracés dans une éprouvette de 15 centimètres de longueur.

PHOTOGRAPHIE. — M. P. Mercier adresse une note sur l'action du borax dans les bains révélateurs alcalins.

On sait que le borate de soude est généralement considéré comme un retardateur du développement ; cependant, ce sel présentant une réaction alcaline devrait, semble-t-il, agir uniquement comme accélérateur. L'explication de cette anomalie apparente peut être trouvée dans un travail de M. Aug. Lambert concernant l'action du borax sur les alcools et phénols polyatomiques et, en particulier, sur le pyrogallol, l'hydroquinone et la pyrocatéchine; De ces recherches il résulte, en effet, que l'acide borique se combine aux alcools polyatomiques primaires et à certains phéno's polyatomiques pour donner naissance à des acides boroconjugués énergiques. Ainsi le borax, ajouté en petite quantité au pyrogallol, le transforme en un véritable acide rougissant le papier de tournesol. Il en est de même avec le tannin et la pyrocatéchine, de telle sorte que l'addition d'un borate alcalin, équivalant avec ces substances à l'addition d'un acide, ce sel agit, dans ce cas, comme un véritable retardateur.

Mais cette réaction, ainsi que le fait observer l'auteur, ne se produit pas avec les isomères de la pyrocatéchine : l'hydroquinone et la résorcine. Elle ne se produit pas non plus avec les autres révélateurs usités aujourd'hui en photographie, l'iconogène ou le chlorhydrate d'hydroxylamine. Ici le borax, ne donnant naissance à aucun acide, agit seulement par son alcalinité, devient un excellent accélérateur et peut entrer, comme sel, dans la composition des bains développateurs.

Enfin, une solution de 2 grammes de borate de soude dans 100 grammes d'une eau à laquelle on ajoute 2 grammes d'acide pyrogallique ou de pyrocatéchine, ne possède aucune action révélatrice, tandis que si l'on ajoute à la même solution 2 grammes d'hydroquinone ou 2 grammes d'iconogène, les clichés photographiques s'y développent parfaitement et d'une façon tout à fait normale.

CHIMIE. — Dans une précédente communication (1),

(1) Voir la *Revue scientifique* du 8 février 1890, p. 185, col. 1.

MM. Henri Gautier et Georges Charpy ont montré que les solutions d'iode dans différents liquides présentent une gamme continue de colorations allant du violet au brun et qu'à ces couleurs différentes semblent correspondre des condensations moléculaires différentes. Depuis lors, ils ont cherché si 'ces différences d'état n'introduisaient pas des modifications dans les actions chimiques de l'iode. Après de nombreux essais, ils n'ont pu obtenir une réaction indiquant une différence bien nette entre les diverses solutions.

— MM. H. et A. Held ont montré, dans une précédente communication (1), que le γ-cyanacétoacétate d'éthyle prend d'acide chlorhydrique se comporte, dans certaines conditions, comme un éther cyané à fonction acétonique et fournit un chlorhydrate d'éther imidé susceptible de donner naissance à l'éther acétone-dicarbonique ;

1° Le γ-cyanacétoacétate d'éthyle traité par l'alcool saturé d'acide chlorhydrique se comporte, dans certaines conditions, comme un éther cyané à fonction acétonique et fournit un chlorhydrate d'éther imidé susceptible de donner naissance à l'éther acétone-dicarbonique ;

2° Le même éther ainsi que son homologue inférieur, traités par l'alcool méthylique chlorhydrique, fournissent, en quantité pour ainsi dire théorique, des corps qui répondent à la composition de chlorhydrates d'éthers imidés chlorés.

— MM. H. et A. Malbot ont entrepris des recherches sur les conditions de la progression des isopropylamines. Voici les conclusions auxquelles ils sont arrivés :

A. Touchant l'iodure d'isopropyle : 1° à la température ordinaire, la progression ne dépasse pas sensiblement le premier terme des isopropylamines, mais la transformation est totale; 2° à 100°, la progression arrive nettement au second terme, mais on constate déjà la formation du propylène; 3° au-dessus de 100°, la progression arrive plus rapidement au second terme, mais sans que la proportion d'iodhydrate de di-isopropylamine puisse dépasser une certaine limite; 4° la proportion du propylène est d'autant plus forte qu'on opère à une température plus haute.

B. Touchant le chlorure d'isopropyle : la progression arrive encore nettement au second terme; mais la transformation est loin d'être totale, parce que les isopropylamines formées sont en partie libres et ont peu d'affinité pour l'éther.

C. En considérant l'ensemble des expériences, on voit que le chlorure d'isopropyle s'écarte de l'iodure d'isopropyle pour se rapprocher des chlorures orthopropylique, isobutylique, isoamylique, qui fournissent des amines libres; mais il y a cette différence essentielle, qu'on obtient facilement la tri-orthopropylamine, la tri-isobutylamine, la tri-isoamylamine, alors qu'on ne peut aller au delà de la di-isopropylamine.

— Dans une note présentée par M. Troost, M. Amat montre que les acides hypophosphoreux, phosphoreux et hypophosphorique peuvent s'analyser par deux méthodes reposant sur les propriétés oxydantes du bichlorure de mercure ou du permanganate de potasse. Dans la première, par l'action réductrice des acides précédents, le bichlorure de mercure est ramené à l'état de sous-chlorure insoluble que l'on recueille et que l'on pèse sur un filtre taré; cette méthode,

(1) Voir la *Revue scientifique*, an 1es 1889, 1er sem., p. 378, col. 1.

indiquée et appliquée par Rose à l'étude des acides phosphoreux et hypophosphoreux, a été étendue, dans ce travail, à l'acide hypophosphorique. Dans la seconde, on applique aux composés oxygénés du phosphore la méthode générale indiquée par Péan de Saint-Gilles; on oxyde le corps à analyser par un excès de permanganate de potasse, et on évalue le permanganate restant au moyen d'un réducteur, l'acide oxalique par exemple.

De ces deux méthodes, la première est la plus précise; mais la seconde, qui est beaucoup plus rapide, peut rendre, à cause de cela, de grands services dans l'étude des composés oxygénés du phosphore.

— *MM. Fremy* et *Verneuil* présentent la suite de leurs recherches sur la production du rubis artificiel et mettent sous les yeux de l'Académie de nombreux échantillons de cristaux beaucoup plus volumineux que ceux obtenus antérieurement. Une des modifications les plus importantes qu'ils ont introduite dans leur nouveau mode opératoire consiste dans l'addition d'une certaine quantité de carbonate de potasse à l'alumine amorphe qui doit être transformée en rubis. Leur méthode consiste donc aujourd'hui à faire agir simu'tanément le fluorure de baryum e: le carbonate alcalin sur l'alumine en présence de quelques millièmes de bichromate de potasse à la température de 1350°. En comparant les produits obtenus dans les petits creusets de laboratoire avec ceux qui s'engendrent lorsqu'on opère comme MM. Frémy et Verneuil l'ont fait chez MM. Appert frères, sur trois kilogrammes de substance, on demeure convaincu que la production industrielle de cristaux de rubis présentant la plus absolue ressemblance avec ceux de la nature peut être considérée comme résolue. Le poids des plus gros cristaux obtenus par ces chimistes atteint en effet dans ces dernières conditions 0^{gr},075, soit plus de 1/3 de carat.

Il ne semble pas douteux, d'après cela, que la grandeur des masses sur lesquelles on opère ne soit un des principaux facteurs dont dépend la nutrition des cristaux, et tout porte à croire que des expériences bien conduites sur une centaine de kilogrammes de produits à la fois amèneront la formation de cristaux pesant individuellement un ou plusieurs carats.

ANTHROPOLOGIE. — Au mois de juillet 1889, *M. Armand Viré* a présenté une note sur un certain nombre de stations préhistoriques des environs de Lorrez-le-Bocage (Seine-et-Marne) (1); aujourd'hui, il appelle l'attention sur les ateliers de polissage néolithiques de la vallée du Lunain et sur le régime des eaux à l'époque de la pierre polie. Ces ateliers se développent sur une longueur de 2500 mètres; ils sont représentés par onze polissoirs, dont neuf en grès dur, à grain fin et serré et deux en grès tendre ordinaire; deux d'entre eux sont situés dans la vallée du Lunain, tandis que les autres sont sur le plateau, non loin du bord de la vallée; enfin ils ont dû servir à polir presque toutes les haches de la contrée, car dans les stations de la vallée supérieure il n'existe aucune roche propre au polissage.

Quant à leur situation, pour la grande majorité, sur la colline et non dans la vallée, où il paraît au premier abord qu'il eût été plus naturel d'établir les ateliers en raison de

(1) Voir la *Revue scientifique*, année 1889, 2e sem , p. 58, col. 2.

la quantité de grès qu'on y rencontre et de l'abondance de l'eau, l'auteur l'attribue très justement à ce double fait : 1° qu'il existait sur le plateau plusieurs sources d'où les polisseurs de silex tiraient facilement l'eau nécessaire à leur industrie; 2° que les plateaux sur lesquels ces hommes avaient établi leurs campements étaient bordés de deux ou trois côtés par des pentes assez raides et dans une position bien plus facile à défendre que la vallée contre tous ennemis, hommes ou bêtes sauvages.

ZOOLOGIE. — La découverte d'un champignon parasite destructeur du coléoptère ravageur des betteraves, et les expériences couronnées de succès pour la destruction rapide et sur une large échelle de cet insecte, ont suggéré à *M. Le Moult* l'idée de chercher à détruire par le même procédé le hanneton, qui cause en France, comme on le sait, de si grands dégâts.

C'est à Céaucé, dans l'Orne, qu'il a découvert le parasite du hanneton et dans une prairie de cette commune que les expériences ont eu lieu. Dans cette prairie, les larves du hanneton se trouvaient en si grand nombre que la récolte du foin avait été à peu près nulle. Au nombre de ces larves, M. Le Moult en avait trouvé dont la mort était de date récente et qui présentaient cette particularité qu'elles étaient complètement couvertes d'une sorte de moisissure blanche qui, non seulement envahissait tout le corps de l'insecte, mais se développait, en outre, dans tous les sens, à travers la terre. La proportion des vers atteints par rapport aux vers sains était d'environ 10 pour 100. Sur les conseils de M. Giard, l'auteur mit des vers momifiés au *contact* des vers sains; moins de quinze jours après, ces derniers avaient tous contracté la maladie et présentaient absolument le même aspect que ceux découverts dans la prairie de Céaucé. Six semaines plus tard, de nouvelles fouilles dans la prairie donnaient comme proportion des vers atteints le chiffre de 60 à 70 pour 100 au lieu de 10. De plus, les vers restés vivants présentaient une coloration essentiellement différente de ce que l'on remarque habituellement; la prairie elle-même avait subi une transformation complète, l'herbe ne s'arrachait plus à la main, comme au début; des racines nouvelles s'étaient formées, tandis que dans les prairies voisines les larves continuaient leurs ravages.

Ne voulant pas se fier à une seule expérience, M. Le Moult recommença ses essais; ils furent couronnés d'un succès plus rapide et, de plus, il put suivre et étudier les progrès de la maladie. L'observation était concluante, il ne restait plus qu'à déterminer la nature du parasite. Cette détermination obtenue, l'auteur se propose d'entreprendre la culture de ce champignon et de faire des essais d'infestation sur des terrains où la présence du ver blanc lui sera signalée.

— Depuis que J.-H. Fabre, par ses belles observations, a fixé l'attention sur les mœurs singulières des cantharidides, et a découvert le phénomène de l'*hypermétamorphose*, bien des naturalistes se sont attachés à suivre le développement des différents types de cette famille, remarquable par ses habitudes parasitaires. Cependant, malgré toutes les recherches, les conditions d'existence, le mode d'évolution, les diverses phases du développement des représentants du genre *Mylabus*, étaient demeurés inconnus, et l'on ne savait rien encore sur les habitudes larvaires de ces insectes.

ujourd'hui, il n'en est plus ainsi ; *M. J. Künckel d'Herou-nous* décrit ainsi qu'il suit la transformation des formes aires des cantharidides en *Mylabus*.

vant d'en arriver à la forme adulte, ces insectes subissent métamorphoses fort curieuses. Ils revêtent successive-it les formes *carabidoïdes, scarabœidoïdes,* se changent pseudo-chrysalides, reviennent à l'état *scarabœidoïdes,* se transforment en nymphes et en insectes parfaits.

·s *Mylabus* ne vivent donc pas aux dépens des Hyménop-, mais à ceux des Orthoptères. Leurs larves habitent oques ovigères des Acridiens, et se nourrissent des qu'elles contiennent. Ces insectes ont un rôle double-utile : adultes, ils fournissent un des produits les plus eux employés en médecine; à l'état de larve, ils sont ltes de nos ennemis les plus redoutables, les Acridiens, anus sous l'appellation incorrecte, mais plus usitée, de aterelles.

BOTANIQUE. — De nombreuses observations ont démontré e les êtres vivants inférieurs peuvent se développer dans milieux que l'on croyait absolumentt impropres à toute manifestation vitale. C'est ainsi que *M. Raphaël Dubois* a pu observer, dans des solutions concentrées de sulfate de cuivre, neutralisées par l'ammoniaque et servant à l'immer-sion des plaques gélatinées employées en photogravure, des flocons blanchâtres de mycélium cloisonnés, présentant de grandes analogies avec ceux des *Penicillium* et des *As-pergillus.* Or si l'on verse sur une pièce de monnaie de bronze, préalablement décapée à l'acide azotique et bien lavée, voire même sur une plaque de marbre — la présence du bronze n'étant pas indispensable pour la transformation du sulfate de cuivre de la solution en hydro-carbonate par les moisissures — une solution neutre de sulfate de cuivre renfermant ces mycéliums et que l'on place pièce ou plaque sous une cloche humide pour éviter une évaporation trop rapide, on ne tarde pas à voir la solution changer de cou-leur dans les points où se trouvent les mycéliums. Lorsque le liquide cuprique est complètement évaporé, la surface de la pièce ou de la plaque est parsemée de taches d'un vert malachite caractéristique, semblable à la patine du plus beau bronze antique.

GÉOLOGIE. — Au mois de juillet dernier, M. Henri Lasne présentait une note sur la formation des brusques ressauts de terrain qui interrompent la pente des vallées dans le nord de la France, où ces accidents sont connus sous le nom de *rideaux.* Il y voyait la trace de glissements accom-plis le long des diac'ases ou fentes du terrain de craie et déterminés par des affaissements dont la cause devait être cherchée dans la dissolution de la craie par les nappes d'eau qu'elle emmagasine.

Telle n'est pas l'opinion de *M. A. de Lapparent,* qui, ayant, depuis de longues années, étudié le phénomène des rideaux, considère ceux-ci comme l'effet de la régularisation, par le labourage, de tous les accidents naturels qui interrompent la régularité de la pente du versant.

PRÉSENTATIONS. — L'Académie procède par la voie du scrutin à la présentation des candidats dont les noms sui-vent, pour deux chaires à créer au Conservatoire des arts et métiers.

Chaire de physique industrielle. En première ligne : *M. Marcel Deprez;* en deuxième ligne : *M. Roudier.*

Chaire de métallurgie. En première ligne : *M. Le Verrier;* en deuxième ligne : *M. Ferdinand Gautier.*

CANDIDATURE. — *M. A. de Lapparent* prie l'Académie de le comprendre parmi les candidats à la place laissée va-cante dans la section de minéralogie par le décès de *M. Hé-bert.*

NÉCROLOGIE. — *M. le Secrétaire perpétuel* annonce à l'Académie la mort de *M. Pierre-Alexandre de Tchihatchef,* correspondant, depuis 1861, de la section de géographie et navigation, décédé à Florence le 13 octobre 1890, à l'âge de soixante-quinze ans.

M. de Tchihatchef lègue à l'Académie une somme de 100 000 francs, destinée à récompenser des explorations relatives au continent asiatique et aux îles limitrophes, à l'exception des Indes britanniques, de la Sibérie propre-ment dite, de l'Asie Mineure et de la Syrie, contrées déjà suffisamment connues. Les travaux devront être du domaine des sciences naturelles, physiques et mathématiques.

E. RIVIÈRE.

INFORMATIONS

Une nouvelle *Revue* se fonde en ce moment. Il s'agit de l'*Université de Montpellier,* revue hebdomadaire, dirigée par M Édouard Robert, destinée à l'étude des questions qui touchent à l'antique Université, et qui se propose en outre de tenir le public au courant des travaux qui s'y poursuivent. Nous reviendrons sur la matière : mais nous tenons dès maintenant à souhaiter la bienvenue à ce nouveau recueil, et à lui envoyer nos vœux pour sa prospérité

M. Pierre de Tchihatchef dont la mort est annoncée plus haut, était voyageur et botaniste. Il a publié un important ouvrage sur l'Asie Mineure, un livre très intéressant sur l'Algérie et la Tunisie, et une bonne traduction de la *Vege-lation der Erde de Grisebach.*

M. Alexandre J. Ellis vient de mourir ; il a publié de nom-breux mémoires sur la phonétique et sur la musique.

M. Flechey, parlant de l'effet produit par l'influenza, a fait connaître à la *Société de statistique de Paris* que, pen-dant les deux derniers mois de l'année 1889, la consomma-tion de la viande avait diminué des *deux tiers.* Cette dimi-nution est évidemment due à l'épidémie et constitue un élément important pour en mesurer les effets. La diminu-tion de la consommation du pain a été aussi très sensible; si on la connaissait exactement, on pourrait arriver à dé-terminer approximativement le nombre total des journées de maladie imputables à cette épidémie.

M. R. Jefferds, de Londres, a fait une très intéressante conférence à l'*Institution of mechanical Engineers,* sur les avantages économiques immenses qu'il y aurait, pour le commerce, à substituer aux wagons de marchandises ac-tuellement en usage des wagons d'un modèle nouveau, très grands, mais dont le poids — un poids mort pour les compagnies de chemins de fer, comme pour les commerçants — est proportionnellement beaucoup plus faible. M. Jefferds montre l'avantage que tirent les États-Unis de l'emploi de ces grands wagons en établissant que le fermier américain, vivant à 1000 milles de la côte, gagne, sur 100 tonnes de blé envoyées à Londres, tous frais payés, 30 livres sterling de plus que le fermier écossais qui envoie la même quantité de blé à Londres, à 420 milles seulement de distance, et n'a pas à payer de transport sur eau.

CORRESPONDANCE ET CHRONIQUE

L'éducation des enfants.

Voici en quels termes M. Ballantyne, d'Édimbourg, termine et résume une conférence (1) sur l'hygiène et l'éducation des enfants :

« Comment alors assurerons-nous la santé des enfants de nos écoles? D'abord en établissant nos écoles d'une façon parfaite au point de vue sanitaire. Deuxièmement, en augmentant les exercices physiques. Troisièmement, par la direction hygiénique de l'enseignement scolaire. Mettons y beaucoup de variété : alternance des stations debout et assise, de la lecture et de l'écriture, du travail et de la récréation; ayons des dispositifs pour empêcher que les enfants ne s'assoient ayant les pieds sur les vêtements humides; changeons fréquemment de salles de classe; servons-nous largement des diagrammes et des images; garnissons nos salles de classe avec goût. Il y a aussi une grosse erreur que je n'indique que pour la condamner en garde contre elle : c'est ce qu'on appelle les devoirs des vacances. Ces devoirs sont parfaitement inutiles et nuisibles; inutiles pour les enfants paresseux qui ne parviennent jamais à les faire; nuisibles pour les enfants studieux qui, dans leur anxiété de les faire correctement, perdent une grande partie du bénéfice de leurs vacances. Quatrièmement, je plaiderais pour l'établissement dans nos écoles d'un système d'inspection médicale comme il en existe en France, en Allemagne et en Autriche, et comme il vient d'en être établi un en Russie. Cinquièmement, il y a la très grosse question des punitions à l'école. J'éviterais les devoirs, pensums et retenues qui viennent rogner le temps nécessaire pour la récréation. Je crois, après tout, que les punitions corporelles employées très judicieusement sont encore les plus effectives. La certitude qu'une punition de ce genre peut être appliquée à l'occasion a un effet moral étonnant dans une école; mais nous devrions en user avec une extrême circonspection, parce que les actions pour dommages sont excessivement communes, et que la législation sentimentale prévaut (!). Certains modes de corrections corporelles sont, naturellement, à condamner sans réserve, tels que les coups sur les oreilles dont les effets sont quelquefois fâcheux; mais je ne crois pas qu'il puisse jamais résulter un dommage quelconque de l'usage judicieux des verges, super dorsum. Sixièmement, abolition des éducations à forfait. Septièmement, soulagement de l'éducation en diminuant la somme d'études de latin et de grec. Huitièmement et finalement, attribution de plus de temps à l'étude des sciences physiques, telles que la botanique, l'histoire naturelle, la physiologie, comme soulagement aux études qui ne s'adressent qu'à la mémoire, et

(1) Publiée dans the Lancet du 1er novembre 1890.

comme donnant une idée rationnelle des œuvres de la nature, et préparant aux devoirs de la vie. »

Nous livrons sans commentaire le cinquième vœu de M. Ballantyne et les considérations dont l'accompagne son auteur à l'appréciation de nos lecteurs.

Action de l'électricité sur les microbes.

Les premières recherches concernant l'action de l'électricité sur les microbes sont dues à M. Schiel, et remontent à l'année 1875. Voyant que, sous l'influence de courants électriques, certaines bactéries mobiles cessaient de se mouvoir, l'auteur en avait conclu que l'électricité les avait tuées; mais nous savons aujourd'hui que des microbes immobiles ne sont pas des microbes morts. Aussi MM. Cohn et Benno Mendelsohn ont-ils, avec raison, repris ces recherches, en 1879, en y apportant ce correctif, que les microbes n'étaient considérés comme morts qu'autant que leur ensemencement restait stérile.

Le procédé expérimental employé par ces auteurs a surtout consisté à faire passer, au travers d'un tube en U contenant la solution nutritive, le courant de quelques éléments de pile Marié-Davy. On avait ensemencé au préalable la solution nutritive, et, lorsqu'elle se troublait, on en concluait que le courant était resté sans action.

MM. Cohn et Benno-Mendelsohn, en opérant ainsi, virent que l'effet d'un courant court et faible était toujours nul. Avec une action plus longue et plus intense, par exemple avec le courant de deux puissants éléments pendant vingt-quatre heures, le liquide voisin du pôle positif restait intact, mais les bactéries n'y étaient pas tuées. Il semblait même que ce fût le liquide qui était devenu stérile, car il ne laissait pas se multiplier une nouvelle semence qu'on y introduisait, et, en réalité, il était devenu fortement acide. Avec un courant de trois éléments pendant vingt-quatre heures, on observait à la fois aux deux pôles la mort des bactéries et la stérilité du liquide traversé par le courant. Mais, comme il se produisait une altération chimique profonde du bouillon de culture, il n'était possible de tirer aucune conclusion relative à l'action directe de l'électricité sur les microbes. Les expérimentateurs, pour éviter ces décompositions produites par le courant, essayèrent alors des courants d'induction, mais sans obtenir d'effets appréciables. Avec des cultures sur pomme de terre, les altérations chimiques se produisaient encore.

Les récentes expériences de MM. Apostoli et Laquerrière, dont le dispositif expérimental n'a pas été suffisamment décrit, mais qui paraissent avoir également employé un tube en U, sont passibles des mêmes remarques n'ont pas fait avancer la question.

Pour échapper à ces causes d'erreur, MM. Prochownick et Spaeth ont opéré dans un vase ordinaire, en rapprochant les électrodes : les courants produits dans le liquide par les dégagements gazeux en mélangeaient ainsi facilement les couches, recombinant constamment les éléments dissociés par le courant, se produisant alors un état moyen et persistant dont la durée n'a qu'une importance secondaire. Mais les auteurs, en agissant par ce procédé sur le bacille du foin, les microcoques du pus et la bactéridie charbonneuse, n'ont alors obtenu que des effets insignifiants.

En somme, comme le fait remarquer M. Duclaux, dans toutes ces expériences, si quelque action sensible a été constatée, il faut la rapporter à une action chimique, et jusqu'ici personne n'a encore pu mettre en évidence une action physique, directe, de l'électricité sur les microbes.

Une invasion d'écureuils.

Revue des sciences naturelles appliquées raconte comme
il le fait extrêmement curieux d'une véritable invasion
pays habité par une armée d'écureuils, que la rencontre
e grande ville n'arrêta et ne détourna même pas.

aque année, les écureuils habitant les forêts du nord-
les États-Unis entreprennent une grande excursion vers
d-ouest, en traversant les États de New-York, de Penn-
nie, de Virginie, jusqu'à la partie orientale du Tenn-
, traversant, pendant toute la durée de cet immense
e, un pays où de magnifiques forêts produisent en
ance les fruits dont ils font leur nourriture. L'ouver-
de la chasse aux écureuils correspond avec l'époque
:ur arrivée dans chaque État. En Pennsylvanie, par
ple, cette chasse dure du 1ᵉʳ septembre au 31 décembre.
ısse aux écureuils est un sport très apprécié dans cet
et elle compte surtout de nombreux fanatiques dans
.rtie centrale, dans les comtés de Clinton, de Clearfield
Bedford.

jamais, paraît-il, l'armée des écureuils marchant
le sud-ouest n'avait été aussi nombreuse qu'en 1889,
où le voyage traditionnel revêtit tous les caractères
véritable invasion. Vers la fin du mois d'août 1889,
urnal de New-York, le *Sun*, annonçait que les écureuils
ent de traverser, en nombre incalculable, la partie
.entale de l'État de New-York, se dirigeant au sud-
, vers la Pennsylvanie.

les premiers jours de septembre, en effet, la ville de
ɒvo, en Pennsylvanie, était envahie par les écureuils.
e ville, habitée surtout par des marchands de bois et
bûcherons, est située sur la branche ouest de la Sus-
hanna, à l'extrémité septentrionale du comté de Clinton.
après-midi, elle avait été entièrement occupée par l'ar-
des écureuils, marchant en masse compacte sans un
éclaireur.

écureuils de toutes couleurs, gris, noirs, bruns,
ɪs, s'assemblaient dans les rues et sur les places de la
envahissaient les cours et les jardins, s'installaient sur
ɪrbres des promenades et des boulevards, pénétrant
e dans les habitations. Après un premier moment de
·ise, on se mit en devoir de résister à l'ennemi. Chacun
ant d'un balai, d'un tisonnier, d'une brosse à parquet,
bâton ou de cailloux, frappait sur les écureuils ou les
raillait, les chassant des chambres à coucher où ils vou-
nt élire domicile, des cuisines, des greniers, des celliers.
s les enfants de la ville les massacraient dans les rues à
ps de pierre ou de gourdin. Les chasseurs avaient saisi
·s fusils et les bons tireurs ne s'abattaient dix ou douze
ɪ seul coup tiré dans les arbres. Le soir, l'écureuil étuvé,
ɪ à point, figurait sur la table de tous les habitants de
ɒvo. Pendant quatre jours, le massacre se continua, sans
ninuer en rien le nombre des envahisseurs, qui se renou-
aient sans cesse. On apprit depuis qu'ils formaient une
mense colonne longue de 100 kilomètres sur 50 kilomètres
largeur. C'était cette armée qui, pendant quatre jours,
ɪit traversé la ville.

À quelque distance au sud de Renovo, la tête de colonne
contra la branche ouest de la Susquehanna; quelques
herons qui se trouvaient là dans un canot virent alors les
reuils s'élançant bravement à l'autre rive à
nage et se diriger ensuite vers la chaîne des Alleghanys
entaux.

Huit jours plus tard, on apprit qu'ils avaient franchi le
isseau Moshannon, où tous les chasseurs du pays les at-
ndaient. De là, ils gagnèrent le pied des montagnes Muncy,

situées à 65 kilomètres au sud de Renovo, et continuèrent
leur voyage vers le sud en traversant la ville de Muncy,
dans le comté de Cambria.

Dans cette région, ils trouvèrent une riche végétation
d'hickorys, de chênes et de hêtres, précisément surchargés
de fruits cette année, et s'y arrêtèrent une semaine. Puis
après s'être bien restaurés, bien remis de leurs fatigues, ils
reprirent leur marche en traversant la vallée du Buffalo
Run, au sud de Bold Eagle, où ils mirent les champs de blé
et les fermes isolées au pillage. Dans ce pays plat et découvert, ils étaient si nombreux qu'on en tuait souvent six,
huit et même plus d'un seul coup de fusil. Le plus mauvais
tireur ne rentrait pas sans en rapporter quarante ou cinquante. Les habitants de la vallée du Buffalo Run disent
qu'on en tua plus de trois mille sur une surface de quelques
kilomètres. On était alors arrivé à la deuxième semaine
d'octobre. Quittant la vallée du Buffalo Run, l'armée des
écureuils disparut dans les montagnes, et on la signala plus
tard, dans les comtés d'Huntingdon et de
Blair, puis dans l'ouest du comté de Bedford, Pennsylvanie.

Atteignant alors la frontière de la Virginie, elle avait
franchi plus de 300 kilomètres depuis son départ de l'État
de New-York.

Les renseignements sur cette invasion cessent à partir de
ce moment, mais il est probable que les écureuils, poursuivant leur route, atteignirent, après avoir parcouru plus de
1600 kilomètres, le terme de leur voyage, les plaines fertiles
du Tennessee oriental.

Un projet de traversée du pôle Nord en ballon.

Voici quelques détails sur l'expédition au pôle Nord que
MM. Besançon et Hermite se proposent d'accomplir en ballon,
afin de vérifier s'il existe, au pôle magnétique, de l'eau, des
terres ou des glaces, et de rapporter une collection de photographies topographiques et une série d'observations météorologiques.

Déjà, en 1870 et en 1874, MM. Sivel et Silbermann avaient
publié des études concluant à la possibilité d'effectuer ce
voyage, mais MM. Besançon et Hermite, sortant du domaine
de la théorie, ont résolu de construire l'aérostat nécessaire
à la traversée. Celui-ci, qui sera gonflé au gaz hydrogène
pur, cubera 15 000 mètres et pourra enlever 16 500 kilogrammes. Il sera composé de deux épaisseurs de soie de
Chine pouvant résister à 1000 kilogrammes de pression.
L'enveloppe sera recouverte d'un vernis spécial absolument
imperméable, à base d'huile et de collodion.

Les voyageurs emporteront en outre quatre ballonnets
pilotes de 50 mètres cubes, destinés à être lâchés au-dessus
du pôle pour l'étude des courants aériens, et quatre ballons
de 350 mètres cubes qui serviront à ravitailler de gaz l'aérostat principal. Pour que ce dernier ne s'élève pas trop et
conserve une distance à peu près fixe du sol, permettant la
régularité des observations photographiques, MM. Besançon
et Hermite attacheront à leur nacelle un guide-rope d'un
poids considérable, qui traînera sur les glaces ou flottera
sur les flots, et qui, en cas de dilatation excessive du gaz,
retiendra le ballon comme une ancre mobile.

Quant à la nacelle, fermée pour garantir les passagers de
l'intensité du froid, elle sera construite en osier revêtu d'une
carcasse d'acier. Elle contiendra, outre les voyageurs et
leurs instruments, huit chiens, un traîneau, un petit canot
insubmersible et des vivres pour un mois.

Le devis des frais monte à 560 000 francs; la durée totale
de l'expédition, qui n'aura pas lieu avant 1892, est évaluée
à six mois.

Conservatoire national des arts et métiers.

COURS PUBLICS ET GRATUITS DE SCIENCES APPLIQUÉES AUX ARTS.

(Année 1890-1891).

Géométrie appliquée aux arts. — Les lundis et jeudis, à neuf heures du soir. — M. A. Laussedat : Grandeur et figure de la terre. — Cartes géographiques et topographiques. — Instruments de lever et de nivellement. — Méthodes régulières, méthodes rapides, lever des plans à l'aide de la photographie. — Cadastre. — Étude des formes générales du terrain. — Tracé des voies de communication et des travaux d'art. — Calcul des surfaces, des déblais et des remblais. — État de la topographie et de la cartographie en France et à l'étranger.

Géométrie descriptive. — Les lundis et jeudis, à sept heures trois quarts du soir. — M. E. Rouché : La statique graphique : Ses principes et ses principales applications.

Mécanique appliquée aux arts. — Les lundis et jeudis, à sept heures trois quarts du soir. — M. J. Hirsch : *La mécanique à l'Exposition de 1889.* — Machines thermiques. — Machines hydrauliques. — Appareils de transmission, de levage, etc.

Constructions civiles. — Les mercredis et samedis, à sept heures trois quarts du soir. — M. Émile Trélat : *Travaux hydrauliques.* — Ouvrages sur cours d'eau : *Aménagement des rivières.* — Ouvrages sur le territoire : *Canaux.* — Ouvrages à la mer : *Protection des côtes ; ports.* — Coupures d'isthmes : *Franchissement de détroits.*

Physique appliquée aux arts. — Les mercredis et samedis, à neuf heures du soir. — M. E. Becquerel : Propriétés générales de l'électricité. — Électricité atmosphérique ; paratonnerres. — Sources diverses d'électricité ; machines électriques ; piles ; accumulateurs. — Magnétisme et électro-magnétisme ; appareils et machines d'induction. — Lumière électrique ; galvanoplastie ; dorure ; argenture, etc. — Thermométrie et pyrométrie électriques ; télégraphie, téléphonie, horlogerie électrique, etc.

Électricité industrielle. — Les lundis et jeudis, à neuf heures du soir.

Chimie générale dans ses rapports avec l'industrie. — Les mardis et vendredis, à neuf heures du soir. — M. J. Jungfleisch : *Généralités et métalloïdes.* — Notions préliminaires et définitions. — Combinaison et décomposition. — Lois numériques des actions chimiques. — Classification des corps simples ; métalloïdes et métaux. — Généralités sur les métalloïdes. — Nomenclature. — Histoire particulière des principaux métalloïdes et de leurs combinaisons non métalliques ; production, propriétés, réactions, applications, notions analytiques.

Chimie industrielle. — Les lundis et jeudis, à neuf heures du soir. — M. Aimé Girard : Bois : propriétés, altérations, procédés de conservation. — Combustibles fossiles. — Gaz d'éclairage et de chauffage. — Huiles minérales.

Huiles végétales. — Essences odorantes. — Térébenthine. — Résines et vernis. — Caoutchouc et gutta-percha.

Métallurgie et travail des métaux. — Les mardis et vendredis, à sept heures trois quarts du soir.

Chimie appliquée aux industries de la teinture, de la céramique et de la verrerie. — Les lundis et jeudis, à sept heures trois quarts du soir. — M. V. de Luynes : Les couleurs. — Les matières tinctoriales naturelles et artificielles. — Propriétés, applications, fabrication. — Étude chimique des fibres. — Teinture, impression. — Papiers peints.

Chimie agricole et analyse chimique. — Les mercredis et samedis, à neuf heures du soir. — M. Th. Schlœsing : Étude de l'atmosphère et du sol dans leurs relations avec les végétaux. — Extraction et dosage des principes immédiats les plus répandus dans les végétaux. — Analyse chimique appliquée à divers produits de l'exploitation rurale.

Agriculture. — Les mardis et vendredis, à neuf heures du soir. — M. E. Lecouteux : *Lois fondamentales de la production animale.* — Alimentation de l'homme et des animaux. — Rations. — Leur composition suivant les divers buts qu'on se propose. — Entretien : élevage. — Production de la viande et de la graisse ; production du lait ; production du travail. — Fumier de ferme.

Travaux agricoles et génie rural. — Les mercredis et samedis, à sept heures trois quarts du soir. — M. Ch. de Combremouse : *Dépendances de la ferme.* — Les étables, bergeries et porcheries. — La basse-cour. — Le lait et ses transformations. — La laiterie et la fromagerie. — Les associations fruitières. — Le verger, le fruitier et le potager. — Les abeilles.

Hygiène du cultivateur.

Conservation et préparation des récoltes. — Machines employées à l'intérieur de la ferme : les batteuses et les égreneuses. — Les élévateurs. — Les appareils de nettoyage. — Les presses. — Les laveurs de racines. — Les hache-paille, les coupe-racines, les concasseurs, etc. — Les appareils de cuisson.

Filature et tissage. — Les mardis et vendredis, à sept heures trois quarts du soir. — M. J. Imbs : Classification générale des tissus. — Tissus, tulles, dentelles, tricots. — Analyse et notation graphique des tissus ordinaires, armures fondamentales, armures composées. — Préparation des chaînes et des trames. — Le métier à tisser ; ses adaptations aux diverses armures simples et composées.

Économie politique et législation industrielle. — Les mardis et vendredis, à sept heures trois quarts du soir. — M. E. Levasseur : Consommation de la richesse. — Épargne et caisses d'épargne. — Luxe et bien-être. — Sociétés de consommation. — Assurances. — Emploi du capital, profits et faillites. — Finances publiques : impôts, budgets, dettes. — Population de la France comparée à celle des autres pays ; émigration et immigration.

Économie industrielle et statistique. — Les mardis et vendredis, à neuf heures du soir. — M. A. de Foville. — Les grandes étapes de la civilisation. — La propriété. — Propriété bâtie et propriété non bâtie. — Progrès, transformations et situation actuelle de l'agriculture, de l'industrie et du commerce. — Commerce international. — Géographie et statistique commerciales. — Le mouvement des prix.

Droit commercial. — Les mercredis et samedis, à sept heures trois quarts du soir. — M. F. Malapert : Suite des contrats commerciaux. — Rapports avec l'étranger. — Impôts sur les commerçants. — Les douanes. — Le droit maritime. — Les assurances. — Liquidation volontaire ou judiciaire. — Faillite. — Réhabilitation.

Un avertisseur automatique des inondations.

M. Marius Otto vient d'imaginer un appareil ayant pour but de prévenir automatiquement les riverains des fleuves ou des torrents des crues imminentes et des inondations désastreuses qui peuvent en résulter.

A cet effet, il place dans la mairie ou dans la maison d'école de chaque commune un appareil spécial qui indique automatiquement et à chaque instant le niveau des eaux d'une distance de 20 kilomètres (ou plus), en amont de cette commune.

Cet appareil se compose essentiellement d'une boîte parallélépipédique en bois, munie d'une cloche d'alarme et d'un secteur gradué devant lequel se meut une aiguille. Le secteur, que protège une glace, porte des divisions correspondant à 0 mètre, 1 mètre, 2 mètres, 3 mètres, etc., de hauteur d'eau, subdivisées chacune en dix parties. La hauteur des eaux est indiquée par la position de l'aiguille par rapport aux divisions du secteur.

L'aiguille est fixée à la partie mobile d'un galvanomètre de Deprez, qui se trouve à l'intérieur de la boîte, et dont les indications sont, on le sait, sensiblement proportionnelles à l'intensité du courant qui traverse le cadre du galvanomètre.

Sur la glace qui couvre le devant de l'appareil est fixée une aiguille mobile que l'on place en face de telle division du secteur gradué que l'on voudra. Le niveau des eaux montant toujours, dès que l'aiguille indicatrice vient butter contre l'extrémité recourbée à angle droit d'une seconde aiguille, le circuit d'une pile dans lequel est intercalé la cloche se trouve fermé et, une sonnerie d'alarme se fait entendre. Ceci n'a lieu qu'en cas de danger imminent.

Voici comment le niveau des eaux d'un fleuve ou d'un torrent peut se lire automatiquement au moyen de l'indicateur.

En amont de la commune où se trouve l'indicateur de l'hydromètre, on place, dans le lit même de la rivière, verticalement, un poteau en fer creux au sommet duquel vient aboutir, sur un isolateur, le fil de ligne. Ce fil de ligne constitue l'unique communication électrique qui existe entre l'indicateur et le poteau avertisseur.

De 10 en 10 centimètres, à partir du fond de la rivière, le poteau porte des lames métalliques — de 8 centimètres de hauteur sur 10 centimètres de largeur — convenablement isolées ; ces lames sont toutes réunies entre elles au moyen de bobines de 10 ohms de résistance qui sont à l'intérieur du poteau. Dans le cas où le poteau serait pas implanté dans le sol, un fil conducteur le mettrait en communication avec la terre.

Les plus petites divisions de l'indicateur correspondent à une hauteur de 10 centimètres, comptée sur le poteau avertisseur, et la galvanomètre est shunté de telle sorte que, lorsque la résistance du circuit varie de 10 ohms, l'aiguille avance ou recule d'une division.

Une crue vient-elle à se produire, l'eau monte le long du poteau avertisseur, établissant successivement des communications entre les lames isolées et le fer du poteau relié à la terre.

Chaque fois que l'eau monte de 10 centimètres, la résistance du circuit diminue de 10 ohms, par suite de la disposition même des bobines de résistance. L'intensité du courant augmente donc, et l'aiguille du galvanomètre avance d'une division; cette division correspond précisément à 10 centimètres, c'est-à-dire à la distance réelle qui sépare deux lames isolées consécutives.

À la baisse des eaux, le phénomène inverse se produit.

On a donc bien, en suivant les indications de l'aiguille qui se meut devant le secteur gradué de l'*hydromètre*, la hauteur des eaux à chaque instant précis.

REPRODUCTION DU PHÉNOMÈNE DE LA FOUDRE EN BOULE. — M. Planté avait employé ses batteries secondaires pour reproduire en petit le phénomène de la foudre globulaire. M. von Lepel vient de démontrer qu'on peut l'obtenir aussi au moyen de l'électricité statique donnée par une machine d'influence.

Deux fils de cuivre minces, partant des pôles d'une puissante machine, étant maintenus à une certaine distance des faces opposées d'une plaque de mica, d'ébonite ou de verre, on voit apparaître de petites boules lumineuses rouges, qui se meuvent çà et là, tantôt lentement, tantôt rapidement, restant immobiles quelquefois. Les effets les plus remarquables sont obtenus avec une plaque de verre ou un disque de papier, frotté de paraffine.

M. von Lepel croit que ce sont de petites particules liquides ou des poussières qui sont les véhicules du phénomène lumineux. Un léger courant d'air suffit à faire disparaître les sphérules, qui s'évanouissent en laissant entendre un léger sifflement; l'expérimentateur fait, en outre, remarquer que ce sont là des phénomènes de faible tension; quand on augmente celle-ci, on n'obtient plus de boules lumineuses, mais la décharge habituelle en étincelle.

— LE GRAND PENDULE DE LA TOUR EIFFEL. — M. Mascart vient de faire installer à la tour Eiffel un pendule qui est assurément le plus grand qui ait jamais été installé. Cet appareil consiste en un fil de bronze, long de 115 mètres, attaché au centre de la deuxième plateforme, descendant jusqu'à 2 mètres du sol. Le fil supporte une sphère en acier du poids de 96 kilogrammes.

Nous rappellerons à ce sujet qu'un pendule avait été autrefois installé sous la coupole du Panthéon par M. Foucault et qu'il a été question dernièrement de le réinstaller.

Il existe aussi depuis quelques mois, à la tour Saint-Jacques, un pendule traversant la tour de haut en bas, et dont la masse décrit son mouvement giratoire dans la salle du premier étage.

— LES ÉTUDIANTS EN MÉDECINE EN ALLEMAGNE. — Le nombre des étudiants en médecine en Allemagne, pour le second semestre de 1890, a été ainsi réparti :

Munich.	1381	Breslau.	330
Berlin	1184	Strasbourg	304
Würtzbourg.	997	Halle.	300
Dorpat	944	Marbourg.	273
Leipzig.	894	Königsberg	271
Gratz.	457	Tubingen.	261
Fribourg	453	Iéna	230
Greiswald	421	Göttingen.	214
Bonn.	400	Giessen.	167
Erlangen	359	Rostock.	146
Kiel.	353	Bâle.	116
Heidelberg	350		

Soit un total de 10 625.

— SOCIÉTÉ DE TOPOGRAPHIE. — Le dimanche 16 novembre 1890 aura lieu dans le grand amphithéâtre de la Sorbonne, à une heure et demie du soir, sous la présidence de M. Léon Bourgeois, ministre de l'instruction publique et des beaux-arts, l'assemblée générale de la Société de topographie de France (18, rue Visconti). — Ordre du jour : Allocution de M. le ministre de l'instruction publique. — M. L. Drapeyron : *La Société de topographie de France et la pédagogie nouvelle.* — Distribution des récompenses. — M. le capitaine Binger : *Du Niger au golfe de Guinée*, avec projections à la lumière oxhydrique, par M. Molteni.

— FACULTÉ DES SCIENCES DE PARIS. — Le samedi 15 novembre 1890, M. Arthus soutiendra, pour obtenir le grade de docteur ès sciences naturelles, une thèse ayant pour sujet : *Recherches sur la coagulation du sang.*

INVENTIONS

FIXATION DURABLE DU LAITON SUR LE BOIS. — On prépare les feuilles de laiton comme celles de placage, c'est-à-dire qu'on strie finement la surface à fixer au moyen d'un rabot à fer dentelé ; on évite soigneusement de poser les doigts sur la surface ainsi préparée, et on la frotte bien régulièrement avec une gousse d'ail frais. On prépare une colle forte de première qualité, la colle de Cologne, par exemple, à laquelle on ajoute un peu d'alcool, et on l'étend en couche assez épaisse sur le bois à garnir. On laisse ensuite refroidir cette colle, on applique la feuille de laiton, on la recouvre d'une planche bien chauffée, et l'on serre ensuite l'ensemble au moyen de sergents.

— NOUVEL APPAREIL TÉLÉGRAPHIQUE. — Le professeur Samuel-V. Essick, à Boston, imprime les caractères sur une feuille et son pied comme les autres appareils sur une étroite bande de papier. Son instrument est si simple que chacun pourrait, moyennant une légère contribution, expédier soi-même ses dépêches, sans l'intervention d'un agent spécial, comme cela se passe pour les communications téléphoniques.

Cet appareil est en réalité une sorte de machine à écrire, et son introduction dans la pratique modifierait singulièrement le service télégraphique, comme le matériel.

Après une expérience de trois mois entre Boston et New-York, sur la ligne d'une compagnie par actions, les avantages du système ont été reconnus tels que l'on s'est décidé à l'adopter.

— MANIÈRE D'ÉVITER LE BRIS DES VITRES ET DES GLACES. — Il suffit de coller sur ces objets fragiles, s'ils doivent être déplacés ou se trouvent dans le voisinage d'explosions de canons, mines, etc., des bandes de papier croisées dans des sens différents et qui s'opposent à la propagation des ondes vibratoires amenant la rupture.

— MOYEN D'ÉVITER LES TACHES JAUNES DES PHOTOGRAPHIES. — Quand on emploie du papier bromuré, si le développement est trop prolongé, ou si le révélateur est coloré, on obtient une teinte désagréable ou des taches jaunes.

Pour y remédier, M. Roden indique, dans le *British Journal photographie Almanac* pour 1890, le bain suivant :

Iodure de potassium.	20 grammes.
Chlorure d'or	1
Eau.	400 "

La solution est d'un brun foncé; pour l'employer, on l'étend d'eau jusqu'à ce qu'elle prenne une teinte jaune. Les épreuves fixées sont lavées avec soin et plongées dans ce bain, qui les colore en bleu, tandis que les taches prennent une teinte pourpre. On les retire alors et on les lave pendant une heure environ : les taches pourpres disparaissent, et l'image bleue devient noire.

BIBLIOGRAPHIE

Sommaires des principaux recueils de mémoires originaux

REVUE DU GÉNIE MILITAIRE (mai-juin 1890). — *Voyer :* Des ascensions aéronautiques libres en pays de montagnes. — *Augier :* Nouveau système de latrines à tinettes-siphons pour établissements militaires.

— REVUE UNIVERSELLE DES MINES (juillet 1890). — *Krutwig :* L'industrie chimique à l'Exposition universelle de 1889. — *Habets :* Les accidents dans les mines et l'Exposition générale allemande pour la protection contre les accidents. — Institut du fer et de l'acier ; meeting du printemps 1890.

— (Août 1890). — *Habets :* Les accidents dans les mines et l'Exposition générale allemande pour la protection contre les accidents. — *Hasslacher* : Rapport général de la Commission prussienne du grisou. — Sur la combustion spontanée du charbon.

— ARCHIVES DE L'ANTHROPOLOGIE CRIMINELLE ET DES SCIENCES PÉNALES (juillet 1890). — *Prosl* : Le déterminisme et la pénalité. — *Joly* : Jeunes criminels parisiens. — *Lacassagne* : L'affaire du P. Bérard.

— BRAIN (fasc. 60, août 1890). — *James Sully* : Étude psychophysique sur l'attention. — *Mott et Schæffer* : Mouvements résultant de l'excitation faradique du corps calleux chez le singe. — *Dixon Mann* : Respiration de Cheyne-Stokes. — *Russell et Taylor* : Traitement de l'ataxie par suspension. — *Alexander Miles* : Produits morbides du cerveau après traumatisme grave de la tête. — *Budzzard* : Paralysie de la 3e paire, avec guérison par l'électricité — Paralysie saturnine du deltoïde. — *Seymour Charkey* : Un cas de diphtérie avec absence du réflexe rotulien. — *A. Ruffer* : Hydrocéphalie chronique.

— ZEITSCHRIFT FUR BIOLOGIE (t. XXVII, fasc. 2, 1890). — *Kuls et Wright* : Action de la phloridzine et de la phlorétine. — *Kuls* : Durée de la formation et de l'accumulation du glycogène dans les muscles volontaires. — *Kuls* : Sucre lévogyre dans l'urine. — Formation de glycogène dans les muscles soumis à la circulation artificielle. — Acides glycuroniques.

— ANNALEN DES K.-K. NATURHISTORISCHEN HOF MUSEUMS (t. V, n° 3). *Hans Fischer* : Parures des Indiens. — *Kohl* : Monographie du groupe Sphex de Linnée. — *Kœrber* : Météorite du 15 octobre 1889. — *Kriechebaumer* : Étude sur les Ichneumonides. — *Fritsch* : Flore de Madagascar.

Publications nouvelles.

TRAITÉ ÉLÉMENTAIRE D'ANATOMIE DE L'HOMME (anatomie descriptive et dissection), avec notions d'organogénie et d'embryologie générale, par *M. Ch. Debierre*, professeur d'anatomie à la Faculté de Lille. T. II : Système nerveux central, organes des sens, splanchnologie, embryologie générale. — Un vol. in-8e de 1060 pages, avec 515 gravures en noir et en couleur dans le texte ; Paris, Alcan, 1890.

— LES ARBRES FRUITIERS. L'arbre, le sol, les outils, les procédés de culture ; la vigne, le poirier, le pommier, le pêcher, l'abricotier, le cerisier, etc. La restauration des arbres fruitiers, la conservation des fruits, par *M. G.-Ad. Bellair*. — Un vol. in-16 de la *Bibliothèque des connaissances utiles*, avec 132 figures dans le texte ; Paris, J.-B. Baillière, 1891.

— L'ANALYSE DU SUC GASTRIQUE, sa technique, ses applications cliniques et thérapeutiques, par *M. Gaston Lyon*. — Une broch. in-8e de 172 pages ; Paris, G. Steinheil, 1890.

— FAUNE DE LA NORMANDIE, par *Henri Gadeau de Kerville*. Fasc. 2 : Oiseaux carnivores, omnivores, insectivores et granivores. — Un vol. in-8e ; Paris, J.-B. Baillière, 1890.

L'administrateur-gérant : HENRY FERRARI.

MAY & MOTTEROZ, Lib.-Imp. réunies, Ét. D, 7, rue Saint-Benoît. [1031]

Bulletin météorologique du 3 au 9 novembre 1890.

(D'après le *Bulletin international du Bureau central météorologique de France*.)

DATES.	BAROMÈTRE à 1 heure DU SOIR.	TEMPÉRATURE			VENT. FORCE de 0 à 9.	PLUIE. (Millimètre.)	ÉTAT DU CIEL à 1 HEURE DU SOIR.	TEMPÉRATURES EXTRÊMES EN EUROPE	
		MOYENNE.	MINIMA.	MAXIMA.				MINIMA.	MAXIMA.
☾ 3	752mm,39	9°,5	6°,4	12°,0	W.-S.-W.2	2,4	Cumulo-stratus moyen et cumulus gris à l'W.	— 9° au Pic du Midi ; — 7° à Haparanda.	22° à Funchal et Oran ; 22° à Palerme et Brindisi.
♂ 4 h. t.	749mm,88	9°,0	7°,9	12°,1	W.-N.-W 4	2,9	Pluie.	— 8° à Arkangel ; — 5° au mont Ventoux.	24° au cap Béarn ; 22° Oran ; 22° Laghouat, Alger, Naples.
☿ 5	745mm,23	7°,6	6°,9	11°,3	N.-W. 2	3,0	Cumulus épais N.-N.-W. ; averses.	— 11° au Pic du Midi ; — 5° à Arkangel.	23° au cap Béarn, Palerme, la Calle ; 22° Nemours, Oran.
♃ 6	754mm,12	6°,5	1°,5	11°,8	W.-N.-W.2	0,3	Cumulus à l'W. ; éclaircies.	— 12° au Pic du Midi ; — 5° au mont Ventoux.	22° à Malte et Funchal ; 21° au cap Béarn, Brindisi.
♄ 7	744mm,43	7°,6	5°,8	10°,0	W. S.-W.4	7,6	Stratus moyen W. 15° N. ; cumulus gris.	— 9° au Pic du Midi ; — 6° au mont Ventoux.	22° à Funchal et Brindisi ; 21° cap Béarn et Nemours.
♄ 8	750mm,16	8°,5	6°,0	12°,0	W.-S.-W.1	2,6	Petits cumulus W.-N.-W.	— 11° au Pic du Midi ; — 6° au mont Ventoux.	21° au cap Béarn, Nemours ; 20° Laghouat, Biskra, Oran.
☉ 9	749mm,49	8°,4	7°,3	11°,8	W. 2	3,0	Cumulus à l'W. et un peu au N. ; quelq. cirro-cum.	— 10° au Pic du Midi ; — 7° au mont Ventoux.	24° à Oran ; 22° à Funchal ; 21° à Nemours et Alger.
MOYENNE.	749mm,10	8°,01	5°,90	11°,61		TOTAL...	21,0		

REMARQUES. — La température moyenne est supérieure à la normale 0°,5 de cette période. Les pluies ont été abondantes en un certain nombre de stations. Le 3, 25mm à la Calle, 20 à Stornoway et à Oxo. Le 4, 21mm à la Hève, 20 à Gap, 21 à Stornoway, 26 à Cagliari et à Hernosand. Le 5, 27mm au Puy de Dôme, 24 au Pic du Midi, 23 à Florence, 64 à Brindisi. Le 6, 32mm au Pic du Midi. Le 7, 31mm à la Calle, 30 au Puy de Dôme, 50 au Pic du Midi, 89 à Lésina. Le 8, 20mm à Chassiron, 92 à la Calle, 23 à Naples. Le 9, 27mm à l'île d'Aix, 44 à Biarritz. Des orages ont éclaté, le 4, en Gascogne, à la Coubre et Biarritz ; neige au mont Ventoux ; tourmente de neige au Pic du Midi. Le 5, orage à Biarritz, Nice, Monaco, Alger ; neige au Puy de Dôme. Le 6, grêle en Bretagne ; grêle et orage à Monaco ; orage à Nice ; tourmente de neige au Pic du Midi, continuée le lendemain. Le 8, on a observé, au Parc Saint-Maur, la perturbation magnétique la plus intense de l'année ; les troubles ont été particulièrement accusés de 1 heure à 3 heures du matin, vers 7 heures, puis

de 1 heure à 2 heures du soir ; l'écart total de la déclinaison a été de 27'. Le 8 également, bourrasque à Biarritz ; orage à Rochefort et la Coubre ; petite neige au Pic du Midi. Le 9, orage à Biarritz et à Nice.

CHRONIQUE ASTRONOMIQUE. — Mercure est une étoile du matin très voisine du Soleil et difficile à observer. Vénus est une étoile du soir suivant Antarès et fort basse, partant peu visible. Mars, qui s'est laissé dépasser par Jupiter, passe au méridien le 16, à 4h 38m du soir, tandis que Jupiter atteint son point culminant à 4h 51m. Saturne, étoile du matin, voisine d'Aldébaran, illumine le Lion et passe au méridien à 7h 28m du matin. Neptune est une planète très faible (comme une étoile de 7e ou de 8e grandeur), voisine de Jupiter, et qui passe au méridien à minuit 32 minutes. — Le 16, Mercure est en conjonction supérieure avec le Soleil. Le 17, la Lune est en conjonction avec Jupiter et avec Mars, et le 21, le Soleil entre dans le signe du Sagittaire.

L. B.

REVUE
SCIENTIFIQUE
(REVUE ROSE)

Directeur : M. Charles Richet

| NUMERO 21 | TOME XLVI | 22 NOVEMBRE 1890 |

Paris, le 21 novembre 1890.

Nous n'avons pas à parler ici avec détails des résultats grandioses obtenus par M. Koch pour le traitement et la guérison de la tuberculose. En effet, tous les journaux, médicaux et autres, ont publié des comptes rendus complets, et nous n'en savons évidemment pas plus que ce que M. Koch a bien voulu dire. Il est certain qu'une admirable découverte, une des plus grandes de ce siècle, a été faite. Même si le résultat n'est pas aussi irréprochable qu'on le dit ou qu'on l'espère, ce n'en est pas moins assez pour placer M. Koch parmi les bienfaiteurs de l'humanité et peut-être même, avec Jenner, à la tête de ceux que béniront les hommes.

Pourquoi faut-il que ce grand homme, mû par des sentiments mesquins, ait jadis essayé de critiquer et de renier son maître véritable, M. Pasteur, qui fut l'instigateur de toutes ces recherches microbiques? Pourquoi faut-il ensuite qu'il ne divulgue pas immédiatement la méthode qu'il a employée?

Est-ce pour en retirer quelque bénéfice pécuniaire, indirectement ou directement? Vraiment nous ne lui ferons pas cette injure. Est-ce par crainte d'une application intempestive et prématurée? Assurément non. Si le remède qu'il préconise est réellement efficace, il faut se hâter de le faire connaître, non pas seulement au point de vue scientifique (ce qui a bien son importance), mais surtout parce qu'il y a là une question d'humanité. M. Koch ne peut ignorer qu'à l'heure actuelle, il est de par le monde plusieurs milliers de phtisiques qui souffrent, et qu'en s'attribuant le monopole de ce remède secret, il les prive de la guérison.

Il est probable — c'est une simple hypothèse — que M. Koch a voulu garder pour lui seul tout le mérite de la découverte, et qu'il a craint, en révélant sa méthode, de mettre sur la voie les savants de tous les pays qui à cette heure étudient la tuberculose. S'il avait parlé, il aurait certainement hâté le progrès général : de toutes parts les tra-

27e ANNÉE. — TOME XLVI.

vaux seraient venus; on aurait en peu de temps perfectionné, agrandi, complété sa découverte. Mais M. Koch n'a pas voulu de ce partage. Au risque de retarder de plusieurs mois l'avènement de la période scientifique et la guérison de ses semblables, il a voulu être le seul, l'unique inventeur, depuis le commencement jusqu'à la fin. On pourra dire de lui que c'est un grand esprit : on ne dira pas que c'est un grand cœur.

Laissons cela, puisque aussi bien, dans quelques semaines peut-être, nous connaîtrons ce remède merveilleux, dont jusque ici tous les éléments ont été tenus soigneusement cachés.

Si M. Koch n'a pas donné son secret, il a donné sa théorie, ce qui est beaucoup moins compromettant. Or cette théorie est tout à fait nouvelle, d'ailleurs très hasardée et prêtant le flanc à la critique. Nous n'avons pas à la juger; car il importe vraiment assez peu de savoir comment se fait la guérison, pourvu qu'elle se fasse.

Or il n'y a pas lieu d'en douter, après ses affirmations formelles et celles des honorables médecins qui l'ont assisté : la guérison des tuberculeux au premier degré paraît certaine. L'amélioration de tous les tuberculeux, quel que soit l'état de gravité de leur phtisie, est aussi à peu près assurée. Nous sommes donc en présence *d'un des plus grands progrès de la médecine*, car la tuberculose est la plus cruelle des maladies : celle qui sévit le plus durement sur les hommes.

Il faut le dire et le redire : c'est à M. Pasteur qu'en revient le principal honneur. Le jour où notre grand compatriote a montré que l'origine des maladies est dans les parasites microbiens, que ces parasites peuvent être cultivés *in vitro*, puis inoculés, il a jeté la science médicale dans la voie la plus féconde qui lui ait été ouverte depuis le vieil Hippocrate. La merveilleuse découverte de M. Koch est le magnifique couronnement de l'œuvre de M. Pasteur. Ch. R.

HISTOIRE DES SCIENCES

Le passé et l'avenir de la chirurgie (1).

Lorsqu'un homme a poursuivi un but pendant plus de vingt années, lorsqu'il a consacré à la poursuite de ce but tous les efforts de sa pensée, toutes les forces de son intelligence, le jour où il le touche de la main, il peut se déclarer parfaitement heureux.

Messieurs, tel est mon cas. Depuis l'époque où j'ai eu le droit de revêtir la robe d'agrégé, j'ai osé entrevoir dans un lointain encore bien brumeux une chaire à la Faculté. Peu à peu les nuages qui obscurcissaient l'horizon se sont dissipés. Mes espérances, forcément un peu vagues à l'origine, se sont consolidées graduellement jusqu'au moment où mon tour est venu d'affronter la lutte ; enfin, après la phase inévitable de la compétition ardente, le rêve s'est fait réalité. Beau rêve que celui dont l'accomplissement vous donne non seulement une chaire à la Faculté de médecine de Paris, mais du même coup une chaire de clinique chirurgicale !

Pareil honneur, doublé d'un bonheur inespéré, n'est pas de ceux qu'on puisse recevoir sans une sincère émotion, sans un sentiment de profonde reconnaissance envers ceux qui vous en ont jugé digne. Je ne veux pas aller plus loin sans leur adresser mes plus vifs remerciements.

Je les adresse tout spécialement à M. le Doyen, qui représente à cette séance d'inauguration tous les membres de la Faculté dont j'ai obtenu les suffrages, qui y représente aussi, je veux le croire, la Faculté tout entière. Je les adresse encore à mes maîtres, morts ou vivants, qui ont été mes modèles avant d'être mes protecteurs, à mes maîtres auxquels me lie à jamais une facile gratitude. Le souvenir impérissable de leurs conseils sera mon guide le plus sûr dans l'avenir, comme il a été mon soutien le plus ferme dans le passé. Je les adresse enfin à vous tous qui êtes accourus pour m'apporter un éclatant témoignage de votre estime, de votre amitié et aussi de votre joie.

Quoique M. Trélat ait été remplacé directement à la Charité par M. Duplay, je manquerais à un véritable devoir si je ne rendais un juste hommage à sa mémoire. D'ailleurs, il a occupé pendant plusieurs années la chaire de l'hôpital Necker, et il y a laissé le souvenir de leçons magistrales, d'un enseignement hors ligne. Ses grandes qualités, qu'il avait su faire apprécier dans maintes circonstances, au sein de l'Académie, de la Société de chirurgie, dans les Congrès, lui avaient assuré de bonne heure, dans le professorat, une place enviable.

(1) Leçon d'ouverture du cours de clinique chirurgicale de l'hôpital Necker.

Sa mort prématurée a été pour la Faculté une perte que tous ont sentie. Ceux qui, comme moi, n'avaient pas eu la bonne fortune de profiter de son enseignement, se sont associés aux regrets de ses élèves et de ses amis. Ils ont compris et ils pensent encore qu'un homme de sa valeur ne pouvait disparaître sans laisser un vide difficile à combler.

La clinique, cet aboutissant de toutes les branches de la science médicale, est l'application immédiate, tangible, des lois de la pathologie et de la thérapeutique. C'est l'étude méthodique du malade que le hasard vous livre, et il faut que cette étude tourne à son profit, au moins autant, sinon plus, qu'à celui de la science.

L'enseignement de la clinique est, pour celui qui en est chargé, une épreuve de chaque jour. Il ne prononcera pas une parole qui ne soit de suite soumise à une critique serrée ; tous ses actes seront jugés, appréciés séance tenante par l'œil toujours aux aguets des spectateurs. Il lui faut donc, pour ne pas être au-dessous de sa tâche, un jugement sûr de lui-même, une intelligence toujours prête pour les déterminations rapides, une main guidée par une longue habitude des opérations, en un mot une maturité éprouvée, une expérience consommée.

Qui peut se flatter de posséder toutes ces qualités au degré où elles sont exigibles, et surtout de les posséder chaque jour, à chaque heure où les circonstances peuvent les mettre en jeu ? Si ces qualités ont été nécessaires à toute époque, ne le sont-elles pas encore davantage en cette fin de siècle qui, entre autres bouleversements, entre autres merveilleuses innovations, a vu la révolution extraordinaire d'où la chirurgie est sortie absolument transformée, on peut même dire méconnaissable ?

Comment résister à l'entraînement qui nous saisit tous, les uns après les autres ? Comment distinguer à coup sûr le vrai du faux, parmi tant d'idées nouvelles, nées à la fois de cerveaux surchauffés, quelquefois dévoyés, par la griserie de l'émulation ? Comment lutter contre la tentation d'attacher son nom à quelque opération inédite, de dépasser en témérité, voire même en singularité, quelque novateur que n'ont pas arrêté les scrupules de sa raison ? Peut-on savoir quand il faut se raidir contre l'attraction de ce vertige ? Le plus sage serait-il donc de se laisser aller au courant, dans la pensée qu'on saura mieux à même de le maîtriser lorsqu'on s'y sera plongé et qu'on en aura mieux apprécié la force et la direction ?

Il devrait pourtant être aisé, si la vérité est une, si elle est immuable dans son unité, de la reconnaître là où elle est, et, une fois qu'on l'aurait reconnue, de s'attacher à elle avec toute la force des convictions éclairées, inaccessibles aux défaillances. Par malheur, si son précieux flambeau luit pour tout le monde, tous les yeux ne sont pas aptes à la voir, et trop souvent elle se dérobe derrière un rideau de nuées épaisses. Si elle est dans les choses, il faut qu'elle soit aussi en nous, en ce sens que nous devons posséder, pour avoir quelque chance de la découvrir, beaucoup de cette force supérieure à toutes les forces de l'esprit, qui est une émanation de la vérité même et qu'on nomme la raison, le jugement.

Depuis une quarantaine d'années, depuis vingt ans surtout, la chirurgie a étonné le monde par l'importance et la rapidité de ses progrès; mais ne vous y trompez pas. Ne croyez pas qu'elle doive exclusivement ces progrès aux découvertes récentes qui l'ont bouleversée de fond en comble, comme la découverte de l'oxygène a fait de la chimie. Soyez au contraire bien persuadés que son développement extraordinaire a ses racines dans l'ensemble des notions léguées par nos devanciers, héritage sacré des siècles passés, constituant ce que, de tout temps, on a appelé la tradition.

Je ne doute pas que cette affirmation ne rencontre parmi vous quelques incrédules. La tradition! est-ce qu'on a encore le droit de l'invoquer, à une époque où l'on a fait table rase de tant d'idées fausses ayant force de loi depuis plusieurs siècles. La tradition! mais c'est la négation du progrès, c'est la routine, c'est la force d'inertie. Ce n'est peut-être qu'un mot, et un mot dangereux, car tout vide de sens qu'il est, il semble désigner un ensemble de vérités éternelles, auxquelles il est défendu de toucher sous peine de profanation!

Eh bien! non, la tradition n'est pas un simple mot, elle n'est pas la routine, elle n'est pas la négation du progrès; elle est un des aspects du progrès lui-même. Ceci est tellement vrai que nous ne pouvons l'invoquer sans évoquer en même temps quelques-uns de ces grands noms qui honorent l'espèce humaine et projettent sur le passé de notre art leur puissant rayonnement de gloire.

La tradition, ce n'est pas seulement Hippocrate édifiant, avec les notions chirurgicales transmises jusqu'à lui, un monument impérissable; c'est Hippocrate novateur, poussant l'esprit d'observation à un degré qui fait encore notre admiration, décrivant ou imaginant toute une série de bandages, d'appareils, de machines, des tiges dilatatrices, des spéculums, des tiges creuses pour porter les topiques dans les parties profondes, le cathéter en S, le trépan dont il faisait déjà un fréquent usage; préconisant l'emploi du vin, de l'eau salée dans les pansements, rejetant les corps gras comme nuisibles; conseillant les larges débridements pour les plaies de tête, la trépanation contre les enfoncements du crâne, l'opération de l'empyème, la pleurotomie autant que possible postérieure, le drainage de la plèvre au moyen d'un tube en étain, et montrant, par la valeur des préceptes qu'il formule et dont bon nombre pourraient encore de nos jours être pris à la lettre, que la chirurgie était à son époque une science constituée.

C'est Praxagore de Cos pratiquant, au dire de Cœlius

Aurelianus, la laparotomie, l'incision et la suture de l'intestin dans la passion iliaque; Erasistrate d'Alexandrie donnant issue au pus des abcès du foie à ciel ouvert; Ammonius faisant les premiers essais de lithotritie par percussion.

C'est Celse traitant les plaies incomplètes des artères en jetant un fil au-dessus et au-dessous du point lésé, préconisant la résection costale, le procédé de la ligature pour les fistules à l'anus, la dissection d'une manchette dans les amputations, liant isolément les vaisseaux dans la castration, établissant déjà, dans le pronostic des plaies de l'intestin grêle et du gros intestin, une distinction que les observations modernes ont confirmée et recommandant la suture pour les seules blessures du tube digestif qui, d'après lui, fussent curables, pour celles du gros intestin et de l'estomac; pratiquant, le premier peut-être, une taille vésicale méthodique; dotant enfin la chirurgie de procédés autoplastiques encore de mise à notre époque.

C'est Archigène recommandant, après Celse, la ligature des vaisseaux dans les plaies, ouvrant les abcès du vagin, sans doute les abcès profonds, après dilatation de ce conduit; Héliodore réservant pour le dernier temps des amputations la section des gros vaisseaux.

C'est Galien décrivant, avec une précision déjà remarquable, le processus de l'hémostase naturelle, la rétraction du vaisseau, sa contraction, la formation du caillot, conseillant la compression, la torsion, la section transversale en cas de plaies incomplètes, la ligature dans les plaies complètes; rejetant l'emploi du ciseau et du maillet comme dangereux dans la trépanation; abaissant la cataracte, réséquant le sternum, excisant même une portion du péricarde, s'il faut en croire un passage de ses œuvres dont l'interprétation est peut-être à reviser, et guérissant ainsi le malade, un esclave, sur lequel il avait pratiqué cette opération d'une hardiesse inouïe pour l'époque. (*Adm. anat.*, liv. VII. ch. XIII.)

C'est Antyllus faisant l'extraction de la cataracte et appliquant aux hydrocèles la méthode de l'incision; puis, plus tard, Abulcasis étudiant avec un soin particulier les plaies de l'intestin; Guillaume de Salicet pratiquant la suture du pelletier dans un cas de blessure de l'intestin grêle, réduisant ensuite l'anse atteinte et réunissant les lèvres de l'incision abdominale, comme on le ferait actuellement.

Est-ce qu'on ne dirait pas que toutes ces idées sont nées d'hier? Quelques-unes, sans doute, n'ont pas vécu, et les tentatives qu'elles avaient inspirées n'ont pas eu d'imitateurs, parce que les anciens ne connaissaient pas, comme nous, les moyens de réussir dans les interventions les plus hardies; mais n'est-il pas déjà remarquable qu'ils aient conçu la possibilité de ces dernières?

La tradition, c'est Jean Pitard, chirurgien de Louis IX, fondant le collège de Saint-Côme, sans se douter du rôle immense que cette confrérie, si modeste à ses débuts, était appelée à jouer dans l'avenir, sans se douter qu'elle deviendrait rapidement le berceau de la chirurgie moderne, qu'elle compterait parmi ses membres Ambroise Paré, Jean-Louis Petit, Antoine Louis, Desault et tant d'autres illustres à des degrés divers, sans se douter qu'un jour, grâce à la faveur dont devaient jouir Mareschal et Lapeyronie auprès du roi Louis XV, grâce surtout aux magnifiques libéralités de Lapeyronie, elle serait organisée dans le cours du xviiie siècle en une véritable Faculté de chirurgie, et qu'enfin de son sein sortirait l'Académie de chirurgie, qui fut l'éducatrice du monde entier et contribua, pour une large part, à la gloire scientifique de la France.

La tradition, c'est encore Guy de Chauliac, fouillant dès le milieu du xive siècle les fondations sur lesquelles Ambroise Paré allait édifier la chirurgie moderne; ce sont les Branca, c'est Tagliacozzi créant la méthode autoplastique italienne; c'est Jean de Romanis, Marianus Sanctus, frère Côme, les Colot perfectionnant les procédés de taille vésicale; c'est Ambroise Paré, dont la grande figure plane sur le xvie siècle tout entier, Ambroise Paré que la ligature des artères dans les plaies d'amputation suffirait à illustrer, s'il n'avait beaucoup d'autres titres à notre admiration, Ambroise Paré, le chirurgien-barbier que le patronage de Sylvius fit admettre à la Faculté comme chargé d'un cours d'anatomie et dont cette même Faculté voulut entraver l'essor en s'opposant à la publication de ses œuvres. Étrange aveuglement qui aurait peut-être étouffé dans l'œuf ce puissant génie, si le collège de Saint-Côme, fier de celui qu'il avait reçu dans son sein, en lui faisant grâce du latin dans les épreuves obligatoires, ne lui avait fourni l'appui de son influence déjà redoutable!

Vous rappellerai-je les noms de Franco, le contemporain d'Ambroise Paré, moins grand, mais digne aussi de notre admiration; de Vésale, de Fallope, dont les cendres doivent tressaillir au bruit qui se fait autour de l'organe féminin auquel on a donné son nom; de Cassuto, qui précisa les indications de la trachéotomie; de Du Cau, qui pratiqua le premier la suture des tendons; de Pierre de Marchettis qui, suivant quelque vraisemblance, fit la première néphrolithotomie?

Je vous fais grâce de l'énumération de tous les hommes d'un mérite incontestable, novateurs eux-mêmes, par lesquels la tradition fut transmise aux chirurgiens du xviie et du xviiie siècle. Les noms de ces derniers sont trop présents à toutes les mémoires pour qu'il soit nécessaire de les rappeler. Trois d'entre eux cependant méritent d'être mis hors de pair à certains points de vue : Dionis, dont les leçons professées au Jardin des Plantes par ordre de Louis XIV fixent les règles de la médecine opératoire; Saviard, chirurgien de l'Hôtel-Dieu pendant dix-sept ans, qui, durant cette longue pé-

riode, ébauche l'enseignement régulier de la clinique; Desault qui était appelé à en créer le type définitif, Desault le fondateur de la première école de clinique chirurgicale, l'inspirateur de toutes les écoles du même genre que se donnèrent les principaux États de l'Europe, le modèle offert par une glorieuse époque scientifique à tous les professeurs de clinique chirurgicale de l'avenir.

Pour nous qui contemplons à distance cette grande figure, elle incarne la tradition la plus pure, la plus élevée, la plus synthétique; mais qui donc oserait traiter de retardataire, de routinier, l'homme qui a créé une forme de l'enseignement restée rudimentaire jusqu'à lui, qui a innové dans presque toutes les branches de la chirurgie, qui a redonné la vie à la méthode de traitement des anévrismes instituée par Anel et tombée dans l'oubli?

N'était-il pas, lui aussi, un homme de progrès, John Hunter, le Desault de l'Angleterre, lorsqu'il poussait la chirurgie vers la physiologie pathologique et de l'expérimentation, ou que, s'inspirant d'un esprit plus pratique, il imaginait la ligature à distance pour le traitement des anévrismes?

Si je voulais prolonger jusqu'à nos jours cette rapide récapitulation historique, je trouverais dans l'étude des grandes figures chirurgicales du xixe siècle des arguments aussi probants en faveur de ma thèse; mais il me paraît difficile que vous vous refusiez maintenant à reconnaître ce qu'elle a de fondé. Je n'ai plus qu'à conclure.

Du moment que les hommes, en qui s'incarne la tradition à nos yeux, sont aussi ceux qui ont le plus contribué à engager la chirurgie dans des voies nouvelles, il est permis d'affirmer, sans viser au paradoxe, que la tradition est le progrès, le progrès dans le passé, le progrès accepté, enregistré, classé, devenu classique.

Cependant, il faut bien le reconnaître, ce n'est pas absolument sans raison que la tradition a pu être accusée d'être incompatible avec le progrès. Cette idée est née de la résistance que les corps officiels ont opposée parfois, à une époque heureusement déjà lointaine, aux innovations dont leurs membres n'avaient pas eu l'initiative. Elle est née aussi de l'aversion instinctive que les hommes ayant dépassé l'âge de la grande activité éprouvent à l'endroit des doctrines ou des pratiques qui bouleversent les habitudes de leur esprit. Il en est pourtant parmi eux qui savent faire l'effort nécessaire pour rompre avec des croyances invétérées et qui, éclairés par un véritable libéralisme scientifique, ne ferment ni les yeux ni les oreilles aux vérités nouvelles.

Les luttes célèbres de la Faculté de médecine pendant quatre ou cinq siècles contre la confrérie de Saint-Côme, devenue peu à peu une puissance rivale, sont l'exemple le plus extraordinaire qu'on puisse citer d'un aveuglement obstiné chez plusieurs générations d'hommes d'élite; mais, à bien considérer le fond des choses, peut-être faut-il y voir l'antagonisme de deux corps dont l'un se trouvait menacé par l'autre dans sa prépondérance morale, dans ses privilèges, plus encore que la résistance de l'un de ces corps, dépositaire de l'héritage du passé, à la marche du progrès. D'ailleurs cette résistance de la Faculté n'empêchait pas le progrès de se constituer en dehors d'elle, et le jour où le collège de Saint-Côme, devenu école officielle de chirurgie, s'est fusionné avec elle, de fait il n'y a rien eu de changé que l'étiquette sous laquelle cette école avait vécu jusque-là. Depuis nombre d'années, cette fusion est si intime qu'on ne pourrait aujourd'hui trouver la moindre trace de l'antagonisme, de la rivalité d'antan.

Le progrès, ai-je dit, est né parfois en dehors des corps officiels d'enseignement. On a vu aussi certaines pratiques, inventées par de vrais chirurgiens et bonnes en elles-mêmes, exploitées uniquement par des irréguliers sans valeur, pendant de longues années, avant de rentrer définitivement dans le giron de la science.

L'art dentaire n'a-t-il pas eu les origines les plus humbles, et ne voyons-nous pas encore de nos jours la clef de Garengeot opérant ses hautes œuvres au son de la grosse caisse et du cornet à piston? L'extraction de la cataracte, la cure radicale des hernies n'ont-elles pas été exécutées avec abus par des opérateurs ambulants sans feu ni lieu, sans foi ni loi? La taille n'a-t-elle pas été souvent entre les mains de spécialistes sans instruction? De nos jours, n'a-t-on pas vu la lithotritie imaginée et perfectionnée par des hommes qui n'appartenaient ni à la Faculté ni aux hôpitaux de Paris? Le massage n'était-il pas et n'est-il pas, même de nos jours, dans certaines localités, l'apanage exclusif de rebouteurs des deux sexes?

Pourtant quoi de plus classique aujourd'hui que l'art dentaire, que l'extraction de la cataracte, que la cure radicale des hernies, que la taille, que la lithotritie, que le massage? Faudrait-il d'autre preuve à l'appui de cette opinion que, s'il y a une certaine part de routine dans la tradition, elle n'est pas suffisante pour étouffer à tout jamais les idées naissantes, pour résister au delà d'un certain temps à l'action profitablement subversive d'une vérité nouvelle? Cette résistance momentanée de la routine ou simplement de l'habitude a même quelque chose de bon, parce qu'elle barre le passage aux idées fausses, qui ne résistent pas à un examen prolongé, et qu'elles obligent la vérité à s'affirmer doublement, avant de se faire accepter pour toujours.

Et maintenant si, après ces quelques restrictions, vous admettez avec moi que la tradition est le progrès dans le passé, ne trouverez-vous pas logique de dire que le progrès contemporain, c'est la tradition de l'avenir?

Nous y travaillons tous, presque sans le vouloir, nous qui avons accepté toutes les innovations basées sur des découvertes incontestées, et qui, tout en nous inspirant autant que possible des conseils de la raison et du véritable esprit scientifique, avons la prétention d'être des hommes de progrès. Les chirurgiens contemporains, les plus disposés à ne voir dans la tradition que la routine, contribuent malgré eux à l'œuvre commune. En eux comme dans les autres s'incarnera la tradition pour les générations médicales du xx⁰ siècle. Par une curieuse ironie des choses, ils seront peut-être traités par les indépendants, par les outranciers de l'avenir avec la désinvolture qu'ils affectent à l'égard de nos grands devanciers. Ce sera leur châtiment; mais, en dépit de leurs protestations anticipées qui se laissent deviner, ce sera surtout leur honneur.

La génération à laquelle j'appartiens a vu naître ou se développer avec une rapidité merveilleuse les formes suivantes du grand progrès contemporain : l'anesthésie, l'histologie, la physiologie pathologique, l'antisepsie.

Il n'est plus permis, sans tomber dans la banalité, de proclamer les bienfaits de l'anesthésie. On pourrait presque en dire autant de l'histologie; mais comme son triomphe est loin d'avoir été aussi rapide, il n'est pas inutile de rappeler par quelles vicissitudes elle a passé avant d'être franchement acceptée.

Souvenez-vous des luttes ardentes que Lebert, Robin, Follin, Broca, mon maître et ami M. Verneuil, eurent à soutenir jadis contre les chirurgiens plus âgés, qui affirmaient que la clinique pouvait se passer d'une auxiliaire aussi envahissante. Ces chirurgiens représentaient alors les défenseurs de la tradition, de l'anatomie macroscopique; il leur semblait que, dans la recherche et dans la description des lésions, on ne pouvait aller plus loin que Laennec, que Cruveilhier. Or, qu'est-il advenu? L'histologie s'est perfectionnée, elle a confessé les erreurs par lesquelles elle avait fourni des armes à ses adversaires; elle a rétracté peu à peu certaines affirmations trop aventureuses; elle a même été jusqu'à reconnaître les droits de la clinique pure. Peu à peu elle est devenue une annexe, pour ainsi dire officielle, de l'anatomie pathologique; elle s'est intimement fusionnée avec elle, et aujourd'hui elle représente une part, une part importante, du bagage de la tradition que notre époque léguera aux générations naissantes.

Les résistances opposées à la physiologie pathologique, au moins aussi vives que celles qui ont essayé de barrer la route à l'histologie, ne sont-elles pas également vaincues à tout jamais? Personne n'oserait nier les services que les travaux de laboratoire ont rendus et rendent encore journellement à la clinique. Pour ma part, je compte bien vous montrer quelles ressources ils offrent pour un enseignement ayant l'ambition d'être vraiment scientifique. L'histologie, l'expérimentation sur les animaux, la bactériologie, cette science nouvelle qui déjà a pris un développement remarquable, ont éclairé d'une lumière intense un vaste terrain couvert jusque-là de ténèbres impénétrables. Leur rôle, dans le mouvement scientifique contemporain, on peut dire sans exagération qu'il est immense, et l'on comprend jusqu'à un certain point les fanatiques qui prétendent leur subordonner toutes les autres branches de la science médicale, même la clinique, qu'on s'est cependant habitué à considérer comme la synthèse par excellence de toutes nos connaissances.

Je ne saurais, pour mon compte, partager sans réserve cet enthousiasme. Je proclame bien haut que la clinique sans le laboratoire est une science boiteuse, incapable d'avancer, incapable de progresser, condamnée à se mouvoir dans le cercle étroit de la routine, mais je ne la comprends pas s'affranchissant de l'observation, reléguant cette dernière au rang des vieilleries dont le temps est fini. Son rôle est de faire l'application judicieuse des notions qui lui sont fournies par le laboratoire, d'en contrôler l'exactitude par l'étude rigoureuse des états morbides et des malades, de même que la chimie industrielle emprunte ses moyens à la chimie pure et les utilise dans un but déterminé, tout en tenant grand compte d'une foule de circonstances auxquelles le chercheur de laboratoire a le droit de rester parfaitement indifférent.

Que dire maintenant de l'antisepsie? Est-elle déjà entrée dans la tradition? N'est-elle encore que le progrès en évolution? Le principe en est reconnu universellement, et le nom de l'homme, du Français, qui nous a révélé l'histoire naturelle des microorganismes, leurs actions bienfaisantes et surtout malfaisantes, celui du chirurgien anglais qui a eu la gloire bien enviable d'utiliser dans le domaine de la chirurgie ces vérités inattendues, ces deux noms sont prononcés journellement par des milliers de bouches; ils sont à bon droit l'objet du respect, j'allais presque dire du culte que méritent tous les grands bienfaiteurs de l'humanité.

Le principe de l'antisepsie, dis-je, est accepté universellement par les chirurgiens, sauf de rares exceptions qui ne sont peut-être pas tout à fait aussi négligeables qu'on pourrait le penser. (J'aurai, un jour ou l'autre, l'occasion de discuter devant vous la valeur des arguments que certains chirurgiens étrangers, dont les résultats sont satisfaisants, à en croire leurs statistiques, opposent aux partisans de la méthode antiseptique.) Mais la formule définitive de l'antisepsie n'est pas encore trouvée.

Les preuves abondent à l'appui de cette assertion. Tout d'abord, j'invoquerai la multiplicité des substances qui ont été employées jusqu'à ce jour à titre d'antiseptiques. Sans parler des premières tentatives d'antisepsie inconsciente dont j'ai été témoin dans le cours de mes études, de l'emploi du coaltar saponiné, du permanganate de potasse, dans le service de Laugier, de l'acide phénique, dans le service de Maisonneuve, qui, soit dit en passant, avait des idées très justes sur les intoxications septiques, de l'alcool à la clinique de Nélaton, je pourrais vous énumérer une très longue liste de produits expérimentés tour à tour, dont beaucoup ont été rejetés, dont quelques-uns sont restés d'un usage courant. Et cette liste s'allonge encore chaque jour. Lister lui-même continue à chercher le mieux, après avoir trouvé le bien, et actuellement il n'emploie plus l'acide phénique, considéré tout d'abord par lui comme l'antiseptique par excellence, que pour la désinfection des instruments, des mains, du champ opératoire avant l'opération, des plaies pendant l'opération; pour les pansements, il se sert d'une gaze nouvelle au cyanure double de mercure et de zinc.

La méthode antiseptique ne consiste donc plus, comme à son origine, dans l'emploi d'une substance antiseptique unique; elle s'est élargie à ce point de vue, et elle admet toutes les substances dont les propriétés microbicides ont été révélées par l'expérimentation.

En même temps qu'une transformation s'accentuait dans ce sens, la théorie de l'antisepsie se modifiait. Lister s'était inspiré de l'idée qu'il fallait défendre les plaies, non seulement contre les microorganismes que les mains, les instruments, les objets de pansement pouvaient déposer à leur surface, mais aussi contre les germes flottant dans l'atmosphère. De là la nécessité du spray, pendant les opérations et les pansements, et de l'occlusion des plaies par de la gaze phéniquée. Mais graduellement les idées du chirurgien anglais ont changé. Tout récemment, je voyais un pulvérisateur, son dernier, relégué sur un appui de fenêtre, dans un coin de l'une de ses salles de *King's College Hospital*, et comme mon ami, M. Legroux, qui m'accompagnait, lui en fit la remarque, il lui répondit, en donnant à sa pensée la forme d'une sorte d'axiome : « Nous sommes indépendants de l'atmosphère. »

Je suppose qu'il voulait dire simplement que, pendant la durée d'une opération, il n'y a rien à craindre de l'atmosphère. S'il est vrai que l'on ne trouve que bien peu de germes pathogènes dans l'air, s'il est vrai que de très rares microbes tombant sur une surface avivée sont incapables de l'infecter, on ne peut pourtant pas perdre de vue les premières expériences, les expériences fondamentales de Pasteur, celles qui lui assurèrent la victoire dans sa lutte avec M. Pouchet sur la question de la génération spontanée. Aussi n'y a-t-il rien d'impossible à ce que, dans certains milieux, l'atmosphère devienne dangereuse par la multiplicité des germes qu'elle tiendrait en suspension. Il y a tout au moins des réserves à faire à cet égard.

Il n'est pas inutile de rappeler que M. Alphonse Guérin s'était, lui aussi, inspiré spécialement de l'idée d'infection par l'atmosphère, lorsqu'il avait imaginé son pansement ouaté, car la ouate devait agir en fil-trant l'air et en arrêtant au passage les germes dont il pouvait être chargé. Si cette théorie était fausse, com-ment expliquer les résultats favorables que l'occlusion par la ouate a donnés à tous ceux qui l'ont employée? Il était vraiment bon, ce pansement. Il avait fait ses preuves dans des circonstances désastreuses, à la fin du siège, en pleine Commune. Il méritait le crédit que nous ne lui avons pas marchandé, et c'est peut-être justement ce crédit qui nous a empêchés de prêter l'oreille plus tôt aux succès de la méthode listérienne dont l'écho nous venait d'Angleterre.

Ce qui a causé sa disgrâce, c'est que l'application de la ouate était difficile ou impossible dans certaines régions; c'était aussi qu'elle n'était pas précédée par la désinfection de la plaie, et alors celle-ci suppurait. Elle suppurait peu, il est vrai, et le pansement pou-vait être laissé en place jusqu'à quinze et vingt jours, sans qu'on vît se produire les complications redouta-bles qu'aucun moyen n'avait encore pu empêcher.

Tandis que le rôle de l'atmosphère dans l'infection des plaies était peu à peu ramené à zéro, les moyens de désinfection subissaient à leur tour une profonde transformation. La chaleur, sous diverses formes, se substituait aux antiseptiques proprement dits, aux substances antiseptiques. De cette substitution est né ce qu'on est convenu aujourd'hui d'appeler l'asepsie.

Dans ce terme, il y a en réalité deux choses : une idée et une doctrine. L'idée est tout entière dans le sens étymologique du mot : asepsie veut dire défaut de septicité. Quant à la doctrine, elle réside dans l'ex-clusion des substances antiseptiques, tandis que la doc-trine de l'antisepsie réside dans leur emploi.

Il ne me sera pas difficile de vous montrer ce qu'il y a d'un peu spécieux dans cette distinction. Que si-gnifie le mot antisepsie au sens propre? Il signifie lutte contre la septicité, destruction des germes septiques. Quelle que soit la méthode par laquelle on recherche cette destruction, on fait toujours de l'antisepsie. Par conséquent, la chaleur peut être considérée comme un moyen antiseptique, au même titre que les substances antiseptiques.

Quel est, d'autre part, le résultat de l'emploi des moyens antiseptiques? C'est l'asepsie, le défaut de sep-ticité. On peut donc dire que l'antisepsie est la désin-fection, l'asepsie l'état de ce qui est désinfecté.

L'asepsie est le but, l'antisepsie le moyen.

Ces réflexions ont d'autant plus de raison d'être qu'il n'y a pas une seule opération où l'on puisse se passer entièrement de substances antiseptiques; car si leur emploi est inutile pour les plaies non infectées, si la chaleur peut suffire pour la désinfection des instru-ments, des vêtements, des objets de pansement, elle n'est applicable ni à la désinfection du champ opéra-toire, ni à celle des mains de l'opérateur. Ici, les sub-stances antiseptiques revendiquent leurs droits.

La doctrine de l'asepsie repose donc en réalité sur une subtilité de langage, ou plutôt sur une confusion dans les mots.

Cependant il faut reconnaître qu'elle a eu pour avan-tage de donner à la théorie du germe-contage toute l'importance qu'elle doit avoir à nos yeux. Elle nous a appris à nous méfier davantage du transport direct des microrganismes sur les plaies par tout ce qui, au cours d'une opération ou des pansements, peut se trouver en contact avec elles. Elle a bien mis en relief la supé-riorité de la chaleur, comme moyen de désinfection, sur les substances antiseptiques dont l'efficacité est aléatoire. Enfin elle nous a habitués à une extrême rigueur, à une scrupuleuse minutie dans l'observation des précautions déjà recommandées par Lister.

Notre devoir est d'en donner l'exemple sans relâche ; et comme il n'y a qu'un pas de l'exemple à l'imitation, comme les hommes sont au fond..., je n'ose dire le mot..., comme le goût de l'imitation leur est naturel, ainsi qu'à certaine espèce qui leur est très voisine dans l'échelle des êtres, il n'y a pas de meilleur procédé de vulgarisation de ces bonnes habitudes que de les mettre journellement en pratique sous l'œil attentif de ceux qu'on est chargé d'instruire.

Si l'antisepsie n'a pas encore tout à fait trouvé sa formule définitive, on peut dire qu'elle bat son plein. Elle est l'âme de la chirurgie moderne.

Après cette affirmation, après cet hommage sans ré-serve, il m'est bien permis de rechercher si tout a été bienfait dans l'antisepsie, de faire le départ entre ce qu'elle nous a donné de mauvais et ce qu'elle nous a donné de bon. Je veux commencer par la critique pour avoir la satisfaction de finir par la louange.

Ce qu'elle nous donné de mauvais, le voici :

Elle a porté atteinte à l'art du diagnostic; elle a en-couragé à la multiplication inutile de certaines opéra-tions.

Elle a porté atteinte à l'art du diagnostic en rendant l'exploration par une opération, sinon tout à fait inof-fensive, du moins très généralement bénigne. Et alors à quoi bon se creuser la tête à résoudre des problèmes parfois insolubles, quand il est si simple de faire une incision, d'ouvrir une cavité, d'y promener la main, de palper les organes et de décider, séance tenante, de la conduite à tenir?

Ce n'est quand on a pratiqué soi-même cette ex-ploration directe dans toutes les circonstances où elle est reconnue nécessaire, ce n'est pas quand on a écrit un chapitre sur l'exploration immédiate des reins, qu'on peut se sentir disposé à nier les avantages de ce procédé de diagnostic, à le rejeter comme antiscienti-fique ou comme immoral. Non, certes ; mais cela n'empêche pas de penser que, sur ce terrain, plus que sur tout autre, il faut rester fidèle à la bonne tradition. Or ici, la bonne tradition, c'est celle du diagnostic serré de près, poussé jusqu'aux dernières limites du possible. N'est-ce pas d'ailleurs un des côtés les plus intéressants de notre art que cette recherche de l'inconnu, que cette lutte avec le mystère où il faut que l'avantage nous reste quand même? Ne contribue-t-elle pas grandement à faire du chirurgien l'homme de la pensée autant que de la main ?

Envisagé de ce point de vue, le diagnostic est notre force, mais il doit être aussi notre coquetterie. Si donc l'exploration directe est légitime, il faut la restreindre aux cas où l'on est au pied du mur, où seule elle permet de prendre une décision. Ainsi comprise, elle cesse d'être un dogme pour n'être plus qu'une défaite, qu'un aveu d'impuissance, mais elle reste une nécessité.

Quant à la multiplication exagérée de certaines opérations, je ne serai certes pas le premier à m'en plaindre ; mais, outre qu'il y a toujours eu et qu'il y aura toujours des chirurgiens allant plus vite que les autres, ne trouvez-vous pas qu'il faut une certaine indulgence envers ceux-là ? A certains égards, il faut bien reconnaître que ce sont des pionniers qui ouvrent la voie.

En réalité, ils ont une justification relative dans la bénignité opératoire que donne l'antisepsie, et c'est peut-être celle-ci qui est la vraie coupable. Ils en ont une autre dans ce fait qui ne doit échapper à l'observation de personne. Il n'y a peut-être pas un chirurgien de l'heure actuelle qui, reportant ses regards en arrière, ne constate avec étonnement les progrès qu'il a faits dans la hardiesse. C'est que, depuis quelques années, l'audace est dans l'air, elle nous enveloppe, elle nous entraîne. A aucune époque il n'a été plus difficile de résister à ses suggestions. Quoi de surprenant à ce que quelques-uns soient frappés de vertige? Et quand nous faisons un retour sur nous-mêmes, quand nous constatons que nous avons pratiqué presque toutes ces opérations, exploratrices ou curatives, dont nous blâmons la multiplication, force nous est d'avouer que, dans l'espèce, le droit, la vérité ne sont plus qu'une question de mesure.

Ce que l'antisepsie nous a donné de bon, il est devenu banal de le proclamer. Elle nous a débarrassés du cauchemar de l'érysipèle traumatique et de l'infection purulente. Vous autres jeunes gens, qui n'avez pas assisté à la lutte que les chirurgiens d'il y a vingt ans avaient à livrer à ces deux ennemis redoutables, qui n'avez pas vu les hôpitaux sans cesse hantés par ces deux hôtes néfastes, qui n'avez pas vu tous les opérés d'une ambulance succomber en quelques jours, vous ne pouvez pas comprendre les délicieuses impressions d'un chirurgien de ma génération assuré du succès dans toutes les opérations petites, moyennes ou déjà assez graves, presque assuré du succès dans la plupart des interventions réputées les plus dangereuses.

Cette merveilleuse transformation est notre joie et notre orgueil ; mais il y a autre chose dans les bienfaits de l'antisepsie.

Comme la septicémie n'est plus que très rarement une cause de mort, et que cependant un certain nombre d'opérés succombent encore, l'antisepsie permet de mieux connaître, d'une manière générale, les causes de la mort. Ces causes, ce sont les auto-infections antérieures à l'intervention et que celle-ci révèle, active ou provoque, ce sont les altérations des humeurs, du sang particulièrement, ce sont les lésions viscérales, c'est l'ébranlement du système nerveux, toutes circonstances qui rendent l'organisme incapable de résister à un traumatisme violent.

Le jour où l'on saura mieux démêler ces auto-infections, ces altérations des humeurs, ces lésions viscérales, cet affaiblissement du système nerveux, le jour où l'on en aura mieux déterminé la valeur, en tant que contre-indications aux grosses opérations, on aura réalisé un immense progrès. Le taux de la léthalité s'abaissera encore considérablement.

Or comment arriver à cette détermination, si ce n'est par l'étude minutieuse du malade, par l'observation, aidée de tous les moyens d'investigation perfectionnée que nous offrent l'histologie, les recherches du laboratoire, la chimie biologique? La tradition n'a jamais prêché autre chose; vous voyez donc bien qu'on y revient toujours, de quelque côté qu'on envisage la clinique.

Je me résume. J'ai cherché à vous démontrer qu'il n'y a pas de bonne chirurgie sans respect de la *tradition* ; que d'ailleurs, loin d'être la routine, la négation du mouvement, la tradition est le progrès dans le passé, comme le progrès du jour est appelé à être la tradition dans l'avenir. J'ai cherché à établir quelles formes avait revêtues le progrès au xixe siècle. Il me reste à vous donner un guide pour marcher avec sécurité dans les voies de la chirurgie actuelle toutes hérissées d'écueils, où les déraillements sont d'autant plus faciles que la vitesse de progression est plus grande.

Je n'en sais pas de meilleur que cette devise : *Rien d'inutile.* Mais, me direz-vous, où commence l'inutile en chirurgie? J'avoue qu'il n'est pas très simple de le préciser. Cependant, après vous avoir laissé voir que je ne rejette ni l'exploration immédiate, ni la hardiesse motivée, je suis plus à mon aise pour vous répondre, car aucun de ceux qui m'auront entendu ne pourra me reprocher de faire la part trop étroite à la médecine opératoire.

Vous appliquerez cette devise en ne ramenant pas toute la thérapeutique chirurgicale à l'opération, en donnant la préférence au procédé le plus simple quand vous aurez le choix entre deux procédés opératoires, à condition toutefois que le procédé le plus simple vous assure l'efficacité autant que l'autre. Rien d'inutile, c'est donc l'exploration réduite à la portion congrue, c'est la contre-indication recherchée avec scrupule, c'est l'indication du mode d'intervention posée avec rigueur, c'est le frein réprimant les esprits trop aventureux, c'est la barrière élevée devant l'irréflexion et la légèreté, c'est l'honneur chirurgical présidant à toutes vos déterminations, à tous vos actes.

Quand vous serez embarrassés, faites appel à ce qu'il y a de meilleur dans votre être moral et dans votre être intellectuel : à la conscience et au bon sens. Et tâchez de ne jamais perdre de vue ces deux étoiles, qui éclaireront sûrement votre marche, si vous vous habituez de bonne heure à la guider sur elles. C'est en m'inspirant de ces conseils, que je me suis souvent donnés à moi-même depuis longtemps, avant d'avoir l'occasion de vous en faire profiter, en dehors du cercle d'un enseignement intime, que je suis arrivé à concevoir mon idéal en matière de chirurgie.

Cet idéal, c'est la chirurgie du bon sens. N'allez pas croire que ce soit une chirurgie routinière, stationnaire ou de recul, ce qui est tout un; car, à notre époque, être stationnaire, c'est reculer. C'est une chirurgie qui veut être résolument progressiste, en même temps que pondérée. C'est une chirurgie qui repousse l'aventure pour l'aventure, mais qui admet largement l'innovation raisonnée, la hardiesse presque sans limite dans les situations sans issue. C'est enfin une chirurgie qui ne se borne pas à subir le mouvement, mais qui prétend aussi la diriger.

Je termine, mais non pas sans vous rappeler cette vérité proclamée par tous ceux qui ont enseigné : que les élèves font le maître.

Croyez bien que vos efforts stimuleront les miens, que votre zèle sera un aiguillon pour mon zèle. En échange de ce que je vous donnerai, donnez-moi votre curiosité d'apprendre, votre ardeur juvénile, et je vous réponds que notre collaboration de chaque jour sera féconde pour vous et pour moi.

Et si dans notre travail en commun, nous glissons une pointe de patriotisme, nous aurons en plus la pure satisfaction de soutenir l'honneur scientifique de notre cher pays dans la lutte ardente des nations. Mais pour cela, tout en reconnaissant le caractère essentiellement cosmopolite du progrès, il faut que nous nous tenions en garde contre l'imitation trop servile de l'étranger, il faut que nous restions nous-mêmes et que nous ne perdions pas de vue, ainsi que j'ai déjà eu l'honneur de le dire à mes collègues de la Société de chirurgie, au début de ma présidence, qu'après tout, c'est aux qualités de l'esprit français que nous devons les plus belles pages de notre histoire chirurgicale.

A. Le Dentu.

BIOGRAPHIES SCIENTIFIQUES

Vie et travaux de O. Silvestri.

De tout temps l'Italie s'est montrée riche en hommes de science. Aux plus mauvais moments de son histoire, elle a produit des génies éminents, initiateurs habiles dont les succès ont souvent fait contraste avec la pauvreté des moyens de travail dont ils pouvaient disposer.

Les savants de ce pays qui sont nos contemporains, mieux pourvus que leurs prédécesseurs, continuent les glorieuses traditions de leurs ancêtres et prennent une part brillante au développement intellectuel de notre époque.

L'un d'entre eux, le professeur Silvestri, directeur de l'Observatoire de l'Etna, s'est signalé particulièrement par la variété et l'originalité de ses œuvres, et aussi par son active coopération à l'installation du grand établissement dont il a été pendant douze ans directeur. Sa mort récente est un deuil non seulement pour les savants de son pays, mais encore pour tous ceux qui, à l'étranger, s'intéressent au développement des sciences physiques et naturelles.

La biographie de cet homme distingué justifie amplement les regrets que sa perte nous inspire.

Orazio Silvestri est né en 1835, à Florence. Son père, professeur d'architecture dans cette ville, avait épousé une jeune fille de Rome, douée d'un talent remarquable pour la peinture. C'est dans un monde passionné pour le culte des beaux-arts que le futur savant a passé les premières années de son enfance. Les études classiques auxquelles il se livra d'abord lui inspirèrent un goût très vif pour les lettres. Admis à l'Université de Pise, il y suivit avec ardeur les cours de philologie. Mais en même temps il fréquentait accessoirement les cours de sciences physiques et naturelles. A cette époque, un grand nombre de savants italiens, chassés, par suite des agitations politiques, des diverses parties de la péninsule dont ils étaient originaires, s'étaient réfugiés en Toscane, où ils avaient trouvé un appui éclairé auprès du grand-duc. L'Université de Pise était remplie de ces proscrits. La physique expérimentale y était professée par Mateucci; la chimie par Piria; la minéralogie et la géologie par Meneghini; la zoologie et la botanique par les frères Savi. L'attraction exercée sur le jeune étudiant par l'enseignement de ces savants fut telle, qu'après avoir subi brillamment les examens consacrant ses études littéraires, il changea décidément de voie et porta désormais exclusivement ses efforts du côté des sciences, sans pouvoir encore fixer sa préférence vers l'une d'elles en particulier.

En 1853, il est reçu docteur et mérite les médailles d'or que le grand-duc accordait chaque année aux

21 S.

élèves les plus brillants de l'Université. En 1854, il entre à l'École normale supérieure de Pise, et trois ans après il débute dans la carrière universitaire comme préparateur de chimie à l'Université de Pise. En 1862, il est nommé professeur de chimie et d'histoire naturelle au lycée de la même ville. En 1863, nous le trouvons à l'Université de Naples, chargé, avec dè Luca, de la direction de l'École pratique de chimie expérimentale. Il n'y reste que peu de temps; mais pendant ce court séjour il s'intéresse vivement aux phénomènes volcaniques du Vésuve. La même année, il est nommé professeur de chimie à l'Université de Catane. Dans cette chaire nouvelle, tout était à créer; jusqu'alors, l'enseignement scientifique donné avait été purement philosophique; il fallait le rendre expérimental, et pour cela organiser un laboratoire où l'on pût appliquer les méthodes de la chimie moderne. Silvestri se mit à l'œuvre et en deux ans, au milieu de difficultés de toute sorte, il était arrivé au but désiré. En 1865, au moment d'une éruption de l'Etna, j'eus l'occasion de visiter ce laboratoire et de faire la connaissance du jeune professeur. J'avais brisé sur l'Etna l'un des appareils qui me servaient à recueillir les gaz volcaniques; j'eus recours, pour le remplacer, à l'obligeance du professeur de chimie de l'Université. Non seulement je trouvai auprès de Silvestri le secours dont j'avais besoin, mais après une courte conversation, je constatai en lui un admirateur, aussi enthousiaste que je l'étais, des grands phénomènes naturels. Je lui proposai de m'accompagner au siège de l'éruption. Retenu ce jour-là par son cours, il dut décliner mon invitation; mais quelques jours après, au milieu de la nuit, il arrivait au campement que j'avais improvisé. La description très fidèle qu'il a publiée de l'éruption est le résultat des études qu'il a faites pendant les longues journées que nous avons passées ensemble au milieu des laves, enveloppées par la neige et souvent à demi suffoqués par les vapeurs volcaniques (1). Je suis remonté d'autres fois à l'Etna avec lui, en 1872 et en 1878, mais jamais nous n'y avons fait un séjour aussi prolongé et aussi fructueux qu'en 1865. A partir de cette époque, il s'est établi entre nous une amitié et une estime qui ne se sont pas démenties un seul instant.

Cette période de la vie de Silvestri correspond à un changement marqué dans la nature de ses travaux. Jusqu'alors c'était un pur chimiste; en 1865, séduit par les recherches vulcanologiques, il devient naturaliste et se consacre spécialement à l'une des branches de l'histoire naturelle, la physique terrestre.

Près de la cime de l'Etna, il n'existait alors qu'une mesure incommode et peu sûre, dénuée de toutes ressources, connue sous le nom de *Casa inglese*. Silvestri

(1) J'ai fourni à Silvestri les photographies et la réduction du plan de l'éruption de 1865 qui figurent à la fin de son mémoire sur ce sujet.

entreprend de la remplacer par un Observatoire comme celui du Vésuve. Les ressources pécuniaires manquaient; il fait appel à l'opinion publique. Pendant quelques années, ses démarches répétées demeurent sans résultat. En 1865, un événement de famille douloureux le décide à s'absenter momentanément de Catane. Il fait un voyage en France, où il est cordialement accueilli. En 1874, le gouvernement italien l'appelle à la chaire de chimie technologique au Muséum de Turin, laissée vacante par le professeur Kopp, de Zurich. Il accepte cette haute position; mais bientôt une occasion favorable se présente, qui lui permet de rentrer à Catane et de réaliser tous les projets qu'il avait formés d'un grand établissement scientifique destiné aux études de physique terrestre. Une association puissante, soutenue par la province de Catane et les municipalités de la Sicile, s'était fondée pour réunir les ressources qu'il avait depuis longtemps réclamées, et les mettait à sa disposition.

Revenu, en 1878, à Catane avec la charge de directeur du nouvel Observatoire de l'Etna et le titre de professeur à l'Université de Catane, il a, pendant douze ans, animé de son activité et vivifié l'un des plus beaux et des plus importants établissements consacrés en Europe à la physique terrestre.

Une maladie longue et douloureuse l'a enlevé, le 17 août 1890, à la science et à l'affection de sa famille et de ses amis.

Une énumération rapide de ses travaux mettra en lumière la haute valeur de cet homme éminent et fera ressortir la multiplicité et la diversité de ses qualités scientifiques.

Les aptitudes remarquables de Silvestri pour toutes les branches des sciences physiques et des sciences naturelles font que dans le cours de sa carrière il a abordé les sujets les plus variés, entremêlant les genres d'étude en apparence les plus éloignés, la physique terrestre et la botanique, la chimie et la paléontologie. Dans les applications de toutes ces sciences, il a eu toujours en vue une question intéressant l'Italie et en particulier la région où il exerçait son professorat.

On lui doit un travail paléontologique sur un groupe de foraminifères répandu dans les marnes subapennines et représenté encore par des espèces nombreuses dans les mers qui bordent l'Italie.

Ses recherches de chimie appliquée à la botanique sont extrêmement remarquables. Dans ses études sur le développement de la banane, de l'olive et du fruit du cophomandra betacea, après avoir fait l'anatomie microscopique des organes soumis à son examen, il a employé les procédés microchimiques les plus délicats pour suivre le progrès et la genèse des principes immédiats qui s'y rencontrent à maturité.

La méthode qu'il a mise en usage est adoptée maintenant par tous ceux qui cherchent à élucider quelques-unes de ces questions de physiologie végétale dont

la solution est le but principal des efforts des botanistes.

La même méthode a été appliquée par lui, et avec le
même succès, à l'étude des eaux minérales. Il abandonne à l'évaporation un volume de cinquante litres
d'eau et recueille graduellement les dépôts cristallins
qui se forment. Il les soumet à l'examen microscopique,
dessine leurs formes, parvient quelquefois à mesurer
les angles de leurs faces, décrit minutieusement les
réactions microchimiques et les essais spectroscopiques qu'il leur fait subir. Il réussit à déterminer
dans une eau donnée les sels qui s'y trouvent en qualité infinitésimale. Ainsi, sans négliger aucun des procédés d'analyse employés d'ordinaire par les chimistes
pour l'étude des eaux minérales, il utilise des moyens
nouveaux et fait habilement usage du microscope et
du spectroscope. A notre époque, les moyens d'investigation scientifique progressent rapidement; c'est pourquoi Silvestri n'a pu mettre à profit, dans ses premières
études, l'emploi des propriétés optiques qui rend aujourd'hui de si grands services aux pétrographes; mais
l'usage qu'il a commencé à en faire dans ses derniers
travaux montre qu'il aurait su en tirer largement profit dans des recherches ultérieures.

Pendant toute la durée de sa carrière scientifique,
l'Etna a constitué, pour ainsi dire, son domaine. Il a
été l'historien fidèle des éruptions de 1865, 1869, 1872,
1879, 1883, 1886, dont il a relaté minutieusement les
phases et analysé les produits. Parmi les phénomènes
multiples qui caractérisent les paroxysmes volcaniques, aucun n'a échappé à son attention. Le développement des fissures, les mouvements du sol, les conditions des explosions, la température des laves, ont
chaque fois appelé son attention. Adoptant pour l'étude
des gaz et des vapeurs les procédés de notre regretté
maître Ch. Sainte-Claire Deville, il en a fait une application constante, et est arrivé ainsi à de remarquables
observations sur la composition des produits volatils
émanés des cratères en activité.

L'étude des laves l'a également préoccupé, et à diverses reprises il en a fait l'analyse chimique et l'examen microscopique.

Ses investigations ne se sont pas bornées aux produits des éruptions de l'époque actuelle. En 1876, il a
publié une intéressante notice sur la lave si remarquable de Paterno, dans laquelle on observe des cavités
bulleuses remplies de produits carburés.

Il a recueilli une quantité suffisante de ces matières
pour pouvoir les soumettre à des essais chimiques,
isoler les différents carbures d'hydrogène qui s'y trouvent mélangés, fixer leur composition et déterminer
les formes de ceux qui sont cristallisés.

Une enclave de quartz, provenant d'une bombe de
l'éruption de 1883, lui a fourni l'occasion d'étudier l'action de la matière vitreuse fondue sur le quartz cristallisé.

En 1866, le volcan boueux de Paterno, l'une des curiosités de la Sicile, a présenté une vive recrudescence
dans les phénomènes dont il est habituellement le
siège. L'élévation de température a été telle que l'on a
pu croire un instant qu'il allait s'y produire une véritable éruption ignée. Silvestri, témoin de ces faits, en
a suivi le développement, noté toutes les particularités
et, grâce à lui, nous possédons l'historique exact de
cette manifestation naturelle extraordinaire.

Une circonstance particulière nous permet d'apprécier la valeur de Silvestri comme minéralogiste. Dans
les masses de soufre que l'on recueille après refroidissement au fond des soufrières qui ont été accidentellement embrasées, il a constaté l'existence de cristalli-
sations et reconnu que le soufre, malgré son mode
d'origine, offrait les formes orthorhombiques qu'il
affecte au sortir des dissolutions.

Cependant ces découvertes si diverses et si répétées
ne constituent pas le titre scientifique le plus important de Silvestri. Son nom restera surtout attaché à la
formation de l'Observatoire physique de l'Etna. Après
des tentatives multipliées et des efforts demeurés longtemps infructueux, il est arrivé à la réalisation de
l'idée grandiose qu'il avait conçue. Il a eu le temps
de créer cet Observatoire, d'en organiser les laboratoires et les collections, de le faire fonctionner et de
montrer par un important mémoire les résultats que
l'on pouvait tirer de cette fondation. Il en a fait le
centre d'un réseau d'observatoires secondaires reliés
entre eux par des communications électriques. La
question des tremblements de terre est loin d'être résolue, et probablement elle sera encore longtemps dé-
battue par les physiciens et les géologues avant de
reposer sur des données bien établies, mais Silvestri
aura eu le mérite d'en avoir abordé un des points accessibles. Ses recherches sur les microséismes serviront de point de départ à tous ceux qui voudront désormais attaquer le redoutable problème.

Après avoir énuméré les titres du savant, je termine
en adressant ici un dernier adieu à l'ami avec lequel
j'ai, pendant vingt-cinq ans, entretenu les plus affec-
tueuses relations.

F. FOUQUÉ.

de l'Institut.

ZOOLOGIE

La « Question du moineau ».

Il est un pays grand, riche, fertile, qui réunit d'heureux
privilèges. Il n'entretient point d'armée permanente; ses
éditeurs utilisent à loisir, et avec la paternelle approbation
des lois établies, les œuvres des auteurs du monde entier
— moyen simple et précieux de faire fortune et d'offrir aux

lecteurs la meilleure de toutes les littératures — il a su imaginer, pour protéger les productions artistiques indigènes, des méthodes que nul n'aurait rêvées ; enfin, ses budgets se soldent par des excédents dont il ne sait que faire, et il se trouve contraint de demeurer dans cette fâcheuse posture, sous peine, en abolissant tels impôts, de mécontenter sa majesté le peuple. Il y aurait là, semble-t-il, de sérieux éléments de bonheur, ou, tout au moins, d'une tranquille assurance en matière financière. Mais toute rose a ses épines, hélas ! et l'Amérique — puisque c'est d'elle qu'il s'agit — a deux sujets de douleur. Les politiciens d'abord. Mais nous ne nous y arrêterons point : cela n'offre aucun intérêt. L'autre, c'est... le moineau. Le simple et vulgaire moineau, l'impudent volatile que nous connaissons tous, libertin et épris de crottin de cheval ! Il trouble le sommeil du ministre de l'agriculture, il fait couler des flots d'encre : tendrement choyé naguère — c'était à qui l'hébergerait et lui offrirait le couvert et la chambre — il est en ce moment l'objet d'une horreur profonde. Ce n'est pas tout... Des hommes graves se sont réunis, et ont décidé qu'il convenait d' « instruire l'affaire », et de faire comparoir à la barre de justice la chétive pécore. Elle a comparu ; les témoins ont parlé, et nous avons sous les yeux les pièces du procès, réunies, méthodiquement classées, signées, contresignées, et, avec elles, un réquisitoire formidable, massif, solidement construit, qui demande, à la péroraison, la peine capitale... Oui, on demande la tête du moineau.....

Pour parler sérieusement — et la question mérite d'être traitée ainsi — c'est une œuvre fort intéressante et très bien conduite que le rapport ou le réquisitoire dont nous voulons parler. Il a pour titre : *the English Sparrow in North America, especially in its relations to Agriculture*, et il constitue le premier bulletin publié par la section d'ornithologie et de mammalogie économiques du ministère de l'agriculture de Washington. Il renferme plus de 400 pages in-8° et une carte, et ses auteurs sont MM. Hart Merriam et Walter Barrows. Ce rapport est le premier d'une série qui sera, pour les oiseaux et les mammifères, le pendant des publications de la section entomologique du même ministère, dirigée avec tant d'intelligence par M. C.-V. Riley, et il est certain que les travaux de cet ordre seront d'un précieux secours pour l'agriculture. On peut dire de quelle utilité n'eût point été chez nous une institution analogue à l'organisation américaine ; quels services n'eût-elle pas rendus au temps du phylloxera et en d'autres circonstances passées, présentes ou à venir. Mais il ne sert de rien de récriminer : revenons au moineau.

Il y a une « question du moineau » de l'autre côté de l'Atlantique et une question très grave : elle mérite d'être esquissée rapidement.

Le moineau franc, le *Passer domesticus*, n'est point un indigène des États-Unis : c'est un « importé » — le mot de « déporté » ne conviendrait point, puisqu'on l'a attiré et invité avec mille prévenances — de date récente. C'est en 1850, autant que la chose peut être prouvée par des documents certains, que le moineau fit son apparition dans

l'Amérique du Nord. A cette époque, quelques-uns des directeurs du *Brooklyn Institute*, jugeant sans doute leur patrie incomplète sans la présence du passereau, se réunirent et décidèrent qu'il y avait lieu de faire venir quelques couples de cette espèce, et de tenter de les acclimater. Malgré une cage superbe, malgré les soins les plus assidus durant l'hiver, les 16 moineaux importés d'Angleterre, mis en liberté, ne furent point prospères. En 1852, le comité se réunit à nouveau et vota plus de 1000 francs de fonds. Un des directeurs, ayant à aller en Europe, commanda à Liverpool un lot de moineaux qui furent expédiés sans retard. Cette fois-ci, l'expérience réussit : mis en liberté, ils se multiplièrent et se répandirent tout à l'entour. Ceci se passait en 1853. Il convient de dire toutefois que tous les moineaux d'Amérique ne descendent pas uniquement de ces premiers colons ; d'autres importations en ont été faites à diverses reprises, ultérieurement : en dehors des 100 moineaux introduits en 1852-1853, il en a été, en diverses localités des États-Unis, importé 1500 environ, de 1854 à 1881. Je ne parle ici que des moineaux importés d'Europe, et des importations connues ; on peut estimer à 1500 encore environ les moineaux transportés des points des États-Unis où ils étaient acclimatés à d'autres où ils n'avaient point encore fait leur apparition ; mais ce dernier chiffre est moins certain, de beaucoup, que le premier. Au surplus, ce dernier point a moins d'importance, et ce qu'il faut retenir, c'est que toute la population-moineau actuelle de l'Amérique du Nord descend des 1500 ou 2000 moineaux introduits d'Europe entre 1852 et 1881. Introduits en partie par des institutions scientifiques, en partie et surtout par des émigrants désireux de revoir l'oiseau familier à leurs yeux durant leur jeunesse dans la vieille Europe, favorisés dans leur multiplication par les soins dont tous les entourent, persuadés de l'utilité du passereau dans tout pays agricole — et ceci malgré l'avis contraire d'agriculteurs européens compétents — les moineaux se sont abondamment reproduits et étendus sur le territoire. Le mode d'extension a pu être étudié avec précision, et on a vu que le moineau commence par envahir les grands centres — c'est essentiellement un oiseau domestique, en ce sens qu'il vit toujours près de l'homme — et à mesure que la nourriture s'y fait rare, il gagne les villages voisins pour envahir enfin les hameaux et les fermes. Le transport d'une ville à une autre se fait généralement par les moyens suivants. Dans quelques cas, des moineaux enfermés accidentellement — ou parfois par plaisanterie — dans des wagons de chemin de fer vides et retournant à leur point de départ — il s'agit ici surtout de wagons servant au transport des grains — se sont trouvés mis en liberté à des distances considérables de la ville où ils vivaient. Ils se répandent alors dans la ville où le sort les a conduits et, avec leur adaptivité bien connue, s'y mettent de suite à l'aise. Le plus souvent, ils suivent les voies ferrées d'une autre façon. Les wagons chargés de grains en laissent tomber toujours le long de la voie : les moineaux venus pour se repaître suivent la file et, peu à peu, se trouvent avoir franchi l'intervalle entre deux stations éloignées. Ce processus se répétant indéfiniment, on conçoit qu'ils se disséminent au loin. Les voies ordinaires, les grandes routes favorisent aussi dans une certaine mesure ce mode de dispersion : soit qu'ils y trouvent du grain, soit qu'ils se contentent des excréments des chevaux. Dans tous les cas, ils se tiennent près de l'homme, les aliments y étant plus abondants que dans les plaines non cultivées ou les forêts, et ils ne se résignent à habiter les petits centres que si les grandes villes leur offrent — eu égard à leur nombre — des ressources insuffisantes. A l'époque des récoltes, pourtant, les champs les attirent, et si les fermes sont abondantes, ils se font des nids et y demeurent : dans un endroit où le moineau fit son apparition en 1877, un observateur a pu compter dans un seul chêne 21 nids de cet oiseau. La préférence pour les villes est aisément appréciée : un observateur note qu'ils abondent dans telle ville, et ont envahi des villes à 30, 50, 100, voire même 150 kilomètres de distance, sans qu'on en voie un seul dans la campagne intermédiaire.

Actuellement, le moineau a envahi un peu moins de la moitié de la superficie des États-Unis, la moitié nord-est. De 1870 à 1875, il s'est étendu sur 500 milles carrés; de 1875 à 1880, il a envahi une superficie de près de 16 000 milles carrés; de 1880 à 1885, il a envahi près de 500 000, et durant la seule année 1886, il s'est répandu sur 516 000 milles carrés. On voit — et ceci est conforme à la multiplication *géométrique* — que les progrès, très lents au début, ont pris plus récemment une importance effrayante. Elle surprend moins, si l'on tient compte du fait que le moineau donne environ six nichées par an, comprenant de quatre à sept œufs. D'après quelques observateurs, il semblerait que, durant la belle saison, la production des petits fût à peu près continue. Quatre ou cinq œufs étant pondus, la mère les couve; mais avant même qu'ils ne soient éclos, elle en pond d'autres de temps en temps. Les premiers éclos — sœurs et frères aînés — demeurent dans le nid le temps nécessaire; et tandis que la mère va chercher les provisions, ils tiennent les œufs plus récents au chaud, ils les couvent sans le vouloir et l'éclosion se produit. Les aînés, devenus aptes à subvenir à leurs besoins, s'en vont, la mère s'occupe des plus petits qui, à leur tour, rendent aux œufs que la mère continue à pondre le même service qu'ont rendus leurs aînés aux œufs dont eux-mêmes sont sortis. De la sorte, les moineaux se produisent sans cesse durant toute la belle saison, et dans ces conditions, la multiplication en est considérable. La particularité que nous venons de relater a été observée par deux observateurs dans des États très distants; elle méritait d'être rapportée, car on n'en connaissait jusqu'ici aucun exemple. Ce qui doit surprendre, toutefois, ce n'est point l'extension et la multiplication de l'espèce dont nous parlons : il y a plutôt lieu de noter combien doit être considérable la destruction de celle-ci. A supposer qu'en 1880, par exemple, on eût introduit un couple de moineaux, que ce couple et chacun des couples issus de lui eût produit treize paires, et que tous les moineaux eussent vécu, on en trouverait, en 1890, la somme fabuleuse

de 275 milliards! Il doit donc y avoir une destruction considérable, des jeunes principalement, malgré la fécondité énorme de l'espèce. On connaît quelques-unes seulement de ces causes de destruction. Dans un premier groupe, nous rangerons les causes naturelles. Chose curieuse, les moineaux semblent, aux États-Unis, ne devenir la proie d'aucune maladie spéciale, d'aucune affection parasitaire quelconque. Leur santé semble excellente, et aucun signe de dégénérescence ne s'observe. L'albinisme est commun chez eux, sans doute, mais est-ce là une indication d'une faiblesse marquée? Il est permis d'en douter. Leurs ennemis naturels sont rares. Le chat ne les attrape qu'avec la plus grande difficulté, et les quelques oiseaux qui, comme le *Lanius borealis* — d'ailleurs rare et à un moment pourchassé par l'homme à cause de son hostilité envers le moineau — le *Cyanocilla cristata*, le *Quiscalus quiscula* et quelques faucons, attaquent le passereau, sont rares, et ne peuvent guère agir d'une façon sérieuse. Le climat offre quelques entraves à la multiplication de l'espèce, mais ceci n'a lieu que dans certaines circonstances exceptionnelles. Elle vit dans le Canada comme dans le Texas, mais il est évident qu'elle préfère les climats tempérés, et dans les régions où la neige est abondante et persistante, où elle n'est point balayée dans les rues, le moineau passe un triste hiver : les excréments du cheval et les grains et autres aliments qui tombent à terre étant rapidement recouverts de neige. Les orages — surtout ceux qui s'accompagnent de grêle — en tuent beaucoup, et le grand *blizzard* de mars 1888 en a détruit de grandes quantités. Mais ce sont là des circonstances exceptionnelles, et on peut dire qu'il est peu d'oiseaux qui, par leur vigueur et leur facilité d'adaptation, soient autant que le moineau en mesure de se multiplier et de s'étendre.

Les moyens artificiels propres à combattre le moineau sont nombreux, mais on n'en connaît point qui soit de nature à s'imposer de préférence aux autres. Et pourtant que de recherches n'a-t-on pas faites; quelle ardeur n'a-t-on pas mise, depuis quelques années, à exterminer le volatile autrefois chéri, honoré et protégé, le soi-disant ami de l'agriculture, et comme la haine a remplacé l'amour! A vrai dire, le moineau a vécu heureux de 1855 à 1870. Durant cette période, chacun le choyait; on lui préparait des nids, on le remerciait de la bonne grâce avec laquelle il daignait se reproduire; c'était à qui lui jetterait du grain; les assemblées politiques elles-mêmes s'intéressaient à son sort et lançaient l'anathème — matérialisé sous forme d'amendes et de prison — contre les mécréants qui eussent tenté de le détruire. Mais maintenant, quel revirement, et quelles tristes réflexions doivent faire les vieux moineaux à tournure d'esprit méditative et philosophique! Avant 1870, cependant, des ornithologistes et des agriculteurs expérimentés avaient osé dire que le moineau n'est pas, comme on le croyait, le bienfaiteur de l'agriculture, une bénédiction en chair et en os, une charité ambulante. Mais on ne les écouta pas : ils criaient dans le désert. Toutefois, à mesure que les agriculteurs, en y regardant de près, surprirent leurs favoris en mille flagrants délits de voracité, quand les cultivateurs virent les moineaux croquer les plus beaux grains de leurs céréales et commettre mille vilenies de toute sorte, quand ils virent voler par les airs les écus qu'ils se proposaient de recueillir et de garder pour les mettre avec les autres, la note changea. L'ami de la veille fut reconnu traître et malfaisant, et, dès 1880, l'opinion publique fut résolument hostile au moineau! L'ardeur consacrée naguère à sa protection n'eut d'égale et de supérieure que celle avec laquelle on médita sa perte. Les assemblées publiques annulèrent les lois autrefois édictées en faveur du malheureux volatile; d'autres — le Michigan, par exemple — décidèrent d'accorder une prime par tête de moineau. Les particuliers se sont mis à empêcher par tous les moyens la reproduction : ils ferment tous les recoins où l'oiseau pouvait venir pondre; ils détruisent les nids, les œufs et les jeunes; ils tirent sur les adultes; ils les prennent au piège pour remplacer les pigeons dans les tirs. Tel industriel en a de la sorte, en deux ans, capturé plus de 40 000, et tel individu en a tué plus de 500 en un an — les moineaux servant à l'alimentation; il y a des endroits où on les vend comme oiseaux de rizières. Un marchand de gibier en a, à Albany, acheté et revendu 1700 en une semaine; un autre en a vendu 4000 en peu de semaines. On les mange rôtis, ou autrement, et un correspondant — que nous ne féliciterons pas sur la finesse de son palais — déclare le moineau « très supérieur à la caille ». D'autres détruisent la pauvre bête au moyen de graines empoisonnées par la strychnine, ce qui ne laisse pas d'être un dangereux procédé.

Mais, demandera le lecteur, pourquoi ce revirement dans l'opinion? Qu'a donc fait le moineau pour être à tel point honni? Et la question est d'autant plus naturelle que, au cours du rapport, on voit émettre l'opinion que les 90 centièmes des graines mangées par le moineau proviennent du crottin de cheval, où abondent, on le sait, les grains d'avoine non digérés. C'est ici que commence l'acte d'accusation ; c'est ici qu'il nous faut mettre en lumière toutes les turpitudes du moineau, tous ses actes d'indélicatesse qui ont provoqué la guerre acharnée qui lui est vouée par ses meilleurs amis d'hier. Nous suivons l'ordre même où les faits sont groupés dans ce document.

Dommages causés aux plantes cultivées. — Les témoins sont au nombre de 584. Sur ceux-ci, 265 indiquent des dommages nets et précis; 12 demeurent neutres, et 307 sont sympathiques au moineau. Mais sur ces 307, il en est 294 qui ont peu de poids et dont les dépositions indiquent un esprit d'observation peu développé : à peine 12 témoignages, satisfaisant à la critique, sont-ils favorables au moineau.

Les dommages sont de nature très variée. Le moineau, on le sait, n'a point les habitudes de propreté du chat, et satisfait ses besoins là où il se trouve, dans les branches des arbres, comme à terre, ou sur le bord de son nid. Du moment où il est abondant, il souille les plantes, et finit par les tuer. C'est ainsi qu'il a détruit un lierre qui grimpait aux bâtiments de la *Smithsonian Institution*, circonstance aggravante et maladroite. Cela ne peut surprendre, quand on sait que dans un seul lierre on a, en deux mois, découvert

55 ou 60 nids contenant 995 œufs : le lierre était couvert d'excréments.

Mais ceci n'est qu'une peccadille. Un autre dommage a pour cause son habitude de manger les jeunes boutons des plantes. On a bien dit qu'il ne s'attaque qu'aux boutons renfermant des insectes, mais cela n'est pas prouvé du tout, et l'autopsie révélatrice montre, au contraire, que l'estomac du délinquant renferme nombre de boutons dont pas un seul ne contient un insecte! C'est surtout au milieu de l'été que le moineau s'adonne à ce genre de déprédations, et il attaque presque toutes les plantes : boutons floraux et boutons foliaires sont également détruits; on en trouve les débris à terre, en abondance. Des observateurs compétents ajoutent qu'il dévore également les fleurs du pêcher : en moins de 90 secondes, un seul moineau a, de la sorte, détruit dix-neuf fleurs dont il mangeait le centre. D'ailleurs, il n'a pas de préférence pour le pêcher : il attaque de la même manière les fleurs du poirier, de la vigne, du prunier, du cerisier, du pommier, du groseillier, et de nombre d'autres arbres cultivés, lilas, orangers, abricotiers, figuiers, etc. Il croque le jeune fruit à peine formé, ne laissant au cultivateur que des étamines inutiles, et ses yeux pour pleurer... C'est là un fait très précis, qui a été bien observé par de nombreuses personnes.

Le moineau ne se contente pas de manger les jeunes embryons, il s'attaque encore au fruit formé, adulte, et à la graine. Ici encore, les témoignages abondent : sur 788, il en est 472 défavorables, 279 favorables et 37 neutres. Les fruits endommagés sont nombreux. Tout d'abord, les raisins. Mais, dira-t-on, ce sont surtout les abeilles et les guêpes qui attaquent les raisins. A ceci on peut répondre par une expérience bien simple. Offrez à des guêpes ou à des abeilles tous les raisins que l'on voudra; du moment où les grains sont intacts et n'ont pas été ouverts, elles n'y peuvent rien; elles ne peuvent en déchirer la peau (ceci serait à vérifier, soit dit en passant). Par contre, que qu'un oiseau — ou tout autre agent — a entamé un grain, elles accourent. Mais elles ne font qu'achever une œuvre dont elles n'ont pas pris l'initiative, et pour cause. Cette initiative appartient le plus souvent aux oiseaux, et aux moineaux en particulier. On l'a vu picorer après les grappes, et on a vu de la sorte des récoltes endommagées au point que le tiers, et même la moitié, a été perdu. Et d'ailleurs, il ne peut nier, quand l'autopsie montre l'estomac plein de pépins! Pourtant, ce que le moineau recherche, c'est surtout le pulpe : il n'avale les grains que par inadvertance, et la peau lui répugne; et il picore nombre de grains inutilement, sans s'y arrêter, semblant trouver un plaisir méchant à la destruction. Ces grains sont perdus : ils se décomposent, et leur altération se communique aux grains voisins. Le moineau aime également les cerises, comme chacun l'a pu voir dans les vergers, les fraises, les groseilles, les pommes, les prunes, les figues, etc.; différents observateurs l'ont à l'œuvre, et dans certains cas, il a anéanti des récoltes entières. Les fruits, d'ailleurs, ne lui suffisent point, et la plupart des légumes le redoutent. Ici, il mange les petits pois dès qu'ils se montrent au-dessus de terre, si bien que certains cultivateurs renoncent à cette culture en nombre de localités ; là, il dévore les grains jeunes et tendres encore du maïs ; ailleurs, il s'attaque aux jeunes plants de laitue, de chou et d'autres légumes, et détruit les récoltes de la manière la plus complète. Il a d'ailleurs un procédé plus radical encore pour arriver à ses fins perverses : il déterre les graines qui viennent d'être semées, laissant le cultivateur dans la stupeur causée par la faible proportion des germinations ; il détruit ces mêmes grains sur la tige, avant même qu'elles n'aient mûri. Dans certaines localités, il y a des récoltes auxquelles il faut renoncer, à moins de s'astreindre à payer un enfant pour effrayer les moineaux ; un observateur rapporte que 100 pieds de tournesol ont été dépouillés de leurs graines en moins de deux jours ; un autre insiste sur les difficultés qu'il éprouve à obtenir des pelouses, les graines du gazon étant déterrées par l'oiseau, etc.

Les céréales ne sont naturellement pas épargnées non plus, et, sur ce point, les témoignages sont accablants : 183 sont favorables au moineau, et 562 lui sont défavorables. Passe encore que le moineau picore un peu du superflu, de la culture de luxe, mais venir s'attaquer au blé et aux autres céréales, voilà qui est très grave. Mais le doute n'est pas permis. Le moineau dévore le grain de blé qui vient d'être semé, il le dévore encore dès la maturation, jusque dans les greniers où il arrive à se faufiler. Tel agriculteur déclare en voir des milliers dans ses champs ; tel estime la perte au quart et même à plus de la moitié de la récolte. Et l'avoine donc ! Un agriculteur dit avoir tué dans un champ d'avoine 54 moineaux d'un coup de fusil, et 35 d'un autre, tant ils étaient nombreux. Le maïs, le sorgho, le seigle, le riz subissent les mêmes atteintes, et de tous côtés l'agriculteur lance l'anathème au moineau.

Dommages causés par la destruction d'autres espèces d'oiseaux. — Ennemi de la plupart des catégories de la végétation, et de celles-là surtout qui sont chères à l'homme, le moineau ne compte point d'amis dans le monde animal. Nous connaissons son humeur agressive et turbulente à l'égard des autres oiseaux de sa taille, et nous ne sommes point surpris si, sur 1048 témoignages portant sur les relations existantes, il ne s'en trouve que 168 de favorables contre 837 de défavorables. Et encore les auteurs du rapport disent-ils qu'à bien peser les documents, on arrive à trouver que la proportion des premiers aux derniers atteint à peine 1 pour 100.

Il est certain que le moineau a le caractère vif et batailleur et qu'il s'attaque à nombre d'oiseaux. Nous trouvons citées dans le rapport une centaine d'espèces, de l'hirondelle au pigeon et à la poule, en passant par tous les petits hôtes ordinaires des bois ; et, ce qu'il y a de grave, c'est que la grande majorité de ces espèces sont réellement utiles à l'agriculture. Le moineau leur nuit de bien des manières. L'une des plus répandues consiste à s'emparer de leurs nids pour s'y établir : il casse les œufs, expulse les légitimes propriétaires, et s'installe à leur place. Et il arrive, comme

l'ont vu quelques observateurs, que les espèces ainsi maltraitées disparaissent entièrement de la localité ; elles n'y reviennent point, et leur nombre absolu diminue en raison de la destruction des œufs ou des jeunes, car le moineau n'hésite pas à tuer la jeune couvée pour en prendre la place, et devant lui, les hirondelles, le roitelet, le troglodyte, divers *turdus*, etc., disparaissent, vaincus par la force et le nombre. D'ailleurs, ce n'est pas seulement pour leur prendre leurs nids que le moineau s'attaque aux petits oiseaux : il entre en lutte avec eux sans raison appréciable et en dehors de toute contestation, semble-t-il. Dans quelques cas, il est vrai, il les attaque pour leur prendre les aliments qu'ils ont trouvés et qu'ils rapportent à leurs petits, mais il arrive constamment qu'il les harcèle sans cause visible. Il volète autour d'eux, les suit, leur crie après, les inquiète et finit par les chasser. Un groupe de moineaux entoure souvent de la sorte des oiseaux beaucoup plus gros et les tracasse jusqu'à ce qu'ils aient pris la fuite. On a même vu des groupes de ce genre chasser une poule avec sa couvée, harasser un écureuil et faire fuir précipitamment un chat, le tout sans motif appréciable. Nombre d'observateurs enfin ont vu le moineau s'attaquer à divers oiseaux indigènes et les tuer sans retard. Pourquoi ? On ne sait : mais il semble que le moineau éprouve du déplaisir à voir auprès de lui d'autres espèces.

Ce qui fait la gravité de ces luttes, c'est qu'elles sont le plus souvent entreprises contre des oiseaux réputés utiles à l'agriculture ; autrement, en soi, elles n'ont rien de surprenant : la lutte est la loi de la nature. Mais l'homme se préoccupe naturellement des luttes où ses ennemis l'emportent sur ses auxiliaires, surtout quand il voit qu'à leur suite, les espèces utiles diminuent très notablement et disparaissent totalement dans nombre de localités, à mesure que le moineau les envahit et s'y implante.

Relations du moineau avec les insectes. — Une des principales raisons pour lesquelles les agriculteurs ont au début favorisé l'importation et la multiplication du moineau est l'idée qu'ils avaient que cet oiseau dévore nombre d'insectes nuisibles. Même si le moineau mange beaucoup de grains utiles, il demeure encore un auxiliaire de l'agriculture s'il la débarrasse des larves ou insectes notoirement nuisibles. Aussi était-il particulièrement utile, dans le procès intenté à l'oiseau envahisseur, de réunir des témoignages à l'égard de ses habitudes insectivores, et de savoir si réellement il détruit certaines espèces dangereuses pour la culture. Ce côté de la question a été étudié avec grand soin, par deux méthodes : l'une, qui consiste à observer les mœurs de l'oiseau ; l'autre, consistant à examiner le contenu de son estomac pour déterminer la nature et les proportions respectives des éléments animaux et végétaux qui s'y trouvent. Cette partie de l'enquête a été confiée à M. C.-V. Riley, et le nom de l'investigateur est une garantie de la valeur des résultats. Il n'y a pas à se le dissimuler, le témoignage de M. Riley n'est pas en faveur du moineau. Celui-ci mange bien quelques insectes, mais il ne fait aucune différence entre ceux qui sont nuisibles et ceux qui sont utiles ; mais les quelques insectes nuisibles qu'il attaque sont précisément ceux qu'attaquent tous les autres oiseaux, alors qu'il évite nombre de ces insectes que d'autres oiseaux mangent avidement ; mais finalement, il est beaucoup plus granivore qu'insectivore, de telle sorte que la destruction des insectes nuisibles par son fait est extrêmement restreinte. Ce sont là des faits précis et qui deviennent d'autant plus graves qu'il paraît certain que certains insectes nuisibles, auxquels le moineau ne touche pas — alors que d'autres oiseaux chassés par lui les mangent — se multiplient d'autant plus que le moineau est plus abondant. Tel est le cas pour la chenille de l'*Orgyia leucostigma*, d'après les observations de M. Lintner.

L'étude de M. C.-V. Riley a porté sur 522 estomacs de moineau, et, sur ce total, 92 renfermaient des restes d'insectes, appartenant surtout aux hyménoptères et coléoptères. Ces restes ont pu être identifiés, et il ressort que la majorité des insectes que dévore le moineau sont des espèces indifférentes. Si l'on fait ensuite le compte des espèces utiles et des espèces nuisibles, on voit qu'elles sont en nombre à peu près égal. La conclusion est donc que le moineau, en tant qu'insectivore, n'est ni utile, ni nuisible à l'agriculture. Mais il n'est que médiocrement insectivore ; il ne l'est que par occasion ou nécessité, et c'est presque exclusivement de grains et de substances végétales qu'il se nourrit, au grand détriment de l'agriculture, comme nous l'avons vu. En résumé, sur 522 estomacs examinés, on trouva du blé dans 22 ; de l'avoine dans 327 ; du maïs dans 71 ; des fruits dans 57 ; des graines de graminées dans 187 ; des matières végétales indéterminables dans 219 ; du pain et du riz dans 19 ; des insectes nuisibles dans 47 ; des insectes utiles dans 50 ; des insectes indifférents dans 31.

Je laisse de côté nombre de menus dommages causés par le moineau à l'écorce des arbres qu'il enlève, aux monuments qu'il souille de ses déjections, etc. Les faits qui précèdent suffisent à montrer que le moineau, tel qu'il existe en Amérique, en grandes quantités, constitue pour l'agriculture un danger, et non un secours, comme on l'avait cru au début, contre l'avis, d'ailleurs, des ornithologistes compétents. C'est là le fait essentiel, la conclusion qui s'impose. Et, au surplus, elle ne découle pas seulement des faits observés en Amérique ; divers observateurs, en Angleterre et en Australie, arrivent exactement au même résultat, et en Australie, où le moineau, comme le lapin, a pullulé d'une façon extraordinaire, chacun en connaît les méfaits, et demande qu'on organise une défense sérieuse contre l'envahisseur qui menace les moissons et les récoltes de toute sorte sur lesquelles il prélève un tribut énorme, quand il ne les détruit pas en totalité. En présence de ces faits bien avérés, en présence des dommages causés par le moineau à l'agriculteur, directement par la destruction des boutons, des grains, des fleurs, des fruits ; indirectement, par la destruction de nombre d'espèces réellement insectivores, dommages qui, si on les évaluait, représenteraient des sommes énormes, on comprend que l'opinion publique aux États-Unis réclame des mesures propres à amener la diminution du nombre des moineaux, devenus une plaie véritable

pour un pays où l'agriculture occupe une place si importante.

Que peut-on faire contre le moineau ? Telle est la question que se posent en dernier lieu les auteurs du rapport, dont l'analyse sommaire vient d'être donnée.

Tout d'abord, il convient de rapporter les lois promulguées naguère dans différents États à l'effet de protéger le moineau : c'est là le commencement. A cette mesure, MM. Merriam et Barrows proposent de joindre les suivantes :

1° Autoriser la destruction du moineau et de ses couvées, en toute saison ;

2° Assimiler à un délit, punissable par l'amende ou la prison, le fait de donner au moineau du grain ou d'autres aliments ; celui de l'introduire dans de nouvelles localités, et d'en favoriser l'extension ou la multiplication ; celui d'entraver les actes des personnes occupées à le détruire ;

3° Protéger différents oiseaux connus pour détruire le moineau ;

4° Charger, dans chaque localité, une personne — le garde champêtre de préférence — de veiller à l'exécution des mesures précédentes, en lui donnant les pouvoirs nécessaires pour surveiller et favoriser la destruction du moineau.

Telles sont les mesures proposées. Les auteurs ne pensent pas qu'il soit utile d'offrir des primes pour la destruction des oiseaux ; ils estiment que les procédés par eux préconisés suffisent entièrement à amener le résultat qu'ils poursuivent, et croient avec assez de raison que, si l'on ne peut dès le début offrir des primes telles que l'extermination soit rapide et complète, on arrivera simplement à ceci : à une destruction moyenne insuffisante qui nécessitera le maintien de la prime pendant un temps indéterminé, et, partant, des dépenses énormes. Un exemple suffira à mettre ce point en lumière. Prenons des États de l'Union, l'Ohio, par exemple. Sa superficie est de 25 millions d'acres, dont les quatre cinquièmes au moins sont, parfaitement peuplés et cultivés. Étant donné qu'on y a vu des vols de moineaux contenant certainement des dizaines de milliers d'individus, et que, dans les districts à culture de céréales, le nombre en est incroyable, il sera légitime d'admettre qu'il existe bien deux moineaux par acre, en moyenne, soit en tout 40 millions de moineaux pour tout l'État. A un sou par tête, de prime, il faudrait dépenser 2 millions, à supposer que tous fussent détruits dès la première année. Mais on n'y arriverait pas. Au début, la chasse serait facile et profitable ; mais à mesure que le moineau serait devenu plus rare, et surtout plus méfiant, à mesure qu'il fuirait les villes pour se réfugier dans les champs, on en tuerait moins, et la prime n'attirerait plus suffisamment les amateurs. Admettons cependant que de janvier en avril on réussisse à tuer 20 millions des délinquants. Vient l'époque de la reproduction. Admettons que chaque couple produise 8 petits, qu'il soit tué durant cette période les 2/5 des adultes plus la moitié des jeunes : au 1er juillet il restera 12 millions d'adultes et 20 millions de jeunes, en tout 32 millions. De juillet en octobre, nouvelle reproduction : les 12 millions d'adultes produiront 12 millions de petits, dont 6 millions seront tués avec 4 millions d'adultes, et la moitié des petits de la première série. Et pourtant au 1er octobre, il restera 24 millions de moineaux, et on aura payé la mort de 20 millions d'oiseaux, soit 1 million de francs. Et si d'octobre à janvier on arrive à tuer 40 moineaux sur 100, on se trouvera en présence de 14 millions d'oiseaux (au lieu de 40) et on aura payé la prime sur plus de 77 millions : soit 3 850 000 francs!

Si l'on continue pendant quelque temps à détruire dans les mêmes proportions, on arrivera au bout de cinq ans à avoir exterminé 120 millions d'oiseaux; mais il en restera plus de 200 000, et c'est plus qu'il n'en faut, d'après ce que l'on sait de l'extension et de la multiplication du moineau aux États-Unis, pour qu'en peu de temps le pays en soit de nouveau couvert, à moins d'élever le taux des primes, et de faire des dépenses colossales. Encore faut-il considérer que le système des primes n'aurait d'effet que s'il était adopté sur toute l'étendue du territoire de l'Union. Il semble donc parfaitement inutile d'y avoir recours. Au début, il pourrait sembler rendre quelques services, mais avec le temps, il faudrait élever le taux de la prime — l'oiseau étant plus rare, et beaucoup plus méfiant — et, d'autre part, les gens qui feraient leur métier de la chasse au moineau pourraient fort bien — y trouvant un avantage direct et évident — ne pas conduire la guerre avec la rapidité voulue : ils ne voudraient pas tuer « le moineau aux œufs d'or », et sauraient maintenir la destruction dans les limites compatibles avec leurs intérêts. Les essais qui ont été faits aux États-Unis, de la méthode des primes; dans le Montana, pour les chiens de prairies et les écureuils; dans le Michigan, pour le moineau, ne sont d'ailleurs pas encourageants, tant s'en faut, et il est évident qu'à supposer même que cette méthode fût appliquée dans tous les territoires de l'Union, elle serait plus fertile en dépenses énormes qu'en résultats sérieux.

Ce qu'il faut donc, de l'avis des auteurs du rapport, c'est que la population tout entière se persuade bien de l'utilité qu'il y a à détruire le moineau, et se mette à la tâche. Le fermier et le cultivateur pourront employer, avec certaines précautions, des poisons tels que l'arsenic ou la strychnine. Le premier vaut mieux, car la vue des convulsions strychniques est de nature à rendre méfiants les oiseaux qui n'ont point goûté à l'appât. M. A.-K. Fisher, qui a fait des recherches spéciales sur ce point, conseille d'employer de l'avoine qui a trempé dans de l'eau contenant de l'arsenic et un peu de gomme arabique, et qu'on a ensuite laissée sécher; la mort est certaine, et avec 5 ou 6 francs d'avoine et d'arsenic on a de quoi tuer jusqu'à 25 000 moineaux. Pour bien faire, on conseille, avant de distribuer le grain empoisonné, d'habituer pendant quelques jours auparavant, le moineau à venir en quantités, en lui jetant à heures régulières du grain sain.

Comme le moineau est bon à manger, on pourra encore en tuer à coups de fusil, on en prendre au piège, au filet ou par telle autre méthode qu'on voudra. Mais c'est un oiseau fort rusé et méfiant, et M. W.-T. Hill, qui fait sa profession de prendre des moineaux pour les « tirs au moineau », dit qu'il ne connaît pas de volatile plus difficile à duper. Bien plus, il a vu des moineaux qui avaient réussi à échapper au filet faire des efforts très évidents pour empêcher leurs congénères de se laisser prendre : « à l'approche de ceux-ci, ils poussaient des cris d'alarme, essayaient de les entraîner dans une autre direction et réussirent jusqu'à empêcher qu'un seul d'entre eux entrât dans le filet ». Enfin, il sera indispensable, partout où l'on pourra, de détruire les nids et les jeunes couvées. On pourra, avec avantage encore, favoriser le développement des « tirs au moineau » à la place des « tirs au pigeon », et des associations organisées sur le type des sociétés anglaises qui fonctionnent déjà et qui ont pour but d'exterminer cet animal. En un mot, MM. Merriam et Barrows veulent que l'initiative privée entreprenne la tâche qui s'impose. Réussira-t-elle? Nous ne sommes point prophète. En tout cas, la chose sera longue et difficile. Le moineau s'est si bien acclimaté, il a acquis une telle extension, et en si peu de temps, que le nombre doit en être effroyable. En peu d'années, il est devenu un danger dont une moitié de l'Amérique du Nord se préoccupe à juste titre, et si ceux qui furent les premiers à recommander l'importation de cet hôte incommode sont là pour voir le résultat de leurs efforts, ils ne doivent éprouver qu'une très médiocre satisfaction. Peut-être surgira-t-il quelque maladie, parasitaire ou autre, qui viendra en aide aux efforts des Américains : il est rare en effet qu'une espèce puisse prendre une extension considérable sans que quelque ennemi, sous une forme ou une autre, en vienne réduire le nombre. Mais jusqu'ici on ne voit aucun signe, et devant la mer montante du passereau, il faut agir énergiquement. Au point de vue purement zoologique, cette extension du moineau est assurément un fait intéressant, comme celui de l'extension du *Pieris rapæ* dans la même région du globe, comme celui du moineau et du lapin en Australie : il est toujours curieux de voir rétrocéder certaines espèces — le bison, par exemple, et le kangourou, pour ne pas sortir des exemples choisis — alors que d'autres s'étendent; il est curieux encore de pouvoir mesurer par des chiffres et des faits précis l'importance — utile ou nuisible — d'une espèce. Mais l'intérêt scientifique est primé ici par l'intérêt pratique. Le moineau s'en apercevra à ses dépens, sans doute : et l'homme apprendra une fois de plus qu'il ne faut point inconsidérément ouvrir sa porte à tout venant. Il faut choisir ses relations et ses commensaux : les Américains dépenseront beaucoup pour apprendre cette vérité banale. Il est d'ailleurs loisible à chacun de profiter de cette leçon, et de tirer ainsi, sans bourse délier, la moralité que comporte cette esquisse rapide de la « question du moineau ».

HENRY DE VARIGNY.

PHYSIQUE DU GLOBE

La campagne océanographique de la « Pola »
en 1890.

La science de l'océanographie ne cesse de se développer et ses progrès étonnent par leur importance autant que par la rapidité avec laquelle ils s'accomplissent; les résultats déjà obtenus sont vérifiés et complétés et, chaque année, on en recueille de nouveaux, aussi bien grâce aux travaux de laboratoire de nombreux savants que par des expéditions maritimes spécialement organisées dans ce but. Parmi celles-ci, les plus récentes ont été faites, en 1889, par les Américains à bord du *Grampus* et par les Allemands de la *Plankton-Expédition* à bord du steamer *National;* en 1890, par les Autrichiens à bord de la *Pola*.

On sait que le *Blake*, de l'*U. S. Coast and Geodetic Survey*, commandé par le lieutenant Pillsbury, exécute chaque été une campagne océanographique sur les côtes méridionales et orientales des États-Unis. En outre des travaux, l'*U. S. Fish Commission*, dont le navire *Albatross* explore les côtes occidentales d'Amérique baignées par l'océan Pacifique et par la mer de Behring, a organisé l'expédition du schooner *Grampus* qui, avec son état-major civil d'hommes de science, a étudié l'océanographie détaillée d'une bande du *Gulf-Stream* comprise sur toute la largeur du courant entre la latitude du cap Cod et celle de New-York. Du 23 juillet au 23 août 1889, malgré un temps presque continuellement mauvais, on a donné 101 coups de sonde, obtenu des indications de températures en série jusqu'à 500 brasses de profondeur au moyen de vingt-cinq thermomètres Negretti et Zambra, recueilli des échantillons d'eau pour les soumettre à l'analyse, exécuté un grand nombre de dragages et de pêches, observé avec précision divers phénomènes météorologiques et fait des expériences relatives à l'électricité atmosphérique.

Vers la même époque, l'expédition scientifique allemande du Plankton, organisée au prix de 100 000 marks en partie sur la cassette particulière de l'empereur d'Allemagne, en partie sur les fonds de la dotation Humboldt fournis par l'Académie de Berlin, quittait Kiel à bord du steamer *National*. Elle visitait successivement les Açores, l'embouchure de l'Amazone, puis l'Ascension, les îles du cap Vert, les Bermudes, et, se dirigeant ensuite vers le nord-est, elle franchissait le grand banc de Terre-Neuve, atteignait le cap Farewell au sud du Grönland et rentrait à Kiel. Quelques-uns seulement des résultats sont connus, parmi lesquels une carte de la distribution de la salure dans l'Atlantique nord due à M. Krümmel.

Pendant l'été qui vient de s'achever, la marine autrichienne a donné une suite aux expéditions de la *Novara* et du *Friedrich* autour du monde, de l'*Isbjörn* et du *Tegetthoff* dans les régions arctiques, de la *Hertha* et de la *Pola* dans la Méditerranée, aux savants travaux de MM. J. Luksch et

J. Wolf dans la mer Ionienne et dans l'Adriatique, et celle à ceux de la Commission de l'Adriatique (*Adria Commission*), fondée en 1884. Une bienveillante communication de M. Suess nous permet de prendre connaissance du rapport sommaire présenté le 2 octobre à l'Académie des sciences de Vienne sur la campagne du vaisseau de guerre *Pola* et d'en informer immédiatement le public français.

La *Pola*, commandant W. Mörth, quittait le port de Pola le 10 août 1890. Elle avait à son bord, avec les membres autrichiens de la Commission de l'Adriatique, M. le prince Albert de Monaco et M. Jules de Guerne, président de la Société zoologique de France, le compagnon du prince pendant les diverses expéditions de l'*Hirondelle*. Le prince Albert avait installé sur la *Pola* les divers instruments et appareils inventés par lui ou dont il fait habituellement usage et avait amené l'un de ses hommes pour en enseigner la manœuvre. Le vaisseau se rendit d'abord à Corfou et à Zante, toucha à Stamphani, à Sapienza et à Kapsala dans l'île de Cérigo, traversa en ligne droite la Méditerranée jusqu'à 15 milles du cap Ras-Hilil en Cyrénaïque, suivit à une distance variant de 15 à 40 milles la côte d'Afrique jusqu'à Benghazi, revint au cap Santa-Maria di Leuca et rentra à Pola le 19 septembre. On avait parcouru un total de 2616 milles, fait des observations à quarante-huit stations principales et à vingt-quatre stations secondaires sur la profondeur de la mer, la nature du fond, la physique, la chimie et enfin la vie à la surface et dans les couches profondes. M. J. Luksch était chargé de l'océanographie et de la physique, M. Konrad Natterer de la chimie, MM. Emil von Marenzeller et C. Grobben de la zoologie. La région étudiée était à peu près la même que celle examinée en 1880 par l'expédition de la *Hertha*, yacht appartenant au prince de Lichtenstein, et en 1887, par le navire de l'État italien *Washington*, sous le commandement du capitaine, aujourd'hui contre-amiral Magnaghi.

Les appareils ont fonctionné d'une façon très satisfaisante, et l'on a pu se livrer dans les meilleures conditions à l'examen sérieux de leurs avantages et de leurs inconvénients. L'administration de la marine avait fait toutes les installations de manière à ne rien laisser à désirer. La machine à sonder du prince de Monaco, construite par M. Jules Le Blanc à Paris, s'est montrée excellente sous tous les rapports; elle est parfaitement solide et résistante. Le sonde atteignait le fond par 3000 mètres en vingt minutes et n'avait besoin que d'un poids de 29 kilogrammes environ destiné à se détacher par le choc pour laisser remonter le *tube* rempli d'un échantillon du sol sous-marin. Le fil d'acier le supportant avait été fourni par la maison C. Bamberg, de Friedenau, près de Berlin.

Les sondages exécutés se partagent de la manière suivante :

10 ont dépassé 3000 mètres
2 sont compris entre 3000 et 2000 mètres
15   —   2000 et 1000   —
15   —   1000 et 400   —

et le reste au-dessous de 400 mètres.

La profondeur maximum de 3700 mètres a été rencontrée la limite est de l'isobathe de 3000 mètres, entre Malte et Cérigo. On a atteint 3150 mètres à 10 milles à l'ouest de Sapienza. Les résultats de l'étude topographique de la *Pola* joutés à ceux de la *Hertha* et du *Washington* permettent le tracer le relief du fond avec beaucoup d'exactitude sur out l'espace borné par l'Italie méridionale, la Sicile, la Grèce et la côte d'Afrique. L'aire de dépression maximum comprise entre les isobathes de 3500 et de 4000 mètres s'étend dans une direction nord et sud et envoie une branche plus courte vers l'ouest. Les plus grandes profondeurs au-dessous de l'isobathe de 4000 mètres sont entre Cérigo et Malte, vers 19° latitude est de Greenwich; enfin, la pente du sol immergé est bien plus abrupte le long des côtes grecques que le long des côtes italiennes. Cette disposition est assez bien indiquée dans ses traits principaux sur la carte bathymétrique de la Méditerranée et de la mer Noire publiée dans l'atlas de Stieler.

L'expédition possédait dix-sept thermomètres de profondeur, construits d'après deux systèmes différents. Les thermomètres à maxima et à minima de Negretti et Zambra se sont montrés parfaits, tandis que ceux à renversement des mêmes constructeurs ont donné lieu à certaines critiques. On a exécuté 70 mesures de températures de surface, 300 dans des couches situées entre 10 et 100 mètres, et 130 à des profondeurs de 100 à 3700 mètres. On a en outre mesuré des densités parmi lesquelles 200 se rapportent à des couches au-dessus de 100 mètres, et le reste entre 100 et 3700 mètres. Les premières montrent qu'à l'exception des températures de fond dans les parties les plus basses, la température, à profondeur égale, est plus élevée dans ce bassin que dans le bassin occidental de la Méditerranée. La densité et la salure manifestent aussi dans l'est une augmentation notable relativement au reste de la Méditerranée. Le poids spécifique est tout particulièrement élevé au voisinage de la côte d'Afrique.

Les plus grosses vagues observées avaient une hauteur de 4m,50 et une période de sept secondes. Le temps a été trop beau pour qu'il ait été possible d'étudier l'action de l'huile, mais on a fait des observations très complètes sur les courants, le vent, la température de l'air, la pression barométrique, l'hygrométrie et la nébulosité.

La transparence de la mer a été examinée au disque blanc de Secchi; la distance maximum de disparition a été par 43 mètres, à midi dix minutes, à 15 milles de la côte d'Afrique. Le premier qui imagina cette méthode de mesure, en 1845, M. Bérard, capitaine de vaisseau, commandant le *Rhin*, trouva 40 mètres comme limite de visibilité dans le Pacifique, entre l'île Wallis et les Mulgrave; dans le Léman, elle n'a jamais dépassé 27 mètres. La Commission de l'Adriatique a noté la couleur de la mer par comparaison avec des liquides colorés enfermés dans des tubes, et appartenant probablement à la gamme de Forel.

Dans ces derniers temps, plusieurs expérimentateurs ont cherché à mesurer la profondeur à laquelle pénètrent les rayons actiniques du soleil. Ces recherches commencées

en 1873, par M. F.-A. Forel, dans le lac de Genève, avec du chlorure d'argent blanc contenu dans un flacon en verre blanc, avaient été continuées par M. Asper, en 1881, dans les lacs de Zurich et de Wallenstadt, avec des plaques sensibles disposées en chapelet, reprises ensuite en 1887 par M. Forel avec du papier albuminé sensibilisé, enfin renouvelées dans le Léman et dans la Méditerranée, près de Nice, par MM. Hermann Fol et Ed. Sarazin, qui ont trouvé comme limite extrême d'impressionnabilité en mer 400 mètres de profondeur environ.

MM. Luksch et Wolf, qui d'ailleurs avaient déjà étudié par une méthode spéciale la propagation de la lumière à travers les eaux, ont renouvelé, à bord de la *Pola*, ces mesures d'impressionnabilité de plaques sensibles en vingt endroits différents, et ont trouvé la limite par 500 mètres de profondeur, à 200 milles au nord de Benghazi. Ils sont même d'avis que l'action des rayons actiniques se fait sentir encore plus profondément. Les appareils photographiques employés étaient celui de Pétersen, qui laissait à désirer par mer un peu forte, sous l'influence d'un courant ou par la marche, même en petite vitesse, du navire; au contraire, le modèle de l'Académie des sciences de Fiume s'est montré excellent.

On exagère quelque peu l'importance de ces mesures. On semble oublier que non seulement il n'existe point d'échelle comparative précise entre les divers réactifs ou plaques sensibles à la lumière, et, d'autre part, on ne fait que des suppositions en essayant d'établir une relation entre la sensibilité d'une plaque photographique quelconque et la sensibilité de la rétine chez l'homme, chez les animaux, ou même l'action physiologique sur les plantes marines. Fixer une limite minimum à la pénétration des rayons actiniques dans la mer n'est plus dès lors qu'une question de physique pure. Et encore apportera-t-elle jamais la conviction parfaite? On cite des liquides révélateurs tellement puissants, qu'ils font apparaître des images sur des plaques qui n'ont jamais vu d'autre lumière que celle qui a servi à l'opérateur qui les fabriquait, et ne pouvait évidemment avoir opéré dans l'obscurité absolue. Les observations si curieuses de M. Fol en dé candre montrent combien est faible la distance au delà de laquelle l'homme cesse de voir à travers l'eau. En se rappelant la remarquable vitesse et l'extrême délicatesse avec lesquelles se propagent les vibrations mécaniques au sein des eaux, on serait tenté de penser qu'au milieu de l'obscurité des profondeurs, c'est probablement par une sensation de tact éprouvée, soit par des organes spéciaux, soit par le corps tout entier, que les animaux, même les plus mobiles, comme les poissons, sont avertis du voisinage d'un obstacle, de l'approche d'un ennemi ou d'une proie, et par l'intermédiaire de vibrations mécaniques d'une modalité bien plus variée qu'on ne le croit.

Les échantillons d'eau ont été récoltés à l'aide de bouteilles appartenant à sept modèles différents. La bouteille de Mayer, dont l'emploi a été préconisé par la Commission d'étude des mers allemandes de Kiel, s'est montrée de beaucoup la meilleure; celles de Buchanan, de Sigsbee et de Mill, sont trop difficiles à réparer lorsqu'elles se détériorent; celle de Sigsbee ne recueille pas un échantillon de volume suffisant; enfin celle de Mill est d'une construction trop délicate.

On n'a dosé, pendant le voyage, que les substances dissoutes dans l'eau de mer pour lesquelles on craignait que la conservation n'apportât des modifications, c'est-à-dire l'oxygène, l'acide carbonique, les matières organiques facilement oxydables, l'ammoniaque, l'azote organique et l'acide azoteux. On a essayé à de nombreuses reprises de constater la présence de l'hydrogène sulfuré et de l'acide azotique, mais toujours vainement. Les travaux du laboratoire permettront seuls de connaître la composition exacte et les relations mutuelles entre les divers sels minéraux de l'eau de mer; néanmoins, dès à présent, on peut affirmer les conclusions suivantes.

A partir de la surface, la proportion d'oxygène augmente d'abord à mesure que la température s'abaisse, puis elle diminue, quoique si faiblement, que même à 3000 mètres et au-dessous, l'eau est exactement ou presque exactement aussi riche en oxygène qu'à la surface. C'est ce qu'avait reconnu M. Tornöe, du *Vöringen*, dans l'océan du Nord.

L'opinion de M. Tornöe sur l'absence d'acide carbonique libre au sein de l'eau de mer est confirmée par M. Natterer qui, lui aussi, n'a reconnu nulle part ce gaz libre. Sa proportion, à l'état de combinaison ou de demi-combinaison pour constituer des carbonates ou des bicarbonates, s'est trouvée à peu près partout la même.

En revanche, il existe, en des localités diverses, de notables différences dans la richesse des eaux de surface en matière organique facilement oxydable. D'une façon générale, la quantité de matière organique diminue avec la profondeur, mais l'eau immédiatement en contact avec le sol sous-marin et récoltée au moyen du sondeur, après qu'elle a été filtrée, en renferme une proportion considérable.

Les variations en ammoniaque sont très faibles, même aux plus grandes profondeurs; cependant, tout contre le fond, la quantité en augmente, et l'on peut en dire autant de l'azote organiquement combiné, quoiqu'on ait cru observer une légère diminution avec la profondeur et, dans certains cas, au contraire, une accumulation sur le fond encore plus considérable que celle de l'ammoniaque.

Ces faits ont une importance extrême : ils viennent appuyer la nouvelle théorie de la genèse des fonds calcaires de MM. John Murray et Irvine, qui affirment la création continue du carbonate de chaux dans l'eau de mer par l'action des matières organiques en décomposition sur tous les sels de chaux en dissolution et particulièrement le sulfate. L'excès reconnu de matière organique, d'ammoniaque et d'azote organique, prouverait que le maximum d'intensité de l'action chimique a lieu contre le fond, de sorte que le calcaire se formant continuellement viendrait cimenter les vases pour en faire des marnes plus ou moins argileuses, ainsi que les dépouilles d'animaux destinées à devenir des fossiles. La géologie historique en tirerait encore cette autre conclusion

que l'épaisseur d'une couche stratifiée dépend bien mo du temps que de l'activité de la vie qui s'y manifeste ou est manifestée, de sorte que deux couches inégalem épaisses peuvent avoir exigé un temps égal pour se constituer, et inversement.

On n'a jamais reconnu l'acide azoteux qu'en très petite quantité. L'eau rapportée du fond même avec le plomb de soude en renferme un peu moins que l'eau recueillie plus haut.

Plusieurs causes ont empêché, pendant cette campagne, de donner à la zoologie la place qu'elle mérite. Sans compter la pauvreté de la faune méditerranéenne, le navire était médiocre marcheur, les relâches dans les ports ont absorbé les trois quarts environ de la durée totale de la campagne, enfin on a dû se livrer à l'apprentissage long et pénible de la manœuvre des appareils. Toutefois, les résultats obtenus, pour n'être pas de première importance, sont loin d'être sans valeur.

Les appareils employés par M. le prince de Monaco ont été expérimentés; ceux de M. Marenzeller ont servi à 17 dragages, à 17 pêches dans les couches intermédiaires et à 16 dans les eaux superficielles. En somme, on a constaté que les fonds couverts d'une boue jaune du nord de la mer Ionienne, entre Corfou et Cérigo, ont une faune plus pauvre que ceux situés plus au sud, et que la dispersion de la faune profonde, déjà connue en quelques points de la Méditerranée occidentale par les expéditions du *Travailleur* et du *Washington*, s'étend à l'est jusqu'à 22° lat. E. de Greenwich environ. Sur tout cet espace examiné par la *Pola* et où il est indispensable de se livrer ultérieurement à de nouvelles recherches, les formes animales les plus intéressantes et les plus nombreuses proviennent de profondeurs de 1010, 1765, 1770 et 680 mètres.

Nous terminerons ici le compte rendu succinct des résultats obtenus par l'expédition de la *Pola* pendant l'été de 1890. Ils nous prouvent par un exemple de plus que l'océanographie fait de rapides progrès, que toutes les nations étrangères s'en occupent d'une manière constante. Il convient de ne point l'ignorer en France et de nous le répéter sans cesse à nous-mêmes. Après avoir, grâce à la mémorable découverte de M. A. Milne-Edwards, établi les premiers le fait capital de la présence de la vie dans les profondeurs, après les campagnes du *Talisman* et du *Travailleur*, qui nous ont donné un rang si honorable, nous avons le devoir de ne point nous reposer sur notre gloire passée et nous mettre en danger d'être distancés par ceux qui n'interrompent pas leurs efforts. Il n'existe parmi nous aucune carte bathymétrique, ce document indispensable pour l'étude scientifique et rationnelle des lois de la mer, de la navigation, des pêcheries, de l'industrie des télégraphes sous-marins; nous n'avons pas une seule carte géologique des fonds voisins de nos côtes que réclament nos pêcheurs. Nous possédons une foule de données, le nombre des coups de sonde enregistré est incalculable, mais, exécutés le plus souvent avec des appareils différents, ils ne sont pas suffisamment comparables; ils sont éparpillés en cent endroits, les échantillons si précieux rap-

…s du fond sont rejetés à la mer et, malgré la bonne volonté et le dévouement qui ne font jamais défaut en France,
n'est coordonné, et personne n'ose entreprendre un
ail qui serait pourtant si utile et si facile. Quand on
sidère la longue liste des yachts de plaisance étrangers
t les riches propriétaires, sans rien demander à l'État,
dient eux-mêmes la science de la mer ou facilitent à des
ints l'accomplissement d'une œuvre patriotique, huma-
ire et de plus attrayante entre toutes, on y cherche en
n un nom français. Que faut-il dire, hélas! pour être
outé? Que faut-il faire pour être aidé? Et, s'il s'agit de la
cience de la mer, de l'océanographie, ce mot de *sursum
orda* n'aura-t-il donc une signification qu'en anglais à
Londres, à Édimbourg ou aux États-Unis, en norvégien à
Christiania, en suédois à Stockholm, en danois à Copenhague,
en allemand à Kiel, à Hambourg ou sur l'Adriatique!

J. THOULET.

CAUSERIE BIBLIOGRAPHIQUE

L'Esprit de nos bêtes, par M. ALIX. — Un vol. in-8;
Paris, J.-B. Baillière, 1890.

La littérature humoristique scientifique n'en est plus à
compter avec les ouvrages relatifs à l'intelligence des animaux. Élien, Pline, Aristote, et, dans les temps modernes, tant
d'autres que la nomenclature en serait interminable! On se
rappelle aussi qu'il y a quelques années une sorte d'enquête
fut ouverte dans la *Revue scientifique* sur cet intéressant et
inépuisable chapitre de psychologie. De là le petit volume
que connaissent sans doute la plupart de nos lecteurs, et qui
a eu un succès bien mérité. Mais, dans ces récits, il n'y avait
aucune discussion théorique. C'était un simple exposé anec-
dotique, aussi exact, mais aussi bref que possible. A notre
sens, cette absence de théorie et d'idées préconçues est plutôt un éloge qu'un blâme.

Voici un livre plus volumineux, plus complet et très intéressant aussi. Il est dû à M. Alix, vétérinaire militaire, qui
semble avoir observé les animaux de très près aux points
de vue des mœurs et des sentiments. M. Alix aime les animaux, notamment les chevaux et les chiens. C'est là, à ce
qu'il semble, une des conditions nécessaires pour faire une
pareille étude. Il est à remarquer, en effet, que jusqu'ici
tous ceux qui ont parlé des animaux sont suspects de
quelque partialité en leur faveur. Nous voudrions savoir ce
que dirait un écrivain, qui, au lieu d'aimer les animaux, aurait de l'aversion pour eux. Il est à croire que ce livre ne
ressemblerait en rien à tout ce qui a été écrit jusqu'ici sur
l'intelligence des bêtes. Mais il n'a pas été écrit encore, et
il ne faut pas s'attendre à ce que M. Alix soit cet ennemi
des animaux dont nous attendons le jugement défavorable;
au contraire, M. Alix est leur ami déclaré.

Il leur accorde la plupart des qualités intellectuelles de
l'homme; et, de fait, il n'est pas possible, après avoir lu
quelques-unes des très amusantes anecdotes contées par
M. Alix, de refuser aux animaux non seulement la mémoire
(cela va sans dire), mais aussi le raisonnement. Quant aux
autres phénomènes intellectuels, nous serons un peu plus
réservés à cet égard, non qu'il faille absolument nier chez
les êtres autres que l'homme la religiosité, la moralité et le
progrès; mais enfin ces fonctions intellectuelles sont tellement faibles chez les animaux qu'on ne peut établir aucune
comparaison entre leur intelligence et celle de l'être humain.

Sur un point fondamental, nous différons tout à fait d'opinion avec M. Alix : c'est sur le perfectionnement de l'espèce,
le perfectionnement psychique, bien entendu. Certes, nous
savons depuis Darwin que les animaux changent peu à peu
de mœurs quand les conditions extérieures viennent à
changer : par exemple, lorsqu'ils ne sont pas chassés, dans
une île à peu près déserte, les oiseaux sont peu farouches : mais ils deviennent très sauvages dès que l'homme
arrive, avec ses pièges, ses poursuites et son aveugle fureur
de destruction. Voilà ce qu'est le progrès chez les animaux; mais il y a loin de cette graduelle modification, au
progrès, tel que nous le concevons chez l'homme; chez
l'homme, le progrès est dû à l'éducation, et cette éducation
n'est possible que parce qu'au moyen du langage nous pouvons transmettre à nos enfants des idées abstraites, des faits
et des lois, tandis que chez les animaux il n'y a rien d'analogue.

Non, certes, quoi qu'on puisse dire sur les étonnantes et
significatives onomatopées produites par les animaux, elles
ne représentent à aucun degré le langage; car l'essence du
langage est non pas d'exprimer une émotion par un son
particulier, ou par une attitude spéciale, mais de représenter une abstraction par un son : qu'un chien puisse indiquer, par le caractère de ses cris, la colère, la douleur, la
joie, la chasse, et même la nature du gibier qu'il rencontre,
cela n'est pas douteux; mais tous ces sons ne valent pas le
mot *force* ou le mot *temps* ou le mot *courage*, tous bruits
émis par nous, et répondant à une idée abstraite, pouvant
ainsi se communiquer à d'autres êtres semblables à nous.

C'est évidemment là sur ce point spécial une légère critique que nous
adressons à M. Alix; car sur ce point spécial on peut différer
d'avis; et, quant à l'ensemble de ses opinions, nous sommes
forcés de reconnaître avec lui que tout ce qui est chez
l'homme se retrouve chez l'animal, que par conséquent la
notion d'un règne humain est parfaitement absurde, et qu'il
n'y a pas d'abîme, comme quelques-uns peut-être le croient
encore, entre l'homme et les autres êtres vivants.

Nous sommes certains qu'on lira ce livre avec plaisir. Il
est très curieux, plein de documents amusants, riche de
faits et d'idées. L'auteur nous permettra cependant de trouver que certains récits sont rapportés, dont l'exactitude est
tant soit peu douteuse. Il ne suffit pas qu'un fait soit *observé*
pour être rapporté; il faut encore qu'il ait *été bien observé*,
et par-ci par-là, nous eussions voulu une appréciation tant
soit peu critique sur la valeur de tel ou tel récit, même de

ceux — nous l'avouerons sans crainte — qui ont été adressés à la *Revue scientifique.*

Enfin nous ne nous ferons aucun scrupule de blâmer nettement la plupart des figures. Elles sont franchement mauvaises. Avec un peu plus de soin dans la gravure, on les aurait rendues passables. Mais pourquoi l'éditeur n'a-t-il pas pris ce soin? Le livre de M. Alix valait mieux que ces illustrations qui le déparent. On fait maintenant si bien dans ce genre, qu'on ne doit pas gâter un très bon livre avec de très mauvaises figures.

Leçons de cinématique, mécanismes, hydrostatique, hydrodynamique, professées à la Sorbonne par P. Puiseux, rédigées par P. Bourguignon et H. Le Barbier. — Un vol. de 340 pages, avec 182 figures dans le texte; Paris, Georges Carré, 1890.

Les *Leçons de cinématique* de M. Puiseux sont appelées à rendre les plus grands services à tous ceux qui s'occupent de cette science; les ouvrages qui en traitent sont en effet peu nombreux; les uns n'en comprennent qu'une partie, les autres comportent des développements trop complets sur certains points, qui peuvent égarer le lecteur et lui laisser ignorer des théories importantes, méritant d'être approfondies. Le livre de M. Puiseux présente un ensemble complet, où tout ce qui doit être connu est clairement exposé, où rien d'utile n'est omis.

Les premières pages établissent avec netteté les propriétés fondamentales des projections et des moments; tous les théorèmes de géométrie qui trouveront leur application dans la suite y sont réunis; les formules indispensables sont placées en évidence et accompagnées de remarques permettant de les écrire sans hésitation sur les signes. La vitesse et l'accélération sont ensuite définies dans les différents genres de mouvements: leurs composantes sont données sous toutes leurs formes, en coordonnées rectilignes ou polaires, et dans les cas particuliers d'un mouvement de rotation ou d'un mouvement s'effectuant suivant la loi des aires. De ce dernier cas si important son déduites les formules de la vitesse et de l'accélération des planètes; un calcul rigoureux établit que « si la trajectoire d'un mobile est plane, quelles que soient les conditions initiales, l'accélération est centrale », théorème dont les applications sont fréquentes, et qu'on ne saurait démontrer avec trop de soin. La recherche de l'accélération d'un mobile décrivant une conique, quelles que soient les conditions initiales, occupe la fin de ce chapitre, et l'on suivra avec le plus vif intérêt l'ingénieuse analyse par laquelle l'auteur résout ce problème qui, en mécanique céleste, est le fondement de la théorie des étoiles doubles.

A la composition des vitesses dans le mouvement relatif est rattachée la construction des tangentes de Roberval, appliquée à la cycloïde et l'épicycloïde, et la construction des tangentes aux coniques déduite de leur équation bipolaire.

Le mouvement d'une figure plane dans son plan est étudié dans tous ses détails. De la relation fondamentale entre a

vitesse angulaire, la vitesse de roulement et les rayons de courbure de la base et de la roulante, sont déduites le constructions du centre de courbure de la trajectoire d'un point de la figure mobile et de l'enveloppe d'une roulet quelconque. Plusieurs applications apprennent à résoudre géométriquement les nombreux problèmes qui se rattachent à cette théorie et montrent comment elle peut servir à trouver les propriétés de certaines courbes telles que la cycloïde et l'épicycloïde. D'ailleurs, tous les résultats obtenu sont de nouveau démontrés analytiquement, et quelques exemples de lieux géométriques font voir l'utilité du calcul dans ces questions.

La théorie du mouvement d'un corps solide autour d'un point fixe est construite sur le même plan, et toutes les analogies qu'elle offre avec la précédente sont naturellement mises en lumière: on y retrouve les relations corrélative de celles du mouvement dans un plan et la construction analogue à celle de Savary qu'on en peut déduire. La composition des rotations et des translations, qui permet de ramener les petits déplacements d'un corps entièrement libre à un mouvement hélicoïdal autour d'un axe instantané de rotation et de glissement, est étudiée avec soin; à côté de la définition géométrique d'une rotation est placée la définition analytique plus rigoureuse à l'aide de quatre paramètres et le calcul des paramètres déterminant la rotation résultant de deux rotations autour d'axes concourants. La théorie des droites conjuguées est assez complète pour permettre de comprendre les nombreuses propriétés intéressantes qui s'y rattachent et qui ne pouvaient trouver place dans un livre destiné aux candidats à la licence.

Le dernier chapitre contient le théorème de Coriolis; un problème de mouvement relatif en montre une application. Les composantes déjà trouvées de l'accélération en coordonnées polaires dans l'espace sont calculées de nouveau à l'aide du théorème, d'une manière qui ne laisse rien à désirer au point de vue de la rigueur. La définition des accélérations d'ordre supérieur, qui facilite encore leur recherche termine le cours de cinématique pure.

Il faut remarquer dans ce livre, qui est la reproduction des leçons faites à la Sorbonne par M. Puiseux, que l'auteur a toujours employé concurremment dans l'exposition des principales théories l'analyse et la géométrie, montrant ainsi avec quelle élégance on peut les établir par cette dernière méthode et faisant voir en même temps, par l'emploi du calcul, quelle est leur rigueur et leur généralité.

La seconde partie de l'ouvrage comprend l'étude des mécanismes et des engrenages; elle se termine par l'exposé des principaux théorèmes d'hydrostatique et d'hydrodynamique. Ces notions, qui font partie du programme de la licence mathématique et sont fréquemment demandées par les professeurs de la Faculté, sont résumées avec la plus grande clarté; elles sont en général négligées, malgré leur importance, sans doute faute d'être exposées avec assez de concision: le livre de M. Puiseux permettra de les apprendre facilement et de voir l'intérêt qu'elles présentent.

L'Hypnotisme, ses rapports avec le droit et la thérapeutique. — La suggestion mentale, par M. ALBERT BONJEAN. — Un vol. in-12 de 315 pages ; Paris, Alcan, 1890.

M. Bonjean a voulu trancher le différend qui divise l'École de la Salpêtrière et l'École de Nancy, et voir, de ses propres yeux, si vraiment la suggestion *est tout et peut tout*, en matière de phénomènes hypnotiques, selon la formule de MM. Bernheim et Liégeois. M. Bonjean a donc fait quelques expériences, et aujourd'hui sa conviction est établie : l'École de Nancy est seule dans le vrai. On voit tout de suite où cela nous conduit, dans le droit comme dans la thérapeutique.

Mais nous nous garderons de suivre l'auteur dans toutes ses conclusions, qui ne sont en somme que des déductions peut-être un peu hâtives et voilà des hypothèses sans grande valeur ; en réalité, ses expériences ne nous ont pas du tout convaincu. Dans cet ordre de phénomènes, il faut avoir beaucoup et longtemps pratiqué avant d'oser formuler une opinion, et nous conseillerons à M. Bonjean de continuer à expérimenter et de se méfier un peu de ces raisonnements *a priori* et des *experimenta crucis* qui paraissent trancher les questions sans appel. Assurément, les expériences qu'il rapporte sont, comme tant d'autres, intéressantes, mais elles ne prouvent absolument rien sur le fond de la question et sont passibles des objections banales qui ont été faites maintes fois à celles de Nancy, objections plus ou moins fondées sur lesquelles nous ne reviendrons pas. Il nous suffira de rappeler, ce que tout le monde sait bien aujourd'hui, que les expériences varient avec chaque opérateur, et qu'en somme, on pourrait compter autant d'écoles spéciales, ayant leur catéchisme propre, qu'il y a d'hypnotiseurs.

En présentant le résultat de ses expériences au public, M. Bonjean a cru devoir refaire l'historique de l'hypnotisme, tâche bien inutile, à notre avis, puisqu'elle devait être très sommaire et très incomplète. En outre, à vouloir ainsi refaire une étude si bien faite par tant d'autres, l'auteur donne à penser qu'il a cru être un des premiers à voir et à dire certains faits qui ont été exposés dans un millier de livres et de mémoires.

Enfin, à propos d'un cas particulier, M. Bonjean a voulu aborder la grande question de la suggestion mentale. Eh bien, ici encore, les conclusions de M. Bonjean n'ont nullement entraîné notre conviction, et, encore une fois, il nous a paru qu'il traitait tous ces problèmes ardus avec beaucoup trop de facilité. D'autres observateurs, aussi nombreux et sagaces, et prudents, y ont, en effet, regardé de très près et n'ont pas osé conclure. M. Bonjean eût peut-être été sage de les imiter.

Au surplus, voici en quelques mots le cas dont il s'agit : l'été dernier, une femme du nom de Lully, exhibée dans les lieux de plaisir par un barnum italien, fit un peu courir les Parisiens, sceptiques ou non, curieux en tout cas de voir des phénomènes ou de prétendus phénomènes de suggestion mentale. Lully étant hypnotisée par son barnum, un assistant s'approchait de ce dernier, distant alors de deux à trois mètres de son sujet, lui montrait une carte de visite, ou une pièce de monnaie, en un mot, un écrit ou un objet quelconques ; et à peine le susdit barnum avait-il pris connaissance de l'un ou de l'autre, que Lully nommait l'objet ou répétait l'inscription. Pendant ce temps, notre homme se laissait surveiller de très près, consentant à laisser ses mains tout à fait immobiles et à garder un silence complet. Il fallait, d'autre part, écarter absolument l'hypothèse d'un mécanisme quelconque de communication grossière, miroirs ou fils, entre le sujet et son magnétiseur. Ajoutons enfin que la parole du sujet suivait immédiatement, dans le plus grand nombre des cas, la prise de connaissance de l'objet ou de l'écrit par le barnum et que, d'après des témoignages irrécusables, ces expériences auraient pu réussir autrefois, à Montpellier, d'une pièce dans une autre, à une époque où Lully avait, paraît-il, une sensibilité beaucoup plus grande qu'aujourd'hui.

Évidemment, il n'est pas permis, sur ces expériences seulement et alors que le barnum se refuse maintenant à faire ses expériences en dehors de sa baraque, de conclure à un phénomène de suggestion mentale ; mais ce qu'il est possible de faire, c'est d'éliminer toutes les explications possibles autres que celle-là ou que celle d'un truc parfaitement insaisissable. Or l'immobilité du barnum, absolue quand on l'exige, et la rapidité de la réponse du sujet, ne permettent pas d'admettre une communication entre l'un et l'autre par un alphabet de gestes, non plus que la lecture du sujet sur les lèvres du barnum ; et, comme il n'y a que ces deux explications plausibles, il faut, soit admettre la suggestion mentale, soit tout au moins confesser humblement que, s'il y a un truc — comme il est vraisemblable — on n'a pas pu le découvrir.

Or M. Bonjean qui, depuis, a vu Lully en Belgique, a cru pouvoir trancher la question et affirmer que sa lucidité s'expliquait par une hyperesthésie de la vue, lui permettant la lecture de la parole muette sur les lèvres de son barnum. Il croit avoir prouvé la réalité de ce mécanisme en forçant le barnum à tourner le dos au sujet et il conclut que voilà tout le secret en toute la suggestion mentale. Eh bien, nous pensons que cette conclusion est prématurée et imprudente. D'autres observateurs, avant M. Bonjean, avaient songé à l'hyperesthésie sensorielle et à la lecture sur les lèvres, et avaient cru pouvoir, toutes précautions prises, éliminer cette hypothèse. Il ne faut pas oublier que, si la suggestion mentale existe, personne n'en connaît assez les conditions pour avoir le droit de changer le dispositif d'une expérience, et, tout en nous gardant d'un excès de crédulité, il faut avoir le courage, en présence de certains phénomènes, de confesser tout au moins notre impuissance à les expliquer.

ACADÉMIE DES SCIENCES DE PARIS

10-17 NOVEMBRE 1890.

M. H. Padé : Note sur la représentation approchée d'une fonction par des fractions rationnelles. — MM. Henri Becquerel et Henri Moissan : Étude sur la fluorine de Quincié. — M. Raoul Varet : Recherches sur les combinaisons du cyanure de mercure avec les sels de cadmium. — M. E. Guenez : Travail sur la préparation et les propriétés du fluorure de benzoyle. — MM. A. Haller et A. Held : Synthèse de l'acide citrique. — M. Moyunne : Sur la préparation d'une nouvelle série d'acides organiques : les acides glyoxaline-dicarboniques. — MM. Th. Schlœsing et Em. Laurent : Recherches expérimentales sur la fixation de l'azote gazeux par les Légumineuses. — M. Chabrié : Note sur un antiseptique gazeux ; recherches sur son action sur la bactérie pyogène de l'infection urinaire. — M. Al. Herlin : Mémoire portant pour titre : Le choléra est une névrose ; conséquences thérapeutiques. — M. C. Phisalix : Étude expérimentale du rôle attribué aux cellules lymphatiques dans la protection de l'organisme contre l'invasion du Bacillus anthracis et dans le mécanisme de l'immunité acquise. — MM. J. Courmont et L. Dor : Note sur la production expérimentale de tumeurs blanches chez le lapin, par inoculation intraveineuse de culture atténuée du bacille de Koch. — M. P. Thélohan : Nouvelles recherches sur les spores des myxosporidies. — M. J. Kunstler : Observations sur le saumon de Norvège, ses mœurs et son développement. — M. Léon Vaillant : Note sur les métamorphoses des Chelma rostratus et ses analogies avec les Holacanthus. — M. G. Pruvot : Étude sur le développement d'un Solénogastre. — M. G. Cotteau : Description des divers espèces du genre Echinolampas. — M. A.-Michel Lévy : Note sur les moyens : 1° de reconnaître les sections parallèles à g¹ des feldspaths, dans les plaques minces de roches ; 2° d'en utiliser les propriétés optiques. — MM. Grall et James : Mémoire relatif à un appareil de sauvetage pour les accidents en mer.

CHIMIE. — MM. *Henri Becquerel* et *Henri Moissan* ont étudié un échantillon de fluorine de Quincié près Villeranche (Rhône). Les expérimentateurs ont retiré de ce minéral un corps gazeux ayant toutes les propriétés du fluor.

Il déplace l'iode de l'iodure de potassium ; mis en présence du chlorure de sodium, il produit un dégagement de chlore ; il met également en liberté le brome du bromure de potassium.

Broyée à l'air légèrement humide, la fluorine de Quincié produit un dégagement d'ozone ; si elle est chauffée au rouge sombre, ce dégagement n'existe plus. Mais, si cette fluorine est portée à 250°, température suffisante pour détruire l'ozone, elle fournit, en la broyant, une réaction intense sur le papier ozonométrique.

Ce minéral attaque le verre ; chauffé dans un tube à essai, il dépolit la surface de ce tube.

La fluorine de Quincié, broyée avec du silicium porphyrisé, fournit une odeur piquante ; légèrement chauffée dans un tube à essai, elle laisse un dépôt de silice au contact de l'eau.

Des fragments de fluorine mis en présence de l'eau ont fourni, après quelques jours de contact, une réaction acide, et ce liquide, évaporé entre deux verres de montre, a donné des stries indiquant l'attaque du verre.

MM. Becquerel et Moissan ont tiré de ces différentes expériences les conclusions suivantes :

1° La fluorine de Quincié renferme un gaz occlus que l'on voit se dégager lorsqu'on en brise des fragments sous le microscope ;

2° Toutes les réactions fournies par la fluorine de Quincié peuvent s'expliquer simplement par la présence d'une petite quantité de fluor libre dans le gaz occlus.

— M. *Raoul Varet* rend compte du résultat des combinaisons qu'il a cherché à obtenir du cyanure de mercure avec les sels de cadmium, qui sont :

1° L'iodocyanure de mercure et de cadmium que l'on pré-

pare en projetant du cyanure de mercure finement pulvérisé dans une solution concentrée d'iodure de cadmium maintenue à l'ébullition. Le sel obtenu est un corps très altérable à l'air, soluble dans l'eau et dans l'ammoniaque, qui cristallise en fines lamelles transparentes répondant à la formule Hg Cy, Cd Cy, Hg I, 7 H O ;

2° Deux bromocyanures de mercure et de cadmium : le premier que l'on obtient en projetant du bromure de cadmium par petite quantité, dans une solution saturée de cyanure de mercure et maintenue à l'ébullition, est un corps peu altérable à l'air, soluble dans l'eau et dans l'ammoniaque, et qui cristallise en fines aiguilles ; sa formule est Hg² Cy³, Cd Br, 4, 5 H O ; le second se produit en évaporant doucement au bain-marie une solution contenant 25 grammes de cyanure de mercure pour 30 grammes de bromure de cadmium. Le bromocyanure se présente sous la forme de petits cristaux grenus, très durs, dont la formule est Hg Cy, Cd Br, 3 H O.

3° Un chlorocyanure de mercure et de cadmium, que l'on obtient en versant goutte à goutte une solution concentrée de chlorure de cadmium dans une solution saturée de cyanure de mercure. Ce chlorocyanure est un sel soluble dans l'eau et dans l'ammoniaque. Ses cristaux, petits et grenus, ont pour formule Hg Cy, Cd Cl, 2 H O.

— Dans un mémoire présenté l'année dernière à l'Académie des sciences, M. Moissan a indiqué un procédé général de préparation des composés organiques fluorés, consistant à faire réagir le fluorure d'argent sur les dérivés iodés ou chlorés. M. *E. Guenez* vient d'appliquer cette réaction à la préparation du fluorure de benzoyle.

Ce produit, que l'on n'avait pas encore obtenu jusqu'ici, est un corps liquide, incolore au moment où il vient d'être distillé ; son odeur est analogue à celle du chlorure de benzoyle, mais plus irritante encore, et la moindre trace de sa vapeur provoque immédiatement le larmoiement. Il bout à 145° et brûle facilement avec une flamme fuligineuse bordée de bleu. Il est plus dense que l'eau, celle-ci le décompose lentement, à froid, en acide fluorhydrique et en acide benzoïque.

Enfin il attaque le verre avec une très grande rapidité, en produisant du fluorure de silicium, et se transformant, dans ces conditions, en anhydride benzoïque.

— En 1889, dans une précédente note [1] relative à la synthèse de l'acide citrique, MM. *A. Haller* et *A. Held* ont exposé les réactions successives sur lesquelles ils se sont appuyés pour l'effectuer et se sont bornés à préparer le produit final sans faire l'étude des composés intermédiaires. Dans une seconde communication, en date de ce mois [2], ils ont étudié un certain nombre de ces produits et déterminé les circonstances exactes dans lesquelles ils prennent naissance. Mais les quantités d'acide citrique qu'ils avaient obtenues lors de leurs premières recherches étaient si faibles qu'elles ont à peine suffi à caractériser cet acide qualitativement. Aussi ont-ils, depuis lors, cherché à reproduire ce corps en plus grande quantité afin d'en faire l'analyse ainsi que celle de deux d'entre ses sels.

La synthèse de l'acide citrique se résolvant actuellement

(1) Voir la *Revue scientifique*, t. LXIII, année 1889, 1er sem., p. 378, col. 1.

(2) Voir la *Revue scientifique* du 15 novembre 1890, p. 633, col. 2.

m celle de l'acide acétone-dicarbonique, MM. Haller et Held étudient successivement la préparation de l'éther acétone-bicarbonique, celle de la cyanhydrine de cet éther, enfin la transformation de cette cyanhydrine en acide citrique. Les cristaux d'acide citrique ainsi obtenus ont la forme, la saveur et l'ensemble des propriétés de l'acide naturel.

— *M. Maquenne* a obtenu une nouvelle série d'acides organiques en généralisant la réaction qu'il a déjà signalée entre l'acide dinitrotartrique et les aldéhydes, en présence d'ammoniaque.

Ces composés, que l'auteur appelle acides glyoxaline-dicarboniques, résultent de la condensation d'une molécule d'acide dioxytartrique avec deux molécules d'ammoniaque et une molécule d'aldéhyde; ils répondent à la formule générale $C^2 H^3 Az^2 O^4 R$, dans laquelle R représente le radical de l'aldéhyde employée.

Ce sont des acides monobasiques, cristallisables, dont l'un, l'acide isobutylglyoxaline-dicarbonique, possède une saveur fortement sucrée. Leur caractère essentiel est de se dédoubler par la chaleur en acide carbonique et glyoxaline, ce qui donne un moyen avantageux d'obtenir ces bases en grande quantité.

CHIMIE AGRICOLE. — On sait que la question de l'origine de l'azote des légumineuses a été l'une des plus débattues et est encore l'une des plus importantes dont s'occupe la chimie agricole. Dans ces dernières années, MM. Hellriegel et Wilfarth l'ont brillamment résolue, en montrant que les légumineuses ont la faculté de fixer l'azote de l'air, avec le concours de certains microrganismes dont l'action est corrélative du développement de nodosités sur les racines.

Cependant une critique sévère pouvait reprocher à ce résultat d'être le fruit d'une méthode indirecte.

Les expériences de *MM. Th. Schlœsing fils* et *Em. Laurent*, fondées sur la mesure directe de l'azote gazeux, lèvent les derniers doutes qui subsistaient dans certains esprits et confirment pleinement les idées avancées par les savants allemands.

De sérieuses difficultés d'exécution devaient se rencontrer dans ces expériences. Il fallait procéder à des mesures de gaz d'une très grande précision, et pourvoir à la fois aux moyens d'alimenter les plantes d'acide carbonique et de les débarrasser de l'excès d'oxygène dû à l'accomplissement de la fonction chlorophyllienne. Ces difficultés ont été résolues par l'emploi de dispositifs et de procédés propres aux auteurs.

MM. Th. Schlœsing fils et Em. Laurent ont cultivé des pois nains auxquels ils ont fourni le microbe des nodosités. L'azote gazeux contenu dans les appareils a diminué au cours de la végétation, et la quantité disparue à l'état libre a été ensuite retrouvée dans les plantes à l'état de combinaison azotée. Ainsi se trouve, pour la première fois, démontré directement que l'origine des gains d'azote constatés chez les légumineuses est bien réellement dans l'azote libre de l'air.

ANATOMIE ANIMALE. — Voici les conclusions des nouvelles recherches de *M. P. Thélohan* sur les spores des myxosporidies :

1° Le noyau des myxosporidies se divise par karyokinèse ;

2° Les capsules polaires se forment aux dépens de petites masses de plasma qui se différencient dans le sporoblaste et renferment un noyau ; le mécanisme de leur formation offre beaucoup d'analogie avec ce qui a été observé par Bedot dans les nématoblastes des vélelles et des physalies ;

3° La masse plasmique de la spore dérive d'une autre partie du sporoblaste ; elle renferme deux noyaux et une vacuole à contenu colorable en rouge brun par l'iode, dont l'auteur a déjà signalé l'existence et dont la présence ou l'absence est constante dans une même forme.

ZOOLOGIE — *M. J. Kunstler* a montré, depuis plusieurs années, que les saumons de France présentaient des mœurs particulières et des plus remarquables. Pour remonter nos cours d'eau, par exemple, ils se réunissent en groupes de taille et de poids plus ou moins uniformes : ce sont d'abord les grands individus qui se présentent, puis, progressivement, des catégories de plus en plus petites, de telle sorte qu'on ne saurait jamais pêcher simultanément de gros et de petits saumons. Suivant la saison, on capture les uns ou les autres. Ainsi les gros montent en hiver, à partir du mois de novembre ; les plus petits s'observent au mois de juillet. Entre ces deux extrêmes, il y a toutes les transitions.

Il n'en est pas de même en Norvège, dans la petite rivière de Nidelven, qui n'a que quelques kilomètres de longueur et où fonctionnent un certain nombre de pêcheries. Là, les mœurs du saumon présentent de profondes différences avec celles de notre saumon indigène ; ainsi :

1° Le saumon ne monte dans le cours d'eau norvégien qu'à partir du mois de mai ; par suite, la pêche n'y commence qu'à cette époque, tandis qu'en France on ne peut capturer les beaux saumons qu'au commencement de l'automne ;

2° L'ordre de migration, si régulier en France, est indistinct en Norvège ; de petits et de gros saumons se présentent et se pêchent en même temps ;

3° Les catégories si nettes dans la Dordogne ne paraissent pas pouvoir être observées dans la Nidelven. Aussi, dans cette dernière rivière, peut-on s'y procurer simultanément de petits et de grands individus de fraîche montée. Cette dernière opération n'est possible, en France, que pour les poissons ayant subi en plus ou moins grande partie leur métamorphose sexuelle, ayant longtemps séjourné dans l'eau douce et à la fin des périodes actives de monte.

D'après ces caractères différentiels, M. Kunstler pense qu'il se pourrait qu'on eût affaire ici à une espèce de saumon différente de la nôtre, quoique, d'autre part, il ne soit pas impossible que ces mœurs ne fussent l'effet d'une adaptation particulière à des conditions d'existence spéciales. Pour la France même, l'auteur a déjà fait voir qu'on trouve de nombreuses variétés de saumons, bien distinctes suivant les cours d'eau où on les considère. Quant au saumon de Norvège, sa chair est de qualité inférieure, elle vire vers le jaunâtre et se vend à moitié prix du cours ordinaire.

Ajoutons, comme analogie, au contraire, entre le saumon de France et le saumon de Norvège, que chez tous deux l'époque de la reproduction est à peu près la même, la ponte ayant lieu au mois de novembre.

— On sait que les affinités des Solénogastres et leur place légitime dans la classification ont préoccupé les zoologistes. Mais l'absence *complète* de documents embryogéniques rendait jusqu'ici toute théorie à leur égard prématurée et incertaine. Aujourd'hui, il n'en est plus ainsi, *M. G. Pruvost* ayant réussi, pendant le mois d'octobre dernier, à élever, au laboratoire Arago des embryons d'une des espèces de Néoméniées, la *Dondersia Banyulensis*, et à suivre les phases principales de son développement. Parmi les phénomènes les plus importants de ce développement, nous citerons : 1° la segmentation du corps de l'embryon, laquelle est à peu près identique à celle du dentale et de certains lamellibranches ; 2° ce fait que la larve astome, à trois segments, n'a d'analogue connu que chez les brachiopodes ; 3° le rejet de presque tout l'ectoderme primitif après formation du corps futur à l'extrémité inférieure de la larve, qui a été signalé chez un *Polygardius;* enfin 4° le revêtement tégumentaire du jeune *Solénogastre,* qui rappelle de très près celui du jeune *Chiton* à l'âge correspondant.

— M. *Léon Vaillant,* sur deux individus très jeunes du *Che'mo rostratus* envoyés de l'île Thursday (détroit de Torrès) par M. Lix, a observé que l'un des os composant l'opercule offre une épine à son angle comme on en trouve une à l'état adulte chez les *Holacanthus.* Ce poisson subit donc des métamorphoses qui lui font présenter, à une certaine époque de son développement, les caractères d'un genre voisin.

MICROBIOLOGIE. — Lorsqu'il a annoncé à l'Académie la formation du fluorure de méthylène au moyen de l'action du fluorure d'argent sur le chlorure de méthylène, M. *Chabrié* a exprimé son intention d'étudier ultérieurement les propriétés physiologiques de ce composé nouveau.

Le désir d'obtenir des gaz antiseptiques était une des raisons qui lui ont fait entreprendre l'étude des gaz fluocarbonés. Il a d'abord cherché à constater si le fluorure de méthylène aurait le pouvoir de s'opposer au développement d'une bactérie pyogène et même de détruire cette bactérie découverte dans les urines, en 1879, par M. Bouchard, étudiée par par M. Clado et caractérisée comme le microbe des accidents infectieux de l'appareil urinaire par MM. Albarran et Hallé. Les résultats qu'il a obtenus lui ont démontré que le fluorure de méthylène possède le pouvoir de s'opposer au développement de la bactérie de l'infection urinaire et même de la détruire en plein développement.

Mais, pour que cette propriété puisse recevoir une application efficace dans les maladies des voies urinaires, il fallait savoir si le gaz n'avait pas une action irritante. Pour le constater, M. Chabrié et M. Petit (de Santiago) ont fait arriver le gaz sur la membrane digitale d'une grenouille vivante et sur son mésentère.

Ils n'ont pas observé d'action irritante sur ces tissus. En tout cas, ce que ce premier examen leur a appris, c'est que l'action d'un courant de ce gaz ne produisait d'autre effet que celui d'un simple courant d'eau.

PATHOLOGIE EXPÉRIMENTALE. — Pour vérifier le rôle attribué aux cellules lymphatiques dans la protection de l'organisme contre l'invasion du *Bacillus anthracis* et dans le mécanisme de la vaccination, M. *C. Phisalix* a entrepris, dans le laboratoire de M. Chauveau, au Muséum, une série d'expériences avec le microbe du charbon sur différents animaux (souris, cobayes, lapins). Les résultats auxquels il est arrivé sont les suivants :

1° L'animal inoculé survit ou meurt au bout d'un temps variant entre 10 et 72 jours;

2° Dans tous les cas, que l'animal meure ou survive, le microbe du charbon n'est pas détruit dans le ganglion, car celui-ci, ensemencé en bouillon de culture, donne naissance à une prolifération charbonneuse;

3° Dans le sang, au contraire, il perd complètement ses propriétés végétatives, car toutes les cultures du sang restent stériles.

Il ressort de ces expériences que si les cellules lymphatiques jouent un rôle mécanique incontestable, leur action chimique est moins bien déterminée. En tout cas, cette action ne suffirait pas à elle seule à détruire le microbe. La protection de l'organisme résulte donc surtout des influences nocives exercées par le sang ou ses produits d'exsudation sur la vitalité du *Bacillus anthracis.*

— Les expériences de MM. *J. Courmont* et *L. Dor* pour la reproduction des tumeurs blanches chez le lapin ont été faites avec une culture atténuée du bacille de Koch, atténuée par le vieillissement au point de ne pouvoir tuberculiser le lapin ou même le cobaye par inoculation sous-cutanée à n'importe quelle dose. Cette culture était cependant capable d'engendrer de belles lésions tuberculeuses sur ces mêmes animaux, lorsqu'on l'introduisait en quantité considérable dans la cavité péritonéale.

Injectée dans les veines de cinq jeunes lapins, cette culture a paru d'abord ne produire aucun effet ; ce n'est qu'au commencement du sixième mois qu'on a vu apparaître les premiers signes de tumeurs blanches dans une ou plusieurs articulations des membres. Les sujets ont alors assez rapidement dépéri ; l'un est mort, deux ont été sacrifiés mourants, les deux survivants sont très malades.

L'autopsie a révélé les caractères typiques des tumeurs blanches de l'espèce humaine, avec présence du bacille de Koch dans le caséum articulaire et dans l'épaisseur des membranes synoviales altérées. Un des lapins autopsiés n'avait qu'une seule articulation malade : le genou droit. Sur aucun il ne fut possible de trouver la moindre trace de tuberculose viscérale. La tuberculose était exclusivement localisée dans le système articulaire.

Les expériences de MM. Courmont et Dor peuvent concourir à expliquer la genèse des tumeurs blanches de l'espèce humaine et à justifier, dans ces cas, l'intervention chirurgicale qui tend de plus en plus à se répandre.

PALÉONTOLOGIE VÉGÉTALE. — Dans un nouveau mémoire, M. *G. Cotteau* donne la description des espèces du genre *Echinolampas,* qui ne comprend pas moins de cent espèces éocènes. Sur ce nombre, trente-cinq ont été rencontrées dans les différents bassins de la France, et les soixante-cinq autres espèces dans les régions les plus éloignées du globe, partout où s'est déposé le terrain éocène marin. Après avoir fixé les caractères du genre *Echinolampas,* M. Cotteau le subdivise en deux groupes :

Le premier, qui renferme les espèces de taille moyenne, ovales, allongées, à sommet excentrique en avant, et remarquables par l'inégalité de leurs zones porifères ;

Le second groupe, qui comprend des espèces de grande taille, subcirculaires, coniques, à aires ambulacraires longues, très ouvertes, circonscrites par des zones porifères égales.

Entre ces deux groupes, il existe des espèces intermédiaires, servant de passage, et qui ne permettent pas de les en genres ou sous-genres particuliers, comme l'ont ~rtains auteurs.

~enre *Echinolampas*, inconnu aux époques jurassique ~acée, ~se~ montre pour la première fois dans le terrain ~~e et y atteint le maximum de son développement; il ~ncore nombreux à l'époque miocène et diminue sensi- ~~nt~ dans le terrain pliocène. Il existe à l'époque ac- ~,~ mais il y est représenté seulement par quelques ~~es~ fort rares qui vivent dans les mers chaudes.

**~ÉRALOGIE~. — *M. A.-Michel Lévy* décrit longuement les ~~as~ grâce auxquels il a pu préciser la détermination ~grand nombre de feldspaths dans les laves d'Auvergne.

~u,~ notamment, étudier, dans les *domites* des Puys, le ~r~ et l'anorthose en grands cristaux; dans les *andé-* l'andésine et l'oligoclase en lamelles aplaties. Ces véri- ~ns~ paraissent confirmer, suivant la théorie de M. Tscher- l'existence de feldspaths intermédiaires entre les ~paux~ types nommés, tout au moins parmi les cristaux ~mière~ consolidation.

E. RIVIÈRE.

INFORMATIONS

Jardins botaniques du Musée de Berlin et de Kew ~~ent~ de s'entendre pour faire des échanges réguliers de ~~es~ d'origine africaine.

~zoologistes éprouveront un certain embarras à la lec- ~~du~ dernier numéro du *Quarterly Journal of microsco- Science;* le premier travail démontre que les vertébrés ~ndent~ des arachnides, et le deuxième, qu'ils descen- des crustacés.

~pluies de cet automne ont beaucoup fait de mal au ~~in~ botanique de Prague, en inondant les serres, et en ~ruisant certaines collections de grand intérêt.

CORRESPONDANCE ET CHRONIQUE

~Expériences~ sur la vaccination tuberculeuse.

~al fait avec M. J. Héricourt diverses expériences (1) sur ~~vaccination~ tuberculeuse. Elles sont encore très rudi- taires, et nous n'aurions certainement pas osé les pu- ~r sans la nécessité absolue de prendre date. En effet, ~~le~ connaît rien des admirables travaux de M. Koch, sinon ~résultats, qui sont certainement incomparables. Mais Koch n'a rien écrit sur sa méthode, de sorte qu'au ~~nt~ de vue de la priorité, les faits trouvés par nous, si ~tés qu'ils soient, sont absolument réservés.

~~Å~tons-nous de le dire, d'ailleurs, les faits n'y a pas de compa- ~~n~ possible : car nous n'avons qu'un petit nombre de ~ments expérimentaux, portant uniquement sur des la- ~;~ et nulle expérience ne se rapporte à l'homme.

~ici en quoi consistent nos vaccinations. Si l'on prend une

vieille culture tuberculeuse, et qu'on la chauffe au-dessous de 100° pendant quelque temps, on tue les germes vivants, mais on laisse à peu près intactes les substances chimiques produites par les microbes. C'est un moyen général de vac- cination, devenu à peu près classique depuis les belles expé- riences de MM. Bouchard et Charrin. On ne l'avait pas essayé pour la tuberculose, ou du moins les résultats avaient été nuls. M. Daremberg avait seulement constaté la toxicité extrême des vieilles cultures.

Cependant, dans une première expérience datant du 18 avril de cette année, nous avons constaté une très grande différence entre les lapins *vaccinés* (c'est-à-dire ayant reçu cette culture chauffée) et les autres lapins dits *témoins*. Sur 24 lapins, nous avions 4 lapins vaccinés et 20 lapins témoins. Sur ces 4 vaccinés, 1 est mort; mais il est mort accidentel- lement, non de cachexie tuberculeuse, mais d'une complica- tion tuberculeuse, ce qui est bien différent. En effet, il eut vers le douzième jour un abcès de la colonne vertébrale, et il mourut le quarante-deuxième jour, un des premiers, avec une fracture du rachis. En somme, il est mort d'un abcès vertébral, et non de la tuberculose, quoiqu'il eût des ba- cilles tuberculeux dans son abcès.

Si nous éliminons ce cas, et si nous faisons aussi élimina- tion de 4 lapins témoins, morts sans tuberculose de diverses manières (du 18 avril au 17 novembre de cette année), nous avons : sur 3 vaccinés, pas de mort; et sur 16 témoins, 12 morts; ce qui est une statistique extrêmement satisfai- sante.

Dans une seconde expérience faite plus récemment, nous avions 3 témoins et 5 vaccinés. L'inoculation tuberculeuse fut faite avec du virus très actif, et dans les veines. Sur ces conditions, jamais les lapins inoculés n'échappent à la mort, et ils meurent très rapidement. Au trentième jour, sur 3 témoins, 2 étaient morts, et le troisième est mou- rant. Quant aux 5 vaccinés, ils se portent bien, et nous pou- vons espérer — bien entendu sans rien affirmer — qu'ils sur- vivront.

Tels sont les faits que nous avons cru devoir communi- quer à la Société de biologie. Assurément la publication en est hâtive, mais nous ne voulions pas attendre que M. Koch eût fait connaître sa méthode; il le fera prochainement sans doute, mais on sera forcé de reconnaître qu'aujourd'hui, 19 novembre, il n'a encore *rien* publié sur les procédés qu'il a mis en usage.

CHARLES RICHET.

A propos d'une langue internationale.

La *Revue scientifique* du 1er novembre 1890 attire l'atten- tion sur la langue *nov-latine* de M. Henderson, adoptée par M. Rosa, de Turin. Rapprochée du volapük de Schleyer, cette tentative de langue néo-latine pourrait faire penser que les étrangers seuls se préoccupent de la création d'une langue universelle.

J'ai sous la main un opuscule qui prouve que la France a aussi ses pionniers dans cet ordre d'idées; spécialement, en ce qui est de l'invention du *nov-latin* les droits de prio- rité de la France sont incontestables.

C'est le 7 mai 1883 qu'un chercheur aussi modeste que distingué, M. Courtonne, de Rouen, a communiqué à la *So- ciété niçoise des sciences naturelles, historiques et géographi- ques* son projet de langue néo-latine, exposé ultérieurement dans un opuscule intitulé *Manbiblo di le nov-latine linga uni- vel et gommercele*, ou manuel de langue nov-latine usuelle et commerciale, paru en 1884.

M. Courtonne s'est proposé de créer une « langue pouvant

se comprendre en quelques jours et s'apprendre en quelques semaines », au moyen des radicaux empruntés aux cinq *langues sœurs*, et communs à toutes ou à la plupart d'entre elles. Ces langues sœurs sont : le français, l'anglais, l'italien, le portugais, l'espagnol (il oublie le roumain, je ne sais pourquoi). C'est donc au latin, tronc commun de ces six langues, que la plupart des racines sont empruntées.

Sans entrer dans le détail de cette langue, il suffit de dire que les *noms* se terminent tous en *a* ou en *o*, sont du genre féminin seulement pour la distinction des sexes, et prennent *s* au pluriel.

Pour les *verbes*, il n'y a qu'une seule conjugaison, celle du verbe *ar* (être), composée de terminaisons qui, mises à la suite d'un radical-verbe, suffisent à sa conjugaison : am-ar, aimer; am-am, j'aime; amavam, j'aimais, etc. Ce verbe ar se conjugue sous trois formes : la forme active ar, d'où am-ar, aimer; la forme double active jar, d'où am-jar, faire aimer; la forme passive war, d'où am-war, être aimé...

Les adjectifs sont toujours en *e* muet, sans genre ni nombre.

Les articles et pronoms sont indéclinables, sans genre ni nombre.

Les adverbes, propositions, conjonctions et interjections, sont en grande partie extraits du latin.

Ainsi constituée, cette langue est incontestablement plus difficile et moins pratique (si l'on peut ainsi parler) que le *nov-latin* Henderson-Rosa. Passe encore pour la lecture, mais au parler, elle est d'une difficulté insurmontable. une simple lettre changeant tout le sens du mot : *lega*, loi civile; *legea*, loi morale; *legua*, loi religieuse; *béo*, bœuf; *beo*, mouton, etc.

J'ai cru bon cependant de ne pas laisser ignorer cette tentative française de *nov-latin*, certainement antérieure au *nov-latin* anglais et qui présente avec lui de nombreuses ressemblances provenant peut-être d'emprunts, peut-être de simples coïncidences.

Il est vrai que l'œuvre ignorée de M. Courtonne n'a pas reçu la consécration parisienne. L'auteur a disparu et son œuvre le suivra certainement. Il est bon, cependant, qu'on puisse en trouver la trace ailleurs que dans les comptes rendus des Sociétés départementales de Pau, Sens, Nice, Nîmes et Rouen, qui seules encore, au décès du fondateur, avaient été saisies de cette question. En 1887, M. Courtonne annonçait son vocabulaire *nov-latin* de 30 000 mots : il mourait l'année suivante, je crois, avant d'avoir terminé son œuvre.

Le besoin d'une langue universelle se fait certainement sentir. La *Revue* y revient encore dans le dernier numéro, et, moi aussi, je pense que le latin est tout prêt à remplir cet office, si l'on y joint une technologie commune, ce qui est bien près de se constituer, et un alphabet unique, ce qui ne tardera pas d'arriver. Il est donc regrettable que la tendance actuelle des conseils universitaires incline à l'abolition ou à la restriction des études latines. En dehors de toute autre considération d'humanités ou d'esthétique, il serait bon de conserver dans les cerveaux modernes l'empreinte d'une langue appelée à remplir un rôle dans la science internationale.

Les épreuves latines du baccalauréat devraient être, non supprimées ou reléguées au second plan, mais modifiées et rendues plus faciles et plus probantes.

En ce qui touche la version latine, au lieu de donner vingt-cinq lignes à traduire, privées de contexte, extraites de quelque pénible auteur, pourquoi ne pas donner un long chapitre de latin bonasse et facile; au besoin même, du latin du moyen âge, langue savante de l'époque que l'élève traduirait presque sans dictionnaire et comme au pied levé?

Quant au discours, ne faudrait-il pas le rétablir? Mais au lieu d'imposer aux candidats la perpétuelle réfection lieux communs littéraires ou des discours de généraux o rhéteurs, on demanderait, en simple latin sans prétenti élégances ni tournures, une composition d'histoire, sciences naturelles, etc., sans s'inquiéter des solécismes latifs et des barbarismes de moyenne intensité.

On élèverait ainsi une génération capable, au d'écrire deux pages de latin et d'alimenter des revues i nationales où se publieraient en cette langue les tra de la science cosmopolite.

Or, combien avez-vous aujourd'hui de docteurs capab de lire, non pas Virgile, Horace ou Tacite, mais seuleme quelques pages latines des cliniques de Guéneau Mussy?

Sans pousser à l'extrême cet ordre d'idées, ne pourrait pas joindre aux épreuves des doctorats en médecine, droit, etc., une lecture latine d'un texte analogue à que je viens de citer?

MAZEL.

Les machines à écrire.

Les machines à écrire, regardées il y a peu de temps encore comme des objets de pure curiosité, commencent à se répandre, depuis qu'à l'Exposition de 1889 le public a pu se faire une idée d'ensemble à leur sujet, grâce à la collection très complète qui se trouvait à la section des États-Unis.

M. F. Drouin, qui vient de publier une petite brochure très intéressante sur les diverses machines à écrire actuellement existantes (1), attribue la première idée de la machine à écrire à un Anglais, Henri Mill, ingénieur en chef de la *New River Company*, né à Londres vers 1680. Les archives du *British patent Office* renferment en effet, à la date du 7 janvier 1714, sous le nom de Henry Mill, un brevet pour une machine « destinée à imprimer les lettres séparément, l'une après l'autre, comme dans l'écriture, et au moyen de laquelle tous les écrits, quels qu'ils soient, peuvent être copiés sur du papier ou du parchemin avec une netteté et une perfection telles, qu'on ne peut les distinguer d'un imprimé ».

Il est probable que cet instrument fut construit d'une façon grossière et ne donna pas le résultat attendu : peut-être même l'inventeur ne se préoccupa-t-il pas de la vitesse de la machine; toujours est-il que l'appareil ne pénétra pas dans la pratique. Aucune machine ne fut même vendue.

Il est question, en 1721 et en 1784, d'inventions françaises du même genre; mais l'idée des machines à écrire semble avoir été abandonnée jusqu'en 1843, époque à laquelle Charles Thurber, de Worcester, Mass., prit le premier brevet américain, sous le titre de *Machine for printing*. Sa machine ne se répandit guère, car elle n'avait pas la perfection qui pouvait lui assurer l'avantage sur la plume.

En 1849, Pierre Foucault, aveugle et professeur aux Quinze-Vingts, imagina une machine dans un but un peu différent. Cette machine gaufrait le papier, de façon à rendre l'écriture lisible au toucher. Elle fut exposée à Londres en 1851, et employée par les aveugles dans divers établissements d'Europe.

En 1856, Alfred E. Beach, du *Scientific american*, inventa la première machine *type-bar*. Cette machine écrivait sur une bande de papier. Elle obtint une médaille d'or de l'*American institute*.

Le brevet suivant fut pris par M. Samuel W. Francis, de

(1) Une broch. in-8° de 60 pages; Paris, Charles Mendel, 118, rue d'Assas, 1890.

k. Son appareil comprenait en réalité toutes les dis-
s des bonnes machines actuelles ; chaque touche
vier faisait mouvoir un marteau sur la face duquel
:tère était gravé. Le papier se déplaçait à chaque
on, et un timbre avertissait à la fin de chaque ligne.

a fallait donc de bien peu, à ce moment, pour que les
ines entrassent dans la phase véritablement pratique.
1858 à 1865, Thomas Hall, de New-York, construisit
eurs machines à écrire. En 1861, l'une d'elles écrivait
ittres par minute. Une autre fut exposée à Paris en

la même époque, J. Prat inventa une machine en An-
e.

ut également en 1867 que C. Latham Sholes, Samuel
ilé, imprimeur de Millvaukee, et Carlos Glidden, s'oc-
nt de la même question, et arrivèrent, après un cer-
nombre d'essais, à créer une machine qui fut le point
ipart de la *Remington*. Leurs premiers brevets datent de
. Ce ne fut qu'en 1873 que les inventeurs conclurent un
é avec la maison *E. Remington and Sons*, d'Ilion, N.-Y.,
l'exploitation de leurs brevets. La machine était connue
le nom de *Sholes and Glidden writing machine*. Elle se
dit rapidement. A la fin de 1874, 400 étaient déjà ven-
en 1877, 3000 machines étaient en usage.
uis cette époque, l'utilité de la machine à écrire n'a
ue s'affirmer de plus en plus ; les anciens types, consent améliorés, ont atteint un degré de perfection re-
nable. De nouveaux modèles ont été créés, et c'est par
ines de mille que l'on compte maintenant les machines
re en usage dans les diverses parties du monde.
techniclens anglais et américains ont imaginé diverses
fications des machines à écrire. L'une d'elles est connue
, forme de l'organe d'impression, et les machines sont
en :
rpe-bars, dans lesquelles chaque caractère est fixé à
rémité d'un levier commandé par une touche (Reming-
Calligraphe, Bar Lock, etc.).
linder-machines, dans lesquelles les lettres sont placées
surface d'un cylindre de façon qu'un mouvement de
ion combiné avec le déplacement dans le sens de l'axe
ie la lettre voulue en face du papier (Crandall, Ham-
i, etc.).
heel-machines, dans lesquelles les caractères sont fixés
a circonférence d'une roue semblable à la roue des
d'un télégraphe imprimeur (Columbia).
pe-plates, dans lesquelles l'organe d'impression est
i d'une plaque portant les caractères, qu'il suffit de
er dans son plan pour présenter en regard du papier
tre à imprimer (Hall, etc.).
e classification plus simple et plus rationnelle consiste
iser les machines en :
yed-machines ou machines à clavier, dans lesquelles
ue signe s'imprime en frappant une touche, les deux
s étant employées (Remington, Calligraphe, Bar Loch,
dall, Hammond, etc.),
Stylus-machines, dans lesquelles on amène, avec la
i main, la lettre voulue à la place qu'elle doit occuper,
l'imprimer ensuite (Columbia, Hall, Boston, etc.).
ec les bonnes machines à clavier, on arrive à une vide 100, 120, 150 et même 180 mots à la minute ; en
inne, le travail produit est double de celui d'un écrivain
aire, et certaines machines ont pu être employées
ne de véritables machines à sténographier. Un autre
tage de ces machines, c'est de pouvoir servir dans des
netances où l'emploi de la plume est impossible, en
oiture et en chemin de fer, par exemple. Enfin, elles
endent l'écriture possible aux mains infirmes et aux yeux
reugles.

M. Drouin fait remarquer que, dans toutes les machines
construites jusqu'à ce jour, le travail nécessaire au déplacement de l'organe d'impression et à l'impression elle-même
est emprunté directement aux doigts de l'opérateur. Or ce
travail nécessite une certaine force, et, par suite, un certain temps, et en empruntant l'énergie nécessaire à ce travail à une force étrangère, on réaliserait un progrès sensible
au point de vue de la vitesse, le doigt de l'opérateur n'inter-
venant plus que pour produire un simple déclanchement.

La production minérale et métallurgique de la Russie (1).

Or. — La production de l'or brut, en 1887, s'est élevée à
34 860kg,2, dont 32 179kg,44 ont été retirés de sables aurifères et
2680kg,76 de minerais de filons, la teneur moyenne des premiers étant
de 1gr,47 par tonne et celle des seconds de 11gr,67.
L'affinage, aux trois laboratoires établis à Irkoutsk, Barnaoul et
Yekaterinbourg, a produit 31 088kg,37 d'or pur, y compris 270 kilogrammes provenant de l'affinage de l'argent.
Platine. — L'exploitation de 93 gîtes situés sur le versant asiatique
du gouvernement de Perm a produit 4408kg,19 de platine ; la teneur
moyenne des sables lavés était de 4gr,38 par tonne.
Argent. — 37 943kg,138 de minerais d'argent ont été extraits de
27 mines, et le traitement de 25 960kg,655 a produit 15 379kg,61 d'argent brut, correspondant à 14,349kg,97 d'argent chimiquement pur ;
en outre, l'affinage de l'or ayant donné 2719kg,28 d'argent, la production totale a été de 17 069kg,25.
Plomb. — 990 tonnes de plomb ont été obtenues comme produit
accessoire du traitement des minerais d'argent.
Cuivre. — L'exploitation de 104 gîtes a produit 108 060kg,9 de minerais, et, du traitement de 115 000 tonnes dans 20 usines, on a
retiré 4989kg,83 de cuivre.
En outre, le traitement de 9340 tonnes de pyrites dans les fabriques de produits chimiques de Uschkoff a donné 267t,05 de cuivre.
L'usine de Kedabek a inauguré l'emploi des résidus de naphte pour
la fonte des minerais.
Étain. — 10t,351 d'étain ont été retirées du traitement de 1738
tonnes de minerais à l'usine de Pitkaranta (Finlande).
Cobalt. — L'extraction à la mine de Daschkessane n'a produit que
1t,250 de minerais qui n'ont pas été traités.
Mercure. — La firme Auerbach a travaillé avec activité à l'exploitation des gîtes de cinabre de Nikitowka, situés sur le chemin
de fer de Koursk-Azow. De 12 487t,422 de roche imprégnée de cinabre
on a retiré 9853t,205 de minerais triés, dont le traitement métallurgique a produit 64t,067 de mercure, un tiers dans des fours à cuve
et deux tiers dans les fours à réverbère.
Charbon. — La production du charbon se répartit comme suit :

Bassin du Donetz	1 595 355 tonnes de houille.
—	454 615 — d'anthracite.
Pologne	1 960 000 — de houille.
—	23 000 — de lignite.
Bassin de Moscou	286 000 — de houille.
Mines de l'Oural	164 000 — —
Bassin de Koutznetzk (Tomek)	13 300 — —
Mines diverses	37 787 — de houille et lignite.
Total	4 533 987 tonnes.

D'après les relevés recueillis au ministère du commerce et de l'industrie, la consommation de combustible sur les 26 965 kilomètres
de chemins de fer russes, non compris ceux de Finlande et du territoire transcaspien, a été de :

5 324 088m3 6	de bois à brûler.
395 077 1	de vieilles traverses et autres vieux bois.
5 139 1 202	de charbon de bois.
124 411 232	d'anthracite.
4 125 688 36	de houille, dont 86 000 tonnes importées.
14 869 95	de briquettes de houille importées.
5 040 819	de coke, dont 2270 tonnes importées.
39 430 0	de tourbe.
110 426 117	de naphte.

(1) Extrait du rapport de M. l'ingénieur Koulibine, conseiller supérieur des mines.

Le total des combustibles minéraux, 1 419 266³,978, équivalant en puissance calorifique à 7 736 207 mètres cubes de bois à brûler, et celui des combustibles végétaux à 5 698 990 mètres cubes, on voit que 57,6 pour 100 de la chaleur dépensée ont été fournis par les combustibles minéraux.

Naphte. — Dans la production totale de 2 733 518³,239 de naphte et 283³,391 d'ozokérite, le gouvernement de Bakou comptait 2 700 000 tonnes de naphte et 337 tonnes d'ozokérite; la province de la Kouban, 14 600 tonnes de naphte, et le district transcaspien, 13 400 tonnes.

Dans le gouvernement de Bakou, la production de 239 puits, dont quelques-unes forés jusqu'à 365 mètres de profondeur, et de 33 sources jaillissantes, a dépassé de 760 000 tonnes celle de 1886. Certaines fontaines ont donné jusqu'à 3800 tonnes de naphte par jour, pendant une durée plus ou moins longue.

L'épuration de l'huile brute a fourni 3970³,343 de benzine, 755 317³,069 d'huile lampante et 63 581³,537 d'huile lourde.

Asphalte. — L'asphalte extrait de 4 gisements situés dans le voisinage de Sizram (Volga inférieur) a été traité dans 5 fabriques qui ont produit 9800 tonnes de vernis et 2480 tonnes de goudron.

Minerais de fer. — L'exploitation des gisements (mines et lacs) a produit 1 355 605³,936 de minerais de fer, dont 777 675 tonnes dans l'Oural, 163 950 tonnes dans la Russie du Sud et 143 868 tonnes dans la Pologne.

Sel. — La production du sel s'est élevée à 1 156 780³,685. Elle se composait de 261 293³,685 de sel gemme extrait de 11 mines, de 608 535³,775 de sel marin retiré de 103 lacs salins et lagunes, et de 286 951³,054 de sel provenant de sources salées, et fabriqué dans 24 salines.

— LES CANONS A TIR RAPIDE GRUSON ET LA POUDRE SANS FUMÉE EN ALLEMAGNE. — *La Revue maritime et coloniale* rend compte comme il suit des expériences faites récemment chez MM. Gruson sur les canons à tir rapide, chargés avec la poudre sans fumée, connue sous la formule C/89. En comparant cette poudre avec diverses sortes de poudre noire, on a reconnu qu'elle avait l'avantage d'occasionner une pression bien moindre que toute autre sur l'âme des pièces, même quand celles-ci étaient de grand calibre. La plus forte pression constatée l'a été sur le canon à tir rapide de 82 millimètres; elle n'était que de 2328 atmosphères pour une vitesse initiale de 692 mètres donnée à un projectile de 7 kilogrammes, tandis que, sur la même pièce, avec la poudre noire, la pression était de 2740 atmosphères, pour une vitesse initiale de 680 mètres. Il est certain d'après le rapport publié, que la poudre employée chez MM. Gruson n'est pas tout à fait sans fumée, et qu'on la préfère telle à cause de sa stabilité, tandis que la poudre absolument sans fumée — on en a fait l'expérience sur des bâtiments anglais — se décompose sous les climats intertropicaux et joue de mauvais tours quand on en fait usage ensuite. Le rapport dit, en effet, que l'explosion produit un léger nuage brun qui se dissipe immédiatement et permet la continuation du tir, sans perdre le but de vue, ce que rend impossible le nuage épais que produit la poudre noire.

Les expériences spéciales qui ont été faites avec le canon à tir rapide de 82 millimètres fabriqué chez MM. Gruson avaient aussi pour but de constater la stabilité de cette pièce sur son affût de côte et ses qualités relativement à la rapidité et à la sûreté du tir : sous tous les rapports, les résultats ont été des plus satisfaisants. Le canon, qui a 35 calibres de longueur, pèse 637 kilogrammes avec son appareil de fermeture de culasse, lequel est un coin vertical; l'affût pèse 1260 kilogrammes sans le bouclier, dont le poids est de 400 kilogrammes et qui a 15 millimètres d'épaisseur. En employant 2kg,5 de poudre cubique de 10 millimètres avec le projectile de 7 kilogrammes, on a pu tirer 21 coups par minute; dans une circonstance même, 20 coups en 49 secondes. Le recul était d'environ 15 centimètres; le résidu de la combustion de la poudre était si peu de chose, que l'âme de la pièce paraissait presque aussi propre qu'avant de faire feu. L'échauffement de l'âme était moindre qu'avec les vieilles sortes de poudres.

MM. Gruson font une canon à tir rapide de 37 millimètres avec un projectile de 0kg,45; de 53 millimètres avec un projectile de 2 kilogrammes; de 57 millimètres avec un projectile de 2kg,72; de 75 millimètres avec un projectile de 6 kilogrammes; enfin un obusier et un mortier de 12 centimètres, avec des projectiles de 16kg,4.

LA VITESSE DES TRAINS. — Voici, d'après la *Revue universelle des inventions nouvelles*, un aperçu des vitesses des trains dans les différents pays de l'Europe et aux États-Unis. La vitesse moyenne, en France, varie entre 55 et 50 kilomètres à l'heure; la vitesse maxima admise est de 110 à 120 kilomètres sur les réseaux du Nord, et et de l'Orléans, et de 90 kilomètres sur les réseaux de l'Ouest, Paris-Lyon-Méditerranée. En Angleterre, la vitesse de marche réglée entre 72 et 85 kilomètres; les vitesses maxima ne se limitées et atteignent fréquemment 123 kilomètres dans les

En Belgique, la vitesse de marche des express est de 78 kilomètres; la vitesse maxima fixée est de 100 kilomètres. Ces chiffres un peu diminués pour la Hollande, où la vitesse moyenne 72 kilomètres; la vitesse maxima, 90 kilomètres.

En Allemagne, on ne dépasse pas, comme vitesse de marche lomètres, et la vitesse maxima autorisée est de 75 kilomètres sur quelques lignes, où elle peut atteindre 90 kilomètres. Ces sont encore moindres pour l'Autriche, la Hongrie et la Russie, vitesses moyennes ne dépassent guère 60 kilomètres et les vi maxima autorisées, 10 pour 100 en plus, soit 66 kilomètres.

En Italie, sur les deux grands réseaux de l'Adriatique et de diterranée, les vitesses de marche sont respectivement de 70 à lomètres, avec un maximum de 80 kilomètres à l'heure.

Enfin, en Amérique, la vitesse de marche est de 65 à 66 ki tres, mais, le maximum n'étant pas limité, il n'est pas rare de des trains marcher à raison de 126 kilomètres sur d'assez longs cours.

FIXATION DE L'ENCRE DE CHINE. — Un journal allemand donne procédé suivant pour la fixation de l'encre de Chine des dessins calques :

On frotte l'encre de Chine dans une dissolution à proportions nies de glycérine et de bichromate de potasse, et on expose ensuite le dessin, fait avec cette encre, pendant quatre ou cinq heures, à lumière. La glycérine dissout la partie gélatineuse qui entre dans composition de l'encre de Chine et détermine, par suite, son lange avec le bichromate. En outre, elle produit la décomposition de ce sel et sa transformation en un chromate qui s'unit intimement à la matière gélatineuse. Le mélange à employer est une solution à 2 ou 3 pour 100 de bichromate et, pour 5 gouttes de cette solution, une goutte d'une solution de glycérine à 24 pour 100.

L'encre ainsi obtenue n'a aucune action sur les compas, et son emploi est aussi aisé que celui de l'encre ordinaire. Les lignes obtenues se distinguent par un beau brillant et résistent au frottement de l'éponge humide et même, paraît-il, à un séjour prolongé dans l'eau.

— LE COMMERCE RÉCIPROQUE DE LA FRANCE ET DE L'ITALIE. — Le tableau général du commerce de la France et de ses pays étrangers et ses propres colonies vient de paraître. Cela nous donne l'occasion de chercher à nous rendre compte des relations depuis trois ans par la quasi-rupture commerciale que, pour leur malheur, des circonstances politiques récentes ont amenée entre les deux pays. Sans autre commentaire, voici les résultats officiels, rapportés par le *Journal de la Société de statistique de Paris* :

Importations d'Italie en France.

	1887.	1889.	Diminution absolue.	Diminution pour 100.
	Fr.	Fr.	Fr.	
Objets d'alimentation.	163 069 633	31 891 307	131 178 326	80,4
Matières nécessaires à l'industrie. . . .	123 214 436	89 464 750	33 749 686	27,4
Objets fabriqués. . .	21 425 447	12 247 859	9 177 588	42,9
	307 709 516	133 603 916	174 105 600	56,6

Exportations de France en Italie.

Objets d'alimentation.	13 759 043	9 895 972	3 863 471	28,2
Matières nécessaires à l'industrie. . . .	90 024 149	88 320 058	1 704 091	1,9
Objets fabriqués. . .	88 349 653	45 565 460	42 744 193	18,5
	192 132 845	143 781 490	48 351 365	25,2

Ces résultats sont désastreux, mais beaucoup moins pour nous que pour l'Italie, le déficit ayant été pour cette dernière de 57 pour 100, tandis que celui de la France n'est que de 25 pour 100.

Toutefois, nos manufactures ont dû supporter une perte considérable dans leurs envois en Italie, mais elles y ont pourvu par d'autres débouchés, l'exportation générale des produits fabriqués qui se chiffrait, en 1887, par 1738 millions de francs, s'élevant en 1889 à 1925 millions.

— **Faculté des sciences de Paris.** — Le lundi 24 novembre 1890, M. Meillère soutiendra, pour obtenir le grade de docteur ès sciences physiques, une thèse ayant pour sujet : *Contribution à l'étude chimique des Vératrées.*

INVENTIONS

Nouveau dépôt électrolytique de platine. — Le procédé employé suivant les méthodes de Roseleur et de Bœttger pour le dépôt de platine à l'aide de l'électrolyse des phosphates doubles de sodium et de platine ou des chlorures doubles d'aluminium et de platine donne vite de mauvais dépôts. C'est qu'en effet le platine à l'état d'électrode négative ne se dissout pas dans le bain : il faut donc entretenir ce dernier à l'aide d'un nouveau sel double, ce qui apporte constamment un sel non électrolysé et change la composition du bain.

Dans l'*Electrical Review*, M. W.-H. Wohl propose une solution alcaline de potasse caustique dans laquelle on ajoute de l'hydrate d'oxyde de platine, qui joue le rôle d'acide faible. En mettant au fond du bain un excès de cet hydrate, qui se dissout au fur et à mesure des besoins, ou bien en ajoutant chaque jour la quantité convenable, on a un bain de composition constante, dont la marche est très bonne.

On emploie 60 grammes d'hydrate d'oxyde de platine avec 250 gr. de potasse (ou de soude) caustique pour 5 litres d'eau distillée. Pour obtenir de bons résultats, on dissout la moitié de la potasse dans un litre d'eau ; on ajoute l'hydrate par petites quantités en agitant pour faciliter la dissolution ; on ajoute ensuite le reste de la potasse dans un litre d'eau, et on l'étend finalement à 5 litres.

Il faut prendre une force électromotrice d'environ 2 volts, et l'on obtient un dépôt de platine qui est blanc brillant sur le cuivre et le laiton, mais il faut avoir soin de cuivrer au bain de cyanure le fer, l'acier, l'étain, le zinc et le maillechort.

À la rigueur, le bain précédent peut être étendu à 10 litres.

Les oxalates et les phosphates donnent aussi de bons bains qui produisent des dépôts un peu plus résistants que le précédent.

— **Paliers graisseurs magnétiques.** — Les moteurs et les dynamos de M. Barriet, de la *New-York Electrical Cʳ* ne présentent rien de particulier, mais leur graissage ne manque pas d'originalité.

Suivant *the Electrical Engineer*, on dispose sous le palier un réservoir d'huile dans lequel plongent deux disques en fer qui peuvent tourner librement autour d'un axe. Lorsque la machine fonctionne, l'arbre s'aimante assez pour attirer ces disques et les faire tourner, ce qui amène l'huile au contact de la fusée.

— **Télégoniomètre électrique.** — Des expériences faites à la Maddalena par la marine italienne sur un télégoniomètre électrique à grande base dû à M. G.-B. Marzi ont donné de bons résultats.

D'après le *Bulletin de la Société internationale des électriciens*, voici les conditions dans lesquelles ces expériences ont été effectuées.

La station principale est établie dans l'île de Caprera, à la station de Stagnoli, armée d'obusiers de 28 pour le tir indirect. Cette batterie a été construite au fond d'une vallée et se trouve séparée par une chaîne de montagnes de la côte qu'elle doit défendre.

Deux observateurs cachés dans la crête des monts, à un kilomètre environ sur la droite et sur la gauche de la batterie, observent avec des lunettes le navire ennemi. Les lunettes sont munies d'un appareil électrique spécial qui en enregistre les plus petits mouvements et les transmet automatiquement à la batterie ; à ce dernier point, les déplacements angulaires des lunettes sont indiqués sur un plan au 1/10000 par des aiguilles dont l'intersection détermine à chaque instant la position du navire ennemi par rapport à la batterie. Ce navire est donc couvert de projectiles sans pouvoir tirer sur une batterie invisible qui n'a pas besoin d'être protégée par ce coûteux ouvrages de défense indispensables aux batteries découvertes.

Les opérations récentes, dirigées par l'amiral Labrano, ont obtenu un très grand succès, d'abord sur des bâtiments stationnaires, puis sur des navires en mouvement.

BIBLIOGRAPHIE

Sommaires des principaux recueils de mémoires originaux.

Revue française de l'étranger et des colonies (1ᵉʳ août 1890). — *Marbeau :* M. Ribot et l'Afrique. — *Salaignac :* Les visées américaines sur Haïti-Saint-Domingue. — La Belgique et le Congo ; droits de la France. — Correspondance du Dahomey. — *Ricoy :* Correspondance du Caucase. — Autour du lac Tchad ; part de la France dans le Soudan. — *D'Avril :* Pénétration au Sahara. — Traité anglo-allemand pour l'Afrique.

— (15 août 1890). — *Radiguet :* Mᵐᵉˢ Javouhey et la colonisation, établissements de l'Institut de Saint-Joseph de Cluny. — *Rameau de Saint-Père :* Anglais et Français au Canada. — *Demanche :* Les traités Binger au Soudan français. — *Marbeau :* Le partage politique de l'Afrique ; l'arrangement anglo-français du 5 août 1890. — *Alexis :* Les vingt-quatre fuseaux horaires. — L'origine indigène du nom de l'Amérique.

— **Archives générales de médecine** (septembre 1890). — *Tuffier* et *Hallion :* De l'intervention chirurgicale dans les pérityphlites.— *Barthélemy :* Notes sur la grippe épidémique de 1889-1890, et principalement sur les éruptions symptomatiques au rash de la grippe. — *Chaput :* Étude histologique expérimentale et clinique sur la section de l'éperon dans les anus contre nature par la pince ou l'entérotome. — *Bard* et *Lemoine :* De la maladie kystique essentielle ou angiome des appareils sécrétoires. — *Rémond :* Les albumines toxiques.

— **Académie des sciences de Vienne** (t. XCVIII, fasc. 4, 5, 6 et 7). — *Barth* et *Herzig :* Constitution chimique de la *Herniaria*. — *Brunner :* Hydroquinone et quinone. — *Leipen :* Caféine. — *Hasura :* Déshydratation des acides gras. — *Grussner* et *Hasura :* Oxydation des acides gras par le permanganate — *Ludy :* Produits aldéhydiques dans la distillation de l'urée. — *Skraup* et *Wrulls :* Constitution des alcaloïdes quiniques. — *Neuman :* Sels halloïdes du mercure. — *Storch :* Sulfure de zinc. — *Lepez* et *Storch :* Combinaison des sels de zinc avec les oxydes de bismuth et de fer. — *Blau :* Nouvelle méthode de combustion. — *Mono* et dibromopyridine. — Distillation de la picholine. — *Reichl :* Nouvelle réaction de l'albumine. — *Emich :* Amides carboniques. — *Mauthner* et *Suida :* Production d'indol par le phénylglycocol. — *Krammer :* Fermentation mucique. — *Nencki :* Décomposition de l'albumine par des ferments anaérobies. — *Nencki* et *Sieber :* Gaz de la fermentation des albumines. — Formation d'acide paralactique dans la fermentation du sucre.— *Skraup :* Combinaison benzoïlique des alcools, des phénols et des sucres. — Constitution du sucre.— *Brauner :* Recherches expérimentales sur la loi périodique. — *Benédickt* et *Axwra :* Constitution des graisses animales et végétales. — *Fierbas :* Bases dans les pousses de pommes de terre. — *Margulis :* Hexaméthylphloroglucine. — *Herzig :* Quercétine. — *Nencki* et *Rotschy :* Hémoporphyrine et bilirubine, — *Fuchs :* Détermination volumétrique pour le dosage de l'acide carbonique. — *Herzig* et *Zeisel :* Constitution des phénols. — *Janowski :* Azo et azoxytoluol. — *Ehrlich :* Oxydation de l'acide cinnamique. — *Glaser* et *Morawski :* Action du bioxyde de plomb sur des substances organiques en solution alcaline. — *Lippmann :* Acide dichlocarbonique de la résorcine et du pyrogallol. — *Strache :* Oxydation de la quinoldine. — *Etti :* Acide tannique. — *Lippmann* et *Fleisner.* — Oxyquinoline. — *Gluckmann :* Oxydation des cétones par les manganates. — *Srpek :* Quinoléïne. — *Skraup .* Phloroglucine. — *Cynurine.* — *Skraup* et *Wiegmann :* Méthyliodhydrate de codéine. — *Pomeranz :* Méthysticine. — *Goldschmidt :* Action de la potasse sur la papavérine. — Acides papavériques et pyropapavériques.

— **Journal des économistes** (t. XLIX, septembre 1890). — *André Liesse :* Les travaux législatifs de la Chambre des députés.— *Charles Parmentier :* Le frais de vente judiciaire et la vénalité des offices. — *Auguste Carlier :* L'établissement de la propriété individuelle du sol chez les Indiens des États-Unis. — *Joseph Lefort :* Revue de l'Académie des sciences morales et politiques. — *Ernest Brelay :* Les accidents du travail et de l'industrie. — *G. François :* Les banques d'émission suisses en 1890. — *P.-G.-H. Linckeus :* Une conclusion hasardée : la télégraphie à bon marché. — *Arthur Raffalovich :* Correspondance d'Allemagne. — *Vilfredo Pareto :* Lettre d'Italie.

— **Bulletin de la Société de géographie commerciale de Paris** (t. XII, nᵒ 5, 1890). — *J. Harmand :* L'Inde anglaise, son gouvernement, et l'Indo-Chine française. — *Martineau* : Le système protecteur et ses effets. — *Firmin* : L'émigration française et le Kansas. — *Castonnet des Fosses* : La culture de la vigne au Liban. — *N. Ney* : Les exportateurs allemands et l'Exposition de 1889. — *J.-W. Hay* : Fédération australienne et australasienne.

— REVUE MILITAIRE DE L'ÉTRANGER (t. XXXVIII, n° 749, 30 août 1890). —La ration des chevaux dans l'armée allemande. — L'annexion d'Helgoland à l'empire d'Allemagne. — L'organisation militaire de la Roumanie. — Quelques appréciations du général Wolseley sur l'armée anglaise.

— N° 750, 15 septembre 1890. — La conscription des chevaux en Allemagne, d'après le règlement prussien du 22 juin 1886. — Effectifs et budget de la Landwehr cisleithane en 1890. — Les forces militaires de la Suède. — Influence de la poudre sans fumée sur la tactique, d'après une publication italienne récente.

— ARCHIVIO PER L'ANTROPOLOGIA E LA ETNOLOGIA (t. 20, fasc. 1, 1890). — *Caterina Pigorini Beri* : Les superstitions et les préjugés dans les Marches apennines. — Réponse à l'enquête de la Société d'anthropologie italienne. — *Giuseppe Mendini* : L'indice céphalique des Vaudois. — *Enrico H. Giglioli* : Les plus anciens temps de l'âge de pierre dans l'Amérique méridionale. — Sur quelques instruments de pierre encore en usage près de Chamacoco du Chaco (Bolivie). — *Paolo Riccardi* : Préjugés et superstitions populaires à Modène.

— ARCHIV FUR PHYSIOLOGIE (fasc. 1, 2 et 3, 1890). — *Hufner* : Lois de la dissociation de l'hémoglobine. — *Frey* : Recherches sur le pouls. — *A. Mosso* : Des lois de la fatigue étudiées avec l'ergographe sur les muscles de l'homme. — *Virchow* : Vaisseaux oculaires des sélaciens et rapports avec les vaisseaux céphaliques. — *Scheider* : Fer dans l'organisme animal. — *R. du Bois-Reymond* : Muscles striés dans l'intestin des poissons. — *Meubius* : Appareil phonatoire des poissons (*Balistes aculeatus*). — *Fritch* : Rapports numériques des cellules ganglionnaires du lobe électrique des torpilles avec leur terminaison périphérique. — *Waller* : Oscillations électriques du corps consécutives aux variations électriques du cœur. — *Maggiora* : Lois de la fatigue. — *Sobieranzki* : Influence de la température sur les propriétés physiologiques des muscles. *gia* : Mouvements oculaires et sphère visuelle de l'écorce — *Hellenberger* et *Hofmeister* : Digestion de la viande chez porcs. — *Arndt* : Lois Valli-Ritter sur l'excitabilité des muscle dans le processus de mort. — *Melissinos* et *Nicolaides* : Form cellulaires dans le pancréas des chiens. — *Laska* : De quelques sions optiques. — *Walther* : Résorption des graisses. — *W (ibbs* et *Hare* : Rapports entre la constitution chimique et l' chimique des différentes substances (résorcine, pyrocatéchine, l quinone, etc. — *Liebreich* : Fonction physique de la vessie n des poissons. — Lanoline et cholestérine dans l'organisme. — *E mann* : Karyokinèse asymétrique dans les cellules cancéreuse *Zuntz* et *Katzenstein* : Activité musculaire et ses relations ave échanges chimiques respiratoires chez l'homme. — *Munk* : Fi lymphatique chez l'homme et étude sur l'absorption intestinale *Goldscheider* : Sensibilité des articulations.

— REVUE DE MÉDECINE (t. X, n° 9, 10 septembre 1890). — H. *Brus* : Nouvelle étude sur l'action thérapeutique du sulfate de chonine. — *Ch. Féré* : Les signes physiques des hallucinations.

Publications nouvelles.

DESCRIPTION DES MOLLUSQUES FOSSILES des terrains crétacés de la région sud des hauts plateaux de la Tunisie, recueillis en 1885 et 1886, par M. *Philippe Thomas*, membre de la mission de l'exploration scientifique de la Tunisie, et par M. *Alphonse Péron*. 1re partie. — Une broch. in-8°, avec atlas in-4° de XLII planches; Paris, Imprimerie nationale, 1890.

— LE LAIT ET LE RÉGIME LACTÉ, par M. G. *Malapert du Peux*. — Un vol. in-16 de la *Petite Bibliothèque médicale*; Paris, J.-B. Baillière, 1891.

L'administrateur-gérant : HENRY FERRARI.

MAY & MOTTEROZ, Lib.-Imp. réunies, 2t. D, 7, rue Saint-Benoît. [1146]

Bulletin météorologique du 10 au 16 novembre 1890.

(D'après le *Bulletin international du Bureau central météorologique de France*.)

DATES.	BAROMÈTRE à 1 heure DU SOIR.	TEMPÉRATURE			VENT. FORCE de 0 à 9.	PLUIE. (Millimètres)	ÉTAT DU CIEL à 1 HEURE DU SOIR.	TEMPÉRATURES EXTRÊMES EN EUROPE	
		MOYENNE	MINIMA.	MAXIMA.				MINIMA.	MAXIMA.
☾ 10	752mm,80	9°,3	6°,8	9°,5	S.-W. 1	0,0	Transparence de l'atmosphère, 9mm,5.	— 14° au Pic du Midi ; — 7° au mont Ventoux.	21° au cap Béarn et Funchal; 20° Constantinople.
♂ 11	749mm,50	4°,8	1°,8	5°,7	S.-E 2	1,1	Pluie.	— 7° à Haparanda; — 10° au Pic du Midi.	21° à Nemours et Funchal; 20° Biskra, Constantinople.
♀ 12 I. L.	757mm,48	5°,8	0°,2	12°,0	N. 1	0,0	Cumulus gris W. 15° N. environ.	— 10° au Pic du Midi ; — 6° au mont Ventoux.	22° Nemours et Palerme; 20° au cap Béarn, Alger.
☿ 13	759mm,34	7°,8	3°,7	12°,0	S.-S.-E. 3	12 5	Pluie.	— 9° au Pic du Midi ; — 7° à Arkangel.	22° au cap Béarn; 22° à Funchal; 21° à Alger.
♁ 14	759mm,95	11°,3	10°,3	12°,5	N.-N.-E. 1	1,0	Transparence de l'atmosphère, 11mm,5.	— 8° à Moscou; — 5° à Arkangel et Haparanda.	22° San Fernando; 21° Funchal; 20° Alger et Oran.
♄ 15	754mm,34	12°,3	10°,9	15°,0	S. 2	0,4	Cumulus à l'W. et quelques-uns au S.	— 7° à Moscou; — 3° Charkow et Haparanda.	22° à la Calle; 21° à Alger, Laghouat, Biskra.
☉ 16	758mm,00	11°,1	10°,4	15°,2	S.-W. 0	0,0	Alto-cumulus N.-W. 1/4 W.	— 3° à Moscou, Charkow ; — 9° à Haparanda.	22° au cap Béarn; 22° Funchal; 21° Alger, Laghouat.
MOYENNE.	755mm,17	7°,81	5°,84	10°,89		TOTAL...	15,0		

REMARQUES. — La température moyenne de cette période est supérieure à la normale corrigée 5°,1. Nous signalons encore quelques pluies abondantes. Le 10 et le 11, 34 et 30mm à Biarritz. Le 12, 49mm à la Calle, 30 à Lésina, 22 à Pesaro, 26 à Naples et 33 à Oxo. Le 13, 32mm à Brindisi.

CHRONIQUE ASTRONOMIQUE. — Le 23, Mercure est noyé dans les rayons du Soleil. Vénus reste une étoile du soir, très basse et partant peu visible. Mars et Jupiter, toujours dans le Capricorne, passent respectivement au méridien à 4h 52m et à 4h 29m du soir. Saturne, qui passe à 7h 3m du matin est toujours dans le Lion ; c'est une belle étoile du matin. Le 24, Mercure est à l'aphélie, c'est-à-dire au point de son orbite le plus éloigné du Soleil. Le 26, il y a éclipse partielle de Lune invisible à Paris. Le 27, Neptune est en opposition avec le Soleil : cette planète, située dans le Taureau, passe au méridien un peu avant minuit. Le 29, Mercure et Vénus sont en conjonction. La Lune, à son premier quartier le 19, sera pleine le 26. L. B.

REVUE
SCIENTIFIQUE
(REVUE ROSE)

Directeur : M. Charles Richet

| NUMÉRO 22 | TOME XLVI | 29 NOVEMBRE 1890 |

HISTOIRE DES SCIENCES

Le progrès scientifique de 1822 à 1890 (1).

Il n'est pas sans intérêt au point où en est parvenue notre Association de jeter un coup d'œil en arrière. On y gagne la conviction qu'à aucune autre époque les connaissances humaines n'ont réalisé des progrès comparables à ceux qui se sont accomplis depuis la fondation de l'Association en 1822.

Nous serons, bien entendu, obligé de nous en tenir aux faits les plus remarquables et, même limitée à l'énumération de ces faits essentiels, la tâche reste encore trop complexe, s'étend à des connaissances trop variées pour qu'un seul homme y puisse suffire. Cette étendue des domaines à explorer fait aussi que l'examen rapide qu'on en peut faire différerait suivant le guide choisi, par suite des divergences d'appréciation sur l'importance de tel ou tel fait. Les nationalités non plus ne sauraient être indifférentes ; certes, la science ne connaît pas de frontières, mais il est tout naturel que les travaux de compatriotes soient mieux connus que ceux des savants étrangers.

Ces réserves faites, entrons en matière.

§ I. — Astronomie.

Occupons-nous tout d'abord de la science la plus ancienne et la plus élevée, de l'astronomie. Le commencement du siècle est marqué par la révolution accomplie dans l'optique pratique par Frauenhofer et Reichenbach. Peu de temps après la fondation de notre Société, le réfracteur de Dorpat était terminé et, quelques années plus tard, l'héliomètre de Kœnigsberg établi. Ces instruments perfectionnés permettaient aux astronomes de sonder les profondeurs du firmament que n'avait pu explorer jusqu'alors que le télescope géant d'Herschel, et les mirent en situation de déterminer la position des astres avec une exactitude qu'on n'avait pu atteindre auparavant.

Depuis la découverte du système planétaire de Copernic, les astronomes avaient à peu près limité leurs efforts à la détermination de la distance des étoiles fixes. On sait que ce problème, poursuivi avec une persévérance infatigable, fut résolu par Struve avec son réfracteur et par Bessel avec son héliomètre. Sans doute, les résultats n'ont pas encore la précision à laquelle on parviendra plus tard, mais les méthodes adoptées reposent sur une idée juste et serviront pour les travaux ultérieurs.

La détermination de la distance du Soleil était aussi une des préoccupations des astronomes d'alors. Pendant près d'un siècle, on n'eut d'autres données à cet égard que les observations du passage de Vénus de 1761 et 1769 ; il fallut attendre la reproduction de ce phénomène de 1874 et 1882 pour obtenir une distance plus exacte. La préparation des méthodes, en partie nouvelles, pour l'observation du passage de Vénus, et les expéditions envoyées, à cet effet, par toutes les na-

(1) Nous croyons devoir donner ici, malgré sa longueur, l'importante analyse que M. Hofmann, le célèbre chimiste de Berlin, a donnée, au Congrès des naturalistes allemands de 1890, sur le progrès des sciences depuis plus d'un demi-siècle.

tions civilisées jusque dans les contrées les plus éloignées, afin d'avoir une base aussi grande que possible pour la détermination du triangle de position, occupèrent l'attention des astronomes pendant ces vingt dernières années. Le résultat final de toutes ces observations, qui doit servir de base pour les calculs des astronomes du siècle prochain, n'a pu encore être déterminé, tant les observations ont été nombreuses. Du reste, vous n'ignorez pas qu'actuellement la science n'en est plus réduite à l'observation du passage de Vénus pour calculer l'éloignement du Soleil. Les progrès de la technique astronomique ont permis récemment de déterminer directement la parallaxe de la planète Mars quand celle-ci est relativement rapprochée de la Terre, et cela avec une exactitude telle qu'on a pu en déduire la parallaxe du Soleil avec une précision que ne permettaient pas les différentes méthodes employées jusqu'alors.

Il n'est guère possible d'exposer ici en détail les nombreux avantages résultant des progrès de l'astronomie. Je m'arrêterai cependant à l'un de ces résultats, qui fut un véritable événement. Ceux parmi vous qui ont passé la quarantaine se rappellent sans doute l'enthousiasme avec lequel fut accueillie la découverte de la planète Neptune. Comme conséquence des irrégularités observées dans le mouvement d'Uranus, Le Verrier, à Paris, et Adam, à Cambridge, avaient été conduits, presque en même temps, à calculer la trajectoire et la masse d'une planète encore inconnue et à laquelle devaient être attribués les troubles constatés dans le mouvement d'Uranus. Le 23 septembre 1846, Galle, directeur de l'Observatoire de Berlin, recevait de Le Verrier une lettre dans laquelle l'astronome français lui communiquait le résultat de ses calculs, et, dès la nuit suivante, Galle découvrait à la place indiquée la planète que beaucoup déjà avaient pressentie, mais que Le Verrier avait été le premier à indiquer avec précision. La découverte de Neptune fut un triomphe pour la science. Déjà la découverte d'Astrée, faite une année auparavant par Hencke, avait été considérée comme un événement faisant époque et devait être le point de départ des découvertes surprenantes à l'égard de ce groupe de planètes dont — nous nous le rappelons aujourd'hui avec un intérêt particulier — Olbers, de Brême précisément, avait découvert, antérieurement à la fondation de notre Société, deux des membres et non des moins importants : Pallas et Vesta. Depuis, le nombre des planètes découvertes s'est augmenté dans une proportion telle que c'est à peine si l'annonce par les journaux de la découverte d'une nouvelle planète nous cause quelque émotion.

Je ne saurais passer sous silence les cartes d'étoiles, publiées par l'Académie de Berlin, qui contribuèrent à la découverte d'Astrée et permirent de trouver rapidement Neptune. Ces découvertes considérables eurent d'ailleurs pour conséquence naturelle l'établissement de nouvelles cartes destinées à faciliter les recherches analogues. Il est un ouvrage de ce genre qui mérite une mention spéciale et qui a toujours été considéré comme un joyau du temps et comme le travail le plus fructueux pour la pratique des travaux astronomiques; je veux parler des « cartes du ciel septentrional » établies en 1850 sous la direction d'Argeland et donnant toutes les étoiles des neuf premières grandeurs ainsi que les plus brillantes parmi celles de dixième grandeur. Ces cartes ont été continuées pour une partie du ciel méridional par Schönfeld et complétées par les reproductions de Gill de l'état du ciel entre le tropique du Capricorne et le pôle Sud fournies par l'Observatoire du Cap.

Quoique la découverte de Neptune reste l'un des événements les plus brillants qui ont marqué l'histoire de ce temps, il n'est pas sans intérêt de remarquer que ce n'était pas la première fois que les astronomes exerçaient leur science sur des choses invisibles. Bessel avait signalé le satellite invisible de Sirius et de Procyon. L'usage des tables dressées pour les étoiles visibles a permis de calculer avec une grande approximation la marche de leurs satellites, et l'un d'eux, celui de Sirius, a pu être relevé avec le premier des nouveaux télescopes géants américains. Aujourd'hui, dans l'espace de quelques jours, il est possible, en tenant compte de leur action sur la position d'autres corps célestes, de prouver l'existence d'étoiles fixes qui échappent à la vue de l'homme et qui lui échapperont même toujours, quelque perfectionnés qu'on suppose les instruments d'observation.

L'analyse spectrale et la photographie peuvent prendre rang, personne ne le contestera, parmi les plus belles conquêtes de la science moderne, et retiennent l'attention de quiconque veut essayer d'analyser les progrès de la science durant la dernière moitié du siècle dernier. Leur influence s'étend sur toute la physique : nous ne nous occuperons d'abord que de leur action sur les recherches astronomiques. Il y a trente ans que Gustave Kirchhoff a expliqué les lignes obscures dont Wollaston et Frauenhofer avaient constaté la présence dans le spectre solaire, et qu'il a montré le parti qu'on pouvait tirer de l'analyse spectrale pour les recherches sur la nature des corps célestes. Cette analyse ne fut d'abord appliquée qu'à l'étude de la nature permanente de ces corps et de leurs changements éventuels, mais bientôt on essaya de s'en servir pour l'analyse des mouvements. L'analyse spectrale donnait la clef de la cosmogonie; elle devait aussi, combinée avec les anciennes méthodes astronomiques, fournir un moyen puissant pour l'étude du système stellaire, à la condition de pouvoir s'en servir avec la netteté et la précision qui sont le propre des méthodes usuelles d'observation de l'astronomie; mais on ne pouvait compter sur l'œil humain qui, même avec le secours des télescopes modernes les plus puissants, ne peut observer avec certitude des changements aussi minimes. Il fallait donc trouver un auxiliaire plus sensible; ce fut la plaque photographique dont la sensibilité peut être poussée, pour ainsi dire, jusqu'à l'infini. Les épreuves spectrophotographiques exécutées ces années dernières à l'Observatoire de Potsdam et qui ont servi à la détermination des étoiles fixes de Algol, et la constatation du mouvement rapide de quelques autres étoiles brillantes dues à II.-C. Vogel de Potsdam et Pickering de Cambridge, ne sont que de brillants épisodes secondaires.

Dans la revue rapide que nous venons de faire de quelques-uns des faits les plus remarquables qui se sont produits en astronomie depuis la fondation de l'Association des naturalistes et médecins allemands, il n'a pas été possible, on le conçoit, d'indiquer, même sommairement, toutes les conquêtes de l'astronomie pendant cette période. Quantité de savants ont contribué par leurs travaux à ces conquêtes, et il n'est même pas possible de rappeler leurs noms : ceux cependant de sir John Herschel, Airy, Hansen, Newcomb, Gould, Shiaparelli, ne sauraient être passés sous silence.

Les limites étroites entre lesquelles est enserrée cette esquisse ne sauraient non plus nous empêcher de signaler l'influence heureuse des Associations scientifiques, et notamment de la *Royal astronomical Society*, fondée à peu près à la même époque que notre Association, et de sa jeune sœur l'*Astronomische Gesellschaft* qui, par son remarquable catalogue des étoiles du ciel septentrional, a su gagner une place honorable à côté de son aînée. Qu'il me soit permis enfin, pour finir, de signaler l'Union géodésique fondée en 1862 pour la mesure du méridien dans l'Europe centrale et dont l'action s'étend aujourd'hui sur trois continents.

§ II. — GÉOLOGIE.

Mais redescendons des régions stellaires sur la planète que nous habitons. A l'époque où notre Association se réunissait pour la première fois, les géologues étaient divisés en deux camps ennemis : les volcanistes et les neptuniens. Les idées des premiers prédominaient cependant déjà, à la suite du célèbre voyage de Léopold von Buch aux îles Canaries, dont la relation venait d'être publiée. Les volcanistes affirmaient non seulement que de nombreuses roches dont les neptuniens soutenaient l'origine aqueuse étaient de provenance ignée ou tout au moins avaient subi l'action du feu, mais encore ils croyaient pouvoir attribuer aux phénomènes volcaniques une puissance leur permettant de soulever d'une seule poussée les plus hautes montagnes. L'opposition commençait cependant à percer, de la part même de quelques volcanistes, contre cette théorie des catastrophes qui fut celle dominante pendant une période assez longue. Les dissi-

dents faisaient remarquer que les actions les plus énergiques pouvaient avoir été produites par les forces les plus faibles, pourvu que ces forces aient agi pendant un espace de temps suffisamment prolongé, et ils pensaient que les modifications profondes subies par la surface terrestre dans le cours des temps pouvaient être expliquées de façon plus simple qu'en ayant recours à des catastrophes violentes. C'est ainsi que la lutte entre les volcanistes et les neptuniens entra dans une nouvelle phase préparée en Allemagne par les travaux de von Hoft et marquée en Angleterre par ceux de Lyell, jusqu'à ce que survinssent les idées de Darwin sur la transformation progressive de la faune et de la flore préhistoriques.

La nouvelle évolution de la théorie des volcanistes trouva les neptuniens récalcitrants. Ainsi que les volcanistes autrefois, ils regardaient l'expérience comme un des fondements principaux de toute discussion sur la genèse des montagnes. Mais pendant que James Hall, combattant les vues volcanistes de Hutton, affirmait avec raison que les phénomènes observés dans le laboratoire doivent être aussi considérés comme réalisables dans la nature, Bischof, allant plus loin, affirmait à son tour que les phénomènes démontrés comme irréalisables pour les essais de laboratoire ne pouvaient pas non plus s'accomplir dans la nature. La faiblesse d'une semblable argumentation tombe sous le sens; aussi les idées de Bischof, édifiées sur une base aussi fragile, sur la formation et la transformation des roches par voie sédimentaire, ne trouvèrent-elles que peu d'adhérents.

Au surplus, l'antagonisme entre les deux camps avait perdu de son acuité depuis longtemps. Au lieu de s'en tenir exclusivement à la recherche d'une théorie unique expliquant tous les phénomènes, les géologues commençaient à penser qu'il valait mieux s'occuper de chacun de ces phénomènes en particulier pour tâcher de les expliquer autant que le permettait l'observation physique et chimique appuyée sur l'étude des traces que conservaient les couches terrestres de la faune et de la flore préhistoriques. Le matériel fourni par ces observations particulières devait leur permettre, espéraient-ils, d'édifier une théorie générale dans laquelle chacune de ces observations eût trouvé sa place. Ces idées amenèrent l'emploi du microscope dans les recherches géologiques; d'ailleurs le perfectionnement des instruments optiques qui, nous l'avons vu, fut d'un secours si puissant à l'astronomie, vint aussi en aide de la façon la plus heureuse à l'étude des roches. Le géologue ne fut pas limité aux résultats de l'analyse chimique pour se rendre compte de la composition des minéraux constituant la croûte terrestre. Bientôt on parvint à débiter les minéraux en plaques minces, de manière à les pouvoir observer par transparence, et à créer de la sorte une nouvelle méthode d'observation : l'emploi de la microscopie dans la pétrographie, méthode applicable à la détermination des conditions de structure, de porosité, etc., et également propre à élucider la genèse des roches.

Les géologues se sont aussi beaucoup préoccupés du rôle de chaque roche dans la croûte terrestre. Les fentes qui séparent les masses de chaque roche l'une de l'autre trahissent les mouvements qui se sont produits à la surface de notre globe au moment de son refroidissement et de sa solidification, et le géologue cherche la réponse à ces questions difficiles : comment les grandes chaînes de montagnes ont-elles pris leur direction et leur hauteur actuelles et comment se sont formées les gorges et les crêtes?

L'observation exacte des roches et des corps organiques qu'elles peuvent contenir constitue également un progrès remarquable. De plus en plus, le système paléontologique se complète, partie par la découverte de fossiles entiers, partie par la trouvaille de formes bizarres (comme les *Archæopteryx*, par exemple) qui permettent une classification uniforme des animaux fossiles et des terrains dans lesquels on les trouve.

Nos connaissances à cet égard ont déjà acquis un tel développement et une telle certitude, que maintenant l'étude d'un petit nombre d'animaux fossiles provenant d'une partie quelconque de la croûte terrestre permet en général au géologue de déterminer exactement l'âge relatif de ces animaux et, par suite, la formation à laquelle ils appartiennent, un triomphe dont la géologie peut être fière à juste titre. La détermination exacte de l'âge des couches sédimentaires a une importance toute spéciale, en ce sens que, assez souvent, l'âge des roches cristallines ne peut être déterminé que par rapport à celui de ces couches. Toutes ces déterminations d'âge sont d'ailleurs indispensables pour établir la série des transformations subies par l'écorce terrestre, soit dans ses traits généraux, soit dans des conditions spéciales résultant de conditions physiques locales.

Des considérations de ce genre sont de nature à permettre de pénétrer davantage dans les phénomènes grandioses qu'offrent la formation des continents, le contraste entre les hautes montagnes et les profondeurs de l'océan, la distribution des volcans, le relèvement de la chaîne des Alpes ; mais, dans ces derniers temps, les esprits se sont tournés également vers l'étude des formations superficielles et des pays bas ; ces phénomènes, pour plus récents qu'ils sont, n'en jouent pas moins un rôle important dans l'histoire de la terre ; et les recherches sur ces formations relativement récentes ont remis en lumière une question qui a déjà beaucoup préoccupé les géologues et qui retiendra probablement longtemps encore leur attention, celle du grand développement des glaciers à l'époque diluvienne. L'observation la plus complète des glaciers actuels et des terres glaciales septentrionales, de leurs conditions d'existence, de leur durée, etc., était nécessaire avant qu'on pût penser à voir dans les murs de pierre, les blocs erratiques, les formations argileuses de la plaine, le résultat de glaciers et les restes de moraines, avant qu'on osât tirer de l'apparition de formes d'animaux arctiques dans certaines contrées cette conséquence qu'il a existé des conditions climatériques correspondantes, des périodes glaciaires, pendant la période diluvienne.

Les recherches géologiques ont trouvé une source précieuse de renseignements dans les travaux de mines, dont l'importance va toujours croissant et qui vont chercher dans les entrailles de la terre les minéraux dont l'homme a besoin : charbon, minerai de fer, etc. Grâce à des engins qui laissent loin derrière eux ceux employés par nos pères, la sonde du mineur pénètre aujourd'hui à des profondeurs absolument inaccessibles autrefois. Je vous rappellerai seulement le forage de Schladebach, près Dürrenberg, qui atteint déjà une profondeur de 1716 mètres. Ces sondages et les coupes innombrables faits dans la croûte terrestre, soit pour donner aux constructions gigantesques de notre époque une assiette convenable et puiser les matériaux nécessaires à leur établissement, soit pour frayer une voie au chemin de fer à travers les montagnes, tous ces travaux ont fourni quantité de renseignements et permis l'établissement de cartes géologiques qui font la terre transparente jusqu'à une certaine profondeur. Dans tous les États civilisés, on travaille avec ardeur à l'exécution de cartes de ce genre, qui, en dehors de leur intérêt scientifique, deviendront des guides indispensables pour toutes les entreprises ayant pour but de procurer à l'industrie et à l'agriculture les richesses renfermées au sein de la terre.

§ III. — MINÉRALOGIE.

Pour quiconque s'efforce de suivre les progrès dans l'une ou l'autre des branches de la science, la conviction vient vite que les délimitations entre ces branches ne sont pas toujours bien nettes. Il y a des sciences qui ne pourraient exister sans la coopération de sciences accessoires ; il en est même pour lesquelles ces sciences accessoires jouent le rôle principal. Cela est vrai notamment pour la minéralogie, qui attire maintenant notre attention comme se rattachant à la science géologique dont nous venons de nous occuper.

La minéralogie n'est autre chose que l'application de la physique et de la chimie à l'étude des minéraux. Pour avoir une idée d'un minéral, nous en étudions les propriétés physiques : état d'agrégation, forme de cristallisation, tenue optique, cohésion, dureté ; puis nous en cherchons la nature chimique, c'est-à-dire la composition qualitative et quantitative. Tout progrès dans le domaine de la minéralogie résulte donc du progrès dans le domaine de la physique ou de la chimie, qu'il s'agisse de la découverte d'un nouveau minéral ou de la connaissance plus parfaite d'un minéral déjà connu. Si nous connaissons beaucoup mieux aujourd'hui qu'au milieu du siècle la forme cristalline et les propriétés optiques d'un grand nombre d'entre eux, c'est que, d'une part, nous disposons d'appareils de mesure considérablement perfectionnés et que, d'autre part, la physique s'est enrichie de nouvelles méthodes d'observation ; si aujourd'hui nous pouvons déterminer avec une plus grande certitude la composition de toute une série de minéraux, c'est grâce aux procédés perfectionnés d'analyse que met actuellement la chimie à notre disposition. Le fait que la classification minéralogique moderne est fondée d'une façon presque exclusive sur la composition chimique montre bien quelle influence a cette science aux yeux du minéralogiste. On sait d'ailleurs de quel secours a été l'analyse chimique pour la reconnaissance, dans ces dernières années, de nombreux minéraux nouveaux fournis par une exploration plus minutieuse des montagnes norvégiennes et de l'Amérique du Nord. Évidemment, l'influence est réciproque, et, dans cet exemple des minéraux norvégiens, la chimie a été mise sur la trace d'une série de nouveaux éléments, et on peut éprouver quelque hésitation à se prononcer sur la question de savoir si cette découverte de nouveaux minéraux n'a pas plutôt été un progrès chimique qu'un progrès minéralogique. Dans la plupart des cas, l'analyse du minéral est suivie de la synthèse de celui-ci. Immédiatement après la fondation de notre Association, Mitscherlich réussit à produire artificiellement l'augite et l'olivite ; depuis, la presque totalité des minéraux trouvés dans l'écorce terrestre par les minéralogistes sortent aussi du creuset de nos chimistes. Jusqu'à présent, cette reproduction artificielle n'a eu qu'un intérêt purement scientifique ; mais, depuis quelque temps ces résultats synthétiques commencent à prendre une importance pratique. Tout le monde connaît cette merveilleuse pierre précieuse que les joailliers désignent sous le nom de rubis. La composition chimique en avait été déterminée depuis longtemps ; mais voici que, depuis un an, on est parvenu à produire chimiquement des rubis qui ne sauraient être distingués de ceux que fournit la nature. Le rubis artificiel n'est pas encore sans doute entré en lutte avec le rubis naturel dans les ateliers de joaillerie : pourtant M. Frémy, à qui nous sommes redevables de ce remarquable travail, a fait préparer pour sa femme une parure en rubis artificiels dont la beauté ne laisse rien à désirer. La production artificielle du rubis a été saluée de toutes parts comme un événement remarquable, et l'on ne saurait méconnaître qu'il s'agit là d'un succès plutôt chimique que minéralogique.

§ IV. — Botanique.

Si, pour la plupart des sciences naturelles, on peut parler de progrès accomplis, pour la botanique et la zoologie, il s'agit bien plutôt d'une transformation que de progrès, tant ceux-ci ont été profonds. Dans ces deux sciences, le but poursuivi et les méthodes de recherches se sont modifiés d'une façon complète pendant la période que nous envisageons. Nous avons vu de quelle valeur avait été la microscopie pour la géologie : pour la botanique et la zoologie l'importance en est telle qu'on aurait peine actuellement à concevoir ces deux sciences sans la microscopie, et que cette phase de leur développement a pu être désignée comme leur période microscopique. Occupons-nous d'abord de la botanique. C'est le microscope qui a transformé la théorie des tissus, c'est lui qui a permis de soulever le voile qui cachait les secrets du monde des cryptogames, son concours a même permis de créer de nouvelles branches d'étude, l'embryogénie notamment.

C'est encore le microscope qui a permis l'étude des phanérogames et fourni l'explication, d'une clarté aussi complète qu'inespérée, de leur origine, du développement de leurs feuilles et de leurs fleurs, de leur fécondation. Aujourd'hui, nous ne nous attardons plus à la recherche de nombreuses analogies entre la vie végétale et la vie animale, la conception de l'unité de la nature organique a trouvé une base solide. Pour exposer en détail cette conquête scientifique, il nous faudrait tout d'abord rappeler la théorie cellulaire due plus spécialement aux savants allemands et qui peut être considérée comme le résultat le plus brillant des travaux microscopiques. Cette théorie, qui embrasse le règne animal comme le règne végétal, fut exposée par Schleiden pour les plantes et par Schwann pour les animaux. Plus tard, Pringsheim lui donne de nouveaux développements pour le règne végétal dans son ouvrage : *Lignes fondamentales d'une théorie de la cellule végétale*. Il est certain que des recherches anatomiques et histologiques avaient été faites avant que la théorie cellulaire n'ait vu le jour, avant même que les objectifs achromatiques aient été introduits dans les observations microscopiques, mais on n'en pouvait attendre de bons résultats tant qu'on ne connaissait pas l'organe élémentaire qui joue un rôle si important dans la formation des plantes et tant que la microscopie n'avait pas atteint — comme aujourd'hui — l'extrême limite de l'observation optique. Guidé par la théorie cellulaire et aidé par les merveilles de l'optique moderne, l'œil du naturaliste a pu pénétrer jusque dans les mystères les plus profonds de la végétation et en expliquer les degrés successifs. Nous savons aujourd'hui comment est formée la matière qui constitue l'organisme des plantes — la cellule — comment elle grandit et s'augmente. Nous connaissons le processus suivant lequel se développent ces tissus d'après des règles déterminées, comment les tissus, par accroissement, par changement de structure et de forme, se transforment en tissus d'ordre supérieur jusqu'à ce que peu à peu apparaisse la formation du corps de la plante. Les anatomistes, de leur côté, nous font suivre pas à pas la construction de ce corps de plante, nous en exposent l'architecture et nous en donnent une connaissance comparable à celle que nous pourrions avoir d'une maison dont nous aurions suivi la construction pierre par pierre. Mais déjà l'anatomie végétale ne suffit plus à nos esprits pour la solution du problème morphologique posé à l'origine; il se forme aujourd'hui une physiologie des tissus qui, s'aidant des mille ressources de la physique et la chimie moderne, a déjà acquis des résultats importants. Le contenu, la structure et la disposition des tissus ont permis de déduire des indications sur les fonctions physiologiques propres aux différents systèmes de tissus. Le domaine de l'anatomie végétale s'est aussi agrandi bien au delà des limites qui paraissaient devoir lui être assignées tout d'abord, et quand on l'envisage avec son développement actuel, la richesse de ses acquisitions, on a peine à reconnaître la science dont Malpighi et Grew jetaient les premiers fondements au XVIIe siècle. Signalons, pour finir, un résultat d'importance générale, dont la biologie est redevable au développement de la théorie cellulaire : la preuve de la similitude entre le protoplasma des cellules végétales et la substance dite contractile que l'on rencontre chez les infusoires. Comme ces deux matières sont le véhicule des fonctions vitales, l'une chez les plantes, l'autre chez les animaux inférieurs, cette concordance des substratums anatomiques des activités physiologiques fournit un argument à l'appui de cette idée que les plantes et les animaux ont une origine commune.

Nous avons déjà vu quelle lumière les recherches microscopiques avaient répandue sur l'étude des cryptogames; mais la solution de l'énigme des cryptogames a retenu si longtemps les naturalistes, et les recherches faites à ce sujet ont exercé une telle influence sur le développement de l'anatomie et de la morphologie végétales qu'on nous pardonnera d'y revenir encore. En pénétrant dans ce domaine, au seuil duquel le regard est arrêté par les essais de Pringsheim sur la fécondation des algues, on reconnaît bientôt que là encore il ne s'agit pas seulement du développement, mais bien d'une révolution complète des idées antérieures. La découverte de la sexualité des cryptogames combla le fossé creusé jusqu'alors entre l'être sexuel et l'être prétendu insexuel et renversa cette distinction qui avait été longtemps un dogme de la science. Pour les savants de nos jours, la sexualité est une condition fondamentale de toute vie organique. Le microscope a suivi cette sexualité jusque dans les êtres organisés les plus inférieurs et à même montré que les substances histologiques, observés chez les animaux, se retrouvent aussi dans les plantes. Nous savons aujourd'hui que le procédé de reproduction est uniforme dans toute la nature organique, et que les deux éléments sexuels caractéristiques, la semence et l'œuf, se retrouvent de la même façon chez les êtres animés supérieurs comme chez les organismes végétaux les plus inférieurs. Les recherches sur les cryptogames n'ont donc pas peu contribué, en montrant la concordance sexuelle dans toute l'étendue de la création, à la conception d'une origine commune des règnes animal et végétal.

D'autres observations, faites sur les cryptogames, ont conduit au même résultat. La brillante découverte de la génération alternante des mousses et des fougères, faite par Hofmeister, les observations se rattachant à cette découverte dans le domaine de l'embryologie des gymnospermes, la découverte de la symbiose dans les lichens par de Bary et Schwendener, enfin l'étude complète et persévérante des transformations successives constituant le processus vital des algues et des champignons, toutes ces recherches ont élucidé le développement de l'organisation des végétaux et mis en lumière leurs liens de parenté avec les animaux.

Il est à peine besoin d'indiquer que, durant la période qui nous occupe, la botanique dite systématique n'a pas non plus chômé. Chacun sait combien s'est accru le nombre des plantes connues; pas une contrée, nul sommet, aucune profondeur n'ont échappé à l'ardeur de l'herborisateur, et ce ne serait pas s'écarter beaucoup de la vérité que de dire que le nombre des plantes connues a plus que doublé depuis la fondation de votre Association. Beaucoup de ces plantes nouvelles n'ont d'intérêt que pour le botaniste; pour quelques-unes cependant, leur grandeur, la beauté ou l'étrangeté de leur feuillage, ou toute autre propriété, ont attiré l'attention générale. Tels sont le pin de Californie, si rapidement acclimaté en Europe sous le nom de *Wellingtonia*; la *Victoria regia*, cette belle nymphéacée qui n'est plus une rareté dans nos jardins botaniques; le parasite tropical *Rafflesia Arnoldi*, avec sa fleur géante; la *Welwitschia mirabilis*; les *guétacées* du désert, etc.

Les méthodes de la classification ne pouvaient échapper à l'influence d'un développement aussi rapide de l'anatomie, de l'histologie et de la biologie végétales. Alors qu'autrefois le classement des plantes reposait sur leurs caractères extérieurs, aujourd'hui l'histoire du développement, les conditions anatomiques et biologiques, tout, en un mot, ce qui est susceptible d'être observé, concourt au classement. Aussi voit-on rapprochées maintenant des espèces, des familles même paraissant n'avoir rien de commun entre elles, tandis qu'au contraire des espèces ont été séparées qui, autrefois, étaient considérées comme ayant des relations étroites.

C'est cet ordre d'idées, on reconnaît, en fin de compte, que les progrès accomplis sont dus aux recherches microscopiques. Au surplus, ces recherches n'ont pas seulement exercé une influence profonde sur toutes les branches de la botanique; ce sont elles aussi qui ont préparé les grandioses conceptions de Darwin qui, tel un fleuve fertilisant, sont venues féconder tous les domaines des sciences naturelles.

La découverte des analogies entre le règne végétal et le règne animal, et la preuve de leur organisation similaire qu'a fournies l'histologie des plantes en général et l'historique du développement des cryptogames en particulier, ont peut-être plus contribué à l'établissement des théories de Darwin sur la proche parenté de tous les organismes que les expériences incomplètes sur la variabilité, les essais non encore concluants sur la sélection et les découvertes des membres intermédiaires paléontologiques.

§ V. — ZOOLOGIE.

Le nom de Darwin que nous venons d'évoquer nous amène naturellement à la zoologie, où nous retrouvons la même poussée qu'en botanique.

Pour avoir une idée des tendances de la zoologie à l'époque où fut formée notre Association, il est nécessaire de remonter au milieu du siècle dernier. Linné et ses successeurs s'étaient surtout efforcés d'étudier un grand nombre de formes particulières d'animaux et de les caractériser, en vue d'une classification systématique, par leur physionomie extérieure ; mais au commencement de notre siècle, avec Cuvier, les recherches se portèrent vers l'anatomie comparée. On chercha, par une étude approfondie de l'organisation anatomique et par voie de comparaison, à caractériser chaque famille d'animaux et à établir un système naturel basé sur les modifications de cette organisation. Entre temps, on s'efforçait de pénétrer les lois de la morphologie animale par des déductions spéculatives. L'école de la philosophie naturelle florissait alors et retenait encore sous ses chaînes toute une série de savants distingués, parmi lesquels Lorenz Oken que nous honorons comme l'un des principaux fondateurs de notre Association. Mais on sait ce que peuvent être, dans les sciences naturelles, les résultats dès qu'on s'écarte des faits, et l'on ne peut s'étonner que la philosophie naturelle n'ait pas réalisé plus de véritables progrès en zoologie que dans les autres branches de la science. Toutefois, le sérieux, l'enthousiasme même peut-on dire, avec lequel les adeptes de la philosophie naturelle s'occupaient des problèmes du temps, réveilla l'esprit de recherche, et l'on ne saurait refuser aux hommes de cette époque de reconnaître que, bien que engagés dans une voie différente de celle qui plus tard devait conduire à des résultats si considérables, ils ont apporté aussi leur contribution au prodigieux essor des idées sur les conditions d'existence des êtres.

L'accroissement que nous avons constaté au cours de la dernière moitié du siècle dans le nombre des plantes connues se retrouve pour les organismes du règne animal et surtout pour les êtros microscopiques. Les travaux d'Ehrenberg, parus dans le premier décennium d'existence de notre Association, ouvrirent les voies pour la découverte de tout un monde nouveau dans lequel les observations se sont poursuivies jusque dans ces derniers temps. Les expéditions maritimes, équipées par toutes les nations civilisées pour étudier les animaux, surtout au point de vue morphologique, ont donné des résultats remarquables. L'expédition de la corvette anglaise *Challenger*, entreprise en 1870, a donné surtout une riche moisson d'observations sur la faune des profondeurs océaniennes. Les profanes seraient étonnés, effrayés même, d'apprendre que, dans les rapports de l'expédition du *Challenger*, Haeckel décrit, pour le seul groupe des radiaires, plus de 2000 formes différentes.

Les Anglais surtout, grâce à leurs nombreuses colonies, ont eu une large part dans la description systématique des animaux. Les matériaux recueillis au cours des différentes expéditions ont été conservés pieusement dans les musées où s'exerce la sagacité des savants et dont les trésors sont été répandus par des reproductions soignées.

Les stations zoologiques établies en beaucoup de points pour l'observation de la faune locale ont rendu des services analogues aux expéditions maritimes. Parmi elles, celle fondée à Naples par notre compatriote Anton Dohrn a acquis une importance remarquable.

La quantité considérable d'objets ainsi recueillis sur terre et sur mer amena naturellement le perfectionnement des méthodes d'observation ; ici encore, nous retrouvons en première ligne le microscope qui a rendu à la zoologie des services non moins considérables qu'à la botanique. L'amélioration des méthodes de préparation des objets à examiner a marché naturellement de concert avec les perfectionnements de l'instrument même ; citons notamment le durcissement des parties molles pour la réalisation de tranches minces et la différenciation des tissus au moyen de l'aniline et autres couleurs. La représentation plastique des conditions de construction les plus délicates par la méthode dite « des plaques » mérite aussi mention.

Ce perfectionnement des méthodes d'observation a permis de développer considérablement, on pourrait même dire de créer une branche de la plus haute importance de la zoologie : l'historique du développement (*Entwickelungsgeschichte*). Les recherches zoologiques d'aujourd'hui ne se contentent plus de suivre exactement le développement de la forme, elles s'efforcent en outre d'observer soigneusement la production et le perfectionnement de chaque organe même. Des renseignements inattendus ont été acquis déjà aussi sur les phénomènes qui se produisent lors de la fécondation de l'œuf et de sa division, ainsi que sur de nombreux et très remarquables phénomènes physiologiques parmi lesquels le parthénogenèse, la génération alternante, la symbiose, présentent le plus haut intérêt.

Toutes ces recherches, quoique portant sur des détails — et au début quelque peu en contradiction avec les conceptions de la philosophie naturelle — n'en sont pas moins dirigées vers un but unique : trouver des lois morphologiques générales qui permettent d'embrasser et de classer à un point de vue général les documents abondants dont dispose la science, et arriver à une conception plus nette des faits isolés dans leurs relations entre eux. Si l'on voulait, parmi les si nombreuses recherches qui se sont poursuivies jusqu'au delà de la moitié du siècle, signaler quelques-unes de celles qui ont eu une influence durable sur la zoologie, il faudrait citer en toute première ligne la théorie cellulaire exposée par Schwann, vers la fin de 1830, et dont nous avons essayé de montrer l'importance au point de vue de la botanique. La théorie cellulaire, d'où sortit bientôt une théorie scientifique des tissus, fut la première et — on peut le dire — la plus importante preuve donnée de l'unité qui préside à la formation des organismes d'origine végétale et animale. Les travaux de Rathke et de Baer sont aussi de haute importance ; ils montrent la concordance absolue des procédés de développement les plus importants chez les différents animaux, et la constitution progressive de leur corps par les cellules provenant de la division de l'œuf ; citons encore les recherches de Jean Muller et de ses disciples, qui montrèrent la logique de la formation et du développement dans chaque type d'animaux, et enfin les travaux de von Siebold et de Leuckart, qui ont rattaché en biologie les méthodes morphologiques à celles physiologiques.

On le voit, les recherches zoologiques suivaient un cours tranquille, et rien n'indiquait l'impulsion puissante qui allait les pousser dans une voie nouvelle. L'année 1859 — soit à peu près le milieu de la période que nous envisageons — marque un coude dans l'histoire, non seulement de la zoologie, mais de toutes les sciences naturelles en général. Ce fut en cette année que parut l'ouvrage de Darwin : *Sur l'origine des espèces par voie de sélection naturelle* (*On the origin of Species by means of natural Selection*). Une grande partie de mes auditeurs se rappelle l'impression profonde que causa la publication de ce livre remarquable, salué avec enthousiasme par les uns, vilipendé par les autres.

Malgré la diversité des voies suivies pendant cette période par les recherches zoologiques pour atteindre leur but, un principe était resté immuable jusqu'alors ; la constance des espèces était un dogme inattaqué en zoologie. La logique tranchante des observations de Darwin vint heurter ce dogme, en montrant avec une sûreté qui excluait tout doute : la modification des formes animales par des influences extérieures, l'atavisme, la possibilité de la création de nouvelles espèces.

Darwin va même plus loin, il indique de nouvelles conditions de la vie, montre la sélection naturelle comme facteur des nouvelles espèces, et bientôt le mot de « lutte pour la vie » sonne à nos oreilles. Ce n'est pas ici le lieu de suivre la théorie de Darwin dans ses conséquences, qui ne sont pas limitées au monde animal, mais s'étendent aussi au règne végétal, ni de donner des exemples pour montrer comment, avec cette théorie, le monde entier des êtres animés, en y comprenant même les espèces disparues, peut être ramené à un petit nombre de formes originaires. Encore bien moins suivrons-nous Hæckel, apôtre ardent de la théorie de Darwin, dans ses spéculations couronnées par la loi fondamentale, dite « biogénétique », du naturaliste allemand. Mais nous devions montrer quelle lumière les idées de Darwin ont répandue sur toutes les sciences s'occupant des créations organiques, et quel vaste champ elles ont ouvert aux explorations futures.

§ VI. — Physiologie.

L'examen auquel nous venons de nous livrer des progrès de la botanique et de la zoologie nous a montré que, quittant les vieux sentiers dans lesquels ces sciences s'immobilisaient, de nombreux savants avaient senti la nécessité d'étudier de plus près les fonctions de l'organisme des êtres vivants connus, de perfectionner, en d'autres termes, la physiologie végétale et la physiologie animale. Nous aurons donc souvent à nous répéter si nous nous occupons de la physiologie générale.

La théorie de la vie a fait, pendant la période qui nous occupe, des progrès tels qu'on n'a pu espérer de plus grands. Au moment de la fondation de notre Association, les traditions expérimentales du passé auxquelles se rattachaient des noms comme ceux de Descartes, Harvey, Hales, Haller, Spallanzani et Fontana, Lavoisier et Priestley, étaient sinon oubliées par les physiologistes, du moins laissées complètement de côté. Le temps était encore de l'école de la philosophie naturelle qui dominait les esprits en Allemagne depuis le commencement du siècle ; on tombait dans les spéculations pures, sans tenir à peine compte de la sobre observation. Même Oken, le fondateur honoré de notre Association, subissait, nous l'avons déjà dit, cette influence, ainsi que l'on le voit d'une façon non équivoque dans son journal *Isis*. Il se rendait bien compte de l'influence qu'exerçait ce journal, et quand, par suite de circonstances qui sortent de notre cadre, il fut placé dans l'alternative d'abandonner son journal pour être pourvu d'une place de professeur à Iéna, il n'hésita pas à sacrifier le professorat ; il se voyait déjà, grâce à la fondation de notre Association, non plus devant quelques auditeurs dans une petite Université allemande, mais au forum des sciences naturelles de toute notre patrie. Bien qu'engagé dans une voie peu fructueuse, Oken a laissé des travaux inoubliables ; sa théorie des vertèbres craniennes, dont il partage toutefois le mérite avec Gœthe, occupe encore aujourd'hui les morphologues. Mais l'initiative prise par lui de fonder notre Association a plus d'importance encore. Cette idée de réunir, en vue d'un travail commun, les forces dispersées, a été féconde et porte encore ses fruits actuellement ; elle assure à celui qui en a eu l'idée la reconnaissance de tous les temps.

Oken apportait, dans cette Société qu'il venait de fonder ses vues philosophiques ; mais la réaction ne tarda pas à se produire. Dès la première assemblée, Purkinje, dont les *Contributions à la connaissance de la vie* venaient de paraître, lui opposa un travail qui ne reconnaissait d'autre méthode que celle de l'observation et de l'expérience. C'est à Purkinje que revient la gloire d'avoir fondé le premier laboratoire de physiologie. Mais déjà surgit le jeune naturaliste qui, durant toute une génération, devait guider la science dans cette voie retrouvée. Dans ses premières recherches, Jean Muller n'est sans doute pas encore débarrassé complètement des idées de la philosophie naturelle, mais son vigoureux esprit n'hésite pas à s'attaquer à l'activité anatomo-physiologique. Même dans ses premiers travaux, on sent la main du maître. Chacun se rappelle les explications données, au cours de sa polémique avec le vieux Weber, sur la structure et l'historique du développement des glandes, explications qui renversaient victorieusement des erreurs antiques. Chacun sait aussi que Jean Muller a démontré expérimentalement les idées de Bell sur les fonctions des racines des nerfs de la moelle épinière.

L'essai convaincant sur la grenouille est encore exécuté aujourd'hui dans les cours de physiologie. Jean Muller est le père de la théorie des mouvements réflexes et du phénomène périphérique des impressions sensitives, théories qui ont été si importantes pour le développement de la neuropathologie ; nous lui devons des indications complètes sur la constitution du sang, de la lymphe, du chyle. Dans la dernière période de sa vie, il s'occupa plutôt de l'étude des phénomènes morphologiques, mais ses expériences classiques sur la voix et l'ouïe montrent qu'il était propre à toute question expérimentale.

Son influence sur la science physiologique n'est d'ailleurs pas limitée à ses propres travaux ; il suffit de citer les noms de Théodore Schwann, Ernst von Brücke, Hermann von Helmholtz et Émile du Bois-Reymond, pour montrer combien a été fructueux son enseignement. Il a déjà été question des importantes recherches de Schwann, à propos de la zoologie. Après que la cellule, décrite déjà par Robert Brown, eût été reconnue par Schleiden comme l'organe primitif de tout organisme végétal, Schwann montra que la cellule était l'élément primordial de toute la création orga-

nique. Depuis, la cellule forme le substratum de toutes les considérations physiologiques ; elle n'a pas eu seulement une influence considérable sur l'historique du développement des tissus, pour lequel la découverte, faite par von Baer, de l'œuf des mammifères, avait déjà donné le point de départ ; elle a été aussi, dans la pathologie cellulaire de Virchow, la base sur laquelle a été fondée la connaissance de nombreux phénomènes pathologiques.

La connaissance des cellules dans les tissus animaux n'est cependant pas la seule conquête importante dont nous soyons redevables à Schwann. La loi d'après laquelle la force d'un muscle décroît par le fait de sa contraction, le mécanisme de la digestion dans l'estomac, ont été découverts par le même savant, et la bactériologie même, cette conquête toute nouvelle, naquit d'une expérience fondamentale exécutée, dès 1830, par Schwann. La question mérite d'ailleurs que nous y revenions.

Les travaux des plus jeunes élèves de Jean Muller n'ont pas eu une portée moindre ; ils ont contribué d'une façon essentielle à une révolution complète dans la conception, non seulement des phénomènes physiologiques, mais aussi de la nature en général. Nous approchons du milieu du siècle ; les idées vitalistes sont toujours en avant chez les physiologistes. Si la synthèse de l'urine était bien de nature à donner à réfléchir aux vitalistes seules les méthodes chimiques et physiques de plus en plus en usage pour l'explication des phénomènes de la vie pouvaient, par leur emploi persévérant pour la solution de questions de détail déterminées, triompher aussi sur le terrain physiologique. Déjà du Bois-Reymond, par sa découverte des courants électriques nerveux et de leur oscillation négative pendant l'activité, avait réveillé la théorie de Volta sur l'électricité animale ; déjà Brücke publiait ses travaux sur les yeux, et Helmholtz, partant d'une observation importante de Brücke sur l'éclairement de l'œil, inventait le célèbre miroir qui donna pour la première fois une image claire de la rétine vivante.

Ce miroir, que les ophtalmologistes considèrent comme le présent le plus précieux que leur ait fait la physique, n'est que le précurseur de ces grandioses créations auxquelles devaient donner lieu, dans le domaine physiologique, les méthodes physiques entre les mains de Helmholtz. Peu d'années après, l'*Optique physiologique* et la *Théorie de la perception des sons* sont acquis à la science. L'utilisation des méthodes chimiques a aussi contribué aux progrès de la physiologie ; il suffit de rappeler les travaux de Liebig sur la chimie physiologique, notamment sur la physiologie de l'alimentation, et le travail de Gustave Magnus sur les gaz du sang, travail qui a servi de point de départ à toute une série de recherches analytiques analogues. Il faut signaler aussi les résultats importants fournis par une méthode

22 S.

spéciale d'expérimentation, le dessin autographique des phénomènes. C'est de cette façon que Ludwig a observé la circulation du sang, et Helmholtz, la rapidité de l'excitation des nerfs. Cette méthode, employée aussi par Donders, marque les débuts d'une branche nouvelle de la science que l'on a désignée sous le nom de psycho-physiologie.

La physiologie moderne ne recule d'ailleurs pas devant les problèmes les plus ardus ; la lumière qui commence à se faire sur une question restée longtemps obscure, la physiologie du cerveau, en est la preuve.

Sur ce point, les observations de Broca en France, de Fritsch et Hitzig en Allemagne, ainsi que celles de Hermann Munk, ont déjà ouvert des horizons tout à fait inattendus.

Revenons, avant de quitter la physiologie, aux recherches bactériologiques, de si haute importance. Quoique la plus jeune des sciences biologiques, puisqu'elle ne s'est guère développée que dans ces dix dernières années, la bactériologie compte déjà des travaux qui remontent à plus d'un demi-siècle. En 1836, Schwann faisait part à notre Société, assemblée alors à Iéna, d'une expérience du plus vif intérêt. Il avait constaté que la viande, qui dans un courant d'air ordinaire entrait rapidement en putréfaction, se conservait au contraire durant des semaines si, avant de venir en contact avec la viande, le courant d'air passait par un tuyau porté au rouge. Presque en même temps, Franz Schulze montrait qu'on obtient un résultat analogue en faisant passer l'air à travers de l'acide sulfurique concentré. La conclusion à laquelle conduisaient ces expériences était très simple : la viande n'entre pas en putréfaction d'elle-même ; la putréfaction est produite par les germes d'organismes qui se trouvent dans l'air et peuvent être détruits par la chaleur rouge ou l'acide sulfurique. Ce qui était vrai pour la putréfaction devait bientôt se vérifier pour de nombreux processus analogues. La fermentation du vin, notamment, fut reconnue par Schwann et Cagniard-Latour comme due à l'action d'une algue, du microbe de la levûre étudié depuis d'une façon si complète.

Les expériences de Schwann et de Schulze qui, à l'origine, n'avaient d'autre but que d'établir l'inadmissibilité d'une création originaire, devaient bientôt donner naissance à une série de recherches de la plus haute importance pour la science médicale.

Déjà, quelques années plus tard (1840), Henle exprime avec assurance l'idée que les microrganismes propagés dans l'air et dans l'eau jouent un rôle dans le développement et la propagation des maladies infectieuses. Le *contagium animatum* des vieux médecins revient subitement en honneur. Cette idée, combattue d'abord avec âpreté, devait être confirmée plus tard par des expériences qu'il ne nous est pas possible de suivre pas à pas. Les importants travaux de Pasteur, surtout, ont donné à ces idées un puissant appui par l'étude des microrganismes propres aux différents modes de fermentation. Les travaux tout récents de Robert Koch font date aussi à cet égard et sont encore dans toutes les mémoires. Ce sont surtout ces travaux de Koch et de ses collaborateurs qui ont non seulement fourni la preuve irréfutable que les maladies infectieuses pouvaient réellement être transportées par des microrganismes, mais aussi ont permis de caractériser les bactéries de chacune de ces maladies. L'un après l'autre, les bacilles du sang de rate, de la fièvre récurrente, de la tuberculose, de la morve, du typhus et de la diphtérie, ont été isolés sur des plaques de culture jusqu'à ce qu'y apparaisse enfin, pour le triomphe des recherches bactériologiques, le bacille du choléra.

Comme toute science nouvelle, la bactériologie a traversé une série de phases de développement. La question, longtemps discutée, de savoir si les bactéries rencontrées dans différentes conditions représentent, comme les organismes végétaux supérieurs, des sortes déterminées, invariables, a pu être tranchée par l'affirmative, grâce au perfectionnement des instruments optiques, à l'amélioration des procédés de culture et à l'usage de la coloration des bactéries, coloration pour laquelle les couleurs d'aniline ont joué un rôle important.

De même, personne ne doute plus aujourd'hui que les bactéries ne soient les véritables auteurs des maladies et non une conséquence de celles-ci, comme on l'a cru autrefois.

Les efforts restés si longtemps stériles pour combattre les maladies en détruisant les bactéries dans l'organisme ne paraissent plus aussi complètement dénués de sens qu'autrefois, après les communications faites aux plus récents Congrès internationaux. Ces espérances ne dussent-elles pas même se réaliser bientôt, qu'il serait à peine besoin, devant une assemblée où l'élément médical est si fortement représenté, d'indiquer les bénéfices qu'ont déjà retirés la médecine et l'hygiène de l'étude des bactéries. Le traitement antiseptique est un fruit de ces études. Depuis la vaccine de Jenner, l'humanité n'a pas connu de plus grand bienfaiteur que Lister. Le pansement de Lister a sauvé la vie à des milliers de blessés ; grâce à lui, on peut dire que certaines catégories de maladies ont à peu près disparu aujourd'hui. Mais, indépendamment de ces résultats superbes qui peuvent compter parmi les plus belles conquêtes de la science, la science bactériologique a rendu déjà de nombreux services. Il est incontestable que nous sommes mieux armés actuellement contre les maladies épidémiques, mieux instruits des mesures prophylactiques à leur opposer que nous ne l'étions dans un passé qui n'est pas encore bien lointain. Les remarquables travaux de Pasteur sur la rage, qui ont introduit une nouvelle idée dans la médecine, rentrent encore dans le cercle des phénomènes qui nous occupent.

Enfin il n'est pas jusqu'à l'agriculture qui n'ait tiré déjà des avantages précieux des recherches bactériologiques. Ce sont elles qui ont complété et approfondi nos connaissances en matière de désinfection et nous ont permis de résister avec succès et sans dépenses folles à ces épidémies terrifiantes qui dévastaient nos troupeaux.

La bactériologie est venue de même expliquer tout à coup le procédé indiqué par Appert pour la conservation des aliments et mis en usage depuis plus d'un demi-siècle avec succès, mais compris d'une façon absolument fausse. L'action de la chaleur, du froid, des agents chimiques sur les germes fut mise en lumière, et, aujourd'hui, nous pouvons nous servir de l'un ou l'autre de ces agents, suivant les besoins et les circonstances. Ici encore, nous nous trouvons en présence de faits d'une importance économique considérable, car c'est grâce aux méthodes rationnelles de conservation que l'Europe peut tirer d'Amérique la viande qui lui est nécessaire.

Tout le monde connaît enfin le rôle considérable que joue la bactériologie dans l'étude de la fermentation et notamment les services qu'elle a rendus pour la culture de la levure de bière.

A.-W. Hofmann.

(A suivre.)

TRAVAUX PUBLICS

Les canaux maritimes
et les précurseurs de « Paris port de mer ».

Les canaux maritimes peuvent se diviser en deux catégories bien nettement définies. Dans la première sont les canaux *maritimes* proprement dits, réunissant deux mers à travers un continent, supprimant les détours que devaient suivre auparavant les navires; ces canaux maritimes sont de vraies routes artificielles, modifiant toute la géographie physique, bouleversant toutes les notions acquises, créant un détroit là où il y avait un isthme. Dans la seconde catégorie, nous plaçons les canaux maritimes, qui sont des voies de pénétration mettant en communication directe avec la mer les villes de l'intérieur. Les premiers sont comme des bras de mer artificiels, plutôt que des canaux, et même c'est souvent l'eau de la mer qui s'étend entre leurs rives, quand ce sont des canaux sans écluses (comme l'est le canal de Suez, et comme on avait projeté celui de Panama). Quant aux canaux de la seconde espèce, ce sont vraiment des canaux proprement dits, comme l'explique Dutens dans son *Histoire de la navigation intérieure de la France* (ouvrage que nous aurons à citer plusieurs fois dans le cours de cette étude) : « Parmi les nombreux canaux qu'une nation peut être amenée à ouvrir, dit-il, on doit en distinguer deux espèces : ceux qui, se dirigeant intérieurement d'un lieu à

un autre, ont seulement pour objet de desservir les besoins d'une industrie et d'un commerce de localité; et ceux qui, débouchant à la mer, sont principalement destinés à favoriser le commerce extérieur. »

Bien rares étaient, à l'époque où écrivait Dutens, en 1829, les exemples de canaux maritimes, de quelque genre que ce fût. Il ne pouvait citer que le Canal calédonien, qui ouvre une communication entre la mer du Nord et l'océan Atlantique, et qui n'a eu d'autre objet que « d'épargner aux bâtiments de commerce le long circuit qu'ils eussent été forcés de faire, soit par le nord de l'Écosse, soit par le sud de l'Angleterre, pour communiquer réciproquement entre la rive de l'est et la rive de l'ouest de ces deux royaumes ». Il citait le canal que le gouvernement anglais se proposait d'ouvrir de la Manche au golfe de Bristol, mais ce canal était encore à l'état de projet; il rappelait aussi que le canal du Languedoc eût été un canal maritime, si Vauban avait pu mettre son désir à exécution, et donner à ce canal des dimensions suffisant aux navires de mer. Enfin Dutens ajoutait : « De ce dernier genre de canaux serait le canal maritime de la Seine entre le Havre et Paris, dont M. le baron Charles Dupin fut, dans ces derniers temps, un des premiers à réveiller l'idée. »

Aujourd'hui, l'énumération serait plus longue : grâce aux puissants moyens mécaniques dont dispose l'art de l'ingénieur, on ose tout entreprendre depuis un demi-siècle; on ose parfois trop, mais de bien grands résultats ont pu déjà être atteints. Nombreux, en effet, sont les canaux maritimes dont l'achèvement est un fait acquis, dont les travaux sont en cours de construction ou même dont le projet seul est dressé. Il faudrait commencer par nommer le canal de Suez, dont les 160 kilomètres s'étendent à travers le désert africain. Après Suez, c'est Panama, dont on veut faire un de ces canaux maritimes proprement dits, desquels nous parlions en commençant. Suez et Panama sont deux trop connus pour que nous ayons besoin d'en dire plus long sur leur compte.

A Corinthe, on a repris les projets de César, de Caligula, de Néron, et voilà déjà plusieurs années qu'est commencée la tranchée de 6 kilomètres; le plafond présentera 22 mètres de large, et le canal aura 8 mètres de profondeur.

Bien d'autres projets ont continué de se faire jour, en dehors de ceux qui ont commencé d'être exécutés. Dans l'Inde, on a songé à pratiquer dans la presqu'île de Malacca une coupure longeant la frontière des possessions anglaises de la Birmanie. Si nous retournons en Europe, en France d'abord, nous nous trouvons en présence d'une reprise du projet de Vauban au sujet du canal du Languedoc : on veut supprimer le passage de Gibraltar en créant ce qu'on nommerait le canal des Deux-Mers, un canal joignant l'Océan à la Méditerranée à travers notre territoire, s'étendant sur 407 kilomètres de Bordeaux à Narbonne. Les Anglais, ne pouvant plus se contenter de leur Canal calédonien, qui ne fournit qu'une profondeur d'eau de 3 mètres, bien insuffisante pour la navigation actuelle, veulent établir une nouvelle voie de communication à grande section entre les deux mers; ils veulent unir l'embouchure de la Clyde et Glasgow au Firth of Forth.

Nous pouvons ajouter, dans l'énumération de ces canaux maritimes, une voie nouvelle qui est dans la période d'achèvement, mais que nous pouvons mettre à part, par suite de son caractère à peu près essentiellement militaire : nous voulons dire le canal de la mer Baltique à la mer du Nord, que l'empire d'Allemagne fait construire, pour ne point voir sa flotte forcée de passer sous les canons danois. Dans notre énumération, nous ne pouvons omettre le canal projeté entre la mer Noire, la mer Caspienne et le lac d'Aral, pas plus que celui qui paraît bien décidé entre la Baltique et la mer Blanche, ou que celui dont le creusement à travers l'isthme de Pérécop viendrait supprimer l'entrée si difficile du détroit d'Iénikalé. Nous ne savons s'il faut considérer comme sérieux le prétendu projet de canal interocéanique par le lac Nicaragua; mais du moins il est deux canaux maritimes, et deux canaux de pénétration, que nous devons spécialement étudier ici, par suite de leur analogie avec celui dont il est tant question aujourd'hui, le canal de Paris à la mer; nous voulons parler du canal de la mer du Nord, ou « canal de l'Y », en Hollande, et du canal de Manchester; l'un est terminé, l'autre en cours d'achèvement.

Amsterdam est, on le sait, sur la mer intérieure, ou du moins sur le golfe profond qu'on nomme Zuiderzée, et, plus exactement, sur le golfe de l'Y, qui est une partie du premier. Cette situation était très défavorable; le Zuiderzée est plein de bas-fonds, et, pour remédier au déclin du commerce d'Amsterdam, qui résultait de cette situation même,[1] on avait creusé, en 1825, le canal du Nord, reliant Amsterdam à la pointe septentrionale du Helder. Mais cette voie était peu commode, peu pratique, et, en 1876, Amsterdam inaugurait son nouveau canal, le canal de l'Y, reliant directement la ville à la mer, à travers le golfe de l'Y et aussi une langue de sable; des écluses sont placées à l'entrée de cette voie, longue de 26 kilomètres, large au plafond de 26 mètres, profonde de 8 mètres.

Dans cet examen rapide des canaux maritimes, il en est un que nous ne devons point oublier, non pas précisément à cause de son importance, mais parce qu'il se fait en France : nous voulons parler du canal maritime de la basse Loire. Ce canal est destiné à permettre l'accès du port de Nantes aux navires tirant 5ᵐ,50 d'eau; il ne se continue point de la mer à Nantes; sur 7 kilomètres en remontant le fleuve et sur 18 en descendant de Nantes, on trouve une profondeur suffisante. Mais dans la partie intermédiaire, longue de 15 kilomètres, les profondeurs sont trop faibles, et le canal, creusé latéralement au fleuve et au droit de cette section, assurera précisément le tirant d'eau nécessaire, en empruntant sur 6 kilomètres les bras secondaires de la Loire. Cette entreprise est intéressante à signaler pour aider à étudier les problèmes que soulève le projet à l'étude du canal de Paris à la mer: comme le ferait un dernier pour Paris, le canal de la Basse-Loire va créer pour Nantes une navigation des navires de mer dans un canal à écluses (il n'en a que deux, il est vrai).

Mais il est un autre canal bien plus important à rappeler : c'est celui de Manchester. La construction de cette voie, comme celle de la voie maritime projetée de Paris à la mer, a soulevé de grandes polémiques en Angleterre; mais on a été vite en besogne, les *meetings* ont succédé aux *meetings*, bientôt les fonds ont été réunis, et les travaux commencés; bientôt même ils seront terminés, et cette voie si importante n'aura demandé que cinq années environ pour sa construction. Ce canal, lui aussi, suit le cours d'une voie d'eau naturelle. On sait que dans l'estuaire et à l'embouchure même de la Mersey se trouve le grand port de Liverpool; mais, si l'on remonte la Mersey jusqu'à quelque 65 kilomètres de la mer, on rencontre la grande ville manufacturière de Manchester, placée au milieu d'un district lui-même des plus manufacturiers. Dans cette contrée où le minerai est un article d'importation absolument nécessaire, non moins que le coton d'ailleurs, et où les exportations de charbon sont constantes et représentent un mouvement commercial énorme, les transports pour les ports d'embarquement ou l'apport des matières premières venant des ports de débarquement (Liverpool surtout) ne pouvaient guère s'effectuer que par le moyen des chemins de fer : on ne trouvait dans la Mersey qu'une profondeur d'eau de 2ᵐ,50 à 3 mètres, répondant bien peu aux besoins actuels de la navigation maritime. De là est venue la résolution du creusement d'un canal maritime qui amènera directement à quai, à Manchester, les produits jadis débarquant à Liverpool, pour gagner ensuite Manchester par voie ferrée.

Le canal est aujourd'hui en bonne voie d'achèvement ; ses 57 kilomètres de longueur sont partagés en quatre biefs, dont les deux derniers n'ont respectivement que 4 et 7 kilomètres. La profondeur d'eau normale y sera de 8 mètres. La dénivellation totale, entre la mer et les docks de Manchester, sera de 17 mètres environ, la chute de chaque écluse (ou plutôt de chaque groupe d'écluses accolées) étant de 4 mètres à 4ᵐ,50. La largeur de la voie au plafond doit être de 36 mètres. Pour donner une idée de l'importance des travaux que nécessite l'établissement de ce canal, nous pouvons fournir quelques chiffres du cube total de déblais que comporte ce projet. On doit enlever près de 29 millions de mètres cubes en terrain ordinaire, et plus de 5 millions en terrain rocheux, ce qui représente un total de 34 millions à peu près. Les ouvrages d'art y sont très nombreux (on peut employer le présent, puisque l'œuvre sera terminée fin 1891 sans doute); des chemins de fer doivent être déviés et surélevés sans interruption du trafic; des routes doivent passer par-dessus le canal; et, par-dessous, des aqueducs de distribution d'eau; on doit prévoir la traversée d'un canal de navigation intérieure. On compte notamment cinq lignes de chemins de fer traversant le canal; neuf ponts tournants pour routes seront nécessaires. Enfin pour tout dire, c'est une dépense totale de 200 millions de francs au moins que les actionnaires doivent prévoir.

Comme nous le disions plus haut, le canal de Manchester est en bonne voie, et l'on peut songer dès maintenant au moment où il sera mis en exploitation : ce succès aujourd'hui presque acquis fait naître tous les jours de nouveaux projets de canaux maritimes, et, tandis qu'en France on reprend d'une façon sérieuse que jamais la question de *Paris port de mer*, désignation qu'on applique au projet de canalisation qui permettrait aux navires d'un fort tirant d'eau de remonter jusqu'à Paris, les nations étrangères, l'Italie, la Belgique, l'Allemagne, caressent des idées analogues. Il y a quelques mois, un ingénieur proposait des travaux de canalisation du Tibre qui auraient amené la grande navigation jusqu'à Rome pour y chercher un fret un peu problématique. Dernièrement, un mouvement, qui persiste toujours, prenait naissance à Bruxelles : on voulait *Bruxelles port de mer*. Cette ville est relativement près de l'Escaut ; celui-ci est navigable pour les grands navires jusqu'à une certaine hauteur ; une voie d'eau serait facilement creusée, dit-on, entre Bruxelles et le grand fleuve. Enfin Berlin, lui aussi, veut son canal maritime : c'est un luxe que toute capitale veut se payer ; il s'agit bien en effet de réunir Berlin à la mer par une voie d'eau directe : un premier projet, dû à M. Stronsberg, devait suivre l'Elbe ; ce projet, abandonné récemment, vient d'être remplacé par un autre, dû à l'amiral Batsch : il s'agit d'établir un canal joignant la Sprée à l'Oder, Berlin se trouvant ainsi en communication directe avec Stettin et avec le canal de la Baltique à la mer du Nord. Les ingénieurs allemands sont très favorables à cette idée de Berlin port de mer ; et l'on peut dire d'une façon générale que l'on est bien disposé à la construction des canaux maritimes. Pour s'en convaincre, on n'a qu'à examiner la liste des questions posées et traitées au Congrès de navigation intérieure de Francfort, dont nous avons rendu compte dans la *Revue scientifique* (1), et à celui qui vient de se tenir récemment à Manchester même : on y trouvera toujours, comme à Vienne du reste en 1886, cette même question, exprimée de façons quelque peu différentes : « Quels sont les avantages économiques des canaux maritimes pénétrant à l'intérieur des terres ? » Le choix de Manchester comme lieu de réunion du dernier Congrès indiquait déjà l'importance qu'on attachait à cette question, et le Congrès a été unanime pour reconnaître la grande importance économique des canaux maritimes de pénétration. Nous ne pouvons insister sur les intéressantes discussions qui ont eu lieu, voulant parler un peu du canal qu'on propose d'établir de Paris à la mer.

Comme tout à l'heure nous l'avons indiqué d'un mot, c'est un projet qu'on reprend ; M. Bouquet de La Grye y apporte l'appui de son autorité scientifique ; mais il y a longtemps qu'on avait émis la première idée.

Si l'on veut parcourir le *Tableau de Paris* de Mercier, on le verra prévoyant ou ayant l'air de prévoir (en ce livre où la fantaisie joue un grand rôle) le jour où les navires de mer parviendraient devant les quais du Louvre. — En 1761 et en 1765, un sieur Passement avait présenté un projet pour faire remonter à la voile les vaisseaux jusqu'à la ville de Poissy ; plusieurs commissaires, des négociants furent

(1) Voir le numéro du 23 mars 1889.

chargés d'examiner ce projet ; un académicien célèbre, comme dit Dutens, en reconnut la possibilité. Mais ce n'était pas encore en réalité le canal maritime dont on parle tant aujourd'hui.

Il faut remonter en 1789 pour en trouver l'origine ; auparavant la Seine voyait passer, à travers les pertuis de ses ponts, des bateaux de 150 à 300 tonnes, parfois de 600 à 700 tonnes seulement pendant les hautes eaux ; le tirant d'eau possible n'était en général que de 1m,20 ; il s'agissait d'ailleurs seulement, et comme d'ordinaire aujourd'hui même, d'aller de Paris à Rouen. Mais, en 1789, on commençait à se préoccuper de la navigation de la Seine, dans l'intérêt du commerce et de l'industrie de la capitale. Un arrêté du 21 vendémiaire an II (12 octobre 1794), pris sur la proposition de Carnot, chargeait MM. Forfait et Sganzin de faire construire au Havre « un navire tel qu'ils le jugeraient convenable » pour remonter de la mer à Paris : on ne pouvait encore créer la voie, du moins on voulait juger des difficultés de passage dans la voie existante. Le navire ainsi construit, petit lougre de 25 mètres, le *Saumon*, parvint à Paris en onze jours, si bien que les ingénieurs Sganzin et de Fessart concluaient à la possibilité d'assurer l'accès de Paris à la navigation maritime moyennant l'établissement de cinq dérivations éclusées de la Seine, moyennant 6 millions et demi : on était déjà bien près des projets actuels. D'ailleurs cette expérience ne conduisit à aucun résultat et à aucune amélioration du fleuve, même au point de vue de la navigation ordinaire.

De 1804 à 1813, on avait introduit quelques améliorations, construit notamment une dérivation éclusée ; mais tout cela n'était œuvre que de navigation *intérieure*. Cependant, en 1820, au moment où l'on se préoccupait des canaux, l'attention se porta aussi sur la Seine en aval de Paris, et l'on chargeait de Bérigny, inspecteur divisionnaire des Ponts et Chaussées, de procéder à une étude sur les moyens à choisir pour assurer sur la Seine une navigation maritime du Havre à Paris, on se pénétrait de cette pensée que *les avantages de cette ligne ne sont pas hors de proportion avec les conceptions les plus hardies*. Bérigny fit deux rapports remarquables : dans le premier, il prévoyait un tirant d'eau de 3 mètres environ ; puis, comprenant qu'il ne fallait pas faire les choses à demi, il proposa une profondeur de 6 mètres. Dans son projet, il prévoyait pour ainsi dire le canal de Tancarville, tel qu'on l'a établi il y a peu d'années : il évitait la navigation dans la baie de Seine par un canal partant du Havre et remontant la rive droite de la Seine jusqu'aux environs de Caudebec ; il utilisait ensuite le fleuve jusqu'à Rouen, puis de là le canal était établi latéralement à la Seine, passant d'une rive à l'autre, et ne présentant qu'une longueur de 283 kilomètres.

À la même époque, une Compagnie comprenant MM. Flachat, Fessart, Sainte-Fare Boutems et plusieurs autres, soumissionnant l'entreprise du canal, obtenait à son profit l'ordonnance du 15 février 1825, qui l'autorisait à procéder aux levés de plans, nivellements, sondages, etc.; il devait être statué, *quand ils auraient présenté leurs propositions définitives.* Ces propositions, nous les trouvons tout en détail dans l'*Histoire de la navigation* de Dutens, qui s'intéressait particulièrement à cette question du canal maritime. Cette voie était projetée pour des navires de 500 tonneaux : le mouillage était de 5 mètres en aval de Rouen, de 5ᵐ,50 en amont, le plafond devait avoir 18 mètres. Elle partait des bassins du Havre, bordant la rive droite du fleuve, passant devant Harfleur, Tancarville, Caudebec, pour aboutir par une écluse dans la Seine à Duclair; de là les navires devaient suivre la Seine jusqu'à Rouen. En aval, le canal n'était plus constitué que par des dérivations fermées par une écluse en amont et en aval; les ports, magasins, entrepôts d'amont desservant Paris devaient être établis dans la presqu'île de Gennevilliers, en face le canal Saint-Denis. La longueur totale en devait être de 297 kilomètres, pour une dépense estimée d'abord à 171 millions, puis portée ensuite à 215. Effrayée de ces dépenses, la Compagnie avait bientôt borné sa demande à un canal de 3ᵐ,50 entre Rouen et Paris; puis elle dut renoncer à tous ses projets.

Entre temps, M. Frunot avait proposé d'employer simplement le cours de la Seine, l'amélioration du fleuve étant obtenue au moyen de dragages, de barrages et de digues, pour arriver à un mouillage de 5 mètres. Nous pouvons citer aussi un projet fort original, proposé par M. Gaudin : établissement de digues élevées pour maintenir les eaux en temps de crues, et forage de 500 puits artésiens pour alimenter le fleuve en étiage. M. de Montigny, un peu comme M. Frunot, proposait des dragages en rivière et des canaux de redressement. Enfin, nous ne citerons point l'étude de MM. Coïc et Puleau qui, recourant aux dragages et aux dérivations éclusées, ne songeaient qu'à un mouillage de 2 mètres.

Survinrent les événements politiques de 1830 ; puis on s'occupa des chemins de fer, et, quand enfin on pensa de nouveau à l'amélioration de la Seine, ce ne fut plus qu'au point de vue de la navigation intérieure. Aujourd'hui, les grands travaux commencés sur la Seine depuis plus de cinquante années sont complètement achevés, la Seine présente sur tout son cours un tirant d'eau de 3ᵐ,20; mais on n'est pas encore satisfait, et l'on veut voir arriver directement à Paris les navires qui actuellement déchargent à Rouen ou même au Havre. C'est dans ce but que l'on a repris tous les projets que nous avons cités plus haut et que l'on songe à créer enfin le canal depuis si longtemps projeté de Paris à la mer.

Actuellement, la Société qui s'est formée se propose d'établir une canalisation de la Seine entre Rouen et Paris, ou du moins Clichy : un canal suivant et utilisant le cours de la Seine sur toute sa longueur, sauf en deux points, formant deux coupures, deux dérivations, à Bezons et à Pont-de-l'Arche. Le projet a été mis à l'enquête, il va être soumis aux Chambres; mais nous devons nous borner ici à signaler l'historique de ce canal, l'examen du projet actuel demandant une étude détaillée et spéciale.

DANIEL BELLET.

AGRICULTURE

Les vignes de l'avenir.

Depuis longtemps déjà on fait au nord de l'Europe, surtout en Allemagne, des efforts sérieux pour procurer au peuple un bon vin, croissant dans le pays même, et d'un prix abordable. Mais jusqu'ici on n'a pas eu grand espoir de parvenir à cet idéal, vu que très peu de terres, dans l'Allemagne du Nord, sont à même de produire un vin buvable. Sauf les vallées du Rhin et de la Moselle, on rencontre encore quelques vignobles en Saxe, à Grunberg en Silésie et dans un petit district, près de Bomst, en Posnanie. Laissons ici de côté les anecdotes concernant les vins de Grunberg. Celui qui connaît vraiment ces vins, si souvent ridiculisés, sait qu'ils sont meilleurs que leur renommée.

Apparemment, les conditions œnologiques de l'Allemagne étaient autrefois beaucoup meilleures qu'elles ne le sont aujourd'hui. Surtout dans le Nord-Est, il y a une quantité de vignes abandonnées, qui montrent encore les traces d'une culture antérieure; certains endroits témoignent par leur nom (Weinberg, par exemple) que dans leur partie méridionale, quelquefois même du côté septentrional, on a cultivé la vigne, non celle dont les grappes servaient par leur acidité à des cures amusantes, mais celles qui passaient sous le pressoir et donnaient une boisson que nos ancêtres savouraient volontiers. Même les membres de l'ordre célèbre des Chevaliers allemands pressuraient les raisins produits à proximité de Marienbourg, non pour punir les païens vaincus, comme on pourrait le supposer, mais pour en boire le « vin ». D'ailleurs la médisance de la postérité prétend qu'on transportait ces grappes à la cave dans des sacs et que, si parfois un sac venait à tomber sous les roues de la charrette, on le rechargeait sans qu'aucun des grains eût été écrasé. Mais, en vérité, on ne peut pas supposer que ces chevaliers, qui étaient des gourmets, aient mouillé leur gorge avec de l'acide; d'autre part, cette contrée est aujourd'hui incapable de fournir un vin buvable. L'énigme se résout tout autrement. La manière de boire le vin était tout autre que la nôtre. On ne prenait jamais du vin pur, mais on l'aromatisait, on le cuisait avec du miel, du gingembre, de la cannelle et du poivre; pour un vin chaud de cette espèce, le vin le plus acide suffit encore. C'est depuis peu que nous avons l'habitude de goûter et d'estimer le vin sans combinaison étrangère. À partir du moment où l'on demanda au vin du Nord de contenir du sucre, ce fut fait des vignes du Nord. Si donc l'on veut cultiver la vigne au Nord pour en tirer une boisson telle que celle connue de nos jours, on ne le pourra pratiquer que dans des conditions qui rendent au vin de la glucose. Mais comme le sucre ne se développe dans le raisin que sous l'influence d'une chaleur élevée et d'un automne assez long, on doit offrir aux ceps, par des moyens artificiels, un été chaud et un automne long et tempéré.

Ce problème, apparemment insoluble, a été résolu de la

manière la plus simple. Il y a environ huit ans que les jardiniers allemands, et peu à peu les cultivateurs étrangers aussi, suivent avec attention le genre singulier de culture de l'ingénieur et directeur royal d'horticulture, M. C.-E. Haupt, à Brieg (Silésie), qui montre tranquillement et sûrement, sans se laisser détourner de son but par des doutes ou des railleries, de nouvelles méthodes à l'horticulture pour la production de fleurs et de fruits. Les roses, les raisins et les pêches, enfin les orchidées de M. Haupt ne sont sous aucun rapport inférieurs à d'autres fruits et fleurs cultivés en Allemagne tant sous le rapport de la beauté que sous celui de la qualité. Mais toutes ces branches de culture n'étaient, pour ainsi dire, que des ballons d'essai pour une nouvelle méthode de culture de la vigne, en vue de se procurer un bon vin. M. Haupt n'a pas eu pour point de vue principal la production de raisins de table, mais plutôt la production de raisins en grande quantité et à bon marché pour le pressoir. Suivant cette idée, M. Haupt construisit de 1883 à 1884 une vigne sous verre d'une superficie de 5 ares, profitant ainsi du fait qu'un espace fermé par des vitres et exposé aux rayons du soleil possède une température de 8 à 10° R. plus élevée qu'en plein air. Aucun appareil de chauffage ne se trouve dans la vigne. Les faces latérales de la serre sont fermées de trois côtés par des cloisons de verre d'une hauteur de 5 mètres; au nord, des planches ferment la construction. Le tout est recouvert d'un toit formant un seul plan vitré de peu d'inclinaison. Toute la charpente de la maison est en fer, les échelons sont de bois, les fondements sont à quelques centimètres au-dessous du niveau du sol. La construction, presque carrée, contient douze rangs d'espaliers doubles en fer, 4^m,5 à 5 mètres de hauteur, qui aident à supporter la toiture. C'est sur ces espaliers qu'on cultive 360 ceps en cordon vertical, et cela des sortes les plus fines : Riesling, Tramin, Muscat et vin de Bourgogne. Le terrain sur lequel poussent ces vignes est de 1^m,25 de profondeur; il repose sur une couche de décombres, traversée par un réseau de tuyaux de drainage, correspondant avec la surface par des tuyaux perpendiculaires, qui aspirent ainsi l'air chaud de la serre dans le fond, d'où résultent un aérage et un chauffage excellents pour les couches les plus profondes : le sol, excessivement glaiseux, a été rendu perméable et fertile par l'adjonction abondante de sable, de chaux, de décombres, d'engrais bien conditionné, de poussière d'os et de sel tripotassique. Il va de soi que, suivant la nature du sol, on se verra forcé d'arranger le mélange nécessaire en ayant soin de bien désagréger les minéraux. Ce qu'il y a de mieux, c'est une terre contenant déjà du sable, du gravier ou de l'ardoise.

L'arrosage de la vigne s'effectuait, premièrement, par trente-six arrosoirs, qui étaient suspendus par des tuyaux de caoutchouc à la conduite de l'aqueduc. Pour remplacer cette machine dont le service demandait encore trop de travail manuel, M. Haupt a inventé un mécanisme fournissant une pluie artificielle, qui ne demande que l'ouverture d'un simple robinet. A peu près à 1 mètre au-dessous du toit de la vigne sont placés des tuyaux de cuivre, qui ont de petits trous à la surface, distants d'un demi-mètre. Les rayons d'eau jaillissent et rencontrent en haut de petits et fins cribles ronds, placés à 25 centimètres au-dessus des trous. Passant par ces cribles, les jets d'eau se dispersent en un brouillard qui, en peu de temps, enveloppe toute la maison d'une épaisse bruine; celle-ci, en se dissolvant, coule lentement de haut en bas, et vaut, en vérité, une douce pluie d'été. De telle manière, on empêche le sol de s'endurcir, et tout l'espace est longtemps enveloppé d'un nuage bienfaisant. Quelle diminution de frais réalise-t-on par un tel arrangement, on peut s'en rendre compte par ce simple fait, que l'arrosage de la même serre, au moyen des arrosoirs de l'aqueduc, demande deux heures, et que deux ouvriers doivent faire manœuvrer une pompe foulante durant quatre heures; tandis que le distributeur de M. Haupt ne dérange que pour la simple ouverture et clôture du robinet, soit seulement pendant quelques minutes.

La prospérité des ceps dans ces conditions régularisées et remises à la volonté de l'homme, ainsi que l'avait prévu la théorie, a surpassé toutes les espérances. Les ceps croissaient d'une manière presque fabuleuse, et M. Haupt pouvait, en 1885, presser des raisins pour la première fois. Les grappes étaient parvenues à leur maturité parfaite, grâce au climat factice auquel elles étaient soumises. Le moût n'était pas inférieur à celui des meilleurs coteaux du Rhingau (Johannisberg, Assmannshausen) sous le rapport du titre saccharimétrique et acidimétrique. L'automne de 1886 fournit une quantité assez considérable, et la récolte de 1887 était plus riche encore; il est à remarquer que, cette année-là, sur les bords du Rhin, la récolte était presque nulle; dans les vignes de M. Haupt, l'année 1887 fournissait un excellent vin.

Sauf le bouquet, la qualité du vin dépend essentiellement de l'acide tartrique et du poids de moût, qui permet de conclure au titre saccharimétrique. Le poids du moût des meilleurs vins du Rhin est entre 90°–115° de la balance de moût. Par exemple : la crème de Steinberg pesait, en 1868, 115°, et, en 1869, 94°; l'acide oscillait entre 0,63° et 0,72°. Les vins de M. Haupt pesaient, en 1885, 95°–115°; dans l'année pluvieuse et froide de 1886, 85°–97°; ils contenaient 0,55° à 0,65° d'acide. De tels chiffres n'étaient point atteints cette année-là sur les bords du Rhin.

On sait que l'estimation du vin nouveau est une chose très difficile. Les vins de M. Haupt offraient encore au commencement cette difficulté particulière de ne pouvoir être pressés qu'en quantités très petites, ce qui a une certaine influence sur la fermentation et le développement du vin. Il était très important aussi de savoir quel bouquet et quel goût les vins gagneraient.

A ces questions répond la lettre suivante d'un dégustateur autorisé : « J'avoue que je goûtais ces vins de serre avec un certain préjugé; car je croyais qu'ils devaient être énormément fades et insipides. Aussi me méfiais-je du Riesling-Tramin de 1887, goûté le premier — *primo gusto;* il me parut sec et bref, et le bouquet me sembla factice; mais le goûtant encore plus tard, je le trouvai beaucoup meilleur.

Le vin de Riesling-Tramin-Muscat de 1888 fixa plus spécialement et sérieusement mon attention; je lui trouvai plus de corps et de montant; celui de 1889 surpassait encore le vin de l'année précédente. Alors je fus bien convaincu que j'avais affaire à un bon et noble jus de raisin. Le vin de Bourgogne de 1888 excitait surtout mon étonnement; voilà un vin rouge matériel, harmonieux, généreux et agréable au goût! Le seul défaut qu'on pouvait lui reprocher provenait d'une fermentation malpropre. Ce manquement est dû, selon mon opinion, à ce qu'on y a mêlé une grande quantité de baies trop mûres; chose nuisible à la qualité, au caractère et à la couleur d'un bon vin rouge. Aussi les vins blancs de 1888 et 1889 semblent devoir leur état un peu trouble au mélange de trop de grains passés. Parmi les vins de M. Haupt, il y en a du vraiment bon, et je voudrais volontiers en avoir ma cave remplie. »

Maintenant que la qualité de ces vins est reconnue, il ne s'agit plus que de fournir des raisins en masse afin d'obtenir un vin à bon marché. Cette méthode de viticulture n'a pas pour but de fournir une précieuse boisson pour les riches, mais de donner une bonne et saine boisson à un prix abordable. Les ceps de M. Haupt, étant maintenant en plein rapport, rendent 100-120 grappes chacun; du tout il retire 20 hectolitres, ce qui fait 4 hectolitres par are. Le prix net du litre de vin revient à M. Haupt à environ 75 centimes, en y comprenant les frais de construction, de travail, de redevance foncière, d'amortissement et autres.

Ajoutez à cela que cette méthode de culture rapporte chaque année une récolte sûre, la vigne étant tout à fait indépendante des caprices du temps. On connaît la grande importance d'une telle récolte, vu l'inconstance terrible du climat, dont doit tenir compte la viticulture en plein air. Dans les vignes de M. Haupt, point d'arrière-froidure au printemps ou de frimas prématurés en automne; la végétation commence plusieurs semaines plus tôt que dehors; durant la floraison, il n'y a pas à craindre un temps pluvieux et froid ou une trop grande sécheresse. Qu'importe si dehors règne la stérilité ou l'humidité! Pendant que peut-être le vigneron se voit obligé de vendanger et de presser les raisins à moitié mûrs seulement, ou lorsqu'ils ont été avariés par la gelée : à l'abri de la serre, la grappe mûrit tous les ans paisiblement et se laisse cuire au soleil jusqu'à la fin d'octobre ou le commencement de novembre. L'ennemi formidable de la vigne, le phylloxéra, est impuissant dans ces vignobles, car c'est l'affaire d'un moment d'inonder complètement toute la plaine, ce qui entraîne inévitablement la mort de l'insecte maudit.

Chaque terrain sablonneux ou marneux peut être rendu propre à la viticulture par l'addition d'engrais convenables, par le drainage et par l'arrosage. Combien de plaines, maintenant, presque sans valeur, pourraient être rendues à l'agriculture la plus noble et la plus productive!

À part les ceps, le terrain vitré peut être employé à une série de cultures intermédiaires. Chez M. Haupt, entre deux pieds de vigne, il y a un rosier, qui rend deux fois par an ses fleurs pour la taille. Contre la face postérieure sont appuyés des espaliers de pêches, et des haricots printaniers procurent un revenu secondaire assez considérable. Mais, même dans le cas où l'on ne voudrait point faire de pareilles cultures, la rente de la vigne est encore élevée et stable. Selon les plants qui seront cultivés sous verre, on pourra arriver à récolter une quantité considérable de vin qu'on pourrait vendre à bon marché pour les ouvriers, ou, en y donnant plus de soin, on produira des vins de qualité pour couper des sortes de moindre valeur.

La viticulture sous verre a donc des profits si grands et si évidents qu'elle fera certainement son chemin en peu de temps. Les constructions sont simples, pas trop coûteuses; le travail que réclament ces vignes est moindre qu'en plein air; les ceps rapportent non seulement d'une manière plus sûre et plus opulente, mais les grains ont aussi l'enveloppe plus tendre et sont considérablement plus grands que dans la vigne ouverte. D'ailleurs, pour comprendre la différence de produit quantitatif, il suffit de dire qu'un grain de dimensions doubles ne rapporte pas seulement le double de jus, mais — voir les théorèmes du cube — huit fois autant.

Depuis longtemps l'agriculture désire ardemment de nouvelles idées qui, appliquées, puissent fournir une rente sûre en face du revenu toujours baissant des fruits des champs. Eh bien, voici une idée nouvelle, qui n'a rien d'utopique, et qui est le résultat d'une réflexion prudente et bien calculée.

Ainsi que tout ce qui est nouveau, cette idée rencontrera peut-être une opposition acharnée, et prêtera à la discussion; mais si toutefois il est possible de faire du vin la boisson habituelle du plus simple ouvrier des pays du Nord, il faut qu'on se mette à cette méthode, qui fournit en abondance la meilleure et la plus noble de toutes les boissons à un prix modéré!

On connaît peut-être la chanson qui se moque des vins de Grunberg de la façon suivante :

> Mais pour boire un tel vin,
> Il faut être né Silésien!

Espérons que le vin de M. Haupt prouvera bientôt à tout le monde que la Silésie est un pays vinicole de premier ordre. La spécialité des viticulteurs de Brieg se répandra bientôt hors des frontières de la province, et fera naître comme par enchantement de bonnes vignes, là où maintenant encore s'étendent des solitudes sans valeur.

Le privilège des contrées vinicoles, favorisées par un climat béni, est en train de s'anéantir. Gare donc aux cultivateurs des vignes du Sud! Si, pendant qu'il en est encore temps, ils ne prennent pas leurs mesures, ils se verront un beau jour surpassés par les barbares du Nord. Mais s'ils savent s'accommoder aux nouvelles conditions de la viticulture, ils n'auront jamais à craindre de la renommée de leurs vins, acquise depuis des siècles, disparaisse devant des raisins poussés sur les côtes de la mer Baltique!

R. PENZIG.

HYGIÈNE

Le chauffage des appartements.

Au mois de février 1889, M. Lancereaux faisait à l'Académie de médecine une communication sur plusieurs cas d'empoisonnement aigu ou chronique produits par l'oxyde de carbone, dégagé dans les appartements par le fonctionnement des poêles à combustion lente. Cette communication eut un grand retentissement et souleva une discussion importante. Elle nous valut des renseignements précieux sur les modes de l'intoxication oxycarbonée et sur les causes qui favorisent la pénétration des gaz toxiques dans les habitations. La discussion fut close par le vote de conclusions dans lesquelles l'Académie de médecine, faisant entrer en ligne de compte des raisons de liberté individuelle et d'économie domestique, ne proscrivait pas les poêles mobiles et se contentait d'émettre des conseils pour diminuer la fréquence et la gravité des causes de l'intoxication involontaire par la vapeur de charbon.

Parfois la nature des accidents saute aux yeux : une ou plusieurs personnes s'endorment bien portantes dans un appartement où brûle un poêle mobile, et on les retrouve le lendemain mortes ou mourantes. Avant la mort surviennent des vomissements et une période de coma caractérisée par un ralentissement considérable des mouvements de la respiration, par une résolution musculaire complète, à laquelle s'ajoutent çà et là des contractures. La sensibilité et les réflexes ne sont pas complètement abolis. La face est pâle ou quelquefois rosée ; le sang est d'un rouge cerise, et si on pratique l'examen spectroscopique on découvre, d'après MM. Brouardel et Pouchet, même quarante-huit heures après la mort, la bande d'absorption de l'oxycarbohémoglobine.

Grâce aux soins, le malade revient parfois à la vie ; mais il ne reste que trop souvent victime de troubles psychiques avec perte de la mémoire et diminution de l'intelligence, symptômes de foyers multiples de ramollissement cérébral. Les paralysies partielles consécutives ne sont pas rares.

Ces graves accidents étaient, à juste titre, particulièrement redoutés et on les regardait, jusqu'à une époque récente, comme représentant toute la somme des dangers que fait courir l'empoisonnement par l'oxyde de carbone. Il n'en est rien cependant. Les troubles pathologiques qui relèvent de cette intoxication sont infiniment plus nombreux que ne pourrait le faire supposer la statistique des cas mortels. Dans les appartements où la vapeur de charbon pénètre, il est peu de personnes qui, à un degré quelconque, ne soient frappées.

Des céphalalgies tenaces, une anémie lente surviennent peu à peu et s'observent chez les individus qui font un long séjour dans l'appartement. Bien des malaises se montrent pendant l'hiver et disparaissent avec l'arrivée du beau temps, qui peuvent être rattachés à cette lente intoxication. Encore le danger est-il quelquefois moindre quand le foyer qui produit le gaz toxique siège dans l'appartement lui-même ; des vertiges, de légers accidents peuvent éveiller l'attention et provoquer les précautions nécessaires. L'extrême diffusibilité de l'oxyde de carbone lui permet de se répandre dans les pièces d'un même appartement, dans les chambres d'étages situés au-dessus, soit par des fissures des murailles ou des planchers, soit par le reflux du gaz le long de plusieurs cheminées communicantes. Les exemples de personnes intoxiquées lentement ou brusquement dans des chambres où n'existe aucun appareil de chauffage se multiplient chaque jour.

La question du meilleur procédé de chauffage qui réalise les qualités d'efficacité, d'innocuité et d'économie est encore à l'étude parmi les hygiénistes et les ingénieurs. Sans faire un résumé des avantages et des défauts des divers appareils en usage, ce qui serait empiéter sur un chapitre des traités d'hygiène, on peut dire qu'un bien petit nombre d'entre eux se conforment au précepte de laisser respirer de l'air frais dans une chambre chaude. Les avantages de la cheminée à feu flambant où brûle du bois, du charbon ou du coke, sont appréciés de tout le monde. Au chauffage par le rayonnement du calorique s'ajoute la ventilation de la pièce, mais une grande quantité de la chaleur produite s'échappe par le tuyau de la cheminée. Si cette perte du calorique augmente la dépense, en revanche elle assure l'élimination des produits toxiques de la combustion. Aussi les cheminées à feu flambant, bien construites, sont d'ordinaire remarquablement salubres.

Le chauffage par les calorifères, qui a ses partisans et ses détracteurs, mérite un certain nombre de reproches qu'on lui adresse au nom de l'hygiène ; on ne peut cependant lui reconnaître un degré bien grand de nocuité.

Avec l'usage des poêles commence une série d'inconvénients qui peuvent aller dans certains cas jusqu'à l'extrême gravité. Les poêles en faïence, les poêles en fonte doublés de briques réfractaires fonctionnent d'ordinaire sans éveiller d'autres craintes que celles qui pourraient résulter d'un mauvais tirage, quelle qu'en fût la cause. On ne peut en dire autant des poêles ordinaires, qui laissent transsuder l'oxyde de carbone lorsque leurs parois rougissent.

La difficulté réside tout entière dans les moyens d'assurer un chauffage suffisant avec une faible dépense, sans s'exposer aux causes d'intoxication.

Malheureusement les tentatives pour la réduction au minimum des frais de combustible n'ont approché du but qu'en sacrifiant les précautions hygiéniques. Les poêles dits économiques, qui réunissaient certains avantages immédiatement appréciables, entretien facile et peu coûteux, mobilité, paraissaient répondre à tous les besoins. Ils ont joui d'une grande vogue dans l'esprit du public, qui ne savait pas ou qui ne voulait pas savoir que dans l'emploi de ces appareils, le danger se comptait avec la même mesure que l'économie.

Les objections capitales faites contre les poêles à combustion lente portent sur les points suivants : l'élimination défectueuse de l'oxyde de carbone, la mobilité des appareils, qui multiplie les causes de mauvais tirage et par suite de diffusion des gaz toxiques dans l'atmosphère des habitations.

Que l'oxyde de carbone soit fabriqué en grande quantité par les poêles mobiles, nul n'en disconvient.

Les divers expérimentateurs ont obtenu des chiffres qui diffèrent entre eux, mais qui ne permettent pas de méconnaître la réalité du danger. La preuve est dans le rapprochement des analyses faites par M. Boutmy des gaz de combustion provenant d'un poêle dit « américain » et de celles faites par M. Angus Smith des vapeurs se dégageant d'une cheminée d'appartement.

Ces analyses ont en effet donné les résultats suivants :

Pour les gaz provenant de la cheminée :

Acide carbonique.	8
Oxyde de carbone	1 à 3
Acide sulfureux	»
Oxygène.	12
Azote, hydrogène, vapeur d'eau	80
	100

Pour les gaz fournis par le poêle américain :

Acide carbonique	9,3400
Oxyde de carbone	16,7050
Acide sulfureux	0,0004
Oxygène	»
Azote, hydrogène, vapeur d'eau	73,9546
	100,0000

Les recherches de M. Boutmy en 1880 ont été reprises par divers expérimentateurs. MM. Dujardin-Beaumetz et de Saint-Martin ont fait connaître le résultat de quatorze analyses où sont notées toutes les modifications que subit la combustion quand le poêle est en petite marche, en grande marche ou avec tirage forcé, et cela avec la combustion du coke et celle de la houille maigre dite anthracite.

Ces analyses montrent que le poêle, mis en grande marche ou en tirage forcé, produit plus d'oxyde de carbone que lorsqu'il fonctionne en petite marche. Ce résultat, un peu contraire aux prévisions, trouve son explication, comme l'a indiqué M. Brouardel, dans la consommation plus grande du charbon qui est faite pendant la période de marche active. En marche lente, le poêle ne produit pas beaucoup plus d'oxyde de carbone que certains foyers de cheminée. Mais dans ceux-ci, grâce à la disposition de la cheminée et à l'élévation de la température, l'oxyde de carbone est comburé ou entraîné rapidement au dehors. Dans les poêles à combustion lente, la disposition est telle que la fermeture supérieure n'est jamais hermétique et que la moindre fissure dans la tôle permet le passage de gaz toxiques.

Les analyses, faites par M. Gabriel Pouchet, des produits de la combustion d'un poêle mobile en tirage forcé, donnent

des chiffres élevés d'oxyde de carbone de 9 à 10 pour 100.

Toutefois, le danger principal réside dans l'élimination imparfaite de ces produits, c'est-à-dire dans l'insuffisance du tirage des appareils. Les recherches anémométriques de M. Vallin l'ont conduit à reconnaître que, dans un poêle mobile ordinaire, le tirage ne fait arriver que 4 mètres cubes d'air par kilogramme de coke brûlé, quand cette quantité de combustible exigerait 9 mètres cubes d'air pour que tout le carbone soit transformé en acide carbonique. Le faible diamètre de l'orifice de sortie de la fumée fixé à l'enveloppe extérieure du poêle peut encore être diminué dans une certaine mesure par la manœuvre de la clef du poêle. Il en résulte que la petite quantité d'air et de gaz provenant du foyer abandonne une grande partie de son calorique aux parois de l'appareil; elle n'est plus capable de chauffer le coffre de la cheminée ni les parties élevées du tuyau de fumée; le tirage devient très faible et perd sa puissance de protection contre le reflux des gaz toxiques dans l'appartement.

Les causes de ce reflux sont si multipliées qu'il est impossible de les éviter à coup sûr, quand le tirage se ralentit.

Les tourbillons d'air, au faîte d'une maison, qui surviennent brusquement pendant le jour ou pendant la nuit, peuvent rejeter dans l'intérieur de l'appartement la colonne d'air chaud et des produits de la combustion qui s'élève lentement du tuyau de fumée.

A cette première cause de reflux des gaz toxiques, il faut en ajouter une autre qui est fréquemment observée dans les cas d'intoxication oxycarbonée. Elle résulte de l'action d'un foyer allumé dans une pièce voisine de celle où brûle le poêle, soit dans le même appartement, soit dans un appartement voisin qui communique avec le premier par l'intermédiaire de cheminées communes. Le nouveau foyer produisant une source de chaleur rapide entraîne dans la cheminée une grande quantité d'air; les gaz qui circulent si lentement dans les tuyaux de fumée qui desservent les poêles mobiles n'échappent pas à cette attraction et descendent dans les pièces de l'appartement. On comprend toute la gravité du danger qui surgit en pareil cas; il ne menace pas seulement les habitants qui font usage d'un poêle mobile, mais aussi toutes les personnes qui n'ont commis d'autre imprudence que d'habiter des maisons ayant des cheminées communes à plusieurs logis.

Ce défaut de tirage reçoit une aggravation considérable par le fait de la mobilité des poêles. Un appareil est transporté d'une pièce dans une autre, et son tuyau adapté d'une façon plus ou moins imparfait à la nouvelle cheminée. Les parois de cette dernière sont froides ainsi que l'air qu'elle contient, le courant d'ascension ne s'établit pas ou s'établit mal et les gaz du poêle mobile refluent dans l'appartement.

Le danger qui résulte de cette mobilité des poêles à combustion lente a été bien mis en lumière par M. Brouardel, qui a montré que, même avec certains appareils où l'on est arrivé à obtenir une combustion vive, la mobilité était un vice par excellence.

Une autre cause enfin s'oppose efficacement au tirage des cheminées auxquelles on adapte un poêle mobile; c'est la coutume de placer aux panneaux en tôle fermant l'ouverture du chambranle de cheminée et disposés pour recevoir le bout du tuyau de départ des poêles, des ventelles mobiles dites « de ventilation ».

Sous ce prétexte de ventilation, on refroidit les gaz de combustion; il en résulte une diminution du tirage et une dépense moindre de combustible; l'économie est encore sauvegardée aux dépens de l'hygiène.

On ne saurait accepter l'objection que les défauts signalés jusqu'ici peuvent être rapportés à peu près tous à des appareils qui fonctionnent anormalement, soit par un vice de construction, soit par un tirage défectueux.

Même en admettant que le poêle marche dans les conditions les plus normales, il ne cesse pas de rejeter dans la chambre une certaine quantité d'oxyde de carbone que l'on peut estimer à 400 ou 500 millièmes de l'air total de la pièce et une notable proportion d'acide carbonique. Cette constatation résulte des expériences de MM. Dujardin-Beaumetz et de Saint-Martin.

Dans une chambre de 30 à 35 mètres cubes, bien ventilée par l'ouverture de la fenêtre, on a dosé l'acide carbonique de l'air puisé au milieu de la pièce, puis on a placé dans la cheminée un poêle mobile en petite marche.

La cheminée était munie de sa plaque obturatrice habituelle; on a fermé toutes les issues, personne n'a pénétré dans la pièce et l'on a laissé la chambre ainsi close dix heures; puis on a dosé l'acide carbonique, et voici les résultats auxquels on est arrivé :

100 litres d'air pris dans la pièce avant l'introduction du poêle ont fourni 29$^{\text{cm}3}$,9 d'acide carbonique.

100 litres prélevés après que le poêle y a séjourné dix heures ont fourni 49$^{\text{cm}3}$,6.

L'acide carbonique a donc augmenté de 197 centimètres cubes par mètre cube d'air.

La discussion sur les poêles mobiles a mis hors de doute les inconvénients et les dangers de l'usage de ces appareils; chaque discours apportait une preuve de plus de leur nocuité; il semblait après cela qu'il n'y eût qu'à formuler le désir de leur suppression pure et simple. Mais alors ont été livrés à la discussion d'autres arguments qui ont fait hésiter sur le vote d'une proposition énergique et radicale.

A côté des inconvénients que l'on ne nie point, on a fait valoir les raisons d'utilité incontestable. Pour une somme modique, un poêle mobile donne jour et nuit une grande quantité de chaleur; peut-on priver les pauvres gens d'une ressource que rien ne viendra suppléer?

Que si des règlements très sévères sont édictés pour faire disparaître dans la mesure du possible les causes d'intoxication, sur quelles bases légales cette réglementation devra-t-elle être appliquée?

N'est-il pas préférable de laisser aux habitants la liberté entière d'utiliser les poêles mobiles après leur avoir donné les avertissements les plus précis sur les dangers que comporte l'usage de ces appareils et sur les causes qui favorisent le développement de l'intoxication?

Cette dernière proposition ayant réuni les suffrages, on s'est efforcé d'indiquer les mesures que les circonstances imposaient.

On a proposé d'éteindre les poêles mobiles pendant la nuit. Le conseil est sans doute excellent, mais il serait superflu de compter sur son efficacité; il provoquerait une perte matérielle de temps et d'argent; il ferait précisément disparaître une des principales qualités qu'on accorde aux poêles à combustion lente, celle de ne pas exiger des soins répétés pour leur entretien.

Entr'ouvrir la fenêtre d'une pièce où réside pendant la nuit un de ces appareils, c'est supprimer avec la chaleur les avantages du poêle, sans assurer une innocuité absolue. M. Brouardel a cité des cas de mort dus à l'absorption de l'oxyde de carbone par des personnes couchant en plein air sur des fours à chaux.

L'Académie de médecine a donc résumé la discussion par le vote des propositions suivantes :

1° Il y a lieu de proscrire formellement l'emploi des appareils dits poêles économiques à faible tirage dans les chambres à coucher et dans les pièces adjacentes. Il faut éviter de faire usage des poêles mobiles;

2° Dans tous les cas, le tirage d'un poêle à combustion lente doit être convenablement garanti par des tuyaux ou cheminées d'une section et d'une hauteur suffisantes, complètement étanches, ne présentant aucune fissure ou communication avec les appartements contigus et débouchant au-dessus des fenêtres voisines. Il est utile que ces cheminées ou tuyaux soient munis d'appareils sensibles indiquant que le tirage s'effectue dans le sens normal;

3° Il est nécessaire de se tenir en garde, principalement dans le cas où le poêle en question est en petite marche, contre les perturbations atmosphériques qui pourraient venir paralyser le tirage et même déterminer un refoulement des gaz à l'intérieur de la pièce;

4° Tout poêle à combustion lente qui présente des bouches de chaleur devra être rejeté, car celles-ci suppriment l'utilité de la chambre de sûreté, constituée par le cylindre creux intérieur, compris entre les deux enveloppes de tôle ou de fonte, et permettent au gaz oxyde de carbone de s'échapper dans l'appartement;

5° Les orifices de chargement d'un poêle à combustion lente doivent être clos d'une façon hermétique, et il est nécessaire de ventiler largement le local, chaque fois qu'il vient d'être procédé à un chargement de combustible;

6° L'emploi de cet appareil de chauffage est dangereux dans les pièces où des personnes se tiennent d'une façon permanente, et dont la ventilation n'est pas largement assurée par des orifices constamment et directement ouverts à l'air libre; il doit être proscrit dans les crèches, les écoles et les lycées, etc.;

7° En dernier lieu, l'Académie croit de son devoir de signaler à l'attention des pouvoirs publics les dangers des poêles à combustion lente, et en particulier des poêles mobiles, tant pour ceux qui en font usage que pour leurs voisins; elle émet le vœu que l'administration supérieure veuille bien faire étudier les règles à prescrire pour y remédier.

Les propositions votées par l'Académie, et auxquelles la plus grande publicité possible a été donnée, ont-elles suffi pour arrêter l'extension croissante du mode de chauffage par les poêles à combustion lente? Ont-elles surtout réussi à faire apporter dans l'installation de ces appareils les précautions les plus nécessaires? On peut répondre que le résultat espéré n'a pas été obtenu. Depuis deux ans, les accidents produits par les poêles à combustion lente se multiplient. Les industriels, qui ont assez fréquemment le devoir de les mettre en place et de s'assurer de leur bon fonctionnement, n'ont qu'un souci médiocre de leur mission.

Il y a quelques jours à peine, dans la rue Neuve-des-Mathurins, neuf personnes réunies dans un atelier où se trouvaient deux poêles mobiles ont été prises toutes en même temps de céphalalgie et de perte de connaissance.

Le hasard seul qui a fait entrer un étranger dans cet atelier a permis de les rappeler à la vie.

J'ai fait une enquête personnelle dans cette maison; j'ai vu huit jours après l'accident les ouvrières encore très malades; quelques-unes ne pouvaient quitter le lit.

L'intoxication avait été produite par la faute de l'ouvrier chargé d'installer les poêles. Ceux-ci, situés aux deux extrémités de la pièce, réunissaient leurs tuyaux de fumée au plafond et de là ce tuyau se rendait dans une cheminée. Un seul des poêles était allumé et le second avait sa ventelle mobile absente. Les gaz de la combustion formés dans le premier poêle étaient revenus sortir par le second. Il y avait en outre dans les deux poêles et dans les tuyaux des conditions générales d'installation très défectueuses.

L'expérience paraît montrer jusqu'ici l'insuffisance de la sanction réservée aux votes de l'Académie de médecine. Le soin de la santé publique exige cependant que ces propositions soient maintenues et qu'elles soient dans certains détails rendues plus fermes et plus précises.

Le Comité consultatif d'hygiène émet l'avis : 1° qu'il y a lieu de signaler particulièrement le danger de la mobilité des poêles à combustion lente; 2° que l'installation d'un poêle à combustion lente dans une pièce doit être précédée d'une enquête faite par l'architecte du locataire ou du propriétaire de la maison pour s'assurer que la ventilation de la pièce est suffisante; que le coffre de la cheminée ne communique pas avec celui d'autres cheminées voisines; enfin que des ouvertures telles que celles des ventelles dites de ventilation ne permettent pas aux gaz toxiques contenus dans le coffre de la cheminée de refluer dans la chambre.

Les bases sur lesquelles devra reposer cette réglementation seront sans doute un peu difficiles à établir; mais cette difficulté mérite d'être surmontée pour deux raisons principales, parce qu'en cas d'accidents les responsabilités seront nettement précisées et parce que la protection de la vie et de la santé publique ne peut être écartée par des soucis d'agrément ou d'économie.

A. CHANTEMESSE (1).

VARIÉTÉS

L'unification des heures.

Dans un article inséré dans la *Revue* du 21 juin dernier, nous disions (page 780) que le système de l'*heure locale absolue*, encore en usage en Prusse, ne trouvait aucun défenseur en France. Nous nous sommes trompé. Dans une lettre publiée par le *Génie civil* du 4 octobre dernier, M. le contre-amiral P. Serre se prononce pour ce système, au risque « d'être accusé par les uns d'être un réactionnaire, par les autres d'être un utopiste ». Ni l'un ni l'autre de ces reproches porterait, car le système de l'heure locale est le plus rationnel, le plus conforme aux traditions de l'humanité; seulement il a le défaut rédhibitoire de ne pas se prêter aux exigences de la vie pratique moderne. Nous croyons inutile de revenir sur les objections qu'il soulève; bornons-nous à dire que, même en Prusse, son pays d'origine, l'heure locale absolue, depuis longtemps battue en brèche, vient d'être irrévocablement condamnée.

Le 1er août, en effet, l'assemblée générale de la vaste Union des chemins de fer qui embrasse les 75 000 kilomètres de l'Allemagne, de l'Autriche-Hongrie et de quelques territoires limitrophes, réunie à Dresde, décida premièrement qu'à partir du prochain service d'été, l'heure du 15e degré est de Greenwich sera l'heure régulatrice des chemins de fer de l'Union, et en second lieu elle émit le vœu que cette même heure devienne l'heure générale et unique de la vie civile dans les pays desservis.

Déjà — s'il faut en croire le *Fremdenblatt* de Hambourg du 17 septembre — le gouvernement allemand s'occuperait de réaliser ce dernier vœu, en préparant un projet de loi à soumettre au Reichstag, lors de sa prochaine rentrée.

L'heure locale absolue étant, ainsi, définitivement hors de cause, que nous reste-t-il ? Le *statu quo*? Personne n'osant plus soutenir le *statu quo* pur et simple, on nous propose maintenant un *statu quo* amélioré. Un nouveau système, imaginé dans ce but, se trouve exposé dans le *Cosmos* du 6 septembre 1890, sous le titre de : *Système des heures nationales par multiples simples* (2). Voici en quoi consisterait la

---

(1) Extrait d'un rapport fait au Comité consultatif d'hygiène publique de France.

(2) C'est à la *Revue scientifique* qu'a été d'abord proposé le système des multiples simples (voir le numéro du 17 mai 1890). Nous pensons que c'est une mesure de transition, intermédiaire entre le système actuel déplorable assurément, et qui devient chaque jour plus inadmissible, et le système américain des fuseaux horaires. En somme, les fuseaux horaires sont des multiples simples, et les plus simples de tous.

Quant à savoir si l'adoption de tel ou tel méridien est préférable,

« simplicité » : dans le système des fuseaux horaires américains, la différence entre les heures normales consécutives est d'une heure juste; on réduirait cette différence à un quart d'heure. Au lieu de 24 heures régulatrices autour du globe, on aurait 4 × 24 ou 96. Entre Londres et Paris on statuerait 15′ de différence au lieu des 9′ qui résultent des longitudes. Entre Paris et Bruxelles il y aurait également 15′ au lieu de 8′; entre Paris et Stuttgard 1/2 heure au lieu de 27′; entre Paris et Munich 45′ au lieu de 37′, etc., etc. Il est clair qu'en procédant de la sorte, par quarts d'heure, on s'écarte moins des heures normales actuelles, mais cela simplifiera-t-il les questions d'amour-propre national, auxquelles on concède tant de place? Pour arriver à avoir entre Paris et Londres 15′ au lieu de 9′, qui des deux donnera le coup de pouce de 6′? Et le but à atteindre vaudra-t-il la peine de se disputer? Tout le monde sent que des échelons de 15′ sont inutilement petits, et l'expérience de l'Amérique le prouve surabondamment, puisque des villes importantes n'y ont pas craint de s'écarter de l'heure temps moyen local de plus de 45′, voire même (et cela bien gratuitement) de plus de 60′. Le système « par multiples simples » rappelle les efforts faits à l'étranger vers le milieu de notre siècle pour se soustraire à l'étreinte du système métrique. La Hesse ramenait son pied à 0ᵐ,25, Bade et la Suisse à 0ᵐ,30, Nassau à 0ᵐ,50, etc.; mais ces nouveaux pieds furent balayés comme les anciens par le système métrique pur, et n'ont fait qu'augmenter la confusion et prolonger la période de transition.

Pour assouplir les susceptibilités nationales, on croit être très habile en évitant l'application directe « des multiples simples » et en les rattachant au méridien neutre de Jérusalem. On dit aux Parisiens : « Vous serez en retard de 2ʰ 15 sur Jérusalem, et vous, Londoniens, de 2ʰ 30. Mais l'amiral Serre prévoit qu'il y aura des gens qui trouveront que Jérusalem est le lieu le moins neutre du globe. Et quant à nous, nous apercevons bien un certain nombre de personnes, de chrétiens surtout, qui seraient heureux que le méridien de Jérusalem fût universellement adopté comme méridien initial; mais en dehors du giron de l'Académie de Bologne, nous ne connaissons personne qui ose l'espérer.

Les promoteurs de ce méridien cherchent à se persuader que la Conférence télégraphique internationale qui a siégé à Paris, au printemps dernier, aurait donné son adhésion au méridien de Jérusalem, et à force d'interpréter le texte voté (1), ils finissent par en faire sortir ce que les délégués au Congrès n'ont pas entendu y mettre. Quiconque s'est trouvé en contact personnel avec ces délégués sait qu'ayant déjà un ordre du jour excessivement chargé, ils n'ont pas

nous croyons qu'il vaut mieux, quelque pénible que soit cette décision, se rattacher au système du méridien de Greenwich, et ne pas nous isoler dans une opposition impuissante, à peu près aussi difficile à justifier que l'opposition absurde de l'Angleterre et des États-Unis au système décimal et au système métrique.   (Réd.)

(1) A la séance de la Société de géographie, le 7 novembre courant, M. Tondini de Quarenghi a rendu hommage « au grand tact », dit lequel ce texte avait été libellé par le commandeur Ponzio Vaglia, délégué de l'Italie.

voulu y ajouter la question épineuse soulevée par l'Académie de Bologne. Ils se sont donc ralliés à *l'unanimité* — nous soulignons ce mot — à une déclaration d'incompétence, agrémentée d'un compliment pour l'Académie, qu'ils félicitent, non pas d'avoir trouvé la solution qui concilie tous les intérêts, mais de ses efforts pour en trouver une. Si, dans l'esprit des délégués, le vote de la Conférence télégraphique avait impliqué la moindre adhésion donnée au choix du méridien de Jérusalem comme méridien initial, comment expliquer que les délégués anglais et américains, sans parler des autres, l'aient voté haut la main, sans la moindre observation?

Le vote de la Conférence télégraphique étant aussi anodin, comment le gouvernement italien qui, en 1883, à la Conférence géodésique de Rome, et, en 1884, à la grande Conférence spéciale de Washington, a voté pour le méridien de Greenwich, a-t-il pu se décider, il y a quelques mois, à prendre jusqu'à un certain point fait et cause pour la « transaction » de l'Académie de Bologne et à émettre l'idée d'un nouveau Congrès pour en délibérer? C'est pour nous une énigme ! Les raisons purement scientifiques qui ont inspiré l'illustre Académie ne paraissent pas une explication suffisante. Peut-être s'agit-il d'une simple politesse diplomatique. Depuis quelques années, les rapports entre la France et l'Italie sont un peu refroidis, et l'Italie éprouve, dit-on, le besoin de se rapprocher de nouveau et veut le faire le sourire sur les lèvres. Ce qui semble corroborer cette hypothèse, c'est le langage tenu en ce moment par des plumes italiennes. Au lieu de parler science, elles disent aux Autrichiens : « Le méridien de Greenwich vous aliénerait peut-être sans retour les esprits français; » et aux Belges : « Vous rallier au système qui patronne Greenwich, ce serait sinon faire pièce à la France, du moins vous attirer le juste ressentiment de vos voisins. Au point de vue diplomatique, la question est beaucoup plus grave qu'elle n'en a l'air. » Cette tendresse subite pour les susceptibilités françaises ne fait-elle pas involontairement songer au *Timeo Danaos?*

En admettant que le Congrès projeté se réunisse, on peut prévoir ce qui s'y passera, d'après ce qui vient de se passer tout dernièrement à la Conférence géodésique, réunie cette année à Fribourg-en-Brisgau. Saisie de la question de Jérusalem, elle émit le vote suivant :

« La Commission permanente de l'Association géodésique internationale, étant informée par plusieurs de ses membres qu'ils ont été consultés dernièrement par leurs gouvernements sur la valeur du méridien de Jérusalem comme méridien initial, et sur l'utilité de soumettre cette question et celle de l'heure universelle à une nouvelle conférence spéciale, à convoquer prochainement, déclare qu'il n'existe aucune raison de changer les résolutions prises sur ce sujet, en 1883, par la Conférence géodésique internationale à Rome, et dont la principale a été ratifiée par la très grande majorité des États représentés dans la Conférence diplomatique de Washington en 1884. »

Ce vote — faut-il le souligner? — est un nouveau vote en faveur du méridien de Greenwich et a été émis à l'unanimité des voix, y compris celle du commissaire italien, moins toutefois les deux voix de la France et de la Hollande.

Le seul effet que la proposition italienne pourra produire, c'est de retarder la solution générale de la question de l'unification horaire. Ce retard profitera-t-il à qui que ce soit ?

En attendant, non seulement l'Allemagne et l'Autriche-Hongrie, mais encore la Belgique (1), vont de l'avant et poursuivent l'introduction du système des fuseaux américains. Ce système étant déjà en vigueur aux États-Unis, au Dominion canadien, en Angleterre, en Suède, en Russie (de fait), voire même au Japon, il est de moins en moins téméraire de dire que le triomphe complet du système des heures américaines n'est plus qu'une question de temps.

W. DE NORDLING.

CAUSERIE BIBLIOGRAPHIQUE

Les Habitués des prisons de Paris. Étude d'anthropologie et de psychologie criminelles, par M. ÉMILE LAURENT. — Un vol. in.8º de la *Bibliothèque de criminologie*, avec 70 figures dans le texte, 14 portraits en phototypie, planches et graphiques en couleur ; Lyon, A. Storck, et Paris, Masson, 1890.

A Lyon, comme on sait, par la féconde impulsion du professeur Lacassagne, les études d'anthropologie criminelle ont été poussées avec une grande activité dans une direction un peu spéciale, caractéristique d'une véritable *école* en formation. Aussi est-ce dans cette ville qu'un éditeur bien inspiré, M. Storck, pressentant le développement que ne peuvent manquer de prendre ces intéressantes études, qui constituent déjà une science à part, a inauguré une *Bibliothèque de criminologie*, dont les quatre premiers volumes, édités avec le plus grand soin, ont déjà paru.

L'ouvrage de M. Laurent, dont nous avons d'abord à rendre compte, est moins une œuvre dogmatique, consacrée à l'exposé et à la défense d'une théorie exclusive, plus ou moins hypothétique, qu'un ensemble d'observations précises et détaillées, recueillies pendant plusieurs années passées par l'auteur à l'Infirmerie centrale des prisons de Paris et à la prison de la Santé. « Comme j'habitais à la prison même, nous dit M. Laurent, comme j'y passais toutes mes journées, j'ai vécu en contact presque perpétuel avec les détenus. J'étais devenu l'ami d'un grand nombre d'entre eux, et plusieurs m'ont fait des confessions très détaillées. J'ai pu ainsi disséquer leur conscience, mettre leur âme à nu, et surprendre leurs pensées les plus secrètement cachées. » De cette façon de procéder est résultée une étude extrêmement riche en documents concernant la pathologie et la psycho-physiologie des criminels, étude où l'on trouvera à chaque page des faits remarquablement démonstra-

---

(1) Voir, en ce qui concerne la Belgique, un article fort intéressant de *Ciel et Terre*, du 1ᵉʳ septembre 1890.

---

tifs sur les tares héréditaires ou acquises, sur la conduite habituelle, sur la façon de penser et de sentir, sur le sort final des diverses catégories de délinquants. Si l'on ajoute à ces chapitres ceux qui sont spécialement consacrés à l'argot des prisons, à l'écriture des criminels, à la *littérature*, aux beaux-arts, aux tatouages, aux suicides, aux simulations dans les prisons, on jugera de l'intérêt que présente cet ouvrage au point de vue documentaire.

Toutefois, nous ne voulons pas dire que M. Laurent se soit abstenu de toute considération dogmatique, et il serait inadmissible qu'il se fût interdit de dégager de ses nombreuses et patientes observations une impression d'ensemble sur l'étiologie du délit et du crime.

En France, les criminologistes sont à peu près d'accord pour reconnaître au crime deux facteurs, le facteur individuel et le facteur social. M. Lacassagne, en présentant le livre de M. Laurent, insiste même sur ce point, que le facteur individuel n'a qu'une influence restreinte, et que c'est le facteur social qui prédomine. En d'autres termes, c'est la société surtout qui ferait et préparerait les criminels.

Telle n'est pas cependant l'impression exacte qui résulte de la lecture des observations de M. Laurent, et des considérations que l'auteur développe à leur sujet. Les unes et les autres, en effet, mettent au contraire bien en évidence l'importance des anomalies psycho-physiologiques, héritées ou acquises, des délinquants. Évidemment, lorsqu'un individu devient alcoolique, on peut accuser la société d'avoir favorisé cette déchéance ; mais si cet individu a un fils qui commet un crime sous l'influence de quelque impulsion de nature épileptique, dira-t-on — bien que cette épilepsie soit de l'alcoolisme transformé par l'hérédité — que le facteur de ce crime est d'ordre social ? Ce serait manifestement une interprétation spécieuse, et il faudra reconnaître, dans ce cas, comme dans beaucoup d'autres, la prédominance du facteur individuel.

Assurément, c'est la société, par son organisation encore assez mal équilibrée, défectueuse en tant de points, qui offre les occasions du crime ; mais s'il n'y avait pas des individus disposés au mal par leur constitution anormale, le crime ne se produirait pas. C'est l'éternelle question du terrain et de la graine, du bouillon et du microbe. Le criminel constitue le bouillon, et la société apporte souvent, mais non toujours, l'occasion, c'est-à-dire le germe qui se développera sur ce terrain propice. Mais qui pourra dire quel est le plus important de ces deux facteurs dans le résultat final ?

Que l'on passe en revue les observations de M. Laurent, et partout l'on trouvera que le délinquant porte des marques, des stigmates multiples de dégénérescence : ces stigmates, ce sont des anomalies de développement portant sur des organes variés, ou seulement des anomalies psychiques correspondant certainement à quelque développement défectueux des centres nerveux supérieurs, mais non accessible à l'observation directe. Si donc on ne peut pas dire qu'il y ait un type de criminel — car il y a mille façons d'être criminel, et l'on devient criminel en raison d'anomalies, soit de la volonté, soit de la sensibilité, soit de l'intelligence —

il n'en est pas moins vrai qu'en somme toutes ces anomalies se ramènent à un même état général, qui est la dégénérescence, dont elles sont les marques variées; et qu'on peut au moins affirmer que tout criminel est un dégénéré.

Beaucoup de criminels sont fils d'hystériques ou de fous; mais les prisons sont surtout peuplées de fils d'ivrognes. Le père peut n'être qu'un alcoolique ou un déséquilibré : les enfants sont alcooliques ou déséquilibrés, et, en plus, ils sont criminels.

La dégénérescence, comme l'a si bien définie Morel, c'est une déviation maladive du type primitif; c'est aussi, comme l'a dit M. Magnan, une accumulation plus ou moins considérable, suivant les cas, dans les antécédents d'un malade, d'affections cérébro-spinales susceptibles d'influencer la descendance. Or, tous les dégénérés ne sont pas des criminels, mais tous les criminels sont des dégénérés ; on peut ajouter qu'ils sont des dégénérés graves, car on les voit, quand on peut les suivre, aboutir le plus souvent à la folie.

Quoi qu'on dise, il est donc bien évident que les délinquants et les criminels sont, sinon des malades, au moins des infirmes, et que nos idées et nos coutumes, touchant la responsabilité morale, devront être réformées. En réalité, cette réforme ne changera que peu de chose à nos institutions et à nos codes, car la défense de la société nécessitera toujours des répressions vigoureuses, et même des suppressions d'individus. Nous aurons l'occasion de revenir sur cette question à propos d'un autre volume de la *Bibliothèque de criminologie*, la *Philosophie pénale*, de M. Tarde. Disons ici seulement que nous partageons l'avis de M. Laurent sur ce point, que le médecin, à condition qu'il ait fait des études suffisantes d'anthropologie et de psychiatrie, devrait remplir dans les prisons le rôle qu'il remplit dans les asiles; comme il est devenu l'ami et le bienfaiteur des aliénés, il deviendrait l'ami et le bienfaiteur des criminels, ces demi-fous; il saurait reconnaître l'alcoolique, l'épileptique ou l'aliéné, et les renvoyer chacun à leur quartier spécial; il saurait distinguer le vagabond du fou moral, et rendre le premier à l'atelier et le second à la cellule. Enfin il pourrait fournir des renseignements précieux au bureau des grâces. En outre, combien d'observations scientifiques intéressantes ne ferait-on pas, dans les maisons de correction, au point de vue du traitement à suivre pour atteindre le but de la correction, et pour servir de complément aux observations que l'on pourrait faire plus tard, sur les mêmes individus, dans les prisons?

Nous sommes assuré que l'ouvrage de M. Laurent contribuera peu à peu à attirer l'attention sur la nécessité de toutes ces réformes; et nous le louerions sans réserve, si nous n'avions été impressionné un peu désagréablement par une certaine tendance à la crudité des détails et des expressions, assurément inutile pour l'intelligence des observations, et regrettables en un ouvrage destiné au grand public. Mais c'est là un péché de jeunesse dont l'auteur se corrigera certainement.

Les Régicides dans l'histoire et dans le présent, par M. Em. Régis. — Un vol. in-8° de 100 pages, de la *Bibliothèque de criminologie*, avec 20 portraits de régicides; Lyon, A. Storck, et Paris, Masson, 1890.

L'étude de M. Régis est une monographie consacrée à une catégorie spéciale de criminels : ceux qui s'attaquent à une personnalité marquante. Ces attentats étaient intéressants à étudier dans leur ensemble, et l'auteur a bien montré qu'ils étaient la conséquence directe et forcée d'un état d'esprit particulier, toujours le même. C'est donc en ce sens que les régicides forment véritablement un groupe naturel. Bien entendu, il ne faut pas confondre les régicides vrais avec les faux régicides chez lesquels l'attentat, plus apparent que réel, a été purement et simplement le fait du hasard, sans connexion avec le fond des idées, délirantes ou non délirantes. Chez ces derniers, l'attentat est parfois un *moyen*, tandis qu'il est le *but* chez les premiers.

M. Régis, qui est bien de l'école française, montre d'abord que les régicides, comme tous les délinquants, sont des héréditaires dégénérés, d'une intelligence au moins mal pondérée, issus de familles morbides et porteurs de stigmates manifestes, tels que malformations du crâne, strabisme, anomalies de la forme des oreilles, etc. Il fait, en outre, remarquer que tous les régicides ont été des hommes jeunes, à peine âgés de trente ans, et que la précocité des accidents, on le sait, est une des principales caractéristiques des psychoses chez les dégénérés.

Quant à la forme de cette psychose, forme qui de ces individus prédisposés au crime fait des régicides, c'est un mysticisme héréditaire, un véritable délire qui se traduit par la *croyance à une mission à remplir*. Ainsi, *Polirot* blesse à mort le duc de Guise pour ôter de ce monde un ennemi juré du saint Évangile et gagner le paradis par cet acte; *Balthazar Gérard* tue Guillaume de Nassau pour être un athlète généreux de l'Église romaine et devenir bienheureux et martyr; *Ravaillac* assassine Henri IV pour l'empêcher de faire la guerre au pape et de transporter le Saint-Siège à Paris; *Damiens* égratigne Louis XV de son canif pour l'avertir de remettre toutes choses en place et de rétablir la tranquillité dans ses États; *Henri l'Admiral* et *Charlotte Corday* frappent Collot d'Herbois et Marat pour sauver la République; *Louvel* assassine le duc de Berry avec l'idée de délivrer successivement la France de tous les Bourbons; *Guiteau* tue le président Garfield « par suite d'une nécessité politique et par passion divine »; *Aubertin* tire sur M. Jules Ferry pour supprimer le mauvais génie de la France, etc.

Il faut aussi remarquer que, chez tous ces fanatiques, l'attentat est l'acte d'un seul, et que c'est commettre une véritable faute de psychologie que de leur chercher des complices. Le crime est conçu, médité et accompli par le régicide comme se conçoit, se médite et s'accomplit un acte d'aliéné.

Les régicides sont, en effet, de tous les criminels, ceux dont la parenté avec les aliénés est le plus apparente; et, par suite, ceux dont l'irresponsabilité est le moins discutable. En réalité, tous ceux qui ont échappé à l'exécution capitale sont morts fous. Ce sont, en tout cas, des *mattoïdes*, pour employer l'expression caractéristique de M. Lombroso, et leur place serait toujours dans ces asiles d'aliénés criminels dont certains pays, comme l'Écosse et l'Angleterre, sont dotés depuis longtemps et que la grande majorité des spécialistes réclament, en France et en Italie, comme un intermédiaire indispensable entre la prison et l'asile proprement dit. « Ainsi cesseraient, conclut M. Régis, ces controverses et ces conflits qui divisent depuis tant d'années la science et la justice, controverses et conflits qui ont pour résultat, dans un siècle comme le nôtre, de livrer au dernier supplice un régicide aliéné, ou de le jeter à perpétuité dans une prison où il donne au monde le triste spectacle d'un forçat parvenu au dernier degré de la dégradation et de la démence. »

Nos Jeunes détenus. Étude sur l'enfance coupable avant, pendant et après son séjour au quartier correctionnel, par M. RAUX. — Un vol. in-8° de 268 pages, de la *Bibliothèque de criminologie*. Lyon, A. Storck, et Paris, Masson, 1890.

Le livre de M. Raux est consacré à la psychologie des jeunes détenus. Sans avoir la prétention de nous présenter un traité complet sur la matière, l'auteur nous donne cependant des observations et des documents fort intéressants sur les divers problèmes qui se posent à propos de l'enfance coupable. Dans la production d'un jeune délinquant, quelle part faut-il faire à la suggestion du milieu, c'est-à-dire à l'organisation de la famille, à l'exemple des parents? quelle part aux prédispositions héréditaires? Dans quelle mesure les mauvais penchants innés peuvent-ils être corrigés, et quel est le système d'éducation pénitentiaire qui peut donner les meilleurs résultats? Ce sont là évidemment des questions bien importantes, au point de vue pratique, et aussi pour décider si, dans la genèse du crime, la prééminence doit être attribuée aux facteurs individuels ou aux facteurs sociaux.

D'après les chiffres obtenus par M. Raux — dans un m. lieu restreint à la vérité, puisqu'il s'agit seulement de la population du quartier correctionnel de Lyon — la part du milieu et de l'exemple serait considérable dans la culture des jeunes délinquants, puisque 87 pour 100 auraient été conduits au crime par l'indifférence, la faiblesse, la brutalité ou la perversité des parents; et que 13 pour 100 seulement auraient résisté à la bonne influence d'une réelle éducation morale. Mais nous devons remarquer ici qu'il n'est pas douteux que ces abandonnés dussent être entachés d'une forte hérédité dégénérative, par le fait même d'être issus de parents indifférents, brutaux ou pervertis, et que dès lors la part du milieu et de la prédisposition devient bien difficile à établir.

Il est curieux aussi de voir l'âge des jeunes détenus : 76 pour 100 ont été jugés de treize à seize ans; 21 pour 100 l'ont été de dix à douze ans; 3 pour 100 de six à neuf ans. Comme le remarque M. Raux, la comparution devant les tribunaux de jeunes délinquants de six, sept, huit et neuf

ans est un fait contraire à tout sentiment de justice et d'humanité. C'est à l'Assistance publique qu'appartiennent ces enfants, qui en aucune circonstance ne sauraient être condamnés, et pour lesquels une incarcération prématurée est une véritable condamnation au crime.

La nature des crimes des jeunes détenus est ce qu'on pouvait le prévoir : les crimes contre les personnes ne sont qu'au nombre de 19 pour 100, et les atteintes à la propriété sont de 61 pour 100. M. Raux a cependant fait cette observation que les enfants dont les délits affectent un caractère de grande gravité sont moins vicieux que les jeunes vagabonds d'habitude. Les premiers seraient capables de réforme morale, tandis que les seconds, imbus des principes malsains puisés dans la compagnie des rôdeurs de barrière et des souteneurs des grandes villes, seraient vraiment la graine du gibier de potence.

Quant au régime des jeunes délinquants, M. Raux montre fort bien qu'il n'est pas partout ce qu'il devrait être : le législateur de 1810 pensait que le jeune détenu devait être enfermé dans une maison de correction et mis simplement dans l'impossibilité de nuire. Aujourd'hui, nous pensons qu'il faut *élever* le jeune condamné, et qu'il doit exister une *éducation* correctionnelle. La loi du 5 juin 1850, sur l'éducation et le patronage des jeunes détenus, en décidant l'affectation d'établissements particuliers avec régime spécial aux jeunes détenus, et instituant la libération provisoire comme récompense, a consacré le principe de la moralisation de l'enfant coupable et de l'enfant abandonné; enfin la loi du 25 juillet 1889 sur la protection des enfants maltraités ou moralement abandonnés est venue empêcher le jeune détenu de retomber, à sa libération, sous un pouvoir paternel pernicieux. Mais il reste à soumettre tous les établissements pénitentiaires à une réglementation uniforme qui en fasse de véritables établissements d'éducation et de moralisation, comme est l'établissement de Lyon dont M. Raux nous décrit la belle organisation.

Les résultats de cette organisation sont assurément encourageants, puisque, sur 100 libérés, 61 se conduisent bien, 13 se conduisent passablement, et que seulement 26 ont disparu ou se sont fait condamner. En portant à 18 pour 100 le nombre des récidives, on obtient ainsi un maximum qui est loin d'être exagéré. M. Raux fait observer que l'impuissance de l'éducation pénitentiaire ne doit pas être seule à porter la responsabilité de ce chiffre, et que ce n'est que raison de tenir compte de diverses influences extérieures comme causes déterminantes de la récidive, telles que l'immoralité des familles et surtout les difficultés qu'éprouve le libéré à se procurer du travail.

ACADÉMIE DES SCIENCES DE PARIS

17-24 NOVEMBRE 1890.

H. Gustaf Kobb : Sur un théorème de M. Picard. — *Dom Lamey :* Étude sur la variation annuelle de la latitude causée par l'inégalité de réfraction dans les marées atmosphériques. — *M. Jules Fényi :* Note sur l'ascension rapide d'une protubérance solaire. — *MM. Chassagny et A. Abraham :* Recherches de thermo-électricité. — *M. A. Leduc :* Expériences sur la résistance électrique du bismuth dans un champ magnétique. — *M. P. Vieille :* Note sur la périodicité des pressions ondulatoires produites par la combustion des explosifs en vase clos. — *M. D.-A. Casalonga :* 1° Sur le coefficient économique du travail de la chaleur ; 2° Considérations relatives au zéro absolu et aux températures absolues. — *M. A. Lawssedat :* Nouvelles recherches sur la construction des plans d'après les vues photographiques de terrain obtenues de stations aériennes. — *MM. Ern. Aubert et P. Turiin :* Communications relatives aux aérostats. — *M. A. Grippon :* Note relative à un projet de lampe de mineur. — *M. P. Cazeneuve :* Sur un acide-phénol dérivé du camphre. — *M. Philippe-A. Guye :* Recherches nouvelles sur les dérivés amyliques actifs. — *M. C. Chabrié :* Étude sur la saponification des composés organiques halogénés. — *M. Berthelot :* Observations sur une note de MM. Th. Schlœsing fils et Em. Laurent relative à la fixation de l'azote gazeux par les Légumineuses. — *M. Gernes :* Note sur l'acide malique. — *MM. Paul Schutzenberger et Schulzenberger fils :* Décomposition du cyanogène sec en azote et en carbone. — *M. Em. Laurent :* Expériences sur le microbe des nodosités des Légumineuses. — *M. Berthelot :* Remarques sur quelques sensations acoustiques provoquées par les sels de quinine. — *M. Eugène Canu :* Recherches sur le dimorphisme sexuel des Copépodes ascidicoles. — *M. Frédéric Guitel :* Étude sur les différences sexuelles du *Lepadogaster bimaculatus.* — *M. Ch. Degagny :* Note sur les formes moléculaires antagonistes qui se produisent dans le noyau cellulaire et sur la formation de la membrane nucléaire. — *M. Henri Lamo :* Réponse aux critiques de M. A. de Lapparent sur l'origine des rideaux de Picardie. — *M. V. Faveau de Courmelles :* Recherches sur l'absorption médicamenteuse électrique. — *M. Berthelot :* Note sur l'origine du mot *bronze ;* nouvelles indications. — *M. J. Oppert :* Découverte d'un annuaire astronomique chaldéen utilisé par Ptolémée. — *M. Léauté :* Notice sur la vie et les travaux de Éd. Phillips. — Candidature : *M. Éd. Jannettaz.*

ASTRONOMIE. — Les couches aériennes d'égale densité qui entourent le globe terrestre ne peuvent théoriquement se maintenir à un niveau constant, non seulement par suite de la distribution inégale de la température, mais en outre par les effets combinés du soleil et de lune, qui doivent produire, par attraction, de véritables marées atmosphériques.

Depuis une quinzaine d'années, Dom Lamey a recueilli sur ce sujet un nombre considérable de notes et d'observations destinées à la composition d'un long mémoire dont l'un des plus importants chapitres est relatif aux variations de la déclinaison dans les observations astronomiques. Pour ce qui est de la latitude, il est évident qu'elle doit varier journellement par suite de la réfraction inégale que subissent les astres observés au travers de la marée atmosphérique. Cette variation dépend de la hauteur du soleil et de la lune, et aussi de leur distance. Or les recherches d'ensemble entreprises depuis 1889 dans les Observatoires de Berlin, de Potsdam et de Prague, ont donné des résultats si absolument concordants, qu'il devient désormais bien difficile de méconnaître l'existence d'une variation systématique de la latitude dans le cours d'une année.

Cette variation, que les géodésiens ont peine à admettre comme réelle, c'est-à-dire comme produite par un déplacement du pôle géographique, devient, pour les astronomes, d'une importance capitale ; car, si la cause de cette variation est atmosphérique, elle doit affecter toutes les observations de position, et il importe grandement de la bien connaître. Cette cause paraît à Dom Lamey résider essentiellement dans l'inégalité de réfraction due aux marées aériennes.

— Le 6 octobre dernier, un peu après 1 heure, temps moyen de Kalocsa, *M. J. Fényi* a pu constater, au bord ouest du soleil, une protubérance s'étendant de la latitude de — 30° 21′ jusqu'à — 20° 13′. Elle s'élevait avec une rapidité telle qu'elle atteignait, après une demi-heure environ, l'altitude extraordinaire de 235 900 kilomètres. Quelques minutes auparavant, on n'apercevait en ce point que deux petites flammes.

Les phases de l'ascension ont été observées et mesurées d'une manière suivie ; cette ascension s'est continuée jusqu'à la dissolution de la protubérance et s'est produite avec accélération dans toutes les phases, excepté la deuxième, jusqu'à la hauteur de 170″ — 204″ où elle a atteint une vitesse moyenne de 275 kilomètres et demi par seconde. La diminution de vitesse qui s'est produite ensuite pourrait être considérée comme résultant d'une dissolution plus rapide, à une hauteur si considérable. Ce qui est surtout remarquable, c'est l'accélération moyenne extraordinaire de 1071 mètres par seconde qui a été observée à la hauteur de 170″.

On est ainsi conduit à admettre, dit l'auteur, que dans l'ascension d'une protubérance, outre l'impulsion d'en bas, outre la vitesse d'expansion de l'hydrogène et outre la pression aérostatique, il entre encore en jeu d'autres forces répulsives.

Ajoutons que, à 1ʰ,50ᵐ, la protubérance a commencé à s'évanouir ; quelques minutes plus tard, il ne restait en ce point que la chromosphère ordinaire.

PHYSIQUE. — Dans deux communications antérieures (1), *MM. Chassagny et H. Abraham* ont montré que les forces électromotrices des couples thermo-électriques, dont les soudures sont maintenues à 0° et 100°, peuvent être déterminées au 1/10 000ᵉ de leur valeur. En constatant, comme ils l'ont fait, l'équilibre de forces électromotrices par un galvanomètre de faible résistance, cette précision se conserve pour les forces électromotrices moindres que donnent ces couples aux températures intermédiaires : la résistance introduite dans le circuit du galvanomètre diminuant avec la force électromotrice à mesurer, la sensibilité absolue de l'instrument augmente et la précision relative des mesures reste ainsi à peu près constante. D'où il suit que les couples thermo-électriques employés comme thermomètres de précision donnent le centième de degré sur l'intervalle 0° — 100° et qu'ils peuvent présenter sur les thermomètres à dilatation cet avantage d'évaluer un écart de température avec d'autant plus d'exactitude absolue que cet intervalle est plus petit.

BALISTIQUE. — *M. P. Vieille* a déjà fait connaître dans une précédente note (2) une méthode permettant d'étudier, simultanément aux deux extrémités d'un récipient allongé, d'un mètre de longueur, la loi de développement des pressions produites par la combustion d'un explosif. Aujourd'hui, il présente un travail sur la périodicité des pressions ondulatoires produites par la combustion des explosifs en vase clos.

Lorsque l'explosif est uniformément réparti suivant l'axe

(1) Voir la *Revue scientifique* des 11 octobre et 3 novembre 1890, p. 473, col. 1 et p. 602, col. 2.

(2) Voir la *Revue scientifique* du 15 novembre 1890, p. 632, col. 2.

de l'éprouvette, on obtient aux deux extrémités du tube, en enregistrant la loi des écrasements des manomètres Cruchers, deux tracés identiques présentant la continuité caractéristique du développement régulier des pressions que l'on observe toujours dans les récipients de petite dimension. Mais aussitôt que le chargement devient dyssymétrique, notamment lorsque la charge est réunie à l'une des extrémités de l'éprouvette, les tracés changent de caractère. Simplement ondulés pour les poudres à faible émission gazeuse, ils se transforment progressivement, lorsque la vivacité de l'explosif ou la densité de chargement augmente, en tracés discontinus affectant la forme de marches d'escaliers, c'est-à-dire constitués par une série de paliers de repos réunis par des ressauts brusques.

TOPOGRAPHIE. — La communication de *M. Laussedat* est relative à la construction de plans d'après les vues photographiques du terrain, obtenues de stations aériennes, soit dans des aérostats, soit à l'aide de cerfs-volants munis d'appareils photographiques instantanés.

Supposons, dit-il, que l'on soit parvenu à prendre ainsi plusieurs photographies d'un même site, mais de stations aériennes différentes, pourvu que la localité contienne un cours d'eau ou même des routes à points isolés; on parviendra sans peine à déterminer sur chacune d'elles, avec une précision suffisante, un certain nombre de points isolés choisis parmi les plus reconnaissables, comme, par exemple, les extrémités d'une digue, les arches d'un pont au niveau de l'eau, les coudes de la rivière ou de la route, etc. Ces points, retrouvés sur deux photographies au moins, deviendront autant de repères à l'aide desquels il sera aisé d'orienter les photographies l'une par rapport à l'autre, pour les faire concourir simultanément à la construction du plan (et même au nivellement) par la méthode générale ordinaire. En effet, sur chacune des feuilles qui ont servi à déterminer les repères, la projection du point de vue, c'est-à-dire de la station aérienne, se trouve elle-même rapportée en quelque sorte spontanément. Si donc, sur l'une d'elles, on relève, avec un papier à calquer, trois ou quatre repères (deux suffiraient à la rigueur) de la station, en plaçant sur le calque sur l'autre feuille, on déterminera immédiatement la position relative des deux stations.

Il ressort aussi de la note de M. Laussedat ce fait d'une très grande importance, à savoir que les stations aériennes deviennent ainsi tout à fait indépendantes les unes des autres, et qu'il n'est pas nécessaire de se préoccuper d'un moyen de les relier entre elles, comme on relie habituellement les stations terrestres ou marines, par des mesures de distances et d'angles, par des triangulations ou des cheminements, opérations à peu près irréalisables, pour le dire en passant, dans la plupart des circonstances supposées.

THERMO-CHIMIE. — La note de *M. D.-A. Casalonga* a pour objet d'infirmer l'exactitude du rapport $\frac{T_a - T_1}{T_0}$ déterminé par Clausius, ainsi que celle du deuxième principe de thermo-dynamique connu sous le nom de principe ou loi de Carnot-Clausius.

CHIMIE. — *M. P. Cazeneuve* a décrit, au mois de mai dernier, comme produit dérivé de l'action de l'acide sulfu-rique sur le camphre monochloré, un corps neutre sulfo-conjugué, à fonction diphénolique (1). Il a désigné ce corps en C^9, dérivé du camphre avec départ de méthyle, par la dénomination d'*améthylcamphophénolsulfone*, répondant à la formule $C^9 H^{13} (S O^3) (O H)^2 O$. Depuis lors, il a découvert un corps congénère, acide-phénol, répondant à la formule $C^9 H^{13} (S O^3, O H) (O H) O$, absolument isomérique avec le précédent, et auquel il donne le nom d'*améthylcamphophénolsulfurique*

— Il y a quelques mois, *M. Philippe Guye* a présenté une note relative aux variations du pouvoir rotatoire dans un même groupe de corps organiques actifs; aujourd'hui, il communique les résultats qu'il a obtenus dans une première série d'expériences entreprises dans le but de soumettre au contrôle des faits les règles auxquelles il s'était arrêté, s'agit des dérivés amyliques actifs.

— En décrivant les préparations des composés fluocarbonés qu'il avait obtenus, *M. C. Chabrié* a parlé de l'action de la potasse qui les saponifiait plus ou moins facilement. Depuis lors, il a pensé qu'on arriverait à un meilleur résultat en les traitant par l'eau de chaux, et qu'un moyen d'obtenir les alcools d'atomicité supérieure consisterait à saponifier ainsi leurs fluorhydrines. Il vient d'appliquer avec succès cette réaction à un composé nouveau : le fluorure d'éthylène.

De plus, il insiste, en terminant, sur la production du chlorure de bore par l'action du bore amorphe sur le chlorure de carbone $C Cl^4$ principalement, et parle de la formation possible des alcools polyatomiques par l'anhydride borique.

— *M. Gernez* présente une note sur les variations du pouvoir rotatoire de l'acide malique quand on le dissout dans des solutions de molybdates. Avec le molybdate acide de soude, le pouvoir rotatoire de l'acide malique devient trois cent soixante-quatorze fois plus grand, quand la solution a lieu à équivalents égaux.

— *M. P. Schützenberger* présente, en son nom et au nom de son fils, les premiers résultats d'un travail relatif au carbone. Les auteurs ont observé que le cyanogène sec qui résiste assez bien à une température élevée se décompose, au contraire, facilement au rouge cerise en azote et carbone, en présence de petites quantités de fluorure d'aluminium (cryolithe). Le charbon, mis en liberté, forme une masse élastique grisâtre, composée d'un feutrage de longs et fins filaments enchevêtrés.

Sous l'influence de l'acide azotique fumant et du chlorate de potasse, il donne, comme les produits oxygéné et hydrogéné, susceptible de se décomposer brusquement par la chaleur. Les auteurs ont constaté que le charbon de cornues se comporte à peu près de même et peut donner, par un traitement convenable, un oxyhydrate de carbone jaune brunâtre déflagrant à chaud. Il résulte de là que ce caractère n'est pas spécial aux graphites et se retrouve aussi dans certaines variétés de carbone amorphe.

CHIMIE AGRICOLE. — *M. Berthelot* fait remarquer que la note de MM. Th. Schlœsing fils et Em. Laurent (2) clôt la polémique relative à la fixation de l'azote libre par le concours du sol et des végétaux en montrant — d'accord avec

(1) Voir la *Revue scientifique* du 17 mai 1890, p. 633, col. 2.

(2) Voir la *Revue scientifique* du 22 novembre 1890, p. 665, col. 1.

la longue suite de ses propres observations poursuivies depuis 1883 — que le sol et les plantes s'enrichissent d'azote sous l'influence des microbes, microbes dont il a découvert la présence dans le sol et dont les savants allemands ont reconnu le parasitisme et l'action spécifique sur les racines des légumineuses.

MICROBIOLOGIE. — Malgré les nombreux travaux consacrés à l'étude des nodosités des racines de Légumineuses, on est encore bien peu renseigné sur les causes qui président à leur formation. Les organismes qu'on y rencontre ont été tour à tour considérés comme des êtres parasites, rangés parmi les Myxomycètes, les Bactéries ou les Champignons filamenteux, tandis que d'autres botanistes leur ont refusé toute autonomie. Il est pourtant facile de s'assurer, en cultivant des pois à l'abri de tout germe étranger, que les racines de Légumineuses ne donnent pas spontanément de tubercules, et que l'intervention d'un germe est nécessaire. M. Em. Laurent a réussi à inoculer au pois des nodosités de plus de trente espèces de Légumineuses appartenant à des genres très différents, bien que le nombre, les dimensions des nodosités ainsi que l'aspect des microbes qu'on y trouve, varient avec la nature des espèces auxquelles on a emprunté la semence. De plus, afin d'assurer à ces microbes l'autonomie qui leur était contestée, il les a cultivés dans des cultures pures en dehors des tissus et a reconnu qu'ils constituaient un groupe intermédiaire entre les bactéries et les champignons filamenteux inférieurs, groupe auquel il propose de donner le nom de *Pasteuriacées*.

PHYSIOLOGIE. — M. *Berthelot* a remarqué que les bourdonnements ou bruits internes qu'il percevait après l'ingestion d'un sel de quinine (lactate) constituaient la sensation d'un bruit continu, comprenant un ensemble de sons simultanés, compris dans toute l'étendue des sons perceptibles, depuis les plus graves, qui apparaissent avec une grande intensité, jusqu'aux plus aigus, avec perception nette des intermédiaires. La nuit, lors des premières impressions provoquées par le quinine, le phénomène est facile à analyser ; mais, plus tard, son intensité diminuant, il n'est plus possible d'établir des distinctions claires, et le tout se réduit à une sensation de sifflements continus.

Le phénomène observé dans ces conditions paraît répondre à une excitation générale du nerf acoustique, reproduisant simultanément tout l'ensemble des sensations que ce nerf est susceptible d'éprouver par l'impression des agents extérieurs, plutôt qu'à une effet secondaire, attribuable à l'état vibratoire de la circulation ou à quelque modification survenue dans l'oreille moyenne.

ZOOLOGIE. — Pendant le cours de ses recherches sur les *Lepadogasters*, M. *Frédéric Guitel* avait plusieurs fois remarqué des différences notables entre les individus de *Lepadogaster bimaculatus* qu'il capturait. Dans le but de savoir la cause déterminante de ces différences, il a examiné, pendant son dernier séjour au laboratoire de Roscoff, un assez grand nombre de ces animaux. Il a pu constater ainsi que tous les individus qu'il étudiait présentaient les caractères qui distinguent le *Lepadogaster bimaculatus* de toutes les autres espèces du même genre, mais que, parmi ces individus, il en avait de deux formes différentes, l'une

ayant la tête très large, les joues très saillantes, le museau obtus et les yeux petits, tandis que l'autre avait la tête étroite, les joues aplaties, le museau atténué et les yeux relativement gros.

ANATOMIE VÉGÉTALE. — Dans une note adressée au mois d'août dernier, M. *Ch. Degagny* a cherché à montrer que les matières chromatiques polaires, chez les *Spirogyra*, sont de provenance nucléaire, qu'elles se détachent du nucléole et que, mêlées aux matières colorantes du filament, elles sont refoulées vers les pôles du fuseau, dans des directions parallèles au grand axe de la cellule. Il avait basé la démonstration de sa thèse sur ce fait, que les matières chromatiques polaires rentrent dans le noyau. Aujourd'hui, il communique d'autres faits qui viennent confirmer les données de ses premières observations.

GÉOLOGIE. — Au commencement de ce mois, M. A. de Lapparent, repoussant l'explication que M. *Henri Lasne* avait donnée du phénomène des rideaux très développés dans la région picarde, attribuait sa formation au résultat de la culture (1).

M. Lasne rappelle les motifs qu'il a donnés dans son premier travail à l'Académie et dans le *Bulletin de la Société géologique de France*. Il entre dans de nouveaux détails à ce sujet et maintient l'opinion que les rideaux de Picardie doivent leur origine à l'affaissement des couches de craie suivant les diaclases préexistantes, affaissement dû aux dissolutions souterraines. Les travaux de culture auraient ensuite régularisé les arêtes et les talus.

THÉRAPEUTIQUE. — Se basant sur les principes de l'électrolyse et les lois de Faraday, sur le transport de la substance des conducteurs, M. V. Foveau de Courmelles a imaginé tout un système de médication et les appareils qu'ils comportent. Il a pu diminuer le volume des nodosités d'urate de soude des membres et diminuer la durée des coliques néphrétiques. Au moyen d'appareils qu'il doit présenter ultérieurement à l'Académie : électrodes chargées de médicaments, sondes les introduisant dans les cavités naturelles, trocarts pour certains organes, il complète l'action médicamenteuse par l'action des courants électriques continus ou interrompus. Les substances actives se décomposent, en comme elles sont de même nature à chaque pôle, elles se recombinent à l'intérieur du corps humain, agissant sur les organes interposés sur le trajet du courant.

HISTOIRE DES SCIENCES. — On sait que l'origine du nom du bronze a donné lieu à de nombreuses controverses. Or M. Berthelot, étudiant les textes extraits d'un manuscrit du xie siècle de notre ère et les rapprochant de deux passages de Pline l'Ancien, avait pensé que le mot bronze venait du nom de la ville de *Brundusium*, siège de certaines fabrications où cet alliage était, en effet, mis en œuvre (*œs Brundusium*). Mais il a trouvé récemment un texte plus ancien de trois siècles — il remonte au temps de Charlemagne — dont les indications sont plus décisives encore. Il s'agit d'un manuscrit découvert dans la Bibliothèque du Chapitre des chanoines de Lucques et reproduit par Muratori dans ses

(1) Voir la *Revue scientifique* du 15 novembre 1890, p. 635, col. 1.

Antiquitates Italicæ, où l'on trouve les mots de : « De composito *brundisii*, compositio *brundisii* », c'est-à-dire composition du bronze, répétés à plusieurs reprises.

M. Berthelot a trouvé aussi dans le même manuscrit le mot *vitriolum* avec le sens même de vitriol.

— Un mémoire de *M. J. Oppert* sur un annuaire astronomique chaldéen utilisé par Ptolémée annonce à l'Académie qu'une série d'observations lunaires et planétaires vient d'être découverte au Musée britannique, parmi les tablettes cunéiformes. Elles sont jusqu'ici les plus anciennes et les plus détaillées qu'on possède. L'époque en est assez récente; les phénomènes se rapportent à l'an 523 et 522 avant l'ère chrétienne ; mais les données sont tellement variées et tellement précises qu'elles peuvent contribuer à confirmer ou à corriger les calculs faits jusqu'à ce jour.

M. Oppert, après avoir discuté certaines dates d'éclipses indiquées dans ces observations, insiste sur l'importance capitale du texte cunéiforme, d'une part, pour la chronologie orientale, notamment pour les dates relatives à Cambyse, au Pseudo-Smerdis, à Darius I, à Xerxès et, d'autre part, pour la glorieuse confirmation des œuvres de Le Verrier, en ce sens que le calcul que le P. Epping vient de faire des données relatives aux planètes lui a permis de constater que les éléments donnés par le célèbre astronome français étaient conformes aux indications fournies par le texte cunéiforme.

ÉLOGE ACADÉMIQUE. — *M. H. Léauté* donne lecture d'une notice sur la vie et les travaux de *Ed. Phillips*, le savant décédé le 14 décembre 1889 et auquel il a succédé à l'Académie, dans la section de mécanique, au mois d'avril dernier.

CANDIDATURE. — *M. Ed. Jannettaz* prie l'Académie de vouloir bien le comprendre parmi les candidats à la place laissée vacante, dans la section de minéralogie, par le décès de *M. Edm. Hébert*.

E. RIVIÈRE.

INFORMATIONS

C'est lundi prochain, 1er décembre, que se tiendra la réunion annuelle de la Société royale de Londres. La médaille Copley sera donnée à M. Simon Newcomb pour ses travaux astronomiques ; la médaille Rumford à M. Henri Hertz pour ses recherches électro-magnétiques ; une médaille royale à M. David Ferrier pour ses recherches de physiologie cérébrale ; l'autre à M. J. Hopkinson pour ses travaux en électricité et magnétisme ; la médaille Davy à M. Émile Fischer pour ses travaux en chimie organique ; la médaille Darwin enfin, décernée pour la première fois, sera attribuée à M. A.-R. Wallace, l'émule et l'ami du célèbre naturaliste.

M. T.-A. Chapman publie en ce moment dans l'*Entomologist's Record* un travail complet sur le genre *Acronycta* et les genres voisins. Ce petit recueil continue à renfermer beaucoup de documents intéressants.

À l'occasion du quatrième centenaire de la découverte de l'Amérique, un groupe d'Américains propose qu'il soit fondé

deux prix de 15 000 francs chacun, destinés à récompenser les deux meilleurs travaux d'ensemble sur l'histoire des lettres et des sciences en Amérique durant les quatre derniers siècles.

Nous apprenons, par le troisième numéro de l'*Université de Montpellier*, qu'un don important vient d'être fait au Laboratoire de zoologie, à la station de Cette, fondée par M. A. Sabatier. Il s'agit d'une belle collection de coquilles du Pacifique, rapportée par M. l'abbé Cuilleret, aumônier de la marine, et dont la valeur est de 10 000 ou 15 000 francs. Nous signalons avec plaisir cet acte de générosité : fréquents en Angleterre et aux États-Unis, ses pareils sont trop rares chez nous. Ajoutons que l'occasion se présente aux esprits charitables de suivre l'exemple de M. l'abbé Cuilleret : M. Sabatier n'a pas de vitrines pour loger cette précieuse collection, et fait appel au bon cœur et à la bourse des amis de Montpellier et des sciences naturelles.

Le même numéro de l'*Université de Montpellier* renferme des notes intéressantes de M. Flahault sur sa récente mission en Scandinavie sur ses efforts destinés à nouer des relations entre Montpellier et les Universités du Nord, sur le bon accueil qui leur a été fait à Upsal, à Copenhague, etc. ; il annonce encore le prochain achèvement des travaux de construction de l'Hôtel des étudiants. A en juger par la description faite, MM. les étudiants seront fort bien installés et jouiront d'avantages que ne possèdent leurs collègues d'aucune Université française.

Nature du 20 novembre renferme un intéressant travail sur la valeur des caractères qui, chez les champignons, sont susceptibles d'exercer quelque attraction sur les insectes, mollusques terrestres et autres animaux.

CORRESPONDANCE ET CHRONIQUE

L'expansion du « Pieris rapæ » aux États-Unis.

Chacun sait avec quelle rapidité des espèces, animales ou végétales, d'origine étrangère, importées dans un habitat nouveau, s'y multiplient parfois ; ici, avec un avantage marqué pour l'homme, ailleurs, en lui causant des dommages que rien ne lui pouvait faire prévoir, étant donné ce qu'il savait du rôle joué par l'espèce en question, considérée dans son habitat normal. A vrai dire, les faits actuellement connus — et il s'en joindra d'autres avec le temps, maintenant que l'attention est plus spécialement portée sur les questions de ce genre — montrent que l'introduction, naturelle ou artificielle, d'une espèce quelconque dans un habitat nouveau y détermine des résultats aussi malaisés à prévoir que ceux que déterminerait l'introduction d'un élément chimique dans un mélange d'éléments ou de composés dont on ne connaîtrait qu'une partie ; dans les deux cas, il se produit le plus souvent certaines réactions imprévues, dues précisément au contact de l'élément connu avec les parties inconnues, indéterminées, du milieu. L'étude de ces faits est d'un puissant intérêt pour la biologie, et nous ne voudrions point manquer de les signaler à nos lecteurs. L'exemple dont nous voulons parler nous est fourni par M. S.-H. Scudder, l'éminent auteur des *Butterflies of New England* que nous avons analysés ici même il y a peu de temps. M. Scudder nous retrace d'une façon très intéressante l'histoire de l'expansion du papillon de chou aux États-Unis, dans un mémoire lu à la Société d'histoire naturelle de Boston, sous le titre de : *the Introduction and Spread of Pieris rapæ in North America, 1860-1886*. Cette histoire s'est point encore achevée, en ce sens que l'expansion de cet insecte n'est vraisemblablement point encore arrêtée, et que de nouveaux territoires seront tôt ou tard envahis par lui, dans la région du globe considérée par M. Scudder; mais elle mérite dès maintenant d'être relatée dans la mesure où elle est connue. Et d'ailleurs mieux valait commencer dès maintenant cette étude : les souvenirs des témoins sont plus frais et plus nets. C'est, en effet, en s'adressant aux souvenirs de ceux qui ont pu observer les phénomènes que M. Scudder a pu réunir les documents sur lesquels il s'appuie, et ceux-ci consistent surtout en réponses à une circulaire qu'il envoya, il y a deux ou trois ans, à nombre de personnes capables de le renseigner. Il reçut plus de deux cents réponses qui, avec les résultats de ses recherches personnelles, lui fournirent des bases sérieuses.

C'est en 1860 que *Pieris rapæ* semble avoir été observé pour la première fois dans l'Amérique du Nord : un entomologiste de Québec en captura quelques exemplaires, et le considéra comme une insecte très rare. En 1863, un autre collectionneur en prit quelques-uns; ne sachant quelle était cette espèce, tous deux s'adressèrent à un confrère qui leur dit que c'était le papillon de chou européen, et ils publièrent leur observation en 1864. Tout semble donc indiquer que l'insecte fit son apparition en 1860. Il se propagea rapidement et s'observa bientôt sur un large territoire. En 1868, un second foyer semble avoir été constitué aux environs de New-York. Peut-être, selon les récits ayant cours, un entomologiste de cette ville avait-il reçu des chrysalides vivantes d'où naquirent des papillons qui s'échappèrent dans la campagne; toujours est-il que, dans cette région, le papillon fit tout à coup son apparition et se propagea rapidement aux alentours, occupant chaque année une surface plus étendue. En 1873, un troisième foyer se constitua à Charleston, on ne sait comment, et, en 1874, un quatrième se forma dans la Floride, toujours au bord de la mer. Il est intéressant, en effet, de remarquer que c'est au voisinage de la mer que l'insecte a d'abord été remarqué, et, selon toute vraisemblance, il y a eu, dans les quatre cas, importation opérée, involontairement selon les probabilités, sauf dans un cas, par les navires de commerce. Nous ne pouvons relater les progrès observés d'année en année dans la dissémination de l'insecte : il y faudrait, pour bien faire comprendre les faits au lecteur, la carte que M. Scudder a publiée dans son mémoire et sur laquelle il a indiqué l'expansion du *Pieris rapæ* au moyen de lignes indiquant les limites d'habitat observées d'année en année. Il nous suffit de dire que cette expansion s'est rapidement opérée vers le sud d'abord et principalement, puis dans l'ouest, si bien qu'en 1881, quinze ans après la première apparition de l'insecte, la moitié orientale des États-Unis était envahie, avec la partie sud-est du Canada. A mesure que le *Pieris rapæ* s'est étendu, les espèces indigènes *P. oleracea* et *Pontea protodice* ont été exterminées. Il est à noter encore que c'est toujours dans la deuxième année de son introduction naturelle dans une localité que l'insecte commet le plus de dégâts; dès la troisième année, ses parasites et ennemis devenus plus nombreux (ayant prospéré grâce à son abondance) en diminuent sensiblement la proportion. On trouve, sur la côte occidentale des États-Unis, deux espèces voisines du *Pieris rapæ*, qui sont les *P. oleracea* et *venosa*, dont on a décrit de nombreuses variétés; elles y sont indigènes, ou du moins on les y connaît depuis longtemps, et certains auteurs semblent même admettre que ce sont des *Pieris rapæ*. Nous ne saurions entrer ici dans la discussion de ce point. En tout cas, il est certain que le *Pieris rapæ* s'est étendu dans les États-Unis orientaux, de la mer vers l'intérieur, de l'Atlantique vers les montagnes Ro-

cheuses, et non du Pacifique vers les montagnes Rocheuses et l'Atlantique. Pourquoi les *Pieris* du Pacifique ne se sont-ils pas étendus vers l'Atlantique, on ne sait. Mais il sera intéressant de voir si le *Pieris rapæ* sera arrêté par les montagnes Rocheuses, ou si, les franchissant, il exterminera à leur tour les *Pieris* indigènes de la côte occidentale. L'avenir nous renseignera à cet égard : peut-être apprendrons-nous les causes ou plutôt les moyens de cette extermination. De toute façon, l'histoire de l'expansion du *Pieris rapæ*, telle que nous la rapporte M. Scudder, est très intéressante, et il est à souhaiter que les entomologistes — M. Scudder en tête — continuent à recueillir les documents qui permettront de compléter l'œuvre commencée.

V.

Comment la terre devient tétanigène.

La question de l'origine du tétanos continue à être l'objet de travaux nombreux qui semblent devoir confirmer définitivement l'étiologie si magistralement esquissée par M. Verneuil, il y a quelques années déjà.

A propos de ces travaux, dont il a été l'initiateur, M. Verneuil vient d'exposer à nouveau, dans un article de la *Gazette hebdomadaire de médecine et de chirurgie*, avec la conviction chaleureuse et lumineuse qui le caractérise, comment il entend le rôle de la terre comme agent de transmission du tétanos.

Rappelant qu'il a établi péremptoirement, par voie médiate ou immédiate, que l'homme prend le tétanos : 1° de son semblable (*origine inter-humaine*); 2° des animaux et presque exclusivement du cheval (*origine équine*); 3° de la terre et de ses produits (*origine tellurique*), l'auteur constate que c'est la provenance équine seule qui, malgré l'évidence absolue et éclatante de certains faits, a eu le privilège de soulever l'opposition violente et presque unanime des cliniciens, des vétérinaires et même des expérimentateurs. La provenance humaine est en effet reconnue par tous les chirurgiens, et la provenance tellurique, basée sur les expériences nombreuses et décisives, a été acceptée d'emblée et sans conteste.

Il reste donc, pour trancher la question d'une manière décisive, à trouver de nouveaux faits qui montrent bien que, si la terre est tétanigène, c'est qu'elle a subi le contact de chevaux malades, tétanifères.

Or, ces faits ne sont pas rares, et M. Verneuil en rapporte encore quelques-uns, qui sont absolument démonstratifs, et dans lesquels on a pu établir le séjour antérieur de chevaux tétaniques en des points où des blessés, qui devaient mourir de tétanos, avaient eu leurs plaies, en contact avec le sol, plus ou moins souillées de terre.

Ainsi, il paraît maintenant bien démontré que la terre devient tétanigène du fait de son contact avec des chevaux malades; et la constatation du bacille du tétanos, maintes fois faite, depuis les recherches de Nicolaïer, dans les terres incriminées comme dans les plaies des tétaniques, ne laisse aucun doute sur la nature de cette étiologie.

Mais il y a plus, et il semble que le cheval même sain puisse contribuer à rendre le sol tétanigène, selon la formule très large donnée tout d'abord par M. Verneuil. On a objecté, on le sait, que, ne pouvant donner ni à un sol ni à un pas, un cheval ne peut communiquer ni au sol, ni à son semblable, ni à son maître, les germes d'une maladie dont il n'est pas atteint lui-même; or, non seulement cette objection dénote une ignorance absolue ou un oubli regrettable des conditions de la contagion médiate, mais elle est en outre réduite à néant par des expériences récentes dont MM. Sanchez Toledo et A. Veillon viennent de communiquer le résultat à la *Société de biologie*. Ces dernières expériences établissent en effet d'une manière positive la présence du bacille du tétanos, doué de toute sa virulence, dans les excréments, non seulement du cheval *sain*, mais encore du bœuf *sain*.

Il y a quelque temps déjà que M. Rietsch trouvait le microbe du tétanos dans le foin, et cette observation a été confirmée par MM. Sormani et Chicoli Nicola. Il n'est donc pas étonnant que le cheval et la vache, qui ingèrent des aliments (foin, paille, herbages) susceptibles d'être plus ou moins souillés par la terre, puissent absorber ainsi des spores du bacille du tétanos. Or, ces spores, comme celles du vibrion septique, résistent à l'action des sucs digestifs; aussi se retrouvent-elles dans les excréments avec toute leur virulence : les animaux les rendent ainsi à la terre en les disséminant, sans être malades eux-mêmes.

Le rôle du cheval, considéré comme animal tétanifère, est donc double, puisque, dangereux surtout quand il est atteint de tétanos, il l'est encore, à l'état de santé, comme agent de dissémination d'un microbe pathogène. En tout cas, ce double mécanisme de contamination du sol explique largement comment, du fait du cheval, selon la formule de M. Verneuil, la terre devient tétanigène.

H.

Le passage des rapides du haut Mékong.

Dans d'intéressantes notes sur un voyage au Laos, publiées par M. le capitaine de frégate Heurtel dans la *Revue maritime et coloniale* (octobre 1890), nous trouvons le curieux récit du passage des rapides de Préa-Patang — considérés jusqu'à ce jour comme abordables seulement par de petits bâtiments spéciaux dont le type était encore à créer — par l'aviso de guerre, l'*Alouette*, d'un tirant d'eau de 2^m,25 à l'avant et 2^m,42 à l'arrière, de 50 mètres de longueur, bateau très ordinaire et pas gouvernant.

« ... Nous appareillons, ayant le cap sur le milieu de la passe, le premier récif du barrage par le travers. Je n'avais rien changé à l'allure habituelle de la machine; elle donnait trente tours, ce qui nous faisait marcher 8 nœuds 5. Si cela ne suffisait pas pour doubler le courant, j'étais décidé, ne voulant pas commettre la moindre imprudence, à ne pas lui demander davantage; je me serais résigné, quoi qu'il m'en coûtât, à me laisser culer en conservant assez de vitesse pour gouverner... Heureusement, je n'eus pas à prendre ce parti : l'*Alouette* se comporta vaillamment. A son entrée dans le tourbillon, elle donna quelques forts coups de roulis, mais elle ne broncha pas de la route, comme elle l'avait fait la veille dans les tourbillons de Prasco : les hommes de barre ne s'étaient pas laissé surprendre. L'eau bouillonnait, se brisait avec bruit sur la coque, à droite et à gauche elle se glissait écumante entre les buissons accrochés aux roches; il me semblait que nous remontions une pente... Nous marchions lentement... un demi-nœud à peine. Enfin, nous sortons des tourbillons, la route se fait large devant nous; le courant, tout en diminuant, reste très irrégulier, nous étalant presque, quand nous nous trouvions devant un passage entre deux îles. Après deux heures, nous avions le point sud de Ca-Pras par le travers; nous en avions fini avec les rapides! Le haut Mékong se montrait large, tranquille, magnifique, avec ses îles couvertes de splendides forêts! »

M. Heurtel pense que la navigation des rapides ne présentera aucune difficulté quand on la fera avec des bâtiments d'une quarantaine de mètres, pouvant filer au besoin 11 à 12 nœuds, ayant leur propulseur protégé et leur avant doublé, s'ils sont en fer, pour le défendre contre l'abordage des bois flottants que le fleuve charrie pendant ses crues.

Cette navigation spéciale aura ouvert le Laos au commerce européen. Le sentier, tracé il y a quatre ans par le commandant Réveillère avec le torpilleur 44, est aujourd'hui une route large, droite, sûre pendant les hautes eaux, et, qu'après l'*Alouette*, le *Cantonnais*, des Messageries fluviales, a pu suivre pour pousser une reconnaissance jusqu'au pied même des cataractes de Khong.

Une enquête privée sur les conditions de l'habitation en France.

Les opérations prescrites par la loi du 8 août 1885 (art. 34) et du 8 juin 1887 ont fourni l'occasion d'une vaste enquête administrative sur l'état actuel de la propriété bâtie en France. On a, dans chaque commune, avec le concours des répartiteurs, déterminé le nombre, la consistance et la valeur des maisons et usines; on s'est rendu compte du rapport existant entre la valeur locative et la valeur vénale; on a classé les maisons selon qu'elles appartiennent ou non à ceux qui les occupent et selon qu'elles sont consacrées à l'habitation, au commerce, à l'industrie.

Le ministère des finances a commencé la publication des résultats de ce grand travail, et tous ceux qu'intéressent les questions économiques et sociales trouveront profit à les consulter.

Ils pourraient seulement regretter de ne trouver là que des données abstraites, chiffres, taux, proportions diverses, et le *Comité des travaux historiques et scientifiques* a pensé qu'il serait avantageux de compléter l'œuvre de l'Administration en demandant à ses correspondants, aux membres des Sociétés savantes et à toutes autres personnes qui voudraient s'y employer à cet effet, des renseignements d'une nature plus concrète sur les conditions de l'habitation dans les diverses parties de la France.

Au premier abord, la question pourrait effrayer par son ampleur : mais, tel que le Comité le conçoit, il n'imposera que peu d'efforts à ceux qui connaissent bien un coin quelconque de notre pays et qui savent observer.

Dans presque toutes les régions, il existe, à l'usage des paysans, propriétaires ou non, des centaines, des milliers de maisons à peu près semblables, et c'est cette maison-type, c'est cette unité caractéristique dont il s'agit de dégager et de définir les éléments.

Le questionnaire ci-contre énumère les principales données du problème, et il sera bon de le prendre pour guide; on peut, à la rigueur, n'en retenir qu'une partie; d'autre part, il n'est nullement limitatif, et tous les renseignements complémentaires dont on pourra l'enrichir seront les bienvenus.

« I. Faire connaître par son centre et, si on le peut, par ses limites, la région où domine la maison-type dont on va parler.

« II. Dire comment les maisons du type considéré sont habituellement situées au point de vue géographique, en même temps, les raisons topographiques, géologiques, hydrologiques, météorologiques... de l'état de choses constaté.

« III. Dire si, dans les communes de la région observée, les maisons tendent à se serrer les unes contre les autres ou si, au contraire, elles sont plus ou moins dispersées. Expliquer le fait.

« IV. Décrire la maison-type, extérieurement et intérieurement : forme, dimensions ordinaires, distribution, matériaux employés pour les diverses parties de la construction, coût... Rechercher les motifs du mode de construction adopté.

« *Tous plans, croquis, vues, photographies... propres à faciliter l'intelligence de la description demandée seraient reçus avec reconnaissance, lors même que l'exécution en serait imparfaite.*

« V. Étudier la maison-type au point de vue du nombre de ses habitants et du groupement plus ou moins complet des familles.

« VI. Dire si la maison est seulement utilisée comme habitation familiale ou si elle sert en même temps à d'autres usages (ateliers? étables? granges?...).

« VII. Indiquer les dépendances ordinaires de la maison-type, soit comme constructions annexes, soit comme cours, jardins, prés, vignes.

« VIII. Dire ce que l'habitation-type, considérée dans son ensemble, coûte ou rapporte.

« IX. Apprécier les conditions du type de la maison précédemment décrite au point de vue de l'hygiène physique et morale. »

Les réponses devraient être adressées le plus tôt possible et, en tout cas, avant la fin de l'année, au ministère de l'instruction publique (*Comité des travaux historiques et scientifiques*).

— **Le prix d'un pavé de Paris.** — Voici la comparaison du prix d'un pavé en pierre et d'un pavé en bois à Paris, d'après l'*Intermédiaire des chercheurs et des curieux* :

Pavage en pierre. — Les pavés le plus souvent employés à Paris sont les grès de l'Yvette et similaires, taillés en cubes de

$$0^m,11 - 0^m,20$$
$$0^m,16.$$

Le prix moyen d'établissement d'un mètre carré de pavage en pierre avec des pavés de cette nature et de cette dimension est de 17 fr. 66, comprenant la fourniture et la manutention dans les dépôts (13 fr. 65), le transport des pavés du dépôt à l'atelier (0 fr. 45), les déblais pour fouille, chargement et transport aux décharges publiques (1 fr. 20), le sable de berge pour forme et couverture (1 fr. 13), enfin la main-d'œuvre de pavage (0 fr. 56). Il convient d'ajouter à ce prix 5,45 pour 100, représentant la moyenne des frais généraux de direction et de surveillance des ingénieurs, conducteurs et piqueurs, ce qui élève le prix du mètre carré à 18 fr. 62.

Le nombre de ces pavés étant, par mètre carré, de 30, le prix moyen d'un pavé ressort donc à 0 fr. 62, tout compris, quand le pavage est fait sur forme de sable.

Lorsque le pavage est fait sur forme de béton, la dépense par mètre carré étant augmentée d'environ 3 francs, le prix moyen du mètre est de 21 fr. 62, et le prix moyen d'un pavé ressort à 0 fr. 72, tout compris.

Pavage en bois. — Le prix du mètre carré de pavage en bois est en moyenne de 21 fr. 05, comprenant : fourniture de madriers, préparation des pavés et transports, démontage de l'ancienne chaussée, fondation de béton de ciment de Portland de $0^m,15$ d'épaisseur, main-d'œuvre de mise en place des pavés et fourniture de ciment pour coulage des joints. En ajoutant à cette somme les 5,45 pour 100 de frais généraux, le prix moyen du mètre carré s'élève à 22 fr. 20 (exactement 22 fr. 197 mill.), ce qui, à raison de 50 pavés par mètre, fait ressortir le prix moyen de chaque pavé à près de 44 centimes et demi, tout compris.

— **La production séricicole en 1890.** — L'enquête séricicole entreprise par le ministère de l'agriculture a donné les résultats suivants comparés avec ceux des années précédentes :

	1890.	1889.	1888.	1887.
Nombre de sériciculteurs.	142 556	141 101	142 711	136 338
Quantités de graines de diverses races mises en incubation (en onces de 25 grammes).	253 915	254 165	275 224	257 706
Production totale en cocons frais obtenue de ces graines.	7 799 423	7 409 830	9 549 906	8 575 673
Rendement moyen en cocons frais d'une once (de 25 grammes) de graines (en kilogrammes) . . .	30 716	29 153	34 698	33 277

— **Faculté des sciences de Paris.** — Le samedi 29 novembre 1890, M. Bouveault soutiendra, pour obtenir le grade de docteur ès sciences physiques, une thèse ayant pour sujet : *Sur les nitriles β cétoniques et leurs dérivés.*

INVENTIONS

Lampes incandescentes à fil de silicium. — On annonce l'apparition d'une nouvelle lampe à incandescence, qui, si les prévisions se vérifient, pourrait marquer le début d'une nouvelle étape dans le perfectionnement de ces appareils : le filament de cette lampe est constitué par du silicium.

Toutes les lampes modernes sont formées d'une âme en charbon provenant de la calcination d'une fibre végétale sur laquelle on obtient un dépôt de carbone dur et brillant par la décomposition d'un hydrocarbure. Dans la lampe Langhaus, l'âme est constituée par une fibre végétale tréflée, puis parcheminée et imprégnée de sels à base terreuse. Après calcination, cette fibre est placée en vase clos. On fait le vide, on introduit un composé de silicium en vapeur, et on lance le courant dans la fibre, qui se recouvre graduellement d'un dépôt de silicium. Il ne reste plus qu'à monter cette fibre comme à l'ordinaire.

On attribue des propriétés assez remarquables à ces lampes : elles n'exigeraient pas un vide aussi parfait, à beaucoup près, que les lampes à filament de carbone; il suffirait, dit-on, d'abaisser la pression à 1 millimètre de mercure, pression à laquelle le fil de carbone est détruit en quelques instants. De plus, suivant l'inventeur, l'inoxydabilité du silicium serait beaucoup plus grande. Enfin la conductibilité du silicium serait tout à fait comparable à celle du charbon.

Les résultats d'essai donnent une consommation de 2,75 watts par bougie pour des lampes ainsi construites.

Suivant le *Bulletin de la Société internationale des électriciens*, l'expérience prouvera en dernier ressort la valeur de cette lampe.

— **Renforçateur téléphonique.** — Pour renforcer la puissance des vibrations téléphoniques, M. Oscar Pœhlmann, de Nuremberg, intercale un relais microphonique dans le circuit du téléphone : le disque de ce relais porte d'un côté un léger contact en regard d'un électro-aimant, et de l'autre un microphone. Par suite des ondulations du courant, l'électro-aimant fait vibrer le disque, et il en résulte que le microphone entre en mouvement.

Le relais doit être placé dans un espace vide ou dans lequel l'air ait été raréfié; la suppression de l'air diminue la résistance que le disque doit vaincre, ses vibrations sont amplifiées, et les ondulations du courant sont renforcées.

Cet appareil serait avantageusement employé dans les transmissions à longue distance.

— **Transmission Evans.** — La commande des machines dynamo-électriques par friction serait très employée si elle ne présentait des inconvénients assez graves. La difficulté de régler la pression au strict nécessaire, les usures de paliers et les déformations d'arbres qui peuvent résulter d'un défaut de serrage font que ce mode de transmission n'est employé qu'exceptionnellement.

Il semble que toute difficulté vienne d'être levée par l'invention de la transmission Evans, qui a, de plus, le mérite d'une extrême simplicité. Dans cette transmission, l'une des poulies reçoit sur sa périphérie une courroie sans fin dont la longueur est supérieure de quelques centimètres à la circonférence de la gorge de cette poulie. C'est sur l'autre face de cette courroie que vient porter la jante de l'autre poulie. La transmission se fait donc par l'intermédiaire de la courroie folle; mais ce qui donne à cet appareil son originalité et ses avantages, c'est qu'il n'y a pas besoin d'exercer la moindre pression sur cette courroie. Il faut encore qu'elle puisse être déplacée à la main entre les poulies, lorsque celles-ci sont en marche normalement. Il n'y a donc aucune pression exercée sur les fusées des arbres.

Il est difficile d'expliquer ce qui se passe dans cette transmission, où la raideur de la courroie joue certainement un rôle, mais il paraît que le succès en est complet.

Ajoutons que la poulie qui attaque la courroie doit être pourvue de joues, afin de guider cette courroie à son passage au contact des jantes.

BIBLIOGRAPHIE

Sommaires des principaux recueils de mémoires originaux.

Archives des sciences physiques et naturelles (t. XXIV, n° 8, août 1890). — D. Colladon : Sur une trombe d'eau ascendante; phénomènes très remarquables qu'elle présente. — A. Jaccard : L'origine de l'asphalte, du bitume et du pétrole. — Paul Juillard : Recherches sur les huiles pour rouge turc. — Mlle Catherine Schipiloff : Recherches sur l'influence de la sensibilité générale sur quelques fonctions de l'organisme. — Félix Lecomte : Étude expérimentale sur le mouvement curieux des ovoïdes et des ellipsoïdes. — Otto Wiener : Ondes stationnaires lumineuses et direction de la vibration de la lumière polarisée. — H. Rubens et R. Ritter : De l'action que les réseaux de fils conducteurs exercent sur les ondulations électriques.

— Archives de médecine et de pharmacie militaires (sept. 1890). Jeunhomme : Essais de topographie médicale, d'après les documents du Comité technique de santé; la Charente-Inférieure. — Loison : Contribution clinique et expérimentale à l'étude des lusions isolées de l'extrémité supérieure du cubitus. — Girard : Des altérations du coton hydrophile. — Longuet : L'état sanitaire de l'armée allemande. — Rioblanc : Traitement chirurgical des péritonites.

— Annales d'hygiène publique et de médecine légale (sept. 1890). — *Charrin :* Mesures prises contre le choléra à Cerbères et à la partie orientale de la frontière d'Espagne. — *Netter :* Mesures prises contre le choléra à Hendaye et à la partie occidentale de la frontière d'Espagne. — *Dujardin-Beaumetz :* Mesures à prendre en cas d'épidémie cholérique. — *Dumesnil :* Les étuves à désinfection dans les refuges de nuit, à Paris. — *A. Olivier :* Mesures d'hygiène à prendre dans les habitations contre la propagation de la tuberculose. — *Laboulbène :* Moyen de reconnaître les cysticerques du *Tænia saginata* produisant la ladrerie du veau et du bœuf, et malgré leur rapide disparition à l'air atmosphérique. — *Proal :* Les statistiques criminelles et le libre arbitre. — *Carles :* Chocolat et poudre de cacao.

— Archives de médecine navale et coloniale (août 1890). — *Canolle :* Contribution à la pathologie de Nossi-Bé (Madagascar). — *Lalande :* L'opium des fumeurs; sa préparation, l'analyse chimique appliquée au contrôle des échantillons.

— Revue française de l'étranger et des colonies (1er sept. 1890). — *Cochard :* Paris, Boukara, Samarcande. — *Guérin :* La France à Jérusalem. — La convention anglo-portugaise du 20 août 1890. — Le pays des Ngami. — *Peros :* Le Soudan est-il exploitable? — *P. Barré :* Les seize traversées de l'Afrique. — *Dupont :* La question de Terre-Neuve; l'appât.

— Archives de neurologie (t. XX, n° 59, septembre 1890). — *Guinon :* Sur une complication de la sciatique. — *Grasset :* Leçons sur un cas de maladie et un cas de tremblement singulier de la tête et des membres gauches. — *Boulloche :* Des paralysies consécutives à l'empoisonnement par la vapeur du charbon. — *P. Sérieux :* Choc nerveux local et hystéro-traumatisme.

— Archives de l'anthropologie criminelle et des sciences pénales (t. V, 15 sept. 1890). — L'anthropologie judiciaire à Paris, en 1889. *Bernardino Alimena :* La législation comparée dans ses rapports avec l'anthropologie, l'ethnographie et l'histoire. — *Julien Chevalier :* Double plaie pénétrante de la poitrine avec perforation double du poumon et du cœur produite par un coup de feu unique.

— Revue des sciences naturelles appliquées (t. XXXVII, n° 18, 20 septembre 1890). — *P. Huet :* Note sur les naissances obtenues au Muséum d'histoire naturelle dans le courant de ces dernières années. — *H. Brésol :* Le procès des moineaux aux États-Unis. — *A. Berthoule :* Les lacs de l'Auvergne. — *Jean Vibouchevitch :* Les tamaris et leurs applications, leur valeur au point de vue du reboisement.

Publications nouvelles.

Traité pratique des vins, cidres, spiritueux et vinaigres, comprenant : les maladies du raisin; la vinification, le traitement des vins; la fabrication des vins de marcs et des vins de raisins secs; des cidres et poirés; des eaux-de-vie, des rhums, des kirschs, des liqueurs; des vinaigres; les altérations des liquides et des moyens d'y remédier; l'entretien et l'assainissement des futailles; la préparation des tartres et des verdets; l'analyse des vins, cidres, spiritueux et vinaigres; la législation des boissons, etc. Ouvrage publié sous la direction de *M. Paul Le Sourd*, avec la collaboration de MM. J Desclozeaux, *A.-M. Desmoulins*. Ed. Delle et H. Ferrand. — Un vol. in-8° de 620 pages, avec 48 figures; 2e édition; Paris, Masson; Montpellier, Coulet; Bordeaux, Féret, 1890.

— Manuel pratique de l'installation de la lumière électrique, par *M. J.-S. Anney*; installations privées. — Un vol. in-12 de la Bibliothèque des actualités industrielles, avec 135 figures; Paris, Tignol, 1890.

— Les Herborisations parisiennes, recherche, étude pratique et détermination facile des plantes qui croissent dans les environs de Paris, par *M. H. Baillon*. — Un vol. in-18 de 480 pages, avec 445 figures; Paris, Doin, 1890.

L'administrateur-gérant : Henry Ferrari.

May & Motteroz, Lib.-imp. réunies, Ét. B, 7, rue Saint-Benoît. [1143]

Bulletin météorologique du 17 au 23 novembre 1890.
(D'après le *Bulletin international du Bureau central météorologique de France*.)

DATES.	BAROMÈTRE à 1 heure du soir.	TEMPÉRATURE			VENT. FORCE de 0 à 9.	PLUIE. (Millimètres.)	ÉTAT DU CIEL à 1 heure du soir.	TEMPÉRATURES EXTRÊMES EN EUROPE	
		MOYENNE	MINIMA	MAXIMA				MINIMA.	MAXIMA.
☾ 17	768mm,16	8°,5	4°,7	12°,4	E.-N.-E. 1	0,0	Couvert, indistinct.	— 24° Arkangel; — 4° Haparanda; — 2° pic du Midi.	19° à San Fernando; 20° à Laghouat, Biskra, Alger.
♂ 18	770mm,40	10°,0	8°,0	19°,1	S. 1	0,4	Couvert.	— 34° Arkangel; — 19° Moscou; — 11° Haparanda	22° Croisette, San Fernando; 21° Funchal et Alger.
♀ 19 P. L.	770mm,57	10°,9	9°,0	14°,1	N.-E 1	1,0	Petites éclaircies.	— 25° Arkangel; — 24° Moscou; — 16° Haparanda.	23° au cap Béarn; 21° Alger; 21° Funchal, San Fernando.
☿ 20	771mm,15	10°,9	9°,4	19°,5	W.-N.-W.3	0,2	Cumulo-stratus W. 1/4 N.; quelques.	17° cap Béarn; 21° la Calle, Funchal; 20° San Fernando.
☉ 21	766mm,11	9°,0	8°,7	9°,4	W.-S.-W.0	0,0	Brume; cumulus bas au S.-W.	— 25° Moscou; — 20° Arkangel; — 19° Charkow.	20° cap Béarn; 20° Funchal; 21° Perpignan.
♄ 22	764mm,31	8°,6	6°,1	11°,5	W. 2	1,7	Cirrus N. 1/4 W.; nuages moy. N.W.1/4N.	— 24° Arkangel; — 21° Moscou; — 13° Charkow.	24° au cap Béarn; 21° Funchal, San Fernando.
☉ 23	759mm,86	11°,2	7°,0	14°,7	W.-S.-W.4	0,0	Cumulus infér. à l'W. atmosphère très claire.	— 25° Arkangel; — 19° Uléaborg; — 16° Pétersbourg.	23° Marseille; 21° Funchal, San Fernando; 19° Nemours.
MOYENNE.	766mm,14	10°,0	7°,56	12°,40	TOTAL ...	3,3			

Remarques. — La température moyenne est bien supérieure à la normale corrigée 4°,8 de cette période; on note cependant de très grands froids dans quelques stations russes. Il y a eu 44mm de pluie à Constantinople, le 19. Le 22, 29mm à Utrecht, 22 à Hernosand et Oxo. Le 23, tempête violente d'est, avec neige, sur la Baltique; neige en Finlande; 24mm à Yarmouth, 25 à Shields, 41 à Munster, 36 à Prague, 21 à Buda-Pesth, 28 au Helder, 49 à Utrecht, 20 à Wisby.

Chronique astronomique. — Mercure et Vénus, très voisins du Soleil, sont à peu près inobservables, surtout à l'œil nu. Le 30, Mars passe au méridien à 4h 45m, Jupiter à 4h 6m, éclairant le commencement de la nuit. Saturne, qui atteint son point culminant à 6h 37m, est, au contraire, une belle étoile du matin. — Le 3 décembre, Vénus sera en conjonction inférieure avec le Soleil. Le 4, Saturne et la Lune auront même longitude. Le 5, Vénus passant par nœud ascendant à sa latitude héliocentrique, qui était australe, devient boréale. La Lune, pleine le 26 novembre, sera à son dernier quartier le 11 décembre.

L. B.

REVUE
SCIENTIFIQUE
(REVUE ROSE)

Directeur : M. Charles Richet

| NUMÉRO 23 | TOME XLVI | 6 DÉCEMBRE 1890 |

BIOLOGIE

Le principe de Lamarck
et l'hérédité des modifications somatiques (1).

> « Rejeter l'influence que l'usage ou l'inu-
> tilité d'une partie peut avoir sur l'individu
> ou sur sa descendance, c'est regarder un
> objet avec un seul œil. »
>
> William Turner.

Nous avons, dans nos leçons de l'an dernier, divisé les facteurs de l'évolution des êtres organisés en deux grandes catégories : 1° les facteurs primaires; 2° les facteurs secondaires.

Les facteurs primaires sont ceux qui agissent directement sur les individus d'une génération déterminée ou indirectement sur les individus de la génération suivante par suite d'une modification des éléments reproducteurs. Tels sont la lumière, la température, le climat d'une façon générale, la nourriture, la nature des eaux pour les êtres aquatiques, les migrations, etc. Telles encore les réactions éthologiques des animaux ou des végétaux contre le milieu inorganique et contre le milieu vivant, ce que Lamarck appelait les besoins et les habitudes, ce que Darwin a nommé la lutte pour la vie et la concurrence sexuelle, les migrations, etc.

Nous avons vu que l'action des seuls facteurs primaires et de l'hérédité pouvait donner naissance à de

(1) Leçon d'ouverture du cours d'évolution des êtres organisés (fondation de la ville de Paris), par M. Alfred Giard.

27ᵉ année. — Tome XLVI.

nouvelles races et par suite à de nouvelles espèces en vertu de la loi de Delbœuf. Il suffit pour cela que ces facteurs agissent d'une façon constante ou simplement périodique et que les modifications produites ne soient pas désavantageuses aux êtres modifiés, car, dans ce dernier cas, la sélection naturelle interviendrait et produirait une élimination rapide des moins favorisés. Mais le plus souvent les facteurs primaires sont puissamment secondés par les facteurs secondaires du transformisme. Ceux-ci ont pour rôle de conserver et d'augmenter rapidement les résultats produits par les facteurs primaires et de déterminer l'accommodation à un milieu déterminé des formes dont la variabilité a été mise en jeu. Quand, chez des êtres absolument différenciés, c'est-à-dire dont toutes les parties sont spécialement adaptées par un déterminisme rigoureux à des conditions définies d'existence, un facteur primaire vient à modifier l'une de ces conditions, l'être disparaît fatalement, toute restauration de l'équilibre biologique étant désormais impossible. Ainsi s'explique la disparition dans les temps anciens des formes hautement différenciées (trilobites, ammonites, etc.), par suite de changements en apparence peu importants dans l'état des milieux. Ainsi, comprenons-nous également que des modifications éthologiques bien minimes amèneraient promptement l'anéantissement de types aussi spécialisés que les péripates, l'ornithorynque, etc. Mais chez les êtres qui jouissent encore d'une certaine plasticité, chez les organismes qui disposent encore d'un certain nombre d'éléments dont la valeur n'est pas fixée d'une façon définitive, l'action des facteurs primaires amène seulement une rupture momentanée de l'équilibre éthologique et comme consé-

23 S.

quence des variations plus ou moins étendues. Alors interviennent les facteurs secondaires pour éliminer certaines de ces variations, pour fixer les autres et réaliser ainsi au point de vue dynamique de nouveaux états d'équilibre, au point de vue morphologique de nouvelles espèces.

C'est de cette façon qu'agissent la sélection naturelle, la sélection sexuelle, la ségrégation et les autres facteurs secondaires dont nous aurons à nous occuper dans le cours de cette année.

L'étude des facteurs primaires de l'évolution constitue ce que l'on appelle parfois le *lamarckisme*. Lamarck, en effet, croyait pouvoir expliquer la production de toutes les formes des êtres organisés par le jeu des facteurs primaires auxquels il adjoignait seulement l'hérédité.

Darwin, au contraire, tout en ne niant pas le rôle joué par les facteurs primaires dans la production des espèces organiques, s'efforça de montrer que la part la plus importante devait être attribuée à la sélection naturelle et à un petit nombre d'autres facteurs secondaires. De là le nom de *darwinisme* donné à l'étude de ces facteurs par beaucoup de biologistes.

On a voulu, dans ces dernières années, opposer le darwinisme au lamarckisme, ou, tout au moins, on a attribué tantôt à l'une, tantôt à l'autre de ces doctrines une valeur presque exclusive. Bien que nous nous soyons élevé plusieurs fois déjà contre ces exagérations trop souvent inspirées par un déplorable chauvinisme, le débat a pris dans ces derniers temps une telle importance qu'il n'est pas inutile d'en dire quelques mots en passant.

Parmi les disciples de Darwin, les uns, tels que Romanes, ont essayé de montrer que la sélection naturelle ne pouvait à elle seule expliquer toutes les particularités de l'évolution des êtres organisés, qu'à côté d'elle il y avait place pour d'autres agents de transformation, Sous le nom de *sélection physiologique*, Romanes a étudié en particulier un nouveau facteur secondaire dont nous aurons à discuter la valeur dans la suite de ces leçons; pas plus que Darwin, Romanes ne rejette d'ailleurs l'influence des facteurs primaires.

D'autres naturalistes, au contraire, plus darwinistes que Darwin, refusent d'admettre toute autre cause d'évolution que la sélection naturelle. Ils excommunient à la fois et Romanes et Delbœuf, et les partisans nouveaux des vues de Lamarck rajeunies et mises au courant de la science moderne. En tête de ces ultra-darwinistes, il faut citer Weismann qui, dans de nombreux mémoires, s'est efforcé de montrer que les explications de Lamarck pouvaient être remplacées par d'autres, tirées uniquement du mécanisme de la sélection. Les essais de Weismann, en partie traduits en anglais, ont été accueillis avec une vive faveur par la plupart des biologistes de la Grande-Bretagne et ont apporté une aide puissante à l'éminent Alfred Russel Wallace.

Celui-ci, en effet, après avoir partagé avec Darwin l'honneur de la découverte de la sélection naturelle, n'a jamais cessé d'attribuer à ce facteur un rôle tout à fait prépondérant dans la formation des espèces.

Le 20 septembre 1888, dans un discours prononcé devant l'Association des naturalistes allemands à Cologne, Weismann est allé jusqu'à dire : « Je crois pouvoir affirmer aujourd'hui que l'existence matérielle d'une transmission des caractères acquis ne peut être démontrée et qu'il n'existe pas de preuves directes de l'existence du principe de Lamarck. »

Or en quoi consiste ce principe de Lamarck? L'illustre biologiste a formulé deux lois fondamentales. Les voici sous la forme même qu'il leur a donnée :

1° Dans tout animal qui n'a point dépassé le terme de ses développements, l'emploi plus fréquent et soutenu d'un organe quelconque fortifie peu à peu cet organe, le développe, l'agrandit et lui donne une puissance proportionnée à la durée de cet emploi : tandis que le défaut constant d'usage de tel ou tel organe l'affaiblit insensiblement, le détériore, diminue progressivement ses facultés et finit par le faire disparaître.

C'est la loi de *réaction éthologique* ou *loi d'adaptation*.

2° Tout ce que la nature a fait acquérir ou perdre aux individus par l'influence des circonstances où leur race se trouve depuis longtemps exposée, et, par conséquent, par l'influence de l'emploi prédominant de tel organe ou par celle d'un défaut constant d'usage de telle partie, elle le conserve par la génération aux nouveaux individus qui en proviennent, et qui, par suite, se trouvent immédiatement mieux adaptés que leurs ancêtres, si les conditions d'existence n'ont pas changé.

C'est le *principe d'hérédité*, et c'est à cette loi que Weismann fait allusion lorsqu'il parle du principe de Lamarck.

Si ce principe de Lamarck est inexact et ne peut être démontré, on conçoit que le rôle des facteurs primaires est singulièrement amoindri. La transmission des caractères nettement déterminés par ces facteurs n'étant plus un fait scientifique, leur action se borne à mettre en branle d'une façon vague la variabilité des germes sans qu'il soit possible de montrer un nexus causal précis, un déterminisme rigoureux entre le facteur primaire agissant et la variation produite; la formation des espèces nouvelles devient quelque chose d'aussi mal défini au point de vue scientifique que l'hypothèse émise par certains naturalistes (H. Milne-Edwards, par exemple), de la filiation des espèces par transformation d'un germe dans l'organisme maternel sous l'influence d'une puissance extérieure, avec cette différence toutefois que les anti-lamarckiens admettent, au lieu d'une intelligence créatrice agissant d'après un plan préétabli, l'action régulatrice de la sélection naturelle qui, au milieu de variations innombrables, maintient seulement les mieux adaptées aux milieux ambiants.

Une première question s'impose donc à notre examen avant toute étude des facteurs secondaires : jusqu'à quel point devons-nous admettre les restrictions apportées par Weismann à l'importance des facteurs primaires, et avant tout que devons-nous penser de la négation absolue du principe de Lamarck?

Si nous suivons Weismann dans la critique très spécieuse qu'il a faite de ce principe, nous constatons d'abord qu'il restreint considérablement les limites dans lesquelles Lamarck appliquait la loi d'hérédité des modifications acquises :

« Nous n'avons à invoquer, dit Weismann, comme faits pouvant prouver directement l'existence d'une transmission de caractères acquis que les cas de lésion ou de mutilation : d'observation sur la transmission d'hypertrophie fonctionnelle ou d'atrophie, il n'y en a pas, et l'on ne peut guère espérer qu'on en trouve dans l'avenir; car c'est là un territoire à peine accessible à l'observation. »

Weismann affirme d'ailleurs que les organes rudimentaires par manque d'usage peuvent s'expliquer parfaitement sans l'intervention du principe de Lamarck (1).

Enfin il réduit ce qu'on appelle communément les caractères acquis à une catégorie très étroite de modifications, qui ne répondent nullement à ce que Lamarck entendait par la même expression.

En effet, parmi les modifications qui se produisent chez les êtres vivants, modifications souvent désignées d'une façon vague sous le nom de modifications acquises, Weismann distingue les modifications *somatogènes*, c'est-à-dire celles qui n'affectent que les éléments du corps (éléments somatiques), et les modifications *blastogènes*, c'est-à-dire celles qui atteignent les éléments reproducteurs.

Si, par exemple, un homme est amputé d'un doigt, sa tétradactylie sera une propriété *somatogène* (2) ; si, au contraire, un enfant naît avec six doigts, son *hexadactylie* proviendra d'un état spécial du germe, ce sera une particularité *blastogène*. Les choses étant ainsi définies, et en limitant les modifications somatogènes aux mutilations et aux traumatismes comme paraît le faire Weismann, il est certain que *la plupart* des modifications somatogènes ne seront pas transmises par l'hérédité.

« Il est évident, *a priori*, comme le fait justement re-

(1) La démonstration que Weismann a voulu donner de cette assertion ne me paraît pas satisfaisante. Je ne crois pas non plus justifiée l'assertion que le principe de Lamarck serait inapplicable à beaucoup d'instincts, et notamment aux instincts qui n'apparaissent qu'une fois dans la vie de l'animal : mais c'est là une discussion qui viendra plus à propos quand nous étudierons les lois de l'hérédité.

(2) Nous respectons la terminologie de Weismann, mais le mot *somatique* nous semblerait préférable.

marquer Duval (1), qu'une variation ne peut être transmise par hérédité que si elle a pour source une influence qui a agi sur l'organisme entier, de façon à y amener des transformations profondes, dont la variation en question est une manifestation locale. Et, en effet, que cette modification soit seulement la manifestation locale d'une tendance générale de l'organisme, cela est si vrai que la génération peut transmettre seulement cette tendance, laquelle se manifeste seulement plus tard dans des produits ultérieurs par la variation en question. C'est ce qui nous est présenté par les cas d'atavisme dans lesquels la variation saute par-dessus une génération.

« Mais un accident brusque, qui d'un coup enlève une partie de l'organisme, ne résulte pas d'une modification de l'organisme entier, et par suite, ne représentant aucune tendance générale, n'a aucune chance de constituer une mutilation héréditaire. Le jardinier, en modifiant lentement la plante ou l'arbuste par des conditions particulières de culture, fait naître des variations qu'il peut espérer de voir reproduites par générations; mais quand il a taillé capricieusement les branches d'un arbuste, il sait bien que ni par boutures, ni par semis, il ne fera de cet arbuste déformé par l'instrument tranchant provenir de nouveaux sujets qui pousseraient avec ces mêmes déformations. »

Aussi Weismann nous semble-t-il s'être donné beaucoup de peine pour un maigre résultat dans son discours *Sur l'hypothèse d'une transmission héréditaire des mutilations*. Dans un pareil sujet, chaque cas doit être étudié séparément, et si en coupant l'appendice caudal à cinq générations successives de souris blanches, Weismann n'a observé aucune modification chez les descendants de ces animaux, cela prouve uniquement que la section de la queue d'une souris n'entraîne aucune modification profonde de l'organisme de ces animaux.

De même, toute la discussion relative aux chats à queue courte de l'île de Man et du Japon nous paraît très habilement et très logiquement conduite, mais les conclusions qu'on en peut tirer ne dépassent pas en portée ce cas particulier : dans l'espèce féline, à l'état de domesticité tout au moins, l'existence d'une appendice caudal plus ou moins développé est d'une importance très secondaire, et la sélection artificielle de l'homme, guidée par le caprice ou le préjugé, peut avoir pour résultat de faire disparaître cet appendice dans des localités déterminées, notamment sur les îles.

Il est tout un ordre de faits que Weismann aurait pu invoquer à l'appui de sa manière de voir, mais qui ne fournissent pas un argument plus démonstratif contre l'hérédité des modifications somatogènes, si on donne à ce mot une signification plus large que celle de simples mutilations. Je veux parler des phénomènes

(1) M. Duval, *le Darwinisme*, p. 309.

si curieux de mutilation volontaire ou autotomie, dont j'ai signalé naguère la fréquence et la variété (1). D'innombrables générations de lézards ont volontairement brisé leur queue pour échapper à des ennemis divers, sans que jamais cet appendice ait cessé de réapparaître dans la descendance de ces animaux. Tout au plus peut-on dire que la sélection a rendu plus facile et plus fréquente cette mutilation chez certaines espèces de sauriens, comme chez certains échinodermes, certains mollusques, etc. L'organisme a acquis la propriété de perdre facilement telle ou telle de ses parties, et cependant cette partie, parfois inutile en apparence, ne manque pas de réapparaître à chaque génération nouvelle, parce que sa suppression ne produit aucun retentissement sur les autres organes.

Mais il n'en est pas toujours ainsi. Des mutilations, des traumatismes dont l'importance paraît insignifiante au premier abord, entraînent cependant des modifications somatogènes assez fréquemment héréditaires, parce qu'ils déterminent dans l'organisme affecté une action perturbatrice qui s'étend vraisemblablement jusqu'aux éléments reproducteurs.

Weismann ne fait même pas allusion aux cas de ce genre, dont un certain nombre ont été signalés il y a longtemps déjà par le professeur Brown-Séquard (2).

Voici les variétés principales d'hérédité d'effets de lésions accidentelles signalées par ce savant :

1° Épilepsie chez des descendants de cobayes, mâles ou femelles, chez lesquels on avait produit la même affection par une section du nerf sciatique ou de la moelle épinière ;

2° Un changement particulier de la forme de l'oreille et une occlusion partielle des paupières chez des descendants d'individus (cobayes) ayant eu les mêmes effets après la section du nerf grand sympathique cervical ;

3° De l'exophtalmie chez des descendants de cobayes ayant eu cette protrusion de l'œil après une lésion du bulbe rachidien ;

4° Des ecchymoses suivies de gangrène sèche avec d'autres altérations de nutrition de l'oreille sur des descendants d'individus chez lesquels on avait produit cette série d'effets par une lésion du corps restiforme ;

5° Absence de phalanges ou d'orteils entiers à l'une des pattes postérieures chez des descendants de cobayes ayant perdu ces orteils accidentellement à la suite de la section du nerf sciatique ;

6° État morbide du nerf sciatique chez des descendants d'individus chez lesquels ce nerf avait été coupé, et apparition successive des phénomènes décrits par

Brown-Séquard, comme caractérisant les périodes de développement et de décroissance de l'épilepsie, et en particulier l'apparition de la puissance épileptogène dans une partie de la peau de la tête et du cou, et de la chute des poils dans cette zone au moment où cette affection va s'annoncer ;

7° Atrophie musculaire de la cuisse et de la jambe chez des cobayes nés d'individus ayant eu de l'atrophie musculaire à la suite de la résection du nerf sciatique ;

8° Lésion d'un œil ou même des deux yeux chez des cobayes provenant de parents ayant eu un œil altéré à la suite d'une section transverse du corps restiforme.

M. Brown-Séquard a constaté que l'hérédité des états morbides énumérés ci-dessus peut se montrer d'un seul côté, alors que chez le parent les deux côtés étaient atteints. L'inverse aussi peut exister. Il y a plus : si chez le parent et chez le descendant aussi, l'état morbide n'existe que d'un côté, il arrive quelquefois que ce côté ne soit pas le même chez tous les deux. L'hérédité de ces états peut manquer dans une génération et apparaître à la suivante. La femelle est plus capable que le mâle de transmettre ces états morbides. Quant à la fréquence de ces transmissions, M. Brown-Séquard affirme que chez plus des deux tiers des animaux nés de parents chez lesquels une lésion accidentelle a fait apparaître plusieurs de ces états morbides, ces altérations se sont montrées. La transmission par hérédité de plusieurs de ces états pathologiques peut se faire de génération en génération. L'existence de certaines de ces altérations a été constatée jusqu'à la cinquième et même la sixième génération.

Ces faits si intéressants ont été confirmés depuis par M. E. Dupuy, qui a cherché de plus à les expliquer par une altération de nutrition (1). On peut s'étonner que personne n'ait songé à les vérifier ou même à les discuter parmi les naturalistes qui ont pris part à la discussion sur la transmission des lésions acquises, discussion si longuement poursuivie dans le journal anglais *Nature*.

Il me semble, d'après ce qui précède, que les partisans des idées de Weismann n'ont pas assez porté leur attention sur le retentissement que certaines lésions somatogènes peuvent avoir sur l'organisme modifié, et par suite sur sa descendance.

Les botanistes ont signalé récemment d'autres exemples plus curieux encore de transmission de caractère acquis. Certaines modifications somatogènes produites par l'action lente d'organismes parasites ou symbiotes sur divers végétaux sont susceptibles d'être transmises par hérédité. Il y a quatre ans à peine, Duval pouvait écrire : « Le chêne et d'autres arbres ont dû

---

(1) Giard, *l'Autotomie dans la série animale.* (*Revue scientifique*, t. XXXIX, p. 629, 1887.)

(2) Voir notamment Brown-Séquard, *Faits nouveaux établissant l'extrême fréquence de la transmission par hérédité d'états organiques morbides, produits accidentellement chez des ascendants.* (*Comptes rendus de l'Académie des sciences*, 13 mars 1882.)

(1) E. Dupuy, *de la Transmission héréditaire des lésions acquises*, (*Bulletin scientifique de la France et de la Belgique*, t. XXII, p. 445, 1890.)

certainement porter des galles dès les temps les plus primitifs, et cependant personne ne s'attend à les voir produire des excroissances héréditaires sans l'intervention des insectes dont la piqûre est l'origine des galles. » Cela ne doit plus être appliqué aujourd'hui à toutes les galles et à toutes les productions galloïdes. Il est vrai que, depuis, j'ai fait voir que, dans un grand nombre de cas, ces productions modifiaient profondément l'organisme affecté en déterminant les phénomènes si singuliers que j'ai désignés sous le nom de *castration parasitaire*.

D'après les belles recherches de A.-N. Lundstroem, les déformations nommées *trichomes* ou *acarodomaties* produites sur les feuilles du tilleul et de plusieurs autres arbres ou arbustes par la piqûre des acariens sont parfaitement héréditaires, alors même que l'on élève ces végétaux à l'abri des parasites qui ont causé ces déformations chez l'ancêtre.

Il en est de même, d'après les recherches de Treub et d'autres botanistes, pour les singulières transformations (myrmécocécidies) déterminées par les fourmis sur quelques plantes tropicales.

Même en nous en tenant à l'action des facteurs primaires les plus ordinaires, nous pouvons, croyons-nous, établir d'une façon solide la transmission héréditaire des modifications somatiques. Un certain nombre de caractères acquis, qui se manifestent surtout par des particularités somatogènes, sont accompagnés cependant de modifications blastogènes corrélatives (et non plus seulement consécutives comme dans les cas précédents), de telle sorte qu'il devient impossible de faire la distinction proposée par Weismann et que ces caractères sont considérés, à juste titre, comme héréditaires par la plupart des naturalistes.

Comme dans ces exemples les facteurs primaires ont modifié à la fois l'individu et le produit futur, l'application du principe de Lamarck ne peut être le moins du monde discutable. Nous invoquerons ici le témoignage d'un naturaliste peu suspect de partialité pour les idées transformistes en général, et pour Lamarck en particulier. Dans son livre consciencieux *Sur l'Espèce et les Races chez les êtres organisés*, Godron s'exprime ainsi :

« D'après l'évêque anglican Heber, les chiens et les chevaux conduits de l'Inde dans les montagnes de Cachemire sont bientôt couverts de laine. Dans les pays intertropicaux, au contraire, le poil des mammifères domestiques devient plus rare et plus court. Nos moutons européens, transportés en Guinée, au Pérou et au Chili, dans la vallée de la Magdeleine, en Amérique, ont perdu leur laine et sont aujourd'hui couverts d'un poil peu abondant. Il en a été ainsi également des mérinos que les Anglais ont transportés dans quelques îles de la mer du Sud. On a même observé dans les pays très chauds la perte complète des poils, et nous en trouvons des exemples dans le chien de Guinée, dans cer-

tains bœufs de l'Amérique méridionale, etc. Cependant tous nos animaux domestiques importés sous des latitudes équatoriales n'éprouvent pas un effet aussi complet de l'action du climat, et, d'une autre part, ces races à peau nue, transportées dans des pays tempérés ou froids, ne retrouvent pas par l'effet des causes inverses, même après plusieurs générations, le vêtement dont la nature les avait primitivement pourvus, ce qui prouve que dans certains cas l'influence du climat n'est pas toujours immédiate et absolue (t. II, p. 7 et 8). »

Ces derniers cas ne prouvent-ils pas que la modification produite n'est pas due uniquement à l'action des facteurs primaires sur les individus, mais que les propriétés blastogènes ont également été influencées et que, par suite, le principe de Lamarck trouve son application.

Au reste, qui ne sait que si, pour certaines plantes modifiées, soit par l'habitat sur les montagnes, soit par le séjour au bord de la mer, le retour au type normal peut s'effectuer dès la première génération, il en est d'autres chez lesquelles ce retour ne peut être obtenu qu'après de longues séries de cultures. Quel éleveur ne sait qu'il a plus de chance de maintenir telle ou telle race en prenant pour progéniteurs des individus offrant de la façon la plus accentuée les caractères de cette race ? Et cependant le plus souvent les races domestiques ont été produites uniquement en vue de certains caractères somatogènes, et c'est inconsciemment que l'éleveur a produit du même coup les modifications blastogènes corrélatives qui assurent la transmission de ces particularités somatogènes.

Même lorsqu'il s'agit du facteur primaire de la réaction éthologique, celui que Lamarck a eu particulièrement en vue, nous pouvons constater également la transmission des modifications acquises, ou, si l'on préfère employer la terminologie de Weismann, la concomitance, chez le parent, de modifications somatogènes et de modifications blastogènes destinées à faire réapparaître chez le produit des modifications somatogènes de même nature, alors même que le facteur causal a cessé d'agir sur ce produit.

« C'est un fait physiologique bien connu, dit encore Godron (*loc. cit.*, t. II, p. 24), que les organes le plus fréquemment exercés sont ceux qui se développent le plus et acquièrent la plus grande énergie. Or, dans les différents exercices auxquels l'homme condamne les animaux domestiques, le cheval, par exemple, pour en obtenir des services variés, ce ne sont pas les mêmes muscles qui sont principalement en action : de là une différence en excès qui, en raison des rapports étroits qui unissent les muscles et le squelette, entraîne des modifications qui se manifestent dans les formes extérieures de l'animal. Les muscles, au contraire, qui, pendant un grand nombre de générations, ont cessé d'être exercés, se rapetissent, et un effet analogue se produit sur la partie du squelette que ces muscles mettent en mouvement. C'est ainsi que les poules co-chinchinoises et bramapoutras, ayant été mises pendant une longue suite d'années dans l'impossibilité d'exercer le système musculaire qui meut les ailes, les muscles pectoraux sont devenus moins gros et moins actifs, les ailes se sont raccourcies, et ces oiseaux ont définitivement perdu la faculté de voler, et d'autant plus que, conformément à la loi du balancement des organes, les membres inférieurs ont acquis un développement exagéré.

« Dans le cheval de selle, l'habitude de porter un cavalier allonge le corps et rend la croupe horizontale, mais si le fardeau est trop lourd, il rend les animaux ensellés. Dans le cheval de trait, au contraire, le tirage raccourcit le tronc, rend les lombes larges et droits, la croupe courte et oblique.

« L'action de traire un animal, même au delà du terme fixé pour la lactation, excite les organes mammaires ; ceux-ci s'accroissent quelquefois d'une manière prodigieuse, leur action physiologique s'exagère, la sécrétion du lait devient une fonction presque continue. Si, au contraire, on néglige, pendant plusieurs générations, de traire les animaux chez lesquels la propriété lactifère est la plus développée, leur pis perd son ampleur, la sécrétion est diminuée et cesse complètement dès que le veau peut brouter l'herbe. C'est ce qu'on a observé dans certaines fermes de l'Amérique, et également chez les vaches et les chèvres redevenues sauvages. »

Parmi les physiologistes contemporains, M. Marey a maintes fois insisté, avec une grande sagacité et une grande originalité de vues, sur le lien causal qui unit la mécanique animale à la morphologie comparée. Tout en reconnaissant l'importance des faits déjà connus, il n'a cessé, avec l'autorité qui s'attache à son nom, de réclamer de nouvelles expériences dans le but de savoir si les modifications que l'on peut produire chez un animal par le travail exagéré de certains muscles se transmettent à sa descendance : « On ne pourrait, dit-il, l'affirmer encore, mais il est bien probable que la théorie transformiste recevra cette confirmation dernière. »

En ce point, comme en beaucoup d'autres, si les transformistes doivent se contenter le plus souvent d'expériences réalisées inconsciemment par la nature ou par les éleveurs au lieu de s'appuyer sur des vérifications faites avec toute la rigueur du déterminisme scientifique moderne, n'est-ce pas à cause de l'insuffisance déplorable de nos laboratoires, et ne peut-on s'étonner que chez aucune nation, même chez celles où la science est le plus en honneur, il n'existe pas encore un *institut transformiste* consacré aux longues et coûteuses expériences indispensables désormais aux progrès de la biologie évolutionniste ?

Il m'est, pour ma part, tout à fait impossible de comprendre comment Weismann peut s'être laissé entraî-

ner à dire que la transmission des hypertrophies ou des atrophies fonctionnelles constitue un territoire presque inabordable pour l'expérimentateur. Sans doute, bien des expériences relatives à cette question exigeront plus que la durée d'une vie humaine et devront être entreprises par des sociétés ou des corps savants ; mais, à part les difficultés pratiques qu'il serait puéril de dissimuler, je ne vois aucune impossibilité théorique à ce que l'on aborde expérimentalement les recherches de ce genre, et il est à souhaiter que ces recherches commencent le plus tôt possible.

Les partisans des idées de Weismann ne manquent pas d'objecter que, dans tous les cas énumérés ci-dessus, ce qui est transmis, ce n'est pas le caractère somatogène, mais une propriété blastogène en vertu de laquelle le descendant est susceptible d'être impressionné au même degré que ses parents, et même à un degré supérieur, par les facteurs primaires qui déterminent ce caractère somatogène.

Cette similitude, ou plutôt cette harmonie entre la modification blastogène et la modification somatogène corrélative, est déjà bien inexplicable si l'on veut n'y voir qu'une simple coïncidence accidentelle à l'origine et fixée seulement plus tard par la sélection. En réalité, tout se passe comme si le caractère somatogène était lui-même hérité, et, en laissant de côté toute préoccupation théorique, il paraît bien plus simple et plus exact d'exprimer la chose de cette façon. Qu'est-ce, en effet, que l'hérédité, sinon la réapparition à un moment donné chez le produit de conditions physicochimiques ou mécaniques identiques à celles qui ont déterminé chez le parent un état morphologique et physiologique semblable à celui qui se manifeste à ce même moment dans la progéniture ? A moins d'attribuer au mot *modification blastogène* un sens mystérieux et extra-scientifique, parler de propriétés blastogènes héritées, c'est dire tout simplement que la suite des états mécaniques qui seront réalisés plus tard dans le développement d'un être vivant est déjà contenue à l'état potentiel dans le germe. Par conséquent, dire qu'un animal hérite de la possibilité de perdre à un moment donné son poil sous l'influence de la chaleur, cela équivaut à dire qu'il hérite de la perte de poil manifestée dans les mêmes conditions chez ses progéniteurs. La discussion devient ainsi une simple querelle de mots lorsque l'on veut aller au fond des choses.

D'ailleurs, comme le fait remarquer William Turner dans une remarquable conférence sur l'hérédité [1], il y a d'autres faits qui montrent que la séparation des cellules reproductrices et des cellules somatiques n'est pas aussi absolue que semblent l'admettre Weismann et ses partisans. Si chez quelques animaux, chez *Moina*, par exemple, la séparation des cellules génitales se fait d'une façon si précoce qu'on peut déjà les dis-

(1) Voir *Revue scientifique*, t. XLV, p. 137, 1er février 1890.

tinguer sur l'œuf aux premiers stades de la segmentation, on peut affirmer que, dans la plupart des cas, ces cellules dérivent de certaines cellules somatiques et leur plasma a passé à travers d'innombrables générations cellulaires jusqu'à ces individus spéciaux de la colonie dans lesquels se forment les éléments sexuels.

Chez certains êtres vivants et, en particulier, chez certains végétaux, il semble même qu'une cellule somatique quelconque est capable, dans certains cas déterminés, de se comporter comme une cellule génitale parthénogénétique et de reproduire l'être tout entier. C'est ce que Sachs a démontré pour certaines cellules des racines, des feuilles et des bourgeons de plusieurs muscinées.

L'on sait aussi qu'en hachant des feuilles de *Begonia* et en semant des hachures, on peut obtenir des pieds nouveaux qui porteront des fleurs et des fruits.

Il en serait sans doute de même pour certains animaux dont la puissance régénératrice est très développée (les turbellariés et certains oligochètes, par exemple), si l'on pouvait arriver à nourrir suffisamment les morceaux artificiellement séparés. Théoriquement, on peut dire que chaque cellule d'une planaire possède en elle-même tout ce qu'il faut pour reproduire un nouvel individu.

Comment admettre qu'une modification de ces cellules somatiques ne serait pas suivie d'une transformation corrélative du produit et des cellules blastogènes de celui-ci?

Les variations produites par bourgeonnement fournissent des arguments du même ordre et montrent clairement l'influence que la modification de certaines cellules somatiques peut avoir sur d'autres cellules somatiques et sur les cellules reproductrices.

Bien plus intéressantes encore, au même point de vue, sont certaines observations relatives à l'influence que le sujet greffé exerce non seulement sur les éléments somatiques, mais même sur les fruits de la greffe.

«On sait, dit Darwin, que plusieurs variétés de pruniers et de pêchers de l'Amérique du Nord se reproduisent exactement par graines; mais, d'après Downing, lorsqu'on greffe une branche d'un de ces arbres sur une autre souche, elle perd la propriété de reproduire son propre type par graine et redevient comme les autres, c'est-à-dire que ses produits sont très variables. Voici encore un cas : la variété du noyer Lalande se feuille entre le 20 avril et le 15 mai, et ses produits de graine héritent invariablement de la même particularité; plusieurs autres variétés de noyers se feuillent en juin. Or si on lève des semis de la variété Lalande qui se feuille en mai, greffée sur une autre souche de la même variété se feuillant aussi en mai, bien que tant le noyer que la greffe aient la même période précoce de feuillaison, les produits de ce semis se feuillent à des époques différentes et plus tardivement au commencement de juin. »

Inversement, la greffe peut communiquer au sujet greffé certaines modifications somatiques dont elle est elle-même affectée. On sait, par exemple, que lorsqu'on ente la variété panachée de jasmin sur la forme ordinaire, celle-ci produit quelquefois des bourgeons portant des feuilles panachées. Le même cas s'est présenté chez le laurier-rose et chez le frêne. On a même pu produire des métis de greffe dont les plus curieux sont peut-être ceux réalisés par M. Hildebrand à la prière de Darwin. Après avoir enlevé tous les yeux d'une pomme de terre blanche à peau lisse, ainsi que ceux d'une pomme de terre rouge écailleuse, Hildebrand les inséra réciproquement les uns dans les autres et réussit à faire lever deux plantes. Parmi les tubercules produits par ces deux plantes, il s'en est trouvé deux qui rouges et écailleux à une de leurs extrémités furent blancs et lisses à l'autre, leur portion intermédiaire étant blanche et marquée de stries rouges.

Ces derniers exemples nous amènent à citer des faits d'une autre nature encore insuffisamment connus aujourd'hui, mais qui semblent prouver d'une façon irrécusable l'influence des cellules somatiques sur les cellules blastogènes. Je veux parler de ce que Darwin appelle l'action directe de l'élément mâle sur la forme mater- nelle et même sur les produits ultérieurs. .

Dès 1729, on avait observé une de ces variétés blanches et bleues de pois se croisaient mutuellement lorsqu'elles se trouvaient rapprochées l'une de l'autre, de sorte qu'en automne se trouvaient dans les mêmes cosses des pois bleus et des blancs. Mais cette modification de la couleur du fruit peut même s'étendre à la gousse, c'est-à-dire à des cellules somatiques de l'organisme maternel. M. Laxton, de Stamford, a fécondé le grand pois sucré dont les cosses sont vertes, très minces et deviennent d'un blanc brunâtre lorsqu'elles sont sèches, avec du pollen de pois à cosses pourpres. dont les cosses sont colorées, comme l'indique son nom, sont très épaisses et deviennent d'un rouge pourpre pâle à l'état de dessiccation. M. Laxton a cultivé depuis vingt ans le grand pois sucré sans lui avoir vu produire une seule cosse pourpre et sans avoir jamais entendu dire que cela lui soit arrivé; et cependant une fleur fécondée par le pollen de la variété pourpre donna une cosse nuancée de rouge pourpre. (Darwin, *Variations*, t. II, p. 422.)

De nombreux exemples analogues de l'action du pollen de certains végétaux sur l'ovaire de variétés voisines ont été recueillis par Gallesio, Naudin, Anderson, etc. Rappelons seulement le fameux pommier de Saint-Valery si bien étudié par Tillett, de Clermont-Tonnerre. Cet arbre ne produisait pas de pollen par suite de l'avortement de ses étamines, et devait être chaque année artificiellement fécondé; l'opération était exécutée chaque année par les jeunes filles de l'endroit au moyen de pollen emprunté à diverses variétés. Il en résultait des fruits différents de grosseur, couleur et saveur, et ressemblant à ceux des variétés qui avaient fourni l'élément fécondant.

Comme l'ovaire des végétaux périt après la production du fruit et présente avec le végétal lui-même des connexions passagères, il n'est pas probable que les modifications somatiques produites par le pollen s'étendent aux cellules de la branche et du tronc : ces modifications ne peuvent non plus pour la même raison avoir de retentissement sur les produits ultérieurs.

Mais chez les animaux, et surtout chez les mammifères où le fœtus est longtemps en connexion étroite avec la mère, l'on peut supposer que l'action de l'élément mâle aura une influence sur l'organisme maternel d'abord et plus tard sur la descendance ultérieure. C'est ce que prouve, en effet, le cas souvent cité de la jument de lord Morton.

Cette jument alezane de race arabe presque pure, après avoir été croisée avec un couagga et avoir mis bas un métis, fut remise à sir Gore Ousely, qui ultérieurement en obtint deux poulains par un cheval arabe noir. Ces poulains furent partiellement isabelles, et avaient les jambes plus nettement rayées que le métis et même que le couagga ; les deux avaient aussi le cou et quelques autres parties du corps portant des raies bien marquées. Les raies sur le corps et la couleur isabelle sont très rares chez nos chevaux d'Europe et inconnues chez les Arabes. Mais ce qui rend le cas très frappant, c'est que chez les deux poulains, les poils de la crinière étaient courts, raides et dressés exactement comme chez le couagga. Il n'y a donc aucun doute sur le fait que ce dernier a nettement affecté les caractères de la progéniture ultérieurement procréée par le cheval arabe noir. (Darwin, *Variations*, t. II, p. 428).

Turner, qui rappelle cet exemple après Darwin, trouve trop complexe et hypothétique l'hypothèse qui attribuerait la présence des zébrures à un cas de réversion vers un ancêtre commun au cheval et au couagga. Il croit que la mère, lorsqu'elle portait dans ses flancs, avait acquis de lui la faculté de transmettre les caractères du couagga grâce aux échanges nutritifs nécessaires au développement du fœtus. Le plasma germinatif de la mère appartenait à des ovules non encore mûrs aurait été modifié dans l'ovaire même, et cette variation acquise aurait eu son contre-coup sur les autres individus nés plus tard de la même mère.

La même explication a été admise par d'autres physiologistes pour les faits similaires fréquemment constatés, soit par les éleveurs, soit par les chasseurs sur divers animaux domestiques et en particulier sur les chiens. On sait, en effet, que quand une chienne a été fécondée une première fois par un chien de race étrangère, ses portées ultérieures peuvent offrir un ou plusieurs petits appartenant à cette race étrangère, quoiqu'elle n'ait été couverte depuis que par des chiens de sa race.

L'exactitude de cette hypothèse serait fortement compromise si, comme l'affirment certains observateurs. M. Chapuis, par exemple, l'influence du premier mâle se manifestait aussi chez les oiseaux (les pigeons) où les relations entre la mère et le petit sont bien moins étroites que chez les mammifères.

Mais quoi qu'il en soit de cette explication, le fait en lui-même en dehors de toute théorie démontre suffisamment la dépendance étroite qui existe entre les éléments reproducteurs et les éléments somatiques (1).

Pour ne pas sortir du domaine des faits scientifiquement établis ou des hypothèses susceptibles d'une vérification plus ou moins facile, je laisserai de côté l'influence que peuvent avoir sur la progéniture les impressions produites sur les sens et le système nerveux de la mère. Bien ancienne est la notion populaire de ces influences, puisque nous lisons dans la *Genèse* que Jacob plaçait devant les brebis de son beau-père des baguettes dont l'écorce portait des dessins divers dans le but d'obtenir certaines marques sur les agneaux qui naîtraient de ces brebis. Mais l'antiquité d'une croyance n'est pas toujours une preuve de son exactitude et, en ce qui concerne la transmission de caractères physiques, j'admets pleinement avec Weismann que les exemples invoqués à l'appui de cette opinion, même le cas si curieux de la mère de Baer ne sont nullement démonstratifs.

Il me semble bien difficile d'admettre cependant que les émotions et les impressions psychiques qui agissent d'une façon si énergique et si manifeste sur toutes nos sécrétions n'aient aucune influence sur les produits des glandes génitales. Peut-être en dehors des conditions de milieu et de l'éducation qui doivent être invoquées en première ligne faut-il attribuer à une action de ce genre le fait que toute une génération accepte avec la plus grande facilité des idées qui avaient été vivement combattues et repoussées par la génération précédente. Il me paraît impossible que le mouvement intellectuel provoqué par les hommes de génie dans une ou plusieurs branches du savoir humain, mouvement propagé et disséminé par les littérateurs et les artistes n'ait pas un retentissement sur les éléments blastogènes de la génération contemporaine et par suite sur

---

(1) L'action directe du premier mâle sur les produits ultérieurs est un fait dont les conséquences sociologiques n'ont pas été suffisamment remarquées. Il justifie dans une certaine mesure le droit exorbitant que s'attribuaient certains seigneurs d'autrefois lors du mariage de leurs sujets. A une époque où, par suite même de l'état social, la noblesse représentait l'élément le plus différencié de la nation, l'exercice de ce droit pourrait concourir au perfectionnement de la race : les enfants nés sous cette influence ont peut-être contribué autant que les bâtards au relèvement des classes inférieures et préparé l'affranchissement de 1789. Au point de vue de la morale de l'avenir, on pourrait tirer d'autres déductions importantes du fait biologique signalé ci-dessus, mais ce n'est pas le lieu de les exposer ici, et peut-être même vaut-il mieux les réserver pour un enseignement purement ésotérique.

la génération suivante, qui serait ainsi préparée par une transmission héréditaire à tout un ordre nouveau de modalités psychiques.

Enfin une dernière considération nous conduit encore à repousser l'opinion de ceux qui soutiennent que les caractères somatogènes acquis ne peuvent se transmettre des parents aux enfants. Si, comme l'a déjà fait remarquer Turner, on pousse cette manière de voir et ses dernières conséquences, on est conduit à supposer que les ancêtres des êtres-vivants actuels et même le plasma primordial possédaient en eux-mêmes toutes les variations qui sont apparues depuis, et comme les facteurs primaires n'auraient dans cette hypothèse agi que sur les individus et non sur les éléments blastogènes, les seuls transmis, il faudrait en conclure que ceux-ci possédaient dès le début, c'est-à-dire dès l'apparition de la matière vivante, une puissance évolutive en quelque sorte indéfinie. Nous serions ainsi ramenés à l'idée des forces créatrices réglées, il est vrai, par la sélection. La porte serait ouverte de nouveau aux agents directeurs immanents ou extérieurs à la matière, et nous devrions renoncer à la magnifique conception mécanique de l'univers entrevue par Descartes et poursuivie depuis par les savants du xviiie siècle (Buffon et les encyclopédistes).

Si, au contraire, nous admettons la transmission des caractères somatogènes dans la mesure démontrée par les faits exposés ci-dessus, la transformation des êtres vivants deviendra bien plus rapide, puisqu'elle ne dépendra plus uniquement des hasards de la variation interne, mais qu'elle sera déterminée par l'action des facteurs primaires.

Le rôle de la sélection et des facteurs secondaires demeurera très important pour accélérer et régler cette transformation.

Mais avant de passer à l'examen de ces facteurs secondaires, nous aurons à étudier d'abord un phénomène biologique que nous retrouvons partout où se constituent de nouvelles formes organiques : la transmission héréditaire. Que, pour expliquer la production de ces formes, nous fassions intervenir le principe de Lamarck, la loi de Delbœuf, ou la sélection et les autres facteurs secondaires, nous avons vu qu'il fallait toujours admettre l'action de l'hérédité.

L'hérédité n'est, à proprement parler, ni un facteur primaire ni un facteur secondaire, c'est une intégrale, c'est la somme des variations infiniment petites, produites sur chaque génération antérieure par les facteurs primaires. Les lois de l'hérédité, à peine étudiées au point de vue expérimental, offrent un vaste champ à la sagacité des biologistes. Plusieurs de ces lois, et en particulier la loi de l'hérédité homochrone, fournissent aussi, nous le verrons, de bons arguments en faveur du principe de Lamarck. Les recherches embryogéniques les plus récentes commencent à peine à nous faire entrevoir le processus mécanique de la transmis-

sion héréditaire et les phénomènes intimes de la reproduction.

C'est seulement après avoir examiné avec soin toutes les connaissances acquises sur ces points délicats que nous pourrons aborder avec fruit l'étude des facteurs secondaires de l'évolution.

A. Giard.

HYGIÈNE

L'extinction des épidémies (1).

..

DESTRUCTION NATURELLE DE LA VIRULENCE.

La marche d'une épidémie de quelque gravité se traduit généralement par une courbe dont la partie descendante est plus rapide que la portion ascendante. En langage ordinaire, cette courbe signifie que la contagion, propagée d'abord avec une grande intensité, s'est abattue sur beaucoup de malades en peu de temps, puis s'est brusquement limitée à un petit nombre de sujets.

Théoriquement, il semblerait que le nombre croissant des malades dût entraîner une production et une dissémination plus abondante de virus, et conséquemment une augmentation toujours plus grande des cas nouveaux, de sorte que la marche d'une épidémie devrait être régie par des lois analogues à celles du mouvement sur un plan incliné.

Il y a donc entre les faits et la théorie une sorte de contradiction, frappante surtout dans les épidémies transportées hors du lieu où elles sévissent habituellement, épidémies qui s'éteignent tout à coup après avoir fait rage. Mais si l'on prend la peine de l'examiner à la lueur des notions acquises sur la physiologie générale des virus, elle cesse d'exister. Les épidémies doivent s'éteindre, et s'éteindre rapidement à un moment donné, sans l'intervention de moyens artificiels, parce que les facteurs d'une épidémie, les sujets et les virus se modifient peu à peu forcément et naturellement.

Tous les individus d'une espèce ne possèdent pas le même degré de réceptivité pour un virus déterminé. L'expérimentation démontre qu'on peut les diviser, à ce point de vue, en trois groupes d'une importance inégale : 1° celui des sujets doués d'une grande réceptivité naturelle; 2° celui des sujets pourvus d'une réceptivité moyenne; 3° enfin celui des individus dépourvus ou presque dépourvus de réceptivité. Vers les points de contact, ces trois groupes se confondent par transition insensible.

(1) Extrait du livre que M. Arloing, directeur de l'École vétérinaire de Lyon, professeur à la Faculté de médecine de la même ville, va faire paraître incessamment, sous le titre les Virus, dans la Bibliothèque scientifique internationale de l'éditeur Félix Alcan.

23 S.

L'épidémie sévira d'abord sur les sujets du premier groupe où le contage ne rencontre aucun obstacle à se transmettre d'un individu à l'autre. Chaque malade, constituant un milieu de culture aussi favorable que possible, émettra une grande quantité de virus très actif; on verra donc le nombre des malades augmenter et atteindre rapidement le maximum.

Les individus de réceptivité moyenne qui avaient échappé à la contagion au moment de l'invasion, plongés maintenant dans un milieu plus riche d'un virus plus actif, vont être atteints à leur tour, dans une certaine proportion, bien inférieure toutefois à celle des sujets du premier groupe. L'épidémie entrera dans sa période de déclin, laquelle se prononcera avec une grande rapidité, attendu que la quantité du virus disséminé dans le milieu ambiant diminuera en raison du nombre des malades.

La gravité de l'épidémie suivra une marche analogue, vu que, dans cette période, elle s'attaque à des sujets de moindre réceptivité.

Le contage finira par se trouver en présence des individus du troisième groupe. Là, il ne pourra faire qu'un bien petit nombre de victimes. En effet, ces sujets étaient préparés à la résistance avant l'apparition de l'épidémie; ils le sont encore mieux à la fin; car, vivant dans un milieu virulifère, ils ont probablement subi une ou plusieurs infections légères qui élèvent le degré de leur immunité naturelle.

Ainsi, à n'envisager que les sujets, l'extinction des épidémies se conçoit; elle s'impose, si l'on envisage le *devenir* des agents virulents.

Le nombre et la malignité des agents pathogènes ont une influence énorme sur l'extension d'une épidémie. Il est inutile d'en donner les raisons. Si le nombre et la virulence décroissent à partir du début de l'épidémie, la contagion se restreindra de plus.

Or le nombre diminue incontestablement, à la fin de la période d'augment des épidémies, par la limitation du chiffre des malades. De plus, d'un bout à l'autre des épidémies, une certaine quantité de germes est détruite par les causes extérieures aux malades.

Quant à la virulence des germes à leur sortie des organismes virulifères, elle varie suivant les maladies et suivant les sujets. Tantôt elle s'accroît lorsque les germes passent d'un malade à l'autre, tantôt elle s'affaiblit. Elle finit toujours par diminuer lorsque les germes évoluent dans des organismes d'une faible réceptivité, condition qui se présente fatalement au cours moyen d'une épidémie.

Les virus, après avoir subi une certaine exaltation, traduite par une élévation de la morbidité et de la mortalité, éprouveront donc un amoindrissement graduel en passant à travers les organismes plus ou moins réfractaires.

Les virus sont atteints, en outre, par les causes de destruction que rencontrent les germes quand ils se répandent hors des malades.

A leur émission, les microbes tombent dans l'air ou dans l'eau, où ils séjournent plus ou moins avant de contaminer un sujet sain. Dans ces deux milieux, ils perdent de leur virulence.

Règle générale, *tout microbe transporté par l'air se dessèche*. Or la dessiccation détruit rapidement la virulence des microorganiques éliminés à l'état d'organes de végétation, c'est-à-dire de micrococoques, de bacilles et spirilles non sporulés, ou bien la modifie profondément. M. Koch a fait remarquer la fragilité du microbe du choléra dans l'air sec. M. Cornevin a vu disparaître la virulence et la vie du microbe du rouget au bout de quatre jours de dessiccation. Si l'on dessèche une rate charbonneuse, elle ne garde pas sa virulence. Nous avons remarqué que la sérosité du poumon péripneumonique perd les effets si remarquables qu'elle produit dans le tissu conjonctif du bœuf par la simple dessiccation.

Les microbes éliminés à l'état d'organes de conservation ou de reproduction, arthrospores ou endospores, résistent au contraire fort longtemps à la dessiccation. Tels sont les agents de la tuberculose, de la septicémie gangréneuse, du charbon symptomatique qui forment des spores chez les malades, tels sont les bacilles du charbon lorsqu'ils se sont cultivés après la mort du sujet. On peut retrouver la virulence au bout de plusieurs mois et même de plusieurs années dans la sanie desséchée des tumeurs du charbon symptomatique et de la septicémie gazeuse (plus de neuf ans pour cette dernière). La vie persiste parfois étonnamment dans les spores des germes vulgaires de l'atmosphère. Cependant, d'après M. Duclaux, elle ne dépasserait pas vingt ans.

En se promenant dans l'air, les microbes sont pour ainsi dire plongés dans un bain d'oxygène sans cesse renouvelé. L'action de ce gaz serait, pour M. Pasteur et ses élèves, un puissant adjuvant de la dessiccation. Elle modifierait peu à peu le protoplasma, dont la rénovation nutritive est suspendue par une oxydation lente. L'influence atténuante de l'oxygène a été mise en évidence dans des expériences faites avec des cultures achevées en milieu liquide; mais nous ne connaissons pas d'observations spéciales démontrant la participation de l'oxygène dans la destruction de la virulence chez des microbes soumis à la dessiccation. Toutefois, par extension, il nous coûte peu de l'admettre.

A l'état d'organes de végétation, les *microbes confiés à l'eau* perdent assez rapidement la virulence et la végétabilité. Nous nous sommes déjà étendu sur ce sujet lorsque nous avons traité de la contagion. Nous rappellerons simplement quelques faits. Le *Staphylococcus pyogenes aureus*, le *Micrococcus tetragenus* sont inoffensifs au bout de quelques jours. Le bacille du choléra est tué au bout de trente jours. M. Galtier a remarqué que, dans un courant d'eau, le virus tuberculeux est inactif après huit à douze jours; celui de la morve, entre neuf et vingt jours.

Les bacilles garnis de spores résistent beaucoup plus longtemps à l'action destructive de l'eau. Le *Bacillus anthracis* sporulé est encore susceptible de revivification au bout d'un an.

Certains bacilles, appelés aquatiles pour ce motif, se conservent au contraire fort bien dans l'eau et même y pullulent à la faveur d'une quantité insignifiante de matières organiques. Mais, dans l'état actuel de nos connaissances, la plupart de ces bacilles aquatiques sont négligeables au point de vue médical.

La virulence des microbes s'épuise donc dans l'eau comme dans l'air. Cependant on notera qu'elle disparaît moins vite dans le premier milieu que dans le second. Heureusement une circonstance particulière contribue à amoindrir les chances de contagion pendant la survie des virus déversés dans l'eau : nous voulons parler de la dilution qui écarte les parcelles virulentes et fractionne considérablement les doses capables d'infecter un sujet à un instant donné.

On peut ajouter que les microbes sont accompagnés de matières organiques qui donnent à l'eau stagnante des qualités fermentescibles. Il est vraisemblable qu'un certain nombre d'espèces s'altèrent au contact des fermentations vulgaires qui prennent naissance dans leur véhicule. Ce phénomène intervient très probablement dans l'assainissement spontané des cours d'eau étudié récemment par M. Cazeneuve.

Qu'ils soient abandonnés à l'air ou à l'eau claire et courante, les microbes sont constamment soumis à l'action atténuante de la lumière.

Tous les bactériologues ont observé que les cultures gardent mieux leur vitalité à l'obscurité qu'à la lumière diffuse. M. Cornevin a vu, avec une certaine précision, que la végétabilité des cultures du microbe du rouget était éteinte au bout de soixante-quinze jours à la lumière diffuse, au bout de cent jours à l'obscurité.

L'action destructive des rayons solaires est incomparablement plus puissante. Ainsi, dans l'air, à sec, M. Duclaux a constaté que les rayons solaires tuent les microrganismes non sporifères en quelques heures, en deux à quatre jours au plus. Si les bactéries renferment des spores, il faut compter de six semaines à deux mois. Sous le soleil de Naples, d'après M. Pansini, les spores du *Bacillus anthracis* résistent environ trois fois plus longtemps que les bacilles.

Si les microbes sont plongés dans un milieu liquide clair et transparent, le soleil les détruira en un temps bien plus court. A l'état de mycélium, le *Bacillus anthracis* est tué après une à cinq heures d'insolation, suivant l'intensité de la lumière. J'ai établi que, dans l'eau distillée et en présence de l'air, douze à quinze heures d'insolation suffisaient à supprimer la végétabilité des spores du *Bacillus anthracis*.

L'addition de substances organiques et salines augmente l'action microbicide de l'eau ensoleillée. Immergées dans du bouillon de bœuf ou de veau, les mêmes spores sont tuées au bout de deux à cinq heures au lieu de douze à quinze heures. M. Roux a supposé que la rapidité de la destruction des spores tient, dans ce cas, à l'altération du bouillon par contact avec l'air.

Un de nos élèves, M. Gaillard, a fait des observations fort semblables à celles que nous venons de résumer, sur les microbes de l'ostéomyélite infectieuse, de la fièvre typhoïde et sur le *Micrococcus rosaceus*.

M. Pansini a vérifié sous le ciel de Naples ce que nous avions remarqué sous le ciel de Lyon, à savoir : que la température des rayons solaires exerce une influence presque insignifiante relativement à celle de l'intensité lumineuse.

Le même expérimentateur a constaté par un procédé élégant que la destruction des microbes isolés est rapide pendant les premières minutes, très lente ultérieurement ; ce qui revient à dire que les rayons solaires agissent sur un nombre considérable de microbes peu résistants associés à un chiffre beaucoup plus faible d'individus très vivaces. Par exemple, telle goutte de culture du *Bacillus anthracis* conservée à l'obscurité donne, incorporée à la gélatine, deux mille cinq cent vingt colonies ; une goutte de la même culture exposée dix minutes ne donne plus que trois cent soixante colonies ; exposée vingt minutes, cent trente colonies ; trente minutes, quatre colonies ; quarante minutes, trois colonies ; une heure dix minutes, zéro colonie.

La lumière est donc un grand purificateur de l'air et des eaux transparentes. Elle agit en raison de son intensité. Par suite, son influence se fera sentir principalement pendant les saisons où l'atmosphère est claire et où le soleil reste longtemps au-dessus de l'horizon ; elle variera avec la latitude du lieu.

Associées, les actions directes de l'air, de l'eau et de la lumière concourront à la destruction d'un certain nombre de germes virulents et l'atténuation des autres. Elles atteindront ce double but d'autant plus aisément que les germes séjourneront plus longtemps dans les milieux ambiants intermédiaires aux malades et aux sujets contaminables, et qu'elles s'appliqueront à des microbes développés dans des conditions moins favorables, comme à la période de déclin des épidémies.

Nous ne terminerons pas ces considérations relatives à la disparition des microbes virulents sans dire un mot de l'influence du sol. Si les microbes sont en suspension dans l'air, ils tombent vers la terre en vertu de leur propre poids ou bien ils y sont entraînés par les gouttes de pluie qui traversent l'atmosphère. L'humidité habituelle les fixe à la surface du sol. Quant à la pluie, elle les fait pénétrer plus profondément, en un lieu où ils restent, tandis que l'eau purifiée continue sa route pour aller sortir en un autre point.

L'action bienfaisante du sol sur les eaux polluées est aujourd'hui si nettement démontrée que l'on a recours à elle pour retenir et détruire la masse prodigieuse de microbes qui pullulent dans les eaux d'égout des grandes villes.

Par conséquent, les milieux qui nous entourent s'épurent sous l'influence de causes naturelles, et celles-ci ont de moins en moins à s'exercer au fur et à mesure que l'épidémie s'éloigne de sa naissance. On peut légitimement prévoir l'heure où ils ne contiennent que peu de germes ou des germes inactifs. A ce moment, l'épidémie prend fin ; la lutte cesse par l'épuisement des assaillants.

II.

DESTRUCTION ARTIFICIELLE DE LA VIRULENCE
HORS DE L'ORGANISME DES MALADES.

On éteint plus promptement une épidémie si l'on vient en aide aux agents destructeurs naturels de la virulence par l'emploi de moyens artificiels, tels que la chaleur et les antiseptiques.

§ Ier. *Destruction par la chaleur.* — En étudiant l'influence de la chaleur sur les végétaux, on constate qu'au-dessous et au-dessus d'une température *optima* la végétation languit, puis se suspend; si l'on s'en éloigne davantage, on rencontre une température incompatible avec la vie de ces êtres.

On peut donc détruire les agents animés de virulence, qui sont des microrganismes d'origine végétale, en les soumettant à des températures basses et élevées.

Mais si des considérations scientifiques nous montrent deux voies pour atteindre le même but, la pratique nous enseigne à adopter l'une de préférence à l'autre. En effet, la vitalité des microbes pathogènes aux basses températures est d'une ténacité désespérante. Nous avons vu de la sérosité virulente du charbon symptomatique se congeler plusieurs fois de suite à une température de — 20° sans perdre son activité. Celli a fait une observation analogue à — 20° sur le virus rabique. Les plus grands froids qui règnent à la surface du globe sont incapables de tuer les microbes. On en jugera par l'expérience suivante faite à Genève, en 1884, par MM. Raoul Pictet et E. Yung. Ces deux savants résolurent d'étudier l'influence du froid sur les œufs de plusieurs invertébrés, sur des graines et sur des végétaux inférieurs. Je leur ai adressé, à cette occasion, des échantillons de deux microbes, le *Bacillus anthracis* et le *Bacterium Chauvœi*, enfermés dans de petits tubes en verre. Grâce au concours de plusieurs équipes de préparateurs, tous ces objets furent soumis :

1° Pendant vingt-quatre heures, à un froid de — 70°, produit avec de l'acide sulfureux liquide ;

2° Pendant quatre-vingt-quatre heures, à un froid de — 70° à 76°, produit avec de l'acide carbonique solide, à la pression ordinaire ;

3° Pendant vingt heures, à un froid de — 120° à 130°, produit avec de l'acide carbonique solide et une certaine dépression.

Les échantillons de *Bacillus anthracis* et de *Bacterium Chauvœi* me furent renvoyés après la réfrigération. J'ai observé, à l'aide de plusieurs essais, que la végétabilité et la virulence de ces deux microbes étaient encore parfaitement conservées.

Comme il est déjà extrêmement difficile de produire ces basses températures, et, à plus forte raison, de les dépasser, il est indiqué de procéder à la destruction des germes virulents par l'emploi de températures supérieures à l'*optima*. Dans ces conditions, la tâche est infiniment plus commode, car à l'état d'organes de végétation, les microbes ne résistent

pas à une température supérieure à + 100°. Sauf de rares exceptions, les micrococques sont tués entre + 50° et + 60°, les bacilles entre + 70° et 100°.

Si les microbes renferment des spores ou des arthrospores, ils ne sont tués qu'entre + 110° et + 125°.

M. Tyndall a fait ressortir, dans une expérience très curieuse, la différence qui vient d'être signalée. Il a remarqué que *trois heures d'ébullition* consécutives ne stériliseraient pas une infusion de foin dans laquelle plusieurs germes étaient sporulés ou à l'état de spores, tandis que *trois minutes d'ébullition* répétées pendant trois jours consécutifs, une fois par jour, suffisaient à en assurer la conservation. Ce résultat paradoxal tient à ce que, dans l'intervalle des ébullitions, les spores germaient et passaient à l'état de mycélium incomparablement moins résistant à la chaleur que les formes de repos.

Lorsqu'on applique la chaleur à la destruction des virus, il faut tenir compte de la température et de la durée du chauffage.

Nous dirons plus tard qu'une même température modérée imprime à la plupart des virus une atténuation d'autant plus grande qu'elle est appliquée plus longtemps. La durée de la survie, chez les animaux inoculés avec ces virus, *est plus ou moins régulièrement proportionnelle à la durée du chauffage. À un moment donné, le chauffage imprime aux virus une atténuation vaccinale, c'est-à-dire compatible avec la conservation de la vie. Au delà, l'atténuation est telle que le virus ne jouit même plus de propriétés vaccinantes. On sait, par exemple, qu'en chauffant la bactéridie charbonneuse à 55° pendant plus de dix minutes, on ne peut plus la faire servir de vaccin.

Ainsi en est-il de la destruction. On l'obtient rapidement à l'aide d'une température très élevée; on l'obtient aussi avec une température relativement moindre appliquée pendant plus longtemps. Dans nos expériences sur le charbon symptomatique, nous avons noté, avec MM. Cornevin et Thomas, que la sérosité fraîche était anéantie au bout de vingt minutes par une température de 100°, après deux heures par une température de 80°, après *deux heures* vingt minutes par une température de 70°.

Cette particularité est loin d'être indifférente à la pratique, car on a beaucoup de peine tantôt à obtenir des températures élevées, tantôt à les faire supporter aux objets que l'on veut désinfecter. Dans quelques circonstances, on conciliera tout en usant méthodiquement de températures modérées.

Il faut aussi tenir compte de l'état sous lequel se trouve le virus dans les objets à désinfecter. À l'état frais, les virus sporulés sont toujours plus facilement détruits par la chaleur. On devra donc éviter autant que possible de les laisser se dessécher avant les tentatives de désinfection.

Si la dessiccation n'a pu être évitée, on fera sagement d'employer une température supérieure à celle qui tue le virus frais et de l'employer plus longtemps que ne l'indiquent les recherches de laboratoire.

Nous fixerons les idées par un exemple. Nous écrivions plus

haut que la sérosité virulente du charbon symptomatique était stérilisée par la température de 100° appliquée pendant vingt minutes; si la sérosité a été desséchée, puis hydratée avant d'être soumise à l'action de la chaleur, il faut, pour la stériliser, la chauffer à 110° pendant six heures.

On est parfaitement pénétré de ces différences dans tous les laboratoires de bactériologie; aussi les boui<lons, les milieux de culture en général, y sont stérilisés par les températures de 100° à 115°; les objets en verre, par des températures supérieures à 200°.

Nous avons été des premiers à faire remarquer, dans notre étude sur le charbon symptomatique, que le pouvoir destructeur de la chaleur dépend largement de la nature du corps qui la transmet aux virus. Dans un bain d'air chauffé à 100°, il faut vingt minutes pour stériliser 1 centimètre cube de sérosité virulente du charbon symptomatique; dans un bain d'eau bouillante de même volume, il suffit de deux minutes. A 100°, le pouvoir destructeur de l'eau est donc dix fois plus rapide que celui de l'air. Cela tient évidemment à la capacité calorifique des intermédiaires. La capacité calorifique de l'eau à l'état de vapeur étant moins élevée que celle de l'eau à l'état liquide, l'emploi de la vapeur serait donc moins avantageux que celui de l'eau chaude, si l'on ne pouvait pas compenser, et au delà, ce désavantage en combinant à l'action de la vapeur celle de la pression qui permet d'élever la température et qui la rend plus efficace.

Ces considérations générales étant exposées, engageons-nous sur le terrain de la pratique.

Les germes virulents émis par les malades sont en suspension dans les excrétions diverses, crachats, urine, fèces, répandus sur les vêtements, les objets de literie ou de pansement, associés à la poussière sur le sol, le parquet, les parois et les meubles des appartements ou en mouvement dans l'atmosphère. Leur destruction par la chaleur sera plus ou moins facile suivant le lieu qu'ils occupent.

Nous ne parlerons pas ici de ceux qui sont éliminés avec l'urine et les fèces; car, si on les détruit avant qu'ils aillent à la fosse d'aisances ou à l'égout, c'est par d'autres moyens que la chaleur.

Quant à ceux qui sont contenus dans les crachats, on pense aujourd'hui qu'il vaut mieux les détruire par la chaleur que par les antiseptiques.

On peut garnir les crachoirs de sciure de bois. Lorsqu'ils sont souillés, on brûle leur contenu au feu; puis on les nettoie en les plongeant un instant dans l'eau bouillante.

Comme on a toujours à redouter la dessiccation des crachats sur quelque point des crachoirs, il est préférable de les garnir préalablement d'une certaine quantité d'eau et de les stériliser en bloc avec leur contenu, en les immergeant dans l'eau bouillante, ou mieux dans l'eau chauffée à une température supérieure à celle de l'ébullition.

MM. Geneste et Herscher, qui se sont fait une spécialité des inventions touchant à l'hygiène publique et privée, ont construit un appareil pour la désinfection des crachoirs. Cet appareil peut recevoir plusieurs crachoirs métalliques et une solution de carbonate de soude dont la température est portée à 106°. En vingt minutes, un grand nombre de crachoirs sortent de l'appareil parfaitement stérilisés et nettoyés tout à la fois.

L'invention de MM. Geneste et Herscher rend d'importants services dans les hôpitaux, surtout dans les salles de phtisiques.

Dans les maisons particulières où il y a un malade, on doit s'en inspirer pour la destruction des crachats virulents.

Lorsque le virus est répandu sur des objets de pansement ou des vêtements, la literie et les tissus d'ameublement, deux cas peuvent se présenter : si les objets ont une minime valeur, il faut les brûler; s'ils ont un certain prix, il importe de les stériliser.

Détruire sûrement et rapidement les microbes en détériorant le moins possible les tissus divers qui les supportent telles sont les qualités d'un bon procédé de stérilisation. Le meilleur sera celui qui les possédera au plus haut degré.

Les étuves seules réunissent ces conditions, parce qu'on peut y entasser une certaine quantité d'objets et régler la température au degré nécessaire. Mais on doit choisir entre les différents systèmes connus.

Ce que nous avons dit ailleurs des qualités de l'air comme volant de chaleur nous dispense de justifier longuement le dédain que nous professons pour les étuves à air chaud. Nous ne prétendons pas qu'il soit impossible de stériliser du linge et de la literie dans ces étuves; mais l'opération, pour être fructueuse, doit être prolongée, et par conséquent menace de détériorer les tissus et d'y fixer d'une manière indélébile les taches faites par les matières excrémentitielles.

On a songé à augmenter l'action destructive de l'air chaud en le saturant de vapeur d'eau. J'ai vu une étuve construite dans ce but à l'hôpital de l'Ile, à Berne. C'était une petite salle basse, aux murs très épais, tapissée intérieurement par une batterie de tubes métalliques où circulait de la vapeur. Le plancher était constitué par un grillage en bois; il laissait passer un courant d'air chaud saturé de vapeur dont la condensation était prévenue par la batterie de tubes susindiquée. La literie et les objets à désinfecter étaient suspendus à mi-hauteur dans l'étuve.

Nous avons appris qu'il ne fallait pas moins de six heures pour stériliser un matelas à l'hôpital de l'Ile. Cette opération est beaucoup trop longue. L'étuve de Berne présente presque tous les inconvénients de l'étuve à air chaud et sec.

A cette étuve fait suite l'étuve à circulation de vapeur à 100°, assez exactement représentée, sauf les dimensions, par le stérilisateur à vapeur de Koch usité dans les laboratoires.

On sait que le stérilisateur est une cavité cylindrique surmontée d'un cône et d'un évent, et entourée d'une enveloppe mauvaise conductrice de la chaleur. A la partie inférieure, une rampe à gaz vaporise de l'eau. La vapeur circule autour ou dans l'épaisseur des objets suspendus dans le stérilisateur et s'échappe par l'évent du sommet.

Budde a remarqué, paraît-il, que la température au centre

du linge accumulé dans les étuves de ce genre peut s'élever à 104° et 105°, par suite d'un phénomène de condensation, ce qui permettrait d'expliquer leur efficacité sur les spores.

Pour détruire plus sûrement les germes à spores, on a utilisé des courants de vapeur surchauffée. M. Ed. Henry a construit pour l'usage domestique ou celui des petits établissements des étuves à désinfection qui atteignent le but que l'on s'est proposé.

Reste à ajouter à l'action de la vapeur celle de la pression. Bien appliqué, ce procédé complexe réunit les conditions d'une bonne

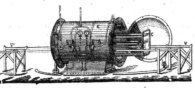

désinfection : il rend celle-là certaine, rapide et presque sans inconvénient pour la conservation du linge; en outre, grâce à la température élevée des objets à la sortie de l'étuve, il détermine spontanément et promptement leur dessiccation. Malheureusement, ce procédé partage avec les autres le défaut de fixer les matières colorantes dans les fibres végétales; aussi faut-il avoir soin de batillonner le linge taché avant de le mettre à l'étuve.

MM. Geneste, Herscher et Cⁱᵉ ont construit une étuve pour l'emploi de la vapeur directe sous pression (Voir fig. 58).

Le générateur de vapeur est distinct de l'étuve. Dans les établissements où l'on possède une machine, on peut faire une prise de vapeur sur la chaudière. Par excès de précaution, le séchage se fait dans l'étuve même, à la suite de la désinfection. Un détail de construction permet d'obtenir ce résultat en peu de temps.

Nous avons dit précédemment que les germes émis par les malades sont encore associés à la poussière sur le sol, le parquet, les parois et les meubles des appartements ou dans l'atmosphère. Pour les détruire dans ces situations diverses, il est difficile d'employer la chaleur, il vaut mieux recourir aux lavages ou aux pulvérisations antiseptiques et aux fumigations de même nature. En Allemagne, on emploie aussi les frictions avec la mie de pain pour enlever les microbes qui peuvent être fixés sur les tapisseries.

M. Redard a conseillé un jet de vapeur surchauffé pour la désinfection des wagons à bestiaux. Son système serait dif-

Fig. 59. — Étuve mobile de MM. Geneste et Herscher.

ficilement applicable dans les appartements; mais on pourrait s'en servir avantageusement pour désinfecter les wagons où on évacue des malades, les cabines et les entreponts des navires en cas d'épidémie à bord (1).

§ II. Destruction par les antiseptiques. — On pourrait croire que cette question est toute faite et que nous allons présenter des solutions catégoriques. Malheureusement, la destruction des microbes par les antiseptiques, malgré sa simplicité apparente, est entourée de nombreuses difficultés. Il s'agit, en effet, de détruire des agents infectieux, dont la vitalité varie autant que les conditions où ils se trouvent placés. Par conséquent, tel antiseptique qui se montrera efficace contre une espèce ne le sera plus contre une autre; bien plus efficace contre une espèce sous un certain état, il peut se montrer insuffisant contre la même espèce sous un état différent.

Comme l'empirisme a été jusqu'à ce jour presque le seul guide dans la recherche, le choix et l'étude des antiseptiques, il en résulte que nous possédons une longue suite de notions incoordonnées sur ce sujet. D'aucuns penseront que nous n'avons guère mieux à souhaiter, au point de vue pratique, car un moment viendra où il ne restera plus qu'à choisir le meilleur dans une collection de recettes. Mais si l'on examine attentivement les résultats des nombreux travaux qui ont été faits sur les antiseptiques, les nombreux mécomptes auxquels on est exposé dans les applications, on reste convaincu, avec M. Duclaux, que le progrès ne peut venir que d'une étude rigoureuse et scientifique, c'est-à-dire de la détermination des conditions qui président à la destruction des germes infectieux sous leurs divers états, par les différentes substances réputées antiseptiques.

Nous démontrerons que l'on a eu souvent le tort de généraliser les conséquences d'un fait particulier avec l'aveuglement de l'empirisme. Il faut distinguer. L'eau éteint gé-

(1) Pour plus de détails, voyez le livre de M. Vinay : Manuel d'asepsie, etc., 1899.

néralement fort bien les incendies; pourtant, on sait que ce n'est pas le meilleur moyen de limiter les dangers du pétrole enflammé. La science nous apprend la cause et l'importance de ces distinctions.

Quoi qu'il en soit, nous ne devons pas regretter les efforts que l'on a dépensés. D'abord, parce que la marche vicieuse que nous signalons est dans l'ordre naturel des choses; on citerait difficilement une question qui n'ait pas traversé une phase empirique avant d'arriver à la phase scientifique; ensuite, parce qu'ils nous ont procuré la connaissance de distinctions utiles et le sentiment du secours qui nous viendra de la science.

Naturellement, les lignes qui vont suivre refléteront les désidérata exprimés précédemment; en attendant mieux, nous nous efforcerons d'utiliser le moins mal possible les notions un peu confuses que nous avons acquises.

Pour l'hygiéniste qui s'occupe de désinfection, l'antiseptique est une substance capable de détruire les microbes et leurs germes. Mais hâtons-nous de dire que cette définition est trop rigoureuse. Un antiseptique, comme Schimer le fait remarquer, atteint son but quand il empêche simplement l'action des microbes pathogènes. Nous appellerons donc antiseptiques tous les agents qui mettent les microbes hors d'état de nuire à la santé de l'homme et des animaux.

Les propriétés antiseptiques des corps sont quelquefois révélées par la composition chimique. Les corps coagulants et oxydants, solubles ou gazeux, sont généralement de bons antiseptiques. Toutefois, il faut éviter de confondre les désinfectants véritables, c'est-à-dire les destructeurs des microbes, avec les *désodorants* ou les destructeurs des matières volatiles dont le dégagement est lié souvent à la présence des microbes.

Si la composition chimique permet de soupçonner des qualités antiseptiques, les notions les plus sûres ont été fournies par l'expérimentation.

On a apprécié la puissance des antiseptiques par comparaison, en suivant l'une des cinq méthodes générales que nous allons indiquer :

1° M. Miquel a associé les antiseptiques à un milieu putrescible, peuplé naturellement de germes divers et indéterminés.

2° M. Jalan de La Croix les a fait agir sur des substances où les germes étaient déjà en voie d'évolution.

3° On les a ajoutés à un bouillon stérilisé, en même temps qu'on y déposait une semence donnée.

Dans ces trois procédés, la valeur des antiseptiques est inversement proportionnelle à la dose nécessaire pour empêcher la pullulation ou arrêter l'évolution des microbes.

4° On les a versés en quantité connue dans une culture achevée, puis, au bout d'un temps variable, on a transporté une goutte de culture, à titre de semence, dans un milieu nutritif.

5° Enfin, on les a ajoutés à une culture achevée ou à une humeur virulente, puis, après un contact plus ou moins prolongé, on a éprouvé l'activité des microbes par des inoculations.

Dans ces deux derniers procédés, la puissance d'un antiseptique est inversement proportionnelle à la dose de cet agent et à la durée du contact.

Les deux premiers procédés ont été plus usités sur le terrain de l'histoire naturelle que sur celui de la médecine; cependant ils ont fourni des résultats dont l'hygiène bénéficie et bénéficiera, à la condition de ne pas les transporter sans examen dans ce nouveau domaine.

M. Miquel a divisé les antiseptiques en six groupes, d'après la dose nécessaire à stériliser un litre de bouillon de bœuf neutralisé. Il distingue :

Degrés d'asepsie.			Doses efficaces.
1° Des substances éminemment antiseptiques	.	0gr,01 à	0gr,10
2° —	très fortement	—	0 ,10 à 1 ,00
3° —	fortement	—	1 ,00 à 5 ,00
4° —	modérément	—	5 ,00 à 20 ,00
5° —	faiblement	—	20 ,00 à 100 ,00
6° —	très faiblement	—	100 ,00 à 300 ,00

Si nous choisissons quelques exemples, nous citerons : dans le premier groupe, l'*eau oxygénée*, le *bichlorure de mercure*, le *nitrate d'argent;* dans le second, l'*iode*, le *brome*, le *sulfate de cuivre;* dans le troisième, le *bichromate de potasse*, le *chloroforme*, le *chlorure de zinc*, l'*acide phénique*, le *permanganate de potasse*, l'*alun*, le *tanin;* dans le quatrième, l'*acide arsénieux*, l'*acide borique*, l'*hydrate de chloral*, le *salicylate de soude*, le *sulfate de fer;* dans le cinquième, le *borate de soude*, l'*alcool;* dans le sixième, l'*arséniate de potasse*, l'*iodure de potassium*, le *sel marin*, la *glycérine*.

M. Jalan de La Croix a également dressé un tableau où les substances antiseptiques sont rangées d'après leurs aptitudes. Mais il a soin de distinguer pour chacune : 1° *les doses qui empêchent ou n'empêchent pas le développement des microrganismes;* 2° *celles qui arrêtent ou n'arrêtent pas le développement des germes quand il est établi;* 3° *celles qui stérilisent ou ne stérilisent pas une semence.*

Les indications de ce tableau ne concordent pas exactement avec celles de M. Miquel. Les divergences se conçoivent. Les deux auteurs agissent sur des ensemencements naturels, c'est-à-dire sur des espèces qui existent dans un cas et n'existent pas dans un autre. De plus, ils ignorent l'état sous lequel se présentent les microbes. Enfin, ils opèrent à la température ambiante, conséquemment à une température variable.

Le classement de M. Jalan de La Croix est encore exposé à ne pas être toujours semblable à lui-même, lorsqu'il porte sur des substances capables d'arrêter les fermentations commencées. En effet, la réaction du milieu fermentescible atténue ou supprime l'action de certains antiseptiques en les neutralisant ou en les décomposant plus ou moins. L'expérience a démontré que les sels sont généralement moins antiseptiques que les acides.

La méthode qui consiste à déposer simultanément un antiseptique et une espèce microbienne donnée dans un milieu nutritif est passible d'un grave reproche. L'antiseptique peut se borner à enlever les qualités nutritives du milieu sans toucher à la vitalité de la semence. On est alors dupe d'une apparence trompeuse.

On en dira autant de celles qui font agir l'antiseptique sur une culture pure et qui éprouvent ultérieurement l'effet destructif par l'ensemencement ou l'inoculation, à moins que l'épreuve n'ait été pratiquée avec de grandes précautions. Si on prélève une parcelle du mélange pour la déposer purement et simplement dans un milieu nutritif ou dans un organisme vivant, on emporte avec les microbes une petite quantité d'antiseptique qui gêne leur développement. Aussi faut-il avoir soin de se débarrasser de l'antiseptique par un lavage soigné, tel que l'ont indiqué Yersin, Koch et Geppert. Afin de procéder à l'imprégnation et au lavage avec plus de sûreté, M. Koch a conseillé de tremper un fil de soie dans une culture et de le faire passer ensuite successivement dans un bain antiseptique et dans un bain de lavage qu'on renouvelle plusieurs fois. M. Geppert a montré, dans des expériences très délicates, la difficulté que l'on rencontre à débarrasser exactement les microbes des antiseptiques puissants avec lesquels on les a maintenus en contact.

L'oubli de ces précautions fausse profondément les résultats. Après un lavage insuffisant, on peut croire que les spores charbonneuses sont tuées par sept minutes de contact avec une solution de sublimé à 1 pour 1000, tandis qu'en réalité ce résultat n'est obtenu qu'au bout d'une heure, terme moyen. Si on mesure la puissance antiseptique du sublimé corrosif par la durée du contact nécessaire à l'anéantissement de la spore, on est donc exposé à lui attribuer une activité neuf fois plus grande que celle qu'il possède.

Un expérimentateur aurait-il observé scrupuleusement, dans l'étude de quelques antiseptiques sur certains microbes, toutes les précautions que nous avons fait entrevoir, que nous ne saurions nous flatter de posséder un classement qui nous guidât infailliblement dans tous les cas de l'hygiène pratique.

Sans doute, tous les corps ou toutes les substances réputées antiseptiques attaquent bien la vitalité et la virulence de tous les microbes infectieux ; mais l'on s'exposerait à de graves surprises si l'on s'imaginait qu'ils les attaquent avec le même succès.

Par exemple, l'eau oxygénée, le chlorure de zinc, l'acide salicylique, l'alcool sont jugés, à peu de chose près, inefficaces sur le *Streptococcus septicus puerperalis ;* l'acide salicylique tue, au contraire, fort bien le microbe du charbon symptomatique. L'essence de térébenthine, presque sans effet sur ce dernier, détruit aisément le *Bacillus anthracis*. La glycérine, l'alcool, le borax neutralisent le virus du rouget du porc, mais sont incapables, dans le même temps, d'amoindrir visiblement les virus du sang de rate et du charbon symptomatique. Les émanations d'hydrogène sulfuré agissent énergiquement sur le *Bacillus typhosus*, fort peu sur le *Bacillus anthracis*, nullement sur le *Bacterium Chauvoei*. L'action de l'acide sulfureux, en fumigations, sur les deux virus de la septicémie gangréneuse et du charbon symptoma-

matique, est tellement tranchée que nous l'avons employée, avec MM. Cornevin et Thomas, pour obtenir le second virus à l'état de pureté dans les cas où il était mélangé accidentellement au premier.

Comment oser prétendre, en face de telles variétés, à un bon classement général des antiseptiques. Mieux vaut proclamer qu'il n'y a pas d'antiseptiques universels auxquels le médecin puisse recourir dans tous les cas, les yeux fermés, et que l'avenir réclame la détermination d'antiseptiques spéciaux.

Il faudra donc dresser un tableau pour chaque maladie où le médecin puisera, suivant les circonstances et suivant les indications, en tenant compte des états frais ou secs, mycéliens ou sporulés sous lesquels se rencontrent les virus. Cette dernière précaution est indispensable, car le pouvoir destructeur des antiseptiques est mis plus ou moins en échec par quelques-uns de ces états. Ainsi, l'acide oxalique, le permanganate de potasse, le chlore, le sulfure de carbone, détruisent l'activité de la sérosité virulente fraîche du charbon symptomatique et ne détruisent pas celle de la sérosité desséchée ; l'acide phénique tue le mycélium du *Bacillus anthracis* en solution à 0,25 et à 0,50 pour 100 et ne tue les spores qu'en solution à 5 pour 100. L'acide sulfurique à 1 pour 100 tue les bacilles du charbon en quinze minutes, tandis qu'il met plus de dix jours pour en tuer les spores.

En résumant quelques notions obtenues jusqu'à ce jour par les expérimentateurs, sur les conditions qui permettent, favorisent ou entravent l'action des désinfectants, nous donnerons une idée de l'œuvre accomplie et du chemin qui reste à parcourir pour arriver à l'ère des données rigoureusement scientifiques.

Le contact intime avec les microbes est indispensable pour assurer l'effet destructeur des antiseptiques.

Pour les antiseptiques solides et liquides, la propriété d'entrer en solution ou en émulsion dans le véhicule des agents virulents garantit l'intimité du contact. Pour les gaz et les vapeurs, l'existence de l'une ou de l'autre de ces propriétés est également nécessaire si les microbes sont associés à des liquides. Si les virus sont desséchés sur des corps solides, ou se trouvent en suspension dans l'atmosphère, les gaz et les vapeurs, grâce à leur expansibilité, les atteignent directement et les modifient autant qu'il est en leur pouvoir.

A ce propos, nous nous arrêterons un instant sur le *modus operandi* des essences dont quelques-unes sont de puissants antiseptiques.

Depuis plusieurs années, on connaissait les propriétés microbicides des essences de térébenthine, de thym et d'eucalyptus. En 1887, M. Chamberland a examiné le pouvoir antiseptique de cent quatorze essences. Son manuel opératoire consistait à placer dans un tube Pasteur double, en U, d'un côté du bouillon ensemencé, de l'autre l'essence soumise à l'épreuve. Les vapeurs dégagées par l'essence venaient librement au contact de la surface du bouillon de culture. Cent quatre essences sur cent quatorze ont stérilisé les semis.

Sur ce chiffre, vingt-sept ont donné lieu à un léger précipité; les autres se dissolvaient dans le bouillon. Les essences qui ont paru douées de la plus grande activité étaient les essences d'angélique, de cannelle, de géranium et de vespetro.

Dans ces conditions, la stérilité des cultures tenait à une altération passagère des milieux et de la semence, et non à une destruction de celle-ci, car, si l'on volatilisait l'essence qui s'était introduite dans le bouillon, la végétation s'établissait tout à coup.

Il était permis d'espérer qu'en rendant le contact des essences avec les microbes plus intime, on réussirait à détruire les germes. M. Chamberland a obtenu cette intimité de contact à l'aide de la saponification préalable. Il a vu, alors, le pouvoir antiseptique des essences susindiquées devenir égal à celui du sulfate de cuivre.

L'acide thymique mérite une mention particulière. Dans une expérience faite avec une série d'antiseptiques sur le *Bacillus anthracis*, M. Chamberland a placé l'acide thymique *après* le bichlorure de mercure et le nitrate d'argent, et *avant* le sulfate de fer, le sulfate de quinine, le bichromate de potasse, le chromate de soude et le chlorure de zinc.

MM. Cadéac et Meunier ont assuré l'intimité du contact par un autre procédé : ils plongent un fil de platine flambé dans une culture ; lorsque les microbes se sont séchés à sa surface, ils l'immergent un temps variable dans telle ou telle essence ; ils laissent évaporer cette dernière, puis transportent les microbes sur un milieu nutritif.

Leurs nombreuses expériences ont confirmé à peu près tous les résultats obtenus par M. Chamberland. Ils ont vérifié la puissante activité des essences de cannelle, activité déjà connue des anciens, qui donnaient une large place aux diverses cannelles dans la préparation des momies.

M. Onimus a remarqué que l'action antiseptique des essences était considérablement augmentée par l'évaporation sur la mousse de platine incandescente. Il a pensé que sous cet état, les essences exerceraient plus efficacement leur influence heureuse dans le traitement local de la phtisie pulmonaire.

Pendant longtemps, les expérimentateurs se sont préoccupés du choix de l'antiseptique et du son degré de concentration, et ont à peine examiné la durée du contact de l'agent destructeur avec l'agent virulent. Pourtant ce dernier point est aussi important dans la désinfection par les antiseptiques que dans la désinfection par la chaleur.

Les gens du monde se figurent volontiers qu'il suffit d'un jet de vapeurs antiseptiques, d'un coup d'éponge donné avec une solution phéniquée pour que la virulence des microbes soit anéantie.

- Il est urgent de les détromper, par des exemples bien choisis. Le *Bacterium* du charbon symptomatique est l'un des agents infectieux les plus résistants que nous connaissions, cela est vrai ; mais il faut de huit à quarante-huit heures de contact entre la sérosité virulente fraîche et les solutions antiseptiques, mélangées à parties égales, pour

détruire son activité. Si l'on fait agir les vapeurs de thymol et d'eucalyptol sur le virus sec, on s'aperçoit que la virulence est à peu près intacte au bout de quarante-huit heures, seulement atténuée au bout de soixante-dix, et détruite passé cent heures (Arloing, Cornevin et Thomas).

Beaucoup de virus sont moins résistants ; néanmoins, il ne suffit pas de leur *montrer* les antiseptiques pour les anéantir. L'usage rapide d'une solution antiseptique équivaut à un simple entraînement mécanique. Le virus est déplacé, mais il n'est pas détruit.

L'expérience personnelle que nous avons acquise à l'égard du charbon symptomatique, de la septicémie gangréneuse et de la septicémie puerpérale nous a mis en garde contre les résultats trop optimistes signalés par MM. Gærtner et Plagge. Opérant sur une douzaine de microbes, ces auteurs auraient vu que le sublimé corrosif à 1 pour 1000 et l'acide phénique à 3 pour 100 les détruisent par un contact de huit secondes, et l'acide phénique à 2 pour 100 par un contact de trente à quarante-cinq secondes. Il est à peine besoin de dire que ces résultats tombent sous le coup de la critique de Koch et de Geppert que nous avons indiquée précédemment. Si on les acceptait avec confiance, on s'abuserait étrangement.

Deux de nos élèves, M. Courboulès et Truchot, ont démontré que la chaleur est un adjuvant des antiseptiques. Le premier a vu que les solutions d'acide phénique à 1 et 2 pour 100 modifient à peine l'activité du virus de la septicémie gangréneuse, à la température moyenne de + 15°, tandis qu'elles le détruisent en six heures à la température de + 36° [1].

Le second a remarqué que l'acide borique à 4 pour 100 tue le virus de la septicémie puerpérale en une heure, à la température de + 42° à + 52°, alors qu'il le laisse presque intact au bout de plusieurs jours, par une température ordinaire.

On pourra donc, étant donné un antiseptique, suppléer à la dose par addition de la chaleur, et, réciproquement, suppléer à un abaissement de la température par la concentration de la substance antiseptique. Il est facile de prévoir les applications possibles de ces connaissances. Si, dans une grande opération de désinfection, on éprouvait de la peine à se servir d'une haute température, on atteindrait probablement le but en ajoutant à la température moyenne dont on dispose l'action de vapeurs antiseptiques. Si l'on avait à redouter les effets toxiques d'une substance dans la désinfection de la surface ou d'une cavité superficielle du corps, on diminuerait le titre de la solution antiseptique et on augmenterait son pouvoir destructeur en élevant sa température autant que le permet la susceptibilité de l'organisme.

Nous rapprocherons des influences qui entravent l'action des antiseptiques, l'accoutumance des microbes aux effets

[1] Le même fait a été constaté par moi en 1885. (Bulletin de la Société de biologie.) Un de mes élèves, M. Saint-Hilaire, a résumé ces faits en une thèse intéressante (1888). — Ch. R.

des désinfectants, lorsqu'ils n'ont pas été soumis d'emblée à une dose capable de les tuer.

Entrevu par Bucholtz en 1875, ce curieux phénomène a suggéré à M. Kossiakoff un travail intéressant qu'il a exécuté en 1887, sous la direction de M. Duclaux. M. Kossiakoff a expérimenté avec trois antiseptiques, le borate de soude, l'acide borique, le bichlorure de mercure, et quatre microbes, le *Bacillus anthracis*, le *Bacillus subtilis*, le *Tyrothrix scaber* et le *Tyrothrix tenuis*. Il a commencé par faire des cultures types de ces microbes dans du bouillon normal, puis des cultures plus ou moins modifiées dans du bouillon additionné de doses graduellement croissantes des antiseptiques susindiqués, jusqu'à refus de végétation. Puis, il a mesuré le degré de susceptibilité des microbes types et modifiés en déterminant comparativement la quantité d'antiseptiques qu'il fallait ajouter au bouillon pour empêcher la végétation des uns et des autres.

Il a observé qu'il fallait ajouter au bouillon 1/250ᵉ de borate de soude pour empêcher le développement du *Bacillus anthracis* normal, et 1/143ᵉ pour s'opposer à celui du bacille accoutumé à cette substance, et ainsi de suite pour les quatre microbes et les trois substances. Au surplus, nous allons reproduire le tableau publié par l'auteur :

PROPORTIONS D'ANTISEPTIQUES NÉCESSAIRES POUR EMPÊCHER LE DÉVELOPPEMENT DES MICROBES NEUFS ET DES MICROBES ACCOUTUMÉS.

Borate de soude.

Microbes.	Neufs.	Accoutumés.
Bacillus anthracis	1 : 250	1 : 143
Tyrothrix scaber	1 : 91	1 : 66
Bacillus subtilis	1 : 91	1 : 55
Tyrothrix tenuis	1 : 62	1 : 48

Acide borique.

Bacillus anthracis	1 : 167	1 : 125
Tyrothrix scaber	1 : 125	1 : 100
Bacillus subtilis	1 : 111	1 : 91
Tyrothrix tenuis	1 : 111	1 : 91

Bichlorure de mercure.

Bacillus anthracis	1 : 20 000	1 : 14 000
Tyrothrix scaber	1 : 16 000	1 : 12 000
Bacillus subtilis	1 : 14 000	1 : 10 000
Tyrothrix tenuis	1 : 10 000	1 : 6 000

D'après ces tableaux, les microbes gagnent en résistance au contact d'une dose insuffisante d'antiseptique. Ce fait permettra sans doute d'expliquer certaines irrégularités de l'action des microbicides.

Le travail de M. Kossiakoff est incontestablement très curieux ; mais il ne nous dit pas si les microbes accoutumés à un antiseptique le seraient pour d'autres substances du même genre. Ce point vaut la peine d'être étudié.

Si, à l'exemple de M. Schnirer, on se borne à voir dans les antiseptiques des substances capables d'empêcher dans le corps de l'homme et des animaux l'effet pathogène des microbes qui interviennent dans les maladies, l'action des anti-

septiques peut s'envisager de deux manières : tantôt comme un obstacle au développement et à la multiplication du microbe, tantôt comme une entrave à la production des sécrétions microbiennes qui, dans un grand nombre de cas, sont la cause prédominante des troubles caractéristiques des maladies infectieuses.

Il est inutile d'insister sur le premier mode, tant il est simple. Nous rappellerons seulement que les antiseptiques sont capables de modifier profondément la morphologie des microbes, quand ils ne suspendent pas leur évolution.

On avait observé des déviations du type morphologique de quelques espèces, à l'occasion de plusieurs influences agissant à la façon des antiseptiques : absence d'oxygène (Toussaint), chaleur, air comprimé (Chauveau, Wosnessensky), lumière (Arloing). MM. Charrin et Guignard ont appelé l'attention, en 1887, sur les formes variées, souvent méconnaissables pour un observateur non averti, que revêt le *Bacillus pyocyaneus* en présence des antiseptiques. Wasserzug vérifia et étendit les observations des auteurs précédents au *Micrococcus prodigiosus*. Cultivé dans du bouillon acidulé par l'acide tartrique, le *M. prodigiosus* affecte la forme bacillaire et mesure de 2 à 5 µ jusqu'à 30 et 40 µ. Bien plus, par une longue série de cultures, il revêt définitivement cette forme nouvelle, et, dès lors, devient morphologiquement méconnaissable. MM. Chamberland et Roux ont remarqué depuis longtemps que le *Bacillus anthracis* ne développe pas de spores dans le bouillon additionné de bichromate de potasse. Ces bacilles asporogènes sont privés de leur caractéristique essentielle ; en outre, ils sont d'une grande fragilité aux causes de destruction, entre autres au vieillissement.

Faut-il attacher plus d'importance au second mode? Nous ne connaissons pas d'expériences spéciales établissant que les antiseptiques suppriment les *sécrétions toxiques* des microbes pathogènes ou neutralisent plus ou moins les effets des produits sécrétés quand ils n'ont pas pu en empêcher la sécrétion. Mais il existe des faits d'ordres très voisins qui nous autorisent à conclure affirmativement.

Par exemple, Wasserzug a montré, en 1887, que des antiseptiques empêchent la production et l'excrétion de la substance chromogène par le bacille pyocyanique. Ainsi le sel marin qui tue ce bacille, dans le bouillon, à la dose de 6 à 7 pour 100, arrête le passage de la pyocyanine dans le milieu ambiant à la dose de 5 pour 100 ; le sublimé qui tue à 1,10 pour 100 arrête la sécrétion à la dose de 0,85 pour 100 ; l'acide phénique qui tue à 14 pour 100 supprime la sécrétion à 9 pour 100. La production est également supprimée, car le chloroforme n'extrait plus de matière colorante du protoplasma des microbes.

Ajoutons que MM. Duclaux, Kjeldahl, A. Petit, Bourquelot, ont noté que les antiseptiques diminuent bien souvent l'action des diastases, suspendent ou suppriment, comme les poisons microbiens, des produits sécrétés par des cellules vivantes. M. Duclaux a appelé ces substances *paralysants des diastases*. Le *sublimé* affaiblit la présure, la sucrase, l'amylase, et la pepsine ; le *borax* agit de la même manière sur la présure,

sucrase et la pepsine; le *nitrate d'argent,* sur la présure
: la sucrase; le *sulfate de quinine,* l'alcool, les *essences diverses,* sur la sucrase, etc.

Il ne nous est pas défendu de transporter ces données sur le terrain de la pathologie; car, outre la similitude d'origine entre les diastases et les sécrétions toxiques microbiennes, es microbes pathogènes produisent de vraies diastases dont l'action dans les processus morbides est plus importante qu'on ne l'admet généralement. Mais pour conclure avec certitude, il importe d'entreprendre et de mener à bien des expériences particulières sur les bouillons de culture de plusieurs microbes pathogènes.

Il y a donc encore beaucoup d'études à faire pour doter l'hygiène publique et la médecine des connaissances nécessaires à l'application sûre et rationnelle des antiseptiques.

Cependant il est impossible de rester dans l'inaction en attendant que la science ait mis entre nos mains des armes irréprochables. Je qualifie de la sorte les moyens qui atteignent le but sans exposer à des dangers ou à des dépenses inutiles. Il faut se résigner, en l'absence d'indications très précises, à aller au delà des besoins nécessaires pour ne pas s'exposer à rester en deçà.

On sait que le sublimé corrosif est le roi des antiseptiques. Pourquoi ne pas recourir à lui, lorsque l'expérience ne nous aura pas fait connaître un antiseptique moins violent et néanmoins bien approprié à la résistance du virus que l'on se propose de détruire? Par exemple, Jæger a vanté dernièrement les merveilleux effets des laits de chaux sur le bacille de la fièvre typhoïde. Si cette découverte se confirme, il est incontestable que l'on fera sagement de désinfecter tous les véhicules suspects de propriétés typhogènes, avec un lait de chaux, bien que cette substance ne jouisse pas d'une grande réputation parmi les antiseptiques généraux.

En résumé, au fur et à mesure que nous apprendrons à connaître des antiseptiques spéciaux et les meilleures conditions pour développer leurs effets, nous les emploierons avec autant de confiance que de certitude. Tant que ces découvertes se feront attendre, nous utiliserons les substances les plus actives, en nous inspirant, dans leur choix, de considérations économiques et hygiéniques; dans leur usage, des notions que nous possédons déjà sur la biologie des microbes.

ARLOING.

VARIÉTÉS

Les forêts de l'Indo-Chine.

Le *Journal officiel* a publié dernièrement un rapport de M. Thomé sur la situation de notre domaine forestier en Indo-Chine. Nous croyons devoir donner ici les parties les plus intéressantes de cet important travail.

Les forêts couvrent les deux tiers de la surface de nos possessions indo-chinoises : rares et dévastées sur les côtes où une population nombreuse s'est acharnée à les détruire, elles règnent sur toute la partie montagneuse qu'elles couvrent depuis les premiers contreforts du Laos jusqu'au Mékong.

La race annamite, qui s'est implantée dans les deltas et les vallées, a eu, le feu aidant, bientôt raison des massifs boisés qui étaient à sa portée; aussi les collines de la côte ne sont plus recouvertes que d'une broussaille sans valeur, d'où s'élancent çà et là quelques arbres morts respectés par le feu et qui demeurent debout comme les témoins d'une barbare exploitation.

Plus loin, dans l'intérieur, la forêt vierge, la véritable forêt apparaît; les montagnes sont élevées, le relief du sol fortement tourmenté, les vallées plus étroites; là, la race annamite s'est arrêtée, laissant aux anciennes races aborigènes, Mois, Muongs, etc., la libre possession d'un sol immense. Dans cette région forestière, qui donne naissance à tous les grands cours d'eau de l'Annam et du Tonkin, la culture est l'exception, tandis qu'au contraire, dans la zone côtière, la culture couvre tout, excepté les monticules, où l'on rencontre quelques forêts rares et délabrées.

Les habitants des forêts sont peu nombreux. Les villages, généralement éloignés les uns des autres, ne sont composés que de quelques paillottes élevées sur pilotis; ils occupent presque toujours les plateaux ou le bord des cours d'eau. De grandes clairières sont pratiquées au moyen du feu dans ces pays ou régions de montagnes, qu'on abandonne, au bout de quelques années de culture, dès que le sol n'est plus assez riche et les broussailles trop envahissantes.

La forêt ne reprend pas immédiatement possession du sol; il s'établit une rotation naturelle, une sorte d'assolement, dont la règle est à peu près la suivante : herbes et bananier sauvage, durée de dix à vingt ans; bambous, durée de cinquante à cent ans; arbres, durée indéfinie.

C'est à cette pratique des défrichements pour la culture du riz que nous devons les masses de bambous, où les populations trouvent en abondance tout ce qui est utile à leurs usages, depuis la paillotte légère qui les abrite jusqu'au vêtement qui les couvre. Les vastes champs de bananiers sauvages ont la même origine; ils ne sont pas utilisés par les indigènes, mais ils possèdent une fibre textile que peut-être un jour le génie inventif du colon européen saura extraire et utiliser.

Le bois est la matière la plus abondante, et le stock ligneux accumulé par une végétation plus que séculaire représente une valeur colossale, mais actuellement difficile à réaliser. Le terrain est, en effet, très accidenté, sans routes; l'Annamite se hasarde peu dans l'intérieur des massifs : il craint le tigre, qui est du reste fort abondant et dont il a une religieuse terreur; il craint plus encore la fièvre des bois, dont il est souvent victime et à laquelle, chose curieuse, il résiste moins bien que l'Européen (1).

_____

(1) Ce fait, qui paraît anormal, a été constaté par tous les explo-

En outre, tout ce qui était à portée des cours d'eau navigables a été plus ou moins exploité, et il faut, sur certains points, remonter assez haut les fleuves pour trouver des massifs d'une exploitation avantageuse.

Dans ces régions tropicales, le climat est chaud et humide, deux conditions parfaites pour le développement rapide de la végétation. Aussi la forêt est-elle riche des produits les plus variés, mais par contre d'un accès difficile et d'une impénétrabilité presque complète : herbes et rotins, lianes et bambous forment depuis le sol jusqu'aux plus hautes cimes des arbres un enchevêtrement inextricable ; la hache et le coupe-coupe ne sauraient en avoir raison, si le feu ne venait pas en aide au bûcheron. Le feu détruit la végétation inférieure et permet l'abatage des grosses pièces que son passage rapide n'a fait qu'effleurer ; il est loin de produire les dégâts que l'on pourrait craindre : l'humidité est telle qu'il s'éteint de lui-même après avoir ravagé quelques centaines de mètres carrés ; mais si le feu fait peu de besogne, il faut reconnaître qu'il la fait mauvaise : il a toujours une tendance à gagner les sommets où l'indigène ne peut faire qu'une maigre récolte de riz, au lieu de ravager la vallée, dont le sol riche et profond permettrait une culture presque indéfinie.

Il en résulte que la vallée reste boisée et fiévreuse et que la population vit sur les hauteurs, où le défrichement par l'incendie a procuré l'assainissement.

En Annam comme au Tonkin, le mode d'exploitation des bois et des produits de toute nature de la forêt est à peu près le même : l'abatage du bois se fait avec une petite cognée, l'usage de la scie étant à peu près inconnu. Le travail n'avance que très lentement ; mais pour l'Asiatique, le temps n'a aucune valeur. Les pièces sont coupées en billes de 5 mètres de long environ, rarement plus, et traînées par des buffles jusqu'au bord du fleuve où s'organisent les trains de bois. Ces immenses radeaux sont à éléments flexibles et peuvent s'infléchir dans les contours des rivières ; ils sont composés de pièces de bois associées à de nombreux paquets de bambous qui aident au flottage des bois lourds et sont assujettis au moyen de rotins. Sur le radeau s'élèvent une ou plusieurs paillottes légères destinées à loger les bateliers et à abriter les marchandises de valeur. Le train est chargé en outre de divers produits forestiers, cunao, paquets de rotin et de ramie, médecines chinoises, feuilles de latanier, fruits et écorces. Généralement, des sampans ou pirogues sont encastrés dans le train pour remonter les bateliers après réalisation du radeau et de sa charge.

Les seules voies actuelles de communication sont les cours d'eau, dont les exploitations forestières proprement dites s'éloignent peu ; la raison en est dans les difficultés de transport de grosses pièces à travers une région accidentée ; mais il n'en est pas de même des produits accessoires et secondaires d'un transport facile à dos d'hommes par masses divisibles presque à l'infini.

rateurs ; il tient beaucoup à ce que l'Annamite ne fait pas usage de la quinine et boit l'eau malsaine de la forêt.

Aussi les écorces de cannelle, les boules de cunao, les huiles à bois et à laque, les plantes médicinales et cent autres produits que l'indigène peut recueillir au milieu des forêts, sont-ils l'objet d'un commerce considérable, tandis que le bois, dont les espèces sont nombreuses et les qualités souvent précieuses, ne fait pas l'objet de transactions importantes, malgré son abondance et sa valeur.

On compte plus de deux cents espèces ou variétés de bois, dont vingt-cinq d'excellente qualité, cinquante de bonne qualité et cent environ tendres et médiocres, mais qui trouvent cependant de nombreux emplois.

Dans les bois de la première catégorie, on peut classer en première ligne les quatre variétés de bois de fer (golim) : le lim-xanh, le san-mat, le tou-mat et le thiet-dinh, dont la coloration va du rouge foncé au jaune clair, suivant les variétés, dont la durée est infinie, qui sont inattaquables par les fourmis blanches et d'une grande dureté. Ce bois de fer sert aux constructions et à l'ébénisterie, abonde depuis la rivière Noire jusqu'à Hué, et est plus lourd que l'eau. Le mun est un bois noir très dur, difficile à travailler ; emplois : meubles de prix, incrustations ; durée indéfinie, plus lourd que l'eau. Le trac-mat est un bois rouge très dur qui sert pour les incrustations de nacre. Les espèces de go-sung, sua-nep et le nghien présentent les mêmes qualités. Le sang-le est excellent pour la batellerie. Le ngoc-am est un bois jaune clair très dur, spécialement employé pour les meubles sculptés et les cercueils de grand luxe.

Tous les bois de la première catégorie que nous venons de citer sont caractérisés par une durée indéfinie ; ils atteignent généralement de grandes dimensions, et presque tous sont très durs et plus lourds que l'eau.

Parmi les bois de la deuxième catégorie, on peut signaler : le dinh-huong, au parfum du clou de girofle, d'une grande durée, mais craignant les intempéries ; le the-moc, dont on fait les cercueils riches ; le cho-chi, spécial pour les jonques et sampans, servant à faire des mâts, d'une grande durée dans l'eau, mais ne valant rien à terre, où il est détruit par les fourmis blanches ; le vaian-qua, dont le fruit (litchi) est très recherché par les Européens et les indigènes ; le giau-mat, employé pour les avirons ; le giathong, bois dur résineux et lourd, souvent veiné et recherché pour le mobilier ; le man-lau, employé aux constructions des tribus muongs.

Tous les bois de la deuxième catégorie, dont nous ne venons de citer que les principaux, sont caractérisés par une durée qui ne dépasse pas soixante à cent ans.

Parmi le nombre considérable d'essences de troisième qualité, beaucoup sont d'un emploi très répandu, grâce à leur légèreté, à leur élasticité et à la facilité de leur travail ; beaucoup sont débités en planches au moyen de scies analogues à celles du scieur de long européen, mais différant cependant par un détail : les dents ne sont pas toutes dirigées dans le même sens, la moitié de la scie, elles sont dans un sens et sur l'autre en sens inverse, les pointes convergent toutes vers le centre de la lame. Grâce à cette disposition, l'effort produit par les deux scieurs est le même, mais le travail est plus pénible qu'avec la scie européenne, qui ne travaille qu'en descendant et facilite le sciage par son propre poids.

La cannelle, écorce parfumée d'une lauracée qui croît spontanément dans les hautes forêts des Moïs, du Quang-Nam et du Quang-Ngaï, est l'objet d'un commerce très actif de la part des Chinois, qui l'emploient à toute espèce d'usages. On se la procure par voie d'échange, et le prix d'achat varie beaucoup suivant l'habileté des agents indigènes qui négocient les échanges avec les tribus Moïs. Les objets les plus appréciés par ces peuplades sont les cotonnades blanches ou de couleurs, les verroteries, le fil de cuivre, les poteries de Canton et les gongs. Les écorces à cannelle ne sont enlevées que sur une faible portion du tronc, de façon à ne pas faire mourir l'arbre et à réserver des récoltes ultérieures.

Les qualités sont très variables : l'Asiatique seul sait les différencier et les apprécier.

Les cannelles du Quang-Nam et du Quang-Ngaï sont les plus abondantes ; la production annuelle dépasse 200 000 kilogrammes.

Il existe également une espèce de cannelle dans le Than-Hoa ; elle est fort rare, son parfum est exquis ; réservée au roi d'Annam et à la cour de Hué, elle ne se trouve qu'exceptionnellement dans le commerce et atteint des prix fabuleux.

ZOOLOGIE

THÈSES DE LA FACULTÉ DES SCIENCES DE PARIS

M. G. SAINT-REMY

Contribution à l'étude du cerveau chez les arthropodes trachéates.

Nous ne pouvons suivre l'auteur dans les détails minutieux et nombreux où il a dû entrer pour formuler ses conclusions : il nous suffira de connaître ces dernières. Il a étudié les myriapodes, les arachnides et le péripatus. Les myriapodes ont un cerveau constitué sur le même type que celui des insectes ; ce cerveau comprend trois ganglions : le *protocérébron*, formé de deux lobes latéraux ou optiques, en relation avec les yeux ; et de deux lobes moyens ou frontaux, qui sont peut-être consacrés aux fonctions psychiques et qui donnent une paire de nerfs allant à des organes sensoriels voisins des antennes, à fonctions encore inconnues (organe de Tömösvary). Puis vient le *deutocérébron* formé de deux lobes antennaires, et derrière lui se trouve le *tritocérébron* formé aussi de deux lobes. Ce fait indique que la tête des myriapodes consiste en trois zoonites prébuccaux comme chez les crustacés et insectes, et les homologies nerveuses permettent d'établir une correspondance entre la lèvre supérieure des myriapodes et celle des insectes et crustacés.

Les arachnides présentent un cerveau organisé de la même façon, mais il est à noter que le *tritocérébron* est postbuccal. Pour M. Saint-Remy, les deux ganglions pré-

buccaux correspondent aux premier et troisième ganglions des insectes, myriapodes et crustacés, et le deuxième ganglion aurait disparu (celui qui correspond aux premières antennes des crustacés et aux antennes des insectes et myriapodes). Il est intéressant de noter que, chez les aranéides, le lobe optique se divise en deux lobules correspondant aux deux types d'yeux.

Enfin, chez le péripatus, la région prébuccale est réduite à une seule région qui est certainement l'homologue des cerveaux antérieur et moyen des crustacés et insectes, et probablement aussi, par sa partie postérieure, l'homologue du cerveau postérieur de ces animaux.

Telles sont les principales conclusions de cette thèse remplie de descriptions minutieuses et attentives, mais dont la lecture est difficile, en raison même de la nature du sujet. L'histologie du cerveau a été bien étudiée ; mais de physiologie, point.

CAUSERIE BIBLIOGRAPHIQUE

Dictionnaire de l'ameublement et de la décoration, par M. HENRY HAVARD. Tome IV. — Paris, Maison A. Quantin, 1890. — Prix : 55 francs (1).

Nous avons déjà rendu compte ici, à diverses reprises, du magnifique ouvrage que M. Havard publie sur l'ameublement. C'est, comme nous l'avons dit, une œuvre tout à fait

Fig. 60. — Seringue,
d'après les *Soins méridés* de Lawrence.

remarquable par l'érudition exacte et la précision minutieuse dans les détails. Au point de vue de l'exécution typographique, elle est irréprochable, et les très intéressantes gravures mêlées au texte rendent l'ouvrage d'une rare perfection.

D'ailleurs les figures que nous donnons ici permettront à

(1) A la demande d'un grand nombre de nos lecteurs, nous indiquerons désormais, autant que possible, le prix des ouvrages dont nous rendrons compte.

nos lecteurs de se former une bonne idée du plan de l'ouvrage.

A vrai dire, ce livre s'éloigne un peu des livres *scienti-*

fiques dans le sens général qui est attaché à ce mot. Cela nous interdit d'en parler avec trop de détails. Toutefois, nous pouvons signaler quelques chapitres curieux, notam-

Fig. 61. — Palette à saigner,
d'après une estampe d'Abraham Bosse.

Fig. 62. — Gentilhomme verrier achevant un verre,
d'après une estampe de Radel.

ment sur la verrerie et la porcelaine, arts qui touchent de très près à la science.

On parle souvent, en effet, des privilèges des gentilshommes verriers. Ils étaient en réalité assez considérables : « Ils avaient, dit M. Havard, la facilité de prendre dans les forêts avoisinant leurs usines tout le bois destiné à l'alimentation de leurs fours, et toutes les fougères nécessaires pour faire de la soude. On leur

accordait en outre la permission de faire paître un certain nombre de porcs, de chasser le gibier du prince dans un rayon déterminé, autour de leurs établissements, et de pêcher dans les rivières et ruisseaux. Ils étaient exemptés de toutes tailles, aydes, subsides, d'ost, de gîte et de chevauchées. Ils pouvaient en outre faire voyager leurs marchandises et les transporter où bon leur semblait, « *sans que eulx ou ceulx qui meneront ou qui por-*

teront lesdits verres soient tenus, à cause de ces desdits verres, de payer aulcun passage, gabelle, ni tribut quelconque ». En Normandie, les privilèges étaient à peu près les mêmes. Ouvriers et patrons, tous devaient être gentilshommes, et de cette communauté de conditions naissait une cordialité qui

Fig. 63. — Vue d'une verrerie au XVIII° siècle,
d'après une estampe de Radel.

n'existait pas dans les autres industries. Si le gentilhomme ouvrier était obligé de prendre son dîner dans la fabrique auprès du four, à cause des nécessités du service, le soir il s'asseyait pour souper à la table du maître. Il recevait des gages élevés, environ treize cents livres par an : son patron devait nourrir son chien et son cheval, et lui fournir pendant le travail du cidre à volonté. Enfin, il avait droit de

porter l'épée et le chapeau à plumes. »

Les deux autres figures que nous donnons se rapportent à des pratiques médico-chirurgicales qui ont à peu près complètement disparu. Du temps de Molière, le *saignare*, *purgare* et *clysterizare*, était la base de la médecine. Il est heureux que les usages médicaux se soient modifiés et que les saignées, les purgations et les clystères soient moins à la mode. Si, dans deux siècles, on fait un dictionnaire de l'ameublement de la fin du

XIX° siècle, la palette et la seringue tiendront heureusement une toute petite place.

Il faut féliciter l'auteur et les éditeurs, non seulement d'avoir mené à bien ce bel ouvrage, mais encore de l'avoir achevé aussi vite. Ces grands dictionnaires sont généralement interminés et interminables, et il faut plusieurs géné- rations pour en voir la fin, tandis que ce dictionnaire de l'ameublement a été exécuté en quatre ans, sans que les derniers volumes témoignent d'une hâte fâcheuse. Cela tient

Fig. 64. — Le peintre verrier, d'après Jost Amman.

sans doute à ce que M. Havard a tout fait par lui-même, au lieu de s'en remettre à des collaborateurs négligents et in- différents.

Électricité et optique. — Les théories de Maxwell et la théorie électro-magnétique de la lumière; leçons professées pendant le se- cond semestre 1888.1889, par H. POINCARÉ, membre de l'Institut, rédigées par J. Blondin, agrégé de l'Université. — Paris, Georges Carré, 1890.

Les théories de Maxwell sur l'électricité et sur l'optique ont fait l'objet des leçons professées à la Sorbonne pendant le second semestre de l'année scolaire 1888.1889 par M. Poin- caré.

Par une édition française du *Treatise on Electricity and Magnetism* on connaît déjà les doctrines du célèbre physi- cien anglais; on sait ce qu'elles contiennent d'obscur; on voit combien il est difficile d'en dégager l'idée fondamen- tale.

« Pourquoi les idées du savant anglais ont-elles tant de peine à s'acclimater chez nous, dit M. Poincaré, dans la re- marquable introduction de son livre? C'est sans doute que l'éducation reçue par la plupart des Français éclairés les dispose à goûter la précision et la logique avant toute autre qualité. » Les anciennes théories de la physique ma-

thématique donnaient à cet égard une satisfaction com- plète.

Dans l'œuvre de Maxwell, on ne trouve pas une explica- tion mécanique de l'électricité et du magnétisme; l'auteur se borne à démontrer que cette explication est possible. Il ne cherche pas à construire un édifice unique, définitif et bien ordonné; il semble plutôt qu'il élève un grand nombre de constructions provisoires et indépendantes, entre les- quelles les communications sont difficiles et quelquefois impossibles. L'idée fondamentale se trouve de la sorte un peu masquée. Dans ses leçons, M. Poincaré s'est attaché à la faire ressortir. Sans s'astreindre à suivre la forme adoptée par Maxwell, le professeur expose successivement l'élec- tro-statique, l'électro-kinétique, le magnétisme, l'électro- magnétisme et l'électro-dynamique.

En traitant des diélectriques, il montre comment, à l'aide de légères modifications, les théories de Poisson et de Mos- sotti conduisent aux mêmes conséquences que celle de Maxwell.

Les chapitres IX et X sont consacrés à l'induction et aux équations qui s'y rattachent.

De nombreuses additions résultant des recherches ré- centes ont été faites, dans le chapitre XI, à la théorie élec- tro-magnétique de la lumière, telle que l'a conçue Maxwell.

Le chapitre XII traite de la polarisation rotatoire magné- tique; on y trouve les théories de Maxwell, de M. Potier, de M. Rowland. C'est là que s'arrête le cours de M. Poin- caré; la publication en est due à l'initiative de l'Association amicale des élèves et anciens élèves de la Faculté des sciences. Le maître, absorbé par des travaux d'un ordre supérieur, ne saurait, dans bien des cas, se préoccuper de rédiger, de mettre au point des leçons orales dans lesquelles l'improvisation a quelquefois une large part. C'est alors un élève, un agrégé, un licencié tout au moins qui veut bien se charger de recueillir la parole du maître, de la condenser ou de la développer, suivant le cas, de telle sorte que le professeur n'ait plus qu'à donner à l'ouvrage une sorte de consécration.

Électricité et optique a été publié dans cet ordre d'idées: le cours de M. Poincaré a été rédigé par M. J. Blondin, agrégé de l'Université. M. Blondin y a ajouté un chapitre qui est son œuvre personnelle.

Les expériences ayant pour but de vérifier la théorie de Maxwell sont consignées dans ce dernier chapitre; toute- fois, M. Poincaré a estimé que la discussion des expériences de M. Hertz, ainsi que les théories électro-dynamiques d'Helmholtz, seraient mieux à leur place dans la seconde partie de cet ouvrage qui paraîtra bientôt.

La Santé de nos enfants, par M. A. CORTVRAUD. Un vol. in-16; Paris, J.-B. Baillière, 1890. — Prix : 3 fr. 50.

En un pays où le meilleur moyen qu'on ait encore pro- posé, pour en retarder la dépopulation, est de diminuer la mortalité dans toute la mesure du possible, la santé des enfants est assurément le bien le plus précieux. Le petit livre que vient d'écrire M. Coriveaud sur cet intéressant sujet, n'a pas la prétention d'être un traité d'hygiène infantile : c'est un simple recueil de bons conseils que l'auteur adresse aux parents soucieux de la santé de leurs enfants, aux mères de famille surtout; bons conseils, disons-nous, qui n'ont pas seulement à lutter contre l'ignorance pure et simple, mais qui devront aussi déraciner des préjugés populaires qui sont bien autrement dangereux que l'ignorance.

Nous signalerons particulièrement, dans ce livre, quelques pages très judicieuses sur l'état actuel et les *desiderata* de l'inspection des écoles. Tout le monde s'accorde maintenant pour reconnaître que les écoles sont les grands foyers de contagion où les enfants vont semer et prendre les fièvres éruptives, la diphtérie, les maladies de peau, etc., et que c'est à cette source de contagion qu'il faudrait vigoureusement s'attaquer, si l'on voulait que l'hygiène pratique profitât enfin de tous les progrès de l'hygiène théorique. Car c'est une chose remarquable, qu'on meurt tout autant aujourd'hui qu'il y a trente ans des maladies infectieuses, bien que, depuis ce temps, on ait résolu presque complètement les problèmes de leur étiologie et de leur prophylaxie; et même la rougeole et la diphtérie font dans nos populations urbaines des ravages progressifs, dont la raison est manifestement dans l'insuffisance de l'inspection des écoles. Cette inspection est, en effet, pratiquée de telle sorte que les convalescents et les malades atteints seulement des formes atténuées des maladies contagieuses — formes qui sont graves surtout au point de vue de la contagion, puisqu'elles n'immobilisent pas les enfants dans leur famille — que ces enfants, disons-nous, continuent à vivre au milieu de leurs camarades et à semer autour d'eux des germes dont un trop grand nombre seront mortels. Mais pourquoi cette inspection est-elle si mal faite, objectera-t-on, puisque enfin il y a une inspection des écoles? M. Coriveaud va nous le dire : c'est que « le décret du 18 janvier 1887 se contente d'insinuer, sous forme de *desideratum* plutôt que d'injonction, que MM. les médecins s'assureront de la salubrité des écoles et de l'état sanitaire des élèves pendant *leurs tournées de clientèle.* Si ceux qui ont libellé cette formule savaient ce que sont ces tournées à la campagne, ils se seraient abstenus de faire cette ironique et impraticable invitation. On n'étudie pas les conditions de salubrité d'un immeuble scolaire ou l'état sanitaire d'une cinquantaine d'enfants, comme cela, en passant... L'examen des élèves, pour être utile, doit être méthodique et régulier; il nécessite de la part de celui qui le fait, outre des connaissances spéciales, une indépendance dont le jouit pas, à l'ordinaire, le médecin praticien. Il est toujours délicat de placer un fonctionnaire entre ses intérêts et son devoir... Si l'on veut que l'inspection médicale des enfants procure tous les avantages qu'on est en droit d'attendre d'elle, au premier rang desquels se place l'extinction, à leur foyer même, d'un grand nombre de maladies épidémiques, et la préservation pour beaucoup d'enfants d'infirmités incurables plus tard, il faut en faire un service spécial et rétribué. Il faudrait surtout centraliser entre les mains d'un personnel compétent les services actuellement répartis entre des agents aussi nombreux que bénévoles. Médecins des épidémies, médecins vaccinateurs, inspecteurs des enfants assistés, des écoles, bientôt de la salubrité, autant de fonctions actuellement gratuites ou à peine rémunérées, et dont les titulaires sont choisis en dehors de toute considération scientifique. La vérité est — et de récents rapports mettent ce fait en relief — que les résultats ne sont pas pourtant ce qu'ils devraient être. C'est qu'on ne s'improvise pas médecin sanitaire du jour au lendemain ».

Nous irons plus loin que M. Coriveaud, et nous dirons que les résultats sont partout insignifiants, même à Paris, et que nous n'avons de l'hygiène publique, en matière d'inspections des écoles, qu'une simple étiquette. L'État en a pour son argent, mais les familles, qui se reposent sur la foi d'une institution qui n'existe que le papier, commettent des imprudences dont elles ne sont pas responsables, et les petits Français, déjà si peu nombreux, continuent à voir leurs rangs s'éclaircir.

ACADÉMIE DES SCIENCES DE PARIS

24 NOVEMBRE — 1ᵉʳ DÉCEMBRE 1890.

ASTRONOMIE. — M. l'amiral Mouchez communique le résultat des observations de la nouvelle comète Zona (découverte à Palerme, le 15 novembre 1890) faites par M. G. Bigourdan à l'équatorial de la tour de l'Ouest de l'Observatoire de Paris.

Cette comète, aperçue un instant dans une très courte éclaircie, le 17 novembre, a paru assez brillante, et le 24 novembre, par un ciel parfaitement pur, elle était très faible et se présentait sous l'aspect d'une petite tache blanche, ronde, de 1′ environ de diamètre, avec condensation centrale assez diffuse et d'aspect un peu granulé.

— M. l'amiral Mouchez communique aussi le résultat des observations de cette nouvelle comète, faites le 24 novembre dernier par Mlle D. *Klumpke* à l'équatorial de la tour de l'Est de l'Observatoire de Paris, observations faites par angles de position et distances. La comète, à cette date, paraissait assez brillante avec noyau de condensation.

MÉTÉOROLOGIE. — Le 1er octobre dernier, entre 3 heures et demie et 4 heures du soir, un phénomène astronomique des plus étranges s'est produit inopinément dans l'enceinte des usines de Fourchambault (Nièvre). En voici le compte rendu d'après une note de M. *Doumet-Adamson :*

Jusque vers 3 heures et demie, le ciel avait été pur et l'atmosphère absolument calme, mais lourde. A ce moment, un gros nuage, coloré en jaunâtre, s'avança rapidement de la direction ouest-nord-ouest, obscurcissant l'atmosphère et paraissant menacer d'une averse. Quelques instants après, les feuilles tombées commencèrent à tourbillonner sur le sol et presque instantanément se produisit une trombe de vent d'une telle violence qu'en moins de deux ou trois minutes, une quinzaine des plus gros arbres du parc situé en avant de l'habitation du directeur, M. Fayol, furent brisés ou renversés. En même temps, d'importants dégâts avaient lieu sur diverses toitures des bâtiments de l'usine. Bien que le vent se soit engouffré avec assez de force pour empêcher de fermer les portes des deux façades, le bâtiment d'habitation, placé à environ 20 mètres au nord des premiers arbres brisés, n'a pas souffert; il en est de même des constructions de l'usine placées au sud.

Quelques minutes après, l'atmosphère redevenait calme et le ciel pur, avec seulement quelques petits nuages. Quelques gouttes de pluie étaient tombées pendant la tourmente. Aucune différence sensible de température n'a été observée, ni pendant ni après le phénomène. Aucune manifestation électrique ne s'est produite non plus. Quant à la marche du baromètre, elle n'a pas été observée.

Les divers dégâts constatés, soit sur les arbres, soit sur les toitures des bâtiments, sont compris exclusivement dans un espace à peu près ovale de 400 mètres environ de l'O.-N.-O. au S.-S.-E., et 200 mètres à peu près dans le sens N.-S. L'action la plus violente paraît s'être produite dans le demi-cercle nord; du côté opposé, les dégâts sont nuls ou insignifiants. Le tourbillon n'a pas sévi en dehors du périmètre indiqué plus haut, ni au nord, ni au sud des usines. Dans l'ouest, de l'autre côté de la Loire, à environ 800 mètres de Fourchambault, quelques arbres ont été endommagés, mais d'une manière peu importante. A l'est de l'usine, quelques arbres ont eu des branches cassées ou tordues, et les toitures de certains bâtiments, ainsi que celle de la gare des marchandises du chemin de fer, ont subi de légères atteintes, tandis que l'avenue qui conduit à la gare (au sud-est des usines) et qui est plantée de gros arbres sur une longueur de 300 mètres environ ne montre aucune trace de l'action du tourbillon. Enfin, dans la direction de Nevers, sur les confins de Fourchambault, le vent a soufflé avec violence sans cependant causer de dégâts appréciables. La direction du vent, avant et après la trombe, était sensiblement de l'ouest.

Tous les arbres cassés dans le jardin de l'usine l'ont été à une hauteur d'environ 10 à 12 mètres; un seul, un gros acacia, a été brisé à 50 centimètres du sol, où il avait 70 centi-

mètres de diamètre; il est vrai que cet arbre n'était pas sain du pied. Du reste, plus on se rapproche du sol, moins l'action paraît avoir été intense. De plus, toutes les grosses branches maîtresses des arbres mutilés dénotent, par leur cassure, non pas une action en ligne droite, mais une torsion en tire-bouchon, accusée par le clivage des brisures qui est uniformément infléchi dans le sens de la marche des aiguilles d'une montre, ce qui indique une giration inverse de celles des cyclones. Enfin, ajoutons que, sur les diverses toitures atteintes, seul le versant regardant l'ouest ou l'ouest-nord-ouest a subi des dégâts, et partout les tuiles ou ardoises ont été, non pas enlevées et portées au loin, mais simplement rebroussées ou traînées de bas en haut par places et accumulées un peu au-dessus, en manière de crêtes ou d'arêtes saillantes.

En résumé, des constatations faites par M. Doumet-Adanson et des renseignements que M. Fayol, directeur des houillères et usines de Commentry et de Fourchambault, lui a fournis, il résulte que le phénomène météorologique du 1er octobre 1890 paraît être une trombe ou tornado d'une violence extrême, ayant eu un parcours très restreint de l'ouest à l'est et ne dépassant pas 200 mètres de largeur du nord au sud. Le peu d'étendue des effets observés, ainsi que la torsion du bas en haut des branches d'arbres arrachées ou cassées, de même aussi que la giration *ascendante* imprimée aux ardoises et aux tuiles des toitures, semblent indiquer que ce tornado s'est formé sur place et s'élevant ensuite rapidement dans l'atmosphère.

PHYSIQUE. — M. *Édouard Branly* fait connaître les résultats des expériences qu'il a entreprises sur les variations de conductibilité avec diverses influences électriques. Dans un certain nombre de ces expériences, il a pris comme conducteur une couche très mince de cuivre porphyrisé — y ajoutant quelquefois un peu d'étain pour faciliter l'adhérence — étendue sur une lame rectangulaire de verre dépoli ou d'ébonite de 7 centimètres de longueur et 2 centimètres de largeur. Cette couche, polie avec un brunissoir, prend une résistance qui peut varier de quelques ohms à plusieurs millions, pour un même poids de métal. La communication avec un circuit est établie par deux étroites bandes de cuivre, parallèles aux petits côtés du rectangle de la lame et appliquées au moyen d'une vis à mouvement lent. Quand on soulève les deux bandes de cuivre, la lame se trouve entièrement isolée de toute communication.

M. Branly a employé aussi, comme conducteurs, de fines limailles métalliques de fer, aluminium, antimoine, cadmium, zinc, bismuth, etc., quelquefois mêlées à des liquides isolants. La limaille est versée dans un tube de verre ou d'ébonite, où elle est comprise entre deux tiges métalliques.

CHIMIE. — On se rappelle que MM. Frémy et A. Verneuil ont, dans leurs très curieuses et très intéressantes recherches sur le rubis artificiel, dont ils ont communiqué les résultats à l'Académie dans l'une des dernières séances (1), attribué la teinte bleue, qu'ils ont observée, *probablement au chrome.*

A ce propos, *M. Jules Garnier* demande l'ouverture du

_____

(1) Voir la *Revue scientifique* du 15 novembre 1890, p. 634, col. 1.

pli cacheté qu'il a adressé le 10 mai 1887, contenant la formule d'un bleu très comparable au bleu de cobalt, mais qui ne contient pas de cobalt et peut se produire à très bas prix. Le procédé qu'il a employé consiste à fondre ensemble, dans un creuset brasqué, dans certaines proportions, du chromate de potasse, du spath fluor et de la silice; il obtient ainsi un verre d'un beau bleu entouré d'une pellicule de chrome métallique que l'on peut recueillir.

M. Garnier pense que la couleur bleue observée par MM. Frémy et Verneuil est due à une action réductrice. Il ajoute, enfin, que, suivant les conditions de l'expérience, on obtient des gemmes dont la coloration est *bleue* ou *violette*, de sorte qu'il semblerait, dit-il, que le chrome peut donner, dans la voie sèche, toute une gamme de couleurs, suivant qu'on agit à une température plus ou moins élevée et sous une action plus ou moins réductrice.

Économie rurale. — Lorsqu'il a entrepris ses recherches sur l'amélioration de la culture de la pomme de terre, *M. Aimé Girard* avait pour objectif principal de préparer, à la distillerie des pommes de terre en France, une situation égale à celle qu'elle occupe en Allemagne. Aujourd'hui, du travail qu'il présente à l'Académie, il ressort que les résultats culturaux de 1888 et 1889, et ceux plus remarquables encore de 1890, permettent de considérer comme résolue la question de l'abondance et de la richesse des récoltes en pommes de terre, d'où il suit que l'application de ces récoltes à la production de l'alcool appartient désormais à la technologie agricole.

Pour éclairer les cultivateurs français sur les avantages économiques de cette application, si fructueuse en Allemagne, M. Girard a soumis dans la ferme de M. Michon, à Crépy-en-Valois, au printemps dernier, la distillation de la pomme de terre au contrôle scientifique. Les expériences ont duré deux mois, pendant lesquels 78 000 kilogrammes de pommes de terre ont été transformés en alcool et, bien que ces pommes de terre (variété Chardon) ne continssent que 16 pour 100 de fécule, on a obtenu un rendement de $11^l,17$ à $11^l,20$ d'alcool à 100° par 100 kilogrammes, soit qu'elles fussent travaillées seules, soit qu'elles fussent additionnées d'un sixième de maïs, dans le but d'améliorer les vinasses.

A la suite de ces essais, la question de l'emploi par la distillerie agricole des pommes de terre françaises pouvait être considérée comme résolue; cependant, M. Aimé Girard a voulu, avant de les faire connaître, attendre les résultats de la distillation de tubercules riches comme ceux de la variété Richter's Imperator. Il a pu, dans ces derniers jours, obtenir des résultats de cet ordre dans la grande distillerie de M. Maquet, à Fère-Champenoise. Les tubercules employés étaient riches à 20,9 pour 100 de fécule; ils ont fourni $14^l,33$ d'alcool à 100° par 100 kilogrammes de pommes de terre, soit un rendement équivalent à celui que donneraient 40 kilogrammes de maïs ou 250 kilogrammes de betteraves au moins. Or, en évaluant à 30 000 kilogrammes seulement le rendement cultural de la pomme de terre Richter's Imperator, c'est une production de 4300 litres d'alcool à l'hectare; semblable résultat n'avait jamais été atteint jusqu'à présent.

L'auteur ajoute que les flegmes produits dans ces conditions sont d'une qualité remarquable; ils sont aussi purs que les meilleurs flegmes de betterave ou de grain; la rec-

tification en est plus aisée, et l'alcool qu'ils fournissent se recommande par une neutralité parfaite.

Quant aux vinasses, leur composition leur assigne, d'après les mercuriales actuelles, une valeur de 0 fr. 86 par hectolitre, c'est-à-dire une valeur égale à la moitié de celle de la vinasse de maïs. De plus, le rendement de la vinasse de pommes de terre étant de 180 litres par 100 kilogrammes de pommes de terre, son emploi à l'alimentation du bétail apporte, au prix de revient, une décharge de 1 fr. 54 par 100 kilogrammes de tubercules. Enfin la valeur alimentaire de cette vinasse, expérimentée pendant deux mois sur 80 bêtes de l'espèce bovine, dans les étables de M. Michon, où elles ont vécu d'une ration dans laquelle 50 litres de cette vinasse venaient s'ajouter à la pulpe de betterave et au foin, a été absolument prouvée par les résultats qu'elle a donnés au point de vue de l'entretien et de l'engraissement des animaux. M. Aimé Girard conclut donc, en résumé, de tous ces faits :

1° Que l'opinion qui faisait considérer comme impossible le succès, en France, de la distillerie agricole des pommes de terre, doit être regardée en France comme un préjugé;

2° Que nous possédons dans notre pays une matière première égale à celle qui a donné à la distillerie agricole allemande une grande situation;

3° Que les essais entrepris dans les établissements de M. Michon et de M. Maquet démontrent que la France n'a rien à envier à ses voisins sous le rapport des procédés techniques.

Ce sont là des faits de la plus haute importance.

Chimie biologique. — *M. René Drouin* a repris, à l'aide d'une méthode nouvelle, l'étude si intéressante pour le physiologiste et pour le médecin (et pourtant si peu avancée malgré les travaux de Lassar, Lépine, Landois, Jaksch, etc.) des variations de l'alcalinité du sérum sanguin suivant les espèces animales, le sexe, l'âge, le régime, les maladies et l'influence thérapeutique.

Sur $1^{cc},5$ de sérum (quantité que l'on obtient facilement chez l'homme à la suite de la simple piqûre du doigt), il effectue les trois opérations suivantes:

1° *Hémato-alcalimétrie* : Dosage de l'alcalinité de $1/2^{cc}$ de sérum à l'égard de la phtaléine du phénol, avec une approximation de 1/50° de milligramme de SO^4H^2;

2° *Hémato-acidimétrie* : Dosage du CO^2 libre et des acidités non saturées des carbonates acides, phosphates bisodiques, urates acides, etc. (sur $1/2^{cc}$ de sérum);

3° *Dosage de l'eau* (sur $1/2^{cc}$ de sérum) : Ce dosage, outre l'intérêt qu'il présente par lui-même, permettant de rapporter à 1 gramme de résidu sec le résultat des deux opérations précédentes.

En opérant ainsi sur un grand nombre d'animaux vertébrés, et en énumérant ses résultats dans l'ordre des alcalinités croissantes, M. René Drouin a observé que les espèces étudiées par lui se trouvaient groupées par classes zoologiques dans l'ordre suivant : poissons, reptiles (sauriens et ophidiens), batraciens, mammifères, oiseaux. *Ce qui est précisément aussi l'ordre suivant lequel augmente l'activité des combustions respiratoires*, comme si l'alcalinité du milieu (ainsi que la chimie pure en fournit de nombreux exemples) favorisait ici l'intensité des oxydations intérieures.

— M. Chauveau présente un travail de *M. Mallèvre* sur

l'influence de l'acide acétique sur les échanges gazeux respiratoires.

L'acide acétique est un produit important de la fermentation de la cellulose dans le tube digestif des herbivores. Introduit à l'état d'acétate de soude dans le sang de lapins, il y exerce une action caractérisée par un fort abaissement des quotients respiratoires $\left(\dfrac{CO^2}{O}\right)$, qui passent de 1,04 — 0,77 à 0,86 — 0,69, et par une augmentation de 14 pour 100 en moyenne dans la consommation de l'oxygène. En même temps, la fréquence et l'énergie du pouls ainsi que les mouvements péristaltiques de l'intestin se trouvent accrus.

Les conclusions auxquelles conduit la discussion des résultats obtenus peuvent se résumer ainsi. Dans les conditions de l'expérience, l'acide acétique est oxydé en grande partie au fur et à mesure de son introduction dans le courant sanguin; il possède une valeur nutritive tout en se distinguant, à ce point de vue, des principaux aliments, tels que les peptones, les graisses, la glucose. Ces derniers, en effet, pour subvenir aux besoins de l'organisme, se substituent les uns aux autres en quantités isodynames quand le travail de digestion est exclu. Il n'en est pas ainsi pour l'acide acétique, parce que, parallèlement à l'oxydation de ce composé, il se produit une augmentation dans la dépense d'énergie de l'organisme.

ZOOLOGIE. — Voici les traits fondamentaux de la spermatogénèse chez les *Locustides* tels que *M. Armand Sabatier* les fait connaître dans sa communication :

1° Formation, dans le protoplasme, d'une vésicule située du côté du pôle caudal ou vésicule protoplasmique;

2° Accroissement et allongement de cette vésicule, dont les parois se revêtent intérieurement de grains chromophiles. Cette vésicule, devenue fusiforme et vivement colorable, constitue ce que l'on considère comme la tête du spermatozoïde;

3° Les grains de nucléine du noyau deviennent vésiculeux et forment un groupe de vésicules dites *nucléaires*, qui, en se fusionnant et en perdant leur affinité pour les colorants nucléaires, constituent la coiffe céphalique en forme d'ancre. Elles représentent ce qui reste du noyau qui s'est donc altéré et a perdu ses caractères nucléaires. La dégénérescence du noyau comme noyau est donc un des traits principaux de la spermatogénèse chez les *Locustides*;

4° Le protoplasme de la cellule s'allonge sous forme de queue, dans l'axe de laquelle apparaît un filament qui restera comme queue du spermatozoïde.

— En 1863, MM. Van Beneden et Hesse ont trouvé, sur les téguments d'un Clyménien, un être pour lequel ils ont créé le genre *Cyclatella*, qu'ils ont placé dans la famille des Tristomidés, tout en faisant remarquer que ce singulier animal qui, sous plus d'un rapport, rappelle un Loxosome, pourrait bien, par la suite, ne pas conserver la place qu'ils lui assignaient.

L'année suivante, Leuckart le considéra, de son côté, comme identique à un genre de Bryozoaires (*Loxosoma*) découvert par Kefersten sur une autre annélide, *Capitella rubicunda*. Nitsche, en 1876, adopta cette opinion, tandis que pour O. Schmidt la *Cyclatella* n'était pas un Bryozoaire, mais devait rester à côté des Trématodes.

Pendant son séjour au laboratoire de Roscoff, *M. Henri*

Prouho a pu étudier à son tour une *Cyclatella annelidicola* sur un Clyménien et constater que, au point de vue de son organisation interne, le genre *Cyclatella* ne différait en rien du genre *Loxosoma* et qu'aucun caractère ne permettait de le rapprocher des Trématodes.

BOTANIQUE. — M. Daubrée présente une photographie de *M. Gustave Nordenskjold* montrant la disposition de la *neige rouge* sur les montagnes de la côte ouest du Spitzberg.

Pendant le voyage que ce jeune explorateur vient de faire dans les régions polaires, il a observé cette coloration rose sur presque toutes les montagnes. Cet été, la végétation qui a produit s'était donc développée d'une manière tout à fait extraordinaire. La photographie de M. Nordenskjold a été prise à Foulbay (79° 50') le 17 août 1890.

MINÉRALOGIE. — Au cours de l'exploration de la feuille de Foix (Ariège) pour le service de la Carte géologique, *M. A. Lacroix* a découvert, au port de Saleix, à quelques mètres au-dessous du point par lequel on passe de la vallée de Vicdessos dans celle d'Aulus, une roche éruptive, à gros grains, montrant à l'œil nu, en proportions à peu près égales, un élément blanc et un élément noir. L'étude pétrographique qu'il en a faite, ainsi que de la roche de Ponzac, montre que ces deux roches, différentes entre elles, offrent un exemple du développement du dipyre dans une roche feldspathique par voie secondaire, transformation modifiant la structure, la rendant plus granitoïde dans le cas d'une roche déjà grenue, ou granitoïde dans le cas d'une roche ophitique ou microlithique.

GÉOLOGIE EXPÉRIMENTALE. — Des expériences faites il y a quelque temps déjà et dont il avait alors rendu compte à l'Académie avaient permis à *M. Daubrée* de préciser le rôle des gaz à haute tension, lors du parcours des météorites au travers de l'atmosphère terrestre. Elles l'ont conduit, depuis lors, à se demander si la dynamique des gaz, dont les intenses pressions souterraines nous sont attestées chaque jour par les phénomènes volcaniques et sismiques, n'est pas intervenue dans bien des circonstances pour produire des effets considérables dans l'épaisseur de l'écorce terrestre, notamment l'ouverture des cheminées diamantifères de l'Afrique australe, celles aussi de beaucoup de canaux volcaniques.

On sait, d'après un mémoire de M. Moulle, que les gisements diamantifères du Cap forment, sans exception, des masses cylindroïdes s'enfonçant normalement dans le sol et remplissant de véritables cheminées taillées, comme à l'emporte-pièce, dans les roches sous-jacentes, sédimentaires et éruptives. Toutes ces cheminées ont une section circulaire, elliptique ou réniforme, sans orientation spéciale. Leur diamètre peut varier de 20 mètres à 450 mètres; il est généralement compris entre 150 et 350 mètres. Leur calibre se rétrécit généralement dans la profondeur et leurs parois sont toujours parfaitement lisses et finement striées de bas en haut. Ces stries toutes parallèles attestent très nettement un frottement énergique et une poussée verticale de bas en haut de la matière contenue dans la cheminée, dont le remplissage consiste en roches fragmentaires, la plupart silicatées et magnésiennes, dans lesquelles sont disséminés les diamants. De plus, tous ces gisements de roches diamantifères se sont présentés primitivement comme surmontés d'une légère éminence de quelques mètres de hauteur.

Or il s'agissait de savoir comment ces canaux verticaux ou cheminées avaient été ouverts. La communication que M. Daubrée fait aujourd'hui est relative aux expériences qu'il a entreprises dans ce but au laboratoire des poudres et salpêtres. Après avoir très minutieusement exposé le procédé fort ingénieux auquel il a eu recours, pour perforer par des gaz divers échantillons de roches, tels que calcaire grossier, calcaire siliceux très dur, gypse saccharoïde, ardoise d'Angers, granite de Bretagne, etc., il énumère les résultats obtenus les plus importants.

Il montre ainsi comment les gaz doués de très hautes pressions et animés de grandes vitesses attaquent toutes les roches, se renouvelant sans interruption, aidés d'ailleurs d'une température fort élevée et d'une vitesse qui excède 1300 mètres par seconde, ils s'acharnent, pour ainsi dire, comme à une proie, contre la paroi qu'ils frottent, et il est très remarquable qu'il suffise de 30 grammes de gaz, agissant pendant une faible fraction de seconde, pour opérer une série d'effets mécaniques et calorifiques. Non seulement ils produisent des érosions sur les parois des cassures, à travers lesquelles ils se frayent une voie; mais si, en quelques points de ces cassures, ils rencontrent un passage relativement facile, ils y concentrent leur action et y perforent des canaux se rapprochant plus ou moins de formes cylindriques.

Les résultats de l'expérience présentent, en un mot, avec les formes, les caractères et la disposition des canaux diamantifères de l'Afrique australe, des analogies bien remarquables qui viennent en éclairer l'origine.

Quant à la nature des fluides électriques qui ont agi, si on l'ignore encore, on sait cependant que l'expérience constate, à chaque instant, de manière même à en être gênée, la présence de gaz carburés à forte tension emprisonnés dans les roches.

E. RIVIÈRE.

INFORMATIONS

Nous apprenons la mort de M. Shirley Hibberd, rédacteur en chef du *Gardener's Magazine*, et adepte militant de l'horticulture pour laquelle il a d'ailleurs beaucoup fait.

Une tentative commerciale fort intéressante vient d'être couronnée de succès. Deux bateaux anglais, chargés de marchandises, ont pu aller de Londres à Karaoul sur l'Yénisséi, en passant par la mer de Kara : le voyage ayant pris quatre-vingt-quatre jours en tout, de Londres à Londres. Pour M. Nordenskiöld, c'est là un fait qui sera aussi important que l'a été la première arrivée au Portugal de vaisseaux chargés de marchandises de l'Inde : la Sibérie lui paraît pouvoir prendre un développement comparable à celui des États-Unis.

M. Langley et M. Very ont communiqué à l'Académie des sciences de New-York un important travail sur la phosphorescence des insectes. Ils ont étudié le *Pyrophorus noctilucus* de Cuba, et en comparant la chaleur émise par l'insecte avec celle d'un brûleur de Bunsen de même luminosité, ont trouvé que l'insecte ne donne que 1/400° de la chaleur du brûleur. D'où ils concluent que la nature produit la lumière à un prix de revient infiniment moindre, c'est-à-dire avec une dépense inutile (sous forme de chaleur) de beaucoup inférieure.

Le *British Museum* vient d'acheter la collection d'ornements fossiles recueillis depuis deux ou trois ans à Samos, par M. Forsyth-Major. Le gisement de Samos est contemporain du célèbre gisement de Pikermi, si bien étudié par notre compatriote, M. A. Gaudry, et présente cet avantage que les fossiles se dégagent plus sûrement de la roche encaissante. Nombre d'espèces nouvelles ont été découvertes dans la nouvelle station.

Une Exposition universelle et internationale doit avoir lieu à Bordeaux en 1891, du 1er mai au 5 novembre.

Une Exposition nationale et coloniale aura lieu à Lyon en mai 1892.

Un Congrès international des sciences géographiques aura lieu à Berne (Suisse) du 10 au 15 août 1891.

CORRESPONDANCE ET CHRONIQUE

Les nouvelles mœurs scientifiques et la découverte de M. Koch.

Il est aujourd'hui certain que, dans le traitement de la tuberculose, une mémorable découverte a été faite. M. R. Koch, qui avait déjà découvert le bacille de la tuberculose, vient de trouver contre cette même tuberculose un remède héroïque. Il est encore un peu tôt pour pouvoir en apprécier exactement la valeur thérapeutique dans les formes cliniques multiples qui se présentent au médecin ou chirurgien. Dans les tuberculoses chirurgicales, le remède de M. Koch paraît avoir une efficacité admirable; dans les tuberculoses médicales, il semble être beaucoup moins puissant; quoi qu'il en soit, il est certain, et absolument certain, que c'est une magnifique découverte, et personne ne peut prétendre le contraire; mais on a le droit de se demander si l'homme qui l'a faite a eu, au point de vue moral, une conduite conforme à son mérite scientifique.

Jusqu'à ce jour, quand un savant avait trouvé quelque fait, d'importance médiocre ou d'importance fondamentale, il s'empressait de communiquer le résultat de ses travaux. Il gardait tout le bénéfice scientifique de sa découverte; en même temps il en retirait — ce qui est parfaitement honorable et légitime — quelques avantages pécuniaires, dans le cas où la chose était possible; mais il ne cachait pas les moyens à l'aide desquels il était arrivé à son but.

Quand l'immortel Jenner a trouvé la vaccine, il n'a pas battu monnaie avec le cowpox, cette lymphe merveilleuse qui empêche la plus hideuse des maladies de sévir sur les hommes. Il a dit comment et où il l'obtenait, et il s'est contenté d'un des grands bienfaiteurs de l'humanité, estimant son ambition satisfaite.

Quand M. Pasteur a trouvé la vaccination charbonneuse, il a indiqué avec une précision minutieuse, et dans les moindres détails, comment il préparait ce vaccin, et, s'il faisait payer quelques centimes la préparation obtenue, c'était à peu près le prix du verre qu'on fournissait, le laboratoire de l'École normale n'étant pas assez riche pour distribuer gratis des flacons de verre dans l'univers entier. D'ailleurs, rien n'était tenu secret, et chacun, à ses risques et périls, avait le droit de préparer le même vaccin.

Quand ce même M. Pasteur a trouvé le moyen de guérir la rage, il n'en a fait aucun mystère, et il a indiqué tous ses procédés. Des établissements scientifiques se sont fondés à Odessa, à Saint-Pétersbourg, à Rio-Janeiro, à Madrid; car tous les moyens que M. Pasteur mettait en œuvre, il les a, sans arrière-pensée, librement communiqués.

Même quand il s'est agi de médicaments chimiques, les procédés de préparation n'ont pas été tenus secrets. Je ne sache pas que Pelletier et Caventou aient dissimulé leur procédé d'obtention de la quinine pure. Ç'aurait été cependant une bien belle occasion de retirer de leur splendide découverte un bénéfice assez légitime. Mais ils étaient des naïfs, et ils ont fait connaître leur mode de préparation, de sorte qu'actuellement, les pharmaciens allemands eux-mêmes peuvent, sans effort, en se servant des moyens que Pelletier et Caventou leur ont enseignés, préparer industriellement du sulfate de quinine tout à fait pur.

Mais ce sont là vieilles mœurs scientifiques, et M. Koch est bien plus « fin de siècle ». Il entend profiter de ce qu'il a trouvé, en faire profiter son gouvernement et ses amis. Que son silence retarde de quelques années le progrès scientifique, que d'innombrables malades ne puissent, par suite de la mainmise sur le secret du procédé, en profiter d'aucune manière, ce n'est vraiment pas bien intéressant. L'essentiel est que M. Koch reste le seul inventeur.

Ce n'est pas que le prix soit très élevé, puisque le gramme ne coûte que 6 francs, et qu'on obtient des effets à la dose d'un milligramme. Après tout, guérir de la phtisie pulmonaire pour 6 ou 12 francs, ce n'est pas bien cher, et l'État prussien, qui a monopolisé le remède, n'est pas un pharmacien trop cher. Ce monopole est une invention barbare, sans exemple heureusement jusqu'à ce jour, et tout à fait contraire aux devoirs d'un savant envers l'humanité.

Supposons que M. Koch vienne à mourir : son secret mourra avec lui. Supposons qu'il ait approché de la découverte réelle qui est à faire, et qu'il ne l'ait pas faite, sait-on si les indications qu'il donnerait ne permettraient pas à quelque autre savant de faire cette découverte — celle-là irréprochable — qui arracherait à la souffrance et à la mort des milliers d'êtres humains?

Mais il faut être juste, et faire connaître la raison que M. Koch a donnée pour expliquer son silence. Cette raison doit être exposée au grand jour, car l'opinion publique, à cause sans doute de la grandeur de la découverte, a été pour le découvreur d'une indulgence presque scandaleuse. Eh bien, voici la raison que M. Koch a alléguée : c'est que sa méthode, pratiquée par des maladroits, serait extrêmement dangereuse. Aussi, par amour pour l'humanité, veut-il la tenir secrète. Et c'est tout. Il n'a pas donné d'autre excuse. Il suppose donc que lui seul est en état de préparer cette substance, et il admet implicitement que, s'il parlait, il ne voudrait pas dire tout, mais seulement une partie de ce qu'il sait. Il semble que son silence signifie : « Plutôt que de dire la moitié de la vérité, j'aime mieux ne rien dire du tout. »

En effet, s'il consentait à révéler, sans réticence et sans mensonge, les procédés qu'il a mis en usage, comme avant lui faisaient tous les savants de l'ancien et du nouveau monde, alors nulle difficulté; car il faut bien admettre qu'il

y a, de par le monde, à Paris, à Londres, à New-York, à Rome, à Moscou, à Vienne, à Bonn et à Munich, par-ci par-là, des chimistes ou des bactériologistes capables de répéter une expérience qu'on leur indique par le menu.

Pour notre part, après avoir lu le discours qu'un certain ministre prussien a prononcé l'autre jour sur ce sujet, nous ne doutons plus à présent que M. Koch a eu la main forcée. Le souverain a parlé, et parlé en souverain; il a voulu le monopole. Certes, en sa conscience de savant, M. Koch a dû souffrir de la violence qui lui était faite; mais l'empereur ne lui a pas permis de divulguer sa découverte; il a pensé qu'en la gardant pour lui, le gouvernement prussien acquerrait une denrée précieuse, glorieuse et utile : et il l'a achetée à M. Koch, qui, sans doute, la mort dans l'âme, a dû céder à son maître.

M. Koch s'est rendu compte qu'il risquait bien quelque chose; car si, avant qu'il ait publié sa méthode, quelqu'un venait à trouver ce qu'il croit avoir trouvé, le bénéfice scientifique de la priorité serait perdu pour lui, et il ne lui resterait plus que le bénéfice industriel, avec la croix de l'Aigle noir, et peut-être le regret d'une action peu honorable.

On nous permettra, pour finir, de rappeler ce qui s'est passé, non point en Allemagne, mais en France, l'année dernière. C'était à l'Académie des sciences. Il s'agissait d'un prix à donner. Un ingénieur français des plus éminents était en cause. Cet ingénieur est celui qui a doté notre pays de la poudre sans fumée. Assurément on a bien le droit de ne pas faire connaître un procédé de guerre, et ce serait un non-sens que d'indiquer urbi et orbi les moyens d'attaque ou de défense qu'on emploie. Eh bien, malgré l'importance de cette découverte, le prix lui a été contesté. M. Bertrand, en particulier, s'est énergiquement élevé contre l'attribution d'un prix de l'Académie à un procédé secret. M. Bertrand était dans les vieilles idées, et il n'admettait pas qu'une préparation tenue cachée, même quand c'est une poudre de guerre, fût un fait d'ordre scientifique.

Nous demandons à nos compatriotes de comparer la conduite de l'Académie des sciences avec celle de M. Koch et du gouvernement prussien.   CH. R.

La morbidité professionnelle selon l'âge et le sexe.

Le ministre du commerce et de l'industrie, dans le but de faire avancer le développement du bien-être dans les classes ouvrières, a récemment demandé au Conseil supérieur de statistique de l'éclairer sur les moyens de réunir les éléments de tables de morbidité des diverses professions. En même temps, la Commission supérieure des Sociétés de secours mutuels, regrettant l'absence de ces documents, étudiait le moyen de les rassembler. Chargé d'établir un rapport sur ce sujet, M. Jacques Bertillon a fait une étude spéciale des principales tables de morbidité existantes, et vient de donner les conclusions de cette étude, dans un récent article de la Revue d'hygiène (numéro de novembre).

M. Bertillon a d'abord constaté que ces tables de morbidité donnent toutes les résultats les plus discordants, dus à des différences dans la manière de compter. Les unes, en effet, ne comptent pas les maladies légères qui ne durent que quelques jours, tandis que d'autres ne comptent pas les maladies dites chroniques.

Seules, les tables de morbidité militaire sont concordantes, parce que la définition de la maladie chez le soldat (incapacité de servir) est forcément la même dans tous les pays :

Morbidité militaire dans les principaux pays de l'Europe.

	Moyenne journalière des malades en cours de traitement sur 1000 hommes.	Journées de maladie en un an pour 1 homme d'effectif.
Armée française (1) (1862-1866)	46,70	17,3
— anglaise à l'intérieur (1860-1865) .	45,55	17,2
— belge (1864-1869)	51,00	18,06
— des États-Unis (troupes blanches).	58,00	21,00
— — (troupes de couleur).	53,00	19,00
— allemande (1846-1863)	44,87	16,37
— austro-hongroise (2) (1869). . . .	36,20	13,20
— portugaise (2) (1861-1867)	34,00	13,00
— italienne (1870).	40,00	15,00

Ainsi, dans toutes les armées de l'Europe, il y a chaque jour 40 à 50 malades par 1000 hommes, et chaque soldat compte en moyenne 16 ou 17 jours d'incapacité de travail en un an. Malgré la diversité des règlements, il y a concordance remarquable entre les armées des différents pays, parce qu'ici c'est la nature même des choses qui impose la définition précise du mot *maladie*.

Quant à la comparaison des tables de morbidité dressées par Gustave Hubbard — les seules qui aient été publiées en France — d'après les documents recueillis de 1830 à 1849 dans vingt-cinq Sociétés de secours mutuels, des tables de

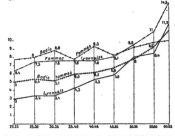

Fig. 65. — Morbidité comparée des deux sexes (pour un individu de chaque sexe et de chaque âge, combien, en moyenne, de jours de maladie en un an ?).

Dans ce diagramme, les âges sont indiqués au bas de la figure. Au niveau des points qui représentent chacun d'eux, on a élevé une ordonnée. On a pris sur cette ordonnée une hauteur d'autant plus élevée que la morbidité est plus élevée. Les chiffres marqués sur la figure indiquent la morbidité. On voit que la morbidité des femmes pubères est presque deux fois plus élevée que celle des hommes du même âge. Les différences sont moindres après cinquante ans.

morbidité anglaises — qui sont assez nombreuses — et des tables italiennes dressées par M. Bodio, elle n'a pu être faite par M. Bertillon qu'à l'aide d'une critique spéciale assez complexe, dans le but d'en rendre les éléments comparables. Il n'y a guère, en effet, que la statistique italienne, excel-

(1) Il s'agit de l'ensemble de l'armée (Rome et Algérie comprises) et non de l'armée de France seulement.

(2) Il n'est pas tenu compte, dans les statistiques portugaises et austro-hongroises, des malades à la chambre.

lente d'ailleurs, qui donne la morbidité par profession et par âge.

Aussi l'auteur insiste-t-il sur la nécessité, pour donner toute sa valeur à une table de morbidité, d'indiquer l'âge des sociétaires (malades ou non) et l'âge des malades, et de distinguer les indispositions, les maladies de courte durée, les maladies de longue durée, et les infirmités.

Malgré la difficulté d'arriver à des conclusions générales sur ce sujet, M. Bertillon a cependant pu mettre en évidence ces deux points importants :

1° Que la morbidité et la mortalité sont moindres dans les campagnes que dans les petites villes, et dans celles-ci que dans les grandes villes;

2° Que la morbidité des femmes adultes est plus grande que celle des hommes.

Cette dernière conclusion résulte clairement des observations faites sur les ouvriers lyonnais, dans une Société où les femmes sont très nombreuses, et sur les Sociétés italiennes; on peut le résumer en disant que, jusqu'à l'âge de quarante-cinq ans environ, la morbidité des femmes est égale à une fois et demie celle des hommes. Au-dessus de cet âge, la différence s'atténue petit à petit.

La Société de topographie de France et la pédagogie.

La Société de topographie de France a tenu sa séance générale annuelle dans le grand amphithéâtre de la Sorbonne, le dimanche 10 novembre, présidée par M. Levasseur, membre de l'Institut, professeur au Collège de France.

M. Ludovic Drapeyron avait pris pour sujet de sa communication : *La Société de topographie de France et la pédagogie* nouvelle. Après avoir défini la nouvelle méthode pédagogique, qui est née de l'accord des médecins et des philosophes, mais que la Société de topographie a pratiquée la première dans une juste mesure, au profit de ses élèves, en réagissant contre une éducation et une instruction trop sédentaires, l'orateur a dit que la marche, les promenades devaient, à son avis, occuper le premier rang parmi les « jeux » destinés à assurer l'équilibre permanent du corps et de l'esprit. Mieux que toutes autres, les *promenades topographiques* réalisent cet équilibre; elles ont, en effet, un caractère *mixte* : elles exercent également et concurremment l'esprit et le corps. Le pied, l'œil, la main y interviennent en même temps. Elles préparent, à l'armée comme à la société, des observateurs attentifs de la terre et de la nature entière. Aussi M. Drapeyron demande-t-il l'introduction des promenades topographiques, ainsi que la lecture de la carte de l'état-major, dans l'enseignement secondaire, notamment dans les classes de rhétorique et de mathématiques élémentaires, où les programmes de géographie comportent l'étude détaillée de la France. En terminant, il fait un appel chaleureux dans ce sens à M. le ministre de l'Instruction publique « qui veut rajeunir les vieux et empêcher les jeunes de vieillir ».

— CHALEUR DE LA LUNE ET DES ÉTOILES. — M. C.-V. Boys a exposé récemment devant la Société royale de Londres les résultats de ses recherches sur la chaleur de la Lune et des étoiles. Le radio-micromètre qu'il a construit à cet effet possède une grande supériorité sur toutes les piles thermo-électriques pour la mise en évidence et la mesure des petites quantités de chaleur; il vient de l'utiliser pour l'étude de la chaleur de la lune et des étoiles; il a construit pour cet usage un télescope (le miroir de verre argenté a 16 pouces d'ouverture, 67,8 pouces de foyer) disposé de telle sorte que, quelle que soit la direction dans laquelle il est pointé, le foyer des rayons émané d'une étoile se trouve toujours à la surface réceptrice du radio-micromètre. M. Boys a constaté que, dans le cas de la nouvelle lune, la chaleur va diminuant depuis le voisinage du bord convexe jusqu'au bord concave et que la partie sombre ne rayonne pas d'une quantité de chaleur sensible au radio-micromètre. Des résultats analogues ont été obtenus pour la lune à son premier quartier; le maximum de chaleur se trouve sur le disque même de la lune, et non sur le limbe. A la pleine lune, ce maximum est au centre, et le côté de la lune qui a été exposé au soleil de 7 à 14 jours n'est pas plus chaud que celui qui a été seulement exposé de 0 à 7 jours. M. Boys n'a observé un une déviation de l'aiguille dans les nombreuses expériences qu'il a faites sur les planètes et les étoiles, et cependant le radio-micromètre est sensible à la flamme d'une bougie placée à 2^m,80 de distance.

— L'ÉCLAIRAGE A PARIS. — Voici, d'après des documents officiels, quelle a été, dans les dix dernières années, la consommation du gaz à Paris :

Années.	Gaz consommé. Mètres cubes.	Augmentation. Mètres cubes.	Diminution. Mètres cubes.
1880 . . .	244 345 324	»	»
1881 . . .	260 926 769	16 581 445	»
1882 . . .	275 368 705	14 441 936	»
1883 . . .	283 864 400	8 495 695	»
1884 . . .	287 443 562	3 579 162	»
1885 . . .	286 463 999	»	979 563
1886 . . .	286 851 360	387 361	»
1887 . . .	290 774 540	3 923 180	»
1888 . . .	297 697 820	6 923 280	»
1889 . . .	312 258 070	14 550 250	»

Voici, d'autre part, quelle a été la consommation de pétrole et d'essence minérale :

	Kilogrammes.
En 1872	3 759 556
En 1877	5 919 716
En 1883	11 456 620
En 1889	19 084 664

— LES SOCIÉTÉS DE SECOURS MUTUELS. — Le rapport récent sur les opérations des Sociétés de secours mutuels accuse, au 31 décembre 1887, 6093 Sociétés approuvées, comptant plus d'un million de membres participants et honoraires et possédant 120 millions de francs; plus 2364 Sociétés autorisées, comptant 316 000 membres participants et honoraires et possédant plus de 28 millions de francs : en tout, 8357 Sociétés, dont l'avoir s'élevait à 150 millions de francs. On peut dire qu'au 31 décembre 1890 il y aura, en France, environ 9500 Sociétés et 1 million et demi de sociétaires, dont l'avoir atteindra la somme de 170 millions.

Dès à présent, 26 000 pensionnaires de la mutualité française sont inscrits au grand-livre de la Caisse des dépôts et consignations. Ce progrès est important, surtout si l'on considère que le pays vient de traverser une longue crise industrielle et commerciale, qui a réduit considérablement les ressources des travailleurs et les a empêchés de s'imposer le maximum de sacrifices qu'ils auraient pu supporter en vue de la prévoyance.

— LA CONSOMMATION DU TABAC EN ITALIE. — Il est intéressant de suivre le développement de la vente et de la consommation du tabac en Italie dans les cinq dernières années. On voit que la décroissance est peu accentuée, mais continue :

Années.	Quantités vendues. Milliers de kilogr.	Consommation par tête d'habitant. Grammes.	Produit de la vente. Milliers de francs.
1884-1885	17 822	607	171 009
1885-1886	17 193	579	178 142
1886-1887	16 788	561	187 612
1887-1888	16 315	539	183 761
1888-1889	16 205·	530	181 605

— DÉLITS D'IVROGNERIE EN ANGLETERRE. — D'après un document parlementaire, voici quelles ont été durant l'année 1889 les condamnations pour fait d'ivrognerie en Angleterre et dans le pays de Galles. Sur une population de 25 974 439 habitants, il y a eu 160 242 condamnations, dont 15 093 le dimanche. Sur 10 000 personnes, cela un fait donc 62 condamnées pour ivresse, dont 9,4 pour 100 l'ont été le dimanche. Dans l'Angleterre proprement dite seule, qui a une population de 24 613 926 habitants, les condamnations ont été au nombre de 151 425, dont 13 912 le dimanche. Dans le pays de Galles, avec une population de 1 360 513 habitants, il y a eu 8817 condamnations, dont 1181 le dimanche. Cela fait pour chacun des deux pays, sur 10 000 habitants : pour l'Angleterre, un peu plus de 61; pour le pays de Galles, un peu moins de 65; et pour les délits commis le jour de dimanche, sur le total des condamnations en Angleterre, 9,1 pour 100 et dans le pays de Galles 13,4.

— FACULTÉ DES SCIENCES DE PARIS. — Le samedi 6 décembre 1890, M. Ville soutiendra, pour obtenir le grade de docteur ès sciences physiques, une thèse ayant pour sujet : *Combinaisons des aldéhydes avec l'acide hypophosphoreux.*

INVENTIONS

NOUVEAU PROCÉDÉ DE SÉPARATION DE L'ARSENIC DU CUIVRE. — L'*Electrotechnische Zeitschrift* donne la méthode suivante :

Quand on fait passer le courant fourni par 4 ou 6 éléments Meidinger à travers une solution d'un arséniate rendue alcaline au moyen d'ammoniaque, il ne se produit ni séparation de l'arsenic ni réduction de son acide, tandis qu'avec une dissolution cuivrique traitée de la même façon, le cuivre est séparé complètement. C'est cette différence d'action qui est utilisée.

Les expériences ont porté sur des solutions dosées à l'avance, et après vingt-quatre heures, une pesée a prouvé que tout le cuivre avait été déposé.

— LA SOUDURE ÉLECTRIQUE APPLIQUÉE AUX PROJECTILES. — Le procédé de la soudure électrique, inventé par le professeur Elihu Thomson, et qui a reçu une si large application dans les arts de la paix, est étendu maintenant d'une manière très remarquable aux engins de guerre. La pointe perforante d'un obus étant faite d'acier dur, avec la forme conique qui lui convient, on la rattache à un tube d'acier doux formant la chambre. L'état plastique du métal, lorsque les deux pièces sont pressées ensemble dans l'opération de la soudure électrique, produit un léger élargissement sans rien enlever aux parois de la chambre. La soie du projectile est faite avec une pièce d'acier doux, qui est quelquefois plus dure que la paroi cylindrique de la chambre, et qui reçoit la forme d'une coupe par l'action d'une force hydraulique. La légère exsudation du métal sur les parois, à l'intérieur, produit un anneau qui est un accroissement de force pour le projectile.

Pour les shrapnels, le mince écran métallique entre la charge et la boîte à balles est mis en place avant que la pointe ne soit soudée à la chambre cylindrique, opération qui s'accomplit, d'ailleurs, rapidement par l'action de l'électricité.

Cette nouvelle application de la soudure électrique a été inventée par le lieutenant de vaisseau W.-M. Hood, des États-Unis.

— PROCÉDÉ POUR L'EXTRACTION DES HUILES. — MM. Lever frères proposent, pour l'extraction d'un corps gras des fruits, des semences, tourteaux, de substituer au sulfure de carbone le tétrachlorure de carbone, qui offre sur ce premier les avantages suivants : son odeur est agréable; il n'est pas toxique, au moins sous la forme diluée sous laquelle le respirent les ouvriers. Il n'est pas inflammable : il bout à une température moyenne assez basse pour que les corps dissous puissent en être débarrassés sans s'altérer et assez élevée cependant pour que les pertes par volatilisation à la température ordinaire soient négligeables.

Les huiles extraites par ce véhicule ont, d'après la *Revue de chimie industrielle*, une plus belle couleur que celles qui sont extraites par le sulfure de carbone. On procède à l'extraction de la manière et avec les appareils employés pour le sulfure de carbone.

BIBLIOGRAPHIE

Sommaires des principaux recueils de mémoires originaux.

REVUE DU CERCLE MILITAIRE (n°s 44, 45, 46, 47 et 48, nov. 1890). — Héligoland et le partage de l'Est africain. — Un tracé de chemin de fer d'Épinal à Belfort. — Étude critique des grandes manœuvres allemandes. — Le chemin de fer de Phu-lang-thuong à Lang-son. — Les manœuvres impériales de Hongrie. — Le nouvel équipement de l'infanterie. — Visite à l'Exposition militaire de Londres. — Réception de l'escadre française à Constantinople. — Les grandes manœuvres en Catalogne. — Les théories du général Brialmont : rôle des camps retranchés. — Le cornette Assiélev. — La Société de topographie en France.

— ARCHIVES DE MÉDECINE ET DE PHARMACIE MILITAIRES (octobre 1890). Jeunehomme : Essai de topographie médicale, d'après les documents du Comité technique de santé; la Charente-Inférieure. — *Oriou* : De l'examen du sang au point de vue du diagnostic des maladies aiguës. — *Durieu* : Note sur un procédé de dosage de l'acidité totale des vins.

— Archives de médecine navale (septembre 1890). — *Forné* : La contagiosité de la lèpre. — *Lalande* : L'opium des fumeurs. — *Le Dantec* : Traitement de la dysenterie des pays chauds par lavages antiseptiques du gros intestin. — *Beaumanoir* : Contribution à la géographie médicale; division navale de l'océan Pacifique, le Callao, Panama, Payta, San-Francisco, Honolulu, Auckland, Valparaiso.

— Revue d'hygiène thérapeutique (septembre 1890). — *Larat* : Électrothérapie des affections du tube digestif. — *Serie* : Les voyages sur mer, comme hygiène et comme thérapeutique. — *Courtois*, *Suffit* et *Boulay* : Traitement de la tuberculose par l'aération continue.

— Revue d'hygiène et de police sanitaire (septembre 1890). — *A.-J. Martin* : La situation démographique de la France. — *Kelsch* : De la fièvre typhoïde dans les milieux militaires. — *Blanchard* : Les animaux parasites introduits par l'eau dans l'organisme. — *Arnould* : La loi belge du 9 août 1889 sur les habitations ouvrières.

— Revue française de l'étranger et des colonies (15 sept. 1890). — *Cochard* : Paris, Boukara, Samarcande. — *Rameau de Saint-Père* : Mouvement de la population catholique dans l'Amérique anglaise. — *Noubo* : Correspondance du Dahomey. — Croisade médicale. — *Tondini di Quarenghi* : Méridien international de Jérusalem. *Largeau* : Le Transsaharien. — Exploration aux îles Salomon.

— Annales de micrographie (septembre 1890). — *Dowdeswell* : Sur quelques phases du développement du microbe du choléra. — *Tavel* : La stérilisation de l'eau salée et son emploi en chirurgie.

— Revue de philosophie de la France et de l'étranger (t. XV, n° 10, octobre 1890). — *G. Tarde* : Le délit politique. — *A. Bolot* : Une nouvelle théorie de la liberté. — *Ch. Féré* : Note sur la physiologie de l'attention. — *Andrade* : Les bases expérimentales de la géométrie. — *Gourd* : Sur le principe de la causalité.

L'administrateur-gérant : Henry Ferrari.

May & Motteroz, Lib.-Imp. réunies, pt. D, 7, rue Saint-Benoît. [1335]

Bulletin météorologique du 24 au 30 novembre 1890.

(D'après le *Bulletin international du Bureau central météorologique de France*.)

DATES.	BAROMÈTRE à 1 heure du soir.	TEMPÉRATURE			VENT. FORCE de 0 à 9.	PLUIE. (Millimètres.)	ÉTAT DU CIEL à 1 heure du soir.	TEMPÉRATURES EXTRÊMES EN EUROPE	
		MOYENNE	MINIMA.	MAXIMA.				MINIMA.	MAXIMA.
☾ 24	748ᵐᵐ,82	11°,6	10°,9	12°,0	W. 4	3,9	Alto-cumulus W.-N.-W.; cumulus; gouttes.	— 32° à Arkangel; — 37° Pétersbourg; — 22° Haparanda.	20° au cap Béarn; 29° Alger, Perpignan; 20° Cagliari.
♂ 25	749ᵐᵐ,69	9°,7	0°,5	7°,1	W.-N.-W.3	0,1	Cumulus N.-W.; alto-cumulus au N.-E.	— 33° Arkangel; — 25° Moscou; — 24° Palerme et Alger.	23° Laghouat et Oran; 21° Palerme et Alger.
☿ 26 ? L.	756ᵐᵐ,81	— 1°,6	— 2°,5	— 0°,5	N.-H. 4	0,0	Cumulus N.-E.; grains de neige.	— 31° Moscou; — 30° Arkangel; — 22° Pétersbourg.	23° Palerme; 20° Funchal et Brindisi; 19° Alger.
♃ 27	754ᵐᵐ,06	— 5°,4	— 9°,5	— 7°,1	W.-S.-W.3	0,0	Grains de neige; cumulus N.-W.	— 32° Moscou; — 22° Haparanda, Arkangel, Charkow.	21° Palerme; 20° Laghouat, Brindisi; 19° Malta, Biskra.
☉ 28	756ᵐᵐ,44	— 10°,0	— 15°,0	— 9°,6	S.-E. 2	0,0	Nuages à l'horizon S.-W.	— 29° Haparanda, Pic du Midi; — 20° Arkangel.	24° Palerme; 21° Malta et Brindisi; 20° Sfax.
♄ 29	759ᵐᵐ,38	— 0°,8	— 11°,0	— 4°,7	N.-E. 2	0,0	Tranap. de l'atmosphère, 7 kilomètres.	— 25° Picdu Midi; — 17° Arkangel; — 16° Haparanda.	21° Palerme et Brindisi; 20° Tunis; 17° la Calle.
☉ 30	769ᵐᵐ,22	— 4°,8	— 6°,0	— 1°,7	N. 2	0,0	Alto cumulo-stratus N.-B.	— 23° Pic du Midi; — 16° Harnosand; — 14° Charkow.	20° Brindisi; 19° Malta, Palerme; 17° île Sanguinaire.
Moyenne.	755ᵐᵐ,56	— 1°,90	— 9°,33	+ 0°,17	Total...	4,0			

Remarques. — La température moyenne est bien inférieure à la normale corrigée 4°,3 de cette période. Les derniers jours du mois ont été extrêmement froids, et la température — 15°, notée le 28, a été rarement observée à Paris, si ce n'est dans les hivers les plus froids. Les pluies n'ont pas été abondantes, en raison du froid qui a été général; mais on a pu noter de la neige en un certain nombre de stations. Nous citerons cependant, le 24, 25ᵐᵐ à Besançon, 23 à Berlin; le 25, 24ᵐᵐ à Biarritz; le 26, 25ᵐᵐ à Yarmouth; le 27, 25ᵐᵐ à Ouessant, 31 à Nemours, 25 à Oran; le 28, 29ᵐᵐ à Trieste, 45 à Florence; le 30, 36ᵐᵐ à Oran, 37 à Alger, 21 à Lésina, 52 à Pesaro, 28 à Naples, 20 à Palerme.

Chronique astronomique. — Mercure suit le Soleil à peu de distance, et Vénus, qui le précède, ne s'en écarte guère. Mars, sur les confins du Capricorne et du Verseau, passe au méridien le 7 décembre, à 4ʰ 37ᵐ 33ˢ du soir. Jupiter, qui illumine le Capricorne, passe au méridien à 3ʰ 43ᵐ 22ˢ. Saturne, toujours dans le Lion, est une belle étoile du matin qui atteint son point culminant à 6ʰ 10ᵐ 31ˢ. Le ciel de Paris va maintenant avoir ses plus belles constellations avec une quantité d'étoiles primaires. Le 7, à 10 heures du soir, on aura, du N. au S. : la Petite Ourse, Persée, les Pléiades; de l'E. à l'W. : la Grande Ourse, Céphée et le Cygne. — Le 5, Saturne sera en quadrature avec le Soleil. Le 10, Vénus sera en conjonction avec la Lune. Le 11, il y aura éclipse annulaire et totale de Soleil invisible à Paris, Le 12, Mercure sera en conjonction avec la Lune. D. Q. le 4; N. L. le 12.

RÉSUMÉ DU MOIS DE NOVEMBRE 1890.

Baromètre.

Moyenne barométrique à 1 heure du soir.	756ᵐᵐ,38
Minimum barométrique, le 24.	743ᵐᵐ,33
Maximum le 20.	771ᵐᵐ,15

Thermomètre.

Température moyenne.	0°,15
Moyenne des minima.	3°,87
maxima.	8°,97
Température minima, le 28.	— 15°,0
maxima, le 16.	15°,3
Pluie totale.	58ᵐᵐ,0
Moyenne par jour.	1ᵐᵐ,93
Nombre des jours de pluie.	19

La température la plus basse en Europe en cet Algérie a été observée à Arkangel, le 23, et était de — 33°.

La température la plus élevée a été notée au cap Béarn, le 16, et était de 28°.

Nota. — La température moyenne du mois de novembre 1890 est un peu supérieure à la normale corrigée 5°,3 de cette période.

L. B.

REVUE
SCIENTIFIQUE
(REVUE ROSE)
Directeur : M. Charles Richet

| NUMÉRO 24 | TOME XLVI | 13 DÉCEMBRE 1890 |

HISTOIRE DES SCIENCES

Le progrès scientifique de 1822 à 1890 (1).

§ VII. — Physique.

En ce qui concerne la physique, le champ est si vaste et les événements importants sont si nombreux que le choix à faire dans notre revue rapide se trouve encore limité; nous nous attacherons de préférence aux événements qui ont eu un contre-coup sur les conditions de la vie moderne.

Alors que, encore au commencement de ce siècle, les physiciens s'efforçaient de ramener les manifestations des forces naturelles à différentes impondérabilités, la physique moderne s'est donné la mission de démontrer la transformation réciproque des diverses manifestations de la force et par suite l'unité des forces physiques.

La première de ces matières hypothétiques qui fut écartée fut la lumière. Déjà Huyghens avait émis l'opinion que les phénomènes lumineux reposaient sur les mouvements ondulatoires d'un milieu élastique infiniment délié, l'éther lumineux. Mais tous les physiciens acquiesçaient encore à la théorie de Newton, qui voyait dans la lumière une matière fine et impondérable. Ce n'est qu'au commencement de notre siècle que Thomas Young revint aux idées presque oubliées de Huyghens, en signalant avec une rare perspicacité certaines analogies entre les phénomènes lumineux et les phéno-

mènes acoustiques connus aujourd'hui sous le nom d'interférences, et en se servant de ces analogies pour l'explication de différents phénomènes optiques, comme ceux, par exemple, qui se produisent dans les bulles de savon.

Young, dans sa conception de la nature de la lumière — qui porte aujourd'hui le nom de *théorie ondulatoire* — supposait que les vibrations de l'éther étaient longitudinales, c'est-à-dire se produisaient dans le sens des rayons. C'était là, pour la théorie de Young, une faiblesse que firent surtout ressortir les essais faits pour expliquer les phénomènes de polarisation découverts en 1808 par Malus et étudiés plus tard par Arago, Brewster et Biot. Il était réservé à Fresnel de fournir, par le calcul aussi bien que par l'expérience, la preuve que les vibrations des ondes lumineuses étaient transversales, c'est-à-dire normales à la direction des rayons. Cette découverte fit disparaître les dernières difficultés. Les phénomènes optiques les plus compliqués trouvèrent leur explication avec la plus surprenante facilité, même ceux inconnus jusqu'alors, comme la réfraction conique qu'indiqua par le calcul Hamilton et que prouva expérimentalement Lloyd. La publication des travaux de Fresnel eut lieu en 1820 et 1821, c'est-à-dire à l'époque de la fondation de notre Société.

Aucune des nombreuses conquêtes de la science de ce temps n'a été plus fructueuse que l'analyse spectrale. L'observation célèbre de Newton, que la lumière blanche du soleil par son passage au travers d'un prisme donne, au lieu d'une image ronde et blanche du soleil, une bande allongée avec les couleurs de l'arc-en-ciel, ce que l'observateur étonné appela le « spectre solaire », fut faite en 1701. Presque exactement cent ans

(1) Voir la *Revue scientifique* du 29 novembre 1890, p. 673.

27ᵉ ANNÉE. — TOME XLVI.

24 S.

après, en 1802, Wollaston trouva que le spectre solaire n'est pas continu, mais qu'il est interrompu par des raies obscures spéciales. En 1814 et 1815, Fraunhofer, guidé par un intérêt essentiellement pratique, observa le spectre solaire qu'il obtenait par réfraction aussi bien que par réflexion. Il s'agissait pour lui d'obtenir des données précises qui puissent lui permettre de déterminer avec toute l'exactitude possible la puissance de réfraction de verres dont il voulait constituer ses lunettes achromatiques Il trouva que les raies observées par Wollaston, et dont il compta environ 580, répondaient complètement à son but, grâce à l'invariabilité de leur position. Il désigna les plus nettes d'entre elles par la série des lettres de A à H, et retrouva les mêmes bandes dans la même situation, dans le spectre de la lumière de Vénus, tandis que, en observant une flamme de bougie à travers un prisme, il obtenait une belle ligne claire, jaune, à la place où, dans le spectre solaire, se trouve la ligne qu'il avait appelée D. Pour Fraunhofer, il n'était pas douteux qu'il ne s'agissait pas là d'une observation subjective, comme on pouvait le croire d'abord, mais que ces raies dues à la nature de la lumière provenaient de l'absence de certaines ondulations dans les rayons divisés par le prisme.

Tels étaient les faits connus avant la fondation de notre Association.

Talbot, en 1834, observant les spectres des flammes colorées par différents sels, reconnut dans les lignes claires de ces spectres des signes caractéristiques des sels vaporisés, tandis que Brewster utilisait les raies obscures qui se produisent dans le spectre solaire, par suite de l'absorption de certains rayons lumineux par des gaz colorés pour la recherche de ces gaz et exprimait déjà la pensée que les lignes de Fraunhofer devraient être dues à l'absorption. Miller se rapproche encore davantage de la vérité, lorsque, en 1845, il observe les lignes obscures dans le spectre obtenu avec la lumière solaire ayant traversé des flammes colorées. Puis Swan établit que la ligne claire D ne pouvait être produite que par le sodium. Angstrœm remarque, en 1855, que les combinaisons métalliques dans la flamme de Davy donnent les mêmes lignes que les métaux eux-mêmes, et, en 1858, Plücker découvre dans le cours de ses recherches sur les gaz, portés au rouge dans des tubes de Geisslér, les lignes claires caractéristiques pour chacun.

Mais la loi manquait encore, qui devait permettre de ramener tous ces phénomènes exactement observés à une doctrine unique. En octobre 1859, l'année même où paraissait le livre de Darwin, Gustave Kirchhoff faisait connaître à l'Académie de Berlin que, de concert avec Bunsen, en observant le spectre d'une lumière solaire ayant traversé une flamme de chlorure de sodium, il avait trouvé la ligne obscure D avec une netteté beaucoup plus grande que dans le spectre de la lumière solaire directe, et à la place même où le spectre de la

flamme de sodium montre une ligne jaune. Il ne pouvait donc y avoir aucun doute : la ligne D du spectre solaire était due à l'absorption des rayons jaunes à la traversée de l'atmosphère solaire, et celle-ci devait contenir des vapeurs de sodium.

Cette conclusion reçut quelques mois plus tard, en décembre 1859, un nouvel appui, lorsque Kirchhoff put exposer dans toute sa netteté sa loi célèbre d'après laquelle, à la même température, le rapport du pouvoir émissif ou pouvoir absorbant est le même pour tous les corps. Quelques mois plus tard encore, Kirchhoff et Bunsen annonçaient qu'ils avaient réussi à opérer sur les spectres du potassium, du calcium, du strontium et du baryum comme sur le spectre de sodium, et indiquaient comme conclusion principale de leurs longues et pénibles recherches ce principe fondamental que la variété des combinaisons métalliques, la diversité d'allure et les énormes différences de température des différentes flammes n'exercent aucune influence sur les lignes spectrales, de sorte que celles-ci constituent le moyen le plus infaillible pour déceler même les plus faibles traces de métaux.

L'analyse spectrale ouvrait une voie inattendue dans laquelle les chimistes n'hésitèrent pas à s'engager. Dès 1861, Bunsen et Kirchhoff découvraient dans le sel de Durkheim un nouveau métal alcalin, le cæsium, puis un an plus tard le rubidium.

La même année, Crookes trouvait par le même procédé, dans les boues sélénieuses de la fabrique d'acide sulfurique de Tilkerode, le thallium ; enfin Reich découvrait plus tard dans la blende de Freiberg l'indium, et au commencement de 1870, Lecoq de Boisbaudran découvrait le gallium.

Le spectroscope devint bientôt un instrument indispensable pour les recherches scientifiques comme pour les recherches techniques. L'apparition des raies d'absorption qui caractérisent l'oxyde de carbone fournit aux médecins une preuve certaine de la présence de ce gaz dans le sang ; et la disparition des lignes vertes propres à ce gaz, dans le spectre de la flamme au cours de la fabrication de l'acier Bessemer, indique le moment de la disparition complète du charbon dans le fer traité.

L'analyse chimique parcourt victorieusement les espaces incommensurables de l'univers. Par ses grandes recherches sur le spectre solaire, Kirchhoff trouva que dix éléments terrestres, parmi lesquels le sodium, le fer, le mercure, l'argent et l'or, devaient être contenus dans l'atmosphère solaire.

A l'occasion de l'éclipse totale de soleil du 12 août 1868, Rayet, A. Herschel, Tennant et Janssen reconnurent que les protubérances solaires sont formées d'hydrogène incandescent. L'analyse spectrale de la lumière des étoiles fixes, pour laquelle se distinguèrent notamment Huggins et Miller, en Angleterre, Secchi, à Rome, et H.-C. Vogel, en Allemagne, montra également toute une série d'éléments terrestres, notamment le sodium et le magnésium. Nous avons indiqué déjà les services qu'avait rendus l'analyse spectrale entre les mains de Vogel pour l'étude des mouvements stellaires.

De même que l'oreille ne perçoit que les ondes sonores d'une durée d'ondulation déterminée, de même le nerf optique n'est sensible qu'aux ondulations lumineuses dont la durée est comprise entre certaines limites. Ces ondulations deviennent-elles plus lentes que celles de la lumière rouge, elles ne nous impressionnent plus que comme chaleur; d'autre part, les ondulations invisibles, de plus courte durée que la lumière violette, se trahissent encore par leur action chimique. Déjà, au commencement du siècle, Wollaston et Ritter avaient, indépendamment l'un de l'autre, découvert l'action chimique des rayons ultra-violets indiquée par la coloration brune du chlorure d'argent. S'appuyant sur cette observation, Wedgwood et Davy avaient essayé d'obtenir des silhouettes avec l'aide de la lumière; mais ce ne fut que peu après la fondation de notre Association que se produisirent les découvertes qui devaient conduire à des résultats si inattendus. Depuis le milieu de 1820, Daguerre et Niepce l'aîné, s'étaient efforcés de produire des images par l'action de la lumière sur des plaques d'argent chlorurées. Leurs essais étaient suffisamment avancés dès 1839, pour que le procédé dénommé daguerrotypie, du nom du survivant de ces deux chercheurs, pût être utilisé pratiquement. Ce fut la même année que sortirent des mains de Talbot les premières photographies sur papier de chlorure d'argent, et un peu moins de dix ans après, Niepce de Saint-Victor inventait le procédé, encore aujourd'hui en usage, pour obtenir les épreuves négatives sur des plaques de verre préparées au collodion.

Nous ne pouvons nous arrêter ici, ni aux modifications multiples du procédé, ni à ses perfectionnements couronnés par la photographie instantanée; il nous faut nous contenter d'une simple indication des usages de la photographie qui se ramifient déjà presque à l'infini. Nous avons vu déjà le parti qu'en a tiré l'astronomie récemment, en s'en servant concurremment avec l'analyse spectrale.

La nature calorifique des ondulations qui correspondent à la partie ultra-violette du spectre avait été découverte, dès le commencement du siècle, par sir William Herschel. Déjà bien avant, les expériences de Pictet avaient montré la possibilité de la réflexion des rayons calorifiques; mais les grandes expériences qui mirent en lumière l'analogie complète des rayons lumineux et des rayons caloriques ne remontent qu'à 1830. En 1834 parut le célèbre traité de Melloni sur la réfraction des rayons calorifiques; un an après, celui sur la polarisation de ces mêmes rayons qu'avait déjà indiquée Forbes. En présence de ces expériences, reprises et étendues plus tard par Knoblauch, et sous l'influence de la victoire décisive remportée entre temps par la théorie des ondulations, la conception d'une matière chaleur ne pouvait se soutenir plus longtemps; les progrès de la science poussaient sans cesse à cette conclusion, que la chaleur, comme la lumière, sont dues à des mouvements périodiques. Aurait-il subsisté encore le moindre doute, qu'il eût été enlevé par les expériences de Benjamin Thompson, puis plus tard du comte Rumford et surtout de sir Humphry Davy qui montrèrent d'une façon irréfutable que le mouvement pouvait être transformé en chaleur. Ce ne fut, cependant, qu'en 1842, que la vieille théorie de la chaleur reçut le coup violent que lui portèrent les travaux du médecin Robert Mayer.

Les déductions de ce savant s'appuient sur cet axiome, que rien ne se crée, rien ne se perd. Puisque l'observation montre que la disparition apparente d'énergie, de mouvement par pression, choc ou frottement, donne lieu à une action calorifique, c'est que celle-ci n'est autre chose qu'une transformation du mouvement des masses en mouvement moléculaire. Avec une pénétration d'esprit remarquable, Mayer reconnut que la destruction apparente d'une même quantité d'énergie, sous quelque forme qu'elle se présentât, devait toujours donner lieu au dégagement de la même quantité de chaleur, et il calcula, suivant une méthode absolument inattaquable, que la disposition de l'énergie nécessaire pour élever 1 kilogramme à une hauteur de 365 mètres développait une calorie, c'est-à-dire la quantité de chaleur suffisante pour élever de 1° centésimal la température de 1 kilogramme d'eau. Dans une note ultérieure, s'appuyant sur des déterminations plus exactes des données servant de base à ses calculs, il rectifia cette valeur et donna celle de 425 mètres.

Robert Mayer avait donc déterminé par des considérations purement théoriques l'équivalence entre la chaleur et l'énergie. Joule qui, sans connaître le travail de Mayer, commença en 1843 la publication de ses recherches expérimentales, procéda d'une façon tout opposée. Il chercha tout d'abord à établir numériquement, en s'appuyant sur des mesurages directs faits dans des conditions aussi variées que possible, que, pour une même quantité d'énergie de quelque nature qu'elle soit paraissant disparaître, il se produit une même quantité de chaleur. Il arriva à son but, et trouva comme résultat final de ses expériences, poursuivies avec un esprit d'invention inépuisable et une persévérance infatigable, que l'équivalent calorifique de la quantité d'énergie emmagasinée par l'élévation de 1 kilogramme à 1 mètre de hauteur, c'est-à-dire 1 kilogrammètre, était de 1/424,9 de calorie, nombre qui, on le voit, concorde presque exactement avec celui de Mayer. Joule s'était efforcé de donner une base aussi large que possible à ses conclusions en transformant en chaleur l'énergie sous les formes les plus variées. Ses recherches sur la relation entre l'énergie électrique en apparence absorbée par la résistance du fil conducteur et la quantité de chaleur développée dans ce même fil forment la base de la loi qui porte son nom sur l'échauffement galvanique des fils. On sait que Middeldorpf utilisa la possibilité de rendre les fils incandescents au moyen du courant électrique pour l'établissement de son galvano-cautère dont l'emploi est général en chirurgie.

Malgré l'approbation entière que rencontrèrent les considérations théoriques de Robert Mayer et les recherches expérimentales de Joule, on était bien loin encore d'en pressentir les dernières conséquences, l'immatérialité de la chaleur et la transformabilité générale des forces, de sorte que lorsque, en 1847, Helmholtz indiqua dans son traité devenu célèbre *Sur la conservation de la force* la formule mathématique de ces conséquences, et donna ainsi à la physique moderne une base inébranlable : « personne », comme il le dit, « sauf Jacobi, le mathématicien, ne se rallia à cette théorie », et son travail fut tout d'abord considéré comme un coup d'épée dans l'eau. Mais bientôt Clausius et sir William Thomson montrèrent que tous les phénomènes connus jusqu'alors trouvaient leur explication la plus simple et la plus nette dans la conception de la chaleur et de la lumière comme un mode de mouvement, et les partisans de la vieille théorie durent peu à peu désarmer.

Toute action par laquelle est augmentée l'énergie doit être accompagnée d'une absorption de chaleur, et réciproquement toute diminution d'énergie a pour conséquence un développement de chaleur. Comprime-t-on de l'air, la réaction élastique de la masse gazeuse nécessite un travail mécanique extérieur, et ce travail entraîne un développement de chaleur correspondant qui, comme dans le briquet pneumatique, peut être suffisant pour déterminer l'inflammation d'amadou. Laisse-t-on maintenant l'air comprimé se détendre, la masse gazeuse doit produire un travail pour surmonter la pression qui la comprimait, et une quantité de chaleur égale à celle produite tout à l'heure disparaît : de là le refroidissement constaté dès 1788 par Erasmus Darwin, le grand-père du célèbre naturaliste, lorsqu'on laisse s'échapper de l'air comprimé du cylindre le contenant. De même le passage de l'état liquide à l'état gazeux, nécessitant une augmentation considérable de l'énergie des molécules, doit être accompagné d'une absorption de chaleur. Chacun de vous a ressenti la sensation de fraîcheur que cause la vaporisation de l'eau sur la peau ; cette action est utilisée dans les pays chauds pour le rafraîchissement des boissons dans des récipients en argile poreuse, dont on appelle des alcarazas, et, aux Indes, pour la production artificielle de la glace. La machine bien connue de Carré, pour la fabrication de la glace, repose également sur l'absorption

de chaleur résultant de l'évaporation de l'ammoniaque liquide.

Mais si la chaleur n'est qu'un mode de mouvement, les plus petites particules dont nous supposons formée la matière doivent se trouver dans un état de mouvement continuel, car tous les corps présentent une capacité calorique plus ou moins grande. Cette conclusion, pour paradoxale qu'elle paraisse au premier abord, appliquée aux gaz par Krönig, Clausius, Boltzmann, Maxwell, etc., a conduit à la théorie cinétique, grâce à laquelle toutes les propriétés des gaz peuvent être déterminées *à priori*, non seulement qualitativement mais aussi quantitativement.

Cette notion du mouvement incessant des particules d'un gaz donnait une explication naturelle du phénomène remarquable observé déjà par Berthollet et Dalton, et auquel Graham donna plus tard le nom de diffusion. Dalton avait constaté que si on place une couche d'air au-dessus d'une couche d'acide carbonique, il y a mélange presque complet des deux gaz au bout de quelques heures, sans que d'ailleurs il y ait modification ni de la pression ni de la température. L'acide carbonique plus lourd se déplace donc vers le haut contrairement à la gravitation. Plus tard, Graham trouva que le mélange s'effectuait même à travers un diaphragme poreux, et observa que la vitesse de déplacement de chaque gaz était sensiblement inversement proportionnelle à la racine quatrième de son poids moléculaire. Cette loi s'applique également, comme Lohschmidt notamment l'a montré, au cas où les gaz se mêlent l'un à l'autre sans intervention de diaphragme. C'est sur la loi de diffusion que Ansell s'est basé pour établir un appareil ingénieux destiné à annoncer à grandes distances le dégagement du grisou dans les galeries de mines à charbon.

Le même phénomène de diffusion se produit aussi avec les liquides hétérogènes, ainsi que l'avaient montré déjà Nollet, Parrot, Dutrochet et Fischer. Dutrochet avait déjà reconnu d'une façon non douteuse les deux courants opposés ; en 1854, Graham découvrit la différence entre les substances colloïdes et celles cristalloïdes, et montra qu'une couche d'une substance colloïde n'est perméable qu'aux substances cristalloïdes, de sorte qu'il est possible d'obtenir par diffusion une séparation complète des corps de ces deux classes. C'est sur cette observation importante que Robert a fondé sa méthode pour l'extraction du sucre des betteraves. Les parois des cellules sont formées de substances colloïdes, de sorte que, par le traitement des betteraves râpées par l'eau à 50°, le sucre cristalloïde est seul dissous par diffusion.

On était donc arrivé à établir que les actions de la lumière et de la chaleur pouvaient être ramenées à des phénomènes de mouvement ; les tentatives faites dans la même voie pour les phénomènes électriques et magnétiques restèrent longtemps infructueuses. Lorsque notre Association se réunit pour la première fois à Leipzig, les naturalistes étaient sous l'impression d'une grande découverte. Les expériences célèbres d'Œrsted, qui montra le premier l'action du courant électrique sur l'aiguille aimantée, étaient connues depuis deux ans. Ampère avait déjà formulé les règles précises qui permettent d'indiquer *a priori* la déviation de l'aiguille par un courant de direction donnée; les physiciens avaient déjà à leur disposition, dans le multiplicateur construit par Schweigger et Poggendorf, un instrument qui leur permettait de reconnaître les courants les plus faibles et de mesurer la force d'un courant quelconque.

On ne saurait s'étonner que l'expérience d'Œrsted, avec ses conséquences, soit devenue l'objet favori des recherches physiques des années suivantes. Ampère avait aussitôt reconnu la proportionnalité entre les déviations de l'aiguille et l'intensité du courant et, dès 1827, Georges-Simon Ohm était en état d'exposer la loi, qui porte son nom, sur l'intensité des courants électriques, loi qui a eu une importance si considérable pour le développement de la théorie de l'électricité et pour l'utilisation de l'électricité.

En raison de la possibilité de conduire le courant électrique à de grandes distances, la découverte par Œrsted de la déviation de l'aiguille magnétique par le courant électrique, donna l'idée d'utiliser celui-ci pour la transmission des signaux.

Les essais dans cette voie ne manquent pas non plus; il ne se passa pas moins de treize années avant que cette idée trouvât sa réalisation. En 1833, deux savants allemands, Friedrich Gauss et Wilhelm Weber — nous sommes heureux de saluer encore ce dernier parmi les vivants — établirent le premier télégraphe électrique. Je ne puis résister à la tentation de reproduire les termes dans lesquels Gauss rend compte de ce fait si important de l'histoire des connaissances humaines. Il s'exprime ainsi dans une lettre du 8 novembre 1833, à son ami Olbers, de Brême :

« Je ne sais pas si je vous ai déjà parlé d'une installation grandiose que nous avons faite : c'est une chaîne galvanique entre l'Observatoire et le Cabinet de physique, formée de fils placés au-dessus des maisons, au-dessus de la Johannisturm et ramenés vers le bas. La longueur totale du fil sera d'environ 8000 pieds, et il est relié à chacune des deux extrémités avec un multiplicateur. J'ai imaginé un dispositif simple, par lequel je puis modifier instantanément la direction du courant et que j'appelle commutateur.

« Nous avons déjà utilisé l'installation pour des essais télégraphiques qui ont très bien réussi avec des mots entiers et des phrases simples. Je suis convaincu qu'en employant des fils suffisamment forts, on pourrait télégraphier de cette façon, d'un coup, de Gœttingue à Hanovre ou de Hanovre à Brême. »

Je n'ai pas l'intention de suivre en détail les déve-loppements de la télégraphie dont l'installation des savants de Gœttingue marque le point de départ; nous n'en indiquerons que quelques étapes d'importance toute particulière. Tandis que les essais de Gauss et de Weber se poursuivaient, Steinheil, de Munich, réussissait à fixer les signes de l'aiguille et faisait en outre cette remarque importante que la terre pouvait servir pour le retour du courant. Puis vinrent les améliorations considérables apportées aux appareils à propos desquels les noms de Wheastone, ainsi que de Siemens et Halske, doivent être cités en première ligne. En 1835, Morse construisit son télégraphe écrivant, qui fonctionna pour la première fois en 1844, entre Washington et Baltimore. Le 28 août 1856, le premier câble sous-marin, d'une longueur de six milles, est établi entre Douvres et Calais; il se rompt dès les premiers jours, mais une seconde tentative a plein succès en septembre de l'année suivante; Londres et Paris sont reliés télégraphiquement. Dès lors, les câbles sous-marins se succèdent, et en 1865 le premier message électrique — un salut du président des États-Unis à la reine des mers — traverse l'océan Atlantique !

L'espace était supprimé pour l'écriture; ne pouvait-il en être de même pour la parole? A différentes époques, des recherches ardentes avaient été faites pour la solution de ce nouveau problème, mais ce n'est que depuis ces dix dernières années que l'électricité a pu être mise aussi au service des échanges verbaux; il a fallu pour cela que vînt s'ajouter à la découverte d'Œrsted, de la transformation de l'électricité en magnétisme, celle, non moins importante, de Faraday, sur la production de courants électriques par le magnétisme. Au cours de ses recherches expérimentales déjà signalées, Ampère avait trouvé qu'un circuit électrique se comportait comme un aimant et qu'un fil en spirale traversé par un courant se comportait dans toutes ses actions comme l'eût fait un aimant placé dans l'axe de ce fil. Il en avait déduit l'identité du magnétisme et de l'électricité, conclusion contre laquelle se contemporains s'étaient élevés en s'appuyant sur l'autorité de Biot et d'Arago. Mais Faraday, pénétré depuis longtemps de l'unité des forces de la nature, crut devoir adhérer aux vues d'Ampère et chercha de son côté à en démontrer expérimentalement la justesse.

Il y parvint, après beaucoup d'expériences infruc-tueuses, en observant que lorsqu'on approche un pôle d'aimant d'un fil en spirale relié à un multiplicateur, le déplacement de l'aiguille indique la production momentanée d'un courant électrique dans la spirale, et que l'aiguille indique, lors de l'éloignement du pôle, un courant de sens contraire. Si donc on déplace un aimant en face d'un fil en spirale, il se produira dans ce fil une série de courants se remplaçant l'une l'autre et dont le sens se modifie suivant que l'aimant se rapporte ou s'éloigne du fil en spirale. Ce sont ces courants, qu'il découvrit au commencement de 1830, que Faraday appela des courants induits.

Ce fut une heureuse application des expériences de Faraday qui permit — près d'un demi-siècle plus tard — à Graham Bell, l'invention du téléphone. Au lieu d'une aiguille aimantée, il fait osciller devant le fil en spirale une mince feuille de fer magnétique et conduit la série des courants induits produits dans un second fil en spirale devant lequel se trouve une feuille de fer semblable à la première. Il obtient ainsi le synchronisme des vibrations des deux petites plaques, de sorte que si celles de la première sont déterminées par les ondes sonores de la parole, les vibrations de la seconde reproduisent ces ondes et par suite la parole.

Chacun sait que le téléphone est déjà devenu un compagnon presque indispensable, et sa propagation rapide, surtout dans notre pays, commence à donner, avec ces lignes traversant l'air en tous sens, une physionomie nouvelle aux villes.

L'influence exercée par l'électricité sur les conditions du trafic moderne devait porter à penser que cet agent naturel pouvait rendre d'autres services encore. Déjà au commencement du siècle, sir Humphry Davy, se servant de la grosse batterie construite par ses admirateurs à la suite de sa découverte des métaux alcalins, avait pu observer l'arc lumineux auquel donnait naissance le passage, entre deux pointes de charbon, du fort courant produit par cette batterie. De là à penser à tirer parti de ce phénomène pour l'éclairage il n'y avait qu'un pas; mais les sources d'électricité dont on disposait alors étaient insuffisantes, et il fallut s'occuper d'abord de trouver le moyen de produire de forts courants électriques d'une façon plus économique, plus commode et moins encombrante. Ce fut Faraday, avec sa découverte des courants d'induction, qui montra la voie à suivre. Nous avons vu que le déplacement d'un aimant devant un fil en spirale détermine dans celui-ci des courants; on avait donc là le moyen de transformer en énergie électrique le travail mécanique dépensé pour la mise en mouvement de l'aimant. Il va de soi que, réciproquement, le mouvement d'une spirale devant un aimant fixe devait avoir le même résultat. Cette notion fut utilisée au commencement de 1840 par Stöhrer par la construction de son inducteur magnétique, qui fut employé notamment par la production de l'arc voltaïque. Les plus vieux de mes auditeurs se rappellent peut-être encore l'étonnement que leur causa, lors de la première représentation du *Prophète*, de Meyerbeer, l'apparition du soleil derrière le camp des anabaptistes de Münster. Ce lever de soleil était obtenu par une machine de Stöhrer placée dans les coulisses.

Mais l'usage de cette machine resta très limité, parce qu'on ne pouvait pas augmenter au delà d'une certaine limite la grandeur des aimants et que ces aimants perdaient peu à peu de leur force. Werner Siemens cher-

cha à écarter cet inconvénient et y réussit d'une façon tout à fait remarquable.

Avec notre célèbre compatriote commence une ère nouvelle pour l'électricité, celle de l'électrotechnique.

L'industrie qui, à l'époque où notre Association fut fondée, ne connaissait que la vapeur, allait disposer d'une nouvelle manifestation de la force. Nous franchissons le seuil du siècle de l'électricité.

Werner Siemens eut l'heureuse idée de revenir aux électro-aimants, incomparablement plus puissants sous un volume et un poids plus petits. Comme toutes les sortes de fer sont toujours faiblement magnétiques, il suffit de faire tourner la spirale devant un morceau de fer quelconque pour obtenir un faible courant induit dans la spirale. Ce courant, conduit autour du morceau de fer, transforme celui-ci en un électro-aimant qui agit à son tour sur la spirale et renforce le courant induit. Ce courant induit renforcé augmente la puissance magnétique, d'où une nouvelle augmentation de l'intensité du courant induit, et ainsi de suite. Théoriquement, par suite du renforcement réciproque de l'électro-aimant et du courant d'induction, l'intensité devait croître jusqu'à l'infini. Cette disposition aussi simple qu'ingénieuse résolvait la question de la production relativement économique de courants énergiques par la transformation de l'énergie mécanique; cependant l'utilisation pratique des machines établies suivant ce principe et auxquelles Siemens donna le nom de machines dynamos rencontrait encore des obstacles par suite des variations d'intensité du courant qu'elles fournissaient. Ce ne fut qu'après que Pacinotti et Gramme eurent remplacé l'électro-aimant en forme de fer à cheval choisi par Siemens par un électro-aimant annulaire, que les dynamos purent fournir des courants d'intensité suffisamment constante.

Il était dès lors possible d'utiliser l'arc de Davy pour obtenir une lumière continuelle. Jablochkoff et Siemens, avec leur procédé de distribution du courant, aplanirent les voies pour l'utilisation de cet arc lumineux à l'éclairage de grands espaces et notamment pour l'éclairage des rues.

Ce furent des mécaniciens, Edison, Swan et autres, qui réalisèrent l'idée, audacieuse et presque insensée à première vue, de porter électriquement à l'incandescence des filaments charbonnés placés dans des récipients où le vide avait été pratiqué et qui obtinrent ainsi la lampe à incandescence, présentant vis-à-vis de la lumière du gaz ces avantages de ne développer que peu de chaleur et de ne pas altérer l'atmosphère.

De grandes espérances se fondèrent sur la possibilité de transporter la force avec l'aide des dynamos. Une dynamo placée auprès d'une force disponible telle qu'une chute d'eau, par exemple, et actionnée par cette force, fournirait un courant qui, transmis par câble à une seconde dynamo placée à telle distance que l'on voudrait de la première, déterminerait la rotation de cette seconde dynamo et permettrait par conséquent d'utiliser la force primitive sur un point éloigné de la source de cette force. Partout où on dispose de forces économiques dans des conditions telles que la perte d'énergie inévitable due à l'échauffement des fils de transmission ne soit pas trop considérable, le problème a été résolu de la façon espérée. La célèbre fabrique d'armes de Werndl à Steyer travaille presque exclusivement avec l'énergie fournie par des chutes d'eau et amenée électriquement. Une partie de la chute du Rhin est déjà utilisée de la même façon pour les grandes installations métallurgiques de Neuhausen. Il est question depuis longtemps de tirer parti, avec l'aide de dynamos, de l'énorme quantité d'énergie que dépensent inutilement les chutes du Niagara. Déjà des essais sont en cours, qui permettent d'affirmer la prochaine réalisation de cette idée. Il n'est pas besoin d'insister autrement sur l'importance de cette question, en présence surtout de la possibilité d'un manque de charbon.

Les actions chimiques du courant électrique étaient déjà connues d'une façon générale dès 1820. Dès le commencement du siècle, Carlisle et Nicholson avaient réalisé la séparation de l'eau en ses deux éléments gazeux; quelques années après, sir Humphry Davy avait réussi à séparer des alcalis deux éléments métalliques jusqu'alors inconnus. Peu à peu les connaissances sur la décomposition des combinaisons chimiques s'étaient accrues, mais les lois réglant ces phénomènes si variés ne furent établies qu'au commencement de 1830, par Faraday, qui montra ou dans l'électrolyse — comme il appelle le phénomène de décomposition électrique — de différents sels, des courants électriques de même force décomposent en leurs éléments, dans le même espace de temps, des quantités équivalentes de sels. Cette observation n'eut d'abord qu'un intérêt purement théorique, mais elle ne devait pas rester sans application pratique.

Daniell constata d'abord que le cuivre déposé sur le pôle négatif de sa pile pouvait être détaché et fournissait une empreinte fidèle de la plaque sur laquelle avait eu lieu le dépôt. Cette observation conduisit Jacobi, et en même temps Spencer, à l'idée de précipiter électriquement le cuivre pour reproduire les médailles et autres objets du même genre. Des essais faits dans ce sens donnèrent aussitôt des résultats surprenants et amenèrent le développement rapide d'une industrie importante, l'industrie de l'électrotypie ou galvanoplastie. Mais déjà on allait plus loin ; non content de copier des médailles et les travaux artistiques, la nouvelle industrie voulut les reproduire. La plaque de cuivre, d'acier ou de bois sortant des mains de l'artiste n'est plus employée directement pour l'impression ; on la reproduit par la galvanoplastie, et c'est cette reproduction qui sert pour l'impression, la plaque originale restant ainsi intacte. La découverte faite par Meidinger que, placée dans un bain de sulfate de fer et de

sel ammoniac, la plaque de cuivre peut recevoir une couche de fer mince, mais excessivement dure, a eu une importance toute particulière, en permettant d'obtenir des plaques ainsi « aciérées » des milliers de tirages.

Lancé à travers des solutions de cyanure d'argent ou de chlorure d'or dans du cyanure de potassium, le courant électrique donne lieu à la précipitation de couches régulières d'argent ou d'or, et permet la dorure et l'argenture galvaniques ; enfin Oudry a indiqué comment les objets de fonte, tels que les fontaines et les candélabres, pouvaient être revêtus d'une couche durable de cuivre électrolytique.

Le chimiste se sert dans ses analyses, surtout depuis les travaux de Classen, du courant électrique pour précipiter et faire l'analyse quantitative des métaux contenus dans les liquides. Ce même courant est employé suivant un procédé indiqué par Gratzel pour séparer du sulfate de magnésie ce métal remarquable, le magnésium, dont la combustion donne une lumière si brillante ; et des expériences récentes faites sur l'action du fluorure double d'aluminium et de potassium, font présager des méthodes perfectionnées pour la fabrication de l'aluminium.

Ce que le courant précipite au pôle négatif, il le dissout au pôle positif. Cette force dissolvante a été utilisée pour la gravure galvanique de plaques métalliques. Les plaques sont recouvertes d'un enduit isolant, dans lequel on trace avec le burin jusqu'au cuivre un des dessins que l'on veut obtenir. Puis on suspend la plaque ainsi préparée comme pôle positif dans la solution d'un sel métallique et les parties mises à nu sont corrodées, tandis que celles protégées par l'enduit ne sont pas modifiées.

Il nous faut encore mentionner que, par l'électrolyse des sels de plomb, l'oxygène qui se sépare au pôle positif détermine la formation d'un superoxyde qui, dans les appareils appelés accumulateurs, très répandus depuis quelque temps, joue un rôle important, quoique encore assez mal défini.

La découverte de Faraday de l'influence du magnétisme sur la lumière, manifestée par la rotation du plan de polarisation dans un champ magnétique, avait montré déjà qu'il existe des relations incontestables entre la lumière et l'électricité. De nos jours, les recherches générales de Hertz, sur la réflexion, la réfraction des ondes électriques, sont venues établir expérimentalement la notion de l'intensité de la lumière et de l'électricité, pressentie par Faraday et indiquée d'une façon théorique jusque dans ses dernières conséquences par Maxwell.

§ VIII. — CHIMIE.

Nous arrivons enfin à la chimie. Ce serait un véritable bonheur pour celui qui a suivi les progrès de cette science depuis plus de cinquante ans que de vous les indiquer un à un et de vous faire admirer cet arbre merveilleux aux branches si nombreuses et si belles. Mais c'eût été une entreprise téméraire à laquelle la saine limite de l'heure vient couper court. Nous devrons donc nous contenter d'examiner rapidement quelques-uns des plus beaux fruits qu'a rapportés cet arbre merveilleux, et nous nous y résignerons d'autant plus volontiers que, dans une prochaine séance, MM. Oswald et Winkler, nos collègues, viendront nous peindre la situation florissante de la chimie et dérouler devant nos yeux émerveillés le panorama de ses conquêtes les plus récentes.

Au moment où naissait notre Association, la chimie était en bonnes mains. Berzélius en Suède, sir Humphry Davy en Angleterre, Gay-Lussac et Thénard en France, étaient en pleine production; mais déjà on pressentait les travaux de la jeune génération. En Angleterre, on savait déjà ce qu'on pouvait espérer de Faraday; en France, les regards se tournaient vers Dumas et Regnault, et en Allemagne, Mitscherlich était déjà un nom connu, et Liebig et Wöhler commençaient également à percer.

Ces deux derniers, Liebig surtout, devaient bientôt exercer une influence décisive sur la science. Dès 1824, Liebig fondait, dans la petite Université de Giessen, le premier laboratoire qui, en Allemagne, ait été consacré à l'enseignement expérimental. Cette nouvelle école eut pour résultat immédiat le perfectionnement de l'analyse des corps organiques. Dans un laps de temps très court, Liebig eut déterminé la composition de nombreuses combinaisons de l'organisme des plantes, préludant ainsi à l'étude des phénomènes chimiques qui donnent naissance à ces combinaisons dans les plantes.

Ce fut au commencement de 1840 que Liebig publia sa *Chimie agricole*, assurément l'événement chimique le plus profitable pour le bien-être public qui se soit produit durant la période que nous examinons. L'agriculture, cette branche la plus importante de l'activité humaine, celle aussi en pratique depuis le plus longtemps, était restée une énigme. Pour la première fois, la véritable nature du fumier animal était expliquée clairement. Liebig fit voir et démontra dans un jardin d'essai, qu'il établit à Giessen, et dans lequel il ne se servit que d'engrais minéraux, que l'engrais n'avait d'autre rôle que de rendre au sol les éléments qui lui étaient soustraits par les récoltes. L'agriculture trouvait donc enfin une base sûre et en même temps une nouvelle industrie, celle des engrais minéraux, prenait naissance, qui devait, surtout dans notre pays, prendre bientôt une importance à peine soupçonnée.

Les travaux de Liebig sur l'agriculture nous amènent à parler de ses recherches sur les moyens d'alimentation.

Nous ne rappellerons ici que ses recherches importantes sur la viande, qui ont servi de base à une autre grande industrie; c'est à Liebig que nous sommes redevables de l'extrait de viande qui, pour beaucoup, a sa place à côté du café et du thé; c'est Liebig qui, le premier, apprit à séparer les parties essentielles du bouillon de viande, et permit ainsi à l'industrie chimique de mettre dans le commerce, sous forme d'extrait de viande, les ressources inépuisables fournies par les troupeaux de bœufs des steppes de l'Amérique du Sud.

Mais dès qu'il est question des jouissances qu'a mises la chimie à la disposition de l'humanité, la pensée se porte involontairement sur le service qu'a rendu cette science en indiquant une source nouvelle d'un produit de ce genre déjà connu. Lors de notre première assemblée, on ne se doutait guère que l'Allemagne un jour pourrait sucrer son café avec du sucre indigène. La remarque que la betterave contient le même sucre que la canne à sucre avait été faite dès le milieu du siècle dernier par Andreas-Siegismund Marggraff; mais c'est seulement du commencement de notre siècle que datent les tentatives faites pour utiliser industriellement la remarque de Marggraff, et ce fut un élève de celui-ci, Karl-Franz Achard, qui établit la première usine pour la fabrication du sucre de betterave. Cette fabrication languit jusqu'au milieu du siècle où elle reçut une vive impulsion; jusqu'en 1840, le sucre de betterave était resté exempt d'impôt; en 1840, l'impôt dont on le frappa donna déjà de 100 000 marks, et, dans ces dernières années, le produit annuel de cet impôt a monté jusqu'à 70 millions de marks. L'importation du sucre colonial a presque complètement cessé en Allemagne, et chaque année les quantités de sucre allemand exportées s'accroissent.

Le développement de l'industrie du sucre de betterave ne nous a pas seulement rendus indépendants vis-à-vis de l'étranger, il a aussi donné une nouvelle direction à l'agriculture allemande. Les racines de la betterave pénètrent plus profondément dans le sol que celles des céréales. La culture de cette plante demande une préparation du sol toute différente, qui a conduit à la culture profonde; le soc puissant a remplacé le soc ordinaire, et la charrue est tirée, non plus par un attelage, mais par des locomobiles placées au bord du champ. Le sol est fouillé jusqu'à trois et quatre fois plus profondément, pour que le sous-sol plus riche vienne remplacer la surface épuisée par la récolte. Cette méthode de culture s'est étendue de la betterave à d'autres produits, et a donné naissance à une nouvelle branche d'industrie : la fabrication des machines agricoles. On voit combien profonde a été l'influence de l'industrie nationale du sucre.

Mais cette industrie n'a peut-être pas encore atteint son apogée, car voici qu'une nouvelle matière sucrée est indiquée. Nous avons tous entendu parler de la saccharine, ce corps à teneur de soufre et d'azote tiré du charbon de terre par des procédés chimiques extrêmement simples, et qui est deux cents fois plus sucré que le sucre. Il n'est pas question d'une concurrence au sucre, l'absence d'impôt sur cette nouvelle matière en témoigne; néanmoins, ce corps remarquable mérite de retenir l'attention; il peut être appelé à remplacer le suere dans certaines maladies où ce dernier est reconnu nuisible.

La saccharine nous amène à examiner la série de découvertes auxquelles a donné lieu la houille. Déjà, peu après la fondation de notre Association, commença à se développer en Allemagne cette industrie du gaz d'éclairage, qui devait exercer une influence si profonde sur la vie et sur la science, et à laquelle nous consacrerons quelques instants.

Les premiers essais isolés d'éclairage au gaz remontent au siècle dernier. Mais ce n'est guère qu'au commencement de notre siècle que furent obtenus, surtout en Angleterre, des résultats réels. La fabrication du gaz commença à pénétrer dans notre pays vers 1820. Le 26 septembre 1826, les « Linden » de Berlin resplendissaient pour la première fois de la brillante lumière du gaz qui, deux ans plus tard, faisait encore l'admiration des naturalistes qui se réunissaient alors à Berlin. On sait quelle importance a pris depuis la fabrication du gaz; en 1889, il n'a pas été dépensé moins de 32 millions de mètres cubes de gaz à Berlin, et pourtant, depuis quelques années, le gaz a trouvé dans l'électricité un concurrent qui est loin d'être négligeable. Mais il s'est produit ce fait remarquable que, partout où la lumière électrique a été employée, l'usage du gaz, loin de diminuer, s'est au contraire généralement notamment accru; le besoin de lumière a augmenté avec l'éclairage électrique. Pour avoir plus de lumière, on brûle plus de gaz aujourd'hui qu'autrefois! L'augmentation de la consommation du gaz a une autre cause : son emploi pour le chauffage qui se généralise de plus en plus, et n'a pas à craindre la concurrence de l'électricité, car les machines dynamos n'ont pas encore, pour le moment du moins, détrôné les moteurs à gaz.

Lorsque le gaz, employé tout d'abord pour l'éclairage des rues, commença à pénétrer dans nos maisons, il donna lieu assez souvent à des explosions non sans danger, dues à l'inflammation de mélanges avec l'air. Une connaissance plus parfaite du nouvel éclairant permit bientôt d'éviter ces accidents. On réussit même à tirer parti de ces manifestations de force désagréables. En faisant détoner le mélange d'air et de gaz derrière le piston d'un cylindre, on soulevait le piston, tout comme avec de la vapeur. On avait donc là sous la main, une force motrice dont l'utilisation de plus en plus répandue, a exercé une influence considérable sur le développement de la petite industrie. Des quantités de gaz toujours croissantes sont dépensées pour l'alimentation de ces appareils remarquables, dont nous sommes redevables à l'action conjuguée de

la chimie, de la physique et de la mécanique, et on comprend maintenant que, malgré l'introduction de l'éclairage électrique, la production du gaz aille toujours en augmentant. Il ne serait d'ailleurs pas étonnant que, grâce à des transformations tentées de divers côtés, cette industrie du gaz n'ouvrît une ère nouvelle. Dans les districts huiliers de l'Amérique du Nord, on a commencé à conduire aux villes, à travers des conduites de plusieurs milles de longueur, le gaz sortant du sol avec l'huile de pétrole. Si l'on réfléchit que les deux tiers des frais de production du gaz sont dus au transport du charbon, on voit de suite que cette distribution directe permet une diminution notable du prix du gaz, et peut lui procurer un usage plus répandu encore.

Du reste, un demi-siècle plus tôt, avant que la lumière électrique entrât en lice, l'éclairage par le gaz avait conservé sa place à une industrie nouvelle. Les plus vieux parmi nous se rappellent seuls de la révolution que subit l'éclairage domestique lors de l'invention de la bougie stéarique. Par des recherches qui font époque, Chevreul avait déterminé la nature chimique des corps gras. Il avait réussi à séparer les corps gras provenant des plantes et des animaux en deux parties, des acides cristallins et un liquide, la glycérine. Il eût été bien rare que cette conquête scientifique ne fût aussitôt suivie de sa mise en valeur industrielle. De concert avec Gay-Lussac, Chevreul fonda l'industrie des bougies stéariques. A la place de la chandelle molle, salissante, dégageant des odeurs désagréables et qui, tout en exigeant une attention continuelle, ne donnait qu'une flamme fumeuse, on avait subitement la belle bougie blanche, dure, brûlant sans fumée et donnant sans qu'on ait à s'en préoccuper en aucune façon une lumière brillante. Un grand danger parut menacer cette industrie nouvelle quand, vers le milieu du siècle, on découvrit les sources de pétrole de l'Amérique du Nord et que l'on ne craignit pas d'éteindre les flammes sacrées de Bakou pour utiliser l'huile minérale qui les alimentait. Mais, même une concurrence aussi puissante ne pouvait arrêter le développement des moyens d'éclairage, et gaz, bougie stéarique, pétrole et lumière électrique suffisent à peine pour satisfaire le besoin insatiable de lumière de l'homme.

Puisque nous en sommes aux services rendus par la chimie à l'art de l'éclairage, nous ne pouvons faire autrement, au risque de nous perdre dans les détails, que de nous arrêter un instant aux appareils d'allumage chimique. Le briquet à pierre et acier est presque exclusivement en usage : il n'y a de briquet pneumatique que dans les cabinets de physique. Mais voici déjà que la découverte de Döbereiner, l'inflammation de l'hydrogène au contact de la mousse de platine, vient soulever l'attention générale, et la lampe à hydrogène établie sur cette découverte devient un objet d'admira-

24 S.

tion. L'allumeur à acide sulfurique est vite accepté aussi ; mais tous ces appareils ne peuvent trouver un usage très répandu, pour cette simple raison qu'on ne peut les mettre dans la poche. Aussi l'allumette de bois est-elle saluée avec un enthousiasme général. Depuis la découverte du phosphore amorphe par Schrotter, tout reproche de danger est écarté, et l'allumette remplace bien vite tous les autres modes d'allumage. L'importance de l'industrie des allumettes est suffisamment démontrée par ce fait que, en France, elle est devenue, depuis 1870, l'objet d'un impôt dont le rendement est loin d'être négligeable.

J'ai essayé de vous démontrer comment s'était développé l'éclairage sous l'influence de la chimie. Cette science à laquelle nous devons la lumière du gaz avec toute sa splendeur actuelle, qui nous a enseigné à changer la chandelle molle en une bougie dure, a également ouvert de nouveaux horizons à l'industrie. Déjà, comme conséquence de la fabrication du gaz, nous trouvons l'industrie des couleurs du goudron ; déjà la fabrication des bougies stéariques est venue en aide à l'industrie des explosifs modernes.

Vous tous, et vous surtout, mesdames, vous connaissez les brillantes couleurs que, dans ces dix dernières années, la chimie a mises à votre disposition pour les soins de votre beauté.

Les splendides couleurs d'aniline, d'un si bel éclat et d'une si grande variété de teinte, s'offrent à nous. Leur découverte montre bien comment aujourd'hui la science et l'industrie marchent la main dans la main. Reportons-nous un instant à une période antérieure à la fabrication du gaz ; même à Londres, le gaz ne circule alors que sur quelques points dans les conduites qui aujourd'hui se ramifient dans toutes nos rues ; les habitations tirent leur gaz de cylindres en fer remplis à haute pression à la fabrique et déposés dans les caves. Le gaz fraîchement livré brûle avec une flamme brillante, mais au bout de peu de temps il perd presque tout son pouvoir éclairant. Faraday, appelé vers le milieu de 1820 à expliquer cette déperdition, trouva qu'elle était due à la séparation d'un liquide inflammable, léger et subtil, qu'il appela, comme il ne contenait que du carbone et de l'hydrogène, du nom défectueux d'*hydrure de carbone*. Huit ans après, Mitscherlich, retrouva, dans ses recherches sur l'acide benzoïque, ce même corps qui reçut de son temps le nom de benzine et fut étudié d'une façon complète par les chimistes allemands. Parmi les nombreux dérivés de la benzine, l'un d'eux nous intéresse plus particulièrement, c'est la combinaison remarquable obtenue en traitant la benzine par l'acide azotique. La nitrobenzine ainsi obtenue est une huile lourde, d'odeur aromatique, dont les propriétés attirèrent aussitôt l'attention des chimistes. Après quelques années, la nitrobenzine se trouva transformée entre les mains de Zinin, un chimiste russe, en un nouveau

corps qui reçut le nom d'aniline. Personne n'aurait pu prévoir le brillant avenir réservé à ce nouveau venu, mais bientôt ses propriétés tinctoriales furent dévoilées et on en vit tirer, en une succession rapide, toutes les couleurs de l'arc-en-ciel qui envahirent tous les domaines de l'industrie et rendirent aussi à la science des services marqués. Elles ont fourni au chimiste l'occasion de spéculations théoriques ; au zoologiste, elles procurent un indicateur précieux pour ses études histologiques ; enfin, elles permettent au bactériologiste de poursuivre ses recherches difficiles.

Bien plus, d'après des expériences récentes, quelques-unes de ces matières colorantes possèdent des propriétés physiologiques de la plus haute importance, et il ne paraît pas impossible qu'elles soient utilisées un jour par la médecine.

Une grande industrie, celle des matières tinctoriales tirées du goudron, est déjà née. Cette industrie, qui traite la benzine obtenue en quantités abondantes comme produit secondaire dans la fabrication du gaz d'éclairage, s'est développée, surtout en Allemagne, d'une façon tout à fait remarquable. La valeur des produits qu'elle fabrique annuellement se chiffre par millions ; ses ateliers occupent des centaines de chimistes et des milliers d'ouvriers.

De même que les couleurs de goudron ont été fournies par le gaz d'éclairage, de même la fabrication des bougies a, sinon donné naissance, du moins amené à son importance actuelle une autre industrie chimique. La transformation que subit, au cours de la fabrication de l'aniline, la benzine soumise à l'action de l'acide azotique, devait conduire les chimistes à étudier l'action de cet acide énergique sur toute une série d'autres corps. Dans cette étude fut comprise également cette glycérine provenant de la décomposition des corps gras, et cette matière si inoffensive se transforma au contact de l'acide azotique en un corps doué de propriétés explosives terrifiantes. Sobrero, qui a découvert la nitroglycérine, nous montre dans ce corps un explosif comme on n'en a pas eu jusque-là à sa disposition. Absorbée par la silice, la nitroglycérine donne la dynamite, qui a rendu les services les plus estimables pour les travaux gigantesques de notre époque et qui, dans des mains inhabiles ou même criminelles, a causé déjà de si pénibles accidents.

Mais ces propriétés explosives, l'acide azotique ne les donne pas seulement à la glycérine. La poudre-coton, une substance connue de nous tous depuis longtemps, et bien peu parmi nous peuvent se rappeler l'étonnement dans lequel Schönbein plongea l'humanité, vers le milieu du siècle, en montrant que l'on pouvait tirer le canon avec du coton. Cependant l'importance de la nitrocellulose — c'est le nom que donnent les chimistes au coton-poudre — ne s'est révélée que de nos jours ; c'est elle qui paraît devoir résoudre le problème des guerres modernes celui de la poudre sans fumée. D'ailleurs, les applications de la nitrocellulose ne se bornent pas à son action destructive ; dissoute dans l'éther et l'alcool, elles donnent le collodion pour panser les blessures qu'elle a faites. La photographie ne peut plus se passer de ce collodion, et il n'est pas jusqu'à l'industrie textile qui ne s'en serve. Depuis quelques mois seulement, on a appris à filer et à tisser le collodion et à obtenir ainsi un tissu qui — chose assez remarquable — ne se laisse pas distinguer de la soie. Mais cette soie artificielle a encore les propriétés de la poudre-coton, et qui oserait se fier à cette robe de Nessus moderne ! La chimie a réponse à tout. Placez le tissu quelques instants en contact avec le sulfure d'ammonium et le tissu cessera d'être explosif sans avoir rien perdu de son brillant.

Ces grandes industries ne doivent pas faire oublier les petites.

La transformation si remarquable de la cellulose sur l'action de l'acide azotique devait amener les chimistes à observer l'action de l'acide sulfurique sur cette même cellulose, et là encore les conduire à des résultats utilisables. Le papier ordinaire, mis en contact avec de l'acide sulfurique concentré, acquiert, sans que sa composition se modifie, toutes les propriétés du parchemin. Le parchemin artificiel fait déjà l'objet d'une industrie assez importante ; son usage augmente de jour en jour. C'est une excellente matière pour les documents ; les relieurs s'en servent comme du véritable parchemin. Aux chirurgiens, il sert pour remplacer les toiles à pansements ; les chimistes et les fabricants de sucre l'utilisent pour la dialyse. Nos ménagères elles-mêmes savent apprécier le présent utile que leur offre la chimie ; la désagréable baudruche animale, employée presque exclusivement autrefois pour clore les bocaux de conserves, a disparu de nos salles à manger pour faire place au papier-parchemin.

Nous venons de voir toute une série de résultats de recherches chimiques utilisés dans la vie moderne. En apparence, ces résultats ne présentent aucune liaison entre eux ; mais si on les examine de plus près, on voit qu'ils découlent naturellement l'un de l'autre. Lorsque Mitscherlich traita la benzine par l'acide azotique, il ne pensait certes pas à la dynamite, ni à la poudre-coton, pas plus qu'à la poudre sans fumée ou au collodion ; et cependant on ne saurait nier que son expérience féconde n'ait été le point de départ de toutes ces découvertes.

Une expérience de Friedrich Wöhler a eu des conséquences analogues pour la science et pour la vie, celle de la production artificielle de l'urée. En 1828, pendant que notre Association tenait ses assises à Berlin, le jeune Wohler, alors professeur à l'École industrielle de cette ville, travaillait dans ce même laboratoire où, durant les deux dernières années avant son exécution, le malheureux Ruggieri avait vainement cherché l'or, Wohler, dis-je, réussit à produire l'urée artificielle-

ment. Des mains des chimistes sortait donc une matière qu'on n'avait observée jusqu'ici que dans la vie animale et dont on croyait la formation liée à quelque mystérieuse action de la force vitale. Les bornes entre la chimie organique et la chimie inorganique étaient renversées. De nouvelles voies s'offraient aux recherches et devaient conduire bientôt aux résultats les plus inattendus. L'ère de la chimie synthétique commençait. Si nous produisons aujourd'hui artificiellement la matière colorante de la garance et de l'indigo, l'arome des amandes amères et de la vanille ; si, pour citer une conquête de ces derniers mois, nous fabriquons le sucre du raisin, indépendamment des plantes qui jusqu'ici avaient fourni ces corps, tous ces brillants succès découlent de l'heureuse synthèse de l'urée accomplie par le savant dont nous inaugurions la statue la semaine dernière à Gœttingue.

Il eût été bien étonnant que la chimie synthétique, qui a rendu de tels services à l'industrie tinctoriale et à la parfumerie, ne se fût pas efforcée de produire aussi artificiellement les remèdes que la médecine puise dans l'organisme des plantes. Les résultats de ces efforts sont restés assez minces jusqu'ici ; les alcaloïdes doués de propriétés médicinales, tels que la quinine, la morphine, la strychnine, ont échappé à la reproduction, quoique les tentatives n'aient pas manqué. En revanche, la chimie organique a révélé toute une série de nouveaux remèdes dont quelques-uns d'une action remarquable : l'acide salicylique, l'antipyrine, l'antifébrine, le sulfonal. Rassurez-vous, je ne veux pas essayer de suivre le flot des nouveaux remèdes qui viennent grossir périodiquement les ressources de la pharmacie ; je nommerai cependant encore deux corps qui ont acquis droit de cité, le chloroforme et le chloral. Nous saluons dans le chloroforme l'une des premières de ces substances anesthésiques qui ont été un véritable bienfait pour les malades comme pour les médecins ; le chloral a rendu à notre génération de vie à outrance le sommeil qu'elle paraissait prête de perdre. Ces deux corps ont encore un autre intérêt. L'histoire de leur découverte est instructive, car ils émanent tous deux d'une méthode de recherches dont l'origine fut aussi bizarre que les résultats en furent remarquables. On ne sait pas, en général, qu'à certains égards, nous devons le chloroforme et le chloral à un incident qui se produisit à un bal aux Tuileries.

C'était pendant les dernières années du règne de Charles X. Lorsque les invités se présentèrent, ils trouvèrent les salles remplies de vapeurs suffocantes qui paraissaient provenir de bougies de cire brûlant avec une flamme fuligineuse. Dumas, chargé d'expliquer cet accident, montra que la cire des bougies avait été blanchie au chlore, et que celles-ci contenaient du chlore qui s'était substitué atome par atome à l'hydrogène. Le fait que, dans les corps organiques, le chlore peut se substituer à l'hydrogène, était donc découvert ;

les chimistes disposaient d'une méthode nouvelle qui pénétra aussitôt dans les laboratoires. Bientôt après, Lichz, étudiant l'action du chlore sur l'alcool, découvrait le chloroforme et le chloral. Il est vrai que les propriétés physiologiques de ces corps ne furent indiquées que beaucoup plus tard par Simpson pour le chloroforme, par Liebreich pour le chloral.

Les résultats utilisés dans la vie, que j'ai essayé d'indiquer bien plutôt que de décrire, sont empruntés presque exclusivement à la chimie organique, et l'on pourrait croire que les travaux relatifs à la chimie minérale ont été moins féconds. Il n'en est rien, et une revue rapide suffira pour montrer que, dans cette branche de la chimie, les progrès n'ont pas été moins considérables que pour la chimie organique. La science a exercé une influence profonde sur toutes les branches de la grande industrie chimique; toutes les opérations fondamentales de celle-ci ont subi une complète transformation. La fabrication de l'acide sulfurique a cessé d'être tributaire de la Sicile; au lieu du soufre pur, elle utilise les pyrites que l'on trouve partout; le procédé célèbre de Leblanc pour la fabrication de la soude est presque partout remplacé par le procédé par l'ammoniaque; l'ammoniaque elle-même n'est plus obtenue comme autrefois par la décomposition des matières animales : on l'obtient comme produit secondaire de la fabrication du gaz d'éclairage.

La fabrication de la potasse a subi une transformation analogue; les magnifiques forêts de l'Amérique du Nord ne seront pas dévastées plus longtemps, car l'analyse chimique a révélé la nature des eaux-mères des salines de Stassfurt. Les richesses potassiques rencontrées dans ces eaux vont aussi transformer complètement le mode de fabrication du salpêtre.

Et si nous nous tournons vers l'industrie métallurgique, quelles transformations encore depuis cinquante ans! Examinons la plus importante, celle du fer. On traite maintenant des minerais qu'autrefois on eût rejetés avec dédain. Le chimiste a fourni au métallurgiste des procédés variés pour la désulfuration, la déphosphoration et même la décarburation du fer; le physicien lui a mis le spectroscope dans la main; le mécanicien a mis à sa disposition ces bruyantes souffleries d'air chaud, ces énormes cuves Bessemer, qu'il manœuvre avec la même désinvolture qu'une dame versant du thé, ce puissant et pourtant délicat marteaupilon qui forge des masses énormes de métal et peut ouvrir un œuf. Cette énumération montre bien qu'aucune branche de l'activité humaine n'a tiré plus de profit des progrès de la science. Et cela, non seulement pour le fer, mais aussi, quoique peut-être à un degré moindre, pour les autres métaux. Des métaux nouveaux inconnus à nos pères, et qu'ils n'auraient pu rêver même, sont aujourd'hui fabriqués couramment. Comment les savants de l'assemblée de Leipzig auraient-ils pu soupçonner que bientôt Wöhler allait

tirer du pavé qu'ils foulaient aux pieds ce métal d'un blanc d'argent qui, quelques années plus tard, après surtout les travaux de Deville, allait entrer en concurrence avec ses frères aînés, l'aluminium, que son faible poids spécifique rend propre à des emplois variés, et qui, bizarrerie du sort, fut retrouvé dans les aigles françaises, prises au cours de la dernière guerre.

Rappelons encore, avant de quitter le domaine de la chimie, quelques résultats pratiques dont on s'est préoccupé récemment.

Vous vous rappelez comment, il y a dix ans environ, les journaux annoncèrent qu'on était parvenu à liquéfier l'oxygène. Le procédé employé fut bientôt appliqué avec le même succès aux autres gaz considérés jusqu'alors comme permanents, de sorte que la vieille distinction entre les gaz permanents et non permanents tomba. Ces faits ramenèrent l'attention sur les gaz déjà liquéfiés antérieurement. Les propriétés anesthésiques du protoxyde d'azote furent mieux connues, et on constata que ce gaz fournissait le moyen de procurer une insensibilisation complète se dissipant rapidement. Liquéfié dans un récipient en fer forgé, ce gaz devint un auxiliaire du dentiste. La pression de l'acide carbonique liquéfié travaille pour nous dans les pompes à vapeur qui, grâce à cette adjonction, peuvent fonctionner dès leur arrivée sur le lieu du sinistre, sans avoir à attendre que la vapeur soit entrée en pression. Cette même pression est utilisée dans la fabrication de l'acier fondu, pour comprimer l'acier dans des formes fermées. Enfin, pour passer des grandes choses aux petites, c'est l'acide carbonique encore qui fait monter le gaz au comptoir de nos palais à bière le nectar de Gambrinus.

L'abaissement considérable de température auquel donne lieu le retour à la forme gazeuse des gaz liquéfiés n'est pas non plus resté sans application. Nous avons vu déjà le rôle de l'ammoniaque liquide dans l'appareil à glace de Carré. On l'emploie aussi pour le rafraîchissement des grandes salles, et dans les brasseries américaines les greniers sont tenus aussi frais que des cavernes.

Le froid produit par l'acide carbonique passant de l'état liquide à l'état gazeux a été même employé dans les travaux de mines. Ce fut Faraday qui, presque immédiatement après la fondation de notre Société, liquéfia ce gaz. Il ne vit là qu'un résultat scientifique ; mais aujourd'hui le mineur se garantit des eaux qui pourraient l'envahir pendant le fonçage de ses puits en les congelant au moyen de cet acide carbonique liquide. Il serait difficile de donner une preuve plus éclatante du bénéfice que peut tirer l'industrie humaine des travaux de la science.

Ce retour sur quelques-uns des résultats les plus remarquables dont les sciences naturelles se sont enrichies depuis la fondation de notre Association m'a pris plus de temps que je ne l'avais pensé. Et pourtant que de faits remarquables j'ai à peine effleurés, et combien d'autres ont été passés sous silence. Mais si défectueuse qu'elle soit, cette revue rapide vous a montré l'étendue des connaissances dont la science actuelle est redevable aux travaux de deux générations sur un sol préparé déjà par les générations antérieures. Tout en vous réjouissant des nouveaux horizons qui s'offrent à nos yeux, nous ne devons pas oublier combien ces travaux de nos devanciers ont aplani notre vie journalière et quelles douceurs ils ont apportées dans notre existence. Quelle différence entre les conditions de la vie au commencement du siècle et celles de la vie moderne !

Laissez votre esprit, si cette longue revue ne vous a pas trop fatigués, se reporter encore une fois au jour de la fondation de notre Société. C'est le 18 septembre 1822, au matin. Nous souhaitons la bienvenue à un collègue débarquant dans la cour de la poste aux chevaux de Leipzig. Notre ami arrive de Brême. Il est resté dans la diligence quatre jours et quatre nuits pour faire un trajet qui aujourd'hui peut s'accomplir en un jour. Encore tout endolori de cette station assise prolongée, mais plein des nobles pensées qui remplissent son cerveau de fondateur, il se rend bientôt à la séance où se discutent les statuts. On ne sait pas ce qu'a duré cette séance, mais on sait bien ce que peuvent être des discussions de statuts ; aussi sommes-nous heureux de voir notre ami trouver enfin un instant de repos après un bon déjeuner et une promenade à travers les magnifiques jardins de Reichenbach. Il a été question pour la soirée d'une réunion d'amis, mais le choix du local n'a pas été absolument heureux. On ne trouve pas encore de bière de Munich à Leipzig. En tout cas, la soupe n'a jamais vu d'extrait de viande Liebig. Mais la conversation n'en est que plus animée. Sur quoi porte-t-elle ? Il est difficile de le dire exactement ; mais ce qu'on peut dire avec certitude, c'est ce sur quoi elle ne porte pas. Il n'est certainement pas question du percement de l'isthme de Suez, ni de la percée du mont Cenis et du Gothard ; pourtant on a pu parler de l'emploi de la vapeur comme moyen de locomotion. Quelques bateaux à vapeur ont déjà été vus sur le Rhin et sur l'Elbe ; bien plus, le premier steamer, le *Savannah*, vient de franchir l'océan Atlantique. La possibilité des chemins de fer même a pu être discutée. D'après les dernières nouvelles d'Angleterre, on s'occupe sérieusement là-bas d'établir, à titre d'essai, la première ligne entre Stockton et Darlington. Quelle perspective pour notre ami qui vient de rester assis la moitié d'une semaine dans la diligence ! Ce voyage l'a décidément très fatigué. Aussi quitte-t-il la réunion un peu plus tôt que les naturalistes n'ont coutume de le faire. Nous l'accompagnons, pour qu'il ne s'égare pas, car dans les rues règne une obscurité égyptienne,

percée seulement de loin en loin par les flammes fumeuses de lampes à huile. On ne remplace pas ces lampes, parce que dans quelques années, on va se servir de l'éclairage au gaz. Notre ami parvient cependant sans accident à son gîte. Pas la moindre petite lampe à pétrole pour éclairer l'escalier ; où aurait-on été chercher le pétrole? La chambre aussi est obscure, et il faut avant tout se procurer de la lumière. Mais il n'y a pas encore d'allumettes, l'allumeur Dobereiner n'a même pas encore été inventé; heureusement notre ami est un homme avisé qui a un briquet à pierre. Il se tape bien un peu sur les doigts, mais enfin il a du feu, et voici la chandelle qui brûle, chandelle, car on ne connaît pas encore la bougie. Mais une surprise désagréable était réservée à notre ami. Une lettre importante, sur laquelle il comptait, ne lui est pas parvenue; or la poste ne fonctionne que deux fois par semaine entre Leipzig et Francfort; il ne peut donc espérer de nouvelles que dans huit jours au plus tôt. Que ne donnerait-il pas pour avoir la possibilité de télégraphier dès le lendemain matin ! Le voilà tout préoccupé, et il n'a même pas le moyen de se procurer une consolation à laquelle nous aurions certainement recouru en pareil cas. Notre ami ne peut chercher dans sa poche la photographie de sa femme : la photographie non plus n'est pas encore inventée !

Mais je ne veux pas poursuivre plus longtemps sur ce thème « autrefois et maintenant ».

L'Association se réunit aujourd'hui sous de nouveaux statuts. Les conservera-t-elle aussi longtemps que les anciens ? Peut-être, mais certainement pas plus longtemps. Si nous songeons à l'avenir, nous pouvons prévoir qu'en 1900 une demande de modifications se produit, mais elle est repoussée à une forte majorité. Des tentatives de même genre se succèdent périodiquement sans succès. Pendant ce temps est survenu le milieu du xx° siècle. Le nombre des nouveautés s'est considérablement accru, et il est devenu facile aux Virchow et aux Helmholtz de l'époque — en supposant que le siècle prochain soit honoré de tels hommes — de préparer de nouveaux statuts. Et voici que le nouveau président a l'idée de faire un petit emprunt à son prédécesseur d'il y a soixante ans et d'entreprendre une revue rétrospective de la science pendant ces soixante années. Il raconte à la première assemblée réunie suivant les nouveaux statuts — et qui sait dans quelle partie de l'Allemagne agrandie, à Cameron peut-être ou à Bagamoio ? — ce qui s'est passé pendant cet intervalle de temps.

Son rapport parle de l'assemblée de 1890 ; il expose notre organisation actuelle et s'étonne du petit nombre de sections qui nous suffisaient et de la longueur des notes dont la lecture était imposée aux membres. Il trouve notre vie sédentaire, et déclare qu'on ne saurait se faire aucune idée des conditions de la vie d'alors.

Mais il montre aussi à quel état florissant était déjà parvenu l'arbre de la science... Mais je ne veux pas anticiper sur les communications de mon successeur pour 1950.

A.-W. HOFMANN.

_____

GÉOLOGIE

L'avenir de la terre ferme.

Dans une fort curieuse communication faite à la *Société de géographie de Paris*, dans une de ses dernières séances, M. A. de Lapparent, tirant des déductions logiques des données actuelles de la science, a examiné quel est l'avenir de la terre ferme, recherchant si elle ne serait pas fatalement destinée à disparaître, et évaluant le temps qui pourrait être nécessaire pour l'accomplissement de cette condamnation.

C'est une question, a remarqué M. de Lapparent, qu'il aurait été téméraire d'aborder il y a quelques années; les données précises manquaient alors, aussi bien sur la valeur du relief terrestre que sur l'intensité des actions qui s'appliquent à le modifier. Aujourd'hui, le progrès des études de géographie physique nous a mis en possession d'éléments plus exacts, qui permettent de se hasarder à chercher la solution du problème, non sans doute pour arriver à des chiffres rigoureux, mais au moins pour se rendre compte, avec une certaine approximation, de l'ordre de grandeur des effets qu'il s'agit d'analyser.

Les travaux des géographes, pendant ces dernières années, nous ont donné une connaissance beaucoup plus parfaite que nous n'avions auparavant du relief terrestre. Il y a dix ans, on en était encore aux évaluations de Humboldt, pour qui la terre ferme, à supposer que toutes ses aspérités eussent été uniformément réparties sur sa surface entière, aurait formé un plateau élevé de 305 mètres au-dessus du niveau de la mer. Aux environs de 1880, ce chiffre a commencé à grossir sensiblement. Un savant allemand, M. Krümmel, l'a porté à 444 mètres. Peu de temps après, M. de Lapparent, procédant à de nouveaux calculs, fondés sur l'utilisation des cartes hypsométriques existantes, est arrivé à cette conclusion que l'altitude moyenne de la terre ferme, certainement supérieure à 500 mètres, devait plus probablement approcher de 600 mètres. Ce résultat n'était toutefois énoncé, à cause de sa nouveauté, qu'avec une certaine réserve. Cependant l'auteur eut la satisfaction de le voir accueilli tout de suite par les géographes étrangers; on l'a même notablement dépassé depuis, car MM. John Murray, Penck, Supan et de Tillo, ayant pu, grâce aux documents cartographiques dont ils disposaient, entreprendre des évaluations beaucoup plus précises, sont arrivés d'un commun accord, à quelques mètres près, à trouver que la terre ferme peut être représentée par un plateau uniforme dominant de 700 mètres le niveau de la mer.

Eh bien, ce plateau de 700 mètres est l'objet d'attaques incessantes, de la part de l'Océan, d'un côté, et des agents atmosphériques de l'autre. Les rivières ne cessent de transporter à la mer les menus débris des roches que la pluie y entraîne, après qu'ils ont été désagrégés par les alternatives de l'humidité et de la sécheresse, du froid et du chaud, de la gelée et du dégel. C'est par l'observation de ce qui se passe à l'embouchure des rivières qu'on arrive à se faire une idée nette de la mesure dans laquelle l'action, pour ainsi dire latente ou du moins silencieuse des agents atmosphériques, parvient à diminuer la masse continentale.
— M. J. Murray, l'éminent naturaliste écossais, profitant de tous les travaux qui avaient été publiés sur cette matière, travaux auxquels il a lui-même ajouté sa grande part, a énoncé les résultats suivants :

Si l'on considère les dix-neuf principaux fleuves du globe, on trouve que leur débit annuel est de 3610 kilomètres cubes. — Ces 3610 kilomètres cubes amènent à la mer, dans une année, une masse de matières solides en suspension égale à 1 kilomètre cube et 385 millièmes — ce qui fait, en volume, une proportion de 38 parties pour 100 000.

D'autre part, les observations météorologiques sont devenues aujourd'hui assez précises pour permettre d'évaluer approximativement le débit annuel de tous les fleuves de la terre. M. Murray le porte à 23 000 kilomètres cubes. Appliquant à ce chiffre la même proportion de 38 pour 100 000, on obtient, pour les matières solides annuellement charriées à la mer par les fleuves, 10 kilomètres cubes et 43 centièmes. Tel est l'effet dû à l'action mécanique des eaux continentales.

Quelle est maintenant la part des vagues de la mer ? Quand on entend le fracas des vagues venant se briser contre les falaises et y projetant leur mitraille de galets, quand on est témoin de ces énormes éboulements dont les rivages maritimes sont si souvent le théâtre, on est naturellement amené à penser que l'action de la mer doit être un facteur prépondérant dans la destruction des continents; cependant c'est l'inverse qui a lieu.

L'Angleterre peut être considérée comme l'un des pays où l'attaque des côtes par la mer s'exerce avec le plus d'intensité, les vagues atlantiques y étant projetées avec violence par les vents du sud-ouest. Or les géologues anglais paraissent d'accord pour penser que le recul des côtes britanniques sous l'action de la mer n'est certainement pas supérieur à 3 mètres par siècle. Il est vrai qu'en certains points du littoral français, au Havre, par exemple, on estime que les falaises perdent 0m,25 par an; M. Bouquet de La Grye porte même cette perte à un peu plus de 1 mètre par an pour les côtes calcaires du sud-ouest; mais, par compensation, il y a des mers où le travail des vagues peut être considéré comme négligeable, sans parler des côtes plates où la mer, en construisant des cordons littoraux, apporte au lieu d'emporter.

M. de Lapparent croit donc qu'en admettant, pour tout l'ensemble du globe, une ablation de 3 mètres par siècle, on a chance de se tenir au-dessus plutôt qu'au-dessous de la réalité.

Maintenant, quelle est la hauteur moyenne des falaises? Si l'on admet qu'elle soit de 50 mètres, il s'ensuivra qu'une ablation annuelle de 3 centimètres fera disparaître 1 mètre cube et demi par mètre courant, soit 1500 mètres cubes par kilomètre. Or l'étendue des côtes terrestres peut être calculée très facilement, grâce aux chiffres qui sont donnés dans l'ouvrage d'Élisée Reclus (*les Continents*), sur la proportion qui relie, dans chaque unité continentale, la surface de la terre ferme et l'étendue des côtes. Appliquant ces chiffres à ceux qui expriment la superficie, aujourd'hui bien connue, des diverses contrées, on trouve que l'étendue totale des côtes sur le globe peut être évaluée à 200 000 kilomètres. Dès lors la perte admise, de 1500 mètres cubes par kilomètre et par an, donnera 300 millions de mètres cubes, c'est-à-dire 3 dixièmes de kilomètre cube. — Ainsi, pendant que les eaux courantes enlèvent 10 kilomètres cubes et demi, la mer n'arrive pas même à la vingtième partie de ce chiffre.

Qu'on admette que l'auteur ait donné trop peu de hauteur aux falaises et pas assez d'importance à l'ablation annuelle; qu'on triple, par exemple, les chiffres qui lui ont servi de base, on n'en arrivera pas moins à une fraction presque négligeable, comparativement à ce que produit l'action silencieuse des fleuves. On peut donc dire ici, comme en bien d'autres cas, que ce qui fait le plus de besogne n'est pas ce qui fait le plus de bruit.

Ce n'est pas tout : il importe encore de tenir compte de l'action dissolvante des eaux continentales. Les eaux dissolvent partiellement toutes les roches, aidées qu'elles sont dans cette action par l'acide carbonique; elles arrivent à la mer chargées de matières dissoutes dans une proportion bien plus considérable qu'on ne pourrait le supposer au premier abord. D'après les travaux des commissions anglaises, américaines et internationales qui ont étudié spécialement la composition des eaux de rivières, particulièrement pour le Mississipi, le Danube et la Tamise, la quantité de matières enlevées en dissolution aux continents ne serait pas inférieure à 5 kilomètres cubes par an.

Ces deux chiffres ensemble nous donnent environ 15 kilomètres cubes et demi : pour tenir compte de l'action marine, mettons 16 kilomètres cubes. Voilà donc à peu près ce que perd chaque année la masse continentale.

Maintenant, qu'on se représente ce plateau supposé uniforme, qui domine le niveau de la mer de 700 mètres. — Par suite des diverses circonstances dont il a été parlé, 16 kilomètres cubes seront enlevés, chaque année, à cette masse. La superficie continentale étant de 146 millions de kilomètres carrés, il est aisé de calculer qu'une ablation de 16 kilomètres cubes fait perdre chaque année une tranche dont l'épaisseur est 11/100° de millimètre. — Mais les débris de cette tranche viennent se loger sur le fond de la mer, en affectant la forme de dépôts sédimentaires; ils prennent alors la place d'une certaine quantité d'eau, de sorte que la mer éprouve de ce chef une certaine surélévation. Le rapport de la superficie continentale à celle des mers étant à peu près 100/252°, il en résulte, au total, que l'altitude du plateau subit chaque année une perte de 155 millièmes de millimètre.

Eh bien, autant de fois ces 155 millièmes de millimètre seront contenus dans 700 mètres, c'est-à-dire 700 000 millimètres, autant il faudra d'années pour amener la disparition totale de la terre ferme. Qu'on fasse le calcul et on trouvera que, à supposer la même intensité dans les phénomènes de destruction, quatre millions et demi d'années suffiraient pour raboter complètement la surface de la terre. — Ce chiffre est évidemment rassurant. Mais le géologue qui porte ses regards, dans le passé comme dans le présent, bien au delà des générations actuelles, peut en tirer plus d'une leçon. D'abord l'histoire totale du globe ne pouvant être renfermée dans un espace de temps relativement aussi court, ce résultat nous enseigne que certainement, à plus d'une reprise, l'équilibre acquis a dû être troublé par de grands phénomènes de dislocation, trop rares d'ailleurs pour que l'homme en ait encore pu être le témoin et qui, en reconstituant un relief en voie de destruction, ont donné une nouvelle impulsion à l'action des puissances naturelles.

D'autre part, les observations géologiques fournissent une mesure assez approchée du maximum d'épaisseur des dépôts qui se sont produits au fond de la mer. — Cette épaisseur totale s'élèverait, d'après Dana, à 45 000 mètres. Pour savoir quelle durée la formation de pareils dépôts a pu embrasser, cherchons à nous représenter ce que deviennent actuellement les produits de la destruction des continents.

Ces produits, on le sait aujourd'hui, ne s'étendent pas, à beaucoup près, sur toute la surface du fond de la mer; ils forment une bande de dépôts que les campagnes de sondages sous-marins ont appris à connaître assez bien. Si l'on consulte à ce sujet M. John Murray, on apprendra de lui que, dans son opinion, les sédiments formés par la destruction des continents s'étalent sur un cinquième environ de la surface océanique. Aussi, bien que cette dernière soit supérieure à la superficie des terres, la masse des dépôts se répartissant sur une fraction seulement de cette étendue, il en peut résulter, au bout de quatre à cinq millions d'années, un ensemble de sédiments capable de former, en moyenne, une couche de 750 mètres d'épaisseur. Mais il est certain que cette épaisseur serait très inégalement répartie; presque nulle au point où finissent les dépôts, dans la direction du large, la puissance de la couche sédimentaire serait beaucoup plus forte au voisinage des côtes, où il n'est pas téméraire de penser qu'elle pourrait s'élever à 2000 et même 3000 mètres. Or, pour réaliser l'épaisseur totale de 45 000 mètres, c'est-à-dire pour expliquer l'histoire géologique, il suffirait d'admettre que l'histoire du globe ait embrassé tout au plus 15 à 20 périodes de 4 millions et demi d'années, soit 67 à 90 millions d'années, ce qui est inférieur au chiffre de 100 millions, qui avait été admis par sir William Thomson, en partant de considérations d'un tout autre ordre, fondées sur la déperdition de la chaleur interne.

On pourrait objecter que M. de Lapparent a négligé, dans ce calcul, la contribution apportée au relief terrestre par l'action volcanique, et que les laves rejetées par les volcans doivent venir en atténuation de l'effet destructeur exercé par les eaux courantes. Or on doit à Cordier ce calcul que, depuis l'époque historique, les laves sorties représentent tout au plus 500 kilomètres cubes, soit, en comptant trois mille ans, un sixième de kilomètre cube par an. C'est déjà peu de chose relativement aux chiffres d'ablation indiqués par l'auteur. Mais il faut aussi se souvenir qu'à côté des éruptions, il y a les explosions volcaniques, comme celles dont notre génération a été témoin à Krakatoa en 1883, à Bangtaï-som, en 1887; comme celle que nos pères ont vue se produire à Temboro en 1832.

Si l'on songe que l'explosion de Krakatoa a projeté en l'air 16 kilomètres cubes, que celle de Temboro a été bien plus considérable encore, il sera vraiment permis de dire que l'action volcanique active, au lieu de la diminuer, la dégradation constante du relief continental.

Telles sont les considérations que M. de Lapparent a jugé utile de soumettre aux réflexions des membres de la Société de géographie. Sans avoir la prétention de donner des chiffres précis, et tout en remarquant qu'il faut voir moins les résultats numériques indiqués que l'ordre de grandeur des effets sur lesquels son analyse a porté, l'auteur a néanmoins fait observer que ces effets ne sont pas négligeables, et permettent d'assigner, à l'histoire géologique de notre globe, une durée moindre que les chiffres un peu fantastiques auxquels on a parfois essayé de donner crédit.

Ce qui est vrai toutefois, c'est que la disparition du relief continental, si elle peut préoccuper un géologue et un penseur, n'est pas un de ces événements dont nos générations aient à s'inquiéter. Ce ne sont ni nos enfants, ni nos arrière-petits-enfants qui seront en mesure d'en constater le progrès d'une manière visible. « Si donc, a conclu M. de Lapparent, vous voulez bien me permettre de terminer cette conférence par un mot un peu... fin de siècle, je dirai que le comble de la prévoyance serait assurément de construire dès aujourd'hui un bateau pour pouvoir échapper aux conséquences finales de cette destruction des continents, qui doit logiquement aboutir à leur submersion définitive. »

PSYCHOLOGIE

Une définition naturelle du crime
et du criminel.

La criminologie a suscité déjà des travaux nombreux, mais les psychologues, les anthropologues, et les sociologues à qui nous les devons se sont exclusivement préoccupés de l'homme criminel ou des mobiles du crime, et non pas du crime lui-même. Aussi manquons-nous actuellement d'une définition satisfaisante du *crime en lui-même*. C'est précisément cette définition que nous essayerons de formuler ici.

Mais il est tout d'abord indispensable que nous rappelions un certain nombre de considérations qui forment les bases mêmes de notre conception. — Il est aisé de se rendre compte que le but le plus général que réalise nécessairement tout être vivant est d'accumuler des forces pour en disposer ultérieurement au mieux. Ces forces, elles-mêmes, se trouvent habituellement en état d'équilibre instable; aussi la fonction de l'être vivant consiste-t-elle surtout à mettre à profit cette instabilité du milieu pour en adapter les éléments aux fins qui lui sont propres. C'est ainsi que les animaux inférieurs utilisent principalement l'équilibre instable chimique et les animaux supérieurs l'équilibre instable physique et chimique du milieu. On peut même remarquer qu'à cet égard, il existe une véritable gradation philogénique.

Par quel mécanisme l'être vivant s'acquitte-t-il de cette fonction ? Les matériaux susceptibles ou non d'être employés à la nutrition, provoquent chez lui des représentations psychiques de propriétés utilisables. Il se met alors en mesure de constater objectivement la réalité de ces qualités des matériaux. En un mot, l'être vivant s'acquitte de sa fonction en déterminant aux choses des attributs qui soient identiques à ceux des représentations mentales auxquelles ces choses ont donné lieu. — Nous désignerons ultérieurement et pour plus de commodité ce mode fonctionnel sous le nom de *mécanisme d'identification*. — Il n'importe pas que cet acte soit ou non accompagné de conscience, puisqu'il est réalisé chez les animaux inférieurs par la mise en œuvre des propriétés chimio-tactiques de ces êtres. Chez les animaux supérieurs, le mécanisme, pour plus complexe, n'en est pas moins celui que nous avons énoncé : du reste, c'est même procédé général qu'on retrouve dans tous les actes vitaux.

Pour ce qui concerne l'homme en particulier, ceci étant admis, nous rappellerons en premier lieu que ses représentations mentales sont très supérieures à celles des autres animaux. Cependant, l'énergie mentale n'équivaut chez lui qu'à un travail minime au point de vue quantitatif, puisqu'à cet égard ce travail échappe presque au dosage. Si, toutefois, l'énergie mentale de l'homme est susceptible de développer des actions formidables, ce qui est incontestable, c'est évidemment en raison de l'équilibre instable des forces sur lesquelles elle agit. Il suit de là, en conséquence, que le rôle de l'homme est prépondérant dans notre sphère, car cette qualité de son intelligence, lui permettant de saisir les rapports d'équilibre des forces, il arrive à produire des combinaisons capables de mettre en branle des maxima véritables d'énergie.

Envisageons maintenant, d'autre part, l'économie générale de la terre, et là nous remarquerons que le passage des objets matériels de l'équilibre instable physique jusqu'à l'équilibre stable chimique entraîne la déperdition de chaleur dans l'espace une perte d'énergie terrestre.

Or, dans l'état actuel des choses, il nous a semblé qu'il était légitime de catégoriser à ce point de vue les événements du monde (avec ou sans intervention de l'activité animale) en deux classes, selon qu'ils produisent une augmentation, ou au contraire qu'ils déterminent une diminution des forces vives terrestres. Dans les faits ressortissant à la première de ces catégories — événements produisant une augmentation des forces vives — des forces en état d'équilibre *stable* chimique sont transformées en forces en état d'équilibre *instable* chimique et physique. Tel est, par exemple, l'acte des rayons solaires dans la décomposition de l'eau et de l'acide carbonique.

Dans les faits appartenant à la seconde de ces catégories — événements déterminant une diminution des forces vives — des forces en état d'équilibre *instable* physique et chimique sont transformées en forces en état d'équilibre *stable* chimique.

Au point de vue plus spécial du genre humain, c'est dans cette dernière catégorie que nous rangerons les *malheurs* et les *crimes*. Ceci revient à dire que nous considérons que la *caractéristique objective* du malheur comme celle du crime est qu'ils sont l'un et l'autre constitués par des événements diminuant dans une certaine mesure les forces vives terrestres.

Le *malheur* peut résulter ou non de l'intervention de l'homme, et dans les deux cas il s'agit également d'une diminution des forces vives terrestres. Dans le dernier cas, ce résultat est produit par un défaut du mécanisme fonctionnel du sujet. Il aura déterminé aux choses des attributs *non identiques* à ceux de la représentation mentale qu'il avait eue de ces choses. Tel le cas d'un individu qui tuerait son semblable en tirant sur lui un pistolet qu'il ne croyait pas chargé.

Pour ce qui est du *crime*, que nous avons assimilé au malheur au point de vue de la déperdition des forces vives qui est sa caractéristique objective — et que nous ne considérons ici qu'alors qu'il est commis par l'homme — il diffère de son congénère en ce que la diminution des forces vives qui le constitue n'est pas due, elle, engendrée par un défaut dans le mécanisme fonctionnel du sujet.

Ainsi, pour nous, *il y aura crime chaque fois qu'un sujet, ayant des représentations mentales exactes des attributs des choses, aura dérivé des forces à son profit personnel et n'y sera parvenu qu'en diminuant par le même acte les forces vives terrestres utilisables.*

Cette définition est d'un caractère essentiellement général; or, on a presque toujours considéré le crime comme étant avant tout un fait social. Il serait par conséquent peu susceptible de s'accommoder d'une définition de ce genre, puisqu'au point de vue que nous rapportons, il varierait selon les coutumes de chaque peuple.

Que si, au premier abord, il semble qu'il y ait là un argument de réelle valeur à l'encontre des idées que nous développons, ce n'est là qu'une apparence. La formule que nous proposons reste invariable dans tous les cas, et n'est pas influencée par les conditions différentes que réalisent les mœurs et les lois des diverses nations. Les législations, en effet, ne font rien d'autre que d'exprimer les façons différentes qu'ont les peuples d'apprécier les qualités des choses extérieures.

Ces données d'ordre général sur le crime vont nous permettre de proposer certaines considérations sur les criminels. On sait que ceux-ci ont été divisés en trois grandes classes : criminels fous, criminels-nés, criminels d'occasion. Or, pour nous ces catégories représentent la gradation, en quelque sorte, de la déchéance du *mécanisme d'identification* (au sens que nous avons attribué à cette expression). Ce mode fonctionnel parfois complètement annihilé — chez le criminel fou — conserve d'autres fois sa presque rectitude — chez le criminel d'occasion — ou bien subit des altérations variables — chez le criminel-né. — De là vient la difficulté d'appréciation qui, ainsi qu'on le sait, existe surtout dans la réalité, dans ce dernier cas.

De plus, on peut considérer que la nature même de l'altération du mode fonctionnel diffère chez le criminel fou et chez le criminel-né, en ce sens que chez l'aliéné les représentations mentales sont erronées du fait des attributs des choses extérieures qui lui paraissent différentes de ce qu'ils sont, tandis que chez le criminel-né les mêmes représentations mentales se trouveraient perverties en raison de troubles sensationnels de l'individu lui-même. Quant au criminel d'occasion, il est certain que si, dans les circonstances ordinaires de la vie, son mécanisme d'identification fonctionne normalement — ce qui le distingue déjà des deux catégories précédentes — lorsqu'il est sous l'influence de la passion (colère, jalousie..., etc.) qui lui inspire le crime, ce même appareil est plus ou moins faussé, de sorte qu'il intervient là encore un facteur de dubitation.

Il résulte, en somme, de ces déductions que le criminel absolu, au sens de notre définition, serait un type *virtuel*, et qu'à quelque catégorie qu'appartienne un criminel, son mécanisme d'identification est plus ou moins altéré, du moins au moment où il commet l'acte. Tous les criminels s'approchent à des degrés variables du *type absolu*, c'est-à-dire de celui qui, ayant des représentations mentales exactes des qualités des choses extérieures, déterminerait une diminution des forces vives terrestres, et c'est précisément par ces degrés que plus ou moins éloignés du type qu'il serait possible d'apprécier leur *quantité* pour ainsi dire de *criminalité*. Mais ce type absolu lui-même est hors nature.

En résumé, le crime est constamment caractérisé par une diminution des forces vives terrestres produite par l'homme possédant une connaissance variable des attributs des choses. Il en résulte que la mesure du *crime* se base sur l'un des termes que renferme cette proposition — soit le plus ou moins de diminution de forces vives réalisé — de même que la mesure de la *criminalité* se fonde sur l'autre terme de la même proposition — le plus ou moins de connaissance des attributs des choses possédé par le sujet.

Remarquons en dernière analyse que le crime est essentiellement particularisé par une tendance égoïste, puisque c'est en dérivant des forces vives à son profit *personnel* que cette diminution de forces est réalisée par le criminel. Cette tendance égoïste se trouve en opposition formelle avec la tendance humaine altruiste qui, elle, a au contraire pour résultante l'augmentation des forces vives.

De même que dans la nature il existe, dans le domaine extra-humain, des combinaisons physiques et chimiques, comme aussi des productions végétales et animales qui déterminent nécessairement des malheurs, de même il se trouve dans le règne humain des sujets qui sont des facteurs inévitables de crimes. Cela résulte incontestablement de l'état particulier d'équilibre instable du milieu terrestre.

Paul Blocq et J. Onanoff.

BIOLOGIE

La relation entre la couleur du milieu et la couleur des larves de lépidoptères, d'après M. E.-B. Poulton.

Différents observateurs ont noté la relation qui existe entre la couleur des chrysalides de papillons et celle des surfaces sur lesquelles elles sont fixées. M. T.-W. Wood fut, d'après M. E.-B. Poulton, le premier à noter le fait. Il fit encore quelques expériences, et en conclut que la peau de la chrysalide n'est apte à subir l'influence de la coloration du milieu que durant les quelques heures qui suivent la perte de la peau de la chenille; à l'appui de son dire, il montra des chrysalides vertes, foncées, blanches, rosées, etc., obtenues sur des surfaces de coloration correspondante. Ces faits furent confirmés en partie ou en totalité par MM. Bond et Butler; d'autres observateurs, M. Meldola, Mme Barber, M. M. Weale, M. Trimen, ajoutèrent quelques faits de même ordre, tout en en introduisant d'autres qui ne s'expliquaient point aisément. Sur ces entrefaites, M. E.-B. Poulton, un zoologiste distingué qui vient d'être élu membre de la Société royale de Londres, entreprit d'étudier la question au point de vue expérimental, en multipliant, étendant et variant les expériences antérieurement faites. Il a publié sur ce sujet un certain nombre de mémoires et de notes qu'il a résumées dans un travail plus étendu, intitulé : *An Enquiry into the Cause and Extent of a special Colour Relation between certain Lepidopterous Pupæ and the Surfaces which immediately surround them*, contenu dans les *Philosophical Transactions* de Londres. C'est ce travail que nous voulons brièvement résumer.

Nous ne le suivrons pas dans les détails; ce sont les conclusions que nous mettrons plutôt en relief. Des expériences faites sur les chrysalides des *Vanessa Io, urticæ* et *atalanta*, *Pieris brassicæ* et *rapæ*, il résulte que la coloration du milieu exerce une influence appréciable sur celle de la chrysalide. C'est ainsi que des chenilles de *Vanessa Io* exposées à une lumière verte ont fourni des chrysalides appartenant à la variété vert jaunâtre, variété plus rare que la variété grisâtre tachetée de noir, habituellement rencontrée. (Le dimorphisme est normal chez cette espèce.)

Pareillement, des chrysalides de *Vanessa atalanta* placées dans un milieu à reflets métalliques (doré-) sont beaucoup plus riches en reflets de ce genre que les larves placées sur fond noir, et les figures de M. Poulton montrent combien la différence est grande. Chez le *Papilio machaon*, toutefois, il n'y a point d'adaptabilité de ce genre, comme l'avaient déjà noté d'autres observateurs, et la chose est d'autant plus curieuse que c'est une espèce normalement dimorphe. Le dimorphisme ne tiendrait donc pas aux différences de milieu, semble-t-il. Mais des expériences plus nombreuses sont nécessaires, M. E.-B. Poulton n'en ayant fait qu'un petit nombre. Les chrysalides de *V. urticæ* ont réagi de la même façon que celles des deux autres Vanesses citées plus haut; et comme les expériences de M. Poulton sur cette espèce ont été plus nombreuses, nous nous y arrêterons quelque peu. Un fait intéressant à noter est l'impuissance de certaines couleurs, comparées à d'autres; il est certains milieux colorés qui déterminent des modifications marquées, alors que d'autres ne font rien. Ainsi, la couleur orangée est sans action. Il en est de même pour la couleur verte, les petites différences observées étant sans doute dues à des différences de lumière. Par contre, dans un milieu à parois noircies, les chrysalides prennent une coloration très foncée : les formes claires manquent totalement (pour bien comprendre les différences, il faut voir les figures de M. Poulton) et les reflets métalliques sont très rares et peu prononcés. Dans un milieu blanc, l'effet inverse s'observe : les formes sombres manquent, ou sont très rares, et la prépondérance appartient aux formes claires. Je donnerais bien quelques chiffres, mais ils ne seraient compréhensibles qu'à la condition d'avoir sous les yeux les figures de M. Poulton. Si l'on s'en tient donc cinq figures de chrysalides qui répondent aux cinq types principaux observés par lui, et on conçoit qu'entre les extrêmes les formes intermédiaires sont véritablement intermédiaires, présentant des différences appréciables sans doute, mais différences toutes de degré. Et, dans ces conditions, qui pourra établir entre ces cinq formes deux catégories qui seront nommées respectivement claire et sombre? Les appréciations varieront selon les observateurs. Adoptons toutefois celles de M. Poulton. La forme 1 étant la plus sombre et la forme 5 la plus claire (l'une est brun noir foncé, l'autre doré métallique), la forme 2 est l'équivalent clair de 1; et 3 et 4 sont plus claires que 1 et 2 et se distinguent aussi par l'abondance toujours plus grande des reflets dorés. Mais dans la forme 3, on peut distinguer trois variétés : la normale, la claire et la foncée. Ceci dit, nous voyons que dans le milieu noir le rapport des variétés est les suivantes : 38,1 pour 1 et 2; 60 pour 3, et 1,9 pour 4. La forme 5 fait défaut. Dans le milieu blanc, nous avons 4,8 de forme 2 (pas de forme 1), 70,3 de forme 3; 17,2 de 4, et 7,6 de 5.

Dans un milieu à reflets dorés, la production des chrysalides métalliques est abondante encore, et les formes sombres sont plus rares que dans le blanc : 0 pour 1; 1,5 pour 2; 37,3 pour 3 (dont 23,9 pour 3 clair, et 3,0 seulement pour 3 sombre); 40,3 pour 4, et 20,9 pour 5. Le tableau que voici résume l'influence de la coloration du milieu. Les chiffres 1..5 indiquent les degrés de coloration, comme ils ont été expliqués plus haut, et les chiffres en dessous indiquent la proportion (pour cent) correspondant à chaque milieu. La dernière colonne donne le total des chrysalides sur lesquelles l'expérience a été faite.

Couleur.	1.	2.	3 foncé.	3 normal.	3 clair.	4.	5.	Total.
Verte...	5,1	20,5	64,1	64,1	64,1	2,6	7,7	39
Noire...	10,5	27,6	25,7	21,0	13,2	1,9	0	105
Blanche..	0	4,8	14,5	25,5	30,3	17,2	7,6	145
Dorée...	0	1,5	3,0	10,4	23,9	40,3	20,9	67

On peut conclure que l'influence de certaines couleurs (le vert et l'orangé n'en sont pas) sur la coloration des chrysalides est réellement marquée.

Ceci posé, M. Poulton s'est demandé à quel moment l'action de la coloration du milieu agit sur celle de la chrysalide. Est-ce durant la période qui suit immédiatement la formation de celle-ci, est-ce plus tôt, est-ce plus tard? Des expériences très simples permettent de répondre à cette question : il suffit en effet de faire varier le moment où l'animal est introduit dans un milieu coloré. En opérant dans ces conditions, M. Poulton a pu voir que l'influence de la coloration du milieu s'exerce durant la période qui s'étend entre le moment où la chenille cesse de manger et celle où se forme la chrysalide. Durant cette période, la chenille erre de droite et de gauche pour se choisir un emplacement approprié ; elle s'y arrête quinze heures environ, après quoi elle passe suspendue, la tête en bas, dix-huit heures à peu près, à l'expiration desquelles la chrysalide apparaît. En réalité — et ceci résulte d'expériences dans lesquelles la coloration du milieu fut modifiée à courts intervalles — l'influence de la coloration du milieu s'exerce pendant une vingtaine d'heures, les vingt heures qui précèdent les douze dernières de la période totale ci-dessus indiquée ($x + 15 + 18$), celles, par conséquent, qui correspondent à la période d'immobilité et de suspension. L'influence s'exerce donc sur la chenille, et non sur la chrysalide, contrairement à l'opinion reçue jusqu'ici.

Comment s'exerce-t-elle? Les organes visuels y sont-ils pour quelque chose? La sensation colorée éprouvée par ceux-ci a-t-elle quelque influence? La question se résout en éliminant ce facteur, en empêchant cette sensation de se produire. Et dans ces conditions, en recouvrant les yeux d'un vernis opaque, on voit que l'influence de la coloration demeure la même. Les sensations de l'animal n'y sont donc pour rien ; la coloration du milieu exerce son influence sur la peau sans doute, ou par quelque voie différente, sur le système nerveux, en dehors de toute action sur la vue. Pensant que certaines soies de la chenille pouvaient renfermer des organes par lesquels s'exercerait cette influence de la couleur extérieure, M. Poulton a également examiné les effets de leur destruction : ils sont nuls.

A ces conclusions, il en faut ajouter une qui a un grand intérêt : c'est la grande influence de la coloration métallique sur le développement des reflets dorés chez la chrysalide. Ce fait semble indiquer le caractère protecteur de ces reflets qui doivent évidemment, à la fois dissimuler la chrysalide en lui donnant l'apparence de certains corps inorganiques comme le mica, et, d'autre part, la rendre très visible, très voyante, donc suspecte. On sait en effet que la plupart des insectes très voyants sont mauvais au goût de la plupart des animaux qui seraient tentés de s'en nourrir, et que nombre d'animaux comestibles (Wallace) sont protégés par une apparence extérieure qui les fait confondre avec les espèces non comestibles.

Tels sont les principaux résultats obtenus par M. E.-B. Poulton. Nous n'avons pu les analyser aussi longuement que nous l'aurions voulu, son mémoire étant surtout un recueil de faits dans lesquels on a quelque peine à grouper ensemble ceux qui parlent dans le même sens; mais nous avons indiqué les points les plus importants de cet excellent travail, qui contribue à montrer une fois de plus combien l'organisme est influencé par le milieu dans lequel il vit.

V.

VARIÉTÉS

Un astrologue au xvii° siècle.

La Bibliothèque nationale possède deux petites plaquettes qui m'ont paru assez curieuses pour être signalées, parce qu'elles mettent en relief certains côtés de l'esprit français dans la première moitié du xvii° siècle, époque où elles ont été écrites et publiées. Le sieur Conac ou de Conac, leur auteur, n'a pas espéré, sans doute, acquérir par elles une immortalité glorieuse, et il s'est plus occupé certainement du présent que de l'avenir. Il a voulu s'attirer des clients plus que des admirateurs. C'est pourquoi il s'intitule à la fois astrologue, mathématicien, opérateur et médecin.

Tous ces titres ne lui font pas une auréole bien lumineuse, car ils sont, à peu de chose près, synonymes pour l'époque dont je parle. Les mathématiciens étaient, par exemple, étaient, au moyen âge, des devins, et ce n'est que vers la fin du xvii° siècle que leur auréole de savants a commencé à les élever dans l'estime publique.

Quant aux médecins et opérateurs, ils n'étaient habituellement que des barbiers, et on n'a qu'à se souvenir des fantaisies humoristiques de Molière pour comprendre l'autorité dont ils jouissaient à cette époque. On ne saurait vraiment les comparer aux distingués praticiens de ce temps.

L'astrologie enfin, qui avait eu si longtemps ses entrées à la cour, était encore en honneur. Louis XIII n'avait peut-être pas la facile crédulité de quelques-uns de ses prédécesseurs, mais il avait conservé une certaine déférence pour cette catégorie de malandrins, et l'on sait que, tandis qu'Anne d'Autriche mettait au monde le futur Louis XIV, un astrologue, enfermé dans une pièce voisine, tirait l'horoscope du souverain en miniature.

La foule suivait naturellement ces exemples venus de haut, et les astrologues, nichés et, souvent, très bien nichés, dans les divers quartiers de Paris, recevaient la visite de nombreux clients désireux de connaître l'avenir et d'avoir des conseils discrets sur les points délicats de leur existence. Quel-

ques-uns avaient une réputation d'extra-lucidité, et leur
cabinet ne désemplissait pas. Le sieur de Conac devait être
de ce nombre.

Cette croyance au surnaturel, qu'on n'a jamais pu déraciner complètement, était encore si puissante au xviie siècle,
qu'elle exerçait son influence sur les meilleurs esprits, et
qu'on est étonné de trouver sous la plume de La Bruyère, cet
homme au jugement si sûr, des phrases comme celles-ci :

Que penser de la magie et du sortilège? La théorie en est
obscurcie, les principes vagues, incertains, et approchent du
visionnaire ; mais il y a des faits embarrassants, affirmés par
des hommes graves qui les ont vus; les admettre ou les nier
nous paraît un égal inconvénient, et j'ose dire qu'en cela
comme en toutes choses extraordinaires et qui sortent des
communes règles, il y a un parti à trouver entre les âmes
crédules et les esprits forts.

.Après ces réflexions d'un moraliste si distingué, comment
jeter la pierre aux esprits crédules, qui avaient foi dans les
sorciers, les magiciens, les astrologues et autres exploiteurs
de la crédulité publique?

Le sieur de Conac était bien de son temps en publiant ses
prédictions sur la destinée des hommes et des femmes, et
ses petits volumes auraient eu un grand succès, que cela ne
nous surprendrait nullement. Tant d'autres charlatans, en
notre siècle éclairé, n'en ont-ils pas eu, qui ne le méritaient
pas davantage?

J'aurais voulu pouvoir donner quelques notes biographiques sur cet homme extraordinaire qui prédisait si bien
l'avenir, mais ses ingrats contemporains ont oublié d'écrire
l'histoire d'une existence toute consacrée au service de
l'humanité superstitieuse; les dictionnaires biographiques
ont même eu le tort de ne pas même mentionner son nom.
Il faut donc nous en tenir à ses œuvres. Elles nous suffisent.

Le premier opuscule du sieur de Conac porte le titre suivant :

*Traité de la nativité des femmes et des filles, par lequel
on peut voir ce qui doit arriver selon le jour auquel
elles sont nées.* Composé par le sieur Conac, astrologue et
mathématicien, et opérateur, et dit la fortune, advoué de
Sa Majesté. A Paris, 1636.

Cet opuscule, très court, me paraît trop curieux pour que
je ne le cite pas à peu près en entier.

La fille qui est née le dimanche sera belle, gracieuse,
affable, honneste, fille de bien, allègre de son corps, la plus
part le poil blond, grâce, de bonne couleur; si elle est
pauvre, elle servira les dames, sera mariée à un riche marchand, elle aura des servantes selon sa qualité, n'aura guère
d'enfants, pâtira de fièvres quarte et tierce, douleur de
reins, sera curieuse de beaux enfants, sera chaste, aura une
maladie à trente-neuf ou quarante ans, sera de belle taille,
vivra soixante ans et n'aura qu'un mari, sera très colère,
aura le lundy son jour contraire.

La fille qui est née le lundy sera belle, blanche, ni trop
grasse, ni trop maigre, aura le poil chatain, de belle taille,
sera femme d'honneur, craindra son mary, sera batûe, pâtira de mal d'estomach, de cerveau et des mammelles, aura

la face ronde, le poil long; aimable, modeste, curieuse d'aller aux champs, aura pour mary quelque homme qui aura
charge en la République, sera heureuse en moulins, ou aura
quelque marinier ou sergent, sera heureuse à servir quelque
princesse, aura moins d'enfants masles que de femelles, ne
passera pas cinquante ans, sera volée par ses serviteurs et
autres, et n'aura pas son premier serviteur. Le vendredy
est son jour contraire, mourra par suffocation, sera fantastique, changeant de volonté.

La fille qui est née le mardy sera gaillarde, d'une bonne
complection, assez belle ; sera colère, curieuse du bien
d'autruy, un peu laronnesse, la pluspart d'icelles ont le poil
rouge, furieuse, mauvais regard, s'exposera à tous hazards,
cruelle, son mari sera soldat, ou hoste, ou boulanger, ou
boucher, ou alchimiste, ou barbier... pâtira de fièvre tierce,
migraine, charbons, feu volage, pustule, manière de frénai-
sie, flux de sang, jaunice, son mari sera forgeron, femme de
bonne chère, si elle en a le moyen, aimera les jeunes gens,
fort menteuse, aura dispute avec ses voisins, mourra de
mort subite.

La fille qui est née le mercredy aura un petit visage et un
petit corps, bien fait, avec un belle éloquence, sera aimable,
aimant la paix... fort curieuse d'écrire à plusieurs personnes
et de voir toutes subtilités comme comédies, balets, dances,
mascarades, sera mariée à quelque homme de plume, ou
marchand, et vivra quarante-huit ans, aura une grande maladie à vingt ans, son mary mourra le premier, pâtira de
la teste, cholique, quelque peu de la rate, son jour contraire au samedy.

La fille qui est née le jeudy sera gentille, possédant no-
blement, honneste, discrette, pitoyable, bien venue auprès
des princesses et bien heureuse selon sa qualité, sera un
peu amoureuse et vivra soixante-douze ans, elle pâtira des
poulmons, douleur de teste, aimera de parler aux religieux
pour prendre quelque bon conseil, aimera d'estre religieuse,
si elle l'est, parviendra à la charge d'abesse; si elle se marie, aura trois maris, desquels elle aura de beaux enfants,
sera heureuse en sa vieillesse, son jour contraire est le
lundy.

La fille qui est née le vendredy sera de nature flegma-
tique, belle en toutes ses parties, aimera à porter de beaux
habits, curieuse de porter poudres de senteurs, aimable,
courtoise, aimera les joyaux, les pourtraicts, images, la musique, les comédies, et tout ce qui incite à l'amour ; elle
n'aura pas un fort beau regard, ny belle chevelure, sera
mariée à un gantier, ou droguiste, ou peintre ou autre, pâtira de postume (1) à la gorge, fistule de vérole, etc.; cela
vient de trop aymer; son jour contraire est le samedy.

La fille qui est née le samedy ne sera ni belle, ni laide,
sera subjecte à plusieurs maladies, comme surdité d'oreille,
à la gratelle (2)... Si elle est damoiselle, elle se mariera avec
un usurier et aura dispute ensemble; il ne mangera guères
de peur de despendre; si elle est pauvre, elle se mariera

_____

(1) Postume, pour apostume : tumeur, abcès.
(2) Sorte de gale.

avec un messager ou pescheur, marchand d'huile ou tailleur de pierres... elle sera avaricieuse et voudra cacher son argent, elle aura une succession; son contraire est le vendredy, le tout à la louange de Dieu.

G. DE D.

CAUSERIE BIBLIOGRAPHIQUE

Traité pratique de chirurgie d'armée, par MM. CHAUVEL et NIMIER. — Un vol. in-8°, avec 126 figures; Paris, Masson, 1890.

Tout différent de la *Chirurgie de guerre* de M. Delorme, ouvrage que nous avons présenté il y a quelque temps à nos lecteurs, et dans lequel les expériences, les théories et l'historique tiennent une grande place (1), le *Traité de chirurgie d'armée* de MM. Chauvel et Nimier est essentiellement pratique. Un tel livre a son actualité et son utilité incontestables; non que les nouvelles armes de guerre, les modifications successives subies par les projectiles dans leur poids, leur forme, leur composition aient entraîné dans les plaies de guerre des changements notables, mais la pratique de l'antisepsie a changé le pronostic des blessures, les indications des opérations, le matériel des pansements et tout l'ensemble des mesures qui constituent le nouveau service de santé en temps de guerre.

Les auteurs de cet ouvrage remarquent, en effet, qu'au point de vue de leur nature, les blessures de guerre sont encore aujourd'hui ce qu'elles étaient hier. Plus nombreuses, plus compliquées parfois, elles peuvent aussi être plus simples et regagner d'un côté ce qu'elles perdent d'un autre. Mais le durcissement extérieur des balles, l'enveloppe du métal mou par un métal plus dur n'a pas l'influence considérable qui avait fait qualifier de projectiles d'*humanitaires* par les Allemands. La force vive de la balle restant à peu près la même, puisque le poids diminue à mesure que la vitesse augmente, les effets ne pouvaient être profondément modifiés. Peut-être avec les balles cuirassées de 8 millimètres, les hémorragies immédiates seront-elles plus fréquentes qu'avec les projectiles antérieurs.

Mais, heureusement, si la gravité des blessures est restée la même, la nouvelle chirurgie d'armée est en mesure d'atténuer cette gravité dans des proportions considérables, par son organisation en vue d'une large pratique de l'antisepsie. Il faut d'ailleurs avouer que le service de santé militaire est très tardivement entré dans cette voie. En effet, la méthode antiseptique de Lister, déjà bien connue au delà du Rhin, commençait à peine à se répandre parmi nous quand éclata la guerre de 1870-1871. « Dans les ambulances françaises, là où dominèrent les chirurgiens de l'armée, les préceptes de Legouest sur le débridement préventif, sur l'exploration, l'extraction immédiate des projectiles

(1) Voir l'analyse de cet ouvrage dans la *Revue scientifique* du 17 mars 1888, p. 340.

et des esquilles furent généralement suivis, dans des conditions matérielles trop souvent déplorables. Dans les formations sanitaires dirigées par les chirurgiens civils, la thérapeutique fut plus variée et la non-intervention plus commune. Mais, d'un côté comme de l'autre, la mortalité fut épouvantable. Dans l'armée allemande, la charpie, la ouate de Bruns servirent de support à l'acide phénique, au permanganate de potasse. A Metz, Burow employa son pansement ouvert sans en obtenir de brillants résultats; d'autres préférèrent la glace ou cherchèrent le succès dans les pansements rares. Chez nous, le cérat, l'eau froide, les émollients firent peu à peu place aux spiritueux, à l'alcool, au perchlorure de fer, au phénol, au pansement ouaté de A. Guérin. La fréquence des infections septiques, de la pourriture d'hôpital, obligea à renoncer aux débridements, aux larges incisions, à la recherche et à l'extraction immédiate des corps étrangers et des esquilles. De l'expérience générale semblèrent alors ressortir les enseignements suivants : le débridement préventif est sans utilité parce que l'étranglement est exceptionnel; il n'est pas bon de manipuler les parties, d'explorer sans raison les plaies, de les panser trop souvent; on fait des bandes un usage inutile, de la charpie un véritable abus, elle serait avantageusement remplacée par l'étoupe goudronnée, la ouate purifiée, la tourbe préparée; l'eau phéniquée est un bon topique, le pansement ouaté un progrès; enfin la propreté est indispensable dans les pansements, car les doigts, les éponges, les instruments sont les agents, les porteurs de l'infection septique. »

Telle était l'impression laissée dans les esprits par la guerre de 1870 : la nécessité de l'antisepsie était unanimement reconnue. Était-il possible de la réaliser ?

Avec la guerre turco-russe commence véritablement l'essai rationnel du traitement antiseptique des plaies par coups de feu en campagne; avec elle naît la conviction des bons résultats qu'elle peut donner, mais aussi la notion des difficultés matérielles que présente son application. Les guerres de Bosnie et d'Herzégovine, la lutte serbo-bulgare, l'expédition même du Tonkin, malgré les graves imperfections de l'organisation sanitaire, n'ont fait que confirmer des conclusions hors de discussion désormais. L'antisepsie diminue, dans une proportion considérable si elle est immédiate, dans une proportion notable encore si elle n'est que secondaire, la mortalité consécutive aux coups de feu.

Aujourd'hui, cette antisepsie immédiate est praticable sur le champ de bataille même, grâce à l'organisation des postes de secours et des ambulances de première ligne, où les blessés peuvent être amenés avant la fin de la journée, et grâce au nouveau matériel de pansements, grâce surtout aux pansements à l'aide desquels on peut immédiatement pratiquer l'*occlusion* des blessures et les mettre à l'abri de la contamination par les germes dangereux du milieu.

L'étoupe, la tourbe, le coton hydrophile sont des matières toutes désignées pour ces pansements, par leurs qualités et la modicité de leur prix. Chargées d'acide phénique, d'iodoforme, de sublimé, d'après des procédés sûrs; empaquetées solidement et de façon à empêcher la déperdition de la substance active, ces matières doivent former la base de pansements taillés et préparés à l'avance. En outre, le paquet individuel de pansement, porté par chaque soldat, assurerait dans toutes les limites du possible la pratique de l'asepsie sur le champ de bataille.

Bien que le plus grand pas soit fait aujourd'hui dans cette nouvelle voie, il ne faut cependant pas se dissimuler que la perfection n'est pas atteinte, et il reste assurément à la Direction du Service de santé, au ministère de la guerre, matière à méditations et à modifications. Les points faibles de notre organisation actuelle sont fort judicieusement indiqués par MM. Chauvel et Nimier, et il faut féliciter ces auteurs d'avoir eu le courage, étant donnée leur situation officielle, de ne pas trouver parfaits les règlements en vigueur. Nous sommes d'ailleurs bien persuadé qu'on n'aura pu voir dans cette critique que le souci d'éviter le désastre sanitaire qu'amènerait probablement une guerre, et qu'il sera tenu compte en haut lieu des avertissements salutaires.

Prenant pour type un corps d'armée de 35 000 à 40 000 hommes, les auteurs admettent que ce corps d'armée, prenant part à une lutte, doit perdre en tués et en blessés le huitième de son effectif, soit 12,5 pour 100. Cette proportion est inférieure à la moyenne des pertes éprouvées par l'armée allemande en 1870-1871, pertes qui se sont élevées à 22 pour 100 à la bataille de Mars-la-Tour. Pour le corps entier, le chiffre des blessés sera donc de 4000 environ, parmi lesquels près de 1500 atteints de lésions graves, non transportables, et 2500 porteurs de blessures plus légères et capables de se rendre sans aide aux postes de secours ou faciles à y transporter.

Or, pour assurer le service de santé de ce corps d'armée, pour soigner ces nombreuses victimes, le directeur ne dispose immédiatement que des deux ambulances divisionnaires, de l'ambulance du quartier général et des médecins des corps de troupe réunis aux postes de secours ; quant aux hôpitaux de campagne, ils ne pourront évidemment venir en aide aux ambulances que le lendemain de la bataille.

Dans ces conditions, si les postes de secours peuvent, à la grande rigueur, effectuer le relèvement des blessés sur le champ de bataille, il est incontestable que le transport de ces blessés à l'ambulance ne pourra pas se faire, avec une vingtaine de voitures seulement — il n'y a pas plus de vingt voitures disponibles réalisant les exigences voulues pour les grands blessés — pour transporter environ mille hommes, tiers des pertes éprouvées par les deux divisions.

Mais le personnel est bien plus insuffisant encore, car c'est avec *douze* médecins seulement que l'on pense assurer le service chirurgical des deux divisions d'infanterie du corps d'armée, c'est-à-dire pour 3000 blessés environ, soit un médecin pour 250 blessés, et, si l'on veut ne tenir compte que des lésions graves, près de 100 blessés par médecin. Il n'est pas de chirurgien ayant pratiqué qui ne sache qu'un médecin et un aide par 60 blessés est un minimum qu'il est indispensable d'atteindre. C'est donc une moyenne de 100 médecins qu'il faudrait dans les ambulances actives d'un corps d'armée.

La modification à apporter aux règlements en vigueur, pour parer à cette grande et grave défectuosité, ce serait de supprimer au moins un hôpital de campagne pour donner aux ambulances une importance plus considérable, et aussi de rendre celles-ci plus mobiles, en faisant leurs voitures plus nombreuses et plus légères. En outre, il devrait n'y avoir que des ambulances de bataille — à la place des ambulances d'infanterie, de quartier général, etc. — et le directeur médical du corps d'armée aurait mission de répartir suivant les besoins ces ambulances de bataille dont il serait le seul dispensateur.

Enfin, il faudrait que le personnel médical des ambulances eût plus d'autorité qu'il n'en aura dans le plus grand nombre des cas, car c'est à l'ambulance que devront se prendre les graves et rapides décisions, et il serait assurément avantageux, comme on le fait dans des pays voisins, d'utiliser comme *chirurgiens consultants* les maîtres éminents de nos écoles qui voudraient bien mettre leur science et leur expérience chirurgicales à la disposition du service de santé de l'armée.

Avant de quitter l'excellent *Traité* de MM. Chauvel et Nimier, nous lui emprunterons quelques chiffres intéressants, tirés d'un tableau que les auteurs donnent, d'après Fischer, sur les résultats des grandes batailles de ce siècle, depuis Austerlitz jusqu'aux luttes de Plewna.

De l'examen de ces chiffres, il résulte que, bien que très variables suivant les conditions et les péripéties des batailles, les pertes des combattants comparées à l'effectif total ne sont pas en croissance progressive. De 17 pour 100 à Austerlitz chez les Français vainqueurs, elles tombent à 7 pour 100 à Königsgratz ; à 7,4 pour 100 à Gravelotte pour les armées victorieuses des confédérés allemands. Plus fortes en général du côté des vaincus, elles n'atteignent, comme à Borodino, à Leipzig, à Plewna, 40, 36 et 22 pour 100 qu'en raison de l'acharnement du combat et d'un feu long et meurtrier. Il paraît impossible cependant de conclure avec Fischer que les guerres de l'antiquité et du moyen âge coûtaient plus de vies que les luttes modernes. Si les statistiques modernes sont déjà discutables, que penser de la proportion de 92 pour 100 de tués ou blessés donnée, comme pertes de la bataille de Cannes ! De telles évaluations ne reposent évidemment que sur l'appréciation des chroniqueurs, toujours disposés à grossir démesurément les chiffres.

S'il faut encore aujourd'hui son poids de plomb pour tuer un homme, si l'on a pu calculer qu'en 1866, 1,5 pour 100 des coups ; en Bohême, 0,3 pour 100 ; et en 1870-1871, seulement 0,07 pour 100 des coups ont porté, il semble également démontré que les blessures graves, mortelles et légères n'ont pas notablement changé de proportion. A Solférino, le rapport des tués aux blessés est de 1 : 5,2 pour les Franco-Sardes, de 1 : 4,5 pour les Autrichiens. A Gravelotte, il s'élève à 1 : 3,4 pour les troupes allemandes ; mais dans l'ensemble de la guerre, il n'est que de 1 : 5,6. Le rapport officiel donne sur les hommes atteints : 15,3 tués, 8,9 succombant postérieurement à leurs blessures, et 75,8 guéris. En 1866, la proportion avait été de 16,5 tués, 70,2 guéris et 13,3 décès ultérieurs parmi les blessés, soit 1/5.

Les bienfaits de la nouvelle chirurgie d'armée ne pourront évidemment se manifester qu'en diminuant la proportion des décès consécutifs aux blessures; mais ceux-ci sont presque aussi nombreux que les morts immédiates, et il est certain qu'une organisation meilleure du service de santé, une conception plus exacte de la chirurgie de guerre eût certainement sauvé de la mort un nombre considérable de malheureux légèrement ou du moins non mortellement blessés, qui ont succombé en Crimée, en Italie, en Turquie et pendant la guerre de 1870-1871.

Traité de physique industrielle, production et utilisation de la chaleur, par L. Ser. — Tome II, 1re partie. — Un volume de 474 pages, avec 225 figures dans le texte; Paris, G. Masson, 1890.

Le premier volume du *Traité de physique industrielle* de L. Ser a paru en 1888; la *Revue scientifique* en a donné l'analyse à cette époque. Un douloureux événement est venu interrompre la publication de cet important ouvrage : L. Ser, enlevé prématurément à la science, n'a pu terminer son œuvre.

Sollicités par la veuve et par les amis du regretté professeur de l'École centrale des arts et manufactures, MM. L. Carette et E. Herscher ont bien voulu se charger de recueillir les documents laissés par leur ancien maître et de les réunir en un volume, récemment mis en vente par la librairie G. Masson. Ce volume, orné de nombreuses gravures, traite de la production et de l'utilisation de la chaleur. MM. L. Carette et E. Herscher ont respecté le plan général indiqué dans la première partie de l'ouvrage; ils ont continué à développer les leçons de L. Ser et ont utilisé tout ce qu'il avait laissé; mais, s'inspirant de ses idées, ils ont pensé que le public devait bénéficier des perfectionnements et des nouveautés dont les progrès de la science ont enrichi la physique industrielle pendant les deux années qui ont suivi la mort de l'éminent professeur.

La première partie du second volume comprend : les chaudières à vapeur, la distillation, l'évaporation, le séchage et la désinfection, importantes applications de la chaleur dont la dernière, en particulier, a pris tout récemment une grande extension.

La seconde partie, en cours de publication, est réservée au refroidissement, au chauffage des solides, des liquides et des gaz, ainsi qu'au chauffage et à la ventilation des lieux habités.

C'est plus spécialement aux élèves de l'École centrale des arts et manufactures que s'adresse le *Traité de physique industrielle* de L. Ser; nous ne doutons pas cependant qu'il soit accueilli avec une égale faveur par les ingénieurs et les industriels.

Lehrbuch der Electrotherapie, par MM. Pierson et Sperling. Un vol. in-12; Leipzig, Abel, 1890.

Il s'agit ici d'un petit livre d'électricité médicale qui peut rendre des services aux étudiants comme aux médecins. Il

est, en effet, dégagé de tout l'appareil mathématique, si difficile à comprendre, dont les traités d'électricité sont hérissés. Cela ne signifie pas que les mathématiques soient inutiles à la connaissance de l'électricité; ce serait presque un blasphème que de soutenir ce paradoxe. Mais, pour les médecins qui sont peu versés dans les sciences mathématiques, l'électricité doit être mise à leur portée, et le côté clinique doit prendre la première place.

Dans ce petit manuel on trouvera, à cet égard, toutes les indications élémentaires nécessaires au médecin, entre autres de bonnes figures schématiques et très claires, représentant les points d'émergence des principaux nerfs et leurs sphères d'innervation, motrice ou sensitive, et, par conséquent, la localisation précise des points où doivent être appliqués les électrodes.

Il y a dans un traité d'électricité médicale tant de choses à dire, tant de faits importants à connaître, qu'on ne peut, dans un petit volume, espérer être complet. Ainsi l'étude de la résistance électrique, qui est si variable, si capricieuse pour ainsi dire, faisant le désespoir des médecins qui veulent pratiquer l'électricité avec quelque méthode, et, par peut-être pas suffisamment développée, parce que son importance est considérable et domine toute application thérapeutique. Mais on lira avec intérêt des détails sur le bain électrique, très peu connu en France, et sur l'influence de l'étincelle électrique.

La dernière partie du volume est intitulée : *Électrothérapie spéciale;* l'auteur analyse les cas où l'électricité doit être employée : dans les névroses, les maladies des articulations, les psychoses, les maladies de la moelle, etc. On verra que, dans un grand nombre de cas, l'électricité a une très heureuse influence, et que les médecins — nous parlons ici de la généralité des médecins — ont tort de ne pas employer plus souvent ce puissant agent thérapeutique.

Dictionnaire populaire illustré d'histoire naturelle, par M. J. Pizzetta, avec une introduction par M. Ed. Perrier. — Un vol. in-4o de 1164 pages; Paris, Hennuyer, 1890. — Prix : 25 francs.

Un dictionnaire d'histoire naturelle élémentaire, agréablement illustré et de dimensions pas trop exagérées, est assurément appelé à se répandre dans le grand public. La place faite aux sciences naturelles, dans les programmes d'études, est devenue importante et, d'autre part, la transformation profonde qui s'est accomplie dans ces sciences, durant la seconde moitié de ce siècle, les a rendues séduisantes pour les personnes qui ne prétendent qu'à avoir *une clarté de tout,* en ce qu'elles tendent à remplacer auprès de ces personnes l'ancienne *philosophie,* seule, naguère, capable de satisfaire leur légitime curiosité et le besoin de donner une solution aux inévitables problèmes qui se présentent à tout esprit cultivé.

Cette transformation, ces progrès des sciences biologiques, M. Edmond Perrier en a tracé un très beau tableau, d'une triste élevée, dans l'introduction du *Dictionnaire populaire d'histoire naturelle* de M. Pizzetta, montrant comment aujourd'hui ces sciences tiennent vraiment entre leurs mains le fil conducteur qui permettra de remonter, à travers les âges, jusqu'à nos origines.

Quant au dictionnaire dont il s'agit ici, il est, dans son ensemble, bien fait et répond au but que s'est proposé son auteur. Les dessins sont nombreux et soignés, et les questions un peu ardues y sont exposées avec clarté et simplicité. Toutefois, nous signalerons quelques omissions et quelques inexactitudes à M. Pizzetta. Ainsi, les mots aérobie, aérobiose, anaérobie, etc., métamérie, ne s'y trouvent pas : ce qui est inadmissible dans un dictionnaire qui veut comprendre la botanique, la zoologie, l'anthropologie, l'anatomie, la physiologie, la géologie, la paléontologie et la minéralogie, — c'est-à-dire surtout la *biologie*.

D'autre part, l'article consacré au mot microbe est absolument insuffisant et même inexact dans quelques-uns de ses termes — ce qui ne laisse pas de surprendre, les connaissances générales concernant ce sujet ayant été vulgarisées à un degré inimaginable. Mauvais aussi, l'article *microcoque*. La morve et la syphilis ne sont pas produites par des microcoques, mais par des bacilles; encore ne connaît-on pas complètement celui de la syphilis; et quant au microcoque de la rougeole, il est encore à découvrir. Il ne faut pas aller plus vite que les violons. Mais ce sont là de légères imperfections que l'auteur fera facilement disparaître dans la prochaine édition que nous souhaitons à ce dictionnaire.

Les auteurs des dictionnaires devraient soigner particulièrement les nouveaux articles, les seuls en somme qu'ils aient à écrire en entier, — ceux concernant les sujets connus étant toujours plus ou moins faits de seconde main, — car c'est à ces articles que la critique va de suite pour juger leur œuvre, et ce jugement, concluant de la partie au tout, risque ainsi d'être plus sévère qu'il ne conviendrait.

ACADÉMIE DES SCIENCES DE PARIS

1er-8 DÉCEMBRE 1890.

M. A. Mannheim : Note sur un nouveau mode de déplacement d'un double cône. — *MM. Trépied, Rambaud et Renaux :* Observations de la nouvelle comète Zona. — *M. H. Faye :* Remarques sur la trombe de Fourchambault. — *M. Alfred Angot :* Étude sur la tempête du 23-24 novembre 1890 et les mouvements verticaux de l'atmosphère. — *M. Léon Sollier :* Note intitulée : *Méridiens, jour et heure universels.* — *M. Ulysse Lais :* Recherches sur la compressibilité des mélanges d'air et de gaz carbonique. — *M. R. Salvador Bloch :* Réflexion et réfraction par les corps à dispersion anormale. — *M. Amédée Paris :* Mémoire relatif à un mode de transmission des lettres, dépêches et messages téléphoniques, désigné sous le nom de *grammaphore*. — *M. G. Denigès :* Exposé d'un nouveau procédé pour différencier les taches d'arsenic de celles d'antimoine — *M. J.-L. Cumin :* Note sur un acide tiré de l'essence de térébenthine, l'acide térébenthique. — *M. Étienne Jourdan :* Sur un tissu épithélial fibrillaire des Annélides. — *M. H. Viallanes :* Étude sur la structure des centres nerveux du Limule (*Limulus polyphemus*). — *M. R. Moniez :* Recherches sur les différences extérieures que peuvent présenter les *Nématobothrium*, à propos d'une espèce nouvelle. — *M. L. Cuénot :* Travail sur le système nerveux entérocælien des Échinodermes. — *M. J. Demoor :* Recherches expérimentales sur la locomotion des Arthropodes. — *M. Joannès Chatin :* Recherches sur le noyau cellulaire étudié chez les Spongiaires. — *M. Eugène Bastit :* Expériences touchant les influences comparées de la lumière et de la pesanteur sur la tige des Mousses. — *M. J.-L. Léger :* Note sur la présence de laticifères chez les Fumariacées. — *M. G. de Saporta :* Études sur de nouvelles flores fossiles, observées en Portugal et marquant le passage entre le système jurassique et le système infracrétacé. — *M. J. Seunes :* Note sur la présence de rudistes dans le

---

Flysch à Orbitolines de la région sous-pyrénéenne du département des Basses-Pyrénées (vallée de Baïson). — *MM. A.-Michel Lévy et A. Lacroix :* Travail sur les indices de réfraction principaux de l'anorthite.

ASTRONOMIE. — *MM. Trépied, Rambaud et Renaux* communiquent à l'Académie les résultats des observations qu'ils ont faites de la nouvelle comète Zona, les 17, 18 et 20 novembre dernier, à l'Observatoire d'Alger, à l'équatorial coudé de 0m,318.

Leur note comporte les positions de la nouvelle comète et celles des étoiles de comparaison.

MÉTÉOROLOGIE. — *M. H. Faye* présente quelques réflexions sur la note présentée dans la séance précédente par M. Doumet-Adanson sur la trombe de Fourchambault (1).

Il pense que cette trombe s'étant produite en plein jour, de nombreux témoins, placés hors de l'usine de Fourchambault, ont dû en distinguer la figure alors qu'elle écrêtait quelques arbres sur un parcours de 800 mètres avant d'en arriver à l'usine. Si cette trombe, dont l'embouchure devait se perdre dans l'épais nuage jaunâtre qui a obscurci le ciel, tandis que son extrémité inférieure ne touchait pas encore le sol, est restée invisible (par défaut d'opacité de sa gaine inférieure), ce serait, dit-il, une circonstance digne d'être notée. De même, à l'est de l'usine, la trombe a dû se relever, puisqu'elle n'agissait plus que sur la cime des arbres dont elle a tordu ou cassé quelques branches. Là encore elle a dû, d'après M. Faye, être visible pour des spectateurs peu éloignés de sa trajectoire, tandis qu'à Fourchambault même, où elle a dû toucher terre, on comprend que sa forme extérieure n'ait pas été nettement perçue; mais, dans sa trajectoire purement aérienne, les spectateurs, moins surpris, moins gênés par les bâtiments d'une usine, ont dû la voir marcher la pointe inférieure au-dessus du sol et se projeter en entier dans le ciel sous la forme d'une masse conique plus ou moins inclinée.

Quant au sens de la giration indiqué par M. Doumet-Adanson et conforme à celui des aiguilles d'une montre, il a été noté aussi dans les tornados des États-Unis; mais il est extrêmement rare, tandis que le phénomène par lequel une trombe ou un tornado paraît danser, pour ainsi dire, c'est-à-dire voyager en l'air, puis descendre jusqu'au sol pour y exécuter ses ravages, se relever ensuite, et cela à plusieurs reprises, ce phénomène, dis-je, est, au contraire, extrêmement fréquent.

PHYSIQUE DU GLOBE. — M. Mascart présente une note très intéressante de M. Alfred Angot sur les observations faites à la tour Eiffel pendant la tempête des 23 et 24 novembre dernier, soit avec l'anémo-cinémographe à vitesses moyennes qui fonctionne sur la tour depuis le mois de juin 1889, soit avec un cinémographe à indications plus rapides de MM. Richard frères installé depuis le mois d'octobre. De ces observations, il résulte que le maximum de vitesse *verticale* du vent a eu lieu le 23 novembre où celle-ci a atteint le chiffre considérable de 34 mètres par seconde à 7h,27 du matin, ce qui correspondrait à une vitesse de plus de 122 kilomètres à l'heure, si le vent n'avait présenté à ce moment une extrême variabilité, passant, en moins de trente secondes, à 17m,9. Le lendemain 24 novembre, entre 10h,30 et 11h,30

---

(1) Voir la *Revue scientifique* du 6 décembre 1890, p. 727, col. 1.

du matin, par vent *ascendant,* la vitesse horizontale était en moyenne de 18^m,8. Déjà le 23 janvier dernier, la vitesse verticale instantanée du vent avait paru avoir atteint ou même dépassé 40 mètres.

La période d'observation étant encore trop courte pour qu'on puisse formuler des lois générales sur les mouvements verticaux de l'atmosphère, M. Angot se borne pour aujourd'hui à signaler les résultats suivants :

1° Les courants *descendants* sont, à la tour Eiffel, moins fréquents que les courants *ascendants,* et leur vitesse n'est jamais aussi grande;

2° Toute baisse rapide et prolongée du baromètre est accompagnée de vents *ascendants* forts (de 2 à 3 mètres par seconde). Comme, dans ces conditions, le vent horizontal est aussi très fort, que le ciel est couvert et la variation de la température très petite, ces vents ascendants ne peuvent être attribués à un effet d'échauffement de la tour. Ils se produisent du reste aussi bien la nuit que le jour;

3° Il n'y a pas de proportionnalité entre les intensités des composantes horizontale et verticale du vent. Pendant les tempêtes, la vitesse verticale augmente le plus souvent lors des accalmies relatives qui succèdent aux rafales;

4° Quand le baromètre remonte, le vent est tantôt *ascendant,* tantôt *descendant;*

5° Jusqu'à présent, les périodes de vent *descendant* les plus longues ont été observées, soit pendant les mouvements de hausse assez rapide du baromètre, soit pendant des hautes pressions persistantes; dans ces dernières conditions, on constate fréquemment des successions de vent descendant et de vent ascendant durant chacune plusieurs heures.

CHIMIE. — On sait que l'acide arsénique se comporte comme l'acide phosphorique vis-à-vis d'une solution azotique de molybdate d'ammoniaque; on sait aussi que l'on a utilisé cette réaction pour la recherche et le dosage de l'acide arsénique ou des arséniates. M. *G. Denigès* propose aujourd'hui d'appliquer également cette réaction pour différencier, en toxicologie, les taches d'arsenic de celles de l'antimoine.

Voici, d'ailleurs, comment on doit procéder : les taches soupçonnées arsénicales sont recueillies dans une petite capsule de porcelaine et additionnées de quelques gouttes d'acide azotique pur. Elles se dissolvent instantanément, qu'elles soient formées d'arsenic ou d'antimoine. On fait chauffer pendant quelques instants, pour compléter l'oxydation, et l'on ajoute aussitôt à la solution chaude quatre ou cinq gouttes de molybdate d'ammoniaque en solution azotique. Il se forme bientôt alors, n'y aurait-il même que des traces d'arsenic (1/50 et jusqu'à 1/100 de milligramme), un précipité jaune d'arséniomolybdate d'ammoniaque parfaitement reconnaissable, tandis que l'antimoine ne donne rien d'analogue avec le réactif molybdique.

Cette réaction qui paraît la plus sensible et la plus caractéristique pour l'arsenic; elle est, de plus, très applicable au dosage de très faibles quantités d'arsenic; enfin elle est des plus aisées à obtenir.

ANATOMIE ANIMALE. — Dans le cours des recherches qu'il poursuit sur les organes sensitifs des vers annelés, M. *Bt. Jourdan* a rencontré, dans la trompe des Annélides chélopodes de la famille des Glycères, une couche épithé-

liale représentée par des noyaux disposés irrégulièrement, suivant une seule assise sous-cuticulaire, et plongés au sein d'un stroma de petites fibres. Ces fibrilles présentent des aspects qui ne permettent pas de les confondre avec les autres éléments anatomiques de ces vers; de plus, ce tissu épithélial fibrillaire présente une structure analogue à celle du corps de Malpighi de l'homme et des animaux supérieurs, structure comparable à celle de la névroglie.

— Le système nerveux des Échinodermes, bien qu'il ait été l'objet de nombreux travaux, n'étant pas encore complètement connu, M. *L. Cuénot* s'est livré à de nouvelles recherches, et a reconnu l'existence du système nerveux entérocœlien chez tous les types qu'il a étudiés (*Asterias glacialis* et *tenuispina, Echinaster sepositus, Astropecten aurantiacus*). Il n'a pu déceler aucune communication entre ce centre et le plexus superficiel intraépithélial, courant entre les cellules ectodermiques de la paroi externe du corps. Ce nouveau système nerveux, dit l'auteur, rappelle singulièrement celui qui est si développé chez les Crinoïdes.

HISTOLOGIE. — *M. Ranvier* a trouvé que, chez la grenouille, l'œsophage est compris dans un sac lymphatique. La membrane qui limite ce sac du côté de la cavité pleuropéritonéale est extrêmement mince. C'est un objet d'étude remarquable, dans lequel il est possible d'observer des faits nouveaux et intéressants.

La charpente de la membrane est constituée par un tissu conjonctif alvéolaire. Les alvéoles de ce tissu sont recouverts de cellules connectives plates, ramifiées et anastomosées. Les clasmatocytes y sont nombreux et d'observation facile. La membrane périœsophagienne contient un riche plexus nerveux. De ce plexus se dégagent des nerfs qui sont destinés aux vaisseaux sanguins. D'autres fibres nerveuses se terminent par des extrémités libres ou des boucles en forme d'anneau de clef.

ZOOLOGIE. — Si les recherches de M. A. Milne-Edwards, comme on le sait, ont fait connaître avec beaucoup d'exactitude l'organisation générale du système nerveux du Limule, cependant on n'a encore aucun renseignement de quelque précision sur la structure intime de ce système. Cette lacune, M. *H. Viallanes* a entrepris de la combler en étudiant avec soin, sur quelques Limules vivants, l'ensemble de leur chaîne nerveuse. La note qu'il présente aujourd'hui à l'Académie est relative aux résultats que lui a donnés l'étude de la région céphalo-thoracique de cette chaîne nerveuse, grâce surtout à l'emploi des procédés modernes de l'anatomie microscopique.

— Pendant le cours de la quatrième campagne scientifique du yacht du prince Albert de Monaco, l'*Hirondelle,* aux mois de juillet et d'août 1888, cinquante-trois germons (*Thynnus alalonga*) avaient été pris à la ligne, jusque vers 600 lieues dans l'ouest et le sud-ouest de l'Europe. Ces poissons, soigneusement examinés dès leur entrée à bord, au point de vue de la recherche des parasites, ont fourni, entre autres types, un Trématode nouveau dont *M. R. Moniez* a étudié la structure et auquel il a donné le nom de *Nematobothrium Guernei.*

Ce trématode que, à première vue, on peut hésiter à déterminer comme un Nématode ou un Cestode, se trouvait en grand nombre, engagé tantôt par une extrémité seulement, tantôt par les deux à la fois, dans les muscles du maxil-laire inférieur, tandis que le reste du corps était libre. Chaque individu, long de 0^m,3 à 0^m,5, était isolé; tous ceux que M. Moniez a pu examiner avaient à peu près les mêmes dimensions et le même degré de développement sexuel, et ce n'est qu'après une étude attentive qu'il a pu reconnaître qu'il s'agissait bien d'un Trématode, mais à la vérité d'un Trématode aberrant, ainsi que le démontre la description qu'il en donne.

L'auteur signale aussi la découverte du même parasite dans un autre germon, mais avec cette particularité que trois individus se trouvaient, cette fois, dans l'intestin. Deux d'entre eux étaient entièrement libres, mesurant l'un 3 cen-timètres, l'autre 6 centimètres; le troisième était libre dans presque toute sa longueur, sauf vers son milieu, sur une étendue de trois quarts de centimètre où il était engagé dans une sorte d'anse de la muqueuse; il mesurait 15 centi-mètres de longueur.

Enfin, sur les branchies d'autres germons encore se trou-vaient des kystes tantôt sphériques et du volume d'un pois, tantôt présentant la forme et le volume d'une petite fève; quelques-uns, de taille variable, étaient fusiformes. Tous ces kystes renfermaient deux *Nematobothrium*.

— Voici sous forme de conclusions les principaux résul-tats des recherches expérimentales de *M. Jean Demoor* sur la locomotion des Arthropodes :

1° La *marche* est un mode de progression qui se rencontre dans les groupes suivants : crustacés, arachnides, insectes;

2° Le système mécanique hexapode des insectes est celui du double trépied à mouvements alternatifs;

3° Les arachnides (scorpions) sont octopodes et leur sys-tème de marche peut être nommé système du triangle de sustentation unique et variable avec leviers actifs indépen-dants;

4° Chez les crustacés, on trouve des espèces à marche postéro-antérieure et des formes à marche latérale;

5° Chez tous les arthropodes *marcheurs* examinés, le centre de gravité sort de la base de sustentation à chaque pas;

6° Sauf de très légères différences, les organes du mouve-ment sont les mêmes chez les crustacés à déplacement laté-ral et chez les crustacés à progression directe;

7° La patte des crustacés est défectueuse pour la marche, à cause de la présence nécessaire de l'articulation du car-popodite avec l'ischiopodite;

8° La marche octopode des scorpions est moins parfaite que la progression hexapode;

9° La locomotion des insectes est d'une haute perfection mécanique.

— *M. Joannès Chatin* communique les résultats de ses re-cherches sur le noyau cellulaire étudié chez les spongiaires.

Très délicats et s'altérant rapidement, les tissus de ces animaux opposent de grandes difficultés à de semblables investigations; aussi M. J. Chatin a-t-il dû instituer une technique nouvelle pour suivre le noyau dans son évolution et l'examiner dans sa texture intime.

D'abord sphéroïdal, le noyau abandonne bientôt cette forme pour revêtir l'aspect rubané. Il se montre dès lors sous l'état qui le caractérise chez la plupart des proto-zoaires, dont la parenté avec les éponges s'affirme ainsi jusque dans la morphographie même du noyau.

La membrane nucléaire, généralement si difficile à dis-tinguer, est ici très visible. Quant à la nucléine, elle se montre sous l'état de tronçons, de filaments ou de nucléoles nucléiniens. Presque toujours elle est localisée sur un des bords du noyau.

PHYSIOLOGIE VÉGÉTALE. — On sait que la pesanteur exerce sur les tiges des végétaux phanérogames une action direc-trice prépondérante. Mais l'action de la lumière, non plus que celle de la pesanteur, n'ayant jamais été observée sur la tige des mousses, *M. Eugène Bastit* a recherché si, en ce qui concerne le géotropisme et l'héliotropisme, ces végé-taux rentraient dans le cas général. Ses expériences, pour-suivies pendant une année, de mai 1889 à mai 1890 sur des mousses, cultivées parallèlement dans l'air et dans l'eau, con-stituent quatre séries :

1° Les cultures à l'obscurité permettant d'apprécier l'ac-tion isolée de la pesanteur;

2° Les cultures dans un récipient éclairé seulement par le *haut*, donnant la résultante des actions géotropique et lumineuse dirigées dans le même sens;

3° Les cultures dans un récipient éclairé seulement par le *bas*, laissant observer la résultante des mêmes influences dirigées en sens contraire;

4° Les cultures dans les conditions naturelles d'éclairage.

Elles lui ont démontré, et ce sont là les conclusions de sa note présentée à l'Académie par M. Duchartre, que :

a. — Dans l'air ou dans l'eau l'influence héliotropique sur la croissance de la tige des mousses surpasse l'influence du géotropisme;

b. — La tige se dirige toujours vers la lumière, quelle que soit la position de la source lumineuse.

BOTANIQUE. — On sait que les Fumariacées sont considé-rées comme dépourvues de tout appareil laticifère, et cette absence de vaisseaux propres est même comptée parmi les principaux caractères servant à différencier ces plantes de leurs proches voisines, les Papavéracées. Or certaines re-cherches entreprises par *M. L.-J. Léger* lui permettent d'af-firmer, dès aujourd'hui, que les Fumariacées renferment, elles aussi, des laticifères bien développés, constitués par des éléments souvent très différenciés et de nature variable. Mais, contrairement à celui des Papavéracées en général, le latex des Fumariacées est limpide, dépourvu de globules et d'une belle couleur rouge groseille; dans quelques espèces seulement, telles que *Fumaria capreolata* et *Fumaria spe-ciosa*, par exemple, il devient jaune à l'âge adulte, sans ces-ser d'être limpide. De plus, les éléments histologiques con-stituant l'appareil laticifère des Fumariacées revêtent divers aspects.

En terminant, M. Léger signale aussi la présence de lati-cifères à suc rouge et limpide, analogue à celui des Fuma-riacées, chez les Papavéracées suivantes : *Eschscholtzia cali-fornica, Eschscholtzia tenuifolia*, ainsi que chez l'*Hypecoum procumbens*, espèce considérée tantôt comme Papavéracée, tantôt comme Fumariacée.

BOTANIQUE FOSSILE. — *M. G. de Saporta* a été amené, il y a deux ans et demi, à fixer à la hauteur de l'*albien* l'appari-tion des premières Dicotylées, dans la région actuellement située au nord du Tage, entre Lisbonne et Coïmbre. Depuis lors, il a reçu de nouvelles plantes fossiles provenant de divers gisements portugais, lesquelles, considérées dans leur ensemble, se distribuent en deux groupes dont le premier se rattache à l'horizon du *ptérocérien* et le second se range sur le niveau présumé du *valanginien*. La liaison de ces deux groupes, l'un certainement jurassique, l'autre connexe avec la base extrême de la craie, se trouve en parfait rapport avec le caractère de transition graduelle entre les deux âges que l'étude des éléments qu'ils comprennent engage à leur attribuer.

L'auteur examine successivement ces deux flores :

1° La flore du ptérocérien qui renferme, jusqu'à présent, déjà quatre-vingt-six espèces végétales différentes représentées, pour les trois quarts, par des Filicinées, puis par des Conifères indiquant une étroite analogie avec celle des niveaux correspondants du corallien et du kimméridgien de l'Europe centrale, enfin par des plantes accusant, au contraire, une liaison avec la végétation wéaldienne ou urgonienne, et par quelques rares Cycadées ;

2° La flore du valanginien présumé, représentée jusqu'ici par une soixantaine d'espèces, parmi lesquelles M. de Saporta a reconnu des types wéaldiens, ainsi que des plantes qui s'identifient ou du moins confinent de très près, à autant d'espèces ou de types caractéristiques, des étages de la série infracrétacique.

GÉOLOGIE. — La dépression sous-pyrénéenne du département des Basses-Pyrénées, comprise entre le gave de Pau et la région montagneuse, est, en grande partie, occupée par un système argilo-gréseux et marno-calcaire à fucoïdes, assez variable de composition selon qu'on l'observe à l'est ou à l'ouest du département, au pied ou à quelque distance de la chaîne. Parfois les calcaires à bande de silex (dalles à silex rubané) prédominent et envahissent même la formation, à l'exclusion, pour ainsi dire, des autres sédiments, comme on l'observe à Bidache, à Saint-Martin-de-Sauveterre, à Saint-Jean-de-Luz, etc.

La rencontre, en divers points, de l'*Orbitolina concava* et de l'*Orbitolina conica*, jointe aux relations stratigraphiques du système, a permis à *M. J. Seunes* de classer dans le cénomanien la plus grande partie du système en question qu'il a qualifiée de *Flysch* cénomanien ou de *Flysch* à *Orbitolines*, et d'attribuer au turonien et au sénonien la partie supérieure ne renfermant plus d'*Orbitolines*, mais parfois des *Orbitoïdes* (n. sp.) et normalement recouverte par les assises fossilifères du maestrichtien. Les relations du *Flysch* à *Orbitolines* avec les récifs coralliens à *Ichthyosarcolithes* et *Sphærulites foliaceus* avaient amené l'auteur à le considérer comme une formation contemporaine de ces récifs. Des recherches récentes, entreprises pour le service de la Carte géologique, dans la vallée du Saison, confirment pleinement ses conclusions.

MINÉRALOGIE. — MM. A.-*Michel Lévy* et A. *Lacroix* communiquent les résultats de l'étude qu'ils ont entreprise touchant la détermination des constantes optiques de l'anorthite, dont la connaissance intéresse l'histoire de tous les feldspaths tricliniques.

Cette étude faite à l'aide du réfractomètre de M. Émile Bertrand, convenablement réglé et légèrement modifié, a porté sur quelques bons échantillons de l'anorthite du gneiss pyroxénique de Saint-Clément.

E. RIVIÈRE.

INFORMATIONS

Les microbes sont les héros du jour : on fait en ce moment, à Londres, une exposition de figures des principales espèces.

Nous avons annoncé l'été dernier qu'une amie de l'astronomie, Mlle Bruce, offrait 30 000 francs à répartir entre les astronomes, pour des travaux scientifiques. Quatre-vingt-quatre astronomes ont répondu à l'appel, indiquant la somme dont ils avaient besoin et l'expérience qu'ils voulaient faire, et quinze d'entre eux ont reçu quelque argent : ce sont des Américains, des Anglais, des Allemands; et, parmi les entreprises scientifiques encouragées par Mlle Bruce, nous voyons figurer l'achat d'un spectroscope pour l'Observatoire de Cambridge, et l'envoi d'une mission aux îles Hawaï pour étudier la variation annuelle de latitude, si elle y existe. M. Pickering, qui a été l'intermédiaire entre Mlle Bruce et le public, annonce que parmi les requêtes adressées, il y en avait deux fort importantes qui méritaient certainement d'être bien accueillies. Mais un Américain généreux s'est chargé de satisfaire l'une, et l'autre l'a été par M. Bischoffsheim, dont les libéralités envers l'astronomie ne se comptent plus.

Dans le *New-York medical Record* du 22 novembre, M. J.-C. Reeve réclame pour le médecin américain Bartholow la priorité de l'emploi de la morphine à l'atropine, pour déterminer l'anesthésie. Les expériences de Bartholow remonteraient à 1869 au moins, et celles de M. Reeve également, alors que celles de MM. Dastre et Morat seraient plus récentes.

M. S. Klein, de Vienne, recommande l'obscurité pour remonter l'appétit et donner plus d'activité à la nutrition.

Manchester veut, comme Londres, s'adonner à l'étude de l'influence du brouillard anglais sur la végétation et sur la santé publique.

A la Société royale de Londres, sir William Thomson a succédé à sir G. Stokes, dans le fauteuil présidentiel.

CORRESPONDANCE ET CHRONIQUE

Un nouveau moyen de prendre le point.

La *Revue scientifique* a donné récemment des détails sur un très sérieux projet de voyage en ballon dans les régions circumpolaires. MM. Hermite et Besançon, dont le courage va jusqu'à l'extrême témérité, ont en outre le mérite de prendre l'héroïsme pour moyen et non pour but. Ils rêvent de dévoiler aux yeux du monde émerveillé les mystères de ces régions que l'on s'habituait de plus en plus à considérer comme éternellement inaccessibles.

Ils n'entreprendront évidemment pas une pareille expédition sans avoir consulté tous leurs amis compétents, sauf à choisir ensuite entre des avis qui seront souvent divergents, parfois contradictoires. Et ils devront bien choisir, car telle discussion qui jusqu'ici était restée dans le domaine de la théorie pure va devenir pour les voyageurs une question de vie ou de mort. Par exemple : dans un minimum barométrique, y a-t-il mouvement *centripète* et *ascendant* des masses d'air, ou mouvement *descendant*?

Nous n'avons pas le loisir de discuter à nouveau cette question, mais il est absolument indispensable que les deux aéronautes commencent par agir en hommes de science, qu'ils la résolvent pour leur propre compte, qu'ils ne se laissent influencer à son sujet par aucune affirmation sans preuves, qu'ils examinent les faits — et rien que les faits — proposés en faveur de l'une ou de l'autre opinion.

Il faut qu'ils rassemblent en outre tous les faits connus concernant la distribution des pressions et des vents dans les régions circumpolaires. C'est, pour eux, on ne saurait assez le répéter, une question de vie ou de mort.

Beaucoup d'autres problèmes encore sont à résoudre, si l'on veut rendre fructueux ou même seulement exécutable ce dangereux voyage. Nous n'en voulons actuellement aborder qu'un seul.

Ces explorateurs ont l'intention de rapporter le plus grand nombre possible de photographies : comment marqueront-ils sur la carte les endroits qu'ils auront photographiés? En un mot, comment prendront-ils le point?

Leur départ devant avoir lieu en juillet, alors que les régions circumpolaires ont des jours de vingt-quatre heures, l'observation des étoiles sera impraticable, et comme le soleil décrira un cercle peu incliné sur l'horizon, ils auront quelque peine à déterminer exactement l'heure de midi ou de minuit. Mais cela ne serait rien. Il faut prévoir le cas très probable — en tout cas très possible — où, pendant les quelques jours que doit durer leur voyage, le ciel serait constamment voilé par des nuages, avec ou sans chute de neige ou par des brouillards. Le chronomètre et le sextant deviendraient alors complètement inutiles. Quant à la boussole, elle ne conserverait guère d'utilité que pour des observations magnétiques.

Pour prendre le point, il faudra donc employer un procédé qui remplace, au besoin, ces trois instruments.

Ce procédé existait en germe depuis le jour où M. Trouvé a imaginé le moyen de prolonger indéfiniment, par l'action continue d'une pile électrique, le mouvement de rotation d'un gyroscope destiné à corriger le compas.

Deux gyroscopes et un fil à plomb, voilà tout l'attirail nécessaire; il faudra seulement que, dans ces deux instruments, le plan médian du tore soit prolongé par un cercle de métal poli.

Pour avoir la latitude d'un lieu quelconque, il suffit de transporter, en ce lieu un gyroscope préalablement orienté par son axe sur le pôle céleste, ou d'autres termes un gyroscope-boussole. L'angle que fait avec la verticale d'un lieu donné l'axe du gyroscope-boussole est le complément de la latitude du lieu.

Pour la longitude, il faudra avoir un second gyroscope qui tourne dans un plan parallèle au méridien du point de départ.

Le plan du gyroscope-boussole étant nécessairement parallèle à l'équateur, si l'on projette la verticale du lieu sur ce plan, et si l'on mesure l'angle que fait cette projection avec la ligne d'intersection des plans des deux gyroscopes, on aura la différence de longitude entre le point de départ et le point d'arrivée.

M. Trouvé, qui a déjà fait la partie la plus difficile de la besogne, imaginera facilement un dispositif pratique pour cette mesure.

Avant de partir, les voyageurs mettent en mouvement le gyroscope-boussole et celui qui a pour plan le méridien de départ. Le ballon arrive en un point quelconque, dont il faut déterminer la position; les axes des deux gyroscopes se sont transportés parallèlement à eux-mêmes, et la verticale du point d'arrivée est obtenue avec un fil à plomb.

S'il arrivait que l'axe du gyroscope-boussole fût parallèle au fil à plomb, cela voudrait dire que le ballon est tout juste au-dessus du pôle.

La hauteur du ballon au-dessus de la surface de la terre n'influe d'ailleurs en rien sur les résultats, les directions des trois instruments restant les mêmes sur tous les points d'une même verticale.

Il est peut-être intéressant de remarquer que, si les aéronautes avaient la malchance de rester constamment dans le brouillard pendant toute la durée du voyage, et s'ils n'avaient à leur disposition que l'ancien procédé pour prendre le point, les observations thermométriques, hygrométriques, barométriques, etc., faites pendant cette traversée, ne se rapporteraient à aucun endroit précis et deviendraient à peu près inutiles. Par contre, avec le procédé que nous proposons, le pointage continu de la route suivie donnerait à ces observations toute leur valeur et ferait connaître, par-dessus le marché, les variations de la force et de la direction du vent pendant ce voyage.

Quelques essais bien simples montreront le degré de précision qu'il est permis d'attendre de l'emploi des gyroscopes.

E. DURAND-GRÉVILLE.

Les microbes du cancer.

La question de la nature microbienne du cancer est entrée dans une nouvelle phase dans ces deux dernières années. Après avoir trouvé dans les tumeurs cancéreuses ou épithéliales un certain nombre de bactéries vulgaires, que l'expérimentation reconnut incapables de produire des tumeurs semblables à celles d'où elles provenaient, voici maintenant qu'on y voit des microbes d'une autre nature, des protozoaires, psorospermies ou coccidies, qui, si leur présence est vérifiée et leur rôle pathogène constaté, viendront accroître le nombre des parasites animaux microscopiques de l'homme.

C'est M. Dariet qui, le premier, a montré, dans le courant de l'année dernière, que l'acné cornée hypertrophiante et la maladie de Paget sont déterminées par l'évolution de parasites particuliers de l'apparence des coccidies. Puis, ce fait a été confirmé par M. Wickham, et bientôt MM. Malassez et Albarran, et enfin M. Vincent signalèrent la présence d'éléments semblables aux psorospermies dans des épithéliomas de diverses variétés.

D'après une description donnée par M. Vincent, ces corps, dont les dimensions se rapprochent de celles des cellules du corps muqueux, sont entourés d'une membrane réfringente tantôt mince, tantôt très épaisse, selon l'âge du parasite. Le protoplasma de ces corps est parfois amorphe, plus souvent granuleux, et peut présenter de gros grains de pigment. Au centre de la cellule existe un amas nucléaire arrondi ou vaguement polygonal, formé quelquefois aussi d'une agglomération de granulations rondes et assez volumineuses. Les parasites sont enkystés eux-mêmes dans une cellule dont ils refoulent le noyau à la périphérie. Il est difficile de les colorer, précisément à cause de leur siège intra-cellulaire et aussi de la membrane propre qui les entoure. Néanmoins, l'action de la solution alcoolique de safranine, après traitement rapide par l'acide chromique à 15°,9 Baumé, et suivie d'un lavage dans l'acide acétique au centième, puis dans l'eau et dans l'alcool, les met bien en évidence.

Plus récemment, M. Sjœbring a constaté, dans six cas de

cancer du sein, dans un cas de cancer primitif du foie et dans un cas de cancer de la prostate, la présence d'un microrganisme dont la description répond assez exactement à la précédente, et que l'auteur considère comme un sporozoaire du groupe des microsporidies, offrant beaucoup d'analogie avec l'organisme parasitaire des vers à soie.

Enfin M. Hache vient de faire connaître qu'il a également trouvé des sporozoaires dans une ulcération épithéliomateuse de la langue, dans un carcinome du sein et dans deux épithéliomas lobulés. Ce sont encore des corps sphériques, nettement intra-cellulaires, développés dans le protoplasma d'une cellule épithéliale dont ils refoulent et compriment le noyau. M. Hache, par la coloration à l'hématoxyline élective, aurait très nettement mis en évidence les noyaux ou spores de ces éléments kystiques, dont M. Sjœbring, au contraire, nie formellement l'existence.

Il manque évidemment à toutes ces recherches et aux déductions qu'on peut en tirer sur la nature parasitaire du cancer la preuve donnée par la production expérimentale de tumeurs au moyen de l'inoculation du parasite à l'état de culture pure; mais personne jusqu'à présent n'a réussi à cultiver ces coccidies, ce qui n'a pas lieu de surprendre, étant donné que ce résultat négatif est constant avec les microrganismes analogues, et qu'on n'est pas encore arrivé à cultiver l'hématozoaire de M. Laveran, le parasite presque indiscutable de l'impaludisme. En tout cas, l'opinion soutenue encore par quelques auteurs que les formes décrites plus haut se rapporteraient à des cellules épithéliales dégénérées perd chaque jour du terrain.

S'il est vrai que le remède d'un mal peut démontrer sa nature, suivant le vieil adage, un nouveau traitement, pratiqué depuis peu, et avec quelque succès, serait encore tout en faveur de la nature microbienne du cancer. Il s'agit d'injections, dans les tumeurs, de liqueur de Van Swieten ordinaire, faites simplement avec une seringue de Pravaz. Ces injections ont été pratiquées méthodiquement pour la première fois, croyons-nous, à l'hôpital de la Conception, à Marseille, par M. Poucel, et elles ont été faites également avec succès par un médecin de marine, M. Manoel, qui en a fait connaître récemment les bons résultats dans les *Archives de médecine navale* (numéro d'octobre 1890).

Tout en se gardant d'un optimisme précipité sur la question de la cure médicale du cancer, nous devons cependant signaler ces intéressants essais, que leur innocuité permet de multiplier et dont les effets pourraient ainsi être rapidement jugés. **H.**

L'endosmose électrique en thérapeutique.

M. Edison vient de faire une incursion dans le domaine de la médecine.

M. Variot expose comme il suit, d'après les journaux américains, comment le célèbre électricien est parvenu à faire fondre les tophus sous-cutanés chez les goutteux. (*Gazette médicale* du 6 décembre 1890.)

Comme on sait, les dépôts tophacés sont essentiellement constitués par des amas d'urate de soude, et l'emploi de la lithine et des sels de lithine, dans la goutte, a surtout pour objet de faire passer l'urate de soude à l'état d'urate de lithine qui est plus soluble et plus facilement éliminé par les urines. Les sels de lithine sont administrés par les voies digestives.

M. Edison a donc imaginé de faire pénétrer ce médicament par la peau, à l'aide de l'*endosmose électrique*.

L'endosmose électrique est la propriété qu'ont les courants électriques, en traversant une membrane poreuse interposée entre deux solutions liquides, de transporter, d'un côté à l'autre, la substance dissoute. Le courant électrique, en d'autres termes, augmente la diffusion osmotique qui a lieu normalement entre deux solutions séparées par une membrane poreuse, et la force de transport du courant se produit toujours dans le même sens, du pôle positif au pôle négatif.

Partant de ce principe, M. Edison vérifia ces faits sur l'homme en santé. En octobre 1889, il mit en expérience un jeune homme de vingt ans employé dans son laboratoire. Une des mains de cet homme était plongée jusqu'au poignet dans une solution de chlorure de sodium.

La solution de chlorure de sodium fut mise en communication avec le pôle négatif d'une batterie, tandis que le pôle positif était en connexion avec la solution de lithium.

La force du courant était de 4 milliampères, c'est-à-dire le maximum de ce qui pouvait être supporté. Les séances furent renouvelées chaque jour pendant une semaine; chaque séance durait deux heures. La durée totale de l'expérience fut d'environ onze heures. Pendant ce temps, la sécrétion des reins fut recueillie et examinée avec le plus grand soin. La lithine fut recherchée dans les urines avec le spectroscope, puis dosée.

La quantité totale des urines contenait 55 centigrammes de chlorure de lithine, suffisants pour rendre soluble 2gr,45 d'acide urique.

La seconde expérience fut faite directement sur un goutteux âgé de soixante-treize ans.

Ce malade était atteint de la goutte depuis dix ans; à l'exception des genoux, toutes les articulations étaient déformées par de larges dépôts tophacés. Le petit doigt de la main gauche mesurait huit centimètres de circonférence; le petit doigt de la droite était encore plus tuméfié. La marche était difficile et la faiblesse grande.

Le traitement fut institué suivant la méthode ci-dessus décrite; la main gauche étant immergée dans une solution de chlorure de lithium du poids spécifique de 1,08, la main droite fut plongée dans une solution de chlorure de sodium. Le patient supporta sans difficulté un courant de 20 milliampères. Les séances, d'une durée de quatre heures, furent continuées pendant dix jours consécutifs. Après ce temps, la circonférence des petits doigts ne mesurait plus que 62 millimètres.

A partir de ce traitement, les douleurs dans les jointures cessèrent. Ce fut seulement deux autres séances, et néanmoins la tuméfaction des doigts continua de diminuer; on peut évaluer à 3 centimètres cubes la quantité d'urate de soude enlevée par ce moyen. L'état général du malade fut, en outre, amélioré.

M. Edison, d'après ces expériences, se croit autorisé à proposer l'*endosmose électrique* comme traitement de la goutte. Il signale que les solutions trop concentrées de sels de lithine placées en contact avec la peau produisent une irritation qui peut aller jusqu'à la vésication. C'est pour cette raison qu'il faut renoncer aux bains généraux de lithine; d'ailleurs le pouvoir absorbant de la peau, dans les conditions ordinaires, est très minime.

On peut espérer que cette méthode de pénétration des substances médicamenteuses par l'*endosmose électrique* pourra se généraliser. Ce sont là des horizons vraiment nouveaux et qui élargissent le champ de l'électrothérapie.

La nature du poison tétanique.

La nature microbienne du tétanos et l'action spécifique du bacille décrit pour la première fois par M. Nicolaïer sont aujourd'hui des faits définitivement acquis; et l'on sait, d'autre part, que, l'agent pathogène ne pullulant pas dans les organes et restant cantonné au niveau des plaies ou des points d'inoculation, les symptômes de la maladie doivent être produits par un poison d'une grande activité sécrété par le microbe dans le foyer restreint de ses cultures.

L'existence de ce poison a d'ailleurs été démontrée, car on a pu tuer des animaux, avec des symptômes tétaniques, en leur injectant un centième de centimètre cube de liquide de culture pure de bacille tétanique filtré sur porcelaine. Mais on diffère d'avis sur sa nature. Pour M. Brieger, c'est une ptomaïne; pour M. Knud Faber, c'est une substance de l'ordre des diastases, présentant de grandes analogies avec le venin des serpents; enfin pour M. Frœnkel, c'est une *toxalbumine*, terme nouveau, d'ailleurs assez mal défini.

MM. Vaillard et Vincent, qui viennent de reprendre l'étude de cette question fort difficile, concluent de leur côté à une étroite analogie existant, au point de vue de leurs propriétés générales, entre le poison de la diphtérie et celui du tétanos, conformément à l'opinion émise par M. Knud Faber sur la nature diastasique probable de cette toxine.

Comme les diastases, en effet, ce poison est modifié ou détruit par la chaleur, à des températures relativement peu élevées, ainsi que par l'action de l'air et de la lumière solaire; il est précipitable par l'alcool, et il adhère à certains précipités. Enfin, comme les venins, il n'exerce aucun effet lorsqu'on l'introduit, même à doses massives, par la voie digestive; et comme eux, il paraît agir à dose infinitésimale, à celle de quinze centièmes de milligramme, par exemple.

Toutefois, il faut attendre, pour apprécier exactement la puissance toxique du poison tétanique, qu'il ait été isolé à l'état de pureté, résultat qui n'a pas encore été atteint.

L'invention de l'imprimerie en Chine.

À l'Exposition du Champ de Mars, au palais des Arts libéraux, une inscription en lettres rouges, qui s'étalait sur une frise, affirmait que « les Chinois inventèrent l'imprimerie en types mobiles vers l'an 1045 ».

L'exactitude de cette formule fut contestée; cependant, nous trouvons, parmi les études sur les expositions particulières que le *Journal officiel* vient de réunir en volume, un travail de M. Léon de Rosny qui se déclare être l'auteur de l'inscription accordant à la Chine le bénéfice de l'invention de l'imprimerie, et qui donne comme il suit les motifs qui l'ont amené à cette conviction :

« Les types mobiles furent imaginés, dit M. de Rosny, entre les années 1041 et 1049 de notre ère, par un forgeron nommé Pi-ching. Ce personnage eut l'idée de graver des signes d'*l'envers* sur des tablettes fabriquées avec une terre fine et glutineuse, puis il les séparait les uns des autres et leur faisait subir une cuisson, de manière à former autant de types isolés. Les types une fois obtenus, il remplissait un cadre de fer d'une sorte de matière très fusible composée de résine, de cire et de chaux. Dans ce cadre, il plaçait des filets, de façon à former des colonnes de la largeur des types qu'il avait préparés; puis il *composait* les textes qu'il voulait reproduire dans les colonnes ainsi établies à l'avance, et cela pendant que le mastic tenu chaud permettait d'y coller aisément les types.

« Afin d'obtenir une surface plane nécessaire pour un bon tirage, il faisait usage d'un taquoir, sur lequel il frappait avec toute la régularité possible; puis il laissait refroidir le mastic avant de commencer ses épreuves.

« Quand le tirage était terminé, il faisait de nouveau chauffer ses « formes », et lorsque le mastic était redevenu fluide, il en retirait les types qu'il mettait en réserve pour composer de nouveaux textes.

« L'invention de Pi-ching n'obtint pas néanmoins en Europe toute la faveur qui l'aurait certainement accueillie en Europe. L'imprimerie en types mobiles n'est pas, à beaucoup près, aussi avantageuse pour les Chinois que pour les peuples qui font usage de caractères alphabétiques. Notre alphabet se compose d'une vingtaine de lettres indispensables et d'un petit nombre de signes accessoires qui ne nécessitent généralement pas la gravure de plus de 100 à 110 poinçons, compris les lettres dites capitales et les principaux signes orthogra-phiques. Une fonte entière peut trouver place dans une casse qui d'habitude n'atteint pas un mètre de longueur, et qui est souvent moins longue. L'écriture chinoise, au contraire, comprend une quantité énorme de caractères différents. Le dictionnaire de l'empereur Kang-hi, qu'on appelle communément « Dictionnaire de l'Académie de Péking », en explique plus de 42 000. D'autres dictionnaires contiennent un ensemble d'au moins 100 000 signes distincts. Dans ces conditions, si l'on voulait procéder comme on le fait chez nous, il faudrait donner à chaque compositeur une casse qui aurait au moins un demi-kilomètre de longueur! Aussi préfère-t-on, en général, placer les types dans des tiroirs superposés; ce qui économise de la place, mais non sans causer des manipulations pénibles et coûteuses.

« Les Chinois, pour obvier à cet inconvénient, ont souvent préféré l'usage de la xylographie ou gravure sur bois à celui des types mobiles, et une foule de livres de leur pays ont été imprimés par ce procédé. Il en est résulté d'ordinaire une véritable économie dans le prix de revient; mais la pureté des textes en a beaucoup souffert. A part d'autres désavantages de la xylographie, il en est un qui la condamne: l'emploi chez un peuple actif et éclairé: la correction des épreuves est presque toujours impossible. On peut bien, à l'aide d'une entaille dans les planches, substituer un signe exact à un signe fautif; mais le moindre remaniement est impraticable, et l'auteur, qui éprouve le besoin d'ajouter ou de supprimer quelques mots dans sa rédaction primitive, n'a d'autre ressource que de faire regraver complètement la portion sur laquelle figure le passage qu'il a le désir de modifier.

« Ajoutons qu'à des époques relativement modernes, les Chinois ont fait en types mobiles des impressions d'une grande beauté et d'une remarquable correction. L'avenir, chez eux comme chez nous, appartient tout entier à la glorieuse découverte du forgeron Pi-ching ».

En tout cas, comme il est certain que Gutenberg ou Laurent Coster ignoraient les types mobiles du forgeron Pi-ching, l'honneur de leur découverte, pour l'Europe, ne leur appartient pas moins entièrement.

—SYSTÈME GÉNÉRAL DES VENTS. — M. Siemens a exposé récemment, devant l'Académie des sciences de Berlin, une nouvelle théorie de la circulation générale des vents à la surface de la terre. Les résultats principaux de ses calculs et de ses réflexions sont les suivants: tous les mouvements de l'air sont causés par des perturbations de l'équilibre instable de l'atmosphère et non par le de la rétabli. Ces perturbations sont produites par le surchauffement des couches les plus proches de la surface, par un refroidissement asymétrique des couches supérieures, par le rayonnement et par l'accumulation de masses d'air contre des obstacles dans leur flux. Elles se compensent par des courants ascendants qui subissent une accélération proportionnelle à la diminution de la pression de l'air. Aux courants ascendants correspondent des courants descendants qui subissent une diminution analogue de leur vitesse. Si le territoire du surchauffement des couches inférieures est limité, on observe un courant ascendant local qui s'étend jusqu'aux régions les plus élevées de l'atmosphère et qui offre le phénomène d'un tourbillon composé de couches montant en spirale en dedans et descendant en spirale de même direction en dehors. Le résultat de ces tourbillons est la dissipation de l'excès de chaleur qui troublait l'équilibre adiabatique, sur toutes les couches supérieures qui participaient au mouvement tourbillonnant. Si le territoire des perturbations est très étendu, s'il comprend, par exemple, toute la zone chaude, les différences de température ne peuvent plus se compenser par des tourbillons locaux, mais il s'en forme qui comprennent toute l'atmosphère. Les lois du mouvement de l'air restent les mêmes. Puisque toute l'atmosphère est soumise à une rotation dont la vitesse absolue est approximativement la même pour toutes les latitudes à cause des courants méridionaux provoqués et soutenus par la chaleur, les courants méridionaux causés par le surchauffement se combinent avec les courants terrestres pour former ce système de courants qui comprend toute la terre et qui a pour but de faire participer les latitudes moyennes et supérieures à l'excès de chaleur et d'humidité des zones chaudes. Ce but est atteint par des diminutions et augmentations alternantes de la pression et la suite des perturbations de l'équilibre des couches supérieures de l'atmosphère. Les maxima et les minima de la pression de l'air sont causés par la température et la vitesse des courants d'air dans les couches supérieures de l'atmosphère.

— La noix de coco en thérapeutique. — M. Paresi, d'Athènes, rapporte que, voyageant en Abyssinie, il découvrit par hasard que la noix de coco ordinaire possède, à un remarquable degré, la propriété vermifuge. Un jour qu'il avait pris une quantité de jus et de pulpe, il éprouva bientôt un malaise d'estomac de courte durée; puis il eut la diarrhée et fut surpris de voir qu'il avait expulsé un tænia complet avec la tête, complètement mort. De retour à Athènes, il multiplia les essais; tous furent satisfaisants, le tænia était toujours expulsé et bien mort. Depuis lors, il ordonne de prendre, le matin de bonne heure, à jeun, le lait et la pulpe d'une noix de coco; il ne prescrit aucun purgatif et ne fait pas garder la chambre.

Dans l'Inde, la noix de coco est employée depuis quarante générations par les mangeurs de bœufs du pays et elle y est universellement connue comme moyen d'expulser le ver plat; convenablement préparée et administrée, elle est aussi efficace et moins désagréable que la fougère mâle, la racine de grenadier, etc.

— La chasse aux places. — La préfecture de la Seine vient de publier le tableau comparatif des emplois vacants annuellement dans ses divers services et du nombre des candidats inscrits pour ces emplois.

La proportion entre l'offre et la demande est très grande, comme on en pourra juger par quelques chiffres. Disons d'abord que, pour 1200 emplois, en chiffre rond, dont la vacance est prévue, il n'y a pas moins de 46 000 demandes.

Pour 12 places de commis auxiliaires, il y a 3126 demandes; pour 4 de garçons de bureau, 3314 demandes; pour 20 emplois de concierges d'école, 2643 candidats; pour 8 débits de tabac de 2ᵉ classe dans la Seine, 2079 demandes. Les candidats à l'emploi d'instituteurs ou d'institutrices ne sont pas moins nombreux. Il y a 1847 candidats pour 42 places d'instituteurs et 5139 candidates pour 54 places d'institutrices. Nous trouvons encore 7110 demandes pour 750 emplois de cantonniers du nettoiement; 750 demandes pour 17 emplois de cantonniers et ouvriers des égouts; 3150 demandes de marchands et marchandes de journaux dans les kiosques pour 12 places; 1273 demandes d'emploi dans les bureaux du Mont-de-Piété pour 7 places vacantes, et 2773 demandes pour 165 emplois de préposés commis ambulants à l'octroi.

Bien qu'il n'y ait aucun emploi vacant, il y a 2433 candidats à l'emploi d'ordonnateurs des pompes funèbres; 2323 à celui de gardes des cimetières; 683 à celui de surveillants des entrepôts, etc.

Une seule fonction reste sans candidat, c'est celle du professeur de travail manuel (hommes) à l'enseignement primaire, pour laquelle on prévoit une vacance.

— La traversée de l'Atlantique en moins de six jours. — Le paquebot Teutonic, de la White-Star-Line, a effectué son dernier voyage, de New-York à Queenstown, en cinq jours dix-neuf heures et cinq minutes, soit treize heures de moins que la plus courte traversée faite antérieurement par le paquebot City of Paris, de l'Inman-Line. Dans un voyage précédent, le Teutonic avait employé cinq jours vingt et une heures et cinquante-cinq minutes; mais il avait rallongé son parcours, en se portant à 2838 milles, ce qui rendait sa marche aussi remarquable. Il avait accompli, en effet, des parcours de 474, 482, 490, 491, 494 milles en vingt-quatre heures, ce qui lui faisait une vitesse moyenne de 19 nœuds en 99 minutes pour la traversée.

INVENTIONS

Nouveau traitement de la vigne. — M. Albert Rivaud, membre de la Société industrielle de Mulhouse, a étudié les maladies de la vigne et le sauvetage de ce précieux végétal, est arrivé aux conclusions suivantes que nous empruntons au Moniteur industriel.

Toutes les maladies qui, depuis une trentaine d'années, attaquent la vigne jusqu'à compromettre son existence, oïdium, phylloxéra, mildew, blackroot, anthracnose, etc., sont dues à une altération de la sève, à une anémie de la vigne. Cette anémie résulte d'un traitement irrationnel longtemps prolongé de la part du viticulteur, qui ne rend pas à la terre les matières que lui enlève la récolte, ou qui les lui rend en quantité insuffisante et dans des proportions qui ne sont pas rationnelles. De même que l'animal anémique et mal nourri est celui sur lequel s'abattent les maladies parasitaires, de même nous voyons la vigne attaquée successivement par l'oïdium, puis par le terrible phylloxéra, ensuite par le mildew, le blackroot,

l'anthracnose. Contre tous ces ennemis, on emploie des remèdes externes, des palliatifs qui ne font qu'atténuer le mal : soufre en poudre contre l'oïdium, sulfure de carbone, sulfocarbonate, immersion contre le phylloxéra, bouillie bordelaise contre le mildew et le blackroot, etc.

Un traitement rationnel est celui qui consiste à rendre à la terre les éléments minéraux, potasse et acide phosphorique, que la récolte enlève à la terre et que on ne lui restitue pas, au moins suffisamment, la fumure ordinaire, avec addition d'azote pour les deux dernières années du cycle. On apporte ainsi à la vigne chaque année 107 kilogrammes de potasse, 75 d'acide phosphorique et 70 d'azote.

M. Georges Ville, le savant professeur du Muséum d'histoire naturelle de Paris, emploie pour un hectare de son champ d'expériences de Vincennes 400 kilogrammes de superphosphate de chaux à 15 pour 100, 200 kilogrammes de carbonate de potasse à 90 pour 100, et 400 kilogrammes de sulfate de chaux, soit en totalité 1000 kilogrammes. L'an passé il aurait fait la récolte fabuleuse de 180 hectolitres à l'hectare.

Ce sont à peu près les engrais et les proportions de M. Rivaud. Nous insistons longuement sur ce sujet, en raison de l'importance de la vigne, et surtout pour la Champagne, à cause du précieux vin qu'on en tire.

— Nouvel accumulateur. — L'Electrical Storage-Battery Company de Philadelphie construit des accumulateurs au chlorure de plomb qui présentent avec ceux de Laurent Cély la plus grande analogie, la matière active provenant de la réduction du chlorure de plomb par le courant électrique.

Voici, d'après l'Electrical Engineer, le procédé de fabrication employé dans les usines de Philadelphie.

Un récipient fermé est rempli de plomb que l'on amène à l'état de fusion; pendant le refroidissement, la masse est soumise à une agitation continue, qui la transforme en une poudre fine. Le plomb pulvérisé est dissous dans l'acide nitrique et précipité par l'acide chlorhydrique à l'état de chlorure de plomb qui est ultérieurement soumis à des lavages méthodiques et enfin desséché.

Le chlorure de plomb, additionné de chlorure de zinc, est fondu et coulé dans des moules qui donnent aux pastilles la forme et les dimensions voulues. Ces pastilles sont ensuite disposées par séries dans des cadres spéciaux et entourées d'une garniture de plomb, par injection sous pression de métal fondu.

La formation des plaques s'obtient d'une façon à peu près la même qu'à l'usine de la Société pour la transmission de la force : on intercale une plaque d'accumulateur entre deux feuilles de zinc et le couple est plongé dans un bac renfermant du chlorure de plomb dilué. Le courant qui se produit décompose le chlorure de plomb et le transforme en plomb spongieux. Après avoir débarrassé la pâte des résidus de chlore, les plaques négatives sont prêtes; les lames positives sont obtenues en oxydant les plaques négatives dans les conditions ordinaires.

Cet accumulateur aurait une capacité de 21 ampères-heures par kilogramme de plaques, et de 15 ampères-heures par kilogramme de poids total.

BIBLIOGRAPHIE

Sommaires des principaux recueils de mémoires originaux.

Recueil d'ophtalmologie (t. XII, n° 8, août 1890). — Galezowski : Des verres coniques ou cylindro-coniques et de leur emploi dans la correction de la vision dans un astigmatisme irrégulier. —

Bourgeois : De la kystectomie dans l'opération de la cataracte. — *P. Noguès* : De la valeur antiseptique des couleurs d'aniline et de lour emploi en ophthalmologie.

— JOURNAL DE L'ANATOMIE ET DE LA PHYSIOLOGIE normales et pathologiques de l'homme et des animaux (t. XXVI, n° 4, juillet-août 1890). — *M. Duval* : Le placenta des rongeurs (le placenta du lapin). — *E. Laguesse* : Recherches sur le développement de la rate chez les poissons. — *Troiard* : De quelques particularités de la dure-mère.

— LA CELLULE (t. VI, fasc. 1, 1890). — *H. de Marbaix* et *J. Denys* : Nouvelles recherches sur la digestion chloroformique. — *F.-R. Vendricks* : Contribution à l'étude de l'action pathogène du bacille commun de l'intestin. — *H. de Marbaix* et *J. Denys* : Recherches sur l'existence de la trypsine dans différents viscères. — *Eugène Gilson* : La subérine et les cellules du liège. — *G. Gilson* : La soie et les appareils séricigènes. — *A. Van Gehuchten* : Recherches histologiques sur l'appareil digestif de la larve de la *Ptycoptera contaminata*.

— L'ASTRONOMIE (t. IX, n° 9, septembre 1890). — *C. Flammarion* : La planète Mars en 1890. — *G.-V. Shiaparelli* : La planète Vénus. — *J. Janssen* : Physique du globe. — Le spectre de l'atmosphère terrestre. — *A. Vercoutre* : Astronomie et numismatique. — *H. Faye* : L'ascension de la pensée humaine.

— NOUVELLE ICONOGRAPHIE DE LA SALPÊTRIÈRE (t. III, n° 4, juillet-août 1890). — *P. Blocq* et *Marinesco* : Polyomyélites et polynévrites. — *H. Surmont* : Acromégalie à début précoce. — *Ch. Féré* : Note sur la rétraction névropathique de la paupière supérieure. — *G. Guinon* : Un cas d'acromégalie à début récent. — *Ch. Féré* : Étude physiologique de quelques troubles d'articulation. — *P. Emirsé* : Le narghilé et ses fumeurs en Orient.

— REVUE DES SCIENCES NATURELLES APPLIQUÉES (t. XXXVII, n° 17, 5 septembre 1890). — *G. d'Orcet* : Le cheval à travers les âges. — *A. Raillist* : Les parasites de nos animaux domestiques. — *Jean Vilbouchevitch* : Les tamaris et leurs applications, leur valeur au point de vue du reboisement.

— REVUE PHILOSOPHIQUE DE LA FRANCE ET DE L'ÉTRANGER (t.) septembre 1890). — *A. Lalande* : Remarques sur le principe de c salité. — *J.-M. Guardia* : Philosophes espagnols : J. Huarte. — *A. pinas* : Les origines de la technologie. — *V. Egger* : Un docume inédit sur les manuscrits de Descartes.

— REVUE INTERNATIONALE DE L'ENSEIGNEMENT (t. IX, n° 9, sept. 189 — *C. Bayet* : L'enseignement secondaire et le Conseil supérieur l'instruction publique. — *A. Gazier* : L'orthographe de nos pères celle de nos enfants. — *Victor Egger* : Science ancienne et scien moderne.

— JOURNAL DE PHARMACIE ET DE CHIMIE (t. XXII, n° 5, 1er septembre 1890). — *Guichard* : Note sur l'hydrotimétrie. — *Ch. Astre* : Étude des oxy-iodures de bismuth. — *A. Grenouillet* : Le bétol (comme antiseptique). — *C. Engler* : Composition du lysol. — Le benzonol. — Salipyrine.

Publications nouvelles.

ANNUAIRE DE L'ÉCONOMIE POLITIQUE ET DE LA STATISTIQUE, 47e année, 1890. — Un vol. in-18 de 1075 pages; Paris, Guillaumin, 1890.

— L'ACIER, historique, fabrication, emploi, par *M. L. Campredon.* — Un vol. in-12 de la *Bibliothèque de métallurgie pratique*, avec 50 figures et 3 planches en couleur; Paris, Tignol, 1890.

— L'EAU-DE-VIE DE CIDRE, constitution, production, procédés de préparation et de conservation, valeur hygiénique et qualité, par *M. E. Grignon*. — Un vol. in-16 de 90 pages; Paris, Doin, 1890.

— L'ASSIMILATION DES INDIGÈNES MUSULMANS, par *Pierre Cour*. Une broch. in-8° de 85 pages; 2 francs; Paris, Welter, 1890.

L'administrateur-gérant : HENRY FERRARI.

MAY & MOTTEROZ, Lib.-Imp. réunies, Ét. D, 7, rue Saint-Benoît. [1890]

Bulletin météorologique du 1er au 7 décembre 1890.

(D'après le *Bulletin international du Bureau central météorologique de France*.)

DATES.	BAROMÈTRE à 1 heure DU SOIR.	TEMPÉRATURE			VENT. FORCE de 0 à 9.	PLUIE. (Millimètr.)	ÉTAT DU CIEL à 1 HEURE DU SOIR.	TEMPÉRATURES EXTRÊMES EN EUROPE	
		MOYENNE	MINIMA.	MAXIMA.				MINIMA.	MAXIMA.
☾ 1	757mm,08	— 3°,9	— 8°,0	— 0°,7	N. 3	0,0	Beau. Transp. de l'atmosphère, 9 kilomètres.	— 17° Pic du Midi; — 16° Hernosand et Moscou.	23° Palerme; 21° Brindisi; 18° île Sanguinaire, Funchal.
♂ 2	752mm,54	— 3°,8	— 5°,6	4°,0	E.-S.-E. 2	0,0	Cirrus à l'horizon S.-W.	— 14° Pic du Midi; — 11° à Charkow; — 9° à Besançon.	24° Constantinople; 20° Paschal et Brindisi; 18° Malta.
☿ 3	749mm,88	— 1°,6	— 3°,1	1°,7	N.-N.-W. 3	8,0	Indistinct. Transp. de l'atmosphère, 2 kilom.	— 13° Pic du Midi; — 10° à Charkow; — 8° à Madrid.	20° Brindisi; 18° la Calle et Palerme; 17° Funchal.
♃ 4 à 4.	749mm,44	1°,0	0°,8	3°,1	S.-E. 3	6,9	Transp. de l'atmosphère, 4 kil. au N.; 7 kil. au S.	— 11° Uléaborg et Moscou; — 9° au mont Ventoux.	22° à Nemours; 20° Brindisi; 18° Palerme et Alger.
♀ 5	751mm,06	0°,8	0°,4	3°,2	E.-N.-E. 3	1,0	Cirrus légers; faible halo.	— 16° à Haparanda; — 11° au mont Ventoux.	21° la Calle et Funchal; 20° Brindisi; 19° Nemours.
♄ 6	755mm,89	0°,4	— 0°,5	1°,4	N.-E. 2	0,0	Couvert. Transp. de l'atmosphère, 10 kilom.	— 14° à Haparanda; — 11° au Pic du Midi.	22° la Calle; 20° Palerme et Brindisi; 18° Nemours.
☉ 7	757mm,91	0°,2	0°,0	1°,7	N.-E. 2	0,0	Cumulo-stratus à l'E.	— 19° à Kuopio; — 14° Arkangel; — 11° Pic du Midi.	21° Nemours; 20° Orta, cap Béarn; 19° île Sanguinaire.
MOYENNE.	753mm,26	— 0°,74	— 2°,51	+ 1°,91		TOTAL....	15,9		

REMARQUES. — La température moyenne est bien inférieure à la normale corrigée de cette période, 3°,9. Des pluies souvent mêlées de neige sont tombées en plusieurs stations. Nous signalerons, le 1er, 30mm à Cette, 32 à Marseille, 55 à Oran, 23 à Turin, 42 à Naples, 27 à Brindisi, 20 à Haparanda. Le 2, 52mm à Croisotte, 26 à Sicié, 21 à Rome. Le 3, 30mm à Cette, 98 à Croisotte, 20 à San-Fernando. Le 4, 28mm à Croisotte, 24 à Sicié, 25 à Madrid. Le 5, 33mm à Biarritz, 20 à Cotte. Le 6, 30mm à la Calle, 23 à Lisbonne. Le 6, 29mm à Lisbonne.

CHRONIQUE ASTRONOMIQUE. — Le 14, Mercure suit un peu le Soleil, tandis qu'au contraire Vénus le précède; les deux ont une déclinaison australe assez grande et sont difficilement observables. Mars passe au méridien à 4h 32m du soir, et Jupiter à 3h 21m, également peu élevés au-dessus de l'horizon. Saturne, qui est une belle étoile du matin dans le Lion, passe au méridien à 5h 44m du matin. Le 14, Mercure aura sa plus grande latitude héliocentrique S. La Lune sera en conjonction le 15 avec Jupiter, le 16 avec Mars. N. L. le 12, P. Q. le 18

L. B.

REVUE
SCIENTIFIQUE
(REVUE ROSE)

Directeur : M. Charles Richet

NUMÉRO 25   TOME XLVI   20 DÉCEMBRE 1890

HISTOIRE DES SCIENCES

L'anatomie pathologique : son but, sa méthode (1).

Messieurs,

L'anatomie pathologique est une des branches les plus jeunes des sciences médicales. Forcée de se dégager successivement de l'anatomie normale et de la clinique, elle devient dans la dernière moitié de notre siècle leur égale par l'importance et par la vaste étendue de son domaine.

Celui qui veut esquisser son histoire n'aura pas besoin de longues recherches historiques. L'anatomie pathologique, encore plus que l'anatomie normale, est fille des temps modernes.

Les peuples du monde ancien n'avaient, comme le savent toutes les personnes au courant du sujet, pas de connaissances anatomiques. Quelques passages connus de Celse (2) semblent prouver, il est vrai, que les

(1) Leçon d'ouverture du cours de pathologie générale à l'Université de Lausanne.

(2) En parlant de l'opinion de ceux qui réclament pour la médecine une solide base scientifique, qui professent une médecine rationnelle et auxquels évidemment il s'associe, il dit : « Præter hæc, cum in interioribus partibus et dolores et morborum varia genera nascuntur neminam putant his adhibere posse remedia, quæ ipse ignoret. Necessarium ergo esse incidere corpora mortuorum, eorumque viscera atque intestina scrutari. » Et encore : « Neque enim cum dolor intus incidit scire, quid doleat, eum, qui qua parte quodque viscus intestianum sit, non cognoverit. Neque curari id, quod ægrum est, posse ab eo, qui quid sit, ignoret. » Celsus, De medicina, lib. VIII, edit. Bipont, 1786, præmium.

27ᵉ ANNÉE. — TOME XLVI.

esprits éclairés se rendaient compte de l'utilité pour la médecine des recherches anatomiques. Mais c'est seulement à l'époque de la Renaissance que les études anatomo-pathologiques commencent presque en même temps que celles d'anatomie normale. Les grands anatomistes, en cherchant à éclaircir la structure normale du corps humain, font accessoirement des observations sur les changements morbides des organes, les médecins commencent à faire des autopsies pour découvrir le siège de la maladie et la cause de la mort.

Le fait que les autopsies se pratiquaient déjà au commencement du XVIᵉ siècle dans les maisons des grands seigneurs nous est attesté par une page assez curieuse d'Érasme. Dans un de ses célèbres colloques (l'Enterrement), il nous raconte la mort d'un ancien officier (1). Les médecins (le malade en avait tantôt dix, tantôt douze, pour le moins six) n'étaient pas d'accord sur la nature de la maladie. L'un disait que c'était une hydropisie, l'autre une tympanite, celui-ci un abcès dans les intestins, les autres d'autres maladies. Et pour terminer enfin ce débat, ils firent demander au mourant par sa femme la permission d'ouvrir son cadavre.

Ils lui représentèrent que c'était une marque d'honneur, et qu'ordinairement on agissait ainsi envers les grands, par considération ; ensuite que cela contribuerait à sauver beaucoup de gens, ce qui mettrait le comble à ses mérites ; enfin ils lui promirent de faire dire à leurs frais trente messes pour le repos de son âme.

On dirait qu'on entend les paroles persuasives d'un

(1) Je cite l'excellente traduction de M. Victor Develay. — Paris, Jouaust, 1876 ; t. III.

25 S.

médecin d'aujourd'hui désireux de compléter par l'autopsie une observation intéressante. Il est vrai que notre attitude vis-à-vis du malade lui-même a heureusement changé. Aussi l'ami d'Érasme refusa d'abord, mais il finit par céder aux caresses de sa femme et de ses proches. Il mourut vers le milieu de la nuit, et le matin on procéda à l'ouverture du corps.

Érasme, qui, paraît-il, n'aimait pas beaucoup les médecins, n'oublie pas de leur lancer une petite pointe au sujet du résultat de l'autopsie ; car aucun des nombreux diagnostics ne se trouva juste.

Peu à peu le nombre des ouvrages dans lesquels des cas curieux, des autopsies sont décrits, se multiplie. Tulpius, immortalisé par la toile de Rembrandt (*la Leçon d'anatomie*), Bartholinus, Stalpaart van der Wyl, Stephan Blankaard enrichissent la science naissante. Vers la fin du XVIIe siècle, deux médecins genevois, Théophile Bonet et Jean-Jacques Manget, réunissent en plusieurs volumes in-folio presque toutes les observations anatomo-pathologiques publiées jusqu'alors.

Le *Sepulchretum anatomicum* de Bonet (1679), œuvre pleine de mérite, quoique bien défectueuse encore, est de beaucoup surpassé par Morgagni.

Morgagni est le vrai fondateur de l'anatomie pathologique. Son livre *De sedibus et causis morborum per anatomen indaguñs*, fruit d'une longe vie extrêmement laborieuse, restera toujours un des plus beaux monuments de la littérature médicale.

Chercher le siège et la cause des maladies par l'ouverture des cadavres, par l'examen anatomique des organes, voilà le but que Morgagni se propose, le but qu'il a glorieusement atteint.

Morgagni n'essaye plus, comme ceux qui l'ont précédé, de rassembler au hasard des cas curieux, des monstruosités. Il donne l'histoire des maladies connues, il explique leurs symptômes par les changements qu'il a découverts dans la structure des organes. Le premier il s'efforce de bien établir la différence entre les conditions normales et pathologiques des organes dont il décrit les altérations de main de maître. La richesse de son ouvrage est étonnante, étonnants l'érudition, la pénétration, l'infatigable travail qui maintiendront sa gloire à travers les siècles.

Lieutaud, Sandifort, Baillie, les Meckel continuent l'œuvre de Morgagni. La plupart des grands anatomistes et physiologistes, A. von Haller (dans quelques ouvrages parus ici à Lausanne), Charles Bell, John Hunter, Astley Cooper, les médecins connus du temps, Boerhaave, van Swieten, de Haën, Pinel, contribuent à l'avancement de notre science. L'anatomie pathologique du système osseux approche de la perfection grâce aux travaux de Bonn, de Troja, de Howship, de Scarpa, de Sandifort, travaux que nous consultons encore aujourd'hui.

L'éclat de l'œuvre de Bichat se réfléchit sur l'anatomie pathologique au commencement de ce siècle.

Corvisart publie son essai sur les lésions organiques du cœur et des gros vaisseaux ; Laennec n'enrichit pas seulement la science par ses travaux sur la mélanose, sur certains entozoaires, sur les inflammations du péritoine, il crée l'anatomie pathologique des maladies pulmonaires.

Rayer donne deux ouvrages d'une grande valeur sur les maladies de la peau et des reins ; Cruveilhier, dont le superbe atlas et le traité d'anatomie pathologique sont devenus classiques, fonde en 1826 la Société anatomique qui fleurit encore aujourd'hui.

Il serait trop long d'énumérer tous les noms des autres médecins français, des Bayle, des Andral, des Gendrin, des Saint-Hilaire dont les ouvrages marquent de grands progrès. Jusqu'en 1841, l'anatomie pathologique a son centre à Paris, où l'étude n'en a jamais été négligée, grâce aux travaux des Vulpian, des Robin, des Charcot. En Allemagne, il n'y a à mentionner que les travaux d'Otto, professeur à Breslau, de Henle, de Gluge (plus tard professeur à Bruxelles), de Hasse.

C'est avec Rokitansky que l'anatomie pathologique prend un nouvel élan dans les pays germaniques. Le succès de son traité, une des pierres angulaires de la science, fut énorme. De tous les côtés les jeunes médecins affluaient à Vienne pour suivre l'enseignement du grand savant qui devait bientôt trouver en Virchow un émule destiné à le surpasser.

De Virchow date une nouvelle ère : c'est celle où nous nous trouvons aujourd'hui. Depuis 1844, depuis le moment où il devint l'assistant de Froriep jusqu'à ce jour, l'illustre savant n'a pas cessé de travailler au profit des sciences médicales. Que de mémoires remarquables sortis de sa plume, que de découvertes liées à son nom, que de progrès réalisés sous ses auspices ! C'est Virchow qui, en grande partie, a créé l'histologie pathologique, dont les jalons venaient d'être posés par J. Müller (1838) ; c'est Virchow qui a développé la pathologie expérimentale sans autres grands représentants, avant lui, que John Hunter et Magendie. Il a marqué la science du cachet de son génie, il a fondé une nombreuse école qui compte à son tour des maîtres distingués, il a élevé l'enseignement à la hauteur où il se trouve aujourd'hui.

II.

De sedibus et causis morborum per anatomen indagatis, du siège et des causes des maladies recherchés par la méthode anatomique, tel était donc le titre que Morgagni avait choisi pour son œuvre fondamentale.

On ne saurait exprimer en moins de mots le but principal de la science fondée par l'illustre professeur de Padoue.

Chercher le siège de la maladie, voilà la première partie de la tâche que nous sommes appelés à remplir.

Il paraît superflu de vous exposer longuement qu'il serait impossible au médecin de reconnaître les maladies internes, si le savoir n'était pas fondé sur des connaissances anatomo-pathologiques. Car en examinant soigneusement le malade qui a fait appel à sa science, il ne voit, il n'observe que les symptômes produits par la lésion d'un organe qui, dans la plupart des cas, se soustrait à une exploration précise.

Vous trouvez un homme étendu sans connaissance sur son lit, la figure vivement colorée, le pouls lent, la respiration râlante; vous constatez que les pupilles se contractent faiblement lorsque vous approchez une lumière de l'œil, vous voyez que la bouche pend d'un côté, que les extrémités du même côté sont complètement paralysées.

L'anatomie pathologique seule, l'examen anatomique seul du malade pourra vous apprendre que tous ces phénomènes étaient la suite d'une hémorragie cérébrale, causée par la rupture d'un anévrisme. C'est grâce à l'autopsie que vous parvenez à reconnaître la nature de la maladie.

Les anciens médecins, ignorant les lésions anatomiques des organes, étaient forcés de classer les maladies d'après les symptômes et de leur donner des noms peu précis. Je jette les yeux sur un des vieux manuels, j'y trouve les titres de chapitres suivants : *Dolores vagi, intestinorum dolor, tussis, sputa cruenta*, etc.

L'anatomie pathologique en nous découvrant le siège des maladies, les observations cliniques et anatomiques réunies, en nous montrant tels ou tels symptômes produits par telle ou telle lésion organique, nous ont appris à prendre pour base d'une classification systématique et rationnelle des maladies, non plus leurs symptômes, mais les lésions organiques.

Pour atteindre son but, l'anatomie pathologique se sert des mêmes méthodes que l'anatomie normale. Cependant la technique de l'anatomo-pathologiste présente quelques légères modifications.

Il ne peut pas, en général, s'occuper d'une dissection minutieuse. Pour pouvoir examiner tout le corps sans perdre trop de temps, il se voit forcé d'opérer à grands traits.

Quelquefois seulement, si le cas le demande, il a recours à la dissection anatomique proprement dite.

Les recherches histologiques approfondissent les observations faites à l'œil nu.

En histologie pathologique, nous sommes tenus de faire usage des méthodes simples, un peu négligées par l'histologie normale.

Nous examinons les pièces très souvent à l'état frais pour être en mesure de reconnaître certaines dégénérescences facilement dissimulées par l'emploi des réactifs. Mais si nous tenons encore à ces procédés que beaucoup de gens croient à tort surannés et superflus, nous n'en profitons pas moins des grandes améliorations que notre temps a introduites dans la technique

de l'histologie normale. Les méthodes compliquées de coloration, l'art de faire des séries de coupes microscopiques à l'aide des microtomes, etc., sont du domaine de l'histologie pathologique aussi bien que de l'histologie normale.

Ainsi, les efforts de toute une génération de travailleurs ont obtenu en histologie pathologique de brillants succès, qui ont contribué pour une large part au perfectionnement de la pathologie moderne.

Mais, direz-vous, si la science a fait tant de progrès, s'il est maintenant possible et même assez souvent facile de conclure des symptômes et du résultat de l'examen clinique au siège et à la nature de la maladie, pourquoi faire l'autopsie de tous les malades qui périssent? Pourquoi se donner la peine d'une recherche assez laborieuse, si l'on connaît d'avance le résultat qu'on va obtenir? Mieux vaudrait restreindre l'autopsie aux cas intéressants, aux cas de maladies qu'on n'a pas pu reconnaître pendant la vie du sujet atteint.

Je répondrai ceci :

Un médecin habile et versé dans toutes les méthodes de l'examen clinique peut certainement assez souvent faire le diagnostic anatomique sur le vivant. Il peut dire, par exemple, qu'il a affaire à une inflammation interstitielle du foie, il peut même se faire une idée assez juste de l'état anatomique dans lequel l'organe lésé se trouve. Mais vous verrez qu'en général les maladies ne se présentent pas sous une forme aussi simple. Lorsqu'un organe est frappé, d'autres souffrent avec lui, et nous pouvons juger des changements morbides du premier et même d'un second, il en survient toujours qui se dérobent à notre connaissance. L'ensemble des symptômes est si complexe qu'un diagnostic qui embrasse tout, ne fût-ce que d'une manière approximative, devient impossible. Et puis, faut-il vous rappeler le vieil adage d'Hippocrate (*vita brevis, ars longa, experimentum fallax*), ai-je besoin de vous affirmer qu'avec tout notre art, qu'avec toutes nos méthodes perfectionnées, nous sommes toujours sujets à de graves erreurs?

C'est vous dire que nous porterions un préjudice énorme au progrès de l'art médical si nous voulions réserver l'autopsie à des cas qui nous ont semblé extraordinaires. Et ce préjudice ne se tournerait pas seulement contre l'art, la science médicale n'en serait pas moins atteinte.

III.

Si la pratique des autopsies est indispensable au médecin qui veut confirmer et étendre ses connaissances, elle ne l'est pas moins au savant qui cherche à découvrir la cause d'une lésion. Et c'est vers ce but là que nos efforts tendent principalement aujourd'hui. Quand nous connaissons la cause primitive d'une maladie, nous sommes plus capables de trouver les moyens de la prévenir, de la combattre; nous sommes plus près du but de toute science médicale : la guérison des malades.

Certes, je n'ai pas besoin de longues explications pour vous prouver que la méthode anatomique permet souvent à ceux qui savent s'en servir, de voir non seulement le siège, mais aussi la cause d'une maladie. Les études médico-légales nous fournissent de faciles et nombreux exemples.

Les lésions anatomiques si caractéristiques, l'ictère, les dégénérescences graisseuses du foie, des reins, des glandes gastriques, des vaisseaux, nous révèlent un empoisonnement par le phosphore avant qu'on ait procédé à l'examen chimique du cadavre.

Dans d'autres cas moins évidents, l'examen anatomique sert de guide au chimiste.

Je me souviens d'avoir fait une fois la nécropsie d'un enfant illégitime, mort quelques heures après une promenade qu'il avait faite avec sa mère. Nous ne trouvions rien qu'une coloration rouge intense de l'œsophage et de la muqueuse gastrique, qui présentait en outre quelques érosions très superficielles. Nous conclûmes qu'on avait donné à l'enfant une substance irritante, mais une substance moins irritante que celles que les malfaiteurs emploient généralement, telles qu'un acide, par exemple.

Nous pensions à une substance alcoolique. En effet, on arriva à prouver que la mère avait fait prendre à ce malheureux petit être une bonne dose de chloroforme.

Ici vous me ferez peut-être une objection.

Ces affections morbides dont je viens de vous parler vous semblent au fond ne pas être de vraies maladies. Les suites d'un empoisonnement ne vous semblent pas devoir porter ce nom.

Mais il n'en est pas autrement pour les affections qui vous paraissent mieux le mériter, pour celles qui vous saisissent, qui vous tourmentent sans que vous sachiez d'où elles viennent. Si nous connaissions l'agent morbide de l'influenza, comme nous connaissons le phosphore, si la nature, les propriétés du premier avaient pu être aussi bien étudiées que la composition chimique, l'état naturel, les effets du second, l'influenza, si souvent et à si juste titre maudite, ne serait pas plus « une maladie » que l'empoisonnement par le phosphore.

La découverte des principes morbifiques qui font naître ce qu'on appelle vulgairement les maladies rencontre naturellement plus d'obstacles que celle des agents cités plus haut. Néanmoins, la méthode anatomique compte aussi sur ce terrain plus d'un succès. Un des plus brillants sans doute fut la découverte de la trichinose.

On connaissait depuis longtemps certaines épidémies qui se montraient çà et là, surtout en Allemagne; on y observait une fièvre intense, des douleurs et des paralysies musculaires. On les avait décrites sous des noms différents, on avait pensé aussi à une forme spéciale de la fièvre typhoïde, du rhumatisme aigu. Grand fut l'étonnement du monde entier, quand Zenker trouva, en 1860, dans les muscles d'une jeune fille, morte à l'hôpital de Dresde avec les symptômes susmentionnés, d'innombrables petits vers auxquels Owen avait donné vingt-cinq ans plus tôt le nom de *Trichina spiralis*. Les recherches de Zenker, Leuckart, Virchow, mettaient bientôt hors de doute le fait que cet hôte du porc était la cause d'une dangereuse maladie; et les mesures prophylactiques, prises aujourd'hui dans tous les pays à la suite de la découverte de Zenker, ont réussi à diminuer le nombre des fléaux de l'humanité.

Les progrès qu'on a faits dans ces dernières années dans la connaissance des maladies infectieuses sont aussi dus en grande partie à la méthode anatomique. Sans l'aide du microscope, les grands travaux de Pasteur auraient été impossibles, sans de minutieuses recherches anatomiques, ni Davaine n'aurait trouvé le bacille du charbon, ni M. Koch celui de la tuberculose.

De la présence d'un parasite dans le sang, dans les tissus du corps, nous pouvons tirer la conclusion qu'il est la cause de la maladie dans laquelle on l'observe : 1° s'il a un caractère assez distinctif; 2° s'il n'est observé que dans une seule maladie et dans la majorité des cas qu'on examine. Or ce sont des recherches histologiques seules qui ont fait accepter comme agent du paludisme l'organisme décrit par M. Laveran.

Mais pour que l'influence néfaste d'un microrganisme soit bien établie, il faut plus que la démonstration de sa présence dans les parties malades : il faut l'isoler, il faut étudier son développement par des méthodes de culture et par la transmission du microbe, il faut provoquer chez un animal sain la maladie dans laquelle il a été observé chez l'homme.

Pour en arriver là, il faut donc dépasser les limites de l'anatomie, il faut se servir de méthodes physiologiques. A côté de l'anatomie pathologique, nous trouvons dans la physiologie pathologique une aide pour l'accomplissement de notre tâche.

IV.

Le pathologiste ne se déclare pas satisfait quand il est parvenu à connaître le siège et la cause d'une maladie. Il lui faut savoir encore comment le principe morbifique qu'il pense est capable de produire celle-ci, comment elle se développe, progresse et se termine. Il en veut connaître l'histoire entière.

La pathogénie, comme nous disons, peut dans une certaine mesure s'étudier aussi par la méthode anatomique. On n'a qu'à comparer entre elles les lésions des organes dans les différentes périodes d'une maladie et on verra que dans la même maladie, les organes lésés présentent un aspect très différent suivant le temps qui s'est écoulé depuis l'origine du mal.

Dans la pneumonie, nous trouvons le poumon d'une couleur livide ou violacée, crépitant, engorgé par un liquide, et dans la même affection, nous lui voyons une couleur grise, une fermeté tout à fait analogue à celle du foie ; si on le coupe, il ne suinte presque rien de la surface des incisions, etc.

Des faits observés nous tirons des conclusions sur le développement de la pneumonie ; mais si nous voulons avoir l'histoire exacte de cette maladie, il faut naturellement tenir compte de l'observation clinique. Car la science anatomique seule ne peut pas répondre aux questions que nous avons posées plus haut. L'anatomie pathologique nous montre l'organe lésé tel qu'il était au moment de la mort du malade, elle ne peut pas nous montrer comment il est devenu ce que nous le trouvons à l'autopsie.

Prenons un autre exemple, une maladie dont on a fort discuté, il y a un demi-siècle, la phlébite.

Nous trouvons la lumière d'une veine fermée par un caillot sanguin, la paroi épaissie, infiltrée par des leucocytes. Voilà ce que nous dit l'examen anatomique. Est-ce l'inflammation de la paroi qui la première a donné lieu à la formation du thrombus, ou est-ce la coagulation du sang qui a provoqué l'inflammation de la paroi, et pourquoi le sang s'est-il coagulé ?

On aurait beau examiner des cas sans nombre, faire des séries de coupes microscopiques, on ne trouverait pas la solution du problème. Ce n'est que l'expérience qui nous éclairera sur les différentes possibilités, ce n'est que l'expérience qui nous fournira l'explication définitive.

Or, en faisant appel à l'expérience et à l'observation clinique, nous sortons du cadre de la science anatomique, nous entreprenons des études de physiologie pathologique. Il faut s'adresser à elle non seulement pour les études de pathogénie ; mais si nous voulons nous éclairer sur la marche des processus vitaux sous les conditions anormales créées par la maladie, c'est encore la physiologie pathologique que nous consultons. Car une discipline anatomique ne pourra naturellement pas nous renseigner sur les altérations de la circulation, de la respiration, de la nutrition et des sécrétions ; elle ne pourra nous rendre compte ni des changements de la calorification, ni de l'exsudation, ni du fonctionnement altéré des nerfs et des muscles. Pour pouvoir juger des processus pathologiques dans leur ensemble, il nous faut, outre la science qui nous montre l'altération dans la structure des organes, une doctrine qui s'occupe de leurs fonctions altérées. De même que la science de la vie normale embrasse l'anatomie et la physiologie, les secrets de la vie dans des conditions morbides nous sont dévoilés par l'anatomie et la physiologie pathologiques.

Les moyens dont la physiologie pathologique se sert pour résoudre les problèmes qui s'imposent à elle sont (comme nous venons de l'indiquer) les mêmes que ceux qui servent à la physiologie normale, l'observation pour ce qui nous concerne, l'observation de la marche d'une maladie, et l'expérience.

L'étude du développement d'une affection morbide incombe au clinicien. Par un examen attentif du malade, il se rend compte de toutes les évolutions de la maladie, de tous les changements qui surviennent dans l'organisme. Mais, comme nous l'avons déjà expliqué plus haut, le médecin n'observe que les symptômes produits par le mal, il ne peut pas en étudier directement les sources cachées. L'observation sur le vivant restera toujours incomplète, parce qu'elle est naturellement restreinte aux phénomènes extérieurs, et quoique nous arrivions, en combinant les résultats de l'étude clinique et des autopsies cadavériques faites antérieurement dans des cas semblables, à nous faire une idée d'un processus morbide, son mécanisme intrinsèque restera toujours plus ou moins voilé. Les études cliniques et anatomo-pathologiques sont précieuses et indispensables, mais la clef de l'énigme n'est souvent fournie que par l'expérience. C'est à l'expérience que la pathologie en appellera comme à son dernier et suprême recours, car l'expérience seule montre un phénomène déterminé dans sa dépendance d'une cause déterminée, cette cause ayant été produite arbitrairement. La méthode expérimentale nous permet de varier les conditions de nos expériences suivant notre seule volonté, d'interrompre à chaque moment la marche de l'affection que nous avons produite, et d'examiner ainsi de très près les rapports entre les causes et les effets et l'enchaînement naturel des phénomènes. Nous pouvons donc combler par l'expérience le vide que l'anatomie pathologique et la clinique ont laissé subsister dans nos connaissances ; et pour revenir à l'exemple que nous avons choisi, il nous sera facile de décider par des expériences faites sur des animaux si dans la phlébite la coagulation du sang précède l'inflammation de la paroi ou inversement ; nous serons capables d'établir le mode de succession de ces phénomènes et les lois d'après lesquelles ils se produisent.

Sans expériences, il n'y a pas de physiologie pathologique ; sans physiologie pathologique, pas de pathologie scientifique, « forteresse de la médecine scientifique dont l'anatomie pathologique et la clinique ne sont que les ouvrages extérieurs (1) ».

La physiologie pathologique prend avec l'anatomie pathologique générale la place de la pathologie générale, de la doctrine des maladies en général, qui fera l'objet de notre enseignement de ce semestre d'hiver.

_____

(1) Virchow, *Ueber die Standpunkte in der Wissenschaftlichen Medicin* (*Archiv f. pathol. Anat.*, vol. I, 1847).

La pathologie générale complétée par la physiologie pathologique est une science de nouvelle date.

Du temps de Boerhaave, physiologie et pathologie étaient à peine séparées. Son célèbre élève, A. de Haller, a le premier, par ses grands travaux, fait de la physiologie une science indépendante, et un autre disciple de Boerhaave, Gaub, a composé le premier manuel de pathologie générale (1). Depuis ce temps, on a cherché non à réunir de nouveau les deux sciences en une seule, mais à faire pénétrer l'esprit physiologique dans la pathologie.

Il ne suffisait pas, guidé par les connaissances que la physiologie avait déjà acquises de critiquer les théories pathologiques, de faire accorder simplement la pathologie avec les lois que les physiologistes avaient pu établir, il fallait construire l'édifice de la physiologie pathologique avec l'aide des méthodes physiologiques, comme nous venons de l'exposer.

Cette science, a dit Virchow dans l'introduction de son grand *Traité de pathologie*, doit se développer indépendante à côté de la physiologie qu'on pourrait appeler normale, comme l'anatomie pathologique s'est formée à côté de l'anatomie normale; il faut la développer non comme un système ingénieux, une doctrine probable, fruit des heures de loisir, mais comme l'œuvre mûrie d'un travail persévérant.

C'est par des travaux de ce genre que les Claude Bernard, les Chauveau, les Virchow ont rendu des services inoubliables aux sciences médicales.

V.

Nous voilà bien loin de l'éloge de l'anatomie pathologique auquel vous vous attendiez peut-être en entrant dans cette salle. Il vous semblera sans doute que le titre de cette leçon, destinée à vous donner le programme de mes cours, est mal choisi, que j'aurais dû y faire une large part à la physiologie pathologique qui nous a tant occupés.

En adoptant le titre que vous connaissez, j'ai obéi à la vieille habitude qui remet l'enseignement des deux sciences en question à un seul professeur, et on s'est si bien fait à cette coutume de voir l'anatomo-pathologiste enseigner la physiologie pathologique qu'inconsciemment on la comprend presque dans le terme d'anatomie pathologique. C'est ainsi qu'un des maîtres les plus regrettés de l'école de Virchow, Cohnheim, a intitulé un discours dans lequel il traite à peu près le sujet dont je viens de vous entretenir : *Ueber die Aufgaben der pathologischen Anatomie* (*De la tâche de l'anatomie pathologique*) (2). Donc, tout en m'excusant par l'exemple de cet illustre prédécesseur, je reconnais ne pas avoir indiqué mon sujet d'une manière précise, mais j'avoue qu'il aurait été difficile de faire autrement. En plaçant en tête de cette leçon le terme d'anatomie pathologique, j'ai dit trop peu: si j'avais mis celui de pathologie scientifique, ç'aurait été trop, puisque celle-ci comprend aussi les études cliniques dans leur ensemble.

Au reste, j'espère que cette petite difficulté, ce manque de précision que vous rencontrez au commencement de vos études de pathologie, ne vous effrayera pas. J'espère avoir réussi à vous montrer de quelle nature sont celles que nous allons entreprendre ensemble; nous serons obligés de nous occuper tour à tour de l'anatomie et de la physiologie pathologiques pour atteindre notre but, pour arriver à connaître l'histoire entière des maladies.

Enfin, dans le cours de nos recherches communes, il se présentera encore à nous une tâche, moins importante évidemment, mais non moins intéressante que les autres : c'est le devoir de rassembler des matériaux pathologiques pouvant éclaircir des questions obscures de la physiologie normale (1).

Les observations des médecins ont assez souvent déjà préparé la voie aux découvertes physiologiques.

La question des localisations cérébrales occupe aujourd'hui le monde des physiologistes. Mais ce fut Broca, nul ne l'ignore, qui posa les jalons de nos connaissances actuelles : ce furent ses observations cliniques sur des individus frappés d'aphasie, ce furent les autopsies pratiquées par lui, qui ont permis de reconnaître le siège de la faculté du langage dans la troisième circonvolution frontale gauche.

Faut-il citer les noms de Charcot, de Kussmaul et d'autres cliniciens pour vous montrer que, dans cette question importante, la physiologie doit aux pathologistes une grande partie de ses connaissances?

Qu'il me soit permis de citer encore un autre exemple de l'importance des observations pathologiques dans les questions de physiologie normale.

Dans le groupe des glandes vasculaires sanguines il y a un organe, la capsule surrénale, dont la physiologie ne nous dit mot. Les idées que nous pouvons nous former de sa fonction reposent entièrement sur les observations pathologiques.

L'histoire des capsules surrénales me paraît assez intéressante pour nous arrêter un moment.

Elles ont beaucoup préoccupé les observateurs depuis leur découverte par Eustacchi (2).

Au commencement, leur situation au-dessus des reins faisait supposer des rapports physiologiques avec ces organes. Plus tard, on rassembla des observations

---

(1) *Institutiones pathologiæ medicinalis*. — Leiden Batav., 1758.
(2) Leipzig, 1878.

(1) « Luctans cum morbis natura quam pathologia exhibet facultates affectionesque suas etiam explicatius producit. » Gaub, *De disciplina medica*, 19.
(2) B. Eustachius, *Tractatus de renibus*. — Venetiis, 1563.

destinées à prouver que les capsules appartiennent aux organes génitaux. On prétendait que le développement de ceux-ci marchait de concert avec le développement des capsules ; que les capsules étaient plus grandes chez les hommes enclins aux excès *in venere;* que certaines maladies des organes génitaux avaient souvent pour conséquence des affections morbides des capsules surrénales. On a commenté dans ce sens une observation de Vauquelin qui avait trouvé chez un castrat les capsules surrénales pétrifiées. Chose assez extraordinaire, cela soit dit entre parenthèse, ce castrat dont parlent les mémoires qui s'occupent de cette question n'était pas un homme, c'était un chat. Mais l'inadvertance du premier lecteur de Vauquelin a été religieusement répétée jusqu'à ce jour.

Puis la richesse des capsules surrénales en fibres et en cellules nerveuses étonna les anatomistes; et voilà nos organes déclarés appendice du système nerveux central.

De ces trois hypothèses, aucune n'était sérieusement fondée. Comme il y avait peu de faits à discuter, comme au fond rien n'était bien prouvé, on finit par se contenter de qualifier d'énigmatiques ces petits organes, et d'émettre sur eux des théories absolument fantaisistes.

Ce ne fut qu'en 1855 que la découverte de Thomas Addison, médecin à l'hôpital Saint-Guy, à Londres, ouvrit une nouvelle voie aux recherches.

Addison trouva qu'une dégénérescence caséeuse des capsules surrénales est la cause d'une grave maladie, inconnue avant lui, dans laquelle on observe une anémie profonde, un grand affaiblissement, et, chose curieuse, une pigmentation presque générale de la peau. Les personnes atteintes de la maladie qui porte le nom du clinicien anglais deviennent souvent noires comme des nègres.

Voici donc mis en lumière des rapports des capsules surrénales avec la pigmentation, rapports auxquels on n'avait pu songer autrefois.

La physiologie s'est naturellement lancée dans la voie que la pathologie venait de lui ouvrir; elle a cherché à éclaircir le problème qui se posait, grâce aux études cliniques et anatomo-pathologiques d'Addison.

Si l'on n'a pas encore réussi à découvrir les fonctions des capsules surrénales, si même nombre de physiologistes et de pathologistes continuent à nier les rapports que les capsules doivent avoir, d'après la découverte d'Addison, avec la formation ou avec la destruction du pigment dans l'organisme, cela ne prouve nullement que la question bien formulée par la pathologie soit une question erronée; cela ne prouve que l'insuffisance des expériences publiées jusqu'aujourd'hui. Au reste, je crois pouvoir affirmer, d'après les recherches que je poursuis depuis plusieurs années, que la pathologie n'a pas été un guide menteur; que ces rapports auxquels j'ai fait allusion existent; que la décou-

verte d'Addison nous a rendus capables de supposer au moins une partie des fonctions d'un organe jusqu'alors resté énigmatique.

Mais je ne veux pas entrer plus avant dans cette question. Mon intention était uniquement de vous montrer par quelques exemples quelle utilité les études pathologiques peuvent avoir pour la physiologie. Je voulais vous montrer en outre que pathologie et physiologie sont étroitement liées l'une à l'autre. L'union entre la physiologie et la pathologie, union nécessaire, basée sur la nature même de ces deux sciences, ne doit jamais être négligée par celui qui veut faire des progrès dans la médecine scientifique. Si nous trouvons, comme l'a si bien montré Claude Bernard dans plusieurs de ses brillantes leçons, la pathologie le plus souvent redevable à la physiologie, n'oublions pas, par contre, l'influence que les découvertes pathologiques ont eue et pourront avoir sur la physiologie.

Et maintenant laissez-moi terminer par une profession de foi scientifique.

La pathologie n'est pas liée seulement à la physiologie : elle ne l'est pas moins à la clinique, et je crois que nous devons chercher à conserver autant que possible l'unité des sciences médicales, je crois que nous devons lâcher de nous défendre contre le morcellement toujours croissant de la science par les spécialités. L'idéal d'un homme capable d'embrasser à lui seul le vaste domaine de la médecine entière est impossible à réaliser depuis longtemps. Anatomie, physiologie, pathologie se sont séparées de la clinique, et la clinique elle-même a dû se diviser; la chirurgie a vu prendre un essor merveilleux à l'oculistique, la psychiatrie s'est séparée depuis longtemps de la clinique médicale ainsi que l'anatomie et la physiologie pathologiques. L'anatomie et la physiologie normales, professées partout, il y a à peine quarante ans, par le même savant, ont dû se séparer aussi.

Que toutes ces divisions aient été nécessaires dans l'intérêt de la science, dans l'intérêt de l'enseignement, qui oserait le nier? Mais nous sommes arrivés aujourd'hui à un point où il serait plus salutaire de réunir que de continuer à diviser. Sans cela nous courrons le risque de laisser perdre toute connexion entre les diverses branches de la science. Et pourtant, dans l'objet de nos études, dans l'homme, tout est étroitement uni.

Les savants, forcés par le développement des deux sciences, ont séparé l'anatomie pathologique de la clinique. Un homme ne peut pas suffire aux études du laboratoire et aux besoins des malades. Mais s'il faut que le clinicien sache quand même l'anatomie pathologique, il n'en faut pas moins que l'anatomo-pathologiste puisse se retremper de temps en temps dans la clinique, il faut qu'il ne perde pas de vue le malade, sans cela il ne pourra bientôt plus répondre aux questions que le clinicien lui adresse, il risquera de se perdre dans des subtilités anatomiques.

C'est pour cela aussi que la physiologie pathologique ne doit pas être retranchée de l'anatomie pathologique, comme on l'a fait, par exemple, dans les Universités autrichiennes. Le pathologiste confiné dans son laboratoire manquerait bientôt, comme Cohnheim l'a expliqué, de sujets à traiter qui intéressent vraiment la clinique et les médecins. Il sera forcé de faire concurrence à son collègue, au professeur de physiologie normale, concurrence malheureuse et sans fruit pour la pathologie scientifique.

Il faut garder dans le domaine de l'anatomie pathologique les maladies infectieuses aussi et la bactériologie, qui tend déjà à former une science à part.

Il faut donc maintenir la continuité des sciences médicales autant que possible, en n'oubliant jamais le mot si judicieux de Bacon : « Atque hoc pro regula ponatur generali : quod omnes scientiarum partitiones ita intelligantur et adhibeantur, ut scientia potius signent aut distinguant, quam secent et divellant, ut perpetuo evitetur solutio continuitatis in scientiis. Hujus enim contrarium particulares scientias steriles reddidit, inanes et erroneas, dum a fonte et fomite communi non aluntur, sustentantur et rectificantur (1). »

H. STILLING.

INDUSTRIE

La résistance du verre.

Les applications de plus en plus nombreuses qui sont faites du verre dans les constructions, sous les formes les plus variées, obligent à rechercher les propriétés et les particularités de sa résistance.

Cette résistance est intéressante à connaître à cause des efforts auxquels sont soumis les objets dont le verre est maintenant l'élément ou l'un des éléments constitutifs.

Les modifications moléculaires, momentanées ou permanentes, peuvent être la conséquence des actions extérieures qui agissent sur le verre ; ces modifications, leurs causes, sont peu connues et ont été peu étudiées.

Nous avons voulu, dans cette note, réunir les éléments permettant d'élucider divers points obscurs ayant trait à la résistance du verre, en faisant une critique raisonnée des expériences et des documents sur lesquels nous nous sommes appuyé.

---

(1) *De dignitate et augmentis scientiarum*, lib. IV, cap. 1. — Argentorati, J.-J. Bockenhoffer, 1634 ; p. 185.

Certaines causes influent sur la plus ou moins grande résistance du verre.

Parmi ces causes, nous citerons :

Son *épaisseur*, l'égalité et l'uniformité de cette épaisseur ;

Sa *cuisson* ;

Son *homogénéité* et sa composition chimique ;

Ses *dimensions*, lorsque le verre est employé dans les constructions, les couvertures vitrées, par exemple, à cause de la dilatation qu'il a à subir.

L'importance considérable prise par la culture artificielle des raisins et des primeurs donne à cette étude un certain intérêt.

L'emploi de plus en plus fréquent des verres comme récipients des produits chimiques et pharmaceutiques, l'usage des vases de verre pour le transport des produits chimiques augmente encore l'intérêt qui s'attache à cette question.

Pour les vitrages ou couvertures de serres, il importe de ne pas exagérer les dimensions données aux feuilles de verre ; il faut proportionner la longueur de ces feuilles à leur largeur et leur donner une épaisseur capable de résister aux agents atmosphériques, et aussi permettant de retenir à l'intérieur la chaleur produite artificiellement, l'action physiologique de la lumière s'exerçant dans les mêmes conditions qu'avec le verre mince.

En effet, les verres formant la couverture des serres sont mastiqués à l'intérieur et à l'extérieur, ce qui constitue une sorte d'emboîtement empêchant leur dilatation ; cette dilatation peut, dans certains cas, être appréciable, alors que le verre peut subir l'influence d'une notable température et cela sur ses deux faces.

Le coefficient de dilatation linéaire du verre à glaces étant de 0,000008909 (entre 0° et 100° pour 1° d'élévation de température), il en résulte qu'une glace de 1 mètre de longueur, portée à la température de 100°, s'allonge de 0m,0008909, soit un allongement de près de 1 millimètre.

Si une vitre en verre ayant la forme d'un carré de 1 mètre de côté est encastrée dans un cadre en fer, il suffit, pour assurer la libre dilatation, de laisser un jeu de 1/2 millimètre entre chacune des arêtes de la vitre et la tringle de fer contiguë, et cela pour une élévation de température de 100°.

Les faits signalés dans les notes de MM. Crafts et Salleron établissent que le verre a une tendance constante à se contracter ; il est permis de supposer que le verre à glaces, quoique bien recuit, doit à la longue subir aussi une légère contraction (d'autant plus faible que la recuisson est plus parfaite).

Il n'y a donc à s'occuper dans des installations de vitrage que de la dilatation linéaire du verre, les phénomènes signalés ci-dessus ayant pour effet de diminuer l'importance de cette dilatation.

RÉSISTANCE DES VERRES COULÉS ET A RELIEFS (1).

Nature du verre.	Épaisseur moyenne des feuilles.	Poids moyen des balles de plomb qui ont cassé les verres.
Verre double ordinaire. . .	3ᵐᵐ 1/2	3 grammes
— . dépoli	3ᵐᵐ	2 —
Verre triple dépoli.	6ᵐᵐ	6 —
Verre coulé strié	5 à 6ᵐᵐ	16 à 20 gr.

Le dépolissage fait perdre au verre à vitres une partie de sa force. Cela s'explique par le fait qu'en examinant au microscope une plaque de verre dépoli, on constate à la surface des creux et des bosses ; l'ensemble a l'aspect d'une vallée parsemée de ravins et de montagnes, ce qui correspond à des inégalités d'épaisseur et, par conséquent, à une résistance moindre de la feuille de verre.

Les verres à reliefs coulés sont huit fois plus résistants que le verre double dépoli, et environ trois fois plus que le verre triple dépoli.

Pour la *résistance à la flexion*, nous conseillons d'adopter le coefficient de 250 kilogrammes par centimètre carré de section transversale.

On a obtenu des résultats très supérieurs dans les essais à l'appareil Thomasset, que la Compagnie de Saint-Gobain a provoqués à l'occasion des fournitures de vitrage pour l'Exposition de 1889 ; mais nous pensons qu'en pratique il faut s'en tenir au chiffre de 250 kilogrammes.

Il est commode de pouvoir se rendre compte rapidement de l'épaisseur qu'il convient de donner aux feuilles de verre pour un écartement déterminé des fers à vitrage, ou inversement de déterminer la largeur maxima à donner aux feuilles lorsque l'on connaît leur épaisseur.

Le tableau ci-après fournit ces renseignements, basés sur le dixième environ de la charge de rupture :

Épaisseur	Poids par mètre carré.	Largeur maxima multiple de 3 centimètres.
3 millimètres . . . . . ,	7ᵏᵍ,5	0,23
4 —	10ᵏᵍ,0	0,42
5 —	12ᵏᵍ,5	0,54
6 —	15ᵏᵍ,0	0,60
7 —	17ᵏᵍ,5	0,66
8 —	20ᵏᵍ,0	0,72

L'épaisseur étant assez considérable pour atténuer en partie la déperdition par rayonnement de la chaleur intérieure d'une serre, nous conseillons comme épaisseur 6 millimètres à 6 millimètres et demi, et comme dimensions 1ᵐ,50 à 1ᵐ,80 de long sur 0ᵐ,45

(1) Ces chiffres sont le résultat d'expériences faites sur 10 feuilles de chacune des espèces de verre, à l'aide de balles de plomb de divers poids qu'on a laissé tomber d'une hauteur de 18 mètres.

à 0ᵐ,40 de large. De cette façon, on conservera plus avantageusement la chaleur, on évitera les chances de casses de ces verres par les intempéries, la neige, la *grêl*. Préférant les verres striés, on placera ces « stries » à l'*intérieur* afin de diviser, de disperser utilement les rayons solaires ou la lumière.

L'épaisseur plus grande à donner aux feuilles de verre destinées à la couverture des serres, c'est le remède contre la transmission de la chaleur à travers les parois dans le cas qui nous occupe, c'est-à-dire quand la chaleur vient de l'intérieur.

La perte de chaleur par transmission est considérable, et on a grand intérêt à la diminuer.

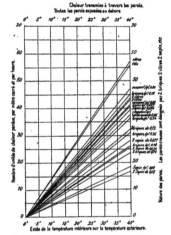

Fig. 66. — Graphique montrant l'inégale transmission de la chaleur par diverses substances.

Les formules suivantes en montreront l'importance. D'après Planat (1), on admet :

T, température de la pièce chauffée ;

θ, température de l'air extérieur ;

t et t', températures différentes des deux faces de la paroi ;

C, quantité de chaleur qui, par mètre superficiel et pour un degré de différence entre les températures précédentes, passe pendant l'unité de temps à travers une paroi dont l'épaisseur est égale à l'unité ;

(1) *Chauffage et ventilation des lieux habités*, par P. Planat ; in-4°, Ducher, éditeur.

La quantité C est le coefficient de conductibilité spécial à la substance qui constitue la paroi ;

M, la quantité de chaleur qui passe à travers la paroi d'épaisseur e, par mètre superficiel et pendant l'unité de temps, c'est-à-dire la quantité cherchée.

L'expérience montre que M est proportionnel à l'épaisseur e, et que l'on peut écrire :

$$M = \frac{C\,(t - t')}{e} ;$$

Q, quantité totale de chaleur que perd la paroi, par mètre superficiel, pendant l'unité de temps et pour une différence de température égale à l'unité ;

K, quantité de chaleur perdue par rayonnement ;

K', quantité de chaleur enlevée par le contact de l'air.

Au moyen de la formule

$$M = \frac{K'\,Q\,(T - \theta)}{Q + K'},$$

on évaluera la quantité de chaleur perdue par les vitres, lorsque la pièce chauffée est entièrement exposée à l'air extérieur

Verre $\begin{cases} \text{Valeur de C} = 0,80. \\ \text{Valeur de K} = 2,91. \end{cases}$

Si, passant de l'étude des verres destinés à la couverture des serres, des verres plats (1) coulés, à celle des verres soufflés, des bouteilles, on se trouve là en présence de faits importants à étudier sur lesquels on ne s'est pas livré jusqu'ici à des recherches bien suivies, et qui cependant ont un intérêt capital pour l'industrie du verre soufflé, pour la fabrication des tubes de manomètres, pour les tubes de niveau des chaudières, pour les plaques de verre employées, comme regards, dans les appareils à cuire les jus sucrés, etc.

Nous ne pouvons que grouper ici les chiffres des expériences faites par divers physiciens et autres savants, sans nous prononcer d'une façon absolue sur ce point très délicat de la résistance du verre à de fortes pressions et à des températures variables.

Il y a aussi une cause d'incertitude dans la façon dont les verres sont fixés dans les appareils d'expériences, s'ils sont plus ou moins serrés contre les parois. D'une façon générale il faut éviter ce serrage contre les parois métalliques ou résistantęs.

Résistance à la rupture. — 1° Les plus fortes pressions employées sont celles produites dans l'appareil de Cailletet (liquéfaction des gaz sous fortes pressions), à 50 kilogrammes de pression et à 180° de température.

2° Matras de Wurtz de 500 grammes de capacité et allant jusqu'à 25 kilogrammes de pression (pas de

(1) *Le Verre et le Cristal*, par J. Henrivaux, p. 274. — Un vol. in-8° avec atlas; Paris, Dunod.

rupture, quand les verres sont bien recuits et sans défaut).

3° Locomotives de tramways de Mulhouse fonctionnant à 12 kilogrammes et celles des tramways de Strasbourg fonctionnant à 15 kilogrammes. — Chaudières de tramways à vapeur (système Franck) à 17 kilogrammes.

Beaucoup de casse, par suite de mauvais montage ; on l'a évitée depuis.

4° Résistance à la rupture, valeur de f, d'après Chevandier et Wertheim :

Verre et cristal $f = 2^{kg},48.$

D'après M. Le Chatelier :

$f = 3$ kilogrammes par millimètre carré.

Résistance des bouteilles de Champagne bien faites et bon verre :

30 atmosphères.

Tubes en verre vert, pour analyses organiques, ayant 10 millimètres de diamètre et 1 millimètre et demi d'épaisseur :

Résistance de 100 atmosphères.

Formule de Maurice Lévy, employée également par M. Contamin, dans laquelle $p_0 =$ pression (faisant abstraction de la pression extérieure p_1) et $d_0 =$ diamètre moyen :

$$e = \frac{p_0 d_0}{2R}$$

$p_0 = 20$ kilogrammes par centimètre carré.
$d_0 = 0^{m},018.$

$$R = \frac{\text{charge de rupture}}{4} = \frac{3}{4} = 0^{kg},75 \text{ par millimètre}$$
carré.

On trouve

$e = 0^{m},0025.$

Voici d'autres données sur la résistance des tubes en verre ou en cristal aux pressions élevées des chaudières à vapeur, d'après M. Léon Appert :

1° Employer des tubes relativement *minces* dont l'épaisseur ne dépasse pas 2 millimètres à 2 millimètres et demi ;

2° Que leur diamètre correspondant soit de 16 millimètres à 22 millimètres au maximum, quelles que soient les dimensions de la chaudière ;

3° Que leur longueur ne dépasse pas 0^m,30, et que, dans le cas où les écarts de niveau à constater seraient plus considérables, on multiplie le nombre d'appareils indicateurs en les étageant ;

4° Que ces tubes soient *parfaitement recuits* et que,

vus dans la tranche, à la lumière polarisée (1), ils ne présentent aucun indice de trempe;

5° On devra employer de préférence à la confection de ces tubes des verres à bases multiples, au nombre desquelles sera l'*oxyde de plomb*.

COEFFICIENTS DE DILATATION CUBIQUE ENTRE 0° ET 1°, D'APRÈS RÉGNAULT.

E.	Cristal.	Verres.
50°	0,0000227	0,0000269
150°	0,0000230	0,0000283
250°	0,0000232	0,0000298
350°	0,0000234	0,0000313

Le coefficient de dilatation linéaire est le tiers de celui-ci.

COEFFICIENT D'ÉLASTICITÉ A LA TRACTION (WERTHEIM).

Fer	19 000
Cuivre	10 000
Verre	6 200

C'est-à-dire qu'une tige de 1 mètre de long et de 1^{mm},9 de section soumise à une traction de 1 kilogramme éprouve un allongement élastique de :

Fer	0^{mm},05
Cuivre	0^{mm},10
Verre	0^{mm},17

Grâce à la perfection des microscopes Nachet — en France — on dispose de méthodes d'investigations qui viennent compléter les moyens chimiques seuls employés jusque dans ces dernières années.

L'examen des matières à étudier se fait sur des lames minces d'une épaisseur de 3/100 de millimètre taillées dans la masse vitreuse qui les englobe; ces lames minces sont collées à l'aide de baume de Canada sur une lame de verre, et posées sur le porte-objet du microscope. Divers minéralogistes, anglais, allemands, ont employé ce procédé, qui depuis a été perfectionné par MM. Fouqué et Michel Lévy.

Pour déterminer la nature des cristaux, on emploie divers moyens qui se complètent les uns les autres. Ces appareils permettent l'examen dans la substance en lumière naturelle, puis en lumière polarisée entre deux nicols en spath d'Islande croisés, ces rayons de lumière étant parallèles.

Ce mode d'investigation très commode, très précis, peut et doit rendre de grands services et sera même utilement employé aussi pour l'étude du degré de trempe du verre, etc.

(1) Voir : *Examen des défauts du verre et des moyens de les reconnaître*, par MM. Appert et Henrivaux, et *Analyse microchimique*, par L. Bourgeois, extrait du deuxième supplément du dictionnaire Wurtz-Friedel.

Cette étude ne peut être abordée ici et doit faire l'objet d'un travail spécial.

Verres soufflés. — Pour les *tubes des thermomètres*, il y a des précautions à prendre à la graduation de ces petits appareils. On a observé que les points fixes des thermomètres sont sujets à des variations qu'on attribuait *uniquement à la contraction* de la boule du thermomètre.

M. Crafts a repris cette étude et a reconnu que *la variation du coefficient de dilatation du verre* présentait un inconvénient beaucoup plus grave que la contraction de la boule.

En effet, il est toujours facile de tenir compte du déplacement résultant de cette contraction, en déduisant de chaque observation de température le chiffre correspondant au déplacement du zéro. Il n'en est pas de même si le coefficient de dilatation varie, car, dans ce cas, l'intervalle entre deux points fixes varie également, mais non d'une façon régulière, et la graduation devient inexacte.

Des thermomètres chauffés à 355° ont eu leur coefficient de dilatation diminué, de sorte que, pendant que le zéro est monté de t°, le point 100 au lieu de se trouver à $100 + t$ est monté à $100 + t + t'$.

On voit ci-dessous les valeurs du coefficient moyen de dilatation K_o avant le chauffage et K_b après le chauffage :

De 0° à 100° K_o 0,00002788 0,00002788 0,00002781 0,00002779
K_b 0,00002743 0,00002740 0,00002740 0,00002739

De 0° à 210° K_o 0,00002979
K_b 0,00002914

On a remarqué que la variation du coefficient de dilatation est plus considérable et en même temps plus irrégulière dans les thermomètres dont le réservoir est constitué par une boule soufflée que dans ceux ou ce réservoir est formé d'un tube.

Ce fait paraît résulter des divers degrés de tension produits dans la boule pendant le soufflage.

On sait, en effet, que, sous l'influence d'un refroidissement brusque, il se produit dans la masse du verre un état de tension d'autant plus considérable que le refroidissement a été plus rapide. L'existence de cet état de tension est confirmée par les expériences de M. Dufour, qui a trouvé que la rupture des larmes bataviques est toujours accompagnée d'un dégagement de chaleur.

On a dû, en raison de la variation des points fixes, faire usage, dans les expériences exactes, de thermomètres à échelle limitée, c'est-à-dire ayant une échelle qui n'indique que les températures comprises entre deux points choisis comme limite.

D'un autre côté, on atténue les effets résultant de la contraction du réservoir et de la variation du coefficient de dilatation en portant les thermomètres vid de mercure à une haute température et en les y maintenant pendant cinq ou six jours, puis en les laissant refroidir très lentement.

Un essai fait dans ces conditions a donné des thermomètres dont le point zéro ne remonte plus que d'une quantité inférieure à 1° (1).

M. Salleron a remarqué que les thermomètres dont les indications sont le plus faussées sont ceux qui sont soumis pendant longtemps à des températures très élevées. Ainsi, des thermomètres bien construits, employés dans des fabriques d'encre d'imprimerie où ils restaient pendant plusieurs jours plongés dans des huiles à 270°, subissent dans leur échelle des variations de 8 et 10°.

Même à des températures inférieures à 100°, le verre subit de véritables transformations, dont un exemple remarquable est celui d'aréomètres immergés dans des osmogènes, au sein d'un liquide chauffé à 95°, de densité 1,014 et contenant par litre 115 grammes de sucre et 91 grammes de cendres composées de chlorure de potassium 20 pour 100, sels organiques de potasse 80 pour 100. Après quelques jours d'immersion dans ce liquide, les aréomètres sont complètement modifiés; certains perdent 0^{gr},5 à 0^{gr},6 de leur poids, accusant des erreurs en plus de 7° à 8° Baumé. Outre cette corrosion, les flotteurs sont déformés, deviennent ondulés et boursouflés; enfin, après un séjour un peu plus prolongé, ils se fendent et se brisent, accusant ainsi un violent travail intérieur.

La forme des fentes est généralement une sorte de spirale ou volute.

Il est donc prouvé *que, dans certains milieux, une température inférieure à* 100° *suffit pour faire subir au verre des modifications moléculaires importantes.* Cette constatation ajoute une grande valeur aux objections qui ont été élevées contre l'assimilation des aréomètres aux instruments, poids et mesures légaux, vérifiés et poinçonnés par le gouvernement (2).

Ayant été appelé à nous prononcer sur les causes d'un accident et sur la responsabilité incombant à un ou à des fournisseurs de bonbonnes en verre destinées au transport de produits chimiques (éther), nous avons été amené à examiner certaines particularités de la fabrication des bouteilles, notamment leur résistance, leur recuit. — Ces études et les conclusions qui en résultent, forment le complément de l'étude entreprise ici.

Les bouteilles-touries sont-elles aussi résistantes que possible, leur fabrication laisse-t-elle à désirer? peut-on tarifer leur qualité? Pour conclure, nous sommes obligé d'examiner les points suivants :

(1) J.-M. Crafts, *Sur les variations du coefficient de dilatation du verre.* (*Comptes rendus de l'Acad. des sciences.*)

(2) Salleron, *Quelques modifications subies par le verre.* (*Comptes rendus de l'Acad. des sciences.*)

1° Composition chimique du verre;

2° Recuit du verre;

3° Travail du verre, c'est-à-dire l'aspect physique qui peut influer sur la résistance de ce verre à la pression intérieure, aux manutentions extérieures, etc.

Avant d'examiner ces différentes données, je dois dire ici que les bonbonnes fournies par une verrerie doivent supporter le poids d'un liquide et son transport; quant aux conditions de pression qui pourraient venir s'ajouter, les verriers, ne les connaissant pas, ne prennent pas de mesure en conséquence, il n'y a pas lieu, nous semble-t-il, d'être plus exigeant pour ces bonbonnes que pour celles livrées au commerce d'une façon générale.

Composition chimique du verre. — L'analyse des fragments de touries dont on croyait avoir à se plaindre m'a donné la composition suivante :

	Verre de M. Richarme.	Verre d'un autre fabricant.
Silice	57,70	59,00
Chaux	19,30	21,00
Magnésie	traces	0,30
Soude.	5,98	4,50
Potasse.	2,85	2,85
Peroxyde de fer	1,00	1,00
Alumine	11,70	11,00
Oxyde de manganèse. .	0,55	0,50
Baryte	1,50	»
Acide sulfurique. . . .	»	»
	100,06	100,15

Sauf une de ces touries, qui nous a été montrée dans une usine de produits chimiques, tourie qui était parsemée de bulles, donnant au verre une épaisseur insuffisante, les autres touries ne présentaient rien d'anormal, si on les compare à d'autres bonbonnes de fabrications différentes.

Les verriers ayant livré ces touries (1) ont une fabrication très régulière; les produits sortant de leurs usines jouissent d'une bonne renommée. Les touries de cette espèce sont soufflées par des ouvriers spéciaux, habiles, payés à raison de 15 à 20 francs par jour, pour un travail effectif de 4 à 5 heures par journée de 24 heures. Ces touries sont livrées à de nombreuses usines de produits chimiques, dont quelques-unes, très importantes, nous sont connues, et qui n'ont pas sujet de formuler de plaintes.

Les inégalités d'épaisseur constatées sur ces touries ou bonbonnes sont, à notre avis, la conséquence forcée du mode de fabrication, c'est-à-dire le soufflage humain; nul fabricant ne peut garantir une épaisseur égale à des flacons de dimensions aussi considérables.

Les touries n'ont pas été soumises aux expériences auxquelles on a dû recourir pour se faire une opinion

(1) MM. Richarme.

sur le pouvoir de résistance des bouteilles devant contenir le vin de Champagne, par exemple (1).

La résistance des touries à la pression interne est infiniment moindre que celle des bouteilles, à cause de leur volume, de leur faible épaisseur, de leur inégalité d'épaisseur et par là même de recuit.

D'après Maumené (2), « les bouteilles à champagne arrivant de la verrerie sont très souvent capables de résister à la pression de 30 atmosphères pendant les deux ou trois minutes que dure un essai, et l'expérience prouve qu'une bouteille dans laquelle le gaz acide carbonique parvient à développer 8 atmosphères pendant quelque temps est une bouteille perdue. »

Depuis la date de cette opinion émise par Maumené (1858), la fabrication des bouteilles a fait des progrès. D'après les essais auxquels MM. Pol Roger et compagnie, d'Épernay, soumettent les bouteilles, ces messieurs sont amenés à éliminer les bouteilles qui ne résistent pas à la pression intérieure instantanée de 17 atmosphères.

Élasticité du verre. — Le verre est élastique, et l'élasticité des corps est mesurée par le déplacement que leurs molécules peuvent subir les unes par rapport aux autres, sans que ce déplacement atteigne la longueur de l'un de leurs côtés. Il est alors facile de démontrer que les bouteilles subissent, comme tous les

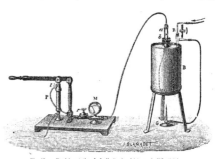

Fig. 67. — Indicateur de la limite d'élasticité du verre (pour une bouteille).

Fig. 68. — Expérimentation de la limite de résistance de l'élasticité d'une bouteille.

corps élastiques, sous l'influence de la pression, des changements de capacité qui peuvent devenir permanents.

Le verre étant élastique, un vase, une bouteille, supportant une pression intérieure, doivent se gonfler sous cette pression, et il en résulte un accroissement de capacité qui croît proportionnellement à la pression et disparaît quand la pression cesse.

Si, sous une certaine pression, les limites de l'élasticité du verre sont dépassées, la bouteille doit conserver une partie du gonflement éprouvé et ne doit pas reprendre sa capacité primitive. Voici comment M. Salleron l'a démontré : au col d'une bouteille on ajoute un tube a b (fig. 67) de faible diamètre, divisé en centièmes de centimètres cubes et constituant un prolongement très étroit du col de la bouteille. Ce tube permettra de mesurer exactement, par la diminution de

volume du liquide dont la bouteille et l'ensemble de l'appareil est rempli, les changements de capacité qui peuvent se produire dans la bouteille. La partie supérieure a du tube gradué est mise en communication à l'aide d'un tube de raccord t avec une petite pompe foulante P (fig. 68) qui comprime de l'air au-dessus de l'eau qui remplit la bouteille. Un manomètre M mesure à chaque instant la pression à laquelle la bouteille est soumise. Enfin, la bouteille est immergée au sein d'un bain-marie B qui la maintient à une température déterminée. Un thermo-régulateur R règle la chaleur dégagée par le bec de gaz G, afin que la température reste fixe et constante.

Une bouteille du poids de 985 grammes et d'une capacité de 825 centimètres cubes, maintenue dans le bain-marie à une température de 10° et soumise graduellement à 10 atmosphères de pression, a augmenté de capacité de $0^{cm3},600$.

On a porté la pression à 13 atmosphères : l'augmentation de capacité est passée de $0^{cm3},600$ à $0^{cm3},800$.

A 14 atmosphères, l'augmentation a été jusqu'à $0^{cm3},900$.

(1) *Étude sur le vin mousseux*, etc., par J. Salleron ; Paris, 24, rue Pavée-au-Marais, Nous recommandons cet ouvrage aux fabricants de vins de Champagne, etc.

(2) Voir l'ouvrage de M. Maumené sur *le Travail et la Fabrication des vins mousseux* ; Paris, G. Masson.

Donc cette bouteille a subi dans sa constitution une modification profonde qui doit nécessairement diminuer sa résistance. Quand, à un moment donné, les molécules sont parvenues à la limite de l'écartement qui correspond à la largeur de l'un de leurs côtés, ou l'ont plus ou moins dépassé, le verre se rompt dans certaines régions internes; si l'effort persiste, les lésions s'agrandissent, se propagent jusqu'à ce que le verre se détache en morceaux; en examinant à la loupe la tranche des fragments de verres cassés, très souvent on voit des « esquilles », des fissures, produites par ce changement d'état permanent du verre.

Influence de la température. — Toutes les actions extérieures qui déplaceront les molécules d'un corps, d'un fragment de verre, diminueront la distance dont ces molécules pourront se mouvoir et affaibliront sa résistance. Les changements de température agiront de cette façon.

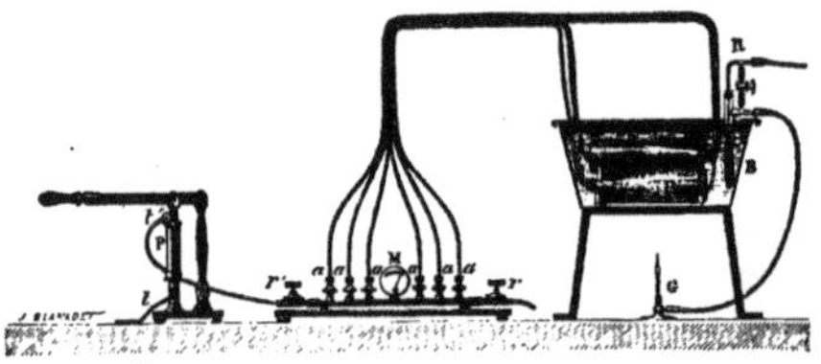

J'ai vu des résultats d'expériences faites sur des bouteilles de qualité supérieure prouvant que des bouteilles peuvent supporter une certaine pression à la température de 25°; ces mêmes bouteilles se brisent le plus souvent sous la même pression, si cette température est légèrement dépassée.

D'où il résulte que les bouteilles résistent d'autant moins à une pression donnée que la température du verre s'élève davantage.

Les bouteilles qui ont été *forcées* par un effort trop considérable et qui, par suite, ont changé de volume, ont perdu de leur solidité et se rompent sous un effort plus faible.

M. Salleron a constaté l'augmentation de la fragilité des bouteilles par la chaleur, c'est-à-dire au fur et à mesure que la pression du vin de Champagne augmente. L'expérience a été disposée comme l'indique la figure 69 : les bouteilles B couchées dans le bain-marie B chauffé par la lampe G. La pression a été donnée progressivement et continuellement pendant plusieurs jours et plusieurs nuits; elle a été de 10 atmosphères et de 25°; les bouteilles ont résisté. La casse a commencé à 28° (sur des expériences répétées un grand nombre de fois), elle s'est accentuée à 30°; à 35°, la casse est devenue énorme et la rupture s'est faite avec explosion, disloquant l'appareil.

Influence de l'épaisseur du verre. — Le verre s'allonge d'autant moins sous la traction qu'il est étiré en tringles d'un plus gros diamètre. Une dalle de verre supporte,

sans se rompre, des charges d'autant plus lourdes qu'elle est plus épaisse. Dès lors, les bouteilles épaisses devraient se gonfler moins que les minces et mieux résister à la pression. J'ai vu bien souvent le contraire, et la résistance absolue des bouteilles ne paraît présenter aucun rapport avec leur poids.

Influence de l'inégale épaisseur du verre. — Si l'on comprime une bouteille d'épaisseur inégale, les molécules éprouvent dans les parties dissymétriques des tractions variables qui se traduisent par une résistance totale moindre; cette bouteille se trouve donc dans des conditions analogues à une bouteille mal recuite.

Influence des changements brusques de température. — Le verre est mauvais conducteur de la chaleur. Supposons une bouteille remplie de liquide et couchée dans un cellier mal clos, subissant d'assez brusques variations de température : le verre s'échauffera lentement, progressivement, couche par couche; ce n'est donc qu'après un certain temps que le verre et le liquide auront pris une température égale. Il arrivera un moment où la surface extérieure de la bouteille sera chaude quand les parois intérieures seront froides; de plus, le dessus de la bouteille peut être plus chaud que le dessous; cette bouteille se trouvera alors dans l'état du verre mal recuit, état que nous avons examiné plus haut. Les molécules des couches extérieures ou supérieures seront plus écartées que celles des couches intérieures ou inférieures; elles supporteront une traction énergique qui diminuera d'autant la résistance que la bouteille devrait offrir à la pression, et cette traction sera d'autant plus forte que l'épaisseur du verre sera plus grande.

Influence des vibrations subies par le verre. — Savart a démontré que de légers déplacements moléculaires fréquemment exécutés dans le verre peuvent occasionner sa rupture complète ou au moins altérer son élasticité.

Le moindre choc suffit pour faire sonner un verre, une bouteille; et les verriers, dans leur fabrication, évitent les actions mécaniques qui pourraient faire vibrer le verre et détruire ainsi sa cohésion.

On a constaté que le « décultage » des bouteilles est dû au choc brusque que le verrier, lors du dernier redressement de la bouteille, lui fait subir sur le « marbre » quand elle est encore soudée à l'extrémité de la cane; aujourd'hui ce défaut est évité.

Fig. 69. — Expérience permettant de constater l'influence de la température en même temps que l'influence de la pression prolongée sur la résistance du verre.

Dans les caves de champagne, quand on relève les tas de bouteilles, après l'achèvement de la fermentation du vin, on constate des « trous » fournis par l'anéantissement de plusieurs bouteilles contiguës dans les tas. Cet accident est dû à la transmission des vibrations du verre. Une bouteille, en se brisant, entraîne la rupture de bouteilles voisines.

Influence de la composition chimique du verre. — La composition chimique d'un verre exerce la plus grande influence sur la solidité des bouteilles. Cependant rien n'est variable comme la composition chimique du verre à bouteilles ; ces produits sont généralement peu rémunérateurs, et le verrier doit se préoccuper, dans l'intérêt de son prix de revient, d'employer les matières premières qui sont à sa portée. Le verre à bouteilles constitue un silicate à bases multiples, ce qui est un avantage pour la fusion, mais non pour la résistance.

Ce verre ne doit pas être non plus alcalin, car il serait très altérable et présenterait de sérieux inconvénients pour la conservation du vin ou d'autres liquides qu'il doit contenir. Il faudrait, pour ainsi dire, avoir un verre de composition spéciale pour chaque liquide à conserver.

L'examen des débris de bouteilles cassées sous l'action d'une pression intérieure peut donner des indications très utiles sur leur valeur.

Une bonne bouteille, bien construite, bien recuite, bien égale d'épaisseur, etc., devrait se rompre suivant toutes ses arêtes en même temps; les lignes de sépara-

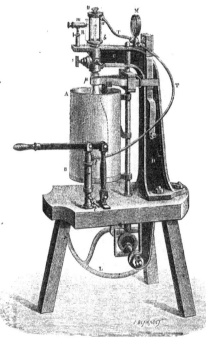

Fig. 70. — Élasticimètre de M. J. Salleron.

tion des morceaux produits par la rupture doivent toutes représenter des génératrices verticales partant du col de la bouteille et aboutissant au fond. Les fragments devraient représenter des secteurs verticaux de largeur égale et leur nombre serait d'autant plus grand que la résistance des parois serait plus régulière.

Un défaut de recuit produit généralement la rupture des parties les plus épaisses. Des morceaux irréguliers dénotent une répartition inégale du verre, ce qu'il est facile de constater.

Une rupture régulière, normale, en faisceaux, si elle se produit sous une faible pression, peut être attribuée à un manque de ténacité du verre lui-même, c'est-à-dire à un défaut de composition chimique.

Essai préalable des bouteilles. — M. J. Salleron a imaginé et a construit un appareil (l'élasticimètre) qui, convenablement agencé, facilite la solution du problème de l'essai préalable des bouteilles, et je ne puis trop le recommander (fig. 70).

L'examen de ces différentes compositions de verres démontre que l'on peut obtenir des verres résistants, reconnus de qualité supérieure, quoique présentant des variations assez notables.

La composition du verre incriminé présente un excès d'alumine, si on la compare aux autres verres indiqués au tableau ci-contre.

Cet excès d'alumine ne présente, à mon avis, aucun inconvénient, il résulte de l'emploi de fragments de roches qui entrent dans la composition des matières vitrifiables. La température de fusion de ces matières est un peu plus élevée que celle devant amener la fusion des matières moins alumineuses.

La quantité d'alcalis (soude et potasse) est légèrement supérieure, ce qui compense la moins grande fusibilité de ces matières premières.

Analyses de verres à bouteilles.

| | VERRES DE VAUXROT. | | | | (Champreuix.) | (Champreuix.) | POLERERAT.. | FOURNIER. | M. RICHARME. | VERRE d'un autre FABRICANT. |
									Rive-de-Gier.	Rive-de-Gier.
Silice............	58,50	59,70	61,10	57,30	56,90	64,28	63,90	62,30	57,90	59,00
Chaux............	23,50	21,40	20,30	23,50	28,35	21,89	20,17	21,30	19,30	21,00
Magnésie.........	6,95	8,00	8,50	5,45	5,50	6,04	3,90	traces	traces	0,38
Soude............	5,40	6,10	3,98	5,65	5,81	6,73	6,96	6,90	5,98	4,50
Potasse..........	traces	traces	1,64			»	0,47	0,50	9,95	9,95
Peroxyde de fer...	2,07	2,21	1,70	1,78	1,93	1,88	1,64	2,17	1,00	1,00
Alumine..........	3,33	3,39	3,90	3,52	4,67	1,96	3,58	2,93 .	11,70	11,00
Oxyde de manganèse	traces	traces	traces	»	»	»	»	traces	0,55	0,50
Baryte...........	»	»	1,32	1,70	9,19	»	»	traces	1,50	»
Acide sulfurique..	»	»	»	1,10	0,85	»	0,45	»	»	»
	99,85	99,80	99,74	100,00	100,70	100,03	99,50	100,90	100,08	100,15

L'essai de fusibilité de ce verre, comparé à d'autres verres pris sur des touries de diverses fabrications, m'a prouvé que ce verre de M. Richarme est un peu plus résistant à la chaleur.

La cuisson est bonne.

La teinte, un peu plus foncée, provient de la forte proportion d'alumine qui, ramenant au minimum d'oxydation les sels de fer, augmente le pouvoir colorant.

Rien dans cette composition ne peut permettre de conclure à la moindre résistance de ce verre à la pression.

Les bulles provenant du soufflage ne sont pas plus nombreuses que dans d'autres verres de touries semblables comme forme et comme capacité.

Si nous avons examiné les différentes causes d'altérabilité du verre, ou les motifs qui peuvent amener une diminution de sa résistance, c'est-à-dire, par conséquent, augmenter sa fragilité, c'est afin de démontrer combien il est difficile de se prononcer avec certitude sur la cause de rupture d'un verre de forme déterminée. On ne peut guère raisonner et conclure que par comparaison.

Conclusions. — De tout ce qui précède il me paraît impossible de conclure à la défectuosité de certaines touries-bonbonnes comme défaut de fabrication, comme composition du verre, etc.

La fabrication de ces bonbonnes peuvent présenter, il est vrai, certaines irrégularités signalées plus haut; ces irrégularités sont inhérentes aux fabrications identiques.

Il est à désirer que certains produits chimiques, l'éther, par exemple, l'ammoniaque et d'autres produits volatils, soient expédiés dans des flacons de moindre capacité, de *formes différentes*, présentant avec les avantages du verre (le faible poids mort, la transparence), qui sont considérables, plus de résistance aux différentes causes de rupture et notamment aux manutentions multiples et brutales.

Pour les touries employées au transport des produits chimiques et autres liquides, il nous semble indispensable d'avoir recours, comme moyen de fabrication, au *soufflage à l'air comprimé* (1). Les produits obtenus à l'aide de ces procédés sont d'une régularité d'épaisseur presque parfaite et, par conséquent, leur résistance est bien supérieure; ce mode de soufflage s'impose absolument.

JULES HENRIVAUX.

PSYCHOLOGIE

Les Hallucinations télépathiques (2).

Voici un livre de science qui ne rentre pas dans les cadres classiques. Tout y est nouveau, le but et la méthode. C'est donc une tentative extrêmement hardie, qui mérite la profonde attention du public.

(1) *La Verrerie à l'Exposition de 1889*, par J. Henrivaux, p. 29 et 30; plaquette in-4°, avec planches et figures; 1889. — Voir aussi *Revue des arts décoratifs*, décembre 1889.
De l'emploi de l'air comprimé pour le soufflage et le travail du verre, par Léon Appert; broch. in-8°, Steinheil.
(2) Cette notice est la préface d'un livre qui paraîtra prochainement à la librairie Félix Alcan : *les Hallucinations télépathiques*. — Un vol. in-8° de la *Bibliothèque philosophique contemporaine*. — C'est la réduction d'un ouvrage anglais considérable, en 2 gros vol. in-8° : *Phantasms of the Living*, par MM. Gurney, Myers, Podmore, chez Trübner; Londres, 1888.

Pour ma part, je crois cette hardiesse absolument légitime, et je vais essayer de la justifier.

Certes, nous avons le droit d'être fiers de notre science de 1890. En comparant ce que nous savons aujourd'hui à ce que savaient nos ancêtres de 1490, nous admirerons la marche conquérante que l'homme a faite en quatre siècles. Quatre siècles ont suffi pour créer des sciences qui n'existaient pas, même de nom, depuis l'astronomie et la mécanique jusqu'à la chimie et la physiologie. Mais qu'est-ce que quatre siècles, au prix de l'avenir qui s'ouvre à l'homme? Est-il permis de supposer que nous ayons, en si peu de temps, épuisé tout ce que nous pouvons apprendre? Est-ce que, dans quatre siècles, en 2290, nos arrière-petits-neveux ne seront pas stupéfaits de notre ignorance d'aujourd'hui? et plus stupéfaits encore de notre présomption à nier sans examen ce que nous ne comprenons pas?

Oui! notre science est trop jeune pour avoir le droit d'être absolue dans les négations : il est absurde de dire : « Nous n'irons pas plus loin. Voici des faits que l'homme n'expliquera jamais. Voici des phénomènes qui sont absurdes et qu'il ne faut pas même chercher à comprendre, car ils dépassent les bornes de notre connaissance. » Parler ainsi, c'est se limiter au petit nombre des lois déjà établies et des faits déjà connus; c'est se condamner à l'inaction, c'est nier le progrès, c'est se refuser d'avance à une de ces découvertes fondamentales, qui, ouvrant une voie inconnue, créent un monde nouveau; c'est faire succéder la routine au progrès.

En Asie, un très grand peuple est resté stationnaire depuis trente siècles pour avoir raisonné ainsi. Il y a en Chine des mandarins, très doctes et très érudits, qui passent des examens prodigieusement difficiles et compliqués, où ils doivent faire preuve d'une connaissance approfondie des vérités enseignées par Confucius et ses disciples. Mais ils ne songent pas à aller au delà ou en avant. Ils ne sortent pas de Confucius. C'est leur horizon tout entier, et ils sont à ce point abêtis qu'ils ne comprennent pas qu'il en existe d'autres.

Eh bien, dans nos civilisations, plus amies du progrès, il règne une sorte d'esprit analogue; nous sommes tous, plus ou moins, semblables aux mandarins; nous voudrions enfermer dans nos livres classiques le cycle de nos connaissances, avec défense d'en sortir. On révère la science, on lui rend, non sans raison, les plus grands honneurs; mais on ne lui permet guère de s'écarter de la voie battue, de l'ornière tracée par les maîtres, de sorte qu'une vérité nouvelle court grand risque d'être traitée d'anti-scientifique.

Et cependant il y a des vérités nouvelles, et, quelque étranges qu'elles paraissent elles-mêmes, elles seront un jour scientifiquement démontrées. Cela n'est pas douteux. Il est mille fois certain que nous passons, sans le voir, à côté de phénomènes qui sont éclatants et que nous ne savons ni observer ni provoquer. Les hallucinations véridiques, qui sont le principal objet de ce livre, rentrent probablement dans ces phénomènes; difficiles à voir, parce que notre attention ne s'y est pas suffisamment portée, et difficiles à

admettre, parce que nous avons peur de ce qui est nouveau, parce que la néophobie gouverne les civilisations anciennes et brillantes; parce que nous ne voulons pas être dérangés dans notre paresseuse quiétude par une révolution scientifique qui troublerait les idées banales et les données officielles.

Donc, dans l'étude des hallucinations véridiques, MM. Gurney, Myers et Podmore — et une part prépondérante doit peut-être faite à M. Ed. Gurney, dont la mort prématurée a été une perte irréparable (1) — ont cherché à concilier ce qui est en apparence inconciliable; d'une part, une précision rigoureuse dans la démonstration, d'autre part, une audace extraordinaire dans l'hypothèse. C'est pourquoi l'ouvrage est vraiment scientifique, si extraordinaire que puisse paraître la conclusion aux yeux de ceux qui s'attribuent le monopole de l'esprit scientifique.

Supposons qu'il s'agisse de démontrer qu'il est certaines hallucinations, lesquelles, au lieu d'être dues au hasard de l'imagination, présentent un rapport étroit avec un fait réel, éloigné, impossible à connaître par le secours de nos sens moraux (2) : comment pourrait-on procéder à cette démonstration? Je ne vois guère que trois moyens : 1° le raisonnement, 2° l'observation, 3° l'expérience.

Eh bien, prenons ces trois moyens successivement, et voyons ce qu'ils valent les uns et les autres.

Le raisonnement est insuffisant; cela est clair. Jamais par A + B, on ne pourra prouver qu'il y a de par le monde des revenants ou des fantômes. A vrai dire, on sera tout aussi mal fondé à prouver par le raisonnement la négative. Raisonnements, déductions, syllogismes, paralogismes, calcul des probabilités ou calcul intégral, tout cet appareil sera inefficace à prouver qu'il y a des revenants ou qu'il n'y en a pas. C'est du verbiage, et il faut passer à une autre preuve.

L'observation est une ressource précieuse; mais cette observation a un caractère empirique, fortuit, qui ne permet pas une démonstration absolument irréfutable. Toutefois, à force de patience et de persévérance, certains cas bien complets, bien démonstratifs, qu'on lira plus loin, ont été recueillis, qui constituent des faits positifs. L'interprétation en est évidemment très délicate; mais, à mon sens, il n'est pas permis d'invoquer la mauvaise foi des observateurs ou la possibilité d'une coïncidence fortuite.

Alors la conclusion s'impose. Il y a une relation entre

(1) M. Ed. Gurney était un psychologue aussi érudit qu'ingénieux. Il a fait un travail remarquable de psychologie physiologique : *The power of sounds*. Ses recherches sur l'hypnotisme témoignent d'une perspicacité pénétrante et rare, et je ne crois pas être désagréable à ses deux collaborateurs en disant que la part qu'il a prise au plan comme à l'exécution des *Phantasms of the Living* a été considérable.

(2) Pour prendre un exemple précis, A, étant dans l'Inde, voit, le 12 janvier, à huit heures du soir, l'ombre, le fantôme de son frère B, qui est en Angleterre et qu'il a tout lieu de savoir bien portant, et ne courant aucun danger. Or B est précisément mort d'accident, le 12 janvier, quelques heures auparavant, ce qu'A ne peut pas savoir. Donc l'hallucination de A est véridique, en rapport avec la mort de B qui est réelle.

l'hallucination de A et la mort de B : relation qui nous échappe absolument et que nous devons nous borner à constater. Faisons donc cette constatation : faisons-la franchement, résolument, et concluons qu'il y a un lien entre les deux phénomènes.

A vrai dire, cette observation est une donnée empirique. Elle ne se reproduit pas comme nous le désirons. C'est un fait, ce n'est pas une loi, c'est un phénomène entrevu, ce n'est pas un phénomène étudié. C'est à peu près ainsi qu'avant Franklin et Galvani, on connaissait l'électricité! On savait que les maisons, les meules, les hommes sont frappés par la foudre du ciel; mais on se bornait à constater les effets destructifs de l'éclair. On ne connaissait ni les conditions de l'étincelle électrique, ni les causes qui la faisaient naître En un mot, c'était un grossier empirisme; car les sciences d'observation ne peuvent guère dépasser l'empirisme.

Toutefois, plusieurs observations rapportées dans ce livre sont si bien prises, si complètes, qu'il est difficile de ne pas se sentir ébranlé par de pareilles preuves.

Si l'on me permettait de citer mon propre exemple, je pourrais parler des impressions successives par lesquelles j'ai passé en lisant certains des récits exposés dans les *Phantasms of the Living*. Je n'ai pas abordé cette lecture sans une incrédulité railleuse; mais peu à peu, comme je n'avais aucun fétichisme pour la science dite officielle, j'ai fini par acquérir la conviction que la plupart de ces récits étaient sincères; que les précautions multiples, nécessaires pour assurer par des témoignages exacts l'authenticité du fait, avaient été prises, et que, si extraordinaire que fût la conclusion, on ne pouvait se refuser à l'admettre.

Mais — c'est là le défaut des sciences qui reposent sur l'empirisme et non sur l'expérience — la conviction que donnent de pareils récits est fragile. Quand il s'agit d'un fait qui peut être à chaque minute vérifié, comme la composition centésimale de l'eau en hydrogène et en oxygène, il n'y a pas de place pour le doute ni l'hésitation. La composition de l'eau est un fait d'une certitude absolue, tandis que l'authenticité et la bonne observation d'une hallucination sont d'une certitude relative et imparfaite.

Peu importe cependant : car, à moins de refuser toute valeur au témoignage humain, ces histoires sont vraies et exactes. Le long et patient travail de MM. Gurney, Myers et Podmore a consisté précisément dans la collection de témoignages, la vérification des faits allégués, la constatation des dates, des heures et des lieux, par des documents officiels. On devine quelle immense correspondance cette précision a exigé. Pourtant il ne faut pas regretter tant d'efforts, car le résultat a été excellent. Des faits bien exacts, indiscutables, ont été rapportés. En un mot, autant que la preuve pouvait être faite par des témoignages, cette preuve a été faite; et, si la certitude n'est pas plus grande, c'est qu'elle ne pouvait l'être davantage, à cause de la méthode même qui n'est pas capable d'une aussi grande perfection, d'une précision aussi irréprochable que l'expérimentation.

Voyons alors ce que donne en pareille matière l'expérimentation. Eh bien, je ne crains pas de l'avouer, c'est assez

peu de chose. Malgré tous nos efforts, nous n'avons pu, ni les uns ni les autres, démontrer rigoureusement qu'il y a suggestion mentale, transmission de la pensée, lucidité, sommeil à distance. La démonstration adéquate nous échappe ; car, si nous l'avions, elle serait si éclatante qu'elle ne laisserait pas un incrédule. Hélas! les démonstrations expérimentales sont assez faibles pour qu'il soit bien permis d'être incrédule. Certes, par-ci par-là on a rencontré de très beaux résultats, que pour ma part je regarde comme très probants, sans prétendre qu'ils sont définitifs. Les alchimistes parlaient avec envie de la dernière expérience, *experimentum crucis*, qu'ils méditaient comme couronnement de leurs efforts. Eh bien, cet *experimentum crucis*, personne n'a pu encore le produire. Il y a eu de remarquables expériences, des tentatives qui ont *presque* réussi, mais qui, malgré leur succès, ont toujours laissé une certaine place au scepticisme et à l'incrédulité, comme un *caput mortuum*, suivant l'expression des alchimistes, qui permet le doute et empêche l'entraînement absolu de la conviction.

En parlant ainsi, je ne veux pas à coup sûr déprécier les résultats qui ont été obtenus, résultats très importants, et qui entraîneraient l'absolue conviction de tous, si nous étions les maîtres de les produire de nouveau à notre gré, et de les recommencer aussi souvent qu'il nous plairait avec la certitude de réussir comme précédemment et suivant les mêmes errements. Ce qui rend les démonstrations expérimentales fragiles, ce n'est pas qu'elles soient mauvaises — il y en a d'excellentes qu'on trouvera dans le cours de ce livre — c'est qu'elles ne sont pas répétables, ce qui se comprend, si l'on songe à l'infinie variété des intelligences humaines qui se modifient elles-mêmes à chaque seconde, suivant des lois mystérieuses qui nous sont absolument fermées.

Assurément, c'est grand dommage, car la démonstration expérimentale, quand elle sera donnée — et je ne doute pas qu'elle le soit bientôt — a cet avantage de ne plus laisser le moindre refuge à l'hésitation. Le jour où on aura fourni une preuve expérimentale de la télépathie, la télépathie ne sera plus discutée, et elle sera admise comme un phénomène naturel, aussi évident que la rotation de la terre autour de son axe ou que la contagion de la tuberculose. Que l'on pense un peu à ce qui s'est passé pour le magnétisme animal et l'hypnotisme. Personne ne voulait l'admettre : c'était comme une fable, une légende ridicule. Il y a quelque dix-huit ans, quand je m'en suis occupé (avec une grande ardeur), j'étais presque forcé de me cacher, pour ne pas exciter raillerie, dédain ou pitié. On me disait que c'était me perdre, tomber dans le domaine des charlatans ou des songe-creux. Eh bien, est-ce que dans ce court espace de temps, de 1873 à 1890, les idées sur l'hypnotisme n'ont pas subi une étrange transformation ?

Omnia jam fient fieri quæ posse negabam.

Je m'imagine que pour la télépathie nous assisterons à une transformation pareille, et que notre audace d'aujourd'hui paraîtra dans quelques années une banalité tant soit peu enfantine.

C'est qu'en effet jusque à présent bien peu d'expérimentateurs ont abordé scientifiquement la télépathie. Soit paresse d'esprit, soit néophobie, soit scepticisme, ce grand problème a été à peu près laissé à l'écart. Que l'on compare le petit nombre de ceux qui l'ont étudié au nombre immense de chercheurs qui ont par exemple étudié la composition de la pyridine et de ses dérivés. Certes, l'histoire de la pyridine est bien intéressante, et on a fait sur ce point limité de la chimie de bien importantes découvertes, mais peut-être en somme la connaissance approfondie de cette substance est-elle moins grave pour la destinée humaine que l'analyse des plus secrètes fonctions de l'âme humaine ; les liaisons des atomes de carbone entre eux sont une fort belle étude ; mais il ne faut pas dédaigner une série d'expériences qui nous ouvriront peut être — pour la première fois — une nouvelle faculté, tout à fait inconnue, de l'intelligence, un de ces problèmes de l'*au-delà*, sur lesquels depuis vingt siècles se sont exercés sans succès les plus grands génies de l'humanité. Eh bien, on trouverait sans peine cinq cents chimistes qui ont écrit des mémoires sur la pyridine et ses dérivés, mémoires excellents et ingénieux, fondés sur de difficiles et laborieuses investigations ; mais on ne trouverait pas vingt psychologues ayant analysé avec méthode la télépathie, ses causes, ses conditions, les procédés à suivre pour la démontrer. Peut-être même ce chiffre de vingt est-il encore beaucoup trop fort. Non, ce n'est pas vingt expérimentateurs, c'est bien cinq ou six qu'il faudrait dire. Or, quoiqu'ils soient très peu nombreux, ils ont obtenu des résultats formels, très importants. Quelle ample moisson de faits nouveaux s'ils avaient pu trouver des aides ou des imitateurs ! On trouverait, je suppose, mille heures de travail dépensées à l'étude de la pyridine contre une heure de travail à l'étude de la télépathie.

Mais revenons à l'ouvrage que nous présentons au public français. Nous ignorons l'accueil qui lui sera fait. L'esprit français est positif et sceptique, et peut-être l'idée que les revenants et les fantômes ont quelque réalité fera sourire plus d'un de nos compatriotes. Mais ces sourires ne nous touchent peu, si nous pouvons susciter quelque travailleur à nous aider dans notre entreprise. Les faits d'hallucinations véridiques ont été surtout recueillis en Angleterre et en Amérique. Il n'est pas douteux qu'on en trouvera beaucoup en France. Nous voulons étendre le champ de nos investigations, et c'est pour cela que nous faisons appel au concours de toutes les bonnes volontés.

Nous demandons des observations : nous demandons des expériences. Pour les observations, on voit comment elles doivent être prises ; des récits de première main sont indispensables. Il faut que celui qui a eu une hallucination la raconte lui-même avec tous les détails, et toutes les circonstances, même les plus futiles en apparence, qui ont accompagné le phénomène. L'observation doit être impartiale, et même écrite avec scepticisme plutôt qu'avec crédulité. Le narrateur ne doit pas exprimer son opinion ; il doit raconter ce qu'il a vu, et accumuler les preuves et documents qui corroborent son récit.

Quant aux expériences, elles sont plus difficiles à faire que les observations ne sont difficiles à prendre ; il faut du temps ; il faut surtout une patience qui ne connaît ni la lassitude ni le découragement, malgré des obstacles toujours renaissants ; il faut aussi l'application permanente d'une méthode expérimentale rigoureuse. Mais, quelque difficiles que soient ces multiples conditions, elles ne sont pas impossibles à rencontrer. Parmi les nombreux sujets hypnotiques qui existent actuellement en France, il en est beaucoup qui seraient susceptibles d'une sorte d'éducation, de *dressage*, dans le sens des facultés dites surnaturelles. Qu'on les étudie, qu'on les exerce à ce point de vue. Par exemple, qu'on mette à profit ce qui a excité (assez vainement d'ailleurs) la sagacité (?) des magnétiseurs du milieu de ce siècle, c'est-à-dire l'étrange faculté de connaître les maladies, si tant est que cette faculté existe : ou encore qu'on essaye de reproduire le sommeil à distance, ce qui semble bien être un fait réel, quoique extrêmement rare.

Vraiment il est temps de prendre souci de ces nobles problèmes ; et pourtant nous craignons fort qu'on n'accueille cet ouvrage avec indifférence. Nous ne redoutons pas les critiques. Pour peu qu'elles soient loyales et sincères, nous les recevrons avec grande reconnaissance. Non, ce qui nous effrayerait, ce serait de voir le silence se faire devant un tel travail. La masse du public ne se laisse toucher que par des considérations pratiques. Elle est disposée à s'intéresser à une invention mécanique nouvelle, à une réforme de l'hygiène. Rien n'est plus juste assurément ; mais pourquoi ne pas regarder comme extrêmement important ce qui peut jeter une lumière éclatante sur l'intelligence humaine, ce mystère des mystères? Certes, nous ne voyons pas l'application pratique immédiate des recherches de cet ordre, mais en quoi en sont-elles moins intéressantes ?

C'est la première fois qu'on ose étudier *scientifiquement* le lendemain de la mort. Qui donc osera dire, sans avoir jeté les yeux sur cet ouvrage, que c'est une folie?

Nous espérons que tous les lecteurs de ce livre comprendront qu'il s'agit d'une grande chose. C'est le premier pas fait dans une voie absolument nouvelle. De là la nécessité de l'indulgence. L'ouvrage n'est pas parfait, il y a des lacunes ; il appartient au public d'y suppléer par des conseils, des observations, des expériences, de nous aider, de devenir notre collaborateur éclairé et assidu. Sans lui, nous ne pouvons rien. Avec lui, au contraire, nous pouvons — c'est du moins notre ferme espoir — créer les fondements d'une science métaphysique positive, qui, au lieu de s'appuyer sur de vagues et nuageuses dissertations, s'appuie sur des faits, des phénomènes et des expériences.

CH. RICHET.

ZOOLOGIE

Les vols de lépidoptères et leur signification.

Un récent numéro du *Natuurkundig Tijdschrift* des Indes Néerlandaises renferme un travail fort intéressant de M. M.-C. Piepers, de Batavia, intitulé : *Observations sur des vols de Lépidoptères aux Indes orientales néerlandaises, et considérations sur la nature probable de ce phénomène.* Réunissant ses propres observations à celles de différentes personnes qui ont été témoins de faits identiques, M. Piepers arrive à recueillir un total de 30, dont 23 ont été relevées de 1880 à 1889. Chacune de ces observations comprend les cinq éléments essentiels que voici : date, localité, espèce, direction du vent, direction du vol. Nous n'entrerons point ici dans l'énumération des faits, dans la description de ces vols ou migrations de papillons : il nous suffira de résumer les conclusions et interprétations de l'auteur.

D'une façon générale, les vols dont il s'agit, observés à Java, Sumatra, Célèbes, comprenaient parfois différentes espèces du genre *Euplœa*, mais le plus souvent ils étaient composés de *Catopsilia (Callidryas) crocale* des deux sexes (20 cas sur 30). Mais même dans les cas où cette dernière espèce constituait la totalité du vol, il n'était point rare de voir quelques individus d'espèce très différente suivre celui-ci, par pur esprit d'imitation, semble-t-il. Les migrations se font toutes de novembre à février, c'est-à-dire au début de la mousson d'ouest et de la saison des pluies, au début du réveil vital qui suit la fin de la mousson d'est, la saison des sécheresses. Les vols de Lépidoptères de Ceylan s'opèrent aussi à cette époque, soit dit en passant.

M. Piepers se demande si les vols dont il s'agit ne sont point des phénomènes annuels, réguliers, mais sur lesquels l'attention n'est attirée que dans les années où le nombre des papillons est grand. Et encore, le nombre des papillons ne serait-il point en rapport avec la sécheresse de la mousson d'est, étant d'autant plus grand que celle-ci aurait été plus prononcée?

Sur ces deux points, on ne peut encore formuler de conclusion précise. Mais M. Piepers est disposé à admettre que les sécheresses précoces, en mai et juin, empêcheront l'éclosion des œufs pondus durant ces deux mois, et la retarderont jusqu'à la saison pluvieuse, soit de novembre à février. Il faut, dans ce cas, admettre que la ponte est particulièrement abondante en mai et juin : mais alors, il nous paraît que l'âge reproducteur vient bien tard, relativement, chez ces papillons. Nés en novembre ou décembre, ils pondraient en mai-juin? Ou bien les reproducteurs de mai-juin seraient-ils des descendants des papillons apparus en novembre-décembre? De toute façon, il nous paraît que le phénomène veut être étudié dans ses relations non seulement avec les conditions climatériques de la mousson qui a précédé l'apparition des vols, mais avec celles de l'année précédente, pour la période correspondante.

Les vols se font de la manière que voici : le déplacement est rapide, rectiligne : la hauteur à laquelle se tiennent les papillons est évidemment faible, puisque M. Piepers nous dit qu'ils s'élèvent un peu pour passer par-dessus les arbres ou les maisons, après quoi ils reprennent leur ligne basse de vol. Ils ne s'arrêtent point en route pour butiner les fleurs : ils vont droit leur chemin. Cependant il est des temps de repos dans leur course : on ne les voit voler que de 8 ou 9 heures du matin à 3 ou 4 heures de l'après-midi, et encore faut-il qu'il fasse beau : la pluie ou le vent les enchaînent au logis, et dès que paraît le soleil, ils se montrent par milliers.

La direction dans laquelle se dirigent les vols est loin d'être uniforme : d'une façon générale, les papillons vont dans le sens du vent; ils ne vont à son encontre que dans quelques cas, quand il est très faible, et par exception. Cette exception se présente régulièrement quand le vol se trouve arriver à la mer : il longe le rivage au lieu de suivre le vent, il lutte même contre ce dernier pour n'être point entraîné au-dessus des flots. C'est là un point important. Il indique, en effet, que les papillons n'ont point de préférence particulière pour une direction quelconque, et, par conséquent, qu'il n'y a là rien de commun avec ces migrations à grande distance, et de sens toujours identique, qu'exécutent différents animaux. Il n'y a point, à ces sortes de migrations, de but déterminé, puisque le même vol, selon les courants qu'il rencontrera, suivra les directions les plus variées, et ne manifestera quelque initiative, quelque volonté, que dans les cas où un danger réel se présentera qu'il est nécessaire d'éviter.

Aussi M. Piepers peut-il formuler sa sixième conclusion en disant que les voyages du *Catopsilia* ne sont point le résultat d'une résolution prise en commun : « Il n'y a là qu'une coïncidence d'actes tout individuels, chaque papillon nouvellement éclos éprouve le besoin de se mettre en voyage, et remplit ce besoin individuellement, probablement jusqu'à un certain moment où il rencontre l'individu de l'autre sexe qui lui convient, et quitte avec celui-ci l'essaim pour aller accomplir l'acte de la reproduction, après lequel les deux papillons ne suivent plus le vol, mais commencent à mener la vie habituelle de leur espèce, en prenant aussi la manière de voler ordinaire. »

En deux mots, ces bandes de papillons seraient en voyage, non de noces, mais de fiançailles. Le fait peut surprendre à première vue, mais, en somme, il a une certaine vraisemblance. Comme l'accouplement a lieu peu de temps après le moment où le papillon émigre de sa chrysalide; on en peut conclure que le temps durant lequel il se joint au vol pour y chercher une âme « sœur », est assez court, et ceci explique que l'on puisse voir passer des vols considérables sans que, cependant, la proportion des papillons vivant à la manière ordinaire de leur espèce diminue appréciablement : les papillons nés en A et qui se mêlent au vol le quittent en B, quelques kilomètres ou lieues plus loin — car après l'accouplement ils cessent d'accompagner le vol — et restent dans la région, voletant de-ci, de-là.

Le vol des papillons observés par M. Piepers représenterait donc une formalité sexuelle : ce ne serait nullement une
migration véritable, et il y aurait lieu de le rapprocher des
phénomènes analogues observés chez les abeilles et les fourmis.

Cette manière de voir est-elle applicable à l'explication
des phénomènes de migration ou de soi-disant migration, en
général? La réponse ne peut encore être fournie. Il est besoin de beaucoup d'observations, mais il semble à M. Piepers que les faits déjà recueillis par van Bemmelen, Friedrich, etc., relativement à divers papillons et à certaines
libellules, indiquent l'identité des phénomènes Le fait des
vols de Lépidoptères est assurément bien connu, mais M. Piepers a le mérite d'en avoir proposé une explication intéressante. Assurément, ce n'est qu'une demi-explication, si l'on
veut, en ce sens qu'il faudrait savoir pourquoi les insectes
éprouvent le besoin de s'assembler ainsi avant de procéder
à la reproduction qui est leur raison d'être, au lieu de s'unir
au premier échantillon de leur espèce qu'ils rencontreront,
quel avantage spécial ils tirent de cette manière de faire, et
quel motif immédiat les pousse : mais il est un commencement à tout, en ce proposant son interprétation, M. Piepers
attirera l'attention sur les faits dont il parle, de telle manière qu'on les pourra vérifier et mieux analyser. En de
telles conditions, il nous paraît difficile qu'on n'arrive point
à bien comprendre le phénomène.   V.

CAUSERIE BIBLIOGRAPHIQUE

Propos scientifiques, par ÉMILE YUNG. — Un vol. in-12 ;
Paris, Reinwald, 1890.

M. Yung a réuni, dans un bien intéressant petit livre, d'-
vers écrits publiés antérieurement par lui sur quelques
points des sciences naturelles. Ce qui donne du prix à cet
ouvrage, c'est d'abord le style, qui est à la fois scientifique
et élégant; c'est encore l'amour de la clarté, de sorte qu'on
lit comme un roman, et un roman vrai, d'ingénieuses études
sur les poussières de l'air, les laboratoires de zoologie, la
vie marine, etc. Enfin, M. Yung n'est pas seulement un vulgarisateur, c'est encore un savant, un chercheur ingénieux
et perspicace, qui croit que la vulgarisation, sans idées personnelles, ne signifie pas grand'chose.

La seule bonne manière d'entendre la vulgarisation, c'est
d'exposer ce qu'on a vu, ce qu'on a pensé, en cherchant à
se mettre à la portée de tout le monde. Certes, il est beau
d'écrire un traité ardu ou un mémoire hérissé de documents, de chiffres, de notes de bibliographie; mais on n'est
lu que par un petit nombre de gens compétents. Alors,
pourquoi ne pas, de temps à autre, descendre de ces hauteurs et daigner initier le public, non savant, mais curieux
des choses de science, aux observations qu'on a faites?

Nous n'analyserons donc pas le livre de M. Yung, nous
nous contenterons d'en recommander la lecture, surtout le
chapitre consacré aux impressions que fait éprouver la descente dans un scaphandre : « Les premiers instants, dit-il,
émotionnent toujours. Les impressions du dehors vous
assaillent en si grand nombre qu'il n'est pas possible de les
analyser dès la première descente. On en jouit ou on en
souffre sans comprendre ce qui arrive. Sans être mouillé
qu'aux mains, qui sont seules au contact direct de l'eau, le
plongeur éprouve la sensation de l'humide, du froid et de
la pression. L'appareil, si lourd et si gênant à l'air, est
très allégé après l'immersion et vous laisse une liberté très
grande de mouvements ; le tuyau à air seul vous retient. On
peut s'accroupir, se coucher, escalader les rochers et mettre
en œuvre tous les instruments destinés à poursuivre jusque
dans leurs gîtes les hôtes microscopiques des profondeurs.
Ce qui frappe par-dessus tout dans la Méditerranée, c'est la
beauté indescriptible des couleurs. Le bleu domine partout, il vous enveloppe entièrement, et, dans le bleu, l'œil
ne tarde pas à distinguer les plus riches nuances. A cinq ou
six mètres, c'est un éblouissement d'azur. »

Nous signalerons aussi un intéressant chapitre sur l'influence des milieux physico-chimiques ; c'est là de la bonne
physiologie, comme en faisaient Magendie et William Milne-
Edwards vers 1825. Sans blâmer les tendances de la physiologie contemporaine, on peut regretter que ces observations
simples ne soient plus en usage comme autrefois.

Crime et suicide. Étiologie générale; facteurs individuels, sociologiques et cosmiques, par A. CORRE. — Un vol. in.12 de 654 pages,
avec figures dans le texte, de la *Bibliothèque des actualités médicales et scientifiques;* Paris, Doin, 1891. — Prix : 7 francs.

Pour faire suite à son ouvrage sur *les Criminels*, dont la
Revue a rendu compte il y a deux ans environ (1), M. Corre,
poursuivant sa consciencieuse enquête sur les causes du
crime, nous donne aujourd'hui les résultats de ses nouvelles
recherches. Dans sa première étude, l'auteur, sous l'influence des idées de M. Lombroso, qui faisaient alors grand
tapage, passait en revue les diverses anomalies physiques
des criminels. Dans le présent ouvrage, élargissant son cadre,
il passe en revue l'ensemble des facteurs du crime, facteurs
individuels, facteurs sociaux, facteurs cosmiques, multipliant les statistiques, les cartes, les graphiques, afin de
rendre aussi éloquents que possible les documents numériques qu'il a amassés. Enfin cette étude est complétée par
une étude parallèle du suicide, forme de l'aberration impulsive que M. Corre regarde, à juste raison, comme offrant
des relations très intimes avec l'entraînement à l'attentat
contre autrui.

Après avoir exposé, dans une première partie, les théories en vigueur sur l'étiologie du crime, et recherché ses
relations avec l'atavisme et l'infantilisme, la dégénérescence, la folie, l'habitude et la profession, l'auteur pose la
question, si discutée en ce moment, de savoir s'il y a un
type criminel. Bien que sa réponse soit éclectique et qu'il
admette, non un type au sens anthropologique du mot,

(1) Voir la *Revue scientifique* du 10 novembre 1888, p. 612.

mais des types, dans le sens psychologique ou anatomo-psychologique, répartissant à peu près également, dans la genèse de la criminalité, l'influence sociale et l'influence individuelle, M. Corre remarque cependant que, si les conditions individuelles elles-mêmes peuvent être considérées comme une résultante des conditions de milieu, il n'en est pas moins vrai que les influences sociales et cosmiques ne peuvent être admises que comme mettant en jeu une prédisposition spéciale. Cette impressionnabilité *sui generis*, qu'elle soit traduite ou non par des caractères anatomiques objectifs, dérive évidemment de conditions intimes anormales de la cellule nerveuse qui élabore les manifestations sensorio-intellectuelles, et suffit à légitimer la place faite aux criminels de tous les types sur les confins de la morbidité, de la dégénérescence et de la folie. C'est une affaire de proportion, et moins les facteurs individuels seront accentués et visibles, plus les facteurs sociaux devront avoir d'intensité pour provoquer l'impulsion criminelle, et paraîtront alors prédominants.

L'influence sociale paraît surtout marquée dans la genèse du suicide. M. Lacassagne a dit que le suicide était le crime modifié par le milieu social, en ce sens qu'il est évidemment l'apanage des demi-moralisés et des timorés. Comme le crime toutefois, le suicide se rattache manifestement à la dégénérescence et à l'aliénation mentale, car il comporte les mêmes stigmates, les mêmes antécédents héréditaires, et la marche de l'un et de l'autre est parallèle. D'après M. Corre, sur 1000 suicides, un tiers environ sont imputables à la folie.

Les recherches de M. Corre concernant l'influence du sexe sur la fréquence et la forme de la criminalité pourront être utilisées pour l'étude encore si obscure et si ardue de la psychologie de la femme. Contrairement à ce qu'on aurait pu prévoir, la femme, dans sa criminalité spéciale, montre moins d'impulsivité que l'homme : ainsi, dans l'assassinat, on la trouve 14 fois pour 100; dans les attentats à la pudeur, 3 fois pour 100; dans les récidives après libérations, 24 fois pour 100, et sa récidive ne se produit que la deuxième année, alors que celle de l'homme a lieu dans l'année même qui suit la libération. Mais, par contre, la femme a une moralité manifestement inférieure à celle de l'homme, comme en témoigne la proportion des empoisonnements imputables à son sexe : 69 pour 100. Notons aussi les avortements qui lui reviennent dans la proportion de 75 pour 100, et les infanticides, dans celle de 935 sur 1000.

Tout en tenant compte de l'influence exercée par les conditions sexuelles mêmes sur la forme du crime, qui est forcément peu violent chez la femme, et de l'existence de la prostitution, qu'on peut considérer dans une certaine mesure comme un équivalent du crime chez l'homme, il faut reconnaître cependant, en raison de considérations qu'on trouvera bien développées dans l'ouvrage de M. Corre, que la forme de la criminalité accuse chez la femme une moralité inférieure.

Le suicide dans l'armée marque également en très gros caractères l'influence sociale, celle du milieu moral, sur la forme de l'impulsion aux attentats. Comme on le sait, les suicides sont très nombreux dans l'armée, et leur proportion va croissant chaque année. En 1876, on en comptait 37 pour 100 000 hommes; en 1881, 52, et en 1882, 46. Dans l'armée prussienne, on compte 73 suicides sur 1000 décès, dans la première année d'incorporation. Par contre, les crimes et les délits de droit commun, dans l'armée, sont extrêmement rares : soit 1 accusé sur 785 hommes, alors que la population non militaire donne 1 accusé ou prévenu sur 200 habitants.

Il faut évidemment voir dans ces chiffres l'influence des idées traditionnelles d'un milieu très spécialisé; le crime, quand il est commis, est le plus souvent suivi du suicide; souvent aussi l'habitude d'une discipline inflexible fait que l'homme tourne contre lui-même une arme saisie d'abord dans un mouvement criminel; enfin le dégoût de la profession, qui apparaît à quelques-uns sous les mêmes couleurs que l'esclavage, aboutit encore au suicide.

Mais nous devons nous arrêter, car les intéressantes considérations dont M. Corre commente ses documents statistiques nous entraîneraient trop loin; bornons-nous à recommander aux personnes que la question palpitante de l'étiologie du crime intéresse à divers titres, cet ouvrage très consciencieux, le plus riche de tous ceux que nous connaissons sur ce sujet en documents scientifiques, et qui se distingue encore par l'abondance des vues originales, et la vigueur des plaidoyers en faveur de réformes urgentes.

Hawaiian Volcanoes, par M. CL.-ED. DUTTON. — Un vol. in-4° de 220 pages, avec figures. — Publié par le *Geological Survey*, à Washington.

L'ouvrage du capitaine Dutton sur les grands volcans de l'archipel hawaïen constitue une précieuse addition à la littérature déjà importante du sujet. Ces volcans, on le sait, sont parmi les plus beaux que l'on connaisse, et on en trouve dans l'archipel, à tous les degrés désirables, depuis le volcan depuis longtemps éteint, comme ceux de notre plateau central, jusqu'au volcan en activité incessante. Le premier type s'observe dans la plupart des îles, qui toutes sont d'origine volcanique et émergent de profondeurs considérables; à 100 ou 150 kilomètres à la ronde, la profondeur du Pacifique varie entre 4000 et 6000 mètres. Le grand volcan éteint de Haleakala, dans l'île de Maui (3000 mètres d'altitude), présente des signes d'une activité récente; mais, les traditions indigènes étant muettes à cet égard, on ne peut conclure que son repos date de plusieurs siècles déjà. Dans la grande île d'Hawaii, le volcan Hualalai, qui est entré trois fois en éruption, au début de ce siècle, demeure tranquille depuis 1811 (altitude 2580 mètres); le Mauna Kea (4170 mètres) se repose depuis plus longtemps, depuis plusieurs siècles, et sa dernière éruption paraît antérieure à celle de l'Haleakala; enfin, le Mauna Loa, « la grande montagne », comme le précédent, revêtu de neiges éternelles, présente deux cratères en pleine activité; l'un à son sommet (4000 mètres), l'autre sur ses flancs : ce dernier est le célèbre Kilauea, le plus grand des cratères existants, sans cesse en activité, et par intervalles le siège d'éruptions — généralement tranquilles, mais parfois accompagnées de tremblements terribles — qui donnent issue à des flots de lave qu'on a peine à se figurer. Il faut, pour se rendre compte de l'importance de ces éruptions, avoir vu ces fleuves enflammés descendre les côtes de la montagne, brûlant les forêts, comblant les précipices, s'avançant lentement en dégageant des torrents de fumée et de vapeur, semant la désolation, pour arriver enfin à la mer où ils se déversent en la faisant bouillonner et en tuant tous les hôtes des eaux.

L'étude des volcans hawaiiens présente, dans ces conditions, un vif intérêt, et depuis que l'archipel a été découvert, de nombreux observateurs ont, à différentes époques, visité les volcans, notant les modifications de forme, d'activité, etc., recueilli des documents précieux pour leur histoire. M. Dutton a su utiliser ces documents, dans la mesure où ils lui étaient utiles, et il a su encore, chose rare chez les géologues, produire un ouvrage d'une lecture facile, où les faits scientifiques sont exposés d'une façon très claire, en même temps qu'agréable. M. Dutton est un touriste en même temps qu'un géologue, et le côté pittoresque de son voyage ne lui a point échappé; il a su noter nombre de faits en passant, qui reposent l'esprit du lecteur, en même temps qu'ils l'instruisent sur des matières autres que la question des volcans. De là un travail très intéressant, et qui se lit avec une facilité exceptionnelle. Les matières sont groupées avec beaucoup d'ordre; les figures et les cartes sont nombreuses, et les figures donnent une très bonne idée de l'aspect général de l'archipel et des phénomènes géologiques, anciens ou récents, dont il est ou a été le théâtre.

Un des derniers chapitres est d'ordre général, et traite du problème volcanique dans son ensemble. Notons ici quelques faits. M. Dutton n'est point partisan de la théorie qui attribue les éruptions à un contact de matériaux en fusion avec de l'eau. La théorie chimique ne le satisfait point non plus, la théorie d'après laquelle les éruptions seraient dues à l'oxydation, par l'air, de substances non oxydées renfermées dans les profondeurs de la terre. Il en est de même pour l'hypothèse nébulaire, pour l'hypothèse du feu central originel, de la terre primitivement ignée et superficiellement refroidie. Faut-il faire des manifestations volcaniques des phénomènes locaux, dus à la production de chaleur par des causes inconnues, en certains points du globe? Mais les preuves manquent. Reste une cinquième hypothèse. C'est celle d'après laquelle les phénomènes volcaniques seraient dus à des variations de pression. Voici comment s'explique M. Dutton : « On sait que les variations de pression ont une influence sur la température à laquelle un corps passe de l'état liquide à l'état solide. Elle élève le point de fusion de certains corps et abaisse celui d'autres. Ceux qui se dilatent en se solidifiant (comme l'eau) ont leur point de fusion abaissé par la pression. Si nous supposons que les laves sont dans ce cas, et que dans la terre elles sont solides et voisines de leur point de fusion, une diminution de pression les liquéfierait et les rendrait aptes à faire

éruption. » Mais à cette ingénieuse explication, M. Dutton lui-même reconnaît qu'il est de nombreuses objections, et, en somme, la question demeure ouverte. Il ne semble pas qu'elle doive être réglée prochainement. Ce n'est toutefois qu'en multipliant les observations et les théories qu'on se rapprochera de la solution définitive, et les travaux du genre de celui de M. Dutton contribuent certainement à l'acheminement vers ce but désiré.

Smithsonian Institution. — Publications diverses de MM. Edwards, True et W.-H. Dall.

Parmi les récentes publications de la *Smithsonian Institution*, il en est plusieurs qui méritent d'attirer l'attention des naturalistes. L'une d'elles, le *Bibliographical Catalogue of the described Transformations of North American Lepidoptera* de M. Henry Edwards, renferme une liste, de 150 pages environ, des espèces de lépidoptères américaines dont on connaît les différentes phases d'existence, œuf, chenille, chrysalide, nid, etc. Pour chaque espèce et chaque phase, l'auteur indique le nom des différents auteurs qui l'ont étudiée, et donne encore l'indication de l'ouvrage et de la page où ils en ont parlé, avec la désignation des plantes sur lesquelles vit l'insecte. C'est là un travail fort utile, assez ingrat, il est vrai, et qui a dû demander un labeur considérable, ce dont il faut être reconnaissant envers M. Edwards. M. F.-W. True publie un *Synopsis* de la famille des Delphnides, de près de 200 pages. Il abonde en mensurations et documents anatomiques relatifs au squelette et à l'extérieur, et est accompagné d'une nombreuse série de planches. M. W.-H. Dall, dans un premier travail sur les mollusques et brachiopodes recueillis en 1887 et 1888 par l'*Albatros*, nous fournit une énumération d'espèces nouvelles, avec leurs caractères spécifiques, et cette énumération est complétée dans un second mémoire où l'auteur indique toutes les espèces connues, provenant de la côte sud-est des États-Unis, en en donnant l'habitat et la profondeur. Une bonne table alphabétique termine ce mémoire qui est accompagné de 74 planches.

ACADÉMIE DES SCIENCES DE PARIS

8-15 DÉCEMBRE 1890.

du sang chez les habitants des hauts plateaux de l'Amérique du Sud. — MM. Topsent et Trouessart : Mémoire sur un nouveau genre d'Acarien sentant (le Nanorchestes amphibius) des côtes de la Manche. — MM. Charles Deprés et V. Lernhardt : Recherches sur l'âge des sables et argiles bigarrés du sud-est de la France. — M. Daubrée : Expériences sur les actions mécaniques exercées sur les roches par des gaz doués de très fortes pressions et d'un mouvement très rapide. — M. de Schulten : Note sur la production artificielle de la calaïte et de la tachydrite. — M. Adolphe Carnot : Dosage de l'aluminium dans les fontes et les aciers. — M. Levasseur : Étude démographique sur la relation générale de l'état et du mouvement de la population. — M. C. Tondini de Quarenghi : Note intitulée : Quelques éclaircissements au sujet de la question du méridien initial pour fixer l'heure universelle. — Élection d'un membre titulaire : M. Mallard.

ASTRONOMIE. — M. L'amiral Mouchez communique le résultat des observations des petites planètes faites au grand instrument méridien de l'Observatoire de Paris, du 1er octobre 1889 au 31 mars 1890, par M. Callandreau à l'exception de celles des 7 février et 4 mars qui sont dues à M. Barré et celle du 31 janvier qui a été faite par M. Boquet.

— MM. L. Picart et Courty adressent à l'Académie le résultat des observations qu'ils ont faites, de la comète Zona, au grand équatorial de l'Observatoire de Bordeaux, les 29 et 30 novembre dernier. A ces dates, la comète était assez faible et devenait invisible peu après le lever de la lune.

MÉTÉOROLOGIE. — A propos de la présentation d'un important travail de M. le général russe A. de Tillo, intitulé : Répartition de la pression atmosphérique sur le territoire de l'empire de Russie et sur le continent asiatique d'après les observations prises de 1836 à 1885, M. Mascart. fait remarquer :

1° Que le nombre des stations où la pression atmosphérique a été enregistrée s'élève à 136 ;

2° Que l'auteur a examiné non seulement les valeurs mensuelles et annuelles, mais la variabilité de la pression dans les différentes stations, les amplitudes mensuelles, les valeurs des maxima et des minima absolus et les relations qui existent entre les variations de la pression et celles de la température ;

3° Que la pression la plus haute notée dans toutes ces stations est de 802^{mm},8 réduite au niveau de la mer et à la latitude de 45° ; elle a été observée à Barnaoul (Sibérie) au mois de décembre 1877. C'est la valeur la plus élevée connue jusqu'ici.

PHYSIQUE. — M. E.-H. Amagat a fait connaître précédemment la méthode qu'il avait suivie pour les très fortes pressions dans ses études sur la compressibilité et la dilatation des liquides et des gaz. Mais cette méthode ne se prêtant pas facilement au cas des températures é'evées, et notamment ne lui ayant permis d'opérer que jusque vers 50°, il a dû en imaginer une autre. Le procédé qu'il décrit aujourd'hui, dans ses traits essentiels, lui a permis d'atteindre et même dépasser le chiffre de 200° dans ses nouvelles recherches, mais à la condition de restreindre la limite supérieure des pressions à 100 atmosphères. Les résultats des travaux ont trait seulement aux gaz oxygène, hydrogène et azote, ainsi qu'à l'air.

CHIMIE ORGANIQUE. — Dans plusieurs notes antérieures, M. H. Meslans a communiqué les premiers résultats de ses recherches sur les composés organiques fluorés de la série grasse. Dans sa note d'aujourd'hui, il indique la préparation

et les propriétés d'un nouvel éther, le fluorure d'allyle, que l'on obtient en faisant tomber, goutte à goutte, de l'iodure d'allyle sur du fluorure d'argent sec, contenu dans un petit ballon de cuivre relié à un serpentin ascendant en plomb.

Ce nouvel éther est un corps gazeux, incolore, possédant une odeur alliacée, une saveur brûlante, s'enflammant facilement et brûlant avec une flamme fuligineuse, en donnant d'abondantes vapeurs d'acide fluorhydrique. Sa densité moyenne, prise à 16°, est de 2,11 ; sa densité théorique serait 2,10.

— M. Albert Col·on fait connaître, ainsi qu'il suit, les conditions dans lesquelles la pipéridine déplace la chaux de sa solution chlorhydrique, montrant ainsi l'influence de la solubilité sur la marche des réactions.

Vers 15°, une solution de chlorure de calcium, renfermant 55^{gr},5 de Ca Cl^2 par litre, donne un dépôt très sensible de chaux, quand on y ajoute un volume égal d'une solution pipéridique à 2 molécules par litre ; avec une liqueur plus étendue, il ne se précipite pas de chaux ; avec des liqueurs plus concentrées, le précipité est plus abondant ; la précipitation est plus complète quand la température s'élève ; e'le dépend aussi de la concentration du sel calcique, probablement à cause de l'existence d'un sel double calco-pipéridique, formé presque sans dégagement de chaleur, mais qu'un excès de pipéridine ne précipite pas. Le précipité, obtenu dans cette réaction, grossièrement lavé et séché dans du papier, ne contient pas trace de carbonate ; exempt de pipéridine, il est alcalin ; il est formé de chaux souillée de quantités petites et variables de chlorure de calcium provenant très probablement de l'imperfection des lavages et du sel double.

— On sait que la diméthylaniline, soumise à l'action de divers agents d'oxydation, donne naissance au violet de Paris, tandis que la réaction est différente si l'on prend le bioxyde de plomb comme agent oxydant. Dans ce cas, le produit de la réaction consiste en tétraméthylbenzidine C^{16} H^{16} Az^2 ; comme on le voit, c'est donc le noyau C^6 H^5 qui est attaqué, tandis que, dans la formation du violet de Paris, c'est le groupe CH^3 qui est oxydé et qui donne le carbone méthanique nécessaire au développement de cette matière colorante.

Or divers auteurs avaient déjà signalé la formation de la tétraméthylbenzidine au moyen de la diméthylaniline, mais le procédé que M. Charles Lauth indique, dans la communication présentée en son nom par M. Schützenberger, a l'avantage de donner, en peu d'instants, ce produit à l'état de pureté et en grande abondance. Ce procédé consiste à dissoudre 20 parties de diméthylaniline dans 120 parties d'acide acétique à 8° et 160 parties d'eau, puis à ajouter peu à peu 20 à 30 parties d'oxyde pur, en évitant que la température dépasse 30 à 35 degrés.

CHIMIE APPLIQUÉE. — Voici les conclusions de recherches faites par M. Balland sur les extraits de viande :

1° L'étain, le plomb et leurs alliages en quelque proportion que ce soit, sont attaqués très lentement par les acides les plus faibles contenus dans les conserves alimentaires ;

2° L'attaque est en rapport direct avec la surface en contact ;

3° L'étain employé à la fabrication du fer-blanc, qui contient des traces de plomb et 1 à 2 centièmes de cuivre et d'autres métaux, offre plus de résistance aux acides des conserves que l'étain chimiquement pur ou chargé de plomb;

4° Aujourd'hui que l'industrie ne conteste plus la possibilité de faire des soudures à l'étain fin, il y aurait lieu de ne tolérer, pour toutes les soudures de boîtes de conserves, que l'étain employé à la fabrication du fer-blanc. On verrait ainsi disparaître ces soudures plombifères que l'on trouve si souvent à l'intérieur des boîtes de provenance étrangère, et avec elles, sans doute, bien des méfaits dont on charge actuellement un métal qui, de tout temps, a passé pour inoffensif.

M. Balland ajoute qu'il a trouvé fréquemment, dans des produits étrangers, des soudures intérieures, très habilement faites d'ailleurs, qui contenaient 45 à 50 pour 100 de plomb.

PHYSIOLOGIE. — M. de Lacaze-Duthiers présente au nom de *M. Viault* (de Bordeaux) une note sur l'augmentation considérable du nombre des globules du sang chez les habitants des hauts plateaux de l'Amérique du Sud.

Au cours d'une récente mission scientifique dans les Cordillères pour y étudier l'influence de l'air raréfié sur l'organisme des êtres vivants, M. Viault a découvert un fait important qui jette le plus grand jour sur le mécanisme, jusque-là inexpliqué, de l'adaptation de l'homme à la vie dans les hauts lieux.

Les observations de M. Viault ont été prises à la mine de Morococha (Pérou), située à 4392 mètres au-dessus du niveau de la mer, où il a fait un séjour de près de trois semaines avec son aide M. Mayorga (de Lima). Ces observations montrent que la part la plus importante dans le phénomène de l'acclimatation de l'homme aux grandes altitudes revient, non à une augmentation de fréquence des mouvements respiratoires, ni à une plus grande activité de la circulation pulmonaire, comme on l'avait cru, mais à une augmentation dans le nombre des globules rouges du sang.

Ainsi, un des premiers effets de l'air raréfié sur l'organisme, c'est une exagération remarquable de la fonction hématopoiétique.

ZOOLOGIE. — M. A. Milne Edwards présente une note de *MM. Topsent* et *Trouessart* sur un nouveau type d'Acarien sauteur, le *Nanorchestes amphibius*, à habitudes marines et chez lequel la faculté de sauter est remarquablement développée.

C'est dans le Calvados, à Luc-sur-Mer, que l'attention de M. Topsent a été attirée par des œufs d'un beau rouge et de très petite taille, que l'on trouve déposés par petits tas dans les fentes de la grande oolithe dont sont formés les rochers de cette côte. Ces œufs étaient l'œuvre d'un petit acarien qui court à marée basse sur la grève et saute, quand on veut le saisir, en faisant des bonds énormes comparables à ceux d'une puce. Aussi, pour s'en emparer, est-il indispensable de se servir d'une pince ou d'un pinceau trempé dans l'huile ou dans la glycérine, et d'engluer en quelque sorte l'animal en le prenant par surprise.

Cet acarien se cache, pendant la haute mer, dans les fentes les plus étroites de la grande oolithe, où l'air empêche l'eau de pénétrer. Dans ce milieu humide il dépose ses œufs, très abondants surtout en mai et en juin. Lorsqu'un coup de vent du large amoncelle du sable sur les rochers où vit l'animal, celui-ci disparaît, restant probablement caché dans les fentes, en attendant qu'un nouveau coup de vent vienne déblayer sa retraite. C'est là aussi qu'il doit passer l'hiver, car on n'en voit plus dans cette saison.

L'étude des caractères particuliers de cet acarien a conduit MM. Topsent et Trouessart à le placer dans la famille des *Trombidiidæ*, et la sous-famille des *Eupodinæ* tout en en faisant un genre distinct auquel ils ont donné le nom de *Nanorchestes amphibius*. Quant à la conformation des pattes, elle permet difficilement de s'expliquer le mécanisme des bonds énormes de l'animal; aussi les deux auteurs de la note pensent-ils que l'animal replie sous lui ses quatre paires de pattes et s'élance en les détendant brusquement.

GÉOLOGIE. — Peu de terrains ont donné lieu à autant de controverses, au sujet de leur origine et de leur âge, que les formations désignées sous le nom de *sables et argiles bigarrés* et répandues en nombreux lambeaux, au pied des chaînes subalpines, depuis les environs de Grenoble jusqu'à la vallée inférieure de la Durance. De nouvelles recherches pour le levé géologique de la feuille de Forcalquier permettent aujourd'hui à *MM. Ch. Dépéret* et *V. Leenhardt* d'établir dans le Sud-Est l'existence d'un horizon de cette formation, mais distinct de l'horizon crétacé du bassin d'Apt et appartenant à l'éocène inférieur par sa nature clastique et par sa transgressivité par rapport à ce dernier système.

Ce nouvel horizon ou *horizon de Mérindol* existe à la fois dans le bassin d'Apt, où il recouvre et ravine les sables crétacés, et dans la vallée de la Durance, où il se montre à l'exclusion des sables crétacés. Partout il est recouvert et raviné par l'éocène moyen à *Bulimus Hopei* et à *Planorbis pseudoammonius*. A Argon, il repose à son tour sur le calcaire de Rognac et se trouve ainsi placé stratigraphiquement au niveau de l'étage de Vitrolles, c'est-à-dire de l'éocène inférieur.

GÉOLOGIE EXPÉRIMENTALE. — Outre les cheminées diamantifères de l'Afrique australe, dont *M. Daubrée* a entretenu l'Académie dans l'une des précédentes séances [1], ses expériences sur les actions mécaniques exercées par les gaz doués de très fortes pressions et animés de mouvements très rapides peuvent expliquer, en les imitant, bien d'autres canaux verticaux qui, selon toute probabilité, ont été également perforés dans l'écorce terrestre. La nature, en effet, montre en bien des régions les deux conditions essentielles qui sont intervenues dans ses expériences, c'est-à-dire des réservoirs de pression dans les régions souterraines et des cassures propres à établir une communication entre ces réservoirs et l'extérieur.

L'auteur fait remarquer que l'énergie de la puissance mécanique qui réside à l'intérieur du globe et qui se rattache évidemment à la haute pression des fluides élastiques se manifeste bien clairement par les phénomènes volcaniques. Lors des éruptions, ces fluides élastiques jaillissent violemment et témoignent de leur forte tension par la hauteur à laquelle ils s'élèvent, hauteur rendue visible par les poussières qu'ils transportent et qu'on a évaluée à 10 kilomètres dans l'éruption du Krakatoa de 1883 et dans celle qui a eu

---

(1) Voir la *Revue scientifique* du 6 décembre 1890, p. 731, col. 2.

lieu en 1886 à la Nouvelle-Zélande. Cette force expansive se révèle encore par la projection au loin de blocs volumineux, comme il est arrivé au Vésuve où de gros fragments ont été lancés, dit-on, à 1200 mètres au-dessus du sommet pour remonter à 4000 mètres de l'axe. M. Daubrée cite aussi l'éruption du Krakatoa de 1883 avec les mugissements perçus sur une étendue de 3000 kilomètres de rayon, qui a manifesté également l'énergie avec laquelle les vapeurs souterraines s'annoncent à la surface. Enfin, à l'Etna, la lave qui s'élève souvent jusqu'à la cime de cette singulière pyramide, que son isolement rend si imposante et à laquelle les Arabes ont donné le nom de *Djebel* (la montagne par excellence), est aussi fournie par un réservoir qui s'étend certainement beaucoup plus bas que le niveau des mers; elle témoigne alors d'une pression de plus de 1000 atmosphères.

Quant aux cassures propres à faire communiquer les réservoirs avec l'extérieur, elles dessinent de toutes parts, même en dehors des chaînes de montagnes, des alignements par de nombreux phénomènes éruptifs.

Les expériences ont montré à M. Daubrée comment les gaz emprisonnés et comprimés cherchent, dans les fissures auxquelles ils ont accès, pour se détendre vers l'extérieur, un ou plusieurs points de moindre résistance, à partir desquels ils ouvrent un canal qu'ils augmentent rapidement et transforment en diatrème. Or ces conditions se reproduisent, trait pour trait, dans les caractères les plus généraux du gisement des volcans. L'isolement des montagnes volcaniques et leur mode de fonctionnement doivent, en effet, faire admettre que chacune d'elles correspond à un conduit vertical ou cheminée, qui communique avec les régions profondes du globe; la montagne forme comme le couronnement de cette cheminée par laquelle, en temps d'éruption, débouchent les masses gazeuses, fondues ou solides. La ressemblance est plus frappante encore, lorsque les volcans sont disposés en séries linéaires, comme on en a tant d'exemples.

MINÉRALOGIE. — *M. de Schulten*, professeur à l'Université d'Helsingfors, présente une note sur la production artificielle de la caïnite et de la tachydrite, sels complexes dont on constate la présence dans le gisement de sel de Stassfurth. Il a obtenu ces sels avec une composition chimique et des propriétés optiques identiques à celles des sels correspondants naturels.

— *M. Adolphe Carnot* présente une note sur la détermination de très petites quantités d'aluminium dans les fontes et les aciers.

Ses recherches sur ce sujet datent de huit ans; elles ont été faites en 1882, dans le but d'étudier avec M. Lan, alors professeur de métallurgie à l'École des mines, l'influence que pouvaient avoir l'aluminium et les métaux alcalino-terreux sur les qualités des fontes. Cette question semblait alors n'avoir qu'un intérêt théorique; mais, depuis peu, différentes usines ont commencé à introduire de l'aluminium dans la fonte ou l'acier, pour obtenir de bons moulages sans soufflures. Le mode d'action de l'aluminium n'est pas encore très bien connu et l'on ne sait pas, avec certitude, s'il disparaît à l'état d'alumine après avoir servi à la réduction de l'oxyde de fer disséminé dans le métal ou s'il en reste de petites quantités modifiant les propriétés de la fonte ou de l'acier.

M. Carnot a pensé qu'il serait utile de livrer aux métal-lurgistes un procédé simple et exact pour la détermination de ces proportions très petites d'aluminium et fait connaître la méthode qu'il emploie et qu'il enseigne à l'École des mines. Elle est fondée sur des réactions qu'il a depuis longtemps signalées et qui peuvent se résumer ainsi : l'alumine peut être précipitée, intégralement à l'état de phosphate neutre dans une liqueur faiblement acétique, portée à l'ébullition; le fer doit avoir été préalablement réduit à l'état de sel ferreux par l'hyposulfite de soude.

La précipitation, répétée deux fois, donne en peu de temps des résultats exacts.

DÉMOGRAPHIE. — *M. Levasseur* lit une nouvelle étude démographique intitulée : *Relation générale de l'état et du mouvement de la population*.

Comparant le taux des naissances, des mariages et des décès en France et en Europe, dans le temps présent, il montre que, d'un État à l'autre, la natalité moyenne varie aujourd'hui du simple au double en France, au double en Russie. En France, dit-il, elle a, au XIXᵉ siècle, varié presque du simple au triple d'un département à l'autre; elle a diminué d'un quart pour l'ensemble de la population, d'après les moyennes décennales. La France est, aujourd'hui au bas de l'échelle de la natalité européenne.

Quant à la nuptialité comparée, elle présente des différences plus accentuées et la France est un peu au-dessous de la moyenne générale de l'Europe.

Enfin la mortalité française est au nombre des plus faibles de l'Europe, ce qui est dû, en partie à la qualité de la population et en plus grande partie à la faiblesse de la natalité. Entre le pays le plus indemne (Norvège) et le plus frappé (Croatie), la différence est plus que du simple au double. Entre les départements français, la différence est aussi du simple au double; entre les périodes décennales de la mortalité française, elle n'est que du quart.

Enfin, entre la natalité de la France qui est de 25 pour 1000 et la mortalité qui est de 22,3, la différence, c'est-à-dire l'excédent ou croît naturel de la population, est aujourd'hui de 2,7, autrement dit de 27 par 10 000 habitants. L'excédent moyen en Europe est de 9,5, soit presque 1 pour 100, résultat d'une natalité très supérieure à celle de la France et, partant, d'un plus grand nombre d'enfants par mariage (4,5 au lieu de 2,9, y compris les enfants illégitimes).

Les phénomènes secondaires de la démographie ne modifient que dans une faible proportion les rapports résultant de la natalité, de la nuptialité et de la mortalité. Les mort-nés n'ajoutent pas plus de 5 pour 100 au total des conceptions connues; il est probable qu'en France leur taux véritable ne dépasse pas même 4 pour 100. Les naissances illégitimes occupent une plus large place. Elles comptent en France à raison de 7,5 pour 100 environ dans le total des naissances vivantes. La France représente à peu près la moyenne européenne, avec une illégitimité supérieure à celle de l'Europe orientale et méridionale et inférieure à celle de la race germanique.

La séparation et le divorce rompent environ une union sur cent, mais jusqu'à présent ces ruptures n'altèrent pas sensiblement l'état démographique de l'Europe. Il en est de même des suicides, malgré l'augmentation signalée par la statistique. La proportion, en France, est de 1 suicide sur 150 décès.

ÉLECTIONS. — L'Académie procède, par la voie du scrutin, à l'élection d'un membre titulaire, dans la section de géologie, en remplacement de M. Hébert, décédé.

Les candidats avaient été classés dans l'ordre suivant :

En première ligne : M. Mallard.

En deuxième ligne *ex æquo* et par ordre alphabétique : M. Hautefeuille, M. Michel Lévy.

En troisième ligne *ex æquo* et par ordre alphabétique : M. Barrois, M. Marcel Bertrand, M. de Lapparent.

En quatrième ligne *ex æquo* et par ordre alphabétique : M. Jannettaz, M. Stanislas Meunier.

Le nombre des votants étant 59, majorité 30, *M. Mallard* obtient 35 suffrages (*élu*); *M. Hautefeuille*, 23; *M. Marcel Bertrand*, 1.

E. RIVIÈRE.

INFORMATIONS

Entre journalistes, il faut être indulgent. Les étrangers, qui critiquent souvent nos erreurs, sont faillibles eux aussi. Un grand journal de médecine anglais, le meilleur assurément avec *The Lancet*, à savoir le *British medical Journal*, dit que la *Revue philosophique* a ce rare honneur d'être dirigée par un ministre des affaires étrangères qui cumule les fonctions de ministre avec celles de professeur au Collège de France. Il faut détromper le *British medical Journal*. Nos lecteurs savent sans doute que notre éminent collaborateur, M. Th. Ribot, le directeur de la *Revue philosophique* et le professeur au Collège de France, n'est pas le ministre des affaires étrangères, et que M. Ribot, le ministre des affaires étrangères, n'est ni professeur au Collège de France, ni directeur de la *Revue philosophique*.

On annonce la mort de M. Berghaus, le géographe bien connu, de Gotha.

M. W.-F.-R. Weldon succède à M. Ray Lankester comme professeur d'anatomie comparée et de zoologie à l'*University College* de Londres.

M. de Forcrand publie, dans le n° 6 de l'*Université de Montpellier*, un travail d'ensemble sur l'œuvre scientifique de Chancel, le collaborateur de Gerhardt, le recteur de Montpellier, mort il y a quelques mois.

Un Congrès ornithologique se tiendra à Buda-Pesth en mai 1891 : il se terminera par des excursions ornithologiques.

Nous recommandons aux anatomistes et embryologistes la lecture du travail publié par M. Gaskell dans le *British medical Journal* du 13 décembre, ayant pour titre : « Le mode d'origine du système nerveux des vertébrés » L'auteur considère ce système comme s'étant formé et développé autour d'un canal alimentaire préexistant transmis par hérédité de l'embranchement des invertébrés.

Un comité s'est constitué à Londres, sous la présidence de Lister, pour la création de médecine *prophylactique* », devant participer du caractère de l'Institut Pasteur et du futur Institut Koch; cette institution sera consacrée à l'étude des maladies infectieuses chez l'homme et les animaux, et à la préparation des vaccins et remèdes des maladies au fur et à mesure qu'on les découvrira.

L'influenza sévit sur les chevaux de la région d'Édimbourg, et à Madrid la variole continue fréquente et meurtrière, comme d'ailleurs à Lisbonne.

Un relevé des cataractes du Niagara vient d'être fait, et a montré que, depuis 1742, le recul total a été de 104 pieds, en moyenne ; en certains points, il a été de 270 pieds. La largeur de la chute a passé de 618 à 903 mètres.

Après les morphiomanes, les éthéromanes et autres, voici les sulfonalomanes et les paraldéhydomanes. Ces deux variétés, d'origine récente — et pour cause — ont pris naissance en Amérique : le *New-York medical Record* semble du moins l'indiquer.

Un directeur de journal américain, récemment décédé, présentait une singulière forme de surdité : il n'entendait point les sons sifflants ou élevés. Il n'a jamais entendu le chant des oiseaux, mais, en compensation, le sifflet des chemins de fer ne pouvait avoir de prise sur lui.

CORRESPONDANCE ET CHRONIQUE

Production de l'immunité contre le tétanos chez les animaux.

MM. Behring et Kitasato viennent de faire connaître le procédé ingénieux à l'aide duquel ils ont réussi à produire, chez les animaux, l'immunité contre la diphtérie et le tétanos.

Ce procédé consiste à injecter, à des animaux susceptibles de prendre ces maladies, du sang ou seulement du sérum de sang d'animaux qui ont été rendus réfractaires à ces mêmes maladies.

Ces expérimentateurs, ayant donc réussi à rendre des lapins réfractaires au tétanos (par un moyen qu'ils n'ont d'ailleurs pas encore fait connaître, conformément aux nouvelles mœurs scientifiques allemandes), ont pu vacciner des souris contre une inoculation virulente de bacilles du tétanos, en leur injectant, vingt-quatre heures auparavant, une petite quantité (0ᶜᶜ,2 à 0ᶜᶜ,5) de sang de ces lapins.

Cette immunité ne serait d'ailleurs pas seulement efficace contre l'inoculation de bacilles vivants du tétanos, mais elle le serait encore contre l'action des poisons solubles ou *toxines* des cultures, dont les animaux vaccinés peuvent supporter des doses vingt fois supérieures à celles qui suffisent à tuer les animaux non vaccinés.

De plus, l'immunité ainsi produite serait durable.

Les auteurs ont fait de nombreuses expériences de contrôle avec le sang et le sérum sanguin des lapins non vaccinés, ainsi qu'avec le sérum de bœuf, de veau, de cheval et de mouton, qui toutes ont été négatives, tant au point de vue de l'immunité qu'au point de vue du traitement après infection.

Ainsi la propriété vaccinante du sang n'existe que chez les animaux rendus réfractaires, et cette propriété est assez persistante pour se conserver même après la transfusion du sang ou de sérum dans l'organisme d'autres animaux.

Il s'agirait là, d'après M. Behring, d'une action *antitoxique* ou *antifermentescible*, distincte de celle qu'on est convenu d'appeler *antiseptique* et *désinfectante*, et qui suppose une influence directe, non pas sur les toxines, mais sur les germes vivants eux-mêmes qui sécrètent le poison chimique.

Quoi qu'il en soit de cette explication encore hypothétique, nous devons rapprocher ces nouveaux faits des expériences à l'aide desquelles MM. J. Héricourt et Charles Richet ont mis en évidence l'action vaccinante du sang de chien contre diverses infections (1).

Dans une première série d'expériences, qui datent déjà d'environ trois ans, ces auteurs ont, en effet, réussi à conférer à des lapins, en leur infusant du sang de chien, l'immunité contre un microbe très virulent pour eux, mais qui ne produisait précisément chez le chien qu'une légère lésion locale. C'était là le premier exemple d'une immunité produite par la transfusion du sang.

Partant de ce fait, MM. Héricourt et Ch. Richet avaient imaginé de conférer, par le même procédé, l'immunité contre la tuberculose, à laquelle, comme on sait, les chiens sont très réfractaires. Or l'infusion de sang de chien a, en effet, très notablement ralenti, chez les lapins, l'évolution de la tuberculose, et ce ralentissement a même pris l'apparence d'une véritable vaccination chez des lapins qui avaient été transfusés avec du sang d'un chien préalablement inoculé avec une culture de bacilles de la tuberculose, et ayant résisté à cette infection expérimentale. Dans ce dernier cas, il semblait que l'immunité naturelle du chien contre la tuberculose eût été renforcée par l'infection, et transmise, ainsi accrue, par l'intermédiaire du sang, aux animaux qui avaient reçu celui-ci.

Ainsi donc, c'est dans cette nouvelle voie, ouverte par MM. Héricourt et Richet, que se sont engagés MM. Behring et Kitasato, à Berlin, et les nouveaux résultats obtenus prouvent qu'il s'agit d'une méthode féconde, susceptible d'être généralisée. Si ces applications se multiplient et si leur efficacité se confirme, la thérapeutique de l'avenir nous réserve de singuliers procédés, tout à fait imprévus il y a quelques années.   J. H.

_____

Un remède à la dépopulation de la France.

Je voudrais faire connaître aux lecteurs de la *Revue* une solution nouvelle de la grave question de la dépopulation de la France. Le principe de cette solution m'a été indiqué par M. H..., ingénieur des ponts et chaussées, et père de six ou sept enfants. Je n'ai apporté qu'une modification accessoire. Il m'est donc permis de vous dire ici que cette solution me paraît à la fois nouvelle, efficace et même *élégante*, pour employer le terme consacré.

Elle consiste en ceci :

Si le *cujus* meurt intestat, sa fortune serait partagée entre ses enfants, proportionnellement au nombre d'enfants vivants que les enfants ont eux-mêmes au jour du décès.

En cas de testament, la quotité disponible resterait ce qu'elle est à l'égard des étrangers ; elle serait fixée à la moitié de la fortune, quel que fût le nombre d'enfants, *pourvu* que les libéralités se limitassent à la ligne directe. En d'autres termes, le testateur pourrait disposer de la moitié de sa fortune pour avantager l'un de ses enfants ou de ses petits-enfants.

_____

(1) Voir : *Note sur un microbe pyogène et septique* (le *Staphyloc. pyosepticus*) *et les divers procédés de vaccination contre ses effets.* (C. R. de l'Académie des sciences, séance du 29 octobre 1888.)

Note sur la transfusion péritonéale du sang de chien au lapin et sur l'immunité qu'elle confère. (C. R., 5 novembre 1888 et 16 juin 1890.)

Communications, sur l'influence de la transfusion péritonéale du sang de chien sur l'évolution de la tuberculose chez le lapin. (*Société de biologie*, séances du 23 février 1889, des 31 mai, 7 juin et 15 novembre 1890.)

Reste à justifier ces deux dispositions.

La loi de succession *ab intestat* ne peut que présumer les intentions du défunt. Or, toutes choses égales d'ailleurs, il est rationnel de supposer que ledit défunt aurait voulu venir particulièrement en aide à ceux de ses enfants qui ont le plus besoin d'être aidés, c'est-à-dire à ceux qui ont les familles les plus nombreuses.

On objectera avec beaucoup de raison que « les choses ne sont jamais égales d'ailleurs » : que certains des enfants n'ont pu ou voulu se marier pour raisons de santé, par dévouement à leurs parents, ou pour un motif louable quelconque.

A cela, je répondrai que, quand il existe un motif quelconque de ce genre, il est connu du père ou de la mère, et que c'est à ceux-ci, par voie de disposition testamentaire, à en tenir compte.

On ne saurait demander, ni même contraire aux principes juridiques de demander à la loi de régler les détails : c'est aux individus de résoudre les *espèces* individuelles.

La solution proposée serait-elle efficace ?

Évidemment, car — on ne saurait en douter — la stérilité volontaire provient, surtout parmi les paysans qui forment les gros bataillons de la population française, de la crainte de voir les héritages partagés à l'infini. Quand on voit tous les procédés plus ou moins répréhensibles dont les héritiers usent pour se faire avantager, il est bien probable qu'ils recourront de préférence, peut-être même avec une véritable satisfaction, au moyen proposé par M. H...

De plus, comme l'a fort bien remarqué Le Play, la loi *ab intestat* crée à la longue des mœurs testamentaires. De cette faveur, qu'elle ferait aux enfants ayant famille nombreuse, s'établirait peu à peu un préjugé favorable aux grandes familles elles-mêmes.

Enfin, il est à peine besoin d'ajouter que cette modification à la loi successorale ne rencontre aucune des objections que soulèvent le rétablissement du droit d'aînesse, ou même la liberté de tester.

La fortune ne sort pas de la famille directe, de la famille du sang; la quotité disponible reste suffisamment faible, pour que les enfants, même non avantagés, touchent une part importante de l'héritage, etc.

G. G.

_____

La production des nodosités chez le pois à la suite d'inoculations.

La question des nodosités des légumineuses et de l'origine de l'azote chez ces végétaux continue à passionner les physiologistes et les agronomes. Tandis que certains botanistes estiment encore que les corpuscules bactériformes contenus dans ces nodosités ne sont pas des organismes autonomes, il semble résulter des recherches expérimentales de M. Prillieux, de M. Frank, de MM. Hellriegel et Wilfarth, de M. Marshall Ward, de M. Prazmowski, de M. Beyerinck de de M. Bréal, que ces productions sont dues au développement de microbes particuliers. Cependant, la culture fort difficile de ces êtres n'a pas permis d'obtenir des résultats d'une netteté qui les mette à l'abri de toute critique. On est donc réduit à emporter les convictions par des recherches nombreuses faites sur différentes espèces.

Après beaucoup d'essais infructueux, M. E. Laurent est arrivé à des résultats qui confirment pleinement la nature microbienne des nodosités du pois.

Comme M. Marshall Ward et M. Bréal, M. Laurent a eu recours à la méthode des cultures dans l'eau, qui s'est montrée si favorable à la solution de maints problèmes de physiologie végétale. Depuis assez longtemps, on avait observé que les légumineuses cultivées dans des liquides nourriclers ne donnent pas régulièrement des nodosités radicales. En 1888, l'auteur avait eu l'occasion de constater le même fait avec le pois. D'après M. Bréal, le développement de ces petits tubercules est assuré si l'on prend la précaution d'inoculer sous l'épiderme des jeunes racines de pois une petite portion du contenu des nodosités de luzerne. C'est ce que M. Laurent vient de vérifier de la façon la plus convaincante.

Ayant fait germer des graines de pois d'une variété très saine sur une étamine tendue au-dessus d'un cristallisoir rempli d'eau, et après quinze jours, les plantes ayant développé des tiges de 4 à 6 centimètres et des racines un peu plus allongées, mais vierges de tout renflement, quinze de ces pois furent cultivés dans le mélange nutritif de Sachs privé d'azote combiné et additionné de 0,5 pour 1000 de sulfate de potassium :

Eau distillée	1000 centimètres cubes.
Sulfate de magnésium . .	0,5 grammes.
— de potassium . . .	0,5 —
— de calcium	0,5 —
— de fer	0,01 —
Phosphate tricalcique . .	0,5 —
Chlorure de sodium . . .	0,5 —

Chaque bocal, en verre, de forme cylindrique, contenait environ 250 centimètres cubes de liquide et était fermé par un bouchon plat coupé en deux moitiés et percé d'une ouverture dans laquelle la plante était fixée.

Aussitôt les cultures préparées, M. Laurent prit un fil de verre terminé en pointe recourbée et le plongea dans la profondeur des nodosités de diverses espèce de légumineuses. Une petite quantité du contenu cellulaire restait adhérente au fil de verre, qui était introduit immédiatement sous l'épiderme des jeunes racines à infecter. Après chaque inoculation, la petite pointe de verre était jetée ou passée dans une flamme.

Voici les espèces avec lesquelles onze pois ont été inoculés :

3 pois avec nodosités de pois (Pisum sativum);
3 — de fève (Faba vulgaris);
2 — de trèfle incarnat (Trifolium incarnatum);
1 — de trèfle élégant (Trifolium elegans);
1 — de limaçon (Medicago scutellata);
1 — de lentille (Ervum Lens).

Quatre pois ne furent pas inoculés afin de servir de témoins.

Huit pois furent également mis en expérience dans le mélange nutritif de Sachs complet, c'est-à-dire avec 1 pour 1000 de nitrate de sodium. Ils furent inoculés comme suit :

3 avec nodosités de pois;
3 — de fève;
2 furent conservés comme témoins.

Enfin dix pois dans un mélange d'eau, de phosphate de calcium et de chlorure de potassium à 1 pour 1000, milieu employé par M. Bréal pour ses cultures. De ces dix plantes :

3 furent inoculées avec nodosités de pois;
2 — — de fève;
2 — — de trèfle incarnat;
1 — — de limaçon;
1 — — de lentille.

Deux servirent de témoins.

Toutes les cultures furent placées dans une serre afin de hâter la croissance. Des manchons en zinc entouraient les bocaux en verre et mettaient les racines à l'abri des rayons lumineux.

Après vingt-cinq jours, des nodosités commençaient à poindre sur les racines de plusieurs pois inoculés et il n'y en avait point sur les pois témoins. Après un mois, les résultats étaient tout à fait démonstratifs.

Tous les pois de la série avec liquide sans nitrate présentaient des nodosités. Elles étaient nombreuses et grosses sur les pois inoculés avec des nodosités de trèfle incarnat, de fève et surtout de pois; celles qui provenaient des inoculations faites avec les nodosités de limaçon et de trèfle élégant étaient moins saillantes. Enfin, sur le pois inoculé avec les nodosités de lentille, les renflements étaient encore plus petits et moins abondants.

Des quatre témoins, trois étaient tout à fait privés de nodosités; sur le quatrième, on voyait de légers soulèvements de l'épiderme, considérés d'abord par M. Laurent comme des nodosités en voie de formation. Il n'en était rien, car, après quelques jours, de petites racines se montraient à l'endroit des soulèvements épidermiques. Les racines des pois infectés artificiellement étaient plus trapues et moins ramifiées que celles qui n'avaient pas été inoculées. Il semblait même exister une différence analogue dans les bourgeons. La plupart des tiges des pois infectés, surtout celles qui correspondaient à des racines riches en nodosités volumineuses, étaient un peu moins élevées. La production de nodosités paraît donc nuire à la croissance par une sorte de balancement organique, au moins pendant les premiers temps de la végétation.

Dans le mélange nutritif de M. Bréal, les résultats furent entièrement comparables à ceux-ci, seulement la production des nodosités était moins brillante et les racines étaient plus courtes. Même, il n'y avait guère de nodosités sur les pois inoculés avec des renflements de fève et de trèfle incarnat. Bref, le milieu convient moins bien que le mélange de Sachs privé de nitrate.

Dans ce mélange avec nitrate, les résultats ont vivement frappé M. Laurent. La végétation a un aspect plus vigoureux; les tiges sont plus hautes, les feuilles plus larges et d'un vert plus foncé que dans les deux autres séries de cultures. Les racines sont aussi plus longues et plus ramifiées. Celles qui ont été inoculées avec des nodosités de pois présentent des nodosités petites et peu nombreuses. On a de la peine à les découvrir. Sur les trois pois inoculés avec des nodosités de fève, il n'y a que de très rares renflements.

En résumé, des vingt-cinq pois inoculés dans les trois séries de cultures, tous ont donné des nodosités plus ou moins abondantes selon la nature du liquide nutritif et des espèces qui ont fourni la substance inoculée. Des huit pois non inoculés, aucun n'a donné de nodosités.

Il est sans doute permis de conclure de ces résultats que les nodosités radicales des légumineuses renferment des organismes qui peuvent se transmettre par inoculation à des racines intactes. L'infection peut se faire entre plantes d'espèces différentes, ce qui tend à confirmer l'opinion déjà émise que ces microbes ne sont pas propres à chaque espèce.

Le résultat donné par les cultures de pois dans le liquide additionné de nitrate confirme cette observation faite par M. H. de Vries, M. Schindler et M. Vines que, dans un milieu riche en matières azotées, l'aptitude à produire des nodosités diminue d'une manière très sensible.

Comment interpréter cette influence des engrais azotés ? Est-ce une sorte de calcul égoïste de la part des légumineuses, se demande M. Laurent, ou bien est-ce le nitrate qui agit directement sur le microbe producteur des nodosités ? De nouvelles expériences sont nécessaires pour élucider ce point.

La flore du Caucase.

M. Koumetsow a récemment exposé, devant la *Société de géographie* de Saint-Pétersbourg, le résultat de l'exploration géologique et botanique du versant nord du Caucase, faite par lui en 1888 et 1889. Le compte rendu de cette communication vient d'être donné par la *Revue française de l'étranger*.

Le problème spécial posé à l'explorateur était d'étudier la flore du versant nord du Caucase dans ses rapports avec la géologie, c'est-à-dire de préciser le caractère de la végétation comme conséquence du concours du climat et de la configuration du sol. La flore du Caucase est connue depuis longtemps, grâce aux études de toute une série de savants : Lebedour, Ruprecht, Bunge, Becker, Radde, Trautwetter, Maximovitch, etc. ; mais elle avait été étudiée jusqu'ici, pour ainsi dire en elle-même, tandis que c'est seulement grâce aux travaux de physique et de géologie d'Abich et du corps des topographes militaires, sous la direction du général Stebnitzky, qu'on possède maintenant les matériaux nécessaires pour obtenir un tableau complet de cette flore au point de vue à la fois botanique et géologique.

Le Caucase s'étendant entre l'Europe et l'Asie, on pouvait admettre en principe que sa flore offrirait une réunion des flores européenne et asiatique, puis, à titre de troisième élément, renfermerait un certain nombre de plantes purement indigènes. En partant de cette hypothèse, on devait se représenter une flore en prédominance européenne dans la partie occidentale du Caucase, une flore principalement asiatique dans la partie orientale et un mélange de ces deux flores dans la partie centrale. Aussi M. Kousnetsow eut-il pour mission d'explorer d'abord la région ouest, puis la région est, et enfin le centre des montagnes, non seulement au point de vue de l'étude de la flore dans sa dépendance du climat et de la configuration du sol, mais aussi au point de vue de l'extension de la végétation aux différentes altitudes. En conséquence, le voyageur a tenu un double journal, l'un spécialement botanique, l'autre hypsométrique, et il est arrivé par ce moyen à répartir la flore en une série de zones, qui, comparées entre elles pour les trois domaines d'exploration, l'ouest, l'est et le centre, et étudiées sous le rapport géologique et climatologique, devaient fournir le résultat désiré.

M. Kousnetsow est actuellement occupé à classer ses collections botaniques, et il a commencé par les différentes essences d'arbres. Dans une première séance, il a indiqué quelques résultats de ses travaux. Il a découvert, sur le versant nord du Caucase, des espèces d'arbres qui n'avaient pas figuré jusqu'ici dans les nomenclatures de la flore de cette contrée : le châtaignier, le houx (*ilex*) et une variété d'érable. De plus, il existe dans cette région des variétés de tilleul, de chêne et de *Rhamnus cathartica* propres au Caucase. Le voyageur a exposé ensuite à grands traits les résultats de ses investigations. Parti en mai 1888 de Catherinodar, il a étudié le bassin du Kouban et spécialement les vallées du Schelach, de la Bélaia, du Laba et de l'Ouroup, en remontant jusqu'aux sources de ces cours d'eau et en franchissant quatre fois les montagnes. L'été dernier, M. Kousnetsow a commencé ses études à Vladikavkaz, pour continuer dans le territoire du Térek, puis dans le Daghestan. Puis il a exploré la partie centrale entre l'Elbrous et le Kazbek, pour clore le cycle de ses études par des excursions le long de la côte de la mer Noire, sur le versant sud du Caucase occidental.

Le résultat général de ces investigations a confirmé la conception qu'on s'était faite en principe de la répartition de la flore du versant nord du Caucase, en ce sens que celle-ci est européenne dans l'ouest et asiatique dans l'est, mais le caractère de la végétation est soumis à des conditions beaucoup plus compliquées qu'on ne peut se l'imaginer *a priori*. D'abord les vents dominants sont de la plus haute importance dans cet ordre d'idées. Dans l'ouest, par exemple, c'est la région des vents du nord-ouest, qui saturent l'air chaud de l'humidité venant de la mer Noire. Dans l'atmosphère des hautes montagnes, cette humidité se résout en des pluies fécondes qui arrosent d'une manière beaucoup plus régulière les vallées, parallèles à la direction des vents. Plus loin, vers l'ouest, la situation change complètement. La région est sous la même influence de l'air saturé d'humidité, mais les montagnes ne sont pas assez élevées pour que celle-ci se résolve en pluie, ce qui a pour conséquence de transformer la contrée en un steppe aride, formant contraste avec les parties boisées et bien arrosées du Caucase occidental.

Dans le territoire du Kouban, la flore se répartit comme suit, du pied des montagnes jusqu'aux limites de la végétation : zone des steppes, zone du rhododendron et du bouleau, zone alpestre, région

des neiges. La zone alpestre de l'ouest caucasien répond entièrement à la région similaire des Alpes suisses, et le caractère général de la flore y vers l'Est. Si, au contraire, nous nous tournons vers l'Est, nous trouvons des vents du nord-est saturés, il est vrai, de l'humidité venant de la Caspienne, mais qui atteignent le Daghestan seulement après avoir franchi les chaînes de montagnes qui le séparent de cette mer et où ils ont perdu leur humidité. Aussi la flore du Daghestan est-elle celle d'une région complètement sèche et rappelle-t-elle la végétation de l'Asie centrale. On remarque toutefois un contraste frappant dès qu'on a passé la ligne de séparation des eaux entre le bassin du Soulak et celui du Térek. Le bassin du cours supérieur et moyen de cette dernière rivière profite encore de l'humidité des vents du nord-est, de sorte qu'on est tout étonné d'y retrouver le caractère de la flore européenne — bien que, à la vérité, nombre de plantes rappellent le type asiatique.

Les conditions sont tout autres dans le centre du Caucase. Les vents du nord-est ne soufflent pas parallèlement à la direction des vallées, ils les touchent verticalement, ce qui a pour conséquence qu'ils n'y laissent pas leur humidité. Aussi la répartition de la végétation y est-elle différente : zone des steppes, zone du buis, zone des pins, zone du rhododendron et du bouleau, zone alpestre, région des neiges.

Sur la base des études géologiques de M. Kousnetsow, on peut se faire, en général, l'idée suivante de la naissance et du développement de la flore actuelle du Caucase. En partant du principe que les flores actuelles les plus semblables à celle de l'époque tertiaire sont les plus anciennes, on doit considérer comme telle la flore du Transcaucase, dans la région de Koutaïs. On y trouve des essences, voire une flore entière, analogues à celles du Japon. La géologie nous apprend qu'à l'époque tertiaire, à laquelle cette flore prit naissance, le Caucase était une île entourée par la mer (ce qu'on appelle la mer Sarmante), de sorte que le climat y était alors beaucoup plus humide qu'aujourd'hui. Elle nous apprend, en outre, que le massif central du Caucase n'avait pas encore les proportions colossales qu'il a maintenant, l'Elbrous et le Kazbek, les gigantesques volcans aujourd'hui éteints et qui forment les sommets les plus élevés des monts Caucase, ayant surgi seulement après la formation des montagnes. Cette formation a dû produire de grands changements du climat, lesquels se sont manifestés par un puissant développement des glaciers et la destruction de la flore, tandis que, avec le retrait graduel de la mer, puis des glaciers, la flore a peu à peu repris ses droits, mais en devant s'approprier aux nouvelles conditions du climat.

C'est ainsi que le type tertiaire s'est conservé en partie jusqu'à nos jours dans le Transcaucase, à Koutaïs, et qu'on en aperçoit aussi des traces sur le versant nord du Caucase, tandis que les vallées du Kouban et du Térek appartiennent à une même région botanique, celle de l'Europe centrale, et que la partie orientale, principalement le Daghestan, rappelle, au point de vue de la flore, les régions desséchées de l'Asie centrale.

— **Thermo-dynamique de l'atmosphère.** — Dans une des dernières séances de l'Académie des sciences de Berlin, M. Bezold, directeur de l'Institut météorologique prussien, a exposé quelques théorèmes sur la thermo-dynamique de l'atmosphère. Il s'est occupé du premier lieu de l'influence exercée par le mélange de couches d'air à des températures différentes et presque saturées de vapeur d'eau, sur la formation des brouillards et des nuages. Hutton avait attribué à ce phénomène une influence trop grande, Wettstein l'avait trop négligé. Hann a démontré l'influence du mélange, mais en même temps il a prouvé que l'expansion adiabatique joue un rôle plus considérable. D'après M. Bezold, des considérations thermo-dynamiques, basées sur des méthodes graphiques, démontrent que le mélange d'air chaud saturé de vapeur d'eau, avec de l'air froid non saturé, peut causer beaucoup plus facilement des condensations que celui d'un courant d'air froid saturé de vapeur d'eau avec une couche d'air chaud non saturé. La quantité d'eau condensée de la sorte est très petite; l'action des expansions adiabatiques et du refroidissement direct l'emporte de beaucoup. Si l'on mêle, par exemple, sous une pression de 700 millimètres, de l'air à 0° et à +20° saturé de vapeur, on n'obtient que 0^{gr},75 d'eau pour chaque kilogramme de mélange, qui aura une température finale de +11°. Un refroidissement direct de +20° à +19°,2, ou de -1 20° à +18°,4 par une expansion adiabatique, suffirait pour produire la même quantité d'eau. Si l'air contient des particules d'eau suspendues, une évaporation et un abaissement de température peuvent se produire sous l'influence d'un courant d'air chaud. Si l'air est saturé mécaniquement, mais non hygroscopiquement, l'abaissement peut se produire, même si l'air chaud qui entre est saturé de vapeur. Si, au contraire, l'air froid est aussi saturé de vapeur, l'air chaud qui entre doit être sec. Il faut en conclure que des mélanges d'eau liquide et d'air non saturé doivent se refroidir, et que ce refroidissement doit être d'autant plus sensible que l'air est plus éloigné de son point de saturation et que la quantité d'eau est plus grande. C'est ce qui explique que la couche limite d'un brouillard ou d'un nuage se dissout à une température plus basse que les couches supérieures ou inférieures à cette limite; ce fait a été observé à plusieurs reprises dans des voyages en ballon.

— LE CRAPAUD ET LES RUCHES. — Contrairement à l'opinion courante, le crapaud (Bufo cinereus), d'après la Revue des sciences naturelles appliquées, ne serait pas un ennemi que l'apiculteur doit dédaigner.

M. Guétier, de la Société impériale russe d'acclimatation des animaux et des plantes, a eu l'occasion d'observer un soir, au rucher de la Société, un crapaud qui, monté sur la planche conduisant à l'ouverture de la ruche, guettait les abeilles et les avalait une à une, au fur et à mesure de leur arrivée. L'animal était si absorbé dans sa chasse qu'il laissa l'observateur approcher sans discontinuer son travail de destruction, et cela dura ainsi pendant une heure et demie.

Ayant ouvert le crapaud, M. Guétier trouva son estomac littéralement bourré d'abeilles.

Pour se rendre compte de l'étendue du préjudice causé par cet animal, M. Guétier en attrapa plusieurs au hasard dans l'herbe du rucher, tous contenaient des abeilles.

Mis ainsi en garde, M. Guétier surprit souvent depuis des crapauds occupés à attendre les abeilles à l'entrée des ruches. Il est donc évident que, non content de manger les abeilles attardées qui n'ont pu monter à la ruche, le crapaud se livre à une chasse systématique.

Si l'on considère que le goût de cette chasse est assez répandu parmi les crapauds et qu'elle a lieu quotidiennement, on se fera une idée des proportions dans lesquelles ces utiles insectes périssent si l'ennemi peut accéder à la porte de la ruche.

L'IMMIGRATION AUX ÉTATS-UNIS. — Le rapport, pour le mois d'août, du Commissaire du commerce extérieur et de l'immigration, fait ressortir le changement qui, depuis plusieurs années, se produit dans l'immigration aux États-Unis; des États européens qui, il y a vingt ans, n'envoyaient personne, se rangent aujourd'hui parmi les principaux fournisseurs.

Les pays qui, au début, ont donné la plus forte contribution, n'ont guère varié. L'immigration venue de la Grande-Bretagne s'est maintenue la même durant de longues années; celle venue d'Irlande, autrefois égale à la moitié du contingent européen tout entier, a diminué de 10 pour 100 et décroît régulièrement. Le flot envoyé par l'Allemagne reste aussi considérable, à peine moindre de 1000 (9000 par mois) que celui de l'Angleterre et de l'Irlande.

La part qui revient à l'ensemble des peuples germaniques est de 54 pour 100; à la race celtique, de 12 pour 100; aux Slaves, de 18 pour 100; aux Latins, de 16 pour 100.

Or, autrefois, à l'exception de quelques Français, ni Slaves, ni Latins ne s'établissaient aux États-Unis. Pour août 1890, le nombre des immigrés de Bohême a été quatre fois plus fort que dans le même mois de 1889; celui des Hongrois s'est accru de 50 pour 100; celui des Italiens, de 150 pour 100; celui des Polonais, de 350 pour 100; et des Russes, de 50 pour 100. Il faut toutefois, remarquer que des milliers de ces immigrants s'introduisent en fraude des lois sur les contrats de travail, et repartent pour leur pays dès qu'ils ont amassé un petit pécule en travaillant aux chemins de fer, aux constructions ou aux mines; mais ils ne sont encore qu'une minorité.

— FACULTÉ DES SCIENCES DE PARIS. — Le lundi 22 décembre 1890, M. Thouvenin soutiendra, pour obtenir le grade de docteur ès sciences naturelles, une thèse ayant pour sujet : Recherches sur la structure des saxifragacées.

INVENTIONS

COLORIS DES PHOTOGRAPHIES AU MOYEN DES COULEURS A L'ANILINE. — Certaines photographies, telles que celles des artistes en costume de théâtre, des soldats en uniforme, des statues, des paysages, prennent un cachet artistique et d'exquise vérité si on les colorie au moyen des couleurs à l'aniline. En revêtant les couleurs tendres et naturelles des objets reproduits, les photographies conservent toute leur finesse, toute leur transparence.

Avant de colorier les épreuves sur papier albuminé, aristotypique ou autre, on les recouvre d'une couche de fiel de bœuf, puis d'un léger vernis à la gomme (2 parties de gomme pour 100 d'eau).

Les couleurs doivent être largement étendues d'eau; on précède par lavis, et quand une couche de couleur a été donnée, on la laisse sécher pour juger de l'effet, car, le plus souvent, la couleur se fonce en séchant. Des couches de couleurs différentes superposées donnent des tons divers : du jaune sur du bleu forme du vert; du jaune déposé sur du vert le modifie, etc. On peut mélanger les couleurs à l'aniline aux couleurs à l'aquarelle. Lorsque le coloris est entièrement terminé et bien sec, on encaustique l'épreuve, ce qui lui donne plus d'éclat et de solidité.

Les marchands d'articles pour photographies ont généralement des couleurs à l'aniline toutes préparées.

Un autre procédé beaucoup plus simple et à la portée de tout le monde, mais qui donne une teinte uniforme, consiste à placer l'épreuve positive dans une solution d'une couleur d'aniline. Les épreuves prennent des teintes roses, bleues, vertes ou jaunes très curieuses. L'expérience montrera s'il y a avantage à opérer comme il a été dit précédemment avant et après l'immersion dans le bain.

— NOUVEAU BATEAU SOUS-MARIN. — Un ingénieur italien, M. Balsamello, a inventé un nouveau type de bateau sous-marin, dont on a fait récemment l'essai à Civita-Vecchia et qui a donné des résultats satisfaisants. Le caractère particulier de ce bateau, c'est qu'il a la forme d'une sphère : aussi lui a-t-on donné le nom de Palla nautica. L'intérieur de cette sphère contient l'appareil moteur et tous les organes nécessaires à produire l'immersion et le retour à la surface de l'eau, ainsi que le logement de l'équipage. Des lentilles permettent de voir à l'extérieur les objets submergés que l'on voudrait saisir, et des grappins, qui sont manœuvrés de l'intérieur, sont disposés à cet effet. Les essais ont été faits en présence de délégués des ministres de la marine, de la guerre, de l'industrie et du commerce, des travaux publics. Le bateau sphérique a bien marché en ligne droite, à la surface de la mer et sous l'eau, évoluant facilement dans toutes les situations. Il a passé sous la carène d'un grand navire qui lui avait été désigné. A ce moment, un large bordage, lesté pour couler, fut jeté à l'eau; le bateau sous-marin étant invisible; une détonation fut bientôt entendue; une projection d'eau s'éleva à l'endroit où le bordage se trouvait et les débris de cette pièce de bois coulèrent. Le bateau sous-marin revint en même temps à la surface, à 40 mètres de distance.

CHARNIÈRE SUPPRIMANT LE FROTTEMENT. — Cet appareil est fort simple ! la goupille supérieure est remplacée par une vis de réglage pouvant consister en un simple écrou qui permet de soulever légèrement la porte si elle frotte sur le plancher, comme cela arrive souvent.

BIBLIOGRAPHIE

Sommaires des principaux recueils de mémoires originaux.

REVUE FRANÇAISE DE L'ÉTRANGER ET DES COLONIES (1er oct. 1890). — Radiguet : Paris port de mer. — Cochard : Paris, Boukara, Samarcande. — Écoles navales de commerce. — Sommes consacrées aux missions. — Kœtschet : Lettre de Bosnie. — Woodford : Exploration aux Îles Salomon. — Radiguet : Croisade médicale.

— ANNALES DE L'INSTITUT PASTEUR (septembre 1890). — Selander : Contribution à l'étude de la Swinepest. — Wagner : Le charbon des poules. — Wissokowicz : Statistique de l'Institut Pasteur de Charkow, en 1889.

— ARCHIVES GÉNÉRALES DE MÉDECINE (octobre 1890). — Brissaud : Le spasme saltatoire dans ses rapports avec l'hystérie. — Chauffard : De la guérison apparente et de la guérison réelle dans les affections hépatiques. — Bazy : Étude sur les faux urinaires et en particulier sur les faux urinaires glycosuriques. — Hanot et Parmentier : Note sur le foie cardiaque chez l'enfant, asystolie hépatique, cirrhose cardiaque. — Chipault : Chirurgie rachidienne du mal de Pott.

— MIND (n° 60, octobre 1890). — *Herbert Spencer* : L'origine de la musique. — *James Sully* : Élaboration mentale. — *Thomas Whittaker* : Psychologie de Folkmann. — *Hugh Orange* : Berckley comme philosophe moraliste. — *Croom Robertson* : Le sens musculaire et le sens du temps, d'après Munster Berg. — *Watson* : L'idée de l'espace, d'après Herbert Spencer. — *Stout* : La connaissance de la réalité physique, d'après Pikler.

— REVUE D'HYGIÈNE THÉRAPEUTIQUE (octobre 1890). — *Weisgerber* : Aperçu sur les conditions sanitaires et hygiéniques du Sahara algérien et de l'Oued Rir. — *Koch* : État actuel de la bactériologie.

— REVUE UNIVERSELLE DES MINES (septembre 1890). — *Alardin* : Notice sur les installations de chargement du port de Cardiff. — *Despret* : Note sur les perfectionnements successifs des fours Siemens. — *Hasslacher* : Rapport général de la Commission prussienne du grisou. — *Albion Snell* : Sur la distribution générale de la force motrice par l'électricité dans les travaux des mines.

— ANNALES D'HYGIÈNE PUBLIQUE ET DE MÉDECINE LÉGALE (oct. 1890). — *Brouardel* : Les dépôts mortuaires. — *Reuss* : L'hygiène au Chili. — *Giraud* : La prostitution à Lyon. — *Thoinot* : Étude sur la désinfection à l'acide sulfureux.

— JOURNAL DE LA SOCIÉTÉ DE STATISTIQUE DE PARIS (octobre 1890). — *A. de Foville* : La loi des catastrophes de M. Auguste Chirac. — *Loua* : De la morbidité et de la mortalité dans les sociétés de secours italiennes.

— ARCHIVES DE MÉDECINE NAVALE ET COLONIALE (octobre 1890). — *Porte* : Nouvelles recherches sur le *Cassia alata*. — *Beaumanoir* : Contribution à la géographie médicale.

— JOURNAL OF PHYSIOLOGY (t. X, n° 1 à 10 ; t. XI, n° 1, 2 et 3, 1889-1890). — *Head* : Régulation de la respiration. — *Mac Munn* : Origines de l'hématoporphyrine et de l'urobiline dans l'organisme. — *Lombard* : Réflexe rotulien. — *Yeo* : Durée de la période d'excitation latente dans la contraction musculaire. — *Gaskell* : Relation entre l'origine et les fonctions des différents nerfs crâniens. — *Copeman* et *Winston* : Bile humaine avec fistule biliaire. — *Halliburton* : Liquide cérébro-spinal. — *Sanderson* et *Gotsch* : Organes électriques des raies. — *Langley* : Sécrétion salivaire. — *Wooldridge* : Coagulation du sang. — *White* : Histologie et fonctions des ganglions sympathiques des mammifères. — *Bratford* : Innervation des vaisseaux du rein. — *Schore* et *Jones* : Structure du foie des vertébrés. — *Sherington* : Dégénérescences secondaires des nerfs à la suite de lésion de l'écorce. — *Langley* : Histologie des glandes muqueuses de la salive. — *Stewart* : Effets de l'excitation d'un nerf polarisé avant et après la polarisation. — *Halliburton* et *Freud* : Le stroma des globules rouges du sang. — *Sherrington* et *Ballance* : Formation de nouveaux tissus. — *White* : Effets des lésions du corps strié et des couches optiques sur la température. — *Woontsch* et *Warren* : Réflexe rotulien et ses modifications. — *Smith* : Respiration chez les chevaux pendant le repos et le travail. — *Ringer* : Influence des sels de calcium, de sodium et de potassium sur le développement des œufs de grenouille. — *Roy* et *Sherington* : Irrigation sanguine du cerveau. — *Noël Paton* : Composition et circulation du chyle dans le canal thoracique chez l'homme. — *Hunter* : Mesure de la densité spécifique du sang. — *Sewall* et *Pollard* : Relations entre la respiration costale et la respiration diaphragmatique. — *Sewall* et *Sandford* : Études pléthysmographiques sur le système vaso-moteur de l'homme après stimulations électriques. — *Bolleston* : Température des nerfs durant l'activité et durant les processus de mort. — *Lea* : Étude comparative sur les digestions artificielles et naturelles.

— REVUE D'HYGIÈNE ET DE POLICE SANITAIRE (oct. 1890). — *A.-J. Martin* : L'assainissement de Marseille. — *Trélat* : L'eau de rivière envisagée comme eau de boisson. — *Magnan* : Signes cliniques de l'absinthisme. — *Blanchard* : Les animaux parasites introduits par l'eau dans l'organisme. — *Van Merris* : Sur l'action thérapeutique du séjour à la mer dans les tuberculoses.

— REVUE MILITAIRE DE L'ÉTRANGER (t. XXXVII, n° 747, 1890). — Les Académies militaires en Russie. — La loi du 15 juillet 1890 et les effectifs de paix de l'armée allemande. — L'organisation militaire de la Roumanie.

L'administrateur-gérant : HENRY FERRARI.

MAY & MOTTEROZ, Lib.-Imp. réunies, Rt. B, 7, rue Saint-Benoît. [1818]

Bulletin météorologique du 8 au 14 décembre 1890.

(D'après le *Bulletin international du Bureau central météorologique de France*.)

DATES.	BAROMÈTRE à 1 heure DU SOIR.	TEMPÉRATURE			VENT. FORCE de 0 à 9.	PLUIE. (Millimètres.)	ÉTAT DU CIEL à 1 HEURE DU SOIR.	TEMPÉRATURES EXTRÊMES EN EUROPE	
		MOYENNE.	MINIMA.	MAXIMA.				MINIMA.	MAXIMA.
☾ 8	754ᵐᵐ,90	— 0°,3	— 3°,5	3°,2	S.-E. 2	0,0	Cirro-cumulus S.-W. 1/4 S.	— 23° à Arkangel. — 15° à Kuopio ; — 13° Haparanda.	31° Alger ; 20° la Calle ; 19° Funchal, Nemours.
♂ 9	759ᵐᵐ,20	— 1°,9	— 3°,5	0°,5	N.-N.-E. 2	0,0	Cirro-stratus et alto-cumulus au S. et à l'E.	— 20° à Haparanda ; — 15° à Kuopio ; — 13° Moscou.	20° à la Calle ; 19° Palerme ; 18° Biskra, Nemours.
☿ 10	761ᵐᵐ,74	— 5°,5	— 6°,6	— 3°,6	E.-N.-E. 2	0,0	Cumulus gris peu nets au N.	— 16° Kiew ; — 14° Moscou ; — 11° Hernosand, Arkangel.	18° Funchal, Alger ; 16° Oran ; 17° Nemours.
♃ 11	760ᵐᵐ,08	— 6°,5	— 8°,6	1°,9	E.-S.-E. 2	0,0	Beau. Transp. de l'atmosphère, 8 kilomètres.	— 16° Nicolaïeff ; — 14° Moscou ; — 13° Pic du Midi.	20° Funchal ; 18° Nemours ; 17° île Sanguinaire.
♄ 12 1. L.	756ᵐᵐ,29	— 4°,4	— 8°,4	1°,1	N.-N.-E. 2	0,0	Beau.	— 19° Kiew ; — 18° Hermanstadt ; — 11° Hernosand.	20° Funchal ; 18° Annaba, cap Béarn ; 16° la Calle.
♄ 13	759ᵐᵐ,06	— 4°,4	— 8°,4	1°,3	E.-S.-E. 2	0,0	Très beau.	— 15° Kiew, Moscou, Hermanstadt ; — 14° Lemberg.	20° Funchal ; 18° la Calle, Laghouat ; 14° cap Béarn.
☉ 14	757ᵐᵐ,94	— 7°,1	— 9°,4	— 3°,6	E.-N.-E. 2	0,0	Cirrus lointains au N.	— 18° Moscou ; — 15° Kiew ; — 14° Belfort, m. Ventoux.	20° Funchal, cap Béarn ; 15° Nemours, Oran, Alger.
MOYENNE.	758ᵐᵐ,55	— 4°,55	— 7°,00	— 0°,77		TOTAL...	0,0		

REMARQUES. — La température moyenne est bien inférieure à la normale corrigée 2°,7 de cette période. Les pluies ont été rares, et même la neige. Nous signalerons cependant 52ᵐᵐ à la Calle le 9, 23 à la Corogne, 20 à Lisbonne le 11, 106ᵐᵐ à Nemours, 20 à Oran le 12, 23ᵐᵐ à Nemours le 13, 45 à la Calle, 44 à Brindisi le 14.

CHRONIQUE ASTRONOMIQUE. — Mercure suit le Soleil, passant au méridien le 21, à 1ʰ 17ᵐ 44ˢ ; Vénus, au contraire, le précède, atteignant son point culminant à 10ʰ 42ᵐ 21ˢ ; Mars, encore brillant le soir, passe au méridien à 4ʰ 22ᵐ 20ˢ ; Jupiter, plus éclatant, le précède et vient à 2ʰ 50ᵐ 23ˢ. Saturne, belle étoile du matin, arrive à 5ʰ 16ᵐ 50ˢ. Le 21, le Soleil entre dans le signe du Capricorne, donnant le signal de l'hiver. Le 24, Vénus est stationnaire, ainsi que Saturne le 27.

P. Q. le 18 ; P. L. le 20.

L. B.

REVUE
SCIENTIFIQUE
(REVUE ROSE)

Directeur : M. Charles Richet

| NUMÉRO 26 | TOME XLVI | 27 DÉCEMBRE 1890 |

SCIENCES MÉDICALES
Une nouvelle maladie, l'acromégalie (1).

Messieurs,

La maladie dont je vais vous entretenir est une maladie nouvelle, et c'est grâce aux circonstances qui m'ont permis d'en faire une étude spéciale que j'ai l'honneur de prendre à ce sujet la parole devant vous. — Avant d'entrer dans le cœur du sujet, permettez-moi d'attirer votre attention sur cette épithète : « maladie nouvelle ». Je conviens volontiers qu'à première vue, il n'y a là rien de fort engageant, ce bloc enfariné ne nous dit rien qui vaille, et à bon droit. Mais encore faut-il s'entendre. Il y a différentes manières pour les maladies d'être « nouvelles ». La dengue, l'influenza, et pour le règne végétal, le phylloxéra et bien d'autres maladies parasitaires, ont pu de nos jours être considérés comme des « maladies nouvelles », soit parce que les unes n'avaient pas encore été observées dans nos pays, soit parce que les autres étaient restées si longtemps sans s'y montrer qu'on en avait presque perdu le souvenir. — Dans un autre ordre d'idées, une maladie est dite « nouvelle », lorsque, méconnue jusqu'alors, confondue avec d'autres affections qui présentent un ou plusieurs symptômes communs, elle est un beau jour isolée, étudiée et décrite par un clinicien à l'esprit plus indépendant ou plus subtile. Certes, la maladie elle-même a existé de tout temps, nombre de

(1) Leçon faite à l'École-pratique de la Faculté de médecine.
27ᵉ ANNÉE. — TOME XLVI.

médecins s'étaient trouvés en présence de faits de ce genre, mais aucun jusqu'alors n'avait su rattacher les uns aux autres ces différents symptômes, les grouper en un faisceau, étudier l'histoire naturelle de ce groupement, en suivre la marche, et enfin reconnaître les lésions dont ces symptômes dépendaient. C'est ainsi, par exemple, que lorsque Bretonneau isolait la diphtérie des angines gangréneuses, il créait une « maladie nouvelle »; c'est ainsi que la sclérose latérale amyotraphique de Charcot fut aussi une « maladie nouvelle » arrachée au *caput mortuum* du groupe des myélites chroniques.

En présence de la première classe de ces « maladies nouvelles », de celles qui viennent inopinément fondre sur nous, j'avoue que notre pauvre humanité n'a guère qu'à courber la tête; elle n'a certes pas lieu de se réjouir de ce nouvel impôt frappé sur la santé publique. Mais pour les « maladies nouvelles » de la seconde variété, pour celles dont nous venons de parler en dernier lieu, il en est tout autrement. Ici, nous et nos semblables n'avons plus rien à perdre, mais tout à gagner; car, à proprement parler, ce n'est pas la maladie qui est « nouvelle », mais bien la connaissance que nous en avons, et connaître une maladie, c'est actuellement faire un grand pas dans la voie de sa guérison ou tout au moins de sa prophylaxie.

C'est à cette seconde variété de maladies nouvelles qu'appartient l'acromégalie dont je dois vous entretenir maintenant. — Parcourons tout d'abord son extrait de naissance : l'acromégalie a vu le jour en 1886, à la Salpêtrière; M. Pierre Marie, alors chef de clinique de M. Charcot, fut à la fois son père et son parrain. Presque aussitôt, de différents côtés et surtout en Allemagne (Erb, Minkowski, Schultze, Freund, Strümpell, Virchow, etc...), le nouveau-né était reconnu comme doué d'une bonne constitution, et c'est en toute justice que M. Verstraeten, de Gand, proposait de donner à l'acromégalie un autre nom, celui de « maladie de Marie ». Pour moi, qui ai eu la bonne fortune d'être présent à la genèse de cette affection, je n'ai cessé de m'intéresser à son développement, et j'aurai du moins eu l'honneur de signer comme té

Fig. 71. — A droite, main d'un homme acromégalique ;
à gauche, main d'un homme sain de même taille que l'acromégalique.

moin (1) l'acte de naissance dont je vous parlais tout à l'heure.

Qu'est-ce donc que l'acromégalie? L'étymologie va nous répondre : ακρον : extrémité ; μεγας : grand, volumineux. Et, en effet, suivant la définition même de M. Pierre Marie, ce qui caractérise cette affection, c'est « une augmentation très marquée du volume des extrémités supérieures, inférieures et céphaliques »; en un mot les *mains*, les *pieds* et la *tête* sont réellement énormes chez ces malades et présentent un aspect tout particulier.

Mais n'allez pas croire que tout individu présentant de gros pieds et de grosses mains soit par cela même un acromégalique; ce n'est là qu'un des

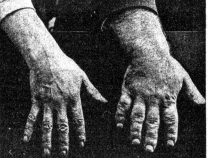

Fig. 72. — A droite, main d'un homme acromégalique ;
à gauche, main d'un homme sain de même taille que l'acromégalique.

symptômes de cette maladie, et pour conclure à son existence, il faut la réunion d'un certain nombre de caractères réalisant ce qu'on appelle en clinique un tableau symptomatique complet.

L'aspect des *mains*, par exemple, est tout à fait caractéristique : elles sont courtes tout en étant fort larges (1); à peine augmentées dans le sens de la longueur, elles sont de près d'un tiers plus larges et plus épaisses que chez un sujet normal (fig. 71); aussi tous les auteurs sont-ils unanimes à insister sur leur apparence *camarde* : « mains en battoir », disent les Français ; « mains en forme de bêche », disent les Anglais. Pour vous faire une idée des dimensions de ces extrémités, veuillez noter les chiffres suivants, que vous pourrez ensuite comparer avec ceux que vous donneront les mêmes mensurations sur vos propres mains. La circonférence prise au niveau de la paume de la main est chez les hommes de 30, 31 et même 35 centimètres ; chez les femmes, on observe des chiffres de 26 centimètres et au-dessus ; l'épaisseur de la main est également très grande (fig. 72). C'est ainsi, par exemple, qu'au milieu de la paume, elle peut avoir 31 et même 33 millimètres ; par suite de cet épaississement des téguments et des parties sous-jacentes, l'aspect de la paume se trouve modifié, les sillons et les plis y acquièrent des dimensions inusitées, d'où le nom de « main capitonnée » employé pour peindre cet aspect (fig. 73). Les *doigts* participent à l'augmentation de volume de

---

(1) Souza-Leite, *De l'acromégalie* (maladie de P. Marie); thèse de Paris, 1890; Lecrosnier et Babé.

(1) Acromacrie (de μακρος, large) eût donc été préférable ici à acromégalie. Tel était tout d'abord l'avis de M. Pierre Marie, mais nous tenons de lui-même qu'il renonça à cette appellation pour des raisons d'euphonie, assez évidentes d'ailleurs.

la main ; également gros à l'extrémité et à la base, ils méritent incontestablement l'épithète de « doigts en saucissons ». La bizarrerie de ces étranges déformations se trouve encore accrue par la façon dont se comportent les ongles ; ils sont, en effet, aplatis et comme trop petits pour les extrémités digitales qu'ils ont à recouvrir, se laissant déborder de toutes parts par les parties molles adjacentes qui rebroussent autour d'eux. Le pouce peut atteindre une circonférence de 11 et 12 centimètres ; celle du médius est souvent de 90 ou

Fig. 78. — Homme acromégalique ;
la main droite paraît plus petite que la gauche, par suite d'un défaut
de mise au point dans la photographie.

même 95 millimètres. Vous pouvez par ces chiffres juger de l'aspect vraiment monstrueux des mains, surtout si vous voulez bien vous souvenir que la longueur n'en est pour ainsi dire pas modifiée, et que de la sorte, en outre de leur grosseur singulière, elles présentent un aspect camard qui les rend encore plus étranges.

Pour les *pieds*, je serais obligé de vous répéter à peu près textuellement ce que je vous ai dit des mains : même exagération des dimensions, surtout en largeur et en épaisseur, même aspect camard. Je me contenterai de vous rapporter quelques-uns des chiffres signalés dans les observations d'acromégalie : c'est ainsi que la circonférence du pied à la base des orteils est de 25 à 30 centimètres, et que la circonférence du gros orteil atteint jusqu'à 11 centimètres ; quant à la circonférence passant par le talon et le cou-de-pied, on l'a vue mesurer 40 centimètres.

Vous pouvez aisément vous figurer les conséquences qu'a, dans la vie journalière, ce singulier accroissement de volume des extrémités : les bagues deviennent trop petites pour l'énormité des doigts, certains malades ont dû à deux ou trois reprises les faire couper et allonger. De même pour les gants : chez une femme observée par M. Verstraeten, la pointure, qui jusqu'alors était 6 3/4, arriva en deux ans à 7 3/4 ; de même les bottines passèrent de 40 à 42 points, et cette malade n'est qu'au début de son évolution ! Un homme observé par Minkowski, joueur de violon de profession, dut abandonner son instrument pour le piston, parce que ses doigts devenus trop gros, pressant plusieurs cordes à la fois, il lui était devenu impossible de jouer juste.

A côté de cette notion d'hypertrophie des mains et des pieds qui dans le tableau clinique de la maladie prime toutes les autres, il convient d'en retenir une autre : c'est que ni le poignet ni le bas de la jambe n'éprouvent une augmentation de volume comparable à celle de ces extrémités ; en un mot, les « attaches » sont relativement fines, si l'on tient compte des dimensions des mains et des pieds.

Nous voici donc en état de reconnaître dès le premier coup d'œil les individus atteints d'acromégalie ; mais prenez bien garde, il ne suffit pas que les mains soient énormes, qu'elles soient trop grosses pour leur longueur, qu'elles soient comme « emmanchées » sur des attaches de dimensions inférieures aux leurs ; il faut encore contrôler le diagnostic par la présence d'un certain nombre d'autres symptômes. C'est de ceux-ci que je veux maintenant vous parler.

La caractéristique de l'acromégalie, vous ai-je dit, c'est l'hypertrophie des extrémités ; mais, en fait d'extrémités, il n'a été question jusqu'ici que de celles des membres ; l'*extrémité céphalique*, la tête, participe, elle aussi, au processus hypertrophique. Le crâne, à première vue, ne semble pas notablement modifié ; en tout cas, ses dimensions ne sont pas exagérées dans un assez grand nombre de cas ; mais la palpation révèle une saillie considérable des sutures et des crêtes osseuses, en particulier au niveau de la bosse et des lignes occipitales externes. Ce sont surtout les altérations du *visage* qui contribuent à donner à ces malades les caractères spéciaux constituant le « faciès acromégalique ». La face tout entière est accrue, surtout dans le sens vertical, elle est allongée et ovalaire. Le front est chez presque tous fort bas et repose sur d'énormes saillies orbitaires qui le masquent en partie. Le rebord ainsi que les apophyses orbitaires sont augmentés de volume par suite de la dilatation des tissus frontaux (fig. 74). Les paupières sont allongées, plus épaisses qu'à l'état normal, de coloration légèrement brunâtre. Le nez est une des parties de la face les plus accrues : quelquefois il est excessivement gros ; les ailes en sont épaisses, volumineuses, la cloison et la sous-cloison ont souvent le double de leur épaisseur normaie. Souvent arrondi au bout, il est épaté « en pied de marmite ». Les pommettes sont saillantes et for-

Fig. 74. — Femme acromégalique morte dans le service de M. Charcot.

ment avec les arcades sourcilières épaissies un cercle périorbitaire très proéminent (fig. 75). Il convient de

Fig. 75. — La même malade vue de trois quarts.

remarquer que toutes ces saillies sont dues à la dilatation parfois énorme des sinus des os de la face. Les lèvres sont-elles aussi plus grosses qu'à l'état normal,

mais d'une façon inégale. En effet, la lèvre supérieure est moins hypertrophiée et paraît petite par rapport à la lèvre inférieure qui est proéminente, renversée en bas, pendante, comme une véritable lippe (fig. 76). Le menton est particulièrement puissant et la mâchoire inférieure très proéminente ; le prognathisme (c'est ainsi que l'on nomme cette déformation) est parfois tel qu'entre les dents de la mâchoire inférieure et celles de la supérieure on peut sans difficulté glisser un doigt, les mâchoires étant fermées. Mais nous n'en avons pas encore fini avec les modifications imprimées par l'acromégalie à la conformation de la bouche. La langue présente des dimensions extraordinaires ; chez plusieurs malades, son diamètre transversal était

Fig. 76. — Femme acromégalique ;
la déformation du visage, l'hypertrophie des mains, l'inclinaison de la tête,
en avant sont tout à fait caractéristiques.

de 70 millimètres, son épaisseur de 20 millimètres ; dans certains cas même, la langue ne pouvait plus être entièrement contenue dans la bouche et faisait saillie hors de celle-ci. Il est aisé de comprendre que les fonctions d'une langue à ce point hypertrophiée ne sont pas aussi aisées que celles d'une langue normale ; la prononciation et la déglutition sont parfois un peu gênées et difficiles.

En résumé, ce qui frappe le plus à première vue et à distance dans le visage des acromégaliques, c'est l'augmentation de volume de celui-ci et sa tendance à prendre la forme d'un ovale allongé.

Ajoutez à tous les caractères que je viens de vous décrire l'attitude elle-même du malade : la tête est penchée en avant, le dos fortement voûté au niveau des épaules, et toute sa personne présente un aspect massif très particulier (fig. 77). Vous ne vous étonnerez plus que l'acromégalie soit un diagnostic de « plein air », et en, effet, trois des observations de M. Pierre Marie ont été prises sur des individus rencontrés dans la rue. Si pareille aubaine survenait à l'un de vous, il est une chose dont je crois bon de vous prévenir, c'est qu'il

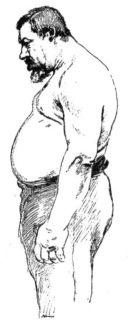

Fig. 77. — Homme acromégalique; inclinaison du dos en avant.

faudra user de diplomatie pour opérer la capture du sujet, car souvent les acromégaliques ignorent jusqu'à l'existence de leur maladie. Ils savent que leurs mains et leurs pieds sont très gros, on leur a dit que leur langue a un volume peu ordinaire, mais ce sont là à leur avis des imperfections physiques sans importance et sur lesquelles naturellement ils se gardent d'arrêter volontairement leur pensée. Aussi ces individus sont-ils quelquefois fort étonnés quand on leur dit qu'ils sont malades. Il en est cependant un assez grand

nombre qui viennent spontanément consulter le médecin, et ceux-là font tous entendre la même plainte : ils souffrent d'un mal de tête atroce. Cette céphalalgie est presque continuelle, mais s'exagère encore pendant le séjour au lit; quelques-uns sont forcés par son excès même de se lever pendant la nuit, d'arpenter leur chambre, de se plonger la tête dans l'eau froide, etc... et tout au plus arrivent-ils ainsi à se procurer une amélioration transitoire.

Tel est l'aspect général de cette maladie. Permettez-moi d'énumérer encore rapidement quelques autres symptômes moins saillants ou moins constants. La *voix* a un timbre particulièrement grave et est, en général, assez forte, ce qui tient évidemment à l'augmentation des dimensions du larynx. La *force musculaire* des malades est dans les premiers temps parfois très développée, fait en rapport avec le volume souvent considérable des muscles; plus tard, au contraire, la force tend à être inférieure à la normale. Des modifications importantes doivent être signalées du côté des *urines* : tout d'abord la polyurie assez fréquente, mais non constante, puis la glycosurie qui semble être très nettement d'origine alimentaire et se modifie aisément par le régime, enfin la peptonurie découverte sur un malade par M. Ch. Bouchard. Vous pensez bien qu'une maladie qui affecte de la sorte tout l'organisme n'est pas sans porter aussi son action sur ce microcosme qu'on appelle à juste titre la *sphère génitale*. Chez la femme, en effet, l'un des premiers, sinon le premier phénomène observé, c'est l'arrêt de la menstruation, et cet arrêt est irrévocable. Chez l'homme, on ne constate rien d'analogue, sauf peut-être une légère diminution de l'appétit vénérien, et encore ce fait n'est-il pas constant. Quant au volume des organes génitaux eux-mêmes, il est généralement augmenté dans les deux sexes.

Voilà les principaux symptômes observés dans cette singulière affection : vous conviendrez qu'ils suffisent amplement à lui donner cet aspect spécial sur lequel j'ai insisté. La marche même de ces différents phénomènes mérite d'être étudiée avec soin. Et, d'abord, quand débute l'acromégalie? — Jamais dans l'enfance, toujours après la puberté, le plus souvent entre vingt et vingt-six ans. M. Pierre Marie insiste sur ce fait, que cette affection n'est jamais congénitale; il ne semble pas non plus qu'elle soit héréditaire. Chez la femme, le début est marqué nettement par la suppression des règles; chez l'homme, rien d'analogue ne survient : l'envahissement est progressif et latent pendant une période souvent fort longue; c'est uniquement par hasard que l'on s'aperçoit de l'état du malade. La marche de l'affection est progressive, mais d'une façon tellement insensible que les déformations qu'elle entraîne avec elle ne sont pas perçues par les malades; il faut, pour ainsi dire, que quelque circonstance extérieure les leur fasse remarquer. A ce propos, je

dois appuyer mes dires par quelques exemples. Je
vous ai déjà entretenu de ce malade de Minkowski qui,
musicien ambulant, avait dû renoncer à jouer du violon, parce que peu à peu ses doigts étaient devenus
trop gros pour presser seulement une corde à la fois;
ce ne fut pas là la fin de ses déboires : l'infortuné s'é-
tant mis à jouer du piston vit peu à peu ses lèvres
grossir à tel point qu'il fut par deux fois obligé de
changer le diamètre de l'embouchure de son instrument, et bientôt il dut renoncer au piston comme
il avait renoncé au violon. Un malade de Pierre
Marie s'aperçut d'une façon assez singulière que la
forme de sa mâchoire se modifiait : cet homme,
amateur de pêche à la ligne, avait l'habitude de fabriquer lui-même les lignes dont il se servait, et
pour faire les nœuds il tirait les extrémités du crin
avec ses dents; mais, peu à peu, il y devint malhabile,
et au bout de quelque temps il remarqua à son grand
étonnement qu'il lui était tout à fait impossible de
serrer le fil entre ses dents : en effet, par suite du prognathisme dont je vous parlais plus haut, les dents du
maxillaire inférieur se trouvaient à plusieurs millimètres en avant de celles du maxillaire supérieur. Ces
exemples vous donnent une idée de la façon lente et
progressive dont se font les déformations du squelette
ou des parties molles; le suivant vous montrera combien elles sont inexorables dans leur développement,
et combien il est ridicule de prétendre les arrêter par
des manœuvres chirurgicales. Je traduis textuellement
ce passage de l'observation de M. Ellinwood : « Il y a
un an environ, il s'est aperçu que sa mâchoire inférieure s'avançait au delà de la supérieure et qu'elle
augmentait graduellement jusqu'au jour où il ne lui
fut plus possible de broyer ses aliments; il se fit arracher les dents inférieures qui furent remplacées par
un dentier; à ce dernier, il fallut au bout de quelque
temps en substituer un autre moins proéminent, et
comme la mâchoire inférieure continuait à s'allonger,
le malade s'est fait extraire les dents supérieures qui
furent remplacées par une plaque artificielle; celle-ci
avançait un peu plus que le rebord du maxillaire
supérieur afin de pouvoir correspondre au dentier
inférieur. » Vous voyez que, dans ce combat singulier
avec le maxillaire de son malade, ce ne fut pas le dentiste qui sortit vainqueur.

Mais quelle est la terminaison de cette maladie si
lentement, si terriblement progressive ? Il semble que,
dans quelques cas, elle finisse après une longue période d'évolution pour rester stationnaire; mais, en
général, les sujets qui en sont atteints depuis un assez
grand nombre d'années tombent dans un affaiblissement général, dans une véritable cachexie, au cours
de laquelle n'importe quelle maladie intercurrente
peut avoir facilement raison de l'existence. On a
vu également plusieurs de ces malades succomber
brusquement dans une syncope. Notez, cependant, que,

dans le plus grand nombre des cas, l'acromégalie est
une maladie de long cours et que je pourrais vous
citer des cas dans lesquels elle a existé pendant dix,
vingt, trente ans et plus.

Je me suis efforcé jusqu'à présent de vous démontrer que, d'après la clinique, il s'agit bien d'une véritable entité morbide ; l'anatomie pathologique achè-
vera ma démonstration d'une façon irréfutable. Les
lésions de l'acromégalie présentent, en effet, une
constance et une spécialisation telles qu'on trouverait
peu d'exemples analogues dans toute la pathologie.

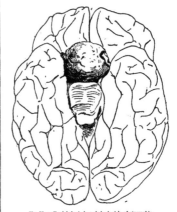

Fig. 78. — Encéphale de la malade dont la photographie
fait l'objet de la figure 71.
A l'union du tiers supérieur avec les deux tiers inférieurs se trouve une masse
ronde qui est le corps pituitaire considérablement hypertrophié.

Vous allez en juger : dans *toutes* les autopsies, on a
trouvé une hypertrophie considérable du *corps pituitaire*. Cet organe, comme vous le savez, est situé en
avant des pédoncules cérébraux à la partie médiane de
la face inférieure du cerveau et se loge dans la partie
de la base du crâne nommée *selle turcique;* son
volume est, dans l'état normal, à peu près celui d'un
haricot. Chez les acromégaliques, les dimensions du
corps pituitaire éprouvent une augmentation énorme,
au point que celui-ci prend la grosseur d'un œuf de
pigeon ou même de poule (fig. 78); vous comprendrez
qu'un corps pituitaire de ce volume dépasse par trop
la capacité de la selle turcique pour y rester contenu ;
aussi les parois de cette cavité osseuse se laissent-elles
peu à peu déprimer et repousser dans des proportions
vraiment surprenantes (fig. 79). Quant à la structure de

cette tumeur, elle ne diffère en rien de celle du corps pituitaire normal, de telle sorte que l'on doit la considérer comme le résultat d'une « hypertrophie simple ». Un autre résultat d'autopsie qui semble constant, c'est la persistance du thymus; cette glande, qui existe chez les enfants et disparaît chez les adultes au cours de l'évolution organique, se retrouve au contraire avec un développement assez marqué chez les acromégaliques. S'agit-il d'une persistance de cet organe depuis l'enfance ou d'une réapparition de celui-ci? C'est ce qu'il est impossible de dire actuellement. Enfin, le grand sympathique, ce nerf qui préside à la nutrition générale et locale, présente, lui aussi, une hypertrophie considérable (ses ganglions et ses cordons sont presque

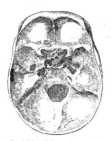

Fig. 79. — Face intérieure de la base d'un crâne acromégalique; en g se voit la selle turcique considérablement dilatée.

doublés de volume). Comment faut-il interpréter ce fait? Ici encore, je dois vous l'avouer, nous en sommes réduits aux hypothèses, ignorant si cette hypertrophie est simplement parallèle et concomitante à l'augmentation de volume des autres organes, ou si au contraire elle précède celle-ci et y préside. Il faut également signaler et rapprocher de l'hypertrophie du grand sympathique celle des vaisseaux et du cœur. Je n'ai pas non plus l'intention de vous décrire dans leur détail, après M. A. Broca, les altérations du squelette; qu'il me suffise de vous dire que les os qui subissent la plus forte augmentation de volume sont les os des mains et des pieds, et que, dans les autres os, ce sont les saillies et les parties terminales qui éprouvent le plus grand excès de développement (fig. 80). A ce propos, je vous signalerai la curieuse formule énoncée par M. P. Marie: « Dans le squelette des membres des acromégaliques, l'hypertrophie se montre de préférence *sur les os des extrémités et sur les extrémités des os.* » Deux mots encore sur les nerfs optiques : dans un certain nombre de cas, mais non dans tous, ces nerfs situés dans le voisinage du corps pituitaire se trouvent comprimés par l'hypertrophie de celui-ci; cette compression peut amener

l'atrophie des nerfs optiques et consécutivement des troubles de la vision allant parfois jusqu'à la cécité complète.

Tels sont les principaux faits ayant rapport à l'acromégalie. J'ai cherché à retracer devant vous l'aspect général de cette maladie encore peu connue; vous

Fig. 80. — Squelette d'un homme acromégalique conservé dans le Musée anatomique de Bologne.

m'excuserez, je l'espère, de n'être pas entré dans plus de détails : j'aurais craint de nuire à la netteté du tableau et aussi d'abuser de l'attention que vous avez bien voulu me prêter et dont je tiens en terminant à vous exprimer toute ma gratitude.

Souza-Leite.

ZOOLOGIE

L'audition chez les invertébrés.

Autant nous avons été lents à reconnaître que l'homme ne devait la supériorité de ses formes et de ses attributs qu'à l'expérience de toute son ascendance animale, autant nous fûmes toujours prompts à attribuer, assez gratuitement d'ailleurs, aux autres animaux, des qualités psychiques et sensorielles plus ou moins identiques aux nôtres. Il semble qu'il y ait, en réalité, quelque insolence à prétendre que l'audition, telle que nous la pratiquons, est absolument refusée à l'immense majorité des êtres vivants, et en particulier à tous les invertébrés. Cela tient, d'une part, à ce que nous connaissons à peine nos propres sens, et qu'il nous reste encore beaucoup de nos facultés à découvrir, tout en nous en servant d'une façon aussi constante qu'inconsciente, et, d'autre part, cela dépend aussi de notre naturelle tendance à fonder sur de lointaines analogies organiques des assimilations fonctionnelles qui sont loin d'être toujours acceptables.

Ici, c'est une tache pigmentaire que nous élevons à la dignité d'œil; là, un crin, un otocyste que nous appellerons organe auditif, et du même coup nous admettons que la tache sert à voir et le crin à entendre. Comme la vue et l'audition ne nous sont connues que par nos propres sens, il en résulte une interprétation déplorable du fonctionnement sensoriel chez tous les animaux.

Pouvons-nous cependant avoir la moindre idée de la puissance olfactive d'une raie ou d'un rat? Est-ce que certains insectes ne pourraient suppléer par la richesse de l'olfaction à presque tous les autres sens? Et savons-nous aussi, en qualité d'aériens, ce qu'est l'odorat pour les animaux aquatiques?

La physiologie comparée de la vue montrerait des divergences extraordinaires entre nous et tel animal. Les fourmis doivent avoir sur l'ondulation lumineuse des théories qui nous sembleraient bien étranges. Savent-elles ce que nous entendons par couleur, par saturation? Connaissent-elles autre chose que la quantité et la direction, là où nous voyons de l'éclairage et des tonalités, des formes et de la perspective? Le monde lumineux n'est sans doute pour elles et pour tant d'insectes autre chose qu'une palpitation spéciale de l'espace ébranlé, qu'elles analysent en s'y dirigeant par la perception de la force, de la direction de ces ébranlements directs ou réfléchis? Les belles couleurs des papillons prouvent-elles qu'ils sont sensibles à celles des fleurs, et devons-nous faire jouer à la vue un rôle certain dans les merveilleuses adaptations mimétiques de tant d'animaux divers? La sélection peut nous servir mieux que nous ne le ferions nous-mêmes, sans que nous l'y aidions, et ce n'est pas toujours par tactique qu'un animal échappe à ses ennemis.

Le mimétisme de forme et de couleur s'adresse à la vue de l'ennemi, comme sans doute il existe aussi un mimétisme d'odeur; mais cela prouve simplement que l'ennemi sent et voit, sans qu'il y ait le moindre calcul de la part de l'intéressé.

Nous n'y voyons, pour notre part, rien d'invraisemblable, et nous pouvons nous rappeler que si la légende nous montre un Homère aveugle, des théories très récentes professent que la vue de ses héros était assez différente de la nôtre. Cette idée n'a rien qui puisse nous choquer, puisque nous voyons à chaque instant des individus pour qui certaines couleurs restent inconnues, et qui n'ont de la lumière du jour qu'une idée fort incomplète. Et si derrière les sens nous cherchions la mémoire et l'esthétique sensorielles, les divergences s'accentueraient encore.

Pour l'ouïe, suivant une opinion que l'on croit solidement établie sur des faits, elle semblerait fort développée chez des animaux très éloignés de nous. Rappelons l'araignée de Grétry et de bien d'autres, qui étaient de vraies organisations musicales; les crustacés comestibles, qu'on ne pêche qu'à la condition d'observer le silence le plus rigoureux; les crabes de Minasi, qui s'arrêtaient au milieu de leurs ébats tumultueux dès qu'une sonnette les rappelait à l'ordre; les palémons de Hensen, qui bondissaient dès que le moindre son leur parvenait, et les mysis, qui montraient dans les crins de leur queue de quoi satisfaire toute une théorie de l'audition encore admise d'ailleurs généralement aujourd'hui.

Dahl a fait des constatations analogues chez les araignées. Romanes remarque que ces animaux cherchent à s'approcher des instruments aux sons doux, et cite une observation de Reclaln qui, pendant un concert, à Leipzig, vit une araignée descendre d'un lustre tandis qu'un violon exécutait un solo, et remonter bien vite dès que l'orchestre se mit de la partie. Cependant Romanes émet des doutes sur la signification de ces faits, et bon nombre d'auteurs, entre autres Lubbock et Forel, n'ont pu reconnaître si les insectes entendaient.

Audition signifie perception des bruits et des sons. C'est cette perception que nous refusons absolument à tout être dépourvu d'un appareil sacculo-limacéen.

Si un animal entend parce que certains cils de son corps entrent en vibration par certains ébranlements de l'air, un épi de seigle, un morceau de velours, une brosse qui vibrent harmoniquement, entendraient également. Que l'on revête l'homme, le plus désespérément sourd, d'une armure rigide, qu'on en fasse un articulé du genre des hommes d'armes du moyen âge, qu'on le place dans un vase capable de vibrer et d'entrer en trépidation, ou bien il s'arrêtera net aux premières secousses comme les crabes de Minasi, ou bien se livrera aux bonds désordonnés des palémons d'Hensen. Ce n'est pas le son qui l'affectera, car il est sourd, mais bien la trépidation qui, désagréable pour un mollusque, doit être intolérable pour un crustacé enveloppé de pièces rigides, ajustées et en contact.

Rien ne ressemble plus au bruit du vol d'une mouche que le son d'un diapason ou celui des instruments doux; mais aussi le vol même de la mouche ou ses efforts énergiques pour se délivrer quand elle est prise ne produisent-ils pas un ébranlement de l'air très semblable à celui du diapason? Ce qui est son, bourdonnement pour nous, n'est qu'un battement d'ailes pour l'araignée.

Romanes cite à ce sujet une très intéressante observation de Boys, très instructive et d'une interprétation plus aisée que cet auteur ne semble l'avoir cru. Il remarqua qu'en touchant légèrement avec un diapason un point de la trame d'une araignée, celle-ci se retourna aussitôt du côté du diapason, et de ses pattes de devant elle tâtait les rayons de sa toile pour découvrir celui qui vibrait; puis, de proche en proche, gagnait le diapason et cherchait à le ligoter comme elle eut fait d'une mouche. On sait que les araignées ne jouissent pas d'une vue bien subtile et l'odorat n'a chez elles rien de remarquable; on leur accorde en revanche une ouïe très fine qui leur sert, suivant les auteurs, à satisfaire leurs appétits musicaux et même carnassiers. Nous les croyons, pour notre part, absolument sourdes, presque aveugles, mais remarquablement douées au point de vue de ce qu'on peut appeler le *sens de la trépidation*, sens qui suffit aux besoins de l'immense majorité des animaux et qui chez les êtres supérieurs se compliquera sur le tard des perceptions sonores. Le son est, en effet, d'acquisition récente, comme la couleur, dans la série animale; ce sont des opérations sensorielles qui exigent un degré de perfectionnement remarquable.

Nous avons un organe, le limaçon, qui nous permet d'évaluer des rythmes rapides, sous forme de *sensations continues auxquelles nous pouvons attribuer une place dans un ensemble de sensations continues de même nature* et de les grouper en séries. C'est un luxe dont on a su longtemps se passer. L'araignée sent une trépidation, palpe le fil qui vibre le plus, le parcourt, s'arrête un instant aux embranchements, et arrive au point où la force, la forme de la trépidation, caractéristique de telle ou telle proie, lui indique l'ensemble des manœuvres instinctives et quelquefois intelligentes, comme dans le cas du diapason, qui lui livreront cette proie. On observe chez l'araignée le même automatisme si bien étudié ailleurs par Fabre, et le point de départ de cette série d'actes adaptés est toujours la perception d'une trépidation.

Le centre de la toile, rendez-vous de tous les fils radiés, est un véritable centre d'informations, et c'est là, en effet, qu'elle revient prendre l'orientation. Bien plus, l'extrême délicatesse de ses fils, dont le poids de l'araignée augmente la tension, avertit l'animal des ébranlements de source lointaine qui ne lui sont communiqués que par l'air et arrêtés par cet écran léger. L'araignée de Boys se laissait glisser le long de son fil vers le diapason, comme elle faisait pour le violon-solo de Reclam, et remontait dès que Boys touchait de son diapason un point de la toile. Cette épreuve explique suffisamment l'intérêt extra-musical que portait l'araignée de Leipzig au violon dont les vibrations lui parvenaient. Dès le premier *tutti* toute la salle trépidait, y compris la toile, et notre araignée remontait précipitamment.

Pour une araignée tisseuse, la trépidation régulière, la vibration pendulaire qui est son pour nous, signifie simplement proie à prendre et qui se débat : une araignée placée sur une table s'approche de l'origine d'un son tout aussi automatiquement. Le son, tel que nous l'avons défini comme sensation continue, est lettre morte pour elle. Forel avait remarqué que des insectes restent insensibles au bruit de la voix quand on met un écran devant la bouche et qu'on les met à l'abri de l'ébranlement de l'air.

Dès que l'animalité acquiert le son, comme limite extrême de ses perceptions, c'est pour s'en laisser fasciner, hypnotiser, charmer comme le serpent. Cette sensation continue, fixe, est pour le serpent ce que la fixité de son regard sera pour l'oiseau qu'il sidérera à son tour; c'est une perception extrême, infiniment troublante et tout à fait aux extrêmes limites de l'équilibre physiologique, c'est une source d'inhibition sensorielle, extra-cérébrale.

Les poissons qui possèdent l'orientation par le remarquable développement des canaux du labyrinthe et leurs organes latéraux braqués sur tous les points de leur horizon liquide, d'une telle susceptibilité à la trépidation et aux ébranlements qu'ils en perçoivent les plus infimes, les poissons ne sont que des sourds-muets. Nous avons étudié ailleurs [1] les transformations du sens de l'ébranlement en sens auditif, et le mécanisme de l'orientation auriculaire dans toute la série animale. Nous dirons seulement que tous les animaux possédant l'appareil otolithique sous toutes ses formes perçoivent des ébranlements du milieu, l'intensité, la direction, le rythme et le nombre seulement, mais ne peuvent en faire des sensations continues comparables à ce que nous appelons bruits et sons. Toutes les expériences et les observations invoquées comme rendant manifeste l'audition chez les invertébrés ne prouvent que la perception des ébranlements et des trépidations, modifications plus ou moins rythmiques de l'équilibre du milieu ambiant. De quelle utilité serait la perception des sons dans des milieux où il ne s'en produit guère? Le mollusque collé à sa roche connaît l'approche d'une proie ou d'un ennemi, il sent la vague briser à ses côtes ; il vit généralement sur un sol bon conducteur et, par son appareil pédieux, sait tout ce qui se passe dans le sol. Cet appareil otolithique est merveilleusement adapté pour trahir les moindres ébranlements qui traversent la masse molle où il est plongé chez le mollusque ou la cuirasse insensible du crustacé.

Chacun se rappelle l'expérience des boules juxtaposées et suspendues en série : tout ébranlement atteignant une extrémité de la chaîne n'est trahi que par le mouvement de la dernière boule, qui est libre, et dépense en oscillations la secousse qui lui est transmise; on connaît également le procédé qui consiste à mettre au contact du corps vibrant, plaque ou membrane, un corps léger, sable ou liège, dont les oscillations décèleront une vibration que nos yeux ne sauraient reconnaître sur le corps en trépidation.

De même tout ébranlement traverse la masse indifférente

(1) *Le Sens auriculaire de l'espace.* — Thèse de Paris, 1890.

de l'animal, et l'otolithe, libre dans l'otocyste, le recueille et dénonce les moindres secousses au tapis nerveux sur lequel il repose. Les formations pré-otolithiques fonctionnent d'une façon analogue. Les animaux pourvus d'otolithes peuvent ainsi *analyser* des rytbmes et des ébranlements qui, pour notre limaçon, sont *synthétisés* en sons de tonalités différentes. Le grelot otolithique ne peut révéler qu'une trépidation et reste impropre à provoquer une sensation continue autre que celle qui résulte de la persistance des impressions nerveuses, terminales ou centrales, limite au delà de laquelle il ne peut se faire d'évaluation de hauteur sans le dispositif adopté précisément par les formations cochléaires.

En outre, ainsi que fait l'araignée, au centre de sa toile, tendant par son poids toutes les cordes vibrantes qui convergent vers ses pattes antérieures, garnies d'otolithes, ainsi tel insecte monté sur des pattes légères, rigides et flexibles à la fois, qui puisent dans le sol les moindres trépidations comme ses antennes puisent dans l'air, saura distinguer entre mille petits ébranlements significatifs, sans pour cela percevoir aucune sensation analogue à ce que nous appelons le son.

Il y a en définitive deux sens fondamentaux qui sont deux formes du toucher. Le premier est le *tact immédiat*, sous la forme de palper quand l'objet de la connaissance est accessible en surface, sous la forme d'odorat ou de goût quand c'est l'état de division qui révèle l'objet par son atmosphère moléculaire. Le second, *tact à distance*, extrêmement varié, révèle l'espace par l'intermédiaire d'un milieu interposé et modifié par un ébranlement provenant de l'objet perçu. La vue et l'ouïe sont dans ce cas. Les perceptions électriques, caloriques, sont communes aux deux formes de perception.

Nous devions, *a priori*, nous refuser à attribuer aux insectes, dont les organes sensoriels sont si différents des nôtres, des sens semblables aux sens de l'homme : à plus forte raison leur psychologie ne pourra-t-elle se ramener aux mêmes unités que la nôtre, et s'il est légitime que l'homme cherche à retrouver quelques-uns de ses sentiments chez les vertébrés qui ont la parenté la plus manifeste avec lui, n'est-il pas bizarre cet anthropomorphisme à rebours qui consiste à prêter nos pensées, nos volontés, nos besoins, nos sens et nos affections à des êtres si différents de nous à tous égards? Il serait au moins prudent de ne pas admettre des fonctions analogues pour des organes différents, et notre langage, produit de notre cérébration, serait tout à fait impuissant à traduire les émotions d'un arthropode ou d'un mollusque, car des êtres qui diffèrent de structure diffèrent également de pensée et d'instinct. Le limaçon servant à entendre les sons simples, les sons composés, timbres ou bruits, l'audition proprement dite n'existe pas là où n'est pas le limaçon.

Nous sommes, en revanche, bien moins doués que l'araignée et l'écrevisse pour la perception de la trépidation et des vibrations rapides dont nous ne faisons plus que des sons continus dès qu'il y en a à peine une quarantaine par seconde.

Pierre Bonnier.

ART MILITAIRE

Le nombre et la valeur dans le combat moderne.

Dans les numéros 1 et 6 du dernier semestre, la *Revue scientifique* a donné la parole à un mathématicien et à un artilleur qui ont successivement exposé leurs appréciations sur les tendances présumables de la tactique de l'avenir. Qu'il soit permis à un fantassin de faire à son tour entendre une timide protestation à l'égard d'appréciations peu en rapport avec le passé comme avec les espérances de l'armée et de l'arme auxquelles il se fait honneur d'appartenir.

Pour arriver à cette conclusion : que l'énergie potentielle d'une armée est proportionnelle au carré de son effectif, M. Stephanos part de cette hypothèse que tout individu dont s'accroît cet effectif est un tireur de plus, *qui* n'aura d'autre préoccupation que de tirer jusqu'à extermination complète de l'un ou de l'autre des deux partis en présence. Or, il suffit d'avoir vu une seule fois en sa vie suivi attentivement, non point une action de guerre, mais une simple manœuvre, pour se rendre compte à quel point cette hypothèse est à l'encontre de la réalité.

Tandis que les piquiers pouvaient jadis être employés utilement sur une profondeur allant jusqu'à seize rangs, aucun chef de troupe ne se risquerait aujourd'hui à faire tirer à la fois sur une même ligne plus de quatre rangs de tireurs; non plus qu'à placer en rase campagne plusieurs lignes de tireurs l'une derrière l'autre. Or, dans les campagnes les plus récentes, contre les positions les plus disputées de certains champs de bataille, il a été nécessaire de faire marcher des effectifs correspondant à dix et vingt rangs de profondeur; et il n'y a aucun doute que, dans les campagnes de l'avenir, l'intensité des efforts devra être accrue dans la proportion même de la puissance de l'armement qui y sera mis en œuvre. C'est suffisamment dire que l'on a depuis longtemps dépassé le point où un homme de plus ne fait, pendant la plus grande partie de l'action, que grossir, sans aucun profit pour les siens, le but qu'ils offrent aux coups de l'adversaire. Il y a donc de ce fait, dans la démonstration de M. Stephanos, un vice irrémédiable sous lequel s'écroule toute son argumentation.

Si les idées que M. Stephanos se forme de l'influence des effectifs sont faites pour faire sourire les militaires, sa conception du rôle du courage dans les armées modernes ne peut manquer de leur causer une pénible surprise. L'évaluation du courage d'une troupe par le rapport du nombre de ceux qui survivent dans une défaite au nombre de ceux qui y périssent est aussi injuste à l'égard de nos soldats que fausse au point de vue technique.

Si le dévouement des compagnons de Léonidas est à peu près sans exemple, c'est qu'il n'est guère moins sans exemple qu'un chef de troupe ait reçu la mission de sacrifier ses hommes jusqu'au dernier dans le seul intérêt de l'affirmation d'un principe et en dehors de toute considération d'un résultat pratique. Qu'un général dise : « Il me faut des cadavres pour combler ce fossé ! » aucun des officiers qui ont eu l'honneur de conduire nos soldats au feu n'hésitera à se porter garant qu'il les trouvera dans notre armée. Mais qu'un chef de troupe lancé à l'assaut d'une position insuffisamment reconnue, et brusquement arrêté par un abîme, entraîne tous ceux qu'il commande à s'y précipiter avec lui, ce ne sont point des ovations, mais bien des huées qu'il recueillerait, pour le désastre qu'il aurait gratuitement infligé aux siens.

Sauf en des points très particuliers, la retraite d'une armée battue n'a rien de commun avec le sauve-qui-peut universel et irrésistible qu'imagine M. Stephanos. Une armée bat en retraite, soit parce qu'elle a accompli sa mission, soit parce qu'elle a reconnu l'impossibilité de l'accomplir, et qu'une obstination plus prolongée à en poursuivre l'objet mettrait en péril des intérêts plus essentiels. Dans une armée sur la défensive, presque toutes les préoccupations se résument en une seule : ne pas se laisser couper de ses lignes de retraite. Sa ruine pourrait être consommée alors même qu'elle n'aurait pas perdu un seul homme ; et c'est le plus souvent pour se soustraire à ce péril qu'elle se détermine à abandonner le terrain, pour aller tenter plus loin un appel à la fortune des armes dans des conditions moins désespérées. Mais dans cette évacuation, chaque fraction se replie en conformité d'ordres reçus, exactement comme elle se serait portée en avant, si c'était l'ordre d'aller de l'avant qui lui fût arrivé ; et, avec les immenses champs d'action des armées, la majeure partie des troupes qui se rallient ainsi à la voix de leurs chefs ne sait pas encore au juste à qui appartient la victoire.

Enfin, dans quelque stupéfaction que les propriétés attribuées par M. Stephanos à ses variables puissent plonger les militaires et les technologistes, la façon dont il les combine n'est pas faite pour répandre une consternation moindre parmi les mathématiciens.

Il semble que ce soit une véritable fatalité que, dès l'instant où un savant se détermine à faire à la technologie militaire l'honneur de lui dédier une formule empirique, il perde immédiatement de vue qu'il est en mathématiques d'autres façons de combiner les grandeurs que par voie de multiplication. De là résulte que le plus futile, de ceux dont l'énumération peut au gré du caprice et de l'imagination de l'auteur s'étendre à perte de vue, acquiert, de par la formule, la vertu de pouvoir réduire à zéro, en s'annulant, toute la valeur de l'organisation militaire la mieux conçue.

Pour opérer rationnellement, avant d'en venir à faire le produit de tout ce qu'il a su trouver de facteurs, M. Stephanos eût dû commencer par considérer la somme de ces différentes quantités ; puis leurs combinaisons deux à deux,

puis trois à trois... Dans cette façon de procéder, le produit unique, dans lequel il a cru pouvoir faire consister l'évaluation complète de la valeur d'une armée, n'eût plus représenté qu'un simple terme, affecté probablement d'un coefficient fort modeste, dans une série en comprenant plusieurs millions de semblables ; et l'appréciation de l'énormité du problème soulevé l'eût, sans aucun doute, découragé de l'aborder.

L'artilleur Y prendrait assez facilement son parti des hardiesses de l'argumentation de M. Stephanos, et il abandonnerait sans aucun scrupule à la fureur de ses *désintégrations* le capitaine d'infanterie, à la seule condition que la rigueur des équations fléchît devant les mérites transcendants du capitaine d'artillerie.

« Un capitaine d'infanterie, dit-il, qui a toute sa compagnie sur la ligne des tirailleurs, n'a rien de mieux à faire que de prendre le fusil d'un blessé et de tirer comme ses soldats. Mais le capitaine d'artillerie !... » Et comme idéal du rôle du capitaine d'artillerie sur le champ de bataille, il présente... le réglage du tir de la batterie !

Ce réglage, cependant, se réduit tout d'abord à une première appréciation de distance, dont la correction est purement une question d'aptitudes toutes physiques, sous le rapport desquelles vingt hommes de la batterie, élevés au milieu des champs, l'emporteront sur leur capitaine nourri de triple X.

Vient ensuite l'établissement de la fourchette. Mais, en dépit de tous les efforts d'un pédantisme naïf pour en émailler la théorie de formules de Laplace et de Poisson, qui n'ont de sens que sous la réserve de l'intervention des grands nombres, le principe de la fourchette consiste tout simplement à prendre la moyenne des deux coups les plus rapprochés qui ont encadré le but, en vérifiant au besoin les coups anormaux. Point n'est besoin d'être grand clerc pour se tirer d'un pareil problème. Quant au jargon technique dont on en a enveloppé la solution, jargon bien fait pour déconcerter quelque peu les profanes, il a pour unique objet de rendre cette solution tellement automatique qu'elle exclut toute intervention de l'intelligence. La perfection du procédé est dans cet automatisme même ; et s'il se trouve encore au-dessus de la portée du sous-officier le plus obtus, c'est que l'on a fait fausse route. Ce n'est pas la glorification du capitaine : c'est la condamnation du système.

Et ce réglage, le capitaine d'infanterie qui a toute sa compagnie sur la ligne n'est pas moins tenu d'y procéder que son collègue de l'artillerie ; et il faut qu'il supplée par son seul fonds à toutes les ressources techniques dont le capitaine d'artillerie dispose pour mener à bien cette opération. En outre, pendant le temps que la batterie reste immobile, la compagnie d'infanterie change vingt fois de position ; et, chaque fois, le capitaine doit d'un coup d'œil évaluer les avantages de la situation dans laquelle il l'arrête ; et cela, dans des conditions où les conséquences de toute erreur comme de toute hésitation seraient également irréparables. En comparaison des attributions du capitaine d'artillerie, supposées réduites au réglage du tir, ne serait-il pas permis de dire qu'une mission chargée de responsabilités aussi lourdes et aussi variées réclame pour y faire face des aptitudes surhumaines!

D'une manière générale, les prétentions rivales de l'artillerie et de l'infanterie ont leur origine dans une application erronée de la méthode expérimentale. Si l'infanterie est parfois regrettablement étrangère aux principes et aux procédés de la méthode expérimentale, l'artillerie est encore plus déplorablement étrangère aux conditions expérimentales particulières à l'arme sœur, au déterminisme expérimental spécial à l'infanterie. Et comme c'est invariablement l'artillerie qui a la haute main sur toutes les expériences comparatives, il n'est pas d'énormités que l'infanterie ne doive s'attendre à voir sortir de ces expériences. En dehors de l'attribution de la destruction des obstacles, la caractéristique de l'action de l'artillerie consiste dans les effets de masses et la stabilité; celle de l'action de l'infanterie, dans la divisibilité et la mobilité. Et cependant l'artillerie ne peut consentir à se figurer l'intervention de l'infanterie que sous la forme de masses à peu près immobiles, exécutant des feux à des distances invraisemblables. Inutile de dire si des expériences conduites dans un semblable esprit peuvent aboutir à autre chose qu'à la déconfiture la plus navrante du pauvre fantassin. Que l'on oppose au lieu de cela vingt fusils à vingt canons, et les vingt canons évacueront la position.

Oui! Mais l'artillerie est toujours couverte par un rideau d'infanterie! — Eh! assurément. Mais alors qu'on ne nous parle plus de l'émancipation et de la suprématie de l'artillerie! C'est surtout l'infanterie que les progrès les plus récents ont favorisée; et, pour le méconnaître à ce point, il faut que l'artilleur Y n'ait jamais pris la peine d'observer une compagnie d'infanterie de plus près qu'à portée de canon. Plus que jamais l'artillerie sera incapable de se montrer sur le champ de bataille sans l'assurance de la protection de son soutien d'infanterie. Plus que jamais elle s'exerçant à plus grande distance, seront impuissants à assurer des solutions décisives. Tant s'en faut qu'elle livre désormais à l'infanterie des positions toutes conquises, elle lui laissera plus que jamais à faire pour les conquérir. Elle lui laissera plus que jamais carrière pour affirmer, en l'empourprant de son sang, la glorieuse royauté du champ de bataille.

Voilà une bien faible partie des choses qu'il est possible de répondre aux appréciations de M. Stephanos et de l'artilleur Y. Cela suffit cependant, je l'espère, pour vaincre les lecteurs de l'inanité des arguments au nom desquels on prétendrait réduire l'infanterie à rougir d'avance du rôle que lui réservent les combats de l'avenir.

V. LITE.

CAUSERIE BIBLIOGRAPHIQUE

Le Yacht, par PHILIPPE DARYL. — Un vol. in-4°; Paris, Maison Quantin, 1891. — Prix : 25 francs.

M. Daryl est passionné pour le sport yachtique, et il nous fait des objurgations pressantes pour tâcher de secouer un peu l'apathie nationale en pareille matière. Dans sa préface, M. Daryl fait l'éloge de la force musculaire et de l'exercice physique. Rien de mieux, mais peut-être a-t-il tort de croire qu'il y a antagonisme entre la force musculaire et la puissance intellectuelle. Il n'est pas prouvé du tout qu'on soit condamné à l'inintelligence pour être un bon marcheur, voire même bon marin, bon gymnaste et bon cavalier.

Bon marin surtout, car il faut des qualités de premier ordre, aussi bien intellectuelles que physiques, pour diriger un yacht, bien entendu un yacht à voiles, car M. Daryl ne laisse pas que de témoigner une certaine antipathie pour les yachts à vapeur. Ce qu'il préconise, « c'est le *yacht de promenade*, simple et bon enfant, dont chacun peut proportionner les dimensions, le tonnage, l'ameublement et le prix aux moyens financiers dont il dispose. Pour se distraire, pour respirer l'air sans microbes, pour se faire des muscles et de la pulpe cérébrale; pour échapper pendant deux ou trois mois à l'asphalte, aux maisons à six étages, à toutes les platitudes et à toutes les nausées de la vie normale, quitte à les remplacer par celles du mal de mer », il est certain que le yacht à voiles n'est pas un procédé de voyage très coûteux. Autant le yacht à vapeur devient difficile pour ceux qui n'ont pas une colossale fortune et qui ne veulent pas compromettre leur existence sur un bâtiment insuffisant, autant le yacht à voiles comporte des prix modérés. Même avec le plus grand luxe, c'est-à-dire quinze hommes d'équipage ou de cuisine, pour une goélette de 100 tonneaux, la dépense, en quatre mois, n'est pas tout à fait de 100 francs par mois; et si, comme le conseille M. Daryl, quelques amis s'associent entre eux, à supposer qu'ils soient cinq, cela fait 2000 francs par mois. On dépense davantage dans les hôtels de Suisse.

M. Daryl nous donne de très longs et curieux détails sur les fameuses courses de yachts qui ont eu lieu depuis un demi-siècle. Tous nos lecteurs savent sans doute qu'elles ne se sont guère passées qu'entre Anglais et Américains, les autres nations s'étant prudemment tenues à l'écart. L'événement *pivotal*, pour nous servir de l'audacieux néologisme de notre auteur, c'est la victoire remportée, en 1851, par le yacht yankee *America* : le fameux prix de la Coupe. M. Daryl nous raconte dans tous les détails l'histoire de ces courses avec leurs émouvantes péripéties; toujours, depuis 1851, sauf en un ou deux cas douteux, les Américains ont été vainqueurs. En vain les Anglais ont changé les systèmes de leurs voilures, de leurs quilles, etc., les Américains ont toujours remporté la victoire, et cela non seulement dans des courses de quelques kilomètres, mais encore dans des courses bien autrement intéressantes, à travers l'Atlantique. C'est ainsi que la distance qui sépare l'ancien et le nouveau monde a pu être franchie en 12 jours 9 heures et 36 minutes par le *Sappho*, en 1870.

Nous trouvons aussi dans ce livre intéressant quantité de données techniques sur les points qui touchent l'histoire des yachts. Nous citerons le chapitre IX, où des définitions sont données, qu'on trouverait difficilement réunies. C'est une langue tout à fait spéciale, où se rencontrent des mots comme : bitord, lusin, grelin, trézillon, rousture, velture, limandé, angoupure, estrope, spardeck, bome, corne, etc. Dans aucun métier, peut-être, il n'y a pareille profusion de mots techniques inconnus au vulgaire. D'autres pages sont consacrées au règlement des courses, au jaugeage des yachts, aux sociétés et journaux nautiques, aux règlements divers, à la description des guidons des différentes sociétés nautiques, etc.

Dans un petit chapitre curieux, il est question du *yacht pour un*, ce qui est assurément un genre de sport tout à fait distingué. De petits canots peuvent être construits avec une solidité suffisante pour naviguer hardiment par tous les temps et, qui sait? peut-être dans toutes les mers. Certains voyages célèbres ont été accomplis par une seule personne.

Comme conclusion, M. Daryl soutient, non sans raison, qu'il ne faut pas abandonner aux Américains et aux Anglais le sport yachtique, et qu'il faut tâcher d'employer l'ingéniosité et l'énergie de nos compatriotes à ces voyages où se développent les facultés maîtresses de l'intelligence et du corps.

Quant à ce qui concerne l'exécution de cet ouvrage, elle est excellente. Les planches sont fort bien faites; elles sont un peu monotones, puisque, après tout, elles donnent toujours des dessins relatifs à tel ou tel yacht, et que tous ces yachts se ressemblent beaucoup; mais cette monotonie même n'est pas sans attraits, et elle est faite pour inspirer le goût de la navigation de plaisance.

La Physique moderne, par M. ÉMILE DESBEAUX. — Un vol. in-8°; Paris, Marpon et Flammarion, 1891. — Prix : 10 francs.

M. Desbeaux n'a pas eu l'intention de faire, après tant d'autres excellents traités de physique, un nouvel ouvrage analogue. Son livre ne s'adresse pas aux savants. On ne peut dire d'ailleurs que ce soit un ouvrage pour les enfants : assurément non; car il y a beaucoup de science dans le livre de M. Desbeaux, si bien qu'il est fait pour les nombreuses personnes qu'intéressent aujourd'hui les grandes découvertes de la physique. Ce n'est pas de la physique savante, ni de la physique de vulgarisation, ni de la physique industrielle. C'est un mélange de toutes ces branches de la science, et c'est cela qui est intéressant, parce que l'auteur, tout en étant très amusant, trouve moyen d'introduire des données scientifiques parfois très avancées.

Les premiers chapitres sont consacrés au phonographe, au téléphone, qui sont très bien décrits avec des détails curieux et des illustrations qui sont bonnes en général, à condition qu'on accepte le caractère un peu mélodrama-

tique de quelques-unes. Pour le téléphone et le téléphote, les mêmes observations pourront être faites. Quant au mot téléphote, qui n'est peut-être pas compris de tous nos lecteurs, cela signifie la vision à distance. « L'homme, dit M. Desbeaux, a déjà inventé le télescope et le microscope, mais ce n'est point une chose irréalisable que de voir à distance, comme nous pouvons entendre à distance. » Malheureusement, M. Desbeaux ne nous donne pas cet appareil; il nous fait espérer qu'on l'aura un jour, et il fournit même quelques indications sur le principe qu'on pourrait appliquer pour répondre à ce desideratum, soit une transmission par la vibration du sélénium. « Avec le téléphote, dit M. Desbeaux en terminant, nous pourrons voir au bout du monde en n'importe quelle contrée terrestre, résolvant ainsi le plus extraordinaire des problèmes!

« Quel sera ensuite le désir des hommes? Lorsqu'ils pourront se parler, se voir, sans nul obstacle, sur toute la surface de la terre, ils trouveront cette terre encore plus petite qu'elle n'est; ils s'y sentiront à l'étroit, isolés, et se mettront à chercher... Quoi? sans doute le moyen de communiquer avec une autre planète. Et quand ce moyen sera trouvé... Quoi encore? Autre chose que nous ne pouvons et ne saurions supposer. Mais si quelque cataclysme ne vient pas anéantir les pays civilisés où régnera la science, un but nouveau se dressera devant l'homme de ce temps-là. Qui cherchera à l'atteindre, et qui l'atteindra? »

Le chapitre consacré à l'électricité est, comme il est juste, un des plus importants de l'ouvrage. L'auteur donne d'abord des détails sur ce qu'on appelle l'énergie, force latente emmagasinée dans les choses; et on trouvera dans cette première partie des données curieuses sur la force des vagues et de la marée. L'historique des découvertes électriques, accompagné de planches bien choisies, est assez intéressant; mais ce qui est fait avec le plus de soin, ce sont les toutes récentes expériences électriques qui permettent à des personnes, même peu avancées dans les sciences mathématiques, de savoir les merveilleuses et récentes découvertes qui ont été faites dans ce vaste domaine. Il va de soi que le côté mélodramatique n'est pas négligé et que des détails nous sont donnés sur ces exécutions par l'électricité qui ont eu lieu aux États-Unis, avec le médiocre succès qu'on sait. On a dû, en effet, s'y reprendre à plusieurs fois pour tuer le condamné Kemmler (6 août 1890).

Dans le chapitre consacré à la chaleur, M. Desbeaux ne traite pas ce qui concerne la machine à vapeur, mais seulement l'histoire de la chaleur au point de vue de la physique générale. L'auteur semble avoir bien résolu le difficile problème de présenter, sous une forme populaire et facile à comprendre, les principes fondamentaux de la thermo-dynamique : énergie, équivalence du mouvement avec la chaleur, équivalents mécaniques de la chaleur, travail effectif, etc. Toutes ces notions méritent de devenir, sinon populaires, le mot serait trop ambitieux, mais au moins accessibles à tous.

Enfin, à la fin du volume, on trouve quelques expériences de physique sans appareils que chacun pourra répéter facilement chez soi sans instrumentation compliquée. Les journaux scientifiques de vulgarisation en ont donné souvent maints exemples; on les verra avec plaisir réunis à la fin d'un ouvrage de physique.

En résumé, le livre de M. Desbeaux est un très bon livre, abordable, je ne dirai pas à tous, mais aux jeunes gens instruits qui ne sont pas spécialement destinés à être des mathématiciens ou des physiciens. Livre vraiment moderne, puisqu'il traite le merveilleux des temps modernes, c'est-à-dire ces grandes révélations de la science contemporaine qui, aujourd'hui, gouverne le monde. C'est un vrai livre d'étrennes, qui remplacera avec avantage les récits de voyages ou d'aventures qui commencent à devenir très monotones.

ACADÉMIE DES SCIENCES DE PARIS

15-22 DÉCEMBRE 1890.

M. Gouy : Recherches sur la propagation anormale des ondes sonores. — *M. C. Laforest-Duclos :* Mémoire sur la prévision de la hauteur moyenne du baromètre dans chaque quartier de lune. — *M. G. Trouvé :* Présentation d'une nouvelle modification du gyroscope électrique destiné à la rectification des boussoles marines. — *M. Venukoff :* Note sur les résultats de l'exploration des profondeurs de la mer Noire. — *M. Eugène Canu :* Recherches sur le développement des Copépodes ascidicoles. — *M. L. Guignard :* Étude sur la localisation des principes actifs dans la graine des Crucifères. — *M. L. Mangin :* Note sur la structure des Péronosporées. — *M. A. Chatin :* Nouvelles recherches sur les différentes espèces de truffes. — *M. Prillieux :* Anciennes recherches sur les tubercules des racines des Légumineuses.

MÉCANIQUE. — *M. G. Trouvé* a présenté à l'Académie, il y a quelques mois (1), deux modèles de son gyroscope électrique, dont l'un est spécialement destiné à la marine pour la vérification des compas. Depuis lors, il y a adjoint un instrument de collimation, et l'a complété par une alidade pour les observations de jour, et une lunette astronomique pour les observations de nuit. A cet effet, il a disposé sur le trépied de soutien un disque circulaire qui, mobile autour de son centre à l'aide de deux manettes diamétrales, supporte tout le système. En regard de chacune de ces manettes sont montées les pinnules de l'alidade, dont les fenêtres longues comprennent, dans le même azimut, un vaste champ de visée. Les sommets des pinnules sont réunis par une sorte de pont métallique qui porte la lunette astronomique des observations de nuit.

Quand on veut procéder à une expérience, il suffit, le circuit électrique étant ouvert, de détourner l'alidade jusqu'à ce que le plan de collimation soit dans l'azimut choisi, d'amener également l'aiguille indicatrice des déplacements apparents du gyroscope et de fermer le courant. Dès ce moment, le tore prend une rotation rapide, dont la force d'inertie le maintient dans une position invariable dans l'espace; il constitue alors le repère auquel on peut rapporter les déviations de la boussole. La nuit, les fils du réticule de la lunette sont éclairés électriquement.

PHYSIQUE DU GLOBE. — *M. Venukoff* communique d'intéres-

(1) Voir la *Revue scientifique* du 6 septembre 1890, p. 313, col. 2.

sants détails sur les principaux résultats obtenus par le navire de guerre russe, le *Tchernomoretz*, pendant l'exploration des profondeurs de la mer Noire, dont se trouvaient chargés MM. Wrangel, Spindler et Androussoff.

En partant d'Odessa, le navire traversa la mer Noire dans plusieurs directions entre cette ville et Sébastopol, Théodosie, Batoum et l'entrée du Bosphore; la distance qu'il parcourut fut de 4800 kilomètres, les sondages furent au nombre de 60, et les dragages au nombre de 13. La plus grande profondeur fut rencontrée presque au centre géométrique de la mer, sur la ligne qui réunit Théodosie et Sinope; elle était de 2250 mètres; la partie la moins profonde se trouvait dans le nord-ouest, entre les embouchures du Danube et du Dniepr, d'un côté, et la ligne qui réunit Bourgas et Eupatoria, de l'autre. Là on ne trouve que 180 mètres au plus de profondeur, et le fond est plat, à peine incliné vers le sud-est.

La température de l'eau variait avec la profondeur (à la surface (en juillet 1890), elle était de 23°, tandis qu'à 9 mètres, elle n'était plus que de 21°,2; à 18 mètres, de 15°,6; à 54 mètres, 7°,1, pour remonter ensuite progressivement, d'abord à 7°,5 à 72 mètres, puis à 8° à 108 mètres, 9° à 370 mètres, et 9°,3 à 2200 mètres, c'est-à-dire la température moyenne annuelle des régions terrestres voisines, sous le 43° parallèle.

Quant à la salure des eaux de la mer Noire, elle augmente régulièrement avec la profondeur, les couches les plus superficielles étant les moins salées par le fait même qu'elles reçoivent l'eau douce des pluies et des affluents de la mer, notamment le Danube, le Dniepr, le Don, le Kouban, etc. Mais la salure, même dans ses plus grandes profondeurs, n'atteint jamais tout à fait celle de la Méditerranée.

Les savants explorateurs russes ont constaté aussi, à la profondeur de 360 mètres, un fait singulier, non encore signalé dans aucun autre bassin maritime, à savoir la présence de l'hydrogène sulfuré se dégageant sous forme de gaz nauséabond, lorsqu'on amenait cette eau, dans un vase clos, à la surface de la mer. Dans les couches superficielles, à partir de 130 mètres de profondeur, ce gaz ne se trouvait plus, en raison de l'agitation de l'eau par les vents.

M. Androussoff croit devoir attribuer la formation de l'hydrogène sulfuré à la décomposition des corps organiques noyés à une époque lointaine de la nôtre; car, de nos jours, on ne trouve plus au fond de la mer Noire ni animaux ni végétaux vivants, mais seulement leurs restes. La faune et la flore vivantes ne se rencontreraient, d'après l'auteur, que dans les régions pélagiques au-dessus de 360 mètres de profondeur.

ZOOLOGIE. — Le développement des Copépodes ascidicoles ou parasites des Ascidies, peu étudié jusqu'à présent et dont les métamorphoses n'ont pas encore été suivies entièrement, a été l'objet des recherches de *M. Eugène Canu*, au Laboratoire zoologique de Wimereux (Pas-de-Calais).

L'auteur a étudié deux groupes :

1° Celui des *Notodelphyidæ* où l'embryon apparaît d'abord sous la forme de *Nauplius*, forme typique sous laquelle il subit plusieurs mues avant de se transformer en *Metanauplius* pour de là entrer dans le *premier stade cyclopoïde*, puis dans le second, et pénétrer enfin dans le Tunicier qui l'abrite et y terminer ses métamorphoses.

2º Le groupe des *Enterocolidæ*. Ici la métamorphose du parasite est plus abrégée et la forme *Metanauplius*, notamment, n'existe pas.

BOTANIQUE. — Dans un précédent travail (1), *M. Léon Guignard* a montré que les deux principes dont l'action réciproque détermine la formation des essences chez les Crucifères sont localisés dans des cellules distinctes. De nouvelles recherches faites sur la graine d'un grand nombre d'espèces le conduisent aujourd'hui aux conclusions suivantes :

1º La localisation des cellules à myrosine dans la graine correspond à celle qu'on observe dans les organes végétatifs et, en particulier, dans la feuille.

2º La graine des Crucifères est dépourvue d'albumen à la maturité. Dans la très grande majorité des cas, le ferment et le glucoside sont contenus dans l'embryon. Mais dans quelques espèces, le ferment est, au contraire, localisé, pour ainsi dire exclusivement, dans le tégument séminal, tandis que le glucoside se trouve dans l'embryon.

3º La richesse des graines en ferment et en glucoside varie beaucoup suivant les espèces.

4º Lorsque le nombre des cellules est peu élevé, le glucoside peut n'exister qu'en proportion extrêmement faible ou même faire défaut.

5º Chez toutes les Crucifères qui sont pourvues de myrosine, la quantité de ce ferment est toujours de beaucoup supérieure à celle qui est nécessaire à la décomposition complète du glucoside dans l'organe considéré.

6º Cet excès général dans la quantité de ferment, comparée à celle du glucoside, montre que la nature de ce ferment est la même dans toutes les Crucifères, bien que le composé dédoublable puisse varier suivant les espèces.

— Si la constitution de la membrane des champignons est encore inconnue, cependant, certains chimistes admettent dans cette membrane une substance spéciale, remarquable par sa résistance à l'action des alcalis et des acides, désignée par Braconnot sous le nom de *fungine* et que M. Frémy rattache aux corps cellulosiques sous le nom de *métacellulose*. Les recherches de M. L. Mangin sur cette question lui permettent d'affirmer que la *fungine* ou la *métacellulose* n'existent pas comme substances spécifiquement distinctes. De plus, la membrane des champignons est si complexe et si variée que, dans l'analyse des diverses familles, il est possible, dit l'auteur, de faire intervenir la nature de la membrane, toutes les fois que l'absence des fructifications rendra la détermination incertaine. Avant de développer cette proposition, M. Mangin fait connaître la constitution de la membrane dans les diverses familles de champignons.

— M. A. *Chatin*, qui depuis longtemps fait des recherches sur les diverses espèces de *truffes*, s'occupe aujourd'hui de quatre sortes de ces champignons souterrains, compagnes ordinaires de la truffe de Périgord (*Tuber melanosporum*), de toutes la plus recherchée comme la plus importante par sa récolte, qui représente une valeur de vingt millions de francs, plus que doublée par la truffe.

L'une de ces truffes, la meilleure après celle de Périgord, avec laquelle elle était confondue, a été reconnue par M. Chatin dans un lot de truffes venant des montagnes de Corps (Isère), et qu'il dénomme *Tuber montanum* ou truffe de Corps; ce *Tuber* se distingue du *Melanosporum* par l'odeur plus faible, la chair moins foncée, les veines plus vermiculées plus sombres, et composées de cinq bandes au lieu de trois seulement.

Une autre est le *Tuber brumale*, dit *Rougeotte*, de la couleur du test avant complète maturation; les papilles de ses spores, comme celles du *montanum*, sont moins colorées que celles du *Melanosporum* et à papilles plus longues. La rougeotte, assez commune en Périgord (Provence) et où elle est acceptée par le commerce, s'avance au nord-est jusqu'à Verdun, où M. Chatin l'a vue mêlée à la truffe de Bourgogne nommée par M. Chatin *Tuber uncinatum*, des papilles crochues de ses spores.

La truffe de Bourgogne, dite aussi truffe de Champagne, de Dijon, de Chaumont, donne lieu à une récolte de deux millions de francs. Plus hâtive que la périgord, elle est maîtresse du marché d'octobre à décembre. Sa chair, moins colorée que celle des *montanum* et *brumale*, est aussi d'un moindre et différent arome. Elle s'avance le plus au nord, avec la truffe de la Saint-Jean (*Tuber æstivum*) et le *Tuber mesenterium*, espèces d'été.

La quatrième truffe dont s'occupe M. Chatin est celle qu'il a dénommée *Tuber hiemalbum*, de la couleur blanchâtre de sa chair et de sa maturation hivernale. Elle croît mêlée à la périgord, en Dordogne, Lot, Vaucluse, Drôme, Isère. Rejetée du commerce, elle se distingue aisément à son odeur comme musquée, son test très fragile et sa chair peu foncée, devenant tout à fait blanche par le séjour dans l'eau.

La truffe blanche d'hiver s'éloigne par ses spores non réticulées, de la truffe blanche d'été.

MICROBIOLOGIE. — En 1867, Woronine a découvert, dans les tubercules des racines des Légumineuses, la présence de corpuscules d'une excessive ténuité qu'il décrivit comme de petits bâtonnets doués de la faculté de se mouvoir et qu'il considéra comme des bactéries. Bien des travaux ont été depuis lors publiés sur ce sujet et des opinions fort diverses ont été émises sur la nature de ces petits corps. M. Prillieux rappelle quelques faits qu'il a communiqués, au mois de mars 1879, à la Société botanique. Il termine en disant que les cultures faites récemment par M. Em. Laurent (1) et dans lesquelles il a vu se produire, dans un liquide nutritif ensemencé d'un peu de la substance d'un tubercule, à la fois des bactéroïdes en T et en Y, et une membrane visqueuse collée au fond du vase de culture, confirment expérimentalement les études anatomiques qu'il a publiées il y a près de douze ans.

E. RIVIÈRE.

INFORMATIONS

Le Congrès international de zoologie, si brillamment inauguré l'année dernière à Paris, sous la présidence de M. A. Milne-Edwards et avec le concours de la Société zoologique de France, tiendra sa seconde session à Moscou en 1892. Le Comité d'organisation est déjà constitué, grâce au zèle infa-

(1) Voir la *Revue scientifique* du 9 août 1890, p. 186, col. 2.

(1) Voir la *Revue scientifique* du 29 novembre 1890, p. 699, col. 1.

tigable déployé par M. A. Bogdanov ; M. Zograf en est le président, et MM. R Blanchard et Marion en sont les délégués français.

Un Congrès international d'anthropologie et d'ethnographie préhistoriques se réunira à Moscou en même temps que le Congrès de zoologie. M. Anoutchine est président du Comité d'organisation, et MM. Chantre, Deniker et Hamy en sont les délégués français.

Le Comité de patronage, commun aux deux Congrès, est déjà constitué : il comprend les noms de trente et un savants français.

Il suffit de se rappeler la haute importance des questions scientifiques qui ont été traitées aux Congrès réunis précédemment à Moscou, notamment au Congrès d'anthropologie, l'affluence considérable des savants et l'hospitalité princière qui leur a été offerte, pour être certain que ces deux nouveaux Congrès obtiendront un grand succès. On parle d'excursions au Caucase et dans le Turkestan. L'argent, ce nerf des congrès aussi bien que de la guerre, ne manquera pas : un fabricant de produits chimiques, M. Köhler, vient de remettre à M. Bogdanov la somme de 5000 roubles (environ 13 000 francs) pour aider aux travaux préparatoires.

CORRESPONDANCE ET CHRONIQUE

Le remède secret de M. Koch.

On a déjà noirci beaucoup de papier à propos de la nature du fameux remède secret de M. Koch. Toutefois, il est maintenant certain que ce produit ne contient aucun sel d'or, comme on l'avait d'abord supposé, et l'analyse chimique qui en a été récemment faite, à Vienne a donné des résultats qui rendent de plus en plus vraisemblable l'hypothèse qu'il s'agit d'un bouillon de culture microbienne, stérilisé par la dessiccation et conservé par l'addition d'acide phénique.

La question serait donc de savoir quelle est la culture employée, et naturellement on a pensé à une culture de bacille tuberculeux, ce qui ferait du procédé de M. Koch une vaccination après infection, procédé qui rentrerait dans la méthode générale imaginée par M. Pasteur pour le traitement de la rage après morsure.

Cependant, si l'on considère l'affinité du remède pour le tissu pathologique du lupus, la violente réaction fébrile qui accompagne le plus souvent son injection et les troubles graves qu'elle provoque parfois, tels que la congestion pulmonaire, la congestion des méninges, et surtout l'hématurie, on est frappé de la similitude de ces signes avec les symptômes qui accompagnent les érysipèles graves, et surtout avec ceux qui surviennent chez les individus atteints de lupus et prenant un érysipèle intercurrent.

De tout temps, en effet, les cliniciens ont été frappés de l'action élective et pseudo-curative du poison érysipélateux pour le tissu lupique ; et l'amélioration qui survient dans le lupus après le passage de l'érysipèle est toujours telle, que bien souvent on a proposé d'exposer à la contagion de l'érysipèle, pour les guérir, les malades atteints de cette forme de tuberculose cutanée. Pour notre part, il y a plus de vingt ans que nous avons entendu formuler cette indication. Il y a trois ans environ, à propos de *bactériothérapie*, nous rappelions même ces faits, en insistant sur l'intérêt qu'il y aurait à les vérifier par l'expérimentation et à les appliquer au traitement et à la prophylaxie de la tuberculose (1).

(1) Voir la *Revue scientifique* du 14 janvier 1888, p. 60.

Malheureusement, les cliniciens savent également que la guérison du lupus par l'érysipèle n'est qu'apparente, et que bientôt les nodules tuberculeux reparaissent sur la cicatrice que l'érysipèle a laissée après son passage, pour prendre souvent alors une marche envahissante extrêmement rapide. Mais ceci est encore en faveur de l'hypothèse que nous faisions de l'origine érysipélateuse du remède de M. Koch, qui n'a jusqu'à présent procuré que des guérisons apparentes de lupus — cette affection ayant déjà récidivé pour les premiers cas traités — et qui paraît avoir donné un coup de fouet à un certain nombre de tuberculoses pulmonaires ou autres, dont la marche et l'extension ont été manifestement activées après les injections médicamenteuses.

En outre, on sait qu'il y a une remarquable assuétude de l'organisme au poison érysipélateux et que les symptômes généraux des individus qui prennent des érysipèles successifs vont en s'atténuant rapidement, puisque la maladie, chez les sujets qui y sont prédisposés, finit par n'être même plus fébrile. C'est là encore une ressemblance avec l'atténuation des réactions que provoquent des injections successives de la substance en question ; et il serait assurément intéressant de rechercher si les individus chez lesquels la réaction caractéristique ne se fait pas — et les cas observés en ont déjà été assez nombreux — ne sont pas précisément des malades ayant eu déjà un ou plusieurs érysipèles.

Enfin, l'érysipèle provoqué expérimentalement chez les animaux ne s'accompagne pas des troubles généraux observés chez l'homme, et M. Koch a précisément insisté sur la différence d'action de son remède chez l'homme et chez les animaux.

Quoi qu'il en soit, si le procédé de M. Koch rentre dans la méthode bactériothérapique, et si son remède est réellement la toxine de l'érysipèle, il est à craindre qu'il n'ait pas l'action curative sur laquelle son inventeur a paru compter.

J. H.

Transmission héréditaire d'une anomalie musculaire.

La transmission héréditaire de malformations congénitales ou acquises est un fait maintenant établi par de nombreuses observations. Mais il est toute une catégorie d'anomalies, et non des moins importantes, celles qui intéressent le système musculaire, dont la transmission des parents à leurs descendants est restée jusqu'à présent à l'état d'hypothèse.

On conçoit d'ailleurs les raisons qui rendent difficile la constatation de la transmission héréditaire des anomalies musculaires ; car, ainsi que le fait observer M. Testut, il faut « un concours de circonstances tout à fait exceptionnelles pour que la même main puisse étudier à la fois, par la dissection, un père ou une mère et les enfants auxquels ils ont donné naissance ».

Un seul anatomiste, Giacomini, a eu l'occasion de disséquer une négresse et sa fille et, parmi les dispositions anormales qu'il a rencontrées à la fois chez l'une et chez l'autre, il en est quelques-unes qui se rapportent au système musculaire. Néanmoins, malgré son intérêt, cette observation n'est pas absolument convaincante, parce qu'il s'agit d'anomalies qu'on découvre fréquemment.

Il n'en est pas de même du cas que M. Nicolas a eu la bonne fortune de pouvoir étudier et dont il vient de communiquer l'observation à la *Société de biologie*. Ce cas consiste en un vrai muscle surnuméraire, fort rare, puisque, d'après les statistiques, il apparaît dans la proportion de 35 pour 100 sujets. Ce muscle est le muscle présternal, bien connu de tous ceux qui s'occupent d'anomalies musculaires. Voici dans quelles conditions M. Nicolas a pu constater sa transmission héréditaire.

Récemment, on apportait à M. Nicolas deux fœtus jumeaux nés avant terme (à sept mois), et morts, à deux jours d'intervalle, à la Maternité de Nancy. Tous les deux possédaient un muscle présternal bilatéral. M. Nicolas songea à rechercher la même anomalie chez la mère, qui était encore en traitement à l'hôpital. Les procédés anatomiques étant inapplicables, il dut se servir des courants électriques qui, étant donnés les caractères et les rapports spéciaux du muscle en question, devaient permettre d'en reconnaître aisément l'existence. Son attente ne fut pas trompée et l'expérience réussit à souhait : cette femme possédait bien, du côté gauche, un muscle présternal, en continuité avec le chef sternal du muscle sterno-cleido-mastoïdien. Quant au père (père supposé d'ailleurs) des jumeaux, il s'opposa à l'examen, déclarant énergiquement qu'il était « fait comme tout le monde ». La démonstration d'hérédité était toutefois bien suffisante.

— EMPLOI THÉRAPEUTIQUE DE LA LUMIÈRE ÉLECTRIQUE. — Voici une application nouvelle et curieuse de la lumière électrique au traitement des névralgies. M. Stanislas Stein, de Moscou, rapporte une série de 14 cas de diverses affections douloureuses traitées avec succès par le procédé.

L'appareil dont il s'est servi est une lampe électrique à incandescence, de faible intensité — 3 ou 4 volts — munie d'une poignée convenable et d'un réflecteur en forme d'entonnoir, de 4 à 6 centimètres de long sur 2 à 3 de large, à l'intérieur duquel est fixée la lampe.

Le réflecteur est appliqué directement sur la région douloureuse. Dans les cas de douleur de tête, l'illumination n'a duré que 10 ou 15 secondes; dans les autres régions du corps, de 1 à 5 minutes ou même plus longtemps, jusqu'à ce que le malade commence à se plaindre d'une sensation de chaleur intense.

Dans tous les cas, les effets auraient été remarquables. Une femme de cinquante ans, souffrant d'un violent lumbago, a été guérie en quatre séances, de 5 minutes chacune, deux fois par jour. Chez une femme nerveuse qui se plaignait de douleurs violentes du pied et du cou-de-pied droit, deux illuminations d'une durée de 5 minutes ont enlevé les douleurs comme par enchantement.

Chez un malade atteint de tuberculose pulmonaire et laryngée, avec toux incessante, chez lequel tout avait échoué, même la morphine à la dose de 5 centigrammes par jour, l'illumination extérieure du larynx et des deux côtés du cou, pendant 10 à 15 secondes, répétée quotidiennement, a réduit les quintes de toux à deux ou trois dans les 24 heures.

— LE CHICLE. — Le chicle est la matière première qu'emploient les Américains pour fabriquer la neptunine qui sert à rendre imperméable toute espèce de tissu.

Cette gomme n'est pas produite uniquement par le sapote; on l'extrait aussi d'une plante de la famille des asclépiadées, que l'on appelle au Mexique Yerba del chicle. L'herbe de chicle vient en terre forte à l'état sylvestre, et sa culture, qui est des plus faciles, présente des avantages considérables, parce que le jus qu'on en extrait donne un vernis plus dense et moins dur que le caoutchouc. Les Indiens, particulièrement les Otomies, se vouent à l'extraction du chicle dans les États de Tlaxcala, de Puebla et d'Hidalgo.

Voici, d'après la Revue de chimie industrielle, le procédé qu'ils emploient et qui est des plus primitifs :

Ils commencent par moudre ou réduire en miettes l'herbe, puis ils la pressent pour concentrer ensuite le jus, par le moyen de la chaleur, jusqu'au degré de densité voulu. On verse ensuite la substance dans des moules, d'où elle sort en se refroidissant en forme de maquettes ou de pains; c'est sous cette forme que le chicle est livré au commerce.

D'après les informations recueillies par le ministère des travaux publics et de l'agriculture, on sait que cette herbe croit en abondance dans les plaines sablonneuses de Tlaxcala, Huamantla et Apam; on la trouve également aux environs d'Ixtengo, Napalucan, Otumba, Tecoac, Tocuba, etc.

— LES POUSSIÈRES DE L'AIR AU SOMMET DU BEN NEVIS (ÉCOSSE). — La revue Ciel et Terre rapporte comme il suit les observations sur les particules de poussière contenues dans l'atmosphère, faites au sommet du Ben Nevis, par M. Rankin, à l'aide d'un instrument inventé par M. Aitken. Le nombre maximum de particules de poussière observées jusqu'ici dans un centimètre cube a été de 12 862, le 31 mars, et le minimum de 50, au 15 juin. Le 31 mars, à 4h 30m de relevée, le ciel étant clair, le nombre de particules fut de 2785; mais peu près, un nuage venant du sud-ouest atteignit l'Observatoire à 6 heures, et le nombre de particules monta à 12 862. Le 15 juin, un grand nombre d'observations furent faites pendant le jour; le nombre de particules tomba à 937 à minuit, à 50 à 10h 30m et 11h 43m du matin. Les observations indiquent un maximum journalier pendant le minimum barométrique de l'après-midi et un minimum pendant le minimum barométrique du matin; ces fluctuations sont probablement en rapport avec les courants ascendants et descendants diurnes de l'atmosphère. Des rapports très étroits et très intéressants se révèlent aussi entre le nombre de particules de poussière et les cyclones et anticyclones apparaissant à un moment donné sur l'Europe nord-occidentale. Le nombre des particules de poussière varie suivant que l'air est ou non chargé de brouillard, mais sans être influencé par le plus ou moins de densité du brouillard. Ce genre de recherches est assurément très fécond, et si l'étude des rapports des poussières avec la présence des cyclones était poursuivie, la connaissance des présages météorologiques pourrait y trouver ample matière à progrès.

— LES CABINETS DE LECTURE ET LA SCARLATINE. — M. Keser (de Londres) nous apprend que l'autorité locale de Winsfort vient d'être saisie par M. Fox, médecin sanitaire, d'un fait intéressant de transmission de la scarlatine par les livres loués dans les cabinets de lecture. Ayant observé trois cas de scarlatine dans une maison et ayant recherché la cause de cette petite épidémie, il fut amené à suspecter un livre loué dans un cabinet de lecture d'avoir servi de véhicule aux germes pathogènes. Une enquête faite à la librairie lui démontra, en effet, que ce livre avait été loué peu de temps auparavant par une famille dans laquelle il y avait un cas de scarlatine. Il est donc évident que la circulation des livres loués est dangereuse au point de vue de la transmission des maladies infectieuses, d'autant que le livre conserve facilement les pellicules et les poussières contagieuses, et que justement les convalescents lisent beaucoup.

— ABSORPTION DE L'ODEUR DE LA NAPHTALINE. — La naphtaline possède une odeur si désagréable, que ses applications en médecine et en chirurgie se trouvent très limitées. En la mélangeant avec du camphre ou autres substances ayant la même action, le bénéfice obtenu sous ce rapport n'est que temporaire.

D'après le Chemical Trade Journal, si la naphtaline est mélangée avec du benjoin, puis sublimée, elle perd son odeur goudronneuse et devient agréable à sentir. En outre, elle conserve complètement cette odeur agréable, ce qui n'a pas lieu lorsqu'on se contente de mélanger de la naphtaline avec de la teinture de benjoin ou de l'acide benzoïque.

— FACULTÉ DES SCIENCES DE PARIS. — Le vendredi 26 décembre 1890, M. Fernbach a soutenu, pour obtenir le grade de docteur ès sciences physiques, une thèse ayant pour sujet : Recherches sur la sucrase diastase inversive du sucre de canne.

INVENTIONS

NOUVEAUX AGGLOMÉRÉS. — On remplace souvent les vases poreux des piles Leclanché par un aggloméré composé pareillement de graphite et de bioxyde de manganèse, ce qui diminue la résistance intérieure. La fabrication de ces agglomérés, comme celle des charbons factices, demande un outillage important de presses et de fours à recuire. On emploie des formules différentes; la suivante donne de bons résultats.

Bioxyde de manganèse	40 parties.
Graphite	44 —
Goudron	9 —
Soufre	0,6 —
Eau	0,4 —

Suivant la Lumière électrique, on réduit d'abord ce mélange en poudre très fine que l'on place ensuite dans des moules où on lui fait subir une très forte compression. On chauffe la masse à 350° C. environ, ce qui chasse l'eau et les parties les plus volatiles du goudron. Une partie du soufre se combine avec les produits de la distillation, et le reste s'allie aux résidus non volatils pour les rendre plus frais, par un procédé analogue à celui de la vulcanisation du caoutchouc.

— Nouvelle pile au chlorure d'argent. — M. Allison a inventé la petite pile suivante :

L'élément négatif est une barre de chlorure d'argent ondulée de manière à présenter la plus grande surface à son excitant, tout en se rapprochant beaucoup de son enveloppe en zinc. Cette barre est coulée autour d'une tige d'argent qui constitue le pôle négatif, et traverse, dans une gaine de caoutchouc, le bouchon en ciment; elle dépasse, en outre, d'à peu près 3 millimètres le bas de la pile et porte un certain nombre de lames d'argent qui améliorent la conductibilité du chlorure et achèvent de le relier à sa tige. Le chlorure repose sur une rondelle d'argent portée par une plaque de verre. On coule autour le liquide excitateur, qui est de l'eau salée épaissie par de l'alumine; on le recouvre ensuite d'un second disque isolant à rondelle d'argent, puis d'une couche de paraffine, et l'on coule au-dessus du tout un ciment. On peut renfermer cette pile dans un étui, entre deux ressorts, de manière que l'on ferme son circuit en pressant le bouton de l'un d'eux.

— Les cartes géographiques caoutchoutées. — On a expérimenté en Allemagne, dans plusieurs corps d'armée, un nouveau système de cartographie, pour lequel son inventeur, M. Carlo Buchmüller, a pris un brevet. D'après ce système, les cartes géographiques, au lieu d'être imprimées sur du papier, le sont sur une étoffe préparée avec du caoutchouc.

Les avantages de ce système sont nombreux : 1° les cartes ont une plus longue durée, car elles résistent aux intempéries de l'atmosphère et se ploient comme l'on veut sans se déchirer; 2° on peut opérer tous les changements reconnus nécessaires en faisant disparaître par l'alcool ou la térébenthine les indications que l'on veut remplacer; 3° on peut colorer ces cartes en employant l'aquarelle

mélangée d'alun; 4° on peut imprimer les deux côtés de l'étoffe, et l'on a ainsi deux cartes sur une même feuille; 5° enfin, l'impression a plus de relief, et le prix de revient est inférieur à celui des cartes que l'on fait coller sur toile.

BIBLIOGRAPHIE

Publications nouvelles.

Les cerveaux des microcéphales, par M. G. Giacomini. Étude anatomique de la microcéphalie (en italien). — Un vol. in-8°, avec planches; Turin, imprimerie dell' Unione tipografica editrice, 1890.

—Manifestation en l'honneur de G.-A. Hirn. — Une broch. in-8°; Strasbourg, G. Fischbach, 1890.

— Les perfectionnements de la vinification dans le midi de la France. Conférence faite, le 18 mai 1890, au Congrès de l'Association pyrénéenne, par le président de l'Association, M. Armand Gautier (de l'Institut). — Une broch. in-8°; Paris, O. Doin, 1890.

— Recherches expérimentales sur les leucocytes du sang, par M. E. Maurel, 1er fasc. : Températures extrêmes supportées par les leucocytes du sang de l'homme. — Une broch. in-8°; Paris, O. Doin, 1890.

— Le traitement de la tuberculose de M. Koch, avec préface par M. Paul Langlois. — Une broch. in-8°; Paris, Louis Westhausser, 1890.

L'administrateur-gérant : Henry Ferrari.

May & Motteroz, Lib.-Imp. réunies, Ét. D, 7, rue Saint-Benoît. [1213]

Bulletin météorologique du 15 au 21 décembre 1890.

(D'après le *Bulletin international du Bureau central météorologique de France*.)

DATES.	BAROMÈTRE à 1 heure DU SOIR.	TEMPÉRATURE			VENT. FORCE de 0 à 9.	PLUIE. (Millimètre.)	ÉTAT DU CIEL à 1 HEURE DU SOIR.	TEMPÉRATURES EXTRÊMES EN EUROPE	
		MOYENNE.	MINIMA.	MAXIMA.				MINIMA.	MAXIMA.
☾ 15	752mm,37	— 9°,3	— 13°,1	— 4°,1	S.-S.-E. 1	0,0	Quelques cirrus; transp. de l'atmosphère, 5km.	— 19° Kiew; — 15° Breslau, Cracovie.	20° Funchal; 19° Alger; 16° Nemours, Oran.
♂ 16	750mm,82	— 7°,0	— 19°,8	— 3°,9	R. 2	0,0	Cumulo-stratus S. 1/4 W.	— 24° Kiew; — 16° Carlsruhe, New-Fahrwasser.	19° Palerme; 19° la Calle; 17° Nemours, Oran.
☿ 17	753mm,12	— 6°,0	— 8°,7	— 5°,1	N.-W. 2	0,0	Couvert.	— 30° Kiew; — 17° Haparanda; — 14° Carlsruhe.	19° Palerme et Funchal; 17° Tunis, la Calle; 16° Alger.
♃ 18 P. L.	758mm,38	— 5°,6	— 8°,6	— 4°,4	W.-S.-W. 0	0,0	Couvert; grains de neige très fins.	— 20° Moscou; — 19° Hernösand; — 18° Pic du Midi.	20° Funchal; 17 Palerme; 16° Nemours, Malte.
♂ 19	743mm,87	0°,6	— 5°,4	5°,4	S.-S.-W. 2	8,0	Couvert.	— 15° Hernösand, Swinemünde, Breslau; — 14° Gap.	19° Funchal; 18° Nemours, Oran, Alger.
♄ 20	753mm,91	2°,7	1°,9	7°,1	S.-S.-E. 2	0,3	Cirro-stratus S. 3/4 W.; atmosphère très claire.	— 19° Moscou; — 18° Arkangel; — 15° Kiew, Charkow.	18° Alger, Oran, Palerme; 16° la Calle, Malte.
☉ 21	761mm,87	0°,2	— 2°,2	4°,5	N.-N.-E. 2	0,0	Cirrus à l'horizon, sauf à l'W. et au S.-W.	— 20° Moscou; — 19° Kiew, Charkow.	19° Funchal; 18° Palerme; 17° Malte.
MOYENNE.	752mm,69	— 3°,58	— 6°,44	— 0°,06		TOTAL...	8,3		

Remarques. — En raison des froids du commencement de la semaine, la température moyenne est restée inférieure à la normale corrigée (2°,7), et est restée basse pour la plus grande partie de l'Europe. Nous signalerons parmi les pluies abondantes, 24mm à San-Fernando le 15, et autant le 16; 23mm à Mullaghmore le 18; 58mm au cap Béarn, 65 à Perpignan, 73 à Cette le 20; le 21, pluies abondantes dans le midi de la France, ainsi qu'en Algérie, où elles ont été accompagnées d'orages; 22mm à Perpignan, 70 à Cette, 72 à Croisette, 52 à Nemours, 42 à Alger.

Chronique astronomique. — Mercure suit le Soleil, passant au méridien le 28, à 1h 26m 55s, et se couchant vers 5 heures trois quarts du

soir; Vénus, au contraire, est une étoile du matin qui passe au méridien à 9h 46m 45s du matin; Mars et Jupiter continuent à rester visibles le soir, atteignant leur point culminant à 1h 14m 19s, et 2h 37m 46s du soir. Saturne est une belle étoile du matin qui passe au méridien dès 4h 49m 30s. — Le 28, Mercure est à sa plus grande élongation et sera facile à observer, bien qu'un peu voisin de l'horizon. Le 31, le Soleil sera au périgée, c'est-à-dire à la plus faible distance de la terre : s'il nous échauffe peu, c'est que ses rayons nous arrivent fort obliquement et pendant huit heures environ, tandis que nous sommes privés de sa chaleur pendant seize heures. Saturne est en conjonction avec la Lune. P. L. le 26.

L. B.

TABLE DES MATIÈRES

CONTENUES DANS LE TOME XLVI (XXᵉ DE LA TROISIÈME SÉRIE)

JUILLET 1890 A JANVIER 1891.

INVENTIONS.

PUBLICATIONS NOUVELLES.

ENSEIGNEMENT PUBLIC ET CONGRÈS SCIENTIFIQUES

TABLE ALPHABÉTIQUE DES AUTEURS

Tome XLVI — Juillet 1890 à Janvier 1891.

TABLE ALPHABÉTIQUE DES MATIÈRES

CONTENUES DANS LE DEUXIÈME SEMESTRE DE LA DIXIÈME ANNÉE

Troisième série. — Tome XLVI

JUILLET 1890 A JANVIER 1891.

TABLE ALPHABÉTIQUE DES AUTEURS CITÉS

Tome XLVI. — Juillet 1890 à Janvier 1891.

MAY & MOTTEROZ. Lib.-Imp. réunies, St. D, 7, rue Saint-Benoît. [1318]

Lightning Source UK Ltd.
Milton Keynes UK
UKHW041201300119
336362UK00017B/298/P